Hilfsbuch

für die

Elektrotechnik

Unter Mitwirkung namhafter Fachgenossen

bearbeitet und herausgegeben

von

Dr. Karl Strecker

Achte, umgearbeitete und vermehrte Auflage

Mit 800 Figuren im Text

Springer-Verlag Berlin Heidelberg GmbH

1912

© Springer-Verlag Berlin Heidelberg 1912
Ursprünglich erschienen bei Julius Springer in Berlin 1912
Softcover reprint of the hardcover 1st edition 1912
ISBN 978-3-662-31369-5   ISBN 978-3-662-31574-3 (eBook)
DOI 10.1007/978-3-662-31574-3

Druck der Universitätsbuchdruckerei von Gustav Schade (Otto Francke)
in Bernau und Berlin.

Vorwort zur achten Auflage.

Bei der raschen Entwicklung der Elektrotechnik erfordert eine neue Auflage dieses Hilfsbuchs, welche die beiden letzten Male nach je sechs Jahren erforderlich war, stets eine sehr umfassende Umarbeitung. Es sind nur wenige kleine Teile geblieben, wie sie waren, das meiste ist gründlich durchgearbeitet und vielfach geändert, manche Abschnitte sind ganz neu bearbeitet worden.

Besonders waren die Arbeiten des Ausschusses für Einheiten und Formelgrößen zu berücksichtigen; für die Formelzeichen lagen zwei größere Listen vor, von denen gerade beim Abschluß dieses Buches die eine endgültig festgesetzt wurde, für die Einheitszeichen erst ein Vorschlag. Angesichts der ungewissen Lage, in der sich diese Arbeiten befanden, während das Hilfsbuch fertiggestellt wurde, war es nicht leicht, einen sicheren Standpunkt zu finden, und ich kann nicht sagen, daß mich die von mir getroffene Wahl, die sich zudem mit dem Voranschreiten der Arbeiten des AEF änderte, nun in allen Punkten befriedigt. Sie ist wesentlich als Versuch, als Beitrag zur Lösung der Schwierigkeiten zu betrachten. — Der Beschluß, alle Leistungen in Kilowatt auszudrücken, die Pferdestärke nicht mehr zu benutzen, ist durchgeführt worden. Zur Erleichterung der Umgewöhnung ist auf Seite 26 eine Rechentabelle eingefügt worden.

Der elektrophysikalische Teil ist gänzlich neu bearbeitet; es wurde dabei von der Vektorenrechnung Gebrauch gemacht und deshalb ein besonderes Kapitel über Vektorenrechnung gebracht.

In der Meßkunde ist vieles Veraltete gestrichen, Neues eingefügt und das Ganze umgearbeitet worden.

Der Abschnitt über Dynamomaschinen, der erst für die vorige Auflage neu bearbeitet worden war, erforderte dennoch eine umfassende Durcharbeitung. Die Beispiele ausgeführter Maschinen und Transformatoren sind diesmal nach einem anderen Gesichtspunkt ausgewählt worden als bei den früheren Auflagen. An Stelle des bisherigen Strebens nach einer gewissen Vollständigkeit trat diesmal eine sorgfältige Auswahl. Die Abbildungen, bei den größeren Maschinen von Seitengröße, lassen nun viele Einzelheiten erkennen; die Maßangaben beziehen sich nur noch auf die besonders dargestellten Beispiele.

In dem Abschnitt über galvanische Elemente ist der alkalische Sammler neu aufgenommen worden.

Der Abschnitt über das elektrische Kraftwerk läßt, was schon in einer Besprechung der vorigen Auflage gerügt wurde, ausführliche Mitteilungen über Antriebsmaschinen, Wasserwerke und dergl. vermissen. Wollte man den Umfang und Preis des Buches nicht ins Ungemessene steigern, so mußte man sich im Stoff beschränken. Das Hilfsbuch für die Elektrotechnik strebt nach einer gewissen Vollständigkeit auf dem Gebiete der Elektrotechnik; es sollten daher die Grenzen dieses Gebietes nicht zu weit gesteckt und besonders die Ausdehnung auf das allgemein maschinentechnische vermieden werden.

Der Abschnitt über Leitung und Verteilung ist gleichfalls gründlich umgearbeitet worden. Auch hier besteht eine Lücke, die dem Buche schon einmal vorgeworfen worden ist: der Mangel an Schaltbildern für Sammleranlagen. Es war die

Rücksicht auf den einzuhaltenden Raum, die dazu nötigte, auf das allgemein verbreitete und jedem zugängliche Schaltbuch der Akkumulatorenfabrik zu verweisen.

Bei der elektrischen Beleuchtung waren besonders die neueren Glühlampen zu berücksichtigen.

Am gründlichsten ist der Abschnitt Elektrische Kraftübertragung umgestaltet worden; es handelt sich um eine ganz neue Arbeit, da das Alte unzulänglich war: elektrischer Antrieb in Berg-, Hütten- und Walzwerken, bei Hebezeugen, im Fabrikbetrieb, Verwendung in der Landwirtschaft (Überlandzentrale) und als umfangreichster Teil die elektrischen Bahnen.

Auch die nun folgenden kleineren Abschnitte, wie der größere Abschnitt Elektrochemie sind gründlich durchgearbeitet und erneuert worden.

Das gleiche gilt von dem Abschnitt Telegraphen- und Fernsprechwesen; hier möchte noch besonders auf die geänderte und weiter als früher gehende Darstellung der Telegraphenapparate und -schaltungen hingewiesen werden. Auch in dem mehr wissenschaftlichen Teil dieses Abschnittes und bei der Behandlung der Störungen war, den neueren Forschungen und Erfahrungen gemäß, vieles Neue zu bringen.

Der Abschnitt über drahtlose Telegraphie bedurfte natürlich gleichfalls einer weitgehenden Erneuerung.

Weniger erheblich sind die Änderungen auf dem Gebiete des Eisenbahn-Telegraphen- und Signalwesens, der Feuerwehr- und Polizeitelegraphen. Der darauf folgende Abschnitt, in den auch die elektrischen Uhren aufgenommen wurden, war in den letzten Auflagen etwas vernachlässigt worden; er wurde gleichfalls gründlich umgearbeitet.

Auch der letzte Abschnitt über Blitzableiter hat eine umfassende Erneuerung erfahren.

Im Anhang wurden einige neuere Verordnungen und Bestimmungen zugefügt, dagegen die Normalien des Verbandes völlig weggelassen. Ihr Abdruck würde nur den Umfang und Preis des Buches erhöht haben. Da die Normalien jedem Elektrotechniker leicht zugänglich sind, konnte auf die Aufnahme in das Hilfsbuch wohl verzichtet werden, zumal die Normalien alljährlich in geringerem oder größerem Umfange geändert werden und somit der Abdruck im Hilfsbuch möglicherweise bald veraltete.

In allen Abschnitten ist auf reichliche Literaturangaben besonderer Wert gelegt worden.

Trotz aller Bemühungen, sich im Raum zu beschränken, trotz aller Verzichte auf wünschenswerte Ausdehnungen, von denen hier nur einige hervorgehoben werden konnten, hat sich der Umfang des Buches wieder vergrößert. Es wurde zwar ein kleinerer Druck gewählt, auch das Format um ein geringes vergrößert. Gleichwohl ist die Seitenzahl bis zum Anhang dieselbe geblieben, was einer Vermehrung des Inhalts um ein Fünftel gleichkommt. Und nur das Weglassen der Normalien hat verhindert, daß das Buch wieder ebenso stark wie in der vorigen Auflage wurde. Auch die Zahl der Abbildungen hat sich wesentlich vermehrt.

Wie bei den früheren Auflagen bin ich auch bei der gegenwärtigen bei Beschaffung von Material von den elektrotechnischen Firmen auf das entgegenkommendste unterstützt worden, wofür ich hier verbindlich danke.

B e r l i n , Oktober 1912.

Strecker.

Verzeichnis der Mitarbeiter

Name	Bearbeitung
Arendt, O., Kaiserl. Telegraphen-ingenieur, Berlin	(1055)—(1120)
Arldt, C., Dr.-Ing., Regierungsrat, Berlin	(729)—(778), (876)—(888), (1227), (1229)—(1243)
Benischke, G., Dr., Berlin	(1277)—(1292)
Breisig, F., Prof. Dr., Kaiserl. Ober-Telegrapheningenieur, Berlin	(259)—(282), (1136)—(1161)
Büttner, M., Dr., Direktor, Berlin	(298)—(301), (620)—(635), (779)—(784)
Döry, I., Dr., Berlin	(817)—(875)
Eulenberg, K., Kgl. Obertelegraphen-ingenieur, Berlin	(1214)—(1226)
Fink, Kgl. Geheimer Baurat, Eisenbahn-direktor, Hannover	(1194)—(1213)
Görges, H., Geh. Hofrat, Prof., Dresden	(335)—(611)
Gumlich, E., Geheimer Regierungsrat. Prof. Dr., Charlottenburg	(23)—(36), (210)—(219)
Hersen, Kaiserl. Telegrapheningenieur, Berlin	(1121)—(1135)
Jaeger, W., Geheimer Regierungsrat, Prof. Dr., Charlottenburg	(102)—(127), (131)—(132), (145)—(155)
Meier, R., Dipl.-Ing., Direktor, Diering-hausen	(808)—(816)
Orlich, E., Prof. Dr., Charlottenburg	(128)—(130), (133)—(144), (156)—(209), (220)—(241), (247)—(258)
Passavant, H., Dr., Direktor, Berlin	(242)—246), (663)—(728)
Philippi, Prof., Oberingenieur, Berlin	(785)—(807)
Regelsberger, Dr., Geheimer Regierungs-rat, Berlin	(916)—(987)
Ritter, E. R., Dipl.-Ing., Berlin	(889)—(899)
Seibt, G., Dr., Berlin	(1162)—(1193)
von Steinwehr, Prof. Dr., Charlotten-burg	(64)—(76)
Stockmeier, H., Prof. Dr., Nürnberg	(988)—(1011)
Wagner, K.W., Dr., Kaiserl. Telegraphen-ingenieur, Privatdozent, Berlin	(12)—(14), (37)—(63), (77)—(101)
Wikander, E., Direktor, Berlin	(645)—(662)
Winnig, K., Kaiserl. Telegraphen-ingenieur, Breslau	(1012)—(1054)
Der Herausgeber	(1)—(11), (15)—(22), (283)—(297), (302)—(334), (612)—(619), (900)—(915), (1228), (1244)—(1276).

Die Zusammenstellung der Angaben in (611) und das alphabetische Register hat Herr Ingenieur E. Jasse besorgt.

Inhaltsverzeichnis.

I. Teil. Allgemeine Hilfsmittel.

III. Teil. Elektrotechnik.

I. Abschnitt. Elektromagnete.

II. Abschnitt. Transformatoren.

III. Abschnitt. Dynamomaschinen.

IV. Abschnitt. Galvanische Elemente.

V. Abschnitt. Das elektrische Kraftwerk.

VI. Abschnitt. Leitung und Verteilung.

VII. Abschnitt. Elektrische Beleuchtung.

VIII. Abschnitt. Elektrische Kraftübertragung.

IX. Abschnitt. Die Elektrizität auf Schiffen.

Erster Teil.
Allgemeine Hilfsmittel.

Erster Abschnitt.
Tabellen, Formeln, Bezeichnungen.
Mathematik, Mechanik, Wärme.

(1) Querschnitt und Gewicht von Eisen- und Kupferdrähten.

Durch-messer	Quer-schnitt	Gewicht von 1000 m		Durch-messer	Quer-schnitt	Gewicht von 1000 m	
		Eisen	Kupfer			Eisen	Kupfer
mm	mm²	kg	kg	mm	mm²	kg	kg
0,05	0,002	0,02	0,02	1,6	2,01	15,6	17,8
0,10	0,008	0,06	0,07	1,7	2,27	17,7	20,1
0,15	0,018	0,14	0,17	1,8	2,54	19,8	22,6
0,20	0,031	0,24	0,28	1,9	2,84	22,1	25,1
0,25	0,049	0,38	0,44	2,0	3,14	24,4	27,9
0,30	0,071	0,55	0,63	2,2	3,80	29,6	33,7
0,35	0,096	0,75	0,85	2,4	4,52	35,2	40,0
0,40	0,126	0,98	1,12	2,6	5,31	41,3	47,0
0,45	0,159	1,24	1,41	2,8	6,16	47,9	54,7
0,50	0,196	1,53	1,74	3,0	7,07	55,0	62,5
0,55	0,238	1,85	2,11	3,2	8,04	63	72
0,60	0,283	2,20	2,51	3,4	9,08	71	81
0,65	0,332	2,58	2,95	3,6	10,18	79	90
0,70	0,385	2,99	3,42	3,8	11,34	88	100
0,75	0,442	3,43	3,90	4,0	12,57	98	112
0,80	0,503	3,9	4,5	4,2	13,85	108	123
0,85	0,567	4,4	5,0	4,4	15,21	118	132
0,90	0,636	4,9	5,7	4,6	16,62	129	147
0,95	0,709	5,5	6,3	4,8	18,10	141	160
1,00	0,785	6,1	7,0	5,0	19,63	153	174
1,1	0,950	7,4	8,4	5,2	21,24	165	189
1,2	1,131	8,8	10,0	5,4	22,90	178	202
1,3	1,327	10,3	11,8	5,6	24,63	192	218
1,4	1,539	12,0	13,7	5,8	26,42	205	234
1,5	1,767	13,7	15,6	6,0	28,27	220	251

(2) Drahttafel für Drahtdurchmesser von 0,05—4,0 mm

Widerstand von

Draht-durchm. mm	Kupfer					Phosphor- und Siliziumbronze				
mm	0,016	0,017	0,018	0,019	0,020	0,025	0,030	0,04	0,05	0,06
0,05	8,15	8,66	9,17	9,68	10,19	12,73	15,3	20,4	25,5	30,6
0,10	2,04	2,16	2,29	2,42	2,55	3,18	3,8	5,1	6,4	7,6
0,15	0,91	0,96	1,02	1,07	1,13	1,41	1,70	2,26	2,83	3,4
0,20	0,51	0,54	0,57	0,60	0,64	0,80	0,95	1,27	1,59	1,91
0,25	0,33	0,35	0,37	0,39	0,41	0,51	0,61	0,81	1,02	1,22
0,30	0,226	0,240	0,255	0,269	0,283	0,354	0,424	0,566	0,707	0,849
0,40	0,127	0,135	0,143	0,151	0,159	0,199	0,239	0,318	0,398	0,477
0,50	0,081	0,087	0,092	0,097	0,102	0,127	0,153	0,204	0,255	0,306
0,60	0,057	0,060	0,064	0,067	0,071	0,088	0,106	0,141	0,177	0,212
0,70	0,042	0,044	0,047	0,049	0,052	0,065	0,078	0,104	0,130	0,156
0,80	0,0318	0,0338	0,0358	0,0378	0,0398	0,0497	0,060	0,080	0,099	0,119
1,00	0,0204	0,0216	0,0229	0,0242	0,0255	0,0318	0,038	0,051	0,064	0,076
1,2	0,0142	0,0150	0,0159	0,0168	0,0177	0,0221	0,0265	0,0354	0,0442	0,053
1,4	0,0104	0,0110	0,0117	0,0123	0,0130	0,0162	0,0195	0,0260	0,0325	0,039
1,6	0,0080	0,0085	0,0090	0,0095	0,0099	0,0124	0,0149	0,0199	0,0249	0,0298
2,0	0,0051	0,0054	0,0057	0,0060	0,0064	0,0080	0,0095	0,0127	0,0159	0,0191
2,5	0,00326	0,00346	0,00367	0,00387	0,00407	0,0051	0,0061	0,0081	0,0102	0,0122
3,0	0,00226	0,00240	0,00255	0,00269	0,00283	0,0035	0,0042	0,0057	0,0071	0,0085
3,5	0,00166	0,00177	0,00187	0,00197	0,00208	0,00260	0,00312	0,00416	0,0052	0,0062
4,0	0,00127	0,00135	0,00143	0,00151	0,00159	0,00199	0,00239	0,00318	0,0040	0,0048

Länge eines Drahtes von

0,05	0,123	0,115	0,109	0,103	0,098	0,079	0,065	0,049	0,039	0,0327
0,10	0,49	0,46	0,44	0,41	0,39	0,314	0,262	0,196	0,157	0,131
0,15	1,11	1,04	0,98	0,93	0,88	0,71	0,59	0,44	0,35	0,295
0,20	1,96	1,85	1,75	1,65	1,57	1,26	1,05	0,79	0,63	0,52
0,25	3,07	2,89	2,73	2,58	2,45	1,96	1,64	1,23	0,98	0,82
0,30	4,4	4,2	3,9	3,7	3,5	2,83	2,36	1,77	1,41	1,18
0,40	7,9	7,4	7,0	6,6	6,3	5,03	4,19	3,14	2,51	2,09
0,50	12,3	11,5	10,9	10,3	9,8	7,85	6,54	4,91	3,93	3,27
0,60	17,6	16,6	15,7	14,9	14,1	11,3	9,4	7,1	5,7	4,7
0,70	24,0	22,6	21,4	20,3	19,2	15,4	12,8	9,6	7,7	6,4
0,80	31,4	29,6	27,9	26,4	25,1	20,1	16,8	12,6	10,1	8,4
1,00	49,1	46,2	43,6	41,3	39,3	31,4	26,2	19,6	15,7	13,1
1,2	71	66	63	59	57	45	37,7	28,3	22,6	18,8
1,4	96	90	86	81	77	62	51,3	38,5	30,8	25,7
1,6	126	118	112	106	101	80	67	50	40	33,5
2,0	196	185	175	165	157	126	105	79	63	52,4
2,5	307	289	273	258	245	196	164	123	98	82
3,0	442	416	393	372	353	283	236	177	141	118
3,5	601	566	535	506	481	385	321	241	192	160
4,0	785	739	698	661	628	503	419	314	251	209

und für spezifische Widerstände von 0,016—0,85.
1 m Draht in Ohm.

Messing, Platin, Eisen				Neusilber und andere Widerstands-materialien						Draht-durch-messer
0,07	0,08	0,10	0,15	0,20	0,25	0,30	0,40	0,50	0,85	mm
36	41	51	76	102	127	153	204	255	433	0,05
8,9	10,2	12,7	19,1	25,5	31,8	38	51	64	108	0,10
4,0	4,5	5,7	8,5	11,3	14,1	17,0	22,6	28,3	48	0,15
2,23	2,55	3,18	4,8	6,4	8,0	9,5	12,7	15,9	27,1	0,20
1,43	1,63	2,04	3,06	4,1	5,1	6,1	8,1	10,2	17,3	0,25
0,99	1,13	1,41	2,12	2,83	3,54	4,24	5,66	7,07	12,0	0,30
0,56	0,64	0,80	1,19	1,59	1,99	2,39	3,18	3,98	6,76	0,40
0,36	0,41	0,51	0,76	1,02	1,27	1,53	2,04	2,55	4,33	0,50
0,248	0,283	0,354	0,53	0,71	0,88	1,06	1,41	1,77	3,00	0,60
0,182	0,208	0,260	0,39	0,52	0,65	0,78	1,04	1,30	2,21	0,70
0,139	0,159	0,199	0,298	0,398	0,497	0,60	0,80	0,99	1,69	0,80
0,089	0,102	0,127	0,191	0,255	0,318	0,38	0,51	0,64	1,08	1,00
0,062	0,071	0,088	0,133	0,177	0,221	0,265	0,354	0,442	0,75	1,2
0,045	0,052	0,065	0,097	0,130	0,162	0,195	0,260	0,325	0,55	1,4
0,0348	0,0398	0,0497	0,075	0,099	0,124	0,149	0,199	0,249	0,423	1,6
0,0223	0,0255	0,0318	0,048	0,064	0,080	0,095	0,127	0,159	0,271	2,0
0,0143	0,0163	0,0204	0,0305	0,0407	0,051	0,061	0,081	0,102	0,173	2,5
0,0099	0,0113	0,0141	0,0212	0,0283	0,035	0,042	0,057	0,071	0,120	3,0
0,0073	0,0083	0,0104	0,0156	0,0208	0,0260	0,0312	0,0416	0,052	0,088	3,5
0,0056	0,0064	0,0080	0,0119	0,0159	0,0199	0,0239	0,0318	0,040	0,068	4,0

1 Ohm Widerstand in Metern.

0,0280	0,0245	0,0196	0,0131	0,0098	0,0079	0,0065	0,0049	0,0039	0,0023	0,05
0,112	0,098	0,079	0,052	0,039	0,0314	0,0262	0,0196	0,0157	0,0092	0,10
0,252	0,221	0,177	0,118	0,088	0,071	0,059	0,044	0,035	0,0208	0,15
0,45	0,39	0,314	0,209	0,157	0,126	0,105	0,079	0,063	0,0370	0,20
0,70	0,61	0,49	0,327	0,245	0,196	0,164	0,123	0,098	0,0578	0,25
1,01	0,88	0,71	0,47	0,35	0,283	0,236	0,177	0,141	0,083	0,30
1,80	1,57	1,26	0,84	0,63	0,503	0,419	0,314	0,251	0,148	0,40
2,80	2,45	1,96	1,31	0,98	0,785	0,654	0,491	0,393	0,231	0,50
4,0	3,53	2,83	1,88	1,41	1,13	0,94	0,71	0,57	0,332	0,60
5,5	4,81	3,85	2,57	1,92	1,54	1,28	0,96	0,77	0,453	0,70
7,2	6,3	5,0	3,35	2,51	2,01	1,68	1,26	1,01	0,592	0,80
11,2	9,8	7,9	5,24	3,93	3,14	2,62	1,96	1,57	0,924	1,00
16,2	14,1	11,3	7,5	5,7	4,5	3,77	2,83	2,26	1,33	1,2
22,0	19,2	15,4	10,3	7,7	6,2	5,13	3,85	3,08	1,81	1,4
28,7	25,1	20,1	13,4	10,1	8,0	6,7	5,0	4,0	2,37	1,6
44,9	39,2	31,4	20,9	15,7	12,6	10,5	7,9	6,3	3,7	2,0
70	61	49	32,7	24,5	19,6	16,4	12,3	9,8	5,8	2,5
101	88	71	47,1	35,3	28,3	23,6	17,7	14,1	8,3	3,0
137	120	96	64	48	38,5	32,1	24,1	19,2	11,3	3,5
180	157	126	84	63	50,3	41,9	31,4	25,1	14,8	4,0

1*

(3a) Umrechnung von Isolationswiderständen.

Ist R_t der Widerstand bei der Temperatur t, so ist er bei 15^0 C:

$$R_{15} = c \cdot R_t.$$

Guttapercha.

t	c	t	c	t	c	t	c
—4	0,081	4	0,233	12	0,672	20	1,94
—2	0,105	6	0,304	14	0,876	22	2,52
0	0,137	8	0,396	16	1,14	24	3,29
+2	0,179	10	0,515	18	1,49	26	4,29

Umrechnungstafel für Guttaperchawiderstände (s. Fig. 1).

Man sucht den gemessenen Widerstand am unteren Rande, verfolgt die Ordinate bis zum Schnitt mit dem Strahl, der die Temperatur bei der Messung ergibt, und liest die Länge dieser Ordinate am linken Rande ab. Z. B.: gemessen 56,3 Megohm bei 18^0: reduziert 86,3 Megohm bei 15^0.

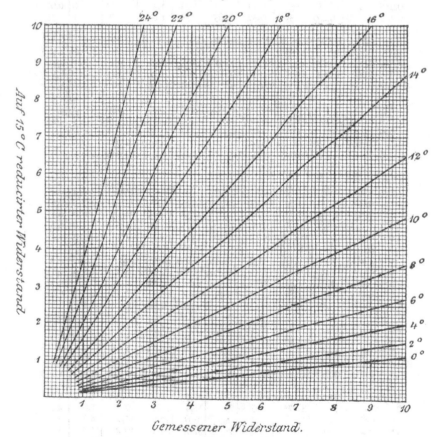

Fig. 1.   Umrechnung von Guttaperchawiderständen.

Gummi, Papier, Faserstoff, Paraffin usw.

Die Umrechnungszahlen sind für anscheinend gleiche Stoffe sehr verschieden. Tritt die Notwendigkeit einer Umrechnung ein, so empfiehlt es sich, die liefernde Fabrik zu fragen. Zu Schätzungen können folgende Zahlen dienen:

	t =	0	5	10	20	25
Gummi, Okonit, getrocknetes Papier	c =	0,4	0,6	0,75	1,4	2,0
Getränkter Faserstoff und Papier ...		0,4	0,5	0,6	2,5	7
Paraffin		0,2	0,3	0,5	2,2	4,5

(3 b) Umrechnungsformel für Metallwiderstände.

Wird der Widerstand R_{t_1} bei der Temperatur t_1 gemessen, so ist der Widerstand bei der Temperatur t_2

$$R_{t_2} = R_{t_1} + R_{t_1} \cdot (t_2 - t_1) \cdot \varDelta \sigma.$$

$\varDelta \sigma$ ist der Temperaturkoeffizient, die Zunahme des spezifischen Widerstandes bei Steigerung der Temperatur um 1^0 C.

Zu dem gemessenen Widerstand ist also das zweite Glied rechter Hand zu addieren oder zu subtrahieren; zur Berechnung dieses Gliedes dient der Rechenschieber.

1 Ohm (Kupferwiderstand) für die (engl.) Seemeile bei 75^0 F = 0,521 Ohm für 1 km bei 15^0 C.

(4) Englisches Gewicht und Maß.

1 ton = 1016,0 kg = 20 cwt, Hundredweigths.
1 cwt = 50,80 kg = 4 qrs, Quarters = 8 stones = 112 lbs, pounds.
1 lb = 0,4536 kg = 16 ozs, ounzes = 256 drams = 7680 grains.
1 pound troy = 373,242 g. — 1 lb - ft = 0,1382 kgm.
1 ton per sq. inch = 1,575 kg*/mm². — 1 lb per sq. inch = 0,0703 kg*/cm².
1 yard = 3 engl. Fuß = 0,914 m. 1 engl. statute mile = 1609,31 m;
    1 London mile = 1523,97 m; 1 Seemeile = 1855,11 m.
    1 circular mill = 0,000506 mm²; 1 mm² = 1970 circular mills.
Hohlmaße: 1 quarter = 8 bushels = 290,781 l.
    1 gallon = 4 quarts = 8 pints = 32 gills = 4,543 l.

Englisches Maß in Metermaß.

Fuß in Meter	Quadr.-F. in Quadr.-Meter	Kubik-F. in Kubik-Meter	Zoll in Zentimeter	Quadr.-Z. in Quadr.-Zentimeter	Kub.-Zoll in Kubik-Zentimeter
1	0,304794	0,092900	0,028315	2,5400	6,4513	16,386
2	0,609589	0,185799	0,056630	5,0799	12,9027	32,773
3	0,914383	0,278699	0,084946	7,6199	19,3540	49,158
4	1,219178	0,371599	0,113261	10,1598	25,8054	65,544
5	1,523972	0,464498	0,141576	12,6998	32,2567	81,930
6	1,828767	0,557398	0,169891	15,2397	38,7081	98,317
7	2,133561	0,650298	0,198207	17,7797	45,1594	114,703
8	2,438356	0,743198	0,226522	20,3196	51,6108	131,089
9	2,743150	0,836097	0,254837	22,8596	58,0621	147,475
10	3,047945	0,929997	0,283152	25,3995	64,5135	163,861
11	3,352739	1,021897	0,311467	27,9395	70,9648	180,247

Metermaß in englisches Maß.

Meter Qu.-M. Kub.-M.	Fuß	Zoll	Quadr.-F.	Quadr.-Z.	Kubik-F.	Kubik-Z.
1	3,2809	39,3708	10,7643	1550,06	35,3165	61025,8
2	6,5618	78,7416	21,5286	3100,12	70,6331	122051,7
3	9,8427	118,1124	32,2929	4650,18	105,9497	183077,5
4	13,1236	157,4831	43,0572	6200,24	141,2663	244103,3
5	16,4045	196,8539	53,8215	7750,30	176,5828	305129,1
6	19,6854	236,2247	64,5857	9300,35	211,8994	366155,0
7	22,9663	275,5955	75,3501	10850,41	247,2160	427180,8
8	26,2472	314,9663	86,1143	12400,47	282,5326	488206,6
9	29,5281	354,3371	96,8787	13950,53	317,8491	549232,5

English (Imperial) Standard Wire Gauge.

Nr.	Durch-messer mm	Nr.	Durch-messer mm	Nr.	Durch-messer mm	Nr.	Durch-messer mm	Nr.	Durch-messer mm	Nr.	Durch-messer mm
7/0	12,7	4	5,89	14	2,03	24	0,56	34	0,234	44	0,081
6/0	11,8	5	5,28	15	1,83	25	0,51	35	0,214	45	0,071
5/0	11,0	6	4,88	16	1,63	26	0,46	36	0,193	46	0,061
4/0	10,16	7	4,47	17	1,42	27	0,41	37	0,173	47	0,051
3/0	9,45	8	4,06	18	1,22	28	0,376	38	0,152	48	0,041
2/0	8,84	9	3,66	19	1,02	29	0,346	39	0,132	49	0,031
1/0	8,23	10	3,25	20	0,91	30	0,310	40	0,122	50	0,025
1	7,62	11	2,95	21	0,81	31	0,295	41	0,112		
2	7,01	12	2,64	22	0,71	32	0,274	42	0,102		
3	6,40	13	2,34	23	0,61	33	0,254	43	0,092		

Birmingham-Lehre, B W G.

Nr.	Durch-messer mm	Nr.	Durch-messer mm	Nr.	Durch-messer mm	Nr.	Durch-messer mm	Nr.	Durch-messer mm	Nr.	Durch-messer mm
0/4	11,53	3	6,58	9	3,76	15	1,83	21	0,81	27	0,41
0/3	10,80	4	6,05	10	3,40	16	1,65	22	0,71	28	0,36
0/2	9,65	5	5,59	11	3,05	17	1,47	23	0,64	29	0,33
0	8,64	6	5,16	12	2,77	18	1,24	24	0,56	30	0,30
1	7,62	7	4,57	13	2,41	19	1,07	25	0,51	31	0,25
2	7,21	8	4,19	14	2,11	20	0,89	26	0,46	32	0,23

Amerikanische Brown & Sharpesche Lehre, B. & S. G.

Nr.	Durch-messer mm	Nr.	Durch-messer mm	Nr.	Durch-messer mm	Nr.	Durch-messer mm	Nr.	Durch-messer mm	Nr.	Durch-messer mm
0000	11,7	4	5,19	11	2,30	18	1,02	25	0,45	32	0,20
000	10,4	5	4,62	12	2,05	19	0,91	26	0,40	33	0,18
00	9,3	6	4,12	13	1,83	20	0,81	27	0,36	34	0,16
0	8,3	7	3,66	14	1,63	21	0,72	28	0,32	35	0,14
1	7,3	8	3,26	15	1,45	22	0,64	29	0,29	36	0,13
2	6,5	9	2,91	16	1,29	23	0,57	30	0,25	37	0,11
3	5,8	10	2,59	17	1,15	24	0,51	31	0,23	38	0,10

(5) Mathematische Zeichen.

Der AEF hat folgende Zeichen vorgeschlagen:

Nr.	Zeichen	Bedeutung	Nr.	Zeichen	Bedeutung
1.	1. 1)	erstens			
2.	( )	Numerierung von Formeln; die Nummern sollen stets am rechten Rande des Textes stehen	24.	| | | |	Determinante
			25.	| | | |	Betrag einer reellen oder komplexen Größe
3.	$^0/_0$, vH	Prozent	26.	!	Fakultät
4.	$^0/_{00}$, vT	Promille	27.	⌐	endliche Zunahme
5.	/	für ein, pro	28.	d	vollständiges Differential
6.	÷	bis (statt —)			
7.	( ) [ ] { }	Klammer	29.	∂	partielles Differential
			30.	δ	Variation, virtuelle Änderung
8.		Dezimalzeichen; Komma unten, Punkt oben. Zur Gruppenabteilung bei größeren Zahlen darf weder Komma noch Punkt verwandt werden	31.	đ	Diminutiv
			32.	Σ	Summe von; Grenzbezeichnungen sind unter und über das Zeichen zu setzen. Die Summationsvariable wird unter das Zeichen gesetzt.
9.	$0{,}0_58$	0,000008			
10.	+	plus, mehr, und			
11.	—	minus, weniger			
12.	· ×	mal, multipliziert mit. Der Punkt steht auf halber Zahlenhöhe	33.	∫	Integral
13.			34.	‖	parallel
	: / —	geteilt durch	35.	⋕	gleich und parallel
14.	=	gleich	36.	⊥	rechtwinklig zu
15.	≡	identisch mit	37.	△	Dreieck
16.	≠	nicht gleich	38.	≅	kongruent
17.	≈	nahezu gleich, rund, etwa	39.	~	ähnlich, proportional
			40.	∡	Winkel
18.	<	kleiner als	41.	$\overline{AB}$	Strecke AB
19.	>	größer als	42.	$\overgroup{AB}$	Bogen AB
20.	≪	klein gegen } von anderer Größenordnung			Außerdem wird noch verwandt:
21.	≫	groß gegen }	43.	∮	Linienintegral, Integral unter einen in sich geschlossenen Weg.
22.	∞	unendlich			
23.	√	Wurzelzeichen. Das Zeichen √ erhält einen oben angesetzten wagerechten Strich, an dessen Ende noch ein kurzer senkrechter Strich angesetzt werden kann.			In England sind einige Zeichen in besonderer Bedeutung üblich:
			44.	÷	dividiert durch (vgl. oben Nr. 6)
			45.	∴	also, Folgerung
			46.	∵	weil, Begründung

(6) Die Eigenschaften von Seekabeln
bezogen auf die englische Bezeichnungsart.

Wenn von einem Kabel gegeben ist: Gewicht des Kupfers und der Guttapercha in englischen Pfund für die Seemeile, so können aus der folgenden Tabelle die Gewichte in kg/km, die Durchmesser und die elektrischen Größen R und C entnommen werden.

Es wird angenommen: spez. Gew. des Kupfers 8,94, der Kabelleiter 7,00 (vgl. B r e i s i g, Theoret. Telegr., S. 51), der Guttapercha 0,97; spez. Widerstand des Kupfers bei 15° C 0,0175. Gute Kupfersorten haben noch geringeren Widerstand; man kann bis zu 3 $^0/_0$ niedrigere Werte erzielen, als hier berechnet.

Bedeutet K das Kupfergewicht, G das Guttaperchagewicht in lbs/Seemeile, d den Durchmesser des Kupferleiters, bei der Litze den Durchmesser des umgeschriebenen Kreises, D den äußeren Durchmesser der Guttaperchahülle, alles in Millimeter, R den Widerstand des Kupferdrahtes, so ist:

$$d = 0,1866 \sqrt{K} \text{ für vollen Kupferdraht, } 0,2109 \sqrt{K} \text{ für Litze,}$$

$$D^2 = 0,321\ G + 0,0444\ K,$$

$$R = \frac{640}{K}\ \varnothing/\mathrm{km}, \quad C = \frac{0,175}{\log \mathrm{vulg}\left(1 + 7,22\dfrac{G}{K}\right)}\ \mu\mathrm{F/km}$$

(Breisig, Theoret. Telegr. S. 52).

lbs/See-meilen	kg/km	Kupfer			Guttapercha die erste Zahl (0,2..) ist Mikrofarad/km, die zweite D in mm						
		$\varnothing$/km	Durchmesser		K	$G = 400$		350		300	
			Litze	voller Draht							
700	171	0,92	5,58	4,93	700	0,247	12,6	0,264	12,0	0,285	11,3
600	147	1,07	5,16	4,56	600	0,229	12,5	,245	11,8	0,264	11,1
500	122	1,28	4,71	4,17		350		300		250	
400	97,8	1,60	4,22	3,73							
350	85,6	1,83	3,94	3,48	500	0,224	11,6	0,241	10,9	0,264	10,1
300	73,4	2,14	3,65	3,27	400	0,203	11,4	0,217	10,7	0,235	9,9
250	61,1	2,56	3,33	2,94	300	0,180	11,3	0,192	10,5	0,206	9,7
200	48,9	3,20	2,98	2,64		200		150		100	
150	36,7	4,27	2,58	2,28							
100	24,5	6,41	2,11	1,87	200	0,192	8,6	0,217	7,6	0,263	6,4
					150	0,170	8,4	0,192	7,4	0,229	6,2
					100	0,147	8,3	0,163	7,2	0,192	6,0

1 Kupferdraht, von dem 1 statute mile K lbs wiegt, hat einen Durchmesser von 0,200 $\sqrt{K}$ mm, einen Querschnitt von 0,0315 K mm² und einen Widerstand von 555/K $\varnothing$/km. Kupferdrähte von 2—3—4—5 mm Stärke wiegen 100—225—400—625 lbs/statute mile.

(7) Werte von e−x.

x	0	1	2	3	4	5	6	7·	8	9
0,00 .	0, . . .	9990	9980	9970	9960	9950	9940	9930	9920	9910
0,01 .	9900	9891	9881	9871	9861	9851	9841	9831	9822	9812
0,02 .	9802	9792	9782	9773	9763	9753	9743	9734	9724	9714
0,03 .	9704	9695	9685	9675	9666	9656	9646	9637	9627	9618
0,04 .	9608	9598	9589	9579	9570	9560	9550	9541	9531	9522
0,05 .	9512	9503	9493	9484	9474	9465	9455	9446	9437	9427
0,06 .	9418	9408	9399	9389	9380	9371	9361	9352	9343	9333
0,07 .	9324	9315	9305	9296	9287	9277	9268	9259	9250	9240
0,08 .	9231	9222	9213	9204	9194	9185	9176	9167	9158	9148
0,09 .	9139	9130	9121	9112	9103	9094	9085	9076	9066	9057
0,10 .	9048	9039	9030	9021	9012	9003	8994	8985	8976	8967
0,11 .	0,8958	8949	8940	8932	8923	8914	8905	8896	8887	8878
0,12 .	8869	8860	8851	8843	8834	8825	8816	8807	8799	8790
0,13 .	8781	8772	8763	8755	8746	8737	8728	8720	8711	8702
0,14 .	8694	8685	8676	8668	8659	8650	8642	8633	8624	8616
0,15 .	8607	8598	8590	8581	8573	8564	8556	8547	8538	8530
0,16 .	8521	8513	8504	8496	8487	8479	8470	8462	8454	8445
0,17 .	8437	8428	8420	8411	8403	8395	8386	8378	8369	8361
0,18 .	8353	8344	8336	8328	8319	8311	8303	8294	8286	8278
0,19 .	8270	8261	8253	8245	8237	8228	8220	8212	8204	8195
0,2 .	0,8187	8106	8025	7945	7866	7788	7711	7634	7558	7483
0,3 .	7408	7334	7261	7189	7118	7047	6977	6907	6839	6771
0,4 .	6703	6637	6570	6505	6440	6376	6313	6250	6188	6126
0,5 .	6065	6005	5945	5886	5827	5769	5712	5655	5599	5543
0,6 .	0,5488	5434	5379	5326	5273	5220	5169	5117	5066	5016
0,7 .	4966	4916	4868	4819	4771	4724	4677	4630	4584	4538
0,8 .	4493	4449	4404	4360	4317	4274	4232	4190	4148	4107
0,9 .	4066	4025	3985	3946	3906	3867	3829	3791	3753	3716
1,0 .	3679	3642	3606	3570	3534	3499	3465	3430	3396	3362
1,1 .	0,3329	3296	3263	3230	3198	3166	3135	3104	3073	3042
1,2 .	3012	2982	2952	2923	2894	2865	2837	2808	2780	2753
1,3 .	2725	2698	2671	2645	2618	2592	2567	2541	2516	2491
1,4 .	2466	2441	2417	2393	2369	2346	2322	2299	2276	2254
1,5 .	2231	2209	2187	2165	2144	2122	2101	2080	2060	2039
1,6 .	0,2019	1999	1979	1959	1940	1920	1901	1882	1864	1845
1,7 .	1827	1809	1791	1773	1755	1738	1720	1703	1686	1670
1,8 .	1653	1637	1620	1604	1588	1572	1557	1541	1526	1511
1,9 .	1496	1481	1466	1451	1437	1423	1409	1395	1381	1367
2, .	0,1353	1225	1108	1003	0907	0821	0743	0672	0608	0550
3, .	0498	0450	0408	0369	0334	0302	0273	0247	0224	0202
4, .	0183	0166	0150	0136	0123	0111	0101	0091	0082	0074
5, .	0067	0061	0055	0050	0045	0041	0037	0034	0030	0027
6, .	0025	0022	0020	0018	0017	0015	0014	0012	0011	0010
7, .	0009	0007	0007	0007	0006	0006	0005	0005	0004	0004
8, .	0003	0003	0003	0003	0002	0002	0002	0002	0002	0001

(8) Umwandlung komplexer Größen

aus der Form $c \cdot e^{-\varphi}$ in die Form $a + bi$ und umgekehrt.

Gebrauch der Tafel s. S. 11. — Zur Abkürzung ist gesetzt 0_3195 für 000195.

	0	1	2	3	4	5	6	7	8	9
0,00	0_51 *0,057*	0_52 *0,115*	0_55 *0,172*	0_58 *0,229*	0_413 *0,287*	0_418 *0,344*	0_425 *0,401*	0_432 *0,458*	0_441 *0,516*	
0,01	0_450 *0,57*	0_461 *0,63*	0_472 *0,69*	0_485 *0,74*	0_498 *0,80*	0_3113 *0,86*	0_3128 *0,92*	0_3145 *0,97*	0_3162 *1,03*	0_3181 *1,09*
0,02	0_3200 *1,15*	0_3221 *1,20*	0_3242 *1,26*	0_3265 *1,32*	0_3288 *1,37*	0_3313 *1,43*	0_3338 *1,49*	0_3365 *1,55*	0_3392 *1,60*	0_3421 *1,66*
0,03	0_345 *1,72*	0_348 *1,78*	0_351 *1,83*	0_355 *1,89*	0_358 *1,95*	0_361 *2,00*	0_365 *2,06*	0_369 *2,12*	0_372 *2,18*	0_376 *2,23*
0,04	0_380 *2,29*	0_384 *2,35*	0_388 *2,41*	0_393 *2,46*	0_397 *2,52*	00101 *2,58*	00106 *2,63*	00111 *2,69*	00115 *2,75*	00120 *2,81*
0,05	00125 *2,86*	00130 *2,92*	00135 *2,98*	00141 *3,03*	00146 *3,09*	00151 *3,15*	00157 *3,21*	00163 *3,26*	00168 *3,32*	00174 *3,38*
0,06	00180 *3,43*	00186 *3,49*	00192 *3,55*	00199 *3,60*	00205 *3,66*	00211 *3,72*	00218 *3,78*	00225 *3,83*	00231 *3,89*	00238 *3,95*
0,07	00245 *4,00*	00252 *4,06*	00259 *4,12*	00266 *4,18*	00274 *4,23*	00281 *4,29*	00288 *4,35*	00296 *4,40*	00303 *4,46*	00311 *4,52*
0,08	00319 *4,57*	00328 *4,63*	00336 *4,69*	00344 *4,74*	00352 *4,80*	00361 *4,86*	00369 *4,92*	00378 *4,97*	00386 *5,04*	00395 *5,09*
0,09	00404 *5,14*	00413 *5,20*	00422 *5,26*	00432 *5,31*	00441 *5,37*	00450 *5,43*	00460 *5,48*	00469 *5,54*	00479 *5,60*	00489 *5,65*
0,1	0050 *5,71*	0060 *6,28*	0072 *6,84*	0084 *7,41*	0098 *7,97*	0112 *8,53*	0127 *9,09*	0143 *9,65*	0161 *10,20*	0179 *10,76*
0,2	0198 *11,3*	0218 *11,9*	0239 *12,4*	0261 *13,0*	0284 *13,5*	0308 *14,0*	0332 *14,6*	0358 *15,1*	0384 *15,6*	0412 *16,2*
0,3	044 *16,7*	047 *17,2*	050 *17,7*	053 *18,3*	056 *18,8*	059 *19,3*	063 *19,8*	066 *20,3*	070 *20,8*	073 *21,3*
0,4	077 *21,8*	081 *22,3*	085 *22,8*	089 *23,3*	093 *23,7*	097 *24,2*	101 *24,7*	105 *25,2*	109 *25,6*	114 *26,1*
0,5	118 *26,6*	123 *27,0*	127 *27,5*	132 *27,9*	137 *28,4*	141 *28,8*	146 *29,3*	151 *29,7*	156 *30,1*	161 *30,5*
0,6	166 *31,0*	171 *31,4*	177 *31,8*	182 *32,2*	187 *32,6*	193 *33,0*	198 *33,4*	204 *33,8*	209 *34,2*	215 *34,6*
0,7	221 *35,0*	226 *35,4*	232 *35,8*	238 *36,1*	244 *36,5*	250 *36,9*	256 *37,2*	262 *37,6*	268 *38,0*	274 *38,3*
0,8	281 *38,7*	287 *39,0*	293 *39,4*	300 *39,7*	306 *40,0*	312 *40,4*	319 *40,7*	326 *41,0*	332 *41,4*	339 *41,7*
0,9	345 *42,0*	352 *42,3*	359 *42,6*	366 *42,9*	372 *43,2*	379 *43,5*	386 *43,8*	393 *44,1*	400 *44,4*	407 *44,7*

Gebrauch der Tafel (8).

Die linke und die obere Randspalte enthalten die Ziffern eines echten Dezimalbruchs d mit 3 oder 2 Dezimalstellen. Jedes Viereck enthält in der oberen Zahl die Dezimalstellen des Wertes $\sqrt{1 + d^2} = 1, \ldots$ und darunter einen Winkel φ.

Übergang von der Form

$a \pm ib$ zu $c \cdot e^{\pm i\varphi}$	$c \cdot e^{\pm i\varphi}$ zu $a \pm ib$
$a > b$	$\varphi < 45^0$
Zu $b/a = d$ gibt die Tafel φ und $\sqrt{1 + (b/a)^2}$; letzteres mit a multipliziert ist $c = \sqrt{a^2 + b^2}$ $$20{,}4 - 9{,}2\,i = 20{,}4 \cdot 1{,}097 \cdot e^{-24{,}2\,i}$$ $$= 22{,}4 \cdot e^{-24{,}2\,i}$$	Über φ steht in der Tafel $\sqrt{1 + (b/a)^2}$; dies in c dividiert ist a. Die Randspalten geben b/a, welches mit a multipliziert b liefert. $$22{,}4 \cdot e^{-24{,}2\,i} = \frac{22{,}4}{1{,}097} - 0{,}45 \cdot \frac{22{,}4}{1{,}097}\,i$$ $$= 20{,}4 - 9.2\,i$$
$a < b$	$\varphi > 45^0$
Zu $a/b = d$ gibt die Tafel einen Winkel, der von 90^0 zu subtrahieren ist, um φ zu erhalten. $\sqrt{1 + (a/b)^2}$ aus der Tafel gibt mit b multipliziert c. $$9{,}2 - 20{,}4\,i = 20{,}4 \cdot 1{,}097 \cdot e^{-65{,}8\,i}$$ $$= 22{,}4 \cdot e^{-65{,}8\,i}$$	φ wird von 90^0 subtrahiert, über dem so erhaltenen Winkel steht in der Tafel $\sqrt{1 + (a/b)^2}$; dies in c dividiert ist b. Die Randspalten geben a/b, welches mit b multipliziert a liefert. $$22{,}4 \cdot e^{-65{,}8\,i} = -\frac{22{,}4}{1{,}097}\,i + \frac{22{,}4}{1{,}097} \cdot 0{,}4$$ $$= 9{,}2 - 20{,}4\,i$$

(9) Tabelle der Dichte verschiedener Körper.

Metalle und Legierungen.

Aluminium	2,6—2,7	Mangan	7,4
Antimon	6,7	Messing	8,3—8,7
Blei	11,2—11,4	Molybdän	8,1
Bronze	8,8	Neusilber, Argentan,	
Chrom	6,2—6,8	Blanca, Nickelin	
Deltametall	8,6	u. s. f.	8,4—8,7
Eisen, reines	7,86	Nickel, gegossen	8,9
Fluß-	7,85	gewalzt	8,6—8,9
Schmiede-	7,82	Phosphorbronze	8,8
Stahl	7,60—7,80	Platin	21,5
Weiß, Guß	7,6—7,7	Quecksilber 0^0	13,6
Grauer Guß	7,0—7,1	Silber	10,5
Gold	19,3	Siliziumbronze	8,9
Kadmium	8,6	Tantal	16,5
Kanonengut	8,44	Uran	18,4
Kobalt	8,4	Weißmetall	7,1
Kupfer, gegossenes	8,83—8,92	Wismut	9,8
Draht	8,94	Wolfram	19,1
gehämmert	8,94	Zink, gegossen	7,1
elektrolyt.	8,88—8,95	gewalzt	7,2
Magnesium	1,7	Zinn	7,3

Verschiedene Materialien.

Asbest	2,1—2,8	Retortenkohle	1,9
Asbestpappe	1,2	Koks	0,5
Asphalt	1,1—1,2	Holzkohle, ca.	1,5
Baumwolle, lufttrocken	1,5	Kohlenstäbe	1,6
Bernstein	1,1	Kolophonium	1,07
Bleioxyd, -glätte	9,2—9,5	Kork	0,24
Bleisuperoxyd	8,9	Kupfervitriol	2,3
Braunstein	3,7—4,6	Linoleum	1,15—1,30
Chlornatrium	2,15	Marmor	2,65—2,8
Eis von 0°	0,917	Mennige	9,1
Elfenbein	8—1,9	Papier	0,70—1,15
Fette	0,93—0,95	Paraffin	0,9
Flachs, lufttrocken	1,5	Pech	1,1
Gips, gegossen	0,97	Porzellan	2,2—2,5
gebrannt	1,81	Salmiak	1,52
Glas, gewöhnlich und		Sandstein	2,2—2,5
Spiegel-	2,5—2,7	Schiefer	2,6
Flintglas	3,1—3,9	Schlacke, Hochofen	2,5—3,0
Glimmer	2,7—3,2	Schmirgel	4,0
Guttapercha	0,97	Schwefel	1,96—2,05
Hanf, lufttrocken	1,5	Serpentin	2,4—2,7
Hartgummi	1,15	Speckstein	2,6
Kalziumkarbid	2,26	Stearin	1,0
Kautschuk, nicht vul-		Steingut	2,3
kanisiert	0,92—0,99	Talg	0,97
Kohlenstoff		Teer	1,0
Graphit	2,2—2,3	Tonwaren	1,92—2,14
„ natürl.	1,8—2,2	Vulkanfiber	1,28
Braunkohle	1,2—1,4	Wachs	0,96
Steinkohle	1,3	Zement, Portland-	2,7—3,0
Anthracit	1,5	Ziegel	1,4—2,0
Gaskohle	1,9	Zinkvitriol	2,02

Hölzer.

Pockholz	1,3	Eichen	0,8
Ebenholz	1,25	Die meisten übrigen	
Buchsbaum	1,0	Laubhölzer	0,65—0,75
Teak	0,9	Die meisten Nadel-	
Mahagoni	0,85	hölzer	0,40—0,60

Flüssigkeiten.

Äther	0,73	Öle, Fette	0,91—0,94
Alkohol	0,79	Petroleum	0,8—0,9
Amylazetat	0,89	Rizinusöl	0,97
Benzin	0,7	Schwefelkohlenstoff	1,29
Benzol	0,90	Spiritus	0,84
Chloroform	1,48	Steinkohlenteer	1,20
Glyzerin	1,26	Terpentinöl	0,87

Wässerige Lösungen von Säuren, Alkalien und Salzen.

Dichte bei 15° C	Schwefelsäure	Salpetersäure	Salzsäure	Kalilauge	Natronlauge	Chlornatrium	Kupfervitriol	Zinkvitriol
	100 Gewichtsteile der Lösung enthalten Gewichtsteile:							
	H_2SO_4	HNO_3	HCl	KHO	$NaHO$	$NaCl$	$CuSO_4 + 5\,H_2O$	$ZnSO_4 + 7\,H_2O$
1,05	7,5	8,2	10	6,1	4,3	6,9	7,8	8,5
1,10	14	17	20	12	8,7	14	15	17
1,15	21	25	30	17	13	20	28	24
1,20	27	32	40	22	18	26		31
1,25	33	40		27	22			37
1,30	39	47		31	27			44
1,4	50	65		39	37			55
1,5	60	91		47	46			
1,6	69			55	56			
1,7	77			63	66			
1,8	87							

(10) Bezeichnungen.

Die nachfolgende Tafel ist ursprünglich im Anschluß an die Vereinbarungen des Elektrotechniker-Kongresses zu Chicago 1893 aufgestellt worden; später wurde mehr auf die in der Maschinentechnik eingebürgerten Bezeichnungen Rücksicht genommen. Die Lichtgrößen sind nach den Beschlüssen des Elektrotechnischen Vereins, des Vereins der Gas- und Wasserfachmänner und des Verbandes Deutscher Elektrotechniker vom Jahre 1897 aufgenommen. Ferner sind die Sätze des Ausschusses für Einheiten und Formelgrößen (AEF) berücksichtigt worden (Abdruck s. S. 938), die Vorschläge des AEF insoweit, als es tunlich und zweckmäßig schien; auch wurden einige Gegenvorschläge beachtet.

Die Internationale Elektrotechnische Kommission hat in Turin 1911 beschlossen, die durch das Ohmsche Gesetz verbundenen Größen mit E, I, R zu bezeichnen und als Einheit der Leistung, sowohl der elektrischen als der mechanischen, das Kilowatt zu wählen.

Bei der Auswahl der Zeichen wurden folgende Hauptregeln beobachtet: Die Einheitszeichen sind lateinische gerade Buchstaben; für die elektrischen Einheiten wurden große Buchstaben gewählt. Die Zeichen für die Größen sind entweder lateinische Kursiv-, deutsche Fraktur- oder griechische Buchstaben; die Vektoren und die magnetischen Größen werden durch Frakturbuchstaben dargestellt, die Eigenschaften der Stoffe vorzugsweise durch kleine griechische Buchstaben.

In Fällen, wo mehrere Größen derselben Art gleichzeitig in den Formeln auftreten, werden neben den in der Tafel angegebenen Zeichen die zugehörigen großen bzw. kleinen Buchstaben desselben Alphabets und die gleichlautenden Buchstaben anderer Alphabete verwandt. In besonderen Fällen werden auch Zeichen verwendet, welche die Tafel nicht aufführt.

Der Buchstabe L wird in der Elektrotechnik sowohl für Leistung wie für Selbstinduktivität benutzt. Dies führt in einem Buche, in dem beide Größen oft vorkommen, zu Unbequemlichkeiten. Es ist daher für die Leistung Λ gewählt worden, wofür sich schon ein Vorgang in Kohlrauschs Prakt. Physik findet. Es soll damit keineswegs der sonst üblichen Bezeichnungsweise entgegengearbeitet werden.

14 Allgemeine Hilfsmittel.

Zeichen	Physikalische Größe oder Eigenschaft	Beziehungsgleichungen	Dimension	Technische Einheit Zeichen	Name oder Bezeichnung	Wert in CGS

Die Vielfachen und Teile von Einheiten werden aus letzteren durch Vorsetzen geeigneter Buchstaben abgeleitet. $M = 10^6$; $k = 10^3$; $h = 10^2$; $d = 10^{-1}$; $c = 10^{-2}$; $m = 10^{-3}$; $\mu = 10^{-6}$.

1. Grundmaße.

Zeichen	Größe	Bez.gl.	Dimension	Einh.-Zeichen	Name	Wert in CGS
	Länge		L	cm	Zentimeter	1
				m	Meter	10^2
				μ	Mikron $= 0{,}001$ mm	10^{-1}
m	Masse		M	k	Gramm	1
				γ	$= 0{,}001$ mg	10^{-6}
t	Zeit		T	st	Stunde ⎫ Zeit-	1
				mn	Minute ⎬ räume	60
				sk	Sekunde ⎭	3600
				h	Zeitpunkte,	
				min	Uhrzeiten,	
				sec	Zeichen erhöht	

2. Zahlen, geometrische und mechanische Größen.

Zeichen	Größe	Bez.gl.	Dimension	Einh.-Zeichen	Name	Wert in CGS
$a, \beta ..$	Winkel, Bogen		0		arc sin $57{,}3^0 = 1$	
φ	Voreilwinkel, Phasenverschieb.		0			
η	Wirkungsgrad		0			
N	Windungszahl		0			
r	Halbmesser	⎫				
d	Durchmesser	⎬ L				
λ	Wellenlänge	⎭				
S	Fläche, Oberfläche,	⎫ L^2		m^2	Quadratmeter	10^4
q	Querschnitt	⎭		cm^2	Quadratzentimeter	1
				a	Ar $= 100\,m^2$	10^6
V	Raum, Volumen		L^3	m^3	Kubik(Raum)meter	10^6
				cm^3	Kubikzentimeter	1
v	Geschwindigkeit		LT^{-1}	l	Liter	10^3
a	Beschleunigung		LT^{-2}	λ	$= 0{,}001$ ml	10^{-3}
n	Umlaufzahl	⎫		U/mn	Umdrehungen in 1 mn	$^1/_{60}$
ω	Winkelgeschwindigkeit	⎬ T^{-2}		Per/sk	Perioden in 1 sk	1
ν	Frequenz	⎬			Perioden in $2\,\pi$ sk	$^1/_2\,\pi$
ω	Kreisfrequenz	⎭				
P	Kraft	$P = m \cdot a$	LMT^{-2}	kg*	Kilogramm-Kraft ⎫	981 . 10^3
				kb	Kilobar ⎭	
				g*	Gramm-Kraft ⎫	981
				b	Bar ⎭	
A	Arbeit	$A = P \cdot l$		kgm	Kilogrammeter	$98{,}1 \cdot 10^6$
W	Energie		L^2MT^{-2}	ft lb	engl. Fußpfund	$13{,}4 \cdot 10^6$
				kWst	Kilowattstunde	$36 \cdot 10^{12}$
A	Leistung, Effekt	$A = A/t$	L^2MT^{-3}	kW	Kilowatt	10^{10}
				GP	Großpferd$=102$kgm/sk	10^{10}
				P	Pferd $= 75$ kgm/sk	$736 \cdot 10^7$
				HP	Horsepower, engl.	$746 \cdot 10^7$
p	Druck, Spannung	$p = P/q$	$L^{-1}MT^{-2}$	kg*/mm²	Kilogramm auf das Quadratmillimeter	$98{,}1 \cdot 10^6$
				Atm	physikal. Atmosphäre 76 cm Hg von 0^0	$1{,}013 \cdot 10^6$
				at	technische Atm. 1 at $= 1$ kg*/cm²	$98{,}8 \cdot 10^4$

Zeichen	Physikalische Größe oder Eigenschaft	Beziehungsgleichungen	Dimension	Technische Einheit		
				Zeichen	Name oder Bezeichnung	Wert in CGS
Θ	Trägheitsmoment		L^2M			
D	Dreh- u. statisches Moment		L^2MT^{-2}			
M	Biegungsmoment		L^2MT^{-2}			
δ	spez. Gewicht		0			
E	Elastizitätsmodul	$\alpha = 1/E$	$L^{-1}MT^{-2}$			
α	Dehnungskoeffizient		$LM^{-1}T^2$			

3. Wärme.

Zeichen	Physikalische Größe	Beziehungsgleichungen	Dimension	Zeichen	Name oder Bezeichnung	Wert in CGS
T	Temperatur, absolute	$T = 273 + t$				
t	Temperatur vom Eispunkt					
Q	Wärmemenge			cal kcal	Grammkalorie Kilogrammkalorie	4,189 . 10^7 4,189 . 10^{10}
c	spez. Wärme	$c = Q/m \, (t_2 - t_1)$			1 kcal (15°) = 427,2 kgm 1 BThU (British Thermal Unit) = 778 ft lbs = 107,6 kgm = 0,252 kcal	
α	Wärmeausdehnungs-Koeffizient					

4. Licht.

Zeichen	Physikalische Größe	Beziehungsgleichungen	Dimension	Zeichen	Name oder Bezeichnung	Wert in CGS
J	Lichtstärke			HK	Kerze (Hefnerkerze)	
Φ	Lichtstrom	$\Phi = J\,\omega = JS/r^2$		Lm	Lumen (Hefnerlumen)	
E	Beleuchtung	$E = J/r^2 = \Phi/S$		Lx	Lux (Hefnerlux)	
e	Flächenhelle	$e = J/s$				
Q	Lichtabgabe	$Q = \Phi \cdot T$				

φ räumlicher Winkel; S in m^2, $s = cm^2$, $\perp$ zur Strahlenrichtung; r in m; T in Stunden.

5. Magnetismus.

Zeichen	Physikalische Größe	Beziehungsgleichungen	Dimension	Zeichen	Name oder Bezeichnung	Wert in CGS
$\mathfrak{m}$	magnet. Menge	$P = \dfrac{m_1 \cdot m_2}{l^2}$	$L^{3/2}M^{1/2}T^{-1}$			
$\mathfrak{l}$	Polabstand		L			
$\mathfrak{M}$	magnet. Moment	$\mathfrak{M} = \mathfrak{m} \cdot \mathfrak{l}$	$L^{5/2}M^{1/2}T^{-1}$			
$\mathfrak{J}$	Magnetisierungsstärke	$\mathfrak{J} = \mathfrak{M}/V$				
$\mathfrak{H}$	magnetische Feldstärke	$\mathfrak{H} = \mathfrak{F}/l = 4\pi NI/l$				
$\mathfrak{h}$	horizont. Erdmagnetismus		$L^{-1/2}M^{1/2}T^{-1}$		Gauß	1
$\mathfrak{B}$	magnet. Dichte oder Induktion	$\mathfrak{B} = \mathfrak{H} + 4\pi\mathfrak{J}$ $\mathfrak{B} = \mu\mathfrak{H}$				
$\mathfrak{F}$	magnetomotorische Kraft	$\mathfrak{F} = l \cdot \mathfrak{H}$ $\mathfrak{F} = 4\pi NI$	$L^{1/2}M^{1/2}T^{-1}$		Gilbert	1
Φ	Kraftfluß	$\Phi = \mathfrak{F}/\mathfrak{R}$ $\Phi = q \cdot \mathfrak{B}$	$L^{3/2}M^{1/2}T^{-1}$		Maxwell	1
$\mathfrak{R}$	magnetischer Widerstand (Reaktanz)	$\mathfrak{R} = \dfrac{1}{\mu} \cdot \dfrac{l}{q}$	L^{-1}		Oersted	1
μ	magnet. Durchlässigkeit	$\mu = 1 + 4\pi\varkappa$ $= \mathfrak{B}/\mathfrak{H}$				
$\varkappa$	magnet. Aufnahmevermögen	$\varkappa = \dfrac{\mu - 1}{4\pi} = \dfrac{\mathfrak{J}}{\mathfrak{H}}$	0			
η	Koeff. d. magnet. Hysterese.					
p	Zahl der Polpaare					
ν	Streuungskoeffizient					

6. Elektrizität.

Zeichen	Physikalische Größe oder Eigenschaft	Beziehungsgleichungen	Dimension	Technische Einheit			
				Zeichen	Name oder Bezeichnung	Wert in CGS	
$\mathfrak{E}$ $\mathfrak{D}$	Elektr. Feldstärke Dielektr. Verschiebung	$\mathfrak{D}=\varepsilon\mathfrak{E}/4\pi c^2$	$L^{1/2}M^{1/2}T^{-2}$ $L^{-3/2}M^{1/2}$				Westonsches Normalelement Form der Reichsanstalt
E	Elektromotorische Kraft						$1,0183-0,0000406(t-20)$ $-0,0_695 (t-20)^2$
P	SpannungPotentialdiff.,	$E = I \cdot R$	$\dfrac{L^{3/2}M^{1/2}}{T^{-2}}$	V	Volt	10^8	$-0,0_601 (t-20)^3$V bei 4^0 gesätt. Lösung 1,0187 V
V	Potential gegen Erde	$P=V_1-V_2$					Clarksches Normalelement $1,4263-0,00126(t-20)$ $-0,0_57 (t-20)^2$V
I	Stromstärke	$I = \dfrac{E}{R}$	$L^{1/2}M^{1/2}T^{-1}$	A	Ampere	10^{-1}	1 A in 1 sk = 1 C: 0,0933 mg H²O
Q	Elektrizitätsmenge	$Q=I \cdot T$	$L^{1/2}M^{1/2}$	C Ast	Coulomb Ampere-Stunde	10^{-1} 360	0,328 mg Cu 1,118 mg Ag
i	Stromdichte	$i = I/q$	$L^{-3/2}M^{-1/2}$ L^{-1}				0,337 mg Zn Valenzladung $F = 96494$
D	Durchflutung	$D = NI$	$L^{1/2}M^{1/2}T^{-1}$	AW	Amperewindung	10^{-1}	
B	Strombelag	$B = D/l$	$L^{-1/2}M^{1/2}$ T^{-1}	$\dfrac{AW}{cm}$		10^{-1}	
A	elektrische Arbeit	$A = Q \cdot E$	L^2MT^{-2}	VC J Wst kWst	Voltcoulomb Joule Wattstunde Kilowattstunde	10^7 10^7 $36 \cdot 10^9$ $36 \cdot 10^{12}$	1 J = 1VC = 0,10195 kgm = 0,23865 kal (15⁰)
A	elektrische Leistung	$A = E \cdot I$ $= A/T$	L^2MT^{-3}	W kW BTU	Watt Kilowatt Board of Trade Unit	10^7 10^{10} 10^{10}	1 kW = 1 G P 1 W = $^1/_{736}$ P = 0,00136 P 1 BTU (auch 1 U) = 1 kW
R	Widerstand	$R = E/I$ $R = I \, l/q$	LT^{-1}	$\mathcal{O}$ $M\mathcal{O}$	Ohm Megohm	10^9 10^{15}	Werte in m/mm² Hg von 0⁰ 1 legales Ohm =1,06 1 internation.Ohm=1,063
G	Leitwert	$G = 1/R$	$L^{-1} T$	S	Siemens	10^{-9}	
C	Kapazität	$C = \dfrac{Q}{E}$	$L^{-1}T^2$	F μF	Farad Mikrofarad	10^{-9} 10^{-15}	**Elektrostatisches oder mechanisches Maß.**
L	Selbstinduktivität	$L = \dfrac{\Phi}{I}$	L	H	Henry	10^9	Potential 1 = 300 V Widerstand 1=9·10¹¹ $\mathcal{O}$
M	Gegeninduktivität						
σ	spezif. Widerstand		$L^2 T^{-1}$		σ und χ bezogen auf Ohm		Strom 1 = $\dfrac{1}{3}$ · 10^{-9} A
χ	spez. Leitwert d. Leiter 1.Kl.	$\sigma = \dfrac{1}{\chi}$					Menge 1 = $\dfrac{1}{3}$ · 10^{-9} C
$\varkappa$	Leitfähigkeit d.Elektrolyte	$\varkappa = 10^4\chi$	$L^{-2}T$		$\varkappa$ auf d.Würfel von 1 cm Seite		Kapazität 1=$\dfrac{1}{9}$ · 10^{-11} F
Λ	Äquivalentleitvermögen	$\Lambda = \dfrac{\varkappa}{\eta}$	$M^{-1}LT$				
α	elektrochem. Äquivalent						
η	Gonzentration einer Lösung Krammäquivalent in 1 cm³ Lösung						
γ	Dissoziationsgrad						
ε	Dielektrizitätskonstante						
ξ	Wirbelstromkonstante						

Zusammengesetzte Wechselstromgrößen.

Reaktanz = $\omega L - 1/\omega C$

Impedanz = $\sqrt{R^2 + (\omega L - 1/\omega C)^2}$

Admittanz = $1/\sqrt{R^2 + (\omega L - 1/\omega C)^2}$

Konduktanz = $R/[R^2 + (\omega L - 1/\omega C)^2]$

Suszeptanz = $[\omega L - 1/\omega C]/[R^2 + (\omega L - 1/\omega C)^2]$

(11) Näherungsformeln für das Rechnen mit kleinen Größen.

d und δ bedeuten gegen 1 bzw. φ sehr kleine Größen; δ und φ im Bogenmaß.

$$(1 \pm d)^m = 1 \pm md, \text{ für jedes reelle } m.$$

$$\frac{1 \pm d_1}{1 \pm d_2} = 1 \pm d_1 \mp d_2 \qquad (1 \pm d_1)(1 \pm d_2) = 1 \pm d_1 \pm d_2$$

$$\sin \delta = \delta - \tfrac{1}{6}\delta^3 \qquad \sin(\varphi + \delta) = \sin \varphi + \delta \cos \varphi$$

$$\cos \delta = \delta - \tfrac{1}{2}\delta^2 \qquad \cos(\varphi + \delta) = \cos \varphi - \delta \sin \varphi$$

$$\operatorname{tg} \delta = \delta + \tfrac{1}{3}\delta^3 \qquad \operatorname{tg}(\varphi + \delta) = \operatorname{tg} \varphi + \frac{\delta}{\cos \varphi^2}$$

$$a^d = 1 + d \log \operatorname{nat} a \qquad \log \operatorname{nat}(1 \pm d) = \pm d - \tfrac{1}{2}d^2.$$

Die Vektorenrechnung.

(12) Ein V e k t o r ist bestimmt durch die Angabe seines B e t r a g s und seiner R i c h t u n g. Gehört zu jedem Punkte eines Raumes ein bestimmter Vektor, so nennt man den Raum ein V e k t o r f e l d. Durch alle Punkte eines Vektorfeldes lassen sich, soweit es stetig ist, Linien ziehen, deren Richtung überall die Richtung des zu dem betreffenden Punkte gehörigen Vektors angibt (V e k t o r - l i n i e n). N i v e a u f l ä c h e n , das sind Flächen, die von den Vektorlinien überall senkrecht durchkreuzt werden, lassen sich außer in wirbelfreien (lamellaren) Feldern nur in solchen Feldern angeben, wo der Vektor überall senkrecht auf seinem Wirbel steht (komplexlamellare oder geschichtete Felder).

(13) Formeln.

I n n e r e s P r o d u k t $\mathfrak{A}\mathfrak{B} = (\mathfrak{A}\mathfrak{B}) = |\mathfrak{A}| \, |\mathfrak{B}| \cos(\mathfrak{A}, \mathfrak{B})$;

ä u ß e r e s P r o d u k t $[\mathfrak{A}\,\mathfrak{B}]$ hat den Betrag $|[\mathfrak{A}\,\mathfrak{B}]| = |\mathfrak{A}| \, |\mathfrak{B}| \sin(\mathfrak{A},\mathfrak{B})$

= Flächeninhalt des aus $\mathfrak{A}$, $\mathfrak{B}$ gebildeten Parallelogramms.

Das innere Produkt ist ein S k a l a r (einfache Zahl); das äußere ein auf der Ebene $\mathfrak{A}$, $\mathfrak{B}$ senkrecht stehender Vektor. Der durch die Reihenfolge $\mathfrak{A}$, $\mathfrak{B}$ bestimmte Umlaufssinn des Parallelogramms und die Richtung des äußern Produkts ordnen sich einander zu wie der Drehsinn und der Fortschreitungssinn einer R e c h t s s c h r a u b e.

R e c h n u n g s r e g e l n : $\mathfrak{A}(\mathfrak{B} + \mathfrak{C} + \ldots) = \mathfrak{A}\mathfrak{B} + \mathfrak{A}\mathfrak{C} + \ldots$

$$\mathfrak{A}\mathfrak{B} = \mathfrak{B}\mathfrak{A}$$

$$[\mathfrak{A}, \mathfrak{B} + \mathfrak{C} + \ldots] = [\mathfrak{A}\,\mathfrak{B}] + [\mathfrak{A}\,\mathfrak{C}] + \ldots.$$

$$[\mathfrak{A}\,\mathfrak{B}] = -[\mathfrak{B}\,\mathfrak{A}]$$

M e h r f a c h e P r o d u k t e.

$\mathfrak{A}[\mathfrak{B}\,\mathfrak{C}] = \mathfrak{B}[\mathfrak{C}\,\mathfrak{A}] = \mathfrak{C}[\mathfrak{A}\,\mathfrak{B}] = $ Rauminhalt des aus $\mathfrak{A}$, $\mathfrak{B}$, $\mathfrak{C}$ gebildeten Quaders.

$$[\mathfrak{A}[\mathfrak{B}\,\mathfrak{C}]] = \mathfrak{B} \cdot \mathfrak{A}\mathfrak{C} - \mathfrak{C} \cdot \mathfrak{A}\mathfrak{B}$$

$$[\mathfrak{A}\,\mathfrak{B}][\mathfrak{C}\,\mathfrak{D}] = \mathfrak{A}\mathfrak{C} \cdot \mathfrak{B}\mathfrak{D} - \mathfrak{A}\mathfrak{D} \cdot \mathfrak{B}\mathfrak{C}$$

$$[[\mathfrak{A}\,\mathfrak{B}][\mathfrak{C}\,\mathfrak{D}]] = \mathfrak{C} \cdot [\mathfrak{B}\,\mathfrak{D}]\mathfrak{A} - \mathfrak{D} \cdot [\mathfrak{B}\,\mathfrak{C}]\mathfrak{A}$$

D i f f e r e n t i a l e. $d(\mathfrak{A}\,\mathfrak{B}) = \mathfrak{A}\,d\mathfrak{B} + \mathfrak{B}\,d\mathfrak{A}$

$$d[\mathfrak{A}\,\mathfrak{B}] = [\mathfrak{A}\,d\mathfrak{B}] + [d\mathfrak{A}, \mathfrak{B}] = [\mathfrak{A}\,d\mathfrak{B}] - [\mathfrak{B}\,d\mathfrak{A}]$$

D i f f e r e n t i a l q u o t i e n t e n. Ist V ein Raumteil, F seine Oberfläche, df ein Oberflächenelement, $\mathfrak{n}$ ein die ä u ß e r e Normalenrichtung dieses Elements anzeigender Einheitsvektor (Betrag 1), $d\mathfrak{f} = \mathfrak{n}\,df$ also der Vektor des Oberflächenelements, so ist [1])

---

[1]) W. v. I g n a t o w s k y , Die Vektoranalysis. Leipzig 1909.

$$\text{der Gradient von } p \;=\; \operatorname{grad} p \;=\; \lim_{V=0} \frac{1}{V} \int_F p \, d\mathfrak{f}$$

$$\text{die Divergenz von } \mathfrak{A} \;=\; \operatorname{div} \mathfrak{A} \;=\; \lim_{V=0} \frac{1}{V} \int_F \mathfrak{A} \, d\mathfrak{f}$$

$$\text{der Rotor (Wirbel) von } \mathfrak{A} \;=\; \operatorname{rot} \mathfrak{A} \;=\; \lim_{V=0} \frac{1}{V} \int_F [d\mathfrak{f}\, \mathfrak{A}]$$

grad p ist ein Vektor, dessen Komponente nach irgendeiner Richtung s den Anstieg $\partial p/\partial s$ der skalaren Größe p in der Richtung s angibt.

div $\mathfrak{A}$ ist der aus der (unendlich kleinen) Volumeinheit austretende Fluß des Vektors $\mathfrak{A}$ und somit ein Maß für die Zahl der in der Volumeinheit entspringenden $\mathfrak{A}$-Linien.

rot $\mathfrak{A}$ ist ein Vektor. Deutet man $\mathfrak{A}$ als Kraft, so ist die Komponente von rot $\mathfrak{A}$ nach irgendeiner Richtung die mechanische Arbeit, die bei einem vollständigen Umlauf um eine senkrecht zu jener Richtung stehende (unendlich kleine) Flächeneinheit durch $\mathfrak{A}$ geleistet wird[1]).

$$(\mathfrak{A}\operatorname{grad})\,\mathfrak{B} \;=\; \lim_{V=0} \frac{\mathfrak{A}}{V} \int_F d\mathfrak{f}\cdot\mathfrak{B}$$

ist ein Vektor, der die mit $|\mathfrak{A}|$ multiplizierte Änderung angibt, die $\mathfrak{B}$ erfährt, wenn man in der Richtung von $\mathfrak{A}$ um die Längeneinheit fortschreitet.

$$\varDelta p \;=\; \operatorname{div}\operatorname{grad} p$$

$$\varDelta \mathfrak{A} \;=\; \lim_{V=0} \frac{1}{V} \int_F (d\mathfrak{f}\operatorname{grad})\, \mathfrak{A}$$

R e c h n u n g s r e g e l n.   rot grad p = 0

$$\operatorname{div}\operatorname{rot}\mathfrak{A} \;=\; 0$$

grad $\mathfrak{A}\mathfrak{B}$ = $(\mathfrak{A}\operatorname{grad})\,\mathfrak{B} + (\mathfrak{B}\operatorname{grad})\,\mathfrak{A} + [\mathfrak{A}\operatorname{rot}\mathfrak{B}] + [\mathfrak{B}\operatorname{rot}\mathfrak{A}]$

div $[\mathfrak{A}\mathfrak{B}]$ = $\mathfrak{B}\operatorname{rot}\mathfrak{A} - \mathfrak{A}\operatorname{rot}\mathfrak{B}$

rot $[\mathfrak{A}\mathfrak{B}]$ = $(\mathfrak{A}\operatorname{grad})\,\mathfrak{B} - (\mathfrak{B}\operatorname{grad})\,\mathfrak{A} + \mathfrak{B}\operatorname{div}\mathfrak{A} - \mathfrak{A}\operatorname{div}\mathfrak{B}$

div $\mathfrak{A}p$ = $\mathfrak{A}\operatorname{grad} p + p\operatorname{div}\mathfrak{A}$

rot $\mathfrak{A}p$ = $-[\mathfrak{A}\operatorname{grad} p] + p\operatorname{rot}\mathfrak{A}$

rot rot $\mathfrak{A}$ = grad div $\mathfrak{A} - \varDelta\mathfrak{A}$

U n s t e t i g k e i t e n. Die wichtigsten in den Anwendungen vorkommenden Unstetigkeiten sind e n d l i c h e S p r ü n g e v o n S k a l a r e n u n d V e k t o r e n l ä n g s g e w i s s e r F l ä c h e n. An solchen Flächen würde der im vorhergehenden definierte r ä u m l i c h e G r a d i e n t, die r ä u m l i c h e D i v e r g e n z und der r ä u m l i c h e W i r b e l unendlich groß werden, also den Sinn verlieren. Man spricht aber an der Sprungfläche von

---

[1]) Der Umlaufssinn bestimmt hierbei zusammen mit der angenommenen Richtung eine Rechtsschraube.

einem F l ä c h e n g r a d i e n t e n von $p = p_1\, \mathfrak{n}_1 + p_2\, \mathfrak{n}_2$;

einer F l ä c h e n d i v e r g e n z von $\mathfrak{A} = \mathfrak{A}_1\, \mathfrak{n}_1 + \mathfrak{A}_2\, \mathfrak{n}_2$;

einem F l ä c h e n w i r b e l von $\mathfrak{A} = [\mathfrak{n}_1\, \mathfrak{A}_1] + [\mathfrak{n}_2\, \mathfrak{A}_2]$.

$\mathfrak{n}$ ist ein Einheitsvektor in Richtung der von der Fläche hinwegweisenden Normalen; die beiden Seiten der Sprungfläche werden durch die Zeiger 1 und 2 unterschieden.

Der F l ä c h e n g r a d i e n t ist also ein Vektor vom Betrag des Sprunges $p_1 - p_2$, der nach der Seite der höheren p-Werte weist.

Die F l ä c h e n d i v e r g e n z ist ein Skalar, der den Sprung der normalen Komponenten $A_{\mathfrak{n}_1} + A_{\mathfrak{n}_2}$ des Vektors $\mathfrak{A}$ mißt.

Der F l ä c h e n w i r b e l ist ein in der Sprungfläche liegender Vektor, der vom Betrage des Sprungs der tangentialen Komponenten abhängt.

(14) Allgemeine rechtsläufige orthogonale Koordinaten.

Die vorstehenden Definitionen und Rechnungsregeln sind unabhängig von der Wahl einer bestimmten Raumeinteilung, also vom Koordinatensystam. Dieses braucht man erst, wenn man in besonderen Fällen die räumliche Feldverteilung wirklich berechnen will. Dazu eignen sich am besten die o r t h o - g o n a l e n Systeme, bei denen der Raum durch drei sich überall senkrecht durchschneidende Flächenscharen in kleine quaderähnliche Raumteile zerlegt wird. Wenn wir eine bestimmte Fläche F_1 aus der ersten Schar durch die Größe (Koordinate) u, eine bestimmte Fläche F_2 der zweiten Schar durch eine zweite Koordinate v und eine Fläche F_3 der dritten Schar durch w festlegen, so bestimmt der Schnittpunkt der drei Flächen den Punkt $P(u, v, w)$. Die Koordinate $u + du$ bestimmt eine zu F_1 benachbarte Fläche, die von dieser den Abstand

$$\partial s_u = U\, du$$

hat, wo U im allgemeinen eine Funktion des Ortes, das ist der Koordinaten u, v, w sein wird.

Entsprechend sind

$$\partial s_v = V\, dv \quad \text{und} \quad \partial s_w = W\, dw$$

die Abstände der durch v und $v + dv$, bzw. der durch w und $w + dw$ bestimmten Flächen. Die 6 Flächen schließen ein Quaderchen vom Rauminhalte

$$U\, V\, W\, du\, dv\, dw$$

ein. Die zu $u + du$, $v + dv$ und $w + dw$ gehörenden Flächen schneiden sich in einem Punkte P_1, dessen Abstand von P die Diagonale des Quaders

$$ds = \sqrt{(U\, du)^2 + (V\, dv)^2 + (W\, dw)^2}$$

ist.

B e i s p i e l e. Es ist für

Kartesische Koordinaten

		Zylinderkoordinaten	
$u = x$	$U = 1$	$u = r$	$U = 1$
$v = y$	$V = 1$	$v = \varphi$	$V = r$
$w = z$	$W = 1$	$w = z$	$W = 1$

Kugelkoordinaten

$u = r$			$U = 1$
$v = \vartheta = 90^0$ — geogr. Breite			$V = r$
$w = \varphi = $ geogr. Länge			$W = r \sin \vartheta$

Ausdrücke skalarer Größen in orthogonalen
Koordinaten.

Inneres Produkt:

$$\mathfrak{A}\,\mathfrak{B} \;=\; \mathfrak{A}_u\,\mathfrak{B}_u + \mathfrak{A}_v\,\mathfrak{B}_v + \mathfrak{A}_w\,\mathfrak{B}_w\,.$$

Divergenz:

$$\operatorname{div}\mathfrak{A} \;=\; \frac{1}{U\,V\,W}\left\{\frac{\partial}{\partial u}\,(V\,W\,\mathfrak{A}_u) + \frac{\partial}{\partial v}\,(U\,W\,\mathfrak{A}_v) + \frac{\partial}{\partial w}\,(U\,V\,\mathfrak{A}_w)\right\}$$

Deltaableitung (Divergenzgradient):

$$\varDelta\,p \;=\; \frac{1}{U\,V\,W}\left\{\frac{\partial}{\partial u}\left(\frac{V\,W}{U}\,\frac{\partial p}{\partial u}\right) + \frac{\partial}{\partial v}\left(\frac{U\,W}{V}\,\frac{\partial p}{\partial v}\right) + \frac{\partial}{\partial w}\left(\frac{U\,V}{W}\,\frac{\partial p}{\partial w}\right)\right\}$$

Vektorkomponenten in orthogonalen Koordinaten.

Äußeres Produkt:

$$[\mathfrak{A}\,\mathfrak{B}]_u \;=\; \mathfrak{A}_v\,\mathfrak{B}_w - \mathfrak{A}_w\,\mathfrak{B}_v$$
$$[\mathfrak{A}\,\mathfrak{B}]_v \;=\; \mathfrak{A}_w\,\mathfrak{B}_u - \mathfrak{A}_u\,\mathfrak{B}_w$$
$$[\mathfrak{A}\,\mathfrak{B}]_w \;=\; \mathfrak{A}_u\,\mathfrak{B}_v - \mathfrak{A}_v\,\mathfrak{B}_u\,.$$

Gradient:

$$\operatorname{grad}_u p \;=\; \frac{1}{U}\,\frac{\partial p}{\partial u}$$

$$\operatorname{grad}_v p \;=\; \frac{1}{V}\,\frac{\partial p}{\partial v}$$

$$\operatorname{grad}_w p \;=\; \frac{1}{W}\,\frac{\partial p}{\partial w}$$

Rotor (Wirbel):

$$\operatorname{rot}_u \mathfrak{A} \;=\; \frac{1}{V\,W}\left\{\frac{\partial}{\partial v}\,(W\,\mathfrak{A}_w) - \frac{\partial}{\partial w}\,(V\,\mathfrak{A}_v)\right\}$$

$$\operatorname{rot}_v \mathfrak{A} \;=\; \frac{1}{U\,W}\left\{\frac{\partial}{\partial w}\,(U\,\mathfrak{A}_u) - \frac{\partial}{\partial u}\,(W\,\mathfrak{A}_w)\right\}$$

$$\operatorname{rot}_w \mathfrak{A} \;=\; \frac{1}{U\,V}\left\{\frac{\partial}{\partial u}\,(V\,\mathfrak{A}_v) - \frac{\partial}{\partial v}\,(U\,\mathfrak{A}_u)\right\}$$

Literatur über Vektorenrechnung.

M. A b r a h a m , Geometrische Grundbegriffe. Enzykl. d. math. Wiss. IV, 14. Leipzig 1901.
— A b r a h a m - F ö p p l , Theorie der Elektrizität, Bd. I, Leipzig 1904, 1907, 1912. — R. G a n s ,
Einführung in die Vektoranalysis mit Anwendungen auf die mathematische Physik. Leipzig
1905, 1910. — S. V a l e n t i n e r , Vektoranalysis, Leipzig 1907, 1912. — G i b b s - W i l s o n ,
Vector Analysis, New York und London 1907. — W. v. I g n a t o w s k y. Die Vektoranalysis
und ihre Anwendung in der theoret. Physik, 2 Teile, Leipzig 1909.

Statik.

(15) Zusammensetzung von Kräften in der Ebene. a) Z w e i K r ä f t e: Parallelogramm (Dreieck) der Kräfte (in Fig. 3 punktiert), P_1, P_2 Seiten-, R_{12} Mittelkraft.

$$R_{12} = \sqrt{P_1{}^2 + P_2 - 2\,P_1 P_2 \cos \alpha}$$

$$P_1 : P_2 : R_{12} = \sin \alpha_1 : \sin \alpha_2 : \sin \alpha$$

b) D r e i u n d m e h r K r ä f t e i n e i n e m P u n k t e (Fig. 2): Kräftezug, geschlossenes Kräftepolygon, Kräftevieleck. Die Mittelkraft schließt den Kräftezug; Fig. 3 zeigt die Stützkraft, welche der Mittelkraft gleich und entgegengesetzt ist.

c) K r ä f t e g r e i f e n n i c h t i n e i n e m P u n k t e a n (Fig. 4): aus dem Kräftezug wie unter b (Fig. 5) R_{123} nach Größe und Richtung. P o l p in Fig. 5 beliebig, P o l s t r a h l e n R_1, (1,2) usw.; parallel zu den Polstrahlen S e i l z u g in Fig. 4; die Wirkungslinie der Mittelkraft geht durch den Schnittpunkt von R_I und R_{IV}. — Parallele Kräfte, Fig. 6. Belastung des in a und b gelagerten Balkens

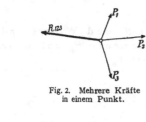

Fig. 2. Mehrere Kräfte   Fig. 3. Kräftezug.
in einem Punkt.

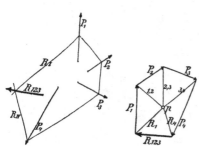

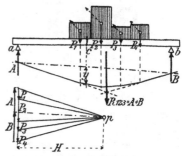

Fig. 4 u. 5. Kräfte in verschiedenen Punkten; Seilzug.   Fig. 6. Parallele Kräfte.

prop. der schraffierten Fläche, Kräfte P_1, P_2 .... Kräftezug durch Aneinanderfügen der gleichgerichteten Kräfte P_1 bis P_4, Mittelkraft $= \Sigma P$; p beliebig, Polstrahlen, danach Seilzug, Mittelkraft geht durch den Schnittpunkt des ersten mit dem letzten Strahl. Die Parallele durch p zur Schlußlinie des Seilzugs teilt ΣP in die A u f l a g e d r u c k e $A + B$, Die vom geschlossenen Seilzug umschriebene Fläche heißt M o m e n t e n f l ä c h e. Das M o m e n t der Kräfte auf einer Seite des beliebigen Punktes c ist $H \cdot y$, worin y die Ordinate in der Momentenfläche unter c. Zur Bestimmung des M i t t e l p u n k t s der Kräfte P wird die Mittelkraft für noch eine Richtung der

Kräfte (in Fig. 6 punktiert) aufgesucht; der Schnittpunkt beider R ist der Kräftemittelpunkt und der Schwerpunkt der schraffierten Fläche.

(16) **Trägheitsmomente** sind Ausdrücke von der Form $\theta = \int r^2 \, dm$, worin dm Elemente, r ihre Abstände von der Achse sind, auf die θ bezogen wird. Für das T. eines Körpers bedeutet dm Massenelemente.

Äquatoriales T. einer ebenen Fläche, Achse in der Ebene, $\theta_x = \int y^2 \, dS$, dS Flächenelemente.

Polares T. einer ebenen Fläche, bezogen auf einen Punkt der Ebene (Pol) $\theta_p = \int r^2 \, dS$, r Abstand vom Pol. $\theta_p = \theta_x + \theta_y$, letztere bezogen auf zwei sich im Pol $\perp$ schneidende Achsen.

T. **für parallele Achsen:** θ_s bezogen auf die Schwerpunktsachse, θ (für Masse m) und θ_x (für Fläche S) bezogen auf Achsen, die $\parallel$ zu jener im Abstand a laufen: $\theta = \theta_s + m a^2$; $\theta_x = \theta_s + S a^2$.

Widerstandsmoment $W = \theta : e$, θ für eine Schwerpunktsachse, e größte Entfernung eines Flächenteils von der Achse.

Literatur.

Müller-Breslau, Graphische Statik der Baukonstruktionen. Winnig, Grundlagen der Bautechnik für oberirdische Telegraphenlinien.

Äquatoriale Trägheitsmomente θ_x und Widerstandsmomente W_x, Polare Trägheitsmomente θ_p und Widerstandsmomente W_p.

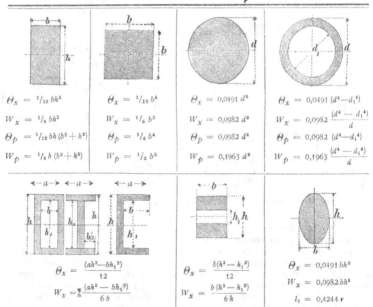

$\theta_x = {}^1/_{12} \, bh^3$ $\theta_x = {}^1/_{12} \, b^4$ $\theta_x = 0,0491 \, d^4$ $\theta_x = 0,0491 \, (d^4 - d_1^4)$

$W_x = {}^1/_6 \, bh^2$ $W_x = {}^1/_6 \, b^3$ $W_x = 0,0982 \, d^3$ $W_x = 0,0982 \, \dfrac{(d^4 - d_1^4)}{d}$

$\theta_p = {}^1/_{12} \, bh \, (b^2 + h^2)$ $\theta_p = {}^1/_6 \, b^4$ $\theta_p = 0,0982 \, d^4$ $\theta_p = 0,0982 \, (d^4 - d_1^4)$

$W_p = {}^1/_6 \, b \, (b^2 + h^2)$ $W_p = {}^1/_3 \, b^3$ $W_p = 0,1963 \, d^3$ $W_p = 0,1963 \, \dfrac{(d^4 - d_1^4)}{d}$

$\theta_x = \dfrac{(ah^3 - bh_1^3)}{12}$ $\theta_x = \dfrac{b(h^3 - h_1^3)}{12}$ $\theta_x = 0,0491 \, bh^3$

$W_x = \dfrac{(ah^3 - bh_1^3)}{6b}$ $W_x = \dfrac{b(h^3 - h_1^3)}{6h}$ $W_x = 0,0982 \, bh^2$

                                                         $l_1 = 0,4244 \, r$

Fig. 7—13. Verschiedene Querschnitte.

Trägheitsmomente homogener Körper,
bezogen auf eine durch den Schwerpunkt gehende Achse.

Gestalt des Körpers	Schwerpunktachse	Trägheitsmoment
Parallelepiped, Kanten a, b, c	$\|\|\,a$	$^1/_{12}\, m\, (b^2 + c^2)$
Zylinder, Halbmesser r,	in der Zylinderachse	$^1/_2\, mr^2$
Länge l	$\perp$ z. Zylinderachse	$m\, (^1/_{12}\, l^2 + ^1/_4\, r^2)$
Hohlzylinder, Ring: äußerer Halbm. R, inn. r,	in der Ringachse	$^1/_2\, m\, (R^2 + r^2)$
Länge l	$\perp$ zur Ringachse	$m\, \left(^1/_{12}\, l^2 + ^1/_4\, \{\, R^2 + r^2 \}\right)$
dünnwandige Röhre $R + r = 2r'$	in der Rohrachse	mr'^2
dünner Stab oder Röhre	$\perp$ zur Stabachse	$^1/_{12}\, ml^2$

Festigkeit.

(17) Begriffe. F e s t i g k e i t s g r e n z e ist die Spannung, welche hinreicht, den Zusammenhang der Teile aufzuheben; die ihr entsprechende Kraft heißt B r u c h l a s t.

D e h n u n g d ist das Verhältnis der Längenänderung $\varDelta l$ eines Stabes zur ursprünglichen Länge l, also $d = \dfrac{\varDelta l}{l}$.

D e h n u n g s k o e f f i z i e n t α ist die Dehnung für die Spannung 1; $d = \alpha p$.

E l a s t i z i t ä t s m o d u l $E = \dfrac{1}{\alpha}$.

E l a s t i z i t ä t s g r e n z e ist die größte Spannung, bei der die bleibende Dehnung noch verschwindend klein ist; die zugehörige Kraft heißt T r a g l a s t.
T r a g s i c h e r h e i t = Verhältnis Elastizitätsgrenze / höchste Spannung.
B r u c h s i c h e r h e i t = Verhältnis Festigkeitsgrenze / höchste Spannung.
In die Rechnung einzuführen: P in kg*, l in mm, q in mm², p in kg*/mm², θ in mm⁴, W in mm³, M und D in kgmm.

(18) Formeln. Z u g - , D r u c k - u n d S c h u b f e s t i g k e i t. Zulässige Belastung $P = q \cdot p$; p aus der Tafel S. 25 zu entnehmen als p_z, p_k, p_s. Die Elastizitätsgrenze für Schub ist etwa $^4/_5$ des kleineren Wertes für Zug oder Druck; die Schubspannung τ ist für rechteck. Querschnitt $3\,p/2\,bh$ und für kreisförm. Querschnitt $= 16\,p/3\,\pi d^2$.
B i e g e f e s t i g k e i t. Biegemoment $M = P \cdot x$; P Last, x ihr Hebelarm. Im g e f ä h r l i c h e n Q u e r s c h n i t t wird $P \cdot x$ ein Maximum; dies muß sein $\lessgtr W_p \cdot P_b$; W_p und P_b s. S. 22.

Einige wichtige Fälle von Biegebeanspruchung.

Art der Beanspruchung	M_{max}	Tragkraft P	Durchbiegung f	
Fig. 14	Pl	$\frac{W_x}{l}p_b$	$\frac{Pa}{\theta_x}\frac{l^3}{3}$	
Fig. 15	$\frac{Pl}{2}$	$2\frac{W_x}{l}p_b$	$\frac{Pa}{\theta_x}\frac{l^3}{8}$	
Fig. 16	$\frac{Pl}{4}$	$4\frac{W_x}{l}p_b$	$\frac{Pa}{\theta_x}\frac{l^3}{48}$	
auf beiden Seiten eingespannt	$\frac{Pl}{8}$	$8\frac{W_x}{l}p_b$	$\frac{Pa}{\theta_x}\frac{l^3}{192}$	
Fig. 17	$\frac{Pl}{8}$	$8\frac{W_x}{l}p_b$	$\frac{Pa}{\theta_x}\frac{5l^3}{384}$	
auf beiden Seiten eingespannt	$\frac{Pl}{12}$	$12\frac{W_x}{l}p_b$	$\frac{P.a}{\theta_x}\frac{l^3}{384}$	

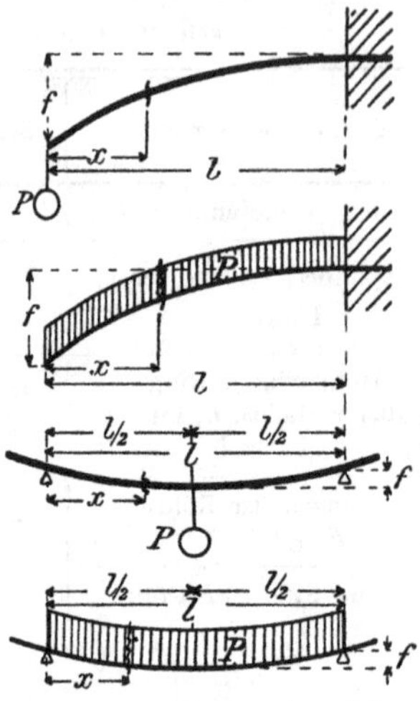

Fig. 14—17. Biegung eines Stabes.

Knickfestigkeit.

Fig. 18—21. Knickung eines Stabes.

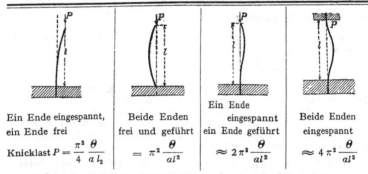

Ein Ende eingespannt, ein Ende frei	Beide Enden frei und geführt	Ein Ende eingespannt ein Ende geführt	Beide Enden eingespannt
Knicklast $P = \frac{\pi^2}{4}\frac{\theta}{al_2}$	$= \pi^2\frac{\theta}{al^2}$	$\approx 2\pi^2\frac{\theta}{al^2}$	$\approx 4\pi^2\frac{\theta}{al^2}$

θ ist das kleinste äquatoriale Trägheitsmoment des Querschnitts.

Die Gefahr des Zerknickens tritt ein, wenn l/d größer wird als

Material	Befestigungsart			
	1	2	3	4
Schweißeisen und Stahl	10	20	30	40
Gußeisen	5	10	15	20
Holz.	6	12	18	24

Festigkeitszahlen in kg* auf 1 mm².

Material	Dehnungszahl α	Schubzahl β	Bruchlast Zug kg*/mm²	Bruchlast Druck kg*/mm²	Traglast Zug kg*/mm²	Traglast Druck kg*/mm²	auf Zug p_z a	b	c	Druck p_k a	b	c	Biegung p_b a	b	c	Schub p_s a	b	c	Drehung p_d a	b	c
Schweißeisen	$50 \cdot 10^{-6}$	$130 \cdot 10^{-6}$	38	38	16	16	9	6	3	9	6	3	9	6	3	7,2	4,8	2,4	3,6	2,4	1,2
Flußeisen	$47 \cdot 10^{-6}$	$121 \cdot 10^{-6}$	37—44		20	20	11	7	3,5	11	7	3,5	11	7	3,5	8,4	5,6	2,8	7,2	4,8	2,4
Flußstahl	$45 \cdot 10^{-6}$	$118 \cdot 10^{-6}$	55—90		30	30	14	9	4,5	14	9	4,5	14	9	4,5	11	7,2	3,6	11	7	3,5
Tiegelgußstahl geh.	$40 \cdot 10^{-6}$	$106 \cdot 10^{-6}$	80	75	65—150																
Gußeisen	$100 \cdot 10^{-6}$	$250 \cdot 10^{-6}$	13				3	2	1	9	6	3	4,5	3	1,5	3	2	1	1,5	1	0,5
Rotguß	$111 \cdot 10^{-6}$		20																		
Phosphorbronze			40																		
Zink	$105 \cdot 10^{-6}$	$278 \cdot 10^{-6}$	5,3		2,3																
Blei	$200 \cdot 10^{-6}$	$556 \cdot 10^{-6}$	1,3	5,1	1																
Zinn	$250 \cdot 10^{-6}$	$668 \cdot 10^{-6}$			4,4																
Silber	$137 \cdot 10^{-6}$		29		11																
Gold	$125 \cdot 10^{-6}$		27		13																
Platin	$63 \cdot 10^{-6}$		34		27																
Aluminium	$137 \cdot 10^{-6}$		20																		
Magnalium			20																		
Stahldraht	$47 \cdot 10^{-6}$		90—200																		
Eisendraht*)	$50 \cdot 10^{-6}$		40—70																		
Kupferdraht	$83 \cdot 10^{-6}$		42		12																
Messingdraht	$101 \cdot 10^{-6}$		36		13																
Bronzedraht*)			46—71																		
Siliciumbronzedraht*)			65—85																		
Bimetalldraht*)			90																		
Bleidraht	$143 \cdot 10^{-6}$	$385 \cdot 10^{-6}$	2,2		0,5																
Kupferblech	$91 \cdot 10^{-6}$	$250 \cdot 10^{-6}$	22	41	3	2,75															
Messingblech	$156 \cdot 10^{-6}$	$715 \cdot 10^{-6}$	12	7	4,8																
Holz in der Richtung der Fasern	$910 \cdot 10^{-6}$		6,5	4,8	1,8																
Hanfseile			5																		
Drahtseile			33																		
Lederriemen	0,137		2,9																		
Ziegelmauerwerk				0,4																	
Glas	$143 \cdot 10^{-6}$			7,5																	

Anmerkung. Man nehme die zulässigen Spannungen unter:
a für ruhende Belastung,
b für Spannungen wechselnd zwischen 0 und dem Höchstwert,
c für Spannungen wechselnd zwischen einem negativen und einem positiven Höchstwert.

Die Bruchsicherheit sei im allgemeinen für

Holz*)	Metall*)	Stein	Mauerwerk	Seile
10	6	12	20	3—5

*) Ausführlichere Angaben s. im Abschnitt Telegraphie und Telephonie.

D r e h f e s t i g k e i t. Das Drehmoment $D = Pl \gtreqless W_p\, p_d$, l Hebelarm der drehenden Kraft, W_p S. 22. Der Verdrehungswinkel zweier um 1 mm voneinander abstehender Querschnitte eines runden Stabes ist $\vartheta = D\beta/\Theta_p$, Θ_p s. S. 22, β S. 25.

Z u s a m m e n g e s e t z t e F e s t i g k e i t. Die zulässige Beanspruchung ergibt sich für: 1. Zug (Druck), und Biegung: $M/W + p \gtreqless p_z$ oder p_k*). 2. Zug (Druck, Biegung) und Drehung: $0,35\,p + 0,65\,\sqrt{p^2 + 2,4\ x^2\ \tau^2} \lesseqgtr p_z$ oder p_k oder p_b. x ist für Zug p_z/p_d, für Druck p_k/p_d, für Biegung p_b/p_d; hicrin ist $p = P/q$; p_z; p_k, usw. s. S. 25; M s. S. 23; W s. S. 22.

(19) Vielfache von 0,736
zur Umrechnung von Pferdestärken in Kilowatt.

	0	1	2	3	4	5	6	7	8	9
0		0,74	1,47	2,20	2,94	3,68	4,42	5,15	5,89	6,62
1	7,36	8,10	8,83	9,57	10,30	11,04	11,78	12,51	13,25	13,98
2	14,72	15,46	16,19	16,93	17,66	18,40	19,14	19,87	20,61	21,34
3	22,08	22,82	23,55	24,29	25,02	25,76	26,50	27,23	27,97	28,70
4	29,44	30,18	30,91	31,65	32,38	33,12	33,86	34,59	25,33	36,06
5	36,80	37,54	38,27	39,01	39,74	40,48	41,22	41,95	42,69	43,42
6	44,16	44,90	45,63	46,37	47,10	47,84	48,58	49,31	50,05	50,78
7	51,52	52,26	52,99	53,73	54,46	55,20	55,94	56,67	57,41	58,14
8	58,88	59,61	60,35	61,09	61,82	62,56	63,30	64,03	64,77	68,50
9	66,24	66,98	67,71	68,45	69,18	69,92	70,66	71,39	72.13	72,86
10	73,60	74,34	75,07	75,81	76,54	77,28	78,02	78,75	79,49	80,22
11	80,96	81,70	82,43	83,17	83,90	84,64	85,38	86,11	86,85	87,58
12	88,32	89,06	89,79	90,53	91,26	92,00	92,74	93,47	94,20	94,94
13	95,68	96,42	97,15	97,89	98,62	99,36	100,1	100,8	101,6	102,3
14	103,0	103,8	104,5	105,2	106,0	106,7	107,4	108,2	108,9	109,7
15	110,4	111,1	111,9	112,6	113,3	114,1	114,8	115,6	116,3	117,0
16	117,8	118,5	119,2	120,0	120,7	121,4	122,2	122,9	123,6	124,4
17	125,1	125,9	125,6	127,3	128,1	128,8	129,5	130,3	131,0	131,7
18	132,5	133,2	133,9	134,7	135,4	136,2	136,9	137,6	138,4	139,1
19	139,8	140,6	141,3	142,0	142,8	143,5	144,3	145,0	145,7	146,5

Wärme.

(20) Temperaturen. S i e d e t e m p e r a t u r T d e s W a s s e r s bei verschiedenen Barometerhöhen (b_0):

$$b_0 = 740 \quad 745 \quad 750 \quad 755 \quad 760 \quad 765 \quad \bullet\, 770$$
$$T = 99,3 \quad 99,4 \quad 99,6 \quad 99,8 \quad 100,0 \quad 100,2 \quad 100,4.$$

U m r e c h n u n g e i n e s G a s v o l u m e n s von der Temperatur t^0 C und dem Druck b mm Quecksilber auf 0^0 und 760 mm:

$$\text{Volumen bei } 0^0 = \text{Volumen bei } t^0 \times \frac{273}{273 + t} \cdot \frac{b}{760}$$

---

*) Für überwiegenden Zug wird in (1036) eine bessere Formel gegeben.

Schmelz- und Siedepunkte.

Metalle und Legierungen	Schmelzpunkt °C	Siedepunkt °C	leicht schmelzbare Legierungen					Schmelzpunkt °C
Aluminium .	657	1800		Gewichtsteile				
Blei . . .	327	1525		Cd	Sn	Pb	Bi	
Eisen, rein .	1600	2450	Lipowitz .	3	4	8	15	60—65,5
Roheisen .	1100—1200		Wood . .	1	1	2	4	65,5—70
Stahl . .	1300—1400		Rose. . .	—	4	4	8	95

Metalle und Legierungen	Schmelzpunkt °C	Siedepunkt °C	Organische Körper	Schmelzpunkt	Siedepunkt
Gold . . .	1064	2530			
Iridium . .	2400		Alkohol		78,5
Bronze . .	etwa 900		Amylacetat zur Hefnerlampe .		138
Deltametall.	950		Äther		35
Messing . .	etwa 900		Benzin		90—110
Kupfer . .	1084	2310	Ligroin		110—120
Magnesium .	630	1120	Paraffin. weich	38—52	350—390
Nickel . .	1470	2325	„ hart	52—56	390—430
Platin . .	1800	2400	Schmalz, Talg, Wachs . . .	40—65	
Quecksilber.	38,8	357	Terpentinöl.		160
Silber . . .	960	1950	Wallrat	44—44,5	
Tantal . .	2900		Gase		
Wolfram. .	3000	3710			
Zink . . .	419	918	Schweflige Säure		—10
Zinn . . .	232	2270	Ammoniak		—33
			Kohlensäure		—78
Schwefel. .	119	445	Sauerstoff		—183
Selen . . .	217	690	Kohlenoxyd		—190
Chlornatrium	805		Stickstoff		—196
			Wasserstoff		—253
			Helium		—268

(21) Spezifische Wärme fester und flüssiger Körper.

Äther	0,56	Platin.	0,03
Alkohol	0,58	Porzellan	0,17
Aluminium	0,21	Quarz	0,19
Blei, fest	0,031	Quecksilber	0,033
flüssig	0,040	Roses Metall.	0,04
Bleiglätte.	0,05	Schwefel	0,17
Chloroform.	0,23	Schwefelkohlenstoff . .	0,24
Eis	0,5	Schwefelsäure, konz. . .	0,33
Eisen bei 0°	0,112	Silber	0,055
100°	0,114	Tantal	0,036
300°	0,127	Terpentinöl	0,42
Stahl 20—100°	0,118	Wismut	0,029
Schmiedeeisen.	0,108	Zink	0,092
Glas	0,19	Zinn	0,052
Gold.	0,03	Woods Metall	0,04
Kohle, Gaskohle: . . .	0,2—0,3		
Holzkohle	0,16—0,20	Atmosphärische Luft,	
Graphit 0° . . .	0,15	Kohlensäure, Sauerstoff	
200°. . .	0,30	und Stickstoff bezogen	
Kupfer.	0,091	auf gleiche Masse Wasser	
Magnesium	0,25	bei konstantem Druck..	0,23
Messing	0,093	bei konstant. Volumen:	0,17
Nickel	0,11		

(21 a)   Verdampfungswärme bei 760 mm Druck.

Äther	90	Quecksilber	68
Alkohol	210	Schwefel	362
Chloroform	58	Wasser	539

(22)   Ausdehnungskoeffizienten.
Lineare Ausdehnungskoeffizienten fester Körper.

Aluminium	$22 . 10^{-6}$	Kupfer	$17 . 10^{-6}$
Blei	$28 . 10^{-6}$	Messing	$19 . 10^{-6}$
Bronze	$18 . 10^{-6}$	Neusilber	$18 . 10^{-6}$
Eisen und Stahl . .	$12 . 10^{-6}$	Nickel	$13 . 10^{-6}$
Glas	6 bis $10 . 10^{-6}$	Platin	$9 . 10^{-6}$
Graphit	$8 . 10^{-6}$	Platin-Iridium . .	$9 . 10^{-6}$
Hartgummi	$80 . 10^{-6}$	Porzellan	$5 . 10^{-6}$
Holz, quer	30 bis $60 . 10^{-6}$	Schwefel	$80 . 10^{-6}$
,, längs	3 bis $10 . 10^{-6}$	Silber	$19 . 10^{-6}$
Invar 64 Fe, 36 Ni	$2 . 10^{-6}$	Zinn	$23 . 10^{-6}$
Kohle, Gaskohle . .	$5 . 10^{-6}$	Zink	$30 . 10^{-6}$

Kubische Ausdehnungskoeffizienten von Flüssigkeiten und Gasen.

Atmosphärische Luft, Sauerstoff, Stickstoff, Wasserstoff, Kohlensäure	0,0037
Äther, flüssig	0,0021
Alkohol ,, ...	0,0012
Quecksilber	0,00018
,, in Glas, scheinbar	0,00015
Wasser 4—25°, Mittel	0,0001

(22a)   Inneres Wärmeleitungsvermögen einiger Körper,
bezogen auf cm², cm, °C, cal.

Aluminium .	0,35	Kohle . . .	{ 0,0003	Quecksilber .	0,02
Antimon . .	0,04		{ —0,0004	Schiefer . .	0,0008
Blei	0,08	Kupfer . .	0,7—1,0	Silber . . .	1,1
Eisen	0,16	Luft . . .	0,00005	Wismuth . .	0,017
Glas	0,002	Marmor . .	0,001—0,002	Woodsches	
Graphit . . .	0,16	Messing . .	0,2—0,3	Metall .	0,03
Hartgummi .	0,0002	Neusilber .	0,07—0,10	Zinn	0,14
Holz	0,0003	Paraffin . .	0,0001	Zink	0,30
Kadmium . .	0,21				

Zweiter Abschnitt.

Magnetismus und Elektrizität.

Magnetismus.

(23) Am stärksten magnetisierbar sind: Eisen, Stahl, in geringerem Maße Magneteisenstein (Fe_3O_4), Nickel, Kobalt sowie die Legierungen von Kupfer mit Manganaluminium und Manganzinn (Heusler). — Magneteisenstein und Stahl können dauernd (permanent), Eisen im allgemeinen nur vorübergehend (temporär) magnetisiert werden. Dem dauernden Magnetismus der ersteren kann noch vorübergehender Magnetismus zugefügt werden; das Eisen zeigt gewöhnlich auch einen schwachen dauernden (remanenten) Magnetismus.

(24) Verteilung des Magnetismus. An jedem Magnet sind zwei Stellen von hervorragend starker Wirkung nach außen; diese nennt man Pole, ihre Verbindungslinie die magnetische Achse. Die Pole haben ziemlich geringe Ausdehnung und liegen bei stab- und hufeisenförmigen Magneten in der Regel nahe den Enden. Den mittleren Teil des Magnetes, der nach außen fast keine Wirkung zeigt, nennt man Indifferenzzone. — Bei vielen Betrachtungen und Berechnungen darf man sich einen Magnet ersetzt denken durch zwei starr verbundene Punkte, welche an den Orten der Magnetpole liegen, und in denen der ganze freie Magnetismus konzentriert ist. Der Polabstand beträgt etwa $^5/_6$ der Länge eines stabförmigen bzw. des Durchmessers eines scheiben- oder ringförmigen Magnetes, hängt jedoch noch von der Gestalt des Magnetes und der Stärke der Magnetisierung ab. Bei einem Rotationsellipsoid von der Länge l ist nach dieser Definition (Fernwirkung) der Polabstand = $0,775\ l$ (vgl. z. B. Gans, ETZ 1911, S. 529; dort sind auch die Bedingungen für die Zulässigkeit der Annahme punktförmiger Pole diskutiert). Nach einer zweiten, weniger gebräuchlichen Definition wird der Pol als Schwerpunkt des freien Magnetismus betrachtet; der Polabstand nach dieser Definition ist im allgemeinen kleiner, z. B. beim Rotationsellipsoid nur $0,67\ l$.

Die Verteilung des Magnetismus im Innern des Magnetes ist der des freien Magnetismus entgegengesetzt; an den Polen hat der im Innern vorhandene Magnetismus ein Minimum, in der Indifferenzzone ein Maximum.

(25) Herstellung der Magnete. Das beste Material ist Wolframstahl oder Molybdänstahl, der bei 800⁰ bis 850⁰ gehärtet ist (32). Kürzere Stäbe (Länge = 10 Durchmesser) nehme man glashart, längere werden blau angelassen (Silv. P. Thompson, Der Elektromagnet, S. 349). Starke Magnete setzt man aus dünneren Stäben oder Hufeisen zusammen, die vorher einzeln magnetisiert worden sind.

Die zu magnetisierenden Stahlstäbe oder -hufeisen werden an die Pole eines kräftigen hufeisenförmigen Stahl- oder Elektromagnetes gelegt und ein wenig hin- und hergezogen, ein Stab auch um seine Längsachse gedreht. Vor dem Abreißen legt man dem Hufeisen einen Anker vor. Gerade Stäbe legt man auch in eine Drahtspule, durch die man einen starken Strom schickt Statt einer langen

Spule, die den ganzen Stab bedeckt, kann man auch eine kurze Spule nehmen und über den Stab oder das Hufeisen der Länge nach wegziehen.

Haltbare Magnete. Um Magnete herzustellen, deren Magnetismus lange Zeit ungeändert bleibt, behandelt man sie in folgender Weise: Nach dem ersten Magnetisieren werden sie in den Dampf von siedendem Wasser gebracht und bleiben längere Zeit darin (½ Stunde etwa); nach dieser Zeit läßt man sie abkühlen und magnetisiert sie wieder; darauf wiederholt man das Erwärmen wie vorher, magnetisiert wieder usw. (S t r o u h a l und B a r u s). Durch kräftige Erschütterungen (Schläge mit einem Holzhammer und dergl.) kann man den schädlichen Einwirkungen späterer kleiner Erschütterungen vorbeugen; dasselbe läßt sich durch eine Entmagnetisierung um etwa $^1/_{10}$ erreichen (C u r i e).

Äußerungen der magnetischen Kraft.

(26) Magnetische Verteilung. Nähert man einem Magnet ein Stück Stahl oder Eisen, oder berührt man ihn mit einem solchen Stück, so wird das letztere ebenfalls zu einem Magnet; jeder Pol des ersteren Magnetes erzeugt in den ihm am nächsten liegenden Teilen des genäherten Körpers einen ihm ungleichnamigen Pol, in den entfernteren Teilen einen gleichnamigen Pol.

(27) Tragkraft der Magnete. Ein Magnetpol hat die Eigenschaft, weiches Eisen anzuziehen und mit einer gewissen Kraft festzuhalten; diese Kraft heißt die Tragkraft des Magnetes; sie wird gemessen durch das Gewicht, das gerade ausreicht, um ein angezogenes und festgehaltenes Stück Eisen vom Magnetpol loszureißen. Zwischen der erreichbaren Tragkraft P und der Masse m des Magnetes besteht folgende Beziehung

$$P = a \cdot \sqrt[3]{m^2} \ \text{kg}^*$$

worin m in kg gemessen wird (D. B e r n o u l l i). Die Zahl a ist für einen Pol = 10, für zwei Pole = 20 (ungefähr). Die Tragkraft ist im wesentlichen der Polfläche proportional, s. (94,b).

Allgemeiner: Treten vom Magnet zum Anker auf 1 cm² $\mathfrak{B}$ Kraftlinien senkrecht über, so ist nach M a x w e l l bei S cm² Polfläche die Anziehung P zwischen Magnet und Anker gegeben durch

$$P = \frac{S \cdot \mathfrak{B}^2}{8\,\pi} \ \text{Dyn} \approx \frac{S \cdot \mathfrak{B}^2}{25\,000} \ \text{g}^*$$

(28) Anziehung und Abstoßung. Eisen und nicht magnetisierter Stahl werden von beiden Polen angezogen. — Für Magnetpole untereinander gilt der Satz: G l e i c h n a m i g e P o l e s t o ß e n e i n a n d e r a b, u n g l e i c h n a m i g e P o l e z i e h e n e i n a n d e r a n.

Gesetze der magnetischen Fernewirkung. Die Kraft, mit welcher ein Magnetpol einen anderen anzieht bzw. abstößt, ist gerichtet nach der Verbindungslinie der beiden Pole und unabhängig von der Natur des zwischenliegenden Mittels, wenn das letztere unmagnetisch ist. Sie ist proportional den wirkenden Magnetismen und umgekehrt proportional dem Quadrate der Entfernung der Pole voneinander:

$$P = \frac{\mathfrak{m}_1 \cdot \mathfrak{m}_2}{r^2}$$

M a ß d e s M a g n e t i s m u s e i n e s P o l e s. Die Einheit des Magnetismus besitzt derjenige Pol, der einen gleichstarken, 1 cm entfernten ungleichnamigen Pol mit der Einheit der Kraft (Dyn) anzieht, d. i. nahezu mit derselben Kraft, mit der die Masse von 1 mg von der Erde angezogen wird.

Magnetisches Moment. Praktisch kommen niemals vereinzelte Pole, sondern immer Magnete, d. i. Paare von ungleichnamigen Polen vor. Die Pole eines Magnetes sind in der Regel gleich stark; besitzt der eine Nordmagnetismus von der Stärke $\mathfrak{m}$, also $+ \mathfrak{m}$, so hat der andere Südmagnetismus von der Stärke $\mathfrak{m}$, d. i. $- \mathfrak{m}$. Das Produkt aus dem Magnetismus eines Poles in den Polabstand heißt das magnetische Moment des Magnetes. Polabstand s. (24).

Bei beliebiger Verteilung der magnetischen Mengen $d\mathfrak{m}$ gilt allgemein für das magnetische Moment $\mathfrak{M} = \int \mathfrak{r} \cdot d\mathfrak{m}$, wo $\mathfrak{r}$ den Radiusvektor von einem beliebigen Raumpunkt nach dem Punkt $d\mathfrak{m}$ bezeichnet. Die einzelnen magnetischen Momente sind vektoriell zusammenzusetzen bzw. in Komponenten $\mathfrak{M}_x = \int x \, d\mathfrak{m}$ usw. zu zerlegen.

Wirkung eines Magnetes auf einen anderen. Ein Magnetstab (vom Moment $\mathfrak{M}$) liege fest an einer Stelle einer wagerechten Ebene, in der eine Magnetnadel (vom Moment $\mathfrak{M}'$), welche z. B. auf einer Spitze aufgestellt ist, sich drehen kann.

Erste Hauptlage. Die Nadel liegt in der Verlängerung der magnetischen Achse des Stabes und steht senkrecht zur letzteren.

$$\text{Drehmoment } D_1 = 2 \cdot \frac{\mathfrak{M} \cdot \mathfrak{M}'}{r^3} \text{ CGS}$$

Zweite Hauptlage. Die Nadel liegt mit ihrer magnetischen Achse in der Senkrechten auf der Mitte der magnetischen Achse des Stabes.

$$\text{Drehmoment } D_2 = \frac{\mathfrak{M} \cdot \mathfrak{M}'}{r^3} \text{ CGS}$$

Zwischenlagen. Bildet die Nadel mit der Richtung von r den Winkel φ, so sind die obigen Ausdrücke noch mit $\cos \varphi$ zu multiplizieren. Macht der Stab mit r den Winkel ψ, so kann man ihn ersetzt denken durch zwei Stäbe, von denen der eine mit dem Moment $\mathfrak{M} \cos \psi$ aus der ersten, der andere mit dem Moment $\mathfrak{M} \sin \psi$ aus der zweiten Hauptlage wirkt.

Diese Gesetze gelten nur auf Entfernungen, die so groß sind, daß die Quadrate der Magnetlängen gegen das Quadrat des Abstandes der Magnete voneinander verschwinden.

Maß des Stabmagnetismus oder des magnetischen Momentes. Ein Magnet, welcher die Einheit des Momentes besitzt, übt in der zweiten Hauptlage aus der (großen) Entfernung r auf einen anderen, gleichstarken Magnet das Drehmoment $1/r^3$ aus, welches also so groß ist, als wenn an dem letzteren Magnet im Abstand 1 cm von der Drehachse ein Zug gleich der Kraft $1/r^3$ wirkte.

Spezifischer Magnetismus ist der Quotient aus dem magnetischen Moment durch die Masse des Magnetes.

Der spezifische Magnetismus, welcher nicht nur vom Material, sondern in hohem Maße auch von der Gestalt des Magnetes abhängt, ist bei guten Stahlmagneten etwa $= 40$ CGS, bei besonders gestreckter Form bis 100 CGS. Elektromagnete aus sehr gutem weichen Eisen erreichen einen spezifischen Magnetismus von 200 CGS.

Stärke der Magnetisierung $\mathfrak{J}$ nennt man das Moment für das Kubikzentimeter oder die Polstärke für das Quadratzentimeter des Magnetes. Werte nach der Formel in (30) und der Tabelle S. 38 zu berechnen.

(29) Magnetisches Feld und Potential; magnetische Arbeit. Die Umgebung eines Magnetpoles, eines Magnetes oder einer Vereinigung von Magneten heißt deren magnetisches Feld. Man denkt sich das Feld durchzogen von Kraftlinien, welche für jeden Punkt des Feldes die Richtung der resultierenden magnetischen Kraft angeben; die Linien nehmen im allgemeinen ihren Weg s t r a h l e n a r t i g von einem Pol zum nächsten ungleichnamigen Pol.

Wird ein Pol von der Stärke $\mathfrak{m}$ durch das Feld $\mathfrak{H}$ auf irgend einem Wege s von einem Punkt P_1 zu einem Punkt P_2 geführt, so ist die dabei auf-

zuwendende Arbeit $= \mathfrak{m} \int\limits_{P_1}^{P_2} (\mathfrak{H},\, ds) = \mathfrak{m} \int\limits_{P_1}^{P_2} \mathfrak{H}_s\, ds$, wenn $\mathfrak{H}_s$ die Projektion von

$\mathfrak{H}$ auf das jedesmalige Wegelement ds bedeutet.

Der Integralwert wird Null für jeden geschlossenen Weg, der keine stromdurchflossene Stellen enthält, $\oint \mathfrak{H}\, d\mathfrak{s} = 0$, und $0,4\,\pi\,N\,I$ für einen Integrationsweg, der mit $N\,I$ Amperewindungen verkettet ist (rot $\mathfrak{H} = 4\,\pi\,i/10$; i in A/cm²).

Das magnetische Feld $\mathfrak{H}$ im Innern einer langen Spule, welche auf die Längeneinheit K Windungen enthält $(K = N/l)$ und vom Strome $I\,A$ durchflossen wird, ist daher $^4/_{10}\,\pi\,K\,I$.

In den nicht von Strömen durchflossenen Teilen des Feldes lassen sich die Komponenten von $\mathfrak{H}$ als Ableitungen eines Potentials ψ darstellen, so daß:

$$\mathfrak{H}_x = -\frac{\partial \psi}{\partial x}; \quad \mathfrak{H}_y = -\frac{\partial \psi}{\partial y}; \quad \mathfrak{H}_z = -\frac{\partial \psi}{\partial z} \quad \text{oder} \quad \mathfrak{H} = -\operatorname{grad} \psi$$

Starke und dabei gleichmäßige Felder erhält man zwischen den Polen eines Elektromagnetes mit ziemlich breiten und nahe aneinander gerückten Polflächen oder, was auf dasselbe hinauskommt, im schmalen Schlitz eines Eisen-Rings oder -Vierecks, dessen Wickelung von einem Strom durchflossen wird. Die Beziehung zwischen Magnetisierungsstrom und Feldstärke muß zunächst empirisch ermittelt und in Kurvenform aufgetragen werden; dann genügt bei gewissen Vorsichtsmaßregeln (G a n s und G m e l i n, Ann. d. Phys. (4) Bd. 28, S. 925; 1909) zur Herstellung eines bestimmten Feldes die Anwendung eines bestimmten Magnetisierungsstromes. Schwächere, gleichmäßige Felder liefert die Mitte einer gleichmäßig bewickelten, relativ langen Spule.

Um den Verlauf der Kraftlinien in einem magnetischen Feld zu untersuchen, kann man sich einer kurzen Magnetnadel bedienen, die sich um zwei zur magnetischen Achse senkrechte Achsen drehen kann; sie stellt sich überall in die Richtung der Kraftlinien ein. Die Richtung, nach welcher der Nordpol der kleinen Magnetnadel zeigt, rechnen wir als p o s i t i v e R i c h t u n g d e r K r a f t l i n i e n. — Oder man bringt in das zu untersuchende Feld eine Papier- oder Glastafel, die mit Eisenfeilspänen bestreut ist; die Eisenteilchen ordnen sich bei leisem Klopfen in der Richtung der Kraftlinien ein; um sie in ihrer Stellung festzuhalten, bestäubt man sie mit Gummi- oder Schellacklösung.

W i r k u n g a u f e i n e M a g n e t n a d e l. Ist die Stärke des magnetischen Feldes $\mathfrak{H}$, das magnetische Moment der Nadel $\mathfrak{M}$, und schließt die magnetische Achse der letzteren mit der Richtung der Kraftlinien den Winkel φ ein, so erfährt die Nadel ein Drehmoment von der Größe $\mathfrak{H} \cdot \mathfrak{M} \cdot \sin \varphi$. Die Schwingungsdauer einer Magnetnadel im Magnetfeld ist $\pi \sqrt{\theta/\mathfrak{M}\mathfrak{H}}$ sk. ($\theta =$ Trägheitsmoment).

A l s M a ß d e r S t ä r k e d e s m a g n e t i s c h e n F e l d e s gilt die Anzahl der Kraftlinien auf 1 cm² $= 1$ Gauß. Im magnetischen Feld von der Stärke 1 Gauß (eine Kraftlinie auf 1 cm²) erfährt eine Magnetnadel vom Moment 1, deren magnetische Achse senkrecht zu den Kraftlinien steht, das Drehmoment 1.

(30) Magnetische Induktion (magnetische Dichte). Die magnetische Kraft oder die Stärke des magnetischen Feldes $\mathfrak{H}$ an irgendeiner Stelle erzeugt die magnetische Induktion $\mathfrak{B}$. Wirkt $\mathfrak{H}$ auf einen magnetischen Körper, so ist im Innern des Magnetes

$$\mathfrak{B} = \mathfrak{H} + 4\pi\mathfrak{J}$$

$\mathfrak{H}$ und $4\pi\mathfrak{J}$ haben im allgemeinen verschiedene Richtung, so daß sie als Vektoren zu addieren sind. In dem hier wichtigsten Falle, im Eisen, gilt die obige einfache Formel.

$$\frac{\mathfrak{B}}{\mathfrak{H}} = \mu \qquad \frac{\mathfrak{J}}{\mathfrak{H}} = \varkappa \qquad \mu = 1 + 4\pi\varkappa.$$

μ heißt P e r m e a b i l i t ä t oder D u r c h l ä s s i g k e i t,
$\varkappa$ „ S u s z e p t i b i l i t ä t oder A u f n a h m e v e r m ö g e n.
Für Luft ist μ sehr nahe $= 1$, $\varkappa = 0$.

Der Pol von der Stärke 1 sendet 4π Kraftlinien, der Magnet von der Magnetisierungsstärke $\mathfrak{J}$ sendet $4\pi\mathfrak{J}q$ Kraftlinien aus; q = Querschnitt.

Die Linien $\mathfrak{B}$ bilden in sich geschlossene Bahnen. Umgrenzt man auf einer beliebigen Fläche, die die Linien $\mathfrak{B}$ schneidet, einen kleinen Teil durch eine in sich geschlossene Kurve, so bilden die durch diese Kurve gehenden Linien $\mathfrak{B}$ eine I n d u k t i o n s r ö h r e. Diese kann sich durch beliebiges Material, z. B. teilweise durch Eisen, teilweise durch Luft, erstrecken und schließt sich in sich selbst. Eine solche Röhre enthält in jedem Querschnitt gleich viele Induktionslinien $\mathfrak{B}$, aber verschieden viele Feldlinien $\mathfrak{H}$. Für letztere gilt der Satz vom Linienintegral der magnetischen Feldstärke (29) $0.4\pi NI = \oint \mathfrak{H}\,dl$, wenn man das Integral auf eine beliebige in sich geschlossene Bahn erstreckt, die den Leiter N mal umschlingt und I in Ampere ausdrückt. Der Stoff, durch den die Bahn führt (ob Eisen, Luft, Holz usw.), ist dabei ganz gleichgültig. In der Technik werden die Induktionslinien vielfach K r a f t l i n i e n, der Induktionsfluß K r a f t f l u ß, in der Physik die Feldlinien häufig K r a f t l i n i e n genannt.

(31) Magnetisierungskurve. Stellt man den Zusammenhang zwischen der magnetisierenden Kraft $\mathfrak{H}$ und der erzeugten Induktion $\mathfrak{B}$ oder der Magnetisierungsstärke $\mathfrak{J}$ durch eine Kurve dar, so erhält man ein Bild, wie es Fig. 22 zeigt. Vom

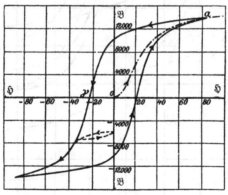

Fig. 22. Magnetisierungskurve (Hystereseschleife).

unmagnetischen Zustand im Nullpunkt der Koordinaten ausgehend wächst $\mathfrak{B}$ oder $\mathfrak{J}$ bei schwachen magnetisierenden Kräften erst ganz langsam, dann bedeutend rascher, schließlich wieder immer langsamer; läßt man in irgendeinem Punkte dieser Kurve, z. B. bei a, die magnetisierende Kraft wieder abnehmen,

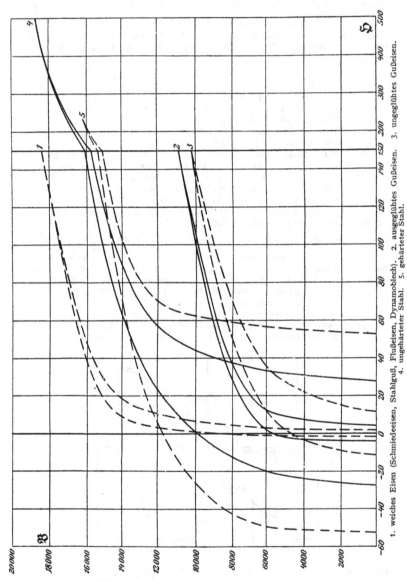

Fig. 23. Magnetisierungskurven für verschiedene Eisensorten.

so entsprechen den neuen Werten andere $\mathfrak{B}$ oder $\mathfrak{J}$ als beim Zunehmen des Stromes. Ist die magnetisierende Kraft Null geworden, so haben $\mathfrak{B}$ oder $\mathfrak{J}$ noch ganz erhebliche Werte, um dann aber in ähnlicher Weise abzufallen, wie sie vorher im steilsten Teil der Kurve angestiegen waren. Die Ordinate zu O (in der Fig. etwa 10 000) heißt Remanenz. Die Abszisse $O\gamma$ heißt Koerzitivkraft (H o p k i n s o n); sie bezeichnet diejenige Feldstärke, welche nötig ist, um die Remanenz zu beseitigen. Die ausgezogene Kurve stellt einen vollen Wechsel der Magnetisierung von einem hohen Werte von $\mathfrak{B}$ oder $\mathfrak{J}$ in der einen zu einem gleich großen Werte in der entgegengesetzten Richtung und wieder zurück dar. Wie sich aus der Fig. 22 ergibt, zeigt der Magnetismus eine Art von Beharrungsvermögen, insofern er hinter der magnetisierenden Kraft zurückbleibt, wenn diese einen Kreisprozeß beschreibt. Diese Eigenschaft nennt man Hysterese (E w i n g), eine vollständige magnetische Schleife bezeichnet man als Hystereseschleife. Nach mehrfachem Durchlaufen einer solchen Schleife werden die magnetischen Größen genau zyklisch, d. h. jeder folgende Wechsel verläuft wie der vorhergehende.

Ein Zurückbleiben der Magnetisierung tritt auch dann auf, wenn man an irgendeinem Punkte einer Hystereseschleife eine kleinere Schleife einschaltet; so zeigt Fig. 22 links unten den Verlauf einer Änderung von $\mathfrak{H}$ von einem höheren negativen Wert zu Null und wieder zurück.

Ist eine derartige Schleife s e h r klein, so schrumpft sie zu einer Geraden zusammen, deren Neigung gegen die $\mathfrak{H}$-Achse nicht mehr von der Größe der zusätzlichen Feldstärke $d\mathfrak{H}$ abhängt, selbst, wenn man diese auch noch nach entgegengesetzter Richtung wirken läßt, also $\mathfrak{H}$ zwischen $\mathfrak{H} \pm d\mathfrak{H}$ ändert. Entspricht der Feldänderung $d\mathfrak{H}$ die Änderung $d\mathfrak{B}$ der Induktion, so wird die Größe $d\mathfrak{B}/d\mathfrak{H}$ als r e v e r s i b l e P e r m e a b i l i t ä t bezeichnet. (G a n s.)

Fig. 23 (S. 34) gibt die Magnetisierungskurven von fünf Eisen- und Stahlsorten. — Fig. 24 (S. 36) stellt die Beziehung zwischen der Permeabilität μ und der Induktion $\mathfrak{B}$ für Stahlguß und Gußeisen dar. Man erhält die Werte von μ, wenn man die der Nullkurve (strichpunktierte Linie in Fig. 22) entnommenen Werte der Induktion $\mathfrak{B}$ durch die zugehörigen Werte der Feldstärke $\mathfrak{H}$ dividiert.

Auch bei weichem Eisen ist μ für sehr geringe magnetisierende Kräfte ($\mathfrak{H}$ = 0,01) klein, gewöhnlich etwa 100 bis 200, ausnahmsweise bis gegen 500, wächst dann rasch auf einen hohen Wert (1000 bis 10 000) und sinkt bei sehr hohen magnetisierenden Kräften wieder auf ganz kleine Werte.

Bei Gußeisen, weichem und hartem Stahl überschreitet μ selten die Grenze 200 bis 250; doch kann dieser Wert bei Gußeisen durch geeignetes Ausglühen auf das Drei- bis Vierfache gesteigert werden (vgl. Tab. auf S. 38, Nr. 22 bis 25). Eine Beziehung zwischen der Maximalpermeabilität μ_{max}, der Remanenz R und der Koerzitivkraft C gibt für weiches, bis zur Sättigung magnetisiertes Eisen die empirische Formel $\mu_{max} = R/2\,C$ (G u m l i c h und S c h m i d t).

Für Werte von $\mathfrak{H}$, welche $>$ 7 sind, gilt die Gleichung

$$\mathfrak{B} = \mathfrak{H} \cdot \left(1 + \frac{10^3}{a + b\,\mathfrak{H}} \right)$$

Die Gestalt der Hysteresekurve läßt sich angenähert wiedergeben durch die Formel $\mathfrak{B} = \mathfrak{B}_0 \dfrac{\sin (\varphi - a_1 \cos \varphi)}{\cos (a_2 \cos \varphi)}$, wenn $\mathfrak{H} = \mathfrak{H}_0 \sin \varphi$ die periodisch veränderliche magnetisierende Kraft bedeutet. $\mathfrak{H}_0$ und $\mathfrak{B}_0$ sind die zueinander gehörigen Amplituden von Feldstärke und Induktion; a_1 und a_2 Konstanten, welche aus Remanenz und Koerzitivkraft berechnet werden können (M ü l l e n d o r f, ETZ 1907, S. 261).

(32) Magnetische Eigenschaften verschiedener Eisen- und Stahlsorten. In der folgenden Tabelle sind die Werte für die Magnetisierbarkeit verschiedener

3*

gehärteter Stahlsorten zusammengestellt (Frau C u r i e).   Hierbei bedeutet t die günstigste Härtungstemperatur, C die Koerzitivkraft, R die Remanenz, $\mathfrak{B}$ die Induktion für $\mathfrak{H} = 500$, W die Energievergeudung für 1 cm³ (33); die Indices s bzw. r lassen erkennen, ob die betreffenden Werte mit Stäben von 20 cm Länge und 1 cm² Querschnitt, die bis zur Sättigung magnetisiert waren, oder mit geschlossenen Ringen gewonnen wurden.

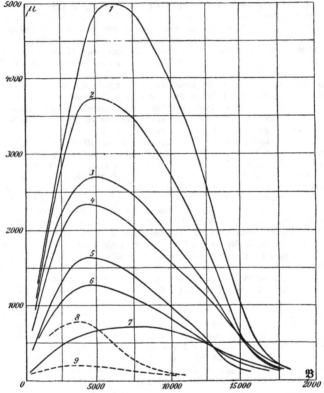

Fig. 24. Permeabilität und Induktion für 1—7 Stahlguß, 8 ausgeglühtes, 9 ungeglühtes Gußeisen.

Maßgebend für die Güte eines permanenten Magnets ist die Stärke der Magnetisierung, welche er festzuhalten vermag. Diese hängt aber, wie die Tabelle zeigt: einmal ab von der Höhe der Remanenz $K_r = 4\,\pi \cdot \mathfrak{J}_r$, die er bei der Untersuchung im geschlossenen Kreise (Ring, Joch) besitzt, sodann aber auch von der Koerzitivkraft. Wenn man den Verlauf der Hysteresekurve kennt, so kann man aus der hierdurch gefundenen Remanenz diejenige eines kürzeren Magnetstabes auf folgende Weise berechnen:

Befindet sich ein Magnetstab von der Stärke $\mathfrak{J}$ in einem Felde $\mathfrak{H}'$, so herrscht, da der freie Magnetismus des Stabes eine entmagnetisierende Wirkung ausübt, d. h. das ungestörte magnetische Feld schwächt, im Innern des Stabes nur die Feldstärke

Material	Kohlen-stoff in %	t^0	$C_{r,s}$	R_S	R_r	$\mathfrak{B}_r$	W_r
Kohlenstoffstahl von Firminy . . . . {	0,06	1000	3,4	400	7850	20100	28000
	0,49	770	23	2800	10490	19660	108000
	1,21	770	60	5800	8110	15580	182000
Kohlenstoffstahl von { weich	0,70	800	49	5300			
Bohler (Steiermark) { extra zäh, hart	0,99	800	55	5200			
extra halbhart	1,17	800	63	5800			
Kupferstahl von Chatillon & Commentry; 3,9 % Cu .	0,87	730	66	6200			
Chromstahl von Assailly; 3,4 % Cr	1,07	850	57	6700			
Wolframstahl von Assailly; 2,7 % W	0,76	850	66	6400	10050	16080	260000
Wolframstahl von { Spezialstahl, sehr hart; 2,9 % W	1.10	850	74	6700			
Böhler (Steiermark){ Boreasstahl, gehärtet; 7,7 % W	1,96	800	85	4700			
Stahl von Allevard . . . . 5,5 % W	0,59	770	72	7000	10680	16080	280000
Molybdänstahl von { 3,5 % Mo	0,51	850	60	6700			
Chatillon & Commentry { 4,0 % Mo	1,24	800	85	6700			

$\mathfrak{H} = \mathfrak{H}' - N \cdot \mathfrak{J}$. Hierin bezeichnet N den sogenannten Entmagnetisierungsfaktor, der bei sehr gestreckten zylindrischen Stäben nur vom Dimensionsverhältnis v, d. h. dem Quotienten aus Länge und Durchmesser des Stabes, abhängt, und zwar gilt hierfür angenähert die Gleichung $N = \dfrac{4\pi}{v^2}$ (log nat $2\,v - 1$). Ist nun, wie bei der Remanenz, $\mathfrak{H}' = 0$, so wird $\mathfrak{H} = -N\,\mathfrak{J} = -\dfrac{N \cdot R_S}{4\,\pi}$. Diese Größe trägt man in dem Punkt, wo der absteigende Ast der Hysteresekurve die Ordinatenachse schneidet, nach der Richtung der negativen Feldstärke $(-\mathfrak{H})$ auf und verbindet den Endpunkt mit dem Nullpunkt. Der Schnittpunkt dieser Scherungslinie mit dem absteigenden Ast gibt den Betrag an, den man für die Remanenz des betreffenden Stabes zu erwarten hat.

In der folgenden Tabelle sind empirisch gewonnene Werte von N für verschiedene Werte von v zusammengestellt (R i b o r g h M a n).

Werte des Entmagnetisierungsfaktors N zylindrischer Stäbe vom Dimensionsverhältnis v.

v	5	10	15	20	25	30	40	50	60	70	80	90	100	150	200	300
N	0,68	0,255	0,140	0,0898	0,0628	0,0460	0,0274	0,0183	0,0131	0,0099	0,0078	0,0063	0,0052	0,0025	0,0015	0,0008

In nahezu geschlossenen magnetischen Kreisen (Hufeisenmagneten usw.) ist die entmagnetisierende Kraft viel geringer.

Die Tabelle auf S. 38 enthält eine Übersicht über die Magnetisierbarkeit verschiedener Eisensorten und über die dabei auftretenden wichtigsten Konstanten. Im allgemeinen gilt die Regel, daß mit wachsender Koerzitivkraft auch die Remanenz und die Energievergeudung [Hystereseverlust (33)] zunimmt, die Maximalpermeabilität abnimmt, doch kommen vielfache Ausnahmen vor.

Mit wachsendem Kohlenstoffgehalt wird das Eisen magnetisch härter, ebenso wirken Verunreinigungen durch Phosphor, Schwefel usw. ungünstig, während Zusatz von Aluminium und Silizium die Permeabilität bei mäßigen Feldstärken erhöhen. Durch Siliziumzusatz wird auch die elektrische Leitfähigkeit des Materials und damit das Auftreten von schädlichen Wirbelströmen in Transformatoren usw. beträchtlich vermindert („legiertes" Dynamoblech).

Magnetisierbarkeit verschiedener Eisensorten
(nach Beobachtungen in der Reichsanstalt).

Material	Lfde. Nr.	$\mathfrak{H}_{max}$	$\mathfrak{B}_{max}$	B für $\mathfrak{H}=100$	Remanenz	Koerz. Kraft	μ_{max}	Energievergeudung (Erg.)	$\eta=$	Widerstand für m/mm² (Ohm)
Walzeisen	1	129	18190	17700	10300	0,6₀	8350	4900	0,00075	0,113
Schmiedeeisen . . .	2	145	18370	17650	9000	1,6₅	2850	12300	185	0,148
gegossenes Material (Stahlguß, Flußeisen, Dynamostahl)	3	129	17950	17470	8000	0,8₀	5240	10100	158	0,143
	4	129	17700	17200	7500	0,9₅	4070	9400	150	0,154
	5	128	18040	17570	7200	1,0₄	3200	10700	166	0,142
	6	128	18080	17600	7500	1,3₅	2610	11400	176	0,167
	7	145	18250	17500	10200	1,5₀	3380	13600	207	0,148
	8	127	18190	17700	9200	1,8₂	2460	14700	225	0,154
	9	129	18190	17670	7500	2,0₀	1900	15700	240	0,129
	10	129	17940	17400	11700	2,4₂	2250	20300	317	0,158
	11	128	17790	17300	11080	3,2₇	1620	24200	383	0,217
	12	129	17270	16750	9550	4,3₃	1100	30200	502	0,196
Dynamoblech (geglüht)	13	129	17430	16900	9800	1,1₅	4950	9400	154	—
	14	128	19540	19100	7550	1,3₇	2940	10700	146	—
	15	146	18490	17700	8300	1,6₂	2660	11200	167	0,144
	16	146	18500	17730	8800	2,3₃	1840	16200	241	0,144
	17	129	17440	17000	10000	2,9₀	1740	17600	288	—
	18	127	18320	17800	10150	3,3₅	1410	22000	332	—
	19	124	18880	18450	11550	4,1₈	1220	28800	415	—
Dynamoblech schwach legiert	20	150	18220	17430	9400	1,3₀	3300	12600	192	—
stark	21	150	17550	16740	9850	0,7₇	6200	8090	131	—
Gußeisen { ungeglüht	22	155	10320	9030	4630	11,3	200	34600	1310	0,878
dass.geglüht	23	155	10930	9900	5560	4,0₈	800	14900	515	0,798
ungeglüht	24	154	10030	8800	4630	13,2	200	36600	1450	0,989
dass.geglüht	25	155	10640	9600	5060	4,6₈	560	16100	580	—
Stahl, gehärtet	26	234	16220	13900	11700	52,6	195	—	—	0,325
	27	235	15120	12200	10500	61,7	125	—	—	0,360
	28	238	13370	9500	8880	69,7	—	—	—	0,422

Sättigungswerte $4\pi\mathfrak{J}$ für:

Schmiedeeisen, guten Stahlguß, Elektrolyteisen usw. . . . . . . 21200—21600
Stahl (ungehärtet) etwa 19800
  ,,   (gehärtet)   ,, ... 17800
Gußeisen etwa. 16500
Dynamoblech (schwach legiert) etwa 20500
    ,,   (stark   ,,   )   ,, ... 19300

    Für Feldstärken über 2000 findet man hieraus die zugehörigen Induktionen nach der Formel $\mathfrak{B} = 4\pi\mathfrak{J} + \mathfrak{H}$.

    Unmagnetische Legierungen. Während die Magnetisierbarkeit des Eisens durch den Zusatz von wenig Nickel (bis 5 %) noch zunimmt, vermindert sie sich durch höheren Nickelzusatz sehr stark. Nickelstahl von ca. 26 % Nickelgehalt ist bei gewöhnlicher Temperatur nahezu unmagnetisierbar, er wird dagegen wieder magnetisierbar durch Abkühlung auf Temperaturen unter 0° und behält dann die Magnetisierbarkeit auch in höheren Temperaturen bei. Durch eine Erhitzung auf ca. 600° wird er wieder unmagnetisch und bleibt in diesem Zustande bei der Abkühlung auf gewöhnliche Temperatur. Es existieren also für derartige (irreversibele) Nickellegierungen zwei verschiedene magnetische Zustände innerhalb eines bestimmten Temperaturintervalls, das von der Zusammensetzung der Legierung abhängt. Zusätze von Kohlenstoff, Chrom, Mangan erniedrigen den Umwandlungspunkt sehr beträchtlich, so daß es gelungen ist, Legierungen herzustellen, welche auch bei der Temperatur der flüssigen Luft nicht magnetisierbar werden.

Beim Zusatz von noch mehr Nickel verliert sich diese Eigentümlichkeit, die Legierung wird wieder bei allen Temperaturen magnetisierbar, der magnetische Zustand ist reversibel (Hopkinson, Dumont, Dumas, Guillaume).

Auch durch den Zusatz von etwa 12 % Mangan wird Stahl praktisch unmagnetisierbar (Hadfield).

(33) Hystereseverlust (Energievergeudung). Zur Magnetisierung von

1 cm³ Eisen von $\mathfrak{B}_1$ bis zu $\mathfrak{B}_2$ muß die Energie $\dfrac{1}{4\,\pi}\displaystyle\int_{\mathfrak{B}_1}^{\mathfrak{B}_2} \mathfrak{H} \cdot d\mathfrak{B}$ aufgewendet

werden. Führt man einen vollständigen Wechsel von $+\,\mathfrak{B}$ zu $-\,\mathfrak{B}$ und wieder zurück aus, so gewinnt man beim Rückgange nur einen Teil der Energie wieder, der Rest wird in Wärme verwandelt. Das Flächenstück, das von der Kurve umschlossen wird, welche $\mathfrak{B}$ oder $\mathfrak{J}$ als Funktion von $\mathfrak{H}$ darstellt, ist derjenigen Arbeitsmenge proportional, welche bei dem magnetischen Wechsel in Wärme verwandelt worden ist (Verlust durch Hysterese; Warburg). Auch für unvollständige Wechsel, wie in Fig. 22 links unten durch die punktierte Kurve dargestellt, gilt dieser Satz.

Mißt man $\mathfrak{H}$, $\mathfrak{B}$ und $\mathfrak{J}$ im CGS-System, so ist die in Wärme verwandelte

Arbeitsmenge für 1 cm³ Eisen für einen vollen Wechsel $= \displaystyle\int \mathfrak{H}\,d\mathfrak{J}$ oder $\dfrac{1}{4\,\pi}\displaystyle\int \mathfrak{H}\,d\mathfrak{B}$

gleichfalls in CGS.

Nach Steinmetz (ETZ 1892) kann man die durch Hysterese in 1 cm³ Eisen verbrauchte Arbeitsmenge bei verschieden hohen Induktionen $\mathfrak{B}$ darstellen durch $\eta \cdot \mathfrak{B}^{1,6}$, worin die Werte von η zwischen 0,001 und 0,025 liegen (vgl. auch Tab. S. 40).

Tafel der Werte für η (nach Steinmetz).

Material	η
Schmiedeeisen, Eisenblech und Stahlblech . . .	0,0012—0,0055 Mittel 0,003
Gußeisen	0,011 —0,016 Mittel 0,013
Weicher Gußstahl und Mitismetall	0,0032—0,012 Mittel 0,0060
Harter Gußstahl	bis 0,028
Schmiedestahl	0,015—0,025
Magneteisenstein	0,020—0,024
Nickel.	0,013—0,039
Kobalt	0,012

Jedoch ist, wie sich aus den eigenen Versuchen von S t e i n m e t z , namentlich aber aus den Versuchen der Reichsanstalt ergibt, der Wert η wenigstens für magnetisch weiches Material keineswegs konstant, sondern wächst für Induktionen, welche oberhalb des Knies der Magnetisierungskurve liegen, sehr beträchtlich, wie die folgende Tabelle zeigt.

Beziehung zwischen η und $\mathfrak{B}$ für einige Materialien.

Weiches Schmiedeeisen		Geglühtes schwedisches Schmiedeeisen		Dynamoblech		Geglühter Wolframstahl	
$\mathfrak{B}$max	η	$\mathfrak{B}$max	η	$\mathfrak{B}$max	η	$\mathfrak{B}$max	η
5000	0,00097	4800	0,00168	4000	0,00137	4200	0,0138
8400	94	8000	169	6000	137	8300	137
14800	105	11000	187	8000	141	10800	136
17300	114	13800	216	10000	148	16800	139
18800	124	18300	252	12000	157	18500	134
		20500	214	14000	169		
				16000	185		

Trotzdem ist die S t e i n m e t z sche Formel unter Umständen gut zu gebrauchen, wenn es sich darum handelt, die Hystereseverluste verschiedener nicht genau gleich hoch magnetisierter Materialien zu vergleichen.

Die neuerdings (ETZ 1910, S. 1241) von R u d. R i c h t e r für den Hystereseverlust vorgeschlagene Formel $V = a \mathfrak{B} + b \cdot \mathfrak{B}^2$ paßt sich dem Verlauf der Verlustkurve viel besser an als die Formel von S t e i n m e t z , verlangt aber natürlich zur Ermittelung der Konstanten a und b die Bestimmung des Hystereseverlusts bei zwei verschieden hohen Induktionen (etwa $\mathfrak{B} = 10\,000$ und $15\,000$).

Hystereseverlust in 1 k g E i s e n o d e r S t a h l (s p e z. G e w. = 7,7) bei 100 P e r i o d e n in 1 S e k u n d e in W a t t.

$\mathfrak{B}$	η 0,0020	0,0025	0,0030	0,0035	0,004	0,005	0,006	0,008	0,010	0,015
1 000	0,16	0,20	0,25	0,29	0,33	0,41	0,49	0,66	0,82	1,23
2 000	0,50	0,61	0,75	0,88	1,00	1,25	1,49	1,99	2,49	3,75
3 000	0,95	1,19	1,43	1,67	1,90	2,38	2,86	3,82	4,77	7,14
4 000	1,51	1,88	2,26	2,64	3,02	3,77	4,52	6,03	7,54	11,31
5 000	2,15	2,69	3,23	3,77	4,30	5,38	6,46	8,62	10,76	16,14
6 000	2,88	3,60	4,33	5,05	5,77	7,21	8,64	11,54	14,42	21,64
7 000	3,69	4,61	5,54	6,46	7,38	9,23	11,07	14,76	18,45	27,68
8 000	4,57	5,71	6,86	8,00	9,14	11,43	13,71	18,28	22,84	34,28
9 000	5,51	6,90	8,29	9,66	11,04	13,80	16,56	22,07	27,59	41,40
10 000	6,53	8,16	9,80	11,43	13,05	16,33	19,58	26,12	32,65	48,98
11 000	7,61	9,51	11,41	13,31	15,22	19,02	22,82	30,42	38,03	57,05
12 000	8,74	10,93	13,12	15,31	17,49	21,86	26,03	34,99	43,73	65,56
13 000	9,94	12,42	14,90	17,40	19,88	24,85	29,81	39,75	49,69	74,52
14 000	11,19	13,98	16,78	19,58	22,38	27,97	33,56	44,76	55,94	83,87
15 000	12,49	15,62	18,74	21,87	25,00	31,24	37,49	49,98	62,48	93,67

Der Hystereseverlust wird durch andauernde Erwärmung (sog. Altern des Dynamoblechs) und durch hohen Druck vergrößert, wahrscheinlich aber nicht durch die fortwährende Ummagnetisierung; hochlegierte Bleche altern wenig oder gar nicht.

Bei einer Frequenz von ν Perioden in 1 Sekunde wird in 1 kg Eisen oder Stahl vom spezifischen Gewicht 7,7 eine Leistung verbraucht von (vgl. Tab. S. 40)

$$\nu \cdot \frac{\eta \, \mathfrak{B}^{1,6}}{7,7 \cdot 10^4} \text{ Watt}$$

(34) Der magnetische Kreis. Die magnetischen Kraftlinien werden erzeugt von der magnetomotorischen Kraft, d. i. derjenigen Kraft, welche das vorher unmagnetische Eisen (oder Stahl) magnetisch gemacht hat. Die Kraftlinien sind geschlossene Kurven; beim Übergang aus Eisen in Luft oder andere unmagnetische Körper werden sie gebrochen nach dem Gesetz (vgl. Fig. 25):

$$\text{tg } \alpha = \mu \text{ tg } \beta.$$

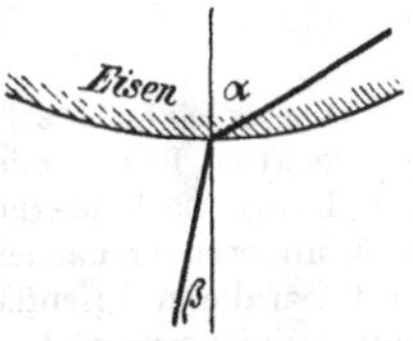

Außerhalb des Eisens bilden die Kraftlinien das magnetische Feld (29); ihre Richtung gibt die Richtung der Kraft, ihre Dichte die magnetische Feldstärke an.

Die magnetische Kapazität $\mathfrak{C}$ oder deren reziproker Wert, der magnetische Widerstand $\mathfrak{R}$ des Weges, der sich den Kraftlinien darbietet, ist bestimmend für die Gesamtmenge Φ der Kraftlinien, welche von der magnetomotorischen Kraft $\mathfrak{F}$ erzeugt werden:

Fig. 25. Brechung der magnetischen Kraftlinien.

$$\Phi = \mathfrak{B} \cdot q = \mathfrak{F} \cdot \mathfrak{C} = \frac{\mathfrak{F}}{\mathfrak{R}}.$$

A n m e r k u n g. Da die Kraftlinien, nachdem sie erzeugt worden sind, ruhen und demnach keinen (dem elektrischen ähnlichen) Widerstand mehr finden, so ist die Benennung magnetischer Widerstand unzutreffend. Der Vorgang der Magnetisierung kann viel eher mit dem Laden eines Kondensators oder einem anderen in der Aufspeicherung von Energie bestehenden Vorgange verglichen werden, woraus sich die passendere Benennung magnetische Kapazität ergibt.

Für einen vollständig bewickelten Eisenring aus gleichmäßigem Material und von gleichbleibendem Querschnitt ist $\mathfrak{F} = \mathfrak{H} \cdot l$, worin l die mittlere Länge des Kraftlinienweges und $\mathfrak{H} = {}^4/_{10} \pi \cdot KI$ (30). $\mathfrak{F}$ läßt sich auch als magnetische Potentialdifferenz oder Spannung deuten. Wenn längs einer magnetischen Kraftlinie die Werte von $\mathfrak{H}$ gegeben sind, so gilt für die ganze Kraftlinie wie auch für jedes Stück die Gleichung $\mathfrak{F} = \int \mathfrak{H} \, dl$. Hat $\mathfrak{H}$ längs einer Kraftlinie auf einer Weglänge l einen konstanten Wert, so herrscht zwischen den Endpunkten der Länge l die magnetische Spannung $\mathfrak{F} = \mathfrak{H} \cdot l$. Da $\mathfrak{H} \cdot \mu = \mathfrak{B}$ ist, so folgt $\mathfrak{F} = 1/\mu \cdot \mathfrak{B} \cdot l$. Setzt sich der Kraftlinienweg aus mehreren Stücken zusammen, so wird $\mathfrak{F} = \Sigma \mathfrak{H} \cdot l = \Sigma 1/\mu \cdot \mathfrak{B} \cdot l = {}^4/_{10} \pi \cdot NI$ ($N =$ gesamte Windungszahl). (Vgl. 79.) Diese Formel enthält das Wichtigste für die Berechnung elektromagnetischer Apparate. (Vgl. 83.)

Bei einem geschlitzten Ring, bei welchem der Eisenteil die Länge l_i und der Luftschlitz die Breite l_a hat ($l_i + l_a = 2 r \pi$), ergibt sich angenähert der Kraftlinienfluß

$$\Phi = \frac{0,4 \cdot \pi \cdot N \cdot I}{\dfrac{l_i}{\mu \, q} + \dfrac{l_a}{q}}.$$

Bei einem permanenten Ringmagnet kann man sich die im Zähler stehende magnetomotorische Kraft durch eine eingeprägte Feldstärke $\mathfrak{H}_e \cdot l_i$ ersetzt denken (Gans), so daß auch hier gilt

$$\Phi = \frac{\mathfrak{F}}{\mathfrak{R}_i + \mathfrak{R}_a}.$$

Die magnetische Kapazität $\mathfrak{C}$ und der magnetische Widerstand $\mathfrak{R}$ hängen von den Abmessungen und der materiellen Beschaffenheit des Weges für die Kraftlinien ab. Für einen Körper, der gleichmäßig von parallelen Kraftlinien durchzogen wird, ist $\mathfrak{C}$ proportional dem Querschnitt q, der Permeabilität μ und umgekehrt proportional der Länge des Körpers, $\mathfrak{R}$ das Reziproke:

$$\mathfrak{C} = \mu \cdot \frac{q}{l} \text{ und } \mathfrak{R} = \frac{1}{\mu} \cdot \frac{l}{q}.$$

Dieser einfachste Fall wird annäherungsweise verwirklicht durch einen langgestreckten Eisen- oder Stahlstab von gleichmäßigem Querschnitt, welcher der Länge nach magnetisiert wird, und durch planparallele Platten von Luft und anderen unmagnetischen Körpern, welche zwischen gleich großen und parallelen Eisenflächen eingeschlossen sind, und deren Dicke gegen ihren Querschnitt gering ist. μ ist für Luft = 1, für weiches Eisen in schwachen Feldern etwa 200—10000; bei stark zunehmender Magnetisierung nimmt der Wert von μ für Eisen wieder ab, s. Fig. 24.

Für andere einfache und häufig vorkommende Fälle werden nachstehend die Formeln abgeleitet. Die Figuren zeigen Durchschnitte durch zwei durch Luft getrennte Eisenstücke (Eisen schraffiert); die punktierten Linien geben den a n - g e n o m m e n e n Weg der Kraftlinien an; die Annahme ist möglichst der Wirklichkeit entsprechend so gewählt, daß die Rechnung einfach wird.

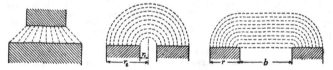

Fig. 26—28. Ausbreitung der Kraftlinien in der Luft.

Zwei parallele Eisenflächen von annähernd gleicher Größe. Magnetische Kapazität des Luftraumes = Mittel der beiden Flächen, dividiert durch ihren Abstand.	Zwei in einer Ebene nebeneinander liegende Eisenflächen; das Maß senkrecht zur Ebene der Zeichnung = a.
	Magnetische Kapazität / Magnetische Kapazität

$$\mathfrak{C} = a \int_{r_1}^{r_2} \frac{dr}{\pi r} = \frac{a}{\pi} \log \text{nat} \frac{r_2}{r_1}.$$

$$\mathfrak{C} = a \int_{o}^{r} \frac{dr}{\pi r + b} = \frac{a}{\pi} \log \text{nat} \left(1 + \frac{\pi r}{b}\right).$$

Der magnetische Widerstand ist das Reziproke dieses Wertes.

Alle Maße in cm bzw. cm². Ist der Zwischenraum zwischen den Eisenflächen mit Eisen statt mit Luft gefüllt, so hat man die angegebenen Werte noch mit der magnetischen Durchlässigkeit μ des Eisens zu multiplizieren.

Diese Methode, welche von F o r b e s angegeben wurde, ist mit Vorsicht zu verwenden; es hängt hier soviel von der Anschauung des Rechners ab, daß man nicht mit Sicherheit auf richtige Resultate zählen kann. Für verwickeltere Fälle wird in (348) ein Verfahren angegeben.

Wenn die Kraftlinien auf ihrem Wege von mehreren verschieden bemessenen oder beschaffenen Körpern von den magnetischen Kapazitäten c_1, c_2, c_3 usw. oder den magnetischen Widerständen r_1, r_2, r_3 aufgenommen werden, so berechnet sich die gesamte Kapazität $\mathfrak{C}$ und der gesamte magnetische Widerstand des Weges nach den Formeln

$$\frac{1}{\mathfrak{C}} = \frac{1}{c_1} + \frac{1}{c_2} + \frac{1}{c_3} + \ldots = \Sigma \frac{1}{c}.$$

$$\mathfrak{R} = r_1 + r_2 + r_3 + \ldots = \Sigma r.$$

Wenn den Kraftlinien mehrere Wege nebeneinander geboten werden, so ist die gesamte Kapazität der nebeneinander liegenden Wege gleich der Summe der Kapazitäten der einzelnen Wege.

E i n f l u ß d e s w e i c h e n E i s e n s a u f d i e K r a f t l i n i e n. Der Verlauf der Kraftlinien in einem magnetischen Feld wird durch die Gegenwart von Eisen und anderen magnetisierbaren Körpern beeinflußt; diese Körper besitzen eine besonders große Aufnahmefähigkeit für magnetische Kraftlinien, vor allem und in weitaus dem stärksten Maße weiches Eisen. Die Kraftlinien werden aus ihrer Richtung abgelenkt und in großer Zahl und Dichte durch das Eisen geführt (magnetische Schirmwirkung des Eisens).

(35) Erdmagnetismus. Die Erde ist ein sehr großer Magnet, dessen Südpol nahe beim geographischen Nordpol, dessen Nordpol nahe beim geographischen Südpol liegt.

Der Nordpol einer durchaus frei beweglichen Magnetnadel zeigt nahezu nach dem geographischen Norden, und die magnetische Achse der Nadel macht mit der Horizontalen einen bestimmten Winkel. Die Abweichung von der geographischen Nord-Süd-Richtung heißt Deklination, sie ist in Deutschland westlich und beträgt etwa 9^0. Der Winkel der magnetischen Achse mit dem Horizont heißt Inklination; der Nordpol zeigt nach unten, der Inklinationswinkel beträgt bei uns etwa 66^0.

An den Magnetnadeln, die sich nur in der horizontalen Ebene frei bewegen können, z. B. in vielen Meßinstrumenten, beobachtet man nur das Bestreben, die magnetische Nord-Südrichtung einzunehmen; diese Richtung wird der magnetische Meridian genannt. Solche Nadeln stehen nicht unter der Einwirkung der ganzen Stärke des Erdmagnetismus, sondern nur unter demjenigen Teile, der als horizontale Komponente wirksam ist; man nennt diesen Teil auch Horizontalstärke, $\mathfrak{h}$.

In Gebieten von geringer Ausdehnung, in Beobachtungsräumen, Laboratorien und dergl. darf man die Kraftlinien des erdmagnetischen Feldes als parallel und geradlinig ansehen, sofern sie nicht durch vorhandene Eisenmassen oder Magnete oder vorüberführende elektrische Ströme gestört werden. In solchen Räumen darf man auch die Stärke des magnetischen Feldes als konstant annehmen, die Feldstärke wird durch vorhandene Eisen- oder Magnetmassen nicht in dem Maße beeinflußt wie die Richtung der Kraftlinien.

Betrachtet man größere Gebiete, so ändert sich die Horizontalstärke mit der geographischen Lage des Ortes.

Horizontale Stärke des Erdmagnetismus.   Anfang 1913.
(Nach einer Tabelle der Deutschen Seewarte.)
Für 1 Jahr später ist zu addieren etwa 0,0002.

Westen			Osten
	Kiel 0,182		
Oldenburg . . 0,185	Hamburg . . 0,185	Rostock . . 0,184	Königsberg . 0,186
Kleve. . . . 0,190	Hannover. . . 0,189	Berlin. . . 0,192	Thorn . . . 0,194
Aachen . . . 0,194	Kassel . . . 0,193	Halle . . . 0,194	Posen . . . 0,193
Metz 0,201	Nürnberg . . 0,203	Prag . . . 0,202	Oppeln . . . 0,202
Freiburg . . 0,207	Augsburg . . 0,207	Passau . . 0,208	Brünn . . . 0,207
Bern 0,212	Lindau . . . 0,211	Salzburg. . 0,209	Wien. . . . 0,212
	Bozen . . . 0,216	Graz . . . 0,218	Pest 0,217

(36)   Schwingungsdauer einer Magnetnadel im erdmagnetischen Feld. Die Richtkraft ist gleich dem Produkt aus dem
magnetischen Moment der Nadel $\mathfrak{M}$ und der horizontalen Intensität $\mathfrak{h}$, also =
$\mathfrak{M}\,\mathfrak{h}$; Trägheitsmoment θ nach (16) berechnet.

$$\text{Schwingungsdauer } t = \pi \cdot \sqrt{\frac{\theta}{\mathfrak{M}\mathfrak{h}}}.$$

Wirkung eines Magnetstabes auf eine Magnetnadel, die im
erdmagnetischen Feld in nicht zu geringer Entfernung horizontal aufgestellt
ist. Erste Hauptlage (28): der Stab liegt östlich oder westlich der Nadel; die
Nadel erfährt die Ablenkung φ; dann ist

$$[\mathfrak{h}\,,\mathfrak{M}'] = 2\,\frac{(\mathfrak{M}\,,\mathfrak{M}')}{r^3}; \quad \text{daraus } \mathfrak{M} = \frac{r^3}{2}\,\mathfrak{h}\,\mathrm{tg}\,\varphi\ \mathrm{CGS}$$

Zweite Hauptlage: der Stab nördlich oder südlich der Nadel:

$$[\mathfrak{h}\,,\mathfrak{M}'] = \frac{(\mathfrak{M}\,,\mathfrak{M}')}{r^3}; \quad \text{daraus } \mathfrak{M} = r^3\,\mathfrak{h}\,\mathrm{tg}\,\varphi\ \mathrm{CGS}$$

abgesehen von einer geringen Berichtigung wegen der Längen von Stab und
Nadel.

Elektrostatik.

(37) Einheit der Elektrizitätsmenge.
Gleichartig geladene Körper stoßen einander ab, ungleichartig geladene
ziehen einander an. Die elektrostatische Einheit der Ladung oder Elektrizitätsmenge ist diejenige, die im Abstand 1 cm auf eine ihr gleiche durch den leeren Raum
hindurch mit der Kraft 1 dyn $\approx$ 1,02 mg* wirkt. Vorausgesetzt ist hierbei, daß die
körperlichen Träger der Elektrizitätsmengen klein gegenüber ihrem Abstande und
daß alle anderen Körper weit entfernt sind. Dann gilt nämlich das Coulomb-
sche Gesetz, daß die Kraft zwischen zwei Ladungen Q_1, Q_2 im Abstand r
gleich $Q_1\,Q_1/r^2$ ist.
Die elektromagnetische Einheit der Ladung enthält $3 \cdot 10^{10}$, die praktische
Einheit (Coulomb, Amperesekunde) $3 \cdot 10^9$ elektrostatische Einheiten. Ein Coulomb
wirkt also auf ein zweites Coulomb in 1 km Abstand mit einer Kraft von rund 1 t.

(38) Elektrisches Feld[1]) heißt jeder Raum, in dem sich elektrische Wirkungen äußern. Zu jedem Punkt des Feldes läßt sich ein Vektor (12), die e l e k t r i s c h e F e l d s t ä r k e $\mathfrak{E}$ angeben; sie ist gleich der Kraft in Dyn, die ein sehr kleiner, mit einer Einheit positiver Elektrizität geladener Körper (E i n h e i t s p o l) dort erfährt. (Voraussetzung: grad ε = 0; s. (49).)

Durch jeden Punkt des Feldes läßt sich eine F e l d - oder K r a f t l i n i e ziehen, deren Tangente an jenem Punkte die Richtung der Feldstärke angibt.

(39) Im elektrostatischen Felde, d. h. in einem Felde, das ohne Energieumsatz fortbesteht, ist die Arbeit, die die elektrischen Kräfte beim Herumführen des Einheitspols auf einem geschlossenen Wege leisten, gleich Null:

$$\oint \mathfrak{E}\, d\mathfrak{s} = 0$$

Daraus folgt: 1. daß zu beiden Seiten der Grenzfläche zweier Körper die tangentielle Komponente von $\mathfrak{E}$ denselben Wert hat; 2. daß sich $\mathfrak{E}$ von einem einwertigen Potential φ ableitet:

$$\mathfrak{E} = - \text{ grad } \varphi \; ; \quad \text{rot } \mathfrak{E} = 0.$$

Die Flächen konstanten Potentials werden von den Kraftlinien senkrecht durchkreuzt. Solche Flächen sind auch die Leiteroberflächen. Das Potential der Oberfläche herrscht auch im Leiterinnern, weil dort überall $\mathfrak{E} = 0$ ist.

(40) Die **Spannung** zwischen zwei Leitern ist das von einem beliebigen Punkte des e i n e n nach einem beliebigen Punkte des z w e i t e n auf einem beliebigen Wege genommene Integral $\int \mathfrak{E}\, d\mathfrak{s}$. Es bedeutet die bei der Überführung des Einheitspols auf diesem Wege geleistete Arbeit und ist gleich der Potentialdifferenz der Leiter.

(41) Die **dielektrische Verschiebung oder Erregung** ist in isotropen (nicht kristallartigen) Körpern der Feldstärke proportional:

$$\mathfrak{D} = \varepsilon\, \mathfrak{E} / 4 \pi c^2$$

ε ist die D i e l e k t r i z i t ä t s k o n s t a n t e, $c = 3 \cdot 10^{10}$. Von jeder Ladungseinheit geht stets der Verschiebungsfluß 1 aus. Es ist daher die Raumdichte der Ladung ρ = div $\mathfrak{D}$; die Flächendichte an der Grenze der Körper (1) und (2) beträgt $\omega = \mathfrak{D}_{n_1} + \mathfrak{D}_{n_2}$, wobei die positive Richtung der Normalkomponente $\mathfrak{D}_n$ aus dem betreffenden Körper hinausweist.

(42) Dielektrizitätskonstanten

Kolophonium	2,6	Papier	1,8—2,6
Ebonit	2—3	Paraffin, fest	2,0—2,3
Glas, verschieden	3—7	Paraffinöl	2—2,5
weißes Spiegelglas etwa	6	Petroleum	2,0—2,2
Glimmer	5—8	Porzellan	4,4
Guttapercha	2,8—4,2	Rapsöl	2,3
Starkstromkabel-Isolation		Rizinusöl	4,7
(getränktes Papier oder		Rüböl	3
Jute)	4,3	Schellack	2,7—3,7
Fernsprechkabel-Isolation		Schwefel	2,4
(Papier und Luft) . . .	1,6	Siegellack	4,3
Kautschuk, braun . . .	2	Terpentinöl	2,2
„ vulkan., grau .	2,7	Transforma- Mineralöl	2,2
Mikanit	4,5—5,5	torenöl Harzöl . .	2,5
Olivenöl	3	Wasser	80

---

[1]) Im folgenden wird von dem Rechnen mit Vektoren Gebrauch gemacht. Die Erklärung der Bezeichnungen findet sich in den Abschnitten (12 bis (14); dort sind auch die Rechenregeln zusammengestellt.

(43) Dielektrischer Energieverlust. Die in (41) angegebene Beziehung zwischen $\mathfrak{E}$ und $\mathfrak{D}$ gilt genau nur für Gase. Wirkt auf ein festes oder flüssiges Dielektrikum ein elektrisches Wechselfeld $\mathfrak{E}_0 \sin 2\pi\nu t$, so bleibt die Verschiebung hinter der Feldstärke um einen Winkel δ in Phase zurück. Dem entspricht ein Effektverbrauch $\varepsilon\,\mathfrak{E}_0^2\,\nu\,\sin\delta/4\,c^2\cdot 10^{-7}$ Watt[1]) in der Raumeinheit — Hysteresewärme. Die dielektrische Hysterese unterscheidet sich aber von der magnetischen durch das Fehlen der Remanenz[2]) und der Koerzitivkraft: nach dem Erlöschen des äußeren Feldes klingt auch die Verschiebung allmählich ab, und zwar in einer Weise, die durch die Leitfähigkeit allein nicht erklärt werden kann (Nachwirkung; W i e - c h e r t, Wied. Ann. Bd. 50 S. 335, 546; 1893; v. S c h w e i d l e r, Ann. Phys. (4) Bd. 24, S. 711; 1907). Der Winkel δ ändert sich sehr wenig mit der Frequenz, aber stark mit der Temperatur und liegt für Glimmer, Glas, Hartgummi und Paraffin (fest) in der Ordnung von $0,1^0$, für Harz und Öl und damit getränktes Papier zwischen 0,5 und 5^0.

(44) Kapazität zweier Leiter gegeneinander ist das Verhältnis ihrer Ladung zu der zwischen ihnen herrschenden Spannung, wenn alle von dem einen Leiter ausgehenden Verschiebungslinien auf dem andern Leiter münden. Sind mehrere Leiter im Felde vorhanden, so ist die Ladung jedes einzelnen eine lineare Funktion der Spannungen aller Leiter gegen einen auszuwählenden.

(45) Werte von Kapazitäten.

Kapazität (Mikrofarad)

Zylinder vom Radius r, der von einem Zylinder vom Radius r_1 umgeben ist (Kabel), für 1 km Länge . . .
$$\frac{\varepsilon}{18\,\log\mathrm{nat}\dfrac{r_1}{r}}$$

Zylinder vom Radius r, der im Abstande h mit seiner Achse parallel einer unendlichen Ebene liegt (oberirdische Leitung), für 1 km Länge . . . .
$$\frac{\varepsilon}{18\,\log\mathrm{nat}\dfrac{2h}{r}}$$

Zwei Zylinder mit den Radien r_1 und r_2, die im (gegen r großen) Abstand a einander parallel liegen. für 1 km Länge . . . .
$$\frac{\varepsilon}{18\,\log\mathrm{nat}\left(\dfrac{a^2}{r_1 r_2}\right)}$$

Zwei im Abstande d einander gegenüberstehende parallele Flächen von der Größe S (Leydener Flasche, Kondensatoren) . . . .
$$\frac{\varepsilon S}{36\pi d}10^{-5}$$

Eine zwischen zwei parallelen Flächen liegende dritte Fläche (Kondensatoren) . . . .
$$\frac{\varepsilon S}{36\pi}\cdot\left(\frac{1}{d_1}+\frac{1}{d_2}\right)10^{-5}$$

Ist die Zwischenschicht von der Dicke d zusammengesetzt aus parallelen Schichten aus verschiedenem Material von den Dicken d_1, d_2, d_3 . . . . und den Dielektrizitätskonstanten ε_1, ε_2, ε_3 . . ., so tritt an die Stelle von d/ε

$$\frac{d_1}{\varepsilon_1}+\frac{d_2}{\varepsilon_2}+\frac{d_3}{\varepsilon_3}+\cdots$$

Maße der Längen und Flächen in cm und cm².

---

[1]) Die quadratische Abhängigkeit des Verlusts von der Feldstärke kann nach den sehr sorgfältig ausgeführten Versuchen von B. M o n a s c h, Ann. Phys. (4) Bd. 22, S. 905, 1907 als sichergestellt gelten.
[2]) Remanente Elektrisierung ist bisher nur bei den pyroelektrischen Kristallen (Turmalin u. a.) beobachtet worden. Vgl. W. T h o m s o n, Phil. Mag. (5) Bd. 5, S. 24, 1878; E. R i e c k e, Wied. Ann. Bd. 28, S. 43, 1886.

(46) Verschiedene Schaltungsweisen der Kondensatoren.

Sind die Kapazitäten C_1, C_2 ... C_n parallel geschaltet, so ist die Gesamtkapazität dieser Zusammenstellung

$$C = C_1 + C_2 + \ldots + C_n$$

Sind diese Kondensatoren dagegen in Reihe geschaltet, so ist die Kapazität der Reihe aus der Beziehung $1/C = 1/C_1 + 1/C_2 + \ldots + 1/C_n$ zu berechnen. Ist $C_1 = C_2 = \ldots = C_n = C_0$, so wird $C = C_0/n$.

(47) Kapazität der Leitungen. Liegen im wesentlichen nur zwei Leiter (Hin- und Rückleitung) im elektrischen Felde, so wende man die entsprechende der vorstehenden Formeln (45) an. Liegen mehr Leiter im Felde, so kann man ihre Ladungen bei gegebener Spannungsverteilung so berechnen, als ob je zwei von ihnen durch einen Kondensator verbunden wären[1]). Dessen Kapazität, die T e i l k a p a z i t ä t der beiden Leiter gegeneinander, muß unter Berücksichtigung der Lage a l l e r Leiter berechnet werden, wofür sich nur in besonderen Fällen einfache Formeln ergeben. Man tut im allgemeinen besser, die Ladungen aus den Spannungen unmittelbar nach einem einfachen Näherungsverfahren zu berechnen, das F. B r e i s i g (ETZ 1898, S. 772; 1899, S. 127) und L. L i c h t e n s t e i n (ETZ 1904, S. 126) entwickelt haben.

Hängen die Spannungen der Leiter so voneinander ab, daß sie alle durch die Angabe einer einzigen bestimmt sind, und gehorchen sie und auch die Lage der Leiter gewissen Symmetriebedingungen (kein Leiter soll bevorzugt sein), so ist auch ein Mehrleitersystem elektrostatisch durch eine einzige Kapazitätsgröße gekennzeichnet. Diese, die B e t r i e b s k a p a z i t ä t, gilt aber nur für die vorausgesetzte Betriebsart. Beispiel: Die Betriebskapazität eines verseilten Drehstromkabels, eines verseilten vieradrigen Zweiphasenkabels. Fertige Formeln für einige Betriebskapazitäten sind in den genannten Aufsätzen von B r e i s i g, L i c h t e n s t e i n und D i e s s e l h o r s t und E m d e enthalten.

(48) Die im elektrischen Felde aufgespeicherte Gesamtenergie wird richtig erhalten, wenn man jedem Punkt des Feldes eine Energiedichte $\frac{1}{2}\,\mathfrak{D}\,\mathfrak{E} = \varepsilon\,\mathfrak{E}^2/8\pi\,c^2$ zuschreibt. Für einen Kondensator von der Kapazität C, der Ladung Q und der Spannung V ergibt das einen Energiebetrag $\frac{1}{2}\,Q\,V = \frac{1}{2}\,C\,V^2 = Q^2/2\,C$.

(49) Die mechanischen Kräfte elektrischen Ursprungs lassen sich als Raumkräfte (a) oder als Oberflächenkräfte (a) darstellen.

a) Auf das mit der Dichte ρ geladene Raumteilchen dv wirkt die Kraft

$$\mathfrak{K} = (\rho\,\mathfrak{E} + \mathfrak{E}^2\,\text{grad}\,\varepsilon\,/\,8\pi\,c^2)\,dv$$

In einem homogenen Körper fällt das zweite Glied fort; das erste ist die aus dem Coulombschen Gesetz folgende Kraft. Das zweite Glied besagt: Die Körper suchen sich so zu stellen, daß der Verschiebungsfluß im ganzen möglichst groß wird. (Vgl. das entsprechende Verhalten des Eisens im Magnetfeld.)

b) Die Wirkung des Feldes auf einen Körper wird erhalten, wenn man sich an jedem Punkt seiner Oberfläche eine Spannung $\mathfrak{T}$ vom Betrag $\varepsilon\,\mathfrak{E}^2\,/\,8\pi\,c^2$ angreifend denkt. Der Winkel zwischen $\mathfrak{T}$ und der Oberflächennormale wird durch die Richtung von $\mathfrak{E}$ halbiert. Die K r a f t auf das Oberflächenelement ist der Unterschied der nach außen und der nach innen wirkenden Spannung. S p e z i a l f ä l l e (E m d e, Elektrot. u. Maschb. 1910, S. 33):

1. Zwischen zwei in einem homogenen Körper im Abstand r befindlichen elektromagnetisch gemessenen Punktladungen Q_1 und Q_2 wirkt die Kraft $Q_1\,Q_2\,c^2\,/\,\varepsilon\,r^2$ (Coulombsches Gesetz).

2. Hängt die Lage zweier Körper mit der Kapazität C nur von e i n e r

---

[1]) Der Gegenstand ist in den „Vorschlägen für die Definition der Eigenschaften gestreckter Leiter" v. D i e s s e l h o r s t und E m d e ETZ 1909, S. 1155, 1184) ausführlich erörtert.

Koordinate (x) ab, so ist die zugehörige Kraftkoordinate bei konstanter Spannung $\frac{1}{2} V^2 \partial C / \partial x$.

3. Auf das Oberflächenelement df eines L e i t e r s wirkt die normale Zugkraft $\varepsilon \mathfrak{E}^2 df / 8 \pi c^2$.

4. Auf eine kleine u n g e l a d e n e leitende Kugel vom Volum v wirkt im elektrischen Felde $\mathfrak{E}_0$ die Kraft $\varepsilon\, v \operatorname{grad} \mathfrak{E}_0^2 / 8 \pi c^2$.

(50) Spannung und Schlagweite.

Die Spannung, bei der eine Entladung in Luft einsetzt, hängt von der A r t der Entladung ab.

Im homogenen Feld zwischen ausgedehnten glatten Metallelektroden wird die Luft bei beliebiger Schlagweite bei einer Feldstärke $\mathfrak{E}$ = ca. 2700 V/mm durchgeschlagen.

Im nicht homogenen Felde haben Schlagweitengesetze nur Gültigkeit für die zugehörige Feldform (Lage, Form und Potentiale der Elektroden und andern im Felde befindlichen Körper). Näheres (auch Literatur) ist in dem zusammenfassenden Vortrag von T o e p l e r ETZ 1907, S. 998, 1025 angegeben. Nach ihm ist die Spannung V, bei der die Entladung zwischen zwei freistehenden Kugeln vom Durchmesser d cm und dem Abstand f einsetzt (Anfangsspannung),

$$ V = 5{,}42\, d \left(3 + \frac{2}{\sqrt{d}} \right) \varphi\, \frac{b}{745} \left[1 - 0{,}0037\,(t - 18) \right] \text{ Kilovolt.} $$

b = Barometerstand in mm; t = Temperatur in ^{0}C; φ hängt nur vom Verhältnis der Kugelpotentiale und von f / d ab.

$\varphi = \varphi_1$: eine Kugel geerdet;
$\varphi = \varphi_2$: Kugeln auf entgegengesetztem Potential.

f/d	φ_1	φ_2	f/d	φ_1	φ_2
0,1	0,166	0,17	1,2	1,093	1,09
0,2	0,312	0,31	1,5	1,198	1,21
0,3	0,439	0,44	2,0	1,322	1,36
0,4	0,552	0,55	3,0	1,462	1,61
0,5	0,652	0,65	4,0	1,536	1,81
0,6	0,739	0,74	5,0	1,583	1,97
0,7	0,817	0,82	6,0	1,615	2,12
0,8	0,886	0,89	8,0	1,654	2,31
0,9	0,946	0,95	12,0	1,694	2,59
1,0	1,000	1,00	20	1,722	2,88
			∞	1,772	3,54

Die Zahlen gelten auch für Wechselströme bis zur Frequenz 10^6 (A l g e r - m i s s e n, Ann. Phys. (4) Bd. 19, S. 1016; 1906), wenn unter V die Spannungsamplitude verstanden wird.

Die Spannung, bei der zwischen scharfen Spitzen ein Funke entsteht, ist nach W. V o e g e (Ann. Phys. (4) Bd. 14, S. 556; 1904)

f =	2	3	4	5	6	8	10	12	14	16	20	25	30	35 cm
V =	25	35	44	52	56	61	73	83	92	101	119	140	166	191 kV

Angaben über die Abhängigkeit der Durchschlagspannung der Luft von der Entladungsform, der Elektrodenform und den atmosphärischen Verhältnissen findet man bei W. W e i c k e r ETZ 1911, S. 436.

Durchschlagspannungen fester Materialien werden gewöhnlich mit hochgespanntem Wechselstrom bestimmt und ihre Effektivwerte angegeben. Zahlen für die Durchschlagspannungen sind ziemlich unzuverlässig, da sie bei den meist inhomogenen Materialien von vielen Zufälligkeiten abhängen, auch gelten sie nur für die gerade gewählte Versuchsanordnung. Ohne genaue Angabe dieser sind Schlagweitengesetze wertlos. Eine besondere Art der Versuchsanordnung wird von Walter (ETZ 1903, S. 800) vorgeschlagen. Viele Einzelangaben von Durchschlagspannungen finden sich bei Turner und Hobart: „Die Isolierung elektrischer Maschinen", Berlin 1906, und bei Petersen: „Hochspannungstechnik", Stuttgart 1911.

Einen Anhalt für die Größenordnung einiger Durchschlagspannungen gibt die folgende Zusammenstellung; sie bezieht sich auf Stoffe, die zwischen parallelen Metallplatten durchgeschlagen wurden. Die obere Zahl bedeutet die effektive Durchschlagspannung in Kilovolt, die untere die durchgeschlagene Dicke in mm.

Glimmer $\dfrac{11{,}5}{0{,}1} \quad \dfrac{19}{0{,}2} \quad \dfrac{37}{0{,}5} \quad \dfrac{52}{0{,}8} \quad \dfrac{60}{1{,}0}$

Mikanit $\dfrac{22}{1{,}0} \quad \dfrac{42}{2{,}0} \quad \dfrac{53}{3{,}0} \quad \dfrac{58}{4{,}0}$

Paraffin $\dfrac{27}{1{,}0} \quad \dfrac{39}{2{,}0} \quad \dfrac{56}{4{,}0} \quad \dfrac{68}{6{,}0} \quad \dfrac{78}{8{,}0} \quad \dfrac{87}{10{,}0} \quad \dfrac{95}{12{,}0} \quad \dfrac{102}{14{,}0}$

Hartporzellan $\dfrac{16}{1{,}0} \quad \dfrac{25}{2{,}0} \quad \dfrac{44}{4{,}0} \quad \dfrac{61}{6{,}0} \quad \dfrac{77}{8{,}0} \quad \dfrac{92}{10{,}0}$

Glas $\dfrac{6{,}4}{0{,}2} \quad \dfrac{13}{0{,}5} \quad \dfrac{18}{1{.}0}$

Ebonit $\dfrac{14}{1{,}4}$

Vulk. Gummi $\dfrac{6{,}8}{0{,}5} \quad \dfrac{10}{1{,}0} \quad \dfrac{16{,}8}{2{,}0} \quad \dfrac{26}{4{,}0} \quad \dfrac{40}{10{,}0}$

Papierisolation für Kabel $\dfrac{20}{1{,}0}$

Imprägn. Jute $\dfrac{2{,}2}{1{,}0} \quad \dfrac{7}{6{,}0} \quad \dfrac{10{,}2}{10{,}0} \quad \dfrac{12{,}7}{14{,}0}$

Preßspan $\dfrac{12}{1{,}0}$

Rote Vulkanfiber $\dfrac{5}{1{,}0}$

Transformatorenöl $\dfrac{6{,}0}{1{,}0}$ bis $\dfrac{10{,}0}{1{,}0}$

Vaselinöl $\dfrac{130}{10{,}0}$

Petroleum $\dfrac{95}{10{,}0}$

Der elektrische Strom.
a) Metalle und metallisch leitende Körper.

(51) Eingeprägte Feldstärke. Im Innern homogener Leiter ist im elektro-statischen Felde $\mathfrak{E} = 0$; in chemisch oder thermisch heterogenen Leitern ist $\mathfrak{E} = \mathfrak{E}_e$. $\mathfrak{E}_e$ heißt die eingeprägte Feldstärke; sie hängt von der Beschaffenheit des Leiters ab.

(52) Strömung, Ohmsches Gesetz. Jede Abweichung der Feldstärke von dem soeben angegebenen Gleichgewichtswert ruft eine Strömung von der Dichte

$$\mathfrak{i} = \frac{1}{\sigma}\,(\mathfrak{E} - \mathfrak{E}_e)$$

hervor (Ohmsches Gesetz). σ ist der spezifische Widerstand des Materials; $\chi = 1/\sigma$ der spezifische Leitwert oder die Leitfähigkeit. Die Stromlinien können nur dort entspringen oder münden, wo elektrische Ladungen sich ändern. An allen anderen Punkten ist also div $\mathfrak{i} = 0$.

(53) Energieumsatz. Die Strömung ist mit einer Erzeugung nichtelektrischer Energie verbunden, die in der Zeit dt

$$\Psi\,\mathrm{d}t = \mathrm{d}t \int \mathfrak{E}\,\mathfrak{i}\,\mathrm{d}v = \mathrm{d}t \int (\sigma\,\mathfrak{i}^2 + \mathfrak{E}_e\,\mathfrak{i})\,\mathrm{d}v$$

beträgt. Darin entspricht $\sigma\,\mathfrak{i}^2$ der in der Raum- und Zeiteinheit entstehenden Strom-wärme (Joulesches Gesetz (61)); sie ist stets positiv (irreversibler Energieumsatz). $\mathfrak{E}_e\,\mathfrak{i}$ ist die Zunahme der chemischen Energie bei galvanischen oder die erzeugte Peltier-wärme bei Thermoelementen; sie wechselt mit $\mathfrak{i}$ das Vorzeichen (reversibler Energie-umsatz).

(54) Potential. Auch das elektrische Feld einer stationären Strömung ist wirbelfrei; die Feldstärke $\mathfrak{E}$ kann daher als Gefälle eines einwertigen Potentials dargestellt werden: $\mathfrak{E} = -\operatorname{grad}\varphi$.

(55) Lineare Leiter sind solche, deren Querschnittsabmessungen klein gegen die Länge sind (Drähte u. dergl.). Wenn q den Querschnitt, $|\mathfrak{i}|\,q = I$ den Gesamt-strom, $\int_a^b \mathfrak{E}\,\mathrm{d}\mathfrak{s} = \varphi\,(a) - \varphi\,(b) = V$ die Potentialdifferenz oder Spannung zwischen den Enden a und b des Leiters und $-\int_a^b \mathfrak{E}_e\,\mathrm{d}\mathfrak{s} = E$[1]) die im Stücke $a\,b$ tätige elektromotorische Kraft (EMK) bezeichnet, so nimmt das Ohmsche Gesetz hier die Form an

$$V = IR - E, \quad \text{mit}\quad R = \int_a^b \frac{\sigma\,|\mathrm{d}\mathfrak{s}|}{q}$$

R ist der Widerstand des Leiters $a\,b$; $G = 1/R$ sein Leitwert. Ist der Querschnitt überall derselbe, und ist l die Drahtlänge, so ist

$$R = \sigma\,l/q$$

Spezialfälle.

1. Für einen geschlossenen Kreis ist $V = 0$, daher $E = R\,I$.

2. An den Enden eines Leiters, in dem keine EMK wirkt, ist die Spannung $V = R\,I$ (Ohmscher Spannungsabfall).

3. Die Klemmenspannung einer galvanischen Zelle (eines Sammlers) ist $V_k = E - R_i I$ bei der Entladung, $V_k = E + R_i I$ bei der Ladung; R_i ist der innere Widerstand der Zelle.

---

[1]) Das Minuszeichen, weil man nach dem Sprachgebrauch die Abnahme $-\mathfrak{E}_e\,\mathfrak{i} = +\,\mathfrak{i}\,\partial E/\partial s$ der chemischen Energie in Elementen als p o s i t i v e Leistung zu rechnen pflegt.

Die in der Zeiteinheit im linearen Leiter erzeugte nichtelektrische Energie ist

$$\Psi = RI^2 - EI$$

RI^2 ist die Joulesche Wärmeleistung, $-EI$ die Zunahme der chemischen Energie oder Peltierwärme. Ψ wächst auf Kosten der elektrischen Energie (oder der magnetischen Energie; abgesehen von bewegten Körpern). Im Falle stationärer Strömung sind diese Energien konstant, daher $\Psi = 0$ oder $RI^2 = EI$ (Joulesche Wärme = Abnahme der chemischen Energie oder der Peltierwärme).

(56) Die Kirchhoffschen Sätze über die Stromverzweigung beziehen sich auf ein aus linearen Leitern in beliebiger Weise zusammengeschaltetes Netz.

1. In jedem Verzweigungspunkte ist die Summe der ankommenden Ströme gleich der Summe der abfließenden: $\Sigma I = 0$ (folgt aus div i = 0).

2. Für jeden aus den Leitern zu bildenden geschlossenen Weg ist die Summe aller EMKe gleich der Summe aller Ohmschen Spannungsabfälle: $\Sigma E = \Sigma RI$ (folgt aus dem Ohmschen Gesetz).

Aus diesen Sätzen folgt insbesondere:

a) eine aus den Widerständen R_1, R_2, ... R_n gebildete Reihe hat den Gesamtwiderstand $R = R_1 + R_2 + \ldots + R_n$.

b) Schaltet man die Einzelwiderstände parallel, so ist der Gesamtwiderstand aus $1/R = 1/R_1 + 1/R_2 + \ldots + 1/R_n$ zu berechnen. Ist $R_1 = R_2 = \ldots R_n = R_0$, so wird $R = R_0/n$.

(57) In körperlich oder flächenhaft ausgedehnten Leitern muß die Stromverteilung aus den in (51) bis (54) angegebenen Beziehungen berechnet werden. Von einem Widerstande solcher Leiter kann man nur dann sprechen, wenn Lage und Beschaffenheit der Stromzuführungsstellen (Elektroden) gegeben sind, und wenn diese so klein sind oder so wenig Widerstand haben, daß von einem bestimmten Potential der Elektroden geredet werden kann [1]).

(58) Widerstände einiger ausgedehnten Leiter.

1. Isolationswiderstand gestreckter Leiter (siehe jedoch (77)).

Die Ableitung $G = 1/R$ ist für ein *homogenes* Dielektrikum der Kapazität (44 bis 47) proportional; wenn R in Ohm und C in Mikrofarad ausgedrückt wird, so ist

$$G = \frac{1}{R} = \frac{36 \cdot 10^9 \pi}{\varepsilon \sigma_1} C \text{ Siemens}$$

ε = Dielektrizitätskonstante, σ_1 = spez. Widerstand für 1 m Länge und 1 mm^2 Querschnitt = $10^4 \sigma$ in $\varnothing$-cm.

Sind mehr als zwei Leiter im Felde, so ergibt jede Teilkapazität nach dieser Formel die zugehörige Teilableitung.

2. Übergangswiderstände von Erdelektroden in einem unbegrenzten Medium

Kugel, Durchm. $= d$ $R = \sigma/2\pi d$

Kreisplatte, Durchm. $= d$ $R = \sigma/4 d$

Zylindr. Walze, Durchm. $= d$
Länge $= n d$ $R = \dfrac{\sigma}{\pi d} \dfrac{\log \text{nat } 2 n}{2 n}$

Rechteckige Platte, Länge der kleineren Seite a, der größeren Seite $n a$ $R \approx \dfrac{\sigma}{a\pi\sqrt{N}} \log \text{nat} \dfrac{n + 1 + \sqrt{N}}{n + 1 - \sqrt{N}}$

Dabei ist $N = (1 + n)^2 - 8 n/\pi$; Maße in cm; σ für Grund- (Fluß-) Wasser ca. 10^{11} $\varnothing$-cm.

---

[1]) Näheres bei Debye, Enzykl. d. Math. Wiss. Bd. V. Art. 17, § 6 bis 16, S. 401—425.

(59) Temperatureinfluß. Der Widerstand der Metalle und Legierungen befolgt in mäßigen Temperaturgrenzen mit praktisch ausreichender Genauigkeit das Gesetz

$$R_t = R_0 (1 + \alpha t) = R_\vartheta \left[1 + \frac{\alpha}{1 + \alpha \vartheta} (t - \vartheta) \right]$$

R_t, R_ϑ, R_0 = Widerstand bei t, ϑ, 0^0 C; α = Temperaturkoeffizient; er beträgt für die meisten Metalle etwa 0,0035 bis 0,0045, für Legierungen stets viel weniger. In der Nähe des absoluten Nullpunktes der Temperatur (-273^0 C) ist der Widerstand der Metalle äußerst klein[1]). Der spezifische Widerstand von Kohle, Siliziumkarbid, Karborund, Karbazilith und dergl. nimmt mit wachsender Temperatur stark ab[2]).

(60) Spezifischer Widerstand. Man beachte, daß der spezif. Widerstand von Metallen so sehr von Beimengungen abhängig ist, daß genaue Zahlen, die man für die ganz reinen Metalle kennt, oder Beispiele von Werten für verunreinigte Metalle oder für Legierungen hier nur verhältnismäßig geringen Wert haben.

Der spezifische Widerstand wird häufig nach Mikrohm-Zentimeter gemessen; er ist dann gleich dem Widerstand eines Würfels von 1 cm Seite in Milliontel-Ohm = dem Hundertfachen der in den beiden nächsten Tabellen unter σ enthaltenen Werte. Multipliziert man diese mit 10^5, so erhält man σ in absoluten elektromagnetischen CGS - Einheiten.

Metalle, Legierungen, Kohle. $R = \sigma \cdot \dfrac{l}{q}$; R in Ohm, l in Metern, q in

Quadratmillimetern, $\Delta\sigma$ = Änderung von σ für 1 Grad in Teilen des Ganzen für Temperaturen zwischen 0^0 und 30^0 = Temperaturkoeffizient α (59).

Spezifischer Widerstand.

(z. T. nach Landolt und Börnstein, Tabellen, berechnet.)

	σ	$\Delta\sigma$		σ	$\Delta\sigma$
Aluminium	0,03—0,05	+ 0,0039	Quecksilber	0,95	+ 0,00091
Aluminium-			Silber	0,016—0,018	+ 0,0034
bronze	0,12	+ 0,001			bis 0,0040
Antimon	0,5	+ 0,0041	Stahl	0,10—0,25	+ 0,0052
Blei	0,22	+ 0,0041	Wismut	1,2	+ 0,0037
Kadmium	0,07	+ 0,0041	Zink	0,06	+ 0,0042
Eisen	0,10—0,12	+ 0,0045	Zinn	0,10	+ 0,0042
Gold	0,2	+ 0,0038	Kohle	100—1000	+ 0,0003
Kupfer	0,018—0,019	+ 0,0037			bis—0,0008
Magnesium	0,04	+ 0,0039	Kohlenstifte für		
Messing	0,07—0,08	+ 0,0015	Bogenlampen:		
Neusilber	0,15—0,36	+ 0,0002	Homogenkohlen .	55—78	—
		bis 0,0004	Dochtkohlen . . .	57—88	—
Nickel	0,10	+ 0,0042	Kohlenfäden für		
Osmium			Glühlampen:		
(Lampenfaden)	0,251		roh	40	—
Platin	0,12—0,16	+ 0,0024	mit Kohlen-		
		bis 0,0035	niederschlag . .	30	—

Drähte für Freileitungen

	σ	Festigkeit kg*/mm²		σ	Festigkeit kg*/mm
Hartkupfer	0,017	42—45	Bronze	0,019—0,022	50—55
Bronze	0,018	46	Bronze	0,025—0,056	70—90

[1]) J. Dewar, Proc. Roy. Soc. Bd. 68, S. 360, 1901. C. Niccolai, Atti della Acad. dei Lincei. Kamerlingh Onnes, Communicat. Physical. Laborat. Leiden.
[2]) Bis zu einem Minimum, nach J. Koenigsberger und O. Reichenheim, Phys. Zeitschr. Bd. 7, S. 570, 1906: J. Koenigsberger und K. Schilling, Ann. Phys. Bd. 32, S. 179, 1910.

Legierungen als Widerstandsmaterialien.

Nach Angaben der Fabrikanten. Die Messungen rühren größtenteils von der Physikalisch-Technischen Reichsanstalt her; sie gelten nur für die untersuchten Stücke genau, für die im Handel gelieferten Materialien aber nur angenähert.

Bezugsquelle	Nr.	Material	σ	$\Delta\sigma$	spez. Gew.	Festig-keit kg* / mm²	feinster Draht mm
Basse & Selve, Altena	1	Patentnickel	0,34	0,00017	8,70		
	2	Konstantan	0,49	—0,00005	8,82		0,10
	3	Nickelin	0,43	0,00023	8,62		,,
Vereinigte Deutsche Nickel-werke Akt.-Ges. vormals Westfalisches Nickelwalz-werk, Fleitmann, Witte & Co., Schwerte	4	Widerstandsdraht „Superior"	0,86	0,00073	8,5 bis 9,0		0,10
	5	,, Ia. Ia., hart	0,50	—0,00001			0,05
	6	,, ,, weich	0,47	0,00001			,,
	7	Nickelin Nr. 1, hart	0,44	0,00008			,,
	8	,, ,, weich	0,41	0,00017			,,
	9	,, Nr. 2, hart	0,34	0,00018			,,
	10	,, ,, weich	0,32	0,00019			,,
	11	Neusilber 2 a., hart	0,37	0,00020			,,
	12	,, ,, weich	0,37				,,
	13	Blanca-Extra	0,48	0,00015			,,
Dr. Geitners Argentan-fabrik, F. A. Lange, Auerhammer, Sachs.	14	Rheotan	0,48	0,00023	8,9 bis 9,0		0,10
	15	Rheotan CN	0,48	—0,00003			0,10
	16	Rheotan S	0,72	+0,00004			0,10
	17	Nickelin	0,40	0,00016			0,10
	18	Extra Prima Neusilber	0,30	0,00025			0,10
Isabellenhütte bei Dillen-burg	19	Manganin	0,43	± 0,00001	8,3	45	0,05
Fr. Krupp, A.-G., Essen (Ruhr)	20	Kruppin	0,85	[1]) 0,00077	8,10	60	0,5
	21	WTI Widerstandsmaterial	0,95	0,00025	8,06	70	0,5
	22	WTI für hohe Temperat.	1,00	0,00025	8,25	70	0,5
C. Schniewindt, Neuen-rade in Westfalen	23	Exzelsior I	0,86	0,0007	8,7 bis 9,1		0,10
	24	Konstantan	0,50	0,000005			,,
	25	Rheostatin	0,48	0,000011			,,
	26	Nickelin	0,40	0,0001			,,
	27	Exzelsior II	0,058	0,0014			,,

Zusammensetzung einiger der angeführten Materialien nach Gewichtsprozenten (abgerundet).

No. 1: 75 *Cu*, 25 *Ni*,
2: 58 *Cu*, 41 *Ni*, 1 *Mn*,
3: 54 *Cu*, 26 *Ni*, 20 *Zn*.

C. S c h n i e w i n d t , Neuenrade i. W., liefert Widerstandskörper aus einem Gewebe bzw. Geflecht von Widerstandsdrähten oder Plätte mit Asbestfäden in Form von Gittern, Bändern, Kordeln und Schläuchen.

Die Maximalbelastungen beziehen sich auf die günstigsten Abkühlungs-verhältnisse; baut man die Bänder in Apparate ein, so wird man sie je nach der Dauer der Belastung und nach den Abkühlungsverhältnissen nur mit der Hälfte bis zu zwei Dritteln der angegebenen Stromwerte belasten dürfen. Für Widerstände mit sehr geringer Belastungsdauer (Anlasser, Überspannungsschutz-widerstände) setzt man die Bänder unter Öl und darf sie dann bedeutend stärker belasten.

---

[1]) Zwischen 18 und 150⁰ C.

Widerstandsbänder Nr. 42 aus Rheostatindraht (Schniewindt).

Drahtdurchmesser mm	0,10	0,13	0,15	0,18	0,2	0,25	0,3	0,4	0,5	0,6	0,7	0,8	0,9	1,0	1,2	1,4
Maximalbelastung in A., ca.	0,2	0,25	0,3	0,4	0,5	0,75	1,0	3	5	6	7	8	9	10	11	12
Widerstand bei 100 mm Breite in $\varnothing$/m	7500	5200	2000	1500	1200	800	400	200	120	80	45	32	23	17	11	7
Widerstand bei 60 mm Breite in $\varnothing$/m	4500	3100	1200	900	750	480	240	120	72	48	27	19	14	10	6,5	4,2

Größte Fabrikationslänge 20 bis 50 m, je nach der Drahtstärke;
größte Fabrikationsbreite 1 m.

Die Widerstandskordel Nr. 60 (ca. 3 mm stark) wird mit Drähten von 0,05 mm Durchmesser (ergibt 1350 $\varnothing$/m) bis 1,00 mm Durchmesser (ergibt 3 $\varnothing$/m), in Stufen von 0,05 mm steigend, oder mit Plätte (1 bis 2500 $\varnothing$/m) umflochten geliefert. Die dünnern Sorten Draht oder Plätte können auch auf 1,5 mm starker Kordel geliefert werden. In der Widerstandskordel Nr. 65 sind Drähte von 0,15 mm Durchmesser (ergibt 150 $\varnothing$/m) bis 0,50 mm Durchmesser (ergibt 7 $\varnothing$/m) induktionsfrei verwebt.

Hartmann & Braun Akt.-Ges. in Frankfurt (Main) liefern unter dem Namen „Haardrähte" feine Drähte von 0,015 bis 0,2 mm Durchmesser aus Silber, Kupfer, Aluminium, Zink, Gold, Messing, Nickel, Eisen, Platin, Platinsilber, Platiniridium, Phosphorbronze, Stahl, Manganin, Konstantan, Kulmitz, Kruppin, Neusilber, Nickelin. Die Widerstände gehen bis 2850 $\varnothing$/m. Außerdem werden Wismutdrähte von 0,06 bis 2 mm Durchmesser und sogenannte Wollastondrähte geliefert. Nach Wollaston umgibt man zur Herstellung feinster Platindrähte den auszuziehenden Draht mit einer Silberhülle und zieht ihn mit dieser durch Diamantlochsteine auf geringstmögliche Dicke. Die verbleibende Silberhülle ist vor Benutzung der Drähte auf chemischem Wege zu entfernen.

Durchmesser der Platinseele, mm	0,0015	0,002	0,0025	0,003	0,004	0,005	0,0075	0,01
Äußerer Durchmesser, mm ca.	0,015	0,02	0,09	0,11	0,14	0,15	0,10	0,08

Die Vereinigten leonischen Fabriken in Nürnberg liefern Flachdraht (Plätte, Bänder) aus Widerstandsdraht Ia. Ia. von Fleitmann, Witte & Co. in Schwerte i. W. glatt und gewellt (gekrüpft) von 1—700 $\varnothing$/m. Der stärkste Plätt ist ca. 2,80 mm, der dünnste ca. 0,12 mm breit, und die Dicke beträgt $^1/_{25}$—$^1/_{20}$ der Breite. Plätte in denselben Abmessungen wird von C. Schniewindt, Neuenrade i. W. geliefert.

(61) Erwärmung von Leitungen (Joules Gesetz). In einem Draht vom Widerstande R Ohm, durch den I Ampere fliessen, entsteht während t sk eine Stromwärme von

$$Q = 0,23865 \ I^2 R \ t \ \text{Grammkalorien[1]}.$$

Wegen der Wahl des Leitungsquerschnitts mit Rücksicht auf die Erwärmung siehe den Abschnitt „Leitung und Verteilung".

---

[1] Zahlenwert des AEF. ETZ 1910, S. 598.

(62) Das Wesen der Stromleitung in Metallen wird nach E. R i e c k e, P. D r u d e, J. J. T h o m s o n und H. A. L o r e n t z dadurch erklärt, daß in den metallisch leitenden Körpern f r e i e E l e k t r o n e n (Atome negativer Elektrizität) vorhanden sind, die sich unter dem Einfluß des elektrischen Feldes bewegen. (Näheres bei M. A b r a h a m, Theorie d. Elektriz. Bd. II, S. 270, § 32, 1908; E. R i e c k e, Phys. Zeitschr. Bd. 10, S. 508, 1909 und besonders in der zusammenfassenden Darstellung von K. B a e d e k e r „Elektrische Erscheinungen in metallischen Leitern", Braunschweig 1911.)

(63) Thermoelektrische Kräfte. Wenn in einem Leiter, der aus zwei oder mehreren verschiedenen Metallen (oder aus physikalisch verschieden beschaffenen Stücken desselben Metalls, z. B. einem harten und einem weichen Draht) besteht, die Verbindungsstellen der Metalle ungleiche Temperaturen besitzen, so entsteht eine EMK. Diese Kraft, Thermokraft, ist von der Natur der in Berührung gebrachten Metalle abhängig und wächst im allgemeinen mit der Temperaturdifferenz der Berührungsstellen. Bei sehr starken Erhitzungen (der einen Verbindungsstelle, während die andere abgekühlt bleibt) wird indes für viele Kombinationen von Metallen die EMK wieder geringer, ja sie kann ganz verschwinden und bei noch weiter gehender Erhitzung von neuem, aber mit entgegengesetzter Richtung auftreten.

Die Metalle und Metallegierungen lassen sich in eine thermoelektrische Spannungsreihe ordnen, welche zunächst nur für mäßige Erhitzungen gilt. Die Stellung der einzelnen Metalle in dieser Reihe ist aber zum Teil in hohem Maße von geringen Beimengungen, welche sie enthalten können, abhängig. Dieser Umstand soll in der nachfolgend mitgeteilten Spannungsreihe dadurch ausgedrückt werden, daß eine Anzahl von Metallen, welche in der Reihe hintereinander stehen sollten, als auf gleicher Linie stehend aufgezählt sind; einzelne Metalle dieser Gruppe können sich innerhalb der Gruppe verschieben, wenn man verschiedene käufliche Metallsorten nimmt. Die positive Elektrizität erhält die Richtung von dem in der Reihe vornstehenden Metalle durch die warme Verbindungsstelle zu dem nachfolgenden Metall.

Wismut — Nickel — Platin, Kupfer, Messing, Quecksilber — Blei, Zinn, Gold, Silber — Zink — Eisen — Antimon.

Die Thermokräfte sind sehr gering, z. B. Kupfer-Eisen für 100^0 Unterschied der Verbindungsstellen kleiner als 0,01 V.

Die Umwandlung der Wärme in elektrische Energie in einer solchen Verbindungsstelle (Thermoelement) ist ein umkehrbarer Vorgang (53): Das bei der Stromentnahme sich ausgleichende Temperaturgefälle entsteht von neuem, wenn man die Stromrichtung umkehrt; der Strom schafft sich dann selbst eine Gegen-EMK (P e l t i e r w i r k u n g).

Auch in vielen homogenen Leitern treten Thermokräfte auf, wenn ein Temperaturgefälle in ihnen besteht. Sie sind diesem Gefälle proportional; in einigen Stoffen haben sie die Richtung des Temperaturgefälles, in anderen die entgegengesetzte — T h o m s o n e f f e k t.

b) Elektrolyte.

(64) Elektrolytische Leitfähigkeit. Salze, Säuren und Basen bzw. Oxyde (Leiter zweiter Klasse) leiten gelöst in Wasser (und einigen anderen Lösungsmitteln) sowie in geschmolzenem Zustande die Elektrizität unter gleichzeitiger chemischer Zersetzung. Für die elektrolytisch leitenden Substanzen gilt das Ohmsche Gesetz. Der Widerstand R ist proportional der Länge l (gemessen in cm) und umgekehrt proportional dem Querschnitte q, gemessen in cm^2 sowie der Leitfähigkeit oder dem spezifischen Leitwert x, also:

$$R = \frac{1}{x} \frac{l}{q}.$$

Als Einheit der Leitfähigkeit gilt die Leitfähigkeit eines Körpers, dessen Würfel mit der Kantenlänge von 1 cm den Widerstand von 1 $\varnothing$ besitzt. Diese Einheit ist der zehntausendste Teil der für die Leitfähigkeit der Metalle benutzten: $\varkappa = 10^4 \chi = \dfrac{10^4}{\sigma}$; vgl. (52).

Die Leitfähigkeit nimmt in der Regel mit steigender Temperatur zu, und zwar etwa um 2 % für 1° C.

Leitfähigkeit wässeriger Lösungen bei 18°.

Länge und Querschnitt des Leiters in cm und cm².

Gelöste Körper	Gehalt der Lösung in Gewichtsprozenten				
	5	10	15	20	25
KCl	0,069	0,136	0,202	0,268	—
NaCl	0,067	0,121	0,164	0,196	0,214
KNO$_3$	0,045	0,045	0,119	0,051	—
NaNO$_3$	0,044	0,078	—	0,130	—
Na$_2$SO$_4$	0,041	0,069	0,089	—	—
ZnSO$_4$	0,019	0,032	0,042	0,047	0,048
CdSO$_4$	0,015	0,025	0,033	0,039	0,043
CuSO$_4$	0,019	0,032	0,042	—	—
MgSO$_4$	0,026	0,041	0,048	0,048	0,042
NiNO$_3$	0,026	0,048	0,068	0,087	0,106
NaOH	0,197	0,312	0,346	0,327	0,272
HCl	0,395	0,630	0,745	0,762	0,723
H$_2$SO$_4$	0,209	0,392	0,543	0,653	0,717

(65) Äquivalentleitvermögen. (F. Kohlrausch.) Enthält eine Lösung von der Leitfähigkeit $\varkappa$ in 1 cm³ η Grammäquivalente des Elektrolyts, so ist ihr Äquivalentleitvermögen

$$\Lambda = \frac{\varkappa}{\eta}.$$

Äquivalentleitvermögen wässeriger Lösungen bei 18°.

1000 $\eta =$	1,0	0,5	0,1	0,01	0,001	0,0001
KCl	98,27	102,41	112,03	122,43	127,34	129,07
KNO$_3$	80,46	89,24	104,79	118,19	123,65	125,50
NaCl	74,35	80,94	92,02	101,95	106,49	108,10
NaJO$_3$	—	—	60,45	70,87	75,19	76,69
NH$_4$Cl	97,0	101,4	110,7	122,1	127,3	129,2
AgNO$_3$	67,6	77,5	94,33	107,81	113,15	115,01
½ K$_2$SO$_4$	71,6	78,5	94,9	115,8	126,9	130,7
½ BaCl$_2$	70,1	77,3	90,8	106,7	115,6	—
½ MgSO$_4$	28,9	—	49,7	76,2	99,8	109,9
½ ZnSO$_4$	26,6	—	46,0	72,6	99,1	110,1
½ CuSO$_4$	25,8	—	43,8	71,7	98,5	109,9
KOH	184	197	213	228	(234)	—
NH$_4$OH	0,89	1,35	3,3	9,6	28,0	(66)
HCl	301	327	351	370	(377)	—
HNO$_3$	310	324	350	368	(375)	—
½ H$_2$SO$_4$	198	205	225	308	361	—

(66) Elektrolytische Dissoziation (A r r h e n i u s). Die an sich nichtleitenden Moleküle eines Elektrolyts sind in Lösung bis zu einem gewissen Bruchteil (Dissoziationsgrad) gespalten. Die Dissoziation nimmt mit der Verdünnung zu und wird bei unendlicher Verdünnung vollständig. Die Teilmoleküle, I o n e n genannt, führen die Elektrizität durch die Lösung, und zwar wächst das Äquivalentleitvermögen proportional dem Dissoziationsgrade. Hieraus ergibt sich der Dissoziationsgrad γ bei einer beliebigen Konzentration η als das Verhältnis des Äquivalentleit-vermögens bei der Konzentration η zu dem bei unendlicher Verdünnung:

$$\gamma_\eta = \frac{\Lambda\eta}{\Lambda_\infty}$$

Λ_∞ kann natürlich nicht direkt gemessen werden, sondern muß aus der Kurve, welche die Abhängigkeit der Größe Λ von η darstellt, extrapoliert werden.

Man unterscheidet positiv und negativ geladene Ionen, und zwar nennt man die ersteren Kationen, die letzteren Anionen; Kationen sind die Metalle und Wasserstoff sowie die Gruppe $NH_4{}^+$; Anionen sind die Halogene, Säureradikale wie die Gruppen OH^-, $NO_3{}^-$, $SO_4{}^-$, $ClO_3{}^-$, $NO_2{}^-$, $PO_4{}^-$ und viele andere.

(67) Wirkungen des Stromes auf das Elektrolyt. Taucht man zwei metallisch leitende Elektroden in die Lösung eines Elektrolyts oder in ein geschmolzenes Elektrolyt und schickt einen Strom hindurch, so wandern die Kationen in der Richtung des Stromes zur Kathode, die Anionen entgegengesetzt zur Anode und werden daselbst abgeschieden, wobei sie in den ungeladenen Zustand übergehen. Bei dieser Ausscheidung können sekundäre chemische Reaktionen der abgeschiedenen Ionen mit den gelösten Stoffen, dem Lösungsmittel oder dem Elektrodenmaterial stattfinden.

Erstes Gesetz von Faraday. Die abgeschiedene Menge m der Ionen ist proportional der durch das Elektrolyt hindurchgegangenen Elektrizitätsmenge (oder prop. der Stromstärke und der Dauer des Stromschlusses).

Zweites Gesetz von Faraday. Durch die gleiche Elektrizitätsmenge werden von verschiedenen Stoffen Mengen abgeschieden, welche im Verhältnisse ihrer Äquivalentgewichte stehen; die Menge eines Körpers, die durch die Einheit der Elektrizitätsmenge abgeschieden wird, heißt sein elektrochemisches Äquivalent a. Die Konstante a (z. B. für mg/Coulomb) erhält man, indem man das chemische Äquivalent durch $10^{-3} F = 96{,}494$ dividiert. Dies ergibt für beide Gesetze den Ausdruck

$$m = a \cdot Q = a \int I \, dt.$$

Die Faradayschen Gesetze werden zur Messung von Elektrizitätsmengen benutzt (siehe Voltameter).

Nach v. H e l m h o l t z kommt der mit den Ionen verbundenen Elektrizität eine atomistische Struktur zu. Die Elektrizitätsmenge F, mit welcher das Grammäquivalent eines jeden Ions beladen ist (Valenzladung), beträgt 96 494 Coulomb und ist mit ihm wie in chemischer Bindung verknüpft.

(68) Überführungszahlen (H i t t o r f). Die Geschwindigkeit (Beweglichkeit), mit welcher die Ionen unter dem Einflusse des Stromes wandern, ist je nach ihrer Natur verschieden. Ferner hängt sie von dem in der Lösung herrschenden Spannungsgefälle ab und wächst proportional mit diesem. Das Verhältnis der Zahl der Anionen, die sich in der Richtung von der Kathode zur Anode durch einen Querschnitt des Elektrolyts bewegen, zu der Gesamtzahl der ausgeschiedenen Anionen heißt die Überführungszahl des Anions (ν). Das Entsprechende gilt für das Kation, dessen Überführungszahl dann $1 - \nu$ beträgt. Die Geschwindigkeiten

Atom- und Äquivalentgewichte und elektrochemische Äquivalente.

Element	Zeichen	Atom-gewicht	Valenz	Äquiva-lent-gewicht	Elektrochemisches Äquivalent	
					für 1 Coulomb mg	f. 1 Ampere-stunde g
Aluminium	Al	27,1	3	9,03	0,0936	0,337
Arsen	As	74,96	2	37,48	0,3884	1,398
			3	24,99	0,2590	0,932
Antimon	Sb	120,2	3	40,07	0,4153	1,495
Barium	Ba	137,37	2	68,68	0,7118	2,562
Blei	Pb	207,10	2	103,55	1,073	3,863
Brom	Br	79,92	1	79,92	0,8282	2,982
Cadmium	Cd	112,40	2	56,20	0,5824	2,097
Calcium	Ca	40,09	2	20,04	0,2077	0,7477
Chlor	Cl	35,46	1	35,46	0,3675	1,323
Chrom	Cr	52,0	2	26,0	0,269	0,970
,,			3	17,33	0,180	0,650
Eisen	Fe	55,85	2	27,93	0,2894	1,042
,,			3	18,62	0,1930	0,695
Fluor	F	19,0	1	19,0	0,197	0,709
Gold	Au	197,2	3	65,7	0,681	2,452
Jod	J	126,92	1	126,92	1,3153	4,735
Kalium	K	39,10	1	39,10	0,4052	1,459
Kobalt	Co	58,97	2	29,48	0,3056	1,100
,,			3	19,66	0,2037	0,733
Kohlenstoff	C	12,00	4	3,000	0,0311	0,1119
Kupfer	Cu	63,57	1	63,57	0,6588	2,372
,,			2	31,78	0,3294	1,186
Lithium	Li	6,94	1	6,94	0,0719	0,259
Magnesium	Mg	24,32	2	12,16	0,1260	0,4536
Mangan	Mn	54,93	2	27,46	0,2846	1,025
,,			3	18,31	0,1898	0,6833
Natrium	Na	23,00	1	23,00	0,2384	0,858
Nickel	Ni	58,68	2	29,34	0,3041	1,095
,,			3	19,56	0,2027	0,730
Phosphor	P	31,04	3	10,35	0,1072	0,3860
Platin	Pt	195,2	4	48,80	0,5057	1,820
Quecksilber	Hg	200,00	1	200,00	2,0727	7,462
,,			2	100,00	1,0363	3,731
Sauerstoff	O	**16,000**	2	8,000	0,0829	0,2985
Schwefel	S	32,07	2	16,035	0,1662	0,5983
Silber	Ag	107,88	1	107,88	**1,11800**	4,025
Silizium	Si	28,3	4	7,08	0,0734	0,264
Stickstoff	N	14,01	3	4,67	0,0484	0,1742
Strontium	Sr	87,63	2	43,81	0,4541	1,635
Wasserstoff	H	1,008	1	1,008	0,01045	0,03762
Wismuth	Bi	208,0	3	69,33	0,7185	2,587
Zink	Zn	65,37	2	32,685	0,3387	1,219
Zinn	Sn	119,0	2	59,5	0,617	2,220
,,			4	29,75	0,308	1,110

u und v, mit welchen die Kationen und Anionen durch den Strom bewegt werden, stehen im Verhältnis der Überführungszahlen:

$$\frac{u}{v} = \frac{1-\nu}{\nu}$$

(69) Unabhängige Wanderung der Ionen (Gesetz von K o h l r a u s c h)[1]). Bei sehr großer Verdünnung ist die Summe der Ionengeschwindigkeiten gleich der Leitfähigkeit der Lösung

$$\Lambda_\infty = u + v$$

Für konzentriertere Lösungen, in denen die Dissoziation noch nicht vollständig ist, gilt

$$\Lambda_\eta = \gamma_\eta \, (u + v)$$

Man kann hiernach aus den Beweglichkeiten der Ionen die Leitfähigkeit beliebiger Lösungen annähernd berechnen, jedoch gilt dies nur für die Kombination von Ionen gleicher chemischer Wertigkeit. Bei Verbindung verschiedenwertiger Ionen trifft diese Gesetzmäßigkeit infolge der auftretenden abgestuften Dissoziation nicht zu.

Ionenbeweglichkeit in wäßriger Lösung bei 18⁰ ²)

Ionenbeweglichkeit in wäßriger Lösung bei 18⁰ [2])
u und v in cm/sk bei 1 v/cm Spannungsgefälle.

K a t i o n e n				A n i o n e n			
Ion	u	Ion	u	Ion	v	Ion	v
K	64,6	½ Sr	51	Cl	65,5	JO_3	33,9
Na	43,5	½ Ca	51	Br	67,0	JO_4	48
Li	33,4	½ Mg	45	J	66,5	$C_2H_3O_2$	35
NH_4	64	½ Zn	46	F	46,6	OH	174
Ag	54,3	½ Cd	46	NO_3	61,7	½ SO_4	68
H	315	½ Cu	46	ClO_3	55,0	½ CrO_4	72
½ Ba	55	½ Pb	61	ClO_4	64	½ C_2O_4	63

(70) Zersetzungsspannung (L e B l a n c)[3]) ist diejenige Spannung, welche gerade ausreicht, um an den Elektroden Abscheidung hervorzurufen. Der Zersetzungspunkt markiert sich durch das Sichtbarwerden der Produkte der Elektrolyse, z. B. durch die beginnende Gasentwicklung. Läßt man die von außen angelegte Spannung gleichmäßig wachsen, so steigt vom Zersetzungspunkt an der Strom stärker an als vorher, weil von diesem Punkte an die durch die angelegte EMK hervorgerufene Polarisation langsamer wächst.

(71) Überspannung. Werden bei der Zersetzung durch den Strom an den Elektroden Gase entwickelt, so ist, auch wenn das Elektrodenmetall nicht mit in Reaktion tritt, doch die zur gasförmigen Abscheidung notwendige Spannung je nach der Natur der Elektroden verschieden und kann die umkehrbare Spannung um mehrere Zehntel Volt übertreffen. Nach N e r n s t[4]) kann man sich diese auffallende Erscheinung folgendermaßen erklären. Damit das an der Elektrode entwickelte Gas in Blasen entweichen kann, muß es zuvor durch die angelegte Spannung bis zu einer gewissen Konzentration in die Elektrode hineingepreßt werden. Die

---

[1]) Wied. Ann., Bd. 6, S. 1 (1879); Bd. 26, S. 161 (1885).
[2]) Nach K o h l r a u s c h , Lehrbuch der praktischen Physik, 11. Auflage, 1910.
[3]) Zeitschr. f. phys. Chemie, 8, S. 299 (1891); 12, S. 333 (1892).
[4]) Theoretische Chemie, V. Auflage, 1907, S. 745.

hierzu erforderliche Spannung ist um so größer, je geringer die Löslichkeit des Gases in der Elektrode ist.

Die Erscheinung der Überspannung ist nicht umkehrbar, trotzdem kann sie auch bei umkehrbaren Vorgängen von Bedeutung werden, wenn sie den Eintritt unerwünschter Lokalaktionen verhindert. Dies ist z. B. beim Bleiakkumulator der Fall, wo die Bleielektrode sich unter Wasserstoffentwicklung in Bleisulfat verwandeln müßte, wenn nicht die Überspannung der Wasserstoffentwicklung am Blei größer wäre als das Potential des Bleis gegen die Schwefelsäure. Wird jedoch diese Überspannung aufgehoben, indem die Bleielektrode mit einem Platindrahte berührt wird, so geht die Oxydation des Bleis unter lebhafter Wasserstoffentwicklung am Platindrahte vor sich.

Auch für die elektrolytische Darstellung chemischer Präparate kann die Überspannung von Bedeutung sein, und zwar sind es sowohl die Reduktions- als auch die Oxydationsvorgänge, welche durch die Überspannung bei der Entwicklung von Wasserstoff bzw. Sauerstoff an geeignet gewählten Elektroden günstig beeinflußt werden können.

(72) Polarisation. Fließt ein Strom durch ein Element (Akkumulator) oder durch ein Bad, so beobachtet man das Auftreten einer EMK (der sogenannten Polarisation), welche stets der stromliefernden EMK entgegengesetzt gerichtet ist und sie daher zu schwächen sucht. Diese Polarisation hat ihre Ursache in folgenden Erscheinungen:

1. Es werden an den Elektroden Stoffe abgeschieden, welche der Lösung gegenüber ein anderes Potential haben als die Elektroden selbst.

2. Der polarisierende Strom ruft in dem Elektrolyt Konzentrationsänderungen hervor, die hauptsächlich infolge Auflösung der Elektroden bzw. Abscheidung an ihnen entstehen, die aber auch durch verschieden schnelle Wanderung der Ionen bedingt werden können.

Die erstere Art der Polarisation sucht man, da sie eine energieverzehrende (bei Elementen eine die EMK vermindernde, bei Elektrolysen eine die aufzuwendende Spannung erhöhende) Erscheinung ist, durch Anwendung von Depolarisatoren zu beseitigen.

(73) Depolarisatoren sind solche Stoffe, welche die an den Elektroden auftretenden Zersetzungsprodukte durch chemische Bindung elektromotorisch unwirksam machen. Sie können die Elektrode in gelöstem, in festem oder in gasförmigem Zustande umgeben. Ihre Wirkung kann in dreierlei Weise zustande kommen:

1. Der Übergang der Kationen in den elementaren Zustand wird durch Sauerstoff oder ein anderes Oxydationsmittel verhindert.

2. Der gleiche Vorgang bei den Anionen wird durch Wasserstoff oder ein anderes Reduktionsmittel verhindert.

3. In Elementen mit nur einer Lösung, welche ein Salz der einen Elektrode (Anode) enthält, muß die zweite Elektrode (Kathode) von einem festen schwer-löslichen Salze dieser letzteren umgeben sein. Die Wirkungsweise dieses Salzes besteht darin, daß es für eine kleine, aber bestimmte Konzentration an Kationen der zweiten Elektrode sorgt, die durch den Strom dauernd abgeschieden immer wieder aus dem festen Salze ergänzt werden. Da durch diesen umkehrbaren Vorgang andere nicht umkehrbare Polarisationen verhindert werden, so bezeichnet man auch in dieser Weise wirkende Salze als Depolarisatoren. Ihr Anwendungsgebiet ist ein umfangreiches. Als Beispiele mögen das Clark- und Weston-Element, bei denen am Quecksilberpol Merkurosulfat als Depolarisator dient.

Die Oxydationswirkungen, welche unter 1. angeführt wurden, können in dreierlei Weise zustande kommen.

a) Durch Einleiten elementarer Gase wie O_2, Cl_2 usw. an der Kathode, welche dann direkt mit den ihre Ladung abgebenden Kationen reagieren.

b) Durch die Anwesenheit oxydierender, d. h. O_2, Cl_2 usw. abgebender chemischer Verbindungen (Superoxyde), welche wie unter a) wirken. Als solche Substanzen mögen z.B. PbO_2 im Bleiakkumulator und MnO_2 in den meisten Trockenelementen erwähnt werden. Eine Hauptbedingung für ihre Wirksamkeit ist, daß sie die Elektrizität metallisch leiten.

c) Schließlich dadurch, daß sich in der Umgebung der Kathode gelöste Salze von Metallen befinden, welche mehrere Oxydationsstufen besitzen, und die dann durch Übergang aus der höheren in die niedere Stufe (Verringerung ihrer Valenzzahl und Abgabe positiver Ladungen) oxydierende Elemente abzugeben vermögen. Als Beispiel diene die Reaktion

$$2\,Fe^{+++} + 6\,Cl^- = 2\,Fe^{++} + 4\,Cl^- + Cl_2.$$

Die Reduktionswirkungen, welche unter 2. zusammengefaßt wurden, finden analog der Oxydationswirkungen in folgender Weise statt:

a) Die Anode besteht aus einem unedlen Metall, oder es wird an ihr Wasserstoff eingeleitet, welche Substanzen sich mit den entladenen Anionen verbinden.

b) Die Anode ist umgeben von reduzierenden, d. h. Wasserstoff abgebenden oder Anionen aufnehmenden (z. B. Suboxyd), besonders auch organischen Substanzen.

c) Die Anode befindet sich in der Lösung eines Metalls, welches aus einer niederen Oxydationsstufe in eine höhere (unter Vermehrung der Zahl seiner Valenzen und Aufnahme positiver Ladungen) übergeht und dabei einen Teil des Metalls als Reduktionsmittel abgibt. Das folgende Beispiel veranschaulicht diesen Vorgang:

$$2\,Sn^{++} + 4\,Cl^- = Sn^{++++} + 4\,Cl^- + Sn$$

Die folgende Tabelle[1]) gibt ein zahlenmäßiges Bild der elektromotorischen Wirksamkeit von Oxydations- und Reduktionsvorgängen und damit zugleich einen Anhalt für die relative Oxydations- bzw. Reduktionskraft der angeführten Substanzen. Als willkürlicher Nullpunkt ist die EMK eines der stärksten Oxydationsmittel, des übermangansauren Kalks, gewählt.

Relative Reduktions- und Oxydations-Potentiale.

Substanz	E Volt	Substanz	E Volt
$SnCl_2$ in KOH	2,06	Jod in Jodkalium	0,88
Hydroxylamin in KOH . .	1,83	Ferrizyankalium	0,78
Pyrogallol in KOH	1,68	Kaliumbichromat	0,70
Ferrozyankalium . . . . . ·	1,29	$FeCl_3$	0,52
Jod in KOH	1,28	HNO_3	0,51
$SnCl_2$ in HCl	1,27	$KClO_4$ in H_2SO_4 . . .	0,50
Kaliumarsenit	1,26	Br_2 in KOH	0,45
Cu_2Cl_2	1,20	$KClO_3$ in H_2SO_4	0,35
$Na_2S_2O_3$	1,19	Br_2 in KBr	0,34
Na_2SO_3	1,18	MnO_2 in HCl	0,14
Na_2HPO_3	1,17	Cl_2 in KCl	0,10
$FeSO_4$:	1,13	$KMnO_4$ in H_2SO_4	0,00

(74) Umkehrbare Elektroden. Sollen die chemischen Umsetzungen, die in einem Elemente, einem Akkumulator oder bei einer Elektrolyse während des Stromdurchganges stattfinden, das Maximum der Arbeit leisten bzw. mit einem minimalen Aufwand an äußerer Arbeit bewerkstelligt werden, so müssen die

---

[1]) S. Arrhenius, Lehrbuch der Elektrochemie, 1901, S. 234.

Elektroden sogenannte umkehrbare Elektroden sein, d. h. es darf bei Umkehr der Stromrichtung die gleiche Elektrizitätsmenge nur gerade die Reaktion rückgängig machen, welche bei der anfänglichen Stromrichtung stattgefunden hat, und es dürfen außerdem keinerlei andere Umsetzungen eintreten. Man unterscheidet zwei Arten solcher Elektroden:

1. E l e k t r o d e n   e r s t e r   A r t   (das sind Elektroden, die in bezug auf das Kation umkehrbar sind): Das Elektrodenmetall taucht in eine Lösung eines seiner Salze, dessen Konzentration so groß ist, daß es die Stromleitung besorgen kann, und daß immer genug Metallionen in der Umgebung der Elektrode vorhanden sind, welche entladen und abgeschieden werden können.

2. E l e k t r o d e n   z w e i t e r   A r t   (das sind Elektroden, die in bezug auf das Anion umkehrbar sind): Das Elektrodenmetall taucht in eine Lösung eines fremden Salzes ein, ist aber umgeben von einem festen schwerlöslichen Salze, das aus dem Metall der Elektrode und dem Anion des fremden Salzes zusammengesetzt ist. Bei Stromdurchgang in der einen oder anderen Richtung wird das Anion geladen oder entladen, während das Metall, ohne in Lösung zu gehen, direkt mit dem Anion reagiert.

Aus der Nernstschen Formel (76) ergibt sich die Bedingung für die Umkehrbarkeit einer Elektrode. Es muß für jede Elektrode die Konzentration ihrer Lösung so gewählt werden, daß durch Lokalaktion kein anderes Kation bzw. Anion auf der Elektrode niedergeschlagen wird, insbesondere aber, daß keine Wasserzersetzung eintritt, d. h. es muß der Ausdruck $\sqrt[n]{\dfrac{C}{c}}$ für die Elektrode und ihre Ionen kleiner sein als die entsprechende Größe für jedes andere in dem betreffenden Falle in Frage kommende Ion. Die Tabelle der Elektrodenpotentiale (S. 65) gibt hierfür einen guten Anhalt.

N o r m a l e l e k t r o d e n.   Will man den Verlauf der Spannung an einer Elektrode a l l e i n und unabhängig von dem Spannungsverluste (IR) in der Lösung untersuchen, so bedient man sich der sogenannten Normalelektroden, das sind umkehrbare Elektroden, deren konstantes Potential gegen das der zu untersuchenden Elektrode gemessen wird. Als Metall dient meistens Quecksilber, das überschichtet ist von einem seiner schwerlöslichen Salze (z. B. Hg, HgCl in KCl-Lösung; Hg, Hg_2SO_4 in H_2SO_4-Lösung), oder die Wasserstoffelektrode (Platin) in verdünnter Säurelösung. Für technische Zwecke genügt häufig schon eine Zink-Elektrode in Zinksulfat- oder Zinkchlorid-Lösung von passender Konzentration

(75) Berechnung elektromotorischer Kräfte I. T h e r m o d y n a m i s c h e T h e o r i e.   Die Arbeit, welche beim Stromdurchgang durch ein Element, einen Akkumulator oder eine Zersetzungszelle gewonnen oder aufgewendet wird, beträgt für 1 Grammäquivalent umgesetzter chemischer Substanz EF Wattsekunden oder 0,23865 EF cal (15⁰), wo E die EMK und F die Elektrizitätsmenge für 1 Grammäquivalent (Valenzladung) = 96494 Coulomb bedeutet[1].

Diese Arbeit läßt sich nur in wenigen Fällen direkt aus der Wärmetönung berechnen. In den meisten Fällen setzt sie sich aus der Wärmetönung und der an die Umgebung abgegebenen oder von ihr aufgenommenen Wärme (der sogenannten Peltierwärme) zusammen. Ganz allgemein gilt nach dem zweiten Hauptsatze der Thermodynamik die Gleichung (G i b b s, v. H e l m h o l t z)

$$E = \frac{W}{23028} + T \frac{dE}{dT},$$

---

[1] Für die Zahl F ist zwar seitens der Deutschen Bunsengesellschaft der Wert 96 540 festgesetzt worden (siehe Ztschr. f. Elektrochemie 1903, S. 686). Doch läßt sich dieser Wert nach der durch die Internationale Konferenz für elektrische Einheiten (London 1908) getroffenen Festsetzung, nach welcher für das Silberäquivalent die Zahl 1,11800 zu nehmen ist, nicht länger aufrecht erhalten und ist durch die Zahl 96 494 zu ersetzen.

worin E die EMK, W die Wärmetönung des stromliefernden Vorganges, T die absolute Temperatur bedeuten Die Zahl 23028 = 0,23865 × 96 494 ist das Produkt aus Wärmeäquivalent der elektrischen Energie mal Anzahl Coulomb für das Gramm-äquivalent. Die Peltierwärme, welche durch das Glied $T \dfrac{dE}{dT}$ ausgedrückt wird, kommt nur beim absoluten Nullpunkt oder, was praktisch allein von Bedeutung ist, dann zum Verschwinden, wenn die EMK unabhängig von der Temperatur ist. In diesem Falle ist die EMK allein durch die Wärmetönung bestimmt. Ist andererseits die Wärmetönung verschwindend klein, wie es bei Konzentrationsketten meist der Fall ist, so hat man $E = T \dfrac{dE}{dT}$, d. h. die EMK ändert sich proportional mit der absoluten Temperatur.

(76) Berechnung elektromotorischer Kräfte II. O s m o t i s c h e T h e o r i e (N e r n s t)[1]). Unter der Voraussetzung der Gültigkeit der Gasgesetze für gelöste Stoffe (v a n 't H o f f), welche für nicht zu konzentrierte Lösungen zutrifft, hat N e r n s t für die Berechnung elektrochemischer Vorgänge folgende Formeln abgeleitet. Taucht ein Metall in die Lösung eines seiner Salze, so entsteht zwischen beiden eine Potentialdifferenz

$$E = \frac{RT}{nF} \log \text{nat} \frac{C}{c} \text{ Volt,}$$

wo R die Gaskonstante (= 8,316 Watt × sk), T die absolute Temperatur, n die chemische Wertigkeit des Metalls, F = 96494 die Valenzladung, C die sogenannte Lösungstension des Metalls und c die Konzentration seiner Ionen in Grammäquivalent auf 1 l bedeuten. Bei Benutzung briggischer Logarithmen erhält man $E = 1{,}983 \cdot 10^{-4} \dfrac{T}{n} \log \dfrac{C}{c}$. Für 18⁰ vereinfacht sich der Ausdruck weiter zu:

$$E = \frac{0{,}0577}{n} \log \frac{C}{c}$$

Die Lösungstension C ist das Bestreben des Metalls, positiv geladene Ionen in Lösung zu senden. Diesem Bestreben steht die Konzentration der bereits in Lösung befindlichen Ionen entgegen, wie es die Formel zum Ausdruck bringt. Je größer C und je kleiner c ist, um so größer, und je kleiner C und je größer c ist, um so kleiner ist die Potentialdifferenz zwischen Metall und Lösung.

Sendet die Elektrode keine Metallionen, sondern negativ geladene Ionen in Lösung, wie z. B. eine mit Chlorgas bespülte Platinelektrode, welche Chlorionen bildet, so gilt die gleiche Formel nur mit entgegengesetztem Vorzeichen. Für die Beziehungen zwischen Lösungstension und Ionenkonzentration gilt jedoch das gleiche wie bei Metallen.

Zwischen zwei verschieden konzentrierten Lösungen ($c_1 > c_2$) desselben Salzes besteht ebenfalls eine Potentialdifferenz für welche nach Nernst der Ausdruck gilt:

$$E = + \frac{u - v}{u + v} \frac{RT}{nF} \log \text{nat} \frac{c_1}{c_2}$$

wo u und v die Beweglichkeiten des Kations bzw. des Anions bedeuten.

Wird eine Konzentrationskette aus zwei Elektroden gleichen Metalls (M), welche sich in verschieden konzentrierten Lösungen des gleichen Salzes (MS) befinden, also eine Kette nach dem Schema gebildet

$$\text{M} \mid \text{MS verdünnt} \mid \text{MS konzentriert} \mid \text{M}$$
$$c_2 \longrightarrow c_1$$

---

[1]) Zeitschr. f. phys. Chemie, 2, S. 613; 4, S. 129 (1889). Wied. Ann., Bd. 40 ,S. 561 (1890).

so setzt sich die EMK aus folgenden 3 Potentialdifferenzen zusammen: 1. Metall gegen die verdünnte Lösung, 2. die beiden Lösungen gegeneinander und 3. Metall gegen die konzentriertere Lösung. Nach den eben angeführten Formeln ergibt dies für die gesamte EMK des Konzentrationselements

$$E = \frac{RT}{nF} \log \text{nat} \frac{C}{c_1} + \frac{u-v}{u+v} \frac{RT}{nF} \log \text{nat} \frac{c_1}{c_2} - \frac{RT}{nF} \log \text{nat} \frac{C}{c_2}$$

Die Richtung der EMK des mittleren Gliedes hängt davon ab, welche Beweglichkeit die größere ist. Faßt man die drei Glieder der Formel zusammen, so wird

$$E = - \frac{2v}{u+v} \frac{RT}{nF} \log \text{nat} \frac{c_1}{c_2}$$

Aus der Formel geht hervor, daß der Sinn der EMK so gerichtet ist, daß der von ihr hervorgerufene Strom die bestehenden Konzentrationsunterschiede auszugleichen strebt, was im wesentlichen so erfolgt, daß in der verdünnteren Lösung sich Metall auflöst, während es aus der konzentrierteren ausgefällt wird.

Sind die Beweglichkeiten nahe gleich, so wird der Faktor $2v/(u+v)$ nahe gleich 1, und man erhält bei Benutzung briggischer Logarithmen

$$E \approx - \frac{1{,}98}{n} 10^{-4} T \log \frac{c_1}{c_2} \quad \text{oder bei } 18^0 \ E_{18} \approx - \frac{0{,}058}{n} \log \frac{c_1}{c_2}$$

Befinden sich die beiden Elektroden in einer gemeinsamen Lösung eines fremden Salzes, welche in der Nähe der Elektroden außerdem ein Salz des Elektrodenmetalls in verschiedenen Konzentrationen enthält, welche aber klein sind gegen die des fremden Salzes, so kommt die Potentialdifferenz zwischen den beiden Lösungen $\frac{u-v}{u+v} \frac{RT}{nF} \log \text{nat} \frac{c_1}{c_2}$ gleichfalls zum Verschwinden, und man erhält wie oben

$$E = - \frac{RT}{nF} \log \text{nat} \frac{c_1}{c_2} = - \frac{1{,}983}{n} T \log \frac{c_1}{c_2}$$

Bei einem galvanischen Element, das aus zwei verschiedenen Metallen mit den Tensionen C und C' und den Wertigkeiten n und n' besteht, welche umgeben sind von den Lösungen ihrer Salze mit den Konzentrationen c und c', gilt unter Vernachlässigung der geringfügigen Potentialdifferenz an der Berührungsstelle der beiden Lösungen der einfache Ausdruck:

$$E = \frac{RT}{F} \left(\frac{1}{n} \log \text{nat} \frac{C}{c} - \frac{1}{n'} \log \text{nat} \frac{C'}{c'} \right)$$

oder $\qquad E = 1{,}98 \cdot 10^{-4} T \left(\frac{1}{n} \log \frac{C}{c} - \frac{1}{n'} \log \frac{C'}{c} \right)$

Die sämtlichen hier angeführten Formeln zur Berechnung elektromotorischer Kräfte gelten in gleichem Umfange wie für Elemente auch für Spannungen, die infolge der Zersetzung eines Elektrolyts durch den galvanischen Strom (sogenannte Zersetzungsspannungen, Polarisationen) auftreten.

Die folgende Tabelle enthält für eine Reihe positiver und negativer chemischer Elemente die Elektrodenpotentiale (P) oder, was dasselbe ist, die Zersetzungsspannungen in äquivalentnormalen Lösungen ihrer Ionen, also die Größe

$$\frac{1{,}98 \cdot 10^{-4} T}{n} \lg \frac{C}{c} \text{ für } c = 1$$

wobei das Potential der Wasserstoffelektrode 0 gesetzt ist. Man kann aus der Tabelle durch Subtraktion der Potentiale zweier beliebiger in ihr enthaltener Elektroden die EMK oder Zersetzungsspannung jeder Kombination berechnen. Will man das Potential für andere als normale Konzentrationen haben, so ist statt P zu setzen

$$P - \frac{0{,}058}{n} \log c,$$ wo c die gewünschte Konzentration bedeutet.

Elektrodenpotentiale P und Zersetzungsspannungen [1])
in äquivalentnormalen Lösungen der Ionen bei 18^0.

	P Volt		P Volt		P Volt
K	+ 3,2	Tl	+ 0,32	Ag	— 0,80
Na	+ 2,8	Co	+ 0,29	Hg	— 0,86
Mg	+ 1,55	Ni	+ 0,22	O_2	— 0,41
Mn	+ 1,0	Pb	+ 0,12	J	— 0,54
Zn	+ 0,76	Sn	+ 0,10	Br	— 1,08
Fe	+ 0,43	H_2	± 0,00	Cl_2	— 1,35
Cd	+ 0,40	Cu	— 0,34	F_2	— 1,9

Aus vorstehenden Formeln ergeben sich folgende Gesichtspunkte für die Konstruktion von Elementen. Ein galvanisches Element wird eine möglichst hohe EMK besitzen, wenn seine Anode (negativer Pol) ein positives Element (Metall) von möglichst hoher Lösungstension ist, das sich in einer Lösung von möglichst geringer Metallionen-Konzentration befindet, oder wenn die Anode ein negatives Element (Metalloid) von möglichst niedriger Lösungstension ist, das von einer Lösung möglichst hoher Anionen-Konzentration umgeben ist. Die umgekehrten Verhältnisse liegen an der Kathode (positiver Pol) vor.

Literatur.
W. Nernst, Theoretische Chemie, V. Auflage, 1907. — S. Arrhenius, Lehrbuch der Elektrochemie, 1901. — Le Blanc, Lehrbuch der Elektrochemie, V. Auflage, 1911. — F. Förster, Elektrochemie wäßriger Lösungen, 1905. Ferner: Ostwalds Klassiker der exakten Wissenschaften Nr. 21 u. 23, W. Hittorf, Über die Wanderung der Ionen während der Elektrolyse Nr. 86 u. 87, M. Faraday, Experimental-Untersuchungen über Elektrizität III. bis VIII. Reihe, Elektrolyse, Nr. 124, H. Helmholtz, Abhandlungen zur Thermodynamik Nr. 160, S. Arrhenius, Untersuchungen über die galvanische Leitfähigkeit der Elektrolyte.

c) Isolierstoffe.

(77) In dielektrischen Körpern wie Guttapercha, Kautschuk, Schwefel, Ebonit, Harzen, Ölen, Kabeltränkmassen und dergl. gilt das Ohmsche Gesetz nur in roher Annäherung. Definiert man den Ohmschen (Isolations-) Widerstand R solcher Stoffe als Verhältnis: Spannung durch Strom, so gilt für R folgendes[2]).

1. R ist für ein lange Zeit entladen gewesenes Dielektrikum ein Minimum und wächst mit der Dauer der Einschaltung im Laufe mehrerer Stunden auf einen von der Spannung abhängigen Grenzwert.

2. Dieser Grenzwert nimmt mit steigender Temperatur stark ab, nach dem Gesetze[3])

$$R_t = R_0\, e^{-\beta t}$$

β zwischen 0,07 und 0,1; t in Celsiusgraden.

---

[1]) Siehe: Abhandl. der Deutschen Bunsen-Gesellschaft Nr. 5, „Messungen elektromotorischer Kräfte galvanischer Ketten" von R. Abegg, Fr. Auerbach, R. Luther; Halle 1911.
[2]) Z. T. nach bisher nicht veröffentlichten Versuchen des Bearbeiters dieses Abschnitts an Papierkondensatoren, die mit den verschiedensten festen und flussigen, organischen und an organischen Isolierstoffen durchtränkt waren.
[3]) Diese Formel ergibt sich auch aus einer von Koenigsberger und Reichenheim

3. R_0 wächst mit der Spannung; doch folgt er den Änderungen der Spannung sehr langsam (erst nach Stunden), so daß er für raschere Änderungen als konstant anzusehen ist.

4. Die Sätze 1 und 3 können z. T. durch den Einfluß einer unter der Wirkung des Feldes allmählich entstehenden Gegen-EMK (Polarisation) erklärt werden. Diese kann nach Abnahme der äußern Spannung wirklich gemessen werden; sie befähigt das Dielektrikum, eine Elektrizitätsmenge herzugeben, die die aus der Kapazität zu berechnende oft wesentlich übersteigt (hierdurch Fälschung der ballistisch gemessenen Kapazität).

Nicht bei allen Isolierstoffen zeigt die Leitfähigkeit ein solches, in mancher Hinsicht den Elektrolyten ähnliches Verhalten; doch kann auf diese wenig erforschten und praktisch minder wichtigen Erscheinungen hier nicht eingegangen werden.

Für Überschlagsrechnungen und unter Voraussetzung von Gleichstrom kann man für die guten Isolierstoffe (in aufsteigender Folge): Glas, Quarz, Glimmer, Schwefel, Ebonit, Paraffin, Kolophonium, Kautschuk, Guttapercha etwa $\sigma = 10^{18}$ bis 10^{20} setzen.

Wegen des dielektrischen Energieverlustes, vgl. (43), ist der mit Wechselstrom bestimmte Isolationswiderstand viel kleiner als der mit Gleichstrom gemessene. Bedeutet δ den in (43) definierten Winkel, ν die Frequenz und C die Kapazität, so ist der zugehörige Isolationswiderstand

$$R = \frac{1}{2 \pi \nu C \operatorname{tg} \delta} .$$

Da sich δ mit der Frequenz wenig ändert, so nimmt R mit zunehmender Frequenz ab.

d) Gase.

(78) Für den Stromdurchgang durch Gase versagt das Ohmsche Gesetz vollständig. Man ist darauf angewiesen, die S t r o m - S p a n n u n g s - C h a r a k t e r i s t i k $[V = f(I)]$ für die betreffende Entladungsform experimentell festzustellen. Die Charakteristik des Gleichstromlichtbogens ist nach A y r t o n („The electric arc") von der Form:

$$V = a + \frac{b}{I}$$

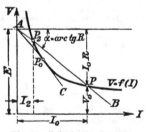

Fig. 29. Fallende Charakteristik des Lichtbogens.

Den Strom I_0, den ein Lichtbogen mit einem Vorschaltwiderstande R einer Spannungsquelle E entnimmt, bestimmt man bei gegebener Charakteristik graphisch (Fig. 29). Man trägt auf der Spannungsachse die Strecke E ab und zieht in ihrem Endpunkt A die W i d e r s t a n d s l i n i e AB mit dem Neigungswinkel $\alpha = \operatorname{arc} \operatorname{tg} R$. Sie schneidet die Charakteristik im Punkte P, der den Strom I_0 bestimmt. Die Richtigkeit der Konstruktion ergibt sich aus dem Ohmschen Gesetze (angewandt auf den Stromkreis außerhalb der Lichtbogenstrecke)

$$E = V_0 + I_0 R.$$

(Phys. Zeitschr. Bd. 7, S. 570, 1906) theoretisch aufgestellten Widerstandsformel als ein für einen gewissen Temperaturbereich gültiger Näherungsausdruck. Für manche Guttaperchamischungen stellt sie die Widerstandsänderung in dem Temperaturbereich von 0° bis 50° C nur in roher Annäherung dar.

Es gibt noch einen zweiten Schnittpunkt P_2, der einen kleineren Strom I_2 ergeben würde. In diesem Punkte ist aber der Zustand des Stromkreises nicht s t a b i l. Denn wenn es auch gelänge, den Strom I_2 in dem gegebenen Stromkreise auf irgendeine Weise einmal herzustellen, so würde doch, wie sich zeigen läßt, die g e r i n g s t e z u f ä l l i g e A b n a h m e des Stromes I_2 sich bis zum E r l ö s c h e n des Bogens steigern; und umgekehrt müßte nach der g e r i n g s t e n z u f ä l l i g e n Z u n a h m e der Strom bis auf den Wert I_0 anwachsen. (W. K a u f m a n n, Ann. d. Phys. (4) Bd. 2, S. 158, 1900.) Ein Punkt, in dem die Widerstandslinie die Charakteristik v o n o b e n schneidet, bestimmt einen stabilen Zustand.

Wenn man R steigert, so verläuft die Widerstandslinie immer steiler; in der Grenzlage $A\,C$ erlischt der Bogen.

Der Stabilität wegen kann ein Lichtbogen nur mit Vorschaltwiderstand brennen; auch der Nernstbrenner muß einen solchen erhalten, damit er bei einer zufälligen Spannungssteigerung nicht durchbrennt. (H. Th. S i m o n , ETZ 1905, S. 819, Abb. 20).

Für schnell veränderliche Zustände (Wechselstromvorgänge) treten an Stelle der s t a t i s c h e n sogenannte d y n a m i s c h e Charakteristiken, die sich für den Lichtbogen in vielen Fällen nach der Theorie von H. Th. S i m o n[1]) vorausberechnen lassen.

Nach den neueren Anschauungen denkt man den Strom in Gasen ähnlich wie in Elektrolyten durch Elementarladungen übertragen. Diese bewegen sich entweder für sich als freie Elektronen oder an Atome oder Atomgruppen gebunden als Ionen unter der Wirkung des elektrischen Feldes von einer Elektrode zur andern. Näheres darüber besonders bei J. S t a r k, Die Elektrizität in Gasen, Leipzig 1902 und J. J. T h o m s o n, Elektrizitätsdurchgang in Gasen, 1903; deutsch von E. M a r x, Leipzig 1906.

Das magnetische Feld elektrischer Ströme.

(79) Grundlegende Beziehungen, Magnetomotorische Kraft. Im Felde permanenter Magnete verschwindet das Linienintegral der magnetischen Feldstärke, die m a g n e t o m o t o r i s c h e K r a f t (MMK), längs jeder geschlossenen Kurve:

$$\oint \mathfrak{H}\,d\mathfrak{s} = 0, \text{ oder rot } \mathfrak{H} = 0$$

$\mathfrak{H}$ kann daher als Gefälle eines einwertigen Potentials ψ dargestellt werden: $\mathfrak{H} = -\,\mathrm{grad}\,\psi$.

Ein magnetisches Feld ist auch mit jeder elektrischen Strömung verbunden. Wenn der Strom in geschlossenen Bahnen fließt (Gleichstrom, langsamer — quasistationärer — Wechselstrom), so befinden sich die W i r b e l des magnetischen Feldes nur innerhalb der Stromleiter.

Es gilt

$$\mathrm{rot}\ \mathfrak{H} = 4\,\pi\ \mathfrak{i}$$

$\mathfrak{i}$ = Stromdichte. Daraus folgt, daß längs jedes geschlossenen Weges l die MMK gleich dem $4\,\pi$-fachen Stromfluß durch irgendeine von dem Wege berandete Fläche F ist:

$$\oint_l \mathfrak{H}\,d\mathfrak{s} = 4\,\pi \int_F \mathfrak{i}_n\,df$$

---

[1]) Phys. Zeitschr. Bd. 6, S. 297, 1905; ETZ 1905, S. 818, 839. Siehe auch K. W. W a g n e r, Der Lichtbogen als Wechselstromerzeuger, Leipzig 1910 (S. Hirzel).

df ist ein Flächenelement von F, i_n die zu df normale Komponente der Stromdichte. Dabei muß die Randlinie l im Uhrzeigersinne umlaufen werden; wenn man in Richtung der Normalen $\mathfrak{n}$ blickt (oder: l und $\mathfrak{n}$ verhalten sich wie Drehungs- und Fortschreitungssinn einer Rechtsschraube)[1]. Für alle Umläufe, bei denen kein durchströmter Leiter durchschnitten oder umkreist wird, wird hiernach die MMK Null. In stromlosen Räumen kann man also wie im Felde permanenter Magnete (29) $\mathfrak{H} = -\,\mathrm{grad}\;\psi$ setzen. Jedoch ist nun das Potential nur dann noch einwertig, wenn in dem stromlosen Raum Wege, die mit dem Stromleiter verschlungen sind, unmöglich sind oder durch passend angebrachte Sperrflächen unmöglich gemacht werden. An diesen Sperrflächen erleidet das Potential einen Sprung.

(80) Das Vektorpotential. In Räumen, in denen die Permeabilität μ konstant ist, kann $\mathfrak{H}$ von einem Vektorpotential $\mathfrak{A}$ abgeleitet werden:

$$\mathfrak{H} = \mathrm{rot}\;\mathfrak{A}; \qquad \mathfrak{A} = \int \frac{i\,dv}{r}$$

i = Stromdichte im Raumteil dv, r dessen Abstand von dem Punkt, in dem das Vektorpotential gesucht ist.

(81) Lineare Leiter. Ist I der Strom, $d\mathfrak{s}$ ein Linienelement des Leiters, so wird (μ = konst.)

$$\mathfrak{A} = I \int \frac{d\mathfrak{s}}{r}\,; \qquad \mathfrak{H} = \mathrm{rot}\;\mathfrak{A} = I \int \frac{[d\mathfrak{s}\; \mathfrak{r}]}{r^3}$$

(Biot-Savarts Gesetz). Man drückt das oft so aus: Jedes Stromelement $I\,d\mathfrak{s}$ liefert zur Feldstärke einen Beitrag $|\,d\mathfrak{H}\,| = \dfrac{I\,ds\,\sin\,(ds,\,r)}{r^2}$; doch hat dieser Satz nur für geschlossene Strombahnen und konstantes μ einen Sinn. Dagegen ist die Grundgleichung

$$\oint \mathfrak{H}\,d\mathfrak{s} = 4\,\pi\,\Sigma\,I$$

auch für veränderliches μ richtig. $\Sigma\,I$ ist der mit dem Integrationsweg für $\mathfrak{H}$ verkettete Gesamtstrom (die Durchflutung) in absolutem Maß.

(82) Beispiele.

1. **Geschlossenes Ringsolenoid** mit N gleichmäßig eng gewickelten Windungen. Ein merkliches Feld ist nur im Ringinnern vorhanden. Die Kraftlinien verlaufen in konzentrischen Kreisen um die Ringachse. Für den Kreis vom Radius r wird

$$\oint \mathfrak{H}\,d\mathfrak{s} = 2\,\pi\,r\,\mathfrak{H} = \mathfrak{H}\,l = 4\,\pi\,NI, \quad I \text{ in CGS}$$

daraus $\mathfrak{H} = 0{,}4\,\pi\,NI/l$, I in Ampere.

2. **Langes geradliniges Solenoid**, Länge l groß gegen den Durchmesser. Das Feld ist im Innern praktisch homogen von der Stärke[2])

$$\mathfrak{H} = 0{,}4\,\pi\,N\,I/l, \quad I \text{ in Ampere.}$$

(Ein streng homogenes Feld entsteht im Innern eines gleichmäßig bewickelten Ellipsoids.)

---

[1]) Diese Richtungsbestimmung entspricht den Ampereschen Regeln der älteren Elektrodynamik.

[2]) Genaue Formeln bei P. Debye, Bd. V, Art. 17, § 22 (S. 437) der Enzyklopädie der Math. Wiss. Leipzig 1910.

3. **Kreisstrom** (Tangentenbussole) vom Radius r; die Feldstärke in einem Punkt der Achse mit dem Abstand x von der Kreisebene wird

$$\mathfrak{H} = \frac{\pi\,r^2\,NI}{5\,\sqrt{(x^2 + r^2)^3}}\,, \; I \text{ in Ampere.}$$

4. **Langer gerader Draht.** In der Nähe des Drahtes sind die Kraftlinien Kreise um die Drahtachse; im Abstand r von der Achse wird

$$\mathfrak{H} = 2\,I/r, \; I \text{ in } CGS, \; = I/5\,r, \; I \text{ in Ampere.}$$

Das gilt für Punkte außerhalb des stromerfüllten Drahtes; im Innern ist, wenn der Strom gleichmäßig auf den Querschnitt verteilt ist,

$$\mathfrak{H} = \frac{2\,I\,r}{a^2}\,, \; I \text{ in CGS}, \; = \frac{I\,r}{5\,a^2}\,, \; I \text{ in Ampere}$$

$$a = \text{Drahtradius.}$$

(83) Angenäherte Berechnung der MMK. In Dynamomaschinen, Transformatoren und andern Apparaten mit einem nahezu geschlossenen Eisenweg kann man, abgesehen von der Streuung, den Verlauf der Induktionslinien ($\mathfrak{B}$) und bei gegebenem Induktionsfluß $\varPhi = \int \mathfrak{B}_n\,df$ auch die Stärke der Induktion $\mathfrak{B}$ in jedem Querschnitt q annähernd bestimmen: $\mathfrak{B} = \varPhi/q$. Hieraus folgt die Feldstärke $\mathfrak{H} = \varPhi/\mu q$. Setzt sich der magnetische Kreis aus angenähert zylindrischen Teilen von den Längen $l_1, l_2, \ldots$ und den Querschnitten $q_1, q_2, \ldots$ zusammen, so wird

$$\oint \mathfrak{H}\,ds = \sum_n \mathfrak{H}_n\,l_n = \varPhi \sum_n \frac{l_n}{\mu_n\,q_n}$$

I. W.: Die MMK ist gleich dem Induktionsfluß $\varPhi$ (Magnetstrom), multipliziert mit der Summe der magnetischen Widerstände $l_n/\mu_n\,q_n$ der einzelnen Teile des Kreises (sogenanntes **Ohmsches Gesetz für den magnetischen Kreis**). Aus der MMK kann man nach (81) die Amperewindungen $\varSigma I$ berechnen, die mit dem Kreis verkettet sein müssen, damit das berechnete magnetische Feld zustande kommt. (Vgl. 342, 348.)

(84) Die magnetische Energie. Der allgemeine Ausdruck für die in einem elektromagnetischen Felde enthaltene magnetische Energie

$$W_m = \frac{1}{8\,\pi}\int \mathfrak{B}\,\mathfrak{H}\,dv = \frac{1}{8\,\pi}\int \mu\,\mathfrak{H}^2\,dv = {}^1/_2 \int \mathfrak{A}\,i\,dv$$

geht für das Feld linearer Stromschleifen ($I_1, I_2, I_3 \ldots$) über in

$$W_m = {}^1/_2\,L_1 I_1{}^2 + {}^1/_2\,L_2 I_2{}^2 + {}^1/_2\,L_3 I_3{}^2 + \ldots$$
$$+ M_{12}\,I_1 I_2 + M_{13}\,I_1 I_3 + M_{23}\,I_2 I_3 + \ldots$$

$L_1, L_2, L_3, \ldots$ heißen die **Selbstinduktivitäten** der Schleifen 1, 2, 3, …; M_{12} ist die **Gegeninduktivität** der Schleifen 1 und 2; M_{13} diejenige der Schleifen 1 und 3; und so fort.

(85) Selbstinduktivitäten[1]).

1. Lange Spule von der Länge l und dem Radius R, welche e i n e Lage von K Windungen auf die Längeneinheit hat:

$$L \approx 4\,\pi^2\,K^2\,l\,R^2 \left(1 - \frac{8}{3\,\pi}\frac{R}{l} + \frac{1}{2}\frac{R^2}{l^2} - \frac{1}{4}\frac{R^4}{l^4}\right)$$

Genau ist diese Formel nur bei s e h r l a n g e n Spulen.

2. Lange Spule von der Länge l, die K Windungen auf 1 cm Spulenlänge in m e h r e r e n Lagen enthält

$$L \approx {}^4/_3\,\pi^2\,K^4\,l\,(R - r)\,(R^2 - r^3)$$

R = äußerer, r = innerer Wicklungsradius.

3. Einfacher Drahtkreis vom Radius R und dem Drahtradius r. Angenähert ist (M. W i e n, Wied. Ann. Bd. 53, S. 928, 1894)

$$L \approx 4\,\pi\,R\left[\left\{1 + \frac{r^2}{8\,R^2}\right\}\log \text{nat}\,\frac{8\,R}{r} - \frac{7}{4} - 0{,}0083\,\frac{r^2}{R^2}\right]$$

4. Kurze Spule von der Länge l, dem Radius R, die n Windungen hat. Nach R a y l e i g h und N i v e n (Proc. Roy. Soc. Bd. 32, S. 104, 1881) ist angenähert

$$L \approx 4\,\pi\,Rn^2\left\{\log \text{nat}\,\frac{8\,R}{l} - \frac{1}{2} + \frac{l^2}{32\,R^2}\left(\log \text{nat}\,\frac{8\,R}{l} + \frac{1}{4}\right)\right\}$$

Genauere Formeln bei G l a g e, Jahrb. d. drahtl. Telegr. u. Telephonie Bd. 2, S. 503, 1909.

5. Kurze flache Spule (J. S t e f a n, Wied. Ann. 22, S. 107, 1884); Wicklungsquerschnitt ein Quadrat von der Seite s, mittlerer Radius der Spule R, äußerer und innerer Radius $R + s/2$ und $R - s/2$, Windungszahl N

$$L = 4\,\pi\,RN^2\left[\left(1 + \frac{s^2}{24\,R^2}\right)\log \text{nat}\,\frac{8\,R}{s\sqrt{2}} - 0{,}848 + 0{,}0510\,\frac{s^2}{R^2}\right]$$

Ein Minimum des Widerstands erhält man für $R = 1{,}85s$; führt man diesen Wert ein, so folgt, wenn auf eine Lage von 1 cm Länge K Windungen gehen

$$L = 19{,}4\,RN^2 = \frac{35{,}9}{K}\,N^5/_2.$$

Diese Formeln gelten für einen Draht von Quadratquerschnitt. Für Drähte mit Kreisquerschnitt ist zu dem L ein Korrektionsglied ΔL zu addieren:

$$\Delta L = 4\,\pi\,RN\left(\log \text{nat}\,\frac{d}{r} + 0{,}155\right)$$

d = Drahtabstand, r = Drahtradius.

6. Für Spulen beliebiger Länge mit e i n e r Lage von N Windungen ist die Formel

$$L = k\,R\,N^2$$

gut brauchbar. R ist der Spulenradius; k eine Konstante, die von dem Verhältnisse des Spulendurchmessers $2\,R$ zur Spulenlänge l abhängt und die folgenden Werte hat:

---

[1]) Siehe auch P. D e b y e , Bd. V, Art. 17, § 32, S. 464 der Enzyklopädie der Math. Wiss., Leipzig 1910. — E. O r l i c h , Kapazität und Induktivität. S. 63—92; Braunschweig 1909. — G. G l a g e, Jahrb. der drahtl. Telegr. und Telephonie Bd. 2, S. 501, 593. — E. B. R o s a und F. W. G r o v e r, Bull. Bureau of Standards, Vol. 8, Nr. 1, Washington 1911. (Kritische Zusammenstellung von Formeln und Zahlentafeln.)

$\dfrac{2R}{l}$	k	$\dfrac{2R}{l}$	k	$\dfrac{2R}{l}$	k	$\dfrac{2R}{l}$	k
0,2	3,63	0,8	11,61	1,8	19,58	3,0	25,42
0,3	5,23	0,9	12,63	2,0	20,75	3,2	26,18
0,4	6,71	1,0	13,59	2,2	21,82	3,4	26,90
0,5	8,07	1,2	15,34	2,4	22,81	3,6	27,59
0,6	9,34	1,4	16,90	2,6	23,74	3,8	28,23
0,7	10,51	1,6	18,30	2,8	24,60	4,0	28,85

Um k für zwischenliegende Werte von $2\,R/l$ zu finden, zeichne man sich mit Hilfe der gegebenen Werte eine Kurve. Für sehr genaue Berechnungen ist wegen des nicht vom Strom erfüllten Raumes zwischen benachbarten Drähten eine Korrektion anzubringen, die in dem genannten Aufsatz von G l a g e angegeben ist.

7. Rechteckige Spule mit rechteckigem Wicklungsquerschnitt; a und b Seiten des Rechtecks, α und β Höhe und Breite des Wicklungsquerschnitts. Nach S u m e c (ETZ 1906, S. 1175) ist angenähert

$$L \approx 9,2\,N^2 \left\{ a \, \log \text{vulg} \, \frac{b}{(a+\beta)_a} + b \, \log \text{vulg} \, \frac{a}{(\alpha + \beta)_b} + 3\,(a+b) \right\}$$

Voraussetzung: Der Wicklungsraum wird vom Stromleiter vollkommen erfüllt.

8. Spulen hoher Selbstinduktivität werden durch Verwendung von Eisenkernen erhalten; bei ihnen hängt L (wegen der Veränderlichkeit von μ) von der Stromstärke ab.

9. Einfachleitung, Rückleitung durch die Erde; Drahtradius r, Länge l

$$L = 2\,l \left(\log \text{nat} \, \frac{2\,l}{r} - \alpha \right)$$

$\alpha = {}^3/_4$ bis ${}^7/_4$ je nach der Verteilung der Rückströme im Erdboden (nach F. B r e i- s i g, Theoret. Telegraphie, § 120, S. 168; Braunschweig 1910).

10. Doppelleitung; Länge l.

a) Zwei Drähte vom Radius r_1 bzw. r_2 im Abstand d

$$L = l\,(4 \log \text{nat} \, d/\sqrt{r_1 r_2} + \alpha)$$

$\alpha = 1$, wenn der Strom den Drahtquerschnitt gleichmäßig erfüllt (niedere Frequenz). $\alpha = 0$, wenn der Strom merklich auf eine dünne Oberflächenschicht beschränkt ist (hohe Frequenz).

b) Leiter vom beliebigen Querschnitt F_1 bzw. F_2.

$$L = 2\,l \log \text{nat} \, g_{12}{}^2/g_{11}\,g_{22}$$

$g_{12} = $ mittlerer geometr. Abstand[1]) der Fläche F_1 von F_2;
$g_{11} = \quad$,, $\quad$,, $\quad$,, $\quad$,, $\quad F_1$ von sich selbst;
$g_{22} = \quad$,, $\quad$,, $\quad$,, $\quad$,, $\quad F_2$ von sich selbst.

$$\log \text{nat} \, g_{12} = \frac{1}{F_1 F_2} \int_{F_1}\int_{F_2} d\,F_1\,d\,F_2 \log \text{nat} \, Z$$

---

[1] M a x w e l l, Elektrizität und Magnetismus Bd. 2, Art. 691, 692, deutsche Ausgabe 1883.

Z = Abstand der Flächenelemente dF_1 und dF_2. (Näheres bei E. O r l i c h, ETZ 1908, S. 310.)

In sämtlichen Formeln sind die Längen in cm einzusetzen; L wird in absolutem Maß (cm) erhalten; 1 Henry = 10^9 cm.

(86) Gegeninduktivitäten.

1. Zwei gleich lange einfache Drahtlagen, die mit den Windungszahlen K_1 und K_2 für 1 cm auf denselben Zylinder gewickelt sind, und die die Fläche S umschließen:

$$M = 4\pi K_1 K_2 l S$$

2. Zwei Kreisdrähte von den Radien R und r in parallelen Ebenen, deren Abstand x zugleich der Mittelpunktsabstand der beiden Kreise ist. Angenähert ist[1])

$$M \approx 4\pi r \left(\log \text{nat} \frac{8r}{\sqrt{x^2 + (R-r)^2}} - 2 \right)$$

3. Schleifen aus parallelen geraden Drähten von der Länge l. Besteht die eine Schleife aus den Drähten 1 und 2, die andere aus den Drähten 3 und 4, von denen 1 und 3 als Hinleitung dienen, und bezeichnen r_{12}, r_{13} usw. die entsprechenden Drahtachsenabstände, so ist

$$M = 2\,l \log \text{nat} \, (r_{23}\, r_{14}/r_{13}\, r_{24})$$

4. Schleifen mit gemeinsamer Rückleitung (Drehstromleitung). Bezeichnet man die Drähte wie im vorigen Beispiel, und fallen 2 und 4 zusammen, so gilt

$$M = 2\,l \left(\log \text{nat} \frac{r_{12}\, r_{23}}{r_{13}\, r} + \frac{1}{4} \right)$$

r = Drahtradius der gemeinsamen Rückleitung.

5. Zwei Einfachleitungen mit Erde als Rückleitung — Telegraphenkabel. (F. B r e i s i g, Theoret. Telegraphie, § 117 bis 119, Braunschweig 1910.) l = Länge, d = Abstand der Leiter

$$M = 2\,l \left(\log \text{nat} \frac{2l}{d} - a \right)$$

a = 1 bis 2 je nach dem Verlauf der Ströme in der Erde.

Längen in cm; M in cm; 1 Henry = 10^9 cm.

(87) Rasch veränderliche Felder. Verschiebungsstrom. Dort, wo Stromlinien einmünden, nehmen die Ladungen entsprechend zu: — div $\mathfrak{i}$ = $\partial \rho/\partial t$. Weil nun von jeder Ladungseinheit eine Verschiebungslinie ausgeht (ρ = div $\mathfrak{D}$; also — div $\mathfrak{i}$ = div $\partial \mathfrak{D}/\partial t$), so entspricht jeder einmündenden Stromlinie ein Wachstum des Verschiebungsflusses um eine Linie in der Sekunde. Die Zunahme des Verschiebungsflusses in der Sekunde wird V e r s c h i e b u n g s s t r o m genannt. Zu jeder irgendwo einmündenden Stromlinie gehört also eine von ebendort ausgehende Verschiebungsstromlinie. Durch die Zusammensetzung des Leitungsstroms $\mathfrak{i}$ und des Verschiebungsstromes $\partial \mathfrak{D}/\partial t$ entsteht somit ein w a h r e r S t r o m $\mathfrak{c}$

$$\mathfrak{c} = \mathfrak{i} + \frac{\partial \mathfrak{D}}{\partial t},$$

dessen Linien nirgends Anfangs- und Endpunkte haben (div $\mathfrak{c}$ = 0). Nach M a x - w e l l erzeugt ein Verschiebungsstrom genau dasselbe Magnetfeld wie ein ebenso

---

[1]) Die genaue Formel nebst Tafeln zur Berechnung findet man in den „Funktionentafeln" von E. J a h n k e und F. E m d e, S. 76, Leipzig 1909.

verteilter Leitungsstrom, und es gilt ganz allgemein (in allen Körpern und für beliebig rasche Änderungen)

$$\text{rot } \mathfrak{H} = 4 \pi \mathfrak{c} = 4 \pi (\mathfrak{i} + \partial \mathfrak{D}/\partial t).$$

Für Gleichstrom geht dies in die frühere Gleichung rot $\mathfrak{H} = 4 \pi \mathfrak{i}$ (79) über; auch bei langsamem — quasistationärem — Wechselstrom kann man die magnetischen Wirkungen des Verschiebungsstromes im allgemeinen vernachlässigen; im Innern von Metallen ist der Verschiebungsstrom stets unmeßbar klein.

Das Induktionsgesetz.

(88) Das Grundgesetz von Faraday-Maxwell. Denkt man sich eine beliebige Fläche F mit der Randlinie l, so ist das Linienintegral der elektrischen Feldstärke — die induzierte EMK E_i — längs l gleich der Abnahme, die der über die Fläche F berechnete Induktionsfluß $\Phi = \int\limits_F \mathfrak{B}_n \, df$ in der Sekunde erfährt:

$$E_i = \oint\limits_l \mathfrak{E} \, d\mathfrak{s} = - \frac{d}{dt} \int\limits_F \mathfrak{B}_n \, df = - \frac{d\Phi}{dt}$$

Dabei soll durch die Flächennormale $\mathfrak{n}$ und den Umlaufssinn von l der Fortschreitungs- und Drehsinn einer R e c h t s s c h r a u b e bestimmt werden. Außerdem soll bei bewegten Körpern die R a n d l i n i e l a n d i e K ö r p e r - e l e m e n t e g e b u n d e n s e i n.

Der Induktionsfluß durch eine Fläche kann sich ändern: 1. dadurch, daß das Feld zeitlich schwankt (Transformator); 2. dadurch, daß sich bei konstantem Feld die Fläche ändert (durch Bewegung der Körper). Diese zweite Flußänderung wird stets dadurch richtig erhalten, daß man die von der Randlinie[1]) in der Sekunde geschnittene Kraftlinienzahl (besser: den von ihr in 1 sk überstrichenen Induktionsfluß berechnet[2]). (Rotierende glatte Dynamoanker, Unipolarmaschinen). In der Differentialform des Induktionsgesetzes

$$\text{rot } \mathfrak{E} = - \frac{\partial \mathfrak{B}}{\partial t} - \text{rot } [\mathfrak{B} \, \mathfrak{v}]$$

($\mathfrak{v}$ = Geschwindigkeit, $\partial/\partial t$ = Änderung am festen Raumpunkt) kommt diese Zerlegung der Flußschwankung auch äußerlich zum Ausdruck.

(89) Beispiele.

1. T r a n s f o r m a t o r. Als Randlinie l sei die Achse des Wicklungsdrahtes gewählt; die Enden der Wicklung mögen irgendwie verbunden sein, jedoch so, daß der Verbindungsdraht allein kein nennenswertes Magnetfeld umschließt. Dann besteht die vom Fluß durchsetzte Fläche im wesentlichen aus der von den n Transformatorwindungen berandeten Schraubenfläche, die gleich $n q$ ist (q = Kernquerschnitt), daher

$$E_i = \oint \mathfrak{E} \, d\mathfrak{s} = - n q \frac{\partial \mathfrak{B}}{\partial t}$$

$\mathfrak{B}$ = Induktion im Transformatorkern.

2. P r i n z i p d e s W e c h s e l s t r o m d y n a m o a n k e r s. Ein Drahtrechteck (Seiten a, b) dreht sich in einem homogenen Magnetfelde $\mathfrak{B}$ um seine zu

---

[1]) Weil die Induktionslinien nirgends enden, div $\mathfrak{B} = 0$, so kann sich hier der Fluß bei festgehaltener Randlinie nicht ändern, wieviel man auch die Fläche sonst deformieren mag.
[2]) Diese Berechnungsart der EMK gilt also für einen speziellen Fall, ist aber kein allgemeines Gesetz. Vgl. F. E m d e, Elektrot. und Maschinenbau (Wien) 1908, Heft 46 ff.; 1909, Heft 34.

den Kraftlinien senkrechte Mittelachse (parallel a) mit der Winkelgeschwindigkeit ω. Dann ist der Fluß durch das Rechteck $\Phi = \mathfrak{B}\, a\, b \cos \omega\, t$, daher

$$E_i = -\partial\, \Phi/\partial t = \omega\, \mathfrak{B}\, ab \sin \omega\, t.$$

Oder: Nur die zur Drehachse parallelen Seiten a schneiden Induktionslinien. Ihre Geschwindigkeiten $|v| = \tfrac{1}{2}\, \omega\, b$ bilden mit den Induktionslinien einen Winkel $180^0 - \omega\, t$. Daher ist

$$E_i = \oint \mathfrak{E}\, d\mathfrak{s} = -\int [\mathfrak{B}\, v]\, d\mathfrak{s} = \mathfrak{B}\, \frac{\omega\, b}{2}\, 2\, a \cdot \sin \omega\, t$$

$$= \omega\, \mathfrak{B}\, a\, b \sin \omega\, t, \text{ wie vorher.}$$

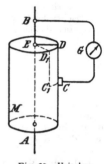

Fig. 30. Unipolare
Induktion.

3. U n i p o l a r e   I n d u k t i o n. V e r s u c h: Ein Magnetstab M (Fig. 30) drehe sich mit der Winkelgeschwindigkeit ω um seine Achse AB. Der Punkt B der leitend gedachten Achse sei durch ein Galvanometer G mit einer Schleifbürste C auf dem Umfang des Stabs verbunden. G zeigt dann einen Gleichstrom an.

E r k l ä r u n g: Man wähle als Randlinie EBGCDE. Da die Randlinie an die Körperelemente gebunden ist, so wird das Stück EDC bei der Drehung mitgenommen und gelangt nach einer gewissen Zeit nach ED_1C_1. Es überstreicht also einen gewissen Induktionsfluß, weil das Feld am festen Raumpunkt von der Drehung des Magnetes nicht abhängt. Oder auch: Zur Fläche EBGCDE tritt durch die Drehung der Sektor EDD_1 und das Mantelstück DD_1C_1C hinzu. Der gesamte Induktionsfluß hat sich also um die diesen Teilen angehörenden Betrag vermehrt. Man kann sich vorstellen, daß die von $EBGCC_1D_1E$ berandete Fläche bei der Drehung unbegrenzt wächst, indem sie sich wie eine Haut auf den Magnet aufwickelt. Ist Φ der Fluß durch den Querschnitt des Magnets bei C, so wird $E_i = \omega\, \Phi/2\,\pi$. Tiefere Einsicht in die hier vorliegenden Verhältnisse liefert die Erkenntnis der Verteilung der elektrischen Wirbel. Aus der Grundgleichung $-\operatorname{rot} \mathfrak{E} = \partial\mathfrak{B}/\partial t + \operatorname{rot} [\mathfrak{B}\, v]$ folgt, daß hier nur „Flächenwirbel" (Sprünge der Tangentialkomponenten von $\mathfrak{E}$) auftreten, und zwar in der Grenzfläche Magnet-Luft (13). Flächenwirbel von $\mathfrak{E}$ erscheinen in jeder Gleitfläche zweier Körper, die von $\mathfrak{B}$-Linien durchsetzt wird.

4. G l a t t e   R i n g - u n d   T r o m m e l a n k e r.

$$E_i = p\, N\, \Phi\, \frac{n}{60}\, 10^{-8} \text{ Volt.}$$

Φ = von einem Pol zum Anker übertretender Induktionsfluß; N = Zahl der wirksamen Ankerdrähte, n = Umdrehungszahl in der Minute. Bei reiner Parallelschaltung der Ankerzweige ist $p = 1$; bei reiner Reihenschaltung ist p gleich der Polpaarzahl.

5. In N u t e n a n k e r n pflegt man die EMK nach den für glatte Anker gültigen Formeln zu berechnen. Diese gelten aber hier nur angenähert; denn der physikalische Vorgang ist ein wesentlich anderer, was schon daraus hervorgeht, daß die Ankerdrähte sich stets in dem sehr schwachen Nutenfelde bewegen. Die Verhältnisse in Nutenankern sind von R. R ü d e n b e r g klargestellt worden (Elektrot. u. Maschinenbau, 1907, Heft 31, 32).

(90) Lineare Leiter. Wird das veränderliche magnetische Feld von merklich linearen[1]) (und quasistationären) Strömen $I_1, I_2, \ldots.$ erzeugt, so ergibt das Induktions-

---

[1]) Streng lineare Leiter gibt es nicht; für solche Leiter würden auch die Induktivitäten ihren Sinn verlieren.

gesetz, wenn man die einzelnen Stromkreise nacheinander als Randlinien wählt:

$$E_1 = I_1 R_1 + L_1 \frac{dI_1}{dt} + M_{12} \frac{dI_2}{dt} + M_{13} \frac{dI_2}{dt} + \ldots$$

$$E_2 = I_2 R_2 + L_2 \frac{dI_2}{dt} + M_{12} \frac{dI_1}{dt} + M_{23} \frac{dI_2}{dt} + \ldots$$

und so fort. Darin sind die E_1, E_2, ... die eingeprägten (oder äußeren) EMKe, die R_1, R_2, ... die Widerstände, die L_1, L_2, ... die Selbstinduktivitäten der entsprechend bezeichneten Kreise. Die $M_{\alpha\beta} = M_{\beta\alpha}$ sind die Gegeninduktivitäten. Die Größen $- L_\alpha \, dI_\alpha/dt$ heißen die s e l b s t i n d u z i e r t e n EMKe; $- M_{\alpha\beta} \, dI_\beta/dt$ ist die vom Strom I_β im Kreis α induzierte EMK (g e g e n s e i t i g e I n d u k t i o n). Diese Gleichungen können auch auf ein zusammenhängendes Leiternetz angewandt werden, wenn man sich dieses in lauter einfache Schleifen aufgelöst denkt; vergl. C o h n , Das elektromagn. Feld, S. 141 u. 321.

(91) Lenzsches Gesetz. Aus dem Induktionsgesetz ergibt sich, daß die induzierten Ströme stets so gerichtet sind, als wollten sie durch ihr eigenes magnetisches Feld die Feldänderung verhindern (e l e k t r o m a g n e t i s c h e T r ä g h e i t).

(92) Wirbelströme. Wenn sich das magnetische Feld im Innern eines Leiters ändert, so werden in dem Leiter EMKe induziert, die eine Strömung im Leiter hervorrufen. Da sie sich im Leiter selbst schließt, so hat man sie Wirbelströmung genannt. Sie wirkt nach dem Lenzschen Gesetz entmagnetisierend; auch ist sie mit einer Entwicklung Joulescher Wärme verbunden (Energieverlust). In den Wirbelstrombremsen macht man von diesem Energieumsatz Gebrauch[1]. Zur Verminderung der Wirbelstromverluste baut man Eisenteile, die einen veränderlichen Induktionsfluß führen sollen, aus dünnen Blechen oder Drähten auf.

1. W i r b e l s t r ö m e i n B l e c h e n von der Dicke d (cm), dem spezifischen Widerstand σ, der Permeabilität μ bei der Frequenz $\nu = \omega/2\,\pi$ und der maximalen Induktion $\mathfrak{B}$. Der Joulesche Energieverlust im cm³ für die Sekunde ist (J. J. T h o m - s o n , The Electrician, Bd. 28, S. 594, 599)

$$Q = \frac{\mathfrak{B}^2 d^2 \omega^2}{24\,\sigma} \cdot \frac{6}{\alpha^3} \frac{\mathfrak{Sin}\,\alpha - \sin\alpha}{\mathfrak{Cof}\,\alpha + \cos} \text{ mit } \alpha = d\sqrt{2\,\pi\,\mu\,\omega/\sigma}$$

der Faktor $\dfrac{6}{\alpha^3} \dfrac{\mathfrak{Sin}\,\alpha - \sin\alpha}{\mathfrak{Cof}\,\alpha + \cos\alpha} = 1 - 1{,}596 \left(\dfrac{\omega\,\mu\,d^2}{\sigma}\right)^2 - \ldots$

kann für geringere Frequenzen (α klein) durch 1 ersetzt werden. Dann wird (C. P. F e l d m a n n , Wechselstromtransformatoren, S. 155; 1894)

$$Q = \mathfrak{B}^2 d^2 \omega^2/24\,\sigma = \beta\,\mathfrak{B}^2 d^2 n^2 \,.$$

Für gewöhnliches Eisenblech erhält man, d in mm eingesetzt,

$$Q = 1{,}6\,\mathfrak{B}^2 d^2 n^2\, 10^{-13} \text{ Watt/cm}^3 .$$

Eine weitere Folge der Wirbelströme ist eine mit ω und d zunehmende Abschirmung des Feldes aus dem Blechinnern. Schon bei $n = 50$, $d = \frac{1}{2}$ mm, $\mu = 1000$ sinkt $\mathfrak{B}$ in Richtung der Blechdicke vom Rande bis zur Mitte um 7,85 % (d o p p e l - s e i t i g e r S k i n e f f e k t).

Bei hoher Frequenz (großes α) wird

$$Q = \frac{\mathfrak{B}^2}{8\,\pi\,d} \sqrt{\frac{n\,\sigma}{\mu^3}}$$

---

[1]) Siehe R. R ü d e n b e r g , Energie der Wirbelströme. Stuttgart 1906.

2. Wirbelströme in Ankerstäben[1]**.** (Fig. 31.) Der Joulesche Wärmeeffekt in einem Stab vom Gleichstromwiderstande R_0 ist

$$Q = R_0 [I_0{}^2 \, \varphi \, (P) + I_1 \, (I_1 + I_0) \, \psi \, (P)]$$

I_0 = Strom in dem betreffenden Stabe, I_1 = Gesamtstrom aller darunter liegenden Stäbe.

$$P = d \sqrt{2 \, \pi \, \mu \, \omega / \sigma} \, \sqrt{b'/b}$$

Für die Funktionen φ und ψ gelten die Ausdrücke:

	x beliebig	x klein	x groß
$\varphi \, (x) =$	$x \, \dfrac{\mathfrak{Sin} \, 2x + \sin 2x}{\mathfrak{Cof} \, 2x - \cos 2x}$	$1 + \dfrac{x^4}{11{,}25}$	x
$\psi \, (x) =$	$2x \, \dfrac{\mathfrak{Sin} \, x - \sin x}{\mathfrak{Cof} \, x + \cos x}$	$\dfrac{x^4}{3}$	$2x$

Daraus folgt der Gesamtwiderstand aller Stäbe in einer Nut, wenn N die Zahl der übereinanderliegenden Stäbe ist, ausgedrückt in Teilen des Gleichstromwiderstandes, zu

$$R/R_0 = \varphi + \frac{N^2 - 1}{3} \, \psi.$$

Fig. 31. Wirbelströme
in Ankerstäben.

Die Folge der Wirbelströme ist eine Zusammendrängung der Stromlinien an der oberen (äußeren) Kante des Stabquerschnittes (**einseitiger Skineffekt**).

3. Wirbelströme in einem geraden Draht (Radius r). Hier verursachen die Wirbelströme ein Zusammendrängen der Stromlinien am Rand des Querschnitts (allseitiger Skineffekt). Feldverteilung und effektiver Widerstand werden durch eine einzige Größe

$x = r \, \mathfrak{k} \sqrt{n}$ bestimmt. $\mathfrak{k} = \pi \sqrt{\mu / \sigma} \, \left(= \pi \sqrt{\dfrac{\mu \, 10^9}{\sigma_1}}\right.$, wenn σ_1 in Ohm für 1 m und 1 mm² ausgedrückt ist). Es ist angenähert

für $x < 1$ $R = R_0 \left(1 + \dfrac{x^4}{3} \right)$

$x > 1$ $R = R_0 \left(x + \dfrac{1}{4} + \dfrac{3}{64 \, x} \right)$

Genaue Formeln und Zahlentafeln finden sich in den „Funktionentafeln" von Jahnke und Emde, 1909, S. 142.

Laufen Hin- und Rückleitung in geringem Abstande einander parallel (z. B. in Kabeln), so tritt ein **einseitiger** Skineffekt auf, die Stromlinien drängen sich auf den einander zugekehrten Seiten der beiden Querschnitte zusammen (G. Mie, Ann. d. Phys. (4) Bd. 2, S. 201, 1900).

In allen Fällen wächst die Wirbelstromwärme (der effektive Widerstand) zunächst — bei geringer Frequenz — proportional dem **Quadrat der Fre-**

---

[1] A. B. Field, Proc. Am. Inst. of El. Eng. Bd. 24, S. 659; 1905 — F. Emde, Elektrot. und Maschinenbau 1908, Heft 33, 34.

q u e n z; dann langsamer; zuletzt nur proportional der Q u a d r a t w u r z e l aus der Frequenz.

Zur Verringerung der Wirbelströme müssen Normalrollen für Selbstinduktion aus sehr dünnem Draht oder aus feindrähtigen Litzen hergestellt werden.

4. W i r k s a m e r W i d e r s t a n d. Der im vorhergehenden (Absatz 2 und 3) verwendete Begriff des wirksamen oder effektiven Widerstandes R eines Leiters für Wechselstrom von bestimmter Frequenz ist diejenige Größe, die mit dem Quadrat des Gesamtstromes multipliziert, die gesamte J o u l e sche Stromwärme ergibt. Ein Gleichstrom verteilt sich so über den Querschnitt des Leiters, daß die Stromwärme möglichst klein wird; daher ist R stets größer als der Gleichstromwiderstand R_0.

Der Begriff des wirksamen Widerstandes läßt sich noch weiter ausdehnen. Wenn z. B. Wechselstrom in einer Spule mit Eisenkern fließt, so daß außer in der Wicklung auch in dem Eisenkern elektromagnetische Energie nichtumkehrbar in Wärme verwandelt wird (durch Wirbelströme und Hysterese), so nennt man w i r k s a m e n W i d e r s t a n d d e r S p u l e diejenige Größe R, die mit dem Quadrat des Stromes multipliziert, den gesamten vom Strome unmittelbar oder mittelbar (durch Vermittelung seines Magnetfeldes) hervorgerufenen Wärmeeffekt ergibt. Ganz allgemein kann man den wirksamen Widerstand R eines Stromzweiges durch die Gleichung

$$\Lambda = I^2 R$$

bestimmen; darin ist I die Stromstärke, Λ die durch den Strom I dem Zweige zugeführte Leistung; dabei ist wesentlich, daß in dem Zweig keine fremde d. i. vom Strom unabhängige EMK wirkt.

Energiebeziehungen im elektromagnetischen Felde; mechanische Kräfte.

(93) Energiebeziehungen im Felde linearer Ströme[1]. Das Energiegesetz nimmt hier die Form an (wenn man die Änderungen der elektrischen Energie vernachlässigt)

$$\mathrm{d}\Lambda + \Psi \,\mathrm{d}t = - \,\mathrm{d}\,W_m$$

$\mathrm{d}\Lambda$ = Arbeit, die die mechanischen Kräfte elektromagnetischen Ursprungs bei einer unendlich kleinen Verschiebung und Gestaltsänderung der Stromkreise oder bei der Bewegung der Eisenmassen leisten.

$\Psi \mathrm{d}t = \sum\limits_{a} I^2{}_a R_a - E_a I_a$, die Zunahme der nichtelektromagnetischen Energie

(Joulesche Wärme + chemische Energie usw., (53))

— $\mathrm{d}W_m$ = Abnahme der magnetischen Energie (84) $\mathrm{d}W_m = \partial_I W_m + \partial_B W_m$

$\partial_I W_m$ = Teilzunahme von W_m bei festgehaltener Lage der Stromkreise wegen der Änderung der Ströme

$\partial_B W_m$ = Teilzunahme von W_m bei konstanten Strömen wegen der Bewegung.

G r u n d g e s e t z. Es ist [2] $\mathrm{d}\Lambda = + \partial_B W_m$.

Mechanische Arbeit = Teil z u nahme der magnetischen Energie wegen der Lagenänderung bei k o n s t a n t g e d a c h t e n Strömen (auch wenn sich die Ströme bei der Bewegung t a t s ä c h l i c h ändern).

---

[1] Über die Anwendung dieser Beziehungen bei der Berechnung der Elektromagnete siehe F. E m d e , Elektrot. und Maschinenbau, 1906, S. 945; ETZ 1908, S. 817.

[2] Streng genommen nur, wenn μ konstant ist, d. h. im eisenfreien Felde; vergl. E. C o h n, Das elektromagn. Feld, S. 524 bis 526.

B e i s p i e l. Für zwei Stromkreise ist

$$W_m = \frac{1}{2} L_1 I_1{}^2 + M_{12}I_1 I_2 + \frac{1}{2} L_2 I_2{}^2$$

$$\partial_B W_m = \frac{1}{2} I_1{}^2 \, d\,L_1 + I_1 I_2 \, d\,M_{12} + \frac{1}{2} I_2{}^2 \, d\,L_2$$

$$\partial_I W_m = (L_1 I_1 + M_{12} I_2)\, d\,I_1 + (L_2 I_2 + M_{12} I_1)\, d\,I_2$$

(94) Die mechanischen Kräfte können oft einfach aus der Arbeit ∂A (93) bei einer virtuellen Verrückung der betreffenden Körper ermittelt werden. Manchmal sind sie aber auch bequem unmittelbar zu berechnen.

a) A l s R a u m k r ä f t e. Ist $\mathfrak{B}$ die Induktion, $\mathfrak{H}$ die magnetische Feldstärke, μ die Permeabilität, i die Stromdichte im Raumteil dv, so wird die Kraft

$$\mathfrak{K} = \int dv \left\{ [i\,\mathfrak{B}] - \frac{1}{8\,\pi}\,\mathfrak{H}^2\,\mathrm{grad}\,\mu \right\}$$

[i $\mathfrak{B}$] ist die Kraft auf einen homogenen Stromleiter; für einen vom Strom I Ampere durchflossenen und zum Magnetfeld senkrecht stehenden linearen Leiter von l cm Länge wird z. B. $\mathfrak{K} = 0{,}1\,\mathfrak{B}\,I\,l$ dyn $\approx \mathfrak{B}\,I\,l\,.10^{-4}$ gramm. $\mathfrak{K}$ steht auf der Strom- und der Feldrichtung senkrecht. Das Glied $1/8\,\pi$. $\mathfrak{H}^2\,\mathrm{grad}\,\mu$ ist die Kraft auf Eisen; sie sucht es so zu stellen, daß der Induktionsfluß möglichst groß wird. Wenn μ von $\mathfrak{H}$ abhängt, so lautet dieses Glied[1] $- \dfrac{1}{4\,\pi} \displaystyle\int_0^{\mathfrak{H}} (\mathfrak{H}\,d\mathfrak{H})\,\mathrm{grad}\,\mu$

b) A l s F l ä c h e n k r ä f t e, ebenso wie in (49). Der Betrag von $\mathfrak{T}$ ist hier $\mu\,\mathfrak{H}^2/8\,\pi$; der Winkel zwischen der Flächennormalen und $\mathfrak{T}$ wird durch $\mathfrak{H}$ halbiert. Wendet man diese Darstellung auf ein Stück weiches Eisen an, so ergibt sich, daß jedes Oberflächenelement df einen senkrecht nach außen gerichteten Zug von der Stärke

$$df \left\{ \frac{\mathfrak{B}_n{}^2}{8\,\pi}\,\frac{\mu - 1}{\mu} + \frac{\mathfrak{H}_t{}^2}{8\,\pi}\,(\mu - 1) \right\}$$

erfährt[2]. $\mathfrak{B}_n$ = Normalkomponente der Induktion. $\mathfrak{H}_t$ = Tangentialkomponente der Feldstärke an der Oberfläche. Die häufig gebrauchte Näherungsformel $df\,\mathfrak{H}^2/8\,\pi$ ist also nur richtig, wenn μ groß ist und $\mathfrak{H}$ auf der Oberfläche genau senkrecht steht; schon eine verhältnismäßig kleine Komponente $\mathfrak{H}_t$ verursacht bei großem μ einen erheblichen Fehler der Näherungsformel[3].

(95) Der Energiestrom. Ist (48, 84)

$$W = \frac{1}{8\,\pi\,c^2} \int_V dv\,\varepsilon\,\mathfrak{E}^2 + \frac{1}{8\,\pi} \int_V dv\,\mu\,\mathfrak{H}^2$$

die gesamte in einem Raum V enthaltene elektromagnetische Energie, $Q = \int \sigma\,i^2\,dv$ die daselbst in der Sekunde entwickelte Joulesche Wärme (53), so ist die Abnahme der elektromagnetischen Energie $-\partial W/\partial t$ gleich der erzeugten Jouleschen Wärme, vermehrt um den durch die Oberfläche F des Raumes V austretenden elektromagnetischen Energiestrom $\int_F df\,\mathfrak{S}_n$:

$$-\frac{\partial W}{\partial t} = Q + \int_F df\,\mathfrak{S}_n$$

---

[1] E. C o h n, Das elektromagnetische Feld (Leipzig 1900), S. 517.
[2] F. E m d e, Elektrot. und Maschinenbau (Wien) 1906, S. 976, Fußnote. W. K a u f - m a n n, Müller-Pouillets Lehrbuch d. Phys., 10. Aufl., Bd. 4, Abt. 1, S. 87. Braunschweig 1908.
[3] Vgl. hierzu die Dissertation von K. E u l e r, Untersuchung eines Zugmagneten für Gleichstrom, Berlin 1911, und die Besprechung hierüber in der ETZ 1911, S. 1269.

Es findet nämlich im elektromagnetischen Felde eine Energieströmung von der Dichte

$$\mathfrak{S} \;=\; \frac{[\mathfrak{E}, \mathfrak{H}]}{4\,\pi}$$

statt. Ihr Betrag ist gleich dem $\dfrac{1}{4\,\pi}$ fachen Inhalt des aus $\mathfrak{E}$ und $\mathfrak{H}$ konstruierten Parallelogramms; ihre Richtung steht auf der elektrischen und magnetischen Feldstärke senkrecht. Wendet man diesen Satz z. B. auf eine elektrische Kraftübertragung an, so findet man, daß der Energiestrom im wesentlichen in dem Luftraum zwischen Hin- und Rückleitung (beim Kabel im Dielektrikum), und zwar parallel zu den Drahtachsen verläuft; nur ein geringer Teil des Energiestroms biegt seitlich ab und wandert in die Drähte hinein, um den Energieverlust durch Joulesche Wärme zu decken. Bei Dynamomaschinen beginnt der elektromagnetische Energiestrom auf der Ankeroberfläche und fließt dann zwischen den Drähten über den Kollektor nach dem Netze; vergl. E m d e, Elektrot. u. Maschb. (Wien) 1909, Heft 40.

(96) Elektromagnetische Wellen. Wenn sich in einem begrenzten Gebiete V die elektrische Feldstärke $\mathfrak{E}$ oder die magnetische Feldstärke $\mathfrak{H}$ ändert, so wird auch die Umgebung dieses Störungsgebietes nach und nach in Mitleidenschaft gezogen. t sk nach einer Feldänderung in V hat sich ein elektromagnetisches Feld außerhalb von V in einem Raum V_1 ausgebildet. Ist der Raum um V homogen und isotrop, so enthält V_1 alle Punkte, deren Entfernung von irgendeinem Punkte in V den Wert

$$s \;=\; v\,t \;\text{cm} \qquad \left(v \;=\; 3\cdot 10^{10}/\!\sqrt{\varepsilon\,\mu}\;\; \frac{\text{cm}}{\text{sk}} \right)$$

nicht überschreitet[1]). Die Grenze des Raumes V_1 ist die Fläche, die sämtliche Kugeln vom Radius s cm umhüllt, deren Mittelpunkte auf der Oberfläche von V liegen. V_1 wird also mit der Zeit immer größer und nähert sich mehr und mehr einer Kugel vom Radius $v\,t$, deren Mittelpunkt im Raum V liegt.

Daraus ergibt sich: Wenn die Feldstärken in V periodisch schwanken, so bildet sich eine mit der Geschwindigkeit v von V f o r t e i l e n d e   e l e k t r o - m a g n e t i s c h e   W e l l e aus, die in größerer Entfernung von ihrem Ursprung mehr und mehr in eine K u g e l w e l l e übergeht. In der Kugelwelle steht die elektrische und die magnetische Feldstärke überall auf dem Radius senkrecht; Der Energiestrom $\mathfrak{S}$ (95) ist radial nach außen gerichtet.

Die elektromagnetischen Wellen wurden von H. H e r t z zuerst experimentell nachgewiesen (1887), nachdem lange vorher M a x w e l l aus den Gesetzen des elektromagnetischen Feldes ihr Dasein erschlossen hatte. Maxwell hat auch zuerst erkannt, daß Wärme- und Lichtstrahlen elektromagnetische Wellenstrahlen von sehr kurzer Periodendauer (kleiner Wellenlänge) sind.

Nach S t o k e s und W i e c h e r t ist die Röntgenstrahlung nichts anderes als das von einer u n p e r i o d i s c h e n außerordentlich k u r z d a u e r n d e n Störung in einem sehr kleinen Gebiete V ausgehende elektromagnetische Feld.

Die allseitige Ausbreitung elektromagnetischer Störungen in einem homogenen Raume wird beeinträchtigt, wenn man in diesen Raum Leiter hineinbringt; die Wellen gleiten in diesem Falle vorzugsweise an den Leitern entlang. So wirkt die leitende Erdoberfläche als Führung für die Wellen der drahtlosen Telegraphie. Die Führung ist um so vollkommener, je besser der führende Körper leitet; an Metalldrähten (Leitungen, Kabeln) geschieht deshalb die Wellenausbreitung im wesentlichen nur in Richtung der Drahtachse (99, Nr. 4).

---

[1]) B i r k e l a n d, Archives de Genève, Bd. 34, S. 1; 1895.

Werte einiger Wellenlängen (in Luft).

Benennung der Erscheinung	Frequenz	Wellenlänge
Technischer Wechselstrom	50	6000 km
Fernsprechströme	800	375 km
Drahtlose Telegraphie von . . .	10^5	3000 m
bis	10^6	300 m
Hertzsche Wellen, 1888	$5 \cdot 10^8$	60 cm
Schnellste elektrische Schwingungen (L e b e d e w , 1895)	$5 \cdot 10^{10}$	6 mm
Längste bekannte Wärmestrahlen Quarzquecksilberlampe (R u b e n s u. v o n B a e y e r , 1911)	ca. 10^{12}	im Mittel 0,313 mm
Auerstrumpf (R u b e n s und H o l l - n a g e l, 1910)	$3 \cdot 10^{12}$	0,1 mm
Rotes Licht	$4,5 \cdot 10^{14}$	0,00067 mm
Violettes Licht	$8 \cdot 10^{14}$	0,00038 mm
Kürzeste bekannte ultraviolette Strahlen (S c h u m a n n , 1893) . .	$3 \cdot 10^{15}$	0,00010 mm

L e h r b ü c h e r d e r T h e o r i e d e s e l e k t r o m a g n e t i s c h e n F e l d e s.
J. C. M a x w e l l , Treatise on electricity and magnetism, 2 Vol., Oxford 1873; deutsch von W e i n s t e i n , Berlin 1883. — E. M a s c a r t et J. J o u b e r t , Leçons sur l'électricité et le magnetisme, 2 Vol., Paris 1882. — H. P o i n c a r é , Electricité et optique, Paris 1890. — A. V a s c h y , Traité d'Electricité et de Magnetisme, 2 Bde., Paris 1890. — O. H e a v i s i d e, Electrical papers, 2 Vol., London 1892. — D e r s e l b e , Electromagnetic theory, 2 Vol., London 1893, 1899. — J. J. T h o m s o n , Notes on recent researches in electricity and magnetism, Oxford 1893. — E. C o h n , Das elektromagnetische Feld, Leipzig 1900. — A b r a h a m - F ö p p l , Theorie der Elektrizitat, Bd. 1, Leipzig 1894, 1904, 1907, 1912.
E l e m e n t a r e: J. Z e n n e c k , Elektromagnetische Schwingungen und drahtlose Telegraphie, Stuttgart 1905. — W. K a u f m a n n , Bd. 4, Abt. 1 von Müller-Pouillets Lehrbuch der Physik, 10. Aufl., Braunschweig 1909. — G. M i e , Lehrbuch der Elektrizität und des Magnetismus, Stuttgart 1910.

Veränderliche Ströme.

(97) Wechselströme. Über die Berechnung der Stärke, der Spannung und Leistung von Strömen wechselnder Stärke oder Richtung lauten die ,,Bestimmungen zur Ausführung des Gesetzes, betr. die elektrischen Maßeinheiten" folgendermaßen:

a) Als wirksame (effektive) Stromstärke — oder, wenn nichts anderes festgesetzt ist, als Stromstärke schlechthin — gilt die Quadratwurzel aus dem zeitlichen Mittelwerte der Quadrate der Augenblicks-Stromstärken;

b) als mittlere Stromstärke gilt der ohne Rücksicht auf die Richtung gebildete zeitliche Mittelwert der Augenblicksstromstärken;

c) als elektrolytische Stromstärke gilt der mit Rücksicht auf die Richtung gebildete zeitliche Mittelwert der Augenblicks-Stromstärken;

d) als Scheitelstromstärke periodisch veränderlicher Ströme gilt deren größter Augenblickswert;

e) die unter a) bis d) für die Stromstärke festgesetzten Bezeichnungen und Berechnungen gelten ebenso für die elektromotorische Kraft oder die Spannung;

f) als Leistung gilt der mit Rücksicht auf das Vorzeichen gebildete zeitliche Mittelwert der Augenblicksleistungen.

Bezeichnet also I die Augenblicksstromstärke, T die Periodendauer, t_0 einen beliebigen festen Zeitpunkt, dt ein Zeitteilchen, so ist die effektive Stromstärke

$$I_{eff} = \frac{1}{T}\int_{t_0}^{t_0+T} I^2\, dt;$$

die mittlere Stromstärke

$$I_{mittel} = \frac{1}{T}\int_{t_0}^{t_0+T} |I|\, dt;$$

die elektrolytische Stromstärke

$$I_{elektrolyt} = \frac{1}{T}\int_{t_0}^{t_0+T} I\, dt.$$

Die effektive Stromstärke ist der von Hitzdraht- und dynamometrischen Instrumenten angezeigte Wert und heißt darum im allgemeinen „Stromstärke" schlechthin. Sie ist gleich derjenigen Gleichstromstärke, die in den genannten Instrumenten denselben Ausschlag hervorbringen würde wie der Wechselstrom. Die auch zur Messung der effektiven Stromstärke benutzten Ferraris- und Weicheiseninstrumente können nur für e i n e F r e q u e n z und für eine b e s t i m m t e K u r v e n f o r m genau geeicht werden; bei fester effektiver Stromstärke ändert sich ihr Ausschlag mit der Frequenz und mit der Kurvenform.

Ist E die Augenblicksspannung, so ist die Leistung des Wechselstromes

$$\Lambda = \frac{1}{T}\int_{t_0}^{t_0+T} E\, I\, dt.$$

Sinusförmige Ströme.

Für viele Fälle genügt es anzunehmen, daß Spannungen und Stromstärken sinusförmig verlaufen. Bei einem sinusförmigen Strom verhalten sich wirksame Stromstärke, mittlere Stromstärke und Scheitelstromstärke wie

$$\frac{1}{2}\sqrt{2} : \frac{2}{\pi} : 1 = 0,707 : 0,637 : 1$$

$$= 1,110 : 1 : 1,570 = 1 : 0,901 : 1,414.$$

Eine sinusförmige EMK wird dargestellt durch die Gleichung

$$E = E_0 \sin \omega\, t, \text{ wo zur Abkürzung}$$

$$\omega = 2\,\pi\,\nu \text{ gesetzt ist.}$$

Darin bedeutet t die veränderliche Zeit, ν die Zahl der Perioden in der Sekunde E_0 die Scheitelspannung.

Besitzt der Strom die Phasenverschiebung φ gegen diese Spannung, so ist er darstellbar in der Form

$$I = I_0 \sin(\omega\, t + \varphi).$$

Ist φ positiv, so eilt der Strom in der Phase der Spannung voraus, ist φ negativ, so bleibt er um diesen Winkel in der Phase hinter der Spannung zurück.

Die Leistung eines Wechselstroms, dessen Spannung und Stromstärke dargestellt werden durch

$$E_0 \sin \omega_0 \text{ und } I_0 \sin (\omega t \pm \varphi)$$

beträgt $^1/_2 E_0 I_0 \cos \varphi - ^1/_2 E_0 I_0 \cos (2 \omega t \pm \varphi)$

also im Mittel $\Lambda = \dfrac{1}{2} E_0 I_0 \cos \varphi = E_{\mathit{eff}} \cdot I_{\mathit{eff}} \cdot \cos \varphi.$

(98) Wechselströme von beliebiger Kurvenform. In der Regel wird die Form eines Wechselstromes innerhalb einer Periode nicht sinusförmig sein. Ein derartiger Wechselstrom von beliebiger Kurvenform läßt sich stets durch eine Fouriersche Reihe darstellen; diese hat allgemein die Form

$$I = I_1 \sin (\omega t + a_1) + I_3 \sin (3 \omega t + a_3) + I_5 \sin (5 \omega t + a_5) + \ldots,$$

d. h. der Strom kann angesehen werden als zusammengesetzt aus Wechselströmen von verschiedenen Periodenzahlen, die sich wie 1 : 3 : 5 ... verhalten. Dabei können die geradzahligen Perioden ausgelassen werden, wenn die positiven und negativen Hälften der Kurve spiegelbildlich gleich sind; bei technischen Wechselströmen trifft dies fast stets zu. Der Effektivwert des Stromes ist:

$$I_{\mathit{eff}} = \sqrt{\frac{1}{2} (I_1{}^2 + I_3{}^2 + I_5{}^2 + \ldots)}.$$

Der Strom I sei von einer EMK E erzeugt von der Gleichung

$$E = E_1 \sin (\omega t + \beta_1) + E_3 \sin (3 \omega t + \beta_3) + E_5 \sin (5 \omega t + \beta_5) + \ldots$$

Dann ist die Leistung

$$\Lambda = \frac{1}{2}[E_1 I_1 \cos (a_1 - \beta_1) + E_3 I_3 \cos (a_3 - \beta_3) + E_5 I_5 \cos (a_5 - \beta_5) + \ldots].$$

Man setzt $\Lambda = k \cdot E_{\mathit{eff}} \cdot I_{\mathit{eff}}$ und nennt k den Leistungsfaktor. Dieser ist kleiner als 1 und kann daher gleich $\cos \varphi$ gesetzt werden; man nennt dann φ die Phasenverschiebung. Nur wenn $a_1 = \beta_1, a_3 = \beta_3 \ldots$ und $E_1 : I_1 = E_3 : I_3 = \ldots$ ist, wird $k = 1$.

(99) Allgemeine Gesetze für die wichtigsten Stromkreise. 1. I n d u k t i o n s - s p u l e v o m W i d e r s t a n d R und der S e l b s t i n d u k t i v i t ä t L an einer EMK, die das Zeitgesetz $E = \mathrm{f}\,(t)$ befolgt. Der Strom gehorcht der Differentialgleichung (90)

$$E = \mathrm{f}\,(t) = RI + L \frac{\mathrm{d}I}{\mathrm{d}t}$$

Wenn zur Zeit $t = 0$ der Strom $= I_0$ sein soll, so wird

$$I = \frac{1}{L} \int\limits_0^t e^{\frac{\vartheta - t}{T}} \mathrm{f}\,(\vartheta)\, \mathrm{d}\vartheta + I_0\, e^{-\frac{t}{T}}$$

$T = L/R$ ist die Zeitkonstante der Spule. Schaltet man z. B. eine Spule mit einer Gleichspannung $\mathrm{f}\,(t) = E = \mathrm{const.}$ ein $(I_0 = 0)$, so folgt durch Ausführung der Integration

$$I = \frac{E}{R}\left(1 - e^{-\frac{t}{T}}\right)$$

Der Strom erreicht also seinen s t a t i o n ä r e n oder Endwert E/R nicht sogleich; an diesem fehlen noch $b\,\%$ nach der Zeit T log nat $(100/b)$. Beim Einschalten einer Wechselspannung $E\ =\ E_0 \sin(\omega\,t + \varphi)$ wird

$$I = \frac{E_0}{\sqrt{R^2 + \omega^2 L^2}}\left[\sin(\omega\,t + \varphi - \psi) - e^{-\frac{t}{T}}\sin(\varphi - \psi)\right]$$

$$\operatorname{tg}\psi = \omega\,T = \omega\,L/R$$

Die Stromkurve ist hiernach in der ersten Zeit nach dem Einschalten nicht sinusförmig; erst wenn das zweite Glied unmerklich geworden ist, ergibt sich der s t a t i o n ä r e oder e i n g e s c h w u n g e n e Stromverlauf.   In Spulen mit hochgesättigtem Eisenkern werden die Stromstöße beim Einschalten sehr stark. Verfahren zur Zeichnung der Stromkurven sind für diesen Fall von A. H a y [1]) und A. S c h w a i g e r [2]) angegeben worden.

Wird die Spule mit dem Strom I_0 im Moment $t = 0$ plötzlich kurzgeschlossen $(f(t)\ =\ 0)$, so verklingt der Strom nach dem Gesetz

$$I = I_0\,e^{-\frac{t}{T}}$$

Wird der Strom durch Abschalten der Stromquelle nach dem Gesetz $I = I_0\,(1 - t/\tau)$ auf null gebracht, so entwickelt die Spule während der Unterbrechungszeit τ die EMK $E = L\,I_0/\tau$. Zur Verhütung gefährlicher Spannungen beim Abschalten von Spulen verwendet man u. a. folgende Mittel. a) Man schaltet der Spule einen Kondensator, einen Widerstand oder eine Reihe Zersetzungszellen parallel; b) man versieht sie mit einer kurzgeschlossenen „Dämpferwicklung" [3]); c) vor dem Abschalten wird eine entmagnetisierende Wicklung hinzugeschaltet.

2. K a p a z i t ä t C u n d W i d e r s t a n d R i n R e i h e an der Spannung E = $f(t)$. Die Spannung v am Kondensator ist aus der Differentialgleichung

$$f(t) = v + R\,I = v + RC\,\frac{dv}{dt} = v + T\,\frac{dv}{dt}$$

zu bestimmen. $T\ =\ R\,C$ ist die Zeitkonstante dieses Stromkreises.   Es ergibt sich

$$v = \frac{1}{T}\int\limits_{0}^{t}e^{\frac{\vartheta - t}{T}}\,f(\vartheta)\,d\vartheta + v_0\,e^{-\frac{t}{T}}.$$

v_0 = Spannung im Moment $t = 0$. Für das Einschalten des ungeladenen Kondensators $(v_0 = 0)$ erhält man

a) bei der Gleichspannung $f(t)\ =\ E\ =$ konst.

$$v = E\left(1 - e^{-\frac{t}{T}}\right).$$

Der Ladestrom $I\ =\ C\,dv/dt$ wird

$$I = \frac{E}{R}\,e^{-\frac{t}{T}}$$

---

[1]) The Electrical Review 1898, S. 326.
[2]) Elektrot. und Maschinenbau (Wien) 1909, S. 633, 658.
[3]) Wegen der Wirkungsweise und zweckmäßigen Bemessung siehe K. W. W a g n e r, Elektrot. und Maschinenbau (Wien) 1909, Heft 35, 36.

b) Bei der Wechselspannung $f(t) = E_0 \sin(\omega t + \varphi)$

$$v = \frac{E_0}{\sqrt{1 + \omega^2 C^2 R^2}}\left[\sin(\omega t - \varphi - \psi) + e^{-\frac{t}{T}}\sin(\varphi - \psi),\right.$$

$$\operatorname{tg}\psi = \omega T = \omega C R.$$

$$I = \frac{E_0\,C\,\omega}{\sqrt{1 + \omega^2 C^2 R^2}}\left[\cos(\omega t + \varphi - \psi) + \frac{1}{T}e^{-\frac{t}{T}}\sin(\varphi - \psi)\right].$$

3. I n d u k t i v i t ä t L, K a p a z i t ä t C, W i d e r s t a n d R i n R e i h e an der Spannung $f(t)$. Für den Strom I gilt

$$f(t) = L\,dI/dt + R\,I + \int I\,dt/C$$

oder

$$q(t) = f'(t)/L = I'' + I'\,R/L + I/LC$$

Wenn keine äußere Spannung wirkt $(f(t) = 0, q(t) = 0)$, wie etwa bei der Entladung von C über R und L, so erscheint I in der Form

$$I = e^{-at}(A\cos\omega_0 t + B\sin\omega_0 t)$$

(freie Schwingung). $a = R/2L = $ D ä m p f u n g s e x p o n e n t;

$$\omega_0 = \sqrt{(1/L\,C) - a^2}$$

ist die 2π fache E i g e n f r e q u e n z des Kreises. $2\pi\,a/\omega_0 = \delta$ ist gleich dem natürlichen Logarithmus des Verhältnisses zweier aufeinanderfolgenden Amplituden und heißt daher das l o g a r i t h m i s c h e D e k r e m e n t der Schwingung.

Mit zunehmendem Dämpfungsexponenten a wird die Eigenfrequenz niedriger. Ist $L\,C\,a^2 = R^2\,C/4\,L > 1$, so wird $\omega_0 = 0$, bzw. imaginär; das heißt, an Stelle der Schwingung tritt ein aperiodischer Abklingungsvorgang.

Für eine aufgedrückte Spannung $t(t)$ wird

$$I = \frac{1}{L\,\omega_0}\int_0^t f'(\vartheta)\,e^{-a(t-\vartheta)}\sin\omega_0(t-\vartheta)\,d\vartheta +$$

$$+ \frac{I'(0) + a\,I(0)}{\omega_0}e^{-at}\sin\omega_0 t + I(0)\,e^{-at}\cos\omega_0 t.$$

$I(0)$, $I'(0) = $ Werte von I und dI/dt für $t = 0$.

Bei einer Wechselspannung $f(t) = E_0 \sin(\omega t + \varphi)$ wird

$$I = E_0\frac{R\sin(\omega t + \varphi) - (L\omega - 1/C\omega)\cos(\omega t + \varphi)}{R^2 + (L\omega - 1/C\omega)^2}$$

$$- E_0\,e^{-at}\frac{R\sin(-\omega_0 t + \varphi) - (L\omega - 1/C\omega)\cos(-\omega_0 t + \varphi)}{R^2 + (L\omega - 1/C\omega)^2}$$

$$+ \frac{I'(0) + a\,I(0)}{\omega_0}e^{-at}\sin\omega_0 t + I(0)\,e^{-at}\cos\omega_0 t.$$

Das erste Glied stellt die erzwungene Schwingung, die übrigen drei die freie Schwingung dar; diese verklingt bald nach dem Einschalten; der Wechselstrom ist alsdann stationär geworden (hat sich eingeschwungen). Für die Frequenz $\omega_r = 1/\sqrt{LC}$ wird der stationäre Strom ein Maximum; er liegt dann in Phase mit der Spannung: $I = (E_0/R) \sin(\omega t + \varphi)$. Die R e s o n a n z f r e q u e n z ω_r stimmt mit der Eigenfrequenz nicht genau überein $(\omega_0{}^2 = \omega_r{}^2 - a^2)$; der Unterschied ist jedoch praktisch zumeist verschwindend.

Eigentümliche Resonanzerscheinungen treten ein, wenn die Drosselspule einen geschlossenen Eisenkern hat, so daß L nicht konstant ist, sondern stark vom Strome abhängt. Ein Kreis mit einer derartigen Spule hat überhaupt keine eigentliche Resonanzfrequenz; dafür gibt es einen Frequenzbereich, in dem der aufgenommene Strom davon abhängt, welche Stromstärke und Frequenz vorher auf den Kreis eingewirkt hat. (O. M a r t i e n s s e n, ETZ 1910, S. 204.)

4. K a b e l u n d F r e i l e i t u n g e n. Sind R, G, L, C die wirksamen Werte[1]) des Ohmschen Widerstandes, der Ableitung, der Selbstinduktivität, der Kapazität für die Längeneinheit, und bezeichnet I den Strom, V die Spannung (zwischen Hin- und Rückleitung) am Ort x zur Zeit t, so gilt

$$-\frac{\partial V}{\partial x} = R I + L \frac{\partial I}{\partial t}; \quad -\frac{\partial I}{\partial x} = G V + C \frac{\partial V}{\partial t}.$$

Befindet sich das Kabel in einem Stromkreis, in dem eine EMK $E_0 \sin(\omega t + \varphi)$ tätig ist, so wird nach einer Weile der Strom I und die Spannung V längs des ganzen Kabels ebenfalls sinusförmig sein:

$$V = V(x) \sin[\omega t + \varphi(x)]; \quad I = I(x) \sin[\omega t + \psi(x)].$$

Die Amplituden $V(x)$, $I(x)$ und die Phasenwinkel $\varphi(x)$, $\psi(x)$ ändern sich von Punkt zu Punkt. Näheres (101; 5.)

Unmittelbar nach dem Einschalten, Ausschalten des Kabels oder irgendeiner Veränderung des Stromkreises lagern sich diesen stationären Werten V, I freie Schwingungen über, die mitunter Ü b e r s p a n n u n g e n und Ü b e r - s t r ö m e zur Folge haben. Die freie Schwingung kann im allgemeinen in der Form dargestellt werden[2]):

$$V_f = e^{-at} \left\{ F_1(x - vt) + F_2(x + vt) \right\}$$

$$I_f = e^{-at} \sqrt{\frac{C}{L}} \left\{ F_1(x - vt) - F_2(x + vt) \right\}$$

$$a = R/2L + G/2C; \quad v = 1/\sqrt{LC},$$

das heißt durch Wellen F_1, F_2 die mit der Geschwindigkeit v in Richtung wachsender bzw. abnehmender x auf der Leitung gedämpft fortschreiten. Die Wellenformen F_1, F_2 entstehen durch Übereinanderlagerung der Grundwelle und einer unendlichen Reihe von Oberwellen des Systems, die im allgemeinen nicht harmonisch sind, und deren Frequenzen durch die Beschaffenheit der Apparate an den Kabelenden bestimmt sind. Von der Beschaffenheit der Enden hängt auch das Gesetz ab, nach dem die auf die Enden auftreffenden Wellen F_1, F_2 reflektiert werden.

---

[1]) D i e ß e l h o r s t und E m d e, ETZ 1909, S. 1155, 1184.
[2]) K. W. W a g n e r, Elektromagnet. Ausgleichsvorgänge in Freileitungen und Kabeln, Leipzig 1908. ETZ 1908, S. 707. — O s z i l l o g r a p h i s c h e A u f n a h m e n verschiedener Ausgleichsvorgänge sind in der ETZ 1911, S. 899, 928, 947 mitgeteilt. Im Archiv der Math. u. Phys. (3. Reihe) Bd. 18, Heft 3 (1911) wird gezeigt, wie sich die Ausgleichsvorgänge bei b e l i e b i g e r S c h a l t u n g der mit den Enden der Leitung verbundenen Stromerzeuger bzw. Stromverbraucher vorausberechnen lassen.

Schließt sich ein Ende über einen Ohmschen Widerstand $R_0 = \sqrt{L/C}$, so findet daselbst vollkommene Absorption (ohne Reflexion) der Wellen statt. Eine mäßige Selbstinduktion von R_0 ist praktisch unschädlich.

Die auf ein o f f e n e s L e i t u n g s e n d e aufprallende Spannungswelle verdoppelt sich; die zugehörige Stromwelle zieht sich mit derselben Geschwindigkeit wieder zurück. An einem k u r z g e s c h l o s s e n e n Leitungsende vertauschen die beiden Wellen ihre Rolle.

Wird ein S t r o m I auf einer Leitung u n t e r b r o c h e n, so zieht er sich von der Unterbrechungsstelle mit der Geschwindigkeit v zurück und hinterläßt eine Spannung

$$V_f = I \sqrt{\frac{L}{C}},$$

die davon herrührt, daß die dem Strome I entsprechende magnetische Energie vom Betrage $^1/_2 L I^2$ in elektrische Energie.vom Betrage $^1/_2 C V_f^2$ übergeht. Ist die Leitung am andern Ende i n d u k t i v belastet, derart, daß beim Strome I hier ein Betrag $^1/_2 L_0 I^2$ an magnetischer Energie aufgespeichert ist, so kann sich die Spannung der Leitung durch w i e d e r h o l t e R e f l e x i o n der Wellen an den beiden Leitungsenden noch beträchtlich steigern; die höchste Spannung wird, wenn L_0 mehrmals größer als L ist, angenähert $I\sqrt{L_0/C}$. Glücklicherweise haben richtig bemessene Schalter die Eigenschaft, den Strom nicht plötzlich zu unterbrechen, sondern stetig auf Null zu bringen[1]).

Trifft eine Welle F_1 von einer Leitung mit der Charakteristik $Z_1 = \sqrt{L_1/C_1}$ auf eine Verbindungsstelle dieser Leitung mit einer zweiten Leitung von der Charakteristik $Z_2 = \sqrt{L_2/C_2}$, so spaltet sich die Welle in eine r e f l e k t i e r t e W e l l e

$$F_2 = \frac{Z_2 - Z_1}{Z_1 + Z_2} F_1$$

und in eine in die Leitung 2 e i n d r i n g e n d e W e l l e

$$F_3 = \frac{2 Z_2}{Z_1 + Z_2} F_1.$$

Die Wicklungen von Maschinen und Transformatoren verhalten sich den Ausgleichsvorgängen gegenüber wie Leitungen mit verteilten Konstanten R, L, C, G. Beim Übergang einer Welle F_1 von einer Leitung (oder einem Kabel) auf eine Transformator- oder Maschinenwicklung ist Z_2 groß gegen Z_1; dann wird $F_2 \approx F_1$; $F_3 \approx 2F_1$: in die Wicklung dringt eine Welle von d o p p e l t e r Spannung ein. Hat die Welle — wie z. B. beim plötzlichen Einschalten oder Unterbrechen — eine steile Front, so wird auch die Wicklung i n s i c h gefährdet, weil zwischen b e n a c h b a r t e n Windungen die volle Wellenspannung auftritt. (359) Diese Gefahr nimmt ab, je weiter die Welle eindringt, weil die Eisenverluste die Welle stark dämpfen.

Dieselbe Gefahr tritt ein, wenn ein Stromerzeuger (Spannung E) auf eine Leitung oder ein Kabel geschaltet wird. Dann ist Z_2 klein gegen Z_1 und somit $F_2 \approx - F_1 \approx - E$. Hier gefährdet also die r e f l e k t i e r t e Welle die Isolation der einzelnen Windungen gegeneinander. Wirksamen Schutz gewähren Drosselspulen, die man der gefährdeten Wicklung vorschaltet; die Spulen wirken wie kurze Leitungen von sehr hoher Charakteristik. Daraus folgt, daß die Spule selbst gut iso-

---

[1]) Vgl. die von G e r s t m e y e r aufgenommenen Oszillogramme, Elektr. Kraftbetriebe und Bahnen Bd. 9, S. 141, 1911.

liert werden muß, weil sie nun den Spannungsstoß erhält. — Ein zweiter Weg zur Verkleinerung der Welle F_2 besteht darin, daß man die Leitung zuerst über eine Widerstandsstufe einschaltet, die am Ende der Schalterbewegung kurz geschlossen wird (S c h u t z s c h a l t e r).

Die Darstellung durch unverzerrt fortschreitende Wellen wird ungenau, wenn die Leitung so lang ist, daß die Wellen nach Zurücklegung der Leitungslänge auf weniger als ca. $1/_2$ gedämpft werden [1]).

Im entgegengesetzten Grenzfall eines sehr langen Kabels (Ozeantelegraphie) darf man L vernachlässigen [2]). Verfahren zur Berechnung der Stromkurven mit Berücksichtigung der Apparate an den Enden sind von F. B r e i s i g [3]) und K. W. W a g n e r [4]) angegeben worden.

(100) Polardiagramm der Wechselstromgrößen.

1. Eine EMK oder ein Strom, der sich als Sinusfunktion der Zeit ansehen läßt (97), kann dargestellt werden durch die Projektionen eines Strahles, der sich um seinen Endpunkt dreht. Ist $E = E_0 \sin \omega t$, so bedeutet E_0 die Länge des Strahles, ω die Geschwindigkeit, mit der er sich dreht. Die Drehrichtung und den Strahl, von dem aus der Winkel gerechnet wird, kann man willkürlich festsetzen. Die Internationale Elektrotechnische Kommission hat 1911 festgesetzt: Bei der graphischen Darstellung periodisch veränderlicher elektrischer oder magnetischer Größen wird die Phasenvoreilung durch die der Uhrzeigerdrehung entgegengesetzte Richtung dargestellt. In den folgenden Beispielen ist außerdem angenommen, daß der Anfangsstrahl wagerecht nach links liegt. Vgl. Fig. 32 OD = Anfangsstrahl, der Pfeil über C gibt die Drehrichtung.

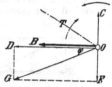

Fig. 32. Selbstinduktivität in Reihe mit einem Widerstand.

Noch zweckmäßiger ist es, sich die die EMK und Ströme darstellenden Strahlen als ruhend und eine Zeitlinie als rotierend zu denken mit einer Drehrichtung wie der Uhrzeiger. Die Momentanwerte sind die Projektionen der Strahlen auf diese Zeitlinie. Vgl. Fig. 32, der Strahl T ist die Zeitlinie.

2. Jede EMK oder Stromstärke wird angegeben durch den Wert ihrer Amplitude und den Phasenwinkel φ, den sie mit einer anderen gleichartigen Größe einschließt. Eine solche Größe nennt man einen Diagrammvektor [5]). Der Widerstand ist ein Wert ohne Phasenwinkel oder Richtung im Diagramm, eine Skalargröße.

3. Die EMK der Selbstinduktion ist um 90° hinter der Stromstärke zurück, die der Ladungsfähigkeit ihr um 90° voraus. Bedeutet (Fig. 32) OB den Strom I, OD die Spannung IR, so ist $OC = \omega L I$; OD ist zugleich der Teil der äußeren EMK, der zur Hervorbringung des Stromes I im Widerstande R dient, während $OF = - OC$ der Teil der äußeren EMK ist, der zur Überwindung der Selbstinduktion dient; dieser Teil liegt um 90° v o r dem Strome; die gesamte äußere EMK ist demnach $= OG$. Die Beziehungen $\operatorname{tg} \varphi = \omega L/R$ und $I = E/\sqrt{R^2 + \omega^2 L^2}$ können aus dem Diagramm abgelesen werden.

---

[1]) Wegen der dann eintretenden Verzerrung der Wellenform siehe die von V a s c h y (Annales télégraphiques, Ser. 3, Bd. 15, S. 481; 1888) und K. W. W a g n e r (ETZ 1910, S. 163, 192) gezeichneten Kurven.

[2]) W. T h o m s o n , Math. and phys. papers 2. Bd., S. 61.

[3]) ETZ 1900, S. 1046.

[4]) Phys. Zeitschr. Bd. 10, S. 865; 1909.

[5]) Nicht mit den physikalischen Vektoren ($\mathfrak{E}$, $\mathfrak{H}$, $\mathfrak{B}$ u. a.) zu verwechseln, die einen von der Richtung i m R a u m abhängigen physikalischen Zustand, nicht eine z e i t l i c h e Änderung veranschaulichen.

In Fig. 33 ist wieder OB der Strom, OD die Spannung IR, OH die Spannung des hinter R geschalteten Kondensators $= \dfrac{I}{C\,\omega}$, $OK = -OH$ der Teil der äußeren EMK, der OH das Gleichgewicht hält, OM die gesamte äußere EMK; tg $\varphi = -\dfrac{1}{\omega\,C\,R}$,

$$ I = E \left/ \sqrt{R^2 + \left(\frac{1}{\omega\,C}\right)^2} \right. $$

4. Bei Hintereinanderschaltung von Widerstand, Selbstinduktion und Kapazität hat man eine einfache Dreieckkonstruktion; wagerecht nach links wird das Produkt des Stromes mit der Summe aller Widerstände aufgetragen, die senkrechte Kathete ist $= I\left(L\omega - \dfrac{1}{C\,\omega}\right)$, wobei der positive Wert nach oben gerichtet ist. Die Hypotenuse ist der Widerstandsoperator nach Größe und Richtung.

5. Ist zu Widerstand und Selbstinduktion eine Kapazität parallel geschaltet, so wird über der Spannung zwischen den Verzweigungspunkten als Durchmesser

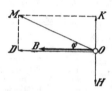

Fig. 33. Kapazität in Reihe mit einem Widerstand.

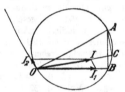

Fig. 34. Drosselspule (Selbstinduktivität mit Widerstand) parallel zu einem Kondensator.

OA (Fig. 34) ein Kreis geschlagen. $OB = I_1 R$ und $AB = I_1 \omega L$ sind die Komponenten der Spannung für den Zweig mit Selbstinduktion und Widerstand; $OI_1 = I_1$ ist die Stromstärke in diesem Zweige. Da der andere Zweig keinen Widerstand enthält, so ist $OA = I_2/\omega C$. Der Ladestrom I_2 für den Kondensator muß dieser Spannung um 90° vorauseilen; also $I_2 = OI_2$; der Gesamtstrom OI setzt sich aus den Komponenten OI_1 und OI_2 zusammen. Verlängert man OI bis zum Schnittpunkte C mit dem Kreise, so ist OC gleich dem Produkt aus I und dem wirksamen Gesamtwiderstand zwischen den Verzweigungspunkten, also $OI \times OC$ der Energieverbrauch.

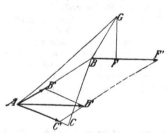

Fig. 35. Mehrfach zusammengesetzter Stromkreis.

6. Hinter eine Stromschleife, von der ein Zweig aus einem induktionslosen Widerstand R_1, der andere aus einer Selbstinduktion L_2 vom Widerstand R_2 besteht, sei eine Selbstinduktion L vom Widerstande R geschaltet. Sind i_1, i_2, I bzw. die Stromstärken in den drei Zweigen, so zeichne man zunächst ein rechtwinkliges Dreieck ABC (Fig. 35), so daß die Katheten $BC : CA = \omega L_1 : R_1$, dann kann $AC = i_1 R_1$, $BC = \omega L_1 i_1$ gesetzt werden; da AB die Spannung an den Enden der Stromschleife ist, so ist gleichzeitig $AB = i_2 R_2$. Man mache $AB' = AB : R_2 = i_2$ und $AC' = AC : R_1 = i_1$, so ist die Resultante AD' gleich der Stromstärke I in R.

Zieht man also BF' parallel und gleich AD' und macht $BF = BF' \cdot R$, und $FG = \omega L \cdot BF'$, so ist BG die Spannung an der Selbstinduktion L und somit AG die Gesamtspannung.

(101) Komplexe Rechnung. Um von der Genauigkeit der Zeichnungen nicht abzuhängen, ist es häufig bequem, das Vektorendiagramm in die Sprache der Algebra zu übersetzen. Ein Vektor I von der Amplitude I_0 und dem Phasenwinkel φ kann durch die komplexe Zahl

$$\mathfrak{J} = I_0\, e^{i\varphi} = I_0 \cos\varphi + i\, I_0 \sin\varphi = a + b\, i$$

ausgedrückt werden, wenn man die Ebene des Vektorendiagramms als Gaußische Zahlenebene auffaßt [1]). Für den Übergang von der zweiten Form auf die erste hat man die Formeln

$$I_0 = \sqrt{a^2 + b^2} \; ; \quad \operatorname{tg} \varphi = b/a .$$

Wegen der Ausführung solcher Zahlenrechnungen siehe (8).

Da der Differentialquotient einer Sinuskurve

$$\mathrm{d}/\mathrm{d}t\, [I_0 \sin(\omega t + \varphi)] = I_0\,\omega \sin(\omega t + \varphi + \pi/2)$$

einen Vektor bedeutet, der dem Vektor $\mathfrak{J}$ um 90^0 voreilt, so wird er beim komplexen Rechnen durch die Zahl

$$\omega\, I_0\, e^{i\,(\varphi + \pi/2)} = i\,\omega\, I_0\, e^{i\,\varphi} = i\,\omega\, \dot{\mathfrak{J}}$$

dargestellt. Daraus ergibt sich zum Beispiel:

1. die Spannung $\mathfrak{B}$ an einer Spule vom Widerstand r und der Selbstinduktivität L beim Strome $\mathfrak{J}$

$$\mathfrak{B} = (r + i\,\omega\,L)\,\mathfrak{J}; \quad V_0 = I_0\sqrt{r^2 + \omega^2 L^2}\;;\quad \operatorname{tg}(\mathfrak{B},\mathfrak{J}) = \omega L/r .$$

$\mathfrak{R} = r + i\,\omega L$ ist der **Widerstandsoperator**, $\sqrt{r^2 + \omega^2 L^2} = |\mathfrak{R}|$ der **Scheinwiderstand** (die Impedanz) der Spule.

2. Der Strom $\mathfrak{J}$ durch eine parallel mit dem Widerstand r an der Spannung $\mathfrak{B}$ liegende Kapazität C

$$\mathfrak{J} = \left(\frac{1}{r} + i\,\omega\,C\right)\mathfrak{B}\;;$$

$$I_0 = V_0\sqrt{r^{-2} + \omega^2 C^2}\;;\quad \operatorname{tg}(\mathfrak{J},\mathfrak{B}) = r\,\omega\,C .$$

$1/i\,\omega\,C$ ist der Widerstandsoperator, $i\,\omega\,C$ der **Leitwertsoperator** der Kapazität C; $1/\omega\,C$ ihr Scheinwiderstand, $\omega\,C$ ihr **Scheinleitwert**. $1/r + i\,\omega\,C$ ist der Leitwertsoperator der Verbindung r neben C.

3. Der Strom $\mathfrak{J}$ durch eine Reihe aus dem Widerstand r, der Induktivität L, der Kapazität C bei der Spannung $\mathfrak{B}$ berechnet sich aus

$$\mathfrak{B} = \mathfrak{J}\,(r + i\,\omega\,L + 1/i\,\omega\,C);$$

$$V_0 = J_0\sqrt{r^2 + \left(L\,\omega - \frac{1}{\omega\,C}\right)^2}\;;\quad \operatorname{tg}(\mathfrak{B},\mathfrak{J}) = \frac{L\,\omega - 1/\omega\,C}{r} ,$$

4. Durch fortgesetzte Anwendung dieser Regeln können die Stromverhältnisse

---

[1]) Man ersieht hieraus, daß das darauf gegründete Rechnungsverfahren ebenso wie das Vektorendiagramm nur auf bereits stationär gewordene oder eingeschwungene Wechselstromvorgänge anwendbar ist. Die Drehung des Vektorendiagramms läßt sich durch den Faktor $e^{i\,\omega\,t}$ zum Ausdruck bringen, der einen Vektor bedeutet, der den Betrag 1 hat und sich mit der Winkelgeschwindigkeit ω um den Nullpunkt dreht. Man wird das mit Vorteil dort tun, wo Vektoren von verschiedenen ω unterschieden werden sollen.

in jedem aus Widerständen, Induktivitäten und Kapazitäten beliebig zusammen-
geschalteten Kreise berechnet werden.

5. Ein Kabel mit den Konstanten R, G, L, C (99, 4). Der Strom $\mathfrak{J}_x$ und
die Spannung $\mathfrak{B}_x$ an der Stelle x können durch die für den Kabelanfang $x = 0$
gültigen Werte $\mathfrak{J}_0, \mathfrak{B}_0$ so ausgedrückt werden [1]):

$$\mathfrak{B}_x = \mathfrak{A}\mathfrak{B}_0 - \mathfrak{B}\mathfrak{J}_0 \qquad \text{oder}[2]) \qquad \mathfrak{B}_0 = \mathfrak{P}\mathfrak{J}_0 - \mathfrak{Q}\mathfrak{J}_x$$

$$\mathfrak{J}_x = \mathfrak{A}\mathfrak{J}_0 - \mathfrak{C}\mathfrak{B}_0 \qquad\qquad \mathfrak{B}_x = \mathfrak{Q}\mathfrak{J}_0 - \mathfrak{P}\mathfrak{J}_x$$

$$\mathfrak{A} = \mathfrak{Cof}\, \gamma\, x; \quad \mathfrak{B} = \mathfrak{Z}\, \mathfrak{Sin}\, \gamma\, x; \quad \mathfrak{C} = \mathfrak{Z}^{-1}\, \mathfrak{Sin}\, \gamma\, x$$

$$\mathfrak{P} = \mathfrak{Z}\,\mathfrak{Cotg}\, \gamma\, x; \quad \mathfrak{Q} = \mathfrak{Z}\,\frac{1}{\mathfrak{Sin}\, \gamma\, x} : \quad \mathfrak{Z}^2 = \frac{R + i\,\omega\,L}{G + i\,\omega\,C}$$

$$\gamma^2 = (\beta + i\,\delta)^2 = (R + i\,\omega\,L)(G + i\,\omega\,C)$$

γ = Fortpflanzungskonstante, β = Dämpfungskonstante, $\mathfrak{Z}$ = Charakteristik
des Kabels.

$$2\,\beta^2 = RG - LC\,\omega^2 + \sqrt{(RG - LC\,\omega^2)^2 + \omega^2\,(LG + RC)^2},$$

angenähert

$$\beta = \frac{R}{2}\,\sqrt{\frac{C}{L}} + \frac{G}{2}\,\sqrt{\frac{L}{C}}\,.$$

Bei festliegendem $\mathfrak{J}_0, \mathfrak{B}_0$ bewegen sich die Endpunkte der Vektoren $\mathfrak{J}_x, \mathfrak{B}_x$
auf logarithmischen Spiralen [3]). Wendet man die Gleichungen auf das Kabel-
ende $x = l$ an, so erkennt man, daß zwischen den Strömen und Spannungen der
Enden l i n e a r e Gleichungen (mit komplexen Koeffizienten) bestehen.

6. Z u s a m m e n f a s s u n g. Der große Vorteil des komplexen Rechnungs-
verfahrens ist hiernach, daß jedes auf s t a t i o n ä r e Wechselströme bezügliche
Problem im wesentlichen auf ein Gleichstromproblem zurückgeführt wird; nur hat
man an Stelle der Ohmschen Widerstände oder Leitwerte überall die komplexen
Operatoren. Es ist meistens nützlich, für diese zunächst einfache Buch-
staben (wie oben $\mathfrak{R}, \mathfrak{Z}, \mathfrak{A}, \mathfrak{B}$ u. a.) zu setzen, und ihre besondere Bedeutung erst
am Ende der Rechnung einzuführen. Erscheint das Schlußergebnis in der Form

$$\mathfrak{J} = I_0\,e^{i\varphi} = \frac{a + \beta\,i}{\gamma + \delta\,i}, \text{ so folgt } I_0 = \sqrt{\frac{a^2 + \beta^2}{\gamma^2 + \delta^2}}; \quad \operatorname{tg}\varphi = \frac{\beta\gamma - a\delta}{a\gamma + \beta\delta}\,.$$

L e h r b ü c h e r ü b e r d i e T h e o r i e d e r v e r ä n d e r l i c h e n S t r ö m e.
F. B e d e l l und A. C. C r e h o r e, Alternating currents, Ithaca, N. Y. 1892; deutsch
von B u c h e r e r. Berlin 1895. — C. P. S t e i n m e t z, Alternating current phenomena, New
York 1898 (2. Aufl.); deutsche Ausgabe Berlin 1900. — J. Z e n n e c k, Elektromagnetische
Schwingungen und drahtlose Telegraphie, Stuttgart 1905. — A. R u s s e l l, A treatise on the
theory of alternating currents, 2 Vol. Cambridge 1904—1906. — E. O r l i c h, Kapazität und
Induktivität, Braunschweig 1909. — J. L. L a C o u r und O. S. B r a g s t a d, Bd. 1 von
A r n o l d s Wechselstromtechnik, Berlin 1910 (2. Aufl.).—A. H a y, Alternating currents 1912.

Ü b e r d i e T h e o r i e d e r K a b e l.
O. H e a v i s i d e, Electromagnetic theory, Bd. 2, London 1899. — H. W e b e r, Die
partiellen Differentialgleichungen der mathematischen Physik nach Riemanns Vorlesungen in
vierter Auflage neu bearbeitet, Braunschweig 1900. Fünfte Auflage, ebendort 1910. — K. W.
W a g n e r, Elektromagnetische Ausgleichsvorgänge in Freileitungen und Kabeln, Leipzig 1908. —
F. B r e i s i g, Theoretische Telegraphie, Braunschweig 1910.

[1]) A. F r a n k e, ETZ 1891, S. 458. — F. B r e i s i g, ETZ 1899, S. 383.
[2]) P l e i j e l, Bd. 4 der Veröff. der 2. Int. Konf. von Technikern der Staatstelegraphen-
und Fernsprechverwaltungen; Paris 1910.
[3]) F. B r e i s i g, ETZ 1900, S. 87.

Zweiter Teil.
Meßkunde.

Erster Abschnitt.
Elektrische Meßverfahren und Meß-vorrichtungen.
Hilfsmittel bei den Messungen.
Allgemeines.

(102) Genauigkeit. Nach der anzustrebenden Genauigkeit sind die zur Messung benutzten Methoden und Instrumente zu wählen. In manchen Fällen stellen die Beobachtungsergebnisse bereits das gewünschte Resultat dar, meistens muß dies aber erst durch Rechnung auf Grund physikalischer Gesetze aus den Beobachtungen abgeleitet werden.

Es ist dabei nicht möglich, was dem einen Teil an Genauigkeit fehlt, durch größere Sorgfalt bei einem anderen zu ersetzen, so besonders nicht bei einer theoretisch mangelhaften Methode durch sorgfältige Ablesungen oder bei unsicheren Ablesungen durch Berechnung mit vielen Ziffern eine größere Genauigkeit zu erreichen. Vielmehr gilt als allgemeine Regel, daß die verschiedenen Faktoren einer jeden Messung gleiche Genauigkeit besitzen sollen; wünscht man demnach eine Genauigkeit von 1 %, so müssen die Methode und die Meßinstrumente hiernach gewählt werden, während die arithmetische Rechnung mit höchstens 4 Ziffern geführt, das Schlußergebnis nur mit 3 Ziffern mitgeteilt wird; feinere Instrumente als nötig zu verwenden, mit mehr als 4 Ziffern zu rechnen, wäre als eine Zeitverschwendung anzusehen.

Sind zu einem Ergebnisse mehrere Einzelmessungen erforderlich, so müssen sie so angestellt werden, daß der bei jeder einzelnen möglicherweise zu begehende Fehler für alle denselben Einfluß auf das Schlußergebnis hat; diese Fehler können sich addieren, sie können sich auch gegenseitig aufheben; kennt man die möglichen Einzelfehler, so kennt man auch den möglichen Gesamtfehler. Stellt man viele Beobachtungen an, so ist der Fehler des Mittels erheblich kleiner als der des einzelnen Ergebnisses; bei einer größeren Zahl von Beobachtungen darf man rechnen, daß der Fehler des Mittels der Quadratwurzel der Zahl der Beobachtungen umgekehrt proportional sei. — Es ist nicht erlaubt, aus der Zahl der erhaltenen Ergebnisse solche wegzustreichen, welche besonders große Abweichungen vom Mittel aufweisen, es sei denn, daß bei der Messung irgend ein gröberes Versehen begangen worden ist. Denn die Verteilung der Beobachtungsfehler ist eine solche, daß unter einer größeren Zahl von Beobachtungen einige mit besonders großen Abweichungen sich befinden müssen, und man würde einen fehlerhaften Mittelwert erhalten, wenn man diese nicht berücksichtigen wollte.

Ergänzungs- oder Berichtigungsgrößen. Jede Messung erfordert neben der Bestimmung der wesentlichen Größen noch je nach der gewünschten Genauigkeit die Ermittlung einer kleineren oder größeren Zahl von Ergänzungsgrößen.

Während man bei rohen Messungen die Instrumente und Apparate oft ohne Korrektionen benutzt und die Rechnung nach Annäherungsformeln durchführen kann, sind bei genaueren Messungen beispielsweise bei Vergleichung von Widerständen, die Korrektionen der benutzten Vergleichswiderstände, bei noch größerer Genauigkeit auch deren Temperaturkorrektionen zu bestimmen und zu berücksichtigen. Infolgedessen werden umsomehr Hilfsmessungen und Nebenrechnungen nötig, je größer die angestrebte Genauigkeit sein soll.

Da die Ergänzungsgrößen meist nur einen untergeordneten Einfluß auf das Ergebnis haben, brauchen sie auch nur mit einer geringeren Genauigkeit bestimmt zu werden als die Hauptgrößen. Bei der Berücksichtigung der Ergänzungsglieder wendet man nach Möglichkeit die Regeln für das Rechnen mit kleinen Größen an (10).

Einige besondere Einrichtungen an Meßvorrichtungen.

(103) Ablesung des Ausschlags. Zeigerablesung. Drehungswinkel (Ausschläge) von· Galvanometern, Magnetometern usw. können an Zeigern abgelesen werden, hinter denen, wenn Parallaxe vermieden werden soll, ein Spiegel angebracht ist. Man bringt dann den Zeiger mit dem Spiegelbild zur Deckung. Häufig werden die Teilungen schon aus Spiegelglas angefertigt oder von vornherein Spiegel neben den Teilungen angebracht. Statt eines Spiegels h i n t e r dem Zeiger kann man auch einen dicken unbelegten Spiegelglasstreifen v o r dem Zeiger benutzen; blickt man schräg auf den Zeiger, so erscheint dieser gebrochen.

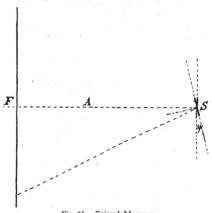

Fig. 36. Spiegelablesung.

(104) Spiegelablesung (P o g g e n d o r f, G a u ß). Will man noch größere Genauigkeit der Ablesung erhalten, so benutzt man die Spiegelablesung (Lichtzeiger); diese kann entweder objektiv (Lichtbild auf einer Skala) oder subjektiv (Ablesung durch ein mit Fadenkreuz versehenes Fernrohr) sein. Die objektive Ablesung ist für das Auge weniger ermüdend, aber nicht so genau wie die subjektive Ablesung. Zum Zweck der Spiegelablesung wird auf dem beweglichen System, dessen Drehungswinkel gemessen werden soll, ein Spiegel angebracht. Senkrecht zur Ruhelage des Spiegels (Fig. 36) wird eine Richtung FS entweder durch die Visierlinie eines Fernrohrs oder durch das von einer Lampe durch einen Spalt gesandte Lichtbündel bzw. einen glühenden Platindraht oder eine Nernstlampe festgelegt; in der Nähe des Fernrohrs oder der Lichtquelle wird die Skala befestigt. A ist die Entfernung von Spiegel und Skala; der Ort des Fernrohrs bzw. Spaltes ist ziemlich gleichgültig, nur die R i c h t u n g AS und die Entfernung A sind maßgebend.

Während der Ruhe des Spiegels sieht man im Fernrohr einen bestimmten mittleren Teilstrich, bzw. wird der letztere von dem zurückgestrahlten Bilde der Lichtquelle beleuchtet. Bei einer Drehung des Spiegels um den Winkel φ tritt eine Verschiebung des Spiegel- oder Lichtbildes um eine Länge n ein, welche das Maß der Drehung bildet. Beobachtet man die Ruhelage des Spiegels und Ablenkung nach einer Seite, so ist n gleich der Differenz der beiden Ablesungen. Beobachtet man aber (z. B. unter Stromwendung) Ausschläge nach links und rechts von der Ruhelage, so ist n gleich der halben Differenz der Ablesungen. Dann gilt die Beziehung:

$$n/A = \text{tg } 2\varphi$$

Bei kleinen Winkeln kann man für tg 2φ den B o g e n 2φ setzen; bei φ = 3,5° ($n = {}^1/_8 A$) wird der Fehler erst ½ %, bei $\varphi = 5°$ ($n = {}^1/_6 A$) 1 %. Innerhalb dieser Grenzen ist dann

$$\varphi = n/2 A$$

Wenn es irgend angängig ist, sollte man die Messungen so einrichten, daß man sogenannte Nullmethoden verwendet, d. h. solche Methoden, bei denen das Galvanometer usw. nur als Indikator für Stromlosigkeit oder Stromgleichheit (Differentialgalvanometer) verwendet wird. In diesem Fall können kleine Ausschläge zur Interpolation des richtigen Wertes der zu beobachtenden Größe verwendet werden. Andernfalls hängt die Genauigkeitsgrenze der Messungen davon ab, mit welcher Genauigkeit der Ausschlag sich bestimmen läßt, während man bei Nullmethoden die Genauigkeit viel weiter treiben kann.

Ist man aber genötigt, die Ausschläge selbst als Maß zu benutzen und größere Ausschläge anzuwenden, so muß man die an der Skala beobachteten Längen auf Winkelmaß reduzieren. Hierzu dienen die Formeln

$$\varphi = {}^1/_2 \text{ arctg } \frac{n}{A} = \frac{n}{2\,A} - \frac{1}{6}\left(\frac{n}{A}\right)^3 + \frac{1}{10}\left(\frac{n}{A}\right)^5 - \dots$$

$$\text{und tg } \varphi = \frac{n}{2\,A} - \left(\frac{n}{2\,A}\right)^3 + 2\left(\frac{n}{2\,A}\right)^5 - \dots$$

In Fig. 37 sind die Werte der von $n/2\,A$ abzuziehenden Beträge angegeben, und zwar für die erste Formel durch die punktierte, für die zweite durch die ausgezogene Kurve.

B e i s p i e l. Ist A = 2000, n = 700,0, so erhält man $n/2\,A$ = 0,1750, und die Ablesung am linken Rande ergibt: 0,0066 und 0,0051; hiernach wird

arc φ = 0,1750 — 0,0066 = 0,1684,

tg φ = 0,1750 — 0,0051 = 0,1699.

Will man die Ablesung n selbst auf eine zum Bogen oder zur Tangente proportionale Größe umrechnen, so schreibt man an die Ränder des Diagramms die mit dem Doppelten des gewählten Skalenabstandes multiplizierten Werte, wie es in Fig. 37 am rechten Rande und in der unteren Reihe der Abszissenwerte für den Fall A = 2000 gezeigt ist.

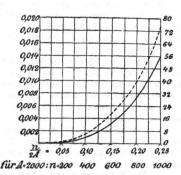

Fig. 37. Zurückführung des Ausschlags auf Winkel.

Wenn größere Genauigkeit verlangt wird, muß die Skala natürlich auf Teilungsfehler untersucht sein und die Ablesung entsprechend korrigiert werden.

Mitunter werden auch Skalen in Kreisform benutzt, in deren Zentrum sich der Spiegel befindet. Dann liefert die Ablesung direkt den Winkel.

Aufstellung von Spiegelinstrument, Skala und Fernrohr bzw. Lichtquelle. Um eine möglichst sichere und unveränderliche Aufstellung zu erhalten, stellt man das Galvanometer auf ein Konsol, das an der Wand befestigt ist, und zwar zweckmäßig auf festgekittete Fußplatten. Wenn die Erschütterungen des Spiegels zu groß sind, muß die erschütterungsfreie Aufhängung des Instruments nach Julius verwendet werden (105). Skalenabstand und -richtung werden, falls mit größeren Ausschlägen beobachtet werden soll, durch ein langes Fadenpendel, das von der Decke herabhängt, und dessen Faden durch eine kleine an der Skala angeschraubte Öse oder Hülse hindurchgeht, und eine an der Wand angebrachte Visiermarke geprüft und danach konstant erhalten. (Vgl. W. Kohlrausch, El. Zeitschr. 1886.)

Je weiter die Skala vom Spiegel entfernt ist, desto größer ist die Ablesegenauigkeit, während sie von der Entfernung des Fernrohrs (bzw. der Lichtquelle) vom Spiegel unabhängig ist.

Bei großer Skalenentfernung empfiehlt es sich, für die s u b j e k t i v e Methode mit dem Fernrohr nahe an den Spiegel heranzugehen, um nicht zu starke Vergrößerungen für das Fernrohr anwenden zu müssen. Häufig ist die Skala am Fernrohrstativ befestigt, so daß auch das Fernrohr hierdurch schon seine Stellung hat. Die Skala muß gut beleuchtet sein, der Spiegel und das Fernrohr bedürfen keiner Beleuchtung.

Das Fernrohr stellt man zunächst so ein, daß man einen um $2A$ (allgemein: Entfernung Fernrohr-Spiegel plus Spiegel-Skala) vom Fernrohr entfernten Gegenstand gut sieht und richtet es nach dem Augenmaß auf den Spiegel, den man jetzt natürlich im Fernrohr nicht erblickt. Man sucht nun das Bild der Skala im Spiegel zunächst mit bloßem Auge, reguliert gegebenen Falles an der Stellung der Skala oder dreht den Spiegel, bis die Skala dem Auge, das direkt n e b e n dem Fernrohr vorbei visiert, sichtbar ist; erst dann blickt man durch das Fernrohr, richtet ein wenig nach und wird sogleich die Skala im Gesichtsfeld erscheinen sehen; durch kleine Verschiebungen bringt man noch, wenn nötig, den mittleren Teilstrich oder einen bestimmten anderen Teilstrich der Skala mit dem Fadenkreuz des Fernrohrs zum Zusammenfallen. Es ist erwünscht, daß das Fernrohr zu diesem Zweck eine Feinverstellung mittels Mikrometerschraube besitzt, die es um kleine Winkel zu drehen gestattet. Die Einstellung des Fernrohrs muß so geschehen, daß die Parallaxe vermieden wird, d. h. daß bei einer Verschiebung des Auges vor dem Okular das Fadenkreuz und Skalenbild sich nicht gegeneinander verschieben.

Bei der o b j e k t i v e n Spiegelablesung muß entweder das Instrument einen Hohlspiegel besitzen, durch den das Bild der Lichtquelle auf der Skala entworfen wird, oder man muß an geeigneter Stelle zwischen Lichtquelle und Spiegel eine Linse einschalten, was auch geschehen kann, wenn das Instrument zwar einen Hohlspiegel besitzt, dieser aber nicht die für die gewünschte Entfernung geeignete Brennweite besitzt.

Unbequem ist die objektive Ablesung dadurch, daß man, besonders bei Verwendung schwächerer Lichtquellen, die Skala, die in diesem Fall zweckmäßig durchscheinend ist, im Dunkeln aufstellen muß; bei starken Lichtquellen (Nernstlampe) ist dies meist nicht nötig.

(105) Erschütterungsfreie Aufhängung. (Julius, Wied. Ann. Bd. 56.) Das aufzustellende Meßinstrument kommt auf eine wagrechte Platte zu stehen und wird mit dieser an drei langen parallelen dünnen Stahldrähten (am besten Nickelstahl) aufgehängt. Unter der Platte befindet sich ein verschiebbares Gewicht, das erlaubt, den Schwerpunkt des aufgehängten Systems in die Aufhängungsebene zu verlegen. Noch besser ist es, mit der Stellplatte drei nach oben gehende Stangen zu verbinden und daran in geeigneter Höhe die Aufhängungspunkte und darüber drei Ausgleichsgewichte anzubringen. Man kann dann den Schwerpunkt des Systems und das obere Ende des Fadens im Spiegelinstrument in die Aufhängungsebene bringen; es ist zweckmäßig, das System, auf welchem das Galvanometer aufgestellt ist, noch mit einer Flüssigkeitsdämpfung zu versehen. Derartige Systeme sind jetzt im Handel zu beziehen. — Eine einfachere Einrichtung zum gleichen Zweck beschreibt V o l k m a n n in der Physik. Zeitschr. 1911, S. 75.

(106) Dämpfung und Beruhigung. Zur Ablesung der Ausschläge bei Meßinstrumenten braucht man die geringste Zeit, wenn das schwingende System aperiodisch gedämpft ist, d. h. gerade keine Schwingungen mehr um die Gleichgewichtslage ausführt. Ist das schwingende System wenig gedämpft, so dauert es lange, bis es zur Ruhe kommt, und man verliert viel Zeit, wenn man die Schwingungen nicht beruhigt oder aus den Ausschlägen zu beiden Seiten der Gleichgewichtslage nach der von der Wage her bekannten Methode die Gleichgewichtslage ermittelt.

B e r u h i g u n g v o n M a g n e t n a d e l n. Magnetnadeln kann man durch geeignetes Nähern und Entfernen eines Magnetstabes leicht zur Ruhe bringen; der Hilfsstab wird während der Ablesungen, um störende Einflüsse auszuschließen, entfernt von der Nadel in gleicher Höhe mit letzterer und senkrecht aufgestellt. Bei einem Nadelgalvanometer ohne Dämpfung empfiehlt es sich in den Stromkreis eine Drahtspule einzuschalten, in der man einen Magnet verschieben kann; durch die Bewegungen des letzteren kann man der Nadel nach Belieben Stöße erteilen.

Bequemer ist es, das Instrument mit einer besonderen dämpfenden Vorrichtung zu versehen; eine solche Dämpfung muß aus einem Widerstande bestehen, der sich der Bewegung der Nadel entgegenstellt, der aber verschwindet, sobald die Nadel zur Ruhe kommt.

Manche Instrumente, wie z. B. die Drehspulengalvanometer, besitzen schon eine natürliche Dämpfung und man kann es bei diesen Instrumenten so einrichten, daß man unter den günstigsten Verhältnissen, d. h. mit aperiodischer Dämpfung arbeitet (siehe 125).

Bei schwingenden Magneten kann man Kupferdämpfung anwenden, ebenso auch Luft- oder Flüssigkeitsdämpfung; die beiden letzteren Dämpfungsmethoden sind auch bei anderen schwingenden Systemen (z. B. bei Elektrometern) anwendbar.

Die meisten modernen Instrumente besitzen bereits eine zu ihrer Benutzung bequeme Dämpfung, die unter Umständen auch verschieden einstellbar ist.

K u p f e r d ä m p f u n g. Ein schwingender Magnet induziert in einer benachbarten Kupfermasse Ströme, welche die Bewegung des Magnets aufzuhalten suchen. Der Kupferdämpfer soll bis nahe an den Magnet reichen. Er soll aus ganz reinem Kupfer bestehen und recht stark sein; vor allem sorge man, daß den Induktionsströmen nicht durch Zerteilung des Kupfers die Bahn abgeschnitten werde. Geringe Verunreinigungen des Kupfers verringern seine Dämpfungsfähigkeit recht erheblich; Eisengehalt ist auch wegen des Magnetismus schädlich. Die Dämpfung ist dem Quadrate des Momentes der schwingenden Nadel proportional.

F l ü s s i g k e i t s d ä m p f u n g. Mit dem beweglichen Teil des Meßinstruments wird ein Flügel verbunden, der in eine Flüssigkeit eintaucht; die Bewegung erfährt hierdurch einen Widerstand, der als Dämpfung wirkt. Der Stiel, an welchem der Flügel sitzt, muß bei der Durchtrittsstelle durch die Oberfläche der Flüssigkeit möglichst dünn sein und sich gut benetzen, weil sonst störende Einflüsse ins Spiel treten können. Bei hohen Ansprüchen an die Genauigkeit ist die Flüssigkeitsdämpfung wegen der unvermeidlichen Reibung an der Durchtrittsstelle des Stiels durch die Flüssigkeitsoberfläche nicht zu verwenden. Man benutzt dann besser Luftdämpfung.

L u f t d ä m p f u n g. Diese ist ähnlich der vorigen; der mit dem schwingenden System verbundene Flügel bewegt sich z. B. in einer Kammer, wobei er die vor ihm befindliche Luft zusammendrückt, die hinter ihm befindliche ausdehnt; die Luft fließt daher durch die engen Zwischenräume zwischen den Rändern des Flügels und den Wänden der Kammer, der Bewegung des Flügels entgegen, und dämpft die letztere; ähnlich kann man auch fortschreitende Bewegung dämpfen, wie z. B. bei dem Federgalvanometer von F. K o h l r a u s c h.

Eine andere Methode der Luftdämpfung besteht darin, eine mit dem schwingenden System starr verbundene Platte zwischen zwei anderen in geringer Entfernung von ihr angebrachten Platten schwingen zu lassen (z. B. Kugelpanzergalvanometer von d u B o i s und R u b e n s (124).

(107) **Schutz der Galvanometer gegen magnetische Störungen,** besonders gegen Störungen durch elektrische Bahnen. Einen sehr wirksamen magnetischen Schutz durch Hüllen aus weichem Eisen besitzen die neuerdings viel benutzten Kugelpanzergalvanometer nach d u B o i s und R u b e n s (124), welche gleichzeitig eine hohe Empfindlichkeit haben. Die Drehspulengalvanometer (125, 130) sind in fast allen Fällen genügend störungsfrei und bedürfen keines weiteren Schutzes. Vollkommen astatische Galvanometer sind in einem homogenen Feld gleichfalls störungsfrei; ganz vollkommene Astasie ist aber bei kleinen Magnetsystemen nie zu erreichen. Vgl. auch (122), letzter Absatz und (123), 4. Absatz.

(108) **Fehler durch Thermokräfte.** An Berührungsstellen verschiedener Metalle entstehen leicht durch Erwärmung (Berührung durch die Finger, Strahlung durch den Körper, durch den Ofen, Reibung bei Gleitkontakten) EMKräfte, welche Messungsfehler verursachen. Es ist daher bei genauen Messungen stets auf die Möglichkeit dieser Fehlerquelle Rücksicht zu nehmen und, wo es angeht, die Größe des Fehlers zu bestimmen, oder der Fehler zu eliminieren, z. B. durch Vertauschung der Stromrichtung (siehe 109).

(109) **Stromwender.** Zum Verringern bzw. Eliminieren von Fehlern im Stromkreis (Thermokräfte, unsymmetrische Aufstellung des Galvanometers, unsymmetrische Torsionseinflüsse usw.) verwendet man Stromwender (Kommutatoren), die zweckmäßig möglichst unmittelbar hinter der zur Erzeugung des Meßstromes benutzten Batterie (vgl. auch 110) angewendet werden, damit sie nicht selbst ähnliche Störungen hervorrufen.

Die K o n t a k t e der Stromwender werden meistens durch Quecksilbernäpfe hergestellt; in einem Brett aus paraffiniertem Holz oder bequemer in einem flachen parallelepipedischen Körper aus Paraffin befestigt man Fingerhüte oder dergl. zur Aufnahme des Quecksilbers; in das Quecksilber tauchen starke Kupferdrähte, deren Enden man vorher in eine Auflösung von Quecksilber in Salpetersäure eingetaucht und tüchtig abgerieben hat; dieses Verquicken muß von Zeit zu Zeit wiederholt werden. Ein großer Übelstand dieser Kontakte ist das Verspritzen des Quecksilbers bei größerer Stromstärke; für technische Apparate sind Quecksilberkontakte deshalb häufig schlecht zu gebrauchen. Einen völlig thermokraftfreien Quecksilberstromwender, bei dem das Kommutieren durch Umlegen von Hähnen bewirkt wird, hat D e s C o u d r e s angegeben (Wied. Ann. Bd. 43, S. 681; 1891).

Wo es auf den Widerstand der Kontakte weniger ankommt, verwende man federnde Kontakte aus Kupfer oder Messingblech, die von Zeit zu Zeit mit Schmirgel gereinigt werden.

(110) **Induktionsfreie Wicklung.** Wenn ein stromdurchflossener Leiter keine Wirkung auf ein Meßinstrument sowie keine Selbstinduktion haben darf, führt man ihn so, daß die eine Hälfte des Leiters die gleiche und entgegengesetzte Wirkung hat wie die andere. Gewöhnlich wird dies dadurch erzielt, daß man

den Draht von der Mitte aus aufspannt oder aufwickelt, so daß beide Hälften des Drahtes genau nebeneinander liegen (bifilare Wicklung), z. B. bei den Widerstandsrollen der Meßrheostaten. Ähnliche Einrichtungen sind auch nötig für die Abzweigungswiderstände der Galvanometer. Die bifilaren Widerstände haben eine nicht immer unmerkliche Ladungsfähigkeit (Kapazität). Nach C h a p e r o n (Comptes rendus Bd. 108, S. 799) erhält man Widerstände, die sowohl von Induktion wie von Kapazität möglichst frei sind, dadurch, daß man den Draht in gleichen, nicht zu großen Abschnitten mit abwechselnder Richtung aufwickelt (abwechselnd unifilare Wicklung).

C a u r o (Comptes rendus Bd. 120, S. 308) verbessert die Chaperonsche Wicklungsmethode noch dadurch, daß er nach Vollendung einer Wicklungslage mittels eines gerade geführten Drahtes zurückkehrt und die folgende Lage am selben Ende beginnen läßt wie die vorhergehende. Die Kapazität wird dadurch noch um die Hälfte ermäßigt.

Hilfsbestimmungen.

(111) Torsionsverhältnis. Wenn das schwingende System an einem einzelnen Faden oder Draht aufgehängt ist, so übt dieser Faden während der Ablenkung ein Moment auf die Nadel aus, welches unter Umständen erheblich wird und dann bei Messung des absoluten Ausschlagswinkels berücksichtigt werden muß, falls die Skala nicht empirisch geeicht wird. Dieses Torsionsmoment ist dem Torsionswinkel proportional.

Drehmoment und Torsionsmoment stehen im Torsionsverhältnis u; bei eincr Ablenkung summiert sich ihre Wirkung auf das schwingende System. Zur Bestimmung des Torsionsverhältnisses wird der Aufhängefaden gedrillt, am besten um 360° oder ein Vielfaches davon und die neue Ruhelage gemessen (näheres siehe K o h l r a u s c h s Lehrbuch).

Zur Messung des Torsionswinkels tragen viele Instrumente eine Teilung am oberen Ende der Aufhängeröhre.

Um ein möglichst geringes Torsionsverhältnis zu bekommen, wähle man einen sehr dünnen Aufhängefaden und mache man den Faden lang. Am besten sind Quarzfäden, die aus geschmolzenem Quarz oder Kiesel hergestellt werden; Kokonfäden sind ein wenig hygroskopisch und zeigen elastische Nachwirkungen, so daß die Ruhelage des aufgehängten Körpers nicht ganz konstant ist; auch müssen sie bei gleicher Tragkraft dicker sein als Quarzfäden. Die direkt abgespulten Kokonfäden lassen sich leicht in zwei Teile spalten; am feinsten sind die inneren Fäden eines Kokons.

Schwerere Magnete werden an Fadenbündeln aufgehängt. In manchen Fällen benutzt man feine Metalldrähte zur Aufhängung, die z. B. bei Drehspulengalvanometern wegen der Stromzuführung angewendet werden.

(112) Bifilare Aufhängung. (H a r r i s , G a u ß.) Hängt man einen Körper von der Masse m an z w e i parallelen Fäden oder feinen Drähten von der Länge h und dem Abstande d auf, so daß der Schwerpunkt des Körpers in der mittleren Senkrechten zwischen den Fäden liegt, so ist die Richtkraft, welche nach einer Ablenkung um den Winkel α den Körper in seine Lage zurückführt,

$$m \cdot g \cdot \frac{d^2}{4\,h} \cdot \sin \alpha \ \text{CGS}$$

worin g die Erdbeschleunigung bedeutet. (Für genauere Messung vgl. K o h l - r a u s c h , Lehrbuch.)

(113) Bestimmung einer Richtkraft. Wenn die Richtkraft nicht bekannt ist oder berechnet werden kann, läßt sie sich aus Schwingungsbeobachtungen

finden. Kennt man das Trägheitsmoment θ des schwingenden Körpers (vgl.
S. 23) und beobachtet die Schwingungsdauer t, so ist die Richtkraft

$$D = \frac{\pi^2}{t^2}\,\theta$$

Kennt man das Trägheitsmoment nicht, so muß man es experimentell bestimmen,
indem man zunächst die Schwingungsdauer mißt, sodann das Trägheitsmoment
um einen bekannten Wert vergrößert und die neue Schwingungsdauer beobachtet.

(114) Bestimmung der horizontalen Stärke des Erdmagnetismus. Die Horizontalintensität des Erdmagnetismus findet infolge der großen Störungen, denen
sie durch äußere magnetische Einflüsse ausgesetzt ist, heute nur noch selten Anwendung. Man ist deshalb auch meist von den das Erdfeld benutzenden Instrumenten zu solchen mit künstlichen Feldern übergegangen. (Kugelpanzergalvanometer, Drehspulengalvanometer.)

Die Horizontalintensität $\mathfrak{h}$ des Erdfeldes wird mit Hilfe der in (36)
gegebenen Gleichungen durch Beobachtung der Schwingungsdauer einer Magnetnadel und deren Ablenkung durch Hilfsmagnete bestimmt. (Näheres siehe
K o h l r a u s c h s Lehrbuch.)

N a c h p r ü f u n g v o n $\mathfrak{h}$. Wenn man $\mathfrak{h}$ aus der Tab. S. 44 entnimmt, so
muß man sich vergewissern, ob die horizontale Stärke am Aufstellungsort von
dem in der Tabelle angegebenen Werte abweicht. Um dies auszuführen, bestimmt
man die Schwingungsdauer einer Magnetnadel am Aufstellungsort und im Freien,
weit entfernt von allen Eisenmassen. Beträgt die Schwingungsdauer am Aufstellungsort t_1 sk, im Freien t_2 sk, und ist $\mathfrak{h}$ der aus Tab. entnommene Wert,
so ist $\mathfrak{h}_1$ für den Aufstellungsort gleich

$$\mathfrak{h}\left(\frac{t_2}{t_1}\right)^2 \quad \text{oder angenähert} \quad \mathfrak{h} + \frac{2\,\mathfrak{h}\,(t_2 - t_1)}{t_1}$$

Bei den Bestimmungen von t_2 und t_1 achte man auf gleiche und geringe
Schwingungsweite der Nadel.

Zu diesen Messungen kann auch vorteilhaft das Lokalvariometer von F. K o h l -
r a u s c h benutzt werden (F. K o h l r a u s c h , Lehrbuch).

Galvanometer.

(115) Arten der Galvanometer. Während man früher als Galvanometer meist
nur die mit beweglichen Magnetnadeln versehenen Instrumente bezeichnete, hat
der Sprachgebrauch allmählich den Begriff auch ausgedehnt auf Instrumente,
welche sehr verschiedene Wirkungen des elektrischen Stroms als Maß seiner Stärke
benutzen (z. B. Hitzdrahtgalvanometer bzw. -amperemeter, das die Wärmewirkung
des Stroms benutzt, Vibrationsgalvanometer, das auf der Resonanzerscheinung
bei Wechselstrom beruht), während andrerseits wieder spezielle Arten von Galvanometern mit besonderen Namen belegt werden (Dynamometer, Oszillograph), die
einem bestimmten Zweck, für den das Instrument zunächst bestimmt war, Rechnung tragen.

Hier sollen unter Galvanometern nur solche Instrumente verstanden werden,
welche die d y n a m i s c h e W i r k u n g des Stroms benutzen.

Es gibt jetzt zwei Klassen von Instrumenten dieser Art; die eine Sorte, die
Nadelgalvanometer, haben ein bewegliches System aus permanenten Magneten
(oder weichem Eisen) und eine feststehende Spule, die von dem zu messenden
Strom durchflossen wird. Die andere Sorte hat ein bewegliches Stromsystem
und feststehende permanente Magnete oder Elektromagnete. Zur letzteren Klasse

gehören die Drehspulengalvanometer und die Einthovenschen Saitengalvanometer. Diesen Instrumenten reihen sich die Dynamometer, welche eine feststehende und eine bewegliche Spule haben, an; diese in erster Linie für Wechselstrommessungen benutzten Instrumente, welche aber auch vorteilhaft zur Energiemessung bei Gleichstrom verwendet werden können, werden in einem besonderen Abschnitt behandelt (133 u. f.), ebenso die Vibrationsgalvanometer (137), Telephone (137), Oszillographen(208,3) usw., sowie die speziell für Wechselstrommessung dienenden Weicheiseninstrumente (200).

Eine besondere Art von Galvanometern, welche in beiden Klassen Anwendung finden, sind die Differentialgalvanometer, bei denen sich die Wirkungen zweier in getrennten Stromleitern fließenden Ströme auf das bewegliche System aufheben (131).

Hinsichtlich der Art, wie die Ausschläge abgelesen werden, zerfallen die Galvanometer wiederum in Spiegel- und Zeigergalvanometer. Dies ist allerdings kein prinzipieller Unterschied; es gibt sogar Galvanometer, bei denen gleichzeitig beide Ablesungsmöglichkeiten vorhanden sind.

Bei den Spiegelgalvanometern werden meist nur kleinere Winkelausschläge benutzt, während bei den Zeigerinstrumenten welche mit empirischer Skala versehen sind, meist recht erhebliche Winkel in Anwendung kommen.

Vor der Behandlung der einzelnen Galvanometertypen werden im folgenden die für alle Galvanometer, welche schwingende Systeme besitzen, gemeinsamen Eigenschaften erörtert, die in erster Linie für Spiegelgalvanometer von Bedeutung sind.

(116) Die Schwingungsdauer (halbe Periode) eines völlig u n g e d ä m p f t e n Systems in Sekunden ist

$$t = \pi \sqrt{\frac{\theta}{D}}$$

wenn θ das Trägheitsmoment, D die auf das System ausgeübte Direktionskraft bedeutet.

Ist das System g e d ä m p f t , und stehen zwei aufeinanderfolgende Schwingungen a_1, a_2 im Verhältnis $k = a_1 : a_2$ (D ä m p f u n g s v e r h ä l t n i s, so heißt

$$l = \log \text{nat } k,$$

das l o g a r i t h m i s c h e D e k r e m e n t (177); die Schwingungsdauer T ist dann größer als im ungedämpften Zustand; nämlich:

$$T = t \sqrt{1 + \frac{l^2}{\pi^2}}$$

Die Dämpfung ist proportional der Winkelgeschwindigkeit des Systems, die Konstante, mit der die Winkelgeschwindigkeit zu multiplizieren ist, heißt die D ä m p f u n g s k o n s t a n t e. (118)

Die E i n s t e l l u n g s z e i t des Systems ist am kürzesten, wenn es sich im sogenannten aperiodischen Grenzfall befindet ($l = \infty$), in dem das System, ohne eine Schwingung auszuführen, die neue Ruhelage einnimmt. In diesem Fall gilt für die Dämpfungskonstante

$$p = 2\sqrt{\theta D}$$

Ist die Dämpfung noch größer, so wird das Galvanometer meist unbrauchbar, es „kriecht". Dieser Fall kann bei zu kleinem Widerstand im Galvanometerkreis beim Drehspulengalvanometer leicht eintreten.

(117) Empfindlichkeit. Das Drehmoment d des Stromes 1 CGS (= 10 A) auf das System wird als d y n a m i s c h e G a l v a n o m e t e r k o n s t a n t e bezeichnet. Ist D die Direktionskraft, so ist

$$\varepsilon = \frac{d}{D}$$

die Stromempfindlichkeit (in absolutem Maße), d. h. der Winkelausschlag (absolut gemessen, Einheit = 57,33°), welcher der Einheit der Stromstärke in CGS entspricht. Die zu messende Stromstärke ist dann, wenn φ den Ausschlagswinkel in absolutem Maß bedeutet:

$$I = \frac{\varphi}{\varepsilon} = \varphi \frac{D}{d}$$

Die S t r o m e m p f i n d l i c h k e i t der Spiegelgalvanometer wird gewöhnlich als Ausschlag in Skalenteilen für einen bestimmten Skalenabstand und eine bestimmte Stromstärke und Schwingungsdauer angegeben und als „normale Stromempfindlichkeit" bezeichnet [z. B. bei Nadelgalvanometern für 1 μ A und 1 $\mathcal{O}$ Widerstand bei einem Spiegelabstand von 1000 Skalenteilen und einer ungedämpften Schwingungsdauer (halbe Periode) von 5 sk].

Außer der Stromempfindlichkeit interessiert in vielen Fällen die S p a n n u n g s e m p f i n d l i c h k e i t, welche man aus ersterer erhält, wenn man diese durch den Widerstand des für das Galvanometer in Betracht kommenden Stromkreises dividiert. Vgl. auch (132).

Zu beachten ist, daß die Strom- bzw. Spannungsempfindlichkeit allein kein Maß für die Güte des Galvanometers abgibt; bei manchen Galvanometern (Einthovensches Galvanometer, Vibrationsgalvanometer usw.) läßt diese Definition sogar überhaupt im Stich.

Nicht so sehr die einem bestimmten Strom entsprechende Größe des Ausschlags ist maßgebend für die Brauchbarkeit des Galvanometers als vielmehr die kleinste Größe, die mit Sicherheit noch abgelesen werden kann.

Diese Größe hängt aber noch von verschiedenen äußeren Faktoren, z. B. der Art der Aufstellung des Galvanometers usw. ab. Ist z. B. die Nullage des Instruments vorzüglich und ebenso der mit einer bestimmten Stromstärke erreichte Ausschlag sehr sicher, so läßt sich durch optische Mittel die Ablesungsgenauigkeit des Instruments erheblich steigern. Unter Umständen kann dann mit dem Instrument eine weitergehende Meßgenauigkeit erzielt als mit einem anderen, dessen durch den Ausschlagswinkel definierte Empfindlichkeit zwar erheblich größer ist, das aber eine unsichere Einstellung zeigt.

Diese Umstände sind bei der Wahl der Galvanometer zu berücksichtigen. Wenn man z. B. an einem Ort zu arbeiten hat, der mechanischen Erschütterungen ausgesetzt ist, kommt man häufig mit einem unempfindlicheren Instrument weiter als mit einem hochempfindlichen, falls das erstere weniger von Erschütterungen beeinflußt wird.

(118) Die Dämpfung des Instruments bei Stromdurchgang setzt sich zusammen aus derjenigen im offenen Stromkreis (Luftdämpfung, Rahmendämpfung usw.) und der durch die Bewegung des schwingenden Systems induzierten Dämpfung. Die letztere ist proportional der Geschwindigkeit des Systems und der Größe d^2/R, wenn R den Widerstand des Galvanometerkreises bedeutet. Ist also p die Konstante der gesamten Dämpfung, p_0 diejenige für den offenen Stromkreis, so ist

$$p = p_0 + \frac{d^2}{R}.$$

Für Nadelgalvanometer ist das zweite Glied der rechten Seite meist sehr gering, während es bei Drehspulengalvanometern gerade die Hauptrolle spielt. **B a l l i s t i s c h e r   A u s s c h l a g.** Ein kurzer Stromstoß (Entladung eines Kondensators und dergl.) erteilt dem Galvanometer keine dauernde Ablenkung, sondern bewirkt nur einen Ausschlag, der nach einigen Schwingungen verschwindet; das nähere s. (177).

Nadelgalvanometer.

(119) Verwendung. Die Galvanometer mit einem schwingenden System von permanenten Magneten werden mehr und mehr durch die für die Anwendung bequemeren Drehspulengalvanometer verdrängt und finden mit Vorteil nur noch da Anwendung, wo besonders feine Untersuchungen angestellt werden müssen (Strahlungsmessungen, bei Widerstandsthermometern usw.) bei denen eine möglichst große Empfindlichkeit der Messung erreicht werden soll.

Immerhin bieten sie auch mancherlei Vorteile (bequeme Empfindlichkeits-veränderung) und sind auch noch vielfach in verschiedene Ausführungen in den Laboratorien vorhanden, so daß sie als die ursprünglich einzigen Strommeßapparate auch heute noch Berücksichtigung verdienen.

Ihr Hauptnachteil besteht darin, daß sie von äußeren Störungen des Erd-feldes durch elektrische Bahnen usw. stark abhängen, so daß vorteilhaft astasierte oder durch Eisenumhüllungen geschützte Galvanometer benutzt werden (siehe Kugelpanzergalvanometer (124)).

Aber auch gegen das Erdfeld und äußere Störungen an sich geschützte Galvano-meter können durch äußere magnetische Störungen stark beeinflußt werden, wenn der Galvanometerkreis Schleifen besitzt, in welchen durch das wechselnde Feld Ströme induziert werden. Man hat daher nach Möglichkeit darauf zu achten, daß keine derartigen Stromschleifen entstehen, indem man die Hin- und Rück-leitungen direkt nebeneinander legt. Dies gilt auch für die Drehspulengalvano-meter. Vgl. auch (107)—(110).

(120) Empfindlichkeit des Nadelgalvanometers. Beim Nadelgalvanometer hängt die Direktionskraft, da die Torsionskraft des Fadens meist zu vernachlässigen ist, nur vom Richtfeld ab, das durch Richtmagnete in weiten Grenzen variiert werden kann (Astasierung). Damit wird gleichzeitig die Schwingungsdauer verändert.

Ersetzt man die Spule vom Widerstand R durch eine solche vom Widerstand $1\,\varnothing$, deren Wicklung denselben Raum einnimmt, so wird das Drehmoment der Spule im Verhältnis $\sqrt{R}$ kleiner.

Bedeutet $\mathfrak{H}$ das Feld einer Spule von $1\,\varnothing$ für den Strom 1 CGS am Ort der Nadel (vom magnetischen Moment $\mathfrak{M}$), so ist, wenn a eine Konstante bedeutet, die Stromempfindlichkeit

$$\varepsilon = \left(a\,\frac{\mathfrak{M}}{\theta}\cdot\mathfrak{H}\right)\sqrt{R}\ t^2$$

Der Klammerfaktor, in dem a einen konstanten, vom Instrument abhängigen Faktor bedeutet, ist die dem betreffenden Galvanometer entsprechende Empfind-lichkeits-Konstante. Je größer diese ist, desto größer ist die Empfindlichkeit. Es kommt also darauf an, das Verhältnis des magnetischen Moments $\mathfrak{M}$ zu dem Trägheitsmoment θ der Magnete möglichst groß und das Feld $\mathfrak{H}$ möglichst stark zu machen. Das erstere geschieht dadurch, daß man nach Vorgang von **T h o m s o n** viele kurze Magnete an einer gemeinsamen Achse befestigt oder Glockenmagnete verwendet (**S i e m e n s**), das letztere dadurch, daß man das System möglichst klein macht, um die Galvanometerwindungen dem Nadelsystem nahe bringen zu können.

Die größte Empfindlichkeit der V e r s u c h s a n o r d n u n g wird beim
Nadelgalvanometer meist dann erreicht, wenn der Widerstand der Galvanometer-
windungen gleich demjenigen des äußeren Schließungskreises gemacht wird.
Vorteilhaft ist es deshalb, auswechselbare Spulen verschiedenen Widerstandes
zu haben (es genügt das Verhältnis 1 : 10), auch wickelt man zweckmäßig zwei
Drähte parallel auf eine Spule, die entweder hintereinander oder parallel geschaltet
oder auch differential gebraucht werden können; dadurch entstehen verschiedene
Schaltungsmöglichkeiten.

Die Empfindlichkeit des Galvanometers läßt sich in weiten Grenzen mittels
sogenannter Astasierungsmagnete variieren. Falls die Schwingungsdauer durch
Schwächung des E r d f e l d e s vergrößert wird, so ist zu beachten, daß in
gleichem Maße, wie die Empfindlichkeit des Galvanometers wächst, auch die äußeren
magnetischen Störungen verstärkten Einfluß gewinnen. (Vermeidung dieses Übel-
standes siehe Kugelpanzergalvanometer (124).)

Verändert man den Widerstand des Nadelgalvanometers von R_1 zu R_2, die
Schwingungsdauer von t_1 zu t_2 und bezeichnet die entsprechenden Stromempfind-
lichkeiten mit ε_1 und ε_2, so wird

$$\frac{\varepsilon_1}{\varepsilon_2} = \frac{\sqrt{R_1}\ t_1{}^2}{\sqrt{R_2}\ t_2{}^2},$$

d. h. die Stromempfindlichkeit wächst mit dem Quadrat der Schwingungsdauer
(bei ungeändertem Trägheitsmomente) und mit der Wurzel aus dem Widerstand.
Daher kann durch Erhöhung der Schwingungsdauer (mittels Astasierung) die Empfindlichkeit erheblich vergrößert werden.

(121) Tangentenbussole, Sinusbussole, Torsionsgalvanometer. Bei diesen
Instrumenten ist die mathematische Abhängigkeit der Stromstärke von dem abgelesenen Ausschlag bekannt.

Die T a n g e n t e n b u s s o l e , welche sowohl als Spiegel- wie als
Zeigerinstrument in Gebrauch ist, hat früher vielfach zu absoluten Strom-
messungen gedient, findet heute aber im Laboratorium kaum noch Anwendung,
da man in der Zurückführung der Strommessung auf Normalwiderstand und
Normalelement ein viel bequemeres und zuverlässigeres Mittel zur genauen
Bestimmung des Stromes in absolutem Maße besitzt (vgl. 152 u. f. 174 u. f.).

Die Tangentenbussole besteht aus einem kreisförmig gebogenen Stromleiter,
in dessen Mittelpunkt ein kleiner Magnet horizontal drehbar entweder auf einer
Spitze aufgestellt oder an einem Kokonfaden aufgehängt ist. Der Stromreifen
wird in den magnetischen Meridian gerichtet. Bedeutet r den Radius des Strom-
reifens in Zentimeter, φ den Ausschlagswinkel, $\mathfrak{h}$ die Horizontalintensität des
Erdmagnetismus, so ist die Stromstärke i im Fall einer einzigen Windung

$$i = \frac{5}{\pi} \cdot r\, \mathfrak{h} \cdot \mathrm{tg}\, \varphi \ \text{Ampere}$$

Der Magnetismus der Nadel ist ohne Einfluß auf das Ergebnis. Der günstigste
Ausschlag beträgt 45°. (Näheres vgl. K o h l r a u s c h , Lehrbuch.)

Besondere Ausführungsformen sind die Tangentenbussole von G a u g a i n
und H e l m h o l t z , K e ß l e r u. a.

Bei der ersteren, welche eine größere Nadellänge anzuwenden ermöglicht,
als bei der gewöhnlichen Bussole benutzt werden kann, befindet sich die Nadel
im Abstand $\frac{1}{2} r$ von der Kreisebene entfernt. Hat man n Stromwindungen, so ist

$$I = \frac{7}{n\,\pi} \cdot r\, \mathfrak{h}\, \mathrm{tg}\, \varphi \ \text{Ampere}$$

S i n u s b u s s o l e. Ein beliebig gestalteter Multiplikator wirkt auf eine beliebige Magnetnadel; während der Messungen werden die beiden immer in dieselbe gegenseitige Stellung gebracht. Zu diesem Zweck ist der Multiplikatorrahmen um eine senkrechte Achse drehbar. Im Gleichgewicht ist dann

$$I = \text{Konst. } \sin \varphi$$

Als Sinusbussole wird häufig die T a n g e n t e n b u s s o l e nebenbei eingerichtet.

Das T o r s i o n s g a l v a n o m e t e r (mit Zeigerablesung) ist insofern bemerkenswert, als es der Vorläufer der jetzt fast ausschließlich gebrauchten „direkt zeigenden" Instrumente (Präzisionsamperemeter usw. s. 130) war und auch den Vorzug dieser Instrumente besitzt, durch äußere magnetische Störungen wenig beeinflußt zu werden. Es war früher in ausgedehntem Gebrauch, ist aber später durch die oben erwähnten Instrumente fast vollkommen verdrängt worden.

Auch bei diesem Instrument werden Magnet und Multiplikator immer in dieselbe gegenseitige Stellung gebracht, doch bleibt der Rahmen hier fest stehen, während die Magnetnadel nach einer Ablenkung mit Hilfe der Torsionsfeder des Instrumentes zurückgedreht wird. Das Drehungsmoment der Feder ist dem Drehungswinkel φ proportional, dasjenige des Rahmens dem Produkt $\mathfrak{M}\,I$ ($\mathfrak{M}$ = magnetisches Moment der Nadel), woraus folgt

$$I = \text{Konst.} \cdot \varphi$$

das Instrument hat also eine proportionale Skala.

Da die Konstante nicht die Stärke des Erdfeldes enthält, ist das Instrument von äußeren magnetischen Störungen, im Gegensatz zu den gewöhnlichen Nadelgalvanometern, in hohem Maße unabhängig. Das Torsionsgalvanometer wird so gebaut, daß die Konstante eine Potenz von 10 ist, so daß also der Stromstärke direkt abgelesen wird. Die Eichung geschieht am bequemsten mittels eines Kompensationsapparates in Verbindung mit einem Normalelement (174 u. f.).

(122) Empfindliches Nadelgalvanometer. Astasie. Die in (121) beschriebenen Galvanometer sind wenig empfindlich, da man nicht über die Genauigkeit der Winkelablesung hinauskommt, und da keine astasierten Magnete verwendet werden.

Die früher viel benutzten Spiegelgalvanometer mit einfachem Magnet (W i e d e - m a n n sches Galvanometer, S i e m e n s sches Glockengalvanometer) sind heute infolge der bedeutenden magnetischen Störungen durch elektrische Straßenbahnen kaum mehr anwendbar.

Man bedient sich deshalb entweder der Galvanometer mit astatischem Nadelpaar oder der durch Eisenhüllen geschützten Galvanometer, die auch empfindlicher sind als diejenigen mit einfachem Magnet. Die a s t a t i s c h e n Nadelpaare werden gebildet durch zwei gleich starke, entgegengesetzt gerichtete Magnete (bzw. Magnetsysteme), die entweder nach Fig. 38 a (T h o m s o n) oder b (W e i ß) kombiniert werden, wodurch die erdmagnetische bzw. künstliche Richtkraft bedeutend herabgesetzt wird. Dadurch, daß die Nadeln des Systems je durch eine besondere Spule in gleichem Sinn beeinflußt werden, verdoppelt sich die Stromempfindlichkeit.

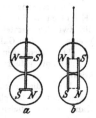

Fig. 38. Astatische Nadelpaare.

(123) Galvanometer von Thomson und du Bois und Rubens. Die aus kurzen Magnetnadeln gebildeten Systeme sind auf dem zur Ablesung dienenden Spiegel befestigt. Beide Galvanometer haben 4 Rollen, zwei für das obere (a) und zwei für das untere (b) Magnetsystem (Fig. 39), so daß verschiedene Schaltungsweisen ausgeführt werden können, um das Galvanometer dem jeweiligen Zweck anzupassen. (Mit 4 Spulen von je 20 und von je 2000 Ohm lassen sich z. B. folgende Widerstände schalten: 5, 20, 80, 500, 2000, 8000 Ohm.)

Wenn das schwingende System gut astatisch ist, d. h. wenn die beiden entgegengesetzt gerichteten Systeme sehr nahe gleiches magnetisches Moment besitzen und möglichst parallel gerichtet sind, hat ein homogenes Feld, wie das Erdfeld, nur eine geringe Einwirkung auf das System, und auch durch magnetische Störungen wird es nur wenig beeinflußt.

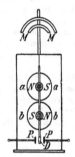

Fig. 39. Thomsonsches Galvanometer.

Meist bilden die beiden Magnetsysteme einen kleinen Winkel miteinander und die Ebene der Systeme stellt sich dann quer zum magnetischen Meridian, so daß die Resultante beider Systeme mit diesem zusammenfällt. Eine noch weiter gehende Astasierung kann man unter Umständen erreichen, wenn man dem schwächeren Magnetsystem nach dem Vorgang von S i e m e n s & H a l s k e ein Drahtbündel nähert.

Durch äußere Magnete gibt man dem System meist eine bestimmte Richtung, die beliebig zum magnetischen Meridian gerichtet sein kann, von dem man auf diese Weise unabhängig wird.

Man benutzt gewöhnlich zwei oberhalb des Galvanometers an einer gemeinsamen Achse angebrachte Richtmagnete, die zur Erzielung eines homogenen Feldes am Orte der Nadel nach unten gebogen sind (M; Fig. 39). Diese Magnete können in vertikaler Richtung verschoben und gegeneinander verdreht werden. Wenn die Pole entgegengesetzt gerichtet sind, hebt sich die Wirkung auf die beweglichen Magnete auf. Zum Zweck der Astasierung geht man zweckmäßig von dieser Stellung aus und bringt gleichzeitig die Richtmagnete in größere Entfernung von dem beweglichen System. Indem man sie dann langsam gegeneinander verdreht und allmählich nähert, kann man dem beweglichen System innerhalb bestimmter Grenzen jede beliebige Richtung und Schwingungsdauer erteilen.

Bei leichteren Systemen ist eine Schwingungsdauer (halbe Periode) von 10 sk als groß zu betrachten; darüber hinaus wird man selten gehen, da sonst für eine Ablesung eine zu erhebliche Zeit erforderlich ist. Denn in diesem Fall vergeht selbst bei guter Dämpfung des Systems nach einem Ausschlag ca. $^1/_2$—$^3/_4$ Minuten, bis das Galvanometer zu einem neuen Ausschlag bereit ist.

Das schwingende System des Galvanometers von d u B o i s und R u b e n s (K e i s e r & S c h m i d t) besitzt am unteren Ende eine Dämpferscheibe D, die zwischen verstellbaren Metallplatten P schwingt (Luftdämpfung). Auf diese Weise kann dem Galvanometer eine geeignete Dämpfung erteilt werden.

Die Zuleitungen zu den 4 Spulen sind an Klemmen an der Bodenplatte des Instruments geführt, um die verschiedenen Schaltungen bequem ausführen zu können.

Wird die „normale Stromempfindlichkeit" des Instruments (117) mit ε_0 bezeichnet, so berechnet sich die einer Schwingungsdauer t und einem Widerstand R der Spulen entsprechende Stromempfindlichkeit ε als

$$\varepsilon = \frac{\varepsilon_0}{25} \cdot \sqrt{R} \cdot t^2$$

Die normale Stromempfindlichkeit ε_0 beträgt für T h o m s o n sche Galvanometer (E l l i o t) und für dasjenige von d u B o i s - R u b e n s (mit schwerem System) etwa $\varepsilon_0 = 20$.

(24) Panzergalvanometer. Noch bedeutend besser gegen das äußere Feld geschützt sind die mit Eisenhüllen umgebenen Galvanometer, von denen das gleichfalls von d u B o i s und R u b e n s konstruierte sogenannte K u g e l - p a n z e r g a l v a n o m e t e r [1]) (S i e m e n s & H a l s k e) wohl am bekanntesten ist (Fig. 40).

Dasselbe besitzt nur e i n , an einem kurzen Quarzfaden q aufgehängtes Magnetsystem (μ), das innerhalb zweier Spulen (a) schwingt, die zusammen eine von weichem Eisen umschlossene Kugel bilden. Eine zweite Hohlkugel b aus weichem Eisen, innerhalb deren sich die Astasierungs-magnete (m) befinden, umschließt diese und wird ihrerseits noch von einem dritten zylinderförmigen Mantel (c) aus. weichem Eisen umgeben. Außerhalb dieses Mantels befinden sich die beiden Richtmagnete M. Ablesespiegel S und Dämpferscheibe P sind unter-halb des Magnetsystems angebracht.

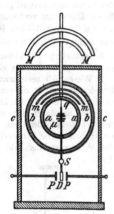

Fig. 40. Kugelpanzer-galvanometer.

Durch die mehrfachen Eisenhüllen ist das Magnet-system dem Einfluß des Erdfeldes fast völlig entzogen; an seine Stelle tritt als Richtkraft des Systems das künstliche Feld der Magnete m, bzw. das der beiden Magnetsysteme m und M.

Dieses gegen äußere Einflüsse somit vorzüglich geschützte Galvanometer kann meist nur auf einer J u l i u s schen Aufhängung (105) benutzt werden, da das leichte Magnetsystem gegen Erschütterungen sehr empfindlich ist. Das den Instrumenten jetzt bei-gegebene (früher als das schwerere System bezeichnete) Magnetsystem besitzt ungefähr eine normale Strom-empfindlichkeit (117) $\varepsilon_0 = 60$ bis 80. Das „leichte System" ist meist wegen der Erschütterungen nicht brauchbar; es hat etwa die 10 fache Empfindlichkeit (vergl. auch 127).

Drehspulengalvanometer.

(125) Verwendung. Die Drehspulengalvanometer werden wegen ihrer starken elektrodynamischen Dämpfung (116) am besten im aperiodischen Grenzzustand benutzt (116); hierbei ist auch die Spannungsempfindlichkeit praktisch am größten. Da das Galvanometer häufig auch im offenen Stromkreis zur Ruhelage zurück-kehren soll, ist eine mäßige Dämpfung durch den Rahmen im offenen Stromkreis erwünscht. Dadurch wird die Empfindlichkeit nur unwesentlich verringert (bei einem Dämpfungsverhältnis $k = 2$ z. B. nur um 10 %). Durch eine Kurzschlußtaste kann man übrigens meist das Galvanometer sehr schnell dämpfen.

Während bei den Nadelgalvanometern in der günstigsten Meßanordnung der Widerstand der Spule gleich dem äußeren Widerstand zu machen ist, muß beim Drehspulengalvanometer in der günstigsten Schaltung der Widerstand des äußeren Stromkreises gerade den Grenzfall der aperiodischen Schwingung herbeiführen, während der Klemmenwiderstand des Galvanometers möglichst klein sein soll gegen den Gesamtwiderstand des Schließungskreises. (128)

Die Drehspulengalvanometer sind in hohem Maße von dem Erdfeld und äußeren Störungen unabhängig. Starke Magnetfelder in der Nähe des Instru-ments können die Einstellung der stromdurchflossenen Spule allerdings beein-flussen; deshalb ist auch zu berücksichtigen, daß zwei nahe beieinander aufge-stellte Instrumente dieser Art sich stören können. (Der Nullpunkt des o f f e n e n

[1]) Ann. d. Phys. (4), Bd. 2, S. 84. 1900; Zeitschr. f. Instrk. Bd. 20, S. 65. 1900.

Instruments wird natürlich dadurch nicht verändert.) Die Direktionskraft, welche
dem Drehmoment der Spule entgegenwirkt, wird durch einen Metalldraht bzw.
ein ebensolches Band sowie durch die zweite, untere Stromzuführung geliefert. Das
Drehmoment der feststehenden Magnete auf die bewegliche Spule ist proportional
der Feldstärke, der Stromstärke und der Windungsfläche der Spule. Für den
aperiodischen Grenzfall ergibt sich als maximal erreichbare Stromempfindlichkeit

$$\varepsilon = \sqrt{\frac{2\pi t R}{D}}$$ (alle Größen in CGS), wobei vorausgesetzt wird, daß der Widerstand

der Spule sehr klein ist gegen R. Wenn dies nicht der Fall ist, und auch im offenen
Kreis Dämpfung vorhanden ist, wird die Empfindlichkeit kleiner. (Näheres siehe
J a e g e r, Ann. d. Phys. (4) Bd. 21, S. 64, 1906). Die Empfindlichkeit wächst also
wie beim Nadelgalvanometer mit $\sqrt{R}$, aber nur mit $\sqrt{t}$ (statt mit t^2 beim Nadelgalvanometer). Für kleine Schwingungsdauern (Oszillograph) ist daher das Dreh-
spulensystem besonders günstig.

Wesentlich bestimmend für die Empfindlichkeit ist, wie man sieht, die
Direktionskraft D, die man möglichst klein zu machen suchen muß; allerdings ist
es dann auch nötig, die Trägheit (θ) im selben Verhältnis zu verringern, wenn die
Schwingungsdauer nicht vergrößert werden soll. Hauptsächlich für Galvanometer
mit kleinem Widerstand, die neuerdings immer mehr Bedeutung gewinnen (174),
entstehen hierbei Schwierigkeiten, weil bei einer Verringerung der Direktionskraft
der Widerstand der Zuleitungen zur beweglichen Spule zunimmt.

(126) **Ausführungsformen.** Die Drehspulengalvanometer mit Spiegelablesung werden verschieden gebaut. Bei manchen Ausführungen
schwingt die Spule R in dem schmalen Luftraum zwischen den Magnetpolen M und einem
Weicheisenkern E (S i e m e n s & H a l s k e,
Fig. 41), bei anderen Galvanometern (A y r t o n
& M a t h e r) ist die Spule lang und ganz schmal,
und es ist kein Eisenkern vorhanden (Fig. 42).

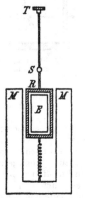

Fig. 41. Drehspulengalvanometer   Fig. 42. Drehspulengalvanometer
(Siemens & Halske).   (Ayrton & Mather).

Bei der Ausführung mit Eisenkern schwingt die Spule in einem Feld, in dem die
Kraftlinien radial verlaufen, so daß der Ausschlag nahe proportional der Stromstärke ist.

In den Katalogen der Firmen fehlen leider meist Angaben darüber, mit welchem
Widerstand die Galvanometer aperiodisch werden; überflüssigerweise ist dagegen
häufig dem Galvanometer ein Ballastwiderstand oder deren mehrere beigefügt.
Die bloße Angabe der Stromempfindlichkeit ist nicht ausreichend und kann sogar
irreführend sein, da ein Galvanometer von geringerer Stromempfindlichkeit häufig
eine größere Meßgenauigkeit gibt. Maßgebend ist die S p a n n u n g sempfindlich-
keit für den aperiodischen Grenzfall und der in diesem Fall zur Verfügung
stehende äußere Widerstand, durch den das Galvanometer geschlossen wird.

Die Justierung der Drehspulengalvanometer geschieht meist mit Hilfe einer auf dem Grundbrett des Instruments angebrachten Dosenlibelle, die so justiert sein muß, daß die Spule sich in der richtigen Lage befindet, wenn die Libelle einspielt. Nach länger dauernden großen Ausschlägen zeigen die Instrumente häufig eine Nullpunktsänderung infolge elastischer Nachwirkung des Aufhängedrahtes. Bei kleinen Ausschlägen tritt dieser Übelstand nicht ein.

Die Instrumente lassen sich leicht auf einen bestimmten Teilstrich der Skala einstellen durch Drehen an einem „Torsionskopf" (T) der sich am oberen Ende des Aufhängedrahtes befindet.

Die größte bis jetzt erreichte „normale Stromempfindlichkeit" (117) entsprechend einer Direktionskraft von $D = 0,6$ CGS ist etwa (vgl. auch 126)

$$\varepsilon_0 = 15.$$

Empfindliche Instrumente für 1 $\mathcal{B}$ äußeren Widerstand sind zurzeit noch nicht vorhanden (s. die Bemerkungen über den Widerstand der Zuleitung). Dagegen gibt es schon recht empfindliche Instrumente für 10 bis 20 $\mathcal{B}$ ((Zeitschr. Instrk. 1908, S. 206), die für Kompensationsapparate von kleinem Widerstand geeignet sind. (D i e s s e l h o r s t, Zeitschr. Instrk. 1906, S. 173 und 297). Die Schwingungsdauer beträgt, wenn man von den ballistischen Instrumenten absieht, meist 5 bis 7 sk.

Bei 5 Sekunden Schwingungsdauer (halbe Periode) und 2 m Skalenabstand kann bei diesen Instrumenten zurzeit etwa ein Ausschlag von 5—6 Skalenteilen für 1 μ V erreicht werden, falls der Widerstand zwischen den Klemmen auf etwa 10 $\mathcal{B}$ verringert ist. Mittels der angegebenen Formeln läßt sich leicht die Empfindlichkeit für andere Fälle angenähert berechnen. Zweifellos sind noch weitere Fortschritte auf diesem Gebiet zu erreichen und zu erwarten.

Auch als b a l l i s t i s c h e Galvanometer werden die Drehspuleninstrumente gebaut und sind auch hier am brauchbarsten im aperiodischen Grenzzustand (Ann. d. Phys. (4) Bd. 9, S. 458, 1902 und Bd. 21, S. 81, 1906).

Die Empfindlichkeit des Drehspulengalvanometers läßt sich nicht in so einfacher Weise verändern wie diejenige der Nadelgalvanometer. Es werden für diesen Zweck zwar Instrumente mit magnetischem Nebenschluß geliefert, durch den der Wert von d verändert werden kann. Dadurch werden aber auch die Konstanten des Instruments mit Ausnahme der Schwingungsdauer geändert. Am Besten verwendet man Instrumente mit mehreren Einsätzen.

Da es für die Beobachtung am bequemsten ist, im aperiodischen Grenzzustand zu arbeiten, verringert man die Empfindlichkeit des Galvanometers zweckmäßig nicht durch Vorschalten eines Widerstandes, sondern dadurch, daß man es durch einen Widerstand schließt, der den Grenzzustand herbeiführt, und daß man von einem Teil dieses Widerstandes die Zuleitungen zu dem äußeren Stromkreis abzweigt.

(127) Saitengalvanometer. Eine Abart der Drehspulengalvanometer ist das E i n t h o v e n s c h e S a i t e n g a l v a n o m e t e r (Ann. d. Phys. (4) Bd. 12, S. 1059, 1903). In dem Feld eines sehr kräftigen Elektromagnets befindet sich ein versilberter Quarzfaden, der an beiden Enden eingeklemmt ist und bei Stromdurchgang eine Ausbiegung erfährt; diese wird mit einem Mikrometer-Mikroskop gemessen. Man erhält eine große Stromempfindlichkeit und sofortige Einstellung bei allerdings sehr hohem Galvanometerwiderstand. Die Stromempfindlichkeit, welche hier nicht durch einen Ausschlagswinkel, sondern durch eine Verschiebung gemessen wird, wird zu 10^{-12} A angegeben bei einem Widerstand von 10000 bis 20000 $\mathcal{B}$.

Zeigergalvanometer.

(128) Arten der Zeigergalvanometer. Die Praxis verlangt direkt zeigende Apparate mit einer zeitlich unveränderlichen Empfindlichkeit, an denen man direkt die Größe von Strom oder Spannung, die man zu messen wünscht, abliest. Man hat sowohl Spulengalvanometer wie Nadelgalvanometer für diesen Zweck brauchbar gemacht. Eigentlich sind alle im folgenden besprochenen Galvanometer S t r o m - m e s s e r ; man kann sie aber, wenn sie genügend empfindlich sind, durch Vorschalten eines größeren konstanten Widerstandes auch zur Messung von S p a n n - u n g e n brauchbar machen.

(129) Nadelapparate. Hierhin gehört das erste die Stromstärken in Ampere genau messende Instrument, das Torsionsgalvanometer von S i e m e n s (121). Es ist jetzt von den bequemeren und genaueren Drehspulen-Apparaten verdrängt worden.

Eine wichtige Rolle in der Praxis spielen die sog. W e i c h e i s e n a p p a r a t e. Im Magnetfeld einer fest angeordneten Spule ist drehbar ein Weicheisenstück angeordnet. Durchfließt ein Strom die Spule, so wird das Weicheisenstück magnetisiert und in die Stellen größter magnetischer Kraftliniendichte gedreht. An dem Weicheisenstück ist ein Zeiger befestigt, der über einer Skala schwingt. Die Apparate werden meist mit horizontaler Drehachse als Schaltbrettapparate gebaut; die Richtkraft bildet in der Regel die Schwere. Als Dämpfung wird am besten eine Luftdämpfung benutzt, darin bestehend, daß ein mit dem beweglichen System verbundener Flügel in einem möglichst abgeschlossenen Kasten schwingt. Die Skale ist nicht gleichmäßig; man hat aber durch geeignete Formengebung des Eisenstückes in gewissen Grenzen ihre Gestalt in der Hand. Da es sich in der Regel um Schaltbrettapparate handelt, so wird die Skale so geteilt, daß man direkt die Spannung in Volt bzw. den Strom in Ampere abliest.

Infolge der Hysterese des Eisenkernes wird die Eichung im allgemeinen für wachsende und fallende Stromstärke in der Spule etwas verschieden ausfallen.

Neuerdings werden von der W e s t o n C o m p. Weicheisenapparate mit vertikalen Achsen und Federn als Richtkraft in den Handel gebracht, die den Charakter von Präzisionsapparaten haben.

(130) Drehspulengalvanometer. (126) Die Kupferspule ist auf ein leichtes Kupferrähmchen (Dämpfung) gewickelt und dreht sich zwischen den Polen eines kräftigen permanenten Magnetes. Ein zylindrisches Eisenstück zwischen den Polen läßt nur einen schmalen zylindrischen Luftraum frei, durch welchen sich die Spule frei bewegt. Die Spule trägt zwei Stahlspitzen (oft ohne durchgehende Achse), mit denen sie zwischen zwei Steinen (Rubinen) ruht. Die Stromzuführungen werden von zwei flachen Spiralfedern gebildet, die gleichzeitig die Richtkraft für das bewegliche System abgeben. Nur bei sehr empfindlichen Apparaten wird die Spitzenlagerung durch eine kurze Fadenaufhängung ersetzt (S i e m e n s & H a l s k e und M o h s, Phys.-Zeitschr., Bd. 11, S. 55. 1910).

Der Magnet sowohl wie die Federn dürfen zeitlich ihre Stärke nicht verändern, weil sich sonst die Eichung des Apparates ändert. Der Zeiger ist bei den sogenannten Präzisionsapparaten messerartig zugeschärft und schwingt dicht über einer Skale, zu der parallel ein Spiegelstreifen angeordnet ist. Letzterer ist angebracht, um eine Parallaxe bei der Ablesung zu vermeiden. Die Skale besitzt bei fast allen Präzisionsapparaten 150 annähernd einander gleiche Intervalle; die zu messende Stromstärke erhält man in der Regel durch Multiplikation der abgelesenen Skalenteile mit einer einfachen Zahl K, der „Konstanten" des Apparates; z. B. ist die Konstante des häufig gebrauchten Milliamperemeters $^1/_{1000}$. Bei gut gebauten Drehspulenapparaten erfolgt die Einstellung fast aperiodisch und mit großer Schärfe; die Ablesungen sind ohne Schwierigkeit ·bis auf 0,1 Skalenteile ausführbar. Da sich die Spule in einem starken Magnetfelde befindet, so sind die Apparate gegen äußere Magnetfelder verhältnismäßig unempfindlich. Das Erdfeld pflegt gerade noch merkbar zu sein; die Firmen pflegen deshalb durch einen Pfeil anzudeuten, welche Richtung in den Meridian gebracht werden soll. Über die günstigste Spulenform s. Herain ETZ S. 665. 1908.

Schaltet man vor einen derartigen empfindlichen Strommesser einen größeren Widerstand aus Manganin, so wird er zu einem Spannungsmesser. (172.)

Größere Ströme können schon wegen der Zuführungen des Stromes durch die flachen Spiralfedern nicht direkt in den Meßapparat eingeführt werden; man benutzt daher einen Nebenschluß. (171).

Die empfindlichsten im Handel erhältlichen Apparate mit Spitzenlagerung sind:

Zahl der Teilstriche	Meßbereich	Widerstand	Firma
150	60 mV	2 Ø	{ Weston { H. & Br.
150	45 mV	10 Ø	S. & H.

Die Drehspulenapparate werden auch vielfach als Schaltbrettapparate ausgeführt. In diesem Falle pflegt die Skale direkt, ohne daß eine Multiplikation nötig ist, die gewünschte Stromstärke oder Spannung zu geben. Zuweilen wird, um Platz zu sparen, der Zeiger am Ende rechtwinklig umgebogen, so daß der über der Skale spielende Teil parallel zur Drehachse steht; die Skale bildet ein zylinderförmig gebogenes schmales Band (Profilinstrumente).

Literatur.

Handbuch der Elektrotechnik II, 4—6 von R. O. Heinrich und D. Bercovitz. Ferner Hausrath, Die Galvanometer. Helios 1909, S. 133, 173—269; Brion, Helios 1909, S. 1—49.

Differentialgalvanometer.

(131) Verwendung. In denjenigen Fällen, wo man die Gleichheit zweier Ströme untersuchen oder eine geringe Ungleichheit derselben mit großer Schärfe messen will, kann man ein Galvanometer mit zwei gleichen Wicklungen verwenden, durch die man die zu vergleichenden Ströme in entgegengesetzten Richtungen sendet. Der Ausschlag ergibt die Differenz der zu vergleichenden Ströme, wenn man die Angaben des Instruments in absolutem Maße kennt; dazu ist erforderlich, daß man das Galvanometer als einfaches Instrument mit nur einer von beiden Windungslagen eicht. Methoden, bei denen das Differentialgalvanometer verwendet werden kann, werden hierdurch meist sehr bequem und geben bei richtig gewählter Anordnung sehr genaue Resultate.

Ausführung. Als Differentialgalvanometer kann man jede beliebige Form des Galvanometers benutzen, wenn man ihm zwei gleiche Wicklungen gibt. Die Drähte sollen miteinander aufgewunden werden, d. h. jede Galvanometerrolle soll beide Drähte nebeneinander enthalten; andernfalls entstehen bei aufgehängten Magnetnadeln leicht seitliche Bewegungen der letzteren.

Statt zwei Wicklungen von gleicher Wirkung zu nehmen, kann man auch solche Multiplikatoren verwenden, deren Wirkungen in einem bekannten Verhältnis stehen, oder kann einer Wicklung einen passenden Nebenschluß geben.

Prüfung eines Differentialgalvanometers. Verbindet man die beiden Windungen hinter- und gegeneinander, so muß die Nadel auch bei den stärksten Strömen, die bei der Verwendung des Instrumentes vorkommen, in Ruhe bleiben. Ist diese Bedingung nicht erfüllt, so kann man die Wirkung etwa purch Zusatzwindungen, die man der schwächeren Spule zufügt, gleichmachen.

In manchen Fällen ist gleiche Wirkung der Spulen nicht erforderlich, z. B. bei der Widerstandsmessung nach der K o h l r a u s c h schen Methode des übergreifenden Nebenschlusses; in diesem Fall ist es auch nicht nötig, daß beide Spulen gleichen Widerstand besitzen (J a e g e r , Zeitschr. Instrk. 1904, S. 288).

Bei den Drehspulengalvanometern bietet die Herstellung von Instrumenten mit differentialer Wicklung Schwierigkeiten, weil dann 4 Zuleitungen notwendig werden. Empfindliche Spiegelgalvanometer dieses Typs sind noch nicht auf dem Markt.

Wahl eines passenden Galvanometers.

(132) Die Wahl des zu einer Messung zu benutzenden Galvanometers hängt von der Genauigkeit ab, die man zu erreichen wünscht.

Wenn diese nicht größer als etwa $1^0/_{00}$ ist, kann man vorteilhaft die sehr bequemen Zeigerinstrumente anwenden, welche direkt die zu messende Größe abzulesen gestatten (Präzisionsamperemeter, -voltmeter usw. (130).

Auch für noch größere Meßgenauigkeit kommt man häufig bei Anwendung von Nullmethoden noch mit Zeigergalvanometern aus, besonders wenn solche mit aufgehängtem System benutzt werden z. B. „Pyrometer" von S i e m e n s & H a l s k e.

Zu den im Gebrauch oft unbequemen Spiegelgalvanometern wird man nur dann greifen, wenn man eine größere Genauigkeit wünscht, oder die vorhandenen Zeigergalvanometer für den beabsichtigten Zweck nicht ausreichen (Messung s e h r kleiner Ströme, Spannungen usw.).

Wenn es sich darum handelt, die Empfindlichkeit eines Galvanometers möglichst auszunutzen, so muß man die Meßmethoden hinsichtlich der Widerstandsanordnung usw. danach einrichten oder bei gegebenen Anordnungen eine passende Schaltung des Galvanometers wählen oder z. B. bei Drehspulengalvanometern unter mehreren das den Widerstandsverhältnissen der Anordnung am meisten entsprechende wählen. Man muß im allgemeinen möglichst danach streben, der Meßanordnung einen so kleinen Widerstand zu geben als möglich, weil dann die Spannungsempfindlichkeit des Galvanometers, welche für die Meßgenauigkeit bestimmend ist, am größten wird. Dabei ist zu beachten, daß für die Berechnung der S p a n n u n g s empfindlichkeit (117) aus der S t r o m empfindlichkeit bei den Nadelgalvanometern im allgemeinen der doppelte Spulenwiderstand einzusetzen ist, weil im günstigsten Fall der Widerstand des äußeren Schließungskreises dem Spulenwiderstand gleich ist. Die „Normale Spannungsempfindlichkeit" (für 1 μV) beträgt daher bei den Nadelgalvanometern die H ä l f t e der für die normale Stromempfindlichkeit angegebenen Zahlen (123, 124) während bei den Drehspulengalvanometern (126) beide Zahlen identisch sind. Da aber bei den meisten Messungen die S p a n n u n g s empfindlichkeit maßgebend ist, so gestalten sich die Verhältnisse für die Drehspulengalvanometer noch günstiger, als aus den für die Stromempfindlichkeit angegebenen Zahlen geschlossen werden könnte. Doch kann durch Erhöhung der Schwingungsdauer (*t*) bei diesen Instrumenten die Empfindlichkeit nur proportional mit $\sqrt{t}$ vergrößert werden (125), so daß für größere Schwingungsdauern das Verhältnis gegenüber dem Nadelgalvanometer (120) immer ungünstiger wird. (Näheres über diese Gesichtspunkte siehe bei den verschiedenen Meßmethoden für Widerstandsmessungen siehe auch Zeitschr. Instrk., Bd. 26, S. 69, 1906.

Für b a l l i s t i s c h e Messungen sind Galvanometer von großer Schwingungsdauer (ungedämpfte halbe Periode etwa 10 sk. und mehr) zu wählen, weil sonst der Umkehrpunkt nicht mit Sicherheit abzulesen ist.

Galvanometer von großem Widerstand finden z. B. bei Isolationsmessungen oder beim Arbeiten mit einem Kompensationsapparat von großem Widerstand Anwendung.

Dynamometer.

(133) Das Dynamometer (W. W e b e r) besteht aus zwei stromdurchflossenen Spulen (oder Spulensystemen), von denen die eine in der Regel fest steht, die andere beweglich ist. Werden die feste und bewegliche Spule bzw. von den Gleichströmen I und i durchflossen, so ist die Kraft (Anziehung oder Abstoßung), die sie aufeinander ausüben, gleich $K I i$. Dabei hängt K von den Windungszahlen und der geometrischen Lage der Spulen zueinander ab. Schaltet man beide Spulen hintereinander, so daß sie also von demselben Strom I durchflossen werden, so ist die Kraft, die sie aufeinander ausüben, gleich $K I^2$, d. h. proportional dem Quadrat der Stromstärke; diese Eigenschaft macht das Dynamometer zur Messung von effektiven Wechselstromstärken geeignet (195).

Beim a b s o l u t e n D y n a m o m e t e r sind die Spulen derartig angeordnet, daß man aus ihren geometrischen Abmessungen und ihrer gegenseitigen Lage die Konstante K berechnen, somit den Strom im absoluten Maß bestimmen kann (z. B. Wage nach Lord R a y l e i g h, das H e l m h o l t z sche absolute Dynamometer vgl. Wied. Ann. Bd. 59, S. 532, 1896). Diese Apparate kommen für den technischen Gebrauch nicht in Frage.

(134) Stromwage. Torsionsdynamometer. Nach der Ablenkung durch den Strom werden die beiden Spulen durch geeignete Vorrichtungen in ihre ursprüngliche Lage zueinander zurückgeführt; in dieser wird dann die Kraftwirkung gemessen; d. h. K ist eine Konstante, deren Wert experimentell bestimmbar ist. Die Größe der Kraft wird entweder durch Gewichte (Stromwagen) oder durch Torsionsfedern (Torsionsdynamometer) gemessen.

S t r o m w a g e v o n L o r d K e l v i n (W. T h o m s o n). An den Enden eines Wagebalkens ist je eine Spule mit horizontaler Windungsfläche angebracht; die Zuführung zu diesen hintereinander geschalteten Spulen erfolgt durch zwei bandförmig angeordnete Bündel feiner Drähte, an denen gleichzeitig der Wagebalken hängt. Jede Spule des beweglichen Systems schwebt zwischen zwei festen Spulen. Das feste System wird also von vier Spulen gebildet, die hintereinander geschaltet sind, und deren Windungsrichtungen so gewählt sind, daß die Kraftwirkungen auf die beiden beweglichen Spulen sich addieren. Die Windungsrichtungen der beiden beweglichen Spulen sind einander entgegengesetzt gerichtet, um die Wirkung des Erdmagnetismus zu eliminieren. Die Kraftwirkung des festen Systems auf das bewegliche wird durch besonders abgeglichene Gewichte gemessen, die auf einer mit dem Wagebalken verbundenen Skale derart verschoben werden, daß der Wagebalken horizontal einsteht, und daß somit festes und bewegliches System stets in dieselbe geometrische Lage zueinander zurückgeführt werden. Die Verschiebung des Gewichtes auf der Skale ist daher proportional dem Produkt der Ströme I und i.

Bei den T o r s i o n s d y n a m o m e t e r n steht die Windungsebene der beweglichen Spule senkrecht zu derjenigen der festen. Die bewegliche Spule wird durch die Kraft einer Torsionsfeder nach jeder Ablenkung in die ursprüngliche Lage zurückgeführt; das Drehmoment wird durch den Torsionswinkel der Feder gemessen und ist wiederum proportional dem Produkt der Ströme I und i.

Um vom Einfluß des Erdmagnetismus unabhängig zu werden, stellt man den Apparat so, daß die Windungsebene der beweglichen Spule zum Meridian senkrecht steht, oder besser, man macht eine zweite Ablesung, nachdem man die Stromrichtungen in beiden Spulen umgekehrt hat, und nimmt aus beiden Ablesungen das Mittel. Ist die bewegliche Spule in zwei mit parallelen Achsen übereinander angeordnete Spulen von gleicher Größe und Windungszahl zerlegt (astatisches System)' so ist dadurch die Wirkung des Erdmagnetismus aufgehoben. (S i e m e n s & H a l s k e.)

Die Stromzuführung zur beweglichen Spule erfolgt mittels Quecksilbernäpfe oder schwacher Kupferbänder bzw. -spiralen. Die Zuführung durch Quecksilber kommt vornehmlich für stärkere Ströme in Frage, hat aber leicht unsichere Einstellungen zur Folge, die man durch leises Klopfen oder dadurch beseitigt, daß man auf das Quecksilber einen Tropfen ganz schwacher Salpetersäure bringt.

Da die Apparate meist ungedämpft sind, so sind sie für genauere Messungen nur bei durchaus ruhigem Strom verwendbar.

Um eine unveränderliche Lage der Spulen zueinander und damit eine Unveränderlichkeit der Konstanten K zu gewährleisten, empfiehlt es sich, die bewegliche Spule nicht aufzuhängen, sondern in Spitzen zwischen zwei Steinen zu lagern. (Torsionsdynamometer von S i e m e n s & H a l s k e, G a n z & C o.)

Wagen und Torsionsdynamometer werden jetzt allmählich von den direkt zeigenden Dynamometern verdrängt.

(135) **Spiegeldynamometer** dienen zur Erzielung größerer Empfindlichkeit. Das bewegliche System wird nicht in seine ursprüngliche Gleichgewichtslage zurückgeführt, sondern es wird der Ausschlagswinkel beobachtet. Da letzterer in der Regel nur klein ist, so bleibt K nahezu eine Konstante, namentlich wenn die Wicklungen der Spulen geeignet ausgeführt werden (vgl. O. F r ö l i c h, Theorie des kugelförmigen Elektrodynamometers, Pogg. Ann. Bd. 143, S. 643, 1871, in neuer Form ausgeführt von S i e m e n s & H a l s k e. — Dynamometer von F. K o h l r a u s c h Wied. Ann. Bd. 11, S. 653, 1880; 15, S. 550, 1882, ausgeführt von H a r t m a n n & B r a u n).

(136) **Zeigerapparate.** Bei denjenigen Dynamometern, bei welchen die bewegliche Spule nicht in ihre ursprüngliche Lage zurückgeführt wird und die Ausschlagswinkel größer sind, ist K keine Konstante; hierher gehören die als Spannungs-, Strom- und Leistungsmesser ausgebildeten Zeigerapparate, die somit eine empirisch geteilte Skale besitzen. Diese Apparate sind für Wechselstrommessungen von großer praktischer Wichtigkeit geworden; s. Wechselstrommessungen (195, 196.).

Über Bau und Anwendung der I n d u k t i o n s m e ß g e r ä t e, die nur auf Wechselstrom ansprechen, s. (201).

Das Telephon als Meßinstrument für Wechselströme; Vibrationsgalvanometer.

(137) Das Hörtelephon ist als empfindliches Nullinstrument bei Wechselstrommessungen verwendbar, z. B. an Stelle des Galvanometers im Brückenzweig einer von Wechselstrom durchflossenen Wheatstoneschen Brücke. Über seine Anwendung vgl. die Messung von elektrolytischen Widerständen (169), Induktivitäten (180 ff.) und Kapazitäten (185 ff.). Über die Empfindlichkeit von Telephonen s. M. W i e n, Ann. d. Phys. (4) Bd. 4, S. 450, 1901; Bd. 18, S. 1049, 1905. Arch. f. Physiol. Bd. 97, S. 1, 1903.

Das optische Telephon von M. W i e n (Wied. Ann. Bd. 42, S. 593; Bd. 44, S. 681, 1891) ist ein Telephon, dessen Membran vorzugsweise auf einen Ton anspricht. Um die Schwingungen der Membran sichtbar zu machen, werden sie auf eine kleine, einen Spiegel tragende Feder übertragen, die auf den Ton der Membran abgestimmt ist. Man betrachtet mit einem Fernrohr in diesem Spiegel das Bild eines Spaltes oder eines Glühlampenfadens. Schwingt die Membran, so wird das Bild zu einem Band auseinandergezogen. Der Apparat reagiert nur auf Wechselstrom e i n e r Periodenzahl, die mit dem Eigenton der Membran übereinstimmt.

Bequemer arbeitet man mit Vibrationsgalvanometern (R u b e n s , Wied. Ann. Bd. 56, S. 27, 1896, M. W i e n , Ann. d. Phys. (4) Bd. 4, S. 442, 1901);

bei diesen wird die schwingende Membran ersetzt durch eine mehrere Weicheisen-
nadeln tragende Stahlsaite, welche Torsionsschwingungen ausführt.
Bei den Vibrationsgalvanometern von C a m p b e l l und D u d d e l l
(Phil. Mag. Ser. 6. Bd. 14, S. 494, 1907 u. Bd. 18, S. 168, 1909, C a m b r i d g e
S c i e n t. I n s t r. C o.) wird das bewegliche System, ähnlich, wie bei den bifilaren
Oszillographen (208,3) durch eine kleine Spule bzw. eine feine Drahtschleife zwischen
permanenten Magneten gebildet. Die Eigenfrequenz des beweglichen Systems
wird durch zwei Stege reguliert, welche die Länge der Tragedrähte begrenzen.

Elektrokalorimeter.

(138) Die Erwärmung eines Drahtes durch den Strom läßt sich zur Messung
des letzteren benutzen. Hat man nicht zu besorgen, daß im Widerstandsdraht
eine merkliche Hautwirkung (92,3) auftritt, so ist die Erwärmung durch Gleich-
und Wechselstrom dieselbe. Abgesehen von sekundären Störungen sind also
Elektrokalorimeter Apparate, welche mit Gleichstrom geeicht bei Gebrauch mit
Wechselstrom richtige Angaben machen. Die einzelnen Apparategattungen unterscheiden sich durch die Art und Weise, wie die Stromwärme gemessen wird.

a) H a r t m a n n & B r a u n benutzt in seinen Hitzdrahtapparaten die
V e r l ä n g e r u n g des Drahtes. Der zu messende Strom durchfließt einen
Platinsilberdraht; an einem mittleren Punkte des letzteren greift seitlich ein
zweiter Draht an, dessen Ende an der Grundplatte befestigt ist; ein dritter Draht,
dessen Ende in der Mitte des zweiten Drahtes angreift, führt über eine Rolle und
wird an seinem andern Ende durch eine Feder gespannt erhalten. Erwärmt sich
der erstere Draht, so wird sein mittlerer Punkt und derjenige des zweiten
Drahtes zur Seite gezogen, wobei die erwähnte Rolle gedreht und der mit der
letzteren verbundene Zeiger bewegt wird. Der Strommesser wird mit feststehender
Abzweigung bis zu hohen Stromstärken gebaut; er verbraucht maximal 0,2 bis
0,3 V. Der Spannungsmesser erfordert beim maximalen Ausschlag etwa 0,22 A.
Neuerdings werden die Hitzdrähte aus Platiniridium hergestellt und bis zu bedeutend höheren Temperaturen beansprucht; der Hauptvorteil dieses Materials
besteht darin, daß keine Nullpunktswanderung mehr auftreten (ETZ 1910, S. 268).

Bei den Apparaten zur Messung von Hochfrequenzströmen ist eine größere
Zahl von parallel geschalteten Hitzdrähten symmetrisch zwischen zwei parallelen
Ringen ausgespannt. (ETZ 1911. S. 1134.)

H i t z d r a h t - S p i e g e l i n s t r u m e n t e: F r i e s e (ETZ 1895, S. 726,
s. auch S. 784, 812); F l e m i n g (Phil. Mag. Ser. 6, Bd. 7, S. 595, 1904).

b) Messung durch W i d e r s t a n d s e r h ö h u n g (B a r r e t t e r). Der
Hitzdraht bildet einen Zweig einer Wheatstoneschen Brücke, deren übrige Zweige
aus einander gleichen Widerständen und Drosselspulen bestehen. Im Hauptzweig ist
eine Hilfs-Gleichstromquelle, im Brückenzweig
ein Galvanometer eingeschaltet. Legt man
nun an den Zweig mit dem Hitzdraht eine
Wechselstromquelle, so kann der Wechselstrom wegen der Drosselspulen nicht in die
anderen Zweige treten, er erwärmt also nur
den Hitzdraht und stört dadurch das Gleichgewicht der Brücke. Die Empfindlichkeit
der Barretter kann sehr groß gemacht werden.

Fig. 43. Strommessung durch
Thermoelemente.

F e s s e n d e n, ETZ 1902, S. 586 ff. B. G a t i, El. World Bd. 47, S. 1341, 1906.
Phys. Z. Bd. 10, S. 897, 1909. K. E. F. S c h m i d t, Phys. Z. 1906, S. 642;
1907, S. 601. Dynamobolometer von P a a l z o w und R u b e n s (Wied. Ann.
Bd. 37, S. 529, 1889) s. auch (1174, e). T i s s o t, J. phys. Bd. 3, S. 525, 1904.

c) Man kann auch t h e r m o e l e k t r i s c h e Kräfte benutzen, indem man in jeden der vier Zweige einer Wheatstoneschen Brücke ein (oder mehrere) Thermoelemente 1—4 schaltet (Fig. 43), von denen je eine Lötstelle an einen dicken Metallklotz gelötet ist, so daß sie konstante Temperatur besitzt. Haben alle vier Zweige den gleichen Widerstand, so gelangt kein Wechselstrom in den Brückenzweig. Andrerseits ist die Richtung der Thermokräfte so gewählt, daß sie durchweg einen G l e i c h strom derselben Richtung in den Brückenzweig schicken, der dort mit einem passenden Gleichstrominstrument G gemessen wird (S a l o m o n s o n Phys. Zeitschr. Bd. 7, S. 463, 1906). Durch Anwendung sehr feiner Drähte und Einschließen derselben in ein Vakuum kann eine sehr große Empfindlichkeit erreicht werden (S c h e r i n g, Zeitschr. Instrk. Bd. 32, S. 69, 101. Technische Apparate nach diesem Prinzip von G u g g e n h e i m e r (ETZ 1910, S. 143).

Bei dem Thermogalvanometer von D u d d e l l (Electrician Bd. 56, S. 559, 1906) bildet eine ein Thermoelement enthaltende Drahtschleife das bewegliche System eines Spulengalvanometers. Das Thermoelement wird von außen durch Heizwiderstände, die von dem zu messenden Strom durchflossen werden, erwärmt.

d) Durch den zu messenden Strom bringt man ein Platinblech zum Glühen. Es wird die H e l l i g k e i t des letzteren mit einem optischen Pyrometer gemessen. O r l i c h, Zeitschr. Instrk. 1904, S. 65.

Elektrometer.

(139) Das Elektrometer mißt die Kräfte, welche ruhende Elektrizitätsmengen aufeinander ausüben. Diese Kräfte sind namentlich bei kleinen Potentialen sehr klein; infolgedessen sind die Elektrometer meist von sehr empfindlicher Konstruktion, müssen dann mit Spiegel und Skale beobachtet werden und erfordern große Umsicht und peinliche Sorgfalt in der Behandlung. Sie eignen sich deshalb mehr zu Instrumenten für wissenschaftliche Laboratorien als für technische Messungen, sind aber für gewisse Messungen unentbehrlich.

Das S c h u t z r i n g - E l e k t r o m e t e r dient zu absoluten Messungen. Es besteht aus zwei ebenen, wagrechten Platten, von denen die untere, größere feststeht, während die obere, kleinere aufgehängt ist; außerdem wird die obere Platte durch eine feststehende Ringplatte zu der Größe der unteren ergänzt. Die bewegliche Scheibe erfährt eine Anziehungskraft $= \dfrac{S}{8\,\pi}\left(\dfrac{V - V_0}{a}\right)^2$, worin S die Größe der bewegten Scheibe, a den Abstand und $V - V_0$ die Spannung zwischen den beiden Scheiben bedeutet.

Das Q u a d r a n t e n e l e k t r o m e t e r enthält vier isolierte Quadranten (scheiben- oder schachtelförmig), von denen je zwei gegenüberliegende leitend miteinander verbunden werden; ober- oder innerhalb der Quadranten schwebt eine leichte Nadel von der Form einer 8 (Biskuit genannt), welche von den Quadranten isoliert ist. Das ganze wird von einem möglichst allseitig geschlossenen metallischen Gehäuse umgeben.

Die Ladung wird der Nadel entweder durch ein Gefäß mit Schwefelsäure mitgeteilt, in das ein an der Nadel unten befestigter Platindraht taucht, oder dadurch, daß ein leitender Aufhängefaden benutzt wird. Hierfür kommen in Betracht feine Metallfäden (z. B. W. T h o m s o n, H a l l w a c h s, Wied. Ann. Bd. 29, S. 1, 1886) oder Quarzfäden, die einen metallischen Überzug erhalten haben (B o y s) oder durch Eintauchen in eine Salzlösung leitend gemacht sind (D o l e - z a l e k, Zeitschr. Instrk. Bd. 21, S. 345, 1901). Für Wechselstrommessungen ist letztere Aufhängung wegen des großen Widerstandes des Fadens nicht zulässig (vgl. Zeitschr. Instrk. 1904, S. 143).

Es wird Flüssigkeitsdämpfung und für empfindlichere Apparate Luftdämpfung angewendt; Dämpferflügel und Dämpfergehäuse müssen auf demselben Potential sein.

Bei Messungen statischer Potentiale wird das Gehäuse meist an Erde gelegt; die Isolation (Bernstein) muß möglichst vollkommen sein. Bei Messungen dynamischer Potentiale, die für technische Zwecke in Frage kommen, brauchen diese beiden Bedingungen nicht erfüllt zu sein.

(140) Messungen mit dem Quadrantenelektrometer. Die allgemeine Formel für die Ablenkung eines Quadrantenelektrometers lautet (Zeitschr. Instrk. 1903, S. 97):

$$a = K \frac{(V_1 - V_2)(V_n - \tfrac{1}{2}(V_1 + V_2))}{1 + a\,(V_n - V_1)(V_n - V_2) + b\,(V_1 - V_2)^2}$$

Darin bedeuten V_n, V_1, V_2 die Potentiale, auf denen sich Nadel und Quadrantenpaare befinden, gemessen gegen das Potential des Gehäuses. Infolge der verschiedenartigen Metalle, aus denen der Apparat besteht, treten Kontaktpotentiale (H a l l w a c h s Wied. Ann. Bd. 29, S. 1, 1886) zwischen den einzelnen Apparatteilen auf. Die V setzen sich also aus diesem Kontaktpotentialen und den von außen an die Apparatenklemmen gelegten Potentialen zusammen. Durch geeignetes Kommutieren kann der Einfluß der Kontaktpotentiale beseitigt werden; gleichzeitig wird dadurch für die einzelnen Anwendungen die Formel vereinfacht. Die im folgenden angegebenen Gesetze sind nur richtig, wenn die jedesmaligen Kommutierungen richtig ausgeführt sind (vgl. darüber a. a. O.).

Die Empfindlichkeit der Elektrometer ist abhängig von Länge, Durchmesser und Material der Fäden, Höhe der Quadrantenschachtel, Form und Große der Nadel.

1. Q u a d r a n t e n s c h a l t u n g. Die Nadel wird auf ein hohes Potential (Hilfspotential) gebracht; dies geschieht entweder mittels einer Leidener Flasche oder besser dadurch, daß man die Pole einer Akkumulatorenbatterie an Nadel und Gehäuse legt. Die zu messende Potentialdifferenz wird an die Quadrantenpaare gelegt, von denen das eine mit dem Gehäuse verbunden ist. Die Ablenkung ist proportional der zu messenden Potentialdifferenz; die Empfindlichkeit ist abhängig von der Höhe des Hilfspotentials der Nadel. Die Methode eignet sich vornehmlich zur Messung kleiner Potentialdifferenzen.

2. N a d e l s c h a l t u n g. Die beiden Quadranten werden auf entgegengesetzt gleiche Potentiale (Hilfspotentiale) gebracht, z. B. das eine Paar mit dem positiven, das andere mit dem negativen Pole einer Batterie von $2\,n$ Elementen verbunden; die Stelle zwischen dem n^{ten} und dem $(n + 1)^{ten}$ Element ist mit dem Gehäuse verbunden. Die Nadel wird auf das zu messende Potential gebracht. Die Ablenkungen der Nadel sind dem letzteren proportional.

3. D o p p e l - o d e r i d i o s t a t i s c h e S c h a l t u n g. Das eine Quadrantenpaar wird mit dem Gehäuse verbunden, das andere Paar und die Nadel auf das zu messende Potential gebracht. Die Ablenkungen der Nadel sind angenähert dem Quadrate des letzteren proportional. Diese Schaltung eignet sich vornehmlich zur Messung höherer Potentiale.

Über die Anwendung des Quadrantenelektrometers für Wechselstrommessungen (197).

Manche Vorzüge vor' den Quadrantenelektrometern haben Elektrometer mit Binanten; sie besitzen zwei feststehende halbkreisförmige Binanten und eine in in dei Mitte geteilte Nadel. Die beiden Nadelhälften sind voneinander isoliert. Die Theorie ist ähnlich derjenigen des Quadranten-Elektrometers. Ausführungsform von D o l e z a l e k als Spiegel- und Zeigerapparat. Ann. d. Phys. (4) Bd. 26, S. 312, 1908.

Über Saitenelektrometer (E d e l m a n n , München) s. Zschr. Instrk.
1907, S. 291 und L u t z Phys. Zschr. Bd. 9, S. 642, 1908.

(141) Direkt zeigende technische Elektrometer dienen in der Regel zur
Spannungsmessung und bestehen aus einem festen und einem beweglichen Platten-
system, die voneinander isoliert sind und die beiden Pole des Instrumentes bilden.
Das bewegliche System trägt den Zeiger für die Skale und ist entweder an einem
Metallfaden aufgehängt (z. B. Multizellularvoltmeter von Lord K e l v i n für
Spannungen von 100—1000 V; H a r t m a n n & B r a u n) oder in Spitzen ge-
lagert, die gleichzeitig zur Zufuhr der Ladung des Systems dienen (z. B. Schalt-
brettapparate der AEG., S. & H., H. & Br. für Spannungen von 1000—10 000 V.
Für höhere Spannungen als 10 000 V werden häufig Vorschaltkondensatoren an-
gewandt). A. F r a n k e, Wied. Ann. Bd. 50, S. 163, 1893. P e u k e r t ETZ,
Bd. 1898, S. 657 und Bd. 1901, S. 265). Die Skale wird empirisch gefunden.

(142) Elektrometer für sehr hohe Spannungen. E b e r t und H o f f m a n n
(Zeitschr. Instrk. 1898, S. 1.) Zwischen den Platten eines Luftkondensators, die
an die zu messende Potentialdifferenz angelegt werden, ist unter 45⁰ Neigung
zu den Platten an einem feinen Faden ein dünnes Aluminiumblech gehängt. —
Elektrostatische Wage von C r e m i e u und M ü l l e r (Ann. d. Phys. (4) Bd. 28,
S. 585, 1909). Um ein Überschlagen von Funken zwischen den einander anziehenden Metallteilen zu verhindern, wird als Dielektrikum entweder Öl (A. G r a u
ETZ, Bd. 1905, S. 269 und J o n a , ETZ, Bd. 27, S. 295, 1906. W e s t i n g -
h o u s e G e s e l l s c h a f t , Electrician 55, S. 705, 1905. S i e m e n s &
H a l s k e) oder Preßluft (T s c h e r n y s c h e f f , Phys. Zeitschr., Bd. 11, S. 445.
1910) verwendet, ferner A b r a h a m u. Villard J. phys. Bd. 1, S. 525, 1911.

(143) Auch das G o l d b l a t t e l e k t r o s k o p ist als Meßinstrument
ausgebildet, indem man an einer Skale die Divergenz der Blättchen abliest (Exner-
sches Elektroskop, verbessert von E l s t e r und G e i t e l, Phys. Zeitschr. Jahrg. 4,
S. 137; vgl. auch B r a u n, Wied. Ann. Bd. 31, S. 856, 1887).

Das L i p p m a n n sche K a p i l l a r e l e k t r o m e t e r dient zur Messung
kleiner Spannungen. In einer sehr eng ausgezogenen Glasröhre berühren. sich
Quecksilber und verdünnte Schwefelsäure; die Berührungsstelle verschiebt sich
proportional den Änderungen der Spannung zwischen beiden Flüssigkeiten; die
Verschiebung wird mit dem Mikroskop gemessen.

Registrierapparate.

(144) Alle Arten von Spannungs-, Strom- und Leistungsmessern können
zu Registrierapparaten gemacht werden, indem an dem Zeiger des Meßapparates
eine Schreibfeder befestigt wird, welche auf einem von einem Uhrwerk bewegten
Papierstreifen die Stellungen des Zeigers in Abhängigkeit von der Zeit aufschreibt.
Da durch das Ausfließen der Tinte und das Aufliegen der Feder reibende Kräfte
entstehen, so sind nur diejenigen Apparate für diese Art Registrierung zu brauchen,
welche eine starke Richtkraft besitzen. Aus diesem Grunde sind besonders Ferraris-
apparate für diesen Zweck geeignet (201). Die Uhrwerke für die Fortbewegung
des Papierstreifens sind so eingerichtet, daß ihnen verschieden große Geschwindigkeiten erteilt werden können.

Um die Reibung der Feder zu beseitigen, sind vornehmlich zwei Methoden
im Gebrauch. Bei der ersten trägt der Zeiger keine Schreibfeder, sondern einen
Metallstift, der von einem Bügel in kurzen gleichmäßigen Zeitintervallen gegen ein
vor dem Registrierstreifen liegendes Farbband gedrückt wird. Nach Abheben
des Bügels schwebt also der Zeiger wieder frei und kann sich neu einstellen.

Bei der zweiten Methode (S i e m e n s & H a l s k e) läßt man vermittelst
eines kleinen Hilfsinduktors einen Funkenstrom vom Zeiger auf eine dahinter-

liegende Metallplatte überströmen; der Funkenstrom durchbohrt das Papier und hinterläßt eine feine Linie.

Kurz erwähnt sei noch die Registrierung mittels Photographie; sie hat sich wenig eingebürgert.

Die Apparate mit drehbarem Zeiger haben die Unannehmlichkeit, daß sie die zu messende Größe nicht in geradlinigen, sondern in kreisförmigen Koordinaten aufzeichnen. Um geradlinige Koordinaten zu erhalten, benutzt H a r t - m a n n & B r a u n als Strom- und Spannungsmesser die Weicheisenapparate von F. K o h l r a u s c h, bei denen ein Weicheisenzylinder in eine Spule mit vertikaler Achse gezogen wird. Der Zylinder wird durch einen dünnen Stahldraht geführt.

S i e m e n s & H a l s k e (ETZ 1910, S. 172) wendet bei seinen Drehspul- und Ferrarisapparaten eine eigentümliche Hebelübertragung an, durch welche sich die Spitze des Zeigers nahezu in einer geraden Linie bewegt. Namentlich für Ferrarisinstrumente sind auch andere Geradführungen konstruiert worden (z. B. H a r t m a n n & B r a u n).

Voltameter.

(145) Das Voltameter mißt die Stärke der Ströme (Gleichströme) an ihrer Einwirkung auf zersetzbare Leiter. Die Menge der zersetzten, niedergeschlagenen oder aufgelösten Substanz ist nach dem Faradayschen Gesetz ein Maß für die durch das Voltameter hindurchgegangene Elektrizitätsmenge Q, für welche bei einem k o n s t a n t e n Strom I von der Zeitdauer t gilt: $Q = I t$; bei veränderlicher Stromstärke wird $Q = \int I \, dt$.

Ist bei dem Gewichtsvoltameter die mittlere Stromstärke während der Beobachtungsdauer t gleich I, und wird durch diesen Strom die Masse m zersetzt, ausgeschieden oder aufgelöst, so gilt, wenn a das elektrochemische Äquivalent ist, nach (67)

$$ I = \frac{m}{a \, t} \text{ Ampere} $$

Zur Messung von t braucht man eine zuverlässige Uhr (mit Sekundenzeiger), bei genaueren Messungen einen Chronographen. m werde in mg ausgedrückt. Dann bekommt man folgende Zahlenwerte für a:

Wasser (oder verdünnte Schwefelsäure) . . . a = 0,0933,
Kupfer 0,3294,
Silber . . . . 1,118.

Das Voltameter wird nicht zur eigentlichen Strommessung benutzt; es dient vielmehr zur Bestimmung der durch eine Leitung geflossenen Elektrizitätsmenge Q, kann aber auch zur Eichung anderer Strommesser verwendet werden. Allerdings werden zu diesem Zweck heute meistens Normalelemente in Verbindung mit Widerständen. bzw. ein Kompensationsapparat benutzt (175).

Eine besondere Rolle spielt infolge der gesetzlichen Definition der Stromeinheit das Silbervoltameter (148).

V e r b i n d u n g   i m   S t r o m k r e i s. Die Kathode, an der das Metall niedergeschlagen (oder der Wasserstoff ausgeschieden) wird, ist mit dem negativen Pol, d. h. beim Gebrauch von Elementen mit dem Zink, beim Gebrauch von Akkumulatoren mit dem Bleipol zu verbinden. Die Stromrichtung wird mit einer Magnetnadel oder mit einen Strommesser, aus dem die

Stromrichtung ersichtlich ist, geprüft, oder die Pole werden durch Polreagenzpapier festgestellt.

Der Stromkreis muß einen Schlüssel enthalten, mit dem man den Strom rasch und leicht schließen und öffnen kann.

Wasser- und Knallgasvoltameter.

(146) Bei diesem Voltameter dient entweder die (durch Wägung bestimmte) Menge des zersetzten Wassers oder das Volumen des aufgefangenen Knallgases oder Wasserstoffs als Maß für die hindurchgegangene Elektrizitätsmenge. Als Zersetzungsflüssigkeit wird verdünnte, 10—20 proz. Schwefelsäure vom spezifischen Gewicht 1,07—1,14 verwendet. Bei dem Knallgasvoltameter führen die aus Platin bestehenden Elektroden in ein kalibriertes Rohr, welches das gebildete Knallgas aufnimmt. Will man nur den Wasserstoff auffangen, indem man nur die eine Elektrode in ein Rohr führt (bei schwachem Strom zu empfehlen), so erhält man ein Voltameter von hohem Widerstand.

Fängt man nur den Wasserstoff auf, so ist es am einfachsten, durch Multiplikation der erhaltenen Zahl von Kubikzentimetern mit 1,5 das äquivalente Knallgasvolumen zu berechnen.

(147) Das Wasservoltameter von F. Kohlrausch eignet sich in der Größe, wie es in der ETZ 1885, S. 190 (Fig. 44) beschrieben wurde, zur Messung von Strömen bis zu 30 A; es besitzt einen Widerstand von 0,03 $\mathcal{O}$. Die Schwefelsäure bleibt in dem Apparat, das Füllen des Meßrohrs wird durch einfaches Um-

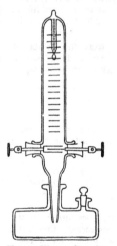

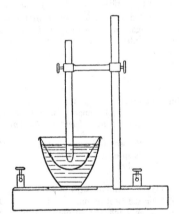

Fig. 44. Wasservoltameter.   Fig. 45. Silbervoltameter.

kehren des ganzen Voltameters bewirkt; hierdurch ist die Handhabung des Instrumentes sehr bequem. Zu messen sind: Barometerstand, Temperatur und der Unterschied im Stande der Flüssigkeit im Meßrohr und im unteren Gefäß. Der Stöpsel des letzteren ist bei der Messung herauszunehmen. Es ist zweckmäßig, den Stöpsel in der Achse zu durchbohren; er braucht dann nicht herausgenommen zu werden. Beim Umkehren schließt man die kleine Öffnung mit dem Finger. Zur Zersetzung des Wassers sind mindestens etwa 3 V erforderlich.

Die Umrechnung der in einem Versuche erhaltenen Kubikzentimeter Knallgas auf Stromstärke in Ampere geschieht nach folgender Regel:

Die Zahl der in 1 Sekunde ausgeschiedenen Kubikzentimeter Knallgas wird mit 5 multipliziert, um die Stromstärke in Ampere zu erhalten.

1 Coulomb entspricht 0,174 cm³ trockenes Knallgas von 0⁰ und 760 mm Druck, 1 Amperestunde 626 cm³.

Hierbei ist das Gas in feuchtem Zustand, sowie es über der Zersetzungsflüssigkeit steht, zu messen. Die Regel verlangt noch eine Berichtigung, die unter Umständen bis zu 10 % betragen kann. Bedeutet in der nachfolgenden Tafel

$p = b_0 - {}^1/_{12} h$ den Druck, unter dem das Knallgas steht, d. h. Barometerstand [reduziert auf Quecksilber von 0⁰ C] minus dem 12. Teil der Höhe der Flüssigkeitssäule über der Säure im äußeren Gefäß, in Millimeter,

t die Temperatur in Celsiusgraden,

so ist dem beobachteten Volumen V die Größe $0.001 \cdot z \cdot V$ zuzufügen. z wird mit seinem Vorzeichen aus der untenstehenden Tafel entnommen oder berechnet. Der Druck p muß auf ca. 4 mm, die Temperatur auf 1⁰ genau gemessen werden (vgl. K o h l r a u s c h , Lehrbuch).

$p =$	700	720	740	760
t				
10⁰	+ 9	+ 38	+ 68	+ 97
15⁰	— 13	+ 16	+ 44	+ 73
20⁰	— 35	— 7	+ 21	+ 49
25⁰	— 58	— 31	— 4	+ 24

Interpolation. Der Wert aus der Taf. ist für 1 mm mehr zu vergroßern um 1,4, für 1⁰ C mehr zu verringern um 4,7.

Metallvoltameter.

Man gebraucht als solche das S i l b e r v o l t a m e t e r , welches bei sorgfältiger Behandlung die sichersten Ergebnisse liefert, aber nur bei schwächeren Strömen angewendet zu werden pflegt, und das K u p f e r v o l t a m e t e r , das bei stärkeren Strömen gebraucht wird, bei dem man aber gewisse Vorsichtsmaßregeln zu beobachten hat.

(148) Durch das **Silbervoltameter** ist die gesetzliche Stromeinheit (das A m p e r e) definiert, indem nach dem Gesetz vom 1. Juni 1898, (s. Anhang S. 902) das Ampere durch einen Silberniederschlag von 1,118 mg in der Sekunde dargestellt wird. Zu dem Gesetz sind auch Ausführungsbestimmungen für die Darstellung des Ampere gegeben. Diese Festsetzung ist auf einem Internationalen Kongreß in London 1908 zur internationalen Annahme empfohlen worden. Im praktischen Gebrauch tritt an Stelle des Silbervoltameters neben den Normalwiderstand das Normalelement (152).

(149) Als **Silbervoltameter** benutzt man einen Silber-, Gold- oder Platintiegel, der mit Silberlösung (15—30 proz. Lösung von neutralem Silbernitrat) gefüllt auf eine blanke Kupferplatte gestellt wird. Letztere ist mit einer Klemmschraube verbunden, bei welcher der Strom austritt. In den Tiegel taucht von oben als Anode eine Silberstange, ohne den Boden oder die Wände des Tiegels zu berühren (Fig. 45, Kohlrauschsche Form). Damit von der Silberstange nicht Teilchen, die sich absondern, in den Tiegel fallen, bringt man unter der Stange im Tiegel ein kleines Glasschälchen an, das an einigen Glasstäbchen angeschmolzen ist und mittels der letzteren in den Tiegel eingehängt wird. Organische Substanzen als Umhüllung der Anode werden besser vermieden; gut ausgewaschene Seide scheint indes unschädlich zu sein. Statt des Platintiegels kann man auch ein Platinblech verwenden, das in irgend einem passenden Gefäß einem Silberblech gegenübergestellt wird. Die Kathode wird auf diese Weise leichter und billiger. Die Ränder des Bleches biegt man etwas nach der von der Anode abgewandten Seite um. An der Kathode bilden sich leicht lange nadelförmige oder verästelte Silberkristalle, welche Neigung haben, bis zur Anode herüberzuwachsen. Auf 1 A rechne man mindestens 50 cm² wirksame Kathodenfläche, 5 cm² Anodenfläche. Um einen guten, festhaftenden Metallniederschlag zu erzielen, kühle man die Zersetzungszelle möglichst stark ab.

Reinigung und Wägung der Kathode. Die Kathode muß vor den Wägungen stets sorgfältig gereinigt und getrocknet werden. Platinblech oder -tiegel kann man mit einem Horn- oder Beinmesser von den angesetzten Kristallen reinigen; man vermeide den Gebrauch von metallenen Schabern, da das Platin zu weich ist. Durch Behandlung mit verdünnter Salpetersäure in der Wärme kann man das Silber leicht auflösen und vollständige Reinigung erzielen; die Salpetersäure muß ganz rein und chlorfrei sein. Beim Gebrauch eines Silbertiegels schabt man nur von Zeit zu Zeit die vorstehenden Silberkristalle ab. Benutzt man einen Platintiegel, so braucht man den Silberniederschlag nicht jedesmal zu entfernen, sondern erst, wenn er 0,1 g auf 1 cm² beträgt. Nach Beendigung der Elektrolyse gießt man die Lösung zurück, spült die Kathode mehrmals mit chlorfreiem destillierten Wasser und sammle dabei sorgfältig die sich etwa ablösenden Silberflitter, die man mitwägt. Das letzte Waschwasser darf durch Salzsäure kalt nicht getrübt werden. Die Kathode wird warm getrocknet, bis zur Wägung im Trockengefäß aufbewahrt und erst dann gewogen, wenn sie vollkommen die Temperatur der Wage angenommen hat. Zur Reduktion der gefundenen Silbermenge auf Wägung im luftleeren Raum ist (bei Benutzung von Messinggewichten) auf 1 g Silber 0,03 mg abzuziehen, falls der Platintiegel durch Platingegengewichte tariert wird; andernfalls ist noch eine ziemlich erhebliche Korrektion für die Wägung des Platins mit Messinggewichten anzubringen. Lösungen, die auf 100 cm³ bereits mehr als 2 g Silberniederschlag geliefert haben, ergeben häufig zu schwere Niederschläge; dies rührt vermutlich von der Bildung freier Säure her; Zusatz von Ag₂O oder Silberspänen beseitigt den Fehler mit Sicherheit (Kahle, Zeitschr. Instrk. 1898, S. 229; hinsichtlich sehr genauer Messungen mit dem Silbervoltameter vgl. z. B. auch Jaeger und von Steinwehr, Zeitschr. Instrk. 1908, S. 327 und 353).

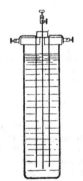

Fig. 46.   Kupfervoltameter.

(150) Beim **Kupfervoltameter** verwendet man als Anode ein mit elektrolytisch gefälltem Kupfer überzogenes oder aus solchem hergestelltes Blech; als Kathode stellt man demselben ein Kupferblech oder noch besser ein Platinblech gegenüber. — Um die Kathode auf beiden Seiten zu benützen, nimmt man als Anode zwei Kupferbleche, die man parallel schaltet, und zwischen denen die Kathode sich befindet (Fig. 46). Die Ebenen der drei Bleche seien möglichst paralle!, die Bleche ziemlich nahe einander gegenübergestellt, um den Widerstand zu verringern, doch nicht so nahe, daß das sich ausscheidende Kupfer von einem Blech zum andern herüberwachsen kann. Als Flüssigkeit dient eine

Lösung von reinstem Kupfervitriol, die nicht so konzentriert sein darf, daß bei einer etwaigen Abkühlung um mehrere Grad oder bei längerem Stehenbleiben an der Luft durch Verdunstung sich Kristalle ausscheiden.

Verwendet man als Kathode eine Kupferplatte, so ist Rücksicht darauf zu nehmen, daß an der Stelle, wo das Kupfer durch die Flüssigkeitsoberfläche tritt, unter Mitwirkung der atmosphärischen Luft eine langsame Lösung des Kupfers vor sich geht; man niete deshalb an die Kupferplatte einen Draht an und überziehe letzteren an der Stelle, an der er durch die Oberfläche der Flüssigkeit treten soll, mit Schellack oder Siegellack. Die langsame Oxydation bemerkt man auch am Rande des Kupferniederschlages auf einer Platinkathode. Zur Erzielung größerer Genauigkeit kann man auch die Elektrolyse im Vakuum ausführen. Abkühlung des Voltameters ist zur Erzielung eines guten Niederschlages sehr zu empfehlen.

Die Reinigung und Trocknung der Kathode geschieht ähnlich wie beim Silbervoltameter. Der Kupferniederschlag muß sehr sorgfältig getrocknet werden; man preßt ihn zunächst (ohne zu reiben!) zwischen Fließpapier, erwärmt ihn darauf gelinde; es ist von Vorteil, ihn auch unter die Glocke einer Luftpumpe zu bringen, wo man das Wasser mit voller Sicherheit entfernen kann. Wenn man indes keine Luftpumpe zur Verfügung hat, muß man sich darauf beschränken, die Wägung der Platte in Zwischenräumen von etwa 10 Minuten zu wiederholen, bis das Gewicht konstant geworden ist

Stromdichte. Auf 1 dm² wirksame Kathodenfläche rechnet man 2,5 A. Bei zu geringer Stromdichte bildet sich neben Kupfer auch Kupferoxydul auf der Kathode. Nach Shaw (Phil. Mag. Ser. 5, Bd. 23, S. 138) ist von 2,5—13 A auf 1 dm² Elektrodenfläche die niedergeschlagene Kupfermenge nicht merklich von der Stromdichte abhängig; bei geringerer Stromdichte als 2 A/dm² ist die erzielte Menge etwas zu gering. Ist d die Zahl der Ampere auf 1 dm², so ist bis $d = 0,14$ herab die gefundene Masse zu multiplizieren mit $1 + \dfrac{0,002}{d}$, um sie auf die Verhältnisse der Dichten zwischen 2,5 und 13 zurückzuführen. Vgl. auch die eingehenden Untersuchungen von Förster, Zeitschr. Elektrochem. Bd. 3, S. 479, 1897.

(151) Messung mit dem Voltameter. Zeitdauer. Der Stromschluß soll nicht weniger als 1 Minute dauern; da das Öffnen und Schließen mit dem Schlag der Uhr wird von weniger geübten Beobachtern nicht mit großer Genauigkeit ausgeführt, so daß Fehler von ½ sk leicht vorkommen können; dauert der Schluß 1 mn, so kann also dieser Fehler noch etwa 1 % betragen. In vielen Fällen wird man zur Erzielung einer genügend großen zersetzten Menge ohnedies längere Zeit gebrauchen. Die genauesten Resultate erhält man mit einem Chronographen, auf dem das Schließen und Öffnen des Stroms neben Sekundenmarken aufgezeichnet wird.

Zersetzte Menge. Bei Verwendung von Metallvoltametern suche man mindestens 0,5 g Metallniederschlag zu erzielen, falls die Genauigkeitsgrenze der Wage nicht einen noch größeren Niederschlag erfordert. Bei Wasservoltametern sei die Länge der zu messenden Gassäule mindestens = 100 mm; das Rohr, in dem das Gas aufgefangen wird, muß gut graduiert sein. Erheblich größere Mengen, z. B. mehr als das Doppelte des angegebenen Volumens, zu erzielen, ist für die erstrebte Genauigkeit nicht erforderlich, im Gegenteil wegen des meist damit verbundenen Zeitaufwandes zu verwerfen.

Normalelemente.

(152) Normalelemente werden aus chemisch reinen Stoffen nach genauen Vorschriften zusammengesetzt. Sie dürfen bei den Messungen stets nur mit äußerst schwachen Strömen beansprucht werden, damit keine erhebliche Polarisation eintritt. Haben die Elemente eine geringe Polarisation erfahren, so nehmen sie nach einiger Zeit wieder den normalen Wert an. (Ann. d. Phys. (4) Bd. 14, S. 726; 1904).

Die Normalelemente spielen eine wichtige Rolle, indem sie neben den Normalwiderständen bei praktischen Messungen die zweite elektrische G r u n d e i n h e i t repräsentieren. Im Jahre 1908 wurde in London das Westonsche Element als Normalelement zur internationalen Annahme empfohlen. Nebenher findet auch das Clarkelement heute noch Anwendung, obwohl es im Gebrauch infolge seines großen Temperaturkoeffizienten von fast $1^o/_{oo}$ für den Grad erheblich unbequemer als das Westonsche Element ist.

(Zusammenfassende Darstellung über Normalelemente siehe: J a e g e r , Die Normalelemente und ihre Anwendung in der elektrischen Meßtechnik. 1902, Halle a. S., W. Knapp.)

(153) **Das Normalelement von Clark** besteht aus Quecksilber in Quecksilberoxydulsulfat (Merkurosulfat) am positiven und amalgamiertem Zink in Zinksulfat am negativen Pol. Die Ausführungsform des Elementes (F e u s s n e r), wie es von der Physikalisch-Technischen Reichsanstalt beglaubigt wird, ist folgende (Figur 47): Als positive Elektrode dient ein amalgamiertes Platinblech, zu dem ein durch Glasrohr geschützter Platindraht führt. Das Platinblech ist von einer Paste aus Quecksilberoxydulsulfat umgeben und mit dieser in eine

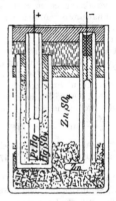

Fig. 47. Clarkelement nach Feussner.

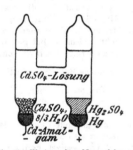

Fig. 48. Westonsches Normalelement.

Tonzelle eingeschlossen. Der Zinkstab ist unten umgebogen; den senkrechten Teil schützt ein Glasrohr, das mit Paraffin ausgegossen ist, vor der Berührung mit der Zinksulfatlösung; der wagrechte Teil ist amalgamiert und wird von Zinksulfatkristallen überdeckt. Das Gefäß wird im übrigen durch konzentrierte Zinksulfatlösung ausgefüllt. Den Verschluß bilden eine Paraffinschicht, ein Kork und ein Verguß, darüber ein Deckel. In das Element wird gewöhnlich noch ein Thermometer eingesetzt. Die benutzten Chemikalien müssen sehr rein sein. Die EMK ist rund $1,433 — 0,0012 (t — 15^o)$ Volt. Das Element soll in den letzten 24 Stunden vor dem Gebrauch keine Temperaturschwankungen von mehr als 5° C durchgemacht haben. (Vgl. Wied. Ann. Bd. 51, S. 174, 203. Bd. 67, S. 1.)

(154) **Das Normalelement von Weston** besteht aus Quecksilber oder amalgamiertem Platin in Quecksilberoxydulsulfat und Kadmiumamalgam in Kadmiumsulfat. Es gibt zwei Formen; die der Physik.-Techn. Reichsanstalt, welche jetzt auch in mehreren anderen Ländern als Normal der Spannungseinheit angenommen ist, hat festes Kadmiumsulfat im Überschuß (amtlich jetzt W e s t o n sches Element genannt), während von der E u r o p e a n W e s t o n Co. auch Elemente mit bei

4⁰ C gesättigter Kadmiumsulfatlösung ausgegeben werden, die praktisch keine Änderung der Spannung mit der Temperatur zeigen. Da zwischen diesen beiden Typen bei Zimmertemperatur eine Spannungsdifferenz von etwa $0,4^0/_{00}$ besteht (das Element mit der ungesättigten Lösung hat die höhere Spannung), so muß man bei genaueren Messungen darauf achten, welchem Typus das verwendete Element angehört.

Beide Formen werden von der Physikal.-Techn. Reichsanstalt geprüft.

Das Element hat gewöhnlich H-Form (Fig. 48); zwei unten geschlossene senkrechte Röhren sind durch ein wagerechtes Rohr verbunden. In die Böden der senkrechten Röhren sind kurze Platindrähte eingeschmolzen; der eine dieser Drähte ist mit Kadmiumamalgam von 12½ % Cd, der andere mit Quecksilber bedeckt; auf dem ersteren liegt bei der Form der Reichsanstalt eine Schicht Kadmiumsulfatkristalle, auf dem letzteren die Paste aus dem Quecksilbersalz (Merkurosulfat), metallischem Quecksilber, Kadmiumsulfatkristallen und einer Lösung von Kadmiumsulfat; dann wird das Element mit einer konzentrierten Kadmiumsulfatlösung gefüllt und die oberen Enden der Röhren verschlossen, am besten abgeschmolzen. Bei dem Element mit ungesättigter Lösung fehlen die Kristalle von Kadmiumsulfat.

Nach den neusten internationalen Vereinbarungen (ETZ 1910, S. 1303) wird als Spannung des Westonschen Elements bei 20⁰ 1,0183 int. Volt angenommen. In der Nähe von 20⁰ berechnet sich die Spannung E_t angenähert als

$$E_t = E_{20} - 0,00004 \ (t - 20^0)$$

Die Spannung des Elements mit ungesättigter Lösung ist unabhängig von der Temperatur gemäß obiger Festsetzung etwa 1,0187 int. Volt.

Näheres über dieses wichtige Element besonders auch wegen des Merkurosulfats siehe noch in den Tätigkeitsberichten der Physikalisch-Technischen Reichsanstalt aus den letzten Jahren (Zeitschr f. Instrumk.)

(155) Andere Normalelemente. Das Kupferzinkelement (Fleming) wird in mehreren Formen als Normalelement empfohlen; es kommt aber sehr auf die Reinheit und Konzentration der Lösung an; das Element kann nur bei geringen Ansprüchen an die Genauigkeit benutzt werden. In Fällen, wo es nur auf einen grob angenäherten Wert ankommt, ist auch der Akkumulator mit Vorteil als Normalelement zu verwenden; seine Entladungsspannung hängt von der Säurekonzentration und der Temperatur ab und ist zu etwa 1,9 V anzusetzen. Der Strom ist hieraus und aus den Widerständen des Stromkreises nach dem Ohmschen Gesetz zu berechnen, während der Widerstand des Akkumulators zu vernachlässigen ist; eine größere Genauigkeit als etwa 5 % kann man dabei aber nicht verbürgen.

Widerstände.

(156) Herstellung von Widerständen. Als Material zur Herstellung von Widerständen ist am besten Manganin (84 Cu, 12 Mn, 4 Ni) und Konstantan (60 Cu, 40 Ni) geeignet (Isabellenhütte in Dillenburg und Basse & Selve in Altena). Beide Legierungen haben einen verhältnismäßig großen spezifischen Widerstand und einen fast verschwindenden Temperaturkoeffizienten. Außerdem zeichnet sich Manganin durch eine sehr kleine Thermokraft gegen Kupfer aus (1,5 μ V/⁰C), während Konstantan eine sehr große Thermokraft besitzt. Andererseits oxydiert sich Manganin verhältnismäßig leicht, man muß es daher mit einer Schellackschicht überziehen; Konstantan dagegen kann sehr hoch erhitzt werden, ohne sich zu verändern. Infolge dieser Eigenschaften ist Manganin für Meßwiderstände, Konstantan für Belastungswiderstände das geeignete Material.

Außer dem Konstantan sind noch einige andere Widerstandsmaterialien im

Handel (z. B. Kruppin, Rheostatin, Resistin), die ähnliche Eigenschaften haben (60, S. 53).

L e i t e r f o r m e n. Größere Widerstände (von 0,1 $\varnothing$ an aufwärts) werden in der Regel aus Drähten, kleine aus Blechen hergestellt. Drahtwiderstände werden bifilar gewickelt (110), um die Selbstinduktion der Widerstände möglichst klein zu machen. Als Kern der Rollen dienen am besten mit dünnem Seidenband bewickelte Metallröhren oder, wenn kein Metall angewandt werden soll, Porzellanrollen.

W i c k l u n g. Widerstände von 500 $\varnothing$ und mehr dürfen nicht einfach bifilar gewickelt werden, wenn sie mit Wechselstrom benutzt werden sollen, weil sich ihre Kapazität geltend macht. Diese Wirkung wird durch eine von C h a p e r o n angegebene und von C a u r o verbesserte Wicklung beseitigt (110). Vollkommener kompensiert man die Kapazität durch eine Selbstinduktion (vgl. O r l i c h, Verh. d. phys. Ges. 1910, S. 949). Die Drähte sollen doppelt mit Seide umsponnen sein; sogenannte Emailledrähte sind für gute Widerstände nicht brauchbar.

Manche Vorteile bietet es, die Widerstände in Form von dünnen seidenumsponnenen Drähten oder blanken dünnen Bändern (Plätte) auf Glimmerblätter aufzuwickeln. Leider lassen diese Widerstände infolge der Knickstellen an den Kanten des Glimmerblattes oft an Konstanz zu wünschen übrig.

Nach dem Wickeln werden die Widerstände schellackiert und in einem Ofen bei 140° C 10 Stunden lang „künstlich gealtert", wobei der Widerstand um 1—2% abnimmt.

L ö t u n g e n. Bei genauen Widerständen müssen alle Verbindungen zwischen Manganinkörper und Kupferzuleitungen mit Hartlot hergestellt werden.

(157) Normalbüchsen für größere Widerstände. Die Normalbüchsen für Widerstände von 0,1 bis 10 000 $\varnothing$ besitzen als Zuleitungen zwei starke Kupferbügel, die in zwei Quecksilbernäpfen eingehängt werden. Der Widerstand rechnet von einem Quecksilbernapf zum andern. Während der Messung wird die Büchse in ein Petroleumbad eingehängt. Die zeitliche Konstanz der Widerstände ist sehr groß (J a e g e r und L i n d e c k, Zeitschr. Instrk. Bd. 18, S. 97, 1898 und Bd. 26, S. 15, 1906). R o s a und B a b c o c k (Bull. Bureau of Standards Bd. 4, S. 121, 1907) haben darauf aufmerksam gemacht, daß namentlich große Widerstände sich infolge der hygroskopischen Eigenschaften des Schellacks periodisch ändern. Die Änderung ist meist kleiner als 0,01 %. Über Mittel, diesen Einfluß zu beseitigen, s. L i n d e c k., Zeitschr. Instrk. Bd. 28, S. 229, 1908.

(158) Kleine Widerstände. Widerstände unter 0,1 $\varnothing$ werden schon wegen der Kühlung aus Blechen hergestellt. Im Interesse der Konstanz ist es zu empfehlen, die Bleche nicht dünner als 0,5 mm zu wählen. Bei sehr kleinen Beträgen wird eine größere Zahl von Blechen parallel geschaltet. Sie werden in starke Kupferklötze, die zu den H a u p t s t r o m k l e m m e n führen, hart eingelötet. Außerdem zweigen von den Kupferklötzen dicht an den Enden des Manganinkörpers zwei Kupferleitungen zu den P o t e n t i a l k l e m m e n ab. Der Widerstand rechnet von der einen Verzweigungsstelle bis zur anderen, so daß er fast ausschließlich aus Manganin besteht.

Die kleinen Widerstände werden in zwei Formen hergestellt; der kleine Typ kann bei guter Petroleumkühlung mit 100 W belastet werden, der größere mit 1000 W. Der größere enthält außer einer Rührvorrichtung eine Kühlschlange, durch welche während der Belastung dauernd Wasser fließen muß.

Die gewöhnlichen Normalwiderstände aus Blech dürfen nicht ohne weiteres mit Wechselstrom benutzt werden, weil auf Beseitigung der Selbstinduktion nicht Rücksicht genommen ist. Praktische induktionsfreie Normalwiderstände aus bifilar gelegten Blechen hat O r l i c h (Zeitschr. Instrk. Bd. 29, S. 241, 1909) konstruiert.

Von Interesse ist die Konstruktion von P a t e r s o n und R a y n e r (Journ. Inst. Electr. Eng. Bd. 42, S. 455, 1909), welche wassergekühlte Rohre verwenden; die

Induktivität ist nach C a m p b e l l (Electrician Bd. 61, S. 1000, 1908) kompensiert.

(159) Widerstandssätze, Rheostaten. Eine größere Zahl von Rollen, die in der oben angegebenen Weise hergestellt sind, werden zu einem Widerstandssatz vereinigt. Die Drähte der Spulen enden in starken Messingklötzen, welche auf dem (Hartgummi-) Deckel des Kastens sitzen: an diesen Klötzen wird die Schaltung der Widerstände vorgenommen, und zwar durch Stöpsel oder durch Kurbelkontakte. Die Stöpselung der Rheostaten wird verschieden eingerichtet. Die ursprüngliche Anordnung (S i e m e n s & H a l s k e) ist die folgende: Durch metallene Stöpsel kann man je zwei benachbarte Klötze auf dem Deckel des Rheostaten verbinden, so daß der Strom durch den Stöpsel und nicht durch den Widerstand geht; zieht man den Stöpsel heraus, so ist der zugehörige Widerstand in den Stromkreis eingeschaltet. In den einzelnen Klötzen werden Bohrungen oder Schrauben angebracht, um Abzweigungen ansetzen zu können, was bei manchen Arbeiten, besonders aber beim Kalibrieren der Rheostaten, von großem Vorteil ist. Außer dieser Anordnung gibt es noch eine solche, bei der man nur einen Stöpsel gebraucht: die Dekadenwiderstände enthalten 10 gleiche hintereinander geschaltete Widerstände, von denen man durch den Stöpsel eine beliebige Zahl einschalten kann; bei jeder Änderung des Rheostatenwiderstandes unterbricht man durch das Versetzen des Stöpsels den Strom, was oft sehr störend ist; durch Verwendung von zwei Stöpseln kann man dies vermeiden. Über eine Kombinationsschaltung vgl. z. B. F e u ß n e r, ETZ 1891, S. 294.

Die nebenstehenden Anordnungen (Fig. 49, 50) werden von F. K o h l r a u s c h (Wied. Ann. Bd. 60) empfohlen; die Stöpsellöcher zu Widerständen sind durch Punkte angedeutet; bei × ist ein Stöpselloch ohne Widerstand, zu dessen beiden Seiten Klemmen sitzen; ein beliebiges dieser Klemmenpaare dient zur Einschaltung, durch den dazwischen gesetzten Stöpsel wird der ganze Rheostat ausgeschaltet. Außerdem kann man jede beliebige Widerstandsgruppe von den anderen trennen.

Die Stöpsel sind häufig mit gewöhnlichem rauhem Papier fest abzureiben, von Zeit zu Zeit auch mit feinstem Schmirgelpapier; nach

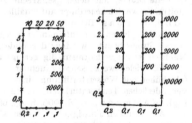

Fig. 49 u. 50 Anordnung von Widerstandssätzen mit Stöpsellöchern.

der Behandlung mit letzterem wischt man die Stöpsel mit einem reinen Tuche oder Papier ab. Die Löcher reibt man mit einem passend gedrehten konischen Stöpsel aus Holz und einem mit Petroleum benetzten Läppchen aus; Schmirgel und andere Putz- und Poliermittel dürfen zur Reinigung der Stöpsellöcher nicht verwendet werden.

Das Ausziehen eines Stöpsels lockert oft die benachbarten Stöpsel; vor jeder endgültigen Messung sind demnach sämtliche Stöpsel anzuziehen. Nach dem Gebrauch des Rheostaten lockere man alle Stöpsel wieder.

Die neueren Widerstandssätze werden fast durchweg als Kurbelkästen gebaut; jeder Kurbel entspricht eine Dekade. Eine Doppelbürste, die an der Kurbel befestigt ist, verbindet einen Kontaktklotz des Widerstandes mit einer parallel zu den Klötzen verlaufenden Leiste. Die Bürsten müssen sehr gut eingeschliffen sein, damit der Übergangswiderstand vernachlässigbar klein bleibt. Die Schleifflächen sind hin und wieder mit reinem Petroleum zu reinigen.

Normalwiderstände und Widerstandssätze werden von der Phys.-Techn. Reichsanstalt geprüft und beglaubigt (s. Anhang Seite 908 u. folg.).

(160) Belastungs- und Regulierwiderstände. Belastungswiderstände werden am besten aus Konstantan hergestellt. Von den früher sehr viel angewandten Glühlampenwiderständen ist man mehr und mehr zurückgekommen, hauptsächlich weil ihr Betrieb zu teuer ist (Bruch). Da es meistens auf gute Kühlung ankommt, so benutzt man am besten frei in der Luft ausgespannte Leiter. Die geeignetsten Leiterformen sind: dünne Drähte in Parallelschaltung, Drahtgewebe, Blechband, besonders gewelltes Band, Röhren, besonders solche mit Wasserkühlung (Widerstandselemente v. Brockdorff, Metallschlauchfabrik Pforzheim). Drähte über 1,6—2 mm Durchmesser sind ungünstig. Drähte von 0,5 mm an windet man zu Spiralen auf; auch Blechstreifen lassen sich als Spiralen verwenden. Voigt und Häffner in Frankfurt a. M. und die Chemische Fabrik auf Aktien vormals Schering in Berlin empfehlen dünne, auf Porzellan aufgeschmolzene Bänder aus Glanz-Edelmetallen. (ETZ 1896, S. 127, 323, 373.) Widerstände, die eine starke Erwärmung aushalten sollen, bettet man in Emaille ein; auf einer emaillierten Eisenplatte wird der Widerstandsdraht im Zickzack aufgelegt und mit Emaille zugedeckt. Eine zweckmäßige Anordnung stellen die Asbestgitterwiderstände von Schniewindt dar, bei denen Asbestfäden in einer Richtung mit dem Widerstandsdraht in der Richtung senkrecht dazu verwebt sind (60, Seite 53).

Die maximale Energieaufnahme kann bedeutend gesteigert werden, wenn man die Widerstände in Petroleum oder einfach in Wasser taucht. Das letztere ist wegen der großen Verdampfungswärme des Wassers besonders wirksam; 1 kW verdampft in der Minute etwa 25 g Wasser.

Als Regulierwiderstände sind sehr geeignet die Widerstände von Gebr. Ruhstrat (Göttingen); es sind unter starkem Zug auf einen Schieferklotz aufgewickelte Drähte, auf denen senkrecht zur Wicklungsebene ein Schiebekontakt gleitet. Sie werden neuerdings auf emaillierte Metallrohre gewickelt. (Abrahamsohn, H. Boas, Berlin.)

Kohlenplatten, die aufeinander gelegt werden, können als Widerstände für starke Ströme benutzt werden; der Widerstand wird durch Druck geändert. Von Nachteil ist die verhältnismäßig geringe ausstrahlende Oberfläche.

Für viele Zwecke sehr brauchbar sind Widerstände aus Eisendraht, die in Glashüllen mit Wasserstofffüllung eingeschlossen sind. Vermöge des großen und veränderlichen Temperaturkoeffizienten sind sie als Selbstregulatoren brauchbar (vgl. Kallmann, ETZ 1906, S. 45, 686, 710; 1907, S. 495, 518).

Aus leitenden Flüssigkeiten lassen sich große Widerstände herstellen. Am meisten empfiehlt sich für schwächere Ströme als Flüssigkeit eine schwache Zinkvitriollösung; die Elektroden bestehen aus reinem, mit reinem Quecksilber verquickten Zink und befinden sich in zwei Gefäßen von passender Größe; diese letzteren werden durch eine enge Röhre von passend gewählten Abmessungen verbunden. Während des Gebrauchs wechselt man von Zeit zu Zeit die Stromrichtung.

Regulierbare kleine Widerstände für starke Ströme kann man nach zwei verschiedenen Methoden erhalten; einen sehr kleinen Widerstand bekommt man durch Gegenüberstellen von zwei großplattigen Elektroden mit geringem Abstand; zwischen den Elektroden verschiebt man eine Glasscheibe, ein Holzbrett oder dergl., um den Querschnitt der leitenden Flüssigkeit zu verändern; statt dessen kann man auch die Elektroden heben und senken. Größere Widerstände erhält man in zylinderförmigen hohen Gefäßen, in denen man eine Elektrode an den Boden legt, während man die andere gegen jene in der Höhe verschiebt. Als Flüssigkeit dient Sodalösung, die Elektroden bestehen aus Eisen. — Diese Art der Flüssigkeitsrheostaten ist nicht für dauernde Einschaltung zu empfehlen.

Weiteres über technische Widerstände siehe bei K. Fischer, Helios 1909, Heft 25, 26, 27.

Sehr große Widerstände (mehr als 100 000 $\varnothing$) erhält man, wenn man einen Graphitstrich auf eine Glas- oder Porzellanplatte bringt. Besser ist eine Röhre, die mit einer 10 proz. Jodkadmiumlösung in Amylalkohol (H i t t o r f) gefüllt ist. Es ist zweckmäßig, die Elektroden verschiebbar zu machen.

Methoden der Widerstandsmessung.

(161) Vertauschung im einfachen Stromkreise. Man bildet einen einfachen Stromkreis aus dem zu messenden Widerstand, einem Strommesser, einem Rheostaten, einer konstanten Batterie und einem Stromschlüssel. Man beobachtet die Ablenkung des Strommessers, schaltet den zu messenden Widerstand aus und so viel Rheostatenwiderstand dafür ein, daß der Ausschlag wieder derselbe wird. Da in beiden Fällen Stromstärke und elektromotorische Kraft der Batterie dieselben sind, so müssen auch die Widerstände gleich sein, d. h. der zu messende Widerstand ist gleich dem für ihn eingeschalteten Rheostatenwiderstand. — Man wähle nur eine konstante Batterie, beobachte rasch und schließe den Strom nicht länger, als zur Ablesung nötig. — Der zu messende Widerstand darf nicht zu klein im Verhältnis zum Widerstand des ganzen Stromkreises sein. Die Methode eignet sich besonders zur Messung größerer Widerstände. Mißt man Isolationen nach dieser Methode, so reichen zuweilen die Vergleichswiderstände nicht aus; man muß dann als Strommesser ein Galvanometer verwenden, dessen Ausschläge in ihrer Abhängigkeit von der Stromstärke bekannt sind. Man schließt einmal den Strom der Batterie durch einen großen Widerstand R und das Galvanometer und erhält den Ausschlag n_1; dann verbindet man die Batterie und das Galvanometer mit den Leitern, deren Isolation zu untersuchen ist, und erhält den Ausschlag n_2; der Isolationswiderstand ist $= R \cdot n_1/n_2$

Wird mit einer und derselben Batterie n_1 sehr groß, n_2 sehr klein, so verwendet man zur Messung von n_1 das Galvanometer am besten mit einem passenden Nebenschluß (171).

Bei Installationsarbeiten gebraucht man zuweilen eine Einrichtung zur Widerstandsmessung, welche auf der angegebenen Methode beruht; eine Batterie ist in einem Kästchen untergebracht, auf dem oben ein Galvanoskop mit Kreisteilung sitzt; der eine Pol der Batterie ist mit dem Anfang der Galvanoskopwindungen verbunden, der andere Pol und das Ende der Windungen endigen in Klemmen. Manchmal ist auch schon nach dem zehnten Teil der Windungen ein Draht abgezweigt, um bei verschiedenen Empfindlichkeiten messen zu können. Das Instrument muß mit einem Rheostat geeicht, die Eichung von Zeit zu Zeit wiederholt werden. Der Messungsbereich soll von 500 Ø bis 100 000 Ø gehen. Die Messungen sind für den Zweck des Instrumentes genau genug, auch wenn man nicht sehr genau abliest.

Messung mit Stromverzweigung bei Kabeln vgl. (263, a).

(162) Indirekte Widerstandsmessung. a) D u r c h   S t r o m - u n d S p a nn u n g s m e s s u n g. Man mißt die Spannung an den Enden des zu bestimmenden Widerstandes, während dieser von einem Strome von bekannter Stärke durchflossen wird; der fragliche Widerstand ist dann $R = E/I$.

Bei genaueren Messungen werden Spannung und Stromstärke mit dem Kompensator (175) gemessen. Dabei wird der unbekannte Widerstand x (Fig. 51) mit einem Normalwiderstand n in Reihe geschaltet, parallel zu $n + x$ ist ein Spannungsteiler Spt gelegt. Am Spannungsteiler mißt man E, an den Klemmen von n den Belastungsstrom I; dann ist $x = E/I - n$. Die Methode ist überall da anzuwenden, wo man den Widerstand in Abhängigkeit von der Größe des Belastungsstromes wissen will, also z. B. Widerstand von Glühlampen, Spannungskreisen von Zählern u.a. m.

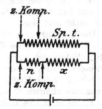

Fig. 51. Messung belasteter Widerstände mit Kompensator.

b) **M i t d e m E l e k t r o m e t e r.** Man schaltet den unbekannten Widerstand x mit einem Kasten a in Reihe und verbindet nach Fig. 52. $Q\,Q$ sind die Quadranten, N die Nadel, G das Gehäuse eines Quadrantenelektrometers (140). Wird a so reguliert, daß das Elektrometer beim Umdrehen von U in Ruhe bleibt, so ist $x = a$.

(163) Messung mit dem Differentialgalvanometer. Verbindet man den zu messenden Widerstand d und den bekannten Rheostatenwiderstand c nach Figur 53 mit den beiden Windungen des Galvanometers und mit der Batterie, so sind die Widerstände c und d gleich, wenn das Galvanometer keinen Ausschlag zeigt. Be-

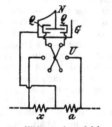

Fig. 52. Widerstandsvergleich mit Elektrometer.

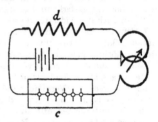

Fig. 53. Widerstandsmessung mit Differentialgalvanometer.

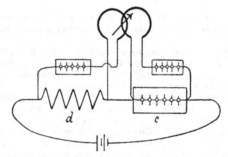

Fig. 54. Widerstandsmessung mit Differentialgalvanometer.

dingung ist dabei, daß die Windungen des Galvanometers gleiche Widerstände und gleiche Wirkung auf die Nadel haben. Dies läßt sich nach (131) prüfen und abgleichen; ferner darf der Galvanometerwiderstand gegen den zu messenden Widerstand nicht groß sein.

Die Verbindung nach Fig. 54 ist besonders bei kleineren Widerständen von Vorteil sowie in solchen Fällen, wo d und c nicht nahe beieinander liegen; sie erlaubt, Widerstandsverhältnisse zu bestimmen. c und d werden hintereinander verbunden und jedem derselben eine Galvanometerhälfte parallel geschaltet; in die eine oder in beide Hälften fügt man Rheostaten ein. Sind die Widerstände der Galvanometerhälften G_1 und G_2, die etwa zugefügten Rheostatenwiderstände r_1 und r_2, so zeigt das Galvanometer, vorausgesetzt, daß die beiden Windungen gleiche Wirkung auf die Nadel haben, keinen Ausschlag, wenn

$$c : d = (G_2 + r_2) : (G_1 + r_1)$$

Fügt man zu $G_1 + r_1$ noch R_1 und stellt durch Zufügen von R_2 zu $G_2 + r_2$ das Gleichgewicht wieder her, so ist

$$c : d = R_2 : R_1$$

im letzteren Falle werden die Verbindungswiderstände sämtlich eliminiert.

Die Methode empfiehlt sich zur Bestimmung von Widerstandsänderungen von d, z. B. zur Messung von Temperaturkoeffizienten, oder der Erwärmung durch den Strom. Ist etwa das Verhältnis von d und c bei gewöhnlicher Temperatur t bestimmt durch

$$d : c = (r_1 + G_1) : (r_2 + G_2)$$

und wenn d eine andere Temperatur t_1 besitzt, durch

$$d' : c = (r'_1 + G_1) : (r_2 + G_2)$$

so ist

$$d' : d = (r'_1 + G) : (r_1 + G)$$

und

$$\frac{d' - d}{d} = \frac{r'_1 - r_1}{r_1 + G} = \Delta\sigma (t_1 - t)$$

$(d' - d)/d$ ist die prozentische Widerstandszunahme von d, $\Delta\sigma$ der Temperaturkoeffizient $= (d' - d)/d(t_1 - t)$.

Die Widerstände, welche verglichen werden, sind die zwischen den Abzweigstellen nach dem Galvanometer gelegenen Stücke. Das verbindende Stück zwischen den Widerständen kann beliebig lang sein.

Beide Methoden sind frei von der Größe und den Schwankungen der elektromotorischen Kraft der Meßbatterie.

Methode des übergreifenden Nebenschlusses(F. Kohlrausch). Die Methode ist besonders geeignet zur Vergleichung annähernd gleich großer Widerstände, wobei die Verbindungs- und Übergangswiderstände eliminiert werden. Die Schaltungsweise ist aus Fig. 55 ersichtlich. Die Widerstände c und d sind hintereinander verbunden, durch den 6 näpfigen Kommutator u wird die Stromquelle E einmal zwischen die Enden 1, 4, bei der anderen Stellung zwischen 2, 3 gelegt. Zur Erreichung größtmöglicher Empfindlichkeit sind die Widerstände der Galvanometerwindungen, wenn es aus praktischen Gründen möglich ist, den zu messenden Widerständen gleich zu machen. Es ist nicht nötig, daß die beiden Windungen des Galvanometers gleichen Widerstand und gleiche Wirkung auf die Nadel besitzen, sondern wenn beim Umlegen des Kommutators der Ausschlag des Galvanometers nach derselben Seite gerichtet und gleich groß ist, so ist $c = d$. Man erreicht dies, indem man an den größeren der beiden Widerstände einen passenden Nebenschluß legt; es kann auch Interpolation zwischen zwei Nebenschlüssen benutzt werden, um denjenigen zu finden, bei dem Gleichheit vorhanden ist (166). Bequem ist es, wenn der Ausschlag des

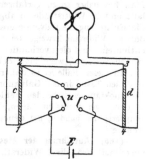

Fig. 55. Methode des übergreifenden Nebenschlusses.

Galvanometers nur klein ist; man kann dies stets durch Einschalten eines passenden Widerstandes in den einen Galvanometerzweig erreichen. Die Methode ist genau und doch relativ einfach.

(164) Wheatstonesche Brücke. Diese Methode ist die am meisten angewandte; sie ist vorzüglich geeignet für die Messung von Widerständen, die größer als 1 $\varnothing$ sind. 4 Widerstände a, b, c, d (Fig. 56) werden in einer geschlossenen Reihe hintereinander verbunden; man kann diese Verbindung als ein Viereck ansehen, dessen Diagonalen $A D$ und $B C$ sind. Bringt man in die eine Diagonale eine Stromquelle, in die andere ein Galvanometer, so fließt durch das letztere kein Strom, wenn sich verhält

$$a : b = c : d$$

Kennt man einen dieser Widerstände (c) und das Verhältnis von zwei anderen ($b : d$), so kann man den vierten (a) bestimmen.

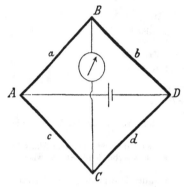

Fig. 56. Wheatstonesche Brücke.

(165) Verallgemeinerte Wheatstonesche Brücke. Enthalten die Zweige $a\ b\ c\ d$ elektromotorische Kräfte, so wird, auch wenn die Gleichung $a : b = c : d$ erfüllt ist, B und C im allgemeinen nicht mehr auf demselben Potential sein. Das Galvanometer wird daher einen Ausschlag zeigen. Dann läßt sich aber folgendes sagen: Besteht noch immer zwischen den

Fig. 57. Verzweigungsbüchse.

Widerständen $a\ b\ c\ d$ die Beziehung $a : b = c : d$, so ist eine beliebige Änderung der EMK oder des Widerstandes im einen Diagonalzweig ohne Einfluß auf die Stromstärke in dem andern. Bei genauen Messungen muß man nun immer damit rechnen, daß in den einzelnen Zweigen Thermokräfte auftreten. Man hat daher so zu verfahren, daß man den Galvanometerkreis geschlossen läßt und die Widerstände so abgleicht, daß beim Stromwenden im Batteriezweig die Einstellung des Galvanometers unverändert bleibt. Das setzt freilich voraus, daß die Widerstandszweige keine nennenswerten Induktivitäten und Kapazitäten enthalten. Sind diese vorhanden, so würde man das Galvanometer starken Stromstößen aussetzen, wenn man den Batteriekreis öffnet oder kommutiert.

In diesem Falle ist es daher besser, den Batteriezweig geschlossen zu lassen und den Taster in den Galvanometerzweig zu legen. Man muß dann die durch Thermokräfte entstehenden Fehler in Kauf nehmen; das hat aber in diesem Falle in der Regel nichts zu sagen, da es sich meist um Widerstandsmessung von Kupferspulen handelt, bei denen nicht die äußerste erreichbare Genauigkeit notwendig ist.

(166) Ausführung der Messungen. E m p f i n d l i c h k e i t. Es ist am vorteilhaftesten, die 4 Widerstände $a\ b\ c\ d$ sowie den des Galvanometers und den der Batterie einander gleich zu machen. Praktisch erhält man die beste Anordnung, wenn man für die Zweige $b\ d$ eine sogenannte Verzweigungsbüchse nimmt. Diese besteht aus einer Normalwiderstandsbüchse, die die Abzweigungen zu drei Kontaktstücken hat, mit denen abwechselnd eine kleine Kurbel in Berührung gebracht werden kann (Fig. 57). Es ist

$$A D = D B = 100\ \text{Ø}\ \text{bzw.}\ 1000\ \text{Ø}$$
$$C D = D E = 0{,}05\ \text{Ø}\ \text{bzw.}\ 0{,}5\ \text{Ø}$$

Folglich $A C : C B = 1 - 0{,}001$; $A E : E B = 1 + 0{,}001$.

Man schaltet nun in c (Fig. 56) einen Widerstand von der Größe ein, daß der Galvanometerausschlag möglichst klein wird, wenn die Kurbel auf D steht, und macht folgende Ablesungen:

Stellung des Stromwenders im Batteriekreis   1   II   II   II
Stellung der Kurbel der Verzweigungsbüchse D D C E
Galvanometerablesung α β γ δ

Dann ist der gesuchte Widerstand

$$c \cdot \left(1 - \frac{\alpha - \beta}{\gamma - \delta} \frac{1}{1000} \right)$$

Es ist praktisch, die Empfindlichkeit so zu wählen, daß $\gamma - \delta = 100$ Skalenteilen ist, dann gibt $\alpha - \beta$ die an c anzubringende Korrektion in Hunderttausendteln.

Nach Beendigung dieser Messung vertauscht man die Zweige b und d miteinander, indem man die Büchse um 180° dreht, und wiederholt die Messung; dies geschieht, um kleine Ungleichheiten von b und d zu eliminieren. Aus den erhaltenen Resultaten nimmt man das Mittel.

Zur Messung sehr großer Widerstände benutzt man eine ungleicharmige Brücke, und zwar wird in der Regel ein dekadisches Verhältnis ($b : d = 1 : 10$ bzw. $1 : 100$) gewählt. Hierfür sind passende Kästen konstruiert worden (s. Katalog von S. & H., H. & Br., ferner Zeitschr. Instrk. 1903, S. 301).

(167) Schleifdraht. Ist die größte Genauigkeit nicht erforderlich, so ist es zweckmäßig, mit einem Schleifdraht zu arbeiten. Die Zweige b d werden aus einem genau 1 m langen Draht gebildet, auf dem im Punkte D ein Schleifkontakt gleitet. Dann verhält sich $a : c$ wie die Längenabschnitte $BD : CD$. Für c pflegt man einen Dekadenkasten (1. 10. 100. 1000) einzusetzen, außerdem wird am Schleifdraht eine Teilung angebracht, an welcher man direkt das Verhältnis der Längen $BD : CD$ abliest. Die Ablesung mit einer Potenz von 10 multipliziert ergibt direkt den gesuchten Widerstand (Universalgalvanometer von S. & H.).

Um einen längeren Draht benutzen zu können und dadurch die Genauigkeit zu steigern, hat F. K o h l r a u s c h den Meßdraht spiralig in zehn Windungen und in 100 Teile geteilt auf eine Walze gewickelt; die Walze ist drehbar, während der Kontakt von einem feststehenden Laufrädchen gemacht wird (Walzenbrücke, H a r t m a n n & B r a u n). Eine weitere Erhöhung der Genauigkeit ist dadurch erreichbar, daß man beiderseitig Widerstände in Spulenform zuschalten kann, die passende Vielfachen des Schleifdrahtwiderstandes. Zweckmäßig ist es z. B. beiderseitig das 4,5 fache des Schleifdrahtes zuzuschalten. Tafeln für den Quotienten $n/(1000 - n)$ bei O b a c h, München 1879.

P r ü f u n g   u n d   K a l i b r i e r u n g   e i n e s   a u s g e s p a n n t e n
D r a h t e s. Wenn der Draht überall gleich wäre, so müßte einer bestimmten Länge überall der gleiche Widerstand entsprechen, und wenn der Draht von einem konstanten Strom durchflossen würde, müßten die Enden dieser Länge überall die gleiche Spannung zeigen. Das letztere kann man auf folgende Weise prüfen: An einem Holzklotz befestigt man zwei isolierte Metallschneiden in unveränderlichem Abstand voneinander; jede Schneide wird mit einer Klemme eines empfindlichen Galvanometers von großem Widerstande verbunden. Das Schneidenpaar setzt man auf den Rheostatendraht auf, während der letztere von einem konstanten Strome durchflossen wird; das Galvanometer zeigt einen Ausschlag, der nicht zu klein sein darf, wenn man eine sichere Prüfung zu haben wünscht. Verschiebt man die Schneiden längs des Drahtes, so sollte sich der Ausschlag nicht ändern, wenn der Draht überall gleich wäre; letzteres ist indes gewöhnlich nicht der Fall; mißt man den Ausschlag des Galvanometers für verschiedene Stellen des Drahtes, so verhalten sich die abgegrenzten Widerstände wie die Ausschläge. — Die Konstanz des Stromes muß geprüft werden, indem man dieselbe Stelle des Drahtes wiederholt einschaltet. — Mit einem Differentialgalvanometer von großem Widerstande und zwei Schneidenpaaren von gleichem Abstand der Schneiden kann man die Ungleichheit verschiedener Teile des Rheo-

staten noch sicherer untersuchen. — Leicht ist folgende Prüfung auszuführen: Wenn die Brückenkombination zur Messung bereit aufgestellt ist, mißt man zuerst eine Anzahl vorher bekannter Rheostatenwiderstände nach; der aus der Beobachtung abgeleitete und der schon bekannte Wert sollen übereinstimmen; tun sie dies nicht, so kann man die Berichtigung ohne Schwierigkeiten feststellen. Andere Kalibrierungsmethoden siehe auch F. Kohlrausch, Lehrbuch der prakt. Physik.

Meist wird man die Verwendung einer Berichtigungstafel umgehen wollen; man wählt dann eine Anzahl gut ausgezogener Drähte, so wie sie vom Drahtzug kommen, spannt einen nach dem anderen auf und prüft sie in einer der angegebenen Arten; den besten behält man für den Rheostaten.

Über die Kalibrierung von Widerstandskästen siehe F. Kohlrausch, Lehrbuch der prakt. Physik, 11. Aufl., S. 455 ff.

(168) Messung kleiner Widerstände. Kleine Widerstände müssen besonders behandelt werden, weil bei diesen der Einfluß der Zuleitungen berücksichtigt bzw. eliminiert werden muß. Deshalb besitzen Meßwiderstände unter 0,1 Ω zwei Hauptstrom- und zwei Potentialklemmen (158).

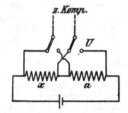 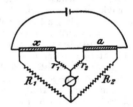

Fig. 58. Widerstandsvergleich mittels   Fig. 59. Thomsonsche Doppelbrücke.
Kompensator.

a) **Vergleich mit dem Kompensator.** Der unbekannte Widerstand x und der bekannte a sind mit ihren Hauptstromklemmen in Reihe geschaltet. Mittels des Umschalters U (Fig. 58) wird erst der Spannungsabfall an den Potentialklemmen von x und dann derjenige von a gemessen. Dann verhält sich $x : a$ wie die am Kompensator eingestellten Widerstände. Es empfiehlt sich, die Einstellungen möglichst rasch hintereinander abwechselnd zu wiederholen, um geringe Änderungen des Stromes eliminieren zu können.

b) **Thomsonsche Doppelbrücke.** Wie bei der vorigen Methode werden x und a zu einem mit starken Strömen belastbaren Kreis vereinigt (Fig. 59). Von den Potentialklemmen wird dann zu vier größeren Widerständen r_1 r_2 R_1 R_2 abgezweigt. Die Widerstände r_1 und R_1 werden gleich groß gewählt und ebenso $r_2 = R_2$. Man pflegt $r_2 = R_2 = 10$, 100 oder 1000 Ω zu machen und $r_1 = R_1$ so zu regulieren, daß das Galvanometer den Strom Null anzeigt. Für r_1 und R_1 nimmt man am zweckmäßigsten zwei in einem Kasten untergebrachte Kurbelwiderstandssätze, deren Kurbeln zwangläufig miteinander verbunden sind, so daß ihre Gleichheit dadurch automatisch gewährleistet ist. Gleichgewichtsbedingung ist: $x : a$ = $R_1 : R_2$.

Doppelbrücke von Siemens & Halske, O. Wolff, Jaeger, Lindeck, Diesselhorst, Zeitschr. Instrk. Bd. 23, S. 33 und 65, 1903.

Die Thomsonbrücke eignet sich gut zur Bestimmung der Leitfähigkeit gut leitender Drahtsorten (Kupferschienen). Ein zylindrischer Draht von 1—1,50 m Länge wird gestreckt in einen Petroleumkasten gebracht und mit Klemmbacken zur Stromzuführung versehen. Zwei voneinander isolierte Schneiden, deren Abstand genau gemessen werden kann, werden auf den Draht aufgesetzt; sie bilden die Potentialklemmen. Das Petroleum muß während des Versuches gerührt werden. Der Querschnitt des Leiters wird entweder mit einer Lehre oder besser durch Wägung eines Stückes in Luft und Wasser gemessen. Daraus findet man dann den spezifischen Widerstand. Ist der Petroleumkasten mit einer Heizvorrichtung versehen, so kann man auch den Temperaturkoeffizienten bestimmen. Siehe auch Kupfernormalien des Verbandes Deutscher Elektrotechniker.

(169) Widerstand von zersetzbaren Leitern. Infolge der auftretenden Polarisation sind die für Metallwiderstände angegebenen Methoden hier nicht ohne weiteres zu gebrauchen.

Mit G l e i c h s t r o m kann man den Widerstand eines Elektrolyts in folgender Weise nach der Vertauschungsmethode (161) ermitteln: Man schaltet zunächst zwischen die Elektroden nur ein kurzes Stück des zersetzbaren Leiters und beobachtet den Ausschlag des Galvanometers. Darauf vergrößert man den Abstand der Elektroden und schaltet so viel Rheostatenwiderstand aus, daß der Ausschlag ebenso groß wird wie vorher. Der ausgeschaltete Rheostatenwiderstand ist gleich der Vermehrung des Widerstandes des Elektrolyts, welche durch die Verschiebung der Elektroden erzielt wurde.

W e c h s e l s t r o m. (F. K o h l r a u s c h, M. W i e n.) Die Verwendung von Wechselstrom vermeidet das Entstehen einer Polarisation, sofern man die Elektroden (Platin) mit Platinmoor überzieht. Man verwendet die Wheatstonesche Brücke, indem man das Galvanometer durch ein Elektrodynamometer (135), ein Telephon (letzteres bei den gewöhnlichen Ansprüchen genügend) oder ein Vibrationsgalvanometer (137) ersetzt.

Von dem Elektrodynamometer schaltet man nur die bewegliche Rolle in den Brückenzweig, die feste Rolle in den Zweig, der die Wechselstromquelle enthält. Die Einstellung geschieht so, daß entweder das Dynamometer bzw. das Vibrationsgalvanometer keinen Ausschlag gibt, oder das Telephon verstummt.

Stromgeber für Widerstandsmessungen mit Wechselstrom: kleine Induktoren mit Neeffschem Hammer oder Deprezschem Unterbrecher, der Vibrator von F r a n k e (ETZ 1897, S. 620), der Saitenunterbrecher von M. W i e n (Wied. Ann. Bd. 42); der letztere gibt genau bestimmbare Unterbrechungszahlen; siehe auch (180).

Da es meistens auf den spezifischen Leitungswiderstand abgesehen ist, so gebraucht man zu den Bestimmungen ein Gefäß, welches die Berechnung des Widerstandes aus den Abmessungen erlaubt, am besten eine Glasröhre, welche einen möglichst konstanten Querschnitt besitzt. In dieser lassen sich die Elektroden (Platin, platiniertes Silber) bequem verschieben. Tritt bei Gleichstrom Gasentwicklung ein, so verwendet man ein U-förmiges Glasrohr und als Elektroden Drahtnetze oder Spiralen.

V e r g l e i c h s l ö s u n g e n. Will oder kann man das Gefäß, in welchem die Bestimmung vorgenommen werden soll, nicht geometrisch ausmessen, so bestimmt man in demselben Gefäß den Widerstand eines Leiters von bekanntem spezifischen Widerstand und vergleicht den der zu untersuchenden Flüssigkeit damit. Als Vergleichsflüssigkeiten benutzt man [1]) die in der Tabelle auf S. 134 angegebenen Lösungen.

Hat man in demselben Gefäß einmal den Widerstand R einer der Vergleichsflüssigkeiten und dann den Widerstand r der zu untersuchenden Flüssigkeit bestimmt, so ist der gesuchte spezifische Widerstand der letzteren $= \sigma R/r$.

Widerstand von Erdleitungen s. (283) u. folg., von Elementen s. (287) u. folg.

---

[1]) Vgl. F. K o h l r a u s c h, Lehrb. d. pr. Phys. und F. K o h l r a u s c h und L. H o l b o r n, Leitvermögen der Elektrolyte. 1898.

Vergleichsflüssigkeit	Spez. Gew.	Widerstandskoeffizient, bezogen auf Ohm: $R = \sigma \cdot \dfrac{l}{q}$ l in cm, q in cm²
Wässerige Schwefelsäure, bestleitend, 30,0 % reine Säure	1,223	$\sigma = 1,35\ [1 - 0,016\ (t - 18)]$
Gesättigte Kochsalzlösung, 26,4 % Cl Na	1,201	$\sigma = 4,63\ [1 - 0,022\ (t - 18)]$
Magnesiumsulfatlösung (normal) 17,4 % Mg SO₄ (wasserfrei)	1,190	$\sigma = 20,3\ [1 - 0,026\ (t - 18)]$
Chlorkaliumlösung (normal) 7,46 % K Cl	1,045	$\sigma = 10,2\ [1 - 0,020\ (t - 18)]$

(170) Widerstandsmessung an Isolationsmaterialien. Zur Messung des Widerstandes von festen Isoliermaterialien eignen sich am besten Platten von etwa 15 × 15 cm² Größe. Eine derartige Platte P (Fig. 60) wird zwischen zwei ebene Metallelektroden gelegt, die am besten mit Stanniol gepolstert und mit Gewichten gegeneinander gepreßt werden, damit sie sich der oft nicht ebenen Fläche gut anschmiegen (Hg-Elektroden s. Heinke, Handb. d. El., Bd. 2,1, S. 310). An die Elektroden aa werden die Pole einer Akkumulatorenbatterie B gelegt.

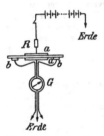

Fig. 60. Isolationswiderstand von Platten.

Aus der Spannung E der letzteren und dem mittels eines Galvanometers G gemessenen Strome I wird der Isolationswiderstand als E/I berechnet. Um Ströme vom Galvanometer auszuschließen, welche andere Wege als die zu untersuchende Isolationsschicht passiert haben, erdet man einen Pol der Batterie, legt das Galvanometer in die mit dem geerdeten Pol verbundene Leitung und versieht sämtliche Leitungen vom Isolationsmaterial bis zum geerdeten Pol (inkl. Galvanometer) mit einer metallischen Schutzhülle, die geerdet ist. Der im Galvanometer gemessene Strom setzt sich zusammen aus dem Strom, der durch das Material hindurchgedrungen ist, vermehrt um den Strom, der über die Oberfläche geflossen ist. Will man letzteren ausschließen, so legt man um die am geerdeten Pol liegende Elektrode einen Schutzring bb, der ebenfalls geerdet ist und dadurch die Oberflächenströme am Galvanometer vorbeiführt. Arbeitet man bei besser isolierenden Materialien mit höheren Spannungen, so empfiehlt es sich, in die Leitung zur Sicherheit einen Jodkadmium- oder Wasserwiderstand R von einigen Megohm zu legen (160). In vielen Fällen kann sein Vorhandensein bei der Rechnung vernachlässigt werden.

Ist die Isolation so gut, daß die Empfindlichkeit des Galvanometers nicht mehr ausreicht, so kann man in der Weise verfahren, daß man zunächst die Spannung E an die Elektroden legt, danach eine gemessene Zeit t die eine Elektrode vom Batteriepol trennt und dann von neuem die Spannung E anlegt. Hierbei fließt eine Elektrizitätsmenge Q auf die Elektrode, die gleich dem Ladeverlust in der Zeit t ist und durch ein ballistisches Galvanometer gemessen werden kann **(177)**. Dann ist annähernd der Isolationswiderstand gleich Et/Q.

Isolationswiderstände gehorchen nicht dem Ohmschen Gesetz: entgegen diesem Gesetz ist der Wert E/I von der Größe der Spannung und der Dauer ihrer Einwirkung abhängig (77).

Im Augenblick des Einschaltens erfolgt ein kräftiger Stromstoß, der von der Ladung des eine Kapazität bildenden Isoliermaterials herrührt, und der am besten am Galvanometer durch Kurzschließen vorübergeführt wird. Danach pflegt der Galvanometerausschlag langsam abzunehmen (d. h. der Isolationswiderstand wird scheinbar größer), weil ein Teil der Elektrizität in die Oberfläche des Materials eindringt, ohne es ganz zu durchfließen. Dazu kommt, daß bei feuchten Materialien die Feuchtigkeit infolge der Stromwärme zu verdampfen beginnt und dadurch den Widerstand verändert.

Mit wachsender Spannung wird der Isolationswiderstand meistens geringer; bei diesen Messungen ist große Vorsicht nötig, um einigermaßen zuverlässige Resultate zu erhalten. Hat man z. B. mit einer höheren Spannung begonnen und macht danach eine Messung mit einer niederen, so kann es vorkommen, daß das Galvanometer zunächst einen negativen Strom anzeigt, der dadurch zustande kommt, daß die bei der höheren Spannung in das Material eingedrungene Elektrizitätsmenge nunmehr langsam zurückströmt und zunächst den der kleineren Spannung entsprechenden Isolationsstrom überwiegt.

Der Isolationswiderstand ist in der Regel nicht proportional der Dicke des Materials. Es ist deshalb ratsam, die Messungen an Platten von verschiedener Dicke vorzunehmen. Im übrigen empfiehlt es sich, die Platten zunächst in vollständig ausgetrocknetem Zustand und danach nach mehrtägigem Liegen in Wasser zu untersuchen. Außer der Feuchtigkeit kann auch die Temperatur einen erheblichen Einfluß haben.

Im allgemeinen erhält man bei allen Isolationsmessungen ziemlich stark schwankende Resultate; die hierbei erhaltenen Zahlen haben daher nur den Wert der Größenordnung.

Isolierfähigkeit von Lacken wird untersucht, indem man sie auf dünne Metallbleche, auf Papier, Leinen oder Segeltuch aufbringt und den Widerstand in derselben Weise wie bei festen Platten mißt. Da die Zufälligkeiten hierbei in Hinsicht der Dicke der Schicht und Güte des Lackierens sehr groß sind, so sind die Resultate in der Regel noch unsicherer als bei festen Materialien.

Isolierrohre werden zum Zweck der Prüfung mit einem Metallmantel versehen oder mit Stanniol bekleidet (äußere Elektrode). Sollen die Röhren trocken geprüft werden, so füllt man sie mit Metallpulver (innere Elektrode), sollen sie aber naß geprüft werden, so werden sie mit leicht angesäuertem Wasser gefüllt. In diesem Falle wird die Messung zweckmäßig über einen längeren Zeitraum regelmäßig wiederholt, bis die Isolationsschicht zerstört ist.

Zuweilen kann man auch als innere Elektrode Quecksilber anwenden; doch ist es ratsam, dabei die Röhren horizontal zu legen, weil sonst bei längeren Röhren das Quecksilber infolge des hohen Druckes zu leicht die Isolierschicht durchdringt.

Wichtig ist auch die Messung der Oberflächenleitung; dazu preßt man zwei zylindrische Stanniolpolster in gemessenem Abstand an die Oberfläche an und mißt wie vorher. Man untersucht den Einfluß der Einwirkung der Luft, von Säuren, Alkalien, Wasser, Ölen u. a. auf die Oberflächenleitung.

Prüfung von Porzellanisolatoren siehe (1016).

Literatur.

Wernicke; Die Isoliermittel der Elektrotechnik, Braunschweig 1908.
Håkansson, Die plastischen Isolationsmaterialien ETZ 1910, S. 953. 997.
Passavant, ETZ 1912, S. 450.

Strom- und Spannungsmessung.

(171) Strommessung mit direkt zeigenden Apparaten. In den meisten Fällen der Praxis verwendet man zur Strommessung Zeigerapparate (128 ff) bzw. für sehr schwache Ströme Spiegelgalvanometer. Die Stromkonstante K (Strom/Ausschlag) wird durch die Kompensationsmethode bestimmt oder kontrolliert (174 u. f.). Um die Empfindlichkeit herabzusetzen, verwendet man Nebenschlüsse; wird zum Strommesser vom Widerstand R_g ein Nebenschluß vom Widerstand N gelegt, so wird die Konstante $K (1 + R_g/N)$. Beträgt also der Abzweigwiderstand $^1/_9$ $^1/_{99}$ ... $^1/_z$ vom Widerstand des Strommessers, so geht $^1/_{10}$ $^1/_{100}$ ... $^1/_{z+1}$ des gesamten unverzweigten Stromes durch den Strommesser und die Konstante des Strommessers mit Verzweigung wird 10 100 ... $z + 1$ mal so groß.

Will man den Strommesser durch einen Nebenschluß-Widerstand von N Ø k mal so unempfindlich machen, d. h. soll die Konstante des Strommessers mit Nebenschluß kK werden, so muß $N = R/(k-1)$ gemacht werden, wo R den Widerstand des Strommessers selber einschl. eines Vorschaltwiderstandes bedeutet.

B e i s p i e l: Ein Milliamperemeter $c = 0,001$ von 3 Ø soll zu Strommessungen bis 300 A brauchbar gemacht werden., d. h. $kK = 2$; $k = 2000$, folglich ist der Nebenschlußwiderstand 3/1999 Ø zu wählen.

Der Widerstand R besteht zum großen Teil aus Kupfer; daher ist ein Amperemeter mit Nebenschluß von der Temperatur abhängig. Man kann aber geeignete Kompensationen anwenden (vgl. z. B. K o l l e r t, ETZ 1910, S. 1219).

Schließt man die Klemmen eines Strommessers durch einen Widerstand R, welcher die Unterabteilungen r_1 r_2 r_3 . . besitzt, so werden die Konstanten des Strommessers, wenn man den Hauptstrom an den Enden dieser Unterabteilungen zuführt:

$$\frac{KR}{r_1} \quad \frac{KR}{r_2} \quad \frac{KR}{r_3} \ldots$$

Die Empfindlichkeiten verhalten sich also unabhängig davon, was man für einen Strommesser benutzt, wie

$$\frac{1}{r_1} : \frac{1}{r_2} : \frac{1}{r_3} \quad \text{(A y r t o n scher Nebenschluß)}$$

Dieser Satz ist wichtig für Spiegelgalvanometer: Ein Rheostat von 100000 Ø mit Unterabteilungen von

30 000, 10 000, 3000, 1000, 300, 100, 30, 10, 3, 1 Ø

paßt zu jedem Galvanometer und erlaubt, dessen Empfindlichkeit von dem Betrage, den letztere bei Nebenschaltung von 100000 Ø besitzt, herabzusetzen auf

$^1/_3$, $^1/_{10}$, $^1/_{30}$, $^1/_{100}$, $^1/_{300}$, $^1/_{1000}$, $^1/_{3000}$, $^1/_{10000}$, $^1/_{30000}$, $^1/_{100000}$.

(172) Spannungsmessung durch direkt zeigende Apparate. Auch Spannungen werden in der Praxis meist durch direkt zeigende Apparate gemessen und zwar:

α) durch nicht Strom verbrauchende: Elektrometer (139—143). Mit diesen kann man am einfachsten in Doppelschaltung (140,3) die Potentialdifferenz zwischen zwei beliebigen Punkten durch einfaches Anlegen messen.

β) durch Strom verbrauchende. Jeden Strommesser kann man durch einen geeigneten Vorschaltwiderstand zum Spannungsmesser machen. Ist K die Konstante des Strommessers und R der Gesamtwiderstand (einschl. des Vorschaltwiderstandes), so ist RK die Konstante des Spannungsmessers; d. h. die Ablesung mit RK multipliziert ergibt die zu messende Spannung. Beispiel: $^1/_{3000}$ A gebe einen Skalenteil Ausschlag des Strommessers, d. h. $K = ^1/_{3000}$. Schaltet man so viel Widerstand vor, daß der Gesamtwiderstand des Apparates 1200 Ø wird, so ist

RK = 0,4. Zeigt also der Apparat 150 SkT Ausschlag, so liegen 150 · 0,4 = 60 V an seinen Klemmen.

Sollen die Angaben des Spannungsmessers von der Temperatur unabhängig sein, so muß der Vorschaltwiderstand aus Manganin groß sein gegen den Widerstand der Kupferspule.

Der stromführende Spannungsmesser kann dadurch, daß er an zwei Punkte angelegt wird, die Stromverteilung in den Zweigen eines Leitersystems verändern und dadurch auch die Spannung zwischen den Punkten, an die er gelegt wird, verändern. Es herrscht also, streng genommen, nur so lange, wie er angelegt ist, zwischen diesen Punkten die von ihm angegebene Spannung.

(173) Potentialmessung. Um die Potentiale verschiedener Punkte eines Stromkreises gegen einen bestimmten Punkt des letzteren, z. B. gegen Erde zu messen, benutzt man einen Kondensator (Kapazität C), ein Normalelement (EMK E) und ein Galvanometer, welche nach Fig. 61 geschaltet werden. Zuerst eicht man das Galvanometer; der Umschalter u steht nach links. Berührt die Taste den oberen Kontakt, so nimmt der Kondensator eine Ladung an, die der EMK E proportional ist und beim Niederdrücken der Taste am Galvanometer den ballistischen Ausschlag a hervorbringt, der gleichfalls der EMK E proportional ist. Um nun das Potential V am Punkte P eines Stromkreises, der z. B. die Erde benutzt, zu bestimmen, legt man den Umschalter u nach rechts und verbindet den oberen Kontakt der Taste mit dem zu untersuchenden Punkt P der Leitung. Erhält man jetzt bei Druck der Taste den Ausschlag a_1, so ist $V : P = a_1 : a$.

(174) Kompensationsmethode. Die gesetzliche Einheit der Stromstärke ist zwar durch das Silbervoltameter gegeben; in der Praxis werden aber voltametrische Versuche überhaupt nicht mehr angestellt. Alle genauen Spannungs-

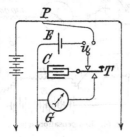

Fig. 61. Potentialmessung.

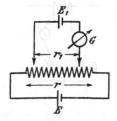

Fig. 62. Schema des Kompensator

und Strommessungen werden vielmehr mit Kompensationsapparaten ausgeführt. Hierbei dient außer den im Kompensationsapparat befindlichen Widerständen ein Normalelement als Normal. Es wird jetzt fast ausschließlich das Westonelement (154) verwendet.

Das grundlegende Schema für den Kompensationsapparat ist in Fig. 62 dargestellt. Eine Spannung E ist durch den Widerstand r geschlossen; von einem Teil r_1 des letzteren ist eine Abzweigung gemacht, die die EMK E_1 und ein Galvanometer G enthält. Es wird auf Stromlosigkeit des Galvanometers eingestellt; dann ist: $E/E_1 = r/r_1$. Es muß also $E_1 < E$ sein. Man kann diese Methode auf zweierlei Art anwenden.

a) **Messung höherer Spannungen.** E ist die unbekannte EMK; E_1 in Kadmiumelement; man macht $r_1 = E_1 \cdot 10^a$ (z. B. 1018,3 $\emptyset$) und reguliert r so lange, bis G keinen Ausschlag zeigt. Dann ist $E = r/10^a$ (im Beispiel $r/1000$). Bei dieser Anwendung muß also E größer sein als die Spannung des Normalelements.

Der zu messenden Spannung E wird hierbei ein wenn auch nur kleiner Strom entnommen. a wählt man in der Regel gleich 2, 3 oder 4.

b) **M e s s u n g k l e i n e r e r S p a n n u n g e n.** E ist eine Hilfs-EMK, die während des Versuchs konstant bleiben muß. Man bringt zunächst an die Stelle E_1 ein Normalelement und macht wieder $r_1 = E_1 . 10^a$; es wird in r reguliert bis G den Ausschlag Null zeigt. Dann wird E_1 durch die unbekannte EMK x ersetzt und nun, ohne den Gesamtwiderstand r zu ändern, der Widerstand r_1, von dem abgezweigt wird, so lange verändert, bis das Galvanometer wieder einsteht; sei r_x die Größe des so eingestellten Widerstandes, dann ist: $E_x : E_1 = r_x : r_1$ oder $E_x = r_x : 10^a$. In diesem Falle wählt man in der Regel $a = 3$ oder 4. Benutzt man wiederum ein Kadmiumelement, so eignet sich diese Methode am besten für Spannungsmessungen von 0,01—1 V.

Das zuletzt beschriebene Verfahren ist auch am besten geeignet für genaue Strommessungen. Man hat dazu nur E_x zu ersetzen durch den Spannungsabfall in einem Normalwiderstand N (Fig. 63), der von dem zu messenden Strom I durchflossen wird. Es wird $I = r_x : (N . 10^a)$.

N pflegt einer ganzzahligen Potenz von 10 gleich zu sein ($= 1/10^\beta$), so daß $I = r_x . 10^{\beta-a}$ ist; man liest also an r_x, abgesehen vom Komma, direkt die Stromstärke ab.

Man kann aber die Methode b) auch benutzen, um **h o h e S p a n n u n g e n** zu messen, sofern man einen Spannungsteiler benutzt. Letzterer besteht aus einem großen Widerstand, der an die zu messende Spannung angeschlossen wird. Er enthält Abzweige, zwischen denen Spannungen bestehen, die ganzzahlige Teile der Gesamt-

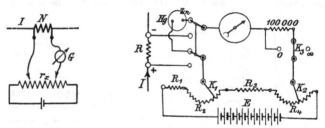

Fig. 63. Strommessung mit Kompensator.   Fig. 64. Kompensationsapparat.

spannung betragen. Der Wert der Teilung ist an den Klemmen vermerkt. Die Teilspannung wird nach dem Verfahren b) gemessen. Ist der Wert der Teilung $1/a$, wo also a eine ganze Zahl, meist sogar eine Potenz von 10 ist, so wird $E = a r_x : 10^a$. Die Teilung wählt man natürlich so, daß E/a etwa 0,1—1 V beträgt.

Als Galvanometer wählt man am besten ein Drehspulen-Spiegelgalvanometer mit kleinem Widerstand und kurzer Schwingungsdauer. Man erreicht damit ohne Schwierigkeit eine Meßgenauigkeit von 0,01 %.

(175) Kompensationsapparate. Die im vorhergehenden beschriebenen Messungen lassen sich natürlich mit gewöhnlichen Widerstandskästen ausführen, erfordern dann aber eine große Aufmerksamkeit. Bequemer sind die Kompensationsapparate, in denen alle zum Gebrauch notwendigen Schaltungen zusammengestellt sind. Das wichtigste ist dabei die Anordnung, vermöge deren man in der Schaltung b (s. oben) die Abzweigpunkte auf dem Widerstand r verschiebt, ohne seinen Gesamtwiderstand zu ändern. Dies geschieht in einfacher und doch vollkommener Weise folgendermaßen.

Zwei Kurbeln $K . K_2$ (Fig. 64) schleifen auf den Kontakten von Dekadensätzen R_2 und R_4. Diese beiden Hebel befinden sich an den Enden des Kompensationswiderstandes R_0 und entsprechen den beiden Kontakten der Fig. 62. Bei Verschiebung dieser Hebel bleibt offenbar der Widerstand im Hauptstromkreis ungeändert, während die Größe des Kompensationswiderstandes der jeweiligen Stellung dieser Hebel entspricht. Auf diese Weise erhält man also ohne weiteres zwei Stellen des Ergebnisses. Um die weiteren Stellen zu erhalten, werden zwei verschiedene Prinzipien benutzt.

Bei dem von F e u ß n e r angegebenen, von O. W o l f f weitergebildeten Apparat (Zeitschr. Instr. 1901, S. 227; 1903, S. 301) werden zwischen die beiden Endhebel noch Doppelkurbeln eingefügt, welche automatisch den in den Kompensationskreis eingeschalteten Widerstand aus dem Hauptstrom ausschalten und umgekehrt. Die Kurbeln bestehen aus zwei voneinander isolierten Hälften, die auf den Kontakten zweier voneinander unabhängiger Dekadensätze schleifen. Solcher Kurbeln lassen sich beliebig viele zwischen den beiden Endkurbeln anbringen. Ein anderes Prinzip, nämlich das der Abzweigung, benutzt R a p s bei den Apparaten der Firma S i e m e n s & H a l s k e; es werden hier zwei weitere Dekaden dadurch gewonnen, daß an die Enddekaden (von je 1000 und je 10 $\varnothing$) Nebenschlüsse gelegt werden, durch welche die Unterabteilungen (Dekaden von 100 $\varnothing$ und von 1 $\varnothing$) entstehen (vgl. Zeitschr. Instr. Bd. 15, S. 215, 1895). Die Apparate anderer Firmen sind im Hauptprinzip den hier beschriebenen ähnlich.

Vgl. H a r t m a n n & B r a u n, Phys. Zeitschr. Bd. 1, S. 167, 1900. R. F r a n k e, ETZ 24, S. 978, 1903. L i n d e c k und R o t h e, Zeitschr. Instr. 19, S. 249, 1899 und 20, S. 293, 1900, F e u ß n e r ETZ Bd. 32, S. 187 und 215, 1911.

Zur Messung sehr kleiner Spannungen, wie sie z. B. in Thermoelementen auftreten, braucht man Kompensatoren, welche einen kleinen Gesamtwiderstand haben, und bei denen keine Fehler durch Thermokräfte an den Kontaktstellen entstehen können. Über dahin gehende Konstruktionen siehe H a u s r a t h Ann. d. Phys. (4) Bd. 17, S. 735, 1905. W h i t e, Zeitschr. Instr. Bd. 27, S. 211, 1907. D i e s s e l h o r s t, Zeitschr. Instr. Bd. 26, S. 173, 1906; Bd. 28, S. 1 1908.

(176) Technische Kompensationseinrichtungen. Das Prinzip einer solchen Einrichtung sei durch ein Beispiel erläutert. Ein Widerstand R besitzt zwei End- und zwei Abzweigklemmen (Fig. 65). Die Widerstände zwischen diesen verhalten sich wie [3000 : 1019.] An den Abzweig-
klemmen liegt ein Kreis, bestehend aus kleinem Zeigergalvanometer G und Westonelement N. Durch einen vor R geschalteten Regulierwiderstand r wird die Stromstärke in R so eingestellt, daß das Zeigergalvanometer den Ausschlag Null zeigt; dann ist offenbar die Spannung an den Endklemmen von R genau 3 V. An diesen liegt aber ein Präzisionsvoltmeter V für maximal 3 V. Stellt sich dessen Zeiger nicht genau auf den Endteilstrich ein, so wird durch eine Reguliervorrichtung das magnetische Feld, in dem die Drehspule sich befindet, so lange geändert, bis der Zeiger auf diesem Teilstrich einsteht. Der Spannungsmesser zeigt dann richtig. Apparate der W e s t o n Co.,

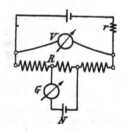

Fig. 65. Technische Kompensationseinrichtung.

von S i e m e n s & H a l s k e und N a d i r, siehe ferner P a u l u s, Elektrotechnik und Maschinenbau, 1907, S. 749 und B r i o n, Helios 1909, S. 289

Über Kompensationsmethoden für Wechselstrom s. (202).

Messung einer Elektrizitätsmenge.

(177) Messung eines Stromstoßes, d. i. eines Stromes von sehr kurzer Dauer. (118). Wird ein Kondensator oder dergl. durch ein sehr empfindliches Galvanometer entladen, oder schickt man einen rasch verlaufenden Induktionsstrom durch das letztere, so läßt sich die gesamte Elektrizitätsmenge [nicht Stromstärke], welche das Galvanometer durchströmt hat, folgendermaßen bestimmen: Entspricht einem konstanten Strom von I Ampere ein (ballistischer) Galvanometerausschlag $n = I/K$ (K = Reduktionsfaktor), ist die Schwingungsdauer (halbe Periode) der Nadel $= t$ sk (groß gegen die Dauer des Stromstoßes), und bringt die zu messende Elektrizitätsmenge Q den Ausschlag α (gemessen wie n) hervor, so ist

$$Q = K \cdot \frac{t}{\pi} \cdot \alpha \quad \text{Coulomb.}$$

Die Galvanometernadel sei dabei nicht gedämpft; der Ausschlag α darf nur klein sein; Messung mit Spiegel und Skale.

G e d ä m p f t e   N a d e l.   Wenn zwei aufeinander folgende Ausschläge der Nadel in dem Verhältnis $k : 1$ zueinander stehen (Dämpfungsverhältnis $k > 1$), so hat man für geringe Dämpfung

$$Q = K \cdot \frac{t}{\pi} \cdot \alpha \cdot \sqrt{k}$$

dies ist auf $1/2$ % genau bis $k = 1,2$ und auf 1% genau bis $k = 1,3$.
Für stärkere Dämpfung wird

$$Q = K \cdot \frac{t}{\pi} \cdot \alpha \cdot k^{\frac{1}{\pi} \text{arctg} \frac{\pi}{l}}$$

worin l = log nat k.

W e r t e   v o n $k^{\frac{1}{\pi} \text{arctg} \frac{\pi}{l}}$

(vgl. Kohlrausch, Lehrbuch, Tab. 29).

k		k		k	
1,2	1,092	2,4	1,436	4,5	1,713
1,4	1,170	2,6	1,474	5,0	1,755
1,6	1,237	2,8	1,509	6,0	1,823
1,8	1,296	3,0	1,541	7,0	1,877
2,0	1,348	3,5	1,608	8,0	1,921
2,2	1,394	4,0	1,665	9,0	1,958

Das Dämpfungsverhältnis ist vom Widerstande des Galvanometers und des zwischen den Klemmen des letzteren eingeschalteten Widerstandes abhängig. Bei N a d e l g a l v a n o m e t e r n wird die größte ballistische Empfindlichkeit erreicht, wenn keine Dämpfung vorhanden ist, und es gilt dann die erste der angegebenen Formeln. Bei D r e h s p u l e n g a l v a n o m e t e r n ist es wegen des Zusammenhanges der Dämpfung mit dem äußeren Widerstand am vorteilhaftesten, das Instrument auch in diesem Fall nahe im aperiodischen Grenzzustand zu gebrauchen (125); es ist dann im Grenzfall

$$Q = e \cdot R \cdot K \cdot \frac{t}{\pi} \cdot \alpha$$

worin e die Basis der natürl. Logarithmen bedeutet, R den Gesamtwiderstand (Galvanometerwiderstand + äußerer Widerstand), der das Galvanometer gerade aperiodisch macht, und t die Schwingungsdauer (halbe Periode) im ganz ungedämpften Zustand, die sich durch Schwingungsbeobachtungen bei verschiedenem äußeren Widerstand ermitteln läßt.

(178) **Die Elektrizitätsmenge,** welche während einer längeren Zeit durch einen Leiter strömt, wird mit dem Voltameter gemessen. Aus der niedergeschlagenen bzw. aufgelösten Menge kann man mit Hilfe des elektrochemischen Äquivalentes ohne weiteres die Elektrizitätsmenge in Coulomb berechnen (67, 148, und folg.).

Mittelbar kann man die durchgeströmte Menge bestimmen, wenn man die Stromstärke häufig beobachtet; dies geschieht z. B. beim Laden und Entladen der Akkumulatoren u. a. m. Zu demselben Zweck benutzt man häufig registrierende Meßinstrumente (144).

Die von elektrischen Zentralstationen an die Abnehmer gelieferten Elektrizitätsmengen werden mit besonderen Instrumenten gemessen, vgl. Verbrauchsmessung.

Selbstinduktivitäten.

(179) Die **Selbstinduktivität** (SI) eines Leitergebildes ist nur dann eine wirkliche Konstante, wenn

a) weder in der Umgebung des Stromleiters sich magnetisierbare Substanzen befinden, noch der Stromleiter selber aus einer magnetisierbaren Substanz besteht.

b) weder in benachbarten Metallteilen, noch in dem Metall des Stromleiters selber Wirbelströme entstehen können,

c) wenn die Spule keine wirkliche Kapazität besitzt.

Eine „reine" SI ist z. B. eine auf ein nichtleitendes Material gewickelte Spule, deren Drähte nicht massiv sind, sondern aus einer größeren Zahl feiner, voneinander isolierter Drähte zusammengedrillt sind; vgl. (92,3), letzter Absatz.

Eisenhaltige Spulen und solche, welche zu Wirbelströmen Veranlassung geben, besitzen SI, die von der Stromart, der Stromstärke und bei Wechselstrom auch von der Frequenz abhängig sind. Die SI einer solchen Spule ist daher unter genau den gleichen Bedingungen zu messen, unter denen sie gebraucht werden soll; bei Wechselstrom verhält sie sich wie eine reine SI von L' Henry und dem ohmischen Widerstande R'. L' wird w i r k s a m e SI und R' wirksamer Widerstand genannt. Wird die Spule von einem Wechselstrom von der eff. Stromstärke I durchflossen, so muß nach der vorigen Definition $I^2 R'$ der Energieverlust in der Spule sein. Letzterer setzt sich zusammen aus dem Verlust im ohmischen Widerstande $I^2 R$ und dem Verlust durch Hysterese im Eisen durch Wirbelströme. Bei einer eisenhaltigen und wirbelstromführenden Spule ist somit der wirksame Widerstand größer als der ohmische.

Bei den Messungen der SI ist auf ausreichende gegenseitige Entfernung und Lage der Leiter zu achten In der Regel sind die Zuführungen zu den Spulen genau bifilar zu legen.

(180) **Die Wheatstonesche Brücke** wird zum Vergleich zweier Selbstinduktivitäten oder zum Vergleich einer Selbstinduktivität mit einer Kapazität gebraucht.

Sollen die Induktivitäten für den stationären Zustand gemessen werden, so bringt man in den Hauptzweig eine Gleichstromquelle, in den Brückenzweig ein ballistisches Galvanometer Soll mit Wechselstrom untersucht werden, so kommen in den Hauptzweig Wechselstromquellen, welche zweckmäßig so eingerichtet sind, daß sie während der Versuche konstante, im übrigen aber stark veränderbare Periodenzahlen hervorbringen können. Dazu eignen sich a) Saitenunterbrecher, bei denen die Schwingungen einer abstimmbaren Saite zur Unterbrechung eines

Gleichstroms benutzt werden (M. W i e n, Wied. Ann. Bd. 44, S. 683, 1891),
b) Mikrophonsummer nach D o l e z a l e k mit Membranen von verschiedener
Tonhöhe (Zeitschr. Instrk. Bd. 23, S. 243, 1903), L a r s e n, ETZ 1911, S. 284,
c) Wechselstromsirenen nach M. W i e n (Ann. d. Phys. (4) Bd. 4, S. 426, 1901) und
D o l e z a l e k (a. a. O.); das sind kleine Wechselstrommaschinen, die Wechselströme
bis zu 10000 Perioden und mehr in der Sek. zu erzeugen gestatten; Hochfrequenz-
maschinen von H a r t m a n n & B r a u n, Phys. Zeitschr. Bd. 10, S. 1018, 1909.

In den Brückenzweig der Wheatstoneschen Brücke schaltet man ein Hörtelephon oder, wenn die Einstellung von der Periodenzahl abhängt, besser ein
optisches Telephon oder Vibrationsgalvanometer (137).

Um Störungen, die durch die Kapazität der ganzen Meßanordnung entstehen
können, auszuschließen, genügt es häufig, einen Endpunkt des Hauptzweiges zu
erden. Dies ist namentlich dann notwendig, wenn der Hauptzweig einen Kondensator enthält, um durch dessen Resonanz mit der Induktivität der Wechselstromquelle größere Ströme zu erlangen.

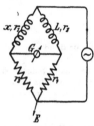

Fig. 66. Vergleich zweier
Selb tinduktivitäten.

a) V e r g l e i c h   z w e i e r   S e l b s t i n d u k -
t i v i t ä t e n (Fig. 66). Zweig 1 enthält die unbekannte Selbstinduktivität, deren „wirksame" SI x sei,
Zweig 2 eine „reine" bekannte SI vom Betrage L; zu
Zweig 1 oder 2 kann nach Bedarf ein induktionsloser
Widerstand zugeschaltet werden; es sei r_1 der gesamte
wirksame Widerstand von Zweig 1, r_2 der gesamte
ohmische Widerstand von Zweig 2. Zweig 3 und 4 bestehen aus induktionslosen Widerständen r_3 und r_4.
Dann lautet die Nullbedingung für den Brückenzweig
$x : L = r_1 : r_2 = r_3 : r_4$.

Für L nimmt man entweder Normalrollen (vgl.
M. W i e n, Wied. Ann. Bd. 58, S. 553, 1896 und D o -
l e z a l e k, Ann. d. Phys. (4) Bd. 12, S. 1142, 1903) oder
Selbstinduktionsvariatoren(vgl. M. W i e n, Wied.Ann. Bd.57, S.249, 1896; H a u s -
r a t h, Zeitschr. Instrk. Bd.27, S. 302, 1907. L a n d - u n d S e e k a b e l w e r k e,
Köln-Nippes). Letztere bestehen aus einem festen und einem beweglichen Spulensystem, von denen die letztere um einen Durchmesser des ersteren drehbar ist;
jeder gegenseitigen Lage, die an einem Teilkreis abgelesen wird, entspricht ein bestimmter Wert der Selbstinduktivität. Zweig 3 und 4 wird zweckmäßig durch
einen Schleifdraht gebildet, der für genauere Messungen durch Zusatzwiderstände
an den Enden gewissermaßen verlängert werden kann (167).

Durch wechselndes Verschieben des Schleifkontaktes und Drehen der
Variatorenspule oder, wenn statt der Variatoren eine Normalspule benutzt wird,
durch Regulieren des zwischen Zweig 1 und 2 geschalteten induktionslosen Widerstandes wird die Nulleinstellung herbeigeführt. Dann wird x aus $L\, r_3/r_4$ berechnet.

Ist die zu messende SI nicht rein, so ist auf die Stromstärke und bei Wechselstrom auch auf die Frequenz zu achten. Erstere findet man am bequemsten durch
einen geeigneten Strommesser im Hauptzweig; gibt dieser den Strom I an, so ist,
wenn die Brücke abgeglichen ist, der Strom im Zweige 1 gleich $I\, r_4/(r_3 + r_4)$, und
zwar gleichgültig, ob mit Gleichstrom oder Wechselstrom gemessen wird.

Wird mit Wechselstrom gemessen, so findet man den wirksame Widerstand der
Spule aus $r_1 = r_2\, r_3/r_4$. Macht man nach Beendigung der Wechselstrommessung
eine Gleichstrommessung, so muß man r_2 um den Betrag δ verkleinern, um das in
die Brücke geschaltete Galvanometer stromlos zu machen, d. h. der ohmische
Widerstand der Spule ist gleich $(r_2 - \delta)\, r_3/r_4$. Der Wert $\delta r_3/r_4$ mit dem Quadrate
des die Spule ursprünglich durchfließenden Wechselstromes (effektiv gemessen)
multipliziert, ergibt somit die in der Sekunde durch Hysterese und Wirbelströme
verloren gehende Energie in Watt.

Besondere Aufmerksamkeit wegen der zahlreichen Fehlerquellen erfordert die Messung sehr kleiner SI, z. B. einfacher Drahtringe, gerader Drähte, wie sie u. a. bei der drahtlosen Telegraphie gebraucht werden. Auch hierfür ist die vorstehende Methode brauchbar, wobei man zweckmäßig mit dem Brückenverhältnis 1 : 10 bis 1 : 100 arbeitet (vgl. P r e r a u e r, Wied. Ann. Bd. 53, S. 772, 1894). Über die Messung kleiner SI bei verhältnismäßig großen Widerständen s. G i e b e, Ann. d. Phys. (4) Bd. 24, S. 941, 1907.

Die vorstehende Methode ist die einfachste und zuverlässigste für fast sämtliche in der Schwachstromtechnik auszuführenden Messungen von SI. Zeitschr. f. Instrk., 1912 S. 6, 33.

Meßbrücken für große und kleine SI nach D o l e z a l e k von S i e m e n s & H a l s k e, Zeitschr. Instrk, Bd. 23, S. 246, 1903.

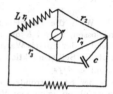

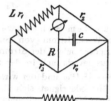

Fig. 67. Vergleich einer Selbst-
nduktivitat mit einer Kapazität.

Fig. 68. Andersonsche Methode.

b) V e r g l e i c h e i n e r SI L m i t e i n e r K a p a z i t ä t C (Fig. 67). Zweig 1 enthält die SI L vom Widerstand r_1; die übrigen Zweige enthalten induktionslose Widerstände $r_2 r_3 r_4$; zu r_4, das dem Zweige 1 gegenüberliegt, ist die Kapazität C parallel geschaltet. Der Brückenstrom ist gleich Null, wenn

$$r_1/r_2 = r_3/r_4$$

und

$$L/C = r_2 r_3.$$

Mit dieser Methode lassen sich dieselben Messungen wie unter a) ausführen, nur daß man als Normal statt einer Induktionsrolle eine Kapazität benutzt. Die Methode ist aber weniger zuverlässig als die vorherige, weil Kondensatoren in der Regel eine von der Periodenzahl abhängige Kapazität besitzen und öfter in bezug auf Konstanz zu wünschen übrig lassen. Bei Messung mit Batteriestrom begegnet man häufig Schwierigkeiten bei der Einstellung, weil das Galvanometer hin- und herzuckt; man schaltet dann zweckmäßiger Weise vor den Kondensator C einen veränderlichen Widerstand.

Der letzten Anordnung ähnlich ist die von A n d e r s o n (vgl. Fig. 68); man schaltet zunächst den Kondensator ab und gleicht mittels Gleichstrom und Galvanometer die Brücke ab, d. h. $r_1 : r_2 = r_3 : r_4$. Nachdem der Kondensator eingefügt ist, schickt man Wechselstrom in die Verzweigung und reguliert den Widerstand R so lange, bis das Telephon schweigt, dann ist:

$$L/C = R (r_1 + r_2) + r_2 r_3$$

Die unter a) und b) besprochenen Messungen lassen sich auch mittels der Sekohmmeteranordnung von A y r t o n und P e r r y ausführen. Als Energiequelle dient eine Batterie; sowohl in den Hauptstromkreis wie in den Brückenzweig ist je ein zweiteiliger rotierender Kommutator eingeschaltet, welcher einerseits den Gleichstrom für die Verzweigung in Wechselstrom und für ein in die Brücke zu schaltendes Galvanometer wieder zurück in Gleichstrom verwandelt.

(181) Absolute Messung einer Selbstinduktion. a) M e t h o d e v o n
M a x W i e n (Wied. Ann. Bd. 58, S. 553, 1896). Zweig 1 enthält die unbekannte
SI x, parallel dazu liegt der induktionslose Widerstand r, Zweig 2 enthält einen
Selbstinduktionsvariator und dahinter einen induktionslosen Widerstand, Zweig 3
und 4 wird von einem Schleifdraht mit geeigneten Zusatzwiderständen (167)
gebildet. Ist für eine bestimmte Periodenzahl (ω in 2π Sekunden) das Gleichgewicht der Brücke eingestellt, so wird auf Gleichstrom umgeschaltet; dann sei
der Zweig 2 um den Widerstand R zu verkleinern, damit das Galvanometer
stromlos wird, und um R' zu vergrößern, um wieder das Gleichgewicht zu erhalten,
nachdem man die Rolle x abgeschaltet hat. Dann ist

$$x = \frac{r_4}{r_3}\frac{r^2}{\omega}\sqrt{\frac{R}{R'}\frac{1}{R+R'}}$$

b) A u s d e m S c h e i n w i d e r s t a n d. Wird die zu messende Spule
von einem Wechselstrom von Sinusform durchflossen, so sei E die Klemmenspannung an der Spule, I der Strom in der Spule und Λ der mittels Wattmeters gemessene Energieverbrauch in der Spule, dann ist die Selbstinduktion der Spule
$= \sqrt{E^2 I^2 - \Lambda^2}/I^2\omega$ und der wirksame Widerstand $= \Lambda/I^2$.

Diese Methode eignet sich für viele Zwecke der Starkstromtechnik. Man
kann mit dieser Methode auch genaue Messungen ausführen, wenn man Kurvenauf-
nahmen macht (Bull. of the Bur. of Stand. Bd. 1, S. 125, 1905).

**(182) Vergleich zweier Selbstinduktivitäten mit dem
Differentialtelephon.** Auf einen Eisenkern sind zwei
genau einander gleiche Wicklungen (1, 2) zusammen
aufgewickelt (Fig. 69). Werden beide Wicklungen mit
entgegengesetzter Stromrichtung an eine Wechselstrommaschine M angeschlossen, so wird die Induktion im
Eisen aufgehoben, wenn Selbstinduktionen L L und
Widerstände r r in den beiden äußeren Kreisen einander gleich sind; das Verschwinden der Induktion wird
an einer tertiären (3) Wicklung mittels Telephons T beobachtet. Man kann auf diese Weise eine unbekannte
SI mit einem Normal vergleichen. Gibt man den beiden

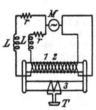

Fig. 69. Vergleich zweier SI
mit Differentialtelephon.

primären Wicklungen verschiedene Windungszahlen, so
müssen sich SI und Widerstände wie die Windungszahlen verhalten. Die Methode
eignet sich gut zur Messung der Induktivität eisenhaltiger Spulen in Maschinen
und Transformatoren. (S. H a u s r a t h, Unters. elektr. Systeme, S. 61.
J. Springer. Berlin 1907. L a n d - u n d S e e k a b e l w e r k e, Köln-Nippes.)

Gegeninduktivitäten.

(183) Absolute Messung. In die primäre Windung sendet man den Strom
einer Batterie von der EMK E; hierdurch wird bei Stromschluß in der sekundären
die Elektrizitätsmenge Q, welche wie in (177) gemessen wird, bewegt. Sind R_1 und
R_2 die gesamten Widerstände des primären und des sekundären Stromkreises, so ist

$$M = Q\cdot\frac{R_1\cdot R_2}{E}.$$

(184) Vergleichung von Induktionskoeffizienten untereinander. a) Der
Koeffizient der gegenseitigen Induktion der Rollen A und a sei bekannt und $= M$;
derjenige der Rollen A' und a' sei unbekannt ($= M'$); M' soll mit M verglichen
werden. Man macht eine Schaltung nach Fig. 70. Sollen die Induktivitäten für
stationäre Zustände verglichen werden, so ist B eine Gleichstromquelle, G ein

ballistisches Galvanometer; beim Vergleich mit Wechselstrom ist B eine Wechselstromquelle, G ein Telephon oder Vibrationsgalvanometer. Man stellt auf verschwindenden Strom in G ein; Bedingung dafür ist $M : M' = L. : L' = r : r'$; darin sind L und L' die Selbstinduktivitäten der sekundären Spulen. Man muß also unter Umständen zu a und a' Ballastvariatoren hinzufügen.

b) Vergleich einer Selbstinduktivität mit einer Gegeninduktivität. Von den beiden Spulen, deren Gegeninduktivität gemessen werden soll, wird die eine in den Hauptzweig, die andere in den Zweig 1 einer Wheatstoneschen Brücke geschaltet; die übrigen Zweige werden durch induktionslose Widerstände $r_2\,r_3\,r_4$ gebildet. Wird die Gegeninduktivität mit M, die Selbstinduktivität der in den Zweig 1 geschalteten Spule mit L bezeichnet, so ist der Brückenzweig bei Verwendung von Wechselstrom stromlos, wenn:

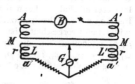

Fig. 70. Vergleich zweier Gegeninduktivitäten.

$$M/L = r_3/(r_1 + r_3) = r_4/(r_2 + r_4)$$

c) Ist M die Gegeninduktivität zweier Spulen, deren Selbstinduktivitäten L_1 und L_2 sein mögen, so mißt man zunächst nach einer der Methoden (180, 181) die Selbstinduktivität L' der hintereinander geschalteten Spulen, wobei die Ströme in beiden Spulen einander gleichgerichtet sein sollen; dann ist $L' = L_1 + L_2 + 2\,M$. Dreht man die Stromrichtung in einer der Spulen um, so findet man auf demselben Wege $L'' = L_1 + L_2 - 2\,M$; daraus ergibt sich: $M = 1/4\,(L' - L'')$.

Über andere Methoden, namentlich solche mit Hilfe von Variatoren für Gegeninduktivitäten Campbell, Nat. phys. Lab. coll. res. Bd. 4, S. 223, 1908.

Kapazität.

(185) Vergleichung von Kapazitäten. Die beiden Kondensatoren werden miteinander verbunden, um sie auf gleiches Potential zu bringen; sie werden geladen und voneinander getrennt. Darauf entlädt man sie nacheinander durch ein ballistisches Galvanometer (177). Die Ausschläge des Galvanometers geben das Verhältnis der Kapazitäten an.

Oder man mißt nur die Differenz ihrer Kapazitäten nach der Schaltung Fig. 71 (Thomsonsche Methode); r_1 und r_2 sind große Widerstände, e ein verschiebbarer Erdkontakt. Zunächst werden die Verbindungen $a\,p$ und $b\,q$ hergestellt und die Kondensatoren geladen. Dann werden diese Verbindungen aufgehoben und $p\,m$ und $n\,q$ verbunden; die Ladungen gleichen sich bis auf einen Rest aus, der gemessen wird, indem man r mit s verbindet. Verschiebt man e so lange, bis der Rest $= 0$ ist, so gilt $C_1 : C_2 = r_1 : r_2$.

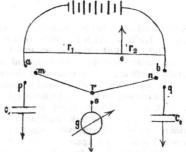

Fig. 71. Vergleich zweier Kapazitäten mit Galvanometer.

(186) Messung der Kapazität in der Wheatstoneschen Brücke mit Wechselstrom. Diese Methode ist am zuverlässigsten. Man vergleicht am besten die unbekannte Kapazität nach (180 b) mit einer Normalrolle der Selbstinduktion und führt die Messungen bei verschiedenen Periodenzahlen aus.

Der Vergleich zweier Kapazitäten untereinander wird in der Wheatstoneschen Brücke nach Fig. 72 unter Benutzung von Wechselstrom ausgeführt. $C_1 : C_2 = r_4 : r_3$ ist die Bedingung für Schweigen des Telephons. Dabei ist vorausgesetzt, daß im Kondensator keine Energieverluste auftreten (dielektrische Hysterese). Ist letzteres der Fall, so kann man sich einen solchen Kondensator durch einen ver- lust l o s e n von der Kapazität C ersetzt denken, dem ein Widerstand ρ (Verlust- widerstand) vorgeschaltet ist. Dann muß man auch in Zweig 1 und 2 Widerstände $\rho_1 \rho_2$ zuschalten, um die Brücke ins Gleichgewicht zu bringen. Bedingung ist: $C_1 : C_2 = (r_2 + \rho_2) : (r_1 + \rho_1) = r_4 : r_3$. Statt der Verlustwiderstände gibt man häufig die Verlust w i n k e l δ an, wo $\delta = \omega C \rho$ ist (ω Kreisfrequenz).

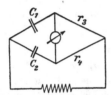

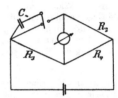

Fig. 72. Vergleich zweier Kapazitäten
mit Wechselstrom.

Fig. 73. Absolute Kapazitätsmessung
nach Maxwell.

(187) Absolute Messung einer Kapazität. Die besten Resultate für absolute Kapazitätsmessungen liefert wohl die Nullmethode von M a x w e l l (Electr. II, § 775), die in Fig. 73 skizziert ist. Der Hauptzweig einer Wheatstoneschen Brücke enthält eine Gleichstromquelle, der Brückenzweig ein Spiegelgalvanometer; Zweig 1 außer dem zu messenden Kondensator einen besonders konstruierten Unterbrecher, durch welchen der Kondensator abwechselnd geladen und entladen wird. Die übrigen Zweige induktions- und kapazitätslose Widerstände. Letztere werden so abgeglichen, daß für eine gemessene Periode der Unterbrechung (ν in der Sekunde) die Ströme im Galvanometer sich aufheben, so daß es den Ausschlag Null zeigt. Dann ist

$$C = \frac{1}{\nu} \frac{R_4}{R_2 R_3}$$

Diese Formel erfordert bei genauen Messungen eine Korrektion (vgl. J. J. T h o m - s o n, Phil. Tr. Bd. 174, S. 707, 1883; G i e b e, Zeitschr. Instrk. 1909, S. 205, 269, 301).

(188) Die Dielektrizitätskonstante ε wird bestimmt durch die Vergleichung eines Kondensators, der einmal mit Luft und einmal mit dem zu untersuchenden Stoffe gefüllt ist, mit einem anderen, ihm nahezu gleichen Kondensator.

Ist C_0 die Kapazität des mit Luft gefüllten Kondensators, C diejenige des mit dem zu untersuchenden Dielektrikum gefüllten, so ist $\varepsilon = C/C_0$. Dabei ist voraus- gesetzt, daß das Dielektrikum den Raum zwischen den Platten vollständig aus- füllt. Dies ist bei Flüssigkeiten immer der Fall, bei festen Körpern in der Regel nicht. Besitzt der Kondensator einen Plattenabstand a, und ist die Dicke des ein- geschobenen festen Körpers d, so ist: $1/\varepsilon = 1 - (a/d) \cdot (C - C_0)/C$. Die Resultate werden fehlerhaft, wenn die Dielektrika nicht vollkommen isolieren.

(189) Dielektrizitätskonstanten von unvollkommenen Isolatoren werden nach Methoden von N e r n s t gefunden.

a) K o m p e n s a t i o n d e s L e i t v e r m ö g e n s. Die Schaltung ist im wesentlichen die gleiche wie in (188). Der Versuchskondensator c (Fig. 74), dessen

Boden zur Erde abgeleitet ist, besitzt einen konstanten Plattenabstand. Er kann entweder zu dem konstanten Hilfskondensator c_2 oder zu dem meßbar variierbaren Kondensator c_1 parallel geschaltet werden. Letzterer besteht aus einem Platten-kondensator mit verschiebbarer Glasplatte; die Abhängigkeit der Kapazität von der Stellung der Glasplatte ist durch besonderen Versuch bestimmt. Den Konden-satoren parallel geschaltet sind regulierbare Flüssigkeitswiderstände $a\,a$, welche ein eventuelles Leitvermögen des Dielektrikums kompensieren sollen. Die übrigen beiden Zweige der Wheatstoneschen Brücke werden ebenfalls durch zwei regulierbare,

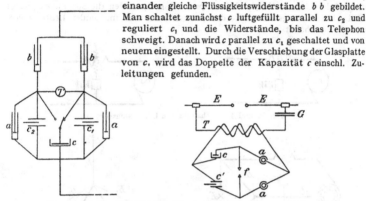

einander gleiche Flüssigkeitswiderstände $b\,b$ gebildet. Man schaltet zunächst c luftgefüllt parallel zu c_2 und reguliert c_1 und die Widerstände, bis das Telephon schweigt. Danach wird c parallel zu c_1 geschaltet und von neuem eingestellt. Durch die Verschiebung der Glasplatte von c_1 wird das Doppelte der Kapazität c einschl. Zu-leitungen gefunden.

Fig. 74 und 75. Dielektrizitäts-Konstante unvollkommener Isolatoren.

Füllt man nun den Kondensator mit einer Flüssigkeit von der bekannten Dielektrizitätskonstanten ε_0, so findet man durch dieselbe Methode die Kapazität c_0. Schließlich wird die Kapazität c_x des mit einer Flüssigkeit von der Dielektrizitäts-konstanten ε_x gefüllten Kondensators gemessen; dann folgt

$$2\,\varepsilon_x - 1 \;=\; (\varepsilon_0 - 1)\,.\,(c_x - c)/(c_0 - c).$$

b) **Messung in der Wheatstoneschen Brücke mittels sehr schneller Schwingungen.** Die raschen Schwingungen werden mittels Induktors $E\,E$ (Fig. 75), Glasplattenkondensators G und Lufttrans-formators T erzeugt. Zwei Zweige der Wheatstoneschen Brücke werden durch zwei einander annähernd gleiche Leidener Flaschen $a\,a$ gebildet. c ist der Versuchs-kondensator, c' der mittels der Glasplatte regulierbare (vgl. 189a.). Als Indikator der Stromlosigkeit in der Brücke dient eine Funkenstrecke f, die durch zwei fein einstellbare, aufeinander senkrechte Platinschneiden gebildet wird.

Es wird ebenso wie unter a) eine Messung an dem mit Luft gefüllten Konden-sator gemacht. Dann wird der Kondensator mit einer Flüssigkeit von bekannter Dielektrizitätskonstanten gefüllt und schließlich mit der zu untersuchenden Flüssig-keit. Die Berechnung erfolgt nach derselben Formel wie unter a).

Literatur.

Orlich, Kapazität und Induktivität. Braunschweig 1909.

Wechselstrommessungen.

(190) Spannung, Strom, Leistung. Effektive Spannung und effektive Strom-stärke werden wie bei Gleichstrom durch geeignete Spannungs- und Strommesser gemessen. Während aber bei Gleichstrom die Leistung durch einfache Multiplikation

der getrennt gemessenen Werte von Strom und Spannung erhalten wird, darf man
bei Wechselstrom dieses Verfahren nicht anwenden. Vielmehr ist hier zu beachten,
daß, sobald Strom und Spannung in der Phase um den Winkel φ gegeneinander
verschoben sind, die Leistung gleich $E\,I$ cos φ ist; vgl. (97). Die Messung der
Leistung von Wechselströmen erfordert somit besondere Methoden und Apparate.

(191) Methoden der Leistungsmessung. Die Leistung eines Wechselstromes
$E\,I$ cos φ wird am einfachsten durch geeignete **Leistungsmesser** gemessen, die gewöhnlich aus zwei Stromkreisen bestehen: dem Hauptstromkreis, der vom Arbeitsstrom I durchflossen wird, und dem Spannungskreis, an den die Spannung E gelegt
wird. Die Leistungsmesser werden je nach Art der zu messenden Leistung verschieden geschaltet.

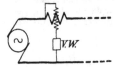 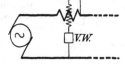

Fig. 76 und 77.   Schaltung von Leitungsmessern.

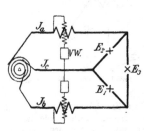 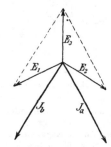

Fig. 78.   Drehstromleistung (Aronsche   Fig. 79.   Drehstromdiagramm für induktions-
           Schaltung).   lose Last.

a) **Einphasiger Wechselstrom.** Es bedeute $\varLambda$ die Angabe des
Leistungsmessers, p_s den Eigenverbrauch des Leistungsmessers im Spannungskreis (z. B. beim Dynamometer i^2 × Gesamtwiderstand des Spannungskreises), p_h
den Eigenverbrauch des Leistungsmessers im Hauptstromkreis (beim Dynamometer
I^2 × wirksamer Widerstand der Hauptstromspule); dann ist:

1. Abgegebene Leistung einer Energiequelle:

   Schaltung Fig. 76 $= \varLambda + p_s$
   Schaltung Fig. 77 $= \varLambda + p_h$

2. Verbrauch in einer Belastung:

   Schaltung Fig. 76 $= \varLambda - p_h$
   Schaltung Fig. 77 $= \varLambda - p_s$

Über die Zweckmäßigkeit der einen oder der anderen Schaltung s.
v. Studniarski, ETZ Bd. 30, S. 821.

b) Zur Messung der gesamten Leistung eines **beliebig belasteten
Drehstromsystems** sind zwei Wattmeter erforderlich, die nach Fig. 78
angeordnet werden, und zwar gleichgültig, ob die Belastung in Stern oder in Dreieck
geschaltet ist. Die Gesamtleistung ist gleich der Summe der Wattmeterangaben.
Im Diagramm (Fig. 79) sind die für die Leistungsmessungen in Betracht kommenden

Teilspannungen E_1 E_2 sowie die Teilströme I_b I_a für den Fall einer gleichmäßigen induktionslosen Belastung in allen drei Phasen eingezeichnet. Wird die Belastung gleichmäßig und induktiv, so hat man die Ströme I_b I_a gegen das Spannungskreuz um den der induktiven Belastung entsprechenden Phasenwinkel φ zu verschieben. Für $\varphi = 60^0$ wird der Ausschlag des einen Wattmeters gleich Null; ist φ noch größer, so hat man die Richtung des Spannungsstromes in letzterem Wattmeter umzudrehen und seine Angaben negativ in Rechnung zu setzen.

G l e i c h b e l a s t e t e s D r e h s t r o m - s y s t e m. Sind die Belastungen in den drei Zweigen nach Stromstärke und Phase einander gleich, so genügt zur Messung der Gesamt- leistung e i n Wattmeter, das nach Fig. 80 geschaltet wird.

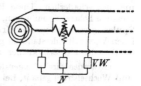

Fig. 80. Leistung eines gleichmäßig belasteten Drehstromsystems.

Die Spannungsspule liegt in dem sog. Sternschaltungswiderstand; die drei Wider- stände zwischen den drei Polen der Drehstrom- leitung und dem „künstlichen Nullpunkt" N sind einander gleich. Beträgt jeder R $\varnothing$ und ist K die Konstante des dynamometrischen Leistungsmessers (196), so ist die Gesamt- energie des gleichmäßig belasteten Drehstromsystems gleich 3 K $R \cdot \alpha$.

c) D r e h s t r o m s y s t e m m i t v i e r t e m L e i t e r. Besitzt das Drehstromsystem einen vierten „neutralen Leiter", der vom Sternpunkt der Energiequelle ausgeht, so braucht man für eine strenge Messung der Gesamtleistung 3 Wattmeter, deren Hauptstromspulen in die 3 Außenleiter gelegt werden, während die Spannungskreise zwischen Außenleitern und neutralem Leiter liegen. Verein- fachte Schaltungen s. ETZ 1901, S. 214, und 1903, S 976. Genaue Formeln bei O r l i c h, ETZ 1907, S. 71.

(192) Methode der drei Spannungsmesser. Um die zwischen den Punkten a b eines Stromkreises verbrauchte Leistung zu finden, wird hinter den Verbrauchs- kreis zwischen die Punkte b und c der induktionslose Widerstand R geschaltet. Die Spannung zwischen a c sei gleich E, zwischen a b gleich E_1, zwischen b c gleich E_2. Dann ist die gesuchte Leistung gleich $(E^2 — E_1^2 — E_2^2)/2 R$. Die Spannungsmessung wird hier am besten mit statischen Voltmetern ausgeführt, um keine Fehler durch den Eigenverbrauch der Voltmeter zu erhalten (vgl. ETZ 1901, S. 98).

(193) Methode der drei Strommesser (F l e m i n g). Schaltet man zum Ver- brauchskreis einen induktionslosen Widerstand R parallel, nennt den unverzweigten Strom I, die Ströme in der Verbrauchsleitung und in dem induktionslosen Wider- stand bzw. I_1 I_2, so ist die gesuchte Leistung gleich $\frac{1}{2} R (I^2 — I_1^2 — I_2^2)$.

(194) Die Wechselstrommeßapparate zur Messung von S p a n n u n g, S t r o m s t ä r k e und L e i s t u n g zerfallen in zwei Klassen.

I. Diejenigen Apparate, die für G l e i c h s t r o m und W e c h s e l s t r o m die g l e i c h e n A n g a b e n machen. Die mit Gleichstrom geprüften Apparate können ohne weiteres mit Wechselstrom gebraucht werden; zuweilen ist allerdings eine berechenbare Korrektion erforderlich. Hierhin gehören die Dynamometer, Elektrometer und Hitzdrahtapparate.

II. Diejenigen Apparate (bzw. Hilfsapparate), die nur auf W e c h s e l s t r o m ansprechen. Die im beweglichen System fließenden Ströme werden in der Regel durch Induktion erzeugt; das bewegliche System bedarf somit keiner Zuleitungen. Die Angaben sind von der Periodenzahl abhängig; diese Apparate müssen in der Regel mittels der Apparate der vorhergehenden Klasse geprüft werden. (Induktions- meßgeräte, Strom- und Spannungswandler.)

(195) I. Apparate für Gleichstrom und Wechselstrom. a) Die **Dynamometer** [vgl. (133) bis (136)] sind als S p a n n u n g s m e s s e r, S t r o m m e s s e r und L e i s t u n g s m e s s e r brauchbar.

Sämtliche Spulen des d y n a m o m e t r i s c h e n   S p a n n u n g s m e s s e r s sind hintereinander geschaltet; die Kraftwirkung der Spulen aufeinander ist somit proportional dem Quadrat des effektiven Spannungsstromes. Wird also dem Dynamometer ein induktionsloser Widerstand vorgeschaltet, so erhält man einen Apparat zur Messung der effektiven Spannungen; da aber für Wechselstrom nicht der ohmische Widerstand des Spannungskreises R, sondern der Scheinwiderstand $\sqrt{R^2 + \omega^2 L^2}$ in Frage kommt, so ist eigentlich eine Korrektion der Wechselstrommessung erforderlich. Diese Korrektion ist aber meistenteils, namentlich bei der Messung höherer Spannungen, zu vernachlässigen, weil die Selbstinduktivität der Spulen (gewöhnlich von der Größenordnung 0,01—0,1 H) gegenüber dem induktionslosen Vorschaltwiderstand zu gering ist. Die Abweichung ist bei einem Strom von 50 Perioden i. d. Sek. kleiner als ein Tausendstel, wenn $L < 6 \cdot 10^{-6} R$ ist.

Es werden direkt zeigende dynamometrische Präzisionsvoltmeter für Gleich-und Wechselstrom gebaut, bei denen feste und bewegliche Spule mit einem induktionslosen Widerstand hintereinander geschaltet sind. Die bewegliche Spule ist in Spitzen gelagert und trägt einen über einer ungleichmäßigen Skale spielenden Zeiger. Die Stromzuführungen zur beweglichen Spule erfolgen durch zwei flache Spiralfedern, die gleichzeitig die Richtkräfte liefern (ETZ 1900, S. 399 und S. 891). Der kleinste Meßbereich, für den direkt zeigende Spannungsmesser gebaut werden, ist 15 V; der Stromverbrauch dieser Apparate beträgt etwa 0,5 A.

D y n a m o m e t r i s c h e   S t r o m m e s s e r. Größere Vorsicht erfordert die Verwendung des Dynamometers im Nebenschluß als Strommesser. Man kann es zweckmäßig in der Weise verwenden, daß man feste und bewegliche Spule unter Vorschaltung geeigneter Widerstände in beiden Zweigen einander parallel schaltet. Die Angaben eines derartig geschalteten Dynamometers sind von der Periodenzahl unabhängig und können nach der für die Gleichstromeichung in dieser Schaltung gefundenen Konstanten berechnet werden, wenn das Verhältnis von Widerstand zur Selbstinduktion für beide parallel geschaltete Zweige dasselbe ist (vgl. M. W i e n, Wied. Ann., Bd. 63, S. 390).

Diese Schaltung wird angewandt bei den direkt zeigenden Präzisions-Amperemetern für Gleich- und Wechselstrom von S i e m e n s & H a l s k e und der A E G. (ETZ 1900, S. 399 und S. 891); diese sind für maximale Ströme von 0,03 A bis 200 A konstruiert und können zwei mittels Stöpsel umschaltbare Meßbereiche enthalten, die sich wie 1 : 2 verhalten. Über eine besondere Form von Dynamometern zur Strommessung (Meßbereich 0,09 bis 10 A) s. B r u g e r, ETZ 1904, S. 822 (H a r t m a n n & B r a u n).

(196) Dynamometrische Leistungsmesser. Man schickt den Hauptstrom I durch die festen Spulen und schließt die bewegliche unter Vorschalten eines geeigneten induktionslosen Widerstandes wie ein Voltmeter an die Spannung an. Bedeutet dann R den Gesamtwiderstand des Spannungskreises, so ist, wenn man die SI der Spannungsspule vernachlässigt, der Spannungsstrom $i = E/R$.

Hat man nach (133, 134) die dynamometrische Konstante gemäß der Gleichung $K \cdot a = I i$ gemessen, wo a der Torsionswinkel des Torsionsdynamometers bzw. die Gewichtsverschiebung bei der Wage bedeutet, so ist die zu messende Leistung gegeben durch die Gleichung $A = K R \cdot a$. Man hat also die Dynamometerkonstante mit dem jeweiligen Gesamtwiderstand des Spannungskreises (Spule + Vorschaltwiderstand) zu multiplizieren, um die Wattmeterkonstante zu erhalten.

Die so gefundene Wattmeterkonstante ist auch für Wechselstrommessungen anzuwenden; besitzt aber die Spannungsspule eine größere SI L, so ist das Resultat noch zu multiplizieren mit $(1 + \dfrac{\omega L}{R} \cdot \mathrm{tg}\,\varphi)$, wo φ die Phasenverschiebung zwischen Spannung und Hauptstrom bedeutet. φ ist mit negativem Zeichen zu versehen, wenn der Strom in der Phase hinter der Spannung zurückbleibt, mit positivem, wenn er vorauseilt.

Fehlerquellen können bei der Verwendung mit Wechselstrom durch Wirbelströme zustande kommen, die in benachbarten Metallteilen oder in der Hauptstromspule selbst erzeugt werden. Deshalb ist es ratsam, möglichst nur die Stromleiter aus Metall herzustellen und stärkere Stromleiter in geeigneter Weise zu unterteilen.

Bei den direkt zeigenden dynamometrischen Wattmetern kann es durch geeignete Form bzw. Abmessung der Spulen erreicht werden, daß die Skale eine fast gleichmäßige ist; das bewegliche System besitzt eine Luftdämpfung, der Spannungsstrom beträgt in der Regel maximal 0,03 A.

Diese Apparate werden für Hauptstromstärken von 0,5 bis zu 400 A gebaut; die Hauptstromspule kann aus zwei gleichen Wicklungen hergestellt werden, die durch eine Stöpsel- oder Laschenschaltung nebeneinander oder hintereinander geschaltet werden können. Man erhält somit zwei Strommeßbereiche mit dem Verhältnis 1 : 2. Die zuweilen angewandte Umschaltung durch eine Walze mit Schleiffedern ist nicht immer zuverlässig. Die Selbstinduktivitäten der Spannungsspulen sind so gering, daß die durch sie verursachte Korrektion praktisch zu vernachlässigt werden kann. Namentlich bei höheren Spannungen ist darauf zu achten, daß nur eine verhältnismäßig geringe Potentialdifferenz zwischen Spannungsspule und Hauptstromspule besteht; dementsprechend ist der Vorschaltwiderstand des Spannungskreises zu schalten.

Über ein Wattmeter für Drehstrom s. H. S a c k , ETZ Bd. 28, S. 268, 1907. Über einen Fehler, der bei Hochspannungsmessungen durch statische Kräfte entstehen kann, s. Z e n n e c k , Phys. Zschr. 1910, S. 896.

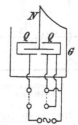

Fig. 81. Spannungsmesser mit Elektrometer.

(197) b) Elektrometer eignen sich zu S p a n n u n g s- und L e i s t u n g s m e s s u n g e n. Zu Spannungsmessungen wird das Elektrometer in der idiostatischen oder Doppelschaltung angewandt (vgl. 140, 3). Um einen kommutierten Ausschlag zu erhalten, hat man die Verbindungen nach Fig. 81 auszuführen. Eine mit Gleichspannung gemessene Konstante des Apparates ist für die Wechselstrommessungen ohne weiteres anwendbar, sofern nicht der Widerstand des Aufhängedrahtes zu groß ist (139). Mit einem Platinfaden von 0,005 mm Durchmesser kann man bei 2 m Skalenabstand für 1 V 130 Skalenteile kommutierten Ausschlag erhalten (Zeitschr. Instrk. 1904, S. 143).

Über s t a t i s c h e V o l t m e t e r als direkt zeigende Apparate s. (141); sie zeichnen sich dadurch aus, daß sie keine Energie verbrauchen.

Hat man eine Spannung zu messen, die über den Meßbereich des Voltmeters hinausgeht, so ist es am zweckmäßigsten, die zu messende Spannung durch einen großen Widerstand R zu schließen und das Voltmeter an eine Unterabteilung desselben von geeigneter Größe R_1 anzuschließen. Die Voltmeterangaben sind dann mit R/R_1 zu multiplizieren.

An Stelle eines Widerstandes kann man auch eine Reihe hintereinander geschalteter Kondensatoren nehmen (141). Doch kann man aus den Kapazitäten nur dann die Spannungen berechnen, wenn Kondensatoren sowohl wie Elektrometer einen sehr hohen Grad von Isolation besitzen. Ist die Kapazität der Elektrometers nicht verschwindend gegenüber den Kapazitäten der verwandten Kondensatoren, so ist sie in Rechnung zu setzen.

(198) Leistungsmessung mit dem Elektrometer erfordert, daß ein induktions loser Normalwiderstand NW (158) vom Betrage R in die Arbeitsleitung geschaltet wird. Bei Verwendung eines Spiegelelektrometers wird er zweckmäßig so groß gewählt, daß bei maximaler Strombelastung der Spannungsabfall an seinen Potentialklemmen etwa 1 V beträgt. In Fig. 82 seien a und b die Potentialklemmen des Widerstandes, die unter Zwischenschaltung eines Kommutators an die Quadranten des Elektrometers gelegt sind. Soll nun die zwischen den Punkten b und c verbrauchte Energie gemessen werden, so wird noch b an das Gehäuse, c an die Nadel des Elektrometers gelegt, und der Ausschlag a beobachtet, der beim Wenden des Umschalters entsteht.

Dann ist die zu messende Leistung gleich $Ka/R - \dfrac{1}{2} I^2 R$, worin K die Elektrometerkonstante bedeutet. Letztere wird durch Messung in der Quadrantenschaltung unter Verwendung von Gleichspannung gefunden, wobei die Nadelspannung numerisch gleich der Betriebsspannung des Wechselstromes sein muß. Der Betrag $\dfrac{1}{2} I^2 R$ ist in der Regel nur klein gegenüber Ka/R, so daß nur eine angenäherte Kenntnis von I notwendig ist (vgl. O r l i c h, Zeitschr. Instrk. 1903, S. 97; 1909, S. 33 und ETZ 1909, S. 435, 466).

Die Messungen mit dem Elektrometer sind zwar sehr zuverlässig und genau, erfordern aber andererseits eine sorgfältige Vorarbeit, so daß sie nur für Laboratorien in Frage kommen können. Der Vorteil der Methode besteht darin, daß in Verbindung mit einem geeigneten Satz von Widerständen mit d e m s e l b e n Elektrometer Messungen bei beliebig hohen Spannungen und großen Strömen gemacht werden können.

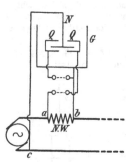

Fig. 82. Leistungsmessung mit Elektrometer.

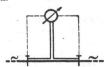

Fig. 83. Nebenschlußwiderstand für Wechselstrom.

(199) c) Hitzdrahtapparate (138) werden unter Verwendung geeigneter Vorschalt- und Nebenschlußwiderstände als Volt- und Amperemeter gebraucht. Mit Gleichstrom geprüft, bedürfen ihre Angaben bei Wechselstrommessungen keiner weiteren Korrektion. Doch ist die erreichbare Genauigkeit nicht so groß wie bei den dynamometrischen Apparaten. Bei Hitzdrahtapparaten mit Nebenschlüssen ist, namentlich wenn es sich um höhere Frequenzen oder große Stromstärken handelt, sorgfältig auf die Leitungsführung zu achten, Fig. 83 (ausgezogene Linie richtige Leitungsführung, punktierte Linie falsche Leitungsführung). Vgl. auch 158.

Bei den Apparaten, welche thermoelektrische Kräfte benutzen (138 c) kommt unter Umständen durch den Peltiereffekt ein kleiner Unterschied zwischen den Angaben für Gleichstrom- und Wechselstrom zu Stande (S c h e r i n g a. a. O.) Die Apparate können in Verbindung mit geeigneten Überschüssen zur Messung jeder beliebigen Wechselstromstärke benutzt werden.

Über ein H i t z d r a h t w a t t m e t e r s. ETZ 1903, S. 530.

(200) d) Weicheisenapparate sind brauchbare Schaltbrettapparate für Wechselstrom (129); sie werden als Spannungs- und als Strommesser gebaut, machen aber für Gleichstrom und Wechselstrom nicht die gleichen Angaben. Soll ein Apparat für beide Stromarten Verwendung finden, so erhält er für jede eine besondere Skale (vgl. z. B. ETZ 1899, S. 668).

(201) II. Apparate, die nur auf Wechselstrom ansprechen. a) I n d u k t i o n s -
m e ß g e r ä t e d e r A l l g e m e i n e n E l e k t r i z i t ä t s - G e s e l l s c h a f t
(B e n i s c h k e, ETZ 1899, S. 82). Eine um ihre Achse drehbare Metallscheibe A
(Fig. 84) befindet sich im Luftraum eines Wechselstrommagnets M, dessen Pole
z. T. durch feste Metallschirme T bedeckt sind. Die Wirbelströme in der drehbaren
Metallscheibe und in den Schirmen T sind gleichgerichtet, erzeugen also ein Drehmoment, dem durch geeignete Federn das Gleichgewicht
gehalten wird. Ein auf die Scheibenachse gesetzter
Zeiger spielt über einer Skale. Ein permanenter Magnet,
zwischen dessen Polen die bewegliche Scheibe sich
dreht, bewirkt die Dämpfung. Die Apparate werden
in dieser Form als Spannungs- und Strommesser ausgebildet.

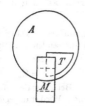

Fig. 84. Induktionsmeß-
gerät der AEG.

Das auf demselben Grundgedanken beruhende
W a t t m e t e r hat drei Wechselstrom-Elektromag-
nete, von denen der mittlere im Hauptstrom, die beiden
äußeren im Nebenschluß liegen; nur die letzteren
besitzen Schirme vor den Polflächen.

b) D r e h f e l d m e ß g e r ä t e beruhen auf der Herstellung eines künstlichen
Drehfeldes. Es kommen dabei dieselben Schaltungen wie bei den Induktions-
zählern in Frage (252), außerdem die 90°-Schaltung nach G ö r g e s und S c h r o t t k e
(ETZ 1901, S. 657), welche eine Wheatstonesche Brückenverzweigung benutzt, und
von G ö r n e r (ETZ 1899, S. 750). Die erstgenannte Schaltung wendet S i e m e n s
& H a l s k e, die zweite H a r t m a n n & B r a u n zur Konstruktion von
Strom-, Spannungs- und Leistungsmessern an. Die Apparate zeichnen sich durch
Unempfindlichkeit gegen störende Magnetfelder und große Drehmomente für
die beweglichen Systeme aus.

c) S p a n n u n g s - und S t r o m w a n d l e r dienen bei Wechselstrommessungen denselben Zwecken, wie bei Gleichstrommessungen Vorschaltwiderstände
für Spannungsmesser und Nebenschlußwiderstände für Strommesser.
Spannungswandler werden vorzugsweise zur Messung von Hochspannungen
verwandt. Die zu messende Hochspannung wird an die primäre Wicklung des
Spannungswandlers angeschlossen, ein passender Niederspannungsmesser an die
sekundäre Wicklung; die Spannung wird im Verhältnis der Windungszahlen reduziert.
Werden primäre und sekundäre Wicklung gut voneinander isoliert, so erreicht man
den Vorteil, daß das Meßinstrument selber nicht mit der Hochspannungsleitung
in Berührung ist.

Bei den Stromwandlern wird der Hauptstrom durch die primäre Wicklung
geschickt, während an die sekundäre die Stromspule eines Amperemeters angeschlossen ist. Die Sekundärwicklung ist demnach fast kurz geschlossen, und die
Ströme verhalten sich umgekehrt wie die Windungszahlen.

Stromwandler werden zur Messung hoher Stromstärken und zur Trennung
der Strommesser von Hochspannungsleitungen angewandt. Wattmeter werden
mit Strom- und Spannungswandlern ausgerüstet.

Das Übersetzungsverhältnis der Strom- und Spannungswandler stimmt
infolge von Energieverlusten und Streuung nicht genau mit dem Sollwert
überein. Auch sind die Ströme bzw. Spannungen des sekundären Kreises
in der Phase nicht genau entgegengesetzt gerichtet denen des primären,
sondern weichen um einen kleinen Winkel ab. Die Größe dieser Abweichungen hängt von der Größe der Belastungen der sekundären Kreise
ab. Besonders empfindlich sind darin die Stromwandler. Bei den sogenannten
Präzisions-Strom- und Spannungswandlern (S i e m e n s & H a l s k e, A E G,
K o c h & S t e r z e l) weicht für Belastungen bis zu 30 W das Übersetzungs-

verhältnis in der Regel um weniger als 0,5 %, der Phasenwinkel um weniger als 30 Minuten ab.

Die Phasenverschiebung in den Meßtransformatoren macht sich bei der Leistungsmessung bemerklich. Sei ein Leistungsmeser mit Strom- und Spannungswandler ausgerüstet, und seien δ_i und δ_e die kleinen Winkel (in Minuten gemessen), um welche die sekundären Vektoren gegen die primären nach vorwärts verschoben sind; dann sind zu den Angaben des Leistungsmessers

$$2,9 \; (\delta_e - \delta_i) \cdot \text{tg} \, \varphi \; \text{Proz.}$$

zu addieren. Dabei ist cos φ der Leistungsfaktor der mit dem Leistungsmesser zu messenden induktiven Belastung. Es entsprechen sich die Werte:

$$\cos \varphi = 1 \quad 0,9 \quad 0,8 \quad 0,7 \quad 0,6 \quad 0,5 \quad 0,4 \quad 0,3 \quad 0,2 \quad 0,1$$
$$\text{tg} \, \varphi = 0 \quad 0,45 \quad 0,75 \quad 1,02 \quad 1,33 \quad 1,73 \quad 2,29 \quad 3,18 \quad 4,90 \quad 9,95$$

Bei normalem Betriebe ist die Kraftliniendichte im Stromwandler sehr gering. Wird er dagegen, während er primär von Strom durchflossen wird, sekundär geöffnet, so steigt die magnetische Induktion sehr stark und kann ihn so stark erwärmen, daß er dadurch beschädigt wird. Da auch eine kurze Öffnung des sekundären Kreises eine Änderung von Übersetzungsverhältnis und Phasenabweichung zur Folge haben kann, so muß die Regel befolgt werden, daß ein primär erregter Stromwandler sekundär nie offen sein darf.

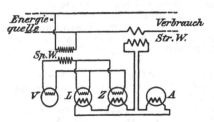

Fig. 85. Meßschaltung für einen Hochspannungskreis.

Man kann an Meßtransformatoren gleichzeitig mehrere Apparate anschließen, und zwar werden die Spannungskreise an die Spannungswandler einander parallel, die Hauptstromspulen der Apparate an die Stromwandler in Reihe angeschlossen. Fig. 85 stellt eine viel gebrauchte Schaltung dar; Spannungsmesser V, Leistungsmesser L, Zähler Z und Strommesser A sind gleichzeitig an einen Spannungswandler und einen Stromwandler angeschlossen.

Die Phys.-Techn. Reichsanstalt prüft Strom- und Spannungswandler und gibt die Abweichungen des Übersetzungsverhältnisses und der Phase in Abhängigkeit von sekundären Belastungen an.

Ein vereinfachter Strommesser für rohe Messungen ist der Anleger von Dietze (244) (Hartmann & Braun), ETZ 1902, S. 843, u. 1911, S. 35.

Literatur.

Lloyd u. Agnew, Agnew u. Fisch, Bull of the Bur. of Stand, Bd. 6, S. 273, 281, 1909. — Sharp u. Crawford, Proc. of the Amer. Inst. of Electr. Eng., Bd. 29, S. 1207, 1910. — Orlich, Helios, Bd. 1912, S. 225. — Keinath, Diss. München 1909. — Möllinger u. Gewecke. ETZ 1911, S. 922 und 1912, S. 270.

(202) Kompensationsmethode. Vgl. (174). Wechselspannungen können auch kompensiert werden; und zwar muß dies sowohl der Amplitude wie der Phase nach geschehen. Dafür sind zwei Methoden angegeben:

α) Frankesche Maschine (ETZ 1891, S. 447. Drysdale Phil. Mag. 17, S. 402. 1909). Die Maschine besitzt zwei gleiche, eisenfreie Anker; der Feldmagnet dreht sich. Der eine Anker kann meßbar aus dem Felde gezogen und damit die Amplitude seiner EMK geändert, der andere in der Phase gegen den ersteren verschoben werden; außerdem kann man Teile der Ankerwicklung aus- und einschalten. Mit dem einen Anker (I) schickt man Strom in den zu untersuchenden Stromkreis ABDE (Fig. 86), der andere (II) wird an diejenigen Punkte AB gelegt, deren Spannung zu messen ist; ein eingeschaltetes Telephon dient dazu, die Einstellung zu finden, indem man in I die Amplitude, in II die Phase des Stromes ändert.

β) **Komplexer Kompensator** (Larsen, ETZ 1891, S. 1039). Um die unbekannte Spannung V (Fig. 87) zu messen, schließt man eine gleichperiodige bekannte Spannung E durch einen Widerstand AB und die feste Phase BB' eines Variators für gegenseitige Induktion. Durch den Abzweig CD am Widerstand AB wird die Amplitude, durch Drehen der beweglichen

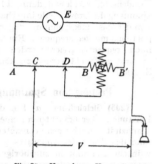

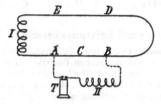

Fig. 86. Kompensation bei Wechselstrom.   Fig. 87. Komplexer Kompensator.

Spule des Variators die Phase der unbekannten Spannung kompensiert. Es wird auf Verschwinden des Tones im Telephon eingestellt.

(203) Messung der Phasenverschiebung. Um die Phasenverschiebung zwischen Spannung und Strom zu messen, hat man im allgemeinen Spannung E, Strom I und Leistung Λ zu messen; dann ist definitionsgemäß (97) $\cos \varphi = \Lambda/EI$.

Der **Phasenmesser** von **Dolivo-Dobrowolsky** (ETZ 1894, S. 350) gibt bei konstanter Spannung Ausschläge, die proportional $I \sin \varphi$ sind; d. h. proportional der wattlosen Stromkomponente; der Apparat zeigt also nicht direkt die Phasenverschiebung an.

Der **Phasenmesser** von **Bruger** (Phys. Zeitschr. Bd. 4, S. 881, 1903) besteht aus einer Hauptstromspule, in deren Felde sich eine Spannungsspule in Spitzen drehbar befindet. Letztere besteht aus vier halbkreisförmigen Spulen, die mit der geraden Seite an der Achse so befestigt sind, daß ihre Ebenen um je 90° gegeneinander versetzt sind. Der Spannungskreis besteht aus zwei parallel geschalteten Zweigen, von denen der eine aus zwei um 90° versetzten Teilspulen und einem induktionslosen Widerstand besteht (hintereinander geschaltet), der andere aus den beiden anderen Teilspulen und einem hohen induktiven Widerstand (ebenfalls hintereinander geschaltet) Das bewegliche System besitzt keine Richtkräfte wie Federn oder dergl., hat also im unbelasteten Zustand keine eindeutige Ruhelage. Bei Belastung erfährt es eine feste Einstellung, die lediglich vom Phasenwinkel zwischen Strom und Spannung abhängt, dagegen von der Größe von Strom und Spannung unabhängig ist. Andere Phasenmesser sind angegeben worden von Tuma (Zeitschr. Elektrotechn. Wien 1898, S. 14, 235) und von Martienssen (ebenda, S. 93, 108, 117).

(204) Frequenz. Die Frequenz findet man am direktesten aus der Tourenzahl der erzeugenden Wechselstrommaschine. Ist die Maschine nicht zugänglich, so kann man die Touren eines kleinen synchronen Hilfsmotors zählen. Die Tourenzahl kann durch geeignete Tachometer gemessen werden.

Sehr verbreitet sind die auf dem Resonanzprinzip beruhenden Apparate (Hartmann & Braun), ETZ 1901, S. 9 und 1904. S. 44, Vibrationstachometer nach Frahm, Siemens & Halske s. auch (223). Eine Reihe von

Stahlzungen sind auf verschiedene Töne abgestimmt, deren Schwingungszahlen um eine konstante Zahl (z. B. 2) fortschreiten. Ein vom Wechselstrom erregter Elektromagnet wird an den Zungen vorübergeführt und diejenige Zunge bestimmt, welche am stärksten schwingt.

M a r t i e n s s e n benutzt folgende Anordnung: Eine Maschinenspannung wird durch eine eisengeschlossene kleine Drosselspule und einen dahinter geschalteten Kondensator geschlossen; dann ist bei richtiger Wahl der Abmessungen die Klemmenspannung der Drosselspule innerhalb eines gewissen Bereiches nahezu unabhängig von der Maschinenspannung, dagegen steigt sie in demselben Spannungsbereich proportional mit der Frequenz. Ein Spannungsmesser an der Drosselspule kann somit nach Frequenzen geeicht werden. Der Apparat hat den Vorzug auch als Registrierapparat gebraucht werden zu können. (S i e m e n s & H a l s k e, ETZ 1910, S. 204.)

Prüfung von Spannungs-, Strom- und Leistungsmessern.

(205) Gleichstrom. *a*) Für die Spannungsmesser und Spannungskreise der Leistungsmesser braucht man eine vielzellige Akkumulatoren-Batterie von kleiner Kapazität. Durch einen geeigneten Vorschaltwiderstand (R u h s t r a t s. 160) stellt man den Zeiger des Apparates genau auf den Teilstrich ein, den man zu prüfen wünscht, und mißt die zugehörige Spannung mit dem Kompensator (175). Strommesser und Hauptstromspulen von Leistungsmessern schaltet man mit einem passenden Normalwiderstand in Reihe, an dessen Potentialklemmen man mittels Kompensators den Spannungsabfall und damit den Strom mißt.

Man prüft zweckmäßig zuerst eine Reihe von Punkten mit wachsendem Ausschlag, läßt den Apparat eine Stunde lang mit maximaler Last eingeschaltet, wiederholt danach die erste Reihe in umgekehrter Reihenfolge und beobachtet die Nulllage des unbelasteten Apparates. Hierdurch zeigt sich der Einfluß von elastischen Nachwirkungen der Federn und von der Stromwärme. Man muß den Einfluß des Erdfeldes bzw. fremder magnetischer Felder (Zuleitungen) beachten.

(206) *β*) Wechselstrom. Als Stromquelle ist am meisten eine Drehstromdoppelmaschine (P-T-R e i c h s a n s t a l t, Zeitschr. Instrk. Bd. 22, S. 124, 1902 und S t e r n, ETZ 1902, S. 774, H a n s B o a s, Berlin) zu empfehlen. Die eine der Drehstrommaschinen ist normal gebaut, die andere dagegen hat einen mit Zahnstange und Trieb drehbaren Ständer. Bei der Prüfung von Leistungsmessern speist die eine Maschine den Spannungskreis, die andere den Hauptstromkreis des Leistungsmessers. Die gewünschten Spannungen und Ströme werden durch Zwischenschalten geeigneter Transformatoren erzeugt; die Regulierung erfolgt am bequemsten durch die Erregungen der Maschinen. Die Phasenverschiebung wird durch Verstellen des beweglichen Ständers auf den gewünschten Wert gebracht. Spannungs- und Leistungsmesser werden in der Reichsanstalt nach elektrometrischen Methoden (197, 198), Strommesser durch Thermogalvanometer mit Nebenschlüssen (S c h e r i n g 199) geprüft. Hingang, Dauereinschaltung, Rückgang wie unter (205, *a*).

Aufnahme von Stromkurven und deren Analyse.

Die Aufnahme einer periodischen Stromkurve kann experimentell entweder in der Weise erfolgen, daß man zunächst aus einer Reihe von Perioden nur eine einzelne Phase herausgreift, den Augenblickswert des Stromes in dieser Phase mißt und dann zu anderen Phasen übergeht, bis die Kurve punktförmig aufgenommen ist, oder es wird der ganze Verlauf der Kurve innerhalb einer jeden Periode aufgenommen.

(207) A. Punktförmige Aufnahme nach Joubert. Auf die Achse der Maschine, welcher der aufzunehmende Wechselstrom entnommen wird, ist eine Scheibe aus isolierendem Material aufgesetzt, in deren Rand an einer Stelle des Umfanges ein wenig mm breiter Metallstreifen eingesetzt ist. Eine feststehende Bürste, die auf dem Rande schleift, macht dadurch jedesmal in derselben Phase Kontakt mit dem Metallstreifen. Werden Streifen und Bürste mit der aufzunehmenden Spannung und einem Kondensator verbunden, so erfährt der Kondensator eine dem betreffenden Augenblickswert der Spannung proportionale Ladung, die man durch Entladen durch ein ballistisches Galvanometer messen kann. Setzt man die Bürste auf einen mit der Maschine konzentrischen Teilkreis, so kann man durch langsames Drehen dieses Kreises die Augenblickswerte für jede einzelne Phase messen. Ist die Maschinenachse nicht zugänglich, so wird der Kontaktmacher auf die Achse eines von derselben Wechselstromquelle getriebenen Synchronmotors gesetzt.

Die Methode hat mehrfache Abänderungen und Ausbildungen erfahren.

1. **Methode des direkten Ausschlages.** Die aufzunehmende Wechselspannung wird durch den Kontaktmacher K, durch ein Galvanometer G und einen Widerstand R geschlossen. Parallel zu Widerstand und Galvanometer

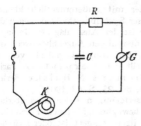

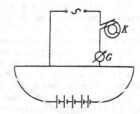

Fig. 88. Kurvenaufnahme mit
Kontaktmacher.

Fig. 89. Kompensationsmethode mit
Kontaktmacher.

ist ein Kondensator C geschaltet (Fig. 88). Während des Kontaktes lädt sich der Kondensator, um sich gleich darauf durch das Galvanometer zu entladen; die periodischen Stromstöße verursachen im Galvanometer einen dem Augenblickswert der Spannung proportionalen konstanten Ausschlag. Bei der Aufnahme von niedrigen Spannungen (z. B. Spannungsabfall an einem Normalwiderstand) wird die Methode leicht unzuverlässig.

Nach dieser Methode sind vollständige Kurvenapparate konstruiert von R. Franke (ETZ Bd. 20, S. 802, 1899 und Zeitschr. Instrk. Bd. 21, S. 11, 1901 Land- und Seekabelwerke, Köln-Nippes und von Hospitalier (Zeitschr. Instrk. Bd. 12, S. 166, 1902).

2. **Kompensationsmethoden.** Die aufzunehmende Augenblicksspannung wird mittels der Kompensationsmethode (174) gemessen, wobei der Kontaktmacher in den Galvanometerkreis geschaltet ist (s. Fig. 89). Ein auf dieser Methode beruhender fertiger Apparat zur automatischen Aufnahme von Kurven ist von Rosa und Callendar konstruiert worden (Electrician Bd. 40, S. 126, 221, 318, 1897, Zeitschr. Instrk. Bd. 18, S. 257, 1898 und Electrician Bd. 41, S. 582, 1898).

Mit einer Wechselstrommaschine s. A. Franke, ETZ 1891, S. 447. (202, a).

(208) B. Kontinuierliche Aufnahme. 1. **Braunsche Röhre.** Eine Vakuumröhre erhält am einen Ende eine Erweiterung, in der ein fluoreszierender Schirm angebracht wird. Die Kathodenstrahlen erzeugen auf letzterem einen hellen Fleck, der Schwingungen ausführt, wenn eine von dem zu untersuchenden Wechselstrom durchflossene Spule neben der Röhre angebracht wird; die Kraftlinien der Spule sollen den Weg der Kathodenstrahlen kreuzen. Die Bewegungen des Flecks kann man im rotierenden Spiegel betrachten. Strom- und Spannungsspule gleichzeitig liefern Lissajoussche Figuren, aus denen man die Phasendifferenz bestimmen kann. (Wied. Ann. Bd. 60, S. 552.) Betr. photographischer Darstellung vgl. Z e n n e c k (Wied. Ann. Bd. 69, S.. 838, 1899) und W e h n e l t und D o n a t h (Wied. Ann. Bd. 69, S. 861, 1899.)

2. G l i m m l i c h t o s z i l l o g r a p h (G e h r c k e; Zeitschr. Instrk. Bd. 25, S. 33, 278, 1905). Eine Entladungsröhre wird mit Stickstoff von 7—8 mm Druck gefüllt. Die Elektroden bestehen aus zwei schmalen etwa 10 cm langen Nickelblechen, die in derselben Ebene in der Achse der Röhre liegen. Geht ein Strom durch die Röhre, so überzieht sich die Kathode mit einer Lichthaut, und zwar ist die Länge der Lichthaut, vom freien Ende des Bleches an gemessen, proportional der Stromstärke, die durch die Röhre fließt. Die Einstellung der Lichthaut folgt momentan; betrachtet man also in einem rotierenden Spiegel die Röhre, die von einem Wechselstrom durchflossen wird, so erblickt man seine Kurvenform. Die Röhre wird in der drahtlosen Telegraphie vielfach zur Messung der Frequenz gebraucht.

3. O s z i l l o g r a p h e n sind Galvanometer mit außerordentlich kleinen beweglichen Systemen. Ist die Eigenperiode dieser Systeme sehr klein gegen die Periode des aufzunehmenden Wechselstromes, so ist der Ausschlag des Galvanometers in jedem Augenblick proportional dem jedesmaligen Augenblickswert des Wechselstromes. Die Apparate sind zuerst angegeben von B l o n d e l, vervollkommnet durch D u d d e l l; sie werden hergestellt von C a r p e n t i e r, Paris; S c i e n t i f i c I n s t r. C o., Cambridge, und S i e m e n s & H a l s k e, Berlin. Literatur s. Zeitschr. Instrk. Bd. 21, S. 239, 1901, Bd. 23, S. 63, 1903.

a) Nadeloszillographen. Zwischen den messerförmigen Polen eines starken Magnetes oder Elektromagnetes befindet sich das bewegliche System in Form eines schmalen dünnen Eisenbandes, das entweder in Spitzen gelagert ist oder zwischen zwei Backen ausgespannt ist. Das Eisenband, das durch den Magnet eine Quermagnetisierung erfährt, erhält durch zwei vom Wechselstrom durchflossene Spulen, die dicht an das Eisenband herangeschoben werden, eine drehende Ablenkung. Mittels eines winzigen Spiegels (1 mm^2) werden die Schwingungen des beweglichen Systems sichtbar gemacht. Ein Nachteil dieser Oszillographen besteht darin, daß durch die ablenkenden Spulen eine Selbstinduktivität in den Stromkreis eingefügt wird, der Vorzug in der einfachen Behandlungsweise gegenüber den unter b) genannten. Die Eigenschwingungen des beweglichen Systems können nach Blondels Angabe bis auf 40 000 in der Sekunde gesteigert werden.

b) Bifilare Oszillographen. Zwischen den Polen eines kräftigen Magnetes oder Elektromagnetes ist ein schmales Kupferband hin- und hergezogen, so daß die beiden Teile der Schleife parallel und dicht nebeneinander liegen. Durch das Band wird der aufzunehmende Wechselstrom geschickt; der Apparat ist also ein Spulengalvanometer mit nur e i n e r Windung. Durch ein Spiegelchen (0,5 mm^2), das quer über beide Bänder geklebt ist, werden die Schwingungen der Bänder sichtbar gemacht. Über einen bifilaren Oszillographen für Hochspannungsmessungen s. R a m s a y, Electrician, Bd. 57, S. 884, 1909.

c) Oszillographen von voriger Form, aber mit bedeutend größeren Systemen sind von A b r a h a m konstruiert (vgl. Zeitschr. Instrk. Bd. 18, S. 30, 1898, auch ETZ 1901, S. 207). Durch die größere Trägheit des beweglichen Systems würden verzerrte Kurvenbilder erhalten werden; deshalb verwendet Abraham eine komplizierte Induktionsschaltung, welche diesen Fehler beseitigt. Über einen Projektionsapparat nach diesem Prinzip s. Journ. de phys., Bd. 8, S. 265, 1909.

4. Weniger angewandt wird seither die elektrochemische Methode der Kurvenaufnahme. Der Wechselstrom wird zwei federnden, einige Millimeter voneinander entfernten Platinelektroden zugeführt, yvelche auf feuchtem Jodkadmiumkleisterpapier schleifen. Zieht man das Papier unter den Federn weg, so entstehen mehr oder weniger tiefblau gefärbte Linien. aus deren Schattierungen man auf die Form

des Wechselstromes schließen kann. (G r ü t z n e r, Ann. d. Phys. (4) Bd. 1, S. 738; vgl. auch J a n e t, B l o n d e l. Fortschr. d. Elektrotechnik 1891, Nr. 2079, 2080.)

(209) Analyse von Wechselstromkurven. Eine Wechselstromkurve, welche unterhalb der Abszissenachse ebenso verläuft, wie oberhalb derselben, im übrigen aber eine beliebige Form hat, kann mathematisch durch eine Fouriersche Reihe dargestellt werden in der Form: $A_1 \sin \omega t + A_3 \sin 3 \omega t + A_5 \sin 5 \omega t + \ldots$ $+ B_1 \cos \omega t + B_3 \cos 3 \omega t + B_5 \cos 5 \omega t + \ldots$ oder $I_1 \sin (\omega t + a_1) + I_3 \sin (3 \omega t + a_3) + I_5 \sin (5 \omega t + a_5) + \ldots$ wobei die Amplituden mit geradzahligem Index gleich Null gesetzt sind (98).

Um die Fouriersche Reihe für einen Wechselstrom zu bestimmen, kann man entweder die nach (207, 208) aufgenommenen Kurven auf mathematischem Wege analysieren, oder man kann die Koeffizienten der Reihe direkt experimentell messen.

Für die m a t h e m a t i s c h e A n a l y s e kommen in der Praxis folgende Methoden in Frage.

a) Die Methode von F i s c h e r - H i n n e n (ETZ S. 396, 1901). Enthält die Reihe nur die ungeradzahligen Oberschwingungen, so grenzt man auf der Abszissenachse eine einer vollen Periode entsprechende Länge l ab, teilt diese nacheinander in $n = 3, 5, 7, 9, \ldots$ Teile und entnimmt die zugehörigen Ordinaten der Wechselstromkurve. Dann wird für jedes n der Mittelwert e_n der Ordinaten (Vorzeichen berücksichtigen) gebildet. Danach wird eine zweite Reihe von n Mittelwerten in derselben Weise genommen, nachdem der Anfang der Periode um den Betrag $l/4\,n$ verschoben worden ist; die so entstehenden Mittelwerte werden mit e'_n bezeichnet. Dann ist:

$$ I_n = \sqrt{e_n^2 + e_n'^2} \qquad \sin a_n = \frac{e_n}{\sqrt{e_n^2 + e_n'^2}} \qquad \text{für } n = 7, 9, 11, 13, 15 $$

und

$$ I_3 \sin a_3 = e_3 - e_9 - e_{15} \qquad\qquad I_5 \sin a_5 = e_5 - e_{15} $$
$$ I_3 \cos a_3 = e_3' + e_9' - e_{15}' \qquad\qquad I_5 \cos a_5 = e_5' + e_{15}' $$
$$ I_1 \sin a_1 = e_1 - e_3 - e_5 - e_7 - e_{11} - e_{13} + e_{15} $$
$$ I_1 \cos a_1 = e_1' - e_3' - e_5' - e_7' - 2 e_9' - e_{11}' - e_{13}' - e_{15}'. $$

Man kann diese Methode dahin vervollständigen, daß man l in $n = 6, 10, 14 \ldots$ Teile teilt, das Vorzeichen der zu den früheren neu hinzutretenden Ordinaten umkekrt, und im übrigen genau so rechnet, wie vorher (s. Encycl. der math. Wissensch. Teubner 1904. Bd. II, 1, S. 652 und S. T h o m p s o n, Proc. Phys. Soc. 23. S. 334. 1911). Ferner: B e a t t i e, Electrician, Bd. 67, S. 326, 370, 847. 1911.

c) Methode von R u n g e. Man teilt eine halbe Welle in 12 gleiche Teile und errichtet in den 11 Teilpunkten die Ordinaten, deren Längen mit $a_1\,a_2 \ldots a_{11}$ bezeichnet werden mögen. Dann bildet man:

$$ m_1 = \frac{1}{2}(a_1 + a_{11}) \qquad m_2 = \frac{1}{2}(a_2 + a_{10}) \ldots \ldots m_6 = a_6, $$
$$ n_1 = \frac{1}{2}(a_5 - a_7) \qquad n_2 = \frac{1}{2}(a_4 - a_8) \ldots \ldots n_6 = 0. $$

Daraus findet man:

$$ A_1 = 0{,}0863\, m_1 + 0{,}1667\, m_2 + 0{,}2358\, m_3 + 0{,}2887\, m_4 $$
$$ + 0{,}3220\, m_5 + 0{,}1667\, m_6 $$
$$ A_3 = 0{,}2358\, m_1 + 0{,}3333\, m_2 + 0{,}2358\, m_3 - 0{,}2357\, m_5 $$
$$ - 0{,}1667\, m_6 $$

$$A_6 = 0{,}3220\,m_1 + 0{,}1667\,m_2 - 0{,}2357\,m_3 - 0{,}2886\,m_4$$
$$+ 0{,}0863\,m_5 + 0{,}1667\,m_6$$
$$A_7 = 0{,}3220\,m_1 - 0{,}1667\,m_2 - 0{,}2357\,m_3 + 0{,}2886\,m_4$$
$$+ 0{,}0863\,m_5 - 0{,}1667\,m_6$$
$$A_9 = 0{,}2358\,m_1 - 0{,}3333\,m_2 + 0{,}2357\,m_3 - 0{,}2358\,m_5$$
$$+ 0{,}1667\,m_6$$
$$A_{11} = 0{,}0863\,m_1 - 0{,}1667\,m_2 + 0{,}2358\,m_3 - 0{,}2887\,m_4$$
$$+ 0{,}3220\,m_5 - 0{,}1667\,m_6$$

Setzt man in diese Formeln an Stelle der m die entsprechenden n, so erhält man B_1, $-B_3$, B_5, $-B_7$, B_9, $-B_{11}$.

Dieselbe Methode kann zur Berechnung von je 36 Koeffizienten angewandt werden (vgl. L o p p é (Ecl. él. Bd. 16, S. 525), R u n g e, Zeitschr. f. Math. u. Phys. 1902, S. 443, P r e n t i s s, Phys. Rev. Bd. 15, S. 257, 1902). Weitere Methoden ähnlicher Art bei S c h l e i e r m a c h e r (ETZ 1910, S. 1246). P i c h e l m a y e r u. S c h r u t k a, ETZ Bd. 33, S. 129. 1912.

b) Harmonische Analysatoren sind Apparate, welche — beruhend auf der Formel für die Koeffizienten einer Fourierschen Reihe — die Analyse der Kurven mechanisch (nach Art der Planimeter) ausführen; dahin gehören die Apparate von L o r d K e l v i n (Proc. Roy. Soc., London, Bd. 24, S. 266, 1876), C o r a d i (vgl. H e n r i c i , Phil. Mag., Bd. 38, S. 110, 1894) und namentlich M i c h e l s o n und S t r a t t o n (Amer. Journ. of Science 5, S. 1, 1898; Zeitschr. Instrk. 1898, S. 93). M a d e r (ETZ Bd. 30, S. 847. 1909.)

c) Resonanzmethode von P u p i n (Amer. Journ. of Sc. 1894, S. 379, 473) und A r m a g n a t (Journ. de phys. (4) Bd. 1, S. 345, 1902). Man schließt die zu analysierende Wechselspannung, deren Oberschwingungen die Amplituden E, E_3 E_5 .... haben mögen, durch eine Kapazität C und eine Selbstinduktivität L, die in Reihe geschaltet sind; erfüllen L und C die Bedingung $k^2 \omega^2 LC = 1$ (k ganze Zahl), so verschwinden in dem zustande kommenden Strom praktisch alle Teilwellen bis auf die $k$te. Die letztere hat aber die Amplitude E_k/R wenn R den Gesamtwiderstand des Kreises bei kurz geschlossenem Kondensator bedeutet. E_k/R wird am einfachsten mit einem Oszillographen gemessen. Auf diese Weise können leicht durch geeignete Wahl von L und C sämtliche Teilwellen gefunden werden.

L i t e r a t u r :

O r l i c h, Aufnahme und Analyse von Wechselstromkurven. Braunschweig 1906.

Magnetische Messungen.

(210) Bestimmung eines magnetischen Momentes. Der zu untersuchende Magnet wird in dem großen Abstande r von einer Bussole mit Kreisteilung oder Spiegelablesung in der ersten oder zweiten Hauptlage (Seite 31) aufgestellt und die Ablenkung der Bussole beobachtet, wenn man den Magnet um 180° dreht; die Hälfte dieses Winkels sei $= \varphi$. Die horizontale Stärke des Erdmagnetismus $\mathfrak{h}$ entnimmt man der Tafel Seite 44 oder besser, man bestimmt sie nach (114). Es ist dann nach (36) $\mathfrak{M} = \frac{1}{2}\,r^3\,\mathfrak{h}\,\mathrm{tg}\,\varphi$ oder $= r^3\,\mathfrak{h}\,\mathrm{tg}\,\varphi$, je nachdem man die erste oder die zweite Hauptlage gewählt hat; in beiden Formeln ist ein Glied weggelassen, welches das Verhältnis der Magnetlänge zu r enthält; sollen die Formeln auf 1 % genau sein, so muß der Abstand r sechsmal so groß sein wie die Länge des Magnetes; ist r nur 3 mal so groß wie diese Länge, so beträgt der Fehler etwa 4 %. Genauere Formeln s. Kohlrausch, Praktische Physik.

Bei langen Stäben kann man eine andere Methode verwenden. Im Abstand r von der Bussole wird der Stab von der Länge l senkrecht aufgestellt, und zwar der eine Pol in der Höhe der Nadel, der andere entfernt von der letzteren; man verschiebt den Magnet in der Achsenrichtung, bis der Ausschlag φ ein Maximum wird. Dann ist

$$\mathfrak{M} = \frac{5}{6}\, l\, r^2 \mathfrak{h}\, \mathrm{tg}\, \varphi$$

Soll die Formel auf 1 % genau sein, so darf der Abstand r nicht mehr als $1/5$ der Magnetlänge betragen; ist $r = 1/3$ der Magnetlänge, so beträgt der Fehler etwa 5 %.

Werden Eisenstäbe untersucht, welche durch einen Strom magnetisiert werden, so ist die Wirkung der Magnetisierungsspule zu berücksichtigen; dies geschieht am besten durch Ausgleichung, indem man eine vom magnetisierenden Strome durchflossene Hilfsspule der Bussole so gegenüberstellt, daß sie die Wirkung der Magnetisierungsspule ohne Eisenstab genau aufhebt.

Die Stärke der Magnetisierung $\mathfrak{J}$ wird gefunden, indem man das nach dem Vorigen bestimmte Moment des Stabes bzw. eines Ellipsoids durch $5/6$ des Volumens bzw. durch das ganze Volumen dividiert.

(211) Messung einer Kraftlinienmenge mit dem Schwingungsgalvanometer. Bei der magnetischen Untersuchung des Eisens pflegt man einen Probestab durch den Strom zu magnetisieren und die erzeugte oder bei Stromunterbrechung verschwindende Kraftlinienmenge mit einer Prüfspule zu messen; das Nähere s. (212, 213). Die entstehende oder verschwindende Kraftlinienmenge Φ bringt am Schwingungsgalvanometer den Ausschlag α hervor, und es ist

$$\Phi = \frac{R_2}{N_2} \cdot g \cdot \frac{t}{\pi} \cdot \alpha \cdot k^{\frac{1}{\pi}\mathrm{arctg}\frac{\pi}{l}}$$

worin R_2 und N_2 Widerstand des ganzen sekundären Kreises und Windungszahl der Prüfspule sind, während die Bedeutung der übrigen Größen sich nach (177) ergibt.

Um aus der vorigen Gleichung t und den Dämpfungsfaktor zu beseitigen, mißt man mit demselben Galvanometer die Entladung eines Kondensators von der Kapazität C, der aus einer Batterie von der EMK E geladen worden war. Es ist (177)

$$C \cdot E = g \cdot \frac{t}{\pi}\, \alpha_1 \cdot k^{\frac{1}{\pi}\mathrm{arctg}\frac{\pi}{l}}$$

Dies ergibt mit der vorigen Gleichung

$$\Phi = \frac{r_2}{N_2} \cdot \frac{\alpha}{\alpha_1} \cdot C \cdot E$$

Bei Verwendung des Kondensators macht man einen geringen Fehler infolge der Rückstandsbildung; bei Glimmerkondensatoren ist letztere zu vernachlässigen. Um den Fehler zu vermeiden, kann man eine Normalspule verwenden, d. i. eine lange Magnetisierungsspule von K Windungen auf 1 cm und einer Windungsfläche S, welche genau ausgemessen wird; diese umgibt man mit einer kurzen Sekundärspule von N_S Windungen, welche mit dem Galvanometer zu einem Kreis vom Widerstand R_S verbunden ist. Kommutiert man den primären Strom I, so durchfließt das Galvanometer die Elektrizitätsmenge $8\,\pi\,K I S N_S / R_S$, welche den Ausschlag α_2 hervorruft; es ist dann

$$\frac{8\,\pi\,K I S N_S}{R_S} = g \cdot \frac{t}{\pi}\, \alpha_2 \cdot k^{\frac{1}{\pi}\mathrm{arctg}\frac{\pi}{l}}$$

$$\Phi = \frac{R_2}{R_S} \cdot \frac{N_S}{N_2} \cdot \frac{\alpha}{\alpha_2} \cdot 8\,\pi\,K S \cdot I$$

Die Verwendung der Normalspule empfiehlt sich nur bei sehr sorgfältiger Herstellung und Ausmessung, gibt aber dann die zuverlässigsten Resultate; die Physikalisch-Technische Reichsanstalt eicht solche Normalspulen. Man beachte, daß in all diesen Formeln die elektrischen Größen im absoluten (CGS) Maße einzusetzen sind, außer in den Fällen, wo es sich um Verhältnisse zweier gleichartiger Größen handelt.

(212) Messung der Feldstärke $\mathfrak{H}$. Mit der P r ü f s p u l e, nach dem Vorigen. Die als sekundäre Spule benutzte Drahtrolle wird in dem zu messenden Felde aufgestellt, so daß ihre Windungsebene zur Richtung des Feldes senkrecht steht. Das Feld wird nun plötzlich erzeugt, aufgehoben oder um 180⁰ gedreht; oder die Prüfspule wird rasch aus dem Felde gezogen oder darin um 180⁰ gedreht. Man erhält wie in (211) Φ, die Gesamtmenge der durch die Spule gehenden Kraftlinien, welche man noch durch den Spulenquerschnitt S zu dividieren hat, um $\mathfrak{H}$ zu erhalten.

Mit der W i s m u t s p i r a l e. Ein gepreßter und zur flachen Spirale gewundener Wismutdraht wird, mit der Windungsebene senkrecht zur Richtung der Kraftlinien, in das Feld gebracht. Der Draht ändert im Felde seinen Widerstand; diese Änderung muß für jede Spirale besonders ermittelt werden.

Eisenuntersuchung.

(213) Hystereseschleife. A. A m P r o b e s t a b n a c h d e r J o c h - m e t h o d e. 1. M i t d e m S c h w i n g u n g s g a l v a n o m e t e r. Von der zu untersuchenden Eisensorte wird ein Probestab in genau zylindrischer Form (oder ein Dynamoblech-Bündel) vom Querschnitt q und der Länge l hergestellt; er wird in seinem mittleren Teil möglichst dicht umschlossen von der Prüfspule (Windungszahl N_2) und umgeben mit der Magnetisierungsspule (Windungszahl N_1, Länge l_1), die so zu bemessen ist, daß ein Strom, der $\mathfrak{H} = 0,4 \pi N_1 I_1/l_1$ zu 300 macht, noch keine starke Erwärmung hervorruft. Der Probestab wird in ein Schlußstück (Joch) aus schwedischem Eisen, bestem Schmiedeeisen oder Dynamo-Stahlguß eingesetzt, welches seine beiden Enden magnetisch möglichst gut verbindet (Klemmbacken oder besser noch Kugelkontakte); die Form des Joches ist nicht wesentlich; sein Querschnitt soll groß, die Länge des Kraftlinienweges klein sein; der Querschnitt (oder die Summe der parallel geschalteten Querschnitte) q' möglichst größer als 200 q. Die Magnetisierungsspule wird mit einer Sammelbatterie, Regulierwiderständen, Strommesser und Stromwender zu einem Stromkreis verbunden, die Prüfspule mit dem Schwingungsgalvanometer nach (212). Man beginnt mit einem Strom, der $\mathfrak{H}$ etwa zu 150 für Eisen, 300 für Stahl macht, mißt die Kraftlinienmengen, welche induziert werden, wenn man den magnetisierenden Strom um geeignete Beträge (ohne Stromunterbrechung) plötzlich ändert. Ist der Strom Null geworden, so wechselt man seine Richtung und läßt ihn zu dem vorigen höchsten Betrag wieder ansteigen, dann wieder zu Null abnehmen, wechselt die Richtung und läßt ihn wieder bis zum höchsten Betrag wachsen. Für jeden Schritt in der Widerstandsänderung erhält man einen Ausschlag, der der Änderung der Kraftlinienmenge $\Delta \Phi$ proportional ist; es ist jedoch darauf zu achten, daß die einzelnen Sprünge nur klein sein dürfen, da durch große Sprünge die Form der Magnetisierungskurve nicht unbeträchtlich beeinflußt werden kann. Von der gefundenen Kraftlinienmenge muß man genau genommen diejenige Menge abziehen, die auf den Raum zwischen der Prüfspule und dem Eisen entfällt; umschlingt die Prüfspule den Querschnitt q_1, und ist der Querschnitt des Eisens q, so ist abzuziehen $(q_2 - q) \Delta \mathfrak{H}$; bei mäßigen Feldstärken kann jedoch, wenn die Prüfspule den Stab eng umschließt, diese Korrektion meist vernachlässigt werden. Summiert man alle (berichtigten) $\Delta \Phi$ zwischen zwei entgegengesetzt gleichen höchsten Stromwerten, so ist die Hälfte davon die höchste erzielte Kraftlinienmenge. Aus der Stromstärke I erhält man $\mathfrak{H}$ = 0,4 $\pi\,K\,I$ (29), aus der Kraftlinienmenge Φ die Induktion $\mathfrak{B} = \Phi/q$. Die Beobachtungen liefern je einen Zuwachs (Abnahme) von $\mathfrak{B}$ für eine Vergrößerung (Verkleinerung) von $\mathfrak{H}$ und sind demgemäß aufzutragen. Man erhält eine Kurve wie in Fig 22, S. 33. Diese Kurve ist nun allerdings noch keine sogenannte Magnetisierungskurve, wie sie ein gleichmäßig bewickelter, geschlossener Ring oder ein Ellipsoid liefern würde, da beim Joch in den Weg der Induktionslinien noch Widerstände durch die Jochteile selbst, hauptsächlich aber durch die Luftschlitze eingeschaltet sind. Zur Überwindung dieses Widerstandes, welcher rechnerisch nicht genau bestimmt werden kann und sich mit der Höhe der Induktion ändert, ist eine gewisse magnetomotorische Kraft nötig, um deren Betrag die zur Erzielung einer bestimmten Induktion notwendige Feldstärke vergrößert erscheint. Die mit dem Joch erhaltene Kurve hat also eine zu sehr gestreckte Gestalt und muß mit Hilfe einer Scherung auf die absolute Kurve reduziert werden.

Zur Bestimmung dieser Scherungswerte dreht man einen im Joch untersuchten Stab zum Ellipsoid ab und untersucht dieses mit dem Magnetometer (210), wobei stets die Beziehung $\mathfrak{H} = \mathfrak{H}' - N\mathfrak{J}$ zu berücksichtigen ist (32). Die Differenzen zwischen entsprechenden Werten der so gewonnenen absoluten Kurve und der Jochkurve geben die Verbesserungen für die beim Joch beobachteten Werte der Feldstärke; man trägt sie am besten graphisch als sogenannte Scherungskurve auf. Ist man nicht in der Lage, magnetometrische Beobachtungen mit dem Ellipsoid durchzuführen, so untersucht man einen Stab im Joch, dessen absolute Kurve bekannt ist, und verfährt entsprechend; die Reichsanstalt liefert bzw. untersucht derartige Stäbe.

Da die Scherung in hohem Maße von der Natur des zu untersuchenden Materials abhängt, so kann man nicht dieselbe Scherungskurve für weiches Eisen (Stahlguß, Schmiedeeisen, Dynamoblech), Gußeisen, weichen und harten Stahl verwenden; man bedarf vielmehr für jede dieser Typen mindestens einer besonderen Scherungskurve. Bei genaueren Messungen empfiehlt es sich, für jeden Stab die Koerzitivkraft noch gesondert mit dem Magnetometer zu bestimmen. Zu diesem Zweck läßt man den Strom in der Magnetisierungsspule des Magnetometers von demjenigen Maximum, welches dem Maximum der Feldstärke bei der Jochbeobachtung entspricht (Berücksichtigung des Entmagnetisierungsfaktors [32]), bis auf Null abnehmen, kommutiert und läßt den Strom wieder anwachsen, bis der Magnetometerspiegel wieder auf Null einsteht. Die mit diesem Strom berechnete Feldstärke gibt die r i c h t i g e Koerzitivkraft des Stabes, da für diesen Fall in der Gleichung $\mathfrak{H} = \mathfrak{H}' - N\mathfrak{J}$ das zweite Glied rechter Hand Null wird ($\mathfrak{J} = 0$). Diese Bestimmung ist nahezu unabhängig von der Gestalt des Stabes. Kennt man somit die wahre Koerzitivkraft des Stabes, so kennt man auch die Jochscherung für den Punkt der Koerzitivkraft genau und kann die Scherungskurve in geeigneter Weise durch diesen Punkt hindurchlegen (G u m l i c h und S c h m i d t, ETZ 22, 695, 1901). Derartige Scherungskurven sind für jeden auf dem Jochprinzip beruhenden Apparat notwendig.

2. M i t d e m d o p p e l t e n S c h l u ß j o c h (E w i n g): Um den Einfluß des Jochwiderstandes zu verringern, kann man zwei lange, dünne, mit Primär- und Sekundärspule versehene Stäbe aus gleichem Material verwenden, welche möglichst dicht nebeneinander gelagert und durch zwei kurze und dicke Jochstücke verbunden werden (vgl. auch 6). Der Widerstand der Luftschlitze zwischen Stab und Joch wird gering, wenn die konisch zugespitzten Stäbe in eine konische Bohrung der Joche passen und mit einer Schraube festgezogen werden. (K a p p, ETZ 1908, S. 833).

3. M i t d e r D r e h s p u l e (K o e p s e l). Der mit der Magnetisierungsspule umgebene Probestab (Dynamoblech-Bündel) ist durch ein einfaches Joch

geschlossen; dies Joch wird an einer Stelle durch einen Luftzwischenraum in Gestalt einer zylindrischen Bohrung unterbrochen, deren Achse senkrecht zu den Kraftlinien steht, und die durch Eisen bis auf einen Zwischenraum von 1 mm wieder ausgefüllt ist; der ausfüllende Kern ist umgeben von einer Spule nach Art der im Drehspulengalvanometer verwendeten, deren Ebene durch Spiralfedern parallel zu den Kraftlinien gestellt wird. Durch die Drehspule schickt man einen konstanten vom Querschnitt des Probestabes abhängigen Strom. Die am Zeiger abzulesende Ablenkung ist diesem Strom und der Feldstärke im Luftzwischenraum proportional und gibt demnach bei bestimmtem Querschnitt sogleich die Induktion $\mathfrak{B}$ im Eisen. Um die Wirkung der Magnetisierungsspule auf das Joch aufzuheben, trägt letzteres einige Windungen, die zu der Magnetisierungsspule in Reihe und mit entgegengesetzter Wirkung geschaltet sind. Bei der Aufstellung des Apparates ist der Erdmagnetismus zu beachten; auch sonst sind stärkere äußere magnetische Einflüsse (z. B. von Strom- und Spannungsmessern) fernzuhalten. Der Apparat wird von S i e m e n s & H a l s k e gebaut und ist bei einer für technische Zwecke meist hinreichenden Genauigkeit außerordentlich bequem in der Handhabung.

4. M i t d e m P e r m e a m e t e r v o n C a r p e n t i e r. Der Apparat hat Ähnlichkeit mit der Anordnung von Koepsel; die dort gebrauchte Drehspule ist ersetzt durch eine zur Dämpfung der Schwingungen in Öl eintauchende, an einem feinen Draht aufgehängte Magnetnadel, deren Ablenkung durch Torsion des Aufhängedrahtes beseitigt wird. Ein mit dem Torsionskopf verbundener Zeiger gestattet, die Induktion auf einer Skala abzulesen. (Bull. Soc. Intern. d. Electr. 1902, S. 740).

5. M i t d e m P e r m e a m e t e r v o n P i c o u. Der Apparat soll Werte geben, welche keiner Scherung bedürfen. Er besteht aus zwei Jochen, welche an zwei entgegengesetzten Flächen des zu untersuchenden Vierkantstabes angesetzt werden. Beide Joche sind mit einer Spule A und B, der Stab ist mit einer Spule C umgeben. Schaltet man zunächst A und B hintereinander, während C stromlos bleibt, so umsetzt der Kraftlinieneinfluß nur die beiden Joche, die vier Luftschlitze zwischen dem Stab und den Jochen sowie die doppelte Stabdicke. Dreht man dann die Stromrichtung in der Spule B um und schickt nun auch durch C einen Strom von solcher Stärke, daß der vorher beobachtete Kraftlinienfluß in den beiden Jochen ungeändert bleibt, dann liefert der durch C gehende Strom gerade diejenige Feldstärke, welche der in dem Probestab herrschenden Induktion entspricht, da die beiden Ströme in A und B die zur Überwindung des magnetischen Widerstandes in den Jochen und Luftschlitzen notwendige magnetomotorische Kraft liefern. Der Apparat kann natürlich auch zur Untersuchung von Blechstreifen verwendet werden. (Bull. Soc. Intern. des Electricieus 1902, S. 745.)

6. I n d e r m a g n e t i s c h e n B r ü c k e. (H o l d e n, El. World Bd. 24, S. 617; E w i n g, Electrician Bd. 37, S. 41, 115.) Zwei zu vergleichende Stäbe, ein Normalstab und ein gleich dicker Stab aus dem zu untersuchenden Eisen, werden durch zwei kräftige Joche zu einem magnetischen Kreis verbunden; jeder Stab ist mit einer Magnetisierungsspule umgeben; die magnetisierenden Kräfte werden entweder durch Änderung des Stromes oder der Windungszahl abgeglichen. Auf den beiden Jochen steht die magnetische Brücke, ein eiserner Bogen, der in der Mitte durchschnitten ist; in diesem Schlitz schwingt eine Magnetnadel, deren Nullage durch einen Richtmagnet senkrecht zur Richtung der Brücke gelegt wird. Werden die magnetisierenden Kräfte so abgeglichen, daß durch die Brücke keine Kraftlinien gehen, so sind die Kraftlinienmengen in beiden Stäben gleich; bei gleichem Querschnitt sind dann die Permeabilitäten je umgekehrt proportional den magnetisierenden Kräften. — Um den hierzu erforderlichen Normalstab zu untersuchen, benutzt man nur die Joche des Apparates, nachdem man die Brücke entfernt hat. Zwei gleiche Stäbe werden eingespannt, einmal mit der freien Länge 4π cm mit Spulen von 100 Windungen und das zweite Mal mit der freien Länge 2π cm und mit Spulen von 50 Windungen. In jedem Falle wird mit dem Schwingungsgalvanometer

die $\mathfrak{B}$-$\mathfrak{H}$-Kurve bestimmt; ist zu einem gewissen $\mathfrak{B}$ das $\mathfrak{H}$ für den ersten Fall $\mathfrak{H}_1$, für den zweiten $\mathfrak{H}_2$, so ist die wegen des Joches und der Stoßstellen berichtigte magnetische Kraft 2 $\mathfrak{H}_1$ — $\mathfrak{H}_2$ für $\mathfrak{B}$. Man erhält so die berichtigte $\mathfrak{B}$-$\mathfrak{H}$-Kurve für die beiden Normalstäbe.

7. **Durch die Zugkraft, du Bois sche Wage.** Der mit der Magnetisierungsspule umgebene wagrecht gestellte Probestab wird durch ein einfaches halbkreisförmiges Joch geschlossen, das durch einen wagrechten Schnitt nahe beim Probestab zwei gleichgroße Trennungsflächen erhält. Der obere Teil wird auf einer Schneide gelagert, die seitwärts von der Mittelebene des Joches angebracht ist, so daß die beiderseits gleichen Zugkräfte ungleiche Drehmomente ausüben; der Unterschied wird durch Laufgewichte gemessen, die am Joch verschoben werden können. Man erhält aus der Wägung den Wert von $\mathfrak{J}$ oder von $\mathfrak{B}$. Die Scherungslinien werden mit einem beigegebenen Probestab bestimmt; nach deren Ermittelung darf die Stellschraube, welche die Bewegung des Joches begrenzt, nicht mehr verstellt werden. Der Erdmagnetismus ist zu beachten oder durch einen Hilfsmagnet zu kompensieren. (Zeitschr. f. Instrk. 1900, S. 113 u. 129.)

Eine gute Wage gibt recht genaue Resultate, ist aber gegen Erschütterungen sehr empfindlich; sie eignet sich daher mehr für wissenschaftliche als für technische Messungen. Nach Einschieben von zwei Eisenplatten in die Luftschlitze des Jochs und Einführung einer den Stab umschließenden Prüfspule ist die Wage ohne weiteres auch für ballistische Messungen zu verwenden.

8. **Mit der Wismutspirale,** Apparat von Bruger (Hartmann & Braun). Der in zwei Hälften geteilte Probestab wird in ein doppeltes Schlußjoch eingeführt. In dem Schlitz zwischen den beiden Stabhälften befindet sich eine Wismutspirale, aus deren Widerstand die Induktion des Stabes berechnet werden kann (212).

B. **Untersuchung an größeren Blöcken, Permeameter von Drysdale.** Aus dem zu untersuchenden Block wird mit einem Hohlbohrer ein Loch ausgebohrt, in dessen Mitte ein kleiner zylindrischer Zapfen stehen bleibt, der als Probeobjekt dient. In den Hohlraum der Bohrung wird ein Stöpsel eingeführt, der eine Magnetisierungs- und eine Prüfspule enthält. Den Rest der Öffnung verschließt ein Eisenkern, der zwischen Zapfen und umgebender Eisenmasse einen magnetischen Schluß herstellt. (Bull. Soc. Intern. d. Electr. 1902, S. 729.)

C. **Untersuchung am fertigen Stück.** Denso (Inaug.-Dissert.) untersucht fertige Gußstücke, z. B. das Eisengerüst einer Dynamomaschine. An einer Stelle, wo keine Streuung stattfindet, wird eine Spule, die senkrecht zum Eisen schmal ist, dicht an das Eisen angelegt und hier $\mathfrak{H}$ bestimmt (stetiger Übergang der Tangentialkomponente des magnetischen Feldes!), darauf mit umgelegter Prüfspule $\mathfrak{B}$ im Eisen; die der Remanenz entsprechende Induktion muß besonders bestimmt werden, z. B. bei einer Dynamomaschine aus der Ankerspannung bei stromlosen Schenkeln. Die Windungsfläche der schmalen Spule ergibt sich durch Vergleich mit einer ausmeßbaren Spule im gleichmäßigen Feld.

D. **Magnetisierbarkeit größerer Proben von Eisenblech** in Epstein scher Anordnung (S. 167) für 25 bis 300 AW.

1. Meth. Epstein: Messung der mittleren Induktion durch Sekundärspulen über die ganzen Bündel, der AW/cm durch NI/l (l = mittlere Eisenlänge 200 cm). Luftschlitze und Streuung verursachen Fehler. (ETZ 1911, S. 334.)

2. Meth. Gumlich-Rogowski: Messung von Induktion und Feldstärke in der (streuungsfreien) Mitte der Bündel durch Induktions- und Feldstärkenspulen; letztere sind, wie bei Denso (C) parallel zur Blechoberfläche angeordnet. (ETZ 1912, S. 262.)

3. Meth. van Lonkhuyzen (S. & H., Wernerwerk): Vergleichung der Proben mit Normalbündeln, deren Eichung die P. T. R. nach 2) ausführt. Die Messung ist sehr bequem. (ETZ 1911, S. 1131.)

(214) Messungen bei sehr kleinen Feldstärken („A n f a n g s p e r m e a b i l i-
t ä t"). Hauptbedingung ist außerordentlich gute Entmagnetisierung der Probe
(vgl. 219). Jochmethoden sind hier nicht anwendbar, da der remanente, schwer zu
beseitigende Magnetismus des Jochs starke Fehler verursachen kann. Messungen
entweder mit dem Magnetometer oder ballistisch an bewickeltem Ring oder Ellipsoid
(gestrecktem Stab) mit Probespule von hoher Windungszahl in offener Magnetisierungsspule. Stabmessungen sind auf solche am Ellipsoid mit bestimmtem
Dimensionsverhältnis zu beziehen. (G u m l i c h und R o g o w s k i, ETZ
1911, S. 613.) ·

(215) Messungen bei hoher Feldstärke. S ä t t i g u n g   n a c h   d e r
v e r b e s s e r t e n   E w i n g s c h e n   I s t h m u s m e t h o d e. Zwei Pol-
stücke eines kräftigen Elektromagnets sind konisch abgedreht und durch eine
Messingfassung verbunden (vgl. Fig. 90). Das zu untersuchende Stäbchen
von etwa 30 mm Länge und 3 mm Durchmesser wird beiderseits in die einige
mm tiefe Bohrung an der Spitze der Kegel eingeschoben. Es ist umgeben von
einer doppelten, mit dem Schwingungsgalvanometer verbundenen Prüfspule,
deren innere das Stäbchen eng umschließt, während zwischen der inneren und
äußeren Spule ein etwa 1 mm breiter Zwischenraum bleibt. Das ganze Probestück
läßt sich um eine zwischen den Polen des Elektromagnets angebrachte Achse um
180° drehen. Hierbei entspricht der Galvanometer-Ausschlag, den die innere Spule

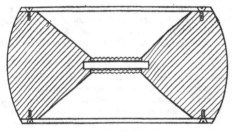

Fig. 90. Isthmusmethode nach Ewing.

a l l e i n gibt, der Induktion im Stäbchen, der Ausschlag bei Gegeneinanderschaltung beider Spulen der zugehörigen Feldstärke. Die Windungszahl beider
Spulen müssen gleich, die Windungsflächen genau bekannt sein; die zwischen Spule
und Stäbchen verlaufenden Kraftlinien sind zu berücksichtigen. WeichesMaterial
(Schmiedeeisen, Stahlguß usw.) ist etwa von $\mathfrak{H} = 2000$ ab gesättigt, hartes (Stahl
usw.) erst bei noch höheren Feldstärken. (G u m l i c h, ETZ 1909, S. 1065.) Auch
aus Dynamoblech lassen sich derartige Stäbchen herstellen. Die Reichsanstalt bestimmt Sättigungswerte (vgl. auch (32)) von festem Material und Dynamoblech.

(216) Nullkurve, jungfräuliche Kurve. Wenn man den Probestab zunächst entmagnetisiert (219) und ihn dann in einem Untersuchungsapparat der von Null aus
ohne Unterbrechung bis zum Maximum ansteigenden Magnetisierung unterwirft,
so erhält man eine Kurve, wie sie in Fig. 22 gestrichelt angegeben ist.

(217) Kommutierungskurve. Man beginnt mit dem unmagnetischen Zustand
(219); der magnetisierende Strom wird auf einen bestimmten Wert eingestellt,
mehrmals kommutiert und schließlich der Ausschlag des Schwingungsgalvano-
meters bei der Kommutierung abgelesen (211); auf diese Weise geht man bis zum
Maximum des Stromes; der Ausschlag entspricht dem d o p p e l t e n Wert der
Induktion. Die Kommutierungskurve liegt im allgemeinen etwas über der Nullkurve.

(218) Untersuchung von Dynamoblech mit Wechselstrom. Aus dem zu untersuchenden unterteilten Eisen stellt man einen geschlossenen magnetischen Kreis

her. Mittels einer Spule vom Widerstande R_1 und eines Wechselstromes von der Stärke I und Periodenzahl ν (in 1 sk) wird dieser Eisenkreis magnetisiert. Ein an die Enden der Spule angelegter Spannungsmesser dient zur Bestimmung der Induktion (S. 167). Von der Leistung Λ, welche ein eingeschaltetes Wattmeter angibt, zieht man den Energieverbrauch durch den Strom in der Magnetisierungsspule $I^2 R_1$ sowie den Verbrauch im Spannungsmesser E^2/R_2 und in der Spannungsspule des Wattmeters E^2/R_3 ab, dann ist der Verlust im Eisen vom Volumen V:

$$\Lambda_e = \Lambda - (I^2 R_1 + E^2/R_2 + E^2/R_3) = \nu\, V\, (\eta \,.\, \mathfrak{B}^{1,6} + \nu \,.\, \xi \,.\, \mathfrak{B}^2)\, 10^{-7}.$$

Hierin entspricht das erste Glied rechter Hand dem Hysterese-Verlust, das zweite dem Verlust durch die im Eisen entstehenden Wirbelströme. Dividiert man die Gleichung durch ν, so erhält man rechter Hand eine lineare Funktion von ν; man kann also durch zwei oder mehr Messungen bei derselben Induktion, aber möglichst verschiedener Periodenzahl den Hysteresekoeffizienten η und den Wirbelstromkoeffizienten ξ einzeln ermitteln.

Zur Vermeidung des Korrektionsgliedes $I^2 R_1$ in Λ_e empfiehlt sich bei höheren Stromstärken die Verwendung einer besonderen Spannungsspule.

Der gesamte Energieverbrauch bei der Ummagnetisierung von 1 kg Eisenblech bei 50 Perioden, $\mathfrak{B} = 10\,000$ bzw. $15\,000$ und einer Temperatur von 20° heißt Verlustziffer [V_{10} bzw. V_{15}].

Empfehlenswerte Versuchsanordnungen sind angegeben von:

1. E p s t e i n (Lahmeyer A.-G.): Vier Magnetisierungsspulen von 42 cm Länge, in quadratischer Anordnung auf einem Brett befestigt, nehmen je 2,5 kg Eisenblech in Gestalt von 50 cm langen und 3 cm breiten Streifen auf; die aus den Spulen herausragenden Enden der Blechbündel werden durch Klammern fest gegeneinander gepreßt. Die einzelnen Blechstreifen müssen wegen der Wirbelströme durch Papier oder dergl. gegeneinander isoliert sein. Bequeme Anordnung nach v a n L o n k h u y z e n (ETZ 1912, 531).

2. M ö l l i n g e r (Schuckertwerke). Die Probestücke werden in Gestalt von geschlossenen Ringen, deren Breite klein ist im Verhältnis zum Durchmesser, ausgestanzt, mit Papierzwischenlagen übereinander geschichtet und festgepreßt. Die Magnetisierungsspule wird gebildet durch 100 Windungen aus dickem, biegsamem Kabel, von denen jede mittels eines Steckkontaktes geöffnet bzw. geschlossen werden kann.

3. R i c h t e r (Siemens & Halske). Eine aus Holzleisten bestehende zylinderförmige Trommel von 1 m Höhe und 2 m Umfang trägt außen die Magnetisierungswindungen aus starkem Kupferdraht, in welche vier ganze Blechtafeln von 100×200 cm Größe eingeschoben werden können. Die durch Papiermanschetten isolierten Enden der Tafeln werden abwechselnd übereinander gelegt und durch eine Leiste festgedrückt. Der Apparat gestattet Messungen ohne Materialverlust, ist aber nur für Tafeln im immer bestimmter Maße zu verwenden.

Bei diesen Messungen hängt die Spannung E mit der Induktion $\mathfrak{B}$ zusammen durch die Formel: $E = \mathfrak{B} \cdot q \cdot N \cdot 4\,\nu \cdot \alpha \cdot 10^{-8}$. Hierin bedeutet q den Querschnitt der Blechprobe, N die Windungszahl der Magnetisierungsspule, ν die Periodenzahl und α den sogenannten Formfaktor, d. h. das Verhältnis der effektiven zur mittleren Spannung. α soll $= 1{,}11$ sein (sinusförmige Spannungskurve); hat der Formfaktor einen anderen Wert, so ist der aus den Beobachtungen berechnete Koeffizient ξ noch mit $(1{,}11/\alpha)^2$ zu multiplizieren; dementsprechend ist auch der Wert der Verlustziffer zu reduzieren. Mit wachsender Temperatur nimmt der Wirbelstromverlust ab, und zwar bei den gewöhnlichen Blechsorten für 1 Grad ungefähr um 0,5 %. Die oft recht beträchtliche Erwärmung macht sich bei der Berechnung von η und ξ dadurch geltend, daß die Werte von Λ_e/ν scheinbar nicht genau auf einer geraden Linie, sondern auf einer nach unten konkaven Kurve liegen; die Abweichung verschwindet bei Berücksichtigung der Temperatur (Messung am sichersten mit dem Thermoelement). Neuerdings ist es gelungen, magnetisch vorzügliche Eisensorten mit hohem Leitungswiderstand und entsprechend geringem Wirbelstromverlust herzustellen (sog. „legiertes" Blech (32)).

S e a r l e (Electrician Bd. 36, S. 800) umwickelt die Eisenprobe vom Querschnitt q mit zwei Spulen; die primäre hat K Windungen auf 1 cm Länge und wird von einem Strom I durchflossen, der auch durch die feststehende Spule eines Dynamometers geht; die sekundäre Spule hat N Windungen und ist mit der beweglichen Spule des Dynamometers, deren Schwingungsdauer t ist, verbunden; der Widerstand dieses sekundären Kreises R ist annähernd induktionsfrei. Läßt man nun den magnetisierenden Strom mit Hilfe eines geeigneten Schalters die Werte von $+ I$ durch 0, $— I$, 0, $+ I$ nicht zu rasch durchlaufen, so erfährt die bewegliche Spule des Dynamometers einen Stoß, der den Ausschlag a hervorbringt. Wenn darauf die konstanten Ströme i_1 und i_2 durch die beiden Spulen des Dynamometers gesandt werden, so bringen sie eine Ablenkung a_0 (Einstellung) hervor. Dann ist die durch Hysterese verbrauchte Energie für diese springende Änderung der Magnetisierung, welche jedoch von dem Verbrauch bei stetiger Änderung nicht un' beträchtlich abweichen kann,

$$\frac{1}{4\,\pi} \int \mathfrak{H}\, d\,\mathfrak{B} = \frac{KR}{Nq} \cdot \frac{t}{2\pi} \cdot i_1\, i_2 \cdot \frac{a}{a_0}$$

Zeigt das Dynamometer Dämpfung, so ist a mit dem Dämpfungsfaktor (177) zu multiplizieren.

Schickt man in die primäre Spule einen Wechselstrom von der Stärke I und ν Perioden in der Sekunde, so ist

$$\frac{1}{4\,\pi} \int \mathfrak{H}\, d\,\mathfrak{B} = \frac{KR}{Nq} \cdot \nu \cdot i_1\, i_2 \cdot \frac{a}{a_0}$$

Hier ist a eine Einstellung; Schwingungsdauer des Dynamometers und Einfluß der Dämpfung fallen weg.

P r a k t i s c h e   A p p a r a t e   z u r   U n t e r s u c h u n g   d e r   H y s t e - r e s e von Eisenproben sind angegeben worden von E w i n g (ETZ 1895, S. 292) und B l o n d e l - C a r p e n t i e r (ETZ 1898, S. 178). In beiden Apparaten wird eine kleinere Menge des zu untersuchenden Eisenbleches in das Feld eines kräftigen Stahlmagnets gebracht. In Ewings Apparat wird die Eisenprobe, ein längliches Päckchen aus Blechen (1,5 × 8 cm), gedreht, und der Stahlmagnet folgt der Drehung; in dem Blondelschen Apparat wird der Magnet gedreht, und die Eisenprobe folgt. Aus dem Ausschlag kann man die Hysterese berechnen. Jeder Apparat ist nur für eine bestimmte Induktion zu benützen.

(219) Entmagnetisieren von Eisenproben. Den angenähert unmagnetischen Zustand erreicht man durch wechselnde Magnetisierungen mit abnehmender Stromstärke; man magnetisiert mit Wechselstrom, den man durch Einschalten von Widerstand allmählich schwächt, oder mit Gleichstrom, den man wendet und gleichzeitig schwächt. Auch kann man den zu entmagnetisierenden Körper einem Wechselstrommagnet nähern und ihn davon entfernen oder ihn an einem Faden aufhängen und während rascher Drehung einem kräftigen Magnet rasch nähern und wieder entfernen.

V ö l l i g e Entmagnetisierung ist nur durch besondere Vorsichtsmaßregeln, namentlich ganz gleichmäßige Abnahme des Entmagnetisierungsstromes zu erreichen (vgl. ETZ 1911, S. 180).

L i t e r a t u r.

D u B o i s , Magnetische Kreise, deren Theorie und Anwendung. Berlin 1894. Jul. Springer. — E w i n g , Magnetische Induktion in Eisen und verwandten Metallen, deutsch von H o l b o r n und L i n d e c k. Berlin 1892. Jul. Springer. — E r i c h S c h m i d t , Die magnetische Untersuchung des Eisens und verwandter Metalle. Halle a. S. 1900. Wilh. Knapp; dasselbe auch Zeitschr. f. Elektrochemie, 5. Jahrg. 1898—1899.

Zweiter Abschnitt.

Technische Messungen.

Messungen an elektrischen Maschinen und Transformatoren.

Die Grundsätze für diese Messungen sind vom Verbande Deutscher Elektrotechniker aufgestellt in den N o r m a l i e n   f ü r   B e w e r t u n g   u n d   P r üf u n g   v o n   e l e k t r i s c h e n   M a s c h i n e n   u n d   T r a n s f o r m a t o r e n (ETZ 1903, S. 684; 1907, S. 826; 1909, S. 788; 1912, S. 464).

Hilfsapparate für Maschinenmessungen.

(220) Die von einer Maschine aufgenommene mechanische Leistung. (432). Wird die Maschine durch Riemen angetrieben, so kann man die ihr zugeführte mechanische Leistung mit dem Dynamometer von v. H e f n e r - A l t e n e c k (ETZ 1881, S. 230) oder besser mit demjenigen von F i s c h i n g e r (H e r m. P ö g e in Chemnitz) messen. Von Elektrotechnikern werden aber diese Apparate so gut wie gar nicht mehr gebraucht. Man kuppelt die zu untersuchende Maschine direkt mit einem Motor von bekanntem Wirkungsgrad oder braucht eine der indirekten Methoden.

(221) Die von einem Motor erzeugte mechanische Leistung wird mit dem P r o n y schen Zaum gemessen, bei welchem die ganze Leistung des Motors durch Reibung verzehrt wird. Die matt ballige Riemenscheibe s (Fig. 91) wird zwischen zwei Backen eingeklemmt, an denen sich ein langer Hebelarm befindet; die unbelastete Bremse muß auf der Scheibe ausbalanciert sein. Der Hebelarm trägt an seinem äußersten Ende eine Vorrichtung zum Anhängen von Gewichten. Es werden P kg* aufgelegt und die Schrauben der Bremse so fest angezogen, daß der Hebel zwischen den Anschlägen $a\,a$ frei schwebt. Dann ist (432)

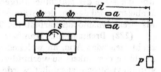

Fig. 91. Pronyscher Zaum.

$$A = 0{,}001028\ P\,d\,n\ \text{Kilowatt}$$

die mechanisch abgegebene Leistung des Motors. Darin bedeutet d den Hebelarm in m und n die Tourenzahl in der Minute (448).

Während des Bremsversuches muß man die Klemmbacken durch Benetzen mit Wasser (am besten Seifenwasser) schlüpfrig erhalten.

Anstatt Gewichte anzuhängen, kann man auch einen am Hebelarm befestigten senkrechten Stift auf eine Feder- oder Brückenwage drücken lassen.

In vielen Fällen ist es bequem, am Ende des Hebelarms statt eines Gewichtes eine Spiralfeder anzubringen, deren Ausdehnung und Spannung an einer Skale abgelesen wird und die nach kg* geeicht ist. Eine solche Feder vermag der etwas wechselnden Leistung besser zu folgen als das einmal aufgelegte Gewicht.

Für die Messung kleinerer Leistungen sind die S e i l bremsen (Fig. 92) sehr zweckmäßig. Ein Seil wird ein- oder mehrmals um eine wassergekühlte Bremsscheibe geschlungen und am Ende durch ein Gewicht belastet, während in den auflaufenden Teil des Seiles ein Federdynamometer eingeschaltet ist. Für P ist in obenstehender Formel die Differenz des angehängten Gewichtes und des von dem Federdynamometer angegebenen Zuges zu setzen; für d der

halbe Durchmesser der Seilscheibe (Seildicke berücksichtigen!). Durch Anschläge muß dafür gesorgt werden, daß das Gewicht mit Seil nicht weggeschleudert werden kann.

Über Flüssigkeitsbremsen s. Z. d. V. d. I. 1907, S. 607.

Mechanische Bremsen pflegen unruhig zu arbeiten. Durchaus ruhige Einstellungen und damit genauere Resultate erhält man mit Wirbelstrombremsen (P a s q u a l i n i, Elettricista 1892, S. 177; R i e t e r, ETZ 1901, S. 195; F e u ß n e r, ETZ 1901, S. 608; S i e m e n s & H a l s k e, Nachrichten 1902, Nr. 32; M o r r i s L i s t e r, Journ. Inst. El. Eng. 1904, Bd. 35, S. 445. R ü d e n b e r g, Energie der Wirbelströme in elektrischen Bremsen und Dynamomaschinen. Ferd. Enke, Stuttgart 1906.) Bei diesen Bremsen rotiert eine auf die Achse des Motors aufgesetzte Metallscheibe zwischen den Polen eines Elektromagnets. Der Elektromagnet ruht auf

Fig. 92. Seilbremse.

Schneiden; dem durch die Wirbelströme in der Metallscheibe auf ihn ausgeübten Drehmoment · wird durch aufgelegte Gewichte das Gleichgewicht gehalten. Durch Regulieren der Erregung des Elektromagnets kann man die abgebremste Leistung in weiten Grenzen ändern und in feinsten Abstufungen einstellen. Die Bremsen werden vorzugsweise für kleinere Leistungen (bis maximal 4 kW) gebaut. Die in der Bremsscheibe durch Wirbelströme erzeugte Wärme kann bei diesen Leistungen durch Wasserspülung abgeführt werden. Durch einen besonderen Versuch ist die Leistung zu bestimmen, die durch Aufsetzen der leerlaufenden Bremsscheibe (Luftreibung) benötigt wird. Handelt es sich um größere Leistungen, so wird die Wirbelstrombremse durch eine Bremsdynamo ersetzt, d. i. eine Dynamomaschine, deren Ständer mittels Kugellager drehbar um die Achse der Maschine aufgehängt ist. Durch einen am Ständer befestigten Hebelarm wird das auf den Ständer übertragene Drehmoment gemessen. Über einen als Bremsdynamo ausgearbeiteten Turbogenerator s. K ö n i g, Helios 1910, S. 431.

(222) Drehmoment. Man befestigt an der Ankerachse einen zur letzteren senkrecht stehenden Arm, an welchem eine Feder oder andere Kraft angreift, um die Drehung des Ankers zu verhindern, wenn dem Anker die zu seinem Betrieb bestimmten Ströme zugeführt werden, und zwar bestimmt man, um die Reibung zu berücksichtigen, die beiden Kräfte, bei denen der Anker gerade in der einen oder anderen Richtung anfangen will sich zu drehen, und nimmt das Mittel. Dieses mit dem Hebelarm multipliziert ergibt das Drehmoment, das das Feld auf die Ankerströme ausübt.

(223) Drehungsgeschwindigkeit. Die Umlaufzahl wird mit einem einfachen Zählwerk, dem U m l a u f z ä h l e r, T o u r e n z ä h l e r, ermittelt, indem man das Zählwerk eine gemessene Zeit mitlaufen läßt. Das Zählwerk muß ziemlich fest in die Bohrung der Maschinenachse eingedrückt werden, damit es auch sicher mitgenommen wird; wird der Motor durch das Einsetzen des Tourenzählers merklich belastet, so ist es besser, auf die Achse einen kleinen Mitnehmer zu setzen.

Die Zeitmessung erfolgt entweder durch Auszählen von Pendelschlägen einer Uhr oder besser durch eine Stoppuhr. Da die Zeitpunkte des Einsetzens und Loslassens des Zählwerks nicht genau mit Beginn und Ende der Zeitmessung übereinstimmen werden, so entspricht die am Umdrehungszähler abgelesene Zahl nicht genau dem gemessenen Zeitintervall. Man muß damit rechnen, daß der Zeitpunkt des Einsetzens sowohl, wie des Loslassens je bis zu 0,2 Sekunden falsch getroffen wird. Man macht also bei der Messung des Zeitintervalls Fehler bis zu 0,4 Sekunden. An dieser Tatsache darf man sich nicht dadurch beirren lassen, daß Stoppuhren häufig eine bedeutend größere Ablesegenauigkeit zulassen; der Meßfehler (max 0,4 sk.) wird dadurch nicht im geringsten beeinflußt. Läßt man also den Tourenzähler 1 Min. mitlaufen, so beträgt der Fehler des Resultates bis zu 0,7 %, bei 2 Min. $^1/_3$ %, bei 3 Min. 0,2 %.

M a y s Umlaufzähler-Chronograph zählt gleichzeitig Sekunden und Umläufe. Er besteht aus einem Uhrwerk mit Sekundenzeiger und einem Zählwerk; beide werden gleichzeitig in und außer Tätigkeit gesetzt, wenn man die Körnerspitze an die Welle der zu untersuchenden Maschine andrückt.

Das T a c h o m e t e r dient zur eigentlichen Geschwindigkeitsmessung; es besteht im wesentlichen aus einem mit der Maschinenachse gekuppelten Zentrifugalpendel, dessen Stellung mittels Zeiger und Skale abgelesen wird; es gibt die augenblickliche Geschwindigkeit der Maschine, ausgedrückt in Umläufen für die Minute, an. Es wird entweder durch einen Riemen oder besser durch einen Mitnehmer mit der Maschinenachse gekuppelt. Die Skale wird mit dem Umlaufzähler geeicht. — Das Tachometer wird auch in einer Form hergestellt, in der es sich für den Handgebrauch eignet; es wird dann in derselben Weise wie der Umlaufzähler mit der drehenden Achse verbunden.

T a c h o g r a p h. Um die Geschwindigkeit der drehenden Achse zu registrieren und etwa eingetretene Schwankungen nachträglich feststellen zu können, verbindet man das Tachometer mit einer geeigneten Schreibevorrichtung sowie mit einer Uhr (144).

Das G y r o m e t e r von B r a u n besteht aus einer vertikal gestellten Glasröhre, die fast vollständig mit Glyzerin gefüllt ist. Wird das Gyrometer mit der Maschinenachse gekuppelt, so bildet die Glyzerinoberfläche ein Paraboloid, dessen tiefster Punkt ein Maß für die Tourenzahl ist. Auf der Röhre wird eine empirisch gefundene Skale angebracht.

E l e k t r i s c h e T o u r e n z ä h l e r. Der Anker einer kleinen Gleichstrommaschine, deren Feld gewöhnlich durch einen permanenten Magnet gebildet wird, wird mit der Welle gekuppelt, deren Tourenzahl ermittelt werden soll. Letztere wird durch ein geeignetes Gleichstromvoltmeter gemessen. Man kann auch eine kleine Wechselstrommaschine verwenden; man mißt dann die Periodenzahl des von ihr erzeugten Wechselstroms, z. B. mit dem Frequenzmesser von H a r t m a n n & B r a u n (204).

Das V i b r a t i o n s - T a c h o m e t e r nach F r a h m (S i e m e n s und H a l s k e) besteht aus einer Reihe abgestimmter Stahlfedern, die auf einem gemeinsamen Steg nebeneinander aufgeschraubt sind. Wird dieser Kamm an der laufenden Maschine befestigt, so wird er im Takte der Umlaufzahl erschüttert. Dadurch gerät diejenige Zunge, welche mit der Tourenzahl der Maschine in Resonanz ist, in kräftige Schwingungen.

Bei kleinen Maschinen und Motoren würde man durch das Anlegen eines Zählapparates den Gang zu sehr beeinflussen. B e n i s c h k e (ETZ 1899, S. 143) verwendet in diesem Fall einen zweiten Motor, dessen Geschwindigkeit reguliert werden kann; auf die Achse dieses Motors setzt er eine Scheibe mit sektorförmigen Ausschnitten und auf die Achse des zu untersuchenden Motors eine ähnliche Scheibe oder einen mehrstrahligen Stern. Beide Motoren werden in Drehung versetzt und

die vom zu untersuchenden Motor gedrehte Scheibe durch die Ausschnitte der
anderen angesehen. Man reguliert die Geschwindigkeit des Hilfsmotors so lange,
bis die erstere Scheibe (oder Stern) still zu stehen scheint. Sind beide Scheiben gleich
geteilt, so stimmen die Umdrehungsgeschwindigkeiten genau überein; bei verschiedener Teilung kann man das Verhältnis leicht bestimmen; enthält die Scheibe
des zu untersuchenden Motors m Speichen, Schlitze oder Strahlen, die des Hilfsmotors p Speichen, so ist die Geschwindigkeit des Hilfsmotors, welche besonders
gemessen wird, mit p/m zu multiplizieren.

Ungleichförmigkeitsgrad. Schwankt die Winkelgeschwindigkeit
einer Welle während einer Umdrehung, so ist $(v_{max} - v_{min})/(v_{max} + v_{min})$ der
Ungleichförmigkeitsgrad.

    a) Messung mit der Stimmgabel. Man läßt eine Stimmgabel auf dem Umfange
    des ungleichförmig rotierenden Zylinders ihre Schwingungen schreiben und
    mißt die Länge der einzelnen Schwingungen aus.

    b) Vergleich mit einer gleichförmigen Bewegung. Man stellt der ungleich-
    förmig rotierenden Scheibe eine gleichförmig rotierende gegenüber und
    zeichnet die relative Bewegung beider zueinander auf. (G ö p e l, F r a n k e,
    ETZ 1901, S. 887).

    c) Bestimmung durch Kurvenaufnahme Man kuppelt mit der drehenden Welle
    eine kleine Gleichstrommaschine mit konstanter Erregung und nimmt
    mittels Kontaktmachers oder Oszillographen (207, 208) die Spannungs-
    kurve innerhalb einer Umdrehung (vgl. F r a n k e a. a. O.) auf.

(224) Die Schlüpfung, d. i. die Differenz zweier angenähert gleicher Tourenzahlen in Prozenten der Gesamttourenzahl (530), kann direkt durch Messung jeder
einzelnen Tourenzahl für sich gefunden werden. Verwendet man dabei die gewöhnlichen Tourenzähler, so wird das Resultat um so ungenauer, je geringer die Schlüpfung ist. S e e m a n n (ETZ 1899, S. 764) hat eine Vorrichtung angegeben, durch
welche das Einrücken und Ausrücken der Zählwerke auf elektrischem Wege genau
gleichzeitig geschieht. Z i e h l (ETZ 1901, S. 1026) mißt auf mechanischem Wege
direkt die Differenz der Tourenzahlen und die Tourenzahl selbst, indem er zwei
Tourenzähler derart kombiniert, daß die Welle des einen mit dem Gehäuse des
anderen fest gekuppelt ist.

Von besonderer Wichtigkeit ist die Messung der S c h l ü p f u n g bei A s y n-
c h r o n m o t o r e n (530); hierfür kommen vorteilhaft s t r o b o s k o p i s c h e
M e t h o d e n zur Anwendung (B e n i s c h k e, ETZ 1899, S. 142; W a g n e r,
Glasers Annalen 1904). Man setzt zu diesem Zweck auf die Achse des zu untersuchenden Motors eine Scheibe mit abwechselnd p schwarzen und p weißen Sektoren,
wo p gleich der Polzahl des Motors ist, und beleuchtet sie mit einer Bogenlampe,
die vom gleichen Wechselstrom gespeist wird. Bei synchronem Lauf scheinen die
Sektoren still zu stehen; schlüpft der Motor, so wandern sie; und zwar ist die
Schlüpfung gleich 100 z/n. Dabei bedeutet z die Zahl der schwarzen Sektoren,
die in einer Minute vorüberwandern, n die minutliche Tourenzahl. (ETZ 1911, S. 219.)

Statt der Bogenlampen kann man auch einen kleinen von demselben Wechselstrom angetriebenen Synchronmotor vor den zu untersuchenden Motor setzen und
die in (223) beschriebene Methode zur Messung der Tourenzahl nunmehr zur
Messung der Schlüpfung verwenden (vgl. ETZ 1904, S. 392).

H. S c h u l t z e (ETZ 1907, S. 557) taucht eine mit der Betriebsspannung
verbundene Drahtelektrode in ein Gefäß mit Wasser. Dann gehen von der Ein-
tauchstelle Kapillarwellen aus, die durch eine auf der Achse des schlüpfenden Motors
befestigte stroboskopische Scheibe betrachtet werden.

Setzt man auf die Welle des Asynchronmotors einen J o u b e r t s c h e n Kon-
t a k t m a c h e r, den man mit einer dahinter geschalteten Glühlampe an die Betriebsspannung anlegt, so wird die Glühlampe abwechselnd aufleuchten und verlöschen. Leuchtet die Lampe y mal während einer Minute auf, so ist die Schlüpfung

$= y/2\,p\,n$ (p Zahl der Polpaare, n Tourenzahl des auf gleiche Polzahl reduzierten Generators) (S e i b t, ETZ 1901, S. 194). Über einen auf diesem Prinzip beruhenden Apparat s. B i a n c h i, ETZ 1903, S. 1046.

Man kann auch den im Anker fließenden Strom zur Schlüpfungsmessung verwenden. Schaltet man zwischen zwei Schleifringe ein Drehspulen-Amperemeter, das zweiseitig für positive und negative Ströme geteilt ist, so pendelt der Zeiger langsam hin und her; macht er in t Sekunden z volle Schwingungen, und ist ν die Frequenz des Betriebsstromes, so ist die Schlüpfung gleich $z/t\nu$ (ETZ 1901, S. 194)

Messungen an Gleichstrommaschinen.

(225) Prüfung einer Gleichstrommaschine (Generator oder Motor). Eine Gleichstrommaschine wird durch einen mehrstündigen Probebetrieb geprüft. Vor Beginn des letzteren mißt man die Widerstände des Ankers und der Schenkel, wobei die Voraussetzung gemacht wird, daß die Maschine die Temperatur der Umgebung habe.

Zur Messung des Ankerwiderstandes dienen gewöhnlich die Methoden zur Messung kleiner Widerstände (168). Doch ist namentlich bei Wicklungen mit Parallelschaltung Vorsicht erforderlich und eventuell auf die Wicklungsart Rücksicht zu nehmen; der Widerstand der Feldmagnete ist meist so groß, daß er bequem mit der Wheatstoneschen Brücke gemessen werden kann. Der Galvanometerkreis soll bei diesen Messungen erst geraume Zeit nach Schluß des Hauptstromkreises geschlossen und früher als letzterer geöffnet werden, um die heftigen Induktionsstöße von den Galvanometer fern zu halten.

Außerdem wird die Isolation der Maschine bestimmt, und zwar Anker gegen Schenkelbewicklung, Anker gegen Gehäuse und Schenkelbewicklung gegen Gehäuse.

Um die Richtigkeit der Bewicklung eines Ankers zu prüfen, schickt man einen konstanten Strom durch den ruhenden Anker und berührt je zwei benachbarte Kommutatorteile mit zwei Kontakten, die zu einem ausgespannten, von konstantem Strom durchflossenen Draht führen (Fig. 93). Der Kontakt b wird verschoben, bis das bei a eingeschaltete Galvanometer stromlos ist; der Abstand $a\,b$ ist ein Maß für den Widerstand der Ankerspule (T i n s l e y, The Electrician, Bd. 37).

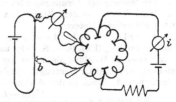

Fig. 93. Prüfung der Ankerbewicklung.

Nach Ausführung dieser Prüfungen läßt man die Maschine mit der vorgeschriebenen Geschwindigkeit laufen und belastet sie maximal; hierbei werden, wenn angängig, Sparschaltungen (227) angewandt; dann soll auch die Klemmenspannung den vorgeschriebenen Wert besitzen; gewöhnlich wird man die Umlaufszahl so weit ändern, daß das letztere der Fall ist. Die Probe bezieht sich auf das ganze Verhalten, besonders die Erwärmung der Maschine bei dauerndem Betrieb; um diese festzustellen, wird von Zeit zu Zeit, zuerst etwa von Stunde zu Stunde, später auch in kürzeren Zwischenräumen, der Betrieb unterbrochen und der Widerstand von Anker und Schenkeln von neuem bestimmt; dies wird so lange fortgesetzt, bis Konstanz eingetreten ist. Die Temperaturen werden teils durch die Widerstandszunahme der Stromkreise gemessen, teils durch Thermoelemente oder Thermometer. Das Thermometergefäß muß dünn genug sein, um ganz zwischen die Drähte oder in andere enge Zwischenräume des Ankers eingeführt werden zu können; die Öffnung dieses Zwischenraumes wird im übrigen mit Baumwolle zugestopft.

Weitere Prüfungen der Maschine, die erst ausgeführt werden, wenn die Hauptprobe zufriedenstellend ausgefallen ist, gelten den Betriebsverhältnissen, besonders also der Änderung der Klemmenspannung mit dem Strom der Maschine.

(226) Charakteristik. (439). Die Leerlaufcharakteristik wird bei Nebenschluß- oder fremd erregten Maschinen aufgenommen; sie gibt die Klemmenspannung bei Leerlauf in Abhängigkeit vom Erregerstrom bei konstanter Tourenzahl und gestattet dadurch ein Urteil über die magnetische Sättigung der Maschine.

Die äußere Charakteristik einer Nebenschlußmaschine gibt den Zusammenhang zwischen Klemmenspannung P und Belastungsstrom I bei konstanter Tourenzahl bzw. Betriebstourenzahl. Nimmt man statt der Klemmenspannung die EMK der Maschine ($E = P + I\,R_a$ (436)), so erhält man die sogenannte Gesamtcharakteristik.

(227) Der **Wirkungsgrad** (432) wird nach einer der Methoden der Normalien § 37 bis 44 gefunden.

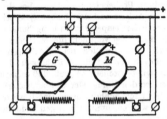 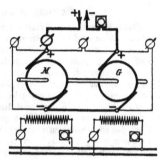

Fig. 94 und 95. Wirkungsgrad nach der indirekten elektrischen Methode.

Die Messung des Wirkungsgrades wird stets nach mehrstündigem Betrieb mit der Höchstlast in warmem Zustande vorgenommen. Direkt abgebremst werden meist nur kleinere Motoren.

Leerlaufmethode. Man bringt die Bürsten der Maschine in die neutrale Stellung (ETZ 1908, S. 1049) und mißt die Leistung, die zugeführt werden muß, wenn die Maschine als Motor leer läuft. Zieht man davon die in Magnetwicklung und Anker erzeugte Joulesche Wärme ab ($i_e{}^2\,R_e + i_a{}^2\,R_a$), so erhalte man Λ_l. Dann ist der Wirkungsgrad der belasteten Maschine

$$\text{als Generator } \eta = \frac{V\,(I_a - I_e)}{V\,I_a + \Lambda_l + I_a{}^2\,R_a}$$

$$\text{als Motor } \eta = \frac{V\,I_a - \Lambda_l - I_a{}^2\,R_a}{V\,I_a}$$

(V Klemmenspannung, I_a R_a Strom und Widerstand im Anker, I_e R_e Strom und Widerstand in der Erregerwicklung.)

Diese Methode berücksichtigt nicht die zusätzlichen Verluste, die bei Belastung durch Verzerrung der Magnetfelder entstehen. Die zusätzlichen Verluste können nach Arnold angenähert durch einen Kurzschlußversuch gefunden werden.

Die indirekte elektrische Methode wird mit Vorteil angewandt, wenn zwei einander gleiche Maschinen zur Verfügung stehen (vgl. Brion, ETZ 1909, S. 865). Am bequemsten sind die Kappschen Schaltungen. Die beiden Maschinenanker werden miteinander gekuppelt, so daß sie mit derselben Tourenzahl laufen müssen. Man reguliert die Erregungen derart, daß die eine Maschine als Motor, die andere als Generator arbeitet. In der Schaltung der Fig. 94 haben Generator und Motor dieselbe Spannung. Der Wirkungsgrad jeder Maschine ist $\sqrt{I_g/I_m}$. In Fig. 95 dagegen ist der Strom in beiden Maschinen der gleiche und der Wirkungsgrad wird $\eta = \sqrt{V_g/V_m}$ (V Klemmenspannung).

Die Schaltungen werden als Sparschaltungen bezeichnet, weil das Netz nur die Differenz der vom Motor aufgenommenen und der vom Generator abgegebenen Energie herzugeben hat.

Theoretische Bedenken gegen die Kappschen Schaltungen werden vermieden durch die Schaltungen von H u t c h i n s o n und B l o n d e l (s. B r i o n, a. a. O.).

(228) Messung der Verluste. Die Verluste entstehen durch Reibung in den Lagern und an den Bürsten, durch Hysterese, durch Wirbelströme im Eisen, in Wicklungen und in starken Konstruktionsteilen und durch Stromwärmeerzeugung in den stromführenden Teilen Die Verluste sind z. T. von der Temperatur abhängig; man muß daher bei genauen Messungen erst die Maschine genügend lange Zeit unter Last laufen lassen.

Zuweilen ist es von Interesse, zu wissen, in welcher Weise sich die Gesamtverluste aus den Teilverlusten zusammensetzen.

Die Verluste durch Stromwärme sind nach dem Jouleschen Gesetz zu berechnen. Die übrigen Verluste werden mittels der Leerlaufkurve (227), der Auslaufkurve (229) und auf andere Weise bestimmt, entweder zusammen oder getrennt.

(229) Auslaufkurve (D e p r e z, C. R. Bd. 94, S. 861. — R o u t i n, Electricien, Paris, Bd. 15, S. 42. — D e t t m a r, ETZ 1899, S. 203, 381. — L i e b e n o w, ETZ 1899, S. 274. — P e u k e r t, ETZ 1901, S. 393). Der Anker einer im Laufe befindlichen Maschine enthält einen Arbeitsvorrat $A = \frac{1}{2}\,\Theta\omega^2$, worin Θ das Trägheitsmoment, ω die Winkelgeschwindigkeit bedeutet. Hören äußere Zufuhr und Abgabe von Energie auf, so läuft der Anker weiter, und sein Verbrauch durch Reibung usw. ist

$$ A = \frac{dA}{dt} = \Theta\omega\ \frac{d\omega}{dt} = \left(\frac{2\,\pi}{60}\right)^2 \Theta\, n\, \frac{dn}{dt} $$

wobei ω nach und nach bis zum Stillstand abnimmt (n Drehzahl in der Minute). Man beobachtet ω zu verschiedenen Zeiten. Hierzu kann man das Tachometer nur verwenden, wenn dessen Arbeitsverbrauch den Versuch nicht beeinflußt. D e t t m a r empfiehlt, die Spannung im Anker unter Wirkung des remanenten Magnetismus zu benutzen und sie durch eine Messung am Anfang der Beobachtungsreihe auf das Tachometer zu beziehen. Auch kann man einen Umlaufzähler anlegen und jede Minute ablesen; man erhält dadurch angenähert die Geschwindigkeit für die Mitte der Minute.

Trägt man die Zeit als Abszisse, die Geschwindigkeit als Ordinate auf, so erhält man die Auslaufkurve. Die Tangente an die Kurve gibt $d\omega/dt$ für jeden Punkt. $\omega\,d\omega/dt$ ist die Subnormale (Vorsicht wegen Wahl der Einheiten von Abszissen und Ordinaten!). Durch Multiplikation mit Θ erhält man die Leistung A, die der Anker in jedem Augenblick zur Überwindung der Reibung usw. abgibt.

Läßt man die Maschine zunächst ohne Erregung mit abgehobenen Bürsten auslaufen, so erhält man das Drehmoment für Lager und Luftreibung in Abhängigkeit von der Tourenzahl. Wiederholt man den Versuch, nachdem die Bürsten aufgelegt sind, so ergibt die Zunahme des Drehmomentes die Bürstenreibung. Wird bei einem dritten Versuch die Maschine erregt, so kommen noch die magnetischen Verluste hinzu. — Die Auslaufversuche müssen mit großer Sorgfalt angestellt werden, wenn man zuverlässige Resultate erhalten will.

(230) Reibungsverluste. a) Methode von K a p p, H u m m e l, D e t t - m a r. Man läßt die Maschine als Motor leer laufen, und zwar verringert man allmählich die Erregerstromstärke von ihrer normalen Größe und reguliert die Ankerspannung derart, daß die Tourenzahl dauernd konstant bleibt. Man mißt die dem Anker zugeführte elektrische Leistung und verringert sie um die Joulesche Wärme im Anker. Dann trägt man in einem Koordinatensystem die EMK des Ankers (Klemmenspannung minus $I_a R_a$), als Ordinate die korrigierte Leistung auf. Die so gewonnene Kurve extrapoliert man auf die EMK Null; da hier die magnetischen Verluste verschwinden, so muß die Kurve auf der Ordinatenachse ein Stück abschneiden, welches die Reibungsleistung darstellt.

Die zahlreichen für diese Methode notwendigen Messungen werden verringert durch die Methode von **K i n z b r u n n e r** (ETZ 1903, S. 451). Kinzbrunner unterbricht den Erregerkreis und legt Spannungen von $^1/_5$ bis $^1/_{15}$ der Normalspannung an den Anker. Dann läuft die Maschine bei geeigneter Bürstenstellung, und zwar wird das Feld im wesentlichen durch den Ankerstrom selbst erzeugt. Hysterese und Wirbelstromverluste sind hierbei außerordentlich gering; mißt man also die vom Anker aufgenommene Leistung und zieht davon die ohmischen Verluste ab, so erhält man die Reibungsverluste in Abhängigkeit von der Tourenzahl.

(231) Trennung der Verluste durch Hysterese und Wirbelströme. Die Maschine läuft als Motor ohne Belastung mit konstanter Erregung durch Fremdstrom; der Strom im Anker ist noch so schwach, daß das Feld von ihm nicht gestört wird; die Spannung am Anker ist demnach der Geschwindigkeit proportional. Das Produkt Spannung am Anker × Strom gibt die Verluste, von denen Lager- und Bürstenreibung und Hysterese proportional der Geschwindigkeit n, Wirbelströme proportional n^2 sind. Hieraus folgt

$$E I = a n + b n^2$$

und nach Division mit E, das zu n proportional ist,

$$I = A + B n.$$

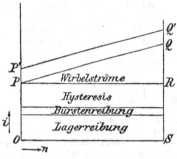

Fig. 96. Trennung der Verluste.

Trägt man also n als Abszisse, I als Ordinate auf (Fig. 96), so erhält man eine Gerade $P\,Q$ für eine bestimmte Erregung ($P'\,Q'$ für eine andere); zieht man durch P die Wagrechte, so gibt für eine bestimmte Geschwindigkeit S die Fläche $O P R S$ den Verlust durch Hysterese, Bürsten- und Lagerreibung, das Rechteck $P R \times R Q$ den Verlust durch Wirbelströme. Sind Bürsten- und Lagerreibung durch besondere Versuche bestimmt, so ist der übrig bleibende Teil der Fläche von $O P R S$ der durch Hysterese entstandene Verlust.

(232) Feldkurve. Zwei Hilfsbürsten, deren Abstand so gewählt ist, daß sie zwei benachbarte Kommutatorstege berühren, werden, während die Maschine betriebsmäßig läuft, um den Kommutator herumgeführt und die Spannung, die in den einzelnen Spulen des Ankers erzeugt wird, gemessen, Statt dessen kann man auch eine einzige Hilfsbürste benutzen und die Spannung zwischen dieser und einer Hauptbürste bestimmen; aus den Differenzen ergeben sich die Spannungen für die einzelnen Spulen. Die Kraftlinienmengen je für eine Ankerspule lassen sich dann leicht berechnen, desgl. die magnetische Belastung des Ankerkerns und der Polschuhe.

(233) Ankerfeld. K r a f t l i n i e n d e s A n k e r s. B a u m g a r d t (ETZ 95, S. 344) speist den Anker mit Fremdstrom von der Betriebsstärke, während die Feldmagnete stromlos sind, und dreht den Anker. Senkrecht zu den Arbeitsbürsten werden Hilfsbürsten angelegt, die zu einem Spannungsmesser führen. Ergibt dieser die Spannung E, ist die Drehungsgeschwindigkeit n Umläufe in der Minute, $2\,N$ die Zahl der wirksamen Drähte des Ankers, so ergibt sich die Zahl der Ankerkraftlinien zu $\varPhi = \dfrac{E \cdot 10^8 \cdot 60}{2 \cdot N \cdot n}$. Wegen des Kurzschlusses an den Arbeitsbürsten ist das Ergebnis zu vergrößern.

(234) Streukoeffizient. (362). Um die magnetische Streuung von Maschinen zu messen, werden verschiedene Teile des Magnetkreises mit Hilfswicklungen von gleicher Windungszahl versehen; letztere können mittels Umschalters an ein ballistisches Galvanometer angeschlossen werden, dessen Ausschläge bei Aus- und Einschalten bzw. Wenden des Erregerstromes abgelesen werden. Der Quotient aus der Kraftlinienmenge in den Feldmagneten durch die wirksame Kraftlinienmenge im Anker wird S t r e u k o e f f i z i e n t genannt. Über eine Kompensationsmethode zur Ermittlung der Streuung s. G o l d s c h m i d t , ETZ 1902, S. 314.

Messungen an Wechselstrommaschinen.

(235) Wechselstromgeneratoren und Synchronmotoren. Ist für einen Wechselstromgenerator eine induktive Last vorgeschrieben, so läßt man ihn am besten auf einen Synchronmotor arbeiten, durch dessen Erregung man auf den vorgeschriebenen Leistungsfaktor reguliert. Die beste Sparschaltung erhält man in der Weise, daß man den zu untersuchenden Generator von einem Gleichstrommotor antreiben läßt und durch einen Synchronmotor belastet, der seinerseits eine auf das Gleichstromnetz arbeitende Gleichstrommaschine antreibt.

Besitzt der Generator mehrere Wicklungen, so erhält man eine künstliche Belastung dadurch, daß man die Wicklung in zwei ungleiche Teile zerlegt und unter Zwischenschaltung eines geeigneten Widerstandes gegeneinander schaltet.

(236) Leerlauf-, Belastungs- und Kurzschlußcharakteristik (492). Die Leerlaufcharakteristik wird bei konstanter Tourenzahl aufgenommen; sie gibt die Spannung als Funktion des Erregerstromes. Die Belastungscharakteristiken werden ebenfalls wie bei Gleichstrommaschinen ausgeführt, doch werden sie für verschiedene Leistungsfaktoren getrennt aufgenommen.

Die Kurzschlußcharakteristik erhält man, indem man bei konstanter normaler Tourenzahl die einzelnen Phasen des Generators durch Amperemeter kurz schließt und die Kurzschlußstromstärke I_k in Abhängigkeit vom Erregerstrom mißt. Man entnimmt nun, zur selben Erregerstromstärke gehörig, die Leerlaufspannung $E\lambda$ und die Kurzschlußstromstärke I_k, dann ist: $\omega L_a = \sqrt{E\lambda\,{}^2/I_k\,{}^2 - R_a\,{}^2}$ (R_a Ankerwiderstand, L_a Selbstinduktivität des Ankers). Da die Magnetisierung bei der belasteten Maschine viel höher ist als beim Kurzschluß, so ist der durch den Kurzschlußversuch gewonnene Wert von L_a nur angenähert als richtig anzusehen.

Eine weitere Charakteristik bildet die sogen. V-Kurve. Man läßt den Generator als Synchronmotor laufen und bestimmt bei konstanter Belastung den Ankerstrom in seiner Abhängigkeit vom Erregerstrom (s. 510).

(237) Asynchrone Induktionsmotoren. Über D a u e r p r o b e und Bestimmung des W i r k u n g s g r a d e s gilt das früher Gesagte (225, 227). In den Kurven trägt man zweckmäßig als Abszisse die zugeführte elektrische Leistung, als Ordinaten folgende Größen auf: 1. Leistungsfaktor, 2. Stromstärke im Ständer, 3. Wirkungsgrad, 4. Schlüpfung, 5. abgegebene Leistung, 6. Drehmoment des Läufers, 7. Einzel- und Gesamtverluste.

Mißt man die Leerlaufarbeiten in Abhängigkeit von der Klemmenspannung, so erhält man eine Kurve für Verluste, die sich aus Eisenverlust im Ständer und Reibungsverlust zusammensetzt, wobei freilich die geringen Eisenverluste im Läufer vernachlässigt werden. Will man dies nicht tun, so muß man den Läufer während der Versuche durch einen Synchronmotor antreiben.

B e n i s c h k e benutzt zur Trennung der Leerlaufverluste den Satz, daß innerhalb sehr kleiner Leistungen die Schlüpfung der Belastung proportional gesetzt werden darf. Trägt man also die Belastungen als Abszissen, die Schlüpfung als Ordinaten auf, so erhält man eine gerade Linie, die rückwärts verlängert auf der Abszissenachse ein Stück abschneidet, welche die durch Luft- und Lagerreibung hervorgerufene Belastung bedeutet (vgl. auch ETZ 1903, S. 35, 92, 174, 448 und 662).

178   Meßkunde.

(238) Um das **Kreisdiagramm** des Induktionsmotors zeichnen zu können, wird zunächst der Magnetisierungsstrom (aus Spannung und Leerlaufverbrauch) in Abhängigkeit von der Spannung aufgenommen. Danach wird der Läufer festgebremst und kurz geschlossen und bis zu Spannungen, die etwa zwischen 5 bis 10 % der normalen liegen, Spannung, Strom und Verbrauch gemessen; daraus wird der ideale Kurzschlußstrom (für einen verlust- und widerstandslosen Motor) berechnet. Näheres s. (531).

Messungen an Transformatoren.

(239) Wirkungsgrad. Man mißt die eingeleitete und die wiedergewonnene Leistung jede mit einem Leistungsmesser (Wattmeter); das Verhältnis der letzteren zur ersteren ist der Wirkungsgrad.

Der Wirkungsgrad wird hierbei als das Verhältnis zweier nahe gleichen Größen gefunden; besser ist es, ihren Unterschied, d. h. den Verlust zu bestimmen.

(240) Verlustmessung. a) D i r e k t e M e s s u n g. Der Verlust durch Hysterese ist dem Quadrate, der durch Wirbelströme der ersten Potenz der Frequenz proportional. Bestimmt man bei gleichbleibender Induktion im Eisen die Verluste für verschiedene Frequenzen, so kann man hysteretische und Wirbelverluste ebenso trennen, wie es in (231) für Gleichstrommaschinen angegeben ist. Beide Verluste zusammen werden mit dem Leistungsmesser bestimmt, wobei man den Stromwärmeverlust im Kupfer, $I^2 R$, von dem abgelesenen Meßergebnis abzuziehen hat; es wird also auch eine Strommessung erforderlich.

b) M i t d e m H i l f s t r a n s f o r m a t o r n a c h A y r t o n & S u m p n e r (Electrician Bd. 29, S. 615), Fig. 97. Zwei gleiche Transformatoren, T_1 und T_2

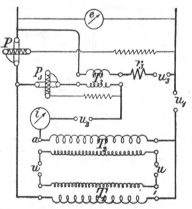

Fig. 97. Verlustmessung mit Transformatoren.

werden mit ihren primären Spulen parallel, mit ihren sekundären Spulen gegeneinander geschaltet. In Reihe mit der primären Spule des einen, T_2, liegt die sekundäre Spule eines kleinen Hilfstransformators, T_3, dessen primäre Spule mit einem Regulierwiderstand an die Hauptleitungen angeschlossen ist. Wenn u_3 offen, u_1 und u_2 geschlossen sind, so verbrauchen die Transformatoren fast keinen Strom. Schließt man aber u_3 und reguliert den Widerstand r_3, so fließt durch die primären Spulen ein starker Strom, der am Strommesser i gemessen wird. Dieser Strom bestreitet die Kupferverluste; er ist mit der Spannung e in gleicher Phase und wird von dem Transformator T_3 geliefert, dessen Leistung der Leistungsmesser P_3 mißt. Die Eisenverluste in T_1 und T_2 werden durch die Leistung A bestritten, welche der Leistungsmesser P angibt. Von der Summe $A + A_3$ ist noch der Verlust im Kupfer der Leitungen und Meßinstrumente abzuziehen; öffnet man u_1, während u_2 und u_3 geschlossen und die Transformatoren T_1 und T_2 kurz geschlossen sind, so liefert T_3 diejenige Leistung, welche die Kupferverluste deckt. Nach Subtraktion dieser Leistung von $A + A_3$ bleibt als Verlust A'. Bei der Berechnung des Wirkungsgrades ist die Schaltung von T_3 zu beachten; kommt die sekundäre Spannung von T_3 zu der primären von T_2 hinzu, so ist die Belastung von $T_1 = E\,I$ (getrennt gemessen, vgl. Figur), und T_2 empfängt dieselbe Leistung, vermehrt um die Verluste. Ist T_3 anders geschaltet, so daß die Spannung an T_2 kleiner ist als an T_1, so ist die Belastung in T_1 wieder $E\,I$, die von T_2 aber $E\,I$, vermindert um die Verluste. Der Transformator mit der größeren Belastung nimmt diese von den Leitungen auf, der andere erstattet die kleinere Leistung an die Leitungen zurück. Der Wirkungsgrad eines der beiden Transformatoren ist

$$1 - \frac{1}{2} \cdot \frac{\Lambda'}{E\,I}$$

mit einer für praktische Zwecke genügenden Genauigkeit. Die Methode ist auf Transformatoren mit geschlossenem Eisenkerne beschränkt.

Für Transformatoren mit offenem Eisenkerne haben A y r t o n und S u m p n e r eine andere Schaltung angegeben, bei der die sekundäre Spule von T_3 mit den sekundären Spulen von T_1 und T_2 in Reihe geschaltet ist. Man trennt die Leitung (Fig. 97), in der die primäre Spule von T_2 liegt, bei P_3 von der Hauptleitung und bei a von T_2, verbindet a mit der Hauptleitung, schaltet das Stück, welches P_3 und die sekundäre Spule von T_3 enthält, bei u zwischen die sekundären Spulen von T_1 und T_2, den Strommesser vor die primäre Spule von T_1. T_1 ist der zu zu untersuchende Transformator mit offenem magnetischen Kreise, T_2 ein schon vorher genau untersuchter Transformator mit geschlossenem Eisen. Man hält die sekundäre Spannung von T_1 konstant und schaltet T_2 so, daß die sekundäre Spannung von T_2 kleiner als die von T_1 ist; beide Spannungen werden gemessen. Die Verluste in T_1 und T_2 zusammen werden wie vorher gemessen; die von T_2 sind bekannt; subtrahiert man sie von der vorigen Summe, so erhält man die von T_1 allein.

c) M i t U m s c h a l t u n g d e r S p u l e n n a c h K o r d a (ETZ 95, S. 813). Soll ein einziger Transformator vor seiner Fertigstellung untersucht werden, so kann man Teile der primären und der sekundären Windungen gegeneinander schalten, so daß zwar die Stromstärken des Betriebes erreicht werden, daß aber nur Bruchteile der Spannungen zur Geltung kommen. Es seien N_1 und N_2 die primäre und die sekundäre Windungszahl, ν die Frequenz, $\mathfrak{B}$ der Höchstwert der Induktion im Eisen, q der Querschnitt des letzteren. Man teilt dann die primäre Spule in zwei Teile:

$$\frac{N_1}{2} + \frac{N_1}{N_2} \cdot N' \quad \text{und} \quad \frac{N_1}{2} - \frac{N_1}{N_2} \cdot N'$$

und die sekundäre gleichfalls in zwei Teile:

$$\frac{N_2}{2} + N' \quad \text{und} \quad \frac{N_1}{2} - N',$$

worin

$$N' = \frac{10^8}{\sqrt{2}} \cdot \frac{r_2\,i_2}{2\,\pi\,\nu\,\mathfrak{B}\,q},$$

schaltet die Teile der primären Spule gegen- und hintereinander und die der sekundären einfach gegeneinander; in den kurz geschlossenen sekundären Kreis legt man noch einen Strommesser, der primären Spule führt man die nach (191) gemessene elektrische Leistung zu. Hat man in beiden Spulen die Ströme, welche im Betrieb herrschen sollen, so gibt die zugeführte Leistung die Verluste an.

d) V e r l u s t e i m E i s e n a l l e i n , E i s e n u n t e r s u c h u n g . vgl. (218).

(241) Spannungsabfall eines Transformators. 1. M e t h o d e n a c h F e l d -
m a n n. Zwei gleiche Transformatoren werden mit den sekundären Spulen gegeneinander geschaltet und nur der eine belastet. Der Spannungsmesser e gibt den
Spannungsabfall an (Fig. 98).
2. M e t h o d e n a c h K a p p (ETZ 95, S 260). Die sekundäre Spule wird
durch einen Strommesser kurz geschlossen und die primäre mit einem Strom der
passenden Frequenz und solcher Spannung gespeist, daß der Strommesser den
regelmäßigen Betriebsstrom anzeigt. Mit der gemessenen primären Klemmenspannung, die noch durch das Umsetzungsverhältnis geteilt wird, beschreibt
man von O (Fig. 99) aus einen Bogen, Radius OB; dann errichtet man in O eine

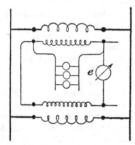

Fig. 98. Messung des Spannungsabfalles nach Feldmann.

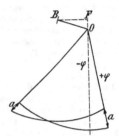

Fig. 99.   Kappsches Diagramm.

Senkrechte, deren Länge OF gleich den ohmischen Spannungsverlusten in beiden
Spulen des Transformators ist, und in F eine Wagrechte FB. Nun beschreibt man aus
O und B Kreise mit gleichem Radius, der gleich der sekundären Klemmenspannung
bei Leerlauf nach dem Maßstab von OB ist. Die von O unter einem Winkel φ
gegen FO gezogenen Strahlen werden von beiden Kreisen geschnitten; die Schnitt-
stücke a sind die Spannungsabfälle oder -erhöhungen bei den verschiedenen Ver-
zögerungs- oder Voreilungswinkeln. Die Richtung von OB bleibt bei derselben
Frequenz dieselbe, die Länge ändert sich der Stromstärke proportional. Bei Verringerung der Frequenz rückt B gegen F hin.

Literatur.   B r i o n , Leitfaden zum elektrotechnischen Praktikum. Leipzig 1910. —
K i n z b r u n n e r , Die Prüfung von Gleichstrommaschinen. Berlin 1904. — K r a u s e ,
Messungen an elektrischen Maschinen. — Normalien des V. D. E. für Bewertung und Prüfung
von elektrischen Maschinen und Transformatoren. — Die allgemeinen Lehrbücher für elektrische Maschinen und Transformatoren, wie K i t t l e r , A r n o l d , T h o m ä l e n.

Messungen in elektrischen Beleuchtungsanlagen.

(242) Isolationsmessung. Die Isolationsmessung hat den Zweck, zu ermitteln, ob eine Anlage derart ordnungsmäßig installiert ist, daß im Betriebe
nennenswerte fehlerhafte Stromentweichungen ausgeschlossen sind. Dementsprechend tragen die Isolationsprüfungen meistens den Charakter von Strommessungen; trotzdem drückt man gewohnheitsmäßig der Kürze halber die Isolation
in Ohm aus, indem man den Fehlerstrom i in die Betriebsspannung E dividiert
und dadurch einen I s o l a t i o n s widerstand R erhält, dessen Höhe für die
Güte der Installation maßgebend ist.

Bei der Prüfung der Anlagen wird festgestellt
1. die Isolation der Leitungen gegen Erde;
2. die Isolation der Leitungen gegeneinander.

Da die Isolationsprüfung die Ermittlung fehlerhafter Stromentweichungen i m B e t r i e b e bezweckt, sollen, wenn irgend angängig, die Isolationsmessungen mit der Betriebsspannung ausgeführt werden; ist die Prüfspannung wesentlich niedriger als letztere, so ergibt die Isolationsmessung erfahrungsgemäß keine genügende Sicherheit

Die Isolationsprüfungen sollen bei Herstellung der Anlage, bei ihrer Abnahme und alsdann in geeigneten Zwischenräumen angestellt werden, deren Dauer sich nach den Betriebsverhältnissen der einzelnen Anlagen richtet. Bezüglich der Höhe des zu fordernden Isolationswiderstandes, der Häufigkeit der Messungen und der Art und Weise, wie sie vorgenommen werden sollen, sei auf die Errichtungs- und die Betriebsvorschriften des V e r b a n d e s D e u t s c h e r E l e k t r o - t e c h n i k e r verwiesen, sowie die Vereinigung der Elektrizitätswerke. Für Niederspannungsanlagen ist als zulässige Stromentweichung für jede durch Herausnehmen von Sicherungen abtrennbare Teilstrecke einer Leitungsanlage 1 mA festgestellt worden, bei einer Betriebsspannung von 110 V betrüge hiernach der mindestzulässige Isolationswiderstand 110 000 $\emptyset$, bei 220 V 220 000 $\emptyset$ usw.

Ergibt sich bei der Isolationsprüfung ein Fehler, so ist dieser zunächst durch Zerlegung der Anlage in ihre Teilstrecken zu lokalisieren; sobald eine weitere Unterteilung der fehlerhaften Strecke nicht mehr angängig, kann der Ort des Fehlers nach den für die Telegraphenleitungen angegebenen Methoden bestimmt werden, sofern nicht eine Besichtigung der betr. Leitung die Fehlerstelle finden läßt (Apparate, Wanddurchgänge, feuchte Mauerstellen usw.).

Die Isolationsprüfungen können, je nachdem die Betriebsverhältnisse es gestatten, entweder an stromlosen oder an stromdurchflossenen Leitungen vorgenommen werden. Bezüglich der theoretischen Grundlagen dieser Messungen siehe R a p h a e l - A p t , „Isolationsmessungen und Fehlerbestimmungen", sowie S c h l e i e r m a c h e r , ETZ 1909, S. 141, auch H a u s r a t h , Elektrotechnik und Maschinenbau, Heft 45 u. 46, 1910.

(243) Isolationsmessung stromloser Leitungen. A. M i t b e s o n d e r e r S t r o m q u e l l e . Das eine Ende der zu prüfenden Leitung wird mit dem einen Pole der Meßstromquelle verbunden, das andere Ende isoliert; der zweite Pol der Stromquelle wird an Erde gelegt oder mit der zugehörigen Nebenleitung verbunden, je nachdem die Isolation einer Leitung gegen Erde oder zweier Leitungen gegeneinander gemessen werden soll. Zeigt nun ein in den Stromkreis eingeschaltetes Meßinstrument den Strom i an, und ist die Spannung der Stromquelle $= E$, so ist der Isolationswiderstand der ganzen Anlage gegen Erde $= E/i$; auch kann das Galvanometer, wenn es immer mit derselben konstanten Batterie verbunden ist, gleich nach Widerstand geeicht werden. In Einzelfällen, besonders bei hoher Isolation, können auch die für Telegraphenkabel angegebenen Methoden Anwendung finden.

Der Isolationsprüfer von H a r t m a n n & B r a u n besteht aus einem aperiodischen Drehspulengalvanometer, das mit einem Gleichstrominduktor zusammengebaut ist. Das Galvanometer reagiert nur auf Gleichstrom, die Apparate können aber auch zur Messung der Isolation von wechselstromdurchflossenen Leitungen benutzt werden, wobei die Wechselstromspannung nicht wesentlich höher sein soll als die vom Induktor gelieferte elektromotorische Kraft.

Die den Ausschlägen entsprechenden Isolationswerte werden einer besonderen Tabelle entnommen. Das Meßbereich beträgt 10^8 $\emptyset$, die Induktoren werden normal bis 1000 V ausgeführt.

B. M i t d e r B e t r i e b s s p a n n u n g . Direkte Messungen von Isolationen gegen Erde mit der Betriebsspannung setzen voraus, daß der eine Pol der Betriebsmaschine geerdet ist oder ohne Nachteil für die Dauer der Messung geerdet werden kann, beispielsweise bei Dreileiteranlagen mit geerdetem Mittelleiter oder Zweileiteranlagen, bei denen beide Pole von Erde isoliert sind. Die zu prüfende Leitung wird mit dem einen Pol des Netzes unter Zwischenschaltung eines Meßinstrumentes, wozu ein Spannungsmesser besonders sich eignet, verbunden, der zweite Pol, wenn nicht betriebsmäßig geerdet, an Erde gelegt. Der Spannungsmesser zeige dabei E_1 Volt; sein Widerstand sei $= g$, die Betriebsspannung $= E$. Dann ist der Isolationswiderstand

$$R = \frac{g \cdot (E - E_1)}{E_1}$$

Will man die Isolation zweier Leitungen gegeneinander prüfen, so verbinde man die eine Leitung direkt mit dem einen, die zweite unter Einschaltung des Spannungsmessers mit dem anderen Pole; erhält man hierbei unter der Betriebsspannung E den Ausschlag E_1, so berechnet sich die gesuchte Isolation nach der gleichen Formel wie oben bei der Messung gegen Erde.

Die unmittelbare Prüfung mit dem Spannungsmesser gegen Erde ist im allgemeinen nur bei Gleichstromanlagen angängig, sie versagt bei Wechselstromnetzen, weil hierbei eine Erdung des einen Poles meist nicht möglich ist. Durch Transformation kann man sich aber hierbei Einrichtungen schaffen, die die Erdung auf den Meßstromkreis beschränken [1]). Das von der A E G nach diesem Prinzip gebaute Meßinstrument besteht aus einem Meßtransformator mit einer primären und zwei sekundären Wicklungen; die erstere A (Fig. 100) wird an das Netz angeschlossen,

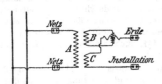
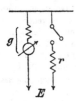

Fig. 100. Isolationsprüfer   Fig. 101. Nebenschlußmethode.
für Wechselstrom.

die eine der sekundären B mit der festen Spule des Dynamometers verbunden, die andere C einerseits mit der zu untersuchenden Leitung (Klemme „Installation"), anderseits über die bewegliche Spule des Dynamometers mit Erde; diese letztere Wicklung hat die gleiche Windungszahl wie die primäre, die Windungszahl der ersten sekundären Wicklung wird so gewählt, daß der Strom in der festen Spule stark genug wird. Zur Messung der Betriebsspannung werden die Klemmen „Installation" und „Erde" durch einen Draht verbunden. Die Skale zeigt Volt und Ohm; weicht die Betriebsspannung bei der Messung (E') ab von derjenigen (E), für welche die Widerstandsteilung bestimmt ist, so ist der abgelesene Widerstandswert mit $(E/E')^2$ zu multiplizieren oder die oben angegebene Formel $R = g \cdot (E - E_1) / E_1$ zu benutzen, worin g den Leitungswiderstand des Instrumentes zwischen den Klemmen „Installation" und „Erde" bedeutet.

(244) Isolationsmessung an stromführenden Leitungen. Solche Messungen, d. h. die Feststellung fehlerhafter Stromentweichungen während des Betriebes, sind mit großen Schwierigkeiten verbunden, sie versagen praktisch vollkommen in großen Anlagen, weil die Fehlerströme im Verhältnis zum Gesamtstrom der

[1]) W i l k e n s, ETZ 1897, S. 748; B e n i s c h k e, ETZ 1899, S. 410.

Anlage verschwindend klein sind. Sie machen sich auch vielfach durch Störungen (Telephonstörungen usw.) weit eher bemerkbar, als sie der Messung zugänglich sind.

Für Anlagen geringerer Größe sind unter Umständen Methoden verwendbar, die sich auf Strommessung stützen [1]. Eine solche ist d i e N e b e n s c h l u ß - m e t h o d e. An irgend einen Punkt des Leitungsnetzes legt man das Galvanometer (Widerstand g einschl. Vorschaltung) und mißt die Spannung gegen Erde $= E_1$. Darauf legt man neben das Galvanometer einen Nebenschluß r und mißt abermals die Spannung des Punktes gegen Erde $= E_2$ (Fig. 101). Dann ist der Isolationswiderstand R gegeben durch

$$\frac{1}{R} = -\frac{1}{g} + \frac{1}{r} \cdot \frac{E_2}{E_1 - E_2}$$

Bequem ist es, r so lange zu verändern, bis $E_2 = \frac{1}{2} E_1$; dann hat man

$$\frac{1}{R} = \frac{1}{r} - \frac{1}{g}.$$

Benutzt man statt des Galvanometers ein Elektrodynamometer (bei Wechselstromanlagen), so sind für den ersten Fall die Spannungen aus den Ablenkungen zu berechnen (133 u. f.).

Wegen der bereits erwähnten Schwierigkeit genauer Messung begnügt sich die Praxis meist mit einfachen Anzeigevorrichtungen, die wenigstens in kleinen Anlagen ein Urteil über den jeweiligen Isolationszustand (Erdschluß) gestatten.

Der E r d s c h l u ß a n z e i g e r besteht aus einem stromanzeigenden Apparat, dessen eine Klemme mit Erde (Wasserleitung), die andere mit einem Pol der Maschine verbunden wird.

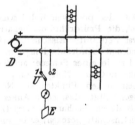

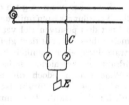

Fig. 102. Erdschlußanzeiger.   Fig. 103. Dauernde Isolationskontrolle.

In Fig. 102 bedeutet D die Dynamomaschine; in die Erdleitung wird ein Apparat eingeschaltet, welcher den Strom in der Leitung anzeigt und zugleich als erheblicher Widerstand dient; liegt in der positiven Leitung ein Isolationsfehler, so zeigt sich ein Ausschlag, wenn die Erdleitung mit Hilfe des Umschalters U mit dem negativen Pol der Maschine verbunden wird, dagegen nicht, wenn man die Erdleitung mit dem positiven Pol verbindet. Der Grad des Ausschlags deutet die Höhe des Erdschlusses an. Eine dauernde Kontrolle des Isolationszustandes erhält man, wenn zwischen jede Leitung und Erde ein Anzeiger geschaltet wird (Fig. 103).

A n l e g e r v o n D i e t z e. Für Wechselstromanlagen dient dieser von H a r t m a n n & B r a u n hergestellte Apparat zum schnellen Aufsuchen

---

[1] O. F r ö l c h, Über Isolations- und Fehlerbestimmungen an elektrischen Anlagen, Hal e 1895.

von Isolationsfehlern. Er bestcht (Fig 104) aus einem lamellierten Eisenkern, der, aufgeschnitten und mit Scharnieren versehen, nach Art einer Zange geöffnet werden kann, durch eine Feder aber von selbst sich wieder schließt. Die Kernhälften tragen Induktionsspulen, an die ein Telephon angeschlossen wird. Zum Auf-

suchen eines Erdschlusses wird der fehlerhafte Pol vorsichtig, d. h. unter Einschaltung eines entsprechenden Widerstandes geerdet, hierauf der Anleger der Reihe nach um die zugänglichen Teile der Leitungen gelegt, beispielsweise in der Nähe der Schalttafeln. Der Fehlerstrom macht sich dann im Telephon durch Brummen bemerkbar; schweigt das Telephon, so ist die Fehlerstelle überschritten und kann nunmehr in dem rückwärts liegenden Teile der Leitung nach und nach enger eingegrenzt werden.

Fig. 104. Anleger von Dietze.

(245) Selbsttätige Meldung der Isolationsfehler in großen Zentralen (K a l l - m a n n , ETZ 1893). Um einen in dem Leitungsnetze aufgetretenen Fehler sofort nach Entstehen in der Zentrale zu signalisieren und seinen Ort zu bestimmen, benutzt man die in Speise- und Verteilungsleitungen vorhandenen Prüfdrähte, welche bezirksweise untereinander verbunden werden, so daß jeder in einer Speiseleitung die Zentrale verlassende Prüfdraht in einem begrenzten Gebiete, nämlich dem Versorgungsgebiete der Speiseleitung, sich verzweigt. An einer besonderen Prüfdraht-Schalttafel in der Zentrale laufen die Prüfdrähte zusammen und sind mit Meldevorrichtungen versehen; sobald eine solche anspricht, erkennt man, in welchem Bezirk die Störung liegt, und kann dort leicht durch Trennen der Prüfdrähte das fehlerhafte Kabel finden.

1. S y s t e m v o n A g t h e. Die Prüfdrähte der positiven Kabel werden in den Verteilungskästen mit dem negativen Pol, die Prüfdrähte der negativen Kabel mit dem positiven Pol verbunden, und zwar stets unter Einschaltung eines Schmelzdrahtes. Die mit dem gleichen Pol verbundenen Prüfdrähte führen in der Zentrale durch einen ziemlich hohen Widerstand zu je einer Schiene; an diesen Prüfdraht-Sammelschienen selbst kann man die mittlere Netzspannung, vor den Widerständen jedoch die Spannung an bestimmten Punkten des Netzes messen. In jeden Prüfdraht ist ein Relais eingeschaltet, das seinen Anker gewöhnlich nicht anzieht. Bekommt ein Kabel z. B. durch mechanische Verletzung Erdschluß, so wird auch der Prüfdraht in Mitleidenschaft gezogen; er bekommt dadurch Verbindung mit dem entgegengesetzten Pol, das Relais empfängt einen höheren Strom als vorher, zieht seinen Anker an und schaltet dabei sich selbst und den fehlerhaften Prüfdraht aus.

Bei dem Agtheschen Systeme ist die Spannung zwischen Prüfdraht und Kabelseele gleich der Außenleiterspannung, bei den neueren Zentralen, die mit einer Spannung von 2×220 V arbeiten, betrüge sie demnach ca. 440 V, wofür die Isolierung des Prüfdrahtes nicht ausreicht; es empfiehlt sich daher, das System wie folgt zu ändern.

Im Kabelkasten der Speiseleitung wird der Prüfdraht jedes Außenleiters unter Zwischenschaltung eines Widerstandes von mehreren tausend Ohm mit seiner eigenen Kabelseele verbunden. In der Zentrale endigt der Prüfdraht an einer schwachen Sicherung, an welche anderseits ein Relais sich anschließt, das wiederum mit der Prüfdraht-Sammelschiene verbunden ist. Zwischen Prüfdraht-Sammelschiene und Nullpol ist das Betriebsvoltmeter angeschlossen, dessen Vorschaltwiderstand demnach durch die parallelgeschalteten Prüfdrahteinrichtungen gebildet wird. Die Spannung zwischen Prüfdraht und Kabelseele beträgt hierbei ca. 200 V; entsteht an irgend einer Stelle des Kabelnetzes Kontakt zwischen Prüfdraht und Kabel, so wird der Widerstand im Kabelkasten kurz geschlossen, die Stromstärke in dem betr. Relaisstromkreis steigt entsprechend, und das zugehörige Relais spricht an.

2. System von Kallmann. Die Prüfdrähte werden mit ihren Enden an Erde gelegt und auch auf der Zentrale durch eine empfindliche Signalklappe mit der Erdleitung verbunden. Tritt irgendwo im Netz ein stärkerer Strom zur Erde über, so erhöht sich dort das Erdpotential, ein schwacher Strom fließt durch den dort endigenden Prüfdraht zur Zentrale und erregt die zugehörige Signalklappe, während ein Galvanoskop die Stärke des übergehenden Stromes ungefähr anzeigt.

Die Wirksamkeit des Agtheschen Systems beschränkt sich auf Fehler in den Straßenleitungen selbst und ist anwendbar nur für Kabelnetze, es funktioniert aber in seinem Anwendungsgebiete mit absoluter Zuverlässigkeit. Das die Erdpotentialdifferenzen benutzende Kallmannsche System erlaubt auch Anwendungen auf oberirdische Leitungen, Moniersysteme usw., sowie die Kontrolle von Isolationsfehlern in Installationen, sobald das Erdpotential dadurch merklich beeinflußt wird; anderseits ist die Anzeige bei diesem mit Schwachstrom arbeitenden Systeme nicht so scharf und direkt wie bei dem Agtheschen System, auch werden seine Anzeigen leicht beeinflußt durch Erdpotentialdifferenzen anderer Herkunft, wie Bahnströme und dergleichen. Ein neueres System der Störungsmeldung hat Kallmann auf die Verwendung von Variatoren gegründet, s. ETZ 1906, S. 710.

(246) Strom- und Spannungsmessung. a) Schalttafelinstrumente. Während des Betriebes müssen Strom und Spannung laufend gemessen werden. Dazu dienen Zeigerapparate (128). Manche davon erhalten besonders großen Durchmesser, damit sie weithin sichtbar sind; auch richtet man die Skale zum Durchleuchten ein. Die Profilinstrumente haben ihren Zeiger senkrecht zur Fläche der Schalttafel, die Skale ist auf einem Stück Zylindermantel aufgetragen (130). Wird ein Meßinstrument wesentlich in einem engen Meßbereich (z. B. Spannungsmesser zwischen 90 und 120 V) gebraucht, so richtet man es so ein, daß es in diesem Bereich besonders weite Teilstriche erhält; auch wird aus gleichem Grunde der Nullpunkt des Instrumentes häufig außerhalb der Teilung verlegt (unterdrückt).

Die Meßinstrumente sollen gut gedämpft sein. In Gleichstromanlagen finden vorwiegend Drehspuleninstrumente nach Deprez-d'Arsonval oder Weston (130) Anwendung, für Wechselstrom solche, die auf Induktions- oder elektrodynamischer Wirkung beruhen (136, 201), oder Hitzdrahtinstrumente (138, 199). Für hohe Wechselstromspannungen oder Stromstärken sind die Instrumente mit Meßtransformatoren (201 c) versehen. Man erreicht in letzterem Falle noch den großen Vorteil, daß Hochspannungsleitungen von der Bedienungsseite der Schalttafeln vollständig ferngehalten werden; bei Gleichstrom und niedrig gespanntem Wechselstrom wird auch dadurch viel gewonnen, daß durch Verwendung von Nebenschlüssen (171) bei den Strommessern bzw. Stromwandlern die von starken Strömen durchflossenen Leitungen und Schienen an der Schalttafel sehr beschränkt und durch dünne Meßdrähte ersetzt werden können.

b) Registrierinstrumente. Um den Verlauf der Betriebsspannung verfolgen zu können, benutzt man Registrierapparate (144). Bei den am häufigsten benutzten Apparaten trägt der Zeiger des Meßinstruments eine kleine Füllfeder und spielt vor einem Papierstreifen, der von einem Uhrwerk vorwärts bewegt wird.

c) Signalapparate. In der Regel ist entweder die Spannung oder die Stromstärke konstant zu halten. Dies kann vermittelst der an anderen Stellen des Buches besprochenen Regulatoren nach Angabe der Meßinstrumente geschehen. Es ist indes wünschenswert, bei eintretenden Änderungen die Aufmerksamkeit zu erregen; dazu dienen Apparate mit optischer und akustischer Signalgebung. Man braucht zu solchen Strom- oder Spannungsmesser, deren schwingende Teile erhebliche Trägheit und gute Dämpfung besitzen.

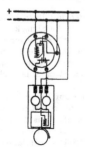

Die Schaltung eines solchen Kontaktvoltmeters der Firma Dr. Paul Meyer A.-G. ist aus dem Schema Fig. 105 ersichtlich. In einer an die Leitungsanlage angeschlossenen Magnetspule schwingt ein Anker, der an dem einen Ende eines Hebels befestigt ist. Das andere Ende ist als Kontaktarm ausgebildet und liegt zwischen zwei Kontakten, an die zwei verschiedenfarbige Glühlampen und im weiteren Verlaufe ein Wecker angeschlossen sind. Der Drehpunkt des Hebels ist mit dem Minuspole und die Endklemme des Weckers mit dem Pluspole des Netzes verbunden. Bei zu hoher oder zu tiefer Spannung legt sich der Kontaktarm an den rechten bzw. linken Kontakt und betätigt

Fig. 105. Kontakt-Voltmeter.   hierdurch die betr. Signallampe und den Wecker.

Verbrauchsmessung.

(247) Elektrizitätszähler messen die in einem Stromkreis oder Stromsystem verbrauchte elektrische Arbeit; ihre Angaben werden benutzt, um die Vergütung für die von einer Zentrale an einen Abnehmer abgegebene elektrische Energie zu berechnen.

Je nach der Einheit, in der die Zähler ihre Angaben machen, unterscheidet man Wattstundenzähler, Amperestundenzähler und Zeitzähler.

Ist A die konstante Leistung, die in einem Stromsystem verbraucht wird, t die Zeit, während deren sie verbraucht wird, so mißt der Wattstundenzähler die Größe $A\,t$, und zwar in Wattstunden bzw. Kilowattstunden. Diese Zähler besitzen Spannungskreise und Hauptstromkreise, die je nach Art des Stromsystems wie die Leistungsmesser geschaltet werden (191). Dabei wird die Schaltung in den meisten Fällen so ausgeführt, daß von dem Eigenverbrauch im Zähler selbst der Energieverbrauch im Spannungskreis der Zentrale, derjenige in der Hauptstromspule dem Abnehmer zur Last fällt.

Ist die Betriebsspannung konstant, so ist die Leistung bei Gleichstrom proportional der Stromstärke; für diesen Fall genügt also ein Amperestundenzähler, der somit nur einen Hauptstromkreis, keinen Spannungskreis besitzt. Seine Angaben multipliziert mit der Betriebsspannung ergeben die gesuchten Wattstunden. Es ist gesetzlich durchaus zulässig, daß die Ablesungen eines Amperestundenzählers auch direkt in Wattstunden erfolgen, sofern auf dem Zähler sich der Vermerk findet, bei welcher Betriebsspannung er gebraucht werden darf.

Ist an einen Stromkreis von konstanter Spannung eine konstante Belastung angeschlossen, so ist auch die beim Einschalten abgegebene Leistung konstant; es genügt daher, lediglich die Zeit der Einschaltdauer mittels einer geeigneten Uhr zu messen. Dies geschieht durch die „Zeitzähler".

Um eine Übervorteilung der Zentrale auszuschließen, werden vielfach Strombegrenzer in Verbindung mit Zeitzählern angewandt. Wird eine größere Stromstärke eingeschaltet, als ausbedungen, so tritt ein in kurzen Intervallen arbeitender periodischer Ausschalter in Tätigkeit (ETZ 1910, S. 51).

Man kann folgende Anforderungen an einen Elektrizitätszähler stellen:

Seine Angaben müssen in den gesetzlichen Einheiten erfolgen, dürfen gewisse Verkehrsfehlergrenzen nicht überschreiten [vgl. (257) und Anhang S. 904 u. 907] und sollen sich mit der Zeit möglichst wenig ändern; er soll möglichst unempfindlich sein gegen Änderungen der Temperatur und Feuchtigkeit, gegen Kurzschlüsse, Staub, Stöße und Erschütterungen; er soll einen möglichst lautlosen Gang haben, verschließbar, plombierbar und leicht transportabel sein, dabei verhältnismäßig kleine Abmessungen haben und einen geringen Eigenverbrauch besitzen.

(248) Elektrolytische Zähler benutzen zur Verbrauchsmessung die aus einem Elektrolyt durch den Strom niedergeschlagene Metallmenge; sie sind also Amperestundenzähler und nur für Gleichstrom brauchbar. Hierhin gehört die älteste Zählerkonstruktion (E d i s o n). Dieser Zähler besteht lediglich aus zwei mit Zinksulfatlösung gefüllten Zersetzungszellen, in welche Zinkelektroden tauchen. Der Verbrauch wurde durch Wägen der Elektroden gemessen.

Ein modernen Ansprüchen angepaßter elektrolytischer Zähler ist der Stiazähler der Firma S c h o t t u. G e n. in Jena (ETZ 1909, S. 784 u. 976, 1910, S. 624, 980). Die Anode wird durch eine ringförmige Quecksilberrinne gebildet, welche einen als Kathode dienenden Kegel aus Iridium umschließt. Als Elektrolyt dient eine Lösung von Jodquecksilber und Jodkalium in Wasser. Das von der Kathode abtropfende Quecksilber wird in einer geteilten Röhre aufgefangen. Das den Zähler enthaltende Glasgefäß ist vollständig zugeschmolzen. Ist das geteilte Rohr nahezu vollgelaufen, so muß das Quecksilber durch Kippen in den Speiser und die Quecksilberrinne zurückgebracht werden. Für größere Stromstärken wird der Zähler in den Nebenschluß zu einem geeigneten Widerstand gelegt. Dabei wird vor das Zersetzungsrohr ein Widerstand geschaltet, der teils aus Manganin, teils aus Reinnickeldraht besteht; letzterer um den negativen Temperaturkoeffizienten des Elektrolyts zu kompensieren.

Zur Eichung dient die Formel:

$$m \left(1 \, + \, \frac{r}{R} \right) = 3{,}726 \, Q$$

Darin bedeutet

m Gewicht des Quecksilbers von dem bis zum obersten Skalenstrich gefüllten Meßrohr in g,

Q Zahl der Amperestunden, welche dem obersten Skalenteil entspricht,

R Abzweigwiderstand,

r Widerstand des Elektrolyts und Vorschaltwiderstand.

(249) Pendelzähler. Die Wirksamkeit der Pendelzähler besteht darin, daß die Schwingungsdauer eines Pendels durch die elektromagnetischen oder elektrodynamischen Kräfte des Arbeitsstromes verändert wird.

A r o n s c h e L a n g p e n d e l z ä h l e r. Zwei einander gleiche und genau gleichgehende Uhren arbeiten mittels des sogenannten Planetenrades auf ein Differentialzeigerwerk, das somit die Gangdifferenz der beiden Uhren anzeigt. Das eine Pendel trägt eine dünndrähtige Spule mit horizontal liegender Windungsfläche, die unter Zwischenschaltung eines geeigneten Vorschaltwiderstandes an die Betriebsspannung angeschlossen wird (Spannungskreis). Unterhalb der Spannungsspule liegt mit paralleler Windungsebene die Hauptstromspule, so daß sie bei Stromdurchgang den Gang des Pendels beschleunigt. Die Gangdifferenz ist im großen und ganzen proportional dem Wattverbrauch, doch ist schon aus theoretischen Gründen die Proportionalität mit der Belastung keine vollkommene. Wird die Spannungsspule durch einen permanenten Magnet ersetzt, so erhält man Amperestundenzähler.

Dieser älteren Form der Aronschen Zähler, die noch in vielen Exemplaren im Betrieb ist, haften mehrere Mängel an, nämlich; 1. Mangel der Proportionalität, 2. der Zähler muß aufgezogen werden, 3. er geht nicht von selbst an, d. h. die Pendel müssen angestoßen werden, 4. er ist nicht verschließbar bzw. transportierbar, ohne seine Justierung zu ändern, 5. sind die Pendel nicht sehr sorgfältig einjustiert, so zeigt er Leerlauf (im unbelasteten Zustande).

Diese Mängel sind beseitigt bei dem neueren, k u r z p e n d e l i g e n U m - s c h a l t z ä h l e r von A r o n (ETZ 1897, S. 372). Die Pendel des letzteren sind so kurz, daß sie nach dem Aufziehen der Uhrwerke von selbst in Schwingungen kommen; das Aufziehen wird automatisch auf elektromagnetischem Wege besorgt. Beide Pendel tragen Spannungsspulen, und zwar wird immer durch die Hauptstromspulen gleichzeitig das eine beschleunigt, das andere verzögert, eine Anordnung, die eine bessere Proportionalität zur Folge hat. Eine etwas komplizierte Umschaltvorrichtung verhindert selbst bei schlechter Einregulierung der Pendel den Leerlauf. Da der Zähler auf dem dynamometrischen Prinzip beruht, so ist er für Gleichstrom und Wechselstrom brauchbar, und zwar ist er für Ein- und Mehrleitersysteme, Ein- und Mehrphasenstrom ausgebildet. Zuweilen macht sich der Skineffekt der Hauptstromspulen bemerklich. Daher müssen die für Wechselstrom bestimmten Zähler auch mit Wechselstrom geeicht werden. Bei Wechselstrom werden für höhere Spannungen und große Stromstärken Spannungs- und Stromwandler angewandt (201 c).

N e b e n s c h l u ß z ä h l e r. Zur Verbrauchsmessung bei sehr großen Gleichströmen werden die Pendel im Nebenschluß zu Abzweigwiderständen, die vom Hauptstrom durchflossen werden, gelegt. Unterhalb der Pendel sind fest die Spannungsspulen angeordnet; letztere enthalten Eisenkerne. Da die Pendelspulen keinen Vorschaltwiderstand haben, so haben diese Zähler einen ziemlich großen Temperaturkoeffizienten.

(250) Motorzähler. 1. Elektrodynamische und elektromagnetische Motorzähler. Die Wattstundenzähler dieser Klasse (Fig. 106), die sog. Thomsonzähler, bestehen aus einer oder mehreren einander parallel gestellten Hauptstromspulen, die das Feld für den Anker bilden; der Anker bildet zusammen mit einem geeigneten Vorschaltwiderstand den Spannungskreis. Das den Anker antreibende Drehmoment ist daher proportional $E\,I$. Auf der Ankerachse sitzt eine Aluminium- oder Kupferscheibe, die sich zwischen den Polen eines permanenten Magnetes dreht; das dadurch hervorgerufene bremsende Drehmoment ist der Drehungsgeschwindigkeit proportional. Werden im stationären Zustand

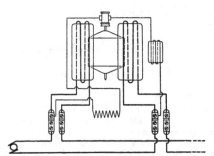

Fig. 106. Motorwattstundenzähler mit Kollektor.

antreibendes und bremsendes Drehmoment einander gleich, so ist die Umdrehungsgeschwindigkeit des Ankers proportional der Leistung, d. h. ein mit der Ankerachse verbundenes Zählwerk gibt bei geeigneter Übersetzung der Räder den Energieverbrauch an.

Dabei ist aber die Reibung in Lager, Bürsten und Zählwerk unberücksichtigt geblieben. Um diese Reibung zu kompensieren, ist in den Spannungskreis eine feststehende Spule eingeschaltet, welche so angeordnet ist, daß sie die Wirksamkeit der Hauptstromspulen unterstützt; es wird also auch bei stromloser Hauptstromspule ein Drehmoment auf den Anker ausgeübt, das die Reibung kompensieren soll. Damit nun dieses, namentlich bei Spannungssteigerungen, nicht imstande ist, Leerlauf des Zählers zu verursachen, wird eine Hemmvorrichtung angebracht. Diese besteht meist in einem an der Drehachse befestigten Eisenstift, der von dem Bremsmagnete beim Vorübergehen festgehalten wird.

Ein den Betrieb des Zählers gefährdender Teil ist der Kollektor des Ankers; damit die Bürstenreibung möglichst gering und gleichförmig wird, macht man den Kollektordurchmesser möglichst klein und sorgt dafür, daß die Bürsten leicht mit gleichmäßiger Federung aufliegen. Kollektorlamellen und Bürsten werden am besten aus Silber oder Gold hergestellt. Neuerdings werden von einigen Firmen Bürsten und Kollektor durch besondere Öffnungen der Zählerkappe leicht zugänglich gemacht; oder auch sie können ausgewechselt werden, ohne daß die Justierung des Zählers verändert wird (Siemens-Schuckertwerke).

Die Zähler können durch fremde Magnetfelder, z. B. durch diejenigen benachbarter Starkstromleitungen in ihren Angaben beeinflußt werden. Deswegen ist auch, namentlich bei Zählern für große Stromstärken, genau die Lage der Hauptstromzuleitungen vorzuschreiben und die Nähe starker fremder Ströme nach Möglichkeit zu vermeiden. Um diesen Einfluß zu kompensieren, werden Zähler mit astatischem Anker konstruiert, das sind zwei einander gleiche Anker, die auf derselben Achse übereinander sitzen und vom Strom in entgegengesetzter Richtung durchflossen werden; die eine Ankerwicklung befindet sich im Hauptstromfeld, die andere außerhalb des letzteren.

Prinzipiell verschieden von den vorhergehenden Zählern ist der von der Danubia fabrizierte Amperestundenzähler von O'Keenan. Dies ist ein Motorzähler, der keine Bremsscheibe besitzt, sondern lediglich aus einem Gleichstromanker zwischen den Polen eines permanenten Magnetes besteht. Die Bürsten sind mit den Polen eines von dem Arbeitsstrom durchflossenen Abzweigwiderstandes verbunden. Wäre keine Reibung vorhanden, so würde sich der Anker mit solcher Geschwindigkeit drehen, daß die in ihm erzeugte elektromotorische Gegenkraft gleich dem Potentialabfall am Normalwiderstande ist, während der Anker selbst stromlos bleibt. Der tatsächlich durch den Anker fließende Strom dient lediglich zur Deckung der Reibungsverluste.

Da sich aber bei diesen Apparaten Fehler durch die Reibung stark geltend machten, so werden jetzt diese sog. Magnetmotorzähler von fast allen Firmen mit Bremsscheiben versehen. Die Wicklungen werden dann meist als flache Spulen auf die Bremsscheibe aufgelegt. Da die Spannung am Kollektor sehr gering ist, so bringen Übergangswiderstände an den Bürsten leicht Störungen hervor. Um diesen Mißstand zu beseitigen, verwendet die AEG bewegliche Bürsten, die sich je nach der Stromstärke an verschiedene Stellen des Kollektors anlegen (ETZ 1908, S. 608).

Quecksilbermotorzähler. In einer mit Quecksilber gefüllten flachen Dose schwimmt eine Kupferscheibe, die bis auf eine Stelle im Mittelpunkt und den Scheibenrand emailliert ist. Die Scheibe befindet sich zwischen den Polen von permanenten Magneten, die die Dose umfassen. Der Arbeitsstrom wird der Mitte der Scheibe zugeführt, fließt zwischen den Magnetpolen durch und verläßt sie am Rande. Die Kraft des Magnetfeldes auf den Strom versetzt die Scheibe in Umdrehungen, die auf ein Zählwerk in der üblichen Weise übertragen werden. Da andrerseits die Magnete auch bremsend auf die Scheibe wirken, so erhält man einen gebremsten Amperestundenzähler, der keinen Kollektor besitzt. Die Reibung des Quecksilbers wird durch Zusatzspulen, die auf den permanenten Magneten angebracht sind, kompensiert. Dieser Typ besitzt eine sehr große Anlaufsempfindlichkeit. Für größere Stromstärken wird er mit Nebenschlußwiderstand gebraucht. Zähler ohne Nebenschluß haben einen großen Temperaturkoeffizienten (0,4 % für 1° C); mit Nebenschluß ist die Abhängigkeit von der Temperatur kleiner. (Deutsche Ferranti-Gesellschaft; Solar-Zählerwerke Hamburg. Isariawerke, ETZ 1911, S. 684.)

(251) Oszillierende Zähler (Fig. 107) sind gebaut worden, um den Kollektor der Motorzähler unnötig zu machen. Bei dem von der Allgemeinen Elektrizitäts-Gesellschaft ausgeführten Modell (nach Lotz) be-

steht die Spannungsspule aus zwei nebeneinander liegenden, einander gleichen
Wicklungen und ist drehbar zwischen zwei Hauptstromspulen angeordnet. Die
Drehung wird durch zwei Anschläge begrenzt, bei deren Berührung ein Relais
eingeschaltet wird; dieses Relais bewirkt, daß immer nur eine Hälfte der beiden
Spannungswicklungen vom Strom durchflossen wird, wobei die Stromrichtungen, die in den beiden Hälften fließen können, einander entgegengesetzt gerichtet sind. Die Folge davon ist, daß im Moment des An-

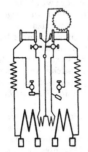

schlages die Kraftrichtung umgekehrt wird, so
daß eine oszillierende Bewegung zustande kommt.
Bremsung und Reibungskompensation erfolgt
ebenso wie bei Motorzählern. Die Fig. 107 zeigt
die Schaltung des größeren Zählertyps der AEG.

Fig. 107. Oszillierender Zähler.   Fig. 108. Diagramm für Drehfeldmeßgeräte.

(252) **2. Induktionsmotorzähler.** Induktionszähler sind Motorzähler für
W e c h s e l s t r o m; der Anker besteht aus einem Metallzylinder oder einer
Metallscheibe, in der Wirbelströme induziert werden; die Zähler brauchen somit
keine Stromzuführungen zum beweglichen System, wodurch ihre Zuverlässigkeit
gegenüber den Gleichstromzählern mit Kollektoren bedeutend erhöht wird. Die
Wirksamkeit der Induktionszähler beruht auf folgendem Satz: Ein Metallzylinder
werde in zwei magnetische Wechselfelder gebracht, die radial und aufeinander
senkrecht gestellt sind. Sind dann $\mathfrak{B}_1$ und $\mathfrak{B}_2$ die Effektivwerte der Felder, δ ihre
Phasenverschiebung, so wird auf den Metallzylinder ein Drehmoment proportional
$\mathfrak{B}_1 \mathfrak{B}_2 \sin \delta$ ausgeübt.

Bei den Induktionszählern wird nun das eine Feld in der Regel durch eine
in die Hauptstromleitung eingeschaltete Spule erzeugt; es ist also seiner Größe
nach proportional dem Hauptstrom und besitzt dieselbe Phase wie dieser. Um
einen Wattstundenzähler zu erhalten, muß das zweite Feld zwar proportional
der Höhe der Spannung, aber in der Phase um 90⁰ gegen die Spannung verschoben
sein. Bedeutet φ die Phasenverschiebung zwischen E und I, so wird das Drehmoment, wie das Diagramm (Fig. 108) zeigt, proportional $\mathfrak{B}_1 \mathfrak{B}_2 \sin \delta$, d. h. proportional $E I \cos \varphi$. Über 90⁰-Schaltungen, mit bes. Berücksichtigung magne-
tisch verketteter Stromzweigungen s. W a l t z, ETZ 1905, S. 230, 254, 273.

Von den mannigfachen Methoden, die zur Erzeugung der 90⁰ Verschiebung
angegeben worden sind, sind in der Praxis wohl nur noch zwei übrig geblieben.

a) M e t h o d e   v o n   H u m m e l. Z ä h l e r   d e r   A l l g e m e i n e n
E l e k t r i z i t ä t s - G e s e l l s c h a f t. Der Spannungskreis enthält in Hintereinanderschaltung die Spannungsspule S und eine Drosselspule D; parallel zur
Spannungsspule ist ein induktionsloser Widerstand r gelegt. I_s ist gegen I_r nach
rückwärts verschoben (Fig. 109); I_d ist die Resultante aus beiden Strömen und
seinerseits stark gegen die Spannung E verschoben. Man erkennt die Möglichkeit,
durch Verändern von r den Spannungsstrom I_s und damit das Feld der Spannungsspule in der Phase senkrecht auf die Betriebsspannung E zu stellen.

b) M e t h o d e   v o n   B e l f i e l d. Diese Methode ist wohl die einfachste und jetzt am meisten verbreitete. Wird eine Wechselspannung, u. U. unter Vorschaltung einer Drosselspule, an eine Spule angeschlossen, deren Eisenkern das Spannungsfeld erzeugen soll, so wird infolge der Energieverluste in den Spulen das Spannungsfeld nur etwa bis zu 70° gegen die Spannung verschoben. Bringt man nun auf das Eisen dicht an dem Zähleranker eine Kurzschlußwindung auf, so entstehen in derselben Ströme, die ein Streufeld erzeugen. Durch geeignete Abmessungen der Kurzschlußwindungen und deren Lage auf dem Eisenkern kann man es dahin bringen, daß die Resultierende aus ursprünglich vorhandenem Feld und Streufeld um 90° gegen die Betriebsspannung verschoben ist. Macht man die Ankerscheibe dick genug, so kann sie die Kurzschlußwindung ersetzen. Man wählt in diesem Falle die Abmessungen häufig so, daß der Phasenwinkel zwischen Spannung und Spannungsfeld größer als 90° wird und fügt in den Spannungskreis einen Widerstand ein, um diesen Winkel auf einen Rechten zu bringen.

Wird die Kurzschlußwindung mit der Primärwicklung verbunden, so entsteht die Schaltung der Fig. 110, die von den S i e m e n s - S c h u c k e r t w e r k e n angewandt wird.

Für hohe Spannungen und große Stromstärken werden die Induktionszähler gewöhnlich in Verbindung mit Meßwandlern (201) gebraucht; die sekundäre Spannung der Spannungswandler beträgt in der Regel 120 V, die sekundäre Nennstromstärke der Stromwandler 5 A. Sind die Meßwandler groß genug, so pflegt man an dieselben gleichzeitig Spannungs-, Strom- und Leistungsmesser anzuschließen (201 c). Werden keine sogenannten Präzisionswandler ange-

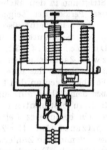

Fig. 109.   Diagramm der Hummelzähler.   Fig. 110.   Wechselstromzähler der S.-S.-W.

wandt, so müssen die Fehler der Meßwandler durch geeignete Eichung der Zähler kompensiert werden. In diesem Falle macht der Zähler nur in Verbindung mit dem Apparate-Aggregat, mit dem er zusammen geeicht worden ist, richtige Angaben.

(253) Drehstromzähler. Zur Messung von Drehstromenergien wird in der Regel die Schaltung (191 b) angewandt, und zwar entweder unter Anwendung von zwei nebeneinander gehängten Zählern, oder man läßt zwei einander gleiche in der erwähnten Weise geschaltete Stromsysteme auf d i e s e l b e Motorscheibe wirken. Dabei muß nach Möglichkeit vermieden werden, daß die Stromspule des einen Systems und das Spannungsfeld des anderen zusammen ein Drehmoment zustande bringen, oder umgekehrt. Noch schwieriger ist diese Bedingung bei Zählern für Drehstrom mit Nulleiter zu erfüllen, die mit drei Stromsystemen gebaut werden (191 c). Man pflegt in diesem Fall zwei Scheiben anzuwenden, von denen die eine von zwei Stromsystemen, die andere vom dritten Stromsystem und dem Bremsmagnet beeinflußt wird.

Darf bei Drehstrom eine gleichmäßige Belastung in allen drei Zweigen vorausgesetzt werden, so können vereinfachte Schaltungen angewandt werden. Zu empfehlen sind diese Apparate aber nicht, weil die theoretischen Voraussetzungen, unter denen sie gebaut werden, in der Praxis fast nie zutreffen.

(254) Zähler für besondere Tarife. a) H ö c h s t v e r b r a u c h m e s s e r. Für eine Zentrale ist ein möglichst gleichmäßiger Verbrauch von Energie vorteilhafter als ein starker Verbrauch während einer kurzen Zeit. Man hat deshalb versucht, dementsprechend die einen Abnehmer gegenüber den anderen ungünstiger zu tarifieren. Zu dem Zwecke wird neben den Zähler ein Apparat gehängt, der den in einer gewissen Zeit erreichten maximalen Strom anzeigt. Ein derartiger Höchstverbrauchmesser ist z. B. von W r i g h t konstruiert worden; er besteht in einer U-förmigen Röhre mit zwei Erweiterungen an den Enden; der untere Teil der Röhre ist mit einer schwach gefärbten Flüssigkeit gefüllt. Ein in den Hauptstromkreis geschalteter Widerstandsdraht ist um die eine Erweiterung gewickelt, an die andere ist ein Überfallrohr geschmolzen, das eine Teilung trägt. Das Ganze wirkt wie ein Luftthermometer, die in dem Überfallrohr angesammelte Flüssigkeit ist ein Maß für den Höchstverbrauch. Durch Umkippen des ganzen Apparates wird er zu einer neuen Angabe gebrauchsfertig.

Empfehlenswerter ist folgende Einrichtung. Es wird 15 Minuten lang ein besonderes Zählwerk mit der Zählerachse gekuppelt; das Zählwerk schiebt einen Zeiger um einen dem Verbrauch in dieser Zeit proportionalen Betrag vorwärts. Das Zählwerk wird am Ende der 15 Minuten momentan in seine Anfangslage zurückgebracht, während der Zeiger in der Endlage, die er erreicht hat, stehen bleibt. Steigt nun in den nächsten 15 Minuten der Gesamtverbrauch, so wird am Ende dieser Periode der Zeiger noch um ein entsprechendes Stück vorwärts geschoben. Der Zeiger gibt also den höchsten Verbrauch an, der in irgend einem Zeitraum von 15 Minuten vom Abnehmer entnommen worden ist.

b) D o p p e l t a r i f z ä h l e r. Eine andere Methode besteht darin, daß der Zähler z w e i Zählwerke bekommt, die abwechselnd eingeschaltet werden, so daß z. B. des Nachts das eine, am Tage das andere Zählwerk den Verbrauch anzeigt. Die Ablesungen an den beiden Zifferblättern werden dann ungleich tarifiert. Eine neben dem Zähler aufgehängte Uhr besorgt das Umschalten der Zählwerke automatisch zu bestimmten einstellbaren Stunden, oder es wird von der Zentrale aus durch ein besonderes Leitungsnetz bewerkstelligt.

c) S p i t z e n z ä h l e r. Der Zähler enthält ein Planetenrad; das eine Antriebsrad des Zählers ist mit dem Zähleranker gekuppelt, das andere mit einem gleichmäßig laufenden Uhrwerk. Das Planetenrad, das sich mit der Differenz der Geschwindigkeiten der Antriebsräder dreht, wird durch eine Sperrklinke verhindert, rückwärts zu laufen. Ein mit ihm verbundenes Zählwerk, das Spitzenzählwerk, schreitet also nur dann vorwärts, wenn die Leistung über einen gewissen Wert hinaus steigt, und zählt dann die bei dieser Leistung verbrauchte Energiemenge. Außer dem Spitzenzählwerk besitzt der Zähler natürlich noch ein gewöhnliches den Gesamtverbrauch anzeigendes. Der vom Spitzenzählwerk angezeigte Verbrauch muß vom Abnehmer besonders vergütet werden.

(255) Elektrizitäts-Selbstverkäufer. Neuerdings beginnen Elektrizitätszähler in Verbindung mit einem Automaten sich einzubürgern. Nach Einwurf eines Geldstückes steht dem Abnehmer die Betriebsspannung zur Verfügung; nach Entnahme einer gewissen durch den Zähler gemessenen Energiemenge wird der Strom automatisch wieder abgeschnitten. Es können mehrere Geldstücke im voraus eingeworfen werden. (ETZ 1911, S. 895).

(256) Prüfung von Elektrizitätszählern. Um einen Zähler im Laboratorium auf seine Richtigkeit zu prüfen, ist es nicht notwendig, die von ihm registrierte Arbeit wirklich zu verbrauchen. Vielmehr wird man durch Trennung der Stromkreise im Zähler den Apparat künstlich belasten. Man verfährt dabei in derselben Weise wie bei der Prüfung von Leistungsmessern (205, 206). Sollen die Fehler festgestellt werden, die ein Zähler an einem bestimmten Verwendungsort macht, so muß die Prüfung an Ort und Stelle geschehen, um alle etwaigen störenden Einflüsse, die dort auftreten, zu berücksichtigen und den Apparat unter den Betriebs- und Belastungsverhältnissen zu prüfen, unter denen er wirklich gebraucht wird. Um die zur Prüfung notwendigen Apparate einbauen zu können, ist es bequem, wenn der Zähler mit sog. Prüfklemmen versehen ist.

Die Abweichung eines Zählers von der Richtigkeit wird entweder angegeben durch den prozentischen Fehler F, gemessen in Prozenten der Sollangabe, oder durch die Z ä h l e r k o n s t a n t e C. Unter letzterer versteht man diejenige Zahl, mit der die Angaben des Zählers multipliziert werden müssen, um den tatsächlichen Verbrauch zu erhalten. F und C hängen durch die Gleichung

$$F = 100 \cdot \frac{1 - C}{C}$$

zusammen, wenn der Sollwert der Konstante 1 ist. Z. B. $C = 1,08$, $F = -7,4\,^0/_0$ (Zähler läuft $7,4\,^0/_0$ zu langsam). F bzw. C kann sich mit der Belastung des Zählers ziemlich beträchtlich ändern.

Zur Bestimmung von F ist außer der Leistung die Zeit zu messen, während deren das Zählwerk um einen bestimmten Betrag vorwärts rückt. Die Zeitmessung erfolgt durch geeignete Uhren oder Chronographen (ETZ 1900, S. 1035; 1901, S. 94). Bei Motorzählern ist es vorteilhaft, die Zeit t (in sk) zu messen, während deren die Motorscheibe n Umdrehungen macht. Trägt der Zähler die Angabe, daß 1 kWst n Umdr. entspricht, so berechnet sich C aus:

$$C = \frac{\Lambda\,t\,u}{3600 \cdot 1000 \cdot n}$$

Λ Leistung in Watt.

Es genügt, die Fehler bei k o n s t a n t e r Belastung festzustellen, da nach Untersuchungen von O r l i c h und G. S c h u l z e (Ztschr. f. Elektr. und Maschinenbau, Bd. 27, S. 801, 1909) durch schwankende Belastung keine Fehler entstehen können. (s. auch E. u. M. Bd. 29, S. 555, 1911.)

Über die Methoden zur Messung von Luft-, Lager- und Zählwerksreibung s. S c h m i e d e l, Verh. des Ver. z. Bef. d. Gewerbfl. 1910, S. 571, 655 u. 1911, S. 111.

Über Zählerprüfeinrichtungen s. K r a u s, Zschr. E. u. Maschb. Bd. 26, S. 271, 1908.

(257) Gesetzliche Bestimmungen über Elektrizitätszähler. Für die Messung elektrischer Energie durch Zähler zum Zweck der Vergütung ist das Gesetz betr. die elektrischen Maßeinheiten vom 1. 6. 1898 maßgebend; namentlich sind die §§ 6, 9, 12 von Wichtigkeit. Zu diesem Gesetz hat der Bundesrat Ausführungsbestimmungen erlassen, durch welche die im Verkehr zulässigen Fehler für Elektrizitätszähler festgesetzt worden sind (Verkehrsfehlergrenzen). Abdruck vgl. Anhang S. 902 u. folg.

Diese Bestimmungen lassen sich folgendermaßen in Formeln ausdrücken. Für eine Belastung, die gleich $1/n$ der Maximalbelastung ist, ist die zulässige Verkehrsfehlergrenze bei Gleichstromzählern gleich $\pm (6 + 0,6 \cdot n)$ Prozent, bei Wechselstromzählern $\pm (6 + 0,6\,n + 2\,\mathrm{tg}\,\varphi)$ Prozent, wo φ die Phasenverschiebung bedeutet.

Daraus berechnet man die folgende Tabelle.

I/I_m	cos φ 1	0,9	0,8	0,7	0,6	0,5	0,4	0,3	0,2	0,1
1,0	6,6	7,6	8,3	8,9	9,7	10,7	12,1	14,3	18,8	31,9
	3,3	*4,3*	*4,9*	*5,5*	*6,2*	*7,1*	*8,3*	*10,4*	*14,3*	*25,9*
0,9	6,7	7,7	8,3	9,0	9,8	10,8	12,2	14,6	19,2	—
	3,3	*4,3*	*4,9*	*5,5*	*6,2*	*7,1*	*8,4*	*10,5*	*14,5*	—
0,8	6,8	7,8	8,4	9,1	9,9	11,0	12,4	14,8	19,6	—
	3,4	*4,4*	*5,0*	*5,6*	*6,3*	*7,2*	*8,5*	*10,6*	*14,7*	—
0,7	6,9	7,9	8,6	9,3	10,1	11,2	12,7	15,2	20,1	—
	3,4	*4,5*	*5,0*	*5,7*	*6,4*	*7,3*	*8,7*	*10,8*	*14,9*	—
0,6	7,0	8,1	8,8	9,5	10,3	11,5	13,1	15,7	20,8	—
	3,5	*4,5*	*5,1*	*5,8*	*6,5*	*7,5*	*8,8*	*11,0*	*15,3*	—
0,5	7,2	8,3	9,0	9,8	10,7	11,9	13,6	16,3	21,8	—
	3,6	*4,6*	*5,3*	*5,9*	*6,7*	*7,7*	*9,1*	*11,4*	*15,8*	—
0,4	7,5	8,6	9,3	10,2	11,2	12,5	14,3	17,3	—	—
	3,8	*4,8*	*5,4*	*6,1*	*6,9*	*8,0*	*9,5*	*11,9*	—	—
0,3	8,0	9,2	10,0	10,9	12,0	13,5	15,6	—	—	—
	4,0	*5,1*	*5,8*	*6,4*	*7,3*	*8,5*	*10,1*	—	—	—
0,2	9,0	10,3	11,3	12,3	13,7	15,5	—	—	—	—
	4,5	*5,6*	*6,4*	*7,2*	*8,2*	*9,5*	—	—	—	—
0,1	12,0	—	—	—	—	—	—	—	—	—
	6,0	—	—	—	—	—	—	—	—	—

I jeweilige Belastungsstromstärke.
I_m Höchststromstärke, für welche der Zähler bestimmt ist.
Obere Zahlen: Verkehrsfehlergrenzen } ausgedrückt in Prozenten
Untere Zahlen: Beglaubigungsfehlergrenzen } des wirklichen Verbrauchs.

(258) Amtliche Prüfung und Beglaubigung. Zähler können einer amtlichen Prüfung und Beglaubigung unterworfen werden. Hierzu sind berechtigt die Physikalisch-Technische Reichsanstalt und folgende elektrische Prüfämter.

Prüfamt 1 in Ilmenau (für Gleichstromzähler bis 500 V 200 A),
„ 2 „ Hamburg („ „ „ 750 V 1000 A),
„ 3 „ München („ „ „ 1000 V 3000 A),
„ 4 „ Nürnberg („ Gleich- u. Wechselstromzähler bis 500 V. 200 A),
„ 5 „ Chemnitz („ „ „ „ „ 500 V. 200 A),
„ 6 „ Frankfurt a. M. (f. „ „ „ „ 3000 V. 3000 A).
„ 7 „ Bremen „ „ 500 V. 200 A)

Durch die Beglaubigung eines Zählers soll ausgedrückt werden, daß ein Zähler die sogenannten „Beglaubigungsfehlergrenzen" einhält, die im großen und ganzen halb so groß sind wie die Verkehrsfehlergrenzen, und daß vermöge seiner Konstruktion und der im praktischen Betriebe gesammelten Erfahrungen zu erwarten steht, daß der Apparat auch für längere Zeit (ca. 2 Jahre) bei sachgemäßer Behandlung diese engeren Fehlergrenzen nicht überschreitet. Ein Zähler kann nur beglaubigt werden, wenn sein System nach eingehender Systemprüfung durch die Physikalisch-Technische Reichsanstalt zu einem beglaubigungsfähigen erklärt worden ist (vgl. Prüfordnung für elektrische Meßgeräte).

Bisher sind 66 Systeme zur Beglaubigung zugelassen (vgl. die Bekanntmachungen in der ETZ, als Sonderabdrücke erschienen bei Springer; Anhang S. 913).

Literatur.
Königswerther, Elektrizitätszähler. — Ziegenberg, Elektrizitätszahler (Handbuch der Elektrotechnik Bd. 6, 2. Hirzel, Leipzi: 1908). — Norden, Elektrolytische Zähler. Wilh. Knapp, Halle 1908. — E. Morck, Theorie der Wechselstromzähler nach Ferrarisschem Prinzip und deren Prüfung an ausgeführten Apparaten. Ferd. Enke, Stuttgart 1905. — Bohnenstengel, Elektrizitätszähler-Konstruktionen. F. Gutsch, Karlsruhe 1909.

Messungen an Telegraphenleitungen und Erdleitungen.

Telegraphenkabel.

(259) Prüfung der Kabel während der Fabrikation und Verlegung. 1. **Leitfähigkeit.** Der Widerstand eines Drahtstückes von 0,5 oder 1 m Länge wird nach einer der in (168) angegebenen Methoden bestimmt. Wiegt dieses Drahtstück von l m Länge m g, besitzt es einen Widerstand von R Ohm bei t^0 C, und ist der Widerstands-Temperaturkoeffizient $\Delta\sigma$, so ist die Leitfähigkeit

$$\gamma = 8{,}93 \cdot \frac{l^2}{r\,m}\,(1 + \Delta\sigma \cdot t)$$

8,93 ist die Dichte des Kupferdrahtes. Für $\Delta\sigma$ ist 0,004 anzunehmen, wenn der Temperaturkoeffizient der Probe nicht besonders bestimmt wird. Man verlangt von gutem Kupfer, sog Leitungskupfer, eine Leitfähigkeit von mindestens 57 (spez. Widerstand 0,0175).

2. **Isolation.** Die mit der Isolationshülle umgebenen Kupferlitzen oder -Drähte werden auf hölzerne Trommeln gewickelt und in Wasserbottiche versenkt, wo sie mindestens 24 Stunden lang bei einer gleichbleibenden Temperatur von 25⁰ C belassen werden. Nach Verlauf dieser Zeit wird der Isolationswiderstand nach der in (161) angegebenen Methode gemessen; s. (263). Hierbei wird auch der Kupferwiderstand der Adern in der Wheatstoneschen Brücke bestimmt. Auch die zu einem Bündel verseilten Adern werden in dieser Art behandelt. Endlich wird das fertige Kabel in derselben Weise, wie für die Adern angegeben, geprüft.

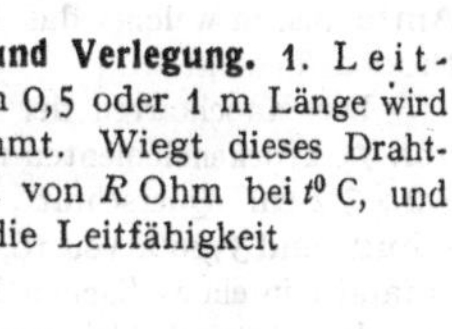

Schutzring. Um den Stromübergang über die Oberflächen an den Enden des Kabels oder am Rande einer zu untersuchenden Scheibe eines Isolationsstoffes zu vermeiden, bringt man nach Fig. 111 einen Schutzring an, der auf das Potential der Meßbatterie gebracht wird; das Galvanometer mißt nur den durch die Masse der Isolation gehenden Strom.

Fig. 111. Schutzring bei Isolationsmessungen.

3. **Prüfung von Lötstellen** (Fig. 112). Die Lötstelle x wird in einen mit Wasser gefüllten gut isolierten Trog gebracht, der mit einer Belegung c eines an der zweiten Belegung c' geerdeten Kondensators verbunden ist. Das

Kabel wird an einem Ende isoliert, am anderen mit einer Stromquelle verbunden. Nach einigen Minuten wird der Kondensator durch ein zur Erde abgeleitetes Galvanometer entladen, so daß eine etwa durch die Lötstelle in den Kondensator übergegangene Elektrizitätsmenge durch das Galvanometer abfließt.

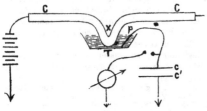

Fig. 112. Prüfung von Lötstellen.

Nimmt man anstatt der Ader mit der Lötstelle ein gut isoliertes Aderstück und wiederholt den Versuch unter denselben Bedingungen, so ergibt das Verhältnis der in beiden Fällen übergegangenen Elektrizitätsmengen, wie vielen Metern Kabellänge die Lötstelle gleichwertig ist.

4. P r ü f u n g w ä h r e n d d e r L e g u n g. Diese erstreckt sich zunächst auf die Isolationsmessung der auszulegenden Kabelstücke sowie der eben ausgelegten Stücke, auf die Prüfung der gefertigten Lötstellen und endlich auf Messungen des Kupferwiderstandes, der Isolation und der Kapazität.

Die Messungen werden sowohl von der Strecke aus als auch von demjenigen Amte aus, in welches das Kabel bereits eingeführt ist, nach den angegebenen Methoden bewirkt.

Die Kabelkarren der Reichs-Telegraphenverwaltung enthalten eine Batterie von 75 Trockenelementen nach Hellesen, und zwar 42 kleine von 7,3 cm Höhe und 3,2 × 3,2 cm² Querschnitt, 30 mittlere von 10 cm Höhe und 3,8 × 3,8 cm² Querschnitt und 3 große von 16,4 cm Höhe und 7,6 × 7,6 cm² Querschnitt, welche nebeneinander in einem flachen Kasten untergebracht sind; die großen Elemente dienen bei der Messung kleinerer Widerstände (Kupfermessung); die mittelgroßen für mittlere Widerstände und die mittelgroßen und kleinen zusammen (etwa 110 V) für Isolationsmessungen. Es ist auf vorzüglich isolierte Aufstellung und Aufbewahrung zu sehen, da die Elemente sich sonst vorzeitig erschöpfen; wenn die Batterie nicht gebraucht wird, unterbricht man ihre Verbindungen an mehreren Stellen, damit Entladungen über Stellen geringer Isolation möglichst wenig Schaden tun.

(260) Messungen an Unterseekabeln. a) W ä h r e n d d e r F a b r i k a t i o n. Die einzelnen Längen, aus denen das Telegraphenkabel zusammengesetzt wird, werden während ihrer Herstellung auf Güte und vertragsmäßige Beschaffenheit durch Messung des Isolations- und Kupferwiderstandes sowie der Kapazität nach den (261 bis 264) angegebenen Methoden geprüft. Bei der Schlußprüfung eines größeren Kabelstückes wird vor der Verlegung eine über einen Zeitraum von je 30 Minuten sich erstreckende Isolationsmessung mit jedem Batteriepole gemacht. Kapazitätsmessungen lassen sich mit Rücksicht auf die erheblichen Zeitkonstanten an den in den Tanks aufgespulten Kabeln in der Regel nicht mehr ausführen.

b) W ä h r e n d d e r V e r l e g u n g. Von beiden Enden, der Landstation und dem Schiffe aus, wird das Kabel dauernd überwacht. Eine auf dem Schiffe befindliche, einpolig geerdete Batterie von 100 bis 150 V sendet durch ein Galvanometer mit passenden Nebenschlüssen Strom in das am Lande isolierte Kabel; die Stromrichtung wird alle 30 Minuten gewechselt. Während die Lichtschein des Galvanometers infolge von Erdströmen und von Induktionswirkungen durch die Schiffsbewegungen in weiten Grenzen hin- und herschwankt, ergeben die Mittel aus den Umkehrpunkten während je 5 Minuten bei gutem Zustande des Kabels periodisch wiederkehrende Werte. Die Landstation ladet kurz vor dem Ende der 30 Minuten aus dem Kabel einen Kondensator, durch dessen Entladung sich das Potential des Kabelendes kontrollieren läßt, während der in der Schiffsstation zu beobachtende Stromstoß bei der Ladung des Kondensators den unverletzten Zusammenhang des Kupferleiters nachweist.

Bestimmung der Eigenschaften von Kabeln.

(261) Leitungswiderstand. a) Mehradrige Kabel. Die gesuchten Widerstände der Adern seien $R_1, R_2, \ldots R_n$. Auf dem Endamt werden je zwei Adern zur Schleife verbunden, während auf dem Meßamt die beiden Enden der Schleife an die Wheatstonesche Brücke gelegt werden. Die übrigen Adern werden auf beiden Ämtern isoliert gehalten. Aus den für die Schleife gemessenen Werten lassen sich die Einzelwiderstände bestimmen.

Der Stromübergang durch die Isolation läßt den Kupferwiderstand zu gering erscheinen. Ist die Isolation hoch und gleichmäßig, so ist der gemessene Widerstand U_2 einer Schleife noch um $U_2{}^2/3\, U_1$ zu vergrößern, worin U_1 den nach (263) bestimmten Isolationswiderstand bedeutet.

Um die ermittelten Widerstände auf die Normaltemperatur umzurechnen, ist der Faktor F zu bestimmen, mit dem die gefundenen Widerstandswerte $R_1 \ldots R_n$ zu multiplizieren sind. Es sei R_0 der nach den Abnahmemessungen in der Fabrik bestimmte Normalwiderstand (bei 15° C) aller Adern zusammen. Dann ist der Faktor:

$$ F = \frac{R_0}{R_1 + R_2 + \ldots R_n} $$

b) Einadrige Kabel werden unter Benutzung der Erde gemessen. Man verwendet die Wheatstonesche Brücke, Fig. 56, S. 130. Die Leitung bildet den Zweig b und wird am fernen Ende (Punkt D) an Erde gelegt; auch das zweite Ende von d und der zweite Batteriepol werden geerdet. Die Berichtigung wegen des durch die Isolation übergehenden Stromes ist dieselbe wie unter I.

(262) Einfluß des Erdstromes bei Widerstandsmessungen. (Kempe, S. 261). Um den Widerstand einer Telegraphenleitung zu messen, in der ein Erdstrom fließt, benutzt man die in (261 b) beschriebene Schaltung; den Sitz des Erdstromes nimmt man in der fernen Erdleitung an. Ist die unbekannte EMK des Erdstromes E_1, die der Batterie E, so verschwindet der Strom im Galvanometer, wenn

$$ \frac{E_1}{E} = \frac{a\,d - b\,c}{a\,(d + r) + c\,(a + r)} $$

worin r der Widerstand des Batteriezweiges ist. Dies kann man für zwei Meßmethoden benutzen:

1. Man gleicht mit beiden Polen der Meßbatterie ab. Ergeben sich dabei für d die Werte d_1 und d_2, so folgt

$$ b = \frac{a}{c} \cdot \frac{d_1\,(d_2 + k) + d_2\,(d_1 + k)}{(d_1 + k) + (d_2 + k)} $$

worin

$$ k = r + \frac{c}{a}\,(a + r) $$

2. Man macht die Brückenarme a und c gleich und bestimmt für zwei Werte a_1 und a_2 mit demselben Batteriepole die zugehörigen d_1 und d_2 (M a n c e). Dann ergibt sich

$$ b = \frac{d_1\,(2\,r + a_2) - d_2\,(2\,r + a_1)}{(a_2 + d_2) - (a_1 + d_1)} $$

3. F a l s c h e r N u l l p u n k t. Neben die Batterie wird ein Widerstand gelegt, der dem der Batterie gleich ist; eine Taste erlaubt, Batterie und Widerstand

zu vertauschen. Man stellt die Brücke so ein, daß die Ablenkung des Galvanometers dieselbe ist, ob die Batterie oder der Widerstand eingeschaltet ist. Im Augenblick der Umschaltung muß das Galvanometer kurz geschlossen werden.

(263) Isolationswiderstand. a) V e r t a u s c h u n g s m e t h o d e (161). Zur Bestimmung der Empfindlichkeit (Ablenkungskonstante) des Spiegelgalvanometers wird die Batterie (etwa 100 V) durch den großen Widerstand R_0 (gewöhnlich 100 000 $\varnothing$) und das mit einem geeigneten Nebenschlusse versehene Galvanometer geschlossen. Die Ablenkung sei A, der Umrechnungsfaktor für den benutzten Nebenschluß sei N. Aus den Messungen mit beiden Polen wird das Mittel genommen.

Dann wird jede einzelne Ader unter Einschaltung des mit passendem Zweigwiderstand versehenen Galvanometers an die Batterie gelegt. Der zweite Batteriepol liegt an Erde. Während der Untersuchung liegen die anderen Adern am Meßort an Erde, am anderen Ende sind sie isoliert.

Die Ablenkungen am Instrument werden in der Regel eine Minute nach Eintritt des Stromes abgelesen, wobei die Vorsicht gebraucht wird, daß man beim ersten Eintritt des Stromes in die Ader das Instrument kurz schließt und erst einige Zeit nachher einschaltet.

Die Ablenkung für eine bestimmte Ader sei a und der Umrechnungsfaktor des benutzten Nebenschlusses sei n. Dann ist der Isolationswiderstand

$$U_1 = \frac{A}{a} \cdot \frac{N}{n} R_0 \text{ Ohm.}$$

b) A u s d e m L a d u n g s a b f a l l (W. S i e m e n s). Ist V_1 das Potential der Kabelseele nach vollendeter Ladung, V_2 sein Wert, nachdem das Kabel während t sk der Selbstentladung überlassen war, ist ferner die Kapazität $C \mu$ F, so ist der Isolationswiderstand

$$U_1 = \frac{t}{C \log \text{nat} (V_1/V_2)} \text{ Megohm}$$

Hierbei wird auf den Ladungsrückstand keine Rücksicht genommen, so daß die Messung ungenau wird. Nach M u r p h y bekommt man ein möglichst genaues Ergebnis, wenn man das Verhältnis $V_1 : V_2 = 3 : 2$ wählt; man beobachtet demnach die Zeit, in der das Potential sich um $1/_3$ vermindert. Hierzu legt man an das Kabel, während es noch mit der ladenden Batterie verbunden ist, einen Nebenschluß an, der ein Galvanometer und den sehr großen Widerstand R Megohm enthält; die Galvanometerablenkungen sind der Spannung am Kabel proportional; man trennt die Batterie ab und mißt die Zeit t in Sekunden, bis der Ausschlag sich um $1/_3$ vermindert hat. Dann ist

$$U_1 = \frac{2,46 \, R \, t}{R \, C - 2,46 \, t} \text{ Megohm}$$

c) T o b l e r u. S a y e r s (ETZ 1910, S. 486) ändern diese Messung so ab, daß zwei gegenüberliegende Quadranten eines Elektrometers mit dem Kabel, die beiden anderen über einen Ausschalter mit der Meßbatterie verbunden werden. Vor dem Anlegen der Batterie wird das Elektrometer kurz geschlossen; man läßt das Kabel höchstens 30 sk sich laden und hebt dann den Kurzschluß des Elektrometers auf. Infolge des Ladungsverlustes im Kabel nehmen die vorher auf gleichem Potential befindlichen Quadrantenpaare eine Spannung gegeneinander an, durch welche die Nadel abgelenkt wird. Deren Ausschlag wächst also mit der Zeit, während er nach dem unter b) beschriebenen Verfahren abnimmt. Zur Berechnung ist die Eichung des Instruments erforderlich, bei der man das eine Quadrantenpaar mit Erde, das andere mit der Batterie verbindet; es ergebe sich die Ablenkung α. Beobachtet man zu zwei Zeiten t_1 und t_2 nach Aufhebung des Kurzschlusses die Ablenkungen β_1

und β_2, so ist

$$U_1 = \frac{0{,}4343\,(t_2 - t_1)}{C \log \text{vulg} \dfrac{a - \beta_1}{a - \beta_2}} \text{ Megohm}$$

wenn die Zeiten in Sekunden, die Kapazitäten in Mikrofarad angegeben werden.

d) Temperatureinfluß. Umrechnung. Aus der Messung des Kupferwiderstandes (261 a) ergibt sich die mittlere Temperatur t des Kabels zu

$$t = 15 - \frac{\text{F} - 1}{0{,}0037}$$

Unter Benutzung einer Umrechnungstafel für das Isolationsmaterial (siehe Seite 4 und 5) erhält man den Faktor G, mit welchem der bei t^0 gemessene Isolationswiderstand zu multiplizieren ist, um den Wert für die Normaltemperatur (15⁰ C) zu erhalten. Des Vergleichs halber gibt man gewöhnlich den Widerstand in Megohm für 1 km an, welcher sich aus dem für l km gemessenen durch Multiplikation mit l ergibt.

(264) Kapazität. a) Vergleich mit dem Normalkondensator. Sämtliche Adern werden am fernen Ende isoliert, am Meßort an Erde gelegt und entladen. Zum Messen wird ein Kondensator von bekannter Kapazität C ($\frac{1}{2}$ bis 1 μF) und eine Stromquelle von gleichbleibender Spannung (10 V) benutzt.

Vor und nach der Messung der Adern wird der Kondensator mit der Meßspannung geladen und durch das Galvanometer entladen. Die Ablenkung sei A, und N der Umrechnungsfaktor für den Nebenschluß. Dann wird jede Ader geladen und entladen. Die Ablenkungen bei der Entladung seien a, der Umrechnungsfaktor sei n. Wegen der Vergleichbarkeit der Resultate empfiehlt es sich, die Entladung erst erfolgen zu lassen, wenn die Batterie eine bestimmte Zeit, in der Regel eine Minute angelegt gewesen ist.

Ist Kl die gesuchte Kapazität, C die des Kondensators, so ist

$$Kl = \frac{a}{A}\,\frac{n}{N}\,C$$

b) Nach Devaux-Charbonnel (El., Paris Ser 2, Bd. 29, S. 243). Lange Kabel lassen sich mit dem ballistischen Galvanometer nicht messen, weil die Voraussetzung, daß der Ladungsvorgang in einem kleinen Teil der Schwingungsdauer des Galvanometers abgelaufen sei, nicht erfüllt ist.

Man legt, Fig. 113, zuerst T_2 nach unten und beobachtet die Elektrizitätsmenge $Q_1 = CE_1$, die darauf beim Niederdrücken von T_1 das Galvanometer durchfließt. Dann legt man T_2 nach oben und ladet das Kabel in Reihe mit dem Kondensator, der nunmehr eine kleinere Ladung als vorher annimmt; wird T_2 wieder nach unten gelegt, so ladet sich der Kondensator

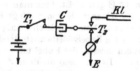

Fig. 113. Kapazitätsmessung nach Devaux-Charbonnel.

wieder auf, und die Differenz $Q_2 = CE/(C + Kl)$ wird durch die zweite Ablenkung des Galvanometers gemessen. Aus beiden ergibt sich

$$Kl = C\,\frac{Q_1 - Q_2}{Q_2}$$

Die Ladezeit für das Kabel braucht nur von der Ordnung $Kl\,Rl$ zu sein, darf aber auch nur einen kleinen Teil des Wertes $Kl\,U_1$ ausmachen.

c) Differentialmethode nach Thomson, (Kempe, S. 369.) Hierbei wird das in (185) beschriebene Verfahren angewandt. Ist C_2 die Kapa-

zität des Kabels, U sein wahrer Isolationswiderstand, so hat man zur Berücksichtigung des Ladungsverlustes die gefundene Kapazität C_2 zu multiplizieren
mit $(r_2 + U)/U$; nach einer genaueren Formel von Schwendler mit

$$\sqrt{\frac{R}{U}} \Big/ \left(1 - e^{-\sqrt{\frac{R}{U}}}\right)$$

worin R der Kupferwiderstand des Kabels.

Fig. 114. Kapazitätsmessung
nach Gott.

d) In der Wheatstoneschen
Brücke (Gott, Kempe, S. 373), Fig. 114;
C_2 sei das Kabel, dessen fernes Ende isoliert ist;
die zweite Belegung von C_2 ist die äußere Kabelhülle und Erde; es liegt also der rechte Eckpunkt
des Vierecks an Erde. Schließt man erst die
Taste im Batteriezweig, nach wenigen Sekunden
die Taste im Galvanometerzweig und gleicht R_1,
R_2 und C_1 so lange ab, bis beim Schluß des Galva-
nometerzweiges das Instrument keinen Ausschlag
zeigt, so ist

$$C_2 = C_1 \cdot \frac{R_1}{R_2}$$

Um den Ladungsverlust durch die Isolationshülle des Kabels zu berücksichtigen,
wird die gefundene Kapazität mit $f = e^{-\frac{t}{C_2 U}}$ multipliziert, worin U der wahre
Isolationswiderstand des Kabels, t die Zeit, während deren die Batterie geschlossen
wird. Werte von f s. (7).

(265) Kabeltemperatur. Bei Messungen an mehradrigen Telegraphenkabeln wird in der Reichs-Telegraphen-Verwaltung folgendes Verfahren angewendet.

Die zur Umrechnung des Isolationswiderstandes erforderliche Ermittlung der
Kupfertemperatur geschieht in einer Wheatstoneschen Brücke, deren Arme gebildet sind 1. aus einer Kabelschleife, 2. aus einem Rheostaten, der auf den Widerstand der Kabelschleife bei der Normaltemperatur eingestellt ist, 3. und 4. aus zwei
Widerständen von nahezu 1000 $\emptyset$. Aus einem Zusatzkasten, der nach Vielfachen
von 3,7 $\emptyset$ geeicht ist, fügt man soviel Widerstand zu dem einen oder anderen der
beiden Widerstände von 1000 $\emptyset$ hinzu, bis das Gleichgewicht in der Brücke hergestellt ist. Man sieht leicht, daß, wenn man bei Abgleichung der Brücke z. B. zu
dem an die Kabelschleife anstoßenden Widerstande von 1000 $\emptyset$ noch $n \cdot 3,7$ $\emptyset$ hat
zufügen müssen, das Kabel um n Celsiusgrade über der Normaltemperatur sich befindet. Es wird also an dem Zusatzkasten ohne weitere Rechnung die mittlere
Kabeltemperatur festgestellt. Die gebräuchlichen Zusatzkästen reichen aus bis
$\pm$ 19,9° Abweichung von der Normaltemperatur.

Zur Umrechnung des Guttapercha-Widerstandes auf die Normaltemperatur
wird ein Rechenschieber verwendet. Der Ausdruck für den Isolationswiderstand für 1 km bei Normaltemperatur nach (263a und d)

$$U_0 = \frac{A}{a} \frac{N}{n} G R_0 l \, 10^{-6} \text{ Megohm}$$

wird, abgesehen von der Zehnerpotenz $\frac{N}{n} R_0 10^{-6}$, mit einem Rechenschieber besonderer Art ermittelt. Dieser enthält in logarithmischer Teilung derselben Einheit auf
der oberen Linealkante die Beträge $1/a$ und auf der oberen Schieberkante die von

$1/AG$, wobei angenommen wird, daß A stets gleich 200 gemacht werde. Die Beträge $1/AG$ sind für alle Temperaturen von — 5⁰ bis + 24⁰ berechnet und die Teilstriche nach Temperaturen beziffert; ähnlich ist die Teilung $1/a$ nach den a (Ablesungen) beziffert. Stellt man eine bestimmte Temperatur auf dem Schieber einer bestimmten Ablesung gegenüber, so weist der Anfangspunkt der Schieberteilung auf den Betrag $\log 1/a — \log 1/AG = \log AG/a$. Die untere Schieberteilung wie diejenige der unteren Linealkante ist eine einfache logarithmische. Faßt man daher auf der unteren Schieberteilung einen bestimmten Teilpunkt, welcher der Kabellänge l entspricht, ins Auge, so entspricht diesem auf der unteren Linealteilung der Betrag AGl/a, welcher, abgesehen von einer Potenz von 10, gleich dem Isolationswiderstand für 1 km Länge bei Normaltemperatur ist.

(266) Doppelleitungskabel werden für die Reichs-Telegraphenverwaltung nach folgendem Verfahren abgenommen. Aus den Adern werden Meßgruppen gebildet, welche je nach der Aderzahl des Kabels aus je zwei bis zehn Adern bestehen; alle a-Leiter der Gruppen sind hintereinander geschaltet, ebenso für sich alle b Leiter.

Der Widerstand wird an den zu einer Schleife verbundenen a- und b-Leitern in der Wheatstoneschen Brücke gemessen.

Der Isolationswiderstand und die Kapazität werden durch Vergleich der Ablenkungen oder Ausschläge mit denen bei bekannten Widerständen und Kondensatoren bestimmt. Von den (263 u. 264) beschriebenen Isolations- und Kapazitätsmessungen weichen die für Doppelleitungskabel darin ab, daß statt der Erdverbindung die zweite Leitung angelegt wird.

Für das von der Reichs-Telegraphenverwaltung vorgeschriebene Verfahren hat die A.-G. Siemens & Halske eine Schaltvorrichtung ausgearbeitet, welche schematisch in Fig. 115 dargestellt ist. Eine gut isoliert aufgestellte Batterie wird über einen Umschalter U mit einem in seiner Mitte geerdeten Widerstande von 100 000 $Ø$ verbunden. Durch die Erdverbindung erhalten die Pole des Widerstandes gleiches und entgegengesetztes Potential. Sollen mehrere Meßsysteme aus einer Batterie gespeist werden, so wird diese in der Mitte geerdet und mit Zellenschaltern ausgerüstet. A und B sind Umschalter, welche aus drei und zwei gekuppelten Tasten bestehen, C ist ein einfacher Umschalter. B dient dazu, die a-Leitung mit der b-Leitung zu vertauschen, während A die Anlegung und Abschaltung der Stromquelle gegen das Kabel besorgt. In der Ruhelage von A (links) ist das Galvanometer kurz geschlossen, die a- und b-Adern sind miteinander und der Erde verbunden. Wird A in die Arbeitslage gebracht

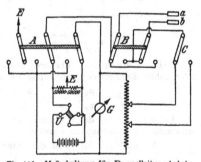

Fig. 115. Meßschaltung für Doppelleitungskabel.

(rechts), so fließen gleiche Ströme entgegengesetzter Richtung in die beiden Zweige der Doppelleitung; einer davon fließt zum Teil durch das Galvanometer G und dient zur Messung. Der Ayrtonsche Nebenschluß (171) dieses Galvanometers ist mit zwei Kurbeln und zwei Sätzen von Abzweigkontakten für die Unterabteilungen versehen. Durch den Umschalter C kann die eine oder andere Kurbel eingeschaltet werden. Dies ermöglicht, da bei Kapazitäts- und Widerstandsmessung meist verschiedene Nebenschlüsse gebraucht werden, diese ohne Neueinstellung zu wechseln. Man stellt zunächst den Umschalter C auf den Nebenschluß für Kapazität, legt dann A um und beobachtet den ersten Ausschlag. Alsdann legt man C für Isolation um und beobachtet die verbleibende dauernde Ablenkung. A wird dann zurückgelegt und für die zweite Stellung von B die Messungsreihe wiederholt.

Literatur.

H. D r e i s b a c h , Telegraphenmeßkunde. Braunschweig 1908. — Telegraphenmeßordnung; Berlin 1910. — R. H. K e m p e , Handbook of electrical testing. London 1900.

Ortsbestimmung von Fehlern in Kabeln.
I. Nebenschließungen in einadrigen Kabeln.
a) Widerstandmessungen.

(267) Allgemeine Gleichungen. Eine Leitung zwischen den beiden Ämtern I und II habe eine Nebenschließung; der Widerstand, gemessen von einem Ende der Leitung aus, sei

u, wenn das ferne Ende isoliert ist,

v, wenn das ferne Ende an Erde liegt,

w, wenn am fernen Ende zwischen Leitung und Erde ein Widerstand r liegt;

ferner sei

f der Widerstand der Fehlerstelle von der Leitung bis zur Erde.

Die Messungen können entweder von jedem Endamt der Leitung aus oder nur von einem Ende aus gemessen werden; im ersteren Falle wird die Bezeichnung des Meßamtes der gemessenen Größe beigesetzt; z. B. u_1, w_2.

Der, soweit er gebraucht wird, als bekannt vorausgesetzte Widerstand der fehlerfreien Leitung sei mit l, die unbekannten Widerstände der Teile von l mit x, y bezeichnet; es ist $l = x + y$.

M e s s u n g e n v o m

Endamt I.	Endamt II.
$u_1 = x + f$	$u_2 = y + f$
$v_1 = x + \dfrac{y\,f}{y+f}$	$v_2 = y + \dfrac{x\,f}{x+f}$
$w_1 = x + \dfrac{f\,(y+r)}{y+f+r}$	$w_2 = y + \dfrac{f\,(x+r)}{x+f+r}$

Zwischen diesen 6 ausführbaren Messungen bestehen folgende von der Beschaffenheit des Fehlers unabhängige Beziehungen:

$$\frac{u_1}{v_1} = \frac{u_2}{v_2}; \quad \frac{u_1}{r} = \frac{u_2 - w_2}{w_2 - v_2}; \quad \frac{u_2}{r} = \frac{u_1 - w_1}{w_1 - v_1}$$

Es lassen sich von den 6 Messungen also nur drei beliebig ausgewählte zur Bestimmung der Unbekannten benutzen.

Hiernach gestaltet sich die Untersuchung in folgender Weise:

Die Messungen lassen sich von beiden Endämtern ausführen	Die Messungen lassen sich nur von einem Endamt ausführen.
$l = x + y$ bekannt	
u_1 und u_2 gemessen	u und w gemessen (B l a v i e r , Kempe S. 269).
$x = \dfrac{1}{2}\,l + \dfrac{u_1 - u_2}{2}$	$x = v - \sqrt{(u-v)\,(l-v)}$
$y = \dfrac{1}{2}\,l - \dfrac{u_1 - u_2}{2}$	$y = l - v + \sqrt{(u-v)\,(l-v)}$
$f = -\dfrac{1}{2}\,l + \dfrac{u_1 + u_2}{2}$.	$f = w - v + \sqrt{(u-v)\,(l-v)}$

l ist unbekannt

$u_1,\ u_2,\ v_1$ gemessen	$u,\ v,\ w$ gemessen

$$x = u_1 - \sqrt{u_2\,(u_1 - v_1)} \qquad\qquad x = u \quad - \sqrt{\dfrac{r\,(u-v)\,(u-w)}{w-v}}$$

$$y = u_2 - \sqrt{u_2\,(u_1 - v_1)} \qquad\qquad y = r\,\dfrac{u-w}{w-v} - \sqrt{\dfrac{r\,(u-v)\,(u-w)}{w-v}}$$

$$f = \sqrt{u_2\,(u_1 - v_1)} \qquad\qquad\qquad f = \sqrt{\dfrac{r\,(u-v)\,(u-w)}{w-v}}$$

(268) Methode von Dresing. (El. Rev. vom 15. Nov. 1899.) Der Widerstand der am fernen Ende mit Erde verbundenen Ader wird mit der Brücke bestimmt. Man findet dadurch

$$v = x + \frac{v\,f}{y+f}$$

Dann schaltet man parallel zur Ader am Meßort einen Widerstand ρ zur Erde, während das ferne Ende isoliert wird, läßt aber den bei der ersten Messung gestöpselten Widerstand v ungeändert und verändert den parallel geschalteten Widerstand ρ so lange, bis Gleichgewicht eintritt. Dann ist

$$v = \frac{\rho\,(x+f)}{\rho + (x+f)}$$

Ist nun der Widerstand der unbeschädigten Ader bekannt als $l = x + y$, so findet sich

$$x = v\left(1 - \sqrt{\frac{l-v}{\rho-v}}\right)$$

(269) Kenellys Methode. Der Widerstand eines Nebenschlusses in einem Kabel ist bei Strömen unter 0,025 A umgekehrt proportional der Wurzel aus dem Strome. Mißt man mit den beiden Strömen i_1 und i_2 die Widerstände u_1 und u_2 so ist der Widerstand des Kabels bis zur Fehlerstelle

$$\frac{u_1\sqrt{i_1} - u_2\sqrt{i_2}}{\sqrt{i_2} - \sqrt{i_1}}$$

(270) Chemische Veränderungen der Kupferader an der Fehlerstelle. Einflüsse der Bodensalze, des Seewassers, des elektrischen Stromes verändern die Berührungsstelle des Kupfers mit dem Erdreich oder dem Wasser.

Methode von Lumsden für Seekabel. (Kempe, S. 272.) Der Zn-Pol eine Batterie von 100 V wird 10—12 Stunden an die Leitung gelegt; gelegentlich kehrt man den Strom für einige Minuten um. Hierdurch wird das Kupfer an der Fehlerstelle rein. Man schickt darauf einen Strom von etwa 0,03 A in positiver Richtung in das Kabel, um an der Fehlerstelle Kupferchlorid zu erzeugen. Nach einiger Zeit legt man das Kabel zur Widerstandsmessung an die Brücke, während der positve Pol der Meßbatterie geerdet ist. Der Widerstand ändert sich fortgesetzt, da das Kupferchlorid an der Fehlerstelle zersetzt wird, und man folgt den Änderungen, indem man seinen Vergleichswiderstand stets so regelt, daß das Galvanometer stromlos ist. In dem Augenblicke, wo alles Kupferchlorid zersetzt ist, und Wasserstoffentwicklung beginnt, ändert sich der Widerstand plötzlich sehr bedeutend, so daß das Galvanometer plötzlich stark abgelenkt wird. Der vor diesem Sprunge zuletzt eingestellte Widerstand gibt den Wert des Widerstands bis zur Fehlerstelle.

Potentialmessungen.

(271) Clarks Methode. Ist die Nebenschließung unvollkommen, so kann das Potential an der Fehlerstelle, also auch am fernen isolierten Ende nicht Null sein

Auf dem Amt I Fig. 116 wird zwischen Kabelende und Batterie ein Widerstand r eingeschaltet, auf dem Amt II bleibt das Kabel isoliert.

Die Potentiale vor und hinter dem Widerstande r seien V_1 und V_2, das Potential am fernen isolierten Ende V_3 (= dem der Fehlerstelle), dann ist

$$x = r \cdot \frac{V_2 - V_3}{V_1 - V_2}$$

Die Potentiale bestimmt man an beiden Enden nach Fig. 61, S. 137.

(272) Siemenssche Methode gleicher Potentialdifferenzen, Fig. 117. Die Methode beruht darauf, daß bei der Einwirkung von zwei entgegengesetzt geschalteten Batterien an beiden Enden des Kabels durch Veränderung der elektromotorischen Kraft der Batterien oder Einschaltung von Widerständen zwischen Kabel und Batterie das Potential gerade an der Fehlerstelle zu Null gemacht wird.

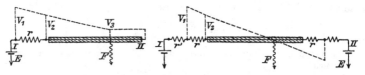

| Fig. 116. | Fig. 117. |
| Clarks Methode der Potentialmessung. | Siemenssche Methode der Potentialmessung. |

In diesem Falle entweicht kein Strom über den Fehler, man kann also die richtige Abgleichung daran erkennen, daß die Stromstärke an beiden Enden des Kabels denselben Wert hat.

Man schaltet in beiden Ämtern mit den Batterien und dem Kabel die regulierbaren Widerstände r' und die untereinander gleichen Widerstände r in Reihe, letzteren werden gleich empfindliche Galvanometer parallel geschaltet. Auf einem der Ämter wird r' so lange verändert, bis die Galvanometer gleichen Ausschlag zeigen, d. h. bis auf beiden Seiten die Spannungen an den Widerständen r oder die Stromstärken in r gleich sind. Ist dies erreicht, so ist

$$x = r \frac{V_1 - V_2}{V_2}$$

Man mißt V_1 und V_2 nach (173). Zweckmäßig ist es, r so zu wählen, daß es annähernd gleich x ist, da dann das Ergebnis der Messung am zuverlässigsten wird.

II. Nebenschließungen in mehradrigen Kabeln.

(273) Erdfehler in einer oder mehreren Adern. Befinden sich in dem Kabel neben den fehlerhaften eine oder mehrere unverletzte Adern, so bildet man aus einer fehlerhaften Ader R_1 und einer fehlerfreien a_2 eine Schleife durch isolierte Verbindung am fernen Ende. Mißt man den Widerstand dieser Schleife mit einem von der Erde völlig isolierten Meßsystem, so übt der Fehler auf das Resultat keinen Einfluß aus, und man erhält

$$a_1 + a_2 = R_1$$

Man macht alsdann nach Fig. 118 (Erdfehlerschleife) eine zweite Messung, indem man den einen Batteriepol an Erde legt und die Verbindungsstelle von r (Vergleichswiderstand) mit a_1 isoliert. Die Fehlerstelle bildet nunmehr einen Eckpunkt der Brücke, und bei Gleichgewicht ist

$$r_1 (a_2 + y) = r_2 (r + x).$$

Da $x + y = a_1$ und $a_1 + a_2 = R_1$ ist, so ergibt sich

$$x = \frac{r_1 R_1 - r r_2}{r_1 + r_2}$$

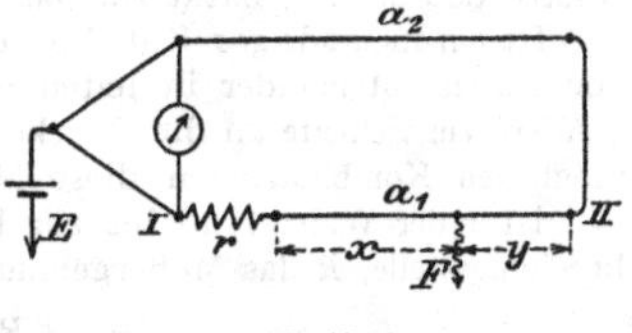

R_1 und r bedeuten die Mittel der Beobachtungen mit beiden Polen. Es ist demnach

Fig. 118. Erdfehlerschleife.

beim Vorhandensein nur einer fehlerfreien Ader möglich, den Widerstand der fehlerhaften Adern bis zur Fehlerstelle festzustellen. Um den Ort des Fehlers in km zu bestimmen, muß in diesem Falle der Widerstand für 1 km bekannt sein.

Sind zwei oder mehr fehlerfreie Adern vorhanden, so kann man nach (261) den Wert des Widerstandes jeder Ader einzeln bestimmen. Hat die Ader a_1 die Länge l km und den Widerstand a_1 $\varnothing$, so ist die Entfernung der Fehlerstelle vom messenden Amte I

$$l_1 = l \frac{x}{a_1}.$$

Man wird die Messung vom Amte II aus wiederholen und dadurch y und l_2 bestimmen. Ergibt $l_1 + l_2$ einen größeren Wert als l, so liegt der Fehler wahrscheinlich in der Entfernung

$$l_1 + \frac{1}{2} (l_1 + l_2 - l)$$

vom Amte I aus.

(274) a) Berührung zweier Adern ohne gleichzeitigen Erdfehler. Ist wenigstens eine fehlerfreie Ader (a_2) vorhanden, so macht man zunächst die Berührung durch Erdung einer der in Berührung befindlichen Adern (a_2) zum Erdfehler und mißt den Widerstand der anderen in Berührung befindlichen Ader (a_1) bis zur Fehlerstelle nach (273). Darauf isoliert man die vorher geerdete Ader a_2 an beiden Enden, legt dafür die Verbindung der Ader a_1 mit der fehlerfreien a_2 im fernen Amte an Erde und mißt diese Schleife (a_1, a_2) nach der Erdfehlerschleifenmethode. Man erhält auf diese Weise den Widerstand der Ader a_1 für die ganze Länge. Danach ist die Entfernung bis zur Fehlerstelle bekannt.

Ist keine fehlerfreie Ader vorhanden, so werden die Adern am fernen Ende isoliert und der Gesamtwiderstand je zweier Adern bis zur Fehlerstelle gemessen. Ist das Ergebnis der Messungen R, sind x_1 und x_2 die Widerstände der beiden Adern bis zur Fehlerstelle, f der Widerstand des Fehlers, so ist

$$R = x_1 + x_2 + f.$$

Man kann in der Regel $x_1 = x_2$ setzen und f gegen $x_1 + x_2$ vernachlässigen, so daß näherungsweise

$$x_1 = \tfrac{1}{2} R$$

Die Messungen werden vom fernen Amte aus wiederholt und aus beiden Messungsergebnissen das wahrscheinliche Resultat nach der Näherungsformel in (273) berechnet.

b) Berührung zweier Adern mit gleichzeitigem Erdfehler wird wie ein Erdfehler in einer Ader behandelt, indem man die sich berührenden Adern an beiden Enden miteinander verbindet.

III. Unterbrechung von Adern.

(275) Ist eine Kabelader vollkommen unterbrochen und die Fehlerstelle isoliert, so läßt sich der Fehler nur durch Ladungsmessungen bestimmen, vorausgesetzt, daß die Kapazität für das Kilometer in normalem Zustande bekannt ist.

Ist ein mehradriges Kabel an einer Stelle durchschnitten, wobei eine Anzahl von Adern miteinander in leitende Verbindung kommen, so legt man jedesmal 2 Adern zur Schleife an die Brücke, mißt den Widerstand und wiederholt in allen möglichen Kombinationen diese Messung.

Ist x der Widerstand bis zur Fehlerstelle, f der Widerstand an der Unterbrechungsstelle, R das Meßergebnis, so ist für alle Messungen

$$R = 2x + f$$

wobei durch die verschiedenen Fehlerwiderstände kleine Abweichungen des f begründet werden.

Falls f sehr klein ist, ist $x = \frac{1}{2} R$.

Das Ergebnis kann vom anderen Ende aus geprüft werden.

In anderer Weise kann man den Fehler näherungsweise bestimmen, wenn man als einen Zweig der Schleife e i n e Ader, als zweiten zuerst zwei miteinander verbundene Adern, dann 3, 4 usw. anlegt, unter gleichzeitiger Einschaltung eines Widerstandes r in den letzten Zweig. Sind die beiden anderen Brückenarme einander gleich gemacht und nur r veränderlich, so ergeben die Messungen für die gedachten Fälle:

1. 2 verbundene Adern bilden einen Schleifenzweig: $x = \frac{1}{2} x + r_1$,
2. 3 Adern bilden den Zweig der Schleife: $x = \frac{1}{3} x + r_2$,
3. 4 Adern bilden den Zweig der Schleife: $x = \frac{1}{4} x + r_3$

usw., woraus

$$x = 2 r_1, \quad x = \frac{3}{2} r_2, \quad x = \frac{4}{3} r_3$$

usw., so daß ein Näherungswert erzielt werden kann.

Betriebsmessungen an Telegraphen- und Fernsprechleitungen.

(276) Instrumente und Schaltungen. In der Reichs-Telegraphenverwaltung wird in größeren Ämtern das Universalmeßinstrument, in solchen geringerer Bedeutung ein Differentialgalvanometer benutzt.

a) Das U n i v e r s a l m e ß i n s t r u m e n t (UMI) besteht aus einem Drehspulen-Zeigerinstrument hoher Empfindlichkeit (die Ablenkung aus der Skalenmitte nach einer der beiden Endstellungen = 120 Teilstrichen erfordert 0,0006 A), welches wie das Siemenssche Universalgalvanometer mit einer Meßbrücke verbunden ist, die aus einem kreisförmig ausgespannten Meßdraht mit Laufkontakt und mehreren festen Vergleichswiderständen besteht.

b) Das benutzte D i f f e r e n t i a l g a l v a n o m e t e r enthält feststehende Spulen und eine Magnetnadel auf einer Spitze. Die Empfindlichkeit in der Nähe der Ruhelage ist annähernd dieselbe wie diejenige des Universalmeßinstruments.

c) Beide Instrumente werden mit S c h a l t s y s t e m e n benutzt, welche dem Universalmeßinstrument unmittelbar eingebaut, dem Differentialgalvanometer als Zusatzkasten beigegeben werden. Sie bestehen aus Kurbelschaltern, durch deren Einstellung bestimmte Meßschaltungen selbsttätig hervorgebracht werden. Die Schaltung für das UMI (vgl. ETZ 1900, S. 538) ist in Fig. 119 schematisch dargestellt. Es bestehen drei unabhängige Kurbelsysteme. Die Doppelkurbel (BU) dient als Batterieumschalter, die dreifache Kurbel (MU) stellt in der äußersten Lage links die Brückenschaltung her, in der mittleren Lage die Schaltung für

Isolationsmessung, in der äußersten Lage rechts ist das Galvanometer zur Ausführung von Strom- und Spannungsmessungen unter Zuhilfenahme eines Zusatzkastens bereit gestellt (171, 172). Die Einzelkurbel (LU) legt in der Endlage nach links den vierten Brückeneckpunkt und den einen Batteriepol an Erde, so daß in Verbindung mit einer der beiden Stellungen des Schalters *MU* Widerstands- und Isolationsmessungen an einer Einzelleitung mit Erde ausgeführt werden können; in der Mittellage entfernt *LU* die Erde vollständig aus dem Meßsystem, so daß die genannten Messungen an Doppelleitungen gemacht werden können; in der Endlage rechts legt *LU* einen Batteriepol allein an Erde und dient in Verbindung mit der Brückenschaltung zur Herstellung der Erdfehlerschleife. *BU* schaltet in der Mittellage die Batterie aus und ersetzt ihren Widerstand durch einen Drahtwiderstand; dies dient zur Einstellung auf den falschen Nullpunkt (262,3).

Die Ablesung der Brückenmessungen geschieht infolge besonderer Einteilung der Skale des Meßdrahtes unmittelbar in Ohm; je nach dem verwendeten Vergleichswiderstand ist ein auf dem zugehörigen Stöpselklotz angegebener Zehnerfaktor zu berücksichtigen.

Die Schaltung des Zusatzkastens zum Differentialgalvanometer ist schematisch durch Fig. 120 dargestellt; in der wirklichen Ausführung sind die Umschalter und Tasten durch Hebelumschalter nach der Art der in Vielfachumschaltern gebräuchlichen Hörschlüssel ersetzt worden. Auch bei dieser Einrichtung ist Polwechsel sowie Widerstandsund Isolationsmessung an Einzel- wie Doppelleitung in beliebiger Zusammenstellung, endlich die Erdfehlerschleifenmessung ausführbar. Der Doppelumschalter rechts stellt in der einen Lage die Differentialschaltung, in der anderen die Isolationsschaltung für direkte Ablenkung her. Die

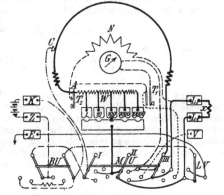

Fig. 119. Universal-Meßinstrument.

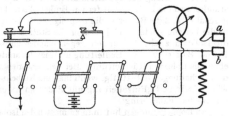

Fig. 120. Meßschaltung der Differential-Galvanometer.

einfache Taste dient zum Schließen und Öffnen der Batterie, die doppelte für die Messung in der Erdfehlerschleife.

(277) Messung des Leitungswiderstandes. a) Bei zwei Leitungen. Bei diesem besonders in der Fernsprechtechnik häufigen Falle mißt man zunächst den Widerstand der am Ende isoliert verbundenen Leitungen unter Ausschluß der Erde im Meßinstrument. Darauf läßt man die Verbindung der beiden Leitungen am fernen Ende erden und mißt die Doppelleitung nach der Methode der Erdfehlerschleife, indem man zweckmäßig die Messung unter Vertauschung der beiden Zweige wiederholt. Aus beiden Messungen zusammen ergibt sich der Widerstand jeder einzelnen Leitung.

Beim UMI ist folgende Formel anzuwenden:
Sind Zehnerfaktor und Einstellung des Schleifkontaktes
a) bei der Messung in isolierter Schleife N_1 und a_1,
b) bei der Messung in der Erdfehlerschleife N_2 und a_2,
so ist der Widerstand des an die Klemme L_2 angelegten Zweiges bis zur Erdungsstelle

$$l_2 = \frac{N_1 a_1 - N_2 a_2}{1 + \dfrac{a_2}{3}}$$

Hat man bei Benutzung des Differentialgalvanometers die Schleife mit dem Zweige l_1 an das Meßinstrument, mit dem Zweige l_2 an den Rheostaten angelegt, ferner bei Messung der isolierten Schleife auf den Widerstand R_1 abgeglichen, bei Messung in der Erdfehlerschleife auf den Widerstand R_2, so ist

$$R_1 = l_1 + l_2, \quad R_2 + l_2 = l_1.$$

Daher ist also

$$l_1 = \frac{R_1 + R_2}{2}, \quad l_2 = \frac{R_1 - R_2}{2}$$

b) B e i   e i n e r   E i n z e l l e i t u n g. In der Meßeinrichtung werden sowohl der zweite Batteriepol als auch der Vergleichswiderstand an dem vom Galvanometer abgekehrten Ende geerdet; bei den beschriebenen Meßeinrichtungen geschieht dies unmittelbar durch Einstellung des zugehörigen Umschalters auf „Einzelleitung mit Erde". Die zu messende Leitung wird am fernen Ende an Erde gelegt. Wegen der Polarisation in den Erdleitungen ist die Messung mit beiden Polen auszuführen. Aus den Ergebnissen r_1 und r_2 mit beiden Polen erhält man den Näherungswert

$$l = \sqrt{r_1 r_2}$$

(278) Messung des Isolationswiderstandes. Zur Messung des Isolationswiderstandes wird die Leitung am fernen Ende isoliert. Die Meßeinrichtung wird derart geschaltet, daß die Batterie, die einpolig geerdet ist, durch das Galvanometer Strom in die Leitung sendet, welcher über die Stützen zur Erde zurückfließt. Will man die Isolation zweier Leitungen gegeneinander messen, so trennt man den einen Pol der Batterie von der Erdleitung und legt ihn an den Anfang der am fernen Ende ebenfalls isolierten Rückleitung. Bei den beschriebenen Meßeinrichtungen erfolgen diese Schaltungen selbsttätig, wenn man die Kurbeln auf die Stellungen „Isolationswiderstand" und „Einzelleitung mit Erde" im ersten Falle, oder „Doppelleitung" im zweiten Falle bringt.

An Doppelleitungen hat man zu messen den Isolationswiderstand jeder Leitung gegen Erde und beider Leitungen gegeneinander.

Das Differentialgalvanometer bedarf einer Eichung der Gradteilung nach Widerständen für eine bestimmte Ablenkung. Es wird daher im allgemeinen in dieser Schaltung mehr zur Isolationsprüfung als zur absoluten Messung zu verwenden sein; man kann den Isolationswiderstand, wenn erforderlich unter Benutzung eines Nebenschlusses zu einer Galvanometerwicklung, auch wie einen Leitungswiderstand messen.

Die Berechnung des Isolationswiderstandes aus der Ablesung am Universalmeßinstrument erfordert die Feststellung der Empfindlichkeit. Dazu setzt man den Stöpsel des Vergleichswiderstandes auf 10 000, stellt auf „Isolationswiderstand" und „Doppelleitung" und verbindet die Klemmen L_1 und L_2, gegebenen Falles am Linienumschalter. Bei voller Empfindlichkeit erhält man alsdann bei 15 V Meßbatterie etwa 120, allgemein A Skalenteile. Ist bei Isolationsmessungen die Ablenkung, auf volle Empfindlichkeit berechnet, a, so ist der Isolationswiderstand

$$U_1 = \frac{A}{a}\, 30\,000 \text{ Ohm}$$

Die Abstufung der Empfindlichkeit geschieht durch die Taste T_2, welche in der Ruhelage durch den Nebenschluß N die Empfindlichkeit auf $^1/_{10}$ des Betrages bei der Arbeitslage herabsetzt.

(279) Die **Kapazität** wird an oberirdischen Leitungen betriebsmäßig nicht gemessen, hauptsächlich weil wegen der großen und veränderlichen Ableitung keine sicheren Messungen mit Gleichstrom ausgeführt werden können. Günstiger liegen die Verhältnisse für Messungen mit Wechselstrom von der Frequenz der Fernsprechströme (186).

Ortsbestimmung von Fehlern in oberirdischen Leitungen.

(280) **Durch Teilung der Leitung.** Da Telegraphenleitungen häufig aus Drähten verschiedenen Durchmessers bestehen, in einzelnen Fällen im Regelzustande Apparate oder Stromquellen enthalten, so werden auftretende Fehler im Betriebe selten durch Messung, meistens durch Teilung der Leitung eingegrenzt.

Zu diesem Zweck sind Untersuchungsstellen vorgesehen, an denen der O- und W-Zweig der Leitung je an einem besonderen Isolator endigen; im Regelzustande sind sie durch Hilfdrähte mittels einer aufgesetzten Klemme verbunden, bei deren Lösung also beide Zweige isoliert werden. Eine bis zur Isolatorstütze geführte Erdleitung ermöglicht, einen oder beide Zweige zu erden.

Ist eine Leitung unterbrochen („stromlos"), so läßt man sie an einer leicht zu erreichenden Stelle, z. B. in der Mitte, erden. Der fehlerfreie, „gesunde" Zweig zeigt dann Erdschluß, der andere auch jetzt noch eine Unterbrechung. Dieser wird mittels einer Erdung an einer anderen Stelle weiter untersucht, bis auch das Stück von dem Beobachtungsamt bis zur Erdungsstelle Erdschluß zeigt. Die Unterbrechung liegt alsdann zwischen den letzten beiden Untersuchungsstellen.

Zeigt die Leitung Nebenschluß zur Erde, so werden an den Untersuchungsstellen beide Zweige isoliert, bis zwei benachbarte Untersuchungsstellen gefunden sind, zwischen denen der Fehler liegt.

Berühren sich zwei Leitungen ohne Erdschluß, so wird eine davon auf einer Seite isoliert und auf der anderen geerdet; dann kann man das Verfahren wie bei Nebenschluß zur Erde anwenden.

Aus baulichen und Betriebsgründen kann man auf die Ausführung einer erforderlichen Isolierung oder Erdung erst 20 bis 30 Minuten nach der Bestellung rechnen; daher ist das geschilderte Verfahren bei aller Einfachheit sehr zeitraubend, und man unterstützt es, wenn möglich, durch elektrische Messungen.

(281) **Messung bei Nebenschließungen.** a) Es steht nur die fehlerhafte Leitung zu Gebote.

Wird von beiden Seiten aus (falls die Endämter auf einem Umweg in Verbindung treten können) der Widerstand bei Isolation des fernen Endes gemessen, so hat man

von I aus (Leitung in II isoliert): $u_1 = x + f$
von II aus (Leitung in I isoliert): $u_2 = y + f$

Ist $l = x + y$ bekannt, so erhält man:

$$x = \tfrac{1}{2}\,(l + u_1 - u_2); \quad y = \tfrac{1}{2}\,(l - u_1 + u_2)$$

b) Wird von einem Amt aus Widerstand bei Isolation und bei Erdverbindung auf dem anderen Amt gemessen, so erhält man die in (267) für unterirdische Leitungen angegebenen Formeln.

Hilfsbuch f. d. Elektrotechnik. 8. Aufl.   14

c) Wenn eine fehlerfreie Leitung zur Verfügung steht, so schaltet man die beiden Leitungen so an das Meßinstrument, daß die fehlerhafte an die Klemme L_2 kommt, und läßt sie im fernen Amte direkt verbinden. Man bestimmt dann die Fehlerstelle nach (273, 276).

(282) Berührung zweier Leitungen. Man läßt die Leitungen auf dem entfernten Amt isolieren und mißt die Widerstände der Doppelleitung von beiden Ämtern aus, r_1 und r_2. Dann ist:

$$r_1 = 2x + f \text{ und } r_2 = 2y + f$$

woraus:

$$r_1 + r_2 = 2(x + y) + 2f$$

$$f = \frac{r_1 + r_2}{2} - l, \quad x = \frac{1}{4}(r_1 - r_2) + \frac{l}{2}, \quad y = \frac{1}{4}(r_2 - r_1) + \frac{l}{2}$$

Diese Methode ist natürlich nur dann brauchbar, wenn beide Leitungen gleich lang sind und an beiden Endpunkten in dieselben Meßämter einmünden.

Messungen an Erdleitungen.

(283) Die Messungen können entweder mit Hilfe gleichgerichteter Ströme oder mit Wechselströmen vorgenommen werden. Verwendet man Gleichstrom, so nimmt man zweckmäßig eine starke Batterie und führt jede Messung auch mit umgekehrter Stromrichtung aus; in diesem Falle wird aus den beiden Messungen das arithmetische Mittel genommen. Verwendet man Wechselstrom, so bietet das Telephon in Verbindung mit der Brücke ein sehr zweckmäßiges Mittel; vgl. (169).

(284) Methoden von Schwendler und Ayrton. Je 7 bis 10 m weit von der zu untersuchenden Erdplatte entfernt, werden 2 andere Platten in die Erde eingegraben. Die Übergangswiderstände der drei Platten seien P_1, P_2, P_3. Von je zweien dieser Platten wird der Gesamtwiderstand R gemessen. Die Ergebnisse der drei Messungen seien

$$R_{12} = P_1 + P_2; \quad R_{13} = P_1 + P_3; \quad R_{23} = P_2 + P_3,$$

$$\text{die Summe } R_{12} + R_{13} + R_{23} = S,$$

dann ist

$$P_1 = \frac{S}{2} - R_{23}; \quad P_2 = \frac{S}{2} - R_{13}; \quad P_3 = \frac{S}{2} - R_{12}.$$

Wegen der polarisierenden Wirkung der Erdplatten bei Anwendung gleichgerichteter Ströme ist die Messung mit Wechselströmen vorteilhafter.

Diese Messungen lassen sich nach einer ähnlichen Anordnung sehr bequem mit besonderen tragbaren Meßeinrichtungen, Telephonbrücken genannt, von H a r t - m a n n und B r a u n , M i x und G e n e s t u. a. ausführen. Die Einrichtungen enthalten eine vollständige Wheatstonesche Brücke, Induktionsapparat nebst Trockenelementen und Telephon.

Die kleine Telephonbrücke von S i e m e n s & H a l s k e (ETZ 1893, S. 478) benutzt keinen Wechselstrom, sondern unterbrochenen Gleichstrom, der mit Hilfe eines Kontakträdchens erzeugt wird; das letztere wird bewegt, so lange die Kurbel gedreht wird, mit der man den Kontakt an dem ausgespannten Draht verschiebt; so lange die Kurbel ruht, hört man demnach kein Geräusch im Telephon.

(285) Methode von Nippoldt. Man legt in der Nähe, aber in mindestens 10 m Entfernung von der zu prüfenden Erdleitung wagrecht in das Grundwasser eine Hilfsplatte und ermittelt die Summe R_1 der Widerstände beider Erdleitungen. Darauf ersetzt man die Hilfsplatte durch eine kleinere von beiläufig halb so großen Abmessungen und mißt abermals die Summe R_2 der beiden Widerstände. Hat der benutzte Leitungsdraht den Widerstand r (meist zu vernachlässigen), und ist das

Verhältnis des Ausbreitungswiderstandes der kleineren zu dem der größeren Platte = v, welches ein- für allemal bestimmt werden muß, so ist der gesuchte Widerstand

$$P = \frac{R_1 v - R_2}{v - 1} - r$$

(286) Methode von Wiechert (ETZ 1893, S. 726). Fig. 121. Die zu messende Erdleitung sei x; eine zweite Erdleitung y sei entweder vorhanden oder werde für die Messung hergestellt. An einer anderen Stelle wird in eine gut angefeuchtete Stelle des Erdreichs ein starker Eisendraht eingetrieben, an dem man oben eine Leitung befestigt. S ist die sekundäre Spule eines Induktionsapparates oder eine andere Wechselstromquelle, $A B$ der ausgespannte Draht oder dergl. einer Wheatstoneschen Brückenanordnung. Der Umschalter u wird einmal links, einmal rechts gestellt und die beiden Stellungen des Kontaktes abgelesen.

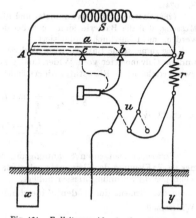

Bei der von Wiechert angegebenen Anordnung fehlen dem Umschalter u die beiden Kontakte rechts. Es ergibt sich

$$x = r \cdot \frac{b}{a - c}, \quad y = r \cdot \frac{c - b}{a - c}.$$

Fig. 121. Erdleitungswiderstand nach Wiechert.

Wenn der ausgespannte Draht eine Teilung hat, welche das Verhältnis der verglichenen Widerstände abzulesen gestattet, und wenn die Ablesungen A_l und A_r für Umschalter u links und rechts sind, so ist:

$$x = r \cdot A_l \frac{A_r + 1}{A_l + 1}, \quad y = r \cdot \frac{A_r - A_l}{A_l - 1}.$$

Bei der Anordnung der Fig. 121 ist

$$x = r \cdot \frac{c}{a - c} \cdot \frac{b}{a}, \quad y = r \cdot \frac{c}{a - c} \cdot \frac{a - b}{a} \quad \text{und}$$

$$x = r \cdot A_r \cdot \frac{A_l}{A_l + 1}, \quad y = r \cdot \frac{A_r}{A_l + 1}$$

macht man in der Regel = 10 $\varnothing$.

Die Methode ist sehr empfehlenswert.

Tragbare Apparate in Form der Telephonmeßbrücke werden von H a r t - m a n n & B r a u n gebaut.

Messungen an Elementen und Sammlern.
Widerstand.

(287) Der innere Widerstand eines Elementes hängt nicht nur von den Abmessungen, der Beschaffenheit der Elektroden, der benutzten Füllung, der Temperatur und den chemischen Vorgängen im Element ab, sondern ändert sich auch mit

14*

der Stromstärke. Wie F r ö l i c h nachgewiesen hat (ETZ 1888, S. 148 und 1891, S. 370), erhält man bei allen Methoden, die zur Messung zwei verschiedene Ströme (den Strom Null mitgerechnet) benutzen, einen Widerstand, der sich vom wahren Widerstand unterscheidet.   Die Größe des Unterschiedes hängt davon ab, wie sich EMK und Widerstand des Elementes mit der Stromstärke ändern. Widerstandsmessungen ergeben daher nur mehr oder weniger angenäherte, niemals genaue und konstante Werte Eine Methode zur Messung der Widerstände bei verschiedener Stromstärke hat U p p e n b o r n angegeben (Zentralbl. f. Elektrot. Bd. 10, S. 674).

(288) Messung mit Galvanometer und Rheostat. Vorausgesetzt wird bei dieser Messung, daß die Batterie sich auch bei den stärksten Strömen, die verwendet werden, nicht merklich polarisiert.

Die zu messende Batterie vom Widerstand b, ein Rheostat vom Widerstand r und ein Galvanometer vom Widerstand g werden in Reihe geschaltet. Wenn bei zwei verschiedenen Rheostatenwiderständen die Ströme sind:

$$i_1 = \frac{E}{b + r_1 + g} \quad \text{und} \quad i_2 = \frac{E}{b + r_2 + g}$$

so ergibt sich

$$b = \frac{i_2 r_2 - i_1 r_1}{i_1 - i_2} - g$$

Verwendet man einen Spannungsmesser von genügend hohem Widerstand, der an die Klemmen des Elementes gelegt wird, und mißt einmal die EMK E (172 β) wenn nur der Spannungsmesser anliegt, und dann die Klemmenspannung V_k, wenn das Element durch den Widerstand R_a geschlossen ist, so ist der innere Widerstand

$$R_i = R_a \cdot \frac{E - V_k}{V_k}.$$

Zur Ausführung solcher Messungen erhält das in (276) beschriebene Universal-Meßinstrument einen Zusatzkasten mit Stöpselvorrichtung, Fig. 122. Durch leichtes Einsetzen des Stöpsels in eins der Löcher legt man das Galvanometer unter Vorschaltung eines größeren Widerstandes (für 1 V 300 $\varnothing$) an die Klemmen; drückt man den Stöpsel tiefer ein, so werden die Klemmen noch außerdem durch einen verhältnismäßig niedrigen Widerstand (für 1 V 60 $\varnothing$) geschlossen.   Man führt die beiden Messungen rasch nacheinander aus; es gilt dann die Formel

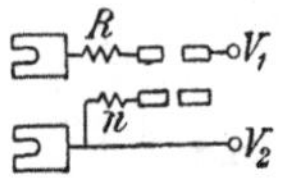

Fig. 122. Zusatz zum Universal-Meßinstrument.

$$R_i = 500 \cdot \frac{E - V_k}{V_k}$$

Für einfache Elementenprüfungen läßt sich ein Spannungsmesser für 3 V, dessen Spule 600 $\varnothing$ Widerstand hat, folgendermaßen einrichten: Die Spule erhält einen Nebenschluß von 10 $\varnothing$, der durch Druck auf einen Knopf eingeschaltet wird. Das zu prüfende Element wird an die Klemmen des Spannungsmessers gelegt und wie beim vorigen Fall rasch nacheinander die EMK und nach dem Niederdrücken des Knopfes die Klemmenspannung gemessen. Es ist dann $R_i = 10 \cdot \dfrac{E - V_k}{V_k}$.

Die von Fabrikanten der Elemente häufig benutzte Methode, das Element durch einen Strommesser von sehr geringem Widerstande zu schließen, ist zu verwerfen.

(289) Messung in der Wheatstoneschen Brücke m i t d e m T e l e p h o n (F. K o h l r a u s c h) (169). Zweckmäßig ist die in Fig. 123 dargestellte Anordnung, worin J ein Induktorium oder eine andere Wechselstromquelle, T ein Telephon bedeutet; der ausgespannte Draht, auf dem der Kontakt verschoben werden kann, hat 1 $\varnothing$; an den Enden können ihm 1 und 1,5 $\varnothing$ zugeschaltet werden; der Vergleichswiderstand beträgt 3 $\varnothing$; auch J und T besitzen geringe Widerstände. Längs des ausgespannten Drahtes werden Teilungen angebracht, an denen man die gemessenen Widerstände von E abliest. Stöpselt man nur den Widerstand 1,5 neben dem aus-

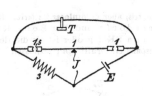

Fig. 123. Innerer Widerstand eines Elementes.

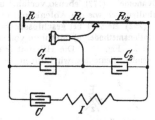

Fig. 124. Innerer Widerstand eines Elementes, stromfreie Messung.

gespannten Draht, so mißt man von 0 bis 3 $\varnothing$ stöpselt man keinen der beiden Widerstände, so mißt man von 2,25 bis 7,5 $\varnothing$; stöpselt man nur den zweiten Widerstand 1, so mißt man von 4,5 $\varnothing$ bis zu beliebiger Höhe. Für andere Meßbereiche lassen sich leicht die Widerstände des Drahtes und die Zuschaltwiderstände berechnen. (ETZ 1895, S. 20.)

Hat man den Widerstand einer Batterie aus mehreren Elementen zu messen, so teilt man sie in zwei Teile von möglichst gleichgroßer EMK und schaltet diese gegeneinander. Die Methode erlaubt auch, den Widerstand von Elementen bei verschiedenen Stromstärken zu bestimmen; man wählt die Widerstände der drei übrigen Seiten der Brückenanordnung so groß, daß der Strom die gewünschte Größe hat.

Stromfreie Messung. (N e r n s t und H a a g n, Zeitschr. f. Elektrochemie 1897, D o l e z a l e k und G a h l ebenda 1900.) Durch Einschalten von Kondensatoren in die Wheatstonesche Brücke vermeidet man, daß das zu messende Element Strom liefert (Fig. 124). $R_1 R_2$ ist ein ausgespannter Widerstandsdraht. Es ist darauf zu achten, daß R_1 gegen R_2 klein sei; andernfalls ist R_2 durch Zuschalten eines bekannten Widerstandes zu vergrößern.

Es ist $R = \dfrac{C_2}{C_1} \cdot R_2 - R_1$. Zur Eichung der Aufstellung schaltet man an Stelle von R bekannte induktionsfreie Widerstände. Diese Methode ist zur Messung des Widerstandes von Sammlerelementen geeignet. Auch durch Gegeneinanderschaltung zweier gleicher Elemente verhindert man das Zustandekommen eines merklichen Stromes.

Das Universalgalvanometer von S i e m e n s & H a l s k e ist zur Messung des inneren Widerstandes von Elementen eingerichtet.

Elektromotorische Kraft.

(290) Die EMK von Elementen ändert sich gewöhnlich teils durch den Stromschluß, teils schon durch längeres Stehen im offenen Zustande. Genaue Werte für die EMK erhält man demnach nur bei offenem Elemente und nur für den Zeitpunkt der Messung, es sei denn, daß die Konstruktion des Elementes die störenden Diffusionsvorgänge beseitigt. Letzteres ist bei den Normalelementen das wichtigste Erfordernis.

(291) Messung bei offenem Stromkreis. a) m i t   d e m   E l e k t r o m e t e r.
Schaltung s. (140). Es wird zuerst die Ablenkung gemessen, die ein Normalelement
von bekannter EMK (152 u. f.) hervorbringt, und dann diejenige, welche das zu
untersuchende Element erzeugt. Die EMKräfte verhalten sich wie die Ablenkungen.
   b) m i t   d e m   K o n d e n s a t o r.   Man lädt einen Glimmerkondensator
mit dem zu untersuchenden Element und entlädt den Kondensator durch ein
Galvanometer (177); ebenso verfährt man mit dem Normalelement. Die EMKräfte
verhalten sich wie die Ablenkungen.

(292) Messung bei geschlossenem Stromkreis, aber stromloser Batterie. Kompensationsmethode. a) Methode von P o g g e n d o r f f und D u B o i s - R e y -
m o n d.   Fig. 125.   Die Hilfsbatterie E_0, deren EKM größer ist als die des zu
messenden Elementes, wird durch den ausgespannten Draht mn geschlossen. Vor-

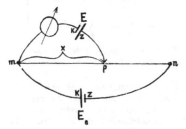

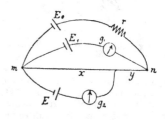

Fig. 125. EMK nach Poggendorf und   Fig. 126. EMK nach Clark.
         du Bois-Reymond.

aussetzung der Methode ist, daß zwischen m und n eine Spannung herrscht, die höher
ist als E; die Hilfsbatterie darf keinen zu hohen Widerstand gegenüber dem Meßdraht mn besitzen. Der Kontakt p wird so lange verschoben, bis das Galvanometer
auf Null zeigt. Wiederholt man diese Messung, nachdem das Element E durch ein
Normalelement ersetzt worden ist, so verhalten sich die EMKräfte wie die Längen x.

   Steht keine Normalelement zur Verfügung, so erhält man das Verhältnis E/E_0
= Widerstand von x/Widerstand von mn + Batterie E_0.   Will man trotzdem
absolute Werte erhalten, so schaltet man zu E_0 einen Strommesser und mißt den
Widerstand von $mn = r$. Dann ergibt die Einstellung $E = ir$.

   Wenn mit Hilfe ausgespannter Drähte kein Ergebnis zu erzielen ist, so ersetzt
man mn durch zwei Rheostaten, von denen der eine R_1 zwischen m und p, der
andere R_2 zwischen p und n geschaltet wird. Dann erhält man $E : E_0 = R_1 : (R_1
+ R_2 + b_0)$, worin b_0 der Widerstand von E_0 ist. Um diesen zu eliminieren, ändert
man R_1 in R_1' und gleicht R_2 wieder ab, so daß man R_2' erhält; dann ist
$E : E_0 = (R_1 — R_1') : (R_1 — R_1' + R_2 — R_2')$.

   Findet man für das Normalelement in derselben Weise $E_1 : E_0 = (r_1 — r_1') :
(r_1 — r_1' + r_2 — r_2')$, so wird

$$E : E_1 = \frac{R_1 — R_1'}{r_1 — r_1'} \cdot \frac{r_1 — r_1' + r_2 — r_2'}{R_1 — R_1' + R_2 — R_2'}$$

Hierin kann man noch $R_1 = r_1$ und $R_1' = r_1'$ wählen, wodurch die Formel etwas
vereinfacht wird.

   Das Universalgalvanometer von S i e m e n s & H a l s k e ist für diese Methode
eingerichtet.

Auch die Kompensationsapparate (174, 175) sind zu diesen Messungen vorteilhaft zu verwenden.

b) M e t h o d e v o n C l a r k. Fig. 126. E zu messendes, E_1 Normalelement, E_0 Hilfsbatterie. Ehe der Stromkreis von E geschlossen wird, gleicht man r so ab, daß g_1 keinen Strom anzeigt. Dann legt man den veränderlichen Kontakt, mit dem E in Verbindung steht, an und verschiebt so lange, bis auch g_2 keinen Strom zeigt. Dann ist

$$E = E_1 \frac{x}{x + y}$$

Der Widerstand des Galvanometers muß sehr viel größer sein als der des Meßdrahtes und letzterer wieder größer als der Wert von $(b_0 + r) \cdot \dfrac{E}{E_0 - E}$, wobei b den Widerstand der Hilfsbatterie bedeutet.

(293) Messung bei stromliefernder Batterie. In diesem Falle bestimmt man nicht die EMK E, sondern die Klemmenspannung V_k, die um $i \cdot b$ kleiner ist als jene; i bedeutet den Strom, b den inneren Widerstand der Batterie.

$$E = V_k + ib$$

Um die Bestimmung von b zu umgehen, macht man i sehr klein; dann wird nahezu $E = V_k$. Besitzt der äußere Stromkreis den Widerstand r, und leistet das Element den Strom i, so ist $V_k = i \cdot r$ und also auch, vgl. (172), $E = ir$ (nahezu).

Hierzu kann jedes Galvanometer von bekanntem Widerstand, dessen Angaben in Ampere abgelesen oder umgerechnet werden können., benutzt werden, z. B. das Spiegelgalvanometer, Drehspulengalvanometer, das Torsionsgalvanometer u. a. Das Nähere s. (172).

Prüfung von Batterien.

(294) Bei Einschaltung verschiedener Widerstände. Zunächst bestimmt man die EMK des Elementes oder mehrerer hintereinander geschalteter Elemente und den inneren Widerstand r. Darauf werden nacheinander verschiedene äußere Widerstände eingeschaltet, und zwar jeder während eines solchen Zeitraumes, daß man eine hinlängliche Reihe von Messungen der Werte V_k und I, am besten in gleichen Zeitabschnitten, ausführen kann. Die nacheinander einzuschaltenden Widerstände läßt man vom Vielfachen des innern Widerstandes bis nahezu zum Kurzschluß sich ändern. Aus jeder Reihe von Messungen konstruiert man ein Diagramm, in dem die Widerstände als Abszissen und die Werte V_k, I und $V_k I$ als Ordinate aufgetragen werden. Die Diagramme geben einen Überblick über das Verhalten bei Einschaltung der einzelnen Widerstände.

Nach Beendigung einer jeden Reihe von Messungen und Ausschaltung des benutzten Widerstandes bestimmt man jedesmal v o r Beginn der folgenden Meßreihe die EMK. Aus dem Ergebnis dieser zwischen je zwei Reihen liegenden Beobachtungen erhält man die Kurve der elektromotorischen Kraft (Widerstände als Abszissen).

Diese Werte von E in Verbindung mit den gleich darauf unter Einschaltung des neuen Widerstandes bei der ersten Beobachtung ermittelten Werten von V_k und I geben ferner einen Maßstab dafür, ob und um wie viel der innere Widerstand r während der vorher stattgefundenen Messungsreihe sich verändert hat; es ist

$$\frac{E - V_k}{I} = r$$

Bei einem zweiten gleichartigen Element werden die Widerstände in abnehmender Reihe rasch hintereinander eingeschaltet; nach jedesmaliger Einschaltung wird E, V_k und I sowie r gemessen. Aus den Meßwerten wird ein Diagramm hergestellt; als Abszissen dienen die Widerstände.

Bei der Messung von r benutzt man Wechselstrom und ein Telephon [vgl. (289)], damit die Elemente nicht jedesmal außergewöhnlich in Anspruch genommen werden.

(295) Bei Einschaltung eines für bestimmte Betriebsverhältnisse passenden Widerstandes. Vor der Einschaltung werden E und r, wie vorhin angegeben, gemessen. Der gewählte Widerstand R (bei der Prüfung auf Maximalleistung $= r$) wird je nach den in Aussicht genommenen Betriebsverhältnissen längere Zeit ununterbrochen oder mit Unterbrechungen eingeschaltet gehalten. Nach gleichen Zeitabschnitten wird V_k, I und $V_k I$ bestimmt. Ebenso wird von Zeit zu Zeit nach Ausschaltung des Widerstandes E bestimmt und durch die Werte der darauf folgenden Messung von V_k und I der Wert r gewonnen. Für die Diagramme werden die Zeiten als Abszissen genommen. Nach Beendigung der Versuche wird der Widerstand R ausgeschaltet, der Wert E bestimmt und dann in gleichen Zeiträumen eine Beobachtung über das Ansteigen von E bei dem in Ruhe gelassenen Element angestellt.

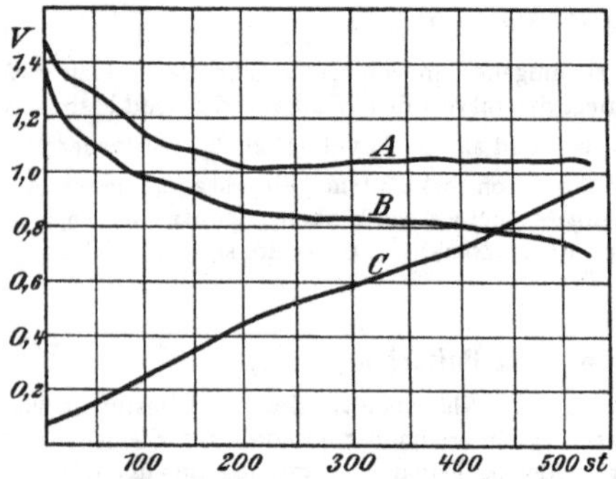

(296) Unterbrochener Betrieb. Wenn Elemente für einen Betrieb bestimmt sind, in dem sie zeitweise starken Strom liefern sollen, dann aber wieder Ruhepausen haben, in denen sie sich erholen, so prüft man sie in einer dem wirklichen Betrieb nachgeahmten Einrichtung. Dies trifft besonders zu bei Trockenelementen für den Mikrophonbetrieb. Man schaltet, etwa mit Hilfe eines Uhrwerks, in regelmäßigen Zeitabständen und auf stets dieselbe Zeit das Element auf einen geringen Widerstand, etwa 5 bis 10 $\varnothing$ (ETZ 1895, S. 21). Man mißt entweder mit einem Spannungsmesser von hohem Widerstand die EMK bei offenem Kreis, zu Beginn und am Schluß der Schließungszeit, oder man bestimmt mit dem Spannungsmesser EMK und Klemmenspannung zu Anfang der Schließungszeit, außerdem mit einem Strommesser den Strom, den das Element liefert. Ferner ist es zweckmäßig, auch den inneren Widerstand zu messen. Diese Messungen führt man anfangs täglich einmal, nach einiger Zeit in größeren Zeitabständen aus. Zu empfehlen ist, auch die gesamte Schließungszeit durch eine geeignete Uhr oder die ganze gelieferte Strommenge durch einen Elektrizitätszähler zu ermitteln.

Fig. 127 zeigt die Aufnahme an einem Trockenelement von 180 mm Höhe und 80 mm Durchmesser, welches alle Viertelstunden auf 3 mn durch 5 $\varnothing$ geschlossen wurde, demnach täglich 2,4 st. Die Abszissen sind Betriebsstunden, 240 st entsprechen 100 Tagen. A zeigt die EMK des offenen Elementes nach der Strompause, B die Klemmenspannung gegen Ende der Schließungszeit, C den inneren Widerstand an; für den inneren Widerstand in Ohm gelten gleichfalls die Zahlen am linken Rand. Dieses Element hat 43 Ast geleistet, ehe seine Klemmenspannung unter 0,7 V sank.

Fig. 127. Stromlieferung eines Trockenelements.

Ähnliche Kurven vgl. L o v e r i d g e, Electrician Bd. 65, S. 803. Wichtig ist, zu ermitteln, welchen Verlust die Trockenelemente durch lange Ruhepausen, etwa durch Lagern erleiden. Man untersucht einige Elemente der zu prüfenden Menge nach dem vorigen sogleich und eine gleichgroße Anzahl nach längerem Lagern. Einen guten Anhalt gibt der innere Widerstand; nach L o v e r i d g e darf er während des ersten Jahres auf das Doppelte anwachsen.

(297) Bei der **Untersuchung gebrauchter Elemente** ist das wichtigste, den Grad der Erschöpfung festzustellen. Das Element wird nach längerer Ruhe im offenen Zustande gemessen, und zwar E und r. Darauf wird es durch einen Widerstand geschlossen, der so bemessen wird, daß das Element den betriebsmäßigen Strom hergibt; hierbei beobachtet man die Klemmenspannung etwa so lange, als das Element im Betrieb geschlossen zu werden pflegt. Findet man starkes Sinken der Spannung, so ist das Element erschöpft. Bei Elementen für Mikrophonbetrieb wird verlangt, daß sie nach einem zwei Minuten dauernden Schluß durch 10 $\varnothing$ noch 0,7 V zeigen.

C a p a r t (Bull. soc. belg. d'él. 1908) untersucht die Polarisation eines Elementes mit Hilfe eines rasch umlaufenden Kommutators, der während je eines Drittels der Zeit das Element 1. über einen zur Stromentnahme dienenden, veränderlichen Widerstand und einen Strommesser, 2. über einen Spannungsmesser von hohem Widerstand schließt, 3. offen läßt. Man erhält als Funktion des gelieferten Stromes die EMK, die Klemmenspannung, daraus den inneren Widerstand und den Wirkungsgrad.

Messungen an Sammlern (Akkumulatoren).

(298) Die für die Praxis in Betracht kommenden elektrischen Größen werden im allgemeinen ebenso gemessen wie diejenigen der Primärelemente. Bei den Messungen ist nur darauf zu achten, daß der innere Widerstand sehr klein ist, und daß man deshalb einen starken Strom erhält, wenn man den Sammler durch einen geringen Widerstand schließt.

(299) **Widerstand.** Der Einfluß des inneren Widerstandes auf die Spannung wird im allgemeinen von dem der Polarisation übertroffen. Aus letzterem Grunde versagen auch die meisten der für Primärelemente angegebenen Meßmethoden. Man berechnet ihn genau aus der zwischen den Platten befindlichen Säure (Widerstand von 1 cm³ Akkumulatorensäure ca. 1,4 $\varnothing$), wobei man zur Berücksichtigung der übrigen Widerstände für das geladene Element etwa 50 %, für das entladene 100 bis 150 % aufschlägt.

Zur genauen Messung dient für den stromlosen Akkumulator die Methode von K o h l r a u s c h (169). Erforderlich sind: ein kleines Induktorium, ein Telephon und eine induktionsfreie Wheatstonesche Brücke. Zur Vermeidung von Entladeströmen schaltet man zwei Akkumulatoren gegeneinander und mißt den Gesamtwiderstand, oder man fügt in die einzelnen Stromkreise Kondensatoren ein, die den Wechselstrom durchlassen, den Gleichstrom sperren.

Meßmethoden des inneren Widerstandes während der Ladung und Entladung haben B o c c a l i, U p p e n b o r n, F r ö l i c h (ETZ 1891) sowie N e r n s t und H a a g n (289) angegeben, von denen besonders die letztere in der Ausführung von D o l e z a l e k und G a h l einwandsfreie Resultate liefert. Die Vergleichswiderstände der Brücke sind hier durch Kondensatoren ersetzt. In Fig. 124 ist der Akkumulator allein gezeichnet; legt man die Ladespannung unter Vorschaltung eines großen Widerstandes oder den Entladekreis an die Zelle, so wird hierdurch der gemessene Widerstand nur unmerklich geändert.

(300) **Arbeitsmessung.** Die von einer Sammlerbatterie während der Ladung aufgenommene sowie die bei der Entladung abgegebene Arbeit wird bestimmt durch fortwährende Messungen von Klemmenspannung und Stromstärke.

Man geht hierbei von der vollständig geladenen Batterie aus, entlädt bis zu der vom Fabrikanten vorgeschriebenen Klemmenspannung (etwa 1,8 V) und lädt bis zur vollen Gasentwicklung (Klemmenspannung etwa 2,6—2,8 V).

Es bedarf einiger Übung, um bei der nachfolgenden Ladung genau wieder den Punkt zu treffen, von dem man ausgegangen ist. Man lade nicht zu lange, da die bereits bei 2,4 V allmählich einsetzende Gasentwicklung Energieverlust bedeutet; man lade aber auch nicht zu wenig, da im Betriebe die Batterie bei zu schwacher Ladung notwendig sulfatieren muß. Will man zuverlässige Werte erhalten, so muß der ursprünglichen Ladung mindestens eine vollständige Entladung mit derselben Stromstärke möglichst unmittelbar vorausgegangen sein.

Aus den Messungen bei der Entladung ergibt sich die Kapazität der Batterie. Man unterscheidet die Kapazität in Amperestunden (C_a) von der Kapazität in Wattstunden (C_w).

Wird bei der Entladung die Stromstärke I konstant gehalten, so ist die Kapazität in Amperestunden:

$$C_a = I\,T$$

worin T die Entladedauer in Stunden angibt. Je kleiner die Entladestromstärke gewählt wird, um so größer wird nicht nur die Entladedauer T, sondern auch die Kapazität C_a. Für die Berechnung der Kapazitäten bei verschiedenen Entladeströmen sind mehrfach Formeln aufgestellt worden, so von L i e b e n o w und

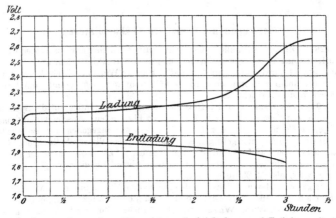

Fig. 128. Spannungskurve einer Akkumulatorenzelle bei Ladung und Entladung mit gleic bleibender Stromstärke.

P e u k e r t , doch ergeben sie große Abweichungen. Nach L i e b e n o w findet zwischen T und C_a folgende einfache Beziehung statt:

$$C_a = k\Big/\!\left(1 + \frac{b}{\sqrt{T}}\right)$$

Von den Konstanten k und b hängt letztere nur von der Plattenkonstruktion ab, k ist der Anzahl der Plattenpaare des Elementes direkt proportional.

Ist die Stromstärke nicht konstant, so liest man am besten in regelmäßigen Zeitintervallen $\varDelta T$ ab und hat dann:

$$C_a = \varSigma I \varDelta T.$$

Mißt man in gleicher Weise während der Ladung die Stromstärken I' in den Zeit-intervallen $\varDelta T'$, so nennt man den Quotienten $\varSigma I \varDelta T / \varSigma I' \varDelta T'$ das Güteverhältnis des Akkumulators.

In gleicher Weise verfährt man zur Bestimmung der Kapazität in Wattstunden, wobei nur das Produkt $I \varDelta T$ überall noch mit der Klemmenspannung zu multi-plizieren ist.

Es ist $C_w = \varSigma V I \varDelta T$.

Der Quotient $\varSigma V I \varDelta T / \varSigma V' I' \varDelta T' = \eta$ heißt der Wirkungsgrad.

Güteverhältnis und Wirkungsgrad sind nicht ganz unabhängig von den Strom-stärken.

Zur besseren Übersicht trägt man die Ablesungen in ein Koordinatennetz ein, wobei die Abszissen die Zeit, die Ordinaten bei gleichbleibender Stromstärke die Spannungen und bei variabler die Leistung darstellen. Die zu einer Entladung gehörige Ladung zeichnet man auf dasselbe Blatt. Fig. 128 stellt eine solche Entladung und Ladung mit konstanter Stromstärke einer Zelle der Akkumulatoren-fabrik A.-G. dar. Ladung und Entladung von Edisonzellen s. Fig. 401 bis 403. Mit Registrierinstrumenten erhält man ohne weiteres die fertigen Diagramme.

An kleinen Akkumulatoren ermittelt man gelegentlich die entnommene Strom-menge mit dem Voltameter. Es entspricht dann 1 Amperestunde 1,18 g Kupfer oder 626 cm³ Knallgas bei 0° C und 760 mm Druck.

Zur Bestimmung der Elektrizitätsmengen oder der ganzen Arbeit kann man die für elektrische Anlagen gebräuchlichen Elektrizitäts- und Arbeitsmesser benutzen.

Die Ermittlung des spezifischen Gewichtes der Säure gibt einen Aufschluß über die noch erforderliche Ladezeit bzw. über den noch vorhandenen Vorrat an Elektri-zität (vgl. im Abschnitt Akkumulatoren), doch hat man darauf zu achten, daß der Säurestand nachhinkt und das spez. Gew. von der Temperatur abhängig ist.

(301) Spannungsverteilung. Für die genauere Untersuchung einer Zelle be-dient man sich der F u c h s schen Methode, indem man eine Hilfselektrode aus Kadmium oder amalgamiertem Zink in das Elektrolyt einführt und bei jeder Ab-lesung nicht nur die Klemmenspannung des Elementes, sondern auch die Span-nungen sowohl zwischen Anoden und Hilfselektrode als auch zwischen Kathoden und Hilfselektrode mißt. Diese drei Ablesungen trägt man wie oben als Ordinaten in ein Koordinatennetz ein und erhält so einen Überblick über die Kapazität sowohl der Anoden wie der Kathoden. Die Kapazität des Elementes ist erschöpft, sobald eine der beiden Elektrodenarten erschöpft ist. Über Vorsicht bei dieser Messung siehe L i e b e n o w, Zeitschrift für Elektrochemie Bd. 8, 1902, S. 616.

Dritter Abschnitt.

Photometrie.

Grundlagen, Gesetze und Einheiten.

(302) Arten des Leuchtens. Die meisten gebräuchlichen Lichtquellen leuchten durch die Glut fester Körper (T e m p e r a t u r s t r a h l u n g): ausgeschiedener Kohlenstoff in Kerzen, Öl- und Gasflammen, Glühkörper im A u e r licht, Kohlen-, Metall-, N e r n s t sche Fäden, Kohlenstäbe in elektrischen Lampen. Die ausgestrahlte Energie wird vollständig und unmittelbar aus der Wärmeenergie des strahlenden Körpers entnommen, die absorbierte Strahlung geht ebenso in Wärmeenergie über. Die Glut beginnt bei etwa 400⁰, bei verschiedenen Körpern etwas verschieden (Grauglut); etwa 600⁰ Rotglut, etwa 1000⁰ Gelbglut, etwa 1200⁰ Weißglut.

Gase und Dämpfe in Flammen l u m i n e s z i e r e n: G e i ß l e r sche Röhren, T e s l a sches, M o o r e sches, E b e r t sches Licht, Quecksilber-Bogenlampe, der Lichtbogen der Flammenbogenlampe; die Temperatur spielt dabei keine wesentliche Rolle. Lumineszenz beobachtet man schon bei Zimmertemperatur bei den phosphoreszierenden und fluoreszierenden Körpern, beim Leuchtkäfer.

(303) Strahlungsgesetze. Bei reiner T e m p e r a t u r s t r a h l u n g ist das Verhältnis zwischen Emissionsvermögen E und Absorptionsvermögen A für irgend einen Körper nur abhängig von der Temperatur des Körpers und der Wellenlänge der Strahlung R, unabhängig von der Natur des Körpers (K i r c h h o f f):

$$E_\lambda : A_\lambda = R_\lambda.$$

Ein Körper, der alle auffallenden Strahlen absorbiert ($A_\lambda = 1$), heißt schwarz; dieser Körper würde bei irgend einer Temperatur für jede Wellenlänge das Maximum der Strahlung aussenden ($E_\lambda = R_\lambda$). Die Gesamtstrahlung R des schwarzen Körpers bei der absoluten Temperatur T ist (S t e f a n - B o l t z m a n n):

$$R = C_1 \cdot T^4.$$

Bei der Temperatur T wird zu einer bestimmten Wellenlänge λ_{max} das Maximum der Energie R_{max} ausgestrahlt, und es ist (W. W i e n):

$$\lambda_{max} \cdot T = C_2 \qquad R_{max} = C_3 \cdot T^5.$$

Für die Strahlung von der Wellenlänge λ gilt (W i e n - P l a n c k):

$$R_\lambda = \frac{C}{\lambda^5 \cdot (e^{\overline{\lambda T}} - 1)}$$

Z a h l e n w e r t e (für cm³, sk, Celsiusgrad und absolute Temperatur):

C_l = 1,28 . 10⁻¹² in g/cal = 5,36 . 10⁻⁵ in Erg

c = 1,42 bis 1,46, wobei λ in cm; Mittel 1,44

C = 0,85 . 10⁻¹² in g/cal = 3,5 . 10⁻⁵ in Erg

C_2 = 0,29

C_3 = 2,9 . 10⁻¹² .

Das Ausstrahlungsvermögen eines Körpers wächst bei steigender Temperatur für alle Wellenlängen, für die kürzeren Wellen (Licht) weit rascher als für die längeren (Wärme). Das ausgesandte Licht ist nur ein kleiner Bruchteil der gesamten Strahlung; dieser Bruchteil wächst bei steigender Temperatur. Verhältnis der Licht- zur gesamten Strahlung für einige Lichtquellen siehe L i e b e n t h a l , Praktische Photometrie, S. 50. — Verhältnis der Lichtstrahlung zum gesamten Energieaufwand siehe W. W e d d i n g , Über den Wirkungsgrad und die praktische Bedeutung der gebräuchlichen Lichtquellen, 1905.

(304) Photometrische Grundgesetze und Einheiten. Die Lichtquelle von der L i c h t s t ä r k e J Hefnerkerzen sendet einen L i c h t s t r o m Φ Lumen aus, der im ganzen $4\pi J$ beträgt; eine Fläche S m², die in der Entfernung r m von der Lichtquelle so steht, daß sie von den Strahlen senkrecht getroffen wird, empfängt den Lichtstrom $J\omega$, wobei ω der körperliche Winkel ist, unter dem die Fläche S von der Lichtquelle aus erscheint. Ein Punkt dieser Fläche erhält die B e l e u c h t u n g $E = \Phi/S = J/r^2$ Lux. Schließt das Lot auf der Fläche mit den Strahlen den Winkel α ein, so beträgt die Beleuchtung $E_1 = E \cos \alpha$. Besitzt die Lichtquelle eine leuchtende Fläche s cm², so ist ihre F l ä c h e n h e l l e $e = J/s$. Eine ebene leuchtende Fläche von der Lichtstärke J wirkt in einer Richtung, die mit dem Lot auf der Fläche den Winkel β einschließt, mit der Lichtstärke $J \cos \beta$. Die L i c h t a b g a b e einer Lichtquelle, deren Lichtstrom Φ Lumen beträgt, während T Stunden ist $Q = \Phi \cdot T$ Lumenstunden. Einheitszeichen: Hefnerkerze HK, Lumen Lm, Lux Lx; vgl. (10).

Die gebräuchlichen Lichtquellen können in der Regel nicht als punktförmig angesehen werden, insbesondere nicht, weil sie nach verschiedenen Richtungen verschiedene Lichtstärke haben. Bei Glühlampen versteht man unter Lichtstärke schlechthin die m i t t l e r e h o r i z o n t a l e L i c h t s t ä r k e , d. h. die mittlere Lichtstärke in einer zur Lampenachse senkrechten, durch die Mitte des Leuchtkörpers gelegten Ebene. Bei Bogenlampen unterscheidet man die m i t t l e r e s p h ä r i s c h e und die m i t t l e r e u n t e r e h e m i s p h ä - r i s c h e L i c h t s t ä r k e , jene wird durch ein o, diese durch ein ᴗ als Index zu J oder HK bezeichnet. Bei einer Angabe in HK$_ᴗ$ ist in Klammern der Faktor anzufügen, mit dem jener Zahlenwert zu multiplizieren ist, um die mittlere sphärische Lichtstärke zu erhalten: $(K_0 = ..)$.

T a l b o t s c h e s G e s e t z (H e l m h o l t z). Wenn eine Stelle der Netzhaut von periodisch veränderlichem und regelmäßig in derselben Weise wiederkehrendem Lichte getroffen wird, und die Dauer der Periode hinreichend kurz ist, so entsteht ein kontinuierlicher Lichteindruck, der dem gleich ist, welcher entstehen würde, wenn das während einer jeden Periode eintreffende Licht gleichmäßig über die ganze Dauer der Periode verteilt würde.

(305) Einheitslampen. 1. D i e H e f n e r k e r z e , die Lichtstärke der Amylazetatlampe von v. H e f n e r - A l t e n e c k , als Lichteinheit angenommen vom Elektrotechnischen Verein, dem Verein der Gas- und Wasserfachmänner und dem Verband Deutscher Elektrotechniker. Ihre Definition lautet (vgl. ETZ 1896, S. 139): „Als Einheit der Lichtstärke dient die frei, in reiner und ruhiger Luft brennende Flamme, welche sich aus dem horizontalen Querschnitt eines massiven, mit Amylacetat gesättigten Dochtes erhebt. Dieser Docht erfüllt vollständig ein kreisrundes Neusilberröhrchen, dessen lichte Weite 8 mm, dessen äußerer

Durchmesser 8,3 mm beträgt, und welches eine freistehende Länge von 25 mm besitzt. Die Höhe der Flamme soll, vom Rande der Röhre bis zur Spitze gemessen, 40 mm betragen. Die Messungen sollen erst 10 Minuten nach der Entzündung der Flamme beginnen." — Die Lampe ist reproduzierbar; sie wird von der Phys.-Techn. Reichsanstalt beglaubigt.

A b h ä n g i g k e i t   v o n   F l a m m e n h ö h e ,   L u f t d r u c k ,   F e u c h - t i g k e i t   u n d   K o h l e n s ä u r e g e h a l t. Bei einer Flammenhöhe l von etwa 40 mm ist die Lichtstärke $= 1 + 0,027 \cdot (l - 40)$. Das Amylazetat soll öfters fraktioniert werden (Siedepunkt 138^0). 40 mm Änderung des Barometerstandes ändern die Lichtstärke um 0,4 %. Bedeutet e die Dampfspannung des Wasserdampfes, so ist die Lichtstärke $= 1,050 - 0,0075 \cdot e$. Enthält 1 m^3 Luft K Liter Kohlensäure, so beträgt die Berichtigung der Lichtstärke $- 0,0072 \cdot K$; in gut gelüfteten Räumen ist sie zu vernachlässigen. In kleinen geschlossenen Räumen, insbesondere in geschlossenen photometrischen Apparaten kann man mit der Hefnerlampe nicht richtig messen.

Die Wandstärke des Dochtröhrchens ist wichtig; bei einer Blechdicke von 0,2, 0,25, 0,3, 0,4 mm ist die Lichtstärke kleiner um 0,4, 1,8, 2,8, 4,1 % als bei 0,15 mm; bei dünner Wand brennt die Lampe unruhig, bei 0,25 mm Blechstärke sehr ruhig.

Ausführliches siehe L i e b e n t h a l, Prakt. Photometrie.

2. P l a t i n e i n h e i t   v o n   V i o l l e. Nach den Beschlüssen der Pariser internationalen Konferenz 1884 wurde festgesetzt:

Als Einheit des weißen Lichtes gilt die Lichtstärke, welche ein Quadratzentimeter der Oberfläche von geschmolzenem Platin im Moment des Erstarrens in senkrechter Richtung besitzt. Der zwanzigste Teil dieser Einheit heißt bougie décimale. Es ist bisher nicht gelungen, diese Einheit, welche etwa $= 22,6$ HK ist, herzustellen; sie hat deshalb in der Praxis keine Aufnahme gefunden.

3. D i e   f r a n z ö s i s c h e   C a r c e l l a m p e, eine Runddocht-Argandlampe; Durchmesser des Dochtes 30 mm, Flammenhöhe 40 mm, Verbrauch 42 g gereinigtes Rapsöl in der Stunde. (L a p o r t e, Ecl. él., Bd. 15, S. 295).

4. E n g l i s c h e   N o r m a l k e r z e (London spermaceti candle), Walratkerze; Flammenhöhe wird verschieden angegeben, 43—45 mm (Krüß: 44,5 mm). Verbrauch 7,77 g (120 grains) in der Stunde. (Lichtmeßkommission d. Vereins d. Gas- u. Wasserfachmänner.)

5. H a r c o u r t s   P e n t a n g a s f l a m m e besitzt die Leuchtkraft der englischen Normalkerze. Sie wird mit Pentan gespeist (durch Destillation von leichtem amerikanischen Petroleum bei niederer Temperatur zu erhalten), welches durch einen Docht emporgeführt, durch die Eigenwärme der Lampe verdampft und am oberen Rande eines Rohrs verbrannt wird. Der untere und der obere Teil der Flamme werden abgeblendet. — Eine größere Lampe für 10 Kerzen wird mit einem Gemisch von Pentangas und Luft, ohne Docht, gespeist; ihre Lichtstärke ist erheblich vom Barometerstand abhängig, etwa 8 mal stärker als bei der Hefnerlampe. Die Feuchtigkeit hat bei beiden Pentanlampen etwa denselben Einfluß wie bei der Hefnerlampe. In der untenstehenden Tafel wird die 10-kerzige Pentanlampe mit Harcourt I, die kleine mit Harcourt II bezeichnet.

6. G a s b r e n n e r (auch der G i r o u d sche Einheitsbrenner) sind sehr unsicher und nicht zu empfehlen.

7. Die alte d e u t s c h e   V e r e i n s k e r z e ist eine Paraffinkerze von 20 mm Durchmesser.

Die nachfolgende Tabelle rührt von B u n t e her. Es sind für Hefnerkerze, Carcellampe und große Harcourtsche Pentanlampe die Werte eingesetzt, welche die Internationale Lichtmeßkommission in Zürich, Juli 1907, festgesetzt hat; die den 3 Lampen in Klammern beigesetzten Zahlen geben den Kohlensäuregehalt der Luft an. Bei den beiden Kerzen sind die Flammenhöhen angegeben.

Lichteinheiten.

	HK	Carcel	Harcourt I	Harcourt II	EK	VK
Hefnerkerze (8,8)	1	0,0930	0,0915	0,855	0,877	0,833
Carcel (10).	10,75	1	0,980	9,20	9,43	8,95
Harcourt I (10)	10,95	1,020	1	9,35	9,60	9,13
Harcourt II	1,17	0,109	0,107	1	1,03	0,97
Engl. Kerze (45 mm)	1,14	0.106	0,104	0,97	1	0,95
Vereinskerze (50 mm)	1,20	0,112	0,110	1,02	1,05	1

(306) Flammenmaß. Die Flammenhöhe einer Kerze wird am einfachsten mit einem Zirkel oder zwei horizontalen Drähten gemessen, deren Abstand gleich der gewünschten und vorgeschriebenen Flammenhöhe ist; man wartet mit der Messung, bis die Flamme diese Höhe gerade besitzt. Das Flammenmaß wird verschiebbar an einer senkrechten Stange befestigt.

Bei dieser Methode muß man mit dem Gesicht der Flamme ziemlich nahe kommen; häufig stört man durch die Bewegung des Körpers und den Atem die Flamme im ruhigen Brennen; auch leitet man durch die Drähte Wärme ab, und es ist nicht unwahrscheinlich, daß dies auf die Leuchtkraft der Flamme von Einfluß ist.

Das optische Flammenmaß von Krüß besteht aus einer konvexen Linse, welche von der Flamme ein Bild auf einer matten Glastafel erzeugt; an einer Teilung, die auf dieser Tafel eingeätzt ist, kann die Flammenhöhe abgelesen werden. Die Linse von der Brennweite f wird in der Entfernung $2f$ von der Flamme aufgestellt; die matte Glastafel ist in der Entfernung $2f$ mit der Linse fest verbunden. Es entsteht dann auf der letzteren ein reelles umgekehrtes Bild der Flamme, welches genau ebenso groß ist wie die Flamme selbst. Scharfe Einstellung ist erforderlich.

Bei der Hefnerkerze wird die Konstanz der Flamme geprüft durch Visieren an zwei kurzen Schneiden, die von der Flamme selbst ziemlich weit entfernt sind; durch ein schwaches Fernrohr oder ein Opernglas läßt sich die Visiervorrichtung verbessern. Das optische Flammenmaß von Krüß läßt sich an der Lampe selbst befestigen.

Im Photometer von Leonh. Weber wird als Normalflamme ein Benzin- oder Amylazetatlämpchen verwendet, welches, in einem Gehäuse eingeschlossen, nahe vor einer vertikalen Millimeterteilung brennt; neben dieser Teilung befindet sich ein Spiegel; der tiefste und der höchste Punkt der Flamme werden mit Zuhilfenahme des Spiegelbildes abgelesen und ergeben so die Flammenhöhe; die letztere kann von außen reguliert werden. Auch das Krüßsche Flammenmaß wird an diesem Photometer angebracht.

(307) Zwischenlichter. Die Einheitsbrenner sind gegen Störungen von außen sehr empfindlich; auch ist häufig das Verhältnis der zu messenden Lampe zu der Einheitslampe zu sehr von 1 verschieden; man vergleicht dann die Lichteinheit zuerst mit einer Lampe, deren Lichtstärke eine mittlere Größe hat, und mit letzterer erst die zu messende Lampe. Als solche Zwischenglieder der Messung empfehlen sich Petroleumrundbrenner, Gasbrenner und besonders Glühlampen.

Große Petroleumrundbrenner (mit Kaiseröl gespeist) können bis 80 und 100 HK geben; zwischen diese und die Einheitslampe schaltet man noch eine Petroleumlampe von ca. 10—12 HK. Wenn solche Lampen rein gehalten werden, so brennen sie einige Zeit nach dem Anzünden und Aufstellen an ihrem Platz ohne bedeutendere Schwankungen (nach K r ü ß 1—2 % in einer Stunde). Alle Gasflammen sind infolge des veränderlichen Gasdruckes mehr oder minder unsicher; ihre Konstanz muß fortwährend geprüft werden; man kann sie verwenden, wenn man die oberen und unteren Teile der Flamme abblendet (M e t h v e n). Elektrische Glühlampen als Zwischenlichter sind sehr zu empfehlen, bedürfen aber einer sorgfältigen Regelung der Stromstärke, weil die Lichtstärke sich 6 mal so rasch ändert als der Strom. Man mißt den Strom (aus einer Sammlerbatterie) mit einem Kompensationsapparat und erhält ihn durch Änderung eines vorgeschalteten Widerstandes dauernd auf diesem Wert.

Die Glühlampen ändern ihre Lichtstärke mit der Zeit etwas, am wenigsten die Osmiumlampen. Es empfiehlt sich, eine Haupt-Maßlampe herzustellen, die man nur benutzt, um die Gebrauchs-Maßlampen nach dem Verfahren unter (326, 327) von Zeit zu Zeit zu vergleichen.

Es empfiehlt sich, die Lampen mit verminderter Spannung zu brennen, sie halten sich dann sehr gleichmäßig; außerdem sollen sie schon längere Zeit (mindestens 100 Stunden lang) gebrannt und sich dabei konstant gezeigt haben, ehe man sie zu Vergleichslampen wählt.

Als sehr konstante Vergleichslichter empfiehlt U p p e n b o r n die im Handel vorkommenden Benzinlämpchen in Form von Kerzenleuchtern mit Zylindern.

(308) Mittel der Abgleichung. Da die Lichtquellen dem Auge dienen sollen, darf auch nur das Auge zur Beurteilung herangezogen werden. Selenphotometer, Bolometer und ähnliche sind keine für die Beleuchtungstechnik geeignete Meßapparate. Das Auge kann aber lediglich beurteilen, ob die Beleuchtungen zweier nebeneinander liegender Flächen gleich sind; deshalb handelt es sich bei den Photometern stets darum, zwei Flächen gleich hell zu machen. Hierzu dienen hauptsächlich folgende Einrichtungen:

1. S c h i e b e p h o t o m e t e r. Man gleicht die Beleuchtungen ab durch verschiedene Bemessung der Abstände $l_1 l_2$ der Lichtquellen $J_1 J_2$ von den zu beleuchtenden Flächen. Dann ist

$$J_1 : J_2 = l_1{}^2 : l_2{}^2.$$

Die Voraussetzung ist, daß die Lichtstrahlen beide Flächen unter demselben Winkel treffen. Die Entfernungen l sollen mindestens 5—10 mal so groß sein als die größten Abmessungen der Lichtquellen und der verglichenen beleuchteten Flächen. Letztere müssen gleichzeitig gesehen werden, doch brauchen ihre Abstände vom Auge nicht gleich zu sein.

2. P o l a r i s a t i o n s p h o t o m e t e r. Die zu vergleichenden Lichtstrahlen sind senkrecht zueinander polarisiert. Man sieht die zwei Flächen durch den Analysator (Nicolsches Prisma) und kann durch Drehen des letzteren die Helligkeiten gleichmachen.

3. S e k t o r e n s c h e i b e n mit veränderlichem Ausschnitt. Läßt man in den Strahlen einer Lampe eine Kreisscheibe rasch umlaufen, welche Ausschnitte trägt, so erscheint das durchtretende Licht geschwächt im Verhältnis der reinen Sektoren zum ganzen Kreis. Um Flimmern zu verhindern, genügen bei 10 Lx Beleuchtung des Photometerschirms 30 Unterbrechungen in der Sekunde. Für Wechselstromlampen ist diese Methode unbrauchbar.

4. M i s c h u n g s p h o t o m e t e r. Bei ungleicher Färbung der Lichtquellen läßt man die zu vergleichenden Flächen von beiden in meßbarem Verhältnis beleuchten.

5. Z e r s t r e u u n g s l i n s e n , R a u c h - u n d M i l c h g l ä s e r , g e s c h w ä r z t e p h o t o g r a p h i s c h e P l a t t e n dienen dazu, die Stärke der Lichtstrahlen in gröberen Stufen zu vermindern.

Die Beleuchtung des Photometerschirms soll 10—20 Lx sein und 30 Lx nicht wesentlich übersteigen. Bei den gewöhnlichen Lichtquellen (etwa bis 100 HK) reicht eine Bank von 2,5—3 m aus. Bei der Messung stärkerer Lichter müßte man die Bank wesentlich verlängern. Dies kann durchaus zweckmäßig sein; man stellt die Lichtquelle außerhalb des Photometerraums auf und läßt ihr Licht, unter Abblendung alles fremden Lichtes, durch eine Öffnung in der Wand einfallen.

Photometer für weißes Licht.
Messung der Lichtstärke in einer Richtung.

(309) Das Bunsensche Photometer. Eine Scheibe von ungleicher Durchlässigkeit für das Licht (Papier mit einem Fettfleck, zwei oder mehrere übereinander gelegte Papiere, in deren einem eine Öffnung ausgeschnitten ist u. dgl.) wird von beiden Lichtquellen beleuchtet, von jeder nur auf einer Seite Die beiden Lichtquellen stehen mit der Mitte der Scheibe in einer Geraden, die Fläche der Scheibe steht zu dieser Geraden senkrecht. Gewöhnlich befindet sich hinter der Scheibe ein Paar Spiegel, in denen man die beiden Seiten der Scheibe gleichzeitig erblickt; man stellt so ein, daß der Fettfleck in beiden Spiegelbildern gleich viel dunkler erscheint als das umgebende Papier; K r ü ß benutzt statt der Spiegel einen Prismenapparat, der denselben Zweck hat. J o l y und E l s t e r verwenden als photometrischen Körper anstatt des Fettfleckpapiers ein parallelepipedisches Stück Paraffin, das durch ein eingelegtes senkrechtes dünnes Metallblatt in zwei Hälften zerlegt wird, oder zwei durch ein Stanniolblatt getrennte dicke Milchglasplatten, deren dem Auge zugewandte Vorderflächen poliert sind; jede Seite erhält ihr Licht nur von einer der zu vergleichenden Quellen.

Die beiden Lichtquellen bleiben gewöhnlich an ihrem Platz, der Schirm wird dazwischen verschoben, um die Beleuchtung der beiden Seiten gleichzumachen. Ist dies erzielt, so ist nach (308,1) das Verhältnis der beiden Lichtstärken

$$J_1 : J_2 = l_1{}^2 : l_2{}^2.$$

Bei einer anderen, häufig benutzten Anordnung befindet sich auf der einen Seite des Schirmes eine konstante Lichtquelle in gleichbleibendem Abstande; die zu vergleichenden Lichtquellen werden nacheinander auf die andere Seite des Schirmes gebracht und wie vorher eingestellt; sind hierbei die Entfernungen der zu messenden Lichtquellen wieder l_1 und l_2, so gilt die vorige Gleichung.

G e n a u i g k e i t d e r B e o b a c h t u n g. Eine einzelne Messung mit dem Bunsenschen Photometer kann im allgemeinen auf etwa 3 % genau ausgeführt werden; ein geübter Beobachter erzielt auch eine etwas höhere Sicherheit. Die Beurteilung der Gleichheit der beiden gespiegelten Bilder des Photometerschirms muß ziemlich rasch erfolgen, längeres Hinschauen und Prüfen erhöht die Genauigkeit nicht, sondern ermüdet nur das Auge. — Größere Genauigkeit erreicht man durch Wiederholung der Beobachtungen; von Vorteil sind dabei Vertauschungen der zu vergleichenden Lichtquellen oder Drehung des Photometerkopfes um 180⁰.

A u f s t e l l u n g d e s P h o t o m e t e r s. Hierzu eignet sich ein vollkommen dunkler, mattschwarz, besser dunkelrot angestrichener und am besten an der Seite, wo das Photometer steht, in der Höhe des letzteren mit einem Streifen mattschwarzen Stoffes ausgeschlagener Raum. In manchen Fällen hilft man sich dadurch, daß man das Photometer geschlossen baut, entweder mit festem Blechmantel oder mit Tuchvorhängen. Es genügt auch, durch Schirme aus mattschwarzem Stoff mit Ausschnitten in der Mitte, welche auf die Photometerbank gestellt werden, das fremde Licht abzublenden; man darf vom Orte des Photometerkopfes nur das Licht sehen, welches von den zu vergleichenden Lichtquellen kommt. Das Auge des Beobachters darf nur Licht aus dem Photometerkopf empfangen.

(310) Photometer von Lummer und Brodhun. G l e i c h h e i t s p h o t o -
m e t e r. Der Fettfleck des Bunsenschen Photometers wird durch zwei aneinander gepreßte rechtwinklige Prismen ersetzt (A, B, Fig. 129). Die Hypotenusenfläche des einen Prismas ist bis auf einen ebenen mittleren Teil durch eine Kugel-
fläche ersetzt, der gebliebene ebene Kreis rs wird an die Hypotenusenfläche ab
des anderen Prismas angedrückt. Die beiden zu vergleichenden Lichtquellen
beleuchten die beiden Seiten des weißen undurchsichtigen Schirmes ik; f und e
sind zwei Spiegel, welche das von l und λ diffus zurückgeworfene Licht senkrecht auf die Kathetenflächen dp und bc leiten. Das durch dp eingetretene Licht

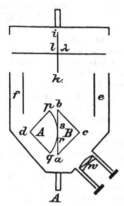

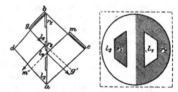

Fig. 130.   Feld des Gleichheitsphotometers.

Fig. 129.   Photometer von
Lummer und Brodhun.

Fig. 131.   Feld und Prismen des Kontukt-
photometers.

geht durch die Fläche rs; das durch bc kommende Licht wird bei rs vollkommen
durchgelassen, während der übrige Teil von ab das dort auffallende Licht vollkommen zurückwirft. Es erscheint so ein Kreis, der nur von der linken Lichtquelle Licht erhält, in einem Felde, das nur von der rechten Lichtquelle beleuchtet
wird. Das Prisma abc wird durch eine Lupe w von der Seite ac her betrachtet;
die Einstellung geschieht wie beim Bunsenschen Photometer auf gleiche Helligkeit
des Kreises und des Feldes. Die Ränder des ersteren verschwinden vollkommen. Das
Photometerfeld stellt Fig. 130 dar. Um Ungleichheiten der beiden Seiten des Photometerkopfes zu beseitigen, ist er drehbar (Achse A, Fig. 129) eingerichtet; man
macht alsdann in jeder der beiden um 180⁰ verschiedenen Stellungen eine Messung.

(311) K o n t r a s t p h o t o m e t e r. Um die Empfindlichkeit dieses Photometers noch weiter zu steigern, drückt man die beiden Prismen mit ebenen Hypotenusenflächen ab (Fig. 131 links) aneinander und bedeckt die Hälften der Kathetenflächen mit durchsichtigen Glasplatten bg und cm, welche einen Teil des Lichtes
absorbieren. Die Hypotenusenflächen werden demnach in zwei ungleich beleuchtete Hälften geteilt. Ätzt man nun aus diesen Flächen geeignete Figuren
heraus, so daß die Hypotenusenflächen teils vollkommen durchsichtig sind, teils
vollkommen zurückwerfen, so erhält man eine Einstellung auf gleiche Helligkeits-
unterschiede wie beim Bunsenschen Photometer mit Spiegeln und ein Photometerfeld nach Fig. 131 rechts.

Im übrigen gilt für die Messung mit diesem Photometer alles im vorhergehenden
Gesagte. Die Genauigkeit ist erheblich größer als beim Bunsenschen Photometer,
bei Anwendung des Kontrastes etwa $^1/_4$ %.

K r ü ß baut dieses Photometer mit einem senkrecht zur Photometerachse stehenden Okularrohr; der Photometerkopf ist staubdicht abgeschlossen und drehbar. Eine neuere Krüßsche Form ist zum Sehen mit beiden Augen eingerichtet; der Photometerkopf enthält zwei Lummer-Brodhunsche Würfel, für jedes Auge einen, die mit Hilfe zweier Prismenzusammenstellungen und Lupen angesehen werden. Die Empfindlichkeit der Einstellung ist größer als bei einäugigem Sehen.

(312) Einfachere Kontrastphotometer. 1. von K r ü ß. Die beiden Lichtquellen beleuchten die beiden Seiten eines Gipsschirms wie in Fig. 129; von da gelangen die Strahlen durch die beiden Spiegel zu einem Prisma. Dieses ist aber nicht der Lummer-Brodhunsche Würfel, sondern ein gleichseitiges Prisma, dessen Grundfläche dem Beschauer zugewandt ist und durch eine Lupe angesehen wird, Die beiden Prismenseiten sind mit Kontrastgläsern bedeckt, von denen das eine in der oberen, das andere in der unteren Hälfte auf photographischem Wege eine Schwächung der Durchlässigkeit um 8—10 % erfahren hat. Man erblickt in der Lupe einen in Quadranten geteilten Kreis und stellt auf gleichen Kontrast ein.

2. von F r a n z   S c h m i d t & H a e n s c h. Die beiden Lichtquellen beleuchten die beiden Kathetenflächen eines Ritchieschen Gipsprismas oder die beiden Seitenflächen eines Gipsschirms; die Strahlen werden diffus nach vorn, senkrecht zur Bankachse, geworfen und gehen durch eine Linse und zwei gekreuzte Zwillingsprismen. Die davor stehende runde Blende wird mit einer Lupe scharf gesehen. Es entsteht auch hier ein in Quadranten geteiltes Feld, wenn vor die beiden Gipsflächen Kontrastgläser gebracht werden.

(313) Das Photometer von Leonh.
Webér besteht aus zwei innen geschwärzten Röhren A, B (Fig. 132), in denen sich Milchglasplatten a, b befinden. Die Röhren stehen aufeinander senkrecht; die eine, A, ist in der wagerechten Ebene um eine Stange drehbar, die andere, B, kann in einer senkrechten Ebene um die Achse der feststehenden Röhre gedreht werden, um unter beliebigem Winkel zu messen. Das Okular enthält einen Schieber mit Blenden, O, und ein umklappbares Reflexionsprisma s zur Erleichterung der Ablesung bei schrägen Stand von B.

Die Milchglasplatten in den Röhren werden von den zu vergleichenden Lichtquellen beleuch-

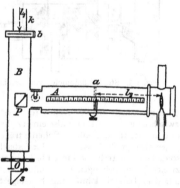

Fig. 132. Photometer von Leonhard Weber.

tet. Die Platte a in der wagerechten Röhre ist verschiebbar; ihre Entfernung l_2, welche größer als 10 cm sein muß, von der sie beleuchtenden kleinen Benzinflamme kann außen am Rohre abgelesen werden. Am Ende der beweglichen Röhre ist die zweite Platte b befestigt, welche von der zu messenden Lichtquelle im Abstande l_1 beleuchtet wird. Die Flammenhöhe der Benzinlampe wird auf 20 mm gehalten und an einem kleinen Maßstab oder am optischen Flammenmaß (306) abgelesen.

Man vergleicht die im Lummer-Brodhunschen Würfel erhaltenen Beleuchtungen und verschiebt die bewegliche Platte a bis zur photometrischen Einstellung. Alsdann ist die zu messende Lichtstärke $J = C \cdot \dfrac{l_1{}^2}{l_2{}^2}$.

Die Milchglasplatte b kann je nach der Lichtstärke der zu messenden Lichtquelle gewählt werden; dem Photometer sind zu diesem Zweck mehrere Platten

15*

beigegeben, die einzeln oder zu mehreren eingeschoben werden können. Für diese
Platten und ihre Zusammenstellungen sind die Werte C im voraus ermittelt, welche
in die obige Gleichung einzusetzen sind. Will man selbst C für eine Platte bestimmen, so mißt man mit dieser Platte die Einheitslampe oder eine andere genau
bekannte Lichtquelle.

Statt der Benzinlampe wird auch eine kleine elektrische Glühlampe empfohlen;
vgl. hierzu (307). Die Lichtstärke der Benzinlampe ist 0,37 HK; ebenso stark sollte
die elektrische Glühlampe gewählt werden.

Zur Aufstellung braucht man nur einen nicht ganz hellen Raum; künstliche
Verdunklung und Schwärzung der Wände können meist unterbleiben.

(314) **Das Straßenphotometer von Brodhun** (F r a n z   S c h m i d t   u n d
H a e n s c h) (Fig. 133) wendet der Lichtquelle das einerseits offene Rohr T zu,
auf dessen Grund eine Gipsplatte angebracht ist. Das Licht, welches letztere trifft,
wird durch ein total reflektierendes Prisma dem Lummer-Brodhunschen Photometerkörper P zugeführt und gelangt zum Okular
o. Von der anderen Seite kommt das Licht, welches
welches die von einer Maßlampe erleuchtete
Milchglasplatte M aussendet, gleichfalls nach P.
Die beiden Prismen p sitzen auf Scheiben, die mit

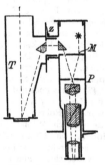

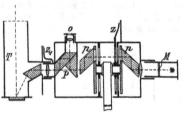

Fig. 133. Straßenphotometer von Brodhun.   Fig. 134. Photometer
von Martens.

einer rasch umlaufenden Achse fest verbunden sind; der Teil der Lichtstrahlen
zwischen p und p beschreibt also einen Zylindermantel. Die in den Zeiger z auslaufende
und mit der Hand drehbare Scheibe trägt zwei Sektorenausschnitte von 90°, welche
gegen gleichgroße Ausschnitte der feststehenden Scheiben verstellt werden können,
so daß das von rechts kommende Licht sowohl ganz abgeblendet als auch während
zweier Vierteldrehungen frei hindurchtreten kann. Durch Einstellen des Zeigers z
auf dem Teilkreis kann man beliebige Schwächung des Lichts erzielen. — Das
Rohr T und die Milchglasplatte M nebst Lampe können vertauscht werden. —
Das Photometer wird auch in einer vereinfachten Form und mit erweitertem
Meßbereich (durch Zufügung mehrerer Milchglasplatten M) hergestellt.

(315) **Das Photometer von Martens** (Fig. 134) zeigt das einerseits offene
Rohr T wie das vorhergehende mit Gipsplatte; von da gelangt das Licht durch
zwei total reflektierende Prismen in das Polarisationsphotometer P (308, 2). Hier
wird die Flächenhelle der Gipsplatte verglichen mit derjenigen einer Milchglasplatte M, die von einer Maßlampe, z. B. einer Glühlampe (307), erleuchtet wird.
Muß der Nicol aus der Dunkelstellung bis zur photometrischen Einstellung um
den Winkel φ gedreht werden, und ist l die Entfernung der Lichtquelle vom Gips-
schirm, so ist die gesuchte Lichtstärke $J = C\, l^2\, \mathrm{tg}\, \varphi^2$. Das Photometer wird durch
Messung einer bekannten Lichtquelle geeicht. Die Neigung der Röhre T gegen die
Wagrechte wird an einem Teilkreis abgelesen.

(316) **Universalphotometer von Blondel und Broca.** Das Photometer besteht
aus einem viereckigen Gehäuse, dessen beide den zu vergleichenden Lichtquellen

zugewandte Seiten matte Glasscheiben tragen; dazwischen stehen zwei gekreuzte Spiegel, die von vorn mittels Prismen und Linse mit beiden Augen angesehen werden. Auf beiden Seiten des viereckigen Gehäuses können Röhren zur Aufnahme von matten Schirmen, Linsen und regulierbaren Blenden sowie eines drehbaren geneigten Spiegels zur Messung unter verschiedenen Winkeln angesetzt werden. Man stellt ein durch Verschieben der Lichtquellen oder des Photometers wie bei anderen Apparaten oder durch die Veränderung in der Breite der regulierbaren Blenden, wobei an den äußeren Enden der Ansätze sich Linsen befinden. Das Photometer dient auch zur Messung einer Beleuchtung und einer Flächenhelle. (Ecl. él., Bd. 8, S. 52; Bd. 10, S. 145.)

(317) Rauchglasphotometer. Wenn man sehr starke Lichtquellen zu messen hat, würde auf der gewöhnlichen Photometerbank die Beleuchtung des Photometerschirms zu hell werden. Man schaltet dann auf der Seite der starken Lichtquelle ein Rauchglas ein, das nur einen Teil des Lichtes durchläßt. Nach K r ü ß sind die meisten Rauchgläser nicht farblos. Sein Rauchglasphotometer ist ein Lummer-Brodhunsches Photometer, in dem dicht vor der einen Fläche des Photometerwürfels ein Rauchglas aufgestellt wird, das genau 0,2 des Lichtes durchläßt; statt eines einzigen kann man 2 oder 3 solcher Gläser einschalten, so daß die abgelesene Lichtstärke mit 5, mit 25 oder mit 125 zu multiplizieren ist. Man hat mit großer Sorgfalt darauf zu achten, alles fremde Licht abzuhalten, das neben der absorbierenden Platte in das Photometer gelangen könnte, da sein Einfluß im Photometer in demselben Verhältnis größer wird, wie man das zu messende Licht schwächt.

(318) Photometer mit Zerstreuungslinsen. Zur Messung sehr starker Lichtquellen kann man zur Abschwächung in den Gang der Strahlen eine Zerstreuungslinse einschalten. Ist $-p$ die Brennweite der Linse (bei Zerstreuungslinsen negativ), J_1 die zu messende, J_2 die Vergleichslichtquelle, l_1, l_2 die Abstände der Lichtquellen vom Photometerschirm, d der Abstand der Linse von letzterem, so ist

$$J_1 : J_2 = \left[l_1 + \frac{d}{p}(l_1 - d) \right]^2 : l_2^2 = \left[\frac{l_1}{l_2} \right]^2 \cdot \left[1 + \frac{d}{p} \cdot \frac{l_1 - d}{l_1} \right]^2.$$

p ist mit seinem absoluten Werte einzusetzen. Die Linse hat die größte Wirkung, wenn $d = \frac{1}{2} l_1$.

Statt der Zerstreuungslinsen kann man auch Sammellinsen nehmen.

Die obige Formel gilt nur für Lichtquellen von kleinen Abmessungen; die vollständige Formel gibt K r ü ß, J. Gasbel. 1906.

Fremdes Licht muß sehr sorgfältig abgeblendet werden (317). Durch die Einschaltung der Linsen geht ein Teil des Lichtes an den beiden Flächen der Linse verloren; um dies auszugleichen, bringt man auf der anderen Seite des Photometers ein unbelegtes Spiegelglas in den Gang der Lichtstrahlen.

An derselben Stelle beschreibt K r ü ß eine Einrichtung, um Linsenpaare von bestimmter Abschwächung ($\frac{1}{10}$, $\frac{1}{20}$, $\frac{1}{40}$) in den Gang der Strahlen zu schalten.

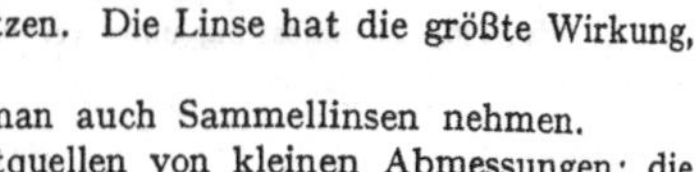

In Fig. 135 bedeuten J_1 und J_2 die zu vergleichenden Lichtquellen, J_1 die zu messende starke, J_2 die Maßlampe, S den Photometerschirm, L die Linse, welche mit dem Schirm in solchem Abstand fest verbunden

Fig. 135. Photometer mit Schwächungslinie.

ist, daß sie in der gegebenen Entfernung $a + b$ (z. B. = 30 cm) vom Schirm von diesem ein scharfes Bild gibt. l_1 wird von diesem Bildpunkt gemessen. Es ist dann

$$J_1 = J_2 \cdot k \frac{a^2}{b^2} \cdot \frac{l_1^2}{l^2}.$$

Die Linse L wird aus zweien zusammengesetzt und deren Abstand so bemessen, daß sowohl $a + b$ die gewünschte Größe als auch $k \cdot \dfrac{a^2}{b^2}$ ($k =$ Schwächungszahl der Linse, etwa 0,85) einen gewünschten runden Wert erhält. Zur Vereinfachung der Rechnung kann man J_1 um die Länge $a + b$ jenseits des Endpunkts der Photometerskala stellen.

Räumliche Lichtstärke.

(319) Räumliche Verteilung der Lichtstärke. Die Lichtstärke ist bei vielen Glühlampen und bei allen Bogenlampen von der Strahlungsrichtung abhängig, so daß man die Lichtquellen unter verschiedenen Winkeln ausmessen muß. Bei Bogenlampen liegt ein Maximum der Leuchtkraft zwischen 30 und 60° Neigung gegen die Wagrechte. Die Kohlen der Bogenlampen brennen meistens schief ab, so daß die Helligkeit nach verschiedenen Seiten verschieden ist; man nimmt als Lichtstärke unter einem bestimmten Winkel das Mittel aus zwei (oder mehr) gleichzeitigen Messungen auf gegenüberliegenden Seiten der Lampe (oder gleichmäßig um die Lampe verteilten Richtungen). Trägt man die Lichtstärken nach den verschiedenen Richtungen als Radien in ein Polarkoordinatennetz ein, so entsteht die P o l a r k u r v e , von der Fig. 140, linker Teil, die Hälfte zeigt. Eine vollständige Polarkurve soll durch Messungen von 10 zu 10° ermittelt werden.

(320) Messung mit dem Spiegel. Um die Richtung der Strahlen zu ändern, dient der Spiegel. Die einfachsten Einrichtungen sind die in Fig. 136—139 dargestellten, Fig. 138 ist ein um die Achse der Photometerbank drehbarer und zu dieser Achse um 45° geneigter Spiegel (A y r t o n u. P e r r y). Die Lichtquelle muß in der

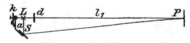

Fig. 136. Lichtmessung unter verschiedenen Winkeln (v. Hefner-Alteneck).

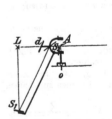

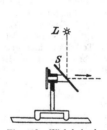

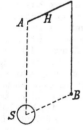

Fig. 137. Doppelspiegel   Fig. 138. Winkelspiegel   Fig. 139. Vorrichtung um Lampen
von Martens.   von Ayrton und Perry.   im Kreise herumzuführen.

senkrechten Ebene herumgeführt werden. Hierzu kann man sich der in Fig. 139 dargestellten Anordnung bedienen, die entweder über der Bank aufgestellt oder an einem besonderen Gestell befestigt wird. S ist der Spiegel, B die Bogenlampe; der Arm H kann sich um eine Achse A drehen, die Bogenlampe ist mit einer Schnur oder dgl. am Ende von H befestigt; oder das Parallelogramm besteht aus vier Stangen, die gelenkig verbunden sind. Der Abstand der Lampe vom Spiegel ist stets gleich *H*. Schließlich kann man auch die Bogenlampe in einer Senkrechten verschieben, deren seitlicher Abstand von der Photometerachse = *a* ist; zum Spiegelungswinkel *α* gehört dann der Abstand *a*/cos *α* der Bogenlampe vom Spiegel. Der Abstand der gespiegelten Lichtquelle vom Photometerschirm ist gleich ihrem Abstand von der Spiegelmitte, vermehrt um den Abstand von der Spiegelmitte zum Photometerschirm.

In Fig. 136 (v. H e f n e r - A l t e n e c k) bedeutet *L* die in der Photometerachse aufgehängte Bogenlampe, *S* den Spiegel, der an einem Arm befestigt ist. Dieser Arm kann um die Photometerachse gedreht und sein Neigungswinkel, der zugleich der der Lichtstrahlen ist, bei *k* gemessen werden. Die Entfernung *a* und der Winkel von 45°, den *S* mit der Photometerachse macht, bleiben stets dieselben. *d* ist ein Metallschirm. Da die am Photometer gemessene Entfernung l_1 um *a* zu klein ist und die auf den Photometerschirm *P* fallenden Strahlen ein wenig schräg stehen, ist die nach der gewöhnlichen Formel ermittelte Lichtstärke noch zu multiplizieren mit $1 + a^2/2 l_1{}^2$; ist l_1 fünfmal so groß wie *a*, so beträgt die Berichtigung 2 %, ist also bei der Empfindlichkeit der neueren Photometer nicht zu vernachlässigen. Mißt man eine Lampe einmal geradeaus und dann nach Drehung um 90° über den Spiegel, so erhält man die Schwächungszahl für den Spiegel, welche zugleich annähernd die Berichtigung für den Entfernungs- und Neigungsfehler enthält.

Von den Ungenauigkeiten dieser Anordnung frei ist die Aufstellung nach Fig. 137 mit 2 Spiegeln S_1, S_2. (M a r t e n s ; F r a n z S c h m i d t u. H a e n s c h) *L* befindet sich wieder in der Achse, die beiden Spiegel sind an einem auf der Photometerbank aufgestellten Halter befestigt. Sie werden zusammen um die Photometerachse gedreht; hierbei geht der eine in der zur Bank senkrechten Ebene um die Lampe herum und leitet in jeder Stellung das Licht der Lampe dem zweiten Spiegel zu, der es in die Photometerachse richtet. Die Entfernung $L S_1 S_2 A$ bis über den Nullpunkt der Teilung ist 100 cm. Die Neigung der Strahlen wird an einer Teilung abgelesen, die sich an dem Halter befindet.

S c h w ä c h u n g s z a h l. Bei der Spiegelung findet ein Lichtverlust statt, der zwischen 10 und 40 % beträgt. Das Verhältnis der reflektierten zur einfallenden Lichtstärke nennt man Schwächungszahl; sie ist in der Regel vom Einfallswinkel der Strahlen abhängig. Die mit dem Spiegel gefundene Lichtstärke ist mit der Schwächungszahl zu dividieren, um den Verlust am Spiegel in Rechnung zu setzen.

Zur Bestimmung verwende man zwei gleichstarke Lampen. Die eine wird auf 0 der Photometerbank, die andere zunächst auf den Punkt *N* der Bank gebracht, wobei der Photometerschirm die Einstellung P_1 ergibt. Dann bringt man die Lampe seitwärts der Bank auf ein Stativ und lenkt ihre Strahlen durch einen Spiegel in die Achse der Bank; der Spiegel stehe bei *S* der Bank, die Lampe habe von *S* einen Abstand = *S N* und wende dem Spiegel dieselbe Seite zu wie vorher dem Schirm; neue Einstellung P_2. Die Schwächungszahl ist (für den beim Versuch gemessenen Einfallswinkel)

$$= \left[\frac{N - P_2}{N - P_1} \cdot \frac{P_1}{P_2}\right]^2 \approx 1 - 2 \cdot \left(\frac{N}{P_2} \cdot \frac{P_2 - P_1}{N - P_1}\right).$$

S p i e g e l u n g s w i n k e l *α*, den die Strahlen der gespiegelten Lampe mit der Horizontalen einschließen. Gewöhnlich besitzt der Spiegel nur eine wagerechte Drehungsachse, zu der die spiegelnde Fläche unter 45° geneigt ist; die Lampe muß sich in einer bestimmten senkrechten Ebene befinden; der Winkel der Lampenstrahlen gegen die Horizontale kann am senkrechten Teilkreis abgelesen werden. — Besitzt der Spiegel eine senkrechte und eine wagrechte Achse, und liest man an der ersteren den Winkel *φ*, an der letzteren den Winkel *ω* ab, so wird *α* gefunden aus den Gleichungen: *α* = 90° — *β*; cos 2 *β* = cos *φ* · cos *ω*. Dabei wird vorausgesetzt, daß φ und ω gleich Null sind, wenn die Spiegelfläche zur Photometerachse senkrecht steht.

W i n k e l s p i e g e l. Um die mittlere räumliche Lichtstärke einer Lampe mit einer Messung zu erhalten, bringt man eine Anzahl Spiegel so hinter ihr an, daß gleichzeitig aus mehreren regelmäßig verteilten Richtungen Licht in die Achse der Photometerbank geleitet wird; vgl. Lumenmeter (324). Beim Messen von Glühlampen begnügt man sich manchmal mit zwei Spiegeln, die einen Winkel von 120⁰ einschließen. Der Lichtverlust durch die Spiegelung ist zu berücksichtigen.

Das P h o t o m e s o m e t e r von B l o n d e l (Ecl. él., Bd. 8, S. 49) dient zur raschen Aufnahme der Lichtverteilungskurve einer Bogenlampe. Der Lichtbogen brennt im Mittelpunkt einer undurchsichtigen Kugelhülle, die um die senkrechte Achse gedreht werden kann; sie ist mit geeigneten Öffnungen versehen, die je nach ihrer Stellung die Strahlen des Lichtbogens unter bestimmtem Winkel austreten lassen. Die Kugel wird umgeben von einem Kranz kleiner Spiegel, die unter dem gleichen Winkel gegen die Photometerachse geneigt sind und das Licht der Bogenlampe ins Photometer werfen. Durch Drehung der Kugelhülle bringt man je zwei gegenüberliegende Spiegel in den Gang der Strahlen und mißt jedesmal die Lichtstärke unter dem zugehörigen Winkel. — Der Apparat läßt sich auch zur Messung der mittleren Lichtstärke verwenden, ist aber hierzu weniger bequem als das Lumenmeter (324).

H a l t e r f ü r G l ü h l a m p e n. Um Glühlampen unter verschiedenen Winkeln zu messen, braucht man keinen Spiegel zu verwenden, sondern kann einen dazu geeigneten Halter benutzen. Ein solcher muß eine wagrechte und eine senkrechte drehbare Achse und zwei Teilkreise besitzen. H e i m hat in der ETZ 1896, S. 384 ein sehr bequemes Stativ für diesen Zweck beschrieben und abgebildet. Ähnliche Stative werden von K r ü ß und von F r a n z S c h m i d t und H a e n s c h hergestellt.

(321) **Drehung des Photometerschirms.** Statt Spiegel zu verwenden, kann man auch den Photometerschirm selbst neigen, um die Strahlen, die schräg zur Photometerachse einfallen, aufzunehmen. Der Schirm soll dann den Winkel zwischen den Strahlen, die ihn beiderseits treffen, halbieren; der Photometerkopf wird um eine wagrechte Achse drehbar gemacht und erhält eine Gradeinteilung. Zur Einstellung wird die Meßlampe verschoben. L e o n h. W e b e r wendet der zu messenden Lampe eine Milchglasplatte zu, B r o d h u n ein einerseits offenes Rohr, in dessen Boden eine Gipsplatte eingesetzt wird.

(322) **Mittlere horizontale Lichtstärke** (304). Sie kann als mittlerer Radius einer Polarkurve für die wagrechte Ebene berechnet oder planimetriert werden. Will man sie (für Glühlampen) mit einer einzigen Messung erhalten, so verwendet man bei geringeren Ansprüchen an Genauigkeit den Winkelspiegel (320), oder man dreht die Glühlampe um ihre Längsachse; die Drehgeschwindigkeit soll so hoch sein, daß man kein Flimmern wahrnimmt; andererseits darf durch zu rasches Drehen nicht der Faden der Lampe verbogen werden, weil hierdurch die Lichtausstrahlung geändert werden würde. Statt die Lampe zu drehen (z. B. bei Bogenlampen), läßt man (Physik.-Techn. Reichsanstalt) um die Achse der Lampe, welche in der Bankachse liegt, einen Spiegel sich rasch drehen, der die Strahlen der Lampe auf den Photometerschirm wirft. Die direkten Strahlen sind abgeblendet.

(323) **Mittlere räumliche Lichtstärke.** Der Lichtstrom, den eine Lichtquelle aussendet, wird in Polarkoordinaten dargestellt durch

$$\Phi = \int_0^\pi \int_0^{2\pi} J(\vartheta_1, \varphi) \sin \vartheta \, d\vartheta \, d\varphi.$$

Hierin bedeutet φ den Längenwinkel, ϑ den Breitenwinkel, unter dem die Lichtstärke den Wert $J(\vartheta, \varphi)$ hat. In erster Annäherung sollte J für ein bestimmtes ϑ
und alle φ denselben Wert haben; für genaue Messungen ist es erforderlich, in
Winkelabständen von höchstens 10^0 um die Lampe herum zu messen und das
Mittel zu nehmen. Man erhält dann für jedes ϑ einen Wert

$$J(\vartheta) = \frac{1}{2\pi} \int\limits_0^{2\pi} J(\vartheta_1, \varphi)\, d\vartheta.$$

Auch die Werte $J(\vartheta)$ werden von 10 zu 10^0 bestimmt. Hiernach wird die mittlere
sphärische Lichtstärke

$$J_0 = \frac{\Phi}{4\pi} = \frac{1}{2} \int\limits_0^\pi J(\vartheta)\, \sin\vartheta\, d\vartheta = \frac{1}{2} \int\limits_0^\pi J(\vartheta)\, d(\cos\vartheta).$$

Zur graphischen Berechnung
trägt man nach R o u s s e a u die
$J(\vartheta)$ zur mittleren Polarkurve auf
(Fig. 140). Von den Schnittpunkten
der Radien mit dem äußeren Kreis
zieht man wagrechte Linien und
trägt von der Senkrechten aus die
Lichtstärken an. Man erhält auf diese
Weise eine Kurve, deren mittlerer
Abstand von der Senkrechten gleich
der mittleren sphärischen Lichtstärke
ist. Teilt man die Fig. 140 durch
die wagrechte Mittellinie in zwei
Teile, so liefert der obere ebenso die
obere, der untere die untere mittlere
hemisphärische Lichtstärke.

Nach L i e b e n t h a l trägt man
in ein rechtwinkliges Koordinatensystem (Millimeterpapier) als Abszissen nicht die Winkel, sondern
deren Kosinus (Fig. 141) und dazu
als Ordinaten die Lichtstärken. Die

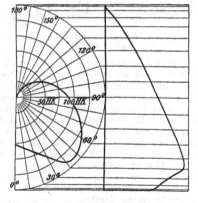

Fig. 140. Polarkurve und mittlere räumliche
Lichtstärke (Rousseau).

obere Kurve geht von rechts nach
links, die untere schließt sich zur Ersparung von Platz von links nach rechts an.
Zur Auswertung mißt man die zu Ordinaten gleichen Abstands gehörigen Abszissen,
addiert alle, subtrahiert das arithmetische Mittel der ersten und letzten und dividiert durch die Zahl der Ordinaten; dies ist die mittlere sphärische oder hemisphärische Lichtstärke.

(324) Messung der mittleren räumlichen Lichtstärke d u r c h e i n e e i n z i g e
M e s s u n g. B l o n d e l setzt in seinem L u m e n m e t e r (ETZ 1890, S. 608)
die Bogenlampe in eine undurchsichtige Kugel und läßt nur auf der vom Photometer abgewandten Kugelseite zwei Sektoren von je 18^0 frei, durch die $^1/_{10}$ der
ganzen Lichtmenge auf ellipsoidische Spiegel fällt; letztere werfen das Licht auf
einen durchscheinenden Schirm, der anderseits von der Maßlampe beleuchtet wird.

Einen Rechenschieber zur raschen Ermittlung der mittleren Lichtstärke
beschreibt T e i c h m ü l l e r in J. Gasbel. 1912.

Matthews, Houston und Kennelly lassen einen zur Photometer-
achse parallelen kleinen Spiegel um die in der Photometerachse aufgestellte Bogenlampe sich in einem größten Vertikalkreis drehen; der kleine Spiegel wirft das
Licht auf einen zweiten Spiegel, der es in die Photometerachse führt; eine Blende,
die sich mit dem ersten Spiegel gleichzeitig dreht, ändert die lichtgebende Öffnung
vor dem zweiten Spiegel nach der Kosinusformel, so daß man bei rascher Drehung
am Photometer die mittlere räumliche Lichtstärke erhält. Die Bogenlampe kann
noch um die senkrechte Achse gedreht werden (El. World Bd. 27, S. 509).

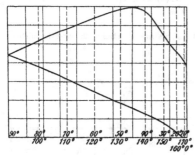

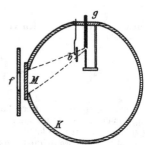

Fig. 141. Mittlere räumliche Lichtstärke   Fig. 142. Kugelphotometer von
           nach Liebenthal.   Ulbricht.

Das Kugelphotometer von Ulbricht (ETZ 1900, S. 595; 1907,
S. 777) ist der am meisten benutzte und zweckmäßigste Apparat zur Messung
der mittleren Lichtstärke. Eine Hohlkugel K (Fig. 142) aus Glas oder Metall
wird innen mit einem Anstrich aus Wasserglas und Kreide oder einem anderen
geeigneten Überzug versehen, der nach dem Erhärten matt geschliffen wird;
er läßt kein Licht hindurch. Die Kugel hat oben eine Öffnung, die mit dem ebenso
angestrichenen Deckel g verschlossen werden kann, während die seitliche Öffnung
mit einem durchscheinenden Milchglas M bedeckt wird. Diese Milchglasplatte
wird in die Achse der Photometerbank gebracht, so daß die Achse auf ihrer Mitte
senkrecht steht, und durch eine Blende f scharf begrenzt wird. Jede Stelle der
Innenfläche von K empfängt von der am Deckel befestigten Lampe einen Be-
leuchtungsanteil unmittelbar und den zweiten durch ein- oder mehrmalige Reflexion
des Lichtes an der Kugelwand. Der letztere Anteil ist für alle Elemente der Kugel-
fläche derselbe, welches auch die Verteilung der Lichtausstrahlung sei. Hält man
die unmittelbare Beleuchtung durch eine kleine Blende b von der Milchglasplatte M
ab, so ist die Beleuchtung der letzteren, die von außen gemessen werden kann,
ein Maß für die mittlere räumliche Lichtstärke der Lampe. Man eicht das Photometer mit Hilfe einer Glühlampe, deren mittlere räumliche Lichtstärke anderweit gemessen worden ist. Benutzt man dabei die Milchglasplatte M als Lichtquelle, z. B. beim Lummer-Brodhunschen Photometer, so kommt auch
die Größe der Öffnung e in Betracht. Das Verhältnis der Flächenhelle e der Milchglasplatte zur räumlichen Lichtstärke J der Lampe ist eine Konstante der Anordnung; dasselbe gilt von dem Verhältnis $f \cdot e : J$. Die in der Kugel angebrachten
Halter, die Lichtkohlen u. dgl. sind weiß anzustreichen. Bei allen Messungen,
denen dieselbe Eichung zugrunde liegt, muß die innere Ausrüstung der Kugel
gleich sein. Die Blende b soll klein gegen den Durchmesser der Kugel K sein;
sie wird entweder ebenso angestrichen wie die Kugel, oder man stellt sie aus
geeigneten durchlässigen Gläsern zusammen. Der Durchmesser der Kugel wird
zwischen 1,5 und 3 m gewählt. Für die Messung von Bogenlampen soll er nach
den Verbrauchsnormalien nicht kleiner als 1,5 m sein.

Gleichzeitige photometrische und galvanische Messungen.

(325) Bogenlampen. Vor der photometrischen Messung ist die Lampe mit Kohlen der vorgeschriebenen Art zu versehen; ihre Länge soll etwa der halben Brenndauer der Lampe entsprechen; die Lampe soll etwa 1 Stunde lang in normaler Weise brennen und nicht durch Abnehmen der Glocke oder sonstwie gestört werden. Die Stromstärke bei der Messung soll im Mittel den vorgeschriebenen Wert haben. Die Spannung der Lampe wird möglichst zwischen einem Punkte der oberen und einem der unteren Kohle gemessen; weniger gut zwischen den Zuleitungsklemmen der Lampe. Spannungs- und Strommesser müssen sich rasch einstellen, damit man den Schwankungen der Lampe folgen kann. — Die Lichtstärke wird stets unter verschiedenen Winkeln gemessen. Die Bogenlampen brennen fast nie konstant; wenn man den Mechanismus noch so gut reguliert hat, wenn die Kohlen auch ganz regelmäßig abbrennen, so bemerkt man doch am Photometer und an dem Spannungs- und dem Strommesser fortwährende Schwankungen. Es werden mehrere Mittel angegeben, richtige Werte zu erhalten; das beste für einen einzelnen Beobachter dürfte wohl sein, bei ungeänderter Stellung der Lampe längere Zeit zu beobachten und eine Reihe von Messungen anzustellen, aus denen man dann das Mittel nimmt. Zwei Beobachter messen gleichzeitig auf zwei entgegengesetzten Seiten der Lampe unter gleichen Winkeln; auch hier empfiehlt es sich, aus je mehreren Messungen Mittel zu nehmen. Vorausgesetzt wird immer, daß die Lampe so konstant brennt, als immer zu erreichen ist; ein Hilfsmittel dabei ist die Verwendung einer weit größeren Spannung, als die Lampe allein gebraucht, und Vorschalten großer Drahtwiderstände. Vgl. auch (319). Über die Bestimmung der mittleren räumlichen Lichtstärke siehe (320 bis 324), der Polarkurve (323).

Als **praktischer Effektverbrauch** einer Bogenlampe gilt nach den Verbandsvorschriften der Gesamtverbrauch eines Bogenlampen-Stromkreises, gemessen an der Abzweigstelle vom Netz, dividiert durch die Anzahl der Lampen. Bei Angabe dieses Effektverbrauchs ist die Netzspannung mit anzugeben.

Als **praktischer spezifischer Effektverbrauch** einer Bogenlampe gilt der so gekennzeichnete Effektverbrauch dividiert durch die Lichtstärke $J_\square$. Zur Bezeichnung dieser Größe dient der Ausdruck $W/HK_\square$ (Watt für 1 Hefnerkerze hemisphärisch) bei n Volt Netzspannung. Der Wert $HK_\square/W$ bei n Volt Netzspannung wird als **praktische Lichtausbeute** bezeichnet.

Angaben über Wechselstromlampen sind, wenn nichts anderes bemerkt ist, für sinusförmige Kurve der Betriebsspannung und eine Frequenz von 50 Per/sk zu verstehen.

In jedem Falle ist anzugeben, in welcher Schaltung die Lampe photometriert und ob induktionsfreier oder induktiver Vorschaltwiderstand angenommen worden ist.

(326) Glühlampen. Man kann die galvanischen Messungen in derselben Weise ausführen wie bei der Bogenlampe; zum Regulieren der Spannung braucht man einen Rheostaten. Die Spannung an den zu messenden Glühlampen muß sehr genau konstant gehalten werden, weil sich die Lichtstärke sehr viel rascher ändert als die Spannung.

Hat man für eine Glühlampe die zusammengehörigen Werte für Lichtstärke, Spannung und Strom in Hefnerkerzen, Volt und Ampere ermittelt, so kann man diese Lampe als Maßlampe zu weiteren Messungen an ähnlichen Glühlampen verwenden; man vergleicht dann die gleichartigen Größen einer zu messenden Lampe und der Maßlampe, mißt aber nicht diese Größen selbst, sondern nur die Beträge, um welche sich die zu vergleichenden beiden Lampen hinsichtlich der Spannung und des Stromes unterscheiden. Da man auf diese Weise von den gesuchten Größen nur mehr einen kleinen Teil wirklich mißt, so würde ein Fehler in dieser Messung sich im Schlußergebnis ebenfalls nur mit einem kleinen Betrag bemerkbar machen. Man kann. also nach dieser Methode Spannung und Strom der zu untersuchenden Lampe mit derselben Genauigkeit bestimmen, mit der diese Größen für die Maßlampe bekannt sind, ohne an die Messungen, welche tatsächlich ausgeführt werden müssen, nur annähernd so hohe Forderungen zu stellen.

Die zu verwendende Methode beruht auf folgender Voraussetzung: Innerhalb gewisser Grenzen gelten für die Änderung der Glühlampen in Lichtstärke, Spannung und Strom für alle Exemplare desselben Systems und mit einer gewissen Annäherung auch für verschiedene Systeme dieselben Gesetze. Die Methode ist beschränkt auf die Messung verhältnismäßig geringer Unterschiede; man wird wohl daran tun, im äußersten Falle noch Größen zu vergleichen, die im Verhältnis 4 : 5 stehen.

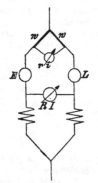

Fig. 143. Schaltung zur Vergleichung von Glühlampen.

A u f s t e l l u n g. Die Maßlampe und die zu untersuchende Lampe werden auf dem Photometer aufgestellt, um das Verhältnis der Lichtstärken zu bestimmen; die beiden Lampen werden nach dem Schema der Fig. 143 in den Stromkreis eingeschaltet.

E ist die Maßlampe, deren regelmäßige Spannung $= e_1$ ist; bei dieser Spannung habe die Lampe die Lichtstärke J_1 und die Stromstärke i_1, L die zu messende Lampe, deren Spannung e_2, Lichtstärke J_2, Stromstärke i_2. In jeden der beiden Lampenzweige werden regulierbare Widerstände, Rheostaten, eingeschaltet. Die mit w bezeichneten Stücke stellen Drähte von bekanntem, ziemlich kleinem Widerstande w vor. Der mit den Buchstaben $R I$ bezeichnete Spannungsmesser besitzt den großen Widerstand R; seine Stromstärke ist I Ampere; der mit $r i$ bezeichnete hat den mäßig hohen Widerstand r, seine Stromstärke ist i Ampere.

Bei der Messung von Lampen mit hohem Widerstande legt man die Widerstände w wie gezeichnet, während die Regulierwiderstände auf der anderen Seite der Lampen eingeschaltet sind. Bei der Messung von Lampen mit geringem Widerstand legt man umgekehrt die beiden Drähte w mit den beiden Regulatoren auf dieselbe Seite der Lampen.

B e o b a c h t u n g u n d R e c h n u n g. Hat man die beiden Glühlampen auf dem Photometer mit Hilfe der Regulatoren auf die gewünschten Verhältnisse gebracht — z. B. auf gleiche Lichtstärke —, so liest man die Stromstärken I und i ab. Dann hat man

$$e_2 = e_1 + R I,$$

$$i_2 = i_1 + i \left(\frac{r}{w} + 2 \right),$$

wobei das Vorzeichen der Stromstärken I und i zu beobachten ist. Die Widerstände w müssen sehr genau gleich gemacht werden; r ist groß gegen w zu wählen, z. B. $= 98\, w$, damit $r/w + 2 = 100$ ist; es ist gut, in den Kreis r noch einen Rheostaten einzuschalten.

Der Widerstand R, das Verhältnis r/w werden nur mit geringerer Genauigkeit bestimmt; die Eichungen der Galvanometer, an denen i und I abzulesen sind, brauchen ebenfalls nicht mit erheblicher Genauigkeit ausgeführt zu werden. Kennt man jede der vier Größen R, r/w, i, I mit einer Sicherheit von etwa 2 % im absoluten Maße, so wird man auch in ungünstigen Fällen nicht 1 % Fehler haben, wenn die zu vergleichenden Größen im Verhältnis 4 : 5 stehen.

Die Maßlampe hat bei der Messung die Spannung e_1; sie wird nach den Angaben eines gewöhnlichen guten Spannungszeigers bis auf etwa 2 % genau auf dieser Spannung gehalten; selbst Abweichungen von 5 % von der normalen Größe werden kaum erhebliche Fehler hervorrufen.

Wird für eine Spannung in der Nähe der normalen das Verhältnis der Lichtstärken J_1 und J_2, die Differenz der Spannungen und Stromstärken, ermittelt, so gelten die gefundenen Werte dieser Größen auch für die normale und jede andere der letzteren nahe Spannung.

Die hier beschriebene Schaltung ist vom V e r b a n d D e u t s c h e r E l e k - t r o t e c h n i k e r aufgenommen worden in seine:

(327) Vorschriften für die Lichtmessung von Glühlampen. Die mittlere Lichtstärke n der zur Lampenachse senkrechten Ebene wird bestimmt nach den in Fig. 144 und 145 skizzierten Anordnungen.

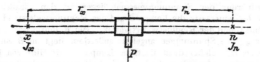

Fig. 144. Lichtmessung an Glühlampen. 1. Verbandsmethode.

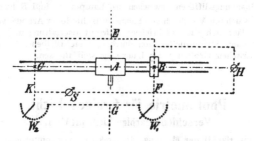

Fig. 145. Lichtmessung an Glühlampen. 2. Verbandsmethode.

Bei der ersten Methode werden die zu messende Lampe x und die Normallampe n an die Enden der Photometerbank gesetzt und der Photometerkopf P durch Verschieben eingestellt (Fig. 144). Es ist dann

$$J_x = \left(\frac{r_x}{r_n}\right)^2 \cdot J_n .$$

Die Lampen n und x werden wie E und L nach Fig. 143 geschaltet.

Die zweite Methode wird durch Fig. 145 dargestellt. Es bedeutet $a\,b$ eine gerade Photometerbank von 2,5 m Länge, A den Photometerkopf, mit welchem B, eine Hilfslichtquelle (Vergleichlichtquelle), in verstellbarem Abstand fest verbunden ist, C die zu messende Lampe bzw. die Normallampe in einer Drehvorrichtung (322). Die Photometerbank trägt eine nach dem Entfernungsgesetz berechnete Teilung in Kerzen, in der Weise, daß der Nullpunkt in der Achse der Lampe C liegt und der Teilstrich 1 um 1 m von dem Nullpunkt entfernt ist.

Die Lichtmessung geschieht nun folgendermaßen. Zunächst erhält die Hilfslichtquelle B die richtige Spannung mit Hilfe von W_1 und H. Dann wird:

1. Bei C die Normale aufgesetzt und mit Hilfe von S und W_2 einreguliert; ihre Lichtstärke sei J_n. Hierauf wird der Photometerkopf A auf den Teilstrich 1 eingestellt und durch Veränderung der Entfernung $A\,B$ eine photometrische Einstellung ausgeführt. Dann werden $A\,B$ fest miteinander verbunden.

2. Nun wird bei C an die Stelle der Normale die zu messende Lampe gesetzt und unter Benutzung von S und W_2 einreguliert, d. h. auf die auf der Lampe verzeichnete Spannung eingestellt. Dann wird eine photometrische Messung durch Verschiebung des mit der Lampe B fest verbundenen Photometerkopfes ausgeführt.

Die gesuchte Lichtstärke ist dann J_n multipliziert mit der bei der letzten Einstellung an der Kerzenteilung abgelesenen Zahl.

Als Normale dienen von der Reichsanstalt geprüfte oder mit solchen verglichene Glühlampen; vgl. (307). Die Richtung, in der die Lichtstärke bestimmt worden ist, muß an der Lampe bezeichnet sein und bei der Messung mit der Achse der Photometerbank zusammenfallen.

Zur Ausführung der Spannungsmessung liegen in den parallelen Zweigen $E\,F\,G$ und $E\,K\,G$ einerseits die Lampe B und der Regulierwiderstand W_1, anderseits die Lampe C und der Regulierwiderstand W_2. Bei K und F ist ein Spannungsmesser S für geringe Spannungen angelegt; außerdem liegt an B ein technische Spannungszeiger H, welcher dazu dient, der Lampe B mit Hilfe von W_1 die vorgeschriebene Spannung zu geben, die Lampe C erhält jedesmal die ihr zukommende Spannung, indem man unter Benutzung von W_2 im Spannungsmesser S die entsprechende Spannungsdifferenz zwischen den Lampen C und B herstellt.

Handelt es sich um Vergleich von Lampen verschiedener Art oder verschiedener Spannung, so läßt sich die beschriebene Differentialschaltung nicht verwenden. Man braucht dann Stromquellen von durchaus gleichbleibender Spannung und muß die elektrischen Größen jeder Lampe für sich messen.

Photometrie für farbiges Licht.
Verschiedenfarbige Lichtquellen.

(328) Schwierigkeit der Messung. Die praktisch vorkommenden Lichtquellen enthalten meistens alle Farben, während eine bestimmte besonders vorwiegt; man darf sie als gefärbtes Weiß auffassen und in diesem Sinne vergleichen. Beim Vergleich im Photometer erhält man verschieden gefärbte Felder und kann im Zweifel sein, wie man die Gleichheit ihrer Beleuchtung beurteilen soll. Geübte Beobachter stellen bei ausgeruhtem Auge gleichwohl stets in derselben Weise ein; doch ist die Empfindlichkeit der Einstellung geringer als bei gleichfarbigen Lichtquellen. Beim Lummer-Brodhunschen Gleichheits-Photometer stellt man auf Undeutlichkeit der Trennungslinie der beiden verschieden gefärbten photometrischen Felder ein.

(329) Farbige Gläser. Bei der Physikalisch-Technischen Reichsanstalt wird vor die Vergleichslampe eine bläulich gefärbte Glasplatte gesetzt und deren Ton so gewählt, daß die Färbungen annähernd gleich sind. Es muß dann noch die Vergleichslampe bei vorgesetztem bläulichen Glas mit der Einheitslampe verglichen werden; hierbei bleibt freilich der Farbenunterschied bestehen; man hilft sich durch zahlreiche Messungen mehrerer Beobachter. Diese Messung braucht nicht wiederholt zu werden. (L i e b e n t h a l, Prakt. Photometrie.)

L e o n h. W e b e r führt mit seinem Photometer (313) zwei Vergleichungen aus, indem er vor das beobachtende Auge einmal ein rotes und einmal ein grünes Glas bringt. Ist das Ergebnis im Grünen G, im Roten R, so ergibt eine dem Photometer beigefügte Tafel zu $G : R$ einen Faktor k, und die gesamten Lichtstärken stehen im Verhältnis $1 : k . R$ (ETZ 1884, S. 166). Untersuchungen über Farbenphotometrie s. auch O. S c h u m a n n ETZ 1884, S. 220.

(330) Das Kompensationsphotometer von K r ü ß und das Mischungsphotometer von G r o ß e bringen mit Hilfe von Spiegeln oder Prismen Licht beider Lichtquellen in beide photometrischen Felder und gleichen dadurch die Farbenunterschiede größtenteils aus. Vgl. ETZ 1887, S. 305, bzw. Zeitschr. f. Instrk. 1888, S. 95, 129, 347.

(331) Sehschärfe. Nach W. S i e m e n s sind zwei verschiedenfarbige Flächen gleich hell beleuchtet, wenn die auf ihnen angebrachten Sehzeichen (Striche, Buchstaben) gleich deutlich erscheinen. L e o n h. W e b e r gibt seinem Photometer (313) eine Milchglasplatte mit Zeichnungen konzentrischer Kreise in immer feinerer Wiederholung bei; diese Platte, welche neben der Zeichnung noch weiße Fläche von genügender Ausdehnung besitzt, schiebt man an die Stelle der Platte b, Fig. 132 ein. Man stellt nun zuerst so ein, daß man gerade eine bestimmte Feinheit der Zeichnung noch erkennt, einmal mit der Einheitskerze aus dem Abstand l, das andere Mal mit der zu messenden Lichtquelle, z. B. einer Bogenlampe, aus dem Abstand L. Außerdem photometriert man bei denselben Abständen der Lichtquelle die weiße Fläche der Milchglasplatte durch das rote Glas des Schiebers; man findet das Verhältnis der beiden nach der Definition gleich starken Beleuchtungen

[Beleuchtung durch Einheitskerze] : [Bel. durch Bogenlampe] = k.

Vergleicht man bei einer späteren Beobachtung nur die roten Strahlen der beiden Lampen und findet z. B. die Lichtstärke der Bogenlampe unter Verwendung des roten Glases zu J Kerzen, so ist die Gesamtlichtstärke = $J . k$ Kerzen. — Das Verhältnis k ist für jeden bestimmten Unterschied der Farben nur einmal zu ermitteln. Da der Farbenunterschied häufig nicht konstant ist — bei Bogen- und noch mehr bei Glühlampen hängt die Farbe von der Stromstärke ab —, so muß die Beobachtung der gleichen Deutlichkeit feiner Zeichnungen recht häufig angestellt werden; sie ist aber ziemlich ungenau und sehr ermüdend und anstrengend.

(332) Flimmerphotometer. (R o o d, Sillimans J. Ser. 3. Bd. S. 4. 173, 1893. — W h i t m a n, Phys. Rev. Bd. 3, S. 241, 1895/96. — R o o d, El. World, Bd. 27, S. 21, 124. 1896. — K r ü ß, J. Gas. Wasser 1896, S. 393). Bringt man zwei verschiedenartige Beleuchtungen in rascher Abwechslung vor das Auge, so sieht man ein Flimmern; das Flimmern hört bei einem gewissen Verhältnis der Beleuchtungen auf, und dieses Verhältnis wird als Gleichheit angesehen. Die Mittel, um abwechselnd Flächen vor das Auge zu bringen, die ja nur von der einen der zu vergleichenden Lichtquellen beleuchtet werden, sind verschieden. Man verwendet bewegte Blenden (W h i t m a n), bewegte Linsen (R o o d, B a c h s t e i n), besondere drehbare Photometerkörper, welche so gestaltet sind, daß sie bei der Drehung dem Beschauer bald nur die eine, bald nur das andere Licht zeigen (K r ü ß, S i m m a n c e und A b a d y). Der mit der Drehvorrichtung versehene Photometerkopf wird zur Herstellung gleicher Beleuchtung verschoben wie bei den übrigen Photometern.

Die erforderliche Wechselgeschwindigkeit hängt von der Beleuchtungsstärke ab. Bei zu langsamem Wechsel hört das Flimmern überhaupt nicht auf, bei zu raschem Wechsel verschwindet es auch bei erheblicher Ungleichheit der Beleuchtung. Eine mittlere Geschwindigkeit ist etwa 16 Wechsel in der Sekunde; die Geschwindigkeit muß umso größer sein, je stärker beleuchtet und je größer die beleuchteten Flächen sind. In der Regel reicht die mit der Hand zu erzielende Drehgeschwindigkeit aus. Bei der richtigen Geschwindigkeit findet man nur eine Stelle der Strecke, wo das Flimmern aufhört.

Photometer dieser Art werden von F r a n z S c h m i d t und H a e n s c h und von A. K r ü ß gebaut.

Beleuchtung.

(333) Angaben über Beleuchtungsstärken. Nach C o h n liest man bei 50 Lux
so schnell wie bei Tageslicht; 10 Lux ist das hygienische Minimum für Arbeiten
mit den Augen. Die meist übliche Straßenbeleuchtung ist nach Wybauw ungefähr 0,1 Lux; für Hauptstraßen fordert man 1 Lux. Die Beleuchtung durch den
Vollmond beträgt etwa 0,1 bis 0,3 Lux, die durch die Sonne 20 000 bis 150 000 Lux
Das diffuse Tageslicht ergibt bis zu 400 Lux.

(334) Messung der Beleuchtung. Um die von einer oder mehreren Lichtquellen
in einer bestimmten Ebene hervorgebrachte Beleuchtung zu messen, bringt man
z. B. die Milchglasplatte b des W e b e r s c h e n Photometers (Fig. 132) in die
fragliche Ebene; oder man ersetzt den Deckel mit Gipsplatte am M a r t e n s schen
Photometer (Fig. 134) durch eine Milchglasplatte und bringt sie gleichfalls in die zu
untersuchende Ebene. Ebenso kann man die Gipsplatte des B r o d h u n schen
oder des M a r t e n s schen Photometers (Fig. 133, 134) in diese Ebene bringen.
Das W e b e r sche, das B r o d h u n sche und das M a r t e n s sche Photometer
können auch nach Beseitigung der Milchglasplatte b bzw. des Deckels mit der Gipsplatte auf eine Fläche gerichtet werden, deren Erhellung gemessen werden soll; auf
den Abstand von der Fläche kommt es nicht an, wohl aber auf den Winkel, unter dem
man die beleuchteten Flächen ansieht; der Winkel zwischen der Achse des Rohres B
und dem Lot auf der beleuchteten Fläche soll klein sein. Ferner kann beim W e b e r-
schen Photometer das Rohr K abgenommen, an die Stelle der Platte b eine matte,
zerstreut durchlassende Milchglasplatte gebracht, und die matte Scheibe einer zu
messenden Beleuchtung ausgesetzt werden. Außerdem muß einmal zur Eichung
die Milchglas- oder Gipsplatte oder die zu untersuchende Fläche eine bekannte Beleuchtung erhalten, indem sie etwa von der Hefnerkerze bei senkrechtem Einfall
der Strahlen aus 1 m Abstand beleuchtet wird; diese Beleuchtung ist alsdann zu
messen, und die übrigen Messungen sind darauf zu beziehen.

W i n g e n s Helligkeitsprüfer (DRGM 166 461) enthält eine regelbare Benzinlampe, welche in einem Kasten ein Stück weißen Kartons beleuchtet, während ein
gleiches Stück an die zu untersuchende Stelle gelegt wird; die Benzinlampe wird so
eingestellt, daß sie den Karton mit 10, 20, 30, 40, 50 Lux erleuchtet. In W i n g e n s
Beleuchtungsmesser (DRGM 208 229) erleuchtet eine gleichmäßig brennende Benzinlampe einen drehbaren Karton, der durch das Okular angesehen wird, und dessen
scheinbare Flächenhelligkeit durch seine Drehung geändert und gemessen wird. Für
stärkere Beleuchtungen werden zur Lichtschwächung Milchglasplatten eingeschoben.
Eine etwas vollkommenere Ausführung stellt K r ü ß her (J. Gasbel. Wasservers.
1902, S. 739). Durch einen L u m m e r - B r o d h u n schen Photometerkopf wird
einerseits eine weiße Fläche an der zu untersuchenden Stelle, andererseits ein von der
verschiebbaren Hefnerlampe beleuchtete Milchglasplatte verglichen. C l a s s e n
(Phys. Zeitschr. 3. Jahrg., S. 137) verwendet einen L u m m e r - B r o d h u n schen
Photometerkopf; die Beleuchtung an verschiedenen Stellen eines Raumes wird mit
der Stelle der stärksten Beleuchtung verglichen. An letzterer wird ein weißer Schirm
fest aufgestellt, welcher sein Licht durch zwei Nicolsche Prismen zum Photometer
sendet; durch Drehen der Prismen wird das Licht in meßbarer Weise geschwächt.
Der andere im Raum herumgeführte Schirm wird in einem Spiegel gesehen. M a r -
t e n s (Verh. dtsch. phys. Ges. 1903, S. 436) blickt durch eine Lupe nach einem
Gesichtsfeld, das sein Licht zur Hälfte von der zu untersuchenden Fläche, zur andern
von einer Milchglasplatte erhält, die von einer Benzinlampe erleuchtet wird. Zur
Änderung der letzteren Beleuchtung dient ein verschiebbarer Winkelspiegel (90°),
mit dessen Hilfe der Weg, den das Licht der Benzinlampe zurücklegen muß, geändert werden kann.; der Apparat wird von F r a n z S c h m i d t und H a e n s c h
gebaut.

Dritter Teil.

Elektrotechnik.

Erster Abschnitt.

Elektromagnete.

(335) Benennungen. Das G r u n d e l e m e n t aller elektrischen Maschinen und Apparate ist der E l e k t r o m a g n e t. Man unterscheidet geschlossene, halb geschlossene und offene, je nachdem der magnetische Kreis ganz im Eisen verläuft, eine oder mehrere geringe Unterbrechungen durch unmagnetisches Material, z. B. durch Luft, besitzt oder weit voneinander abstehende Endflächen des Eisens zeigt. Beim offenen zweischenkligen Elektromagnet, Fig. 146, unterscheidet man die mit Wicklung versehenen Schenkel und das sie verbindende Joch.

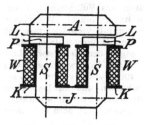

A	Anker,
L	Luftraum,
P	Polschuh,
S	Schenkel,
J	Joch,
K	Spulenkasten,
W	Wickelung,
M	Mantel.

Fig. 146. Elektromagnet.   Fig. 147. Topfmagnet.

Die Pole werden durch den Anker magnetisch geschlossen. Die Wicklung wird entweder unmittelbar auf den gehörig isolierten Eisenkörper oder (für den Aufbau meist besser und für die Herstellung bequemer) auf besondere Spulen gewickelt, die nachträglich über die Eisenkerne geschoben werden. Die Elektromagnete können zweipolig, vierpolig, sechspolig usw. ausgebildet werden. Eine andere Form der Elektromagnete erhält man, wenn man zu beiden Seiten eines bewickelten Schenkels zwei unbewickelte Schenkel von je halb so großem Querschnitt anordnet und alle drei durch ein Joch verbindet. Gibt man dem inneren Schenkel kreiszylindrische Form, und ersetzt man die äußeren Schenkel durch einen Hohlzylinder, den Mantel, so erhält man den Typ des Topfmagnets, Fig. 147.

(336) Querschnittsform und Länge der Schenkel. Die beste Querschnittsform für die Schenkel von Elektromagneten ist die kreisrunde, die man nach Möglichkeit benutzen soll. Allerdings erfordert sie Stahlguß. Bei Blechpolen ist eine Annäherung an die Kreisform nicht ausgeschlossen; man kann die Ecken eines quadr. Poles auf der Drehbank abrunden oder bei Wahl eines kreuzförmigen Querschnittes aussparen. An der Hand der folgenden Tabelle kann man sich ein Urteil über die zu wählende Querschnittsform bilden. Bei gleichem Inhalt des Querschnitts ist der Umfang

Kreis	1,00	Oval: 1 Quadrat, 2 Halbkreise	1,09
Quadrat	1,13	„ 2 „ 2 „	1,21
Rechteck 2 : 1	1,20	2 Kreise getrennt	1,41
Rechteck 3 : 1	1,30	3 „ „	1,73
Rechteck 4 : 1	1,41	4 „ „	2,00
Rechteck 10 : 1	1,96	8 „ „	2,82

Bemerkenswert ist noch der Vergleich der einem Quadrat und einem Kreuzquerschnitt nach Fig. 148 umschriebenen Kreise, deren Umfänge sich, auf denselben Querschnitt wie vorher bezogen, ergeben zu

Kreis um Quadrat 1,255,

Kreis um Kreuzquerschnitt 1,12

Fig. 148. Kreuzquerschnitt.

Die Länge der Schenkel wird mit Rücksicht auf den Wickelraum bestimmt; zu kurze Schenkel führen zu ungünstigen Abkühlungsverhältnissen, zu lange Schenkel zu übermäßiger Streuung.

(337) Die **Wicklung** wird aus Kupferdraht, Kupferband, Kupferseil oder Flachkupfer hergestellt. Kupferseil oder Litze kann leicht vierkantig ausgewalzt werden, sollte aber der doch schlechten Raumausnützung und des hohen Preises wegen nur ausnahmsweise verwendet werden (wahrer Kupferquerschnitt nur etwa 75 % des in Anspruch genommenen Querschnittes).

Draht- und Bandwicklung wird auf Spulenkasten aus Vulkanasbest, Eisengummi, Adtit, Ambroin, Preßspan oder dergleichen untergebracht. Wo größere mechanische Festigkeit der Spulenkasten in Frage kommt, verwendet man mit Isoliermaterial bekleidete Blech- oder Gußkörper, die bei Wechselstrom aufzuschneiden sind; vergl. (346). Die Kasten müssen gegen den Kern etwas Luft haben, damit man sie gut überschieben kann. Bei Drahtwicklungen wird zweckmäßig das innere Ende der Spule dadurch nach außen geführt, daß zunächst zwischen dem einen Seitenflansch des Spulenkastens und einer besonderen isolierenden Scheibe eine Lage Draht in einer zur Achse senkrechten Ebene uhrfederartig aufgewickelt wird. Hierdurch wird bei einem Drahtbruch auch das innere Ende zugänglich und ausbesserungsfähig.

Für die Anschlüsse bei Drahtwicklung läßt man auch zweckmäßig ein Stück sehr biegsames Seil mit in die Spule einlaufen, dessen angelötetes Ende durch die Drahtwindungen festgelegt wird. Flachkupfer wird, wenn irgend möglich, über die hohe Kante gebogen (sogenannte Rettichwicklung), wozu besondere Werkzeuge (Rolliervorrichtungen) benutzt werden. Hierbei muß das Kupfer gut geglüht, darf aber nicht verbrannt sein. Der Krümmungsradius muß mindestens dreimal so groß sein wie die Kupferbandbreite. Der Querschnittsveränderung (außen Dehnung, innen Stauchung) ist Rechnung zu tragen; man verarbeite deshalb ev. Kupferband von trapezförmigem Querschnitt und wähle das Kupferband nicht unter 1 mm stark. Das Flachkupfer soll nicht scharfe, sondern verrundete Kanten haben.

(338) Zur **Isolation der Drähte** dient meistens einfache, zweifache oder dreifache Bespinnung mit Baumwolle. Seide verlangt weniger Wickelraum, ist aber gegen höhere Temperaturen und Feuchtigkeit sehr empfindlich und daher zu verwerfen. Baumwolle verträgt dauernd eine Temperatur von etwa 80° C. Werden die Drahtlagen gut mit Zinkweiß eingestrichen, so kann die Wickelung dauernd über 100° C vertragen, auch ist sie dann gegen Feuchtigkeit wenig empfindlich. Bei

höheren Temperaturen nimmt man Asbestumspinnung oder emaillierte, d. h. mit einem besonderen Lack überzogene Drähte. Die Stärke der Bespinnung kann als Funktion des Drahtdurchmessers nicht durch eine Formel ausgedrückt werden, richtet sich vielmehr nach der Nummer der zur Bespinnung benutzten Baumwolle und der Zahl der Bespinnungen. Für überschlägige Rechnungen kann man annehmen, daß Drähte von 0,5—3 mm eine Verdickung um 0,3 mm, von 3—5 mm um 0,5 mm erfahren. Es empfiehlt sich im allgemeinen runde Drähte zu verwenden und Profildrähte nur ausnahmsweise zu gebrauchen. K u p f e r s e i l wird durch Umklöppeln isoliert und erfährt in Länge und Breite des Querschnittes dadurch je eine Verdickung um 0,75 mm. Emailisolation vergrößert den Durchmesser des Drahtes nur verschwindend wenig. Emaillierter Draht muß sehr sorgfältig aufgewickelt werden, damit das Email nicht abspringt. Flachkupferwicklungen werden durch zwischengelegte Papierstreifen von 0,10 bis 0,25 mm Stärke oder durch Umwicklung mit Leinenband isoliert. Einige Fabriken drehen oder hobeln die fertigen Flachkupferspulen auf den äußeren Flächen ab.

Die Isolation der Drähte für Wechselstrommagnete muß mit besonderer Sorgfalt behandelt werden. Wird nämlich eine Windung eines Wechselstromelektromagnets durch Beschädigung der Isolation in sich kurz geschlossen, so wirkt sie wie die Sekundärwicklung eines Transformators (vgl. 355) und verursacht, und zwar ohne merkliche Vermehrung der Stromaufnahme des Elektromagnets, eine anfänglich lokale Erhitzung und zerstört schließlich die ganze Spule. Hierbei können unter Umständen durch die trockene Destillation der Isolierstoffe explosive Gase entwickelt werden (vgl. ETZ 1904, S. 184).

(339) Das **Wickeln der Spulen.** Der Draht darf nur dann direkt auf den Eisenkörper gewickelt werden, wenn es ohne Schwierigkeit auf der Wickelbank ausgeführt werden kann. Beim Wickeln der Spulen auf der Wickelbank wird der Draht durch eine besondere Vorrichtung gespannt und event. durch ein Zählwerk geführt und der Haspel, von dem der Draht abläuft, mehr oder weniger stark gebremst. Viele Firmen lassen dabei zugleich den Draht durch einen Isolierlack oder durch Paraffin gehen. Da dünne Drähte beim Wickeln leicht reißen, dabei aber durch die Umspinnung noch zusammengehalten werden, läßt man wohl einen Strom hindurchgehen, dessen Ausbleiben dann den Drahtbruch anzeigt.

Der Spulenkasten kann weggelassen werden, wenn die Spule mit Leinenband eingeschnürt wird. Hierbei sind Luftsäcke zwischen Hülle und Wicklung sorgfältig zu vermeiden, da sie die Abkühlung verschlechtern. In anderen Fällen werden die Spulen auch auf Papierzylinder ohne Flansche gewickelt, und es werden die Drähte durch eingewickelte Verschnürungen und durch konisches Absetzen der oberen Lagen gesichert.

(340) **Formeln für die Wicklung der Spulen.** Es seien (Fig. 149) H die Höhe, T die Tiefe der Wicklung, δ der Drahtdurchmesser des blanken, δ' der des umsponnenen Drahtes, q und q' die entsprechenden Drahtquerschnitte, l_m die mittlere Länge einer Windung, so ist die Windungszahl

Fig. 149. Spule.

$$N = \frac{H\,T}{\delta'^2} \tag{1}$$

die Drahtlänge

$$l = N\,l_m = \frac{H\,T\,l_m}{\delta'^2} \tag{2}$$

oder, da $H\,T\,l_m$ gleich dem Volumen V des Wicklungsraumes,

$$l = \frac{V}{\delta'^2} \tag{3}$$

Ferner der Widerstand R, wenn σ der spezifische Widerstand,

$$R = \frac{\sigma l}{q} = \frac{4\,\sigma V}{\pi\,\delta^2\,\delta'^2} \tag{4}$$

Unterscheiden sich δ und δ' wenig voneinander, so kann man $\delta = \delta' = \delta_0$ setzen, woraus

$$\delta_0 = \sqrt[4]{\frac{\pi R}{4\,\sigma V}} \tag{5}$$

in erster Annäherung zu berechnen ist, wenn V und R gegeben sind. Die Klemmenspannung ist beim Leistungsverbrauch Λ, weil $P^2/R = \Lambda$, also $P = \sqrt{R\,\Lambda}$,

$$P = \frac{2}{\delta\,\delta'} \sqrt{\frac{\sigma V}{\pi}\,\Lambda} \tag{6}$$

woraus

$$\delta_0 = \sqrt{\frac{2}{P} \sqrt{\frac{\sigma V}{\pi}\,\Lambda}} \tag{7}$$

Die Durchflutung NI ergibt sich aus $I = P/R$ mit (1), (6) und (4)

$$NI = \frac{1}{2}\,\frac{\delta}{\delta'}\,H\,T\,\sqrt{\frac{\pi\,\Lambda}{\sigma V}} = \frac{1}{2}\,\frac{\delta}{\delta'}\,S\,\sqrt{\frac{\pi\,\Lambda}{\sigma V}} \tag{8}$$

wenn S der Wicklungsquerschnitt ist. Die Durchflutung ist daher wenig abhängig von der Drahtstärke, ist direkt proportional der Wurzel aus dem Leistungsverbrauch und umgekehrt proportional der Wurzel aus dem spezifischen Widerstande. Mit Rücksicht auf die Erwärmung kann nur ein bestimmtes Λ zugelassen werden, das durch Versuch oder aus der Oberfläche unter Berücksichtigung der durch die Umgebung der Spule bedingten Abkühlungsverhältnisse zu bestimmen ist. Für Meßinstrumente sind mindestens 2000 mm²/W, für andere Zwecke bei Dauereinschaltung 2000 mm²/W, bei aussetzendem Betrieb etwa 1000—500 mm²/W zu rechnen, falls nicht künstliche Kühlung vorhanden ist.

(341) Erwärmung. Nach den Verbandsnormalien (§ 18) soll die aus der Erhöhung des Widerstandes zu berechnende Temperatursteigerung ergeben:

nicht mehr als   50° C für Baumwollisolation

     „   „   60° C „ Papierisolation

     „   „   80° C „ Glimmer- und Asbestisolation.

Für ruhende Wicklungen sind um 10° C höhere Werte zulässig.

Hierbei ist für Kupfer angenähert zu setzen

$$R_{warm} = R_{kalt}\,(1 + 0{,}04\,[\vartheta_{warm} - \vartheta_{kalt}])$$

Die Temperatur ist am höchsten bei den in der Mitte der Spulen liegenden Drähten und nimmt sowohl nach oben und unten als auch nach außen und nach dem Kern zu ab. Zu große Wicklungstiefe ist daher zu vermeiden. Unterteilung der Erregerspulen hat für die Abkühlung nur Zweck, falls durch äußere Mittel Luftzug hervorgebracht wird. Die Wärmeleitung ist bedeutend größer in der Ebene der Bleche, als senkrecht dazu. Eine starke Magnetisierung beeinträchtigt die Wärmeleitung. Als abkühlende Oberfläche wird vielfach die äußere Mantelfläche voll und die am Kern liegende Mantelfläche halb eingesetzt; alsdann kann man setzen

$$\vartheta_{warm} = 500\,\frac{\text{Verlust in Watt}}{\text{Oberfläche in cm}^2}$$

Die Temperaturgrenzen beziehen sich auf die sogenannte E n d t e m -
p e r a t u r , d. h. diejenige Temperatur in Celsiusgraden, über die hinaus
bei normaler Dauerbelastung eine Steigerung praktisch nicht wahrgenommen
werden kann.

Bei konstanter Stromwärme $I^2 R$ und konstanter Temperatur des umgebenden Mittels (Luft, Öl) steigt die Temparaturzunahme $\Delta \vartheta$ der Spule nach
einem Exponentialgesetz, nach Unterbrechung des Stromkreises fällt sie nach
einem Exponentialgesetz. Es gilt für die Erwärmung $\Delta \vartheta = \Delta \vartheta_{max} \cdot \left(1 - e^{-\lambda t}\right)$,

daraus $t = \dfrac{2,3026}{\lambda} \log_{10} \dfrac{\Delta \vartheta_{max}}{\Delta \vartheta_{max} - \Delta \vartheta}$, für die Abkühlung $\Delta \vartheta = \Delta \vartheta_{max} \cdot e^{-\lambda t}$,

daraus $t = \dfrac{2,3026}{\lambda} \log_{10} \dfrac{\Delta \vartheta_{max}}{\Delta \vartheta}$. Darin ist $\tau = \dfrac{1}{\lambda}$ die Zeitkonstante der Erwärmung.

Die Zeit zur Erreichung der Endtemperatur nimmt zu mit den linearen Abmessungen und ab mit der Wirksamkeit der Kühlmethode. Für die Erwärmung
ist die Art des Betriebes maßgebend. Man unterscheidet (§ 4 der Maschinennormalien):

a) Dauerbetrieb bei dem die Arbeits-
periode so lang ist, daß die Endtemperatur
erreicht wird.

b) kurzzeitigen Betrieb, bei dem die
Leistung nur während einer vereinbarten
Zeit innegehalten werden kann.

Die zulässige Beanspruchung im Falle b)
ermittelt man, indem man die Erwärmungs-
und die Abkühlungskurve zeichnet und die
den jeweiligen Betriebszuständen entsprechenden Abschnitte nach Fig. 150 zusammensetzt.

Fig. 150. Erwärmungs- und Ab-
kühlungskurven.

L i t e r a t u r :

O e l s c h l ä g e r , E., ETZ 1900, S. 1058. — O t t , Forschungshefte d. V. D. I., Heft 35/36.;
ETZ 1908, S. 194. — S c h m a l z , ETZ 1908, S. 188. — G o l d s c h m i d t , ETZ 1908, S. 886.
— A m s l e r , ETZ 1910, S. 831. — O s s a n n a , ETZ 1910, S. 542; El u. Maschb. 1909, S. 489. —
A r n o l d , ETZ 1909, S. 172. — B r ü c k m a n n , Erwärmung d. Motoren bei aussetzenden
Betrieb. Diss. Hannover 1908.

(342) Der magnetische Kreis. Vgl. (29), (30).

Näherungsweise kann man nach H o p k i n s o n

$$0,4 \pi N I = \mathfrak{H}_0 l_0 + \mathfrak{H}_1 l_1 + \mathfrak{H}_2 l_2 + \cdots$$

setzen, worin $\mathfrak{H}_0, \mathfrak{H}_1, \mathfrak{H}_2 \ldots$ die als konstant angenommenen mittleren Feldstärken
in den einzelnen Teilen, $l_1, l_2 \ldots$ die mittleren Längen dieser Teile bedeuten.
Mit Hilfe der Beziehung $\mathfrak{H} = \mathfrak{B}/\mu$ erhält man

$$N I = \dfrac{\mathfrak{H}_0}{0,4 \pi} \cdot l_0 + \sum_{n=1}^{n=n} \dfrac{\mathfrak{B}_n}{0,4 \pi \cdot \mu_n} \cdot l_n$$

$\mathfrak{H}_0/0,4 \pi$ ist die auf 1 cm Länge zur Herstellung des Induktionsflusses in der Luft
erforderliche Durchflutung (800 AW für je 1000 Linien), $\mathfrak{B}/0,4 \pi \mu$ die zur
Herstellung des Induktionsflusses im Eisen auf 1 cm Länge erforderliche Durchflutung. Letztere ist aus Magnetisierungskurven zu entnehmen, die in der
Regel die Werte $\mathfrak{B}/0,4 \pi \mu$ als Abszissen, $\mathfrak{B}$ als Ordinaten besitzen. Solche Kurven

müssen für das jeweilig zu verarbeitende Material aufgenommen werden. Mittlere Werte ergeben sich aus Fig. 151; genauere Werte für zahlreiche Eisensorten, s. (32) u. (33). Für größere Querschnitte gilt der Satz näherungsweise unter der Annahme einer mittleren Induktion fürd en ganzen Querschnitt und unter Zugrundelegung einer mittleren Länge des magnetischen Kreises.

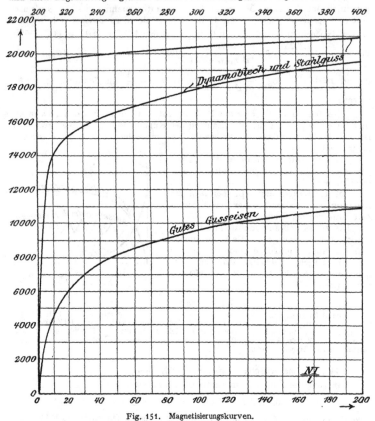

Fig. 151. Magnetisierungskurven.

Beispiel: Elektromagnet (Fig. 146).

Teil des Elektromagnets	Material	Magnet. Induktion $\mathfrak{B}$	Spez. Durchflutung in AW/cm	Länge in cm	Durchflutung in AW
2 Schenkel	Stahlguß	14000	10	40	400
2 Lufträume	Luft	9000	7200	1,6	11500
Joch	Gußeisen	7000	30	50	1500
Anker	Bleche	8000	3	30	90
					13490

(343) Hysterese und Wirbelströme. (33), (92,1). Bei Wechselstrommagneten treten in dem vom Induktionsfluß durchsetzten Eisen Verluste durch Hysterese und Wirbelströme, in nicht magnetischen, dem Induktionsflusse ausgesetzten leitenden Körpern Wirbelströme auf. Die Verluste im Eisen können angenähert nach der Formel

$$V = \eta \cdot \nu \, \mathfrak{B}_{max}^{1,6} + \beta \cdot \nu^2 \, \mathfrak{B}_{max}^2 \quad \text{Erg/sk. cm}^3$$

berechnet werden (33, 92). Werte des Steinmetzschen Koeffizienten η und dessen Abhängigkeit von $\mathfrak{B}$ s. (33).

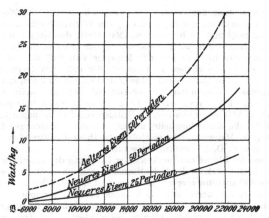

Fig. 152. Verluste im Eisen.

η ist vom Formfaktor f unabhängig, dagegen ist β proportional mit $f \delta^2$, wenn δ die Blechstärke. Man faßt diese Verluste unter der Bezeichnung Eisenverluste (besser Kernverluste, engl. corelosses) im Gegensatz zu den Kupferverlusten (Wicklungsverlusten, Stromwärme), die in der Wicklung auftreten, zusammen. V ist mit $10^4 \cdot \gamma$ zu dividieren (γ = spezifisches Gewicht, etwa gleich 7,7 bei Eisenblechen), wenn die Verluste in Watt/kg ausgedrückt werden sollen. Für praktische Zwecke bedient man sich einer Darstellung durch Kurven, Fig. 152, die den Verlust in Watt-Sek. für 1 cm³ oder 1 kg Eisen und 1 vollen Kreisprozeß oder den Verlust in Watt für bestimmte Frequenzen in Abhängigkeit von der magnetischen Induktion angeben. Zahlenwerte für verschiedene η s. Seite 40.

Trennung der Verluste. Trägt man in ein rechtwinkliges Kordinatensystem die Werte

$$\frac{V}{\nu} = \eta \cdot \mathfrak{B}_{max}^{1,6} + \beta \cdot \mathfrak{B}_{max}^2 \cdot \nu$$

für ein konstantes $\mathfrak{B}_{max}$ als Funktion der Veränderlichen ν ein, so erhält man eine Gerade. Der Abschnitt auf der Ordinatenachse ist gleich $\eta \cdot \mathfrak{B}_{max}^{1,6}$, die Tangente des Neigungswinkels mit der Abszissenachse gleich $\beta \cdot \mathfrak{B}_{max}^2$. Hieraus können η und β bestimmt werden. Bei der Veränderung von ν ist darauf zu achten, daß sich der Formfaktor f nicht ändert.

(344) Einfluß der Kurvenform der EMK. Wird durch den Wechsel im Magnetismus eine bestimmte effektive EMK induziert, so sind die Verluste bei flachen

Kurven größer als bei sinusförmigen, und bei sinusförmigen größer als bei spitzen Kurven. Aus anderen Gründen ist trotzdem die Sinusform vorzuziehen.

Der Einfluß des Fabrikationsprozesses und der Behandlung der Bleche in den Werkstätten auf die hysteretischen Eigenschaften der Bleche ist bedeutend.

(345) Verlustziffer. Die Größe der Gesamtverluste, ausgedrückt in Watt und bezogen auf 1 kg Eisen, ν = 50 und 30° C, wird bei $\mathfrak{B}$ = 10 000 die kleine Verlustziffer, bei $\mathfrak{B}$ = 15 000 die große Verlustziffer genannt. Sie beträgt für $\mathfrak{B}$ = 10 000 bei gewöhnlichen Eisenblechen 2,6—4, bei legierten Eisenblechen 1,5—1,8.

(346) Unterteilung des Eisens. Der E i s e n k ö r p e r der Wechselstrom-magnete ist zu unterteilen, um die Entstehung von Wirbelströmen infolge der Ummagnetisierung möglichst zu beschränken. Man stellt den Körper aus lackierten Drähten oder meistens aus Blechen von 0,5 mm bis 0,3 mm Stärke her, die auf Spezialmaschinen einseitig mit festem Seidenpapier von 0,03 mm Stärke beklebt worden sind. Die Bleche können auch lackiert oder mit einer Oxydschicht über-zogen werden. Die Endbleche werden häufig stärker, bis zu 2 mm stark gewählt, zum Zusammenhalten dienen durch Papier- oder Mikanitröhren isolierte Niete oder Schraubenbolzen. Die Papierisolation ist allein nicht zuverlässig genug, daher werden häufig in Abständen von 1—2 cm Einlagen von Zeichenpapier in die Kerne gebracht. Sofern die Kerne bearbeitet werden, muß ein Verschmieren der Flächen vermieden werden. Man verwendet spezielle Drehstähle oder Stirnfräser. Die Blech-stärken sind vom V. D. E. normalisiert worden.

Die Ebene der Bleche muß senkrecht zur Richtung der induzierten EMK ge-legt werden. Beim Übertritt der Induktionslinien von einem Blech in ein benach-bartes werden Wirbelströme erzeugt. Man vermeidet sie möglichst durch Anordnung sehr großer Übergangsquerschnitte, z. B. durch breite Überlappung. Metallene Spulenkasten und Flansche sind so aufzuschneiden, daß in ihnen nicht Ströme um den Magnetkern herumlaufen können. Bei alledem bleibt doch ein Rest von Wirbelströmen, der entmagnetisierend wirkt und die Wirkung der Erregung ab-schwächt. Bei der Ummagnetisierung wird das Eisen in Vibration versetzt und brummendes Geräusch verursacht. Das Geräusch ist bei mäßiger Induktion ver-schwindend, besonders wenn der magnetische Kreis ganz eisengeschlossen ist, oder wenn seine Teile fest miteinander verschraubt sind.

(347) Selbstinduktion der Spulen. Die Strombahn einer in sich ge-schlossenen Windung kann man zur Begrenzung einer im übrigen beliebig gestalteten Fläche wählen, die die W i n d u n g s f l ä c h e heißt. Sie schneidet den gesamten Induktionsfluß, der die Windung durchdringt. Ebenso kann man sich die Windungen einer Spulenwicklung als Begrenzung einer Fläche denken, die dann den Charakter einer Schraubenfläche hat. Diese Fläche ist die Windungsfläche der ganzen Wicklung.

Zählt man die Schnittpunkte aller Induktionslinien mit dieser Fläche, so erhält man dieselbe Zahl Ψ, die sich ergibt, wenn man die Induktionsflüsse für alle Windungen einzeln feststellt und zu einander addiert. Diese Zahl Ψ gibt also die I n d u k t i o n s f l u ß w i n d u n g e n an. Für die in der Spule induzierte EMK E gilt

$$E = - \frac{\mathrm{d}\,\Psi}{\mathrm{d}t}\, 10^{-8}\ \text{Volt}$$

Ist Ψ der die Windungsfläche einer Spule durchsetzende Induktionsfluß, L die Induktivität, so gilt für eisenfreie Spulen und angenähert für Spulen mit wenig gesättigtem Eisenkern

$$L\,I = \Psi \cdot 10^{-8}$$

Geht derselbe Induktionsfluß Φ durch alle N Windungen der Spule, so ist

$$\Psi = N\,\Phi \quad \text{und} \quad L\,I = N\,\Phi \cdot 10^{-8}$$

L ist proportional mit N^2. $N\,\Phi$ sind die Induktionsflußwindungen. Bei größerer Sättigung ist

$$L\,\frac{d\,I}{d\,t} = N\,\frac{d\,\Phi}{d\,t} \cdot 10^{-8}$$

woraus

$$L = N\,\frac{d\,\Phi}{d\,I} \cdot 10^{-8}$$

folgt. L hängt dann von der Sättigung ab.

Bei Wechselstrom ist die effektive Stromstärke

$$I = \frac{P}{\sqrt{R^2 + (2\,\pi\,\nu\,L)^2}}$$

worin P die effektive Spannung. Häufig kann mit großer Annäherung R vernachlässigt und

$$I = \frac{P}{2\,\pi\,\nu\,L}$$

gesetzt werden. Elektromagnete für Wechselstrom verlangen daher bei gleicher Durchflutung und gleicher Spannung weniger Windungen und stärkeren Strom als solche für Gleichstrom.

(348) Streuung. Weil es magnetische Isolatoren nicht gibt, muß mit der Abweichung eines Teiles der Induktionslinien vom gewünschten Wege gerechnet werden. Dieser Teil des Induktionsflusses heißt Streuung. Man unterscheidet also Gesamtfluß, nützlichen oder Hauptfluß und Streufluß. Zur Vermeidung schädlicher Streuung wird die Wicklung am besten dort angebracht, wo der Induktionsfluß ausgenutzt werden soll, im allgemeinen also so nahe wie möglich am Luftraum.

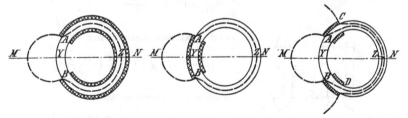

Fig. 153—155. Streulinien eines magnetischen Kreises.

Der Streufluß kann nach Hopkinson berechnet werden, wenn man den Verlauf der Streulinien näherungsweise durch Überlegung oder Versuch bestimmt. Für einen magnetischen Kreis $AYBZA$ (Fig. 153 bis 155) sind folgende Gesetze nützlich: Der Kreis bestehe in seinen einzelnen Teilen aus beliebigem verschiedenartigem Material und sei mit Windungen umgeben, von denen jede von einem Strom beliebiger Stärke und Richtung durchflossen ist. Jedoch sei MN eine Symmetrieebene. Zwischen A und B und zwischen C und D befinde sich ein Streufluß.

1. Die magnetische Potentialdifferenz zwischen A und B ist gleich dem Überschuß der mit $0{,}4\,\pi$ multiplizierten Durchflutung auf dem Teile BZA

über die zur Magnetisierung dieses Teiles erforderliche MMK $\mathfrak{F}_{BA}$, Fig. 153,
$$\varDelta \mathfrak{B}_{AB} = 0,4\,\pi \cdot (NI)_{BA} - \mathfrak{F}_{BA}.$$

2. Die magnetische Potentialdifferenz zwischen AB ist gleich dem Überschuß der zur Magnetisierung des Teiles AYB erforderlichen MMK $\mathfrak{F}_{AB}$ über die mit $0,4\,\pi$ multiplizierte Durchflutung auf diesem Teile, Fig. 154.
$$\varDelta \mathfrak{B}_{AB} = \mathfrak{F}_{AB} - 0,4\,\pi\,(NI)_{AB}.$$

3. Die magnetische Potentialdifferenz zwischen C und D ist gleich der Potentialdifferenz zwischen A und B vermehrt um den Überschuß der zur Magnetisierung der Teile CA und BD erforderlichen MMKK $\mathfrak{F}_{CA}$ und $\mathfrak{F}_{BD}$ über die mit $0,4\,\pi$ multiplizierten Durchflutungen auf diesen Teilen, Fig. 155.
$$\varDelta \mathfrak{B}_{CD} = \varDelta \mathfrak{B}_{AB} + (\mathfrak{F}_{CA} + \mathfrak{F}_{BD}) - 0,4\,\pi \cdot \left[(NI)_{CA} + (NI)_{BD} \right].$$

Die Durchflutungen sind positiv zu rechnen, wenn sie einen Induktionsfluß in der Richtung $AYBZA$ erzeugen. Der Induktionsfluß in einer Röhre des Streuflusses ist gleich der magnetischen Potentialdifferenz zwischen zweier ihrer Punkte, dividiert durch ihren magnetischen Widerstand zwischen den beiden Punkten.

Man teile wie in Fig. 156 und 157 den ganzen Streufluß in einzelne Röhren und berechne den Streufluß jeder Röhre nach den angegebenen Gesetzen. Die Summe ergibt dann den ganzen Streufluß.

Kapp gibt für die Berechnung der Streuung bei parallelen oder nahezu parallelen Schenkeln an (Dynamomaschinen, 4. Auflage, S. 213), Fig 156 u. 157.:

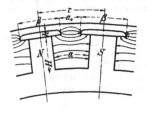

zwischen den Polschuhen
$$\Phi_{s_I} = 2,5\,NI\,\frac{h\,B}{a_0}$$

zwischen den Schenkeln
$$\Phi_{s_{II}} = 1,25\,NI\,\frac{H\,B}{a}$$

zwischen den Schenkelstirnseiten
$$\Phi_{s_{III}} = 2\,NI \log \left(1 + \frac{\pi}{2} \left(\frac{\tau - a}{a} \right) \right) H$$

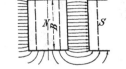

zwischen den Polschuhstirnseiten
$$\Phi_{s_{IV}} = 4\,NI \log \left(1 + \frac{\pi}{2} \left(\frac{\tau - a_0}{a_0} \right) \right) h$$

Fig. 156 und 157. Streuung an den Feldmagneten.

(349) Zugkraft der Magnete. Zwei einander gegenüberstehende Pole üben (27), (94) die Zugkraft
$$\mathfrak{K} = \frac{\mathfrak{B}^2\,S}{8\,\pi \cdot 981 \cdot 10^3}\,\text{kg}^*$$
aufeinander aus.

Bei $\mathfrak{B} = 5000$ ist der Zug gleich $1,014$ kg*/cm², d. i. rund 1 kg*/cm² Die Entfernung der Polflächen ist zunächst gleichgültig, doch ist zu beachten, daß die Induktionslinien sich ausbreiten, wenn man die Polflächen voneinander entfernt; S wird größer, $\mathfrak{B}$ kleiner, die Zugkraft kleiner. Bemerkenswert ist, daß Pole, besonders solche mit Polschuhen, eine starke Anziehung nach dem Joch zu erhalten. Beträgt z. B. die Fläche am Joch 20 × 20 cm², am Polschuh 31 × 20 cm², so ist die Zugkraft am Joch für $\mathfrak{B}$ = 14 000 gleich 3180 kg*, an der Polfläche bei 10 %. treuung und $\mathfrak{B}$ = 9000 gleich 2400 kg*, der Pol wird daher mit 1140 kg* gegen das Joch gedrückt.

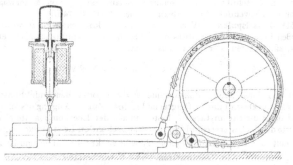

Fig. 158. Hubmagnet zum Lüften einer Bremse.

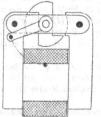

Fig. 159. Hubmagnet mit Drehbewegung.

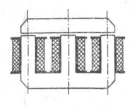

Fig. 160. Drehstrommagnet.

(350) Hubmagnete. Elektromagnete mit entweder geradlinig fortschreitender oder drehender Bewegung des Ankers (Fig. 158 und 159) finden vielfach Anwendung zur Lüftung der Bremsen an Windwerken. Konstante Kraft längs des ganzen Hubes ist nicht erforderlich, dagegen muß der Übertragungsmechanismus der Arbeitsweise des Magnets angepaßt sein. Die Größe des Hubmagnets wird zweckmäßig nach der Arbeit bemessen, die er leisten kann. Bei Gleichstrom wird der Topfmagnet (Fig. 158) viel angewendet. Die Stromwärme darf meistens groß sein (intermittierender Betrieb). Bei Drehstrom nimmt man drei nebeneinanderstehende, durch ein Joch miteinander verbundene Schenkel, Fig. 160. Da die Zugkraft jedes Schenkels proportional dem Quadrat des Magnetismus ist, so ist die gesamte Zugkraft annähernd während des ganzen Verlaufs einer Periode konstant, weil $I_1{}^2 + I_2{}^2 + I_3{}^2$ = konstant. Bei einphasigem Wechselstrom benutzt man, um dasselbe zu erreichen, eine sogenannte Kunstphase, d. h. man nimmt ebenfalls einen mehrspuligen Magnet und speist die einzelnen Spulen mit phasenverschobenen Wechselströmen. Auch wird das Prinzip des Induktionsmotors benutzt. Alle Wechselstrommagnete brauchen für gleiche Arbeit und gleiche Spannung einen bedeutend stärkeren Strom als die Gleichstrommagnete. Die Schaltung ist so zu treffen, daß der erregte Hubmagnet die Bremse lüftet, damit beim Ausbleiben des Stromes die Bremse einfällt. Die Bewicklung wird entweder als Reihenschlußwicklung (Hubmagnet im Ankerstromkreis des Windwerkmotors) oder als Nebenschlußwicklung (Hubmagnet parallel zum

Motor) oder als Doppelschlußwicklung (Kombination beider Arten) ausgeführt. Bei Wechselstrom ist nur Nebenschlußschaltung möglich. Bei Nebenschlußwicklung ist mit Rücksicht auf die Selbstinduktion sehr starke Isolation erforderlich [1].

Hubmagnete werden ferner zur Bewegung von Fernschaltern und selbsttätigen Schaltern sowie zum Ein- und Ausschalten von Widerstandsstufen (als sogenannte Stromschützen), insbesondere bei Ausrüstung von Motorwagen für Eisenbahnen angewendet. Vgl. Elektr. Bahnen, 1903, S. 74 ff.

(351) Drosselspulen. Wechselstrommagnete können benutzt werden, um ohne großen Leistungsverlust überschüssige Spannung abzudrosseln. Die effektive EMK ist, sinusartigen Verlauf vorausgesetzt:

$$E = \frac{2 \pi \nu N S \mathfrak{B}}{\sqrt{2}} \cdot 10^{-8} = 4{,}44 \, \nu \, N \, S \, \mathfrak{B} \, 10^{-8}$$

und eilt in der Phase dem Induktionsfluß $\Phi = S \mathfrak{B}$ oder den Induktionsflußwindungen $N \Phi$ um 90 Grad nach. Diagramm Fig. 161. Zur Erzeugung des Induktionsflusses Φ dient die Stromstärke I, bestehend aus der Leerkomponente I_0 und der die Verluste durch Hysterese und Wirbelströme deckenden Leistungskomponente I_h. Hiervon fällt I_0 in die Richtung von Φ, I_h steht senkrecht auf Φ und ist E genau entgegengerichtet. Die Gesamtstromstärke I wird nach der Hopkinsonschen Methode, die Leistungskomponente I_h aus den Eisenverlusten nach der Formel $V_E = I_h \cdot E$ berechnet. Die Klemmenspannung P muß $- E$ und den durch den Widerstand R der Wicklung verursachten Spannungsverlust IR (IR hat gleiche Phase mit I) decken; P ist die geometrische Summe von $- E$ und IR; zwischen der Spannung P und der Stromstärke I besteht die Phasenverschiebung φ, die bei eisengeschlossenem Kreise etwa 40 bis 45°, bei offenem magnetischen Kreise bis zu 80° beträgt [2].

(352) Berechnung der Drosselspulen. Gegeben sind Drosselspannung und Stromstärke. Wird bei gegebener Netzspannung die Abdrosselung einer bestimmten Spannung

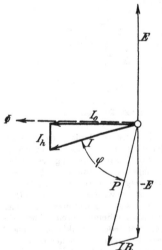

Fig. 161. Vektordiagramm der Drosselspule.

Fig. 162. Drosselspule mit verstellbarem Luftschlitz.

[1] K o l b e n, ETZ 1901, S. 148; V o g e l, ETZ 1901, S. 175; B e n e k e, ETZ 1901, S. 542; D i e t z e, ETZ 1902, S. 131; E m d e, Zur Berechnung der Elektromagnete. El. u. M. 1906, S. 945; — E u l e r, Untersuchung eines Zugmagneten für Gleichstrom. Diss. Berlin 1911. Julius Springer. — S t e i l, Untersuchungen über Solenoide und über ihre praktische Verwendbarkeit für Straßenbahnbremsen. Diss. Berlin 1911.

[2] Bei theoretischen Untersuchungen empfiehlt es sich, P immer nach der Gleichung $E = [P + IR]$, also $P = [E - IR]$ zu konstruieren. In Fig. 161 und weiter hin in allen Diagrammen, die sich auf Stromaufnehmer beziehen, ist P um 180° herumgeklappt gezeichnet, also entsprechend der Formel $P = [- E + IR]$.

verlangt, so ist zur Ermittelung der Drosselspannung die Phasenverschiebung zwischen Stromstärke und Drosselspannung und zwischen Netzspannung und Drosselspannung zu beachten. Die Stromstärke wird durch Wahl der passenden Länge l des Luftwegs eingestellt, Fig. 162. Vernachlässigt man den magnetischen Widerstand im Eisen und nimmt man den Querschnitt als konstant an, so gelten folgende Gleichungen:

$$0,4 \, \pi \, \sqrt{2} \, NI = \mathfrak{B} \, l$$

und daraus

$$\sqrt{2} \, E = 2 \, \pi \, \nu \, N \, S \, \mathfrak{B} \, 10^{-8}$$

$$V_L = S \, l = 0,4 \, \frac{I \, E}{\nu \, \mathfrak{B}^2} \, 10^8$$

Für die scheinbare Leistung EI ist also das Volumen V_L des Luftweges bestimmend. Damit sich der Induktionsfluß nicht zu sehr ausbreitet, mache man l klein im Verhältnis zu S und lege den Luftspalt möglichst in die senkrecht zur Längsachse stehende Symmetrieebene der Spulen. Der Luftspalt wird durch Preßspan, Eisenfilz oder dergleichen ausgefüllt, und die Eisenteile werden fest verspannt, um Brummen zu vermeiden. Drosselspulen mit offenem magnetischen Kreis sind wegen Streuung in den äußeren Raum, wegen Auftretens von Wirbelströmen in den Enden und wegen der Schwierigkeit der Justierung nicht zu empfehlen. Die Windungszahl ergibt sich aus obigen Gleichungen nach Wahl der Induktion, der Drahtquerschnitt aus der zulässigen Stromwärme und dem vorgeschriebenen Leistungsverlust.

Liegen Querschnitt und Windungszahl fest, so ergibt sich von selbst die Bemessung des erforderlichen Wickelraumes der Spulen, die Länge des Eisenkerns, die Form und Länge der Jochstücke. Die Berechnung der Verluste im Eisen gibt ein Urteil darüber, ob die gewählten Größenverhältnisse beibehalten werden können, oder ob Abänderungen erwünscht sind. Zur genauen Einstellung der bei gegebener Klemmenspannung gewünschten Stromstärke oder der bei gegebener Stromstärke gewünschten Klemmenspannung wird die Länge der Luftstrecken verändert.

Zweiter Abschnitt.

Transformatoren.

(353) Benennungen. Transformatoren sind Apparate zur Umwandlung elektrischer Wechselstrom-Leistung in elektrische Wechselstrom-Leistung, ohne Zuhilfenahme bewegter Teile, insbesondere zur Herabsetzung oder Erhöhung der Spannung, während die Frequenz stets unverändert bleibt. Sie bestehen aus zwei oder mehr durch einen oder mehrere magnetische Kreise mit einander verketteten Wicklungssystemen. Die die elektrische Leistung vom Netz empfangende Wicklung heißt die primäre, die übrigen Wicklungen die sekundären. Das Verhältnis der Windungszahlen zweier durch einen magnetischen Kreis verketteten Spulen nennt man ihr Übersetzungsverhältnis. Ein Transformator hat den Verbrauch an Leistung A_1 bei der Spannung P_1 und gibt die

Fig. 163. Zweischenkliger Kerntransformator. Fig. 164. Einschenkliger Transformator. Fig. 165. Manteltransformator.

 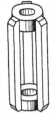

Fig. 166. Drehstromtransformator, Säulen in einer Ebene. Fig. 167. Drehstromtransformatorkern, Säulen in gleichen Abständen voneinander.

Leistung A_2 bei der Spannung P_2 ab; A_2 ist gleich A_1 vermindert um die Leistungsverluste im Transformator. Im belasteten Transformator sind die Stromstärken in der Primär- und Sekundärwicklung den Spannungen annähernd umgekehrt proportional.

Man unterscheidet T r a n s f o r m a t o r e n f ü r W e c h s e l s t r o m, Z w e i p h a s e n s t r o m, D r e h s t r o m usw., und solche für Ü b e r g a n g v o n Z w e i p h a s e n s t r o m i n D r e h s t r o m oder von D r e h s t r o m i n Z w e i p h a s e n s t r o m. Transformatoren für Wechselstrom haben entweder nur einen einfach geschlossenen magnetischen Kreis, Fig. 163 — K e r n t r a n s - f o r m a t o r e n — oder einen mehrfach, meist zweifach geschlossenen, Fig. 164 und 165. Die letzte Form ist die des M a n t e l t r a n s f o r m a t o r s. Transformatoren für Mehrphasenstrom haben entsprechend der Phasenzahl mehrere magnetische Kreise.

T r a n s f o r m a t o r e n f ü r D r e h s t r o m werden entweder durch Kombination von 3 Wechselstromtransformatoren in Stern- oder Dreieckschaltung hergestellt, ein Verfahren, das besonders bei großen Leistungen üblich ist, oder mit 3 Säulen für die drei Stromkreise mit gemeinsamen Jochen. Gebräuchlich sind namentlich 2 Formen Entweder werden die 3 Säulen in einer Ebene angeordnet und durch gerade gestreckte Joche miteinander verbunden (Fig 166), oder sie werden in gleichen Abständen parallel zueinander angeordnet und durch geeignete Joche miteinander verbunden, Fig. 167.

(354) Der magnetische Kreis der Transformatoren wird gewöhnlich in Eisen geschlossen, um den Leerlaufstrom, d. h. den Magnetisierungsstrom möglichst herabzumindern. Die offene Form des magnetischen Kreises ist nur bei den sogenannten Induktorien üblich und ohne Erfolg von S w i n b u r n e bei seinem Igeltransformator angewendet worden. Transformatoren mit kurzen Lufträumen kommen vereinzelt für besondere Zwecke vor (vgl. 355 c u. d).

Bei der Herstellung des eisengeschlossenen magnetischen Kreises ist darauf Rücksicht zu nehmen, daß die für sich hergestellten Wicklungsspulen nachträglich über die Eisenkerne geschoben werden können. Es gibt zwei grundsätzlich verschiedene Lösungen. Entweder werden die einzelnen Teile des Blechkörpers an den erforderlichen Unterbrechungsstellen bearbeitet, wobei das Verschmieren der Bleche miteinander (vgl. 346) durch Anwendung geeigneter Spezialwerkzeuge zu vermeiden ist, und dann mit stumpfem Stoß zusammengesetzt. Bei dieser Anordnung ist für sehr festes Aufeinanderpressen der einzelnen Teile zur Vermeidung von Brummen zu sorgen. Oder man verbindet die einzelnen Teile nach Art der Verzinkung von Kistenwänden durch Überblattung, indem man die Kerne aus Paketen von je etwa 10 längeren und 10 kürzeren Blechen abwechselnd zusammensetzt und die so gebildeten Zinken ineinandergreifen läßt (vgl. 346). Überblattung bietet mehrere Vorteile; man bekommt eine sehr einfache Zusammensetzung des Eisenkörpers, und man kann den erforderlichen Magnetisierungsstrom auf die Hälfte bis auf den dritten Teil des bei stumpfem Stoß erforderlichen Betrages herabsetzen. Überblattung wird schwierig und stumpfer Stoß ungünstig, wenn die Ebenen der Bleche an den Verbindungsstellen einander rechtwinklig kreuzen. Konstruktionen, die zu solchen Anordnungen führen, werden daher besser vermieden; sind sie unvermeidlich, so muß bei stumpfem Stoß durch Zwischenlegen von Papier die sonst sehr starke Wirbelstrombildung an der Stoßstelle eingeschränkt werden, was freilich nur auf Kosten einer Erhöhung des Magnetisierungsstromes möglich ist.

(355) Übersetzungsverhältnis. Die wirksamen Mittelwerte der in den beiden Wicklungen induzierten EMKK sind bei sinusartigem Verlauf

$$E_1 = \frac{2\pi}{\sqrt{2}} \cdot \nu\, N_1\, \Phi_1 \cdot 10^{-8}\, \text{Volt} = 4{,}44 \cdot \nu\, N_1\, \Phi_1\, 10^{-8}\, \text{Volt}$$

$$E_2 = 4{,}44 \cdot \nu\, N_2\, \Phi_2 \cdot 10^{-8}\, \text{Volt}$$

In gut eisengeschlossenen Transformatoren ist bei Leerlauf $\Phi_1 = \Phi_2$, daher $E_1/E_2 = N_1/N_2$. Vgl. Begriffserklärungen zu den Maschinennormalien des V. D. E. Aus dem Diagramm (Fig. 172) folgt, daß das Übersetzungsverhältnis N_1/N_2 dann auch gleich dem Verhältnis der Klemmenspannungen bei Leerlauf und angenähert gleich dem umgekehrten Verhältnis der Stromstärken bei kurzgeschlossener Sekundärwicklung ist. Man unterscheidet Transformatoren mit festem und solche mit veränderlichem Übersetzungsverhältnis.

Transformatoren mit festem Übersetzungsverhältnis erhalten primäre und sekundäre Wicklungen von bestimmten Windungszahlen und unveränderlicher Lage.

Transformatoren mit veränderlichem Übersetzungsverhältnis werden angewandt, wo eine Regulierung der Spannungen erwünscht ist. Man kann das Übersetzungsverhältnis ändern:

a) durch Zu- und Abschalten von Windungen mittels eines nach Art der Zellenschalter für Akkumulatoren gebauten Windungsschalters. Der Widerstand oder die Drosselspule zwischen den beiden Bürsten ist dabei so zu bemessen, daß der Kurzschlußstrom in der ab- oder zuzuschaltenden Windungsgruppe den normalen Wert der Stromstärke nicht überschreiten kann. Bei Verminderung der primären Windungszahl wächst die Induktion im Eisen, man darf die Windungszahl also nicht zu weit verringern. Eine Veränderung der sekundären Windungszahl ist in weitesten Grenzen zulässig. Man beachte aber, daß die übrig bleibenden Windungen möglichst symmetrisch über den ganzen magnetischen Kreis verteilt sein müssen, damit örtliche Streuungen vermieden werden;

Fig. 168. 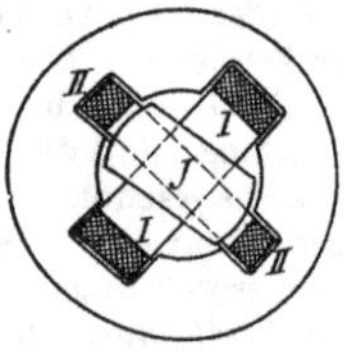   Fig. 169.

Transformatoren mit veränderlichem Übersetzungsverhältnis.

b) durch Entfernung der Sekundärspulen von den Primärspulen. Die Sekundärspulen liegen über den Primärspulen und können in die Höhe gehoben werden. Dazu müssen die Eisenschenkel länger als üblich gemacht werden. Durch die Entfernung der Spulen voneinander wird die Streuung vergrößert und infolge davon die EMK der Sekundärspule verringert. Die Streuung und daher die Verringerung der EMK wächst mit der Stromstärke. Vergl. ETZ 1906, S. 1200.

c) durch Verdrehung der Spulen gegeneinander (Fig. 168).

Solche Apparate gestatten kontinuierliche Veränderung und sehr feine Einstellung, bedingen aber des unvermeidlichen Luftraumes wegen ziemlich starken Magnetisierungsstrom. Konstruktion ähnlich der der Induktionsmotoren. Dies Verfahren wird besonders bei drehbaren Zusatztransformatoren für Mehrphasenstrom (vgl. 561) angewendet.

d) Veränderung ist auch möglich durch Verstellen eines Joches oder Ankers J (Fig. 169). Diese Methode ist ziemlich unvollkommen.

e) Für Zwecke untergeordneter Art (Verdunklungsschalter) oder für kurzzeitige Regulierung findet sich vereinzelt die Anwendung metallischer Schirme vor der Sekundärwicklung zum Abdrosseln des Induktionsflusses durch Wirbelstrombildung. Das Verfahren wird insbesondere auch bei Schweißeinrichtungen benutzt.

(356) Aufbau. Vgl. zu dieser und den nächsten Nummern die Beispiele ausgeführter Transformatoren, Fig. 391—397, S. 441—445. Die Transformatoren erhalten noch eine Bewehrung aus Schmiedeeisen oder Gußeisen, durch das die

Teile des Eisenkerns zusammengehalten und die Spulen gestützt werden; ferner häufig einen Mantel oder ein völlig geschlossenes Gehäuse, damit die Wicklungen weder verletzt noch berührt werden können. Kleinere und mittelgroße Transformatoren werden bei mäßig hohen Spannungen meistens mit natürlicher Luftkühlung versehen. Da alle Teile ruhen, ist der Luftzug nicht sehr stark; man muß daher große Abkühlungsflächen schaffen und dafür sorgen, daß die kalte Luft ungehindert zuströmen, die erwärmte ungehindert abfließen kann. Gelochte Bleche drosseln die Luft auch bei reichlicher Lochung stark, es müssen daher Grundplatte und Deckel des Transformators so gestaltet werden, daß die Luft möglichst frei hindurchstreichen kann. Nur bei kleinen Leistungen (bis etwa 5 kW) dürfen die Wicklungen fest aufeinander und auf dem Eisenkern liegen; bei größeren Leistungen müssen auch die Oberfläche des Eisenkerns und die inneren Oberflächen der Spulen von der kühlenden Luft bestrichen werden.

Transformatoren mit künstlicher Luftkühlung werden mit abgeschlossenen Gehäusen versehen, durch die mit einem Gebläse reine trockene Luft, am besten durch ein Filter angesaugt, getrieben wird.

(357) **Öltransformatoren.** Die Transformatoren werden vielfach aus einem doppelten Grunde in Öl gesetzt: zur besseren Isolation und der Abkühlung wegen. Bei Spannungen über 30 000 V werden fast ausschließlich Öltransformatoren angewendet. Wegen der größeren Wärmekapazität des Öles vertragen sie vorübergehend höhere Überlastungen als luftgekühlte Transformatoren; bei Dauerbetrieb sind sie den Transformatoren mit natürlicher Luftkühlung deshalb überlegen, weil Öl die vom Transformator erzeugte Wärme viel leichter aufnimmt, als Luft, und durch Schaffung großer Oberflächen oder künstlich sehr energisch gekühlt werden kann. Kleine Transformatoren erhalten einfache Gußkasten. Besser ist die Kühlung, wenn die Gußkasten mit äußeren und inneren Rippen zum Wärmeaustausch versehen werden (Fig. 393). Für größere Leistungen verwendet man autogen geschweißte Wellblechkasten. Für sehr große Transformatoren sind die Gehäuse mit besonderen Seitenkasten ausgeführt worden, in denen das Öl während der Abkühlung spezifisch schwerer wird, herabsinkt und dadurch das in dem kommunizierenden Hauptgefäß befindliche Öl zum Aufsteigen zwingt, so daß eine die Kühlung fördernde Bewegung der Flüssigkeit entsteht (Fig. 395). Über dem Transformator ist ein großer mit Öl gefüllter Raum vorzusehen. Wenn Wasser zur Verfügung steht, wird in diesem Raum eine Kühlschlange angeordnet oder er wird mit einem Kühlmantel umgeben (Fig. 392). Bei sehr wirksamer Kühlung des Öles können die Abmessungen des Transformators selbst bedeutend kleiner als bei natürlicher Luftkühlung gehalten werden. Trotzdem sind die äußeren Abmessungen des Ölkastens und das Gewicht des ganzen Transformators größer als bei Luftkühlung.

Zur Füllung verwendet man ein leichtflüssiges, absolut säure- und wasserfreies Mineralöl. Damit das Öl nicht aus der Luft Wasser aufnimmt, wird die Oberfläche des Ölspiegels möglichst klein gemacht oder auch im obersten Teile des Kastens eine Schale mit Chlorcalcium angebracht.

Die Feuchtigkeit wird dem Öl am besten durch Filtrieren in einem Fließpapierdruckfilter entzogen. Man erkennt die Feuchtigkeit an dem Knattern des Öls, wenn ein glühender Eisendraht hineingetaucht wird. Das Öl soll frei von Beimengungen sein. Schwefel, der besonders gefährlich ist, wird an der Schwärzung eines Kupferdrahtes im erwärmten Öl erkannt. Der Entflammungspunkt der gewöhnlichen Transformatorenöle liegt bei 180—200°, der Entzündungspunkt bei 200—220°. Bei Wasserkühlung können leichtere, hellere und bewegliche Ölsorten mit 130—140° Entflammungs- und 140—150° Entzündungstemperatur benutzt werden. Der Gefrierpunkt dunkler schwerer Ölsorten liegt bei — 5 bis — 10°, hellerer Sorten bei — 10 bis — 20°. Bei der Verdampfungsprobe soll ein Öl nach 8 stündiger Erwärmung auf 100° höchstens 0,2 % an Gewicht verlieren.

Die Durchschlagsfestigkeit beträgt zwischen konzentrischen Zylindern (innerer Zylinder 1—5 cm Durchmesser) 90—110 kV/cm. (Nach Petersen, Hoch· spannungstechnik, Stuttgart 1911.)

(358) Bewicklung der Transformatoren. Man ordnet die Wicklungen stets so an, daß jeder Schenkel sowohl einen Teil der Primärwicklung wie einen Teil der Sekundärwicklung erhält. Die Spulen werden entweder konzentrisch übereinander geschoben — in diesem Falle ist es der Isolation wegen meist zweckmäßiger, die Niederspannung nach innen, die Hochspannung nach außen zu legen — oder man ordnet die Spulen nebeneinander an, wobei Primär- und Sekundärspulen miteinander abwechseln. Häufige Unterteilung ist dabei zur Verringerung der Streuung notwendig. Für die Herstellung der Wicklung gilt im allgemeinen dasselbe wie für die Herstellung der Wicklung gewöhnlicher Elektromagnete (vgl. 337—339).

Die Wicklung kann bei kleinen Transformatoren — bis höchstens 5 kW — direkt auf den mit Öltuch, Preßspan oder dergleichen isolierten Kern aufgebracht werden. Kupferaufwand und Streuung fallen dann besonders gering aus. In der Regel und bei größeren Transformatoren immer stellt man besondere Spulenkasten her, bei kleineren Leistungen gemeinsame Kasten für beide Wicklungen, bei größeren Leistungen und höheren Spannungen getrennte Kasten für die Wicklungen. Die Spulenkasten können auch weggelassen werden, wenn man dünndrähtige Spulen durch Umschnürungen in sich festigt und mit Hüllen von ausreichender Isolierfestigkeit umgibt. Wicklungen aus Flachkupfer besitzen in der Regel Halt genug und bedürfen lediglich isolierender Zwischenstücke, die einfach eingelegt werden. Beim Aufbau der Manteltransformatoren für große Leistungen werden häufig die Hochspannungs- und die Niederspannungsspulen nebeneinander gelegt. Die Querschnitte werden so gewählt, daß in radialer Richtung vom Eisenkern aus die Kupferabmessung möglichst gering bleibt (Kupferband), weil sich andernfalls oft die Stromwärme infolge ungleichförmiger Verteilung der Stromstärke über den Kupferquerschnitt (auch Wirbelströmen im Kupfer zugeschrieben) bedeutend erhöht, vgl. ETZ 03, S. 674. Spulen mit vielen Windungen sind mit Rücksicht auf die Spannung zwischen benachbarten Drähten zu unterteilen. Bei der Herstellung der Spulenkasten ist namentlich auf gut abdichtende Isolation und die Vermeidung von Oberflächenleitung und kapillaren Wegen zu achten. Spulenkasten werden aus Preßspan mit oder ohne Glimmereinlage, aus Ambroin, gepreßter Papiermasse, Eisengummi, Vulkanasbest und bei sehr hohen Spannungen aus Mikanit, Porzellan oder aus gewickeltem und präpariertem Papier hergestellt; zu beachten ist, daß gewöhnlich Mikanit nur bei luftgekühlten Transformatoren Verwendung finden darf. Öl beeinträchtigt die Isolierfestigkeit der meisten Mikanitsorten außerordentlich. Es empfiehlt sich, Spulen für luftgekühlte Transformatoren im Vakuumofen mit geeigneter Isolationsmasse zu imprägnieren. Hochspannungstransformatoren für Meßzwecke werden von einigen Firmen mit Spulenkasten aus Porzellan versehen und im Vakuum mit Isoliermasse ausgegossen.

Bei der Herstellung der Wicklung ist Rücksicht darauf zu nehmen, daß das Gewicht der einzelnen Spulen niedrig gehalten wird, damit das Umgehen mit ihnen beim Aufbau des Transformators nicht unzulässig erschwert wird.

Bei Hochspannungsanlagen ist es häufig erforderlich, daß sehr kleine Hilfsapparate, z. B. zum Antrieb selbsttätiger Reguliervorrichtungen und dergleichen, angeschlossen werden. In diesem Fall ist es zweckmäßig, eine besondere sekundäre Spule für die entsprechende Spannung und Leistung neben der normalen sekundären Spule anzubringen.

(359) Isolation. Prüfung. Bei der Herstellung der Transformatorspulen ist ebenso wie bei der Wicklung von Wechselstrommagneten (338) auf sorgfältige Isolation der einzelnen Windungen zu sehen. Da eindringende Überspannungswellen besonders leicht die Isolation zwischen den ersten, den Klemmen zunächst gelegenen Windungen durchschlagen, so empfiehlt es sich, diese besonders stark zu isolieren.

Öl und andere zum Ausgießen benutzte isolierende Massen erfüllen ihren Zweck nur dann, wenn aus dem Innern alle Luftblasen entfernt sind. Geringer Gehalt an Wasser setzt die Isolierfähigkeit des Öles bedeutend herab. Man ordnet daher unter dem Öl besonders nahe dem Boden des Ölkastens Funkenstrecken an, die unter der Hochspannung stehen, und deren Durchschlagen ein Warnungssignal auslöst. Die Spulen müssen nach ihrem Einbau einer scharfen Prüfung sowohl auf Isolierfestigkeit als auch auf tadellosen Zustand der Isolation unterworfen werden. Daher ist im allgemeinen zur Probe ein Betrieb des Transformators unter voller Belastung während einiger Stunden erforderlich. Um einen solchen ohne große Energieverschwendung zu ermöglichen, kann man sich der von Kapp angegebenen Schaltung (Fig. 170) bedienen, wenn man zwei gleiche Transformatoren A und B zur Verfügung hat. Ein Zusatztransformator C, in dessen Primärwicklung noch ein Regulierwiderstand RW eingeschaltet ist, stört das Gleichgewicht und erzeugt die volle Stromstärke in den Transformatoren. Man kann auch durch Superposition von Gleichstrom und Wechselstrom in der Schaltung nach Fig. 171 den Leistungsverbrauch nach Möglichkeit herabsetzen.

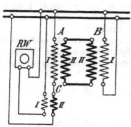

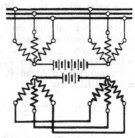

Fig. 170. Belastung zweier gleicher Transformatoren mit Rücklieferung der Leistung aus Netz.

Fig. 171. Eisen- und Kupferverluste, hergestellt durch Superposition von Wechselstrom und Gleichstrom.

(360) Den **Hochspannungsklemmen** ist besondere Aufmerksamkeit zuzuwenden. Besonders leicht geben die Gleitfunken zu Störungen Anlaß, die ihren Weg längs der Oberfläche einer isolierenden Schicht nehmen, unterhalb deren die spannungführende Leitung liegt. Von den Siemens-Schuckert-Werken wird die A u s f ü h r u n g s k l e m m e v o n N a g e l (El. Bahn u. Betr. 1906, S. 275 ff.) angewendet, deren Isolierrohr abwechselnd aus Porzellan- und aus Metallrohren von nach außen abnehmender Länge besteht, so daß das elektrische Feld längs der äußeren Oberfläche von der Klemme bis zu dem geerdeten Eisenkörper, in dem die Klemme sitzt, und daher auch das elektrische Feld zwischen Durchführungsbolzen und Eisenkörper in radialer Richtung durch die Porzellanrohre möglichst konstant bleibt. In der von der AEG benutzten Ausführungsklemme ETZ 1910, S. 118) von K u h l m a n n ist das Porzellan nur der Träger der Klemme, die Luft der Hauptisolator. Die Klemme ist zu diesem Zwecke in der Mitte, wo sie in dem geerdeten Eisenkörper sitzt, weit ausgebaucht.

(361) **Sicherheitsvorkehrungen.** Nach den Errichtungsvorschriften des Verbandes Deutscher Elektrotechniker § 25 muß bei Transformatoren in besonderer Weise verhindert werden, daß ein Übertritt von Hochspannung in Stromkreise für Niederspannung sowie das Entstehen hoher Spannungen in den letzteren vorkommt. Man versieht daher die Niederspannungsspulen der Transformatoren mit Spannungssicherungen, vgl. (680), Fig. 419.

Nach § 25 d müssen Transformatoren außerhalb elektrischer Betriebsräume entweder allseitig in geerdete Metallgehäuse eingeschlossen oder in besonderen

Schutzverschlägen untergebracht werden. Nach e sollen an jedem Transformator, mit Ausnahme von Meßtransformatoren, Vorrichtungen angebracht sein, die gestatten, das Gestell gefahrlos zu erden.

(362) Streuung. Tatsächlich weichen die Induktionsflüsse, Φ_1 durch die primäre und Φ_2 durch die sekundäre Wickelung, voneinander ab, und zwar umsomehr, je stärker die Ströme in den Wickelungen sind. Ihr Unterschied ist die Streuung. Bei Wechselstrom ist die Streuung, sofern man die Induktionsflüsse durch Vektoren darstellt, gleich der vektoriellen Differenz von Φ_1 und Φ_2.

Streuungskoeffizienten (vgl. E m d e, Die Arbeitsweise der Wechselstrommaschinen, J. Springer, Berlin, S. 19 ff.).

H o p k i n s o n definierte die Streuung einer Dynamomaschine, indem er den größten Induktionsfluß durch die Feldmagnete Φ_1 mit dem größten Induktionsfluß durch den Anker Φ_2 verglich, und führte den Streuungskoeffizienten

$$\nu = \frac{\Phi_1}{\Phi_2}$$

ein. ν ist daher größer als 1. Der Wert $1/\nu$ ist eine dem Wirkungsgrad analoge Zahl. Man bestimmt diese Zahl durch Hilfswindungen, die man um die Feldmagnete und um den Anker legt, und ein in ihren Kreis geschaltetes ballistisches Galvanometer, indem man die Erregung der Maschine umkehrt.

E r w e i t e r u n g v o n B l o n d e l. Setzt man die Induktionsflüsse in zwei Spulen I und II gleich Φ_1' und Φ_2', wenn nur Spule I von einem Strome durchflossen ist, und gleich Φ_1'' und Φ_2'', wenn nur Spule II von einem Strome durchflossen ist, so folgt aus

$$e_1' = -\frac{d}{dt}(N_1 \Phi_1') \cdot 10^{-8} = -\frac{d(L_1 i_1)}{dt}$$

$$e_2' = -\frac{d}{dt}(N_2 \Phi_2') \cdot 10^{-8} = -\frac{d(M i_1)}{dt}$$

$$N_1 \Phi_1' \cdot 10^{-8} = L_1 i_1 \quad \text{und} \quad N_2 \Phi_2' \cdot 10^{-8} = M i_1$$

und ebenso

$$N_2 \Phi_2'' \cdot 10^{-8} = L_2 i_2 \quad \text{und} \quad N_1 \Phi_1'' \cdot 10^{-8} = M i_2$$

Dann ist nach Blondel

$$\nu_1 = \frac{\Phi_1'}{\Phi_2'} = \frac{N_2 L_1}{N_1 M} \qquad \nu_2 = \frac{\Phi_2''}{\Phi_1''} = \frac{N_1 L_2}{N_2 M}$$

H e y l a n d setzt die Verluste in den Zähler, den Induktionsfluß selbst in den Nenner, er bekommt daher die relativen Streuungsverluste. Es ist dann

$$\tau_1 = \frac{\Phi_1' - \Phi_2'}{\Phi_2'} = \nu_1 - 1 \qquad \tau_2 = \frac{\Phi_2'' - \Phi_1''}{\Phi_1''} = \nu_2 - 1$$

τ_1 und τ_2 sind im allgemeinen kleine Zahlen.

B e h n - E s c h e n b u r g geht von dem allgemeinen Satze aus, daß stets

$$M^2 < L_1 L_2$$

ist. Er setzt daher

$$M^2 = (1 - \sigma) L_1 L_2,$$

woraus

$$\sigma = 1 - \frac{M^2}{L_1 L_2} = 1 - \frac{1}{\nu_1 \nu_2}$$

und weiter

$$\sigma = \frac{\tau_1 + \tau_2 + \tau_1 \tau_2}{(1 + \tau_1)(1 + \tau_2)} \approx \frac{\tau_1 + \tau_2}{1 + \tau_1 + \tau_2}$$

folgt.

Ist die Bedingung, daß derselbe Induktionsfluß durch alle Windungen einer Spule hindurchgeht, nicht erfüllt, so hat man für $N\Phi$ die Induktionsflußwindungen $\Psi = \sum\limits_{n=1}^{n=N} \Phi_n$ zu setzen. Man kann hieraus $\Phi_{mittel} = \Psi/N$ bilden und mit Φ_{mittel} wie vorher rechnen.

(363) Spulenfaktoren. Diesen Festsetzungen liegt stillschweigend die Voraussetzung zugrunde, daß die beiden Wicklungen ungefähr gleiche Größe und ähnliche Formen besitzen. Diese Voraussetzung ist bei den normalen Transformatoren und den Induktionsmotoren annähernd erfüllt. Bei den Wechselstromkommutatormotoren haben jedoch die Wickelungen auf dem Ständer und dem Läufer meistens stark voneinander abweichende Formen. Die Kommutatorwickelung ist immer gleichmäßig über den Umfang verteilt, die Wicklung auf dem Ständer aber häufig in wenigen Nuten untergebracht. Derselbe eine geometrische Fläche durchdringende Induktionsfluß erzeugt dann in zwei Wicklungen, deren größte Windung jene Fläche umschließt, auch bei gleichen Windungszahlen verschieden große EMKK. Geht man von zwei flachen Spulen gleicher Gestalt und Größe mit gleich viel Windungen aus, und setzt man die Streuung gleich Null, so erzeugt ein Strom, der in der einen der beiden Spulen fließt, gleich große EMKK in beiden Spulen. Sondert man nun die Hälfte der Windungen der primären Wicklung zu einer besonderen Spule ab und läßt diese beständig kleiner werden, so wird ihr Einfluß auf den Induktionsfluß und die EMKK immer geringer und verschwindet im Grenzfalle ganz. Die EMK der primären Spule ist daher kleiner als die der sekundären und beträgt im Grenzfalle nur noch die Hälfte der letzteren, weil dann nur ein Transformator überbleibt, dessen Windungszahlen sich wie 1 : 2 verhalten. Schreibt man aber den Unterschied in den EMKK zweier Spulen von gleicher Windungszahl der Streuung zu, so muß man in dem geschilderten Falle von n e g a t i v e r Streuung sprechen. Dies tun R o g o w s k i und S i m o n s (ETZ 1908, S. 535). Statt mit Φ_{mittel} rechnen sie mit dem Induktionsfluß Φ_{max} der Windung, die von allen den größten Induktionsfluß umschlingt, indem sie

$$\Phi_{mittel} = f \cdot \Phi_{max}$$

setzen. Die S p u l e n f a k t o r e n f haben für jede Art der Spulen und des Induktionsflusses einen besonderen Wert. Es sei Φ_{12}' der nur von i_1 herrührende Induktionsfluß, der auch mit allen oder einem Teil der Windungen der Sekundärspule verkettet ist, Φ_{1s}' der nur von i_1 herrührende Induktionsfluß, der nur mit allen oder einem Teil der Windungen der Primärwickelung verkettet ist. Φ_{21}'' und Φ_{2s}'' seien die entsprechenden nur von i_2 herrührenden Flüsse. Sie setzen nun

$$e_1' = -N_1 \cdot \frac{d}{dt}(f_1 \Phi_{12}' + f_{1s} \Phi_{1s}') \cdot 10^{-8} = -\frac{d}{dt}(L_1 i_1)$$

$$e_2' = -N_2 \cdot \frac{d}{dt}(f_{12} \Phi_{12}') \cdot 10^{-8} \qquad = -\frac{d}{dt}(M i_1)$$

woraus

$$\nu_1 = \frac{N_2 L_1}{N_1 M} = \frac{f_1 \Phi_{12}' + f_{1s} \Phi_{1s}'}{f_{12} \Phi_{12}'}$$

und ebenso

$$\nu_2 = \frac{N_1 L_2}{N_2 M} = \frac{f_2 \, \Phi_{21}{}'' + f_{2s} \, \Phi_{2s}{}''}{f_{21} \, \Phi_{21}{}''}$$

Weiter

$$L_1 = \frac{N_1}{N_2} M + S_1 \qquad\qquad L_2 = \frac{N_2}{N_1} M + S_2$$

Daraus endlich

$$L_1 = N_1 \frac{f_1 \, \Phi_{12}{}' + f_{1s} \, \Phi_{1s}{}'}{i_1} 10^{-8} \qquad L_2 = N_2 \frac{f_2 \, \Phi_{21}{}'' + f_{2s} \, \Phi_{2s}{}''}{i_2} 10^{-8}$$

$$M = N_2 \frac{f_{12} \, \Phi_{12}{}'}{i_1} 10^{-8} \qquad\qquad M = N_1 \frac{f_{21} \, \Phi_{21}{}''}{i_2} 10^{-8}$$

$$S_1 = N_1 \frac{(f_1 - f_{12}) \, \Phi_{12}{}' + f_{1s} \, \Phi_{1s}{}'}{i_1} 10^{-8}$$

$$S_2 = N_2 \frac{(f_2 - f_{21}) \, \Phi_{21}{}'' + f_{2s} \, \Phi_{2s}{}''}{i_2} 10^{-8}$$

Eine der beiden Streuungsgrößen S_1 und S_2 kann negativ, das zugehörige ν also kleiner als eins sein.

(364) **Berechnung der Streuung.** Bei ineinanderliegenden Spulen bildet der zwischen der inneren und der äußeren Spule hindurchgehende Induktionsfluß die Streuung. Die innere Spule erzeugt in diesem Raum überhaupt kein Feld oder nur ein so schwaches, daß man es für praktische Zwecke vernachlässigen kann. Die MMK für den Streufluß ist daher bei ineinanderliegenden Spulen 0,4 π $N_a I_a$, wenn I_a die Stromstärke in der äußeren Spule ist. Als Querschnitt kann man den Ring ansehen, der den Raum zwischen den Wicklungen und nach jeder Seite noch ein Drittel der Wicklungstiefe umfaßt, als Länge, die für die Berechnung des magnetischen Kreises in Betracht kommt, die Spulenhöhe, vermehrt um einen Zuschlag, dessen Größe sich nach der Konstruktion richtet und etwa 50 % (bei langen Spulen) bis 100 % (bei kurzen Spulen) beträgt. Es schließt sich nämlich ein großer Teil der Streulinien durch die Eisenjoche, und der Rest findet in dem umgebenden Raume durch Ausbreitung einen so großen Querschnitt, daß der magnetische Widerstand verschwindend wird.

Bei nebeneinanderliegenden Spulen geht der Streufluß zwischen den primären und sekundären Spulen hindurch. Man kann als MMK $^1/_2 . 0,4 \, \pi . (N_1 I_1 + N_2 I_2)$ annehmen, als Widerstand des Streuflusses den Pfad um eine Primärspule herum. Hierbei ist wieder zu beachten, daß sich innerhalb der Spule Eisen befindet, außen der Querschnitt sehr groß, eventuell auch Eisen ist; es kommen also wesentlich die Teile des Pfades zwischen den Spulen in Betracht, wobei wieder ein Teil der Spulendicke (je etwa $^1/_6$) hinzuzuschlagen ist. Die Pfadlänge ist daher die doppelte radiale Abmessung vom Eisen bis zum Außenrand der Spulen, vermehrt um einen Zuschlag, der sich nach der Konstruktion richtet. Bei den Endspulen ist der magnetische Widerstand etwa halb so groß.

(365) **Transformatordiagramm bei konzentrischen Spulen und eisengeschlossenem magnetischen Kreis** (Fig. 172). Der die Sekundärwicklung durchsetzende Induktionsfluß Φ_2 erzeugt die EMK E_2 in der Sekundärwicklung, gegen die die Stromstärke I_2 die Phasenverschiebung ϑ besitzt. Zieht man den Ohmschen Spannungsverlust $I_2 R_2$ von E_2 ab, so erhält man die sekundäre Klemmenspannung P_2. Zwischen I_2 und P_2 besteht die Phasenverschiebung φ_2. Zur Erzeugung von Φ_2 ist die MMK $\mathfrak{F}_2$ er-

forderlich. Da nun, geometrisch verstanden, $0,4\,\pi\,N_1 I_1 = [-\,0,4\,\pi\,N_2 I_2 + \mathfrak{F}_2]$ sein muß, so findet man leicht $0,4\,\pi\,N_1 I_1$ und durch Division mit $0,4\,\pi\,N_1$ die primäre Stromstärke I_1. Addiert man zu Φ_2 die Streuung Φ_S, die gleichphasig mit I_1 angenommen werden kann, so erhält man Φ_1 und senkrecht dazu die in der Primär- wicklung erzeugte EMK E_1. Die primäre Klemmenspannung P_1 ist gleich $[-\,E_1 + I_1 R_1]$.

Spannungs - Verlust im Transformator. Reduziert man alle Größen der Primärwicklung auf die Windungs- zahl der Sekundärwicklung, so hat man I_1 mit N_1/N_2, E_1, P_1 und die Spannungsver- luste im Primärkreis mit N_2/N_1 zu multi- plizieren. Die reduzierten Größen sollen durch einen Strich gekennzeichnet werden. Man kann sich nun denken, daß E_1' die Summe von zwei EMKK ist, nämlich von E_2 und Es', wobei Es' durch Φ_s erzeugt wird. Man hat nun

$$P_1' = [E_1' + (I_1 R_1)']$$
$$= [E_2 + Es' + (I_1 R_1)']$$
$$= [P_2 + (I_2 R_2) + Es' + (I_1 R_1)']$$

daher

$$[P_1' - P_2] = [Es' + (I_2 R_2) + (I_1 R_1)']$$

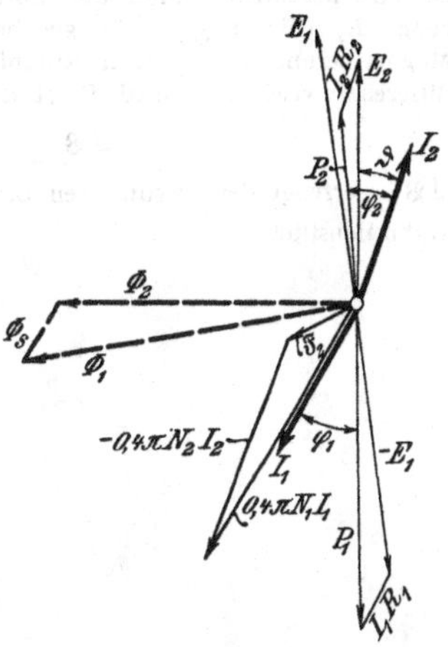

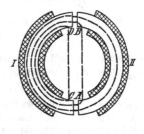

Fig. 172. Vektordiagramm des normalen Transformators.

Der Spannungsabfall setzt sich also zusammen aus den Spannungs- verlusten durch Ohmschen Widerstand und aus dem induktiven Spannungsverlust Es'. Da I_1 und I_2 bei größerer Belastung nahezu 180 Grad Phasenverschiebung gegeneinander haben, so sind im Diagramm mit großer Annäherung $(I_2 R_2)$ und $(I_1 R_1)'$ zueinander und zu I_2 parallel zu zeichnen, während Es' senkrecht auf I_2 steht (Fig. 173). Hierbei ist

$$(I_2 R_2) + (I_1 R_1)' = E_w'$$

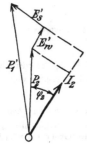

Fig. 173. Vektordiagramm der Spannungs- verluste im normalen Transformator.

Fig. 174. Streuung im allgemeinen Trans- formator.

Der induktive Spannungsverlust ist um so geringer, je geringer der Querschnitt des Streuflusses ist. Hochspannungstransformatoren haben daher wegen des größeren Abstandes der Spulen der Primär- und der Sekundärwicklung voneinander und infolge der erforderlichen dickeren Isolierschichten einen höheren induktiven Spannungsverlust als Transformatoren für geringere Spannungen.

(366) Das allgemeine Transformatordiagramm für Transformatoren mit nebeneinander liegenden Spulen und Luftspalt (Fig. 174). Der Induktionsfluß Φ_2 erzeugt E_2 (Fig. 175). Für gegebenes I_2 ergibt sich P_2 wie in (365). Die Magnetisierung der rechten Ringhälfte erfordert die MMK $\mathfrak{F}_2$. Die Potentialdifferenz zwischen A und B ist daher, vergl. (348,2),

$$\varDelta \mathfrak{V}_{AB} = [\mathfrak{F}_2 - 0.4 \, \pi \, N_2 I_2]$$

$\varDelta \mathfrak{V}_{AB}$ erzeugt den sekundären Streufluß Φ_{s2}. Im Luftspalt herrscht daher der Induktionsfluß

$$\Phi_L = [\Phi_2 + \Phi_{s2}]$$

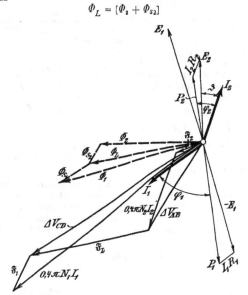

Fig. 175. Vektordiagramm des allgemeinen Transformators.
(In der Figur steht V für $\mathfrak{V}$.)

Um diesen durch die Luft zu treiben, ist eine MMK $\mathfrak{F}_L$ erforderlich, die zu $\varDelta \mathfrak{V}_{AB}$ addiert die Potentialdifferenz zwischen C und D ergibt, weil

$$\varDelta \mathfrak{V}_{CD} = [\varDelta \mathfrak{V}_{AB} + \mathfrak{F}_L]$$

$\varDelta \mathfrak{V}_{CD}$ erzeugt den primären Streufluß Φ_{s1}, der zu Φ_L addiert den primären Induktionsfluß Φ_1 ergibt. Um die rechte Ringhälfte zu magnetisieren, ist noch die MMK $\mathfrak{F}_1$ erforderlich, die zu $\varDelta \mathfrak{V}_{CD}$ addiert die Größe $0.4 \, \pi \, N_1 I_1$ ergibt, weil [vergl. (348,1)]

$$\varDelta \mathfrak{V}_{CD} = 0.4 \, \pi \, N_1 I_1 - \mathfrak{F}_1$$

Dadurch ist die Phase von I_1 festgelegt. Die weitere Konstruktion ergibt sich genau wie in (365). Bei der in Fig. 174 skizzierten Anordnung ist die Streuung erheblich, sie wird um so mehr verringert, je öfter man primäre und sekundäre Spulen miteinander abwechseln läßt. Das Diagramm bleibt dabei im wesentlichen dasselbe.

(367) Einfluß der Phasenverschiebung auf den Spannungsabfall. Die Fig. 173 zeigt, daß der induktive Spannungsverlust einen großen Spannungsabfall bei stark induktiver Belastung (z. B. durch Induktionsmotoren), einen geringeren Spannungsabfall bei induktionsfreier Belastung verursacht. Bei voreilendem Strom kann durch den induktiven Spannungsabfall die Spannung sogar erhöht werden. Für die Spannung, die Stromstärke und den Leistungsfaktor des Primärkreises findet man aus Fig. 173 die Formeln:

$$P_1' = \sqrt{\left(P_2 \cos \varphi_2 + E_w'\right)^2 + \left(P_2 \sin \varphi_2 + E_s'\right)^2}$$

$$\cos \varphi_1 = \frac{P_2 \cos \varphi_2 + E_w'}{P_1'}$$

Kapps Diagramm für konstante Stromstärke und konstante Primärspannung bei variabler Phasenverschiebung (Fig. 176). Wird die Richtung des Stromvektors I_2 festgehalten, so hat das Dreieck der Spannungsverluste ABC eine feste Lage. Der um C mit $P_1 = CO$ geschlagene Kreis ist der geometrische Ort des Punktes O. Die Verbindungslinie eines Punktes O auf diesem Kreise mit A ist die Sekundärspannung P_2. Schlägt man auch um A einen Kreis mit CO, so gibt der Schnittpunkt O_0 die Phasenverschiebung O_0AO, bei der kein Spannungsverlust auftritt, und allgemein der Abschnitt OQ zwischen beiden Kreisen auf einem von A gezogenen Vektor den Spannungsverlust bei der Phasenverschiebung φ.

Aus dem Diagramm ist ersichtlich, daß, wenn AB größer als BC ist, der Spannungsabfall bei induktionsfreier Belastung nicht mehr geringer als bei induktiver ausfällt.

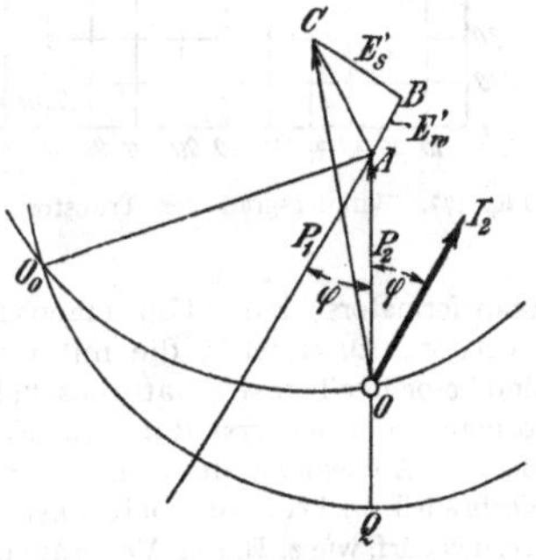

Fig. 176. Kapps Diagramm der Spannungen bei konstanter Stromstärke.

(368) Einfluß der Frequenz ν auf die Leistung. Wenn bei gegebener Windungszahl N die Leistung konstant bleiben soll, so muß auch das Produkt $\nu\mathfrak{B}$ konstant bleiben. $\mathfrak{B}$ kann über eine bestimmte Grenze nicht gesteigert werden Die Leistung muß daher mit sinkender Periodenzahl abnehmen. Die Wirbelstromverluste bleiben, so lange $\nu\mathfrak{B}$ konstant ist, auch konstant. Die Hystereseverluste wachsen mit abnehmender Frequenz, daher auch der Gesamtverlust.

(369) Die **Überlastungsfähigkeit** von Transformatoren ist sehr groß, besonders bei Öltransformatoren, sofern der bei starker Überlastung auftretende Spannungsabfall keine Betriebsstörung verursacht. Für kurzzeitige Betriebe findet man Überlastungen bis zu 300 %, für intermittierende solche bis zu 200 % zugelassen. Die Überlastungsfähigkeit von Öltransformatoren ist wesentlich eine Funktion der Wärmekapazität der Ölfüllung.

(370) Der Wirkungsgrad eines Transformators ändert sich mit der Belastung (vgl. Fig. 177). Bei konstanter Spannung sind die Verluste im Eisen von der Belastung unabhängig, prozentual sind sie also umgekehrt proportional der jeweiligen Belastung. Dagegen nehmen die Verluste durch Stromwärme proportional dem Quadrat der Belastung, also prozentual proportional mit der Belastung ab. Die Stromwärme verteilt man zu etwa gleichen Teilen auf die beiden Wicklungen, geht aber bei Lichttransformatoren mittlerer Größe (von etwa 5 kW an) nicht gern über 2 %, bei kleinen nicht über 3 % der vollen Leistung. Geringe Verluste im Eisen gewährleisten einen hohen Wirkungsgrad bei schwacher Belastung, haben aber wegen der geringen Magnetisierung höhere Spannungsverluste zur Folge; bei dauernder starker Belastung ist die Magnetisierung stark zu wählen, weil höhere Verluste im Eisen zulässig sind. Der Wirkungsgrad beträgt bei kleinen Transformatoren von 1 kW etwa 92 %, er erreicht bei mittleren 96 bis 97 % und steigt bei den größten Ausführungen von etwa 10 000 kW auf etwa 99 %. Ist der Leistungsfaktor kleiner als eins, so sind die Verluste prozentual höher, der Wirkungsgrad ist also nicht so hoch.

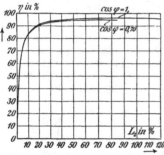

Fig. 177.   Wirkungsgrad des Transformators.

J a h r e s w i r k u n g s g r a d heißt das Verhältnis der in einem Jahre abgegebenen sekundären Arbeit zu der im gleichen Zeitraum verbrauchten primären Arbeit. Der Jahreswirkungsgrad ist um so höher, je geringer die Eisenverluste des

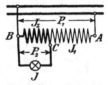

Fig. 178.   Einspuliger Transformator, Sparschaltung.

Transformators sind. Um einen hohen Jahreswirkungsgrad bei solchen Transformatoren zu erzielen, die mit verhältnismäßig großen Eisenverlusten arbeiten, sind besondere Transformatorenschalter in Vorschlag gebracht worden, die die Transformatoren primär erst dann einschalten, wenn sekundär Strom entnommen wird. Bei der Abmessung des Jahreswirkungsgrades ist nicht zu übersehen, daß der Verbrauch an Leerlaufarbeit über Tag nicht zu den gleichen Kosten angesetzt werden darf, wie z. B. der Verbrauch an elektrischer Energie zur Zeit der maximalen Stromabgabe mit Beleuchtungsmaximum. Eine unbedeutende Verringerung der Eisenverluste auf Kosten einer wesentlichen Verteuerung des ganzen Transformators ist zu verwerfen.

(371) Transformatoren mit einspuliger Wicklung oder in Sparschaltung (Autotransformatoren, Reduktoren) werden hauptsächlich zum Anschluß von Bogenlampen an Niederspannungsnetze sowie zum Anlassen und Regulieren von Wechselstrommotoren benutzt. Bei gewöhnlichen Transformatoren müssen Primär- und Sekundärwicklung sorgfältig voneinander isoliert sein. Braucht diese Bedingung aber nicht erfüllt zu werden — z. B. wenn beiderseits Niederspannung herrscht —, so gestattet die Sparschaltung, besonders bei nicht zu großem Übersetzungsverhältnis, die Transformatoren kleiner zu bauen. Es wird (Fig. 178) nur eine fortlaufende Wicklung zwischen den Klemmen A und B vorgesehen, die Primärspannung wird an diese Klemmen gelegt, der Sekundärkreis dagegen von einem mittleren Punkte C und dem Punkte B abgezweigt. Es verhält sich dann bei Leerlauf genau und bei Belastung angenähert P_1 zu P_2 wie die Windungszahl zwischen AB zur Windungszahl zwischen CB. Die Stromstärken verhalten sich nahezu umgekehrt wie die Windungszahlen, weswegen der Teil CB stärkeren Querschnitt erhalten muß. Die Stromstärke im äußeren Sekundärkreis ist angenähert gleich der Summe der Stromstärken in AC und BC. Die Sparschaltung kann auch bei Drehstromtransformatoren angewandt werden, wenn die drei Wicklungszweige in Stern geschaltet sind. Wenn man die vorhandene Spannung P an einen Teil der Wicklung, etwa an A und C, anlegt, so kann man die Sparschaltung auch benutzen, um zwischen A und B eine höhere Spannung abzunehmen.

(372) Ausgleichtransformatoren und Spannungsteiler. Man kann in Fig. 178 auch an *AC* einen Sekundärkreis anschließen. Der Transformator wirkt dann als Spannungsteiler (Divisor, Kompensator). Zum Anschluß von Metallfadenlampen niedriger Spannung an ein 110Volt-Netz kann man z. B. vier gleiche Abteilungen herstellen, zu denen je eine (je zwei oder mehrere) Lampen parallel geschaltet werden. Die Lampen können dann einzeln ein- und ausgeschaltet werden. Den in der Mitte von *AB* liegenden Punkt *C* kann man mit dem Mittelleiter eines Dreileitersystems verbinden, um den Ausgleich zu sichern. Hierbei ist wieder zu beachten, daß die Wicklung auch bei ungleicher Stromverteilung magnetomotorisch möglichst symmetrisch wirken muß. Eine Ausführungsart von Dreileitertransformatoren zeigt Fig. 179. Ist der Unterschied der Stromstärken in beiden Hälften höchstens gleich $\varDelta\,I$, so muß der Ausgleicher für die Stromstärke $\tfrac{1}{2}\,\varDelta\,I$ gebaut sein.

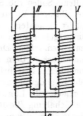

Fig. 179. Transformator mit Dreileiterschaltung.

(373) Zusatztransformatoren. Man kann eine beliebige vorhandene Spannung durch Zusatztransformatoren erhöhen. In Verbindung mit einem Haupttransformator wird die Primärwicklung des Zusatztransformators von der Hoch- oder von der Niederspannung gespeist, die Sekundärwicklung mit der Sekundärwicklung des Haupttransformators in Reihe geschaltet. Häufig wird gerade zu diesem Zweck die Sparschaltung angewendet. Über den drehbaren Zusatztransformator bei Drehstrom vgl. (561).

(374) Transformatoren zum Übergang von Zweiphasenstrom auf Dreiphasenstrom (S c o t t s Schaltung). Zum Übergang von Zweiphasen- auf Dreiphasenstrom dienen zwei Transformatoren in der Schaltung nach Fig. 180 und mit den in die Figur eingeschriebenen Windungsverhältnissen. Die Erklärung der Wirkungsweise ergibt sich aus dem Diagramm (Fig. 181). *AB*, *BC* und *CA* sind die drei Drehstromspannungen des Sekundärkreises; die Potentiale der Punkte *A*, *B*, *C* und *O* in Fig. 180 werden durch die gleichnamigen Punkte in Fig. 181 dargestellt. Weitere Schaltungen siehe R a s c h ETZ 1911. S. 681.

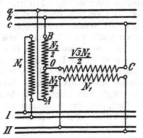

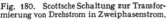

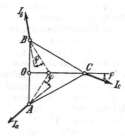

Fig. 180. Scottsche Schaltung zur Transformierung von Drehstrom in Zweiphasenstrom.

Fig. 181. Vektordiagramm der Scottschen Schaltung.

(375) Transformatoren für konstante Stromstärke. Zur Speisung von Bogenlampenstromkreisen sind in der amerikanischen Praxis Transformatoren für konstanten Strom ausgebildet worden entweder mit künstlicher, bei zunehmender Stromstärke steigender Streuung oder unter Benutzung der magnetischen Abstoßung zwischen Primär- und Sekundärspule und Einstellung durch ein Gegengewicht (Vgl. ETZ 1906 S. 1200).

(376) Parallelschaltung der Transformatoren. Die Primärwicklungen lassen sich immer parallel schalten, wenn sie für gleiche Spannungen bestimmt sind. Bleibt die Primärspannung konstant, so bleibt angenähert auch die Sekundärspannung konstant; die Stromverbraucher in jedem Kreise sind daher parallel zu schalten. Sollen die Sekundärwicklungen auch parallel geschaltet werden, so ist bei einphasigem Wechselstrom nur auf die Verbindung der richtigen Klemmen miteinander zu achten. Drehstromtransformatoren müssen dagegen bestimmten Schaltungsregeln genügen, damit sie sich zugleich primär und sekundär parallel schalten lassen. Das Dreieck der Sekundärspannungen hat nämlich eine ganz bestimmte Lage zu dem Dreieck der Primärspannungen. Die Lage des primären Spannungsdreiecks ist infolge der Parallelschaltung für alle Transformatoren dieselbe, die Lage des sekundären Spannungsdreiecks muß nun auch für alle Transformatoren dieselbe Lage haben. Dies ist z. B. der Fall, wenn alle Transformatoren dieselbe Schaltung besitzen, aber z. B. nicht, wenn ein Teil primär und sekundär in Stern, der andere etwa primär in Stern, sekundär in Dreieck geschaltet ist. Vgl. F a y e - H a n s e n , ETZ 1908, S. 1081. Eine Zusammenstellung der wichtigsten Schaltungen findet sich in den Maschinennormalien, § 2.

Die Anschlüsse sind immer in gleichartiger Weise aus dem Transformator herauszuführen und genau zu bezeichnen, damit bei der Parallelschaltung mehrerer Transformatoren auf der Primär- und Sekundärseite Kurzschlüsse vermieden werden.

(377) Reihenschaltung der Transformatoren. Die Primärwicklungen lassen sich auch in Reihe schalten, wenn sie für dieselbe Stromstärke bestimmt sind. Bei konstanter Stromstärke im Primärkreise bleibt angenähert auch die Stromstärke im Sekundärkreise konstant; die Stromverbraucher in jedem Kreise sind daher in Reihe zu schalten. Durch Kurzschließen der Sekundärwicklung wird der Transformator außer Betrieb gesetzt. Diese Schaltung dient z. B. zum Anschluß von Bogenlampen an Hochspannungskreise bei sehr einfacher Leitungsführung und gefahrloser Bedienung der Lampen. Zu beachten ist, daß die Isolation der Primärwicklung stark genug sein muß, um der vollen Netzspannung zu widerstehen. Wird ein Sekundärkreis unterbrochen, so fällt seine entmagnetisierende Wirkung weg, während die primäre Stromstärke konstant bleibt. Die hierdurch verursachte Steigerung des Magnetismus kann eine übermäßige Erwärmung des Eisens zur Folge haben und muß möglichst vermieden werden. Man hilft sich entweder durch Anordnung eines Luftraumes wie bei Drosselspulen oder durch selbsttätige Kurzschließer im Sekundärkreise, die beim Verlöschen der Lampe in Wirksamkeit treten.

(378) Meßtransformatoren. Zur Messung hoher Wechselspannungen werden durchweg „S p a n n u n g s t r a n s f o r m a t o r e n“, zur Messung stärkerer Wechselströme „S t r o m t r a n s f o r m a t o r e n“ angewendet. Sie bieten die Vorteile, daß die Meßinstrumente alle gleich hergestellt und, wenn der Sekundärkreis geerdet ist, ohne Gefahr berührt werden können, sowie den Vorteil bequemer Montage. Stromtransformatoren müssen möglichst geringen Leerlaufstrom, also Kerne aus bestem Eisen und vorzüglichen Eisenschluß besitzen. Ihre Sekundärwicklung darf wieder nicht geöffnet, sondern höchstens kurz geschlossen werden. Die Sekundärwicklungen werden häufig umschaltbar für mehrere Meßbereiche eingerichtet. (201, c.)

Dritter Abschnitt.

Dynamomaschinen.

Dynamomaschinen im allgemeinen.

(379) Arten der Maschinen. Maschinenteile. Die Maschinen zur Umwandlung mechanischer in elektrische Leistung heißen Dynamomaschinen, die Maschinen zur Umwandlung von elektrischer in mechanische Leistung heißen Elektromotoren oder Motoren. Der Übergang zwischen Generator- und Motorwirkung ist bei sämtlichen Maschinen möglich und wird in vielen Fällen ausgenutzt; es werden daher in diesem Abschnitt auch die Motoren behandelt.

Hauptbestandteile der Dynamomaschinen sind die Feldmagnete und der Anker, von denen ein Teil umlaufen muß, damit mechanische Leistung verrichtet werden kann. Weitere wesentliche Bestandteile sind Kommutator (Kollektor) oder Schleifringe, Bürsten, Bürstenhalter, Bürstenträger, Klemmen-, Umschalte- oder Kurzschlußvorrichtungen, Gehäuse, Welle, Lager und Grundplatte.

  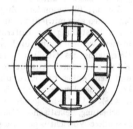

Fig. 182. Symmetrischer Außenpoltyp, zweipolig.   Fig. 183. Vierpoliger Außenpoltyp.   Fig. 184. Achtpoliger Innen poltyp.

Nach der F o r m , i n d e r d i e e l e k t r i s c h e L e i s t u n g bei Stromerzeugern geliefert und bei Motoren verbraucht wird, unterscheidet man Gleichstrom-, Wechselstrom- oder genauer Einphasenstrom-, Zweiphasenstrom- und Drehstrommaschinen.

Nach der A r t d e s A u f b a u e s unterscheidet man Außenpol-, Fig. 182, 183, Innenpol-, Fig. 184 und Seitenpolmaschinen sowie offene und gekapselte Maschinen, nach d e r Z a h l d e r P o l e zweipolige, vierpolige, sechspolige usw. Maschinen.

(380) Mechanischer Aufbau. Vgl. die Beispiele ausgeführter Maschinen Fig. 349 bis 390. Die Pole sollen mit Rücksicht auf symmetrische Ausbildung des magnetischen Flusses und auf magnetische Zugkräfte zum Anker symmetrisch stehen.

Zweipolige Maschinen können allerdings in Hufeisenform, Fig. 185, ausgeführt werden, die geschlossenen Formen, Fig. 182 u. 183, sind aber mit Rücksicht auf Symmetrie und geringere Streuung in dem äußeren Raum vorzuziehen. Außenpol maschinen werden in der Regel mit feststehendem Polgehäuse ausgeführt. Das Gehäuse kann entweder zugleich die Füße der Maschinen und die Lager für

die Welle (Lagerschilder) tragen oder auf einer besonderen Grundplatte montiert werden. Die Entscheidung hierüber sowie über Einzelheiten des mechanischen Aufbaues überhaupt richtet sich nach der Leistung, der Umdrehungszahl, der Art des Antriebes, dem etwaigen Einbau von Schwungmassen und der zur Kühlung nötigen Lüftung.

Fig. 185. Hufeisentyp, veraltet.

Kleine Maschinen bis zu etwa 75 kW bei 600 U/mn erhalten in der Regel „Lager - schilder", die mit dem Polgehäuse verschraubt werden (Fig. 371). Um solche Maschinen nach Bedarf an Wand oder Decke eines Raumes betestigen zu können, ohne daß dabei die Schmiervorrichtung in ihrer Brauchbarkeit beeinträchtigt wird, werden die Lagerschilder so konstruiert, daß sie in verschiedenen Stellungen am Polgehäuse befestigt werden können. Mit Rücksicht auf bequemes Demontieren der Maschine vermeide man es, die Füße der Maschine an die Lagerschilder anzugießen, bringe diese vielmehr immer am Gehäuse an. Größere Maschinen erhalten besondere Grundplatten mit 2 oder 3 Lagern, letzteres zur besseren Lagerung der Antriebsscheibe bei Riemen- oder Seilantrieb bei größeren Leistungen von etwa 200 P an; vgl. z. B. Fig. 352—355. Soll eine Maschine zwischen den Zylindern der Antriebsmaschinen aufgestellt werden, so ist besonders zu überlegen, wie sie montiert und die Welle eingebracht werden kann.

(381) Polgehäuse. Große Polgehäuse werden in der Regel so ausgeführt, daß der untere Teil in die Fundamentgrube hineinhängt (Fig. 349, 350, 356 u. a.); für besondere Zugänglichkeit ist Sorge zu tragen. Man setzt solche Maschinen gern mit jedem Fuß auf Druckschrauben (Fig. 349, 350, 356 u. a.), durch deren Einstellung der Luftraum der Maschine nach beendeter Montage genau justiert werden kann, und sorgt durch Sicherungsstifte und Zugschrauben für Befestigung des Gehäuses nach der Einstellung. Das Ausrichten kann nach Klasson durch Ausnützung der magnetischen Zugkräfte zwischen den Polen und dem Anker bei Erregung nur eines Teils der Pole und vorsichtiger Regulierung der Erregerstromstärke geschehen (El. Bahnen und Betriebe, 1904, S. 415). Um sehr große Gehäuse rund zu erhalten (Verziehen kann durch Bearbeitung, elastische Nachwirkung, Transport u. dgl. eintreten), werden besondere Vorrichtungen angewendet. Entweder stellt man ein sehr steifes Gehäuse her; doch führt dies bei Gußeisen zu außerordentlichem Materialaufwand, wenn die seitlichen Öffnungen größer als der rotierende Teil bleiben sollen. Oder man baut ein schmiedeeisernes Gehäuse aus Blechträgern, gegen das man den rund zu erhaltenden Teil durch Druckschrauben abstützt. Oder man wählt eine nach Analogie der verspannten Träger ausgebildete Spannwerkskonstruktion. Erfahrungsgemäß treten Formveränderungen leichter bei dem unteren als bei dem oberen Gehäuseteil auf. Für den unteren Teil genügt es in vielen Fällen, der Durchbiegung durch Anbringung einer Druckschraube unterhalb der Maschine in der Richtung der vertikalen Symmetrieachse zu begegnen (Fig. 365).

Die Gehäuse werden bei kleinen Maschinen mit Lagerschildern in der Regel einteilig, bei Maschinen bis zu 6 m Durchmesser zweiteilig, darüber hinaus auch vier- und sechsteilig gebaut (Fig. 356, 365). Maßgebend sind Transportrücksichten (Normalprofil der Eisenbahn, bei Bergwerken Schachttransport, in manchen

Gegenden Beschränkung des Gewichts der einzelnen zu transportierenden Teile mit Rücksicht auf Träger oder Lasttiere).

(382) Erregung der Feldmagnete. Die Pole erhalten eine E r r e g e r - w i c k l u n g nach Art der in (337) behandelten. Am besten ist es, alle Polschäfte mit gleichen Erregerspulen zu versehen. Da hierbei N o r d - und Südpole mitein- ander abwechseln, so nennt man diese Bauart den W e c h s e l p o l t y p , Fig. 182—184; hierzu hat man auch den veralteten M a n c h e s t e r t y p zu rechnen (Fig. 186). Maschinen, bei denen nur jeder zweite Pol eine Wicklung trägt — diese Ausführungsform kommt mehr und mehr ab — werden vielfach M a s c h i n e n m i t F o l g e p o l e n genannt. Eine besondere, veraltete Ausführungsform einer vielpoligen Maschine mit einer einzigen Erregerspule und mit Zungenpolen zeigt Fig. 187 („Lauffener Typ").

Der Feldmagnet kann auch so aufgebaut werden, daß ein Magnetrad mit 2 Kränzen von „Polhörnern" versehen wird, wobei zwischen den Polhörnern jedesmal ein freier Raum bleibt, der mindestens ebenso breit, meist aber breiter ist als ein Polhorn. Ein derartiges Rad wird durch eine gemeinsame Erregerspule so magnetisiert, daß an dem einen Kranz alle Polhörner zu Nord-, am anderen zu Südpolen werden. Die Erregerspule kann bei dieser Anordnung auch dann feststehen, wenn der Feldmagnet der rotierende Teil ist. Jede Polhornreihe be- strahlt eine besondere Ankerhälfte, und zwar in der Weise, daß rings am Umfang gleichnamige Pole mit Lücken abwechseln. Daher werden so gebaute Maschinen „G l e i c h p o l t y p e n" genannt, andere brauchen auch den Namen „I n d u k -

Fig. 186. Manchester- typ, veraltet.

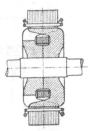

Fig. 187. Vielpoliger Innenpoltyp mit gemeinsamer Erregerspule, veraltet.

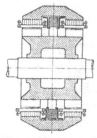

Fig. 188. Gleichpoltyp, veraltet.

t o r m a s c h i n e n", Fig. 188. Von diesen verschiedenen Typen hat sich der Wechselpoltyp als der beste erwiesen, und zwar in den Formen Fig. 182—184. Folgepole ergeben störende Unsymmetrien, Zungenpole übermäßige magnetische Streuung, ungünstige mechanische Beanspruchung infolge biegender magnetischer Zugkräfte, Gleichpoltypen unverhältnismäßig hohes Maschinengewicht und un- regelmäßige Kurven der EMK.

Die beste Querschnittsform für Pole ist in (336) angegeben.

(383) Rücksicht auf Kühlung. Es ist wichtig, bei der Feststellung der Pol- form streng darauf zu achten, daß die Oberfläche der Erregerspulen von dem durch die Maschine in Bewegung gesetzten Luftstrom bestrichen werde, damit eine möglichst wirksame Kühlung erzielt wird. Aus diesem Grunde ist namentlich ein zu enges Zusammendrängen der Feldmagnetspulen zu vermeiden. Die Polbewick- lungen werden auch wohl aus mehreren konzentrischen, durch Verschnürung zu- sammengehaltenen Spulen mit passenden Holzzwischenlagen zusammengesetzt.

Die vom Anker weggeschleuderte Luft kann dann bequem durch die parallel
zur Spulenachse liegenden Kanäle streichen und die Wickelung wirksam kühlen,
so daß sich bei geringer Erwärmung eine Ersparnis an Erregerkupfer ergibt.

(384) **Schenkel und Polschuhe.** Die S c h e n k e l oder P o l s c h ä f t e
werden in der Regel als solche einzeln hergestellt und mit dem Joch verschraubt
oder eingegossen. Bei Außenpolmaschinen bildet das Joch
zugleich das Gehäuse, bei Innenpolmaschinen die Felge des
Magnetrades. Es empfiehlt sich aus gießereitechnischen
Gründen nicht, die Pole mit dem Gehäuse oder dem
Magnetrade in einem Stück zu gießen, außer in einigen
Spezialausführungen, z. B. dem L u n d e l l t y p (Fig. 189).

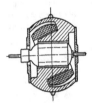

Die Schenkel werden aus Blechen, aus Stahlguß
oder durch Schmieden im Gesenke oder durch Abschneiden
von runden Walzeisenstücken, bei starker Beanspruchung

Fig. 189. Lundelltyp
für kleine Motoren.

durch Zentrifugalkraft auch aus Stahlplatten hergestellt.
Man denke sich im letzten Falle das Feldmagnetsystem
durch Schnitte senkrecht zur Rotationsachse in Platten
zerlegt; diese Platten werden aus dem Vollen geschnitten.
Gußeisen bedingt zu große Querschnitte, daher zu großen Umfang und deshalb
übermäßigen Aufwand an Erregerkupfer. Stahlgußschenkel müssen zur Erzielung
dichten Gusses mit sehr großem Gußkopf gegossen werden. Der Polschuh wird aus
Stahlguß oder Gußeisen, bei offenen Nuten aber meist aus Blechen hergestellt,
weil sonst durch die Bewegung des ungleichförmigen Induktionsflusses, der unter
den Zähnen größer ist als unter den Nuten, Wirbelströme entstehen. Vereinzelt
kommen Polschuhe aus dem elektrisch besonders schlecht leitenden Gußeisen in
Anwendung.

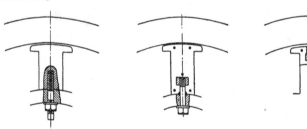

Fig. 190—192. Polbefestigungen.

Fig. 190 bis 193 zeigen einige Polbefestigungen; die Flächen zwischen dem
Fuß des Schenkels und dem Joch werden durch Drehen bearbeitet und haben daher
zylindrische Auflageflächen. Ebene Auflageflächen würden Abhobeln oder Fräsen und
namentlich bei größerer Polzahl großen Aufwand an Arbeitslohn bedingen.
Bei Innenpolmaschinen ist die Befestigung mit Rücksicht auf die oft sehr bedeutenden Fliehkräfte zu berechnen und entsprechend zu sichern. Es ist

$$P_z = \frac{G\,v^2}{g\,r}$$

worin bezeichnen
P_z = Zentrifugalkraft in kg*,
G = Gewicht in kg,
v = Geschwindigkeit d. Schwerpunktes d. Poles in m/sk
r = Abstand des Schwerpunktes von der Drehachse in m,
g = Erdbeschl. = 9,81.

Werden ruhende Blechaußenpole durch Verschrauben mit dem Gehäuse verbunden, so kann das Gewinde direkt in den mit starken Endblechen versehenen Blechkörper geschnitten werden, wenn dieser hydraulisch zusammengepreßt und mit Bolzen von 4 bis 8 mm Durchmesser zusammengenietet ist, Fig. 193. Sollen die Pole durch Eingießen befestigt werden, so ist dafür zu sorgen, daß die Lage der Pole zueinander während des Gusses genau gewahrt bleibt. Man verschraubt sie dazu durch Bolzen, die durch passend an den Polköpfen vorgesehene Löcher gesteckt werden, mit zwei starken an den beiden Stirnseiten angebrachten Ringen. Auf genaue Stellung der Polköpfe ist überhaupt zu achten. Stahlgußpole sind an

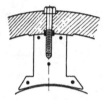

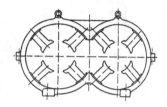

Fig. 193.   Polbefestigung.   Fig. 194.   Feldmagnete für Doppeldynamo.

den Kanten der Polschuhe eventuell zu bearbeiten, angeschraubte Pole sind durch Sicherungsstifte, Stellringe oder Bearbeitung der Bolzen genau mit dem Gehäuse zu verbinden. Stellringe, Fig. 191 und 193, bieten zugleich den Vorteil der sicheren Entlastung der Schraubenbolzen gegen tangentiale Kräfte. Werden sie angewandt, so ist aber darauf zu achten, daß sie den Anzug der Schrauben nicht stören.

Werden magnetisch gut leitende Polschäfte an ein gußeisernes Joch geschraubt, so tritt an der Verbindungsstelle ein beträchtlicher magnetischer Widerstand auf. Dieser ist möglichst dadurch zu vermindern, daß die Fläche des Gußeisens, gegen die der Polschaft geschraubt wird, bedeutend größer als der Querschnitt des letzteren gemacht wird, Fig. 193.

Für Antrieb mit Dampfturbinen nach de Laval sind besondere Polgehäuse z. B. von den Siemens-Schuckertwerken nach Fig. 194 konstruiert worden. Bei Antrieb durch Wasserturbinen und nach amerikanischer Bauart bei Dampfturbinen wird die Welle der Dynamos häufig vertikal gestellt, vgl. Fig. 351 u. 368.

(385) Die **Wicklung der Schenkel** wird ebenso ausgeführt wie bei den gewöhnlichen Elektromagneten (vgl. 337); aber mit Rücksicht auf die Stellung der Pole sind in vielen Fällen besondere Vorrichtungen zum Festhalten der Spulen wie angeniete Winkel, mit Nasen versehene Stücke aus schmiedbarem Guß und dergleichen erforderlich. Sofern die Pole umlaufen, ist mit Rücksicht auf die Fliehkräfte eine festere Verbindung notwendig. Hierzu werden entweder die Polschuhe benutzt oder, wenn bei sehr großen Geschwindigkeiten die Kräfte sehr bedeutend werden, Spezialanordnungen angewendet (vgl. Fig. 195 bis 200). Bei umlaufenden Polen ist darauf Rücksicht zu nehmen, daß ein Umbiegen der Drähte unter der Wirkung der Fliehkräfte verhindert wird, doch vermeide man tunlichst Konstruktionsteile, die die Lüftung behindern. Es empfiehlt sich nicht, die Feldspule von Hand in die fertige Maschine anstatt auf den einzelnen Pol zu wickeln; eine solche Wicklung fällt meist unsauber aus und ist sehr kostspielig, sie sollte daher nur in Ausnahmefällen zugelassen werden.

Bei den T u r b o d y n a m o s [1]) besteht die Feldmagnetwicklung häufig aus
Spulen, die in einen genuteten, aus vollem Stahl hergestellten Zylinder gelegt werden,
entsprechend Fig. 197. Die AEG stellt die Zähne aus Stahllamellen her, die
schwalbenschwanzförmig in die verstärkte Welle eingesetzt sind (Z. d. V. D. I. 1909,
S. 699 ff.). Die Nuten werden sorgfältig durch leitende Keile geschlossen, die, an
beiden Stirnseiten leitend miteinander verbunden, eine Dämpferkurzschluß-
wicklung darstellen (vgl. 477). Die zu beiden Seiten aus den Nuten herausragenden
Wicklungsköpfe werden durch übergeschobene Bronzekappen gegen die Fliehkräfte gesichert.

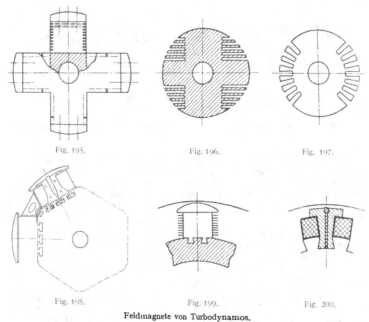

Fig. 195.   Fig. 196.   Fig. 197.

Fig. 198.   Fig. 199.   Fig. 200.

Feldmagnete von Turbodynamos.

(386) Massenausgleich. Dynamomaschinen verlangen einen guten Massenausgleich, und zwar natürlich um so mehr, je schneller sie laufen Der umlaufende
Teil soll vor und nach der Bewicklung mit einer Welle versehen auf Schneiden gelegt oder beweglich gelagert und daraufhin geprüft werden, ob er in seiner Lage
verharrt, bzw. ob er ruhig läuft oder sich nach „dem Schwerpunkt einstellt".
In letzterem Falle ist durch Hinzufügen oder Fortnehmen von Gewichten für Ausgleich zu sorgen. Bei größerer axialer Ausdehnung muß die Schwerlinie mit der
Wellenachse zusammenfallen. Die Ausgleichgewichte sind daher an beiden Seiten
des Ankers anzubringen. Schnellaufende Läufer, z. B. für Turbodynamos, läßt
man in elastisch aufgehängten Lagern laufen, deren Schwingungen selbsttätig
aufgezeichnet werden. Die Ausgleichgewichte sind so anzubringen, daß die
Schwingungen verschwinden.

---

[1]) P o h l , ETZ 1908, S. 113. — K o l b e n , ETZ 1909, S. 121. — R o s e n b e r g , ETZ
1909, S. 582. — Z i e h l , ETZ 1909, S. 647. — L a s c h e , Zeitschr d V. D. I. 1909, S. 699.

(387) Schwungraddynamos. Dynamos, die zur direkten Kupplung mit Dampfmaschinen, Gasmotoren usw. bestimmt sind, werden unter Umständen so ausgebildet, daß sie zugleich als Schwungrad dienen können. Als Vorteil kommt hierbei
in erster Linie die etwaige Raumersparnis in Frage, doch ist dieser Vorteil meist
nur zu erkaufen durch Erhöhung des Dynamomaschinenpreises, der bei Gleichstrommaschinen fast immer, bei Drehstrom- und Wechselstrommaschinen sehr oft
wesentlich höher wird als bei Anordnung besonderer Schwungräder. Bei der Form-
gebung des Schwungringes sorge man wieder dafür, daß die Ventilation der Maschine nicht beeinträchtigt wird. Über die mechanische Beanspruchung von
Schwungrädern siehe W e r n e r , D. mechan. Beanspruchung rasch laufender
Magneträder. Diss. Aachen, 1908.

Werden besondere Schwungräder angewandt oder mehrere Dynamos mit
einer Dampfmaschine starr gekuppelt, so sollen alle Schwungmassen möglichst
unmittelbar nebeneinander auf der Welle angebracht werden, um Torsionsschwingungen zu vermeiden. Vielfach wird das Schwungrad mit dem umlaufenden Teil
der Maschine durch starke Bolzen verbunden.

Besonders gefährlich ist die Übereinstimmung (Resonanz) der „Eigenschwingungszahl" Z der Welle mit der Schwingungszahl der von den Antriebskurbeln
hervorgerufenen „erzwungenen Schwingungen". Sie führt leicht zu starken
Schwingungen und infolge davon zu starken Beanspruchungen der Welle und
Flimmern im Licht. Zwei Fälle sind der Rechnung leicht zugänglich, wenn nämlich
nur eine Kurbel und nur an zwei Stellen Trägheitsmomente vorhanden sind.

1. F a l l. Schwungrad und Dynamo auf derselben Seite der Kurbel. Trägheitsmomente θ_1 und θ_2. Direktionsmoment des Wellenstückes zwischen θ_1
und θ_2 gleich r_{12}.

$$Z = \frac{1}{2\pi} \sqrt{r_{12}\left(\frac{1}{\theta_1} + \frac{1}{\theta_2}\right)} = \frac{1}{2\pi} \sqrt{9{,}81 \cdot r_{12}'\left(\frac{1}{\theta_1'} + \frac{1}{\theta_2'}\right)}$$

2. F a l l. Schwungrad auf der einen Seite, Dynamo auf der anderen Seite
der Kurbel. Direktionsmoment des Wellenstücks von θ_1 bis zur Kurbel gleich r_{01},
des Wellenstücks von θ_2 bis zur Kurbel gleich r_{02}.

$$Z = \frac{1}{2\pi} \cdot \sqrt{\frac{\dfrac{1}{\theta_1} + \dfrac{1}{\theta_2}}{\dfrac{1}{r_{01}} + \dfrac{1}{r_{02}}}} = \frac{1}{2\pi} \cdot \sqrt{9{,}81 \cdot \frac{\dfrac{1}{\theta_1'} + \dfrac{1}{\theta_2'}}{\dfrac{1}{r_{01}'} + \dfrac{1}{r_{02}'}}}$$

Das Direktionsmoment ist definiert durch die Gleichung

$$D = r\,\alpha$$

worin D das durch die Torsion der Welle um den Winkel α (in Bogenmaß gemessen) hervorgerufene Drehmoment bedeutet. In den Formeln ist zu setzen:

θ in gcm², θ' in kgm², r in dyncm, r' in kgm.

Das Schwungmoment hat den vierfachen Wert des Trägheitsmoments.

(388) Lager. Die L a g e r für Dynamomaschinen werden mit sehr reichlichen Abmessungen, Zapfendruck 5 bis 12 kg*, entweder als Gleitlager oder als
Kugellager ausgeführt. Der Lagerkörper wird in jedem Falle bei normalen Typen
aus Gußeisen, bei Spezialtypen mit besonders niedrigem Gewicht (Fahrzeugmotoren) aus Magnalium hergestellt und entweder als Lagerschild, vgl. (380), oder
als Lagerbock ausgebildet. Für genaue Zentrierung der Lager ist Sorge zu tragen.
Zweckmäßig wird so entworfen, daß die Auflageflächen des Lagerkörpers und die
Bohrungen des Ankers oder des Polgehäuses auf derselben Werkzeugmaschine
hergestellt werden können. Bei gekapselten Maschinen werden die Polgehäuse

vielfach gleich für die Aufnahme des Lagers eingerichtet. Mittlere und kleine Maschinen erhalten einteilige Lager. Die Schalen werden aus Bronze oder Gußeisen mit Weißmetall hergestellt; das richtige Kaliber wird dadurch erzielt, daß man einen Dorn durch das Lager drückt, so daß die Bohrarbeit erspart und zugleich eine größere Dichte und Härte der Auflageflächen erreicht wird. Es ist darauf zu achten, daß auch die Stirnseiten der Lagerschalen da. wo Berührung mit Bunden oder Stahlringen beim Auftreten axialer Kräfte zu erwarten ist, bronzene oder weißmetallene Laufflächen haben. Von besonderer Bedeutung bei Dynamomaschinen ist, daß die Lager öldicht ausgeführt werden, und zwar sowohl so, daß das Öl nicht verspritzt, als auch so, daß das Schmiermittel nicht aus dem Ölsumpf austreten kann. Man versieht daher die Wellen mit sogenannten Spritzringen, deren Wirkung auf der Tatsache beruht, daß das nicht abtropfende Öl infolge der Fliehkräfte längs der Welle bis zur Stelle größten Durchmessers bewegt und dort abgespritzt wird (Fig. 351). Die saugende Wirkung des umlaufenden Teiles macht häufig einen Verschluß (Filzdichtung) des Lagers nach der Maschinenseite zu erforderlich.

(389) Schmierung. Gleitlager normaler Maschinen von nicht zu großer Leistung werden durchweg durch Ringe geschmiert. Kleine Lager bis zu 300 mm Länge erhalten einen, größere zwei, drei oder mehr Ringe. Beim Entwurf des Lagers ist darauf zu achten, daß die Schmierringe bequem angebracht und ihr Arbeiten jederzeit beobachtet werden kann. Für größere Lager werden die Schmierringe mehrteilig ausgeführt. Die Ringe sollen nicht zu tief in das Öl eintauchen, sie müssen durchaus glatt auf dem Zapfen aufliegen, und die Aussparung in der oberen Hälfte der Lagerschale soll nur wenige Millimeter breiter sein als der Schmierring. Auch bei vertikaler Welle ist Ringschmierung angewendet worden, vgl. Fig. 201. Lager

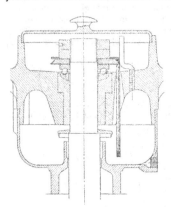

Fig. 201. Ringschmierlager der Elektromotorenwerke Heidenau.

Fig. 202. Kugellager.

für Maschinen von sehr großer Leistung und Drehzahl können mit Ringschmierung nicht mehr in ausreichender Weise geschmiert werden. Man verwendet dann kleine Ölpumpen, mit denen man das Öl unter Druck unter den Zapfen treten läßt, in ähnlicher Weise wie bei der Ringschmierung sammelt und gebotenen Falles in einer Rückkühlanlage kühlt (Fig. 351). Auch Wasserkühlung von Lagern wird ausgeführt.

Maschinen, die starken Erschütterungen ausgesetzt sind, lassen sich nicht immer mit Ringschmierung versehen, weil die Erschütterung das sichere Laufen der Ringe beeinträchtigt. Transportable Maschinen, die gelegentlich schiefe Ebenen hinaufbewegt werden, können in der Regel auch keine Ringschmierung erhalten, weil bei der schiefen Lage die Gefahr besteht, daß das Öl aus dem Ölsumpf ausläuft. Bei Fahrzeugmotoren kombinierte man gelegentlich Ring- und Fettschmierung derart, daß bei Warmlaufen des Lagers das erweichende Fett in Wirksamkeit trat (R i e t e r).

(390) Kugellager werden namentlich für Motoren und Maschinen kleinerer Leistung verwandt. Die Lager bestehen aus einem Laufringsystem mit eingelegten Stahlkugeln und werden von Spezialfabriken in den verschiedensten Größen hergestellt. Während man ursprünglich die Kugeln unmittelbar nebeneinander legte, fügte man später sogenannte Ausgleichfedern ein, deren Aufgabe es ist, Ungleichmäßigkeiten in der Bewegung der Kugeln zu regulieren (Fig. 202). Kugellager bieten den Vorteil verringerter Reibungsarbeit. Sie machen die Einlaufszeit entbehrlich und bringen die Wartung der Lager auf das erreichbare Mindestmaß. Auch gewähren sie die Möglichkeit, den Lagerkörper in axialer Richtung mit sehr geringen Abmessungen auszuführen. Nachteilig ist, daß sie einen sehr genauen Einbau erfordern, und daß bei aller Sorgfalt der Fabrikation bisher Brüche der Kugeln noch nicht mit absoluter Sicherheit haben ausgeschlossen werden können. Auch sind Kugellager teurer als Gleitlager (vgl. Fig. 361, 376).

(391) Bauart der Motoren. Die Motoren werden in der Regel ebenso ausgeführt wie die Gleichstromgeneratoren.

Für Betriebe, bei denen der gegen Staub und Feuchtigkeit (Tropfwasser) immerhin empfindliche Kommutator und der Anker Beschädigungen ausgesetzt sein würden (Fahrzeugbetrieb, Kranbetrieb usw.), kommt die ganz oder nahezu geschlossene Bauart in Anwendung (Fig. 358, 359, 361—363, 376, 377, 381—383).

Geschlossen gekapselte Motoren dürfen, weil die Kühlung viel geringer ist, nicht so stark belastet werden wie offene Motoren. Daher werden nach Möglichkeit ventiliert gekapselte Motoren verwendet, bei denen ein kräftiger Luftdurchzug durch Ventilatorflügel am Anker erzielt werden kann (Fig. 377). Die Lagerschilder werden z. B. durch Jalousien verschlossen (Fig. 378), die besonders dem Tropfwasser das Eindringen verwehren.

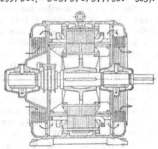

Fig. 203.   Motor für Schlagwettergruben mit Plattenschutz.

Besondere Aufmerksamkeit erheischen die Motoren für S c h l a g w e t t e r - g r u b e n. Sie werden entweder ganz gekapselt oder mit P l a t t e n s c h u t z versehen (Fig. 203, 375). Die Kapselung muß einem inneren Überdruck von mindestens 8 Atmosphären widerstehen und es ist darauf zu achten, daß im Innern nicht mehrere Räume vorhanden sind, die nur durch enge Öffnungen miteinander in Verbindung stehen. Der Plattenschutz besteht aus einem Paket von ebenen Ringen aus Messing- oder Bronzeblech (auch verzinntem oder verzinktem Eisenblech), die höchstens 0,5 mm voneinander, abstehen und deren Lage gegeneinander durch genügend viele Einlagen gesichert ist. Die radiale Ausdehnung der Schlitze zwischen den Blechen soll etwa 50 mm betragen. Der Plattenkörper ist vor Beschädigungen geschützt und. leicht auswechselbar anzuordnen. (Glückauf 1906, S. 1 ff., ETZ 1906, S. 200 u. 363.)

Anker.

(392) Die **Anker der Dynamomaschine** werden gegenwärtig durchweg aus runden Scheiben oder Ringen von Eisenblech von 0,3 bis 0,5 mm Dicke (nach den Verbandsnormalien) aufgebaut. Kleinere Scheiben und Ringe werden aus einem Stück, größere Ringe aus Segmenten mit Überblattung nach Art der Gallschen Kette zusammengesetzt. Die Unterteilung des Eisenkörpers bezweckt, wie beim Wechselstrommagnet, Vermeidung der Wirbelstrombildung und hat daher so zu erfolgen, daß die Ebenen der Bleche mit der Richtung des magnetischen Induktionsflusses zusammenfallen. Die Grenze für die eine oder andere Ausführungsform ergibt sich aus den normalen Größen für Dynamobleche. Diese sind 2000 × 1000 × 0,5 und 1600 × 800 × 0,3 mm. Beim Entwurfe achte man auf gute Ausnutzung der Tafeln.

Die Ankerbleche werden durch Druckringe gefaßt und durch Verschrauben mit Bolzen, die gegen Ankerkörper und Bleche zu isolieren sind, oder bei größeren Maschinen durch vorgelegte Schrumpf- oder Sprengringe, Verkeilungen oder Eingüsse festgehalten. Bei der Herstellung bedient man sich zweckmäßig starker Schraubpressen oder hydraulischer Pressen. Eine ältere Anordnung, die Druckringe bei umlaufendem Anker mit Hilfe eines auf die Welle geschnittenen Gewindes zu verschrauben, wird neuerdings vermieden.

Die Endbleche werden in der Regel, um ein Aufblättern der Blechpakete zu vermeiden, stärker (2—3 mm) hergestellt, oder der Blechkörper wird an den Zähnen treppenartig abgesetzt.

(393) Glatte und Zahnanker. Die Anker werden entweder als einfache Zylinder mit glatter Oberfläche oder in weit überwiegendem Maße mit Nuten zur Aufnahme der Wicklung ausgeführt. Die Nuten sind entweder ganz offen oder halb ganz geschlossen (vergl. Fig. 205 bis 209). Bei halb oder ganz geschlossenen Nuten wird der stehenbleibende Steg am Umfange so schwach gemacht, als es die Herstellung und mechanische Rücksichten gestatten.

Die N u t e n werden meist durch Stanzen, seltener und weniger gut durch Fräsen hergestellt; Schnitte zum gleichzeitigen Ausstanzen ganzer Bleche oder großer Segmente mit vielen Nuten sind kostspielig. Es ist daher das Ausstanzen einzelner Nuten („Hacken"), bei denen das Ankerblech nach einer Teilvorrichtung mit selbsttätigem Vorschub vor dem Nutenschnitt vorbei bewegt wird, oft vorteilhafter. Hierbei läßt sich die Nutung ohne erhebliche Kosten für jede Maschine in den jeweilig am besten erscheinenden Abmessungen herstellen. Halboffene Nuten werden am besten geschlossen gestanzt und nach dem Zusammensetzen des Ankers mit der Kreissäge aufgeschnitten. Die Bleche sind unter Benutzung von Führungsbolzen möglichst genau übereinander zu schichten, um das Nacharbeiten der Nutenwände, wobei ein Verschmieren der Bleche miteinander nicht völlig zu vermeiden ist, auf das geringste Maß zu beschränken.

Mit Rücksicht auf die Stanzarbeit müssen die stehenbleibenden Zähne mindestens noch 2 mm Breite haben. Sollen genutete Anker nach dem Zusammenbau abgedreht werden, so muß bei offenen Nuten für sehr reichliche Zahnbreite gesorgt werden. Halboffene Nuten werden in dem Falle zweckmäßig geschlossen gestanzt und erst nach dem Abdrehen mit der Säge aufgeschnitten. Während des Abdrehens werden die Nuten mit Holz oder sonstwie ausgefüllt.

Mitunter werden die Ankerbleche nach dem Stanzen ausgeglüht, um die durch die Bearbeitung hervorgerufene Verschlechterung der magnetischen Eigenschaften des Eisens aufzuheben.

(394) Befestigung des Ankers auf der Welle. Umlaufende Anker aus vollen Blechen werden in der Regel so mit der Welle verbunden, daß in der Mitte der Bleche ein zur Welle passendes Loch mit Federnut eingestanzt wird, so daß das „aktive" Eisen direkt auf der Welle zusammengebaut werden kann. Dabei ist zu beachten, daß für Luftzutritt zu den Ventilationsschlitzen besondere Öffnungen vorgesehen werden müssen. Bei größerem Durchmesser bildet das Ankereisen einen Ring. Es ist dann eine besondere Nabe mit Armen vorzusehen. Die Eisenbleche werden entweder unmittelbar gegen die in der Richtung der Achse des Ankers langgestreckten Arme gelegt, oder es ist ein besonderer Schwungradkranz vorhanden, gegen den die Bleche gelegt werden.

(395) Lüftung des Ankers. Da sich das Ankereisen beim Betriebe erwärmt, ist es vorteilhaft, es in geeigneten Abständen (50—100 mm) mit V e n t i l a t i o n s - s c h l i t z e n von ca. 10 mm Breite zu versehen. Zur Aufrechterhaltung des Abstandes dienen Finger nach Fig. 204 oder Bleche mit an 3 Seiten abgestanzten und

dann rechtwinklig aufgebogenen Lappen, wobei diesen Zwischenstücken zugleich die Rolle der Flügel eines Kreiselventilators zufällt; man bilde daher die Finger in radialer Richtung so aus, wie es bei der jeweiligen Drehzahl zur Erreichung ausreichender Luftwirbelung erforderlich ist. Schnell laufende Maschinen von großer Leistung, insbesondere Turbodynamos, bedürfen einer starken Ventilation, für die in der Regel an den Stirnseiten besondere Ventilatorflügel angebracht werden. Die Luft wird dann häufig in axialer Richtung durch Löcher unter den Nuten in die Ankerbleche getrieben (vergl. Fig. 382).

Bei gekapselten Maschinen ist die Abkühlung stark vermindert, sie leisten daher bei gleicher Erwärmung nur 40 bis 50 % von der Leistung offener Maschinen. Einen mit Wasserkühlung und Ventilation arbeitenden Motor zeigt Fig. 377, bei dem die Luft zirkuliert und durch Wasser gekühlt wird. Die Leistung wird dadurch nahezu ebenso hoch

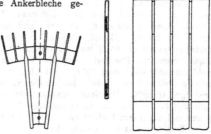

Fig. 204. Luftschlitze und Zwischenbleche dafür.

wie bei normalen Motoren. Bei Straßenbahnmotoren läßt man eine höhere Temperatur zu; man rechnet daher aber auch mit einer größeren Abnutzung. Vgl. auch (341).

(396) Ankerwicklungen. Man unterscheidet Ring,- Trommel- und Scheibenwicklung. Letztere wird kaum mehr ausgeführt, ihr Wicklungsprinzip ist in der Regel das der Trommelwicklung. Bei der R i n g w i c k l u n g wird der isolierte Kupferleiter um einen Eisenring herumgewickelt. Die üblichste Wicklung ist die T r o m m e l w i c k l u n g. Bei ihr liegen die Drähte nur auf der Außen- oder nur auf der Innenfläche eines Eisenzylinders und auf oder an dessen Stirnflächen. Daher kann jede einzelne Windung oder Spule, sofern der Anker glatt oder mit offenen Nuten versehen ist, vom Ankerkern abgehoben werden. Diese Art Wicklung läßt das für die Fabrikation der Maschinen wichtige Verfahren zu, die Spulen in S c h a b l o n e n zu wickeln und dann auf den Anker zu bringen.

Die einzelnen Wicklungsteile werden auf besonderen „Formen" oder „Schablonen" aus Holz, Messing oder Eisen vor dem Einlegen in den Anker fertig gebogen und in die Nuten eingelegt. Stabwicklung wird erst nach dem Biegen isoliert, Drahtspulen werden häufig ebenfalls noch einmal mit Isolierband umwickelt. Die Wickelformen werden entweder so eingerichtet, daß jeder Draht oder jeder Stab (abgerundete Kanten!) gegebenenfalls unter Benutzung des Holzhammers in der Form in die gewünschte definitive Gestalt gebogen wird, oder so, daß schmale Spulen von sehr langgestreckter Form auf geteilte Dorne gewickelt und dann, nachdem die verlangte Drahtzahl aufgelaufen ist, auseinander gezogen werden.

Bei Ankern von nahezu oder ganz geschlossenen Nuten kann die Wicklung nur durch „Einziehen" oder „Nähen" eingebracht werden. Drahtwicklungen dieser Art werden zweckmäßig so hergestellt, daß man anfänglich die Nut mit Stäben vom Durchmesser des isolierten Drahtes füllt und beim Wickeln Stab für Stab mit den einzuziehenden Windungen herausschiebt.

Liegt die Trommelwicklung auf der äußeren Zylinderfläche, so kann der Ankerkörper ein Vollzylinder — bei kleinen Durchmessern — oder ein Hohlzylinder (Eisenring) — bei größeren Durchmessern — sein. Liegt die Trommelwicklung an der Innenseite des Zylinders (Hohltrommelwicklung), so ist der Eisenkörper immer ein Ring, der sich in einem äußeren gußeisernen oder schmiedeeisernen Gehäuse befindet oder auch durch Verspannung gegen Deformationen gesichert ist.

Bei großen Maschinen ist es wichtig, die Wickelköpfe, d. h. die aus dem Eisen
herausragenden Teile der Spulen auch auf dem feststehenden Teil in ihrer Lage
festzuhalten, weil sie sehr starken elektrodynamischen Kräften ausgesetzt sind.

   (397) Material der Wicklung. Die Wicklung wird im allgemeinen aus best-
leitendem Kupferdraht, -band, -seil oder -stäben hergestellt. Hinsichtlich der
I s o l a t i o n   d e r   A n k e r w i c k l u n g ist zu unterscheiden zwischen Isolation
am Ankerkörper und Isolation der eigentlichen Wicklung. Zur Bekleidung des
Ankerkörpers und Auskleidung der Nuten kommt in Frage für Spannungen bis zu ca. 500 V getränkte Leinwand, Mikanitleinwand, Empireclothes,
Exzelsiorleinen, Leatheroid, Preßspan und andere präparierte Papiersorten,
für Hochspannung Mikanit, Megomit, Pertinax, Hartpapier usw. Bei Hoch-
spannungsmaschinen wird fast nur Glimmer und Mikanit, seltener präpariertes
Papier verwandt. Die Zwischenräume zwischen den Leitern werden dabei auch
wohl mit Isolierstoff ausgefüllt, damit alle Lufträume beseitigt werden und sich
kein Ozon bilden kann. Die so hergestellten Spulen werden dann erwärmt und gepreßt („gebacken"). Die Stäbe von Stabwicklungen werden durch Bewicklung mit
Leinwand, Papier und dergleichen oder durch Einhüllen mit Preßspan oder Mikanit
isoliert und mit einem Isolierlack getränkt. Drähte werden durch zwei- oder drei-
faches Bespinnen mit Baumwolle oder Beklöppeln isoliert, Seile und Litzen werden
beklöppelt. Für Teile, die besonders leicht der Beschädigung ausgesetzt sind, verwendet man Schutzhülsen aus geklöppeltem Garn, sogenannte „Hosen".

   Der durch Isolation der Leiter beanspruchte Raum kann im allgemeinen nach
folgenden Angaben angenommen werden:

		einseitig mm	i. ganzen mm
Dicke der Bandwicklung mit halber Überlappung		0,35	0,70
„ „ Papierbewicklung „ „ „		0,5—0,25	1—0,50
„ „ Umspinnung von Runddraht von 0,1—1 mm			0,30
„ „ „ „ „ „ 1—4 „			0,50
„ „ „ „ „ „ 4—7 „			0,80
„ „ Umklöpplung		0,35	0,70

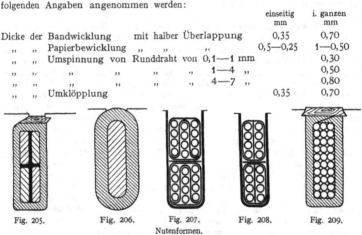

Fig. 205.   Fig. 206.   Fig. 207.   Fig. 208.   Fig. 209.
                           Nutenformen.

   Um an Raum für Isolation zu sparen, sucht man bei Nutenankern mit nicht
zu hoher Nutenzahl auszukommen (grobe Nuten); häufig müssen dann in einer
Nut viele Stäbe oder Spulenseiten (bis zu 8) untergebracht werden. Die Bestandteile
solcher Bündel werden einzeln isoliert und vor dem Einlegen vereint noch einmal
mit Isolation umgeben. Besondere Umkleidung der Nuten ist in dem Falle für
niedrige Spannung entbehrlich. Einzelheiten geben die Figuren 205 bis 209.

   (398) Hohe Spannungen im Anker. Beim Entwurf irgendeiner Ankerwicklung ist mit großer Sorgfalt darauf zu achten, daß hohe Spannungen zwischen
nebeneinander liegenden Leitern, z. B. bei der Anordnung nach der Fig. 209, vermieden werden. Es genügt dabei nicht, nur mit den im normalen Betriebe auf-

tretenden Spannungen zu rechnen, weil Umstände besonderer Art (Überspannungswellen) hohe Spannungen zwischen benachbarten Windungen der Wicklung hervorrufen können.

(399) Prüfung der Isolation. Die fertigen Spulen und der fertig gewickelte Anker sind auf Isolation zu prüfen. Dabei ist zu beachten, daß alle Isoliermaterialien bei steigender Temperatur an Isolierfestigkeit verlieren; das Material muß daher bei derjenigen Höchsttemperatur geprüft werden, die im äußersten Fall in der Maschine vorkommen kann, wobei zu bedenken ist, daß die für gewöhnlich gemessenen Erwärmungen Mittelwerte darstellen, die wesentlich unter dem Maximum der Temperaturerhöhung im Innern der Maschinenteile liegen.

Ankerspulen werden vor dem Einlegen auf Isolation der Windungen gegeneinander geprüft, indem man sie mit offenen Enden über einen Transformatorkern schiebt, der mit Hilfe einer Primärwicklung mittels Wechselstroms erregt wird. Hat eine Spule in sich Schluß, so fließen bei der Prüfung in ihr starke Ströme; man erkennt sie daher leicht an der Erwärmung. Nach dem Einlegen der Spulen empfiehlt sich eine erneute Prüfung in der Weise, daß ein mit Wechselstrom erregter Magnet durch einen Teil des Ankers geschlossen wird, so daß in den einzelnen Ankerspulen durch den Wechselmagnetismus nicht zu kleine EMKK induziert werden. Auf einfache Weise erreicht man das, indem man einen hufeisenförmigen offenen Wechselstrommagnet an den Anker legt.

(400) Anordnung der Wicklung[1]. Bei der Trommelwicklung wird der Kupferleiter stets auf der Zylinderfläche parallel zur Achse unter einem Pole hin-, unter dem benachbarten Pole zurückgeführt. Hin- und Rückführung bilden eine Windung, mehrere solche in derselben relativen Lage zu den Polen neben- oder übereinander liegende Windungen eine Spule. Eine solche Spule oder auch die einzelne Windung, wenn keine Spulen vorhanden sind, bildet ein Wicklungselement. Das einfachste ist, den Abstand der Hin- und Rückführung — der beiden Spulenseiten — gleich oder nahezu gleich der Polteilung zu wählen. Man erhält dann lange Spulen oder Durchmesserwicklung (Fig. 210a). Man kann den Abstand auch kürzer wählen, jedoch mindestens gleich dem Polschuhbogen, damit nicht beide Seiten unter demselben Pol liegen können — kurze Spulen, Sehnenwicklung (Fig. 210b).

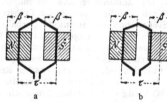

a b

Fig. 210 a lange, b kurze Wicklungsschleife.

Man unterscheidet:

1. Käfigwicklungen,
2. Phasenwicklungen,
3. fortlaufende in sich geschlossene oder aufgeschnittene Wicklungen, auch schleichende Wicklungen genannt.

Die Käfigwicklung von Dobrowolsky besteht aus Stäben, die parallel zur Achse an der Oberfläche des Ankers, meist in Nuten, angebracht und sämtlich auf beiden Seiten durch starke Ringe leitend miteinander verbunden sind.

Die Phasenwicklung wird besonders bei Wechselstrommaschinen, vereinzelt auch bei Gleichstrommaschinen, z. B. bei der alten Thomson-Bogenlichtmaschine, angewendet. Sie besteht aus Spulen oder Spulengruppen, die entweder sämtlich (bei Einphasenmaschinen) oder gruppenweise (bei Mehrphasenmaschinen)

---

[1] Siehe Arnold, D. Gleichstrommaschine. — Pichelmayer, Dynamobau, und andere Lehrbücher. — Reithofer, Eichberg, Kalir, Z. f. E., Wien 1898, S. 17.

dieselbe relative Lage zu den Polen einnehmen.   Die Schaltung der Spulen oder
Spulengruppen ist sehr mannigfaltig.   Hintereinanderschaltung ist im weitesten
Maße möglich, Parallelschaltung nur bei solchen Gruppen, in denen die erzeugten
EMKK gleiche Phase haben.   Fig.211a zeigt eine Einphasen- mit kurzen, Fig. 211 b
eine Zweiphasen-, Fig. 211c eine Dreiphasenwicklung mit langen, übergreifenden
Spulen.

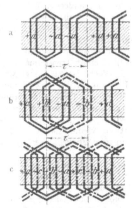

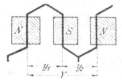

Fig. 212a.   Schleifenwicklung.

Fig. 211 a—c.   Einphasen-, Zweiphasen-,   Fig. 212b.   Wellenwicklung.
Dreiphasenwicklung.

Fortlaufende in sich geschlossene Wicklungen werden
namentlich bei kommutierenden Maschinen, teilweise aber auch, insbesondere bei mäßigen Spannungen, für Drehstrom- und Wechselstrommaschinen
benutzt. Sie bestehen aus aneinander geschalteten Wicklungselementen, die sich
in verschiedenen relativen Lagen zu den Polen befinden. Die Änderung der Lage
aufeinander folgender Wicklungselemente zu den Polen nennt man ihre Feldverschiebung. Fortlaufende Wicklungen können als Ringwicklung
(Pacinottischer oder Grammescher Ring) oder als Trommelwicklung (v. Hefner-Alteneck) ausgeführt werden. Bei letzterer — der
üblichsten Wicklung — unterscheidet man Schleifen- und Wellenwicklung. Anfang
und Ende jedes Wicklungselementes werden an zwei verschiedene meistens nebeneinander liegende Kommutatorteile angeschlossen. An jedem Kommutatorteil
endet daher ein Element und beginnt eine neues. Mitunter wird zwischen die
Verbindungsstellen der aufeinander folgenden Elemente und die Kommutatorteile
noch je ein Draht oder Blechstreifen von höherem Widerstande geschaltet
(Widerstandsverbinder). Die Wicklungen können einfach oder
mehrfach geschlossen sein. Mehrfach geschlossene Wicklungen entstehen, wenn
man mehrere einfach geschlossene Wicklungen parallel zueinander auf den Anker
anbringt, z. B. eine zweifach geschlossene Wicklung durch zwei einfach geschlossene
Wicklungen, deren Spulenseiten räumlich miteinander abwechseln, und von denen
die eine an die geraden, die andere an die ungeraden Kommutatorsegmente angeschlossen ist.

Der Abstand zwischen den Hinführungen zweier unmittelbar miteinander verbundener Spulen ist der Schritt Y der Wicklung. Er setzt sich bei der Trommelwicklung aus den beiden Teilschritten y_1 und y_2 zusammen. y_1 ist der Abstand
zwischen Hin- und Rückführung derselben Spule (zwischen den Mitten der Seiten
einer Spule), y_2 ist der Abstand von der Mitte der Rückführung der ersten bis zur

Mitte der Hinführung der zweiten Spule. Ist der zweite Teilschritt rückwärts gerichtet, also $Y = y_1 - y_2$, Fig. 212a, so erhält man die **S c h l e i f e n w i c k l u n g**, ist er vorwärts gerichtet, so daß $Y = y_1 + y_2$, Fig. 212b, so erhält man die **W e l l e n w i c k l u n g**. Bei der Schleifenwicklung ist der Gesamtschritt Y gleich der Verschiebung zweier benachbarter Wicklungselemente im Felde. Bei der Wellenwicklung ist der Gesamtschritt etwas kleiner oder etwas größer als die doppelte Polteilung, die Abweichung ist gleich der Feldverschiebung zweier benachbarter Elemente.

(401) Stirnverbindungen. In den weitaus meisten Fällen wird die Trommelwicklung so ausgeführt, daß zwei Lagen von Leitern am Ankerumfang hergestellt werden, von denen jeweilig durch die Stirnverbindungen ein oberer mit einem unteren Leiter verbunden wird (Fig. 213). Liegen hierbei die Stirnverbindungen ganz oder nahezu in der Mantelfläche des Ankers, so heißt die Wicklung „Mantel-" oder „Faß-" oder „Oberflächenwicklung" mit „Gitterkopf", Fig. 214. Diese Ausführungsform gilt gegenwärtig für die vorteilhafteste. Sind dagegen die Verbindungen auf den Stirnseiten des Ankers nach der Welle hin abgebogen, so heißt die Wicklung „Stirnwicklung" mit „Gabelkopf". Die sog. **E i c k e m e y e r** wicklung ist eine solche Stirnwicklung in spezieller Ausführung.

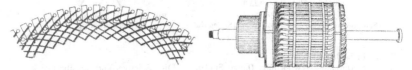

Fig. 213. Stirnverbindungen der Ankerwicklung. Fig. 214. Anker mit Zylinderwicklung.

(402) Darstellung der Wicklungen. Zeichnerisch wird die Wicklung im Wicklungsschema entweder durch eine Projektion auf eine zur Ankerachse senkrechte Ebene dargestellt, indem man den Anker etwa von der Kommutatorseite aus betrachtet, oder durch eine Abwicklung der Zylinderfläche, wobei die Polflächen schraffiert eingezeichnet werden können. Bedient man sich dabei der in Fig. 210 angegebenen Schraffur, so daß die Neigung der Linien auf den Nordpolflächen dem schrägen Strich in N entspricht, so findet man beim Vorbeibewegen des Wicklungsschemas vor den Polen die Richtung der induzierten EMK in Übereinstimmung mit dem scheinbaren Wandern der Schraffurlinien über die Leiter. Die übereinander liegenden Spulenseiten werden in der Regel im Schema dicht nebeneinander gezeichnet und zweckmäßig durch die Strichstärke unterschieden. Bei großen Ankern verursacht die Zeichnung des ganzen Schemas unverhältnismäßig viel Mühe, ohne daß sie großen praktischen Nutzen gewährte. Man begnügt sich daher entweder mit der Aufzeichnung eines „reduzierten" Schemas (A r n o l d 1904), wobei man die Trommelwicklung durch eine äquivalente Ringwicklung ersetzt (das Verfahren ist nur für Wellenwicklung verwendbar), oder man gibt für die Wicklung eine Tabelle an, wobei verschiedene Verfahren benützt werden können (vgl. ETZ 1902, S. 633).

(403) Einteilung und Wicklungsregeln für Trommelwicklungen. Man mißt den Schritt, die Feldverschiebung und die Polteilung entweder durch die Zahl der Stäbe (Spulenseiten), die auf die zu messende Größe entfallen, Fig. 215a, oder durch die Zahl der Nuten, Fig. 215b, indem man annimmt, daß auf jede Nute zwei Stäbe oder Spulenseiten wie in Fig. 213 entfallen. Enthält dagegen eine Nute 4, 6 . . . . Spulenseiten, so löst man sie in 2, 3 . . . Nuten auf und zählt dementsprechend, Fig. 215c. Ist ein Kommutator an die Wicklung angeschlossen, so stimmt bei der letzten Art der Zählung die Zahl der Nuten mit der Zahl der Kommutatorteile überein. Die Gesamtzahl der Spulenseiten auf dem Anker ist doppelt so groß wie

die Zahl der Kommutatorteile m. Bei der Zählung nach Stäben hat der Gesamtschritt einen doppelt so großen Zahlenwert wie bei der Zählung nach Nuten, er muß
eine gerade Zahl, die beiden Teilschritte müssen ungerade Zahlen sein. Im folgenden
wird die Zählung nach Nuten angewendet. p ist die Zahl der Polpaare.

I. Schleifenwicklung.

A) Einfach geschlossen: $Y = \pm 1$ oder
$Y = \pm i$, m nicht durch i teilbar.

B) Mehrfach geschlossen: $Y = \pm i$.
Y und m durch i teilbar, Wicklung i-fach
geschlossen.

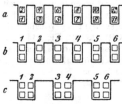

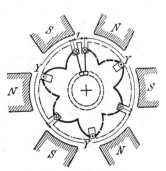

Fig. 215.   Zählung der Spulen.
a) Spulenseiten, b) eine Spule/Nut, c) zwei Spulen/Nut.

Fig. 216.   Wicklungsschritte bei
Wellenwicklung.

In beiden Fällen

a) Durchmesserwicklung (lange Spulen).   Die Stirnverbindung überbrückt
ungefähr einen der Polteilung entsprechenden Bogen,

$$y_1 \approx \frac{m}{p}.$$

b) Sehnenwicklung (kurze Spulen).   Die Stirnverbindung überbrückt einen
kleineren Bogen, als der Polteilung entspricht.   Die Sehnenwicklung bietet den
Vorteil einer geringeren Ankerrückwirkung (vgl. 415) und einer nicht unbedeutenden
Ersparnis an Kupfer und totaler Ankerlänge.   Die Spulenbreite muß mindestens
etwas größer sein als der Polschuhbogen.

Wird die Schleifenwicklung auf mehrpolige Maschinen angewandt, so ergibt
sich ein Anker, dessen Wirkung derjenigen gleich ist, die p parallelgeschaltete
zweipolige Maschinen geben würden.   Man spricht daher von „reiner Parallelschaltung" der Ankerwicklung.

II. Wellenwicklung ist bei zweipoligen Ankern elektrisch
gleichwertig mit der Schleifenwicklung, von der sie sich nur durch die Lage der
Stirnverbindungen unterscheidet.

Reihenschaltung.   Bei der mehrpoligen Wellenwicklung ist der
Schritt Y ungefähr gleich der doppelten Polteilung τ, jedoch entweder etwas
größer oder etwas kleiner; denn wäre er genau gleich der doppelten Polteilung,
so würde sich die Wicklung schon nach einem Umgange schließen, während sie
sich erst nach einer Anzahl von Umläufen schließen soll.   Wenn p die Zahl der
Polpaare ist, so möge die Feldverschiebung nach p Schritten eine Nut (vorwärts
oder rückwärts), Fig. 216, betragen.   Bei m Nuten auf dem Umfange ist demnach

$$p \, Y = m \pm 1$$

Beim Durchlaufen der ganzen Wicklung findet ein Richtungswechsel der EMK
statt, wenn die gesamte Feldverschiebung gleich der Polteilung geworden ist.
Da sich aber die Wicklung in sich schließt, wenn die Feldverschiebung gleich Y,
d. h. ungefähr gleich der doppelten Polteilung geworden ist, so finden nur zwei
Richtungswechsel der EMK statt, es sind daher immer nur zwei parallele Anker-

zweige vorhanden. Man braucht bei Kommutatorankern aus diesem Grunde auch nur an zwei Stellen, die um die Polteilung voneinander entfernt sind, Bürsten aufzulegen. Um jedoch an Kommutatorlänge zu sparen, pflegt man die Bürsten, wenn sie leicht zugänglich sind, über den Umfang des Kommutators zu verteilen, wie bei der Schleifenwicklung, und die gleichpoligen Bürsten miteinander zu verbinden.

R e i h e n p a r a l l e l s c h a l t u n g (A r n o l d). Die Feldverschiebung kann bei Wellenwicklung nach einem Umgange auch größer als ein Ankerteil sein, nämlich gleich a Teilen. Dann ist

$$p\, Y = m \pm a$$

Die Feldverschiebung erreicht jetzt bereits nach Y/a Umläufen einen vollen Schritt. Wenn sich dann aber nicht schon die Wicklung in sich schließen soll, darf Y nicht durch a teilbar sein. Noch mehr: damit alle Windungen durchlaufen werden, bevor sich die Wicklung schließt, dürfen Y und a keinen gemeinsamen Teiler haben. Andernfalls gibt der größte gemeinsame Teiler an, wie viel unabhängige in sich geschlossene Wicklungen auf dem Anker vorhanden sind. Da ferner bei einer Feldverschiebung um die doppelte Polteilung zwei Richtungswechsel der EMK stattfinden, so sind für je Y/a Umläufe zwei Stromabnahmestellen, also für Y Umläufe, bei denen sich die Wicklung in sich schließt, $2\,a$ Stromabnahmestellen und mithin $2\,a$ Parallelstromkreise vorhanden. Die Stromabnahmestellen sind im allgemeinen nicht regelmäßig verteilt.

Für die Wellenwicklung gelten daher folgende Formeln.

A) Einfach geschlossene Reihenwicklung $p\, Y = m \pm 1$

Y und m ohne gemeinsamen Teiler.

B) Einfach geschlossene Reihenparallelwicklung (A r n o l d sche Wicklung):

$$p Y = m \pm a$$

Y und m ohne gemeinsamen Teiler.

C) Mehrfach geschlossene Reihenwicklung:

Y und m durch $\imath$ teilbar, i-fach geschlossene Wicklung.

In allen Fällen:

a) Durchmesserwicklung:

$$y_1 \approx \frac{Y}{2},\ y_2 \approx \frac{Y}{2}$$

b) Sehnenwicklung. Der eine Teilschritt ist verkürzt, der andere vergrößert:

$$y_1 \gtrless \frac{Y}{2},\ y_2 \lessgtr \frac{Y}{2}$$

Bestehen die Wicklungselemente aus Spulen, so werden die Verbindungen benachbarter Spulen entweder nach den Regeln der Schleifenwicklung oder der Wellenwicklung hergestellt. Beispiel der Wellenwicklung mit Spulen ist der übliche Straßenbahnmotor.

(404) Beispiele von Wicklungen. In den Fig. 217 bis 219 sind drei sechspolige einfach geschlossene Trommelwicklungen dargestellt. Setzt man die EMK jedes im Felde gelegenen Stabes gleich Eins, so ergeben sich die in die Kommutatorteile eingeschriebenen Potentiale, woraus sofort die Stellung der Bürsten und die Spannung der Maschine zu entnehmen ist. Man erkennt, daß bei der Reihenwicklung, Fig. 218, die gleichpoligen Bürsten durch nicht im Felde liegende Stäbe miteinander verbunden sind. Es genügen daher zwei Bürsten, etwa + I und — II.

(405) Ausgleichleitungen. Bei vielpoligen Maschinen ist es für die Güte des Betriebes wichtig, daß sich die Leistung gleichmäßig über die ganze Wicklung verteilt. Um den Ausgleich zu befördern, ordnet man Ausgleichleitungen (Äqui-

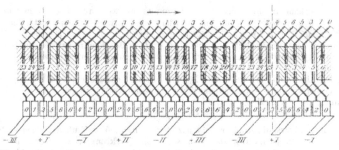

!Fig. 217. Sechspolige Schleifenwicklung. $Y = 1$, $y_1 = 4$, $y_2 = 3$, $m = 25$, $p = 3$.

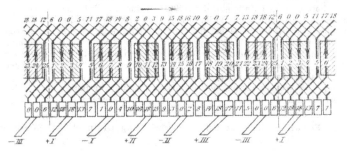

Fig. 218. Sechspolige Wellenwicklung, Reihenschaltung. $Y = 8$, $y_1 = 4$, $y_2 = 4$,
$m = 25$, $p = 3$, $a = 1$.

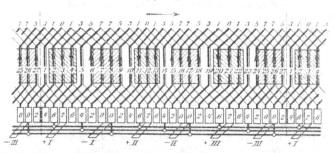

Fig. 219. Sechspolige Wellenwicklung, Reihenparallelschaltung mit Ausgleichverbindungen.
$Y = 8$, $y_1 = 4$, $y_2 = 4$, $m = 27$, $p = 3$, $a = 3$.

potentialverbindungen) an, die sich besonders bei Schleifenwicklung und bei Reihenparallelschaltung leicht anbringen lassen. Man verbindet durch Drahtringe, die z. B. zwischen Wicklung und Kommutator untergebracht werden, solche Punkte der Wicklung miteinander, die dauernd gleiches Potential haben, vgl. Fig. 219. Wichtig ist dabei eine theoretisch ganz regelmäßige Potentialverteilung, wie sie vorhanden ist, wenn m durch p teilbar ist. Bei Reihenschaltung ist dies nicht der Fall, A r n o l d fügt daher hier noch eine Hilfsschleife ein (vgl. Arnold, Dynamomasch., S. 60 ff.).

Schleifringe, Kommutator, Bürsten.

(406) Stromzuführung. Der Strom wird umlaufenden Wicklungen je nach Bedarf durch Bürsten und Schleifringe, von denen jeder nur die Verbindung mit einem oder einigen Punkten der Wicklung herstellen kann, oder durch Kommutatoren, die eine Einführung des Stromes an ständig wechselnden Punkten der Wicklung gestatten, zugeführt. S c h l e i f r i n g e werden aus Gußeisen, Bronze oder Kupfer hergestellt. Es ist bei größeren Durchmessern zu empfehlen, die Schleifringe zweiteilig zu machen, um die Auswechslung zu erleichtern; man vermeidet große Umfangsgeschwindigkeiten mit Rücksicht auf Verschleiß und Leistungsverluste. Die Schleifringe werden auf isolierende Buchsen gesetzt, die Anschlußdrähte fest mit ihnen verschraubt und gegen die Fliehkräfte gesichert.

(407) Die **Kommutatoren** bestehen aus Segmenten aus hart gezogenem Kupfer. Zur Isolation der einzelnen Segmente dient Glimmer oder ein geeignetes Glimmerpräparat von 0,5—1,2 mm Stärke. Der Glimmer muß so ausgesucht werden, daß er sich ebenso stark abnutzt wie die Kupfersegmente, damit die Lauffläche des Kommutators glatt bleibt. Wird letztere unrund, so werden die auf dem Kommutator schleifenden Bürsten von den Unebenheiten stoßweise abgehoben, in Schwingungen versetzt, und es entstehen Funken. Die Segmente werden meist auf einer zweiteiligen Buchse aus Gußeisen aufgebaut, die durch Glimmerkappen von 1,5—5 mm Dicke isoliert und durch Anziehen der Spannschrauben verspannt wird (Fig. 220). Bedingung für einen guten Zusammenbau ist äußerst sorgfältige Einhaltung der Abmessungen der Segmente und gutes Aus- bzw. Geraderichten der einzelnen Teile. Bei sehr großen Kommutatoren werden die Preßringe geteilt. In einzelnen Fällen befestigt man bei solchen auch die Segmente durch Preßstücke, die durch radiale Schrauben mit der Kommutatorbuchse verschraubt werden. Letztere Anordnung bedarf aber, wenn sie betriebstüchtig sein soll, sehr sorgfältiger Durchbildung und Ausführung. Auch bei Erwärmung darf keine Veränderung irgendeines Teiles des Kommutators bemerkbar werden.

Fig. 220. Kommutator.

Die Segmente und die Isolationsstücke werden zwischen Spannringen von Hand lose aufgereiht und durch Anziehen der Spannringe fest miteinander verspannt; dann werden die inneren und die Stirnflächen des so gebildeten Körpers abgedreht, die Glimmerkappen und die Kommutatorbuchse übergeschoben, die äußeren Spannringe entfernt und die äußere Fläche überdreht. Schließlich wird die Isolation der Segmente gegeneinander und gegen den Körper mit Hochspannung geprüft. Der Kommutator wird dann mit dem Anker zusammengebaut, verlötet und auf der Welle erneut abgedreht.

Zur Entlastung der Befestigungsteile erhalten Kommutatoren mit sehr großer Umfangsgeschwindigkeit (z. B. bei Turbodynamos) starke Bänder in Form von Ringen aus Nickelstahl. Ein wesentlicher Nutzen kann hierbei allerdings nur dann erwartet werden, wenn der Durchmesser sehr groß ist. Zur Isolation der Bandage dient Glimmer (Fig. 352, 355).

Die radiale Abnutzungstiefe der Segmente ist reichlich zu bemessen, damit nach längerer Betriebsdauer durch Abdrehen erneut eine glatte Oberfläche des Kommutators hergestellt werden kann. Zweckmäßig ist es, auf der Ankerseite des Kommutators bei A, Fig. 220, einen Einschnitt einzudrehen, durch dessen Tiefe zugleich angedeutet wird, bis zu welchem geringsten Durchmesser abgedreht werden darf. Kommutatoren dürfen nie durch Schnitte parallel zu Achse geteilt werden. Es ist zweckmäßig, die Kommutatoren so zu bauen, daß die Innenseite von abkühlender Luft bestrichen wird. Sehr lange Kommutatoren können durch Ventilations-

schlitze unterteilt werden. Bei der Konstruktion langer Kommutatoren ist darauf
Rücksicht zu nehmen, daß sich die Segmente bei Erwärmung ausdehnen können.
Die Siemens-Schuckert-Werke legen bei Turbodynamos je zwei auf einer Seite aus-
gehöhlte Segmente so gegeneinander, daß sie einen zur Achse parallelen Kanal
bilden, durch den Luft zur Kühlung gedrückt wird. Die Kommutatorbuchse wird
zweckmäßig bei großen Maschinen mit dem Ankerkörper verschraubt, so daß
Anker und Kommutator ein von der Welle unabhängiges Ganzes bilden. Bei kleinen
Maschinen wird der Kommutator einfach mit Feder und Nut auf der Welle be-
festigt. Beim Betriebe werden die Kommutatoren durch Stromwärme im
Übergangswiderstand zwischen Bürsten und Kommutator, durch die Reibung der
Bürsten auf dem Kommutator und unter Umständen durch Wirbelströme in den
Segmenten erwärmt. Zur Berechnung der Temperaturzunahme $\varDelta \vartheta$ benutzt
Arnold (Gleichstrommasch., S. 530) die Formel

$$\varDelta \vartheta = \frac{100 \text{ bis } 150}{1 + 0,1 \, v_k} \cdot \frac{V_k}{S_k}$$

worin v_k die Kommutatorgeschwindigkeit in m/sk, V_k die gesamten Verluste
im Kommutator in Watt und S_k die Oberfläche des Kommutators in cm² bedeutet.

(408) Funkenbildung. Kommutatoren, die unter Funkenbildung laufen,
unterliegen in der Regel einer erheblich höheren Erwärmung und schnellen Verschleiß, Funkenbildung ist daher durchaus zu vermeiden. Ist ein Kommutator abgedreht worden, so ist sorgfältig zu prüfen, ob die Drehspäne nicht die Isolation
zwischen zwei Segmenten überbrücken haben. Solche Überbrückungen gefährden
die Ankerwicklung und sind daher zu entfernen. Zum Abdrehen dient ein spitz-
geschliffener Stahl; nach dem Drehen schleift man mit Glaspapier (aber nicht
Karborundum-Papier), event. bei Anwendung von etwas Öl, bis zur Herstellung
einer spiegelglatten, hochglanzpolierten Oberfläche. Es empfiehlt sich, den Kommutator regelmäßig nach dem Betriebe mit feinstem Sandpapier ablaufen zu
lassen, wobei man das Sandpapier mit Hilfe eines nach der Rundung des Kommutators geschnittenen Holzes, aber nicht unmittelbar mit den Fingern oder der Handfläche andrückt.

(409) Die **Bürsten** bestehen aus Kohle, Kupferblech, Kupferdraht, Kupfergaze, Kohle mit Metallblatteinlagen, gepreßten verkupferten Kohlenkörnern,
Kupfergaze mit Graphitfüllung, Messing, Aluminium usw.

Metallbürsten haben den Vorteil, daß sie verhältnismäßig hohe
Stromdichten an der Auflagestelle gestatten (25—35 A/cm²) und infolge ihrer
Elastizität auch bei einem unrunden Kommutator eine innige Berührung gewährleisten. Dagegen arbeiten sie mit höherem Reibungskoeffizienten (im Mittel 0,5)
als Kohlenbürsten, verursachen großen Verschleiß und bedingen sehr sorgfältige
Wartung des Kommutators, wenn er nicht durch ungleichmäßige Abnutzung
bald unbrauchbar werden soll. Bei Anwendung von Metallbürsten empfiehlt es
sich, den Kommutator mit geeigneten Mitteln ganz leicht zu schmieren. Wenn
der Kommutator mit wechselndem Drehsinn umläuft, so sind Metallbürsten in
der Regel nicht verwendbar.

Kohlenbürsten gestatten nur geringe Stromdichten (5—15 A/cm²),
sie arbeiten aber mit geringerem Reibungskoeffizienten (im Mittel 0,2) und verursachen infolge der schmierenden Wirkung des Graphits im allgemeinen geringen
Verschleiß. Die Fabriken fertigen verschiedene Qualitäten an, die sich hinsichtlich
der Härten und des Widerstandes unterscheiden; je höher die Maschinenspannung
ist, umso größer pflegt man den Härtegrad und umso geringer die Leitfähigkeit
der Kohle zu wählen. Für starke Ströme werden die Bürsten mit Metallzusätzen

versehen. Mittlere Werte der zulässigen Stromdichten sind: für harte Kohlen 6 A/cm², für mittelweiche 12 A/cm², für weiche 15 A/cm², für Kohlen mit Metallzusätzen 25 bis 45 A/cm². Um den Stromübergang von der Kohle zum Bürstenhalter zu verbessern, verkupfert man vielfach die dem Kommutator abgewandte Seite der Bürste, im Betriebe soll aber die Verkupferung niemals mit dem Kommutator selbst irgendwie in Berührung kommen. Das Schmieren des Kommutators mit Öl oder dergl. ist bei Anwendung von Kohlenbürsten zu vermeiden.

Der Auflagedruck soll bei weichen Kohlen 150—250 g*/cm², bei harten 250 bis 400 g*/cm² betragen. Der Reibungskoeffizient ist nach L i s c a (Arbeiten aus d. El. Inst. d. T. H. Karlsruhe, Bd. II): bei Graphit 0,06—0,20, bei Kohle 0,20—0,35, bei Metallgraphit 0,12—0,30, bei Metall 0,50. Er ist sehr stark von der Beschaffenheit des Kommutators abhängig.

Es erscheint oft erwünscht, die Kohlenbürsten an älteren Maschinen gegen Metallbürsten umzutauschen; dies ist aber nur dann möglich, wenn der Kommutator groß genug ist, um eine genügende Anzahl Kohlenbürsten aufzunehmen.

Nach dem Einsetzen neuer Kohlen ist durch Aufschleifen dafür Sorge zu tragen, daß die beabsichtigte Auflagefläche auf dem Kommutator wirklich hergestellt wird.

(410) Übergangswiderstand. An jeder Bürsten-Auflagestelle entsteht ein Übergangswiderstand, dessen Größe sich mit dem Auflagedruck, der Umfangsgeschwindigkeit, der Stromrichtung und der Stromdichte ändert und zwar so, daß der Widerstand mit zunehmender Geschwindigkeit (nur, solange diese gering ist) und mit abnehmendem Auflagedruck größer wird (vgl. D e t t m a r , ETZ 1900, S. 429). Der Übergangswiderstand ist bei Kommutatoren größer als bei Schleifringen. Er ist von der Geschwindigkeit in beiden Fällen aus naheliegenden Gründen umsomehr abhängig, je weniger Kommutator oder Schleifring rund laufen, und je weniger gut der Bürstenhalter den Bewegungen des Kommutators folgt.

Der Übergangswiderstand hängt besonders stark von der Stromdichte, bei schnellen Änderungen von der effektiven Stromdichte ab. Er sinkt bei wachsender Stromdichte derart, daß der Spannungsverlust an der Bürste von der Strombelastung fast ganz unabhängig ist. Bei weichen Bürsten ist der Spannungsverlust an einer Bürste 0,8—1,2, bei harten 1,3—1,8 V. In der Richtung Metall-Kohle ist er größer als in der Richtung Kohle-Metall. Feuer tritt nach L i s c a (ETZ 1909, S. 83) auf, wenn die Spannung einen bestimmten Wert, die Funkengrenze, überschreitet, die für jede Kohlensorte eine Konstante in Höhe von 14 (Kohle Anode) bis 22 V (Kohle Kathode) ist. Bei Überschreitung der Funkengrenze wächst der Widerstand stärker als vorher mit der Stromdichte.

(411) Die **Bürstenhalter** werden aus Messing, Aluminium, Kupfer oder Eisen als Massenartikel hergestellt, wobei Konstruktionsteile, die durch Stanzen hergestellt werden können, zu bevorzugen sind. Zur Erzielung gefälligen Aussehens werden vielfach schwarze oder metallisch glänzende Niederschläge auf die Bürstenhalter gebracht. Die Bürstenhalter haben die Aufgabe, die Bürste mit passendem Auflagedruck in der richtigen Lage gegen den Kommutator zu drücken. Der Druck beträgt bei ortsfesten Maschinen für Kupferbürsten 120 g*/cm², für Kohlenbürsten 150 bis 400 g*/cm², (vgl. 409); bei bewegten oder nicht erschütterungsfrei aufgestellten Motoren, z. B. Fahrzeugmotoren, kommen nur Kohlenbürsten in Frage, denen man einen Auflagedruck von mindestens 250 g*/cm² gibt. Ein übermäßiges Andrücken der Bürsten, zu dem die Maschinisten namentlich bei schlecht gepflegten Kommutatoren neigen, ist zu vermeiden. Die Bürstenhalter müssen eine Vorrichtung zur Einstellung der richtigen Lage und des richtigen Drucks besitzen, weiter müssen sie so eingerichtet sein, daß die Bürsten leicht ausgewechselt werden können. Die Führung der Bürste ist so zu gestalten, daß ein Aufkanten weder bei radialer noch bei tangentialer Verstellung oder Durchfederung des Bürstenhalters eintritt. Eine gewisse Beweglichkeit muß gewahrt bleiben, weil ein genaues Rundlaufen der

Kommutatoren auf die Dauer nicht zu erhalten ist. Die Federung soll daher eine gute sein; hart gefederte Bürsten verursachen schnellen Verschleiß und starkes Geräusch. Je leichter der Bürstenhalter, um so besser kann er geringen Ungleichheiten der Kommutatoroberfläche folgen.

Figur 221 zeigt einen Bürstenhalter für tangential anliegende Bürsten, meist für Metallbürsten angewandt. Figur 222 und 223 zeigen typische Konstruktionen für Kohlenbürstenhalter. Beim Reaktionsbürstenhalter liegt die Kohle an der dem Kommutator schräg zugeneigten Fläche frei und wird durch dessen Gegendruck an die Gleitfläche des Bürstenhalters gedrückt. Die Konstruktion hat etwas Bestechendes, findet aber bei Praktikern doch nur geteilten Beifall.

Figur 224 zeigt einen Doppelbürstenhalter von S c h u c k e r t, der gestattet, bis zu einem gewissen Grade die Vorzüge der Metallbürste mit denen der Kohlenbürste zugleich auszunützen.

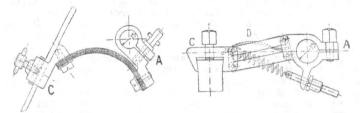

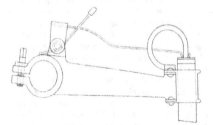

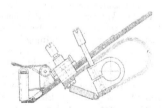

Fig. 221. Bürstenhalter, vorwiegend für Metallbürsten.

Fig. 222. Kohlenbürstenhalter, Kohlenbürste fest eingespannt.

Fig. 223. Kohlenbürstenhalter, Kohlenbürste selbst federnd gelagert.

Fig. 224. Kombinierter Metall- und Kohlenbürstenhalter.

(412) Bürstenträger. Die Bürstenhalter werden meist mit Klauen, seltener mit Schwalbenschwänzen am Bürstenstift befestigt. Der Bürstenstift oder Bürstenbolzen wird aus Eisen, hin und wieder auch aus Messing oder Kupfer hergestellt. Er ist kräftig zu halten, damit er nicht schwingt. Die freitragende Länge der Bürstenstifte sollte über ein gewisses Maß nicht hinausgehen; bei sehr langen Kommutatoren müssen die Bürstenstifte beiderseits mit Tragringen verschraubt werden, so daß eine Art Käfig entsteht. Die Isolation der Bürstenstifte gegen den sie tragenden Bürstenträger besteht in Buchsen aus Stabilit, Vulkanasbest, Eisengummi, Mikanit usw., die allenthalben einige Millimeter über die Metallteile herausstehen sollen. Die Buchsen müssen möglichst mit übergreifenden Kanten ausgeführt werden, weil stumpfgestoßene Kanten in der Regel zu Durchschlägen Veranlassung geben.

Die Bürstenträger werden am Motorgehäuse oder am Lagerschild durch Schrauben befestigt oder in Form von sogenannten Brillen ausgeführt und auf das

Lager gesetzt (Fig. 225). Verstellbarkeit der Bürsten ist bei neueren Maschinen vielfach nicht mehr erforderlich. Ist sie doch nötig, so wird die Bürstenbrille kleinerer Abmessung nach Lockern einer Klemmschraube von Hand, der Bürstenträger großer Maschinen mittels Schraubenspindel und Mutter verschoben. Die Bürstenträger werden häufig zugleich zur Befestigung von Sammelschienen benutzt, die zur Verbindung der gleichpoligen Bürstenstifte dienen.

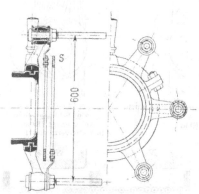

(413) Kurzschließer. Bedarf man der Anwendung von Schleifringen und Bürsten nur während bestimmter Zeiten, z. B. beim Anlassen von Motoren, so verwendet man Vorrichtungen, die zugleich das Abheben der Bürsten und

Fig. 225. Bürstenbrücke, sechspolig.　　　Fig. 226. Zentrifugalkurzschließer.

das Kurzschließen der Schleifringe ermöglichen, vgl. Fig. 311. Einen selbsttätigen Kurzschließer der Siemens-Schuckertwerke, besonders für Gegenschaltung, zeigt Fig. 226.

(414) Zur Stromab- und Zuführung zur Maschine als solcher werden entweder Anschlußseile vorgesehen oder Klemmen angebracht. Die Klemmen sind mit Rücksicht auf die jeweilige Stromstärke zu bemessen und so anzubringen, daß sowohl eine bequeme Zuführung der äußeren Leitungen möglich — in der Regel ist es dafür am zweckmäßigsten, die Klemmen am unteren Teil der Maschine anzubringen — als auch ein Kurzschließen durch zufällig auf die Klemmen fallende oder aus Unachtsamkeit oder Unkenntnis darauf gelegte Metallteile ausgeschlossen ist. Bei Wechselstrommaschinen ist darauf zu achten, daß die durch Eisenteile der Maschine, z. B. durch das Gehäuse, zu führenden Leitungen stets durch ein gemeinsames Loch gehen, anderenfalls entstehen infolge wechselnder Magnetisierungen starke Verluste und örtliche Erwärmungen durch Hysterese und Wirbelströme.

Ankerrückwirkung und Kommutierung bei den Kommutatormaschinen.

(415) Ankerrückwirkung. Durch den Ankerstrom wird bei Belastung auch die Ankerwickelung zum Sitz einer magnetomotorischen Kraft, die bei Leerlauf nicht vorhanden war. Der magnetische Zustand der Maschine ändert sich dadurch, und zwar stets so, daß eine Verzerrung des bei Leerlauf vorhandenen magnetischen Feldes auftrit. Bei einer zweipoligen Anordnung stellt Fig. 227 den Verlauf der Induktionslinien bei Leerlauf, Fig. 228 den Verlauf der Induktionslinien dar, die vorhanden sein würden, wenn das Ankerfeld allein bestände, Fig. 229 endlich den Verlauf der Linien bei Belastung. Das magnetische Feld im Luftraum ist unter der einen Polkante verstärkt, unter der anderen abgeschwächt. Bei Generatoren wird es unter der ablaufenden Polkante verstärkt, unter der auflaufenden geschwächt, bei Motoren verhält es sich umgekehrt, weil sich der

Motor bei gleicher Richtung des magnetischen Feldes und bei gleicher Richtung der Ankerströme umgekehrt dreht wie der Generator.

Nach Fig. 230 kann man die Darstellung einer Kommutatorwicklung in eine Gruppe zerlegen, die in dem Winkel $\alpha\,\alpha$ liegt und entmagnetisierend wirkt, und eine Gruppe, die in dem Winkel $\beta\,\beta$ liegt und quermagnetisierend wirkt. Die Größe der Winkel hängt von der Bürstenverstellung ab; die Gegenkomponente

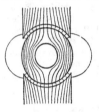

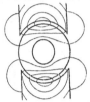

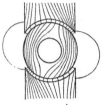

Verlauf der magnetischen Linien.

Fig. 227. Feldmagnete allein erregt (Hauptfeld).

Fig. 228. Anker allein erregt (Querfeld).

Fig. 229. Feldmagnete und Anker erregt (Resultierendes verzerrtes Feld).

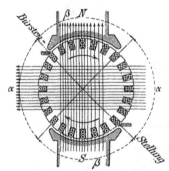

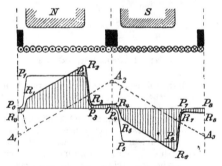

Fig. 230. Querfeld und Gegenfeld des Ankers bei Bürstenverschiebung.

Fig. 231. Aus Erregerfeld und Ankerfeld resultierendes Feld.

verschwindet im allgemeinen, wenn die Bürsten in der neutralen Zone, d. h. in der Mitte zwischen den Polen aufliegen. Näherungsweise zerlegt man wohl die gesamte Durchflutung nach dem Parallelogramm der Kräfte. Um die Bürsten auf funkenfreien Gang einzustellen, muß man sie bei einem Generator in der Drehrichtung verschieben, die Gegenkomponente wird dadurch vergrößert und schwächt den ursprünglich vorhandenen Magnetismus ab. Bei Motoren werden die Bürsten durch Verdrehung gegen die Drehrichtung auf funkenfreien Gang eingestellt. Der ursprünglich vorhandene Magnetismus wird dadurch verstärkt.

Bei den synchronen Wechselstrommaschinen wirkt die Phasenverschiebung ähnlich wie die Bürstenverschiebung bei den Kommutatormaschinen, vgl. (491).

(416) Die magnetischen Felder. An jeder Stelle des Ankerumfanges können wir ein von den Feldmagneten, ein von den Ankerströmen herrührendes und ein aus beiden resultierendes Feld unterscheiden. Bei geringer Sättigung des Eisens ist die von den Feldmagneten herrührende Feldstärke bei der radialen Dicke δ cm des Luftspaltes unter den Polen

$$\mathfrak{H}_f = \frac{0,4\,\pi\,N_f\,I_f}{2\,\delta}$$

wenn N_f die Windungszahl eines Polpaares ist. Zwischen den Polen ist das Feld weit schwächer, vgl. Kurve P_0, $P_1 \ldots P_8$, Fig. 231.

Setzt man einen Kommutatoranker in einen ihn gleichmäßig umschließenden Eisenring, so daß der Luftspalt überall dieselbe radiale Dicke δ hat, so ist bei geringer Eisensättigung die Stärke des Ankerfeldes in der Mitte zwischen zwei ungleichnamigen Stromabnahmestellen gleich Null und wächst linear bis zu diesen Stellen, Linie $A_1 A_2 A_3$, Fig. 231. Die Spitzen sind aber wegen der magnetisierenden Wirkung der durch die Bürsten kurzgeschlossenen Windungen parabolisch abgerundet und unter Umständen verschoben. Setzt man die Ströme in diesen Windungen gleich Null, so sind die Spitzen abgeflacht, und die magnetomotorische Kraft ist gleich $0,4\,\pi\,N_a\,I_a$, wenn N_a die Zahl der Windungen eines Polpaares (die kurzgeschlossenen nicht mitgerechnet) auf dem Anker und I_a die Stärke des in ihnen fließenden Stromes ist. Der höchste Wert der Feldstärke ist daher

$$\mathfrak{H}_{a\,max} = \frac{0,4\,\pi\,N_a\,I_a}{2\,\delta} = \frac{0,1\,\pi\cdot N_a\,I_B}{\delta}$$

wenn I_B der gesamte Strom an einer Abnahmestelle ist. $\mathfrak{H}_{a\,max}$ darf auf keinen Fall größer als $\mathfrak{H}_f$ sein, weil sich sonst die Richtung des resultierenden Feldes unter der auflaufenden Polkante umkehren könnte. Bei ausgeprägten Polen bildet sich dies Ankerfeld wieder nur unter den Polen in voller Stärke aus, zwischen ihnen nimmt es geringe Werte an.

Das aus beiden Feldern resultierende Feld ist durch die Kurve R_0, $R_1 \ldots R_8$ Fig. 231 dargestellt. Bei größerer Eisensättigung ist der Widerstand des Eisenweges dem des Luftweges zuzuschlagen und daher eine größere Luftlänge δ' der Rechnung zugrunde zu legen, die man nach H o p k i n s o n zu

$$\delta' = \delta + \varSigma\,\frac{\mathfrak{B}_E}{\mathfrak{B}_L}\,\frac{l_E}{\mu_E}$$

annehmen kann. Index E bezieht sich auf das Eisen, Index L auf die Luft, l_E bedeutet die Längen der im Eisen verlaufenden Teile des magnetischen Kreises. Zu einer genaueren Bestimmung empfiehlt es sich, aus dieser Darstellung den Verlauf der einzelnen elementaren Induktionsröhren zunächst näherungsweise festzustellen und die Induktion in ihnen nach der Hopkinsonschen Regel zu berechnen.

Da die Sättigung in den Ankerzähnen besonders hoch ist, kann die Abschwächung des Feldes auf der einen Seite unter dem Pole — unter der auflaufenden Kante — wohl voll eintreten, nicht aber die Verstärkung unter der anderen Seite.

Die Folge davon ist eine Verminderung des Induktionsflusses auch dann, wenn die Bürsten genau in der neutralen Zone stehen, also die Gegenkomponente des Ankerfeldes verschwindet. Die EMK im Anker sinkt daher mit wachsender Belastung und kann nur durch Verstärkung der Erregung wieder auf die alte Höhe gebracht werden. Dadurch wächst aber auch die Streuung zwischen den Polen und insbesondere zwischen den Polschuhen. Die Streuung trägt aber wesentlich zur Sättigung der Feldmagnete bei. Es ist daher wichtig, darauf zu achten, daß die magnetische Induktion in den Feldmagneten nicht die Sättigungsgrenze erreicht, oberhalb der es nur durch große Verstärkung der Erregung möglich ist, den für die Erzeugung der verlangten Spannung erforderlichen Induktionsfluß herzustellen. Unter Umständen ist es nachträglich möglich, durch Einlegen von 'Blechen zwischen Schenkel und Joch den Luftspalt zu verkleinern und dadurch Abhilfe zu schaffen. Abgesehen von der Sättigung läßt Fig. 231 deutlich

erkennen, daß eine Verschiebung der Bürsten — bei den Generatoren im Sinne
der Rotation, bei Motoren im entgegengesetzten — den resultierenden Induktionsfluß verkleinert, und zwar umsomehr, je stärker der Ankerstrom ist.

(417) **Kompensierung des Ankerfeldes** (M e n g e s, F i s c h e r - H i n n e n).
Bringt man an den Feldmagneten eine ruhende Wicklung von derselben Windungszahl
wie die der Ankerwicklung an, die von denselben Strömen, aber in entgegengesetzter
Richtung durchflossen wird, wie die konzentrisch innerhalb ihrer liegende Ankerwicklung, so kann die Wirkung der Ankerwicklung ganz oder — der Streuung
wegen — angenähert aufgehoben werden. Die Stromstärke in der Kompensationswicklung kann durch einen zu dieser parallel geschalteten Widerstand eingestellt
werden. Versieht man nach D é r i (vgl. ETZ 1902, S. 817) den Feldmagnet
nicht mit ausgeprägten Polen, sondern stellt man ihn aus einem Ring mit inneren
Nuten her, so liegen die Haupterregerwicklung und die Kompensationswicklung
zueinander wie die zwei Wicklungen einer Zweiphasenmaschine.

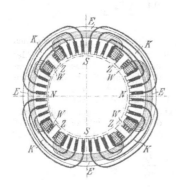 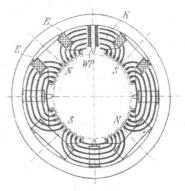

Fig. 232. Feldmagnete, den Anker möglichst
gleichmäßig umschließend, mit Erreger-,
Kompensations- und Wendepolwicklung.

Fig. 233. Feldmagnet mit ausgeprägten Polen,
mit Erreger-, Kompensations- und Wendepolwicklung.

Hat die Maschine ausgeprägte Pole, so wird die Kompensationswicklung
ebenfalls in Nuten an der Oberfläche der Pole untergebracht, aber zwischen den
Polen weggelassen. Fig. 232 zeigt die Anordnung der Erregerwicklung E und
der Kompensationswicklung K bei einer Dérimaschine, Fig. 233 bei einer
Maschine mit ausgeprägten Polen.

(418) **Wendepole** (S w i n b u r n e). Will man das Ankerfeld nur in
einem kleinen Bereich, in der Gegend der neutralen Zone kompensieren, so genügen dazu besondere kleine Pole WP, Fig. 233, die an das Joch der Feldmagnete angeschraubt sind und vom Ankerstrom erregt werden, oder Wendezähne Z, Fig. 232.

Häufig findet man sowohl die Kompensationswicklung als auch Wendepole
bei derselben Maschine angebracht. Bei der Déri-Anordnung bilden einzelne
starke Zähne Z die Wendepole. Beide Anordnungen dienen besonders zur Erzielung einer guten Kommutierung. Vgl. Fig. 349, 351, 353, 355, 356, 359, 362, 363.

(419) **Die Kommutierung.** Während die Kommutatorteile sich vor den
Bürsten vorbeibewegen, werden von einer Bürstengruppe aus betrachtet Ankerspulen auf der einen Seite des Ankers fortwährend ab-, auf der anderen zugeschaltet; dabei schließen die Bürsten eine oder mehrere Spulen für die Zeit des
Vorüberganges kurz, und es tritt eine einfache oder mehrfache Stromverzweigung

ein in der Weise, daß ein Teil des Ankerstromes, sobald ein Kommutatorteil die Bürste berührt, sogleich zu dieser und in den äußeren Stromkreis abfließt, während ein anderer Teil in die nächste kurzgeschlossene Spule eintritt und entweder hinter ihr zur Bürste gelangt oder sich abermals teilt. Der K o m m u t i e r u n g s - v o r g a n g besteht nun darin, daß die Stromstärke i_k in einer Spule während des Kurzschlusses von $- I_a$ auf $+ I_a$ gebracht wird, wenn I_a die Stromstärke in zwei einander benachbarten, durch die kurzgeschlossenen Windungen von einander getrennten Ankerzweigen ist.

Die Kommutierung ist gut, wenn die Stromdichte unter der Bürste nirgends den zulässigen Wert überschreitet. Am besten ist es, wenn sie überall gleich groß ist. Es müssen dazu von allen Kommutatorlamellen, die ganz von der Bürste bedeckt sind, gleich starke Ströme an die Bürste abgegeben werden, von der auf- laufenden und der ablaufenden Lamelle dagegen Ströme, deren Stärke den von der Bürste bedeckten Teilen proportional sind. Wie wir später sehen werden, muß i_k in diesem Falle linear mit der Zeit wachsen. Es muß dazu in jedem Augen- blicke eine ganz bestimmte, übrigens recht geringe EMK in der kurzgeschlossenen Spule vorhanden sein, die zu Null wird, wenn man die Widerstände als verschwin- dend klein ansieht. In diesem Grenzfalle darf sich der gesamte, die kurzgeschlossene Spule durchdringende Induktionsfluß nicht ändern, d. h. der Gesamtfluß muß an den Stellen, wo sich die Spulenseiten befinden, gleich Null sein. Nun erzeugt aber der veränderliche Kurzschlußstrom in unmittelbarer Nachbarschaft der Leiter ein veränderliches magnetisches Feld. Um dessen Wirkung aufzuheben, muß von außen ein zweites Feld, das k o m m u t i e r e n d e F e l d, erzeugt werden. Denkt man sich die Leiter in Nuten gebettet, so kann man sich die Linien des ersten Feldes im Inneren der Nut um die Leiter, aber auch noch im Eisen um die Nut herum in dem einen Sinne, die Linien des zweiten Feldes in den Zähnen entgegengesetzt gerichtet denken. Es bildet sich daher in den Zähnen ein resul- tierendes Feld aus, dem die magnetische Induktion entspricht. Es ist dabei durch- aus nicht ausgeschlossen, daß in demselben Zahne zwischen zwei Leitern die Induktionslinien teils in dem einen, teils in dem anderen Sinne verlaufen. Jeden- falls muß in dem Grenzfalle, daß die Widerstände verschwindend gering sind, der gesamte Induktionsfluß in den Zähnen in der Kommutierungszone verschwinden. (Vgl. M e n g e s , ETZ 1907, S. 1058.) Die übliche Theorie trennt jedoch die Felder und teilt jedem einen fiktiven Induktionsfluß zu. Es entspricht dem ersten Induk- tionsfluß Φ_s eine E M K e_s d e r S e l b s t i n d u k t i o n u n d d e r g e g e n - s e i t i g e n I n d u k t i o n (auch R e a k t a n z s p a n n u n g genannt), dem zweiten Induktionsfluß Φ_k die k o m m u t i e r e n d e E M K e_k. Sind mehrere Spulen gleichzeitig kurzgeschlossen, so folgen die Kurzschlußströme in den ver- schiedenen Spulen alle genau oder annähernd demselben Gesetze, besitzen aber Phasenverschiebungen gegeneinander. Die EMK e_s widerstrebt der Änderung des Kurzschlußstromes, die kommutierende EMK e_k ist erforderlich, um den Übergang des Stromes i_k von $- I_a$ auf $+ I_a$ in der Zeit T des Kurzschlusses zu erzwingen.

L i t e r a t u r.
K o m m u t i e r u n g , Ä q u i p o t i a l v e r b i n d u n g e n , K o h l e n b ü r s t e n :
1. Aufsätze (in der ETZ u. anderen Zeitschr.) von A r n o l d , F i s c h e r - H i n n e n , L i s c a , M e n g e s , M i e , N i e t h a m m e r , P i c h e l m a y e r , P u n g a , R i e b e s e l l , R o t h e r t , R ü d e n b e r g , S u m e c.
2. L e h r b u c h e r : A r n o l d , Die Gleichstrommaschine. — P i c h e l m a y e r , Dynamobau (Handbuch d. Elektrotechnik) 1908.
3. M o n o g r a p h i e n : K a h n , Der Übergangswiderstand der Kohlenbürsten. Voitsche Samml. 1902. — P o h l , Über die Wirkungen der Kurzschlußströme in Gleichstrom-Ankern. Voitsche Samml. 1905. — P u n g a , Das Funken der Kommutatormotoren. Hannover 1905. — R a i l i n g , Über Kommutierungsvorgange und zusätzliche Bürstenverluste. Voitsche Samml. 1903. — R u d e n b e r g , Theorie der Kommutation der Gleichstrommaschinen. Voitsche Samml. 1907 (ausfuhrlicher Literaturnachweis). — W a l d m a n n , Beitrage zum Kommutierungsproblem. Diss. München 1907.

Wendepole und Kompensationswicklungen.

Aufsätze (in der ETZ und andern Zeitschr.) von A r n o l d , B r e s l a u e r , D e t t m a r ,
E i c h b e r g , J o n a s , M e n g e s , O e l s c h l ä g e r , P e l i k a n , P f i f f n e r , P o h l ,
R i c h t e r , R o t h e r t , S c h u l z , S i e b e r t . — Monographie von R u d e n b e r g , Theorie
der Kommutation der Gleichstrommaschinen. Voitsche Samml. 1907.

(420)   Das kommutierende Feld. Die Kurzschlußströme erzeugen demnach für
sich ein mitrotierendes magnetisches Feld, das den mitrotierenden Induktionsfluß
Φ_s zur Folge haben würde, wenn es allein vorhanden wäre. Die Linien dieses Induktionsflusses umschlingen die Drähte der betrachteten kurzgeschlossenen Spule. Die
zeitliche Änderung von Φ_s erzeugt e_s, das bei linearer Kommutierung (vgl. 423)
als konstant angenommen werden kann. Zur Kommutierung ist nun eine EMK
c_k erforderlich, deren Mittelwert während der Kurzschlußzeit T ebenso groß wie
e_s und umgekehrt gerichtet ist.   Diese EMK e_k denkt man sich dadurch erzeugt,
daß die Drähte der kurzgeschlossenen Spule die Linien eines feststehenden Induktionsflusses Φ_k schneiden, der von dem k o m m u t i e r e n d e n   F e l d e
herrührt.   Tatsächlich ist in jedem Augenblick ein resultierender Induktionsfluß
vorhanden, den man sich durch Superposition von Φ_s und Φ_k entstanden denkt.
Es ist dies erlaubt, weil sich die Flüsse hauptsächlich in wenig gesättigten Teilen
des Ankers befinden.   Das kommutierende Feld muß im wesentlichen eine solche
Richtung haben, wie sie für die Induktion des Stromes i_a nach der Kommutierung
erforderlich ist.

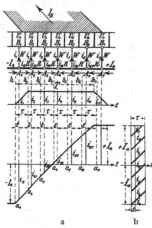

a   b
F g. 234. Stromverlauf und Diagramm der
linearen Kommutierung.

**(421)   Die Hauptgleichung der Kom-
mutierung.** Die einzelnen Kommutatorteile stehen vielfach, Fig. 234a, durch besondere Leiter AB mit dem Widerstande
W, mit der Wicklung A_1, A_2, A_3 ... in
Verbindung.   In ihnen mögen die
Ströme i_1, i_2, i_3 ... fließen, deren Ge-
samtheit der in die Bürste fließende
Strom ist.   Diese Ströme erfordern einmal für den Durchgang durch die Verbindungen AB Potentialdifferenzen p_{AB}
$= i\,W$ verschiedener Größe und ferner
zum Übertritt von den Kommutatorteilen in die Bürste bei dem Über-
gangswiderstande U Potentialdifferenzen
$p_B = i\,U$ verschiedener Größe.
Zwischen den Punkten A werden daher
Potentialdifferenzen auftreten, die aus
der Differenz der genannten Potentialdifferenzen zu berechnen sind, z. B.
zwischen A_3 und A_4

$$p_k = (p_{AB} + p_B)_3 - (p_{AB} + p_B)_4$$

Bei Betrachtung der Spule $A_3 A_4$ darf man daher nicht etwa die Punkte A_3 und
A_4 als kurz miteinander verbunden ansehen, sondern muß zwischen ihnen die
Potentialdifferenz p_k annehmen. p_k wird nur dann zu Null, wenn $i_3 = i_4$ ist, und
kann vernachlässigt werden, wenn die einzelnen Potentialdifferenzen sehr klein
sind.   Häufig aber gibt man den Verbindungen AB absichtlich einen größeren
Widerstand, und außerdem betragen die Potentialdifferenzen p_B zwischen
Kommutator und Bürste unter Umständen mehrere Volt, besonders wenn Kohlen-

bürsten verwendet werden, (vgl. 410). Bei der rechnerischen Behandlung des Kommutierungsvorganges muß man daher vier Größen, nämlich die kommutierende EMK e_k, die EMK der Selbstinduktion und der gegenseitigen Induktion e_s, den Spannungsverlust in der Spule $i_k R$, wenn R deren Widerstand ist, und die Potentialdifferenz p_k (von P u n g a Funkenspannung genannt), zueinander in Beziehung setzen. Man erhält danach die Gleichung

$$e_k + e_s = i_k R + p_k$$

Der Teil $i_k R$ kann am ehesten vernachlässigt werden. Die Gleichung lautet dann

$$e_k + e_s = p_k$$

(422) Die Kurzschlußdauer T. Der Kurzschluß zwischen B_1 und B_2, Fig. 235, beginnt, wenn die linke Bürstenkante die rechte Kante von B_1 berührt, und endigt, wenn die rechte Bürstenkante die linke Kante von B_2 verläßt. Die Bürste legt dabei den Weg $(b—\delta)$ zurück und braucht dazu die Zeit T. Daraus folgt für die Kommutatorgeschwindigkeit

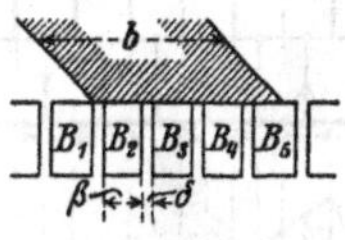

$$v_c = \frac{b - \delta}{T}$$

Andererseits ist, wenn m die Zahl der Kommutatorteile, n die Drehzahl in der Minute ist,

Fig. 235. Kommutatorteile und Bürste.

$$v_c = m (\beta + \delta) \frac{n}{60}$$

Aus den beiden Gleichungen ergibt sich

$$T = \frac{60 (b - \delta)}{m n (\beta + \delta)}$$

Die Zeit, die verstreicht, während der Kommutator um einen Kommutatorteil $(\beta + \delta)$ weiter gelangt, sei τ. Dann ist

$$v_c = \frac{\beta + \delta}{\tau}$$

woraus

$$\tau = \frac{60}{m n} \quad \text{und} \quad T = \frac{b - \delta}{\beta + \delta} \tau$$

folgt. Vernachlässigt man δ, was bei theoretischen Untersuchungen häufig geschieht, so ist

$$T = \frac{60 b}{m n \beta} = \frac{b}{\beta} \tau$$

Es ist zu empfehlen, b/β gleich einer ganzen Zahl zu wählen.

(423) Die Stromgleichungen. Die Stromstärken i_k in den kurzgeschlossenen Ankerspulen, Fig. 234 und 237, mögen mit i_{12}, i_{23}, ... $i_{g,g+1}$ bezeichnet werden, die in den Verbindungsleitungen zu den Kommutatorteilen mit i_1, i_2, ... i_{g+1}. Während der Kommutierungszeit T muß die Stromstärke in einer Spule von $-I_a$ in $+I_a$ übergehen. Man hat dann an den Verzweigungspunkten A nach dem ersten Kirchhoffschen Gesetz

$$i_{12} - i_1 + I_a = 0$$
$$i_{23} - i_{12} - i_2 = 0$$
$$i_{34} - i_{23} - i_3 = 0$$
$$\cdots\cdots\cdots\cdots\cdots$$
$$I_a - i_{g,\,g+1} - i_{g+1} = 0$$

Durch Addition folgt hieraus der Gesamtstrom I_B einer Stromabnahmestelle

$$i_1 + i_2 + i_3 + \cdots + i_{g+1} = 2\,I_a = I_B$$

Man kann hiernach leicht den Verlauf von i_k, d. h. von $i_{12}, i_{23} \ldots$, ermitteln, wenn der Verlauf von i_1, i_2, $\ldots i_{g+1}$ gegeben ist, und umgekehrt.

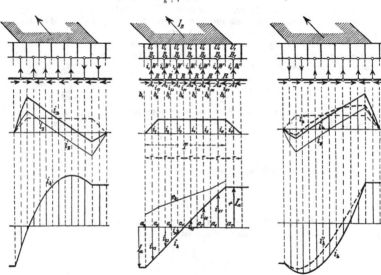

Fig. 236. Verfiuhte Kommu-   Fig. 237. Lineare (normale)   Fig. 238. Verspätete Kommutierung.   Kommutierung.   tierung.

Fig. 234 stellt den Fall dar, daß die Stromdichte unter der Bürste konstant und b/β keine ganze Zahl ist. Die Stromstärke i_1 muß mit der Zeit linear steigen, i_2, $i_3 \ldots$ müssen konstant sein, endlich muß die Kurve wieder geradlinig auf Null fallen. Die obigen Gleichungen sind erfüllt, wenn i_k geradlinig ansteigt. Denn dann ist z. B. t Sekunden, nachdem Spule $A_1 A_2$ kurzgeschlossen worden ist, $-I_a = i_{12} - i_1$, $i_{12} = i_{23} - i_2$, usw. Die Figur ist so gezeichnet, daß man durch die Abschnitte der Verlängerungen der Geraden $A_1 B_1$, $A_2 B_2$, $\ldots$ auf den unteren Kurven jedesmal die Stromstärken i_1, $i_2, \ldots$ und i_{12}, i_{23}, $\ldots$ erhält, wenn man die Bürste und die Kurven festhält, den Kommutator und die Wicklung aber nach rechts verschiebt. Dasselbe gilt auch für die Fig. 236—238, bei denen b/β eine ganze Zahl ist. Zerlegt man Fig. 234a längs der Linien $a_1 b_1$, $a_2 b_2$, $\ldots$ und legt die Teile übereinander, so erhält man die Fig. 234b, die besonders leicht erkennen läßt, daß bei „l i n e a r e r
K o m m u t i e r u n g" die Stromstärken der mittleren Verbindungen konstant

sein, die der ersten und der letzten linear ansteigen und abfallen müssen. **D i e l i n e a r e K o m m u t i e r u n g s t e l l t d a h e r d e n g ü n s t i g s t e n F a l l d a r , n ä m l i c h d e n , b e i d e r d i e S t r o m d i c h t e u n t e r d e n B ü r s t e n k o n s t a n t i s t.** Ist das kommutierende Feld zu stark, so ist die Kommutierung verfrüht, Fig. 236; ist es zu schwach, so ist die Kommutierung verspätet, Fig. 238. Die zugehörigen Kurven der Stromstärken in den Verbindungsleitungen zeigen, daß die Stromrichtung in einigen Verbindungsleitungen sogar umgekehrt ist, was durch eine Verstärkung der übrigen Ströme ausgeglichen werden muß. Die durch den Übergangswiderstand von den Punkten A bis zur Bürste erzeugte Stromwärme ist bei der linearen Kommutierung ein Minimum und kann bei unvollkommener Kommutierung sehr viel größer sein. Die aus der mittleren Stromdichte unter den Bürsten berechnete Stromwärme stellt somit das Minimum dar, das oft erheblich, und zwar bis zum mehrfachen Betrage, überschritten wird. Es kann dann ein Funken unter der Bürste infolge zu großer Stromwärme eintreten. Die verspätete Kommutierung hat ein Glühen an der ablaufenden Kante, die verfrühte Kommutierung ein Glühen an der auflaufenden Kante zur Folge. Auch bei Leerlauf können die Ströme sehr stark werden und große Verluste erzeugen.

(424) Der zusätzliche Strom. Verläuft der Kurzschlußstrom i_k nicht linear, so kann man ihn in zwei Teile zerlegen, von denen der erste den Kurzschlußstrom bei linearer Kommutierung, der andere den **z u s ä t z l i c h e n S t r o m** darstellt. Die Summe beider gibt den wahren Kurzschlußstrom. Die magnetisierende Wirkung der ersten Komponente beschränkt sich darauf, daß die Ankerfeldkurve, die ohne Berücksichtigung der Kurzschlußströme an den Spitzen abgefiacht erscheint, parabolisch abgerundet wird. Die zusätzlichen Kurzschlußströme verschieben dagegen die Ankerfeldkurve, erzeugen also eine Querkomponente des Ankerfeldes. Bei Generatoren ist diese Querkomponente bei verfrühter Kommutierung ebenso wie das Hauptfeld gerichtet und wirkt daher magnetisierend, bei verspäteter Kommutierung ist sie gegen das Hauptfeld gerichtet und wirkt entmagnetisierend. Bei Motoren ist die Wirkung umgekehrt. Ebenso kann man den Strom in den Verbindungsleitungen in die bei linearer Kommutierung vorhandene und die zusätzliche Komponente i_z, Fig. 236 u. 288, zerlegen.

(425) Die Spannungsgleichungen. Wir nehmen an, b/β sei gleich einer ganzen Zahl g, woraus $T = g\,\tau$ folgt. Ferner sei W der Widerstand einer Verbindung zwischen Wicklung und Lamelle, R der Widerstand einer Wicklungsabteilung oder Spule, U der Übergangswiderstand zwischen einer Lamelle und der Bürste, wenn die Lamelle ganz von der Bürste bedeckt ist.

Dann sind die Übergangswiderstände und die Spannungen p

$$\text{zwischen } B_1 \text{ und Bürste: } U_1 = \frac{U\,\tau}{t} \quad \text{und} \quad p_1 = \frac{U\,\tau}{t}\,i_1$$

$$,, \quad B_2 \quad ,, \quad ,, \quad U_2 = U \quad ,, \quad p_2 = U\,i_2$$

$$,, \quad B_3 \quad ,, \quad ,, \quad U_3 = U \quad ,, \quad p_3 = U\,i_3$$

. . . .

$$\text{zwischen } B_{g+1} \text{ und Bürste: } U_{g+1} = \frac{U\,\tau}{\tau - t} \quad \text{und} \quad p_{g+1} = \frac{U\,\tau}{\tau - t}\,i_{g+1}$$

Es mögen endlich die durch das kommutierende Feld induzierten EMKK e_k mit $e_{12}, e_{23}, \ldots e_{g,\,g+1}$, die Selbstinduktivitäten mit L_{12}, L_{23}, die Gegeninduktivitäten mit M bezeichnet werden. Dann geben die Maschen, Fig. 237, nach dem zweiten Kirchhoffschen Gesetz die Gleichungen

$$W\,i_1 - W\,i_2 + R\,i_{12} + L_{12}\frac{d\,i_{12}}{d\,t} + \Sigma\,M\,\frac{d\,i}{d\,t} + p_1 - p_2 = e_{12}$$

$$W\,i_2 - W\,i_3 + R\,i_{23} + L_{23}\frac{d\,i_{23}}{d\,t} + \Sigma\,M\,\frac{d\,i}{d\,t} + p_2 - p_3 = e_{23}$$

. . . .

$$W\,i_g - W\,i_{g+1} + R\,i_{g,\,g+1} + L_{g,\,g+1}\frac{d\,i_{g,\,g+1}}{d\,t}$$

$$+ \Sigma\,M\,\frac{d\,i}{d\,t} + p_g - p_{g+1} = e_{g,\,g+1}$$

Unter M sind die Gegeninduktivitäten zwischen der Spule, für die die Gleichung aufgestellt ist, und je einer der übrigen kurzgeschlossenen Spulen, unter i die in diesen letzteren Spulen vorhandenen Stromstärken zu verstehen. Die Ausdrücke $\Sigma\,M\,\dfrac{d\,i}{d\,t}$ haben also in den einzelnen Gleichungen verschiedene Größe.

Man erkennt hieraus, wie schwierig das vollständige Problem ist. Wählt man die Bürstenbreite b gleich der Breite eines Kommutatorteiles β, so ist $g = b/\beta = 1$ und man erhält nur eine Gleichung. Wenn man hierin den Ausdruck $L\,\dfrac{d\,i_{12}}{d\,t} + \Sigma\,M\,\dfrac{d\,i}{d\,t}$ durch den einfacheren Ausdruck $S\,\dfrac{d\,i_{12}}{d\,t}$ ersetzen kann — M verschwindet nicht, weil Spulen, die von verschiedenen Bürsten kurzgeschlossen werden, unter- oder nebeneinander liegen, — so lautet die Gleichung

$$W\,i_1 - W\,i_2 + R\,i_{12} + S\,\frac{d\,i_{12}}{d\,t} + \frac{U\,\tau}{t}\,i_1 - \frac{U\,\tau}{\tau - t}\,i_2 = e_{12}$$

Aus den Stromgleichungen (423) ergibt sich

$$i_1 = I_a + i_{12} \quad \text{und} \quad i_2 = I_a - i_{12}$$

ferner ist $\tau = T$. Setzt man noch

$$\frac{t}{T} = x, \qquad \frac{2\,W + R}{S} = \lambda \quad \text{und} \quad \frac{U}{S} = \mu$$

so läßt sich die Gleichung auch in der Form

$$\frac{d\,i_{12}}{d\,x} + T\left(\lambda + \frac{\mu}{x\,(1 - x)}\right)i_{12} = \frac{T}{S}\,e_{12} - T\,\mu\,I_a\,\frac{1 - 2\,x}{x\,(1 - x)}$$

schreiben. Diese sog. Kommutierungsgleichung läßt sich integrieren und ist von Arnold und Mie behandelt worden (vgl. ETZ 1899, S. 97).

(426) Lineare Kommutierung. Besonders wichtig ist die Frage, wie bei linearer Kommutierung, die nach (423) die beste ist, die EMK e_k verlaufen muß. In diesem Falle ist die Stromdichte unter der Bürste konstant, und es ist daher

$$p_1 = p_2 = p_3 = \cdots p_{g+1}$$

$$i_1 = \frac{2\,I_a}{g}\,\frac{t}{\tau}, \quad i_2 = i_3 = \cdots = i_g = \frac{2\,I_a}{g}, \quad i_{g+1} = \frac{2\,I_a}{g}\left(1 - \frac{t}{\tau}\right)$$

Hiermit erhält man aus den S t r o m g l e i c h u n g e n

$$i_{12} = \frac{2\,I_a}{g}\left(\frac{t}{\tau} - \frac{g}{2}\right)$$

$$i_{23} = \frac{2\,I_a}{g}\left(\frac{t}{\tau} + 1 - \frac{g}{2}\right)$$

$$i_{34} = \frac{2\,I_a}{g}\left(\frac{t}{\tau} + 2 - \frac{g}{2}\right)$$

$$\cdots\cdots\cdots\cdots\cdots\cdots$$

$$i_{g,\,g+1} = \frac{2\,I_a}{g}\left(\frac{t}{\tau} - 1 + \frac{g}{2}\right)$$

Aus diesen Gleichungen ergibt sich, daß $\dfrac{d\,i_k}{d\,t} = \dfrac{2\,I_a}{g\tau} = \dfrac{2\,l_a}{T}$ konstant ist und in allen Gleichungen denselben Wert hat. Man kann daher

$$L_{\alpha\beta}\frac{d\,i_{\alpha\beta}}{d\,t} + \Sigma\,M\,\frac{d\,i}{d\,t} = S_{\alpha\beta}\frac{d\,i_{\alpha\beta}}{d\,t}$$

setzen. Nimmt man an, daß $S_{\alpha\beta}$ konstant ist und in allen Gleichungen denselben Wert S hat, so werden die S p a n n u n g s g l e i c h u n g e n

$$\frac{2\,W\,I_a}{g}\left(\frac{t}{\tau} - 1\right) + \frac{2\,R\,I_a}{g}\left(\frac{t}{\tau} - \frac{g}{2}\right) + \frac{2\,S\,I_a}{g\tau} = e_{12}$$

$$\frac{2\,R\,I_a}{g}\left(\frac{t}{\tau} + 1 - \frac{g}{2}\right) + \frac{2\,S\,I_a}{g\tau} = e_{23}$$

$$\frac{2\,R\,I_a}{g}\left(\frac{t}{\tau} + 2 - \frac{g}{2}\right) + \frac{2\,S\,I_a}{g\tau} = e_{34}$$

$$\cdots\cdots\cdots\cdots\cdots\cdots$$

$$\frac{2\,W\,I_a}{g}\frac{t}{\tau} + \frac{2\,R\,I_a}{g}\left(\frac{t}{\tau} - 1 + \frac{g}{2}\right) + \frac{2\,S\,I_a}{g\tau} = e_{g,\,g+1}$$

Die Stromgleichungen zeigen, daß i durch eine kontinuierliche gerade Linie dargestellt werden kann, deren Steigung durch $d\,i_{1,2}/d\,t = 2\,I_a/T$ gegeben ist, Fig. 237. Daraus folgt auch, daß die EMK der Induktion konstant und gleich

$$e_s = \frac{2\,S\,I_a}{g\tau} = \frac{2\,S\,I_a}{T}$$

ist. Die Spannungsgleichungen zeigen, daß die EMKK e_k lineare Funktionen von t sein müssen, wenn die Stromdichte unter der Bürste überall gleich groß sein soll. Sie zeigen, daß e_k ebenfalls durch einen aus geraden Strecken dargestellten kontinuierlichen Linienzug dargestellt werden kann, und zwar steigt e_k während des ersten und des letzten der Zeiträume τ stärker als in den übrigen Zeiträumen τ, wenn W nicht verschwindet. Die Kurve für e_k bildet daher eine gebrochene Linie. Setzt man W und R gleich Null, so ist e_k konstant und gleich $e_s = 2\,S\,I_a/T$. Je größer W und R sind, umsomehr muß e_k während der Kommutierung wachsen. Der Mittelwert von e_k ergibt sich dann als die Hälfte der Summe von e_{12} für $t = 0$ und von $e_{g, g+1}$ sind $t = \tau$ zu

$$e_{k\ mittel} = \frac{2\,S\,I_a}{T} = e_s$$

Die mittlere kommutierende EMK e_k muß also umso größer sein, je stärker der Strom I_a, je größer die Induktivität S der kurzgeschlossenen Spulen und je kleiner die Kurzschlußdauer T ist. Eine Vergrößerung der Bürstenbreite b vergrößert die Kurzschlußdauer T, aber auch die Induktivität. Häufig findet man, daß die Kohlenbürsten etwa drei Teile gleichzeitig bedecken. T wird um so kleiner, je größer die Kommutatorgeschwindigkeit wird. Die Schwierigkeiten der Kommutierung sind daher bei schnellaufenden Maschinen, z. B. bei Turbodynamos, größer als bei langsam laufenden und nur durch Kompensationswickelungen oder Wendepole zu überwinden.

(427) Die Berechnung von S. Die Induktivität S ist von dem magnetischen Widerstande, den der mit der Spule verschlungene Induktionsfluß findet, abhängig und wird daher wesentlich von der Form der Maschine, von der Größe des Luftraumes und von der Höhe der Eisensättigung beeinflußt. Starke Sättigung der Zähne verkleinert die Induktivität der Spule, weil nach (347) die Beiträge zu S von allen Teilen des magnetischen Kreises wegfallen, für die $d\Phi/dt$ verschwindet. Es bleibt daher nur der magnetische Pfad durch die Zähne des Ankers, die schwach gesättigt sind, die also zwischen den Polen und in der Nähe der kurzgeschlossenen Spulen liegen, zu berücksichtigen. Liegen außerhalb des Ankers Eisenmassen, z. B. Wendepole, so wird dadurch der magnetische Widerstand verringert, die Induktivität also vergrößert. Zur Erzielung kleiner Induktivität sind glatte Anker günstiger als Nutenanker, flache Nuten günstiger als tiefe und offene günstiger als halb oder ganz geschlossene Nuten. Hat man den von I_a in der Spule selbst und in den übrigen kurzgeschlossenen auf sie einwirkenden Spulen herrührenden sie durchdringenden Induktionsfluß Φ_s berechnet, so ist $S I_a = N\,\Phi_s \cdot 10^{-8}$ Volt sk, wenn N die Windungszahl der Spule bedeutet. S wird also umso kleiner, je weniger Windungen die einzelnen Ankerspulen enthalten, und zwar nimmt es etwa in quadratischem Verhältnis mit N ab, weil man auch Φ_s proportional mit N setzen kann. Es wird also bei gegebener Ankerkonstruktion am kleinsten, wenn man jedes Wicklungselement nur aus einer Windung bestehen läßt, was besonders bei Wechselstrom-Kommutatormotoren üblich ist. Dies ist nur bei der Schleifenwicklung möglich und erfordert vielteilige und große Kommutatoren. Die Gegeninduktivität ΣM ist umso größer, je mehr Spulen gleichzeitig kurzgeschlossen sind. Die benachbarten Spulen wirken umso weniger stark auf die betrachtete Spule ein, je weiter sie von ihr entfernt sind; es kommt also wesentlich darauf an, ob sie in derselben Nut oder in den benachbarten Nuten liegen. Man kann ihre Wirkung im Durchschnitt nach P i c h e l m a y e r (ETZ 1901, S. 967) zu 0,4—0,6 der Wirkung der Spule auf sich selbst annehmen. In der Praxis wird vielfach nach einer einfachen empirischen Regel von P a r s h a l l und H o b a r t (Electric Generators S. 159) gerechnet, die im wesentlichen auch P i c h e l m a y e r (Dynamobau S. 99 ff.) bestätigt gefunden hat, und die wenigstens für den ersten Entwurf von Maschinen normaler Bauart gute Dienste leistet. Danach findet man die Selbstinduktivität einer Spule, indem man bei 1 A Stromstärke für je 1 cm Länge des ins Eisen gebetteten Ankerdrahtes 4 und für je 1 cm Länge des in der Luft liegenden Ankerdrahtes 0,8 Induktionslinien rechnet. Daraus folgt, daß

$$\Phi_s = 2\,N_{tot}\,I_a\,(4\,l_E + 0,8\,l_L)$$

wenn N_{tot} die Windungszahl aller zu dem Induktionsflusse beitragenden kurzgeschlossenen Windungen, auch solcher, die durch eine andere Bürste kurzgeschlossen sind, l_E die Länge des in das Eisen eingebetteten und l_L die Länge des in der Luft liegenden Drahtes einer Windung in cm bedeutet. Wenn dann die betrachtete Spule N Windungen besitzt, so ist die Induktivität

$$S = \frac{N \, \Phi_s \, 10^{-8}}{I_a} = 2 \, N \, N_{tot} \, (4 \, l_E + 0.8 \, l_L) \, 10^{-8} \text{ Henry}$$

(428) Kommutierung durch Bürstenverschiebung. Je nach der Art, wie das kommutierende Feld hergestellt wird und beschaffen ist, unterscheidet man verschiedene Arten der Kommutierung. Die älteste Art ist die durch B ü r s t e n - v e r s c h i e b u n g. Die Bürsten werden so weit aus der neutralen Zone verschoben, bis die kurzgeschlossenen Spulen sich in einem schwachen, von den Polen der Maschine herrührenden Felde befinden. Die Spulenseiten liegen dann in der Nähe der „auflaufenden Polkante". Wächst hier längs der Peripherie des Ankers die Feldstärke zu plötzlich, so ist die Bürsteneinstellung sehr empfindlich. Man gibt daher den Polschuhen gern eine solche Form, daß das Feld allmählich stärker wird, indem man an den Polkanten den magnetischen Widerstand größer macht. Ein einfaches Mittel dazu besteht darin, den Luftspalt nach den Polkanten hin allmählich wachsen zu lassen. Werden die Pole aus Blechen hergestellt, so kann man auch an den Polkanten jedes zweite Blech wegschneiden, so daß infolge der größeren Sättigung der magnetische Widerstand in den Polkanten größer wird. Bei Generatoren müssen die Bürsten in der Drehrichtung des Ankers, bei Motoren, weil sie bei derselben Richtung des magnetischen Feldes und der Ankerströme umgekehrt wie die Generatoren laufen, entgegen der Richtung des Ankers verschoben werden. Das Feld muß ferner umso stärker sein, je stärker der Ankerstrom ist. Da aber das Feld in der Nähe der auflaufenden Polkante umsomehr geschwächt wird, je stärker der Ankerstrom ist, so wird das kommutierende Feld schwächer, wenn es stärker sein müßte. Die Bürsten müssen daher umsoweiter verstellt werden, je größer die Belastung wird. In der Regel wird aber verlangt, daß die Maschinen bei jeder Belastung ohne Bürstenverstellung laufen. Man erreicht dies angenähert, indem man die Bürsten für die halbe Belastung richtig einstellt. Bei Leerlauf und bei Vollbelastung ist die Kommutierung dann weniger vollkommen. Die EMK e_s darf dann bei den üblichen Konstruktionen unter Verwendung von Kohlenbürsten nicht mehr als 2 bis höchstens 3 V betragen. Widerstandsverbindungen W zwischen der Wicklung und den Kommutatorteilen und besonders ein nicht zu geringer Übergangswiderstand U von dem Kommutator zu den Bürsten wirken günstig, weil sie das „zusätzlichen EMKK" ein allzustarkes Anwachsen der „zusätzlichen Ströme" verhindern. Die Übergangswiderstände U sind besonders wirksam, weil sie mit der Größe der Berührungsfläche zwischen einem Kommutatorteile und der Bürste von selbst zu- und abnehmen, während der Widerstand W der Verbindungsleitungen konstant bleibt. Die Übergangswiderstände sollen aber auch nicht zu groß sein, damit nicht zu viel Stromwärme an ihnen auftritt. Die Stromdichte beträgt bei Kohlenbürsten 5—15 A/cm², der Spannungsverlust p an den Übergangsstellen etwa 1,2—1,8 V für eine Bürste. Weiche Kohlen verursachen einen geringeren, harte einen größeren Spannungsverlust. Dickere Kohlen gestatten, den Kommutator kürzer zu bauen, vorausgesetzt, daß die Stromdichte unter ihnen einigermaßen gleichförmig, die Kommutierung also linear ist. Jedoch soll das „kommutierte Bündel", d. h. die Zahl der durch eine Bürste gleichzeitig kurzgeschlossenen Spulen, bei kleinen Maschinen nicht mehr als $^1/_6$, bei mittleren nicht mehr als $^1/_{12}$ der auf die Polteilung entfallenden Spulen betragen. Bei großen Maschinen kann man $^1/_{18}$ erreichen. (P i c h e l m a y e r , Dynamobau.) Für das Verhältnis b/β der Bürstenbreite

zur Breite eines Kommutatorteiles ist möglichst eine ganze Zahl zu wählen.
Häufig findet man bei normalen Maschinen hierfür die Zahl 3.

(429) Kommutierung ohne Bürstenverschiebung. Die Kommutierung ist
besonders schwierig, wenn die Maschinen ohne Bürstenverschiebung in beiden
Richtungen laufen sollen. Man muß die Bürsten dann in die neutrale Zone stellen.
Das kommutierende Feld besteht dann in dem Ankerfelde und hat die verkehrte
Richtung. Man ist in diesem Falle auf die reine ,,Widerstandskommutierung''
angewiesen, die in der Zu- und Abnahme der Übergangswiderstände an dem auf-
und dem ablaufenden Kommutatorteil begründet ist, und muß die EMK e_s besonders niedrig, etwa zu 1,5 V wählen. In diesem Fall wendet man daher mit
Vorteil eine erzwungene Kommutierung unter Anordnung einer K o m p e n -
s a t i o n s w i c k l u n g oder von W e n d e p o l e n an, die vom Ankerstrom
oder einem ihm proportionalen Strom durchflossen oder erregt werden. Das Feld
dieser Vorrichtungen muß dem des Ankers entgegengesetzt gerichtet sein und es
um eine bestimmte Größe übertreffen; zur Abgleichung kann man parallel zur
Wicklung einen Regulierwiderstand schalten. Bei Reihenschaltung der Ankerwicklung ist es nicht nötig, überall zwischen je zwei Hauptpolen einen Wendepol
anzuordnen; auch ist es nicht nötig, ihnen axial dieselbe Länge wie dem Anker
zu geben. Besondere Aufmerksamkeit ist der richtigen Schaltung der Kompensationswicklung und der Wicklung der Wendepole zu schenken. Bei der Anwendung von Wendepolen kann der Magnetismus der Maschinen unter Umständen
ins Schwingen kommen (vgl. K. W. W a g n e r , ETZ 1907, S. 286 ff.). (453).

Wendepole oder Kompensationswicklungen werden auch bei den Schnell-
läufern, insbesondere bei den Turbodynamos, allgemein angewendet, ferner bei
Maschinen mit geschwächter Erregung und solchen für sehr starke Ströme bei
niedrigen Spannungen. Die EMK der Induktion e_s kann dann bis zu 15 V
und mehr betragen. Beide Anordnungen ermöglichen eine einwandfreie Kommutierung auch unter den schwersten Bedingungen, nämlich Entnahme des vollen
Ankerstromes bei schwach oder ganz unerregten Feldmagneten.

(430) Kommutierung bei Wechselstrom. Fließt in den Ankerabteilungen
zwischen je zwei Bürsten Wechselstrom, so ist dessen Schwingungsdauer im allgemeinen, jedenfalls bis zu einer Frequenz von 50 Per/sk im Vergleich mit der
Kurzschlußdauer der Kommutierung so groß, daß man während dieser Dauer
den Ankerstrom als konstant ansehen kann. Es ändert sich daher prinzipiell
nichts an der Kommutierung. Doch ist zunächst zu beachten, daß bei gleichen
effektiven Mittelwerten der Maximalwert der Stromstärke bei Wechselstrom —
sinusartiger Verlauf vorausgesetzt — um etwa 41 % höher ist als bei Gleichstrom, so daß hierdurch die Kommutierung schwieriger wird. Außerdem entsteht
dadurch, daß das magnetische Hauptfeld wechselt, eine neue EMK, nämlich
die der Transformation, in den kurzgeschlossenen Windungen, die man durch
geeignete Vorkehrungen unschädlich zu machen sucht. Dies gelingt indessen nur,
wenn der Motor läuft. Die neueren Motoren zeigen daher bei normaler Geschwindigkeit kein Feuer an den Bürsten; doch ist es bisher noch nicht gelungen, das Feuer
beim Anlauf völlig zu beseitigen. Näheres hierüber siehe (584).

(431) Mechanische Bedingungen für gute Kommutierung. Der Kommutator
muß vollkommen rund laufen, die Bürsten müssen mit mäßigem Druck aufliegen
und dürfen nicht zittern. Es kommt vor, daß sich das Kupfer der Lamellen
stärker abnutzt als die Glimmerzwischenlagen; der Glimmer tritt dann hervor
und verhindert die innige Berührung zwischen den Kupferlamellen und den
Bürsten. Es tritt daher Feuer auf, das zu einer unzulässigen Erwärmung des
Kommutators führt. Harte Kohlen schleifen den Glimmer besser ab als weiche.
Es ist ferner nötig, daß die Kommutatorteilung und die Polschuhform mit mathe-
matischer Genauigkeit ausgeführt sind, und der Anker zentrisch läuft. Die Dicke

der Isolation zwischen zwei Lamellen soll gegenüber der Breite der Lamellen selbst klein (etwa 0,7—0,9 mm), der Übergangswiderstand zwischen Bürsten und Kommutator auf der ganzen Auflagefläche konstant sein. Die Ankerspulen sollen möglichst gleichartig in die Ankernuten eingebettet sein.

Verluste und Wirkungsgrad.

(432) Beim Betrieb einer Dynamomaschine entstehen folgende Verluste:

A) R e i b u n g s v e r l u s t e.
1. durch Lagerreibung[1]),
2. durch Luftreibung und beabsichtigte Ventilation,
3. durch Reibung der Bürsten auf dem Kommutator oder den Schleifringen, vgl. (409).
4. durch schnelle Schwingungen.

B) V e r l u s t e i n d e n F e l d m a g n e t e n.
5. durch Wirbelströme im Eisen der Polschuhe,
6. durch Stromwärme in der Kupferwicklung,
7. durch Stromwärme im Regulierwiderstand.

C) V e r l u s t e i m A n k e r.
8. durch Hysterese und Wirbelströme im Ankereisen,
9. durch Stromwärme des Nutzstromes,
10. durch Wirbel- und Ausgleichströme in der Kupferwicklung.

D) V e r l u s t e a n d e n S t r o m a b n a h m e s t e l l e n.
11. durch den Übergangswiderstand zwischen den Bürsten und dem Kommutator oder den Schleifringen,
12. durch Stromwärme des Nutzstromes,
13. durch Wirbelströme in den Lamellen.

Die unter A) genannten Verluste sind von der Belastung der Maschine wenig abhängig, ebenso bei konstanter Spannung die unter B) genannten, etwas mehr schon die unter C) 8 genannten; will man daher auch bei geringer Last guten Wirkungsgrad erzielen, so hat man diese Verluste auf ein Mindestmaß herabzudrücken. Dies ist namentlich für Dauerbetriebe mit geringer oder schwankender Belastung wichtig. Bei aussetzenden Betrieben kommt es meist mehr auf Billigkeit und geringes Trägheitsmoment der Maschinen an; dabei sind relativ größere „Leerlaufverluste" zulässig.

Die unter C) 8 genannten Verluste durch Hysterese und Wirbelströme im Anker wachsen mit der Belastung, weil die Ankerrückwirkung die maximale magnetische Induktion in den Zähnen vergrößert, vgl. Fig. 231, (416). Es entstehen daher bei Belastung z u s ä t z l i c h e V e r l u s t e.

Der Reibungskoeffizient ist nach D e t t m a r proportional mit der Quadratwurzel aus der Umfangsgeschwindigkeit, umgekehrt proportional mit dem Druck, wenn dieser kleiner als etwa 40 kg/cm² ist, und mit der Temperatur des Zapfens.

Mit Hilfe der Verlustbestimmung ergibt sich die Bilanz der Dynamomaschine

$$\text{Verbrauch} = \text{Leistung} + \text{Verluste}$$

und der W i r k u n g s g r a d für irgend einen Arbeitszustand

$$\text{Wirkungsgrad} = \frac{\text{Leistung}}{\text{Verbrauch}},$$

wobei natürlich Zähler und Nenner in demselben Maß, z. B. beide in kW, auszudrücken sind.

---

[1]) T o w e r, Zeitschr. d. V. D. I. 1885, S. 839. — D e t t m a r, ETZ 1899, S. 380. — S t r i b e c k, Zeitschr. d. V. D. I. 1902, S. 1341. — L a s c h e, Zeitschr. d. V. D. I. 1902, S. 1881.

Bisher war es üblich, den „Verbrauch", ungenau vielfach auch „Kraftbedarf" genannt, in P anzugeben, sofern es sich um einen Generator handelt (1 P =
0,736 kW); die Leistung wurde dann in kW angegeben. Bei Motoren wurde umgekehrt die Leistung in P, der Verbrauch in kW angegeben. Nach einem Beschluß
der Internationalen Elektrotechnischen Kommission (Turin 1911) wird nunmehr
sowohl Leistung als Verbrauch in Watt oder in kW ausgedrückt.
Der Wirkungsgrad bezieht sich nach der Definition auf die Leistung, d. h.
auf einen momentanen Arbeitszustand; im Betrieb interessiert oft mehr das Verhältnis des in einer bestimmten Zeit eingetretenen Arbeitsverbrauches in kWst
zu der in der gleichen Zeit abgegebenen Arbeit in kWst. Vgl. hierüber (370).
Der Wirkungsgrad ist bei großen Maschinen höher als bei kleinen, bei großer
Umfangsgeschwindigkeit höher als bei geringer; bei ganz kleinen Maschinen von
etwa 0,1 kW beträgt er etwa 60 %, bei ganz großen bis zu 94 %. Weitere Anhaltspunkte für mittelgroße Gleichstrommaschinen gibt folgende Tabelle:

Leistung	Umdrehungen in der Minute			
in kW	1800	1200	600	300
1	76	74	70	64
5	82	81	79	68
10	86	85	84	80
50	89	89	89	87
100	91	91	91	90

(433) Entwerfen der Maschinen. Die Leistung der Maschinen kann angenähert
aus der Formel

$$\Lambda = C \cdot d^2 \, l \, n \cdot 10^{-6}$$

bestimmt werden, worin Λ die Leistung in kW (auch bei Motoren), C eine Konstante, d
den Durchmesser in cm, l die Länge des Ankers in cm, n die Drehzahl in der Minute
bedeutet. Die Formel geht aus der Überlegung hervor, daß die Leistung der wirksamen Oberfläche des Ankers und der Umfangsgeschwindigkeit proportional gesetzt
werden kann. Die Konstante C heißt der A u s n u t z u n g s g r a d und liegt
im allgemeinen zwischen 1 und 3, in ungünstigen Fällen (bei sehr kleinen Maschinen
unter 1 kW und bei geringer Ventilation) unter 1, bei starker Anstrengung der
Maschine über 3 bis zu 4. Sie kann um so höher gewählt werden, je stärker die
Ventilation und in besonderem Zusammenhange damit, je geringer das Verhältnis
der axialen Länge des Ankers zu seinem Durchmesser ist, ferner je größer die zugelassene Ankerrückwirkung und je besser die Kommutierung ist. Mittlere Zahlen
für C sind 1,5 (wenn $l : d$ groß ist) bis 2,5 (wenn $l : d$ klein ist). Bei Turbodynamos
(l ungefähr gleich d) liegt C zwischen 1,4 und 1,8.
Ist die Leistung gegeben, so hat man daher noch zwischen Durchmesser,
Länge und Drehzahl abzuwägen. In vielen Fällen wird auch die Drehzahl vorgeschrieben sein. Eine Maschine von gegebener Leistung muß bei direkter Kupplung
mit einer Kolbenmaschine langsam, bei direkter Kupplung mit einer Dampfturbine
sehr schnell laufen, während man bei Riemen- und Seilantrieb eine mittlere Drehzahl
wählen wird. Je höher die Drehzahl gewählt wird, um so kleiner fallen die Abmessungen der Maschine aus, allerdings nur solange, wie die Stromabnahme nicht
besonders große Abmessungen des Kommutators bedingt. Die wirksame Ankerlänge l wird am besten so gewählt, daß der Querschnitt der Feldmagnete etwa
quadratisch oder kreisförmig wird.
Die P o l z a h l ist bei Wechselstrommaschinen durch die Frequenz und die Drehzahl bestimmt, bei Gleichstrom bleibt für die Wahl der Polzahl noch ein gewisser

Spielraum, weil für die Ankerströme keine bestimmte Frequenz vorgeschrieben ist; sie wird daher verschieden ausfallen je nach der Polzahl der Maschine. Bei Wahl einer zu geringen Polzahl wird die Maschine schwer (schweres Joch), die Ankerrückwirkung groß und die Kommutierung schwierig. Wechselstrommaschinen werden bei 25 Per/sk schwerer als bei 50 Per/sk. Bei Gleichstrommaschinen ist zu beachten, daß, je größer die Polzahl, um so höher auch die Frequenz ist, und um so größer die Eisenverluste in den Zähnen werden. Bei Wahl einer größeren Zahl von Polen ist darauf zu sehen, daß der Abstand der Bürstenbolzen voneinander und die Zahl der Kommutatorteile nicht zu klein werden. Die neuere Praxis arbeitet mit größeren Polzahlen, als es früher üblich war; man wählt bei den üblichen Drehzahlen vierpolige Maschinen bereits bei Leistungen von etwa 5 kW, sechspolige bei etwa 20 kW usw. Sehr schnell laufende Maschinen für große Leistungen (Turbogeneratoren) werden mit einer geringen Zahl Pole ausgeführt. Der Durchmesser richtet sich auch nach der Umfangsgeschwindigkeit, die bei kleinen Maschinen bei etwa 10 bis 15 m/sk, bei größeren bei 15 bis 30 m/sk liegt, und in besonderen Fällen, z. B. bei direkter Kupplung mit Dampfturbinen, bis zu 120 m/sk getrieben wird. Die Ankerzähne werden so bemessen, daß in den jeweilig unter den Polen stehenden Zähnen eine magnetische Induktion von 20 bis 24000 Gauß entsteht. In der Luft beträgt die Induktion dann je nach dem Verhältnisse von Zahnbreite zu Nutenbreite etwa 8 bis 9000. In den Feldmagneten geht man bei Schmiedeeisen und Stahlguß unter Berücksichtigung der Streuung nicht über 14000 bis 16000 Gauß, während endlich Gußeisen im allgemeinen mit höchstens 8 bis 9000 Gauß belastet wird.

Da Gleichstrommaschinen in der Regel als Außenpolmaschinen ausgeführt werden, so ergibt sich bei kleinen Ankerdurchmessern eine beträchtliche Abnahme des Zahnquerschnittes nach dem Kranz zu. Man muß dann, da die Induktion meist sehr hoch ist, bei der Berechnung der Durchflutung der Veränderlichkeit des Querschnittes Rechnung tragen, was am besten durch Zerlegung der Zähne in Schichten und Bestimmung der mittleren Dichte für jede Schicht geschehen kann.

Sobald die Induktion in den Zähnen über 20 000 getrieben wird, kann der Teil des Induktionsflusses, der durch die Nuten und Ventilationsschlitze geht, nicht mehr vernachlässigt werden.

Der Anker normaler Maschinen besitzt eine Umfangsgeschwindigkeit von 10—30 m/sk. Bei ganz kleinen Maschinen (unter 1 kW) und bei sehr langsam laufenden großen liegt die Umfangsgeschwindigkeit unter 10, bei Gleichstrommaschinen ohne Wendepole zwischen 12 und 18 m/sk. Bei Wechselstrommaschinen fällt im allgemeinen die Rücksicht auf die Kommutierung weg, ihre mittlere Geschwindigkeit liegt daher höher, nämlich zwischen 15 und 30 m/sk.

Als Schnelläufer kommen besonders Maschinen für große Leistungen von etwa 500—10 000 kW und Drehzahlen von 3000 bis 300 in Betracht. Die größte Leistung ist z. Z. etwa 20000 kW. Die Umfangsgeschwindigkeit des Läufers beträgt 30—120 m/sk, bei Wechselstrom liegt sie wieder höher als bei Gleichstrom. Häufig findet man 60—80 m/sk. Mit Rücksicht auf die Fliehkraft sind Eisenkörper und Wicklung des Läufers besonders sorgfältig zu konstruieren. Die Maschinen erhalten eine bedeutende Länge, daher ist die Lüftung und die Abkühlung erschwert. Gleichstrommaschinen werden nur mit Wendepolen oder Kompensationswicklung oft mit beiden zugleich gebaut.

Die Umfangsgeschwindigkeit der Kommutatoren liegt bei normalen Maschinen ohne Wendepole zwischen 5 und 14 m/sk, im Mittel bei 8—9 m/sk, bei Bahnmotoren, auch wenn sie Wendepole haben, ebenso hoch, bei normalen Maschinen mit Wendepolen zwischen 15 und 22 m/sk, im Mittel bei 17—19 m/sk; bei Umformern steigt sie bis zu 30 m/sk ohne Wendepole, bei Turbodynamos mit Wendepolen bis zu 35 m/sk, bei Wechselstromkommutatormaschinen liegt sie zwischen 8 und 15 m/sk.

S c h l e i f r i n g e macht man, wenn keine Kurzschließung vorhanden ist, so klein wie möglich, sonst ist ihr Durchmesser ziemlich beliebig. Bei kleinen Durchmessern beträgt die Umfangsgeschwindigkeit 5 bis 15 m/sk. Starke Wellen erfordern großen Durchmesser, die Geschwindigkeit steigt dann bis auf 35 m/sk. Bei Unipolarmaschinen geht man noch höher.

Gleichstromdynamos.

Stromerzeuger.

(434) Unipolarmaschinen (W. S i e m e n s)[1]). Vollkommenen Gleichstrom liefern die Unipolarmaschinen. Dies sind Maschinen, bei denen sich die Stromleiter dauernd in einem homogenen Felde, gleichsam nur der Wirkung eines Poles ausgesetzt, bewegen (89,3). Damit hierbei Ströme auftreten können, müssen Anfang und Ende jedes Leiters an Schleifringe angeschlossen sein; denn es tritt nur dann eine Änderung des den gesamten Stromkreis durchsetzenden Induktionsflusses ein, wenn ein Teil des Stromkreises fest, der andere beweglich ist. Eine dauernde Bewegung eines Teiles des Stromkreises ist aber nur bei Verwendung von Schleifringen möglich. Aus demselben Grunde ist eine Hintereinanderschaltung der Stromleiter nur durch Vermittlung von Schleifringen möglich (K i r c h h o f f). Jede Unipolarmaschine muß daher mindestens zwei Schleifringe haben. Zwischen diesen können beliebig viele, gleichmäßig über die Peripherie eines Eisenzylinders verteilte, stabförmige Leiter oder auch ein Kupferzylinder geschaltet werden.

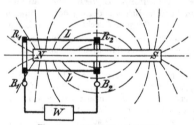

Fig. 239.   Unipolare Induktion.

Fig. 239 zeigt die einfachste Anordnung einer solchen Maschine. Konzentrisch zu dem ruhenden Stabmagnet NS sind zwei Schleifringe $R_1 R_2$, der eine am Ende, der andere um die Mitte des Magnets angebracht. Die Ringe sind durch die Leiter LL miteinander verbunden. Sie bilden den beweglichen, der äußere Stromkreis $B_1 W B_2$ den ruhenden Teil des ganzen Stromkreises.

Solche Maschinen sind bei Anwendung einer genügenden Anzahl Bürsten für sehr starke Ströme bei niedrigen Spannungen geeignet. Sollen mehrere Gruppen von Leitern, die untereinander parallel geschaltet sind, hintereinander geschaltet werden, so ist für jede Gruppe ein Paar Schleifringe erforderlich. Bei hohen Drehzahlen sind solche Maschinen auch zur Erzeugung höherer Spannungen geeignet. So hat die G e n. E l. C o. nach dem Entwurf von N o e g g e r a t h Turbodynamos von 50 bis 2000 kW bei Spannungen von 6 bis 600 V, Stromstärken von 800 bis 8000 A und Geschwindigkeiten von 900 bis 3000 Umd/min gebaut, und zwar die Maschinen für höhere Spannungen mit 12 Paar Schleifringen aus Bronze oder Stahl, die mit Umfangsgeschwindigkeiten bis zu 45 m/sk laufen. Die Bürsten bestehen aus dünnen Metallblättern und werden mit Graphit geschmiert. Die Anordnung ist schematisch durch Fig. 240 dargestellt (vgl. auch El. Bahn. u. Betr. 1905, S. 233 und

---

[1]) U g r i m o f f, Die unipolare Gleichstrommaschine. Diss. Karlsruhe 1910. — F e l d m a n n, Azyklische Maschine von N o e g g e r a t h, ETZ 1905, S. 807.

ETZ 1905, S. 831). Bei AA sind Öffnungen zur Anordnung der Bürsten und zur Herausführung der Zu und Ableitungen zu der festen Wicklung B vorgesehen. Die Maschine wird durch zwei konzentrisch zur Welle gelagerte Spulen SS so erregt, daß der Induktionsfluß auf der ganzen zylindrischen Oberfläche des Läufers dieselbe radiale Richtung und Dichte besitzt. Die Wicklung besteht aus Flachkupferstäben auf der Oberfläche des Läufers, die in regelmäßiger Verteilung an die Schleifringe angeschlossen sind, nämlich Stab 1 an Schleifringe I, I, Stab 2 an Schleifringe II, II, Stab 3 an Schleifringe III, III usw., so daß die Anschlüsse eine Spirale mit einem Umgang bilden. Auch die Verteilung der Bürsten ist wichtig, da die starken Ströme, die in den Schleifringen fließen, beträchtliche magnetische Felder erzeugen.

Der Wirkungsgrad und die Ankerrückwirkung sind annähernd ebenso groß wie bei Kommutatormaschinen. Der Vorzug der Unipolarmaschinen besteht in ihrer einfachen Konstruktion, ihr Nachteil in der großen Reibung und der starken Abnutzung der Bürsten.

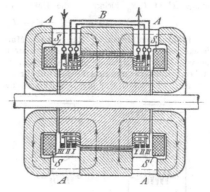

Fig. 240.   Unipolarmaschine.

(435) Kommutatormaschinen. Die übliche Ankerwicklung ist die geschlossene Wicklung mit Kommutator. Bei einem konstanten, sonst aber beliebigen Felde unter den Polen ist die Summe der EMKK in den Drähten, die sich unter den Polen befinden, wesentlich konstant. Schwankungen der EMK werden daher besonders durch die Drähte oder bei Nutenankern durch die Zähne hervorgerufen, die in den Bereich der Pole eintreten oder aus ihm austreten. Sie werden daher um so geringer sein, je mehr Drähte unter den Polen liegen, und je weniger Windungen eine Spule enthält. Um bei Nutenankern die Konstanz des Feldes zu sichern, vermeide man Nutenzahlen, die durch die Polzahl teilbar sind. Stark pulsierenden Gleichstrom liefert die veraltete Thomson-Houston-Maschine mit offener Wicklung (Sternschaltung) und dreiteiligem Kommutator.

(436) Die EMK. Jeder Leiter, der sich durch das Feld unter den Polen hindurchbewegt, ist Sitz einer elektromotorischen Kraft e, die der Induktion $\mathfrak{B}$, der Umfangsgeschwindigkeit v in cm/s und der Länge l des Leiters in cm proportional ist. Es ist also

$$e = \mathfrak{B}\, v\, l \cdot 10^{-8}\ \text{Volt} \qquad\qquad 1)$$

Da gleichzeitig bei einer zweipoligen Maschine $\dfrac{\beta}{2\pi}\, z$ Drähte unter einem Pole liegen, worin β den Polschuhwinkel (in Bogenmaß ausgedrückt) und z die Stabzahl für zwei Pole bedeutet, so erhält man für die gesamte EMK zwischen zwei Bürsten bei Schleifenwicklung

$$E = \frac{\beta}{2\pi}\, z \cdot \mathfrak{B}\, v\, l \cdot 10^{-8}\ \text{Volt} \qquad\qquad 2)$$

Da nun

$$v = \frac{2\pi r n}{60} \quad \text{und} \quad \beta\, r\, l\, \mathfrak{B} = \varPhi \qquad\qquad 3)\ \text{u.}\ 4)$$

so wird

$$E = \varPhi z \frac{n}{60} \cdot 10^{-8}\ \text{Volt} \qquad\qquad 5)$$

Diese Formel gilt für eine zweipolige Maschine. Bei mehrpoligen Maschinen findet man in gleicher Weise

$$E = \varPhi \, \frac{p\, z_{tot}}{a} \, \frac{n}{60} \cdot 10^{-8} \text{ Volt} \qquad\qquad 6)$$

worin p die Polpaarzahl, $2\,a$ die Zahl der parallel geschalteten Ankerzweige (vgl. 403) und z_{tot} die gesamte Stabzahl bedeutet.

Bei Belastung der Maschine sinkt die EMK etwas, weil die Ankerrückwirkung das Feld schwächt, besonders wenn die Bürsten aus der neutralen Zone verdreht sind.

Die S p a n n u n g P_a des Ankers zwischen den Bürsten ist um den Spannungsverlust $I_a R_a$ kleiner als die EMK entsprechend der Gleichung

$$P_a = E - I_a R_a \qquad\qquad 7)$$

(437) Schaltungen der Maschinen. Man unterscheidet selbsterregende und fremderregte Maschinen. Bei den selbsterregenden Maschinen wird entweder die volle Ankerstromstärke oder ein Teil von ihr oder eine Kombination der ganzen Ankerstromstärke und eines Teils davon für die Erregung der Feldmagnete nutzbar gemacht. Demnach sind drei Schaltungen möglich.

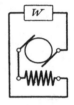 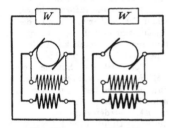

Fig. 241. Reihenschluß-   Fig. 242. Nebenschluß-   Fig. 243.   Fig. 244.
schaltung.   schaltung.   Doppelschlußschaltung.

Bei der R e i h e n s c h l u ß m a s c h i n e (auch Hauptschluß-, Hauptstrom-, Serienmaschine, Maschine mit direkter Wicklung genannt) durchfließt der ganze Ankerstrom die Feldmagnetwicklung, Fig. 241. Da die Amperewindungszahl eine bestimmte Größe haben muß, so erhält die Erregerwicklung in diesem Falle wenig Windungen, und zwar mit Rücksicht auf Leistungs- und Spannungsverlust (ca. 2—5 %) von starkem Querschnitt.

Bei der N e b e n s c h l u ß m a s c h i n e (Fig. 242) liegt die Erregerwicklung direkt zwischen den Ankerbürsten. Die Wicklung erhält jetzt die volle Ankerspannung und muß daher, und zwar wiederum mit Rücksicht auf den Leistungs-verlust, einen entsprechend großen Widerstand besitzen, was durch die Wahl vieler Windungen verhältnismäßig dünnen Drahtes erreicht wird. In diesem Falle beträgt die Stromstärke wenige Prozent der Ankerstromstärke.

Bei der D o p p e l s c h l u ß m a s c h i n e (auch Compoundmaschine oder Maschine mit gemischter Wicklung genannt) sind beide Schaltungen vereinigt, Fig. 243 und 244; es überwiegt hierbei in der Regel der Einfluß der Nebenschluß-wicklung. Man kann zwei Anordnungen unterscheiden. Die Nebenschlußwicklung liegt entweder direkt zwischen den Ankerbürsten, Fig 243, oder zwischen der einen Ankerbürste und der freien Klemme der Reihenschlußwicklung, Fig. 244. Die erste Anordnung ist die üblichere.

(438) **Das Angehen der Maschine** erfolgt nach dem dynamoelektrischen Prinzip von W e r n e r   S i e m e n s mit Hilfe des remanenten Magnetismus. Bei der

Reihenschlußmaschine muß dazu der äußere Stromkreis geschlossen sein, damit ein Strom in der Erregerwicklung auftreten kann. Ferner muß die Erregerwicklung so geschaltet sein, daß der entstehende Strom den remanenten Magnetismus verstärkt. Spricht daher eine Reihenschlußmaschine auch bei richtiger Drehzahl nicht an, so kann der Grund in einem zu großen Widerstand des Stromkreises — Abhilfe: Verringerung des äußeren Widerstandes oder momentanes Kurzschließen —, in einer falschen Schaltung der Erregerwicklung — Abhilfe: Vertauschen der Anschlüsse — oder in einem zu geringen remanenten Magnetismus — Abhilfe: Erregung von einer besonderen Stromquelle aus während einiger Sekunden — liegen.

Die Nebenschlußmaschine spricht am besten an, wenn der äußere Stromkreis offen und ein etwa vorhandener Nebenschluß-Regulierwiderstand kurz geschlossen ist. Im übrigen gelten dieselben Bedingungen für das Angehen wie bei der Reihenschlußmaschine. Bei schnellem Abstellen der Maschine oder bei Kurzschlüssen können die Feldmagnete umpolarisiert werden, so daß nun beim Wiederanlassen die im Anker induzierte EMK und der Strom einander entgegengesetzt gerichtet sind. Falsche Stromrichtung ist für Bogenlicht, Parallelbetrieb mit anderen Maschinen und mit Akkumulatoren und für chemische Betriebe unzulässig; es muß daher durch Fremderregung während kurzer Zeit Abhilfe geschaffen werden. Der Grund dieser Erscheinung liegt im Überwiegen der Anker-MMK über den zu geringen remanenten Magnetismus.

Es muß im übrigen auf richtige Bürstenstellung geachtet werden, die je nach der Art der Verbindung der Ankerdrähte mit dem Kommutator verschieden sein kann. Die richtige Stellung wird von der Fabrik durch irgend eine Marke bezeichnet, auf die zu achten ist.

Bei den modernen Maschinen sind in der Regel die Stirnverbindungen so hergestellt, daß die Kommutatorteile, an die eine Ankerspule angeschlossen ist, zu beiden Seiten an der Mittellinie dieser Spule liegen. In diesem Falle müssen die Bürsten vor der Mitte der Pole stehen.

(439) Charakteristiken der Maschinen. Charakteristiken werden bestimmte Kurven in einem rechtwinkligen Koordinatensystem genannt, die über das Verhalten der Maschinen Aufschluß geben. Die Geschwindigkeit wird dabei überall als konstant angenommen.

Die m a g n e t i s c h e C h a r a k t e r i s t i k (Fig. 245) zeigt die Abhängigkeit der EMK von der Erregung bei Leerlauf. Bei Aufnahme dieser Kurve wird

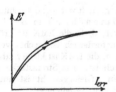

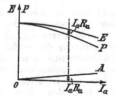

Fig 245. Magnetische Charakteristik.   Fig. 246. Belastungscharakteristik bei Fremderregung.

die Maschine fremd erregt. Diese Charakteristik hat die Form der Magnetisierungskurven und liegt etwas tiefer oder höher, je nachdem man sie mit steigenden oder fallenden Werten der Erregung aufnimmt. Sie hat bei allen Arten von Schaltungen dasselbe Aussehen, weil die Maschine fremd erregt ist.

Die B e l a s t u n g s c h a r a k t e r i s t i k kann man entweder bei Fremderregung, die dann konstant zu halten ist, oder bei Eigenerregung aufnehmen. Als Abszissen wählt man die Ankerstromstärken, als Ordinaten entweder die EMKK —

i n n e r e C h a r a k t e r i s t i k — oder die Klemmenspannungen der Maschine
— ä u ß e r e C h a r a k t e r i s t i k. Die Belastungscharakteristik bei Fremderregung zeigt Fig. 246. Die EMK verläuft anfangs horizontal, fällt jedoch bei
größeren Stromstärken infolge der Ankerrückwirkung. Die Klemmenspannung
liegt um den Spannungsverlust $I_a R_a$, der durch die Gerade OA dargestellt ist,
tiefer als die innere Charakteristik.

Die Charakteristik der R e i h e n s c h l u ß m a s c h i n e (Fig. 247) zeigt
annähernd die Form der Magnetisierungskurve. Sie liegt jedoch etwas tiefer und
fällt wegen der Ankerrückwirkung nach Überschreitung einer bestimmten
Stromstärke wieder. Die Charakteristik der N e b e n s c h l u ß m a s c h i n e
(Fig. 248) fällt erst langsam, mit zunehmender Stromstärke schneller, kehrt bei
einem maximalen Wert der Stromstärke um und zur Abszissenachse zurück. Es
gehören daher im allgemeinen zu jeder Ankerstromstärke zwei Werte der EMK
und der Klemmenspannung, ein größerer und ein kleinerer.

Praktisch benutzt wird bei der Reihenschlußmaschine der Teil oberhalb des
Knies, bei der Nebenschlußmaschine der höchste Teil der Kurve, längs dessen die
Spannung wenig sinkt. Die Nebenschlußmaschine hat innerhalb dieses Bereiches
die Eigenschaft, daß sie unabhängig von der Belastung die Klemmenspannung
nahezu konstant hält. Sie ist daher die gegebene Maschine für alle Anlagen, die mit
konstanter Spannung arbeiten.

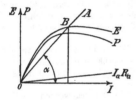

Fig. 247. Charakteristiken der Reihenschlußmaschine.

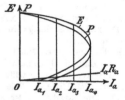

Fig. 248. Charakteristiken der Nebenschlußmaschine.

(440) Der Beharrungszustand der Maschinen ist mit Hilfe der Charakteristik
leicht zu finden. Da $I = \dfrac{E}{R_{tot}}$, so kann bei konstantem R_{tot} die Beziehung
zwischen I und E durch eine Gerade OA (Fig. 247) dargestellt werden; OA schneidet
die innere Charakteristik der R e i h e n s c h l u ß m a s c h i n e in B. Links
von B liegt die Charakteristik über der Geraden OA, d. h. die EMK ist größer,
als zur Erzeugung der vorhandenen Stromstärke erforderlich ist; rechts von B
liegt die Chrakteristik unterhalb der Geraden OA, d. h. die EMK ist kleiner, als zur
Erzeugung der vorhandenen Stromstärke erforderlich ist. Die Stromstärke muß
daher links von B steigen, rechts von B fallen. Gleichgewicht ist nur im
Punkte B vorhanden. Für den Winkel α aber gilt die Beziehung

$$\tan \alpha = E/I = R_{tot}$$

Ist der Widerstand des gesamten Stromkreises R_{tot} zu groß, so kann der Fall eintreten, daß α zu groß wird, und OA die Kurve OE nicht schneidet. Dabei ist angenommen, daß die Charakteristik durch O geht, d. h. die Remanenz verschwindend
gering ist. Die Maschine kann dann keinen Strom liefern, sie geht nicht an. Fällt
die Gerade OA mit dem geradlinig ansteigenden Teil der Charakteristik zusammen,
so ist die Stromstärke labil. Ein richtiges Arbeiten der Maschine ist also nur möglich,
wenn man hinter dem Knie arbeitet. R_{tot} darf um so größer sein, je größer die Dreh-

zahl ist, und wenn umgekehrt R_{tot} konstant ist, darf die Drehzahl nicht unter einen bestimmten Wert sinken. Diesen Wert nennt man die t o t e n U m - d r e h u n g e n für den betreffenden Widerstand.

Ist der äußere Stromkreis offen, so erfolgt die Erregung der N e b e n s c h l u ß - m a s c h i n e ebenso wie die der Hauptschlußmaschine, weil der ganze Anker- strom durch die Erregerwicklung fließt.

Ist die Maschine belastet, so kann man, Fig. 249, eine Schar von Kurven kon- struieren, die P über I_{err} bei verschiedenen konstanten Werten der Ankerstrom- stärke darstellen. Da I_{err} und P_{err} einander proportional sind, so werden die Werte von P_{err} durch die Ordinate einer durch den Nullpunkt gehenden Geraden OA dargestellt. Bei Selbsterregung muß $P_{err} = P$ sein. Dies trifft für die Schnitt- punkte der Geraden mit den P-Kurven zu. Es kann daher im all· gemeinen dieselbe Ankerstromstärke I_a für zwei Werte von P eintreten, wobei natürlich der Widerstand des äußeren Kreises verschieden groß sein muß, nämlich

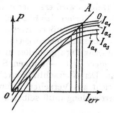

$$R_{a_1} = \frac{P_1}{I_{a_1}} \quad \text{und} \quad R_{a_2} = \frac{P_2}{I_{a_2}}$$

Trägt man die Werte der aus Fig. 249 für die verschiedenen Stromstärken I_a entnommenen Spannungen über I_a als Abszissen auf, so er- hält man die Belastungscharakteristik Fig. 248.

Fig. 249. Magnetische Charakteristiken bei verschiedenen Ankerstromstärken.

(441) Durch die **Doppelschlußwicklung** kann man erreichen, daß die äußere Belastungscharakteristik annähernd horizontal verläuft — die Maschine ist dann „compoundiert" — oder sogar bei Belastung ansteigt — die Maschine ist dann „übercompoundiert" —. Man findet hierbei die nötige Windungszahl der Reihen- schlußwicklung in folgender Weise. Man berechnet zunächst die Durchflutung der Nebenschlußwicklung, die zugleich die Erregung bei Leerlauf darstellt, bei normaler Spannung. Ist die Wicklung bereits vorhanden, so stellt man die Er- regerstromstärke für die normale Spannung bei Leerlauf fest und berechnet daraus die Durchflutung. Erregt man nun die Maschine fremd und stellt die ge- wünschte normale oder erhöhte Spannung bei verschiedenen Ankerstromstärken ein, so gibt der Überschuß der jetzt erforderlichen Durchflutung über die vorher gefundene die Durchflutung an, die in der Reihenschlußspule vor- handen sein muß. Diese Durchflutung durch die betreffende Stromstärke im äußern Kreise dividiert ergibt die Windungszahl der Reihenschlußspule. Man findet im allgemeinen für verschiedene Belastungen verschiedene Zahlen und wählt zweckmäßig die für annähernd normale Belastung zutreffende aus.

(442) Die **Stabilität** der Maschinen ist nach (440) nur vorhanden, wenn man mit starkem Magnetismus oberhalb des Knies arbeitet. Bei kompensierten Ma- schinen, besonders bei Turbodynamos, ist aber vielfach im Gebiete der Erregung die Charakteristik geradlinig; in diesem Falle muß man mit Fremderregung arbeiten.

(443) Regulierwiderstände für Generatoren. Zur Einstellung der gewünschten Spannung ist bei Nebenschluß- und Doppelschlußmaschinen ein Regulierwiderstand im Nebenschlußkreise erforderlich. Da die Maschinen sich durch den Betrieb er- wärmen, und mithin der Widerstand des Nebenschlußkreises mit der Zeit zunimmt, so muß zu Anfang ein größerer Teil des Regulierwiderstandes eingeschaltet sein, der bei zunehmender Erwärmung ausgeschaltet wird. Außerdem aber muß bei Nebenschlußmaschinen die Erregung bei stärkerer Belastung erhöht werden. Es muß also auch in warmem Zustande der Maschine bei Leerlauf ein Teil des Widerstandes eingeschaltet sein. Die Größe des Widerstandes ist daher so zu berechnen, daß bei höchster Temperatur ·und größter Belastung sicherheitshalber noch etwas Widerstand eingeschaltet bleiben kann, und daß der Widerstand anderseits ausreicht, um die Spannung der kalten, leerlaufenden Maschine bis auf den normalen Betrag herunterzubringen. Die einzelnen Stufen der Regulierwiderstände werden vielfach gleichgroß gemacht; richtiger ist es, sie so zu bemessen, daß überall dem Abschalten einer Stufe bei konstanter Belastung möglichst die gleiche Spannungserhöhung entspricht. Die Stufenzahl ist so groß zu wählen, daß die Sprünge nicht größer als etwa 1 % werden. Vgl. K r a u s e , ETZ 1902, S. 66, 383, 556.

(444) Die Widerstände werden zweckmäßig mit einem **Kurzschlußkontakt** versehen, um die Erregerwicklung ohne Spannungserhöhung stromlos zu machen. Die Schaltung ist durch Fig. 250 gegeben. Durch Bewegung der Kurbel im Sinne des Uhrzeigers wird erst der ganze Widerstand vor die Wicklung geschaltet, sodann wird bei Berührung des Kurzschlußkontaktes C die Erregerwicklung kurz geschlossen und endlich der äußere Erregerkreis unterbrochen. Die durch das Verschwinden des Magnetismus hervorgerufene EMK kann keine hohe Spannung erzeugen, da die Wicklung kurz geschlossen ist. Der durch sie hervorgerufene Strom läuft sich nach einiger Zeit — einigen Sekunden bis 1 Minute — tot, ohne Schaden anzurichten. Der Kurzschlußkontakt muß eine Verriegelung besitzen, damit die Erregung nicht aus Versehen während des Betriebes stromlos gemacht werden kann. Die Verriegelung muß selbsttätig wirken, vorgesteckte Stöpsel sind unzulässig.

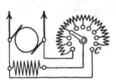

Fig. 250. Nebenschlußregulierwiderstand
mit Kurzschlußkontakt.

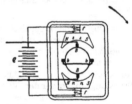

Fig. 251. Querfeldmaschine
von Rosenberg.

(445) Querfeldmaschine von Rosenberg. Vgl. ETZ 1905, S. 393; 1907, S. 1207 (Fig. 251). Bringt man bei einer fremderregten Maschine auf dem Kommutator für jedes Polpaar einen zweiten Bürstensatz *BB* an, so daß einmal Bürsten *bb* in der üblichen Stellung und außerdem Bürsten *BB* in der Mitte zwischen den ersteren vorhanden sind, und schließt man die Bürsten *bb* kurz, so erzeugt der im kurzgeschlossenen Kreise fließende Strom ein Querfeld, dem ein starker Induktionsfluß entspricht, weil die Pole sehr große Abmessungen besitzen. Es entsteht daher am Bürstenpaar *BB* eine Spannung. Legt man an diese Bürsten irgend einen Stromkreis, so kann von ihnen Strom abgenommen werden. Dieser eigentliche Nutzstrom erzeugt aber seinerseits ein neues Querfeld, das gegen das erste Querfeld um 90 Grad, gegen das Feld der Feldmagnete also um 180 Grad räumlich verschoben ist und daher den Magnetismus der Feldmagnete schwächt. Der aus dem Felde der Erregerspulen und dem vom Nutzstrome erzeugten Querfelde resultierende Induktionsfluß in senkrechter Richtung darf nur sehr gering sein, weil die Bürsten *bb* kurz geschlossen sind. Die beiden Felder sind daher nahezu entgegengesetzt gleich groß. Die Schenkel sind daher von geringem Querschnitt, die Polschuhe aber groß. damit sich der erste Querfluß gut ausbilden kann. Das

Erregerfeld ist nun etwa 10 % größer als das Feld des Nutzstromes; folglich kann der Nutzstrom bei konstanter Erregung durch die Spulen *ff* höchstens um 10 % steigen, weil dann das resultierende Feld in senkrechter Richtung zu Null wird. Die Kurzschlußstromstärke zwischen den Bürsten *bb* beträgt etwa 40% des Nutzstromes. Bei veränderlicher Geschwindigkeit bleibt demnach die Stromstärke bei konstantem Widerstande nahezu konstant, nachdem eine gewisse Drehzahl überschritten ist. Die Stärke des Nutzstromes wird durch die Erregung eingestellt.

Da die Stromrichtung in dem kurzgeschlossenen Kreise von der Drehrichtung der Maschine abhängt, so werden mit der Umkehrung der Drehrichtung auch die Quermagnetisierungen umgekehrt. Die Maschine liefert also trotz der Fremderregung bei beliebiger Drehrichtung einen Strom von gleichbleibender Richtung. Die Maschine wird u. a. für den Betrieb elektrischer Eisenbahnwagenbeleuchtung verwendet. Parallel zu den Bürsten *BB* ist dann wie in Fig. 251 eine Akkumulatorenbatterie geschaltet, die Spannung ist daher durch diese gegeben. Die Maschine liefert bereits bei sehr geringen Geschwindigkeiten Strom, wenn der Widerstand nicht zu groß ist.

Ist die Drehzahl konstant, dagegen der Widerstand des äußeren Kreises veränderlich, so ist der Kurzschlußstrom nur wenig größer als der normale, dagegen wird die Spannung bei großem Widerstand sehr groß. Man kann die Maschine dann durch Schmelzsicherungen im Kurzschlußkreise *bb* sichern. Die Maschine eignet sich dann gut zum Betrieb von Scheinwerfern und zum elektrischen Schweißen.

(446) Dreileitermaschinen sind Maschinen, an die auch der Mittelleiter eines Dreileitersystems angeschlossen werden kann. Anordnungen, bei denen der Hilfsleiter direkt an eine auf dem Kommutator schleifende Bürste angeschlossen wird, sind von K i n g d o n und D e t t m a r angegeben worden, vgl. ETZ 97, S. 230. Es wechselt immer ein Paar Nordpole mit einem Paar Südpole ab, während der Anker für die halbe Polzahl gewickelt ist. Nach Dettmar werden die Spulen der ungeraden und die der geraden Pole zu je einem Erregerkreise zusammengefaßt, die durch getrennte Regulierwiderstände einzeln reguliert werden können. Zu gleichem Zwecke dient der S p a n n u n g s t e i l e r von D o l i v o - D o b r o w o l s k y [1]). Er besteht aus einer meistens außerhalb der Maschine angebrachten Drosselspule (Fig. 252), die (durch Schleifringe) mit zwei Punkten *C* und *D* der Ankerwicklung verbunden ist. Die Phasenverschiebung zwischen den Potentialen (vergl. 473) von *C* und *D* muß 180 Grad betragen. Der Nullleiter wird an den Mittelpunkt *O* der Drosselspule angeschlossen. In der Drosselspule fließt dauernd ein Wechselstrom, dessen Stärke wegen der hohen Selbstinduktion nur sehr gering ist. Da in jedem

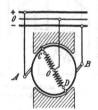

Fig. 252. Spannungsteilung nach Dobrowolsky.

Augenblick die Spannung zwischen *A* und *C* gleich der zwischen *B* und *D* ist, und Punkt *O* die Spannung zwischen *C* und *D* in zwei gleiche Teile teilt, so muß auch stets die Spannung zwischen *A* und *O* gleich der zwischen *B* und *O* sein. Bei Belastungsverschiedenheiten in den beiden Hälften des Dreileitersystems fließt die Differenz der Ströme über *O* zum Anker zurück. Dabei können Wechselströme von der dreifachen Frequenz auftreten, die sich im äußeren Stromkreise über den Gleichstrom lagern und z. B. ein Singen der Bogenlampen verursachen; man kann sie durch eine kleine Spule abdrosseln. Vgl. ETZ 1901, S. 357.

Bei der D r e i l e i t e r m a s c h i n e von O s s a n n a ist auf dem Anker außer der Kommutatorwicklung noch eine Drehstromwicklung, etwa eine aufgeschnittene (474), in Sternschaltung angebracht. Die Enden dieser Wicklung sind

[1]) A. B u c h, Über Spannungsteilung bei Gleichstrommaschinen. Diss. Braunschweig 1912.

an drei Punkte der Gleichstromwicklung angeschlossen, deren Potentiale je 120 Grad Phasenverschiebung gegeneinander haben; der Nullpunkt wird über einen Schleifring mit dem Nulleiter verbunden. Die Wirkungsweise ist ähnlich wie im vorigen Fall.

Ein Nachteil dieser Spannungsteilungen ist der, daß man die Spannungen der beiden Netzhälften nicht unabhängig voneinander regulieren kann. Sie eignen sich daher nur für Anlagen mit geringen Spannungsverlusten in den Leitungen und nicht allzu großen Verschiedenheiten in der Belastung der Netzhälften (bei Dobrowolsky 15 %, bei Ossanna 25 % der Maschinenleistung).

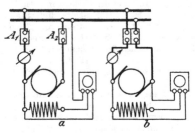

Fig. 253. Parallelschaltung zweier Nebenschlußmaschinen.

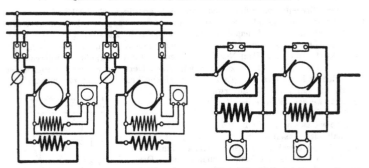

Fig. 254. Parallelschaltung zweier Doppel-schlußmaschinen.

Fig. 255. Reihenschaltung zweier Reihenschlußmaschinen.

(447) Parallel- und Reihenschaltung der Maschinen. In größeren Anlagen werden in der Regel mehrere Maschinen aufgestellt, die durch Parallel- oder Reihenschaltung miteinander verbunden werden. Am bequemsten und häufigsten ist die Parallelschaltung der N e b e n s c h l u ß m a s c h i n e n. Es ist nur darauf zu achten, daß die Maschinen gleiche Spannung und gleiche Polarität besitzen. Die Polarität ist gewährleistet bei der N e t z e r r e g u n g (Fig. 253a). Man schließe bei der zuzuschaltenden Maschine den Erregerkreis durch den linken Schalter A_1 und den Regulierwiderstand, stelle die richtige Spannung ein und schließe dann den rechten Schalter A_2. Die Maschine läuft nunmehr auch nach dem Parallelschalten leer und wird erst dadurch belastet, daß man sie stärker erregt. Der Ankerstrom ist nämlich

$$I_a = \frac{E - P}{R_a},$$

d. h. gleich dem Überschuß der EMK E über die Sammelschienenspannung P dividiert durch den Ankerwiderstand R_a. Bei der Selbsterregung (Fig. 253b) ist auf richtige Polarität zu achten, man verwende daher polarisierte Spannungszeiger, z. B. Drehspuleninstrumente. In diesem Falle versieht man die Ankerkreise zweckmäßig mit doppelpoligem Schalter.

Bei D o p p e l s c h l u ß m a s c h i n e n müssen nicht bloß die Maschinen im ganzen, sondern auch die Anker und die Hauptschlußwicklungen für sich parallel geschaltet werden (Fig. 254). Man schaltet zunächst durch einen doppelpoligen Schalter die Hauptschlußwicklung an die eine Netzschiene und eine dritte Schiene. Dadurch erhalten zwar die bereits laufenden Maschinen einen Spannungsstoß, weil ihre Hauptschlußwicklungen plötzlich von einem schwächeren Strom durchflossen werden, doch wird dabei die Leistung der Maschinen kaum geändert. Hierauf erteilt man dem Anker dieselbe Spannung, die die anderen Anker haben, und schließt ihn durch einen einpoligen Schalter an die Ankersammelschienen an.

Bekommt eine Doppelschlußmaschine Rückstrom, so wirkt die Reihenschlußwicklung entmagnetisierend und somit verstärkend auf den Rückstrom ein. Hierdurch entsteht die Gefahr der Umpolarisierung der Maschinen. Der Parallelbetrieb der Doppelschlußmaschine erfordert daher größte Aufmerksamkeit, und man vermeidet diese Art von Maschinen besonders bei allen Akkumulatorenanlagen.

Auch R e i h e n s c h l u ß m a s c h i n e n lassen sich parallel schalten, indem man ähnlich wie bei den Doppelschlußmaschinen zunächst die Anker selbst parallel schaltet, doch wird dies nur in Spezialfällen angewendet, unter anderem bei der Kurzschlußbremsung von Fahrzeugen mit mehreren Motoren. Dagegen werden **Reihenschlußmaschinen** mit Erfolg in großen Anlagen, die dann mit konstanter Stromstärke arbeiten, **hintereinander geschaltet** (Fig. 255), System T h u r y. Zur Regulierung der Spannung erhalten sie einen Regulierwiderstand, der parallel zur Erregerwicklung geschaltet ist. Wird der Widerstand kurz geschlossen, so verliert die Maschine ihre Spannung; je mehr Widerstand eingeschaltet wird, um so stärker wird der Strom, der durch die Erregung geht, und um so höher die Spannung der Maschine. Zum Einschalten einer Maschine wird zunächst der Ausschalter, der sie kurzschließt, geöffnet. Die Maschine wird sodann bei kurzgeschlossener Erregerwicklung in Gang gesetzt. Sodann wird der Regulierwiderstand so weit verstellt oder auch die Drehzahl so weit erhöht, bis die gewünschte Spannung erreicht ist. Vgl. ETZ 1902, S. 1001.

Gleichstrommotoren.

(448) Generator und Motor. Sinkt an einer Gleichstrom-Dynamo, die an ein Netz von konstanter Spannung angeschlossen ist, die EMK so weit, daß in der Gleichung

$$I_a = \frac{E - P}{R_a} \qquad 1)$$

E kleiner als P wird, so kehrt sich die Richtung des Stromes um, und der Generator wird zum Motor. Während beim Generator EMK und Strom gleichen Richtungssinn hatten, fließt nun der Strom entgegengesetzt der EMK; man spricht daher von „gegenelektromotorischer Kraft". Es gilt aber genau wie in (436)

$$E = c_1 \, n \, z \, \Phi \quad \text{oder} \quad n = \frac{E}{c_1 \, z \, \Phi} \qquad 2)$$

worin z die Drahtzahl, und für das Drehmoment

$$D = c_2 \, z \, I_a \, \Phi \qquad 3)$$

woraus folgt, daß

$$E \, I_a = c_3 \, D \, n \qquad 4)$$

oder in Worten: Die vom Anker aufgenommene elektrische Leistung ist der mechanischen Leistung äquivalent. Letztere kann man wie folgt schreiben:

$$A_{mech} = \frac{2 \pi n}{60} D \frac{kgm}{sk}$$

$$= \frac{2 \pi n}{60} 9{,}81 \cdot D \text{ Watt} \qquad 5)$$

worin D in kgm einzusetzen und n die Drehzahl in der Minute ist.

Bei sonst gleich gebauten Motoren ändert sich das Drehmoment direkt proportional mit der Drahtzahl auf dem Anker, die Drehzahl umgekehrt proportional
mit ihr, wie aus Gl. 2) und 3) ohne weiteres hervorgeht. Will man hiervon Gebrauch machen, um Motoren von verschiedenen Geschwindigkeiten zu bauen, so
ist zu beachten, daß sich mit der Windungszahl auch der Widerstand des Ankers,
und zwar angenähert quadratisch ändert.

(449) Umsteuerung der Motoren. Soll die Drehrichtung eines Gleichstrommotors geändert werden, so muß die Stromrichtung entweder in der Erregerwicklung oder im Anker umgekehrt werden, während die Umkehrung der Richtung des
dem Motor zugeführten Gesamtstromes auf die Drehrichtung ohne Einfluß ist.

(450) Einteilung. Die Gleichstrommotoren werden nach der Art, wie die Erregung geschaltet ist, eingeteilt in

1. fremderregte Motoren ⎫ (wesentlichste Eigenschaft: angenähert gleich-
               ⎬ bleibende Geschwindigkeit bei allen Brems-
2. Nebenschlußmotoren ⎭   belastungen),

                   ⎫ (wesentlichste Eigenschaft: Abfall d. Geschwindig-
3. Reihenschlußmotoren ⎬ keit bei zunehmender Bremsbelastung, Dreh-
                   ⎭ moment nur von der Stromstärke abhängig,

4. Doppelschlußmotoren

    a) mit gegensinnig geschalteten Erregerwicklungen (wesentlichste Eigen-
       schaft: konstante Geschwindigkeit),

    b) mit gleichsinnig geschalteten Erregerwicklungen (Eigenschaften zwischen
       denen der Nebenschluß- und der Reihenschlußmotoren).

Gleichstrommotoren werden normal ausgeführt für 110, 220, 440 und 500 V. Bei
größeren Motoren liegt die durch den Kommutator gegebene Spannungsgrenze
im allgemeinen bei 1000 V, in Ausnahmefällen bei 2000 V.

(451) Der fremderregte Motor. Hält man die Erregung konstant, so ist, solange die Ankerrückwirkung keinen Einfluß gewinnt, das Drehmoment und die
Anzugskraft proportional mit I_a. Die Kurve der Stromstärke über dem Drehmoment steigt daher geradlinig vom Nullpunkt aus an und geht später in eine konkav nach oben gekrümmte Kurve über, sobald der Einfluß der Ankerrückwirkung
bemerkbar wird. Ändert man die Erregung, so nimmt bei schwach gesättigtem
Eisen das Drehmoment proportional mit der Erregung zu oder ab, die Ankerstromstärke bei gleichbleibender Bremsbelastung daher entsprechend ab oder zu, bei
gesättigtem Eisen erweist sich die Veränderung der Erregung innerhalb der Sättigungsgrenze natürlich als wirkungslos. Unerregte Motoren haben eine sehr kleine
Anzugskraft, falls nicht durch extreme Verstellung der Bürsten die Maschine
vom Anker aus erregt wird, oder nennenswerte Remanenz vorhanden ist.

Bei Leerlauf kann, da dann die Stromstärke entsprechend der lediglich
zur Überwindung der Reibung aufzuwendenden Leistung sehr klein ist, $E = P$ gesetzt werden. Die Geschwindigkeit ist daher bei Leerlauf, und wenn die Bürsten in
der neutralen Zone stehen, praktisch gleich der Geschwindigkeit, bei der der leerlaufende Generator die Spannung P erzeugt. Wird der Motor belastet, so sinkt bei kon-

stantem P die Geschwindigkeit und die Gegen-EMK E so weit, bis der Strom genügend stark geworden ist, um das erforderliche Drehmoment zu erzeugen. Dieser Abfall ist bei großen Motoren sehr gering, bei kleinen Motoren mit verhältnismäßig hohem Ankerwiderstand bemerkbarer.

G e s c h w i n d i g k e i t s r e g e l u n g. Vergrößert man den Spannungsabfall künstlich durch Vorschalten von Widerstand vor den Anker, so verringert sich die Geschwindigkeit um einen dem Spannungsabfall im Vorschaltwiderstand proportionalen Betrag, allerdings nur auf Kosten der im Widerstand verlorenen Leistung und immer nur dem jeweiligen Werte des Produktes $I_a R_a$ entsprechend, so daß bei stark belastetem Motor ein großer, bei schwach belastetem Motor ein geringer Abfall der Geschwindigkeit eintritt. Läßt man beim fremderregten Motor die Ankerspannung unverändert, und ändert man die Erregung, so folgt aus

$$E = c_1 \, n \, z \, \mathit{\Phi}$$

daß die Geschwindigkeit um so größer wird, je geringer der Induktionsfluß wird. Man kann auf diese Weise also in umgekehrtem Sinne regulieren wie bei der soeben beschriebenen Methode. Das Verfahren ist in zweifacher Hinsicht besser. Der Leistungsverlust im Regulierwiderstande ist gering, weil im ganzen Erregerkreis nur einige Prozent der Leistung verbraucht werden; und die Einstellung der Geschwindigkeit ist von der Belastung unabhängig. Anderseits ist zu beachten, daß infolge der Abschwächung des Induktionsflusses das Drehmoment für gleich starken Ankerstrom geringer wird, die gleiche Bremsbelastung also nur mit stärkerem Strom durchgezogen werden kann. Daß der Strom stärker werden muß, ergibt sich übrigens auch daraus, daß ja durch die höhere Geschwindigkeit eine höhere Leistung bedingt wird. Wird in sehr weitgehendem Maße im Nebenschluß reguliert, so macht sich die infolge der Ankerrückwirkung auftretende Feldverzerrung durch starkes Feuern des Kommutators sehr störend bemerkbar. Will man daher in weiten Grenzen regulieren, so ist der Feldverzerrung durch Kompensationswicklungen, Wendepole oder dgl. zu begegnen. Vgl. (417 u. 418). Wird die Ankerstromstärke künstlich konstant gehalten (Reihenschaltung mehrerer Motoren), so bewirkt die Abschwächung des Feldes eine Verringerung der Geschwindigkeit bei gleichzeitigem Sinken der Ankerspannung.

D u r c h g e h e n d e s M o t o r s. Bei allzusehr geschwächter Erregung, z. B. bei Unterbrechung des Erregerkreises, nimmt der einmal laufende Motor bei geringer Bremsbelastung eine sehr hohe Geschwindigkeit an („er geht durch"), und es tritt eine Gefährdung des Ankers durch die Zentrifugalkraft ein. Es ist daher der Konstruktion und Ausführung der Erregerkreise besondere Aufmerksamkeit zuzuwenden; Sicherungen dürfen im Erregerkreise nicht angebracht werden, und etwaige Schalter sind so anzuordnen, daß sie ihn nicht öffnen oder kurzschließen können, ohne daß zugleich der Ankerkreis geöffnet wird.

K r i t i s c h e G e s c h w i n d i g k e i t. Bei einer bestimmten Geschwindigkeit, die nur infolge Antriebs des Motors von einer anderen Kraftquelle aus eintreten kann, wird die EMK gleich der Ankerspannung. Der Anker wird dann stromlos und nimmt weder elektrische Leistung auf, noch gibt er solche ab. Unterhalb dieser kritischen Geschwindigkeit, deren Höhe durch die Erregung eingestellt werden kann, ist

$$P > E$$

der Anker nimmt daher elektrische Leistung auf, und die Maschine läuft als Motor. Oberhalb der kritischen Geschwindigkeit ist

$$E > P$$

der Strom fließt jetzt im Anker umgekehrt, während der Erregerstrom seine Richtung beibehält. Das Drehmoment hat sich daher auch umgekehrt. Der Motor nimmt jetzt mechanische Leistung auf und gibt elektrische Leistung ab, er läuft als Generator.

Kuppelt man daher zwei gleiche fremderregte Maschinen und schaltet man ihre Anker bei gleicher Erregung auf dasselbe Netz, so laufen beide leer als Motoren. Erregt man nun die eine Maschine um ein geringes stärker, so wächst ihre EMK, und sie läuft als Generator, die andere Maschine als Motor. Durch stärkere Erregung der anderen Maschine kehrt sich der Vorgang um. Äußerlich kann man den Maschinen nicht ansehen, welche als Generator, welche als Motor läuft. Da eine absolut genaue Übereinstimmung zweier Motoren praktisch kaum zu erreichen ist, so verlangt die Anwendung mechanisch gekuppelter und parallelgeschalteter fremderregter oder Nebenschlußmotoren (Fahrzeugantrieb) große Vorsicht.

(452) Leonardsche Schaltung. Man macht von diesem Verhalten bei der Ward Leonard-Schaltung, Fig. 256, Gebrauch. Der Motor ist von einer fremden Stromquelle immer voll erregt. Der Generator, der auf irgend eine Weise, häufig als Teil eines Ilgner-Motor-Generators angetrieben wird, läuft mit wechselnder Erregung, die von dem positiven Maximum über Null bis zum negativen Maximum verändert werden kann. Die Anker beider Maschinen sind ohne Einfügung von Schaltern, Sicherungen oder Regulierwiderständen in Reihe geschaltet. Dann ist die Geschwindigkeit des Motors durch die Erregung des Generators völlig bestimmt und in der bequemsten Weise einzustellen. Wird die Erregung des Generators verstärkt, so wächst der Strom im Ankerkreise, und der Motor wird beschleunigt; wird die Erregung des Generators abgeschwächt, so sinkt die Stromstärke, ja sie kann sich leicht umkehren. In diesem Falle läuft der Motor als Generator, er wird stark gebremst und nimmt daher sehr schnell eine geringere Geschwindigkeit an, bei der er wieder als Motor läuft.

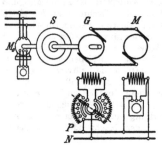

Fig. 256. Ilgner-Motor-Generator mit Leonard-Schaltung.

(453) Der Nebenschlußmotor verhält sich, solange er mit konstanter Spannung gespeist wird, durchaus wie der fremderregte Motor. Er hat daher die Eigenschaft, seine Geschwindigkeit unabhängig von der Größe der Belastung im wesentlichen konstant zu halten. Bemerkenswert ist, daß bei dauerndem Betrieb die Erregerwicklung warm und ihr Widerstand daher größer wird. Der Erregerstrom selbst wird dann schwächer, und ein mit geringer Eisensättigung arbeitender Motor läuft, weil weniger erregt, schneller. Die Geschwindigkeit wird dann ebenso wie die des fremderregten Motors reguliert. Da bei sinkender Klemmenspannung die Erregung nachläßt, so ist das Drehmoment und die Anzugskraft des Nebenschlußmotors von der Spannung sehr stark abhängig. Wo also große Zugkräfte bei hohem Widerstand der Zuleitungen zum Motor gefordert werden (z. B. im Straßenbahnbetrieb) erweist sich der Nebenschlußmotor als ungünstig. Auch der Nebenschlußmotor kehrt seine Wirkung um, sobald er die kritische Geschwindigkeit überschreitet. Man macht hiervon z. B. Gebrauch bei der Talfahrt auf elektrischen Bahnen und beim Niederlassen von Aufzügen. Sind mehrere parallelgeschaltete Nebenschlußmotoren miteinander gekuppelt, so hängt das Arbeiten der einzelnen Maschinen als Motor oder als Generator von ihrer Erregung ab. Die stärker erregte Maschine arbeitet als Generator, die schwächer erregte als Motor. Beim Fahrzeugbetrieb verlangt die Verwendung parallelgeschalteter Nebenschluß· motoren daher große Vorsicht. Andererseits macht man von diesem Verhalten nützlichen Gebrauch zum Ausgleich der Belastungen der beiden Netzhälften von

Dreileiteranlagen (Ausgleicher), ferner zur Belastung und Prüfung von Maschinen. Man hat bei diesem Verfahren die Möglichkeit, alle Größen bequem auf elektrischem Wege zu messen, es fällt der Bremszaum zur Bestimmung der mechanischen Leistung weg, und man arbeitet sehr wirtschaftlich, weil das Netz nur die Verluste in den beiden Maschinen zu decken hat. Nebenschlußmotoren mit Wendepolen können ins Schwingen geraten und sogar völlig instabil werden, so daß sich die Schwingungen vergrößern, wenn das Hauptfeld durch die Ankerströme zu stark geschwächt wird. [1])

(454) Der Reihenschlußmotor (auch Hauptstrommotor oder Serienmotor genannt) wird durch den Ankerstrom erregt, daher ist sein Drehmoment lediglich von der Stromstärke abhängig. Das Sinken der Klemmenspannung kann keine Verminderung der Anzugskraft und des Drehmomentes, sondern nur eine Abnahme der Drehzahl zur Folge haben, bis Stillstand erreicht ist. Der Induktionsfluß Φ ist bei geringer Stromstärke proportional mit I und das Drehmoment proportional mit I^2. Bei größerer Sättigung wird Φ annähernd konstant, und D nimmt dann proportional mit I zu. Wird endlich die Ankerrückwirkung beträchtlich, so nimmt D langsamer zu, als dem linearen Gesetz entspricht. Daraus ergibt sich die Kurve des Drehmomentes über der Stromstärke und umgekehrt der Stromstärke über dem Drehmoment, Fig. 257.

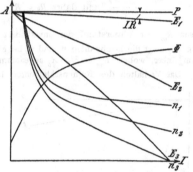

Fig. 258. Geschwindigkeiten des Reihenschlußmotors bei verschiedenen Widerständen.

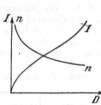

Fig. 257. Verhalten des Reihenschlußmotors.

(455) A b h ä n g i g k e i t d e r G e s c h w i n d i g k e i t v o n d e r B e l a s t u n g. Da sich beim Reihenschlußmotor die Erregung mit der Belastung ändert, so läuft der stark belastete Motor langsamer, der schwach belastete schneller. Man übersieht die Verhältnisse leicht bei Betrachtung von Fig. 258. Es ist stets

$$P = E + IR \quad \text{und} \quad n = \frac{E}{c \cdot z \cdot \Phi}$$

Kennt man die Magnetisierungskurve Φ über I und den Widerstand R des Motors, so findet man aus dieser Formel die Drehzahl n für einen beliebigen Belastungszustand I, indem man Φ und E aus den Kurven, Fig. 258, abgreift. Wird dem Anker Widerstand vorgeschaltet, so erhöht sich der Spannungsverlust IR; im Diagramm nimmt die Gerade AE eine zur Abszissenachse stärker geneigte Lage ($AE_2, AE_3 \ldots$) an. Aus dem neuen Werte der Gegen-EMK ermittelt man wie vorher den Verlauf von n. Fig. 258 zeigt die Drehzahlen für R, $8R$ und $16R$.

(456) A b h ä n g i g k e i t d e r G e s c h w i n d i g k e i t v o n d e r W i c k l u n g. Sind die Betriebsverhältnisse eines Motors für eine bestimmte

---

[1]) W a g n e r, K. W., Unstabile Betriebszustände bei Gleichstrommaschinen. ETZ 1907, S. 286. — R o s e n b e r g, Über das Pendeln von Gleichstrom-Wendepolmotoren. The Electrician, London, 4. Aug. 1911. — H u m b u r g, Das Pendeln bei Gleichstrommotoren mit Wendepolen. Diss. München 1912, Springer, Berlin.

Wicklung bekannt, z. B. durch Versuch festgestellt, so findet man die Betriebs-eigenschaften desselben Motors bei veränderter Wicklung wie folgt. Eine Ä n d e - r u n g d e r S c h e n k e l w i c k l u n g verändert den Abszissenmaßstab in Fig. 258 und ist daher leicht zu berücksichtigen. Bei Ä n d e r u n g d e r A n k e r - w i c k l u n g ändert sich das Drehmoment bei konstanter Stromstärke wi e die Drahtzahl:

$$\frac{D_2}{D_1} = \frac{z_2}{z_1}$$

Die Drehzahl folgt für gleiche Stromstärke aus

$$\frac{n_2}{n_1} = \frac{E_2/z_2\,\varPhi}{E_1/z_1\,\varPhi} = \frac{E_2}{E_1} \cdot \frac{z_1}{z_2}$$

Die Werte von E_2 sind unter Berücksichtigung der Änderung des Ankerwiderstandes zu berechnen. Es ist nämlich angenähert

$$\frac{R_{a_2}}{R_{a_1}} = \frac{z_2{}^2}{z_1{}^2} \quad \text{und daher} \quad R_2 = R_m + R_{a_2} = R_m + \frac{z_2{}^2}{z_1{}^2} R_{a_1}$$

wenn R_m der Widerstand der unverändert gebliebenen Schenkelwicklung ist. Fig. 259 zeigt die Drehzahlen n_1 und n_2 bei einfacher und doppelter Stabzahl auf dem Anker, wobei $R_m = {}^2/_3 \cdot R_a$ angenommen ist.

Das Verhalten des Reihenschlußmotors bringt die Gefahr des Durchgehens bei schwacher Belastung mit sich, hat aber für viele Betriebe die Annehmlichkeit, daß die Geschwindigkeit von selbst um so geringer wird, je größer die Belastung wird. Es steigt daher

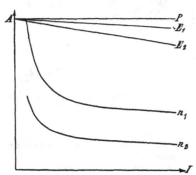

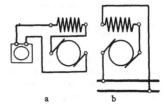

Fig. 259. Geschwindigkeiten des Reihenschlußmotors bei verschiedenen Ankerwicklungen.

Fig. 260. Reihenschlußmotor in nor-maler und in Bremsschaltung.

die vom Motor aufgenommene elektrische Leistung nicht proportional mit dem Drehmoment, wie es angenähert beim Nebenschlußmotor der Fall ist, sondern in geringerem Maße.

(457) G e s c h w i n d i g k e i t s r e g u l i e r u n g d u r c h F e l d v e r - ä n d e r u n g (451) ist beim Reihenschlußmotor möglich, indem ein Regulier-widerstand parallel zur Erregerwicklung geschaltet wird. Für diesen Fall findet man die Drehzahlen aus Fig. 258, wenn man die Stromverzweigung im Erregerkreis berücksichtigt den Abszissenmaßstab so wählt, daß nur die wirklich zur Erregung dienende Stromstärke darin zum Ausdruck kommt.

(458) Sehr beliebt zur Geschwindigkeitsregulierung ist endlich bei Reihen-schluß die Verwendung zweier mechanisch verbundener Motoren und deren R e i h e n - o d e r P a r a l l e l s c h a l t u n g n a c h W a h l. Diese ergibt eine Geschwindigkeitsveränderung im Verhältnis 1 : 2. Parallelschaltung zweier Reihenschlußmotoren ist im Gegensatz zur Parallelschaltung gekuppelter Nebenschlußmotoren unbedenklich. Hier ist ja die Erregung eine Funktion der Leistung, und es ergibt sich daher eine praktisch ausreichende Selbstregulierung der Belastungsverteilung.

(459) Die Umkehrung der Motorwirkung in Generatorwirkung tritt beim Reihenschlußmotor ein, wenn seine Drehrichtung geändert wird. Eine momentane Generatorwirkung tritt ferner ein, wenn ein noch im Gang befindlicher Motor umgesteuert, d. i. auf entgegengesetzten Drehsinn geschaltet wird. Dies letztere Verfahren, das vielfach „Gegenstrom geben" genannt wird, gefährdet infolge der auftretenden außerordentlichen Erhöhung der Stromstärke den Motor und ist daher im allgemeinen unzulässig. Eine Generatorwirkung kann endlich erzielt werden, wenn der Reihenschlußmotor vom Netz abgeschaltet und auf geeignete Widerstände geschlossen wird. Hierbei ist aber eine Umschaltung der Erregung erforderlich (Fig. 260a und b), weil sonst der Motor den Magnetismus verliert. Von dieser dritten Möglichkeit wird vielfach Gebrauch gemacht, wo es gilt, die in bewegten Massen aufgespeicherte Energie schnell zu beseitigen; man nennt das Verfahren „Kurzschlußbremsung".

(460) Die **Doppelschlußschaltung** der Erregung kann in zweierlei Weise Anwendung finden. Die Hauptschlußwickelung kann erstens so geschaltet werden, daß die Geschwindigkeit noch weniger von der Belastung abhängt als beim Nebenschlußmotor. Wenn nämlich bei letzterem infolge stärkerer Belastung die Geschwindigkeit sinkt, so kann man durch eine vom Ankerstrom durchflossene Wicklung, die magnetisch der Nebenschlußwicklung entgegenwirkt, das Feld schwächen und damit die Geschwindigkeit wieder erhöhen. Eine genaue Einstellung ist natürlich nur für solche Sättigungszustände möglich, bei denen $\varDelta\,\varPhi$ und $\varDelta\,(N\,I)$ einander proportional sind. Die Schaltung ist dann genau dieselbe wie die des Doppelschluß-Generators; da aber beim Motor der Ankerstrom umgekehrte Richtung hat, so wirken hier die beiden Erregerwicklungen einander entgegen, und es kann bei starker Belastung der Motor gänzlich entmagnetisiert werden. Derartig geschaltete Motoren sind daher mit Vorsicht zu benutzen und werden selten angewendet.

Schaltet man zweitens die Reihenschlußwicklung so, daß sie die Nebenschlußwicklung unterstützt, so erhält man einen Motor, dessen Verhalten in der Mitte zwischen dem eines Nebenschluß- und eines Reihenschlußmotors steht. Seine Geschwindigkeitsschwankungen sind bei Belastungsänderungen daher größer als die des Nebenschlußmotors, anderseits ist sein Drehmoment weniger von der Spannung abhängig. Motoren dieser Art gestatten eine ziemlich weitgehende Regulierung der Geschwindigkeit ohne Anwendung von Widerständen im Ankerkreis. Sie ermöglichen ferner eine Generatorwirkung bei Antrieb durch die Last sowie ein sicheres Durchziehen großer Überlasten und finden daher hin und wieder Verwendung bei Walzenzugsmaschinen, Fahrzeugbetrieb und dergl. Vgl. Hobart, Motoren, S. 155, Elektr. Bahnen u. Betriebe 1905, S. 632.

(461) Benutzung verschiedener Betriebsspannungen für den Ankerstromkreis zur Geschwindigkeitsregulierung von Gleichstrommotoren. Beim Nebenschlußmotor muß die Erregung ungeändert bleiben. Während daher die Erregerwicklung mit konstanter Spannung gespeist wird, werden dem Anker verschieden große Spannungen zugeführt, z. B. durch Anschluß an die Außenleiter oder an eine Hälfte eines Dreileitersystems oder durch Anschluß an mehr oder weniger Zellen einer Akkumulatorenbatterie oder endlich durch Einfügung einer z. B. durch eine Hilfsmaschine erzeugten elektromotorischen Kraft in den Ankerkreis, die entweder die Gegenspannung unterstützt oder ihr entgegenwirkt. Die eingehendere Erörterung dieser Methoden gehört in das Kapitel der Kraftübertragung und der elektrischen Bahnen.

Ein weiteres Verfahren, die Geschwindigkeit zu ändern, besteht in einer Verstellung der Feldmagnete, die dazu bei Außenpolmaschinen radial verschiebbar im
Joch angeordnet sein müssen. Bei Verringerung des Luftzwischenraumes verringert
sich auch die Drehzahl.

(462) Anlassen der Gleichstrommotoren. Bei Stillstand ist die Gegen-EMK
gleich Null; daher würde die volle Ankerspannung einen unzulässig starken Strom
durch den Anker und bei Nebenschlußmotoren eine Verringerung der Anzugskraft
infolge des großen Spannungsabfalls auf den Zuleitungen zur Folge haben. Die
Stromstärke muß daher durch einen Widerstand — Anlasser — in den zulässigen
Grenzen gehalten werden. Der Anlasser wird genau wie der Regulierwiderstand
für die Geschwindigkeitsregulierung beim Reihenschlußmotor in den Hauptkreis
und beim Nebenschlußmotor (Fig. 261) i n d e n A n k e r k r e i s geschaltet, er
kann aber kleiner bemessen werden als jener Regulierwiderstand, da er nur kurze
Zeit vom Strom durchflossen wird. Der Widerstand des Anlassers wird bei größeren

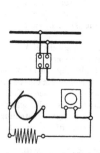

Fig. 261. Schaltung des Anlassers
beim Nebenschlußmotor.

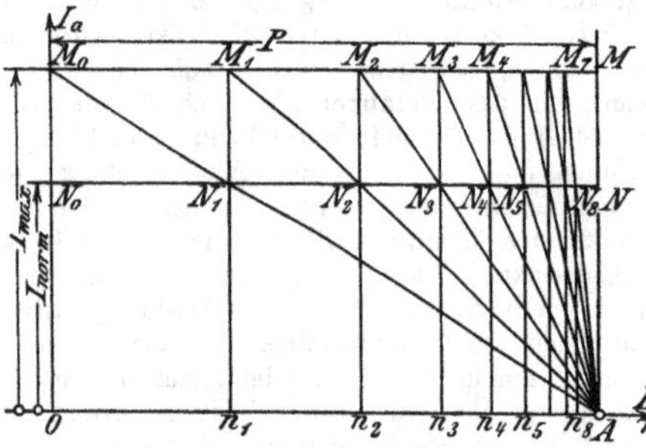

Fig. 262. Diagramm zum Anlasser des
Nebenschlußmotors.

Motoren in der Regel so gewählt, daß beim Einschalten nur ein Bruchteil der vollen
Stromstärke, etwa ein Drittel, auftreten kann. Durch Abschalten der ersten Stufen
wächst die Stromstärke, bis der Motor anläuft. Bei vollem Drehmoment erfolgt
dies bei etwas größerer Stromstärke als der normalen, weil Beschleunigungsarbeit
zu leisten und weil die Reibung der Ruhe erheblich ist, für geringere Drehmomente
sind entsprechend geringere Stromstärken erforderlich. Sowie der Motor läuft,
entsteht im Anker eine Gegen-EMK, die ein Sinken der Stromstärke veranlaßt. Die Geschwindigkeit steigt dabei so lange, bis die Ankerstromstärke den
kleinsten Wert erreicht hat, bei dem das erforderliche Drehmoment noch vorhanden
ist, während vorher das überschüssige Drehmoment zur Beschleunigung verwendet
wurde.

Durch weiteres Ausschalten von Widerstand steigt I_a wieder, und es entsteht
aufs neue ein überschüssiges Drehmoment, das wieder zur Beschleunigung verwandt wird. Der Motor nimmt daher fortgesetzt höhere Drehzahlen an, bis aller
Widerstand ausgeschaltet ist.

(463) Die **Abstufung der Anlasser** (vgl. ETZ 1894, S. 644; 1899, S. 277)
wird am besten so gewählt, daß jeder Stufe derselbe Sprung in der Stromstärke
entspricht. Die Belastung möge die Ankerstromstärke I_{norm} verlangen, bei der
der Beharrungszustand eintritt, die beim Abschalten auftretende größte Ankerstromstärke sei I_{max}. Letztere richtet sich nach der Stufenzahl und nach der gewünschten
Beschleunigung des Ankers. Beim N e b e n s c h l u ß m o t o r können wir Φ
innerhalb der Grenzen I_{norm} und I_{max} als konstant ansehen. Mithin ist die EMK E

einfach der Drehzahl n proportional. Stellen daher die Abszissen einer Geraden AM, Fig. 262, z. B. AM_1, die EMKK dar und OA die Betriebsspannung P, so ist bei normaler Stromstärke die EMK im Anker gleich N_0N_2, der Spannungsverlust in dem den Anlaßwiderstand enthaltenden Ankerkreise N_2N, und die Drehzahl kann auch durch N_0N_2 dargestellt werden. Die Strecke OA entspricht dann der kritischen Drehzahl (451). Wird nun eine Stufe des Anlassers abgeschaltet, so steigt die Stromstärke auf $I_{max} = n_2M_2$. Das überschüssige Drehmoment vergrößert n und damit zugleich E, das längs der Geraden M_2A steigt, bis bei N_3 wieder der Beharrungszustand erreicht ist. Wie leicht zu sehen, ist

$$\frac{N_1N_2}{N_2N_3} = \frac{I_{max}}{I_{norm}} = \lambda$$

Die Geschwindigkeitsstufen bilden daher eine geometrische Reihe. Die Widerstände des Ankerkreises einschließlich des Ankerwiderstandes selbst verhalten sich weiter wie die Spannungsverluste, also ist

$$\frac{R_a + R_1}{R_a + R_2} = \frac{N_1N}{N_2N} = \lambda$$

Die Gesamtwiderstände und die Widerstandsstufen selbst wachsen also wie eine geometrische Reihe. Ist $NN_8 = R_a$, so ist $NN_7 = \lambda R_a$, $NN_6 = \lambda^2 R_a$ usw. Je mehr Stufen gewählt werden, um so geringer wird der Unterschied zwischen I_{max} und I_{norm}. Allgemein ist für m Stufen im ganzen

$$\lambda^m = \frac{P}{R_a I_{norm}} \quad \text{oder} \quad \lambda = \sqrt[m]{\frac{P}{R_a I_{norm}}}$$

woraus eine der beiden Größen λ und m zu berechnen ist, wenn die andere gegeben ist. Für 3 $^0/_0$ Spannungsverlust im Anker $\left(\dfrac{R_a I_{norm}}{P} = 0{,}03\right)$ erhält man folgende Tabelle:

$m =$ 5	10	15	20	25	30	40	60
$\lambda =$ 2,02	1,42	1,26	1,19	1,15	1,12	1,092	1,060

Die letzten Stufen müssen kleiner als der Ankerwiderstand werden, eine Regel, gegen die sehr oft gefehlt wird.

(464) Für die **Abstufung des Anlassers beim Reihenschlußmotor** ist zu beachten, daß Φ mit I wächst. Es ist jetzt

$$E = c \cdot n \, \Phi$$

Für I_{norm} sei der Induktionsfluß Φ_{norm}. Hierbei ist

$$E_{norm} = c \cdot n \, \Phi_{norm} = c_1 \cdot n$$

Man kann daher wie vorher, wenn OA (Fig. 263) die Spannung P darstellt, E_{norm} und n durch die Abszissen einer Geraden AM, z. B. AM_1, darstellen. Bei I_{norm} stellt daher z. B. N_0N_2 die EMK und die Drehzahl, N_2N' den Spannungsverlust $R I_{norm}$ in der Wicklung der Maschine und dem Anlasser dar. Wird nun eine Stufe des Anlassers abgeschaltet, so steigt die Stromstärke auf I_{max} und der Induktionsfluß auf Φ_{max}. Bei derselben Geschwindigkeit muß die EMK im Verhältnis Φ_{max}/Φ_{norm} steigen. Bestimmt man daher den Punkt P, für den

$$\frac{PM_0}{PN_0} = \frac{\Phi_{max}}{\Phi_{norm}}$$

zieht PN_2 und verlängert es bis zum Schnittpunkt M_2 mit M_0M', so ist M_0M_2 die neue EMK. Nunmehr steigt aber die Geschwindigkeit, und die EMK wächst weiter bis N_0N_3, wo bei der Stromstärke I_{norm} ein neuer Beharrungszustand eintritt. Da nun

$$\frac{M_1M_2}{N_1N_2} = \frac{\Phi_{max}}{\Phi_{norm}} = \mu$$

und

$$\frac{M_1M_2}{N_2N_3} = \frac{I_{max}}{I_{norm}} = \lambda$$

so folgt

$$\frac{N_1N_2}{N_2N_3} = \frac{\lambda}{\mu}$$

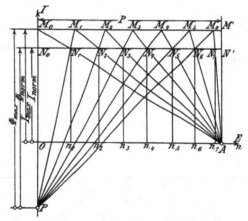

Fig. 263. Diagramm zum Anlasser des Reihenschlußmotors.

Demnach bilden die Geschwindigkeitsstufen wie in (463) eine geometrische Reihe Bei geringer Sättigung fallen P und O zusammen, und μ wird gleich λ. Dann werden alle Stufen gleich groß. Bei großer Sättigung rückt P ins Unendliche, und Fig. 263 geht in Fig. 262 über. Die Abstufung ist dann genau wie beim Nebenschlußmotor.

Der dem Punkte N in Fig. 262 entsprechende Konvergenzpunkt der Fig. 263 fällt in die Verbindungslinie PA. Deshalb bilden die gesamten Widerstände hier keine geometrische Reihe, sondern nur die einzelnen Stufen. Aus einem Vergleich der Fig. 262 und 263 erkennt man, daß bei einem Reihenschlußmotor bei Zulassung derselben Schwankungen in der Stromstärke viel weniger Stufen erforderlich sind, und ihre Abnahme viel geringer ist als beim Nebenschlußmotor.

Die bisher betrachteten Widerstände sind nur so groß, daß beim Einschalten sofort die maximale Stromstärke I_{max} auftritt. Dies ist aber in der Regel mit Rücksicht auf die Netzspannung unzulässig. Man muß daher noch eine Anzahl Stufen hinzufügen, so daß nur $^1/_5$ bis $^1/_3$ der vollen Stromstärke auftritt. Diese Stufen sind alle gleich groß zu wählen.

(465) Bei **Nebenschlußmotoren** ist es wichtig, daß die Erregerwicklung beim Abstellen nicht unterbrochen wird, man wähle daher eine solche Schaltung, daß der Erregerkreis stets durch den Anker geschlossen bleibt, wie z. B. in Fig. 264. Eine Schleifkurbel verbindet den Zapfen Z und zwei auf einem Kreis einander gegenüberliegende Kontakte miteinander. In der Stellung AA ist der Motor ausgeschaltet, die Erregerwicklung durch W und den Ankerkreis geschlossen. In Stellung BB ist

der Motor eingeschaltet und voll erregt, der Anker aber durch W vor zu starkem Strom geschützt. In Stellung CC sind die Feldmagnete voll erregt und W ganz abgeschaltet; dies entspricht der Stellung bei normalem Lauf. Will man den Zapfen nicht benutzen, so kann man den Nebenschluß auch an einen Punkt P anschließen, der etwa der vollen Stromstärke im Anker bei Stillstand entspricht. Sowohl in der Stellung BB wie in der CC erhält dann die Erregerwicklung nicht ganz die volle Spannung, doch ist der Verlust im letzten Fall nicht erheblich, da der Anlaßwiderstand viel geringer ist als der Widerstand der Erregung.

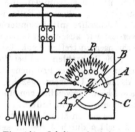

Fig. 264. Schaltung des Anlassers des Nebenschlußmotors.

Ausführliches über Anlasser und Regulierwiderstände (600) u. f.

Wechselstromdynamos.

(466) Synchrone und asynchrone Generatoren. Die synchronen Generatoren überwiegen in der heutigen Praxis bei weitem. Sie bestehen in der Regel aus einem feststehend angeordneten Anker mit offenen, halboffenen oder geschlossenen Nuten und dementsprechend umlaufenden Feldmagnet. Als asynchrone Generatoren können Induktions- und Kommutatormotoren benutzt werden (558). Maß-

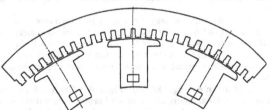

Fig. 265. Blechschnitt einer Wechselstrommaschine.

gebend für den Bau eines Synchrongenerators ist die Stromart, die Leistung, die Spannung, die Frequenz, der durch die Belastung bestimmte Leistungsfaktor und die Geschwindigkeit. Die Bauart der Einphasenstrom-, Zweiphasen-, Drehstrom-, usw. Maschinen ist äußerlich dieselbe, der Unterschied liegt nur in der Wicklung und deren Schaltung.

Zur Beurteilung der Arbeitsweise irgendeiner Drehstrom- oder Wechselstrommaschine bedarf man einer Darstellung ihres „Blechschnittes". Fig. 265 gibt ein Beispiel.

Maßgebend für die magnetische Disposition sind die Rücksichten auf die „Spannungskurve" (478), auf die Verluste im Eisen (343) und auf die Beeinflussung der Klemmenspannung durch die wechselnde Belastung der Maschine (492). Außerdem ist die Polzahl zu berücksichtigen.

(467) Die **Umfangsgeschwindigkeit** der synchronen Generatoren liegt bei Maschinen mit mäßiger Umdrehungszahl zwischen 20 und 40 m/sk. Es ist dabei am leichtesten möglich, günstige Schenkelquerschnitte (336) anzuwenden. Große Umfangsgeschwindigkeit bei geringen Drehzahlen verteuert die Herstellung der Maschine (große Durchmesser), gestattet aber vorteilhafte Anordnung der Feldmagnete in bezug auf Streuung. Bei sehr hohen Umdrehungszahlen (Turbodynamos) ist man gezwungen, die Umfangsgeschwindigkeit bis auf 70—120 m/sk zu steigern. In diesem Falle ist es erforderlich, alle Teile gegen die Wirkung der Fliehkräfte mit besonderer Sorgfalt festzulegen, den umlaufenden Teil aufs vorsichtigste auszuwuchten und gegen übermäßige Luftbewegung geeignete Vorkehrungen zu treffen (vgl. 385, 386).

Die **Drehzahlen** sind bei Wechsel- und Drehstrommaschinen nicht beliebig, vielmehr bei gegebener Frequenz durch die Polzahl festgelegt, die stets gerade sein muß. Als normale Umdrehungszahlen hat der V. D. E. die in den Normalien angegebenen empfohlen. Abweichungen sind aber infolge der Verschiedenartigkeit der Antriebsmaschinen unvermeidlich.

Bei großen Maschinen ist es der Teilbarkeit wegen zu empfehlen, daß die Polpaarzahl p durch 4 teilbar sei.

Die **Polzahl** richtet sich nach der verlangten Frequenz und der Drehzahl. Es gilt die Gleichung:

Zahl der Polpaare × sekundl. Umdrehungszahl = Frequenz

$$p \cdot \frac{n}{60} = \nu$$

(468) Der **Blechschnitt** des Ankers wird einheitlicher Fabrikation wegen meist so entworfen, daß die Nutenzahl durch drei teilbar ist; damit werden die Schnitte ohne weiteres zur Ausführung von Drehstrommaschinen geeignet. Eine Rücksichtnahme auf Zweiphasenmaschinen war bisher kaum notwendig; ob das Aufkommen der Bahnen für einphasigen Wechselstrom den Bedarf an Zweiphasenmaschinen zur Speisung zweier Strecken vergrößern wird, kann zurzeit nicht gesagt werden.

Für den Pol und Stromkreis sieht man 2 bis 5 N u t e n vor. Große Nutenzahl ist für Erzeugung einer möglichst sinusartigen Kurve der elektromotorischen Kraft und für geräuschlosen Gang der Maschine günstig; sie beeinträchtigt aber den für Isolation verfügbaren Raum und ist daher bei Maschinen für sehr hohe Spannung im allgemeinen nicht anwendbar, und zwar um so weniger, je höher die Frequenz ist.

Die N u t e n f o r m e n , vgl. (396, 397), Fig. 205—209, werden sehr verschieden gewählt. Die bei weitem bequemste und sauberste Fabrikation gestatten ganz offene Nuten; sie bedingen aber lamellierte Polschuhe, weil anderenfalls die Verschiedenheit der magnetischen Induktion, die unter den Zähnen größer und unter den Nuten geringer ist, starke Wirbelströme in den Polschuhen erzeugt. Offene Nuten vergrößern ferner den Widerstand für den Übergang des Induktionsflusses von den Polen zum Anker durch die Luft und begünstigen endlich die Bildung von unerwünschten Oberschwingungen in dem periodischen Verlauf von Strom und Spannung. Wenn die radiale Tiefe des Luftspaltes gering ist, zeigen sich alle diese Einflüsse in empfindlicherer Weise und sind dann nur durch Anordnung relativ sehr großer Nutenzahlen zu beheben. Ganz geschlossene und halb geschlossene Nuten sind in magnetischer Hinsicht und auch bezüglich der Fabrikation ziemlich gleichwertig, sie gestatten, den Induktionsfluß sehr gleichförmig im Luftspalt zu verteilen, schließen übermäßige Wirbelstrombildung in den Polschuhen aus, wenn sie sie auch nicht beseitigen, und erzeugen, solange die Zahnsättigung mäßig ist,

Oberschwingungen in geringerem Maße. Der Eisenpfad, der an der der Bohrung zugekehrten Seite der ganz geschlossenen Nut stehen bleibt, erhöht die Ankerstreuung. Wird aber die Nut, wie bei halb geschlossener Ausführung, geschlitzt, wodurch zugleich u. U. vom Stanzen herrührende Materialspannungen beseitigt werden, so ist bei geeigneter Ausführung der Zahnköpfe, wie in Fig. 206, die Ankerstreuung nicht bedenklich. Die halb geschlossenen Nuten sind daher sehr beliebt. Sie bedingen aber den namentlich bei vieldrähtigen Wicklungen fühlbaren Nachteil, daß die Wicklung einzeln durch die Nuten gefädelt (,,genäht'') werden muß (396).

Die N u t e n b r e i t e ergibt sich aus dem für Wicklung und Isolation erforderlichen Raum; sie darf nur so groß gewählt werden, daß die stehenbleibenden Zähne genügende mechanische Festigkeit für das Stanzen und etwaiges Ausdrehen des Ankers (wird meist nicht vorgenommen) und ausreichenden Querschnitt für den Durchgang des Induktionsflusses behalten. Die magnetische Induktion ist dabei durch Rücksichten auf die Eisenverluste gegeben und wird bei Leerlauf und der für Beleuchtung üblichen Frequenz von 50 Per./sk gegenwärtig zu 16 000 bis 18 000 Gauß angenommen; bei belasteter Maschine wird sie dann erheblich höher (475).

Die N u t e n t i e f e darf ziemlich groß genommen werden (50 bis 80 mm), doch wächst die Ankerstreuung mit der Tiefe. Sie muß um so weiter getrieben werden, je geringer die Umfangsgeschwindigkeit gewählt wird.

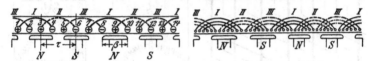

Fig. 266. Drehstromwicklung mit einfachen Nuten.

Fig. 267. Drehstromwicklung mit dreifachen Nuten.

(469) Die **Pole** müssen so gestaltet werden, daß sie zugleich den Induktionsfluß beim Übertritt in den Anker in geeigneter Weise verteilen und außerdem eine bequeme und billige Anordnung der Erregerwicklung (kreisförmigen oder quadratischen Querschnitt) ermöglichen. Allmählich hat sich als Normalform für die Pole die der Fig. 190 bis 192 herausgebildet, soweit nicht genutete Feldmagnete wie bei Turbodynamos in Frage kommen. Über die Ausführung der Erregerwicklung s. (337) und (385).

Der Abstand der Mittellinien zweier aufeinander folgender Pole τ im Längenmaß am Umfang oder auch im Winkelmaß gemessen heißt P o l t e i l u n g. Von großer Bedeutung für die Wirkungsweise der Maschine ist die Wahl der Polschuhform, die namentlich durch das Verhältnis des Polschuhbogens zur Teilung τ (Fig. 156) charakterisiert wird. Die Polschuhform ist in erster Linie für die Form der ,,Spannungskurve'' maßgebend, d. i. für den periodischen Verlauf der Kurve der Leerlaufspannung oder EMK, aufgetragen über die Zeiten als Abszissen.

(470) **Normale Wicklung des Drehstromgenerators.** Das Schema zeigen die Fig. 266 und 267, erstere mit 1 Nut für 1 Zweig und 1 Pol — einfache Nutenzahl —, letztere mit 3 Nuten für 1 Zweig und 1 Pol — dreifache Nutenzahl. Allgemein sprechen wir von σ-facher Nutenzahl. Setzt man die Teilung gleich τ, so liegt der Anfang des Stromzweiges II um $^2/_3$ τ hinter dem Stromzweig I und der Anfang des Stromzweiges III wieder um $^2/_3$ τ hinter dem Stromzweig II. Laufen die Pole nach rechts um, so entsteht daher die eingeschriebene Zählung I II III I II III. Wird die Umlaufrichtung der Pole umgekehrt, so kehrt sich auch die Reihenfolge der Stromzweige um. Bezeichnet man die linken Seiten der Spulen mit dem Pluszeichen, die rechten Seiten mit dem Minuszeichen, so folgen in den Nuten aufeinander, Fig. 266,

+ I — III + II — I + III — II + I — III usw. An den Stirnseiten liegt abwechselnd eine Spule oder Spulengruppe höher, d. h. weiter vom Ankereisen entfernt, die nächste tiefer, also z. B. I höher, II tiefer, III höher, I tiefer, II höher, III tiefer usw.

Bei Ausführung der Wicklung als Phasenwicklung mit Spulen oder Stäben ergibt sich, wenn die Zahl der Polpaare ungerade ist, die Notwendigkeit, eine Spule unsymmetrisch auszuführen (verschränkte Spule), d. h. sie zum Teil höher, zum Teil tiefer zu legen.

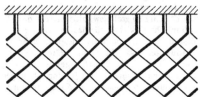

Fig. 268. Stirnverbindungen einer Drehstromstabwicklung, zwei Stäbe/Nute.

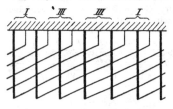 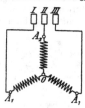 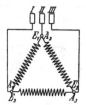

Fig. 269. Stirnverbindungen einer Drehstromwicklung, ein Stab/Nute, dreifache Nuten.

Fig. 270. Sternschaltung.

Fig. 271. Dreieckschaltung.

Fig. 268 und 269 zeigen schematisch einige Stabwicklungen. Wenn zwei Stäbe in einer Nut liegen, so kann man die Wicklung in überaus regelmäßiger Form nach Fig. 268 ausführen, die der Fig. 214 entspricht. Man muß sich die stark ausgezogenen Stäbe z. B. jedesmal oben, die schwach ausgezogenen unten in der Nut liegend denken. Ist die Zahl der Nuten für einen Stromzweig und Pol ungerade, so kann man die Wicklung mit einem Stab in der Nut nach Fig. 269 ausführen, wobei natürlich auch eine Abbiegung der stark gezeichneten Stäbe nach rechts möglich ist. Die geringste Nutenzahl ist demnach 6 für ein Polpaar, sie wird aber sehr selten gewählt, weil die Ankerstreuung dabei sehr groß wird und die Maschinen stark brummen. Man wählt, wie schon bemerkt, lieber 12 bis 30 Nuten auf ein Polpaar. Über Teillochwicklungen vgl. Seidner, El. u. Maschb. 1910, S. 785.

Bei großen Maschinen ist es wichtig, die Wickelköpfe, d. h. die aus dem Eisen herausragenden Teile der Spulen durch starke Klammern in ihrer Lage festzuhalten, weil sie schon im normalen Betriebe, noch viel mehr aber bei Kurzschlüssen von sehr starken elektrodynamischen Kräften angegriffen werden.

(471) Stern- und Dreieckschaltung. Zunächst sind genau die drei Anfänge und die drei Enden der Zweige festzustellen. Schaltet man z. B. die Spulen je eines Zweiges hintereinander, so kann man als die Anfänge die Zuführungen zu drei Nuten ansehen, die in Abständen von je $^2/_3\tau$ aufeinander folgen, z.B. in Fig. 266 die Zuführungen zu den Nuten 1, 3 und 5, in Fig. 267 die zu der ersten, siebenten und dreizehnten Nut. Die drei Enden ergeben sich dann von selbst. Bei der Sternschaltung werden nun die drei Enden zu einem Nullpunkt 0, der meistens unbenutzt bleibt, miteinander verbunden und die drei Anfänge A_1, A_2, A_3 zu den Klemmen geführt, Fig. 270. Bei der Dreieckschaltung wird E_1 mit A_2, E_2 mit A_3, E_3 mit A_1

verbunden, dabei werden die drei Verbindungspunkte zu den Klemmen geführt, Fig. 271. In den Schaltungen werden die drei Zweige in der Regel mit 120° Verstellung gegeneinander, entsprechend den Phasenverschiebungen der EMKK in ihnen gezeichnet, es ergibt sich dann in Fig. 270 ein Stern, in Fig. 271 ein Dreieck.

Die Größe der drei Spannungen zwischen den Klemmen A_1 und A_2, A_2 und A_3, A_3 und A_1 heißt schlechthin die D r e h s t r o m s p a n n u n g $P_\triangle$, die Größe der bei der Sternschaltung auftretenden Spannungen zwischen dem Nullpunkt 0 und je einer der Klemmen A_1, A_2, A_3 ist das $1/\sqrt{3}$ fache jener Spannungen und heißt die S t e r n s p a n n u n g P_Y. Bei der Dreieckschaltung ist die Stromstärke schlechthin die Stärke der von den Klemmen nach außen führenden Ströme: in den drei Zweigen $A_1 E_1$, $A_2 E_2$, $A_3 E_3$ fließen Ströme, deren Stärke das $1/\sqrt{3}$ fache jener Stromstärken ist.

Die L e i s t u n g d e r D r e h s t r o m m a s c h i n e ist bei gleicher Belastung der drei Zweige $\sqrt{3} \cdot P\,I$ cos φ, wenn φ die Phasenverschiebung zwischen der Spannung P und der Stromstärke I ist.

(472) Die **Wicklung der Zweiphasenmaschinen** besitzt zwei Spulengruppen, die um eine halbe Polteilung, d. h. um 90 elektrische Grade gegeneinander verschoben sind. Die **Wicklung der Einphasenmaschinen** wird wie die der Drehstromoder die der Zweiphasenmaschinen ausgeführt, indem man einen Zweig wegläßt — man kann dann die Wicklung immer wieder zu einer Mehrphasenwicklung ergänzen — oder aber die Stirnverbindungen werden so ausgeführt, daß die Überkreuzungen wegfallen. Im letzteren Falle erhält man kurze Spulen. Fig. 272 zeigt die erste, Fig. 273 die zweite Art der Wicklung.

Fig. 272.

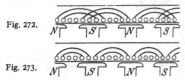

Fig. 273.

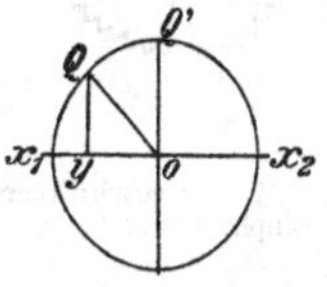

Fig. 272. Einphasenwicklung mit übergreifenden Spulen.
Fig. 273. Einphasenwicklung mit kurzen Spulen.

Fig. 274. Potentialdiagramm der Ankerwicklung.

Die Leistung der Zweiphasenmaschine ist 2 $P\,I$ cos φ, wenn sich P und I auf je einen der Stromkreise beziehen; die der Einphasenmaschine $P\,I$ cos φ. Bei gleicher Größe und Drehzahl leistet die Einphasenmaschine etwa 70°/₀ von dem der Mehrphasenmaschinen.

(473) **Vektor- und Potentialdiagramm.** Führt man für die in den einzelnen Ankerleitern induzierten EMKK die äquivalenten Sinuskurven ein, so findet man für irgendeinen Augenblick die EMK eines Leiters leicht mit Hilfe eines Kreisdiagrammes. Wir denken uns die Leiter eines Polpaares einer rotierenden Wicklung gleichmäßig auf dem Umfang eines Kreises, Fig. 274, verteilt und messen die augenblickliche Lage eines Leiters durch den Winkel $Q\,O\,y$. Während einer Periode durchläuft jeder Leiter einmal die ganze Peripherie. Hat nun die EMK eines Leiters in der Lage x_1 den Wert Null, so kann ihr Wert in der Lage Q des Leiters durch die Strecke Qy dargestellt werden.

Werden die Leiter miteinander zu einer fortlaufenden Wicklung verbunden, so läßt das Diagramm noch eine andere Deutung zu. Durchläuft man nämlich die Wicklung bei einer bestimmten Lage des Ankers, indem man von dem in x_1 liegenden Stab ausgeht, so gelangt man von Stab zu Stab fortschreitend zu wechselnden Potentialen, die nach der topographischen Methode (vgl. ETZ 1898, S. 164; Z. f. El. 1899; ETZ 1901, S. 563) für die Stabenden einer Ankerseite durch dieselben Punkte des Kreises dargestellt werden können, durch die die jeweilige Lage des Stabes bestimmt wird. Denn die geometrische Addition aller Vektoren gleicher Länge, die um gleiche Winkel gegeneinander verdreht sind, ergibt ein regelmäßiges Polygon. Es stellt dann z. B. Punkt Q das Potential dar. das man nach Durchlaufen aller Stäbe von x_1 bis Q erreicht. Diese Darstellung ermöglicht es, in sehr einfacher Weise die Potentialdifferenz, d. h. die Spannung zwischen zwei beliebigen Stäben, zu finden; denn diese ist nach Größe und Phase einfach proportional der Länge der Sehne zwischen den der Lage der Stäbe entsprechenden Punkten.

Hieraus ergibt sich, daß man aus geschlossenen Wicklungen ohne weiteres Einphasenstrom, Zweiphasenstrom, Drehstrom und allgemein n-Phasenstrom entnehmen kann. Man macht hiervon besonders bei den (Einanker-) Umformern (589) Gebrauch.

(474) Aufgeschnittene Wicklungen. (Vgl. O s s a n n a , Über Schaltungen mit aufgeschnittenen Gleichstromwicklungen. Z. f. E. 1899, S. 347.) Die geschlossenen Wicklungen lassen keine Hintereinanderschaltung von Wicklungsteilen mit EMKK gleicher Phase zu und ergeben auch ungünstige Drehstromwicklungen, da stets (Trommelwicklung vorausgesetzt) Drähte neben- oder übereinander liegen, die Ströme verschiedener Phase zu führen

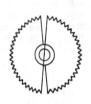

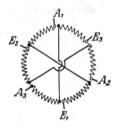

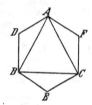

Fig. 275. Aufgeschnittene   Fig. 276. Aufgeschnittene   Fig. 277. Spannungsdiagramm der
Einphasenwicklung.   Dreiphasenwicklung.   Drei- und der Sechsphasenwicklung.

haben. Dies läßt sich durch Aufschneiden der Wicklung vermeiden, zugleich ist dann die Hintereinanderschaltung möglich. Fig. 275 zeigt eine an zwei Schleifringe angeschlossene, aufgeschnittene Wicklung für Einphasenstrom mit zwei hintereinander geschalteten Teilen. Die geschlossene Wicklung gibt z. B., wenn die drei Punkte A, B und C an Schleifringe angeschlossen werden, Fig. 277, die Spannungen AB, BC und CA; wird sie aber sechsmal aufgeschnitten und nach Fig. 276 geschaltet, die drei Spannungen $(AD + CE)$, $(BE + AF)$, $(CF + BD)$. Die Leistungen der Maschine verhalten sich bei gleicher Stromstärke wie AB zu $(AD + CE)$. Die drei Zweige A_1E_1, A_2E_2 und A_3E_3 können nach Belieben in Dreieck oder Stern geschaltet werden. Bei mehrpoligen Maschinen mit Reihenschaltung schneidet man die Wicklung ebenfalls an zwei Stellen auf (schleifende Wicklung); bei Parallelschaltung ist für jedes Polpaar eine Zerlegung in sechs Teile erforderlich, von denen die elektrisch gleichwertigen nach Belieben parallel oder hintereinander geschaltet werden können.

(475) Ankerrückwirkung. Die Ankerströme erzeugen bei Mehrphasenstrom ein Drehfeld, das synchron mit den Feldmagneten umläuft. Der Höchstwert der Anker-Durchflutung für zwei Pole schwankt bei Drehstrom (525) zwischen $^2/_3 \sqrt{2} \cdot N_a I_a$ und dem $\frac{1}{2} \sqrt{3}$ fachen hiervon. Der Mittelwert hieraus ist $0,88 N_a I_a$. Die entmagnetisierende Wirkung der Ankerströme hängt von der Phasenverschiebung $\vartheta = \varphi + \alpha$ (496) zwischen E_λ und I ab und ist am größten, wenn $\vartheta = 90^0$. Dabei ist φ die Phasenverschiebung zwischen der Klemmenspannung P

und dem Strom, a die Voreilung der EMK E_λ, die bei Leerlauf bei unveränderter Erregung auftritt, vor der Klemmenspannung. Bei $\vartheta = 0^0$, ein Fall, der im allgemeinen nur bei einer Phasenvoreilung, also bei negativem φ auftritt, wirken die Ankerströme auf der voreilenden Hälfte des Poles schwächend, auf der anderen verstärkend, Fig. 278 (Quermagnetisierung). Nur bei geringer Sättigung in den Zähnen wird dann auch die Induktion in demselben Maße geändert, der gesamte Induktionsfluß bleibt in diesem Falle unverändert. Es ändert sich jedoch der zeitliche Verlauf der EMK und ihr Mittelwert. Bei größerer Sättigung überwiegt

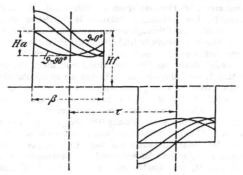

Fig. 278. Diagramm der Ankerrückwirkung.

die Abschwächung. Ebenso überwiegt die Abschwächung, wenn I eine nacheilende Phasenverschiebung gegen P besitzt. In Fig. 278 sind die Feldstärken unter der Annahme aufgetragen, daß die Sättigung gering ist. Man hat dann für einen Pol

$$\mathfrak{H}_f = \frac{0{,}4\,\pi \cdot N_f\,I_f}{2\,\delta} = 0{,}628\,\frac{N_f\,I_f}{\delta} \quad\text{und}\quad \mathfrak{H}_a = \frac{0{,}4\,\pi \cdot 0{,}88\,N_a\,I_a}{2\,\delta} = 0{,}55\,\frac{N_a\,I_a}{\delta}$$

und für den gesamten Induktionsfluß eines Poles

$$\Phi_{Luft} = \beta\,l \cdot \mathfrak{H}_f \cdot \left[1 - \frac{\mathfrak{H}_a}{\mathfrak{H}_f} : \frac{\sin \dfrac{\beta}{2\,\tau}\,\pi}{\dfrac{\beta}{2\,\tau}\,\pi} \cdot \sin \vartheta \right]$$

N_a und N_f sind die Windungen für ein Polpaar auf dem Anker und auf den Feldmagneten, β der Polschuhbogen in cm, l die axiale Länge des Polschuhes in cm, δ die Dicke des Luftspaltes in cm, τ die Polteilung in cm. Bei stärkerer Sättigung kann man diese Figur als erste Annäherung für die Verteilung des Induktionsflusses ansehen. Zu einer genaueren Bestimmung hat man nunmehr die Induktion der einzelnen Induktionsröhren in der Luft nach dem Hopkinsonschen Verfahren zu bestimmen. Für eine Röhre, deren Mittellinie die Luft im Abstande x cm rechts von der Polmitte schneidet, gilt bei Drehstrom

$$\mathfrak{B}_{Luft} = \frac{1}{2\,\delta} \cdot \left[0{,}4\,\pi\,N_f\,I_f - 0{,}4\,\pi \cdot 0{,}88\,N_a\,I_a \sin\left(\frac{\pi}{\tau}\,x + \vartheta\right) - \mathfrak{F}_f - \mathfrak{F}_a \right]$$

Hierin ist $\mathfrak{F}_f$ die für die Magnetisierung zweier Schenkel einschließlich des Joches, $\mathfrak{F}_a$ die für die Magnetisierung des Ankers zwischen zwei um τ cm voneinander entfernten Punkten des Luftspalts erforderliche MMK. Bei Leerlauf sind $\mathfrak{F}_f$ und $\mathfrak{F}_a$ von x unabhängig und $I_a = 0$, daher

$$\mathfrak{B}_{Luft\,\lambda} = \frac{1}{2\,\delta}\left[0,4\,\pi\,N_f\,I_f - \mathfrak{F}_f - \mathfrak{F}_a\right]$$

Bei Belastung ist $\mathfrak{F}_f$ für dieselbe Ankerspannung der Streuung wegen bedeutend größer, es kann aber als unabhängig von x angesehen werden. Dagegen ist $\mathfrak{F}_a$ von x abhängig, vgl. Fig. 279.

(476) Das Ankerfeld bei Einphasenstrom ist pulsierend. Man kann es in zwei gegensinnig mit gleicher Geschwindigkeit umlaufende Drehfelder von je der halben Stärke zerlegen. Das mit den Feldmagneten umlaufende Feld wirkt genau so wie vorher beschrieben. Das gegensinnig laufende Feld ruft Pulsationen im Magnetismus hervor, deren Frequenz doppelt so groß wie die des erzeugten Wechselstromes ist. Die Pulsationen werden durch die Erregerwicklung und durch massives Eisen der Feldmagnete gedämpft, sind aber noch so stark, daß sie an den Pulsationen des Erregerstromes erkannt werden können, und wirken auch auf die Kurvenform der EMK im Anker zurück, indem sie Oberschwingungen erzeugen. Ihr Einfluß auf den Effektivwert der EMK verschwindet bei geringer Sättigung, während bei stärkerer Sättigung wieder die Abschwächung überwiegt. Die Gesamtwirkung des Ankerstromes auf den Spannungsabfall ist dann nahezu ebenso groß wie in dem Falle, daß aus der Maschine Drehstrom von derselben Stärke entnommen wird. Ist der Erregerkreis offen, so ruft das Ankerfeld bei Drehstrom bei Stillstand und geringer Geschwindigkeit, bei Einphasenstrom bei jeder Geschwindigkeit hohe Spannungen im Erregerkreise hervor, die schon bei sehr kleinen Maschinen eine lebensgefährliche Höhe erreichen und außerdem die Isolation stark gefährden.

(477) Die **Dämpfungswicklung** nach L e b l a n c dient dazu, die durch das gegenläufige Ankerfeld hervorgerufenen Pulsationen zu dämpfen. Sie besteht aus starken Kupferbolzen, die nahe der Peripherie parallel zur Welle durch die Polschuhe gezogen und auf beiden Seiten entweder sämtlich oder, soweit sie einem und demselben Polschuh angehören, durch starke Kupferstücke gut leitend miteinander verbunden sind. Eine solche Dämpfungswicklung wirkt daher in dreifacher Hinsicht günstig: sie vermindert den Spannungsabfall bei Belastung, beseitigt die Oberschwingungen in der Kurve der EMK und verhütet endlich das Auftreten hoher Spannungen in dem Erregerkreise bei Kurzschlüssen des Ankerkreises, wie sie besonders heftig im Bahnbetriebe auftreten (vgl. P u n g a , ETZ 1906, S. 837). P i c h e l m a y e r (ETZ 1910, S. 161) schlägt vor, einen gleichmäßig bewickelten Zylinder mit einer in sich geschlossenen Wicklung als Feldmagnet zu nehmen. Der Erregerstrom wird durch Schleifringe an Stellen zugeführt, die um $2\,\tau$ voneinander entfernt sind, während die mitten zwischen diesen liegenden Punkte durch einen Querkurzschluß miteinander verbunden werden.

(478) Vorausberechnung der Kurve und des effektiven Mittelwertes der EMK. Es gilt wieder wie in (436) für den Augenblickswert der EMK einer Windung

$$\varepsilon = \left(\mathfrak{B}_x - \mathfrak{B}_{x+b}\right) v\,l\cdot 10^{-8}\ \text{Volt}$$

$\mathfrak{B}_x$ und $\mathfrak{B}_{x+b}$ sind die Werte der magnetischen Induktion an den Stellen, wo sich augenblicklich die beiden Seiten der Windung befinden. Die Werte von $\mathfrak{B}$ sind z. B. aus einer Kurve der Verteilung der magnet. Induktion im Luftraum zu entnehmen. Ist die magnet. Induktion von Zahn zu Zahn bekannt, so kann man als Wert von $\mathfrak{B}$ für eine Nut den Mittelwert der magnet. Induktionen in den beiden sie einschließenden Zähnen ansehen. Haben N_1 Windungen immer die gleiche EMK ε_1, N_2 Windungen die gleiche EMK ε_2 usw., so ist der Augenblickswert der EMK aller in

Reihe geschalteten Windungen

$$e = N_1\,\varepsilon_1 + N_2\,\varepsilon_2 + N_3\,\varepsilon_3 + \ldots$$

und der effektive Mittelwert

$$E = \sqrt{\frac{1}{T}\int_0^T e^2\,dt}$$

Hiernach kann man für jede Verteilung der magnet. Induktion und jede Verteilung der Windungen die EMK berechnen.

(479) Die EMK bei Leerlauf. Bei Leerlauf kann man $\mathfrak{B}$ über die ganze Polfläche als konstant ansehen. Sind alle Pole gleichmäßig erregt, so ist

$$\mathfrak{B}_{x\,+\,\tau} = -\,\mathfrak{B}_x$$

und für lange Spulen $(b = \tau)$ daher

$$\varepsilon = 2\,\mathfrak{B}_x\,v\,l\cdot 10^{-8}\ \text{Volt}$$

Solange die Seiten der Windung unter den Polen liegen, hat die EMK den Wert

$$\varepsilon_0 = 2\,\mathfrak{B}\,v\,l\cdot 10^{-8}\ \text{Volt}$$

solange sie zwischen den Polen liegen, den Wert Null. Mit

$$\mathfrak{B}\,l = \frac{\varPhi}{\beta}, \qquad v = \frac{2\,\pi\,r\,n}{60} = \frac{2\,\pi\,r\,\nu}{p}, \qquad \tau = \frac{\pi\,r}{p}$$

kann man auch

$$\varepsilon_0 = \frac{4\,\nu\,\varPhi}{\beta/\tau}\cdot 10^{-8}\ \text{Volt}$$

schreiben.

Bei gleichförmig verteilten Nuten kann man das Integral für E durch eine Summe ersetzen. Enthält z. B. eine Drehstromwicklung bei σ-fachen Nuten auf die Polteilung $3\,\sigma$ Nuten, so kann man

$$dt = \varDelta t = \frac{T/2}{3\,\sigma} = \frac{T}{6\,\sigma}$$

und daher

$$E = \sqrt{\frac{1}{T}\cdot\frac{T}{6\,\sigma}\cdot\sum_0^T e^2} = \sqrt{\frac{2}{T}\cdot\frac{T}{6\,\sigma}\cdot\sum_0^{T/2} e^2} = \sqrt{\frac{1}{3\,\sigma}\cdot\sum_0^{T/2} e^2}$$

setzen. Liegen in allen Nuten gleich viel Drähte, so ist

$$N_1 = N_2 = \ldots N_\sigma = \frac{N}{\sigma}$$

wenn N die Windungszahl eines Zweiges für ein Polpaar ist. Daher wird für einen Zweig A

$$e_\triangle = \frac{N}{\sigma}\,\varepsilon_1 + \frac{N}{\sigma}\,\varepsilon_2 + \ldots + \frac{N}{\sigma}\,\varepsilon_\sigma = \frac{N}{\sigma}\cdot\sum\varepsilon_a$$

Sind zwei Zweige A und B in Stern geschaltet, so ist

$$e_\curlyvee = \frac{N}{\sigma}\cdot\left(\sum\varepsilon_a - \sum\varepsilon_b\right)$$

Daher werden die effektiven Mittelwerte

$$E_\triangle = \frac{N}{\sigma} \cdot \sqrt{\frac{1}{3\sigma} \, \Sigma \, (\Sigma \, \varepsilon_a)^2} \quad \text{und} \quad E_\Upsilon = \frac{N}{\sigma} \cdot \sqrt{\frac{1}{3\sigma} \, \Sigma \, (\Sigma \, \varepsilon_a - \Sigma \, \varepsilon_b)^2}$$

Bei Zweiphasenstrom hat man 2σ für 3σ zu setzen.

(480) Beispiel. Drehstromwicklung, lange Spulen, 12 Nuten auf ein Polpaar, also $\sigma = 2$, $\beta/\tau = 2/3$, Fig. 279.

$\dfrac{t_1 - t_2}{T}$	$\dfrac{\varepsilon_{a_1}}{\varepsilon_0}$	$\dfrac{\varepsilon_{a_2}}{\varepsilon_0}$	$\dfrac{\varepsilon_{b_1}}{\varepsilon_0}$	$\dfrac{\varepsilon_{b_2}}{\varepsilon_0}$	$\dfrac{\Sigma \, \varepsilon_a}{\varepsilon_0}$	$\dfrac{(\Sigma \, \varepsilon_a)^2}{\varepsilon_0{}^2}$	$\dfrac{\Sigma \, \varepsilon_a - \Sigma \, \varepsilon_b}{\varepsilon_0}$	$\dfrac{(\Sigma \, \varepsilon_a - \Sigma \, \varepsilon_b)^2}{\varepsilon_0{}^2}$
$0 - \dfrac{1}{12}$	1	0	0	1	1	1	0	0
$\dfrac{1}{12} - \dfrac{2}{12}$	1	1	0	0	2	4	2	4
$\dfrac{2}{12} - \dfrac{3}{12}$	1	1	-1	0	2	4	3	9
$\dfrac{3}{12} - \dfrac{4}{12}$	1	1	-1	-1	2	4	4	16
$\dfrac{4}{12} - \dfrac{5}{12}$	0	1	-1	-1	1	1	3	9
$\dfrac{5}{12} - \dfrac{6}{12}$	0	0	-1	-1	0	0	2	4

$$\Sigma \, (\Sigma \, \varepsilon_a)^2 = 14 \, \varepsilon_0{}^2 \qquad \Sigma \, (\Sigma \, \varepsilon_a - \Sigma \, \varepsilon_b)^2 = 42 \, \varepsilon_0{}^2$$

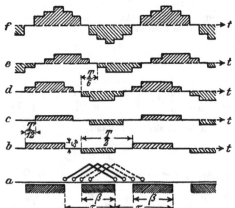

Fig. 279a zeigt die EMKK einer Drehstromwicklung bei zweifachen Nuten ($\sigma = 2$). Fig. 279 b und c stellen die EMKK in den benachbarten beiden Windungen des Zweiges A, 279 d ihre Summe e_a bei Reihenschaltung dar. Fig. 279 e ist die negative EMK $- e_b$ des Zweiges B. Sie ist um 60° gegen die Kurve d verschoben. Die resultierende EMK bei Sternschaltung erhält man, indem man die Summe von e_a und $- e_b$ bildet, Fig. 279 f.

Daher

$$E_\triangle = \frac{N}{2} \cdot \sqrt{\frac{14}{6} \varepsilon_0{}^2} = \frac{N}{2} \cdot \sqrt{\frac{14}{6}} \cdot \frac{4 \, \nu \, \varPhi}{2/3} \cdot 10^{-8} = 4{,}59 \cdot \nu \, N \, \varPhi \cdot 10^{-8} \text{ Volt}$$

$$E_\curlyvee = \frac{N}{2} \cdot \sqrt{\frac{42}{6} \varepsilon_0{}^2} = \frac{N}{2} \cdot \sqrt{\frac{42}{6}} \cdot \frac{4 \, \nu \, \varPhi}{2/3} \cdot 10^{-8} = 7{,}95 \cdot \nu \, N \, \varPhi \cdot 10^{-8} \text{ Volt}$$

Man findet noch $\dfrac{E_\curlyvee}{E_\triangle} = \sqrt{\dfrac{42}{14}} = \sqrt{3}$.

(481) Glatte Anker. Wenn σ sehr groß ist, oder wenn die Wicklung auf einem glatten Anker gleichmäßig verteilt liegt, ist die EMK einer Spule konstant gleich ihrem größten Wert E_0, solange alle Drähte der einen Spulenseite unter einem, alle Drähte der anderen Spulenseite unter einem anderen Pole liegen, oder solange überall unter einem Pole Drähte einer Spulenseite liegen. Zwischen dem Maximum und Minimum kann man den Verlauf der EMK als linear annehmen. Dann ist
a) wenn $\beta \gtreqqless b$ ist, so daß alle N Windungen der Spule dieselbe EMK ε_0 enthalten,

$$E_0 = N \cdot \varepsilon_0 = N \frac{4 \, \nu \, \varPhi}{\beta/\tau} \, 10^{-8} \text{ Volt}$$

b) wenn $\beta < b$ ist, so daß gleichzeitig nur in $\dfrac{\beta}{b} N$ Windungen die EMK den Wert ε_0 haben kann,

$$E_0 = \frac{\beta}{b} N \varepsilon_0 = N \frac{4 \, \nu \, \varPhi}{b/\tau} \, 10^{-8} \text{ Volt}$$

Aus dem Maximalwert kann man, da die Kurve der EMK ein gebrochener, aus geraden Strecken zusammengesetzter Linienzug ist, die Effektivwerte der EMK $E_\triangle$ für Dreieck- und $E_\curlyvee$ für Sternschaltung durch Integration finden.

(482) Beispiel. Drehstromwicklung. $\dfrac{\beta}{\tau} = \dfrac{2}{3}$, Sternschaltung, Fig. 280.

1. Von 0 bis $\dfrac{1}{12} T$ ist $e = a \, t$. Für $t = T/12$ ist $e = E_0$, daher

$$e = \frac{12 \, E_0}{T} \, t$$

2. Von $\dfrac{1}{12} T$ bis $\dfrac{3}{12} T$ ist $e = a_0 + a_1 \, t$. Verschiebt man den Nullpunkt des Koordinatensystems um $T/12$ nach links, so kann man

$$e = a_\curlyvee t'$$

schreiben. Als Grenzen sind dann $T/6$ und $2 \, T/6$ zu nehmen. Für $t = T/6$ ist $e = E_0$, daher

$$e = \frac{6 \, E_0}{T} \cdot t'$$

Man erhält daher für den Effektivwert

$$E_\gamma{}^2 = \frac{1}{T/4} \cdot \left[\int_0^{\frac{T}{12}} \left(\frac{12\,E_0}{T} \right)^2 t^2\,dt + \int_{\frac{T}{6}}^{\frac{2T}{6}} \left(\frac{6\,E_0}{T} \right)^2 t'^2\,dt' \right]$$

$$= \frac{4}{T} \left[\left(\frac{12\,E_0}{T} \right)^2 \cdot \frac{1}{3} \left(\frac{T}{12} \right)^3 + \left(\frac{6\,E_0}{T} \right)^2 \cdot \frac{1}{3} \left(\frac{2^3}{6^3} - \frac{1}{6^3} \right) T^3 \right] = \frac{5}{3}\,E_0{}^2$$

Daher wird

$$E_\gamma = \sqrt{\frac{5}{3}} \cdot E_0 = 1{,}291 \cdot \frac{4\,\nu\,\varPhi}{2/3}\,N \cdot 10^{-8} = 7{,}75 \cdot \nu\,N\,\varPhi\,10^{-8} \text{ Volt}$$

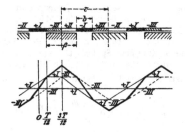

Fig. 280. Elektromotorische Kraft einer Drehstromwicklung bei glattem Anker.

Man kann daher allgemein

$$E = k \cdot \nu\,N\,\varPhi \cdot 10^{-8} \text{ Volt}$$

setzen, worin unter N die Windungszahl eines Zweiges für ein Polpaar, unter $\varPhi$ der von einem Pol herrührende Induktionsfluß im Anker zu verstehen ist.

Wird statt mit Windungen mit am Anker liegenden „Leitern" gerechnet, so ist für k nur der halbe Wert einzusetzen. Die Konstante k hängt vom Verhältnis Polbogen: Teilung und von der Nutenzahl ab; sie wird, da sie in erster Linie aus den Kappschen Lehrbüchern bekannt ist, häufig die „Kappsche Konstante" genannt. Die einzelnen Werte von k können den folgenden Tabellen entnommen werden.

I. Drehstrom.
Nutenanker.

Nutenzahl für je ein Polpaar	σ	$\dfrac{\beta}{\tau} = \dfrac{1}{2}$			$\dfrac{\beta}{\tau} = \dfrac{2}{3}$			$\dfrac{\beta}{\tau} = \dfrac{5}{6}$		
		$k_\triangle$	k_γ	$\dfrac{k_\gamma}{k_\triangle}$	$k_\triangle$	k_γ	$\dfrac{k_\gamma}{k_\triangle}$	$k_\triangle$	k_γ	$\dfrac{k_\gamma}{k_\triangle}$
6	1	5,65	9,22	1,63	4,90	8,49	1,73	4,39	8,08	1,84
12	2	5,16	8,64	1,67	4,59	7,95	1,73	4,16	7,07	1,70
18	3	5,07	8,53	1,68	4,53	7,84	1,73	4,08	6,96	1,71
24	4	5,03	8,50	1,69	4,50	7,80	1,73	4,07	6,95	1,71
30	5	5,01	8,47	1,69	4,49	7,77	1,73	4,05	6,93	1,71

Glatter Anker.

Phasenwicklung u. aufgeschnittene Wicklung	4,99	8,45	1,69	4,47	7,75	1,73	4,04	6,91	1,71
Geschlossene Wicklung	4,22	—	—	3,88	—	—	3,46	—	—

II. Zweiphasenstrom.

Nutenanker.

Nutenzahl für je ein Polpaar	σ	$\dfrac{\beta}{\tau} = \dfrac{1}{2}$ k	$\dfrac{\beta}{\tau} = \dfrac{2}{3}$ k	$\dfrac{\beta}{\tau} = \dfrac{5}{6}$ k
4	1	5,65	4,90	4,39
8	2	4,90	4,41	3,92
12	3	4,74	4,32	3,87
16	4	4,69	4,27	3,82
20	5	4,67	4,25	3,80

Glatter Anker.

Phasenwicklung Aufgeschnittene Wicklung Geschlossene Wicklung	4,62	4,21	3,78

σ gibt an, wievielfache Nuten gewählt werden. $k_\triangle$ ist die Konstante für Dreieck-, $k_\curlyvee$ die Konstante für Sternschaltung.

Für andere Werte von β/τ kann hieraus k leicht interpoliert werden.

Vgl. S e n g e l , ETZ 1907, S. 1188.

Vielfach werden mit Rücksicht auf Geräuschlosigkeit und weiche Form der Spannungskurve die Polschuhkanten abgeschrägt oder verrundet. Bei Ableitung der EMK-Kurven kann man die Abrundungen durch Einführung entsprechender magnet. Induktion berücksichtigen, indem man annimmt, daß diese stets der radialen Tiefe des Luftraumes umgekehrt proportional ist.

(483) Erregung. Die Feldmagnete der synchronen Wechselstrommaschinen müssen von einer besonderen Gleichstromquelle her erregt werden; Selbsterregung ist zwar bei Anwendung eines Kommutators möglich, bisher aber nur selten ausgeführt worden (493). Der Erregerstrom wird entweder einer vorhandenen Gleichstromquelle von konstanter Spannung entnommen und der Schenkelwicklung der Wechselstrommaschine unter Vorschaltung eines Regulierwiderstandes zugeführt, oder in einer besonderen Erregermaschine erzeugt. Die Erregermaschine kann mit der Hauptmaschine unmittelbar gekuppelt werden, fällt dann aber namentlich bei großen Maschinen mit Kolbenmaschinenantrieb infolge der geringen Drehzahl teuer aus und ist zugleich mit der Hauptmaschine allen störenden Einflüssen der Geschwindigkeitsschwankungen der Antriebsmaschine ausgesetzt, so daß diese sich in der Wirkung auf die Spannung der Hauptmaschine potenzieren; in größeren Anlagen erhält die Erregermaschine besonderen Antrieb und kann dann als normale Gleichstrommaschine ausgeführt werden. In vielen Fällen wird die Erregermaschine dauernd oder gelegentlich in Parallelschaltung mit einer Akkumulatorenbatterie betrieben. Werden die Erregermaschinen von

Wechselstrommotoren angetrieben, die von den Hauptmaschinen gespeist werden, so muß eine Akkumulatorenbatterie vorgesehen werden, um die ganze Anlage nach einer Betriebseinstellung wieder in Gang setzen zu können. Um sie zum ersten Mal in Betrieb zu setzen, ist dann eine fremde Maschine oder Stromquelle erforderlich.

Die Erregermaschinen selbst können als Nebenschlußmaschinen oder als Reihenschlußmaschinen ausgeführt werden. Im ersteren Falle braucht man in der Regel, um stabilen Gang der Erregermaschine zu sichern, zwei Regulierwiderstände, nämlich einen im Nebenschlußkreis des Erregers und einen im Erregerkreis der Wechselstrommaschine.

(484) Die **Regulierwiderstände** müssen eine genügende Anzahl von Stufen erhalten. Ihre Gesamtgröße richtet sich nach den Bedingungen, die man aus der Belastungscharakteristik ableitet (492), wobei es sich empfiehlt, eine Sicherheit von etwa 25 % einzuschließen. Bei Nebenschlußerregermaschinen werden die Stufen zweckmäßig gleich groß gemacht. Ist die Erregerdynamo eine Reihenschlußmaschine, so darf der Regulierwiderstand nicht in gleiche Stufen geteilt werden, er muß vielmehr unter Benutzung der Maschinencharakteristik so geteilt werden, daß jeder Stufe eine gleich große Zunahme der Stromstärke entspricht (439).

Die Kontakte der Regulierwiderstände sollten während des Betriebes unzugänglich sein, besonders wenn an der Schalttafel kein isolierender Bedienungsgang vorgesehen ist.

(485) Die **Ausschaltung** eines Erregerkreises bedingt große Vorsicht, weil infolge der großen Selbstinduktion der Wicklung bei plötzlichem Öffnen des Stromkreises sehr große Überspannungen entstehen können. Man hat daher vor dem Ausschalten die Stromstärke mit Hilfe des Regulierwiderstandes möglichst zu erniedrigen und dann entweder unter Benutzung eines Kurzschlußkontaktes (444) oder mit Hilfe eines lichtbogenziehenden Ausschalters zu unterbrechen. Direkt gekuppelte Erreger brauchen, sofern sie lediglich auf den zugehörigen Generator geschaltet sind, in der Regel überhaupt nicht ausgeschaltet zu werden; man macht sie durch Abstellen der Antriebsmaschine stromlos. Als Reihenschlußmaschinen ausgeführte Erreger können dadurch stromlos gemacht werden, daß man ihre Schenkelwicklung kurz schließt.

(486) Darstellung des Verlaufs der EMK durch trigonometrische Reihen[1]). Die allgemeine Form der Fourierschen Reihe ist

$$f(x) = a_1 \sin x + a_2 \sin 2x + a_3 \sin 3x + \ldots$$
$$+ \frac{1}{2} b_0 + b_1 \cos x + b_2 \cos 2x + b_3 \cos 3x + \ldots$$

Darin sind die Faktoren a und b Konstanten, die sich aus den Gleichungen

$$a_m = \frac{1}{\pi} \int\limits_{-\pi}^{+\pi} f(x) \sin mx \, dx \qquad b_m = \frac{1}{\pi} \int\limits_{-\pi}^{+\pi} f(x) \cos mx \, dx$$

berechnen lassen. Die Reihe stellt eine periodische Funktion mit der Periode 2π dar. Ist $f(x)$ durch einen analytischen Ausdruck gegeben, so kann man die Integrale auswerten. Dies trifft für die vorher behandelten Fälle der EMK bei Leerlauf zu. Ist dagegen $f(x)$ durch eine Kurve gegeben, so kann man die Periode in n gleiche Teile teilen und die zugehörigen Werte von $f(x)$ aus der Kurve ent-

---

[1]) O r l i c h , Aufnahme und Analyse von Wechselstromkurven. Braunschweig, 1906. — Vgl. auch (209).

nehmen. Näherungsweise ist dann

$$d x = \frac{2\pi}{n} \quad \text{und} \quad f(x) = f\left(k \cdot \frac{2\pi}{n}\right)$$

worin k der Reihe nach gleich 1, 2, 3 ..., n zu setzen ist. Die Koeffizienten nehmen dann die Form

$$a_m = \frac{2}{n} \cdot \sum_{k=1}^{k=n-1} \left(f\left(k \cdot \frac{2\pi}{n}\right) \sin\left(m \cdot k \cdot \frac{2\pi}{n}\right)\right)$$

$$b_m = \frac{2}{n} \cdot \sum_{k=1}^{k=n} \left(f\left(k \cdot \frac{2\pi}{n}\right) \cos\left(m \cdot k \cdot \frac{2\pi}{n}\right)\right)$$

an.

Zeichnet man sich die einzelnen Sinus- und ebenso die einzelnen Cosinus-Glieder auf, so erkennt man ohne weiteres unter anderen die folgenden beiden Sätze:

1. Subtrahiert man je zwei Werte, die zu den Abszissen x und $(x - \pi)$ gehören, so fallen alle geraden Glieder heraus, während die ungeraden verdoppelt werden. Geometrisch hat man die zweite Hälfte der Kurve über der Periode um π nach links zu schieben und sie von der ersten Hälfte zu subtrahieren.

Sind nun bei einer Wechselstrommaschine alle Pole gleich ausgebildet und gleich stark erregt, so verläuft die negative Hälfte der Kurve genau so wie die positive, nur mit umgekehrtem Vorzeichen. Die beschriebene Maßnahme ergibt daher überall den Wert Null. Die zugehörige Reihe kann demnach keine geraden Glieder enthalten.

2. Subtrahiert man je zwei Werte, die zu den Abszissen x und $\left(x - \frac{2\pi}{3}\right)$ gehören, voneinander, so fallen alle Glieder, deren Ordnungszahl durch 3 teilbar ist, heraus.

Dies ist bei der Sternschaltung der Drehstrommaschinen der Fall.

Bei den üblichen Typen der Wechselstrommaschinen kann die Kurve der EMK daher nur Oberschwingungen von ungerader Ordnungszahl enthalten; bei Drehstrommaschinen in Sternschaltung fallen außerdem alle Oberschwingungen heraus, deren Ordnungszahl durch 3 teilbar ist.

Bei Leerlauf ist die EMK der normalen Wechselstrommaschinen eine „ungerade Funktion" [d. h. es ist $f(-x) = -f(x)$]. Eine solche läßt sich durch die Sinusreihe allein darstellen. Die Ankerrückwirkung verzerrt die Kurve, bei Belastung treten daher auch die Cosinusglieder auf.

(487) Die Oberschwingungen bei Leerlauf. Kann man die Dauer einer Schwingung in eine Anzahl gleicher Teile zerlegen, innerhalb deren die EMK konstant ist, wie in Fig. 279, so kann man die Glieder der Reihe leicht allgemein berechnen. Es ergibt sich dann für die Sinusreihen, durch die die Treppenformen der EMK bei Leerlauf dargestellt werden können, daß

$$a_m = \frac{1}{m} \cdot C_m \varepsilon_0$$

worin die Koeffizienten C_m sich beständig wiederholen. Bei Drehstrom in Sternschaltung treten σ Koeffizienten C entsprechend der Zahl σ auf, die angibt, wievielmal 6 Nuten auf ein Polpaar entfallen. So treten z. B. bei dreifachen Nuten 3 Koeffizienten C_1 C_5 und C_7 auf, von denen C_1, dem 1. und 17. Gliede $(n \cdot 6\sigma \pm 1)$, C_5 dem 5. und 13. Gliede $(n \cdot 6\sigma \pm 5)$, C_7 dem 7. und 11. Gliede $(n \cdot 6\sigma \pm 7)$ in jeder Gruppe von 18 (allgemein $n \cdot 6\sigma$) Gliedern angehören. Die

Koeffizienten C sind für die EMK leerlaufender Drehstrommaschinen bei Stern-schaltung für $\sigma = 1$ bis $\sigma = 5$ in folgender Tabelle zusammengestellt.

$6\sigma \pm c$	C_m für				
	$\sigma = 1$	$\sigma = 2$	$\sigma = 3$	$\sigma = 4$	$\sigma = 5$
$6\sigma + 1$	1,91	3,55	5,51	7,25	9,14
$6\sigma + 3$	0	0	0	0	0
$6\sigma + 5$	1,91	0,256	1,240	1,243	1,912
$6\sigma + 7$	1,91	0,256	— 1,019	— 0,734	0,850
$6\sigma + 9$	0	0	0	0	0
$6\sigma + 11$	1,91	3,55	— 1,019	— 0,126	— 1,028
$6\sigma + 13$	1,91	3,55	1,240	— 0,126	+ 0,974
$6\sigma + 15$	0	0	0	0	0
$6\sigma + 17$	1,91	0,256	5,51	— 0,734	+ 0,974
$6\sigma + 19$	1,91	0,256	5,51	1,243	— 1,028
$6\sigma + 21$	0	0	0	0	0

Demnach ist bei 12 Nuten auf ein Polpaar die 1., die 11. und die 13., die 23. und die 25. Schwingung usw. besonders stark ausgebildet; allgemein treten die Schwingungen mit den Ordnungszahlen $n \cdot 6\sigma \pm 1$ besonders stark auf. Bei 12 Nuten auf ein Polpaar ist z. B. die 23. Schwingung gleich $\dfrac{3,55}{23} \cdot \varepsilon_0 = 0,1545 \cdot \varepsilon_0$, die 25. gleich $\dfrac{3,55}{25} \cdot \varepsilon_0 = 0,1420 \cdot \varepsilon_0$. Bei 18 Nuten auf ein Polpaar ist die 600l. Schwingung, da $600l = 333 \cdot 18 + 7$ ist, gleich — $1,019 : 600l \cdot \varepsilon_0 = -0,0001697 \cdot \varepsilon_0$.

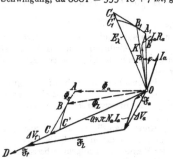

Fig. 281. Vektordiagramm des Wechselstrom-generators.
(In der Figur steht V statt $\mathfrak{B}$.)

(488) Das **Diagramm der Wechselstrommaschine** gibt qualitativ einen guten Einblick in die Vorgänge bei Belastung. Die umlaufenden, durch Gleichstrom erregten Feldmagnete werden durch einen ruhenden, mit Mehrphasenstrom erregten Ring ersetzt gedacht, der dieselbe Nutenzahl und dieselbe Windungszahl besitzt wie der Anker. Alle Magnetismen sind durch die EMKK zu messen, die sie im Anker bei Leerlauf erzeugen würden, wenn sie einzeln für sich allein vorhanden wären.

Der wirksame Induktionsfluß (Fig. 281) im Anker $\Phi_a = OA$ erzeugt die um 90^0 gegen ihn verschobene EMK $E = OA_1$, die Klemmenspannung $P = OK$ ist die geometrische Differenz von E und $I_a R_a$. Die Magnetisierung des Ankereisens erfordert die MMK $\mathfrak{F}_a$, die wegen der Wirbelströme und der Hysterese eine gewisse Voreilung vor Φ_a hat. Die für die Ankerstreuung in Rechnung zu ziehende magnetische Potentialdifferenz $\Delta\mathfrak{B}_a$ ist die geometrische Summe von $\mathfrak{F}_a$ und $-0,4\,\pi\,N_a I_a$. Die Ankerstreuung $\Phi_s = AB$ kann proportional und phasengleich mit $\Delta\mathfrak{B}_a$ angenommen werden. Wenn $\mathfrak{R}_s$ der Widerstand des Ankerstreuflusses ist, so ist

$$\Phi_s = \frac{\varDelta \mathfrak{B}_a}{\mathfrak{R}_s}.$$

Der die Luft durchsetzende Magnetismus $\Phi_L = OB$ ist die geometrische Summe von Φ_a und Φ_s. Um Φ_L durch die Luft zu treiben, ist die MMK $\mathfrak{F}_L$ erforderlich, proportional und phasengleich mit Φ_L. Man hat daher

$$\mathfrak{F}_L = \mathfrak{R}_L \Phi_L,$$

wenn $\mathfrak{R}_L$ der Widerstand des Luftweges ist. Die magnetische Potentialdifferenz zwischen den Polen der Feldmagnete ist

$$\varDelta \mathfrak{B}_f = [\varDelta \mathfrak{B}_a + \mathfrak{F}_L].$$

$\varDelta \mathfrak{B}_f$ erzeugt die Feldstreuung, um die die Feldmagnete stärker als bei Leerlauf belastet sind (475). Um den gesamten Induktionsfluß durch die Feldmagnete zu treiben, ist noch die MMK $\mathfrak{F}_f$ erforderlich. Die Summe von $\varDelta \mathfrak{B}_f$ und $\mathfrak{F}_f$, nämlich· OD, ist der Durchflutung der Feldmagnete proportional.

(489) Leerlauf. Läßt man die Erregung konstant und verringert man I_a allmählich bis auf Null, so wird der Ankerstreufluß sehr klein, A und B fallen nahezu mit C zusammen. AB wird gleich Null und OA fällt vollkommen mit OC zusammen, wenn man $\mathfrak{F}_a$ und $\mathfrak{F}_f$ vernachlässigt, d. h. bei geringer Eisensättigung. Bei Leerlauf würde dann der Ankerfluß gleich OC und die EMK gleich OC_1 ($\perp OC$) sein. Die AB entsprechende EMK A_1B_1 heißt die EMK der Ankerstreuung, die BC entsprechende EMK B_1C_1 heißt die der Ankerrückwirkung entsprechende EMK. OC_1 ist die EMK bei Leerlauf E_λ. Starke Sättigung der Feldmagnete, d. h. relativ großer Wert von $\mathfrak{F}_f$, verhindert bei Entlastung ein allzu starkes Anwachsen der EMK; in diesem Falle bewegt sich A nicht nach C, sondern etwa nach C'. Man hat hierin ein Mittel, die Spannungsschwankungen bei veränderlicher Belastung in geringeren Grenzen zu halten, beraubt sich dadurch aber der Möglichkeit, die Spannung — etwa zur Deckung größerer Spannungsverluste bei starker Belastung — genügend zu erhöhen, und läuft überhaupt Gefahr, daß die Spannung nicht in allen Fällen aufrecht erhalten werden kann. Ankerstreufluß und Ankerrückwirkung ergeben zusammen die „Selbstinduktivität" des Ankers. A_1C_1 ist demnach die durch (die gesamte) Selbstinduktion hervorgerufene EMK des Ankers. Der Voreilungswinkel $C_1'OA_1$ wird durch die Eisensättigung nicht beeinflußt.

(490) Diagramm der EMK. Trägt man (Fig. 281) die Klemmenspannung $P = OK$ senkrecht nach oben auf, so ist die tatsächlich in der Maschine vorhandene EMK $E = OA_1$ gleich der geometrischen Summe von P und $I_a R_a = KA_1$. Dieselbe Erregung würde aber bei Leerlauf eine EMK $F_\lambda = OC_1$ erzeugen, die sich von E um A_1C_1 unterscheidet. A_1C_1 ist die EMK der Selbstinduktion. Bei schwacher Sättigung der Feldmagnete steht A_1C_1 senkrecht auf dem Vektor der Stromstärke, also auch senkrecht auf KA_1. Bei wachsender Stromstärke und konstanter Spannung bewegt sich der Endpunkt des Vektors E_λ auf der Geraden A_1C_1, bei stärkerer Sättigung dagegen auf einer konkav nach unten gekrümmten Linie A_1C_1'.

(491) Spannungsabfall durch Belastung. Die Klemmenspannung der unbelasteten Maschine sei gleich $E_\lambda = OC_1'$. Dann sinkt bei konstanter Erregung die Klemmenspannung auf den Betrag OK. Man nennt KA_1 den Ohmschen, A_1C_1' den induktiven Spannungsverlust Der Spannungsverlust ist durch die algebraische Differenz zwischen OC_1' und OK gegeben. Diese ist bei konstanter Stromstärke um so größer, je größer der Winkel φ der Phasenverschiebung zwischen Klemmenspannung und Stromstärke ist.

(492) **Charakteristiken der Wechselstrommaschinen** nennt man Kurven in einem rechtwinkligen Koordinatensystem, die über ihr Verhalten Aufschluß geben. Man unterscheidet die Leerlauf-, die Kurzschluß- und die Belastungscharakteristik. Bei der Aufnahme wird die Drehzahl konstant gehalten.

Die L e e r l a u f c h a r a k t e r i s t i k , auch statische Charakteristik (Fig. 282), stellt die Abhängigkeit der EMK bei Leerlauf E_λ von der Erregung I_{err} dar. Sie hat die Form der Magnetisierungskurve und liegt, wenn sie bei steigenden Werten aufgenommen wird, wegen der Remanenz etwas tiefer, als wenn sie bei fallenden Werten aufgenommen wird (Fig. 245). Man wählt häufig eine mittlere, durch den Nullpunkt gehende Kurve.

Die K u r z s c h l u ß c h a r a k t e r i s t i k (Fig. 282) stellt die Abhängigkeit der Stromstärke I_k im kurzgeschlossenen Anker von der Erregung I_{err} dar. Sie verläuft wegen der geringen Eisensättigung vom Nullpunkt ausgehend sehr

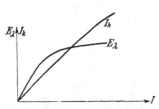

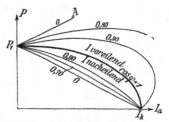

Fig. 282. Leerlauf- und Kurzschlußcharakteristik des Wechselstromgenerators.

Fig. 283.   Belastungscharakteristiken des Wechselstromgenerators.

lange geradlinig und biegt erst bei weit über normaler Ankerstromstärke nach rechts um. Bei der Aufnahme dieser Kurve braucht die Drehzahl nicht konstant zu sein.

Die B e l a s t u n g s c h a r a k t e r i s t i k , auch dynamische Charakteristik genannt (Fig. 283), stellt die Abhängigkeit der Klemmenspannung P von der Ankerstromstärke I_a dar, wenn Drehzahl, Erregung und Leistungsfaktor konstant gehalten werden.

Sie läßt sich aus dem Vektordiagramm, Fig. 281, ableiten. Man erhält für jeden cos φ eine besondere Kurve. Bei cos $\varphi = 1$ ist sie angenähert eine Ellipse, deren Achsen mit den Koordinatenachsen zusammenfallen. Bei cos $\varphi = 0$ geht sie in eine gerade Linie über, und zwar bei nacheilender Phasenverschiebung von 90° in die Gerade $P_1 I_k$, bei voreilender in die Gerade $P_1 A$. Bei voreilender Phasenverschiebung steigt die Spannung zunächst, bei nacheilender sinkt sie gleich bedeutend stärker als bei cos $\varphi = 1$.

Um die Spannung konstant zu halten, muß man den Erregerstrom stark ändern können, etwa innerhalb der Grenzen von 50 bis 100 % des größten Wertes.

(493) **Selbsterregung und Kompoundierung der Wechselstrommaschinen** ist wiederholt versucht worden. H e y l a n d (ETZ 1903, S. 844 und 1036) versieht die Feldmagnete mit mehreren parallelen Wicklungen, deren Anfänge und Enden je an solche Teile eines Kommutators angeschlossen sind, die symmetrisch zu einer rechtwinklig zur magnetischen Achse gezogenen Geraden liegen. Führt man dem Kommutator durch drei Bürsten Drehstrom zu, so muß annähernd in den Wicklungen Gleichstrom fließen, wenn die Feldmagnete sich synchron zur Frequenz des

Drehstroms drehen. Solche Maschinen sind von K o l b e n & C o., Prag, ausgeführt worden (ETZ 1903, S. 844).

Bei der K o m p o u n d i e r u n g von D a n i e l s o n (ETZ 1899, S. 38)
erhält der Anker der mit der Hauptmaschine gekuppelten Erregermaschine neben
der Gleichstromwicklung noch eine an drei Schleifringe angeschlossene Wechsel-
stromwicklung, die in Reihe mit der aufgelösten Ankerwicklung der Hauptmaschine
geschaltet wird. Bei richtiger Stellung der Anker beider Maschinen zueinander
wird die EMK der Erregermaschine
durch den Strom der Hauptmaschine
bei Phasennacheilung verstärkt, bei
Phasenvoreilung abgeschwächt.

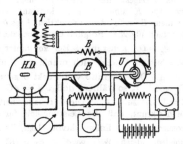

In Anlehnung an diese und eine von
R i c e angegebene Anordnung sind
die von den S i e m e n s - S c h u c k e r t -
w e r k e n gebauten Wechselstromgeneratoren *HD* der Hamburger Vorort-
bahn, Fig. 284, mit einem Erreger
E und einem Umformer *U* direkt
gekuppelt. Der letztere verwandelt
den von einem primär in den Stromkreis der Hauptmaschine geschalteten
Stromtransformator *T* gelieferten

Fig. 284. Kompoundierungsschaltung eines
Wechselstromgenerators.

Wechselstrom in Gleichstrom, der die
Erregerwicklung *A* des Erregers speist. Dieser ist mit Wendepolen (Wicklung *B*)
ausgestattet. Der Umformer wird von einer Akkumulatorenbatterie erregt (ETZ
1909, S. 1145 und 1195).

Parallelbetrieb der Wechselstrommaschinen[1]).

(494) Allgemeine Bedingungen. Zum Parallelbetrieb ist erforderlich, daß die
Maschinen gleiche Frequenz, gleiche Spannung und annähernd gleiche Kurven der
EMK haben. Parallel geschaltet müssen die Maschinen ,,synchron'' laufen. Dies
schließt in sich, daß gleiche Maschinen gleich schnell, verschiedenpolige Maschinen
mit Umdrehungszahlen laufen müssen, die sich umgekehrt wie die Polzahlen verhalten. Es schließt ferner ein, daß die Pole dauernd nahezu gleiche relative Stellungen
zu den Ankerwicklungen bewahren müssen. Andernfalls fallen sie ,,außer Tritt'',
wodurch der Betrieb gestört wird, so daß er unterbrochen werden muß. Der Synchronismus wird durch ein ,,synchronisierendes Moment'' von den Maschinen selbst
aufrecht erhalten. Es werde zunächst angenommen, daß die betrachtete Maschine
auf ein unendlich starkes Netz arbeite, d. h. daß Größe und Frequenz der Klemmenspannung *P* vollkommen konstant seien.

(495) Voreilung. Aus dem Diagramm (Fig. 281) ergibt sich, daß der Vektor
von E_λ eine Voreilung vor dem Vektor der Klemmenspannung *P* hat, die mit der
Belastung wächst. Denkt man sich zwei gleiche Maschinen, von denen die eine

---
[1]) Literatur: K a p p, ETZ 1899, S. 134. — G ö r g e s, ETZ 1900, S. 188, 1903, S. 561
(Vortrag) Physik. Zeitschr. 1909, S. 256 (*n* Masch.). — G ö r g e s u. W e i d i g, ETZ 1910, S. 332
(Versuche). — R o s e n b e r g, ETZ 1902, S. 425 (graph. Theorie) 1903, S. 857 (Dämpfung). —
F ö p p l, ETZ 1902, S. 59 (Regulatorschwingungen). — S o m m e r f e l d, ETZ 1904, S. 273. —
E m d e, El. u. Maschb. 1907, S. 721 und 1909, S. 1073 (Dämpfung). — F l e i s c h m a n n, ETZ
1906, S. 873; B e n i s c h k e, El. u. Maschb. 1907, S. 1009 (2 Masch.). — W e i ß h a a r, El. u.
Maschb. 1908, S. 555 (*n* Masch.). — v a n D y k, ETZ 1911, S. 99 (Versuche). — P u n g a,
ETZ 1911, S. 385 (Versuche). — S c h ü l e r, ETZ 1911, S. 1199. — C z e i j a, ETZ 1912, S. 177. —
Ferner Diskussionen zwischen B e n i s c h k e, E m d e, G ö r g e s, R o s e n b e r g in d. ETZ
u. El. u. Maschb. — Monographien: B e n i s c h k e. Der Parallelbetrieb d. Wechselstrommasch.
Braunschweig 1902. — H u l d s c h i n e r, Diss. Über d. Pendeln parallel geschalteter Dreh-
stromgen. Voitsche Samml. 1906 (mehrere Masch.). — S a r f e r t, Diss. Über d. Schwingen d.
Wechselstrommasch. im Parallelbetrieb (*n* Masch.). Forschungshefte d. V. D. I. 1908.

leer läuft, und deren E_λ daher mit P zusammenfällt, während die zweite belastet ist, so muß die letztere relativ eine Voreilung vor der leer laufenden Maschine haben. Diese Voreilung ist bei zweipoligen Maschinen gleich dem Winkel $a = C_1 OK$, bei p Polpaaren dagegen nur der p-te Teil, also a/p.

(496) Leistungslinien. (Görges, ETZ 1900, S. 188.) Wenn die Leistung A_e der EMK des Generators, d. h. das Produkt $E I \cos \vartheta$ eines Zweiges der Ankerwicklung, wobei ϑ die Phasenverschiebung zwischen E und I ist, konstant gehalten wird, so bleibt bei konstantem E auch die Projektion $I \cos \vartheta$ des I - Vektors auf den E - Vektor konstant, Fig. 281. Folglich bleibt auch die Projektion von $\varDelta\mathfrak{B}_a$ auf eine Senkrechte zu $\varPhi_a = OA$ konstant. Bei konstanter Leistung und veränderlicher Phasenverschiebung bewegt sich mithin der Endpunkt von $\varDelta\mathfrak{B}_a$ auf einer Parallelen zu OA. Dasselbe muß von Punkt C gelten, denn man kann die Maßstäbe für $\mathfrak{F}_a$ und $N_a I_a$ so wählen, daß $\varDelta\mathfrak{B}_a = AC$. Punkt C_1 bewegt sich dann auf einer Parallelen zu OA_1. Diese Gerade heißt daher eine L e i s t u n g s l i n i e. Man erkennt, daß die Leistungslinie für $A_e = 0$ nicht mit OA_1 zusammenfällt, sondern etwas links davon liegt, weil $\varDelta\mathfrak{B}_a$ dann nicht verschwindet, sondern gleich $\mathfrak{F}_a$ wird. $E_\lambda = OC_1$ ist die EMK, die vorhanden sein würde, wenn die Maschine nicht gesättigt wäre. Man darf daher zur Konstruktion des Punktes $C_1 E_\lambda$ nicht aus der Leerlaufcharakteristik entnehmen, weil man dadurch den Wert $OC_1{}'$ erhält.

Man denke sich nun, daß nicht E, sondern die Klemmenspannung P der Maschine konstant bliebe, etwa dadurch, daß sie auf Sammelschienen arbeitet, deren Spannung durch den nach Größe und Richtung unveränderlichen Vektor $P = OK$, Fig. 285, dargestellt werde. Man kann dann leicht nachweisen, daß die Leistung der Maschine $A_p = P I \cos \varphi$ unverändert bleibt, wenn sich der Endpunkt C des Vektors der fiktiven EMK bei Leerlauf E_λ auf einer bestimmten durch C_0 gelegten Geraden MM bewegt. Diese Gerade wird gefunden, indem man den Vektor E_{λ_0} für den Fall, daß keine Phasenverschiebung vorhanden ist, bei der gegebenen Leistung konstruiert und durch seinen Endpunkt C_0 eine Senkrechte zu KC_0 zieht. Zu jeder Leistung gehört eine Leistungslinie, deren Abstand vom Punkte K der Leistung proportional ist. Wird die der Maschine von ihrer Antriebsmaschine zugeführte Leistung größer, so wird der Winkel a größer, der End-

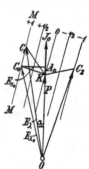

Fig. 285. Leistungslinien.

punkt C des Vektors E_λ gelangt auf eine andere Leistungslinie, und die Maschine gibt mehr Leistung ab, ohne daß sich ihre Geschwindigkeit ändert. Es hat sich nur infolge einer vorübergehenden Beschleunigung die relative Lage des rotierenden Teiles der Maschine, d. i. ihre Voreilung, geändert. Entspricht überhaupt aus irgend einem Grunde die momentane relative Lage nicht dem Gleichgewicht zwischen zugeführter und abgegebener Leistung, so tritt ein synchronisierendes Moment auf, das die Voreilung vergrößert oder verkleinert und dadurch die richtige Lage wiederherstellt. Aus dem Diagramm der Leistungslinien läßt sich ableiten, daß das synchronisierende Moment M der Winkelabweichung $\varDelta a$ des Vektors E_λ von der richtigen Lage OC_1 proportional ist. Das der Abweichung Eins (im Bogenmaß gemessen) entsprechende Moment kann man als das synchronisierende Direktionsmoment D_s bezeichnen. Man erhält dann

$$M = D_s \cdot \varDelta a$$

und
$$D_s = \frac{p^2}{2 \pi \nu} \cdot \varLambda \left(\frac{P}{E_{s_0}} + \tan g \; \varphi \right).$$

Hierin bedeutet

p die Polpaarzahl,

ν die Frequenz in der Sekunde,

$\varLambda$ die normale Leistung in Watt,

P die Klemmenspannung,

E_{s_0} den induktiven Spannungsverlust bei normaler Leistung und $\cos \varphi = 1$,

φ die bei normaler Leistung vorhandene Phasenverschiebung zwischen Stromstärke und Klemmenspannung der Maschine.

(497) Eigenschwingungen (B o u c h e r o t). Das synchronisierende Moment hat zur Folge, daß bei Abweichungen von der richtigen Lage OC_1 Schwingungen um diese Lage auftreten, deren Dauer gegeben ist durch die Beziehung

$$T = \frac{2 \pi}{p} \cdot \sqrt{\frac{2 \pi \nu \theta}{\varLambda \cdot \left(\dfrac{P}{E_{s_0}} + \tan g \; \varphi \right)}}$$

worin T die Dauer einer ganzen Schwingung (hin und her) in Sekunden,

θ das Trägheitsmoment im absoluten Maßsystem in m^{2}kg,

$\varLambda$ die Leistung in Watt.

Eigenschwingungen können bei jeder Art des Antriebes auftreten, sie werden aber meistens nach kurzer Zeit duch Dämpfung beseitigt.

Es sind indessen eine Reihe Fälle beobachtet worden, in denen die Eigenschwingungen nicht verschwinden, sondern entweder dauernd für sich allein bestehen bleiben oder mit erzwungenen Schwingungen dauernd Schwebungen bilden. Sie werden begünstigt, wenn die Polschäfte aus massivem Eisen bestehen, oder wenn sie von Metallteilen (z. B. metallenen Spulenkasten) umgeben sind, die so in sich geschlossen sind, daß sich darin Ströme bilden können, welche die Polschäfte umkreisen, oder wenn der Erregerkreis wenig Widerstand, wie bei der Erregung durch Akkumulatoren, besitzt. Damit nämlich die jeder Voreilung entsprechende Leistung sofort auftreten kann, muß sich der Magnetismus auch sofort um die dazu nötigen Beträge ändern können. Es geht aber aus Fig. 281 hervor, daß die EMK OA_1 etwas wachsen muß, wenn bei konstantem P die Leistung größer wird, und proportional mit OA_1 muß $\varPhi_a = OA$ wachsen. Es muß daher alles vermieden werden, was die Einstellung des Magnetismus $\varPhi_a$ verlangsamt. Vergl. W a g n e r , El. u. Masch. 1908, S. 686. — D r e y f u ß , El. u. Maschb. 1911, S. 323.

(498) Erzwungene Schwingungen. Es kann auch die Antriebsmaschine die Urheberin von Schwingungen sein, wenn nämlich ihre Leistung während einer Umdrehung nicht konstant ist, sondern periodischen Variationen wie bei Kolbenmaschinen unterliegt. Man kann diese Variationen durch eine Reihe von Sinusschwingungen ersetzen, deren erste eine Schwingungsdauer gleich der Dauer einer Umdrehung (bei Dampfmaschinen) oder gleich der Dauer eines Arbeitsprozesses (z. B. bei Viertaktmaschinen), und deren folgende eine Dauer gleich der Hälfte, einem Drittel, einem Viertel der Schwingungsdauer der ersten Schwingung haben. Jede solche Schwingung in der Leistungszufuhr ruft eine entsprechende Schwingung in der Geschwindigkeit hervor. Der Gang wird daher ungleichförmig, und in der Stellung finden Abweichungen von der „Sollstellung" statt. Man nennt diese Schwingungen, deren Dauer von der Antriebsmaschine abhängt, „erzwungene Schwingungen". Wenn eine Maschine für sich allein arbeitet, derart, daß ihre Belastung im wesentlichen als konstant angesehen werden kann, so ergibt sich der

Ungleichförmigkeitsgrad im Gange der Maschine (gleich $(v_{max} - v_{min})/v_{mittel}$, wenn v die Geschwindigkeit) aus dem Tangentialdruckdiagramm und dem Trägheitsmoment nach den Regeln des Maschinenbaues. Wenn dagegen mehrere Maschinen parallel arbeiten, so findet eine Vergrößerung des Ungleichförmigkeitsgrades infolge von „Mitschwingen" statt. Infolgedessen finden mehr oder minder große Schwingungen in der Stromstärke, der Leistung, ja auch der Spannung statt, und die Maschinen sind der Gefahr ausgesetzt, aus dem Tritt zu fallen. Gefährlich ist bei Dampfmaschinen und Zweitaktgasmotoren in der Regel nur die Grundschwingung, deren Dauer gleich der Dauer einer Umdrehung der Kurbelwelle ist, bei Viertaktgasmaschinen die Grundschwingung, deren Dauer gleich der Zeit zweier Umdrehungen der Kurbelwelle ist, und die erste Oberschwingung. Beide lassen sich leicht nach den in (486) gegebenen Formeln aus dem Tangentialdruckdiagramm berechnen. Das Mitschwingen wird durch Dämpfung verkleinert.

(499) Dämpfung. Die Ankerströme erzeugen ein rotierendes Feld, (475 u. 476), das in den massiven Teilen der Polschuhe und in besonderen Dämpfungswicklungen Ströme induziert, sobald die Feldmagnete Schwingungen ausführen. Hierdurch werden die Schwingungen gedämpft. Die Dämpfungswicklung von H u t i n und L e b l a n c besteht aus starken Kupferbolzen, die nahe der Peripherie durch die Polschuhe gezogen und auf beiden Seiten entweder sämtlich oder nur, soweit sie einem und demselben Polschuh angehören, durch starke Kupferstücke gut leitend miteinander verbunden sind.

Die Dämpfung kann schädlich oder nützlich wirken. Eine mäßige Dämpfung wirkt immer nützlich, indem sie die Eigenschwingungen beseitigt. Eine starke Dämpfung verringert die erzwungenen Schwingungen, damit aber auch zugleich die Wirksamkeit des Schwungrades, das Energie nur bei Geschwindigkeitsänderungen aufnehmen und abgeben kann. In diesem Falle können die Schwankungen der abgegebenen Leistung größer ausfallen.

(500) Resonanzmodul. Die Vergrößerung des Ungleichförmigkeitsgrades wird für den Fall, daß keine Dämpfung vorhanden ist, durch den Resonanzmodul ζ angegeben, wobei

$$\zeta = \pm \frac{T_0{}^2}{T_0{}^2 - T_a{}^2} = \pm \frac{z_a{}^2}{z_a{}^2 - z_0{}^2}$$

Hierin ist T_0 die Eigenschwingungsdauer (497), T_a die Schwingungsdauer der Antriebsmaschine, z_0 und z_a sind die entsprechenden Schwingungszahlen. In Fig. 286 stellen die ausgezogenen Kurven die Abhängigkeit des Resonanzmoduls von z_0/z_a für die Grundschwingung (ζ_1) und die erste Oberschwingung (ζ_2) dar. Ist $T_0 = T_a$, so ist vollkommene Resonanz vorhanden und ein Betrieb ohne Dämpfung unmöglich. Für einen sicheren Betrieb muß T_0 größer als T_a gewählt werden. Hierzu ist ein um so größeres Trägheitsmoment erforderlich, je geringer die Drehzahl und je größer die Schwingungsdauer T_a der Antriebsmaschine ist. Bei Viertaktgasmotoren muß das Trägheitsmoment besonders groß gewählt werden, damit T_0 größer als die Schwingungsdauer T_{a1} der Grundschwingung wird.

Manche Konstrukteure ziehen es daher vor, in solchen Fällen T_0 zwischen die Dauer T_{a1} der Grundschwingung und die Dauer T_{a2} der ersten Oberschwingung fallen zu lassen. Es besteht dann aber die Gefahr, daß Resonanz mit einer der beiden Schwingungen eintritt.

(501) Ungleichförmigkeitsgrad der Leistungsabgabe. Die gesamte ins Netz gelieferte Leistung Λ setzt sich aus der Leistung zusammen, die der Voreilung proportional ist, und der Dämpfungsleistung, die der Leistung asynchroner Generatoren (vgl. 530 u. 557) entspricht. Der Ungleichförmigkeitsgrad der Gesamtleistung ist, wenn die Dämpfung fehlt,

$$\delta = \frac{\Lambda_{max} - \Lambda_{min}}{\Lambda_{mittel}} = \pm\, 2\, \frac{R}{\Lambda_{mittel}} \cdot \frac{z_0{}^2}{z_0{}^2 - z_a{}^2} = \pm\, 2\, \frac{R}{\Lambda_{mittel}} \cdot \xi$$

und bei unendlich starker Dämpfung gleich $\delta = 2\,\dfrac{R}{\Lambda_{mittel}}$.

Hierin bedeutet R die Amplitude der betrachteten einfachen Schwingung der Leistung, die man sich der mittleren Leistung überlagert denken muß. In Fig. 286 stellen die gestrichelten Kurven die Abhängigkeit der Zahl ξ von z_0/z_a für die Grundschwingung und die erste Oberschwingung dar. Die Rechnung ergibt, daß

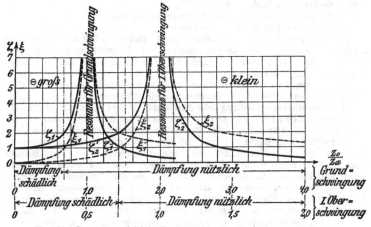

Fig. 286. Resonanzmodul beim Parallelbetrieb (der Wechselstrommaschinen).

die Dämpfung den Ungleichförmigkeitsgrad der Leistungsabgabe vergrößert, wenn $z_0/z_a < \sqrt{2}$ ist. In diesem Falle ist $\zeta < 2$, $\xi < 1$. Wenn dagegen $z_0/z_a > \sqrt{2}$ ist.

Tabelle für ζ und ξ.

$\dfrac{z_0}{z_a}$	ζ	ξ	$\dfrac{z_0}{z_a}$	ζ	ξ
0,00	1,000	0,000	1,00	∞	∞
0,10	1,010	0,010	1,10	4,762	5,762
0,20	1,042	0,042	1,20	2,273	3,273
0,30	1,099	0,099	1,30	1,449	2,449
0,40	1,191	0,191	1,40	1,041	2,041
0,50	1,333	0,333	1,50	0,800	1,800
0,60	1,563	0,563	1,60	0,641	1,641
0,70	1,961	0,961	1,70	0,529	1,529
0,80	2,778	1,778	1,80	0,446	1,446
0,90	5,263	4,263	1,90	0,383	1,383
1,00	∞	∞	2,00	0,333	1,333

so ist die Dämpfung immer nützlich, besonders wenn z_0/z_a ganz oder nahezu gleich 1 ist, d. h. im Falle der Resonanz. Sie kann den Ungleichförmigkeitsgrad der Leistungsabgabe dann aber höchstens bis auf $2\ R/\Lambda_{mittel}$ verkleinern. Nützlich ist die Dämpfung besonders bei Maschinen mit geringem Schwungmoment, deren Antrieb ziemlich gleichförmig ist, die aber infolge von Resonanz besonders stark schwingen. Liegt z_0 zwischen z_{a1} und z_{a2}, so ist die Dämpfung hinsichtlich der Grundschwingung nützlich, hinsichtlich der ersten Oberschwingung schädlich.

(502) Berechnung des Trägheitsmomentes. Das erforderliche Trägheitsmoment kann ohne Rücksicht auf Dämpfung nach folgender Formel berechnet werden:

$$\theta = c \cdot \frac{\nu \cdot \Lambda}{n^4} \cdot 10^5 \ \mathrm{m^2 kg},$$

worin ν die Frequenz in der Sekunde,

Λ die normale Gesamtleistung der Maschine in Watt,

n die Drehzahl in der Minute bedeutet.

Die Konstante c muß um so größer sein, je stärker der Kurzschlußstrom bei Leerlauferregung ist. Bei zwei und einhalbfachem Kurzschlußstrom kann man für Tandemdampfmaschinen $c = 2{,}65$, bei Dampfmaschinen mit versetzten Kurbeln $c = 2{,}25$ setzen.

Das von den Maschinenfabriken gewöhnlich angegebene Schwungmoment GD^2 ist gleich dem vierfachen Trägheitsmoment, beide in $\mathrm{m^2 kg}$ gemessen.

(503) Parallelbetrieb beliebig vieler Maschinen. (F l e i s c h m a n n , H u l d s c h i n e r , S a r f e r t , G ö r g e s , W e i ß h a a r , siehe S. 345, Fußnote.) Im allgemeinen ist die Bedingung, daß Größe und Frequenz der Netzspannung konstant sei, nicht erfüllt. Es ergibt sich dann, daß sich Synchronmotoren und synchrone Umformer genau so verhalten wie Synchrongeneratoren. Der Betrieb einer Kraftübertragung mit einem Synchrongenerator und einem Synchronmotor unterliegt z. B. denselben Gesetzen, wie der Parallelbetrieb zweier Synchrongeneratoren, wenn sie auf feste Ohmsche Widerstände arbeiten. Auch asynchrone Maschinen können ins Schwingen geraten, sie können aber nur erzwungene Schwingungen ausführen, weil ihnen das Direktionsmoment fehlt. Beim Betriebe von n Synchronmaschinen sind $(n - 1)$ Eigenschwingungszahlen vorhanden, die bei gleichen oder ähnlich gebauten Maschinen in eine einzige zusammenfallen. Resonanz mit jeder einzelnen Eigenschwingung stört den Betrieb des ganzen Systems. Die Störung kann von jeder Maschine ausgehen, z. B. von einem Induktionsmotor, der eine Kolbenpumpe antreibt. Bei Kurbelsynchronismus ist zwar der Parallelbetrieb der Generatoren einer Zentrale leichter aufrecht zu erhalten, allein das Parallelschalten selbst ist schwierig und sehr zeitraubend. Er ist aber direkt gefährlich, wenn Synchronmotoren und Umformer an das Netz angeschlossen sind, weil diese dann leicht ins Schwingen kommen. Eine gleichmäßige Verteilung der Kurbelstellungen ist dann bei weitem vorzuziehen. Bei drei gleichen Dampfmaschinen oder vier gleichen Viertaktgasmotoren verhält sich die Klemmenspannung, wenn die Kurbeln gleichmäßig verstellt sind, bereits ähnlich wie in einem unendlich starken Netz; man kann also die Gesetze anwenden, die für eine Maschine in Parallelschaltung mit einem unendlich starken Netz gelten.

Die Eigenschwingungszahl zweier parallelgeschalteter Maschinen läßt sich leicht berechnen. Ist mit den Bezeichnungen in (496 u. 497)

$$r = \Lambda \left(\frac{P}{E_{s_0}} + \mathrm{tang}\ \varphi \right), \qquad \vartheta = \frac{2\pi\nu\theta}{p^2}$$

so sind die Schwingungszahlen der Maschinen gegen ein unendlich starkes Netz

$$z_1 = \frac{1}{2\pi} \cdot \sqrt{\frac{r_1}{\vartheta_1}}, \qquad z_2 = \frac{1}{2\pi} \cdot \sqrt{\frac{r_2}{\vartheta_2}}$$

und die gemeinsame Eigenschwingungszahl, wenn die beiden Maschinen mitein·
ander parallel arbeiten,

$$z_{12} = \frac{1}{2\,\pi} \cdot \sqrt{\frac{\dfrac{1}{\vartheta_1} + \dfrac{1}{\vartheta_2}}{\dfrac{1}{r_1} + \dfrac{1}{r_2}}}$$

(504) Bedingungen für den Regulator. · Der Unempfindlichkeitsgrad des Regulators muß größer sein als der Ungleichförmigkeitsgrad der Maschine. Er darf
nicht durch die Geschwindigkeitsschwankungen, die innerhalb jeder Umdrehung
auftreten, ins Spiel kommen. Ein Regulator, der bei Einzelbetrieb ausgezeichnet
arbeitet, kann beim Parallelbetrieb versagen, weil der Ungleichförmigkeitsgrad
dann durch Mitschwingen vergrößert wird. In einem solchen Falle kann eine am
Regulator angebrachte Dämpfung, z. B. eine Ölbremse, den Fehler beseitigen.
Man tut aber gut, von vornherein gut statische Regulatoren vorzusehen, die zwischen
Leerlauf und Vollbelastung eine Änderung der Drehzahl um mindestens 5 % verursachen. Die Regulatoren müssen während des Betriebes verstellbar sein, um die
zugeführte Leistung bei konstanter Geschwindigkeit einstellen zu können. Denn
da die Frequenz konstant gehalten wird, muß die Leistung jeder Maschine beim
Zu- und Abschalten bei gegebener Geschwindigkeit auf Null gebracht und während
des Betriebes auf jeden Betrag bis zur Höchstleistung eingestellt werden können.

(505) Parallelschalten und Hilfsmittel dazu. (T e i c h m ü l l e r , ETZ 1909,
S. 1039, ETZ 1910, S. 265.) Grundsatz ist, daß Punkte, die beliebigen Stromkreisen angehören, immer direkt miteinander verbunden werden dürfen,
wenn sie gleiches Potential haben. Man kann die verschiedenartigsten
Elektrizitätsquellen parallel schalten, z. B. eine Einphasenmaschine mit einem
Zweige einer Drehstromquelle, ja eine Gleichstromquelle mit einer Wechselstrommaschine, wenn die Verbindung nur kurze Zeit dauert (z. B. für Meßzwecke). Wenn zwei Stromkreise gut voneinander und von Erde isoliert sind, und
die Kapazität der Stromkreise gegeneinander und gegen Erde gering ist, kann man
einen beliebigen Punkt des einen Kreises mit einem beliebigen Punkt des anderen
Kreises verbinden, ohne daß eine Störung eintritt. Man kann daher einen Pol einer
Wechselstrommaschine mit einem Pol einer anderen verbinden. Die beiden noch
freien Pole dürfen miteinander verbunden werden, wenn sie dasselbe Potential
haben, also keine Spannung zwischen ihnen herrscht. Man erkennt dies daran,
daß man einen geeigneten Spannungszeiger zwischen die Pole schaltet oder
eine Reihe hintereinander geschalteter Glühlampen, die für eine Gesamtspannung gleich der Summe der EMKK beider Maschinen zu wählen sind. Ist
die Spannung sehr hoch, so nimmt man kleine Transformatoren, deren Hoch-
spannungswicklungen zwischen die Klemmen je einer Maschine und deren Nieder-
spannungswicklungen unter Einschluß eines Spannungszeigers oder einer Glühlampe gegeneinander geschaltet werden. Das Verschwinden des Ausschlags beim
Zeiger und das Erlöschen der Lampen zeigt den Augenblick an, in dem parallel
zu schalten ist. Der Symmetrie halber schaltet man zwischen je zwei zu verbindende
Pole eine (oder die gleiche Anzahl) Glühlampen. Haben die Maschinen verschiedene
Frequenzen, so werden die Lampen abwechselnd hell und dunkel. Dies erzeugt
bei großer Verschiedenheit ein Flimmern der Lampen, bei geringer ein langsames
Aufleuchten und Verlöschen. Dieser letztere Zustand ist durch Verstellung des
Regulators der Antriebsmaschine gut herzustellen. In den Fällen, wo eine Regulierung durch Verstellung des Regulators unmöglich ist, muß eine Belastungs-
batterie angewendet werden, doch geschieht dies heutzutage selten. Zu demselben Zweck hat D e t t m a r eine Wirbelstrombremse vorgeschlagen. Sie besteht in einem Elektromagnet mit regulierbarem Erregerstrom, an dessen Polen

das Schwungrad der Maschine vorbeiläuft (ETZ 1899, S. 000). Auch selbsttätige Vorrichtungen zum Parallelschalten sind im Betrieb, vgl. B e n i s c h k e ,
ETZ 1905, S. 642, B e s a g , ETZ 1910, S. 647 u. ETZ 1912, S. 135.

(506) Gleichlaufzeiger. Die Spannung, die jede Lampe oder Lampengruppe
erhält, ergibt sich aus dem Diagramm Fig. 287. A_1B_1 ist die Klemmenspannung
der einen, A_2B_2 die der anderen Maschine. Läuft Maschine II langsamer als
Maschine I, so müßte man annehmen, daß ihre Zeitlinie langsamer läuft als die
andere, oder aber man nimmt an, daß nur eine Zeitlinie vorhanden ist, dafür aber
A_2B_2 sich langsam im Sinne des Uhrzeigers dreht. Dadurch werden die Spannungen
A_1A_2 und B_1B_2, denen die Glühlampen ausgesetzt sind, erst größer, bis sie die volle
Spannung einer Maschine erreicht haben, und dann wieder kleiner. Die Parallelschaltung muß erfolgen, wenn A_1B_1 und A_2B_2 einander genau decken. Diese Anschauung erklärt die Vorgänge beim Parallelschalten von Drehstrommaschinen
besonders einfach. Man schalte zwischen je zwei zusammengehörige Klemmen
eine Glühlampe oder eine Gruppe von
solchen und vertausche nötigenfalls die Anschlüsse an einer Maschine so lange, bis
alle Lampen zugleich hell und dunkel
werden. Die Pole, die nun durch Lampen
miteinander verbunden sind, müssen auch
beim Parallelbetrieb verbunden sein. Man
schaltet wieder parallel im Augenblicke,

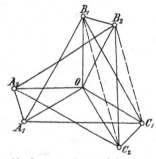

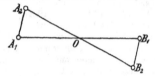

Fig. 287. Spannungsdiagramm beim Phasenvergleichen zweier Einphasenmaschinen.

Fig. 288 Spannungsdiagramm beim Phasen
vergleichen zweier Drehstrommaschinen.

wo die Lampen dunkel sind wie vorher. Im Diagramm (Fig. 288) sind die Lampen-
spannungen A_1A_2, B_1B_2, C_1C_2. Jede Lampengruppe muß, wie das Diagramm zeigt,
das Doppelte der Sternspannung, d. h. das $2/\sqrt{3}$ fache der Drehstromspannung
aushalten können. Schaltet man aber nach M i c h a l k e eine Lampengruppe
zwischen A_1 und A_2, die zweite zwischen B_1 und C_2, die dritte zwischen C_1 und B_2,
so werden die Lampengruppen nacheinander hell und dunkel. Wenn man sie in
den Ecken eines gleichseitigen Dreiecks anordnet, so sieht man den Lichtschein
rotieren, und zwar im einen oder anderen Sinne, je nachdem Maschine II zu langsam
oder zu schnell läuft. Man kann dies am Diagramm leicht verfolgen, wenn man
das Diagramm der Maschine II langsam nach links oder rechts dreht. Die Parallelschaltung muß jetzt erfolgen, wenn die Lampengruppe A_1A_2 dunkel ist. Die Vorrichtungen zur Einstellung des Synchronismus und der Phasengleichheit nennt man
„Phasenvergleicher". Eine einfache Anordnung ist die der S i e m e n s · S c h u c k e r t ·
w e r k e , bei der 6 Glühlampen in einem Gehäuse in einem Kreise angeordnet sind.
Je zwei einander gegenüberliegende Lampen sind hintereinander geschaltet. Die
Lampen selbst sind verdeckt und beleuchten einen Reflektor, auf dem eine rotierende
Lichtlinie erscheint. Man hat diese Prinzip auch benutzt, um die Maschinen
selbsttätig parallel zu schalten. (Vgl. 505). H a r t m a n n und B r a u n liefern
zum Phasenvergleichen Frequenzmesser, die von den Spannungen beider Maschinen
gleichzeitig erregt werden und daher bei Phasengleichheit einen besonders großen
konstanten Ausschlag haben. (ETZ 1904, S. 44, ETZ 1910, S. 1307.)

(507) Hellschaltung und Dunkelschaltung. Bei der beschriebenen Anordnung gibt das Verlöschen einer Lampe an, wann die Maschinen parallel geschaltet werden müssen. Manche Ingenieure ziehen es vor, die Lampen so zu schalten, daß im Augenblick des stärksten Aufleuchtens parallel geschaltet werden muß. Bei Einphasenstrom braucht man die Lampen nur zwischen A_2 und B_1 sowie zwischen B_2 und A_1, Fig. 287, zu schalten. Bei Drehstrom ist zur Herstellung der Hellschaltung stets noch ein Transformator erforderlich, um die Phasen um 180° umzukehren. Man denke sich zunächst beide Wicklungen des Transformators gleichsinnig in Stern geschaltet, so daß in einem bestimmten Augenblick die EMKK in homologen Zweigen der Primär- und der Sekundärwicklung vom Nullpunkt nach den Außenklemmen hin gerichtet sind. Man schneide jetzt die Sekundärwicklung an Nullpunkt auf, so daß hier die drei Klemmen entstehen, und vereinige die bisherigen drei Klemmen zum Nullpunkt, so hat man die Phasen um 180° umgekehrt.

(508) Verteilung der Last auf parallellaufende Maschinen. Nachdem die Maschinen parallel geschaltet worden sind, kann man ihre Leistung nicht durch Verstellung des Regulierwiderstandes einstellen, sondern nur durch Verstellung des Regulators der Antriebsmaschine. Man wird z. B. bei Dampfmaschinen den Regulator der zugeschalteten Maschine auf größere Dampfzufuhr einstellen, die übrigen auf verminderte Dampfzufuhr. Zur Erkennung der Leistung erhält jede Dynamomaschine zweckmäßig einen Leistungszeiger. Wie die Leistungslinien zeigen (496), kann die Stromstärke bei gegebener Leistung sehr verschieden groß sein. Man verstellt daher die Regulierwiderstände so, daß alle Maschinen bei gleicher Leistung auch dieselbe Stromstärke liefern.

Zum Zwecke des Abschaltens vermindert man durch Verstellung des Regulators der Antriebsmaschine die Leistung bis auf Null und verringert dann mit Hilfe des Nebenschlußregulierwiderstandes auch die Stromstärke bis auf Null. Die Schalter können dann ohne Funken und ohne die geringste Störung im Betriebe geöffnet werden.

Über asynchrone Generatoren (sogenannte Induktionsgeneratoren) vgl. (558).

Wechselstrommotoren.

(509) Arten der Motoren. Man unterscheidet
1. Synchronmotoren,
2. Asynchronmotoren.
   a) Nicht kommutierende Motoren, sog. Induktionsmotoren mit Schleifring- oder Kurzschlußanker.
   b) Kommutierende Motoren mit Kommutatoranker.

Synchronmotoren.

(510) Synchronmotoren unterscheiden sich in der Bauart nicht von den Synchrongeneratoren; sie sind nichts anderes als in der Wirkung umgekehrte Generatoren. Ihre Arbeitsweise kann daher in derselben Art wie die der Generatoren an der Hand der Darstellung der Leistungslinien (496) erklärt werden. Entzieht man nämlich einem Synchrongenerator nach dem Parallelschalten zu anderen Generatoren die antreibende Kraft, so läuft er als Motor weiter, wobei sich lediglich die relative Lage der Pole zum Anker verändert, was gleichbedeutend ist mit einer Veränderung der Phase der fiktiven EMK E_λ bei Leerlauf, Fig. 285. Der Endpunkt C des Vektors E_λ bewegt sich im Diagramm nach rechts, bis er eine Leistungslinie erreicht, die der von der Maschine abzugebenden mechanischen Leistung ent-

spricht, etwa in die Lage OC_2. KC ist stets der Stromstärke proportional. Wird
die Erregung geändert, so ändert sich auch E_λ, und C wandert auf derselben
Leistungslinie, so daß sich eine andere Stromstärke und eine andere Phasenverschiebung als vorher ergibt. Konstruiert man für verschiedene Erregungen die
Stromstärken bei unveränderter Leistung, so ergibt sich, wenn man die Erreger-
stromstärken als Abszissen und die Ankerstromstärken als Ordinaten in ein
Koordinatensystem einträgt, die sogenannte V-Kurve. Die V-Kurve ist am
spitzesten bei Leerlauf und flacht sich mit der Belastung des Motors immer mehr
ab (Fig. 289).

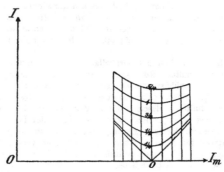

Fig. 289. V-Kurven des Synchronmotors.

(511) Phasenverschiebung. Die graphische Darstellung in Leistungslinien
zeigt also die bemerkenswerte Tatsache, daß, gleichgültig was für Belastung vorhanden ist, durch Änderung der Erregung jede beliebige Phasenverschiebung, also
auch Phasenvoreilung eingestellt werden kann, daß daher die Stromstärke unabhängig von der Leistung in weiten Grenzen veränderlich ist, und daß selbst im Leerlauf starke Ströme aufgenommen werden können.

(512) Überlastungsfähigkeit. Aus dem Leistungsliniendiagramm erkennt man,
daß Synchronmotoren eine bedeutende Überlastung vertragen, sofern vom Netz
her auch bei großer Stromentnahme die Klemmenspannung aufrecht erhalten
werden kann. Die größte zulässige Belastung ist durch die Leistungslinie gegeben,
die den mit E_λ um O geschlagenen Kreis berührt. Da sich annähernd OK zu KC,
Fig. 285, wie die Kurzschlußstromstärke bei der zu E_λ gehörigen Erregung zur
Normalstromstärke verhält, so folgt, daß sich die größte Leistung zur Normalleistung
ungefähr wie der Kurzschlußstrom zum Normalstrom verhält, oder mit anderen
Worten, daß die Überlastungsfähigkeit umso größer ist, je geringer der induktive
Spannungsabfall im Motor ist.

(513) Vorzüge und Nachteile der Synchronmotoren. In der Einstellbarkeit
der Phasenverschiebung besteht der Hauptvorteil des Synchronmotors; man kann
den Synchronmotor sogar als P h a s e n r e g l e r in stark mit leistungslosen
Strömen belasteten Netzen benutzen, indem man ihn mit Phasenvoreilung laufen
läßt. Von dieser Möglichkeit ist wiederholt Gebrauch gemacht worden, doch ergibt sich in der Regel, daß verhältnismäßig große Maschinen notwendig werden,
wenn man etwas Nennenswertes erreichen will. Unter Umständen ist es in Kraftwerken möglich, die diensttuenden Maschinen dadurch von leistungslosen Strömen
zu entlasten, daß man die Reservemaschine von der Antriebsmaschine abkuppelt,
leer mitlaufen läßt und so erregt, daß sie den wesentlichen Teil jener Ströme kompensiert.

Ein anderer Vorteil liegt u. U. darin, daß es leicht möglich ist — gerade so wie die Synchrongeneratoren —, die Synchronmotoren für sehr hohe Spannungen zu bauen, ohne hinsichtlich des Raumes für Isolation auf unüberwindliche Schwierigkeiten zu stoßen.

Diesen Vorteilen stehen als empfindliche Nachteile die Notwendigkeit einer b e s o n d e r e n   E r r e g u n g mit Gleichstrom und die U n m ö g l i c h k e i t d e s A n l a s s e n s u n t e r L a s t b e i n o r m a l e r F r e q u e n z gegenüber. Der Synchronmotor kann nur bei Synchronismus ein Drehmoment ausüben: soll er daher unter Last von selbst anlaufen, so ist dies nur zu erreichen, wenn der als Stromquelle dienende Generator zu gleicher Zeit angelassen und synchron mit dem Motor beschleunigt wird. Dies ist aber im allgemeinen nicht ausführbar, wenn der Generator auch für andere Betriebe Strom zu liefern hat und daher dauernd läuft. Ferner stößt diese Methode auf Schwierigkeiten, wenn zwischen Generator und Motor eine längere mit Widerstand und Selbstinduktion behaftete Leitung liegt, weil in dieser bei der der Zugkraft entsprechenden Stromstärke ein größerer Spannungsverlust entsteht, als der Generator bei der ganz geringen Anfangs-geschwindigkeit Spannung liefern kann.

Ohne Belastung kann man bei Aufwendung starker Ströme Synchronmotoren anlassen, wenn man die Erregung ganz ausschaltet; sie laufen dann infolge von Wirbelstrombildung in den Polschuhen, jedoch mit geringer Kraft an. Vgl. (530). Im Erregerkreis werden dabei sehr hohe, für die Isolation und für das Bedienungspersonal gefährliche Spannungen induziert, so daß diese Anlaufmethode besondere Vorsichtsmaßregeln bedingt. Die Gefahr besteht bei Einphasensynchronmotoren so lange, wie die Erregerwicklung nicht geschlossen wird; bei Drehstrom- und Zweiphasenmotoren ist sie am größten, so lange der Motor steht, und nimmt mit zunehmender Geschwindigkeit des Motors ab. Vgl. (476).

Man hat die Erregerwicklung beim Anlassen durch besondere Schalter in eine Anzahl Teile zerlegt, die erst nach Erreichung des Synchronismus durch Hintereinanderschaltung zu einem Stromkreis vereinigt werden. Indessen ist auch in diesen Fällen die Erregerwicklung als Hochspannungswicklung anzusehen.

Das beste Mittel zum Anlassen ist die Anordnung eines besonderen Anlaß-motors (Motors für kurzzeitigen Betrieb). Der Zuschaltung des Wechselstrommotors auf das Netz muß dann das Phasenvergleichen und Synchronisieren voraufgehen, genau wie bei den Generatoren, vgl. (505).

Einphasen-Synchronmotoren können in beliebiger Richtung, Drehstrom- und Zweiphasen-Synchronmotoren nur in einer bestimmten Richtung betrieben werden. Soll bei letzteren der Drehungssinn geändert werden, so hat man beim Drehstrom zwei Zuleitungen, beim Zweiphasenstrom die beiden Zuleitungen eines der beiden Stromkreise miteinander zu vertauschen.

Auch die Wechselstrom-Gleichstrom-Umformer verhalten sich hinsichtlich des Anlassens und des Betriebes wie die Synchronmotoren, vgl. (589).

Asynchronmotoren.

(514) Bei den **Induktionsmotoren** wird nur dem einen Teil — dem P r i m ä r -a n k e r — Strom vom Netz zugeführt, während die Ströme im anderen Teile — dem S e k u n d ä r a n k e r — durch eine Transformatorwirkung induziert werden. Man kann sie als Transformatoren betrachten, deren Wicklungen möglichst nahe beieinander, aber auf getrennten Eisenkörpern liegen, von denen der eine konzentrisch im anderen rotieren kann; es ergibt sich hierbei eine Kraftwirkung, die zur Abgabe mechanischer Leistung ausgenutzt werden kann. Induktionsmotoren werden entweder als Mehrphasenmotoren (Drehstrom-, Zweiphasen-, n-Phasenmotoren) ausgeführt und haben dann die Eigenschaft. von selbst anzulaufen, oder als Einphasenmotoren und können in dieser letzteren Form nur unter Anwendung besonderer Hilfsmittel in Gang gebracht werden.

Die Mehrphasenmotoren sind den Einphasenmotoren hinsichtlich Preis und Betriebseigenschaften erheblich überlegen.

(515) Arbeitsweise der Induktionsmotoren. Die mechanische Wirkung kommt bei den Mehrphasenmotoren dadurch zustande, daß ein magnetisches Drehfeld erzeugt wird, das sich über den sekundären Teil hinwegbewegt und dabei in letzterem Ströme induziert, die mit dem Drehfeld zusammen ein Drehmoment ergeben, so daß — entsprechend dem Lenzschen Gesetz — der sekundäre Teil dem Drehfeld gewissermaßen nachläuft. Diese Vorstellung entspricht der allgemeinen Ausführung der Induktionsmotoren mit feststehendem primären und beweglichem sekundären Teil, die den Vorteil bietet, daß für die primäre Wicklung mehr Raum verfügbar und daher die Isolation für hohe Spannung leichter ausführbar ist. Auch die umgekehrte Anordnung mit beweglichem Primärteil kommt vor. Bei ihr ist die Vorstellung vom Nachlaufen des sekundären Teiles genau so gut zulässig, wenn man nur statt absoluter Bewegung an die relative Bewegung zwischen feststehendem und umlaufendem Teil denkt.

Auch bei den Einphasenmotoren entsteht ein Drehfeld, wenn der Motor rotiert, doch weichen die Vorgänge in seinem Sekundäranker erheblich von denen im Mehrphasenmotor ab.

Das Drehfeld schreitet in einer Periode des in der Wicklung fließenden Wechselstromes um die doppelte Teilung, d. i. um den einem Polpaar entsprechenden Teil des Umfanges fort. Die Zahl der minutlichen Umdrehungen des Drehfeldes im Raum ist daher

$$n = \frac{60\,\nu}{p}\,, \text{ worin } \nu \text{ die Frequenz, } p \text{ die Polpaarzahl bedeutet.}$$

Man nennt diese Zahl die Drehzahl des Synchronismus.

Der Läufer rotiert, während er dem Felde nachläuft, bei Leerlauf nahezu synchron; bei Belastung nimmt er eine „Schlüpfung" von einigen Prozent an. Die Drehzahl eines Induktionsmotors ist daher angenähert gleich der des Drehfeldes und nach ihr zu berechnen. Man ersieht, daß für geringe Drehzahlen hohe Polzahlen und umgekehrt erforderlich sind, und ferner, daß bei gegebener Frequenz die Drehzahl nicht ganz beliebig gewählt werden kann (vgl. hierzu auch die Normalien des V. D. E.).

(516) Konstruktion. Für ein gutes Arbeiten der Induktionsmotoren ist es erforderlich, daß das Zustandekommen des Drehfeldes nicht durch eine Veränderlichkeit des magnetischen Widerstandes längs der Peripherie des Läufers gestört wird; Induktionsmotoren werden deshalb mit genuteten Eisenkörpern in Hohlzylinder- und Walzenform sowohl für den primären als auch für den sekundären Teil ausgeführt. Aus demselben Grunde dürfen beide Teile nicht dieselbe Nutenzahl besitzen. Man spricht deshalb bei ihnen im allgemeinen nicht von „Feldmagnet" und „Anker", sondern von „Primäranker" und „Sekundäranker".

Äußerlich unterscheidet man den „Ständer" oder „feststehenden Teil", auch Stator, Lauf, Mantel, Gehäuse genannt, und den „Läufer" oder „umlaufenden Teil", auch Rotor, Anker genannt. Im folgenden soll der feststehende Teil S t ä n d e r , der umlaufende L ä u f e r genannt werden. Zur Erregung der Induktionsmotoren dient ein als Magnetisierungsstrom zu bezeichnender Teil des dem Primäranker zugeführten Stromes, der im Interesse eines guten Leistungsfaktors möglichst klein sein soll. Bei Leerlauf ist es nahezu der ganze dem Primäranker zugeführte Strom. Er besitzt eine wegen der Magnetisierung des Luftspaltes bedeutende leistungslose Komponente. Der Luftspalt zwischen Ständer und Läufer soll deshalb so eng gemacht werden, wie es sonstige Rücksichten, namentlich in mechanischer Hinsicht, gestatten. Kleine Motoren werden mit Luftspalt bis zu

0,3 mm herab, große mit Luftspalt von höchstens 3 mm radialer Tiefe ausgeführt. Aus demselben Grunde führt man die normalen Motoren auch fast durchweg mit nahezu oder auch wohl ganz geschlossenen Nuten aus.

(517) Die **Kommutatormotoren** werden für Mehrphasen- und Einphasenstrom ausgeführt und besitzen einen Läufer mit Kommutator wie die Gleichstrommaschinen. Der Ständer besitzt bei einigen Typen ausgeprägte Pole, bei anderen ist er ein den Läufer eng umschließender Ring mit Nuten an der inneren Zylinderfläche, in denen eine verteilte Wicklung liegt. Letzteres ist nötig, wenn sich ein mehr oder minder vollkommenes Drehfeld ausbilden soll. Kompensationswicklungen und Wendepole oder Wendezähne werden häufig angebracht (418). Der Hauptzweck der Anwendung des Kommutators besteht darin, Motoren zu bauen, die auch bei Einphasenstrom mit großer Kraft anlaufen, und deren Geschwindigkeit man wirtschaftlich innerhalb weiter Grenzen ändern kann.

Bei allen Motoren müssen Ständer und Läufer aus dünnen voneinander isolierten Blechen hergestellt werden. Für den Aufbau und die Ventilationsschlitze gilt sinngemäß das unter (392) bis (403) Gesagte.

Induktionsmotoren.

(518) **Der Ständer** bildet in der Regel den Primäranker. Das D r e h f e l d wird in den Drehstrommotoren mit drei unter sich genau gleichen Wicklungszweigen (in der Werkstattsprache wohl auch schlechtweg ,,Phasen" genannt) erzeugt, deren Symmetrieachsen am Umfang in ähnlicher Weise wie bei den Generatoren um je 2/3 Polteilung gegeneinander verschoben sind und einander entsprechend übergreifen (Fig. 266—269). Die Nutenzahl für Pol und Zweig wird möglichst hoch gewählt, doch ist bei ihrer Festlegung eine Berücksichtigung der Massenfabrikation zu empfehlen, sobald es sich um kleinere oder mittlere Typen handelt. Für Zweiphasenmotoren wird das Drehfeld in entsprechender Weise durch Anordnung von zwei um 1/2 Polteilung gegeneinander verschobenen Wicklungszweigen erzeugt. Die Schaltungs- und Wicklungsmöglichkeiten entsprechen genau denen der Generatoren (470—474).

(519) **Das Drehfeld.** Von dem Zustandekommen des Drehfeldes bekommt man eine Vorstellung, wenn man sich den einfachsten Fall einer Drehstromwicklung, drei um je 120° räumlich gegeneinander verstellte, um denselben Eisenkern gewickelte Spulen, aufzeichnet, der Reihe nach für die in den drei zugehörigen Stromkreisen fließenden Stromstärken $I \sin \omega\, t$, $I \sin (\omega\, t + 120°)$, $I \sin (\omega\, t + 240°)$ eine Anzahl Werte für die in gleichen Intervallen aufeinander folgenden Zeiten t_1 t_2 t_3 ... berechnet oder dem Vektordiagramm durch Projektion der Vektoren auf die Zeitlinie entnimmt, wenn diese der Reihe nach um gleiche Winkel verstellt wird, und die ihnen entsprechenden MMKK in der Richtung der magnetischen Achsen der Spulen nach dem Parallelogramm der Kräfte zusammensetzt. Es ergibt sich in dem Falle eine mit gleichbleibender Größe umlaufende Resultante, entsprechend dem Dreikurbeltrieb.

(520) Die **Grenze der Spannung**, bis zu der die Motoren rationell gebaut werden können, liegt bei kleinen Typen bis etwa 10 kW bei 500 V, bei mittleren Typen bis etwa 30 kW bei 3000 V und bei großen Typen bei 7000 bis 10 000 V. Sie ergibt sich aus dem Anwachsen einmal des für Isolation erforderlichen Raumes — in der Hinsicht sind Motoren mit geringer Nutenzahl für hohe Spannungen besser geeignet als andere — und aus der größten Zahl dünner Drähte, die man noch durch eine Nut fädeln kann. Die Schwierigkeiten der großen Annäherung der hochspannungsführenden Wickelköpfe des Primärankers an die Wickelköpfe des Sekundärankers sind nicht zu verkennen, sind aber nicht unüberwindlich. Bei Motoren für sehr hohe Spannung ist man in der Regel gezwungen, um mit dem Wickelraum auszukommen und dabei vernünftige Abmessungen des Motors ein-

zuhalten, im Wirkungsgrad und Leistungsfaktor etwas schlechtere Werte zuzulassen als bei normalen Spannungen.

(521) Schaltung und Klemmen. Beide Teile können nach Belieben Dreieck-
oder Sternschaltung erhalten. Die Enden der Wicklung werden bei Drehstrommotoren zu drei Klemmen geführt, wenn ein für allemal Dreieckschaltung oder
wenn Sternschaltung ohne Herausführung des Nullpunktes vorgesehen ist. Bei
Herausführung des Nullpunktes ergeben sich vier Klemmen. Soll die Wahl zwischen
Dreieck- oder Sternschaltung offen bleiben, wie es bei Motoren für zweierlei Spannung
(z. B. 110 und $\sqrt{3} \times 110 \approx 190$ V) vorkommt, so sind sechs Klemmen
erforderlich. Bei solchen Motoren wird oft falsch angeschlossen, so daß die Stromrichtung in einem Wicklungszweig die verkehrte ist; in dem Falle laufen die Motoren
auch, nehmen aber sehr starke Ströme auf, entwickeln nur ein geringes Drehmoment und brummen in der Regel stark. Man hat daher durch Vertauschen der
Anschlüsse an dem betr. Zweig die richtige Stromrichtung herzustellen.

Zweiphasenmotoren erhalten in der Regel vier, selten drei Klemmen. In
letzterem Falle dient eine Klemme zwei Stromzweigen und führt die $\sqrt{2}$ fache
Stromstärke der beiden anderen.

Drehstrommotoren sind ohne weiteres durch Vertauschen zweier Zuleitungen
umsteuerbar, weil dadurch der Drehsinn des Drehfeldes umgekehrt wird. Zweiphasenmotoren werden durch Vertauschung der Zuleitungen zu einem Wicklungszweig umgesteuert.

Die Anschlußklemmen aller Drehstrom- und Zweiphasenmotoren sollten im
normalen Betrieb der Berührung nicht zugänglich sein.

Fig. 290.   Käfigwicklung.   Fig. 291.   Kurzschluß-Phasenwicklung.

(522) Der Läufer bildet in der Regel den Sekundäranker. Auch die Läufer
werden vielfach mit drei Wicklungszweigen ausgeführt (sogenannte Phasenanker);
zum Anschluß von Anlaßwiderständen (546) werden drei Punkte der Wicklungen
mit Schleifringen verbunden, die entweder zwischen die Motorlager eingebaut
oder fliegend angeordnet und dann unter Benutzung einer Bohrung durch die
Welle angeschlossen werden (Fig. 311). Es empfiehlt sich, alle Motoren für
Dauerbetrieb ohne Umsteuerung mit Bürstenabhebevorrichtung und umlaufender
Kurzschlußvorrichtung für die Schleifringe auszuführen. Vergl. (548).

(523) Kurzschlußläufer. Wo ein Anlaßwiderstand entbehrt werden kann, d. h.
namentlich bei kleinen, schnell laufenden Motoren bis 2 kW, ferner bei solchen
Motoren, die ohne wesentliche Belastung angehen, z. B. für Ventilatoren und
Kreiselpumpen, dann, wenn die Trägheit des beweglichen Teiles nicht bereits den
Anlauf erschwert, kommen sogenannte Kurzschlußläufer zur Verwendung. Kurzschlußläufer (auch abgekürzt Schlußanker genannt) werden nach D o b r o w o l s k y
vielfach als sogenannte Käfiganker (Fig. 290) ausgeführt; ihre Wicklung besteht
dann aus Stäben (für die Nut ein Stab), die an den Stirnseiten des Läufers sämtlich
durch je einen Kurzschlußring unmittelbar miteinander verbunden sind. Diese Form
stellt die einfachste Wicklung dar und verdient wegen ihrer mechanischen Vorzüge
und des geringen Preises die größte Beachtung; ihre Anwendung ist aber beschränkt, weil das Anlassen größerer Motoren mit Kurzschlußläufer Schwierigkeiten macht und Störungen verursacht (545). Die Käfigwicklung ist eine

hinsichtlich der Polzahl indifferente Wicklung. Derselbe Läufer paßt daher zu beliebigen Polzahlen, eine Eigenschaft, die für die Polumschaltung (543,3) wichtig ist. Es empfiehlt sich, die Eisenkörper der Sekundärteile nicht massiv auszuführen, sondern aus Blechen aufzubauen, weil die Ströme dann nur in den durch die Kupferleiter vorgeschriebenen Bahnen nahe der Peripherie des Läufers auftreten können, wo sie das größte Drehmoment entwickeln. Neben dem Käfigläufer finden sich Kurzschlußläufer auch so gewickelt, daß je ein Stabpaar (eine Windung) in sich kurz geschlossen ist, Fig. 291. Dieser kurzgeschlossene Phasenläufer ergibt eine geringere Ausnutzung als die vorher genannten Kurzschlußanker.

(524) Die Windungszahl auf dem Sekundäranker kann beliebig gewählt werden. Stabwicklung mit einem oder zwei Stäben in der Nut ermöglicht die beste Ausnutzung des Wickelraumes und ergibt eine sehr solide und sauber aussehende Wicklung, Fig. 268 u. 269. Dabei ist zugleich gute Abkühlung zu erreichen; man beachte aber, daß die Wickelköpfe nach Art einer Sirene ein pfeifendes Geräusch hervorbringen können. Als ein Nachteil der Stabwicklung ist es anzusehen, daß die Ströme wegen der geringen Windungszahl verhältnismäßig stark ausfallen und daher größere Abmessungen der Schleifringe, Bürsten oder anderer Kontakte und der Verbindungsleitungen zum Anlasser verlangen.

Bei großen Motoren ist zu beachten, daß bei Stillstand und geringer Drehzahl — auch bei einfacher Stabwicklung — an der Läuferwicklung hohe Spannungen auftreten können, die sowohl hinsichtlich der Isolierfestigkeit als auch mit Rücksicht auf Gefährdung von Personen zu berücksichtigen sind.

Die Spannung zwischen den einzelnen Drähten, soweit sie benachbart liegen, ist indessen meist sehr gering; deshalb ist es möglich (Masch.-Fabr. Oerlikon), sich in vielen Fällen mit Auskleidung der Nuten zu begnügen und im übrigen blanke Drähte zu wickeln.

(525) Genauere Betrachtung des rotierenden Feldes bei Mehrphasenstrom[1]). Legt man durch die Achse eines mit Drehstromwicklung versehenen Läufers in beliebiger Richtung eine Ebene, so wird diese auf jeder Seite des Motors eine Anzahl Spulen schneiden. Zählt man die Durchflutungen aller auf einer Seite des Motors geschnittenen Spulen zusammen, so findet man bei guten Wicklungen, daß, wenn man die Schnittebene in beliebiger Richtung um eine Polteilung dreht, in der neuen Stellung genau dieselbe Durchflutung, jedoch mit entgegengesetztem Vorzeichen vorhanden ist. An der einen Stelle treten Induktionslinien aus dem äußeren in den inneren Teil ein, an der anderen Stelle ebensoviel Induktionslinien aus dem inneren in den äußeren aus. Wir können uns dann vorstellen, daß die Durchflutung der an einer Stelle geschnittenen Spulen genau für die eine Weghälfte derjenigen Induktionslinien aufgebracht wird, die an der Schnittstelle durch die Luft gehen. Sieht man von dem Verbrauch an MMK für den Eisenweg ab, so kommt für die Luft an jedem Zahn die Durchflutung zur Geltung, die bei einem durch diesen Zahn und die Wicklung an dieser Stelle geführten Schnitt in den geschnittenen Spulen vorhanden ist, Fig. 292. Unter dieser Voraussetzung kann man leicht die auf jeden Zahn entfallende Durchflutung bestimmen.

Ein Beispiel bei vierfachen Nuten ($m = 4$) nach Fig. 292 möge dies deutlich machen. Die Durchflutung der geschnittenen Spulen beträgt:

[1]) Literatur: Görges, D. Berechnung d. EMK von Mehrphasen- u. Einphasenwicklungen. ETZ 1907, S. 1 ff. — Kummer, Vergl. Berechnung des Magnetisierungsstromes von Mehrphasen- u. Einphasen-Wicklungen auf Grund d. Feldstärke-Diagramms von Görges u. d. Drehfeld-Zerlegung in Harmonische. ETZ 1907, S. 645 f. — R. E. Hellmund, D. Differentialfelder im Drehfelde. ETZ 1909, S. 841 ff. u. Graph. Behandlung d. Streuung in Induktionsmotoren ETZ 1909, S. 25 ff. — Kloss, D. Berechnung d. Magnetisierungsstromes von Drehstrommotoren. El. u. Maschb. Wien 1910, S. 857. — Rasch, Über die Anwendung d. Görgesschen Diagrammes auf Teillochwicklungen. ETZ 1912, S. 7.

Zahn Nr.	Durchflutung	Zahn Nr.	Durchflutung
1	$4\,a$	8	$a + 4\,b$
2	$4\,a + b$	9	$4\,b$
3	$4\,a + 2\,b$	10	$4\,b + c$
4	$4\,a + 3\,b$	11	$4\,b + 2\,c$
5	$4\,a + 4\,b$	12	$4\,b + 3\,c$
6	$3\,a + 4\,b$	13	$4\,b + 4\,c$
7	$2\,a + 4\,b$	14	$3\,b + 4\,c$

Dabei bezeichnen a, b, c die auf eine Nut entfallende Durchflutung der drei Stromkreise des Drehstroms. Die Polteilung enthält in diesem Falle 12 Nuten. Man erhält z. B. als Durchflutung für Zahn 2: $(4\,a + b)$, für Zahn 14: $(3\,b + 4c)$ oder, da $(a + b + c) = 0$, $- (4\,a + b)$ AW.

Die einzelnen Durchflutungen lassen sich leicht graphisch darstellen, wenn man annimmt, daß die einzelnen Stromstärken sinusartig variieren. Es mögen OA, OB, OC, Fig. 293, die drei Stromstärken und zugleich die Durchflutungen $4\,a$, $4\,b$, $4\,c$ (allgemein $m\,a$, $m\,b$, $m\,c$) darstellen. Zeichnet man nun das regelmäßige Sechseck $AFBDCE$, teilt die Seiten in je vier (allgemein $\gamma\,m$) gleiche Teile und zieht von O aus die Radienvektoren nach den Teilpunkten, so stellen diese Vektoren der Größe und Phase nach die auf jeden Zahn entfallenden Durchflutungen dar, so z. B. der Vektor OA die für Zahn 1, $O2$ die für Zahn 2, $O3$ die für Zahn 3.

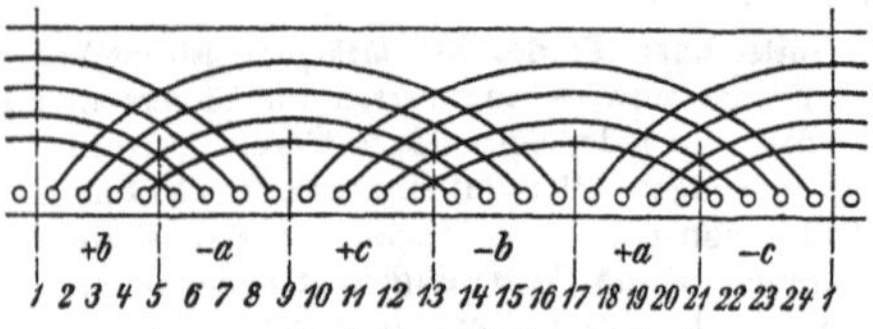

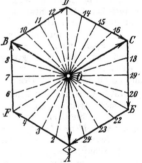

Fig. 293. Vektordiagramm der Feldverteilung einer Drehstromwicklung.

Fig. 292. Drehstromwicklung mit vierfachen Nuten.

Der Scheitelwert von a, b, c ist $\dfrac{1}{m} \cdot \dfrac{N}{3} \cdot \sqrt{2}\,I$, wenn N die Windungszahl eines Polpaares und m die Zahl der Zähne für Pol und Zweig ist. Die Vektoren OA, OB, OC haben daher, wenn sie Durchflutungen bedeuten, den Zahlenwert

$$\frac{N}{3} \cdot \sqrt{2}\,I = \frac{\sqrt{2}}{3} \cdot N\,I$$

Man kann hieraus die Verteilung des Magnetfeldes in jedem Augenblicke feststellen. Man halte die Zeitlinie in einer beliebigen Lage fest und projiziere alle Vektoren auf die Zeitlinie, so sind die Projektionen den augenblicklichen Werten des magnetischen Feldes von Zahn zu Zahn proportional. Geht die Zeitlinie durch eine der Ecken des Sechsecks, so erhält man für die Darstellung der Verteilung über einer Abszissenachse, die den Umfang des Motors darstellt, die spitze Treppenform (Fig. 294); steht die Zeitlinie senkrecht auf einer der Seiten, so erhält man die flache Treppenform (Fig. 295). Dazwischen kann man leicht die Übergänge konstruieren.

Die Amplitude der augenblicklichen Durchflutung schwankt zwischen zwei Werten hin und her; der größere Wert $\dfrac{\sqrt{2}}{3} \, NI = 0{,}471 \, NI$ wird immer dann erreicht, wenn die Zeitlinie mit einem der Stromvektoren in gleiche Richtung fällt und einen Grenzzahn zwischen zwei Wicklungsabteilungen trifft, die kleinere $\dfrac{\sqrt{2}}{3} \, NI \cos 30^0 = 0{,}408 \, NI$, wenn die Zeitlinie den mitten zwischen zwei Grenzzähnen liegenden Zahn trifft, falls ein solcher vorhanden ist. Die Amplitude der Schwankung ist von der Zahl der Zähne für Pol und Stromzweig unabhängig; sie ist bei Drehstrommotoren kleiner $\left(1 : \dfrac{1}{2}\sqrt{3}\right)$ als bei Zweiphasenmotoren $\left(1 : \dfrac{1}{2}\sqrt{2}\right)$, weil bei letzteren im Diagramm statt des Sechsecks ein Quadrat erscheint.

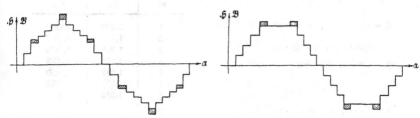

Fig. 294. Spitze Kurve der Feldverteilung.   Fig. 295. Flache Kurve der Feldverteilung.

(526) Die magnetische Induktion. Ist die Sättigung im Eisen gering, so ist der größte Wert der magnetischen Induktion bei Drehstrom in der Luft unter den Grenzzähnen

$$\mathfrak{B} = \frac{0{,}4 \, \pi \sqrt{2}}{3} \cdot \frac{NI}{\delta}$$

wenn δ die Länge der einfachen Luftstrecke zwischen Ständer und Läufer in cm ist. Hieraus folgt umgekehrt für die erforderliche Durchflutung

$$NI = \frac{3}{0{,}4 \, \pi \sqrt{2}} \cdot \delta\mathfrak{B} = 1{,}69 \cdot \delta\mathfrak{B}$$

Zu NI kommt noch der für den Verlauf der Induktionslinien in den Eisenkörpern aufzuwendende Betrag hinzu. Die Summe ergibt die gesamte Durchflutung.

Der aus einem Pol austretende Gesamtinduktionsfluß variiert zeitlich nur sehr wenig. Man kann, wenn man einfache Nuten, die bei Motoren nicht angewendet werden dürfen, ausschließt, mit genügender Genauigkeit setzen

bei Drehstrom: $\varPhi = 1{,}74 \cdot m \, \varPhi_z$,
bei Zweiphasenstrom: $\varPhi = m \cdot \varPhi_z$.
$\varPhi_z$ ist der maximale Induktionsfluß.

Hieraus ergibt sich der Induktionsfluß im Kranz zu $\dfrac{1}{2}\,\varPhi$.

Bei starker Sättigung der Zähne sind die magnet. Induktionen den Feldstärken nicht genau proportional, die Unterschiede zwischen der magnet. Induktion unter den Grenzzähnen und der unter den mittleren Zähnen werden also geringer.

Von Einfluß sind natürlich auch die Nutenformen und das Verhältnis der Zahl der Nuten auf dem Primäranker zu der auf dem Sekundäranker, weil die obige Ableitung gleichförmigen magnetischen Widerstand über den ganzen Ankerumfang voraussetzt und diese Gleichförmigkeit durch die Nutung etwas beeinträchtigt wird.

(527) Die EMK. Um die in einer Drehstrom-Sechsphasenwicklung durch das Drehfeld induzierte EMK zu berechnen, muß man eine Annahme über die Verteilung der magnetischen Induktion machen. Wir nehmen an, daß auch die Dichte $\mathfrak{B}$ der aus den einzelnen Zähnen austretenden Induktionslinien durch das Vektordiagramm (Fig. 293) dargestellt werde, obwohl infolge der Sättigung, wie eben bemerkt, eine geringe Abweichung eintreten wird. Es sei Φ_z das Maximum des Induktionsflusses, der aus einem der Grenzzähne austritt, und $\mathfrak{B}$ die zugehörige Induktion in der Luft, E die EMK für Polpaar und Zweig. Dann ist bei m-fachen Nuten, wenn S die wirksame Oberfläche eines Polpaares ist,

für Drehstrom:

$$\Phi_z = \frac{S}{6\,m}\,\mathfrak{B}$$

$$E = \frac{\sqrt{2\,\pi}}{3}\cdot C_3\cdot \nu\,N\,m\,\Phi_z\cdot 10^{-8}\ \text{Volt}$$

$$= 0{,}247\,C_3\cdot \nu\,N\,S\,\mathfrak{B}\cdot 10^{-8}\ \text{Volt}$$

für Zweiphasenstrom:

$$\Phi_z = \frac{S}{4\,m}\,\mathfrak{B}$$

$$E = \frac{\pi}{2}\cdot C_2\cdot \nu\,N\,m\,\Phi_z\cdot 10^{-8}\ \text{Volt}$$

$$= 0{,}393\,C_2\cdot \nu\,N\,S\,\mathfrak{B}\cdot 10^{-8}\ \text{Volt}$$

m	C_3	C_2
1	2,000	2,000
2	1,750	1,500
3	1,705	1,409
4	1,688	1,375
5	1,681	1,360
6	1,677	1,352
7	1,672	1,347
⋮	⋮	⋮
∞	1,667	1,333

Die EMKK werden durch Streuung etwas vergrößert.

C_3 und C_2 lassen sich in geschlossener Form darstellen (ETZ 1907, S. 1 ff.), sind aber am besten aus obenstehender Tabelle zu entnehmen.

Ist ein bestimmtes E vorgeschrieben, so kann man nach diesen Formeln Φ_z und daraus $\mathfrak{B}$ berechnen.

Bei Dreieckschaltung ist E mit der Anzahl der hintereinander geschalteten Polpaare zu multiplizieren, um die gesamte EMK zu erhalten; bei Sternschaltung ist außerdem noch mit $\sqrt{3}$ zu multiplizieren.

(528) Streuung zwischen den Zähnen. Die magnetische Streuung zwischen zwei benachbarten Zähnen ist der magnetischen Potentialdifferenz zwischen ihnen proportional, und deren Scheitelwert wird im Diagramm, Fig. 293, durch die Abschnitte auf den Seiten des Sechsecks (oder Quadrats bei Zweiphasenstrom) dargestellt. Solange nun die magnetische Sättigung das Diagramm nicht verzerrt, ist der Maximalwert der Streuung von Zahn zu Zahn konstant, auch hat eine Anzahl von Streuflüssen immer dieselbe Phase, und nur an den 6 Grenzstellen tritt innerhalb eines Polpaares ein Sprung in der Phase um je 60° auf. Die Zähne, in die der Phase und Größe nach ein ebensolcher Streufluß aus- wie eintritt, werden durch die Streuung nicht stärker belastet. Es werden also nur die Grenzzähne, die sich zwischen zwei Wicklungsabteilungen befinden, z. B. 1, 5, 9 ... in Fig. 293 infolge von Streuung magnetisch stärker belastet. Ist der Streufluß von Zahn zu Zahn Φ_s, ein Wert, der sich berechnen läßt, sobald der Widerstand des Streuflusses zwischen zwei benachbarten Zähnen bekannt ist, so sind die Grenzzähne durch Streuung um die geometrische Summe zweier Streuflüsse Φ_s, die 120° Phasenverschiebung gegeneinander haben, also um Φ_s stärker belastet, als sie es ohne Streuung wären. Die Streuung ist in Fig. 294 und 295 schraffiert angegeben.

(529) Berechnung der Streuung. Die magnetische Potentialdifferenz zwischen zwei Zähnen ist bei Drehstrom $0,4 \pi \cdot N/(3\,m) \cdot \sqrt{2}\,I = 0,59 \cdot N\,I/m$. Ist $\Re_s$ der magnetische Widerstand des Streuflusses, so ist der Streufluß selbst

$$\Phi_s = \frac{0,4\,\pi\,\sqrt{2}}{3} \cdot \frac{N\,I}{m\,\Re_s} = 0,59 \cdot \frac{N\,I}{m\,\Re_s}$$

Dieser Streufluß umschlingt alle Windungen eines Zweiges zweimal, daher ist für einen Zweig und ein Polpaar die EMK der Streuung

$$E_s = 2 \cdot \frac{2\,\pi\,\nu}{\sqrt{2}} \cdot \frac{N}{3}\,\Phi_s \cdot 10^{-8} = 1,76 \cdot \frac{\nu\,N^2\,I}{m\,\Re_s} \cdot 10^{-8} \text{ Volt}$$

Aus (527) ergibt sich ferner das Verhältnis

$$\tau = \frac{E_s}{E} = \frac{12\,\delta}{C_2\,m\,S\,\Re_s}$$

worin τ der Heylandsche Streuungskoeffizient ist (362).

Die letzte Gleichung läßt den Einfluß der Nutenzahl erkennen. Unter der Annahme, daß $\Re_s$ konstant gehalten wird, gilt für τ folgende Tabelle:

m	1	2	3	4	5	6	7	.	.	.	∞
τ in $^0/_0$	100	57,2	39,1	29,7	23,8	19,9	17,1	.	.	.	0

d. h. die Streuung nimmt mit wachsender Nutenzahl stark ab.

Zur Berechnung von $\Re_s$ ist der ganze Pfad in eine Anzahl paralleler Teile zu zerlegen, deren magnetische Leitwerte zunächst bestimmt werden. Der reziproke Wert ihrer Summe ist $\Re_s$. Es kommen besonders folgende Teile in Betracht: Steg oder Nutenöffnung, Teil zwischen Nutenöffnung und Drähten, Nute selbst [von diesem Teil ist nur der dritte Teil der Leitfähigkeit einzusetzen, um der Tatsache Rechnung zu tragen, daß diese Induktionslinien nur einen Teil der Windungen umschlingen], Luftspalt zum gegenüberliegenden Teil und zurück. Dieser letztere, auch Zickzackstreuung genannte Teil liefert im allgemeinen den größten Betrag und darf nicht vernachlässigt werden. Endlich kommt noch die sogenannte Flankenstreuung in Betracht, d. h. der Teil, der an den Stirnseiten des Ankers aus- und eintritt, und der den außerhalb des Eisens liegenden Teil der Wicklung umgibt. Nach (362) findet man ferner

$$\nu_1 = 1 + \tau_1, \quad \nu_2 = 1 + \tau_2, \quad \sigma = 1 - \frac{1}{\nu_1\,\nu_2}$$

(530) Wirkungsweise der Mehrphasenmotoren. Die Winkelgeschwindigkeit des magnetischen Feldes sei ω_0, die des rotierenden Teiles ω. Ihre Differenz heißt Schlüpfung, auch Schlipf. Bei p Polpaaren ist

1) $$\omega_0 = \frac{2\,\pi\,\nu}{p} \qquad \omega = \frac{2\,\pi\,n}{60}$$

Die Schlüpfung wird gewöhnlich in Prozenten von ω_0 angegeben, also

2) $$s = 100\,\frac{\omega_0 - \omega}{\omega_0}$$

364 Wechselstrommotoren.

Die Schlüpfung ist die relative Geschwindigkeit zwischen dem rotierenden Feld und dem Läufer. Die im Sekundäranker induzierte EMK ist der Schlüpfung und den sekundären Induktionsflußwindungen M_2 proportional:

3) $$E_2 = c_1 M_2 (\omega_0 - \omega)$$

Wenn der Anker kurz geschlossen ist, so ist die Stromstärke

4) $$I_2 = \frac{E_2}{R_2} = \frac{c_1}{R_2} M_2 (\omega_0 - \omega)$$

wobei alle Größen auf einen Zweig zu beziehen sind. Ihr entspricht die Stromwärme

5) $$\Lambda_{w2} = R_2 I_2^2 = \frac{E_2^2}{R_2} = \frac{c_1^2}{R_2} M_2^2 (\omega_0 - \omega)^2$$

Das zugleich auftretende Drehmoment D ist proportional mit M_2 und J_2, daher

6) $$D = c_2 M_2^2 I_2 = \frac{c_1 c_2}{R_2} M_2 (\omega_0 - \omega)$$

Das Drehmoment ist also der Schlüpfung und dem Quadrat der Induktionsflußwindungen im Sekundäranker proportional.

Das Produkt $D \omega$ stellt die mechanische Leistung Λ_m dar, von der noch die Reibungsverluste abzuziehen sind, um die Nutzleistung zu erhalten; das Produkt $D (\omega_0 - \omega)$ die zur Stromwärme verbrauchte Leistung Λ_{w2}. Es ist also $c_1 = c_2$, und es verhält sich

7) $$\frac{\Lambda_{w2}}{\Lambda_m} = \frac{\omega_0 - \omega}{\omega}$$

und, wenn $\Lambda_2 = \Lambda_{w2} + \Lambda_m$ die gesamte dem Anker zugeführte Leistung ist.

8) $$\frac{\Lambda_{w2}}{\Lambda} = \frac{\omega_0 - \omega}{\omega_0} = \frac{s}{100} \text{ und } \frac{\Lambda_m}{\Lambda} = \frac{\omega}{\omega_0}.$$

Die prozentuale Schlüpfung s ist daher gleich dem prozentualen Leistungsverlust durch Stromwärme im Sekundäranker. Dies Resultat gilt genau nur bei einem vollkommenen Drehfeld; ist es unvollkommen, so ist der Verlust größer, als sich aus der Schlüpfung ergibt. Beim Einphasenmotor ist der Verlust bei normalem Betrieb nahezu doppelt so groß (562) u. (576).

Gl. 6) zeigt, daß zur Erzielung desselben Drehmomentes bei konstantem M_2 (konstanter Primärspannung) die Schlüpfung proportional dem Ankerwiderstand sein muß. Vergrößerung des Ankerwiderstandes vergrößert also die Schlüpfung bis zum Stillstand des Motors ohne Beeinträchtigung des Drehmomentes. Daraus ergibt sich das Anlassen und die Geschwindigkeitsregulierung durch Einschaltung von Widerständen in den Sekundärkreis.

(531) Heylandsches Kreisdiagramm[1]). Nach 2) und 6) kommt der Motor ohne wesentliche Änderung der magnetischen und elektrischen Vorgänge zur Ruhe, wenn der Widerstand im Sekundärkreise von R_2 auf $100 \frac{R_2}{s}$ vergrößert wird. Er

[1]) Literatur: H e y l a n d , Eine Methode zur experimentellen Untersuchung an Induktionsmotoren. Voitsche Sammlung 1905. — B e r k i t z - B e h r e n d , Induktionsmotoren. Berlin, Krayn, 1903. — H e u b a c h , D. Drehstrommotor. Berlin, Springer, 1903. — E m d e , D. Arbeitsweise d. Wechselstrommaschinen. Berlin, Springer, 1902. — O s s a n n a , Theorie der Drehstrommotoren, Z. f. El. 1899, S. 223. — S u m e c , Kreisdiagramm des Drehstrommotors bei Berücksichtigung des primären Spannungsabfalls (Ossanna), Z. f. El. 1901, S. 177; außerdem Lehrbücher.

verhält sich dann wie ein Transformator mit großer Streuung (366). Es seien die primären Induktionsflußwindungen $\Phi_1 = OA$, Fig. 296, und also auch die primäre EMK E_1 konstant. Die primäre Klemmenspannung P_1 wird sich dann etwas, jedoch nur wenig ändern. Setzt man $\varphi_2 = 0$ und vernachlässigt man $\mathfrak{F}_2$, d. h.

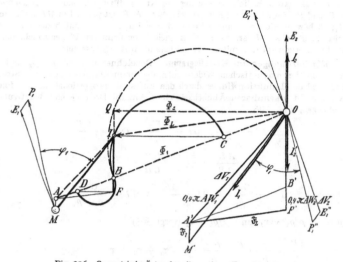

Fig. 296. Geometrische Örter des allgemeinen Transformators.

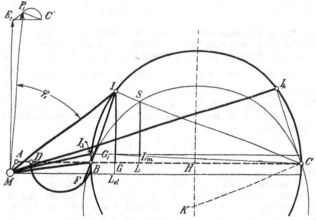

Fig. 297. Modifiziertes Heylandsches Diagramm.

die Eisenverluste im Läufer, so geht Fig. 175 in Fig. 296 über, und $\sphericalangle OQI$ wird ein rechter. Der Schnittpunkt der Verlängerung von QI mit Φ_1 sei B. Zieht man IC parallel QO, AF parallel IO und FD parallel OQ, so läßt sich nachweisen, daß D, B und C feste Punkte auf AO sind. Daher müssen Q, I und F auf Kreisen über BO, BC und BD als Durchmessern liegen. Wählt man M so, daß ΔMAI ähnlich $\Delta M'A'O$, so ist MI parallel und proportional zu $M'O$ und FI parallel und proportional zu $F'O$. MI stellt daher I_1 und FI bei gleichen Windungszahlen im Sekundär- und Primärkreise I_2 in demselben Maße dar. Auch QI und BI sind I_2 proportional. Gewöhnlich werden nur die Kreise über BC und BD gezeichnet und E_1 und P_1 von M aus eingetragen, Fig. 297. $E_1 P_1$ ist parallel zu MI und gleich $R_1 I_1$; P_1 bewegt sich auf einem Kreise, dessen Lage zu E_1 ähnlich der Lage des Kreises über BC zu M ist. $\not\prec P_1 MI$ ist gleich der primären Phasenverschiebung φ_1. Bei Leerlauf fällt I mit I_λ, bei Stillstand mit I_k zusammen.

(532) Beziehungen im Kreisdiagramm. Bezeichnet man mit ρ_1, ρ_2 und ρ Größen, die den magnetischen Widerständen des primären, des sekundären Streuflusses und des Induktionsflusses durch den Luftspalt proportional sind, so folgt aus der leicht erkennbaren Ähnlichkeit einer Anzahl Dreiecke und den Grundbeziehungen, Fig. 296

$$AI = \frac{A'O}{\rho_1}, \quad QI = \frac{OF'}{\rho_2}, \quad OI = \frac{A'F'}{\rho} \qquad 1)$$

$$\frac{AB}{OB} = \frac{FB}{IB} = \frac{DB}{CB} = \frac{\rho}{\rho_1} \qquad 2)$$

und $$IF = \frac{OF'}{\rho_1}, \quad QI = \frac{OF'}{\rho_2}, \quad BI = \frac{OF'}{\rho + \rho_1} \qquad 3)$$

ferner mit $\rho/\rho_1 = \tau_1$ und $\rho/\rho_2 = \tau_2$ (vergl. 365)

$$\frac{AB}{BC} = \frac{\rho}{\rho_1} \cdot \frac{\rho + \rho_1 + \rho_2}{\rho_2} = \tau_1 + \tau_2 + \tau_1 \tau_2 = \nu_1 \nu_2 - 1 \qquad 4)$$

und $$\frac{AB}{AC} = 1 - \frac{1}{\nu_1 \nu_2} = \sigma = \frac{\tau_1 + \tau_2 + \tau_1 \tau_2}{1 + (\tau_1 + \tau_2 + \tau_1 \tau_2)} \approx \frac{\tau_1 + \tau_2}{1 + (\tau_1 + \tau_2)} \qquad 5)$$

(533) Primärer Leistungsfaktor. Angenähert läßt man wohl M mit A zusammenfallen, d. h. man vernachlässigt die primären Magnetisierungsverluste. Dann wird I_1 durch AI dargestellt. Vernachlässigt man auch $I_1 R_1$, so fällt P_1 mit E_1 zusammen. In diesem Falle wird der Maximalwert von $\cos \varphi_1$ gleich $\dfrac{1 - \sigma}{1 + \sigma}$, ein Wert, der demnach nur angenähert gilt.

(534) Schlüpfung. Nach (530) Gl. 4 kann man $I_2 R_2$ proportional mit $\Phi_2 \cdot s$ setzen. Andererseits ist Φ_2 mit CI proportional, daher $I_2 R_2$ proportional mit $s \cdot CI$ = $100 \cdot SI$, wenn

$$SI = \frac{s}{100} \cdot CI.$$

Da BI und, wie eben bemerkt, SI proportional mit I_2 sind, so ist SI/BI = konst., also $\not\prec SBI$ konstant und, da $\not\prec BIS = 90^0$, auch $\not\prec BSI$ konstant. Demnach liegt S auf einem Kreise, der durch B und C geht und seinen Mittelpunkt in K hat. Bei Stillstand rückt I nach I_k. Dabei wird s = 100 %, also SI_k/CI_k = 1, d. h. S fällt mit C zusammen. Die Strecke CI_k ist daher Tangente an dem Schlüpfungskreise in C, und K liegt daher auf der in C zu CI_k gezogenen Senkrechten. Die Schlüpfung ist s = $100 \cdot SI/CI$.

(535) Drehmoment. Nach (541) Gl. 6 kann man das Drehmoment proportional mit $QB \cdot QO$, Fig. 296, oder $BI \cdot CI$, Fig. 296 und Fig. 297, setzen. Da die Grundlinie BC des Dreiecks BCI konstant, so mißt die Höhe IG das Drehmoment. Zieht man hiervon einen konstant angenommenen Betrag GG_1 für Überwindung der Reibung ab (MI_λ = Leerlaufstromstärke, G_1 auf der Parallelen durch I_λ zu AC), so ist IG_1 das nützliche Drehmoment. Das maximale Drehmoment wird erreicht, wenn I auf der Mittelsenkrechten von BC liegt, bei noch größerer Schlüpfung wird D wieder kleiner, während I_1 und I_2 weiter wachsen. Das Maximum von D ist

7)
$$D_{max} = \frac{I_\lambda \cdot E_1}{9,81 \cdot w_0} \cdot \frac{1-\sigma}{2\,\sigma} \text{ kgm}$$

(536) Drehmomente der Hysterese und der Wirbelströme. Die Verluste durch Hysterese V_h und durch Wirbelströme V_w im Läufereisen sind

$$V_h = c \cdot \eta\, \mathfrak{B}_{max}^{1,6}\, \nu_2 = c_1 \cdot s \qquad V_w = C \cdot \beta\, \mathfrak{B}_{max}^2\, \nu_2^2 = C_1\, s^2. \qquad 1)$$

wenn ν_2 die der Schlüpfung s proportionale Frequenz der Läuferströme ist. Erteilt man dem ganzen Motor eine Drehung gleich und entgegengesetzt der Rotation des magnetischen Feldes, so kommt dieses zum Stillstand, und das Läufereisen dreht sich mit einer der Schlüpfung s proportionalen Geschwindigkeit. Die dazu aufzuwendenden mechanischen Leistungen sind

$$\varLambda_h = c_2 \cdot D_h\, s \qquad\qquad \varLambda_w = C_2 \cdot D_w\, s \qquad\qquad 2)$$

Der Vergleich von 1) und 2) zeigt, daß

$$D_h = c_1/c_2 = \text{const} \qquad\qquad D_w = C_1/C_2 = \text{const} \cdot s$$

ist. Das Drehmoment der Hysterese ist daher von der Schlüpfung s der Größe nach unabhängig, es wechselt jedoch mit s sein Vorzeichen und springt daher beim Durchschreiten des Synchronismus von einem konstanten positiven zu einem ebenso großen konstanten negativen Werte. Dagegen ist das Drehmoment der Wirbelströme genau wie das der Ströme in der Läuferwicklung proportional mit der Schlüpfung (vgl. L e h m a n n , ETZ 1910, S. 1249, hier auch weitere Literaturangaben). Dies gilt nur bei glatten Zylindern, bei genuteten Eisenkernen treten starke Abweichungen von den einfachen Gesetzen ein.

(537) Leistung. Die gesamte mechanische Leistung $\varLambda_{tot}$ würde proportional mit IG sein, wenn keine Schlüpfung vorhanden wäre. Die Schlüpfung verkleinert die Gesamtleistung im Verhältnis $CS : CI$, die Reibungsleistung im Verhältnis $GG_1 : LL_m$ (L_m auf G_1C), so daß

8)
$$\varLambda_{tot} = S\,L \quad \text{und} \quad \varLambda_m = S\,L_m$$

worin L_m die Nutzleistung. Zieht man noch durch M eine Parallele zu AC, so stellt das Lot $I\,L_{el}$ die elektrische Leistung abzüglich der vernachlässigten Eisenverluste im Sekundäranker und der primären Stromwärme dar, weil $I\,L_{el}$ gleich der Leistungskomponente von I_1. Demnach ist der Wirkungsgrad

9)
$$\eta = \frac{m_l \cdot S\,L_m}{m_l \cdot I\,L_{el} + I_1^2 R_1}$$

Wegen m siehe (539).

Die Lage von M ist tatsächlich nicht völlig fest, sondern M rückt wegen der zusätzlichen Verluste mit zunehmender Belastung mehr und mehr nach unten, so daß der Abstand der durch M gezogenen Parallelen zu AC von dieser Geraden wächst.

(538) Reduktion auf konstantes P_1[1]). Winkel und Schlüpfung bleiben ungeändert, Spannungen, Stromstärken, Induktionsflußwindungen ändern sich im einfachen, Drehmomente und Leistungen im quadratischen Verhältnis mit E_1 oder, wenn der ohmsche Spannungsverlust vernachlässigt werden darf, proportional mit P_1. Man kann daher sehr hohe Zugkraft der Motoren dadurch erzielen, daß man den Motor durch Wahl geringer Leiterzahlen auf dem Primäranker hoch magnetisiert. Hierbei ist es möglich, trotz hoher Verluste für 1 kg Eisen bei Vollbelastung guten Wirkungsgrad zu erreichen, weil die Leistung bedeutend steigt; dagegen wird bei geringer Last der Leistungsfaktor natürlich sehr ungünstig und bei allen Belastungsstufen die Erwärmung groß. Trotzdem lassen sich bei intermittierenden Betrieben solche Motoren vorteilhaft verwenden (geringer Preis), und bei gewissen aussetzenden Betrieben (Fahrzeuge, Hebezeuge) ist die Verwendung hoch magnetisierter Motoren dringend zu empfehlen (Erzielung leichter Konstruktion und geringer Trägheit).

Wird eine Steigerung des Drehmomentes nur vorübergehend gewünscht, so empfiehlt sich die Aufstellung von Reguliertransformatoren, mit deren Hilfe die Klemmenspannung verändert wird. In einzelnen Fällen wäre auch eine Umschaltung von Stern auf Dreieck im Primäranker ein zulässiges Mittel.

(539) Maßstäbe für das Diagramm. Sind die Maßstäbe für E und I durch m_e und m_i festgelegt, so folgt aus

$$E_1 = m_e \cdot M E_1, \quad I_1 = m_i \cdot M I$$

10)
$$\Lambda = m_l \cdot IL_{el} = E_1 I_1 \cdot \cos (E_1 I_1)$$
$$= E_1 \cdot m_i \, M I \cdot \cos (E_1 I_1)$$
$$=' E_1 m_i \cdot I L_{el}$$

11)   Daher $m_l = E_1 m_i$ als Maßstab für Λ_{el} in Watt

Der Maßstab für Λ_m in P ist $\dfrac{m_l}{736}$, für das Drehmoment in kgm

12)
$$m_d = \frac{m_l}{9{,}81 \cdot \omega_0} = \frac{E_1 m_i}{9{,}81 \cdot \omega_0}$$

Bei Stillstand ist $E_2 = R_2 I_2 = m_2 I C$, bei laufendem Motor ist E_2 im Verhältnis IS/IC kleiner. Hieraus ergibt sich

13)
$$R_2 = \left(\frac{N_2}{E_1} \right)^2 \cdot \frac{E}{CD} \cdot \frac{I S}{m_i \cdot F I}$$

Man kann diese Gleichung vorteilhaft zur Korrektion des Diagramms benutzen, indem man D in der Mitte von AB annimmt.

(540) Herstellung des Diagramms durch Rechnung. Man trage ME_1 vertikal nach oben auf, berechne für die entsprechende Magnetisierung die Komponenten des Teiles MA von I_1, der zur Magnetisierung des Ständers notwendig ist, und trage die Leistungskomponente parallel zu ME_1, die Leerkomponente rechtwinklig dazu nach rechts an. Man erhält dadurch A und die Richtung von AC. Die für die Durchmagnetisierung der Luft erforderliche Komponente von I_1 ist gleich AB. Man berechne nun σ (529) und daraus $AC = AB/\sigma$. Der Kreis über BC kann nun geschlagen werden. Aus der für eine bestimmte Belastung festgesetzten Schlüpfung ist dann Punkt S zu konstruieren und durch BSC der Schlüpfungskreis zu legen. Für die Schlüpfung sind Gl. 5 und 7 in (530) maßgebend.

---

[1]) O s s a n n a hat ein Diagramm für konstante Spannung auf rechnerischer Grundlage angegeben, vergl. Z. f. El. 1899, S. 223 und Z. f. El. 1901, S. 177.

(541) Herstellung des Diagramms auf Grund von Versuchen. Werden I_1 P_1 und A_1 bei synchronem Leerlauf (Antrieb durch fremden Motor bei offenem Sekundärkreis), ferner bei normalem Leerlauf, endlich bei Stillstand (Motor bei verringerter Spannung festgebremst, Mittelwerte bei verschiedenen Stellungen nehmen) gemessen, so kann man nach Festlegung des Vektors E_1 die Punkte B, I_λ, I_k konstruieren, indem man I_1 auf konstantes E_1 reduziert. Dadurch sind der Kreis über BC, ferner die Strecke ABC rechtwinklig zu ME_1 und die zu ihr parrallelen Geraden durch I_λ und M festgelegt. Der Mittelpunkt des Schlüpfungskreises ergibt sich als Schnitt der Mittelsenkrechten auf BC mit der Parallelen zu BI_k durch C.

(542) Einfluß der Polzahl und der Frequenz. Die Drehzahl n hängt von der Polpaarzahl p und der Frequenz ν ab, denn bei Synchronismus ist

14)
$$n_0 = 60\,\nu\,/\,p.$$

Die Drehzahlen n_0 ergeben sich daher aus der folgenden Tabelle.

p	n_0 für		p	n_0 für	
	$\nu = 25$	$\nu = 50$		$\nu = 25$	$\nu = 50$
1	1500	3000	24	62,5	125
2	750	1500	28	53,5	107
3	500	1000	32	46,9	93,8
4	375	750	36	41,7	83,3
6	250	500	40	37,5	75,0
12	125	250			

Bei Leerlauf stimmen die Geschwindigkeiten fast genau mit diesen Werten überein, bei Belastung sind sie um die Schlüpfung geringer.

Motoren für mehr als 3000 Umdrehungen (z. B. für Holzbearbeitungsmaschinen) verlangen eine höhere Frequenz als 50; in der Regel sind niedrigere Drehzahlen erwünscht und daher die kleinsten normalen Motoren bei 50 Perioden vierpolig.

Die Winkelgeschwindigkeit ω_n des Drehfeldes bleibt ungeändert, wenn die Polzahl $2\,p$ und die Frequenz ν proportional zueinander geändert werden. Betreibt man denselben Motor mit verschiedener Frequenz, so läuft er entsprechend schneller oder langsamer. Bei konstanter Spannung bleibt $\nu\mathfrak{B}$ nahezu konstant, mit wachsender Frequenz wird daher $\mathfrak{B}$ kleiner, das Drehmoment sinkt, und zwar fällt das Maximum des Drehmomentes prozentual um so ungünstiger aus, als die Einflüsse der Streuung nun mehr hervortreten, dagegen bleibt die Leistung dieselbe. Vergrößert man auch P_1 entsprechend ν, so bleibt $\mathfrak{B}$ annähernd konstant, die Leistung wächst, aber auch der Eisenverlust.

Soll die Drehzahl des Motors dieselbe bleiben, so müssen nach (Gl. 14) die Polzahl $2\,p$ und die Frequenz ν proportional miteinander geändert werden. Bleiben die Bohrung und die axiale Länge des Motors dieselben, so bleibt auch die Leistung dieselbe, doch wachsen die Eisenverluste in den Zähnen und insbesondere die Streuung bei Vergrößerung der Polzahl. Anderseits werden die Ankerkränze dünner, die Windungslängen der Wicklung, d. h. das außerhalb der Nuten an den Stirnseiten liegende Kupfer, geringer; der Motor wird also leichter. Es gibt daher bei gegebener Leistung und Drehzahl eine günstigste Frequenz. Geringe Drehzahlen werden am besten vermieden; wo sie unerläßlich sind, erreicht man gute Konstruktion leichter mit geringerer Frequenz als mit höherer.

(543) Änderung der Umlaufzahl. Soll bei konstanter Frequenz die Drehzahl verändert werden, so stehen dazu drei Mittel zur Verfügung, sofern man nur einen einzigen Motor verwenden will:

1. **Vergrößerung der Schlüpfung durch Einschalten von Widerstand in den Sekundäranker.** Dies ist mit einfachen Mitteln bei jedem Motor mit Phasenanker ausführbar, sobald Schleifringe vorhanden sind, verursacht aber starke Verluste durch Stromwärme im Regulier-

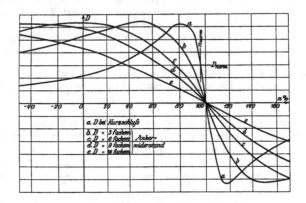

Fig. 298. Drehmomentkurven des Drehstrominduktionsmotors.

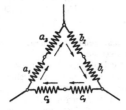

Fig. 299. Polumschaltung: p Pole.

Fig. 300. Polumschaltung: $2\,p$ Pole.

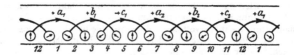

Fig. 301. Stromrichtungen bei der Polumschaltung: p Pole.

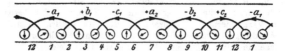

Fig. 302. Stromrichtungen bei der Polumschaltung: $2\,p$ Pole.

widerstand und ergibt eine bestimmte Einstellung nur für eine bestimmte Belastung. Wird der Motor entlastet, so läuft er schneller, und wird er belastet, langsamer. Fig. 298 zeigt die Abhängigkeit des Drehmomentes von der Schlüpfung bei verschiedenen Widerständen im Sekundäranker. Die Abszissen stellen darin die Drehzahlen in Prozent der Drehzahl bei Synchronismus, die Ordinaten die Drehmomente dar.

2. Herstellung einphasiger Wicklung im Sekundäranker. Öffnet man bei Drehstrom einen Stromzweig (z. B. durch Abheben einer Bürste), so fällt der Motor bei stärkerer Belastung aus der normalen auf die halbe Drehzahl, beim Anlaufen erreicht er nur die halbe Drehzahl. Bei Überschreitung der halben Drehzahl läuft er als Generator. Leistungsfaktor und Wirkungsgrad sind unbefriedigend, letzterer jedoch größer als bei 50 % Schlüpfung nach der ersten Methode. (Vgl. ETZ 1896, S. 517. — Weidig, Die Wechselstrominduktionsmasch. mit einachsiger Wicklung. Diss. Dresden 1912.)

3. Polumschaltung (Behn-Eschenburg, ETZ 1902, S. 1055, ETZ 1903, S. 1004. — Schnetzler, ETZ 1909, S. 320 — Schnackenburg, El. Kr. u. B. 1909, S. 206). Durch eine Umschaltung der Teile einer Wicklung oder durch Einschaltung der einen oder der anderen von zwei voneinander unabhängigen Wicklungen wird die Polzahl auf dem Ständer

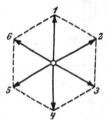

Fig. 303. Vektordiagramm der Polumschaltung: p Pole.

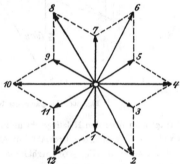

Fig. 305. Kaskadenschaltung.   Fig. 304. Vektordiagramm der Polumschaltung: 2 p Pole.

und unter Umständen auch auf dem Läufer geändert. Am einfachsten ist es, den Läufer mit der von der Polzahl unabhängigen Käfigwicklung (523) zu versehen. Die Polumschaltung verursacht nur geringe Verluste im Motor selbst und ergibt Unabhängigkeit der Drehzahl von der Belastung, ist aber nur bei mäßiger Spannung ohne weiteres ausführbar. Sie wurde zuerst (K r e b s) für Ringwicklung, dann (B e h n - E s c h e n b u r g) für Trommelwicklung ausgeführt. Die Schaltung der von B r o w n, B o v e r i & Cie. gebauten Simplonlokomotiven zeigen Fig. 299 für 2 Pole und Fig. 300 für 4 Pole. Zeichnet man die Vektoren der Ströme in die Nuten bei beiden Schaltungen ein, Fig. 301 und Fig. 302, so erhält man nach dem in (536) geschilderten Verfahren die Diagramme Fig. 303 und 304. Man erkennt, daß die Schaltung Fig. 299 das normale Drehfeld mit 2 Polen gibt, die Schaltung Fig. 300 ein stärkeres entgegengesetzt umlaufendes unregelmäßiges Drehfeld mit 4 Polen. Der Sekundäranker der Simplonlokomotiven hat zwei voneinander getrennte Wicklungen und 6 Schleifringe.

4. Kupplung eines Induktionsmotors mit einem Synchronmotor anderer Polzahl (L a h m e y e r, vgl. El. Bahn. u. Betr. 1905, S. 661).

(544) Die Kaskadenschaltung zweier Motoren (G ö r g e s, D a n i e l s o n; vgl. Fußnote[1], folg. Seite) stellt ein fünftes Mittel dar, die Geschwindigkeit zu ändern.

24*

Im Sekundäranker des Drehstrommotors fließt Drehstrom, dessen Frequenz ν_2 der Schlüpfung s proportional ist. Man kann daher mit ihm einen zweiten Motor speisen. Gekuppelt lauten zwei gleiche Motoren in Kaskadenschaltung mit der Hälfte der Geschwindigkeit, die sie für sich allein annehmen würden. Verbindet man, Fig. 305, die beiden gleichgewickelten Läufer miteinander, so kann man die Schleifringe sparen, da man den Anlasser dann in die Ständerwicklung des zweiten Motors einzuschalten

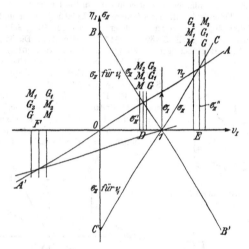

Fig. 306. Diagramm der Kaskadenschaltung.

hat. Trägt man über den Relativgeschwindigkeiten $v_I = n_I/\sigma_I$ des Vordermotors (n = wahre, σ = synchrone Drehzahl) als Abszissen die Drehzahlen n_I und σ_{II} der beiden Motoren auf (Fig. 306), so erhält man für n_I eine Gerade $A'OA$, die durch O geht, für σ_{II} je nach der Schaltung die eine oder die andere von zwei Geraden B' 1 B und C' 1 C, die die Abszissenachse unter gleichen Winkeln im Punkte $v_I = 1$ schneiden, denn σ_{II} ist der Schlüpfung $s_I = 100\,(1 - v_I)$ proportional. Die Ordinate von $A'OA$ im Punkte $v_I = 1$ gibt die Synchrongeschwindigkeit σ_I des Vordermotors, der Abschnitt $OB = OC'$ auf der Ordinatenachse die Synchrongeschwindigkeit σ_{II} des Hintermotors bei Stillstand des ersten Motors, also für die Frequenz ν_I an, so daß die drei Geraden leicht zu zeichnen sind. Die Schnittpunkte der Geraden ergeben gleiche Werte von n_I und σ_{II}. Bei diesen Geschwindigkeiten können die Motoren miteinander gekuppelt werden. Der Hintermotor läuft dann völlig leer, der Vordermotor, weil sein Sekundäranker nur geringe, stark verschobene Ströme liefert, auch im wesentlichen leer. Man kann diese Drehzahlen aus der Figur leicht bestimmen. Sie sind

$$\sigma_{II}' = \frac{60\,\nu_I}{p_I + p_{II}}, \quad \sigma_{II}'' = \frac{60\,\nu_I}{p_I - p_{II}}$$

[1] Görges, ETZ 1894, S. 644. — Danielson, ETZ 1902, S. 656 u. 1904, S. 43. — Breslauer, D. Kreisdiagramm des Drehstrommotors u. seine Anwendung auf die Kaskadenschaltung. Voitsche Sammlung 1903. — Cauwenberghe, Beitrag zur allgem. Theorie d. Asynchronmotoren ohne Kollektor. — D. Kaskadenmotor. Diss. Danzig 1909.

Ist bei einer bestimmten Schaltung die Drehzahl σ_{II}' vorhanden, so muß der Hintermotor umgesteuert werden, wenn die Drehzahl σ_{II}'' gewünscht wird. Ist $p_I = p_{II}$, so sind die Geraden $A'A$ für n_I und $C'C$ für σ_{II} einander parallel, und es ist nur eine Geschwindigkeit, nämlich σ_{II}' möglich; ist $p_1 > p_1$, so liegt der zweite Schnittpunkt bei derselben Schaltung links vom Nullpunkt unter F, und der Vordermotor läuft gegen sein Drehfeld.

Bei Belastung verringert sich die Geschwindigkeit der miteinander gekuppelten Motoren ein wenig. Dies bedeutet bei D und F eine positive Schlüpfung (der Hintermotor läuft als Motor), bei E eine negative Schlüpfung (der Hintermotor läuft als Generator). Die Wirkungsweise der beiden Motoren und des Ganzen ist bei D, E und F durch die Buchstaben M (Motorwirkung) und G (Generatorwirkung) angedeutet. Ohne Index bezeichnen sie die Wirkungsweise des Ganzen.

Das Drehmoment des Hintermotors ist seiner relativen Schlüpfung gegen die jeweilige synchrone Drehzahl, also dem Wert $(\sigma_{II} - n)/\sigma_{II}$ proportional.

Danielson erzielt mit der Kombination zweier Motoren mit verschieden viel Polen vier Geschwindigkeiten, indem er die Motoren einzeln oder in Kaskade benutzt.

Kaskadenschaltung eines Induktionsmotors mit einem Kommutatormotor vgl. (574).

Die Umschaltung von Normal- auf Kaskadenschaltung wird bei elektrischen Bahnen angewendet, um verschiedene Geschwindigkeiten zu erzielen. Zu beachten ist, daß die Stromstärke im Läufer des ersten Motors jetzt eine Phasenverschiebung gegen die EMK besitzt; für das Drehmoment kommt aber nur die Leistungskomponente in Betracht. Die Beanspruchung des ersten Motors ist daher größer als die des zweiten. Der erste Motor wird daher bei dauernder Kaskadenschaltung zweckmäßig größer als der zweite gebaut.

Kaskadenschaltung gleich gebauter Motoren ergibt geringen Wirkungsgrad und niedrigen Leistungsfaktor. Bei Anwendung besonderer Bauart des zweiten Motors (Hintermotors) läßt sich der Wirkungsgrad und auch der Leistungsfaktor etwas verbessern. In dem Falle ist aber der Hintermotor nur bei Betrieb in Kaskadenschaltung zu benützen und muß im übrigen leer laufen.

(545) Anlassen der Drehstrommotoren. Kleine Motoren bedürfen überhaupt keiner Anlaßvorrichtung. Man führt sie dann mit Kurzschlußläufer aus. Bei größeren Motoren ist eine Anlaßvorrichtung erforderlich, um stoßfreies Einschalten und genügendes Anlaufmoment zu erzielen. Zum Anlassen dienen Widerstände und Umschaltungen.

(546) Anlasser im Primärkreise. Motoren mit Kurzschlußläufer erhalten hin und wieder einen in den Primäranker zu schaltenden Anlasser. Dieser kann aber nur ein zu starkes Anwachsen der Stromstärke verhindern, wobei zugleich das an sich geringe Anlaufdrehmoment noch verringert wird. Man kann in solchen Fällen auch einen Umschalter anordnen, der die Primärwicklung von Stern beim Anlassen auf Dreieck für Dauerbetrieb umschaltet. In ähnlicher Weise wirkt ein mit Sparschaltung ausgeführter Transformator mit veränderlichem Übersetzungsverhältnis (371). Zum Anschluß an öffentliche, auch Beleuchtungszwecken dienende Elektrizitätswerke werden Motoren mit Kurzschlußläufer in der Regel nur für kleine Leistungen, bis zu etwa 2 kW, zugelassen.

(547) Anlasser im Sekundärkreise. Der Anlasser im Läuferkreis (Fig. 307) erfordert Schleifringe, verbürgt aber größtes Drehmoment beim Anlaufen und normales Drehmoment bei etwa normaler Stromstärke, vgl. Fig. 298. Anlasser im Primäranker und im Sekundäranker werden mitunter gleichzeitig angewendet, um auch in elektrischer Hinsicht ganz stoßfreies Anlaufen zu erzielen.

Abstufung des Anlassers. (Görges, ETZ 1894, S. 644; Elektr. Bahnen 1906, S. 249. — Niethammer, ETZ 1900, S. 37). Die Abstufung wird wie in

(462) am besten so gewählt, daß jeder Stufe derselbe Sprung in den Stromstärken entspricht. Es sei, Fig. 308, MS die normale, MT die maximale Stromstärke im Primärkreise, BS die normale, BT die maximale Stromstärke im Sekundärkreise. Der Gesamtwiderstand $R_2 + R_a$ im Sekundärkreise (R_2 = Widerstand der Wicklung, R_a = dem des Anlassers) sei zuerst so groß, daß der Motor bei Stillstand die Stromstärke MT aufnimmt. Der zugehörige Schlüpfungskreis berührt CT und hat seinen Mittelpunkt in K_1 wobei $\angle\ TCK_1 = 90^0$.

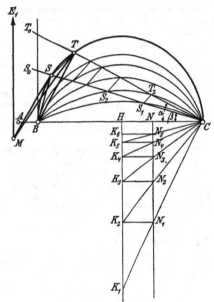

Da das Drehmoment größer als normal ist, setzt sich der Motor in Bewegung, bis $I_1 = MS$ geworden ist. CS schneidet den Schlüpfungskreis in S_1, die Geschwindigkeit ist daher jetzt proportional mit CS_1/CS und die Schlüpfung gleich $100\ S_1S/CS$. Springt jetzt durch Abschalten einer Stufe die Stromstärke wieder

Fig. 307. Schaltung des Anlassers bei Induktionsmotoren.

Fig. 308. Diagramm zum Anlasser des Mehrphasenmotors.

auf den Wert MT, so ist im ersten Augenblick die Schlüpfung noch ebenso groß wie vorher, also

$$\frac{T_2 T}{C T} = \frac{S_1 S}{C S} \qquad\qquad 1)$$

Es ist also $S_1 T_2$ parallel mit ST zu ziehen und durch B, T_2 und C ein neuer Schlüpfungskreis mit dem Mittelpunkt K_2 zu legen. Bei normaler Stromstärke MS ist die Schlüpfung nunmehr gleich $100 \cdot S_2S/CS$. Es war aber (534) SS_2 proportional mit $I_2(R_2 + R_a)$ und BS proportional mit I_2. Da nun T_2 und S_2 auf demselben Schlüpfungskreise liegen, also demselben Widerstande ($R_2 + R_a$) angehören, so ist

$$\frac{T_2 T}{B T} = \frac{S_2 S}{B S} \qquad\qquad 2)$$

Sie Division von 2) durch 1) gibt

$$\frac{C T}{B T} = \frac{S_2 S}{S_1 S} \cdot \frac{C S}{B S} \qquad \text{oder} \qquad \frac{S_1 S}{S_2 S} = \frac{B T}{C T} : \frac{B S}{C S} \qquad 3)$$

Setzt man $BT/CT = \tan \alpha$ und $BS/CS = \tan \beta$, so wird

$$S_1 S : S_2 S = \tan \alpha : \tan \beta = B\,T_0 : B\,S_0 = \lambda$$

wenn S_0 und T_0 die Schnittpunkte von CS und CT mit der in B auf AC errichteten Senkrechten sind. Es bilden also die Gesamtwiderstände $(R_2 + R_a)$, weil sie bei konstanter Stromstärke I_2 den Abschnitten S_1S, $S_2S \ldots$ proportional sind, eine geometrische Reihe, und es ist

$$\frac{R_2 + R_{a_1}}{R_2 + R_{a_2}} = \frac{R_2 + R_{a_2}}{R_2 + R_{a_3}} = \ldots \lambda = \frac{B\,T_0}{B\,S_0}$$

Da diese Widerstände proportional mit $\tan BCK$ sind, so kann man sie auch durch die Strecken HK_1, $HK_2 \ldots$ darstellen. Macht man $CH : CN = \lambda$ und zieht man durch N eine Senkrechte zu BC, so ergibt die dargestellte Konstruktion direkt die Widerstände. Für die Konstruktion genügt die Festlegung der Punkte S und T, die einfache Konstruktion der Punkte S_0 und T_0 sowie der Punktreihe K wobei CK_1 senkrecht auf CT steht. Ist s die Schlüpfung ohne vorgeschalteten Widerstand in Prozent, R_{a_n} der ganze bei Stillstand und maximalem Strom vorhandene Widerstand des Anlassers, so ist

$$R_2 \lambda^n = R_2 + R_{a_n} \quad \text{oder} \quad R_{a_n} = R_2 (\lambda^n - 1) \quad \text{und} \quad 1/\lambda^n = s/100$$

Der bis jetzt betrachtete Widerstand ist nur so groß, daß beim Einschalten sofort die größte Stromstärke MT auftritt. Da dies im allgemeinen unzulässig ist, muß man den Anlasser noch durch eine Reihe gleich großer Stufen ergänzen, so daß beim Einschalten nur der dritte bis fünfte Teil des normalen Stromes auftritt.

(548) Bürstenabhebevorrichtung. Um die Abnutzung der Schleifringe und Bürsten zu verringern, werden die Motoren meistens mit einer Vorrichtung versehen, durch die die Schleifringe, nachdem der Anlaßwiderstand ganz abgeschaltet ist, kurz geschlossen und die Bürsten abgehoben werden. In Fig. 310 legt eine unter-

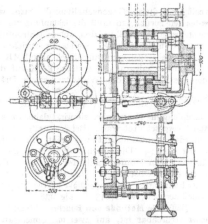

Fig. 309. Bürstenabhebevorrichtung der Siemens-Schuckertwerke, Maßstab 8 : 100.

halb der Schleifringe gelagerte, mit einem Handrade gedrehte Spindel mit Hilfe zweier Nocken nach einander zwei Hebel um. Der eine von diesen schiebt die rechts auf einem Zapfen der Schleifringbuchse gelagerte und mit drei Kontaktfedern versehene Glocke nach links und schließt dadurch die Schleifringe kurz, der andere dreht darauf den Bürstenträger und hebt dadurch die Bürsten von den Ringen ab. Mitunter wird diese Vorrichtung mit dem Anlasser so zusammengebaut, daß das Abschalten der Widerstandsstufen, das Kurzschließen der Schleifringe und das Abheben der Bürsten durch einfaches Drehen an einem Handrade in richtiger Reihenfolge ausgeführt wird. Vgl. Fig. 375, 379, 384, 387, 390.

(549) Die Gegenschaltung (Görges, ETZ 1894, S. 644) besteht darin, daß beim Anlauf zwei in Stern geschaltete Abteilungen auf dem Sekundäranker entweder mit verschieden großen Windungszahlen in gleicher relativer Lage zueinander, Fig. 310, oder mit gleichen Windungszahlen bei einer Verdrehung um 60 elektrische Grade, Fig. 311, mit ihren gleichnamigen Anfängen zusammengeschaltet werden, während diese für Dauerbetrieb sämtlich untereinander kurz geschlossen werden. In Schaltung I wirkt die algebraische, in Schaltung II die geometrische Differenz der EMKK auf die Summe der Widerstände; der Kurzschluß zwischen A, B, C macht die Wicklungsabteilungen voneinander unabhängig. Die erste Wicklung eignet sich für Drahtwicklung und gestattet verschiedene Abstufungen, die zweite Wicklung für Stabwicklung mit zwei Stäben für 1 Nut. Geht bei derselben

Fig. 310. Anlaßschaltung; Wicklungen parallel.   Fig. 311. Dauerschaltung; Wicklungen
                                                                 gegeneinander verdreht.

Fig. 310 und 311. Gegenschaltungen.

Schlüpfung durch Gegenschaltung die Stromwärme im Sekundärkreis auf den m-ten Teil zurück, so muß die Schlüpfung zur Herstellung des früheren Drehmomentes m-mal so groß werden, wobei die Stromwärme ebenfalls m-mal so groß wird wie bei Normalschaltung. Sind bei Drahtwicklung die Drähte für eine Nut 2 und 1, so wirkt bei Gegenschaltung die einfache EMK auf den Widerstand dreier Drähte, bei Normalschaltung die einfache EMK auf den Widerstand eines Drahtes, die doppelte EMK auf den Widerstand zweier Drähte. Demnach verhalten sich die Stromwärmen wie $\dfrac{1^2}{3} : \left(\dfrac{1^2}{1} + \dfrac{2^2}{2} \right) = \dfrac{1}{9}$. Bei Gegenschaltung ist also die Schlüpfung die neunfache, sie wirkt daher so, als wenn der achtfache Ankerwiderstand vorgeschaltet wäre. Bei der zweiten Art wirkt die einfache EMK entweder auf jeden Draht oder auf zwei Drähte; die Schlüpfungen verhalten sich daher hier immer wie 1 : 4. Dies Verhältnis genügt in den meisten Fällen, um den Motor mit übernormalem Moment anlaufen zu lassen. Die Umschaltung erfolgt am besten durch einen selbsttätigen Kurzschließer, der auf der Welle festgekeilt ist und bei einer bestimmten Geschwindigkeit (etwa 80 %) durch Zentrifugalkraft den Kurzschluß herstellt, vgl. (413) u. Fig. 426.

(550) Die Methode von Boucherot besteht darin, daß zwei Ständer, von denen einer verdrehbar ist, auf zwei mit gemeinsamer Kurzschlußwicklung versehene Läufer wirken. Bei einer relativen Verstellung der Ständer gegeneinander um 180 elektrische Grade bleibt die Sekundärwicklung stromlos, bei allmählicher Verringerung der Verstellung bis auf 0° wächst die EMK bei gleicher Schlüpfung bis zum Maximum. Diese Stellung entspricht daher dem Dauerbetrieb. Das Verfahren hat sich wegen der hohen Kosten nicht eingebürgert.

(551) Verfahren von Zani. In den Sekundäranker werden drei induktive Widerstände, z. B. Drosselspulen, geschaltet, die mit induktionsfreien Widerständen parallel verbunden sind. Das Verfahren wirkt selbsttätig. Bei geringer Geschwindigkeit ist die Frequenz der sekundären Ströme groß, sie werden daher im wesentlichen durch die induktionsfreien Widerstände fließen; bei voller Geschwindigkeit werden die Widerstände durch die Induktionsspulen gewissermaßen kurz geschlossen. Auch diese Methode ist kaum in die Praxis eingeführt.

(552) Das Anlassen mit Stufenankern kann in der Weise vor sich gehen, daß auf dem Sekundäranker mehrere Kurzschlußwicklungen vorgesehen werden, von

denen eine mit hohem Widerstand beständig kurz geschlossen ist, während die anderen der Reihe nach durch Zentrifugalapparate oder von Hand jeweilig nach Erreichung einer bestimmten Drehzahl kurz geschlossen werden.

Werden Stufenanker so ausgeführt, daß alle Wicklungen von vornherein kurz geschlossen sind, daß aber die einzelnen Wicklungen konzentrisch im Sekundäranker liegen, und zwar so, daß die Wicklung mit dem größten Widerstande der Peripherie der Bohrung zunächst liegt, so erhält man den „Siebanker" von B o u - c h e r o t, dessen Wirkung auf der magnetelektrischen Schirmwirkung beruht. Wird er nämlich eingeschaltet, so wird in der äußersten Wicklung bereits ein starker Strom induziert, der den Induktionsfluß durch Ankerrückwirkung abweist; erst in dem Maße, wie bei sich steigender Drehzahl des Sekundärankers die in der äußersten Lage induzierten Ströme geringer werden, dringt der Induktionsfluß tiefer ein und induziert die inneren Stablagen.

(553) Anlassen mit Polumschaltung. Motoren, die mit Polumschaltung versehen sind, können in sehr rationeller Weise so angelassen werden, daß man zuerst die größte Polzahl einstellt und so bei geringer Drehzahl des Drehfeldes anfährt und allmählich auf die höheren Drehzahlen durch Verringerung der Polzahlen übergeht. Dies Verfahren ist hauptsächlich von der Maschinenfabrik O e r l i k o n ausgebildet worden.

(554) Anlassen mit Kaskadenschaltung. Bei Kaskadenschaltung kann man ebenfalls in ziemlich rationeller Weise anfahren. Benützt man die Kaskadenschaltung, wie gewöhnlich, lediglich zum Anfahren, so kann der Hintermotor mit Käfiganker von verhältnismäßig hohem Widerstande ausgeführt und magnetisch hoch gesättigt werden. Man erreicht dann eine einfache Schaltung und sehr große Zugkraft auch noch dann, wenn die Netzspannung nicht ganz konstant gehalten wird (Eisenbahnbetrieb, z. B. Veltlinbahn, vgl. El. Bahnen u. Betr. 1904, S. 394 und 407, 1905, S. 25 und 454).

(555) Kompensierung der Leerkomponente des Stromes[1]. Versieht man den Sekundäranker eines Mehrphasenmotors neben der Kurzschlußwicklung mit einer Kommutatorwicklung und führt dieser durch regelmäßig verteilte Bürsten (bei Drehstrom 3 bis 3 p je nach Art der Wicklung) Mehrphasenstrom von der Frequenz des Primärstromes zu, so kann man im Sekundäranker ein rotierendes Feld von derselben Polzahl wie im Primäranker erzeugen, das unabhängig von der Drehzahl des Motors und bei richtiger Schaltung in demselben Sinne umläuft wie der Sekundäranker. Der Resultierenden der Durchflutungen der beiden Wicklungen kann man durch geeignete Bürstenstellung jede beliebige Phase geben. Verdreht man den entsprechenden Vektor I_2 in Fig. 175 (366) so weit nach links, daß er eine geeignete Voreilung gegen E_1 erhält, so kann man die Phasenverschiebung φ_1 zwischen I_1 und P_1 zum Verschwinden bringen. Die Kompensation ist nur bei einer bestimmten Belastung vollkommen; stimmt sie bei normaler Belastung, so ist der Motor bei Leerlauf überkompensiert, d. h. die Phasenverschiebung negativ. Die zwischen den Bürsten erforderliche Spannung ist sehr gering, da wegen der geringen Frequenz der Ströme in der rotierenden Wicklung die Gegen-EMK verschwindend klein und somit fast nur der ohmische Spannungsverlust zu decken ist. Zur Gewinnung der geringen Spannung ist entweder ein Transformator oder eine Abzweigung von einem geringen Teile der Wicklung des Primärankers erforderlich. Der Transformator kann auch in dem Primäranker bestehen, wobei dieser zwei Wicklungen erhält.

Tatsächlich bringt H e y l a n d auf dem Läufer nur eine Wicklung an, die zugleich Kurzschluß- und Kommutatorwicklung ist.

Der Vorteil der Kompensation liegt einerseits in der Vergrößerung des Leistungs-

[1] Vergl. Aufsätze von H e y l a n d, ETZ 1901 bis 1903. — B l o n d e l, Théorie des alternateurs polyphasés à collecteur, Ecl. El. Bd. 35, S. 121.

faktors, anderseits in einer besseren Ausnutzung des Materials, so daß die Motoren bei gleichem Gewicht mehr leisten, endlich auch in der Möglichkeit, den Luftspalt größer zu wählen; der Nachteil in der Anordnung des Kommutators, der, wenn auch überaus einfach, doch groß ausfällt und dem Motor einen Teil seiner Einfachheit nimmt.

(556) Kompoundierung nach Heyland. Die Kompensation gilt nur für einen Strom von bestimmter Stärke und Phase im Läufer. Um sie vollkommen zu machen, müßten die Bürsten verstellbar und die zugeführte Stromstärke regulierbar sein. Man kann denselben Zweck aber auch durch eine Kompoundierung erreichen, die in der Zuführung eines zweiten Stromes in den Sekundäranker besteht. Dieser Strom muß dem im Primäranker proportional und mit ihm phasengleich sein, und die Bürsten, durch die er zugeführt wird, müssen um 90°/p gegen die anderen verstellt sein.

(557) Der Induktionsmotor als Generator[1]). Bewegt sich Punkt I, Fig. 297, auf der unteren Hälfte des Kreises, so sind D und s negativ. Der Motor muß also mechanisch angetrieben werden. Liegt I unterhalb der Horizontalen durch M, so ist auch L_{ei} negativ. Der Motor nimmt dann mechanische Leistung auf und gibt elektrische Leistung vom Primäranker aus ab, er läuft als Generator. Punkt C wird bei unendlich großer Schlüpfung in der einen oder anderen Richtung, d. h. bei unendlich großer Drehzahl in beliebiger Richtung erreicht.

Die Generatorwirkung des Induktionsmotors bei Übersynchronismus hat bei stark schwankenden Kraftbetrieben den Vorteil eines Belastungsausgleiches, da bei Belastungsschwankungen in der Regel die Drehzahl der Generatoren und dadurch die Frequenz vorübergehend verringert wird, so daß sämtliche in dem Augenblick laufenden Motoren momentan als Generatoren laufen. Hiervon ist insbesondere im Eisenbahnbetrieb Gebrauch gemacht worden (El. Bahn. u. Betr. 1905, S. 514 u. a. a. O.).

Generatorwirkung anderer Art kann eintreten, wenn ein Drehstrommotor in einem Netz mit stark unsymmetrisch verteilter Spannung läuft. In dem Falle gibt er von der aus dem einen Wicklungszweig aufgenommenen Leistung solche an den anderen ab, wirkt also ausgleichend. Hierbei können indessen einzelne Teile der Wicklung überlastet werden. Im äußersten Falle, wenn in einem Zweig die Netzspannung auf Null gesunken ist, kann der Motor diese Spannung wiederherstellen. Damit ergibt sich das Prinzip eines von A r n o angegebenen Phasenumformers.

(558) Als asynchronen Stromerzeuger kann man den Induktionsmotor daher in Verbindung mit Synchrongeneratoren verwenden. Die erhebliche Leerkomponente des Erregerstromes muß dabei von den parallelgeschalteten Synchrongeneratoren geliefert werden, und dadurch ist zugleich die Frequenz des von ihm erzeugten Stromes bestimmt. Es ist sogar möglich, daß der Induktionsgenerator einen Synchronmotor speist und zugleich von ihm die Leerkomponente der Erregung erhält.

(559) Doppelfeldgenerator von Ziehl (ETZ 1905, S. 617). Da die Frequenz des Stromes im Sekundäranker bei Synchronismus gleich Null ist, bei abnehmender sowie bei zunehmender Geschwindigkeit mit der Schlüpfung wächst und bei dem doppelten der synchronen Geschwindigkeit gleich der des Primärstromes ist, so kann man dann Primär- und Sekundäranker hintereinander oder auch parallel schalten. Beide Teile nehmen dann an der Stromerzeugung teil. Die Maschine kann bei Parallelbetrieb wieder vom Netz aus oder aber durch eine besondere von einem Drehstromerreger gespeiste besondere Wicklung erregt werden. Die Leerkomponente des Stromes geht gegenüber der des normalen Induktionsgenerators auf die Hälfte zurück, da die Geschwindigkeit doppelt so groß ist.

---

[1]) F e l d m a n n , Asynchrone Generatoren für ein- und mehrphasige Wechselströme. Berlin, Springer, 1903.

(560) Gleichstromerregung. Wenn man Induktionsmotoren über zwei der Schleifringe durch Gleichstrom erregt, so werden sie zu Synchrongeneratoren oder Synchronmotoren. Will man in dem Falle streng synchronen Lauf erzielen, so kann man dies durch Kurzschließen des für die Erregung nicht benutzten Wicklungszweiges des Läufers erreichen (Verfahren von J o o s t). Vergl. (499).

(561) Der Induktionsmotor als Transformator. Der Induktionsmotor für Mehrphasenstrom ist bei Stillstand ein Transformator, durch den man die Phase des sekundären Stromes beliebig ändern kann, indem man die beiden Teile gegeneinander verdreht (355 c). Damit er nicht ins Laufen gerät, muß er mit einer selbstsperrenden Drehvorrichtung versehen oder aus zwei gleichen Teilen zusammengesetzt werden, deren Drehmomente entgegengesetzt gerichtet sind (K ü b l e r). Benutzt man den Induktionsmotor in dieser Form als Zusatztransformator, so kann man die resultierende Spannung um die doppelte Zusatzspannung kontinuierlich verändern. Zu dem Zweck werden die drei Zweige des Ständers entkettet und mit den Wicklungszweigen des Haupttransformators in Reihe geschaltet, während die Läuferwicklung wie üblich in Dreieck oder Stern geschaltet wird und den Primärstrom aufnimmt, der am besten dem Sekundärnetz entnommen wird. Vgl. Fig. 397.

(562) Der Induktionsmotor für Einphasenstrom. Unterbricht man bei einem Drehstrominduktionsmotor, nachdem man ihn in Gang gesetzt hat, eine Zuleitung, so läuft er weiter und ist, wenn auch nicht in demselben Maße wie vorher, imstande, mechanische Leistung abzugeben. Er bildet dann einen einphasigen Induktionsmotor. Diese Anordnung ist in der Tat die übliche. Zwei in Reihe geschaltete Zweige einer Drehstromwickelung oder ein Zweig einer Zweiphasenwickelung bilden den Hauptstromkreis des Primärankers, in dem daher zunächst ein feststehendes wechselndes magnetisches Feld erzeugt wird. Der Sekundäranker ist genau wie der der Mehrphasenmotoren ausgebildet und kann eine Kurzschlußwickelung, eine Wickelung mit Schleifringen, Gegenschaltung usw. besitzen.

Fig. 312. Anlaßschaltung des einphasigen Induktionsmotors.

Der Einphasenmotor hat bei Stillstand kein Drehmoment, es entwickelt sich erst beim Laufen und zwar in der Drehrichtung; daher ist der Betrieb in beliebiger Richtung möglich, je nachdem man ihn in Gang gesetzt hat. Infolge der Rotation entsteht durch die Ströme im Sekundäranker ein Querfeld, d. h. ein Feld, das bei zweipoliger Anordnung senkrecht zu dem Felde der Primärwickelung steht. Beide Felder bilden zusammen, da sie nahezu um 90^0 gegeneinander in der Phase verschoben sind, ein Drehfeld. Damit sich das Querfeld genügend stark ausbilden kann, muß der Widerstand im Sekundäranker möglichst gering sein. Mit Vergrößerung des Widerstandes sinkt das Drehmoment schnell, eine Regulierung der Geschwindigkeit durch Einschalten von Widerständen in den Sekundäranker, wie bei Mehrphasenmotoren, ist daher unmöglich. Bei Übersynchronismus läuft der Motor als Generator. Die Stromwärme im Sekundäranker ist prozentual bei normalem Betriebe etwa gleich der doppelten Schlüpfung und geht bei Synchronismus durch ein Minimum. Die Leistung beträgt etwa 60—70 % von der eines gleich großen Drehstrommotors, der Wirkungsgrad ist einige Prozent geringer. Wegen des Diagrammes des Motors siehe (576).

(563) Anlassen des einphasigen Induktionsmotors. Die üblichste Methode, den Einphasenmotor in Gang zu setzen, beruht darauf, daß schon bei Stillstand ein Drehfeld erzeugt wird. Dazu ist eine K u n s t p h a s e erforderlich. Man benutzt einen zweiten räumlich um $(90/p)^0$ verschobenen Stromkreis, z. B. den dritten für den Betrieb weggelassenen Zweig des Drehstrommotors, in dem durch einen Flüssigkeitskondensator oder eine Drosselspule eine Phasenverschiebung gegen den Strom im Hauptkreis hergestellt wird (Fig. 312). Etwa bei doppelter Normalstromstärke im Primäranker kann man normales Anlauf-Drehmoment erzielen. Der Hilfskreis muß nach dem Anlassen unterbrochen werden. Außerdem ist noch eine der für Mehrphasenstrom nötigen Anlaßvorrichtungen (Widerstand im Sekundäranker, Gegenschaltung usw.) anzuwenden. H e y l a n d (ETZ 1897, S. 523 u. 1903, S. 346) vermeidet die zum Anlassen erforderliche Selbstinduktionsspule, indem er den Hilfskreis aus verhältnismäßig wenigen Windungen herstellt und ihn in wenigen vergrößerten Nuten unterbringt. Dies erfordert jedoch Spezialblechschnitte mit verschieden gestalteten Nuten.

C o r s e p i u s (ETZ 1903, S. 1012 u. 1904, S. 118, El. B. u. Betr. 1905, S. 633) ordnet einen Haupt- und einen Hilfsmotor, letzteren mit lose auf der gemeinschaftlichen Welle sitzendem Kurzschlußläufer, in einem gemeinsamen Gehäuse an. Beide Ständer haben Zweiphasenwickelungen mit hintereinander geschalteten Zweigen; die Vereinigungspunkte der Zweige beider Wickelungen sind miteinander verbunden. Zuerst wird der leerlaufende Hilfsmotor mit einer Kunstphase angelassen, dann die Ständerwickelung des Hauptmotors der des Hilfsmotors parallel geschaltet. Die durch die Rotation des Hilfsmotors erzeugten EMKK rufen eine solche Potentialverschiebung des Mittelpunktes der Ständerwickelung hervor, daß die Stromstärken in den beiden Zweigen des Hauptmotors annähernd 90^0 Phasenverschiebung besitzen. Der Motor läuft mit zwei- bis dreifachem Anzugsmoment bei mäßigen Stromstärken an.

A r n o l d und S c h ü l e r (ETZ 1903, S. 565) versehen den Läufer mit Kommutatorwickelung und lassen ihn als Repulsionsmotor anlaufen. Arnold verwandelt dann die Läuferwickelung durch Kurzschluß der Kommutatorteile miteinander in eine Kurzschlußwickelung. Schüler schließt geeignete Punkte der Ankerwickelung über Schleifringe und Bürsten an einen Drehstromanlasser an, der beim Betrieb kurzgeschlossen ist. Das resultierende Drehmoment ist dann beim Anlauf nahezu gleich der Summe der Drehmomente, die der Motor einzeln als Repulsionsmotor und als Induktionsmotor entwickelt. Die Ausnutzung der Läuferwickelung ist in diesem Falle ungünstig (474).

(564) Kompensierung der Leerkomponente nach Heyland. Wie bei Mehrphasenstrom kann man den Einphasen-Induktionsmotor kompensieren, indem man den Sekundäranker mit einem Kommutator versieht und ihm durch zwei (oder 2 p) in der Richtung der Achse des magnetischen Querfeldes aufgelegte Bürsten vom Netz aus Strom von geringer Spannung zuführt. Die Ausführung des Sekundärankers ist genau dieselbe wie beim kompensierten Mehrphasenmotor.

Kommutatormotoren für Wechselstrom[1]).

(565) Allgemeines. Kommutatormotoren werden für Mehrphasenstrom und für Einphasenstrom gebaut.

Die Anwendung des Kommutators bei Wechselstrommotoren bringt folgende Vorteile: wirtschaftliche Regulierbarkeit der Geschwindigkeit in weiten Grenzen, Erzielung eines hohen Leistungsfaktors und eines großen Anlaufmomentes auch

[1]) Literatur: M e h r p h a s e n k o m m u t a t o r m o t o r e n: G ö r g e s, ETZ 1891, S. 699. — B l o n d e l, Ecl. él. Bd. 35, S. 121. — W i n t e r, Zeitschr. f. El. u. Maschb. 1903, S. 213. — R ü d e n b e r g, ETZ 1910, S. 1181, ETZ 1911, S. 233, El. u. Maschb. 1911, S. 467. — J o n a s, ETZ 1910, S. 390. — E i c h b e r g, ETZ 1910, S. 749. — S c h e n k e l, ETZ 1912, S. 473.
K a s k a d e n s c h a l t u n g e n v o n D r e h s t r o m - I n d u k t i o n s m o t o r e n m i t

bei Einphasenstrom; sie macht die Motoren aber komplizierter, teuerer und reparaturbedürftiger, als es die Induktionsmotoren sind. Man kann allgemein Motoren mit R e i h e n s c h l u ß c h a r a k t e r i s t i k und solche mit N e b e n - s c h l u ß c h a r a k t e r i s t i k unterscheiden. Unter ersteren sind solche Motoren zu verstehen, deren Geschwindigkeit mit zunehmendem Drehmoment stark abnimmt, unter letzteren solche, deren Geschwindigkeit bei allen Belastungen annähernd konstant bleibt. Die Motoren mit Reihenschlußcharakteristik gehen bei völliger Entlastung durch, sie zeichnen sich anderseits durch ein großes Anlaufmoment aus und werden daher besonders im Bahnbetrieb verwendet. Die Motoren mit Nebenschlußcharakteristik besitzen ein verschwindend geringes An-

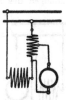

Fig. 313—315. Reihenschlußschaltung für Kommutatormotoren.

Fig. 313. Direkte   Fig. 314. Mit zweispuligem   Fig. 315. Mit einspuligem
Transformator.

laufmoment und müssen daher durch besondere Schaltungen angelassen werden. Zum Anlassen und zum Regulieren der Geschwindigkeit werden nicht Widerstände, sondern R e g u l i e r t r a n s f o r m a t o r e n — meist einspulige in Sparschaltung (371) — verwendet, wodurch eine größere Wirtschaftlichkeit erzielt wird. Von K o m p e n s a t i o n s w i c k e l u n g e n und W e n d e - p o l e n (vgl. 417 u. 418) wird in umfangreichster Weise Gebrauch gemacht, häufig wird beides zugleich angewendet.

(566) Direkte und durch Transformatoren vermittelte Schaltungen. Die Transformatoren sind so zu schalten, daß der Charakter der Reihenschlußschaltung oder der Nebenschlußschaltung dadurch nicht verloren geht. Dies mögen die Fig. 313 bis 318 verdeutlichen. Bei der R e i h e n s c h l u ß schaltung liegt die Primärspule des Transformators in Reihe mit der Ständerwickelung, während die Sekundärspule an die Bürsten der Läuferwickelung angeschlossen

K o m m u t a t o r m o t o r e n : Fleischmann, ETZ 1910, S. 191. — Rajz, Arbeiten aus d. Elektrotechn. Inst. Karlsruhe, Bd. 2.

E i n p h a s e n - K o m m u t a t o r m o t o r e n : Klassifizierungen: A t k i n s o n , Proc. of the Inst. of Civil Eng. London, 1898, S. 113. — O s n o s , ETZ 1904, S. 1. — P i c h e l m a y e r , ETZ 1904, S. 464. — S u m e c , El. u. Maschb. 1904, S. 173. — F y n , The Electrician, London, 1906, Bd. 57, S. 204. — G ö r g e s , ETZ 1907. S. 730. — J o n a s , ETZ 1908, S. 183. — Aufsätze: E i c h b e r g , ETZ 1904, S. 75 (Latour-Winter-Eichberg-M.). — R i c h t e r , ETZ 1906, S. 537, 1907, S. 827 (Reihenschluß.motor). — S c h n e t z l e r , ETZ 1905, S. 72, 1907, S. 818 u. 1097, 1909, S. 320 (Thomson-Déri-Motor). — O s n o s , ETZ 1907, S. 336, 1908, S. 2 (Doppelschlußmotor). Weitere Aufsätze in d. ETZ u. andern Zeitschr. von A l e x a n d e r s o n , A r n o l d , B e h n - E s c h e n b u r g , B r a g s t a d , B r e s l a u e r , v a n C a u w e n b e r g h e, D a n i e l - s o n , E i c h b e r g , Fleischmann, F y n , L a t o u r , N i e t h a m m e r , O s n o s , P u n g a , R i c h t e r , R u s c h , S c h n e t z l e r , S u m e c. — Berechnung d. Motoren siehe: F i s c h e r - H i n n e n , ETZ 1909, S. 485. — Ossana, ETZ 1911, S. 581. — Simons u. R o g o w s k i , ETZ 1908, S. 535 (Streuung). — Monographien: H e u b a c h , D. Wechselstromserienmotor. Voitsche Sammlg. 1899. — N i e t h a m m e r , D. Wechselstrom Kommutatormotoren, Zürich 1905. — S t e r n , Untersuch. d. Felder eines Einphasenrepulsionsmotors, System Déri, Diss. Karlsruhe 1910. — W o l f , Experimentelle Bestätigung d. Vektordiagrammes für d. Motor nach Winter - Eichberg - Latour, Diss. Dresden 1910. — M e y e r - D e l i s , Beitrag zur Theorie des Mehrphasen-Wechselstrom-Compoundmotors. Diss. Hannover 1908. — A l e x a n d e r , Drehstrommotoren mit Kommutator für regelbare Drehzahl. Diss. Berlin 1908. — D y h r , Die Einphasen-Motoren nach den deutschen Patentschriften, Diss. Dresden und Berlin 1912, Springer.

ist. Fig. 314 stellt die Anordnung bei einem zweispuligen, Fig. 315 die bei einem einspuligen Transformator dar. Man erhält die letzte Schaltung, indem man sich die beiden Spulen des Transformators in Fig. 314 übereinandergeschoben und zu einer einzigen vereinigt denkt. Bei Fig. 313 haben Läufer und Ständer denselben Strom, bei Fig. 314 und 315 erhält der Läufer einen Strom, dessen Stärke der Stromstärke im Ständer proportional ist. Ist der dem Läufer zugeführte Strom schwächer als der Ständerstrom, so kann man sich statt dessen denken, der Strom wäre in beiden Teilen gleich stark, die Windungszahl auf dem Läufer aber verringert. Eine Vermehrung der sekundären Windungen des Transformators verringert die sekundäre Stromstärke, wirkt also ebenso, als wenn bei direkter Schaltung die Windungen des Läufers vermindert worden wären.

 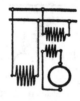 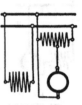

Fig. 316—318. Nebenschlußschaltung für Kommutatormotoren.

Fig 316. Direkte   Fig. 317. Mit zweispuligem   Fig. 318. Mit einspuligem
Transformator

Bei der Nebenschlußschaltung liegt die Primärwickelung des Transformators am Netz, also parallel zur Ständerwickelung, während die Sekundärwickelung genau wie vorher an die Bürsten der Läuferwickelung angeschlossen ist. Fig. 317 stellt die Anordnung wieder bei einem zweispuligen, Fig. 318 bei einem einspuligen Transformator dar. Bei Fig. 316 erhält der Anker die volle Netzspannung, bei Fig. 317 und 318 einen ihr proportionalen Teil. Eine Vermehrung der sekundären Windungszahl des Transformators erhöht die Spannung an der Läuferwickelung, wirkt also ebenso, als wenn bei direkter Schaltung die Windungszahl der Läuferwickelung verringert worden wäre.

(567) Zerlegung der Wicklungen in X- und Y-Wicklungen. Wir denken uns ein beliebig gerichtetes Feld in einem zweipoligen Motor in zwei aufeinander senkrecht stehende Komponenten, eine horizontale X-Komponente und eine vertikale Y-Komponente, zerlegt und denken uns diese Komponenten durch besondere Wicklungen, eine X-Wicklung und eine Y-Wicklung, erzeugt. Bei mehrpoligen Motoren schließen diese Wicklungen $(90/p)^0$ miteinander ein. Diese Zerlegung ist immer möglich, und ihr Zusammenwirken gibt immer das richtige resultierende Feld, wenn die Felder im Luftspalt sinusartig verteilt sind, andernfalls ist diese Zerlegung nur angenähert richtig. Die Ströme in diesen Wicklungen, bei Kommutatorwicklungen, die durch je ein Bürstenpaar zugeführten, seien I_x und I_y. Bei einem vollkommenen Drehfelde haben die Ströme I_x und I_y 90^0 Phasenverschiebung gegeneinander und sind dabei gleich stark. Haben die Ströme keine Phasenverschiebung gegeneinander, so erzeugen sie ein Wechselfeld in einer festen Richtung, dessen Achse mit der X-Achse den Winkel ω einschließen möge. Dann ist

$$\tan g\,\omega = \frac{N_y\,I_y}{N_x\,I_x},$$

wenn N_x und N_y die Windungszahlen der beiden Wicklungen sind

Die Achse einer Kommutatorwicklung ist immer durch die Bürstenstellung bestimmt. Wir nehmen an, die Verbindungen der Wicklung mit dem Kommutator seien derart, daß die Verbindungslinie der Bürsten die Richtung der Achse bestimmt. Hat man zwei Bürstenpaare, die um $(90/p)^0$ gegeneinander verdreht sind, so kann man durch jedes Bürstenpaar einen Strom schicken, ohne daß diese in den äußeren Teilen der Stromkreise einander stören. In den Teilen der Kommutatorwicklung kann man sich die Ströme superponiert denken. Die Wirkung ist so, als wenn jeder Strom in einer besonderen Wicklung flösse.

(568) EMKK in der Kommutatorwicklung. In der Kommutatorwicklung entstehen zwischen den Bürsten EMKK, deren Frequenz bei jeder beliebigen

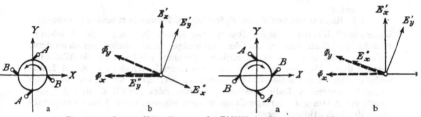

Fig. 319 und 320. Vektordiagramm der EMKK der Kommutatorwicklung
bei positiver Drehungsrichtung.   bei negativer Drehungsrichtung.

Die Diagramme beziehen sich immer nur auf den zeitlichen Verlauf der periodisch veränderlichen Größen und haben mit ihren Richtungen im Raume nichts zu tun.

Geschwindigkeit genau mit der Frequenz des magnetischen Feldes, in dem der Anker läuft, übereinstimmt. Man kann daher bei jeder Drehzahl Wechselstrom von dieser Frequenz durch den Anker schicken. Hierin beruht gerade die Bedeutung des Kommutators. Die EMKK sind zweierlei Art:

1. E M K d e r R u h e, hervorgerufen durch die Änderung des die ruhend gedachte Wicklung in der Richtung ihrer Achse durchsetzenden Induktionsflusses — Bezeichnung E'. Sie hat 90^0 nacheilende Phasenverschiebung gegen den Induktionsfluß und ist eine leistungslose oder Leerkomponente der EMK. Ihre Richtung ist unabhängig von der Drehungsrichtung des Ankers.

2. E M K d e r R o t a t i o n, hervorgerufen durch die Rotation des Ankers in dem konstant gedachten Induktionsfluß, der die Wickelung senkrecht zu ihrer Achse trifft — Bezeichnung E''. Sie hat 0^0 oder 180^0 Phasenverschiebung gegen den Induktionsfluß und ist eine Leistungskomponente der EMK. Ihre Richtung kehrt sich zugleich mit der Drehungsrichtung des Ankers um. Bei mehrpoligen Maschinen ist der Induktionsfluß um $(90/p)^0$ gegen die Achse der Wicklung verdreht.

Bei positiver Rotation des Ankers, Fig. 319 a und b, sind die EMKK, bezogen auf ein Polpaar,

i n d e r X-W i c k l u n g

$$E_{x_2}' = \sqrt{2}\, \nu\, N_{x_2}\, \Phi_{0\,x_2}\, 10^{-8}\ \text{Volt mit } 90^0 \text{ nacheilender Phasenverschiebung}$$

$$E_{x_2}'' = v\sqrt{2}\, \nu\, N_{x_2}\, \Phi_{0\,y_2}\, 10^{-8}\ \text{Volt mit } 180^0\ \text{Phasenverschiebung}$$

i n d e r Y-W i c k l u n g

$$E_{y_2}' = \sqrt{2}\, \nu\, N_{y_2}\, \Phi_{0\,y_2}\, 10^{-8}\ \text{Volt mit } 90^0\ \text{nacheilender Phasenverschiebung}$$

$$E_{y_2}'' = v\sqrt{2}\, \nu\, N_{y_2}\, \Phi_{0\,x_2}\, 10^{-3}\ \text{Volt mit } 0^0\ \text{Phasenverschiebung}$$

Bei negativer Drehungsrichtung des Ankers, Fig. 320 a und b, bleiben $E_x{}'$ und
$E_y{}'$ unverändert, $E_x{}''$ und $E_y{}''$ kehren ihre Vorzeichen um.

Index 1 bezieht sich immer auf den Ständer, Index 2 auf den Läufer . N_{x_2}
und N_{y_2} sind die Windungszahlen der X_2- und Y_2-Wickelung, bezogen auf ein
Polpaar ($2 N = z$), ν ist die Frequenz der Induktionsflüsse $\Phi_{0\,x_2}$ und $\Phi_{0\,y_2}$, unter
diesen immer die Amplituden, v das Verhältnis der wahren zur
synchronen Geschwindigkeit. $v = 1$ entspricht also dem Synchronismus.

Wenn die magnetischen Felder im Luftspalt nicht sinusförmig verteilt sind,
treten statt des Koeffizienten $\sqrt{2}$ andere von mitunter erheblich davon abweichen-
den Werten auf.

Da die Richtungen von Φ_x und Φ_y fest liegen, können in ruhenden Wicklungen
immer nur EMKK der Ruhe E' auftreten. Der Kurzschluß einer solchen Wicklung
bedeutet praktisch immer, daß der zugehörige Induktionsfluß verschwindend
gering ist, weil sonst so starke Ströme entstehen würden, daß die Wicklung
Schaden litte. Dagegen kann durch eine rotierende Wicklung auch bei Kurzschluß ein starker Induktionsfluß hindurchgehen, weil die beiden von verschiedenen
einander kreuzenden Induktionsflüssen herrührenden EMKK E' und E'' eine
Resultierende von ganz geringer Größe ergeben können, wie z. B. im Kurzschlußläufer der Induktionsmotoren.

(569) Drehmomente. Die Y_2-Wicklung erleidet im X_2-Felde ein Drehmoment D_1, die X_2-Wicklung im Y_2-Felde ein Drehmoment D_2. Die Drehmomente sind periodische Funktionen der Zeit mit doppelt so großer Frequenz
wie die des magnetischen Feldes. Der Mittelwert der Drehmomente ist dem Ausdruck $\Phi_2\,I_2 \cos (\Phi_2\,I_2)$ proportional und daher am größten, wenn keine Phasenverschiebung zwischen Φ_2 und I_2 vorhanden ist, und gleich Null, wenn sie 90°
beträgt. Der Mittelwert von Drehmomenten, die von Φ und I verschiedenen
Frequenzen herrühren, z. B. von Oberschwingungen verschiedener Frequenzen,
ist gleich Null. Bei sinusartiger Verteilung des magnetischen Feldes im Luftspalt erhält man

$$D_1 = -\frac{\sqrt{2}}{2\,\pi}\,10^{-1}\,p^2\,N_{y_2}\,I_{y_2}\,\Phi_{0\,x_2}\cos (\Phi_{0\,x_2},\,I_{y_2})\ \text{cmdyn}$$

$$D_2 = +\frac{\sqrt{2}}{2\,\pi}\,10^{-1}\,p^2\,N_{x_2}\,I_{x_2}\,\Phi_{0\,y_2}\cos (\Phi_{0\,y_2},\,I_{x_2})\ \text{cmdyn}$$

Hierin ist p die Polpaarzahl, I_{x_2} und I_{y_2} bedeuten effektive Mittelwerte der
Ströme je eines Bürstenpaares in A, $\Phi_{0\,x_2}$ und $\Phi_{0\,y_2}$ Amplituden, wie üblich
in CGS-Einheiten. Um die Drehmomente in kgm zu erhalten, muß man diese
Werte mit $9{,}81 \cdot 10^7$ dividieren.

Das Drehmoment des Gleichstrommotors ist

$$D_{gl} = +\frac{1}{\pi}\,10^{-1}\,p^2\,N_{y_2}\,I_{y_2}\,\Phi_{x_2}\ \text{cmdyn}.$$

Bei den Mehrphasenmotoren ist das resultierende Drehmoment meistens gleich
$\sqrt{D_1{}^2 + D_2{}^2}$ und daher bei gleichem Maximum von Φ ebenso groß wie bei Gleichstrom. Bei den Einphasenmotoren tritt aber nur eines der Drehmomente auf,
sie sind daher gegenüber den Gleichstrommotoren im Nachteil. Das Verhältnis
ist dann nämlich ($\sqrt{2}/2\,\pi$) : ($1/\pi$) = 0,707, eine Zahl, die durch geschickte Anordnung noch erhöht, aber nicht bis auf 1 gebracht werden kann.

(570) Arbeits- und Erregerwicklungen. (A t k i n s o n Proceed. Inst.
Civil Eng. London 1988, S. 113. — E i c h b e r g , ETZ 1904, S. 75.) Zwischen

zwei gleichachsigen Wicklungen kann bei völliger Symmetrie kein Drehmoment auftreten, solche Wicklungen bilden vielmehr, auch wenn sie an dasselbe Netz angeschlossen sind, zusammen einen Transformator. Es wird also Leistung von der einen Wicklung aufgenommen (bei Anschluß an dasselbe Netz von der Wicklung mit der geringeren Windungszahl) und Leistung von der anderen abgegeben (von der Wicklung mit der größeren Windungszahl). Ist aber eine der Wicklungen beweglich, so kann man sie durch eine dritte Wicklung, die rechtwinklig mit ihr gekreuzt ist, zum Laufen bringen. Die ersten beiden Wicklungen sind Arbeitswicklungen, die dritte ist die Erregerwickelung. Die Felder der Arbeitswicklungen sind gegeneinander gerichtet und heben einander wie im Transformator bis auf einen geringen Rest auf, der für die Magnetisierung hinreicht. Sie bestehen z. B. aus der Kommutatorwickelung auf dem Läufer und der Kompensationswicklung auf dem Ständer, sie können aber auch indirekt durch Transformatoren parallel ans Netz angeschlossen sein, oder es kann eine von ihnen kurzgeschlossen sein. Die Phasenverschiebung der Ströme in ihnen gegen die zugehörigen Spannungen ist bei Belastung gering und kann völlig verschwinden. Die Erregerwicklung dagegen verhält sich wie eine Drosselspule, die Phasenverschiebung zwischen Strom und Spannung in ihrem Stromkreis ist daher sehr bedeutend. Damit ein möglichst großes Drehmoment entsteht, muß das Feld der Erregerspule gleiche Phase mit dem Strom in der umlaufenden Arbeitswicklung haben. Arbeitsspannung und Erregerspannung müssen daher im allgemeinen Phasenverschiebungen gegeneinander besitzen, deren Größe von der Geschwindigkeit und der Belastung des Motors abhängt. Während die Sekundärwicklung eines Transformators elektrische Leistung an einen äußeren Kreis abgibt, besteht hier die von der sekundären Arbeitswicklung abgegebene Leistung teils in elektrischer Form und kann ans Netz zurückgeliefert werden, teils in mechanischer Form. Der letzte Teil ist der Geschwindigkeit proportional, weil durch die Rotation im Felde der Erregerspule eine EMK der Bewegung entsteht, die der Geschwindigkeit proportional ist. Sorgt man dafür, daß der übrig bleibende Teil der bei Stillstand auftretenden EMK, der nun als Spannung an den Bürsten auftritt, auf das Netz zurückarbeitet, indem die Bürsten über einen Transformator mit dem Netz verbunden werden, so kann man je nach der an die Bürsten angelegten Spannung den Motor ohne besondere Verluste mit jeder beliebigen Geschwindigkeit laufen lassen. Dieser Gedankengang läßt sich auf Mehrphasenstrom übertragen, indem man das System der drei Wicklungen um 90° verdreht noch einmal anordnet. Es können dann auch die Erregerwicklungen, deren Achse ja mit der der Arbeitswicklungen des anderen Systems zusammenfällt, gespart werden. Die Arbeitswicklungen führen dann auch die Erregerströme. Von den Arbeitswicklungen muß die eine immer auf dem Ständer, die andere auf dem Läufer liegen, die Erregerwicklung kann sich entweder auf dem Ständer oder auf dem Läufer befinden.

(571) **Kommutatormotoren für Mehrphasenstrom** sind zuerst von G ö r g e s vorgeschlagen worden. Fig. 321 zeigt die Reihenschluß-, Fig. 322 die Nebenschlußschaltung. Die durch die Transformatoren vermittelte Reihenschlußschaltung, Fig. 323, und Nebenschlußschaltung, Fig. 324, sind neueren Datums; letztere ist zuerst von W i n t e r und E i c h b e r g (Zeitschr. für El. u. Maschb. 1903, S. 213) zum Zwecke der Geschwindigkeitsregulierung vorgeschlagen worden. Die Bürsten können so gestellt werden, daß die umlaufenden Achsen der von beiden Wicklungen erzeugten Felder genau zusammenfallen; der Motor wirkt dann wie eine Drosselspule und besitzt kein Drehmoment. Verschiebt man die Bürsten aus dieser Nullstellung, so entwickelt sich ein Drehmoment in der einen oder anderen Richtung, je nach dem Sinn der Verschiebung, obwohl die Felder stets in demselben Sinne umlaufen. Man wird den Motor jedoch möglichst immer in der Richtung des Drehfeldes laufen lassen. Verdreht man die Bürsten um $(180/p)^0$

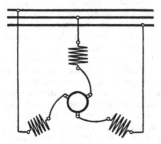

Fig. 321. Reihenschlußschaltung direkt.

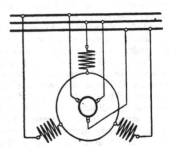

Fig. 322. Nebenschlußschaltung direkt.

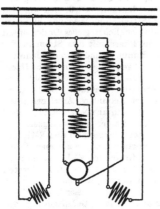

Fig. 323. Reihenschlußschaltung mit
            Transformator.

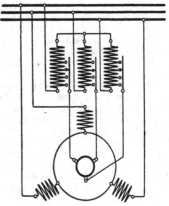

Fig. 324. Nebenschlußschaltung mit
            Transformator.

Drehstromkommutatormotoren.

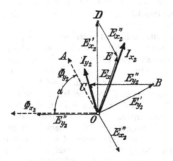

Fig. 325. Vektordiagramm des allge-
           meinen Induktionsmotors.

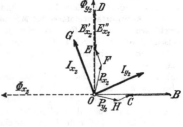

Fig. 326. Vektordiagramm des Mehrphasen
           motors mit Reguliertransformators.

aus der Nullstellung, so erhält man die Kurzschlußstellung, in der die Felder genau gegeneinander gerichtet sind und einander bei geeigneter Wahl der Windungszahlen aufheben. Man kann dann, wie in (570) gezeigt, den Motor durch Anordnung einer dritten Wicklung, der Erregerwicklung, zum Laufen bringen. Je stärker der Erregerstrom ist, um so langsamer läuft der Motor. Man stellt die Spannung durch einen Reguliertransformator ein. Dieser Motor ist nun nichts anderes als ein kompensierter Motor mit mittelbarer Nebenschlußschaltung. Werden endlich die X-Bürsten und ebenso die Y-Bürsten kurz miteinander verbunden, so erhält man einen Motor, dessen Wirkungsweise sich nicht wesentlich von der des Induktionsmotors unterscheidet.

(572) Der allgemeine Induktionsmotor. Wir nehmen an, die X-Bürsten und die Y-Bürsten seien kurz geschlossen, Φ_{x_2} und Φ_{y_2} hätten beliebige Größen und die beliebige Phasenverschiebung α gegeneinander, Fig. 325. $E_{x_2}{}'$ und $E_{y_2}{}'$ stehen um 90^0 nacheilend verschoben senkrecht auf Φ_{x_2} und Φ_{y_2}. Bei Stillstand denke man sich induktionsfreie Anlaßwiderstände in die Läuferwicklungen geschaltet. Die Läuferströme I_{x_2} und I_{y_2} haben dann dieselben Phasen wie $E_{x_2}{}'$ und $E_{y_2}{}'$. Die Drehmomente $(\Phi_{x_2} I_{y_2})$ und $(\Phi_{y_2} I_{x_2})$ sind nach (569) beide positiv, weil Winkel $(\Phi_{x_2} I_{y_2})$ ein stumpfer, Winkel $(\Phi_{y_2} I_{x_2})$ ein spitzer ist. Der Motor läuft daher im positiven Sinne a. Man kann daher jetzt $E_{x_2}{}''$ und $E_{y_2}{}''$ nach (568) und die resultierenden EMKK $E_{x_2} = [E_{x_2}{}' + E_{x_2}{}'']$ und $E_{y_2} = [E_{y_2}{}' + E_{y_2}{}'']$ zeichnen. Unter Zugrundelegung dieses Diagrammes findet man nun, wenn man

$$E_{x_2}{}' = \varepsilon \cdot \nu \, N_2 \, \Phi_{x_2}, \qquad E_{x_2}{}'' = \nu \, \varepsilon \cdot \nu \, N_2 \, \Phi_{y_2}$$

$$E_{y_2}{}' = \varepsilon \cdot \nu \, N_2 \, \Phi_{y_2}, \qquad E_{y_2}{}'' = \nu \, \varepsilon \cdot \nu \, N_2 \, \Phi_{x_2}$$

setzt, worin ε eine Konstante, R den Widerstand einer Läuferwicklung bedeutet,

$$D = \frac{\varepsilon^2}{2\,\pi} \frac{N_2{}^2}{R_2} \nu \, [2\,\Phi_{x_2}\,\Phi_{y_2} \sin\alpha - (\Phi_{x_2}{}^2 + \Phi_{y_2}{}^2)\,\nu]$$

$$\Lambda_{mech} = \varepsilon^2 \frac{N_2{}^2}{R_2} \nu \, [2\,\Phi_{x_2}\,\Phi_{y_2} \sin\alpha - (\Phi_{x_2}{}^2 + \Phi_{y_2}{}^2)\,\nu]$$

$$\Lambda_{w_2} = \varepsilon^2 \frac{N_2{}^2}{R_2} \nu^2 \, [(\Phi_{x_2}{}^2 + \Phi_{y_2}{}^2)\,(1 + \nu^2) - 4\,\nu\,\Phi_{x_2}\,\Phi_{y_2} \sin\alpha]$$

$$\Lambda = \varepsilon^2 \frac{N_2{}^2}{R_2} \nu^2 \, [(\Phi_{x_2}{}^2 + \Phi_{y_2}{}^2) - 2\,\nu\,\Phi_{x_2}\,\Phi_{y_2} \sin\alpha]$$

Unter Λ_{w_2} ist die Stromwärme im Läufer zu verstehen, $\Lambda = \Lambda_{w_2} + \Lambda_{mech}$ ist die auf den Läufer übertragene Leistung. Der Ausdruck für D ist für Motorzähler wichtig. $(\Phi_{x_2}{}^2 + \Phi_{y_2}{}^2)\,\nu$ ist das Fehlerglied. Um es klein zu halten, muß ν sehr klein gewählt werden.

Für Mehrphasenstrom ist $\Phi_{x_2} = \Phi_{y_2} = \Phi_2$ und $\alpha = 90^0$, also $\sin\gamma = 1$. Man erhält hiermit die (530) abgeleiteten Gleichungen wieder.

(573) Der Doppelkurzschlußmotor mit Reguliertransformator. Schließt man die Bürsten nicht kurz, sondern legt man nach W i n t e r und E i c h b e r g, vergl. W i n t e r , El. und Maschb. 1903, S. 213, die gleichen Spannungen P_{x_2} und P_{y_2} die um 90^0 gegeneinander verschoben sind und dieselbe Frequenz wie der Primärstrom haben, an die Bürsten, so erhält man die mittelbare Nebenschlußschaltung. Fig. 326 zeigt das Diagramm im X_2-Kreise. $E_{x_2}{}' = OD$ wird von Φ_{x_2} durch ruhende Induktion, $E_{x_2}{}'' = DE$ von Φ_{y_2} durch Rotation erzeugt und ist daher proportional mit ν.

Soll der Motor dauernd mit dieser Geschwindigkeit laufen und dabei I_{x_2} die durch OG gegebene Größe und Phase haben, so muß zwischen den X-Bürsten die Spannung $P_{x_2} = OF$ liegen, wenn FE der ohmsche Spannungsverlust ist. Die entsprechenden Vektoren des Y_2-Kreises sind um 90^0 nach rechts gedreht. Durch die Lage von OF kann man I_{x_2} beliebig eine Voreilung oder Nacheilung gegenüber OE geben. Eine Drehung von P_{x_2} nach rechts läßt I_{x_2} voreilen und umgekehrt. Durch eine Voreilung von I_{x_2} kann man erreichen, daß der Leistungsfaktor im Primärkreise zu Eins wird. · Dazu braucht man nur die Bürsten zu verschieben. Kehrt man P_{x_2} und P_{y_2} um, so daß F unterhalb 0, H links von O liegt, so wird E_{x_2}'' größer als E_{x_1}' und E_{y_1}'' größer als E_{y_1}', der Motor läuft also übersynchron; macht man $P_{x_2} = P_{y_2} = 0$, so läuft er in der Nähe des Synchronismus; bei $P_{x_2} = E_{x_1}'$ und $P_{y_2} = E_{y_1}'$ steht er still; wenn $P_{x_2} > E_{x_1}'$ und $P_{y_2} > Ey_1'$, so läuft er rückwärts. Statt der Zweiphasen- kann man ebensogut die Drehstromanordnung wählen, Fig.324.

(574) Regulierung großer Induktionsmotoren. Um große Induktionsmotoren (von z. B. 1000 kW) nicht mit Kommutator ausführen zu müssen, wenn man sie dauernd mit Schlüpfungen von 10—30 % laufen lassen will, kann man nach S c h e r b i u s (B r o w n, B o v e r i & C i e.) mit dem aus dem Läuferkreise genommenen Drehstrom, der eine der Schlüpfung proportionale Frequenz besitzt, einen Motor wie eben beschrieben treiben, indem man den Ständer direkt an die Schleifringe des ersten Motors, den Läufer über einen Reguliertransformator an sie anschließt. Man kann nun dem zweiten Motor eine solche Geschwindigkeit geben, daß eine dritte mit ihm direkt gekuppelte asynchrone oder synchrone Drehstrommaschine als Generator auf die Primärseite zurückarbeiten kann. Man spart dadurch den größten Teil der Leistung, die bei einem durch Widerstände regulierten Induktionsmotor in den Widerständen verloren geht, wodurch sich die zusätzliche Anlage bald bezahlt macht. Wird der Generator vom Netz abgekuppelt, so geht der Kommutatormotor durch; hiergegen müssen Vorkehrungen vorgesehen werden. Weitere solche Schaltungen siehe M e y e r „Die Verwendung verlustlos regelbarer Drehstrommotoren", El. K. u. B. 1911, S. 421.

(575) Kommutatormotoren für Einphasenstrom. Der Ständer besitze stets eine X-Wicklung. Wir können dann folgende Grundformen unterscheiden.

1. Der Läufer besitzt nur eine Y-Wicklung, Fig. 327. Als R e i h e n s c h l u ß m o t o r mit Kompensationswicklung und mit Wendezähnen, Fig. 328, hat er große Bedeutung gewonnen.

2. Der Läufer besitzt eine kurzgeschlossene X-Wicklung und eine an einen äußeren Kreis angeschlossene Y-Wicklung, Fig. 329. Die beiden Wicklungen bestehen in Wirklichkeit nur in einer einzigen Kommutatorwicklung, die einerseits durch die X-Bürsten kurzgeschlossen ist, andererseits durch die Y-Bürsten von außen Strom erhält. Bei Kurzschluß der X-Bürsten kann zwischen den Y-Bürsten eine erhebliche Spannung bestehen.

Die Nebenschlußschaltung, Fig. 330, ist zuerst von W i g h t m a n (1892), die Reihenschlußschaltung, Fig. 331, zuerst von L a t o u r (1900) vorgeschlagen. Die mittelbare Reihenschaltung, Fig. 332, stammt von W i n t e r und E i c h b e r g und eignet sich besonders für die Geschwindigkeitsregulierung des Motors, der im übrigen Reihenschlußcharakteristik besitzt vgl. Fig. 340. Die mittelbare Nebenschlußschaltung ist von den F e l t e n - G u i l l e a u m e - L a h m e y e r - W e r k e n mit Erfolg ausgeführt worden. Sie ergibt einen Motor von konstanter Geschwindigkeit, der aber nicht anläuft. Daher verwendete genannte Firma eine selbsttätige Umschaltung, indem sie den Motor in Reihenschlußschaltung anlaufen ließ. Sie sparte dabei den Transformator, indem sie die Ständerwicklung zugleich als die Wicklung eines einspuligen Transformators benutzte, Fig. 333. Der Motor läuft bei geöffnetem Schalter an; wenn die volle Geschwindigkeit erreicht ist, wird der Schalter selbsttätig durch Zentrifugalkraft geschlossen. Eine Regulierung der Geschwindigkeit ist bei dieser Schaltung unmöglich.

3. Der Läufer besitzt zwei kurzgeschlossene Wicklungen, die eine in der X-, die andere in der Y-Achse, Fig. 334. In Wirklichkeit ist wieder nur eine Kommutatorwicklung vorhanden, und es sind die X-Bürsten miteinander und ebenso die

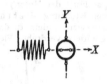

Fig. 327. Ständer-X- und Läufer-Y-Wicklung.

Fig. 328. Schaltung des Reihenschlußmotors mit Kompensationswicklung.

Fig. 329. Ständer-X-, Läuferkurzschluß-X und Läufer-Y-Wicklung. X-Wicklungen sind Arbeits-, Y-Wicklung ist Erregerwicklung.

Fig. 330. Nebenschluß-Kurzschlußmotor (Wightman).

Fig. 331. Reihenschluß-Kurzschlußmotor (Latour).

Fig. 332. Reihenschluß-Kurzschlußmotor mit Erregertransformator (Winter und Eichberg).

Fig. 333. Doppelschluß-Kurzschlußmotor (Osnos).

Fig. 334. Doppelkurzschlußmotor (Atkinson).

Fig. 335. Einfachkurzschlußmotor. (Repulsionsmotor.) (Elihu Thomson.)

Fig. 336. Einfachkurzschlußmotor mit Doppelbürsten (Déri).

Y-Bürsten oder auch alle Bürsten miteinander kurzgeschlossen. Dieser von Atkinson (1898) vorgeschlagene Motor ist in seiner Wirkungsweise dem einphasigen Induktionsmotor gleichzustellen, er arbeitet jedoch weniger günstig als dieser. Hat er auf dem Ständer mehrphasige Wicklung, so ist sein Verhalten gleich dem des Mehrphasen-Induktionsmotors.

4. Der Läufer besitzt eine kurzgeschlossene Wicklung, die aber schräg zur X-Achse steht, Fig. 335. Die kurzgeschlossenen Bürsten sind verdrehbar ange-

ordnet. Dieser von E l i h u T h o m s o n 1888 vorgeschlagene Motor ist von ihm R e p u l s i o n s m o t o r genannt worden. Stellt man die Bürsten in die X-Achse, so befinden sie sich in der Kurzschlußstellung, und der Motor hat kein Drehmoment. Verstellt man sie um 90° (bei mehrpoligen Motoren um $(90/p)°$), so befinden sie sich in der Leerlaufstellung, und es fließt — abgesehen von den durch je eine Bürste kurzgeschlossenen Windungen — kein Strom im Läufer. Das Drehmoment verschwindet wieder. Verdreht man die Bürsten aus dieser Stellung, so läuft der Motor je nach dem Sinne der Verstellung in der einen oder der anderen Richtung. D é r i hat diesen Motor durch Anordnung zweier Bürsten- sätze verbessert, indem er das eine Bürstenpaar in der X-Stellung stehen läßt, das andere verdreht, Fig. 336. (S c h n e t z l e r, ETZ 1907, S. 818 u.

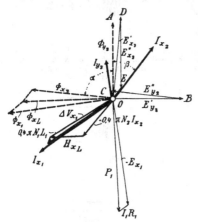

Fig. 337. Vektordiagramm des Einphasen- induktionsmotors.
(In der Figur steht V für $\mathfrak{B}$.)

S. 1097.) Es sind dann nur die Bürsten die in der Anfangsstellung nebeneinander stehen, kurz mitein- ander verbunden. Die Achse der Läuferwicklung verstellt sich dann um den halben Betrag der Bürsten- verstellung, und die Stromwärme im Läufer ist geringer. Der Motor hat Reihenschlußcharakteristik und entwickelt sein größtes Moment etwa bei 80—85° Verdrehung der Läufer- achse aus der Leerlaufstellung, also bei (10—5°) Verdrehung, Winkel ω, Fig. 335 u. 336 aus der Kurzschlußstellung.

Die Bedienung dieses Motors ist besonders einfach, weil er keines Anlassers und keines Regulierappa- rates für die Einstellung der Ge- schwindigkeit bedarf.

(576) Diagramm des Einphasen- Induktionsmotors. (G ö r g e s, ETZ 1903, S. 271. S u m e c, Z. f. E. 1903, S. 517.) Infolge der Rotation des Ankers im X-Felde entwickelt sich ein Querfeld $\Phi_{y_2} = OA$, Fig. 337, das durch den Strom I_{y_2} erzeugt wird. In der kurzgeschlossenen Y_2-Wicklung müssen die beiden EMKK $E_{y_2}' = OB$ und $E_{y_2}'' = BC$ nahezu gleich groß und einander ent- gegengesetzt gerichtet sein. Es ist nämlich

$$O C = I_{y_2} R_2 = [E_{y_2}' + E_{y_2}'']$$

Die Phase von $I_{y_2} R_2$ ergibt sich daraus, daß I_{y_2} eine geringe Voreilung vor Φ_{y_2} haben muß. Φ_{x_2} hat bei positiver Drehrichtung gleiche Phase mit $B C = E_{y_2}''$. Da auch die X_2-Wicklung kurz geschlossen ist, so ist ebenso

$$I_{x_2} R_2 = [E_{x_2}' + E_{x_2}'']$$

Bei positiver Drehrichtung ist $E_{x_2}'' = D E$ parallel mit Φ_{y_2}, aber entgegengesetzt gerichtet, während $E_{x_2}' = OD$ 90° Verdrehung im Sinne des Uhrzeigers gegen Φ_{x_2} besitzen muß. Dadurch ist die Phase von $OE = I_{x_2} R_2$ und von I_{x_2} festgelegt. Die Vektoren der Induktionsflüsse Φ_{x_2}, Φ_{xL} und Φ_{x_1} sowie die von I_1 und P_1 der Ständerwicklung können nun nach (366) konstruiert werden.

Nimmt man an, daß I_{y_2} und Φ_{y_2} gleiche Phasen haben, so ist

$$E_{y_2}' = E_{y_2}'' \sin O C B = E_{y_2}'' \sin \alpha$$

und daraus folgt, da
$$E_{y_2}' = c\, \Phi_{y_2} \text{ und}$$
$$E_{y_2}'' = v\, c\, \Phi_{x_2}$$
$$\Phi_{y_2} = v\, \Phi_{x_2} \sin \alpha$$

$\sin \alpha$ ist nahezu gleich Eins. Der Querfluß Φ_{y_2} ist daher der Geschwindigkeit proportional und bei Synchronismus nahezu gleich Φ_{x_1}.

Im allgemeinen sind zwei Drehmomente vorhanden, ein großes positives $(\Phi_{y_2}\, I_{x_2})$ und ein kleines negatives $(\Phi_{x_2}\, I_{y_2})$. Bei Synchronismus $(v = 1)$ ist

$$\Phi_{y_2} = \Phi_{x_2} \sin \alpha$$
und da
$$E_{x_2}' = c\, \Phi_{x_2} \text{ und}$$
$$E_{x_2}'' = v\, c\, \Phi_{y_2}$$
so erhält man
$$E_{x_2}'' = E_{x_2}' \sin \alpha$$

Der Vektor I_{x_2} fällt dann in die Richtung von OB. In diesem Falle bleibt nur das kleine negative Drehmoment $(\Phi_{x_2}\, I_{y_2})$ bestehen. Mit wachsender Schlüpfung wird E_{x_2}'' proportional mit v^2 kleiner, infolgedessen wächst I_{x_2}, während der Winkel β kleiner wird. Das positive, vom Querfluß Φ_{y_2} erzeugte Drehmoment wächst daher schnell bis zu einem Maximum, das eintreten muß, weil zugleich Φ_{y_2} mit v abnimmt. Von da an nimmt das Drehmoment bis zum Werte Null ab, der bei Stillstand erreicht wird. Der Widerstand im Läufer muß möglichst gering sein, damit sich ein starker Querfluß ausbilden kann.

Mit Vergrößerung des Widerstandes sinkt das Drehmoment schnell, eine Regulierung der Drehzahl durch Einschaltung von Widerständen in den Sekundäranker, wie bei Mehrphasenstrom, ist daher unmöglich. Bei Übersynchronismus läuft der Motor als Generator. Die Ankerstromwärme ist prozentual bei normalem Betriebe etwa gleich der doppelten Schlüpfung und geht bei Synchronismus durch ein Minimum. Die Leistung ist etwa 60—70 % von der eines gleich großen Drehstrommotors, der Wirkungsgrad einige Prozent geringer. S u m e c hat aus diesem Diagramm ein Kreisdiagramm abgeleitet.

Setzt man in den Gleichungen (572) $\Phi_{y_2} = v\, \Phi_{x_2}$, so erhält man

$$D = \frac{\varepsilon^2}{2\,\pi}\, \frac{N_2^2}{R_2}\, \nu\, \Phi_{x_2}^2\, (1 - v^2)\, v$$

$$\Lambda_{w_2} = \varepsilon^2\, \frac{N_2^2}{R_2}\, \nu^2\, \Phi_{x_2}^2\, (1 - v^2)^2$$

$$\Lambda_{mech} = \varepsilon^2\, \frac{N_2^2}{R_2}\, \nu^2\, \Phi_{x_2}^2\, (1 - v^2)\, v^2$$

$$\Lambda = \varepsilon^2\, \frac{N_2^2}{R_2}\, \nu^2\, \Phi_{x_2}^2\, (1 - v^2)$$

Hieraus folgt $\Lambda_{w_2}/\Lambda = (1 - v^2) = (1 + v)\,(1 - v)$ oder, wenn v nahezu gleich 1, $\Lambda_{w_2}/\Lambda \approx 2\,(1 - v)$, d. h. die Stromwärme im Läufer ist prozentual gleich der doppelten Schlüpfung, also doppelt so groß wie beim Mehrphasenmotor.

(577) Diagramm des Reihenschlußmotors [1]), Fig. 338. Der Strom I erzeugt in der X-Richtung die Induktionsflüsse Φ_{x_1} im Ständer und Φ_{x_2} im Läufer, die um den Streufluß voneinander verschieden sind; ferner in der Y-Richtung Φ_{y_2} im Läufer. Diese Flüsse haben alle dieselbe Phase wie I, wenn man von der

---

[1]) H e u b a c h , Der Wechselstrom-Serienmotor. V o i t sche Samml. 1903.

Hysterese und den Wirbelströmen im Eisen, sowie von der Wirkung der Kurzschlußströme in der Kommutierungszone absieht. Diese haben zur Folge, daß
I eine Voreilung vor Φ_{x_2} erhält. Das Drehmoment $(I_{y_2} = I,\ \Phi_{x_2})$ ist bei Stillstand
bedeutend, da beide Vektoren dieselbe Richtung haben, und nach (569) negativ.
Der Motor läuft daher im Sinne des Uhrzeigers mit großer Kraft an. Φ_{x_1} erzeugt
im Ständer die EMK E_{x_1}' mit 90^0 Phasenverschiebung gegen I, Φ_{x_2} im Läufer
E_{y_2}'' mit 180^0 Phasenverschiebung gegen I, Φ_{y_2} im Läufer E_{y_2}' mit 90^0 Phasenverschiebung gegen I. Die geometrische Addition von E_{x_1}', E_{y_2}' und E_{y_2}'' ergibt
die gesamte EMK E. Die Vektorsumme $[-E + IR]$ ist gleich der Klemmen-
spannung P des Motors. Durch eine Hilfswicklung, die ebenfalls
vom Strome I gespeist wird, kann man Φ_{y_2} aufheben und zugleich auch

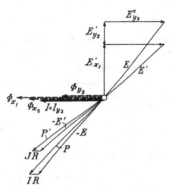

ein geeignetes kommutierendes Feld
schaffen. Die EMK sinkt dann von E auf
E', die Klemmenspannung von P auf P'
und die Phasenverschiebung von φ auf φ'.
Die Hilfswicklung kann auch kurz ge-
schlossen werden, sie ist dann aber nicht
so wirksam. Zur Verbesserung der
Kommutierung werden gewöhnlich noch
Wendezähne angebracht. Die Anordnung entspricht dann ungefähr der Fig.
232 (418).

Fig. 338. Vektordiagramm des Reihenschlußmotors.

Zur Erzielung eines großen L e i -
s t u n g s f a k t o r s ist es nötig, daß
$[E_{x_1}' + E_{y_2}']$ klein, E_{y_2}'' dagegen möglichst groß sei. Die Frequenz ist daher
gering (gleich 15—25 Per/sk), die Geschwindigkeit groß zu wählen.

Das D r e h m o m e n t ist wie beim
Gleichstrom nur von der Stromstärke
abhängig und nimmt bei konstanter Spannung mit zunehmender Drehzahl ab,
jedoch wegen der Leerkomponenten der EMK nicht in so starkem Maße wie bei
Gleichstrom.

Mit Rücksicht auf gute Kommutierung wird der Motor nur für Spannungen
bis etwa 300 V gebaut, Fig. 383.

(578) Verhalten des Motors von Latour, Winter u. Eichberg. Im einfachsten
Falle ist der die Ständerwicklung durchfließende Strom I zugleich der Strom I_{y_2}
in der Y-Wicklung des Läufers, Fig. 331. Er erzeugt einen Induktionsfluß in
der Y-Achse, den Hauptfluß, während die kurzgeschlossene X-Wicklung einen
Kompensationsfluß in der X-Richtung erzeugt. Der Übersichtlichkeit halber
sollen die Eisenverluste wieder vernachlässigt werden.

B e i S t i l l s t a n d kann der Y-Fluß nicht auf die X-Wicklungen wirken,
weil die Achsen des Induktionsflusses Φ_{y_2} und der X-Wicklungen senkrecht
aufeinander stehen. Die X-Wicklungen bilden einen kurzgeschlossenen Transformator, dessen Diagramm nach (366) gezeichnet werden kann. Es ergeben sich
dann zwei negative Drehmomente, ein geringes und ein großes. Der Motor läuft
daher mit großer Kraft im Sinne der Uhrzeigerdrehung an. Φ_{x_2} ist sehr klein,
da die von ihm erzeugte EMK

$$E_{x_2}' = \sqrt{2} \cdot \nu\, N_2\, \Phi_{x_2} \cdot 10^{-8}$$

nur den Spannungsverlust $I_x\, R_2$ zu decken hat. Φ_{x_2} unterscheidet sich nur um die Streuung von Φ_{x_2}, demnach ist die Spannung an der Ständerwicklung gering. Die Y-Wicklung des Läufers erzeugt einen starken Induktionsfluß und wirkt wie eine Drosselspule. In ihr tritt daher eine große EMK auf. Die Phasenverschiebung ist bedeutend.

Wenn der Motor läuft, tritt in der kurzgeschlossenen X-Wicklung noch eine EMK

$$E_{x_1}'' = v \cdot \sqrt{2} \cdot v N_2\, \Phi_{y_2} \cdot 10^{-8}$$

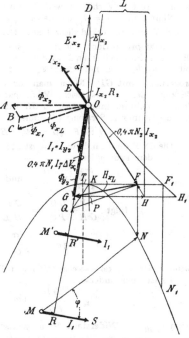

auf. Diese muß, da die resultierende EMK wieder nur $I_{x_2} R_2$ zu decken hat, nahezu ebenso groß wie E_{x_2}' und entgegengesetzt zu ihr gerichtet sein. Es ist also nahezu bei allen Geschwindigkeiten

$$\Phi_{x_2} = v \cdot \Phi_{y_2}$$

dabei müssen Φ_{x_2} und Φ_{y_2} stets nahezu 90^0 Phasenverschiebung gegeneinander besitzen. Diese Beziehung haben wir schon bei dem einphasigen Induktionsmotor (576) kennen gelernt. Ist $E_{x_2}'' > E_{x_2}'$, oder $\Phi_{x_2} > v\,\Phi_{y_2}$, so ist das Drehmoment negativ, der Motor läuft dann als Generator.

(579) Diagramm des Motors von Latour, Winter u. Eichberg. Fig. 339. Nimmt man $\Phi_{x_2} = OA$ nach Größe und Richtung beliebig an, so ergibt sich $E_{x_2}' = OD$ rechtwinklig zu Φ_{x_2} und $E_{x_2}'' = DE$ nahezu gleich und gleichgerichtet mit DO, so daß $OE = I_{x_2} R_2$. Daß E in den linken

Fig. 339. Vektordiagramm des Latour-Winter-Eichberg-Motors.

oberen (oder bei Generatorwirkung in den linken unteren) Quadranten fallen muß, ergibt sich daraus, daß für die Magnetisierung des Luftspaltes eine beträchtliche MMK $H_{x\,Luft}$ erforderlich ist und Φ_{y_2} mit Φ_{x_2} nahezu 90^0 einschließt.

Nach (568), Fig. 320, müssen Φ_{y_2} und bei Vernachlässigung der Eisenverluste auch $0{,}4\,\pi\,N_2\,I_{y_2}$ und $I_{y_2} = I$ gleiche Richtung mit DE haben. Zeichnet man nun wie in (366) $OF = -\,0{,}4\,\pi \cdot N_2\,I_{x_2}$, $Str_2 = AB$, $\Phi_{x\,Luft} = OB$, $FG = H_{x\,Luft}$, so muß G auf einer Parallelen zu DE durch O liegen. Dabei ist OF mit EO, AB mit OF, FG mit OB, BC mit OG parallel und proportional. Das Drehmoment $(\Phi_{x_2}\,I_{y_2})$ ist klein, weil die beiden Vektoren nahezu einen Rechten einschließen, das Drehmoment $(\Phi_{y_2}\,I_{x_2})$ bedeutend. Beide Drehmomente sind negativ. Man kann daher mit Recht I_{y_2} als Erregerstrom, I_{x_2} und daher auch I_{x_1} als Arbeitsströme bezeichnen vgl. (570).

Zieht man GH parallel zu OA, wobei H auf der Verlängerung von OF liegt, und zeichnet man Dreieck OHL ähnlich Dreieck EOD, so ist einerseits GH, anderseits

HL proportiona. mit Φ_{x_2}. Demnach ist $\not\prec L$ konstant. Φ_x und Φ_{y_2} **s c h l i e ß e n
a l s o b e i a l l e n B e l a s t u n g e n e i n e n k o n s t a n t e n W i n k e l v o n
n a h e z u 90° m i t e i n a n d e r e i n.**

Verlängert man DO bis zum Schnittpunkt P mit GH und zieht man FK parallel
zu GH, wobei K auf OP liegt, so teilt F die Strecke OH und K die Strecke OP
in einem festen Verhältnis, weil OF und FH beide proportional mit AB sind.

Nimmt man $I = I_{y_2}$ und daher Φ_{y_2} als konstant an, so haben die Punkte G,
P und K eine unveränderliche Lage. OL ist proportional mit $DE = E_{x_2}''$ und
daher jetzt proportional mit v; daher sind auch PH und KF proportional mit v.
Die Geschwindigkeit kann daher durch KF gemessen werden. GH ist proportional
mit $OA = \Phi_{x_2}$ und mißt daher Φ_{x_2} oder auch E_{x_2}'. Bei Stillstand ist daher Φ_{x_2}
proportional mit GP. Nimmt man für die Wicklung des Ständers und die X-
Wicklung des Läufers gleiche Windungszahlen an, so findet man die EMK der
Ständerwicklung, indem man zu GH die EMKK der sekundären Streuung HF
und der primären Streuung QG addiert, wobei

$$GH : HF : QG = AO : BA : CB.$$

Die EMK der Ständerwicklung ist daher gleich QF und bei Leerlauf gleich QK.
Aus den Proportionen

$$\frac{PH}{GH} = \frac{OL}{GL} \quad \text{und} \quad \frac{GO}{PO} = \frac{GL}{HL}$$

folgt

$$\frac{PH}{GH} \cdot \frac{GO}{PO} = \frac{OL}{HL} = \frac{E_{x_2}''}{E_{x_2}'} = \frac{v\,\Phi_{y_2}}{\Phi_{x_2}}$$

oder

$$\tan g\,a = \frac{PH}{PO} = \frac{GH}{GO} \cdot \frac{v\,\Phi_{y_2}}{\Phi_{x_2}}$$

wenn a der Winkel zwischen OH und OP.
Es ist aber anderseits

$$\Phi_{x_2} = \frac{GH}{\rho_{Luft}} \quad \text{und} \quad \Phi_{y_2} = \frac{x \cdot GO}{\rho_{Luft}}$$

wenn ρ_{Luft} der Widerstand der magnetischen Kreise und x eine Konstante ist,
die proportional der Windungszahl der Y-Wicklung ist und zu Eins wird, wenn
alle drei Wicklungen dieselbe Windungszahl haben. Daraus folgt

$$\tan g\,a = x\,v$$

und für $v = 1$

$$\tan g\,a = x$$

**B e i g l e i c h e n W i n d u n g s z a h l e n u n d S y n c h r o n i s m u s i s t
d a h e r a = 45°.**
Demnach können KF und GH für Synchronismus gefunden werden.

In der Y-Wicklung des Läufers treten die EMKK $E_{y_2}' = RQ$ und E_{y_2}''
$= FN$ auf, die Klemmenspannung ist daher unter Berücksichtigung des Spannungsverlustes RM in der Ständerwicklung und der Wicklung des Läufers gleich
MN. Die Stromstärke muß dabei durch MS dargestellt werden, da alle Spannungen
um 90° gegen ihre wahre Lage in bezug auf die Induktionsflüsse verdreht sind.

Da

$$E_{y_2}'' = c\,v\,\Phi_{x_2} = c_1\,v\,(GP + PH)$$
$$= c_1\,v\,(\text{const} + c_2\,v)$$

und da ferner

$$KF = c_3\,v$$

so liegt N auf einer Parabel, die durch K geht, deren Achse parallel zu OK liegt,
und deren Scheitel in der Nähe von K bei T liegt.

Bei Stillstand ist die Spannung am Ständer sehr gering, am Läufer groß, mit zunehmender Geschwindigkeit wird die Ständerspannung größer, die Läuferspannung geringer. Letztere erreicht etwa bei Synchronismus ihren geringsten Wert und wird dann wieder größer.

(580) Wird durch Anwendung eines Transformators nach Winter und Eichberg (Fig. 332) der Erregerstrom abgeschwächt, was durch Vergrößerung der sekundären Windungszahl des Transformators geschieht (die Durchflutungen müssen primär und sekundär stets nahezu gleich groß bleiben), so kann man statt dessen annehmen, die Stromstärke I_{y_2} sei dieselbe geblieben, die Windungszahl N der Y_{y_2}-Wicklung aber verkleinert worden. Die Figur bleibt dann bis auf die Punkte M, R und S genau dieselbe, sobald man v so weit vergrößert, daß $v \, \Phi_{y_2}$ wieder die alte Größe hat, denn dann ist OL wieder ebenso groß wie früher. Dagegen nimmt QR jetzt proportional mit $N_{y_2}{}^2$ ab, es hat also bei Verkleinerung der Windungszahl auf die Hälfte nur noch den vierten Teil der früheren Größe, M und R rücken nach M' und R'.

(581) Das Gesamtdrehmoment ist wie beim Reihenschlußmotor eine Funktion der Stromstärke. Verkleinert man das Übersetzungsverhältnis N_1/N_2 des Transformators, so wird bei konstanter Spannung die Stromstärke im Ständer und das Drehmoment größer oder bei gleichem Drehmoment die Geschwindigkeit größer. Man kann den Reguliertransformator so abstufen, daß man bei verschiedenen Geschwindigkeiten immer mit einem sehr hohen Leistungsfaktor arbeitet. Dreht sich der Motor in umgekehrter Richtung, so wird die aufgenommene Leistung bei einer bestimmten Geschwindigkeit zu Null und darüber negativ. Der Motor verwandelt sich dann in einen Generator. Er erregt sich dabei sogar selbst, die Frequenz hängt von den elektrischen und magnetischen Größen des Motors ab.

Fig. 340 zeigt die aus dem Diagramm gewonnenen Kurven der Geschwindigkeit bei verschiedenen Übersetzungsverhältnissen.

Der Motor läßt sich für Spannungen von etwa 300—800 V ausführen, je nach seiner Größe, Fig. 382.

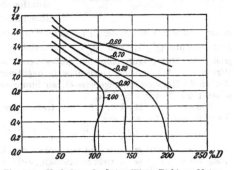

Fig. 340. Verhalten des Latour-Winter-Eichberg-Motors, bei konstanter Spannung und verschiedenen Übersetzungsverhältnissen N_1/N_2 des Transformators.

(582) Verwendet man diesen Motor in Nebenschlußschaltung, so bleiben die Bedingungen, daß Φ_{y_1} und Φ_{x_2} nahezu 90° miteinander einschließen müssen und daß $\Phi_{x_1} \approx v \, \Phi_{y_2}$ ist, bestehen. Die an die X_1-Wicklung und die Y_2-Wicklung angelegten Spannungen haben auch bei mittelbarer Parallelschaltung nahezu dieselbe Phase, also müssen auch $E_{x_1}{}'$, das sich nur um den ohmschen Spannungsverlust von P_{x_1} unterscheidet, und die geometrische Summe von $E_{y_2}{}'$ und $E_{y_2}{}''$, die sich nur um den ohmschen Spannungsverlust von P_{y_2} unterscheidet, nahezu dieselbe Phase haben. Da $E_{y_2}{}'$ und $E_{y_2}{}''$ entgegengesetzt gerichtet sind und etwa 90° Phasenverschiebung gegen $E_{x_1}{}'$ haben, so ist dies nur zu erfüllen, wenn $E_{y_2}{}' \approx E_{y_2}{}''$. Daraus folgt aber $\Phi_{y_2} \approx v \, \Phi_{x_2}$. Diese Gleichung verträgt sich mit der anderen: $\Phi_{x_2} \approx v \, \Phi_{y_2}$ nur, wenn $v \approx 1$. Der Motor läuft

also nur in der Nähe des Synchronismus, er hat also Nebenschlußcharakteristik. Dabei ist, wie wir gesehen haben, P_{x_1} verhältnismäßig groß, P_{y_2} verhältnismäßig klein. Vgl. (575,2) und Fig. 333.

(583) Diagramm des Repulsionsmotors [1]), Fig. 341. Denkt man sich den Repulsionsmotor, Fig. 335, mit einer X- und einer Y-Wicklung (567) auf dem

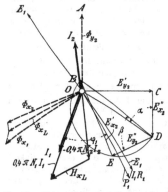

Läufer, die in Reihe geschaltet und kurz geschlossen sind, so daß sie den gemeinsamen Strom I_2 führen, so richtet sich der Winkel ω der Bürstenverdrehung der wahren Wicklung nach dem Verhältnis der Windungszahlen N_{x_2} und N_{y_2} der beiden Ersatzwickelungen. Es ist

$$\operatorname{tang} \omega = \frac{N_{y_2}}{N_{x_2}}$$

Bei Stillstand treten in der ganzen Läuferwickelung nur die beiden EMKK E_{x_2}' und E_{y_2}' auf, die wegen des Kurzschlusses der Wicklung nahezu gleich groß und entgegengesetzt gerichtet sein müssen. Dasselbe gilt von den Induktionsflüssen $\varPhi_{x_2}$ und $\varPhi_{y_2}$. I_2 hat

Fig. 341. Vektordiagramm des Repulsionsmotors.

aber mit $\varPhi_{y_2}$ nahezu gleiche Phase, weil es der einzige Strom ist, der für die Erzeugung von $\varPhi_{y_2}$ in Betracht kommt. Die Drehmomente $(\varPhi_{y_2} I_2)$ und $(\varPhi_{x_2} I_2)$ sind daher beide positiv und fast gleich groß. Der Motor läuft daher mit großer Kraft in positiver Richtung an. Die Bürsten sind dazu aus der Leerlauflage in negativer Richtung verschoben worden. Werden die Bürsten im entgegengesetzten Sinne aus der Leerlauflage verschoben, so läuft der Motor umgekehrt.

Wenn der Motor läuft, treten noch E_{x_2}'' und E_{y_2}'' infolge der Rotation auf. Es muß nun

$$[E_{y_2}' + E_{x_2}'' + E_{y_2}'' + E_{x_2}'] = I_2 R_2$$

sein. $I_2 R_2 = OB$ ist klein und hat wegen der Eisenverluste eine geringe Voreilung vor $\varPhi_{y_2}$. $E_{y_2}' = OC$ steht rechtwinklig auf $OA = \varPhi_{y_2}$. $E_{x_2}'' = CD$ ist parallel zu OA und ihm entgegengesetzt gerichtet, weil der Drehungssinn positiv ist.

Die beiden EMKK E_{y_2}'' und E_{x_2}' müssen die Katheten eines rechtwinkligen Dreiecks über BD als Hypotenuse bilden. Nun ist

$$OC = E_{y_2}' = c\, N_{y_2}\ \varPhi_{y_2}$$
$$CD = E_{x_2}'' = v \cdot c\, N_{x_2}\ \varPhi_{y_2}$$
$$DE = E_{y_2}'' = v \cdot c\, N_{y_2}\ \varPhi_{x_2}$$
$$EB = E_{x_2}' = c\, N_{x_2}\ \varPhi_{x_2}$$

Daher $\operatorname{tang} ODC = \operatorname{tang} \alpha = \dfrac{OC}{CD} = \dfrac{N_{y_2}}{v\, N_{x_2}} = \dfrac{\operatorname{tang} \omega}{v}$

       $\operatorname{tang} BDE = \operatorname{tang} \beta = \dfrac{BE}{DE} = \dfrac{N_{x_2}}{v\, N_{y_2}} = \dfrac{1}{v\, \operatorname{tang} \omega}$

[1]) Literatur siehe S. 381.

Der Punkt E auf dem Halbkreis über BD kann daher leicht gefunden werden. Die Vektoren von Φ_{x_L} und Φ_{x_1} sowie von E_1 und P_1 können dann wie im Transformatordiagramm (366) konstruiert werden.

Besonders übersichtlich wird das Diagramm, wenn man $I_2 R_2$ vernachlässigt und B mit O zusammenfallen läßt. Dann ist

$$(N_{y_2}{}^2 + v^2 N_{x_1}{}^2)\,\Phi_{y_2}{}^2 \;=\; (N_{x_2}{}^2 + v^2 N_{y_2}{}^2)\,\Phi_{x_2}{}^2$$

oder

$$(\operatorname{tang}^2 \omega + v^2)\,\Phi_{y_2}{}^2 \;=\; (1 + v^2 \operatorname{tang}^2 \omega)\,\Phi_{x_2}{}^2$$

Bei beliebigem ω folgt hieraus für

Synchronismus $(v = 1)$ $\Phi_{x_2} = \Phi_{y_2}$

Stillstand $(v = 0)$ $\Phi_{x_2} = \Phi_{y_2} \cdot \operatorname{tang}\omega$

Für $\omega = 45^0$ ist bei jeder Geschwindigkeit $\Phi_{x_2} = \Phi_{y_2}$. In diesem Falle haben Φ_{x_2} und Φ_{y_2} außerdem bei Synchronismus 90^0 Phasenverschiebung, es besteht dann also ein Drehfeld, das in demselben Sinne umläuft wie der Anker, so daß die Kommutierungsverhältnisse günstig werden. Mit zunehmender Geschwindigkeit dreht sich, bei fester Lage von Φ_{y_2}, Φ_{x_2} im Sinne des Uhrzeigers. Bei Stillstand sind Φ_{x_2} und Φ_{y_2} einander genau entgegengerichtet, bei Synchronismus schließen sie einen Rechten miteinander ein und bei unendlich großer Geschwindigkeit fallen sie in dieselbe Richtung. Das Drehmoment $(\Phi_{x_2} I_2)$ wird dabei immer kleiner, ist bei Synchronismus gleich Null und wird dann negativ. Das Gesamtdrehmoment sinkt daher von Stillstand bis zum Synchronismus bis auf die Hälfte und wird bei unendlich großer Geschwindigkeit zu Null. Eine Phasenverschiebung bleibt in der Ständerwicklung zwischen Spannung und Stromstärke immer bestehen, der Leistungsfaktor kann daher nie den Wert Eins erreichen.

Aus dem Diagramm ergibt sich, wenn man den Widerstand des Läufers R_2 gleich Null setzt, für das Drehmoment der Ausdruck

$$D = C \cdot \Phi_{x_2}{}^2 \; \frac{1 + \operatorname{tang}^2 \omega}{(v^2 + \operatorname{tang}^2 \omega)\,\operatorname{tang}\omega}$$

der, abgesehen von kleinen Werten für ω, gute Übereinstimmung mit den wahren Werten zeigt. Fig. 342 zeigt den Verlauf des Drehmoments als Funktion der Bürstenstellung ω bei verschiedenen Geschwindigkeiten, Fig. 343 die Geschwindigkeit in Abhängigkeit vom Drehmoment bei verschiedenen Bürstenstellungen.

(584) Kommutierung. Für die Kommutierung gelten die früher entwickelten Gesichtspunkte, vgl. besonders auch (430). Es kommt aber folgende Schwierigkeit hinzu. Der Induktionsfluß Φ_{x_2} induziert in den bei der Kommutierung durch die Y-Bürsten kurzgeschlossenen Windungen eine EMK $E_{kx}{}'$, die 90^0 Phasenverschiebung gegen Φ_{x_2} besitzt; ebenso entsteht eine EMK $E_{ky}{}'$, wenn X-Bürsten vorhanden sind. Um diese EMKK zu kompensieren, benutzt man EMKK $E_k{}''$, die durch besondere W e n d e i n d u k t i o n s f l ü s s e Φ_k von gleicher Phase mit $E_k{}''$ erzeugt werden. Im vollkommenen Drehfeld findet diese Kompensation ohne besondere Wicklungen statt. Der Latoursche Motor und der Repulsionsmotor laufen daher besonders gut in der Nähe des Synchronismus. Bei jenem sind es besonders die kurz miteinander verbundenen X-Bürsten, die zum Feuern neigen, während die Y-Bürsten Windungen kurzschließen, deren Achse mit der Achse der dauernd kurzgeschlossenen X_2-Wicklung zusammenfällt, und deswegen nicht zum Feuern neigen. (Vgl. R i c h t e r, ETZ 1911, S. 1258.)

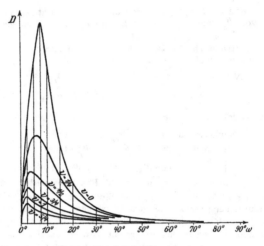

Fig. 342. Verhalten des Repulsionsmotors.

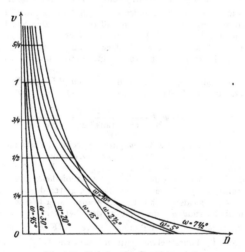

Fig. 343. Verhalten des Repulsionsmotors.

Man wendet daher für die Beseitigung des Feuers an den X-Bürsten dieses Motors ebenso wie an den Y-Bürsten des Reihenschlußmotors W e n d e - z ä h n e an und erregt diese so, daß sie einen Wendefluß von 90° Phasenver-schiebung gegen den rechtwinklig dazu gerichteten Induktionsfluß erzeugen, was durch verschiedenen Schaltungen möglich ist. Bei Stillstand und geringer Geschwindigkeit sind diese Wendezähne natürlich ohne Wirkung, in diesen Fällen ist daher Feuer an den Bürsten nicht zu vermeiden.

Ein weiteres Mittel, das Feuer an den Bürsten zu vermindern, besteht in W i d e r s t a n d s v e r b i n d u n g e n zwischen der Wicklung und dem Kommutator. G a n z & C o. haben diese Verbindungen an der dem Kommutator abgekehrten Seite des Ankers von der Wicklung abgezweigt und sie mit in die Ankernuten gelegt. R i c h t e r (S i e m e n s - S c h u c k e r t w e r k e) legt die Verbindungen so, daß sie zu der Zeit, wo sie von Strömen durchflossen sind, unter den Polen liegen und daher zur Erzeugung des Drehmomentes beitragen. Beim Reihenschlußmotor sind diese Widerstandsverbindungen vielfach angebracht worden; beim L a t o u r - W i n t e r - E i c h b e r g - Motor dürfen sie dagegen ebensowenig wie bei den einphasigen Induktionsmotoren angebracht werden, weil dadurch der Winkel α zwischen Φ_{x_2} und Φ_{y_2} verkleinert und die Wirkung des Motors stark beeinträchtigt wird.

(585) Konstruktive Ausführung der Wechselstrommotoren. Wenn die Y-Komponente des Induktionsflusses für den Betrieb nicht erforderlich ist oder durch Kompensationswickelungen beseitigt wird, wie beim Reihenschlußmotor, kann der Ständer mit ausgeprägten Polen gebaut werden, er kann aber auch in diesem Falle als Ring mit innerer Nutung ausgeführt werden, vorausgesetzt, daß eine Kompensationswickelung angebracht ist, was praktisch immer geschieht. Beim Reihenschlußmotor wird die Erregerwicklung häufig konzentriert in je zwei größeren Nuten, die Kompensationswicklung verteilt in einer größeren Anzahl Nuten untergebracht. Außerdem findet man die vorher erwähnten Wendezähne. Der Ständer ist daher nach Fig. 232 gebaut. In allen Fällen, wo die Y-Komponente zum Betriebe notwendig ist, muß der Ständer als ein den Läufer möglichst ohne Unterbrechungen umschließender Ring gebaut werden. Dies ist bei den Mehrphasenmotoren, dem Latour-Winter-Eichberg- und dem Repulsionsmotor der Fall. Bei den Einphasenmotoren kann die Nutung da, wo der Φ_x-Fluß aus- und eintritt, fehlen, doch befinden sich beim Latourschen Motor an diesen Stellen Wendezähne. Die Wicklung des Ständers wird konstruktiv ähnlich wie die der Induktionsmotoren ausgeführt. Die Läuferwicklung ist eine normale Kommutatorwickelung, unter Umständen mit besonders ausgebildeten Widerstandsverbindungen. Der Kommutator wird meist mit sehr viel Teilen ausgeführt, so daß jedes Wicklungselement nur aus einer Windung besteht.

(586) Polzahlen. Der Latour-Winter-Eichberg- und der Repulsionsmotor laufen in der Nähe des Synchronismus am besten, beim Reihenschlußmotor kommt es dagegen wesentlich darauf an, daß er möglichst schnell läuft, damit E_{y_2}'' groß ist. Seine Geschwindigkeit darf daher ohne Bedenken den Synchronismus weit überschreiten, d. h. er kann eher mit einer größeren Zahl Pole ausgeführt werden als die anderen Motoren.

(587) Frequenz. Die Kommutatormotoren lassen sich für niedrigere Frequenzen vorteilhafter als für höhere bauen. Motoren nach L a t o u r laufen mehrfach im Eisenbahnbetrieb mit 42 Per/sk, doch werden sie auch besonders für niedrigere Frequenzen gebaut. Als normale Frequenzen sind 25 und $16^2/_3$ Per/sk anzusehen. Für den Bahnbetrieb sind vielfach $16^2/_3$ Per/sk als normal festgesetzt worden.

Stromumformungen.

(588) Arten der Umformer. Während die Transformatoren als ruhende Apparate auf Wechselstrom beschränkt sind und nur Spannung, Stromstärke und allenfalls die Phase des Stromes, aber nicht den Charakter des Stromes als Wechselstrom von bestimmter Frequenz ändern, sind die M o t o r g e n e r a t o r e n und die **U m f o r m e r** umlaufende Maschinen, die nicht auf Wechselstrom und die Änderung der Spannung beschränkt sind.

Die **M o t o r g e n e r a t o r e n** dienen zur Umwandlung eines elektrischen Stromes in einen beliebigen andern und bestehen aus zwei miteinander direkt gekuppelten Maschinen, nämlich einem Motor für den primären und einem Generator für den sekundären Strom. Im Gegensatz zu ihnen versteht man unter **U m f o r m e r n** Maschinen, bei denen die Umformung des Stromes in einem gemeinsamen Anker stattfindet. Der **K a s k a d e n u m f o r m e r** endlich ist eine Vereinigung eines Asynchronmotors mit einem Umformer durch direkte Kuppelung und eine besondere Schaltung. Man unterscheidet:

1. Umformer mit zwei Wicklungen:
   a) mit zwei Kommutatorwicklungen zur Umformung von Gleichstrom in Gleichstrom anderer Spannung,
   b) mit einer Kommutatorwicklung und einer Wechselstrom- oder Drehstromwicklung zur Umformung von Gleichstrom in Wechselstrom oder umgekehrt. Die beiden Wicklungen können völlig voneinander getrennt sein — das Übersetzungsverhältnis ist dann ganz beliebig, oder sie können zusammenhängen — Sparschaltung. Man kann z. B. wenn es sich nur um eine mäßige Erhöhung der Wechselstrom- oder Drehstromspannung handelt, die Zweige einer aufgeschnittenen Wicklung (474) an geeignete Punkte einer geschlossenen Kommutatorwicklung anschließen.

2. Umformer mit einer geschlossenen Wicklung:
   a) mit einem Kommutator und mit 2—6 Schleifringen zur Umwandlung von Gleichstrom in Wechselstrom oder umgekehrt.
   b) mit zwei um eine Polteilung gegen einander versetzten Bürstensätzen, von denen der eine normale Stellung hat, der andere unter den Polen steht — **S p a l t p o l u m f o r m e r.** (Vgl. **F l e i s c h - m a n n:** ETZ 1908, S. 685. — **H a l l o:** Arbeiten aus dem Elektrotechn. Inst. d. T. H. Karlsruhe, Band II.) Um das Feuer an den unter den Polen stehenden Bürsten zu verringern, ist der Luftabstand in ihrer Mitte stark vergrößert, daher der Name. Diese Umformer besitzen veränderliches Übersetzungsverhältnis.

Erregt werden die Umformer stets durch eine Nebenschluß- oder eine Doppelschlußwicklung, die von der Gleichstromseite aus oder von einer fremden Gleichstromquelle gespeist wird. Am verbreitetsten ist der Umformer mit einer geschlossenen Wicklung zur Umformung von Mehrphasenstrom in Gleichstrom.

Der Umformer kann auch als Doppelgenerator zur gleichzeitigen Erzeugung beider Stromarten oder auch gleichzeitig als Umformer und Motor benutzt werden.

3. Kaskadenumformer, vgl. (596).

(589) Verhalten der Umformer. Alle Umformer mit Ausnahme der Spaltpolumformer haben ein festes, von Drehzahl und Belastung unabhängiges Übersetzungsverhältnis, weil nur ein magnetisches Feld vorhanden ist. Das Verhältnis der Spannungen ändert sich daher nur infolge des ohmschen Spannungsverlustes in der Ankerwicklung und der Verzerrung des magnetischen Feldes ein wenig. Wenn nur eine geschlossene Wicklung für Gleichstrom und Wechselstrom vorhanden ist, so werden die Schleifringe an solche Punkte der Wicklungen angeschlossen, deren Potentiale (473) für n-Phasenstrom $\dfrac{360^0}{n}$ Phasenverschiebung haben. Bei sinusartig verteiltem Felde verhalten sich daher die EMKK zwischen den Schleifringen zueinander wie die Sehnen zwischen den Anschlußpunkten. Setzt man die EMK bei Gleichstrom gleich Eins, so sind die EMKK E aus folgender Tabelle zu entnehmen.

| Umformer für | Bei sinusförmig verteiltem Felde | | Bei Polbreite zu Polteilung wie | | | |
| | | | 1 : 2 | | 2 : 3 | |
	E	Δ %	E	Δ %	E	Δ %
Einphasenstrom . .	$\dfrac{1}{\sqrt{2}} = 0{,}707$	85	0,82	95	0,75	88
Drehstrom . . .	$\dfrac{\sqrt{3}}{2\sqrt{2}} = 0{,}612$	134	0,71	144	0,65	138
Vier- od. Zweiphasenstrom	$\dfrac{1}{2} = 0{,}500$	164	0,58	170	0,53	167
Sechsphasenstrom .	$\dfrac{1}{2\sqrt{2}} = 0{,}354$	196	0,42	190	0,37	198

Wenn der primäre Strom Gleichstrom ist, so läuft die Maschine als Gleichstrommotor und daher je nach der Erregung verschieden schnell. Die Frequenz des Wechselstromes ist daher veränderlich und stark von der Art und Größe der Belastung abhängig, da die Ankerrückwirkung des Wechselstromes je nach der Phasenverschiebung sehr verschieden ist (475). Bei starker Phasenverschiebung ist sogar ein Durchgehen des Umformers nicht ausgeschlossen. Unter Umständen sind daher selbsttätige Regulatoren erforderlich.

Ist der Wechselstrom oder Drehstrom die primäre Stromart, so läuft der Umformer als Synchronmotor und teilt dessen Eigenschaften. Er kann z. B. gegen den Generator ins Schwingen geraten. Seine Eigenschwingungszahl liegt in der Regel zwischen denen der Grundschwingung und der ersten Oberschwingung. Man versieht ihn daher mit Dämpfungswicklung oder mit einem Schwungrade (499) u. (502).

(590) Der **Bau der Umformer** gleicht im wesentlichen dem der Gleichstrommaschinen. Der Kommutator wird auf der einen Seite, die Schleifringe werden auf der anderen Seite des Ankers angeordnet. Beide erhalten entsprechend der großen Leistung im Vergleich zum Anker große Abmessungen. Bei der Benutzung für einphasigen Wechselstrom entsteht ein so stark pulsierendes Feld, daß in massiven Polen große Verluste durch Wirbelströme und starke Erwärmung auftreten. Die Frequenz wird, wenn irgend möglich, gleich 25 gewählt, da bei höherer Frequenz die Kommutierung und der Parallelbetrieb schwieriger und die Maschine teurer wird.

(591) Die **Leistung der Umformer** ist wesentlich durch die Erwärmung begrenzt. Die Übereinanderlagerung des Gleichstromes und des Wechselstromes in derselben Ankerwicklung hat eine andere Stromwärme zur Folge, als wenn derselbe Gleichstrom allein im Anker fließt. Setzt man die Leistung im letzten Falle gleich Hundert, so ergibt sich die Leistung Δ des Ankers bei gleicher Stromwärme, wenn die Maschine als Umformer benutzt wird, nach K a p p aus obiger Tabelle.

Die Leistung ist bei Einphasenstrom geringer, bei Drehstrom und noch weit mehr bei Sechsphasenstrom größer als bei Entnahme von Gleichstrom. Es empfiehlt sich daher, Sechsphasenstrom zu verwenden; vgl. Fig. 389. Dies ist fast immer möglich, da die Umformer meistens zur Umwandlung von hochgespanntem Drehstrom in Gleichstrom benutzt werden, und dann wegen des festen Übersetzungsverhältnisses im Umformer die Vorschaltung von Transformatoren nötig ist. Anfang und Ende eines jeden Zweiges der Sekundärwicklung wird dann an Schleifringe angeschlossen, die mit diametral gegenüberliegenden Punkten der Ankerwicklung verbunden

sind, wie Fig. 344 zeigt. Eine Verteuerung durch die größere Zahl von Schleifringen tritt kaum ein, weil die Summe der ihnen zugeführten Stromstärken und
daher die gesamte Bürstenzahl bei gleicher Leistung ungefähr dieselbe bleibt wie
bei Drehstrom mit drei Schleifringen, anderseits aber die Ausnützung der Maschine selbst bedeutend besser ist. Die Größe der zugeführten Stromstärke
ergibt sich aus der Überlegung, daß jedes Schleifringpaar den dritten Teil der
Leistung aufzunehmen hat und die Spannung zwischen zwei Schleifringen gleich
dem $1/\sqrt{2}$ fachen der Gleichstromspannung ist. Der Leistungsfaktor kann
nahezu gleich Eins gehalten werden, da der Umformer als synchroner Motor läuft.

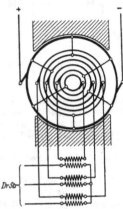

(592) Der **Wirkungsgrad** der Umformer
mit einer Wicklung ist sehr hoch und beträgt
je nach der Größe 90—95 %. Für die gesamte
Umwandlung des Drehstroms in Gleichstrom
ist dieser Wirkungsgrad noch mit dem der
Transformatoren zu multiplizieren.

(593) Eine **Spannungsregulierung** ist, da das
Übersetzungsverhältnis konstant ist, nur dadurch

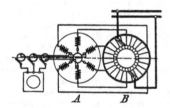

Fig. 344. Schaltung des Umformers mit Transformator.

Fig. 345. Schaltung der Läufer des Kaskadenumformers.

zu erzielen, daß man entweder die zugeführte oder die gewonnene Spannung
ändert. Da in den Transformatoren durch Streuung ein induktiver Spannungsverlust entsteht, kann man diesen zu einer Spannungsregulierung um etwa
6—10 % benutzen. Die Phasenverschiebung des Drehstroms ist nämlich
bei einer bestimmten Erregung gleich Null, bei größerer negativ, bei geringerer
positiv (511). Dadurch ändert sich aber zugleich die Sekundärspannung des
Transformators. Auch der induktive Spannungsverlust der Fernleitung wirkt in
derselben Weise. Unter Umständen wird auch eine Drosselspule vor den Umformer geschaltet, um diese Wirkung zu erhöhen. Man kann daher durch Änderung
der Erregung die Gleichstromspannung regulieren, entweder mit Hilfe eines Regulierwiderstandes oder durch Anordnung einer Doppelschlußwicklung auf dem
Umformer.

Die A E G erzielt eine Veränderung der Spannung in weiteren Grenzen
dadurch, daß sie den Wechselstrom, bevor er dem Umformer zufließt, durch den
Anker eines direkt mit ihm gekuppelten kleineren Synchrongenerators mit veränderlicher Erregung schickt und dadurch die Primärspannung am Umformer
erhöht.

(594) **Anlassen der Umformer.** Wenn Gleichstrom zur Verfügung steht,
wird der Umformer von der Gleichstromseite aus mit einem Anlasser angelassen;
für die Wechselstromseite gelten dann die Regeln des Parallelschaltens wie für
Wechselstromgeneratoren, vgl. (505). Steht kein Gleichstrom zur Verfügung,
so muß der Umformer wie ein Wechselstromsynchronmotor in Gang gesetzt
werden, vgl. (513).

(595) Umformer mit ruhenden Wicklungen. Die kinematische Umkehrung des Umformers ergibt eine Maschine, bei der der Anker mit den Schleifringen und dem Kommutator stillsteht, die Feldmagnete und die Bürsten umlaufen. Die Schleifringe für den Mehrphasenstrom können wegfallen, dagegen sind zur Stromabnahme von den Gleichstrombürsten zwei Schleifringe nötig. Statt der umlaufenden Feldmagnete kann man auch ein Drehfeld anwenden, das durch Mehrphasenstrom erzeugt wird. Hierzu kann man die schon auf dem feststehenden Anker befindliche Mehrphasenwicklung und den gegebenen Mehrphasenstrom benutzen, eine besondere Erregerwicklung fällt daher weg. Das Eisen der Feldmagnete kann laufen oder stillstehen. Im letzten Falle bilden die beiden Wicklungen mit dem stillstehenden Eisenkern einen Transformator, dessen Sekundärwicklung an. einen Kommutator angeschlossen ist. Da die magnetisierenden Ströme leistungslose Ströme sind, so besteht jetzt auf der Mehrphasenstromseite eine Phasenverschiebung zwischen Spannung und Stromstärke. Die Bürsten müssen auf irgendeine Weise in synchrone Drehung versetzt werden und z. B. durch Gegengewichte gegen die Wirkung der Zentrifugalkraft im Gleichgewicht gehalten werden.

Solche Umformer sind von L e b l a n c (ETZ 1901, S. 806) und R o u g é (La Revue électrique, Bd. III, 1905) konstruiert worden, haben aber keine Verbreitung gefunden.

(596) Der **Kaskadenumformer** von B r a g s t a d und l a C o u r (vgl. A r n o l d und l a C o u r, Sammlg. elektrotechn. Vorträge, Bd. VI. — H a l l o, D. Eigenschaften des Kaskadenumformers u. seine Anwendung. Dissertation, Karlsruhe 1910. ETZ 1910, S. 575.) besteht aus einem asynchronen Motor und einem Umformer, deren Läufer auf derselben Welle sitzen (Fig. 390). Der Läufer des Motors speist den Anker des Umformers. Besitzen beide Teile gleiche Polzahl, so laufen sie mit der halben Geschwindigkeit des Drehfeldes, die eine Hälfte der dem Motor zugeführten Leistung wird in mechanische Leistung verwandelt und als solche dem Umformer zugeführt, die andere Hälfte wird in elektrische Leistung von der halben Frequenz des Primärstromes transformiert und im Umformer in Gleichstrom umgesetzt. Diese Kombination gestattet, dem Umformer bequeme Abmessungen zu geben, und eignet sich besonders für höhere Frequenz (50—60), da die Polzahl geringer gewählt werden kann.

Die Läuferwicklung des Induktionsmotors *A* wird als Sechs- oder Zwölfphasenwicklung ausgeführt, Fig. 345, die Anfänge der Wicklungsabteilungen werden direkt mit geeigneten Punkten der Läuferwicklung *B* des Umformers verbunden, die Enden zu mitlaufenden Klemmen geführt, die während des Ganges kurz geschlossen werden können. Zum Anschluß eines Anlassers werden außerdem drei Wicklungsabteilungen, die über die Wicklung des Umformers zusammenhängen und miteinander eine Drehstromwicklung bilden, zu drei Schleifringen geführt. Wenn der Induktionsmotor die Hälfte des Synchronismus, d. h. die normale Geschwindigkeit überschritten hat, wird der Umformer voll erregt. Die Geschwindigkeit sinkt dann wieder, und wenn ein an zwei Schleifringe angeschlossener Spannungszeiger auf Null zeigt, werden die Wicklungsabteilungen durch den mitlaufenden Kurzschließer zu einer Sternschaltung vereinigt. Der Umformer kann mit Selbsterregung ausgeführt werden, doch darf, damit er sich sicher erregt, der Nebenschlußregulierwiderstand keinen Kurzschlußkontakt besitzen. Andernfalls könnte die Geschwindigkeit bis auf das Doppelte steigen.

In Dreileitersystemen kann man den Ausgleich dadurch herstellen, daß man den Nullpunkt der Induktionsmotors über einen Schleifring mit dem Mittelleiter verbindet. Die Gleichstromspannung kann durch die Erregung um etwa $\pm$ 10 % verändert werden. Der Wirkungsgrad erreicht etwa 91—92 %.

(597) Gleichrichter sind Apparate, die auf mechanischem oder chemischem Wege ein- oder mehrphasigen Wechselstrom in gleichgerichteten Strom verwandeln.

Umlaufende Gleichrichter sind von Liebenow (DRP Nr. 73053) und Pollak (ETZ 1894, S. 109) vorgeschlagen worden. Sie bestehen aus einem Kommutator in Verbindung mit Schleifringen, die auf einer gemeinsamen Welle sitzen und von einem kleinen Synchronmotor angetrieben werden. Bei dem Drehstrom-Gleichrichter der Siemens-Schuckert-Werke (ETZ 1912, S. 56) ist die sechsphasige Sekundärwicklung eines Drehstromtransformators an 12 Schleifringe angeschlossen. Der Kommutator besitzt 24 Teile, von denen der 1. und der 13. mit dem ersten, der 2. und der 14. mit dem zweiten Schleifring usw. verbunden ist. Der Synchronmotor ist vierpolig und läuft von selbst an. Der Gleichrichter wird bis zu etwa 6 kVA Drehstromleistung bei 120, 220 und 500 Volt und 50 Per/sk gebaut.

Der oszillierende Gleichrichter von Koch (ETZ 1901, S. 853 und 1903, S. 841; gebaut von Nostiz & Koch, Chemnitz, und von Koch & Sterzel, Dresden) besteht aus einem polarisierten Anker, der durch einen Wechselstromelektromagnet in synchrone Schwingungen versetzt wird und den Stromkreis in den Augenblicken der Stromlosigkeit öffnet und schließt. Dies wird durch einen Kondensator erreicht, der in den Erregerkreis des Elektromagnets eingeschaltet wird. Sollen Akkumulatoren geladen werden, so wird der Elektromagnet mit einer zweiten zur Batterie im Nebenschluß liegenden Wicklung versehen, um dem Wachsen der Gegen-EMK Rechnung zu tragen. Endlich hat sich in diesem Falle die Vorschaltung einer Drosselspule vor die ganze Kombination als günstig gezeigt, um bei großer Gegen-EMK die Zeitdauer des Stromschlusses zu vergrößern. Die Apparate werden zu galvanotechnischen Zwecken für elektrolytische Stromstärken (arithmetische Mittelwerte) bis zu 100 A bei etwa 10 V, zum Laden von Akkumulatoren maximal für 66 Zellen und 30 A gebaut. Da in der Regel nur eine Stromrichtung des Wechselstromes entnommen wird, handelt es sich streng genommen um einen Stromrichtungswähler. Die Kombination mehrerer Apparate ergibt einen Gleichrichter. Wird nur eine Stromrichtung benutzt, so ist bei Ausnutzung der vollen halben Welle und sinusartigem Verlauf des Wechselstromes das Verhältnis des elektrolytischen Mittelwertes I' in dem Widerstande R gegenüber dem wirksamen Mittelwert des ununterbrochenen Wechselstromes E/R gleich 0,444 bei Akkumulatorenladung kleiner, und zwar um so mehr, je höher deren Gegenspannung ist. Der Wirkungsgrad ist von der Gegenspannung der Akkumulatoren abhängig, die bis zu etwa 85 % des wirksamen Mittelwertes der Wechselspannung genommen werden kann. Der Wirkungsgrad ist bei gutem Arbeiten des Apparates groß.

(598) Elektrolytische Gleichrichter [1]). Eine Aluminiumanode polarisiert sich in einem Elektrolyt — es kommen besonders Lösungen der Borate, z. B. des sauren borsauren Ammoniums, in Betracht — so stark, daß sie dem Stromdurchgang bis zu einem kritischen Werte der Spannung, etwa 450—530 V je nach der Beschaffenheit des Elektrolyts, einen sehr großen Widerstand entgegensetzt. Es bildet sich nämlich auf der Anode eine isolierende Haut von Aluminiumhydroxyd $Al_2(HO)_6$ und eine sehr dünne Gasschicht. Als Kathode dagegen bietet die Aluminiumplatte keinen erheblichen Widerstand. Solche Zellen wirken daher wie Ventile, indem sie den Strom nur in einer Richtung durchlassen, vorausgesetzt, daß die Spannung den kritischen Wert nicht überschreitet.

Schaltet man zwei solcher Zellen in einem Wechselstromkreis einander parallel, so daß ungleiche Elektroden miteinander verbunden sind, so geht durch jede Zelle eine Hälfte des Wechselstromes als unterbrochener Gleichstrom. Grätz bildet eine Wheatstonesche Brücke aus vier Zellen, indem er die Zellen der gegenüber-

---

[1]) Pollak, C. R. Bd. 124, S. 1443, ETZ 1897, S. 358. — Graetz, Wied. Ann. Bd. 62, S. 323, ETZ 1897, S. 423.. — Wilson, ETZ 1898, S. 615. — Norden, Zeitschr. f. Elektrochemie, 6. Jhrg., S. 159, wo auch die ältere Literatur angegeben ist. — Günther Schulze, El. u. Masch.-Bau, Wien 1909, Heft 11.

liegenden Seiten eines Vierecks gleichsinnig, in nebeneinander liegenden Seiten gegensinnig schaltet. Im Brückenzweig fließt dann Gleichstrom. G r i s s o n lagert die Elektroden horizontal, unten Blei, darüber Aluminium, um die störenden Wirkungen durch das Aufsteigen der Gasblasen zu vermeiden. Eine Zelle von 30 cm Höhe, 22 cm Länge und 18 cm Breite ist für 110 V und Stromstärken bis 25 A geeignet. S n o w d o n nimmt außen einen Doppelzylinder aus Eisen, innen einen Zinkaluminiumstab und gesättigte Ammoniumphosphatlösung. Der Wirkungsgrad ist sehr mäßig (60—75 %), die Haltbarkeit begrenzt, größere Anwendungen haben diese Gleichrichter daher kaum gefunden. Dagegen werden solche Zellen in steigendem Maße als elektrische Ventile benutzt. Diese Zellen besitzen zugleich eine sehr erhebliche elektrostatische Kapazität.

(599) Quecksilberdampfgleichrichter (C o o p e r H e w i t t) [1]. — Ein hoch evakuierter, oben mit einer Kühlkammer versehener Kolben enthält in seinem untersten Teile die Quecksilberkathode D, in mehreren Seitenarmen die aus Graphit oder Eisen hergestellten Anoden A, B, C und eine Hilfsanode E aus Quecksilber. E ist über einen Widerstand mit einer der Anoden verbunden. Die Schaltung für Drehstrom zeigt Fig. 346, die für Einphasenstrom Fig. 347. Wenn die

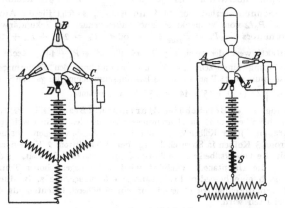

Fig. 346 und 347. Quecksilberdampf-Gleichrichter von Cooper Hewitt.
Fig. 346 für Drehstrom.   Fig. 347 für Einphasenstrom.

Kathode dauernd sehr heiß bleibt, so daß sie genügend viel Ionen zur Ionisierung des Gasweges aussenden kann, und die Anoden genügend gekühlt werden, so daß sie nicht zur Kathode werden können, wirkt die Vorrichtung wie ein Ventil, das nur Strom in der Richtung von den Graphitelektroden zum Quecksilber durchläßt. Zum Zünden wird die Lampe so oft gekippt, bis das von der Hilfsanode zur unteren Quecksilberelektrode überfließende Quecksilber einen Lichtbogen zieht, der sodann auf eine der Hauptanoden überspringt. Zu dem Gleichrichter gehört ein Transformator — häufig wird ein solcher mit Sparschaltung verwendet — von dessen Mittelpunkt man über den Stromaufnehmer zur Quecksilberkathode gelangt, während die äußeren Enden direkt mit den Graphitanoden verbunden sind. Bei Einphasenstrom ist noch eine Drosselspule S erforderlich, damit der Strom an der Kathode nie verschwindet. Der Quecksilberdampf schlägt sich an den Wandungen der Kühlkammer nieder und rinnt von dort wieder nach unten. Der

---

[1] K e l l e r, ETZ 1909, S. 1180. — H e c h l e r, ETZ 1910, S. 1052. — G ü n t h e r S c h u l z e, ETZ 1909, S. 295, S. 373; 1910, S. 28.

Spannungsverlust beträgt 13—15 V, der Wirkungsgrad ist daher um so höher, je höher die Betriebsspannung ist. An Verlusten sind im übrigen nur noch die Verluste im Transformator und in der Drosselspule in Rücksicht zu ziehen.

Der Quecksilberdampfgleichrichter wird besonders zum Akkumulatorenladen und zum Betrieb von Bogenlampen in Reihenschaltung bis zu etwa 4000 V benutzt. Die Stromstärke eines Kolbens beträgt 3—40 A. Sinkt die Stromstärke unter einen Grenzwert, so wird der Stromkreis selbsttätig unterbrochen, was für Akkumulatorenladung angenehm ist. Als Lebensdauer eines Kolbens werden etwa 1200 Stunden garantiert, häufig ist sie viel höher, bis über 10 000 Stunden.

Der Strom ist bei Akkumulatorenladung stark pulsierend, und zwar um so mehr, je schwächer die Wirkung der Drosselspule ist. Zur Bestimmung des Wirkungsgrades legt man daher am besten auch auf der Gleichstromseite die effektiven Mittelwerte zugrunde, jedenfalls ergibt das Produkt der arithmetischen Mittelwerte von Stromstärke und Spannung nicht die Leistung. Bei Akkumulatorenladung muß der Maximalwert der nützlichen Ladespannung P_{max} die EMK der Akkumulatoren um den Spannungsverlust P_v im Verbrauchskreis einschließlich der Drosselspule übertreffen. Es ist also $P_{max} = E + P_v$. Rechnet man hierzu den Spannungsverlust von 14 V im Kolben, so folgt für die Amplitude der Spannung $P_0/2$ vom Nullpunkt bis zur Außenklemme der Sekundärwicklung des Transformators $\frac{1}{2} P_0 = P_{max} + 14$ oder $P_0 = 2 (E + P_v + 14)$ und für den Effektivwert der Spannung $P = \sqrt{2} \cdot (E + P_v + 14)$. Rechnet man als Ladespannung einer Zelle 2,50 V, und nimmt man den Spannungsverlust in der Drosselspule zu 15 V an, so ist die Einphasenspannung der ganzen Sekundärwicklung zu $\sqrt{2} \cdot (150 + 15 + 14) = 253$ V anzunehmen.

Neuerdings ist es Béla Schäfer (Hartmann & Braun) (ETZ 1911, Heft 1) gelungen, Stahlkolben von 170 mm Durchmesser herzustellen, die einen weit stärkeren Strom vertragen. Jeder Kolben wird nur mit einer Anode versehen, es sind daher bei Drehstrom 3 Kolben in Sternschaltung, bei Wechselstrom 2 Kolben erforderlich. Damit die Quecksilberkathode dauernd, auch während der Zeit, in der kein Strom durch die Hauptanode zugeführt wird, auf genügend hoher Temperatur bleibt, ist noch eine besondere Erregeranode erforderlich, die z. B. durch eine kleine Akkumulatorenbatterie dauernd auf einem höheren Potential als dem der Kathode gehalten wird.

Regulierwiderstände und Anlasser.

(600) Aufbau der Regulierwiderstände. Die Regulierwiderstände werden gewöhnlich aus Spiralen von Rheotan, Nickelin oder Kruppindraht hergestellt, die mit Porzellanrollen oder durch Schieferplatten an einem Eisengestell befestigt oder in Email oder dergl. eingebettet werden. Dünne Drähte werden auf Porzellanzylinder gewickelt, die mit Gewinde versehen sind. Die Widerstandskörper werden in einem Gehäuse aus gelochtem Blech untergebracht, um der Luft freien Zu- und Austritt zu gewähren, oder in Öl versenkt. An der vorderen Seite wird in der Regel der Stufenschalter angeordnet, der aus den auf einem Kreisbogen oder ganz im Kreise angeordneten, häufig auf einer Schieferplatte montierten Kontaktknöpfen besteht, über die die Schaltkurbel hinweggleitet. Beim Einbau in Schaltanlagen wird der Widerstand mit dem Stufenschalter zweckmäßig hinter der Schalttafel angeordnet und von vorn durch ein Handrad bedient. Außer dieser einfachsten Anordnung gibt es zahlreiche andere Konstruktionen, z. B. Stufenschalter, die nach Art eines flachen oder auch zylindrischen Kommutators gebaut sind.

Die Beanspruchung des Drahtmaterials ist so zu bemessen, daß für ein Watt bei freier Ausspannung in der Luft etwa 6—700 mm² und bei Aufwicklung auf Porzellanzylinder etwa 500 mm² Drahtoberfläche vorhanden sind. Bei Widerständen, die in Öl versenkt sind, ist die Oberfläche des Gehäuses reichlich (15 cm² für 1 Watt) zu bemessen, was z. B. durch Wellblechgehäuse erreicht wird; vgl. auch (357).

Bei der Konstruktion sind bei Luftkühlung brennbare Stoffe zu vermeiden. Die Grundplatte wird aus Marmor, Schiefer, Porzellan oder dergl. hergestellt. Die Abmessungen sind so zu wählen, daß keine schädliche Erwärmung im Betriebe eintreten kann. Man beanspruche Blattfederkontakte mit höchstens 0,8 A/mm², massive federnde Kontakte mit höchstens 0,16 A/mm². Massive Kontakte verbrennen weniger leicht, weil sie die entstehende Wärme leichter aufnehmen und abführen. Etwa auftretende Lichtbogen müssen mit Sicherheit gelöscht werden, wozu vielfach magnetische Funkenlöschung angewendet wird. Blanke stromführende Teile sind abzudecken. Von dieser Regel kann nur bei niedrigen Spannungen und auch nur dann abgesehen werden, wenn sich aus dem Wegfall des Schutzes erhebliche Vorteile ergeben. Die Leitungen werden am besten mit Kabelschuhen angeschlossen; die Verschraubung der Anschlüsse ist besonders zu sichern, damit sie sich auch bei dauernder Erschütterung nicht lösen kann. Die Kontaktschrauben sind mit Rücksicht auf Strombelastung nach den Normalien des V. D. E. über einheitliche Kontaktgrößen und Schrauben zu bemessen.

(601) Selbsttätige Regulatoren[1]). — Man unterscheidet träge und Schnellregulatoren. Die trägen Regulatoren schalten entweder direkt oder indirekt, durch einen Steuerapparat — ein sogen. Spannungsrelais — gesteuert, Widerstandsstufen im Erregerkreise ein und aus. Da aber wegen der großen Induktivität der Erregerwicklung die Stromstärke sich nur langsam ändert, so darf der Regulator nicht zu schnell arbeiten, weil er sonst überreguliert und dann dauernd starke Spannungsschwankungen hervorruft. Bei großen Maschinen braucht der Reguliervorgang vielleicht 20 Sekunden, eine Zeit, die viel zu lang ist, so daß die Spannungsschwankungen erheblich stören. Diesen Übelstand vermeiden die Schnellregulatoren. Will man nämlich den Erregerstrom bei einer Zunahme der Belastung schnell auf die erforderliche größere Stärke bringen, so muß man der Erregerspannung auf kurze Zeit einen viel zu hohen Wert geben und sie in dem Augenblicke, wo der Erregerstrom den richtigen Wert erreicht hat, auf den richtigen Wert herabsetzen. Da das letztere sehr schwierig ist, kann man so verfahren, daß man der Erregerspannung in schnellem Wechsel eine Zeitlang einen viel zu hohen und wieder einen viel zu kleinen Wert erteilt. Der Erregerstrom stellt sich dann auf einen mittleren Wert ein, der um so höher liegt, je größer das Verhältnis der Zeit, in der die Erregerspannung einen zu großen Wert hat, zu der Zeit ist, in der sie einen zu kleinen Wert hat. Ein Hauptvertreter der Schnellregulatoren ist der Tirrill-Regulator.

(602) Der Tirrill-Regulator wird von der AEG. gebaut (Fig. 348). Ein Schüttelmagnet JK, der an die Erregerschienen PN angeschlossen ist, hält den um G drehbaren Hebel H in dauernden Schwingungen. Dadurch wird der Kontakt CD abwechselnd geschlossen und geöffnet. Dies Arbeiten wird durch ein Relais Z auf den stärker gebauten Kontakt X übertragen. Der Kontakt X schließt abwechselnd den ganzen im Erregerkreis der Erregermaschine E liegenden Regulierwiderstand R kurz und öffnet ihn wieder. Das Verhältnis der Kurzschlußzeit zur Öffnungszeit wird durch die Lage des Kontaktes D bestimmt, der an dem mit dem regulierbaren

---

[1]) Vgl. N a t a l i s, D. selbsttät. Regulierung d. elektr. Generatoren. Vieweg & Sohn. 1908. — S c h w a i g e r, D. Regulierproblem in d. Elektrotechnik. Teubner, 1909. — G r o ß m a n n, Tirrill-Regler, ETZ 1907, S. 1202 ff. — S e i d n e r, D. automat. Regulierungen der Wechselstromgeneratoren, ETZ 1909, S. 1116 ff. — T h i e m e, Autom. Reguliervorrichtungen, ETZ 1908, S. 538 (Apparate von Dr. Paul Meyer A.-G.).

Gewicht RG versehenen Hebel T sitzt und durch den von der Spannung der Wechselstrommaschine HD gespeisten Steuerapparat QR gehoben und gesenkt wird. Der Kern R muß bei richtiger Spannung der Wechselstrommaschine in jeder Höhenlage im Gleichgewicht sein, der Kern K taucht dagegen, indem er die Federn F stärker spannt, um so tiefer in seine Spule J ein, je höher die mittlere Erregerspannung ist. Der Steuerapparat QR besitzt noch eine von der Sekundärwicklung eines Stromtransformators Tr gespeiste regulierbare Hauptschlußwicklung W zur Erzielung einer Compoundwirkung. S ist eine Dämpfung, Y ein Kondensator

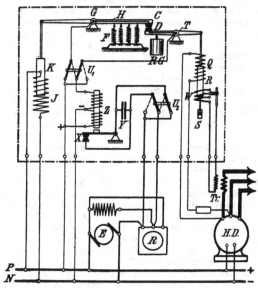

Fig. 348. Schaltung des Tirrillregulators.

zur Verminderung der Funken an X, die Umschalter U_1 und U_2 dienen dazu, etwa alle Tage einmal die Polarität an den Kontakten umzukehren, weil der positive Kontakt stärker als der negative abgenutzt wird. Der Kontakt X darf nicht einen im Erregerkreis der Wechselstrommaschine selbst liegenden Widerstand kurz schließen, weil die Schwingungen dann zu langsam vor sich gehen, und Spannungsschwankungen an der Wechselstrommaschine bemerkbar werden würden. Für größere Maschinen werden mehrere Kontakte X parallel geschaltet.

Die Schnellregulatoren gestatten, mit größerem Spannungsabfall zu arbeiten, d. h. die Maschinen stärker auszunutzen. Außerdem ist ein großer Spannungsabfall bei Kurzschlüssen günstig, weil der Strom nicht so stark anwachsen kann, und endlich ist er für den Parallelbetrieb günstig. Selbstverständlich können diese Regulatoren auch bei Gleichstrommaschinen verwendet werden.

(603) Konstruktion der Anlasser. Die Anlasser werden als Metallwiderstände oder als Flüssigkeitswiderstände ausgeführt. Wie bei allen Regulierwiderständen sind die Schaltvorrichtungen und der Widerstand zu unterscheiden. Beide sind meistens in einem Apparat vereinigt, häufig aber auch getrennt, z. B. bei elektrischen Fahrzeugen. Die S c h a l t v o r r i c h t u n g e n sind häufig ähnlich wie die der Regulierwiderstände gebaut und weisen die mannigfaltigsten Formen auf. Sie bestehen zum Beispiel aus einer Anzahl Metallkontakte, die in einem Kreisbogen auf einer Steinplatte angeordnet sind und von der Schleifkurbel bestrichen werden. Mitunter werden die Kontakte nach Art eines zylindrischen oder flachen Kommutators zusammengebaut. Für größere Motoren müssen Schalter mit Metallkontakten sehr viele Stufen erhalten, wenn nicht Feuer an den Kontakten auftreten soll. Man hat daher zu Kohlenkontakten gegriffen, die entweder fest angeordnet und von einer Kupferrolle bestrichen werden oder federnd nebeneinander gestellt und der Reihe nach unter starkem Druck mit Kupferschienen in Berührung gebracht werden.

Mitunter, z. B. für Kranbetriebe, werden die Anlasser für mehrere Motoren durch einen einzigen in verschiedenen Richtungen umlegbaren Hebel bedient, so daß die Richtung der Umlegung zugleich andeutet, welche Bewegung die Last ausführen soll (Universalsteuerung).

Häufig werden die Anlasser mit s e l b s t t ä t i g e r A u s l ö s u n g für Maximalstrom oder Minimalspannung oder für beides gleichzeitig ausgestattet. Im ersteren Fall wird eine in den Ankerkreis geschaltete Spule angeordnet, die be zu starkem Strom den Schalthebel freigibt, worauf ihn eine Feder in die Ausschaltestellung zurückführt; im letzteren Falle wird ein kleiner Elektromagnet in den Erregerkreis geschaltet, der den Hebel in der Betriebsstellung festhält, solange die Spannung nicht unter einen geringsten zulässigen Wert sinkt.

Die Anlasser sollen in der Regel so ausgeführt werden, daß alle stromführenden Teile, also auch die Kontaktbahn gegen Berührung durchaus abgedeckt sind; sie müssen in dieser Weise ausgeführt werden, sobald sie nicht für elektrische Betriebsräume bestimmt sind, und die Spannung gegen Erde 250 V überschreitet. An den Schleifringen von Induktionsmotoren ist die Spannung bei Stillstand am größten.

Um einen niedrigen Preis des Anlassers zu erzielen, beansprucht man das Widerstandsmaterial hinsichtlich Erwärmung hoch; Dauereinschaltung des Anlassers zur Regulierung der Drehzahl ist also nur möglich, wenn der Anlasser für diesen Zweck ganz besonders berechnet worden ist — R e g u l i e r a n l a s s e r. Motoren, die nur mit geringer Belastung anzulaufen haben, werden mit besonders stark beanspruchten, viel billigeren „Anlassern für halbe Last" versehen.

Bei Bemessung des Widerstandsmaterials ist zu unterscheiden, ob der Anlasser für Anlauf unter voller Last oder für Anlauf bei verminderter Last oder für Leerlauf bestimmt ist, ferner, in welcher Zeit der Motor auf die volle Geschwindigkeit kommt. Große Motoren laufen im allgemeinen langsamer an als kleine. Bei Transmissionsantrieben und dergl. rechnet man auf 20 bis 30 Sekunden, bei Zentrifugen muß man mit 5 Minuten und mehr, bei Schwungradumformern mit noch längeren Zeiten rechnen. Man unterscheidet ferner Anlasser für Dauerbetrieb, die selten benutzt werden und daher für große Wärmekapazität bei langsamer Abkühlung zu bauen sind, und Anlasser für aussetzenden Betrieb, die häufig benutzt werden und daher für schnelle Abkühlung zu berechnen sind. Im letzteren Falle muß der Berechnung ein Betriebsplan zugrunde gelegt werden (341).

(604) Bei den I n d u k t i o n s m o t o r e n werden die drei Zweige des Anlaßwiderstandes zweckmäßig in Stern geschaltet (Fig. 307). Dreieckschaltung ist bei Draht-Anlassern zu vermeiden, weil die Schaltbahn dabei weniger einfach ist. In der Regel wird die Kontaktbahn so ausgebildet, daß sie drei Reihen von Kontaktknöpfen enthält, entsprechend den drei Zweigen des Sekundärankers, der fast immer, auch bei Zweiphasenmotoren, dreiphasig gewickelt wird. Die Kontaktbürsten sitzen dann unisoliert an einer drehbaren Metallscheibe, die den äußeren Nullpunkt der Stromkreise bildet.

Zur Verbindung zwischen den Bürsten und dem Anlasser dienen starke Leitungen, weil der Spannungsverlust mit Rücksicht auf Wirkungsgrad und Schlüpfung auf ein Minimum herabgedrückt werden muß. Die Stromstärke in diesen Leitungen kann nur bestimmt werden, wenn die Spannung an den Bürsten bei

Stillstand bekannt ist; diese muß daher für jeden Motor angegeben werden. Ist
sie P_2, so ist

$$I_2 = \frac{\varLambda_2}{P_2 \sqrt{3}}.$$

$\varLambda_2$ = Leistung des Sekundärankers bei Stillstand.

Mitunter läßt man die Widerstände mit umlaufen und läßt sie durch einen
selbsttätigen Kurzschließer kurz schließen, sobald der Motor eine bestimmte Geschwindigkeit erreicht hat. In diesem Falle hat der Widerstand nur eine Stufe.

(605) **Walzenschalter** werden in erster Linie bei elektrischen Straßenbahnen
angewendet, ferner aber auch häufig in allen den Fällen, wo der Motor fortwährend
aus- und eingeschaltet wird. In diesem Falle trägt eine vertikal oder horizontal angeordnete, aus Isoliermaterial (getränktem Holz) hergestellte oder mit Isolation um-
kleidete Walze eine Anzahl nebeneinander angeordneter, bei höheren Spannungen
durch Scheidewände voneinander getrennter Ringe oder Ringstücke, auf denen
kräftige abklappbare Bürsten schleifen. Mittels dieser Walzen, deren einzelne
Stellungen durch eine federnde, in Vertiefungen einer Rastenscheibe eingedrückte
Rolle fühlbar gemacht und gesichert werden, lassen sich nicht nur die einzelnen
Stufen des Widerstandes bequem abschalten, sondern es können auch noch ander-
weitige Schaltungen, z. B. Bremsschaltungen, hergestellt werden. Die Walzenschalter sind in der Regel mit magnetischen Gebläsen ausgestattet, um Stehfeuer,
d. h. Stehenbleiben des Lichtbogens an den Kontakten, zu vermeiden.

(606) **Flüssigkeitsanlasser** bilden eine besondere Gattung der Anlasser;
sie bestehen in der Regel aus schmalen gußeisernen, mit Sodalösung gefüllten Gefäßen, in die passend zugeschnittene Eisenbleche eingetaucht werden. Wenn das
Blech völlig eingetaucht ist, wird meistens durch einen Metallschalter der Flüssigkeitsanlasser kurz geschlossen. Man kann auch die Bleche ein für allemal in die
Gefäße eingesenkt lassen und den Widerstand durch Heben der Flüssigkeit verringern. Für große Leistungen benutzt die A E G eine Pumpe, die das erwärmte
Öl durch ein Kühlgefäß laufen läßt. Die Flüssigkeitsanlasser zeichnen sich besonders bei größeren Motoren durch Billigkeit aus, doch gestatten sie nicht, den
Motor so stoßfrei anzulassen wie die Metallanlasser; der metallische Kurzschluß
erzeugt nämlich in der Regel einen stärkeren Stoß. Wegen der Gefahr der Knall-
gasentwicklung müssen sie gut gelüftet sein.

Statt der Flüssigkeit wird auch **Graphit** in Flockenform verwendet,
in das Metallbleche hineingedrückt werden. Hierbei zeigt sich als Nebenerscheinung
eine gewisse Fritterwirkung.

Flüssigkeitsanlasser sind billig; sie verursachen allerdings leicht größere
Stromstöße beim Kurzschluß durch den metallischen Schalter. Für reinen
Motorenbetrieb und für Fahrzeugbetrieb, bei denen die Rücksichtnahme auf
Beleuchtungseinrichtungen zurücktritt, haben sie aber trotzdem große Bedeutung gewonnen, wobei die leichte Bedienbarkeit aus der Entfernung (Heben
der Flüssigkeit durch Druckluft) und die Möglichkeit beliebiger Abstufung als
besonders wertvoll erscheinen.

(607) **Selbsttätige Anlasser.** Für Aufzüge und Motoren, die aus der Ferne bedient werden sollen, werden selbsttätige Anlasser verwendet, die nach Schluß des
Stromkreises den Ankerwiderstand allmählich ausschalten. Dies kann beispielsweise durch einen Zentrifugalregulator geschehen, der bei wachsender Geschwindigkeit mehr und mehr Widerstand abschaltet. Damit der Motor sicher anläuft, darf
die gesamte Größe des durch ihn abzuschaltenden Widerstands nur so groß bemessen werden, daß die volle Ankerstromstärke auftritt. Bei anderen Konstruktionen
gleiten die Bürsten, durch ihre Schwere oder eine Feder getrieben und in ihrer
Geschwindigkeit durch eine Luftpumpe, eine Ölbremse oder ein Echappement geregelt, über die Kontakte; wieder bei anderen Konstruktionen wird die Klemmen-

spannung des Ankers benutzt, um mit Hilfe von Relais die Bewegung der Bürsten zu beeinflussen.

Nach einem Vorschlage von K a l l m a n n (ETZ 1907, S. 495 ff.) baut die A E G Anlasser mit wenig Stufen, die aus Eisendrahtwiderständen in einer Wasserstoffatmosphäre bestehen, sog. V a r i a t o r e n. Diese haben, wenn sie bis zu schwacher Rotglut belastet sind, die Eigenschaft, daß sich ihr Widerstand bei geringen Änderungen der Stromstärke sehr stark ändert. Beim Einschalten sinkt die anfänglich hohe Stromstärke daher schnell auf den Wert, bei dem der Motor anlaufen soll. Sobald dann mit wachsender Geschwindigkeit die Stromstärke zu sinken beginnt, nimmt der Widerstand des Variators stark ab. Man braucht daher zum Anlassen von kleineren Motoren nur ein bis zwei Variatoren, die nacheinander kurzgeschlossen werden.

(608) Das **Widerstandsmaterial** (Nickelin, Rheotan, Kruppin, Eisen, Gußeisen und dergl.) besteht in der Regel aus Draht, Band oder Blech und wird in einfachen gut ventilierten Gehäusen (Massenfabrikation) untergebracht, und zwar entweder in Spiralen oder gewellten Bändern frei ausgespannt (empfehlenswert, wenn gute Kühlung wegen häufiger Benutzung erwünscht ist) oder in geeigneter Weise zwischen Asbest, Glimmer oder dergl. eingepackt (empfehlenswert, wenn hohe Wärmekapazität erwünscht ist). Vielfach wird das Widerstandsmaterial auch unter Öl angeordnet. Überall, wo die Anlasser Erschütterungen ausgesetzt sind, muß dafür gesorgt werden, daß nicht durch Schwingungen Kurzschlüsse der einzelnen Elemente miteinander auftreten können. Drahtspiralen sind nur bei starkem Draht und geringer Länge zulässig, dünne Drähte sind auf Porzellanzylinder oder dergl. zu wickeln. Festgepackte Widerstände für schwache Ströme werden aus Blechstreifen hergestellt, die abwechselnd von beiden Längsseiten aus eingeschnitten sind, so daß eine Art Mäanderband entsteht. Ähnlich sind auch die Widerstandselemente aus Gußeisen gestaltet. S c h n i e w i n d t sche Widerstandsbänder s. (60).

(609) Materialbeanspruchung. Wenn das Widerstandsblech oder der Draht frei in der Luft ausgespannt ist, so daß die kühle Luft stets zutreten und die erwärmte frei abziehen kann, so kann man

$$I^2 R = a \cdot S d$$

setzen, worin a eine Konstante, S die gesamte Oberfläche im mm² und d die Temperaturdifferenz zwischen dem Material und der Luft in Celsiusgraden ist. Daraus folgt

$$\frac{S}{I^2 R} = \frac{1}{a \cdot d} = c.$$

c ist die für ein Watt zur Verfügung stehende Oberfläche in mm². Hieraus folgt für Länge l und Breite b von Blechen bei gegebener Stromstärke

$$b = I \cdot \sqrt{\frac{\sigma c}{2 \delta}} \quad \text{und} \quad l = \frac{b \delta}{\sigma} R,$$

wenn δ die Blechstärke in mm ist; ferner für Drähte

$$\delta = \sqrt[3]{\frac{4 \sigma c I^2}{\pi^2}},$$

wenn δ die Drahtstärke in mm ist, oder auch

$$I = \pi \cdot \sqrt{\frac{\delta^3}{4 \sigma c}}.$$

Tabelle zur Berechnung von Widerständen aus Rheotandraht. Spez. Widerstand $\sigma = 0,45$ Ø mm²/m. Spez. Gew. 8,9.

Draht-durchm. mm	Quersch. in mm²	Gewicht Länge g/m	Länge m/kg	Widst. Länge Ø/m	Länge Widst. m/Ø	Stromstärke für $c =$							
						100	200	300	400	500	600	700	800
0,25	0,049	0,44	2295	9,17	0,109	0,93	0,66	0,54	0,46	0,41	0,38	0,35	0,33
0,30	0,071	0,63	1590	6,36	0,157	1,21	0,86	0,70	0,61	0,54	0,50	0,46	0,43
0,40	0,126	1,12	895	3,58	0,279	1,87	1,33	1,08	0,94	0,84	0,77	0,71	0,66
0,50	0,196	1,75	572	2,29	0,436	2,62	1,85	1,53	1,31	1,17	1,07	0,99	0,93
0,60	0,283	2,53	396	1,590	0,629	3,44	2,43	1,99	1,72	1,54	1,40	1,30	1,22
0,70	0,385	3,42	292	1,170	0,855	4,34	3,07	2,50	2,17	1,94	1,77	1,64	1,53
0,80	0,503	4,47	224	0,995	1,118	5,30	3,75	3,30	2,65	2,37	2,17	2,00	1,88
0,90	0,636	5,66	177	0,708	1,414	6,33	4,48	3,66	3,17	2,83	2,59	2,39	2,24
1,00	0,785	6,98	143	0,572	1,745	7,40	5,23	4,27	3,70	3,31	3,19	2,80	2,62
1,10	0,950	8,45	118	0,474	2,11	8,56	6,06	4,95	4,28	3,83	3,50	3,23	3,03
1,25	1,227	10,9	91,7	0,367	2,73	10,3	7,31	5,96	5,17	4,62	4,22	3,91	3,66
1,50	1,767	15,7	63,6	0,255	3,93	13,6	9,63	7,85	6,80	6,07	5,55	5,14	4,81
1,75	2,40	21,4	46,8	0,1870	5,35	17,2	12,2	9,94	8,60	7,69	7,02	6,50	6,08
2,00	3,14	28,0	35,8	0,1432	6,99	20,9	14,8	12,1	10,5	9,36	8,55	7,92	7,40
2,25	3,98	35,4	28,3	0,1132	8,83	25,0	17,7	14,4	12,5	11,2	10,2	9,45	8,85
2,50	4,91	43,7	22,9	0,0917	10,93	29,3	20,7	16,9	14,6	13,1	12,0	11,0	10,3
2,75	5,94	52,8	18,9	0,0758	13,20	33,8	23,9	19,5	16,9	15,1	13,8	12,8	12,0
3,00	7,07	62,9	15,9	0,0637	15,72	38,5	27,3	22,2	19,3	17,2	15,7	14,5	13,6
3,50	9,62	85,6	11,7	0,0469	21,4	48,5	34,3	28,0	24,2	21,7	19,8	18,3	17,2
4,00	12,6	112	8,97	0,0358	27,9	59,3	42,0	34,3	29,6	26,5	24,2	22,4	21,0

Tabelle zur Berechnung von Widerständen aus Rheotanband von 0,3 mm Stärke. Spez. Widerstand $\sigma = 0,485$ Ø mm²/m.

Breite mm	Quer-schnitt mm²	Gewicht g/m	Länge Widst. Ø/m	Länge Widst. m/Ø	Stromstärke für $c =$										
					35	50	75	100	150	200	300	400	500	600	700
6	1,8	16,0	0,270	3,71	35,7	29,9	24,4	21,1	17,2	14,9	12,2	10,6	9,4	8,6	8,0
8	2,4	21,4	0,202	4,95	47,6	39,8	32,5	28,1	23,0	19,9	16,3	14,1	12,6	11,5	10,6
10	3,0	26,7	0,162	6,18	59,5	49,8	40,7	35,2	28,7	24,9	20,3	17,6	15,7	14,4	13,3
12	3,6	32,1	0,135	7,41	71,5	59,8	48,8	42,2	34,5	29,9	24,4	21,1	18,9	17,3	16,0
14	4,2	37,4	0,115	8,68	83,3	69,7	57,0	49,2	40,2	34,9	28,5	24,7	22,1	20,2	18,6
16	4,8	42,7	0,101	9,90	95,3	79,6	65,0	56,2	46,0	39,8	32,5	28,2	25,2	23,0	21,3
18	5,4	48,0	0,090	11,1	107	89,5	73,2	63,3	51,7	44,8	36,6	31,7	28,3	25,9	23,9
20	6,0	53,4	0,081	12,4	119	99,5	81,4	70,4	57,4	49,8	40,7	35,2	31,5	28,8	26,6

σ ist der spezifische Widerstand, bezogen auf m Länge und mm² Querschnitt. Die Größe α steigt mit der Temperatur, weil der Luftzug dann stärker wird.

Unterhalb 500° kann α gleich $\dfrac{1}{15000}$ gesetzt werden, so daß

$$c = \frac{15000}{d} \text{ mm}^2/\text{Watt}$$

Bei niedrigen Temperaturen — 100 bis 200° C — wird die Wärme hauptsächlich durch die Berührung mit der Luft und nur zum geringen Teile durch Strahlung abgegeben. Bei Widerständen, die eine größere Zahl nebeneinander angeordneter Widerstandskörper enthalten, kommt letztere fast gar nicht in Betracht. Da dann auch die Luftzirkulation geringer ist, so ist zu empfehlen, c etwas größer zu nehmen, als obiger Formel entspricht.

(610) Zur Berechnung von Widerständen aus Rheotandraht und -band dienen die Tabellen auf Seite 412, die immer einen möglichst ungehinderten Zutritt und Abfluß der Luft zu und von den Widerstandskörpern voraussetzen.

(611) Beispiele ausgeführter Maschinen und Transformatoren.

Übersicht:

I. Gleichstromgeneratoren, Fig. 349 bis 355.
II. Gleichstrommotoren, Fig. 356 bis 363.
III. Wechselstromgeneratoren, Fig. 364 bis 374.
IVa. Asynchronmotoren, Fig. 375 bis 379.
IVb. Wechselstromkommutatormotoren, Fig. 380 bis 383.
V. Motorgeneratoren, Fig. 384 bis 387.
VI. Umformer, Fig. 388 bis 390.
VII. Transformatoren, Fig. 391 bis 397.

Allgemeine Bemerkungen.

Für die Maßstäbe der Abbildungen wurde folgende Skala benutzt:

1,5 : 100; 2 : 100; 3 : 100; 4 : 100; 8 : 100.

In vereinzelten Fällen mußte davon abgewichen werden.

Die kurzen, den Abbildungen beigefügten Beschreibungen sind nach Möglichkeit so gehalten, daß man sie ohne Zurückgehen auf ein Verzeichnis von Zeichen und Abkürzungen verstehen kann. Nur die folgenden wenigen Zeichen, die sich leicht dem Gedächtnis einprägen, wurden benutzt: η = Wirkungsgrad; d = Durchmesser des Ankereisens an der den Luftspalt begrenzenden Fläche; also äußerer Durchmesser bei Außenpolmaschinen und Bohrung bei Innenpol- sowie Asynchronmaschinen; d_i = innerer Durchmesser des umlaufenden aktiven Eisens; d_a = Außendurchmesser des feststehenden aktiven Eisens; l = Gesamtlänge des aktiven Ankereisens einschließlich Isolation und Luftschlitz; dahinter mit einem Minuszeichen in runden Klammern die Gesamtlänge der Luftschlitze; θ = Trägheitsmoment im absoluten Maßsystem (tm²); Hp = Hauptpole, Wp = Wendepole. Rechteckige Querschnitte sind in der Form (38 × 155) mm², d. h. 38 mm × 155 mm angegeben. Eine eckige Klammer [] bedeutet, daß das Maß aus der Zeichnung abgegriffen, also nur angenähert richtig ist. Die Bezeichnung I bei den Motorgeneratoren bezieht sich auf die primäre, II auf die sekundäre Maschine.

I. Gleichstromgeneratoren.

Fig. 349. **Gleichstromgenerator der DEW. Garbe, Lahmeyer & Co., A.-G., Aachen.**

500 kW, 450 V, 1110 A, 120 U/mn, η = 0,93. Maßstab 2 : 100.

Anker: Kern d 2250 mm, l 260 (—12) mm, d_i 1780 mm; 324 off. Nuten, (11 × 42) mm² zu 8 Drähten von je 2×4,2 mm ⌀ bl.; Schleifenwicklung, Bandagen Bronzedraht.

Kommutator: d 1400 mm, l 310 mm, 648 Lam., 12 × 4 Bürsten.

Feldmagnete: 12 Hauptpole, Blech je (30 × 25) cm², je 750 N.-, 30 H.-Wdg. von je 3,5 mm ⌀, bzw. 65 mm² bl.; 12 Wendepole, Blech je 148 H.-Wdg. von je 65 mm² bl.; N.-Wdg. in Reihe, H.-Wdg. parallel; Luftspalt: Hp. u. Wp. je 5 mm; Polbog./Teilg. 0,75.

Gewichte: Feldmagnete 9,8 t, Anker 7,2 t, θ = 7 tm².

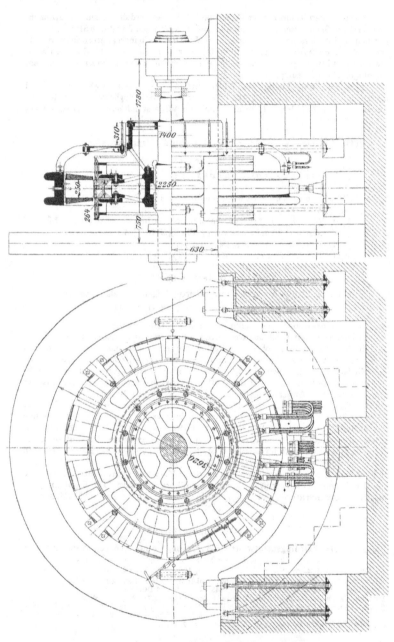

Fig. 349. (Text s. S. 413.)

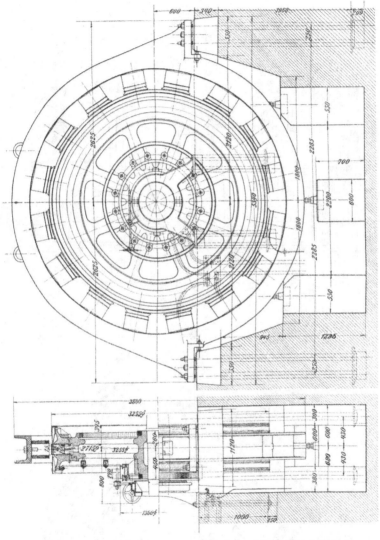

Fig. 350. Gleich-
stromgenerator der
E.-A.-G. vorm.
Kolben & Co., Prag.
220 kW, 330 V, 665 A,
115 U/mn. Maßstab
1,82 : 100.

Anker: Kern d 3255
mm, l 160 (—15) mm,
$d_i = 2715$ mm; 352
Nuten, (13 × 25)
mm², zu 8 Drähten
von 4,5 mm ⊕ bl.;
Schleifenwicklung in
16 Stromkreisen, 8 Aus-
gleichringe.

Kommutator: d
1300 mm, l 1140 mm,
704 Lam., 16 × 4
Kohlenbürsten, je
(11,5 × 30) mm².

Feldmagnete:
16 Hauptpole, Stahl
je 525 cm², je 450 N.-
u. 2 H.-Wdg. von je
3,5 mm ⊕ bzw. 2 ×
(50 × 5) mm² bl., Luft-
spalt 7 mm; Polbog./
Teilg. 0,7; (Durch-
messer des Magnet-
rings 4400, nicht 2800).
Gewichte: Feld-
magnete 10,2 t, Anker
11,5 t, $\theta = 17,8$ m².

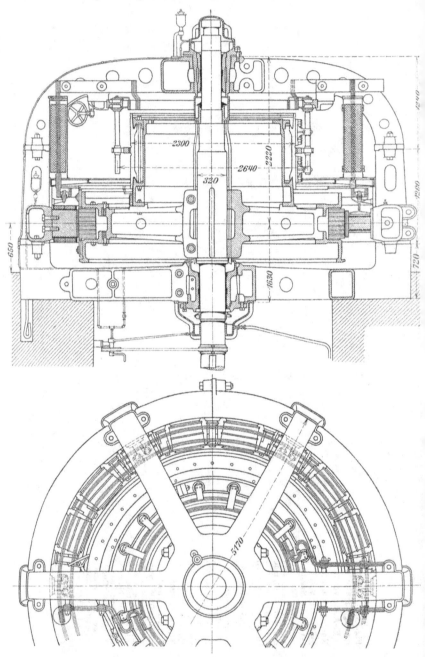

Fig. 351.   (Text s. S. 417.)

Fig. 351. **Gleichstromgenerator der A.-G. Brown, Boveri & Cie., Baden (Schweiz).**

1700 kW, 220 V, 7700 A, 150 U/min, η = 0,93. Maßstab 2 : 100.

A n k e r : Kern d 3650 mm, l 390 (—60) mm, d_4 3260 mm; 378 off. Nuten zu 2 Leitern; Schleifenwicklung in 18 Stromkr., 14 Äquipot.-Verbinder.

K o m m u t a t o r : d 2300 mm, l 850 mm, 378 Lam., 18 × 22 Kohlenbürsten.

F e l d m a g n e t e : 18 Hauptpole, Stahl; 18 Wendepole, Stahl; Luftspalt: Hp. 10 mm, Wp. 10 mm, Polbog./Teilg. 0,66; Erregung 14 kW bei 220 V.

Fig. 352. **Gleichstrom-Turbogenerator der A.-G. Brown, Boveri & Cie., Baden (Schweiz).**

450 kW, 500 V, 900 A, 2400 U/min, η = 0,92. Maßstab 3 : 100.'

A n k e r : Kern d 550 mm, l 550 (—[80]) mm, d_4 270 mm; 64 off. Nuten zu 2 Drähten; Schleifenwicklung in 2 Stromkreisen; Kompensationswicklung.

K o m m u t a t o r : d 340 mm, l 500 mm; 64 Lam., 2 Bürstenstifte.

M a g n e t z y l i n d e r : 2-polig, Blech d_a 1000 mm, 70 mm Luftschlitze, verteilte Wicklung, je 9 Zähne, Nuten. h off. 20 × 90 mm², 2 Wendepole, Eisen: Luftspalt: Hp. 8 mm, Wp. 17 mm; Erreger angebaut, 90 V, 22 A.

G e w i c h t e : Magnete ohne Lager und Grundplatte 3,4 t; Anker 2,4 t; Erreger 150 kg, θ = 0,08 tm².

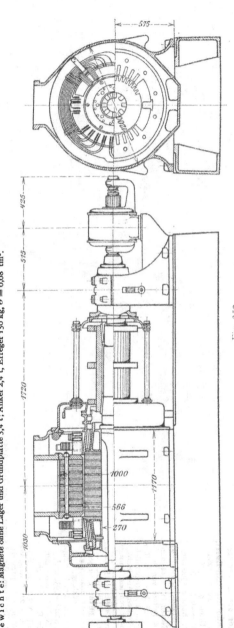

Fig. 352.

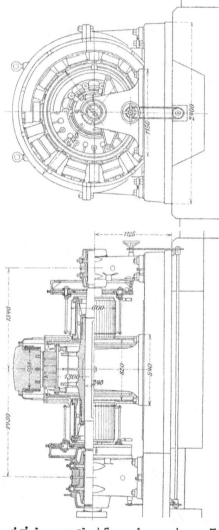

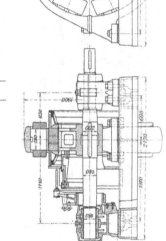

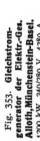

Fig. 353. Gleichstrom-
generator der Elektr.-Ges.
Alloth, Münchenstein-Basel.
1200 kW, 240/280 V, 4280 A,
500 Ü/min, η = 0,95.
Maßstab 2 : 100.

Anker: Kern d 1300 mm,
l 470(—40) mm, d_i 900 mm;
150 off. Nuten, (10 × 44) mm²,
zu 4 Leitern von je
(3 × 16) mm² bl.; Schleifenwicklung in 2 × 10 parallelen
Stromkreisen, Ausgleich-
verbinder von jed. Lam.

Kommutator: zwei, je
d 600 mm, l 440 mm, 150 Lam.,
10 × 11 Bürsten,
je (20 × 30) mm²; zu jed.
Komm. eine unabhäng.
Ankerwicklung.

Feldmagnete: 10 Haupt-
pole, Stahl je 930 cm²,
je 310 N.-Wdg. von 4 mm
⊘ bl., in Reihe; Polschuhe,
Blech; 10 Wendepole, Stahl
je 146 cm², je 21 H.-Wdg. von
(20 × 10) mm² bl, parallel;
Luftspalt: Hp. 6 mm, Wp. 8,5 mm; Polbog./Teilg. 0,64;
Joch, Stahl 580 cm².

Gewichte: Grundplatte und Lager 4,5 t, Feldmagnete 7,1 t,
Anker 6 t.

Fig. 354. Gleichstromgenerator der E. A.-G. vorm.
W. Pöge, Chemnitz.

170 kW, 230 V, 750 A, 150 U/min. Maßstab 2 : 100.

Anker: Kern d 1150 mm, l 300 (—20) mm, d_i 875 mm; 106 h.
off. Nuten zu 6 Drähten; Wellenwicklung, Widerstandsverbinder Bronze.

Kommutator: d 850 mm, l 230 mm, 318 Lam., 8 × 7
Kohlenbürsten.

Feldmagnete: 8 Hauptpole, Stahl Durchmesser 28 cm²,
Polschuhe Blech; Luftspalt 5 mm.

Gewichte: Feldmagnete 4,5 t, Anker 3 t, Θ = 0,29 tm².

Fig. 355. **Gleichstrom-Turbogenerator der Maschinenfabrik Oerlikon.**

1100 kW, 350 V, 3150 A, 1200 U/min, $\eta = 0,935$. Maßstab 2 : 100.

A n k e r : Kern d 1100 mm, l 582 (—120) mm, d_i 700 mm; 200 h. off. Nuten, Schleifenwicklung in 8 Stromkreisen, 100 Äquipot.-Verbinder von jed. Lam.

K o m m u t a t o r : d 550 mm, l 910 mm, 200 Lam., 8 Bürstenstifte.

F e l d m a g n e t e : 8 Hauptpole, Stahl je $(54 \times 7,5)$ cm²; Polschuhe, Blech, l 568(—96) mm; 8 Wendepole, Eisen; Luftspalt: Hp. 15 mm, Wp. 10 mm; Erregung: 350 V, 15 A.

G e w i c h t e : Feldmagnete 7,3 t; Anker 8,22 t; $\theta = 1,1$ tm².

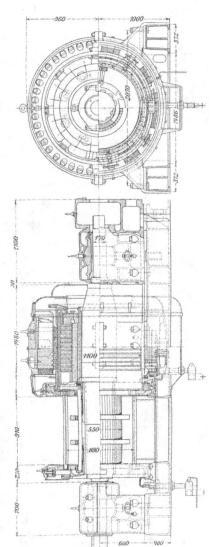

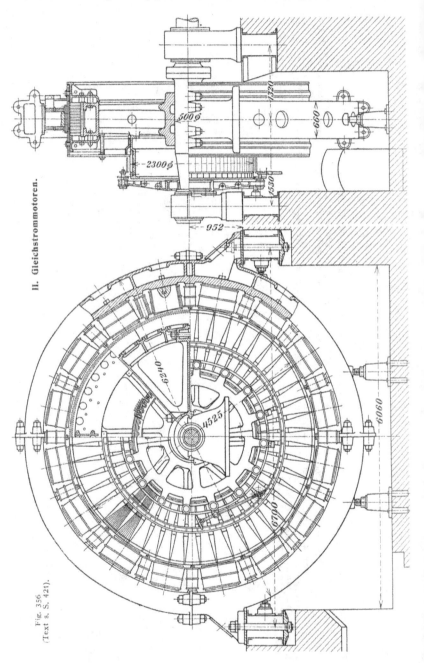

II. Gleichstrommotoren.

Fig. 356.
(Text s. S. 421).

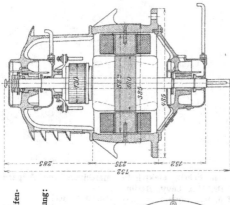

Fig. 356. **Gleichstrommotor der A.-G. Brown, Boveri & Cie., Baden (Schweiz).**
420 kW, (1000 kW Spitzenleistung), 0 bis 480 V, 0 bis 24 U/mn, $\eta = 0,88$. Maßstab 1,5 : 100.
Anker: Kern d 4500 mm, l 580(—100) mm, d_4 4000 mm; 528 off. Nuten, $(14,5 \times 47)$ mm², zu 8 Leitern; Schleifen-wickl. in 16 Stromkreisen; 33 Äquipotential-Verbinder.
Kommutator: d 2300 mm, l 280 mm; 1056 Lam., 16 Bürstenstifte.
Feldmagnete: 16 Hauptpole, Stahl; 16 Wendepole, Stahl; Luftspalt: Hp. 12,5 mm, Wp. 12 mm; Erregung: 12 kW bei 100 V; Polbog./Teilg. 0,635.

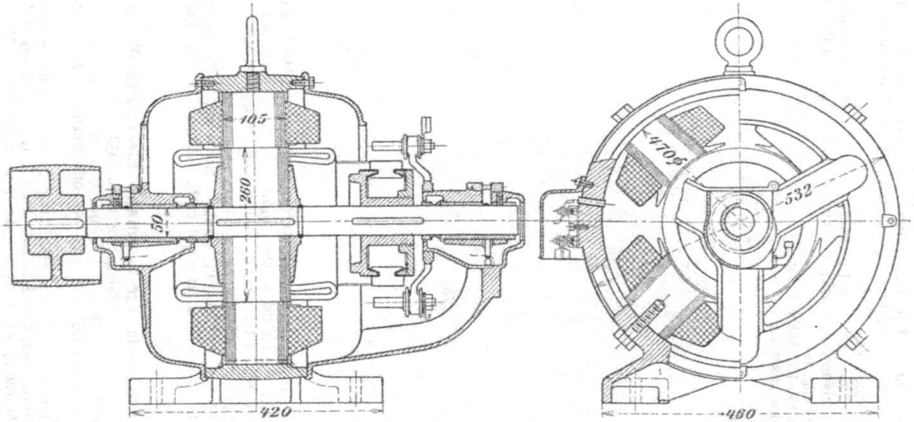

Fig. 357. **Gleichstrommotor der E. A.-G. vorm. W. Pöge, Chemnitz.**
9,2 kW, 220 V, 47,5 A, 1000 U/mn. Maßstab 8 : 100.
Anker: Kern d 260 mm, l 110 mm, d_4 50 mm; 49 off. Nuten, $(8,5 \times 25)$ mm² aus Kupfer.
bl.; Schleifenwicklung, Widerstandsverbinder aus Kupfer.
Kommutator: d 210 mm, l 55 mm; 97 Lam., 4×1 Kohlenbürsten.
Feldmagnete: 4 Hauptpole, Blech, $(9,5 \times 10,5)$ cm², je 2200 Wdg. von 1 mm ⊕ bl, in Reihe; Gesamtwider-stand 112,4 Ohm; Luftspalt: 2,5 mm; Polbog./Teilg. 0,81.
Gewichte: Magnete 220 kg, Anker 80 kg.

Fig. 358. **Gleichstrommotor der Elektro-motorenwerke Heidenau G. m. b. H.**
,2 kW, 110 bis 500 V, 1250 U/mm, $\eta = 0,815$; Maßstab 8 : 100.
Anker: Kern d 180 mm, l 80 mm; off. Nuten, bei 110 V Schleifenwicklung, bei 220, 440 und 500 V Wellenwicklung mit Reihenschaltung.
Kommutator: d 130 mm, l 47 mm. 111 Lam., 4 Stifte mit Kohlenbürsten.
Feldmagnete: 4 Hauptpole, Luftspalt 1,4 mm.
Ringschmierlager für senkrechte Achsen (DRP.) in größerem Maßstab, s. Fig. 201.

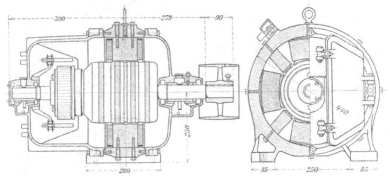

Fig. 359. **Gleichstrommotor der Fabrik elektrischer Maschinen und Apparate, Dr. Max Levy, Berlin.**

5,15 kW, 220 V, 28 A, 1800 U/mn, η = 0,83. Maßstab 8 : 100.

A n k e r : Kern d 200 mm, l 99 mm, d_i 70 mm; 35 off. Nuten zu 18 Leitern; Schleifenwicklung in 2 Stromkreisen.

K o m m u t a t o r : d 175 mm, l 52 mm Lauffläche, 105 Lam., 4 Bürstenstifte.

F e l d m a g n e t e : 4 Hauptpole, Blech; 4 Wendepole, Eisen; Luftspalt: Hp. 1,5 mm; Wp. 1,5 mm; Polbog./Teilg. 0,7.

G e w i c h t e : Magnete 130 kg, Anker 50 kg.

B e m e r k u n g : Motor gekapselt.

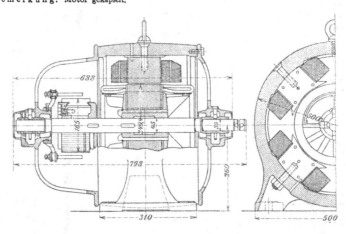

Fig. 360. **Gleichstrommotor der Elektromotorenwerke Heidenau G. m. b. H.**

7,36 kW, 110 bis 500 V, 980 U/mn, η = 0,98. Maßstab 8:100.

A n k e r : Kern d 294,4 mm, l 112 mm, d_i 95 mm; off. Nuten; bei 110 V Schleifenwicklung, bei 220, 440 u. 500 V Wellenwicklung mit Reihenschaltung.

K o m m u t a t o r : d 165 mm, l 85 mm, 135 Lam., 4 Stifte mit Kohlenbürsten.

F e l d m a g n e t e : 4 Hauptpole Blech (11 × 10) cm²; Luftspalt 2,3 mm; Polbog./Teilg. 0,7.

Fig. 363. **Gleichstrommotor der Bergmann Elektricitäts-Werke A.-G., Berlin.**

(Bahnmotor s. S. 423.)

32,4 kW, 650 V, 58 A, 575 U/mn, η = 0,86. Maßstab 4:100.

A n k e r : Kern d 380 mm, l 185(—10) mm, 41 off. Nuten zu 24 Leitern, Wellenwicklung in 2 Stromkreisen.

K o m m u t a t o r : d 300 mm, l 85 mm, 163 Lam., 2 Stifte mit Kohlenbürsten.

F e l d m a g n e t e : 4 Hauptpole, halb Stahlguß, halb mit Polschuh aus Blech, je (11,5 × 18,5) cm²; 4 Wendepole, Eisen, je (2 × 13) cm²; Luftspalt: Hp. 3,5 mm, Wp. 3,5 mm; Polbog./Teilg. 0,71.

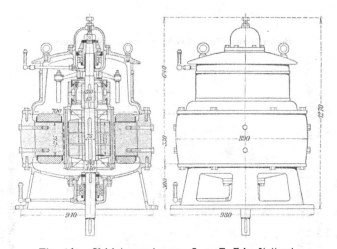

Fig. 361. Gleichstrommotor von C. u. E. Fein, Stuttgart.
40,5 kW, 220 V, 204 A, 650 U/mn, η = 0,905; Maßstab 4 : 100.
A n k e r: Kern d 343 mm, l 222 mm; 47 off. Nuten zu 6 Leitern Wellenwickl. in 2 Stromkr.
K o m m u t a t o r: d 280 mm, 141 Lam., 4 Bürstenstifte.
F e l d m a g n e t e: 4 Hauptpole, Blech; Luftspalt 3,5 mm; Erregung 1 kW, Nebenschluß.

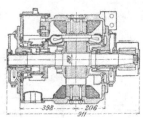

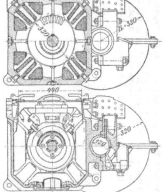

Fig. 362. Gleichstrommotor der Elektrizitätsgesellschaft Alioth, Münchenstein-Basel.
(Bahnmotor.)

23,5 kW, 1000 V, 29,5 A, 585 U/mn., η = 0,805.
Maßstab 4:100.
A n k e r: Kern d 330 mm, l 155 mm, d_i 80 mm; 41
off. Nuten, (10×45) mm², zu 40 Leitern von
1,0 mm $\oplus$ bl.; Wellenwicklung in 2 Stromkreisen.
K o m m u t a t o r: d 270 mm, l 85 mm, 205 Lam.,
2 × 2 Bürsten (12 × 35) mm².
F e l d m a g n e t e: 4 Hauptpole, Stahl, je 190 cm², je 325 H-Wdg. von 3,2 mm $\oplus$ bl.; 4 Wendepole, massiv, je 26,5 cm². je 173 H-Wdg. von 3,2 mm $\oplus$ bl.: Polschuhe, Blech; Luftspalt: Hp. 3 mm, Wp. 5 mm; Polbog./Teilg. 0,66; Jochquerschn. 105 cm²; Erregung 2,4 kW.
G e w i c h t e: Feldmagnete 725 kg, Anker 220 kg.

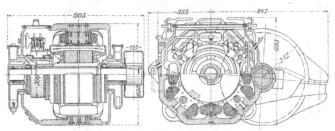

Fig. 363. (Text s. S. 422.)

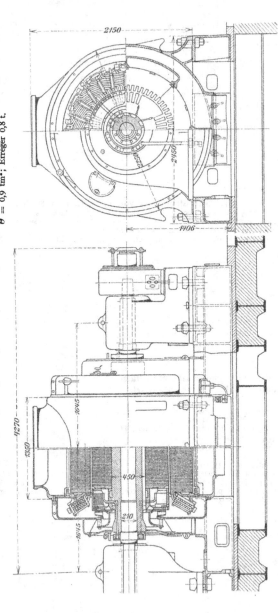

III. Wechselstromgeneratoren.

Fig. 364.   **Drehstrom-Turbogenerator der A.-G. Brown, Boveri & Cie., Baden (Schweiz).**

3000 kVA, 5000/5500 V, 330 A, 1500 U/mn, 50 Per/sk, $\eta = 0,95$, cos $\varphi = 0,8$. Maßstab 2 : 100.

Anker: Kern d 1050 mm, l 1200 (—1280]) mm; 60 off. Nuten (28 × 70) mm³, zu je 4 Drähten, aufgeschn. Gleichstrom-Wicklung, Sternschaltung, zu je 38 Leitern; Schleifringe Kupfer, Kohlenbürsten; Luftspalt 20 mm; Erreger angebaut, 110 V, 260 A; Nutkeile als Dämpferwicklung. **Gewichte:** Anker 15,8 t, Magnetzylinder 7,4 t, **Magnetzylinder:** 4 polig, Stahl, Kern d_i 450 mm, l 1100 (—420) mm; je 24 off. Nuten (38 × 155) mm³, $\vartheta = 0,9$ tm³; Erreger 0,8 t.

Fig. 365.   **Drehstrom-Synchrongenerator der Elektrizitäts-Gesellschaft Alioth, Münchenstein-Basel.**

2300 kVA, 7000 V, 190 A, 107 U/mn, 50 Per/sk, $\eta = 0,93$, cos $\varphi = 0,75$. Maßstab 1,5 : 100.

Anker: Kern d 4300 mm, l 570(—50) mm, d_a 4650 mm; 336 off. Nuten (22 × 55) mm³ zu je 24 Leitern von 4,4 mm $\bigoplus$ bl.; Schleifenwicklung, lange Spulen, Sternschaltung.

Feldmagnete: 56 Pole, Stahl, je 441,5 cm³, je 52 Wdg. von je (4,8 × 20) mm² bl.; Polschuhe Blech; Luftspalt 10 mm; Polbog./Teilg. 0,65; Schleifringe Bronze mit Kohlenbürsten. Erregung: 225 V, 240 A.   **Gewichte:** Anker 31,5 t, Polrad 25 t, $\vartheta = 70$ tm³.

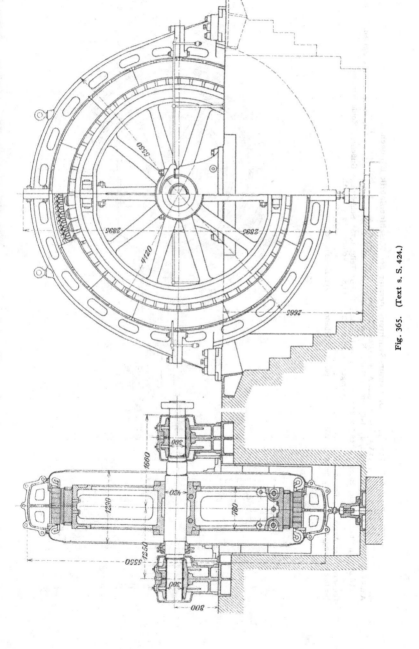

Fig. 365. (Text s. S. 424.)

Fig. 366. **Drehstrom-Synchrongenerator der Maschinenfabrik Eßlingen.**

175 kVA, 3150 V, 32,2 A, 300 U/min, 50 Per/sk, $\eta = 0,94$, cos $\varphi = 1$. Maßstab 3 : 100.

Anker: Kern d 1800 mm, l 175 mm, d_a 2140 mm; 120 off. Nuten (18 × 34) mm² zu je 21 Drähten; normale Drehstromwickl., lange Spulen, Sternsch. Felgmagnete: 20 Pole, Blech, je 16,5 × 11,2 cm²; Luftspalt 6 mm; Polbog./Teilg. 0,76; Schleifringe Gußeisen, Kohlenbürsten; Erreger angebaut 125 V, 11,8 A (Vollast, cos $\varphi = 1$).

Gewichte: Anker 4 t, Polrad 5 t; $\Theta = 2$ tm²; Erreger 0,6 t.

Bemerkung: Sehr niedrig gelagerte Welle, da gekuppelt mit stehendem 4 zyl. Dieselmotor.

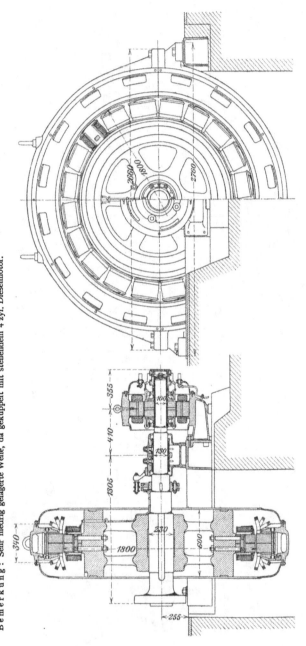

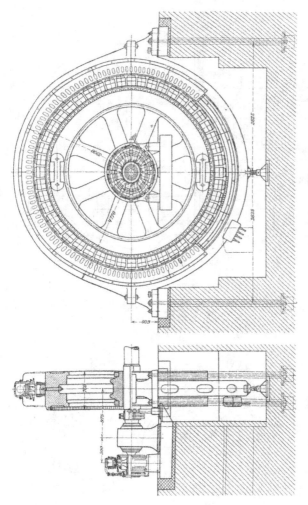

Fig. 367. Drehstrom-Synchrongenerator der Allgemeinen Elektricitäts-Gesellschaft, Berlin.

520 kVA, 570/6000 V, 52,5/50 A, 125 U/mn, 50 Per/sk. Maßstab 1,3 : 100.

A n k e r : Kern d 3900 mm, normale Drehstromwicklung, Sternschaltung.
F e l d m a g n e t e : 48 Pole, Stahl; Luftspalt 7 mm; Erreger angebaut, 12-polig, 110 V, 110 A · Schleifringe Bronze mit Kohlenbürsten.
G e w i c h t e : Anker 8,4 t, Polrad 13 t, ϑ = 29 tm². Erreger 1,4 t.

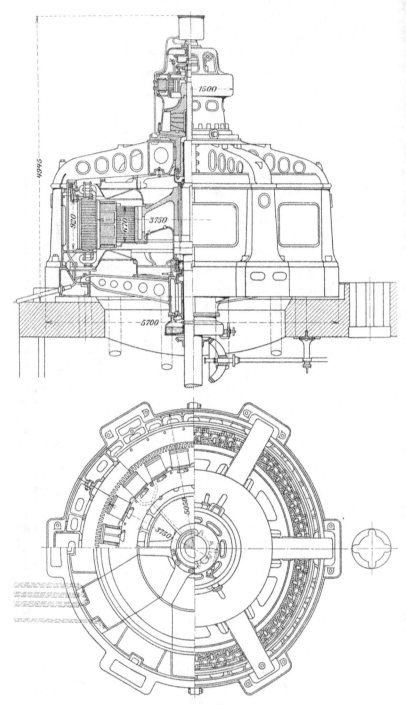

Fig. 368. (Text S. 429.)

Fig. 368. **Drehstrom-Synchrongenerator der A.-G. Brown, Boveri u. Cie., Baden (Schweiz).**

8800 kVA, 8000 V, 635 A, 300 U/mn, 50 Per/sk, $\eta = 0,958$, cos $\varphi = 0,8$ Maßstab 1,5 : 100.
A n k e r : Kern d 3750 mm, l 920 (—180) mm, d_a 4370 mm; 180 off. Nuten (30 × 75) mm² zu
6 Leitern, lange Spulen, Sternschaltung.
F e l d m a g n e t e : 20 Pole, Stahl; Polschuhe, Blech; Luftspalt 12,5 mm; Polbog./Teilg. 0,65; Schleifringe Gußeisen, Kohlenbürsten; Erreger angebaut, 220 V, 320 A (max.).

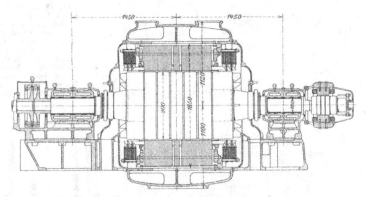

Fig. 369. **Drehstrom-Turbogenerator der Bergmann-Elektricitäts-Werke A.-G., Berlin.**

2000 kVA, 3100 V, 372 A, 1500 U/mn, 50 Per/sk.   Maßstab 2 : 100.
A n k e r : Kern d 925 mm, l 900 (—72) mm, d_a 1650 mm; 36 h. off. Nuten (33 × 53) mm², zu je 4 und
5 Leitern von 2 × (7,2 × 10,8) mm² bl.; in Reihe, Sternschaltung, Widerstand einer Phase 0,022 Ohm.
M a g n e t z y l i n d e r : 4-polig, je 4 Nuten außen (45 × 115) mm², zu 35 Leitern von (7 × 10) mm²
bl. und je 4 Nuten innen (24 × 115) mm², zu 13 Leitern von (3,75 × 5) mm² bl.; Widerstand für einen
Pol 0,34 Ohm; Luftspalt 12,5 mm; Erreger gekuppelt.

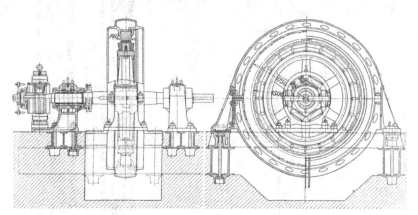

Fig. 370. **Drehstrom-Synchrongenerator der Siemens-Schuckertwerke, Berlin.**

120 kVA, 5000 V, 13,9 A, 300 U/mn, 50 Per/sk; $\eta = 0,923$, cos $\varphi = 1$; $\eta = 0,899$, cos $\varphi = 0,8$.
Maßstab 2 : 100.
A n k e r : Kern d 1500 mm, l 140 mm, d_a 1750 mm, 120 off. Nuten zu 50 Leitern von 2,3 mm ⌀ bl., lange
Spulen, Sternschaltung.   Kurzschl.-Str./Norm. Str. = 1,89.
F e l d m a g n e t e : 20 Pole, Eisen, je 204 Wdg. von je (2,9 × 5) mm² bl., Widerstand 2,6 Ohm bei
15° C; Polschuhe Blech; Luftspalt 4 mm; Polbog./Teilg. 0,6. Schleifringe u. Bürsten Bronze; Erreger,
6-polig, angebaut, 110 V, 22,5 A (Vollast, cos $\varphi = 1$), 32,5 A (max.).
G e w i c h t e : Anker 4,65 t, Polrad 1,6 t, $\theta = 0,4$ tm²; Erreger 0,5 t.

Fig. 371.   **Drehstrom-Synchrongenerator der E. A.-G. vorm. W. Pöge, Chemnitz.**

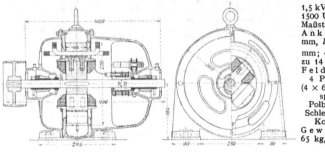

1,5 kVA, 120 V, 7,5 A, 1500 U/mn, 50 Per/sk. Maßstab 8 : 100. A n k e r : Kern d 180 mm, l 66 mm, d_a 270 mm; 48 h. off. Nuten zu 14 Drähten. F e l d m a g n e t e : 4 Pole, Stahl, je $(4 \times 6,5)$ cm²;   Luftspalt 1 mm; Polbog./Teilg. 0,6; Schleifringe Bronze, Kohlenbürsten. G e w i c h t e : Anker 65 kg, Polrad 30 kg.

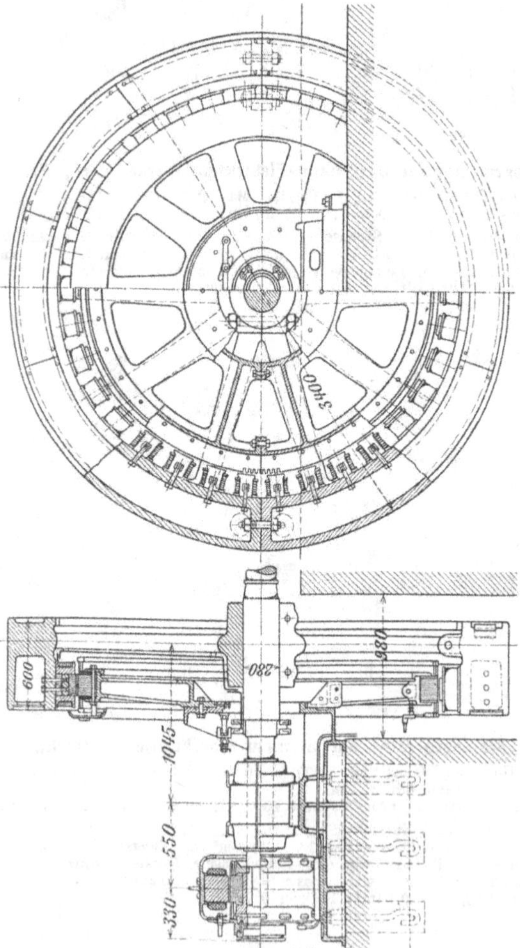

Fig. 372.   **Drehstrom-Synchrongenerator der Maschinenfabrik Oerlikon.**
200 kVA, 400 V, 288 A, 176 U/mn, 50 Per/sk, $\eta = 0,92$, cos $\varphi = 0,8$. Maßstab 2 : 100.
A n k e r : Kern d 2400 mm, l 150 mm, d_a 2150 mm; off. Nuten, aufgeschnittene Gleichstromwicklung, Sternschaltung.
F e l d m a g n e t e : 34 Pole, Blech; Luftspalt 3,5 mm; Schleifringe Bronze, 2×2 Kohlenbürsten; Erreger 6-polig, angebaut, 80 V, 120 A. $\Theta = 95$ tm².
B e m e r k u n g : Außenpoltype zur Erzielung großen Trägheitsmomentes.

Fig. 373.   **Drehstrom-Turbogenerator der Maschinenfabrik Oerlikon.**
2250 kVA, 6500 V, 200 A, 1500 U/mn, 25 Per/sk, $\eta = 0,93$, cos $\varphi = 0,85$. Maßstab 2 : 100.
A n k e r : Kern d 1044 mm, l 1020 (-215) mm, d_a 1750 mm; off. Nuten, lange Spulen, Sternschaltung.
M a g n e t z y l i n d e r : 2 - polig, Blech, Kern d_i 410 mm, l 970 (-210) mm; off. Nuten; Luftspalt 42 mm; Schleifringe Eisen. Erregergekuppelt.

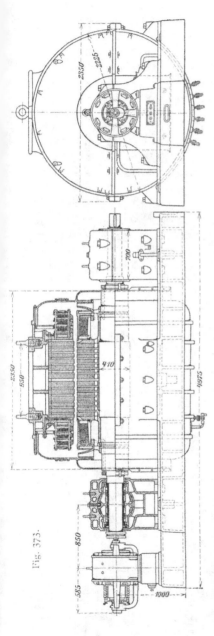

Fig. 373.

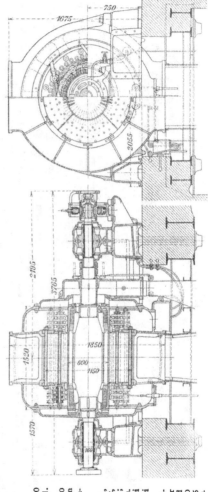

Fig. 374. Drehstrom-Turbo-generator der Siemens-Schuckertwerke, Berlin.

1000 kVA, 5000 V, 116 A, 3000 U/min, 50 Per/sk, $\eta = 0,935$, cos $\varphi = 1$. Maßstab 2 : 100.

A n k e r : Kern d 568 mm, l 850 mm, d_a 1150 mm; 60 h. off. Nuten (18 × 66) mm², zu je 5 Leitern, Sternschaltung. Kurzschl.-Str./Norm. Str. = 1,83.

M a g n e t z y l i n d e r : 2 pol., Stahl, je 20 off. Nuten, 18 bewickelt, je 22 Leiter von (1,2 × 28) mm² bl.; Schleifringe Stahl, Kohlenbürsten. Erreger angebaut: 110 V, 70 A (bei Vollast und cos $\varphi = 1$) 90 A (bei cos $\varphi = 0,8$).

G e w i c h t e : Anker 9,3 t, Magnetzylinder 2,6 t, $\theta = 0,1$ tm². Erreger 0,285 t. (Einige Maße der Fig. 374 sind ungenau: oben 1590 statt 1570, 1530 statt 1520, 2205 statt 2195, 3795 3765; in der Mitte 568 statt 600.

IVa. Asynchronmotoren.

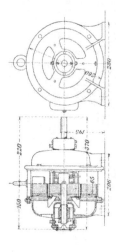

Fig. 376. **Drehstrom-Asynchronmotor des Sachsenwerks, Licht- u. Kraft-A.-G., Niedersedlitz-Dresden.**

0,37 kW, 220 V, 1000 U/min, 50 Per/sk. Maßstab 8 : 100.
Ständer: Kern d 124,7 mm, l [65] mm, d_a 210 mm; 36 Nuten zu 68 Leitern, Sternschaltung; Leerlaufstr./Normalstr. = 0,45.
Läufer: Kern d 124,2 d_i 25 mm, 45 Nuten zu 1 Leiter; Käfiganker.
Bemerkung: Webstuhlmotor, Verwendung von Kugellagern und legiertem Eisenblech zur Erzielung geringer Leerlaufverluste.

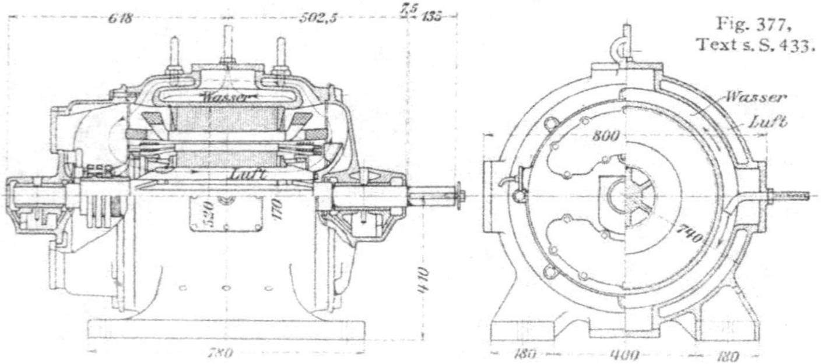

Fig. 378. **Drehstrom-Asynchronmotor der Allgemeinen Elektricitäts-Gesellschaft A.-G., Berlin.**

0,74 kW, 220 V, 2,75 A, 1420 U/min, 50 Per/sk, $\gamma = 0,82$, $\cos \varphi = 0,86$. Maßstab 8 : 100.
Ständer: Kern d 125 mm, l 55 mm, d_a 230 mm.
Läufer: Kern d_b 22 mm, Luftspalt 0,3 mm; Käfiganker.
Gewichte: Ständer 34 kg, Läufer 8 kg.

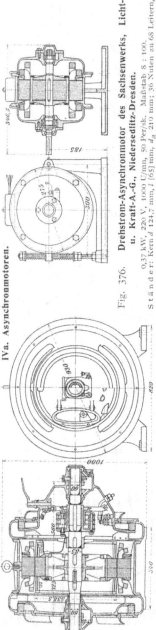

Fig. 375. **Drehstrom-Asynchronmotor der Siemens-Schuckertwerke,**
Text s. S. 433.

22 kW, 500 V 32,5 A, 725 U/min, 50 Per/sk, $\gamma = 0,87$, $\cos \varphi = 0,90$. Maßstab 4 : 100.
Ständer: Kern d 540 mm, l 120 mm, d_a [630] mm; 96 h. off. Nuten zu je 10 Leitern, Reihen-Sternschaltung; Leerlaufstr./Norm. Str. = 1 : 4.
Läufer: 8-polig, Kern d_i [360] mm; 120 Nuten zu je 2 Leitern, Reihen-Sternschaltung. Schleifringe Bronze, mit Kurzschl.-Vorr., Kupfergazebürsten; Luftspalt [0,75] mm.
Gewichte: Ständer 875 kg, Läufer 275 kg. $\theta = 0,01$ tm².
Bemerkung: Ausführung mit Plattenschutz für Schlagwettergruben.

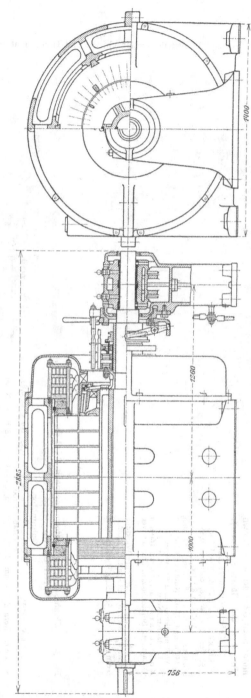

Fig. 377. **Drehstrom-Asynchronmotor der Maschinenfabrik Eßlingen.**

29,5 kW, 1000 V, 35 A, 1450 U/mn, 50 Per/sk, η = 0,921, cos φ = 0,92. Maßstab 4 : 100.

S t ä n d e r : Kern d 320 mm, d_a 520 mm; 36 h. off. Nuten (20 × 32) mm² zu je 19 Drähten; lange Spulen, in Reihe, Stern; Leerlaufstr./Norm. Str. = 1 : 5,94.

L ä u f e r : 4-polig, Kern d_i 170 mm; 72 h. off. Nuten (7 × 23) mm², zu 2 Drähten; aufgeschn. Gleichstr. Wickl., Stern; Luftspalt 0,8 mm; Schleifringe Bronze, ohne Kurzschluß-Vorrichtung.

G e w i c h t e : Ständer 1000 kg, Läufer 330 kg. — B e m e r k u n g : Gasdicht gekapselt, mit Wasserkühlung u. innerer Luftströmung.

Fig. 379. **Drehstrom-Asynchronmotor der E. A.-G. vorm. W. Pöge, Chemnitz.**

625 kW, 2000 V, 210 A, 1480 U/mn, 50 Per/sk, η = 0,93, cos φ = 0,93. Maßstab 4 : 100.

S t ä n d e r : Kern d 650 mm, l 800 (—70) mm, d_a 1000 mm, 48 h. off. Nuten (23 × 50) mm² zu je 6 Leitern von je (7,8 × 11,8) mm² bl., Sternschaltung.

L ä u f e r : 4-polig, Kern d_i 360 mm; 60 h. off. Nuten (14 × 46) mm², zu je 2 Leitern von je (8 × 12) mm² bl., Sternschaltung; Luftspalt 2,5 mm; Schleifringe Bronze, mit Kurzschluß-Vorrichtung, Kupferbürsten.

IVb. Wechselstrom-Kommutatormotoren.

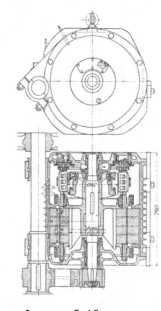

Fig. 380. Einphasenkommutator-motor nach Déri der A.-G. Brown, Boveri & Cie., Baden (Schweiz).

Offene Ausführung.

5,15 kW, 400 V, 20 A, 1000 U/mn, 50 Per/sk, $\eta = 0,8$, cos $\varphi = 0,85$.

Maßstab 8 : 100.

Anker: Kern d 258,5 mm, l 170 mm, d_i 140 mm; 47 h. off. Nuten zu 4 Drähten, Wellenwicklung in 2 Stromkreisen; Leerlaufstr./Norm. Str. = 1 : 3.

Kommutator: d 175 mm, 160 mm, 94 Lam, 12 Bürstenbolzen, davon 6 verstellbar.

Ständer: 6-polig, verteilte Wicklung, Kern d_a 380 mm, Luftspalt 0,75 mm.

Bemerkung: Schalhey Thomson-Déri.

Fig. 381. Einphasen-Kommutatormotor nach Déri der A.-G. Brown, Boveri & Cie., Baden (Schweiz).

Bahnmotor.

25,7 kW, 625 V, 57 A, 488 U/mn, 32,5 Per/sk, $\eta = 0,85$, cos $\varphi = 0,85$.

Maßstab 4 : 100.

Anker: Kern d 460 mm, l 230(—24) mm, d_i 315 mm; 58 h. off. Nuten zu 4 Drähten, Wellenwicklung in 2 Stromkreisen. Leerlaufstr./Norm. Str. = 1 : 3.

Kommutator: d 340 mm, l 140 mm, 174 Lam, 12 Bürstenbolzen, davon 6 verstellbar.

Ständer: 6-polig, verteilte Wcklung, Kern d_a 610 mm, Luftspalt 1 mm.

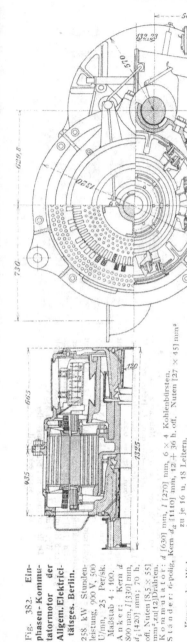

Fig. 382. Einphasen-Kommutatormotor der Allgem. Elektricitätsges. Berlin.

258 kW Stundenleistung, 900 V, 500 U/mn, 25 Per/sk. Maßstab 4 : 100.

Anker: Kern d 800 mm, l [330] mm, d_i [420] mm; 70 h. off. Nuten [8,5 $\times$ 55] mm², zu [12] Drähten.

Kommutator: d [630] mm, l [270] mm, 6 $\times$ 4 Kohlenbürsten.

Ständer: 6-polig, Kern d_a [1110] mm, 12 + 36 h. off. Nuten [27 $\times$ 45] mm² zu je 16 u. 18 Leitern.

Kurven des Wirkungsgrades u. der Anzugsmomente siehe S. 629 u. 630.

Bemerkung: Schaltung Latour-Winter-Eichberg.

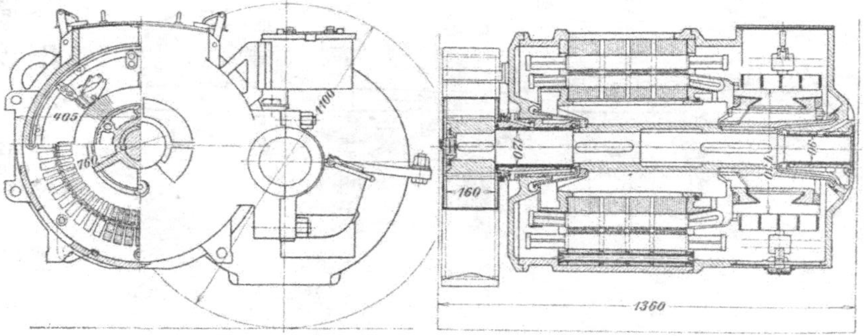

Fig. 383. Einphasen-Kommutatormotor der Siemens-Schuckertwerke, Berlin. Bahnmotor.

134 kW, 300 V, 556 A, 770 U/mn, 25 Per/sk, $\eta = 0.84$, cos $\varphi = 0.96$. Maßstab 4 : 100.

Anker: Kern d 540 mm, l 380(—45) mm, d_i 337 mm; 74 off. Nuten, 12 $\times$ 51 mm², zu je 6 Leitern; Reihenparallelschaltung mit 4 parallelen Stromkreisen; 4 Widerstandsdrähte für jede Nut; Kompensationswicklung.

Kommutator: d 430 mm, l 285 mm, 222 Lam., 8 $\times$ 4 Bürsten.

Ständer: 8-polig (Pole nicht sehr ausgeprägt), Kern d_a 760 mm; 56 h. off. Nuten 22 $\times$ 59,5 mm², zu je 10 Leitern; Luftspalt 2,5 mm.

Bemerkung: Reihenschaltung.

28*

V. Motorgeneratoren.

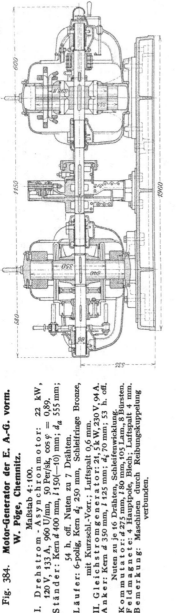

Fig. 384. Motor-Generator der E. A.-G. vorm. W. Pöge, Chemnitz.

Maßstab 4:100.

I. Drehstrom - Asynchronmotor: 22 kW, 120 V, 133 A, 960 U/min, 50 Per/sk, cos φ = 0,89.

Ständer: Kern d 400 mm, l 150(—10) mm; d_a 555 mm; 54 h. off. Nuten zu 7 Drähten.

Läufer: 6-polig, Kern d_l 250 mm, Schleifringe Bronze, mit Kurzschl.-Vorr.; Luftspalt 0,6 mm.

II. Gleichstromgenerator: 21,5 kW, 230 V, 94 A. Anker: Kern d 350 mm, l 125 mm; d_l 70 mm; 53 h. off. Nuten zu je 16 Drähten, Schleifenwicklung.

Kommutator: d 275 mm, l 80 mm, 101 Lam., 8 Bürsten. Feldmagnete: 4 Hauptpole, Blech; Luftspalt 4 mm. Bemerkung: Maschinen durch Reibungskuppelung verbunden.

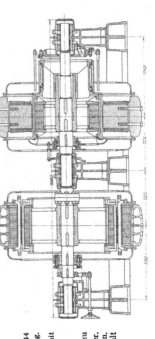

Fig. 385. Motor-Generator von C. u. E. Fein, Stuttgart.

I. Drehstrom-Asynchronmotor: 427 kW, 3000 V, 96 A, 490 U/min 50 Per/sk, cos φ = 0,92. Maßstab 2:100.

Ständer: Kern d [1340] mm, l [480(—60)] mm, d_a [1660] mm; 144 h. off. Nuten zu 7 Drähten; lange Spulen, 2 fach parallel; Sternschaltung. Leerlaufstr./Norm. Str. = 0,22.

Läufer: 12-polig, 180 off. Nuten zu 1 Leiter; Bronze-Schleifringe mit Kurzschl.-Vorr. u. Bürstenabheber, Bronzebürsten.

II. Gleichstromgenerator: 400 kW, 2 × 125 V, 1600 A, η = 0,876 total.

Anker: Kern d [990] mm, l [320(—30)] mm, d_l [660] mm; 112 off. Nuten zu 8 Leitern, Schleifenwicklung in 8 Stromkreisen, 51 Äquipot.-Verbinder.

Kommutator: d [780] mm, l [400] mm, 224 Lam., 8 Bürstenbolzen. Feldmagnete: 8 Hauptpole, Blech; 8 Wendepole, massiv; Luftspalt Hp. u. Wp. 7 mm; Erregung: 3,8 kW bei 250 V.

Bemerkung: Dreileiterdynamo mit Spannungsteiler, Maschinen starr gekuppelt.

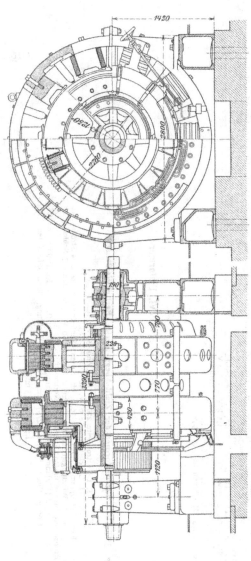

Fig. 386. Motor-Generator der A.-G. Brown, Boveri & Cie., Baden (Schweiz).

I. Synchronmotor: 662 kW, 5100 V, 76 A, 375 U/mn, 50 Per/sk, $\eta = 0,945$, cos $\varphi = 1$. Maßstab 2 : 100.
Anker: Kern d 1900 mm, l 360(—42) mm, d_a 2300 mm; 144 h. off. Nuten (22 × 56) mm², zu je 10 Drähten, lange Spulen, Sternschaltung
Feldmagnete: 16 Hauptpole, Stahl, je (31 × 15) cm², Polschuhe Blech; Polbog./Teilg. 0,62; Luftspalt 6 mm. Schleifringe Stahl, mit Kohlenbürsten.
Erregung: 6 kW bei 450 V.

II. Gleichstromgenerator: 600 kW, 440/490 V, 1360/1220 A, $\eta = 0,945$.
Anker: Kern d 1800 mm, l 260(—30) mm, Kern d_i 1390 mm; 220 h. off. Nuten (11,5 × 35) mm² zu je 4 Stäben; Schleifenwicklung in 10 Stromkreisen,
Äquipot.-Verbinder nach jed. 2. Lam.
Kommutator: d 1150 mm, l 470 mm, 440 Lam., 10 Bürstenstifte mit Kohlenbürsten.
Feldmagnete: 10 Hauptpole, Stahl je (30 × 30) cm², Polschuhe Blech; 10 Wendepole, Stahl; Polbog./Teilg. 0,71; Luftspalt:
Hp. 8 mm Wp. 9 mm. Erregung: 6,5 kW. bei 450 V.

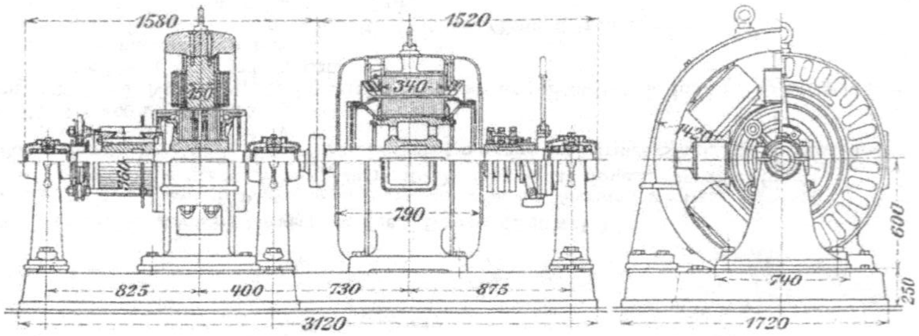

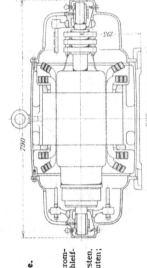

Fig. 387. **Motor-Generator der Allgemeinen Elektricitäts-Gesellschaft, Berlin.**

Maßstab 2 : 100.

I. Drehstrom-Asynchronmotor: 165 kW, 3000 V, 37 A, 975 U/mn, 50 Per/sk, $\eta = 0,93$, cos $\varphi = 0,92$.
Ständer: Kern d [630] mm, l 340 mm, d_a 900 mm.
Läufer: 6-polig, Kern d_i [460] mm; Luftspalt [1,5] mm; Schleifringe Bronze, mit Bronzebürsten u. Kurzschlußvorr.
II Gleichstromgenerator: 150 kW, 500 V, 300 A, $\eta = 0,925$,
Anker: Kern d 550 mm, l 220 (—[30]) mm, d_i [220] mm, Wellenwicklung.
Kommutator: d 360 mm, l 310 mm.
Feldmagnete: 4 Hauptpole, Stahl; 4 Wendepole, Stahl; Polbog./Teilg. 0,64; Erregung: 4,5 kW bei 500 V
I. u. II. Gewichte: feststehender Teil 5,5 t; drehbarer Teil 1,7 t; $\theta = 0,06$ tm .
Bemerkung: Maschinen fest; gekuppelt.

VI. Umformer.

Fig. 388. **Einankerumformer der Ziehl-Abegg-Werke, Berlin-Weißensee.**

Maßstab 8 : 100.
I. Drehstromseite 220 V, 1500 U/mn, 50 Per/sk.
II. Gleichstromseite 60 V, 40 A, $\eta = 0,83$.
Anker: Kern d [170] mm, l [170] mm, 36 h. off. Nuten; Schleifenwicklung in 4 Stromkreisen; 2 getrennte Wicklungen für 220 V Drehstrom und 60 V Gleichstrom; 3 Schleifringe Bronze mit Bronzebürsten; Leerlaufstr./Normalstr. = 1 : 3.
Kommutator: d [132] mm, l [40] mm, 72 Lam., 4 Bürstenstifte mit Kohlenbürsten.
Ständer: 4-polig, Blech, Kern d_a [275] mm, verteilte Wicklung, 36 h. off. Nuten; Luftspalt 0,5 mm.

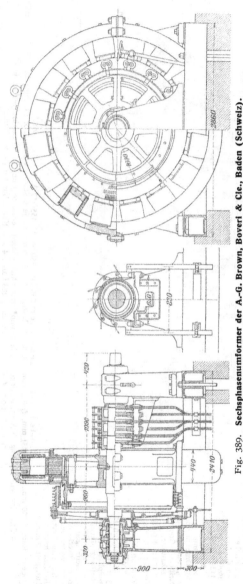

Fig. 389. **Sechsphasenumformer der A.-G. Brown, Boveri & Cie., Baden (Schweiz).**

800/1000 kW, Glstr. 450/500 V, 1670 A, 375 U/min, 50 Per/sk, η = 0,95, cos φ = 1. Maßstab 2 : 100.

A n k e r : Kern d 1900 mm, l 220 (—30) mm, d_i [1480] mm; 256 off. Nuten 8,5 × 32 mm² zu je 6 Leitern, Schleifenwicklung in 16 Stromkreisen; 6 Schleifringe Kupfer; Bürsten Kupfer mit Graphitzwischenlage; Äquipot.-Verbinder nach jed. 2. Lam.

K o m m u t a t o r : d 1600 mm, l 310 mm, 768 Lam., 16 × 6 Kohlenbürsten.

F e l d m a g n e t e : 16 Hauptpole, Stahl 23,5 × 23 cm², Polschuhe Blech; Luftspalt 6 mm, Polbog./Teilg. 0,78; Dämpferwicklung. Erregung: 6 kW bei 450/500 V.

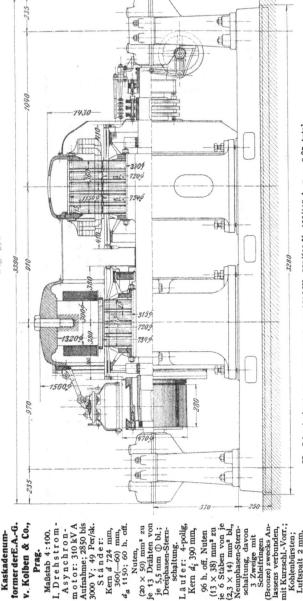

Fig. 390.

Kaskadenumformer der E.A.-G. v. Kolben & Co., Prag.

Maßstab 4:100.

I. Drehstrom-Asynchron-motor: 310 kVA Aufnahme; 2850 bis 3000 V; 49 Per/sk.

Ständer:
Kern d 724 mm, 360(—60) mm, d_a 1150; 60 h. off. Nuten,

(20 × 50) mm² zu je 13 Drähten von je 5,5 mm ⊕ bl.; Dreiphasen-Sternschaltung.

Läufer: 4-polig, Kern d_i 390 mm,

96 h. off. Nuten (13 × 38) mm² zu je 6 Stäben von je (2,3 × 14) mm² bl., Neunphasen-Sternschaltung, davon 3 Zweige mit Schleifringen (Bronze) zwecks Anlassens verbunden, mit Kurzschl.-Vorr.; Kohlenbürsten; Luftspalt 2 mm.

II. Gleichstromgenerator: 250 kW, 550/600 V, 455/417 A, $\eta = 0{,}87$ total.

Anker: Kern d 720 mm, l 315(45) mm, d_i 315 mm; 96 h. off. Nuten (11 × 33) mm² zu je 6 Stäben von je (2 × 13) mm² bl., Schleifenwicklung in 4 Stromkreisen, 9-phasig; 9 Ausgleichringe von je 40 mm² (mit Läuferphasen verbunden) und 9 Ausgleichringe von je 40 mm².

Kommutator: d 470 mm, l 280 mm, 288 Lam., 4 × 8 Kohlenbürsten (16 × 30) mm².

Feldmagnete: 4 Hauptpole, Stahl, je 705 cm², je 3600 Wdg, von 1,6 mm ⊕ bl., in Reihe; Joch, Stahl, 450 cm²; 4 Wendepole, Stahl, je (6 × 20) cm², je 22 Wdg. von (3 × 90) mm² bl.; Dämpferwicklung: 2 Kurzschlußringe von je 700 mm² u. jeder Polschuh trägt 9 Stäbe von 20 mm ⊕;

Luftspalt: Hp. 7 mm, Wp. 6 mm; Polbog./Teilg. 0,67.

I. u. II. Gesamtgewicht: 11,3 t (einschl. Grundplatte).

Anker auf gemeinsamer Welle.

Bemerkung: Blech legiert. Maschine bestimmt zum Straßenbahnbetrieb.

VII. Transformatoren.

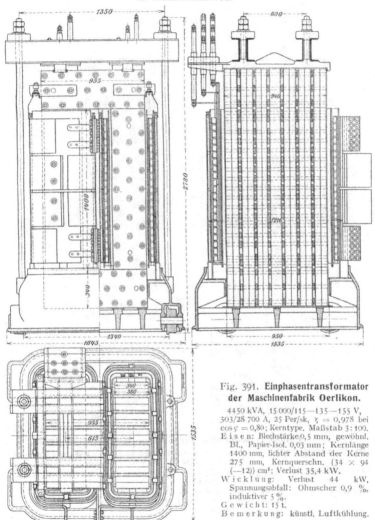

Fig. 391. Einphasentransformator
der Maschinenfabrik Oerlikon.

4450 kVA, 15 000/115—135—155 V,
303/28 700 A, 25 Per/sk, $\eta = 0,978$ bei
$\cos \varphi = 0,80$; Kerntype, Maßstab 3 : 100.
E i s e n: Blechstärke 0,5 mm, gewöhnl.
Bl., Papier-Isol. 0,03 mm; Kernlänge
1400 mm, lichter Abstand der Kerne
275 mm, Kernquerschn. (34 × 94
(—12)) cm²; Verlust 35,4 kW.
W i c k l u n g: Verlust 44 kW,
Spannungsabfall: Ohmscher 0,9 %,
induktiver 5 %.
G e w i c h t: 15 t.
B e m e r k u n g: künstl. Luftkühlung.

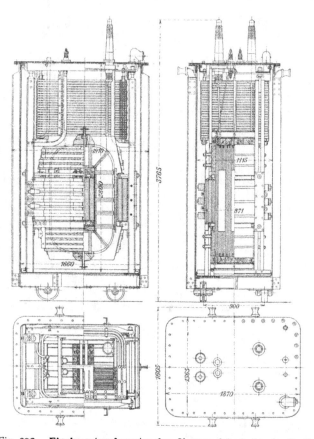

Fig. 392. **Einphasentransformator der Siemens-Schuckertwerke, Berlin.**

1500 kVA, 2890/28 900 V, 445/52 A, 50 Per/sk, $\eta = 0,983$ bei $\cos\varphi = 1$, $\eta = 0,98$ bei $\cos\varphi = 0,8$: Manteltyp. Maßstab 2 : 100.

E i s e n: Blechstärke 0,3 mm, gewöhnl. Bl.; Papier-Isol. 0,03 mm; Querschn. 1300 cm² Verlust 10,68 kW.

W i c k l u n g: prim. 102 Wdg., sek. 876 Wdg., Verlust 15,2 kW; Spannungsabfall: Ohmscher 1,0 %, indukt ver 4,9 %.

G e w i c h t e: Transformator 7,2 t; Öl 3,7 t.

B e m e r k u n g: Transformator besitzt Wasserkühlung und Entfeuchtungs Vorr.

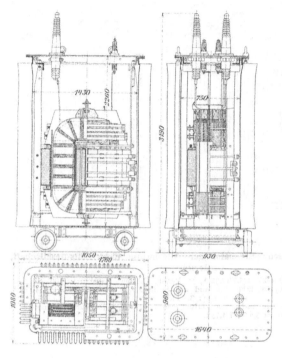

Fig. 393. **Einphasen-transformator der Siemens-Schuckert-werke, Berlin.**

500 kVA, 28 900/8950 V,
17,7/64 A, 50 Per/sk;
$\eta = 0,985$ bei cos = 1;
$\eta = 0,982$ bei cos $\varphi = 0,8$;
Manteltyp.
Maßstab 2 : 100.
E i s e n : Blechstarke
0,3 mm, legiert,
Papier-Isol. 0,03 mm;
Querschnitt: 1000 cm²;
Verlust 3,5 kW.
W i c k l u n g :
prim. 1064 Wdg., sek.
296 Wdg.;
Verlust 4,24 kW.
Spannungsabfall:
Ohmscher 0,85 %,
induktiver 3,1 %.
G e w i c h t e :
Transformator 4,1 t;
Öl 2,2 t.
B e m e r k u n g :
Selbstkühlung, Gehäuse
mit Kühlrippen.

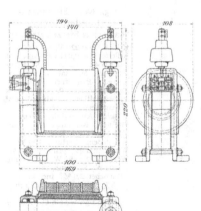

Fig. 394. **Spannungstransformator von Koch & Sterzel, Dresden.**

100 VA (bei 1 % Spannungsabfall etwa
20 VA), 6000/110 V, 0,019/0,91 A, 50 Per/sk,
$\eta = 0,86$ bei cos $\varphi = 1$; $\eta = 0,83$ bei
cos $\varphi = 0,80$. Maßstab 16 : 100.
E i s e n : Blechstärke 0,35 mm, legiert, zur
Isol. 0,03 mm stark mit Asphaltlack gewalzt;
Querschn. 10,12 cm² (kreuzförm., Blech-
pakete ineinandergefalzt); Verlust 8 W.
W i c k l u n g : prim. 8 × 3375 Wdg., sek.
501 Wdg., beide Spulen auf nur einem
Kern, rund, konzentrisch; Verlust 8 W;
Spannungsabfall: Ohmscher 8 %,
induktiver 15 %.
G e w i c h t : betriebsfertig 6 kg.

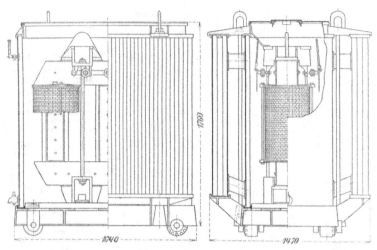

Fig. 395.   **Dreiphasentransformator der Allgemeinen Elektrizitäts-Gesellschaft, Berlin.**

600 k VA, 2000/20 000 V, 173,2/17,32 A, 50 Per/sk, Kerntyp. Maßstab 3 : 100.
E i s e n: Kernlänge [900] mm, lichter Abstand der Kerne 2 × [300] mm, Querschn. 840 cm²;
Verlust: 3,55 kW.
W i c k l u n g: prim. u. sek. Sternschaltung; Verlust (warm) 6,15 kW, Kurzschlußspannung 4,3 %.
G e w i c h t e: Transformator 3,6 t; Öl 1,75 t.

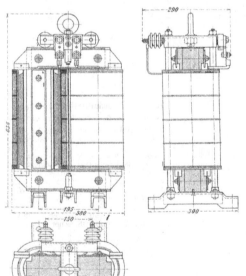

Fig. 396.   **Einphasentransformator
von Koch & Sterzel, Dresden.**

10 kVA, 6000/220 V, 1,72/45,5 A,
50 Per/sk, $\eta = 0,971$ bei cos $\varphi = 1$
$\eta = 0,964$ bei cos $\varphi = 0,8$; Kerntype.   Maßstab 8 : 100.
E i s e n: Blechstärke 0,35 mm,
legiert, zur Isol. 0,03 mm stark
mit Asphaltlack gewalzt; 54 cm²
Kernquerschn. (kreuzförm.),
lichter Abstand der Kerne
110 mm, Kernlänge 330 mm;
Stoßfugen gehobelt, stumpf
gestoßen.   Verlust: 100 W.
W i c k l u n g: prim. 8 × 575
Wdg., sek. 2 × 85 Wdg.; Verlust
200 W; Spannungsabfall:
Ohmscher 2,0 %, induktiver
3,8 %; Spulen konzentrisch,
rund.
G e s a m t g e w i c h t: 150 kg.

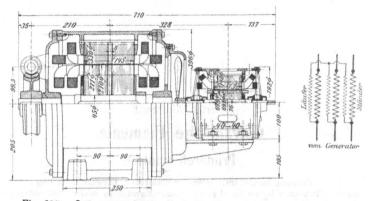

Fig. 397. **Spannungsregler der E. A.-G. vorm. Kolben & Co., Prag.**

Asynchronmotor 3,5 kVA, jeder Zweig 156/±11 V, 10/105 A, 50 Per/sk. Maßstab 10 : 100.
S t ä n d e r: Kern d 211 mm, l 145 (—8) mm, d_a 330 mm; 24 h. off. Nuten (14,5 × 24) mm², 12
zu je 4 und 12 zu je 5 Drähten von je 5,5 mm $\oplus$ bl. Polpaare parallel.
L ä u f e r: Kern d_i 45 mm; 36 h. off. Nuten (8 × 28,5) mm² zu je 18 Drahten von je 2,4 mm
$\oplus$ bl.; Sternschaltung (s. Fig. 296 b); Luftspalt 0,5 mm; Verstellbarkeit: ± 45°.
B e m e r k u n g e n: Blechstärke 0,5 mm; Kupferverlust 213 W, Eisenverlust 200 W; zur Lüftung
ist ein durch besonderen Motor getriebener Ventilator angebracht. Gesamtgewicht (einschl. Ventil-
Motor) 185 kg.
V e n t i l a t o r m o t o r: 0,2 kW, 270 V; 1410 U/mn, 50 Per/sk; Kern d 69,9 mm, l [75] mm,
d_a 148 mm, d_i 16 mm 0,15 mm Luftspalt, Kurzschlußläufer.

Vierter Abschnitt.

Galvanische Elemente.

Primärelemente. [1]

(612) Vorgang im Element; Arten der Elektroden. Die gebräuchlichen Primärelemente bestehen in der Regel in der Zusammenstellung zweier Elektroden aus
zwei verschiedenen Metallen oder einer Metall- und einer Kohlenelektrode mit
einer Flüssigkeit (Elektrolyt) und einem Depolarisator. Die Flüssigkeit löst eines
der Metalle (Lösungselektrode, Anode) auf und erzeugt Wasserstoff- oder Metallionen. Letztere wandern durch das Elektrolyt zur anderen Elektrode (Leitungs-
elektrode, Kathode) und geben hier ihre Elektrizität ab; der Wasserstoff wird
hierbei von dem die Anode umgebenden Depolarisator oxydiert, die Metalle scheiden
sich aus; vgl. (73).

Es sind bis jetzt verwendet worden:

für die Anode: Zn, Fe, Mg, Al, K und Na (letztere als Amalgame); fast in
allen gebräuchlichen Elementen Zn;

für die Kathode: Cu, C, Pt, Pb, Ag, Fe;

als Elektrolyt: anorganische Säuren, Salze und Basen, hauptsächlich H_2SO_4,
HCl, KOH, NaOH, NH_4Cl, NaCl, $ZnSO_4$, $MgSO_4$, $ZnCl_2$;

als Depolarisatoren: gasförmige, flüssige und feste Oxydationsmittel, hauptsächlich CuO, MnO_2, PbO_2, HNO_3, CrO_3, $CuSO_4$, $CuCl_2$, AgCl, $HgSO_4$, $KMnO_4$,
$K_2Cr_2O_7$, Cl, O (Luft), S.

Über die Berechnung der EMK s. (75) und (76).

K o n z e n t r a t i o n s u n t e r s c h i e d e des Elektrolyts an der Anode
führen zur Bildung von Konzentrationsketten, (76), welche die oberen Teile der
Anode auflösen und das Zink an den unteren Teilen abscheiden. Man mache daher
die Anode in senkrechter Richtung kurz, lasse sie jedenfalls nicht bis nahe zum
Boden des Elementengefäßes reichen.

D i f f u s i o n. Bei Elementen mit zwei Flüssigkeiten tritt infolge der Diffusion eine langsame Mischung der Flüssigkeiten ein. Diese hat insbesondere bei den
Elementen vom Daniellschen Typus größeren Verbrauch an Zink zur Folge, indem
das bei der Kathode befindliche Elektrolyt, $CuSO_4$, zur Anode dringt. Der Strom-
vorgang wirkt dieser Diffusion entgegen, so daß in Daniellschen Elementen bei
starker Stromentnahme das Kupfersulfat nicht oder wenig zum Zn diffundiert.

L o k a l a k t i o n. Wenn die Anode, in weitaus den meisten Fällen Zn,
unrein ist, so bildet sie mit dem Elektrolyt ein in sich geschlossenes Element, z. B.
Zn/Fe; es wird Zn aufgelöst und am Fe Wasserstoff oder das Metall des Elektrolyts
ausgeschieden. Aus diesem Grunde verzehren die Elemente auch während der
Ruhe Zn. Um diese innere Wirkung zu vermeiden, wird häufig das Zink amalgamiert.

---

[1] Unter dieser Abteilung sind der Übersichtlichkeit wegen auch die Thermoelemente aufgenommen worden.

Bei der nachfolgenden Zusammenstellung wird keine Rücksicht genommen auf Elemente, bei denen starke Polarisation eintritt, weil diese für die Praxis keine Bedeutung haben. Aus der sehr großen Anzahl der vorkommenden Elemente sind nur die bekanntesten und am meisten in der Praxis verwendeten hervorgehoben.

Literatur. Niaudet, Traité de la pile électrique. — Hauck, Galvanische Batterien. — Tommasi, Traité des piles électriques. — Carhart-Schoop, Die Primärelemente. — Bein, Elemente und Akkumulatoren. Leipzig, 1909. — Grimm, Die chemischen Stromquellen. München 1908. — G. Schulze, Primärelemente und Schwachstromakkumulatoren. Helios 1910, Nr. 23—25. — E. Friedrich, Untersuchungen über das Leclanché-Element. Elektrochem. Ztschr. Bd. 16, S. 219, 252, 287. 1910. — Lucas, Electrican (London) Bd. 66, S. 406. — Loveridge, Dry cell tests. Electrician (London) Bd. 65, S. 803. — Burgess & Hambuechen, Certain characteristics of dry cells. Electrician (London) Bd. 65, S. 743. — Ordway, Some characteristics of the modern dry cell. Trans. Amer. Electrochem. Soc. Bd. 17, S. 341. 1910. — Cooper, The Benkö primary cell and its application. J. Instit. El. Eng. Bd. 46, S. 741. 1911.

(613) Die gebräuchlichen Elemente. (Siehe die Tabelle S. 448.)

I. Daniellsche Elemente. Zink in verdünnter Schwefelsäure, in Lösung von Zinkvitriol oder Magnesiumsulfat (Bittersalz), Kupfer in Kupfervitriol. Durch den Strom wird Zink aufgelöst und Kupfer ausgeschieden; so lange der Vorrat an gelöstem Kupfervitriol reicht, tritt keine Polarisation ein. Die Kupfervitriollösung muß vom Zink getrennt gehalten werden; dies geschieht durch a) Diaphragma, poröse Zelle, b) die Schwerkraft, indem die Lösungen der Schwere nach übereinander geschichtet werden. In beiden Fällen mischen sich die Flüssigkeiten langsam durch Diffusion. Die Daniellschen Elemente zeichnen sich durch sehr konstante EMK aus; sie haben aber einen erheblichen, oft recht großen inneren Widerstand und eignen sich daher nicht zur Hergabe stärkerer Ströme. Sie verbrauchen Zink auch während der Ruhe. Das Kupfervitriol soll rein sein (mindestens 25 % Cu), besonders frei von As; Fe und Bi in erheblichen Mengen sind wegen der entstehenden Niederschläge nachteilig; die Lösung ist gesättigt zu nehmen. Das Zink soll gleichfalls rein sein (99 %) und insbesondere kein As enthalten.

Zu den einzelnen Elementen dieser Gruppe ist zu bemerken:

I. Daniellsche Elemente.

1. Gewöhnliches Daniellsches Element mit Tonzelle. In der Zelle ein Zinkstab, in der Regel von kreuzförmigem Querschnitt, amalgamiert, mit eingegossenem Poldraht; im äußeren Glase ein größeres Kupferblech, welches die Tonzelle umgibt. Die Schwefelsäure (20—25 %) soll in der Zelle mindestens $^1/_8$ höher stehen, als außen die Kupfervitriollösung.

2. Pappelement von Siemens. Diaphragma aus Papiermasse, bereitet durch Tränkung von Papier mit konzentrierter Schwefelsäure, Auswaschen mit Wasser und Pressung. Die Papiermasse schließt die am Boden des Glases befindliche Kupferelektrode ab. Durch die Masse reicht ein Glas- oder Tonzylinder bis zum Kupfer. Der Poldraht geht durch den mit Kupfervitriolstücken gefüllten Zylinder. Der Zinkring steht oben auf der Papiermasse. Füllung: beim Zn verdünnte H_2SO_4.

3. Meidingersches Element, Sturzflaschenform. Kupferelektrode am Boden des Elementes in einem kleinen Glas, ihr Poldraht führt isoliert durch die Flüssigkeit. In das untere kleine Glas taucht ein Trichter oder umgekehrter Ballon (Sturzflasche), welcher mit $CuSO_4$-stücken und Wasser gefüllt ist.

4. Callaudsches Element. Zinkring an drei Nasen auf Glasrand in $ZnSO_4$ oder $MgSO_4$. Eine Kupferplatte mit angenietetem, durch Guttapercha isoliertem Draht am Boden des Gefäßes in $CuSO_4$-lösung. Trennung der Flüssigkeiten durch den Unterschied im spezifischen Gewicht.

5. Krügersches Element. Zink wie bei Nr. 4. Als Kathode dient eine Bleischeibe, die am Boden des Gefäßes liegt und mit Kupfervitriolstücken und lösung bedeckt ist; an der Scheibe sitzt ein Stiel (gleichfalls Blei), der in der

Nr.	Element	Elektroden positiv	negativ	Elektrolyt	Depolarisator	EMK etwa V
				I. Typus Daniell.		
				a) mit Diaphragma		
1	Daniell	Cu	Zn	H_2SO_4 verd.	$CuSO_4$ konz. oder $Cu(NO_3)_2$ konz.	1
2	Siemens (Pappelement)	,,	,,	$ZnSO_4$	$CuSO_4$ konz.	1
				b) ohne Diaphragma		
3	Callaud (franz. Telgr. Verw.)	Cu	Zn	$ZnSO_4$ oder $MgSO_4$	$CuSO_4$ konz.	1
4	Meidinger (preuß. Eisenb. Verw.)	,,	,,	,,	,,	1
5	Krüger (dtsch. Telegr. Verw.)	Pb verkupf.	,,	$ZnSO_4$	,,	1
				II. Abgeleitete Daniellsche Elemente.		
6	Marié-Davy	Pb verkupf.	Zn	H_2SO_4 verd.	Hg_2SO_4	1,5
7	Warren de la Rue (Normal-Element)	Ag	,,	NH_4Cl konz.	AgCl geschmolzen	1,04
8	Clark (Normal-Element)	Pt amalg.	,,	$ZnSO_4$	Hg_2SO_4	1,44
9	Weston (Normal-Element)	,,	Cd	$CdSO_4$	,,	1,02
				III. Typus Grove.		
				a) mit Diaphragma		
10	Grove	Pt	Zn	H_2SO_4 verd.	HNO_3 rauch.	1,9
11	Bunsen	C	,,	,,	,,	1,95
12	Poggendorf	,,	,,	,,	$K_2Cr_2O_7$	2—2,2
				b) ohne Diaphragma		
13	Bunsen (Tauchelement)	C	Zn	H_2SO_4 verd.	$K_2Cr_2O_7$	2—2,2
				IV. Typus Lalande.		
14	Edison-Lalande	Fe	Zn	KOH oder NaOH konz.	CuO	0,7-0,9
15	Cupron-Element	,,	,,	,,	,,	0,7-0,9
16	Wedekindsches Elem.	,,	,,	,,	,,	0,7-0,9
				V. Typus Leclanché.		
17	Leclanché	C	Zn	NH_4Cl konz.	MnO_2	1,4
				VI. Trockenelemente.		
18		C	Zn	verschieden		1,5

Mitte des Gefäßes in die Höhe ragt und oben eine Klemmschraube trägt. Das Blei überzieht sich beim Beginn der Stromlieferung mit Kupfer und wirkt dann wie eine Kupferelektrode.

II. **Abgeleitete Daniellsche Elemente.** Statt des Kupfers kann man Kohle (M a r i é - D a v y), Platin (C l a r k), Silber (W a r r e n d e l a R u e) nehmen. Der Depolarisator ist in den beiden ersten Fällen Quecksilbersulfat, in letzterem Chlorsilber. Als negative Elektrode dient Zink. Ersetzt man im Clarkschen Element das Zink durch Kadmium, so bekommt man das W e s t o n sche Element. Diese Elemente sind als Normalelemente wichtig, vgl. (153, 154).

III. **Grovesche Elemente.** Zink in verdünnter Schwefelsäure, Platin oder Kohle (B u n s e n) in einem flüssigen Depolarisator, der leicht Sauerstoff hergibt, Salpetersäure oder Chromsäure (auch Übermangansäure). Die Salpetersäure wird konzentriert, sogar rauchend genommen, auch wird, um sie konzentriert zu halten, konzentrierte Schwefelsäure zugefügt. Um die oxydierende Wirkung zu erhöhen, kann man $^1/_4$ Salzsäure zufügen. Elemente mit Salpetersäure stoßen übelriechende, sogar giftige Dämpfe aus und können nicht im geschlossenen Raume benutzt werden; sie werden überhaupt nur noch selten verwendet. Der chemische Vorgang ist:

$$Zn + H_2SO_4 + HNO_3 = Zn SO_4 + 2 H_2O + 2 NO_2$$

Ein abgeändertes Bunsenelement mit Salpetersäure ist das Nitroinelement. Die Kohle ist ein Hohlzylinder oder viereckiges Gefäß und dient zur Trennung der Lösungen. Im Innern befindet sich die Nitroinlösung, hauptsächlich Schwefelsäure, spez. Gew. 1,25, welcher Salpetersäure beigemischt ist; außen wird die Kohle umgeben von neutraler Zinksulfatlösung, in der das Zink steht. Die EMK beträgt 1,75 — 1,8 V, Klemmenspannung im Betrieb 0,5 bis 1,6 V, soll nicht unter 1,2 V gehen. Der innere Widerstand ist hoch. Die Stromstärke darf bis zum Mehrfachen des normalen Stromes gesteigert werden. Das Element erzeugt das übelriechenden Gase des Bunsenelementes bei der geringen Stromstärke nicht in bedeutendem Maße; ein Glas mit Sodalösung, welches in das Element gesetzt wird, dient zur Absorption, ein Glasdeckel zum Verschluß. Nach einer Entladung wird die ZnSO₄-Lösung verdünnt und ein Teil der Nitroinlösung ersetzt, nach mehreren Entladungen die Zinkelektrode. Das Element verbraucht in der Ruhe Zink. Der Strom kostet etwa 3 M/kWst. Das Element wird zum Laden von Sammlern empfohlen. Das Element wird in 3 Größen von der Elektropatent G. m. b. H., Berlin gebaut:

Größe	normaler Strom A	Kapazität Ast	Innerer Widerstand Ø	Gewicht mit Lauge kg
I	0,2	20	0,4—0,5	1
II	0,4	30	0,2—0,3	1,75
III	1,2	120	0,1	6,5

Chromsäure-Element. Die Chrom- (oder Übermangan-)säure werden als Kali- oder Natronsalze beigefügt, die Chromsäure durch Mischen der Bichromatlösung mit Schwefelsäure freigemacht. Das $Na_2Cr_2O_7$ liefert bei gleichem Gewicht mehr Sauerstoff und ist leichter löslich als $K_2Cr_2O_7$. Man nimmt etwa 5 Teile Wasser, 1 Teil Bichromat und $1^1/_2$ Teile Schwefelsäure; die Vorschriften sind ziemlich verschieden. Die Flüssigkeiten werden entweder durch ein Diaphragma (Tonzelle) getrennt, oder (bei Chromsäure) beide Elektroden tauchen in dieselbe Flüssigkeit. In letzterem Falle hebt man die Elektroden zur Zeit der Ruhe aus dem Elektrolyt (Tauchelement).

Der chemische Vorgang im Chromsäureelement ist:

$$3\,Zn + 7\,H_2SO_4 = 3\,ZnSO_4 + 4\,H_2SO_4 + 3\,H_2$$

$$4\,H_2SO_4 + 3\,H_2 + K_2Cr_2O_7 = Cr_2\,(SO_4)_3 \cdot K_2SO_4 + 7\,H_2O$$

Bei dem B u n s e n schen Tauchelement (Tab. S. 448, Nr. 13) sind an einem gemeinschaftlichen Rahmen aus Holz Paare von Zn und C-Platten befestigt, welche in hohe Gläser hinabgelassen werden können. T r o u v é verbindet viele Platten aus C und Zn zu einem Element. G r e n e t s Flaschenelement hat 2 C-Elektroden an dem Deckel des Elementgefäßes befestigt; dazwischen ist eine bewegliche Zn-Elektrode.

Die Elemente dieser Art haben eine ziemlich konstante EMK, geringen Widerstand und vermögen, ohne zu polarisieren, starke Ströme herzugeben. Sie sind in der Bedienung etwas umständlich.

Ein neues Chromsäure-Element ist das von B e n k ö. Die Polarisation wird dadurch vermieden, daß die depolarisierende Chromsäurelösung durch die Kohlenelektrode hindurchgepreßt und auf diese Weise rasch erneuert wird. Die Kohlenelektrode (deren dichtere Oberfläche entfernt ist) hat die Form einer oben offenen Zelle von langgestrecktem ovalen Querschnitt; sie soll die von oben eingesenkte plattenförmige Zinkelektrode eng umschließen. Von außen wird die Kohlenzelle von einem Mantel aus Bleiblech umgeben, der nur einen geringen Zwischenraum freiläßt; in diesen wird durch ein mit dem Bleimantel verlötetes Rohr die Chromsäurelösung eingepreßt, indem der Behälter für die Lösung oberhalb der Batterie aufgestellt wird. Aus dem inneren Raum der Zelle läuft die verbrauchte Flüssigkeit durch ein Rohr ab. Es werden drei verschieden starke Lösungen gebraucht: T für Telegraphie, auf 1 l Wasser 5 g Natriumbichromat, 2,6 cm³ Schwefelsäure von 1,84 spez. Gew.; L für Licht, Elektrolyse usw., auf 1 l 60 g Bichromat, 120 cm³ Säure; P für sehr starken Strom 100 g Bichromat, 150 cm³ Säure. Die EMK beträgt 2—2,05 V, der zulässige Strom mit der Lösung L 6 A/dm², mit P 10 A/dm², bezogen auf die ganze Oberfläche des Zinks und bei starkem Verbrauch an Lösung. Mit 0,5 l/st für die Zelle erhält man nur die Hälfte. Eine Zelle von den Maßen 235 × 158 × 44,5 mm wiegt 4 kg und liefert mit Lösung L 17,5 A bei 1,5 V, d. i. 6,5 W/kg. Der innere Widerstand beträgt nur wenige Hundertelohm. Bei zu starker Stromentnahme (Klemmenspannung unter 1,5 V) verstopfen sich die Poren der Kohle durch die Erzeugnisse der Reduktion. Zur Zeit der Ruhe wird kein Zink verbraucht; während der Stromlieferung beträgt der nutzbare Verbrauch 0,2—0,3 des Zinks. — Stromkosten etwa 2 M für die kWst.

IV. L a l a n d e s c h e E l e m e n t e. Als Depolarisator dient Kupferoxyd, welches seinen Sauerstoff leicht abgibt und daher energisch polarisiert, und welches sich zu gutleitenden und doch porösen Platten formen läßt, als Elektrolyt Natron- oder Kalilauge. Die negative Elektrode besteht aus Zink. Diese Elemente können starken Strom hergeben, ohne sich merklich zu polarisieren; die Spannung ist nicht hoch (0,7—0,9 V) und sinkt während der Entladung merklich. Der innere Widerstand ist gering. L a l a n d e stellte Platten aus Kupferoxyd auf chemischem Wege, durch Erhärten, her, E d i s o n preßte sie durch hohen Druck, B ö t t c h e r bildete einen porösen Überzug aus Kupferoxyd auf dem Boden des eisernen Elementengefäßes. Die zu Kupfer reduzierten Platten lassen sich durch den Sauerstoff der Luft wieder oxydieren, besonders leicht die Böttcherschen. Die Natronlauge muß gegen Zutritt der Luft geschützt werden, damit sie keine Kohlensäure aufnehme.

Der chemische Vorgang im Element ist:

$$Zn + 2\,KOH = K_2O_2Zn + H_2$$

$$H_2 + CuO = H_2O + Cu$$

Das Kupronelement von U m b r e i t und M a t t h e s enthält zwischen zwe Zinkplatten eine poröse Kupferoxydplatte; es wird gefüllt mit Natronlauge von 20—22° Baumé; zum Abschluß dient eine Schicht Petroleum oder Vaselinöl. Nach der Entladung kann die Kupferoxydplatte durch Liegen an der Luft oder rascher durch mäßiges Erhitzen wieder oxydiert werden.

Das W e d e k i n d sche Element enthält die Kupferoxydschicht auf den Innenflächen des eisernen Elementengefäßes, die Zinkelektrode wird am Deckel befestigt. Zur Oxydation des Kupfers wird das entleerte Gefäß eine Zeitlang an der Luft erhitzt. Das Elektrolyt ist Natronlauge von 25—27° Baumé.

Ein ähnliches Element ist das Heil-Element von U m b r e i t und M a t t h e s; statt des Kupferoxyds wird Quecksilberoxyd benutzt. Spannung offen 1,32 V, sinkt bei Stromlieferung auf etwa 1,2 V. Das Element kann aber nicht regeneriert, vielmehr muß der Depolarisator erneuert werden.

Die Kupronelemente von U m b r e i t und M a t t h e s werden in vier Größen hergestellt:

Größe	Strom	Kapazität	Innerer Widerstand	Gewicht (ohne Wasser)	Ätznatron für 1 Füllung
	A	Ast	Ø	kg	kg
I	1—2	40—50	0,06	1,5	0,2
II	2—4	80—100	0,03	3	0,4
III	4—8	160—200	0,015	5	0,8
IV	8—16	350—400	0,0075	9	1,6

Die W e d e k i n d schen Elemente werden in 6 Größen gebaut:

0 A b	0,3—0,8	35—30		1,8	0,08
I a	1,5	75		3,1	0,25
I a b	1—5	150—60		4,3	0,30
II a b	2—5	300—200		9,5	0,70
III a b	6—12	550—450		17,0	1,15
IV a b	10—40	1200—760		36,5	3,50

Die Heilelemente werden in 2 Größen gebaut

II	0,5—1	15		0,5	0,05
III	1—2	30		0,7	0,10

V. L e c l a n c h é - E l e m e n t e. Der Depolarisator ist Mangansuperoxyd, Braunstein, Pyrolusit, MnO_2, welcher vom Wasserstoff zu Mn_2O_3 reduziert wird. Das Elektrolyt ist Salmiaklösung, häufig mit Zusätzen in kleinen Mengen. Der Depolarisator kann bei einfachen Formen der Elemente in losen Stücken auf den Boden des Gefäßes gelegt werden; er wird häufig als Brikett gepreßt und an der Kohlenelektrode befestigt, oder die Kohle samt dem Braunstein erfüllt einen porösen Tonzylinder. Bei anderen Bauarten mischt man die Kohle mit grob gepulvertem Braunstein und preßt daraus Elektroden, die alsdann noch erhitzt werden, um das Bindemittel zu verkohlen und die Kohle hart und fest zu machen; stärkere Erhitzung ist schädlich, weil das MnO_2 seinen verfügbaren Sauerstoff abgibt. Die verschiedenen Sorten des natürlich vorkommenden Braunsteins sind von ungleichem Werte; manche geben nur einen geringen Teil des im MnO_2 verfügbaren Sauerstoffes her. Die Zinkelektrode besteht meist in einem runden Stab, der entweder in eine Ecke des Elementes gestellt wird, oder auch (beim B a r b i e r schen Element) in der Mitte der hohlzylinderförmigen Kohlenelektrode hängt.

Die Elemente dieser Art sind nicht polarisationsfrei; sie eignen sich nicht für ununterbrochenen Betrieb mit einigermaßen starkem Strom, bedürfen vielmehr stets längerer Ruhepausen zur Erholung. Ihre EMK sinkt bei stärkerer Beanspruchung bald auf 1 V, auch darunter. Der innere Widerstand ist klein. Eine wichtige Rolle bei der Depolarisation spielt der Sauerstoff der Luft, dessen Zutritt nach Möglichkeit zu erleichtern ist (das Element a t m e t).

Durch die Auflösung des Zinks bildet sich Zinkoxychlorür, welches mit Salmiak ein Doppelsalz bildet. Dieses ist in Wasser unlöslich, in starker Salmiaklösung, auch in Salzsäure löslich; es kristallisiert bei Anwendung schwacher Salmiaklösung aus und überzieht die Zinkelektrode mit einer harten Kruste, die den Widerstand erhöht. Bei Anwendung reinen Salmiaks wird während der Ruhe des Elements kein oder wenig Zink verbraucht.

Der chemische Vorgang im Element ist nach E. F r i e d r i c h :

1. Phase: $3Zn + 6NH_4Cl + 4H_2O + 6MnO_2 =$
$$3ZnCl_2 \cdot 4NH_3 \cdot 4H_2O + 2NH_3 + 3Mn_2O_3 \cdot H_2O$$

2. Phase: $Zn + 2NH_3 + 2H_2O + 4MnO_2 =$
$$2NH_3 + Zn(OH)_2 \cdot 2MnO_2 + Mn_2O_3 \cdot H_2O$$

3. Phase. $Zn + 2NH_3 + 2H_2O + Zn(OH)_2 \cdot 2MnO_2 =$
$$2NH_3 + 2Zn(OH)_2 + Mn_2O_3 \cdot H_2O$$

Beim Ausfallen des $Zn(OH)_2$ wächst der Widerstand stark.

VI. T r o c k e n e l e m e n t e sind fast ausschließlich Leclanché-Elemente. Die Anode ist in der Regel C, die Kathode Zn. Das Elektrolyt ist eine feuchte Paste, häufig von Chloriden (NH_4Cl, $ZnCl_2$, $AgCl$, $HgCl_2$). Der Depolarisator ist fest und meist ein Oxyd oder Chlorid, oder die Depolarisation geschieht durch den Sauerstoff der Luft. In der Regel verwendet man Braunstein; der weiche kristallisierte eignet sich besser als der harte, derbe; er wird gemahlen (Feinheit ff.) verwendet. Zur Erhöhung seiner geringen Leitungsfähigkeit wird das Pulver mit etwa 30 % Graphit, am besten Ceylongraphit in Schuppen, gemischt, mit wenig Salmiaklösung angerührt und (nicht zu stark) gepreßt. Die feuchte Paste wird meist bereitet durch Beimischung eines porösen, trockenen Körpers zum Elektrolyt, z. B. Sägemehl, Kokosfaser, Asbestfaser, Sand, Kieselgur, Gips, Tonerdehydrat, Kieselsäurehydrat, Kleister, Tragant. Die gesamte Wassermenge soll etwa 400 g auf 1 kg MnO_2, der Salmiak 100 g auf 1 kg MnO_2 betragen. Außerdem setzt man noch $MgCl_2$, $CaCl_2$, $ZnCl_2$ als Leitsalze zu; $ZnCl_2$ ist weniger gut, weil es die Bildung des Zinkoxychlorids begünstigt. In der Regel befindet sich die C-Elektrode in der Mitte; sie wird umgeben vom Depolarisator, der häufig von einem Beutel festgehalten wird (Beutelelement); dann folgt die Paste mit dem Elektrolyt, und die Zinkelektrode schließt das Ganze ein. Man umgibt häufig noch das Zink mit einem viereckigen oder runden Becher aus Pappe oder Isolit; Glasbecher empfehlen sich weniger. Ein isolierender Verguß schließt das Element; zur Entlüftung (NH_3) führt aus dem Innern durch den Verguß ein Röhrchen. Der Zutritt der äußeren Luft ist meist erschwert. Zur Verminderung der Lokalaktion kann man das Zn amalgamieren; auch $ZnCl_2$ vermindert sie, lösliche Depolarisatoren dagegen vermehren sie. Um die Entwicklung von NH_3 zu vermeiden, verwendet L u c a s $MnCl_2$ an Stelle des NH_4Cl. Die Trockenelemente verhalten sich im allgemeinen ähnlich wie die Leclanché-Elemente. Die Spannung beträgt meist 1,45 bis 1,5 V; beim Ferabinelement (A. W e d e k i n d) etwa 1,9 V (Eisenoxyd und Ferabinsäure im Depolarisator). Der innere Widerstand beträgt bei Elementen von 2 kg Gewicht etwa 0,1 bis 0,2 $\varnothing$.

Die Trockenelemente werden in der Haustelegraphie, im Fernsprechwesen, als Meßbatterie und im allgemeinen als tragbare Stromquelle benutzt. Als Stromquelle für ein Mikrophon verwendet man 1—2 Elemente von etwa 180 mm Höhe und 80 mm Durchmesser; bei sehr stark belasteten Sprechstellen auch größere Elemente. Zum Betriebe von Weckern können die kleinen Nummern, etwa 120 bis 160 mm Höhe benutzt werden. Meßbatterie vgl. S. 196 (259, 4). Sollen die Elemente längere Zeit in Vorrat lagern, so werden sie so vorgerichtet, daß sie nur mit Salmiaklösung oder Wasser gefüllt zu werden brauchen, um benutzbar zu sein (Lagerelement).

(614) Elektrische Größen und Maße einiger Elemente. Die EMK von Elementen hängt ab von der Beschaffenheit der verwendeten Materialien, der Stärke der Lösungen und der Temperatur, der innere Widerstand außerdem von den Abmessungen der Elemente, der Beschaffenheit der Tonzelle sowie der zur Verwendung kommenden Stromstärke. Die in der nachstehenden Tabelle (von der Firma Siemens & Halske) aufgeführten Zahlen können daher ebensowenig wie die in anderen Werken angegebenen auf Genauigkeit Anspruch machen, sondern nur als Durchschnittswerte für den praktischen Gebrauch angesehen werden. Der innere Widerstand eines Elementes ist beim Gebrauch jedesmal besonders zu bestimmen, da er mit den Größenverhältnissen der Elemente und der Beschaffenheit der Füllung wesentlich schwankt.

Bezeichnung des Elements	EMK V	Innerer Widerstand $\varnothing$	Gewicht kg	Maße in Millimetern			
				Länge	Breite	Höhe ohne Klemmen	mit Klemmen
Meidinger Ballonelement	1,18	ca. 5	3,5	110 mm Φ		235	235
Großes Leclanché. .	1,5	ca. 0,4	3,0	100	100	260	310
Mittleres Leclanché .	1,5	ca. 0,6	1,5	90	90	145	185
Großes Pappelement	1,20	4 bis 6	2,9	115 mm Φ		160	210
Kleines Pappelement	1,1	6 bis 10	0,85	75 mm Φ		110	145
Bunsen	1,90	0,2	4,2	115 mm Φ		170	270
Amerikanisches Element	1,18	1,5 bis 2	7,0	155 mm Φ		180	240
Daniell	1,15	ca. 1,0	3,0	115 mm Φ		160	180
Fleischer.	1,45	ca. 0,4	2,4	105 mm Φ		155	220

Gute Trockenelemente haben eine EMK von etwa 1,45—1,55 V, manchmal auch mehr; der innere Widerstand beträgt bei kleinen Elementen von weniger als 0,5 kg Gewicht etwa 0,5—0,6 $\varnothing$, bei etwas größeren von 0,5—1 kg etwa 0,15 bis 0,25 $\varnothing$ und bei den großen von über 1 kg Gewicht meist 0,10—0,15 $\varnothing$. Die von einem Elemente zu liefernde Elektrizitätsmenge hängt außer von der chemischen Zusammensetzung und der Konstruktion noch von seiner Größe ab. Trockenelemente von 1,8 kg Gewicht liefern bei einer Beanspruchung durch 5 $\varnothing$ während 3 Minuten in jeder Viertelstunde und bis zu einer Spannung von 0,7 V etwa 50 bis 100 Ast.

(615) Das Güteverhältnis einer Batterie wird durch den inneren Widerstand bedingt. Bezeichnet R den Nutzwiderstand, r den inneren Widerstand, so ist das Güteverhältnis

$$\gamma = \frac{R}{R + r} = \frac{P}{E}$$

γ nimmt zu, wenn r kleiner oder wenn R größer wird.

D i e   L e i s t u n g   einer arbeitenden Batterie wird ausgedrückt durch das Produkt aus der Klemmenspannung P der Batterie und der Stromstärke I im äußeren Stromkreis. Die Leistung ist gleichwertig $\dfrac{PI}{9,81}$ kgm/sk oder 0,24 PI cal/sk.

Die Maximalleistung einer Batterie tritt ein, wenn $R = r$ ist (wodurch $P = {}^1/_2 E$). Dann ist $\gamma = {}^1/_2$ oder 50 %. Für diesen Fall gilt PI max $= \dfrac{1}{2}\dfrac{E^2}{r}$ Watt oder $\dfrac{E^2}{40\,r}$ kgm/sk oder 0,06 $\dfrac{E^2}{r}$ cal/sk.

(616) Schaltung und Wahl der Elemente. Die für einen bestimmten Betrieb geeignete Art und Größe der Elemente bestimmt man nach den Anforderungen an die Konstanz der EMK des Elementes und an die Stärke des zur Verwendung kommenden Stromes. Für starken Strom eignen sich die Chromsäure- und die Lalandeschen Elemente, jene mehr für kürzere Stromentnahme, diese für dauernde. Für schwachen Strom nimmt' man: Kupfer-Zink-Elemente für gleichbleibende Spannung und dauernde Stromentnahme, Leclanché- und Trockenelemente für kürzere Entnahme und bei mäßigen Ansprüchen an gleichbleibende Spannung. In beiden Fällen gilt für den inneren Widerstand, daß er um so geringer sein muß, je stärker das Element beansprucht wird. Bei großem äußeren Widerstand schaltet man viele kleine Elemente hintereinander, bei kleinem äußeren Widerstand nimmt man wenige großplattige Elemente oder schaltet viele Elemente nebeneinander.

(617) Wirkungsgrad und Berechnung des Materialverbrauchs einer Batterie. Ein Element der EMK E, das mit dem Strom I und mit dem Güteverhältnis γ arbeitet, leistet nützlich $EI\gamma$ Watt und verbraucht in 1 sk von jedem Stoff, der durch die Stromerzeugung verändert wird, rund $10^{-5}\,a\,I$ Gramm (67). Für 1 Wst werden demnach verbraucht

$$\frac{0,036\,a}{E\,\gamma}\ \text{Gramm}$$

Werte von 0,036 a (genauer 0,0374 a) s. Seite 58.

Tatsächlich verbraucht ein Element mehr als die theoretisch berechnete Menge, oft ein Vielfaches. Der Quotient aus dem theoretischen Verbrauch durch den tatsächlichen heißt der Wirkungsgrad des Elementes.

(618) Amalgamierung der Zinkelektroden in Elementen. Um das Zink gegen den Angriff des Elektrolyts im Zustande der Ruhe zu schützen, wird es amalgamiert, verquickt.

1. 200 g Quecksilber werden in 1000 g Königswasser (250 g Salpetersäure und 750 g Salzsäure) unter vorsichtigem Erhitzen aufgelöst. Nach Auflösen gibt man unter Umrühren langsam 1000 g Salzsäure zu. Die zu amalgamierenden Zinkelektroden werden einige Sekunden lang in die Flüssigkeit getaucht und dann abgewaschen.

2. Verfahren nach R e y n i e r. Hiernach wird dem Zink in geschmolzenem Zustande 4 % Quecksilber beigemischt. Beim Zugießen ist große Vorsicht zu beobachten, um zu verhüten, daß das geschmolzene Metall spritzt. Zinkelektroden aus solchem legierten Zink sollen sich sehr langsam abnutzen.

3. Nach T o m m a s i erhält man sehr gute Zinkelektroden, indem mittels einer Bürste eine Paste aus Quecksilberbisulfat, feinem Sand und verdünnter Schwefelsäure aufgerieben wird.

4. Dem Zink wird durch Eintauchen in verdünnte Salzsäure eine metallische Oberfläche gegeben und dann Quecksilber mit einer Bürste oder einem Lappen eingerieben.

(619) Thermoelemente. Die Thermosäulen sind für Kleinbetrieb ein sehr bequemes Mittel zur Erzeugung eines konstanten andauernden Stromes. Man wendet sie hauptsächlich an zur Gewinnung von Metallniederschlägen in der analytischen Elektrolyse und zur Ladung kleiner Akkumulatoren; außerdem zu Temperaturmessungen. Seitdem man fast überall Anschluß an ein Stromverteilungsnetz haben kann, werden die Thermoelemente weniger benutzt. Die Thermosäulen werden in der Regel auf höchste Stromleistung geschaltet, wobei der Wirkungsgrad 0,50 ist (615). Eine Säule, deren EMK 4 V ist, und die 3 A liefern kann und dabei 170 l Gas zu 16 Pf/cm³ verbraucht, leistet unter solchen Bedingungen 1 kWst für 4,5 Mark. Der Betrieb stellt sich hiernach etwa ebenso teuer wie bei Primär-elementen, aber sehr viel teurer als bei Verwendung von Maschinenstrom. Daher wird man Thermoelemente wohl nur in besonderen Fällen (Laboratorium, ärztliche Zwecke, Galvanoplastik, Schulen) als Stromquelle benutzen.

1. S ä u l e   v o n   N o ë. Positive Elektrode: Stäbchen aus einer Legierung von Antimon und Zinn; negative: ein mit der Legierung vergossenes Bündel von Neusilberdrähten. Die einzelnen Elemente sind auf einem isolierenden Ring angeordnet und mit Heizstifte versehen, so daß die Heizstifte gegen den Mittelpunkt des Ringes zusammenlaufen (Sternform). Heizung durch Bunsenbrenner. Abkühlung durch spiralförmig gebogene, senkrecht stehende Kupferbleche, welche außen an die Elemente angelötet sind. E für jedes Element etwa 0,06 V.

2. S ä u l e   v o n   R e b i z e k. Abänderung der Säule von Noë. Querschnitt der positiven Legierung quadratisch; als negatives Metall wird ein Blechstreifen aus einer besonderen Legierung benutzt. Kupferne Heizstifte. Äußere Form im wesentlichen wie in der Noëschen Säule. E für das Element etwa 0,1 V. Die Säulen zu 12, 20 und 25 Elementen haben Sternform. Bei den größeren Säulen werden die Elemente in zwei Reihen geradlinig angeordnet. Säule von 50 El. großen Modells: $E = 4,3$ V; inn. Widerst. $= 0,778$, für das Element 0,015 Ø. Gasverbrauch 0,54 m³ in der Stunde, Strom 3,3 A (Zeitschr. f. Elektrot. 1884, S. 179).

3. S ä u l e   v o n   C l a m o n d. Eisenblechstreifen und Legierung von Zink mit Antimon oder Wismut mit Antimon. Elemente angeordnet in Form eines hohlen Zylinders. $E =$ etwa 0,02 V für jedes Element. Mit einer Clamondschen Säule der üblichen Größe schlägt man bei 170 l Gasverbrauch 20 g Kupfer nieder.

4. S ä u l e   v o n   C h a u d r o n. Ähnlich wie die von Clamond konstruiert; Elektroden Eisen und eine Legierung von Antimon und Zink. E für jedes Element etwa 0,06 V. Aus je 10 Elementen werden strahlenförmige Kränze gebildet, die in Reihen übereinander durch Asbest isoliert sind. Eine Säule für galvanoplastische Zwecke besteht aus 50 Elementen.- $E = 2,9$ V. Widerstand $= 0,38$ Ø. Nutzleistung 5 W. Gasverbrauch 200 l in der Stunde.

5. S ä u l e   v o n   G ü l c h e r (Elektrot. Zeitschr. 1890, S. 188 und 434). Positive Elektroden aus dünnen Röhrchen aus einer nickelreichen Legierung (Argentan), in zwei Reihen auf einer Schiefertafel befestigt. Leuchtgas (Gasdruck höchstens 50 mm Wassersäule) tritt aus einem unterhalb der Platte befindlichen Kanal in die Röhrchen. Am Ende der Röhren tritt das Gas aus Öffnungen von Specksteinhülsen und wird dort angezündet. Die Flammen erwärmen ein kreisförmiges Verbindungsstück der beiden Elektroden aus Stahl oder Schmiedeeisen. Die negativen Elektroden haben die Form hohler zylindrischer Stäbe, welche nach außen mit dreieckigen Verlängerungen versehen sind und bestehen aus einer antimonhaltigen Legierung. Die Gülcherschen Säulen werden von Julius Pintsch in Berlin in drei Größen geliefert mit 26, 50, 66 Elementen von 1,5; 3,0; 4 V bei 0,25; 0,50; 0,65 Ø Widerstand. Maximalstrom 3 A, Gasverbrauch 80, 150 und 190 l in der Stunde.

6. T h e r m o s ä u l e n   z u   M e s s u n g s z w e c k e n. Die P y r o m e t e r dienen zur Messung von hohen Temperaturen in Ofen u. dgl. Das Thermoelement aus Platin und Platin-Rhodium (L e   C h a t e l i e r), welches von der Physikalisch-

Technischen Reichsanstalt geeicht wird, erlaubt von etwa 300° bis 1600° zu messen (für 100° etwa 0,001 V). Es wird in der Regel in Form langer Drähte von 0,5 bis 0,6 mm Stärke in doppeltem Porzellanrohr oder anderer Bewehrung verwendet. Die Klemmen werden mit einem empfindlichen Drehspulengalvanometer mit Zeigerablesung verbunden (S i e m e n s & H a l s k e A.-G., H a r t m a n n & B r a u n A.-G.). Für höhere Genauigkeit hat L i n d e c k eine Kompensationsschaltung angegeben (Zeitschr. f. Instrkunde 1900, S. 285). Wo es nur darauf ankommt, die Erzielung einer bestimmten hohen Temperatur bei der Fabrikation zu überwachen, empfehlen Siemens & Halske das billigere Thermoelement Platin-Platiniridium. Temperaturen zwischen — 190 und 600° werden mit einem Kupfer-Konstantan-Element (S i e m e n s & H a l s k,e) oder einem Konstantan-Silber-Element (H a r t m a n n & B r a u n) gemessen (für 100° C etwa 0,004 V). Die Elemente können auch mit Registriergalvanometern verbunden werden (S i e m e n s & H a l s k e, H a r t m a n n & B r a u n). A. S c h w a r t z (Ztschr. V. D. I. 1912, S. 223) hat gute Ergebnisse mit Eisen-Konstantanelementen für hohe und niedere Temperaturen erzielt (K e i s e r & S c h m i d t).

Zu S t r a h l u n g s m e s s u n g e n empfiehlt R u b e n s (Zeitschr. f. Instrkunde, 1898) eine Thermosäule aus 20 Elementen Eisen-Konstantan, welche für 1° C etwa 0,001 V gibt und mit einem empfindlichen Spiegelgalvanometer 2 . 10⁻⁶° C zu messen gestattet (K e i s e r & S c h m i d t).

Literatur:
P e t e r s, Thermoelemente und Thermosäulen, ihre Herstellung und Anwendung. Halle a. S. 1908.

Sammler oder Akkumulatoren.

A. Aufbau und Wirkungsweise.

Allgemein verwendet wird der Bleisammler mit verdünnter Schwefelsäure als Elektrolyt. Neuerdings wird auch der sogenannte alkalische Akkumulator fabrikmäßig hergestellt und findet für besondere Zwecke Verwendung.

I. Der Bleisammler.

(620) Aufbau. Die positiven Platten des Bleisammlers haben als wirksamen Bestandteil Bleisuperoxyd, die negativen fein verteilten Bleischwamm. Als Träger dient Blei in Form von Platten oder Gittern, welche mit der wirksamen Masse überzogen bzw. gefüllt sind. Hiernach unterscheidet man

1. Platten, deren wirksame Schicht durch elektrischen Strom auf der Oberfläche erzeugt ist (Planté-Platten), und
2. Platten, welche durch Eintragen von Bleiverbindungen mit verschiedenartigen Bindemitteln vermischt in die gitter- oder rahmenförmigen Träger und Umwandlung dieser Verbindungen in wirksame Masse durch elektrischen Strom (Faure-Platten) hergestellt werden. Der mit einem Bindemittel versetzten Paste von Bleiverbindungen werden vielfach geringe Mengen inerter Körper wie Kaolin, Glaspulver usw. bei Herstellung der negativen Platte zugesetzt, welche ein ,,Schrumpfen" des Bleischwammes und dadurch verursachtes Nachlassen der Kapazität dieser Plattenart verhindern.

Die erstere Art, die älteste, wird besonders für positive Platten angewendet, namentlich für ortsfeste Anlagen und für Traktionsbatterien, vielfach auch für Eisenbahnwagen- und Schiffsbeleuchtung, Telegraphenbatterien usw. Die Platten sind schwerer als diejenigen der zweiten Art, können dagegen sehr starke Entladeströme vertragen und auch mit größerer Stromdichte geladen werden.

Die zweite Art wird vorzugsweise für negative Platten sowie vielfach auch für positive angewandt, letzteres besonders dann, wenn es auf geringes Gewicht der

Batterie ankommt, wie bei Elektromobilen, elektrischen Lampen usw. Um das Herausspülen des lockeren Bleischwammes, wie es bei Zusatz chemisch indifferenter Stoffe leicht eintritt, zu verhindern, verwendet die A c c u m u l a t o r e n - f a b r i k A. - G. die sogenannte Kastenplatte, eine weitmaschige Gitterplatte, an deren Oberfläche zu beiden Seiten dünnes durchlochtes Bleiblech angegossen ist, so daß die Masse nicht herausfallen kann.

(621) Der chemische Vorgang bei der Tätigkeit des Sammlers besteht während der Entladung in der Reduktion des Bleisuperoxyds an der + Platte und der Oxydation des Bleischwammes an der — Platte. Das entstehende Oxyd bildet mit der Schwefelsäure des Elektrolyts schwefelsaures Blei:

$$PbO_2 + 2 H_2SO_4 + Pb = 2 PbSO_4 + 2 H_2O$$

Bei der Ladung erfolgt Oxydation an der + Platte und Reduktion an der — Platte:

$$2 PbSO_4 + 2 H_2O = PbO_2 + 2 H_2SO_4 + Pb$$

Es wird mithin bei der Entladung H_2SO_4 verbraucht, bei der Ladung wieder abgegeben, mithin muß das spez. Gew. des Elektrolyts bei der Entladung sinken und bei der Ladung steigen. Für 1 Ast Entladung wird an jeder Elektrode 1,83 g H_2SO_4 gebraucht, entsprechend einer Bildung von 5,6 g $PbSO_4$.

Die Dichte der Säure wird von der Mehrzahl der Fabrikanten für einen geladenen Akkumulator zu 1,2 spez. Gew. angenommen. Bei dieser Dichte, genauer bei 1,22, hat die Schwefelsäure ihre beste Leitfähigkeit. Sammler für tragbare Zwecke, die leicht gebaut sein müssen und daher besonders enge Plattenstellung haben, erfordern ein Elektrolyt von größerer Säuredichte, bis 1,26 und noch höher, obgleich mit höherer Dichte die Haltbarkeit der Platte immer nachteiliger beeinflußt wird.

(622) Elektromotorische Kraft und Klemmenspannung. Die elektromotorische Kraft beträgt rund 2 V. Sie ist abhängig von der Säuredichte.

Spez. Gew.	Grad Baumé	H_2SO_4 in %	H_2SO_4 in kg/l	Leitfähigkeit	Ruhespannung in Volt
1,00	—	0	0	0,00	1,80
1,05	6,7	7,37	0,077	0,35	1,90
1,100	13,0	14,35	0,158	0,52	1,95
1,150	18,8	20,91	0,239	0,67	2,00
1,200	24,0	27,32	0,328	0,74	2,05
1,250	28,8	33,43	0,418	0,73	2,10
1,30	33,3	39,19	0,510	0,69	2,15

Die EMK ist praktisch unabhängig von der Temperatur. Die Klemmenspannung bei der Entladung ist abhängig von der Stromstärke. Sie fällt im Laufe der Entladung erst langsam, dann schneller, bis sie den von der Fabrik zugelassenen Wert der Endspannung erreicht hat. Dieser ist wiederum von der Beanspruchung abhängig, und zwar gilt für Entladezeiten bis 2 Stunden und kürzer eine Endspannung von 1,70—1,75, bei 3—5 stündiger Entladung eine solche von 1,80—1,83, bei 7½ bis 10 stündiger Entladung eine solche von 1,83 V. Bei der Ladung steigt die Spannung erst schnell, dann langsam und schließlich wieder schnell an und erreicht den höchsten Wert, wenn beide Plattenarten lebhaft Gas entwickeln. Die dabei erreichte Endspannung ist wesentlich abhängig von der Ladestromstärke. Bei 4 stündiger Ladezeit beträgt sie etwa 2,75 V, bei 8 stündiger etwa 2,5 V. Der Spannungsverlauf eines Elementes bei Ladung und Entladung ist dargestellt in Fig. 128, S. 218. Die Fig. 398 stellt die Entladekurven bei 1—10 stündigem Strom dar.

458   Galvanische Elemente.

Wird ein in Entladung befindlicher Akkumulator ausgeschaltet, so steigt seine
Spannung erst schnell, dann langsamer auf die normale Ruhespannung, so daß man
aus letzterem Wert nicht den Entladezustand des Akkumulators beurteilen kann.
Der letztere ist im Ruhezustand nur aus dem spez. Gew. der Säure zu schätzen.

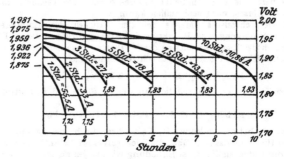

Fig. 398. Spannungsverlauf eines Akkumulators bei verschiedenen Entladeströmen.

(623) Der innere Widerstand ist bei guten Sammlern sehr gering und beträgt
bei größeren Zellen unter 0,001 $\varnothing$, eine Automobilzelle der A c c u m u l a t o r e n -
f a b r i k A.-G. von 175 Ast hat z. B. 0,0009 $\varnothing$, eine stationäre Zelle J_6 der gleichen
Fabrik von derselben Leistung hat 0,0005 $\varnothing$. Der innere Widerstand nimmt mit
fortschreitender Entladung etwas zu, weil die Säure verdünnter wird, und die
Leitfähigkeit der Platten durch Umwandlung des Bleischwammes und des PbO_2
in das schlechter leitende $PbSO_4$ abnimmt. Für eine Zelle der Type J_3 der A c c u -
m u l a t o r e n f a b r i k A.-G. ist der innere Widerstand im geladenen Zustand
mit 0,00119 gemessen und steigt bei Entladung bis 0,00182 $\varnothing$.

(624) Die Kapazität (Aufnahmefähigkeit). Die Strommenge, welche der geladene Sammler bei Entladung bis zur vorgeschriebenen Spannungsgrenze abgeben
kann, ist abhängig von der Entladestromstärke. Bei positiven Großoberflächenplatten ist die Kapazität bei 5 stündiger Entladung das 1,11 fache derjenigen bei
3 stündiger Entladung, diejenige bei 7 stündiger bzw. 10 stündiger Entladung das
1,20 fache bzw. 1,34 fache.

(625) Wirkungsgrad. Der Wirkungsgrad, das Verhältnis der entladenen
Wattstunden zu den zur Ladung aufgewandten, beträgt in der Praxis etwa 75 %
und steigt etwas mit steigender Temperatur. Der Wirkungsgrad in Strommenge,
d. h. das Verhältnis der entladenen Ast zu den zur Ladung aufgewandten, beträgt
etwa 90 %.

(626) Aufbau der Zellen. Die Platten werden in Gefäße eingebaut, deren
Material sich nach Größe und Verwendungszweck richtet. Kleinere Zellen für ortsfeste Anlagen erhalten Glasgefäße, größere Holzkasten, welche innen mit Blei aus-
gekleidet sind.   Tragbare Zellen werden meist in Hartgummigefäße eingebaut,
kleinere auch in Zelluloid (vorausgesetzt, daß die Elementzahl einer Batterie nicht
größer als 16 ist), sobald es auf geringes Gewicht und geringe Raumbeanspruchung
ankommt.   Sonst werden ausgebleite Holzkasten verwandt, oft auch Glasgefäße.

Im Gefäße sind die Platten so angeordnet, daß immer eine + (braune) und eine
—(graue) Platte abwechseln. Die Zahl der — Platten ist um eine größer, so daß die
äußeren Platten nur aus letzteren bestehen.   Die Platten sind genau parallel zueinander eingebaut und werden durch Glasrohre, Hartgummistäbe, Holzstäbe usw.
in richtigem gleichmäßigen Abstand voneinander gehalten.   Die Accumulatorenfabrik A.-G. verwendet jetzt allgemein besonders behandelte dünne Holzbrettchen

zwischen den Platten, welche durch Holzstäbe in ihrer Lage festgehalten werden. Die Holzstäbe haben Schlitze, durch welche die Brettchen durchgesteckt werden.

Zwischen dem Unterrand der Platten und Gefäßboden ist freier Raum gelassen, der die von den Platten im Betriebe abfallenden Teile aufnimmt. Ist dieser freie Raum von den abgefallenen Bleiverbindungen ausgefüllt, so muß das Element gereinigt werden, da sonst dieser Schlamm leitende Verbindung zwischen den Platten bildet. Der Schlamm besteht aus einem Gemisch von Bleisulfat und Bleisuperoxyd.

Die Platten werden mit besonderen Ansätzen auf Stützscheiben aus Glas gehängt, und zwar zweckmäßig so, daß der obere Rand der Stützscheiben außerhalb der Säure sich befindet, so daß sich auf ihm kein Schlamm ansammeln kann. Bei Glasgefäßen hängt man die Platte meist direkt auf den Rand des Gefäßes. Fig. 399 zeigt die Aufhängung der Platten. Die Platte hängt mit den beiden Fahnen n auf den gläsernen Stützscheiben g.

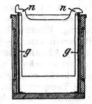

Fig. 399. Plattenaufhängung in einem ortsfesten Element.

Die gleichnamigen Platten einer Zelle werden untereinander leitend verbunden. Man richtet deswegen die stromführenden Fahnen der + Platte nach der einen, die der negativen nach der anderen Seite und verbindet sie durch übergelötete Bleistreifen. Durch Bleistreifen werden die positiven Platten der ersten Zelle untereinander mit den negativen Platten der zweiten Zelle verbunden usw., wie in Fig. 400 a dargestellt. Bei größeren Zellen erfolgt auch die Verbindung nach Fig. 400 b. Die Lötungen müssen ohne Verwendung von Zinn mit dem Gebläse ausgeführt werden. Nur wo Kupferverbindungen in die Bleileisten eingelötet sind, gebraucht man Zinn, das aber nach außen vollständig durch Blei verdeckt sein muß. Die

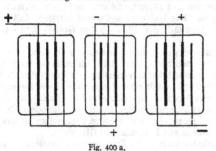

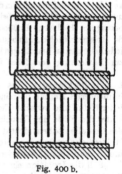

Fig. 400 a. Fig. 400 b.

Verbindung hintereinander geschalteter Elemente.

ortsfesten Zellen werden mit Glasplatten abgedeckt, um die Verdunstung und das Versprühen der Säure zu vermindern, wodurch der Verbrauch an Nachfüllflüssigkeit ganz erheblich verringert und auch bewirkt wird, daß die säurehaltigen Dämpfe nur in geringem Maße in den Raum gelangen.

Für manche Zwecke hat man auch die flüssige Säure durch eine säuregetränkte feste Masse zu ersetzen gesucht, so durch Kieselgallerte, Torf, Glaswolle, ohne nennenswerten Erfolg.

(627) Tragbare Akkumulatoren. Bei allen Verwendungsarten für tragbare Akkumulatoren kommt es hauptsächlich auf möglichst geringes Gewicht an, meist auch auf möglichst geringe Rauminanspruchnahme. Infolgedessen werden die

Platten in Gefäße aus Hartgummi oder Zelluloid[1] eingebaut, der Plattenabstand geringer als bei ortsfesten Anlagen genommen und die Platten vielfach leichter gebaut, was ihre Lebensdauer vermindert. Wie weit man mit der Verringerung des Plattengewichtes und des Plattenabstandes geht, hängt im wesentlichen davon ab, wie weit man Wert auf Wirtschaftlichkeit und Betriebssicherheit der Anlage zu legen hat. Wo es auf diese beiden Punkte ankommt, wird man möglichst Wert auf große Lebensdauer der Platten und Zuverlässigkeit des Betriebes legen.

Die Leistung der Batterien für Lokomotiven und Triebwagen mit Großoberflächenplatten ist etwa 8 Wst/kg bei 3 stündiger Entladung, bei Akkumulatoren für Zugbeleuchtung ca. 10 Wst/kg bei Elementen der Accumulatorenfabrik Aktiengesellschaft und ca. 12 Wst/kg bei den Masseplatten-Elementen der Akkumulatorenwerke Boese, beides bei 10 stündiger Entladung. Wesentlich leichter sind die Batterien für den Betrieb von Automobilen, wo Batterien von 28—33 Wst/kg bei 5 stündiger Entladung genommen werden.

(628) Akkumulatorenraum. Die Akkumulatorenräume ortsfester Batterien sind derart zu wählen und herzustellen, daß sie in der Nähe des Maschinenhauses gelegen, leicht zugänglich, möglichst hell, trocken, lüftungsfähig und möglichst geringen Temperaturschwankungen ausgesetzt sind. Sie dürfen anderen Zwecken nicht dienen. Staub oder schädliche Gase und Dämpfe dürfen in den Raum nicht eintreten. Decken und Wände müssen so beschaffen sein, daß kein Mörtel usw. in die Elemente fallen kann. Der Fußboden besteht aus Sand und bestem Trinidadasphalt (3½ : 1); geringere Asphaltsorten sind nicht widerstandsfähig und daher völlig unbrauchbar. Der Asphaltbelag wird am besten ca. 30 mm dick gewählt. Das Einsinken der Gestelle macht man dadurch unmöglich, daß man an den Stützpunkten der Gestelle säurebeständige Mettlacher Platten in die Asphaltschicht einlegt, und zwar so, daß sie direkt auf dem unteren Grunde ruhen. Die Tragfähigkeit des Fußbodens muß an den Unterstützungspunkten der Batteriegestelle dauernd mindestens 4,75 kg/cm² bei der höchsten im Raume vorkommenden Temperatur betragen. Hölzerne Fußboden werden gut geteert, und zwar mit Steinkohlenteer, da Holzteer nicht säurebeständig ist. Die Batterien sind so aufzustellen, daß man jede Zelle genau besichtigen kann. Man läßt deshalb vor jedem Gestell 0,75—1 m zur Bedienung der Zellen frei.

(629) Isolation. Die Zellen müssen gut sowohl untereinander als auch von der Erde isoliert werden. Das Batteriegestell besteht aus Holz. Ein Aufbau der Zellen in mehreren Reihen übereinander ist möglichst zu vermeiden. Zwischen den Zellen jeder Reihe und zwischen den Reihen selbst läßt man einen größeren Zwischenraum. Unter die Füße des Gestelles kommt Isolation aus Glas oder Porzellan. Die Teile des Gestelles sollen nicht durch metallene Schrauben, Bolzen usw., sondern durch Holzpflöcke verbunden werden. Die einzelnen Zellen erhalten nochmalige Isolation, indem man sie auf besondere Isolatoren aus Porzellan oder Glas stellt.

Soll die Isolation einer Sammlerbatterie gegen Erde gemessen werden, so verfährt man nach Liebenow (ETZ 1890, Seite 360) in der Weise, daß man die Batterie zunächst vom Netz und der übrigen Anlage trennt und hierauf (nach Einschalten einer Bleisicherung) zunächst den einen Pol der Batterie durch einen Strommesser mit möglichst kleinem Widerstand an Erde legt. Man liest den durch den letzteren fließenden Strom I_1 ab und wiederholt dann dasselbe Verfahren am anderen Pol. Ergibt sich hier die Stromstärke I_2, und ist E die Spannung der Batterie, so erhält man als Gesamtisolationswiderstand der Batterie $R = \dfrac{E}{I_1 + I_2}$.

Es empfiehlt sich, die eisernen Gestänge für die Verlegung der Zellenschalterleitungen und Klemmenverbindungen nicht über den Elementen, sondern über den Gängen anzubringen. Für Flachkupferleitungen werden zweckmäßig Schienen

---

[1] Dieses Kastenmaterial ist nur zulässig bei Batterien von nicht mehr als 16 Zellen.

mit abgerundeten Kanten gewählt, die verhindern, daß sich Säuretropfen auf der Oberkante festsetzen und oxydierend wirken. Blanke Leitungen werden mit Öl oder konsistentem Fett, Vaselin und dergl. vor der ersten Ladung eingefettet und dies von Zeit zu Zeit wiederholt.

(630) Schwefelsäure. Die Säure muß ganz rein sein, besonders frei von Arsen, Salpeter oder Salzsäure und Metallen der Schwefelwasserstoffgruppe. Sie wird mit reinem Wasser, am besten destilliertem Wasser verdünnt. Das Mischen der Säure mit Wasser wird in großen Gefäßen vorgenommen. Man gießt die Säure langsam und nach und nach unter Umrühren zum Wasser, nicht umgekehrt; die Mischung erhitzt sich beträchtlich. Am besten bezieht man die Säure in verdünntem Zustande von Säurefabriken, welche speziell sog. Akkumulatorensäure herstellen und für deren Reinheit garantieren. Zum Messen der Säuredichte benutzt man Aräometer. Die Säure ist am Boden der Gefäße unterhalb der Platten gewöhnlich dichter als zwischen und über diesen. Die Säure muß in den Elementen überall genügend hoch stehen. Zum Nachfüllen benutzt man destilliertes Wasser oder stark verdünnte Säure.

(631) Die erste Ladung. Möglichst bald nach Einfüllen der Säure hat die erste Ladung einer Batterie zu erfolgen. Das Einfüllen der Säure erfolgt erst, wenn die Batterie vollständig aufgestellt und die Maschinenanlage betriebsfertig ist. Die Maschine wird in den Stromkreis der Batterie eingeschaltet, sobald ihre Spannung gleich derjenigen der Batterie ist. Der positive Pol der Batterie muß mit dem + Pol der Maschine verbunden sein, was sich leicht mit Polreagenzpapier feststellen läßt. Die Ladung ist beendet, wenn alle Platten lebhaft Gas entwickeln, und diese Gasentwicklung nach einer Stromunterbrechung von $1/4$—$1/2$ Stunde fast unmittelbar nach Einschalten des Stromes wieder einsetzt. Die Farbe der positiven Platten muß dunkelbraun, die der negativen hellgrau sein.

(632) Ladung und Entladung. Als Stromstärke für die Ladung wird von den Fabriken die für die Größe der Zelle höchst zulässige angegeben; sie darf aber beliebig niedriger sein. In jedem Falle ist es für die Batterie vorteilhaft, wenn die Stromstärke gegen Ende der Ladung ermäßigt wird, um starke Gasentwicklung zu vermeiden, welche die Platten schädigt und Stromverluste verursacht. Jede Ladung ist so lange fortzusetzen, bis in sämtlichen Elementen beide Plattenarten lebhaft Gas entwickeln, und der Betriebswärter muß gegen Ende jeder Ladung nachsehen, ob in allen Elementen gleichmäßig und zu gleicher Zeit die Gasentwicklung beginnt. Bei Zurückbleiben eines oder mehrerer Elemente sind diese sofort zu untersuchen und in Ordnung zu bringen. Während der Ladung, besonders gegen deren Ende, muß der Batterieraum gut gelüftet werden. Nach Beendigung der Ladung läßt man die Spannung der Maschine etwas herabgehen, bis der Strom nahezu Null wird. Dann schaltet man aus. Zur Ladung werden allgemein Nebenschlußmaschinen benutzt. Soll zur Ladung eine Maschine mit gemischter Wicklung benutzt werden, so ist die Ladeleitung von den Bürsten abzuzweigen. Häufig ist es zweckmäßig, der Dynamomaschine, welche zur Speisung der Beleuchtungsanlage dient, für die Ladung der Batterie eine kleinere Maschine vorzuschalten (Zusatzmaschine), welche den Ladestrom dauernd aushält und etwa die Hälfte der Spannung der Lichtleitung liefern kann. Die Entladung ist beendet, wenn die Spannung rascher zu sinken beginnt. Weitere Stromentnahme ist schädlich für die Batterie.

Sollen Zellen einander parallel geschaltet werden, so muß dafür gesorgt werden, daß die parallelen Zellen entsprechend ihrer Größe Strom erhalten und liefern. Es empfiehlt sich, in jeden Zweig einen Strommesser und einen regulierbaren Widerstand einzuschalten. Sollen verschiedenartige Batterien oder neue und alte Elemente in dieser Weise zusammengeschaltet werden, so schaltet man am besten die neuen und die alten Elemente unter sich parallel und erst diese parallel geschalteten Reihen hintereinander.

In Zellen, welche zu weit oder mit zu starkem Strom entladen werden, oder bei
denen ein Isolierfehler oder ein Kurzschluß vorliegt, wie auch in Zellen, welche
längere Zeit aufgeladen stehen, nehmen die positiven Platten eine hellere rötliche
oder graue Farbe an, indem sich Bleisulfat bildet. Dieses kann man, nachdem der
etwaige Fehler beseitigt ist, durch fortgesetztes Laden mit Ruhepausen wieder in
das braune Superoxyd der positiven Platten verwandeln. Zur Aufladung mit Ruhepausen wird nach der gewöhnlichen Aufladung, sobald an beiden Plattensorten
lebhaft die Gasentwicklung eingetreten ist, die Ladung unterbrochen und die
Batterie sowohl von der Maschine als auch vom Netz abgeschaltet, damit sie weder
Strom aufnimmt noch abgibt. In diesem Zustande bleibt die Batterie mindestens
eine Stunde lang stehen. Dann wird wieder bis zur lebhaften Gasentwicklung geladen, worauf die Batterie abgeschaltet wird und wiederum eine Stunde stehen
bleibt. Auf diese Weise folgt Ladung und Ruhepausen, bis sofort nach dem Einschalten an beiden Plattensorten die Gasentwicklung eintritt. Die Ladungen sind
mit möglichst herabgesetzter Stromstärke vorzunehmen, um eine zu starke Gasentwicklung zu vermeiden. Eine solche Aufladung mit Ruhepausen wird auch erforderlich
1. alle 3 Monate einmal für eine im normalen Zustand befindliche Batterie,
2. wenn die Batterie im Notfalle ausnahmsweise, z. B. infolge Maschinen-
   bruches, mit höherem als dem vorgeschriebenen Ladestrom beansprucht ist,
3. nach wiederholt ungenügender Ladung, da durch eine solche unvermeidlich
   eine Sulfatation der + Platten eintritt, welche eine Verringerung der
   Kapazität verursacht, und dann Gefahr für die Lebensdauer der Platten
   auftritt.
Wenn es nötig ist, die Batterie für längere Zeit unbenutzt stehen zu lassen, so
muß sie vorher voll geladen werden, und man muß darauf achten, daß die Platten
ganz mit Flüssigkeit bedeckt sind. Wenn möglich, soll etwa alle 14 Tage so lange
geladen werden, bis Gasblasen entweichen. Sollen die Elemente monatelang unbenutzt bleiben, so zieht man am besten die Säure ab. Nach dem Wiedereinfüllen
hat man dann zunächst gründlich mit Ruhepausen aufzuladen.
(633) Kurzschluß in einer Zelle wird außer durch genaue Besichtigung der
Platten auch daran erkannt, daß gegen Ende der Ladung die Gasentwicklung aus-
bleibt oder später eintritt als in den benachbarten. Ebenso bleibt gegen Ende der
Ladung die Spannung der Zelle zurück. Es ist eine Hauptbedingung für die Wirksamkeit eines Akkumulators, daß die positiven und die negativen Platten eines
Elementes nicht in metallisch leitender Verbindung miteinander stehen. Jede
solche stromleitende Verbindung zwischen beiden Plattenarten im Element bewirkt eine Entladung des betreffenden Elementes, welche nutzlos verloren geht
und in ihren Folgen nicht nur Störungen im Betriebe veranlaßt, sondern auch besonders nachteilig auf die Lebensdauer der Platten einwirkt. Ein Kurzschluß kann
entstehen
1. durch direkte Berührung zweier benachbarter Platten,
2. durch metallische stromleitende Stoffe (abgetropftes Lötblei, Bleischwamm,
   Bleisuperoxyd usw.), welche sich zwischen den Platten festsetzen,
3. durch mittelbare oder unmittelbare Berührung der Platten mit dem Bleimantel des Holzkastens.
Ist ein Kurzschluß stark genug, um die völlige Entladung eines Elementes
herbeizuführen, so liegt die Gefahr nahe, daß die Platten hart werden (sulfatieren)
und die weitere Aufnahmefähigkeit verlieren. Bei der Ladung bleibt dann der Strom
ohne Wirkung auf die Platten, weil er seinen Weg durch den Kurzschluß nimmt;
das Element wird nicht geladen und kommt deshalb nicht zur Gasentwicklung.
Zuweilen tritt der Fall ein, daß derartige Elemente nach Entfernung eines lange vorhanden gewesenen Kurzschlusses Gas entwickeln, ohne daß sie geladen sind.
Das rührt daher, daß die Platten hart sind, und der Strom nicht mehr einwirken

kann. Die Säuredichte steigt in diesem Falle auch nicht bei der Ladung. Das Steigen der Säuredichte ist der einzige Maßstab für die fortschreitende Ladung. Durch Kurzschluß und die damit zusammenhängende zu tiefe Entladung wird oft ein Krümmen der Platten verursacht. Sind die Platten voneinander durch Glasrohre oder Hartgummistäbe isoliert, so kann man die Ursache eines Kurzschlusses meist mittels eines Holzstäbchens beseitigen. Ist dies nicht angängig, so muß die Zelle ausgebaut werden; an ihrer Stelle wird eine starke Kupferleitung als Überbrückung eingesetzt. Die Zelle wird entleert, auseinandergenommen und untersucht. Verbogene Platten richtet man wieder gerade. Ehe man die Zelle wieder in die Batterie einschaltet, ist zu empfehlen, sie mehrmals zu laden und zu beobachten, ob sie in Ordnung ist. Bei Zellen mit Holzbrettchen stellt man den Kurzschluß zweckmäßig mit Hilfe des sogenannten Kurzschlußfinders fest, einer eingekapselten Magnetnadel, welche nacheinander zwischen die Stromableitungen der Platten zu den Bleileisten gehalten wird. Die Magnetnadel wird dann, falls die Platten kurzschlußfrei sind, von Ableitung zu Ableitung keine oder nur sehr geringe Bewegung zeigen Kommt man dagegen an eine Platte, die Kurzschluß hat, so wird die Nadel kräftig abgelenkt. Sind mehrere Kurzschlüsse in einem Element, so ändert die Nadel an jeder Platte, die Kurzschluß hat, ihre Lage in der vorerwähnten Weise.

Die Beseitigung des Kurzschlusses ist nur möglich durch vorsichtiges Emporziehen und Herausnehmen der Brettchen mitsamt den Stäben. Sollten sie festsitzen, so daß sie zu zerreißen drohen, so müssen die Endbleibügel oder Endglasrohre herausgenommen und Platte für Platte gelockert werden. Bei dem Herausnehmen der Brettchen müssen diese auf etwaige Fehler hin untersucht werden, was am leichtesten möglich ist, wenn man sie gegen das Licht hält. Wird das Zurückbleiben der Zelle rechtzeitig bemerkt und der Fehler sofort beseitigt, so wird die Zelle nach einer oder zwei Ladungen wieder sich gleich den übrigen verhalten, zumal wenn die Batterie etwas länger als nötig geladen wurde. Der Wärter hat deshalb die Pflicht, gegen Ende der Ladung die Batterieraum zu durchgehen und zu beobachten, ob alle Elemente gleichmäßig und gleichzeitig zur Gasentwicklung gelangen. Hierbei ist bei Anlagen mit Zellenschalter zu berücksichtigen, daß die ersten Zellenschalter-Elemente meist früher Gas entwickeln, einerseits weil sie weniger entladen werden, andererseits, weil sie oft durch den Netzstrom bei der Ladung auch mehr Strom erhalten als die übrigen.

(634) Garantie. Die Akkumulatoren-Fabriken leisten für die gelieferten ortsfesten Batterien und auch größere Batterien für transportable Einrichtungen, wie Lokomotiven, Triebwagen, Boote, eine einjährige Garantie in der Weise, daß sie sich verpflichten, die garantierte Kapazität wiederherzustellen, falls diese innerhalb der Garantiedauer unter die garantierte Grenze sinken sollte, wobei bedungen wird, daß die gegebenen leicht zu erfüllenden Vorschriften für die Behandlung der Batterien gewissenhaft befolgt werden, und daß die Füllsäure die geforderte Beschaffenheit besitzt. Auch übernehmen die Fabriken zu bestimmten nach dem Anschaffungspreis der Batterien bemessenen Sätzen — etwa 6 bis 10 % jährlich bei täglich einmaliger Entladung im Durchschnitt — die fortdauernde Unterhaltung der Sammler, den Ersatz schadhaft werdender Teile und verpflichten sich außerdem, die Batterien nach einem bestimmten Zeitraum — meist 10 Jahre — in bestem Zustand zu übergeben.

(635) Die hauptsächlichsten Akkumulatoren-Fabriken Deutschlands sind folgende: Accumulatorenfabrik Aktiengesellschaft, Berlin-Hagen i/W.; Gottfr. Hagen, Köln-Kalk; Akkumulatoren- und Elektrizitätswerke Aktiengesellschaft vorm. W. A. Boese & Co., Berlin; Accumulatorenfabrik Wilhelm Hagen, Soest.

Literatur.

E. H o p p e , Die Akkumulatoren für Elektrizität, Berlin 1898, Julius Springer. — K. E l b s , Die Akkumulatoren, Leipzig 1901, Joh. Ambros. Barth. — F. G r ü n w a l d , Die Herstellung der Akkumulatoren, Halle a. S. 1903, Wilh. Knapp. — W. B e r m b a c h ,

Die Akkumulatoren, Leipzig 1905; 2. Aufl. 1911, Otto Wigand. — L. L u c a s , Die Akku
mulatoren, Hannover 1906, Dr. Max Jänecke. — E. S i e g , Die Akkumulatoren, Leipzig
1901, Hirzel. — C. H e i m, Die Akkumulatoren für stationäre elektrische Anlagen, Leipzig
1906. — L. J u m e a u , Les Accumulateurs, Paris 1907, Dunod et Pinat. — E. J. W a d e ,
Secondary Batteries, London 1903, The Electrician. — L. L y n d o n, Storage Battery
Engineering, New York 1903. — A. E. W a s t o n, Storage Batteries, Lynn, Mass. 1911. —
Fr. D o l e z a l e k , Die Theorie des Bleiakkumulators Halle a. S. 1901, Wilh. Knapp.

II. Der alkalische Sammler.

(636) Arten. Bisher werden 2 Arten fabrikmäßig hergestellt, der E d i s o n -
Akkumulator und der J u n g n e r - Akkumulator. Ersterer wird hergestellt von
der E d i s o n S t o r a g e B a t t e r y C o., Orange, N. Y., seit 1901 und seit
1905 in Deutschland von der D e u t s c h e n E d i s o n C o., G. m, b. H., Berlin,
letzterer von der A k k u m u l a t o r e n - G e s e l l s c h a f t J u n g n e r in
Schweden. Beide haben als wirksamen Bestandteil der + Platte Nickeloxyd-
hydrad $Ni_2(OH)_6$. Bei Edison besteht der wirksame Bestandteil der — Platte aus
Eisen, bei Jungner aus Eisen und Kadmium. Als Elektrolyt dient Kalilauge
von 21 % Gehalt.

Über den Edison-Akkumulator liegen allein eingehende Untersuchungen vor,
und daher beziehen sich die folgenden Ausführungen auf diesen. Der Jungner-
Akkumulator ist in seinen Eigenschaften und seiner Wirkungsweise zweifellos sehr
ähnlich.

Neuere Veröffentlichungen über den Edison-Akkumulator: W. E. H o l l a n d,
The Edison Storage Battery, The Electrician, London, Bd. 66, S. 47 1910;
M. K a m m e r h o f f, Der Edison-Akkumulator, Berlin 1910, Julius Springer;
J o l y, Die Edisonbatterie, The Electrical Times 17. Februar 1910.

(637) Der chemische Vorgang in der Eisennickelzelle verläuft in der Hauptsache nach folgender Gleichung:

$$Ni_2(OH)_6 + Fe = 2\,Ni(OH)_2 + Fe(OH)_2$$

bei Entladung und in entgegengesetzter Richtung bei Ladung. Zur Erhöhung der
Kapazität ist dem fein verteilten Eisen etwas Quecksilberoxyd beigemischt. Ebenso
ist wegen der schlechten Leitfähigkeit des Nickelsuperoxyds bei dem deutschen
Fabrikat etwas flockiger Graphit beigemischt. Trotzdem ist die Leitfähigkeit eine
sehr schlechte, infolgedessen auch die Ausnutzung der Masse eine mangelhafte und
nur in dünnen Schichten möglich. Dies bedingt die Verwendung sehr dünner
Platten und dementsprechend einer großen Anzahl. Je eine negative Eisenelektrode
steht zwischen zwei positiven Nickelelektroden (nach obiger Gleichung sind für
ein Äquivalent Fe 2 Äquivalente Ni erforderlich). Die wirksame Masse befindet
sich in dünnen flachen Taschen aus fein durchlöchertem stark vernickeltem Eisenblech von 0,075 mm Stärke mit den Abmessungen 74 mm lang und 13 mm breit.
Diese allseitig geschlossenen Taschen werden in entsprechende Öffnungen eines stark
vernickelten Eisenbleches von 0,4 mm eingesetzt und dann unter großem hydraulischen Druck stark zusammengepreßt, so daß die Taschen in dem Eisenblech festsitzen, und die wirksame Masse in sich guten Kontakt erhält. Zwischen den Platten
sind Hartgummistäbe zur Isolation vorgesehen. Die Plattenentfernung beträgt
ca. 1 mm.

Die Platten stehen in einem stark vernickelten Eisenblechgefäß, welches mit
einem Deckel verschlossen ist, durch den die Pole geführt sind. Diese sind durch
Hartgummistopfen und Weichgummieinlagen gegen den Deckel isoliert und abgedichtet. Auf dem Deckel ist eine Öffnung zum Nachfüllen des Elektrolyts und
ein Ventil vorgesehen, durch welches die bei der Ladung sich entwickelnden Gase
entweichen können.

Die neueste Konstruktion von Eidison hat für die + Platten statt der Taschen
kleine Röhrchen, in denen das Nickelsuperoxyd vermischt mit ganz feinen Nickel-
flocken an Stelle des Graphits eingepreßt wird. Statt 2 Nickelplatten wird bei

dieser Konstruktion nur eine verwendet. Während z. B. die Zelle H 27 mit Taschenplatten bei einer Leistung von 175 Ast 18 + Platten und 9 — Platten hat, hat die Zelle A 6 mit Röhrchenplatten nur 6 + und 7 — Platten bei 225 Ast Leistung.

(638) Elektromotorische Kraft und Klemmenspannung. Die elektromotorische Kraft beträgt 1,36—1,4 V. Beim Einschalten auf Ladung steigt die Klemmenspannung sofort auf 1,6 V, dann in 10 Minuten auf 1,75 V, um dann innerhalb der ersten Hälfte der Ladezeit auf ca. 1,67 V zu sinken. Nach 2 Std. steigt die Spannung wieder langsam, bis sie nach 3½ stündiger Ladezeit den Höchstwert von 1,8 V erreicht. Nach weiteren 30 Minuten Ladung gilt die Ladung als beendet.

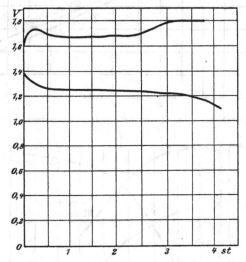

Fig. 401. Spannungsverlauf einer Edisonzelle bei Ladung und Entladung.

Bei Entladung mit $3^3/_4$ stündigem Entladestrom setzt die Spannung mit 1,37 V ein und fällt nach ca. 15 Min. auf rund 1,23 V, um von hier während der gesamten Entladezeit allmählich auf 1,1 V abzufallen, welche Spannung die Grenze bildet. Setzt man die Entladung weiter fort, so sinkt die Spannung allmählich auf 0,8, und nach Verlauf von etwa 2 Stunden ist die Zelle erschöpft. Der Spannungsverlauf bei Ladung und Entladung ist dargestellt in Fig. 401. Starke Überladung und völlige Entladung soll dem alkalischen Akkumulator auch bei dauerndem Vorkommen nichts schaden.

(639) Kapazität. Die Strommenge, welche der Edison-Sammler bei Entladung bis zur vorgeschriebenen Spannungsgrenze abgeben kann, ist praktisch nicht abhängig von der Entladestromstärke. Mit höherer Belastung wird jedoch seine Nutzspannung bedeutend stärker herabgesetzt als bei der Bleizelle. Fig. 402 (nach H o l l a n d) gibt die Beziehungen der Leistungen und der mittleren Spannung zum Entladestrom der Zelle A_4. Die Leistung der Zelle steigt mit zunehmender Temperatur nach K a m m e r h o f f derart, daß zwischen 10 und 40⁰ dieselbe um ca. 5 % zunimmt.

Der innere Widerstand beträgt nach Messungen von W. E. H o l l a n d im Mittel ca. 0,0024 Ø für die amerikanische Zelle A 6 und 0,0035 Ø für die amerikanische Zelle A 4.

Der Nutzeffekt wird von K a m m e r h o f f zu 72 % in Ampere-stunden und 52 % in Wattstunden angegeben. Fig. 403 (nach H o l l a n d) stellt Leistung und Wirkungsgrad dar bei verschiedenen Ladezeiten und normalem

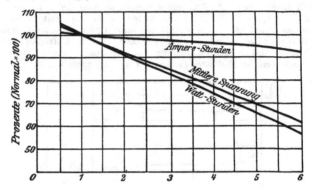

Fig. 402. Kapazität und Spannung einer Edisonzelle bei verschiedenen Entladeströmen.

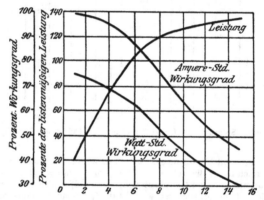

Fig. 403. Leistung und Wirkungsgrad einer Edisonzelle bei verschiedenen Ladezeiten und normalem Ladestrom.

Ladestrom der Zelle A_4. Das Gewicht der Zellen Type H wird von K. mit 25 Wst/kg angegeben, das der Zellen Type A von H. mit 33,6 Wst/kg. Naturgemäß erniedrigen sich diese Zahlen, wenn der Wirkungsgrad erhöht werden soll, entsprechend den Schaulinien in der Abbildung.

(640) Aufbau der Zelle. Die Normalplatten der deutschen Zellen bestehen aus 24 Taschen; außerdem werden noch kleinere Platten angefertigt. Bei Hinter-einanderschaltung von Zellen müssen die äußeren Kästen voneinander iso-liert werden. Um dies zu erreichen, sind die Zellen mit reichlichem Zwischenraum in Holzträger eingebaut, von denen sie durch untergelegte und an 2 Seiten ange-brachte Hartgummistücke isoliert werden. Die Holzträger sind mit eisernen Hand-griffen versehen, um bequemen Transport zu ermöglichen. Die Bodenunterlagen greifen mit konischen Erhöhungen in gleich gestaltete Vertiefungen des Zellenbodens ein und ruhen auf entsprechend geformten Holzunterlagen. Durch die Boden- und Seitenisolatoren ist für dauernd gute Isolation zwischen den einzelnen Zellen sowie zwischen diesen und dem die gesamte Batterie aufnehmenden Behälter gesorgt. Entsprechend den Platzverhältnissen werden die Zellen zu zwei oder mehr in einem Träger vereinigt. Die Anzahl der auf diese Weise zusammengebauten Zellen ist begrenzt hauptsächlich durch das noch bequem von 2 Leuten zu tragende Gewicht.

(641) Bedienungsvorschrift für eine Edisonbatterie (nach Kammerhoff). Die Zellen werden ungeladen geliefert und sind am Verwendungsort mit dem Elektrolyt zu füllen. Die erste Ladung muß 15 Stunden mit normaler Stromstärke dauern. Wenn Edisonzellen gefüllt und geladen verschickt werden, kann es vorkommen, daß während des Transportes etwas Flüssigkeit verschüttet wird. Vor Inbetriebnahme müssen daher alle Zellen nachgesehen werden; ist der Plattensatz einer jeden Zelle nicht in einer Höhe von 12 mm mit Flüssigkeit überdeckt, so ist destilliertes Wasser nachzufüllen. Ist dann nach der folgenden Ladung die Konzentration des Elektrolyts unter 18 %, so muß in den betreffenden Zellen das Elektrolyt vollständig ersetzt werden durch die von der Fabrik gelieferte Kalilauge von 21 %.

Die Batterie besteht aus 60 Zellen Typ A 6 mit einer Kapazität von 225 Ast.

Die Entladespannung der ordnungsgemäß geladenen und instand gehaltenen Batterie beträgt im Mittel bei der normalen Entladestromstärke von 45 A für eine Zelle 1,2 V, für 60 Zellen 72 V.

Die Batterie ist als entladen zu betrachten, wenn bei der Stromstärke von 45 A die Spannung unter 1,0 V für die Zelle, demnach an den Endpolen der Batterie unter 60 V sinkt.

Kurze Zeit andauernde Entladungen mit höherer Stromstärke, wie für normal vorgeschrieben, sind zulässig. Andauernde Überschreitungen der normalen Entladestromstärke, die eine schädliche Temperaturerhöhung der Zelle zur Folge haben, sind unzulässig.

Die Ladung der hintereinander geschalteten Zellen hat mit einer Stromstärke von normal 45 A zu erfolgen und dauert 7 Stunden.

Nach je 12 bis 15 Entladungen sind die Zellen 15 Stunden mit 45 A zu laden, bis 4 solcher Überladungen stattgefunden haben. Später muß diese Überladung nur alle zwei Monate wiederholt werden. Es ist zulässig, in den ersten Stunden der Ladung Stromstärken anzuwenden, die bis doppelt so hoch sind wie normal, wodurch die Ladezeit entsprechend verringert wird. Wird mit weniger als 45 A geladen, so verlängert sich die Ladezeit entsprechend. Mit weniger als 30 A, d. i. $^1/_3$ der normalen Stromstärke, darf nicht geladen werden. Als Faustregel gilt, daß die Ladung als beendet betrachtet wird, wenn die Spannung bei normaler Ladestromstärke für die Zelle auf 1,8 V oder darüber gestiegen und etwa 40 Minuten konstant geblieben ist.

Höhere Zellen-Temperaturen wie 40° C bei Ladung und 45° C bei Entladung sind unzulässig. Die besten Resultate werden erzielt bei Zellen-Temperaturen zwischen 20 und 35° C.

Die Spannung soll steigen gegen Ende der Ladung für die Zelle auf 1,8 V, für 60 Zellen also auf 108 V. Die Stromstärke bei Ladung soll nicht höher wie normal sein; ist sie niedriger, so ist die Ladung entsprechend längere Zeit fortzusetzen.

Das Elektrolyt besteht aus 21 prozentiger Kalilauge, es darf jedoch in der Konzentration zwischen 18 % und 22 % schwanken. Zum Nachfüllen dient ausschließlich reinstes destilliertes Wasser. Nach etwa 250 Entladungen, mindestens aber nach einem Betrieb von 8 bis 9 Monaten, ist die Kalilauge in allen Zellen vollständig zu erneuern. Sie ist ausschließlich von der Deutschen Edison-Akkumulatoren-Company G. m. b. H. zu beziehen. Die Zellen werden mit dem

Elektrolyt so hoch gefüllt, daß die Platten mit Flüssigkeit 12 mm überdeckt sind, gemessen in der auf dem Deckel jeder Zelle befindlichen Füllöffnung. Sinkt der Stand der Flüssigkeit unter das vorgeschriebene Maß, so ist absolut reines, destilliertes Wasser zum Nachfüllen zu verwenden. Hierzu dient zweckmäßig der von der genannten Gesellschaft zu beziehende Füllapparat, der durch Ertönen eines Weckers selbsttätig anzeigt, daß die Zelle genügend gefüllt ist.

Die auf der Zelle befindliche Füllöffnung ist mit aufklappbarem Deckel versehen. Es ist darauf zu achten, daß dieser Deckel geschlossen gehalten wird, solange er nicht für kurze Zeit beim Nachfüllen geöffnet sein muß. Der bei längerem Offenstehen des Deckels erfolgende Luftzutritt schädigt die Zelle.

Offenes Feuer darf nicht in die Nähe der Zellen gebracht werden. Ist die Batterie in einem besonderen Behälter untergebracht, so muß während der Ladung durch Öffnen desselben für den Abzug der Gase Sorge getragen werden.

Jede Zelle ist mit einem Ventil versehen, das durch lose aufliegenden Deckel geschlossen ist. Letzterer ist mit etwas Spielraum befestigt und wird durch die beim Laden der Zelle zeitweise sich entwickelnden Gase angehoben. An dem hierdurch entstehenden Spiel, dem mit leisem Geräusch vor sich gehenden Heben und Senken des Deckels, ist zu erkennen, ob die betreffende Zelle „arbeitet". Sämtliche Zellen sind sorgfältig zu beobachten während der Ladung, gleichzeitig ist dafür Sorge zu tragen, daß Zellen sowohl wie Holzträger, ebenso der gesamte Batterieraum täglich sauber gereinigt werden. Die Holzträger sind durchaus trocken zu halten, um Stromübergänge zwischen den Zellen zu vermeiden. Auch sind die von Zelle zu Zelle führenden Polverbinder auf guten Kontakt zu prüfen.

Über etwaige Betriebsstörungen ist sofort Bericht zu erstatten.

B. Technische Anwendung der Akkumulatoren.

Dieser Abschnitt gilt zwar allgemein, doch wird darin in erster Linie nur der Bleisammler berücksichtigt, weil über den alkalischen Sammler die Erfahrungen noch fehlen.

(642) Die Aufspeicherung von Elektrizität in Akkumulatoren (654, 668 u. f.) ergibt für elektrische Beleuchtungs- und Kraftanlagen folgende Vorteile:

1. A b k ü r z u n g d e s M a s c h i n e n b e t r i e b e s. Man kann den Maschinenbetrieb auf eine wirtschaftliche Dauer beschränken und den weiteren Kraftbedarf aus der Batterie decken; die Maschinenanlage wird auf diese Weise während des Betriebes durch volle Belastung gut ausgenutzt. Bei größeren Beleuchtungsanlagen pflegt die Belastung der Maschine eine sehr ungleichmäßige zu sein. Nach Aufhören des Werkstattbetriebes in der Hauptbeleuchtungszeit, wo der größte Teil der Lampen brennt, wird die Beleuchtung und der Kraftbedarf der Maschine ein sehr geringer sein, wie dies in später Nacht- und früher Morgenstunde der Fall ist. Diesen geringen Bedarf wird man zweckmäßig aus der Batterie decken und die Maschine nach Aufhören des Hauptbedarfes stillsetzen. Vgl. auch (674), S. 496.

2. B e s s e r e A u s n u t z u n g e i n e r g l e i c h m ä ß i g e n B e t r i e b s - k r a f t, z. B. einer Wasserkraft, indem man in den Stunden, in denen der Werkstattbetrieb ruht, die überschüssige Kraft in der Batterie aufspeichert. Die aufgespeicherte Elektrizität wird dann verwandt, wenn die vorhandene Betriebskraft für bestimmte Zeit nicht ausreicht, um den Bedarf zu decken.

3. A u s g l e i c h v o n S p a n n u n g s s c h w a n k u n g e n. Durch Parallelschalten einer Batterie mit einer Maschine, deren Geschwindigkeit sehr schwankt, verringert oder beseitigt man die Spannungsschwankungen. Man erzielt alsdann ruhiges Licht unter Erhöhung der Lebensdauer der Glühlampen.

4. P u f f e r b a t t e r i e zum Ausgleich der Belastung einer elektrischen Anlage mit stark schwankendem Kraftverbrauch, wie elektrische Straßenbahnen, Förderanlagen usw. Bei Straßenbahnen übersteigt der Bedarf an elektrischer

Energie, wenn viele Wagen gleichzeitig anfahren, den mittleren Bedarf oft plötzlich um ein Vielfaches, um gleich darauf tief unter das Mittel zu sinken. Ohne Batterie müßte die Dampfmaschinenanlage für die höchste Leistung eingerichtet sein und würde, da sie im Mittel viel weniger belastet wäre, mit nur geringem Wirkungsgrad arbeiten. Schaltet man dagegen eine Akkumulatorenbatterie parallel, so hat man nur eine Maschinenanlage für die mittlere Leistung nötig, da die Batterie den plötzlichen Mehrverbrauch leistet und bei Minderbedarf den Überschuß aufnimmt. Die Maschine arbeitet dann beständig mit voller Belastung, also unter den wirtschaftlich günstigsten Bedingungen.

5. Als **Sicherung des Betriebes** gegen Störungen bei etwaigem Versagen der Maschinenanlage. Von großer Wichtigkeit ist deshalb die Anordnung von Batterien in elektrischen Beleuchtungsanlagen von solchen Bauten, in welchen sich Publikum in großer Zahl ansammelt, wie z. B. Theater, Warenhäuser usw.

6. Als **Gleichstromtransformatoren**, um z. B. den Strom elektrischer Zentralanlagen für galvanoplastische Betriebe in einen Strom niedriger Spannung von etwa 2—20 V zu verwandeln. Die Zellen werden hintereinander geladen und alsdann in passende Gruppen geteilt durch die Bäder entladen.

Allgemein darf bei Einfügung von Batterien in Beleuchtungs- und Kraftanlagen die Größe der Maschinenanlage kleiner bemessen werden. Durch Einfügung von Batterien erreicht man Verbilligung der Betriebskosten, Vereinfachung der Bedienung, große Sicherheit durch Schaffung einer Momentreserve. Beim Zusammenarbeiten von Dynamomaschine und Akkumulatoren ist es notwendig, die Schaltung so zu wählen, daß die Batterie in richtiger Weise zum Betriebe herangezogen wird und nicht durch übermäßige Beanspruchung, falsche Ladeweise usw. Schaden leidet.

Schaltungen von Sammleranlagen s. (671).

(643) Verwendungszwecke. 1. **Beleuchtung von Fahrzeugen,** insbesondere Eisenbahnwagen, siehe (780), (783).

2. Zur **Beleuchtung** in Handlampen, Grubenlampen, Taschenlampen.

3. Zur **Notbeleuchtung,** vgl. (674), (778).

4. **Betrieb von Fahrzeugen, die auf Schienen laufen,** besonders Betrieb von Lokomotiven, Triebwagen für Eisenbahnen, Grubenlokomotiven und Lokomotivkranen (870) bis (873).

5. **Betrieb von Automobilen** (875).

6. **Betrieb von elektrischen Booten.**

7. **Batterien für Schwachstrom.** Hierzu gehören Telegraphen-Elemente und Sammler für Fernsprechzwecke (1090), (1130).

(644) Berechnung der Größe einer Batterie[1]). Entsprechend den Lade- und Entladekurven eines Akkumulators ist die Zahl der Elemente, welche zur Erzeugung einer bestimmten Spannung notwendig ist, je nach dem Lade- und Entladezustand verschieden. So sind notwendig zur Erzeugung von 110 V

bei Ruhespannung $110 : 2{,}07 = 53$ Zellen
am Ende der Entladung $110 : 1{,}83 = 60$ Zellen
am Ende der Ladung $110 : 2{,}7 = 40$ Zellen.

Die Veränderung der Zellenzahl erfolgt mittels eines Zellenschalters (669). Soll sowohl während Entladung als auch bei Ladung eine Stromlieferung der Batterie bei einer bestimmten Spannung erfolgen, so verwendet man einen Doppelzellenschalter. Zur Erzielung einer konstanten Spannung von 110 V ist bei der Entladung der Entladekontakt des Zellenschalters auf die 54. Zelle zu bringen $(110 : 1{,}97 = 54)$ und mit fortschreitender Entladung weiter zu verschieben, so daß am Schlusse der Entladung 60 Zellen eingeschaltet sind. Beim Übergang zur Ladung ist der Entladekontakt

---

[1]) Nach dem Schaltungsbuch der Accumulatorenfabrik Aktiengesellschaft, Berlin - Hagen i.W.

auf die 52. Zelle einzustellen (110 : 2,13 = 52) und dann so weit zu verschieben, daß er am Schlusse der Ladung auf der 40. Zelle steht. Es muß also in diesem Falle $^1/_3$ der Zellen zum Schalten eingerichtet sein. Verzichtet man auf die Stromentnahme während der Ladung, so genügt $^1/_8$ der Zellenzahl. Wenn der Spannungsverlust in den Zuleitungen nicht vernachlässigt werden kann, so muß für je 1,83 V Verlust eine weitere Zelle zu der Batterie hinzugefügt und an den Zellenschalter angeschlossen werden. Während der Entladekontakt des Zellenschalters nach der Höhe der verlangten Entladespannung eingestellt wird, dient der Ladekontakt lediglich dazu, im Verlauf der Ladung die wenig entladenen Schaltzellen, welche in erheblich kürzerer Zeit geladen werden als der übrige Teil der Batterie, nach und nach abzuschalten.

Die Vorteile einer Batterie lassen sich in Lichtanlagen am besten erzielen, wenn die Leistungsfähigkeit der Akkumulatorenbatterie ebenso groß ist wie die der Maschinenanlage. Vor Beginn des abendlichen Hauptbetriebes ist alsdann die Batterie unter günstiger Ausnutzung der Maschine zu laden, während des Hauptbetriebes arbeiten Maschine und Akkumulatoren unter gleicher Belastung mit. Sinkt indessen die Stromabgabe so weit, daß die Batterie sie allein decken kann, so wird die Maschinenanlage stillgesetzt und es besorgen die Akkumulatoren nunmehr den ferneren Betrieb, ohne weiterer Wartung zu bedürfen.

Wenn die Spannung an den Glühlampen und die tägliche Stromentnahme aus den Akkumulatoren festgesetzt ist, kann man zunächst die Größe und Anzahl der Zellen sowie die Spannung der Dynamo bestimmen. Die Größe der Zellen wird durch die während eines Tages der Batterie zu entnehmende Strommenge und durch die benötigte maximale Stromstärke bestimmt, für welche die Kapazität und die zulässige Entladestromstärke der zu wählenden Akkumulatorengröße ausreichen müssen. Man wählt die Zellen zweckmäßig etwas größer, um etwas Reserve zu haben und außerdem die Haltbarkeit der Elemente zu erhöhen. Zur Berechnung einer Batterie diene als Beispiel das Projekt der elektrischen Beleuchtung einer Fabrik, in welcher die Arbeitszeit von morgens 6 bis mittags 12 Uhr und von 1 bis abends 7 Uhr währt. Die sämtlichen Glühlampen der Fabrik benötigen einen Strom von 300 A bei einer Spannung von 110 V, und zwar dauert der Lichtbedarf am kürzesten Tage im Winter von morgens 6—8 und nachmittags 4—7 Uhr, also täglich zusammen 5 st, so daß zur Ladung der Batterie die Stunden von morgens 8—12 Uhr und nachmittags 1—4 Uhr, zusammen 7 st, übrig bleiben. Die gesamte Stromlieferung wird auf die Batterie und die Maschine so verteilt, daß die letztere sowohl bei Ladung wie bei Lichtbetrieb gleichmäßig belastet ist.

Die Batterie soll die Hälfte der Belastung, also 150 A decken. Bei einem Wirkungsgrad in Ast von 90 % sind mithin in die Batterie zu laden $\dfrac{150 \cdot 5 \cdot 100}{90} = 833$ Ast. Da 7 st zur Verfügung stehen, ist die mittlere Leistung der Maschine ca. 130 Ast während der Ladung. Als Batterie würde die Type J 26 der Accumulatorenfabrik Aktiengesellschaft mit einer Leistung von 156 Ast während 5 st zu wählen sein. Als Maschine würde eine solche von 150 A ausreichen. Die Ladung mit im Mittel 130 A dauert etwa 6½ st. Da die Maschine bei 60 Elementen von 2,4 V = 144 V noch den vollen Ladestrom geben muß, während gegen Ende der Ladung, also bei 165 V, dieser auf die Hälfte sinken darf, so würde eine Maschine von 150 A gerade noch ausreichen. Zur Berechnung der mittleren Leistung der Maschine in kW bestimmt man die Batterieleistung während der Entladung. Diese ist $\dfrac{150 \cdot 5 \cdot 110}{1000} = 82,5$ kWst. Bei einem Nutzeffekt der Batterie von 75 % in Wattstunden benötigen wir mithin zur Ladung $\dfrac{82,5 \cdot 100}{75} = 110$ kWst, während 6½ st also 16,8 kW, während der Entladung 82,5 : 5 = 16,5 kW. Die Maschine läuft also 11½ st mit ca. 16,5 kW.

Für die Berechnung von Batterien für Elektrizitätswerke im Anschluß an die Belastungskurve siehe ETZ 1891, Heft 45, für die Berechnung von Straßenbahnen mit Pufferbatterien ETZ 1899, Heft 5.

Bei Anlagen von etwa 100 kW kostet eine Batterie fertig aufgestellt in Deutschland (ohne Gebäude und Anschlußleitungen) für jedes Kilowatt Entladung bei dreistündiger Kapazität ca. 250 M. Dieser Preis steigt etwas bei kleineren Batterien und sinkt bei größeren Batterien allmählich. Für größere Batterien kann man 200 M/kW annehmen. Das Gewicht einer Batterie, welche 100 kW Entladung 3 Stunden leistet, beträgt ca. 45 000 kg. Bei fünfstündiger Kapazität kostet eine 100 kW-Batterie ca. 375 M. und größere ca. 325 M für jedes Kilowatt Entladung. Das Gewicht einer Batterie, welche 100 kW 5 Stunden leistet, beträgt 67 000 kg.

Fünfter Abschnitt.

Das elektrische Kraftwerk.

Kraftmaschinen.

(645) Kolbendampfmaschinen kommen für neu anzulegende Kraftwerke nur dann in Betracht, wenn es sich um sehr kleine Leistungen bis zu einigen hundert Pferdekräften handelt, wenn die Abwärme für Heizung verwendet werden soll, oder wenn besondere lokale Gründe hierzu Veranlassung geben.

Es werden fast nur Zweifach-Expansionsmaschinen mit einem Dampfverbrauch von 10 bis 11 kg/kW oder besser noch Dreifach-Expansionsmaschinen mit 9 bis 10 kg/kW bei Kondensationsbetrieb verwendet. Durch Überhitzung können bis zu 30 % an Dampf gespart werden.

Um mit Dampfturbinen und Rohölmotoren konkurrieren zu können, muß die Kolbendampfmaschine mit hoher Tourenzahl und am besten in stehender Anordnung ausgeführt werden. Die Maschine wird dann billiger, leichter und benötigt weniger Raum.

In der Ausführung als Lokomobile hat sich die Kolbendampfmaschine verhältnismäßig am besten behauptet, und zwar weil die Lobomobile von einigen hervorragenden Firmen (R. Wolf, Magdeburg-Buckau, und H. Lanz, Mannheim) in sehr vollkommener Weise ausgebildet worden ist.

Die Lokomobilen werden ohne Kondensation in Größen von 8 bis etwa 150 kW mit einem Kohlenverbrauch von 1,35 bis 1,20 kg/kW und mit Kondensation in Größen von etwa 15 bis 750 kW mit einem Kohlenverbrauch (bei zweifacher Expansion und Überhitzung) von 0,9 bis 0,55 kg/kW ausgeführt. Auch wenn ein so niedriger Kohlenverbrauch wie 0,55 kg/kW nur bei Proben erreicht wird, so zeigt er doch, wie günstig die Lokomobilen arbeiten.

Die Lokomobilen sind etwas billiger als eine ortsfeste Dampfmaschinenanlage derselben Leistung und haben den besonderen Vorteil, daß sie sehr leicht montiert und demontiert werden können.

Über Entwicklung, Versuchswerte, Gütegrade der Lokomobilen s. Zeitschr. V. d. I. 1906, S. 314.

(646) Dampfturbinen setzen die Energie des Dampfes dadurch in Arbeit um, daß der Dampf durch Düsen oder einen Düsenkranz (Leitrad, Leitapparat) gegen Schaufeln des durch Umdrehung die Arbeit übertragenden Laufrades geleitet wird. Je nachdem der Dampf in Form reiner Druckwirkung (Reaktion) oder reiner Stromwirkung (Druck der Massenteilchen infolge ihrer kinetischen Energie) die Arbeit auf das Laufrad überträgt, unterscheidet man Gegendruck-, Überdruck- (Reaktions-) und Druck- (Aktions-) Turbinen. Zur vollen Dampfausnutzung muß die Umfangsgeschwindigkeit der Druckturbine möglichst gleich der halben, die der Reaktionsturbine möglichst gleich der vollen Geschwindigkeit des aus der Düse austretenden Dampfes sein. Die Dampfgeschwindigkeiten können bis über 1000 m/sk steigen. Bis zu diesen Umfangsgeschwindigkeiten nimmt der spezifische Dampfverbrauch mit zunehmender Umdrehungszahl ab. Zum Vermindern der wirtschaftlich gün·

stigsten Umfangsgeschwindigkeit (Umdrehungszahl) nutzt man das zur Verfügung stehende Spannungsgefälle nicht einstufig (in je einem Leit- und Laufrad), sondern mehrstufig aus. Man spricht dann von mehrstufigen Reaktionsturbinen und bei Druckturbinen von Geschwindigkeits- und Druck-Stufen. Diese Unterschiede sind durch die in Fig. 404 dargestellten Beziehungen zwischen Dampfspannung und -Geschwindigkeit gekennzeichnet.

Dabei bedeuten D Düsen, L Laufräder, v Geschwindigkeits- und p Druck-Kurven. Je nach der Zuströmungsrichtung des Dampfes zum Laufrad unterscheidet man seitliche und Stirn-Beaufschlagung. Durch seitliche Beaufschlagung entstehen in der Achsenrichtung Druckkräfte, die durch besondere Vorrichtungen aufgenommen werden müssen: bei Parsons Entlastungskolben. Veränderliche Beaufschlagung, d. h. Zuführung des Dampfes nur zu einem Teil der Laufraddüsen (u. a. durch Abschützen der Düsen), wird zum Regeln der Turbinenleistung benutzt. Bei mehr- und vielstufigen Turbinen bietet diese Art der Regelung technische Schwierigkeiten, so daß hier die Regelung durch Drosselklappe angewendet wird. Der Dampf soll möglichst trocken sein und wird deshalb meist überhitzt angewandt.

Fig. 404. Beziehung zwischen Dampfspannung und -geschwindigkeit bei Turbinen.

Turbinensysteme: de Laval (einstufige Druckturbine, 10 000 bis 30 000 minutliche Umdrehungen, die durch ein mit der Turbine zusammengebautes Zahnradvorgelege auf 750—3000 umgesetzt werden, für Leistungen von 5—300 kW geeignet). Parsons (vielstufige Reaktionsturbine, bis 70 Stufen, Leistungen bis 18 000 kW, 500—4000 minutliche Umdrehungen). Stumpf (Druckturbine, bis zu 4 Druckstufen und 2 Geschwindigkeitsstufen, 1500—3000 minutliche Umdrehungen, im Gegensatz zu anderen Turbinen Lauräder bis 3 m und mehr). Zoelly, Curtis, Rateau. Ausführliches s. Stodola, Zeitschr. V. d. I. 1903, S. 1 ff., sowie Wagner, Die Dampfturbinen; Stodola, Die Dampfturbinen.

Durch Einführung der Kondensation wird die Dampfausnutzung bis 40 % günstiger. Und zwar kann das im Kondensator zweckmäßig benutzte Vakuum niedriger sein als bei Kolbendampfmaschinen, so daß schon zur Ausnutzung der Auspuffdämpfe von Kolbenmaschinen Niederdruckdampfturbinen zum Teil unter Anwendung von Wärmespeichern mit Erfolg verwendet werden. Die Vorteile der Turbinen gegenüber den Kolbenmaschinen sind: größere Betriebssicherheit, billigere Anlagekosten, ölfreies, unmittelbar zur Kesselspeisung geeignetes Kondensat, geringer Raumbedarf und geringes Gewicht (bis $^1/_5$ der Grundfläche und des Gewichtes von Kolbendampfmaschinen), gleichförmiger Gang (keine schweren hin- und hergehenden Massen), geringere Bedienungskosten. Ferner kann die Anheizperiode bedeutend abgekürzt werden, und im Notfall wird man eine Turbine ohne Anheizung in Betrieb nehmen können.

Der Dampfverbrauch (7—8 kg/kWst ist ungefähr der gleiche wie bei guten Dampfmaschinen, stellt sich aber häufig im Dauerbetrieb viel günstiger, weil das reinere Kondensat weniger Kesselstein bildet.

Näheres über Dampfverbrauch siehe Gutermuth, Zeitschr. V. d. I. 1904, S. 1554.

(647) Dampfkessel. Die wichtigsten für elektrische Kraftwerke in Frage kommenden Kesselarten sind in der folgenden Übersicht gekennzeichnet.

·Kesselart		Übliche Heizfläche in m²	Auf 1 m² Heizfläche bezogen				Gewicht in kg	Wärmeausnutzung	Reinigung von Kesselstein	Bemerkungen
			Grundfläche in m²	Wasserinhalt in l	Dampfinhalt in kg	Verdampfende Oberfl. in m²				
1	Einflammrohrkessel	5 bis 50	0,55	210	75	0,25	200	gut	günstiger als bei 4,	Durch Einbau von Galloway-Röhren wird die Leistungsfähigkeit erhöht
2	Zweiflammrohrkessel	20 bis 100	0,5	200	90	0,22	230			
3	Heizröhren- { liegend kessel { stehend	3 bis 200	0,25 0,08	80 65	40 25	0,9 0,8	135		sehr umständl.	weniger geeignet für schlechtes Speisewasser, sorgfältige Bedienung erforderl.
4	Wasserröhrenkessel mit 1 Oberkessel	15 bis 600	0,14	75	35	0,1	120		umständlich	Ähnlich wie 3, doch weniger empfindlich

Die Zahlen sind übliche Durchschnittswerte.

Neuerdings werden Schiffs-Röhrenkessel vielfach für Landkraftwerke verwendet (D e u t s c h e   B a b c o c k - W i l c o x - W e r k e), weil sie sehr wenig Platz beanspruchen und s e h r   s c h n e l l   a n g e h e i z t   w e r d e n   k ö n n e n (in ¹/₄—1 st), was bei Betriebsstörungen von außerordentlich großem Wert ist.

Bei neuen Dampfkesselanlagen mit Heizflächen von etwa 200 m² und darüber wird fast immer eine mechanische Feuerungsanlage (Kettenrost oder dergl.), vorgesehen.

(648) Verbrennungsmaschinen. Der Kraftstoff (permanentes oder durch verdampftes Öl erzeugtes Gas) wird unter Druck im Arbeitszylinder entzündet und plötzlich oder allmählich (D i c s e l sches Verfahren) verbrannt. Die auf 10—20 (beim B a n k i schen Motor auf 40) Atm. gespannten Verbrennungsgase übertragen durch Expansion die Arbeit auf den Kolben. Der Arbeitsvorgang spielt sich bei den sog. Viertaktmotoren in 4 Hüben ab: Ansaugen des Gemisches von Gas und Luft, Verdichten der Ladung, Verbrennen unter Leisten von Arbeit, Ausstoßen der verbrannten Gase. Bei Zweitaktmaschinen führt eine besondere Pumpe dem Zylinder das bereits verdichtete Gemisch zu; die verbrannten Gase werden durch das frische Gemisch oder durch Spülluft aus dem Zylinder getrieben.

Die R e g e l u n g der Umdrehungen oder Leistung erfolgt durch Ausfall der Zündung (Aussetzer), durch Verändern des Mischverhältnisses zwischen Gas und Luft, der Zylinderfüllung oder der Zündungszeit. Näheres s. Zeitschr. d. V. d. I. 1905, S. 825. G e z ü n d e t wird das Gemisch durch Glührohr, elektrischen Induktionsfunken oder durch die Wärmeentwicklung bei der Kompression (D i e s e l). Das A n l a s s e n größerer Gasmotoren erfordert besondere Vorrichtungen, indem der Motor z. B. zunächst durch Druckluft oder durch seine als Elektromotor zu schaltende Dynamomaschine in Umdrehung versetzt wird.

Von den hier erwähnten Verbrennungsmotoren hat nur der D i e s e l m o t o r eine größere Bedeutung erlangt und konkurriert mit der Dampfturbine auch für Leistungen von 1000 kW und darüber

Maschinen			Kraftstoff		
für	übliche Größe in kW	minutliche Um- drehungs- zahl	mittlerer Heizwert in Kcal	Kosten in M	Ver- brauch [1]) für 1 kWst.
Leuchtgas	4—15 15—75 75—750	200 180 130	5600/m³	0,08 bis 0,16/m³	880 750 700
Kraftgas	15—75 75—750	180 130	7800/kg	26—40/t	0,7 kg [2]) 0,55 „
			Die Zahlen beziehen sich auf Anthrazit.		
Benzin	4—57	—	11 000/kg	0,32/kg	0,7—0,33 kg
Petroleum	4—25	—	10 750/kg	0,2/l	0,7 kg
Spiritus	4—45	—	6000/kg	0,40/l	0,64 kg
Paraffinöl (für Diesel-Motor)	7—750	300 bis 150	10 000/kg	0,08/kg	0,34 bis 0,26 kg

Der Raumbedarf und die Gebäudekosten eines Kraftwerkes für Dieselmotoren sind viel geringer als bei einer Dampfanlage, weil die ganze Kesselanlage fortfällt.

Ein großer Vorteil des Dieselmotors ist ferner, daß er innerhalb weniger Minuten ohne Anheizung in Betrieb gesetzt werden kann.

Neuerdings kommen für Blockzentralen schnellaufende Dieselmotoren mit 300 bis 400 U/mn bei Leistungen bis 500 kW in Aufnahme, welche sehr wenig Raum beanspruchen.

Näheres siehe G ü l d n e r, Verbrennungsmotoren, H a e d e r, Die Gasmaschine, R i e d l e r, Großgasmaschinen, erweiterter Abdruck v. Zeitschr. V. d. I. 1904, S. 273.

(649) Wassermotoren. Die Energie des Wassers kann in Wasserrädern und Turbinen in Arbeit umgesetzt werden. Dabei leistet eine Wassermenge von Q m³/sk bei einem Gefälle von h Metern und einem Wirkungsgrad η: $\dfrac{1000 \cdot Q \cdot h \cdot \eta}{102}$ kW;

η ist bei geringen Gefällhöhen niedriger, bei guten oberschlächtigen oder mit Kulisseneinlauf ausgeführten Wasserrädern bis 0,85, bei guten Turbinen bis 0,82. Zum Antrieb von Dynamomaschinen werden Turbinen wegen ihrer größeren Umdrehungszahl, die meist ein unmittelbares Kuppeln mit der Dynamomaschine gestatten, vor den langsam laufenden Wasserrädern bevorzugt. Turbinen können sehr kleine Wassermengen und Gefälle von 0,5 bis 500 m und mehr mit hohem Wirkungsgrad ausnutzen.

Über Einteilung der Turbinen s. Zeitschr. V. d. I. 1904, S. 92 und 380. Die Leistung der Turbinen wird durch Drosseln (Vernichten der Energie), vollkommener durch Abdecken der Leitkanäle oder bei Anwendung sog. Drehschaufeln durch Veränderung des Querschnittes der Leitkanäle geregelt.

---

[1]) Der Verbrauch bezieht sich auf normale Leistung. Mit abnehmender Leistung steigt der spezifische Gasverbrauch, z. B. bei halber Leistung um rund 30 %. Beim Dieselmotor steigt der spezifische Verbrauch bei abnehmender Leistung nicht so stark. Zur Kühlung des Zylinders werden etwa 54 l Kühlwasser für die Kilowattstunde benötigt.
Die Kosten für Fundamente und Rohrleitungen usw. betragen 15—20 % der Kosten der Maschinen.

(650) Vergleich der Betriebskräfte. Als Kraftmaschinen kommen für größere Kraftwerke hauptsächlich in Frage: Dampfturbinen, Dieselmotoren oder Wassermotoren.

Die vor einigen Jahren hoch geschätzten Sauggasmotoren werden fast nur in Gaswerken verwendet. Dagegen kommen Lokomobilen in Frage, wo eine schnelle oder nur vorübergehende Steigerung der Leistung erwünscht ist.

Anlage der Kraftwerke.

(651) Die Wahl des Grundstückes. Bei der Auswahl des Grundstückes für ein Elektrizitätswerk ist folgendes zu beachten:

1. Das Grundstück muß genügend Raum für Erweiterungen bieten. In dieser Hinsicht sind besonders hohe Ansprüche zu stellen, weil die Einführung der Metallfadenlampen ohne Zweifel einen großen Aufschwung der elektrischen Beleuchtung herbeiführen wird. In derselben Richtung wirken die allgemeine Ermäßigung der Preise und die verbesserten Tarife. Andererseits ist zu beachten, daß die Einführung der Dampfturbinen und der großen Röhrenkessel mit Kettenrost den Raumbedarf vermindert.

2. Genügend Wasser für Kesselspeisung und Kondensation bzw. für die Kühlung der Rohöl- oder Gasmotoren muß vorhanden sein.

3. Die Entfernung von dem Schwerpunkt des Konsumgebiets soll möglichst gering sein, damit das Leitungsnetz billig wird. Namentlich gilt dies für Gleichstromwerke, wo eine stark exzentrische Lage des Kraftwerkes die Kosten der Stromverteilungsanlage außerordentlich steigert.

4. Der Transport von Brennmaterial nach dem Kraftwerk muß billig sein (Anschlußgleis oder Kanalanschluß!).

Es ist ferner vorteilhaft, wenn sich das Werk in unmittelbarer Nähe des Gaswerkes befindet, und wenn die Lage eine solche ist, daß die Rauchentwicklung oder die Abgase die Umgebung möglichst wenig belästigen.

(652) Das Gebäude und die maschinellen Anlagen. Das Gebäude für den ersten Ausbau des Kraftwerkes wird zweckmäßig an dem einen Ende des Grundstückes dicht an der Grundstücksgrenze errichtet, damit die ganze Grundstücksfläche für die Erweiterungen ausgenutzt werden kann.

Die Maschinen- und Kesseleinheiten sollen so groß wie irgend möglich gewählt werden. Je größer sie werden, desto billiger werden die Anlagekosten auf das Kilowatt nicht nur für die Maschinen und Kessel, sondern auch für das Gebäude und für die Schaltanlagen. Ferner werden die Personalkosten ganz außerordentlich verbilligt, weil dieselben fast unabhängig von der Größe der Aggregate sind. — Beispielsweise wird man in einem Kraftwerk, welches sowohl Beleuchtungsstrom als Straßenbahnstrom abgeben soll, in vielen Fällen beide Dynamos von demselben Dampfmotor antreiben lassen, um einen möglichst großen Motor aufstellen zu können. Für die Kessel wird man nur ungern eine kleinere wasserberührte Heizfläche als 300 bis 400 m² für den Kessel wählen.

Die Maschinen und Kessel sind möglichst nahe aneinander aufzustellen, damit die sehr beachtenswerten Verluste in den Frischdampfrohrleitungen möglichst gering ausfallen. Diese Rohrleitungen sind sorgfältigst zu isolieren (auch an den Rohrflanschen) und möglichst eng (hohe Dampfgeschwindigkeit) zu wählen. Die Kesselspeisepumpen werden am besten im Maschinenhauskeller neben den Kondensationspumpen aufgestellt oder mit denselben zusammengebaut. Auf den Dampfverbrauch der Pumpen ist zu achten.

Auch bei reinen Gleichstromzentralen ist es vorteilhaft (wegen Spannungsänderung an den Dynamos, eventuell Leistungserhöhung und mit Rücksicht auf eventuelle Abgabe von Wechselstrom), Einrichtungen für Tourenverstellung (etwa

$\pm$ 5 %) vorzusehen und eine Umlaufzahl zu wählen, welche auch für Wechselstrom-dynamos von 50 Perioden paßt. Es sind dies die Umlaufzahlen 75, 83, 94, 107, 125, 150, 166, 188, 214, 250, 300, 375, 500, 600, 750, 1000, 1500 und 3000. Werden Kolbendampfmaschinen verwendet, so ist die zur Erlangung eines Un-gleichförmigkeitsgrades von nur 1 : 250 bis 1 : 300 erforderliche Schwungmasse besser in einem besonderen Schwungrad als in dem umlaufenden Teil der Dynamo unterzubringen (387); etwaige Ausbesserungen werden dann leichter ausgeführt, und man kommt mit einem leichteren Kran aus.

Es ist darauf achtzugeben, daß die höchste erzielbare Leistung des Antriebs-motors von der Dynamo voll ausgenutzt werden kann, was häufig nicht geschieht. Bei der äußersten Leistung der Maschinenanlage, die ja nur einige Stunden im Jahre benötigt wird, ist es praktisch genommen gleichgültig, wie hoch der Brennstoff-verbrauch ist.

Die Schornsteine moderner Kraftwerke werden fast immer als Blechschorn-steine mit nach oben zunehmendem Durchmesser ausgebildet. Die Verbrennungs-gase werden durch Ventilatoren abgesaugt. Die Motoren der Ventilatoren sollen ge-kapselt sein, wenn sie so aufgestellt sind, daß sie Wasser oder Dämpfen ausgesetzt sind.

(653) Zusatzmaschinen. Selbständig angetriebene Zusatz-, Ausgleich- oder Erreger-Aggregate sind nach Möglichkeit zu vermeiden. Der in denselben erzeugte Strom ist teuer, sie bedürfen viel Wartung, und die nötige Schaltanlage nimmt viel Platz in Anspruch.

Zusatzaggregate können vermieden werden, wenn alle oder wenigstens die beiden ersten (kleineren) Hauptaggregate für Spannungserhöhung eingerichtet sind. Ausgleichaggregate sind überflüssig, wenn wenigstens zwei spannungsteilende Akkumulatorenbatterien (z. B. im Kraftwerk und Unterstation) vorhanden sind. Erregerdynamos werden am besten direkt gekuppelt mit den zugehörigen Wechsel-stromdynamomaschinen und ebenso die Zusatzdynamo mit ihrer Hauptmaschine. Ist für die Straßenbahn eine Pufferbatterie vorhanden, so kann der Zusetzer meistens umgangen werden, wenn man eine der Hauptmaschinen mit der gesamten Batterie zusammen auf eine besondere Sammelschiene für erhöhte Spannung schaltet.

(654) Sammleranlage. Um die Maschinensätze möglichst günstig belasten zu können, sowie um eine absolut zuverlässige und augenblicklich in Funktion tretende Reserve bei Maschinendefekten zu haben, verwendet man Akkumulatoren-batterien. In dem Maße, wie der Wirkungsgrad der Maschinen auch bei kleiner Belastung vergrößert und die Gesamtbelastung der Kraftwerke auch nachts so groß geworden ist, daß mindestens ein Maschinensatz dauernd in Betrieb sein muß, ist die Bedeutung der Batterie für den erstgenannten Zweck geringer geworden.

Der Hauptzweck der Batterie ist heute die a u g e n b l i c k l i c h wirkende sichere Reserve. Daher muß man die Batterien nicht mehr für 6—3 stündige Ent-ladung, sondern für eine solche von 2—½ Stunde ausführen. Für das Zentrum einer großen Stadt ist größtmögliche Betriebssicherheit der elektrischen Strom-zufuhr von solcher Bedeutung, daß man für diesen Stadtteil gern die höheren Be-triebskosten einer Gleichstromanlage mit Batterie, gegenüber einer reinen Wechsel-stromanlage, mit in Kauf nehmen wird, wenn dadurch eine praktisch genommen absolute Betriebssicherheit der Kraftstation erreicht werden kann.

In der Batterie gehen etwa 25 % der aufgespeicherten Energie verloren. Es ist aber zu beachten, daß meistens nur ein geringer Bruchteil der von dem Kraft-werke abgegebenen Energie durch die Batterie geht.

Für Elektrizitätswerke, die von weit entfernten Wasserkraftanlagen mittels Wechselstrom gespeist werden, verwendet man neuerdings als Momentreserve Akkumulatoren in Verbindung mit Motorgeneratoren (Städt. Elektrizitätswerk Zürich).

Über Anwendung von Akkumulatoren in Gleichstrom- und Drehstrom-Zentralen siehe ETZ 1911, S. 38.

Wirtschaftlichkeit des Kraftwerkes.

(655) Betriebskosten der Kraftwerke. Die jährlichen Betriebskosten setzen sich aus drei etwa gleich großen Teilen zusammen:

1. Die direkten Betriebsausgaben: Kraftstoff (Kohle oder Brennöl), Schmier- und Putzmaterial, Wasser usw. sowie Gehälter und Löhne (Verwaltung, Bedienung, Reinigung) und Instandhaltung (Ausbesserung, Erneuerung);

2. Verzinsung des Anlagekapitals;

3. Tilgung des Anlagekapitals sowie Versicherung, Steuern usw.

Für Tilgung sind etwa die folgenden Quoten in Ansatz zu bringen (nach P r ü c k e r; siehe ETZ 1895, S. 43, 121, 169, 193, 238):

	Tilgung Prozentsatz:	in Jahren:
Gebäude und elektr. Leitungen einschl. Kabelnetz	1,052	40
Dampfkessel, Dampfmotoren, Rohölmotoren, Lokomobilen, Rohrleitungen, elektr. Maschinen, Schaltanlagen	3,358	20
Gasmotoren, Sauggasanlagen.	4,99	15
Wasserkraftanlagen	2,40	25
Akkumulatoren und Elektrizitätszähler	8,329	10

Der Zinsfuß ist hierbei zu 4 % angenommen.

Bei den obigen Annahmen ergibt sich eine durchschnittliche Tilgungsquote für das ganze Elektrizitätswerk von etwa 2,5 %, so daß die gesamten Ausgaben für Verzinsung und Tilgung etwa 6,5 % betragen würden. Dieser Satz kann für ein städtisches Elektrizitätswerk oder für ein privates Werk mit sehr langer Konzessionsdauer gerade noch als ausreichend betrachtet werden.

Zu beachten ist jedoch, daß das ganze Elektrizitätswerk durch neue Erfindungen entwertet werden kann. Man wird daher, wenn es die Überschüsse des Betriebes gestatten, einen höheren Prozentsatz von 4 bis 6 % für die Tilgung einsetzen.

Aus der folgenden Tabelle sind die Tilgungsquoten bei kürzerer oder längerer Tilgungsfrist und bei einem Zinsfuß zwischen 3 und 5 % zu ersehen:

Zinsfuß %	Der Wert erlischt in Jahren:						
	10	15	20	25	30	35	40
3,5	8,524	5,183	3,536	2,567	1,937	1,499	1,183
3,75	8,426	5,078	3,440	2,483	1,858	1,427	1,115
4,0	8,329	4,993	3,358	2,401	1,783	1,357	1,052
4,25	8,233	4,902	3,272	2,321	1,709	1,290	0,991
4,50	8,137	4,811	3,187	2,243	1,639	1,277	0,934
5,0	7,950	4,634	3,024	2,095	1,461	1,107	0,827

Da die Kosten für Verzinsung und Tilgung des Anlagekapitals zusammen etwa ²/₃ der jährlichen Betriebskosten der Elektrizitätswerke ausmachen, ist es von großer Wichtigkeit, daß das Anlagekapital für 1 kW so niedrig wie irgend möglich gehalten wird. In dieser Hinsicht sind gerade im letzten Jahrzehnt sehr große Fortschritte gemacht worden, und zwar

zu 1. dadurch, daß die Leistung der vorhandenen alten Werke mit sehr geringen Kosten außerordentlich gesteigert worden ist, und zu 2. dadurch, daß die neu angelegten Kraftwerke in sehr billiger Weise und unter Vermeidung von allem Luxus gebaut worden sind.

Wie stark die Leistung der alten Werke gestiegen ist, geht daraus hervor, daß die Anschlußwerte in den letzten zehn Jahren etwa verdoppelt und seit 1895 fast vervierfacht worden sind[1]).

Hierbei sind die Kosten für Grundstücke fast nie gestiegen, die der Gebäude nur sehr wenig (gar nicht in den zahlreichen Fällen, wo Dampfturbinen und Röhrenkessel an Stelle von kleinen Dampfmaschinen und Großwasserraumkesseln gesetzt worden sind). Von großer Bedeutung für die Ermäßigung der Anlagekosten ist die Einführung der Dampfturbine, welche sehr viel billiger ist als die Kolbenmaschine, und der modernen Röhrenkessel, welche für 1 m² Heizfläche etwa doppelt so viel Dampf erzeugen wie die vor zehn Jahren gebräuchlichen Röhrenkessel und mit viel größerer Heizfläche ausgeführt werden. Der Raumbedarf und damit die Gebäudekosten für die Kraftwerke sind durch diese Verbesserungen auf weniger als die Hälfte zurückgegangen.

Die Anlagekosten für 27 Elektrizitätswerke in Städten mit Einwohnerzahlen zwischen 90 000 und 230 000 betrugen im Jahre 1906 durchschnittlich 1240 M/kW und für 11 Städte mit Einwohnerzahlen zwischen 230 000 und 430 000 (Charlottenburg, Chemnitz, Düsseldorf, Frankfurt a. M., Haag, Kopenhagen, Magdeburg, Nürnberg, Rotterdam, Stettin und Stuttgart) durchschnittlich 1100 M/kW. Im Jahre 1895 betrugen die entsprechenden Kosten für eine Anzahl Werke nach K a l l m a n n (ETZ 1905, S. 795) durchschnittlich 2090 M/kW, wovon 1160 M für das Kraftwerk und 930 M für die Verteilungsanlage. —

Als Gegenbeispiele mögen einige Daten für ein ganz neues Werk angeführt werden:

Die Gesamtkosten für das im Bau befindliche Elektrizitätswerk R i x d o r f stellen sich wie folgt:

F ü r d e n e r s t e n A u s b a u:

Grundstückserwerb	M 500 000,—
Bauarbeiten	„ 700 000,—
Maschinelle Einrichtungen für 3750 kW (2 × 1500 + 750 kW Turbinen)	„ 550 000,—
Bauleitung und Zinsen	„ 50 000,—
Kabelnetz	„ 1 400 000,—
Summa:	M 3 200 000,—

oder insgesamt $\dfrac{3\,200\,000}{3750}$ = 850 M/kW, wovon 480 M für das Kraftwerk und 370 M für die Verteilungsanlage.

F ü r d e n z w e i t e n A u s b a u (in dem vorhandenen Gebäude, welches hierfür nicht erweitert zu werden braucht):

Vorhandene Anlagen	M 3 200 000,—
Maschinelle Einrichtung für 2 weitere Turbogeneratoren zu 5000 kW nebst Zubehör rd.	„ 700 000,—
Kabelnetzerweiterung rd.	„ 600 000,—
Summa:	M 4 500 000,—

oder insgesamt $\dfrac{4\,500\,000}{13\,750}$ = rd. 325 M/kW.

(656) Stromlieferungsverträge. Zur Regelung der Beziehungen zwischen dem Elektrizitätswerk und den Stromabnehmern (Konsumenten) wird für gewöhnlich ein Stromlieferungsvertrag abgeschlossen. Dieser ist der gleiche für alle Strom-

---

[1]) Siehe R. E s w e i n , Elektrizitätsversorgung und ihre Kosten, S. 20.

abnehmer mit Ausnahme von solchen, welche eigenartige Betriebsverhältnisse haben, z. B. Straßenbahnen, Bahnhöfe, Wasserwerke (Höchstbelastung im Sommer), und Industrien, welche nur im Sommer oder tagsüber Strom verbrauchen (z. B. Ziegeleien, Pflüge), und von solchen, welche sehr große Strommengen beziehen, z. B. Warenhäuser.

Die Stromlieferungsverträge enthalten Bestimmungen über Normalspannung und Art des gelieferten Stromes, Zeit der Stromlieferung, Prüfung und Überwachung der Hausinstallation, Bedingungen und Preise für die Ausführung der Hausanschlußleitung und für die Stellung der Zähler, Rechte des Elektrizitätswerkes bei Mißbrauch oder Diebstahl von Strom, Verantwortung bei Betriebsstörungen und Unfällen, Zahlungsbedingungen und vor allem über den Preis für den elektrischen Strom. Empfehlenswert ist eine Vereinbarung, nach welcher bei Nichtzahlung der Stromrechnung innerhalb einer bestimmten Frist die Lieferung von Strom und wenn möglich auch von Kochgas eingestellt wird.

Ganz abgesehen von den Bestimmungen über den Strompreis haben die übrigen Vorschriften der Stromlieferungsverträge einen ganz bedeutenden Einfluß auf die Anschlußbewegung und damit auf den wichtigsten Punkt des Betriebes, die Einnahmen.

Die Stromlieferungsverträge müssen so abgefaßt werden, daß die Interessenten für möglichst geringe Anschlußkosten und mit möglichst geringen Formalitäten elektrischen Strom erhalten können. Wenn Zahlungen für den Hausanschluß verlangt werden, so sind diese auf ein Jahr oder mehrere Jahre zu verteilen und in monatlichen oder vierteljährlichen Raten zu erheben. Es ist fast immer zu empfehlen, den Hausanschluß gratis auszuführen. Ist es nicht sicher, daß genügende Einnahmen zur Deckung der Kosten erzielt werden, so kann das Elektrizitätswerk sich dadurch gegen Verluste schützen, daß es sich eine Mindesteinnahme garantieren läßt. Beispielsweise hat sich eine Garantie, wonach innerhalb zweier Jahre nach Fertigstellung des Hausanschlusses an Zahlungen für Strom mindestens die 1,5 fachen Kosten des Hausanschlusses geleistet werden sollen, vorzüglich bewährt. Diese Kosten betragen bei unterirdischen Leitungsnetzen für ein gewöhnliches Mietshaus etwa 75 bis 150 M und bei oberirdischen Netzen etwa $^1/_3$ hiervon.

(657) Installationskosten. Verschiedene Elektrizitätswerke haben in den Stromlieferungsverträgen Bestimmungen getroffen, wonach die Kosten der Hausinstallation ganz oder teilweise von ihnen getragen werden. Das Resultat war immer eine große Steigerung der Konsumentenzahl und der Einnahmen. Beispielsweise gewährt das Elektrizitätswerk in Genua (ETZ 1909, S. 613) seit dem Jahre 1900 einen Beitrag zu den Installationskosten von 60 Lire, wenn der Besitzer wenigstens 6 Lampen in 6 verschiedenen Räumen installieren läßt. Die Zahl der in dieser Weise erhaltenen Stromabnehmer beträgt nicht weniger als 9000. Das Städtische Elektrizitätswerk Göteborg (Schweden) gibt für jede neue Installation Strom gratis für den Betrag der Installationskosten, jedoch nicht länger als ein Jahr und nicht mehr als Kr. 15,— auf die Lampe. Während dieses Jahres kann der Abnehmer an Stelle der Stromrechnungen die Installationskosten in monatlichen Raten abzahlen. Das Elektrizitätswerk zahlt in diesem Falle die Installation anstatt mit Geld mit Kilowattstunden, die zu 35 Öre (= 40 Pf.) gerechnet werden, für welche aber dem Elektrizitätswerk nur ca. 2 Öre an Selbstkosten entstehen. Außerdem gewöhnen sich die neuen Abnehmer an reichlichen Stromverbrauch.

Während des ersten Jahres nach Einführung derartiger Gratisinstallation oder Gratisstromlieferung werden sich die Einnahmen nicht höher stellen als in dem vorhergehenden Jahre, weil die neuen Konsumenten ja nichts einbringen. — In dem darauf folgenden (zweiten) Jahre aber werden sich die Einnahmen infolge der ungewöhnlich großen Zahl der neuinstallierten Lampen höher als sonst stellen, und für jedes weitere Jahr wird die Mehreinnahme größer werden. Da die

Elektrizitätswerke große ökonomische Vorteile von einem derartigen Vorgehen haben, und auch die Abnehmer davon Nutzen ziehen, sollten diesbezügl. Maßnahmen bei jedem Elektrizitätswerk getroffen werden. Die Gaswerke sind schon vor Jahrzehnten in gleicher Weise vorgegangen, und dies dürfte eine der Hauptursachen zu der großen Verbreitung der Gasbeleuchtung sein. Die Bestrebungen der Gaswerke gehen neuerdings dahin, durch kostenlose Installation der Leitungen und durch kostenloses Vorhalten der Beleuchtungskörper, der Kochherde und der Gasöfen ihre Stellung zu stärken. Nur wenn die Elektrizitätswerke das gleiche Entgegenkommen zeigen, können sie darauf rechnen, den ihnen zukommenden Anteil an der Beleuchtung zu erhalten. Bisher haben nur wenige Elektrizitätswerke dies erkannt. Im Gegenteil, man findet häufig, daß die Elektrizitätswerke d e n A n - s c h l u ß n e u e r I n s t a l l a t i o n s a n l a g e n d u r c h h o h e P r ü f u n g s - g e b ü h r e n e r s c h w e r e n. Wenn z. B. für jeden projektierten oder ausgeführten für sich gesicherten Stromkreis M 6,—, für jede Bogenlampe M 6,— und für jeden Motor M 5,— bis M 50,— erhoben werden, so bedeutet dies, auch wenn die Höchstgebühr für ein Gebäude M 300,— nicht überschreiten darf (diese Daten sind den Stromlieferungsbedingungen eines größeren kommunalen Werkes entnommen), eine wesentliche Erschwerung der Anschlußbewegung und wird viele Interessenten abhalten, elektrisches Licht einzuführen.

(658) Die Zählermiete soll die Kosten für Verzinsung, Abschreibung und Unterhaltung der Zähler decken. Für die gewöhnlichen kleinen Amperestundenzähler, welche knapp 25 Mark kosten und sehr wenig Unterhaltung erfordern, betragen diese Kosten etwa M 2,50 bis 5,— oder ungefähr ebensoviel wie für die entsprechenden Gasmesser. Während für die letzteren nur eine Miete in der Höhe der genannten Summen erhoben wird, verlangen die Elektrizitätswerke oft eine Zählermiete von 12 bis 20 M für das Jahr. Es liegt auf der Hand, daß hierdurch viele Interessenten abgeschreckt werden. Namentlich gilt dies für die kleinsten Konsumenten. E s s o l l t e n d a h e r d i e M i e t s p r e i s e f ü r n o r m a l e E l e k t r i z i t ä t s z ä h l e r a u f d i e f ü r d i e G a s m e s s e r ü b l i c h e n S ä t z e e r m ä ß i g t w e r d e n. Wenn man für alle kleinen Zähler denselben Mietspreis erhebt, so kann dieser Preis auf den Rechnungen vorgedruckt werden, wodurch viel Schreibarbeit erspart wird.

(659) Tarife. Ein zweckmäßiger Tarif soll folgende Eigenschaften haben: Er soll g e r e c h t sein, so daß dem Elektrizitätswerk ein angemessener Nutzen bleibt; er soll m ö g l i c h s t e i n f a c h und übersichtlich sein, damit die Stromabnehmer Vertrauen zu ihm haben, und die Verrechnung nicht unnötig kompliziert und dadurch teuer wird; es ist ferner wünschenswert, daß der Tarif e i n e g e e i g n e t e F o r m hat, so daß die Abnehmer veranlaßt werden, d e n S t r o m f ü r m ö g l i c h s t v i e l e Z w e c k e und m ö g l i c h s t i n t e n - s i v a u s z u n u t z e n, und daß diese Ausnutzung so erfolgt, daß der Stromverbrauch auch an den Tages- und Jahreszeiten, wo nur wenig Lichtstrom benutzt wird, möglichst nahe an der Höchstleistung des Kraftwerkes bleibt; die Selbstkosten für den erzeugten Strom werden dann niedrig, weil sich die relativ sehr hohen festen Kosten (für Verzinsung, Tilgung usw.) auf eine große Zahl von Kilowattstunden verteilen.

Um eine möglichst vielseitige Ausnutzung des Stromes zu erreichen, ist es empfehlenswert, d e n K o n s u m e n t e n d i e W a h l z w i s c h e n m e h r e r e n T a r i f f o r m e n z u g e s t a t t e n. Die hierdurch bedingte Erschwerung der Buchführung muß in Kauf genommen werden. Er wird dann die Form wählen, welche seinen Zwecken am besten entspricht. Wenn die Form des Tarifes ihm zusagt, wird er eine größere Summe für den jährlichen Strombezug ausgeben, als wenn der Strom nach einer ungeeigneten Tarifform bezogen werden muß.

Aber auch wenn das Elektrizitätswerk mehrere Tarife hat, können Fälle vorkommen, wo keiner derselben geeignet ist. Mit Rücksicht auf solche Fälle ist es
wünschenswert, wenn es der städt. Elektrizitätskommission bzw. dem Aufsichtsrat
der Privatgesellschaft oder dem Direktor des Werkes gestattet ist, unter besonderen
Umständen Spezialverträge mit den betr. Interessenten abzuschließen. Ist diese
Möglichkeit nicht vorhanden, so wird das Elektrizitätswerk manchmal auf einen
Abnehmer verzichten müssen, welcher trotz eines scheinbar sehr billigen Preises
eine nennenswerte Steigerung des Nettoüberschusses hätte herbeiführen können.

Denjenigen, welche eine solche geschäftsmäßige Preispolitik als unpassend für
ein kommunales Werk erachten, kann entgegengehalten werden, daß die Städte
seit jeher bei ihren Grundstücksverkäufen ebenso geschäftsmäßig verfahren.
Ferner ist zu beachten, daß ein Elektrizitätswerk ein kommerzielles Unternehmen
ist und daher geschäftsmäßig geleitet werden sollte, auch wenn es einer Stadt
gehört.

Man unterscheidet drei Hauptformen von Tarifen, welche nach S i e g e l
wie folgt definiert werden können:

1 Tarife, die nur von der Zahl der verbrauchten Kilowattstunden ausgehen,
Z ä h l e r t a r i f e.

2 Tarife, welche die Zahl der verbrauchten Kilowattstunden ganz oder fast
unberücksichtigt lassen und von der maximal beanspruchten Leistung (Kilowatt)
ausgehen, P a u s c h a l t a r i f e.

3. Tarife, die zum Teil von der Zahl der verbrauchten Kilowattstunden ausgehen, die aber auch die maximal beanspruchte Leistung berücksichtigen, G r u n d -
t a x e   m i t   K i l o w a t t s t u n d e n p r e i s   oder   G e b ü h r e n t a r i f e.

Bei allen Tarifformen werden Rabatte verschiedener Art verwendet.

(660) Die **Zählertarife** haben den Vorzug großer Einfachheit und Übersichtlichkeit. Sie s c h e i n e n außerdem den Stromabnehmern sehr gerecht zu sein
und sind ihnen von den Rechnungen der Gaswerke her vertraut. Wie jedoch aus
den obigen Ausführungen über die Selbstkosten der Elektrizitätswerke hervorgeht,
ist dieser Tarif sehr ungerecht, weil er gar nicht berücksichtigt, ob der Abnehmer
den Strom beispielsweise im Sommer oder zu später Nachtstunde, wo das Kraftwerk fast unbelastet ist (und keine anderen Unkosten als für Kohle entstehen), oder
ob er denselben an einem Dezemberabend bezieht, wo die Steigerung der Stromabgabe zu einer Erweiterung des Werkes zwingt, und wo der Strompreis infolgedessen
mit Verzinsungs- und Tilgungskosten belastet werden muß. Aus diesem Grunde
sind z. B. solche Reklamebeleuchtungen, welche nur des Abends einige Wochen vor
Weihnachten in Betrieb sind, ungünstig für die Elektrizitätswerke auch bei den
höchsten vorkommenden Strompreisen von etwa 0,60 M/kWst.

Um diese Nachteile möglichst zu verringern, hat man verschiedene Auswege
gefunden, von denen die wichtigsten hier besprochen werden sollen.

A. D e r   E i n h e i t s p r e i s   w i r d   v e r s c h i e d e n   b e m e s s e n   f ü r
v e r s c h i e d e n e   V e r w e n d u n g s z w e c k e, und zwar wird er um
so mehr verbilligt, je größer die Zahl der jährlichen Ausnutzungsstunden ist. Bei
einem Lichtstrompreis von 0,40 bis 0,50 M/kWst wird z. B. der Kraftstrompreis
auf 20 bis 25 Pf. und der Bahnstrompreis auf 12 bis 15 Pf. bemessen. Für Treppenbeleuchtung wird vielfach (und mit vollem Recht) ein besonderer Preis, der niedriger
ist als der normale Lichtstrompreis, berechnet, weil die Treppenbeleuchtung eine
lange jährliche Ausnutzungszeit hat. Ferner wird der Strom zur Beleuchtung von
Bahnhöfen, welche oft die ganze Nacht durch erhellt sein müssen, ebenso wie
Straßenbeleuchtungsstrom zu sehr billigem Preise (10—20 Pf.) berechnet.

B. Es wird ein D o p p e l t a r i f verwendet, bei welchem zur Zeit der höheren
Belastung des Elektrizitätswerkes ein hoher Preis für 1 kWst, welcher genügt, um
sowohl die direkten Betriebsausgaben als auch die Verzinsung und Tilgung zu zahlen,
und für die übrige Zeit ein niedriger Preis, zur Deckung der direkten Betriebsausgaben,

berechnet wird. Die Elektrizitätszähler erhalten zwei Zählwerke, welche durch eine Uhr zu bestimmten Zeiten ein- oder ausgeschaltet werden. Der höhere Preis wird für etwa die folgenden Abendstunden (bis 10 Uhr) berechnet:

im	Jan.	Febr.	März	Apr.	Mai bis Aug.	Sept.	Okt.	Nov.	Dez.
von	4^h30	5^h30	6^h15	7^h30	8^h15	6^h30	5^h30	5^h	4^h15

Während der Zeit der höheren Belastung (Sperrzeit) wird ein 2 bis 3 mal höherer Preis als während der anderen Zeit berechnet.

Diese Tarifform wird namentlich bei Elektrizitätswerken mit schwach bemessenem Leitungsnetze bevorzugt.

C. Es wird ein B e n u t z u n g s d a u e r r a b a t t verwendet, bei welchem zunächst ein höherer Preis berechnet wird, und zwar so lange, bis die Verzinsungs- und Tilgungskosten für die maximal beanspruchte Leistung gedeckt worden sind. Danach wird der Einheitspreis ermäßigt. Der durchschnittlich bezahlte Preis wird daher um so billiger, je länger die Benutzungsdauer ist.

Dieser Tarif ist an sich gut, hat aber den Nachteil, daß die Verrechnung schwierig ist, und daß es nur schwer möglich ist, zu kontrollieren, ob der Abnehmer nicht Lampen und Motoren mit größerer Leistung als vorgesehen verwendet.

B e i s p i e l: Für die ersten 400 Benutzungsstunden 0,50 M/kWst, für die zweiten 400 Stunden 0,30 und für die weiteren 0,20 M/kWst.

(661) Die Pauschaltarife. Zur Zeit, als man noch keine guten und billigen Zähler hatte, wurden die zu zahlenden Preise für die elektrische Beleuchtung „pauschal" berechnet, d. h. der Abnehmer zahlte einen bestimmten Preis für jede angeschlossene 16 kerzige Lampe, Bogenlampe oder Kilowatt der Motorleistung. Bei der Festsetzung des Preises wurde selbstverständlich auch die zu erwartende Benutzungsdauer berücksichtigt.

Diese primitive Tarifform wurde d u r c h d i e E i n f ü h r u n g v o n S t r o m b e g r e n z e r n g a n z w e s e n t l i c h v e r b e s s e r t. Der Strombegrenzer besteht aus einem Ausschalter mit Maximalauslösung, welche so konstruiert ist, daß der Strom bei Überschreitung der eingestellten Belastungsgrenze ununterbrochen ein- und ausgeschaltet wird. Hierdurch entsteht ein für das Auge sehr unangenehmes Flackern des Lichtes, welches so lange andauert, bis durch Ausschalten von Lampen die Stromstärke auf die eingestellte Belastungsgrenze zurückgebracht wird.

Der Pauschaltarif mit Strombegrenzer hat folgende wesentliche Vorteile:

1. Der Abnehmer weiß schon vorher genau, wie viel die Beleuchtung im Jahre kostet. Das Elektrizitätswerk kann daher die Beleuchtungskosten im voraus einkassieren, so daß Verluste ausgeschlossen sind. Die Kosten können in gleichen Monatsraten während des ganzen Jahres erhoben werden, wodurch die Ausgaben für den Abnehmer weniger fühlbar werden, als wenn sie sich in den ohnehin teuren Wintermonaten häufen.

2. Die Lampen werden länger gebrannt, als wenn ein Zähler verwendet wird, und zwar ist die Brennzeit oft 2- bis 3 mal so lang. Wegen dieser viel längeren Brennzeit wird der Abnehmer willig einen höheren Einheitspreis zahlen als den, welcher bei Zählertarif erzielt wird. Die Einnahmen des Werkes werden daher viel größer, und da die Ausgaben nicht in derselben Proportion steigen, wird der Nettoüberschuß größer werden.

3. Da die einfachen und zuverlässigen Strombegrenzer mit Quecksilberunterbrecher nur etwa 6 bis 8 M kosten gegen ca. 25 M für die billigsten Amperestundenzähler und fast keine Unterhaltungskosten erfordern, und da ferner die Zählerablesungen wegfallen, und die Buchführung, Einkassierung usw. sehr vereinfacht werden, so kann die Zählermiete auf etwa $^1/_5$ der bei Amperestundenzählern üblichen reduziert werden oder wegen ihrer Geringfügigkeit ganz wegfallen. Sie wird meistens auf 1—2 M jährlich bemessen.

4. Das Anlagekapital des Elektrizitätswerkes wird um etwa 5 % geringer, als wenn Zähler verwendet werden.

5. Dank dem Strombegrenzer kann die abonnierte Energie sehr vollständig ausgenutzt werden, wenn man in den am meisten verwendeten Räumen so viele und so große Lampen anbringt, daß die Belastung immer nahe an der Grenze ist.

6. Wenn Kochapparate, Heizkörper oder Bügeleisen vorhanden sind, kann man diese ohne irgendwelche Mehrausgaben benutzen. Dadurch wird z. B. die Frage des elektrischen Kochens sofort aktuell, wenn Pauschaltarif eingeführt wird. Allerdings ist zu beachten, daß man mindestens 0,4 kW zur Verfügung haben muß, um in dieser Richtung etwas Nennenswertes erreichen zu können. (Siehe K. W i l k e n s, Ist das Kochen mit Elektrizität wirtschaftlich durchführbar? ETZ 1910, S. 669.)

7. Der Pauschaltarif ist viel gerechter als der Zählertarif. Hierüber sagt A g t h e in seinem klassischen „Bericht der Kommission IV (für Tarife)"[1]: „Rechnet man sich aus, was das Kilowatt der maximalen Beanspruchung der Zentrale im Jahre bringt, nach den vorstehend aufgeführten Listen etwa 300—400 M, d. h. pro 16 kerzige Lampe etwa 15—20 M, so ist es einleuchtend, daß ein Pauschalpreis in dieser Höhe pro angeschlossene 16 kerzige Lampe und Jahr vollkommen auskömmlich ist, indem die durchschnittliche Benutzungsdauer der Pauschalanlage auch nicht größer sein wird als die Benutzungsdauer, berechnet nach dem Maximum der Zentrale. 15—20 M pro Lampe ist aber ein Preis, den viele Konsumenten gern bezahlen, so daß eine willige Einräumung von Pauschalpreisen aus diesem Grunde finanziell nur von Vorteil sein kann.

„Um dieses näher zu erläutern, soll nochmals auf die Zusammensetzung der Kosten des elektrischen Stromes hingewiesen werden. Beträgt das Anlagekapital etwa 2000 M für das kW maximaler Belastung, so müssen für Verzinsung und Amortisation (zusammen beispielsweise 10 %) mindestens 200 M aufgebracht werden; hierzu kommen für Betriebskosten von 1 kW mit durchschnittlich 1000 st = 1000 kWst zu etwa 10 Pf. 100 M; zusammen somit 300 M. In dieser Summe sind die nach der Benutzungsdauer schwankenden Betriebskosten mit 100 M nur halb so groß wie die auf alle Fälle einzubringenden festen Kosten für Tilgung und Verzinsung im Betrage von 200 M. Bei Festsetzung von Pauschaltarifen ist die jährliche Betriebsdauer natürlich selten genau bekannt; im vorliegenden Falle möge bei 1 kW Anschluß die jährliche Benutzungsdauer zwischen 0 und 1000 st betragen; hiernach müßte somit der richtig bemessene Pauschalpreis zwischen 200 und 300 M liegen, d. h. bei Bemessung des Pauschalpreises könnte man sich um etwa 100 M irren. Nun sind diese 100 M aber auch nicht rein variable Kosten; wie eingangs des Berichts bei der Analysierung der Betriebskosten der Oberschlesischen Elektrizitätswerke, des städtischen Elektrizitätswerkes in Chemnitz und der Elektrizitätswerke in Schmalkalden und Oppenheim nachgewiesen wurde, sind etwa die Hälfte dieser Kosten auch noch feste Kosten, d. h. von der Benutzungsdauer unabhängig, so daß die gesamten festen Kosten im vorliegenden Falle 250 M und die variablen nur 50 M betragen. Nun ist aber ein festzusetzender Pauschalpreis ziemlich genau bestimmt, er kann nur zwischen 250 und 300 M liegen, und bei Wahl des letztgenannten Betrages kann man sich im ungünstigsten Falle um 50 M geirrt haben."

Der hier von Agthe angenommene Preis von 15—20 M für die 16 kerzige Lampe hat sich in der Praxis als ausreichend bewährt. Die 16 kerzige Osramlampe verbraucht jedoch nur etwa 17—18 Watt an Stelle der 55—60 Watt der in Agthes Berechnung zugrunde gelegten Kohlenfadenlampe von 16 Kerzen. D i e 16 k e r z i g e D r a h t l a m p e w ü r d e a l s o w e g e n i h r e s g e r i n g e r e n S t r o m v e r b r a u c h e s n u r 5—6,67 M j ä h r l i c h k o s t e n, und

---

[1] A g t h e , Sonderabdruck aus Mitteilungen der Vereinigung der Elektrizitätswerke. R. Oldenbourg, München 1905. (Seit der Abfassung des Agtheschen Werkes sind die Selbstkosten des Stromes sehr gesunken.)

das kann jede Arbeiterfamilie zahlen, weil sie bei der heutigen Petroleumbeleuchtung rund 20 M jährlich für die Beleuchtung ausgibt.

Bei den modernsten Zentralen mit Dampfturbinen und Kessel moderner Konstruktion und billigen Wechselstromnetzen sind sowohl die festen als auch die beweglichen Kosten um mehr als die Hälfte niedriger als die von Agthe angegebenen Durchschnittszahlen, und man kann daher in solchen Fällen die 16 kerzige Lampe um rund M 3,— jährlich pauschal anbieten.

Es ist allerdings zu berücksichtigen, daß Fälle vorkommen können, wo die Lampen durchschnittlich mehr als 1000 st jährlich brennen, und daher die beweglichen Kosten höher werden. Dies wird aber mehr als aufgewogen dadurch, daß es niemals vorkommt, daß alle abonnierten Lampen gleichzeitig zur Zeit der Höchstbelastung der Zentrale brennen, sondern höchstens etwa 80 %. Daher sollte von Rechts wegen der oben angenommene feste Preis von M 200 mit 0,8 multipliziert werden.

Der Pauschaltarif hat aber auch verschiedene Nachteile. Der wichtigste ist
1. daß es den Abnehmern, s o l a n g e m a n k e i n e S t r o m b e g r e n z e r h a t t e, möglich war, das Elektrizitätswerk durch Einsetzen von größeren Lampen, welche mehr Strom verbrauchten, zu betrügen. Deswegen ist dieser Tarif bei den Elektrizitätswerken nicht gerade populär gewesen. Seit der Einführung zuverlässiger und billiger Strombegrenzer, wodurch dieser Nachteil behoben wird, ist ein deutlicher Umschwung eingetreten, und es scheint so, als ob der Pauschaltarif fast allgemein gestattet werden sollte.

Weitere Nachteile, die auch nach Einführung des Strombegrenzers fortbestehen, sind:
2. daß der Tarif insofern ungerecht ist, als ein Abnehmer, welcher sparsam mit dem Licht umgeht, ebensoviel zahlen muß wie ein Abnehmer, welcher dasselbe verschwenderisch ausnutzt. Diesem Einwand wird die Spitze abgebrochen, wenn man auch dem kleinsten Abnehmer mit nur 1—2 Lampen freie Wahl läßt, ob er Pauschal- oder Zählertarif haben will. Liegt sein Konsum unter einer gewissen Grenze, so wird der Zählertarif trotz der Zählermiete günstiger.

3. daß man die Beleuchtung nicht wie bei Zählertarif gelegentlich steigern kann (beispielsweise bei Festlichkeiten), ohne daß hierfür besonders hohe Kosten entstehen. Diesen Nachteil kann man dadurch umgehen, daß das Elektrizitätswerk in solchen Fällen den Strombegrenzer ausschaltet und für diese Arbeit sowie für den Mehrverbrauch an Strom während des betreffenden Tags eine besondere Pauschalgebühr erhält. — In Städten, wo der Pauschaltarif auch für größere Wohnungen verwendet wird, wie in Kristiania (Norwegen), und wo es daher sehr häufig vorkommt, daß ein Mehrbedarf eintritt, hilft man sich dadurch, daß man parallel mit dem Strombegrenzer einen Kilowattstundenzähler (meistens einen in Kilowattstunden geeichten Amperestundenzähler!) anordnet und die beiden Meßapparate durch einen Umschalter so mit der Leitung verbindet, daß immer nur der eine Apparat in Tätigkeit sein kann. Die kWst wird hierbei in Kristiania zu demselben Preis berechnet wie bei Abnehmern, die den reinen Zählertarif benutzen; der Abnehmer zahlt daher, sobald er den Zähler eingeschaltet hat, nicht nur den Zusatzstrom, sondern auch den pauschalierten Strom noch einmal. Dies hat zur Folge, daß die Abnehmer ein Interesse daran haben, die abonnierte Leistung nicht allzu niedrig zu bemessen.

Es ist naheliegend, diesen Tarif, welcher in Kristiania sehr populär geworden ist, dadurch zu verbessern, daß man statt des Strombegrenzers einen Zähler verwendet, welcher erst bei Überschreitung einer gewissen, genau einstellbaren Stromstärke zu zählen anfängt.

Noch besser ist es aber, wenn man dann auch die Kilowattstunden, welche u n t e r der Pauschalgrenze liegen, mißt und für dieselben einen besonders niedrigen Preis zur Deckung der tatsächlich entstehenden beweglichen Kosten (etwa 0,015 bis 0,05 M/kWst je nach der Größe der Zentrale) berechnet. Man verwendet dann einen Doppeltarifzähler, welcher aber nicht zu einer bestimmten Tageszeit, sondern bei Überschreitung einer gewissen Belastung den höheren Tarif einschaltet. Der Pauschalpreis wird dann in eine Grundtaxe verwandelt und kann niedriger als bei reinem Pauschalbetrieb bemessen werden, weil durch ihn nur die f e s t e n Kosten gedeckt werden müssen. In dem oben geschilderten Falle würde dann die Grundtaxe 250 M/kW betragen. Der letztgenannte Tarif gehört bereits mehr zu der dritten Hauptform der Tarife.

(662) Die Gebührentarife. Bei diesen Tarifen werden die festen Betriebsausgaben des Elektrizitätswerkes für den gelieferten Strom durch eine Grundtaxe, welche sich nach dem Anschlußwert oder besser nach der Höchstbelastung der Anlage zur Zeit der Höchstbelastung des Elektrizitätswerkes richtet, gedeckt. Die Deckung der b e w e g l i c h e n Betriebsausgaben erfolgt durch einen zusätzlichen Kilowattstundenpreis.

Dieses System ist das gerechteste und richtigste, weil die Form der Berechnung sich vollständig der Form der Selbstkosten anpassen läßt (A g t h e). Es erfordert jedoch komplizierte Meßvorrichtungen und ist auch in der Verrechnung unbequem. Bei dem Publikum ist es daher wenig beliebt und wird verhältnismäßig wenig verwendet.

Eine sehr beachtenswerte Verbesserung dieses Tarifes ist der von W a r r e l m a n n angegebene ,,gemischte Pauschal- und Zählertarif", welche 1912 in Potsdam eingeführt wurde. Hier wird eine feste Taxe je nach der Wohnungsgröße und außerdem ein Zuschlagspreis von 10 Pfg. für die kWst unabhängig von dem Verwendungszweck (Beleuchtung, Kochen, Heizen etc.) erhoben. Dieser neue Tarif, welcher den Bezug von Strom für a l l e Zwecke mit den vorhandenen Zählern ohne irgendwelche Änderung ermöglicht, dürfte große Bedeutung erhalten.

L i t e r a t u r.

G. S i e g e l, Die Preisstellung beim Verkaufe elektrischer Energie; Die Popularisierung der elektrischen Beleuchtung. Berlin, J. Springer, 1909. — E. W i k a n d e r, Über Tarife für den Verkauf elektrischer Energie. ETZ 1911, S. 755; und Vorschläge zur Erhöhung der Einnahmen der Elektrizitätswerke aus den Wohnungen. ETZ 1912, S. 459.

Sechster Abschnitt.
Leitung und Verteilung.

Allgemeines.

(663) Direkte und indirekte Verteilung. Die Verteilungssysteme kann man einteilen in solche, bei denen Stromerzeuger und Verbrauchsstellen in demselben Stromkreise liegen, und in solche, bei denen beide getrennte Stromkreise bilden. Die erste Art nennt man direkte, die zweite Art indirekte Verteilung; bei der indirekten Verteilung gebraucht man zur Energie-Übertragung zwischen beiden Kreisen besondere Umformungs-Apparate, die bei Wechselstrom Transformatoren heißen.

Eine Art Mittelding zwischen direkter und indirekter Verteilung bilden die Systeme, welche Sammelbatterien benutzen. Der eigentliche Stromerzeuger ist die Dynamomaschine; in vielen Fällen speist sie die Sammler und zugleich die Verbrauchsstellen, oft auch werden die Sammler gesondert geladen und haben erst nach Einstellung des Maschinenbetriebes den Verbrauchsstellen Strom zu liefern.

(664) Verschiedene Schaltungsweisen. In jedem dieser Verteilungssysteme lassen sich die Verbrauchsstellen in verschiedener Weise schalten.

a) R e i h e n - , H i n t e r e i n a n d e r - , S e r i e n s c h a l t u n g. Die Verbrauchsstellen werden in einfachem Stromkreise hintereinander verbunden; im ganzen Kreise herrscht dieselbe S t r o m s t ä r k e. Bei dieser Schaltung braucht man verhältnismäßig wenig Leitungsmaterial, da der leitende Querschnitt für eine bestimmte, meist geringe Stromstärke berechnet wird. Die Leitung wird von einer Verbrauchsstelle zur nächsten gezogen, so daß auch hinsichtlich der Leitungskosten die Reihenschaltung am sparsamsten ist; ihr Nachteil liegt darin, daß eine Stromunterbrechung an einer Stelle den ganzen Betrieb aufhebt, wenn

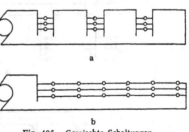

a

b

Fig. 405. Gemischte Schaltungen.

nicht durch besondere Vorrichtungen dem Strom ein Nebenweg geschaffen wird. Dies kann geschehen durch Anbringung von K u r z s c h l u ß v o r r i c h t u n g e n, die im Fall des Versagens eines Stromverbrauchers die Unterbrechungsstelle selbsttätig überbrücken, oder bei Verwendung von Wechselstrom durch parallel zu jedem Verbraucher geschaltete Drosselspulen.

b) P a r a l l e l - , Z w e i g - o d e r N e b e n e i n a n d e r s c h a l t u n g. Die Hauptleitung (positiv und negativ) durchzieht die ganze Anlage und entsendet

an den geeigneten Stellen Abzweigungen. Zwischen Hin- und Rückleitung besteht
überall annähernd dieselbe Spannung. Die Stromstärke in der Leitung ist von
Abzweig zu Abzweig wechselnd; während bei der Reihenschaltung die Stromstärke in der ganzen Leitung so groß ist wie in einer Verbrauchsstelle, hat man
bei der Parallelschaltung Vielfache dieser Stromstärke in den einzelnen Leitungsstrecken, so daß die Querschnitte größer werden. Die Anlagekosten sind bei
dieser Schaltung groß, ihr Vorteil ist die gegenseitige Unabhängigkeit der
einzelnen Verbrauchsstellen.

c) G e m i s c h t e S c h a l t u n g e n. 1. Bei der Reihenschaltung von Gruppen
werden je eine Anzahl von Verbrauchsstellen, z. B. von Glühlampen (Fig. 405 a),
parallel verbunden und solche Gruppen von gleichem Gesamt s t r o m hintereinander geschaltet.

2. Bei der Parallelschaltung von Reihen (Fig. 405 b) verbindet man eine bestimmte Anzahl von Lampen hintereinander und schaltet die erhaltenen Reihen
gleicher Gesamt s p a n n u n g parallel.

Beide letztangeführten Systeme haben wesentlich historisches Interesse. Jede
der erwähnten Schaltungsarten kann sowohl bei direkter wie bei indirekter Verteilung Verwendung finden. Die wesentlichen Eigenschaften der Schaltungsarten
werden in folgendem unter „Direkte Verteilung" beschrieben.

Direkte Verteilung.
Parallelschaltungs-Systeme.

(665) Maschinen und Lampen. In Parallelschaltungsanlagen verwendet man
meistens Nebenschlußmaschinen, selten Maschinen mit gemischter Wicklung.
Die Verbrauchs-Spannung beträgt meistens 110—250 V. Bogenlampen können
mit den Glühlampen parallel gebrannt werden, ihre Schaltungsweise richtet sich
nach der Verbrauchsspannung und nach dem Lampensystem (s. unter Bogenlampen).

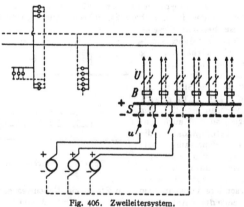

Fig. 406. Zweileitersystem.

(666) Zweileitersystem, einfache Parallelschaltung. (Fig. 406.) Gewöhnlich
wird im Maschinenraum eine Schalttafel angebracht; daran befinden sich die
Sammelschienen S (+ und —), wo die von den Dynamomaschinen gelieferten
Ströme sich vereinigen, und von wo die Leitungen (je eine + und —) nach den ver-

schiedenen Teilen der Anlage führen. An der Schalttafel werden ferner die Unterbrecher u für die einzelnen Dynamomaschinen und U für die Leitungen, ferner die Schmelzsicherungen B, die selbsttätigen Maximal- und Minimalausschalter und die Strom- und Spannungsmesser angebracht; in unmittelbarer Nähe werden die Regulierwiderstände für die Dynamomaschinen und, wo erforderlich, für die Hauptleitungen aufgestellt. In kleineren Anlagen verzweigt sich jede der von der Schalttafel abgehenden Leitungen in der Art, wie in Fig. 406 für eine davon angegeben wird.

Bei großen Anlagen, besonders bei Zentralen führen die von der Schalttafel ausgehenden Speiseleitungen unverzweigt bis zu Verteilungskästen; dort schließen sich die Verteilungsleitungen an, welche ein Verteilungsnetz bilden, von dem an den passenden Stellen die Abzweige in die einzelnen Häuser führen (Hausanschlüsse).

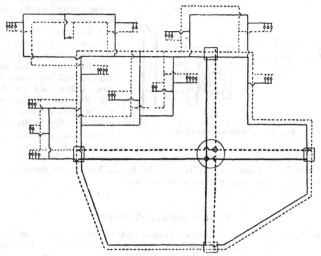

Fig. 407. Zweileiter-Verteilungsanlage.

Dies ist schematisch in einem Teil der Fig. 407 angegeben. Daß die Leitungen zum großen Teil wieder ineinander zurücklaufen, hat den Vorteil geringen Spannungsverlustes und größerer Sicherheit, da bei Beschädigung einer Leitung immer ohne weiteres Ersatz vorhanden ist.

Spannungsregelung. In den Speiseleitungen findet ein Spannungsverlust statt, entsprechend der Stärke der in ihnen fließenden Ströme; um an den Speisepunkten die vorgeschriebene Spannung aufrechtzuerhalten, ist daher eine Regelung der Maschinenspannung erforderlich. Hierzu werden Meßleitungen gleichen Widerstandes, Prüfdrähte (gewöhnlich in den Kabeln schon vorgesehen) nach der Zentrale gezogen und mit einem Spannungsmesser verbunden, nach dessen Angaben die Maschinenspannung geregelt wird.

Regulierung. In einer Anlage nach Fig. 407 herrscht aber auch nicht die gleiche Spannung in allen Speisepunkten. Wenn in einem Teil der Anlage ein starker Verbrauch stattfindet, so ist der Spannungsverlust nach dieser Richtung groß; nach einem anderen Netzteile, wo zufällig nur eine geringe Belastung herrscht, ist der Spannungsverlust geringer; im Laufe des Betriebes verändert sich die Größe des Verlustes und der Ort des größten Verlustes im Netz. Es entsteht hierdurch unter Umständen das Bedürfnis, die Spannung auch an einzelnen Speisepunkten zu regeln.

W i d e r s t a n d s e i n s c h a l t u n g. In die Hauptleitungsstränge werden (in der Zentrale) Rheostaten eingeschaltet. Mittels der Prüfdrähte kontrolliert man die Spannung an den einzelnen Speisepunkten und schaltet nun so viel Widerstand in die Hauptleitungen ein, daß die Spannung in allen Verteilungskästen den normalen Wert hat. Wegen der großen Energieverluste in den Widerständen wird diese Methode nur aushilfsweise und bei einzelnen Speiseleitungen verwendet.

L a h m e y e r s F e r n l e i t u n g s - D y n a m o m a s c h i n e. In jeden zu regulierenden Hauptleitungsstrang wird eine kleine Dynamomaschine einge-

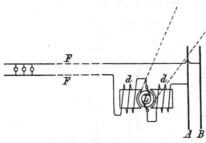

schaltet, deren Schenkel- und Ankerwicklung von dem Strom dieser Hauptleitung durchflossen werden. (Fig. 408). Der Anker erzeugt eine Spannung, welche bei schwach gesättigtem Eisen dem Strom, der die Schenkel durchfließt, proportional ist; diese Spannung addiert sich zu der in der Zentrale herrschenden. Da der Verlust in der Leitung gleichfalls diesem Strom proportional ist, so kann man die Maschine so wählen, daß sie den Verlust in der Leitung in jedem Augenblicke ganz oder teilweise ausgleicht.

Fig. 408.   Fernleitungsmaschine.

Solche Zusatzmaschinen werden zuweilen in den Netzen elektrischer Bahnen gebraucht; die Amerikaner nennen sie Booster.

Reihenschaltungs-Systeme.

(667) Als Stromquelle dienen Hauptstrommaschinen. Von Bogenlampen eignen sich am besten die Differentiallampen für die Reihenschaltung, Glühlampen werden nur selten in reinen Reihensystemen angeordnet. Einen Sonderfall bildet die Beleuchtung des Kaiser-Wilhelm-Kanals; die 100 km lange Strecke wird mit Wechselstrom durch Reihen von 250 Stück 25 kerzige Glühlampen von je 25 V Klemmenspannung beleuchtet, wobei eine Drosselspule parallel zu jeder Glühlampe geschaltet ist. (Vgl. H e r z o g und F e l d m a n n, Handbuch der elektrischen Beleuchtung.) Bei den direkten Systemen werden B o g e n l a m p e n i n R e i h e n von etwa 2 bis zu 10 Stück verwendet. In Amerika findet man aber noch die alte Anordnung von Bogenlampen in Reihen bis zu 100 Stück und mehr, die von Gleichstrommaschinen bis zu 6000 V betrieben werden. Sollen einzelne Lampen gelöscht werden, so werden Ersatzwiderstände eingeschaltet. Bei Verwendung von Spezial-Transformatoren, die auf konstante Sekundärstromstärke regulieren, werden in Amerika auch Bogenlampen und Glühlampenstromkreise in Reihenschaltung angeordnet und ausgedehnte Straßenbeleuchtungen nach diesem von der G e n e r a l E l e c t r i c C o m p a n y ausgebildeten Systeme versorgt [1].

T h u r y s c h e s S y s t e m. Thury schaltet eine Reihe von Motoren verschiedener Größe hintereinander, von denen jeder mit einem selbsttätigen Kurz-

---

[1] s. Feldmann, ETZ 1904, H. 35, auch die Veröffentlichungen der General Electric Company uber „The series incandescent street lighting system".

schließer versehen ist. Die Stromstärke im Kreise ist konstant, die Spannung je nach der Größe des Motors verschieden. Die Motoren können zur Kraftabgabe verwendet werden, oder es kann jeder von ihnen mit einer Dynamo gekuppelt sein, die Strom zu Beleuchtungszwecken oder zum Betrieb kleinerer Motoren abgibt.

Mehrleiter-Systeme.

(668) Dreileiter-System. Die Verbrauchsstellen werden in zwei Hälften geteilt und für jede Hälfte eine besondere Leitung mit eigener Stromquelle vorgesehen, jedoch so, daß beide Anlagen einen Leiter, den Mittelleiter M, gemeinsam haben. Die Stromerzeuger sind in Reihe geschaltet, so daß die Spannung zwischen den Außenleitern das Doppelte der Verbrauchsspannung beträgt. (Fig. 409.) Hierbei fließt in dem Mittelleiter nur die Differenz der Stromstärken in den beiden Außenleitern; ersterer kann daher im allgemeinen erheblich schwächer gewählt werden. Der Vorteil dieses Systems ist eine bedeutende Ersparnis an Leitungsmaterial, während die einzelnen Verbrauchsstellen voneinander unabhängig bleiben.

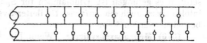

Fig. 409. Dreileitersystem.

Die Regelung geschieht ebenso wie bei der gewöhnlichen Parallelschaltung. Statt zwei getrennte Maschinen, wie in Fig. 409 zu verwenden, kann man auch die beiden Maschinen vereinigen oder nur eine Maschine (Dreileitermaschine) benutzen, vgl. (446).

Die folgende Regulierung ist von E. Thomson angegeben. Die Außenleiter werden mit einer Maschine entsprechend hoher Spannung verbunden, S ist die Nebenschlußwicklung, A der Anker einer Hilfsmaschine mit zwei gleichen Bewicklungen und zwei Stromabgebern. Sie hat die Aufgabe, das Potential des Mittelleiters in der Mitte zwischen den Potentialen der äußeren Leiter zu halten.

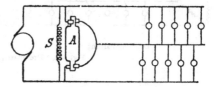

Fig. 410. Spannungsregelung im Dreileitersystem.

Solange beide Hälften des Netzes gleich belastet sind, fließt durch den Anker A nur der Leerlauf-Strom. Wird eine Netzhälfte entlastet, so steigt auf dieser Seite die Spannung ein wenig, die zugehörige Ankerhälfte wirkt als Motor, die andere

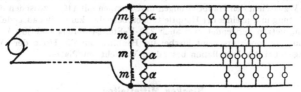

Fig. 411. Fünfleitersystem.

gibt als Dynamo Strom in den stärker belasteten Zweig. Da beide Ankerhälften sich mit derselben Geschwindigkeit in demselben Felde drehen, so erzeugen sie gleiche EMK; das Potential des Mittelleiters bleibt also in der Mitte zwischen demjenigen der Außenleiter. Die Differenz der Ströme in den Ankerhälften wird dem Mittelleiter zugeführt. Statt der Maschine mit Doppelanker werden meist zwei gekuppelte Dynamos verwendet, die von einem an die Außenleiter angeschlossenen Motor angetrieben werden.

(669) Fünfleitersystem. Dieses kann als Verdoppelung des Dreileitersystems nach Fig. 409, besser aber nach Fig. 410 ausgeführt werden; letzteren Fall stellt Fig. 411 dar. In der Maschinenstation unterhält man eine Spannung von etwa 500 V im Zweileitersystem; die Verteilungspunkte werden als Regulierstationen eingerichtet; von hier aus führen je fünf Leitungen weiter. Zum Ausgleich dienen vier kleine Dynamomaschinen, deren Feldmagnete m von den Hauptleitungen aus gespeist werden und deren Anker a auf einer gemeinsamen Welle sitzen, oder entsprechende Sammlerbatterien. Das System hat praktisch keine Bedeutung mehr, seitdem es gelungen ist, Glühlampen für Spannungen bis 250 V herzustellen, und infolgedessen auch ein einfaches Dreileiter-System mit der Spannung von ca. 500 V betrieben werden kann.

(670) Mehrphasensysteme. Wenn Fig. 409 ein Zweiphasensystem darstellen soll, müssen die beiden Dynamos Wechselspannungen gleicher Größe liefern, die um ¼ Periode oder 90⁰ gegeneinander verschoben sind; dann führen die beiden Außenleiter der Fig. 409 um 90⁰ gegeneinander versetzte Wechselströme, der Mittelleiter führt die geometrische Summe oder $\sqrt{2}$ mal stärkeren Strom. Beim Dreiphasen- oder Drehstromsystem wirken drei gleich große, gegeneinander um $^1/_3$ Periode oder 120⁰ verschobene Spannungen auf drei Leiter, zwischen denen drei Gruppen von

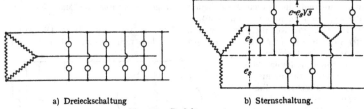

a) Dreieckschaltung   b) Sternschaltung.

Fig. 412. Dreiphasensystem.

Verbrauchern eingeschaltet werden können. Stromquelle und Verbraucher können dabei entweder im Dreieck (Fig. 412a) oder im Stern (Fig. 412b) geschaltet sein. Im letzteren Falle kann man auch den neutralen oder Sternpunkt, dessen Spannung gegen die Schenkel (Sternspannung) $\sqrt{3}$ mal kleiner ist als die Hauptspannung e, als Ausgangspunkt einer neutralen Leitung verwenden, so daß man z. B. Motoren mit 190 V zwischen den Hauptleitungen und Lampen mit 110 V zwischen der neutralen Leitung und je einer der Hauptleitungen betreiben kann. Bei ausgedehnteren Verteilungsnetzen verwendet man auch 220-V-Sternspannung und 380-V-Außenleiterspannung, doch erscheint hierbei im Hinblick auf die Höhe der Wechselspannungen bei der Installation besondere Vorsicht am Platze.

Blanker Mittelleiter.

(671) Bisweilen wird der Mittelleiter nicht isoliert, sondern als blanke Leitung in die Erde gelegt. Ein Isolationsfehler an einem Außenleiter wirkt dann wie ein Erdschluß und kann wie ein solcher aufgesucht und beseitigt werden; die Spannung, unter der in diesem Falle die Fehlerquelle steht, ist nur die zwischen Mittel- und

Anßenleiter, während es nur selten vorkommen kann, daß an einem Fehler die volle Betriebsspannung wirkt.

Auch bei Mehrphasen-Systemen in Sternschaltung wird der Nullpunkt geerdet und der hiervon abzweigende neutrale Leiter blank verlegt. Die Reichs-Telegraphen-Verwaltung verlangt, daß der blanke und geerdete Mittelleiter nicht mit Gas- oder Wasserleitungsnetzen verbunden wird, an welchen die vorhandenen Telegraphen- oder Fernsprechleitungen angeschlossen sind.

Indirekte Verteilung.

A. Gleichstrom.

(672) Allgemeines. Die indirekte Abgabe von Gleichstrom wird erforderlich, wenn die direkte aus technischen oder wirtschaftlichen Gründen sich verbietet, oder wenn in Wechselstromnetzen Gleichstrom benötigt wird.

Bei großen Elektrizitätsverteilungsanlagen, deren Kraftwerke nicht in unmittelbarer Nähe der Verbrauchsstellen errichtet werden können, wird die dortselbst erzeugte elektrische Energie als hochgespannter Wechsel- oder Drehstrom mittels Fernleitungen nach Unterstationen übertragen und hier durch geeignete Umformer (Motorgeneratoren, Einanker- oder Kaskadenumformer) in Gleichstrom verwandelt (664 und ff.).

(673) Umformer und Gleichrichter. a) Motorgeneratoren. Die Synchronmotorgeneratoren sind in bezug auf Überlastung und Stromschwankungen oder Stromunterbrechungen empfindlich und erfordern für die Inbetriebsetzung besondere Hilfsmittel; letzterer Nachteil entfällt, sofern Gleichstrom zur Verfügung steht und der Umformer hiermit von der Sekundärseite aus angelassen werden kann. Der Synchronumformer wird bevorzugt, wenn der Leistungsfaktor der Anlage verbessert werden soll; dies geschieht durch Übererregung des Motors, d. h. durch Erzeugung eines in der Phase voreilenden Stromes (513).

Der Asynchronmotorgenerator kann drehstromseitig ohne besondere Hilfskräfte angelassen werden, sein Außertrittfallen bei momentanen Überlastungen, Spannungsschwankungen usw. ist weniger zu befürchten als bei dem vorgenannten Umformer (514 u. f.).

In Betrieben mit besonders großen Belastungsschwankungen werden die Motorgeneratoren mit Schwungmassen versehen, welche die Beanspruchung der Primärmaschinen günstig beeinflussen und übermäßige Stromstöße im Netze vermeiden.

b) Einankerumformer zeigen die charakteristischen Eigenschaften von Synchronmotoren. Der Wirkungsgrad von Einankerumformern ist günstiger als derjenige von Motorgeneratoren (589—596).

Die Gleichstromspannung von Einankerumformern ist von der eingeführten Mehrphasenspannung abhängig und kann daher nur in gewissen Grenzen reguliert werden (593).

Um die Spannung in weiten Grenzen regulieren zu können, baut die AEG mit dem Umformer auf derselben Welle eine kleine Wechselstrommaschine zusammen, deren Anker entweder mit dem Umformer in Reihe oder diesem entgegen geschaltet werden kann. Durch Regulierung der Felderregung der Zusatzmaschine wird die gewünschte Spannungsänderung herbeigeführt. Anstatt der Wechselstromzusatzmaschine wird in manchen Fällen auch eine Gleichstromzusatzmaschine verwendet; diese ist alsdann mit dem Kommutator des Umformers hintereinandergeschaltet.

c) Kaskadenumformer (Fig. 345) eignen sich besonders für höhere Frequenzen. Der Ständer wird primär an die Drehstromleitung angeschlossen, der mehrphasige Läufer ist mechanisch mit einer Gleichstrom-Dynamomaschine gekuppelt und seine Wicklung mit derjenigen der Gleichstromdynamo hintereinandergeschaltet. Im übrigen (596).

d) Quecksilbergleichrichter sind zurzeit nur für die Umformung kleiner Leistungen verwendbar (für Elektromobile, Projektionslampen und dergl.). Versuche, diese Gleichrichter auch für große Leistungen geeignet zu machen, sind im Gange, jedoch noch nicht abgeschlossen (599).

(674) Sammler. Zur Aufspeicherung zeitlich zur Verfügung stehender elektrischer Energie und deren späteren Abgabe im Bedarfsfalle werden Sammlerbatterien benutzt. Letztere sind aus einer durch die Betriebsspannung bestimmten Anzahl hintereinander geschalteter Elemente zusammengesetzt, deren räumliche Größe von ihrer Kapazität abhängig ist. Für stationäre Zwecke kommt heute fast ausschließlich der Bleiakkumulator in Betracht; der Nickel-Eisenakkumulator (Edison-Jungner) hat bisher nur in geringem Maße Aufnahme gefunden (620 u. f.).

Die Elementspannung eines Bleiakkumulators steigt bei der Ladung bis auf ca. 2,7 V und fällt während der Entladung, in einer gewissen Abhängigkeit von deren Dauer, z. B. bei einer zehnstündigen Entladezeit von 2,1 V auf ca. 1,83 V; vgl. (622). Die für eine bestimmte Betriebsspannung erforderliche Zellenzahl ergibt sich somit durch Division der Endspannung eines Elementes in die Betriebsspannung; ausführlicheres s. (644).

Zellenschalter. Zur Regulierung der Batteriespannung finden Zellenschalter, und zwar je nach dem Zwecke Einfach- oder Doppelzellenschalter, Verwendung.

Der Einfachzellenschalter (Fig. 413) setzt sich aus einer Reihe von Kontakten a, b, c, d, e, dem Schlitten k — bei kleineren Zellenschaltern einem Kontaktarm — und der Kontaktschiene i zusammen. Die Kontakte stehen mit einzelnen Elementen, sogenannten Zellenschalterelementen, und der Schlitten bzw. Kontaktarm in der angedeuteten Weise mit der Strom- Zu- oder -Ableitung in Verbindung. Auf dem Schlitten k befinden sich — in einem bestimmten Abstande voneinander — zwei Schleifbürsten f und h, die durch einen Widerstand g verbunden sind. Diese Anordnung verhindert bei der Fortbewegung des Schlittens das eine Mal eine Stromunterbrechung und das andere Mal das Kurzschließen des betreffenden Zellenschalterelementes. Einfachzellenschalter kommen nur für solche Anlagen in Frage, in denen Ladung und Entladung der Akkumulatorenbatterie zeitlich nicht zusammenfallen.

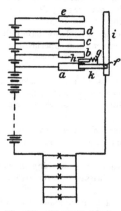

Fig. 413. Schaltbild eines Einfach-Zellenschalters.

Für Doppelzellenschalter gilt hinsichtlich der Konstruktion das für Einfachzellenschalter Gesagte, jedoch mit dem Unterschiede, daß auf der gleichen Kontaktbahn a, b, c, d, e (siehe Fig. 414) zwei Schlitten oder Kontaktarme f, h gleiten, von denen der eine (in dem Schaltbild der linke) mit der Strom-Zuleitung, der andere (rechte) mit der -Ableitung verbunden ist; letzterer besitzt einen besonderen Anschlag oder Mitnehmer g, welcher verhindert, daß während der bei Doppelzellenschaltern möglichen gleichzeitigen Ladung und Entladung die Spannung auf der

Strom-Ableitung höher als auf der Strom-Zuleitung ist. Dieses hätte eine Umkehrung der Stromrichtung bzw. Entladung und im weiteren Verlaufe eine Schädigung der Zellenschalterelemente zur Folge.

Sowohl bei den Einfach- als auch Doppelzellenschaltern gewöhnlicher Ausführung ist zwischen je zwei Kontakte ein Element geschaltet. Die durch diese Schaltung bedingten vielen Zellenschalterleitungen, welche schon bei Anlagen mittlerer Größe erhebliche Kosten verursachen und außerdem viel Platz bean-

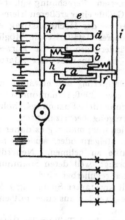

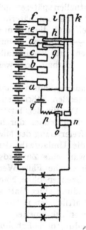

Fig. 414. Schaltbild eines Doppel Zellenschalters.

Fig. 415. Schaltbild eines Einfach-Zellenschalters mit Hilfszelle.

spruchen, können durch sogenannte „Leitungsparende Zellenschalter" wesentlich eingeschränkt werden. Aus diesen Gründen sind diese auch vorzugsweise bei Batterien für 440-V-Netze, in denen außer der Spannungsänderung der Elemente selbst noch 10—15 % Leitungsverluste auszugleichen sind, in Benutzung. Das Schaltbild eines solchen Zellenschalters, mit welchem durch Verwendung einer Hilfszelle die Spannung von ca 2 zu 2 V regulierbar ist, stellt Fig. 415 dar. Zwischen den Kontakten a, b, c, d, e, f liegen je zwei Elemente, auf ersteren sowie auf den Kontaktschienen g, h gleiten die Schleifbürsten g, h des Schlittens; an die Kontaktschienen i, k sind ein von der Fortbewegungsvorrichtung mechanisch betätigter Umschalter m, n, o, ein passend gewählter Widerstand p sowie eine Hilfszelle q angeschlossen. In der auf dem Schaltbild angegebenen Stellung des Schlittens ist die Hilfszelle q über den Kontakt d, die Bürste g und die Schiene i mit der Stammbatterie in Reihe geschaltet und gibt über den Widerstand p, den Umschalter m, o, n Strom an die Anlage ab. Wird nun der Schlitten um die Hälfte des Abstandes zwischen den Kontakten d, e verschoben, so gelangt die Bürste h auf den Kontakt e, die Bürste g in die bisherige Lage von h, gleichzeitig schaltet die Brücke o des Umschalters die Hilfszelle q und den Widerstand p aus und stellt bei n die Verbindung mit der Anlage her. Bei abermaligem Fortbewegen des Schlittens kommt g mit e in Berührung und h zwischen die Kontakte e, f zu liegen; gleichzeitig schaltet der Umschalter die Hilfszelle q und den Widerstand p wieder ein. Letzterer hat den Zweck, bei der Fortbewegung des Schlittens und der Brücke o die Hilfszelle q vor Überlastung zu schützen.

Außer den vorbeschriebenen Zellenschaltern gibt es eine ganze Anzahl ähnlicher Konstruktionen, die sich indessen besonderen Verhältnissen anpassen und ebenso wie die Einrichtungen für die Betätigung von Zellenschaltern in den Preisblättern der AEG, SSW, Dr. P. Meyer A.-G., Voigt & Haefner A.-G., usw. ausführlich beschrieben sind.

Wahl der Batterie und Lademaschine. Die Größe einer Batterie wird durch die aus ihr zu entnehmende Strommenge und höchste Stromstärke bestimmt, zweckmäßig jedoch nicht immer nach dem augenblicklichen, sondern einem eventuellen späteren, größeren Bedürfnisse bemessen. Berechnung vgl. (644). Man wird hierbei, um späterhin an Kosten zu sparen, Gefäße einer größeren Elementtype wählen und die Leitungen und Zellenschalter — der Höchstleistung entsprechend — bemessen. Durch die Aufstellung größerer Gefäße ist die Möglichkeit gegeben, im Bedarfsfalle ohne bauliche Veränderungen und in kürzester Zeit durch Einbau von weiteren Plattenpaaren die Kapazität der Batterie zu erhöhen.

Als Lademaschinen kommen, um deren Umpolarisierung und etwaigen hieraus entstehenden Störungen vorzubeugen, nur Nebenschluß-Dynamomaschinen in Frage. Die für den letzten Teil der Ladung erforderliche Spannungserhöhung versuchte man früher durch Verstärkung der Erregung herbeizuführen, wobei ein funkenfreier Gang der Maschine schwer zu erzielen war; man zog es daher vor, entweder die Umlaufzahl der Antriebsmaschine zu steigern oder, wo dies nicht angängig war, eine Zusatzdynamomaschine zu Hilfe zu nehmen. Neuerdings werden für solche Fälle Wendepolmaschinen bevorzugt, weil deren Spannungen in weiten Grenzen ohne Nachteil für den Kollektor regulierbar sind.

Die Ladung einer Batterie aus einem Netz mit konstanter Spannung erfolgt am wirtschaftlichsten mittels eines Zusatzaggregates, welches aus einer mit einem Elektromotor gekuppelten Dynamomaschine besteht.

Die Ladung ohne Erhöhung der Netzspannung kann durch Teilung der Batterie in Gruppen erfolgen, deren höchste Ladespannung unter der Netzspannung liegt; der Wirkungsgrad dieser Schaltung ist jedoch nicht sehr günstig, da ein nicht unbeträchtlicher Teil der Energie durch Regulierwiderstände verbraucht wird.

Schaltungen. Je nach dem Charakter und Zwecke einer Anlage ändert sich auch deren Schaltungsweise. Eine umfassende Zusammenstellung von wichtigen Schaltungsbildern für Akkumulatorenanlagen befindet sich in dem Taschenbuch der Accumulatorenfabrik A.-G. sowie in dem Band I der Tafeln zum „Lehrgang der Schaltungsschemata elektrischer Starkstromanlagen" von Teichmüller.

Batterien für besondere Zwecke. a) Pufferbatterien dienen dazu, plötzliche Belastungen und Entlastungen des Netzes auszugleichen. Hierbei wird bei Belastung des Netzes die Batterie entladen und bei der Entlastung geladen, so daß die Antriebsmaschine trotz großer Energieschwankungen gleichmäßig belastet wird und daher günstig arbeitet (s. auch L. Schröder, Anwendung von Pufferbatterien bei Drehstrom, ETZ 1906, S. 324).

b) Anschlußbatterien werden die Batterien in solchen Anlagen genannt, welche im Anschluß an ein Gleichstromverteilungsnetz von größeren Stromabnehmern errichtet werden. Diese Batterien werden außerhalb gewisser Nachmittagsstunden geladen und während der Zeit der Höchstbelastung des Elektrizitätswerkes entladen. Der Abnehmer belastet das Elektrizitätswerk somit nur außerhalb des Maximums und erhält daher den Strom zu einem wesentlich niedrigeren Tarife. Das Schaltbild einer derartigen Anlage ist in Fig. 416 dargestellt. Der Strom verläuft bei der Ladung der Batterie außerhalb der gesperrten Stunden vom Netz durch den Bruttozähler ($B\ Z$) über die auf „Ladung" (L) stehenden beiden Umschalter das eine Mal zur Anlage, das andere Mal durch den Ladezähler ($L\ Z$)

über die beiden Hauptausschalter zu den Außenpolen der beiden Batteriehälften, durch diese zu den beiden im Nullpol liegenden Zellenschaltern, deren Kontaktschienen mit einem Hauptumschalter E, L, $N— N+$, verbunden sind. Von den Hauptausschaltern sind alsdann noch direkte Verbindungen mit dem Hauptumschalter und außerdem solche zum Anschluß des Motors M sowie zum Anschluß der Erregung der Dynamomaschine D vorhanden. Die mittleren Kon-

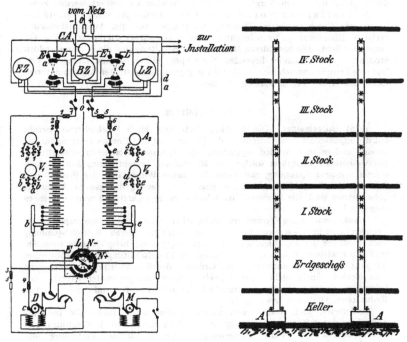

Fig. 416. Schaltbild der Lade-Einrichtung   Fig. 417. Schema einer Not-
einer Anschlußbatterie.   beleuchtungsanlage nach Brandt.

taktschienen des Hauptumschalters sind wechselseitig mit dem Anker der Dynamomaschine bzw. mit dem Nullpol des Netzes verbunden. Soll, wie oben angegeben, die Batterie geladen werden, so wird der Hauptumschalter in die Stellung L gebracht, wodurch der Anker der Dynamomaschine zwischen die beiden Batteriehälften geschaltet wird. Durch Regulierung des Nebenschlusses der Dynamomaschine bzw. des zu dem Aggregat gehörigen Motors können die Stromstärke und Spannung beliebig eingestellt werden; in den Ankerstromkreis der Dynamomaschine ist zur Vermeidung größerer Stromstöße ein Pufferanlasser eingebaut. Die Erregung der Dynamomaschine wird zum Teil automatisch geändert, weil sie an die Ladespannung der Batterie angeschlossen ist.

Zur Feststellung der in den verschiedenen Leitungen herrschenden Stromstärken und Spannungen sind 2 Strom- und 2 Spannungsmesser mit entsprechenden Umschaltern vorhanden. Bleibt eine Batteriehälfte zurück, so kann sie durch Einstellen des Hauptumschalters auf die Stellungen $N+$ oder $N—$ nachgeladen werden.

Bei der Entladung der Batterie werden die Hauptumschalter in die Stellung E gebracht, die Schalthebel geschlossen und die zwischen den Zählern liegenden Umschalter auf „Entladung" (E) gestellt. Durch letztere Maßnahme werden der Entladezähler sowie ein Kontrollapparat zur Feststellung der Betriebszeit ($C\,A$) ein-, der Bruttozähler ($B\,Z$) und der Ladezähler ($L\,Z$) dagegen ausgeschaltet. Diese häufig ausgeführte Schaltung hat den Vorzug eines hohen Wirkungsgrades, der jederzeit durch den Vergleich der Zählerangaben kontrolliert werden kann.

B a t t e r i e n f ü r N o t b e l e u c h t u n g werden für stark besuchte Gebäude, wie Geschäftshäuser, Theater, Hotels usw., von den Aufsichtsbehörden verlangt. Eine derartige Notbeleuchtung, und zwar nach B r a n d t , ist in Fig. 417 veranschaulicht. Die besonderen Merkmale der Schaltung sind die in den einzelnen Stockwerken übereinander liegenden Notlampen, die an je eine senkrecht verlaufende Leitung angeschlossen sind und von getrennt aufgestellten Akkumulatorenelementen A mit Strom versorgt werden.

B. Wechselstrom.

(675) Allgemeines. Die indirekte Verteilung durch Wechselstrom beruht auf der Eigenschaft dieser Stromart, die Umformung von Energie einer Spannung in eine andere in ruhenden Apparaten, den Transformatoren, zu ermöglichen. Der wesentliche Charakter solcher Transformatoren besteht darin, daß bei konstanter primärer Spannung, und wenn die inneren Widerstände der Primär- und Sekundärwickelung klein und die magnetische Streuung des ganzen Apparates unbedeutend sind, die Spannung im sekundären Stromkreise in weiten Grenzen ebenfalls konstant bleibt.

Transformation des Wechselstromes findet einerseits statt in Niederspannungsstromkreisen, um Verbrauchsapparate zu betätigen, deren Betriebsspannung noch niedriger ist als diejenige des Verteilungsnetzes; beispielsweise zum Antrieb ganz kleiner Motoren, Bogenlampen in Einzelschaltung oder Glühlampen für ganz niedrige Spannungen. Aus Gründen der Wirtschaftlichkeit verwendet man hierbei häufig nicht reine Transformatoren mit getrennter Primär- und Sekundärwickelung, sondern sogenannte Spartransformatoren und deren Abarten, Reduktoren, Divisoren usw. (371).

Anderseits, und zwar in weit überwiegendem Maße, findet die indirekte Verteilung durch Transformation ihre Anwendung zur Energieübertragung großer Arbeitsmengen auf weite Entfernungen, welche direkte Verteilung ausschließen. Nur große Motoren gestatten direkt den Betrieb mit hochgespannter Elektrizität, Motoren von 100 kW sind beispielsweise etwa bis zu 6000 V betriebssicher herzustellen, alle anderen Verbrauchsapparate, insbesondere Glüh- und Bogenlampen, bedingen vorherige Transformation.

Die Reihenschaltung der Transformatoren findet nur in äußerst seltenen Fällen Anwendung, beispielsweise bei der Straßenbeleuchtung, um an Leitungsmaterial zu sparen. Hierbei erhält jede einzelne Glühlampe oder Bogenlampe ihren kleinen Transformator. Die Primärwickelungen der Transformatoren sind in Reihe geschaltet, der Strom wird konstant gehalten. Weitaus häufiger werden die einzelnen Transformatoren eines Verbrauchsgebietes parallel geschaltet. (Erstes System von Z i p e r n o w s k i , D é r i und B l a t h y .)

(676) Einzeltransformatoren. Die ursprüngliche Anwendung der Transformatoren bestand darin, daß jede selbständige Gruppe von Stromverbrauchern durch ihren eigenen Transformator unabhängig von den übrigen Verbrauchsstellen betrieben wurde. War die einzelne Anlage zu groß, so stellte man zwei parallel geschaltete Transformatoren verschiedener Größe auf, von denen der größere für die Vollbelastung bestimmt war, während der kleine nur in den Stunden geringen Bedarfs in Tätigkeit trat. Der Vorteil dieser Teilung der Transformatorenleistung besteht in der Verringerung der Verluste durch den Leerlauf der Transformatoren. Eine Komplizierung liegt aber darin, daß selbsttätige Ausschalter notwendig sind, welche bei sinkender Belastung den Haupttransformator abschalten und ihn an die Verbrauchsleitungen wieder anschließen, wenn die Beanspruchung des kleinen Transformators dessen zulässige Leistungsgrenze zu übersteigen beginnt. Nach dem System der Einzeltransformatoren werden noch einige Zentralen betrieben; wegen seiner offensichtlichen Nachteile, nämlich der unverhältnismäßigen Transformatorenleistung und der damit zusammenhängenden Verluste, ist es indessen sonst fast vollständig verlassen.

(677) Zusammenhängendes Sekundärnetz (J o s e f H e r z o g, 1885). Die Nachteile des vorgenannten Systems werden im wesentlichen behoben, wenn ein zusammenhängendes Sekundärnetz (Niederspannung) an passenden Stellen von Transformatoren gespeist wird, die auf der Primärseite an ein Hochspannungsnetz angeschlossen sind. Die Betriebsverhältnisse und das Schaltbild sind sehr ähnlich demjenigen für direkte Verteilung auf S. 489, wenn man an den Speisepunkten den Transformator sich hinzudenkt. Das mit Hochspannung betriebene Speiseleitungsnetz ist besonders für große Leistungen billiger und ausdehnungsfähiger als die Hauptleitungen bei Niederspannung. Bei zusammenhängendem Sekundärnetz können die Transformatoren sich gegenseitig ergänzen; auch lassen sich größere Transformatoren mit besserem Wirkungsgrad verwenden, deren Kosten bei gleicher Leistung geringer sind als diejenigen der entsprechenden Einzeltransformatoren. Immerhin ist auch bei diesem System auf Verringerung der Leerlaufsverluste Bedacht zu nehmen etwa dadurch, daß zur Zeit geringer Belastung (in den Sommermonaten, in den Tagesstunden usw.) ein Teil der Transformatoren von dem Netz mittels Schaltleitungen oder selbsttätig wirkender Apparate abgetrennt wird.

(678) Überlandzentralen. Die Versorgung weit ausgedehnter Länderstrecken mit verschiedenartigen Verbrauchsgebieten (Landwirtschaft, Industrie, Bahnen usw.) stellt die Elektrotechnik vor neue Aufgaben, die auch in der Verteilung

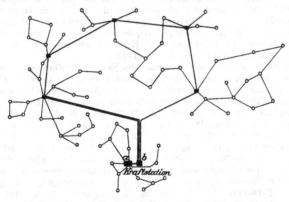

Fig. 418. Schematische Darstellung eines Fernverteilungssystemes.

Abweichungen von den früheren Systemen bedingen. Die unerläßliche Anwendung sehr hoher Betriebsspannung (bis zu 130 000 V) bedingt eine zweifache Transformation. In der Zentrale selbst wird hierbei gewöhnlich die Elektrizität bereits bei derjenigen Hochspannung erzeugt, die zur Verteilung in die nächstgelegenen Bezirke ausreicht; die Fernleitungen dagegen werden gespeist mit höherer Spannung, die durch Transformation in der Zentrale geschaffen wird. In Schalthäusern, die in den Versorgungsgebieten passend verteilt sind, wird die Fernleitungsspannung auf die Zentralenspannung wieder herabtransformiert und mit dieser den einzelnen Transformatorenstationen zugeführt, von deren Sekundärseite das Verteilungsnetz oder einzelne große Verbrauchsstellen gespeist werden. Solche Überlandzentralen entstehen neuerdings in großer Zahl zur Verwertung von Wasserkräften, Talsperren u. dgl., oder bei Dampfbetrieb in Verbindung mit Kohlenbergwerken oder in der Umgebung großer Industriezentralen. Das Schaltbild Fig. 418 stellt ein solches Verteilungssystem dar. Bei dem Kraftwerk *a* ist ein Schalthaus *b* errichtet, von dem die (stark gezeichneten) Fernleitungen ausgehen. Die Fernleitungen sind als Ringleitungen ausgebildet, die einzelnen Hochspannungsnetze schließen sich an die Schalthäuser an, welche außer den Transformatoren selbst die unerläßlichen Betriebseinrichtungen, wie Überspannungsschutz, Blitzableiter, Reguliervorrichtungen usw. enthalten. Die Transformatoren der Hochspannungsverteilungsnetze versorgen sekundärseitig Ortsnetze mit der Gebrauchsspannung oder einzelne Großabnehmer. Ausführliches über den Gegenstand s. (808 u. f.).

(679) Mehrphasensysteme. Für die verschiedenen Arten von Mehrphasensystemen gilt das in den vorigen Paragraphen über die Schaltungsarten Gesagte; zu erwähnen bleibt nur die Möglichkeit, an Stelle der Mehrphasentransformatoren Einzeltransformatoren für jede Phase zu verwenden; letzteres geschieht beispielsweise bei Zweiphasenanlagen. Weitaus überwiegend ist die Anwendung des Dreiphasen- oder Drehstromsystems, bei dem die Motoren und größeren Apparate an alle drei Phasen angeschlossen werden, ebenso größere Lichtanlagen; im übrigen kann jede Phase eines Drehstrom- oder Mehrphasensystems als Einphasensystem betrachtet und behandelt werden. Zu vermeiden ist einseitige Belastung einzelner Phasen, weil dadurch Spannungsverschiebungen im ganzen System bedingt werden. Die in Deutschland fast durchweg verwendete Periodenzahl beträgt 50 für die Sekunde mit Rücksicht auf den Betrieb von Glüh- und Bogenlampen, der bei niedrigeren Frequenzen mangelhaft wird. Für reinen Motorenbetrieb sind geringe Periodenzahlen günstiger, bei Bahnbetrieb geht man auf 25, ja sogar auf 15 Perioden herunter. Niedrige Frequenzen wären auch erwünscht wegen der Verminderung von Induktions- und Kapazitätswirkungen, welche störende Nebenerscheinungen hervorrufen können (1279 u. f.).

Die Wahl des Verteilungssystems hat einen gewissen Einfluß auf den Materialaufwand für das Leitungsnetz. So ist bei gleicher Spannung an den Verbrauchsstellen und gleichem Verlust der Materialaufwand für dieselbe Anlage bei Zweiphasensystem mit 4 Drähten ebenso groß wie bei Gleichstrom, bei 3 Drähten 72,9 % davon, beim Dreiphasensystem in △-Schaltung 75 %, Stern-Schaltung 25 %, Stern-Schaltung mit neutralem Draht 33,3 % (H e r z o g & F e l d m a n n, Berechnung elektrischer Leitungsnetze). Solche Berechnungen sind jedoch nur von bedingtem Werte; ausschlaggebend für die Wahl eines Systems ist wesentlich dessen Leistungsfähigkeit, Betriebssicherheit und Einfachheit; die beiden letzten Forderungen hängen meistens eng miteinander zusammen und gewinnen um so größere Bedeutung, je ausgedehnter die Verteilungsanlage sich gestaltet.

(680) Gefahren. Die Verwendung hochgespannter Elektrizität bedingt wie jede andere Energieform gewisse Gefahren für das mit der Bedienung solcher Anlagen betraute Personal. Streng genommen liegt die Gefahr nicht eigentlich in der Spannung selbst, sondern in der Stärke des Stromes, den sie in dem Körper des Betroffenen erzeugt. Es kommt also auf die Größe des Widerstandes an, welche durch den Körper des Betroffenen und dessen Aufstellungsort dem Strom geboten wird. Zweckmäßig angewendete Erdung einerseits, andererseits die Isolierung oder Erdung des Standortes des Bedienungspersonals sind wirksame Mittel, um Gefahren zu verhindern.

Bei sehr hochgespannten Wechselströmen erhält auch eine gut isoliert aufgestellte Person bei Berührung nur einer Leitung durch Ladung elektrische Schläge. Eine Gefahrenquelle, die sorgsam vermieden werden muß, besteht darin, daß die primäre Leitung Kontakt mit der sekundären erhält, wodurch bei Hinzutritt eines Erdschlusses Hochspannung in den Niederspannungskreis übertreten kann. Um diese Möglichkeit auszuschließen, bedient man sich besonderer Vorrichtungen wie Durchschlagssicherungen.

Die Durchschlagssicherung Fig. 419 ist ähnlich gebaut wie ein Edison'scher Schraubstöpsel. Das Gewinde ist an die zu schützende Leitung angeschlossen, der Bodenkontakt geerdet. Zwischen Stöpselfuß und Boden wird ein mit mehreren Löchern versehenes Glimmerplättchen gelegt. Die normale Leitungsspannung vermag die hierdurch gebildeten schmalen Luftwege nicht zu durchschlagen, die Steigerung der Spannung über ein gewisses Maß führt dagegen Erdschluß herbei und macht dadurch die Leitung spannungslos.

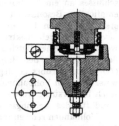

Fig. 419. Durchschlagsicherungen der S. S. W.

Die Betriebsvorschriften des Verbandes Deutscher Elektrotechniker geben genaue Anweisung für die Unterhaltung und Bedienung elektrischer Starkstromanlagen.

Herstellung von Anlagen zur Verteilung elektrischer Energie.

(681) Allgemeines. Die Entwickelung der letzten Jahre drängt zur Schaffung großer Verteilungswerke, welche weite Gebiete mit Elektrizität versorgen. Parallel hiermit nimmt die Bedeutung der Einzelanlagen mit selbständiger Kraftquelle ständig ab, kleine Werke verschwinden vollständig, mittlere halten sich nur da, wo besondere Arbeitsbedingungen auch die eigene Krafterzeugung begünstigen, z. B. wenn die Betriebskraft als Nebenprodukt gewonnen wird (Abdampfverwertung usw.), oder wo Betriebskraft und Beleuchtung nur einen relativ kleinen Teil der benötigten Energie darstellen, wie bei Betrieben, die für chemische Zwecke große Dampfmengen brauchen. Gefördert wird diese Zentralisierung der Energieverteilung durch die Fortschritte in der Umwandlung der Elektrizität, die den Anschluß vorhandener Kraftanlagen an die Netze großer Verteilungssysteme erleichtern.

(682) Stromart und Spannung. Bei kleinen Anlagen ist das Verteilungssystem wesentlich bestimmt durch die Betriebsspannung der Verbrauchsapparate, wie Lampen und Motoren. Da längere Leitungen hier nicht in Frage kommen, läßt sich eine niedrige Spannung von 110—130 V noch verwenden, die Notwendigkeit ausreichender Reserve bedingt die Bevorzugung des Gleichstroms mit Akkumulatoren.

Bei einiger Ausdehnung des Verteilungsnetzes wird man bereits gezwungen, höhere Spannungen zu Hilfe zu nehmen, entweder durch Anwendung des Dreileitersystems (668) oder durch Benutzung von Lampen für 220 V oder beides. Nach dem Dreileitersystem für 2 × 110 und 2 × 220 V wird auch ein großer Teil der städtischen Zentralen betrieben.

Bei Drehstromverteilung mit Nulleiter gestattet die Verwendung von Lampen höherer Spannung die Benutzung von Motoren für etwa 380 V Betriebsspannung.

Die Lampen werden hierbei zwischen Außenleiter und Nulleiter, die Motoren an die Außenleiter angeschlossen.

Wenn auch zurzeit noch ein großer, wenn nicht der größere Teil der elektrischen Anlagen mit einer Lampenspannung von 110—130 V arbeitet, so läßt sich doch nicht verkennen, daß die Verwendung höherer Verteilungsspannung stetig fortschreitet. Bei der Einrichtung eigener, auch kleinerer Anlagen ist daher die Erwägung am Platze, ob nicht mit Rücksicht auf die Möglichkeit des späteren Anschlusses an ein Zentralennetz die Wahl der höheren Verbrauchsspannung sich empfiehlt. Besonders trifft dies zu für Fabrikanlagen, deren späterer Umbau stets mit großen Kosten verbunden ist.

Zum Betrieb elektrischer Bahnen findet fast durchweg Gleichstrom Verwendung bei einer Betriebsspannung von ursprünglich 500—550 V. Mit wachsender Ausdehnung der Bahnnetze ist indessen die Bahnspannung allmählich auf 600 V und darüber gestiegen. Hoch- und Untergrundbahnen, die ihrer Betriebsweise nach den Vollbahnen bereits sich nähern, verwenden noch höhere Spannungen. Auch ist versucht worden, durch die Anwendung des Dreileitersystems den Aufwand für das Leitungsnetz elektrischer Bahnen zu verbilligen. Zum Betriebe von Vollbahnen reichen diese Mittel nicht aus. Bei der Größe der hier geforderten Leistung und der Länge der Bahnstrecken ist man auf noch höhere Spannungen angewiesen. Da die Ausbildung des Gleichstrommotors hierfür Schwierigkeiten bietet, ist an dessen Stelle der einphasige Wechselstrommotor getreten, der die Verwendung hoher Linienspannung zuläßt, die auf der Lokomotive auf die Motorspannung herabtransformiert wird (818).

(683) Maschinenanlage und Verteilungssystem. K l e i n e   A n l a g e n. Als Antriebsmotoren kommen, sofern nicht im Einzelfalle Wasserkraft zur Verfügung steht, die kompendiösen modernen Maschinen wie Heißdampf-Lokomobilen, Benzin-, Rohöl-, seltener Sauggasmotoren zur Verwendung. Die Notwendigkeit der Reserve und der Umstand, daß die Maschinenanlage nur bei angemessener Belastung in Betrieb genommen werden soll, bedingen vorwiegend die Verwendung des Gleichstroms unter Zuhilfenahme eines Akkumulators.

G r ö ß e r e   S o n d e r a n l a g e n. Antriebsmotor wie Einrichtung und System der ganzen Anlage sind hier wesentlich bedingt durch örtliche Verhältnisse oder die Eigenart des Fabrikbetriebes (chemische Fabriken, Dampferzeugung usw.), dessen Nebenprodukte eventuell selbst zur Elektrizitätserzeugung Verwendung finden. (Eisenindustrie, Kokereien, Gaswerke.) Das Verteilungssystem richtet sich nach Größe und technischen Bedürfnissen sowie nach der Ausdehnung der eigenen Fabrikation. Abgesehen von Betrieben, die besonderer Regulierfähigkeit bedürfen (Krananlagen, Förderanlagen), oder solchen, die an sich auf Gleichstrom angewiesen sind (chemische Betriebe usw.), findet der Drehstrom in steigendem Maße Verwendung, zumal er zum Teil den Anschluß an große Fernkraftwerke gestattet, mit denen unter Umständen ein Austausch der Stromlieferung nach Zeit und Menge vereinbart werden kann (Rheinisch-Westfälisches Elektrizitätswerk, Oberschlesisches Elektrizitätswerk). — Vgl. auch Abschnitt V, Das elektrische Kraftwerk.

(684) Allgemeine Verteilungsanlagen. Großkraftzentralen werden unter dem Gesichtspunkte der äußersten Wirtschaftlichkeit erbaut. Neben der Forderung des billigen Betriebs steht die Bedingung, die geforderte Leistung der Zentrale mit möglichst geringem Kapitalaufwand zu erreichen. Beide Gesichtspunkte führen zur Anwendung weniger großer Maschineneinheiten.

Als Antriebsmotor überwiegt weitaus die Dampfmaschine; neuerdings kommen beinahe ausschließlich Dampfturbinen in Frage, welche bis zu Leistungen von etwa 20 000 KVA hergestellt werden. Automatische Einrichtungen finden ausgedehnte Verwendung wie selbsttätige Kohlenförderung und Kesselfeuerung, künstlicher Zug und dgl.

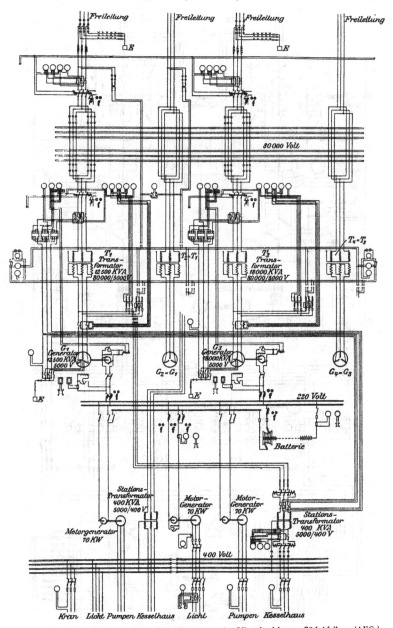

Fig. 120. Schaltbild der Anlage Simmerpan im Minenbezirk von Süd-Afrika. (AEG.)

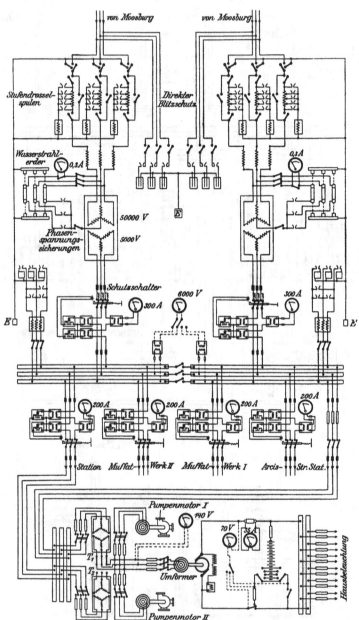

Fig. 421. Schaltbild des Transformatorenschalthauses Hirschau bei München.

Bei den großen Leistungen der Kraftwerke und den verhängnisvollen Störungen, welche eine Unterbrechung ihres Betriebes nach sich ziehen würde, ist ganz besonderes Augenmerk einer vorzüglichen Durchbildung der Schaltanlage zuzuwenden. Hierfür werden große Räume in Anspruch genommen und baulich derart eingerichtet, daß ein Versagen an einem Apparate auf die benachbarten nicht übergreifen kann. Die Sammelschienen sind ferner in mehrere Systeme unterteilt, die, den Betriebsverhältnissen entsprechend, nach Bedarf vereinigt oder getrennt werden können. Besondere Sorgfalt ist der Anordnung von Überspannungssicherungen zuzuwenden und der rechtzeitigen Feststellung und Ableitung etwa auftretender Ladungen.

Die Apparate einer großen Schaltanlage werden nicht mehr von Hand betätigt, sondern mittels Fernsteuerung. Dies hat den Vorteil, daß die ganze Anlage angemessen verteilt werden kann und die Schaltwand selbst nur aus einer Reihe von Tafeln besteht, welche Meß- und Signaleinrichtungen sowie die Steuerungsvorrichtungen enthalten. Hierdurch gewinnt das Maschinenhaus auch erheblich an Übersichtlichkeit. Fig. 420 und 421 geben die Schaltbilder zweier großen Schaltanlagen.

Berechnung der Leitungen.

(685) Allgemeines. Größter und kleinster Querschnitt. Für die Berechnung der Leitungsquerschnitte sind die Rücksichten auf Erwärmung des Drahtmaterials einerseits und auf den im Interesse eines geordneten Betriebes zulässigen Spannungsverlust anderseits maßgebend. Bei Leitungen, welche mechanischen Beanspruchungen ausgesetzt sind, treten noch die an Festigkeit und Biegsamkeit zu stellenden Anforderungen hinzu und bestimmen die Grenzen für die absolute Größe des Querschnittes. Selbständig verlegte Drähte unter 1 mm² Querschnitt sind im allgemeinen zu schwach und den Beanspruchungen der Montage und des Betriebes nicht gewachsen. Leiter von mehr als 1000 mm² Querschnitt sind zu steif, um sich aufrollen zu lassen, daher schwer zu transportieren, und ihre Verlegung bietet große Schwierigkeiten.

(686) Erwärmung. Die Vorschriften des Verbandes Deutscher Elektrotechniker lassen für isolierte Leitungen eine Erwärmung um 20^0 zu, so daß in Räumen mit einer Temperatur von 30^0 sich eine Höchsttemperatur der Leitungen von 50^0 ergibt (Passavant, ETZ 1907, S. 499). Entsprechend dieser zulässigen Erwärmung können unter normalen Verhältnissen isolierte Kupferleitungen und nicht im Erdboden verlegte Kabel wie folgt belastet werden:

Querschnitt mm²	Höchst-zulässige Stromstärke A	Nennstromstärke für entspr. Abschmelzsicherung A	Querschnitt mm²	Höchst-zulässige Stromstärke A	Nennstromstärke für entspr. Abschmelzsicherung A
0,75	9	6	95	240	190
1	11	6	120	280	225
1,5	14	10	150	325	260
2,5	20	15	185	380	300
4	25	20	240	450	360
6	31	25	310	540	430
10	43	35	400	640	500
16	75	60	500	760	600
25	100	80	625	880	700
35	125	100	800	1050	850
50	160	125	1000	1250	1000
70	200	160			

Für die Belastung von Freileitungen bestehen keine bestimmte Vorschriften; diese darf jedoch nur so weit getrieben werden, als die durch sie bedingte Erwärmung der Leitungen deren Umgebung nicht gefährdet.

Kabel, welche im Erdboden verlegt werden, können mit Rücksicht auf die hierbei eintretenden günstigeren Abkühlungsverhältnisse höher belastet werden, und zwar Einleiter-Gleichstromkabel für Spannungen bis 700 V nach folgender Tabelle, welcher eine Erwärmung von ca. 25° zugrunde liegt.

Querschnitt mm²	Stromstärke A	Querschnitt mm²	Stromstärke A
1,0	24	95	385
1,5	31	120	450
2,5	41	150	510
4	55	185	575
6	70	240	670
10	95	310	785
16	130	400	910
25	170	500	1035
35	210	625	1190
50	260	800	1380
70	320	1000	1585

Für Kabel anderer Art, Mehrleiterkabel usw. bestehen ähnliche Belastungstabellen (siehe Normalien für Leitungen des V. D. E.). Bei Mehrleiterkabeln kann in erster Annäherung angenommen werden, daß ihre Belastungsfähigkeit derjenigen eines Einfachkabels entspricht, dessen Kupferquerschnitt gleich ist der Summe der Querschnitte der einzelnen Seelen des Mehrfachkabels.

Obige Tabelle gilt unter der Annahme, daß nicht mehr als drei Kabel in einem Graben zusammengelegt sind; bei Anhäufung von Kabeln in einem Graben oder unter ähnlich ungünstigen Verhältnissen, wodurch die Wärmeabführung leidet, empfiehlt es sich, die Höchstbelastung auf etwa $^3/_4$ der in der Tabelle angegebenen Werte herabzusetzen.

Bei Betrieben, welche starken Belastungsschwankungen unterliegen, können die Momentwerte der Strombelastung die Höchstwerte obiger Tabellen zeitweise überschreiten, wenn dadurch die zulässige Erwärmung der Kabel nicht überschritten wird. Keinesfalls darf hierbei aber die der Leitung vorgeschaltete Sicherung stärker bemessen werden als der Tabelle entspricht.

(687) Querschnitt und Spannungsverlust. Der Querschnitt einer unverzweigten Leitung ist abhängig von deren Länge, deren Leitfähigkeit, dem zulässigen Spannungsverlust und der die Leitung durchfließenden Stromstärke.

Bedeutet q den zu ermittelnden Querschnitt in mm², l die e i n f a c h e Länge der Leitung in m, E den Spannungsverlust in Volt, I die Stromstärke in Ampere, χ die Leitfähigkeit, so ist

$$q = \frac{2\,l \cdot I}{\chi \cdot E}.$$

Für Kupfer wird bei einfacheren Rechnungen eine Leitfähigkeit von rund 60 angenommen.

Will man nach obiger Formel den Querschnitt von Leitungen aus anderem Material berechnen, so ist für χ die Leitfähigkeit des betreffenden Metalles (siehe S. 52 u. 53; $\chi = {}^1/_\sigma$) einzusetzen.

Dreileitersystem. Gleichung (687) ist zunächst streng richtig für einfachen Gleichstrom, d. h. Zweileitersystem. Im Dreileitersystem, woselbst der Mittelleiter die Differenz der Außenleiterströme führt, müssen bei genauer Rechnung die Spannungsverluste in jedem Einzelleiter für sich ermittelt und für jede Netzhälfte zusammengesetzt werden. Der im Mittelleiter eintretende Verlust addiert sich hierbei, wie aus nebenstehendem Schema (Fig. 422) ersichtlich, zu dem Verluste in dem stärker belasteten Außenleiter; das Umgekehrte ist für die schwächer belastete Netzhälfte der Fall. Die Spannungen an den Enden des Dreileiters sind also verschieden für beide Netzhälften; bei starkem Verlust in dem Mittelleiter, also sehr ungleicher Belastung, kann in letzterem höherer Spannungsabfall eintreten wie in dem schwächer belasteten Außenleiter. In diesem Falle ist auf der wenig belasteten Netzhälfte die Spannung am Ende der Leitung höher als an der Stromquelle.

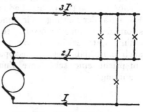

Fig. 422. Ungleich belastetes Dreileitersystem.

Unter normalen Verhältnissen wählt man im allgemeinen den Mittelleiter halb so stark wie die Außenleiter des Dreileitersystems. Nach dem Vorigen ist aber hierbei eine gewisse Vorsicht am Platze und Prüfung der Bedingungen im Einzelfalle zu empfehlen.

Wechselströme Auch zur Berechnung des Spannungsabfalles bei Wechselstrom bleibt Gleichung (687) anwendbar, wenn die Leitungen nur Ohmschen Widerstand besitzen, d. h. von Selbstinduktion und Kapazität praktisch frei sind. In diesem Falle sind für E und I die Effektivwerte der betreffenden Wechselströme einzusetzen.

Besitzt eine Leitung Selbstinduktion, so tritt zu dem Ohmschen Spannungsabfall E_r noch der sogenannte induktive Spannungsabfall hinzu, welcher von der Stromstärke und der Induktivität abhängt. Bedeutet v die Periodenzahl, L die Selbstinduktivität, so ist der induktive Spannungsabfall

$$E_i = 2 \pi v L I.$$

Der gesamte Spannungsabfall E ergibt sich nach der Gleichung

$$E = \sqrt{E_r{}^2 + E_i{}^2}$$

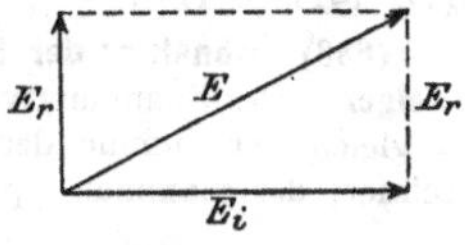

Fig. 423. Geometrische Ermittelung des Spannungsabfall bei induktiver Belastung.

als die geometrische Summe der in ihrer Phase um 90° verschobenen Komponenten, graphisch dargestellt als die Hypotenuse eines rechtwinkligen Dreiecks, dessen Katheten der Ohmsche und der induktive Spannungsabfall bilden. Fig. 423.

Im allgemeinen tritt ein induktiver Spannungsabfall bei kurzen Leitungen nur in Erscheinung, wenn diese magnetische Apparate, Drosselspulen und dgl. enthalten; bei langen Leitungen genügt auch deren geringe eigene Induktivität, um einen Spannungsabfall hervorzurufen, der weit größer ist als der aus dem reinen Leitungswiderstand errechnete [1].

Auf Induktionswirkung beruht auch eine eigentümliche Erscheinung, welche mit Hautwirkung (Skineffekt) bezeichnet wird und in stärkeren massiven Kupferleitern, besonders bei höheren Wechselzahlen auftritt; vgl. (92,3). Der Strom durchfließt hierbei nicht den vollen Querschnitt seiner Bahn, sondern nur einen

---

[1] Benischke, Grundgesetze der Wechselstromtechnik.

ringförmigen Teil derselben, wodurch eine Erhöhung des Ohmschen Widerstandes und der Stromwärme bedingt wird (siehe F. R u s c h ETZ 1908 S. 1079).

Bei hohen Spannungen tritt auch die Kapazität der Leitungen in Erscheinung, d. h. ihre Eigenschaft, eine elektrische Ladung anzunehmen ebenso wie ein Kondensator. Diese Ladungen ändern sich bei Wechselströmen ebenso wie die Spannungen. Ladung und Ladespannung sind durch die Gleichung $Q = E \cdot C$ verbunden, worin Q die Ladung bezeichnet, E die Ladespannung und C die Kapazität der Leitung. Wird eine mit Kapazität behaftete Leitung an eine Wechselstromquelle angeschlossen, so findet eine periodische Ladung und Entladung statt, es fließt in der Leitung ein unter Umständen beträchtlicher Strom, auch ohne daß Verbrauchsapparate an sie angeschlossen sind. Diesem Strom entspricht eine scheinbare Zunahme des Widerstandes und eine Kapazitätsspannung:

$$ E_k = \frac{I}{2 \pi \nu C} $$

Wie bei der Selbstinduktion setzen sich der Ohmsche Spannungsabfall und die Kapazitätsspannung nach der Gleichung zusammen:

$$ E^2 = R^2 I^2 + \frac{I^2}{(2 \pi \nu C)^2} $$

Die Ladungserscheinungen bedingen bei der Fernleitung hochgespannter Wechselströme besonders sorgfältige Berechnungen, da längs eines Kabels nicht nur die Spannung, sondern auch Stromstärke und Phasenverschiebung in weitem Umfange veränderlich sind (siehe G. R ö s s l e r , ETZ 1905).

Besonders verwickelt werden die Verhältnisse, wenn Selbstinduktion und Kapazität zusammenwirken. Zum erstenmal ist diese Erscheinung in erheblichem Maße in einer Energieübertragung zutage getreten bei Inbetriebnahme der Zentrale von F e r r a n t i in Deptford bei London (K a p p , ETZ 1891, auch C o h n , ETZ 1911 S. 114).

(688) Abnahme der Spannung längs eines offenen Leitungsstranges mit Abzweigen. Der Spannungsverlust an einem Punkte eines solchen Leitungsstranges ist gleich der Summe der Spannungsverluste, von Anfang des Leiters ab gerechnet; der maximale Spannungsverlust am Ende der Leitung ist sonach

$$ e_m = \sum_1^n \frac{I \cdot l}{q} \cdot \sigma \text{ (Fig 424) oder auch } e_m = \sum_1^n \frac{i \cdot L}{q} \cdot \sigma \text{ (Fig. 425)} $$

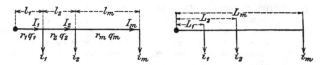

Fig. 424 und 425. Abzweigungen von einem offenen Leitungsstrange.

Hierin bedeuten: I die Stromstärke in der Hauptleitung, i die Abzweigströme, L die Längen vom Speisepunkt bis zum Abzweigpunkt, l die Längen der Abschnitte der Hauptleitung.

Wenn die Leitung auf ihrer ganzen Länge den gleichen Querschnitt besitzt, was meistens der Fall ist, so berechnet sich der Querschnitt aus dem zulässigen Spannungsverluste nach den Formeln:

$$q = \frac{\sum\limits_{1}^{n} I \cdot l}{e_m} \cdot \sigma \quad \text{oder} \quad q = \frac{\sum\limits_{1}^{n} i \cdot L}{e_m} \cdot \sigma$$

Wenn mit der geringsten Menge Leitungsmetall ausgekommen werden soll, so berechnet sich der Querschnitt nach M ü l l e n d o r f aus folgender Formel:

$$q_n = \frac{\sigma}{e} \sqrt{I_n \cdot \sum_{1}^{n} e \cdot \sqrt{I}}$$

(689) Schwerpunktsprinzip. Wenn längs einer Leitung an verschiedenen Stellen Ströme abgenommen werden, so kann man für Berechnungszwecke die Einzelabnahme durch eine einzige Abnahme ersetzen. Die Stromstärke der letzteren ist gleich der Summe aller einzeln abgenommenen Ströme. Sind r_1, r_2, r_3, ... r_n die Widerstände, i_1, i_2, i_3, ... i_n die Ströme in den aufeinanderfolgenden Abschnitten der Leitung, so ist der Widerstand der Leitung bis zu dem gesuchten Punkte, wo der Ersatzstrom abfließt,

$$\sum_{1}^{n-1} (i\,r) \Big/ \sum_{1}^{n-1} i$$

(690) Stromkomponenten. Wenn von einem mittleren Punkte eines Leiters in einem verzweigten Stromkreise der Strom i abgenommen wird, so fließen die beiden Teile i_1 und i_2 des letzteren von den beiden Seiten zu. Die Abnahmestelle des Stromes zerlege den Leiter in zwei Teile von den Widerständen r_1 und r_2. Dann ist $i_1 = i \cdot \dfrac{r_1}{r_1 + r_2}$ und $i_2 = i - i_1 = i \cdot \dfrac{r_2}{r_1 + r_2}$. Haben die Endpunkte des Leiters verschiedene Potentiale V_1 und V_2, so kommt zu jedem der beiden Ausdrücke noch der Wert $(V_1 - V_2)/(r_1 + r_2)$ hinzu. Werden längs der Leitung mehrere Ströme abgegeben, so hat man nach (689) den Ersatzstrom zu berechnen und erhält $i_1 = \Sigma\, ir / \Sigma\, r$, $i_2 = i - i_1$. Spannungen zwischen den Endpunkten werden durch Hinzufügen von $(V_1 - V_2)/\Sigma\, r$ berücksichtigt.

Dieses Prinzip gestattet die von H e r z o g und F e l d m a n n eingeführte Verlegung der Belastungen auf die Knotenpunkte und dadurch eine Vereinfachung der Berechnung der Stromverteilung in einem mehrfach geschlossenen Netze.

(691) Die **Schnittmethode** von H e r z o g ist die älteste Methode zur Berechnung eines geschlossenen Netzes (ETZ 1890, S. 221, 445). Ein Verteilungsnetz besteht aus Haupt- oder Speiseleitungen und Verteilungsleitungen; von letzteren führen die Zweigleitungen zu den Verbrauchsstellen. Jede Verteilungsleitung, von einer Hauptleitung bis zur nächsten gerechnet, erhält im allgemeinen Strom von beiden Enden; die

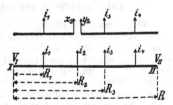

Fig. 426. Schematische Darstellung der Schnittmethode.

Spannungen an letzteren seien V_I und V_{II} (Fig. 426); sie können entweder gleich sein, weil die Spannung durch geeignete Regulierung an den Verteilungspunkten konstant gehalten wird, oder sie sind ungleich und unterscheiden sich um die Größe v. Von den Verteilungsleitungen zweigen die Ströme i_1 bis i_4 ab; sie werden zum Teil von I her, zum Teil von II her geliefert. Bei einem mittleren Punkte, z B. bei 2, treffen sich die Ströme von links und rechts; man kann also im Punkte 2 die Leitung aufschneiden, wie im oberen Teil der Fig. 426, und kann nun die Spannungsverluste längs der Leitung berechnen; die Spannungen bei 2 von links und von rechts her sind gleich. Man erhält allgemein

$$V_I - 2\,(x_2\,R_2 + i_1\,R_1) = V_{II} - 2\,[y_2\,(R - R_2) + i_3\,(R - R_3) + i_4\,(R - R_4)]$$

und da $\qquad x_2 + y_2 = i_2$ und $V_I - V_{II} = v,$

so erhält man

$$x_2 = \frac{v}{2\,R} + i_2 + i_3 + i_4 = \frac{\sum\limits_{1}^{4} i_n\,R_n}{R}\,.$$

Hat man den richtigen Schnittpunkt getroffen, so besitzen x und y gleiches Vorzeichen; ist dies nicht der Fall, so ergibt sich bei Einzeichnung der Stromverteilung der richtige Schnittpunkt ohne neue Rechnung an der Stelle, wo zwei entgegengesetzte Komponentenströme sich zum Strom eines Abnehmers i_n zusammensetzen.

Ist die Leitung ein in sich geschlossener Ring mit nur einer Stromzuführung, so fallen I und II zusammen und $V_I = V_{II}$.

Um ein ganzes Leitungsnetz zu behandeln, denke man sich jede Masche in einem Verzweigungspunkte aufgeschnitten, so daß das Netz in lauter offene Teile zerfällt, und daß kein Leiterstück ohne Zusammenhang mit der Zentrale bleibt. Die in den Leiterstücken fließenden Ströme sind die Unbekannten, für die man die Bedingungsgleichungen aufstellt; aus letzteren erhält man die Ströme, ausgedrückt durch die Stromabnahmen an den Abzweigepunkten und die Widerstände der Leitungen. Die wahren Schnittpunkte, d. h. diejenigen, in denen man das Netz aufschneiden kann, ohne die Stromverteilung zu stören, findet man, soweit man sie bei dem vorigen Verfahren nicht schon getroffen hat, indem man in der Richtung der berechneten Ströme fortschreitet, bis die zwei Ströme x und y in bezug auf denselben Schnittpunkt positiv sind. Aus den wahren Schnittpunkten berechnet man die Zahlenwerte der Spannungsverluste.

Leitungsverluste und Wirtschaftlichkeit eines Netzes.

(692) Verlust im Leitungsnetz. Die in einer Leitung vom Widerstande R durch einen Strom I erzeugte Wärmemenge beträgt nach (61) in der Sekunde 0,2365 I^2R Grammkalorien. Die dieser Wärmemenge gleichwertige elektrische Arbeit muß in den Dynamomaschinen des Kraftwerkes erzeugt werden; da sie ohne praktischen Nutzen an die Umgebung abgegeben wird, stellt sie einen Betriebsverlust dar. Dieser Verlust durch Stromwärme läßt sich durch Verringerung von R, also durch Verwendung stärkerer Leitungen vermindern; diese bedingen aber höhere Anlagekosten, die verzinst und getilgt werden müssen, wodurch die Betriebskosten sich wieder erhöhen. Zwischen den beiden Extremen: schwachen Leitungen und größerem Verlust bei geringem Anlagekapital einerseits und starken Leitungen mit hohen Anlagekosten, aber geringem Betriebsverlust anderseits ist im Einzelfalle die richtige Mitte zu finden, d. h. diejenige Bemessung der Leitungen, bei der

Betriebsverluste und finanzielle Aufwendungen für Verzinsung und Tilgung zusammengenommen ein Minimum ergeben.

Die innerhalb eines Jahres in der Leitung entwickelte Stromwärme ist

$$\int I^2 R \, dt$$

genommen für diese Zeitdauer. Dieser Gesamtverlust ist leicht zu ermitteln, wenn die übertragene Leistung nahezu konstant ist, beispielsweise bei Kraftübertragung für chemische oder ähnliche Dauerbetriebe, welche mit beinahe gleichbleibender Last im ganzen Jahr arbeiten. Der Gesamtverlust ist alsdann gleich dem durch die konstante Stromstärke verursachten Verlust in der Zeiteinheit (Stunde), multipliziert mit der Zahl der jährlichen Betriebsstunden. Ähnlich einfach liegen die Verhältnisse für Betriebe, deren Belastung gesetzmäßig sich ändert, etwa bei elektrischen Bahnen nach festem Fahrplan, bei Straßenbeleuchtungen und dergleichen.

Bei unregelmäßig schwankenden Betrieben ist eine mathematisch strenge Ermittelung der Leitungsverluste nicht durchführbar, man muß mit Näherungsverfahren sich begnügen. Letztere müssen im Einzelfalle auf die Erfahrung in ähnlich gearteten Betrieben sich stützen, welche die Veränderungen des Verbrauches in den einzelnen Tages- und Nachtstunden für den betreffenden Betrieb ergeben hat. Am besten geschieht dies durch Festlegung von Betriebskurven, welche für jede Tagesstunde das Verhältnis des jeweiligen Verbrauches i zum Höchstverbrauche I als Ordinaten enthalten. An der Hand einer solchen Betriebscharakteristik eines verwandten Betriebes stellt man nun für eine Zahl über das ganze Jahr verteilter Tage einen mutmaßlichen Betriebsbericht auf; für jede Betriebsstunde wird das Verhältnis i/I aufgestellt und dessen Quadrat gebildet; die Summe dieser Quadrate

$$\sum \left(\frac{i}{I} \right)^2 = T$$

gibt, mit R multipliziert, mit der nötigen Genauigkeit den Verlust für je 1 Ampere der Höchstleistung. Der Gesamtverlust für eine Anlage mit der Höchstleistung I ist alsdann

$$T \cdot I^2 \cdot R \text{ Wattstunden.}$$

Als Beispiel diene die nachfolgende Tabelle, deren Zahlen willkürlich zusammengestellt sind. Die Summe $\left(\frac{i}{I} \right)^2$ ergibt für die acht ausgewählten Tage 39,78, für das ganze Jahr sonach:

$$T = \frac{365}{8} \cdot 39,78 \approx 1800.$$

Die im Jahre in der Leitung verlorene Energie beträgt also:

$$\frac{1800 \cdot I^2 \cdot R}{1000} \text{ Kilowattstunden.}$$

Setzt man in diesem Beispiel $I = 100$ A, $R = 7 \, \varnothing$, so gehen jährlich verloren:

$$\frac{1800 \cdot 100^2 \cdot 7}{1000} = 126\,000 \text{ Kilowattstunden.}$$

Tagesstunden	21. Dezember		5. Febr.		22. März		7. Mai		21. Juni		6. Aug.		21. September		6. November	
Nachmittag	$\frac{i}{I}$	$\left(\frac{i}{I}\right)^2$	$\frac{i}{I}$	$\left(\frac{i}{I}\right)^2$	$\frac{i}{I}$	$\left(\frac{i}{I}\right)^2$	$\frac{i}{I}$	$\left(\frac{i}{I}\right)^2$	$\frac{i}{I}$	$\left(\frac{i}{I}\right)^2$	$\frac{i}{I}$	$\left(\frac{i}{I}\right)^2$	$\frac{i}{I}$	$\left(\frac{i}{I}\right)^2$	$\frac{i}{I}$	$\left(\frac{i}{I}\right)^2$
2—3																
3—4	0,3	0,09	0,1	0,01											0,1	0,01
4—5	0,4	0,16	0,3	0,09	0,1	0,01							0,1	0,01	0,3	0,09
5—6	0,6	0,36	0,5	0,25	0,3	0,09	0,1	0,01			0,1	0,01	0,3	0,09	0,5	0,25
6—7	0,7	0,49	0,6	0,36	0,6	0,36	0,2	0,04	0,1	0,01	0,2	0,04	0,6	0,36	0,6	0,36
7—8	0,8	0,64	0,7	0,49	0,7	0,49	0,4	0,16	0,2	0,04	0,4	0,16	0,7	0,49	0,7	0,49
8—9	0,9	0,81	0,9	0,81	0,9	0,81	0,8	0,64	0,3	0,09	0,8	0,64	0,9	0,81	0,9	0,81
9—10	1,0	1,00	1,0	1,00	1,0	1,00	0,9	0,81	0,6	0,36	0,9	0,81	1,0	1,00	1,0	1,00
10—11	1,0	1,00	1,0	1,00	1,0	1,00	1,0	1,00	0,9	0,81	1,0	1,00	1,0	1,00	1,0	1,00
11—12 Mitternacht	0,9	0,81	0,9	0,81	0,9	0,81	0,9	0,81	0,8	0,64	0,9	0,81	0,9	0,81	0,9	0,81
12—1	0,8	0,64	0,8	0,64	0,7	0,49	0,7	0,49	0,6	0,36	0,7	0,49	0,7	0,49	0,8	0,64
1—2	0,6	0,36	0,6	0,36	0,5	0,25	0,4	0,16	0,3	0,09	0,4	0,16	0,5	0,25	0,6	0,36
2—3	0,4	0,16	0,3	0,09	0,2	0,04	0,1	0,01	0,1	0,01	0,1	0,01	0,2	0,04	0,3	0,09
3—4	0,2	0,04	0,1	0,01											0,1	0,01
4—5	0,1	0,04														
5—6																
	6,57		5,92		5,35		4,13		2,41		4,13		5,35		5,92	

(693) Wirtschaftlicher Spannungsverlust. Nach obigen Ermittlungen lassen sich die gesamten durch Übertragung elektrischer Arbeit in den Leitungen bedingten Betriebskosten in ihrer Abhängigkeit von dem Leitungsquerschnitt q leicht darstellen.

Da $R = \sigma \cdot \dfrac{l}{q}$, so ist die verlorene Energiemenge

$$\frac{T \cdot I^2 \cdot \sigma \cdot l}{1000 \cdot q} \quad \text{Kilowattstunden}$$

betragen die Kosten der Kilowattstunde m Mark, so ist der Wert des Energieverlustes

$$\frac{\sigma \cdot m}{1000} \cdot T \cdot I^2 \cdot \frac{l}{q} \quad \text{Mark.}$$

Die Kosten der Leitung lassen sich bei größeren Querschnitten in erster Annäherung darstellen durch $l \cdot (aq + b)$; der Klammerausdruck bedeutet hierin die Kosten von einem Meter Leitung, a hängt wesentlich ab von dem Preis des Leitungsmetalles, und b ist eine von der gewählten Isolation und den Verlegungskosten abhängige Konstante. Rechnet man nun für Verzinsung, Abschreibung und Reparaturen einen bestimmten Teil Z des Anlagekapitals, so sind die gesamten aus dem Betriebe der Leitung erwachsenden Kosten jährlich:

$$\frac{\sigma \cdot m}{1000} \cdot T \cdot I^2 \cdot \frac{l}{q} + Z \cdot l\,(aq + b) \quad \text{Mark.}$$

Dieser Ausdruck wird ein Minimum für:

$$q_f = \sqrt{\frac{\sigma \cdot m}{1000} \cdot T \cdot I^2 \cdot l \cdot \frac{1}{Z \cdot l \cdot a}} = I \sqrt{\frac{\sigma \cdot m \cdot T}{1000 \cdot Z \cdot a}}$$

Die Größe $\sqrt{\dfrac{\sigma \cdot m \cdot T}{1000 \cdot Z \cdot a}}$ gibt diejenige Zahl, mit der die Höchststromstärke I (in Ampere) zu multiplizieren ist, um den Leitungsquerschnitt (in mm^2) zu erhalten. Letztere ist abhängig von dem Charakter des betreffenden Betriebes (T), den Kosten der Stromerzeugung (m), dem Preise des Leitungsmaterials und den Beträgen, welche im Einzelfalle für Verzinsung und Abschreibung aufgewendet werden müssen.

Aus dem wirtschaftlichen Querschnitt q_f läßt sich auch ein wirtschaftlicher Spannungsverlust berechnen, nämlich

$$q_f = I \cdot \sigma \cdot \frac{l}{q_f} = l \cdot \sqrt{\frac{1000 \cdot Z \cdot a \cdot \sigma}{m \cdot T}}$$

Bei jeder Durchführung einer derartigen Berechnung ist indessen nachzuprüfen, ob der errechnete wirtschaftliche Querschnitt auch technisch ausreicht. Genügt derselbe nicht den Rücksichten auf die Temperaturerhöhung (Tabelle S. 499), so ist er entsprechend zu erhöhen; andererseits bedingt der ordnungsmäßige Betrieb von Lampen und Motoren, daß Schwankungen der Spannung bei wechselnder Belastung bestimmte Grenzen nicht überschreiten dürfen; auch aus diesem Grunde sind eventl. stärkere Querschnitte zu wählen, als obige Rechnung ergibt. Letztere hat ferner nur dann einen Wert, wenn die Betriebsverhältnisse der in Frage kommenden Anlage genau bekannt sind und deren Leistung sich nicht ändert. Steht indessen die Angliederung neuer Betriebe zu erwarten, oder wächst die Leistung der Anlage, so ist auf diese Möglichkeit bereits bei dem ersten Entwurfe der Leitung weitgehende Rücksicht zu nehmen, da spätere Änderungen meist mit erheblichem Kostenaufwand verbunden sind.

(694) Entwurf eines Leitungsnetzes. Unter den derzeitigen Verhältnissen wird in den meisten Fällen der Platz der Zentrale oder der Hauptversorgungspunkt für das betreffende Gebiet gegeben sein. Die Grundlagen für das Leitungsnetz müssen zunächst durch Konsumaufnahme, d. h. Umfrage nach der voraussichtlichen Stromentnahme und Vertragsabschluß mit den wichtigsten Stromabnehmern gewonnen werden.

Das Verteilungsnetz wird zunächst in allen denjenigen Straßen verlegt, wo zahlreiche Abnehmer vorhanden oder bestimmt zu erwarten sind. Bezüglich der Wahl der Querschnitte der Verteilungsleitungen verfahre man nicht allzu ängstlich und sehe für Zunahme des Verbrauches hinreichende Reserve vor. Die Zunahme der Motorenbetriebe, wodurch sehr rasch eine starke Belastung der einzelnen Verteilungskabel eintreten kann, mahnt zu besonderer Vorsicht, und zu große Sparsamkeit bei dem ersten Entwurfe kann im Betriebe später Schwierigkeiten hervorrufen.

Das Verteilungsnetz wird zuerst gezeichnet und in einen Straßenplan eingetragen, die Abnahmestellen an den Abzweigungen mit ihrer Höchstleistung, eventl. unter Angabe des Verwendungszweckes. In Straßen mit einigermaßen erheblichem Anschlusse empfiehlt es sich, beide Straßenseiten mit Verteilungsleitungen zu belegen, um bei Hausanschlüssen die teuren Überwege zu ersparen. Die Betrachtung eines gut dargestellten Verteilungsnetzes ergibt ohne umständliche Rechnung die geeigneten Stellen für die Speisepunkte, deren Wahl wesentlich durch die Lage der größeren Abnehmer bestimmt wird. Hierauf schneidet man nach (691) die Leitungen auf und überträgt die Stromentnahme auf die Kreuzungspunkte der Verteilungsleitungen und schließlich auf die Speisepunkte, um deren Belastung zu erhalten.

Alsdann berechnet man die Spannungsverluste in dem Verteilungsnetze von den Speisepunkten bis zu den einzelnen Hausanschlüssen. Bisher wurde als höchster Spannungsverlust in dem Verteilungsnetze ca. 2 % zugelassen. Maßgebend hierfür war die Änderung der Lichtstärke der Glühlampen bei Schwankungen der Spannung; da Motoren eine größere Ungleichmäßigkeit zulassen, und da ferner die Metallfadenlampen von Änderungen der Spannung weit weniger beeinflußt werden als Kohlenfadenlampen, wird man künftig einen etwas höheren Spannungsverlust wählen dürfen.

Die Speisepunkte des Netzes, an denen die Spannung konstant gehalten wird, sind für ihre Umgebung, ihr Versorgungsgebiet, als Stromquelle zu betrachten. Sie unterstützen sich gegenseitig und erhalten einen gewissen Belastungsausgleich durch die sie verbindenden Verteilungsleitungen. Die geeigneten Stellen für Speisepunkte sind Straßenkreuzungen, an denen wichtige Verteilungsleitungen zusammenlaufen. Nach stark belasteten Abnahmestellen werden eventuell besondere Speiseleitungen geführt, die in dem betreffenden Grundstück abtrennbar sind und dasselbe unter Umständen unabhängig von den Verteilungsnetze versorgen können (Theater, Warenhäuser usw.). Ausführlichere Betrachtungen siehe Teichmüller, Die elektrischen Leitungen, ferner A. Sengel, ETZ 1899, S. 807, und Herzog & Feldmann, Leitungsnetze.

Nach jedem Speisepunkt führt eine Speiseleitung, die im allgemeinen nicht verzweigt ist. Verfolgen mehrere Speiseleitungen auf eine längere Strecke den gleichen Weg, so kann man sie als Sammelleitungen zusammenfassen; die Verzweigung nach den einzelnen Speisepunkten geschieht in Abzweigkästen. Man vermeide indessen, einer solchen Sammelleitung ein zu großes Versorgungsgebiet anzuvertrauen, damit im Falle eines Fehlers die Störung nicht zu großen Umfang annehmen kann. Besondere Sorgfalt ist der Austrittsstelle der Speiseleitungen aus der Zentrale zuzuwenden; hier muß jede Leitung sorgfältig geschützt frei durch das Mauerwerk geführt werden (glasierte Tonrohre); im Erdboden sind die Leitungen gruppenweise zu ordnen und möglichst sofort beim Austritt auseinanderzuziehen, damit an keiner Stelle mehr Speiseleitungen als nötig zusammenliegen. Auch auf mechanischen Schutz durch Abdeckung ist hier besonderer Wert zu legen.

Der in den Speiseleitungen zugelassene höchste Spannungsverlust beträgt ca. 10—15 %. Kurze Speiseleitungen müssen durch Vorschaltung besonderer Widerstände künstlich verlängert werden, um bei ihnen den gleichen Spannungsverlust zu erreichen wie bei den längeren Leitungen.

Ist ein Leitungsnetz nach obigen Gesichtspunkten entworfen, so führe man eine Kontroll-Rechnung durch nach (693) und ändere, soweit hiernach zweckmäßig und möglich.

Von großer Wichtigkeit ist die dauernde Kontrolle eines in Betrieb befindlichen Netzes durch Spannungs- und Strommessungen während der Zeit der Höchstbelastung, im allgemeinen in den Wintermonaten von 4—6 Uhr abends. Diese Messungen geben den sichersten Anhalt für den Ausbau des Netzes entsprechend der Konsumbewegung.

(695) Ausnutzung einer Zentrale. Ein Kraftwerk arbeitet am günstigsten, wenn seine Maschinen andauernd vollbelastet laufen. Dieser Idealzustand wird in elektrischen Zentralen nicht oder nur sehr selten erreicht. Zur Beurteilung der Ausnutzung ist maßgebend das Verhältnis der gesamten jährlichen Energielieferung in Kilowattstunden zu der höchsten im Jahre erreichten Maschinenleistung in Kilowatt. Dieses Verhältnis ergibt eine ideelle Benutzungsdauer, die den Betrieb charakterisiert.

Reine Lichtzentralen haben eine sehr ungünstige Benutzungsdauer, wie aus dem Betriebsdiagramm (Fig. 427) sich ergibt. Günstiger liegen die Verhältnisse

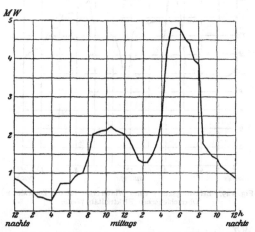

Fig. 427. Tageskurve eines Wintertages für eine Zentrale mit überwiegender Lichtbelastung

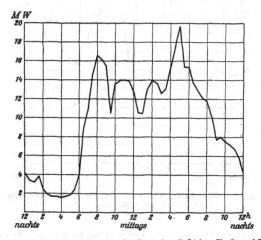

Fig. 428. Tageskurve eines Wintertages für eine Zentrale mit Licht-, Kraft- und Bahnbelastung.

bei einem Werke, das zugleich Straßenbahn und Gewerbe mit Kraft versorgt (Fig. 428). Noch besser arbeitet eine Zentrale, die wie die Oberschlesischen Elektrizitätswerke Bergwerke und Hütten-Anlagen mit durchgehendem Betriebe in großer Zahl versorgt (Fig. 429 u. 430).

Durch Anwendung von Akkumulatoren im eigenen Betriebe und bei Großabnehmern, durch zweckmäßige Gestaltung der Tarife, welche Abnehmer mit günstiger Benutzungsdauer bevorzugen, durch Gewinnung von Betrieben, die

33*

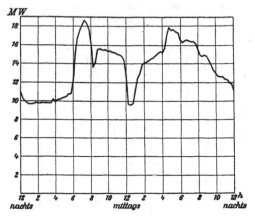

Fig. 429. Belastungskurve eines Wintertages für die Zentrale der
Oberschlesischen Elektrizitäts-Werke.

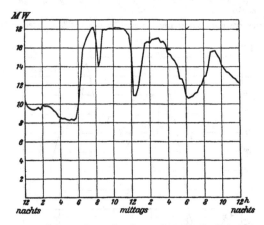

Fig. 430. Belastungskurve eines Sommertages für die Zentrale der
Oberschlesischen Elektrizitäts-Werke.

sich zeitlich ergänzen (Wasserwerke, Eiserzeugung im Sommer, Beleuchtung im
Winter) muß eine möglichst gleichmäßige Belastung des Kraftwerkes erstrebt
werden.

(696) Berechnung von Hausinstallationen. Um ein Gebäude mit Elektrizität ausreichend zu versorgen, ist zunächst der Bedarf in den einzelnen
Räumen zu ermitteln; die Lampen, Motoren und sonstigen Anschlußstellen werden
alsdann in Grundrißzeichnungen der einzelnen Stockwerke eingetragen. Hierauf
setzt man die geeigneten Stellen für Verteilungstafeln und Zähler fest und bestimmt
den zweckmäßigsten Weg für die Hauptleitungen; die Einführungsstelle in das
Haus (Hausanschluß) wird im allgemeinen von dem Stromlieferer (Elektrizitätswerk)

angegeben. Die Lampen werden in Gruppen von höchstens 6 A Verbrauch zusammengefaßt (§ 14[7] der Errichtungsvorschriften des VDE) und an die Sicherungen der Verteilungstafeln angeschlossen. Unabhängig von der zulässigen Mindeststromstärke der Sicherungen empfiehlt es sich aber, nicht mehr als 10—15 Lampen zu einem Stromkreise zusammenzufassen, es sei denn, daß besonders große Beleuchtungskörper in Frage kommen.

Die Zentralisierung der Sicherungen ist erwünscht, jedoch gehe man darin, besonders bei großen Installationen, nicht zu weit, da sonst durch die große Zahl der von den Verteilungstafeln ausgehenden Leitungen die Installation verteuert und die Übersicht erschwert wird. Lieber vergrößere man in solchem Falle die Zahl der Verteilungstafeln. Die zu letzteren führenden Leitungen, die Haupt- oder Steigeleitungen berechne man im allgemeinen auf konstanten Querschnitt. Man strebe bei dem ganzen Entwurfe danach, für die elektrische Installation die gleiche Einfachheit zu erreichen, wie sie für Gasleitungen bekannt ist; jedenfalls wähle man die Hauptleitungen nicht zu schwach und halte sich stets vor Augen, daß die Elektrizität nicht allein der Beleuchtung dient, sondern ihrer Vielseitigkeit wegen als Energieträger für Kraft, Heizung usw. immer weitere Verwendung findet. Über die bei Einrichtung eines Grundstückes zu beachtenden Grundsätze siehe die Leitsätze des VDE für die Herstellung und Einrichtung von Gebäuden bezüglich Versorgung mit Elektrizität.

Die Ausrechnung der Spannungsverluste, die nur angenähert zu sein braucht, geschieht am besten mit dem Rechenschieber. Bei Verwendung von Metallfadenlampen und voller Belastung der Anlage wird man mit einem Höchstverlust von 2—3 % rechnen dürfen. Für größere Anlagen mit verschieden gearteten Verbrauchsstellen ist hierbei noch in Rechnung zu ziehen, daß höchstens ein gewisser Prozentsatz aller Anschlüsse gleichzeitig benutzt wird.

Ist ein Grundstück mit einem Mehrleitersystem zu versehen, so achte man auf sachgemäße Verteilung der einzelnen Stromkreise auf die verschiedenen Netzhälften oder Phasen, derart nämlich, daß sowohl die gleichmäßige Belastung zu allen Betriebszeiten gewahrt bleibt, als auch, daß wichtige größere Räume nicht ausschließlich von einer Netzhälfte oder Phase gespeist werden.

Man vermeide übermäßige Querschnitte in den Hauptleitungen (über ca. 100 mm²) und verlege lieber an Stelle einer starken mehrere schwächere Steigeleitungen, womit meistens der Betriebssicherheit gedient wird und auch Ersparnisse in den Verteilungsleitungen sich erzielen lassen.

Ausführung von Anlagen im einzelnen.

(697) **Errichtungsvorschriften des Verbandes Deutscher Elektrotechniker.** Während in der ersten Entwickelungszeit der Elektrotechnik einer sachgemäßen Ausführung der Installationsarbeiten mangels ausreichender Erfahrung häufig nicht die nötige Beachtung zuteil wurde, haben die letzten zwei Jahrzehnte auch der Ausbildung der Installationstechnik ernste Arbeit gewidmet, deren Ergebnisse in den Errichtungsvorschriften des Verbandes Deutscher Elektrotechniker niedergelegt sind. Mit dem weiteren Ausbau dieser wichtigen Bestimmungen ist eine ständige Kommission des VDE beschäftigt; parallel mit den Vorschriften selbst werden ausführliche Erläuterungen herausgeben [1]).

Eine wichtige Ergänzung der Errichtungsvorschriften bilden die ebenfalls

[1]) C. L. Weber, Erläuterungen zu den Sicherheitsvorschriften für die Errichtung elektrischer Starkstromanlagen. Berlin 1912, Julius Springer.

von dem VDE herausgegebenen Normalien und Prüfungsvorschriften. Während die Errichtungsvorschriften, deren behördliche Anerkennung teils bereits vorliegt, teils in Aussicht steht, ihrer Natur nach vorwiegend grundsätzliche Forderungen enthalten, ohne allzusehr in die Einzelheiten zu gehen, und daher Abänderungen an diesen mit gewissen Schwierigkeiten verbunden sind, sollen die Normalien, dem jeweiligen Stande der Technik entsprechend, veränderlich und ausbaufähig sein. Sie umfassen alle Arten von Leitungen und Apparaten, für welche einigermaßen feste Konstruktionsgrundsätze und Maße sich bereits herausgebildet haben.

Die Verbandsvorschriften behandeln Anlagen für Niederspannung und für Hochspannung. Installationen und Apparate für letztere Stromart erfordern bei der Eigenart der betreffenden Betriebe und der Gefährlichkeit hochgespannter Ströme fast immer spezielle technische Bearbeitung.

(698) Gefahren und deren Verhütung. Eine sachgemäße Installation hat im wesentlichen zu berücksichtigen die Feuersgefahr und die Einwirkung der Elektrizität auf den Organismus, wenn bei fahrlässiger oder zufälliger Berührung unter Spannung stehender Leiter oder Teile von Apparaten der Strom seinen Weg durch den menschlichen Körper nimmt.

Feuersgefahr kann eintreten durch übermäßige Erwärmung der Leitungen oder Apparate durch den elektrischen Strom bei Eintritt eines Fehlers wie Erdschluß oder Kurzschluß. Hiergegen bieten die Schmelzsicherungen ein fast absolut sicheres Mittel, besonders wenn die Disposition der Anlage derart ist, daß ein etwaiger Isolationsfehler rasch zum Kurzschluß führt, wobei die Sicherungen sofort abschmelzen und die fehlerhafte Leitung ausschalten.

Wenngleich die physiologischen Wirkungen niedrig gespannter Ströme im allgemeinen nicht gefährlich sind, so kann, unter besonders ungünstigen Verhältnissen, wenn dem Stromdurchgange durch den menschlichen Körper geringer Widerstand geboten wird (Arbeiten in durchtränkten Räumen, Anfassen unter Spannung stehender Teile mit voller feuchter Handfläche usw.) doch Gefahr bestehen. Der moderne Apparatebau strebt daher dahin, daß alle Metallteile, soweit sie unter Spannung stehen, durch die Konstruktion der Berührung entzogen werden.

Kabelleitungen.

(699) Verlegungsarten. Bei Verlegung von Starkstromleitungen in dem Erdboden sind diese gegen chemische und mechanische Einflüsse zu schützen. Hierfür finden vorwiegend bandarmierte Bleikabel (701) Verwendung, die, sofern nicht besonders ungünstige Verhältnisse vorliegen oder bei Erdarbeiten rücksichtslos mit der Picke gearbeitet wird, vollständigen Schutz bieten; von der Verwendung weniger gut geschützter Kabel ohne Armierung ist abzuraten, da chemische Einflüsse fast nie ganz ausgeschlossen werden können, und überdies ein gewisser mechanischer Schutz, wofür ein Bleimantel allein nicht ausreicht, immer notwendig ist.

Kabelleitungen werden im allgemeinen mindestens 60 cm tief in das Erdreich verlegt; bei größeren Verteilungsnetzen kommen meistens die Verteilungsleitungen zu oberst zu liegen, da von diesen die Hausanschlüsse abgezweigt werden. darunter liegen die Speisekabel, welche nur im Falle einer Störung oder Untersuchung aufgenommen zu werden brauchen. Da jede Unterbrechungsstelle den Zustand der Gesamtleitung beeinträchtigt, sind Muffenverbindungen nach Möglichkeit zu vermeiden und möglichst große Kabellängen zu verwenden.

Nach der Verlegung schützt man häufig die Kabel noch durch Decksteine. Zementpanzer oder dergl.

Mit der Verlegung unterirdischer Leitungen in Kanälen (Moniersystem) hat man keine günstigen Erfahrungen gemacht, da die Kanäle schwer vollständig trocken zu halten sind, überdies bei Erdarbeiten der Beschädigung unterliegen und, was das bedenklichste ist, bisweilen Gase in ihnen sich ansammeln, die bei Funkenbildung Entzündungen und Explosionen herbeiführen können. Man ist deswegen von diesem System abgekommen. Günstiger sind eiserne Röhren, die eine fortlaufende Röhrenleitung bilden, in welche man bisweilen die Kabel einzieht. Das Röhrenleitungsnetz muß in diesem Falle aus lauter geraden Strecken bestehen; wo eine Biegung erforderlich ist, wird ein Untersuchungs- und Einführungsbrunnen angelegt. Zum Zwecke des Einziehens wird beim Verlegen der Röhren ein verzinkter Eisendraht hineingebracht, an dem man darauf ein Drahtseil und mittels des letzteren das Kabel einzieht.

(700) Schutz der Schwachstromleitungen. Die Reichstelegraphenverwaltung verlangt zum Schutze ihrer eigenen Anlagen bei der Herstellung elektrischer Starkstromanlagen (abgesehen von elektrischen Bahnen) die Beobachtung bestimmter Vorschriften, deren wesentlicher Inhalt etwa folgendes ist.

Bei ober- und unterirdischen Anlagen soll die Erde im allgemeinen nicht als ein Teil der Leitung benutzt werden, vielmehr sind Hin- und Rückleitung besonders herzustellen und einander so nahe zu führen, als die Sicherheit des Betriebes zuläßt. Ausnahmen hiervon werden gestattet bei Mehrleitersystemen, bei denen geerdete Mittelleiter benutzt werden dürfen, bei der Sternschaltung in Mehrphasensystemen, wo die beiden Nullpunkte geerdet werden können, und bei elektrischen Bahnen, wo die Rückleitung durch nicht isolierte Schienen gestattet wird. Unterirdische Starkstromleitungen sind von Telegraphenkabeln tunlichst entfernt zu halten, auch bei Kreuzungen ist ein nicht zu geringer Abstand einzuhalten. Abdruck der Bestimmungen im Anhang, Seite 928 u. f.

(701) Konstruktion der Kabel. (Fig. 431 a bis i.) Die Kupferleiter der Bleikabel bestehen nur bei den kleinsten Querschnitten aus einem einzelnen Drahte, sonst aus einer größeren Zahl verseilter Drähte. Bei

a   b   c   d

a Einadriges Bleikabe mit Eisenbandarmierung.
b Konzentrische Zweileiter-Bleikabel mit Eisenbandarmierung.
c Verseiltes zweiadriges eisenbandarmiertes Bleikabel mit Prüfdrähten.
d Verseiltes dreiadriges bandarmiertes Bleikabel.

Fig. 431. Kabelquerschnitte.

Gleichstrom wird jede Leitung in einem besonderen Kabel geführt, bei Wechsel- und Drehstromkabeln sind die zwei bzw. drei Leiter in einem Kabel entweder konzentrisch oder nebeneinander (bzw. im Dreieck) und verseilt angeordnet. Im Interesse einer besseren Raumausnützung erhalten die Kupferleiter bisweilen nicht kreisförmigen, sondern sektorenförmigen Querschnitt (Fig. 431 f). Die Isolierung der Kupferleiter wird aus imprägnierter Jutefaser, neuerdings in steigendem Maße auch aus Papier (bei Hochspannungskabeln ausschließlich) hergestellt. Da, wo auf Zerstörung der Isolierung einwirkende Einflüsse besonders stark auftreten, wird auch vulkanisierte Gummi-Isolierung angewendet. Mitunter trifft man auch abwechselnde Schichten verschiedener Isolierungsarten. Zum Schutz gegen Feuchtigkeit wird das isolierte Kabel mit einem Bleimantel umpreßt und dieser noch durch einen Asphaltanstrich und eine Lage geteerter und asphaltierter Jute geschützt. Zum Schutze gegen mechanische Beschädigungen dient, wenn erforderlich, noch eine Armierung aus zwei spiralförmig aufgewickelten Eisenbändern, über denen sich nochmals eine Lage asphaltierter und geteerter Jute befindet, oder eine Bewehrung aus Eisendrähten.

    Gruben- und Schachtkabel. (Fig. 431 h.) Für diese Kabel ist besonders starke Armierung erforderlich. Diese wird bei kleinen Kabelquerschnitten aus

e   Verseiltes dreiadriges Bleikabel mit Armierung von flachen Eisendrähten.
f   Verseiltes Drehstromkabel mit Leitern von sektorenförmigem Querschnitt mit Bleimantel und Armierung von runden Stahldrähten.

g   Verseiltes Drehstrom-Hochspannungskabel mit Bleimantel und Eisenarmierung.
h   Drehstrom-Schachtkabel mit Armierung von litzenförmigen Eisendrähten.
i   Einadriges Flußkabel mit Bleimantel und doppelter Armierung aus Eisenband- und
Flachdrähten.
Fig. 431.   Kabelquerschnitte.

verzinkten Rundeisendrähten, bei größeren Querschnitten und bei Hochspannungskabeln aus verzinkten Flacheisendrähten hergestellt. Letztere bilden einen dicht schließenden Mantel für das ganze Kabel. Bei Abteufkabeln großen Querschnitts besteht auch die Armierung aus Drahtlitzen.

    Flußkabel (Fig. 431 i) haben gleichfalls eine besonders kräftige Armierung aus starken verzinkten Eisendrähten außer der üblichen doppelten Eisenbandarmierung.

    (702) Kabelgarnituren. An allen Stellen, wo ein Kabel endet, in eine Haus- oder Freileitung übergeht oder mit einem anderen Kabel verbunden wird, muß besondere Sorgfalt auf sichere Verbindung und gute Isolierung der blanken Leiterteile verwendet werden; auch ist die freigelegte Kabelisolierung gut abzuschließen. Hierzu dienen die sogenannten Garniturteile:

    Endverschlüsse; Fig. 432, Einfacher Endverschluß eines Einleiterkabels durch übergeschobene Gummikappe; Fig. 433, Endverschluß für ein dreifach verseiltes Kabel mittlerer Spannung. Die Enden der Kabelleitungen sind mit den Anschlußleitungen durch starke Verbindungsklemmen mittels Schrauben verbunden. Die Verbindung ist in einem gußeisernen Schutzbehälter untergebracht, der mit Isoliermasse vollständig ausgegossen wird.

Fig. 434, Außenansicht eines Überführungs-Endverschlusses zum Übergang von Hochspannungskabeln auf Freileitungen.

Fig. 432.   Einfacher Gummiendverschluß für Einleiter-Kabel.

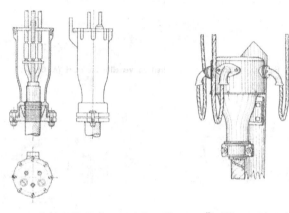

Fig. 433.   Endverschluß für Drehstromkabel   Fig. 434.   Überführungsendverschluß von
bis 7000 V (AEG).   Kabel zu Freileitungen (AEG).

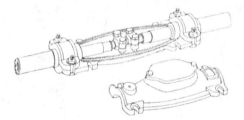

Fig. 435.   Verbindungsmuffe für Einleiter-Kabel (SSW).

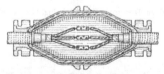

Fig. 436.   Verbindungsmuffe für dreifach verseilte Kabel (Land- und See-Kabelwerke).

Verbindungsmuffen; Fig. 435 u. 436. Die Kabelenden werden durch Schraubklemmen verbunden. Die Muffe besteht aus einem gußeisernen Kasten, der nach Herstellung der Verbindung mit Isoliermasse ausgegossen wird.

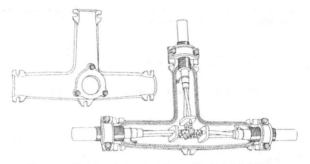

Fig. 437.   Abzweigmuffe für dreifach verseilte Bleikabel (AEG).

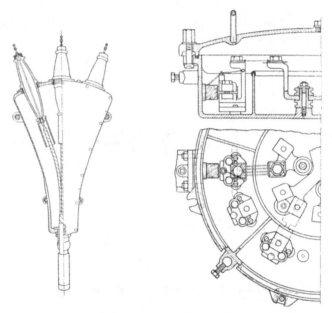

Fig. 438.   Endverschluß zu Drehstrom-
Hochspannungskabel für 30 000 V (AEG).

Fig. 440.   Kabelkasten der SSW.

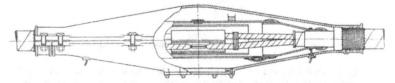

Fig. 439.   Verbindungsmuffe für Drehstrom-Hochspannungskabel 30 000 V (AEG).

A b z w e i g m u f f e n . Fig. 437, Abzweigmuffen für dreifach verseilte
Bleikabel bis 10000 V Spannung.

An Stelle der Verschraubung der Leiterteile an Verbindungs- und Abzweigstellen mittels Verbindungsklemmen wird bisweilen auch die Verlötung angewandt, um unzulässige Erwärmung durch schlecht ausgeführte Schraubenver-
bindungen auszuschließen. Die einzelnen Leiterteile müssen dann gespleißt und
sorgfältig miteinander verlötet werden und auch die beiden Bleimäntel sind durch
Verlötung zu verbinden; die Lötstelle wird hierauf durch eine Schutzkappe bedeckt. Das Lötverfahren erfordert ein sehr zuverlässiges und gut geschultes
Arbeitspersonal.

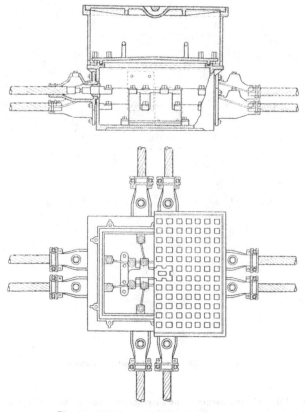

Fig. 441.   Kabelkasten der Deutschen Kabelwerke.

Die Verwendung s e h r h o h e r Spannung erfordert besonders sorgfältige Durchbildung der Garniturteile und Vorsicht bei deren Montage. Fig. 438
u. 439 zeigen einen Endverschluß und eine Muffe zu Drehstromkabeln für

30 000 V. Die Durchführungen der Kabelseelen am Endverschlusse sind der hohen Spannung entsprechend als Porzellanisolatoren ausgebildet.. Um bei der Montage die in die Kabelenden eingedrungene Luft zu entfernen, wird das mit den Bleimänteln verlötete bleierne Muffengehäuse auf ca. $^1/_{10}$ mm Quecksilbersäule ausgepumpt. Auch die Füllung der Muffen erfolgt unter Vakuum.

(703) Kabelkästen. An Vereinigungspunkten mehrerer Kabel verwendet man Kabelkästen, die auch Sicherungen für die einzelnen Leitungen enthalten

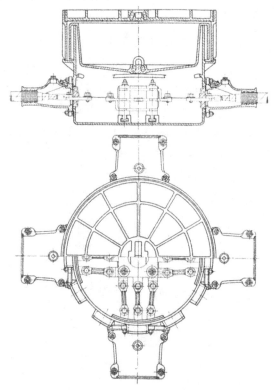

Fig. 442. Kabelkasten der AEG mit Abdeckglocke.

können. Diese Kästen werden nicht ausgegossen, müssen aber äußerst sorgfältig gegen das Eindringen von Feuchtigkeit geschützt werden.

Bei den Kabelkästen Fig. 440 und Fig. 441 erfolgt die Abdichtung durch Gummizwischenlagen zwischen Deckplatte und Kastenrand.

Fig. 442 zeigt einen Kabelkasten zur Einführung von 4 . 3 Einfachkabeln, die durch Silberdraht-Schmelzeinsätze gesichert sind. Der Kasten wird durch eine Abdeckglocke nach Art einer Taucherglocke verschlossen, wodurch das Eindringen von Wasser in den Kasten ausgeschlossen ist.

Freileitungen.

(704) Begriff. Nach den Definitionen in den Errichtungsvorschriften des VDE gelten als Freileitungen:

Alle oberirdischen Leitungen außerhalb von Gebäuden, die weder eine metallische Schutzhülle noch eine Schutzverkleidung haben.

Als Freileitungen sind nicht anzusehen Installationen im Freien an Gebäuden, in Höfen, Gärten u. dgl., bei denen die Entfernung der Stützpunkte weniger als 10 m beträgt.

(705) Leitungsdraht. Wenn Leitungen außerhalb von Gebäuden und jeder Berührung entzogen verlegt werden können, bedarf es für sie im allgemeinen keiner besonders isolierten Drähte. Es genügt, die blanken Drähte an Porzellan- oder Glasisolatoren zu befestigen und durch diese von ihren Trägern, hölzernen oder eisernen Masten, Gestellen oder dgl. isoliert frei zu spannen. Solche Freileitungen finden sowohl Verwendung innerhalb der Grundstücke wie außerhalb als Freileitungsverteilungsnetze, ebenso als Fernleitungen für hochgespannte Ströme, besonders solche höchster Spannung; für letztere sind sie, aus wirtschaftlichen Rücksichten oder weil die Herstellung entsprechend isolierter Kabel noch nicht gelungen ist, vielfach unentbehrlich. Kraftübertragungsversuch Lauffen-Frankfurt a. M. 30 000 V, Anlagen der Washington Water Power Co. und der Kern River Power Co., Kalifornien, und andere mehr, welche mit 60 000—70 000 V arbeiten. Die neuesten Kraftübertragungsanlagen, wie diejenige der Central Colorado Power Company und der Lauch-hammerwerke in Sachsen, arbeiten mit ca. 100 000 V in ihren Fernleitungen, die Hydro Electric Power Co. des Staates Ontario sogar mit 130 000 V (ETZ 1911, H. 38).

Als Leitungsmaterial finden meistens blanke Kupferdrähte Verwendung, bisweilen auch Aluminiumdrähte, die durch geringes Gewicht sich auszeichnen und bei hohen Kupferpreisen billiger sind als Kupferdrähte. Leitungs-Kupfer s. Normalien des VDE. Über die Verwendung verschiedener Metalle für Freileitungen siehe auch W. v. Moellendorf, ETZ 1910, H. 44.

(706) Isolatoren und Stützen. Die Gestalt der Isolatoren ist mannigfach, im wesentlichen bestimmt durch die Höhe der Spannung, die sie beherrschen sollen; der Isolator muß nicht nur mechanisch hinreichend sicher sein, d. h. keine

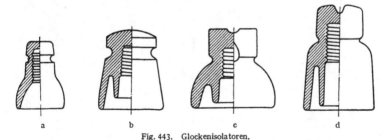

a   b   c   d

Fig. 443. Glockenisolatoren.

Sprünge aufweisen, die einen Durchschlag von der Leitung nach der Stütze herbeiführen, er muß auch derart ausgebildet sein, daß eine Oberflächenleitung durch Feuchtigkeit, Staub oder dgl. ausgeschlossen ist. Er erhält aus diesem Grunde, besonders für höhere Spannungen, doppelte bzw. mehrfache Mäntel. Früher glaubte man in sogenannten Ölisolatoren, bei denen die Außenfläche von der inneren durch

eine mit Öl ausgegossene Rinne getrennt war, besondere Sicherheit zu erhalten
(J o h n s o n & P h i l i p s, Kraftübertragung Kriegsstetten-Solothurn), doch ist

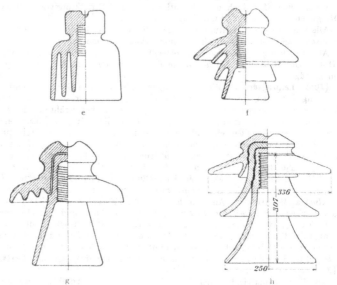

Fig. 443. Glockenisolatoren.

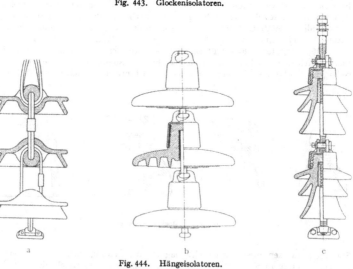

Fig. 444. Hängeisolatoren.

man von diesen Formen abgekommen und verwendet fast durchweg trockene
Isolatoren aus Porzellan oder Glas. Die Fig. 443 a—h stellt eine Reihe von

Isolatorformen dar. Die kleineren Modelle werden für Schwachstrom bzw niedrig gespannten Starkstrom verwendet, die größeren für Hochspannung von 5000 bis 40 000 V. Die beiden letzten Glocken sind mehrteilig ausgebildet, damit ein Sprung in dem einen Teile nicht sofort einen Durchschlag nach der Stütze bedingt, da der unbeschädigte zweite Teil noch genügenden Schutz gewährt.

Die Isolierglocken werden auf eisernen Stützen (Fig. 445) befestigt, deren Gestaltung sich nach der Art der Leitungsträger (Holzmaste, Mauerwerk, Eisenkonstruktionen) richtet, sowie nach der Art ihrer Anbringung.

Um dem mechanischen Zug der Freileitungen Widerstand zu leisten, werden die Stützen, wenn erforderlich, verstärkt.

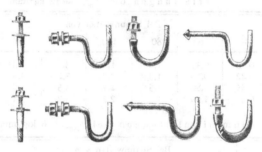

Fig. 445.　Isolatorenstützen.

Für ganz hohe Spannungen verwendet man sog. H ä n g e i s o l a t o r e n , d. h. aus mehreren untereinander verbundenen Einzelteilen bestehende Isolierkörper, deren oberster an den Leitungsträgern angehängt ist, während der unterste die Leitung selbst trägt. (Fig. 444 a—c.)

Bei der Konstruktion der Hängeisolatoren wird angestrebt, daß im Falle Isolatorbruches durch Blitzschlag, Steinwurf oder dergl. die von dem Isolator getragene Leitung nicht herabfallen kann. Der Scheibenisolator (Fig. 444 a) soll dies dadurch erreichen, daß die einzelnen Teile durch Seilschlingen miteinander verkettet sind. Bei den Konstruktionen (Fig. 444 b und Fig. 444 c), welche eine erhöhte elektrische Festigkeit erstreben, wird die mechanische Sicherheit in obigem Sinne erreicht durch besondere Gestaltung der den eigentlichen Isolator tragenden Konstruktionsteile, deren Zusammenhang gewahrt bleibt, auch wenn der Isolator selbst zertrümmert wird.

Die einzelnen Glieder der Hängeisolatoren werden derart bemessen, daß ein Glied etwa für eine Spannung von 25—30 000 V ausreicht. Die Spannung, welche ein aus mehreren Gliedern zusammengesetzter Hängeisolator beherrschen kann, ist indessen nicht gleich der Summe der Spannungen für die einzelnen Glieder, sondern etwa 10—30 % geringer.

(707) Spannweite, Durchhang. Bei Niederspannungsleitungen wählt man in der Regel eine durchschnittliche Spannweite von 40 m; größere Abstände vermeidet man, um für die Abzweigleitungen in die einzelnen Häuser eine hinreichende Anzahl von Stützpunkten zu haben. Bei Hochspannungsleitungen geht man neuerdings vielfach wesentlich über 40 m Spannweite hinaus, um die Anzahl der Isolatoren, die die gefährdetsten Stellen der Leitung sind, möglichst klein zu halten. Bei einfachen Holzmasten lassen die Normalien für Freileitungen des VDE Spannweiten bis 80 m zu, wenn der Gesamtquerschnitt der Leitungen 105 mm² nicht übersteigt. Bei größeren Spannweiten sind Eisenmaste oder gekuppelte Holzmaste zu verwenden.

Nach der Spannweite ist der Durchhang der Leitungen zu wählen. Die Frei-
leitungsnormalien des VDE lassen für hartgezogenen Kupferdraht eine Beanspruchung von 12 kg/mm^2, für Aluminiumdraht von 9 kg/mm^2 zu. Im Interesse
gleicher Sicherheit sollte für Aluminiumdraht nur 6 kg/mm^2 zugelassen werden.
Diese Beanspruchungen sollen weder bei — 20^0 ohne zusätzliche Belastung, noch
bei — 5^0 mit einer zusätzlichen Eisbelastung von 0,015 · q kg* für 1 m Leitung
(q = Querschnitt der Leitung) überschritten werden. Hieraus ergeben sich die
folgenden Durchhänge bei verschiedenen Temperaturen und Spannweiten.

Durchhang der Freileitungen in m.

1. Kupferleitungen bei p_{max} = 12 kg*/mm^2.

Temp.	Bei Spannweiten von						
	40	60	80	100	120	140	160 m
— 20^0	0,18	0,45	1,0	1,9	3,0	4,3	5,5
0^0	0,22	0,60	1,3	2,2	3,2	4,5	5,8
+ 20^0	0,35	0,80	1,5	2,4	3,5	4,8	6,1
+ 40^0	0,5	1,00	1,7	2,7	3,7	5,1	6,4

2. Aluminiumleitungen bei p_{max} = 6 kg*/mm^2.

Temperatur	Bei Spannweiten von				
	40	60	80	100	120 m
— 20^0	0,12	0,65	1,8	2,9	4,6
0^0	0,26	1,0	2,1	3,2	4,8
+ 20^0	0,5	1,3	2,3	3,4	5,1
+ 40^0	0,7	1,65	2,5	3,7	5,3

Der Durchhang bei — 5^0 und Eislast ist stets kleiner als bei + 40^0.

(708)   Maste und Leitungsträger. Als Leitungsträger finden vorwiegend
Holzmaste (Fig. 446) Verwendung; diese bedürfen indessen wegen der Zerstörung
ihres in das Erdreich eingelassenen Fußes dauernder und sorgfältiger Überwachung
und regelmäßigen Ersatzes. Aus diesem Grunde werden vielfach die, wenn auch
teueren, dafür aber weit haltbareren Eisenmaste vorgezogen, besonders bei wichtigen
Leitungsstrecken und Verteilungspunkten (Hochspannungshauptleitungen usw.),
wofür sorgfältig für den betreffenden Verwendungszweck durchgebildete Gittermaste und Leitungstürme (Fig. 447) aufgestellt werden. Neuerdings finden auch
Maste aus Eisenbeton häufig Anwendung.

Die Einrichtung der Verteilungspunkte für Freileitungen, wie überhaupt
das·für Maste, Leitungsträger, Stützpunkte usw. verwendete Material werden
im folgenden nach den derzeitigen Konstruktionen der Allgemeinen Elektrizitäts-Gesellschaft beschrieben.

Die Isolatoren für Verteilungspunkte werden in einem zweiteiligen gußeisernen Ring befestigt, welcher aufklappbar und mit verstellbarer Stützen-
anordnung versehen ist. Die Verstellbarkeit der Stützen gestattet die Verwendung
sowohl für runde Maste (Fig. 448) bei verschiedenen Zopfstärken wie für kantige
Gittermaste (Fig. 449). Die Teilbarkeit der Ringe ermöglicht es, an einem bereits fertig montierten Verteilungsmaste ohne Demontage der vorhandenen Einrichtungen nachträglich noch weitere Leitungen einzufügen. Die Isolatoren tragen
entweder Verteilungsschienen, oder es findet die Verbindung der Leitungen
untereinander durch Kupferseile statt.

Zur Befestigung der Freileitungen an den Isolatoren dienen Kabelschuhe, bestehend aus einem Gußkörper, in dem die Anschlußleitung durch Keilverbindung gehalten wird. (Fig.450.) Auf beiden Seiten hat der Kabelschuh konische Aus-

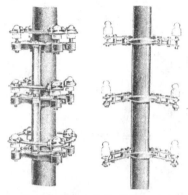

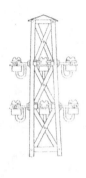

Fig. 446. Holzmaste für Freileitungen.   Fig. 447. Gittermast für Freileitungen.

Fig. 448. Gußeiserner Ring mit verstellbaren Stützen für Verteilungspunkte.

sparungen zum Einlegen eine selastischen Drahtseiles. Diese Schleife vermittelt ein gutes Anlegen an den Isolatorkopf, wodurch ein Springen desselben vermieden wird.

Zum Festhalten von Seil- oder Drahtschleifen sowie zu Abzweigungen und Verbindungen dienen besondere Universalklemmen. (Fig. 451.) Diese bestehen aus zwei, mit Rillen zur Aufnahme der Leitungen versehenen Metallhälften, die mittels einer Schraube zusammengepreßt werden.

Für die Unterbringung kleinerer Freileitungsapparate findet ein besonders hierfür gebauter Isolator Anwendung, ein kräftiger Glockenisolator, der gleichzeitig zum Abspannen der Leitungen dienen kann und bequeme Anschlüsse zuläßt. In den Abbildungen (452 a—d) sind solche Isolatoren dargestellt mit einer Hörnersicherung, einer ausschaltbaren Sicherung, einem Streckenunterbrecher und einem Hörnerfunkenableiter.

Um Freileitungen in ein Gebäude einzuführen, verwendet man besondere Einführungsköpfe, bestehend aus einer Tülle unter einem Regendach. Die Zwei-

teiligkeit gestattet bequemes Einziehen der Leitungen, verhindert Beschädigungen
der Drähte und erleichtert die Kontrolle der Montage. (Fig. 453.)

Zur Leitungsführung in den Straßen verwendet die A E G jetzt Fahnenausleger nach Fig. 454.

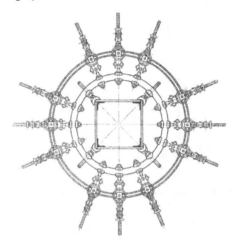

Fig. 449. Verteilungspunkt für Freileitungen am Gittermast.

a   b

Fig. 450.   Kabelschuhe für Freileitungen.

Fig. 451.   Universal-Klemmen für Freileitungen.

Für Freileitungsmaterial hat A s t a f i e f f ein System ausgebildet, bei dem die
Abspannvorrichtungen so angeordnet sind, daß der Isolator in einer Ringöse
abgefangen wird und die Abspannung daher sich nach jeder beliebigen Zugrichtung
einstellen kann.

Die Ringöse (Fig. 455) für den Abspannisolator ist ausgebildet zur Befestigung
an Holzmasten sowie zur Befestigung in Eisenringen für Verteilungspunkte.
Die Verbindung der Leitungen untereinander geschieht bei diesem System
nicht durch Ringe, sondern durch Kupferseil (Fig. 456 und 457).

Diese Abspannvorrichtung bietet gegenüber den bisher gebräuchlichen
Methoden den Vorteil der größeren Widerstandsfähigkeit und Bruchsicherheit,
ein Bruch des Isolators durch falschen Angriff des Zuges oder ein Verbiegen der

Stütze ist nicht mehr möglich. Dieser Abspannisolator kann gleichzeitig als Sicherung, und zwar Fig. 455 mit festverschraubter und Fig. 458 mit ausschalt-

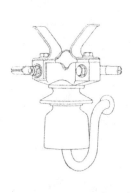

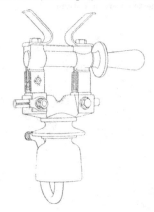

a) mit Hörnersicherungen.

b) mit ausschaltbarer Sicherung.

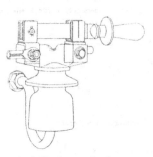

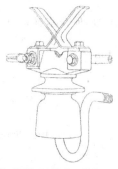

c) mit Streckenunterbrecher.

d) mit Hörner-Funkenableiter.

Fig. 452 a—d. Spezial-Glockenisolator für Apparate an Freileitungen.

barer Sicherung, verwendet werden. Die Abspannvorrichtung ist außerdem als Sicherung so konstruiert, daß ein Abbrechen des Schmelzstreifens durch Schwingen der Leitungen nicht möglich ist.

(709) Schutzvorrichtungen. Besondere Schutzvorkehrungen sind erforderlich gegen Drahtbrüche, wenn die Freileitungen mit anderen Leitungen parallel laufen oder sie kreuzen, oder wenn Hochspannungsfreileitungen über Ortschaften, bewohnte Grundstücke usw. geführt werden oder Verkehrswegen soweit sich nähern, daß durch einen Drahtbruch Vorübergehende gefährdet werden können. Man versieht hierzu die Freileitungen bisweilen mit Schutzdrähten, Schutznetzen oder ähnlichen Einrichtungen, welche verhindern sollen, daß bei Drahtbruch die unter Spannung stehenden Leitungen zur Erde fallen und zu Unfällen Veranlassung geben.

Solche Schutznetze sind aber selbst häufig die Ursache von Störungen, sie verteuern überdies, wenn sie einen vollständigen Schutz gewähren sollen, die

Anlagekosten erheblich und zwar sowohl durch die Kosten ihrer eigenen Beschaffung wie auch wegen der Mehrbelastung der Gestänge, die dieserhalb stärker
bemessen werden müssen.

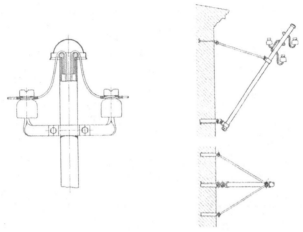

Fig. 453.   Einführungskopf mit Regendach.   Fig. 454. Fahnenausleger für Freileitungen.

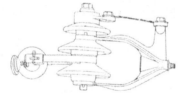

Fig. 455.   Ringöse mit Abspannisolator und Sicherung.

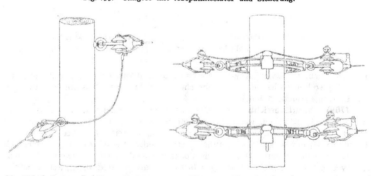

Fig. 456. Leitungen an Abspannisolatoren   Fig. 457.   Verteilungspunkt mit Abspann-
     mit Kupferseil verbunden.   isolatoren.

    Auf einem anderen Wege versuchte daher G o u l d Drahtbrüche durch eine
Sicherheitskuppelung ungefährlich zu machen (Fig. 459). Hierbei werden die

Leitungsstücke zwischen je zwei Isolatoren mit besonders geformten Kabel-schuhen versehen und in gespanntem Zustande in die Nasen der Kuppelungen eingehängt. Bei Drahtbruch lösen sich die Kabelschuhe aus den Kuppelungen und beide Teile der Leitung fallen spannungslos zur Erde. Eine ähnliche Kuppelung ist auch von H e s s e konstruiert worden.

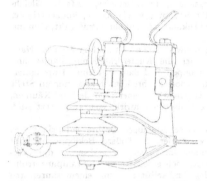

Da bezweifelt wird, ob die be-schriebenen Sicherheitsvorrichtungen stets unbedingten Schutz gewähren, ist in den Errichtungsvorschriften

Fig. 458. Abspannisolator mit ausschaltbarer Sicherung. Fig. 459. Gouldsche Leitungskuppelung.

des VDE (§ 22 h u. k) an deren Stelle auch eine Ausführung der Leitungen mit erhöhter Sicherheit zugelassen. Dieser Ausweg erscheint geboten schon im Hinblick auf Fernleitungen für höchste Spannungen und bei großen Spannweiten zwischen den Stützpunkten (Leitungstürme).

Leitungen in Innenräumen.

(710) Isolierung der Leitungen. Für Starkstromleitungen finden fast aus-schließlich gummiisolierte Drähte Verwendung, deren Gummischicht mit einer Umhüllung aus faserigem, mit isolierenden Stoffen durchtränktem Material um-geben ist.

Leitungen, welche betriebsmäßig geerdet sind, wie die geerdeten Mittelleiter von Gleichstromdreileitersystemen, bedürfen streng genommen keiner Isolierung und werden zuweilen auf ihrem ganzen Weg blank verlegt. Da indessen auch in den Mittelleitern und Nulleitern Ströme und dementsprechend geringe Span-nungen auftreten, ist bei solchen blanken, unisoliert verlegten Leitungen eine gewisse Vorsicht gegen elektrolytische Einwirkung geboten, die an feuchten Stellen zur Zerstörung der Leitungen führen kann, vornehmlich wenn die Be-festigungsmittel (Krampen usw.) aus einem anderen Metalle als Kupfer bestehen.

Leitungs- und Installationsmaterial.

(711) Leitungsnormalien. Für die wichtigsten Leitungsarten sind während der letzten Jahre Normalien festgelegt worden, auf Grund deren ihre Herstellung von sämtlichen Fabriken in gleicher Weise erfolgt. Diese Normalien schließen die Fabrikation anders isolierter Leitungen nicht aus, ebensowenig wie die Ver-wendung von Leitungsquerschnitten, die in der Normalientabelle nicht enthalten sind; sie sollen vielmehr lediglich für bestimmte, am häufigsten gebrauchte Materialien feste, von dem Belieben des Herstellers möglichst unabhängige Qualität gewährleisten.

Wegen der großen Bedeutung, welche der Qualität und Reinheit des zur Isolierung vorwiegend verwendeten Gummis beigemessen werden muß, sind hierfür besondere Normalien und Prüfungsvorschriften festgelegt, die mit dem 1. IV. 1910 in Kraft getreten sind. Konstruktionsnormalien bestehen für Gummibandleitungen, Gummiaderleitungen, Gummiaderschnüre, Fassungsadern, Pendelschnüre, einfache Gleichstromkabel mit und ohne Prüfdraht für Spannungen bis 700 V, konzentrische, bikonzentrische und verseilte Mehrleiterbleikabel mit und ohne Prüfdraht, Gummibleikabel, Bleikabel mit Aluminiumleiter.

(712) Leitungen außerhalb der Normalien. H a c k e t h a l d r ä h t e. Nach dem Vorgang von H a c k e t h a l werden die Kupferdrähte mit Papier umwickelt, mit Baumwolle oder Jute umklöppelt und dann mit einer Imprägniermasse aus Leinöl und Mennige getränkt. Diese Drähte können zwar nur an Stelle blanker Leitungen verwendet werden, scheinen sich aber besonders in Räumen, wo die Leitungen nicht allzu starken chemischen Einwirkungen ausgesetzt sind, zu bewähren.

Eine zweite Marke wetter- und säurebeständiger Drähte entspricht den normalen Gummiaderleitungen; nur wird hier die äußere Beklöppelung mit Mennige getränkt. Solche Drähte finden im Freien, in Ställen u. dgl. Verwendung, in chemischen Fabriken meist noch geschützt durch Stahlpanzerrohr, das von der Wand etwas entfernt verlegt und selbst noch mit einem säurefesten Anstrich versehen wird.

I s o l i e r t e L e i t u n g s d r ä h t e f ü r V e r w e n d u n g i n M a s c h i n e n u n d A p p a r a t e n. Bei diesen Drähten wird die Isolierung, um den Wickelungsraum möglichst gut auszunützen zu können, nur so stark gewählt, als es die vorkommenden Spannungsdifferenzen erfordern, alle stärkeren Drähte erhalten daher nur ein- oder mehrfache Baumwollumspinnung (bei Hochspannung auch Umklöppelung). Die ganz dünnen Drähte sind mit Seide umsponnen. Da der Raumbedarf der Baumwoll- oder Seidenumspinnung bei dünnen Drähten im Verhältnis zum wirksamen Kupferquerschnitt beträchtlich ist, werden neuerdings diese Umspinnungen auch durch einen gut isolierenden elastischen Lacküberzug ersetzt wie bei den sogenannten E m a i l l e d r ä h t e n, gewöhnlichen Kupferdrähten, die nach einem Tauchverfahren mit einem Emailleüberzug versehen werden. Sie werden für Drahtdurchmesser von 0,07—2 mm hergestellt und bieten neben besonders günstiger Raumausnutzung große Widerstandsfähigkeit gegen Hitze.

(713) Leitungsverlegung. Der größte Feind einer guten Isolation und damit auch aller elektrischen Leitungen ist die Feuchtigkeit, deren Wirkung um so stärker wird, je mehr chemisch wirksame Substanzen saurer oder alkalischer Natur sie enthält, wie beispielsweise die Ausschwitzung frischen Mauerwerks und in noch höherem Maße die in Brauereien, chemischen Fabriken u. dgl. auftretenden feuchten und ätzenden Dünste. Diese greifen die Isolierhülle der Drähte an und ermöglichen dadurch Fehlerströme, die wiederum elektrolytisch zerstörend auf die Isolierung einwirken. Zweck einer sachgemäßen Verlegung ist demnach die dauernde Aufrechterhaltung guter Isolation und der Schutz der Leitungen vor schädlichen Einflüssen, besonders solchen chemischer Natur.

Obigen Anforderungen entsprechen nicht das früher sehr beliebte Anheften der Starkstromleitungen mit Metallkrampen sowie die Einbettung der Leitungsdrähte in Holzleisten; diese Verlegungsarten sind daher für nicht betriebsmäßig geerdete Leitungen verboten. Die Leitungsdrähte werden jetzt entweder an besonderen, meist aus Porzellan (bisweilen auch Glas) bestehenden Isolatoren, wie Rollen, Klemmen, Glocken usw., befestigt und frei in bestimmtem Abstande von der Wand gehalten, oder sie werden in Rohre aus Isoliermaterial oder in Metallrohre mit oder ohne isolierende Auskleidung eingezogen.

(714) Offene Verlegung. Die freie Verlegung an Rollen, Glocken oder dgl. bietet zwar bei sachgemäßer Ausführung eine sehr gute Isolation und einen hohen

Grad von Betriebssicherheit, eignet sich aber ihres ungefälligen Aussehens halber wenig für bessere Innenräume und findet daher hauptsächlich Verwendung in Werkstätten, Betriebsräumen und Nebenräumen von Wohnungen.

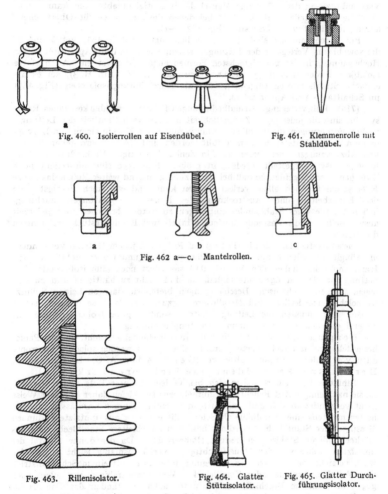

Fig. 460. Isolierrollen auf Eisendübel.

Fig. 461. Klemmenrolle mit Stahldübel.

Fig. 462 a—c. Mantelrollen.

Fig. 463. Rillenisolator.

Fig. 464. Glatter Stützisolator.

Fig. 465. Glatter Durchführungsisolator.

Die Rollen selbst werden, da Holzdübel sich mit der Zeit lockern, jetzt meistens auf eisernen Trägern und Leisten festgeschraubt (Fig. 460 a und b). In gut ausgestatteten Räumen, Wohnzimmern usw. werden die kleineren und besser aussehenden Klemmrollen vorgezogen, an die die Leitung nicht festgebunden, sondern zwischen beiden Teilen des Isolators selbst festgeklemmt wird. Fig. 461 zeigt eine von Peschel (Hartmann & Braun) angegebene Klemmrolle auf einem gleichfalls von Peschel angegebenen vierkantigen Stahldübel.

In feuchten Räumen genügen gewöhnliche Rollen vielfach nicht, da herabtropfende Feuchtigkeit an jeder Befestigungsstelle Isolationsfehler herbeiführen kann. Hier finden die für solche Räume besonders ausgebildeten Mantelrollen Verwendung, an deren äußerem Mantel die Feuchtigkeit abtropfen kann, ohne über die Bindestelle zu fließen, und bei denen die Stromwege für Oberflächenleitung möglichst vergrößert sind (Fig. 462 a—c).

Für Hochspannung sind die sog. Rillenisolatoren (Fig. 463) gebräuchlich, die sowohl zur Verlegung der Leitungen selbst, wie auch beim Apparatebau für Hochspannung in den mannigfachsten Formen angewendet werden. Auch glatte Isolatoren finden neuerdings hierfür Verwendung (ETZ 1910, H. 3), sei es als einfache Stützisolatoren (Fig. 464), oder als Durchführungsisolatoren (Fig. 465) im Schalttafel- und Apparatebau.

(715) Rohrverlegung. Grundbedingungen für die Brauchbarkeit eines Rohrsystems sind die jederzeitige Zugänglichkeit und Auswechselbarkeit der Leitungsdrähte, Forderungen, die in vollem Umfange zum ersten Male in einem von B e r g m a n n ausgearbeiteten Systeme erfüllt worden sind. Alle Rohre gehen hierbei von Abzweigungen oder Dosen aus, in denen die nötigen Verbindungen, Verlötungen usw. hergestellt werden; in größere Rohrwege sind außerdem noch Zwischendosen eingefügt, so daß bei Benutzung genügend weiter Rohre das ganze Rohrsystem für sich allein verlegt werden kann und erst nach Fertigstellung der Bauarbeiten und Austrocknen des Baues die Leitungen nachträglich mit Hilfe eines Stahlbandes eingezogen zu werden brauchen und jederzeit auswechselbar sind. Passende Muffen, Winkel- und Krümmerstücke erleichtern die Montage.

Dieses System läßt sich im Prinzip auf Rohre aus jedem Material verwenden; ursprünglich wurden hauptsächlich solche aus Hartgummi oder Metall benutzt. Hartgummirohre haben den Vorteil, daß sie selbst noch eine isolierende Einbettung für die Leitungsdrähte bieten, sie sind leicht zu hantieren und zu verlegen. Gegen mechanische Beschädigungen bieten sie dagegen keinen Schutz; wo solcher erforderlich, sind Metallrohre vorzuziehen; da diese indessen selbst leitend sind, müssen die Leitungsdrähte besonders gute Isolierung besitzen; es sind daher hierfür nur Gummiaderleitungen zulässig.

B e r g m a n n hat zuerst Isolierrohre in den Handel gebracht, die aus Papier hergestellt und mit Isoliermasse getränkt sind. Jetzt werden solche Papierrohre auch von anderen Firmen fabriziert (G e b r. A d t , AEG, B e e r m a n n , H e r k u l e s w e r k e , S ü d d e u t s c h e I s o l a t o r e n w e r k e u. a.).

Einfache Papierrohre haben sich bei Verlegung unter Putz nicht bewährt, da sie nach einiger Zeit Feuchtigkeit aufnehmen; sie dürfen daher in dieser Weise nicht verwendet werden und sind auch in feuchten Räumen unzulässig. Sie erhalten meistens eine Metallhülle als Schutz, die entweder aus umfalztem dünnen Messing- oder Stahlblech, neuerdings häufig aus verbleitem Stahlblech oder aus stärkerwandigen Stahlrohren besteht (Panzerrohr). Da der dünne Mantel der umfalzten Rohre von der Mauerfeuchtigkeit verhältnismäßig leicht angegriffen wird, versieht man ihn vor der Verlegung unter Putz mit einem Schutzanstrich von Mennige, Asphalt oder Emaillelack. Widerstandsfähiger, vor allem auch gegen mechanische Beschädigung, ist unter allen Umständen das Panzerrohr.

Da in größeren Rohrnetzen sich leicht Feuchtigkeit niederschlägt, ist mit Sorgfalt darauf zu achten, daß die Rohre mit Gefälle verlegt werden und solche Stellen, an denen Schwitzwasser sich ansammeln kann (Wassersäcke), nicht vorkommen.

Die Rohre werden in Baulängen von etwa 3 m hergestellt. Die Verbindung der einzelnen Rohre unter sich geschieht durch übergeschobene und verkittete Muffen aus Messing oder Eisenblech. Die Rohre mit umfalztem Metallmantel können mittels besonderer Biegezangen (Fig. 466) in beliebigen Kurven gebogen werden; für die am häufigsten vorkommenden Kurven und Winkel werden auch besondere Formstücke (Ellbogen, Kröpfungs- und Übergangsbogen) angefertigt (Fig. 467). An Winkel- und Abzweigstellen können auch aufklappbare Winkel-

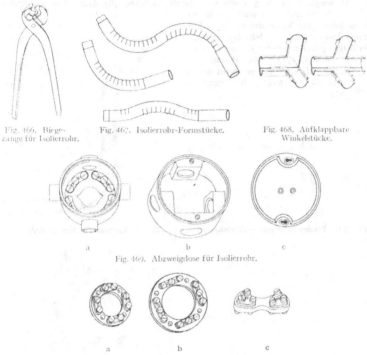

Fig. 466. Biege-   Fig. 467. Isolierrohr-Formstücke.   Fig. 468. Aufklappbare
zange für Isolierrohr.   Winkelstücke.

a   b   c
Fig. 469. Abzweigdose für Isolierrohr.

a   b   c
Fig. 470. Porzellan-Unterlagstücke zur Verwendung in Abzweigdosen.

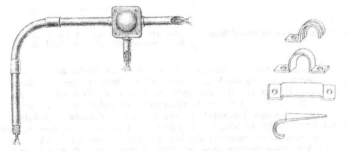

Fig. 471.   Panzerrohr mit Abzweigdose.   Fig. 472. Rohrschellen und Rohrhaken.

und T-Stücke Verwendung finden, die den Zugang zu den Leitungen ermöglichen (Fig. 468). Für die verschiedenen Arten von Leitungsverzweigungen werden Abzweig-

und Schaltdosen benutzt, die aus Hartgummi, Papiermasse oder künstlichen Isoliermaterialien mit oder ohne Metallüberzug hergestellt werden (Fig. 469). Innerhalb
dieser Dosen werden vielfach Unterlegstücke aus Porzellan montiert, welche
die Abzweigklemmen tragen und voneinander isolieren (Fig. 470). Die Verlegung
der Stahlpanzerrohre ist ähnlich wie bei
Gasrohren, die Verbindungs- und Abzweigdosen sind gleichartig, jedoch
kräftiger gehalten wie für das schwächere
Material (Fig. 471). Die Befestigung
der Rohre auf der Wand geschieht durch
Rohrschellen, Rohrhaken oder Krammen
(Fig. 472).

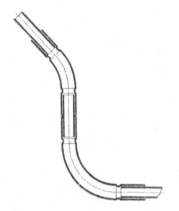

Fig. 473.   Peschel-Rohr mit Verbindungsmuffe.   Fig. 474. Krümmer für Peschel Rohr.

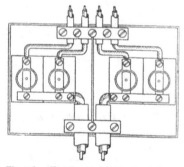

Fig. 475. Abzweigdose für Peschel-Rohr.   Fig. 476.   Verteilungstafel für Peschel-
                                                      Rohranschlüsse mit Rohr als Rückleitung.

      In der Absicht, etwa sich bildender Feuchtigkeit die Möglichkeit des Ab-
flusses oder der Aufsaugung durch das Mauerwerk zu bieten, finden auch dünn-
wandige, längsgeschlitzte und dadurch federnde Metallrohre Verwendung. Auf
diesem Material hat P e s c h e l ein Installationsystem aufgebaut (ETZ 1902),
das besonders dadurch eine Vereinfachung erstrebt, daß nur die eine Stromleitung
aus gut isoliertem Drahte besteht, während das Metallrohr selbst, eventuell unter
Zuhilfenahme eines miteingezogenen blanken Drahtes, als geerdete Rückleitung
dient. Für Verteilungssysteme ohne geerdeten Leiter bieten die Schlitzrohre
ein gutes und bequem zu montierendes Schutzmittel gegen mechanische Beschädigung.
      Bei dem P e s c h e l schen Rohrsystem werden die geschlitzten Stahlrohre
durch übergeschobene Muffen federnd verbunden. Die Abzweigdosen, Winkel- und

T-Stücke für dieses System sind in den Fig. 473—475 dargestellt. Fig. 476 zeigt eine Verteilungstafel mit Peschelrohranschluß und Rückleitung durch den Rohrmantel.

Für alle Rohrverlegungen ist von größter Wichtigkeit, daß die Querschnitte der Rohre reichlich groß bemessen und alle scharfen Biegungen vermieden werden; die beste Kontrolle hierüber besteht in dem nachträglichen Einziehen der Leitungen nach Verlegung des gesamten Rohrnetzes.

(716) Rohr- und Falzdrähte. Ein besonderes Verlegungssystem ist von K u h l o durchgebildet worden. Die Leitungen bestehen aus Gummiaderdrähten mit eng anliegender nahtloser Rohrhülle (Rohrdrähte) oder mit umfalztem Mantel

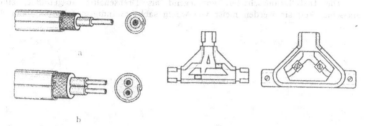

Fig. 477. Falzdrähte.   Fig. 478. Abzweigklemmen für Falzdrähte.

aus Messing- oder Stahlblech (Falzdrähte) (Fig. 477). Solche Drähte dürfen mit Schellen direkt auf Wänden in trockenen Räumen verlegt werden; sie erfordern eine gewisse Geschicklichkeit bei der Montage, können aber dafür ziemlich unauffällig verlegt werden. Sie finden mit Vorliebe Verwendung in Anlagen mit geerdetem Mittelleiter, wobei ihre Metallhülle als Rückleitung dient. Die Garniturteile sind in ihren Abmessungen kleiner, jedoch ähnlich gehalten wie diejenigen für Rohrinstallation (Fig. 478).

Apparate in elektrischen Anlagen.

(717) Normalien des VDE. Die wesentlichsten, in elektrischen Anlagen verwendeten Apparate, wie Aus- und Umschalter, Steckvorrichtungen, Sicherungen und Fassungen, waren in den letzten Jahren Gegenstand besonders sorgfältiger Bearbeitung seitens der in dem Verbande Deutscher Elektrotechniker vereinigten Firmen. Der Niederschlag aller auf diesem Gebiete gesammelten Erfahrungen ist in den Vorschriften für die Konstruktion und Prüfung von Installationsmaterial und in einer Reihe besonderer Normalien für einzelne Gattungen von Apparaten zusammengefaßt.

Die von dem VDE. festgelegten Grundsätze sichern nicht allein die konstruktive Zuverlässigkeit des einzelnen Apparates, sie arbeiten auch auf eine allmähliche Vereinheitlichung aller zurzeit in Form und Durchbildung noch verschiedenen Systeme hin, um mit technischer Vervollkommnung auch die Gleichartigkeit der Formen aller wichtigen Apparate als letztes Ziel zu erstreben.

In diesem Sinne sind zunächst für die einzelnen Gruppen von Apparaten die Art der Bezeichnung, die Grenzspannungen sowie die Abstufungen von Stromstärke und Gebrauchsspannung nach Möglichkeit festgelegt. Wichtig ist, daß als unterste Grenze der Gebrauchsspannung 250 V bestimmt und Apparate, welche nur für etwa 125 V ausreichen, hiernach nicht mehr zulässig sind. Dies bedeutet hinsichtlich der Betriebssicherheit einen großen Fortschritt.

(718) Aus- und Umschalter. Diese Apparate dienen zur Ein- und Ausschaltung von Stromkreisen und Verbrauchsapparaten bzw. zu deren Umschaltung, d. h. zur Änderung ihrer Verteilung und Gruppierung. Man unterscheidet zwei Hauptgruppen:

1. d i e I n s t a l l a t i o n s s c h a l t e r , überwiegend für geringere Energiemengen bemessen, die hauptsächlich in Licht- und Kraftanlagen privater Stromabnehmer Verwendung finden.

2. B e t r i e b s s c h a l t e r für größere Verbrauchsapparate in technischen Betrieben sowie zur Umschaltung stark belasteter Stromerzeuger und Leitungsgruppen.

Die Installationsschalter, vorwiegend als Drehschalter ausgebildet, sind Massenartikel; sie werden meist von wenig sachverständigem Personal gehand-

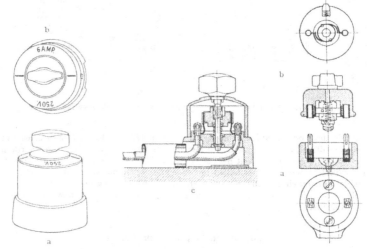

Fig. 479 a, b. Normaler Drehschalter (AEG).

Fig. 479 c. Normaler Drehschalter für Rohranschlüsse.

Fig. 480 a—b. Zeta-Drehschalter (SSW).

habt und müssen daher einfach und dauerhaft sein. Auf den Schutz der unter Spannung stehenden Teile vor zufälliger Berührung ist besondere Sorgfalt zu verwenden. Fig. 479 a—c zeigt den normalen Drehschalter der AEG. Fig. 480 a—b einen sogenannten Zeta-Schalter der SSW. Letzterer besteht aus zwei Teilen, der untere a wird mit den Leitungen zugleich fest verlegt, der obere b nachträglich aufgesetzt und ist nach Eindrücken einer Feder wieder abnehmbar.

Die Betriebsschalter müssen in erster Linie ihrem besonderen Zwecke entsprechend sorgfältig durchgebildet sein, zumal wenn sie für große Energiemengen bestimmt sind. Betriebsschalter haben normalerweise den Bedürfnissen des regulären Betriebes zu entsprechen, bieten aber häufig auch die letzte Möglichkeit, schwere Betriebsstörungen abzuwenden (Kurzschluß, Überlastung usw.). Besonders der letzte Gesichtspunkt ist von Einfluß auf ihre Konstruktion und auf ihre örtliche Anordnung.

Die Kontaktflächen sollen groß und eben sein, im Kontakte müssen die Flächen mit großer Kraft festgehalten werden.

Man kann im allgemeinen auf je 5 A Normalstromstärke 1 cm² einseitige Kontaktfläche rechnen, bei spezieller konstruktiver Durchbildung, beispielsweise bei gut unterteilten federnden Kontakten, erheblich mehr, u. U. bis 30 A.

Um den zerstörenden Einfluß der Funkenbildung bei der Ausschaltung unschädlich zu machen, werden bisweilen zwei Unterbrechungsstellen nebeneinander verwendet; die eine, aus Metallflächen gebildet, dient zur Herstellung des eigentlichen innigen Kontaktes; diese wird bei der Ausschaltung zuerst unterbrochen. Ihr parallel geschaltet besteht ein zweiter Kontakt aus zwei gegeneinander gepreßten Kohlenstäben oder Blöcken, bei deren Unterbrechung erst sich der Ausschaltungsfunke bildet.

Betriebsschalter für Niederspannung sind meist als Hebelschalter ausgebildet; außer in elektrischen Betriebsräumen sollen sie Momentschalter sein (Fig. 481).

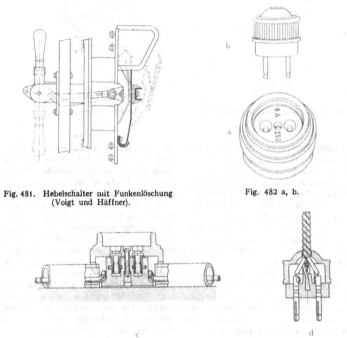

Fig. 481. Hebelschalter mit Funkenlöschung (Voigt und Häffner).

Fig. 482 a, b.

Fig. 482 a—d. Normale Steckvorrichtung mit Rohranschluß (AEG).

(719) Steckvorrichtungen. Diese wichtigen Apparate, welche zum Anschluß transportabler Lampen, Motoren u. dgl. Verwendung finden, sind besonders sorgfältiger Durchbildung unterzogen worden. Feste Konstruktionsnormalien sind vom 1. Juli 1911 ab in Kraft für zwei- und dreipolige Steckvorrichtungen für Spannungen bis 250 V und für die Stromstärken von 6 A und 25 A. Die Normalisierung ähnlicher Apparate für höhere Spannungen und höhere Stromstärken unterliegt noch der Bearbeitung.

Für die Normalisierung wesentlich ist die Unverwechselbarkeit bezüglich der Stromstärke; sie wird erreicht durch unterschiedlichen Mittelabstand der Stifte und Buchsen.

Um bei Hantierung an der Steckvorrichtung die Berührung unter Spannung stehender Teile unmöglich zu machen, ist die Steckdose am Rande mit einem Wulst versehen und die Kontakthülsen sind isoliert abgedeckt (Fig. 482 a—d) und (483 a—c).

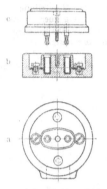

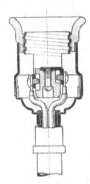

Fig. 483 a—c. Zeta-Steckvorrichtung (SSW).					Fig. 484. Normalfassung.

(720) Fassungen. Von den verschiedenen Systemen von Lampenfassungen ist dasjenige am häufigsten in Gebrauch, welches mit dem Edisongewinde versehen ist. (Fig. 484.) Das Gewinde selbst ist normalisiert. Bei dem Bau der Fassungen ist anzustreben, daß jeder Grat vermieden wird, da er die Isolierung der Drähte zerschneidet und zu Körperschluß Anlaß gibt. Ferner ist darauf zu achten, daß die Anschlußdrähte derart befestigt werden, daß sie auch bei nicht ganz sorgfältiger Montage den Fassungsmantel nicht berühren können. Man strebt daher dahin, den inneren Teil der Fassung mit isolierender Auskleidung zu versehen. Da die Berührung von Fassungen, welche mit Körperschluß behaftet sind, unter Umständen gefährliche Folgen haben kann, sind für Handlampen, wie überhaupt in feuchten und durchtränkten Räumen, Fassungen zu verwenden, deren äußere Teile aus Isoliermaterial (Porzellan, Steingut u. dgl.) bestehen.

Um die Berührung unter Spannung stehender Teile an der Glühlampe selbst zu verhindern, erhalten die Fassungen einen Fassungsring aus Isoliermaterial, welcher die Metallteile des Lampensockels umfaßt. Da, besonders bei den neueren Metallfadenlampen, diese Metallteile eine ziemliche Ausdehnung besitzen, ist auf Verwendung richtig bemessener Fassungsringe besonderer Wert zu legen.

Zum Teil werden die Fassungen mit einem kleinen Ausschalter versehen (Hahnfassungen); die Unterbringung dieser Vorrichtung in dem an sich beschränkten Raume der Fassungen bietet jedoch gewisse Schwierigkeiten, und man wird aus diesem Grunde mit der Zeit Hahnfassungen zu vermeiden suchen.

Schmelzsicherungen für Installationen.

(721) Schraubstöpsel. Das erste vollständig durchgebildete System, Sicherungsstöpsel mit Schraubgewinde, rührt von E d i s o n her. Die im folgenden dargestellten Formen entsprechen den Konstruktionen der A l l g e m e i n e n E l e k t r i z i t ä t s - G e s e l l s c h a f t, die dieses System übernommen und nicht verlassen hat.

Bei den Schraubstöpseln wird die Unverwechselbarkeit durch die verschiedene Länge der Stöpsel gewährleistet, sowie durch Kontaktschrauben gleichfalls verschiedener Höhe, die in die Sammelschienen der einzelnen Sicherungselemente eingeschraubt werden. Die Länge der Stöpsel von ihrer Auflagefläche bis zum Widerlager am Stöpselkopfe ebenso wie die Höhe der Kontaktschrauben sind derart bemessen, daß Stöpsel für eine höhere Betriebsstromstärke, als der eingesetzten Kontaktschraube entspricht, mit letzterer keinen Kontakt machen.

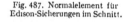

Fig. 485 und 486. Normalelement für Edison-Sicherungen (AEG).

Fig. 487. Normalelement für Edison-Sicherungen im Schnitt.

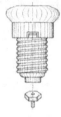
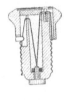

a   b   c

Fig. 488 a—c. Edison-Sicherungsstöpsel, normales Modell.

Fig. 485 zeigt ein Sicherungselement für Edisonstöpsel, Fig. 486 dasselbe mit abgehobenem Deckel, Fig. 487 ein solches im Schnitt mit eingesetztem Stöpsel. In dem letzten Falle ist auf die Sammelschienen beiderseitig ein isolierendes Schutzplättchen s aufgeschraubt, welches verhindern soll, daß die unter Spannung stehende Sammelschiene seitlich berührt werden kann. Fig. 488 a zeigt einen Edisonstöpsel bis 500 V der AEG nebst einer Kontaktschraube, Fig. 488 b einen solchen Stöpsel im Schnitt, und zwar unversehrt, Fig. 488 c denselben in abgeschmolzenem Zustande. In letzterem Falle hat der gleichfalls abgeschmolzene Hilfsdraht H die Kennmarke K freigegeben, und letztere tritt, getrieben durch die Feder F, aus dem Deckel des Stöpsels hervor, so daß durch Betasten auch im Dunkeln sich erkennen läßt, ob die Sicherung unversehrt ist oder abgeschmolzen. Die Sicherungen bis 250 V unterscheiden sich von den vorgenannten äußerlich dadurch, daß die Kennvorrichtung lediglich aus einem Draht hinter einem Glimmerfenster besteht, das Erkennen des Durchschmelzens daher nicht so leicht ist. Fig. 489 zeigt den großen Edisonstöpsel, welcher bis 60 A hergestellt wird.

Außer den Edisonsicherungen fertigt die AEG noch zwei Arten von Schmelzpatronen an, die aus einem Porzellankörper bestehen, in den luftdicht mit entsprechender Füllung silberne Schmelzdrähte eingebettet sind. Der Porzellankörper trägt wieder ein Fenster mit Kenndraht, die Patronen erhalten entweder Kabelschuhe zum Einschrauben in Sicherungsböcke (Fig. 490 a und b) oder einfache Kupferlamellen zum Einschieben in federnde Kontakte.

(722) Patronensicherungen. Die Siemens-Schuckert-Werke verfertigen Sicherungen in Patronenform. Fig. 491 zeigt eine Patrone Type SP mit dem zugehörigen Patronenfuß im Schnitt. Die Unverwechselbarkeit der Patrone

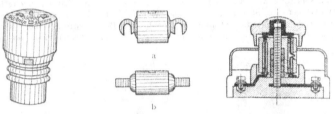

Fig. 489. Edison-Sicherungs-stöpsel, großes Modell.   Fig. 490 a) Schmelzpatronen zum Einschrauben, b) für Federkontakt.   Fig. 491. Patronensicherung System Pa. (SSW).

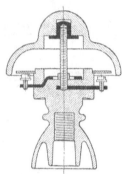

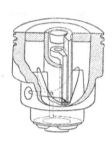

Fig. 492. Freileitungssicherung (SSW) ohne Patrone.   Fig. 493. Schmelzpatronen System HP. (SSW).

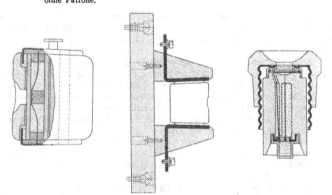

Fig. 494 u. 495. Sicherungspatrone System P III. (SSW).   Fig. 496. Normale zweiteilige Sicherung System DL. (AEG).

wird durch verschieden große Aussparungen in ihrer Mitte erreicht, denen entsprechende Ansätze auf dem Patronenbolzen gegenüberstehen. Letztere werden durch 5 mm hohe Stellmuttern gebildet; jeder Normalstromstärke entspricht eine bestimmte auf der zugehörigen Patrone angegebene Zahl solcher Muttern. Die Patronen enthalten silberne Schmelzdrähte, die in ihrer ganzen Länge im Innern der nach außen völlig abgeschlossenen Porzellanpatronen liegen. Parallel zum Schmelzdraht ist ein außen sichtbarer Kenndraht angeordnet, der erkennen läßt, ob die Sicherung noch unverletzt oder durchgeschmolzen ist.

Fig. 492 stellt eine Freileitungssicherung auf Isolator dar, bei der der Patronendeckel schutzglockenartig ausgebildet ist.

Die Patronen HP (Fig. 493) erhalten außer den normalen noch eine größere unterste Stellmutter, die das Einsetzen der für niedrigere Spannungen bemessenen Patronen unmöglich macht.

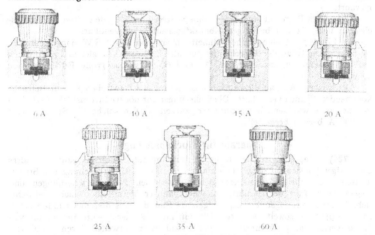

Fig. 497. Normale zweiteilige Diazedsicherungen (SSW).

Die Patronen P III werden nicht durch Schraubvorrichtungen befestigt, sondern mit ihren Stirnflächen zwischen zwei schwach geneigte Flächen der Anschlußkontakte gepreßt. Die Unverwechselbarkeit wird dadurch erzielt, daß der eine Kontakt der Patrone für verschiedene Stromstärken verschiedene Formen besitzt, während der Sicherungskörper ein mit entsprechender Durchgangsöffnung versehenes Einsatzstück aus Metall erhält.

Fig. 494 zeigt eine Patrone für sich, Fig. 495 eine solche eingesetzt in das zugehörige Sicherungselement mit seinen Kontaktstücken.

(723) **Normalsicherungen.** Außer den beschriebenen beiden Sicherungssystemen sind von verschiedenen Firmen noch eine ganze Anzahl anderer hergestellt worden, die indessen keine erhebliche Verbreitung gefunden haben. Immerhin ist eine solche Vielfältigkeit unerwünscht, und es richteten sich daher die Bestrebungen der „Vereinigung der Elektrizitätswerke" auf Vereinheitlichung der Sicherungen als des wichtigsten Installationsmaterials.

Eine Neukonstruktion der S S W, die in einer zweiteiligen Sicherung die Vorteile des Edisonsschen Schraubstöpsels und der Walzenpatrone zu vereinigen sucht, gab Anlaß zu sorgfältigen Versuchen, auf Grund deren ein System zustande kam, das von den Firmen A E G, S S W und V o i g t & H a e f f n e r hergestellt wird und von der Vereinigung der Elektrizitätswerke als Normalsicherung anerkannt worden ist.

Die wichtigsten Grundzüge dieses Systems von Einheitssicherungen sind folgende:

1. Die Sicherung besteht aus einem Stöpselkopf mit Edisonschraubgewinde und einer auswechselbaren Walzenpatrone.

2. Die Schmelzpatronen werden durchweg für die Spannung 500 V hergestellt.

3. Die Unverwechselbarkeit wird erreicht durch verschiedene Durchmesser des Fußkontaktes der Patrone.

4. Alle Patronen sind mit Kennvorrichtung versehen, die das Abschmelzen einer Sicherung äußerlich sichtbar machen.

Fig. 496 zeigt eine solche von der A E G hergestellte Einheitssicherungen mit Edisonnormalgewinde. Die Unverwechselbarkeit ist außer durch den Durchmesser des Fußkontaktes noch durch verschiedene Höhe der Patronen gewahrt.

Die neuen Patronen sind daher ohne weiteres auch in den alten Sicherungselement und mit den bisherigen Kontaktschrauben verwendbar.

In Fig. 497 ist eine Reihe Einheitssicherungen der S S W dargestellt von 6—60 A. Die Höhe der Patronen ist für alle Stromstärken gleich, im Hinblick auf die höheren Stromstärken von 35 und 60 A ist das große Edisongewinde verwendet.

Der weitere Ausbau dieser Einheitssicherungen ist zwischen den in Betracht kommenden Firmen vereinbart. Die Sicherungen für höhere Stromstärken erhalten gruppenweise wachsenden Durchmesser, zurzeit werden solche für Stromstärken bis 200 A bereits hergestellt.

Apparate für Hochspannung.

(724) Kapselung. Die Hochspannungsapparate bedürfen ganz besonders sorgfältiger konstruktiver Durchbildung wegen der bei Unterbrechung von Stromkreisen mit hohem Energieverbrauch auftretenden Funkenerscheinungen und wegen der Gefahr bei Berührung hochgespannter Metallteile, welche beträchtliche Spannungen gegenüber der Umgebung führen. Aus diesem Grunde werden solche Apparate, soweit sie zugänglich sein müssen oder direkte Betätigung von Hand verlangen, vollkommen gekapselt, und zwar entweder durch Schutzverkleidung aus Isoliermaterial oder aus geerdetem Metall.

(725) Ausschalter und dergleichen. Bereits bei den Schaltwalzenapparaten, wie Fernschaltern und Anlassern für Bahnmotoren oder größere Motoren anderer Art, welche mit Spannungen von 500—1000 V betrieben werden, findet man obiges Prinzip durchgeführt. Die Funkenlöschung geschieht hier durch elektromagnetische Einwirkungen des Stromes selbst.

Bei Apparaten für höhere Spannungen findet jetzt beinahe durchweg die Stromunterbrechung unter Öl statt, d. h. sie geschieht in einem Ölbade, welches den Unterbrechungsfunken sofort auslöscht. Ausschalter werden entsprechend der umfangreichen Verwendung des Drehstromes für Energieübertragung vorwiegend als Drehstromapparate hergestellt; bei sehr hohen Spannungen, oder wenn es sich um Unterbrechung sehr großer Energiemengen handelt, wird indessen der Drehstromapparat in drei einzelne gleichzeitig betätigte Einphasenstromapparate zerlegt. (Fig. 498, 499.)

Die Betätigung der Hochspannungsapparate kann zwar durch entsprechende mechanische Einrichtungen von Hand erfolgen, man zieht indessen neuerdings die mittelbare Betätigung durch Relais oder besondere durch Fernschaltung betätigte Elektromotoren vor. In beiden Fällen sind dem Bedienenden nur sorgfältig isolierte oder geerdete Teile zugänglich, in letzterem Falle besonders nur Fernschaltmechanismen, welche mit Niederspannung betätigt werden. Zusammengehörige Hochspannungsapparate werden in Schaltzellen eingeschlossen, deren jede für sich zugänglich und von den Nebenzellen durch feuer- und funkensicheren Abschluß getrennt ist.

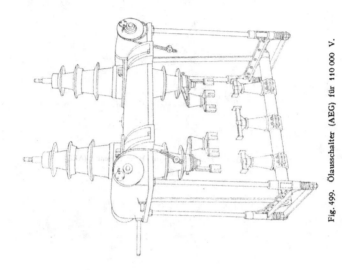

Fig. 499. Ölausschalter (AEG) für 110 000 V.

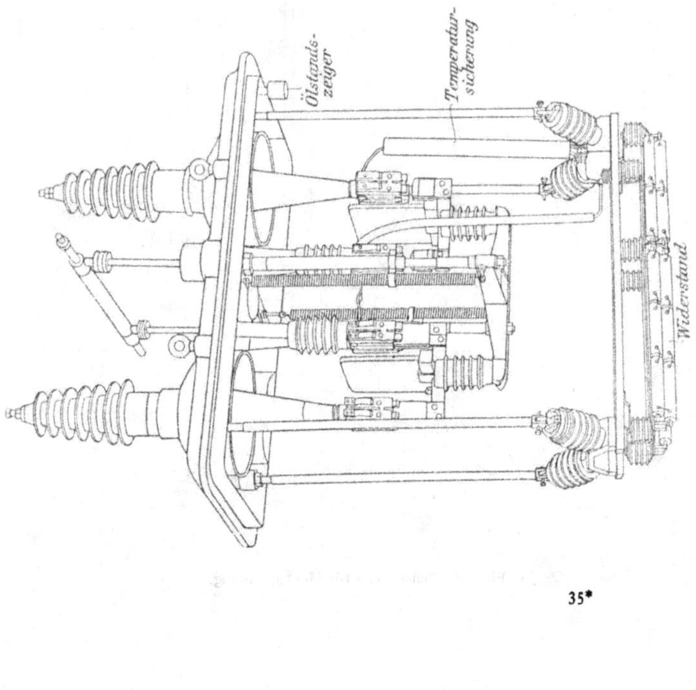

Fig. 498. Ölausschalter der SSW für 40 000 V.

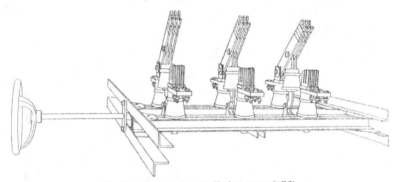

Fig. 500. Trennschalter für Hochspannung (AEG).

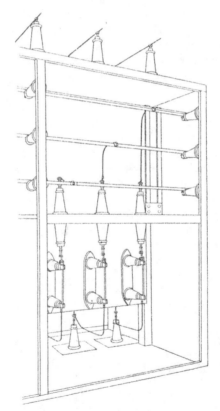

Fig. 501. Schaltzelle für Hochspannung.

Grundsätzlich verschieden von den oben beschriebenen Ausschaltern, welche zur Unterbrechung stromdurchflossener Leitungen dienen, sind die sogenannten Trennschalter, welche Leitungen für Meßzwecke oder zur Vornahme von Betriebsarbeiten spannungslos machen sollen. Diese bestehen lediglich aus einem oder mehreren Schaltmessern oder dgl. indessen kann jeder sachgemäß gebaute Hochspannungsschalter natürlich auch als Trennschalter Verwendung finden. (Fig. 500.)

In der Schaltzelle Fig. 501 ist eine Abzweigung von den Hauptsammelschienen im oberen Teile nach einem auf der anderen Scheibe der Zelle angebrachten Apparate dargestellt; das untere Fach der Zelle enthält drei einfache Trennschalter.

(726) Sicherungen für Hochspannung. Schmelzsicherungen finden in Hochspannungsanlagen meistens in Form von Röhren oder Patronen Anwendung, in welche die Schmelzdrähte eingezogen sind. Die Schwierigkeit, brauchbare Schmelzsicherungen herzustellen, steigt indessen beträchtlich mit der Höhe der

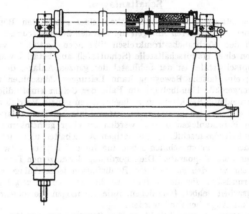

Fig. 502. Schmelzsicherung für Hochspannung, System FB.

Betriebsspannung und der Leistung der Zentrale, von welcher die betreffende Anlage versorgt wird. Ferner begünstigen die plötzlichen Stromschwankungen, welche das Abschmelzen einer Sicherung begleiten, das Auftreten von Überspannungen, die für Leitungen und Apparate schädlich sein können. Aus diesen Gründen werden als Sicherungen in wachsendem Umfange selbsttätige Ölausschalter in die Hochspannungsleitungen eingebaut und man verwendet Schmelzsicherungen nur an solchen Stellen, wo durch Transformatoren oder Leitungsverlust ein erheblicher Spannungsabfall bei plötzlicher Stromsteigerung bedingt wird.

Ein sehr sorgfältig durchgearbeitetes System von Hochspannungs-Schmelz-Scherungen ist das von der A E G hergestellte Fb.-System (F e l l e n b e r g). Die Schmelzdrähte sind bei diesen Sicherungen in Patronen vollständig eingeschlossen, so daß weder Flammen noch Verbrennungsgase austreten können. Die Schmelzdrähte werden in den Patronen durch besondere Kanäle gezogen, so daß sie in Zickzackform eine kurze Strecke parallel laufen; die Patronen sind beiderseits durch gestanzte Membranen abgeschlossen, die den bei Abschmelzen unter Kurzschluß entstehenden Druck aufnehmen. Die Sicherungen bestehen aus einzelnen Patronenelementen, die der Höhe der Betriebsspannung entsprechend hinter-

einander geschaltet werden. Sicherungen dieser Art werden hergestellt für 4400 V
bis 100 A und für 22 000 V bis 30 A (Fig. 502).

Die an Stelle der Sicherungen verwendeten Ölschalter sind mit selbsttätiger
Auslösung versehen, die durch ein elektromagnetisches oder thermisches Relais
betätigt wird, sobald der den zu schützenden Teil der Anlage durchfließende
Strom einen bestimmten Wert überschreitet. Um zu vermeiden, daß bei kurz-
dauernden Stromstößen diese Sicherungen funktionieren, werden sie mit einem
Zeitschalter versehen, welcher den Auslösemechanismus erst betätigt, wenn die
Stromerhöhung eine gewisse Zeitdauer gewirkt hat. Die Zeitrelais der in ein Netz
eingebauten selbsttätigen Schalter werden derart eingestellt, daß ihre Schalt-
dauer um so größer wird, je näher der Zentrale die betreffende Sicherung angebracht ist. Hierdurch wird vermieden, daß eine Störung weitergreift, als nötig,
und bedingt, daß nur die betroffenen Teile des Leitungsnetzes abgeschaltet werden.

Schaltanlagen.

(727) Schalttafel. Die Notwendigkeit einer geordneten Betriebsführung
fordert, daß bei allen größeren Anlagen die von den Stromerzeugern ausgehenden
und die nach den Verbrauchsstromkreisen führenden Leitungen vereinigt oder
wenigstens von einer Hauptschaltstelle (Schalttafel) aus betätigt werden können.

Die Hauptschalttafel ist der Schlüssel der ganzen Anlage, die von ihr aus
geleitet wird; eine falsche Bewegung kann Leitungen, Maschinen und Lampen
gefährden, sachgemäße Handhabung im Falle der Gefahr empfindliche Betriebsstörungen vermeiden. Bei kleineren Anlagen, deren ganzer Betrieb an sich übersichtlich und einfach sich gestaltet, in erster Linie bei Hausanlagen, kleineren
und mittleren Fabrikanlagen u. dgl. werden an einer gemeinsamen Schalttafel
vereinigt alle Leitungsanschlüsse, die nötigen Ausschalter und Sicherungen, die
Regulatoren der Dynamomaschinen sowie die für den Betrieb notwendigen Meßinstrumente und Signalapparate. Die Anordnung der einzelnen Teile einer Schalttafel ist zu sehr von den eigenartigen Bedürfnissen jeder Anlage abhängig, um
allgemeine Grundsätze für deren Bau, welcher zu den wichtigsten Teilen der
Projektierungsarbeit gehört, festzulegen, indessen mögen die folgenden Gesichtspunkte stets im Auge behalten werden:

Einfachheit und Übersichtlichkeit der Schaltungen. — Vermeidung aller
Kreuzungen von Leitungen untereinander und mit geerdeten Metallteilen. —
Vermeidung ungeschützter unter Spannung stehender Teile an der Vorderseite
der Schalttafel. — Anordnung der Meßinstrumente derart, daß sie von den
Strömen an und in der Nähe der Schalttafel nicht beeinflußt werden. — Anordnung der Sicherungen derart, daß sie bequem und ohne Gefahr ersetzt
werden können, und so, daß durch die beim Abschmelzen bisweilen entstehenden
Metalldämpfe keine leitende Verbindung zwischen den Leitungen und Apparaten
an der Schalttafel bzw. zwischen diesen und Erde hergestellt wird.

Als Material für den Aufbau der Schalttafel dienen feuersichere und isolierende
Stoffe, wie Marmor, Schiefer usw., eventuell in Umrahmungen oder an Gerüsten
von Metall oder Holz.

Schaltanlagen dieser Art werden neuerdings mit Vorliebe auf Einzelfelder
nach einheitlichen Grundsätzen aufgebaut.

(728) Fernbetätigung. Anders liegen die Verhältnisse in großen Kraftwerken, besonders solchen, die mit Hochspannung betrieben werden. Die direkte
Betätigung aller wesentlichen Maschinen und Schaltvorrichtungen an einer Stelle
würde bedingen, daß von jedem dieser Apparate Leitungen nach der Schaltanlage
geführt werden, welche bezüglich ihrer Abmessungen für die Spannung und
Stromstärke in dem betreffenden Teile ausreichen. Hieraus erwachsen sehr erhebliche Kosten, die Führung dieser Leitungen durch das Kraftwerk nach der

Zentralstelle bedingt ferner einen großen Raumbedarf für die Leitungen, erschwert die Übersichtlichkeit der ganzen Anordnung und vergrößert den Umfang der Fehlergebiete. Am bedenklichsten zeigt sich in diesem Falle die Zusammenhäufung der wichtigsten Betriebsapparate an einer Stelle, was zur Folge haben kann, daß bei einem Defekte in einem Apparate nicht nur dieser selbst in Mitleidenschaft gezogen wird, sondern der Fehler auf die benachbarten übergreift und den Betrieb des ganzen Werkes in Frage stellt. Aus diesem Grunde ordnet man in großen Kraftwerken alle Schutz- und Schaltapparate an denjenigen Stellen an, wo sie betriebstechnisch am zweckmäßigsten untergebracht werden, und betätigt sie mittels Fernschaltleitungen, die von einer Schaltstelle aus gewartet werden. Die Schalttafel verwandelt sich also in einen Kommandoapparat, an welchem außer indirekt betätigten Meßinstrumenten nur Signallampen und Druckknöpfe vorhanden sind. Diese Schalttafeln werden an einer solchen Stelle angebracht, daß der Schalttafelwärter bei seinen Hantierungen möglichst den ganzen Maschinenraum übersehen kann. Ihre Ausbildung geschieht entweder in der Form senkrecht stehender Tafeln oder in Pultform.

Elektrische Beleuchtung.

(729) Arten der elektrischen Beleuchtung. Bei der elektrischen Beleuchtung, wie sie allgemein im Gebrauch steht, unterscheidet man nach der Beschaffenheit des Leuchtkörpers zwei Hauptarten: das G l ü h l i c h t und das B o g e n l i c h t und bezeichnet dementsprechend die zugehörigen Lampen als G l ü h l a m p e n und B o g e n l a m p e n.

Bei G l ü h l a m p e n wird der Leuchtkörper durch einen festen Körper gebildet, der in den Stromkreis eingeschaltet, vom Strom durchflossen wird. Hierbei tritt eine Erwärmung ein, welche die Lichtausstrahlung bewirkt. Die Höhe der Erwärmung ist durch die Abmessungen des Leuchtkörpers bestimmt und wird so hoch getrieben, als es der Leuchtkörper zuläßt. Je nach dem Stoffe, aus welchem letzterer hergestellt ist, unterscheidet man Glühlampen mit Kohlenfaden-, mit Metalloxyd- und mit Metallfaden-Leuchtkörper.

Bei sämtlichen Glühlampen nimmt die Leuchtkraft im Lauf des Betriebes ab. Als N u t z b r e n n d a u e r e i n e r G l ü h l a m p e wird diejenige Zeit bezeichnet, innerhalb deren die Leuchtkraft um 20 % gegenüber der ursprünglichen abgenommen hat.

Bei B o g e n l a m p e n wird zwischen zwei Leitern, die in einer gewissen Entfernung einander gegenüberstehen, ein Lichtbogen erzeugt, wobei entweder dieser allein, oder mit ihm gleichzeitig die Leiter an der Lichtausstrahlung beteiligt sind. Je nach der Herstellung des Lichtbogens unterscheidet man Bogenlampen mit Lichtbogen im luftleeren Raum und mit Lichtbogen in der atmosphärischen Luft.

Weitere Versuche, die Elektrizität für Beleuchtungszwecke auszubeuten, haben bisher noch keine Bedeutung für die Elektrotechnik gewonnen. So hat man versucht, in Glasröhren, die mit guter Luftleere versehen oder mit verdünntem Gase angefüllt sind, Wechselströme von sehr hoher Spannung und Periodenzahl zur Lichterzeugung auszunutzen. Hierher gehören die Lampen von T e s l a und M o o r e (Electrical Engineer New York, Bd. 21, S. 430. 438, 558, 595, ETZ 1905, S. 187). Insbesondere das M o o r e - Licht hat neuerdings in einigen beachtenswerten Versuchsanlagen Anwendung gefunden (W e d d i n g, ETZ 1910, S. 501).

(730) Spezifischer Verbrauch und Lichtstärke. Eine Lampe von der Lichtstärke J HK, welche ei W verbraucht, hat den spezifischen Verbrauch $p = \dfrac{ei}{J}$ in W/HK. Als Lichtstärke (Intensität, Leuchtkraft) gilt bei Glühlampen die horizontale Lichtstärke J in HK; bei Bogenlampen die mittlere untere hemisphärische Lichtstärke $J_\square$ in HK (304).

Glühlampen.

1. Glühlampen mit Kohlenfaden-Leuchtkörpern.

(731) Konstruktion. Der Kohlenfaden-Leuchtkörper wird fast ausschließlich aus reiner, künstlich hergestellter, strukturloser Zellulose hergestellt. Diese wird zunächst durch feine Öffnungen von entsprechendem Durchmesser gepreßt und zu langen Fäden ausgezogen. Die Fäden werden dann in passender Länge abgeschnitten, in Bügelform gebogen und in Kohlenretorten ausgeglüht. Da hierdurch Durchmesser und Oberfläche der Fäden noch nicht die genügende Gleichmäßigkeit erhalten, so werden sie meist noch in einer Atmosphäre von Kohlenwasserstoff erhitzt, wobei die Poren der Fäden ausgefüllt werden, ein sehr fester und dichter Kohlenüberzug gebildet und für jeden derartig präparierten Kohlenfaden ein ganz bestimmter Widerstand, der der gewünschten Lichtstärke und Betriebsspannung entspricht, erhalten wird. Für jede Sorte Kohlenbügel muß durch Versuche festgestellt werden, welche Stromstärke ein bestimmter Querschnitt aushalten kann, damit die daraus angefertigte Lampe eine genügend hohe Nutzbrenndauer besitzt.

Ist für eine Lampe von bestimmter Lichtstärke bei gegebener Spannung und Stromstärke die Länge des Kohlenfadens und sein Durchmesser gefunden, so kann man durch Formeln annähernd diese Abmessungen für Lampen anderer Lichtstärke, Spannung und Stromstärke berechnen, unter der Voraussetzung, daß sie den gleichen spezifischen Verbrauch für die Normalkerze haben wie die Musterlampe (S t r e c k e r Elektrot. Rundschau 1887, S. 91).

Die Kohlenfäden sind derartig fest, daß die Lampen in jeder beliebigen Lage brennen können, und daß sie sogar bei dem Brennen, wie es z. B. vielfach für Reklamezwecke notwendig ist, in dauernder Bewegung sich befinden können.

Von mehreren Seiten sind Verfahren vorgeschlagen worden, ausgebrannte Glühlampen mit frischen Kohlenfäden zu versehen, (S c h m i t t u t z, Ein neues Regenerierverfahren für Kohlenfaden-Lampen, ETZ 1910, S. 355). Bisher hat sich jedoch keines dieser Verfahren eingeführt, insbesondere weil die Herstellung der Kohlenfaden-Glühlampen auf einem außerordentlich hohen Grad der Vollkommenheit angelangt ist, und demnach die Ausbesserungskosten gegenüber den Kosten einer neuen Glühlampe meist zu hoch ausfallen. Kohlenfaden-Lampen werden von zahlreichen Fabriken hergestellt.

(732) Verhalten im Betrieb. Lichtstärke, Spannung, gesamter und spezifischer Verbrauch sind für die hauptsächlichsten in Verwendung befindlichen Sorten von Kohlenfaden-Glühlampen in Tabelle 1 zusammengestellt.

Tabelle 1.

Lichtstärke HK	Betriebsspannung V	W	W/HK	Lichtstärke HK	Betriebsspannung V	W	W/HK
5	45—112	20	4,0	16	45—115	53	3,3
5	116—125	23	4,5	16	116—240	61	3,8
10	45—115	35	3,5	25	45—115	83	3,3
10	116—155	38	3,8	25	116—240	95	3,8
10	156—240	43	4,3	32	45—115	105	3,3
				32	116—240	122	3,8

Die Nutzbrenndauer (729) stellt sich bei den Lampen nach dieser Tabelle auf etwa 600 Stunden.

Außerdem werden noch Lampen mit einer Lichtstärke von 50 und 100 HK hergestellt für Spannungen von 100 bis 240 V, sowie auch Lampen bis zu den kleinsten Lichtstärken und entsprechend niedrigen Spannungen.

Bei Lampen mit geringerem spezifischen Verbrauch vermindert sich die Nutzbrenndauer entsprechend; läßt man einen höheren spezifischen Verbrauch zu, so steigt die Nutzbrenndauer an. Es zeigt sich dabei, daß unter der Voraussetzung gleichen spezifischen Verbrauches bei Lampen für höhere Spannung die Lebensdauer a b n i m m t gegenüber Lampen für niedrigere Spannung; daß dagegen unter der Voraussetzung gleicher Lebensdauer der spezifische Verbrauch für Lampen mit höherer Spannung z u n i m m t gegenüber Lampen mit niedrigerer Spannung. Wird eine Lampe mit einer Spannung gebrannt, die höher ist als die normale, für welche sie gebaut ist, so nimmt die Lebensdauer um so mehr ab, je höher die Spannung getrieben wird, während gleichzeitig die Lichtstärke sich wesentlich erhöht. Die Zunahme der Lichtstärke mit der Spannung und den zugehörigen Verbrauch für eine 16 HK-Lampe bei 110 V und bei 220 V zeigt Tabelle 2.

T a b e l l e 2.

Lampen-sorte	V	A	HK	W/HK	Lampen-sorte	V	A	HK	W/HK
	105	0,49	12,2	4,1		210	0,255	12,0	4,5
	108	0,50	14,5	3,7		216	0,263	14,5	3,9
Normal	110	0,51	16,0	3,5	Normal	220	0,270	16,0	3.7
16 HK	112	0,52	18,0	3,3	16 HK	224	0,278	18,0	3,5
110 V	115	0,54	21,0	3,0	220 V	230	0,285	21,0	3,1
	120	0,57	26,5	2,6		235	0,295	24,5	2,8
	125	0,60	32,8	2,3		240	0,305	27,5	2,6

Die in dieser Tabelle fett gedruckten Zahlen lassen erkennen, in welcher Weise sich die Lichtstärke der normalen 16 HK-Lampe bei Schwankungen von ± 2 % der Betriebsspannung verhält.

Die Stromart, ob G l e i c h s t r o m oder W e c h s e l s t r o m, ist für den Betrieb von Kohlenfaden-Lampen ohne Einfluß.

Tabelle 1 zeigt, daß Kohlenfaden-Glühlampen für Spannungen bis zu 240 V hergestellt werden. Für höhere Spannungen ist eine fabrikmäßige Anfertigung bisher nicht möglich gewesen. Infolgedessen wird die Betriebsspannung für Beleuchtungsanlagen auch nicht höher als 240 V gewählt, so daß die Glühlampen ohne weiteres für die fast allgemein übliche Parallelschaltung bis zu dieser Spannung geeignet sind. Nur ausnahmsweise wird, insbesondere bei ungewöhnlich großen Entfernungen, unter Anwendung einer entsprechend höheren Betriebsspannung eine Hintereinanderschaltung der Lampen angewendet, so z. B. bei der Beleuchtung des Nordostseekanals (Handbuch der elektrischen Beleuchtung von H e r z o g und F e l d m a n n, 1901, S. 603).

In größerem Umfang findet die Hintereinanderschaltung nur für Lampen kleinerer Lichtstärke und kleinerer Spannungen statt, so z. B. bei Reklamebeleuchtung.

(733) Lampenformen. Die gewöhnliche Form des Glaskörpers ist die Birne. Die kürzeren Kohlenfäden sind einfach bügelförmig; längere Fäden erhalten an der Krümmung des Bügels eine Spiralwindung, besonders lange, für 200 bis 240 V bestimmte Fäden werden als Doppelbügel hergestellt und im mittleren Teil zwischen den Zuleitungen nochmals befestigt; insbesondere für kleinere Lampen wählt man statt der Birne auch öfter die Kugel. — Ungewöhnliche Formen: K e r z e n - l a m p e in der Form und zur Nachahmung einer Kerze, gerade oder abgestumpft kegelförmig, auch spiralig gewunden; R ö h r e n l a m p e zum Ausleuchten enger Räume, wie Geschütze, oder Räume mit enger Öffnung, wie Fässer und dergl.; P i l z f o r m, breiter als hoch; F o c u s lampen, in denen der Glühfaden durch spiralige Gestaltung möglichst in die Nähe eines Punktes gebracht wird; L a m p e n m i t g e r a d e m F a d e n, beide für wissenschaftliche und Laboratoriumszwecke, z. B. für spektralanalytische und photometrische Untersuchungen, für Projektionszwecke, objektive Skalenablesung und dergl., die letztere Form auch vielfach für

Schaufensterbeleuchtung und Reklamezwecke; R i n g f o r m für ärztliche Zwecke: R e f l e k t o r l a m p e n mit teilweise versilbertem Glase. Außer Lampen mit klarem Glas werden mattierte oder teilweise mattierte, gefärbte und aus farbigem Glas hergestellte fabriziert. — Die Form des Lampenfußes ist sehr mannigfach.

(734) Lampen mit metallisiertem Kohlenfaden. Erhitzt man die in einer Kohlenwasserstoff-Atmosphäre präparierten Kohlenfäden weiter, z. B. in einem elektrischen Ofen, dessen Temperatur bei 3000° bis 3700° liegt, so ändern sie ihr Aussehen, indem ihr Graphitüberzug wie geschmolzen aussieht. Ferner ändert sich der Charakter des Fadens, indem sein Temperaturkoeffizient, der bisher wie bei allen gewöhnlichen Kohlenfäden negativ war, positiv geworden ist. Der Widerstand steigt also mit zunehmender Belastung, wie es bei Metallfäden der Fall ist; daher werden diese nach der Präparation weitererhitzten Fäden als metallisierte Kohlenfäden bezeichnet. (H o w e l l, Transactions Am. Inst. El. Eng. Bd. 14, 1897, S. 27 und Proc. Am. Inst. El. Eng. Bd. 24, 1905, S. 617.)

Metallisierte Kohlenfäden schwärzen die Glasbirnen weniger als gewöhnliche Kohlenfäden und vertragen Überspannungen etwas besser als diese. Ihr spezifischer Verbrauch beträgt 2,2 W/HK bei einer Nutzbrenndauer von 500 Stunden.

2. Glühlampen mit Metalloxyd-Leuchtkörpern.

(735) Nernst-Lampe. K o n s t r u k t i o n. In der Nernst-Lampe wird ein Leuchtkörper verwendet, bestehend aus einer Mischung verschiedener Metalloxyde, vornehmlich Thoroxyd und Zirkonoxyd, und den damit verwandten seltenen Erden, wie Yttriumoxyd, Ceroxyd usw. Diese Stoffe werden in passender Menge sorgfältig gemischt und dann zu feinen Stäbchen oder dünnen Röhrchen geformt. Ihre Enden werden mit den aus Platin bestehenden Zuleitungsdrähten umwickelt und die Umwicklungsstellen mit einer Paste bedeckt, die aus dem gleichen Material besteht wie der Leuchtkörper selbst. Hierauf erfolgt das Zusammenschmelzen.

Die für den Nernstkörper verwendeten Stoffe sind indessen im kalten Zustande Nichtleiter; sie beginnen erst bei einer Temperatur von etwa 600 Grad den Strom wahrnehmbar zu leiten. Um sie als Lichtgeber zu benutzen, müssen sie also zunächst auf diese Temperatur vorgewärmt werden. Ist dies geschehen, so erfolgt die weitere Erwärmung bis auf die für die volle Lichtausstrahlung erforderliche Temperatur durch den elektrischen Strom selbst. Die Vorwärmung wird bewirkt durch eine selbsttätige Heizvorrichtung, die etwa 35 W bei den kleineren Lampen und bis zu 100 W bei den größeren erfordert. Die Konstruktion der Nernst-Lampe (Fig. 503) ist derartig, daß beim Einschalten ein im Sockel der Lampe befindlicher Magnetausschalter (S) zunächst geschlossen bleibt. Infolge dessen wird der Strom die Heizspirale (H) durchfließen und den Nernstkörper (N) erwärmen. Je wärmer letzterer wird, desto mehr Strom nimmt seinen Weg durch ihn und damit auch durch die Windungen des Schaltmagnets (S), bis die Stromstärke hier genügend hoch ist, um den Anker des

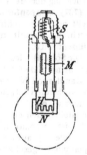

Fig. 503. Nernst-Lampe.

Magnets zur Anziehung zu bringen, womit der Heizkörper ausgeschaltet wird, und nunmehr nur noch Strom durch den Nernstkörper hindurchgeht. Die Vorwärmung bis zur vollen Helligkeit des Nernstkörpers dauert bei den kleinen Sorten 12 bis 15 Sekunden, bei den größeren etwas länger.

Um den Nernstkörper Spannungsschwankungen gegenüber genügend unempfindlich zu machen, ist ein Vorschaltwiderstand (M, Fig. 503) in der Lampe untergebracht, bestehend aus einer Eisenspirale, die sich in einer mit verdünntem

Wasserstoff angefüllten kleinen Glasröhre befindet. Der Vorschaltwiderstand verbraucht ca. 10 % der insgesamt für die Lampe aufgewendeten Energie.

Nernstkörper mit Heizspirale bilden auf gemeinsamer Porzellanplatte angebracht den Brenner. Dieser ist leicht auswechselbar, so daß der übrige Teil der Lampe nach Ersatz des abgenutzten Brenners weiter verwendbar bleibt.

(736) Verhalten im Betrieb. Lichtstärke, Spannung und Energieverbrauch der gebräuchlichsten Nernst-Lampen sind aus der Tabelle 3 zu ersehen.

Tabelle 3.

Sorte	HK	V	A	W	W/HK
B	16	110	0,26	29	1,8
B	32	110	0,50	55	1,7
B	32	210	0,25	52,5	1,6
A u. C	64	110	1,00	110	1,7
A	64	200	0,50	100	1,6
A u. C	160	240	1,00	240	1,5

Für Betriebsspannungen bis 160 V sind Widerstände von 15 V anzuwenden, für alle höheren Betriebsspannungen solche von 20 V. Die Summe der Spannungen von Brenner und Widerstand darf nicht niedriger sein als die höchste in der Lichtanlage auftretende Betriebsspannung.

Die Nutzbrenndauer der Nernstlampe beträgt bei den kleineren Sorten ca. 300 Brennstunden; bei den größeren ist sie meist länger (B u ß m a n n , ETZ 1903, S. 281, W e d d i n g , ebenda, S. 442).

Die Nernstlampe wird für Gleichstrom und für Wechselstrom hergestellt.

Die Fabrikation erfolgt nach den Patenten von W. N e r n s t (ETZ 1903, S. 206) durch die A l l g e m e i n e E l e k t r i z i t ä t s - G e s e l l s c h a f t . Durch die Entwicklung der Metallfaden-Lampen hat sie wesentlich an Bedeutung verloren.

(737) Lampenformen. Die Sorten A und C (Tabelle 3) werden hergestellt mit wagerechtem Leuchtkörper, wenn es sich um besonders gute Bodenbeleuchtung handelt, mit senkrechtem, wenn eine gleichmäßigere Lichtverteilung gewünscht wird.

Die Sorte B wird mit Gewindesockel oder mit Bajonettsockel hergestellt, so daß sie in die normale Glühlampenfassung eingesetzt werden kann.

Damit auch bei Verwendung von Nernstlampen sofort nach dem Einschalten Licht vorhanden ist, können diese Lampen mit kleinen Kohlenfaden-Glühlampen vereinigt werden. Mit dem Einschalten des Heizkörpers werden dann gleichzeitig diese Glühlampen eingeschaltet, so daß zunächst eine vorläufige Beleuchtung vorhanden ist. Sobald der Nernstkörper selbst anfängt zu leuchten, sobald also die Heizspirale sich ausschaltet, werden auch gleichzeitig selbsttätig die kleinen Glühlampen mit ausgeschaltet, so daß man also nunmehr das Nernstlicht allein brennen hat (S a l o m o n , ETZ 1904, S. 610).

3. Glühlampen mit Metall-Leuchtkörpern.

(738) Arten. Um ein Metall als Leuchtkörper in einer Glühlampe verwenden zu können, muß es in physikalischer Beziehung eine sehr hohe Temperatur aushalten; in mechanischer Beziehung muß es sich in die Form sehr feiner Fäden bringen lassen, dabei aber eine für die Verwendung genügende Festigkeit behalten. Bisher haben sich nur wenige Metalle hierzu als geeignet erwiesen: insbesondere sind dies Osmium, Wolfram und Tantal.

(739) Osmiumlampe. K o n s t r u k t i o n. Die Herstellung der Osmiumlampe erfolgt nach dem Pasteverfahren wie bei der Wolframlampe (740).

Das bei gewöhnlicher Temperatur spröde Osmium wird in der Glühhitze weich. Die Fäden sind deshalb in ihrer Mitte durch eine an der Glasbirne befestigte Öse noch einmal besonders gehalten. Trotzdem ist es erforderlich, die Lampen in senkrechter, nach unten hängender Lage zu brennen, da bei einer anderen Stellung die weichen Fäden sich leicht durchbiegen können.

Ausgebrannte Lampen werden wegen des Metallwertes des Osmiums von der ausführenden Firma wieder zurückgekauft.

Die Osmiumlampe, 1902 zuerst von der D e u t s c h e n G a s g l ü h l i c h t G e s e l l s c h a f t (Auergesellschaft), Berlin, in den Handel gebracht, ist die erste praktisch verwendete Metallfadenlampe (ETZ 1905, S. 196). Neuerdings hat sie durch die Entwicklung der Wolframlampe (740) wesentlich an Bedeutung verloren.

V e r h a l t e n i m B e t r i e b. Die Osmiumlampe ist ausschließlich eine Niederspannungslampe und nur für Betriebsspannungen bis zu 77 V herstellbar. Sie muß daher für Gleichstrom bei den üblichen Betriebsspannungen von 110 und 220 V in entsprechender Anzahl hintereinander geschaltet werden. Bei Wechselstrom kann man durch Zwischenschalten kleiner Transformatoren die Spannung für die Lampenstromkreise erniedrigen, um reinen Parallelbetrieb zu erhalten.

Osmiumlampen werden normal in folgenden Sorten angefertigt:

F ü r H i n t e r e i n a n d e r - u n d P a r a l l e l s c h a l t u n g:

Spannung:	19—68	25—77	32—77	V
Lichtstärken:	16	25	32	HK

N u r f ü r E i n z e l - u n d P a r a l l e l s c h a l t u n g:

Spannung:	2	2—15	8—15	12—22	16—22	V
Lichtstärken	0,5—0,6	1—13	16	25	32	HK

Der spezifische Verbrauch stellt sich auf ca. 1,5 W/HK.

Die Nutzbrenndauer (729) beträgt ca. 2000 Stunden.

L a m p e n f o r m. Die gewöhnliche Form der Lampe ist die einer Glasbirne mit einem oder zwei Osmiumfäden, je nach der anzuwendenden Spannung. Die Lampe wird aber auch in Kugelform oder als Kerzenlampe hergestellt. Der Lampenfuß kann für jede gewünschte Fassung eingerichtet werden.

(740) Wolframlampe. K o n s t r u k t i o n. Die Herstellung der Wolframfäden wird in der Hauptsache nach folgenden drei Verfahren bewirkt:

a) P a s t e v e r f a h r e n. Zunächst wird das fein gepulverte Wolframmetall durch ein zähflüssiges organisches Bindemittel, z. B. Gummi, Stärke, Zucker oder dergl., zu einer zähen Paste verrührt. Diese wird durch Pressen aus Düsen zu äußerst feinen Fäden geformt, die Fäden getrocknet und bei mäßiger Temperatur im Vakuum geglüht, wobei das Bindemittel verkohlt. Hierauf werden die Fäden in einer Atmosphäre, die große Menge reduzierender Gase, z. B. Wasserstoff, neben geringen Mengen oxydierender Gase, z. B. Wasserdampf, enthält, mittels elektrischen Stromes unter allmählich gesteigerter Erwärmung, schließlich längere Zeit bei Weißglut erhitzt und hierdurch der reine Metallfaden erhalten.

b) K o l l o i d v e r f a h r e n. Das Wolframmetall wird zunächst in den kolloidalen Zustand übergeführt, z. B. indem ein Lichtbogen zwischen Elektroden aus Wolframmetall unter Wasser gebildet wird (B r e d i g, Zeitschr. f. Elektrochem. 1898, S. 514). Das hierbei nach Ausdrücken des Wassers erhaltene homogene und plastische Wolfram-Kolloid wird durch feine Düsen zu Fäden gepreßt. Die Fäden werden in einer gegen Oxydation schützenden Atmosphäre, z. B. Wasserstoff, mittels elektrischen Stromes allmählich auf Weißglut gebracht, wobei sie sintern und zum metallischen Leiter in Form eines feinen elastischen Fadens werden.

c) Z i e h v e r f a h r e n. Pulverförmiges Wolframmetall oder ein Wolframat, insbesondere Nickelwolframat, wird mit einem Zusatz eines leichter schmelzbaren Stoffes, z. B. Nickel in etwa 5 bis 20 %, innig gemischt und gewalzt und läßt sich nun zu feinem Draht ziehen. Hierauf wird der Zusatz z. B. durch elektrische Erhitzung im Vakuum ausgetrieben und hierdurch der reine gezogene Faden aus Wolframmetall erhalten.

Außer Wolfram sind zu gleichen Zwecken noch vorgeschlagen worden insbesondere Molybdän, ferner Thorium, Titan, Uran, Vanadium, Zirkonium und einige andere Metalle, ohne indessen bisher erfolgreiche Verwendung gefunden zu haben.

Die Wolframlampen wurden zunächst meist nach dem Pasteverfahren hergestellt, doch wird auch das Kolloidverfahren mit Erfolg praktisch ausgeübt. Der Ausübung des Ziehverfahrens stellten sich lange Zeit große Schwierigkeiten entgegen, die erst in neuester Zeit überwunden wurden. Zuerst arbeitete nach diesem Verfahren die Firma S i e m e n s & H a l s k e bei Herstellung ihrer Wotanlampe (Helios, Export-Zeitschrift für Elektrotechnik 1910, S. 1720); seit Ende 1911, nachdem durch eine amerikanische Erfindung eine möglichst vollkommene Herstellung gezogenen Wolframdrahtes ermöglicht ist, auch andere Firmen. Nach diesem Verfahren erfolgt das Ziehen des Wolframdrahtes ohne Beimengung anderer Metalle (brit. Patent 23 499 vom. Jahre 1909).

V e r h a l t e n i m B e t r i e b. Lichtstärke und Spannung sind für die hauptsächlichsten in Verwendung befindlichen Wolframlampen die folgenden:

Niederspannungslampen: 8 bis 16 HK bei 10 bis 80 V,
10, 16, 25, 32, 50, 75, 100 HK bei 20 bis 139 V.
Mittelspannungslampen: 16, 25, 32, 50, 75, 100 HK bei 140 bis 169 V.
Hochspannungslampen: 16, 25, 32, 50, 75, 100 bei 170 bis 250 V.
Lichtstarke Lampen: 100 bis 1000 HK bei 100 bis 250 V.

Der s p e z i f i s c h e V e r b r a u c h stellt sich bei Niederspannungslampen auf 1,0 bis 1,3 W/HK, bei den übrigen Lampenarten auf 1,1 bis 1,35 W/HK zu Beginn der Brennzeit.

Mit dem spezifischen Verbrauch der Wolframlampe unter 1 W/HK herunterzugehen, hat sich bisher nicht als zweckmäßig erwiesen (L i b e s n y, ETZ 1909, S. 771).

Die N u t z b r e n n d a u e r (729) beträgt im Mittel 2000 Stunden. Lichtstärke und spezifischer Verbrauch der Wolframlampe bei Abweichung von der normalen Spannung zeigt Tabelle 4.

T a b e l l e 4.

Lampen-sorte	V	A	HK	W/HK
	160	0,262	14	3,0
	180	0,281	23	2.2
Normal	200	0,315	37	1,7
50 HK	210	0,317	47	1,4
220 V	**220**	**0,319**	**54**	**1,3**
	230	0,321	67	1,1
	240	0,325	78	1,0
	260	0,392	113	0,9
	280	0,477	167	0,8

Die Stromart, ob G l e i c h s t r o m oder W e c h s e l s t r o m, ist für den Betrieb von Wolframlampen ohne wesentlichen Einfluß.

(741) Tantallampe. K o n s t r u k t i o n. Zunächst wird durch Schmelzen von metallischem Tantalpulver im luftleeren Raum reines Tantal hergestellt und dieses hierauf durch Walzen und Ziehen zu einem Faden in der gewünschten Stärke ausgestaltet.

Um die Lampe für 110 V verwenden zu können, muß man einen verhältnismäßig langen Faden anwenden, der zwischen zwei Reihen von feinen Tragarmen zickzackförmig ausgespannt ist. Die Tragarme sind mittels eines kurzen Glasstabes in der Glasbirne untergebracht und letztere luftleer ausgepumpt.

Die Tantallampe wird hergestellt von der Firma S i e m e n s & H a l s k e (ETZ 1905, S. 105, 943), die sie zuerst im Jahre 1905 in den Handel brachte.

V e r h a l t e n   i m   B e t r i e b. Die Tantallampe wird hergestellt für Lichtstärken und Spannungen gemäß Tabelle 5:

T a b e l l e 5.

Lichtstärke HK	Betriebsspannung	
	Nieder-spannungslampe V	Hoch-spannungslampe V
5 bis 25	20 bis 40	—
10	50 „ 120	—
16	50 „ 160	—
25	50 „ 160	200 bis 240
32	60 „ 160	200 „ 240
50	100 „ 160	200 „ 240

Der spezifische Verbrauch stellt sich auf ca. 1,5 W/HK.

Die Tantallampe besitzt eine mittlere Nutzbrenndauer (729) von 700 Stunden bei Gleichstrombetrieb. Bei Wechselstrom ist ihre Lebensdauer geringer als bei Gleichstrom (S h a r p, Trans. Am. Inst. El. Eng. 1906, Bd. 25, S. 815; S c a r p a, El. Anz. 1909, Bd. 26, S. 113).

Lichtstärke und Wattverbrauch der Tantallampe bei Abweichungen von der normalen Spannung zeigt Tabelle 6.

T a b e l l e 6.

Lampen-sorte	V	A	HK	W/HK
	88	0,372	13	2,60
	93	0,387	16	2,25
Normal	99	0,406	21	1,95
32 HK	104	0,425	26	1,70
110 V	**110**	**0,437**	**32**	**1,50**
	116	0,454	39	1,35
	121	0,468	47	1,20
	127	0,488	56	1,10
	132	0,503	66	1,00

H e r s t e l l u n g   d e r   T a n t a l l a m p e (Fig. 504). Ein Glasrohr wird an einem Ende aufgeweitet (Fig. a), das andere Ende nach Einführung der kupfernen Zuleitungsdrähte zugeschmolzen und flach gedrückt (Fig. b). In jeden der beiden

Kupferdrähte ist mit Hartlot ein Stück Platindraht eingefügt. Aus einer mit linsenförmigen Verdickungen versehenen Glasstange werden Stücke mit 2 Verdickungen abgeschnitten und in die Verdickungen kurze Drahtstücke eingeschmolzen, die man an den Enden zu kleinen Häkchen biegt. Dieser Teil wird an das zugeschmolzene Ende des Rohres (a) angesetzt (Fig. b). Dieses Gestell wird mit feinem Tantaldraht bewickelt, den man an den Enden der Kupferdrähte festklemmt (Fig. c).

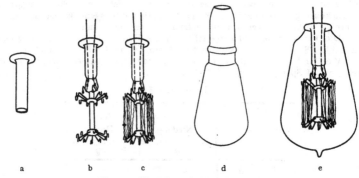

a   b   c   d   e

Fig. 504. Herstellung der Tantallampe.

An die von der Glashütte bezogene Birne (Fig. d) wird am gewölbten Ende ein schwaches Glasrohr angesetzt, das später zum Entlüften dient. Am offenen Ende wird der äußere Teil weggeschnitten, das Gestell mit dem Draht (Fig. c) eingeführt und an den Rändern verschmolzen (Fig. e). Nachdem die Lampe durch das Ansatzrohr entlüftet ist, wird dieses dicht an der Birne abgeschmolzen. An das untere Ende wird noch der Kontaktfuß mit Gips angekittet und die Kupferdrähte mit den Kontaktflächen des Fußes verlötet.

(742) Metallfaden-Lampen mit Kleintransformatoren. Metallfadenlampen, insbesondere Wolframlampen für niedrige Spannungen von etwa 10 bis 40 V bieten gewisse Vorteile, da bei ihnen die Fadenabmessungen infolge deren geringerer Länge und größeren Durchmessers die Herstellung erleichtern und die mechanische Festigkeit des Fadens erhöhen. Auch ist es möglich, für diese Spannungen Wolframlampen für geringe Lichtstärken von 5 bis 16 HK (740) herzustellen. Um derartige Niederspannugs-Wolframlampen in Wechselstromnetzen normaler Spannung verwenden zu können, werden sie einzeln oder in Gruppen mittels Kleintransformatoren (Reduktoren, Divisoren), die zweckmäßig als Spartransformatoren (371) gebaut sind, angeschlossen.

Nach dem System B l o n d e l - W e i ß m a n n (DRP. 149 437), ausgeführt durch die R e d u k t o r - E l e k t r i z i t ä t s - G. m. b. H. in Frankfurt a. M., wird dabei der Leerlauf der Transformatoren dadurch vermieden, daß sie im primären Stromkreis aus- und eingeschaltet werden (Fig. 505, P Anschluß primär, S sekundär, G gemeinsam). Diese Kleintransformatoren werden ausgeführt als Kontakt-Reduktor (Fig. 506 nach einer Konstruktion der Reduktor-Elektrizitäts-G. m. b. H.) zum Anschluß einer Lampe mittels Kontaktstöpsel, als Fassungs-Reduktor zum unmittelbaren Einschrauben in die Lampenfassung oder als Hänge-Reduktor zur Befestigung an der Decke. (Die Reduktor-Lampe, ETZ 1910, S. 100.)

Für Anlagen mit höheren Spannungen kann man eine der zur Verfügung stehenden Betriebsspannung entsprechende Anzahl dieser Kleintransformatoren

hintereinander schalten. Hierdurch lassen sich eine oder mehrere Lampen ausschalten, ohne die übrigen in ihrer Wirkung wesentlich zu beeinflussen, da die zu
den ausgeschalteten Lampen ge-
hörigen Kleintransformatoren mit
ihrer Drosselwirkung eintreten.

(743) Lampenformen. Metallfadenlampen werden meist in
Birnenform oder in Kugelform
hergestellt, und zwar entweder

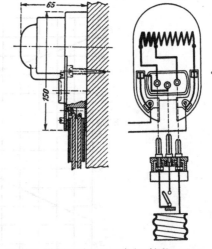

Fig. 505.   Kleintransformatorschaltung.   Fig. 506.   Kleintransformator mit Anschlußkontakten.

klar oder ganz bzw. teilweise mattiert. Infolge der Länge des unterzubringenden
Fadens sind die Glaskörper, besonders bei Spannungen über 150V, etwas größer als
die der entsprechenden Kohlenfadenlampen.   Wie letztere lassen sich aber auch
die Metallfadenlampen wenn erforderlich, in zahlreichen anderen Formen herstellen.

4. Vergleich der verschiedenen Glühlampen.

**(744) Zusammenhang von Lichtstärke, spezifischem Verbrauch und Lebens-
dauer.** Die Kurven in Fig. 507 für Kohlenfadenlampen, in Fig. 508 für Wolframlampen
und in Fig. 509 für Tantallampen zeigen, wie für diese Lampen die Lichtstärke allmählich abnimmt, während der spezifische Verbrauch größer wird. Für die Wolframlampe ist dabei das Ende der Nutzbrenndauer noch keineswegs erreicht, da nach
1000 Brennstunden die Lichtstärke erst auf 10 % der Anfangslichtstärke gefallen
ist.   Die Tantallampe zeigt die eigentümliche Erscheinung, daß erst nach 25 bis
50 st der Höchstwert der Lichtstärke erreicht ist, der zu dem spezifischen Verbrauch
von 1,5 W/HK gehört.   Es dürfte dies daher rühren, daß die Formierung des Tantal-
fadens erst während dieser ersten Brennstunden völlig beendet wird.   Die eigentliche Nutzbrenndauer der Tantallampe ist demnach erst von diesem Zeitpunkte
an zu rechnen, stellt sich also gemäß der Kurve Fig. 509 auf 750 st.   Dieselbe Erscheinung tritt auch in allerdings wesentlich vermindertem Maße bei Wolframlampen mit gezogenem Faden (Wotanlampe) auf.

Die Kurven der Fig. 507 gelten auch für Kohlenfadenlampen von 16 bis 32 HK
bei 200 bis 240 V, nur ist dabei die Kurve des spezifischen Verbrauches entsprechend
einem Anfangswert von 3,8 W/HK (gegenüber 3,3 W/HK) höher zu rücken; entsprechend gelten die Kurven Fig. 508 für Wolframlampen von 25 bis 50 HK bei
200 bis 250 V für einen Anfangswert von 1,25 W/HK (gegenüber 1,1 W/HK).   Die
Kurven Fig. 509 gelten dagegen ungeändert auch für Tantallampen von 32 bis 50 HK

bei 200 bis 220 V. Bei Tantallampen ist für die angegebenen Kurven immer Gleichstrom vorausgesetzt, während sie bei Kohlenfaden- und Wolframlampen ebenso für Wechselstrom gelten. (E i n b e r g e r, Z. d. V. d. I. 1910, S. 1587.)

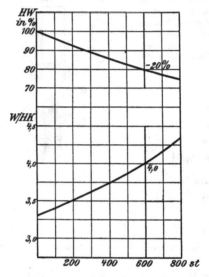

Fig. 507.   Lichtstärke und spezifischer Verbrauch der Kohlenfadenlampe.

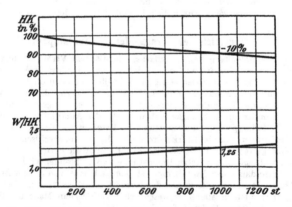

Fig. 508.   Lichtstärke und spezifischer Verbrauch der Wolfram-Lampe.

Mehrfach ist auch versucht worden, das Verhältnis von Lichstärke und Energieverbrauch, von Lichtstärke und Spannung sowie von Spannung und Energieverbrauch in gesetzmäßigen Zusammenhang zu bringen (M o n a s c h, Elektrische Beleuchtung, 1910, II. Teil, S. 74 und 75).

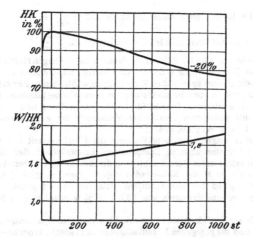

Fig. 509. Lichtstärke und spezifischer Verbrauch der Tantal-Lampe.

(745) Prüfung der Glühlampen. Um zu untersuchen, ob ein bestimmtes Fabrikat oder eine bestimmte größere Sendung von Glühlampen gut sei, genügt es, wenn man ca. 20 % der Gesamtzahl prüft. Zunächst wird photometrisch gemessen, ob die Lichtstärke bei der Betriebspannung, für welche die Lampe bestimmt ist, den richtigen Wert hat. Hierauf ist an einigen Lampen die Lebensdauer festzustellen.

Einige Fehler, die an Kohlenfadenlampen vorkommen, lassen sich leicht auffinden. Ungenügendes Vakuum erkennt man an der Trägheit der Schwingungen des Bügels, wenn man die Lampe erschüttert. Schwache Stellen des Kohlenbügels kommen zum Vorschein, wenn man die Lampe mit schwächster Rotglut brennt; wo der Bügel ein wenig zu dünn ist, erglüht er heller als die benachbarten Teile. Etwaige Fehler im Kohlenüberzug des Bügels werden bei aufmerksamem Betrachten im reflektierten Licht leicht gefunden.

Um die Luftleere der Glühlampen zu prüfen, verbindet man den Lampenfuß mit dem einen Pole eines Funkeninduktors für etwa 2 cm Funkenlänge, dessen anderer Pol mittels eines Ringes oder einer Metallkappe an das obere Ende der Glasbirne gelegt wird. Gute Lampen zeigen nur unbedeutendes Leuchten; eine weniger gute Luftleere zeigt eine weißliche Lichtfüllung, schlechte Luftleere wird am Leuchten des Kohlenfadens und Streifen von purpurnem Licht erkannt, das von glühendem Stickstoff herrührt (M a r s h, El. World, Bd. 28, S. 651).

Um eine selbsttätige Kontrolle der Brenndauer von Metallfadenlampen zu haben, wird zwischen Sockel und Glasfuß der Lampe ein kleines mit Farbstoff getränktes Stoffstück angebracht. Dieses bleicht unter dem Einfluß des vom glühenden Metallfaden ausstrahlenden Lichtes allmählich aus, so daß die größere oder geringere Helligkeit dieses Stoffstückes einen Schluß auf die Brenndauer zuläßt (F e l t e n & G u i l l e a u m e - L a h m e y e r w e r k e A.-G., ETZ 1910, S. 976).

(746) Wirtschaftlicher Betrieb. Um für bestimmte Betriebsverhältnisse die geeignete Glühlampe auszuwählen, hat man zu beachten, daß die gesamten Kosten der Beleuchtung sich aus den Kosten für die elektrische Energie und den Kosten für Lampenersatz zusammensetzen. Beträgt die Nutzbrenndauer (729) einer Lampe d Stunden, kostet die Anschaffung der Lampe a Pfennig, ist k der Preis einer kW-Stunde in Pfennig, p der spezifische Verbrauch in W/HK und J die Lichtstärke in HK, so

36*

stellen sich die Kosten einer HK-Brennstunde auf $\dfrac{p \cdot k}{1000} + \dfrac{a}{d \cdot J}$ Pfennig und

die Gesamtkosten einer Brennstunde für diese Lampe auf $\dfrac{p \cdot k \cdot J}{1000} + \dfrac{a}{d}$ Pfennig.

Diese Formeln lehren, daß für Kohlenfadenlampen bei niedrigen Herstellungskosten der elektrischen Energie, wie sie z. B. bei Fabrikbetrieben mit eigener Zentrale vorliegen, Lampen mit großem spezifischen Verbrauch zu wählen sind. Für höhere Kosten der kW-Stunde, wie sie meist bei Elektrizitätswerken in Frage kommen, sind dagegen selbst bei einem größeren Aufwande für Lampenanschaffung und Ersatz Kohlenfadenlampen mit geringerem spezifischen Verbrauch die günstigeren (T e i c h - m ü l l e r, J. f. G. u. W. 1906, S. 444).

Insbesondere zeigen aber diese Formeln die Überlegenheit der Metallfadenlampen gegenüber den anderen Lampenarten, hauptsächlich den Kohlenfadenlampen; denn selbst unter Berücksichtigung der wesentlich höheren Anschaffungskosten (0,60 bis 0,70 M der Kohlenfadenlampen gegenüber 2 bis 3 M der Metallfadenlampen) ergeben bei den normalen Stromtarifen und gleicher Lichtstärke Metallfadenlampen eine Ersparnis von 50 bis 70 % gegenüber den Kohlenfadenlampen.

Bezüglich der Festigkeit des Fadens sind bei normalen Spannungen die Kohlenfadenlampen und die gezogenen Metallfadenlampen (Tantal-, Wolfram- und Wotanlampen) den übrigen Metallfadenlampen überlegen. Erstere Lampenarten eignen sich daher, weil sie gegenüber Erschütterungen widerstandsfähiger sind, besonders zur Beleuchtung von Fabriken, Theatern, Schiffen, Eisenbahnen, elektrischen Straßenbahnwagen sowie zur Verwendung bei beweglichen Beleuchtungskörpern, als Tischlampen, Zugpendeln und dergl. Auch brennen diese Lampen gleich gut in jeder Lage, stehend, hängend, wagrecht oder schräg, während für die nicht gezogenen Metallfadenlampen infolge der etwas größeren Weichheit des Fadens die hängende Lage die günstigste ist.

Über die Verwendung von lichtstarken Metallfadenlampen an Stelle von Bogenlampen siehe (761).

Bogenlampen.

I. Bogenlampen mit Lichtbogen im luftleeren Raum.

(747) Quecksilberdampflampe. K o n s t r u k t i o n. Die Quecksilberdampflampe ist mit Gleichstrom zu betreiben und besteht aus einem geschlossenen Glasrohr, in das an beiden Enden Stromzuführungsdrähte eingeschmolzen sind. An dem einen Ende auf beiden Enden ist das Rohr zu einer Kugel erweitert und diese mit etwas Quecksilber angefüllt, in welches der Zuleitungsdraht hineinragt. Für Lampen mit einer Kugel (nach C o o p e r - H e w i t t) bildet das Quecksilber die negative Elektrode der Lampe. An dem anderen Ende ist an dem Platin eine meist aus Eisen bestehende Metallelektrode als positive Elektrode angeschlossen. (R e c k l i n g h a u s e n, ETZ 1902, S. 492.) Das Rohr selbst ist luftleer ausgepumpt.

Mit zwei Kugeln wird die Quarzlampe nach K ü c h hergestellt (B u ß - m a n n, ETZ 1907, S. 932 und 1910, S. 395). Das Lampenrohr ist hier aus Quarzglas hergestellt, welches eine sehr hohe Temperatur des Quecksilberlichtbogens zuläßt. Da indessen Quarzglas die für die Haut meist schädlichen ultravioletten Strahlen durchläßt, so dürfen diese Lampen im allgemeinen nicht ohne umhüllende Glasglocken, welche die ultravioletten Strahlen absorbieren, verwendet werden. Diese Lampen werden gebaut von der Q u a r z l a m p e n - G e s e l l s c h a f t m. b. H., Hanau.

Bei der Inbetriebsetzung wird die Lampe zunächst in eine derartige Lage gebracht, daß das Quecksilber als schmales Band eine direkte Verbindung der beiden

Stromzuführungsstellen herstellt. Hierauf wird die Lampe etwas geneigt (gekippt), wobei das Quecksilber in die Kugel zurückfließt. Gleichzeitig bilden sich unter Einwirkung der elektrischen Spannung Quecksilberdämpfe in dem Rohre, welche, indem sie einen Leitungsweg für den Strom bilden, als Lichtbogen das Leuchten der Lampe hervorrufen. Länge und Durchmesser der Gasstrecke, also auch Länge und Durchmesser der Röhre, sind bestimmt durch die Stromstärke und Spannung, mit welcher die Lampe brennen soll, sowie durch die gewünschte Lichtstärke. Der Einfachheit der Herstellung wegen werden meist gerade Rohre verwendet.
V e r h a l t e n   i m   B e t r i e b. Die Q u a r z l a m p e n - G. m. b. H. stellt ihre Lampen normal in folgenden Größen her:

Lampenart	Betriebs-Spannung V	Lichtbog.-Spannung V	A	HK	W/HK
Quarzlampe	110	85	4	1200	0,37
mit Klarglas-	220	160	2,5	1500	0,37
glocke	220	180	3,5	3000	0,26

Die Lampenspannung ist direkt proportional der Länge und umgekehrt proportional dem Durchmesser der stromführenden Gasstrecke.

Für das gute Arbeiten der Lampe ist die Beziehung der Gasdichte zur Leitfähigkeit von Bedeutung; denn der Widerstand ist abhängig von der Dichte bzw. der Temperatur des Gases, und zwar scheint für jede Lampe die höchste Leistungsfähigkeit und günstigste Lichtstärke einer bestimmten Gasdichte und Temperatur zu entsprechen. Die Temperatur des Gases hängt aber wesentlich ab von der nach außen abgegebenen Wärme, und letztere kann ihrerseits durch geeignete Abmessung der Kugel für jede Lampe eingestellt werden. Die Glaskugel regelt also hauptsächlich die Temperatur und wirkt somit als Kühlkammer für die Lampe. Bei den Lampen der Quarzlampen- G. m. b. H. werden daher die Kugeln mit besonderen Kühlern aus Kupferblech umgeben.

Die Lampen müssen im Betriebe einen Vorschaltwiderstand erhalten, der 5 bis 20 % der Betriebsspannung aufnimmt. Die Brenndauer der Lampen wird auf 1000 bis 2000 Brennstunden angegeben.

Zum Betrieb in Wechselstromnetzen werden die Quecksilberdampflampen mittels Quecksilber-Gleichrichters (599) angeschlossen (P o l e, ETZ 1910, S. 929).

Gegenüber den Bogenlampen mit Lichtbogen in der atmosphärischen Luft hat die Quecksilberdampflampe den Vorzug, daß sie fast keine Bedienung braucht, da bei ihr das tägliche Reinigen und der Elektrodenersatz in Wegfall kommen.

L a m p e n f o r m e n. Auf der Weltausstellung in Lüttich 1905 waren Hewitt-Lampen in zwei Größen im Betrieb ausgestellt von der W e s t i n g h o u s e -G e s e l l s c h a f t, Paris. Das kleinere Modell gab bei 50 V Betriebsspannung und ca. 3 bis 3,5 A eine Lichtstärke von 300 HK, das größere Modell bei 100 V und gleich viel Strom eine Lichtstärke von 700 HK (C o r s e p i u s, ETZ 1905, S. 940).

Die Quecksilberdampflampe liefert ein fahles, blaugrünes Licht, da es keine roten und nur wenige gelbe Strahlen aussendet. Diese für gewöhnlich außerordentlich unangenehm, ja abstoßend wirkende Färbung ist als Hauptgrund anzusehen für die bisherige geringe Verbeitung der Quecksilberdampflampe. Dagegen ist es reich an chemisch wirksamen ultravioletten Strahlen. Um diese auszunutzen, darf aber für das Rohr nicht gewöhnliches Glas verwendet werden, weil dieses die genannten Strahlen nur unvollkommen durchläßt. Eine Lampe mit besonders geeignetem Glas ist hergestellt worden in der Uviol-Quecksilberlampe des G l a s w e r k e s   S c h o t t u n d   G e n o s s e n, Jena (A x m a n n, ETZ 1905, S. 627, H a h n, ebenda, S. 720).

H e r a e u s in Hanau hat eine Lampe aus Quarz hergestellt (ETZ 1905, S. 627). Die ultravioletten Strahlen rufen leicht Entzündungen der Haut, besonders der Augen hervor. Dagegen sind sie wichtig für medizinische Zwecke. Die chemische Wirksamkeit der Quecksilberdampflampen wird von der C o o p e r - H e w i t t - E l e c t r i c Co. auch in Blaupausmaschinen verwertet (P o l e, Z. d. V. d. I. 1909, S. 1850).

2. Bogenlampen mit Lichtbogen in der atmosphärischen Luft.

(748) Konstruktion. Eine Bogenlampe dient dazu, durch den zwischen zwei als Elektroden dienenden Brennstiften, meist Kohlenstiften, erzeugten Lichtbogen eine Lichtausstrahlung zu bewirken. Hierzu ist eine Vorrichtung erforderlich, welche beim Einschalten die Zündung des Lichtbogens bewirkt und während des Brennens der Lampe die Kohlenstifte ihrem Abbrande entsprechend nachschiebt. Diesem Zwecke gemäß sind an einer Bogenlampe folgende wesentliche Teile zu unterscheiden. 1. Kohlenhalter; sie greifen in den übrigen Mechanismus der Lampe ein, sind aber häufig noch für sich verschiebbar, damit man nach dem Herausnehmen der niedergebrannten Kohlen neue lange Kohlen einsetzen kann. 2. Vorrichtung, um die Kohlen zusammenzuführen, wenn kein Strom in der Lampe ist, und sie auf eine bestimmte, der richtigen Lichtbogenlänge entsprechende Entfernung auseinanderzuziehen, sobald der Strom zustande kommt. 3. Vorrichtungen zum Nachschub der Kohlen nach Maßgabe des Abbrandes und zur Regulierung der Geschwindigkeit, mit der die Kohlen vorangeschoben werden. 4. Lampengehäuse mit Glasglocke zum Schutze des Reguliermechanismus und des Lichtbogens.

Dazu kommen noch bei besonderen Konstruktionen: 5. Vorrichtung, um den Lichtbogen an derselben Stelle zu halten. 6. Vorrichtung zum selbsttätigen Auswechseln der Kohlenstäbe und 7. selbsttätige Kurzschließer für Lampen in Reihenschaltung, um den Stromkreis wiederherzustellen, wenn eine der Lampen den Dienst versagt.

Die Vorrichtung, welche beim Eintritt des Stromes die Kohlen auseinanderführt, ist meist ein im Hauptstrom liegender Elektromagnet, an dessen Anker der eine der beiden Kohlenhalter sitzt. Verschwindet der Strom, so reißt gewöhnlich eine Feder den Anker des Elektromagnets ab, so daß sich die Kohlen wieder berühren. Oft wird zum Zusammenbringen der Kohlen eine im Nebenschluß zum Lichtbogen liegende elektromagnetische Vorrichtung benutzt, welche beim Zusammentreffen der Kohlen kurz geschlossen wird; zum Auseinanderführen wird dann meist die Schwerkraft verwendet. Der Nachschub der Kohlen erfolgt entweder mittels eines Regelwerks oder dadurch, daß eine der Kohlen als Stützkohle ausgebildet ist. Bei B o g e n l a m p e n m i t R e g e l w e r k wird der Nachschub der Kohlen auf elektromagnetischem Wege vermittelt; ein Elektromagnet löst eine Kraft, meist die Schwerkraft der oberen Kohle, aus oder hält sie an. Dieser Elektromagnet oder statt dessen oft eine Spule mit beweglichem Eisenkern liegt mit seiner Bewicklung entweder im Hauptstrom oder im Nebenschluß zum Lichtbogen; oder die Bewicklung besteht aus zwei einander entgegenwirkenden Teilen, deren einer im Hauptstrom, deren anderer im Nebenschluß liegt: H a u p t s t r o m -, N e b e n s c h l u ß -, D i f f e r e n t i a l l a m p e n. In den letzteren können auch zwei getrennte Magnete oder Spulen verwendet werden, von denen der eine im Hauptstrom, der andere im Nebenschluß liegt.

Der Nachschub der Kohlen wird in vielen Fällen dadurch bewirkt, daß beim Nachlassen der magnetischen Kraft des regulierenden Elektromagnets die Fassung der oberen Kohle vorübergehend gelockert wird, so daß die obere Kohle ein wenig nachsinken kann. Von großem Vorteil ist, wenn der Reguliermechanismus die Kohlen nicht nur einander nähern, sondern auch ein wenig voneinander entfernen kann.

In anderen Lampen wird ein Räderwerk benutzt, in welches der obere Kohlenhalter durch seine Schwerkraft eingreift. Die Bewegung wird, nachdem die Kohlen genügend genähert sind, durch Sperrung wieder aufgehalten; oder man benutzt ein Bremsrad, welches unter dem Einfluß des regulierenden Elektromagnets gebremst oder losgelassen wird. Eine weitere Art der Regulierung ist die durch Rolle und Schnur; an der letzteren hängen die beiden Kohlen und passende Eisenkerne, die von Solenoiden angezogen werden. In wieder anderen Lampen besorgt ein kleiner Elektromotor die Bewegung der Kohlen. Außer diesen gibt es noch andere Vorrichtungen, so daß die für Bogenlampen vorhandenen Regelwerk-Konstruktionen sehr zahlreich sind.

Bei B o g e n l a m p e n o h n e R e g e l w e r k, wie sie neuerdings in Anwendung gekommen sind, findet das einfachste Nachschubprinzip Verwendung. Einer oder auch beide Kohlenstifte, die mit einem, z. B. als Rippe oder dergl. ausgebildeten Stützkörper versehen sind, stützen sich mit diesem auf eine Auflage. Durch allmähliches Verbrennen oder Abschmelzen des Stützendes des Stützkörpers erfolgt selbsttätig der Nachschub. Zu diesen Lampen ohne Regelwerk gehören die B e c k - Lampe, die C o n t a - Lampe und die J a n e c e k - Lampe (A r e n d t, ETZ 1909, S. 955 und 1910, S. 897; B e r m b a c h, ETZ 1909, S. 828 und S. 955; M o n a s c h, ETZ 1909, S. 341). Eine Lampe ohne Regelwerk mit zwei Paar Kohlenstiften, die parallel und wagrecht nebeneinander liegen, ist die T i m a r - D r e g e r - Lampe (W e d d i n g, ETZ 1901, S. 34).

Die Konstruktion der Bogenlampen richtet sich außerdem in ihren Einzelheiten danach, ob die Lampen mit Gleichstrom oder mit Wechselstrom gebrannt werden sollen. (Handbuch der elektrischen Beleuchtung von H e r z o g und F e l d m a n n, 1901; Die elektrischen Bogenlampen von Z e i d l e r, 1905; Elektrische Beleuchtung von M o n a s c h, 1910.)

(749) Elektroden. Als Elektroden finden Verwendung sowohl K o h l e n - s t i f t e, und zwar ohne Zusätze als R e i n k o h l e n, mit Leuchtzusätzen als E f f e k t k o h l e n, als auch M e t a l l s t i f t e. Die richtige Wahl und Güte der Elektroden hat auf das ruhige Brennen der Bogenlampe einen wichtigen Einfluß (P r e s s e r, ETZ 1910, S. 187).

Die Reinkohlen bestehen aus Ruß, der in besonderen Verfahren aus Steinkohlenteer oder den Rückständen der Petroleumdestillation gewonnen wird. Sie werden hergestellt als H o m o g e n k o h l e n, die eine vollkommen gleichmäßige Zusammensetzung haben, und als D o c h t k o h l e n, die aus einem inneren Kern, dem Docht und dem diesen umschließenden Mantel bestehen. Der Mantel besteht aus dem gleichen Material wie die Homogenkohle, der Docht aus einer Mischung von Ruß und Wasserglas oder dergl.

Effektkohlen sind Dochtkohlen, bei denen entweder nur der Docht oder Docht und Mantel Leuchtzusätze erhalten. Meist sind dies Metallsalze, welche die Lichtausbeute wesentlich vergrößern. Kalziumsalze färben den Lichtbogen gelb, Bariumsalze weißlich und Strontiumsalze rötlich. Bei gewöhnlichen Effektkohlen beträgt der Dochtdurchmesser etwa das 0,15 fache des Kohlendurchmessers; bei den nach Angabe von B l o n d e l hergestellten Effektkohlen (TB.-Kohlen von G e b r. S i e m e n s & Co.) dagegen ungefähr das 0,6 fache (M o n a s c h, ETZ 1909, S. 343).

Da durch die Zusätze die Leitfähigkeit des Dochtes bzw. der Elektrode sich vermindert, wird in einem Kanal eine aus Kupfer- oder Nickeldraht bestehende Metallader untergebracht (DRP. 150 956). Es ist auch mehrfach versucht worden, Elektroden aus Metallen oder Metalloxyden, z. B. Magnetit (B l o c h, ETZ 1909, S. 729) oder Titankarbid (ETZ 1909, S. 1246 und 1910, S. 298) herzustellen; doch kommen bisher diese Elektroden gegenüber den Kohlenelektroden nicht wesentlich in Betracht (Elektrische Beleuchtung von M o n a s c h, 1910).

(750) Bogenlampenarten. Je nachdem der Lichtbogen offen brennt oder unter Luftabschluß in einem geschlossenen Raume, unterscheidet man offene oder geschlossene Bogenlampen. Außerdem kommt für die Bestimmung der Lampenart noch die Kohlenstellung, die Kohlenart und die Stromart in Frage. Unter Berücksichtigung dieser Umstände hat der V.D.E. folgende Zusammenstellung für die Bezeichnung der verschiedenen Bogenlampenarten aufgestellt (ETZ 1909, S. 458):

Offene $\left.\right\}$ Bogenlampe mit $\left\{\begin{array}{l}\text{über-}\\\text{neben-}\end{array}\right\}$ einanderstehenden $\left\{\begin{array}{l}\text{Rein-}\\\text{Effekt-}\end{array}\right\}$ Kohlen
Geschlossene

für $\left\{\begin{array}{l}\text{Gleichstrom.}\\\text{Wechselstrom.}\end{array}\right.$

(751) Regulierung der Bogenlampen. Die Hauptstromlampen regulieren auf konstanten Strom und eignen sich nur zum Einzelbetrieb; die Nebenschluß- lampen regulieren auf konstante Spannung und werden am besten in Parallel- schaltungsanlagen verwendet; sie erhalten bei solcher Verwendung einen Vorschalt- widerstand, bei Wechselstrom eine Drosselspule; die Differentiallampen regulieren auf konstanten Widerstand und lassen sich in Reihen- und in Parallelschaltung betreiben.

In der Regulierung ist die Differentiallampe der Nebenschlußlampe bei weitem überlegen (G ö r g e s, ETZ 1899, S. 444). Es bedeuten E die Netzspannung, e die Lampenspannung, I die Stromstärke, $e\,I$ den elektrischen Verbrauch der Lampe, der zugleich für die Lichtstärke maßgebend ist, W den Vorschaltwiderstand, $R = e/I$ den scheinbaren Widerstand der Lampe; die prozentische Änderung einer der elektrischen Größen wird durch das Zeichen $\triangle$ dargestellt ·

$$\triangle E = 100 \cdot dE : E.$$

Die Grundgleichung ist $E - e = W \cdot I$.

Nebenschlußlampe $\qquad\qquad|\qquad\qquad$ Differentiallampe

1. bei Änderungen der Netzspannung:

$e = \text{konst.}$	$e = R \cdot I,\ R = \text{konst.}$
$\triangle I : \triangle E = E : (E - e)$	$\triangle I : \triangle E = 1$
$\triangle L : \triangle E = E : (E - e)$	$\triangle L : \triangle E = 2$

2. bei Änderungen an der Lampe und konstanter Netzspannung:

$E = \text{konst.}$	$e = R \cdot I,\ E = \text{konst.}$
$\triangle I : \triangle e = -e : (E - e)$	$\triangle I : \triangle R = -e : E$
$\triangle L : \triangle e = -(2e - E) : (E - e)$	$\triangle L : \triangle R = -(2e - E) : E.$

$E - e$ ist der Verlust im Vorschaltwiderstand; je geringer dieser ist, um so größer werden die Quotienten für die Nebenschlußlampe. Bei der Differentiallampe sind die Quotienten entweder konstant oder enthalten die Netzspannung im Nenner; ihr Wert ist also gering. Die Gleichungen zeigen, daß einer Änderung der Netz- spannung oder einer Änderung an der Lampe bei der Nebenschlußlampe eine Änderung der Stromstärke, des Verbrauchs und der Lichtstärke folgt, welche mehr- mals· größer ist als bei der Differentiallampe.

(752) Ungleichmäßige Lichtausstrahlung. Der Lichtbogen sendet unter ver- schiedenen Neigungen verschieden große Lichtmengen aus (323 bis 325). Bei G l e i c h - s t r o m - B o g e n l a m p e n mit ü b e r e i n a n d e r stehenden Kohlen besitzt die positive Kohle, welche gewöhnlich die obere ist, die höchste Lichtstärke; nach oben wirft sie selbst, nach unten die untere Kohle Schatten. Der letztere erfährt aber eine Einschränkung, da man schon, um eine gleichmäßige Verkürzung beider Kohlen bei dem Abbrand zu erreichen, die untere Kohle entsprechend dünner wählt. Um die Lichtausstrahlung der oberen Kohle möglichst zu steigern, wird sie als Docht- kohle hergestellt. Die größte Helligkeit wird in einer Richtung von etwa 30—45° unter der Horizontalen ausgestrahlt (vgl. Fig. 513, S. 574). Bei Wechselstrom-lampen mit übereinander stehenden Kohlen hat man ohne Lichtreflektor über dem Lichtbogen zwei Maxima, das eine etwa 30⁰ unter, das andere ebenso hoch über der Horizontalen. Bei Bogenlampen mit nebeneinander stehenden Kohlen ergibt sich das Maximum der Lichtausstrahlung senkrecht nach unten, falls die Lampe ohne Glocke brennt. Infolge der Konstruktion der Glocke erfolgt aber auch hier die maximale Ausstrahlung mehr seitlich, etwa unter einem Winkel von 40 bis 50⁰ unter der Horizontalen.

(753) Schutzglocken, Laternen. Teils um die Lichtausstrahlung gleichmäßiger zu machen und scharfe Schatten zu vermeiden, teils um die blendende Wirkung des Lichtbogens zu mildern, umgibt man die Bogenlampen mit Glocken aus klarem, mattem oder opalisierendem Glas oder mit Laternen, die entsprechende Scheiben besitzen. Diese Glocken oder Laternen haben außerdem die Aufgabe, den Lichtbogen und die Lampe gegen Witterungseinflüsse zu schützen; nach Erfordernis bekommen sie ein wetterdichtes Regenschutzdach. Im Unterteil befindet sich eine Aschenschale zur Aufnahme abfallender glühender Teile der Kohlen.

Durch prismenartig wirkende Glocken (Holophanglocken, Diopterglocken, Fig. 510, S. 567) oder Reflektoren (G r a b o w s k i, ETZ 1910, S. 11) kann man die Verteilung der Lichtausstrahlung günstig beeinflussen. Lichtverlust s. (760).

(754) Spannung und Leuchtkraft der Bogenlampe. Die Spannung an den Kohlenstäben, d. h. also die Lichtbogenspannung, hängt ab von der Stromstärke, von Art und Abmessung der Kohlenstifte sowie ganz besonders von der Lichtbogenlänge; bei Wechselstrom ferner noch von den Kurvenformen für Stromstärke und Spannung. Die gleichen Faktoren sind auch von maßgebendem Einfluß auf die Lichtstärke der Lampe. Ein genauer gesetzmäßiger Zusammenhang dieser verschiedenen Werte konnte indes bisher noch nicht gefunden werden (H e r t a   A y r t o n, Electrician Bd. 34, S. 335, 364, 397, 471, 541, 610, Bd. 35, S. 418, 635, S i m o n, ETZ 1905, S. 818, 839).

Die Erfahrung hat die in den folgenden Tabellen 4 a bis f angegebenen Werte als zweckmäßig herausgebildet; die Helligkeit ist dabei als mittlere hemisphärische Lichtstärke in HK ausgedrückt, und zwar für Lichtbogen ohne Glocken, bei Dauerbrandlampen ohne Außenglocken:

T a b e l l e 4 a. O f f e n e B o g e n l a m p e m i t R e i n k o h l e n, G l e i c h -
s t r o m.

Gültig für Nebenschluß- und Differentiallampen.

2 Lampen hintereinander bei 110 V; 4 Lampen hintereinander bei 220 V.

Stromstärke A	6	8	10	12	15
Lichtbogenspannung V	40	40	41	42	43
Dochtkohle, Durchm. mm	14	16	18	20	21
Homogenkohle, Durchm. mm	9	10	12	13	14
Lichtstärke HK□	400	650	850	1100	1450
Verbrauch der Lampe bei 55 V W	330	440	550	660	825
Spezif. Verbrauch W/HK□	0,83	0,68	0,65	0,60	0,57

Länge jeder Kohle mm: 200   290   325
Brenndauer in Stunden: 10—12   16—18   18—23

Tabelle 4 b. Offene Bogenlampe mit Reinkohlen, Gleichstrom.

Gültig für Differentiallampen.

3 Lampen hintereinander bei 110 V; 6 Lampen hintereinander bei 220 V.

Stromstärke A	6	8	10	12
Lichtbogenspannung V	35	35	35	35
Dochtkohle, Durchm. mm . . .	13	14	16	18
Homogenkohle, Durchm. mm . .	8	9	10	11
Lichtstärke HKσ	330	530	780	1020
Verbrauch der Lampe bei 37 V W	240	320	400	480
Spez. Verbrauch W/HKσ	0,73	0,60	0,51	0,47

Länge jeder Kohle mm:	200	290	325
Brenndauer in Stunden:	10—12	16—18	18—23

Tabelle 4 c. Offene Bogenlampe mit Reinkohlen,
Wechselstrom.

Gültig für Nebenschluß- und Differentiallampen.

Mit Lichtreflektor über dem Lichtbogen.

3 Lampen hintereinander bei 110 V.

Stromstärke A	8	10	12	15	20
Lichtbogenspannung V	28—30	29—31	29—31	29—31	31—33
Dochtkohlen, Durchm. mm . . .	11	12	13	14	16
Lichtstärke HKσ	200	300	400	540	720
cos φ	0,96	0,95	0,95	0,95	0,98
Verbrauch der Lampe bei 37 V W	283	350	417	521	716
Spez. Verbrauch W/HKσ	1,42	1,17	1,04	0,97	1,00

Länge jeder Kohle mm:	200	290	325
Brenndauer in Stunden:	8—9	12—14	14—16

Tabelle 4 d. Geschlossene Bogenlampe mit Reinkohlen,
Gleichstrom.

Gültig für Hauptstrom- und Differentiallampe.

1 Hauptstromlampe bei 110 V, 2 Differentiallampen hintereinander bei 220 V.

Stromstärke A	4	5	6
Lichtbogenspannung V	75	75	75
Homogenkohlen, Durchm. mm .	10	13	13
Lichtstärke HKσ	350	530	660
Verbrauch der Lampe bei 110 V W	440	550	660
Spez. Verbrauch W/HKσ : . . .	1,26	1,04	1,00

Länge jeder oberen Kohle 300 mm, jeder unteren Kohle 150 mm.

Brenndauer bei einer Dauer der einzelnen ununterbrochenen Brennzeiten von
ca. 5 st:

Ampere	4	5	6
Stunden	90—100	130—150	110—120.

Tabelle 4e. Offene Bogenlampe mit Effektkohlen, Gleichstrom.

Gültig für Differentiallampen, Kohlen in Winkelstellung nach unten. 2 Lampen hintereinander bei 110 V, 4 Lampen hintereinander bei 220 V.

Stromstärke A	8	10	12
Lichtbogenspannung K	47	48	49
Positive Dochtkohle, Durchm. mm	9	10	11
Negative Dochtkohle, Durchm. mm	8	9	10
Lichtstärke HKσ	2100	3000	3900
Verbrauch der Lampe bei 55 V W	440	550	660
Spez. Verbrauch W/HKσ	0,21	0,18	0,17

Länge jeder Kohle mm: 400 600
Brenndauer in Stunden: 10—11 16—18

Tabelle 4f. Offene Bogenlampe mit Effektkohlen, Wechselstrom.

Gültig für Differentiallampen, Kohlen in Winkelstellung nach unten.

2 Lampen hintereinander bei 110 V.

Stromstärke A	8	10	12
Lichtbogenspannung V	47	48	49
Dochtkohlen, Durchm. mm . . .	8	9	9
Lichtstärke HKσ	1250	1900	2550
cos φ	0,93	0,88	0,88
Verbrauch der Lampe bei 55 V W	407	482	577
Spez. Verbrauch W/HKσ	0,33	0,25	0,23

Länge jeder Kohle mm: 400 600
Brenndauer in Stunden: 10—11 16—18

Wenn man bei einer und derselben Lampe die Bogenlänge (Spannung) ändert und den Strom konstant läßt, so bleibt der spez. Verbrauch der Lampe ungefähr konstant (V o g e l, Zentralbl. El. 1887, S. 180, 216). Läßt man Spannung und Strom konstant und wählt Kohlen von anderer Stärke, aber derselben Beschaffenheit, so bekommt man bei den dünneren Kohlen eine höhere Leuchtkraft, bei den dickeren eine geringere; und zwar gilt die Regel, daß die mittleren räumlichen Licht-stärken unter der Horizontalen sich umgekehrt verhalten wie die Kohlendurch-messer (S c h r e i h a g e, Zentralbl. El. 1888, S. 591).

Der spezifische Verbrauch der Bogenlampen ist geringer bei Lampen, die mit starker Glut der Kohlen (großer Stromdichte) arbeiten, als bei solchen, deren posi-tive Kohlen nur in der Mitte des gebildeten Kraters glühen. Als Kohlenstäbe bei den mit G l e i c h s t r o m betriebenen Bogenlampen mit übereinander stehenden Kohlen nimmt man als obere, positive Kohle eine Dochtkohle, als untere, negative Kohle eine homogene Kohle. Die Verwendung der Dochtkohle macht das Licht ruhiger und geräuschlos. Für die Erhöhung der Leuchtkraft ist es vorteilhaft, die untere Kohle dünner zu nehmen als die obere; diese wählt man nach der beabsich-tigten Brenndauer (man verbraucht etwa $^3/_4$ g der oberen Kohle für 1 Ampere-Stunde), jene nach der Stromstärke. Diese Brenndauer ist ungefähr proportional dem Durchmesser der Kohle. Von der negativen Kohle verbrennt nur etwa halb so viel, wie von der positiven. Für kurze Lichtbogen wählt man härtere, für lange Bogen weichere Kohlen.

Bei W e c h s e l s t r o m - Bogenlampen nimmt man oben und unten Kohlen gleicher Abmessung, und zwar Dochtkohlen.

(755) Offene Bogenlampe mit Reinkohlen. Bei der gewöhnlichen Bogenlampe brennt der Lichtbogen derartig offen, daß die atmosphärische Luft immer freien Zutritt hat. Die Kohlenstäbe bestehen aus reiner Kohle und stehen meist senkrecht übereinander.

Die H a u p t s t r o m - B o g e n l a m p e wird nur einzeln gebrannt; mehrere in einer Anlage gleichzeitig verwendete müssen parallel geschaltet werden. Diese Lampen finden indessen nur verhältnismäßig selten Verwendung.

Die N e b e n s c h l u ß - B o g e n l a m p e n eignen sich sowohl für Einzelschaltung als auch für Hintereinanderschaltung. Bei einer Betriebsspannung von ca. 110 V sind im allgemeinen 2 Lampen, bei ca. 220 V sind 4 Lampen hintereinander zu brennen. Der für eine Lampe dabei erforderliche Mindestteil der Betriebsspannung betägt bei Gleichstrom 55 V, bei Wechselstrom 40 V (Tabelle 4 a).

Die D i f f e r e n t i a l - B o g e n l a m p e kann gleichfalls in Einzelschaltung wie in Hintereinanderschaltung gebrannt werden; es gelten im allgemeinen dieselben Werte, wie soeben für die Nebenschlußlampe angegeben.

Um die Lichtausbeute noch weiter zu steigern, kann man die Differentiallampe für Gleichstrom bei einer Betriebsspannung von 110 V zu 3 hintereinander, bei 220 V bis zu 6 hintereinander schalten (Tabelle 4 b). Hierbei müssen indessen die nachfolgenden Bedingungen erfüllt sein: die Lampen müssen gut und sicher regulieren, die Kohlenstäbe bei der gegebenen Lichtbogenspannung von ca. 35 V einen genügend langen Lichtbogen bilden, sie müssen ferner von bester Beschaffenheit sein und dürfen besonders keinen Anlaß zu öfterem Aufflackern des Lichtbogens geben. Infolge der angegebenen Lichtbogenspannung sind Leitungsverluste von mehr als 2 bis 3 V nicht zulässig; endlich dürfen die Netzschwankungen nicht zu groß sein, sofern ein ruhiges Licht erzielt werden soll, weil alle Schwankungen von den Bogenlampen selbst aufgenommen und ausgeglichen werden müssen.

Die gesamte Lichtausbeute steigt bei Anwendung dieser Dreilampenschaltung an. Stelle der Zweilampenschaltung bei 110 V bzw. der Sechslampenschaltung an Stelle der Vierlampenschaltung bei 220 V bei gleichem Energieverbrauch im Verhältnis 4 : 3, während man gleichzeitig bei der Mehrfachschaltung eine günstigere Verteilung des Lichtes erhält. Denn eine größere Anzahl schwächerer Lichtquellen läßt sich bei gleicher Gesamthelligkeit vielfach den Verhältnissen besser anpassen als eine kleinere Anzahl stärkerer Lichtquellen.

Die gewöhnliche Bogenlampe wird auch als Doppelbogenlampe hergestellt. Es sind dann zwei Bogenlampenmechanismen entweder für Nebenschlußlampen oder für Differentiallampen in einem Gehäuse vereinigt, und beide Lichtbogen sind nebeneinander angeordnet. Die Lampen können hintereinander geschaltet werden, dann brennen beide Lichtbogen zu gleicher Zeit; sie können aber auch parallel geschaltet werden, wobei sich die Anordnung derartig treffen läßt, daß zunächst der eine Lichtbogen zur Wirkung kommt, und nach Abbrennen seiner Kohlenstäbe, also nach Verlöschen dieses ersten Lichtbogens, selbsttätig der zweite sich einschaltet.

(756) Offene Bogenlampe mit Effektkohlen. Bei der Flammenbogenlampe hat die Luft freien Zutritt zu dem Lichtbogen. Die Kohlen stehen entweder senkrecht übereinander oder zweckmäßiger in einem spitzen Winkel gegeneinander, so daß sie an ihrer untersten Stelle nahe genug zusammenkommen, um hier den Lichtbogen zu bilden. Das Wesentlichste bei diesen Lampen besteht darin, daß die Kohlenstifte mit besonderen Leuchtzusätzen durchtränkt sind, welche eine sehr viel höhere Lichtausbeute geben als die gewöhnlichen, aus reiner Kohle hergestellten Kohlenstäbe. Die Lampen können sowohl für Gleichstrom wie auch für Wechselstrom hergestellt werden und sind für Hintereinanderschaltung geeignet. Die Teilbetriebsspannung beträgt für beide Stromarten etwa 55 V, so daß bei 110 V 2 Lampen hintereinander, bei 220 V 4 Lampen hintereinander brennen können. Bei gleichem Energieverbrauch gibt eine Gleichstrom-Flammenbogenlampe eine Vergrößerung der Lichtausbeute bis zu dem 2½-fachen der entsprechenden gewöhnlichen Bogenlampe, eine Wechselstrom-Flammenbogenlampe eine Vergrößerung bis zum 4-fachen (Tabelle 4 e und f; W e d d i n g, ETZ 1902, S. 702, 972, Z e i d l e r, ebenda 1903, S. 167).

Besonders bei den im Winkel geneigten Kohlenstäben bildet sich durch die Leuchtzusätze ein flammenartig ausgebreiteter Lichtbogen. Damit dieser möglichst gut nach unten brennt, sind in seiner Nähe besonders vom Strom durchflossene Blasmagnete angebracht. Diese Lampen erzeugen bei ruhigem Licht die beste Bodenbeleuchtung. Für kleine, wenig gelüftete Innenräume ist die Beleuchtung durch Flammen-bogenlampen weniger zweckmäßig, weil beim Abbrennen durch die Leuchtzusätze, wenn auch in geringer Menge, schädliche Dämpfe, wie salpetrige Säuredämpfe usw., entstehen. Die Lampen kommen daher hauptsächlich für Außenräume in Betracht. Die Dämpfe ver-langen auch einen guten Abschluß des Bogen-lampenmechanismus gegen den unteren Teil der Lampe, in welchem der Lichtbogen brennt.

Verwendet man für diese Lampen gewöhn-liche Glocken, so bildet sich auf diesen ein Be-schlag, der einen bedeutenden Lichtverlust be-wirken kann. Um daher ein derartiges Beschlagen zu vermeiden, verwendet man Doppelglocken (Fig. 510), die so angeordnet sind, daß zwischen ihnen eine gute Zugwirkung entsteht, welche die schädlichen Dämpfe durch oben an der Lampe angebrachte Öffnungen ins Freie abführt. (H e y c k, ETZ 1909, S. 1055).

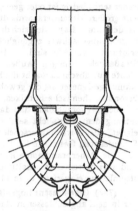

Fig. 510. Effektkohlen-Bogen-lampe mit Doppelglocke.

Je nach der Art der Leuchtzusätze kann die Farbe des Lichtbogens ver-schieden sein. Als besonders zweckmäßig hat sich goldgelbes und weißes Licht erwiesen.

(757) Geschlossene Bogenlampe mit Reinkohlen. Bei diesen Dauerbrand-lampen bestehen die Kohlenstäbe aus reiner Kohle und stehen senkrecht übereinander. Der Lichtbogen ist aber gegenüber dem offenen Lichtbogen der gewöhn-lichen Lampen gegen Luftzutritt abgeschlossen. Hierzu ist die untere Kohle, der Lichtbogen und der unterste Teil der oberen Kohle durch eine kleine Glasglocke von länglicher Form eingeschlossen, bei welcher die Öffnung zum Einführen der oberen Kohle mit möglichst luftdichtem Abschluß versehen ist (ETZ 1909, S. 878 und 1222). Durch den Lichtbogen wird der Sauerstoff der in kleiner Menge einge-schlossenen Luft binnen kurzer Zeit aufgezehrt und ein Gemisch von Stickstoff und Kohlenoxyden gebildet, das infolge seiner Armut an Sauerstoff den Verbren-nungsprozeß der Kohlenstäbe wesentlich verlangsamt. Die Dauerbrandlampe besitzt daher gegenüber den Lampen mit offenem Lichtbogen eine bedeutend ver-längerte Brenndauer. Der Lichtbogen selbst muß aber dabei eine größere Länge besitzen, so daß seine Spannung und damit der Energieverbrauch der Lampe ent-sprechend steigt (Tabelle 4 d).

Die Brenndauer der Lampe ist unter sonst gleichen Verhältnissen um so größer, je länger die einzelnen ununterbrochenen Brennzeiten der Lampe sich gestalten, je weniger also die Lampe ein- und ausgeschaltet wird. Der Grund hierfür liegt darin, daß bei jedem längeren Ausschalten der Lampe sich der Raum innerhalb der kleinen Glasglocke wiederum mit Luft füllt, und infolgedessen beim Einschalten jedesmal wieder Sauerstoff vorhanden ist, was einen entsprechend größeren Abbrand der Kohlenstifte hervorruft.

Das langsame Abbrennen der Kohlen bewirkt eine ziemlich flache Brennfläche derselben. Die Flächen beider Kohlenstäbe stehen sich aber, da ein gleichmäßiges Abbrennen nicht immer möglich ist, in veränderlicher Weise ungenau gegenüber, wodurch ein Wandern des Lichtbogens an dem Rande der Kohlen bewirkt wird und damit eine gewisse Unstetigkeit des Lichtes gegenüber dem ruhigen Licht der gewöhnlichen Bogenlampen.

Dauerbrandbogenlampen sind daher dort vorteilhaft verwendbar, wo es auf ein vollkommen ruhiges Licht weniger ankommt, wo dagegen der Strompreis entweder sehr niedrig ist oder gegenüber den Bedienungskosten zurücktritt, so daß also eine größere Gesamtersparnis durch die Verringerung der Bedienungskosten erzielt werden kann. Es handelt sich daher besonders um Betriebe, bei welchen die einzelnen Bogenlampen schwer zugänglich oder auf weite Strecken, deren Begehen viel Zeit erfordert, verteilt sind. Hierher gehören ausgedehntere Bahnhofsanlagen, Straßenbeleuchtungen, Außenbeleuchtungen in höheren Stockwerken usw. Der dichte Luftabschluß macht die Dauerbrandlampe auch für feuchte und staubhaltige Räume geeigneter als die gewöhnlichen Lampen, also für viele Fabrikbetriebe, insbesondere chemische Fabriken, ferner für Spinnereien, Webereien usw. Schließlich ist noch hervorzuheben, daß das Licht der Dauerbrandlampe in seiner Zusammensetzung dem Tageslicht sehr ähnlich ist, weshalb es sich für Beleuchtungen gut eignet, die Farbenunterscheidungen gestatten sollen, also für Papierfabriken, Schaufenster, Geschäfte für farbige Stoffe usw.

Die Dauerbrandlampe kann verwendet werden in Einzelschaltung bei 110 V und in Hintereinanderschaltung zu 2 bei 220 V. Im ersteren Falle ist sie als Hauptstromlampe eingerichtet, im übrigen als Differentiallampe.

(758) Geschlossene Bogenlampe mit Effektkohlen. Um eine schädliche Wirkung der in dem abgeschlossenen Raume der Lampe befindlichen, von den Effektkohlen herrührenden Dämpfe zu vermeiden, ist die Abschlußglocke derartig ausgebildet, daß sie mehrere Abteilungen enthält, die verschiedene Temperatur besitzen. Diese Abteilungen sind derartig angeordnet, daß die infolge der Temperaturdifferenz durch die Abteilungen zirkulierenden Dämpfe nur an solchen Stellen sich niederschlagen, welche für die Lichtausstrahlung der Lampe möglichst nicht in Betracht kommen (H e c h l e r, ETZ 1910, S. 963).

(759) Vorschaltwiderstände und Drosselspulen. Für Bogenlampen ist im allgemeinen ein Vorschaltwiderstand zu verwenden, welcher meist dauernd in dem Lampenstromkreis eingeschaltet bleibt.

Für Gleichstrom bestehen die Widerstände aus Drähten von möglichst großem Widerstand. Diese Drähte werden, um möglichst kleine Abmessungen zu erhalten, sehr stark belastet, so daß eine Erhitzung auf mehrere 100 Grad eintreten kann; infolgedessen sind sie auf feuersicherem Material aufzuwickeln. Um die Bogenlampen auf die richtige Stromstärke einregulieren zu können, sind die Widerstände mit Einstellvorrichtungen versehen.

Bei Wechselstrom verwendet man zweckmäßig an Stelle der Widerstände Drosselspulen, da hierdurch der Verbrauch des vorzuschaltenden Apparates ein geringerer wird. Das Einregulieren der Wechselstrombogenlampe erfolgt durch Einstellen eines Luftzwischenraumes in dem Eisenkern der Drosselspulen (352).

Je nachdem die Widerstände oder Drosselspulen in geschlossenen Räumen oder im Freien Verwendung finden sollen, sind sie mit einer entsprechenden Schutzkappe versehen.

(760) Lichtverlust durch Glasglocken. Nach Messungen von N e r z wurde die mittlere sphärische Lichtstärke einer Bogenlampe von 10 A durch Übersetzen einer klaren Glasglocke mit Drahtgeflecht um 6 %, durch Übersetzen einer Glocke aus Überfangglas von Fr. Siemens in Dresden um 11 % vermindert (S t o r t, ETZ 1895, S. 500).

M o n a s c h (Elektrische Beleuchtung 1910, S. 171) gibt folgende Tabelle:

Glasglocke	Hemisphärische Werte (Straßenbeleuchtung)			Sphärische Werte (Beleuchtung bedeckter Räume)		
	Lichtstärke HK ♡	Verlust in HK ♡	in %	Lichtstärke HK	Verlust in HK	in %
Ohne Glasglocke	595	0	0	358	0	0
Klarglas	550	45	7,6	325	33	9,2
Opalüberfangglas	430	165	27,7	297	61	17,1
Alabasterglas . .	385	210	35,2	237	121	33,8

Bei den gegenwärtig im Handel befindlichen Glasglocken liegen die h e m i - s p h ä r i s c h e n Verluste bei Glocken aus

Klarglas . . . . zwischen   5 und 15 % meist 10 %
Opalüberfangglas . . . . .   „   10 „ 35 %   „ · 25 %
Alabasterglas. . . . . . .   „   20 „ 50 %   „   35 %

(761) Bogenlampen und lichtstarke Metallfaden-Lampen. Gegenüber von Bogenlampen, insbesondere für geringere Lichtstärken, erweisen sich vielfach, so insbesondere für die Beleuchtung von Bahnhöfen, Straßen, Fabriken, Sälen und dergl., lichtstarke Metallfadenlampen, die bis zu Lichtstärken von 1000 HK hergestellt werden (740), zweckmäßiger. Die Metallfadenlampe bedarf so gut wie keiner Bedienung, da bei ihr keine Reinigung und kein Ersatz, wie der für Kohlenstifte bei den Bogenlampen, nötig ist. Ferner können Metallfadenlampen bei Spannungen bis 250 V einzeln und unabhängig gebrannt und ausgeschaltet werden. Auch in bezug auf die Betriebskosten sind Metallfadenlampen unter Umständen wirtschaftlicher, da durch Verwendung mehrerer solcher Lampen geringerer Lichtstärke an Stelle einer Bogenlampe der entsprechend höheren Lichtstärke eine günstigere Lichtverteilung geschaffen werden kann, die noch dadurch sich verbessern läßt, daß man diese Metallfadenlampen niedriger hängen kann, als es bei Bogenlampen der Fall sein müßte (R e m a n é , ETZ 1908, S. 804).

Anwendungen der elektrischen Beleuchtung.
Vergleich der gebräuchlichen Lichtquellen.

(762) Vergleich der Kosten. Für die aufzuwendende Energie und deren Kosten bei den gebräuchlichsten Lichtquellen gibt folgende Tabelle 5 einen Vergleich in bezug auf die HK-Stunde.

In dieser Tabelle ist für jede Lichtart eine Lampe für eine der am meisten verwendeten Lichtstärken ausgewählt worden; hiernach läßt sich für andere Lichtstärken der Vergleich leicht erweitern.

(763) Vergleich der Lichtquellen. Es ist indessen darauf hinzuweisen, daß ein Vergleich der verschiedenen Lichtarten allein nach den für die HK-Brennstunde aufgewendeten Kosten nur einseitig sein würde. Für eine vollkommene Vergleichung ist vielmehr die Berücksichtigung aller anderen Betriebseigenschaften erforderlich. In erster Linie darf man nur solche Lampen streng miteinander vergleichen, die in ihrer Lichtstärke nicht zu sehr verschieden sind; insbesondere sind ferner zu beachten Instandhaltungs- und Ersatzkosten, Einfachheit und Schnelligkeit des Aus- und Einschaltens, Anpassung an die verschiedenen Verwendungszwecke, Einfachheit und Sicherheit der Energiezuführung, der Bedienung und des Betriebes usw. Hierfür

Tabelle 5.

Lichtart	Licht-stärke HK	Stündl. Ver-brauch	Materialpreis Pf.	Kosten einer HK st Pf.
Petroleumlampe, 14 liniger Brenner	wage-recht 15	44 g	1000 g = 25 Pf	0,073
Spiritusglühlicht	65	129 g	1000 g = 29 ,,	0,058
Gasglühlicht ohne Glocke . . .	74	112 l	1000 l = 16 ,,	0,024
,, mit Klarglasglocke	67	112 l	1000 l = 16 ,,	0,027
Lucas-Gasglühlicht mit Klarglas-glocke	520	630 l	1000 l = 16 ,,	0,019
Kohlenfaden-Glühlampe	16	50 Wst	1000 Wst = 50 ,,	0,156
Nernst-Lampe, Osmium-Lampe.	32	50 ,,	1000 ,, = 50 ,,	0,078
Tantal-Lampe	32	50 ,,	1000 ,, = 50 ,,	0,078
Wolfram-Lampe	32	35 ,,	1000 ,, = 50 ,,	0,055
10 A-Reinkohlen-Bogenlicht für Wechselstrom mit Opalglas-glocke	hemi-sphärisch 225	350 ,,	1000 ,, = 50 ,,	0,078
10 A-Reinkohlen-Bogenlicht für Wechselstrom mit Klarglas-glocke	270	350 ,,	1000 ,, = 50 ,,	0,066
10 A-Reinkohlen-Bogenlicht für Gleichstrom mit Opalglasglocke	625	550 ,,	1000 ,, = 50 ,,	0,044
10 A-Reinkohlen-Bogenlicht für Gleichstrom mit Klarglasglocke	770	550 ,,	1000 ,, = 50 ,,	0,036
10 A-Effektkohlen-Bogenlicht für Gleichstrom mit Opalglasglocke	2250	550 ,,	1000 ,, = 50 ,,	0,012
10 A-Effektkohlen-Bogenlicht für Gleichstrom mit Klarglasglocke	2700	550 ,,	1000 ,, = 50 ,,	0,010

sind die erforderlichen Grundbedingungen immer von Fall zu Fall genau festzu-stellen. Erst dann ist es möglich, eine endgültige Entscheidung über die zweck-mäßigste Lichtart zu treffen.

Neuere Literatur über elektrische Beleuchtung.
H e i n k e und E b e r t , Handbuch der Elektrotechnik. 1904, Band I, 2.
O. L u m m e r , Die Ziele der Leuchttechnik. 1903.
J. Z e i d l e r , Die elektrischen Bogenlampen. 1905.
W e d d i n g , Über den Wirkungsgrad und die praktische Bedeutung der gebräuchlichsten Lichtquellen. 1905.
B i e g o n v o n C z u d n o c h o w s k i , Das elektrische Bogenlicht 1906.
H e r z o g und F e l d m a n n , Handbuch der elektrischen Beleuchtung 1907.
V o g e l , Die Metalldampflampen mit besonderer Berücksichtigung der Quecksilberdampf-lampen. 1907
B l o c h , Grundzüge der Beleuchtungstechnik. 1907
W e b e r , Die Kohlenglühfäden für elektrische Glühlampen. 1907
W e b e r , Die elektrischen Kohlenglühfadenlampen, ihre Herstellung und Prüfung. 1908.
B i s c a n , Elektrische Lichteffekte. 1909.
B. M o n a s c h , Elektrische Beleuchtung. 1910.

Verteilung der Beleuchtung.

(764) Stärke der Beleuchtung. Durch den Zweck der zu beleuchtenden Räume wird meist schon eine bestimmte Forderung an die Helligkeit und die Verteilung des Lichtes gestellt. Für einige Zwecke verlangt man die Beleuchtung kleiner Bezirke des Raumes, für andere eine gleichmäßige Beleuchtung größerer wagerechter Flächen, für wieder andere eine allgemeine Erhellung des ganzen Raumes. Für erstere verwendet man mit Vorteil Glühlampen, für letztere Bogenlampen oder lichtstarke Metallfadenlampen.

(765) Indirekte Beleuchtung. Indirekte Beleuchtung durch B o g e n - l a m p e n findet dann Anwendung, wenn es sich um möglichst gleichmäßig verteiltes diffuses Licht handelt. Zu diesem Zwecke wird das vom Lichtbogen ausgestrahlte Licht nicht direkt in den zu erleuchtenden Raum geworfen, sondern zunächst gegen eine Fläche (meist die Decke), von welcher es dann zerstreut in den Raum reflektiert. Hierdurch wird zwar die Lichtausbeute eine etwas geringere, aber das Licht wesentlich gleichmäßiger, von scharfen Schatten frei, also dem Tageslicht wesentlich ähnlicher. Die Eigentümlichkeit des Gleichstrombogenlichtes, nach welcher die weitaus größte Lichtmenge von dem Krater der positiven Kohle ausgestrahlt wird, macht dieses Licht für indirekte Beleuchtung besonders geeignet. Man kehrt hierzu die Kohlen um, so daß die starke positive Kohle unterhalb der negativen zu stehen kommt, und das Hauptlicht direkt nach oben geworfen wird. Den Lichtbogen blendet man nach unten durch Mattglas ab oder verdeckt ihn vollständig durch eine Blechverkleidung. Besonders geeignet für diese Schaltung sind infolge ihrer feinen Regulierung die Differentiallampen, doch ist es zweckmäßig, bei 110 V höchstens 2 hintereinander, bei 220 V höchstens 4 hintereinander zu brennen.

Sind die Ansprüche in bezug auf die Ruhe der Beleuchtung besonders groß, so verwendet man auch für indirektes Licht Gleichstrombogenlampen mit normal angeordneten Kohlen, also oberer positiver Kohle. Da hierbei das Licht zunächst hauptsächlich nach unten geworfen wird, muß es durch einen unterhalb des Lichtbogens angebrachten Reflektor erst nach der Decke zurückgeworfen werden, um von dort aus in den Raum sich zu zerstreuen. Diese doppelte Reflexion bedeutet allerdings einen doppelten Lichtverlust.

Den Reflektor kann man entweder aus Blech herstellen, in welchem Falle nur Licht nach oben geworfen wird, i n d i r e k t e B e l e u c h t u n g; oder aus Milchglas, in welchem Falle ein Teil der Lichtstrahlen direkt nach unten durchgelassen wird, h a l b i n d i r e k t e B e l e u c h t u n g. In letzterem Falle wird der Wirkungsgrad verbessert, der Charakter des rein indirekten Lichtes dagegen entsprechend beeinträchtigt. Bei normaler Kohlenanordnung kann auch eine Mehrfachschaltung der Lampen (Tabelle 4 b) vorgenommen werden.

In entsprechender Weise läßt sich auch Wechselstrom zur Erzeugung indirekten Lichtes verwenden.

Lampen mit umgekehrt angeordneten Kohlen sind besonders geeignet für Fabrikbeleuchtungen. Für Arbeitssäle, in welchen feine Arbeit geleistet wird, also in Druckereien usw., verwendet man für das indirekte Licht Lampen mit normalen Kohlen und Milchglasreflektor, während überall da, wo die höchsten Ansprüche an die Güte der Beleuchtung gestellt werden, also in Zeichensälen, Bureauräumen usw., Lampen der letzten Art mit Blechreflektor die besten sind.

Auch G l ü h l a m p e n, insbesondere lichtstarke Metallfadenlampen sind für indirekte und halbindirekte Beleuchtung geeignet, insbesondere wenn es sich um sehr ruhig brennendes Licht handelt, und wenn nur Wechselstrom zur Verfügung steht (M o n a s c h, ETZ 1910, S. 763, 807, 840).

(766) Berechnen der Beleuchtung. Manchmal ist es erforderlich, die verlangte Beleuchtung in jedem einzelnen Falle einer Berechnung zugrunde zu legen, durch welche man die Zahl und Verteilung der zu verwendenden Lampen ermittelt. Dazu dienen die folgenden Gleichungen.

L sei die Lichtquelle, r ihre Entfernung von dem zu beleuchtenden Punkte P in Metern, a der Winkel, welchen die von L kommenden Strahlen mit dem Lot auf die Ebene bilden, in der der Punkt P liegt, h die senkrechte Höhe von L über P,

b die wagrechte Entfernung des Fußpunktes unter L von P, J die Lichtstärke von L in Kerzen (Fig. 511).

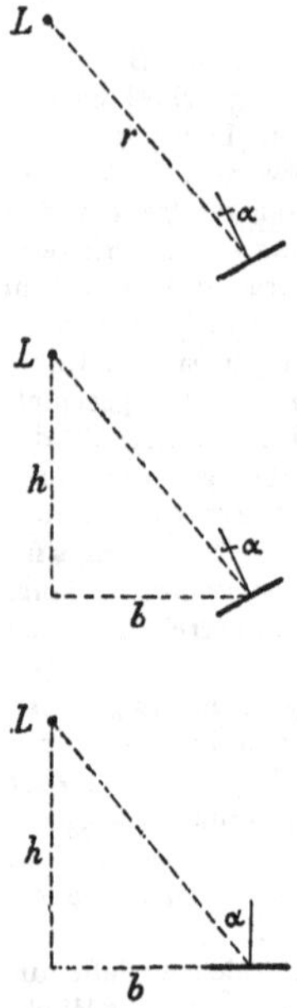

Dann ist die Beleuchtung, welche P empfängt, in Lux gleich:

$$\frac{J \cos a}{r^2} = \frac{J \cos a}{h^2 + b^2}$$

(767) Beleuchtete wagrechte Ebene. Liegt die Ebene von P wagrecht, so ist die Beleuchtung von P in Lux gleich:

$$\frac{J \cdot h}{(h^2 + b^2)^{3/2}}$$

Die günstigste Beleuchtung in P bei konstantem b wird erzielt, wenn man $a = 55^0$, $h = 0,7 \cdot b$ wählt; ist eine Kreisfläche zu beleuchten, so bringt man die Lampe über der Mitte des Kreises in der Höhe = dem 0,7 fachen des Radius an. Dies geschieht bei der Beleuchtung eines wagrechten Arbeitsplatzes, z. B. eines Schreib-, Zeichen- oder Lesetisches, eines Werktisches und ähnl., wenn nur ein beschränkter Platz mit einer Lampe beleuchtet werden soll. Bringt man die Lampe so an, daß $h = 0,7 \cdot b$ ist, b der Radius der zu beleuchtenden horizontalen Fläche, so ist die Beleuchtung

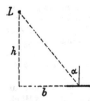

in der Mitte gleich $\dfrac{2J}{b^2}$ Lux, am Rande gleich

Fig. 511. Verschiedene Fälle der Beleuchtung.

$$\frac{0,385 J}{b^2} \text{ Lux}$$

Unter Beibehaltung der Festsetzung $h = 0,7 \cdot b$ erhält man für die Beleuchtung einer horizontalen Kreisfläche mit einer 16 kerzigen Glühlampe folgende Verhältnisse:

Vorgeschriebene Beleuchtung in der Mitte des Kreises	Höhe der Glühlampe über der Fläche	Beleuchtung am Rande des Kreises	
		vom Radius $b = \dfrac{h}{0,7}$	in Lux
Lux	Meter	Meter	
50	0,56	0,8	9,6
40	0,63	0,9	7,6
30	0,70	1,0	6,1
25	0,79	1,1	4,8
20	0,89	1,3	3,8
15	1,02	1,5	2,9
10	1,25	1,8	1,9

Durch Anbringen von weißen oder blanken Schirmen und Reflektoren über der Lampe kann man die Verteilung der Beleuchtung gleichmäßiger machen; im allgemeinen muß der Schirm um so flacher werden, je größer die Fläche ist, auf welcher gleichmäßige Beleuchtung gewünscht wird. Sind mehrere Lampen anzubringen, so ist die Berechnung umständlicher und richtet sich nach den jeweiligen besonderen Verhältnissen (M e i s e l, ETZ 1905, S. 860).

(768) Beleuchtung großer Flächen. Sind große Flächen gleichmäßig zu beleuchten, so ist indirektes Bogenlicht am geeignetsten (B l o c h, S u m e c, ETZ 1910, S. 382 und 571; S u m e c, Elektr. u. Maschinenbau. 1909, S. 1115).

Kommt es dagegen bei großen Flächen nicht auf besondere Gleichmäßigkeit an, so verwendet man andere starke Lichtquellen, z. B. gewöhnliche Bogenlampen; es bleibt dann $h = 0{,}7 \cdot b$. Wird dabei am Rande des Bodenkreises eine gewisse Beleuchtungsstärke verlangt, und hat man eine horizontale Fläche zu beleuchten, so gilt dieselbe Formel wie vorher. Soll eine bestimmte Lampengröße verwendet werden, so wird b gesucht; ist die Zahl der Lampen gegeben, so wird J gesucht.

Über die erforderliche Beleuchtungsstärke muß man sich nach den Verhältnissen des einzelnen Falles ein Urteil bilden. Wenn mit den Augen gearbeitet werden soll, muß die Beleuchtung zwischen 10 und 50 Lux liegen; handelt es sich lediglich um eine Erhellung des Raumes, so kann man unter 10 Lux heruntergehen.

(769) Beleuchtete senkrechte Ebene. (Fig. 512.) Die Berechnungen für die Beleuchtung senkrechter Ebenen sind denen für wagrechte Ebenen ähnlich.

Es ist hier die Beleuchtung gleich:

$$\frac{J\,b}{(h^2 + b^2)^{3/2}} \text{ Lux}$$

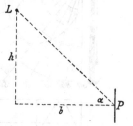

Fig. 512. Beleuchtung einer senkrechten Fläche.

Soll eine senkrechte Fläche von einer Lichtquelle beleuchtet werden, so stellt man die letztere der Mitte der Fläche gegenüber in einem Abstand $= 0{,}7 \cdot r$, worin r den Radius der Fläche bedeutet. Ist die Stärke der Lichtquelle nach den verschiedenen Richtungen sehr ungleichmäßig verteilt, so muß man darauf natürlich Rücksicht nehmen. Oft kann man die Lichtquelle nicht der Mitte der Fläche gegenüberstellen, z. B. bei Gemälden, auch wird häufig gerade bei den senkrechten Flächen eine größere Gleichmäßigkeit verlangt; dann wählt man den Abstand der Lichtquelle groß und wendet Reflektoren an, die das Licht auf die zu beleuchtende Fläche vereinigen.

(770) Straßenbeleuchtung. Für Straßenbeleuchtung finden Bogenlampen, insbesondere solche mit Effektkohlen, und Glühlampen, insbesondere auch lichtstarke Metallfadenlampen, Verwendung (B l o c h, ETZ 1909, S. 727). Die Lampen werden am geeignetsten nicht wie die Gaslaternen am Rande der Bürgersteige angebracht, sondern über der Mitte der Straße hoch aufgehängt; rechnet man auf die Bodenbeleuchtung im Mittel 2 Lux (was im allgemeinen reichlich ist), so erhält man einen Abstand von nahezu 50 m der Lampen; diese müßten dann aber 35 m hoch aufgehängt werden. Da letzteres bei uns in Städten nicht üblich ist, man vielmehr schwerlich über 15 m Höhe hinausgehen wird, so ist hier die Beleuchtung zu berechnen aus dem Ausdruck

$$\frac{J\,h}{(h^2 + b^2)^{3/2}} \text{ Lux}$$

Durch Einsetzen bestimmter Werte von h und J findet man die Zahlen der Tabelle auf S. 580.

Die Beleuchtungsstärke der Bodenbeleuchtung nimmt nach der Mitte zwischen beiden Lampen zu ab (Fig. 513) (H ö g n e r, ETZ 1910, S. 234).

Eine senkrechte Fläche, welche sich in der beleuchteten Straße befindet, und welche dem Licht voll zugekehrt ist, erhält eine Beleuchtung, welche nicht unbe-

37*

Abstand zweier Straßenlaternen in Metern.

Minimum der Beleuchtung einer horizontalen Fläche in Lux	J = 500			600			700			800			900			1000		
$h =$	6	10	14	6	10	14	6	10	14	6	10	14	6	10	14	6	10	14
$^1/_2$	44	50	54	47	54	58	50	57	62	52	60	67	54	64	68	56	65	71
1	34	38	39	37	41	43	39	44	46	41	46	49	43	48	52	44	50	54
2	26	28	26	28	30	30	30	33	32	32	35	35	31	36	37	34	38	39

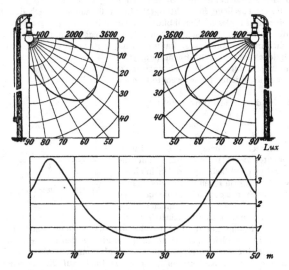

Fig. 513. Lichtausstrahlung und Bodenbeleuchtung bei Bogenlampen für Straßen.

trächtlich stärker ist als die Beleuchtung der wagrechten Ebene (S u m e c, Elektr. und Maschinenbau 1910, S. 1).

(771) Freie Plätze. Die Lampen, welche zur Beleuchtung von freien Plätzen dienen, werden zweckmäßig in die Ecken von gleichseitigen Dreiecken gestellt; stärkere Lichtquellen bei größerem Abstande sind hier vorteilhafter als schwächere bei kleinerem Abstande; die Höhe der Lampe über der zu beleuchtenden Ebene wird so gewählt, daß das Minimum der Beleuchtung, welches im Schwerpunkt des gleichseitigen Dreiecks liegt, den an die Beleuchtung zu stellenden Anforderungen entspricht, also z. B. 0,5 oder 1 oder 1,5 usw. Lux beträgt. Es ist für wagrechte Flächen, wenn a die Seite des Dreiecks, das Minimum der Beleuchtung gleich

$$3 \cdot \frac{J}{h^2} \cdot \frac{1}{\left(1 + \left(\dfrac{a}{3\,h}\right)^2\right)^{3/2}} \text{ Lux.}$$

Bequemer und meist ausreichend ist es, senkrechten Einfall der Strahlen vorauszusetzen; man nimmt dann das Minimum der Beleuchtung etwas größer an als für die vorige Formel und hat:

$$3 \cdot \frac{J}{h^2 + \dfrac{1}{3}\,a^2} \text{ Lux}$$

(772) Raumbeleuchtung. In den meisten Fällen hat man nicht wagrechte oder senkrechte Ebenen zu erleuchten, sondern Gegenstände, welche sich in solchen Ebenen befinden, und deren Flächen alle möglichen Richtungen besitzen. Die mathematische Lösung der Aufgabe, in solchen Fällen die Beleuchtung zu berechnen, ist gewöhnlich unmöglich, mindestens aber höchst umständlich. Nach W y b a u w s Vorschlag hilft man sich dadurch, daß man die Verteilung der Lichtquellen einmal so berechnet, als wären nur wagrechte Flächen zu beleuchten, das andere Mal so, als ob man nur senkrechte Flächen vor sich hätte; aus den Ergebnissen nimmt man mittlere Werte.

Es ist dabei immer zu berücksichtigen, daß die angebrachten Reflektoren sowie die Decken und Wände des Raumes, die Wände der Häuser auf den Straßen die Verteilung der Beleuchtung wesentlich beeinflussen; auch hat man in der Praxis niemals leuchtende P u n k t e, die nach allen Seiten gleich viel Licht ausstrahlen; man kann also nicht darauf rechnen, daß man aus den angegebenen Formeln mehr erhält als brauchbare Fingerzeige.

Das Reflexionsvermögen verschiedenartiger Oberflächen ist nach S u m p n e r im Mittel folgendes: Für gelbe Tapete 40 %, für blaue Tapete 25 %, für braune Tapete 13 %, für reine gelb getünchte Wände 40 %, für unreine gelb getünchte Wände 20 %.

Theaterbeleuchtung.

(773) Umfang der Anlage. Für die Beleuchtung eines Theaters wird sowohl Glühlicht als auch Bogenlicht verwendet, und es kommen dabei im allgemeinen die in der nachfolgenden Tabelle I angegebenen Räumlichkeiten in Betracht. Die angeführten Zahlen beziehen sich auf das als Beispiel herangezogene Prinzregenten-Theater in München.

T a b e l l e I.

Beleuchtungskörper für	Glühlampen	Bogenlampen
Szenerie auf der Bühne	2312	12
Seitengänge der Bühne, Unter-maschinerie und Galerie . . .	173	—
Orchester	72	—
Zuschauerraum	50	14
Hausbeleuchtung und Garderoben	630	8
Wandelgänge, Erfrischungsräume, Restaurant	201	8
Summa	3438	42

(774) Lampenschaltung. Die Glühlichtbeleuchtung für die Szenerie auf der Bühne kann nach dem E i n l a m p e n s y s t e m oder dem M e h r l a m p e n - s y s t e m erfolgen. Bei ersterem ist jeder Beleuchtungskörper nur mit weißen Glühlampen versehen, und die Farbeneffekte werden durch Vorziehen bunter, durchsichtiger, meist zylinderförmig um jede Lampe angeordneter Schirme bewirkt. Dieses System wird jedoch in neuerer Zeit nur noch vereinzelt bei kleineren Anlagen angewendet.

　　　　Fast überall hat dagegen das Mehrlampensystem Eingang gefunden, bei welchem jeder Beleuchtungskörper drei oder vier Abteilungen gefärbter Lampen enthält und je nach der auf der Bühne gewünschten Färbung die zugehörigen Lampen mit entsprechender Helligkeit eingeschaltet werden. Bei dem Dreilampensystem finden weiße, rote und blaugrüne Lampen Verwendung; bei dem Vierlampensystem kommen noch gelbe Lampen hinzu.

　　　　Unter Umständen läßt sich auch i n d i r e k t e s B o g e n l i c h t zur Szeneriebeleuchtung verwenden. Hierbei wird unter Anwendung eines Kuppelhorizontes und von Seidenbandreflektoren, die mittels elektrischer Fernsteuerung eingestellt werden, ein diffuses, dem Tageslicht ähnliches Licht erzielt (P a e t o w, ETZ 1909, S. 695; R o s e n b e r g , Z. d. V. d. I. 1911, S. 1366).

　　　　(775) Bühnenbeleuchtungskörper. Die Hauptarten der Bühnenbeleuchtungskörper sind in Tabelle II zusamengestellt. Die Tabelle zeigt außerdem als Beispiel, in welcher Anzahl und Größe diese Beleuchtungskörper bei dem schon oben erwähnten Prinzregenten-Theater vorhanden sind. Aus der Tabelle ist gleichzeitig die Anzahl, Farbe und Lichtstärke der zu jedem Beleuchtungskörper gehörigen Glühlampen zu ersehen.

T a b e l l e II.

Anzahl	Beleuchtungs-körper	Länge m je	weiß 50 HK je	weiß 50 HK zus.	weiß 32 HK je	weiß 32 HK zus.	grün 32 HK je	grün 32 HK zus.	rot 32 HK je	rot 32 HK zus.	gelb 32 HK je	gelb 32 HK zus.
2	Rampen . . .	5,5	16	32			12	24	10	20	10	20
9	Soffitten . . .	14,0	40	360			30	270	25	225	25	225
14	Kulissen . . .	5,0	5	70			6	84	5	70	5	70
1	Portalsoffitte .	14,0				40						
2	Portalkulissen .	5,0	16	32								
4	Versatzständer				6	24	6	24	6	24	6	24
4	Versatzständer				5	20	5	20	4	16	4	16
6	Versatzständer				3	18	3	18	3	18	3	18
4	Versatzständer				4	16						
4	Versatzständer				2	8						
4	Versatzlatten .	5,0			14	56	10	40	8	32	8	32
6	Versatzlatten .	3,0			10	60	7	42	6	36	6	36
4	Versatzlatten .	3,0			35	140						
4	Versatzlatten .	1,0			8	32						
12	Effektlampen zu 20 A											
			Sa.	534		374		522		441		441

　　　　(776) Bühnenregulator. Der Bühnenregulator dient zur Bedienung und Regulierung der gesamten Bühnenbeleuchtung. Er besteht aus dem Stellwerk mit Regulierhebeln und den Regulierwiderständen. Für jeden Bühnenbeleuchtungskörper oder für eine Gruppe solcher Körper sind je drei Hebel am Stellwerk vorhanden. Der eine Hebel ist für die weiße Farbe, der zweite für die rote und der dritte für die blaugrüne. Beim Vierlampensystem kann dieser dritte Hebel durch einen Umschalter auch auf die gelben Lampen geschaltet werden. Jeder dieser Hebel bewegt den Schleifkontakt eines Regulierwiderstandes. Letzterer ist in 50—100 Unterabteilungen eingeteilt, die eine äußerst feinstufige Regulierung der Helligkeit gestatten. Da jeder Hebel unabhängig von den anderen sich handhaben läßt, so ist es möglich, jeden gewünschten Beleuchtungseffekt und jeden Farbenübergang herzustellen. Während z. B. die eine Farbe allmählich verdunkelt wird, kann man schon vor deren Erlöschen eine andere Farbe von der geringsten Helligkeit an allmählich einschalten und so einen durchaus gleichmäßigen Übergang schaffen. Der Aufstellungsort für den Bühnenregulator ist so zu wählen, daß der Beleuchter nicht nur die Bühne bequem übersehen und erreichen kann, sondern daß auch der zur schnellen und leichten Handhabung des Apparates nötige Raum zur Verfügung steht. Eine der geeignetsten Arten der Aufstellung ist diejenige auf einem erhöhten Podium an der Proszeniumswand, gegebenenfalls auch unterhalb des Bühnenfußbodens neben dem Souffleurkasten (W i e h e n b r a u k ETZ 1905, S. 290). Die Widerstände werden meist getrennt vom Stellwerk aufgestellt, und zwar am besten über letzterem gleichfalls an der Proszeniumswand. Die Verbindung erfolgt mittels Schnurscheiben und durch Schnüre, welche mit Laufgewichten gespannt gehalten werden. Die Anzahl der Hebel und zugehörigen Widerstände ist meist eine sehr erhebliche. So sind am Bühnenregulator des Prinzregenten-Theaters 69 Hebel und Widerstände vorhanden, die sich folgendermaßen verteilen ·

Rampe rechts und links	2 × 3	= 6	Hebel
Transparent	2 × 3	= 6	,,
Versatz	2 × 3	= 6	.,
Mondversatz	2 × 3	= 6	,,
Soffitten	10 × 3	= 30	,,
Kulissen	4 × 3	= 12	,,
Portalbeleuchtung . . .		= 1	,,
Zuschauerraum		= 2	,,

(777) Berechnung der Widerstände. Für eine genügende Anzahl der zu verwendenden Glühlampen ist bei abnehmender Spannung die Helligkeit (Kurve *HK* der Fig. 514) und die Stromstärke (Kurve *A* der Fig. 514) durch · Messung zu bestimmen. Hierauf werden für eine bestimmte Anzahl Stufen, z. B. 25, die Lichtstärken so berechnet, daß dieselben nach einer geometrischen Reihe abnehmen. Soll die Abnahme bis z. B. $^1/_{50}$ der ursprünglichen Helligkeit abnehmen, so gelten folgende Formeln:

$$J \cdot v^{25} = {}^1/_{50} J$$

also $v = \sqrt[25]{^1/_{50}} = 0{,}855$, wobei v den Quotienten zweier aufeinander folgender Glieder der Reihe darstellt. Man berechnet nun zunächst die im Widerstand zu vernichtende Spannung für jede Helligkeitsstufe und hieraus den zugehörigen Widerstand. Letz-

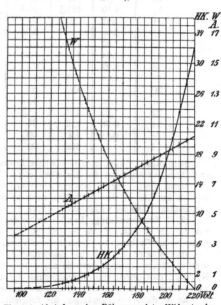

Fig. 514. Abstufung eines Bühnenregulator-Widerstandes.

teren trägt man gleichfalls als Kurve auf (Kurve W der Fig. 514) und kann nun aus dieser den Widerstand jeder Stufe abgreifen. Hiernach ergeben sich z. B. für den Regulierwiderstand einer Soffitte mit 20 Glühlampen von je 32 HK für eine Farbe bei 220 V Netzspannung die folgenden Werte der Tabelle III:

Ta b e l l e III.

Stufe	Leucht-kraft	Spannung		Strom f. 20 Lamp. zu je 32 HK	Widerstand	
		an der Lampe e	a. Wider-stand 220—e		ins-gesamt	für jede Stufe
	HK	V	V	A	Ø	Ø
0	32,0	220	0	10,20	0	0,56
1	27,4	214,5	5,5	9,92	0,56	0,58
2	23,4	209	11	9,65	1,14	0,51
3	20,0	204,5	15,5	9,39	1,65	0,54
4	17,1	200	20	9,14	2,19	0,56
5	14,6	195,5	24,5	8,90	2,75	0,60
6	12,5	191	29	8,66	3,35	0,56
7	10,7	187	33	8,43	3,91	0,60
8	9,17	183	37	8,21	4,51	0,61
9	7,83	179	41	8,00	5,12	0,65
10	6,72	175	45	7,80	5,77	0,68
11	5,74	171	49	7,60	6,45	0,72
12	4,91	167	53	7,40	7,17	0,67
13	4,19	163,5	56,5	7,20	7,84	0,67
14	3,58	160	60	7,00	8,57	0,76
15	3,06	156,5	63,5	6,80	9,33	0,72
16	2,62	153	67	6,60	10,15	0,86
17	2,24	149,5	70,5	6,40	11,01	0,89
18	1,92	146	74	6,22	11,90	0,80
19	1,64	143	77	6,06	12,70	0,85
20	1,40	140	80	5,90	13,55	0,85
21	1,20	137	83	5,76	14,40	0,89
22	1,02	134,5	85,5	5,62	15,21	0,79
23	0,88	132	88	5,50	16,00	0,75
24	0,75	130	90	5,38	16,75	0,71
25	0,64	128	92	5,27	17,46	

Jede dieser Stufen wird nun weiter in drei gleiche Unterabteilungen geteilt, so daß bis zur Abnahme der Helligkeit von 32 HK auf 0,64 HK insgesamt 75 Stufen vorhanden sind. Für die weitere Abnahme der Helligkeit bis zum völligen Verlöschen der Lampe sind schließlich noch 25 weitere Stufen anzufügen, wobei die Stromstärken aus der verlängerten Kurve A zu entnehmen sind.

(778) Notbeleuchtung. In allen Teilen des Theaters, sowohl im Zuschauerraum wie auf der Bühne, ist eine Notbeleuchtung vorzusehen, die sicher funktioniert, selbst wenn die gesamte übrige Anlage versagt.

Hierzu wird vielfach ein besonderes Leitungsnetz verlegt, das an eine besondere Akkumulatoren-Batterie angeschlossen ist. Dieses System hat aber den Nachteil, daß durch eine Beschädigung der Leitungsanlage die Notbeleuchtung ganz oder zu einem erheblichen Teil außer Betrieb gesetzt werden kann.

Es ist daher zweckmäßiger, die Einrichtung so zu treffen, daß jede Notbeleuchtungslampe ihren eigenen kleinen Akkumulator hat. Dieser braucht nur aus einer Zelle zu bestehen, so daß die Notlampe mit etwa 2 V brennt. Bei 1 A hat man dabei etwa 2 HK Helligkeit. Für diese Lampen niedriger Spannung sind besonders die Metallfadenlampen geeignet. Eine derartige Anlage von 150 Stück solcher Notlampen, deren jede eine Entladezeit ihres Akkumulators von 60 Stunden besitzt, befindet sich in der Komischen Oper zu Berlin. Das Laden der Akkumulatoren geschieht in Hintereinanderschaltung. Hierzu können die Zellen entweder nach einem besonderen Laderaum gebracht werden (S c h w a b e & C o ., Berlin), oder aber es kann eine besondere Leitungsanlage die Akkumulatoren verbinden, so daß bei der Ladung jeder Akkumulator an seiner Stelle bleiben kann (C. H o c h e n - e g g, Zeitschr. f. Elektrotechnik, Wien 1905, S. 62). Das letztere System gestaltet sich in der Bedienung einfacher, doch ist dabei nicht zu vermeiden, daß die beim Laden auftretenden Säuredämpfe sich bemerkbar machen können.

Nach Vorschlag des Maschinendirektors der königlichen Hoftheater zu Berlin, B r a n d t, sollen immer die in den einzelnen Rängen oder Etagen senkrecht übereinander angeordneten Notlampen mittels senkrecht nach oben geführter Leitungen miteinander verbunden und jede dieser senkrechten Gruppen an je einen Akkumulator, der geschützt im Kellergeschoß aufgestellt ist, angeschlossen werden. Auch hierbei wird also eine große Zahl unabhängiger Lampen geschaffen, die Anzahl der Akkumulatorenbatterien aber vermindert und deren Wartung und Ladung vereinfacht. Bei diesem System ist es auch möglich, die Akkumulatorenbatterien so groß zu wählen, daß Notlampen von derselben Helligkeit verwendet werden können, wie sie die Lampen der Hauptbeleuchtung besitzen. (674), S. 498.

Beleuchtung von Eisenbahnwagen.

(779) Systeme. Die Beleuchtung erfolgt
1. lediglich durch Sammler-Batterien,
2. durch Maschinen in Verbindung mit Batterien;

Beide Arten können sowohl für Beleuchtung einzelner Wagen (Einzelwagen-Beleuchtung) oder für Beleuchtung ganzer Züge von einem oder mehreren Wagen des Zuges aus (geschlossene Zugbeleuchtung\ Verwendung finden.

(780) Beleuchtung durch Sammler-Batterien. Die Batterien werden für geschlossen bleibende Züge in einem oder zwei Wagen des Zuges, sonst in jedem Wagen aufgestellt. Zur Ladung werden die Batterien entweder herausgenommen und durch frisch geladene ersetzt, oder es ist besser, sie bleiben in dem Wagen und werden während des Aufenthaltes der Züge auf den Abstellbahnhöfen geladen. In letzterem Falle werden die Leitungen bis an die Gleise geführt und enden in verschließbaren Anschluß- und Schalttafeln. Bei den Wagen der italienischen und ungarischen Staatsbahnen sowie einer großen Zahl von Klein- und Nebenbahnen, ferner bei den Bahnpostwagen der Reichspost, der bayerischen und österreichischen Post werden die Batterien ausgewechselt. Die Batterien müssen deshalb möglichst leicht gebaut sein; es sind vorzugsweise positive Gitter- oder Masseplatten, aber auch Oberflächenplatten in Verwendung. Die genannten Verwaltungen haben Einzelwagen-Beleuchtung.

Geschlossene Zugbeleuchtung mit Aufladung im Wagen hat die Dänische Staatsbahn eingeführt, bei welcher 2 Wagen jedes Zuges mit Batterien ausgerüstet sind.

Einzelwagen-Beleuchtung mit A u f l a d u n g i m W a g e n hat die Preußische Staatsbahn bei einer größeren Anzahl Wagen ausgeführt. Da es auf das Gewicht der Batterien bei Aufladung im Wagen nicht ankommt, werden positive Großoberflächenplatten für die Batterien vorgesehen. Auf amerikanischen Bahnen ist die gleiche Anordnung wie auf der Dänischen Staatsbahn in großem Umfange eingeführt.

Die Hauptvorteile der reinen Batteriebeleuchtung sind große Einfachheit der Wageneinrichtung und geringere Beschaffungskosten. Der wesentlichste Nachteil besteht in der Abhängigkeit von einer Ladestation, ein Nachteil, welcher natürlich mit der größeren Verbreitung des Systems und der dadurch bedingten größeren Anzahl von Ladestationen immer weniger ins Gewicht fällt. Mit Verwendung der Metallfadenlampen mit wesentlich geringerem Stromverbrauch kommt dieses System für allgemeine Einführung mehr in Betracht. Gegenwärtig beträgt die Zahl der nur durch Batterien beleuchteten Wagen in Europa etwa 8000 gegenüber 25 000 elektrisch beleuchteten Wagen in Europa überhaupt. Auch in den Vereinigten Staaten von Amerika ist ein beträchtlicher Teil der Wagen mit Batteriebeleuchtung nach geschlossenem System, dort Head End System genannt, ausgerüstet. Sonst wird in außereuropäischen Ländern die reine Batteriebeleuchtung wenig angewandt.

(781) Maschinenbeleuchtung. a) Geschlossene Zugbeleuchtung. Die Dynamomaschine kann angetrieben werden:

    1. von Dampfturbinen oder Dampfmaschinen auf der Lokomotive,

    2. von Dampfturbinen, Dampfmaschinen oder Petroleummotoren im Gepäckwagen mit besonderem Dampfkessel,

    3. von Petroleummotoren im Gepäckwagen und

    4. von der Wagenachse (Achsenbeleuchtung).

Die geschlossene Zugbeleuchtung eignet sich für europäische Verhältnisse mit Ausnahme Rußlands infolge des dichten Bahnnetzes und der geringen Anzahl dauernd zusammen bleibender Züge wenig, dagegen ist dieselbe in den Vereinigten Staaten und in Rußland sehr verbreitet. Turbinendynamos auf der Lokomotive sind von der Preußischen Staatsbahn angewandt worden bei einer Reihe von Zügen und auch auf amerikanischen Zügen vielfach in Gebrauch. Dort wird die Aufstellung von Dynamomaschinen im Gepäckwagen mit Dampflieferung von der Lokomotive vielfach angewandt, ganz besonders auf den westlichen Bahnen. Petroleummotoren sind auf russischen Bahnen vielfach in Gebrauch. Die Batterien befinden sich entweder lediglich im Gepäckwagen, oder jeder Wagen ist mit solchen ausgerüstet.

Vorteilhafter in den Anschaffungskosten ist die Achsenbeleuchtung für geschlossene Züge, welche in größerem Umfange auf europäischen Bahnen für Vorortstrecken und bei Kleinbahnen eingeführt ist, also bei solchen Zuggattungen, welche dauernd geschlossen bleiben. Die Batterien werden in der Regel nur in den mit Maschine ausgerüsteten Wagen angeordnet.

Über die verschiedenen Bauarten der Achsenbeleuchtung s. unter b.

(782) b) Einzelwagen-Beleuchtung. Die Maschinenbeleuchtung kann hier nur als Achsenbeleuchtung Anwendung finden. Bauarten, welche am meisten eingeführt sind: S t o n e (Fig. 515), B r o w n, B o v e r i & Co. (Fig. 516), D i c k (Fig. 517), GEZ (Gesellschaft für elektrische Zugbeleuchtung) (Fig. 518), ferner sind zu nennen: V i c a r i n o, G r o b (J u l i u s P i n t s c h A.-G.) (Fig. 519). Außerdem sind in England noch die Bauarten der T u d o r A c c u m u l a t o r Co. (Bauart TAC), V i c k e r s H a l l, L e i t n e r - L u c a s, M a t h e r & P l a t t, in den Vereinigten Staaten von Amerika die Bauarten der C o n s o l i d a t e d R a i l w a y E l e c t r i c L i g h t i n g & E q u i p m e n t C o., der U n i t e d S t a t e s L i g h t a n d H e a t i n g C o. (B l i s s - M o s k o w i t z), der S a f e t y C a r H e a t i n g a n d L i g h t i n g Co., der G o u l d C o u p l e r Co. u. a. in Gebrauch.

Jede Achsenbeleuchtung hat infolge der eigenartigen Betriebsverhältnisse eine Reihe von Apparaten nötig, bedingt durch die stets wechselnden Geschwindigkeiten, die Änderungen in der Fahrtrichtung sowie das Fehlen jeglicher Bedienung während des Betriebes. Die Apparate sind dauernden Erschütterungen und Temperaturschwankungen bei vielfach feuchter oder staubiger Luft ausgesetzt.

Eine Einrichtung besteht außer Maschine, Batterie, Leitungen und Schalter im wesentlichen aus folgenden Hauptteilen:

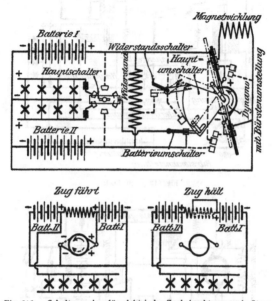

Fig. 515. Schaltungsplan für elektrische Zugbeleuchtung nach Stone.

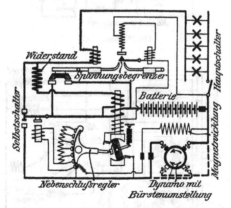

Fig. 516. Schaltungsplan für elektrische Zugbeleuchtung nach Brown, Boveri & Co.

a) dem Antrieb;

b) Spannungsregler für die Maschine, einer Vorrichtung, die Maschinenspannung entsprechend den Erfordernissen der Ladung der Batterie zu regeln;

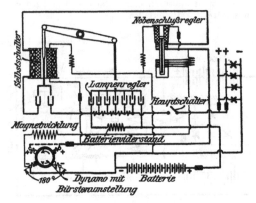

Fig. 517 nach Dick.

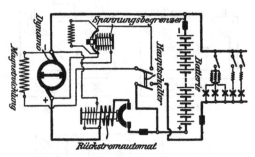

Fig. 518 nach GEZ.

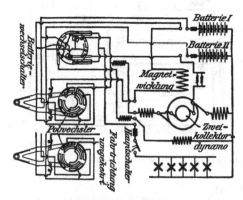

Fig. 519 nach Pintsch-Grob.
Schaltungspläne für elektrische Zugbeleuchtung.

c) Lampenregler, einer Vorrichtung, die Spannung an den Lampen stets gleichmäßig zu halten;

d) Selbstschalter, einer Vorrichtung, die Maschine in den Stromkreis einzuschalten, sobald deren Spannung die Spannung der Batterie erreicht oder überschritten hat;

e) Polwechsler, einer Vorrichtung, bei Fahrtrichtungsänderung die Pole der Maschine umzuschalten;

f) einer Vorrichtung zur Verhütung der Überladung der Batterie;

a) Als Antriebvorrichtung sind ausschließlich Riemen in Anwendung;

b) Zur Regelung der Maschinenspannung verwendet S t o n e einen nach Erreichung einer bestimmten Geschwindigkeit gleitenden Riemen, so daß die Umdrehungszahl der Maschine bei weiterer Geschwindigkeitssteigerung konstant bleibt. B r o w n, B o v e r i & C o. und D i c k verwenden selbsttätige Regelung der Nebenschlußerregung auf elektromagnetische Weise. GEZ benutzt die R o s e n b e r g sche Maschine (445). Maschinen mit Gegenwicklung sind gleichfalls mehrfach in Gebrauch, so bei V i c a - r i n o in Frankreich, TAC (T u d o r A c c u m u l a t o r C o.) und V i c k e r s H a l l in England. Pintsch-Grob benutzt eine Batterie zur gleichmäßigen Erregung der Maschine. Letztere hat 2 Kollektoren; der eine liefert den Lampenstrom, der andere den Ladestrom für die zweite Batterie.

c) Um die Spannung an den Lampen gleichmäßig zu halten, verwenden S t o n e, V i c a r i n o sowie einige englische Bauarten 2 Batterien, von denen die eine im wesentlichen in Ladung, die andere in Entladung sich befindet. Umschaltung der Batterien von Ladung auf Entladung erfolgt bei S t o n e bei Fahrtrichtungswechsel, bei V i c a r i n o nach bestimmten Zeitabständen, bei G r o b nach jedem Aufenthalt. D i c k, welcher früher 2 Batterien verwandte mit Umschalten nach jedem Aufenthalte, arbeitet gegenwärtig nur noch mit einer Batterie. E i n e Batterie verwenden die übrigen genannten Bauarten sowie sämtliche amerikanischen. Es wird nach und nach mit steigender Spannung Widerstand vor den Lampenstromkreis geschaltet. GEZ verwendet Eisendrahtwiderstände (Nernstlampenwiderstände), welche dauernd vor jede Lampe oder Lampengruppe geschaltet sind und alle Spannungsschwankungen aufnehmen.

d) Selbstschalter. Vorzugsweise werden einfache elektro-magnetische Apparate benutzt. S t o n e verwendet einen Fliehkraftregler, der bei bestimmter Umdrehungszahl entsprechende Kontakte schließt.

e) Polwechsler. S t o n e schaltet mittels des obengenannten Fliehkraftreglers bei Fahrtrichtungswechsel die Pole um. Vielfach werden die Dynamobürsten bei Fahrtrichtungswechsel entsprechend verschoben, so bei V i c a r i n o, TAC, B r o w n, B o v e r i & C o. GEZ verwendet keine besondere Polwechselvorrichtung, da die R o s e n b e r g sche Maschine stets gleichgerichteten Strom gibt.

f) Zur Verhütung der Überladung der Batterie verwendet GEZ sowie B r o w n, B o v e r i & C o. einen besonderen elektromagnetisch betätigten Apparat. D i c k und G r o b lassen die Maschine stets mit einer gleichbleibenden Spannung für Ladung der Batterien arbeiten, welche einer Spannung von 2,4—2,5 V für jedes Element entspricht. S t o n e hat keine besondere Vorrichtung zur Verhinderung der Überladung.

(783) Bestehende Anlagen. Reine Akkumulatoren-Beleuchtung ist in Deutschland bei Bahnpostwagen und vielen Klein- und Nebenbahnen eingeführt. Die Bahnpostwagen enthalten Batterien von 16 Zellen, zu je 4 in einen Kasten eingebaut. Kapazität etwa 96 Ast, Lade- und Entladestrom 6 A, Gewicht der ganzen Batterie 172 kg. Die zu speisenden Lampen sind einzeln ausschaltbar. Batterien werden zum Laden ausgewechselt. Mit Maschinenbeleuchtung sind eine große Zahl Kleinbahnen ausgerüstet. Von Hauptbahnen hat die Preußische Staatsbahn Beleuchtung geschlossener D-Züge mit Gepäckwagen-Maschine und Achsenantrieb, eine Anzahl D-Zugwagen und ferner alle Schlafwagen mit Achsenbeleuchtung nach GEZ ausgerüstet. Eine Anzahl Bahnpostwagen ist ebenfalls mit Achsenbeleuchtung nach S t o n e und GEZ ausgerüstet. Die Wagen der ehemaligen Pfalzbahn haben S t o n esche Bauart, die Sächsische Staatsbahn die Bauart der GEZ und von B r o w n, B o v e r i & C o., die Bayerische Staatsbahn GEZ, die Dänische Staatsbahn Zugbeleuchtung mit Batterien, die Schweizer Bundesbahn Einzelwagen-Beleuchtung nach B r o w n, B o v e r i & C o., die Italienische Staatsbahn Batteriebeleuchtung mit Auswechseln der Batterien, England und Kolonien Einzelwagen-Beleuchtung wesentlich nach S t o n e, in geringerem Umfange andere Systeme wie TAC, V i c k e r s H a l l usw., russische Bahnen im wesentlichen Bauart der GEZ, Französische Bahnen V i c a r i n o, S t o n e, B r o w n, B o v e r i & C o. und GEZ, Österreichische Bahnen D i c k, Ungarische Bahnen GEZ, Anatolische und Bagdadbahn GEZ, Orientalische Bahn D i c k. Im ganzen dürften in Europa über 25 000 Wagen elektrische Beleuchtung besitzen, in den Vereinigten Staaten ca. 15 000, in den übrigen Ländern zusammen etwa 20—25 000 Wagen. In Amerika und außereuropäischen Ländern, wo Gasbeleuchtung nur wenig existiert, macht die elektrische Beleuchtung sehr schnell große Fortschritte. Auf dem europäischen Kontinent ist die Entwicklung durch die bestehende Gasbeleuchtung gehemmt.

(784) Die Kosten der elektrischen Beleuchtung sind je nach Bauart und Ausstattung verschieden. Sie sind im allgemeinen bei großen Bahnnetzen höher als die der Gasbeleuchtung, bei kleineren Netzen vorteilhafter infolge der hohen Kosten der Gasanstalt. Die Betriebskosten stellen sich nur bei sehr billigem Gasbezug, wie er durch große Gasanstalten geliefert werden kann, höher als die Gasbeleuchtung.

Die Vorzüge der elektrischen Beleuchtung bestehen, abgesehen von den allgemeinen der elektrischen Beleuchtung überhaupt, insbesondere in dem absoluten Schutz vor Feuersgefahr bei Eisenbahnunfällen, der Abwesenheit jedes unangenehmen Geruches im Gegensatz zur Gasbeleuchtung, der Möglichkeit einer guten Lichtverteilung, u. a. der Anordnung von Lese-, Bett- und Tischlampen, der Möglichkeit einer guten Lüftung der Wagen durch Anbringung von Ventilatoren, so daß sich die elektrische Beleuchtung in der Mehrzahl der Länder, welche bis jetzt noch keine Gasbeleuchtung haben, schnell ausbreitet, langsamer da, wo Gasbeleuchtung bereits eingeführt ist.

Achter Abschnitt.

Elektrische Kraftübertragung.

Allgemeines.

(785) Zweck und Vorteile der elektrischen Kraftübertragung. Die elektrische Kraftübertragung bezweckt die wirtschaftliche Fortleitung benötigter Energiemengen in technisch leicht verwertbarer Form, wenn möglich unmittelbar bis zu der anzutreibenden Arbeitsmaschine. Ihre Überlegenheit zeigt sich in der Möglichkeit der Energiefortleitung auf praktisch beliebige Entfernungen bei geringen Energieverlusten, in der Einfachheit des Betriebes nicht ortsfester Maschinen mit Hilfe beweglicher Kabel, in der Möglichkeit, große Energiemengen in Akkumulatoren aufzuspeichern und sie nach Bedarf abzugeben, in der bequemen Anwendbarkeit für die mannigfaltigsten Zwecke, wie Beleuchtung, Motorenbetrieb, chemische Zwecke, Heizung usw. Die Motoren lassen sich für Leistungen von etwa $^1/_{60}$ kW und weniger bis herauf zu 10000 kW und mehr bauen, stellen also das gegenwärtig vollkommenste Mittel der Energieteilung dar. Die besonderen Vorzüge des Elektromotors sind: Geringer Bedarf an Raum und Wartung, geringes Gewicht, geringer Preis, hoher Wirkungsgrad, Widerstandsfähigkeit gegen Staub und Schmutz, vorzügliche Regelbarkeit der Geschwindigkeit, meistens unabhängig von der Belastung usw.

Die wirtschaftliche Bedeutung der elektrischen Kraftübertragung beruht auf der Möglichkeit, in großen, günstig gelegenen Kraftwerken die erforderliche Energie für ein weit ausgedehntes Gebiet zu erzeugen und sie mit geringen Verlusten bis zum Verbrauchsorte zu leiten, also die Ausnutzung der in den Rohprodukten Kohle, Gas usw. vorhandenen Energie mit vollkommenen Mitteln zu bewirken, insbesondere die in Wasserkräften gegebenen und in Talsperren künstlich aufgespeicherten Energiemengen wirtschaftlich günstig zu verwerten

(786) Eigenschaften der wichtigsten Stromarten. Vgl. hierüber (663) bis (680). a) G l e i c h s t r o m. Da der Kommutator den Bau von Maschinen für hohe Spannungen schwierig macht, kommt der Gleichstrom nur bei nicht zu großen Entfernungen in Frage. Eine Spannung über 600 V wird selten gewählt. Eine Spannungswandlung ist nur durch sich drehende, Wartung erfordernde Transformatoren, deren Wirkungsgrad verhältnismäßig gering ist, möglich. Gleichstromenergie läßt sich in Akkumulatoren aufspeichern, mit ihnen können die in Lichtanlagen auftretenden Tagesschwankungen der Belastung sowie die in Kraftanlagen stoßweise auftretenden Belastungsschwankungen in weitgehendem Maße ausgeglichen werden.

Die Motoren gehen unter Last an, sie lassen sich für sehr niedrige Geschwindigkeiten bauen. Hauptstrommotoren vertragen stärkere Überlastungen als Nebenschlußmotoren. Die Geschwindigkeit geht bei ihnen mit wachsender Belastung in weitgehendem Maße zurück.

b) D r e h s t r o m. Da die Generatoren und Motoren für hohe Spannungen gebaut werden können, und Spannungswandlung in ruhenden, mit hohem Wirkungsgrad arbeitenden Transformatoren möglich ist, ist der Drehstrom besonders gut zur

Übertragung großer Energiemengen auf große Entfernungen geeignet. Die Drehstrommotoren gehen, wenn in den Läuferstromkreis ein Anlaßwiderstand geschaltet wird, unter voller Last an. Sie vertragen hohe Überlastung und erfordern wenig Wartung. Sie lassen sich nicht für so niedrige Geschwindigkeiten bauen wie Gleichstrommotoren.

c) Einphasiger Wechselstrom. Bezüglich Ausführung der Generatoren und Motoren für hohe Spannungen und hinsichtlich wirtschaftlicher Spannungswandlung gilt das gleiche wie für Drehstrom. Die neueren Formen von Motoren (Repulsionsmotoren, Serienmotoren usw.) gehen unter Last an, werden aber noch nicht für so große Leistungen ausgeführt, wie die Drehstrom- und Gleichstrommotoren. Repulsionsmotoren und Serienmotoren verhalten sich hinsichtlich Abhängigkeit der Geschwindigkeit von der Belastung ähnlich wie die Gleichstrom-Hauptstrommotoren.

(787) Die **Leitungsanlage** zur Übertragung und Verteilung der elektrischen Energie ist so zu bemessen, daß die gesamten Energiefortleitungskosten (Kosten der Energieverluste sowie Abschreibung und Verzinsung der Leitungen) möglichst gering werden, und daß bei allen vorkommenden Belastungen an den Stromverbrauchern die von ihnen benötigte Spannung herrscht. Die Unterlagen für die Berechnung der Energiefortleitungskosten sind jedoch in den meisten Fällen unsicher und ungenau, und die Möglichkeit zukünftiger Erweiterung der Anlage verlangt mindestens die gleiche Berücksichtigung, so daß von der Berechnung des sogenannten „wirtschaftlichen Querschnittes" (693), bei dem die Fortleitungskosten auf ein Mindestmaß zurückgehen, meistens abgesehen werden muß.

Über die Berechnung von Leitungen und Leitungsnetzen s. (685) bis (696), Bau der Leitungen s. (697) bis (716), Apparate, Sicherungen, Schaltanlagen s. (717) bis (728).

Regelung der Geschwindigkeit der Motoren.

(788) **Gleichstrom.** Wie unter (448—465) näher ausgeführt ist, erfolgt Regelung der Geschwindigkeit der Motoren entweder durch Änderung der Feldstärke oder durch Änderung der dem Anker zugeführten Spannung. Die in letzterem Falle am meisten angewandten Mittel sind ein vor dem Anker liegender Widerstand und die Ward-Leonard-Schaltung. Der Widerstand im Ankerstromkreis wird nur in untergeordneten Betrieben verwendet, sobald die mit ihm verbundenen Nachteile, Energieverlust im Widerstand und Veränderlichkeit der Geschwindigkeit bei verschiedenen Belastungen, nicht von besonderem Einfluß sind. Die Ward-Leonard-Schaltung findet in großem Umfange Anwendung zur Regelung der Geschwindigkeit sehr großer Motoren (Umkehrstraßen, Fördermaschinen) sowie in Fällen, in denen eine feinstufige, von der Belastung unabhängige Regelung verlangt wird (Aufzüge, Krane, Papiermaschinen, Hobelmaschinen usw.)

In Anlagen mit einer größeren Zahl von Motoren empfiehlt sich oft die Einrichtung eines Mehrleiternetzes, etwa mit 3 oder 4 verschiedenen Spannungen, mit Hilfe dessen ohne Zuhilfenahme eines Widerstandes mehrere Ankerspannungen, etwa 6, erzeugt werden können, ein Mittel, das in amerikanischen Maschinenfabriken häufig angewendet wird. Bei Zuhilfenahme eines Feldregulierwiderstandes läßt sich eine sehr weitgehende, feinstufige Regelung ohne Verluste herbeiführen.

(789) **Wechselstrom.** a) Drehstrom. Wie unter (543) angegeben, läßt sich die Geschwindigkeit der gewöhnlichen asynchronen Drehstrommotoren am einfachsten mit Hilfe eines in den Läuferstromkreis geschalteten Widerstandes verändern, ein Mittel, das trotz der mit ihm verbundenen Verluste und der Veränderlichkeit der Drehzahl bei verschiedenen Belastungen der Billigkeit halber sehr häufig angewendet wird.

Auch bei großen Motoren wird es häufig angewandt, sobald große Schwung-massen mit den Motoren verbunden sind und aus diesem Grunde ein gewisser Ab-fall der Geschwindigkeit bei wachsenden Belastungen nötig ist (Schlupfwiderstand). Wenn das den Motor belastende Drehmoment mit sinkender Geschwindigkeit gleichfalls abnimmt, wie bei Ventilatorantrieb, treten nur verhältnismäßig geringe Verluste im Widerstand auf, so daß dieses Mittel auch in solchen Fällen häufig noch mit Vorteil angewendet werden kann.

Bei den p o l u m s c h a l t b a r e n M o t o r e n und K a s k a d e n - m o t o r e n werden zwar die Widerstandsverluste vermieden, diese Motoren sind aber für die meisten Fälle zu teuer und ermöglichen auch nur die Einstellung einzelner weniger Geschwindigkeiten, nicht aber eine feinstufige Regelung in weiteren Grenzen. Der Kaskadenmotor kommt hauptsächlich für Ventilatorantrieb in Frage (544).

b) E i n p h a s i g e r W e c h s e l s t r o m. Eine feinstufige Regelung ohne Verluste in Widerständen ist mit Hilfe von K o m m u t a t o r - m o t o r e n (565) oder mit Hilfe von in den Läuferstromkreis geschalteten R e g u l i e r u m f o r m e r n zu erreichen (574). Die wichtigsten Eigen-schaften der augenblicklich angewendeten Kommutatormotoren sind die Regelung der Drehzahl durch Bürstenverschiebung, sowie die Serien-charakteristik. Die Geschwindigkeit ist daher bei den verschiedenen Bürsten-stellungen in weitem Maße von der Belastung abhängig. Trotzdem finden diese Motoren wegen der Einfachheit der Regulierung bereits häufig Anwendung. Die Regelumformer dienen hauptsächlich zur Regelung großer Motoren, wie solche zum Antrieb von Hauptschachtventilatoren, Walzenstraßen usw. gewählt werden, und werden entweder so ausgeführt, daß die an den Schleifringen abgenommene Energie nach Umformung der Frequenz und Spannung in das Netz zurückgegeben wird (Frequenzumformer, Umformer nach S c h e r b i u s (574)) oder so, daß diese Energie in Gleichstrom umgeformt und dann einem auf der Achse des Haupt-motors sitzenden sogenannten Hintermotor zugeführt wird.

Sondergebiete der elektrischen Kraftübertragung.

I. Bergwerke.

(790) Hauptschachtfördermaschinen. Die Fördermaschinen zerfallen in T r o m m e l m a s c h i n e n (konische, zylindrische, konisch-zylindrische Trom-meln), T r e i b s c h e i b e n - oder K o e p e m a s c h i n e n und B o b i n e n - m a s c h i n e n. Der Motor treibt die Arbeitswelle entweder unmittelbar oder mittels Zahnradvorgeleges an. Bei Maschinen von einigen 100 kW Motorleistung ab ist unmittelbare Kupplung unbedingt vorzuziehen. Die erforderlichen Bremsen werden durch Druckluft, Bremsgewichte, Hilfsmotoren oder Bremsmagnete be-tätigt. Die Vollkommenheit der Anlage wird bedingt durch die erreichte Manövrierfähigkeit und die Sicherheit gegen Überschreitung der zulässigen Förder-geschwindigkeit sowie hauptsächlich gegen Zuweitfahren der Förderschale. Sie hängt von der Ausführungsart des elektrischen Teiles ab. Dieser soll folgende Auf-gaben erfüllen: Vollkommene Manövrierfähigkeit und weitestgehende Sicherheit, Ausgleich der Belastungsschwankungen, soweit das Netz dies nötig macht, geringe Betriebskosten und Anlagekosten. Es kommen in Frage:

a) A n t r i e b d u r c h e i n e n g e w ö h n l i c h e n a s y n c h r o n e n D r e h s t r o m m o t o r. Die Anlagekosten sind mäßig, aber Manövrierfähigkeit und Betriebssicherheit sind gering, da die Fördergeschwindigkeit von der jeweiligen Belastung sowie davon, ob Last gehoben oder gesenkt wird, abhängt. Die Sicherheit gegen Zuweittreiben hängt von der Geschicklichkeit des Maschinisten ab. Da der Motor sich bei der üblichen Frequenz von 50 nur bei sehr großen Leistungen für die geringe Geschwindigkeit der Förderwelle bauen läßt, ist fast immer ein Zahnradvorgelege nötig. Der Stromstoß beim Einschalten und Abbremsen ist groß, das Netz wird daher ungünstig beeinflußt. Der Energieverbrauch wird durch die großen Verluste im Anlaßwiderstand beim Anlassen und Abbremsen erheblich. Der asynchrone Drehstrommotor ist daher nur für kleine und mittelgroße Fördermaschinen und Förderhaspel brauchbar.

b) **Antrieb durch Wechselstrom-Repulsionsmotor** (575) (z. B. Derimotor usw.) oder Drehstrom-Serienmotor. Hinsichtlich der Schwierigkeit der unmittelbaren Kupplung gilt das unter a) Gesagte. Da die Regelung lediglich durch Bürstenverschiebung erfolgt, werden Widerstandsverluste vermieden, und der Energieverbrauch steigt beim Anlassen allmählich an. Wird beim Verzögern vor dem Ständer ein Widerstand gelegt, der so groß ist, daß Erregung des Ständers vom Netz aus vermieden wird, so ist es möglich, nutzbare Energie ins Netz zu geben und elektrisch abzubremsen. Auch hinsichtlich der Wirkung auf das Netz beim Einschalten und Anlassen sowie hinsichtlich des Energieverbrauches ist der Wechselstrom-Kollektormotor günstiger als der asynchrone Drehstrommotor. Vorläufig kommt er nur für kleine und mittelgroße Anlagen in Frage.

c) **Antrieb durch Gleichstrommotor in Leonardschaltung** (452). Die Geschwindigkeit ist praktisch von der Belastung unabhängig und allein abhängig von der Stellung des Manövrierhebels, der den im Magnetstromkreis der Steuerdynamo liegenden Widerstand ein- und ausschaltet. Daher läßt sich ein sehr einfacher und sehr zuverlässig wirkender Sicherheitsapparat ausbilden, und die Manövrierfähigkeit ist die denkbar günstigste. Da der Gleichstrommotor sich für niedrige Geschwindigkeiten bauen läßt, ist in allen Fällen, in denen die Größe der Maschine es wünschenswert macht, unmittelbare Kupplung zwischen Motor und Fördermaschinenwelle möglich. Der Energieverbrauch der Steuerdynamo ist annähernd proportional der Fördergeschwindigkeit, so daß die Belastungsweise des die Steuerdynamo antreibenden Drehstrommotors verhältnismäßig günstig ist. Verluste in den Widerständen treten in verschwindend geringem Umfange auf. Die den Strom für den Fördermotor liefernde Steuerdynamo wird unmittelbar durch eine Dampfmaschine oder eine Dampfturbine angetrieben oder durch einen Elektromotor, meistens einen Drehstrommotor. Bei unmittelbarem Antrieb durch eine Dampfturbine, der jedoch nur bei geringer Entfernung zwischen Kraftwerk und Förderanlage möglich ist, empfiehlt es sich, mit der Dampfturbine einen Drehstromgenerator für die übrigen Betriebe zwecks Schaffung einer guten Grundbelastung zu verbinden.

Bei Antrieb der Steuerdynamo durch einen Drehstrommotor wird bei größeren Anlagen ein Belastungsausgleich vorgesehen, und zwar entweder in Form eines Schwungrades oder einer Akkumulatorenbatterie. Da ein Schwungrad keinerlei Wartung bedarf, wenig Raum einnimmt, auch keinen schlechteren Gesamtwirkungsgrad der Anlage ergibt als eine Batterie, wird in der Regel ein Schwungrad genommen (Ilgner, ETZ 1902, S. 961). In Verbindung mit großen modernen Dampfturbinen-Kraftwerken ergibt sich im Jahresdurchschnitt ein wesentlich geringerer Dampfverbrauch für die eff. Schacht-kWst als selbst bei den besten Dampffördermaschinen[1].

---

[1] Einzelheiten bemerkenswerter ausgeführter Anlagen sind unter anderem beschrieben in folgenden Veröffentlichungen: A. Hochstrate, Die Schachtanlagen Heinrich und Robert des Steinkohlenbergwerks „de Wendel" in Herringen bei Hamm i. W., Zeitschrift Elektr. Kraftbetr. und Bahnen, Jahrgang VI. Heft 1—4. — Philippi, Elektrische Kraftübertragung, Verlag S. Hirzel, Leipzig. — Philippi, Die elektrischen Anlagen auf den Kaliwerken Friedrichshall, Sehnde bei Hannover, El. Kraftbetr., Jahrgang VI, Heft 24. — Janzen, Die Hauptschachtförderanlage auf Grube Hausham, Miesbach. El. Kraftbetr., Jahrgang VI, Heft 26.

(791) Ventilatoren. Wichtig sind hauptsächlich die großen H a u p t s c h a c h t-
v e n t i l a t o r e n zum Bewettern ganzer Gruben. Sie werden bei größeren Leistungen unmittelbar mit dem antreibenden Motor, fast immer einem Drehstrommotor, gekuppelt. Der Umstand, daß der Bedarf einer Grube an frischen Wettern
mit ihrer Ausdehnung wächst, bringt oft die Notwendigkeit einer Regelung der Geschwindigkeit des Drehstrommotors mit sich. Sie kann mit Hilfe eines in den Läuferstromkreis geschalteten Regelungswiderstandes (543) oder durch Ausbildung des
Drehstommotors als Kaskadenmotor (544) oder mit Hilfe eines an die Schleifringe
des Läufers angeschlossenen Regelumformers (574) bewirkt werden. Ein Regelungswiderstand ist am billigsten. Da beim Ventilator das erforderliche Drehmoment mit
dem Quadrat der Drehgeschwindigkeit abnimmt, so nimmt bei Regelung mit einem
solchen Widerstand auch der Energieverbrauch mit dem Quadrat der Drehgeschwindigkeit ab, während die Motorleistung mit der dritten Potenz der Geschwindigkeit
sinkt, die Verluste im Widerstand sind also verhältnismäßig gering. Dennoch sind
die gesamten Jahresverluste unter Umständen erheblich, weil ein Hauptschachtven-
tilator Tag und Nacht durchlaufen muß. Bei einem Kaskadenmotor, bei dem vorteilhaft der Sekundärmotor polumschaltbar gemacht wird, lassen sich mehrere Geschwindigkeiten einstellen, eine ununterbrochene Regelung der Geschwindigkeit ist aber
nicht möglich. Bei Verwendung eines Regelumformers im Läuferstromkreis wird
die an den Schleifringen abgenommene Regelungsenergie im Umformer entweder
in Gleichstrom umgewandelt und einem auf der Welle des Hauptmotors sitzenden
Hintermotor zugeführt, oder in Drehstrom von gleicher Frequenz und gleicher
Spannung, wie der Netzstrom besitzt, umgeformt und ins Netz zurückgegeben.

(792) Wasserhaltungen. Für die Wasserhaltungen werden entweder K o l b e n-
p u m p e n oder S c h l e u d e r p u m p e n genommen. Die Pumpen werden fast
immer unmittelbar mit den Motoren gekuppelt. Kolbenpumpen haben besseren
Wirkungsgrad als Schleuderpumpen, sind aber wesentlich teurer und erfordern
mehr Raum und Wartung. Für Hängepumpen, die beim Abteufen und Sümpfen
von Schächten nötig sind, werden nur Schleuderpumpen, angetrieben durch vollkommen gekapselte Drehstrommotoren, deren Gehäuse durch Wasser gekühlt ist,
genommen. Die üblichen Geschwindigkeiten der Schleuderpumpen sind 1500 U/mn
und bei großer Förderhöhe und verhältnismäßig geringer Wassermenge 3000 U/mn.
Die Kolbenpumpen arbeiten mit etwa 100—150 U/mn. Eine Regelung der Drehgeschwindigkeit ist bei Wasserhaltungen nicht erforderlich.

(793) Bohrmaschinen. In Frage kommen für weiches Gestein, wie Kali,
Minette, Kohle usw. D r e h b o h r m a s c h i n e n, für hartes Gestein S t o ß-
b o h r m a s c h i n e n. Der antreibende Motor, fast immer ein Drehstrommotor
mit Kurzschlußanker, wird in der Regel unmittelbar an die Bohrmaschine angebaut.
Bei den Drehbohrmaschinen wird häufig in das Getriebe zwischen Motor und Bohrer
eine Reibungskuppelung eingebaut, die bewirkt, daß der Bohrervorschub mit der
Härte des Gesteins selbsttätig sinkt und steigt. Von den Stoßbohrmaschinen ist
hauptsächlich diejenige mit Federhammer zu erwähnen, bei der der Bohrer durch
hin- und hergehende Doppelfedern mit der vom Motor angetriebenen Welle verbunden ist. Ein mittels Gleitkuppelung mit dem Bohrgetriebe verbundenes
Schwungrad bewirkt annähernd gleichmäßige Beanspruchung des Motors und begrenzt die Beanspruchung des Getriebes, so daß die Abnutzung der einzelnen Teile
auf ein geringes Maß herabgedrückt ist. Die Vorteile der elektrisch angetriebenen
Stoßbohrmaschine gegenüber der Preßluftmaschine sind der geringe Energieverbrauch, der nur etwa gleich dem zehnten Teil desjenigen beim Preßluftbetrieb ist,
die Unabhängigkeit des Energieverbrauches vom Verschleiß und die durch die
Feder gegebene große Rückzugskraft des Bohrers.

(794) Sonstige Betriebe in Bergwerken. Der elektromotorische Antrieb wird
unter Tage außer bei den angegebenen Maschinen noch angewendet bei der Förderung auf den horizontalen Strecken, bei den kleinen Hilfsförderhaspeln, Separat-

ventilatoren, Zubringerpumpen usw., über Tage zum Betrieb der Kohlensepara-
tionen, Kohlenwäschen, Erzaufbereitungen, Salzmühlen, Werkstätten usw. In den
meisten Fällen handelt es sich um einfache motorische Anlagen mit Riementrieb
und unveränderlicher Geschwindigkeit der Motoren. Bemerkenswert sind höchstens
noch die in schlagwettergefährlichen Grubenräumen unter Tage stehenden Motoren.
Die Schlagwettersicherheit wird hierbei mit Hilfe des auf der Schlagwetterversuchs-
strecke bei Gelsenkirchen erprobten sogenannten Plattenschutzes in der Weise erreicht, daß entweder die ganzen Motoren oder nur die Schleifringe eingekapselt
werden, dabei aber das Gehäuse Öffnungen erhält, die durch den Plattenschutz,
mit geringem gegenseitigen Abstand aufeinander geschichtete Bleche, abgedeckt
sind (391). Statt durch Verwendung des Plattenschutzes kann man auch durch
vollkommene Kapselung der Motoren und genügend kräftige Bemessung der
Gehäuse Schlagwettersicherheit erreichen. Für die Schalter wird entweder auch
der Plattenschutz benutzt, oder es werden Ölschalter genommen, wobei alle
Teile, an denen Funken auftreten können, also auch die Relais, unter Öl liegen.
Auch bei den Anlaßwiderständen und den Umkehrschaltern liegen die Kontakte
unter Öl. Es läßt sich auf diese Weise sehr wohl die ganze Anlage betriebs-
gemäß schlagwettersicher ausführen.

II. Hütten- und Walzwerke.

(795) Ausführung der Kraftwerke. Die Kraftwerke werden in der Regel im
Anschluß an Hochöfen errichtet, um die im Hochofengas enthaltene Energie nutzbar
zu machen. 1 kg im Hochofen verhütteter Koks liefert etwa 4,5 m³ Gas. Der
Eigenverbrauch eines Ofens für Winderhitzung, Betrieb der Gebläsemaschinen usw.
beträgt zuzüglich der Undichtigkeitsverluste etwa 60 %, so daß etwa 40 % zur Erzeugung von Strom frei werden[1]). Zum Betrieb der Generatoren des Kraftwerkes
werden sowohl Großgasmaschinen wie auch Dampfturbinen aufgestellt. Erstere
verbrauchen für 1 kW indizierter Gasmaschinenleistung bei voller Belastung etwa
4 m³ Hochofengas, letztere etwa das doppelte. Da der Gasverbrauch der Großgasmaschinen mit sinkender Belastung nur wenig abnimmt, stellt sich im Jahresmittel
der Vergleich für die Dampfturbinen etwas günstiger, und zwar ergibt sich bei Ver-
feuerung der Gase unterm Kessel und Benutzung großer Dampfturbinen nur ein
um etwa 50—60 % größerer Gasverbrauch als bei Verbrennung der Gase unmittelbar in den Gasmaschinen[2]). Letztere bedingen höhere Ausgaben für Schmier- und
Putzmaterial, Wartung und Reparaturen sowie höhere Anschaffungskosten der
gesamten Anlage. Trotzdem ergeben sie in der Regel geringere Selbstkosten für die
kWst, sobald das verbrauchte Gas seinem Verbrennungswert und dem ortsüblichen
Kohlenpreis entsprechend bewertet wird. Unter Einrechnung aller Unkosten stellt
sich 1 kWst auf großen Hüttenkraftwerken auf etwa 1—2 Pfennig.

Es kommt sowohl Drehstrom wie auch Gleichstrom in Frage. Der letztere
hat wichtige betriebstechnische Vorteile, wie die leichte Reglungsfähigkeit der
Motoren usw., macht aber bei der großen Ausdehnung moderner Hüttenwerke
Schwierigkeiten hinsichtlich der wirtschaftlichen Fortleitung der Energie. Daher
wird bei großen Werken in der Regel Drehstrom von 3000—5000 V genommen.

(796) Walzenstraßen. a) S t e t s   i n   g l e i c h e r   R i c h t u n g   l a u f e n d e
W a l z e n s t r a ß e n. Soll die Straße dauernd mit den gleichen Grundgeschwin-
digkeit laufen, so eignen sich der Drehstrommotor und der Gleichstrommotor annähernd gleich gut. Der letztere wird, um die Schwungmassen richtig zur Arbeits-

---

[1]) Vgl L a n g e r, Die Maschinenanlage auf modernen Hüttenwerken, Stahl und Eisen,
20. 4. 1910.
[2]) Vgl. E. R i e c k e, Wärmeverbrauch von Gas- und Turbodynamos in Hüttenzentralen,
Stahl und Eisen, 27. 11. 1907.

leistung heranzuziehen und selbsttätig den dazu nötigen Abfall der Geschwindigkeit zu geben, als Doppelschlußmotor ausgeführt, während beim Drehstrommotor der nötige Abfall der Geschwindigkeit durch einen Schlupfwiderstand herbeigeführt wird. Soll die Straße mit verschiedenen Grundgeschwindigkeiten laufen, so ist der Gleichstrommotor dem Drehstrommotor gegenüber nennenswert im Vorteil, da sich die verschiedenen Geschwindigkeiten bequem durch Änderung der Feldstärke einstellen lassen. Beim Drehstrommotor werden die verschiedenen Geschwindigkeiten am besten mit Hilfe eines Regelumformers, der die in den Schleifringen abgenommene Energie wieder nutzbar macht (574), eingestellt.

b) U m k e h r s t r a ß e n. (Vorblockstraßen, Grobblechstraßen, Schienen- und Trägerstraßen.) Da der Motor in der Minute 15—20 mal umgesteuert werden muß, läßt sich nur ein Gleichstrommotor in Verbindung mit der L e o n a r d schen Schaltung (452) benutzen. Zum Ausgleich der sehr erheblichen Belastungsschwankungen ist der dabei nötige Zwischenumformer mit Schwungrad auszurüsten (nach I l g n e r (790, c)). Der Energieverbrauch einer Walzenstraße und damit auch die erforderliche Größe des Antriebsmotors hängt in erster Linie von dem Gesamtgewicht des stündlich zu verwalzenden Materials und der dabei erzielten Verlängerung ab. Jeder Eisensorte entspricht bei einem bestimmten Gewicht des Walzgutes und einer bestimmten Verlängerung eine gewisse erforderliche Arbeit, die allerdings auch von der Temperatur des Walzgutes, der Kaliberabstufung, dem Durchmesser der Walzen sowie der Walzgeschwindigkeit abhängt. Erfahrungszahlen hierüber sind in der einschlägigen Literatur veröffentlicht [1]). Der Wirkungsgrad zwischen den Klemmen des Umformermotors und den Walzen beläuft sich je nach der Belastung und der Größe der Anlage auf etwa 50—70 %.

Der wirtschaftliche Vorteil des elektrischen Antriebes der Walzenstraßen, insbesondere der großen Umkehrstraßen, gegenüber Antrieb durch Dampfmaschinen liegt in dem sehr geringen Verbrauch an Brennmaterial, der sich im Jahresdurchschnitt für die t Walzgut ergibt, in der Vergrößerung der Jahresleistung des Kraftwerkes und der dadurch verursachten Erniedrigung der Erzeugungskosten der elektrischen Energie, in der Einfachheit und Sicherheit der Bedienung, in der durch die vollkommene Steuerfähigkeit des Motors gegebenen Möglichkeit der Erzielung größerer Jahresleistungen, in der Möglichkeit, den Energieverbrauch und damit auch den Zustand der Anlage dauernd zu überwachen usw.[2]).

(797) Rollgänge. Man unterscheidet A r b e i t s r o l l g ä n g e und T r a n s - p o r t r o l l g ä n g e. Die ersteren werden zur Bedienung der Umkehrstraßen benutzt und müssen in ein paar Sekunden umgesteuert werden können. Letztere laufen dauernd in gleicher Richtung und stellen an den Antriebsmotor und die Steuerapparate geringere Anforderungen. Zum Antrieb werden Gleichstrom-Hauptschlußmotoren oder Drehstrommotoren mit Schleifringanlasser verwandt. Der Gleichstrommotor erlaubt wegen der geringeren Eigenmassen ein rascheres Umsteuern. Der Antrieb der Rollen erfolgt mit mehrfacher Zahnradübersetzung. Die Motoren müssen in allen Teilen sehr kräftig gebaut und gut gegen Staub und Schmutz geschützt sein. Da die gewöhnlichen Motoren diesen Bedingungen nicht genügen, sind besondere „Rollgangsmotoren" von den Elektrizitätsfirmen ausgebildet worden.

---

[1]) Vgl. K ö t t g e n , Elektrischer Antrieb in Hüttenwerken, Stahl und Eisen 1904, S. 228. — P u p p e , Versuche zur Ermittelung des Kraftbedarfes in Walzwerken, Verlag Stahleisen, Düsseldorf 1909. — M a l e y k a , Bestimmung der Größe von Motoren zum Antrieb von Fein- und Stabwalzwerken, Stahl und Eisen 1909, Heft 37. — P u p p e , Neuere Forschungsergebnisse auf walztechnischem Gebiete, Vortrag, gehalten auf dem Internationalen Kongreß für Bergbau usw., Düsseldorf 1910. Verlag Julius Springer, Berlin.
[2]) Einzelheiten bemerkenswerter ausgeführter Anlagen sind unter anderem enthalten in folgenden Veröffentlichungen: T h. W e n d t , Die elektrisch betriebenen Umkehrwalzenstraßen in Georgsmarienhütte, Stahl und Eisen 1908, Seite 577. — G. M e y e r , Die elektrisch betriebene Umkehrblockstraße der Rheinischen Stahlwerke, Stahl und Eisen 1909, Heft 23.

(798) Hochofenaufzüge. Die Größe der zu fördernden Lasten und der erforderlichen Geschwindigkeiten bedingt, daß der Antrieb ähnlich wie derjenige von Bergwerksfördermaschinen auszubilden ist. Da ähnlich wie bei diesen ein genaues Einfahren auf die richtige Höhe, nämlich die Höhe der Gichtbühne, nötig ist, gestaltet sich der Antrieb am vollkommensten bei Verwendung eines Gleichstrommotors in Verbindung mit der L e o n a r dschen Schaltung (452), doch läßt sich auch ein Gleichstrommotor in Verbindung mit einem gewöhnlichen Ankeranlasser verwenden, nur daß alsdann, besonders bei veränderlicher Belastung, größere Aufmerksamkeit seitens des Führers notwendig wird.

(799) Sonstige Hüttenwerksmaschinen. In Frage kommen außer den angegebenen wichtigsten Maschinen auf Hüttenwerken noch eine größere Zahl von Transportmaschinen sowie Maschinen zur Adjustage, d. h. zur Fertigbearbeitung der aus den Walzenstraßen kommenden Produkte. Der elektrische Antrieb der Transportmaschinen ist nach den unter (800) bis (803) dargelegten Gesichtspunkten auszuführen. In der Regel handelt es sich um stark beanspruchte Maschinen, weshalb der elektrische Teil besonders kräftig und reichlich sowie widerstandsfähig gegen Staub und Schmutz auszuführen ist. Bei den Maschinen zur weiteren Verarbeitung der Walzenprodukte, wie den Scheren, Warmsägen, Lochmaschinen, Blechbiegemaschinen usw. werden an den elektrischen Antrieb, der hier, ebenso wie bei den Transportmaschinen, fast in allen Fällen selbstverständlich geworden ist, keine besonderen Forderungen gestellt, höchstens ist es bei schweren, mit Schwungmassen ausgerüsteten Scheren usw. nötig, ähnlich wie bei den ständig durchlaufenden Walzenstraßen für richtigen Abfall der Drehgeschwindigkeit Sorge zu tragen.

III. Hebezeuge.

(800) Wahl der Stromart. Da in den meisten Fällen Motoren für Gleichstrom, Drehstrom und neuerdings auch für einphasigen Wechselstrom ohne weiteres zum Antrieb der Hebezeuge benutzt werden können, wird in der Regel die zur Verfügung stehende Stromart unmittelbar verwandt. Am brauchbarsten ist der Gleichstrommotor. Zum Antrieb von Kranen wird, sobald Gleichstrom zur Verfügung steht, stets ein Gleichstrom-Hauptschlußmotor genommen, dessen Vorzüge (hohes Anfahrmoment und hohe Überlastbarkeit, Sinken der Geschwindigkeit bei starker und Steigen bei schwacher Belastung, sowie geringe Eigenbewegungsenergie des Ankers) ihn für den Antrieb von Kranen jeder Art zum vollkommensten Motor machen. Dagegen sind zum Antrieb von Aufzügen Nebenschlußmotoren vorzuziehen, da sie mit annähernd gleichmäßiger Geschwindigkeit bei veränderlicher Belastung arbeiten und bei niedergehender Last nicht durchgehen, sondern Energie ins Netz zurückgeben. Für angestrengte Betriebe wird bei großen Leistungen, z. B. bei großen Kohlenkippern, angestrengt arbeitenden großen Aufzügen (Warenhausaufzüge), mit Vorteil die L e o n a r dsche Schaltung (452) verwandt, die bei jeder, auch negativer, Belastung sehr genaues Fahren und Bremsen durch Energierückgabe ermöglicht. Der **D r e h -
s t r o m m o t o r**, der in seinen Betriebseigenschaften dem Gleichstrom-Nebenschlußmotor gleicht, ist für Antrieb von Hebezeugen jeder Art auch geeignet, aber in vielen Fällen weniger als der Gleichstrommotor. Sein Anfahrmoment und seine Überlastbarkeit reichen für Hebezeugbetrieb vollkommen aus, von Nachteil ist aber, insbesondere für Kranbetrieb, daß seine Drehgeschwindigkeit bei schweren Lasten nur wenig abnimmt, so daß alsdann die verbrauchte Leistung diejenige von Gleichstrom-Hauptschlußmotoren wesentlich übersteigt. Die Vorteile der L e o n a r dschaltung sind mit ihm nicht zu erzielen.

Der **e i n p h a s i g e   W e c h s e l s t r o m m o t o r** wird als Serien-Wechselstrommotor oder als Repulsionsmotor verwandt und gleicht alsdann in seinen Betriebseigenschaften dem Gleichstrom-Hauptschlußmotor. Bei Aufzugsbetrieb muß der Läufer nach Erreichung der vollen Geschwindigkeit selbsttätig kurzgeschlossen werden, so daß er mit unveränderter Geschwindigkeit weiterläuft.

(801) Bestimmung der Motorgröße. Die Motorgröße wird nicht nur nach der größten vorkommenden Belastung, sondern auch nach der Dauer der Belastung und der Pause bestimmt, da auch hiervon die Erwärmung des Motors abhängt[1]). Es werden besondere Motoren für intermittierenden Betrieb genommen. Als normale Leistung dieser Motoren ist in den Normalien des Verbandes Deutscher Elektrotechniker diejenige festgesetzt, die der Motor ohne Unterbrechung eine Stunde lang abgeben kann, ohne daß seine Erwärmung das zulässige Maß überschreitet. Zur Erleichterung der Wahl der richtigen Motorgröße teilt man zweckmäßig die Betriebe wie folgt ein: S c h w a c h e B e t r i e b e: Die höchste Belastung kommt nur selten vor, wie z. B. bei Motoren wenig benutzter Laufkrane oder Hebezeuge, Drehbrücken, selten benutzter Aufzüge usw. Die Motoren können so bemessen werden, daß die verlangte Höchstleistung etwa eine halbe Stunde lang ausgehalten werden kann. N o r m a l e B e t r i e b e: Die höchste Belastung kommt häufig vor, die Pausen sind etwa doppelt so lang wie die Arbeitsspiele. Hierher gehören die Werkstattkrane stark beschäftigter Werkstätten, Gießereien usw., Aufzüge in Mietshäusern usw. Die höchste Belastung muß etwa eine Stunde lang ausgehalten werden können. S c h w e r e u n d a n g e s t r e n g t e B e t r i e b e: Die höchste Belastung wird in flottem Betrieb bei jedem Zug gefordert, wie bei Greiferkranen, Hebezeugen an Kohlenladeplätzen, Kranen in Stahlwerken, Rollgängen, Warenhausaufzügen usw. Die höchste Belastung muß wenigstens 2 Stunden lang ausgehalten werden können. Bei besonders schweren Betrieben werden die Motoren einfach für Dauerbetrieb bemessen. Es ist bei solchen Betrieben auch vorteilhaft, langsam laufende Motoren zu nehmen, um Motoren mit geringer Eigenbewegungsenergie, also hoher Steuerfähigkeit, zu erhalten.

(802) Krane. a) E i n t e i l u n g d e r K r a n e. Man unterscheidet K r a n e m i t g e r a d l i n i g e r F o r t b e w e g u n g, wie Laufkrane, Bockkrane, Velozipedkrane, f e s t s t e h e n d e d r e h b a r e K r a n e, wie Werkstatt- und Werftdrehkrane, und f a h r b a r e D r e h k r a n e, wie Portaldrehkrane für Häfen, Drehkrane auf Lagerplätzen zum Verteilen der Kohlen usw. Die Ausbildung des elektrischen Antriebes hängt von der Arbeitsweise der Krane ab, gleicht sich aber in wesentlichen Punkten für alle Krane. Bei Laufkranen unterscheidet man Einmotoren- und Mehrmotorenkrane, je nachdem für die in Frage kommenden Bewegungen ein einziger Motor oder mehrere Motoren, je einer für jede Bewegung genommen werden. Einmotorenlaufkrane kommen wegen der dabei nötigen mechanischen Umsteuerungen gegenwärtig fast gar nicht mehr vor.

b) A u s b i l d u n g d e r M o t o r e n, d e r B r e m s e n u n d d e r S t e u e r a p p a r a t e. In trockenen, staubfreien Räumen sind offene Motoren zulässig, doch werden, um einheitliche Typen für alle vorkommenden Fälle zu haben, neuerdings in der Regel g a n z g e k a p s e l t e M o t o r e n mit Stahlgußgehäuse genommen, welch letzteres zwecks bequemer Zugänglichkeit des Kommutators, der Bürsten usw. zweiteilig gemacht wird. Allseitig gedrungener Bau zur Erreichung geringsten Raumbedarfes ist gleichfalls erforderlich. Bei Drehstrommotoren ist der Luftzwischenraum zwischen Ständer und Läufer größer zu machen als bei gewöhnlichen Motoren, und die Lager sind in ihren Abmessungen reichlich zu halten, um zu vermeiden, daß der Läufer bei den unvermeidlichen Erschütterungen des Motors am Ständer schleift.

Je nachdem die B r e m s e n den Zweck haben, die in Bewegung befindlichen Teile zum Stillstand zu bringen und nach dem Anhalten den Zustand der Ruhe zu sichern oder die niedergehende Last abzubremsen und die Senkgeschwindigkeit zu regeln, unterscheidet man S t o p p - o d e r H a l t e b r e m s e n und S e n k -

---

[1]) Vgl. O e l s c h l ä g e r, ETZ 1900.

b r e m s e n. Die stets erforderlichen S t o p p - o d e r H a l t e b r e m s e n
wirken am zweckmäßigsten an derjenigen Stelle, an der die größte Bewegungsenergie
liegt, also z. B. bei Kranausrüstungen mit raschlaufenden Motoren auf die Motorwelle oder die Welle des ersten Vorgeleges. Um zu bewirken, daß bei ausgeschaltetem
Motor die Bremse stets angezogen ist, werden die Bremsen in der Regel mit einem
Bremsmagnet verbunden, der das Bremsgewicht lüftet (Fig. 158), und der mit dem
Motor ein- und ausgeschaltet wird. Die S e n k b r e m s e n haben den Zweck, die niedergehende Last abzubremsen. Da sie aber einen nicht unerheblichen Energieverbrauch
mit sich bringen und der Abnutzung stark unterworfen sind, werden sie gegenwärtig fast stets ersetzt durch besondere S e n k b r e m s s c h a l t u n g e n, die
es ermöglichen, rein elektrisch abzubremsen, wobei der Motor entweder auf Widerstand arbeitet oder Energie ins Netz zurückgibt. Beim Gleichstrom-Hauptschlußmotor wird der Anker über einen Widerstand kurzgeschlossen und die Magnetwicklung so geschaltet, daß sie im gleichen Sinne wie beim Lastheben erregt ist.
Zur sicheren Einleitung der Generatorwirkung wird an den ersten Senkstufen die
Magnetwicklung unmittelbar ans Netz gelegt. Durch allmähliches Verringern des
Regelungswiderstandes kann die Senkgeschwindigkeit in weitgehendem Maße vermindert werden. Den Drehstrommotor kann man beim Senken entweder mit etwas
übersynchroner Geschwindigkeit als Generator aufs Netz arbeiten lassen oder nach
Umschalten von 2 Ständerzuleitungen mittels Gegenstromes allmählich bis an-
nähernd auf Null abbremsen. Die Energie der niedergehenden Last und die gesamte
Bewegungsenergie wird dabei im Widerstand vernichtet.

Der Apparat, mit dessen Hilfe die verschiedenen Schaltungen ausgeführt
werden, der S t e u e r a p p a r a t oder die S c h a l t w a l z e, braucht nicht unmittelbar am Motor Aufstellung finden, sondern kann an beliebiger Stelle aufgestellt
werden. Sein Platz kann so gewählt werden, daß der Kranführer das Auf- und
Niedergehen des Arbeitsstückes gut übersieht. Darin liegt ein wesentlicher Vorzug
des elektrischen Antriebes von Kranen, der z. B. in Stahlwerken von großem Werte
ist. Der Steuerapparat besteht aus dem eigentlichen Kontaktapparat und dem
Widerstand, der unmittelbar an jenen gebaut oder getrennt von ihm aufgestellt
sein kann. Im Gegensatz zu den sonst üblichen Regelungswiderständen stehen die
Kontaktfinger im Kontaktapparat fest, während die auf einer Walze befestigten
Gleitstücke unter ihm hin- und hergedreht werden. Das erleichtert sehr die Ausführung der verschiedenen Schaltungen, die für den Kranbetrieb nötig sind. Um
die Zahl der Kontakte gering halten zu können, wird stets eine kräftige magnetische
Funkenlöschung an allen Kontakten vorgesehen, die zu der großen Widerstandsfähigkeit solcher Apparate erheblich beiträgt.

(803) Aufzüge. Der Betrieb der Aufzugsmaschinen erfolgt durch Gleichstrom-
Nebenschlußmotoren oder durch Drehstrommotoren, je nachdem die eine oder die
andere Stromart zur Verfügung steht, seltener durch einphasige Wechselstrommotoren. Der Motor treibt die Trommelwelle mit Schnecke und Schneckenrad oder
mehrfachem Zahnradvorgelege an. Da der Hauptvorzug des elektrischen Antriebes
von Aufzügen in der vollkommenen Steuerfähigkeit und der erreichbaren hohen
Betriebssicherheit liegt, bilden der Steuerapparat und die Sicherheitsvorrichtungen
den wichtigsten Teil eines elektrischen Aufzuges. Die Bauart der Steuerapparate
nebst Zubehör hängt von der gewünschten Art ihrer Bedienung ab. Diese erfolgt
entweder von der Kabine oder von Anschlagstellen an den verschiedenen Stockwerken aus, und zwar entweder durch Übertragung mittels Seiles oder Handrades
oder durch elektrische Übertragung.

Bei der S e i l ü b e r t r a g u n g erfolgt die Bedienung mit Hilfe eines längs
des Aufzugsweges gespannten Seiles, das bei Steuerungen von der Kabine aus durch
diese hindurchgeführt wird. Da hierbei das allmähliche Einschalten eines Anlassers
Schwierigkeiten machen würde, wird, um die Anfahrgeschwindigkeit und die An-
fahrstromstärke von der Bedienung unabhängig zu machen, meistens ein einfacher

Umschalter, der manchmal noch mit einer oder zwei Widerstandsstufen ausgerüstet ist, in Verbindung mit einem Selbstanlasser benutzt. Der erstere wird durch das Seil betätigt. Der letztere ist entweder so gebaut, daß durch einen Zentrifugalregler die Widerstandsstufen nacheinander kurzgeschlossen werden, oder das Kurzschließen der Stufen erfolgt unabhängig von der Anfahrgeschwindigkeit durch einen kleinen Hilfsmotor oder eine andere Hilfskraft. Bei der H a n d r a d s t e u e r u n g wird der Wendeanlasser mit Hilfe eines in der Kabine untergebrachten Handrades durch den Führer allmählich ein- und ausgeschaltet. Die Geschwindigkeit am Anfang und am Ende der Fahrt wird also unmittelbar durch den Führer geregelt.

Um einen Führer entbehren zu können, werden neuerdings die Aufzüge in den Wohnhäusern in der Regel mit D r u c k k n o p f s t e u e r u n g ausgerüstet. Die in der Kabine untergebrachten Druckknopftafeln, die von den Druckknöpfen der Kabine betätigten Relais, die auf den an der Aufzugsmaschine angebrachten Anlaßwiderstand arbeiten, und der als Wendeanlasser ausgebildete Anlasser sind die hauptsächlichsten Steuerteile einer Anlage mit Druckknopfsteuerung. In der Regel sind die Relais in einem im Maschinenraume stehenden Kopierapparat, der wie ein Fördermaschinenteufenzeiger die Bewegungen des Aufzuges in verkleinertem Maßstabe widergibt, vereinigt. Die Schaltungen werden derart ausgeführt, daß die Kabine nur dann in Bewegung gesetzt werden kann, wenn alle Türen geschlossen sind. An den Endpunkten der Fahrbahn werden Sicherheitsausschalter angebracht, die von der Kabine beim Zuweitfahren betätigt werden und ein sofortiges Stillsetzen des Aufzuges herbeiführen, sobald sie in Tätigkeit treten. Bei stark benutzten Aufzügen, insbesondere dann, wenn, wie bei Warenhausaufzügen, ein Führer doch sowieso erforderlich ist, werden besondere Kabinenschalter in der Kabine angeordnet, die die Relais ein- und ausschalten, so daß im Gegensatz zu der normalen Druckknopfsteuerung auch das Stillsetzen der Kabine durch den Führer bewirkt wird. Zur Verbindung der Kabine mit dem Maschinenraum dient ein biegsames Kabel.

Bei Aufzügen für große Fahrgeschwindigkeit ist die Verwendung der L e o n a r d s c h a l t u n g (452), insbesondere wenn die Beanspruchung sehr hoch ist, vorteilhaft, die ein sehr genaues, von der Belastung unabhängiges Fahren ermöglicht. Wegen der durch den dabei nötigen Umformer bedingten dauernden Verluste kommt sie jedoch bei normal beanspruchten Aufzügen nicht in Frage.

IV. Fabrikbetrieb.

(804) Papierfabriken. Die wichtigsten Maschinen in Papierfabriken sind die eigentlichen P a p i e r m a s c h i n e n, auf denen das Papier hergestellt wird. Sie stellen an den Antrieb verschiedene Sonderbedingungen, die durch einen Elektromotor, und zwar einen Gleichstrom-Nebenschlußmotor, am vollkommensten erfüllt werden können. Es ist zunächst nötig, daß die Papiermaschine langsam und vollkommen stoßfrei auf die gewünschte Geschwindigkeit gebracht werden kann, eine Forderung, der mit Hilfe eines feinstufigen Anlassers leicht genügt wird. Ferner soll die gewünschte Geschwindigkeit unabhängig von den vorkommenden Belastungsschwankungen möglichst genau eingehalten werden, andererseits aber muß es möglich sein, die Drehgeschwindigkeit in weiten Grenzen zu ändern, entsprechend den verschiedenen Papiersorten, die auf der Maschine hergestellt werden sollen. Die Grenzen, innerhalb deren die Geschwindigkeit feinstufig regelbar sein muß, sind sehr weite, bis zu 1 : 20 und mehr. Energieverluste dürfen natürlich bei den verschiedenen Geschwindigkeiten nur in geringem Maße vorkommen.

Diese Forderungen lassen sich in praktisch brauchbarer Weise nur mit Hilfe eines Gleichstrom-Nebenschlußmotors erfüllen. Dabei erfolgt die Regelung der Geschwindigkeit entweder mit Hilfe eines i n d e n M a g n e t s t r o m k r e i s g e s c h a l t e t e n W i d e r s t a n d e s oder mit Hilfe der L e o n a r d s c h a l -

t u n g. In dem ersteren Falle sind, besonders bei sehr weitem Regelungsbereich, große Motoren nötig, da es möglich sein muß, das bei den verschiedenen Geschwindigkeiten ziemlich unveränderliche Drehmoment auch bei stark geschwächtem Felde, also größter Geschwindigkeit, zu entwickeln.

Die L e o n a r d s c h a l t u n g (452) stellt sich bei sehr großem Regelungsbereich und den größeren Papiermaschinen meistens billiger und wirtschaftlicher als ein Nebenschlußmotor mit Regelungswiderstand im Magnetstromkreis. Im Anschluß an ein Drehstromnetz kommt sie in erster Linie in Frage. Die Bedingungen hinsichtlich gleichmäßiger Geschwindigkeit, gleichmäßigen Anlassens und feinstufiger Regelung der Geschwindigkeit lassen sich bei ihr am vollkommensten erfüllen. Der Einfluß der Belastungsschwankungen auf die Gleichmäßigkeit der Geschwindigkeit ist bei geringer Spannung der Steuerdynamo, also geringer Papiergeschwindigkeit, am größten. Um sie in den zulässigen Grenzen zu halten, nimmt man neuerdings, besonders bei den Maschinen für feine Papiersorten, mit Vorteil einen sogenannten Schnellregler zu Hilfe, der auch die niedrigste Papiergeschwindigkeit bis auf etwa 1 % gleichmäßig hält.

Bei den K a l a n d e r n zum Trocknen und Glätten des Papiers erfolgt die Regelung der Geschwindigkeit, ähnlich wie bei den Papiermaschinen, entweder mit Hilfe eines in den Magnetstromkreis eines Nebenschlußmotors geschalteten Widerstandes oder mit der L e o n a r d schaltung. Im allgemeinen sind die Regelungsbereiche kleiner als bei den Papiermaschinen, so daß man in den meisten Fällen mit der Feldregelung auskommt. Die sonstigen Hilfsmaschinen wie H o l l ä n d e r, H a d e r n s c h n e i d e r, K o l l e r g ä n g e usw. erfordern keine oder nur geringe Regelung der Geschwindigkeit, so daß der gewöhnliche Gleichstrom-Nebenschlußmotor stets genügt, unter Umständen mit geringer Regelung der Geschwindigkeit mittels Widerstandes im Magnetstromkreis.

(805) Werkzeugmaschinen. Ist die Stromart nicht von vornherein, sei es durch Anschluß an ein bestehendes eigenes Kraftwerk oder an ein Stadtnetz, festgelegt, so ist die Entscheidung nach folgenden Gesichtspunkten zu treffen: Drehstrom läßt für kleine Leistungen die Verwendung von Kurzschlußankermotoren zu und gibt bei großen Entfernungen zwischen den einzelnen Werkstätten geringere Leitungsverluste als Gleichstrom. Dieser dagegen ist dem Drehstrom hinsichtlich Regelungsfähigkeit der Motoren überlegen, auch weisen die Kranausrüstungen durch die Verwendung der Ankerkurzschlußbremsung für das Senken der Last und das Stillsetzen der Winde Vorteile auf. Der Drehstrom dürfte daher nur bei großen Entfernungen zwischen den einzelnen Werkstätten vorzuziehen sein.

Diejenigen Werkzeugmaschinen einer Fabrik, die in der Regel gleichzeitig laufen, werden in Gruppen von einem Motor unter Zwischenschaltung einer Transmission angetrieben, während für die unregelmäßig benutzten Maschinen, wie große Dreh- und Hobelbänke, Schleifsteine usw. der Einzelantrieb vorzuziehen ist. Insbesondere gestaltet sich auch für die meisten Holzbearbeitungsmaschinen, wie Hobelmaschinen, Kreissägen, Bandsägen usw., teils wegen ihrer sehr hohen Geschwindigkeit, teils wegen der aussetzenden Betriebsart der Einzelantrieb vorteilhafter. Im gegebenen Falle können für Einzelantrieb noch andere Gründe sprechen, wie Schwierigkeiten bei der Anbringung der Transmissionen, bessere Zugänglichkeit zum Arbeitsstück, bessere Beleuchtung usw.[1]).

Soll mit Rücksicht auf die Verschiedenheit der Materialien und der Abmessung der Arbeitsstücke die nötige Regelung der Geschwindigkeit von Drehbänken, Hobelmaschinen usw. auf elektrischem Wege vorgenommen werden, so ist ebenfalls Einzelantrieb der Maschinen nötig. Sehr vorteilhaft gestaltet sich bei Gleichstrom dann die in amerikanischen Werkzeugmaschinenfabriken vielfach übliche Einstellung der verschiedenen Geschwindigkeiten mit Hilfe eines Mehrleiternetzes, wobei es

---

[1]) K ü b l e r, Elektrische Einzelantriebe, ETZ 1908.

möglich ist, den Anker an verschiedene Spannungen zu legen. Unter Zuhilfenahme der Feldregelung erhält man dadurch die Möglichkeit einer weitgehenden feinstufigen Regelung mit normalen Motoren bei gutem Wirkungsgrad (788).

Was die Ausführungsart der Motoren angeht, so sind in den meisten Fällen gewöhnliche, offene Motoren zulässig; nur in Holzbearbeitungswerkstätten sind geschlossene Motoren nötig, falls nicht für vollkommene Beseitigung des Staubes und der Späne unmittelbar an den Arbeitsmaschinen durch eine Staubabsaugeanlage gesorgt ist.

Die erforderliche Motorleistung hängt von den angetriebenen Maschinen ab und ist in jedem Falle vom Lieferanten der Werkzeugmaschine anzugeben, falls sie nicht durch gleichartige schon im Betrieb befindliche Maschinen bekannt ist.

(806) Spinnereien. Der Betrieb der wichtigsten Maschinen, der Ringspinnmaschinen, stellt folgende Bedingungen an die Ausbildung des elektrischen Antriebs: Der Motor muß unempfindlich gegen Staub und Schmutz und auch bei dem unvermeidlichen feinen Staub praktisch feuersicher sein. Die Drehgeschwindigkeit muß möglichst gleichmäßig sein und nach Bedarf geregelt werden können. Der Gleichstrommotor läßt sich durch vollkommene Kapselung praktisch feuersicher machen. Die zur Kühlung nötige Frischluft kann dabei durch Blechlutten den Motoren zugeführt werden. Die Anker der Motoren werden mit Ventilatoren ausgerüstet, durch die die Luft angesaugt und durch den Motor hindurchgedrückt wird. Die verbrauchte Luft kann durch eine zweite Luttentour ins Freie oder unmittelbar in den Maschinenraum abgeführt werden. Die Geschwindigkeit kann mit Hilfe eines in die Feldwicklung geschalteten Widerstandes geregelt werden.

Neuerdings werden zum Antrieb der Spinnmaschinen in der Regel Wechselstrom-Repulsionsmotoren aufgestellt, deren Geschwindigkeit sich ohne Widerstand durch Verdrehung der Bürsten verändern läßt. Steht Drehstrom zur Verfügung, oder ist dieses System aus anderen Gründen erwünscht, so werden die Wechselstrom-Repulsionsmotoren an die verschiedenen Phasen so angeschlossen, daß das Netz annähernd gleich belastet ist. Um zu vermeiden, daß sich Schlingen oder Knoten im Garn bilden, ist es nötig, daß der Arbeitsvorgang, bei dem das gesponnene Garn auf die Spule aufgewickelt wird, schnell eingeleitet wird, d. h. die Beschleunigungsdauer kurz ist. Andererseits muß zur Vermeidung von Fadenbrüchen gleichmäßig beschleunigt werden. Ferner wird neuerdings, um mit einer bestimmten Ringspinnmaschine die höchste Leistung erzielen zu können, die Geschwindigkeit des Motors während des Betriebes so geregelt, daß das Garn stets mit der größten zulässigen Spannung auf die Spule gewickelt wird. Allen diesen Bedingungen kann beim Repulsionsmotor bequem mit Hilfe der Bürstenverschiebung genügt werden.

Mit Rücksicht auf die erforderliche Sicherheit gegen Feuersgefahr werden die Repulsionsmotoren ebenso, wie sie für die Gleichstrommotoren angegeben war, am besten ganz gekapselt und sämtlich an eine Luttentour angeschlossen, durch die reine und kühle Luft zugeführt wird. Ist die Luttentour sehr lang, so daß die auf den Motorankern sitzenden Ventilatoren zur Ansaugung der frischen Luft nicht mehr ausreichen, so ist die Luft durch besondere Ventilatoren den Motoren zuzudrücken.

Die Verbindung zwischen Ringspinnmaschine und Motor erfolgt durch Zahnradvorgelege, wenn nicht unmittelbare Kupplung der Hauptarbeitswelle mit dem Motor möglich ist.

Die Hilfsmaschinen in Spinnereien, wie Ballenbrecher, Schlagmaschinen, Krempel usw. werden meistens an Transmissionen angeschlossen und von Gruppenmotoren angetrieben.

(807) Webereien. Die Webstühle werden wegen der Notwendigkeit, sie jederzeit einzeln schnell an- und abstellen zu können, ebenfalls einzeln angetrieben, und zwar gegenwärtig stets durch Drehstrommotoren mit Kurzschlußanker. Da die erforderlichen Motorleistungen nur gering sind und nur etwa 0,3—2 kW betragen, können die Drehstrommotoren trotz des Kurzschlußankers bequem so gebaut werden, daß sie das erforderliche doppelte bis dreifache Anfahrmoment entwickeln. Um sie gegen Verstaubung zu schützen, werden die Motoren am besten ganz gekapselt. Ganz oder teilweise offene Motoren verlangen zu viel Reinigungsarbeit, was bei der großen Zahl der Motoren den Betrieb erschwert, und geben auch leicht zu Störungen Anlaß. In gewissen Sonderfällen, z. B. häufig bei Scher- und Stickmaschinen, muß es möglich sein, während des Betriebes eine zweite und dritte Geschwindigkeit einstellen zu können, zu welchem Zwecke polumschaltbare Drehstrommotoren brauchbar sind.

Die Verbindung des Stuhles mit dem Motor erfolgt am besten mittels Zahnradvorgeleges. Riemenantrieb wird zwar auch nicht selten gewählt, ist aber wegen des bis zu 10 % größeren Reibungsverlustes weniger vorteilhaft. Mit Rücksicht auf die Verschiedenheit der herzustellenden Gewebe sind verschiedene Arbeitsgeschwindigkeiten des Webstuhles nötig, die durch Auswechslung der Zahnräder leicht eingestellt werden können. Ein besonderer Vorzug des Zahnradantriebes liegt auch noch darin, daß nach dem Anstellen des Stuhles fast sofort die volle Geschwindigkeit erreicht wird, und kein Schlipf wie beim Riemen auftritt, wodurch leicht Fehler im Gewebe herbeigeführt werden. Beim Abstellen des Stuhles, wobei die in Bewegung befindlichen Massen schnell durch Anziehen einer Bremse zum Stillstand gebracht werden müssen, würde die verhältnismäßig große Bewegungsenergie der in Drehung befindlichen Motormassen leicht ein Brechen von Zähnen herbeiführen. Dieses wird vermieden entweder dadurch, daß durch den Bremshebel auch die Kuppelung zwischen Motor und Stuhl gelöst wird, oder daß zwischen Motor und Webstuhl eine sogenannte Rutschkuppelung eingebaut wird, die, sobald der Motor über sein volles Drehmoment hinaus belastet wird, anfängt zu gleiten.

Das Ein- und Ausschalten der Motoren erfolgt durch besonders gebaute Webstuhlschalter, kräftig ausgebildete, meistens in gußeisernen Kästen im Fußboden untergebrachte Schalter mit leicht auswechselbaren Kontakten.

Elektrischer Betrieb in der Landwirtschaft und Überlandzentralen.

(808) Aufgabe des elektrischen Betriebs. Seitdem durch die Übertragung Laufen a. N.—Frankfurt a. M. gezeigt worden war, daß es in wirtschaftlicher Weise möglich sei, die Elektrizität auf weite Entfernungen zu übertragen, konnte diese auch auf das platte Land gehen, wo die Häuser nicht zu Hunderten und Tausenden beisammen liegen wie in den Städten. Anfangs diente die Elektrizität hier fast ausschließlich Beleuchtungszwecken; aber bald, nachdem der Drehstrommotor in vollkommener Weise hergestellt wurde, begann der Kraftbetrieb die Oberhand zu gewinnen. Mit der stärker zunehmenden Industrialisierung Deutschlands setzte mehr und mehr die Landflucht der Bevölkerung ein. Die sich dadurch bildende Lücke konnte der Elektromotor ausfüllen helfen. Erst zögernd, aber nachdem die Vorteile dieses Kraftbetriebes erkannt waren, in geradezu beängstigendem Tempo setzte die Elektrisierung der ländlichen Bezirke in den letzten Jahren ein, so daß bei dieser Hast leider mancher Mißgriff vorgekommen ist, wodurch die daran Beteiligten schwere Geldopfer erlitten haben und in Zukunft wohl noch erleiden werden. Es liegen aber jetzt Erfahrungen genug vor, die Anhaltspunkte für Neugründungen geben, so daß derartige Mißstände vermieden werden können.

Die Anwendungsmöglichkeit ist außer für Beleuchtung vielseitig in der Landwirtschaft, wobei allerdings die Größe der Betriebe wesentlich mitspricht. Nach dem Statistischen Handbuch für das Deutsche Reich 1907 S. 114—117 war die Zahl und die Größenverteilung der landwirtschaftlichen Betriebe, und die hauptsächlich in Betracht kommenden Bodenverhältnisse folgende:

Tabelle 1.

Landwirtschaftlicher Betrieb in Deutschland.

Größenklassen ha	Landwirt- schaftliche Betriebe überhaupt Zahl	Überhaupt landwirt- schaftlich benutzte Flächen ha	Forstwirt- schaftlich benutzt ha	Öd- und Unland einschl. un- kultivierter Weide ha	Sonstige Fläche: Haus u. Hof- raum, Wege u. Gewässer ha
unter 2	3 236 367	1 808 444	413 033	85 222	109 215
2 bis unter 5	1 016 318	3 285 984	546 860	205 613	103 614
5 ,, ,, 20	998 804	9 721 875	1 850 277	768 561	196 947
20 ,, ,, 100	281 767	9 869 837	2 197 830	903 411	186 123
100 u. darüber	25 061	7 831 801	2 574 276	293 979	331 840
Zusammen	5 558 317	32 517 941	7 582 276	2 256 786	927 739

Aus vorstehenden Zahlen ist ersichtlich, daß der Zahl nach $^3/_5$ aller Betriebe Zwergbetriebe sind, bei denen der Elektromotor zweckmäßig für eine Anzahl von ihnen zusammen benutzt wird, also auf genossenschaftlichem Wege. Sein Anwendungsgebiet ist hier auch beschränkt. Ähnlich liegen die Verhältnisse für die Betriebe von 2—5 ha. Je größer die Besitzung, desto mehr Arbeiten sind mechanisch ausführbar. Da in Deutschland die einzelnen Betriebsgrößen zumeist nicht örtlich nebeneinander vorkommen, sondern in den einzelnen Provinzen und Staaten verschieden sind, wie z. B. der Großgrundbesitz im Osten, der Börde und Westfalen, der Kleinbesitz im Süden, Westen und Mitteldeutschland vorwiegt, können allgemein gültige Regeln für ländliche Überlandzentralen nicht gegeben werden. Die Anforderungen, welche der Großgrundbesitz und der Zwergbetrieb an Überlandzentralen stellen, sind grundverschieden.

(809) Die in der Landwirtschaft verwendeten Motoren. Die umfassendste Zusammenstellung hat H. W a l l e m in der ETZ 1910, Heft 27, S. 673 und 674 gegeben, welche auf S. 600 bis 603 mitgeteilt wird.

Die in der Tabelle aufgeführten Kraftverbrauchszahlen sind als Mittelwerte zu betrachten; Bodenverhältnisse, nasses oder trockenes Stroh usw. usw. werden immer Schwankungen hervorrufen. Von seiten der kleinen und mittleren Landwirte, die noch keine motorische Betriebsweise kennen gelernt haben, und die zumeist selber mit ihren Familienangehörigen den größten Teil der Arbeiten verrichten, wird dem Elektromotor in der Regel mit demselben Mißtrauen begegnet wie den Explosionsmotoren. Da bei den letzteren leider öfter die Zündung versagt·und sich der mit solchen Dingen unerfahrene Landwirt oft vergeblich mit dem Benzinesel abplagt, so glaubt man, bei dem Elektromotor kämen dieselben Störungen vor. Hierin kann am besten die Vorführung der Elektromotoren im praktischen Betriebe helfen. Man hat auf diese Weise mehrfach erreicht, daß die größten Zweifler zu begeisterten Verfechtern der Neuerung wurden. Empfehlenswert ist es, bei Zwerg- und Kleinbetrieben die Bildung von Dreschgenossenschaften möglichst anzustreben. Nur auf diese Weise kann verhindert werden, daß in einem kleinen Gehöft mit 20—30 Landwirten 6—8 Motoren von zumeist 2—3 kW Größe aufgestellt werden. Mit einem 6—7,5-kW-Motor kann eine Breitdreschmaschine betrieben werden, welche zumeist in wenigen Stunden das gesamte Korn eines Kleinbauern drischt. Mit demselben Motor kann außerdem betrieben werden eine Häckselschneidemaschine, eine Mahlmühle, die sowohl Schrotmehl zum Futtern als auch backfähiges Mehl liefert, und außerdem eine Kreissäge, um Brennholz zu schneiden. Die in der Tabelle aufgeführten Arbeiten stellen

Tabelle 2.

Zusammenstellung der wichtigeren in der Landwirtschaft verwendeten Maschinen und Geräte.

Name	Arbeitsbreiten und sonstige Größenangaben	Leistung für den zehnstündigen Arbeitstag	Normaler Kraftbedarf in Pf. bzw. in kW	Erforderliche Bedienung Leutezahl	Bemerkungen
I. Maschinen, welche den Rohertrag erhöhen:					
a) für die Bestellung:					
Getreidereinigungsmaschine f. Saatgut	40—70 cm	8—16 t	0,7—2,2	1—2	
Windfege	—	7,5—10 t	0,4	1—2	
Trier	—	15—20 t	0,7	—	
	—	ca. 5 t	0,4	1—2	
	—	ca. 12,5 t	0,7	—	¹) Bei 36 cm Furchentiefe und trockenem schweren Lehmboden.
Gespannpflug	—	ca. 0,31 ha ¹)	4 Pf.	1—2	
Elektrischer Pflug, Zweimaschinensystem	1,2—1,6 m	ca. 5 bzw. 7,5 ha¹)	30 bzw. 70	4	
Elektrischer Pflug, Einmaschinensystem	1,2—1,6 m	ca. 3 bzw. 6 ha ¹)	30—60	4	
Kultivator oder Grubber für Gespannbetrieb	ca. 3 m	ca. 1,5 ha	3 Pf.	1	
Kultivator oder Grubber für elektrischen Betrieb	ca. 3 m	ca. 15 ha	22—30	3	
Egge, mittlere Ackeregge, Gespannbetrieb	ca. 2 m	ca. 2 ha	2—3 Pf.	1	
Walze für Gespannbetrieb	ca. 2 m	ca. 3 ha	3—5 Pf.	1	
Düngermühle	—	ca. 30 t	1,5—2 Pf.	1	
Pumpe für Be- und Entwässerungsanlagen	je nach Bedarf und Förderhöhe.				
b) für die Ernte:					
Stiftendreschmaschine	46 cm	1000 Garben von je 10 kg, ca. 3,5 t Getreide	ca. 2—3	4—5	Mit zweiteiligem Hördenschüttler.

Breitdreschmaschine mit Schlagleisten, fahrbar	171 cm	1500—2000 Garben, ca. 5,7 t Getreide	4—6	6—8	Mit fünfteiligem Hördenschüttler, doppeltem Putzwerk und Entgranner.
Breitdreschmaschine mit Selbsteinleger, Strohpresse, Kaff- u. Kurzstrohgebläse	171 cm	ca. 10—15 t Getreide	ca. 20	16—20	
Riesendreschmaschine mit desgl.	171 cm	ca. 30—50 t Getreide	ca. 40—70	20—30	
II. Maschinen, welche die Unkosten vermindern:					
a) Hebevorrichtungen:					
Entladevorrichtung in der Scheune (Heu- und Strohaufzug)	—	ca. 30 t	1,5	1—2	
Entladevorrichtung für ganze Fuder	—	ca. 100 t	2—4	1—2	
Elevator für Beförderung von Stroh, Heu u. Getreide auf die Mieten oder den Boden in der Scheune	je nach örtlichen Verhältnissen	je nach Förderhöhe und Förderlast	ca. 2	2	
Sackaufzug	desgl.	desgl.	ca. 1	2	
Jauchepumpe	bei 4—5 m Förderhöhe	220 m³	ca. 0,4	1	
b) Transportmittel:					
Transportrinne (Schüttelrinne)		je nach Länge und örtlichen Verhältnissen	2—4	1	
Transportband	30 m Förderlänge 400 mm breit	10—20 t	ca. 2	1	
Feldbahn	—	30 t Nutzlast	ca. 20 je nach Leistung	1—2	Geschwindigkeit 5 m/sk.
Spill zum Befördern schwerer Lasten		. . . .	4—9	1—2	
Winde desgleichen	—	ca. 5 t	ca. 4	1—2	

Name	Arbeitsbreite und sonstige Größenangaben	Leistung für den zehnstündigen Arbeitstag	Normaler Kraftbedarf in Pf. bzw. kW	Erforderliche Bedienung Leutezahl	Bemerkungen
c) für die Verwertung:					
Grobstrohpresse	—	ca. 15 t	ca. 4	3—5	*) Je nach Getreideart u. Schärfe der Steine.
		30 t	ca. 7—9	—	
Glattstrohpresse mit Selbstbinder .	15 mm breit	ca. 18 t	ca. 2—4	3—5	
Mahlmühle, einfacher Mahlgang .	1,5 m D.	ca. 0,2—0,4 t *)	ca. 2,5—3	1	
Häckselmaschine für Verkaufsgut .	40 cm breite Schnittfläche	ca. 10 t	ca. 3—4	3	
Desgl. größeres Modell, einschl. Sieb, Reinigungsvorrichtung u. Elevator	—	ca. 20 t	ca. 4—7	3	
III. Die Maschinen d. Landind.:					
a) Brennereimaschinen:					
Malzputzmaschine, Gärbottichkühlung, Malzquetsche, Wasserpumpe, Schlempepumpe, Kartoffelwäsche, Vormaischbottich	bei 2860 l Maischraum	—	7—11	3—4	
b) Molkerei:					
Milchkühler, Zentrifuge (Separator), Butterfaß, Knete, Presse, Pumpe, Wärmer	—	—	je nach Leistung 1,5—7	1—3	
c) Schneidemühle:					
Kreissäge	2550 cm Durchm.	—	1—5	1	
Gattersäge		—	4—6	1	
d) Stellmachereimaschinen:					
Bandsäge, Bohrmaschine, Drehbank, Radmaschine, Schleifstein	—	—	8—2,2	1	
e) Ziegeleimaschinen:					
Tonschneider	—	ca. 60 m³ Ton ca.	4—7	2	
Ziegelpresse	—	ca. 6000 Vollsteine	4—6	4—5	
Torfpresse	—	30 000—40 000 Soden	ca. 4	10—12	

f) Gutsschmiede: Schleifstein, Bohrmaschine, Drehbank, Bläser	—	—	ca. 1,5	1—2	
IV. Futterbereitungsmaschinen: für die Viehzucht:					
Häckselmaschine	30—40 cm	3—7 t Pferdehäcksel	1,5—2	2—3	
Ölkuchenbrecher	22—35 cm	ca. 15 t	ca. 0,55	1	
Rübenschneider	—	ca. 6,5 t	ca. 2	1	
Schrotmühle	160 cm Mahlscheiben-Durchm.	0,25—0,5 t	1,5—2	1—2	
Schrotmühle	600 cm Mahlscheiben-Durchm.	3—3,5 t	5—6	1—2	
Kartoffelquetsche	—	ca. 20 t	ca. 0,4—0,7	1	
Haferquetsche	8—15 cm	ca. 2 t	ca. 1,5	1	
g) Trocknungsanlagen: Zur Herstellung v. Trockenfutter aus: α) Schnitzeltrockner: Kartoffeln, Kartoffelkraut, Lupinen, Erbsen usw.	Länge der Trockentrommel 5—7,5 bis 13 m	ca. 11—15—35 t	15—18	4—6	Trommeldurchmesser 1,2—1,5 m.
β) Walzentrockner: Kartoffeln	2,4 m	ca. 15 t	16—20	7	Trommeldurchmesser 0,85 m.
Wasserpumpe für Trinkwasser und Stallversorgung	je nach Bedarf und Förderhöhe	75—100 t			
V. Pflege der Tiere: Torfstreu-Reißwolf	—	—	3—4	1	
Schafschere	—	—	ca. 0,1	1	
VI. Forstwirtschaft: Fahrbare Säge	in einem Schnitt	1 Stamm von 40 cm Durchmesser	ca. 4—6	1	

fast die gesamten in Zwerg- und Kleinbetrieben überhaupt motorisch möglichen Verrichtungen dar. Für eine Überlandzentrale bedingen die Kleinbetriebe bei genossenschaftlichen Arbeiten nicht solch hohen Anschlußwert an Motoren, das gefürchtete Maximum der Zentralenbelastung wird gemildert und die Betriebsstundenzahl erhöht.

(810) Dreschen. Wenn das Korn elektrisch gedroschen wird, so kann man annehmen, daß ein Kraftbedarf von 2—5 kWst für den Morgen Ackerland vorhanden ist. Außerdem ist zu berücksichtigen, daß durch Dreschen mittels Motors gegenüber Flegeldrusch ein nicht unbedeutender Mehrertrag erzielt wird; selbst gegenüber dem Ausdrusch mittels Lokomobile will man eine Erhöhung des Reinertrages an Korn von 1—2 % festgestellt haben. Dieser Mehrertrag wird dadurch hervorgerufen, daß der Elektromotor die Trommel und das Schüttelwerk gleichmäßiger auf Tourenzahl erhält, als die Lokomobile es vermag, wenn der Garbeneinleger unvorsichtig stark und plötzlich einwirft. Wie sehr die Umdrehungszahlen bei Lokomobilbetrieb schwanken, kann jeder Landwirt selber feststellen, wenn er die Tonhöhe der Trommel beachtet. An trockenen Herbsttagen ist dieses Schwanken in ebenem Gelände kilometerweit deutlich hörbar. Durch die stete Betriebsbereitschaft ist der Elektromotor dem Dampfbetrieb überlegen, bei dem durch das Anheizen des Kessels usw. mehrere Stunden verloren gehen. Ob das Dreschen mittels Elektrizität bei größeren Kornmengen billiger ist als mittels Dampf, kann nicht ohne weiteres behauptet werden, in erster Linie ist dafür ein billiger Strompreis maßgebend. Bei Strompreisen von 15—18 Pf. kann man dieses wohl bejahen, wenn die sonstigen in Betracht kommenden Größen wie Verzinsung, Abschreibung, Unterhaltung und Bedienung berücksichtigt werden. Außerdem ist beim Elektromotor das Anlagekapital wesentlich geringer. Als ungefährer Kraftbedarf für den Zentner Korn kann 0,5 kWst angenommen werden. Diese Zahl schwankt allerdings je nach der Kornart und außerdem nach dem Zustand beim Ausdrusch, ob die Garben trocken oder feucht sind.

(811) Pflügen. Seit mehreren Jahrzehnten hat sich bei uns der Dampfpflug eingebürgert; kein Wunder, daß die Elektrotechnik auch hier versucht hat, die ältere Betriebsweise zu verdrängen. Man baut den Elektropflug nach zwei verschiedenen Systemen, kurz benannt dem Ein- und Zweimaschinensystem. Beim Einmaschinensystem wird das Seil zu einem Ankerwagen geführt und von dort zurück zum Windewagen, der auch den Antriebsmotor enthält. Vielfach wird der Transformator auch auf diesem Windewagen untergebracht. Die Stromzuführungsleitungen, Stichleitungen genannt, sind bei dieser Anordnung nur auf einer Seite des Ankers erforderlich. Die Betriebsspannung beträgt, wenn kein Transformator verwendet wird, bis zu 1000 V. Wird ein Transformator verwendet, so geht man höher mit der Spannung in den Stichleitungen. Die Schwierigkeit in der Herstellung eines genügend sicheren provisorischen Kontaktes und die geringe Betriebssicherheit eines mehrere hundert Meter weit verlegten beweglichen Kabels für höhere Spannungen zwingen leider zu einiger Vorsicht bezüglich der Wahl der Spannung in den Stichleitungen. Seitens der A l l g e m e i n e n E l e k t r i z i t ä t s - G e s e l l s c h a f t wird das Einmaschinensystem nach M e y e r oder B r u t s c h k e gebaut. Der Windewagen von 60—90 kW wiegt etwa 10 t, der dazu gehörige Ankerwagen 2—3 t. Der Ankerwagen verlangt eine sorgfältige Befestigung, damit er nicht selber anstatt des Pfluges fortbewegt wird. Die Zeit der Kinderkrankheiten ist aber hierin vorüber, nachgerade haben die Landwirte schon die nötigen Erfahrungen gesammelt. Das Einmaschinensystem hat ferner gegenüber dem Zweimaschinensystem den Vorzug größerer Billigkeit.

Beim Zweimaschinensystem steht ein Windewagen auf jeder Seite des zu pflügenden Grundstückes. Zumeist ist eine Stichleitung auch auf jeder Seite verlegt. Eine Verankerung ist infolge des hohen Eigengewichtes nicht nötig, dafür stellt sich der Transport der 2 schweren Windewagen erheblich schwieriger als der eines Windewagens und der nur einen Bruchteil davon wiegenden Ankerwagen. Welches System von den beiden Hauptarten den Vorzug verdient, läßt sich allgemein nicht beantworten. Wir befinden uns mit dem Elektropflug noch immer im Versuchsstadium. Bei den hohen Anschaffungskosten von etwa 30—40 000 M für einen Pflugsatz wird seine allgemeine Einführung noch geraume Zeit dauern. Als erschwerendes Moment besteht für den Elektropflug die nicht zu verneinende Tatsache, daß das Netz beim Pflügen ziemlich starke Stöße, bis etwa 75 kW Momentanverbrauch, auszuhalten hat. Bei nicht zu schwerem Boden und mittlerer Furchentiefe beträgt der mittlere Stromverbrauch nur 40—50 kW. Aber am Ende des Ackers muß natürlich ausgesetzt werden und dann der Pflug wieder neu ansetzen. Für jeden Gang kommen also 2 starke Schwankungen in Frage. Bei kleineren Überlandzentralen machen sich diese Stöße in empfindlichstem Maße bemerkbar. Wenngleich auch für die Beleuchtung hierin keine Gefahr zu erblicken ist, da der Pflug nur bei Tageslicht geht, so wird es störend, wenn Industriemotoren von derselben Leitung, an welcher der Pflug hängt, mitgespeist werden.

Der mittlere Kraftbedarf für den Morgen Pflugland kann zu 15—20 kWst angenommen werden. Für kleinere und mittlere Betriebe kommt der Elektropflug überhaupt nicht in Frage. Er verlangt große und zusammenhängende Grundstücke und ein möglichst ebenes Gelände. Sollte es gelingen, dem Elektropflug mehr und mehr Eingang zu verschaffen, so schafft sich die Elektrotechnik dadurch ein großes Arbeitsgebiet.

(812) Feldbahn. In manchen Gegenden wird mit Vorteil eine Feldbahn verwendet, wenn es sich z. B. um große Gütermengen handelt, die schnell befördert werden müssen. Dieses ist z. B. der Fall in Gegenden mit Zuckerrübenbau. Die Kraftverbrauchszahlen lassen sich nicht allgemein gültig angeben, weil hierbei die Geländeverhältnisse eine zu große Rolle spielen; als ungefährer Anhalt mag dienen 40—50 Wattstunden für das Tonnenkilometer. Die Feldbahn kann aber nicht nur dienen, die einzuerntende Frucht oder dergleichen zu befördern, sondern ist ein willkommenes Hilfsmittel bei allen Meliorationsarbeiten.

Über die sonstigen in der Zusammenstellung benannten Hilfsmaschinen erübrigen sich an dieser Stelle die Erörterungen, ausführlichere Mitteilungen sind in den Werken des am Schlusse des Abschnittes aufgeführten Literaturnachweises zu entnehmen.

Rentabilität.

(813) Anlagekosten. Über die Rentabilität von Überlandzentralen in ländlichen Bezirken ist in die Öffentlichkeit erst wenig Material gelangt. Die Statistik der Elektrizitätswerke von Dettmar 1909 und die Statistiken der Vereinigung der Elektrizitätswerke versagen vielfach in den hier in Frage kommenden Punkten. Es ist eine allgemein bekannte Tatsache, daß die fast ausschließlich auf die Landwirtschaft angewiesenen Überlandzentralen in den meisten Fällen schwache Existenzen bilden. Der Hauptgrund hierfür liegt in der kurzen Ausnutzung der Anlagen. In Heft 21 der ETZ 1910, S. 607, ist nachfolgende Tabelle veröffentlicht, in der die 3 Hauptgruppen von Überlandzentralen zusammengestellt sind. 1. Industriezentralen, 2. Industrie- und Landwirtschaftszentralen und 3. Landwirtschaft versorgende Zentralen. In den Gruppen 1, 2 und 3 verhalten sich die mittleren Anlagekosten für die nutzbar abgegebene kWst ungefähr wie 1 zu 2 zu 6, die mittleren Anlagekosten für 1 kW Zentralenleistung wie 1 zu 1,3 zu 2 und die mittlere Benutzungsdauer wie 1 zu 0,72 zu 0,46. Die Anlagekosten für 1 kW Zentralenleistung für landwirtschaftliche Überlandzentralen sind um mehr als 50 % höher als der Mittelwert, den D e t t m a r in der ETZ 1909, S. 1689, Tabelle 3 angibt.

Tabelle 3.

Anlagekosten der Überlandzentralen für

Nr.	1. Industrie			2. Industrie und Landwirtschaft			3. Landwirtschaft		
	a	b	c	a	b	c	a	b	c
	für die nutzbar abgegebene kWst.	für 1 kW Zentralenleistung	Benutzungstd. Jahresabgabe max. Belastung	für die nutzbar abgegebene kWst.	für 1 kW Zentralleistung	Benutzungstd. Jahresabgabe max. Belastung	für die nutzbar abgegebene kWst.	für 1 kW Zentralenleistung	Benutzungstd. Jahresabgabe max. Belastung
	M	M	‖	M	M	‖	M	M	‖
1	1,48	1265	1500	5,05	6750	1180	7,30	2370	1300
2	1,24	1850	1470	3,58	1520	1640	7,15	1620	1550
3	1,00	1590	2110	2,96	2500	1240	6,67	2000	920
4	0,97	1720	1240	2,80	1360	800	5,40	2740	—
5	0,90	780	1490	2,35	1410	935	4,65	1550	835
6	0,78	710	2420	1,89	635	—	4,25	2130	800
7	0,69	1060	2100	1,85	1670	—	3,82	3170	1250
8	0,68	717	2280	1,73	1320	1520	3,64	2320	1110
9	0,58	650	2150	1,64	2470	1730	3,53	3660	1240
10	0,54	1080	4000	1,56	1145	1280	2,58	940	470
11	0,52	1250	3200	1,43	1460	1550	2,50	1160	875
12	0,51	520	1850	1,36	645	1170	2,15	1520	1520
13	0,48	1060	2820	1,24	1130	—	2,00	1960	—
14	0,46	—	3600	1,21	2020	2100	1,94	1310	—
15	0,44	525	2550	1,16	1290	1510	1,75	2200	1660
16	0,35	850	3300	1,13	—	—	—	—	—
17	0,35	1000	5940	1,06	742	1340	—	—	—
18	0,12	—	—	0,86	1225	2470	—	—	—
19	—	—	—	0,78	1130	2280	—	—	—
20	—	—	—	0,77	1120	1750	—	—	—
21	—	—	—	0,62	1085	2720	—	—	—
22	—	—	—	0,57	925	2620	—	—	—
23	—	—	—	0,20	—	3800	—	—	—
Mittelwert	0,67	1039	2445	1,64	1340	1770	3,95	2043	1127

In welch starkem Maße die Selbstkosten der nutzbar abgegebenen kWst sinken, zeigt die nachfolgende Tabelle 4.

Diese Tabelle ist berechnet auf Grund der Veröffentlichung der Rheinischen Landwirtschaftskammer Nr. 3 Jahrg. 1909, in welcher das Projekt für die 5 niederrheinischen Kreise Cleve, Geldern, Kempen, Mörs und Rees behandelt wird. Alle Werte sind berechnet auf die nutzbar abgegebene kWst und n i c h t auf die e r z e u g t e kWst; denn nur die n u t z b a r a b g e g e b e n e kWst hat für die Rentabilität Bedeutung. Es beträgt der Verlust von den Klemmen der Maschinen bis zur Verbrauchsstelle bei landwirtschaftlichen Überlandzentralen nicht unter 30 % und mitunter über 50 % der Erzeugung. Es empfiehlt sich daher bei Projektierungen, den voraussichtlichen Verlustfaktor innerhalb der Zentrale, im Leitungsnetz, in den Transformatoren und den Zählern möglichst

Tabelle 4.

Nutzabgabe in Mill. kWst.	Generalunkosten für 1 kWst für Verzinsung, Abschreibung und Erneuerung in Pf.		Nutzabgabe in Mill. kWst.	Generalunkosten für 1 kWst für Verzinsung, Abschreibung und Erneuerung in Pf.	
	bei 6,5 %	bei 7,5 %		bei 6,5 %	bei 7,5 %
2,0	23,4	27,0	6,5	7,20	8,3
2,5	18,7	21,6	7,0	6,70	7,7
3,0	15,6	18,0	7,5	6,25	7,2
3,5	13,3	15,4	8,0	5,85	6,75
4,0	11,7	13,5	8,5	5,50	6,35
4,5	10,4	12,0	9,0	5,20	6,00
5,0	9,35	10,8	9,5	4,93	5,68
5,5	8,50	9,8	10,0	4,68	5,40
6,0	7,80	9,0			

genau zu berechnen und einen entsprechenden Sicherheitsfaktor noch hinzu zu schlagen. Aus der Tabelle 4 und der zugehörigen graphischen Darstellung (Fig. 520) geht hervor, daß bei den hohen Investierungen an Kapital, bedingt durch das ausgedehnte Versorgungsgebiet, die meist angewendeten niederen Tarifsätze auf die Dauer unhaltbar werden, falls es nicht gelingt, anstatt der im vierten Betriebsjahre in dem oben erwähnten Projekte vorgesehenen 3 175 000 kWst eine wesentlich höhere Abgabe zu erzielen.

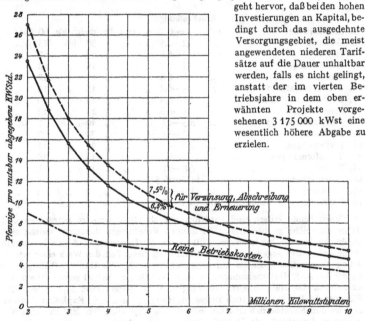

Fig. 520. Abhängigkeit der Stromkosten bei Überlandzentralen von der Höhe des Verbrauchs.

Soweit als irgend möglich muß die Industrie, welche vorhanden ist, mit herangezogen werden. Zum Teil fügt sie sich in das Jahresbelastungsdiagramm der Zentrale sehr gut ein; dieses gilt z. B. für den Ziegeleibetrieb in den hellen Monaten, die Rübenzuckerindustrie, welche nach dem Ziegeleibetrieb einsetzt und dgl. Wenn irgend möglich müssen die kleinen Beleuchtungszentralen mit Strom versorgt werden, eventuell unter Zuhilfenahme eines Umformers. Eine allgemeine Regel kann allerdings nicht für diese letztere Forderung gegeben werden, da häufig die Übernahmekosten bzw. die Anschlußforderungen von privaten Besitzern so übertrieben hoch bemessen werden, daß man besser daran tut, auf einen kleinen Ort zu verzichten, als die Forderung zu bewilligen und das Unternehmen auf lange Jahre hinaus zu belasten.

(814) Abschreibung. Sehr wesentlich für die Rentabilität ist nebst der Erzielung eines möglichst niederen Zinsfußes für das Anlagekapital die Bemessung der Abschreibungssätze. Es gibt Zentralen, welche nur ganz minimal abschreiben und dafür mit 1—2 % das Kapital tilgen. Werden die Zinsen dem Kapital zugeschrieben, so ist bei einem Zinssatze von $3^1/_2$ % bei 1 % Tilgung das Kapital in ca. 44 Jahren, bei 4 % Zinsen in ca. 41 Jahren, bei einem Zinssatze von $3^1/_2$ % und 2 % Tilgung in 30 Jahren, bei 4 % in 28 Jahren getilgt. Diese Zeitdauer von 28 und 30 Jahren können für Gebäude und Freileitungen unter Berücksichtigung des Altwertes des Kupfers als angemessen bezeichnet werden.

Als mittleren Zahlenwert für Abschreibung der einzelnen Hauptgruppen von Anlagewerten mögen folgende Sätze gelten. Es müssen abgeschrieben werden vom **Anlagewert**, nicht vom Buchwert, wenn das Kapital Zins auf Zinseszins hingelegt wird:

Tabelle 5.

Abschreibungen.

1. Grundstücke	mit	0—0,5	%	also in	mehr als	60	Jahren
2. Gebäude	,,	2—2,5	,,	,,	,,	30	bis	25	,,
3. Kessel	,,	5—6,8	,,	,,	,,	15	,,	12	,,
4. Rohrleitungen	,,	5—6,8	,,	,,	,,	15	,,	12	,,
5. Dampfmaschinen	,,	5—6,8	,,	,,	,,	15	,,	12	,,
6. Turbogeneratoren	,,	5—6,8	,,	,,	,,	15	,,	12	,,
7. Explosionsmaschinen	,,	6,8—8,5	,,	,,	,,	12	,,	10	,,
8. Schaltanlage	,,	5—6,8	,,	,,	,,	15	,,	12	,,
9. Akkumulatorenbatterie	,,	8,5—13	,,	,,	,,	10	,,	7	,,
10. Erdkabel	,,	2—3	,,	,,	,,	30	,,	22	,,
11. Freileitungen	,,	2,5—4,5	,,	,,	,,	25	,,	17	,,
12. Transformatoren	,,	5—8,5	,,	,,	,,	15	,,	10	,,
13. Zähler	,,	6,8—11	,,	,,	,,	12	,,	8	,,
14. Inventarium	,,	11,0—18,5	,,	,,	,,	8	,,	5	,,
15. Werkzeuge	,,	11,0—18,5	,,	,,	,,	8	,,	5	,,
16. Fahrzeuge und Automobile	,,	18,5—23,7	,,	,,	,,	5	,,	4	,,

Vorstehende Ziffern sind natürlich nur als Mittelwerte zu betrachten und daher als solche zu bewerten. Es können Verhältnisse vorliegen, welche eine erhebliche Abweichung bedingen, z. B., wenn die Konzession auf eine bestimmte Reihe von Jahren gegeben worden ist, und nach dieser Zeit das Werk einer öffentlichen Korporation kostenlos übergeben werden muß, oder ähnliche Bedingungen zu erfüllen sind. Unternehmungen, welche als Aktiengesellschaft gegründet werden, sind durch das Handelsgesetz gezwungen, einen Reservefond anzulegen. Die Eigenart des Betriebes ist auch zu berücksichtigen, wenn z. B. Explosionsmotoren in Tag- und Nachtbetrieb arbeiten müssen, also abgesehen von dem an sich schon stärkeren Verschleiß als Dampfmotoren durch erhöhte Benutzungszeiten verbraucht werden und dgl.

Es empfiehlt sich, für die Rentabilitätsberechnungen die einzelnen Positionen des Kostenanschlages nach der vorstehenden Tabelle sich zusammenzustellen und dann den mittleren Abschreibungssatz zu ermitteln. Bei vorhandenen Zentralen schwankt dieser Satz zwischen 3 und 5 %, er ist umso tiefer, je höher das im Leitungsnetz angelegte Kapital ist, und steigt umsomehr, je höher das Anlagekapital der Kraftstation im Verhältnis zum Gesamtkapital ist. Falls durch die weiteren Ausbauten wesentliche Verschiebungen eintreten, muß eine Neuberechnung des mittleren Satzes erfolgen. Erwünscht ist natürlich eine möglichst hohe Abschreibung, um gegen alle Eventualitäten, wie Einführung neuer Maschinen oder Sinken des Kupferpreises oder dgl., gesichert zu sein.

(815) Tilgung. Alle Überlandzentralen, welche durch Kommunalverbände errichtet werden, bekommen von der Aufsichtsbehörde einen Tilgungsplan vorgeschrieben. Die hierfür in Betracht kommenden Instanzen (in Preußen zumeist die Bezirksausschüsse) verfahren in der Höhe ihrer Anforderungen nicht nach einheitlichen Grundsätzen. Während früher sehr lange Zeitdauern bewilligt wurden, bis 40 Jahre, wird neueren Datums der Tilgungssatz erheblich höher verlangt. Da bei der sogenannten kameralistischen Tilgung der Tilgungssatz für die ganze Zeitdauer derselbe bleibt, und die dadurch ersparten Zinsen zur verstärkten Tilgung verwendet werden, wird bei einem Zinssatze von 3,5 % und bei ca. 8,5 % Tilgungssatz das Kapital in 10 Jahren getilgt, bei ca. 5,1 % in 15 Jahren, bei ca. 3,5 % in 20 Jahren, bei 2,5 % in 25 Jahren, bei ca. 2 % in 30 Jahren, bei ca. 1,5 % in 35 Jahren, bei ca. 1,2 % in 40 Jahren, bei ca. 0,75 % in 50 Jahren, bei ca. 0,50 % in 60 Jahren und bei 0,35 % in 70 Jahren. Bei 4 % Zinssatz sind die Tilgungszeiten natürlich etwas kürzer. Es empfiehlt sich, die Berechnungen mit $3^1/_2$ % Zinssatz zu machen, da bei der immer mehr zunehmenden Entwertung des Geldes mit 4 proz. Gelde nicht immer gerechnet werden kann.

Sehr wertvoll ist es, wenn die Aufsichtsbehörden die Tilgung des Anlagekapitals nicht sogleich vom 1. Jahre ab vorschreiben, sondern die ersten 2—3 Jahre ganz freigeben und im 3.—5. Jahre einen ermäßigten Satz auferlegen. Naturgemäß sind die ersten Jahre für jedes junge Elektrizitätsunternehmen die schwersten Zeiten; wenn ein Werk in 5 Jahren aber nicht rentiert, so ist irgend etwas in dem ganzen Betrieb des Unternehmens ungesund; dann muß eine Sanierung in der einen oder anderen Weise erfolgen.

Die Beträge für Tilgung sind den Abschreibungssätzen hinzuzurechnen; denn volkswirtschaftlich ist es gleich, ob die eintretende Wertverminderung der Gebäude, Maschinen, Leitungen usw. ausgeglichen wird durch die Ansammlung eines Abschreibungsfonds oder durch Tilgung des Anlagekapitals. Es gibt Werke, welche normal abschreiben und außerdem noch mit 1,5—2,5 % tilgen. Wenn die Höhe der Tarife diese an sich sehr wünschenswerte verstärkte Abschreibung zuläßt, ist es im Interesse der Zukunft sehr zu begrüßen. Leider läßt die Rentabilität der meisten Überlandzentralen dieses Verfahren nicht zu, da sie in ländlichen Bezirken in der Regel keinen höheren Bruttoüberschuß wie 4,5—6 % aufweisen.

(816) Tarif. Die Wahl des Tarifsystems gehört zu der wichtigsten Aufgabe, die umso schwerer zu lösen ist, als allgemeine Regeln sich nicht geben lassen. In dem vorliegenden Abschnitte handelt es sich vorwiegend um die Bedürfnisse der landwirtschaftlichen Überlandzentralen, welche ganz andere Bedürfnisse haben als die Industriezentralen (656 u. f.). Für eingehendere Studien muß daher auf die am Schlusse dieses Abschnittes aufgeführte Spezialliteratur verwiesen werden, hier kann dieses Thema nur kurz behandelt werden.

Man teilt die Tarife ein in folgende 2 Hauptgruppen: 1. Tarife mit Kilowattstundenpreis, mit und ohne Rabattsätze; 2. Pauschaltarife.

Zu 1. Die Bestimmung des Kilowattstundenpreises muß sich nach den Selbstkosten des Werkes und nach der Art der Abnehmer richten. Der Lichtpreis wird in der Regel zwischen 30—60 Pf. für die kWst schwanken, der Kraftpreis zwischen 6—25 Pf. für die kWst. Maßgebend für die Bemessung der Tarife sind das Quantum der Abnahme, die Höhe des Maximums, die Zeit und die Zeitdauer der Beanspruchung. Man bezeichnet diese Art der Tarife als solche mit Quantitäts- und Qualitätsrabatt. Um die Höhe der Rabattsätze feststellen zu können, ist es erforderlich, für den jeweilig vorliegenden Fall die Höhe der Selbstkosten des Werkes festzustellen und in Kurvenform aufzutragen; dabei sind zu trennen die festen Kosten der Erzeugung, welche für jede kWst annähernd dieselben sind, und die auf die für 1 angeschlossenes kW entfallenden beweglichen Kosten für Verzinsung und Abschreibung, welche umsomehr sinken, je länger der Strom entnommen wird. Nehmen wir z. B. an, diese Generalunkosten betrügen 60 M für 1 angeschlossenes kW. Wird nun der Strom für Beleuchtungszwecke entnommen, also in ländlichen Bezirken ca. 300 Stunden im Jahr, so entfallen auf die entnommene kWst 20 Pf.; steigt die Entnahmezeit auf 500 Stunden, so sinken die Generalunkosten für 1 kWst auf 12 Pf. Für Kraftbetriebe mit noch häufig bedeutend längeren Benutzungsdauern können die Generalunkosten für 1 kWst sinken bis auf 2—5 Pf. Wenn es sich darum handelt, einem größeren Konsumenten ein besonderes günstiges Angebot zu machen, so kann eventuell auf die Verbilligung der Gesamterzeugung hin ein Nachlaß gewährt werden, der den Preis unter die erforderliche Selbsterzeugung sinken läßt. Diese Art der Tarifbemessung bietet allerdings manche Gefahren und sollte daher nur auf Grund eingehender Untersuchungen angewendet werden.

Da der Beleuchtungsstrom überall gleichzeitig entnommen wird, und dadurch die mit Recht gefürchteten Lichtspitzen auftreten, ist es zweckmäßig, durch Gewährung eines Doppeltarifes die Beleuchtungszeit, d. h. von Eintritt der Dunkelheit bis 9 Uhr des Abends, vom Kraftstrom möglichst zu entlasten. Es gibt eine Anzahl Betriebe, welche um des Geldvorteils willen, den der ermäßigte Strompreis außer der Sperrzeit bietet, ihre Inanspruchnahme der Zentrale einschränken können. Hier wird mit großem Vorteil der Doppeltarif angewendet werden, der ja allerdings den Nachteil hat, daß er teuere Zähler erfordert, die auch allmonatlich neu eingestellt werden müssen.

Zu 2. Die Pauschaltarife haben in den letzten Jahren wesentlich an Bedeutung gewonnen. Man hat jetzt Erfahrungen darüber gesammelt, wie hoch die Inanspruchnahme vor allem in Beleuchtungsanlagen ist. Beim Publikum ist diese Art der Stromberechnung sehr beliebt, da die Kosten für Zählermiete fortfallen, und man nicht ängstlich zu sein braucht, wenn einmal etwas länger das Licht brennt, wie unbedingt notwendig ist. Für die Bemessung der Einheitssätze sind eine Anzahl Normierungen in Anwendung, zum Teil ist die Höhe der Lampenzahl oder die Anzahl der bewohnten Zimmer maßgebend, mitunter der Höchstverbrauch. Um zu verhindern, daß ein bestimmtes Maximum nicht überschritten wird, wird mitunter ein Strombegrenzer eingeschaltet. Mehrere Elektrizitätswerke sind mit gutem Erfolge dazu übergegangen, daß seitens des Werkes die Installation auf ihre Kosten ausgeführt wird, der Konsument ohne Zähler pauschal brennt und im Laufe mehrerer Jahre die Installation bezahlt, ein Weg, der in Zukunft jedenfalls noch oft in Anwendung kommen wird (657).

Elektrische Bahnen.

(817) Betriebsarten. Die Wahl des Systems, der Betriebsmittel und der Streckenausrüstung ist aufs engste verknüpft mit der Art und dem Charakter des Bahnbetriebes.

Man unterscheidet den leichten Straßenbahn- (engl. tramway, amerik. street railway) Betrieb mit kleinen Zugkräften und Geschwindigkeiten und den vollbahnartigen (engl. railway, amerik. railroad) Betrieb, der folgendermaßen gekennzeichnet werden kann:

1. Schnellzugsbetrieb mit großen Stationsentfernungen und hohen Geschwindigkeiten. Die Motoren sind für Dauerleistung zu bemessen. Hohe Anfahrbeschleunigungen sind unwesentlich.

2. S t a d t b a h n - oder B e s c h l e u n i g u n g s b e t r i e b mit kurzen Stationsentfernungen und hohen Anfahrbeschleunigungen Die Motoren sind für häufiges Anfahren in kurzen Zwischenräumen zu bemessen.

3. S c h w e r e r G ü t e r z u g s b e t r i e b mit großen Anfahrzugkräften und mittleren Geschwindigkeiten. Die Motoren sind für die maximalen Zugkräfte, die häufig und in kurzen Zwischenräumen auftreten, zu bemessen. Hohe Anfahrbeschleunigungen sind unwesentlich.

I. Kritik der Systeme.

(818) Spannung. Für die leichten Straßenbahnbetriebe ist heute das Gleichstrom-Niederspannungssystem mit 500—600 V am Fahrdraht allgemein angenommen. Für den Betrieb der Vollbahnen dagegen ist man sich z. Z. nur über die Notwendigkeit der Verwendung hoher Spannungen einig. Über das System aber bestehen noch Meinungsunterschiede.

Die für die Zugförderung erforderlichen großen Leistungen im Vollbahnbetriebe verlangen nämlich die Wahl von hohen Spannungen, um die vom Fahrdraht abzunehmenden Stromstärken in jenen praktischen Grenzen zu halten, welche durch die konstruktiven Rücksichten für den Bau der Stromabnehmer und der Fahrdrahtleitung gegeben sind, während ökonomische Rücksichten, Ersparnisse an Kupfer in der Oberleitung, Beschränkung der Zahl der Unterstationen, Bedingungen für die Sicherheit und die Aufrechterhaltung des Betriebes (Speisung einer Teilstrecke von einer benachbarten) eine weitere Erhöhung der Fahrdrahtspannung bedingen. Von diesem allgemeinen Gesichtspunkte aus scheinen daher Einphasenwechselstrom, Drehstrom und Gleichstrom-Hochspannung in gleicher Weise für den Betrieb von Vollbahnen geeignet, und jedes einzelne System ist vielfach befürwortet und angegriffen worden (vgl. Literatur Seite 619). Aber während die für Gleichstrom und Drehstrom zulässigen Fahrdrahtspannungen immer noch nicht jene für den ökonomischen Betrieb für Vollbahnen zweifellos erforderliche Mindestspannung von ca. 6—10000 V erreichen, haben Einphasenbahnen mit 20 000 V am Fahrdraht (Schweden) einwandfreien Betrieb ergeben.

Gleichstrommotoren arbeiten schon heute mit 1500 V am Kollektor einwandfrei. Baute man sie für 2—3000 V, so ergäben zwei solcher Motoren in Reihe sogar 4—6000 V Fahrdrahtspannung. Aber abgesehen von der Notwendigkeit, zwei Motoren zu verwenden und diese unveränderlich in Serie laufen zu lassen, ist ein derartiger Betrieb auch außerordentlich gefährlich. Denn alle, auch die der Bedienung unterliegenden stromführenden Teile (Bürsten, Kollektor) besitzen die volle Spannung gegen Erde. Licht, Heizung, Steuerstrom und Pumpenstrom müssen einer separat aufgestellten Motor-Dynamo für Niederspannung entnommen werden.

Im Drehstromsystem dagegen drückt die doppelpolige Oberleitung und die besonders bei Weichen und Kreuzungen schwierige Isolation der beiden Fahrdrähte gegeneinander die Fahrdrahtspannung gegen eine Grenze von ca. 3000—6000 V. Die Möglichkeit, die Ständer direkt für Hochspannung zu wickeln, wird oft als Vorteil des Drehstroms angesehen[1]. Das ist aber auch für Einphasenmotoren möglich und für die Spindlersfelder Strecke ausgeführt worden. Die Verwendung von Hochspannung im Ständer drückt aber ebenfalls die Fahrdrahtspannung gegen eine Grenze von 3—6000 V, erschwert die Herstellung und Ausbesserung der Motoren und ergibt unökonomische Ausnützung des Wickelraumes. Indessen besitzen selbst die für Hochspannung gewickelten Einphasenmotoren nur Niederspannung am Kollektor und allen der Bedienung zugänglichen Teilen und sind dem Hochspannungs-Drehstrommotor in der Einfachheit der Wicklungen ohne Kreuzungen

---

[1] Die Drehstrom-Lokomotive des Kaskade-Tunnels mit 6000 V am Fahrdraht besitzt einen Leistungstransformator auf der Lokomotive und Niederspannungsmotoren für 500 V.

und durch die im Niederspannungskreis erfolgende Fahrtwendung an Betriebssicherheit überlegen.

(819) Oberleitung. Die Energieübertragung mittels Drehstroms hat der einphasigen Übertragung gegenüber bei gleichen Spannungen gegen Erde und bei gleichen Verlusten eine Kupferersparnis von ca. 15,5 % voraus. Da aber praktisch die Fahrdrahtspannung im Einphasensystem höher als im Drehstromsystem gewählt werden kann, so ist es tatsächlich das Einphasensystem, das den geringeren Kupferverbrauch für sich hat.

Die doppelpolige Oberleitung und die damit verbundenen Schwierigkeiten in der Ausrüstung der Strecke bilden jedenfalls den schwerwiegendsten Einwand gegen das Drehstromsystem. Die Möglichkeit einer vollständig zuverlässigen und guten Ausführung der doppelpoligen Oberleitung ist nach den Erfahrungen der letzten Jahre freilich keine Frage mehr.

(820) Regulierung. Der Vorteil der leichten kollektorlosen D r e h s t r o m - Motoren wird durch die Nachteile in ihrer Regulierung zum Teil aufgewogen. Bei der Regulierung mit Schleifringläufer (Burgdorf-Thun) wird die nichtverbrauchte Energie in Widerständen vollkommen vernichtet (543), während die Polumschaltung (Simplon) die Wicklung kompliziert und den Wirkungsgrad herabdrückt. Die Kaskade (Valtellina) aber erfordert mindestens zwei Motoren (544), von denen einer bei der Mehrzahl der Geschwindigkeitsstufen leer mitläuft und das tote Gewicht vergrößert, wenn nicht der Hauptmotor das Windungsverhältnis vom Ständer zum Läufer = 1 besitzt. Dann aber haben der Läufer und mit ihm alle Bedienungsapparate die gleiche Spannung wie der Ständer und müssen wie dieser für Hochspannung isoliert werden. Fahrtwender und Ausschalter stehen ebenfalls unter der vollen Ständerspannung. Keine der Methoden aber vermag dem Drehstromsystem die für Bahnbetriebe unbedingt notwendige Elastizität zu geben. Der Drehstrommotor kann die synchrone Tourenzahl eben niemals überschreiten.

G l e i c h s t r o m m o t o r e n werden durch Widerstände in Reihe mit dem Anker und durch Schwächung oder Unterteilung des Feldes reguliert und besitzen — besonders wenn nur e i n Motor vorhanden ist — nur eine beschränkte Zahl ökonomischer Geschwindigkeitsstufen. Beim E i n p h a s e n s y s t e m erfolgt die Regulierung mit Hilfe von Regulier- oder Leistungstransformatoren praktisch verlustfrei. Diese Reguliertransformatoren machen den Einphasenmotor aber auch unempfindlich gegen die Spannungsschwankungen der Linie. Während das Drehmoment des Drehstrom-Induktionsmotors quadratisch mit der Linienspannung und die Geschwindigkeit des Gleichstrommotors (mit der maximalen Geschwindigkeit in der Parallelstellung) proportional mit der Spannung fällt, ist es bei Einphasenmotoren durch Anordnung von Reserveklemmen am Transformator, die einer höheren Spannung entsprechen, möglich, den Motor in weiten Grenzen von der Linienspannung unabhängig zu machen.

In allen Fällen ist die Regulierung des Einphasenmotors, derjenigen des Drehstrommotors (wo sie ökonomisch ist) an Einfachheit, derjenigen des Gleichstrommotors aber an Ökonomie überlegen.

(821) Luftspalt. Der Leistungsfaktor der Drehstrommotoren fällt rasch mit steigendem Luftspalt und zwingt zur Verwendung kleiner Luftspalte.

Die kompensierten Einphasenmotoren dagegen sind in der Wahl des Luftspaltes nicht beschränkt und den Gleichstrommotoren darin gleichwertig. Der Leistungsfaktor der Einphasenmotoren ist trotzdem im Mittel 0,85—0,9 und kann selbst annähernd = 1 werden.

(822) Preis und Gewicht. Die zweifellos billigere Ausrüstung der Drehstrom-Betriebsmittel wird durch die höheren Kosten der Drehstromoberleitung und die billige Gleichstromausrüstung durch die Kosten der Unterstationen mehrfach aufgewogen. Das größere Gewicht der Einphasenausrüstungen aber ist deshalb kein Nachteil, weil die Anzugskraft des Motors ausreicht, die Räder zum Schleifen zu bringen.

(823) Unterstationen. Die niedrige Fahrdrahtspannung der Gleichstrombahnen, die in der Regel 12—1500 V nicht übersteigt, erfordert für längere Strecken mehrere Unterstationen mit rotierenden Maschinen und komplizierten Drehstrom-Gleichstrom-Schaltanlagen, die der Wartung bedürfen.

Unterstationen, allerdings nur mit ruhenden Transformatoren, sind auch noch für lange Drehstromstrecken erforderlich, für die eine Verteilung mit 3—6000 V nicht ausreicht.

Dagegen können Einphasenbahnen mit 20 000 V auf sehr langen Strecken ohne Unterstationen gespeist werden und, wenn die Fahrdrahtspannung 12—13 000 V nicht übersteigt, sogar direkt von den Generatoren aus ohne die Zwischenschaltung irgend welcher Transformatoren. Die Einrichtung und die Schaltanlage der Einphasenzentralen selbst ist die einfachste unter allen Systemen.

(824) Wirkungsgrad, Unterhaltung. Der mittlere Wirkungsgrad des Gleichstromsystems von den Sammelschienen bis zum Stromabnehmer beträgt nur ca. 68 % gegen ca. 87 % bei Einphasenwechselstrom.

Die Unterhaltungskosten des gegenwärtigen Einphasensystems sind denen des Gleichstroms ungefähr gleich. Dagegen sind die gesamten Betriebskosten für Einphasenstrom geringer, weil es höheren mittleren Wirkungsgrad und geringere Betriebskosten in den Unterwerken hat. Dieser Unterschied wird um so größer, sein, je länger die Bahn und je geringer die Verkehrsdichte ist[1]).

(825) Zusammenfassung. Von Einzelheiten abgesehen, steht heute jedenfalls soviel fest, daß die Betriebssicherheit und Einfachheit die einpolige Oberleitung, ökonomische Rücksichten aber die Verwendung hoher Fahrdrahtspannungen verlangen. Beiden Anforderungen wird nur das Einphasensystem gerecht. Nur wo besondere Verhältnisse vorliegen, ist auch die Wahl eines anderen Systems gerechtfertigt, z. B. Gleichstrom-Hochspannung für kurze Vorort- oder Z w i s c h e n - S t a d t b a h n e n (Amerika), in welchen die Wagen i n n e r h a l b der Städte mit z. B. 600 V Gleichstrom, außerhalb aber mit z. B. 1200 V am Fahrdraht fahren, oder Drehstrom z. B. für Strecken ohne Weichen und Rangiergeleise (Tunnels). Im Interesse der Einheitlichkeit und des Übergangsverkehrs wird sich aber auch in solchen Fällen vielfach die Verwendung des Einphasensystems empfehlen.

Literatur.

E i c h b e r g , Der Stand der elektrischen Vollbahnen mit bes. Berücksichtigung der Einphasenbahnen. Zeitschr. d. V. d. I. 1908, S. 1145. — v. K a n d o , Drehstromlok. der ital. Staatsbahnen. Z. d. V. d. I. 1909, S. 1249. — The 1200 V direct current railroad, Proceed. A. I. E. E. April 1910, S. 589. — P o t t e r , Economies of Railway Electrification (Vergleich 600 V und 1200 V Gleichstrom mit 11 000 V Einphasen- und 11 000 V Drehstrom). General Electric Review, September 1910 und Electrician, Bd. 65, S. 683, 1910. — W e s t i n g h o u s e , The Electrification of Railways. Electrician, Bd. 65, S. 677, 1910. — H o b a r t , The cost of electrically propelled suburban trains (Relative Kosten des Einphasen- und des Gleichstromsystems). Electrician, Bd. 65, S. 685, 1910. — Die Einheitlichkeit in der Wahl des elektr. Bahnsystems. EKB v. 4. 12. 1910. — S i e b e r t , Elektrisierung der Vollbahnen (Gleichstrom gegen Wechselstrom). ETZ v. 3. III. 1910. — E i n p h a s e n s t r o m g e g e n G l e i c h s t r o m . Street Rlwy. J. 1908, S. 800. — G l e i c h m a n n , Elektr. Zugförderung, ETZ 1911, S. 874.

II. Betriebsmittel.

1. Allgemeine Gesichtspunkte.

(826) Wahl der Zugeinheit. Für Straßenbahnen bildet der einzelne Motorwagen mit oder ohne Anhänger das natürlichste und ökonomischste Betriebsmittel. Schwere Züge dagegen, für die ein einziger Motorwagen nicht mehr ausreicht, können entweder aus mehreren Motorwagen mit Anhängern bestehen oder aber von Lokomotiven gezogen werden. Die Wahl der sogenannten Zugeinheit bildet eine der wichtigsten Fragen vom ökonomischen und verkehrstechnischen Standpunkte aus.

---

[1]) G i b b s , EKB 1910, S. 472.

Motorwagenzüge sind z. B. für Stadtbahnbetrieb unerläßlich; denn während einerseits die durch die kurzen Stationsentfernungen notwendige hohe Anfahrbeschleunigung die Nutzbarmachung des Adhäsionsgewichtes von ca. 50 % aller Wagenachsen erfordert, verlangen andererseits die zu den verschiedenen Tageszeiten stark schwankenden Verkehrsziffern auch Züge wechselnder Länge, die ökonomisch und rasch nur gebildet werden können, wenn der Motorwagen (und Anhänger) die Zugeinheit ist. Dasselbe gilt für Linien mit Kopfstationen, in denen das Umsetzen und Verschieben der Lokomotive erhebliche Zeitverluste verursacht.

Wo diese Bedingungen nicht zutreffen, sind jedoch Lokomotivzüge den Motorwagenzügen meist überlegen. Lokomotiven erfordern geringere Unterhaltungskosten als Motorwagen. Speziell die hochgelegten Motoren erleichtern die Zugänglichkeit, Revision und Reparatur und gestatten die Verwendung kräftiger Motorlager. Die hohe Lage der Motoren ergibt eine höhere Schwerpunktslage der Lokomotive, ein Minimum des Trägheitsmomentes um die vertikale Achse und ein Minimum des nicht abgefederten Gewichtes auf den Achsen, — alles zusammengenommen einen ruhigeren Lauf und eine geringere Inanspruchnahme der Schienen und des Bahnkörper-Oberbaues.

Für viele Vollbahnlinien wird ein gemischter Betrieb, in denen Motorwagenzüge den schwachen und öfteren Zwischenortsverkehr, Lokomotivzüge aber den schnelleren Fernverkehr übernehmen, von größtem Vorteil sein (vgl. auch 869).

(827) Antrieb der Fahrzeuge. Die Übertragung der Leistung der Motoren auf die Treibachsen erfolgt für Lokomotiven und Motorwagen kleinerer und mittlerer Leistungen am besten mittels Zahnradvorgeleges.

Die kleinen Zahnräder sind aus geschmiedetem Siemens-Martin-Stahl, der eine Zugfestigkeit von 55—65 kg/mm² besitzen soll. Die Lebensdauer beträgt auf Straßenbahnen im Mittel etwa 40 000 km, auf Vollbahnen mit guter Schmierung und gut abgedichteten Radkästen etwa 100 000 km. Für sehr hohe Belastungen und lange Lebensdauer wird Nickelchromstahl mit etwa 80–90 kg/mm² Zugfestigkeit empfohlen.

Für die großen Zahnräder ist es besonders für Vollbahnen und große Leistungen empfehlenswert, aufgepreßte Stahlguß-Sterne und aufgesetzte auswechselbare zweiteilige Kränze aus Siemens-Martin-Stahl zu verwenden. Die besonders in Amerika gebräuchlichen ungeteilten Kränze sind nicht zu empfehlen, weil sie nur bei abgepreßten Laufrädern ausgewechselt werden können. Nicht geteilte gegossene Räder sind für sehr große Leistungen nicht zu empfehlen. Straßenbahnen verwenden in der Regel zweiteilige Stahlgußräder und Ritzel aus Siemens-Martin-Stahl. Die Lebensdauer der großen Zahnräder beträgt für Straßenbahnbetrieb im Mittel 60—7000 km, für Bahnen mit eigenem Bahnkörper 100000—150000 km und für Kränze aus S.-M.-Stahl bei gut abgedichteten Radkästen 200000—300000 km.

Die Radkastenabstände betragen bei Straßenbahnen 75—120 mm (selten weniger) über SO, je nach der Unterhaltung der Strecke, für Vollbahnen 125—150 mm. Der von der Preußischen Staatsbahn vorgeschriebene Abstand beträgt 150 mm. Grubenbahnen verwenden 40—50 mm.

Die AEG-Lokomotive der Preußischen Staatsbahn (Hafenbahn Altona) mit Motoren von 260 kW Leistung stellt zurzeit die größte im Betrieb befindliche, durch Zahnräder übertragene Motorleistung dar. Der Zahnradantrieb besitzt insbesondere für schwere Güterzugsbetriebe mit großen Zugkräften erhebliche Vorzüge gegenüber dem direkten Antrieb, ermöglicht eine leichtere Bauart der Lokomotive und gestattet die Verwendung leichter und schnellaufender Motoren. Diesen Vorteilen gegenüber stehen aber die Abnützung der Zahnräder und die Verluste im Vorgelege, die Schwierigkeiten, große Leistungen durch Zahnräder zu übertragen, sowie die durch die zulässige Zahngeschwindigkeit von 12—14 m/sk der Anwendung von Zahnrädern gezogenen Grenzen[1]). Diese Gründe haben in letzter Zeit dazu geführt, schwere Lokomotiven direkt mittels K u p p e l s t a n g e n anzutreiben. Da aber die Kuppelstangen eine starre Verbindung zwischen den ruhenden Treibrädern und den federnden Motoren darstellen, muß eine Anordnung gewählt werden, welche die Wirkung des Federspiels ausschaltet.

Eine ausgezeichnete Lösung bildet die Wahl einer B l i n d w e l l e (Pennsylvania-Lok., AEG-Lötschberg-Lok., Lok. für Dessau-Bitterfeld), welche wie die Motorwelle starr im abgefederten Lokomotivrahmen gelagert ist. Die Blindwelle besitzt also gegen den Motor kein Spiel, da sie aber andererseits in gleicher Höhe mit den nicht abgefederten Treibachsen liegt, und die Übertragung des Drehmomentes auf die letzteren mittels horizontaler Stangen erfolgt, kann auf diese auch nur die horizontale Komponente des Federspiels wirken. Die Horizontal-Komponente des nahezu stets vertikalen Federspiels aber ist vernachlässigbar (vgl. B r e c h t , Neuere Bauarten von Wechselstromlokomotiven, Zeitschr. d. V. d. I. 1909, S. 993 und H e y d e n, Beitrag zur Frage des Antriebes elektrischer Vollbahnlokomotiven, EKB 1909, S. 308. S t o r e r & E a t o n, Design of Electric Locomotive, Electrician v. 28. 10. 1910, S. 88, Referat ETZ v. 14. 12. 1910). Eine Reihe gebräuchlicher Anordnungen zeigen Fig. 521 bis 529 auf S. 622.

Für eine andere zuerst von G a n z & C o. ausgeführte Lösung sind 2 Motoren notwendig, welche durch einen d r e i e c k i g e n K u p p e l r a h m e n derart miteinander gekuppelt sind, daß die Verbindungslinie die eine Seite eines Dreiecks darstellt, dessen gegenüberliegende Spitze beim Lauf einen dem Motorkurbelkreis gleichen Kreis beschreibt, welcher in gleicher Höhe mit den Treibachsen liegt. Hierdurch erfolgt die Kraftübertragung nur in horizontaler Richtung unter Ausschaltung der Federspielbewegung des Lokomotivrahmens (Patent W e s t i n g - h o u s e - K a n d o, vgl. ETZ 1910, Heft 41 u. 42).

An Stelle des Kuppelstangenantriebes, der alle Vorteile hochgelegter Motoren besitzt, kann auch die Verwendung d i r e k t a u f d i e A c h s e a u f g e - s e t z t e r M o t o r e n treten, und zwar entweder ungefedert (nicht zu empfehlen) wie die Lokomotiven der New York Central oder aber vermittelst einer über die Treibräder geschobenen hohlen Welle, die mit der Radwelle durch eine biegsame Kupplung verbunden ist (New York New Haven). In Europa haben diese Antriebsarten keine Anwendung gefunden.

Die allgemein gebräuchliche M o t o r a u f h ä n g u n g für Motorwagen und Lokomotiven, sofern nicht hochgelegte im Lokomotivrahmen gelagerte Motoren verwendet werden, ist diejenige außerhalb des Schwerpunktes, derart, daß ein Teil des Motorgewichtes von der Laufachse aufgenommen wird. Der Motor stützt sich in diesem Falle mit Hilfe eines Tatzenlagers ungefedert auf die Wagenachse und ist andererseits federnd an den Wagenquerträgern aufgehängt. Die Aufhängung im Schwerpunkt wird angewendet, um die Wagenachse vom Motorgewicht zu entlasten.

(828) Wahl der Motorleistung. Die Größe der Motoren wird in der Regel mit Rücksicht auf die Erwärmung festgesetzt, wenn nicht die höchste erforderliche Zugkraft, insbesondere im Beschleunigungs- und Rangierbetrieb, die Wahl einer höheren Motorleistung vorschreibt. Die Nennleistung der Motoren wird durch die nach den Normalien des V. D. E. zulässige Erwärmung begrenzt (§ 19 der Normalien für Bewertung und Prüfung el. Maschinen). Dabei ist darauf zu achten, daß normale Straßenbahnmotoren vollkommen gekapselt laufen. Für Vollbahnen mit eigenem Bahnkörper hat es sich als zulässig erwiesen, an geeigneten Stellen Außenluft ins Motorinnere treten zu lassen, die Öffnungen mit gelochtem Blech zu ver-

---

[1]) Die Oerlikon-Lötschberg-Lokomotive, die z. Z. dem Betriebe übergeben wird, überträgt die Leistung der 1000 P-Motoren durch Pfeilräder und Kuppelstangen auf die Treibachsen. Die für Pfeilräder zulässigen Zahngeschwindigkeiten können bei allerdings geringerer Lebensdauer das Zweifache derjenigen normaler Zahnräder betragen.

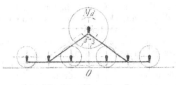

Fig. 521. O — D — O.

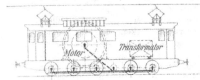

Fig. 522 O — E — O.

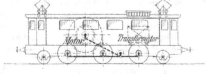

Fig. 523. 1 — C — 1.

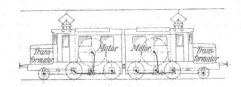

Fig. 524. 1 — B — O + O — B — 1.

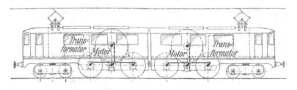

Fig. 525. 2 — B — O + O — B — 2.

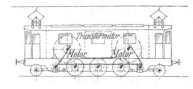

Fig. 526. 1 — C — 1.

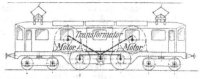

Fig. 527. 2 — B — 2.

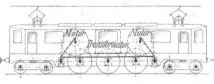

Fig. 528. 2 — C — 2.

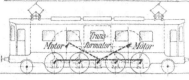

Fig. 529. 1 — D — 1.

Fig. 521—529. Antrieb elektrischer Lokomotiven mit Hilfe von Blindwellen und Kuppelstangen.

schließen und durch die Art der Luftführung dafür zu sorgen, daß sich etwa mitgeführte Staubteilchen im Motor nicht ablagern können. Im geschlossenen Lokomotivgehäuse hochgelegte Motoren können ganz offen bleiben. In einigen Fällen wird auch künstliche Kühlung verwendet.

Für schweren Betrieb empfiehlt es sich, die gewählten Motoren an Hand der Kennlinien des Fahrplanes und der Fahrdiagramme auf Erwärmung nachzurechnen (vgl. 862). Für stark aussetzenden Betrieb (Straßenbahnen) genügt es, wenn der Motor die geforderte mittlere Leistung eine Stunde lang auf dem Prüfstand abgeben kann. Dann dürfen aber die Aufenthalte in den Stationen nicht zur Berechnung der mittleren Leistung mit herangezogen werden.

(829) Anfahrbeschleunigung, Bremsverzögerung. Für die Festsetzung der notwendigen höchsten Zugkraft ist neben dem Steigungs- und Zugwiderstand die angenommene höchste Anfahrbeschleunigung maßgebend (vgl. 858).

Stadtbahnen weisen A n f a h r b e s c h l e u n i g u n g e n von 0,2 bis 0,7 m/sk² auf. Die auf die ganze Anfahrperiode bezogene mittlere Beschleunigung beträgt selten mehr als 0, 5 m/sk². Für Vollbahnen mit großen Stationsabständen können Anfahrbeschleunigungen von 0,1 bis 0,2 m/sk² gewählt werden. Für 1 t Zuggewicht ist etwa 1 kg Zugkraft für jedes cm/sk² erforderlich. Für Beschleunigungsbetriebe kann mit 50—70 kg/t höchster Zugkraft in der Ebene gerechnet werden. (Über die Bedeutung der Beschleunigung für die Betriebsart vgl. 817.)

Die Beschleunigung ist jedoch, sofern genügende Zugkraft vorhanden ist, durch das A d h ä s i o n s g e w i c h t der angetriebenen Achsen begrenzt. Die max. mögliche Zugkraft beträgt im Mittel $^1/_5$ bis $^1/_6$ des Adhäsionsgewichtes, steigt bei Verwendung kräftiger Sandstreuer bis auf $^1/_3$ und sinkt bei schlechtem Gleiszustand (feuchtem Wetter und Reifbildung) bis auf $^1/_{13}$.

Die Wahl der Beschleunigung erfolgt für Motorwagenzüge allein mit Rücksicht auf die aus Motorwagen mit Anhänger bestehende Zugeinheit. Für Lokomotivzüge dagegen ist das höchste angehängte Zuggewicht maßgebend. Daher sind für Stadtbahnbetrieb mit hohen Beschleunigungen Motorwagenzüge vorzuziehen.

Bei der Wahl der B r e m s v e r z ö g e r u n g ist in ähnlicher Weise darauf zu achten, daß die Zahl der abgebremsten Achsen für die Bremskraft ausreicht. Die zulässige Verzögerung ist abhängig von der Wirkung auf die Fahrgäste und auf den Wagenkörper und kann im Mittel zu 0,5 m/sk², für Stadtbahnen zu 0,7 bis 0,8 m/sk² angenommen werden (Luftdruckbremsen). Verzögerungen von 1 m/sk² sollen nicht überschritten werden. Im Notfalle sind 2 m/sk² zulässig. Für leichten Straßenbahnbetrieb und mäßige Geschwindigkeit genügt die Handbremse, besonders wenn Gegenstrom- oder Kurzschlußbremsung als Gefahrbremse vorgesehen ist. Vergleichende Bremsversuche und Betriebskostenberechnungen mit Luftdruckbremsen, elektrischen Kurzschluß- und Solenoid-Bremsen usw. EKB 1909, S. 111.

2. Die Motoren und ihre Regelung.
a) Einphasenwechselstrom.

(830) Allgemeine Übersicht und Einteilung. Den modernen Wechselstrom-Kollektormotoren ist die Verwendung eines vom Arbeitsstrom durchflossenen Gleichstromankers und einer Kompensationswicklung am Ständer gemeinsam (Arbeitsachse). Der Arbeitsstrom ergibt im Verein mit dem Erregerfeld das nützliche Drehmoment. Das (vom Ständer oder vom Anker aus, in der zur Arbeitsachse senkrechten Erregerachse erzeugte) Erregerfeld induziert transformatorisch in den durch die Arbeitsbürsten kurz geschlossenen Ankerspulen eine dem Fluß und der Periodenzahl proportionale EMK, die sogenannte T r a n s f o r m a t o r - EMK, welche dem Erregerfeld um angenähert 90° in der Phase nacheilt.

Die mannigfachen Erfindungen und Schaltungs-Anordnungen an Wechselstrom-Kollektormotoren haben sich vorzugsweise mit der Kompensation dieser

Transformator-EMK befaßt. Wählt man daher die hierzu tauglichen und angewandten Mittel zum Ausgangspunkt, so erhält man eine, auch physikalisch berechtigte, von äußeren nur scheinbaren Verschiedenheiten aber unabhängige Übersicht über Zweck und Wert der Mannigfaltigkeit der Motoren und ihrer Schaltungen.

Die Transformator-EMK kann im Stillstand niemals, bei Lauf nur durch Drehung in einem an der Wendestelle (Arbeitsachse) erzeugten Hilfs- oder Querfeld kompensiert werden, das dem Haupt- oder Erregerfeld um angenähert 90° nacheilt. Die Drehung im Hilfsfelde erzeugt dann in den unter den Bürsten kurz geschlossenen Spulen eine Rotations-EMK in Phase mit dem Hilfsfeld, welche die Transformator-EMK ganz oder teilweise kompensieren kann.

Kompensierte Serienmotoren mit phasenverschobenem Hilfsfelde an der Wendestelle (Fig. 530a) stellen sonach den allgemeinen Fall dar. Die grundlegenden Angaben hierzu hat Behn-Eschenburg gemacht. Diese Mo-

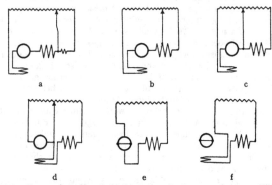

Fig. 530.   Kompensierte Hauptschlußmotoren mit phasenverschobenem Hilfsfelde.

toren sind Gegenstand der Patente DRP 162781, 208107, 208964 usw. der Maschinenfabrik Oerlikon. Das phasenverschobene Hilfsfeld kann dabei erzeugt werden durch Parallelschaltung von Widerständen oder Drosselspulen zur Wendespule oder durch Anlegen von Arbeitsspannung an die Wendespule. Im letzteren Falle wird das Wendefeld je nach seiner räumlichen Ausdehnung am Ständerumfang auch einen Teil der Energie transformatorisch auf den Anker übertragen, während der Hauptteil der Energie durch die Kompensationswicklung dem Anker direkt in Serie zugeführt wird. (Reihenkompensation.)

Läßt man den räumlichen Umfang der Wendespule am Stator allmählich von der Wendestelle aus gegen die Pole hin zunehmen, so wird auch ein allmählich wachsender Teil der Kompensationswicklung zur transformatorischen Energieübertragung auf den Anker mit herangezogen, ohne daß die Kommutierungsverhältnisse hierdurch beeinflußt zu werden brauchen. Motoren dieser Art bauen die Siemens-Schuckertwerke, welche den der Wendestelle nächstgelegenen Teil der Kompensationswicklung an Spannung legen. (Fig. 530 b.)

Legt man schließlich die ganze Kompensationswicklung an Spannung, so erhält man die sogenannten doppelt gespeisten Motoren mit Arbeitsspannung am Ständer und am Läufer (Fig. 530 c u. d), welche zuerst von Winter und Eichberg angegeben wurden (DRP 153730) und das

Querfeld am ganzen Statorumfang erzeugen. Die Kompensationswicklung liegt nicht mehr in Serie, sondern parallel zum Anker (Parallelkompensation) und die Wahl der Ständerspannung ist in gegebenen Grenzen von der Läufer-spannung unabhängig. Die Energie wird dem Läufer teils transformatorisch durch die Kompensation, teils direkt zugeführt.

Im Grenzfall kann man endlich den Läufer kurzschließen und ihm die ganze Energie durch die Kompensation transformatorisch zuführen. Die ganze Arbeitsspannung liegt dann an der Kompensation. Hierher gehören der Winter-Eichberg (ETZ 1904, S. 75 DRP 175377) und Latour Motor mit kurzgeschlossenen Bürsten und Ankererregung (Fig. 530e) der gewöhnliche

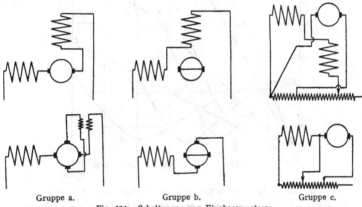

Gruppe a.   Gruppe b.   Gruppe c.

Fig. 531. Schaltungen von Einphasenmotoren.
(Vgl. Eichberg, ETZ 1909, S. 623.)

(Fig. 530f) und der Dérische Repulsionsmotor, (DRP 182015), letz-terer mit doppeltem Bürstensystem. Die Ankerspannung ist für Motoren dieser Gruppe von der Niederspannung am Kollektor vollständig unabhängig, die Ständer können auch direkt an Hochspannung gelegt werden (Spindlersfelde 6000 V).

Eichberg (ETZ 1909, S. 623) unterscheidet nach Art der Schaltung der Kompensation drei Gruppen (Fig. 531). a) Motoren mit Reihenkompensation, c) Motoren mit Parallelkompensation und b) Motoren mit kurzgeschlossenen Arbeitsbürsten als Grenzfälle.

(831) Kommutierung bei Lauf. a) Querfeldregelung. Vollkommene Kompensation der Transformator-EMK durch Drehung im phasenverschobenen Hilfsfeld (Querfeld) kann ohne Regelung der Stärke des Querfeldes nur für eine Tourenzahl erreicht werden. Für Motoren mit großem Regulierbereich und hohen Transformator-EMKK (etwa > 4 V) wird daher eine Regelung des Querfeldes mit der Geschwindigkeit, etwa durch Änderung der an die Wende-spule gelegten Spannung oder durch Regelung der Spannungsaufteilung der totalen Arbeitsspannung auf Ständer und Anker erforderlich. (Vgl. Eichberg, ETZ 1908, S. 857.) Die Fig. 532 stellt den Verlauf der Transformator-EMK in Abhängigkeit von der Tourenzahl dar. Für kurzgeschlossene Bürsten ist sie bei Synchronismus ein Minimum, steigt dann aber rasch für Unter- und Über-synchronismus in Form einer V-Kurve an. Diese V-Kurven verschieben sich mit der Spannungsaufteilung und ergeben bei richtiger Wahl der Ständer- und der Läufer-Arbeitsspannung bei jeder gewünschten Tourenzahl das Minimum der

Transformator-EMK. Die Spannungsaufteilung wird z. B. durch die Kontakte $a—e$ besorgt; Fig. 533. Gleichzeitig kann durch die Kontakte $T_1—T_6$ die totale

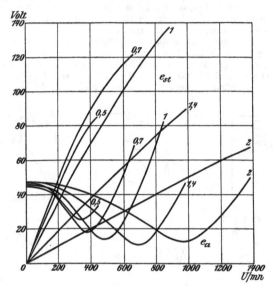

Fig. 532. e_{st} Spannung am Ständer, e_a Impedanzspannung am Läufer.

Die Zahlen geben das Verhältnis der Arbeitsspannungen am Läufer und Ständer an. Wahrer Synchronismus bei 500 T. Kurve 1. Impedanzlose Tourenzahlen für Spannungsaufteilung.

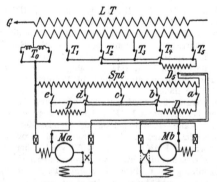

Fig. 533. Prinzip-Schaltungsschema für doppelt gespeiste Motoren. LT Leistungstransf. Spt Spannungsteiler. D Überschalt-Drosselspulen.

Arbeitsspannung des Motors am Leistungstransformator reguliert werden. Dadurch ist es möglich, die Leistung den verschiedenen Zuggewichten entsprechend unabhängig von der Geschwindigkeit einzustellen und umgekehrt.

Das Diagramm Fig. 534 stellt ein Ausführungsbeispiel für einen schweren Schnell-zugsbetrieb dar. Der Synchronismus liegt bei 34 km/st, und bis dahin kann mit kurz-geschlossenen Bürsten gefahren werden. Von 30—120 km/st, also bis zum vier-fachen Synchronismus, wird durch Spannungsaufteilung die Kommutierung ein-gestellt und zwar z. B. in 5 Stufen. Man sieht, daß die Transformator-EMK bei Ab-weichungen vom wahren oder scheinbaren Synchronismus in Form einer quadrati-

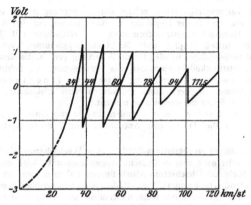

Fig. 534. Beispiel für den Verlauf der Transformator-EMK doppelt gespeister Motoren.
Synchronismus bei 34 km.

schen Kurve ansteigt, aber selbst bei großen Abweichungen noch durch reine Bürsten-Kommutation beherrscht werden kann. Es ergibt sich auch das paradoxe aber theoretisch richtige Resultat, daß Abweichungen von der theoretisch richtigen Tourenzahl um so eher gestattet sind, je weiter die eingestellte Tourenzahl vom wahren Synchronismus entfernt ist.

b) Widerstandsverbindungen. Motoren, welche kein phasenver-schobenes Hilfsfeld besitzen, müssen von vornherein für so kleine Trans-formator-EMKK bemessen werden, daß die Funkenspannungen noch durch Widerstands-Kommutierung der Bürsten beherrscht werden können. Um hiervon wieder unabhängiger zu werden, haben einige Firmen (Westing-house, Bergmann usw.) Widerstandsverbindungen zwischen Anker und Kollektor eingebaut. Dieselben haben den Vorteil auch die Kommutierung beim Anlauf (832) zu verbessern.

(832) Anlauf[1]). Die Kompensation der Transformator-EMK kann nur durch Drehung erfolgen. Ihre Kompensation beim Anlauf, d. i. im Stillstand, ist un-möglich. Es sind daher, wenn die Segmentspannung nicht von vornherein niedrig gewählt ist, besondere Anordnungen notwendig, um die Transformator-EMK beim Anlauf und sehr niedrigen Tourenzahlen in mäßigen Grenzen zu halten. Die in (831) erwähnten Widerstandsverbindungen stellen solche Hilfsmittel dar. Winter-Eichberg verwenden einen Serien-Transformator, den sogenannten Erreger-transformator (Eichberg, ETZ 1904, S 79), mit dessen Hilfe das Er-regerfeld im Anlauf geschwächt wird. Alexanderson (DRP 213 464) er-reicht die Feldschwächung beim Anlauf durch eine Umschaltung der Erregerwick-lung aus dem Ankerkreis in den Statorkreis. (Vgl. ETZ 1908, S. 809, Proceed. A.

---

[1]) Anlauf der Einphasenkommutatormotoren, ETZ 1906, Heft 7.

I. E. E. 1908, Heft 1). Richter verwendet eine Schaltung, welche eine automatische Feldschwächung im Anlauf ergibt (ETZ 1911, S. 1295).

(833) Leistungsfaktor. Bei kompensierten Serienmotoren erreicht der Leistungsfaktor bei hoch übersynchronen Geschwindigkeiten auch ohne Anwendung besonderer Hilfsmittel Werte von 0,9 und darüber. Vollkommene Kompensation der Phasenverschiebung und Phasenvoreilung kann durch Ankererregung erreicht werden. (Fig. 530e.)

(834) Die Leistungsregulierung erfolgt durch Änderung der totalen Arbeitsspannung. Diese wird in der Regel der mit Anzapfungen versehenen Sekundärwicklung des Hochspannungstransformators in Verbindung mit Starkstromschaltern oder mittels Hüpfer oder Schützen abgenommen (vgl. 840). In letzter Zeit ist vorgeschlagen worden für die Schaltung (vgl. a. die Kennlinien Fig. 536) der Wechselstromkollektormotoren die Verwendung von Schützkontakten zu vermeiden und zur Regulierung P o t e n t i a l r e g u l a t o r e n oder Bürstenverschiebung zu verwenden. Dadurch wird gleichzeitig auch eine a l l m ä h l i c h e Spannungssteigerung erreicht.

B r o w n, B o v e r i & Co. verwenden für die von ihnen gebauten reinen Repulsionsmotoren die D e r i sche Anordnung von 2 Bürstensystemen, DRP 182015.

(835) Gleichstrom-Wechselstrom-Betrieb. Alle Wechselstromkollektormotoren können direkt oder nach einigen Umschaltungen auch mit Gleichstrom betrieben werden. Wechselstrom-Gleichstrom-Ausrüstungen haben namentlich in Amerika Verbreitung gefunden (in Europa: Wien - Baden), sind aber wegen des erhöhten Ausrüstungsgewichtes und wegen der Komplikation der Steuerung nicht zu empfehlen. Für Bahnen, die streckenweise z. B. auf dem Gebiete großer Städte, gezwungen sind, mit Niederspannung am Fahrdraht zu arbeiten, empfiehlt sich vielmehr die Verwendung niedergespannten Wechselstromes, z. B. 600 V im Stadtgebiete und 6000 V auf den Außenstrecken (Padua-Fusina, EKB 1910, S. 221.)

Die Niederspannung wird dann mittels einfacher Umschalter direkt an eine entsprechende Anzapfung der Hochspannungswicklung des Leistungstransformators angelegt (vgl. 841).

(836) Energierückgewinnung. Sollen Wechselstromkollektormotoren im Gefälle als Generatoren aufs Netz zurückarbeiten, so ist in der Regel eine Umschaltung der Motoren auf Nebenschlußcharakteristik erforderlich. Die Fig. 535 zeigt den Winter-Eichberg-Motor in einer Schaltung, in welcher bei beliebiger Geschwindigkeit aufs Netz zurückgearbeitet werden kann (ETZ 1908, S. 857).

Für eine von L a m m e angegebene Anordnung sind 2 Motoren erforderlich, von denen der eine die Erregung für den anderen Motor liefert. Rückstrombremsung mit Oerlikon-Reihenschlußmotoren vgl. EKB. 1911, S. 416.

(837) Kennlinien. Die Fig. 536 zeigt die Kurvenscharen eines Winter-Eichberg-Motors für 260 kW Leistung und Fig. 537 die Anzugsmomente. Fig. 382 zeigt den Querschnitt durch den Motor.

b) Gleichstrom.

(838) Straßenbahnen und leichte Bahnbetriebe verwenden vielfach den normalen Gleichstrommotor ohne Wendepole, weil er leichter, billiger und kleiner gebaut werden kann als ein Hilfspolmotor gleicher Leistung. Die Benutzung von W e n d e p o l e n ergibt jedoch eine längere Lebensdauer des Kollektors bei geringerem Bürstenverbrauch und gestattet die Verwendung höherer Spannungen. Durch die Einführung der Wendepole ist es möglich geworden, Bahnmotoren für Spannungen bis 1500 V und darüber zu bauen. Durch die Erhöhung der Betriebsspannung wird der Wirkungsradius der Kraftstationen wesentlich vergrößert. Außerdem hat man dadurch die Möglichkeit in der Hand, niedrige Spannungen in

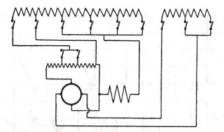

Fig. 535. Winter-Eichberg-Motor. Schaltung für Energierückgewinnung.

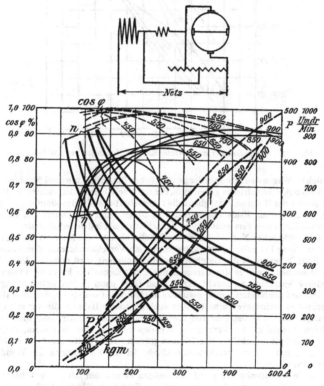

Fig. 536. Kennlinien eines Winter-Eichberg-Motors für 260 kW Leistung.

den Städten zu verwenden und auf den Außenstrecken, wo große Geschwindigkeiten statthaft sind, mit höherer Spannung zu arbeiten.

Die Vorteile, die sich aus der Spannungserhöhung ergeben, werden noch durch den Vorzug einer ökonomischeren Geschwindigkeitsregulierung vergrößert. Während

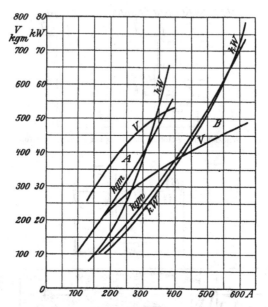

Fig. 537.   Anzugsmomente eines Winter-Eichberg-Motors für 260 kW Leistung.

man sich bei Wagenausrüstungen der gewöhnlichen Bauart mit nur zwei ökonomischen Geschwindigkeiten zufrieden geben muß, der einen bei Reihen-, der anderen bei Parallelschaltung der Motoren, ermöglicht die Eigenschaft des Wendepolmotors, auch bei stark geschwächtem Felde einwandsfrei zu laufen, eine weit feinere Geschwindigkeitsabstufung ohne Verwendung von Vorschaltwiderständen, lediglich durch Änderung der Feldstärke. Nur auf den ersten Schaltstufen, wo die Motoren in Hintereinanderschaltung bei vollem Felde arbeiten, ist ein Vorschaltwiderstand erforderlich. Von dieser Eigenschaft der Geschwindigkeitsregulierung wird man mit Vorteil Gebrauch machen, wenn es sich darum handelt, mit demselben Fahrzeug Linien verschiedener Spannung zu durchfahren. Man fährt dann in Parallelschaltung und schwächt auf der Niederspannungsstrecke das Motorfeld so weit ab, daß man die gewünschte Geschwindigkeit erhält. Aber auch für solche Bahnen, die nur mit einer Linienspannung arbeiten, bedeutet diese Schmiegsamkeit in der Geschwindigkeitsregulierung einen großen Vorzug des Wendepolmotors, besonders dann, wenn die Geschwindigkeit innerhalb weiter Grenzen geändert werden soll. Auch da, wo häufig Steigungen mit ebenen Strecken abwechseln, ist die Verwendung des Wendepolmotors angebracht.

    Da die Wendepolmotoren auf den meisten Fahrstellen mit geschwächtem Feld arbeiten, ist es angängig, das ungeschwächte Feld ungewöhnlich hoch zu sättigen. Hierdurch ist es möglich, mit verhältnismäßig kleinem Ankerstrom große Anfahrzugkräfte zu erhalten.

    Die verkleinerten Stromstöße ergeben wieder kleinere Verluste in den Speiseleitungen und Kraftstationen und geringere Spannungsschwankungen im Netz, wodurch die Wagenbeleuchtung angenehmer wird und die Erdströme kleiner ausfallen.

Die Magnetgehäuse der Motoren sind in der Regel aus Stahlguß, die Hauptpole aus lamellierten Blechen. Die Wendepolmotoren entsprechen im allgemeinen der mechanischen Ausführung der Motoren ohne Hilfspole und weichen nur durch die Anordnung der meist massiven Hilfspole von ihnen ab.

Ist der Wagen mit 4 Motoren ausgerüstet, so können diese entweder in Gruppen von je 2 Motoren, die dauernd in Reihe liegen, geschaltet werden, oder es liegen beim Anfahren alle 4 Motoren in Reihe und werden erst zu zweien und schließlich zu vieren parallel geschaltet. Das ist besonders für Zwischenstadtbahnen von Vorteil, die innerhalb der Städte langsam fahren müssen, und ökonomisch je 2 Motoren dauernd in Reihe liegen lassen können.

Die A n f a h r w i d e r s t ä n d e werden wie gewöhnliche Anlaßwiderstände berechnet und zwar an Hand der zulässigen Stromstöße. (600) u. folg. Für die Berechnung werden vielfach graphische Methoden verwendet.

In der Reihenstellung der Motoren mit Reihen-Parallelschaltung darf nur die halbe Spannung für jeden Motor eingesetzt werden. In der Parallelstellung müssen bei Berechnung des für jeden einzelnen Motor erforderlichen Widerstandes die Regeln der Kombination der Widerstände berücksichtigt werden.

c) Drehstrom.

(839) Der Drehstrommotor ist seiner Natur nach ein Motor konstanter Geschwindigkeit. Seine maximale Geschwindigkeit ist an den Synchronismus gebunden und kann nicht überschritten werden. Die Vorteile liegen in der Einfachheit der Motoren und der Ausrüstung. Will man diese nicht aufgeben, so darf man die Regulierung durch Widerstände im Läuferkreis nicht verlassen. In der Regel werden hierzu große Wasserwiderstände verwendet. Die Ständer müssen dann aber direkt für Hochspannung gewickelt werden (vgl. 818/820).

Das D r e h m o m e n t kann beim Anlauf durch Y/Δ-Schaltung erhöht werden, variiert aber quadratisch mit der Linienspannung. Man kann daher nur einen relativ geringen Spannungsabfall in der Linie zulassen. Der L e i s t u n g s - f a k t o r fällt rasch mit steigendem Luftspalt.

Um die Zahl der ökonomischen Geschwindigkeitsstufen zu vermehren, haben G a n z & C o. auf der Valtelina-Strecke die K a s k a d e n s c h a l t u n g angewendet. Dazu sind aber 2 Motoren erforderlich, von denen einer nur vom Anlauf bis zum Lauf mit halber Geschwindigkeit arbeiten kann. Bei allen anderen Geschwindigkeiten muß er abgeschaltet werden und erhöht das tote Gewicht der Lokomotive (vgl. 820).

Die Geschwindigkeitsstufen für die 2 Motoren in Kaskadenschaltung sind prinzipiell die folgenden:

Mot. I a/Netz-Motor II a/Schlfrg. d. Mot. I, Widstd. i/Anker II. max.

Drehmom. . . . . $v < \dfrac{v}{2}$

Mot. I a/Netz-Motor II a/Schlfrg. d. Mot. I, Widstd. kurzgeschlossen $v = \dfrac{v}{2}$

Mot. I a/Netz-Motor-Widstd. i/Anker I, Mot. II abgeschaltet . . . $v < v$

Mot. I a/Netz-Widstd. i/Anker I kurzgeschl., Mot. II abgeschaltet $v_{max.} = v$

Unter v ist die synchrone Geschwindigkeit verstanden. (Gleiche Polzahlen für die beiden Motoren vorausgesetzt.)

In den neuen V a l t e l l i n a - Lokomotiven hat G a n z & Co. eine D r e i m o t o r e n - K a s k a d e verwendet und damit vier ökonomische Geschwindigkeiten erreicht.

Schließlich sind für die Regelung der Drehstrommotoren auch noch P o l - u m s c h a l t u n g e n verwendet worden. Während die S i m p l o n - L o k o - m o t i v e von B r o w n, B o v e r i & Co. 2 ökonomische Geschwindigkeiten — 30 und 60 km/st (8 und 16 Polen entsprechend) besitzt, ist die Maschinenfabrik O e r l i k o n ebenfalls für die Simplon-Lokomotive sogar auf die Umschaltung von 4 : 6 : 8 : 12 Polen übergegangen. Diese Anordnungen komplizieren die Wick- lung und verringern den Wirkungsrad. Der Drehstrommotor, der übersynchron (im Gefälle) angetrieben, E n e r g i e i n s N e t z z u r ü c k l i e f e r t, kann zwar in der Kaskade und bei Verwendung der Polumschaltung bei mehreren Geschwin- digkeiten aufs Netz zurückarbeiten, aber der wiedergewonnene Energiebetrag beträgt bei diesen Schaltungen selten mehr als durchschnittlich 10—15 % der für die Bergfahrt aufgewendeten Energie. Über die elektrische Bremsung auf Dreh- strombahnen: Schweiz. Bauztg. vom 18. 7. 08. E i c h b e r g, Bremsung von In- duktionsmotoren mit besonderer Berücksichtigung ihrer Verwendung für Bahnen ETZ 1898, S. 784. — Ausgeführte Drehstromanlagen vgl. Literatur S. 657.

3. Steuerungs- und Wagen-Ausrüstung.

(840) Schaltwalzen. Schütze. Einzeln laufende Motorwagen und Lokomotiven können in der Regel mittels gewöhnlicher oder verstärkter Straßenbahn-Schalt- walzen gesteuert werden, solange die gesamte Leistung des Fahrzeuges etwa 3 bis 400 kW nicht übersteigt.

Die großen Leistungen im Vollbahnbetriebe aber könnten damit nicht mehr direkt geschaltet werden. Man verlegt daher die Schaltung in besondere Apparate (S c h ü t z e oder H ü p f e r), welche von der Schaltwalze betätigt werden, hierzu aber nur schwache Steuerströme benötigen. Den Starkstrom führen nur die Schütze selbst und besitzen für die Beherrschung des Stromes (bezw. der Leistung) die Vorteile der Augenblicksschaltung und der Verwendung großen Anpressungs- druckes (magnetische Kraft oder Druckluft) für die Kontakte.

Die Schützensteuerung ist aber selbst bei Leistungen, die noch mit Hilfe von Starkstromschaltern zu beherrschen wären, in jenen Fällen notwendig, in denen Z u g s t e u e r u n g gefordert wird, wo also ein aus mehreren Motorwagen oder Lokomotiven gebildeter Zug von einer Stelle aus gesteuert werden soll. Bei Walzensteuerung müßten in diesem Falle schwere Starkstromkabel unter allen Wagen hindurchgeführt werden. Bei Zugsteuerung sind alle Wagen mit Hilfe von V e r b i n d u n g s b r e t t e r n und K u p p l u n g s d o s e n nur durch das Steuer- s t r o m k a b e l, das die vom Führerschalter beeinflußten Steuerleitungen enthält, miteinander verbunden. Den Starkstrom nimmt sich jeder Wagen selbst über seinen eigenen Stromabnehmer. Von den verschiedenen Vielfachsteuerungs- Systemen haben nur das System der elektromagnetisch gesteuerten und elektrisch betätigten Schütze und das System der elektrisch gesteuerten, aber pneumatisch betätigten Schütze Bedeutung erlangt.

Die S c h ü t z e besitzen einen festen und einen beweglichen Kontaktarm. Der letztere wird durch Magnetkraft oder Druckluft gegen den ersteren gepreßt. Die Kontaktarme sind so auszubilden, daß sie nicht nur festen dauernden Kontakt gewähren, sondern daß auch beim Öffnen und Schließen des Stromes der Funke an besonders vorgesehenen Stellen abreißt. Diese Vorkontakte können vorzugs- weise aus schwerschmelzendem Material hergestellt werden (Kohle, Eisen), während für die eigentlichen Hauptkontakte die Rücksicht auf die Leitfähigkeit und die Güte des Kontaktes überwiegt. Man erreicht die gewünschte Wirkung z. B. durch eine blattfederartige Ausbildung des beweglichen Kontaktarmes, der den Strom- schluß zuerst an der Außenkante herstellt, der dann aber durch die auf ihn aus- geübte Kraft so weit durchgebogen wird, daß er sich auf dem festen Kontaktarm

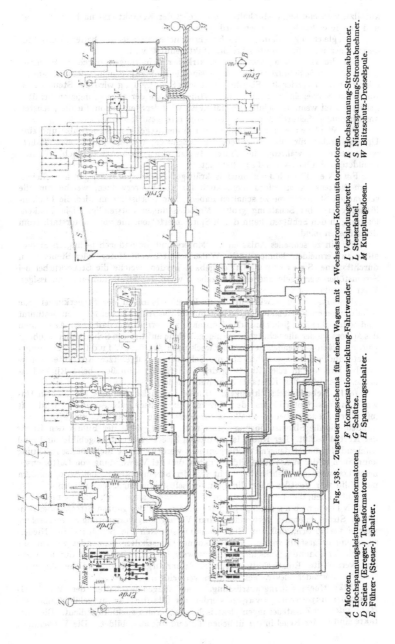

Fig. 538. Zugsteuerungsschema für einen Wagen mit 2 Wechselstrom-Kommutatormotoren.

A Motoren.
C Hochspannungsleistungstransformatoren.
D Serien (Erreger-) Transformatoren.
E Führer- (Steuer-) schalter.

F Kompensationswicklung-Fahrtwender.
G Schütze.
H Spannungsschalter.

I Verbindungsbrett.
L Steuerkabel.
M Kupplungsdosen.

R Hochspannung-Stromabnehmer.
S Niederspannung-Stromabnehmer.
W Blitzschutz-Drosselspule.

abwälzt, während beim Abschalten umgekehrt der Kontakt erst nach vorn gelegt und an dieser Stelle abgerissen wird. (718.)

Dem gleichen Zweck dienen auch mehrere nebeneinander geschaltete Kontakte, deren einer nacheilt und als Abreißkontakt benutzt wird.

Um die Herstellung störender elektrischer Schaltungen durch z. B. nicht wieder abfallende Schütze zu vermeiden, sind die Schütze gegeneinander mechanisch oder elektrisch verriegelt. Für die elektrische S p e r r u n g wird der Steuerstrom für die zu verriegelnden Schütze über Hilfskontakte der abgesprungenen Schütze geleitet. Erst wenn das Schütz abgefallen ist, wird der Steuerstrom für die nächsten anspringenden Schütze durch die Hilfskontakte geschlossen.

Die W a l z e n s c h a l t e r · besitzen in der Regel eine Steuerwalze und eine Umschaltwalze für die Fahrtwendung. Schütze werden durch eine Fahrtwalze gesteuert, während die Umschaltwalze einen nach Art der Schütze ausgebildeten F a h r t w e n d e r betätigt.

F u n k e n l ö s c h u n g mittels kräftiger Magnetspulen ist für alle Gleichstrom-Walzenschalter erforderlich, auch für die Führerwalzen, welche nur die schwachen Steuerströme zu schalten haben. Für Wechselstrom wird die Funkenlöschung erst bei Schaltung großer Motorleistungen notwendig. Die Funkenlöschung in den Schützen kann durch Spiralen erfolgen, die vom Motorstarkstrom durchflossen sind.

Um ein zu schnelles Anlassen des Motors und die dadurch bedingten Stromstöße zu vermeiden, können in die Walzenschalter vom Motor- oder Steuerstrom durchflossene S p e r r s p u l e n eingebaut werden, welche die Steuerkurbel bei Stromstößen verriegeln und erst freigeben, wenn der Strom auf einen zulässigen Wert gesunken ist.

Manchmal ist es erwünscht, beim Rückwärtsdrehen der Steuerkurbel jene Schaltstufen entfallen zu lassen, welche nur für das Anlassen der Motoren bestimmt sind, oder aber zur Schonung der Kontakte zu vermeiden, daß beim Abschalten des Motors wieder alle Schütze anspringen, welche auf tieferen Schaltstufen benötigt wurden. Man verwendet zu diesem Zweck nach Art der W i n d f l ü g e l ausgebildete und schräg zur Achse auf die Schaltwalze aufgesetzte Kontakte, welche nur bei Drehung in einer Richtung den Steuerstrom schließen, beim Rückwärtsdrehen aber über den Kontaktfinger hinwegfedern.

(841) Sicherheitseinrichtungen. Um bei Unglücksfällen oder plötzlichem Unwohlsein des Motorführers den Strom automatisch abzuschalten, wird oft mit der Steuerkurbel des Walzenschalters eine Sicherheitseinrichtung verbunden, die die Stromzuführung sofort unterbricht, wenn der Führer den Knopf der Kurbel losläßt. Der Knopf ist zu diesem Zwecke federnd ausgebildet und muß während der Fahrt dauernd niedergedrückt werden.· Diese Sicherheitseinrichtung kann auch in der Weise ausgebildet werden, daß bei Verwendung von Luftbremsen beim Loslassen der Fahrkurbel nicht nur der Strom unterbrochen wird, sondern mit Hilfe von Ventilen auch die Bremsen selbsttätig angezogen werden.

Auf Linien, die t e i l w e i s e   m i t   H o c h s p a n n u n g   u n d   t e i l w e i s e m i t   N i e d e r s p a n n u n g gespeist werden, auf der ganzen Strecke aber denselben Stromabnehmer verwenden, sind Verriegelungsvorrichtungen vorzusehen, welche verhindern, daß auf Hochspannungsstrecken die Schaltung für Niederspannung hergestellt werde. Hierzu können Umschalter verwendet werden, die je nach der Spannung verschiedene Stromwege herstellen, oder auch durch Druckluft verriegelte Einzelschalter, vgl. a. S p e r r u n g e n (840), welche die Herstellung störender elektr. Schaltungen vermeiden.

(842) Hochspannungsausrüstung. Die Wagenausschalter der W e c h s e ls t r o m h o c h s p a n n u n g s w a g e n werden als Ö l s c h a l t e r ausgebildet und von Hand oder bei Zugsteuerungen elektrisch oder durch Druckluft bedient. Die Kontakte sind in der Regel in der üblichen Tulpenform ausgebildet. Die Verwendung

mehrerer hintereinander geschalteter Unterbrechungsstellen ist besonders bei großen Leistungen notwendig. Zur Vermeidung von Überspannungen empfiehlt es sich, zur Dämpfung eine Widerstandsvorstufe vorzusehen.

Die Hochspannung führenden Teile werden oft in einer besonderen H o c h - s p a n n u n g s k a m m e r untergebracht.

Die Tür des H o c h s p a n n u n g s r a u m e s ist zuweilen durch den Stromabnehmer derart verriegelt, daß sie nur bei niedergelegtem Bügel geöffnet werden kann. Bei geöffneter Tür der Hochspannungskammer sollen ferner durch einen Erdungsschalter alle in der Kammer befindlichen Apparate geerdet sein.

Die Hochspannungskammer enthält in der Regel den Ölschalter, den Stromwandler für die Instrumente und Apparate, eine Blitzschutzdrosselspule und eventuell noch einen Blitzableiter.

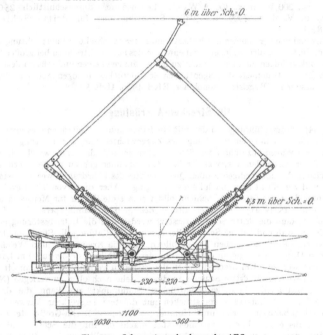

Fig. 539.   Scherenstromabnehmer der AEG.

(843) Stromabnehmer. Die überwiegende Zahl der Straßenbahnen mit Oberleitung verwenden den R o l l e n s t r o m a b n e h m e r , welcher besseren Kontakt gibt als der Bügel und noch für etwa 300—400 A ausreicht, gegen 200 —250 A beim Bügel. Die Abspannung des Fahrdrahtes aber muß für die Rolle genauer sein und erfordert in Kurven und Weichen eine erhöhte Anzahl Befestigungspunkte. Lebensdauer der Bügelstromnehmer-Schleifstücke etwa 10— 15000 km, unter günstigen Bedingungen bis 30000 km.

Für Vollbahnbetrieb kommen in der Regel die P a n t o g r a p h e n - oder S c h e r e n - S t r o m a b n e h m e r (Fig. 539) zur Verwendung, Bügel mit scherenartigem Traggestänge, die besonders für hohe Geschwindigkeiten (130 km) geeignet sind. Die Wirkung des Windes auf die Schere ist nämlich deshalb sehr gering, weil der Wind die eine Scherenstange niederdrückt, die andere zugleich oben anhebt. Bügelstromabnehmer für hohe Geschwindigkeiten müssen Windflügel zur Kompensation des Winddruckes erhalten.

Das S c h l e i f s t ü c k wird durch Spiralfedern in der senkrechten Lage festgehalten und durch den Druck, den es gegen den Fahrdraht ausübt, aus der senkrechten Lage abgelenkt. Die Schleifstücke sind in der Regel aus Aluminium von V-förmigem Querschnitt und leicht auswechselbar. Wo es die klimatischen Verhältnisse zulassen, sind sie mit einer Rille versehen, die mit dickflüssigem Fett ausgefüllt ist. Die Laufzeit der Aluminium-Schleifstücke beträgt im Mittel etwa 5—10000 km. Nutzbare Breite etwa 0,7 bis 1,5 m normal etwa 1 m.

Die Stromabnehmer der V a l t e l l i n e r - D r e h s t r o m - B a h n besitzen Hartbronzewalzen, die in Kugellagern auf einem Stahlrohr gelagert sind. Belastung ca. 200 bis max. 300 A/Walze. Lebensdauer durchschnittlich 25000 km (Z. d. V. d. I. 1909. S. 1250). Stromabnehmer für d r i t t e S c h i e n e vgl. (849).

Stromabnehmer müssen gut isoliert sein, sollen Wechsel der Fahrtrichtung gestatten, dürfen, um den geringen Unebenheiten des Fahrdrahtes auch bei großer Geschwindigkeit folgen zu können, nicht zu Schwingungen neigen und müssen deshalb kleines Trägheitsmoment des eigentlichen Schleifstückes, bezogen auf den Drehpunkt, besitzen. (Bügelstromabnehmer EKB 1906, Heft 5.)

III. Strecken-Ausrüstung.

(844) Stromzuführung. In den mit Niederspannung arbeitenden Gleichstrombahnen war man mit der Erhöhung des Zuggewichtes und der Leistung zu so großen dem Wagen zuzuführenden Stromstärken gelangt, daß man, wo ein eigener Bahnkörper vorhanden war, von der bei Straßenbahnen gebräuchlichen Form der Oberleitung des notwendigen großen Querschnittes des Fahrdrahtes wegen Abstand nahm und zur d r i t t e n S c h i e n e überging. Aber diese von Erde isolierte und unter Spannung stehende Schiene bildet eine stete Gefahr für Menschen und Tiere und erschwert die Unterhaltung des ganzen Bahnkörpers. Bei Entgleisungen kann die dritte Schiene zerstört werden und die Betriebsstörung noch vergrößern, während heftige Schneefälle, Eis- und Reifbildung die Stromabnahme erschweren. Einen schwachen Punkt bilden auch die Kreuzungen und Weichen, an denen Unterbrechungen in der Führung der dritten Schiene bis zu 50 m Länge notwendig werden. Um Steckenbleiben des Zuges zu verhindern, ist man oft gezwungen gewesen, die dritte Schiene an dieser Stelle nach oben zu verlegen (New York Central Ry.). Vom wirtschaftlichen Standpunkt aus kann die dritte Schiene für z. B. kürzere Vorortstrecken mit dichtem Zugverkehr Verwendung finden (Hochbahn in Berlin und Hamburg 750 V ; — Berlin-Großlichterfelde ; Paris-Orleans etc). Für Fernbahnen aber macht die für die Schiene höchst zulässige Spannung von etwa ca. 1000—1500 V einen vollbahnartigen Betrieb mit dieser Art der Stromzuführung unökonomisch (vgl. 818). Mit der Entwicklung der Wechselstrom-Bahnmotoren und der Verwendung hoher Spannungen ist daher auch die Ausbildung eines Stromzuführungssystems, der sogenannten K e t t e n a u f h ä n g u n g, Hand in Hand gegangen. Dieses System gestattet nicht nur, Spannungen von 20 000 V mit einem verhältnismäßig schwachen Fahrdraht dem Fahrzeug zuzuführen und selbst die größten Leistungen mit relativ kleinen Stromstärken zu beherrschen, sondern besitzt auch erhebliche Vorteile für die bei Vollbahnen in Rechnung zu ziehenden hohen Geschwindigkeiten, gibt den Bahnkörper der dauernden Besichtigung und Unterhaltung frei und vermeidet Komplikationen an Weichen und Kreuzungen.

(845) Einfache Form der Oberleitung. Für S t r a ß e n b a h n e n wird in der Regel die d i r e k t e A u f h ä n g u n g des Fahrdrahtes über Wagenhöhe und in angenäherter Schienenmitte mit Hilfe von Isolatoren und Querdrähten verwendet.

Der Fahrdraht besteht aus hartgezogenem Kupferdraht und wird mit etwa 6—8 kg/mm² gespannt. Auf den geraden Strecken betragen die Abstände zwischen den Aufhängungspunkten in Richtung des Fahrdrahtes etwa 25—35 m. Hierbei ist der Durchhang der Leitungen noch derart begrenzt, daß die Rollen- oder Bügelstromabnehmer bei den mäßigen Geschwindigkeiten der Straßenbahnen den verschiedenen Höhenlagen ohne Nachteil folgen können.

Der Querschnitt des Fahrdrahtes beträgt meist 50 mm² und ist kreisförmig oder aber besitzt eine rillen- oder lemniskatenähnliche Form, welche eine günstigere Befestigung (klemmen statt löten) und eine breitere Kontaktfläche bei gleicher Masse gewährt. Zick-Zack-Verlegung (nur für Bügel) vgl. 846.

Eine einfache Form der Oberleitung (eventuell mit Hochspannung) kann auch für lange, wenig frequente Überlandbahnen noch verwendet werden, solange die Wagengeschwindigkeit nicht zu hoch ist (Schwedische Staatsbahnen).

(846) Kettenaufhängung. Die bei den Straßenbahnen übliche Aufhängung des Fahrdrahtes ist für große Geschwindigkeit (über etwa 50 km/st) nicht geeignet,

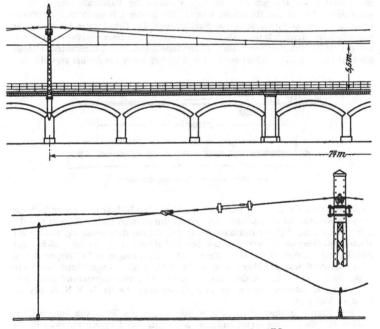

Fig. 540 und 541. Kettenaufhängung der AEG.

weil der Stromabnehmer dem stark durchhängenden Draht nicht folgen kann und daher abschlägt. Das kann zu Schwingungen des Stromabnehmers oder zu Drahtbruch Veranlassung geben. Für Vollbahnbetrieb, besonders aber für Schnellbetrieb ist daher eine Konstruktion erforderlich, welche den Fahrdraht in möglichst konstanter Höhe hält.

Man erreichte dies dadurch, daß man einen oder mehrere sog. Kettendrähte über dem Fahrdraht anordnete und ihn an diesen in Abständen von etwa 3 m, neuerdings 6—10 m mittels besonderer Hängedrähte befestigte. Eine solche Anordnung wurde zum ersten Mal von der AEG vorgeschlagen und für die Spindlersfelder Anlage ausgeführt.

Die Hängedrähte erhielten dabei eine derart dem Durchhang des Ketten- oder Tragdrahtes entsprechende Länge, daß sie dem Fahrdraht bei einer bestimmten Lufttemperatur an allen Aufhängepunkten fast gleiche Abstände vom Gleis gaben und nur zwischen den Hängedrähten ganz unbedeutende Durchhänge zuließen. Zugleich wurde durch die Aufhängung des Fahrdrahtes in so kurzen Abständen ein Herabfallen bis auf die Erde unmöglich gemacht, weil kein Teil des Drahtes genügend tief sinken konnte. Um die durch Temperaturdifferenzen von 50° C (— 20° bis + 30° C) verursachten Längenänderungen auszugleichen, wurden die Fahrdrähte bei der Spindlersfelder Ausrüstung mittels von Hand bedienter Reguliervorrichtungen nachgespannt, was jedoch eine geringe Schrägstellung der Hängedrähte ergab.

Um die Verzerrung der Hängedrähte zu vermeiden, verwenden SSW außer dem Kettendraht und dem Fahrdraht noch einen Hilfstragdraht. Dieser ist am Kettendraht mittels der Hängedrähte befestigt, während der Fahrdraht mittels leicht gleitender Schleifen am Hilfsdraht hängt. Die in der Längsrichtung verschiebbaren Schleifen gestatten dann ein Nachspannen des Fahrdrahtes bei senkrecht verbleibenden Hängedrähten. Aber auch bei dieser Anordnung entstehen noch wie bei der Spindlersfelder Ausrüstung Höhenänderungen des Fahrdrahtes, solange die Kette nicht selbst reguliert wird. Die AEG hat daher die Aufhängepunkte der

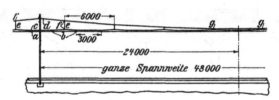

Fig. 542. Kettenaufhängung der SSW.

Kette verschiebbar gemacht und über der Kette eine Hilfsleitung angeordnet, die auch die Kette selbst nachspannt. Bei Temperaturverminderung z. B. zieht sich die Kette zusammen, zugleich aber auch der Hilfsdraht, der die Befestigungspunkte der Kette wieder einander nähert. Ein Anheben des Fahrdrahtes findet daher nicht statt (vgl. Electrician vom 16. 9. 1910). Zum Nachspannen werden in Entfernungen von etwa 800—1000 m an den über Rollen geführten Stahlseilen entsprechende Gewichte angeordnet. Das Gewicht ist der Zugspannung des Drahtes entsprechend zu wählen.

Einige Konstruktionen verwenden zwei Ketten statt einer (N. Y. N. H. Rly. — London-Brighton).

Zur Erzielung einer gleichmäßigen Abnutzung des Stromabnehmer-Schleifstückes wird die Leitung derart im Zickzack verlegt, daß die ganze nutzbare Breite der Bügel (845) den Fahrdraht bestreicht; im Mittel etwa ca. 0,5 m größte Abweichung aus der Gleismitte.

Für den Fahrdraht wird in der Regel hartgezogenes Kupfer von 36—38 kg/mm² Zerreißfestigkeit, für das Kettenwerk Siliziumbronze oder Stahlseil verwendet. Das Tragseil der Bitterfelder Ausrüstung besteht aus verzinktem Stahlseil von 75 kg/mm² Zerreißfestigkeit, die Hängedrähte aus verzinktem Stahldraht von 40 kg/mm² Zerreißfestigkeit.

Fahrdrahtquerschnitt aus konstruktiven Rücksichten meist 100 mm², in der Regel 8-förmlg, (845). Die Mastenentfernung kann 60 bis 80 m betragen. Die Fahrdrahthöhe beträgt 5½ bis 7 m. Die Isolation wird oft, namentlich bei höherer Spannung doppelt genommen. Die Isolatoren sind durchweg hintereinander zu schalten und bestehen fast ausschließlich aus homogenem Porzellan, das frei von Spannung sein muß.

Zum Schutz gegen herabfallende Hochspannungsdrähte werden oft Erdungs- bügel verwendet, welche den Stromzuführungsdraht in Form einer Schleife umgeben und bei Bruch eines Konstruktionsteiles der Aufhängung die ganze Teilstrecke erden.

(847) Festigkeitsrechnungen. Für den Durchhang eines Drahtes von der Dichte δ kg/cm³ der zwischen zwei Punkten von der Entfernung a m aufgehängt und mit p kg*/cm² gespannt ist, gilt $f = a^2\,\delta/8\,p$; vgl. (1027). Für gewöhnlichen Arbeitsdraht (Kupfer $\delta = 0,0089$) eine Entfernung der Stützpunkte von 40 m und eine Spannung von rd. 7 kg*/cm² ergibt sich demnach der Durchhang zu etwa 0,25 m.

Eine Temperaturänderung von $\triangle t^0$ ergibt eine Änderung der Spannungs- beanspruchung des Drahtes von angenähert $= \vartheta\,E\,\triangle t$ kg*/mm². Darin kann für hartgezogenes Kupfer der Temperaturkoeffizient $\vartheta = 0,0000165$, der Ela- stizitätsmodul $E = 13000$ kg*/mm² gesetzt werden. Unterste Temperatur- Grenze $= -20^0$ C (VDE).

Für den Winddruck ist nach den Normalien des V. D. E. eine Belastung von 125 kg*/m² senkrecht getroffener ebener Fläche, bezw. von 87,5 kg*/m² zylin- drischer Oberfläche (entsprechend 0,7 des Durchmessers) einzusetzen.

Eislast. Die deutschen Normalien für Freileitungen schreiben 0,015 s kg/m vor, wenn s den Querschnitt in m² bedeutet. — Für die Bitterfelder Ausrüstung wurde eine zylindrische Eiskruste, deren äußerer Durchmesser gleich dem doppelten des Fahrdrahtes ist und ein spez. Gew. des Eises von 0,9 an- genommen. Die höchst zulässige Beanspruchung darf nach den Vor- schriften des V. D. E. 12 kg*/mm² nicht übersteigen.

Die Vorschriften des E. V. in Wien verlangen fünffache Sicherheit und schreiben als unterste Temperaturgrenze, die der Rechnung zugrunde liegen soll, — 25° C sowie die Annahme von 150 kg Winddruck senkrecht getroffener Fläche vor.

Der Bitterfelder Ausrüstung (EKB. v. 14. 8. 1911) wurde für die folgenden Annahmen eine dreifache Sicherheit zu Grunde gelegt:

a) Temperatur-Änderungen von — 20° bis + 40°, eine gleichzeitige Be- lastung durch das Konstruktionsgewicht und durch Winddruck.

b) Temperatur-Änderungen von —5° bis 0° C und eine gleichzeitige Be- lastung durch das Konstruktionsgewicht, durch Eislast und durch Winddruck von 50 kg*/m².

(848) Schienenverbindungen. Die Oberleitung ist für Gleichstrom- und Wech- selstrom auf dem europäischen Kontinent in der Regel einpolig. In England und in Amerika öfters doppelpolig zur Vermeidung von Erdströmen (z. B. Washington und Pittsburg). Als Rückleitung werden die Schienen mit elektrisch leitend verbundenen Stößen verwendet.

Die Laschenverbindung genügt nicht als elektrische Verbindung, und man verwendet stets Kupferverbindungsstücke, welche die Lasche überbrücken. Der nützliche Querschnitt einer solchen Verbindung ist minimal 50 mm² und selten größer als 100 mm². Die Länge im Mittel 300 mm. Die Schiene wird daher bei einer Länge von 12 m angenähert um 30% virtuell verlängert (bei 35 kg/m Schienen- gewicht).

Die Versuche, endlose Schienen durch elektrische Lötung (Goldschmidt- sches Thermit-Verfahren) oder durch umgeschmolzene Muffen herzustellen, haben gute Resultate in elektrischer Beziehung ergeben. Um der endlosen Schiene aber auch freie Ausdehnung zu gestatten, schweißt man nur ca. 8—10 Schienenlängen zusammen und verlascht die so gewonnenen Längen wie gewöhnlich (vgl. Aluminothermische Schienenschweißungen, EKB 1909, p. 489). Widerstand der Schienen und Schienenverbindungen vgl. (853). Typen und Ausführungsbeispiele für Schienenverbindungen vgl. Parshall & Hobart, Railway Engineering, S. 273.

(849) Dritte Schiene (844). Über die Lage der dritten Schiene relativ zum Gleis bestehen keine Vorschriften. Man legt sie neuerdings in der Regel neben das Gleis in Entfernungen von $a = 500$—750 mm und $b = 70$—200 mm. Gelegentlich der Elektrisierung der Long Island-Bahn wurden die bei der Interborough Rapid Transit Co. bestehenden Verhältnisse angenommen und als normal empfohlen, nämlich $a = 700$ mm, $b = 90$ mm (vgl. Hobart).

Die dritte Schiene wiegt etwa 30—50 kg/m und wird durch Isolatoren in Abständen von etwa 1,5 bis 4 m getragen. Die Isolatoren bestehen aus gebranntem Ton oder Hartgummi neuerdings Porzellan (N. Y. Central), seltener aus Holz. Die Stromabnehmer werden entweder durch ihr Eigengewicht oder durch Federn gegen die Schiene gedrückt. Die Stromabnahme erfolgt meist von oben, in den neuesten Ausführungen jedoch von unten (N. Y. C.). Die Schiene kann in diesem Falle gegen zufällige Berührung besser geschützt werden, und die Isolatoren werden durch die Stromabnehmerschuhe entlastet. Die Leitfähigkeit des für die dritte Schiene verwendeten Stahles beträgt etwa $1/7$ derjenigen des Kupfers (gewöhnlicher Schienenstahl Leitfähigkeit $1/11$, reines Eisen $1/5$ des Kupfers, vgl. Parshall & Hobart Rly. Eng.).

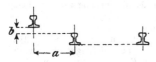

Fig. 543.
Anordnung der dritten Schiene.

(850) Unterirdische Stromzuführung. Von diesen Systemen hat nur das Schlitzkanal-System Bedeutung erlangt, und zwar für Bahnen in den vornehmen Straßen großer Städte, in denen die Oberleitung untersagt wurde (SSW in Budapest ist darin vorbildlich gewesen).

Der Kanal muß sehr kräftig gebaut werden und darf durch Staub, Schlamm usw. nicht verstopft werden. Die Leitungen im Kanal sind in der Regel doppelpolig und müssen gut isoliert bleiben. Die Isolatoren, welche die Leitungen tragen, müssen zugänglich sein, was durch kleine, ins Pflaster eingebettete Untersuchungskasten erreicht wird. Schwierigkeiten entstehen auch an den Kreuzungen und Weichen. Man kann an diesen Stellen die Stromzuführung ganz unterbrechen.

Literatur: Einphasen-Streckenausrüstung in Bitterfeld EKB 1911, S. 1418 & ETZ 1911, S. 609; — Dreiphasen Strecke des Kaskaden-Tunnels, Proceed. A. I. E. E. 1909, S. 1410; — Overhead Catenary Construction, Electr. World 1908, S. 998; — Fahrdrahtaufhängung und Oberleitungsnormalien für 500 V Gleichstrom und für 11 000 und 22 000 V Drehstrom Fernleitung Electr. Railway J. 1909, S. 591.

IV. Speisung und Verteilung.

(851) Verteilungsnetz. Die Wahl der Verteilungspunkte und die Bemessung der Speiseleitungen erfolgt mit Rücksicht auf den zulässigen Spannungsabfall und auf Grund der an Hand des Fahrplanes und der Fahrdiagramme ermittelten Stromverteilung nach den für die Berechnung von Leiternetzen gültigen Regeln (vgl. (685)—(710) und Herzog & Feldmann, Berechnung der Leitungsnetze).

Die Speisung der Gleichstromnetze von Straßenbahnen erfolgt entweder mit Speiseleitungen, die von eigenen Gleichstrom-Zentralen direkt zu den Verteilungspunkten führen, oder aber in großen Netzen von längs der Strecke verteilten Unterstationen aus, welche hochgespannten Drehstrom in Gleichstrom der Fahrdrahtspannung umformen.

D r e h s t r o m b a h n e n erfordern in der Regel ruhende Transformator-Stationen zur Herabminderung der Verteilungsspannung, sobald diese etwa 3—6000 V überschreitet. E i n p h a s e n b a h n e n können noch mit 20—25000 V direkt gespeist werden. Für die Verteilung der Energie können ebenfalls Drehstrom-Kraftwerke verwendet werden. Eine gleichmäßige Belastung aller 3 Phasen wird zwar niemals zu erreichen sein, aber es ist oft möglich, die Belastungs-schwankungen der Phasen auszugleichen. Auf der S t u b a i t a l b a h n hängt sogar Licht und Bahn an derselben Phase der Drehstromgeneratoren, und es ist trotzdem mit Hilfe eines Serientransformators gelungen, die Belastungs-stöße beim Anfahren der Züge für das Lichtnetz zu kompensieren.

Man kann auch die Bahnstrecke in 3 n Sektionen einteilen, die an den 3 Phasen hängen, oder aber in 2 n Sektionen und den Drehstrom mit Hilfe der S c o t t schen Schaltung (374) in Zweiphasenstrom transformieren[1]). In diesen beiden Fällen müssen aber die verschiedenen Phasen angehörenden Fahrdrähte durch tote Strecken voneinander getrennt und isoliert werden. Wenn es sich um die Errichtung eigener Bahn-Kraftwerke handelt, sollten nur Einphasengeneratoren in Verbindung mit einphasiger Verteilung Verwendung finden.

Die Höhe der gewählten V e r t e i l u n g s s p a n n u n g muß an Hand des Belastungsdiagrammes und des Spannungsabfalles auf ihre Richtigkeit nachge-prüft werden.

Für ausgedehnte Netze sind Speiseleitungen mit etwa 30—60 000 V Über-tragungsspannung nicht mehr ungewöhnlich.

Die F r e q u e n z ist für Drehstrombahnen und neuerdings auch für Ein-phasenbahnen nahezu einheitlich zu 15 Perioden angenommen worden: Magde-burg—Leipzig—Halle ; Lauban—Königszelt, Lötschberg, Mittenwaldbahn, Wiesenthalbahn etc. Die preußische Staatsbahn hat sich für 16 $^2/_3$ entschieden. Zahlreiche Einphasenbahnen haben auch mit höheren Periodenzahlen sehr gute Resultate ergeben, z. B verwenden Hamburg—Blankenese, London—Brighton, St. Pölten—Mariazell, Padua—Fusina etc. 25 Perioden; Stubaitalbahn und Borinage 42 Perioden. Vgl. E i c h b e r g : Zur Frage der günstigsten Perioden-zahl, ETZ 1909, S. 623. — 2 5 P e r i o d e n g e g e n 1 5 P e r i o d e n, Street R., J. 1907, S. 1138.

In Amerika sind in einigen Fällen A l u m i n i u m - statt Kupferspeise-leitungen verwendet worden. Die folgenden Verhältniszahlen gestatten einen Ver-gleich der beiden Leiter in allen Einzelfällen (D a w s o n, Tractions, p. 684):

Gewicht für gleiches Volumen . . . . Al/Cu = 1/3
Gewicht für gleiche Leitfähigkeit   . . . .   „   1/2
Oberfläche für gleiche Leitfähigkeit . . . .   „   1,25/1
(Wind- und Schneedruck!)
Oberfläche für gleiche Erwärmung . . . .   „   1,13/1
(größere Ausstrahlung)
Preis bei gleichem Gewicht . . . .   „   1,8-2,5/1
Dehnung . . . .   „   1/2
Zugfestigkeit . . . .   „   1/1,8

(852) Der **Spannungsabfall** in G l e i c h s t r o m n e t z e n ergibt sich aus den Belastungsdiagrammen der Linie und ist für die ungünstigste Verteilung der Wagen auf der Strecke aus den Stromstärken und den Widerständen zu berechnen.

Für Gleichstromstraßenbahnen soll die gesamte Spannungsschwankung an den Motoren nicht mehr als 20—30% betragen. Dabei ist darauf zu achten, daß die

---

[1]) Rotterdam-Haag, EKB 1910, S. 501 und Zeitschr. d. V. d. I. 1910, S. 1750.
Hilfsbuch f. d. Elektrotechnik. 8. Aufl.   41

Spannung zwischen zwei Punkten der Schienen mit Rücksicht auf die elektrolytischen Wirkungen höchstens 7 V betragen darf. Nur für Gleichstrombahnen mit eigenem Bahnkörper und gut isolierenden Schwellen kann um etwa 50% höher gegangen werden (vgl. Erdstromnormalien ETZ 1910, S. 491; ETZ 1911, S. 511 u. 1032). Strom und Spannung der Schienen an einem gegebenen Punkte sind Funktionen der Entfernung des Punktes vom Speisepunkte, der Schienenwiderstände und der Übergangswiderstände von Schiene zur Erde (vgl. Isolationswiderstand 856). Über den Verlauf der Erdströme und die Gefahrzone vgl. Herzog & Feldmann, S. 425 und Normalien des VDE, §§ 2—5 der Vorschriften zum Schutz der Gas- und Wasserleitungsröhren usw. Vagabundierende Ströme elektr. Bahnen, Electrician v. 19. III. 09.

Erreicht der Spannungsabfall in den Schienen streckenweise eine unzulässige Höhe, so kann er vermindert werden durch die Verwendung von isolierten Rückspeisekabeln und Zusatzmaschinen (sogen. negative Booster). Der entfernte Schienenstrang erhält dann das Potential der negativen Sammelschienen in der Zentrale, und die zu schützenden Rohrmassen werden negativ gegen die Schienen, so daß sie bei eintretender Elektrolyse die Kathode bilden. Die Gesichtspunkte für die Anordnung und Berechnung der negativen Rückspeisekabel sind die gleichen wie für die positiven Speiseleitungen (vgl. Herzog & Feldmann II, S. 431).

Für die Messung von Erdstromdichten an Rohren genügt es praktisch, das zu untersuchende Rohr von einer Meßelektrode aus möglichst gleichem Material wie das Rohr ganz oder teilweise umschließen zu lassen, durch eine Schicht vom Rohr zu isolieren, mit dem Rohr aber durch eine Leitung, die einen Strommesser enthält, metallisch zu verbinden. Dann nimmt der Ausstrahlungsstrom seinen Weg durch die Leitung zur Elektrode und kann im Meßinstrument, bezogen auf die Elektrodenfläche, gemessen werden. Nach einer anderen Methode kann die Stromdichte in der Erde in der Nähe der Rohre mittels eines Rahmens gemessen werden, der 2 Elektroden enthält und senkrecht zur Richtung des aus dem Rohre austretenden Stromes in den Erdboden eingebettet wird. Der Strommesser liegt zwischen den Elektroden (EKB 1909, S. 226).

In Wechselstromkreisen treten an die Stelle der Widerstände die Scheinwiderstände, die überdies geometrisch addiert werden müssen. Sie hängen von der angenommenen Stromverteilung ab und müssen korrigiert werden, wenn die Stromverteilung nicht zutrifft.

Der Spannungsabfall für Wechselstrombahnen kann für rohe Rechnungen in den Schienen etwa 8 mal und in der Oberleitung angenähert 1,5 mal (bei 25 Perioden) größer angenommen werden als für Gleichstrom bei denselben Verhältnissen. Die größten Spannungsschwankungen am Motor sollen 30 % nicht übersteigen. Dagegen kann der Spannungsabfall in den Schienen mit Rücksicht auf die verminderte elektrolytische Wirkung des Wechselstromes 50—100 V und bei gut isolierten Schwellen auch 150 V betragen. Vorschriften dafür gibt es nicht. Änderungen des Schienenquerschnittes, der Spurweite und der Fahrdrahthöhe haben nur geringen Einfluß auf den Spannungsabfall, weil diese Größen unter dem log stehen (854) und für normale Ausführungen auch nur sehr wenig veränderlich sind.

Dagegen wächst der Spannungsabfall bei Einphasen- und Drehstrom mit der Frequenz, und zwar tritt dieses Wachsen bei großen Leiterquerschnitten, wo die induktiven Spannungskomponenten die ohmschen überwiegen, viel stärker hervor, d. h. bei höheren Periodenzahlen vermag die Verwendung großer Querschnitte den Spannungsabfall nur unbedeutend zu verringern. Es wird daher bei Einphasen- und Drehstrom speziell bei höheren Periodenzahlen immer zweckmäßig sein, einen Fahrleitungsdraht vom Mindestquerschnitt (gew. 50 mm²; für Vollbahnen sind 100% gebräuchlich) zu verwenden und den Spannungsabfall durch die Wahl einer entsprechend hohen Spannung und einer genügenden Anzahl von Speisepunkten in zulässigen Grenzen zu halten[1]). Der gesamte Spannungsabfall ist also bei gegebener Stromstärke und Periodenzahl nur durch den Fahrdrahtquerschnitt bestimmt und kann für Überschlagsrechnungen an Hand der folgenden Tabellen, welche für mittlere Werte, und zwar für 6 m Fahrdrahthöhe und 32 kg/m schwere Schienen gelten, berechnet werden. Der Abstand der beiden Fahrdrähte voneinander ist bei Drehstrom zu 1 m angenommen:

	Spannungsabfall in V/km und A für Normalspur[1])							
	Einphasenstrom				Drehstrom			
Frequenz	$q = 50$	60	80	100 mm²	50	60	80	100 mm²
0	0,39	0,33	0,26	0,21	0,44	0,37	0,28	0,22
15	0,46	0,42	0,36	0,33	0,49	0,42	0,35	0,31
25	0,57	0,53	0,48	0,45	0,57	0,50	0,43	0,40
50	0,85	0,82	0,79	0,76	0,79	0,74	0,69	0,57

Zur Verminderung des Spannungsabfalles in den Schienen können wie bei Gleichstrom Rückspeisekabel verwendet werden, welche jedoch an Stelle der Zusatzmaschinen Serientransformatoren (S a u g - o d e r B o o s t e r t r a n s - f o r m a t o r e n) erhalten. (Vgl. DRP 179 519 und 193 369.)

(853) Gleichstromwiderstände. Der Gesamtwiderstand des Stromkreises, der in die Berechnung des Spannungsabfalles eingeht, besteht bei Gleichstrom aus den einfachen Ohmschen Widerständen der Fahrdrahtleitung und der Schienenrückleitung, sofern keine besondere Rückleitung vorgesehen ist.

Der Ohmsche Widerstand beträgt

$$\frac{1000}{\chi \cdot q} \, \varnothing / \text{km}$$

wenn q den Querschnitt in mm² bedeutet und χ die Leitfähigkeit für Kupfer = 57 und für Weicheisenschienen = 8 gesetzt wird. Weil das spez. Gewicht des Eisens ebenfalls angenähert = 8 ist, ergibt sich für den Schienenwiderstand angenähert

$$\frac{1}{g} \, \varnothing / \text{km}$$

wenn g das Gewicht der Schiene in kg/m bedeutet.

Für die S c h i e n e n v e r b i n d u n g e n kann eine mittlere Länge von 30 cm und ein Mindestquerschnitt von 50 mm² angenommen werden. Der Übergangswiderstand hängt sehr von der Sauberkeit der Ausführung ab, steigt in der Regel mit der Zeit an und kann im Mittel zu 0,0001 $\varnothing$ für den Kontakt eingesetzt werden. Danach beträgt z. B. der Widerstand für 1 km einer einfachen Schiene von 35 kg/m und 12 m Länge[2]):

reiner Schienenwiderstand $1/_{35}$ . . . . = 0,029

$\dfrac{1000}{12}$ = 84 Schienenverbindungen von 30 cm Länge: 0,0084

2 × 84 Übergangswiderstände zu 0,0001 $\varnothing$ . . . <u>0,0168</u>

$\overline{\hspace{2cm} 0,054 \quad \varnothing / \text{km}}$

Die amerikanische Praxis berücksichtigt den gesamten Schienenwiderstand durch einen Zuschlag von im Mittel 40 % zum Widerstand des Fahrdrahtes. Indessen ist in jenen Fällen, wo der Spannungsabfall in den Schienen einen vorge-

---

[1]) Vgl. H u l d s c h i n e r , ETZ 1910, S. 1206; L i c h t e n s t e i n , ETZ 1907, S. 620.
[2]) H e r z o g & F e l d m a n n , S. 412.

schriebenen Wert nicht überschreiten darf, eine mindestens angenäherte Berechnung zu empfehlen.

Meßwagen zur Bestimmung der Schienenstoßwiderstände, EKB 1908, S. 568.

(854) Wechselstromwiderstände. Der Scheinwiderstand der durch die Oberleitung und Schienenrückleitung gebildeten Masche umfaßt den wirksamen Widerstand und die totale Reaktanz der aus Oberleitung und Schienen gebildeten Schleife. Laufen mehrere Fahrdrähte, Speiseleitungen oder Gleise parallel, so sind deren Scheinwiderstände geometrisch zu addieren.

Der w i r k s a m e W i d e r s t a n d R_w ist gleich dem Ohmschen durch Gleichstrommessung ermittelten Wert R_g, vermehrt um den Skin-Effekt A_s und — in magnetischen Materialien (Stahlschienen) — auch noch um einen den Hysterese-verlusten A_H entsprechenden Betrag also

$$R_w = \frac{I^2 R_g + A_s + A_H}{I^2}$$

wenn I die Stromstärke bedeutet.

Der wirksame Widerstand ist daher von der Form des Leiters, von den magnetischen Eigenschaften des Materials und von der Höhe der Magnetisierung des Leiters, d. h. von der Stromstärke abhängig.

Für Kupfer- und Aluminiumleiter kann der Skineffekt für die bei Bahnen verwendeten Frequenzen vernachlässigt werden.

In den Schienen variiert der Wert $K = \dfrac{R_w}{R_g}$ bei Stromstärken von 50 bis 600 A und 25 Perioden zwischen 2 und 10 für 25—35 kg schwere Schienen. Man kann schätzungsweise mit einem Wert von $K = 7$ für 25 Perioden und $K = 5$ für 15 Perioden rechnen.

Nach D a w s o n (S. 449) ist für 25 Perioden.

$$R_w = \frac{13}{u}$$

wenn u den Umfang des Schienenprofils in cm bedeutet.

Die t o t a l e I n d u k t a n z für eine beliebige Anzahl paralleler Leiter, in denen die Summe der in den Leitern

$$1, 2, 3, \ldots (p-1), p, (p+1), \ldots (n-1), n$$

zugeführten oder positiven Ströme

$$\Sigma(+I) = I_1 + I_2 + I_3 + \ldots + I_{(p-1)} + I_p + I_{(p+1)} + \ldots I_{(n-1)} + I_n$$

gleich ist der Summe der in den Leitern

$$I, II, III, \ldots (P-1), P, (P+1), \ldots (N-1), N$$

abgeführten oder negativen Ströme

$$\Sigma(-I) = (-I_I) + (-I_{II}) + \ldots + (-I_{P-1}) + (-I_P) + (-I_{P-1}) +$$
$$\ldots + (-I_{N-1}) + (-I_N)$$

also für

$$\Sigma(+I) = \Sigma(-I)$$

beträgt allgemein für den einzelnen beliebigen Leiter p

$$L_p = l \cdot 10^{-4} \cdot \left\{ \frac{\mu}{2} + 2 \log \text{nat} \frac{\Delta_I \cdot \Delta_{II} \ldots \Delta_N}{\rho \cdot \Delta_1 \cdot \Delta_2 \ldots \Delta_n} \right\}$$

Im Zähler des zweiten Gliedes stehen die Funktionen Δ_I bis Δ_N, im Nenner Δ_1 bis Δ_n, welche folgendermaßen gebildet werden: Es ist

$$\Delta_I = \delta_{p,I}^{\,I_I/I_p} \qquad \Delta_1 = \delta_{p,1}^{\,I_1/I_p}$$

worin $\delta_{p,I}$ bis $\delta_{p,N}$ die Abstände δ des betrachteten Leiters p von allen Leitern, die entgegengesetzt gerichtet Strom führen, $\delta_{p,1}$ bis $\delta_{p,n}$ die Abstände von jenen Leitern, in denen der Strom in derselben Richtung wie im betrachteten Leiter fließt. Der Exponent von δ ist gleich dem Verhältnis der Ströme jener Leiter, deren Abstand die Potenzbasis bildet. ρ_p ist der Radius des Leiters p oder eines mit ihm flächengleichen Kreises in cm, l die Leiterlänge in km, μ die Permeabilität, für Kupfer $= 1$, für Stahlschienen $= 18$ (nach Messungen).

Die **Reaktanz** beträgt dann

$$x_p = \omega L_p$$

und der **Scheinwiderstand**

$$z_p = \sqrt{R_p^2 + x_p^2}$$

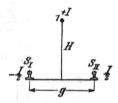

Fig. 544.
Fahrdraht über Einfachgleis.

(855) Spezielle Fälle: 1. Fahrdraht über Einfachgleis mit Schienenrückleitung. Fahrdrahtquerschnitt $\rho_1^2 \pi = 50\ \text{mm}^2$; $\rho_1 = 0,8$ cm. Schienenquerschnitt 5160 mm²; $\rho_I = \rho_{II} = 8,1$ cm. Leiter mit positiven Strömen: Leiter 1 = Fahrdraht; $I_1 = + I$. Leiter mit negativen Strömen: Schiene S_I, $I_I = -\dfrac{I}{2}$; Schiene S_{II}, $I_{II} = -\dfrac{I}{2}$. Abstände $\delta_{1,I} = \delta_{2,II} \approx H = 600$ cm; $\delta_{I,II} = g = 143,4$ cm.

a) Fahrdraht: Induktanz $L_1 = \left\{ \dfrac{1}{2} + 2 \log \text{nat} \dfrac{H^{1/2}}{\rho_1} \right\} 10^{-4} = 0,00255$ Henry. Für 25 Per/sk: $k_1 = 2 \pi \nu L_1 = 0,4\ \mathcal{O}/\text{km}$; der Ohmsche Widerstand: $R_1 = \dfrac{1000}{57 \cdot 50} = 0,35\ \mathcal{O}/\text{km}$ und der Scheinwiderstand: $z_1 = \sqrt{0,35^2 + 0,4^2} = 0,53\ \mathcal{O}/\text{km}$.

b) Gleis: Induktanz einer Schiene: $L_I = L_{II} = \left\{ \dfrac{18}{2} + 2 \log \text{nat} \dfrac{H^2}{\rho_I \cdot g} \right\} 10^{-4}$ $= 0,00266$ Henry oder für die beiden parallelgeschalteten Schienen: $\frac{1}{2} L_I = 0,0013$. Die Reaktanz ist daher: $\frac{1}{2} x_I = \frac{1}{2} x_{II} = 2 \pi \nu L_I = 0,21\ \mathcal{O}/\text{km}$. Der Gleichstromwiderstand der Schienen von 40 kg/m ist $\frac{1}{40} = 0,025\ \mathcal{O}/\text{km}$ einer Schiene, der effektive Widerstand daher für $R_w = 7 R_g = 0,175\ \mathcal{O}/\text{km}$ und für die parallelgeschalteten Schienen: $0,0875\ \mathcal{O}/\text{km}$. Der Scheinwiderstand der Schienen

$$\frac{z_I}{2} = \sqrt{0,21^2 + 0,0875^2} = 0,227\ \mathcal{O}/\text{km Gleis}.$$

Der Scheinwiderstand der ganzen Schleife aus Fahrdraht und Schienenrückleitung sonach

$$\sqrt{\{(0,35 + 0,0875)^2 + (0,4 + 0,21)^2\}} = 0,75\ \mathcal{O}/\text{km}.$$

2. Doppelgleis mit Speiseleitung: Zugeführte positive Ströme: Fahrdraht 1 und 2 je $+\dfrac{I}{n}$; Speisedraht 3 führt $\dfrac{n-2}{n} \cdot I$. Rückströme: 4 Schienen S_I—S_{IV} je $\dfrac{I}{4}$. Abstände:

$$\delta_{1,\mathrm{I}} = \delta_{1,\mathrm{II}} = \delta_{2,\mathrm{III}} = \delta_{2,\mathrm{IV}} = H;$$
$$\delta_{1,\mathrm{III}} = \delta_{1,\mathrm{IV}} = \delta_{2,\mathrm{I}} = \delta_{2,\mathrm{II}} = D.$$
$$\delta_{1,3} = \varDelta; \quad \delta_{2,3} = \delta;$$
$$\delta_{3,\mathrm{I}} = \delta_{3,\mathrm{II}} = a; \quad \delta_{3,\mathrm{III}} = \delta_{3,\mathrm{IV}} = b;$$
$$\delta_{\mathrm{I,II}} = \delta_{\mathrm{III,IV}} = g; \quad \delta_{1,2} = \delta_{\mathrm{I,III}} = \delta_{\mathrm{II,IV}} = A.$$

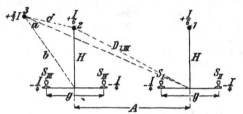

Fig. 545. Doppelgleis mit Speiseleitung ($n = 6$).

Induktanzen:

Speiseleitung:
$$L_3 = \left\{ \frac{1}{2} + 2 \log \mathrm{nat} \frac{a^{\frac{n}{2(n-2)}} \cdot b^{\frac{n}{2(n-2)}}}{\rho_3 \cdot \varDelta^{\frac{1}{n-2}} \cdot \delta^{\frac{1}{n-2}}} \right\} 10^{-4} \text{ Henry}$$

Fahrdraht:
$$L_1 = L_2 = \left\{ \frac{1}{2} + 2 \log \mathrm{nat} \frac{H^{\frac{n}{2}} \cdot D^{\frac{n}{2}}}{\rho_1 \cdot A \cdot \varDelta^{n-2}} \right\} 10^{-4} \text{ Henry}$$

Schiene:
$$L_\mathrm{I} = L_\mathrm{II} = \left\{ \frac{18}{2} + 2 \log \mathrm{nat} \frac{H^{\frac{4}{n}} \cdot D^{\frac{4}{n}} \cdot a^{\frac{4(n-2)}{n}}}{\rho_\mathrm{I} \cdot g \cdot A^2} \right\} 10^{-4} \text{ Henry}$$

Gesamtinduktanz der Strecke:
$$x = 2 \pi \nu \left\{ \frac{L_1 L_3}{2 L_3 + L_1} + \frac{L_\mathrm{I}}{4} \right\} 10^{-4} \text{ Henry}$$

Gesamtwiderstand:
$$R = \frac{R_3 R_1}{2 R_3 + R_1} + \frac{R_\mathrm{I}}{4} \text{ Ohm}$$

Der gesamte scheinbare Widerstand: $z = \sqrt{x^2 + R^2}$ Ohm

(856) Der **Isolationswiderstand** beträgt nach Lichtenstein (ETZ. 1907, S. 648) für Straßenbahnschienen ca. 0,2 $\varnothing$/km gegen Erde und für Vollbahnschienen auf Schotter und Holzschwellen ca. 0,84 $\varnothing$/km gegen Erde. Der Isolationswiderstand für die Schwelle etwa 1200 $\varnothing$.

V. Kraftwerke.

(857) Die **Größe des Kraftwerkes** ist durch Superposition des Energieverbrauches der gleichzeitig in Betrieb befindlichen Züge gegeben. Dabei ist der Verbrauch für die reine Zugförderung zu vermehren um den Verbrauch für Nebenleistungen wie Licht, Heizung, Pumpe, Steuerstrom usw. (861).

Die für reine Zugförderung benötigte Leistung muß an Hand des Streckenprofils, der Zuggewichte und des Fahrplanes berechnet werden. Für Straßenbahnen kann im allgemeinen der in (858) skizzierte Rechnungsgang verwendet werden. Für Vollbahnbetrieb muß die Rechnung aber um so genauer durchgeführt werden, je schwerer der Betrieb ist, d. h. je größer die Zuggewichte sind und je geringer die Zugdichte ist. Weil für derartigen Betrieb der Verkehr genau geregelt ist, ist eine genaue Berechnung der Bewegungsverhältnisse der Züge, und zwar mit Hilfe eigens aufgestellter Fahrdiagramme, auch in allen Fällen möglich.

Der auf diese Weise ermittelte Gesamtverbrauch ergibt die Leistung am Stromabnehmer und ist noch durch den Wirkungsgrad der Übertragung, der Linie und der Unterstationen zu dividieren.

(858) Zugkraft und Zugwiderstand. Die für die Beförderung eines Zuges notwendige **Z u g k r a f t** beträgt für ein Zuggewicht von G t: für die Beschleunigungsperiode mit einer mittleren Beschleunigung von b m/sk^2

$$G\ (w + s + 100\ b)\ \text{kg*}$$

und für die Fahrt mit konstanter Geschwindigkeit

$$G\ (w + s)\ \text{kg*}$$

Hierin bedeutet w den gesamten Zugwiderstand für 1 t und s die Steigung in $^0/_{00}$.

Die größte Anzugskraft ist entweder durch die größte Beschleunigung in der Ebene gegeben oder durch die größte Steigung, auf welcher der Zug noch mit der geringsten Beschleunigung anfahren können muß.

Über die Wahl der Beschleunigung und Bremsverzögerung vgl. (829).

Der **Z u g w i d e r s t a n d** setzt sich im allgemeinen aus dem Reibungswiderstand und dem Luftwiderstand sowie dem Krümmungswiderstand der Kurven zusammen. Für **S t r a ß e n b a h n e n** kann der Reibungswiderstand im Mittel zu 6 kg/t angenommen werden, wechselt jedoch so stark mit dem Zustand des Gleises, daß von einer genauen Berechnung des kleineren zusätzlichen und wegen der wechselnden Geschwindigkeit der Straßenbahnen schwer zu bestimmenden Luftwiderstandes Abstand genommen werden kann. Man setzt am besten Reibung und Luftwiderstand zusammen = ca. 8 kg/t.

Steigungen bis 6 $^0/_{00}$ können im Straßenbahnbetrieb vernachlässigt werden, weil die bei der Bergfahrt mehr aufgewendete Energie bei der Talfahrt wiedergewonnen wird.

Für **V o l l b a h n e n** kann der Zugwiderstand für überschlägige Rechnungen nach der reichlichen Formel

$$w = 2,5 + 0,001\ v^2$$

eingesetzt werden. Darin bedeutet das zweite Glied den mit der Geschwindigkeit v [in km/st] quadratisch wachsenden Luftwiderstand.

Für genaue Berechnungen und für die Aufstellung der Fahrdiagramme ist die auf Grund der Schnellbahnversuche erhaltene Formel zu verwenden:

$$W = 2,5\ G + \left\{0,00015\ G + 0,00813\ (n-1) + 0,0065\ F\right\}v^2.$$

Darin ist W der Zugwiderstand für G t Zuggewicht, $(n-1)$ die Zahl der angehängten Wagen oder n die volle Wagenzahl, F die Stirnfläche des ersten Wagens in m^2, v die Geschwindigkeit in km/st.

In Kurven ist zum Zugwiderstand noch der **K r ü m m u n g s w i d e r s t a n d** zu addieren. Derselbe beträgt $650/(r-55)$ kg/t, wenn r den Krümmungsradius in m bedeutet.

Die **m i t t l e r e L e i s t u n g** der Motoren kann in überschlägiger Weise aus der mittleren Zugkraft Z_m in kg und der mittleren Fahrgeschwindigkeit in km/st berechnet werden:

$$\Lambda_m = \frac{Z_m \cdot v_m}{370}\ \text{kW}$$

Für Anfahrten ist noch ein Zuschlag zu machen, der von der Zahl der Halte-stellen und der mittleren Stationsdistanz abhängig ist und im Mittel etwa 25 % beträgt.

Die der Leistung nach bemessenen Motoren sind noch auf ihre höchste Zug-kraft nachzuprüfen.

Es sei z. B. eine Strecke mit folgenden Längen und Steigungsverhältnissen gegeben:

Hinfahrt	600 m;	$w =$ 8 kg/t;	$s =$	$0^0/_{00}$,	$w + s =$	8 kg/t;	4800	kgm/t
	300	,,		14		22	6600	
	400	,,	—	3		5	2000	
Rückfahrt	400	,,	$\div$	3		11	4400	
	300	,,	—	14		0	0	
	600	,,		0		8	4800	
	2600 m						22600	kgm/t

Dann beträgt die mittlere Zugkraft $\dfrac{22\,600}{2600} = 8{,}7$ kg/t oder die mittlere Zugkraft für ein Wagengewicht von 30 t = etwa 260 kg*, und wenn die mittlere Reise-geschwindigkeit 12 km/st betragen soll, so ist die mittlere Motorleistung

$$\frac{260 \cdot 12}{370} \approx 8{,}5 \text{ kW}$$

bzw. mit 25 % Zuschlag für die Anfahrten etwa 10,6 kW.

Die mittlere Dauerleistung kann dann zu etwa 11 kW gewählt werden. Die höchste Anfahr-Zugkraft auf der Steigung beträgt

$$30 (10 + 14) = \text{etwa } 720 \text{ kg*}$$

(859) Stromverbrauch, Fahrdiagramme. Der Stromverbrauch für Zug-förderung ist gleich dem Verbrauch für die Fahrt auf den einzelnen Strecken mit konstanter Geschwindigkeit, vermehrt um die Bremsarbeit. Dagegen ist die für die Beschleunigung notwendige Energie nicht mit zu berechnen, weil ein Teil davon beim Auslaufen nützlich wiedergewonnen wird, während der Rest eben in Brems-arbeit vernichtet wird.

$$\text{Verbrauch für 1 t km} = \frac{\text{mittlere Zugkraft für die Tonne} \times 1000 \times 9{,}81}{3600 \times \eta} \text{Wst}$$

η ist der Wirkungsgrad der Anlage.

Die B r e m s a r b e i t ist gleich der gesamten lebendigen Kraft $\frac{1}{2} m v^2$ des Zuges beim Bremsbeginn. Bei Straßenbahnen liegt die Zahl der Haltestellen zwischen 2 und 5 auf 1 km. Der Bremsbeginn erfolgt bei Straßenbahnen bei an-nähernd 75 % der höchsten Geschwindigkeit. Für Personenzüge kann man nach P f o r r eine Bremsung auf 15 km bei $^2/_3$ Geschwindigkeit, für Güterzüge eine Bremsung auf 4 km bei halber Geschwindigkeit setzen.

B e i s p i e l: Die mittlere Zugkraft für 1 t betrug oben (858) 8,7 kg*, daher der Verbrauch

$$\frac{8{,}7 \times 1000 \times 9{,}81}{3600 \times 0{,}6} \approx 39{,}5 \text{ Wst/t km}$$

Die Bremsarbeit für die Haltestelle und Tonne für den Bremsbeginn bei 12 km/st beträgt

$$\frac{1}{2} \cdot \frac{1000}{9{,}81} \left(\frac{12}{3{,}6}\right)^2 \frac{1}{0{,}6} \cdot \frac{9{,}81}{3600} = 2{,}6 \text{ Wst/t km}$$

oder für 3 Haltestellen auf 1 km: $3 \times 2,6 = 7,8$ Wst/tkm; daher für die Zugförderung insgesamt oder für ein Wagengewicht von 30t und für die ganze Hin- und
Rückfahrt auf 2,6 km: $1,07 \times 30 \times 2,6 \left\{39,5 + 7,8\right\} \approx 4$ kWst. Der Koeffizient
1,07 berücksichtigt die Beschleunigung der rotierenden Massen.

Die Berechnung des Verbrauches für vollbahnartige Betriebe muß an Hand
der F a h r d i a g r a m m e erfolgen. Dazu müssen die charakteristischen Kurven
der verwendeten Motoren, insbesondere aber die Geschwindigkeits-Zugkraftkurve
bekannt sein oder angenommen werden. Mit ihrer Hilfe können die Zeit-Ge-

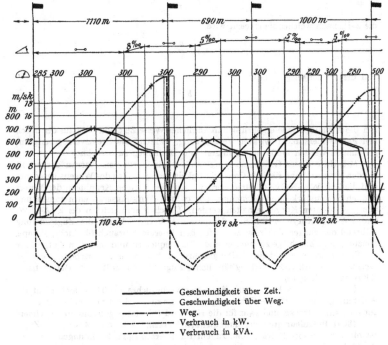

―――――― Geschwindigkeit über Zeit.
―――――― Geschwindigkeit über Weg.
―·―·―·― Weg.
―··―··―·· Verbrauch in kW.
―――――― Verbrauch in kVA.

Fig. 546. Fahrdiagramm.

schwindigkeit, die Zeit-Weg- und die Weg-Geschwindigkeitskurve, ferner die
kVA-Sek.- und die kW-Sek.-Kurven für jeden Zug und für jede Strecke aufgestellt werden.

Für Voruntersuchungen genügt jedoch die Aufstellung eines sogenannten
m i t t l e r e n F a h r d i a g r a m m e s. Man erhält dieses durch die Annahme
eines mittleren Stationsabstandes mit mittleren Steigungsverhältnissen und einer
dem Fahrplan entsprechenden mittleren Geschwindigkeit.

Im Fahrdiagramm unterscheidet man im allgemeinen die Beschleunigungsperiode, welche von der Anfahrt bis zur Erreichung der gewünschten Geschwindigkeit währt. Der Strom wird in diesem Moment abgeschaltet, und es beginnt die
Auslaufperiode, während deren unter allmählicher Verzögerung die lebendige
Kraft des Wagens nützliche Arbeit zur Überwindung des Zugwiderstandes leistet.

Schließlich wird in der Bremsperiode der Rest der lebendigen Energie durch Bremsen vernichtet; (vgl. die Fahrdiagramme Fig. 546).

Bei der Aufstellung der Fahrdiagramme geht man unter Annahme einer feststehenden Art des Anfahrens von der Geschwindigkeits-Zugkraftkurve des Motors aus und trägt für die jeweiligen Geschwindigkeiten die Fahrtwiderstände ein. Dann ergibt die Differenz aus Zugkraft und Fahrtwiderstand bereits den für die Beschleunigung zur Verfügung stehenden Zugkraftüberschuß ΔZ. Die erreichte Beschleunigung ist

$$+ b = \frac{\Delta Z}{m}$$

die Zeit, nach welcher sie erreicht wird,

$$t = \frac{v}{b}$$

und der zurückgelegte Weg

$$l = \frac{b \, t^2}{2}$$

Für die Auslaufperiode ergeben sich in ähnlicher Weise Zeit und Weg aus der durch den Fahrtwiderstand bewirkten Verzögerung, während die Bremsverzögerung angenommen werden muß, um Bremszeit und Bremsweg zu berechnen.

Mit Hilfe dieser Gleichungen, welche auch in Form von Kurven dargestellt werden können, kann für jede Geschwindigkeit Zeit und Weg des Wagens berechnet und die Zeit-Weg-Kurve erhalten werden. Aus den übrigen Kennlinien des Motors können Stromstärke und Spannung, cos φ und Wirkungsgrad entnommen und alle gewünschten Kurven erhalten werden. Durch Planimetrieren der kVA-, kW- und kW-Zeit-Kurve ergibt sich der gesamte Verbrauch für die Zugförderung während der ganzen Fahrt, während für den Energieverbrauch für Licht, Pumpe, Heizung usw. Zuschläge zu machen sind. Zur bequemen und schnellen Aufstellung der Fahrdiagramme sind eine Reihe graphischer Methoden ausgearbeitet worden (vergl. Hruschka, Ermittlung sämtlicher Zugförderungsgrößen im Bahnbetrieb, EKB. v. 14. I. 1910).

Für die genaue Berechnung des Stromverbrauches genügt jedoch nicht die Aufstellung eines mittleren Fahrdiagrammes. Es sind vielmehr die Fahrdiagramme für die ganze Strecke, und zwar für die Hin- und Rückfahrt getrennt zu berechnen.

(860) Beschleunigung der umlaufenden Massen. Für die Masse des Zuges ist nicht der wahre Betrag, sondern ein für überschlägige Rechnungen um etwa 7—12 % erhöhter Betrag einzusetzen, um die Beschleunigung der umlaufenden Massen zu berücksichtigen.

Man drückt am besten den Schwungradeffekt $\frac{1}{2} \, m \, \omega^2 \, \rho^2$, wenn m die Masse des rotierenden Körpers, ω die Winkelgeschwindigkeit und ρ den Trägheitsradius bezeichnet, als nützlichen Prozentsatz der lebendigen Kraft des Wagens aus, indem man sich dessen Masse M um ΔM erhöht denkt und die Winkelgeschwindigkeit ω durch die lineare Geschwindigkeit des Wagens und das Übersetzungsverhältnis $\ddot{u}$ des Vorgeleges ausdrückt. Dann ist:

$$v = \omega \, r \quad \text{bzw.} \quad \omega_1 \frac{r}{\ddot{u}}, \quad r \text{ ist der Laufradradius}$$

und

$$\frac{m}{2} \, \omega^2 \, \rho^2 = \frac{m}{2} \, v^2 \left(\frac{\rho}{r}\right)^2 \quad \text{bzw.} \quad \frac{m}{2} \, v^2 \left(\frac{\rho \cdot \ddot{u}}{r}\right)^2$$

Die gesamte lebendige Kraft des Wagens ist also

$$M\,\frac{v^2}{2} + \frac{m\,v^2}{2}\left(\frac{\rho}{r}\right)^2 \quad \text{oder} \quad M\,\frac{v^2}{2}\left\{1 + \frac{m}{M}\cdot\left(\frac{\rho}{r}\right)^2\right\}$$

$$\text{oder der Betrag } \varDelta\,M = \frac{m}{M}\left(\frac{\rho}{r}\right)^2 \quad \text{bzw.} \quad \frac{m}{M}\left(\frac{\rho\,u}{r}\right)^2$$

(861) Arbeitsbedarf für Nebenleistungen. Z u g h e i z u n g. Der Arbeitsverbrauch beträgt ca. 0,2 bis 0.3 kW für 1^0 C Temperaturunterschied für Aufrechterhaltung der Innentemperatur eines Drehgestellwagens.
Die erste Erwärmung erfordert etwa

$$\left(0,3 + \frac{40}{t}\right)\vartheta \text{ kW}$$

t = Erwärmungszeit in Minuten,
ϑ = die zu erreichende Temperaturerhöhung in ^{0}C.
Um mit Dampfheizung konkurrieren zu können, darf man den Strom mit höchstens 3,3—4 Pf. für 1 kWst bezahlen (Versuche mit elektrischem Betrieb der schwedischen Staatsbahn EKB 1908).
Man kann auch mit etwa 200 W/m^3 für maximal — 15^0 C Außentemperatur rechnen. Für den Führerstand einer Lokomotive rechnet man am besten etwa 1 kW, für einen normalen Straßenbahnwagen etwa 3 kW. H r u s c h k a[1]) rechnet für österreichische Verhältnisse 110 W/m^3 am Stromabnehmer.
Z u g b e l e u c h t u n g. Für jedes t km personenbefördernder Züge können nach H r u s c h k a[1]) etwa 0,34 Wst an den Stromabnehmern gesetzt werden.
S t e u e r u n g. Für mittlere Verhältnisse sind für die Zugeinheit etwa 2 kW dauernd erforderlich. Für Strecken mit Steigungen unter 20 $^0/_{00}$ und für mittlere Geschwindigkeiten (50 km/st) können etwa 0,2 Wst/t km gesetzt werden[1]).
B r e m s u n g. Für Schnellzüge etwa   0,2 Wst/t km
      Für Personenzüge etwa 0,4   ,,
      Für Güterzüge etwa   0,32   ,,   (vgl. 859).

(862) Erwärmungsnachrechnung der Motoren. Im Anschluß an die für einen mittleren Stationsabstand oder für die ganze Strecke aufgestellten Fahrdiagramme ist zu untersuchen, ob der Motor für den gedachten Betrieb ausreicht, und die Erwärmung in zulässigen Grenzen bleibt. Zu diesem Zweck genügt es bei Gleichstrom über der Zeit als Abszisse die zugehörigen I^2-Werte aufzutragen. Dann ergibt sich aus der planimetrierten Fläche der I^2dt-Kurve und aus der ganzen Fahrzeit T der

quadratische Mittelwert der Strombelastung $\sqrt{\dfrac{\varSigma\,(I^2\,dt)}{T}}$, welcher unterhalb des

im Prüffeld festgestellten dauernd zulässigen Wertes liegen muß. Dabei ist darauf zu achten, daß der Dauerlauf des Motors im Prüffeld mit der Dauerstromstärke auch mit jener Spannung und Geschwindigkeit vorgenommen werde, die den mittleren Eisenverlusten im Betriebe entsprechen.
Für Wechselstrom empfiehlt es sich, die Verluste für die ganze Strecke direkt aufzustellen. Dazu kann die Kurve der aufgenommenen Energie im Fahrdiagramm benutzt werden, wenn die Differenz zwischen ihr und der Kurve der abgegebenen Energie planimetriert und durch die ganze Fahrzeit dividiert wird. Dieser Wert entspricht bereits den vom Motor dauernd abzuführenden Verlusten.
Die Erwärmungsrechnung kann sich auch auf die einzelnen Teile wie Kollektor, Eisen und Kupfer erstrecken. Zu diesem Zwecke sind die Verluste an Hand der Motorkennlinien zu trennen. Für gut gelüftete Motoren, bei denen sich

---

[1]) H r u s c h k a, EKB 1910, S. 599.

ein Temperaturausgleich in allen Teilen rasch vollzieht, ist eine so weit gehende
Nachrechnung überflüssig.

(863) Rückstrombremsung. Die Energie, die bei der Fahrt im Gefälle wiedergewonnen werden kann (vgl. 836 u. 839), ist teils kinetisch, in der lebendigen Kraft
des Wagens (Geschwindigkeitshöhe): $\frac{1}{2} m v^2$, teils potentiell im Wagengewicht Gt
und der Gefällshöhe $s^0/_{00}$ im Betrage von Gs aufgespeichert. Daher beträgt die
max. Energie bei einem Wirkungsgrad von 100 % und ohne Berücksichtigung
des Zugwiderstandes

$$\frac{G}{9,81} \left(\frac{v}{3,6}\right)^2 + G s\, l$$

Darin ist v die Geschwindigkeit in km/st und l die Länge des Gefälles in km. Die
kinetische Energie kann vollständig nur bei einer Bremsung bis auf den Stillstand
wiedergewonnen werden und ist im Vollbahnbetrieb mit großen Stationsabständen
und bei großen Gefällshöhen, bei denen allein die Frage der Energierückgewinnung
ökonomisch werden könnte, gegenüber der potentiellen Energie zu vernachlässigen.

Dem Energiewiedergewinn durch Gefällshöhe in Wattstunden bei der Talfahrt

$$\frac{G \cdot (s - w) \cdot 9,81 \cdot l \cdot \eta}{3600} \text{ Wattstunden}$$

oder von

$$\frac{(s - w) \cdot 9,81 \cdot \eta}{3,600} \text{ Wst/tkm}$$

steht aber ein Energieverbrauch bei der Bergfahrt gegenüber von

$$\frac{(s + w) \cdot 9,81}{3,6 \cdot \eta} \text{ Wts/tkm}$$

Die wiedergewonnene Energie in % der verbrauchten Energie beträgt daher

$$\varepsilon = 100 \cdot \frac{s - w}{s + w} \cdot \eta^2 \,{}^0/_0$$

Setzt man den totalen Wirkungsgrad der Anlage (Wagenausrüstung und Linie)
im Mittel = 75 % und den mittleren Zugwiderstand = 5 kg/t, so wird

$$\varepsilon = 56 \frac{s - 5}{s + 5} \,{}^0/_0$$

Berücksichtigt man noch, daß die Stationen in die Ebene verlegt sind und daher
auch bei der Talfahrt Energie verbraucht wird, sowie daß der Verbrauch für Licht,
Heizung und Steuerstrom unverändert bestehen bleibt, so kann selbst unter den
günstigsten Verhältnissen und bei hohem mittleren Wirkungsgrad kaum mehr
als 20—30 % der Energie im Gefälle von $20\,{}^0/_{00}$ wiedergewonnen werden. Die
Motoren werden überdies mehr angestrengt, müssen für eine höhere Dauerleistung
ausgelegt werden, erhöhen somit noch das tote Gewicht und den Energieverbrauch
für die Bergfahrt und erfordern erhöhte Unterhaltungskosten.

(864) Bahnkraftwerk. Für die Errichtung von Bahnkraftwerken gelten im
allgemeinen die für die elektrischen Zentralen überhaupt maßgebenden Gesichtspunkte. Die Lage des Kraftwerkes soll möglichst nahe den Verbrauchszentren
des elektrischen Stromes angelegt werden. Aber praktische und ökonomische
Rücksichten ergeben oft eine von der theoretisch richtigen weit abweichende Lage.

Auf unbedingte Betriebssicherheit der Anlage ist selbst auf Kosten der Ökonomie Rücksicht zu nehmen. Daher sollen in modernen großen Kraftwerken die
Kessel nicht nur in eigenen von den übrigen Gebäuden vollständig getrennten
Kesselhäusern untergebracht, sondern auch in mehreren voneinander vollständig
getrennten Gruppen aufgestellt werden. Jede Kesselgruppe soll ihr eigenes Generator-

aggregat, ihre eigene Dampfrohrleitung besitzen und eine unabhängige Stromerzeugungsanlage für sich bilden. Diese weitgehende Unabhängigkeit der Einheits-
gruppen voneinander reicht jedoch nur bis zu den Sammelschienen. Im Interesse
höchster Betriebssicherheit aber haben z. B. die N. Y. Central und die Brooklyn
Rapid Transit Co. zwei voneinander unabhängige Kraftwerke errichtet.

Die Größe der verwendeten Kessel schwankt zwischen 200 und 500 kW für die
kleinen und mittleren Anlagen und 500—800 kW für die großen Werke. Die Maschineneinheiten werden im allgemeinen sehr groß gewählt, zu 1000 bis 5000 kW
in großen Zentralen.

Die Spulen der Transformatoren sind gegen mechanische Beanspruchungen
aufs sorgfältigste zu sichern, weil die bei etwaigen Kurzschlüssen auf der Strecke
zu liefernden Momentan-Leistungen leicht zerstörend wirken können.

Die Bahngeneratoren müssen sorgfältiger isoliert werden als Maschinen für
stationären Betrieb, die Wickelköpfe müssen gegen das Gehäuse versteift werden.
Die Läufer der Generatoren sollen mit Dämpferwicklungen versehen sein (Niethammer, Z. d. V. d. I. 1909, S. 1018). Wegen der starken Stromstöße empfiehlt
sich eine selbsttätige Spannungsregelung (Tirrill, Rice-Danielsonsche
Compoundierung; Einphasengeneratoren Altona, Glinski, Z. d. V. d. I. 1908,
S. 1590).

Typische Ausführungsbeispiele großer und mittlerer Bahnkraftwerke vgl.
Dawson und Parshall und Hobart. Das Einphasenkraftwerk Altona
(Blankenese-Ohlsdorf) ETZ 1909. Allgemeine Angaben und Zusammenstellung
amerikanischer elektrischer Bahnkraftwerke EKB 1909, S. 691.

(865) Unterstationen. Die Zahl und theoretische Lage der Unterstationen
ist durch den zulässigen Spannungsabfall in den Schienen und in der Oberleitung
bestimmt. Insbesondere ist die Anlage der Unterstationen an Bahnknotenpunkten
als dem natürlichsten Verteilungspunkt der Energie zu empfehlen. Bei Bestimmung
der Größe der Unterstationen hat man ähnlich wie bei Kraftwerken vorzugehen
und an Hand des Fahrplanes und der Zuggewichte die Zahl, den Stromverbrauch
und die Entfernung der Züge von den Unterstationen festzustellen und den gesamten,
den höchsten und den mittleren Verbrauch zu berechnen. Der Spannungsabfall
ist für die ungünstigste Lage der Züge und für den stärksten Betrieb anzunehmen.
Dabei ist mit einem mit der Zeit allmählich wachsenden Betriebe zu rechnen. Aus
dem Belastungsfaktor ergibt sich für Drehstrom- Gleichstrom-Unterstationen mit
rotierenden Aggregaten ein Anhaltspunkt für die Größe und Zahl der zu wählenden
Einheiten. Dieselben werden passenderweise so angenommen, daß sowohl bei leichtem
als auch bei schwerem Betrieb die Einheiten möglichst vollbelastet laufen. Dabei ist
es vorteilhaft, für alle Unterstationen die gleichen Einheiten zu wählen. Der Wirkungsgrad der Drehstrom-Gleichstrom-Unterstationen kann von den Dreh-
strom-Sammelschienen der Unterstation bis zum Stromabnehmer zu ca. 73—77 %
angenommen werden. Es entfallen nämlich auf die ruhenden Transformatoren
Drehstrom-Hochspannung-Niederspannung etwa 3 %, auf die rotierenden Umformer etwa 10—12 % und auf die Verluste im Fahrdraht 10—12 %. Hierzu
kommen noch etwa 4 % für Speiseleitung-Sammelschienen-Unterstation bis
Sammelschiene-Kraftwerk und etwa 3 % auf die Niederspannung-Hochspannung-
Transformatoren im Kraftwerk. Der Wirkungsgrad vom Generator bis zum Stromabnehmer ist daher im Mittel etwa 68 %. Die Leistung des Kraftwerkes ergibt
sich durch Superposition der Leistungskurven aller Unterstationen unter Berücksichtigung der Wirkungsgrade der Unterstationen und der Übertragungs-
leitungen.

Die Gesamtleistung aller in Drehstrom-Gleichstrom-Unterstationen aufgestellten Maschinen ergibt mit Rücksicht auf die Notwendigkeit, den höchsten Bedarf des Bezirkes decken zu müssen, im Verein mit dem schlechten Belastungsfaktor

und der geringen Überlastungsfähigkeit der umlaufenden Aggregate einen die Leistung der im Kraftwerk aufgestellten Maschinen um 40—60 % übersteigenden Betrag.

Die Unterstationen in Drehstrom-Gleichstromsystemen enthalten neben den umlaufenden Umformern ruhende Hochspannungstransformatoren, wenn die Übertragungsspannung höher als 13 000 V ist, ferner vollständige Schaltanlagen für Hoch- und Niederspannung auf der Wechselstromseite und für Niederspannung auf der Gleichstromseite.

In reinen Wechselstromsystemen dagegen kann die Dauerleistung aller ruhenden Transformatoren in den Unterstationen zusammen selbst kleiner sein als die Dauerleistung des Kraftwerkes. Denn die modernen Transformatoren können Belastungsstöße bis zum 6 fachen aufnehmen und aussetzend selbst mit der doppelten und dreifachen Last beansprucht werden (vgl. Parshall und Hobart, S. 243, Carter, Proceed. Am. Inst. El. Eng. v. 25. 1. 1906).

Die umlaufenden Umformer sind entweder Motorgeneratoren, Kaskaden- oder Einankerumformer. Motorgeneratoren gestatten eine weitgehende Spannungsregulierung und daher größeren Spannungsabfall auf der Wechselstromseite als Einankerumformer, besitzen aber einen schlechteren Wirkungsgrad und sind

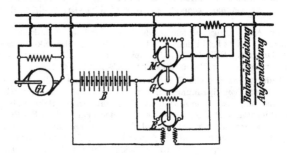

Fig. 547. Piranische Anordnung.

teurer als Einankerumformer. Diese aber müssen wieder für Niederspannung ausgeführt werden, erfordern also in allen Fällen noch ruhende Transformatoren und verlangen besser geschulte Wartung. Durch Verwendung von Zusatzmaschinen oder Potentialreglern kann die Spannung der Einankerumformer in genügenden Grenzen reguliert werden. Wirkungsgrad und Anschaffungskosten des Kaskadenumformers liegen ungefähr in der Mitte zwischen Einankerumformer und Motorgenerator. (588 u. folg.)

In vielen Fällen hat sich die Verwendung einer Akkumulatorenbatterie in den Unterstationen als vorteilhaft erwiesen, insbesondere wenn sie so reichlich gewählt wird, daß sie nicht nur zum Ausgleich der Belastungsschwankungen, sondern auch als Reserve für mindestens eine Maschineneinheit dient und im Bedarfsfalle kurzzeitig zur Stromlieferung ans Netz direkt herangezogen werden kann. Als Pufferbatterien (Reversible Booster) sind sie namentlich in kleineren Stationen mit niedrigem Belastungsfaktor zu empfehlen. Sie übernehmen daselbst automatisch die Lieferung der Spitzenleistung zu Zeiten des höchsten Strombedarfes und gestatten, kleinere, nur für die mittlere Leistung bemessene Einheiten zu verwenden, während sie andererseits zu Zeiten schwachen Strombedarfs von den Generatoren geladen werden, so daß diese auch dann noch vollbelastet laufen können. Die Zusatzmaschine erhält im allgemeinen gemischte Wicklung und liegt in Serie mit der Batterie, beide aber parallel zum

Generator. Die Fig. 547 zeigt die P i r a n i sche Anordnung[1]). Bei hohen Belastungen überwiegt die Hauptstromerregung über die Nebenschlußerregung. Die Zusatzspannung addiert sich dann zur Spannung der Batterie, welche sich aufs Netz entlädt, und umgekehrt. Mit diesen Anordnungen können die Belastungsschwankungen innerhalb der Grenzen von 10—12 % gehalten werden. Graphische Ermittlung der Leistung von Pufferbatterien ETZ 1900, S. 78.

In jedem einzelnen Falle müssen vor Aufstellung der Batterie die Amortisation des Anlagekapitals, die Unterhaltungskosten und die etwa 4 % der Gesamtleistung der Unterstation betragenden Verluste der Zusatzmaschine verglichen werden mit der erhöhten Ökonomie der Station und den Ersparnissen an Kupfer in der Übertragungslinie.

Die N. Y. Central hat in ihren Unterstationen Batterien in großem Umfange verwendet. Die größte davon umfaßt 318 Zellen mit einer Entladestromstärke von etwa 4000 A eine Stunde lang und 12 000 A eine Minute lang (D a w s o n, S. 744). Über amerikanische Umformerpraxis und Unterwerke vgl. E i c h e l, EKB 1908, S. 208.

Eine besondere Einrichtung amerikanischer Bahnen sind die f a h r b a r e n U n t e r s t a t i o n e n, die in einem Wagen untergebracht sind. Sie dienen zur Unterstützung der festen Unterstationen oder zur Verstärkung der Strecken, die nur intermittierend starke Belastungen aufweisen (E i c h e l, EKB 1909).

VI. Rentabilität.

(866) Für die **Rentabilitätsberechnungen** kann man für den ersten Entwurf überschläglich von einem festen Preis der gelieferten kW-Stunde ausgehen und hierzu in Anlehnung an ausgeführte ähnliche Anlagen die Unterhaltungskosten einschließlich Tilgung und Verzinsung für die ganze Streckenausrüstung und für das Rollmaterial hinzuaddieren (vgl. hierzu (655) u. (692) u. folg.)

Das Kraftwerk der New Yorker Untergrundbahnen erforderte etwa 314 M für 1 installiertes kW[2]), das Kraftwerk Altona insgesamt 3,6 Millionen oder 500 M für 1 kW.

Der Kohlenverbrauch für 1 abgegebenes kW kann für Dampfturbinen von etwa 1000 kW zu etwa 1,4 kg angenommen werden.

Man kann folgende Werte für 1 kWst an den Sammelschienen für g r o ß e D a m p f t u r b i n e n w e r k e [3]) annehmen.

Verzinsung und Erneuerung 10 % = . . . 2	Pfennig
Kohlenkosten 1	„
Unterhaltung und Bedienung 0,5	„
Gesamte Erzeugungskosten 3,5	„

für einen Belastungsfaktor von 20 %.

Die Gesamtbaukosten von W a s s e r k r a f t w e r k e n (vgl. T h i e l s c h, Zeitschr. f. d. ges. Turbinenwesen 1908, S. 357) hängen im wesentlichen von dem Verhältnis der verfügbaren Wassermenge zur Gefällshöhe ab. In Niederdruckanlagen verschlingt die für .die Kanalanlage notwendige Bodenerwerbung und die Errichtung langer Werkkanäle oft hohe Summen. Bei Talsperranlagen können die Grunderwerbungskosten bis 25 % der gesamten Baukosten betragen. Für mittlere Verhältnisse schwanken die Kosten der hydraulischen Anlage zwischen 130 M/kW für große Gefälle und 650 M/kW für kleine Gefälle. Die Ge-

---

[1]) ETZ 1896, S. 808. Über andere Puffer-Anordnungen vgl. den in Amerika häufigen E n t z - Regulator, Electrician v. 25. 6. 1909 und W o o d b r i d g e, Verwendung von Pufferbatterien für die Regulierung von Wechselstromnetzen in Verbindung mit Spaltpolumformern, Proceed. A. I. E. E. Juni 1908 und Juli 1909 und ETZ 1909, S. 104.

[2]) EKB 1907, S. 449.

[3]) Nach P f o r r. Glasers Annalen 1907.

samtkosten einschl. des elektrischen Teils betragen für mittlere hydraulische Verhältnisse

etwa   220 M/kW für Anlagen in der Größe von etwa 30000 P
„   270 M/kW „   „   „ „   „   „   „   6000 „
„   1300 M/kW „   „   „ „   „   „   „   500 „

Die Kosten der hydraulischen Anlage allein betragen z. B. für Schaffhausen (etwa 1800 kW) etwa 860 M/kW, der Usine de Chèvres Genf (13 000 kW) etwa 350 M/kW und 480M/kW einschl. elektrischer Anlage, der Niagarafälle (40 000 kW) etwa 2100 M/kW einschl. elektrischer Anlage und Fernleitung, der Trollhättafälle 460 M/kW usw.

L ü b e c k (Zeitschr. f. d. ges. Turbinenwesen 1908, S. 538) setzt für Verzinsung, Amortisation, Erhaltung und Betrieb 12 % der Anlagekosten. Das ergäbe für große Anlagen mit im Mittel 475 M/kW und für einen Belastungsfaktor von 0,2 etwa 3,25 Pf/kWst.

(867) Kosten für reine Zugförderung. Der Preis von 1 kWst am Stromabnehmer ergibt sich aus den Kosten der kWst an den Sammelschienen nach Division durch den Wirkungsgrad der Übertragungsleitung einschl. der Unterstationen und des Fahrdrahtes.

Unter Zugrundelegung der Strompreise am Stromabnehmer ergeben sich dann aus dem für die Zugförderung ermittelten gesamten Stromverbrauch die Zugförderungskosten in kWst/km oder in kWst/tkm.

Erfordert z. B. ein Zug von 250 t Gesamtgewicht zur Beförderung in der Ebene mit 120 km/st 800 kW, also

$$\frac{800}{120} = 6,7 \text{ kWst/Zugkilometer oder } \frac{6700}{250} = 27 \text{ Wst/tkm}$$

so ergeben sich die reinen Z u g f ö r d e r u n g s k o s t e n für Wechselstrombahnen unter Berücksichtigung eines Wirkungsgrades der Wagenausrüstung von etwa 84—88 % und bei einem Preis von 5,75 Pf/kWst am Stromabnehmer zu

$$\frac{6,7 \times 5,75}{0,86} = \text{etwa 45 Pf für 1 Zugkilometer und 0,18 Pfg./t km}$$

Der Durchschnitt von ca. 30 amerikanischen Bahnen ergab für die reine Zugförderung ca. 60 % der gesamten Betriebskosten,

für die Unterhaltung aller Teile . . . . 20 %,
Generalunkosten . . . . 20 %.

Die G e s a m t b e t r i e b s k o s t e n eines 58 t-Einphasen-Motorwagens mit einem Energieverbrauch von 36 Wts/t km würden demnach bei einem Strompreis von 6 Pf am Stromabnehmer betragen:

Reine Zugförderungskosten . . . . . $\dfrac{36 \times 6 \times 58}{1000} = 12,5$

Unterhaltungskosten und Verkehrskosten . . . . . . = 8,5

Gesamtbetriebskosten 21 Pf/Wagenkm.

Über die Zugförderungskosten für Gleichstrom, Einphasenstrom und Drehstrom vgl. die Literaturangaben (825).

(868) Kilometerpreise für Oberleitungsmaterial. Die nachstehenden Angaben sollen nur Anhaltspunkte für die Anlagekosten der Streckenausrüstung geben.

A. Straßenbahnoberleitung.

1) 500—750 V. 1 km Oberleitung mit Fahrdraht 53 mm², Entfernung der Maste im Durchschnitt mit ca. 30 m angenommen (Kurven eingeschlossen) einschl. Schienenverbindung mit 1 × 53 mm² für den Stoß bei 12 m Schienenlänge.

		Einfachgleis	Doppelgleis
		Mark	Mark
Ausleger.	Rohrmasten . .	7 800	11 400
	Gittermasten . .	6 000	9 200
	Holzmasten . .	4 500	7 400
Queraufhängung.	Rohrmasten . .	11 000	15 300
	Gittermasten . .	7 800	10 800
	Holzmasten . .	5 000	7 600
	Rosetten . . .	4 300	6 600

2) **1000 V.** Die unter A 1) angegebenen Preise erhöhen sich um 120 Mark bei Einfachgleis, um 240 Mark bei Doppelgleis.

3) **1500 V.** Gleichstrom, Einfachgleis, Kettenaufhängung, 50 m Mastenentfernung, sonstige Annahmen wie vor 5700 M.

B. Kettenaufhängung für Wechselstrombahnen.

1) 1 km Oberleitung für Hochspannung 6000 V., einfache Isolation an Gittermasten und Auslegern 50 m Mastenentfernung, 1×53 mm² Fahrdraht, einschl. Schienenverbinduug 1×53 mm² Schienenlänge 12 m; für 1 km mit Montage 6300 M bis 6700 M.

2) Kettenaufhängung wie vor, jedoch mit selbsttätiger Nachspannvorrichtung 7300 M bis 7700 M.

Literatur.
Allgemeines und Projektierung.

D a w s o n, Electric Traction on Railways, London 1909. — P a r s h a l l u. H o b a r t, Electric Railway Engineering, London 1907. — P f o r r, Der elektrische Vollbahnbetrieb, Glasers Annalen, Bd. 60, S. 201, 1907. — E i c h b e r g, Der Stand der elektrischen Vollbahnen, insb. Einphasenb., Zeitschr. V. D. Ing. 1908, S. 1145. — E i c h b e r g, Entwicklung des Einphasen-Bahnsystems ETZ 1908, S. 588. — G l e i c h m a n n, Denkschrift über die Einführung des elektr. betr. a. d. Bayr. Staatsb., Zeitschr. V. D. Ing. 1908, S. 966 und EKB 1908. — G l e i c h - m a n n, Elektr. Zugförderung (Berner Kongreß), EKB 1910, S. 181 und E & M 1910, S. 770. — G l e i c h m a n n, Elektr. Zugförderung (Münchener Kongreß) ETZ 1911, S. 874. — R e i c h e l, Einführung d. elektr. Betr. a. d. Berliner Stadtbahn, Zeitschr. V. D. Ing. 1907, und EKB 1907, — R e i c h e l, Einführung d. elektr. Betr. auf den Bayr. Staatsb., EKB 1908. — R i n k e l, Dampfbetrieb und elektr. Betrieb von Schnellzügen, EKB 1907, S. 448. — R i n k e l, Die Aussichten des elektr. Vollbahnbetriebes mit bes. Berücksichtigung der militärischen Bedenken, EKB 1909, S. 281. — A s p i n a l l, The Electrification of Railways. Electrician v. 30. IV. 09, Ref. Electr. World v. 20. IX. 09. — D i s c u s s i o n on Railway Papers, by A. I. E. E., Electr. Ry. J. 1910, S. 81. — A Standard System of Electric Traction, Electr. Ry. J. 1910, S. 4, 12 u. 32. — H r u s c h k a, Bahntechnische Forderungen an den elektr. Vollbahnbetrieb, E & M 1908, No. 23 u. 24. — H r u s c h k a, Vorarbeiten zur Elektrifizierung der österr. Staatsb., EKB 1910, S. 583. — C o n r a d, Ausbau und Auswahl alpiner Wasserkräfte z. Zwecke des elektr. Vollbahnbetriebes, Zeitschr. d. Österr. Ing. und A. V. 1908, S. 15—16.

Beschreibung ausgeführter Anlagen und Lokomotiven

H a m b u r g - B l a n k e n e s e - O h l s d o r f : R ö t h i g, Glasers Annalen 1908, Bd. 63. — G l i n s k i, Zeitschr. V. D. Ing. 1908, S. 1581. — C r o n b a c h und F r e u n d, ETZ 1909, und D i e t l, EKB 1909, S. 601. — Midland & Heysham Einphasenbahn, Electrician 1908, Bd. 61, S. 318. — S e e b a c h - W e t t i n g e n, 15 000 V Einphasenbahn, Schweiz. Bauztg., Bd. 51. — New York, New Haven, Z. d. V. d. I. 1908, S. 878. — London-Brig-thon, Electrician v. 11. 6. 09. — B e m b r a n a b a h n, Z. d. V. d. I. 1907, S. 1237. — P a d u a - F u s i n a, 6000/600 V Einphasenbahn, EKB 1910, S. 221. — W a s h i n g t o n - B a l t i - m o r e, 1200 V Gleichstr., Gen. Electr. Rev.1910, Bd. 13, S.492. — Pennsylvania-Lok., 600 V Gleichstr. 2000 P. El. Railway Journal 1909, Bd. 34, S. 982 und ETZ 1910, S. 241. — W i e s e n t h a l b a h n l o k. Electrician v. 2. VII. 09. — Wechselstromlok. der Preuß. Staatsb. mit 3 Zahnradmotoren zu 350 P 6000 V, ETZ 1908, S. 427. — v. K a n d ó, Güterzugslok. der ital. Staatsb. 3000 V Drehstrom 2000 P, Zeitschr. V. D. Ing. 1909, S. 1249, 1320. — B r o w n, B o v e r i & C o., Simplon-Lok. 3000 V Drehstrom 1500 P, Zeitschr. V. d. Ing. 1909, S. 607. — G i o v i Drehstromlok., Electr. World v. 11. VIII. 10., Kaskade-Tunnel Drehstromlok., 6000 V Proc. A. I. E. E. 1909, S. 1110,

— Valtellina, Z. d. V. I. 1905, S. 125 u. 250 und 1907, S. 168. — Valatin, Heavy Electric Railroading, Street Ry J. 1905, S. 860. — Beschreibung der wichtigsten amerik. elektr. Bahnanlagen vollbahnart. Charakters (Zusammenstellung amerik. Lok.) v. Gibbs, EKB 1910, S. 472 und E & M. 1910, S. 775. — Eichel, Amerikanische Vollbahnen, ETZ 1909. — Zahnradlok. der Wengernalpbahn, 1500—1800 V Gleichstr., Schweiz. Bauztg., Bd. 55 und EKB 1909. — Zahnradbahn Montreux-Glion, 800 V Gleichstrom, Zahnrad und Adhäsionsstrecke, EKB 1909, S. 624 und Schweiz. Bauztg. Bd. 54. — Stein, Zusammenstellung der elektr. Vollbahnen in Europa mit Literaturangaben. ETZ 1911. — Wittig, Die Weltstädte und der Schnellverkehr, Berlin 1909.

Betriebserfahrungen.

Eichberg, Die Versuchsbahn Spindlersfeld, Zeitschr. V. D. Ing. 1904, S. 303. — Seebach-Wettingen, Schweiz. Bauztg., Bd. 54. — Dahlander, Schwedische Staatsbahn, München 1909. — New York-New Haven, ETZ 1910, S. 250 und Proceed. A. I. E. E., Bd. 27, S. 161; 1908; Bd. 28, S. 347; 1909. — London-Brighton, ETZ 1910, Zeitschr. V. D. Ing. 1910, S. 1750. Erie-Einphasenbahn, El. Railway Journ. 1909, Bd. 33, S. 1115 und EKB 1909, S. 452. — Borinage, 600 V Einphasenstr. 40 Per., EKB 1909, S. 536. Unterhaltungs- und Betriebskosten von 22 der größten amerik. Straßenbahnen, EKB v. 4. VII. 1607. Vgl. a. die Literaturangaben zu (825) und zu den einzelnen Abschnitten.

Triebwagen.

(869) Vorteile der Triebwagen. Der Triebwagenbetrieb bietet wirtschaftliche Vorteile gegenüber dem Betrieb mittels Dampflokomotiven gewöhnlicher Bauart in allen Fällen, in denen nur eine geringe Anzahl von ca. 100 Personen mit nur z. B. ca. 30 km/st Reisegeschwindigkeit zu befördern ist. Insbesondere sind Triebwagen auf Hauptstrecken von Nutzen, um den Orten, die zwischen den Haltepunkten der Schnellzüge liegen, eine bequemere Verbindung mit diesen zu verschaffen oder in der Nähe großer Städte einen gewissen Vorortverkehr zu ermöglichen. (Triebwagenverkehr auf den Preuß.-Hess. Staatsbahnen, EKB 1909, S. 261.)

Neben den Dampftriebwagen haben bisher Akkumulatorenwagen und Triebwagen mit Verbrennungsmotoren Bedeutung erlangt.

(870) Akkumulatorwagen. Der Akkumulator-Doppelwagen für die Preuß. Staatsbahnverwaltung faßt insgesamt 100 Personen. Das Gesamtgewicht beträgt etwa 54 t. Die Batterie enthält 84 Elemente mit einer Kapazität von 368 Ast. bei 310 V Entladespannung. Die Energie reicht für eine Strecke von etwa 100 km. Die beiden Hauptstrommotoren leisten je 62 kW. Höchste Geschwindigkeit etwa 55—60 km/st. Größte Anfahrbeschleunigung 0,5 m/sk.

Der Stromverbrauch beträgt ca. 0,75 kWst/km. Die Betriebskosten 43 Pf/km bei einem Strompreis von 6 Pf/kWst für die Ladung. Vgl. EKB 1909, S. 265 und 347, Zeitschr. V. d. Ing. 1909, S. 201. Die Entwicklung des Akkumulators für Eisenbahntriebwagen EKB 1910.

(871) Triebwagen mit Verbrennungsmotoren sind gegenüber den Akkumulatoren-Triebwagen von der Ladestation unabhängig und können daher größere Strecken durchlaufen. Die Preuß. Eisenbahnverwaltung verwendet als Brennstoff das billige Benzol. Der Verbrennungsmotor ist durch eine elastische Kupplung mit der Dynamo gekuppelt, welche den Strom für die Gleichstrom-Bahnmotoren liefert, die den Wagen mittels Zahnräder antreiben. Die Erregung der Dynamos erfolgt durch eine besondere Erregermaschine. Die Regulierung der Motoren wird durch Änderung der Erregung der Dynamo bewirkt.

Benzol-elektrische Triebwagen der Preuß. Eisenbahn-Verw., EKB 1909, S. 241. — Benzin-elektr. Triebwagen der Ostdeutschen Eisenbahn-Ges., EKB 1908, S. 243. — Benzin-elektr. Triebwagen der General Electric Co., EKB 1909, S. 513. — Akkumulatoren-Untersuchungs-Triebwagen für die Wechselstrombahn Blankenese-Ohlsdorf, EKB 1909, Heft 13. — Akkumulatoren-Tunnel-Untersuchungswagen der K. E. D. Saarbrücken, EKB 1909, Heft 13.

Lokomotiven für besondere Zwecke.

(872) Verschiebelokomotiven mit Akkumulatorenbetrieb. Die Vorteile den Dampflokomotiven gegenüber sind die stete Betriebsbereitschaft und die geringeren Betriebskosten. Das große Gewicht ist bei häufigem Anfahren mit großen Zugkräften oft günstig. Der Oberleitungsbetrieb ist nur dann dem Akkumulatorenbetrieb überlegen, wenn ausgedehnte Gleisanlagen mit relativ starkem Verkehr in Frage kommen.

S t r a u s s, Verschiebelokomotive der Preuß. Werkstätten-Insp. Tempelhof, ETZ 1908, S. 627. — Akk.-Lok. der Stadt Zürich, Schweiz. Bauztg., Bd. 56.

(873) Grubenlokomotiven. Für den elektrischen Betrieb der Grubenbahnen ist die Verwendung von 250 V Gleichstrom und Oberleitung bisher allgemein gebräuchlich gewesen. Der Fahrdraht wird mittels gewöhnlicher Isolatoren an der Decke montiert. Die Verwendung höherer Spannungen ist bei der niedrigen Fahrdrahtaufhängung unzulässig und von den Bergbehörden verboten. In neuerer Zeit wurden Grubenbahnen auch mit 250 V Einphasenwechselstrom mit Erfolg betrieben (Zeche Wilhelmine Viktoria der Gew. Hibernia). Der W e c h s e l - s t r o m b e t r i e b ist zu empfehlen, wo lange ausbaufähige Strecken in Frage kommen. Da die Zechen in der Regel große Drehstromzentralen besitzen, kann die Bahn an eine Phase des Netzes gehängt und die Aufstellung besonderer Umformer vermieden werden. In letzter Zeit haben auch A k k u m u l a t o r e n - L o k o - m o t i v e n Verbreitung gefunden.

Die Ausrüstung der Lokomotive ist auf das Notwendigste beschränkt und vereinfacht. Gleichstromlokomotiven weisen außer dem Motor Schaltwalze und Widerstände auf, Wechselstromlokomotiven erhalten oft statt der Widerstände den ökonomischen Reguliertransformator. Akkumulatoren-Lokomotiven besitzen in den mitgeführten Akkumulatoren ein in vielen Fällen erwünschtes Belastungsgewicht.

Elektrische Fahrzeuge.

Gleislose Bahnen.

(874) Das unter dem Namen der gleislosen Bahnen bekannte Betriebssystem kann vorteilhaft nur für Straßen in Frage kommen, wo der Zustand der Straßendecke für den Betrieb eines schienenlosen Verkehrsmittels überhaupt geeignet ist — wo aber zugleich die Verkehrsdichte so gering ist, daß die Anlage einer gewöhnlichen Straßen- oder Kleinbahn wirtschaftlich nicht gerechtfertigt wäre. Der „elektrische Omnibus mit direkter Stromzuführung" durch Oberleitung wird daher besonders für die Vorortlinien großer Städte als die natürliche Fortsetzung der elektrischen Straßenbahnlinien am Platze sein — ökonomischer Weise mit dem Betriebsstrom der Straßenbahn gespeist werden und vom Endpunkt der Straßenbahn noch einige Kilometer weiter ins Land führen, in Gegenden, in denen eine Verlängerung der Straßenbahn nicht mehr rentabel wäre.

Die bekannten Eigenschaften des Elektromotors und sein großes Anzugsmoment befähigen die elektrische Omnibusse ohne wesentliche Beeinträchtigung der Geschwindigkeit zur Mitnahme von Anhängewagen, was für wechselnden Verkehr sehr wichtig, für Benzinmotoren aber ausgeschlossen ist.

Die Anlagekosten sind für einen Motorwagenbetrieb mit Oberleitung allerdings höher als bei Verwendung der unabhängigen Benzinwagen; denn obwohl die elektrischen Omnibusse billiger sind, kostet 1 km Fahrstrecke ca. 10 000 M. für die Oberleitung extra. Dieser Kapitalaufwand fällt aber nur bei sehr langen Linien ins Gewicht und auch diese können noch wirtschaftlich sein, wenn durch Güterverkehr gute Ausnützung möglich ist.

Die Ausführung der Oberleitung erfolgt in genau derselben Weise wie bei gewöhnlichen Straßenbahnen (aber d o p p e l p o l i g), mit Profildrähten, so daß die Leitungsanlage ebenso zuverlässig ist und keine höheren Unterhaltungskosten erfordert.

Während die meisten Systeme z. B. S c h i e m a n n als Stromabnehmer Kontaktstangen verwenden, erfolgt die Stromzufuhr im M e r c e d e s - S t o l l - System durch ein auf der Oberleitung laufendes vierrädriges Wägelchen, welches mit dem Wagen durch ein biegsames, sich selbst spannendes Seil verbunden ist.

Zur Fortbewegung einer Tonne Last auf Rädern sind auf schienenlosen Wegen folgende Zugkräfte erforderlich:

auf Asphalt					20 kg *
„ Steinpflaster	je nach dem Zustand	20 bis	35	„
„ Schotterstraße	„	„	„	„	25 „	45 „
„ Landwegen	„	„	„	„	50 „	100 „

Literatur:

El. Kraftbetr. u. Bahnen 1907, S. 311. — Archiv f. Post u. Telegraphie 1911, S. 593. Gleislose elektr. Bahnen in England, ETZ 1911, S. 249. — Gleislose Bahnen, Bauart Schiemann, ETZ 1911, S. 351. — Heller, Gleislose elektr. Bahnen, Z. d. V. D. I. 1910, S. 703. — Mercedes-Stoll, Automobillinien der Daimler Fabrik Wr.-Neustadt, E. & M. 1909, S. 1155. — Wirtschaftlichkeit gleisloser Bahnen. E & M 1910, S. 754. — Railless Traction, Electrician v. 8. 7. 10.

Automobile.

(875) Die Motoren werden als Hauptstrommotoren ausgeführt und zwar entweder für indirekte Übertragung d. i. mit Zahnradvorgelege, oder aber für direkte Übertragung als Radnaben- bzw. Innenpolmotoren.

Die Motoren mit Zahnradvorgelege sind für leichte Fahrzeuge (Droschken) bestimmt. Die Übertragung der Kraft erfolgt in der Regel auf die Laufräder der Hinterradachse mittels Zahnräder, die Aufhängung auf der hinteren Laufachse erfolgt entweder federnd oder starr. Die Motoren sollen wie Straßenbahnmotoren vollkommen gekapselt und durch Klappen leicht zu revidieren sein.

Bei den Radnabenmotoren erfolgt die Kraftübertragung direkt auf die Laufräder. Diese Motoren sind sowohl für leichtere Fahrzeuge als auch für Lastfuhrwerke geeignet. Die Nabe der Laufräder muß so ausgebildet sein, daß in dieselbe ein kompletter Motor hineingesetzt und daran befestigt werden kann.

Die Fahrschalter werden in der Regel als Schaltwalzen mit Kontaktfingern ausgeführt und besitzen sehr oft Einrichtungen für Kurzschlußbremsung, sowie zum sofortigen Ausschalten des Motorstromes durch eine besondere im Fahrschalter enthaltene Unterbrecherwalze, die mit der Fußbremse in Verbindung gebracht werden kann. Außerdem befindet sich in der Regel noch ein Schaltkasten mit allen erforderlichen Nebenapparaten sowie die Meßinstrumente auf dem Wagen.

Betriebskosten nach Sieg (ETZ. 1908, S. 1238) in Pfennig für 1 Wagen-Kilometer: Reifenunterhaltung: 8—12 Pf. (bis 20 Pf.), Batterie: 5—8 Pf Ladestrom: 450 Wattstd. bei häufigem, 250—300 Wst. bei seltenem Anfahren und Bremsen, gerechnet auf 1 Wagen-Kilometer. Stromkosten: bei 16 Pf/kWst.: 4 Pf. Unterhaltung der elektrischen Einrichtung: 1,5 Pf. Unterhaltung des Wagens: 1,5 Pf. Gesamtkosten, doch ohne Führer und Schuppen: 23 Pf. Elektromobile in den U.S.A. siehe E.K.B. 1909, 531. Gleislose elektr. Automobilbahnen, ETZ. 1909, S. 231. Über die Betriebergebnisse mit Edison-Akkumulatoren, Electrical World v. 21. 7. 10.

Neunter Abschnitt.

Die Elektrizität auf Schiffen.

(876) Verwendungsarten der Elektrizität an Bord. Die Elektrizität findet an Bord von Schiffen sowohl der Handelsmarine wie auch der Kriegsmarine seit langem eine ausgedehnte Verwendung (A r l d t, Marine-Rundschau 1896, S. 649, und Zeitschr. d. V. d. I. 1897, S. 1252), die besonders auf folgenden Eigenschaften des elektrischen Systems beruht:

1. Einfache Erzeugung der Elektrizität mittels Dampfdynamos oder Turbodynamos, deren Antriebsmittel, der Dampf, dem Personal an Bord durchaus vertraut ist.

2. Beliebige Verteilbarkeit der elektrischen Energie, welche durch die allen Biegungen und Wendungen des Schiffskörpers folgenden Leitungen auch nach den am schwersten zugänglichen Teilen des Schiffes geführt werden kann.

3. Stete Betriebsbereitschaft, die sich umso leichter erreichen läßt, als während der Fahrt wie auch im Hafen schon anderer Anforderungen wegen fortdauernd Dampf bereit gehalten werden muß.

4. Gleichmäßiges ruhiges Licht, ganz unabhängig von den Schwankungen des Schiffes und ohne jede schädliche oder übelriechende Ausdünstung.

5. Stete Betriebsbereitschaft der Elektromotoren, verbunden mit einfachen Methoden für Anlassen und Abstellen, sowie große Anpassungsfähigkeit des Elektromotors an die besonderen Betriebseigenschaften der anzutreibenden Hilfsmaschinen.

6. Geringe Wartung und außerordentliche Verminderung der Feuersgefahr.

7. Sicherer[1] und einfacher Anschluß der verschiedensten Kommando- und Signalapparate.

Die Verwendungsarten der Elektrizität an Bord können dabei in folgende Hauptgruppen zusammengefaßt werden:

a) Innenbeleuchtung mittels Glühlampen,

b) Außenbeleuchtung mittels Scheinwerfer,

c) Antrieb der Hilfsmaschinen mittels Elektromotoren,

d) Zeichengebung mittels elektrischer Kommando- und Signalapparate, sowie Fernsprechanlagen und Anlagen für Funkentelegraphie.

Außerdem kommt die Elektrizität neuerdings noch in Frage für Heizung.

Schließlich findet auch der Antrieb des Schiffspropellers selbst durch Elektromotor für gewisse Fahrzeuge bereits Verwendung.

(877) Umfang elektrischer Anlagen an Bord. Der Umfang der elektrischen Anlagen richtet sich nach Art und Größe des Schiffes. Kleinere Schiffe haben meist nur eine Beleuchtungsanlage, die durch eine einzige Dynamomaschine, also ohne Reserven betrieben wird. Bei größeren Schiffen dagegen finden neben der Beleuchtung auch die anderen Verwendungsarten der Elektrizität entsprechende Berücksichtigung. Für zwei große Seedampfer, ein Handelsschiff und ein Kriegsschiff, sind in nachfolgender Tabelle die Hauptangaben zusammengestellt.

Schiff	Schnell dampfer „Deutschland"	Ver.-Staaten-Kreuzer „Tennessee"
S t r o m e r z e u g u n g :		
Anzahl Dynamos	5	6
Gesamtleistung . . . . . . kW	300	600
I n n e n b e l e u c h t u n g :		
Anzahl Glühlampen . . . etwa	2600	1325
Anzahl Bogenlampen	—	4
Energieverbrauch . . . . . . kW	200	100
A u ß e n b e l e u c h t u n g :		
Anzahl Scheinwerfer	—	4
Energieverbrauch . . . . . . kW	—	60
E l e k t r o m o t o r e n :		
Anzahl	23)	144
Energieverbrauch . . . . . . kW	70	960
Zeichengebung . . . . kW	3	10
Koch- u. Heizapparate . . „	16	—

(878) Stromerzeuger. Als Stromerzeuger dienen Dynamomaschinen von besonders leichter und gedrängter Bauart. Sie werden direkt angetrieben durch Dampfkolbenmaschinen oder durch Dampfturbinen. Letztere eignen sich infolge ihrer hohen Umdrehungszahl ganz besonders zum Antrieb der Dynamomaschinen, da hierdurch 40 bis 50 % an Raum und an Gewicht gegenüber den bisherigen Kolbendampfdynamos gespart werden kann. Insbesondere dieser Umstand dürfte von Wichtigkeit sein, zumal die Dampfturbine als Antriebsmaschine für Dynamos der Kolbenmaschine auch an Wirtschaftlichkeit ebenbürtig zur Seite steht (V e i t h, Marine-Rundschau 1906, S. 581) (646).

Als Stromart wird bisher fast ausschließlich Gleichstrom verwendet. Die Spannung betrug im Ánfang etwa 65 V; jetzt ist man bei Handelsschiffen fast allgemein zu Spannungen von 100 bis 120 V übergegangen. Für Fahrzeuge der Kriegsmarine finden neuerdings meist Spannungen von 200 bis 220 V Verwendung (C h a l k l e y, The Electrician, Bd. 65, Marine Issue, 10. 6. 1910, S. 5), hauptsächlich auch deshalb, weil hierdurch eine Gewichtsverminderung und Vereinfachung der Verlegung der Leitungsanlage zu erreichen ist (A r l d t, Schiffbau 1904, S. 875).

(879) Verteilungssystem. Bei dem Verteilungssystem ist zunächst darauf Rücksicht zu nehmen, daß bei einer Beschädigung der Stromerzeugeranlage nicht sämtliche Generatoren in Mitleidenschaft gezogen werden. Daher findet sowohl bei Kriegsschiffen wie bei Handelsschiffen eine Teilung in zwei Stationen statt, die in getrennten Räumen untergebracht sind, so daß selbst bei Überflutung eines dieser Räume die Maschinen des anderen in Wirksamkeit bleiben. Bei Kriegs-

---

[1]) Außerdem etwa 70 kleine Fächer-Ventilatoren für zusammen etwa 4 kW. Einer der größten Schnelldampfer, die „Lusitania", hat 4 Dampfturbinen zu je 375 kW, also insgesamt 1 500 kW; die Beleuchtungsanlage umfaßt dabei etwa 5000 Glühlampen (Z. d. V. d. I. 1907, S. 1547).

schiffen liegen beide Räume unter Panzerdeck, um sie während des Gefechtes möglichst zu schützen. Bei Handelsschiffen wird die Reservestation möglichst über der Wasserlinie angeordnet, so daß sie auch bei einer Havarie, die ein Sinken des Schiffes zur Folge hat, noch so lange als möglich in Tätigkeit bleiben kann.

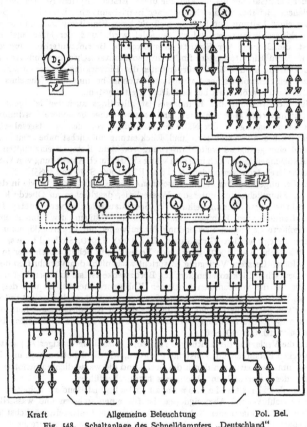

Kraft   Allgemeine Beleuchtung   Pol. Bel.

Fig. 548. Schaltanlage des Schnelldampfers „Deutschland"

Die Generatoren arbeiten entweder in P a r a l l e l s c h a l t u n g, und zwar zweckmäßig auf getrennte Sammelschienen für die Lichtstromkreise und die Kraftstromkreise, oder in E i n z e l w a h l s c h a l t u n g derartig, daß jeder Stromkreis mittels eines mehrfachen Umschalters auf jeden einzelnen Generator wahlweise geschaltet werden kann (Fig. 548). An die Reservestation ist die N o t - oder P o l i z e i - B e l e u c h t u n g angeschlossen, die ein unabhängiges Notbeleuchtungsnetz mit einer genügenden Anzahl von Stromkreisen umfaßt, durch welche in den Wohnräumen und Mannschaftsräumen, in allen Gängen, an den Niedergängen und Luken sowie auf der Kommandobrücke und in den Maschinen-

und Kesselräumen so viel Lampen im Betrieb erhalten werden, als für den Dienst und die Benutzung dieser Räume gerade hinreicht. Auch die Positionslichter und die Station für Funkentelegraphie sind an das Notbeleuchtungsnetz anzuschließen.

(880) Die Leitungsanlage wird entweder als D o p p e l l e i t e r s y s t e m mit besonderer Hin- und Rückleitung ausgeführt, oder als E i n l e i t e r s y s t e m, wobei der Schiffskörper als Rückleitung dient. Ersteres System ist aber unbedingt vorzuziehen. Bei ihm ist die Gefahr einer Betriebsunterbrechung infolge Schiffsschlusses einer Leitung nur halb so groß als beim Einleitersystem, da der Fehler durch Schiffsschlußanzeiger sofort gemeldet wird, und der Maschinist in der Lage ist, die Störung vor Eintritt einer direkten Betriebsunterbrechung zu beseitigen. Beim Einleitersystem finden an den Kontaktschrauben zum Anschlusse der Rückleitung an den Schiffskörper unter der Einwirkung des Seewassers leicht Zersetzungen elektrolytischer Natur statt. Auch ist bei ihm die Gefahr einer Kompaßbeeinflussung größer als bei dem Doppelleitersystem.

Eine Beeinflussung des Kompasses ist allerdings auch bei letztgenanntem System nicht sicher ausgeschlossen, und es sind daher besondere Bestimmungen für die Leitungsanlage in der Nähe der Kompasse von den Schiffsgesellschaften erlassen. Insbesondere sind Hin- und Rückleitung möglichst nahe aneinander zu legen und eine genügend weite Entfernung von dem Kompaß einzuhalten. Die Kompaßstörungen lassen sich indessen völlig sicher durch Anwendung von Wechselstrom oder Drehstrom vermeiden (A r l d t, ETZ 1906, S. 70 und 1085).

Als Leitungen werden in den Maschinen- und Kesselräumen sowie in den zugehörigen Räumlichkeiten unter der Wasserlinie, desgleichen an Oberdeck bandoder drahtbewehrte Gummibleikabel in Spezialausführung verwendet. In den übrigen Räumen, den Kabinen, Salons, Messen, Gängen usw. finden einfache gummi-isolierte Leitungen Verwendung, die entweder mit Drahtbeklöppelung versehen frei verlegt werden (G r a u e r t, ETZ 1900, S. 970, S c h u l t h e s, Jahrb. d. Schiffbautechn.-Ges. 1902), oder deren Verlegung in Schutzrohren oder in Holzleisten erfolgt. Letztere Verlegung entspricht zwar nicht den Vorschriften des Verbandes Deutscher Elektrotechniker; für Bordzwecke ist sie indessen bisher, allerdings nur für die vollkommen trockenen Kabinenräume, Salons und dergl. auf Handelsdampfern, nicht ganz zu vermeiden gewesen, hat auch daselbst unter Verwendung von getrockneten und gut imprägnierten Kanalleisten aus hartem Holz keinerlei wesentliche Störungen verursacht (A u s t i n, The Electrician, Bd. 65, Marine Issue, 10. 6. 1910, S. 65).

Für die Verlegung der Leitungen sind eine Anzahl eigenartiger Apparate, den Bordzwecken entsprechend, konstruiert worden, wie die Schottbuchsen und Decksbuchsen, um die Leitungen durch das Decks und die wasserdichten Schotten unter Wahrung des wasserdichten Abschlusses hindurchzuführen.

Auch das I n s t a l l a t i o n s m a t e r i a l, insbesondere Schalter, Sicherungen, Anschluß- und Abzweigdosen, ist für einen sicheren und wasserdichten Anschluß der Leitungen oder Kabel sowie in bezug auf Festigkeit, möglichst kleinen Raumbedarf und geringes Gewicht den Bordverhältnissen entsprechend einzurichten (A r l d t, ,,Deutscher Schiffbau" 1908, S. 194). Die größeren Stromkreise, besonders die für Motoren, werden auf Kriegsschiffen vielfach nicht mittels Sicherungen und Schalter geschützt, sondern durch selbsttätige Maximalschalter mit Zeitrelais (C o l l i s, The Electrician, Bd. 65, Marine Issue, 10. 6. 1910, S. 57).

(881) Innenbeleuchtung durch Glühlampen. Hierbei finden entweder K o h l e nf a d e n g l ü h l a m p e n oder M e t a l l f a d e n l a m p e n Verwendung. Bei letzteren ist darauf zu achten, daß sie den an Bord vielfach sehr heftig auftretenden Erschütterungen gegenüber die erforderliche Widerstandsfähigkeit besitzen, wie dies insbesondere bei der Tantallampe (741) der Fall ist, die bereits zahlreich auf Schiffen Verwendung gefunden hat. Die Leuchtkraft der Glühlampen beträgt meist 10 bis 25 HK, für die Positionslaternen bis 50 HK. Die Beleuchtungskörper müssen aus

Material bestehen, das dem Seewasser gegenüber eine genügende Widerstandsfähigkeit besitzt, meist vernickeltem Messing. Um ein Eindringen von Feuchtigkeit in die Glühlampenfassungen zu verhindern, ist für die meisten Beleuchtungskörper ein wasserdichter Abschluß vorzusehen. Die Beleuchtungskörper an Bord eines Schiffes sind möglichst wenig verschiedenartig zu wählen, um die Anzahl der mitzuführenden Reserveteile klein zu halten.

Die Positionslaternen sind zweckmäßig mit je zwei Glühlampen auszurüsten und die Schaltung so zu treffen, daß bei Durchbrennen der einen mittels eines selbsttätigen Magnetschalters die zweite sofort eingeschaltet wird. Im Steuerhaus ist eine selbsttätige Anzeigevorrichtung anzubringen, die jederzeit erkennen läßt, ob die Stromzuführung nach den Positionslaternen richtig funktioniert oder nicht.

(882) Außenbeleuchtung durch Scheinwerfer. Scheinwerfer finden hauptsächlich Anwendung auf Kriegsschiffen. Sie bestehen aus Bogenlampen, bei welchen die Kohlen wagrecht stehen, und der Lichtbogen möglichst im Brennpunkt eines Parabolspiegels angeordnet ist. Die Stromstärke beträgt 100 bis 150 A und der Spiegeldurchmesser 60 bis 90 cm. Um sofort Licht geben zu können, ist eine Abblendvorrichtung vorgesehen, hinter welcher die Lampe brennen kann, ohne daß die geringste Lichtausstrahlung nach außen hin stattfindet. Die Abblendvorrichtung läßt sich sehr schnell öffnen und schließen, so daß damit auch optische Signale gegeben werden können. Bei den größeren Scheinwerfern ist für die Drehung sowohl um die senkrechte wie um die wagrechte Achse der Antrieb mittels kleiner Elektromotoren vorgesehen (K r e l l, Jahrbuch d. Schiffbautechn. Ges. 1904).

(883) Antrieb der Hilfsmaschinen durch Elektromotoren. Einteilung der Hilfsmaschinen:

1. Hilfsmaschinen für seemännische Zwecke, als Bootskrane, Rudermaschinen, Verholmaschinen usw.

2. Hilfsmaschinen für maschinelle Zwecke, als Unterwindgebläse für Kessel, Zirkulationspumpen, Kohlenwinden, Maschinenraumkrane, Werkzeugmaschinen usw.

3. Hilfsmaschinen für Sicherheits- und Gesundheitszwecke, als Ventilatoren für Maschinenräume, Kesselräume, Trockenkammern, Passagierkammern, Salons usw., Eismaschinen, Waschmaschinen, Teigknetmaschinen, Bilgepumpen usw.

4. Besondere Hilfsmaschinen für Handelsdampfer, als Ladekrane, Aufzüge für Personen, Gepäck, Post und Proviant, Druckpressen usw.

5. Besondere Hilfsmaschinen für Kriegsschiffe, als Panzerturm- und Geschützschwenkwerke, Munitionswinden, Richtmaschinen für Geschützrohre, Geschoßeinsetzer usw.

Alle diese Hilfsmaschinen sind bereits an Bord elektrisch betrieben worden. (A r l d t, „Deutscher Schiffbau" 1908, S. 199; T h i l o, ETZ 1910, S. 1037.) Einer allgemeinen Durchführung des elektrischen Betriebes stand indessen bisher hauptsächlich die Größe der erforderlichen Stromerzeugungsanlage entgegen. Hier dürfte die Dampfturbine mit ihrem geringen Gewicht und Raumbedürfnis eine baldige vollkommenere Ausgestaltung bewirken.

Elektrisch angetrieben werden allgemein bereits die Ventilatoren, zahlreiche Spills, Winden und Hebezeuge, Werkzeugmaschinen, Geschützschwenkwerke, Munitionswinden usw. Ein größerer Handelsdampfer hat 30 bis 40 Motoren mit einem Energiebedarf von 175 bis 200 kW, ein Schlachtschiff oder ein großer Kreuzer 150 Motoren mit einem Bedarf von 800 kW und mehr an Bord. Nicht berücksichtigt sind hierbei die zahlreichen kleinen Motoren von $^1/_8$ bis $^1/_{10}$ kW, wie insbesondere die kleinen Fächerventilatoren, von denen ein nach den heißen Zonen fahrender Dampfer oft 60 und mehr Stück mit sich führt.

Bei den Elektromotoren ist zu berücksichtigen, daß sie, insbesondere ihre Kommutatoren, gegen Feuchtigkeit gut geschützt sein müssen, ohne daß die Erwärmung unzulässig groß wird. Bei Bemessung der Leistung ist erforderlichenfalls auf die Schiffsbewegungen und die hierdurch bedingte schräge Lage des Schiffes, die den Kraftbedarf unter Umständen wesentlich steigert, genügend Rücksicht zu nehmen. Die Motoren sollen möglichst keine magnetische Streuung nach außen besitzen, um den Schiffsmagnetismus und damit die Kompaß-Kompensation nicht zu beeinflussen (U t h e m a n n, Marine-Rundschau 1899, S. 144, A r l d t, Jahrbuch der Schiffbautechn. Gesellschaft 1907, S. 130).

(884) Heizung. Infolge ihrer einfachen und bequemen Handhabung hat besonders auf großen Schnell- und Passagierdampfern die elektrische Heizung, trotz ihres schlechten Wirkungsgrades, vielfach Anwendung gefunden. So befinden sich an Bord des Dampfers „Georg Washington" des Norddeutschen Lloyd eine große Anzahl Anschlüsse für elektrische Heizung für insgesamt ca. 180 kW. Hierbei werden verwendet ca. 160 Öfen zur Heizung von Kabinen und Salons für 5 bis 25 A Stromverbrauch; ferner Kochtöpfe, Wasserkocher, Suppenwärmer für Küchen und Anrichten, Backplatten für die Konditorei, Brennscherenwärmer für die Kabinen, Zigarrenanzünder usw. (T h i l o, ETZ 1910, S. 5.)

(885) Signal- und Kommando-Apparate, Klingel- und Alarm-Signalanlagen, Fernsprecher und Funkentelegraphie.

Die K o m m a n d o a p p a r a t e dienen zur sicheren Übermittlung der Kommandos von den Befehlstellen aus nach den verschiedenen Teilen des Schiffes. Besonders kommen in Frage M a s c h i n e n r a u m t e l e g r a p h e n, um von der Kommandobrücke aus den Gang der Hauptschiffsmaschinen zu regeln; R u d e r t e l e g r a p h e n und R u d e r a n z e i g e r, um bezüglich des Steuerruders Befehle zu übermitteln und die jeweilige Ruderstellung anzugeben; K e s s e l - und H e i z r a u m - T e l e g r a p h e n für die Hilfsmaschinen der Kesselanlage, besonders die Speisepumpen; V e r h o l t e l e g r a p h e n, um beim Verholen des Schiffes Befehle vom Vorderschiff nach dem Hinterschiff oder umgekehrt zu vermitteln; ferner für militärische Zwecke, A r t i l l e r i e - T e l e g r a p h e n und T o r p e d o - T e l e g r a p h e n. Für den Betrieb dieser Apparate sind zahlreiche Systeme sowohl für Gleichstrom wie für Wechselstrom im Gebrauch; s. 16. Abschnitt, (1237) bis (1243).

U n t e r w a s s e r s i g n a l e vermitteln eine Signalgebung durch das Wasser, z. B. von Feuerschiffen aus. Letztere sind mit einer unter Wasser befindlichen Glocke als Geber ausgerüstet, während die aus- oder einfahrenden Schiffe eine meist nach Art eines Mikrophons eingerichtete Empfangsvorrichtung besitzen. Nach Lloyds Register of British and Foreign Shipping waren Ende 1910 etwa 460 Schiffe mit Unterwasser-Signalapparaten versehen (K a r r a s s, ETZ 1905, S. 882; M i l l e t, Marine Engineer, 1. Juli 1907, S. 431).

K o m p a ß - F e r n ü b e r t r a g u n g kommt bei Kriegsschiffen in Betracht. Ein Hauptkompaß, neuerdings vielfach ein Kreiselkompaß, dient als Geber und stellt die an verschiedenen Stellen befindlichen Empfängerkompasse ein (T h i l o, ETZ 1910, S. 1056).

(886) Fernsprechanlagen finden zur Übermittelung von Befehlen sowohl bei der Kriegsmarine wie bei der Handelsmarine Verwendung, wobei sich besondere laut sprechende Telephone gut bewährt haben (H. Z o p k e, Jahrbuch der Schiffbautechn. Ges. 1903, A r l d t ; „Deutscher Schiffbau" 1908, S. 207).

Auf Schnelldampfern wird außerdem eine telephonische Verbindung der einzelnen Kabinen und Salons untereinander mittels einer Telephonzentrale zur Bequemlichkeit der Fahrgäste eingerichtet.

(887) Anlage für Funkentelegraphie. Fast alle größeren Dampfer der Kriegs- und der Handelsmarine sind mit Stationen für Funkentelegraphie ausgerüstet (T h u r n, ETZ 1910, S. 188). Die Bedeutung derselben für Handels- und Passagierschiffe hat dazu geführt, daß derartige Stationen gesetzlich eingeführt werden; so müssen nach amerikanischem Gesetz Ozeandampfer mit 50 oder mehr Personen an Bord über eine funkentelegraphische Anlage verfügen. Auch in England ist ein derartiges Gesetz in Vorbereitung (ETZ 1910, S. 894). Auch kleinere Schiffe, wie Fischereifahrzeuge und Privatjachten (ETZ 1910, S. 247), sind schon mehrfach mit derartigen Anlagen ausgerüstet.

Die Entfernung, bis auf welche funkentelegraphische Signale übertragen werden können, richtet sich nach der Stärke der betreffenden Stationen. Die modernen Einrichtungen der Funkentelegraphie (s. Abschnitt Funkentelegraphie) gestatten auf Entfernungen von 3000 bis 4000 km zu sprechen (B r e d o w, ETZ 1910, S. 568). Der Dampfer „Tennessee" soll noch aus einer Entfernung von 7500 km ein Wettertelegramm aufgenommen haben (ETZ 1910, S. 377).

Auch zur regelmäßigen allgemeinen Zeitübermittlung (ETZ 1910, S. 618, 685, 761) und zur Übermittlung besonderer für die Schiffahrt wichtiger Nachrichten, wie Sturmwarnungen, Vertreiben von Feuerschiffen usw. (ETZ 1910, S. 1278) von einzelnen Küstenstationen aus findet die Funkentelegraphie Verwendung.

(888) Antrieb des Schiffspropellers durch Elektromotor. Die fortschreitende Entwicklung der schnellaufenden Dampfturbinen als Antriebsmaschinen für Schiffspropeller hat die Aufmerksamkeit auf die günstigen Eigenschaften gelenkt, welche der E l e k t r o m o t o r f ü r d e n A n t r i e b d e s S c h i f f s p r o p e l l e r s besitzt. Die Dampfturbinen sollen hierbei, mit 600 und mehr minutlichen Umdrehungen laufend, Mehrphasen-Wechselstromgeneratoren antreiben, die ihrerseits den Strom für Elektromotoren mit Kurzschlußankern liefern, die direkt auf der Propellerwelle sitzen. (M a v o r, The Electrician, Bd. 65, Marine Issue, 10. 6. 1910, S. 13; L e a k e, ebenda S. 19; D u r t n a l l, ebenda, S. 25). Auch Dieselmaschinen sind zum Antrieb der Generatoren in Berücksichtigung gezogen worden (S i l l i n c e, ebenda S. 31). In die Praxis hat sich indessen bisher keines dieser Systeme eingeführt.

Dagegen sind schon mehrfach Lastkähne und Fähren mit elektrischem Betrieb der Propellerwelle ausgerüstet worden, wobei Gleichstrommotoren, mit Akkumulatoren als Stromquelle, verwendet werden. Die Ladung der Akkumulatoren erfolgt entweder mittels Anschlußkabels von einer an Land befindlichen Station aus oder durch an Bord mitgeführte Benzindynamos oder dergl. (D e n t j e n, ETZ 1908, S. 1159; R e i c h, ETZ 1909, S. 148).

Von großer Wichtigkeit ist der Propellerantrieb durch Elektromotoren für U n t e r s e e b o o t e. Hier findet bei Unterwasserfahrt nur dieser Betrieb Anwendung, während bei Fahrt an der Oberfläche die Propeller durch Verbrennungsmotoren angetrieben werden (P a u l u s, Zeitschr. d. V. d. I. 1909, S. 1852; ferner ebenda 1910, S. 1136).

Man hat auch bereits versucht, Unterseeboote von Land aus mittels funkentelegraphischer Wellen zu steuern und anzutreiben, so daß keine Besatzung an Bord erforderlich ist. Auch das Torpedo des Unterseebootes wurde dabei durch elektrische Fernschaltung abgeschossen (B r a n l y, ETZ 1908, S. 843).

Bei e l e k t r i s c h b e t r i e b e n e r T r e i d e l e i wird das zu schleppende Fahrzeug durch eine elektrische Lokomotive, welche auf einem am Kanalufer verlegten Schienenstrang fährt, gezogen (Z e h m e, ETZ 1909, S. 380).

Elektrische Wärmeerzeugung.

Elektrisches Heizen und Kochen.

A. Die Umsetzung der Elektrizität in Wärme.[1])

(889) Erhitzungsarten. Man unterscheidet d i r e k t e und i n d i r e k t e
E r h i t z u n g, je nachdem das zu erhitzende Material selbst zur Stromleitung
und Stromumsetzung in Wärme dient oder besondere Heizvorrichtungen vorhanden sind, welche die in ihnen elektrisch erzeugte Wärme durch Leitung oder
Strahlung an die zu erhitzende Masse abgeben.

Bei beiden Heizarten kann die Wärmeerzeugung auf verschiedene Weise bewirkt werden und zwar durch:

1. Widerstände,
2. Induktion,
3. den elektrischen Lichtbogen.

(890) Wärmeerzeugung durch Widerstände. a) D i r e k t e   H e i z u n g
wird besonders bei der Elektrostahlgewinnung sowie beim Schweißen angewendet.
Wenn hierbei große Massen mit geringem Widerstande in Frage kommen, ist es
erforderlich, die gebräuchlichen Betriebsspannungen zu transformieren und auf der
Sekundärseite mit geringer Spannung und hoher Stromstärke zu arbeiten.

b) I n d i r e k t e   H e i z u n g. Die Konstruktionen und die verwendeten
Widerstandsmaterialien weichen stark voneinander ab. Die meist gebräuchlichen
Systeme verwenden Heizkörper aus D r ä h t e n   o d e r   B ä n d e r n   e d l e r
und   u n e d l e r   M e t a l l e, deren einzelne Lagen und Windungen durch Auf-
reihen von Perlen (H e l l b e r g e r), Einbetten in Quarzemaille, Mikanit (A E G)
oder dergleichen gegeneinander isoliert sind. Neuerdings werden auch vielfach
Metallfolien verwendet, die derart ausgestanzt sind, daß ein schmales Heizband
von vielen Windungen entsteht.

Beim   P r o m e t h e u s s y s t e m   werden   E d e l m e t a l l ö s u n g e n
a u f   G l i m m e r l a m e l l e n   aufgetragen. Die Dicke der Metallschicht kann
auf ca. $^1/_{4000}$ mm geschätzt werden; je nachdem ob man schmale oder breite Streifen
aufstreicht, kann man auf gleichbleibender Größe die Unterlage die verschiedensten
Widerstände erzeugen. Durch Auflegen eines weiteren Glimmerstreifens wird die
Metallschicht vor mechanischer Beschädigung geschützt. Das Ganze wird durch
Umpressen mit Metallstreifen oder Eisenband in handliche und dauerhafte Form
gebracht.

Widerstände aus   K o h l e n g r i e s   (K r y p t o l) werden nur wenig und
zwar fast ausschließlich in Laboratorien oder industriellen Betrieben verwendet.
Da der Widerstand der aufgeschichteten Massen wesentlich von dem Druck und der
Größe der einzelnen Körner abhängig ist, so ist ein Vorschaltwiderstand zur Regu-

---

[1]) Vergleiche den Abschnitt Elektrothermisch-chemische Prozesse Seite 699.

lierung notwendig. Kommen höhere Temperaturen in Betracht, so muß mit laufendem Ersatz der Widerstandsmasse gerechnet werden.

Zur Erzeugung höherer Temperaturen über ca. 600 bis 1500⁰ verwendet man **Platin-** oder **Silundheizkörper**. Scheidet Platin wegen seines hohen Preises namentlich für größere Apparate aus, so steht im Silundum ein guter und billiger Ersatz zur Verfügung. Silundum ist der Handelsname für Stäbe aus Kohle, die in Siliziumdampf von hoher Temperatur unter Abwesenheit von Luft siliziert werden. Die Zerstörungstemperatur liegt bei etwa 1750⁰, da dann das Silizium in Dampfform entweicht und die übrigbleibende Kohle verbrennt. Silundum wird überall da zu verwenden sein, wo es auf die Erzeugung größerer Wärmemengen auf kleinem Raum ankommt (elektr. Herde usw.). Das Material wird in verschiedenen Längen und Stärken von der Chemisch-elektrischen Fabrik **Prometheus**, Frankfurt a. M.-Bockenheim, erzeugt.

(891) Wärmeerzeugung durch Induktion findet fast ausschließlich für besondere Zwecke der Elektro-Metallurgie Anwendung, sie ist im elften Abschnitt ausführlich beschrieben. Die Wirkungsweise der Induktionsheizung wird am einfachsten so gekennzeichnet, daß man den Induktionsofen mit einem Transformator vergleicht, dessen Wirbelstromverluste und Selbstinduktion außerordentlich hoch gehalten werden. Es wurden früher, allerdings ohne Erfolg, auch indirekt beheizte Kochgeschirre nach diesem System gebaut.

(892) Wärmeerzeugung durch den Lichtbogen. Die Lichtbogenbildung erfolgt zwischen einem Kohlenstab, der bei Gleichstrom die negative Elektrode bildet, und einer Metallelektrode (meist Kupfer). Bei Gleichstrom wird homogene, bei Wechselstrom Dochtkohle verwendet. Der Metallbolzen ist nur einer geringen Abnutzung unterworfen, während die Kohle verhältnismäßig schnell abbrennt. Zur Regulierung dient bei Gleichstrom ein Vorschaltwiderstand, bei Wechselstrom verwendet man dagegen Drosselspulen. Die Lichtbogenheizung wird meist zur indirekten Erhitzung benutzt (z. B. bei Lötkolben) selten auch zur direkten (beim Schweißen usw.).

(893) Der Wirkungsgrad elektrischer Heizapparate. Praktisch kann man folgende Wirkungsgrade annehmen:

Für Raumheizung 100 %.

Wasser-Durchlauf-Apparate oder Sieder 97 bis 99 %.

Kochgeschirre mit eingebautem Heizkörper 85 bis 95 %.

Silundherde 60 %.

Herde mit niedriger Temperatur 35 bis 50 %.

Der Wirkungsgrad eines Kochtopfes läßt sich durch Erhitzen einer bestimmten Wassermenge sehr leicht bestimmen. Z. B.

1 Wasserkocher fasse 1 Liter. Sein (während des Versuchs) schwankender, daher in kurzen Zwischenräumen zu ermittelnder Energieverbrauch betrage im Mittel 5 A × 120 V = 600 W. Bei einer Anfangstemperatur von 9⁰ C gelange das Wasser in 12 Minuten auf 99 ⁰.

Es ist nun der Verbrauch = 120 Wst = 103,8 kcal; hiervon wurden ausgenutzt 90 kcal. Der Wirkungsgrad ist also 86,7 %.

Leider ist es nicht möglich, den Wirkungsgrad anderer Heiz- und Kochapparate in ähnlich einfacher Form zu bestimmen. Beim Plätten kommt es z. B. nicht darauf an, daß die erzeugte Wärmemenge möglichst restlos an die Plättwäsche abgegeben wird, sondern daß dies in zweckentsprechender, d. h. gleichmäßiger Weise geschieht. Hier spielt unter anderem die Wärmeverteilung auf der Plättfläche und außerdem die Wärmekapazität des Eisens eine gewisse Rolle.

Der Wirkungsgrad eines Bratprozesses ist ebenfalls nur unter bestimmten Voraussetzungen zu bestimmen. In Betracht kommen hier: der Wassergehalt des Fleisches, dessen Verdampfung, sowie das Bräunen des Fleisches bis zu einem gewissen Grade.

(894) **Der Raumbedarf elektrischer Heizung** ist nach dem Zweck und der gewünschten Temperatur verschieden. Für Raumheizung z. B. soll die Temperatur der Heizkörper wegen der Staubverbrennung 90° nicht übersteigen. Um hier 1 kW in Heizkörpern unterzubringen, ist natürlich ein weit größerer Raum erforderlich als z. B. bei einem Kochtopf, dessen Heizkörper mit ca. 300° belastet wird oder bei einem Silundherd mit ca. 900° Kochtemperatur. Abgesehen von der spezifischen Belastung des Heizkörpers selbst ist jedoch auch die räumliche Zusammensetzung der einzelnen Elemente je nach dem Verwendungszweck verschieden. Ofenelemente ordnet man z. B. in einer oder auch zwei Ebenen an mit der Absicht, die heizende Fläche möglichst groß zu gestalten. Bei Töpfen, Herden, Plätteisen usw. ist dagegen weitgehende Konzentration erforderlich. Es läßt sich also über die Abmessungen elektrischer Heizkörper nichts Allgemeingültiges sagen. Aufklärung über die Spezialfälle geben die Kataloge der elektrischen Heizfirmen, in denen genaue Maße für verschiedene Apparate angegeben sind.

B. Anwendung elektrischer Heiz- und Kochapparate im Hause.

(Siehe auch D e t t m a r, Die Elektrizität im Hause, ETZ, Seite 692 u. f.)

(895) **Zum Kochen.** D i e B e t r i e b s k o s t e n einer elektrischen Küche werden im allgemeinen weit überschätzt. Man kann ruhig sagen, daß die elektrische Heiztechnik fast überall erfolgreich mit Gas konkurrieren kann. Für den Energieverbrauch auf Jahr und Kopf des Haushalts sind nachstehende eingehende deutsche Versuche maßgebend:

S i n e l l, Berlin, 175 kWst.

R i t t e r, Wannsee, 215 kWst.

D e t t m a r, Großlichterfelde, 306 kWst.

Der Kochgasverbrauch für Jahr und Kopf des Haushaltes beträgt (nach dem Kalender für das Gas- und Wasserfach 1911, Seite 174) 225 bis 280 m³. Man kann also die reinen Betriebskosten als bei beiden Heizarten annähernd gleich betrachten.

Leistung	Verbrauch in Wst.	Kosten in Pf. 1 kWst. = 15 Pf.
1 Liter Wasser von 8 bis 100° zu erhitzen	112	1,7
4 Tassen Kaffee zu kochen	64	0,95
1 Liter Suppe zu kochen	210	3,15
850 g Fisch zu kochen	240	3,6
1500 g Rindfleisch zu kochen	320	4,8
6000 g Kartoffeln zu rösten	150	2,25
1 Kopf Blumenkohl zu kochen . . .	350	5,25
4 Kotelettes zu braten	100	1,5
3 Entrecotes zu braten	100	1,5
1000 g Kalbsbraten nebst Sauce herzustellen	800	12,0
1500 g Schweinebraten nebst Sauce herzustellen	900	13,5
1 Topfkuchen zu backen	350	5,3
6 Eier zu kochen { weich	36	0,54
halbhart . . .	48	0,72
hart	60	0,90
1 Stunde zu bügeln (ohne Unterbrechung)	360	5,4
1 Brennschere zu erhitzen.	6,4	0,9
Brennscherenwärmer 1 Stunde zu benutzen (zwei Scheren im Wechsel)	94,0	1,4

Vorstehend sind einige Kochversuche und andere Ergebnisse von E. R. Ritter, Wannsee, zusammengestellt. Es geht daraus hervor, daß man einzelne Apparate mit Vorteil sogar im Anschluß an die Lichtleitung verwenden kann, wenn man die besondere Anlage einer Kraftleitung vermeiden will. Die Anschaffungskosten einer elektrischen Küche ergeben sich aus folgender Zusammenstellung von Dettmar.

Personenzahl des Haushalts:	Kosten in Mark:
2 bis 3	125 bis 250
4 bis 5	200 bis 350
6 bis 8	250 bis 450
9 bis 12	400 bis 650

(896) Raumheizung. Hinsichtlich des Preises kann die elektrische Raumheizung als Dauerheizung nur da mit anderen Heizarten konkurrieren, wo die kWst nicht mehr als 3 bis 5 Pf. kostet. Als Interims- oder Zusatzheizung an kalten Frühlings- oder Herbsttagen, wenn die normale Heizung noch nicht begonnen hat oder schon beendet ist, erweist sich der elektrische Ofen als sehr vorteilhaft. Auch in seltener oder vorübergehend benutzten Räumen findet er vielfach Verwendung. Durch sein geringes Gewicht in Verbindung mit der bequemen Transport- und Betriebsmöglichkeit paßt er sich diesem Zweck besonders gut an. Da der Ofen nur kurze Zeit benutzt wird, kommen die Energiekosten nicht in Betracht gegenüber der großen Annehmlichkeit der elektrischen Heizung, die von keiner anderen Heizart auch nur annähernd erreicht wird. Für deutsche Verhältnisse dürfte es genügen, für 1 m³ Raum eine Belastung von 55 W anzunehmen.

(897) Elektrisches Plätten. Das elektrische Plätteisen verbraucht im Haushalt etwa 300 bis 400 W. Die Betriebskosten sind also gering. Seine Vorzüge sind absolute Sauberkeit, stete Betriebsbereitschaft, schnelleres Arbeiten, große Gefahrlosigkeit.

C. Anwendung elektrischer Heiz- und Kochapparate in der Industrie.

(898) Kochen, Erwärmen, Brennen, Löten. Elektrische Kocher und Herde werden in chemischen Laboratorien häufig angewendet. Ihre leichte und weitgehende Regulierbarkeit, die bequeme Meßbarkeit des Verbrauches und andere Vorteile sind bei Versuchen besonders wertvoll. Die geringe Feuersgefahr spielt dabei eine große Rolle. Die gesamte Zelluloidfabrikation mit ihren Unterindustrien wie Kamm- und Haarschmuckfabrikation usw. verwenden auf Anregung der Gewerbeinspektion immer mehr elektrische Apparate. Im Druckereibetrieb dient die Elektrizität zum Anwärmen der Druckplatten oder Prägepressen, Schmelzen des Schriftgutes, Trocknen der Drucke. In der Nahrungsmittel- und Konservenfabrikation werden ebenfalls die Druckstempel erwärmt. Die Hut-, Kleider- und Schuhindustrie benutzt elektrische Plätteisen verschiedener Konstruktionen. Die Maschinenindustrie verwendet elektrische Kessel zum Ausschmelzen des Fettes alter Maschinenteile, zum Betriebe von Stahl- und anderen Öfen (962 u. f.).

	Lichtbogen-zahl	Strom für 1 Lichtbogen	Kohlenabmessung Länge	Durchm.
Großer Lötkolben, Hammerform	1	9 A	50 mm	15 mm
Kleiner Lötkolben, Hammerform	1	7 ,,	35 ,,	7 ,,
Spitzkolben	1	5 ,,	100 ,,	5 ,,
Brennstempel 50 cm² Brennfläche . . .	2	4 ,,	80 ,,	10 ,,
Brennstempel 200 cm² Brennfläche . . .	2	7,5 ,,	80 ,,	10 ,,
Brennstempel 500 cm² Brennfläche . . .	6	5 ,,	80 ,,	10 ,,

Elektrische Lötkolben und Brennstempel werden meist mit Lichtbogenheizung ausgestattet. Bei 110 V Betriebsspannung sind vorstehende Daten gültig.

(899) Elektrische Schweißung kann durch Widerstands- oder Lichtbogenheizung bewirkt werden. Erstere findet hauptsächlich in der Massenfabrikation von Metallwaren Verwendung, während die Lichtbogenschweißung besonders bei Reparaturen von Gußeisenteilen benutzt wird. Da durchweg niedrige Spannungen und hohe Stromstärken gebraucht werden, so ist nur die Verwendung von Wechselstrom rationell.

Widerstandsschweißung wurde zuerst von Elihu Thomson angewendet. Sie ist besonders für das Zusammenschweißen gleicher Querschnitte geeignet. Der Arbeitsvorgang ist der: Die Schweißstücke werden aneinander (Stumpfschweißung) oder übereinander (Punktschweißung) gelegt und ein elektrischer Strom hoher Stärke (bei Wechselstrom zwischen 40 und 120 Perioden) hindurchgeschickt. Infolge des elektrischen Widerstandes erwärmen sich die Materialien und zwar besonders an der Stoßfuge. Der Strom erwärmt die zu schweißenden Gegenstände von innen nach außen. Tritt an der Außenhaut Schweißglut auf, so ist der Glühprozeß beendet (Zerener, Zeitschr. d. V. d. Ing. 1905, S. 968), die Stromzuführung wird unterbrochen und die schweißglühenden Teile werden mit erhöhtem Druck gegeneinandergepreßt, bis eine vollständig gleichmäßige Schmelzstelle vorhanden ist. Bei der Punktschweißung drücken die meist spitzenförmigen Elektroden die Arbeitsstücke zusammen.

Da bei starkem Betriebe die Elektroden stark erwärmt werden, werden sie vielfach mit Hohlräumen ausgestattet, die von Kühlwasser durchflossen werden.

Der Kraftverbrauch ist dem Metallquerschnitt an der Schweißstelle ungefähr proportional. Innerhalb gewisser Grenzen erfolgt die Schweißung um so schneller, je größer die Kraftzuleitung ist und umgekehrt. Anderseits wächst die Schweißdauer mit dem Materialquerschnitt:

Eisen oder Stahl		Kupfer	
Querschnitt mm²	Schweißdauer Sekunden	Querschnitt mm²	Schweißdauer Sekunden
250	33	62	8
500	45	125	11
750	55	187	13
1 000	65	250	16
1 250	70	312	18
1 500	78	375	21
1 750	85	440	22
2 000	90	500	23

In seiner Arbeit: Die Schweißmaschinen der AEG (Zeitschr. f. prakt. Maschinenbau 1910, Heft 16 u. f.) gibt B. Loewenherz die auf Seite 673 mitgeteilte Erfahrungswerte verschiedener Materialien bei Stumpfschweißung an.

Die Lichtbogenschweißung findet, wie gesagt, hauptsächlich bei Reparaturarbeiten an Gußteilen Verwendung. Nach dem Verfahren von Benardos werden die zu schweißenden Teile mechanisch vereinigt, das Werkstück zum negativen Pol gemacht und eine mit dem positiven Pol verbundene Kohle zur Erzeugung des Lichtbogens benutzt. An der Vereinigung schweißen dann die Metallteile zusammen. Bei anderen Verfahren wird an Stelle des Kohlenstabes ein Metallstab verwendet. Zerener (ETZ) verwendet 2 gegeneinander geneigte Kohlenstäbe, zwischen denen der Lichtbogen gebildet wird. Durch einen Stahlmagnet wird dieser dann nach unten getrieben, so daß eine Stichflamme entsteht. L a g r a n g e und H o h o nehmen als positiven Pol eine in Metallauge stehende Bleiplatte und tauchen das zu erwärmende Stück als negativen Pol in die Flüssigkeit; so weit dieses eintaucht, wird es zur Weißglut erhitzt.

Des Schweißgutes		Quer-schnitt	Für eine Schweißung wurden verbraucht (angenähert):			
Art	Maße in mm	mm²	Zeit Sek.	Elektr. Strom kW	kWst	Pf.
Flacheisen.	11 × 37,5	415	15	16	0,07	0,7
Fahrradfelgen		100	1	7,5	0,002	0,02
Radfelgen		320	20	16	0,09	0,9
Wagenreifen.		500	20	20	0,11	1,1
Wellen	4 Durchm	12,6	1,5	1,5	0,001	0,01
„	19 „	285	20	10,5	0,06	0,6
„	30 „	700	20	21	0,11	1,1
„	70 „	1 000	20	35	0,19	1,9
„	45 „	1 600	60	30	0,50	5,0
„	50,5 „	2 000	120	35	0,17	11,7

Zünden.

Elektrische Minenzündung *).

(900) Allgemeines. Die elektrische Zündung von Minen ist erforderlich, wenn es sich um gleichzeitige Entzündung handelt, oder wenn nur aus der Ferne gezündet werden soll oder kann. Der Sprengort ist nach der Sprengung oder bei einem Versagen ohne Gefahr sofort zugänglich. Die Herstellung der Leitungen ist kostspielig, lohnt sich aber bei Massensprengungen, da durch gleichzeitige Zündung mehrerer Schüsse bei richtiger Lage der letzteren an Zeit und Kosten gespart wird. Auch tritt eine Verminderung der zur Lösung und zum Abräumen der Massen erforderlichen Arbeit ein.

Fälle, in denen elektrische Zündung vorteilhaft ist: Ausgedehnte Fels- und Gesteinssprengungen, besonders in der Montan-Industrie; Sprengungen unter Wasser (besonders in tiefem Wasser), Eisstauungen; Tiefbrunnenbohrungen, Sprengung von massiven Baulichkeiten und alten Fundamenten, Niederlegung großer Schornsteine, Zerstörung zusammenhängender Eisen- und Holzkonstruktionen, Sprengung starker Baumwurzeln, Feuerwerkerei.

(901) Arten der elektrischen Zündung. A. Glühzündung. Zur Zündung des Sprengsatzes wird ein durch letzteren geführter sehr dünner Draht von hohem Widerstande durch den Strom zum Glühen gebracht.

B. Funkenzündung. Zwischen den Enden zweier Leitungsdrähte innerhalb des Sprengsatzes läßt man elektrische Funken überspringen.

Die Glühzündung erfordert stärkeren Strom, die Funkenzündung höhere Spannung.

Vorteile der Glühzündung: Möglichkeit der Prüfung einer Minenanlage durch einen schwachen Strom; geringer Isolationsfehler der Leitung ohne wesentlichen Einfluß.

Nachteile: Unbedingte Gleichzeitigkeit der Zündung nur bei starken Strömen gewährleistet; Zünder kostspielig.

---

*) Vgl.: A. v o n R e n e s s e, Die elektr. Minenzündung. Hilfsbuch für Militär- und Zivil-Techniker. Berlin, Carl Dunckers Verlag. — Z i c k l e r, Die elektrische Minenzündung und deren Anwendung in der zivilen Sprengtechnik. Braunschweig 1888. F. Vieweg & Sohn.

Glühzündung ist vorwiegend für stabile Anlagen geeignet.

Vorteile der Funkenzündung; Einfluß des Leitungswiderstandes unwesentlicher, Verwendung von Leitungen geringen Querschnittes, billige Zünder.

Nachteile: Elektrische Prüfung der Anlage unmöglich, Fehler der Isolation von erheblichem Einfluß.

(902) Stromquellen. A. Glühzündung. 1. Batterien, Zink-Kohlen-Elemente mit Chromsäurefüllung, Leclanche-Elemente, gute Trockenelemente, Sammler.

2. Dynamomaschinen und zwar magnet- und dynamoelektrische Maschinen für Handbetrieb. Bei den letzteren Maschinen wird die kurz geschlossene Wicklung nach erlangter voller Geschwindigkeit des Ankers durch einen Tastendruck oder in anderer geeigneter, meist automatischer Weise geöffnet, so daß dann erst der Strom in die mit den Polen verbundenen Zuleitungen eintreten kann.

Die Zündmaschine von Siemens, welche in dieser Weise wirkt, kann bei Hintereinanderschaltung der Zünder in einer Zuleitung von 10 $\emptyset$ 80 Schüsse (Glühdrähte aus Platin 5 mm lang 0,04 mm dick) in einer Zuleitung von 60 $\emptyset$ 20 Schüsse liefern.

Eine neuere Siemenssche Maschine ist derart eingerichtet, daß die zum Betriebe erforderliche Arbeit durch Spannung einer Feder geleistet und aufgespeichert und im Augenblicke der Sprengung durch einen Tastendruck ausgelöst wird (R a p s, ETZ. 1896). Der Apparat leistet im Augenblick der Zündung 70 W; es können 60 bis 80 Zündpatronen (5 mm Draht von 0,4 mm) bei einer Leitung von 2 × 600 m mit Sicherheit gezündet werden.

Für Sprengungen von geringerem Umfange stellt die Firma Siemens & Halske Aktiengesellschaft kleinere magnetelektrische Maschinen für Handbetrieb her, die nach fünf Kurbelumdrehungen den äußeren Stromkreis selbsttätig schließen.

K e i s e r und S c h m i d t verwenden einen zwischen 4 Feldmagneten umlaufenden Flachring, Stromstärke 6—7 A bei 20 $\emptyset$. Parallelschaltung der Minen. Maximalleistung, wenn 2 Kurbeldrehungen in 1 sk erfolgen, hiernach wird der Kurzschluß der Wicklung aufgehoben. Wendet man als Glühdrähte Platindrähte von 5 mm Länge und 0,04 mm Durchmesser an, so werden mit Sicherheit bis zur Rotglut erhitzt:

Zahl der parallel geschalteten Glühdrähte   12   8   5
bei einem Widerstand der Zuleitung von   1   3   5 $\emptyset$

(903) B. Funkenzündung. 1. R e i b u n g s m a s c h i n e n. Sehr leistungsfähig, leicht zu behandeln und billig, aber bei wechselnden Witterungsverhältnissen unzuverlässig. Sie vertragen die Anwendung sehr einfacher und grober Zünder. Die von der Maschine gelieferte Elektrizität wird von einem Kondensator gesammelt und mittels eines Entladers der Übergang in die Leitung vermittelt.

Nach der Einrichtung von B o r n h a r d t wird die eine Zuleitung mit der äußeren Belegung des Kondensators in Verbindung gebracht. Durch Druck auf den Knopf des Entladers nähert sich das mit der zweiten Minenzuleitung durch eine Spiralfeder verbundene metallische Ende des Entladers der Zuleitung zur inneren Belegung des Kondensators, so daß der Kondensator durch die Minenleitungen entladen wird. Vor Einschaltung der Maschinen bzw. des Kondensators ist letzterer stets kurz zu schließen, damit ein etwaiges Residuum sich ausgleicht. Nach jeder Sprengung sind die Leitungsdrähte sogleich abzunehmen.

Kleinere Maschine: Funkenlänge 45—50 mm bei 20—25 Kurbelumdrehungen (80—100 Scheibendrehungen). Gleichzeitige Zündung von 15 Schüssen Zünder mit 0,75 mm Spaltweite Zündsatz chlorsaures Kali und Schwefelantimon. Größere Maschine: Funkenlänge 70—90 mm, 30 Schüsse gleichzeitig. Bei anhaltender Benutzung der Maschinen nur die Hälfte der angegebenen Leistungen.

2. I n f l u e n z m a s c h i n e n. Wegen der komplizierten Konstruktion, der schwierigen Behandlung für gewöhnliche Zündzwecke wenig geeignet, verdienen nur für Sprengungen, bei denen hunderte von Minen gleichzeitig zu zünden sind, den Vorzug vor Reibungsmaschinen.

3. Induktionsapparate. a) Zweckmäßig sind Apparate nach dem Muster des Ruhmkorffschen Funkeninduktors mit Einschaltung eines Kondensators als Nebenschluß zum primären Kreis zur Schwächung des Öffnungsfunkens am Unterbrecher.

Die richtige Einstellung des Unterbrechers ist von Wichtigkeit. Da letzterer für gewöhnliche Zündzwecke zum dauernden Gebrauch nicht genügend grob gearbeitet werden kann, so finden solche Apparate nur für besondere Zwecke Verwendung, z. B. für Brunnensprengungen, Entzündung von Gasen, um eine Anzahl von Minen nacheinander zu zünden.

b) Bei Anwendung nur einer Spule zur Benutzung des Öffnungsfunkens erhält man einen einfacheren, kleineren und leichten Apparat, muß aber eine kräftige Batterie verwenden. Spulenwiderstand 70 $\varnothing$. Ein Kondensator liegt parallel zum Stromschließer.

4. Dynamomaschinen. Sind teurer und weniger wirkungsvoll, aber zuverlässiger und dauerhafter als Reibungsmaschinen.

Magnetoelektrische Maschinen für Funkenzündung leisten bei gleicher Größe und gleichem Gewicht nur halb so viel als dynamoelektrische und verlangen besonders empfindliche Zünder für gleichzeitige Zündungen.

Dynamoelektrische Maschine von Siemens mit Doppel-T-Anker für gleich gerichteten Strom. Nach der 12. Ankerdrehung (2. Kurbeldrehung) unterbricht eine Auslösevorrichtung den kurzen Schluß der Maschine, und es gelangt der Öffnungsstrom in die Leitung. Verstärkung durch einen Kondensator. Die Maschine hat 2000 $\varnothing$, Schlagweite 4—5 mm, wenn die beiden Kurbeldrehungen in $^2/_3$ sk erfolgen. Geschwindigkeit muß gleichmäßig oder am Schluß wachsend sein. Gleichzeitige Zündung von 30—35 empfindlichen Zündern. Unter gewöhnlichen Verhältnissen 10 Schüsse.

(904) Die Zünder. A. Glühzünder. Ein durch den Zündsatz geführter Draht wird zum Glühen gebracht. Die gebräuchlichsten Drähte für Glühzündung sind Drähte aus reinem Platin von folgenden Abmessungen:

Durchmesser	0,05	0,04	0,033 mm
Länge	3	5	6,5 mm

Der in Deutschland am meisten benutzte Zünder ist der von 0,04 mm Stärke und 5 mm Länge, mit den Enden der Zuleitung durch einen Zinntropfen verlötet. Durchschnittlicher Widerstand 0,49 $\varnothing$, bei Rotglut 1,11 $\varnothing$. Stromstärke 0,4 A. Größere Stromstärke ist zu empfehlen, bis 0,8 A wünschenswert.

Zuleitungen zum Zünder sind Kupferdrähte, 0,5—1 mm stark, mit Guttapercha isoliert. Sie liegen im Zünderkopf 3—4 mm auseinander und ragen verschieden lang in die Zündmasse.

Als Zündmasse wird am ·häufigsten chlorsaures Kali und Schwelelantimon, fein gepulvert, zu gleichen Teilen verwendet. Am besten ist geriebene Schießbaumwolle, welche durch Schaben komprimierter Schießwolle gewonnen, fein gesiebt und mittels eines Pinsels mit Mehlpulver oder Kohle gemischt wird.

Die sehr empfindlichen Brückenzünder sind nach Art der Funkenzünder hergestellt; der Zündspalt ist durch einen Leiter wie Schwefelkupfer überbrückt, der sich beim Stromdurchgang entzündet und dann auf den Zündsatz, z. B. Knallquecksilber wirkt.

Zeitzünder enthalten ein Stück Zündschnur, dessen Länge nach der gewünschten Zeit zwischen Stromschluß und Zündung bemessen wird.

Zur Prüfung der Glühzünder ist der Apparat von Burstyn geeignet (Zeitschr. f. Eelektrot. 1886 S. 210).

Lieferer von Glühzündern: Siemens & Halske Aktiengesellschaft, Berlin;
A. Schram in Prag; Zündhütchen- und Patronen-Fabrik vorm. Sellier u.
Bellot in Schönebeck a. Elbe.

B. Funkenzünder. Die Enden der Zünderdrähte sind bis auf gewisse Entfernung
genähert, stecken in einem Pfropfen aus Schwefelguß, Gummi oder Guttapercha.
Der Zündspalt kann bis auf 0,1 mm hergestelt werden und zwar durch einen Säge-
schnitt in den umgebogenen Draht. Ein Zündkopf aus Papier oder Metall nimmt
den Pfropfen und den Zündsatz auf. Für Zündungen unter Wasser wird eine kupferne
Kapsel verwendet. Gute Abdichtung mit Wachs, Paraffin usw. notwendig. Wasser-
dichtes Klebmittel: Schellack in Weingeist gelöst oder Guttaperchalösung von
Miersch in Berlin, Friedrichstr. 63.

Von der Spaltweite und der Leistungsfähigkeit der Zündmasse hängt der Widerstand des Zünders ab, welcher weder zu groß noch zu klein sein darf, wenn Versager
ausbleiben sollen. Die meisten Versager sind auf zu großen Widerstand der Zünder
zurückzuführen. Auf die Zündwahrscheinlichkeit hat sowohl die Wärmeentwicklung als auch die mechanische Wirkung des elektrischen Funkens Einfluß.

Je nach der Spaltweite und Empfindlichkeit des Zündsatzes werden Zünder für
hohe, mittlere und niedere Spannung unterschieden.

	Spaltweite	Zündsätze
Für hohe Spannungen der Reibungsmaschinen	0,5—1,0 mm	schlecht leitende
Für Spannung der Induktoren bzw. Maschinen	0,2—0,5 ,,	besser leitende
Für schwächere Spannungen magnetelektrischer Apparate	sehr geringe	gut leitende

Bei den sehr empfindlichen Graphit- oder Brückenzündern wird ein Graphit-
oder Bleistiftstrich als leitende Brücke zwischen den Drahtenden auf der Oberfläche des Isoliermetalls gezogen. Durch einen feinen Messerschnitt wird der Spalt
gebildet. Nach Ducretet werden (ungeladene) Zünder in der Weise geprüft, daß man
eine Drahtrolle, den Zünder und ein Telephon hintereinander schaltet. Im Nebenschluß zur Rolle wird ein umlaufender Stromunterbrecher und eine Batterie aus
drei Leclanche-Elementen angebracht. Besteht im Zünder ein metallischer Kontakt,
so erfolgt ein knatterndes Geräusch im Telephon; ist kein Kontakt vorhanden,
so bleibt das Telephon stumm; ist der Zünder geladen und der Strom geht durch
die Zündmasse, so hört man ein schwaches Knistern. Einfachste Prüfung durch
Probezündungen einer Anzahl hintereinander geschalteter Zünder.

Widerstand je nach Art des Zünders von 1500 bis 4 000 000 Ω Für trockene
Bohrlöcher verwendet man sog. Stabzünder, für nasse Bohrlöcher oder unter Wasser,
auch für erzführendes Gestein Guttaperchazünder. Lieferer von Funkenzündern:
Zündhütchen- und Patronenfabrik vorm. Sellier & Bellot in Schönebeck a. Elbe.

(905) Leitungsanlagen. A. Für Glühzündung. Glühzündung erfordert Leitungen
von geringem Widerstand und mit guter Isolation; zweckmäßig sind Kupferdrähte
mit Guttaperchahülle (doppelte Hülle unter Wasser). Die Rückleitung kann aus
blankem Kupferdraht oder entsprechend starkem Eisendraht bestehen. Soll Erde
als Rückleitung verwendet werden, so ist für gute Erdleitung zu sorgen. Zu sub-
marinen Sprengungen werden Kabel verwendet.

Reine Hintereinanderschaltung der Zünder kann man nur bei sehr kräftiger Stromquelle ohne Nachteil anwenden. Bei größerer Minenzahl schaltet man Gruppen
hintereinander geschalteter Zünder parallel. Reine Parallelschaltung wird selten
angewendet, wenn z. B. nach Wahl aus der Zahl der Minen eine bestimmte gesprengt werden soll.

Schaltung mit Relais. Zündbatterie und ein Relais werden am Minenort aufgestellt, das Relais tritt durch eine Fernleitung in Tätigkeit und schließt die Zündbatterie.

Benutzung eines Umschalters. Die Leitungen werden an den Umschalter gelegt und durch Bewegung eines Schleifkontaktes nacheinander mit der Stromquelle verbunden.

Prüfung fertiger Minenanlagen. Die Anlage wird wie eine Telegraphenanlage mittels schwachen Stromes auf Stromfähigkeit und Isolation geprüft. Apparat von Siemens & Halske.

B. Für Funkenzündung. Länge und Querschnitt der Leitung haben geringen Einfluß auf den Zündstrom, da der Leitungswiderstand im Vergleich zum Widerstand der Zünder verschwindend gering ist. Dagegen ist die beste Isolation notwendig mit Rücksicht auf die angewendete hohe Spannung. Gewöhnlich führt man dünnen, ausgeglühten und verzinkten Eisendraht (von 1—2 mm Stärke) an Stangen isoliert fort. Eine gemeinschaftliche Hauptleitung für mehrere Arbeitsorte ist nicht zu empfehlen, da leicht Mißverständnisse und Unglücksfälle hervorgerufen werden.

Ist die Entfernung kurz, der Boden trocken und wendet man kräftige Zündapparate an, so darf man als Hin- und Rückleitung blanken Draht, der auf dem Boden liegt, verwenden.

U. U. ist die Hinleitung aus isoliertem Draht, die Rückleitung aus blankem Draht zu wählen. Unter Wasser sind sehr gut isolierte Drähte notwendig. Blanker Draht darf nicht mit poliertem Pulver in Berührung kommen, mit Rücksicht auf dessen Leitungsfähigkeit. Gewöhnliches Sprengpulver leitet sehr wenig.

Die Schaltung bei der Funkenzündung ist die reine Hintereinanderschaltung. Bei wichtigen Sprengungen werden der Sicherheit halber je zwei Zünder für eine Mine benutzt und diese beiden in der Leitung hintereinander, bei großer Minenzahl jedoch parallel geschaltet. Diese Anordnung bietet größere Wahrscheinlichkeit, daß die Zündung nicht durch Zufallsfehler der Zündung versagt.

Zündung von Verbrennungsmotoren *).

(906) Arten der Zündung. Man unterscheidet Kerzen- und Abreiß-zündung. Die Kerze besteht aus zwei oder mehr draht- oder blechförmigen Elektroden, wovon die eine gut isoliert ist; sie stehen sich mit geringem Abstand (etwa 0,4 mm Funkenstrecke) gegenüber. Die Lichtbogen zünder ist eine Art der Kerzenzündung, bei der ein länger dauernder Funke erzeugt wird. Bei Zweifunken-zündung wird das Gasgemisch an zwei Punkten gleichzeitig gezündet. Bei der Abreißzündung benutzt man eine feststehende und eine bewegliche Elektrode; letztere wird im geeigneten Augenblick rasch von der ersteren entfernt, so daß an der Unterbrechungsstrecke ein Funke entsteht. Doppelzündung ist eine Vereinigung von Abreiß- und Kerzenzündung.

(907) Zeitpunkt der Zündung. Die Zündung soll bei Beendigung der Zusammendrückung des Gasgemisches erfolgen; bei zu früher Zündung arbeitet die Verbrennung dem zusammendrückenden Kolben entgegen, bei zu später Zündung ist das Gasgemisch nicht mehr im Zustande der stärksten Zusammendrückung. In Rücksicht auf die Zeit, welche zur Fortpflanzung der Verbrennung nötig ist, hat sich eine geringe Vorzündung als zweckmäßige erwiesen. Eine Einstellung des Zeitpunktes der Zündung ist bei allen Zündern nötig, um mit gutem Wirkungsgrad des Motors zu arbeiten. Bei der Zweifunkenzündung verbrennt das Gasgemisch so rasch, daß keine Vorzündung und daher keine Verstellung nötig ist.

Selbsttätige Einstellung des Zündzeitpunktes: Unterberg und Helmle lassen die Fliehkraft auf den am Unterbrecher befindlichen Nocken

---

*) Armagnat, Eclair. él. Bd. 34, S. 403. — Löwy, Zeitschr. f. Elektrotechn. (Wien) 1904, S. 683.

wirken. E i s e m a n n und B o s c h verdrehen mit Hilfe eines besonderen
Fliehkraftreglers den Ankerkörper auf einer Aachse. R u t h a r d t verwendet
eine veränderliche Kupplung. M e a verdreht den Glockenmagnet der Zünddynamos.

(908) Batteriezündung. (Fig. 549). Auf der Steuerwelle des Motors sitzt der
Verteiler V nebst Unterbrecher U; der äußere Teil von V wird am Gehäuse festgehalten und kann durch den Verstellhebel h eingestellt werden (Zündzeitpunkt).
Der Platinkontakt p wird mittels der vierkantigen Nockenscheibe geöffnet und geschlossen. Die Zündspule L (Fig. 550) trägt zwei Bewicklungen auf dem Eisenkörper und einen Selbstunterbrecher, dessen Feder gewöhnlich festgehalten wird.
Die nach außen führenden Klemmen stehen innen einem kleinen Schaltbrett gegenüber. Die Spule kann an dem Griff g gedreht werden, wobei die Endkappe mit den

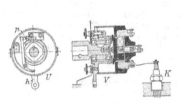

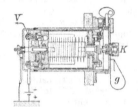

Fig. 549. Batteriezündung.   Fig. 550. Zündspule.

Leitungen stehen bleibt; hierdurch werden die erforderlichen Unschaltungen bewirkt. Fig. 550 zeigt die Schaltung für Batteriezündung allein; das Ende der sekundären Spule führt zum Mittelkontakt des Verteilers und wird der Reihe nach mit
den an die Seitenkontakte angeschlossenen Zündkerzen (Fig. 549) verbunden. Drückt
man an der Zündspule den Knopf K, so wird die Feder des Selbstunterbrechers
freigegeben und es entstehen an den Zündkerzen lebhafte Funken.

Schaltet man um, so wird der Strom der Batterie über den Umschalter U
geleitet und bei p im richtigen Augenblick (Zündzeitpunkt durch h einstellbar)
unterbrochen, wenn gleichzeitig eine der Kerzen mit dem Verteiler verbunden ist.

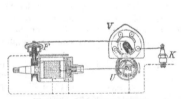

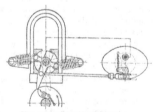

Fig. 551. Lichtbogenzündung.   Fig. 552. Abreißzündung.

(909) Zünddynamos. Es werden ausschließlich kleine Magnetmaschinen mit
zwei oder drei Hufeisenmagneten oder einen Glockenmagnet (M e a) oder Magnet-
scheiben ohne Polschuhe (R u t h a r d t) benutzt. Der Anker trägt einspulige
Wicklung (meist Doppelt-T-Anker).

Für K e r z e n z ü n d u n g verwendet man Maschinen, deren Anker sich
fortdauernd in derselben Richtung dreht; die Ankerachse wird von der Motorwelle
zwangläufig angetrieben, außer durch Zahnräder auch durch eine eigenartige
federnde Kupplung. E i s e m a n n schrägt die eisernen Polschuhe der Hufeisen-

magnete so ab, daß sie an beiden Ankerenden am kürzesten sind und in der Mitte am weitesten vorspringen. Ankerwicklung und Schaltung gehen aus Fig. 552 hervor. Das eine Ende der Wicklung liegt am Körper, das andere entweder an einem Schleifring wie in Fig. 551, oder an einem isoliert durch die hohe Achse geführten Bolzen. Der Ankerkern trägt zwei hintereinandergeschaltete Wicklungen; die aus stärkerem Draht und weniger Windungen bestehende ist am Unterbrecher U, der auf der Ankerachse selbst sitzt, kurz geschlossen und wird selbsttätig geöffnet in dem Augenblick, wo die Polenden des Ankers und der Polschuhe abgerissen werden. In diesem Augenblick entsteht eine starke Induktion im Anker und erzeugt den Funken an der Zündkerze, die durch den Verteiler V eingeschaltet wird. Zur Verhütung der Funken am Unterbrecher dient ein Kondensator, der in den Anker eingebaut ist. Mit dem einen Stromabnehmer wird eine Sicherheitsfunkenstrecke F verbunden, um das Durchschlagen des Ankers zu verhüten, wenn keine Zündkerze angeschaltet ist.

Der Verteiler wird häufig gleich an die Zünddynamo angebaut und zwangläufig von der Achse der Dynamo aus angetrieben.

Der in Fig. 551 gezeichnete Unterbrechungskontakt p wird von B o s c h ausgeführt; andere Firmen gestalten ihn anders. Bei der großen Geschwindigkeit ist auf geringe Masse der Teile Wert zu legen.

Dieses Verfahren der Zündung wird als Lichtbogenzündung bezeichnet; Magnetzündung nennt man die ältere Methode, bei der ein einfach bewickelter Anker mit einem Unterbrecher und einem besonders aufgestellten Transformator benutzt werden. Sie ist für rasch laufende Motoren nicht geeignet, sondern nur für langsam laufende und wird häufig in Verbindung mit der Batteriezündung als Doppelzündung angewendet.

Für Flugmotoren stellt B o s c h Zünddynamos mit feststehendem Anker her. Im Polzwischenraume dreht sich eine Hülse, die aus einem Zylindermagneten mit Zwischenräumen besteht. Der Anker hat dieselbe Wicklung wie bei der Lichtbogenzündung (Fig. 551).

Bei der Abreißzündung wird der Anker der Zünddynamo durch Federn in der Ruhelage gehalten, von einem Nocken abgelenkt und nach dem Abgleiten mit großer Kraft und Schnelligkeit in die Ruhelage zurückgeführt. Bei der Rückbewegung wird zugleich durch ein Gestänge an der Zündstelle ein Kontakt (Abreißstelle) geöffnet; vgl. Fig. 552 (nach B o s c h). Einen Schnitt durch die Abreißstelle zeigt Fig. 553. Bei der Zündmaschine der G a s m o t o r e n f a b r i k D e u t z werden keine seitlich ausladenden Spiralfedern benutzt, sondern zwei zusammengesetzte Blattfedern, die vor der Mitte der Hufeisenmagnete stehen und einen längeren an der Ankerachse befestigten Arm zwischen sich aufnehmen. Bei diesen Zündmaschinen hat der Anker meist einfache Umwicklung; doch wird er auch wie für Lichtbogenzündung gewickelt und geschaltet. Zur Einstellung des Zündzeitpunktes verwendet man Nocken, deren Stellung auf der Achse verändert werden kann. Die Abreißzündung genügt bis etwa 4 Zündungen in der Sekunde.

(910) Zündkerzen. Fig. 554 zeigt einen Schnitt durch die Kerze der M e a. In einem Stahlkörper ist der Isolationskörper (Glimmer, in anderen Kerzen Porzellan) gefaßt. Der zentrale Stahlstift (Mittelelektrode) trägt unten einen Kegel und Stift aus Nickelstahl, woraus auch die beiden seitlichen, mit dem Motorgehäuse leitend verbundenen Elektrodenstifte bestehen. Die Elektrodenstifte allein ragen in den Verbrennungsraum hinein. Die Elektrodenstifte werden verschieden gestaltet; z. B. verwendet E i s e m a n n eine Mittelelektrode mit mehreren Spitzen und stellt ihr einen zur Achse der Kerze senkrechten, mit einer Platindrahtspirale umwickelten Draht gegenüber.

Bei mehrzylindrigen Maschinen benutzt man entweder einen Verteiler, der die Funkenstrecken in der richtigen Reihenfolge mit dem Zünddynamo verbindet oder auch für jeden Zylinder eine Zündmaschine.

Die Kerzen haben den Übelstand, daß die Isolierkörper (Porzellan, Speckstein, Glimmer) leicht zerbrechen, und daß sie durch die Verbrennungsprodukte und Öl leicht verschmutzen, wodurch entweder der Funkenübergang erschwert oder Nebenschließungen der Funkenstrecke gebildet werden. Die Spannung muß ausreichen, um die Funkenstrecke, selbst in Gas von erhöhtem Drucke, sicher zu durchbrechen.

Fig. 553. Abreißstelle.   Fig. 554. Zündkerze.   Fig. 555. Magnetkerze.

(911) Die **Magnetkerze** von H o n o l d (B o s c h) (Fig. 555) wird in der Art der Abreißzündung verwendet. Der innere Kern des Topfmagnets ist durch ein Messingstück m magnetisch getrennt; der Anker überragt diese Trennungsstelle und wird drehbar am Kern festgehalten durch eine U-förmige Feder f. Der Anker setzt sich in einer Stange fort, welche unten die Abreißstelle a trägt. Das Zünddynamo ist wie für Lichtbogenzündung gewickelt; tritt ihr Unterbrecher in Tätigkeit, so bewegt der kräftige Stromstoß den Anker der Zündkerze, welche nun ihrerseits den erzeugten sekundären Strom unterbricht und an der Abreißstelle einen Funken erzeugt.

Fabrikanten von Apparaten für Motorzündung:
R o b e r t B o s c h, Stuttgart. — U n i o n w e r k M e a, Feuerbach-Stuttgart. — R u t -
h a r d t & C o., Stuttgart. — W e c k e r l e i n und S t ö c k e r, Nürnberg (Apparat Noris). —
U n t e r b e r g und H e l m l e, Durlach. — E r n s t E i s e m a n n & Co., Stuttgart. — G a s -
m o t o r e n f a b r i k D e u t z.

Zündung von Gasflammen.

(912) Zweck. Bei dem Wettbewerb des Gas- und des elektrischen Lichtes ist das erstere durch die bisherige umständliche und zeitraubende Zündung im Nachteil. Die elektrische Zündung erlaubt, das Gas mit derselben Bequemlichkeit, d. h. durch einfache Drehung eines Hahnes oder Schalters zu entzünden, auch aus der Ferne und viele Flammen gleichzeitig. Hierdurch wird zugleich eine Ersparnis im Gasverbrauch erzielt.   Von den gebräuchlichen Systemen sollen im nachfolgenden drei beschrieben werden.

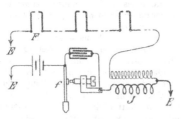

Fig. 556. Multiplex-Gaszündung.

(913) Bei dem **Multiplexzünder** wird der primäre Stromkreis eines Induktoriums J (Fig. 556) mit Hilfe einer am freien Ende beschwerten, schwingenden Feder f unterbrochen und geschlossen; im sekundären Stromkreis sind eine oder mehrere Funkenstrecken F

eingeschaltet, welche dicht neben der Ausströmungsöffnung des Gases am Brenner sitzen. Damit nicht die Brenner selbst den Induktionsstrom zur Erde ableiten, erhalten sie bis auf den letzten der Reihe Düsenröhren aus Speckstein.

Bei der H a h n z ü n d u n g für einzelne Flammen wird die Feder f von einem mit dem Hahn in Verbindung stehenden Stift angerissen, so daß sie schwingt, wenn das Gas auszuströmen beginnt. Bei größeren Anlagen bekommt jede Lampe ihre Induktionsspule, deren Primäre einschließlich Funkenstrecke parallel geschaltet werden. Bei der R a m p e n z ü n d u n g für eine bis sechs Flammen wird die Unterbrechervorrichtung neben den Hahn gesetzt und besonders angetrieben; erst dann öffnet man den Hahn; bei 7 bis 12 Flammen wird eine zweiseitige Unterbrechervorrichtung angewandt, die Funkenstrecken liegen in zwei Reihen. Die S c h a l t e r z ü n d u n g beruht darauf, daß der Gashahn elektromagnetisch geöffnet und geschlossen wird. Je nach der Größe und Zahl der zu zündenden Lampen richtet sich die Größe des elektromagnetischen Teils, welcher zwei Elektromagnete enthält, je einen für die beiden Bewegungen des Hankükens. Der Schalter kann dahin gesetzt werden, wo seine Handhabung am bequemsten ist (wie beim elektrischen Licht), auch läßt sich die Einrichtung so treffen, daß eine Flamme von mehreren Stellen aus gezündet werden kann. Der Schalter enthält zwei Kontakte (für den Öffner- und den Schließermagnet) und die schwingende Feder f (Fig. 556), welche entweder beim Niederdrücken des Öffnerknopfes oder von Hand angeschlagen wird. Die Z e n t r a l s c h a l t e r z ü n d u n g dient zur Zündung in größeren Anlagen und erlaubt, die Flammen in Gruppen nacheinander zu zünden, die M e h r f a c h - S c h a l t e r zündung erlaubt, viele Flammen auf einmal zu zünden. Beide sind Vereinigungen von Unterbrecherfedern und Anreißvorrichtungen mit Druckknöpfen. In einen Stromkreis legt man nicht mehr als 6 Funkenstrecken. Die Leitungsanlage bietet insofern eine gewisse Schwierigkeit, als es sich darum handelt, den hochgespannten Induktionsstrom sicher zu führen. Es wird dazu ein besonders isolierter Draht („Induktionsdraht") benutzt: die Induktionsspulen müssen an dem Beleuchtungskörper selbst befestigt und der Induktionsdraht darf nicht über Decken und Wände geführt werden.

(914) Der **Sonnenzünder** benutzt elektromagnetische Bewegung des Hahnkükens und Selbstinduktionsfunken. Der zweischenklige Magnet am Brenner wird von einem beliebig anzuordnenden Schalter aus in Tätigkeit gesetzt. Sein Hauptanker dreht das Kücken hin und her. Bei der Öffnungsbewegung wird noch ein Nebenanker in Bewegung gesetzt, welcher die Zündstange trägt. Dies ist ein feines Rohr, welches bei der Öffnungsbewegung mit Gas gespeist wird und welches bis über die Ausströmungsöffnung für die Hauptflamme reicht. Es wird von einem zweiten feststehenden Rohr umschlossen. Die beiden Röhren stehen am oberen Ende in leitender Berührung; der Strom fließt (im Nebenschluß zum Magnet) durch das innere Rohr zum äußeren. Folgt das erstere der Bewegung des Nebenankers, so öffnet sich die Berührungsstelle der beiden Röhren, und es entsteht dort ein Funke, welcher die Zündflamme entzündet. Gleich darauf entzündet sich hieran die Hauptflamme. Bei der Unterbrechung des Stromes erlischt die Zündflamme. Bei der nächsten Bewegung des Schalters wird vom Elektromagnet nur das Hahnküken zurückgedreht, worauf die Hauptflamme erlischt.

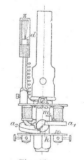

Fig. 557.
Seneta-Gaszündung.

(915) Die Senetazündung nach J e i d e l bewegt den Hahn elektromagnetisch und zündet mittels der durch Erwärmung gesteigerten katalytischen Wirkung des Platins eine Zündflamme (Fig. 557). Das Hahnküken h wird von dem Anker a_1

geöffnet; in der höchsten Stellung von a_1 ist zugleich das Rohr der Zündflamme z offen. Das ausströmende Gas erwärmt sich an dem elektrisch geheizten mit Mohr überzogenen Platindrähtchen d, von deren Mitte nach oben mehrere blanke Platindrähte gespannt sind; d wird nur schwach glühend. z ist von einem gelochten Blechmantel umgeben. Beim Loslassen des Druckknopfes, der den Elektromagnet zu a_1 einschaltet, wird durch das Blech nur das Küken soweit zurückgedreht, daß die Zündflamme erlischt. Durch Druck auf einen zweiten Knopf schaltet man den anderen Elektromagnet ein, welcher den Hahn abdreht, so daß auch die Hauptflamme erlischt. Stromverbrauch für Glühen und Bewegung 0,04 A.

Elfter Abschnitt.

Elektrochemie.

(916) Gegenstand. Unter Elektrochemie schlechthin versteht man alle Beziehungen zwischen elektrischer und chemischer Energie, somit auch die Stromerzeugung durch galvanische Elemente [vgl. (612) bis (618)] und die Stromspeicherung in den elektrischen Sammlern [vgl. (620) bis (641)]. Der nachstehende Abschnitt beschäftigt sich mit solchen chemischen Prozessen, bei denen elektrische Energie allein oder in Zusammenwirkung mit anderen Energien, z. B. thermischer, aufgewendet wird, sei es nun, um Spaltung chemischer Verbindungen in ihre Bestandteile oder deren Umtausch oder auch die Vereinigung mehrerer Einzelstoffe, wie in den Gasreaktionen, herbeizuführen. Außerdem sollen wegen ihrer Wichtigkeit für die chemische und Hüttenindustrie diejenigen Verfahren hier besprochen werden, welche sich auf die Anwendung der elektrosmotischen (kataphoretischen), statischen und magnetischen Wirkungen des Stroms zum Zwecke der Trennung verschiedener Gemengteile gründen.

Die verschiedenen Wirkungsarten des elektrischen Stroms, vor allem aber die zersetzende (elektrolytische) und die erhitzende (elektrothermische) treten, nur im Grade jeweils verschieden, nebeneinander auf, und es bedarf häufig besonderer Vorkehrungen, um ungewollte Nebenwirkungen zurückzudämmen.

(917) Elektrolyse. A. A l l g e m e i n e s. Ihr Zweck ist in erster Linie die Scheidung einer aus mehreren Elementen bestehenden Verbindung in ihre näheren Bestandteile (Ionen); hierzu muß die Verbindung in flüssigem Zustand, durch Lösung in Wasser oder (seltener) andern Lösungsmitteln (wässerige oder kaltflüssige Elektrolyse) oder durch Schmelzung (schmelz- oder feuerflüssige Elektrolyse oder Pyroelektrolyse), vorliegen. Die vom Strom ausgeschiedenen Bestandteile können in einzelnen Fällen sämtlich als solche gewonnen werden, z. B. bei der elektrolytischen Zerlegung von Chlorzinklösung, bei der Elektrolyse der schmelzflüssigen Erdalkalichloride, die Metall und Chlorgas geben; oder es wird nur der eine Bestandteil, z. B. bei der elektrolytischen Metallgewinnung das Metall (Kation), oder bei der Alkalichloridelektrolyse in wässeriger Lösung das Chlor (Anion), als solcher gewonnen, während der andere Bestandteil oder auch beide, wie bei der Herstellung von Chlorat, Bleiweiß und dergl. infolge sekundärer Reaktionen durch Umsetzung mit der Lösungsflüssigkeit, dem Elektrodenmaterial oder den etwaigen Zusatzstoffen zum Elektrolyt neue Verbindungen eingehen. Auf solchen sekundären Reaktionen beruhen auch die insbesondere für die organisch-chemische Technik wertvollen Oxydations- und Reduktionsprozesse. Enthält das Elektrolyt verschiedene Ionen derselben Art, abgesehen von den bei wässerigen Elektrolyten stets vorhandenen Wasserstoffionen, so richtet sich deren Abscheidung nach ihrer chemischen Natur; für Kationen gilt die bei der Metallabscheidung wichtige Regel: je elektronegativer (edler) ein Metall ist, desto leichter (bei desto niedrigerer Spannung) scheidet es sich ab. Metalle, die Legierungen miteinander bilden können, beeinflussen sich jedoch gegenseitig.

Zur Elektrolyse dient in der Regel Gleichstrom (Nebenschlußmaschinen); doch kann in einzelnen Fällen auch Wechselstrom in Anwendung kommen, z. B.

wenn durch sekundäre Umsetzung eine unlösliche Verbindung, wie Metallhydroxyd oder -sulfid, unter Auflösung des Elektrodenmaterials entsteht, oder wenn es sich um Komplex-Ionen, wie bei dem Metalldoppelcyanide $AgKC_2N_2$, handelt, wo die Wiederauflösung des gefällten Silbers viel langsamer vor sich geht als der Stromwechsel, so daß eine dauernde Abscheidung erhalten und Rückbildung vermieden werden kann. Auch asymmetrischer Wechselstrom läßt sich mitunter benutzen, s. bei Gold, (931).

Über das Wesen der Elektrolyse, die sich hierbei abspielenden Vorgänge und damit auch über die Bedingungen der günstigsten Ausführung (größter Nutzeffekt bei geringstem Energieaufwand) geben zwar die neueren Forschungen und die hierauf begründeten, im wesentlichen von A r r h e n i u s , v a n 'tH o f f , O s t w a l d und N e r n s t aufbauten, theoretischen Anschauungen wertvolle Aufklärungen (vgl. z. B. L e B l a n c , Lehrbuch der Elektrochemie); die nutzbare Stromarbeit hängt aber von so vielen Faktoren ab, die, teilweise während des Prozesses selbst veränderlich, sich nicht in eine gemeinschaftliche Funktion bringen lassen, daß schließlich doch nur die Erfahrung mit dem von der Wissenschaft gelieferten Rüstzeug und unter deren steter Kontrolle mittels sorgfältig durchgeführter Dauerversuche zum Ziele führen kann.

Es kommen hauptsächlich in Betracht: die zur Überwindung der Polarisation (Zersetzung) und der inneren und äußeren Widerstände (Bad und Leitung) erforderliche Spannung, die Stromstärke und Stromdichte, die Elektroden nach Material, Form und Einbau sowie die Stromzuführungen (Kontakte), die zur Durchführung der beabsichtigten elektrolytischen Wirkung günstigen physikalischen Bedingungen (Erwärmung oder Kühlung, Scheidung durch Diaphragmen oder geeignete Abführungen), Umstände, die sich zum Teil wieder beträchtlich gegenseitig beeinflussen.

(918) Zersetzungsspannung; s. (70) u. (76). Die für einen elektrolytischen Prozeß aufzuwendende elektrische Leistung ist gleich dem Produkte aus Stromstärke (I) und Badspannung (E); hierzu würde noch die auf Überwindung der Leitungswiderstände aufzuwendende Leistung kommen. Die Badspannung E selbst setzt sich zusammen aus der Zersetzungsspannung ε, welche der Summe der an den beiden Elektroden auftretenden Polarisationsspannungen gleich ist, und aus der zur Überwindung des Leitungswiderstandes R des Bades erforderlichen Spannung $e = I \cdot R$. Die Gesamtleistung ist also $I \cdot E = I \cdot \varepsilon + I^2 \cdot R$. Bei der stets mehr oder weniger unvollständigen Stromausbeute, deren theoretischer Betrag durch das F a r a d a y sche Gesetz gegeben wird, ist der wirkliche Verbrauch $\varLambda$ stets höher als der theoretisch erforderliche; das Verhältnis beider, die Energieausbeute oder der Wirkungsgrad, $\eta = \dfrac{I \cdot E}{\varLambda}$ wird meist in Prozenten des theoretischen Wertes ausgedrückt. Da es für die Wirtschaftlichkeit des Prozesses von ausschlaggebender Bedeutung ist, ist die Kenntnis seiner einzelnen Faktoren außerordentlich wichtig. Die Bestimmung von I und R ist die übliche [(171)—(176) und (169)], schwieriger ist die Bestimmung von ε. Man kann sie häufig (bei kaltflüssiger Elektrolyse und unangreifbaren Elektroden) mit einer für die Praxis genügenden Annäherung an den wahren Wert in folgender Weise feststellen: man ermittelt rasch nacheinander die beim Durchgang verschiedener Stromstärken i und i_1 auftretenden Klemmenspannungen e und e_1, dann ist $e = \varepsilon + i \cdot r$ und $e_1 = \varepsilon + i_1 \cdot r$ (r ist der Badwiderstand); daraus folgt

$$\varepsilon = \frac{e_1 i - e \cdot i_1}{i - i_1} \, .$$

Die Zersetzungsspannung hat zwar ihrer Natur nach einen festen Wert; dieser läßt sich aber in einzelnen Fällen, wie bei Metallraffinationen, durch Depolarisation (73), z. B. durch Anwendung einer löslichen Anode oder durch Herbeiführung einer chemischen, Energie freimachenden Reaktion, etwa durch Einleiten von schwefliger Säure, welche sich mit dem frei werdenden Sauerstoff verbindet, erniedrigen. Um den zur Überwindung der Leitungswiderstände erforderlichen Anteil der Badspannung herabzumindern, ist scharfe Kontrolle und möglichste Herabsetzung dieser Widerstände zu erstreben. Es kommen hierbei in Betracht der Widerstand im Leitungsnetz, welcher durch dessen richtige Bemessung, die Widerstände der Kontakte und Elektroden, welche durch richtige, die Eigenschaften des Elektrolyts und der an ihnen entwickelten Stoffe berücksichtigende Wahl und Behandlung sowie genaue Kontrolle zu erniedrigen sind, der Badwiderstand, der von der Zusammensetzung, Konzentration (bei wässerigen Elektrolyten), Temperatur und Elektrodenabstand abhängt und sich unter Beobachtung der einschlägigen Verhältnisse ebenfalls in gewissem Grade regeln läßt. Störende, den Widerstand und damit die Spannung erhöhende Polarisationserscheinungen an den Elektroden z. B. Ansetzung von Gasbläschen, ferner Bildung von Schichten verschiedener Konzentration im Bad, lassen sich durch Rühren, Lufteinblasen und dergl. oder durch Flüssigkeitszirkulation vermeiden (mechanische Depolarisation). Im letzteren Falle ist jedoch besondere Sorge dafür zu tragen, daß nicht durch einfache Stromleitung ohne elektrolytische Wirkung Stromverluste eintreten.

(919) Stromstärke. Die günstigste Stromstärke, die als S t r o m d i c h t e entweder auf die Flächeneinheit der Elektroden (vorzugsweise) oder des Badquerschnittes oder auch auf den Gehalt an gewissen wichtigen Bestandteilen des Bades bezogen wird, ergibt sich für die verschiedenen Fälle sehr verschieden und wird unter Berücksichtigung der hierfür bereits gefundenen Erfahrungssätze durch vergleichende Vor- und Dauerversuche ermittelt. Je höher die Stromdichte (im Verhältnis zum Badquerschnitte), desto höher ist auch ($= I^2 R$) die Erwärmung des Bades selbst, ein Umstand, der bei der schmelzflüssigen Elektrolyse fast immer ausgenutzt werden kann, bei der kaltflüssigen Elektrolyse manchmal, z. B. bei der Chloratdarstellung durch Elektrolyse der Alkalichloride, von Vorteil, sehr häufig aber auch, z. B. bei der Darstellung der Perkarbonate, Persulfate und Hypochlorite, von Nachteil ist, so daß man sogar künstlich kühlen muß. Die Betriebsbeaufsichtigung hat sich demnach nicht nur auf die chemischen Vorgänge, sondern auch auf die Kontrolle der Stromstärke sowie der Spannung, letzterer sowohl im gesamten Netz wie an den einzelnen Bädern, zeitweilig auch an den einzelnen Elektroden zu erstrecken.

Auch auf die elektrolytische Arbeit selbst ist die Stromdichte von Einfluß derart, daß für jeden elektrolytischen Prozeß, auch für Schmelzelektrolyse, ein günstiges Verhältnis zwischen Stromdichte und Stromausbeute besteht.

Die Stromausbeute ist das Verhältnis der bei der Elektrolyse wirklich erzielten Menge eines Stoffes zu der nach dem Faradayschen Gesetz theoretisch zerechneten Menge; in der Technik beziehen sich diese Mengen auf Amperestunden; vgl. (67) und Tabelle S. 58.

(920) Elektroden. Das Material der Elektroden spielt eine Rolle, nicht bloß hinsichtlich der Festigkeit und chemischen Unangreifbarkeit sowie der Leitfähigkeit, sondern auch wegen der als „Überspannung" bezeichneten Erscheinung, um deren Betrag die Zersetzungsspannung sich erhöht; so betragen z. B. die kathodischen Überspannungen in verdünnter Schwefelsäure unter sonst gleichen Umständen für platiniertes Platin 0,005; für poliertes Platin 0,09, für Nickel 0,21, für Kupfer 0,23, für Blei 0,64, für Kupfer (amalgamiert) 0,51, für Blei (amalgamiert) 0,54, für Quecksilber 0,78 V. Anderseits läßt sich die Spannung durch Anwendung depolarisierender, den entwickelten Wasserstoff oder Sauerstoff aufnehmender Elektroden beträchtlich erniedrigen. Auch die etwaige k a t a l y t i s c h e E i n w i r k u n g des Elektrodenmaterials wird nicht außer acht zu lassen sein.

Bei der Wahl der Elektroden kommt außer den erwähnten Punkten zunächst ihr eigenes Verhalten gegen das Elektrolyt und dessen Zersetzungsprodukte in Betracht. Am einfachsten gestaltet sich diese Frage bei der elektrolytischen Metallraffination; hier dient das Rohmetall (oder unter Umständen auch das Erz bzw. ein aus dem Erz erschmolzenes Zwischenprodukt) als Anode, das reine Metall als Kathode.

Die Wahl der Kathode bereitet auch für die kaltflüssige Elektrolyse gewöhnlich keine Schwierigkeiten. Abgesehen von den wenigen Fällen der Alkalichloridelektrolyse, in denen Quecksilber benutzt wird, dienen die billigeren Metalle wie Eisen und Blei, eventuell auch Kupfer oder Nickel. Bei der schmelzflüssigen Elektrolyse dagegen würden sich diese Metalle in vielen Fällen (Ausnahme siehe bei den Alkalimetallen) nicht ohne Kühlung der dem Elektrolyt ausgesetzten Flächen verwenden lassen wegen der Gefahr, daß Legierungen mit den elektrolytisch ausgeschiedenen Metallen entstehen. Wo daher Eisenkathoden nicht zulässig sind, bedient man sich der K o h l e n e l e k t r o d e n. Diese dienen auch häufig bei den kaltflüssigen, immer aber (mit geringen Ausnahmen) bei der heißflüssigen Elektrolyse als Anoden. Sie werden künstlich hergestellt durch Formen eines innigen Gemenges aus feinem Koks oder Retortengraphitpulver (auch Ruß wegen der Aschenfreiheit) und Teer oder Sirup als Bindemittel unter hohem Druck, Trocknen und Brennen bei sehr hohen Temperaturen, oft unter Zuhilfenahme der elektrischen Erhitzung (Achesongraphit). Von ihrer sorgfältigen Herstellung hängt ihre Haltbarkeit und damit in hohem Grade die Wirtschaftlichkeit des elektrolytischen Prozesses ab. (Über ihre Herstellung siehe Z e l l n e r Die künstlichen Kohlen, 1903.)

Für solche Fälle der kaltflüssigen Elektrolyse, wo Sauerstoff oder Chlorsauerstoffverbindungen auftreten können, haben sich im allgemeinen, außer den warm empfohlenen, elektrisch gehärteten Graphitelektroden Kohlen als Anoden wenig bewährt und sind entweder durch Platin (Drähte, Netze oder dünnste Bleche) oder nach einem sehr beachtenswerten patentierten Vorschlag der C h e m i s c h e n F a b r i k E l e k t r o n in Griesheim durch geschmolzenes und in Formen gegossenes Eisenoxyduloxyd zu ersetzen (DRP 157122); auch besonders dicht hergestelltes Bleisuperoxyd und Mangansuperoxyd werden benutzt.

Ihrer Form nach sind die Elektroden den Elektrolysierbehältern angepaßt, meist plattenförmig, eben oder gebogen; in einzelnen Fällen, z. B. bei der Metallgewinnung sind die beiden Elektrodenarten behufs Vermeidung ungleichmäßiger Abscheidung verschieden groß. Bei ihrem Einbau ist auf ihren Abstand zu achten, zu großer erhöht den Badwiderstand und damit die Spannung, zu geringer fördert Kurzschluß und verhindert die genügende Erneuerung des Bades. Die·meist größere Anzahl von Elektroden in einem Bade wird in der Regel nach dem Parallelschaltungssystem eingebaut, seltener (bei Metallraffinationen, z. B. Kupfer [929]) in Hintereinanderschaltung. Die Stromzuführung findet im ersteren Fall bei offener, wässeriger Elektrolyse durch zwei längs des Bades laufende, von einander isolierte Metallschienen statt, auf welche die Elektroden mit passend vorgesehenen Haken aufgehängt werden; bei Elektrolysen in geschlossenen Behältern sowie bei Schmelzelektrolysen, wo auch größere Elektroden in Verwendung kommen, haben die Eintauchelektroden ihre besonderen, häufig gekühlten, Kontaktfassungen und sind verstellbar aufgehangen. Im übrigen müssen alle diese Einrichtungen den Verhältnissen angepaßt sein, aber immer derart, daß für den Stromübergang von den Leitungen zu den Elektroden in und zwischen diesen selbst möglichst wenig Spannung verloren wird.

(921) Diaphragmen. Um die getrennte Gewinnung der elektrolytischen Produkte an den Elektroden zu ermöglichen, benutzt man bei wässerigen Elektrolysen, seltener bei Schmelzelektrolysen, ein Diaphragma, d. h. eine mehr oder weniger geschlossene Trennungswand, die zwar den Ionen den Durchgang gestattet aber die Elektrolyte selbst wie die elektrolytischen Produkte zurückhält. Infolge der Diffusions- und elektroosmotischen Erscheinungen, die sich bereits bei verhältnismäßig niedriger Spannung nach außen durch einen beträchtlichen Niveauunterschied zwischen Kathoden- und Anodenflüssigkeit kenntlich machen, sowie wegen der Beteiligung der etwa gelöst bleibenden Produkte an der Elektrolyse ist eine derartige Trennung nur bis zu einem gewissen Grade durchführbar, doch läßt sie sich durch Kunstgriffe wie Berieselung des Diaphragmas mit dem Elektrolyt und dergl. noch etwas steigern. Das Diaphragma soll wegen der damit verbundenen Spannungserhöhung möglichst geringen Widerstand haben, eine Bedingung, die wieder in der Haltbarkeit ihre Grenze findet. Zu Diaphragmen sind die verschiedensten Stoffe vorgeschlagen worden: Asbest, Gewebe (auch nitrierte), Glaswolle, poröser Ton, Kalk- und Zementmischungen, Seifen und dergl. mehr. Den besten Erfolg scheint man — wenigstens für kaltflüssige Elektrolysen — mit einer eigenartigen Masse erzielt zu haben, die in gebranntem Zustande nach Le Blanc ca. 28 % Al_2O_3, 75 % SiO_2 und etwas Alkali enthält.

(922) Als **Gefäße** für die Elektrolysierbehälter kann man in einigen Fällen die Kathode selbst ausbilden. Sonst verwendet man für kaltflüssige Elektrolyse mit Blei ausgeschlagene oder gut geteerte und ausgepichte Holzkästen, auch Steinguttröge, aus Schiefer oder dergl. zusammengesetzte Apparate, während für die feurig-flüssige Elektrolyse auch Graphittiegel (bei Heizung von außen) oder mit einer Kohlenmischung ausgestampfte und gebrannte Kästen, eventuell auch Porzellan in Betracht kommen. Die gesamten Apparate zur schmelzflüssigen Elektrolyse wie zur Ausführung elektrothermischer Wirkungen werden als elektrische Ofen bezeichnet. Ihre Beschreibung siehe (964) u. folg.

(923) **Bäderschaltung.** Bei der wässerigen Elektrolyse, wo häufig eine große Anzahl Bäder aus ein und derselben Stromquelle mit Strom versorgt werden, können auch die einzelnen Bäder, ähnlich wie die Elektroden, in verschiedener Weise geschaltet werden; man unterscheidet hiernach (insbesondere bei der Kupferraffination) das P a r a l l e l s y s t e m, das S e r i e n - oder M u l t i p e l n - s y s t e m und das (aus beiden) g e m i s c h t e S y s t e m.

L i t e r a t u r.

A s k e n a s y, Einführung in die technische Elektrochemie. (Bisher erschienen Bd. I Elektrochemie 1910.) — B i l l i t e r, Die elektrochemischen Verfahren der chemischen Großindustrie. (Bisher erschienen Bd. I. Elektrometallurgie in wässeriger Lösung 1909; Bd. II, Elektrolyse mit unlöslichen Anoden, 1911). — D a n n e e l. Elektrochemie, 2 Bdch. 1905 und 1908 (Verlag von G. J. Göschen). — F o e r s t e r, Elektrochemie wässeriger Lösungen 1905. — Le Blanc. Lehrbuch der Elektrochemie 1911. — Lüpke, beaib. von Bose, Grundzüge der Elektrochemie 1907. — Monographien über angewandte Elektrochemie, Knapp, Halle a. S.; bisher erschienen 39 Bände.

I. Elektrolytische Metallgewinnung.

(924) **Allgemeines.** Die Aufgabe besteht darin, aus den natürlichen Erzen oder den hieraus auf hüttentechnischem oder chemischem Wege erhaltenen Metallverbindungen und mehr oder weniger weit vorgereinigten Metallen durch schmelzflüssige oder kaltflüssige Elektrolyse die reinen Metalle herzustellen. Geht man von einer Verbindung des gewünschten Metalls aus, so kann man zu ihrer Zersetzung unangreifbare (unlösliche)-Anoden anwenden; man kann aber auch das Erz selbst oder doch wenigstens daraus hergestelltes Rohmetall (auch Zwischen-produkte, wie Steine und Speisen) als Anode und in diesem Fall, den man als „Raffination" bezeichnet, als Elektrolyt das Salz des zu gewinnenden Metalls oder eines durch die Elektrolyse nicht berührten (elektropositiveren) Metalls, z. B. im Schmelzfluß die Alkali- und Erdalkalichloride und -fluoride, in wässeriger Lösung auch Säuren und Alkalien, benutzen.

Bei unlöslichen Anoden muß man für eine ständige Zufuhr von frischem Elektrolyt, im Schmelzfluß durch Eintragen fester Verbindungen, bei wässeriger

Elektrolyse durch stetigen Abzug von verbrauchter und Zuführung von neuer Elektrolytsalzlösung Sorge tragen. Aber auch bei löslichen Anoden verändert sich das Elektrolyt allmählich so, daß es ersetzt oder ergänzt werden muß, teils indem es Fremdmetalle aufnimmt, die die Zersetzungsspannung und die Metallabscheidung nach Natur und Form beeinflussen, teils durch die infolge der Aufnahme von Fremdmetall eintretende Verarmung an dem gesuchten Metall. Dabei hängt es von der Natur des Metalls und der sonstigen im Elektrolyt, im angewendeten Erze oder Rohmetall vorhandenen Stoffe ab, ob ein Diaphragma erforderlich ist oder nicht, und ob im Falle eines Diaphragmas die Anoden- und Kathodenflüssigkeit dauernd getrennt gehalten werden sollen, oder ob es angezeigt ist, die Flüssigkeit nacheinander von einer Abteilung zur andern übertreten zu lassen, wobei wieder auf Grund chemischer Erwägungen zu entscheiden ist, in welcher Richtung dies geschehen soll, ob von der Anode zur Kathode oder umgekehrt.

Hinsichtlich der aufzuwendenden Energie, sowohl an Spannung wie an Stromstärke (Stromdichte), gelten die bereits angegebenen Sätze und Erfahrungen. So ist es klar, daß Raffinationen mit um so geringerer Spannung verlaufen können, je reiner das zur Verarbeitung gelangende Rohmetall ist (s. z. B. Kupferraffination). Andrerseits kann man häufig durch einen geeigneten Depolarisator wie SO_2 nicht nur eine Spannungserniedrigung herbeiführen, sondern auch die durch Bildung eines unlöslichen Metallsalzes ($PbSO_4$, Ag_2SO_4 u. a.) gebundene Säure des Elektrolyts wieder ersetzen.

Um, was bei der wässerigen Elektrolyse besonders wichtig ist, das Metall in verkäuflicher Form, d. h. von dichter und gleichmäßiger Beschaffenheit, von gutem Glanz und gut verwalzbar zu erhalten, müssen besondere Vorsichtsmaßregeln beobachtet, z. B. Festhaften der Wasserstoffbläschen, Anreicherung an Metallhydroxyd an den Kathoden, welche zu Schwammbildung führen können, vermieden werden. Hierzu dienen gute Bewegung der Elektroden und des Elektrolyts, Durchlauf des Elektrolyts an der Kathode vorüber, Umhüllung der Elektroden, richtige Auswahl des Elektrolyts und seiner Konzentration. Sehr zweckmäßig hat sich für viele Fälle ein geringer Zusatz sogen. Kolloidstoffe, wie Gelatine, auch von Schwefelkohlenstoff, und dergl. ergeben.

Bei der schmelzflüssigen Elektrolyse spielt zwar die Konzentration des Elektrolyts keine Rolle, denn diese kann sich, abgesehen von einer gelegentlichen Anhäufung von Anionen an der Kathode, nicht ändern, wohl aber die Verunreinigung des Bades. Hierzu treten außerdem andere Störungen auf, die die Stromausbeute herabsetzen, wie Verluste an Metall durch Verspritzen, Wiederoxydation im Bade, vor allem die sogen. „Metallnebel", das sind das Schmelzbad in feinster Verteilung durchsetzende Metalltröpfchen. Deren Ursache ist noch nicht aufgeklärt. Gelegentlich tritt auch der sogen. Anodeneffekt ein, d. i. eine plötzliche bedeutende Spannungserhöhung an der Anode, die durch ein Abstoßen des Elektrolyts an der Anode (wie Wasser an fetter Oberfläche) hervorgerufen wird und häufig auf Verunreinigungen des Bades, die sich an der Anode absetzen, zu beruhen scheint.

Die zur Aufrechthaltung der Schmelzflüssigkeit des Bades erforderliche Wärme liefert meist der elektrische Strom selbst bei der Überwindung des Badwiderstandes (J o u l e sche Wärme (61)). Die Spannung ist dementsprechend höher als die nach der Wärmetönung der Verbindung erforderliche Zersetzungsspannung. Gegebenenfalls ist eine Zusatzheizung, entweder ebenfalls elektrisch durch eine besondere Stromquelle (zweckmäßig Wechselstrom) oder durch äußere Heizung notwendig (s. Alkalimetalle).

Aus wirtschaftlichen Gründen empfiehlt sich die wässerige Elektrolyse, da sie geringere Anforderungen an die Apparate hinsichtlich Material und Haltbarkeit stellt und außerdem die für Schmelzung des Rohmaterials und die Flüssighaltung des Bades erforderliche Energie erspart. Sie ist jedoch nur anwendbar für die S c h w e r m e t a l l e , die eigentlichen E r z m e t a l l e : Zn, Cd, Hg, Cu, Au, Ag, Pt, Pd, Ir, Sn, Bb, Ni, Co, Fe, Cr, Sb, As, Bi. Die andern Metalle, L e i c h t m e t a l l e : Na, K, Li, Rb, Cs, Sr, Ba, Ca, Mg, Al, Be, Ceritmetalle, lassen sich hierbei nur unter besonderen Umständen, z. B. in Form von Legierungen mit Quecksilber (als Amalgame) erhalten, indem hierbei Quecksilber als Kathode dient; ihre technische Herstellung auf diesem Wege lohnt sich jedoch nicht wegen der Schwierigkeiten der Trennung. Meist dient dieses Verfahren nur zur Gewinnung der Ätzalkalien (s. Alkalichloridelektrolyse, (948).

Verschiedene Besonderheiten in der praktischen Ausführung, die sich aus den Eigenschaften der einzelnen Metalle ergeben, werden noch bei der folgenden Besprechung der Gewinnung der einzelnen Metalle zur Erwähnung kommen.

L i t e r a t u r.
B o r c h e r s , Elektrometallurgie 1903. — N e u b u r g e r . Handbuch der praktischen Elektrometallurgie 1907. — P e t e r s , Elektrometallurgie und Galvanotechnik. 4 Bde. 1900. — R e g e l s b e r g e r , Elektrometallurgie 1910. — W i n t e l e r , Die Aluminiumindustrie 1903. — Siehe auch S. 681 : A s k e n a s y , B i l l i t e r; aus „M o n o g r a p h i e n", insbesondere: Bd. 2. M i n e t , Aluminium; B e t t s , Bleiraffination 1910. Bd. 6. B o r c h e r s , Nickel; Bd. 9 B e c k e r , Alkalimetalle; Bd. 10. U l k e , Kupfer; Bd. 16. G ü n t h e r , Zink; Bd. 26. N e u m a n n , Eisen; Bd. 39. M e n n i c k e , Zinn.

Leichtmetalle.

(925) Alkalimetalle (Na, K, Li, Rb, Cs). Davon wird nur Natrium in größerem Maßstabe hergestellt. Als Elektrolyt dient bisher noch meist schmelzflüssiges Ätznatron. Zur Elektrolyse hat zuerst C a s t n e r 1890 einen brauchbaren Apparat angegeben (DRP. 58121), dem der von B e c k e r (DRP. 104 955) ähnlich ist. Sie sind tiegelartig, wie auch der neuestens angegebene Apparat von der S o c i é t é d'E l e c t r o c h i m i e und H u l i n (DRP. 224 853), und vermögen daher immer nur verhältnismäßig kleine Mengen Schmelze zu zersetzen. Beim H u l i n schen Apparat (Fig. 558) hängen in einem eisernen zylindrischen Kessel, dessen Außenwände wärmeisolierend (J) eingepackt sind, und der durch eine elektrische Heizung (H) von außen geheizt werden kann, die zylindrische Anode (A) von Eisen oder Nickel und innerhalb dieser an einem leitenden Ring peripherisch verteilte Metallstäbe K als Kathode, während über den beiden Elektroden und konaxial zu ihnen ein Blechring S, der auch einen Deckel haben kann, von etwas geringerem Durchmesser als die Anode teilweise aus der Schmelze heraus-ragt, so daß sich in ihm das von der Kathode aufsteigende Natrium sammeln kann. Es hat sich als wichtig herausgestellt, die Kathode leicht auswechselbar zu machen, um sie zeitweilig und besonders nach Hinzugabe von frischem Ätznatron herauszunehmen und von angesetzten Verunreinigungen aus dem Natron durch Abwaschen reinigen zu können.

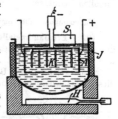

Fig. 558.
H u l i n scher Natriumofen.

Es werden übrigens auch flache, eiserne, durch direktes Feuer beheizte Pfannen gebraucht, in denen parallel nebeneinander Eisenblechschienen als Elektroden, und zwar die als Kathoden dienenden bis wenig unter die Oberfläche der Schmelze reichend, eingehängt sind. (Brit. P. 21 027/96.)

Die Elektrolyse erfordert sehr hohe Kathodenstromdichte (bis zu 5000 A/m²) und sorgfältige Beobachtung der Temperatur (wenig über dem Schmelzpunkt des Ätznatrons). Wegen des nicht zu vermeidenden und sich fortgesetzt neu bildenden Wassergehaltes des Elektrolyts geht die Stromausbeute nicht über 50 % hinaus; den entstehenden Wasserstoff läßt man über der Schmelze verbrennen. Das abgeschöpfte Natrium wird in gewöhnlichen tiefen eisernen Tiegeln umgeschmolzen.

Die schon 1854 von B u n s e n angegebene Verwendung von Haloidsalzen als Ausgangsmaterial, welche sich für Natrium wegen der Billigkeit des Kochsalzes sehr empfehlen würde, hat sich bislang für Natriumdarstellung nicht technisch durchführen lassen, noch weniger die von D a r l i n g & F o r r e s t vorgeschlagene Zersetzung von Natriumnitrat (unter Wiedergewinnung der Salpetersäure).

Neuerdings scheinen jedoch die praktischen Schwierigkeiten überwunden zu sein, weshalb das eine dieser Verfahren — das hauptsächlich von A s h c r o f t (DRP. 158 574) ausgearbeitet worden ist — nähere Beschreibung verdient (siehe Fig. 559 als schematischer Längsschnitt). Es dient hierzu eine Doppelzelle aus Gußeisen: In der einen, der Primärzelle (I), wird Na Cl (oder ein anderes Na-Salz) unter Benutzung einer Kathode aus geschmolzenem Blei zersetzt, welche das entstehende Natrium als Legierung bindet und somit der Einwirkung des an der Anode entstehenden Chlors entzieht. J ist eine isolierende Bekleidung aus Magnesit; B

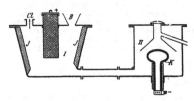

Fig. 559. A s h c r o f t s Doppelofen für Alkalichloridelektrolyse.

ist ein Trichter zum Nachgeben von Natriumsalz. Die geschmolzene Legierung fließt in eine andere Zelle (II), in der irgendeine schmelzbare Natriumverbindung, z. B. Ätznatron, als Elektrolyt enthalten ist. Hier wirkt die Bleilegierung als Anode, ihr Natriumgehalt geht in das Elektrolyt, das zugleich durch denselben Strom ebensoviel Natrium an der hier vorhandenen Kathode K, die isoliert durch den Boden und das Blei hindurchgeht,

abscheidet. Das von Natrium befreite Blei kehrt alsdann mittels einer geeigneten Pumpe in die Primärzelle zurück. Die Spannungserhöhung in der Sekundärzelle (II) ist, da hier nur der Badwiderstand zu überwinden ist, verhältnismäßig gering. Natürlich läßt sich dieses Verfahren auch, unter Weglassung der Sekundärzelle, zur Gewinnung von Legierungen der Alkalimetalle mit schmelzbaren Schwermetallen benutzen.

Literatur.

Monographien über angewandte Elektrochemie Bd. 9. B e c k e r, Alkalimetalle 1903.

(926) Erdalkalimetalle: Ca, Sr, Ba; Magnesium. Ausgangspunkt sind wiederum die geschmolzenen wasserfreien Chloride; jedoch hat man bis jetzt Strontium und Baryum noch nicht in größeren Mengen dargestellt. Eine Darstellung des Kalziums gelang zuerst B o r c h e r s und S t o c k e m. Als eine Verbesserung dieses Verfahrens kann man das von S e w a r d und v o n K ü g e l g e n (DRP. 214 963) ansehen, die bei Anwendung eines spe-

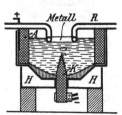

Fig. 560. Ofen von S e w a r d u. v. K ü g e l g e n für Erdalkalichloridelektrolyse.

zifisch schwereren Elektrolyts das Metall nach oben steigen und dort an einem wassergekühlten (außen isolierten) Ring R sich zu einem entsprechend seinem Wachstum aus dem Bade herausgehobenen Klumpen sammeln lassen (Fig. 560). Die Anode A muß wie die Kathode K von der äußeren Behälterwand gut isoliert sein; H stellt einen den Boden und die Kathode ringförmig umgebenden Kühlkasten dar. Auch hierzu ist hohe Kathodenstromdichte erforderlich. Die Elektrochemischen Werke Bitterfeld gewinnen Kalzium als kompaktes, reines Metall, indem sie die stabförmige Eisenkathode nur eben (wie bei ihrem Natriumverfahren) die Oberfläche der Schmelze (Chlorkalzium) berühren lassen und sie dem Strom und der Metallausscheidung entsprechend allmählich aus dem Bade herausziehen; hierbei bildet also sehr bald nach Beginn der Elektrolyse das der Dicke des Eisenstabes entsprechend angesetzte und durch eine Schicht Chlorkalzium vor oberflächlicher Verbrennung geschützte Kalziummetall selbst die Kathode.

Geringere Stromdichte (etwa 1000 A/m²) erfordert M a g n e s i u m. Als Elektrolyt dient der gereinigte Carnallit, ein Doppelsalz von Chlormagnesium mit Chlorkalium, dem zur Erleichterung des Zusammenlaufens der Magnesiumkügelchen etwas Chlornatrium sowie etwas Fluorcalcium zugegeben wird. Wichtig ist Abwesenheit jeder Spur von Wasser und Sulfat, welche Oxydation herbeiführen und das Zusammenlaufen des Magnesiums verhindern. Je nach dem spezifischen Gewicht der Schmelze, erhöht z. B. durch Zusatz von Flußspat, schwimmt das Magnesium im Bade oder steigt an die Oberfläche.

(927) Erdmetalle. A l u m i n i u m. Seine elektrolytische Herstellung in großem Maßstab gelang nicht, solange man an der Heizung der Schmelzgefäße und des Elektrolyts von außen festhielt. Erst als H é r o u l t 1887, zunächst unter Herstellung von Legierungen mit Kupfer und Eisen, einen Teil der Stromarbeit zur Erzeugung der Schmelzwärme für das Elektrolyt benutzen lehrte, war das Haupthindernis für die industrielle Herstellung des Aluminiums hinweggeräumt.

H é r o u l t hat jedoch diesen Weg zur Gewinnung des Aluminiums nicht weiter technisch ausgewertet. Tatsächlich ist auch die Herstellung von kohlenstoff- und siliziumfreiem Aluminium im Kohlentiegel, der als Kathode dient, nicht ohne weiteres möglich; auch B o r c h e r s, der sich mit Erfolg mit dieser Frage beschäftigte, war der Meinung, daß Kohlenkathoden für die Aluminiumdarstellung unbrauchbar seien (Karbidbildung sowie Zertrümmerung durch eindringendes Metall) und schlug dafür gekühlte Metallböden vor, wodurch der Stromdurchgang von den Wandungen derart abgelenkt wurde, daß diese durch eine Kruste des Elektrolyt-Materials vor der Einwirkung des Bades und des Metalls geschützt blieben. K i l i a n i, unter dessen Leitung die Alum.-Industrie-Akt.-Ges. zu Neuhausen 1888 gegründet wurde, ermöglichte durch gute Regelung der Stromdichte und Führung der Stromlinien und, in Zusammenhang damit, Innehaltung einer gemäßigten Temperatur die Benutzung der Kohlenöfen auch ohne Metallkathoden und ohne besondere Kühlung zur Darstellung des Reinaluminiums. Gegenwärtig wird direkt nur dieses dargestellt und erst aus diesem durch Zusammenschmelzen die gewünschten Legierungen, was um so wichtiger ist, da letztere durch unmittelbare Erzeugung im elektrischen Ofen doch nicht von der gewünschten Zusammensetzung zu erhalten waren.

Zur Elektrolyse dient ein Bad aus natürlichem Kryolith oder aus Fluoraluminium und Fluornatrium, dem von Anfang an etwa 20 % reine wasserfreie Tonerde beigemengt und im Verlaufe des Verfahrens entsprechend dem Stromverbrauch und unter Aufrechterhaltung der Spannung von 5,5 bis 8 V (je nach der Kapazität des Ofens) regelmäßig zugesetzt wird. Da die Schmelze bei der Temperatur der Elektrolyse (900—1000°) ein spezifisches Gewicht von max. 2,35, das geschmolzene Aluminium etwa 2,54 hat, so sammelt sich letzteres auf dem Boden des Ofens an, von wo aus es von Zeit zu Zeit mit eisernen Löffeln herausgeschöpft oder abgestochen wird.

Die Stromdichte beträgt etwa 2,5 A auf das Quadratzentimeter Badquerschnitt.

1 kg Aluminium bedarf zu seiner Ausscheidung theoretisch 2970 Ast, die wirkliche Ausbeute beträgt bei einem Ofen, der mit 7500 A arbeitet, in 24 Stunden 43,1 kg Aluminium, also 71 % der Theorie (auf den S t r o m verbrauch), der tatsächliche elektrische Energieverbrauch 22 bis 23 kWst für 1 kg Aluminium (bei 5,5 V). Andere Verluste bestehen in der Verdampfung der Fluorsalze der Schmelze, wobei das Fluor teils mit Natrium und Aluminium zusammen, teils in gasförmigen (Kohlenstoff-) Verbindungen weggeht, sowie auch dadurch, daß ein Teil des Aluminiums in Aluminiumkarbid übergeht, so daß die Schmelze von Zeit

zu Zeit entfernt werden muß. Der Ofen ist ein mit zäher Kohlenpulverteermischung, die durch Ausbrennen erhärtet wird, ausgestampfter zylindrischer oder viereckiger Eisenblechkasten; im Boden sind starke eiserne Stifte, von einer eisernen Bodenplatte ausgehend, als Stromzuleiter mit eingestampft. Der Ofen (s. den schematischen Längsschnitt Fig. 561) dient somit als Kathode. Die Anoden. —

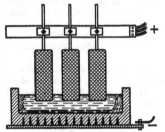

starke zylindrische Stangen oder vierkantige prismatische Blöcke von künstlicher Kohle gepreßt — müssen leicht verstellbar aufgehängt sein, und zwar derart, daß sie von der Wandung weiter entfernt sind als vom Boden. Der Verbrauch an Anodenkohlen beträgt etwa 1 kg auf 1 kg erzeugtes Aluminiummetall.

Die Temperatur darf nicht zu hoch gehen, erstlich, um die Verdampfung der Fluoride möglichst zurückzuhalten, sodann auch, um Metallverluste (durch Verstäubung im Bade oder durch Oxydation)

Fig. 561. Aluminiumofen.

zu vermeiden.

Die Gestehungskosten des Aluminiums werden außer von der elektrischen Kraft durch den Preis der Elektrodenkohlen und der Tonerde bedingt, welche beide sehr rein, insbesondere frei von Eisen und Silizium sein müssen.

Aus Schwefelaluminium, welches sich wegen seiner niedrigeren Zersetzungsspannung empfehlen würde, aber schwieriger als Tonerde zu gewinnen ist, oder anderen Aluminiumverbindungen wird zurzeit kein Aluminium erzeugt.

Literatur.

Winteler, Die Aluminium-Industrie. 1903; Minet, Aluminium. 1902; aus „Monographien über angewandte Elektrochemie"; Richards, Aluminium 3. Aufl., 1896.

Die Gewinnung des Berylliums ähnelt der des Aluminiums.

Auch die Gewinnung der Ceritmetalle, die als „Mischmetall" Bedeutung für die zu Zündzwecken geeigneten pyrophoren Legierungen gewonnen haben, ist dem ähnlich (vgl. Liebigs Annalen der Chemie Bd. 320, 331 und 335).

Schwer- oder Erzmetalle.

(928) Zink, Kadmium, Quecksilber. Die unmittelbare Gewinnung des Zinks aus den Erzen (als Anode) bzw. aus den hieraus auf chemischem Wege erhaltenen Lösungen hat sich bis heute nicht durchzusetzen vermocht, da diese Metalle zur Abscheidung in günstiger Form möglichst reine Laugen von ganz bestimmtem mäßigem Säuregehalt verlangen. Übrigens ist auch das von der Elektrolyse gelieferte Produkt für die meisten Zwecke der Metalltechnik zu rein.

Wirtschaftliche Erwägungen haben auch die elektrolytische Verarbeitung der bei der Zink- und Silberverhüttung abfallenden Legierungen (Zinkschaum), für welche Rößler-Edelmann, Rösing, Hasse zum Teil recht günstige Methoden ausgearbeitet hatten, bisher hintangehalten.

Erwähnenswert sind für die Verarbeitung von Zinklaugen die neueren Vorschläge von Siemens & Halske, die als Anoden solche aus dichtem Bleisuperoxyd oder Mangansuperoxyd vorschlugen, von Laczczynski, der die Anoden mit einem Gewebe umhüllt, von Tossizza (Am. Pat. 703 857) und von Rontschewsky (Zeitschr. f. Elektrochemie VII, S. 21), die unter Anwendung von Diaphragmen an der Anode chemische Arbeit leisten lassen und so den Spannungsverbrauch erniedrigen.

Die Schmelzelektrolyse, wie sie von Lorenz, Ashcroft, Swinburne unter Benutzung von Chlorzink ausgearbeitet worden ist, hat ebenfalls keine technische Ausnutzung gefunden.

Das gleiche gilt von K a d m i u m, das sich auf wässerigem Wege noch leichter als Zink erhalten ließe, und von Q u e c k s i l b e r, obwohl dieses unschwer z. B. aus Alkalisulfidlösung niederzuschlagen ist. Auch ein neuerer Vorschlag von S z i l a r d (DRP. 223152), der die Quecksilbererze als Chloridverbindungen in Lösung bringen und elektrolysieren will, wird vorläufig wenig daran ändern.

Literatur.
G ü n t h e r, Die Darstellung des Zinks, Bd. 16 der Monographien über angewandte Elektrochemie.

(929) Kupfer. In die Kupferhüttentechnik hat die Elektrolyse nach Erfindung der Dynamomaschine in ausgedehntestem Maßstabe Eingang gefunden, und zwar zunächst zur R a f f i n a t i o n v o n S c h w a r z - und G a r k u p f e r. Seitdem wird weit über die Hälfte des Weltverbrauchs an Reinkupfer durch elektrolytische Raffination gewonnen. Es haben sich inzwischen verschiedene Ausführungsarten dieser Arbeit entwickelt, von denen das beste das V e r f a h r e n v o n S i e m e n s & H a l s k e mit der von G e b r. B o r c h e r s - Goslar beschriebenen Laugenzirkulation ist. Die Rohkupferanoden werden abwechselnd mit Feinkupferblech-Kathoden in hölzerne mit Blei ausgekleidete Bottiche gehängt. Die Entfernung zwischen den Elektroden beträgt 50 bis 80 mm. Zur Verbindung der Elektroden mit den Leitungen dienen Kupferblechstreifen, welche auf den Längsleisten eines auf dem Bottichrande ruhenden, mit Öl, Paraffin oder ähnlichen Substanzen getränkten Holzrahmens liegen (Parallelschaltung). Die Anoden haben je zwei Ansätze, mit denen sie auf die Leitungen gehängt sind. Je einer dieser Ansätze ist gegen die negative Leitung durch Anstrich oder Gummiplatten isoliert. Die Kathoden hängen meist in Kupferhaken an Holzleisten. Zur Verbindung ist ein Kupferblechstreifen so über die Holzleiste gezogen, daß er mit einem oder beiden Haken und der negativen Leitung in Berührung steht. Auch die Anoden können so aufgehängt werden. Das Elektrolyt besteht aus einer mäßig konzentrierten, sauer zu haltenden Kupfervitriollösung. Durch Einblasen eines feinen Luftstromes in ein unten und oben offenes Rohr, das die Mitte des Bodens mit einem Ende des Flüssigkeitsspiegels im Elektrolysierbottiche verbindet, erreicht man eine ideale Laugenzirkulation neben Reinerhaltung der Laugen, wenn man die Bäder mäßig warm hält. Bei Kupfersorten, welche ohne diese Laugenzirkulation höchstens mit einer Stromdichte von 30 A/m² verarbeitet werden konnten, kann man heute bis auf 100 A/m² gehen, bei reineren Kupfersorten steigert man die Stromdichte auf 150 bis 200 A/m². Die erforderliche EMK beträgt für die Zelle je nach der Reinheit des Kupfers und des Elektrolyts 0,1 bis 0,25 V. Außer der vorstehend geschilderten Schaltung ist in Nordamerika (nach H a b e r, Zeitschr. f. Elektroch. 1903) auch die Reihenschaltung mit gutem Erfolg in Gebrauch, wobei in jedem Bade zwischen der stromzu- und abführenden Platte ohne metallische Verbindung eine Anzahl Kupferplatten als M i t t e l l e i t e r hängen; sie verlangt jedoch schon sehr gutes (99,5 %) Anodenkupfer.

Bei allen diesen Prozessen geht das Kupfer von der Anode zur Kathode über; einige Verunreinigungen des Rohkupfers (Fe, Ni, Co, As usw.) gehen in Lösung, ohne an der Kathode gefällt zu werden. Ag, Au, PbO₂, Cu₂O (auch fein pulver. metall. Cu) treten nicht in die Lösung ein, sondern fallen als „Anodenschlamm" ab. Dieser wird gesammelt und mit Blei abgetrieben.

Durch Aufnahme dieser Verunreinigungen aus der Anode verarmt das Bad gleichzeitig an Kupfer und an Säure, so daß für Zufuhr beider gesorgt werden muß.

Die Aufarbeitung der Erze, entweder direkt elektrolytisch als Anode (M a r - c h e s e s Verfahren) oder aus den chemisch (nach S i e m e n s & H a l s k e mit Ferrisulfatlösung, nach H ö p f n e r mit Kupferchloridlösung) hergestellten Laugen, hat sich wegen technischer Schwierigkeiten, wie Unreinheit der Lösungen, praktisch ungenügender Entkupferung der Erze, Mängel der Diaphragmen, trotz sonstiger großer Vorzüge (z. B. geringerer Spannung infolge anodischer Oxydationsarbeit durch Überführung von Salzen niedrigerer Oxydationsstufe in solche höherer, Ferrosulfat in Ferrisulfat, Cu_2Cl_2 in $Cu\,Cl_2$) bisher nicht eingeführt; doch sind immer noch Bestrebungen zur Behebung dieser Schwierigkeiten im Gange. Insbesondere verdient der H ö p f n e r sche Gedanke Erwähnung, nach dem eine bei der Auslaugung entstehende kupferchlorürhaltige Lösung der Elektrolyse unterworfen wird, da hierbei der gleiche Strom von dem einwertigen Cuproion doppelt so viel Kupfer ausscheidet als aus den das zweiwertige Cupriion enthaltenden Kupfersulfatlösungen.

Zu erwähnen ist hier auch das E l m o r e sche Verfahren, nach welchem (z. B. in Schladern a. d. Sieg) nahtlose Kupferröhren unter Verwendung eines Rohkupfers von 94—96 % Feingehalt auf galvanoplastischem Wege mittels drehender und von hin- und hergehenden Glättwerkzeugen bearbeiteter walzenförmiger Kathoden hergestellt werden (Stromdichte 600 A/m²); als Elektrolyt dient schwachsaure Kupferlösung; Au und Ag sammeln sich im Schlamm.

Literatur.

U l k e , Die elektrolyt. Raffination des Kupfers. 1904 (aus der Sammlung „Monographien über angewandte Elektrochemie).

(930) Silber. Bei der Raffination des Kupfers (929), des Werkbleies (934) und des Zinkschaumes (928) bleibt Silber an der Anode als unlöslicher Rückstand; bei der Raffination gold- und platinhaltigen Silbers wird es dagegen an der Anode gelöst und an der Kathode niedergeschlagen. Elektrolyt: verdünnte sauer gehaltene Lösung von Ag NO_3.

Bei Feinsilberarbeit sind die Anoden Blicksilberplatten, die an Haken auf einem auf den Leitungen ruhenden und mit der positiven Leitung in Kontakt befindlichen Bronzerahmen hängen, die Kathoden Feinsilberbleche, die mit Hilfe von Stäben und Haken ebenfalls auf die Leitungen gehängt und hierdurch mit dem negativen Pol in leitender Verbindung sind. Die Anoden sind mit Leinenbeuteln umgeben. Man arbeitet mit verhältnismäßig hohen Stromdichten (bis zu 300 A/m² Kathodenfläche), um die wertvollen Metalle schnell durchzusetzen. Das Silber wächst daher in Nadeln an den Kathoden an und wird fortwährend durch hölzerne, mechanisch bewegte Abstreicher abgestoßen; es sammelt sich in einem mit Leinwand ausgelegten und mit Lattenboden versehenen Kasten, der am Boden des Elektrolysierbottichs steht. Alle 24 Stunden wird das abgestoßene Silber herausgehoben, gewaschen, gepreßt, getrocknet und eingeschmolzen. Die Anodenbeutel werden wöchentlich ein- oder zweimal vom dem Goldschlamm entleert, der dann in bekannter Weise weiter verarbeitet wird. Bei 4 Elektrodenpaaren im Kasten beträgt die erforderliche Spannung 1,5 V. Dieses von M o e b i u s ausgearbeitete Verfahren ist in Deutschland in der Deutschen Gold- und Silberscheideanstalt vorm. Rößler & Co. in Frankfurt a. M. in Betrieb.

(931) Gold. Bei dessen Gewinnung aus den Erzen hat sich die Elektroamalgamation nur an wenigen Plätzen eingeführt. Die elektrolytische Ausfällung aus den verdünnten Cyankaliumlaugen nach S i e m e n s & H a l s k e ist zwar von gutem Erfolg, wird aber durch die chemische Fällung mittels Aluminium oder Zink stark verdrängt. Als Anoden dienen Eisenbleche, als Kathoden Bleibleche. An der Anode bilden sich verwertbare Eisencyanide (Berlinerblau), die mit Gold belegte Bleiplatte wird von Zeit zu Zeit eingeschmolzen und das Gold daraus abgetrieben.

Die Aufarbeitung von goldhaltigen Legierungen kann auf nassem Wege, wie bei Silber beschrieben ist, geschehen.

Nach W o h l w i l l (Verfahren der Norddeutschen Affinerie) wird die Legierung als Anode gegenüber einer Feingoldkathode in verdünnter warmer Salzsäure bzw. saurer Goldchloridlösung bei hoher Stromdichte (1000 A/m² und darüber), besonders vorteilhaft mit asymmetrischem Wechselstrom (DRP. 207 555), elektrolysiert, wobei ein sehr reines Gold entsteht, während Platin und Palladium in Lösung, Iridium und Silber (als Chlorsilber) in den Schlamm gehen. Da hierbei auch einwertige Goldionen auftreten, so ist die Stromausbeute zum Teil höher, als sich auf dreiwertiges Gold berechnet. Das im Bad gelöste Platin muß von Zeit zu Zeit durch Ausfällen mit Salmiak entfernt werden.

(932) Die **Platinmetalle** lassen sich durch Elektrolyse ihrer Chloridlösungen niederschlagen, mit Ausnahme von Iridium, das sich so von Pt und Pd trennen läßt, und von Osmium.

(933) Zinn. Zinnerze werden elektrolytisch nicht verarbeitet. Dagegen beschäftigt die Entzinnung der Weißblechabfälle mehrere z. T. große Anlagen, z. B. in Essen, Kempen a. Rh., Uerdingen a. Rh., Hannover u. a. Die Verwendung von Schwefelsäure als Elektrolyt empfiehlt sich hierfür nicht (Eisenauflösung, Unangreifbarkeit der Lackanstriche in Schwefelsäure). Am besten eignet sich Alkalilauge (10 % NaOH), die nach einiger Dauer der Elektrolyse eine Natriumstannatlösung von ca. 2 % Zinngehalt darstellt. Ein für Erzielung eines festen Metallniederschlages empfohlener Zusatz von Chlornatrium zum Bade ist nicht erforderlich, da das technische Ätznatron genügend hiervon enthält. In Eisenblechkörbe fest verpackte Weißblechabfälle dienen als Anoden, Eisenbleche als Kathoden, auf denen sich das Zinn in schwammiger Form abscheidet und davon durch Verschmelzen (als Zinn) oder Auflösen (als Zinnsalze) gewonnen wird. Die entzinnten Blechabfälle werden in Eisenwerken als Zuschläge verhüttet.

Die Elektrolyse geschieht in der Wärme (ca. 70°) bei etwa 1,5 V; 50 Zellen mit je 3 Körben zu je 50 kg Abfällen gestatten bei 300 Arbeitstagen eine Verarbeitung von 9000 t jährlich. Das Elektrolyt, welches Kohlensäure aus der Luft anzieht, muß zeitweilig entfernt und kann dann leicht regeneriert werden, indem es erst mit Kohlensäure behandelt (Ausfällen des gelösten Zinns als Hydroxyd) und hierauf (mit Kalk) alkalisiert wird.

(934) Blei. Die Schwierigkeiten, die bisher die Gewinnung von reinem, dichtem Blei aus Rohblei durch Elektrolyse der wässerigen Lösung seiner Salze bot, scheinen überwunden, seitdem man nach B e t t s (DRP. 198 288) als Elektrolyt die Kieselflußsäure unter Zusatz von Gelatine benutzt. Dabei scheidet sich der nicht unbedeutende Wismutgehalt des Rohmetalls nebst anderen Fremd-(auch Edel-)metallen gänzlich im Anodenschlamm ab; auch die Verwendung der Überchlorsäure soll bei gleichzeitigem Zusatz von Kolloidsubstanzen gutes Walzblei ergeben.

In Fällen, wo die schwammige Niederschlagsform erwünscht ist, wie für Akkumulatorenzwecke, führt auch das S a l o m sche Verfahren (Am. P. 778901), nach dem Bleisulfid (Bleiglanz) unmittelbar kathodisch in Schwefelsäure reduziert wird, zum Ziel.

Literatur.

B e t t s, deutsch von E n g e l h a r d t, Bleiraffination durch Elektrolyse. 1910; aus der Sammlung „Monographien über angewandte Elektrochemie".

(935) Arsen, Antimon, Wismut. Die Elektrolyse gelingt bei den ersteren beiden durch Anwendung der Sulfosalzlösungen, wird aber kaum ausgeführt; B e t t s empfiehlt das Antimontrifluorid, SbF$_3$, bzw. die Raffination des Rohantimons in Flußsäure, wobei sich die genannte Verbindung zurückbildet.

W i s m u t läßt sich aus der salzsauren Lösung des Wismutchlorürs (Bi Cl$_3$) oder des Wismutnitrats niederschlagen; die erstere Methode wird bei der Aufarbeitung des wismuthaltigen Anodenschlammes aus der Bleiraffination nach B e t t s (934) angewendet.

(936) Nickel, Kobalt. Nickel läßt sich bei höherer Temperatur aus Rohnickelanoden mit Nickellösungen gut raffinieren. Um Nickelerze zu verarbeiten, werden zunächst durch Röst- und Konzentrationsarbeit Legierungen mit Kupfer hergestellt, die dann elektrolytisch bis auf 1 % von Kupfer befreit werden, während der Rest an Kupfer und Eisen chemisch ausgefällt und die Nickellösung sodann elektrolysiert wird.

Literatur.
B o r c h e r s, Elektrometallurgie des Nickels. 1903.

(937) Eisen. Seine elektrolytische Gewinnung aus Eisensalzlösungen hat man bisher, außer zur Verstählung für galvanotechnische Zwecke, für unwirtschaftlich gehalten, bis man den Vorteil erkannt hat, den das so zu erhaltende chemisch reine Eisen für manche technische Zwecke bietet. Außer dem Engländer C o w p e r - C o l e s hat sich auch die Firma L a n g b e i n - P f a n h a u s e r - W e r k e in Leipzig mit gutem Erfolge damit beschäftigt; sie fällen nach F i s c h e r s Vorschlag das Eisen aus der heißen Lösung seines Chlorids bei hoher Stromdichte unter guter Bewegung (vgl. DRP. 212 994).

Literatur.

N e u m a n n., Elektrometallurgie des Eisens. 1907; aus der Sammlung „Monographien über angewandte Elektrochemie".

(938) Chrom läßt sich aus den wässerigen Lösungen seiner Oxydsalze mit mehr oder weniger gutem Erfolge niederschlagen; S a l z e r (DRP. 221 472 und 225 769) empfiehlt zu diesem Zwecke (wohl mehr für galvanotechnische Zwecke) ein Bad aus Chromsäure und Chromoxyd in einem bestimmten Verhältnis.

Die schmelzflüssige Elektrolyse von Chromalkalichlorid mit einer Ferrochromanode ergibt kein ganz reines Chrom.

Literatur.

L e B l a n c, Die Darstellung des Chroms und seiner Verbindungen mit Hilfe des elektrischen Stroms 1912; aus „Monographien über angewandte Elektrochemie".

(939) Mangan, von B u n s e n 1854 durch Elektrolyse von konzentrierter siedender Manganchlorürlösung bei sehr hoher Stromdichte (6—7 A/cm^2) dargestellt, läßt sich auch schmelzelektrolytisch wie Chrom darstellen.

(940) Titan läßt sich nach B o r c h e r ? & H u p p e r t z (DRP. 150 557) erhalten durch Elektrolyse einer Schmelze eines Erdalkalihaloids unter Eintragen von Titanoxyd an die Kathode; nach dem Auslaugen der erkalteten Schmelze mit Wasser und Salzsäure bleibt es als Pulver zurück.

(941) Vanad erhält G i n (DRP. 153 629) durch Elektrolyse einer Schmelze von V_2F_6 . 3 CaF_2 unter stetiger Nachspeisung von Vanadoxyd mit Kohleanoden (vgl. Aluminium).

Ähnlich geht G i n auch zur Darstellung von Molybdän und Uran vor.

II. Anwendung der Elektrolyse zur Herstellung chemischer Produkte.

Herstellung chemischer Produkte.

(942) Allgemeines. Die wesentlichen Bedingungen ergeben sich aus (917—923). Man muß unterscheiden, ob es sich um Herstellung von unlöslichen bzw. schwerlöslichen oder von in Lösung verbleibenden Präparaten oder um Herstellung von Gasen handelt. Als Gase kommen wesentlich nur in Betracht: Wasserstoff, der sich an der Kathode, Sauerstoff (bzw. Ozon) und Chlor (unter Umständen auch Stickoxyde und Schwefel), die sich an der Anode abscheiden. H und O gewinnt man durch wässerige Elektrolyse, Cl und NO auch durch schmelzflüssige E. Was H und O anlangt, so bereitet weder die Auswahl des Elektrolyts noch des Anodenmaterials große Schwierigkeiten, da ihre Angriffsfähigkeit in diesem Zustande gering ist. Für reines Chlorgas eignen sich zwar in beiden Fällen Kohlenanoden, auch wirkt bei der schmelzflüssigen Elektrolyse das meist aus einem Alkalichlorid bestehende Elektrolyt selbst nicht störend, wohl aber sind es in einem Falle die im Schmelzelektrolyt verteilten feinsten Metallteilchen, im andern Fall das durch Umsetzung mit dem Lösungswasser entstehende alkalische Kathodenprodukt, welche das Chlor an seiner Entbindung hindern können, wenn man nicht die Anoden- und Kathodenräume trennt oder eine die Metallionen sofort bindende Metallkathode (Quecksilber oder geschmolzenes Blei u. a.) anwendet.

Entstehen gleichzeitig an jeder Elektrode Gase wie bei der Wasserzersetzung, so muß für ihre Getrennthaltung gesorgt werden, zweckmäßig durch ein Diaphragma oder durch geeignete Lagerung und Gestaltung der Elektroden, z. B. jalousieartig, so daß die an ihnen entwickelten Gase nach verschiedenen Richtungen aufsteigen müssen, jedenfalls aber müssen die Auffangshauben für die einzelnen Gase noch im Elektrolyt zweckmäßig bis zur Höhe der Elektroden eintauchen. Bewegung des Elektrolyts in horizontaler Richtung ist in solchem Falle selbstverständlich zu vermeiden.

Zur Bildung unlöslicher Präparate, die nur durch wässerige Elektrolyse stattfindet (Hydroxyde, Oxyde, Sulfide und andere unlösliche Metallsalze), bedarf es meist (ausgenommen z. B. Bleisuperoxyd) der Mitwirkung des Anodenmaterials; als Anode dient dann das Metall der herzustellenden Verbindung, als Elektrolyt meist ein Alkalisalz, dessen Anion die Anode löst, worauf dann durch Einwirkung des aus Kation und Lösungswasser entstandenen Alkalis oder auch eines zugesetzten Salzes mit einer ein unlösliches Salz mit dem Anodenmetall bildenden Säure oder unter Einleitung eines den Niederschlag bewirkenden Gases, wie CO_2 oder H_2S, die unlösliche Metallverbindung ausfällt.

Das Vorgehen bei Herstellung löslicher Präparate richtet sich ganz nach ihrer chemischen Natur und läßt sich im allgemeinen nicht kurz näher charakterisieren. Es mag hier nur noch auf die Bedeutung der chemischen Natur der Kathoden und Anoden für die an ihren stattfindenden Reduktions- und Oxydationsprozesse hingewiesen werden, die zwar hauptsächlich bei der Herstellung organisch-chemischer Präparate eine Rolle spielen, aber auch bei den anorganischen Darstellungen nicht ganz zu vernachlässigen sind; so wird z. B. durch sie bis zu einem gewissen Grade die Zersetzungsspannung (918) beeinflußt, bei Magnesiumkathoden wird die Einwirkung kathodischer Reduktion auf das Elektrolytprodukt (vielleicht infolge Bildung einer Schutzschicht auf der Kathode) verzögert; Bleianoden wirken sicherer oxydierend als z. B. Platinanoden, bei denen wieder zwischen glänzenden und matten (gerauhten) zu unterscheiden ist; Kohlenanoden werden von sauerstoffhaltigem Chlor leichter zerfressen und dergl. mehr.

Literatur.

L ö b , Die Elektrochemie der organischen Verbindungen. 1905. — M o s e r , Die elektrolytischen Prozesse der organischen Chemie; Bd. 36 der Monographien. 1910. — P e t e r s , Angewandte Elektrochemie Bd. II (2 Abt.). Anorganische Elektrochemie Bd. III. Organische Elektrochemie und die bei den folgenden Einzelfällen angegebene Speziallliteratur.

Elemente und anorganische Verbindungen.

(943) Sauerstoff und Wasserstoff. Der Wasserstoff wird in der elektrolytischen Alkaliindustrie als Nebenprodukt gewonnen oder neben Sauerstoff durch Elektrolyse von Wasser, das mit Alkali oder Säure leitend gemacht worden ist, hergestellt. Er kommt, wie Sauerstoff, in Stahlflaschen komprimiert in den Handel.

Apparate zur gleichzeitigen Entwicklung von Sauerstoff und Wasserstoff sind zahlreich konstruiert worden, z. B. von L a t s c h i n o f f, O. S c h m i d t, G a r u t i, S c h o o p, S i e m e n s B r o t h e r s und O b a c h, der E l e k t r i z i t ä t s - A k t i e n g e s e l l s c h a f t vorm. S c h u c k e r t & C o.; sie alle fußen auf der Elektrolyse von Natronlauge zwischen Eisen- oder Nickelelektroden oder von verdünnter Schwefelsäure zwischen Eisen- und Bleielektroden. Die Gase werden gesondert aufgefangen. Mit den Apparaten der E l e k t r i z i t ä t s - A.-G. vorm. S c h u c k e r t & Co. lassen sich in 24 Stunden 106 m³ Sauerstoff und

212 m³ Wasserstoff mit ca. 70 kW in 40 Zersetzungszellen zu 600 A und 2,8—3 V (2,8—3 V bei 70° C) erzeugen.

Literatur:

S c h o o p, Die industrielle Elektrolyse des Wassers, Stuttgart 1901, und E n g e l h a r d t, Elektrolyse des Wassers, Halle 1902; aus der Sammlung „Monographien über angewandte Elektrochemie".

Ozon erhält man nach F i s c h e r (DRP. 187 493) durch Elektrolyse von verdünnter Schwefelsäure bei hoher Anodenstromdichte mit gekühlten und teilweise abgedeckten Platinanoden.

(944) Überführung des Chromoxyds in Chromsäure. Nach H ä u s s e r - m a n n läßt sich Chromoxydhydrat in der mit Natronlauge beschickten Anodenkammer einer mit Diaphragma versehenen elektrolytischen Zelle, deren Kathodenseite mit Wasser oder verdünnter Natronlauge gefüllt ist, in Natrium(mono)chromat überführen; wird die Lösung von Natriummonochromat ohne Alkali in die Anodenabteilung gegeben, so geht das Monochromat in Bichromat über.

Auch in schwefelsaurer Lösung läßt sich unter Getrennthaltung der Anoden- und Kathodenflüssigkeit Chromoxyd zu Chromsäure elektrolytisch oxydieren: die zu oxydierende Chromlösung kommt an die Anodenseite, während die Kathodenabteilung mit derselben Lösung oder mit einem Sulfat oder mit Schwefelsäure gefüllt wird.

Es bedarf keines vollständigen Diaphragmas, wenn man die Lösung zuerst an der Kathode eintreten und von da zur Anode strömen läßt; einen geeigneten Apparat hat L e B l a n c (DRP. 182 287) angegeben.

Die Stromdichte kann sehr hoch, bis zu 6 A/dm² und darüber, bei 3,0 bis 3,5 V gehalten werden, da die Erwärmung des Elektrolyts dem Prozeß nützlich ist und überdies die Leitfähigkeit der Lösung erhöht. Gasentwicklung an der Anode zeigt Nebenzersetzungen und damit das Ende der wirtschaftlichen Durchführbarkeit an; durch stetiges, der Stromwirkung angepaßtes Durchlaufen der Flüssigkeit ist kontinuierliches Arbeiten ermöglicht.

Der Prozeß würde sich insbesondere für die Regenerierung der in den Abfalllaugen der Alizarinfabriken und dergl. in Chromalaun oder Chromsulfat übergegangenen Chromsäure behufs deren Wiederverwendung im gleichen Betrieb eignen, wenn nicht bei hohem Gehalt an organischen Substanzen die zu deren Oxydation aufzuwendende Stromenergie dies verbietet.

Bei Anwendung von Alkalichloridlösung als Elektrolyt läßt sich in einer einfachen Zelle (ohne Diaphragma) nach R e g e l s b e r g e r jedes beliebige Chromsalz sowie auch festes Chromoxyd (in fein verteiltem Zustand) mit sehr guter Ausbeute direkt in Alkalibichromat überführen bis zu einer Konzentration, die z. B. für Kaliumbichromat ein Auskristallisieren durch Abkühlen der heißen Lösung gestattet. Als Anodenmaterial läßt sich jedoch die übliche Elektrodenkohle nicht verwenden, wahrscheinlich aber statt des teueren Platins die Eisenoxydelektroden von E l e k t r o n (920).

Literatur:
L e B l a n c, Die Darstellung des Chroms und seiner Verbindungen auf elektrischem Wege. 1902; Bd. 3 der Monographien.

(945) Alkalipermanganat. Nach einem Verfahren der C h e m i s c h e n F a b r i k a u f A k t i e n (vorm. Schering) in Berlin wird durch Einleiten des Stromes in zwei getrennte Zellen mit poröser Scheidewand, die eine mit Alkalilösung und der negativen Elektrode, die andere mit Manganatlösung und der positiven Elektrode beschickt, an der letzteren das Permanganat, an der negativen Elektrode neben Alkali Wasserstoff erhalten.

Mit Bleielektroden und im Diaphragmenapparat läßt sich Mangansulfat zu Mangansuperoxydsulfat oxydieren (DRP. 163 813).

(946) Perkarbonat. Wird eine gesättigte, durch Diaphragma in Anoden- und Kathodenraum getrennte Lösung von Kaliumkarbonat bei etwa — 15° zwischen Platinelektroden mit hoher Stromdichte elektrolysiert, so erhält man im Anodenraum Kaliumperkarbonat neben Karbonat und Bikarbonat. Die Perkarbonate finden in der Photographie Verwendung oder zur Herstellung von Wasserstoffsuperoxyd.

(947) Persulfosäure und Persulfat. Persulfosäure wird nach E l b s und S c h ö n h e r r bei der Elektrolyse sehr verdünnter Schwefelsäure unter 1,2 spezifischem Gewicht nur wenig, solcher von 1,35 bis 1,6 spezifischem Gewicht im Maximum erhalten; bei Anwendung konzentrierter Säure entsteht die „C a r o sche Säure". Während der Elektrolyse (mit hoher Stromdichte) wird durch Eis abgekühlt. Als Anode dient ein Platindraht, als Kathode eine Bleiplatte.

Für die Darstellung überschwefelsaurer Salze ist das wichtigste Ausgangsmaterial das Ammonsulfat. Gesättigtes Ammoniumsulfat befindet sich im Anodenraum, von diesem durch Diaphragma getrennt im Kathodenraum verdünnte Schwefelsäure. Anode ist eine Platinspirale, Kathode eine Bleischlange, welche gleichzeitig als Kühlschlange dient. Bei Anwendung von neutraler Ammonsulfatlösung, die mit etwas Chromat (als Depolarisationsmittel) versetzt ist, läßt sich Ammoniumpersulfat nach E. M ü l l e r und F r i e d b e r g e r ohne Diaphragma mit sehr hoher Stromausbeute gewinnen. Auch Zusatz von Fluoriden oder Perchloraten wurde zu gleichem Zweck empfohlen.

Natriumpersulfat gewinnt L o e w e n h e r z durch Elektrolyse einer Natriumsulfatlösung in der Anoden-, von verdünnter Schwefelsäure in der Kathodenzelle, wobei zeitweise mit Natriumkarbonat neutralisiert wird. Das Persulfat kristallisiert aus. Kaliumpersulfat wird auf ähnliche Weise gewonnen.

Die Persulfate sind starke Oxydationsmittel, sie sind z. B. imstande, den Benzolkern direkt zu hydroxylieren.

(948) Chlor- und Alkali-Industrie. (Vgl. L u n g e s Handbuch der Soda-Industrie. Bd. III. 1909.) A. Elektrolysiert man unter Verwendung von unlöslichen Elektroden und in einer Diaphragmazelle Alkalichloridlösungen, z. B. Na Cl, so entsteht an der Anode Chlorgas, an der Kathode durch Umsetzung der primär entstehenden Alkalimetalle mit dem Lösungswasser Ätzalkali (NaOH); läßt man das Diaphragma weg, so reagieren beide Produkte aufeinander, und es bilden sich, je nach der Temperatur, hauptsächlich Hypochlorit, NaOCl, (in der Kälte) bzw. Chlorat, $NaClO_3$, (in der Wärme). Über diese Reaktionen haben Ö t t e l, H ä u s s e r m a n n und besonders F o e r s t e r und seine Schüler eingehende Untersuchungen angestellt, deren für die Technik wichtige Ergebnisse hauptsächlich darauf hinauslaufen, daß die sekundäre, durch Erwärmung veranlaßte Chloratbildung am günstigsten in schwach saurer Lösung verläuft, eine Bedingung, die auch bei den zum Teil empirisch aufgefundenen zahlreichen Vorschlägen sich verwirklicht findet, so z. B. in den Zusätzen von Erdalkalichloriden, von Bichromaten, von Fluoriden. Was die ersteren beiden Gruppen anlangt, so wird diese Ansäuerung dadurch zustande gebracht, daß sich ein basischer Bestandteil des Zusatzes an der Kathode niederschlägt und so gleichzeitig ein das Kathodenprodukt vor der elektrolytischen Reduktion schützendes Diaphragma bildet.

Um die Herstellung von B l e i c h f l ü s s i g k e i t e n, wie man die H y p o - c h l o r i t lösungen wegen ihrer Eigenschaft und daraus entspringenden Verwendung benennt, hat sich vor allem K e l l n e r, z. B. durch die von ihm angegebenen doppelpoligen Elektroden, verdient gemacht. Da Hypochlorit durch Erwärmen in Chlorat übergeht, so ist bei der Hypochloritbildung hohe Stromdichte schädlich, bei der Chloratbildung vorteilhaft. In der Technik werden für die Herstellung von Bleichlösungen hauptsächlich die Apparate von Ö t t e l & H a a s (beruhend auf dem DRP. 101 296 und 114 739), von P. S c h o o p (DRP. 118 450 und 121 525), von

der Elektrizitäts-Aktiengesellschaft vorm. Schuckert
& Co. (141 724), von Kellner (165 486) verwendet.

Sie arbeiten teils mit Platin (Kellner — Siemens & Halske), teils
nur mit Kohlenelektroden (Haas & Öttel), teils mit gemischtem System
(Schoop und Schuckert); in den meisten Fällen sind die Elektroden
bipolar angeordnet, nur bei Schuckerts Apparat sind in den aufeinanderfolgenden
Zellen getrennte Elektroden gleichnamig zusammengeschaltet. Alle Apparate
arbeiten natürlich mit stetigem Flüssigkeitsdurchfluß bei zeitweiliger Kühlung; je
nach Art der Apparate, Lage der Elektroden (wagerecht oder lotrecht) und Schaltung
findet ein einfacher direkter Durchlauf mit Überlauf im Stufensystem oder eine
Zirkulation in wagerechtem oder senkrechtem Zickzackweg statt.

Die Leistung der Apparate richtet sich, da die Stromausbeute mit der Konzentration an Bleichchlor abnimmt, nach letzterer; so weisen z. B. die Apparate von
Siemens & Halske bei 15—20 g Bleichchlor im Liter und 10 proz. Salzlösung auf 1 kg Bleichchlor einen Energieverbrauch von 5,7—5,9 kWst und
6,0—7,5 kg Salzverbrauch, dagegen für 30 g Bleichchlor im Liter auf 1 kg Bleichchlor einen Energieverbrauch von 6,5 kWst und 5,0 kg Salzverbrauch bei Anwendung einer 15 proz. Salzlösung auf.

Literatur.

Monographien über angewandte Elektrochemie. Bd. 8: Engelhardt, Hypochlorite
u. elektrische Bleiche, technisch-konstruktiver Teil, 1903. Bd. 17: Abel, dsgl., theoretischer
Teil. Bd. 38: Ebert u. Nußbaum, dsgl., prakt. angewandter Teil. Bd. 19: Kershaw,
Die elektrolytische Chloratindustrie.

Unterwirft man eine gesättigte, nicht alkalische Chloratlösung mit gekühlten
Elektroden der Elektrolyse, so erhält man Perchlorat.

B. Chlor und Alkali. Der Vorschläge zu ihrer Darstellung sind Legion.
Neben den schon erwähnten Diaphragmaverfahren ist noch das
Quecksilber- und vor allem das sogenannte Glockenverfahren
zu erwähnen. Das schmelzelektrolytische Verfahren läuft auf die
primäre elektrolytische Bildung von Leichtmetallegierungen und deren Zersetzung
mit Wasser hinaus (925).

Nach dem Diaphragmaverfahren arbeitet z. B. die Chemische
Fabrik Griesheim-Elektron (s. Berichte der Deutschen chem.
Gesellschaft 1909, S. 2895); sie benutzt statt der das entstehende Chlor durch
Kohlensäurebeimischung verunreinigenden Kohlenelektroden besonders hergestellte Eisenoxyduloxydelektroden (920). Die Schwierigkeiten, die durch
Ineinanderdiffundieren der beiden Elektrodenflüssigkeiten entstehen, umgeht
das Verfahren von Townsend und Sperry (DRP. 182940) dadurch, daß die
am Diaphragma entstehende Kathodenlauge sofort in einer indifferenten Flüssigkeit (Mineralöl) aufgenommen wird. Hargreaves und Bird führen die am
Diaphragma entstehenden Kathodenprodukte sofort mit einem Wasserdampfstrahl
fort, während andere das so gleichzeitig als Kathode wirkende Diaphragma, das
man deshalb auch als Filterelektrode bezeichnet, auf der äußeren Seite mit einer
dünnen Flüssigkeitsschicht berieseln.

Bei dem Verfahren mit Quecksilber spielt dieses die Rolle eines
metallischen Diaphragmas und dient also gleichzeitig als Doppelelektrode: in der
Primärzelle, in der die Elektrolyse des Alkalichlorids stattfindet, bindet es das
Alkalimetall zu einem Amalgam, worauf es stetig oder zeitweilig mit dem Amalgam-
belag auf mechanischem Wege (durch Pumpen, Schaufelräder, Kippen des Appa-
rates und dergl.) nach einer zweiten, Wasser oder Alkalilauge enthaltenden Zelle
geschafft wird, in der es als Anode gegen eine Eisenkathode das Alkalimetall in
Lösung gibt, um so gereinigt wieder in die erste Zelle zurückzukehren. Nach diesem
Prinzip sind Apparate ausgebildet von Sinding-Larsen, Castner,
Kellner, Solvay, Störmer, Koch und Arlt.

Literatur.

Lucion Elektrolytische Alkalichloridzerlegung mit flüssigen Metallkathoden. Bd. 23 Monographien über angewandte Elektrochemie.

Brom und Jod lassen sich ähnlich wie Chlor aus den Lösungen der Haloide gewinnen.

Literatur.

Schlötter, Über die elektrolytische Gewinnung von Brom und Jod. 1907. Bd. 27 der Monographien über angewandte Elektrochemie.

Von Wichtigkeit ist das Glockenverfahren des Österreichischen Vereins für chemische und metallurgische Produktion in Außig a. d. E. geworden, welches man sich aus dem Beinschen Prinzip des Flüssigkeitsdiaphragmas entstanden denken kann. Innerhalb einer in einem Behälter hängenden Steinzeugglocke befinden sich die Kohlenanoden, die nicht bis zum Rande der Glocke herabreichen, an den äußeren Seiten der Glocken hängen die Eisenblechkathoden. Zwischen der Kathoden- und Anodenflüssigkeit wird durch vorsichtiges zeitweiliges oder stetiges Zugeben von Alkalichloridlösung eine neutrale Schicht aufrecht erhalten, während im gleichen Maße Alkalilauge an der Kathodenseite abfließt.

(949) Hydroxyde, Oxyde, Sulfide und unlösliche Salze der Schwermetalle. Unterwirft man unter Anwendung des Metalls, dessen Oxyd gebildet werden soll, als Anode ein Alkalisalz der Elektrolyse ohne Diaphragma, so spaltet sich dabei das Salz in Säureion und Alkaliion. Ersteres löst das Metall der Anode, das Alkaliion bildet mit Wasser Alkalilauge, welche das gelöste Metall je nach dessen Natur als Oxyd, Oxydul oder Hydroxyd, Hydroxydul fällt. Auf diesem Prinzip beruht Luckows Verfahren zur Herstellung von Mineralfarben. Das Elektrolyt (von Luckow Natriumchlorat empfohlen) enthält in diesem Falle außerdem ein zweites Salz, das Fällungssalz, dessen Säurerest sich mit dem ausgefällten Metallhydroxyd verbindet und in dem Maße, wie es gebunden wird, stets neu zugefügt werden muß. Das Fällungssalz dient also als Überträger des Säurerestes. Luckow arbeitet mit ganz verdünnten Salzlösungen. Zweckmäßig wendet man jedoch ein Elektrolyt von guter Leitfähigkeit an, während das Fällungssalz nur in geringer Menge vorhanden sein soll.

Zur Darstellung von Bleiweiß elektrolysiert man Natriumchlorat oder besser Acetat, nach andern ein Gemenge von Natriumnitrat und Ammonkarbonat zwischen Bleielektroden. Fällungssalz ist Soda, dessen bei der Bildung des Bleiweißes aufgebrauchte Kohlensäure durch Einleiten von Kohlensäure wieder ersetzt wird.

Bleisuperoxyd erhält die chemische Fabrik Griesheim-Elektron, indem sie ähnlich wie bei der Chromatdarstellung (944) nach Regelsberger eine Alkalichloridlösung unter stetigem, dem Stromverbrauch entsprechenden Eintragen eines Bleioxyds der Elektrolyse unterwirft.

Bei Darstellung von Chromgelb nach Luckow muß statt Kohlensäure Chromsäure zugesetzt werden. Zur Darstellung von basischem Kupferphosphat verwendet man Kupferelektroden und Natriumphosphat als Fällungssalz usw.

Schwefelkadmium wird nach Richards und Roepper durch Elektrolyse von 10 proz. Natriumthiosulfatlösung zwischen Kadmiumelektroden mit Wechselstrom oder mit einem periodisch die Richtung wechselnden Gleichstrom dargestellt.

Schwefelquecksilber (Zinnober) läßt sich erhalten, wenn man in einem Bade aus Ammonium- und Natriumnitrat Quecksilber als Anode der Elektrolyse unter Einleiten von Schwefelwasserstoff unterwirft.

Organische Verbindungen.

Die Elektrolyse hat bis jetzt für die organische Chemie hauptsächlich wissenschaftliches Interesse. Die Anwendung in der Praxis ist sehr beschränkt, da die einfachen chemischen Reaktionen meist billiger und glatter verlaufen als die mit unerwünschten Nebenwirkungen verknüpften, im Energiebedarf teuren elektrochemischen Reaktionen. Technisch werden nur Ferricyankalium und Jodoform hergestellt.

(950) Ferricyankalium (rotes Blutlaugensalz) wird aus Ferrocyankalium (gelbes Blutlaugensalz) im Anodenraum eines Diaphragmenapparates bei mäßiger Stromdichte und guter Bewegung des Elektrolyts erhalten. Vgl. Zeitschr. für anorganische Chemie 1904, S. 240.

(951) Jodoform. Die c h e m i s c h e F a b r i k a u f A k t i e n i n B e r l i n vorm. E. S c h e r i n g hat ein Verfahren zur elektrolytischen Darstellung von Chloroform, Jodoform und Bromoform patentiert erhalten. Die Darstellung des Jodoforms geschieht durch Einwirkung des Stromes auf eine an der Anode mit Alkohol versetzte Lösung von Soda und Jodkalium; das Jodoform entsteht an der Anode.

E l b s und H e r z arbeiteten versuchsweise zur Darstellung des Jodoforms mit einer Lösung von 100 cm^3 Wasser, 20 cm^3 konz. Alkohol, 10 g Jodkalium und 5 g Natriumkarbonat bei 60° und einer anodischen Stromdichte von 1 A/dm^2. Sie erreichten bei kontinuierlichem Betrieb unter Ersatz von Alkohol, Soda und Jodkalium 97½ % der theoretischen Ausbeute. ·

III. Weitere Anwendungen der Elektrolyse.
Färberei und Druckerei.

(952) Färbung auf der Faser. Durch den elektrischen Strom läßt sich unmittelbar auf der Faser Farbe erzeugen; dieses Verfahren hat gegenüber den auf chemischem Wege außerhalb des Färbebades leichter durchzuführenden Reaktionen keine Bedeutung gewinnen können. Von einem gewissen Interesse erscheinen lediglich die G o p p e l s r o e d e r schen Untersuchungen[1]) welche die Herstellung farbiger Muster direkt auf dem Gewebe lehren.

Es handelt sich hierbei um die an der einen oder anderen Elektrode vor sich gehenden Reaktionen, welche in Gegenwart von vegetabilischen oder animalischen Textilfasern, von Papier, Pergamentpapier oder anderen kapillaren Medien, also bei innigem Kontakte der Lösungen der Elektrolyte mit den Fasern stattfinden. Die Farbstoffe bilden sich in Gegenwart von Fasern, welche sofort ihre Anziehung auf letztere ausüben.

So kann man bleichen, ätzen, schwärzen und anfärben, je nach dem Elektrolyt, das man anwendet, und dem Strompol, mit dem man die Faser in direkte Berührung bringt.

(953) Bleicherei. Sie ist von Wichtigkeit für die Textil-, Papier- und Zelluloseindustrie und bietet einen vorteilhaften Ersatz für die bis dahin übliche Verwendung

---

[1]) Hinsichtlich der Einzelheiten wird auf G o p p e l s r o e d e r s Abhandlungen: „Über die Darstellung der Farbstoffe sowie über deren gleichzeitige Bildung und Fixation auf den Fasern mit Hilfe der Elektrolyse" in der Zeitschrift „Österreichs Wollen- und Leinen-Industrie 1884—85", auf dessen 1889 erschienene „Farbelektrochemische Mitteilungen" bei Anlaß seiner auf der Royal Jubilee Exhibition in Manchester 1887 ausgestellten Resultate sowie auf seine 1891 bei Anlaß der Frankfurter Elektrotechnischen Ausstellung in der Separatausgabe der Elektrotechnischen Rundschau publizierten: „Studien über die Anwendung der Elektrolyse zur Darstellung, zur Veränderung und zur Zerstörung der Farbstoffe ohne oder in Gegenwart von vegetabilischen und animalischen Fasern" verwiesen.

der aus festem Chlorkalk hergestellten Bleichlösung (bessere Bleichwirkung und größere Schonung des Bleichgutes).

Wenn man auch nach G o p p e l s r o e d e r (952) direkt auf der Faser elektrolytisch bleichen kann, so wendet man dies doch nicht an, sondern bringt die Zeuge usw. in die Bleichflüssigkeit ein, die man entweder unmittelbar im gleichen Bade erzeugt oder zuvor für sich hergestellt hat. Von der ersteren Methode macht man wenig Gebrauch, die andere Methode ist nach ihren elektrischen Verhältnissen bereits unter „Hypochlorit" (948, A) besprochen. S. übrigens auch die dort angegebene Literatur.

(954) Holzbearbeitung. Bei der Herstellung von Zellstoff wirkt der elektrische Strom gleichzeitig zerfasernd und bleichend. Das zerkleinerte Holz kommt hierzu in die negative Abteilung einer elektrolytischen, mit Alkalisalzlösung beschickten Zelle; die Möglichkeit der Regelung des Alkaligehalts und dessen sofortige Verwendung bietet an Orten mit billiger Kraft Vorteile vor dem gewöhnlichen chemischen Verfahren.

Zur H o l z k o n s e r v i e r u n g werden die Hölzer in geeignete Salzlösungen zwischen Elektrodenplatten eingelegt und dann Gleichstrom oder Wechselstrom durch das Bad geschickt; hierbei spielen wohl zum Teil elektrosmotische Wirkungen (983) mit.

(955) Wolle. Außer zum Bleichen läßt sich die Elektrolyse in der Textilindustrie auch noch zum Reinigen, z. B. zum E n t f e t t e n und E n t - s c h w e i ß e n der Wolle, benutzen. Zu diesem Zwecke führt man die Wolle oder das Gewebe in alkalischer (Soda-)Lösung zwischen den Elektroden, von denen die Kathode zweckmäßig selbst als endloses Transportband ausgebildet ist, hindurch. Legt man hierbei die Kathoden unten hin und darüber ein Diaphragma, das auch als mitlaufendes endloses Band ausgebildet sein kann, so kann man oben die sich ansammelnden Fettsäuren gewinnen.

(956) Gerberei. Der Erfolg der direkten Behandlung der Häute durch den Strom beruht anscheinend auf elektrosmotischen Wirkungen und soll daher dort besprochen werden (983).

Um G e r b e x t r a k t e zu reinigen, sollen diese in einer Diaphragmazelle mit Aluminiumelektroden und einer Lösung von Zinksulfat und Aluminiumsulfat als Elektrolyt der Einwirkung eines Gleichstroms an der Kathode ausgesetzt werden.

(957) Gebrauchs- und Abwasserreinigung. (Die Trinkwasserreinigung mittels Ozons s. (980). Für die elektrolytische Wasserreinigung, wobei das Wasser meist unter selbsttätiger Einschaltung des Stroms bei der Entnahme zwischen den beiden Elektroden (Graphit) hindurchgeleitet wird, sind sehr viele Vorschläge gemacht worden.

Zur Reinigung gibt W e b s t e r den Abwässern, falls sie noch keine Chloride enthalten, einen Zusatz von Kochsalz und elektrolysiert unter Zuhilfenahme von Eisenelektroden, die beispielsweise als parallele Platten in die Laufrinnen eingelegt werden; das sich hierbei entwickelnde Chlor wirkt zum Teil direkt desinfizierend, zum andern gibt es zusammen mit dem an den Kathoden entstehenden Alkali Anlaß zur Bildung von Eisenhydroxyd aus der Anode, welches die suspendierten organischen Stoffe niederschlägt. H e r m i t e erhielt durch Elektrolyse von Meerwasser eine Chlor und Hypochlorit enthaltende Flüssigkeit (Hermitin), welche zur Desinfektion von Straßen, Kloaken usw. dienen kann, vgl. (948). B r o w n stellt die desinfizierende Natriumhypochloritlösung durch Elektrolyse von Kochsalzlösung her. G. O p p e r m a n n inkorporiert dem Gebrauchswasser zur Zerstörung organischer Verunreinigungen Ozon und Wasserstoffsuperoxyd, indem er das Wasser bei Anwendung von Platinelektroden elektrolysiert. Man kann natürlich diese Agenzien auch für sich gewinnen und dem Wasser zufügen. Um das eigentümlich unangenehm riechende und schmeckende Wasser von Überschuß des Reinigungsmittels zu befreien und um es vollständig zu klären, unterwirft es O p p e r m a n n einer zweiten Elektrolyse mit Aluminiumelektroden unter Anwendung eines Stromes von niederer Spannung und größerer Intensität. Die Aluminiumplatten werden vertikal gestellt und das Wasser in Bewegung gehalten, damit der sich bildende Aluminiumhydroxydniederschlag sich nicht zwischen den Elektroden festsetze.

(958) Kesselstein. Zur Verhütung von Kesselsteinbildung und Angriff der Kesselwände hat man die Einhängung von Zinkstücken empfohlen, welche mit der Kesselwand und dem Wasser als Elektrolyt ein kurz geschlossenes Element bilden, indem die Kesselwand Kathode ist.

(959) Reinigung des Rübensaftes. Bei Behandlung der Säfte mit Gleichstrom werden am negativen Pol unter Wasserstoffentwicklung die Eiweißstoffe abgeschieden und dadurch, besonders bei Zusatz von etwas Kalk, der Saft geklärt, gleichzeitig durch Wirkung des am positiven Pol abgeschiedenen Sauerstoffs entfärbt. Nach S c h o l l m e y e r und D a m m e y e r bedient man sich hierzu eines eisernen durch eine poröse Scheidewand geteilten Kessels und Elektroden aus Zink oder Aluminium; der Saft wird hierbei erwärmt. Bei J a v a u x, G a l l o i s und D u p o n t befinden sich die Kathoden, die in Alkali unlöslich sind, in Wasser; der Saft zirkuliert durch die Anodenräume, in denen Mangan- oder Aluminiumoxyd zur Bindung der frei werdenden Säure untergebracht ist. Andere setzen den negativen Pol in Saft und den positiven Pol in das alkalische Elektrolyt. G u r - w i t s c h empfiehlt Quecksilberkathoden.

Die elektrolytischen Verfahren sollen zwar wesentlich an Scheidekalk sparen, arbeiten aber sonst zu teuer; sie sind ebensowenig in die Praxis eingedrungen wie die Verfahren, die sich des Ozons, für sich oder in Verbindung mit der Elektrolyse, bedienen.

(960) Reinigung und Verbesserung des Alkohols, des Weines und des Essigs. Die Elektrolyse soll die reine Hefegärung durch Tötung ungeeigneter Arten befördern — Rektifizieren von Alkohol, wie vorgeschlagen, von dem beigemengten Fuselöl ist wegen der Zersetzlichkeit des ersteren nicht zu erwarten.

M e n g a r i n i will durch Elektrolyse den sauer gewordenen Wein verbessern. Junger Wein wird rasch ausgebildet, haltbar gemacht, sterilisiert. — Essigsäure, welche mit Hilfe des elektrischen Stromes gereinigt wurde, zeigt nicht jenen scharfen erstickenden Geruch wie die destillierte. — Der Erfolg ist bei allen fraglich.

(961) Reinigung von Ölen und Fetten. Die im Kathodenraume eines mit Kochsalzlösung oder verdünnter Schwefelsäure gefüllten, durch ein Diaphragma in zwei Abteilungen geteilten Apparates befindlichen Öle oder Fette werden bei beständiger Bewegung durch den elektrolytischen Wasserstoff und das Alkali gereinigt.

Ein zur Abscheidung des Öles aus Kondenswasser vorgeschlagenes Verfahren von D a v i s - P e r e t t beruht zum Teil auf Elektrolyse, zum Teil auf der elektrosmotischen Stromwirkung (983). Es wird nämlich dem Kondenswasser etwas Soda zugesetzt, wodurch sich bei der Elektrolyse durch Angriff der Eisenanoden basisches Eisenkarbonat bildet, das die vom Strom nach der Anode transportierten Ölteilchen niederreißt.

Noch viele andere Vorschläge für Anwendung der Elektrolyse sind gemacht worden; so z. B. zum Einpökeln des Fleisches, zur Abscheidung des Kautschuks aus dem Milchsaft der Gummibäume, zum Neutralisieren von Beizsäuren, zum Konzentrieren von Säuren.

V. Elektrothermisch-chemische Vorgänge und Einrichtungen hierzu.

Allgemeines.

(962) Die **elektrothermische Wirkung** des elektrischen Stromes entsteht durch den Leitungswiderstand der von ihm durchflossenen Körper und wird, außer bei der schmelzflüssigen Elektrolyse behufs Aufrechterhaltung des Schmelzflusses, benutzt, wenn es sich, auch ohne gleichzeitige Elektrolyse, um die Erzeugung sehr hoher Temperaturen behufs Ausführung von chemischen Umsetzungen und Zersetzungen handelt, die sich sonst nur schwer durchführen lassen. Sie unterliegt dem Jouleschen Gesetze und ist (61)

$$Q = 0,23865 \cdot I^2 R\,t$$

(963) Erhitzungsarten. Man unterscheidet verschiedene Erhitzungsarten, je nachdem der Heizstrom das Material selbst als Widerstand durchströmt (direkte Heizung) oder einen benachbarten Widerstand z. B. die Ofen- oder Tiegelwandung, oder auch einen frei im Ofenraum angeordneten Widerstand, durchfließt, in welch letzteren Fällen die erzeugte Wärme durch Leitung oder Strahlung auf das zu erhitzende Gut übertragen wird (i n d i r e k t e H e i z u n g). In beiden Fällen kann man noch unterscheiden a) reine W i d e r s t a n d s e r h i t z u n g, und zwar durch primären Strom, b) Erhitzung durch Sekundärstrom (I n d u k t i o n s - h e i z u n g) und c) L i c h t b o g e n h e i z u n g, bei der im Falle der direkten Erhitzung das Material selbst einen Pol des Lichtbogens bildet oder auch — bei Gasen — vom Lichtbogen durchzogen wird. Eine besondere, aber für chemische Prozesse kaum verwendete Heizungsart beruht darauf, daß man den zu erhitzenden (stromleitenden) Körper zur Kathode in einem Pottaschebad macht und daran mit sehr hoher Stromdichte sich freien Wasserstoff entbinden läßt (e l e k t r o - c h e m i s c h e H e i z u n g) Man benutzt übrigens auch elektrisch erhitzte Gase sowie verschiedene Erhitzungsarten neben oder nach einander (k o m b i - n i e r t e H e i z u n g). Bei der direkten Heizung muß das Material den erforderlichen Widerstand bieten; dieser läßt sich häufig — bei an sich schlecht leitenden Massen — durch Zumischung besser leitender Stoffe, die den Prozeß nicht stören oder sogar, wie bei metallurgischen Reduktionsprozessen, Kohle oder Silizium u. a., im Prozeß erforderlich sind, regeln. Ist dies nicht angängig, wie z. B. bei der Raffination von Stahl, so kann man häufig durch Querschnittsverengerungen des Metallbades, etwa rinnenartige Anordnungen, zum Ziele gelangen.

Bei der Induktionsheizung ist es ein transformierter Strom, der durch den Heizwiderstand geht bzw. den Lichtbogen speist. Sein primärer Strom hat hohe Spannung und entsprechend geringe Stärke; die Transformierung wie die Gesamtenergie muß unter Abrechnung der Transformierungsverluste durch Selbstinduktion und Streuung dem gegebenen Widerstand entsprechen.

Während für die Schmelzelektrolyse das Bad selbst als Erhitzungswiderstand dient, verwendet man in Fällen, wo das Erhitzungsgut den Strom nicht leitet oder dadurch nachteilig beeinflußt würde, die Erhitzung durch Wärmeleitung oder -strahlung. Für die Heizung eignet sich jede Stromart, doch nimmt man meist mehrphasigen Wechselstrom.

Elektrische Öfen.

(964) Arten der elektrischen Öfen. (Vgl. auch (889) u. f). Man benennt die Öfen je nach der Erhitzungsart, der sie dienen, und der gemäß sie gebaut sind, als W i d e r s t a n d s ö f e n (direkt und indirekt), Induktions- oder Trans- formatoröfen, Strahlungsofen (für Lichtbogen und Widerstand). Die dem Heizwiderstand oder dem Lichtbogen den Strom zuführenden Polenden heißen

auch hier Elektroden; an sie wie an das Ofenbaumaterial werden große Anforderungen hinsichtlich Feuerbeständigkeit und chemischer Unangreifbarkeit gestellt.
Im allgemeinen sind die elektrischen Öfen den in der Metallurgie und in den sonstigen der Hitze sich bedienenden Gewerben gebrauchten Öfen nachgebildet. Ihr
Vorzug besteht vor allem darin, daß die Erhitzung besser lokalisiert und geregelt
werden kann und die Verluste durch Wärmestrahlung gegenüber den von außen
beheizten Öfen wegfallen, wodurch auch der Ofen in Bau und Anlage einfacher wird.

(965) **Widerstandsöfen mit indirekter Heizung durch primären Strom.** Sie
treten vielfach in Form von Röhren, Muffeln oder Tiegeln auf, bei denen der Heizwiderstand entweder in den Wänden (z. B. Draht) eingebettet oder um diese herumgewickelt ist oder sie auch in Form mehr oder weniger loser Widerstandsmasse
(z. B. Kryptolöfen, (890)) umgibt. Auch kann die Wandung selbst aus strom-
leitendem Material, z. B. aus Kohle, oder aus einem erst bei höherer Temperatur
leitend werdenden Stoff (Leiter II. Klasse, z. B. Nernstscher elektrolytischer Glüh-
ofen) bestehen.

Andersartig ist der zur Darstellung des Karborundums gebrauchte Ofen, bei
dem ein aus Kokspulver zusammengestampfter walzenförmiger Kern, der zwischen
den beiden in der Schmalwand des gemauerten Ofens eingebetteten Zuleitungs-
elektroden eingepreßt ist, ringsum von dem zu erhitzenden schwerer leitenden
Material umgeben ist. Auch solche Anordnungen finden sich, wo feste Heizwiderstände im Ofenraum liegen, und das zu erhitzende Material auf sie aufgeschichtet
wird oder über sie hinabrieselt.

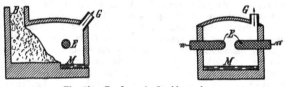

Fig. 562. De Lavals Strahlungsofen.

(966) **Strahlungsöfen.** Bei ihnen kommt die Heizquelle mit dem zu erhitzenden
Material überhaupt nicht in Berührung; die Hitze, welche entweder in einem oder
mehreren den freien Heizraum durchziehenden festen Widerstandsstäben (meist
aus graphitischer Kohle) oder durch Lichtbogen erzeugt wird, wirkt lediglich
durch Strahlung auf das Gut. Zur ersteren Gattung gehört ein von der E l e c -
t r i c   R e d u c t i o n   C o m p a n y   vorgeschlagener Ofen zur Bildung und
Destillation von Phosphor, zur anderen der Ofen von d e L a v a l (DRP. 148 129)
und der in der Eisenindustrie angewendete Ofen von S t a s s a n o (DRP. 141 512
und 144 156). In d e L a v a l s Ofen (Fig. 562) wird die Beschickung, beispielsweise oxydisches Zinkerz mit Kohle, in den
Ofen bei B eingetragen, so daß es sich im
natürlichen Böschungswinkel ablagert, wobei
es schon während des Einfallens von dem
Lichtbogen zwischen den Elektroden E bestrahlt wird und dadurch zusammensintert
und allmählich zum Schmelzen kommt; G ist
der Abzug für die Gase und Dämpfe, M das
erschmolzene Schlacken- und Metall-(Blei-)

Fig. 563. Stassanos Strahlungsofen.

bad. In Fig. 563 ist (schematisch) der S t a s s a n o - Ofen dargestellt. In seiner
weiteren Ausbildung ist er behufs Durchmischung der geschmolzenen Beschickung
auf etwas schräg liegender Rollenbahn drehbar gelagert.

(967) Widerstandsöfen mit direkter Heizung durch primären Strom. Hierzu gehören größtenteils die in der Schmelzelektrolyse gebrauchten Apparate, s. Fig. 559 bis 561. Bei diesen dient entweder die Ofenwandung selbst oder doch der Boden als Elektrode, meist als Kathode, während die Gegenelektrode von oben in die Schmelze hineinragt, oder es werden beide Elektroden beweglich von oben oder schräg von der Seite eingeführt. Eine dritte Art, wo die Elektroden unbeweglich seitlich in der Ofenwand angebracht sind, ist nur brauchbar, wo kein Elektrodenverschleiß stattfindet.

Für andere Prozesse, bei denen entweder Kohle (Schwefelkohlenstoff (973), Schwefelnatrium (974) oder, wie bei den metallurgischen Reduktionsprozessen, das Erz zusammen mit der den Strom leitenden Reduktionskohle den Heizwiderstand bildet, hat der Ofen meist die aus der Hüttentechnik herübergenommene Schachtform. Dabei befindet sich die eine Elektrode unten im Schacht als Ring- oder Bodenelektrode oder auch seitlich in einem das geschmolzene Produkt aufnehmenden Sumpf, während eine oder mehrere Gegenelektroden oben seitlich oder senkrecht in die Beschickung hineinragen, oder aber es liegen sämtliche Elektroden im untern ausgeweiteten Teil des Schachtes, wie z. B. bei dem Ofen der E l e k t r o - m e t a l l - G e s e l l s c h a f t in Schweden (s. Fig. 564, wo zwischen der kegel- artig gelagerten Beschickung, in die die Elektroden hineinragen, und der Decke des Schmelzraums ein ringförmiger Raum G zur Einleitung der aus dem Prozeß stammenden gekühlten Gase frei bleibt; A bedeutet das Abstichloch) oder bei K e ı l e r s Doppelofen (s. Fig. 565, wo im Boden der beiden durch einen weiten, mit Sumpfen versehenen Schächte je eine Elektrode sitzt, die beide unter sich kurz geschlossen sind, um so unter Mithilfe der einen mittleren Elektrode auch eine Be- heizung der im Zwischenkanal befindlichen Schmelze zu erzielen).

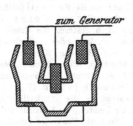
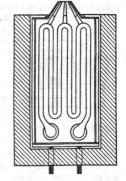

Fig. 564. Schachtofen der   Fig. 565. Kellers Doppelofen.   Fig. 566. Gins Rinnenofen.
Elektrometall-
gesellschaft.

Überhaupt sind hier eine große Menge Variationen möglich und auch je nach den besonderen Zwecken in Vorschlag gebracht, von denen nur noch der G i n sche Rinnenofen (Fig. 566) für Stahlraffination (977) erwähnt sei.

Zu diesen Widerstandsöfen sind auch diejenigen Lichtbogenöfen zu stellen, bei denen das Schmelzgut einen Pol des Lichtbogens bildet. Hier dient das Material selbst als stromleitender Heizwiderstand. Besonders wichtig haben sich diese Öfen für die Stahlraffination erwiesen. Hierzu gehören die bekannten Elektrostahlöfen von H é r o u l t, Fig. 567, K e l l e r, Girod Fig. 568 und N a t h u s i u s (Fig. 569). Auf den schematischen Abbildungen bedeutet E wieder die Elektroden, S die geschmolzene Schlacke, M das Metallbad; die Pfeile bezeichnen den wahrscheinlichen Stromverlauf. Die bei G i r o d , N a t h u s i u s und K e l l e r vorhandenen Bodenelektroden sollen im Gegensatz zu der H é r o u l t schen Anordnung den sicheren Durchgang des Stromes durch das Metallbad seiner ganzen Tiefe nach gewährleisten.

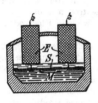

Fig. 567. H é r o u l t s
Elektrostahlofen.

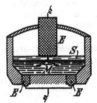

Fɪɢ. 568. G i r o d s
Elektrostahlofen.

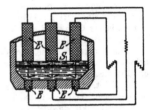

Fig. 569.
N a t h u s i u s Elektrostahlofen.

(968) Induktionsöfen. Bei diesen werden in dem zu erhitzenden, in sich geschlossenen Körper, falls er leitend ist (direkte Heizung), andernfalls in der geschlossenen, ihn umgebenden leitenden Ofenwand (indirekte Heizung), als Sekundärspule durch Induktion von einer Primärspule aus Ströme erzeugt, welche die Erhitzung bewirken; die Primärspule erhält hochgespannten Wechselstrom, der in dem entsprechend bemessenen Sekundärring in niedrig gespannten Strom von hoher Stärke umgewandelt wird. Wenn sich auch hierauf die Gesetze der bekannten Transformatoren werden anwenden lassen, so unterscheiden sie sich doch wieder wesentlich dadurch von jenen, daß sie gerade das Maximum der Hitzewirkung hervorbringen wollen, welche jene sorgfältig zu vermeiden suchen, so daß für ihre Bauart wieder andere Vorschriften gelten als für jene.

Fig. 570.
K j e l l i n s Induktionsofen.

Trotzdem d e F e r r a n t i (brit. Patent von 1887, Nr. 700) sie schon 1887 und C o l b y 1890 vorgeschlagen und namentlich ersterer die damit möglichen Erhitzungsarten, mit kalt oder heiß leitender Ofenwand, mit eingelegtem leitenden Kern, mit gemischten Leitern und Nichtleitern, erkannt hatte, wurden sie doch erst von 1899 ab durch die Bemühungen des schwedischen Ingenieurs K j e l l i n (Fig. 570) für den Großbetrieb brauchbar gestaltet und zunächst in die Stahlraffination eingeführt.

Für ihren Bau wie für ihre Leistung in Hinsicht auf möglichste Ausnutzung der zugeführten Energie ist wichtig die Form der Primärspule (ob scheibenförmig oder röhrenförmig), ihre Lage zur Induktionsrinne (ob innerhalb oder außerhalb, oben oder unten) und zum Magneteisen (ganz oder nur teilweise von diesem eingeschlossen), die Form des Magneteisens oder Jochs (einfaches Viereck oder Doppeljoch mit gemeinschaftlichem Mittelbalken) und dessen Lage zur Schmelzrinne; außerdem aus Betriebsgründen auch die Form des Herdes, von anderen den Öfen überhaupt gemeinsamen Erfordernissen, wie Deckel, Abstich, Arbeitslöcher, Beschickungsöffnungen, hier abgesehen.

Jede dieser Anordnungen hat ihre Vor- und Nachteile; einerseits in elektrotechnischer Hinsicht mit Rücksicht auf die Energieausnutzung, andererseits in Rücksicht auf den Betrieb. Am zweckmäßigsten wird mit Rücksicht auf den Nutzeffekt die Primärspule als Röhrenwicklung ausgebildet und möglichst eng und tief gemacht, um ins Innere der Schmelzrinne verlegt zu werden; dabei ist es erforderlich, sie behufs Vermeidung zu großer Kraftlinienstreuung möglichst nahe an die Schmelzrinne heranzubringen, eine Bedingung, der jedoch die starke Erwärmung durch die Nähe des Schmelzbades entgegensteht. Man hat zu diesem Zweck auch vorgeschlagen, die Spule mit induktionsfreien Kühlmänteln zu versehen oder die Wicklung selbst als Kühlröhren auszubilden. Auch hat man besondere Spulen abgezweigt, die in entgegengesetzter Richtung und auf dem benachbarten Arm des Magneteisens verlaufend die Selbstinduktion wieder aufheben sollen.

Bei Scheibenwicklung der Spule führt man die Schmelzrinne ebenfalls möglichst flach und breit und parallel laufend zur Scheibe aus. Zu beachten ist jedoch auch bei der Ausbildung der Schmelzrinne, daß mit der Vergrößerung ihres Querschnitts die Selbstinduktion und Phasenverschiebung zunehmen.

Da aber eine enge Induktionsrinne ein gutes Arbeiten im Bade, das wegen der guten Durchführung der beabsichtigten chemischen Reaktionen, z. B. beim Raffinieren von Stahl, erforderlich ist, nicht gestattet, hat man die Öfen mit größerem Arbeitsherd auszugestalten versucht. So vereinigen sich bei dem R ö c h l i n g - R o d e n h a u s e r schen Ofen die Induktionsschleifen (zwei bei Einphasenstrom, drei bei Mehrphasenstrom) in einem gemeinschaftlichen großen Herd, der durch Schaulöcher und Türen zugänglich gemacht ist. Beim Ofen von S c h n e i d e r (DRP 158417) sind die Induktionsschleifen in Form von auf- und absteigenden Rohrbogen an den Arbeitsherd angeschlossen, beim Ofen von G j n (DRP 189202) sind zwischen erweiterten Stellen (Sümpfen) der Schmelzrinne engere vom unteren Teil des einen Sumpfes zum oberen Teil des nächsten ansteigende Kanäle, die ganz mit Metall angefüllt werden, angeordnet.

Während in den engeren Rinnen lebhafte Bewegung und Wallen der Schmelzmasse stattfindet, muß im erweiterten Arbeitsherd durch andere Mittel diese zur Durchmischung des Bades unentbehrliche Bewegung erzeugt werden. Dies machen R ö c h l i n g und R o d e n h a u s e r in der Weise, daß sie in die gegenüberliegenden Seitenwandungen des Arbeitsherdes 2, bzw. bei dreiphasigen Strömen 3, Elektrodenplatten mit Leitern II. Klasse überdeckt einbetten und diese mit einem besonderen Strom, der von über oder zwischen der Primärspule liegenden Sekundärspulen erzeugt wird, speisen. Andere senden durch von oben eingesenkte Elektroden entweder primären oder ebenfalls sekundären Strom durch das Bad.

Während bei der gewöhnlichen Schaltung ein Strom von sehr geringer Periodenzahl erforderlich ist (5—10), erlauben die letzterwähnten Anordnungen von R ö c h - l i n g - R o d e n h a u s e r u. a. die Anwendung eines Stroms von 25—50 Perioden, also gewöhnlichen Werksdrehstrom und dazu eine beträchtliche Vergrößerung des Ofenfassungsvermögens (man hat solche bis zu 15 t Stahl).

Fig. 571 zeigt schematisch den Vertikal- und Horizontalschnitt eines mit gewöhnlichem Wechselstrom beheizten R ö c h - l i n g - R o d e n h a u s e r schen Ofens nach E n g e l h a r d t (s. dessen Abhandlung Elektrische Induktionsöfen und ihre Anwendung in der Eisen- und Stahlindustrie" in ETZ 1907, Nr. 44—47, worin auch die wichtigsten anderen Systeme von Induktionsöfen, zum Teil schematisch, abgebildet sind).

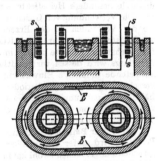

Fig. 571. R o c h l i n g - R o d e n h a u s e r s
Induktionsofen.

Man bedient sich der Induktionsöfen hauptsächlich zur Stahlgewinnung (für feinen Schienen- und Werkzeugstahl); man hat sie aber auch schon für andere Zwecke, wie Zinkdestillation, Karbidgewinnung, in Aussicht genommen, muß aber in diesen Fällen, wo es sich um ein anfangs schwer oder kaum leitendes Material handelt, mit eingelegten Leitern oder mit leitender Ofenwand arbeiten.

(969) Elektrodenmaterial. Als Elektroden kann man in den seltensten Fällen Metalle gebrauchen, da diese bei den hohen Temperaturen, falls sie nicht gekühlt werden, abschmelzen oder sich mit den im Prozeß auftretenden Stoffen vereinigen, z. B. sich mit Sauerstoff oder Schwefel verbinden oder mit Metallen legieren oder sonst das Produkt verunreinigen können. G i r o d (s. Fig. 568) und K e l l e r (der auch einen dem Girodschen Ofen äußerlich ähnlichen Ofen konstruiert hat, jedoch mit leitender Bodenmasse statt der nicht leitenden Ausstampfung von Girod) gebrauchen für Stahlraffination in die Bodenmasse eingebettete Stahlmassen bzw. Stahlstifte für die untere Stromzuleitung, wobei ein oberflächliches Schmelzen (unten sind sie gut gekühlt) nicht weiter schädlich ist. In manchen Fällen bedient man sich gleichzeitig zum Schutze und zur Wärmeerzeugung als Übergangselektroden zwischen Zuleitung und Bad, z. B. in Induktionsöfen (s. Fig. 571) mit behufs Elektrodenzusatzheizung abgezweigtem Sekundär-Teilstrom (durch Spulen s), der Leiter II. Klasse (E), die allerdings dann erst der Anheizung bedürfen.

Wo es irgend angeht, benutzt man die fabrikmäßig hergestellten Kohlenelektroden (920), die, da sie einerseits die Wärme sehr stark ableiten und sich dabei ihrer ganzen Länge nach sehr stark erhitzen, andererseits dem Abbrand unterworfen sind, bei großen Systemen in gekühlten Fassungen, die auch gleichzeitig der Stromzuleitung dienen können, gehalten oder geführt werden. Um abgebrannte Kohlen zu ergänzen und möglichst weit aufzubrauchen, schraubt man sie häufig mittels der bei der Herstellung vorgesehenen Schrauben bzw. Innengewinde aneinander.

Sehr wichtig ist ein guter und sicherer Kontakt; es existieren dafür zahlreiche Vorschläge.

(970) Stromart und Schaltung. Man verwendet Gleichstrom, Ein-, Zwei- und Mehrphasenstrom und schaltet diese in den an sich bei der Beleuchtungstechnik bekannten Weisen an die im Ofen verteilten Elektroden. So löst z. B. N a t h u s i u s (s. Fig. 569) die Drehstromphasen auf, verbindet die einen Enden mit den Bodenelektroden, die anderen mit korrespondierenden, senkrecht von oben in das Bad hineinragenden, verstellbaren Elektroden, wobei unter Kurzschließung des Nullpunktes sich je die oberen oder unteren Elektroden ganz ausschließen und dadurch besondere Heizeffekte erzielen lassen.

Die Verwendung von Gleichstrom kommt aus bekannten Gründen nur in Frage, wo der Verbrauch an der Erzeugungsstelle selbst stattfindet; sonst wird man Wechselstrom, und zwar — mit Rücksicht auf den etwaigen Anschluß an das meist für Drehstrom gebaute allgemeine Netz — zweckmäßig Drehstrom verwenden. Allerdings wird dessen wirtschaftliche Ausnutzung beeinträchtigt durch die hier auftretende induktive Einwirkung der Stromleiter aufeinander, die Phasenverschiebung, die mit der Periodenzahl und Stromstärke und im umgekehrten Verhältnis zur Spannung wächst. So wird man im allgemeinen hierbei mit einer Phasenverschiebung von $\cos \varphi = 0,8$ bei einer Belastung von 3000 kW, 80—90 V und 50 Perioden zu rechnen haben.

(971) Der **Betrieb** der elektrischen Öfen ist entweder kontinuierlich, d. h. das Produkt wird unter regelmäßiger Zufuhr der Beschickung seiner Bildung entsprechend abgestochen (wohl kaum kontinuierlich durch Überlaufen entfernt, wozu alsdann meist eine Heizung durch außerhalb in einen Verbindungskanal eingesetzte Elektroden angebracht ist), oder diskontinuierlich, d. h. jede Beschickung wird für sich fertig gemacht. Diese letztere Art wird hauptsächlich bei der Stahlraffination ausgeführt, wo es auf sehr genaue chemisch-analytische Überwachung des Prozesses ankommt; die hier gebrauchten Öfen sind auch, gleichgültig, ob Elektroden- oder Induktionsöfen, kippbar eingerichtet, um das Schmelzgut nach Beendigung des

Raffinationsprozesses in Tiegel oder Formen ausgießen zu können. Fig. 572 stellt schematisch einen auf gebogenen Schienen kippbaren H e r o u l t - Ofen (s. Fig. 567) dar. Bei Reduktionsprozessen sowie Karbidherstellung mit Widerstands- oder Lichtbogenheizung hat man neben Abstich auch Blockbildung, zu welchem Zweck der Ofenherd senkbar und auf Wagen fahrbar angebracht ist, um nach Ansammlung einer genügenden Menge des Produkts den etwas abgekühlten Ofen leicht auseinandernehmen und das auf dem Herd in Form eines Blocks liegende Produkt entfernen zu können. Mit Blockbildung arbeitet man auch bei der Graphit- und Karborundumfabrikation.

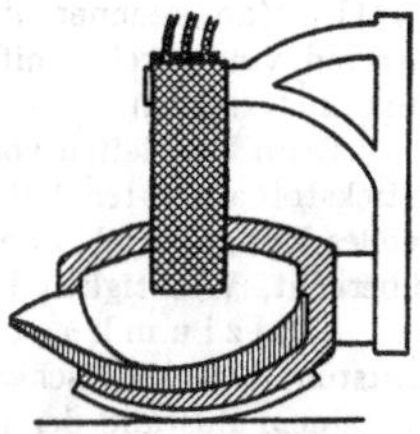

Anwendungen der elektrischen Öfen in der chemischen und metallurgischen Industrie.

Fig. 572. H é r o u l t s kippbarer Elektrostahlofen.

(972) Allgemeines. Die elektrische Erhitzung läßt sich an Stelle jeder andern Erhitzungsart gebrauchen; sie bietet beträchtliche Vorteile durch das Wegfallen der sonst häufig unvermeidlichen Verunreinigungen durch das Brennmaterial, durch die einfachere Ofenanlage, durch Erzielung höchster Temperaturen in Verbindung mit der Lokalisierung der Erhitzung und anderes. Wenn sie sich trotzdem in Gewerbe und Industrie nicht durchweg eingeführt hat, so liegt das an wirtschaftlichen Gründen, die die direkte Ausnutzung der Kohlenwärme billiger erscheinen lassen. Wo aber die Umstände günstig sind, wie bei beträchtlichen Wasserkräften oder bei Vorhandensein überschüssiger Hochofengase, hat man auch mit Erfolg die elektrische Erhitzung einzuführen begonnen.

Deren wichtigste Anwendung auf die Erzeugungen von Metall, Metalloiden sowie von chemischen Produkten — abgesehen von den schon besprochenen schmelzelektrolytischen Produkten (925 — 927) — sollen in nachstehendem kurz besprochen werden.

(973) Schwefelkohlenstoff entsteht, wenn Schwefeldämpfe unter Luftabschluß mit glühenden Kohlen zusammentreffen. Der hierzu von T a y l o r angegebene elektrische Ofen ist ein Schachtofen von 12,5 m Höhe und 4,87 m Durchmesser an der Basis. An der Ofensohle sind die Elektroden (Kohlenbündel) angeordnet; auf ihnen liegen zunächst Kohlenstücke als Widerstands- und Erhitzungsmaterial, darüber die oben im Schacht ein- und nachzuschüttende Holzkohle; seitlich vom schmäleren Füllschacht sind Einfüllöffnungen für den Schwefel. Dieser schmilzt allmählich, fließt nach unten, wo er in der größeren Hitze verdampft; die Dämpfe treffen mit den durch die Wärmestrahlung von unten her glühenden Holzkohlen zusammen, die hierdurch entstehenden Schwefelkohlenstoffdämpfe ziehen seitlich am oberen Ende ab nach einem System von Kühlern. Der Ofen arbeitet mit Zweiphasenstrom, und zwar mit 150 kW, womit täglich 3175 kg Schwefelkohlenstoff aus 3175 kg sizilianischem Schwefel II und 765 kg Holzkohlen erhalten werden.

(974) Alkalisulfide. Ein Schachtofen wird mit Koksstücken gefüllt, die als Heizwiderstand dienen; oben wird das Alkalisulfat aufgegeben, das schmilzt und beim Heruntertropfen reduziert wird. Neben der Gewinnung von Kohlenoxyd ist es ein besonderer Vorzug des Verfahrens vor dem bisher im Flammofen ausgeführten, daß Herd und Ofenwandung geschont bleiben, und dabei ein sehr hochprozentiges Produkt erzielt wird.

(975) Karbide. Dies sind Verbindungen der Metalle mit Kohlenstoff; sie sind fast von jedem Metall bekannt und entstehen leicht, wenn Metalle oder ihre oxydischen Verbindungen bei hoher Hitze mit Kohle zusammentreffen. Es haben jedoch nur das Kalziumkarbid und das Siliziumkarbid größere technische und wirtschaftliche Bedeutung erlangt.

K a l z i u m k a r b i d, CaC$_2$, wird erhalten durch Erhitzen eines Gemisches von grobkörnigem Kalk mit grobkörnigem Koks im Verhältnis von 100 : 70—90 im elektrischen Lichtbogen- oder Widerstandsofen, der im wesentlichen dem Aluminiumofen (927) gleicht, aber wegen der starken Verstäubung von Kalk und Kohle zweckmäßig mit Deckel und Gasabzug versehen ist. Über die Betriebsweise (971). Man rechnet für 1 kW und 24 Stunden eine Produktion von 6 kg Karbid von durchschnittlich 300 l Azetylengaslieferung auf 1 kg (0° und 760 mm Barometerstand).

Beim Überleiten von Stickstoff über elektrisch erhitztes Karbid nimmt dieses Stickstoff auf unter Bildung von K a l z i u m c y a n a m i d, CaCN$_2$, das ein wertvolles Düngemittel ist, aber auch dadurch, daß es mit Wasserdampf in Ammoniak übergeht, Wichtigkeit besitzt.

S i l i z i u m k a r b i d (K a r b o r u n d u m, S i l o x i k o n, S i l u n d u m, entsteht bei elektrischer Erhitzung von Kieselerde (Quarz) mit Kohle, entspricht in reinem Zustand der Formel SiC, enthält aber wechselnde Mengen von Silizium, Kohlenstoff und Sauerstoff, je nach den Mischungsverhältnissen und der angewendeten Temperatur. Verfahren und Ofen sind im Prinzip von A c h e s o n angegeben (965). Wegen seiner Härte ist es geschätzt für Schleifmittel, wegen seiner Feuerbeständigkeit und chemischen Widerstandsfähigkeit zur Bekleidung von Elektroden und Auskleidung von Retorten und Öfen für große Erhitzung.

Nimmt man entsprechend weniger Kohlenstoff auf die angewandte Menge Kieselerde, so kann man auch S i l i z i u m, jedoch nicht kohlenstoffrei, erhalten. Bei Zusatz von Metalloxyden und der für deren Reduktion erforderlichen Menge Kohle entstehen deren S i l i z i d e, von denen hauptsächlich das F e r r o - s i l i z i u m ausgedehnte Verwendung findet.

(976) Phosphor, der bei der Reduktion von Phosphaten mit Kohle abdestilliert wird jetzt größtenteils im elektrischen Lichtbogen- oder Strahlungsofen (966) gewonnen, trotzdem sich die erforderliche Hitze leicht auch mit der gewöhnlichen Retortenbefeuerung erreichen läßt. Der Vorteil der elektrischen Erhitzung liegt auch hier, wie bei der Alkalisulfidgewinnung, in der Lokalisierung der Reaktion, wodurch die Ofenwandung vor dem zersetzenden Einfluß der Reaktionsprodukte geschützt bleibt. (Vgl. Elektrochem. Zeitschr. 1910/11, Bd. 17, S. 91 f.)

(977) Eisen, Chrom, Mangan. Der elektrische Lichtbogen- und Widerstandsofen wird heute in immer noch steigendem Maße sowohl zur Reduktion oxydischer Eisenerze wie zur Raffination von Roheisen verwendet, das erstere in Ländern, die bei sehr billiger Kraft mit Schwierigkeiten und Kosten im Transport der Kohlen zu rechnen haben, das andere auch da, wo, wie in Deutschland, Bedarf an besonders feinem Eisen und Qualitätsstahl ist.

Die Roheisenöfen sind größtenteils Schachtöfen, den Hochöfen nachgebildet; es haben sich um sie besonders H e r o u l t, S t a s s a n o, H a r m e t, R u t h e n - b u r g, G r ö n w a l l, L i n d b l a d und S t a l h a n e verdient gemacht; eine Kombination von Schacht- mit Induktionsöfen haben beispielsweise F r i c k und W a l l i n angegeben. Die Raffinieröfen sind entweder Elektroden- oder Induktionsöfen, die Ausbildung der ersteren ist vorzugsweise verknüpft mit den Namen 'H e r o u l t, S t a s s a n o, K e l l e r, G i r o d, G i n und N a t h u s i u s, die der letzteren mit K j e l l i n, F r i c k, d e F e r r a n t i, R ö c h l i n g - R o d e n h a u s e r. Vgl. hierzu die Fig. 563 bis 572.

C h r o m und M a n g a n werden für sich nicht in größerem Maße elektrothermisch hergestellt, sondern nur als Legierungen mit Eisen (F e r r o c h r o m, F e r r o m a n g a n usw.) gewonnen, indem man der Beschickung des Roheisenofens chrom- oder manganhaltige Erze zugibt.

(978) Zink, Blei, Antimon. Für das Zink bürgert sich jetzt, nachdem die anfänglichen Schwierigkeiten, die hauptsächlich in der Kondensation der mit anderen Gasen verunreinigten Zinkdämpfe lagen, überwunden sind, der elektrothermische

Weg mehr und mehr, billige Kraft vorausgesetzt, in die Metallurgie ein. Man benutzt Strahlungsöfen (de L a v a l, Fig. 562) oder direkte Lichtbogenheizung (nach C ô t e & P i e r r o n) oder direkte Widerstandsheizung (nach S n y d e r). Auch für B l e i - und A n t i m o n gewinnung haben C ô t e & P i e r r o n einen Ofen mit Lichtbogenheizung angegeben

V. Wirkungen elektrischer Entladungen.

(979) Arten der Entladung. Man unterscheidet die s t i l l e e l e k t r i s c h e E n t - l a d u n g und die F u n k e n - und F l a m m b o g e n e n t l a d u n g. Wenn es sich auch bei deren Verwendung um Reaktionen mit innerem Wärmeverbrauch (endo- thermische Reaktionen) handelt, die sich entweder zwischen gasförmigen oder doch während der Reaktion vergasten Stoffen abspielen, so sind sie doch — abgesehen von inneren Verschiedenheiten — in ihrer Wirkungsweise und mithin auch in ihrer Technik dadurch verschieden, daß die Reaktionen in stiller elektrischer Ent- ladung infolge der großen Verdünnung und des verhältnismäßig geringen Energie- verbrauchs auf die Flächeneinheit im Gegensatz zu den Flammenbogenreaktionen sich leichter auf der Umgebungstemperatur erhalten lassen. Da aber bei beiden neben der thermischen Wirkung offenbar noch andere Umstände, z. B. Ionisierungs- erscheinungen, eine Rolle spielen, Bedingungen, die auch bei der Konstruktion der Apparate zu berücksichtigen sind, so wird dieses Gebiet elektrothermischer Re- aktionen, das man auch unter den Namen der G a s r e a k t i o n e n zusammenfaßt, zweckmäßig getrennt von den anderen elektrothermischen Prozessen behandelt.

(980) Die stille elektrische Entladung, ein fortwährendes Übergehen von Elektrizität zwischen Leitern (Belegungen), welche durch einen Gasraum und eine dielektrische Schicht oder zwei dielektrische Schichten (Glas, Glimmer) getrennt sind, vermag elementare Gase zu vereinigen und gasförmige Verbindungen zu trennen. Auch eine Reihe interessanter organischer Synthesen sind damit ausge- führt worden. Die wichtigste Anwendung ist die der Darstellung von Ozon aus dem Sauerstoff der Luft.

Man arbeitet dabei mit hohen Spannungen (sekundäre Ströme) und entweder mit unterbrochenem Gleichstrom oder mit Wechselstrom. Von der großen Anzahl Ozonapparate hat in Deutschland der von S i e m e n s & H a l s k e wohl die meiste Anwendung gefunden (z. B. im Wasserwerk der Stadt Paderborn).

Deren neuester Apparat, s. Fig. 573, wie er vorzugsweise für Bereitung des Ozons zur Wasserreinigung dient, besteht aus einem die eine Elektrode bildenden Aluminium- zylinder (*Al*), welcher in einem Abstand von wenigen Millimetern von einem Glasrohr (*Gl*) umgeben ist. Das letztere ist in einem mit Wasser (*W*), das die andere Elektrode bildet, gefüllten Eisenkasten flüssigkeitsdicht einge- setzt; zwischen Glaszylinder und Aluminium- rohr strömt die Luft (*L*) durch, deren Sauer- stoffgehalt unter der Einwirkung der von einem hochgespannten Strom (8500 V) aus- gelösten dunklen (bläuliches Licht) elek- trischen Entladung zu einem hohen Grade in Ozon (*O*) verwandelt wird. Je 6—8 solcher Glasrohre sind in einem Apparate und diese

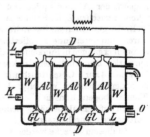

Fig. 573. S i e m e n s & H a l s k e s
Ozonapparat

wieder zu mehreren in einem System sowohl für den Strom wie für Luft parallel geschaltet. (*D* ist ein Glasdeckel, *K* bedeutet Kühlwasser.)

Weiterhin sind Ozon-Apparate ausgeführt von T i n d a l, der ohne Dielektrikum, aber mit vorgeschaltetem Glyzerinalkohol-Widerstand zur Vermeidung von Funken arbeitet, von A b r a h a m und M a r m i e r, die große metallisch belegte Glasplatten verwenden, von O t t o, der in einem Metallkasten isoliert auf einer Welle dünne Aluminiumscheiben rotieren läßt.

Man bedient sich der ozonbildenden Wirkung der dunklen Entladungen, zur Wasserreinigung im großen (957), hat aber auch geeignete Apparate für den Kleinbedarf geschaffen (unter and. die F e l t e n & G u i l l e a u m e - L a h m e y e r - W e r k e), welche leicht an die Pumpe oder Wasserleitung angeschlossen werden können und im letzteren Falle so eingerichtet sind, daß die Ozonisation mit dem Öffnen des Wasserhahns in Tätigkeit tritt und so lange und in dem Verhältnis arbeitet, als Wasser entnommen wird.

(981) Funkenentladungen und Flammenbogen (Hochspannungsbogen). Hier finden die Reaktionen infolge der auf einen kleinen Raum konzentrierten großen Energiemengen bei sehr hoher Temperatur statt. Die in den Lichtbogen eingeführten Gasteilchen erleiden durch die plötzliche Temperatursteigerung eine ebenso plötzliche Drucksteigerung, die auch für die Reaktion wieder von Bedeutung wird. Außerdem aber wird durch die Temperatursteigerung der Gleichgewichtszustand der in Reaktion tretenden Stoffe steigend im Sinne der Bildung der endothermischen Verbindung geändert, so daß diese bei der hohen Temperatur des Bogens sich im beträchtlichen Maße in dem Gemenge anhäuft. Nun verläuft aber die Kurve des Gleichgewichtszustandes bei Temperaturabnahme bis zu einem gewissen, für jede Verbindung verschiedenen Temperaturpunkt in gleicher Weise umgekehrt. Es würde deshalb die durch die Entladung entstandene Verbindung überhaupt nur in der diesem Punkt entsprechenden Menge, unter Umständen also überhaupt nicht, gewonnen werden können, wenn nicht diese Gleichgewichtsänderungen, da sie auf Reaktionsgeschwindigkeiten beruhen, von der Zeit, innerhalb deren die Temperaturabnahme verläuft, abhängig wären. Für die technisch wichtigste der so endothermisch zu gewinnenden Verbindungen, das aus Luft erhältliche Stickoxyd, hat es sich nun herausgestellt, daß die Reaktionsgeschwindigkeit, welche bei etwa 4000° unmeßbar schnell ist, je weiter nach unten um so langsamer wird und bei etwa 600° ganz stehen bleibt, bei welcher Temperatur also weder eine Bildung noch eine Zersetzung von Stickoxyd stattfindet. Für den Techniker ergibt sich hieraus die wichtige Regel, das Reaktionsgemisch so rasch als möglich von seiner Bildungstemperatur auf seine Beständigkeitstemperatur abzukühlen, was man als Arbeiten im heißkalten Raum zu bezeichnen pflegt.

Mit Funkenentladung wurde anfangs viel gearbeitet; insbesondere hatte ein Apparat der A t m o s p h e r i c P r o d u c t s C o. an den Niagarafällen, der aus 2 konzentrischen Zylindern bestand, die mit vielen im Ringraum radial zueinander im Kreise gestellten und so vielfach übereinander angeordneten Platinspitzen besetzt waren, und deren innerer rotierte, wodurch ein ständiges Abreißen und Bilden von Stromübergängen in Funkenform eintrat, mit guten Ergebnissen hinsichtlich der Konzentration des erhaltenen Stickoxyd-Luftgemenges gearbeitet, erwies sich aber im Vergleich zur Gesamtausbeute als zu kompliziert und unwirtschaftlich, besonders nachdem zunächst B i r k e l a n d und E y d e gelehrt hatten, den Flammenbogen künstlich auszubreiten und so weitaus bedeutendere Energiemengen auf verhältnismäßig kleinerem Raum zu verwenden und gleichzeitig größere Luftmengen durchzusetzen.

Zu diesem Zwecke werden von B i r k e l a n d und E y d e mitten durch die Breitseiten eines hohen, sehr schmalen Ofens aus feuerfestem Tone zwei große kräftige Elektromagnetpole geführt, die den durch gekühlte, auf der Schmalseite senkrecht zu ihnen in das Ofeninnere ragende Elektroden gebildeten Flammenbogen zu einer Scheibe von etwa 1,5 m Durchmesser auseinanderziehen, während gleichzeitig durch die Wandung in den schmalen Ofenraum Luft hineingepreßt wird. Die entstehenden Stickoxydverbindungen werden abgeleitet und geben bei der darauffolgenden Abkühlung mit dem überschüssigen Luftsauerstoff Stickstofftetroxyd (NO_2), das in Rieseltürmen z. T. in Salpetersäure übergeführt wird, während die entweichenden Gase von Kalkmilch oder Alkalilaugen absorbiert werden und damit zunächst Nitrate und Nitrite bilden. Ein einziger Ofen kann bis zu 500 kW aufnehmen und gibt in 24 Stunden etwa 1300 kg Salpetersäure (als HNO_3 berechnet). Dabei ist die Bedienung sehr einfach, da es sich nur um die Beaufsichtigung und Regelung des Stromes und Luftzufuhr handelt; 1 Arbeiter kann daher 3 Öfen bedienen.

Nach anderen Konstrukteuren läßt man den Lichtbogen im Kreise oder in einer Schraube u. a. rotieren oder bläst ihn mittels der zu behandelnden Gase selbst zwischen Hörnerelektroden aus, wobei Vorkehrungen getroffen sind, daß er sich sofort wieder unten an den engsten Stellen der Elektroden entzündet.

Ganz abweichend ist hiervon das Verfahren der B a d i s c h e n A n i l i n - u n d S o d a f a b r i k (S c h ö n h e r r), welches sich durch seine große Einfachheit, vor allem Vermeidung besonderer Magnete zur Verbreiterung des Lichtbogens auszeichnet. Es werden nämlich in langen eisernen Rohren dauernde Lichtbogen von großem Energieinhalt mittels je oben und unten (isoliert) eingesteckter Elektroden unter gleichzeitigem Durchstreichen von Luft, die den dicken Lichtbogenkern mantelförmig umhüllt, erzeugt.

Die neuen Lichtbogenverfahren arbeiten mit Stromstärken von 50—300 A bei 3000—5000 V und Luft von etwa Atmosphärendruck. Die den Lichtbogen verlassende Luft hat zwischen 1½ und 3 Vol.-Proz. NO.

D o n a t h & F r e n z e l , Die technische Ausnutzung des atmosphärischen Stickstoffs. 1907.

Außer zur Salpeter- und Salpetersäureerzeugung hat man die Funkenentladung auch zum Altern und Veredeln des Weins und alkoholischer Flüssigkeiten überhaupt, zum Bleichen und Sterilisieren von Mehl. zur Reinigung von Filterkohle und anderem vorgeschlagen.

(982) Elektrokultur. Wenn auch die Art der Einwirkung der Elektrizität auf die B e f ö r d e r u n g d e s P f l a n z e n w a c h s t u m s noch nicht geklärt ist, so mag sie hier doch ihre Stätte finden, da sie sich vorzüglich in Form der Bestrahlung wirksam zeigt, wenngleich auch das verschiedene Verhalten der Pflanzen, je nachdem sie mit dem positiven (anscheinend günstiger, vielleicht durch elektrosmotischen Wassertransport (?)) oder negativen Pol in Berührung kommen, auf eine elektrolytische, verbunden mit elektrosmotischer Wirkung hindeutet.

Die ersten größeren derartigen Versuche (in Topfkultur) rühren von L e m - s t r ö m her, der auch eine Broschüre (1902, übersetzt von P r i n g s h e i m) darüber veröffentlicht hat. Etwas später haben L o d g e und N e w m a n in England, neuestens H ö s t e r m a n n [1]), G e r l a c h u. E r l w e i n [2]), B r e s l a u e r in Deutschland Feldversuche durchgeführt. Insbesondere die von ersterem angestellten Versuche ergaben ein zweifellos günstiges Resultat, so weit sie auf einer Bestrahlung des Versuchsfeldes mittels statischer Elektrizität, die aus einem Netz von 4—5 m über der Erde aus 10 m auseinander stehenden Masten aufgespannten Längs- und Querdrähten zur Ausströmung gelangte, beruhten. Es zeigte sich dabei, daß man geringe Elektrizitätsmengen mit der Luftelektrizität angepaßtem Potentialgefälle anwenden müsse, und zwar bei im übrigen den natürlichen Bedingungen entsprechender Luft- und Bodenfeuchtigkeit. So erschien auch nebliges Wetter am günstigsten zur Bestrahlung, die natürlich wegen der Assimilation Tageslicht verlangte.

---

[1]) ETZ 1910, S. 294.
[2]) Elektrochem. Zeitschr. Bd. 17, 1910/11, S. 31 u. f.

VI. Elektroendosmose.

(983) Allgemeines. Die elektrosmotische oder k a t a p h o r e t i s c h e Wirkung beruht auf der Eigenschaft fein verteilter, fester oder kolloider Stoffe, die in einer leitenden Flüssigkeit suspendiert bzw. kolloidal gelöst sind, unter der Einwirkung einer genügend großen, in einer Richtung wirkenden Potentialdifferenz dem einen Pole zuzuwandern und sich dort anzuhäufen, während die Flüssigkeitsteilchen nach dem anderen Pole hin abgestoßen werden; diese Wanderung der Flüssigkeit läßt sich auch bei festen (porösen) Diaphragmen beobachten, ähnlich wie fein verteilte suspendierte Stoffe wirken, und bei denen sich dann zu beiden Seiten ein der Potentialdifferenz proportionaler Niveauunterschied ergibt. Die Richtung, in der die Flüssigkeitsteilchen bzw. die losen festen Stoffe wandern, hängt ab von der Natur beider. Bei wässeriger Flüssigkeit wandert diese meist in der Richtung des positiven Stromes (zur Kathode), die suspendierten Stoffe dagegen gehen an die Anode; in s a u r e r Lösung wandern viele Kolloide nach der Kathode, in a l k a l i s c h e r nach der Anode.

Die kataphoretische Wirkung hängt nicht ab von dem Faradayschen Gesetze; die diesem entsprechenden elektrolytischen Wirkungen gehen vielmehr nebenher, doch beträgt die auf die Elektrolyse entfallende Energie wegen der meist hohen für die Elektrosmose erforderlichen Spannung nur einen geringen Bruchteil der Gesamtenergie. Um elektrosmotische Wirkungen rein durchzuführen, sind hohe Spannungen erforderlich und daher gut leitende Lösungen sowie etwa der Zusatz von Leitsalzen zu vermeiden.

Für den durch Elektrosmose hervorgerufenen Niveauunterschied H zwischen den beiden Seiten eines porösen Diaphragmas gilt die Gleichung

$$H = K \cdot \frac{I \cdot \sigma \cdot d}{q} = K \cdot E$$

wo σ der spezifische Widerstand der Lösung, E der Spannungsabfall zwischen den beiden Seiten des Diaphragmas, d die Dicke und q der Querschnitt des Diaphragmas ist. S. M ü l l e r - P o u i l l e t s Lehrbuch der Physik, IV. Bd. 1, 1909, S. 615 u. f.

Die Elektrosmose hat große Bedeutung für die Lebenserscheinungen tierischer und pflanzlicher Organismen. Sie hat ferner Anwendung in verschiedenen technischen Gebieten gefunden.

(984) Anwendungen. Wasserhaltige Stoffe von breiiger Beschaffenheit, die das Wasser sehr fest halten, lassen sich durch Elektrosmose weitgehend entwässern, z. B. Ton, Alizarinpaste, Torf, gallertiger Seeschlick.

Über die Entwässerung von T o r f und anderen Stoffen siehe die Abhandlung von Graf S c h w e r i n in den Berichten über einzelne Gebiete der angewandten physikalischen Chemie, herausgegeben von der Deutschen Bunsengesellschaft, Berlin 1904, und die reichhaltige deutsche Patentliteratur in Kl. 10c, 12d und 82a.

Die Entwässerung des T o r f s kann beispielsweise so vorgenommen werden, daß man ihn auf eine Metallnetzanode aufbringt und eine Metallkathode fest darauf preßt; das Wasser läuft bei Durchgang eines wegen der schlechten Leitfähigkeit hochgespannten Stromes durch die Anode ab. 1 m³ Wasser verbraucht 13—15 kWst (angeblich = ¹/₆ des hierbei gewonnenen Brennmaterials).

Ähnlich geht nach S c h w e r i n (DRP. 124 430 und 148 971 Kl. 89) die Extraktion von Z u c k e r s a f t aus Rübenschnitzeln oder die Reinigung von Zuckersaft von den darin suspendierten Eiweiß- und anderen Kolloidstoffen vor sich.

Empfindliche K o l l o i d l ö s u n g e n, wie $FeCl_2(OH)$, lassen sich durch Elektrosmose k o n z e n t r i e r e n. Wenn man die Lösung in eine Tonzelle mit einer Platinkathode verbringt, die außen von Wasser mit der Platinanode umgeben ist, so wird nach kurzer Zeit die Kathodenlösung teigig durch Wasserabgabe nach außen (bei $^1/_8$ des früheren Volums); diese Konzentrationsmethode läßt sich auch benutzen für Eisenalbuminatlösungen, Milch, Blut, aber dann in umgekehrter Stromrichtung.

Durch Elektrosmose lassen sich nach S c h r e y (Französ. Pat. 416 974) Lösungen von gewissen Verunreinigungen (auch flüssigen) befreien, Fasermaterial auswaschen und reinigen, Öl aus Kondenswasser abscheiden (961).

(985) Gerberei. Nach einem von G r o t h ausgearbeiteten Verfahren werden die auf Rahmen gespannten Häute in einem einer Maischtrommel ähnlichen trommelförmigen Gefäße, welches mit der höchstens $4^1/_4 \%$ Tannin enthaltenden Gerbflüssigkeit gefüllt und an seinem Innenmantel mit den Elektroden aus Kupferdraht versehen ist, untergebracht. Während des Durchleitens des Stromes befindet sich die Trommel in Umlauf. Nach dem Verfahren von W o r m s und B a l é werden die vorerst gereinigten, enthaarten und mit Ätzkalklösung behandelten Häute in großen zylindrischen, um ihre horizontale Achse sich drehenden und mit der Gerbflüssigkeit gefüllten Trommeln der Wirkung des elektrischen Stromes ausgesetzt.

Bei dem deutschen elektrischen Gerbverfahren von F o e l s i n g hängen die Häute in einer Grube, welche einen doppelten Siebboden hat. Aus einer zweiten Grube wird Gerbstoffbrühe in die erste Grube gepumpt, der Druck durch das Sieb gleichmäßig verteilt und durch Kupferelektroden Strom durch die Häute, welche gleichsam Diaphragmen bilden, geschickt. Das Gerbebecken ist mit einem Überlauf nach dem zweiten Becken versehen, so daß die Flüssigkeit einen Kreislauf beschreibt. Über dem Brühbecken ist ein kleiner Behälter mit Gerbstoff, um die Gerbstofflösung nach Bedarf zu verstärken. Es wird mit Gleichstrom gearbeitet, für ein Gerbebecken von 15 000 l mit 60 V und 12 A. Nach 72 Stunden ist leichtes Vache tadellos gar, schweres Vache nach 5 Tagen, schweres Ochsenleder nach 6 Tagen.

A b o m und L a u d i n gerben mit Wechselstrom. F. R o e v e r hat Studien über die elektrische Endosmose von Gerbsäurelösungen durch tierische Haut gemacht und hält dafür, daß unter dem Einflusse des Stromes ein energischer Transport der Gerbstofflösung durch die Haut stattfindet, wie dies durch hydrostatischen Druck nicht erreichbar ist. Die Flüssigkeit bewegt sich in der Richtung des Stromes.

Diese Prozesse sind von chemischen Erscheinungen nur in verschwindendem Maße begleitet, es handelt sich vielmehr anscheinend um den rein physikalischen Vorgang der Kataphorese oder elektrischen Endosmose.

Hiernach bringt es keinen Vorteil, dem Elektrolyt etwa gutleitende Salze beizumischen, wie vorgeschlagen worden ist. Wesentlich ist, daß die Häute als Diaphragmen zwischen den Elektroden sich befinden, und daß stets ein gewisser, nicht zu hoher Gerbstoffgehalt der Lösung vorhanden ist. Ein regelmäßiger, nicht zu häufiger (etwa jede Minute) Wechsel in der Stromrichtung soll den Durchgang der Gerbstofflösung aufrecht erhalten, während bei gleichbleibender Stromrichtung, anscheinend durch Verstopfung der Poren, der Widerstand wächst.

VII. Magnetische und elektrostatische Scheidung.

(986) Anwendung in der chemischen und Hütten-Industrie. Die magnetische Scheidung beruht auf der Anziehung magnetisierbarer Stoffe aus ihren Gemengen mit nicht oder schwach magnetischen Stoffen; sie kann daher nur da Anwendung finden, wo solche Stoffe, wie magnetische Erzteilchen, die im zerkleinerten Erz mit Gangart gemengt sind, Eisenteilchen im Mahlgut, magnetischer Eisenoxydstaub in den Röstgasen, vorhanden sind.

Auf Grund der aus den magnet-elektrischen Gesetzen sich für die Stärke der Anziehung (A) ergebenden Gleichung

$$A = M \cdot m \left(\frac{1}{r_1{}^2} - \frac{1}{r_2{}^2} \right)$$

(wo M Polstärke der Magnete, m die der magnetischen Erzteilchen durch Induktion, r_1 und r_2 deren Abstand von den Polen bedeutet) stellt L a n g g u t h[1]) folgende Bedingungen für die beste Ausnutzung der magnetischen Energie, wonach sich die Konstruktion der Apparate richten sollte, auf:

1. Erzeugung magnetischer Ströme geringster Spannung, größter Dichte.
2. Durchführung des Scheideguts durch das Magnetfeld in geringster Entfernung von den Polen.

Die Ausführung in der Praxis kann diese Bedingungen nur mit mehr oder weniger großer Annäherung erfüllen. Jedenfalls muß mit abnehmender Permeabilität (magnetischer Durchlässigkeit) das Kraftfeld um so dichter, der Polabstand und der Abstand des Erzgemenges von den Polen um so geringer sein, um die erforderliche Induktion hervorzurufen. Selbstverständlich muß auch die dem Gute durch die Vorbeibewegung an den Polen erteilte lebendige Kraft in einem gewissen Verhältnis zur magnetischen Kraft stehen und dementsprechend die Bewegungsgeschwindigkeit des Gutes an den Polen vorüber bemessen werden; dabei ist die Richtung der beiden wirkenden Kräfte zu beachten, weil sich hieraus die nutzbare Resultante ergibt. L a n g g u t h stellt daher noch die weiteren Bedingungen auf:

3. von außen regelbare Bewegung des zu scheidenden Gutes.
4. Scheidung in homogenen Magnetfeldern (um die Anziehung auf alle gleich permeabeln Stoffe auch für alle gleich zu gestalten).

Die Permeabilität der Stoffe wechselt ungemein mit ihrer chemischen Zusammensetzung (bei Erzen sehr wechselnd) und mit physikalischen Umständen (Kristallform, Temperatur); sie muß daher für jedes Scheidegut durch Vorversuche besonders ermittelt werden. Von großer Wichtigkeit ist auch die gleiche Korngröße.

Für wissenschaftliche Zwecke hat M a n n schon 1884 die magnetische Scheidung angewendet, und die von ihm aufgestellten Prinzipien sind maßgebend geworden für die moderne magnetische Aufbereitung. Technisch haben sie zuerst M a x i m 1886 und A y l s w o r t h u. P a y n e (1892) versucht; doch erst W e t h e r i l l hat 1896 einen brauchbaren Apparat gebaut.

Die Ausführung der magnetischen Scheidung geschieht entweder trocken oder durch Verteilung des feinen Erzpulvers in Wasser; feuchtes Erz läßt sich, weil es zusammenbackt, nicht trennen.

(987) Die **Scheideapparate**, deren eine sehr große Zahl mit mehr oder weniger großen Abweichungen vorgeschlagen ist, teilen sich in 2 große Gruppen, je nachdem sie b e w e g t e oder f e s t s t e h e n d e M a g n e t e besitzen. In jedem Falle wird das fein zerkleinerte Gut durch freien Fall, durch endlose Bänder oder dergl. Transportmittel zwischen den Magnetpolen kontinuierlich hindurchbewegt, wobei die magnetischen Teilchen durch Anziehung ihre Bewegungsrichtung ändern, während der nichtmagnetische Anteil darin verbleibt, so daß die verschiedenen Bestandteile des Scheidegutes an verschiedenen Stellen des Apparates ausgetragen werden. In den meisten und neueren Konstruktionen sind dabei die Magnetpole durch eine unmagnetische Wand oder Band vor der direkten Berührung mit dem Gut geschützt.

Das Konstruktionsprinzip der Apparate mit r o t i e r e n d e n M a g n e t p o l e n möge durch nebenstehendes Schema (Fig. 574), das dem Apparate des M e c h e r-

---

[1]) Handbuch der Elektrochemie. Knapp, Halle, 1903: E l e k t r o m a g n e t i s c h e A u f - b e r e i t u n g von L a n g g u t h.

nicher Bergwerks-Aktien-Vereins entspricht und dem Buche von Langguth entnommen ist, veranschaulicht sein: Schräg übereinander liegen 2 magnetische je einpolig ausgebildete Walzen; die untere ist, um magnetische Anziehung auszuschließen, von einem nicht magnetischen Mantel umschlossen (neuere Konstruktionen führen das Erz auf verstellbaren Schiebern in das Magnetfeld, wodurch der Mantel sowie die Rotation des unteren Pols entbehrlich wird). An geeigneten Stellen der Walzen sind Ableitungen an sie herangeführt, die das Gut nach seiner Magnetisierbarkeit derart sondern, daß das besser magnetisierbare weiter mitgenommen wird.

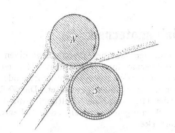

Fig. 574. Mechernicher
magnetischer Scheideapparat.

Fig. 575. Ball u. Nortons
magnetischer Scheideapparat.

Zur Veranschaulichung eines einfachen älteren Apparates mit feststehendem Magnet diene der zuerst 1872 von Roß vorgeschlagene, später von Ball und Norton verbesserte in schematischer Darstellung (nach Langguth) (Fig. 575): Um den Magnet M kreist eng anschließend eine Trommel T aus nicht magnetisierbarem Metall, auf welche man das Scheidegut auffallen läßt, um es weiter unten wieder durch eine Scheidewand zu sortieren. Wetherill läßt über die zugeschärften Magnetpole Bänder schleifen; bei dessen neueren Konstruktionen sind drei Magnetpole verwendet, von denen zwei gleichnamige zusammenwirken, um dem dritten (dem Anziehungspol) das doppelte Potential zu geben. Die Konstruktion eines von der Metallurgischen Gesellschaft gebrauchten

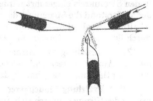

Fig. 576. Wetherills
magnetischer Scheideapparat.

Apparates veranschaulicht die schematische Abbildung (Fig. 576) (nach Langguth).

Der magnetischen Behandlung muß ein Zerkleinern, Trocknen, Sichten und Entstauben vorausgehen.

Die elektrostatische Scheidung beruht auf der verschiedenen Leitfähigkeit der einzelnen Gemeng-(Erz-)bestandteile, wodurch deren Umladung in verschieden langen Zeitzwischenräumen stattfindet, so daß darnach eine Trennung möglich wird. Hierauf baut sich ein Apparat (von Swart und Blake) auf, der aus mehreren kanalförmig isoliert voneinander und einander gegenüberstehenden elektrisch geladenen Platten zusammengesetzt ist; das feinpulverige Erz fällt hin durch und ladet sich zunächst an der einen Platte, an der nächsten entgegengesetzt, wird abgestoßen und von der gegenüber liegenden entgegengesetzt geladenen Platte im Verhältnis zur Leitfähigkeit angezogen, so daß in Kammern, die am Ende des Kanals durch eine mittlere Scheidewand geteilt sind, sich in der einen nahe an der unteren Wand das sich langsam umladende taube Gestein, in der andern an der oberen Wand das metallreiche Erz ansammelt.

Weitere verbreitete Apparate sind gebaut z. B. von der H u f f E l e c t r o - s t a t i c S e p a r a t o r C o m p. (DRP. 187 677 und 225 811, Kl. 1b) und von der M a s c h i n e n b a u a n s t a l t H u m b o l d t (DRP. 182 145).

Notwendig zum Erfolg ist neben verschiedener Leitfähigkeit der Erzbestandteile eine bestimmte Korngröße; günstig ist ein trockenes Klima. (Vgl. den Bericht E s s e r s über seine Untersuchungen über elektrostatische Scheidung in der Zeitschrift M e t a l l u r g i e, Bd. IV, 1907, S. 592 und 607.)

VIII. Galvanotechnik.

(988) Stromquellen. Als Stromquellen kommen Dynamomaschinen, Akkumulatoren, galvanische Elemente und Thermosäulen in Betracht. Je nach der erforderlichen Spannung und Stromstärke werden die Akkumulatoren oder galvanischen Elemente hintereinander oder nebeneinander geschaltet. Die Verbindung der ungleichnamigen Pole (Reihen- oder Hintereinanderschaltung) bedingt die Erhöhung der Spannung, die der gleichnamigen (Parallel- oder Nebeneinanderschaltung) die Erhöhung der Stromstärke.

(989) Schaltung der Bäder. Auch die Bäder können sowohl hintereinander als auch nebeneinander geschaltet werden. Bei gleichem Stromstärkebedarf schaltet man die Bäder hintereinander, bei gleichem Spannungsbedarf nebeneinander.

(990) Regulierung des Stromes. Den Stromregulatoren (Drahtwiderständen, Rheostaten) fällt die Aufgabe zu, die Stromspannung in einem Stromkreis zu regulieren. Die Regulatoren können, je nach dem Zwecke, dem sie zu dienen haben, entweder nach dem Schema der Hintereinander- oder dem der Parallelschaltung in den Stromkreis eingeführt werden. Bei der Hintereinanderschaltung vermindert der Widerstand die Spannung, da er dem Bade vorgeschaltet wird. Bei der Parallelschaltung wird eine bestimmte dem Widerstande entsprechende Stromstärke durch ihn fließen, während ein Zweigstrom in das Bad eintritt.

Zur Beurteilung von Stromstärke und Stromspannung benutzt man Strommesser (Amperemeter) und Spannungsmesser (Voltmeter). Der erstere wird in die Hauptleitung eingeschaltet, der letztere in eine Zweigleitung.

(991) Erzielung brauchbarer Metallniederschläge. Neben der genauen Regulierung des Stromes müssen sich Anoden und Waren an allen Stellen in gleicher Entfernung befinden. Gegenstände mit starken Profilierungen und Unterschneidungen entfernt man möglichst weit von den Anoden und arbeitet gleichzeitig mit Handanoden. Es ist ferner eine Bewegung des Elektrolyts, unter Umständen auch der Waren im Auge zu behalten. Für viele Zwecke, besonders die Erzielung starker galvanischer Niederschläge, ist die Erwärmung des Elektrolyts nötig.

Galvanostegie.

(992) Vorbehandlung der Gegenstände. Bevor die Gegenstände mit einem galvanischen Überzuge versehen werden können, müssen sie fettfrei und frei von Oxydschichten sein. Die Behandlung ist teils eine mechanische, teils chemische, teils kombinierte. Bei Versilberungen und Vergoldungen hat der Reinigungsarbeit eine Verquickung zu folgen, bevor der Elektroplattierprozeß begonnen werden kann. Bezüglich der Reinigungsarbeiten muß auf Spezialwerke verwiesen werden.

(993) Versilberung. Anoden aus Silber. a) G e w ö h n l i c h e V e r s i l b e - r u n g. Bad: 10 g Silber als Cyansilber, 14 g Cyankalium, 1 l Wasser oder 15 g

Kaliumsilbercyanid, 8 g Cyankalium, 1 l Wasser. Spannung[1]) 1,2 V. Stromdichte 0,3 A/dm². Temperatur 15—20⁰ C.

b) **S t a r k - (G e w i c h t s-) v e r s i l b e r u n g.** Bad: 25 g Silber als Cyansilber 27 g Cyankalium, 1 l Wasser oder 46 g Kaliumsilbercyanid, 12 g Cyankalium, 1 l Wasser. Spannung 0,9 V. Stromdichte 0,3 A/dm². Temperatur 15—20⁰ C.

Es ist zu empfehlen, beiden Bädern eine geringe Menge Chlorkalium zuzusetzen.

Gegenstände aus Kupfer, Messing, Argentan werden nach vorheriger Verquickung direkt versilbert; Nickel, Eisen, Stahl, Blei, Zinn und Britanniametall verkupfert oder vermessingt man zunächst; doch kann man Zinn und Britanniametall nach stattgefundener Verquickung auch direkt versilbern.

Beim Betriebe der Bäder ist folgendes zu beachten. Bei richtiger Stromarbeit sind die Waren nach etwa 10 Min. mit einem dünnen Silberhäutchen überzogen und die Anoden besitzen ein steingraues Aussehen, welches beim Unterbrechen des Stromes sofort in ein rein weißes übergeht. 1. Besitzen die Waren nur einen bläulich weißen Ton, schreitet die Metallabscheidung zu langsam fort, zeigen die Anoden ein graues und schwarzes Aussehen, so fehlt es an Cyankalium. 2. Bildet sich nach kurzer Zeit ein matt-weißer kristallinischer Niederschlag, der schlecht haftet oder leicht aufsteigt, so ist Cyankalium im Überschuß vorhanden (Zusatz von Silbercyanid und eventuell Wasser). 3. Bilden sich fleckige, streifige oder gar keine Ausscheidungen, so fehlt es an Silber (Zusatz von Kaliumsilbercyanid). 4. Zeigt der gebildete Silberniederschlag beim Polieren die Neigung leicht aufzustehen, eine Erscheinung, welche sich besonders an den Rändern bemerkbar macht, so enthält das Bad zu große Mengen von Dikaliumkarbonat (Zusatz von Cyanbaryum auf Grund des ermittelten Gehaltes an kohlensaurem Kalium).

Q u i c k b e i z e   f ü r   V e r s i l b e r u n g e n. 1 l Wasser, 10 g Kaliumquecksilbercyanid, 10 g Cyankalium.

K o n t a k t v e r s i l b e r u n g. 15 g Silbernitrat, 25 g Cyankalium, 1 l Wasser (Umwickeln der Gegenstände mit Zink).

T a u c h v e r s i l b e r u n g. 1—2 sk langes Eintauchen in eine 40⁰ C warme Lösung von 10 g salpetersaurem Silber, 30 g Cyankalium, 1 l Wasser.

A n r e i b e v e r s i l b e r u n g. 15 g Silbernitrat löst man in ¹/₄ l Wasser, setzt hierzu eine konzentrierte Lösung von 7 g Kochsalz, schüttelt bis zum Zusammenballen des gebildeten Chlorsilbers, gießt die überstehende Lösung ab und verreibt das nasse Chlorsilber mit 20 g 'feinst pulverisiertem Weinstein und 40 g trockenem Kochsalz. Die so gewonnene Paste reibt man entsprechend befeuchtet auf.

W i e d e r g e w i n n u n g   d e s   S i l b e r s   a u s   a l t e n   B ä d e r n (S t o c k m e i e r   u n d   F l e i s c h m a n n[2])). Man stellt in die Flüssigkeit ein Zink- und Eisenblech, wodurch das Silber pulverförmig ausgeschieden wird. Auch durch Schütteln mit Zinkstaub tritt völlige Fällung des Silbers ein.

(994) Vergoldung. Anoden aus Gold, Platin, Kohle, Siliciumcarbid (DRP. 177 252; 179 211). Hochprozentiges Ferrosilicium dürfte wegen seines höchst gefährlichen Gehaltes an Phosphorcalcium ungeeignet sein[3]).

K a l t e s   G o l d b a d. 3,5 g Gold als Knallgold oder anodisch in Cyankalium gelöst (s. nachher), 15 g Cyankalium, 1 l Wasser. Spannung (für Goldanoden) 1,2 V, Stromdichte 0,07 A/dm². Temperatur 15—20⁰ C.

---

[1]) Durchwegs wird, wenn nichts anderes bemerkt, die Spannung bei 1 dm Elektrodenentfernung angegeben. Es kann sich ohnedies nur um allgemeine Angaben handeln, da die Spannung auch von dem zu überziehenden Metalle abhängig ist.
[2]) Bayer. Gewerbez. 1890, 284 u. Chem.-Ztg. 1892, 1619.
[3]) S t o c k m e i e r, Chem.-Ztg. 32, 1908, S. 743 (Jahresbericht).

K a l t e s , s o g. g i f t f r e i e s   B a d. 2,65 g Chlorgold, 15 g wasserfreies
Natriumkarbonat, 15 g gelbes Blutlaugensalz. 1 l Wasser. Spannung (für Kohlenanoden) 2 V; Stromdichte 0,1 A/dm². Temperatur 15—20⁰ C.

W a r m v e r g o l d u n g. 1 g Gold, 5 g Cyankalium, 1 l Wasser. Spannung
(für Goldanoden) 1,0 V. Stromdichte 0,1 A/dm². Temperatur 50—60⁰ C.

Man stellt sich zunächst durch Auflösen von Gold in Cyankaliumlösung auf
elektrochemischem Wege eine konzentrierte Aurokaliumcyanürlösung her, welche
man alsdann durch Wasser- und eventuellen Cyankaliumzusatz entsprechend verändert. Man verwendet zu dem Zwecke möglichst große Goldbleche als Anoden,
als Kathoden kleine Bleche oder Drähte aus Gold oder Platin und elektrolysiert
alsdann unter gleichzeitiger Benutzung einer 70⁰ warmen 10 proz. Cyankaliumlösung
mit Hilfe eines starken Stromes. Gewöhnlich verwendet man 20 g Gold, 100 g Cyankalium, 1 l Wasser. Das Cyankalium muß völlig frei von Cyannatrium sein.

• Als weiteres Bad für w a r m e V e r g o l d u n g empfiehlt sich das folgende:
1,5 g Chlorgold, 1 g Cyankalium, 15 g Dinatriumsulfit krist., 50 g Dinatriumphosphat
krist., 1 l Wasser. Spannung (für Goldanoden) 1,7 V. Stromdichte 0,1 A. Temperatur 50⁰ C.

Silber, Kupfer, Messing, Neusilber und Nickel vei goldet man direkt, die übrigen
Metalle und Legierungen vermessingt oder verkupfert man vorher zweckmäßig.

G o l d s u d. Kochendheiße Lösung von 0,6 g Chlorgold, 6 g Dinatriumphosphat, 1 g Natriumhydroxyd, 3 g Dinatriumsulfit, 10 g Cyankalium in 1 l Wasser.

F a r b i g e V e r g o l d u n g. R o t v e r g o l d u n g wird durch einen Zusatz
von beiläufig 10 % Tetrakaliumcuprocyanür zum Goldbade, G r ü n v e r g o l d u n g
durch Zusatz von Kaliumsilberscyanid, R o s a v e r g o l d u n g durch den Zusatz eines Gemisches beider erzielt. Eine genaue Stromregulierung und rationelle
Anodenanordnung erscheint für den Betrieb derartiger Bäder sehr nötig, weil sonst
sehr leicht die Ausscheidung nur eines einzigen Metalles erfolgt.

W i e d e r g e w i n n u n g d e s G o l d e s aus ausgebrauchten Bädern.
S t o c k m e i e r und F l e i s c h m a n n¹). Man setzt zu 100 l ausgebrauchtem
Goldbad 250 bis 300 g Zinkstaub und rührt oder schüttelt von Zeit zu Zeit um. Nach
zwei Tagen ist alles Gold ausgefällt, das man vom beigemengten Zinkstaube durch
Behandlung mit Salzsäure und Auswaschen, vom Kupfer und Silber durch Nach-
behandlung mit Salpetersäure befreit.

(995) Verkupferung. Anoden aus Platten von Elektrolytkupfer oder aus
nicht zu dünnen, ausgeglühten und vom Glühspan befreiten Kupferblechen. Spannung etwa 3 V. Stromdichte 0,3—0,4 A/dm². Die Kupferbäder werden kalt und
warm angewandt.

1. R o s e l e u r. a) 20 g essigsaures Kupfer, b) 20—25 g Kristallsoda, c) 20 g
doppelt schwefligsaures Natrium, d) 20—22 g Cyankalium, 1 l Wasser. Man löst
b und c zusammen in ½ l Wasser, trägt dann d ein und gibt schließlich a gelöst in
½ l Wasser zu. 2. S t o c k m e i e r - L a n g b e i n. a) 25 g neutrales schwefligsaures Natrium, b) 17 g Kristallsoda, c) 20 g Cyankalium, d) 20 g essigsaures Kupfer,
e) 8 g saures schwefligsaures Natrium, 1 l Wasser. Man löst a, b und c zusammen
in ½ l Wasser, trägt dann d gelöst in ½ l Wasser ein und gibt schließlich e zu.
3. P f a n h a u s e r. a) 30 g Cyankupferkalium, b) 1 g Cyankalium, c) 10 g wasserfreie Soda, d) 20 g wasserfreies Natriumsulfat, e) 20 g saures schwefligsaures Natrium. 1 l Wasser. Man löst a—d zusammen in ½ l Wasser und setzt ·e gelöst in
½ l Wasser zu. 4. L a n g b e i n. a) 12 g Cuprocuprisulfit, b) 24 g Cyankalium,
c) 4 g wasserfreie Soda, 1 l Wasser. Man löst zunächst b und c in Wasser auf und
trägt a ein. 5. C u p r o n b a d. a) 6,7 g Cupron, b) 20 g Cyankalium, c) 20 g saures
schwefligsaures Natrium. Man löst b in 1 l Wasser auf, gibt dann a hinzu und nach
· erfolgter Lösung c.

---

¹) Bayer. Gewerbez. 1890, 284 u. Chem.-Ztg. 1892, 1619.

Beim Betriebe der Kupferbäder ist folgendes zu beachten. Bei richtiger Stromarbeit müssen die Waren binnen kurzem verkupfert sein, und die Anoden müssen ihr Aussehen beibehalten. Belegen sich dagegen 1. die Anoden mit einem grünen Schlamm, bleibt der Kupferniederschlag aus, oder erscheint er nur sehr schwierig, und nimmt das Bad eine blaue Färbung an, so fehlt es an Cyankalium. 2. Bleibt der Niederschlag aus, bedecken sich die Anoden mit grünem Cuprocupricyanür, und erscheint auch nach dem Cyankaliumzusatz keine Kupferausscheidung, so ist das Bad kupferarm (Zusatz von 5—10 g Tetrakaliumcuprocyanür auf 1 l Bad). Arbeitet auch nach diesem Zusatze das Bad träge, so gibt man Dinatriumsulfit hinzu. 3. Tritt an der Ware eine starke Wasserstoffentwicklung auf, vollzieht sich die Verkupferung nicht oder nur sehr langsam, blättert die Kupferschicht ab oder wird besonders an den Rändern schwärzlich, und belegen sich die Anoden mit einer dichten Lage grünen Cupricprocyanürs, dann ist entweder die Spannung eine zu große oder der Cyankaliumgehalt ein übermäßiger. Im letzteren Falle verreibt man Cupron oder Cuprocupricyanür oder Cupricuprosulfit mit einem Teil des Bades und gibt alsdann die Mischung hinzu.

Kontakt- und Tauchverkupferung. Zink verkupfert sich in der Kälte in dem W e i l schen Bade aus 1 l Wasser, 150 g Seignette-Salz, 30 g Kupfervitriol, 60 g Ätznatron. Andere Metalle verkupfert man mit Zinkkontakt. Massenartikel aus Eisen werden in einer Sägespäne, Infusorienerde und dergl. enthaltenden Scheuertrommel verkupfert. Man imprägniert die Sägespäne usw. mit einer Lösung von 5 g Kupfervitriol, 5 g Schwefelsäure in 1 l Wasser

W i e d e r gewinnung des Kupfers aus ausgebrauchten Bädern ist meist nicht rentabel; nach S t o c k m e i e r kann das Kupfer leicht quantitativ durch Schütteln mit Zinkstaub gewonnen werden. Ein Überschuß des letzteren ist aus ökonomischen Gründen zu vermeiden.

(996) Vermessingung. Anoden werden aus nicht zu dünnen, ausgeglühten und vom Glühspan befreiten Blechen genommen. Die Größe der Anoden muß die der Waren überragen. Spannung ca. 3 V. Stromdichte 0,3 A/dm². 1. R o s e l e u r. a) 15 g Kupfervitriol, b) 15 g Zinkvitriol, c) 60 g Kristallsoda, d) 20 g saures schwefligsaures Natrium e) 20 g Cyankalium, f) 2 g Arsenik, 1 l Wasser.

Man löst zunächst a und b in einer beliebigen Wassermenge und versetzt diese mit einer Auflösung von 40 g Kristallsoda in Wasser. Man läßt den Niederschlag absetzen; die überstehende Flüssigkeit gießt man weg. Nunmehr werden 20 g saures schwefligsaures Natrium und 20 g Kristallsoda zusammen in ½ l Wasser gelöst, dann gibt man 20 g Cyankalium zu. In diese Lösung trägt man den mit ½ l Wasser angerührten Niederschlag der Hydroxydkarbonate von Zink und Kupfer ein. Endlich setzt man die angegebene Menge pulverigen Arseniks zu. Man löst diesen zweckmäßig zuerst in etwas heißer Kaliumhydroxydlösung. Das Bad muß mehrere Stunden abgekocht oder 10—12 Stunden mit dem Strome durchgearbeitet werden. 2. P f a n h a u s e r. a) 14 g wasserfreie Soda, b) 20 g wasserfreies schwefelsaures Natrium, c) 20 g saures schwefligsaures Natrium, d) 20 g Cyankupferkalium, e) 20 g Cyanzinkkalium, f) 1 g Cyankalium, g) 2 g Chlorammonium; 1 l Wasser. a, b und c löst man zusammen in ½ l Wasser für sich auf, ebenso d, e und f. Man gießt dann die zweite Lösung in die erste und gibt g hinzu. Das Bad ist sofort gebrauchsfähig. 3. L a n g b e i n. a) 16 g Zinkvitriol, b) 20 g Kristallsoda, c) 12 g doppeltschwefligsaures Natrium, d) 15 g wasserfreie Soda, e) 30 g Cyankalium, f) 9 g Cuprocuprisulfit; 1 l Wasser. 16 g Zinkvitriol werden in einer beliebigen Menge Wasser gelöst, dann wird die Lösung der Kristallsoda hinzugegeben. Nach dem Absetzen des Niederschlages von Zinkhydroxydkarbonat wird die überstehende Flüssigkeit weggegossen. Dann werden in ½ l Wasser c und d zusammen gelöst; hierauf wird e eingetragen und schließlich f. Zum Schlusse gießt man den mit ½ l aufgerührten Niederschlag von Zinkhydroxydkarbonat hinzu. 4. C u p r o n b a d.

a) 8,5 g Cupron, b) 17 g Zinkvitriol, c) 30 g Cyankalium, d) 20 g doppeltschweflig-saures Natrium, 1 l Wasser. Man löst c in ½ l Wasser und rührt a bis zur Lösung hinzu. Ferner löst man b und d zusammen in ½ l Wasser auf. Man gibt dann die zweite Lösung zur ersten. Die Gegenstände müssen bei richtiger Funktionierung sofort mit einem schönen Messingüberzug versehen sein; nach etwa 10 Min. behandelt man den Gegenstand mit der Kratzbürste und bringt ihn dann wieder in das Bad zurück. Poröse Eisengegenstände vernickelt man zweckmäßig vor der Vermessingung schwach; die letztere fällt alsdann außerordentlich brillant aus.

Die kombinierte Zink-Kupferausscheidung hängt in erster Linie von den Stromverhältnissen und der Temperatur des Bades und erst in zweiter Linie von der Zusammensetzung des letzteren ab. Man bestrebe sich, möglichst metallreiche Bäder zu verwenden. Bei höherer Temperatur und geringerer Spannung bekommt man vorwiegend rötere, bei höherer Spannung und niederer Temperatur rein gelbe bis grüngelbe Vermessingungen.

1. Erscheint die Messingausscheidung nicht oder nur sehr langsam, tritt an der Kathode nur eine sehr schwache Gasentwicklung auf (der Vermessingungsprozeß wird unter ansehnlicher Gasentwicklung an der Kathode ausgeführt), bildet sich ferner eine Abscheidung von grünem Cupricuprocyanür, so fehlt es an Cyankalium.

2. Tritt auch nach Zugabe von solchem keine Metallausscheidung ein, so ist das Bad metallarm, und man gibt gleiche Teile Tetrakaliumcuprocyanür und Dikaliumzinkcyanid hinzu.

3. Entsteht eine lebhafte Gasentwicklung an der Ware, ist aber zugleich die Messingausscheidung mäßig und zeigt die Tendenz zum Abblättern, dann ist die Cyankaliummenge zu groß. Man verreibt alsdann Cupricuprosulfit, oder Cupron oder Cupricuprocyanür zusammen mit Cyanzink und etwas der Badflüssigkeit und trägt die Mischung ein.

4. Fällt trotz richtiger Temperatur und Spannung die Messingabscheidung zu grünlich aus, so gibt man einen Zusatz eines der bereits erwähnten Kupfersalze für sich allein,

5. bei einer zu roten Vermessingung eine Beigabe von Cyanzink.

Die bekannt gewordenen Kontaktmessingbäder können nicht empfohlen werden.

(997) Vernicklung. Anoden aus gegossenen und gewalzten Platten.

1. B a d   f ü r   g r o ß e, allenfalls auch   s t a r k   p r o f i l i e r t e   G e g e n s t ä n d e   a u s   M e s s i n g,   B r o n z e,   K u p f e r,   a u c h   f ü r   k l e i n e M a s s e n a r t i k e l: 50 g Nickelvitriol, 25 g Chlorammonium, 1 l Wasser. Spannung 1,9 V, Stromdichte 0,5 A/dm². Gußanoden halb so groß als Warenfläche. Das Bad ist auch für Z i n k v e r n i c k l u n g brauchbar, wenn gewalzte Anoden von mindestens der Größe der Ware Verwendung finden. Für Zinkvernicklung ist Anfangsspannung 3 V, Stromdichte 1 A/dm²; dann 2,3 V, 0,5 A/dm².

2. P f a n h a u s e r s   B a d   f ü r   E i s e n-,   S t a h l-   u n d   M e s s i n g - w a r e n. (Für Säbel, Messer, Scheren, chirurg. Instrumente, Nadeln u. dgl.) 40 g Nickelvitriol, 35 g zitronsaures Natrium, 1 l Wasser. Walzanoden mit doppelt so großer Fläche als die Ware besitzt. Spannung 2,9 V. Stromdichte 0,27 A/dm².

3. B a d   f ü r   b r i l l a n t e   s i l b e r w e i ß e   h a r t e   V e r n i c k l u n g   v o n   E i s e n-   u n d   M e t a l l g u ß w a r e n. (F a h r r a d t e i l e.) Gußanoden in wechselnder Größe je nach Badbeschaffenheit. 55 g Diammoniumnickelsulfat, 20 g Borsäure, 1 l Wasser. Spannung 3,1 V. Stromdichte 0,3 A/dm².

4. B a d   f ü r   d i r e k t e   Z i n n-,   B l e i-   u n d   B r i t a n u i a w a r e n - v e r n i c k l u n g. (S y p h o n k ö p f e,   A p p a r a t e   a u s   W e i c h m e t a l l   u s w.) Gußanoden halb so groß als Warenfläche. 40 g Diammoniumnickelsulfat, 20 g Borsäure, 15 g Chlorammonium. 1 l Wasser. Spannung 2,3 V, Stromdichte 0,5 A/dm².

Zur Hervorbringung s e h r s t a r k e r Vernicklungen kommen folgende Bäder in Betracht:

I. H e i ß e B ä d e r.

5. F ö r s t e r ' s B a d. 145 g Nickelvitriol, 1 l Wasser, Badwärme 70—80° C. Spannung 1,3 V bei 4 cm Elektrodenentfernung. Stromdichte 2—2,5 A/dm². Erhältliche Nickelniederschläge 0,5—1 mm Dicke.

6. L a n g b e i n ' s c h e s B a d. 350 g Nickelvitriol, 180 g Natrium- oder Magnesiumsulfat, etwas Essigsäure. (Spannung vom Autor nicht angegeben.) Stromdichte 4 A/dm². In 12 Stunden sind Niederschläge von 0,5 mm Dicke erhältlich.

II. K a l t e B ä d e r.

L a n g b e i n ' s c h e Ä t h y l s u l f a t b ä d e r. DRP. 134 736.

7a. 100 g Chlornickel, 50 g äthylschwefelsaures Natrium, 1 l Wasser.

7b. 100 g äthylschwefelsaures Nickel, 10 g Natriumsulfat, 5 g Chlorammonium.

Anstatt äthylschwefelsaures Natrium kann mit Vorteil auch äthylschwefelsaures Magnesium genommen werden. Stromdichte 0,2—0,3 A/dm². L a n g b e i n hat in der Zeit von 6 Wochen 6 mm dicke Nickelniederschläge erhalten.

Bei der Ausführung der Vernicklung hat man folgendes zu beobachten:

a) Vernickeln sich die Gegenstände zwar rein weiß, blättert aber der Niederschlag leicht ab, so arbeitet man a) entweder mit einem zu starken Strom, oder b) die Ware ist ungenügend vorbereitet, oder c) das Bad enthält freie Schwefel- oder Salzsäure. Diese wirken besonders in borsäurehaltigen Bädern sehr nachteilig. Man erkennt sie daran, daß man nach S t o c k m e i e r etwas von dem Bade in ein Porzellanschälchen gibt und den Inhalt alsdann wieder ausgießt, so daß nur die Wände des Schälchens benetzt sind. Setzt man nun eine Lösung von 0,8 Tropäolin 00 in 1 l Wasser hinzu, so tritt bei Gegenwart von Mineralsäure Violettfärbung ein. Man stumpft mit Ammoniak oder frisch gefälltem Nickelhydroxydkarbonat ab.

b) Enthält das Bad keine Schwefel- oder Salzsäure, ist die Stromspannung die übliche, sind die Waren gut entfettet und dekapiert und wird die Vernicklung weiß, schlägt aber, besonders an den Rändern, bald in braun und schwarz um, so enthält das Bad zu große Mengen von Diammoniumsulfat. Man gibt Nickelsulfat und Wasser hinzu.

c) Wird die Vernicklung dunkel und fleckig, so kann a) zu schwacher Strom, b) Mangel an Leitungssalzen, c) alkalische Beschaffenheit des Bades (rotes Lackmuspapier wird blau), d) Armut an Nickel, e) ungenügende Entfettung und Dekapierung oder f) ein Kupfer- oder Zinkgehalt des Bades die Ursache sein. Rühren die Erscheinungen von einem größeren Zinkgehalte her, so ist eine Verbesserung ausgeschlossen. Ist ein Kupfergehalt die Ursache, so schickt man einen starken Strom durch das Bad und verwendet als Kathode ein Kupferblech.

d) Bleibt die Vernicklung stellenweise aus, so berühren sich entweder die Waren, oder es wurden Luftblasen eingeschlossen, oder die Anoden sind fehlerhaft angeordnet.

e) Erscheint die Vernickelung löcherig, so befanden sich Gasbläschen oder Staubteilchen auf der' Ware.

Die in Vorschlag gebrachten Kontaktverfahren zur Herstellung von Vernicklungen sind nicht empfehlenswert.

(998) Verkobaltung. Anoden aus gegossenen und gewalzten Platten. 60 g Diammoniumkobaltsulfat, 30 g Borsäure, 1 l Wasser. Spannung 2,75 V. Stromdichte 0,4 A/dm².

K o b a l t s u d. 50° C warme Lösung von 20 g Diammoniumkobaltsulfat krist., 20 g Chlorammonium, 1 l Wasser. Zinkkontakt.

Hartvernicklung nach Langbein. 60 g Diammoniumnickelsulfat krist., 15 g Diammoniumkobaltsulfat krist., 25 g Borsäure, 1 l Wasser. Die Hartvernicklung soll besonders für Druckplatten in Anwendung kommen.

(999) Verstählung. Anoden aus Stahl.

1. Bad von Ryß und Bogomolny[1]). 200 g Ferrochlorür oder 200 g Ammoniumferrosulfat, 50 g Bittersalz, 5 g Mononatriumkarbonat. (Stromspannung von Autoren nicht angegeben). Stromdichte 0,3 A/dm².

2. Mercksches Bad. DRP. 126 839, Kl. 40a. 1 kg Ferrochlorür, 1 l Wasser. Temperatur 70° C. Kräftige Bewegung des Elektrolyts oder der Kathode Spannung vom Autor nicht angegeben. Stromdichte 3—4 A/dm². Der Autor will Niederschläge von unbegrenzter Dicke erhalten; 2 mm starke benötigen eine 48 stündige Stromarbeit.

3. Bad von Langbein-Pfannhauserwerke A.-G. Leipzig-Sellershausen. (DRP. 212994 und 228893) 450 g Eisenchlorür, 500 g Chlorcalcium, 750 g Wasser. Temperatur 110°, Stromdichte 20 A/dm².

(1000) Verzinkung. Als Anoden dienen starke Zinkplatten von möglichst großer Fläche. Zinkbäder. 1. Nach Pfanhauser. a) Für Eisenbleche, schmiedeeiserne Objekte, T-Eisen usw. 150 g Zinkvitriol, 50 g schwefelsaures Ammonium, 1 l Wasser. 0,75—1,7 V, 03—1 A/dm². b) Für Nägel, Drähte usw. 100 g Zinkvitriol, 25 g Chlorammonium, 40 g Ammoniumcitrat, 1 l Wasser. 0,7—1,4 V, 0,5—1 A/dm².
2. Nach Langbein. a) 200 g Zinkvitriol, 40 g Glaubersalz, 10 g Chlorzink, 5 g Borsäure, 1 l Wasser. 1,1—3,7 V, 0,6—1,9 A/dm². b) 40 g Chlorzink, 30 g Chlorammonium, 25 g Natriumcitrat, 1 l Wasser. Spannung 0,8—3,2 V. Stromstärke 0,7—4,3 A/dm².

Für flache Gegenstände wendet man die Zinkbäder 18—20° C warm an; bei stark profilierten ist eine Erwärmung auf 40—45° g unerläßlich. Ebenso erscheint die Bewegung der Bäder unvermeidlich, um der Ausscheidung schwammigen Zinkes entgegenzuwirken.

Kontaktverzinkung. In eine Lösung von 200 g Ätznatron in 1 l Wasser gibt man Zinkstaub. Nach 5 Minuten langem Kochen ist die Lösung zum Verzinken von kupfernen, messingenen, bronzenen Gegenständen geeignet. Zinkstaub muß stets im Überschusse vorhanden sein.

(1001) Verzinnung. Anoden aus gegossenen Zinnplatten.

1. Roseleur. 18 g Stannochlorür (geschmolzen), 35 g Natriumpyrophosphat, 1 l Wasser. 1,25 V, 0,25 A/dm².

2. Salzède-Langbein. (Für Gußeisen.) 2,5 g Stannochlorür, 10 g Cyankalium, 100 g Kaliumkarbonat, 1 l Wasser. 4 V (Stromstärke nicht angegeben).

3. Neubeck. Temperatur 75—90° C, 20 g geschmolzenes Zinnchlorür, 80 g Ätznatron, 100 g wasserfreie Soda, 0,8 V, 1 A/dm².

Zinnsud (Roseleur) für Kupfer und dessen Legierungen, Eisen und Zink. 15 g Ammoniumalaun, 2,5 g geschmolz. Stannochlorür, 1 l Wasser. Den einfachen Zinn (Weiß-) sud, der z. B. zum Verzinnen von kleinen Waren, Haken, Ösen, Stecknadeln usw. benutzt wird, gewinnt man, indem man 12,5 g Weinstein mit 1 l Wasser unter Hinzugabe von feinen Zinnabfällen zum Kochen erhitzt. Nachdem die Flüssigkeit unter stetem Ersatz des verdampfenden Wassers etwa ½ Stunde lang im Kochen erhalten wurde, gibt man die Gegenstände in den Sud und berührt sie mit einem Zinkstabe. Sie werden alsdann verzinnt. Man überzeuge sich, daß die Zinnabfälle völlig fettfrei sind, weil sonst die Arbeit mißlingt. Man muß in solchen Fällen vorher peinlichst entfetten.

(1002) Verbleiung. Anoden aus Bleiblech oder gegossenen Bleiplatten.

Bleibad. 50 g Kaliumhydroxyd, 5 g Bleiglätte, 1 l Wasser.

---

[1]) Zeitschr. f. Elektrochem., Bd. 12, 1906, 697.

L a n g b e i n empfiehlt für Erzielung von Bleiniederschlägen den Gebrauch von äthylschwefelsaurem Blei neben Magnesiumsulfat. (DRP. 134 736.)

(1003) Verplatinierung. Anoden aus Platin. 1. Bad nach B ö t t g e r - L a n g - b e i n. 500 g Zitronensäure werden in 2 l heißen Wassers gelöst und hierauf allmählich 1022 g Kristallsoda eingetragen. Ferner bereitet man sich aus 75 g Wasserstoffplatinchlorid durch Fällung mit Chlorammonium Platinsalmiak. In die kochende erstere Lösung trägt man den Platinsalmiak allmählich ein, gibt schließlich noch 20—25 g Chlorammonium hinzu und verdünnt auf 5 l. Das Bad wird 80—90° C heiß angewendet und bedarf einer EMK von 5—6 V. Kupfer und Messing werden direkt platiniert; andere Metalle muß man zuvor verkupfern. Während der Elektrolyse müssen an den Elektroden kräftige Gasentwicklungen auftreten, und muß Ware und Platinanode bis auf 1 cm genähert werden.

2. P l a t i n b ä d e r n a c h J o r d i s. Aus den Laktatbädern von J o r d i s scheidet sich das Platin leicht und glänzend ab. Man verwendet entweder a) eine mit Soda schwach übersättigte Lösung von 26—130 g gesättigtem Wasserstoffplatinchlorid, 35—170 g Natriumlaktat, 1 l Wasser oder b) 35—70 g Platinsulfat, 50—100 g Ammoniumlaktat und Ammoniak bis zur alkalischen Reaktion oder c) 50—100 g krist. Dinatriumplatinchlorid, 50—100 g Natriumlaktat und Soda bis zur alkalischen Reaktion. Spannung 1,6 V, Stromdichte 0,15—0,2 A/dm², Erwärmen bis 45° C.

3. Nach R o s e l e u r. 4 g Wasserstoffplatinchlorid, 100 g phosphorsaures Natrium, 20 g phosphorsaures Ammonium, 1 l Wasser.

P l a t i n s u d m i t Z i n k k o n t a k t (F e h l i n g). 10 g Wasserstoffplatinchlorid, 200 g Kochsalz, 1 l Wasser. Spur Natronlauge. Kochen.

W i e d e r g e w i n n u n g d e s P l a t i n s aus ausgebrauchten Bädern. Nach S t o c k m e i e r läßt es sich am besten durch Schütteln mit Zinkstaub ausfällen.

(1004) Antimonierung. Antimonbäder. Anoden aus Antimon. 1. Nach P f a n h a u s e r: 50 g Schlippes Salz, 10 g Ammoniaksoda, 1 l Wasser. Spannung 1,9—3,2 V, 0,35 A/dm². An Stelle des Schlippeschen Salzes kann man auch 20,8 g Goldschwefel und 37,6 g krist. Dinatriumsulfid verwenden. 2. Nach J o r d i s (s. oben) erhält man schöne Antimonausscheidungen aus einem antimonchlorid- und natriumlaktathaltigen Bade; ebenso läßt sich aus gemischten Zinnund Antimonlaktatlösungen Britanniametall abscheiden.

(1005) Abscheidung von Aluminium und galvanische Niederschläge auf Aluminium. Es existieren zahlreiche Vorschriften über die Abscheidung des Aluminiums aus wässerigen Lösungen; man kann sie hier übergehen, weil sie nicht das leisten, was sie versprechen. Bis jetzt war es unmöglich, Aluminium aus wässeriger Lösung abzuscheiden; aber auch die Galvanisierung des Aluminiums hat Schwierigkeiten bereitet. Von den vielen Verfahren, Aluminium mit anderen Metallen zu überziehen, seien folgende erwähnt:

1. Verfahren von N e e s e n und D e n n s t e d t. Die mit Salpetersäure vorbehandelten Waren taucht man bei 15—25° C in 10 proz. Natriumhydroxydlösung, bis Gasentwicklung eintritt, worauf man sie abschleudert und o h n e a b z u s p ü l e n in ein cyankalisches Silberbad bringt. Bei manchen Aluminiumsorten ist es empfehlenswert, den mit Kaliumhydroxydlösung behandelten Gegenstand in eine 0,5 proz. Quecksilberchloridlösung zu tauchen, hierauf das etwa pulverig ausgeschiedene Quecksilber abzubürsten und endlich nochmals in eine Kaliumhydroxydlösung bis zur starken Wasserstoffentwicklung zu bringen. Auf der Versilberung kann man in beliebiger Weise andere Metallniederschläge erzeugen.

2. C o e h n verkupfert Aluminium durch Eintauchen in eine alkoholische Kupferchloridlösung.

3. S z a r v a s y empfiehlt eine wasserfreie methylalkoholische Lösung von Kupfer- bezw. Nickelchlorid.

4. G ö t t i g bringt auf Aluminium eine Kupferabscheidung hervor, indem er darauf eine Kupfersulfatlösung mit Hilfe von Zinnpulver oder Kreide verreibt; eine Verzinnung vollzieht sich durch Aufbürsten von Diammoniumstannichlorid mit Hilfe einer Messingbürste.

Galvanoplastik.

(1006) Allgemeines. Die Galvanoplastik bezweckt die Erzeugung von Metallen auf galvanischem Wege in einer solchen Stärke, daß sie sich ohne Unterlage gebrauchen lassen. Während die Galvanostegie sich bestrebt, einen festhaftenden Metallüberzug auf einem anderen Metall hervorzubringen, fällt diese Forderung bei den galvanoplastischen Erzeugnissen nicht nur weg, sondern man verlangt im Gegenteil, daß die Metallablagerung sich bequem abnehmen lasse. Während es zudem durch die bisher besprochenen Verfahrungsweisen nur möglich war, Metallabscheidungen auf einem Metalle hervorzubringen, müssen galvanoplastische Reproduktionen von Gegenständen jeglichen Materials möglich sein. Hierbei erzeugt man entweder von einem Gegenstand auf galvanischem Wege das Spiegelbild in Metall, oder man überzieht die Gegenstände allseitig mit Metall. Man spricht deshalb auch von einer eigentlichen Galvanoplastik und einer Überzugsgalvanoplastik. Da aber die Ausführung in beiden Fällen die gleiche ist, so sind hier diese Unterschiede nicht weiter zu beachten. Bei der Ausführung von galvanoplastischen Arbeiten sind 3 Momente als gleich wichtig zu berücksichtigen: 1. die Herstellung der Formen, 2. ihre Leitendmachung und 3. die Ausführung der galvanoplastischen Reproduktion.

(1007) Die Formen erzeugt man: 1. Aus Metall a) durch Anwendung von leicht schmelzbaren Legierungen oder b) durch Abdruck in Blei nach v. A u e r oder, wenn metallische Gegenstände vorliegen, durch c) galvanoplastische Reproduktion, wie es zuerst J a c o b i ausführte. Als leicht schmelzbare Legierung empfiehlt sich eine aus 5 Teilen Wismut, 3 Teilen Blei, 2 Teilen Zinn (Schmelzp. 91,5° C). Die metallischen Formen reibt man entweder mit Öl, Fett oder Graphit ab, oder, wo dies nicht angeht, erzeugt man nach M a t h i o t zuerst eine dünne Silberschicht (durch Tauchverfahren oder Anreiben), führt diese durch alkoholische Jodlösung in Jodsilber über und setzt die gebildete Jodsilberschicht der Einwirkung des Lichtes aus. 2. Aus Guttapercha. Sie wird mit heißem Wasser geknetet und auf den Gegenstand aufgepreßt. An Stelle von reiner Guttapercha wird auch Ölguttapercha (10 % Olivenöl) verwendet. 3. Aus Wachsguß. Man umgibt den schwach geölten oder mit Graphit gebürsteten Gegenstand mit einem Rande von Pappe und gießt die nach U r q u a r t aus 40 Teilen Wachs, 6 Teilen venetianischem Terpentin und 1 Teil feinstem Graphit oder nach v. K r e ß aus 24 Teilen Wachs, 8 Teilen Asphalt, 8—12 Teilen Stearinsäure, 6 Teilen Talg und 1 Teil Graphit bestehende geschmolzene und im Erstarren begriffene Mischung darüber aus. 4. Aus Gips. Die Gipsformen müssen wasserdicht gemacht werden, was durch Imprägnieren mit Mischungen aus Leinölfirnis, Stearinsäure, Wachs, Ceresin und Paraffin, oder nach G r e i f durch eine Mischung von 10—30 proz. Reten, schwarzem Steinkohlen- oder Holzteerpech und etwas Naphthalin geschieht. 5. Aus Leim. Der gefettete Gegenstand wird mit einer aus 1 Teil Leim, ½ Teil Glyzerin und 2 Teilen Wasser hergestellten Lösung übergossen. Man macht die Leimform durch Einhängen in eine 10 proz. Tanninlösung oder besser eine 3 proz. Chromsäurelösung und nachfolgendes Belichten oder 2 proz. Formalinlösung unlöslich. Nach B r a n d e l y bereitet man die Leimformen aus 200 g Ledergelatine, 50 g Zucker, 400 g Wasser und 5 g Tannin. (Die letztere Menge ist so bemessen, daß das entstehende Leimtannat in der überschüssigen Leimlösung gelöst bleibt.)

(1008) Leitendmachen der Formen. Dies wird in den meisten Fällen mit reinstem Graphit bewerkstelligt. Neben Graphit kommen Metallpulver, Kupferbronzepulver in Betracht, welche man nach S t o c k m e i e r zweckmäßig vorher mit Tetrachlorkohlenstoff oder Trichloräthylen u. dgl. entfettet und durch Behandlung mit verdünnter Schwefelsäure von Cuprooxyd befreit. Auch kann man auf das abzuformende Material blattgeschlagenes Metall (Gold, Silber, Kupfer, Zinn) legen und alsdann die warm gemachte Guttapercha darüber pressen. B o u d r e a u x reibt Wachs oder klebend gemachte Guttapercha mit Bronzepulver ein und formt alsdann das so präparierte Material. R a u s c h e r erzeugt zunächst aus chromsäurehaltigem Rosmarinöl und glyzerinhaltigem Leim eine Chromleimform, welche er belichtet. Diese wird nachher graphitiert und bronziert, alsdann mit einer Lösung von Guttapercha in Schwefelkohlenstoff und hierauf mit einer dammarharzhaltigen Schellacklösung übergossen. Es bildet sich so eine aus Dammarharz, Schellack, Guttapercha, Bronzepulver und Graphit bestehende Haut, welche sich von der Leimform leicht abheben läßt. Man verstärkt diese durch einen Wachsguß, während die Leimform beliebig oft zur Erzeugung neuer Harzhäutchen dienen kann. Bei sehr zarten Formen aus leicht verletzbarem Material erzeugt man auf chemischem Wege eine zarte leitende Schicht. Nach H e e r e n wird eine alkolische Lösung von Silberoxydammoniak aufgetragen und die Schicht nach dem Verdunsten des Alkohols der Wirkung von Schwefelwasserstoff ausgesetzt. Das entstandene Schwefelsilber bildet die leitende Schicht. Von sonstigen Verfahren (P a r k e s, S t e i n a c h - B u c h n e r, F a l k) sei nur noch das L a n g b e i n sche erwähnt. Man übergießt die Form mit einer mit dem gleichen Volum Ätheralkohol verdünnten Jod-Kollodiumlösung, wie sie für photographische Zwecke Verwendung findet, und bewegt sie rasch, so daß eine dünne jodhaltige Kollodiumschicht entsteht. Sobald diese zu erstarren anfängt, taucht man die Form in eine verdünnte Silberlösung, wodurch sich Jodsilber bildet. Man spült alsdann mit Wasser ab, belichtet an der Sonne oder mit Magnesiumlicht und bringt hierauf die Form in eine mit 20 g Alkohol und 30 g Essigsäure versetzte Lösung von 50 g Eisenvitriol in 1 l Wasser. Nach dem erneuten Abspülen wird die Form sofort in das Bad gebracht.

(1009) Ausführung der Galvanoplastik (s. K u p f e r g a l v a n o p l a s t i k). Man arbeitet entweder mit dem sog. einfachen Apparate oder mit einem Apparate mit äußerer Stromquelle. Das letztere Verfahren ist wegen der leichteren Beaufsichtigung und der Gewähr, jederzeit eine tadellose Arbeit zu vollbringen, der ersteren entschieden vorzuziehen.

Beim Betriebe mit einfachem Apparate (Zellen- oder Trogapparat) wird wie bei der Instandsetzung einer Daniellschen Kette verfahren. In ein größeres äußeres Gefäß kommt die Kupfervitriollösung (1 l Wasser, 250 g Kupfervitriol); in die innere poröse Tonzelle verdünnte Schwefelsäure (1 : 30) und ein Zinkzylinder. Zweckmäßig ist es auch, etwas Amalgamiersalz (Merkurosulfat) hinzuzugeben. An den Zinkzylinder wird ein Kupferring gelötet, welcher zur Aufnahme der Formen, die in die Kupferlösung tauchen, dient. Für größere Anlagen verwendet man Wannen, bei welchen eine den vorangeschickten Ausführungen entsprechende Anordnung getroffen wird. Beim Betriebe mit äußerer Stromquelle verwendet man ein Bad aus 1 l Wasser, 30 g Schwefelsäure und 200 g Kupfervitriol, 0,5—2,8 V, 0,5—3 A/dm².

1. S c h n e l l g a l v a n o p l a s t i k b a d für rasch herzustellende Niederschläge von weicher und kohärenter Beschaffenheit. 1. Nach P f a n h a u s e r. 250 g Kupfervitriol, 7,5 g Schwefelsäure, 1 l Wasser. Bei 5 cm Elektrodenentf. 4,2—8 V, 3—10 A/dm². 2. Nach L a n g b e i n. a) Für flache Prägungen von Autotypien, Holzschnitten usw. 340 g Kupfervitriol, 2 g Schwefelsäure, 1 l Wasser, 26—28° C. Stromstärke bei 6 cm Elektrodenentf. 6 V, 8 A/dm². b) Für tiefe Prägungen. 260 g Kupfervitriol, 8 g Schwefelsäure, 1 l Wasser. 20° C. Bei 6 cm Elektrodenentf. 4,5 V, 4,5—5 A/dm². Nach R u d h o l z n e r setzt man zweckmäßig noch 5 g Alkohol zu. (Der letztere kommt ohnedies gewöhnlich durch die mit Alkohol übergossenen graphitierten Formen in das Bad.)

Bei allen galvanoplastischen Arbeiten ist für eine dauernde Bewegung des Elektrolyts und unter Umständen auch der Ware zur Erzielung gleichmäßiger Metallabscheidungen Sorge zu tragen. Nach M a x i m o w i t s c h kann man die Bewegung entbehren, wenn man die Anode horizontal über der Kathode anbringt.

2. Reproduktionen in Eisen sind mit den Bädern von R y s s und B o g o - m o l n y sowie von M e r c k (999,2) und L a n g b e i n - P f a n h a u s e r w e r k e (999,3) zu erhalten.

3. Reproduktionen in Nickel können nur auf metallenen Formen hervorgebracht werden. Als Bäder kommen hierfür das F ö r s t e r sche (997,5) und die L a n g b e i n schen (997,6, 7a und 7b) in Betracht.

Zur Gewinnung geeigneter Formen für Nickelgalvanoplastik empfiehlt S t e i n a c h, von der Form aus Gips, Guttapercha, Leim usw. einen galvanoplastischen Kupferabzug, welcher wieder als Positiv erscheint, herzustellen. Dieses Kupferpositiv wird nach dem bereits bei den metallenen Formen (1007) angegebenen Verfahren von M a t h i o t versilbert und jodiert, hiervon ein Kupfernegativ gewonnen, von welchem endlich nach erneuter Versilberung und Jodierung die Nickelreproduktion erzeugt werden kann, welche man alsdann rückseitig im Kupferbade oder sonstwie verstärkt.

4. S i l b e r und G o l d können zum Zwecke galvanoplastischer Reproduktion gleichfalls nur auf metallischen Formen abgeschieden werden. Als S i l b e r b a d nimmt man: 50 g Silber als Cyansilber, 80 g Cyankalium, 1 l Wasser oder 90 g Kaliumsilbercyanid, 50 g Cyankalium, 1 l Wasser; als G o l d b a d 35 g Gold (elektrolytisch gelöst), 150 g Cyankalium, 1 l Wasser.

(1010) Herstellung von Druckplatten, Klischees, Stereotypen usw. Diese werden meistens aus Kupfer auf galvanoplastischem Wege gewonnen. Um sie weniger der Abnutzung und der Einwirkung der Druckfarben zu unterwerfen, verstählt, vernickelt, verkobaltet man sie, oder man überzieht sie mit einem Hartnickelüberzug (Nickel mit 25—30 % Kobalt). Diese Überzüge dürfen nur verhältnismäßig dünn erzeugt werden, weil sonst die Feinheit der Zeichnung stark beeinträchtigt würde; denn bei galvanoplastischen Überzügen ist die letzte und grobkörnigste Metallschicht die Druckfläche. Um galvanoplastische Reproduktionen, bei welchen die erste und feinste Metallabscheidung Druckfläche wird, äußerst dauerhaft herzustellen, erzeugt man solche von Eisen oder Nickel. Da indessen deren Gewinnung eine zeitraubende Arbeit vorstellt, hat R i e d e r (DRP. 95 081) die Anfertigung von Preßplatten, Prägestempeln, Druckwalzen und dergl. von einem ganz neuen Gesichtspunkte aus ins Auge gefaßt, indem er diese auf dem Wege der galvanischen Ätzung gewinnt. Durch Abformen und Eingravieren wird in einem Blocke von Gips, Ton usw. die Matrize erzeugt, worauf man auf beide Seiten des Blockes Stücke des Metalles legt, in dem die Matrize hervorgebracht werden soll. Man verbindet nun die auf der Bildseite liegende Metallplatte mit dem positiven, die andere mit dem negativen Pole, tränkt den Block mit Chlorammonium und schickt einen Strom von 10—15 V und 2 bis 5 A/dm² durch das Vorrichtung. Von der auf der Bildfläche liegenden, die Anode bildenden Metallplatte wird allmählich soviel herausgelöst, bis das vollständige Gegenbild erscheint. Die beim Auflösungsprozesse des Stahles zurückbleibenden Kohlenstoffteilchen müssen von Zeit zu Zeit auf mechanischem Wege fortgenommen werden, weil sonst eine unreine Arbeitsfläche entstünde.

(1011) Irisierung, Brünierung, Patinierung auf galvanischem Wege. Außer zu der soeben angegebenen Manipulation und zur galvanischen Ätzung findet die A n o d e n a r b e i t oder das sogenannte Arbeiten mit u m g e k e h r t e m S t r o m e noch zur Ausführung der Irisierung, Brünierung und ähnlicher Metallfärbungen sowie der künstlichen Patinabildung Anwendung.

1. I r i s i e r u n g. Irisierende Farbentöne von grün bis purpurrot mit blauen, violetten und gelben Nebenfarben werden auf Messing, Tombak und vernickelten

Waren hervorgebracht, wenn man diese als Anode in ein Bleibad aus entweder 1) 10 g Bleioxyd, 60 g Kaliumhydroxyd, 1 l Wasser oder 2) 17 g Bleiacetat krist., 70 g Kaliumhydroxyd, 1 l Wasser einbringt und als Kathode einen dünnen Platindraht wählt. Man kann auch besonders bei runden oder zylindrischen Gegenständen ein Bleigefäß verwenden, dieses mit dem negativen Pole und die Waren mit dem positiven verbinden. Das Bleigefäß dient alsdann zur Aufnahme der Bleilösung. Spannung 2—3 V. Bei zu starkem Strome bildet sich eine Ablagerung von dichtem braunen Bleisuperoxyd.

2. Brünierung. Nach Alexander und Arthur Haswell bringen Bäder, bestehend aus 1) 50—200 g Ammoniumnitrat, 0,5—5 g Mangan als Manganchlorür oder Mangansulfat oder 2) 80 g Bleinitrat, 500 g Wasser, 500 cm³ Natronlauge 1,269 sp. G. (31° Bé) und darin suspendierten 10 g Mangankarbonat, in welche die Gewehrläufe usw. als Anoden gebracht werden, schöne Brünierungen hervor. Als Kathode wählt man einen Platindraht.

3. Künstliche Patinabildung. Verwendet man nach Lismann als Elektrolyt ein an Kohlensäure und Bikarbonaten reiches Wasser, als Anode den zu patinierenden Gegenstand und als Kathode ein 4—5 cm davon entferntes Kupferblech, so bilden sich bei 3 V Spannung und 0,1 A/dm² Stromdichte je nach der Dauer der Einwirkung auf den Gegenständen dunkler oder heller grün gefärbte Patinaablagerungen.

Literatur:
Hering, A., Die Galvanoplastik u. ihre Anwendung in der Buchdruckerkunst. 1898. — Jenisch, P., Handbuch für alle galvanosteg. u. galvanoplast. Arbeiten. 1905. — Kempe, C., Die Galvanoplastik. 1897. — Konwiezka, H., Galvanoplast. Apparate nebst Anleitung zum galvan. Verkupfern, Vernickeln, Versilbern u. Vergolden. 1909. — Krause, Galvanotechnik (Galvanosteg. u. Galvanoplastik). 1908. — Langbein, G., Handbuch d. elektrolyt. (galvan.). Metallniederschläge. 1906. — Langbein u. A. Frießner, Galvanoplast. u. Galvanostegie, 1904. — Lange, W., Die gesamte Galvanostegie. Die galvan. Verkupferung, Vernickelung. Versilberung usw. 1899. — Levett & Findeisen, Der Galvaniseur u. Metallschleifer. 1903. — Peters, F., Elektrometallurgie u. Galvanotechnik. 1900. — Pfannhauser, W., Die Galvanoplastik. 1904. — Schlötter, M., Über die elektrolyt. Metall niederschläge. I. Teil 1910. II. Teil 1911. — Steinach, H. & G. Buchner, Die galvan. Metallniederschläge. 1896. — Stockmeier, H., Handbuch der Galvanostegie u. Galvanoplastik. 1899. — Taucher, K., Handbuch der Galvanoplastik. 1900. — Trost, G., Galvanoplastik und Galvanostegie. 1900. — Weiß, J., Die Galvanoplastik. Lehrbuch der Galvanoplastik und Galvanostegie. 1909.

Telegraphen- und Fernsprechwesen.
Linien und Leitungen.

(1012) Benennungen. Unter einer Telegraphen- oder Fernsprechleitung versteht man einen einzelnen Draht, der die miteinander arbeitenden
Telegraphen- oder Fernsprechapparate verbindet. Zum Schutze gegen Ableitung
umgibt man ihn auf seiner ganzen Länge mit einem schlecht leitenden Stoffe
(Kabel) oder spannt ihn in der Luft, die auch als Nichtleiter angesehen werden
kann, frei aus (oberirdische Leitung).

Das Gestänge umfaßt die Stangen samt ihren Verstärkungen und den
isolierten Stützpunkten für die Leitung. Gestänge und Leitungsdraht bilden zusammen die oberirdische Telegraphen- oder Fernsprechlinie,
während unter einer versenkten Linie das Kabel samt den Schutzvorkehrungen zu verstehen ist.

Oberirdische Linien.
Telegraphenbaustoffe.

(1013) Hölzerne Stangen. In Deutschland werden verwendet die verschiedenen
Arten Pinus, und zwar hauptsächlich P. silvestris, Kiefer; daneben auch P. abies,
Abies excelsa, Fichte, P. picea, Abies pectinata, Tanne und P. larix, Lärche; Eiche
nur vereinzelt, wo sie billiger als Nadelholz zu haben ist.

Stangenlängen: 7, 8½, 10 und 12 m; Durchmesser am Zopf der geschälten
Stange für Hauptlinien (Stange I) 15 cm, für Nebenlinien (Stange II) 12 cm; Ver-
jüngung vom Stammende zum Zopfe auf 1 m Länge 0,7 bis 1 cm.

Stangen I von	12	10	8½	7	II von	10	8½	7	m
Gewichte	200	150	125	100		125	105	70	kg
Rauminhalt	0,462	0,353	0,278	0,211		0,261	0,203	0,152	m³

Sonstige wesentliche Bedingungen: Gerader Wuchs, gesunder Stamm, wirk-
liches Stammende eines Baumes, keine Astlöcher und Spaltstellen. Die Stangen
werden nach der Tränkung mit fäulniswidrigen Stoffen (1014) am Zopfende
dachartig abgeschrägt, und die Schnittflächen zweimal mit heißem Teer gestrichen,
schließlich mit feinem Sand bestreut. 3½ m vom Stammende wird der Stempel TV
(Telegraphen-Verwaltung) angebracht; die Mitte des Stempels liegt in der Ebene,
die von der am Zopfende gebildeten Schnittkante angegeben wird; der Stempel
zeigt die Straßenseite der Stange an. Unter dem TV wird ein Buchstabe, der die
Zubereitungsart angibt, die Bezeichnung der Zopfstärke (I oder II) und bei
späterer Verwendung auch das Einstellungsjahr eingebrannt.

(1014) Zubereitung a) mit Kupfervitriol (Boucherie). Die
Stangen müssen spätestens 10 Tage nach dem Fällen dem Verfahren unterworfen
oder bis zur Tränkung unter Wasser aufbewahrt werden, damit der auszutreibende

Saft nicht erhärtet. Eine Lösung von 1½ Gewichtsteilen Kupfervitriol auf 100 Gewichtsteile Wasser wird durch den Druck einer Flüssigkeitssäule von 10 m Höhe vom Stammende aus durch die nahezu wagerecht gelagerten Stangen hindurchgetrieben. Mittlere Dauer der Tränkung (nach den Erfahrungen der Reichs-Telegr.-Verw.): für eine 12—10—8½—7 m lange Stange I rund 10½—8—7—6½ Tage. Zur Erzeugung des notwendigen Druckes werden an Stelle der Flüssigkeitssäule neuerdings D a m p f s t r a h l p u m p e n in Verbindung mit Lokomobilen verwendet. Der erzeugte Flüssigkeitsdruck beträgt 2 at (bei weiterer Steigerung platzen die Stangen leicht), wodurch die Zubereitungsdauer auf 4½—3½—3—2½ Tage abgekürzt wird.

In welchem Umfange die Stangen von der Kupfersalzlösung durchdrungen sind, läßt sich durch Bestreichen des Zopfendes mit einer 10-proz. Lösung von gelbem Blutlaugensalze prüfen, wobei sich alle kupferhaltigen Stellen rotbraun (Ferrocyankupfer) färben. Die Stangen werden an der Luft getrocknet, nicht zu früh entrindet und später, wie unter (1013) angegeben, für den Gebrauch hergerichtet.

Die mittlere Lebensdauer einer mit Kupfervitriol behandelten Stange beträgt etwa 11,7 Jahre; ihre Zubereitung erfordert an Kosten rund 10 M für 1 m³ Holz, das etwa 10 bis 13 kg Kupfersulfat aufnimmt. Gesamtkosten für 1 m³ und Gebrauchsjahr der in der Linie stehenden Stange 4,45 M[1]).

b) Z u b e r e i t u n g   m i t   Z i n k c h l o r i d (B u r n e t t und B r é a n t). In luftdicht verschließbarem Walzenkessel werden die Stangen zwei Stunden lang heißen Wasserdämpfen ausgesetzt (100° C, nach ½ St. erreicht). Dann wird durch Auspumpen ein Unterdruck von ¼ bis ⅕ at erzeugt und zwar innerhalb 30 Min. Die Verdünnung wird 30 Minuten unterhalten. Hiernach wird die Chlorzinklösung eingeführt und ein Druck von 7 Atmosphären eine Stunde unterhalten. Die Chlorzinklösung muß am Bauméschen Aräometer 3° zeigen. Gesamtzubereitungsdauer 5 bis 6 Stunden. Hierbei soll 1 m³ trockenes Kiefern- oder Fichtenholz etwa 300 kg Chlorzinklösung aufnehmen. Prüfung des Ergebnisses durch Feststellen des Gewichtsunterschiedes der Stangen vor und nach der Behandlung. Stichprobe: Eine aus einer Stange herausgeschnittene Scheibe wird mit Schwefelammonium behandelt, mit Essigsäure abgewaschen und hierauf mit einer sauren Lösung von salpetersaurem Bleioxyd bestrichen. Die Flächen färben sich dann durch entstehendes Schwefelblei schwarz. Enthält das verwendete Chlorzink Eisensalze, so färbt sich die Probescheibe beim Eintauchen in Schwefelammonium dunkelgrün. Mittlere Dauer der Stangen 11,9 Jahre, Kosten für die Tränkung eines Kubikmeters 5 bis 8 M, für 1 m³ und Gebrauchsjahr 4,05 M[1]).

c) T r ä n k u n g   m i t   Q u e c k s i l b e r s u b l i m a t (K y a n). Die getrockneten und entrindeten Stangen werden unter Zwischenlegung von Latten so in einen Holztrog (kein Eisen!) eingelegt, daß sie weder dessen Wände noch sich untereinander berühren. Darauf wird so viel Lösung von 1 Gewichtsteil Sublimat in 150 Gewichtsteilen Wasser eingelassen, daß die Stangen mindestens 5 cm überdeckt sind. Der Bottich ist demnächst zuzudecken, damit das Quecksilberchlorid durch das Sonnenlicht nicht zersetzt wird.

Nach 10—14 Tagen ist die Tränkung beendet, die Zusammensetzung der Lauge ist während dieser Zeit auf der anfänglichen Höhe zu halten. Die Stangen müssen nach Ablassen der Lauge an der Oberfläche abgekehrt und abgespült werden, worauf man sie an der Luft trocknen läßt. Die Eindringungstiefe läßt sich durch Bestreichen einer Probescheibe mit Schwefelammonium (Schwarzfärbung auf der Schnittfläche) nachweisen. Lebensdauer 13,7 Jahre; Kosten für 1 m³ 11 bis 12 M, für 1 m³ und Gebrauchsjahr 3,85 M[1]).

---

[1]) W i n n i g , Bautechnik für oberirdische Telegraphenlinien, S. 165.

d) Zubereitung mit Teeröl (Rüping). Die lufttrockenen Stangen werden in einem Kessel unter 4 at Druck gesetzt, bis sich alle Holzporen mit Druckluft gefüllt haben. Darauf wird das auf 120⁰ C erhitzte Teeröl unter geringer Druckvermehrung eingelassen und nach Füllung des Behälters mit 7 bis 8 at Druck in das Holz hineingepreßt. Nach Beendigung der Tränkung wird das überschüssige Öl abgelassen und eine Luftleere erzeugt, damit die in dem Holze eingeschlossene Druckluft entweichen kann und dabei alles Öl, das nicht an den Zellwänden haftet, herausschleudert. Die Aufnahme beträgt etwa 50 kg (gegen 300 kg bei dem alten Bethellschen Verfahren) für 1 m³.

Der Siedepunkt des aus Steinkohlenteer hergestellten Teeröles soll ungefähr bei + 240⁰ C liegen. Gehalt an sauren, in Natronlauge von 1,15 spez. Gewicht löslichen Bestandteilen mindestens 6 v. H. Spez. Gew. nicht unter 1,04 und nicht über 1,10. Lebensdauer der Stangen im Mittel 20,6 Jahre; Kosten für 1 m³ 17 bis 18 M, Gesamtkosten für 1 m³ und Gebrauchsjahr 2,95 M[1]).

e) Behandlung mit Fluorverbindungen, neuerdings in Österreich in größerem Umfange versucht (Kesseltränkung oder Saftverdrängung), scheint nach den Laboratoriumsergebnissen Aussicht auf guten Erfolg zu haben. Praktische Erfahrungen über Lebensdauer usw. liegen noch nicht vor[2]).

(1015) Eiserne Stangen. Zu eisernen Stangen werden eiserne Röhren, einfaches und doppeltes T-Eisen verwendet.

Die Befestigung im Erdboden geschieht entweder durch Erdschrauben, eiserne Dreifüße mit Stiefeln, wie bei Gaskandelabern, oder durch Fundierung mit Steinquadern bzw. Betonklötzen. T-Eisen können auch nach Schlitzen und Aufbiegen des Steges ohne weiteres in die Erde gestellt werden (vgl. Fig. 577). Auf Mauerkronen wird eine eiserne Mauerplatte mit Stiefel durch Steinschrauben befestigt. Auf Gurtungen von Brücken wird diese Platte je den Verhältnissen entsprechend festgeschraubt.

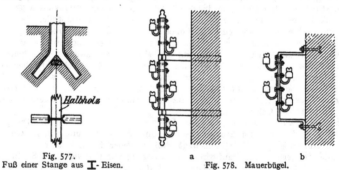

Fig. 577.
Fuß einer Stange aus T- Eisen. a   b

Fig. 578. Mauerbügel.

Mauerbügel. An Felswänden, Mauerwerk usw. werden die Isolatoren häufig einzeln an Flacheisenbügeln oder Gasrohren, die mit eisernen Armen vor der Mauer befestigt sind, angebracht; die Ausführung ist je nach Art der Mauer verschieden. Häufig vorkommende Formen s. Fig. 578.

Rohrständer. Für Fernsprechleitungen, welche auf Dächern zu befestigen sind, verwendet man sog. Rohrständer aus schmiedeeisernen Röhren oder nahtlos gewalzte Stahlröhren (Mannesmannröhren) von 5 mm Wandstärke. Der untere Teil des Ständers, der am Gebäude befestigt wird, erhält 75 mm äußeren

---

¹) Vgl. Anm. 1 a. S. 733.
²) ETZ 1910, S. 663.

Durchmesser, der obere Teil, der die Querträger aufnimmt, 67 mm. Der obere wird in den unteren Teil eingeschraubt, doch werden die Mannesmannröhren meistens in e i n e m Stück unter entsprechender Absetzung des Durchmessers geliefert.

(1016) Isolatoren. Die deutsche Doppelglocke wird in drei Größen verwendet.

Doppel- glocke Nr.	verwendet für			Maße in mm Fig. 579[1]		
	Linien	Drahtstärke		H	D	d
		Eisen	Bronze			
I	Hauptlinien	4 bis 6	2 bis 5	141	86	59
II	Nebenlinien Fernsprech-Verbindungslei- tungen an eisernem Gestänge	3	2 bis 4	100	70	51
III	Amtseinführungen Überführungssäulen Fernsprechanschlußleitungen		1,5	80	60	40

Die Gewichte betragen annähernd 0,94—0,47—0,26 kg.

Die aus der Fabrik frisch bezogenen Isolatoren sollen im trockenen Zustande einen Isolationswiderstand von über 5000 $M\emptyset$ für das Stück besitzen. Gebrauchte Isolatoren weisen im trockenen Zustande meist einen ebenso hohen Widerstand auf. Bei heftigem Regen sinkt der Isolationswert bedeutend, meist unter 10, häufig auch unter 1 $M\emptyset$. Nach dem Aufhören des Regens steigt er ziemlich rasch wieder, und zwar um so rascher, je reiner die Glocke innen und außen ist. (Vgl. Elektrot. Zeitschr. 1893, S. 503.)

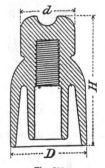

Fig. 579.
Porzellan-Doppelglocke.

P r ü f u n g   d e r   I s o l a t o r e n. Die Isolatoren müssen beim Anschlagen hell klingen, die Glasur muß frei von Sprüngen, Rissen und Blasen sein, ein Weiß zeigen, welches nur sehr wenig ins Blaue oder Gelbe spielt. Zerschlägt man eine Glocke, so muß die Bruchfläche muschelig, feinkörnig und glänzend weiß sein. Feine Sprünge lassen sich ermitteln, indem man die Isolatoren mit dem Kopf nach unten eine Zeitlang in angesäuertes Wasser setzt und die inneren Höhlungen ebenfalls damit füllt. Das Wasser darf außen und innen nur bis auf einige Zentimeter vom Rande reichen. Man führt von der äußeren Flüssigkeit eine Zuleitung zu einem empfindlichen Galvanometer und von da zu einer kleinen Batterie. Den zum anderen Pol führenden Leitungsdraht taucht man nacheinander in die innere Höhlung aller Isolatoren; erfolgt ein Ausschlag, so ist der Isolator fehlerhaft.

Um den Isolationswert fehlerfreier Isolatoren zu bestimmen, mißt man den Übergangswiderstand vom Drahtlager bis zur Stütze (ETZ 1903, S. 503): in einem Schrank werden mehrere der zu prüfenden Doppelglocken auf Stützen an Querträgern aus Eisen befestigt. Auf dem Kopf oder am Hals der Glocken wird ein Stück Leitungsdraht vorschriftsmäßig befestigt und mit einem Guttaperchadraht durch eine in der Wand des Schrankes befindliche Öffnung an ein Meßsystem (Spiegelgalvanometer) angeschlossen. Die Stützen der Isolatoren sind mit einer Erdleitung verbunden. Im oberen Teile des Schrankes befindet sich ein Gefäß mit

---

[1]) Die Doppelglocke Nr. III weicht insofern von Fig. 579 ab, als sie kein oberes Drahtlager besitzt.

siebartigem Boden; wird aus der Wasserleitung Wasser eingelassen, so entsteht ein feiner Regen. Die Messungen können sowohl während des Regens als auch nach seinem Aufhören bei verschiedenen Feuchtigkeits- und Wärmegraden den wirklichen Verhältnissen entsprechend ausgeführt werden und liefern die richtigen Übergangswiderstände. Um zwei verschiedene Arten Isolatoren zu vergleichen, bringt man sie gleichzeitig und gleichmäßig verteilt im Benetzungsschrank unter. Eine Abbildung des Regenschrankes ist in W i n n i g, Grundlagen der Bautechnik für oberirdische Telegraphenlinien, S. 178 enthalten.

Eigenschaften des Porzellans (nach Friese): Dichte 2,30 bis 2,40. Wärmeausdehnungszahl 4,5 bis 6,5 · 10^{-6}. Druckfestigkeit 47,8 kg*/mm²; Zugfestigkeit 13 bis 20 kg*/mm²: Biegefestigkeit 4,2 bis 5,6 kg*/mm². Elastische Dehnungszahl 140 bis 190 · 10^{-6} mm²/kg*. Wärmeleitungsfähigkeit (innere) 0,002 (g, cm, cm², °C); spezifische Wärme 0,17. Elektrische Durchschlagsfestigkeit etwa 10 000 V/mm. Dielektrizitätskonstante etwa 5.

(1017) Die Stützen zur Befestigung der Isolatoren haben für hölzerne Stangen Hakenform oder J-Form mit kräftiger Holzschraube am wagerechten Teile (Fig. 580 a und b), für eiserne Querträger gerade und U-Form (Fig. 580 c und d). Der als Isolatorträger dienende senkrechte Teil der Stützen ist durch Einhauen etwas aufgerauht,

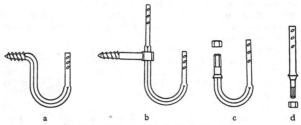

a   b   c   d

Fig. 580. Gebogene und gerade Isolatorstützen.

um dem zum Aufschrauben der Porzellanglocke umgewickelten Hanf einen Halt zu bieten. Entsprechend den 3 Arten von Isolatoren werden alle Stützen in 3 Größen, und zwar die hakenförmigen Schraubenstützen Nr. 1 und 2 aus Schmiedeeisen, alle übrigen aus Stahl, hergestellt. Als Form der Stützen für die Isolatoren, welche unmittelbar an eisernen Röhren oder an T-Eisen zu befestigen sind, wird am zweckmäßigsten die U-Form gewählt. Der an dem Träger zu befestigende Teil wird entsprechend abgeflacht (bei Röhren auch ausgerundet) und mittels zweier durchgehender Bolzen mit Muttern befestigt (Fig. 578).

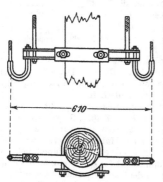

Fig. 581. Eiserne Querträger.

Bei abwechselnder Stellung der Stützen greift je ein Befestigungsbolzen durch den oberen Teil der einen und den unteren Teil der folgenden Stütze (Fig. 578).

(1018) Eiserne Querträger werden zur Erhöhung der Aufnahmefähigkeit einfacher Holzstangenlinien sowie zur Ausrüstung der Doppelgestänge und der eisernen Gestänge benutzt. Sie werden aus ⸦-Eisen von 35 mm Steghöhe mit 30 und 35 mm breiten Flanschen (für Fernsprech a n s c h l u ß - leitungen) und aus ⸦-Eisen von 45 mm Steghöhe mit 38, 40 und 45 mm breiten

Flanschen (für Telegraphen- und Fernsprech - V e r b i n d u n g s leitungen) hergestellt und durch Z i e h b ä n d e r an den Stangen befestigt. In diese Querträger werden die geraden und U-förmigen Stützen, für deren Bundstutzen passende viereckige Löcher ausgestanzt sind, eingesetzt und durch Schraubenmuttern festgezogen. (Fig. 581.)

Querträger werden bis zu 3 m Länge verwendet und zur Aufnahme von 4 bis 24 Isoliervorrichtungen eingerichtet.

(1019) Leitungsdraht. Verzinkter Eisendraht. V e r w e n d u n g: Draht von 6 und 5 mm für die internationalen und großen inländischen Leitungen; Draht von 4 mm für die übrigen Hauptlinien; Draht von 3 mm für Nebenlinien und als leichte Leitung (s. u.); Draht von 2 mm für Bindungen und von 1,7 mm für Winkellötstellen.

E i g e n s c h a f t e n   d e s   E i s e n d r a h t e s:

Durch-messer mm	Gewicht von 1 km kg	Festig-keit kg*	Zahl der		Widerstand von 1 km Ohm
			Verwin-dungen	Bie-gungen	
6	220	1130	16	6	4,66
5	150	785	19	7	6,73
4	100	502	23	8	10,49
3	55	282	28	8	18,63
2	24	125	32	14	
1,7	18	90	38	16	

Bei der V e r w i n d u n g s p r o b e[1]) wird ein gerades Drahtstück auf 15 cm freie Länge eingespannt und regelmäßig (gewöhnlich mit 15 Umdrehungen in 10 Sekunden) gedrillt. Die B i e g e p r o b e[1]) wird so ausgeführt, daß der an einem Ende eingespannte Draht abwechselnd nach links und rechts um einen rechten Winkel und wieder zurück gebogen wird. Als eine Biegung wird gezählt: gerade—gebogen—wieder gerade. — Der Zinküberzug darf nicht abblättern, wenn der Draht auf einen Zylinder mit dem zehnfachen Drahtdurchmesser gewickelt wird. Der Überzug muß ferner je nach der Drahtstärke 6, 7 oder 8 Eintauchungen von je einer Minute Dauer in eine Lösung von 1 Gewichtsteil Kupfervitriol in 5 Gewichtsteilen Wasser aushalten, ohne daß sich eine zusammenhängende Kupferhaut bildet.

(1020) Bronzedraht. Zu Fernsprechleitungen wird Bronze- und Hartkupferdraht, für die 1,5 mm starken Leitungen Doppelbronzedraht (Kern von Aluminiumbronze, Mantel Zinnbronze) benutzt; s. die Tafeln S. 738 u. 739.

Die Bronzedrähte sollen bis etwa zur Hälfte ihrer Festigkeit eine möglichst geringe, bis zum Bruch aber eine möglichst große Dehnung haben. Da sie diese Eigenschaft im Anlieferungszustande nicht besitzen, werden sie vor ihrer Verwendung auf der Baustelle mit $\frac{1}{2}$ bis $\frac{2}{3}$ ihrer Festigkeit gereckt.

V e r w e n d u n g: Draht von über 3 mm Durchmesser für Fernsprech-Verbindungsanlagen von größerer Länge; auch für wichtige und lange Telegraphenleitungen wird Bronzedraht häufig benutzt. Draht von 2 mm Durchmesser für Verbindungsanlagen von geringerer Länge; auch ausgeglüht als Bindedraht; Draht von 1,5 mm Durchmesser für Fernsprechanschlußleitungen und Verbindungsleitungen in Bezirksnetzen, sowie ausgeglüht als Bindedraht.

---

[1]) Näheres über Drahtprüfungen s. W i n n i g , Grundlagen der Bautechnik f. oberirdische Telegraphenlinien, S. 139 u. f.

Hilfsbuch f. d Elektrotechnik. 8. Aufl.   47

Die deutsche Reichs-Telegraphen-Verwaltung verwendet:

Bronze - (Doppelbronze-) Draht					Hartkupferdraht				
Durch-messer	Gew. v. 1 km	Festigkeit		Biegungen	Widst. v. 1 km	Durch-messer	Gew. v. 1 km	Festigkeit		Biegungen	Widst. v. 1 km
mm	kg	kg*	kg*/mm²		Ohm	mm	kg	kg*	kg*/mm²		Ohm
5	179	981	50	6	0,95	5	178	844	43	4	0,91
4,5	147	795	50	6	1,17	4,5	145	683	43	4	1,13
4	116	640	51	7	1,49	4	114	565	45	5	1,42
3	65	372	52,6	7	2,64	3	65	318	45	5	2,53
2,5	44	258	52,6	9	3,80	2,5	44	220	45	5	3,65
2	30	165	52,6	10	5,94	2	30	141	45	5	5,70
1,5	17	120	68	13	14,18						

Leichte Leitung. In besonderen Fällen wird in eine Leitung von 4 bis 6 mm Stärke zur Entlastung des Gestänges ein Stück schwächeren Drahtes eingeschaltet, z. B. beim Überschreiten der Eisenbahn oder Straße, beim Durchlaufen von Bahnhöfen, Ortschaften, zur Weiterführung der Leitung von der Abspannstange bis zur Außenwand des Dienstgebäudes oder bis zur Überführungssäule (1049) oder dem Überführungskasten vor einer Kabelleitung, an Untersuchungsstellen zur Verbindung der Leitungszweige, in Kurven.

Vgl. ferner die Tafel über blanke Leitungsdrähte für Fernsprechanlagen, S. 733, 739.

(1021) Isolierte Freileitungen. Schwachstromleitungen dürfen n U. gegen Berührung mit Niederspannungsleitungen durch eine isolierende Hülle geschützt werden; s. Anhang, S. 928, Nr. 13,3. Diese Hülle muß imstande sein, unter Wasser eine Spannung von 4000 V auszuhalten. Geeignete Leitungsdrähte werden in (1054,5) angegeben.

In vielen Fällen scheint es erwünscht, die beiden Zweige einer Doppelleitung vor gegenseitiger Berührung oder vor der Berührung mit anderen Schwachstromleitungen durch eine Umhüllung zu schützen. Zu diesem Zweck wird der Hackethal sche Draht hergestellt; er hat eine Hülle aus Baumwolle, welche mit einer erhärtenden Verbindung von Leinöl mit Mennige getränkt ist. Fernsprechdoppelleitungen aus solchem Draht können mit sehr geringem Abstand der beiden Zweige gebaut werden, wenn hierzu die besonders hergestellten Doppelrückenisolatoren benutzt werden, die noch den Vorteil einer leichten Kreuzung beider Leitungszweige mit sich bringen.

(1022) Materialbedarf. 1. Hölzerne Stangen. Für je 10 km Linie werden unter gewöhnlichen Verhältnissen und auf gerader Strecke gebraucht: an Eisenbahnen 133[1]) Stangen I von 7 m Länge; an Kunststraßen und Landwegen für Hauptlinien 133[1]) Stangen I von 8½ m Länge; für Nebenlinien 100 bis 133 Stangen II von 7 m Länge. Hierzu kommt noch der durch besondere Umstände verursachte Bedarf, nämlich: für jede Überschreitung einer Straße oder Eisenbahn, auch wenn nur die Straßenseite gewechselt wird, zwei Stangen. In Krümmungen und Winkelpunkten müssen die Stangen in kürzeren Abständen gestellt werden; an einzelnen, besonders durch Zug gefährdeten Stellen werden Doppelständer, gekuppelte Stangen und dergl. gebraucht; bei Doppelgestängen ist außer der doppelten Stangenzahl noch der Bedarf für die Querverbindungen und Diagonalstreben (7-m-Stangen) zu veranschlagen.

---

[1]) Für Fernsprech-Verbindungsanlagen sind wegen der kürzeren Spannweiten 167 Stangen erforderlich.

Einige Arten von Leitungsdrähten für Fernsprechanlagen.

δ = spezifisches Gewicht, $\quad$ p = Zugfestigkeit in kg*/mm²,
σ = spezifischer Widerstand bei 15° C, $\quad$ B = Biegungen im rechten Winkel,
γ = Leitfähigkeit in % des reinen Kupfers, $\quad$ D = Dehnung bis zum Bruche
$\quad$ 100 % = 60, $\qquad$ in %.

Die Angaben beziehen sich nach Mitteilung der Hersteller auf 3 mm starke Drähte.

Hersteller	Drahtmaterial	δ	σ	γ	p	B	D
Allgemeine Elektrizitäts-Gesellschaft Berlin[1])	Hartkupfer	8,9	0,018	92	45	8	0,9
	Bronze I	8,9	0,0185	90	52	9	1,9
	„ II	8,9	0.025	70	65	7	1,5
Basse und Selve, Altena[1])	Hartkupfer	8,9	0,0172	97	45	3	1,5
	Bronze II	8,94	0,0189	88	52	7	1,5
	„ III	8,99	0,0280	60	60—65	5	1
	„ IV	8,86	0,0490	34	65—70	5	1
	Doppelbronze I	8,9	0,0193	87	50—55	9	1
	„ III	8,74	0,0350	48	70—75	10	0,75—1
Karl Berg, Eveking[1])	Doppelbronze	8,91	0,022	76	53	9	1—1,5
Elbinger Metallwerke G.m.b.H., Elbing	Hartkupfer	8,9	0,0174	96	44	3	1,5
	Bronze I	8,95	0,0193	87	59	7	1,5
	„ II	8,93	0,0189	88	51	7	1,5
	„ III	8,95	0,0280	60	62	5	1
	Doppelbronze	8,80	0,0280	60	62	11	1
Felten und Guilleaume- Lahmeyerwerke, A.-G. Mühlheim a. Rh.[1])	Bronze I	8,91	0,0174	96	45—46	5	1,5
	„ III	8,87	0,0282	59	65—70	5	1
	„ V	8,86	0,0556	30	75—80	5	1
	Doppelbronze II	8,80	0,0256—0,013	65—70	65	8	1—1,5
Heddernheimer Kupferwerk vorm. F. A. Hesse Söhne, Heddernheim b. Frankfurt a. M.	Hartkupfer	8,9	0,0172	97	45		
	Bronze I	8,9	0,0176	95	46		
	„ III	8,9	0,0283	59	69		
	„ V	8,9	0,0565	30	78		
Oberschles. Eisenindustrie A.-G., Gleiwitz	Doppelbronze	8,91	0,022	76	53	9	1—1,5
	Bronze I	8,91	0,0177	94	46		1,5
	„ II	8,90	0,0200	84	50		1,5
	Hartkupfer	8,95	0,0175	95	43		1,5
Kabelwerk Rheydt A.-G., Rheydt i. Rh	Hartkupfer	8,90	0,0172	97	47	7	1
	Bronze I	8,90	0,0178	94	53	7	1,5
	„ II	8,88	0,0278	60	68—70	4	1
	Doppelbronze	8,82	0,0245—0,0208	68—70	68	8	1

---

[1]) Die Firmen stellen auch Aluminiumdrähte und Aluminiumbronzedrähte her; sämtliche Firmen liefern außer den aufgeführten Drahtsorten noch zahlreiche andere Bronzedrähte sowie Doppelmetalldrähte.

2. An S t r e b e n und A n k e r n sind durchschnittlich 25 v. H. der Stangen-
zahl zu rechnen; die genaue Zahl ergibt sich erst bei den Ausführungsarbeiten. Für jede
Strebe sind 2 Befestigungsschrauben, für jeden Anker ist ein Ankerhaken und ein
Ankerpfahl vorzusehen.   Prellsteine und -Pfähle, Scheuerböcke nach örtlicher
Ermittlung.

3. R o h r s t ä n d e r (für Dachgestänge) nebst Verstärkungsmitteln (Stahldrahtseilen, Formeisenstreben usw.) nach den besonderen Verhältnissen zu ermitteln. Durchschnittl. Stützpunktsabstand 100 bis 150 m; bei Überschreitung
freier Plätze oder von Flüssen kommen auch größere Spannweiten vor.

4. D r a h t.   Für 1 km Leitung braucht man:

Draht von Durchmesser mm	6	5	4,5	4	3	2,5	2	1,5
Verzinkten Eisendraht . . kg	230	159	—	103	58	—	—	—
Bronzedraht . . . . . . kg	—	179	147	116	65	44	30	17
Hartkupferdraht . . . . kg	—	178	145	114	65	44	30	—

Erdleitungen sind besonders zu veranschlagen.

B i n d e d r a h t.   Für Leitungen aus Eisendraht wird 2 mm starker Bindedraht aus demselben Stoffe verwendet; für 100 Bindungen 3,5 kg. Für Leitungen
aus Bronze- und Hartkupferdraht dient ausgeglühter Bronzedraht zum Binden
und zwar:

    für Leitungen von   5   4,5   4   3   2,5   2   1,5   mm Stärke
    auf 100 Bindungen je   9,8   9,5   9,3   4,3   4   2,3   1,6   kg Bronzedraht
               von   3   3   3   2   2   1,5   1,5   mm Stärke.

Als Wickeldraht für die Wickellötstellen in Eisendrahtleitungen wird Draht
von 1,7 mm Durchm. benutzt.

Herstellung der Linien und Leitungen.

(1023) Wege für oberirdische Telegraphenleitungen. Auskundung. Die oberirdischen Linien werden in der Regel längs den Eisenbahnen und Kunststraßen,
angelegt. Zur Aufstellung von Stützpunkten auf Dächern, Grundstücken oder an
Privatwegen ist die Erlaubnis des Eigentümers erforderlich. Gegenüber den Eisenbahnen gelten der Bundesratsbeschluß vom 21. Dezember 1868 und die Verträge
mit den Eisenbahnverwaltungen der Bundesstaaten, besonders der Vertrag zwischen
der Reichs-Telegraphenverwaltung und der Preußischen Staats-Eisenbahnverwaltung vom 28. August/8. September 1888[1]), wodurch die Benutzung des Bahnkörpers zur Anlage von Telegraphenlinien geregelt ist. Auf die Benutzung der Verkehrswege für die zu öffentlichen Zwecken dienenden Anlagen haben die Telegraphen-
verwaltungen durch das Telegraphen-Wegegesetz vom 18. Dezember 1899[1]) einen
Rechtsanspruch erhalten. Nach diesem Gesetze dürfen ferner die Telegraphenlinien
durch den Luftraum über Grundstücke geführt werden, soweit die Benutzung der
Grundstücke nicht beeinträchtigt wird. Zur Errichtung einer Telegraphenlinie soll
bei Eisenbahnen tunlichst die den herrschenden Winden abgekehrte, bei anderen
Verkehrsstraßen den den Winden zugekehrte Seite benutzt werden; in allen Fällen
sucht man den Bäumen nicht zu nahe zu kommen. Bei Eisenbahnen muß unter
allen Umständen das Normalprofil und die Sehlinie zur Beobachtung der optischen
Bahnsignale frei bleiben; soweit es geht, ist die gerade Linie einzuhalten. In den
Entwässerungsgräben und im Überschwemmungsgebiet eines Wasserlaufes sollen
die Stangen nicht aufgestellt werden. Schneidet eine Straße einen Berg an, so
stellt man die Stangen an die Bergseite, wenn hier keine Bäume stehen. Baumpflanzungen, durch die eine Leitung führt, müssen beschnitten und ausgeästet

---

[1]) Abdruck s. im Anhange.

werden, so daß die Zweige einen Abstand von mindestens 60 cm vom nächsten Drahte haben. In Ortschaften sind die Stangen möglichst so zu stellen, daß sie den Verkehr in keiner Weise erschweren; die Stützpunkte sind womöglich nicht an Gebäuden anzubringen, jedenfalls nicht an solchen, die mit Rohrputz versehen sind. Ortschaften, in denen kein Telegraphenamt eingerichtet wird, lassen sich oft zweckmäßig umgehen.

Überschreitungen der Straßen und Eisenbahnen sind tunlichst zu vermeiden; wo dies nicht möglich ist, muß der unterste Draht jederzeit mindestens 6 m über der Schienenoberkante und genügend hoch über der Straßenoberfläche (für beladene Fuhrwerke etwa 4,5 m) bleiben. Eisenbahnen werden stets rechtwinklig überschritten, als Leitungsdraht wird 3 mm starker Eisendraht, in besonderen Fällen 1,5 mm starker Bronzedraht verwendet. Fernsprech-Verbindungsleitungen behalten jedoch ihre volle Drahtstärke.

Überschreitung von Flußläuten usw. 1. Oberirdisch, bei schmalem Gewässer und geeigneten Ufern auf hohen Stangen, oder längs einer Brücke als Luftleitung, oder im Brückenbau als Kabel in Kasten oder Röhren. 2. Unter Wasser, als Kabel, bei nicht gestautem Wasser unterhalb der Brücke, bei gestautem oberhalb des Wehrs. Es ist in diesem Falle auf sorgfältige Auswahl der Uferstellen zu achten, stete Aufsicht, guter Untergrund (keine Felsen) kein regelmäßiger Ankerplatz, keine Gefahr bei Eisgang. Für Abtrieb sind 5% zuzurechnen. Überführungssäulen außerhalb des Überschwemmungsgebietes.

Tunnel. Oberirdisch, in gewöhnlicher Weise über den Berg, oder blanke Leitung an Mauerbügeln im Tunnel, oder Kabel in hölzernen Rinnen oder Nuten in der Wand oder Sohle des Tunnels.

Untersuchungsstangen. An geeigneten Stellen der Linie (möglichst in der Nähe der Ortschaften) werden statt der gewöhnlichen einfachen Isolatoren Konsolen mit je zwei Doppelglocken angebracht, zwischen denen die abgespannten Drähte durch eine Klemmschraube zusammengehalten werden. Die Leitungen können hier unterbrochen oder durch einen Hilfsdraht mit einer Erdleitung verbunden werden.

(1024) Herstellung des Gestänges an Landwegen und Eisenbahnen. 1. Abpfählen der Linie. Die Stangenstandpunkte werden durch numerierte Markierpfähle bezeichnet und in eine Nachweisung eingetragen, worin alle Bemerkungen über die Art der Stützpunkte zu verzeichnen sind. Nach dem Abpfählbuche wird das Baumaterial längs der Linie verteilt und etwa Fehlendes beschafft.

Fig. 582. Gegrabenes Stangenloch.

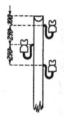

Fig. 583. Wechselständige Befestigung der Isolatoren.

2. Setzen der Stangen. Die Einsatztiefe beträgt in ebenem Boden ¹/₅, bei Böschungen ¹/₄, in Felsboden ¹/₇ der Stangenlänge. Die Löcher werden gegraben (Fig. 582), in steinfreiem Boden gebohrt, in Felsboden mit Brecheisen und Spitzhacke gebrochen oder gesprengt. Wenn in der Nähe von Bauwerken der Raum zum Einsetzen der Stangen fehlt, sind diese am Gebäude mit Schellen und dergl. zu befestigen.

3. Ausrüstung der Stangen mit Isolatoren. Der oberste Isolator wird auf der Straßenseite der Stange 10 cm von der Firstkante der Abschrägung am Zopf eingeschraubt. Bei Anbringung mehrerer Isolatoren werden diese wechselständig eingeschraubt (vgl. Fig. 583). Entfernung zweier Isolatoren voneinander: 24 cm; ausnahmsweise bei gedrängter Drahtführung an einzelnen Stangen 15 cm. Der unterste Draht soll neben der Eisenbahn mindestens 2 m, neben Landstraßen mindestens 3 m vom Boden entfernt sein.

Die Querträger werden mit Ziehbändern so an der Stange befestigt, daß ihre Oberkanten 50 cm Abstand haben. An einer Stange können bis 5 Querträger angebracht werden.

Doppelgestänge werden von vornherein mit Querträgern (bis zu 5 Stück) ausgerüstet.

Die Isolatoren auf Schraubenstützen oder J-förmigen Doppelstützen werden an den Stangen vor dem Aufrichten, an den Querträgern vor deren Aufbringen befestigt.

(1025) Verstärken des Gestänges. Zur Erhöhung der Standfestigkeit einer Linie bedürfen alle durch Drahtzug und Winddruck besonders gefährdeten Stützpunkte einer ausreichenden Verstärkung.:

a) Streben werden aus Hölzern von 13—14 cm Durchmesser hergestellt und mit zwei Schrauben nach Auskehlung des oberen Strebenendes an den Stangen festgelegt.

b) Anker (Fig. 592) werden aus 2- oder 4-fachem 4 mm starkem Draht gefertigt, mit einer Schleife um die Stangen gelegt und durch einen Haken am Abrutschen verhindert. Den Fußpunkt bildet im Boden ein Pfahl oder schwerer Stein. Auch fabrikmäßig hergestellte Stahldrahtseile sind verwendbar.

Anker und Streben müssen möglichst in der Richtung der Mittelkraft aus dem Drahtzug beider Stangenfelder liegen (1035). Falls eine wagerechte Verankerung oder Verstrebung (an Felswänden, Mauern usw) nicht möglich ist, wähle man den von Stange und Verstärkungsmittel gebildeten Winkel zwischen 30 und 45°. Empfehlenswert ist es, die Knicklänge stark beanspruchter Streben durch Anbringen einer Querverbindung zwischen Strebe und Stange zu verkleinern.

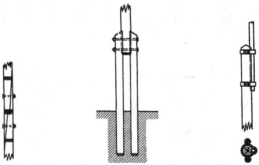

Fig. 584. Verlängerte Stange.   Fig. 585. Doppelschuh.   Fig. 586. Stange
mit Eisenrohr-Aufsatz.

Falls ausnahmsweise kein Platz zum Festlegen des Fußpunktes einer Strebe oder eines Ankers vorhanden ist, verwendet man

c) Gekuppelte Stangen. Zwei Stangen werden durch Schraubenbolzen miteinander verbunden.

d) **D o p p e l s t ä n d e r o d e r B o c k.** Fig. 593, S. 749). Zwei Stangen werden am Zopfende abgeschrägt und dort durch Bolzen verbunden. Die Fußenden werden durch eine Querverbindung auseinandergehalten. In der Mitte der Entfernung vom Boden bis zur oberen Kupplung wird ein Querriegel eingesetzt und durch einen durchgehenden Bolzen mit den Stangen verbunden. Bei größeren Stangenlängen empfiehlt sich die Verwendung zweier Mittelriegel.

V e r l ä n g e r t e S t a n g e n. a) Zwei Stangen werden gegeneinander abgeschrägt; die abgeschrägten Flächen greifen mit je einem Zahn ineinander ein; die Stangen werden mit Drahtbunden und Schraubenbolzen verbunden (Fig. 584). b) Größere Standfestigkeit haben Stangen mit Doppelschuh (Fig. 585); das untere Ende einer Stange wird zwischen den oberen Enden zweier gerade oder schräg gestellter Stangen oder zwischen eisernen Schienen durch Schraubenbolzen befestigt. c) Eisenrohr-Aufsätze nach Art der zu Dachgestängen gebrauchten werden mit zwei Schellen in Auskehlungen am oberen Ende der Stangen befestigt (Fig. 586).

D o p p e l g e s t ä n g e. Fig. 594, S. 749. Zwei Stangen werden 1,3 bis 1,5 m voneinander entfernt aufgestellt, so daß die von ihren Achsen gebildete Ebene senkrecht zur Drahtrichtung steht. Die Fußpunkte erhalten eine Querverbindung (Schwelle), ferner wird eine solche (Riegel) zwischen Boden und Zopf angebracht. Außerdem erhält die Konstruktion eine Diagonalverbindung in dem durch die Stangen und beiden Querverbindungen gebildeten Rechteck, welche als Strebe gegen seitlich auftretende Kräfte wirkt.

(1026) Herstellen der Drahtleitung. 1. A u s l e g e n d e r D r a h t a d e r n. Der Draht wird für gewöhnlich längs der fertigen Stangenreihe ausgelegt, und zwar auf der Seite des Gestänges, wo er befestigt werden soll. Nur der für die inneren Stützen der Doppelgestänge bestimmte Draht wird vorwärts oder rückwärts von seiner Verwendungsstelle ausgelegt, damit er nachher über die Gestänge weggezogen werden kann. E i s e n d r a h t kann meist ausgerollt werden; das Ende des Drahtringes wird festgehalten und der Ring wie ein Rad abgerollt. B r o n z ed r a h t wird zur Vermeidung von Beschädigungen auf einen Haspel gelegt und die Linie entlang getragen, wobei er nicht auf hartem Boden schleifen darf. Es muß verhütet werden, daß Personen auf den Draht treten oder gar Fuhrwerke darüber fahren.

2. V e r b i n d u n g s s t e l l e n. Die ausgelegten Drahtadern werden zu einer fortlaufenden Leitung verbunden. Die Verbindungsstelle muß mindestens die Zugfestigkeit und Leitfähigkeit haben wie der Draht selbst. Eine gute Verlötung ist das Beste, wird aber bei Bronzedrähten durch die schneller und billiger herzustellenden Drahtbund (vgl. B, a) verdrängt.

A. W i c k e l l ö t s t e l l e (Britanniaverbindung) für E i s e n d r a h t. Beide Enden der Leitung werden rechtwinklig umgebogen, bis auf 2 mm hohe Nocken abgefeilt und auf 7,5 cm übereinandergelegt, so daß die aufgebogenen Enden entgegengesetzt abstehen (Fig. 587). Dann sind die Enden mit 1,7 mm starkem Wickeldraht in eng liegenden Windungen fest zu umwickeln; der Wickeldraht muß über die Nocken hinaus noch jeden Draht in 7—8 Windungen umgeben. Die Stelle wird durch Eintauchen in Lötzinn (3 Teile Blei, 2 Teile Zinn) verlötet.

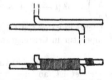

Fig. 587. Britannia-Lötstelle.   Fig. 588. A r l d t scher Drahtbund.

B. B r o n z e d r a h t. a) D r a h t b u n d. In eine Arldtsche Kupferröhre von ovalem Querschnitt werden die Drahtenden von entgegengesetzten Seiten her so eingeschoben, daß sie nicht ganz hindurchreichen; man faßt die Röhre mit einer

Kluppe in der Mitte und drillt darauf mit einer zweiten erst das eine, dann das andere Ende nach derselben Richtung je zweimal. Schließlich werden die leeren Enden der Hülse vorsichtig schräg abgekniffen (Fig. 588).

Abmessungen der Hülsen:

Drahtstärken in mm	Länge in mm	Wandstärke in mm
1,5	80	0,5
2	100	0,5
3	150	0,6
4	200	0,8
5	250	0,8

b) L ö t u n g (bei der Reichs-Telegraphen-Verwaltung nicht mehr üblich). Die Drahtenden werden gerade nebeneinander gelegt, auf 75 mm Länge mit 1,5 mm starkem, verzinntem, weichem Kupferdraht umwickelt, die überstehenden freien Enden rechtwinklig scharf an der Bewicklung abgebogen und die Wicklung beiderseits auf den einzelnen Drähten um 7—8 Windungen verlängert. Der mittlere Teil der umwickelten Stelle wird auf etwa 4 cm Länge verlötet. Die Enden der beiden Drähte sind vor dem Bewickeln mit Schmirgelleinen sorgfältig blank zu reiben; das Lötwasser ist nur auf den zu verlötenden Teil der Wicklung aufzutragen. Lötzinn: 3 Teile Zinn, 1 Teil Blei. Lötung mit dem Kolben, rasch und mit so geringer Hitze als möglich; besonders langsame Abkühlung.

3. D a s   R e c k e n   u n d   A u f b r i n g e n   d e r   L e i t u n g   a u f   d i e I s o l a t o r e n. Zur Beseitigung von Knicken und zum Auffinden schlechter Stellen wird die Leitung gereckt[1]). Hierzu dient die Drahtwinde und die Froschklemme (für Eisendraht) oder die Kniehebelklemme (für Bronzedraht, mit Bronze gefüttert). Das Recken geschieht am besten 2—3 mal, indem man die Belastung ganz allmählich bis zu $^2/_3$ der Bruchlast steigert. Überschreiten dieser Grenze sehr gefährlich, daher zu vermeiden.

Nun wird der Draht mit leichten Hakenstangen auf die Stützen der Isolatoren gehoben. Wo er über die Gestänge gezogen werden muß (bei Doppelgestängen, s. oben), sind die Stellen, an denen er auf Metall schleift, zu polstern. Schließlich wird dem Draht die richtige Spannung gegeben, die am Durchhang (1027) zu erkennen ist.

(1027) Spannung des Drahtes[2]). Der Leitungsdraht soll bei − 25° C höchstens mit $^1/_4$ seiner Zugfestigkeit beansprucht werden (die Kennziffer $_0$ gilt für diese Temperatur). Bedeutet a die Spannweite, l die Länge des Drahtes, f den Durchhang (die Pfeilhöhe), p die Drahtspannung im tiefsten Punkte, δ die Dichte, ϑ die Wärmeausdehnungszahl, α die elastische Dehnungszahl, t die Temperatur, so gelten folgende Beziehungen:

$$f = \frac{a^2\,\delta}{8\,p}\;;\quad l = a + \frac{8\,f^2}{3\,a}\;;\quad \frac{a^2\,\delta^2}{24}\left(\frac{1}{p^2} - \frac{1}{p_0^{\,2}}\right) = \vartheta\,(t - t_0) + \alpha\,(p - p_0).$$

In diesen Formeln sind alle Längen in cm, die Dichte in kg/cm³, die Spannungen in kg*/cm², die Dehnungszahl in cm²/kg*, die Temperatur in Celsiusgraden auszudrücken.

Die Formeln ergeben eine graphische Darstellung, die in Fig. 589 für Bronzedraht I (mittlere Festigkeit 50 kg*/mm²) aufgezeichnet ist, aus der sich alle erforderlichen Werte leicht ablesen lassen; sie gestatten aber auch die Berechnung einzelner Werte für die folgenden Durchhangstabellen. Der Einfluß von Zusatz-

---

[1]) Wegen der gleichzeitig erreichten Erhöhung der Elastizitätsgrenze für Bronze- und Hartkupferdrähte s. ETZ 1908, S. 339

[2]) Näheres: W i n n i g , Grundlagen der Bautechnik f. oberird. Telegraphenlinien, S. 182.

belastungen durch Eis und Wind stellt sich in seiner Wirkung auf die Drähte als eine Vermehrung des Eigengewichtes (δ) dar und kann, da in der letzten Formel die Spannweite und das Eigengewicht in derselben Potenz vorkommen, durch eine entsprechende Änderung der Spannweite untersucht werden (s. Nicolaus, ETZ 1907, S. 896).

Abhängigkeit von Spannung und Durchhang von der Temperatur
(Blondel).

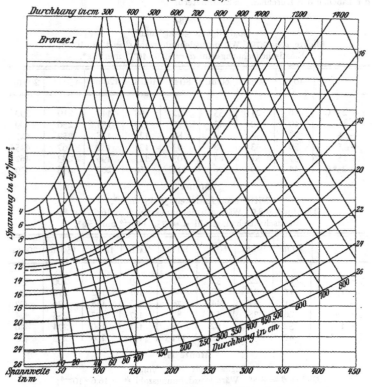

Fig. 589. Spannung und Durchhang von Freileitungen in Abhängigkeit von der Temperatur

Ordinaten: Temperaturunterschiede in ° C, 10° = 4 mm.

Abszissen: Spannweiten in m, 50 m = 1 cm.

Die Spannungsparabeln sind für die Werte von 4 bis 26 kg*/mm² (Normalspannung von 12,5 kg*/mm² gestrichelt), die Durchhangsgrößen von 10 bis 1400 cm verzeichnet. Für ungleiche Höhe der Stützpunkte kann dieselbe Darstellung benutzt werden, da die Spannungskurven der wirklichen Gestalt der Drahtkurven ähnlich sind.

Beispiel: Gesucht der Durchhang einer Bronzedrahtleitung bei 200 m Spannweite und 25° C; die bei — 25° C auftretende Höchstspannung soll 12,5 kg*/mm² sein. Man sucht den Schnittpunkt der gestrichelten Spannungskurve für 12,5 kg*/mm² mit der Abszisse von 200 m und geht dann von diesem um 50°

= 20 mm nach oben. Dort ergibt der Schnittpunkt einen Durchhang von 468 cm (bei einer Spannung von 9,5 kg*/mm²).

Ein ähnliches, von B r a u n s beschriebenes Verfahren ergibt für den Gebrauch einfacher ablesbare Tafeln[1]).

Durchhangstabellen.

Die Zahlen im Kopf der Spalten bedeuten die Spannweite in Metern, die Zahlen der Tabellen den Durchhang in Zentimetern.

Eisen.

Zugfestigkeit 40 kg*/mm²;
Dichte $\delta = 7,79$; Wärmeausdehnungszahl $\vartheta = 12,3 \cdot 10^{-6}$;
Elastische Dehnungszahl $\alpha = 52,9 \cdot 10^{-6}$ mm²/kg*.

	40 m	50 m	60 m	80 m	100 m	120 m	150 m	200 m
— 25° C	16	24	35	62	98	140	219	390
— 15	19	30	42	72	110	154	236	409
— 5	24	36	50	82	122	168	252	427
+ 5	30	43	58	93	135	182	267	445
+ 15	37	51	67	103	147	196	283	462
+ 25° C	44	59	76	114	160	209	298	479

Bronze I.

Mittlere Zugfestigkeit 50 kg*/mm²;
Dichte $\delta = 8,9$; Wärmeausdehnungszahl $\vartheta = 16,6 \cdot 10^{-6}$;
Elastische Dehnungszahl $\alpha = 75,5 \cdot 10^{-6}$ mm²/kg*.

	40 m	50 m	60 m	80 m	100 m	120 m	150 m	200 m
— 25° C	14	22	32	57	89	128	200	356
— 15	17	26	38	66	101	142	218	379
— 5	21	32	44	76	113	158	236	402
+ 5	26	38	53	87	127	173	255	424
+ 15	32	46	62	98	141	190	274	446
+ 25° C	40	55	72	111	155	206	292	468

Bronze II.

Zugfestigkeit 70 kg*/mm²;
Dichte $\delta = 8,65$; Wärmeausdehnungszahl $\vartheta = 16,6 \cdot 10^{-6}$;
Elastische Dehnungszahl $\alpha = 77,4 \cdot 10^{-6}$ mm²/kg*.

	40 m	50 m	60 m	80 m	100 m	120 m	150 m	200 m
— 25° C	10	16	22	40	62	89	139	247
— 15	11	18	25	44	69	99	152	267
— 5	13	20	29	50	78	110	168	287
+ 5	15	24	34	57	87	122	184	309
+ 15	18	28	39	66	99	136	201	331
+ 25° C	23	34	47	76	111	151	219	353

[1]) W i n n i g , Grundlagen der Bautechnik f. oberird. Telegraphenlinien, S. 204.

(1028) Binden des Leitungsdrahtes. An Bindedraht (1022) sind erforderlich zu den Bindungen:

bei Leitungsdrähten von	1,5	2	2 5	3	4	4,5	5	6		mm Durchmesser
im oberen Draht-lager 2 Drähte von je	50	60	65	70	75	80	80	85		cm Länge
im seitlichen Draht-lager 1 Draht von	65	80	85	90	95	100	100	110	„	„

Bei der Bindung im oberen Drahtlager (auf dem Kopfe der Doppelglocke), die nur für gerade Linienführung in Frage kommt, werden die beiden Drähte von entgegengesetzten Seiten um den Hals des Isolators gelegt, miteinander verwürgt und zu beiden Seiten des Isolators fest um den Leitungsdraht gewickelt (Fig. 590).

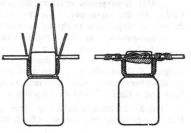

Fig. 590. Bindung im oberen Drahtlager

In Krümmungen (bei den Doppelglocken III auch sonst) wird der Draht im seitlichen oder Halslager befestigt, wobei der seitliche Drahtzug vom Isolator, nicht vom Bindedrahte aufgenommen werden muß. Der Bindedraht wird über den Leitungsdraht und um den Isolatorhals gelegt; die beiden Enden werden nach vorn zurückgeführt und in 8 bis 9 Windungen um den Leitungsdraht herumgewickelt (Fig. 591).

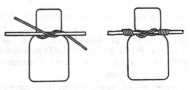

Fig. 591. Bindung im seitlichen Drahtlager.

(1029) Stützpunkte auf Dächern. Die Rohrständer werden durch schmiedeeiserne Schuhe und Schellen am Dachgebälke befestigt; ein durch das untere Lager gezogener Schraubenbolzen dient als Stütze für den Rohrständer. Das freie Ende des Oberteiles ist durch eine Kugel aus Zinkblech abzuschließen; am Unterteile wird eine verzinkte Schelle zum Anschließen des Blitzableiterseiles angelötet.

An einem einfachen Rohrständer dürfen höchstens 40 bis 50 Drähte angebracht werden. Für eine größere Leitungszahl sind Mehrfachgestänge zu errichten. Ihre Höchstbelastung ist derart zu bemessen, daß auf jeden Rohrständer nicht mehr als 80—100 Leitungen entfallen.

Die Querträger werden mit 30 cm Abstand von Oberkante zu Oberkante am Rohrständeroberteile befestigt; oberster Träger 10 cm unterhalb des Verschlußknopfes.

Zur Verstärkung dienen Anker aus Stahldrahtseilen und Rundeisen sowie Streben aus Formeisen. Außer den Eckstangen ist auch in gerader Linie jeder dritte oder vierte Stützpunkt so zu verstärken, daß er beim Umbruche von Gestängen den einseitigen Zug eines Feldes aushalten kann. Die Leitungen werden mit Hilfe von Zugseilen und Drahthaspeln über die Stützpunkte hinweggezogen und nach Regelung des Durchhanges festgebunden.

(1030) Verhinderung des Tönens der Leitungen. Um die Übertragung des Tönens der Drähte in das Haus zu verhüten, werden unter die Befestigungslaschen des Rohrständers, die Schellen für Anker und Streben usw. starke Filzplatten oder Bleiblechstreifen gelegt. Reicht diese Maßregel nicht aus, so müssen die Leitungen mit besonderen Tondämpfern, aus 100 mm langen, 15 mm starken geschlitzten Gummizylindern bestehend, umgeben werden, die, mit Bleiblech umpreßt, in einem Abstande von 100 bis 150 cm vom Isolator mit Bindedraht zu befestigen sind. Daneben finden vereinzelt auch noch Preßleisten und Kettendämpfer Verwendung [1]). Neuerdings verwendet die Reichstelegraphenverwaltung Dämpfer aus Beton. Sie bestehen aus einem zylinderförmigen Körper mit Längsschlitz, der nach dem Einlegen des Drahtes mit Beton ausgegossen wird, so daß ein völlig zusammenhängender Betonmantel den Draht umgibt [2]).

Festigkeit der Gestänge[3]).

(1031) Beanspruchung eines Stützpunktes. Die Festigkeit eines Stützpunktes wird durch das Eigengewicht der Bauteile, durch Eis- und Schneebelastung sowie durch Winddruck und Drahtzug beeinflußt. Diese Kräfte unterliegen, abgesehen vom Eigengewichte, erheblichen Schwankungen. Am besten setzt man dafür die möglichen Höchstwerte (Bruchbelastung f. Drahtzug usw.) in die Rechnung ein und kann sich dann mit einfacher oder doppelter Sicherheit begnügen. Anderenfalls, d. h. wenn die Gestänge nur für gewöhnliche Witterungsverhältnisse berechnet werden, muß man entsprechend höhere Sicherheit (bis zu 10 für Holz und 5 für Stahl und Eisen) wählen.

(1032) Senkrechte Belastung einer Stange. Die zulässige Belastung in der Richtung der Stangenachse (vgl. 18), S. 24, Fig. 18) ist

$$P = \frac{\pi^2}{4} \cdot \frac{\theta}{\alpha\, h^2} \cdot \frac{1}{\mathfrak{S}}\ \mathrm{kg}^*$$

worin α die elastische Dehnungszahl in cm²/kg* (der hundertste Teil der Zahlen auf S. 25), θ das kleinste äquatoriale Trägheitsmoment des am meisten gefährdeten Stabquerschnittes (S. 22) in cm⁴, h die Entfernung des Angriffspunktes der Kraft P vom Fußpunkt der Stange in cm, $\mathfrak{S}$ die Sicherheit. An der Befestigungsstelle der Stange sei ihr äußerer Durchmesser D cm, bei Rohrständern der innere Durchmesser d cm.

	α	$\dfrac{1}{\mathfrak{S}}$	Vorhandenes θ	Erforderliches θ (h in m)	Zuläss. P (h in m)
Holzstangen . . .	$8 \cdot 10^{-6}$	$^1/_2 - ^1/_{10}$	$\dfrac{\pi\, D^4}{64} \sim 0{,}05\, D^4$	$\dfrac{P\, h^2}{30} \cdot \mathfrak{S}$	$1{,}5\, \dfrac{D^4}{h^2} \cdot \dfrac{1}{\mathfrak{S}}$
Eisenstangen . . (eiserne Röhren)	$0{,}5 \cdot 10^{-6}$	$^1/_2 - ^1/_5$	$\dfrac{\pi}{64}(D^4 - d^4)$ $\sim 0{,}05\,(D^4 - d^4)$	$\dfrac{P\, h^2}{500} \cdot \mathfrak{S}$	$25\, \dfrac{D^4 - d^4}{h^2} \cdot \dfrac{1}{\mathfrak{S}}$

(1033) Wagerechte Belastung. Wirken wagerechte Kräfte, deren Mittelkraft H in h cm vom Fußpunkt der Stange angreift, und ist die zulässige Beanspruchung des Materials p_b kg*/cm², so ist das erforderliche Widerstandsmoment für den gefährlichen Querschnitt.

$$W = \frac{H h}{p_b}$$

---

[1]) S. Grawinkel, Telephonie u. Mikrophonie, Berlin, Jul. Springer.
[2]) Bl. für Post u. Tel. 1911, S. 308.
[3]) Nach Winnig, Grundlagen der Bautechnik f. oberird. Telegraphenlinien.

p_b	Vorhandenes W	Erforderliches W	Zulässiges H
Holzstangen 200	$\dfrac{\pi\,D^3}{32} \sim 0,1\,D^3$	$\dfrac{H\,h}{200}$	$\dfrac{20\cdot D^3}{h}$
Eisenstangen: eiserne Röhren . . 1200	$\dfrac{\pi}{32}\dfrac{D^4-d^4}{D} \sim 0,1\dfrac{D^4-d^4}{D}$	$\dfrac{H\,h}{1200}$	$120\dfrac{D^4-d^4}{D\,h}$
Mannesmannröhren 1500		$\dfrac{H\,h}{1500}$	$150\dfrac{D^4-d^4}{D\,h}$

H setzt sich zusammen aus dem Winddrucke auf die u. U. durch Eisansatz verdickten Leitungen und auf die Stange sowie aus dem Drahtzuge in Winkelpunkten und an Abspannstangen. Wirksame Größen nach (1034) u. (1035) zu ermitteln.

(1034) Der Winddruck ist mit 125 kg*/m bei senkrecht getroffener, ebener Fläche anzusetzen; auf zylindrische Flächen (Drähte, Stangen) wirken nur $^2/_3$ des auf den Aufriß entfallenden Druckes. Auf die Stange verursacht er eine biegende Kraft, die sich aus dem Druck auf die Drähte und dem auf die Stange zusammensetzt. Das Biegemoment ist:

$$M = M_d + M_s = 0,0083\left(a\,(\Sigma\,d)\,h + \frac{D\,l^2}{2}\right)\text{kg*cm}$$

a = Spannweite, Σd Summe der dem Winde ausgesetzten Drahtdurchmesser, h Höhe des Angriffspunktes der sich aus dem Winddruck auf die Drähte ergebenden Kraft, D der mittlere Stangendurchmesser, l die Stangenhöhe in cm.

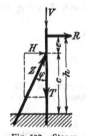

Fig. 592. Stange mit Anker oder Strebe.

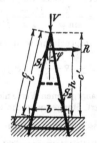

Fig. 593. Doppelständer oder Bock.

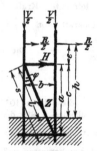

Fig. 594. Doppelgestänge.

(1035) Zug des Drahtes in Winkelpunkten. Sind die beiden Zugkräfte der von der Stange abgehenden Drähte P_1 und P_2, der von ihnen gebildete Winkel β, so ist nach (15), S. 21, Fig. 3:

$$R = \sqrt{P_1{}^2 + P_2{}^2 + 2\,P_1 P_2 \cos\beta}$$

wenn die Drähte gleichstark gespannt sind, ist $P_1 = P_2 = P$ und

$$R = 2\,P\cos\frac{\beta}{2}$$

(1036) Zusammengesetzte Belastung. Bringt eine senkrechte Last V im Querschnitt Q eine Beanspruchung $p_1 = V/Q$, eine wagerechte Last H nach (1033) eine

Beanspruchung $p_2 = H \cdot h/W$ hervor, so ist die Beanspruchung des Materials

$$p_b = p_1 + p_2 = \frac{V}{Q} + \frac{H \cdot h}{W}$$

V ist das Gewicht der Stange mit den Isolatoren, des Drahtes auf beiden Seiten bis zur Mitte der angrenzenden Felder und die Belastung durch Eis (Schnee, Rauhreif). Da in dieser Gleichung die Knickgefahr nicht berücksichtigt wird, empfiehlt sich bei starker lotrechter Belastung die Benutzung folgender Formel[1]):

$$p_b = \frac{M_{max}}{W} - \frac{V}{Q}$$

worin p_b die zulässige Biegebeanspruchung, $M_{max} = \dfrac{H}{\omega} \cdot \operatorname{tg} \omega h$ und $\omega = \sqrt{\dfrac{V a}{\theta}}$

ist, und a die elastische Dehnungszahl, θ das äquat. Trägheitsmoment des gefährl. Querschnittes bedeutet.

(1037) Zulässiger Stangenabstand in Kurven. Ist r der Krümmungshalbmesser in m, W das Widerstandsmoment des gefährlichen Querschnittes in cm², p_b die zulässige Biegebeanspruchung des Materials in kg*/cm², P die Kraft, mit der der Draht gespannt ist, in kg*, und h die Länge ihres Hebelarmes in cm, so berechnet sich der Abstand auf

$$a = \frac{r}{P} \cdot \frac{W \cdot p_b}{h} \text{ m}$$

(1038) Stange mit Anker oder Strebe (Fig. 592). Der gefährliche Querschnitt liegt im Angriffspunkte des Verstärkungsmittels, wo zunächst ein Moment $R \cdot e$ entsteht. Hierzu tritt außer der vom Eigengewichte der Querträger usw. herrührenden lotrechten Kraft V eine Druck- (oder Zug-) Beanspruchung durch T, die

Seitenkraft von $Z \left(= \dfrac{H}{\sin \varphi} = \dfrac{R}{\sin \varphi} \cdot \dfrac{3 h - c}{2 c} \right)$, d. h. durch $Z \cdot \cos \varphi$ oder

$\dfrac{R}{\operatorname{tg} \varphi} \cdot \dfrac{3 h - c}{2 c}$. Die Gesamtbeanspruchung wird nach (1036)

$$p = \frac{R e}{W} + \left(V \pm R \, \frac{3 h - c}{2 c} \operatorname{ctg} \varphi \right) \frac{1}{Q} \leqq p_b$$

Da diese die in (1033) für k_b angegebenen Werte nicht übersteigen darf läßt sich das zulässige R oder der erforderl. Stangenquerschnitt berechnen. Ist q der Querschnitt des Ankers, so ist dessen Zugbeanspruchung $p = \dfrac{R}{q \cdot \sin \varphi} \cdot \dfrac{3 h - c}{2 c}$.

q ist so zu bemessen, daß p die Elastizitätsgrenze nicht übersteigt, da sonst bleibende Dehnungen entstehen, und der Anker wegen Schlaffheit seinen Zweck verfehlt. Die zulässige Knickbelastung der h ö l z e r n e n[2]) Strebe bei einer Länge s ist

$$Z \left(= \frac{R}{\sin \varphi} \cdot \frac{3 h - c}{2 c} \right) = \frac{2 \pi^2 \theta}{a s^2} \cdot \frac{1}{\mathfrak{S}},$$ woraus sich ein erforderlicher Streben-

durchmesser $D = \sqrt{Z \cdot a s^2 \cdot \mathfrak{S}}$ ergibt.

(1039) Gekuppelte Stangen. Zwei dicht nebeneinandergestellte Stangen sind durch 4 Bolzen verbunden, ihre Festigkeit ist wegen der Schwächung durch die Bolzenlöcher das $1\frac{1}{2}$- bis 2-fache einer einzelnen Stange. Größere Festigkeit durch Verdübeln oder Verklammerung zu erreichen.

---

[1]) Des Ing. Taschenbuch (H ü t t e). 21. Aufl., Teil I, S. 599.
[2]) Bei den eisernen Streben (auf Dächern), deren unteres Ende nicht als eingespannt gilt, darf Z nur den halben Wert nach S. 24, Fig. 21, erreichen.

(1040) Doppelständer (Fig. 593). Die Mittelkraft R ergibt in der Richtung der Stangen die Kräfte S_1 und S_2. Beanspruchung durch S_1 auf Zug, durch S_2 auf Knickung, die letztere kann durch Anbringung eines oder zweier Mittelriegel ------- verringert werden. Da die Verbindung an der Spitze der Stange nie ganz starr ist, tritt noch Biegebeanspruchung auf, die der Rechnung nicht zugänglich ist. Es genügt, bei dem Verhältnis $b : c = 1 : 5$ die Festigkeit des Doppelständers bei guter Verbindung an der Spitze und bei vorhandenem Mittelriegel gleich dem 6—8-fachen der entspr. einfachen Stange zu rechnen.

Für andere Verhältnisse gibt folgende Gleichung a n g e n ä h e r t e Werte für die zulässige wagerechte Belastung:

$$R = \left[\frac{4\,\pi^2\,\theta}{a\,l^2\,\mathfrak{S}} \cdot \sin\varphi - V \operatorname{tg}\varphi \right] \frac{c'}{h}$$

θ ist für den Stangenquerschnitt im oberen Drittel der Knicklänge zu berechnen.

(1041) Doppelgestänge (Fig. 594). Gefährlicher Querschnitt im oberen Angriffspunkte der Strebe. Beanspruchung

$$p_b \geqq \frac{R\,e}{2\,W} + \left(V - R \cdot \frac{3\,h - c}{2\,c} \cdot \operatorname{ctg}\varphi \right) \frac{1}{2\,Q}$$

Knickbelastung der Strebe durch $Z = \dfrac{R}{2} \cdot \dfrac{3\,h - c}{2\,c} \cdot \dfrac{s}{b} = \dfrac{D^4}{a\,l^2\,\mathfrak{S}}$; $\left(l = s\,\dfrac{c}{a} \right.$

ist die Knicklänge der Strebe). Hieraus lassen sich das zulässige R und der erforderliche Querschnitt berechnen. Je höher der Angriffspunkt der Strebe, desto kleiner das Biegemoment $\dfrac{R\,e}{2\,W}$, desto größer aber die Strebenbelastung Z.

Wegen Scherbeanspruchung der Strebenschrauben ist die Strebe an den Befestigungsstellen auszukehlen. Strebe und Querriegel müssen zu verschiedenen Seiten der Stange liegen.

Versenkte Leitungen.

(1042) Kabelkonstruktionen. Der Kupferleiter wird auf seiner ganzen Länge mit einem isolierenden Stoffe umgeben und entweder einzeln oder nach Verseilung einer Anzahl Adern mit einer Schutzhülle gegen mechanische und andere Beschädigungen umgeben. Die beste Isolation gewährt die Guttapercha; für Seekabel stets, für Flußkabel meistens verwendet. Sie ist aber sehr teuer und gegen Wärme, Luft und verschiedene chemische Einflüsse sehr empfindlich. Daher wird für Landkabel fast ausschließlich die wesentlich billigere F a s e r s t o f f i s o l i e r u n g [1]) benutzt, die aus gut getrocknetem und mit einer Harzmischung heiß getränktem Jutehanf besteht. Guter Abschluß gegen Feuchtigkeit erforderlich. --- Fernsprechkabel erhalten zur möglichsten Beseitigung der Kapazität eine L u f t - und P a p i e r i s o l i e r u n g, die aber auch sehr feuchtigkeitsempfindlich ist und daher ebenfalls durch wasserdichten Bleimantel geschützt werden muß.

Kabel werden verwendet:

1. zur Herstellung überseeischer Telegraphen- und Fernsprechverbindungen,

2. zur Verbindung der wichtigsten Städte untereinander,

3. überall, wo die oberirdische Führung der Orts-Telegraphenlinie auf Schwierigkeiten stößt,

4. als Teilstrecke sonst oberirdisch geführter Linien, z. B. zur Überschreitung von Gewässern, durch Tunnels, auf verkehrsreichen Bahnhöfen, zur Kreuzung von Starkstromanlagen usw.

5. zur Entlastung starker Fernsprechlinien auf Dächern,

6. in größeren Städten mit rein unterirdisch geführtem Orts-Fernsprechnetze.

---

[1]) Die künstliche Guttapercha ist noch nicht genügend erprobt.

Kabel der Deutschen Reichs-Telegraphie.

A. Telegraphenkabel: 1. Guttapercha-Erdkabel mit 7-drähtiger Litze aus 0,66 mm starken Drähten (Kupferquerschnitt 2,48 mm², Widerstand 7 Ø/km), doppeltem Guttaperchamantel, Umspinnung aus Jutehanf und eisernen Schutzdrähten, 1, 3, 4 oder 7 Adern. Isolation mindestens 500 MØ/km, Kapazität 0,25 µF/km.

2. Guttapercha-Flußkabel mit 7-drähtiger Litze aus 0,73 mm starken Drähten (Kupferquerschnitt 2,93 mm², Widerstand 6 Ø/km), dreifachem Guttaperchamantel, Hanfhülle mit eisernen Schutzdrähten, Aderzahl wie bei 1, Isolation mindestens 500 MØ/km, Kapazität 0,28 µF/km.

3. Faserstoffkabel mit massivem Kupferdraht von 1,5 mm Durchmesser (Kupferquerschnitt 1,77 mm², Widerstand 10 Ø/km), getränkter Faserstoffisolation und Bleimantel; die Zahl der Adern beträgt bei den neueren Kabeln 5 bis 100, bei den älteren 4 bis 112. Entweder bleibt der Bleimantel unbewehrt, oder er erhält eine Bewehrung aus verzinkten Flacheisendrähten, bei Erdkabeln u. U. statt dessen aus zwei 1 bis 1,3 mm starkem Bandeisen. Erdkabel erhalten über der Bewehrung noch eine Bedeckung aus Asphalt oder Kompound mit oder ohne Juteeinlage. Der Isolationswiderstand muß mindestens 500 MØ/km betragen, die Kapazität darf 0,24 µF/km nicht übersteigen.

4. Wetterbeständige Abschlußkabel zu den Faserstoffkabeln sind erforderlich, weil die Faserstoffisolierung gegen Feuchtigkeit sehr empfindlich ist. Die Adern, in gleicher Zahl wie bei den Faserstoffkabeln, bestehen aus einem verzinnten Kupferleiter von 1,5 mm Stärke, der mit Gummi oder mit Okonit auf 3,4 mm umpreßt und mit gummiertem Band bis auf 4 mm bewickelt wird. Die Adern werden verseilt und mit einem Bleimantel umpreßt. Leitungswiderstand 10 Ø/km, Isolation 200 MØ/km, Kapazität 0,34 µF/km.

B. Fernsprechkabel: 5. Papierkabel. Der Kupferleiter erhält für Anschluß- (Teilnehmer-) Leitungen 0,8 mm, für Verbindungsleitungen 1,5 und 2 mm starke Leiter, letztere u. U. in Litzenform. Die Leiter werden einzeln mit Papierstreifen hohl umsponnen und danach paarweise verdrillt. Die Aderpaare werden zur Kabelseele in konzentrischer Lage verseilt und mit Band umwickelt. Dasselbe Kabel kann Adern mit verschiedenem Leiterquerschnitt enthalten. Das Kabel erhält einen Bleimantel (mit 3 % Zinnzusatz). Die Zahl der Aderpaare geht bis 500 (mit 0,8 mm starkem Leiter), der äußere Durchmesser ohne Bewehrung bis 70 mm. Zum Einziehen in Zementkanäle bleibt der Bleimantel unbedeckt. Erdkabel erhalten eine offene oder geschlossene Bewehrung aus Flach- oder Runddrähten, auf die noch Asphalt- oder Kompoundschichten mit oder ohne Juteeinlage aufgetragen werden. Die elektrischen Eigenschaften sind für Einzelleitung bei 0,8—1,5—2 mm starken Leitern: Widerstand (bei 15° C) 37—10—5,6 Ø/km, Isolation (bei 15° C) 500 MØ/km, Kapazität 0,055—0,060—0,065 µF/km.

6. Faserstoffkabel für Einführungszwecke mit 1 bis 4 Aderpaaren. Ein 0,8 mm starker Kupferdraht wird mit einer Lage Papier und zwei Baumwollumspinnungen isoliert. Zwei solcher Adern werden verseilt, mit Jute umsponnen und getränkt, darauf mit Blei umpreßt.

7. Wetterbeständige Abschlußkabel zu den Papierkabeln in zwei Arten, die sich durch die Stärke der Isolierhülle unterscheiden. Der Leiter aus verzinntem Kupferdraht von 1,5 mm Stärke wird bis zu 2,5 (2,0) mm mit Gummi oder mit Okonit (Gummimischung) umpreßt und mit Band bewickelt; äußerer Durchmesser 3,1 (2,5) mm. Zwei Adern werden zum Paar verseilt. Die Aderpaare werden in konzentrischen Lagen verseilt, das Ganze mit Isolierband umsponnen und entweder mit Blei umpreßt oder mit einer flammensicheren Umklöppelung versehen.

Die oben angeführten Kabel wie auch Telegraphen- und Fernsprechkabel anderer Abmessung und Bauart, z. B. Grubenkabel, werden gegenwärtig von folgenden Fabriken hergestellt: 1. Siemens & Halske, Aktiengesellschaft, Wernerwerk in Nonnendamm bei Berlin, 2. Felten & Guilleaume-Lahmeyerwerke, A.-G., Karlswerk in Mülheim (Rhein), 3. Land- und Seekabelwerke, Aktiengesellschaft in Köln-Nippes, 4. Allgemeine Elektrizitätsgesellschaft in Berlin, 5. Kabelwerk Wilhelminenhof, A.-G. in Berlin, 6. Kabelwerk Rheydt, A.-G. in Rheydt, 7. Deutsche Kabelwerke, A.-G. in Rummelsburg bei Berlin, 8. Süddeutsche Kabelwerke, A.-G. in Mannheim, 9. Kabel-werk Duisburg, A.-G. in Duisburg, 10. Dr. Cassirer & Co., Kabel- und Gummiwerke in Charlottenburg, 11. Vereinigte Fabriken engl. Sicherheitszünder, Draht- und Kabelwerke Meißen.

Im Gegensatze zu den obigen, von allen Kabelwerken gleichmäßig herge-stellten Kabeltypen werden die Seekabel für jeden einzelnen Fall besonders gebaut[1]). Zu erwähnen ist, daß die für Fernsprechzwecke verwendeten Kupferleiter eines Seekabels zweckmäßig mit Eisen umsponnen werden, damit durch Vergrößerung der Selbstinduktion der den Guttaperchakabeln anhaftenden Kapazität entgegen-gewirkt wird (1147). Als Beispiel diene das 75 km lange, von den Felten & Guilleaume-Lahmeyerwerken hergestellte Kabel zwischen Kuxhaven und Helgoland (Fig. 595), das je zwei Adern für Fernsprech- und für Telegraphenzwecke enthält.

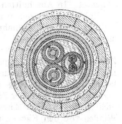

Fig. 595. Querschnitt des Kabels Kuxhafen-Helgoland mit eisen-umsponnenen Kupferleitern.

Der 12 mm² starke Kupferleiter der Fern-sprechader ist zunächst mit 0.3 mm starkem Eisen-drahte umsponnen, mit Papierkordel in offener Spirale und Papierband auf 9,6 mm bewickelt. Die beiden T-Leiter werden einzeln mit Papier auf 3,5 mm bewickelt, verseilt, mit Papierkordel getrennt, mit Papier auf 9,6 mm bewickelt. Die drei erhaltenen Adern werden verseilt, mit Papierkordel getrenst, mit Papierkordel in offener Spirale und Papier und Band auf 24,5 mm bewickelt, getrocknet und mit doppeltem Bleimantel umpreßt. Hülle aus Papier, Asphalt und dergl.; Eisendrahtbewehrung. Alle 500 m ist die Papierisolation auf 1½ m getränkt, so daß die Lufträume ausgefüllt sind. Elektrische Eigenschaften für 1 km der Fernsprechader: 1,36 $\varnothing$, 0,0914 μF, 0,00214 H.

Neuerdings läßt man die Eisenbewicklung der Kupferleiter wieder fallen und erhöht die Selbstinduktion durch Einbau von Pupinspulen, wodurch ein besserer Erfolg erzielt wird, z. B. bei dem Bodenseekabel zwischen Friedrichshafen und Romanshorn[2]).

Herstellung versenkter Linien.

(1043) Legen von Erdkabeln. Auskundung wie (1023), wobei darauf zu achten ist, daß das Kabel möglichst entfernt von vorhandenen Anlagen und gegen Stö-rungen und Beschädigungen gesichert eingebettet wird. Rohre und Kanäle sind zu unterkreuzen. Gegen die schädlichen Einflüsse von säurehaltigen Fabrikabwässern usw. (bei Guttaperchakabeln auch von Leuchtgas, Zement, Mauerwerk!) sind die Kabel nötigenfalls durch abgedichtete Muffenrohre zu schützen.

Die Kabel werden auf Haspeln in Baulängen von 500 bis 600 m angeliefert. Zum Auslegen wird der Haspel auf einem niedrigen Wagen den Graben entlang gefahren,

---

[1]) Näheres: Archiv f. Post und Telegraphie 1900, S. 701; 1903, S. 517, 558; 1905, S. 284: ETZ 1903, S. 982; 1907, S. 661 u. a.
[2]) S. ETZ 1907, S. 661 u. f.

in den das abgewickelte Kabel sofort hinabzulassen ist. Wenn der Kabelgraben aber von Wasserröhren usw. durchzogen wird, muß das Kabel von dem am Ende der Baustrecke stehenden Haspel abgewickelt und in dem Graben fortgetragen werden. Kabelgraben für Guttaperchakabel 1 m, für Faserstoffkabel 60—75 cm tief, obere Breite etwa 60 cm, Sohlenbreite nicht unter 20 cm. Alle schärferen Biegungen sind zu vermeiden. Beim Zuschütten des Grabens ist das Kabel zunächst mit einer 3 bis 4 cm starken steinfreien Erd- oder Sandschicht zu bedecken und g. F. zum Schutze bei Aufgrabungen mit Ziegelsteinen oder mit dachförmigen Halbmuffen aus Ton oder Zement zu belegen. Bei Unterführungen (Durchlässen usw.) wird das Kabel durch besondere Schutzmuffen, aus zwei Halbrohren bestehend, die durch einen aufgetriebenen Ring zusammengehalten werden, gesichert. Schutzmaßregeln gegen Starkstromkabel s. Anhang S. 929, Nr. 13,8 u. 9.

(1044) Legen von Röhrenkabeln. Das Rohrnetz wird aus 3 bis 4 m langen Muffenröhren hergestellt, die mit ihrer Unterkante 1 m tief verlegt und gasdicht verbunden werden. Zum Einziehen der Kabel ist in die Röhren beim Verlegen ein Hilfsdraht einzulegen. Die Weite der Rohre ist reichlich zu bemessen, damit das Einziehen der Kabel keine Schwierigkeit bietet (mindestens dreimal so groß als der Gesamtquerschnitt der zu verlegenden Kabel). Über das Einziehen s. (699). Die Rohre werden entweder mit Weißstrick und Blei oder mit Gummiringen gedichtet. In Abschnitten von je 100—150 m und in den Winkelpunkten mündet der Rohrstrang in gemauerte Brunnen, die zum Einziehen neuer Kabel, zur Untersuchung und zur Aufnahme der Verbindungsstellen von je zwei Kabelstücken dienen. (Vgl. Stille, Telegraphen- und Fernsprechkabelanlagen, S. 176 u. f.)

Neuerdings verwendet man zum Verlegen von Fernsprechkabeln rechteckige Zement-Formstücke mit parallelen Löchern von etwa 10 cm lichter Weite, die mit Hilfe von Aussparungen und eisernen Paßstiften durch Zementmörtel zu einer fortlaufenden Röhrenleitung, u. U. in mehreren Schichten über- und nebeneinander verbunden werden. Der Zement muß sorgfältig gewählt werden, damit er das Blei nicht angreift. Das Einziehen der Kabel erfolgt mit Hilfe von Zugseilen durch Winden von den Kabelbrunnen aus.[1]).

(1045) Flußkabel. Das Kabel kann bei schmalen Wasserläufen durch ein Tau über den Fluß gezogen oder bei breiten Strömen und Seen auf ein Fahrzeug geladen und während der Überfahrt in das Wasser versenkt werden. Hierbei muß der Kabelhaspel soweit gebremst werden, daß das Kabel nicht schneller abrollt, als das Schiff fährt. Besonders gefährdete Kabel erhalten Schutzmuffen mit Kugelgelenken, die aus je 2 zusammenschraubbaren Halbmuffen bestehen; im übrigen genügt es, das Kabel an den Ufern möglichst tief einzuschaufeln. Auch empfiehlt es sich, vor der Auslegung durch das ganze Flußbett eine Rinne ausbaggern zu lassen, die später wieder versandet und das eingebettete Kabel ebenfalls schützt. Zur Befestigung am Lande wird das Kabel in festem Boden auf etwa 10 bis 15 m eingegraben, anderenfalls an Kabelhaltern festgelegt. Diese bestehen aus zwei mit Bolzen zusammenschraubbaren und mit einer Quernut versehenen Balken, zwischen denen das Kabelende festgeklemmt wird. Die Halter legt man hinter kräftige Widerlager aus Holz.

(1046) Die Luftkabel (Fernsprechröhrenkabel mit Papierisolierung) werde an Traglitzen aus verzinktem Gußstahldraht aufgehängt. Die Traglitzen werden seitlich oder auf dem Kopfe der Stützpunkte befestigt und mit 2 % Durchhang gespannt.

Zum A u f h ä n g e n des Kabels an der Traglitze dienen Traghaken aus verzinktem Bandeisen, welche in Abständen von 1 m aufgesetzt und am Kabel mit

---

[1]) Näheres: Archiv für Post und Telegraphie 1902, S. 220 u. f.; ETZ 1905, S. 317 u. f.

Bindedraht festgebunden werden. (Näheres vgl. S t i l l e, Telegraphen- u. Fernsprech-kabelanlagen, S. 204.)

(1047) Verbindungs- und Verteilungsmuffen. Bei der Verbindung von Kabeln ist zu unterscheiden, ob die Lötstellen 2 Kabel mit gleichstarker Adernzahl ver-binden oder ein stärkeres in mehrere schwächere Kabel aufteilen sollen. Im ersten Falle verwendet man Verbindungs-, im zweiten Verteilungsmuffen. — Zur Ver-bindung bewehrter Kabel dienen gußeiserne Muffen, die den Muffen für Stark-stromkabel (Fig. 435, 436, 437) gleichen. Unbewehrte Kabel werden mit Bleimuffen verbunden. Diese bestehen aus zwei hülsenartigen Teilen, die vor der Vereinigung der Kabelenden auf diese geschoben, nachher ineinander gesteckt und untereinander und mit dem Bleimantel des Kabels verlötet werden.

(1048) Spleißung. Bei der Herstellung von Verbindungsstellen in Kabeln muß mit der äußersten Vorsicht verfahren werden; nur geübte Arbeiter können gute Lötstellen anfertigen. Die Schutzdrähte der beiden Enden müssen durch die Löt-muffe oder Verflechtung und Drahtbunde fest verbunden werden, damit die Löt-stelle stets von Zug entlastet bleibt.

Bei Guttaperchakabeln werden die beiden Enden des Kupferleiters verlötet, zweimal mit 0,25 mm starkem Kupferdraht umwickelt und mit Guttapercha bis zur Dicke der Ader selbst isoliert. In Faserstoffkabeln werden die Leiter von ihrer Isolation befreit, die sauber abgeschmirgelten Enden (ähnlich wie Bronzedrähte) durch prismatische Kupferhülsen verbunden, die statt der Verwürgung wellenförmig zusammengepreßt werden. Die einzelnen Verbindungsstellen werden durch paraffinierte Papierhülsen isoliert. Das mit Nesselband bewickelte Adernbündel wird durch Übergießen mit heißer Isoliermasse von etwaiger Feuchtigkeit befreit und in eine eiserne Muffe eingeschlossen, deren äußere Kammern mit Asphalt abgedichtet werden; die innere Kammer ist mit Isoliermasse auszugießen. Bei Fernsprechkabeln werden die Drähte nach Entfernung der Papierhülle miteinander verdrillt, und die Verbindungsstellen durch übergeschobene Papierröhren isoliert. Die ganze Spleiß-stelle wird darauf durch eine mit den Kabelenden fest zu verlötende Bleimuffe um-schlossen.

Luftkabel werden ebenso verbunden wie Röhrenkabel. Statt der Bleimuffe ist jedoch eine gußeiserne, mit Isoliermasse auszugießende Muffe zu verwenden. Die Spleißstelle muß stets an einem Stützpunkte liegen.

Guttaperchakabel dürfen mit Faserstoffkabeln nur unter Zwischenschaltung eines kurzen Stückes wetterbeständigen Kabels verbunden werden.

(1049) Die Verbindung von Kabeln mit oberirdischen Leitungen. Die Kabel werden am besten in eine sog. Überführungssäule, welche aus zwei nebeneinander gestellten Stangen oder Kanthölzern herzustellen ist, hinaufgeführt. Im oberen Teile wird die Holzkonstruktion zu einem Kasten mit gut schließender Tür aus-gestaltet. Die Kabeladern enden in dem Kasten an Doppelklemmen auf Hartgummi-unterlage.

Faserstoff- und Papierkabel werden zum Schutze gegen Feuchtigkeit zunächst mit einem Stück wetterbeständigen Kabels verbunden, dessen Adern an die Klemmen gelegt werden. Von da führen Gummiadern durch Hartgummiröhren mit Schutzglocken zu den an der Überführungssäule sitzenden Isolatoren III, die durch leichten Draht mit den oberirdischen Leitungen verbunden sind; diese endigen an der dicht neben der Überführungssäule stehenden Abspannstange. Leichte Leitung und Gummiader sind am Isolator gut zu verlöten.

Die Doppelklemmen lassen sich gleichzeitig auch als Untersuchungsstation (1023) verwenden; daher darf auch die hierfür nötige Erdleitung in den Über-führungssäulen nicht fehlen.

Zum Schutze des Kabels gegen Blitzschlag ist für jede Ader ein Stangenblitz-ableiter an der Abspannstange zu befestigen und mit der Leitung zu verbinden.

48*

Die an Tunneleingängen einzurichtenden Überführungs k a s t e n besitzen dieselbe Einrichtung wie die Säulen; Heranführung der Kabel in hölzernen Rinnen. Fernsprechkabel werden in Bleimuffen oder in Endverschlüssen mit wetterbeständigen Kabeln verbunden, deren Adern g. F. über Blitzableiter und Grobsicherungen den Anschluß an die blanken Drähte herstellen. Die E n d v e r - s c h l ü s s e sind viereckige Kasten aus Gußeisen mit abnehmbaren Seitenwänden; entweder ist im Innern diagonal eine Stabilitplatte mit durchgehenden Messingstiften befestigt, an deren Enden die Leitungen angelegt werden, oder zwei derartige Platten bilden die Seitenwände des Kastens. Wenn erforderlich, ist die untere Hälfte der Endverschlüsse mit Isoliermasse auszugießen. Endverschluß, Blitzableiter und Sicherungen befinden sich in einem Eisenblechkasten. Muß der Überführungskasten in feuchten Räumen oder am Gestänge selbst aufgehängt werden, so wird eine kleinere, wettersichere Form bevorzugt, die nur die Blitzableiter und Sicherungen enthält. Der Endverschluß oder die Eisenmuffe ist alsdann unter Dach oder an der Holzstange zu befestigen.

Zimmerleitungen und Amtseinrichtungen.

(1050) Einführung. T e l e g r a p h e n l e i t u n g e n. Bei oberirdischen Leitungen verwendet man für jede Leitung ein durch die Mauer geführtes Ebonitrohr mit Glocke wie bei den Überführungssäulen. Unterhalb der Glocken enden die Leitungen an Isolatoren kleiner Form. Die Seele eines aus dem Zimmer durch Rohr und Glocke geführten Bleirohrkabels wird mit der Leitung gut verlötet. Bei größerer Zahl der Leitungen (über 4) empfiehlt es sich, einen Holzkasten oder ein Bohlstück zur Aufnahme der Ebonitröhren in das Mauerwerk einzusetzen U. U. gebraucht man statt der Rohre mit Glocke Endisolatoren aus Eisen mit isoliert eingekitteter Leitungsstange, an deren unterem, wagerecht abgebogenem Ende die Leitung angelötet und an deren oberem, durch Schraubverschluß verdecktem Ende ein isolierter Draht angeklemmt wird, der durch ein Rohr ins Innere des Gebäudes führt (Fig. 596). Leitungen, die mit Fernsprecher betrieben werden, führt man wie Fernsprechverbindungsleitungen ein. Kabelleitungen werden durch das Mauerwerk des Gebäudes geführt; Telegraphenkabel der großen Linien bis zum Kabelumschalter, Stadtkabel bis zum Blitzableiter. Faserstoff- und Papierkabel bedürfen des Abschlusses durch wetterbeständiges Kabel (Verbindungsmuffe oder Endverschluß).

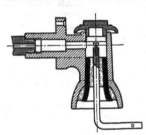

Fig. 596. Einführungsisolator.

F e r n s p r e c h l e i t u n g e n. Oberirdische Leitungen für Teilnehmer (Anschlußleitungen) in kleinerer Zahl werden mittels einadriger Bleirohrkabel durch die Wand des Gebäudes geführt. Am Abspannisolator (Größe III) führt das freie Ende des blanken Drahtes herunter, um sich mit dem Leiter eines Einführungskabels zu vereinigen, welches aus dem Gebäude durch ein (für alle Kabel gemeinsames) feuersicheres Rohr in einen an der Außenwand befestigten hölzernen Kasten tritt, dann die Isolatorstütze entlang in den Innenraum der Abspannglocke führt. Der Bleimantel endigt bald nach dem Eintritt, die isolierende Hülle kurz vor dem Austritt aus dem Innenraum der Glocke. Verbindungsleitungen werden ebenfalls durch Bleirohrkabel eingeführt, aber unter Verwendung einer Schutzglocke aus Ebonit. Durch deren Kopf führt ein Draht, dessen oberes Ende mit der Leitung in Verbindung gebracht wird. Das umgebogene Bleikabel wird mit dem unteren, in der Höhlung der Glocke befindlichen Ende des Drahtes verbunden, so daß der

Mantel des Bleikabels sich noch innerhalb der Höhlung befindet. Das Bleirohrkabel wird ohne Verwendung eines Ebonitrohres eingeführt.

Bei größerer Zahl der einzuführenden Leitungen setzt man auf das Dach des Gebäudes ein geeignetes Abspanngestänge, u. U. einen Gerüstturm mit Querträgern und Isolatoren. An letzteren werden die oberirdischen Leitungen mit wetterbeständigen Kabeln verbunden und dann durch das Dach des Hauses zu den Blitzableitern oder Grobsicherungen geführt. Die Einführung der Leitung beim Teilnehmer erfolgt ebenso, wie es für Ämter mit wenigen oberirdischen Leitungen angegeben ist.

Fernsprechkabel führen entweder außen an der Gebäudewand oder in eisernen Hochführungen bis zum Umschalteraum, wo sie durch Bleimuffen mit Gummi- oder Baumwollseidenkabeln verbunden werden, die an den mit Feinsicherungen versehenen Sicherungsleisten des Hauptverteilers endigen. Von hier aus kann jede Außenleitung durch Schaltdrähte mit jedem beliebigen Anrufzeichen verbunden werden, deren Anschlußkabel ebenfalls zum Hauptverteiler an besondere Lötösenstreifen herangeführt sind (vgl. 1125).

(1051) Zimmerleitung. Für Telegraphenleitungen wird einadriges und vieradriges Bleirohrkabel verwendet, das in Wandleisten oder mit Krampen befestigt wird. Überkleben der Kabel mit Tapete oder Verlegung unter dem Verputz ist zu vermeiden, da hierdurch nur Fehlerquellen geschaffen werden, und Schwierigkeiten bei deren Beseitigung entstehen. Sollen die Leitungen nicht sichtbar sein, so müssen dafür im Verputze Rinnen ausgespart oder hergestellt werden, die sich mit abnehmbaren Holzleisten verdecken lassen. Auch können Bleirohrkabel hinter den Scheuerleisten oder unter dem Fußboden in besonderen Kabelrinnen geführt werden.

Die gesamten Leitungen innerhalb eines Gebäudes müssen eine strenge Übersichtlichkeit bieten; besonders sind Kreuzungen, wenn irgend möglich, zu umgehen. Wenn dies nicht tunlich ist, und keine Bleirohrkabel verwendet werden, sind kleine Holzplättchen zwischen den sich kreuzenden Drähten anzubringen. Bei größerer Zahl der Leitungen ist die Anwendung von Führungsleisten erforderlich (in Telegraphenämtern stets).

Die Tischleitung wird aus blankem, seltener aus umsponnenem Kupferdraht von 1,5 mm Durchmesser hergestellt.

In Teilnehmer-Sprechstellen führt das Einführungsbleikabel bis zum Sicherungskästchen (oberird. Linienführung) oder zur Grobsicherung (bei unterird. Verteilungsnetze). Hier wird der auf Isolierröllchen zu verlegende Zimmerleitungsdraht von 0,8 mm Kupferdurchmesser angeschlossen. In besonders feuchten Räumen ist dafür ebenfalls Bleirohrkabel zu verwenden.

Eine Zusammenstellung der gebräuchlichsten Arten isolierter Drähte findet sich unter (1054).

(1052) Erdleitung. Die Erdleitung einer Telegraphenleitung hat sowohl den Telegraphierstrom als auch die atmosphärischen Entladungen der Leitung zur Erde abzuführen; sie ist deshalb ebenso einzurichten wie jede gewöhnliche Blitzableiter-Erdleitung; vgl. Abschnitt Blitzableiter, (1273) bis (1275).

(1053) Aufstellung der Batterie. Der zur Unterbringung der Telegraphen-batterien bestimmte Raum muß hell, luftig und frostfrei sein; feuchte Räume sind wegen der Isolationsverringerung ungeeignet. Kleinere Batterien sind in Schränken, größere auf Gestellen unterzubringen. Falls statt der Primärelemente Telegraphen-sammler verwendet werden, sind die Gestelle am Fußboden durch Schutzleisten zum Eindämmen etwa auslaufender Säure zu umgeben, oder es ist von vornherein ein säurefester Fußbodenbelag vorzusehen.

Für die Aufstellung der bei den Fernsprechämtern gebrauchten Batterien großer Kapazität gelten die unter (626) bis (633) angegebenen Bestimmungen.

(1054) Zusammenstellung einiger Arten isolierter Drähte für Zimmerleitungen, Haus-Telegraphen- und Fernsprechanlagen, Apparatverbindungen und Freileitungen [1]).

1. Bleikabel. Stärke des Kupferleiters 0,8, 0,9, 1,0 und 1,5 mm.

a) G e w a c h s t e B a u m w o l l i s o l a t i o n: Leiter dreimal mit Baumwolle umsponnen und gewachst; Adern verseilt, gemeinsam mit geteertem Baumwollenband bewickelt und mit einfachem oder doppeltem Bleimantel umpreßt (C & C, F & G, Rh).

b) G e t r ä n k t e P a p i e r - u n d B a u m w o l l i s o l a t i o n: Leiter mit einer Lage Papier und zwei Lagen Baumwolle umsponnen; Adern verseilt, mit Baumwollenband umwickelt, im luftleeren Kessel getrocknet, getränkt und mit einfachem oder doppeltem Bleimantel umpreßt (Rh).

c) F a s e r s t o f f i s o l a t i o n: Wie unter a); jedoch wird der Leiter mit getränkter Jute umsponnen (C & C, F & G).

d) G u t t a p e r c h a i s o l a t i o n: Leiter mit Guttapercha umpreßt und mit geteerter Baumwolle umsponnen; Adern verseilt usw. wie unter a. (C & C, F & G, Rh).

Die Kabel unter a—d werden mit 1 bis 56 und mehr Adern geliefert, auch mit offener oder geschlossener Eisenbewehrung. Bei induktionsfreien Fernsprechkabeln erhalten die Einzeladern über der Baumwolle eine Bewickelung mit Stanniol und werden mit einer Rückleitung aus 4 blanken Kupferdrähten von 0,5 mm $\oplus$ verseilt. Die Kabel von F & G erhalten außerdem noch eine Bewickelung mit gummiertem Bande.

e) L u f t - u n d P a p i e r i s o l a t i o n für Doppelleitungskabel zu Haus-Fernsprechanlagen. Herstellung und konzentrische Verseilung der Doppeladern, wie (1042, B. 5). Die Kabelseele wird mit Baumwollenband umwickelt und wie unter b weiterbehandelt (C & C). Blank, asphaltiert oder mit Bewehrung lieferbar.

2. Zimmerleitungskabel ohne Bleimantel. Stärke des Kupferleiters 0,8 und 1,0 mm. Ausführung wie unter 1a und d; Einzeladern mit Stanniolbewickelung, blanke Rückleitung von 4 Kupferdrähten von 0,5 mm $\oplus$. Adernbündel wird mit einmalig gummiertem oder gewachstem Bande umwickelt (oder mit Baumwolle umflochten) und asphaltiert (Rh).

3. Zimmerleitungen für trockene Räume. a) W a c h s d r a h t mit 0,8, 0,9 und 1,0 mm starken Kupferleitern. Einzelleiter: Draht doppelt mit Baumwolle umsponnen, obere Lage bunt und gewachst. Doppelleiter: 2 Drähte, jeder doppelt umsponnen und gewachst, zusammen (unverdrillt) einfach umsponnen und gewachst (C & C, F & G, Rh).

b) A s p h a l t d r a h t mit 0,8 und 0,9 mm starken Kupferleitern. Draht doppelt umsponnen, die untere Lage gut asphaltiert, die obere, bunte Lage auch gewachst (C & C, F & G, Rh).

c) G u t t a p e r c h a d r a h t mit 0,8 und 0,9 mm starken Kupferleitern. Draht auf 1,6 oder 1,8 mm mit Guttapercha umpreßt, zweimal mit Baumwolle besponnen, die obere, bunte Lage auch gewachst, (C & C, liefert auch nackte Guttaperchadrähte, F & G, Rh).

d) G u m m i b a n d w a c h s d r a h t mit 0,8 und 0,9 mm starken Kupferleitern. Verzinnter Kupferdraht mit Gummiband einfach, mit Baumwolle doppelt bewickelt, gewachst. (F & G.)

e) P a r a d r a h t. Verzinnter Kupferleiter, Paragummiumwicklung, Baumwollumspinnung, getränkte Umflechtung (C & C).

---

[1]) Die Drähte werden von den F e l t e n & G u i l l e a u m e - L a h m e y e r - W e r k e n, A.-G. in M ü l h e i m a m R h e i n, Abt. Karlswerk (F & G), dem K a b e l w e r k e R h e y d t, A.-G in R h e y d t (Bez. Düsseldorf), D r. C a s s i r e r & C o., Gummi- und Kabelfabrik in C h a r l o t t e n b u r g (C & C) und anderen Werken hergestellt.

4. Zimmerleitungen für feuchte Räume. a) G u m m i a d e r d r a h t: Verzinnter Kupferdraht mit Baumwolle umsponnen, mit reinem Paragummi umlegt, umsponnen, asphaltiert, mit Baumwollengarn umklöppelt und mit Kabelwachs überzogen (Rh).

b) V u l k a n i t - G u m m i a d e r. Verzinnter Kupferdraht, mit Weichgummi umpreßt, doppelt mit Baumwolle umsponnen, umflochten und asphaltiert. Verträgt Erwärmung bis 120° (C & C, Rh).

c) Z w i l l i n g s - B l e i k a b e l m i t S t e g. 2 Kupferdrähte einzeln mit imprägniertem Papier einfach und mit imprägnierter Baumwolle zweifach bewickelt und mit Blei in der Weise umpreßt, daß jede Ader für sich vollständig in Blei eingehüllt ist, und zwischen beiden ein Bleisteg entsteht. Kupferdrähte von 0,8 bis 1,5 mm. Auch mehr als 2 Adern (F & G).

5. Freileitungsdraht. a) Der nach DRP. Nr. 218 196 hergestellte S e m p e r -draht wird von Rh in allen gangbaren Querschnitten geliefert.

b) S ä u r e - und w a s s e r b e s t ä n d i g e r B r o n z e d r a h t, 1,5 und 2 mm starker Leiter, mit Baumwolle doppelt beflochten und nach besonderem Verfahren getränkt (F & G).

c) A s p h a l t d r a h t. Kupferdraht 0,9 und 1,0 mm stark, oder Siliziumbronzedraht, 1,8 mm stark, doppelt mit Baumwollengarn umsponnen, gut asphaltiert, mit Baumwollenzwirn umflochten, asphaltiert (F & G).

d) H a c k e t h a l d r a h t, s. (1021), von der Hackethaldraht-Gesellschaft, Hannover; Kupfer- und Bronzedraht in allen gangbaren Querschnitten.

Telegraphenapparate.

(1055) Arten der Apparate. H a u p t a p p a r a t e: Der Sender, mit der Hand oder durch eine Maschine betrieben, bestimmt die Richtung und Dauer der Telegraphierströme. Der Empfangsapparat übersetzt die ankommenden Ströme in b l e i b e n d e oder v o r ü b e r g e h e n d w a h r n e h m b a r e Zeichen, und zwar in v e r a b r e d e t e Zeichen auf der Grundlage des Morsealphabets (1062) oder in a l l g e m e i n l e s b a r e (meist Typendruck). Ist der Empfangsapparat zur unmittelbaren Aufnahme der Ströme aus der Leitung nicht geeignet, so tritt an seine Stelle ein Relais, das den Empfänger im Ortsstromkreise betätigt. Als N e b e n a p p a r a t e dienen zur Überwachung der Stromverhältnisse Galvanoskope (Stromzeiger) und Strommesser, zum Schutz Sicherungen und Blitzableiter, zur Veränderung der Schaltung oder zum Austausch von Leitungen, Apparaten und Batterien Umschalter.

Im Folgenden bezeichnet E m p f i n d l i c h k e i t eines Apparates die Stromstärke, bei welcher er über 10000 $\mathcal{O}$ induktionsfreien Widerstand bei einer Telegraphiergeschwindigkeit von 20 Wörtern in der Minute anspricht (für Relais bei einem Abstand von 0,08 mm zwischen Zunge und Kontaktanschlag und in der Voraussetzung, daß die Funken an den Kontakten durch Kondensatoren beseitigt sind; schon geringe Funkenbildung beeinträchtigt die Empfindlichkeit), B e t r i e b s -s t r o m die nach Betriebserfahrungen erforderliche Betriebsstromstärke, G e -s c h w i n d i g k e i t die durchschnittlich erreichte Telegraphiergeschwindigkeit in guten Luftleitungen (als N o r m a l w o r t ein Wort zu 6 Zeichen, d. i. 5 Buchstaben und 1 Zwischenraum), W i n d u n g e n die Zahl der Umwindungen eines Magnetschenkels, D die Dicke des Drahtes dieser Umwindungen, R den Widerstand einer Wickelung, L/R eine Vergleichszahl zum Vergleich der Selbstinduktivität; sie gibt die Zeit in Sekunden an, innerhalb deren in einem nur aus dem Apparat und einer Sammlerbatterie gebildeten Stromkreis der Strom bis auf das 0,63-fache seines stationären Wertes ansteigt. Der stationäre Wert des Stromes beträgt dabei stets rd. 20 mA.

(1056) Neutrale und polarisierte Apparate. Die Empfangsapparate und Relais sind fast ausnahmslos elektromagnetisch mit neutralem oder polarisiertem Magnetsystem. Der Weicheisenanker des neutralen Elektromagnets arbeitet auf positiven oder negativen Strom im gleichen Sinn; beim polarisierten Magnetsystem erzeugen positive und negative Ströme entgegengesetzte Wirkung Es ist entweder a) der Anker polarisiert, der Feldmagnet ein gewöhnlicher Elektromagnet (Wheatstone-Empfänger, englisches Standardrelais, Baudotrelais, Undulator), b) der Feldmagnet ist polarisiert, der Anker weiches Eisen (Hughesapparat, Flügelankerrelais) oder eine Spule (Heberschreiber), c) Anker und Feldmagnet sind polarisiert (Siemensrelais). Der Anker des polarisierten Apparates kann für die Ruhelage so eingestellt werden, daß die nach der einen und die nach der andern Richtung auf ihn wirkenden Kräfte gleich sind. Es bedarf zu seiner Bewegung nur geringer Störung dieses Gleichgewichts; da ferner die Stromwirkung durch den Dauermagnetismus unterstützt wird, sind die polarisierten Apparate empfindlicher als neutrale.

(1057) Gegenkraft am Anker. a) Bei Einfachstrom. Wird zum Betrieb der Apparate nur Strom einer Richtung benutzt — Einfachstrombetrieb —, so führt eine Abreißfeder (s. Morse 1062), die Torsionskraft einer Aufhängevorrichtung (s. Heberschreiber 1060) oder die Wirkung eines Dauermagnets (s. Relais 1059, c bis h) den beweglichen Teil in die Ruhelage zurück; auf den Anker wirken für die Zeichengebung und für die Zeichentrennung also Kräfte verschiedener Natur, elektromagnetische und mechanische, die durch äußere Einwirkungen verschiedenartig beeinflußt werden, die ersteren z. B. durch den Zustand der Leitung, der Sendebatterie oder des Empfangselektromagnets, die letzteren durch Temperaturunterschiede (z. B. die Federspannung) oder Eigentümlichkeiten des Materials.

b) Bei Doppelstrom. Diesem Übelstande wird dadurch begegnet, daß die Zurückführung des Ankers nach Beendigung eines Zeichens ebenfalls durch die Entsendung eines Stromes, des Trennstromes, dem Zeichenstrom entgegengesetzt gerichtet, bewirkt wird. Der hierdurch gekennzeichnete Doppelstrombetrieb erfordert polarisierte Empfangsapparate, die indifferent einzustellen sind, d. i. so, daß der Anker bei stromlosem Apparat von beiden Polen gleich stark angezogen wird.

Magnetsysteme.

(1058) Magnete für bestimmte Stromstufen, welche nur ansprechen, wenn die Stromkurve auch für den kürzesten Stromimpuls im Anstieg und im Abstieg eine durch die Eigenschaften des Apparates bestimmte Grenze überschreitet.

1. Für geringe Telegraphiergeschwindigkeit und geringe Arbeitsleistung: der neutrale Elektromagnet mit Abreißfeder des Morse- und des Klopferapparats. Er erfordert die Erregung des Magnets bis zu einer gewissen Stärke, um die Gegenkraft der Abreißfeder zu überwinden.

2. Für große mechanische Arbeitsleistung: der polarisierte Hughesmagnet (Fig. 597). Die Wirkung des Dauermagnets NS ist durch den magn. Nebenschluß c und ein unter dem Anker befestigtes Blatt b aus Messing oder Papier so weit geschwächt, daß es nur noch einer ganz geringen weiteren Schwächung durch den um die Polschuhe kreisenden Strom bedarf, um den Anker durch die Federn f mit Gewalt abzuschleudern. Der Dauermagnet leidet durch das plötzliche Losreißen des Ankers, durch die Erschütterungen, wenn der Anker durch den Mechanismus wieder zurückgeworfen wird, und durch den stets in schwächendem Sinne auf ihn einwirkenden Telegraphierstrom. Windungen 8500, D 0,15 mm, R 600 Ω, $L/R = 0,032$, Empfindlichkeit 0,85 mA, Betriebsstrom 10—15 mA.

3. Für kräftige Anziehung dienen bei einigen Maschinentelegraphen neutrale Elektromagnete. Sie erfordern starke Ströme und eine steile Stromkurve und müssen daher durch ein Relais im Ortsstromkreise betrieben werden.

4. Für s c h n e l l e Z e i c h e n g e b u n g : das polarisierte Magnetsystem des W h e a t s t o n e - E m p f ä n g e r s. Der Abstand der starr verbundenen durch den Magnet *NS* (Fig. 598) polarisierten Anker *a* von den Polschuhen des Elektromagnets *E* wird durch die Schrauben *s* so geregelt, daß die Anziehung zwischen Anker und Polschuh nach beiden Seiten gleich ist (indifferente Einstellung). Ein positiver Strom legt den Anker nach der einen Seite, z. B. der Arbeitsseite, um und drückt ein Schreibrädchen gegen einen Papierstreifen, ein negativer Strom führt ihn in die Ruhelage zurück. Empfindlichkeit 0,85 mA, $L/R = 0,026$.

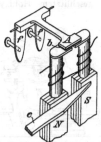

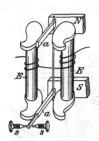

Fig. 597. Hughesmagnet
mit Abreißfeder und Schwächungsanker.

Fig. 598. Magnetsystem
des Wheatstone-Empfängers.

5. Für s e h r h o h e T e l e g r a p h i e r g e s c h w i n d i g k e i t : Empfänger von P o l l a k und V i r a g (1071) (Fig. 599). Geschwindigkeit 500—600 Wörter in 1 Minute. Der Stahlmagnet *M* (Fig. 599) von der Form eines flachen Kettengliedes endigt am Pol *N* in einer Schneide *a*. Der Pol *S* trägt die Stahlfeder *c* mit der Schneide *b*. Auf *a* und *b* ruht das Eisenstäbchen *e* mit dem Spiegel *d*. Unter dem Magnet *M* liegt die Membran *m* eines Fernhörers, die durch den Stift *g* mit der Schneide *b* verbunden ist. Die Membran biegt sich bei der Ankunft positiver oder negativer Ströme nach der einen oder der anderen Seite durch, bewegt den Spiegel *d* und den auf den Schirm *Sch* geworfenen Lichtstrahl. (Die Anordnung ist so empfindlich, daß die durch Töne erregten Schwingungen durch den Lichtschein aufgezeichnet werden — Photographie der Sprache.) Fällt der Lichtschein auf einen gleichmäßig fortbewegten lichtempfindlichen Papierstreifen, so zeichnet er schräg aufwärts oder abwärts steigende Linien auf; wird ein zweiter Fernhörer angeordnet, welcher den Spiegel um eine zur Drehachse des ersten senkrecht stehende Achse dreht, so werden auch Kurven aufgezeichnet. Der Apparat gibt die Zeichen wie mit der Hand geschrieben wieder.

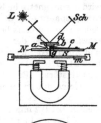

Fig. 599.
Empfänger des Pollak-
Virag-Schnelltelegraphen.

(1059) 6. Für **Relais.** Das Relais soll

I. die am Ende eines Leitungsabschnittes ankommenden Ströme auf einen zweiten Leitungsabschnitt übertragen,

II. als Empfangsapparat die ankommenden Zeichen an Stelle solcher Apparate (meist Maschinentelegraphen) aufnehmen, die zum unmittelbaren Empfang der Zeichen aus der Leitung nicht geeignet sind.

Durch den Telegraphierstrom braucht also nur die Relaiszunge an den Arbeits- oder den Ruhekontakt gelegt zu werden, jedoch mit der Genauigkeit und Schnelligkeit, wie sie der Betrieb der Endapparate bedingt. Erfordernisse eines Relais: geringes Trägheitsmoment des Ankers, geringe Selbstinduktivität, geringer remanenter Magnetismus, dauerhafte, reine, gut aufeinander passende Kontakte, bequeme und zuverlässige Vorrichtungen zur Verstellung der Kontakte; für den Kabelbetrieb geringer Widerstand.

a) Für niedrige Telegraphiergeschwindigkeit genügt das n e u t r a l e R e l a i s (Fig. 600) mit gewöhnlichem Elektromagnet, geschlitztem Hohlzylinderanker und Abreißfeder. $R = 2 \times 200 \; \text{Ø}$.

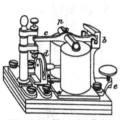 

Fig. 600. Neutrales Relais.   Fig. 601. Deutsches polarisiertes Relais.

Genauer, empfindlicher und schneller arbeiten folgende polarisierte Relais:

b) Das d e u t s c h e p o l a r i s i e r t e R e l a i s (Fig. 601) besitzt ein dem Hughesmagnet sehr ähnliches Magnetsystem. Bei der Einstellung auf Abstoßung wird der magnetische Nebenschluß A so eingestellt und die spiralige Abreißfeder f so angespannt, daß der vom Dauermagnet an dem unteren Kontakt festgehaltene Anker sich aufwärts bewegt, sobald der Telegraphierstrom den Dauermagnetismus schwächt. Bei der Einstellung auf Anziehung sind magnetischer Nebenschluß und Abreißfeder so reguliert, daß der Anker in der Ruhelage den oberen Kontakt berührt. Der Telegraphierstrom muß so gerichtet sein, daß er den Dauermagnetismus verstärkt. Es gibt zwei Ausführungen dieses Relais; das große hat 570 Ø, das kleine 100 Ø in jedem Elektromagnetschenkel. Empfindlichkeit des großen bei 1 mm Ankerabstand 1,3 mA, $L/R = 0,012$, ohne Schwächungsanker, des kleinen bei 0,2 mm Ankerabstand 2,5 mA, $L/R = 0,012$.

c) Das p o l a r i s i e r t e R e l a i s m i t d r e h b a r e n K e r n e n (Fig. 602). Anordnung des Ankers und des Feldmagnets wie beim Wheatstoneapparat. Die Kerne des Elektromagnets sind um die Längsachse drehbar, um mit Hilfe der nierenförmigen Polschuhe die Anziehung des Ankers verändern zu können. $R = 2 \times 200 \; \text{Ø}$.

Für hohe Telegraphiergeschwindigkeiten sind bestimmt:

d) Das F l ü g e l a n k e r r e l a i s (Fig. 603). In dem durch einen Dauermagnet NS erzeugten Felde, dessen Stärke durch Verschieben der Pole mit Hilfe der Schrauben s verändert werden kann, wirkt der Elektromagnet E auf den um die Achse a drehbaren zweiflügeligen Weicheisenanker. Durch Verschieben des Schlittens R nach rechts oder nach links (durch eine Schraube mit Schneckengewinde) wird die Stellung des Ankers zum Feld so geregelt, daß die Relaiszunge entweder dauernd gegen den Kontakt K_1 (Ruhekontakt) oder gegen K_2 (Arbeitskontakt) gelegt wird, oder daß der Anker indifferent steht, von beiden Polen also gleich stark beeinflußt wird, so daß die Zunge an jedem Kontakt liegen bleibt. Die Erregung des Elektromagnets E durch den Telegraphierstrom verändert das Feld je nach der Stromrichtung so, daß die Relaiszunge nach der einen oder nach der anderen Seite umgelegt wird. Windungen 2500, R 250 od. 75, Empfindlichkeit 1,2 mA bei größter Annäherung der Pole des Feldmagnets zueinander und bei 0,08 mm Abstand zwischen Zunge und Kontaktschraube. $L/R = 0,0042$ für $R = 250 \, \varnothing$.

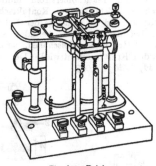

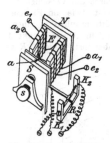

Fig. 602. Relais
mit drehbarem Kerne.

Fig. 603 Magnetsystem
für Flügelankerrelais.

e) Das **Baudotrelais** (Fig. 604). Der Anker n wird über seine eiserne Achse b durch den Magnet NS polarisiert; das Stück d besteht aus Messing. Die Achse lagert auf der einen Seite mit einer kegelförmigen Ausbohrung auf einer Stahlspitze, auf der anderen Seite mit einer Schneide in einem dreikantigen Ausschnitt. Die Einstellung des Ankers erfolgt durch Verstellung der Kontaktschrauben K_1 und K_2; das ist weniger bequem und zuverlässig als mit dem Schlitten wie beim Flügelankerrelais. Der Abstand der Pole vom Anker wird durch Heben und Senken des Elektromagnets E verändert. R 200 $\varnothing$, Empfindlichkeit 0,7 mA, $L/R = 0,007$.

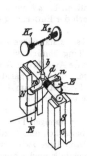

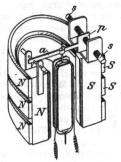

Fig. 604. Magnetsystem
des Baudotrelais.

Fig. 605. Magnetsystem
des Drehspulenrelais.

f) Das **Drehspulenrelais** (Fig. 605). Zwischen den Polen N und S schwingt die eisenlose Spule um eine senkrechte Achse, an welcher die Relaiszunge a befestigt ist. Ihre Ruhelage wird durch die Anziehung der auf S sitzenden beiden verstellbaren Polschuhe s auf die Eisenplatte p bestimmt.

g) Das R e l a i s v o n d'A r l i n c o u r t (Fig. 606) vermindert die Wirkung des remanenten Magnetismus durch die Polansätze r und das Joch j. Polarisiert ist der Relaisanker. W i l l o t hat eine zweite Zunge in gleicher Weise am Südpol des Dauermagnets NS angeordnet.

h) Das S i e m e n s r e l a i s (Fig. 607). Der S-Pol des Dauermagnets trägt die eiserne Relaiszunge, der N-Pol die vom Telegraphierstrom umflossenen eisernen Ansätze mit Polschuhen. Durch die Einstellung von Kontaktschrauben und durch die Verschiebung eines Schlittens wird die Ruhelage der Relaiszunge bestimmt (wie am Flügelankerrelais). Bei neueren Relais befinden sich die Kontaktschrauben in einer Ausbohrung mitten in den Polschuhen, so daß der Kontakt im Angriffspunkt der anziehenden Kraft gemacht wird. Der Schlitten ist dabei fortgelassen. $R = 2 \times 200 \ \varnothing$, $L/R = 0,002$.

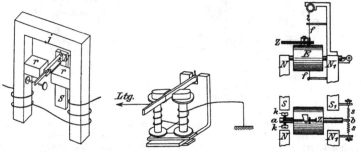

Fig. 606. Magnetsystem des Relais von d'Arlincourt.

Fig. 607. Magnetsystem des pol. Siemens-Relais.

Fig. 608. Magnetsystem des Allan-Brown-Relais.

i) D a s A l l a n - B r o w n - R e l a i s (Fig. 608). Der an den Fäden f aufgehängte Elektromagnet E schwingt zwischen den Hufeisenmagneten NS und N_1S_1, durch die schwachen Federn s in der Mitte festgehalten. Während der Kern $a b$ sich unter der Stromwirkung dreht, wird die durch Reibung mitbewegte Zunge z gegen einen der Kontakte k gelegt und dort festgehalten., bis $a b$ zurückschwingt. Dann verläßt z den Kontakt sofort und erreicht, je nach der Entfernung der beiden Kontakte, den gegenüberliegenden sehr schnell.

k) D a s e n g l i s c h e S t a n d a r d r e l a i s. Magnetsystem wie am Wheatstoneempfánger, Schlitten zur Kontakteinstellung ähnlich wie am Flügelankerrelais. $R = 100 \ \varnothing$, $L/R = 0,009$; für eine zweite Ausführung $R = 1000 \ \varnothing$.

(1060) Magnete für beliebige Stromänderungen. Diese Apparate sind für den Betrieb langer Seekabel (Ozeankabel) nötig, weil der Strom am Ende solcher Kabel mit einer durch die Kapazität des Kabels stark verzerrten Kurve ankommt; sie dienen dazu, den ganzen Verlauf des ankommenden Stromes aufzunehmen.

D e r U n d u l a t o r (Fig. 609). Die mit ungleichnamigen Polen nebeneinanderliegenden Magnetstäbchen $N S$ sind so leicht beweglich und werden mit so geringer Kraft durch die Spiralfedern f in der mittleren Lage zwischen den Polschuhen p gehalten, daß sehr geringe Erregung der ebenfalls ungleichnamig gegenübergestellten Elektromagnete zur Ablenkung genügt. Das so bewegte Kapillarröhrchen H schreibt die Bewegungen (Morsezeichen) auf den Papierstreifen. Annäherung der Elektromagnete und Nachlassen der Federspannung erhöht, die Reibung der Schreibröhre auf dem Papier vermindert die Empfindlichkeit, die sich in der Größenordnung von 0,01 mA für 1 mm Ablenkung hält; Betriebsstrom 0,07—0,1 mA. $R = 2 \times 400 \ \varnothing$, $L/R = 0,007$. Als Sender dient der Wheatstonesender (1065) (ETZ 1892, S. 113).

Der Heberschreiber, siphon recorder von Lord Kelvin (Fig. 610). In dem Felde eines Magnets schwingt eine Spule, in deren Hohlraum ein feststehender Eisenkern ragt. Kokonfäden f_1 u. f_2 bilden ein Hebelwerk, das die Bewegungen der Spule auf ein Heberröhrchen überträgt, das, an der Platte p mit Wachs befestigt, vom Faden f_3 getragen wird. Der Vibrator (Selbstunterbrecher) V erschüttert f_3, so daß die Schreibtinte aus dem Röhrchen spritzt und eine aus Punkten zusammengesetzte Linie auf das ohne Reibung unter der freien Öffnung vorbeigeführte Papierband schreibt. Als Telegraphierzeichen dienen positive und negative Ströme gleicher Länge, nach Art des Morsealphabets zusammengestellt, indem die Ströme einer Richtung (Ausschlag auf dem Ankunftsstreifen nach oben) die Punkte, die Ströme der anderen Richtung die Striche bezeichnen. Betriebsstrom 0,04 mA.

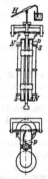

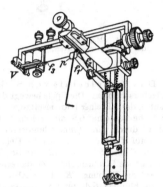

Fig. 609. Magnetsystem
des Undulators.

Fig. 610. Magnetsystem
des Heberschreibers.

Crehore und Squier haben das Heberröhrchen durch dünne Glasplättchen ersetzt, von denen Lichtinterferenzstreifen ausgehen. Bei geringem Druck auf die Plättchen werden die Interferenzstreifen abgelenkt und gestatten so die Wiedergabe der Morsezeichen. Hierdurch vermindert man den Betriebsstrom auf 0,02 mA (Bl. f. Post u. Telegraphie 1911, Nr. 3, S. 49).

Heurtleys Magnifier. Das Heberröhrchen ist durch einen sehr dünnen, in ein sehr leichtes Glasröhrchen eingeschlossenen Kupferdraht ersetzt, an dessen einem Ende zwei sehr dünne Wollastondrähte angeschlossen sind. Diese bilden zwei Arme eines Wheatstonevierecks. Sie werden durch einen Dauerstrom (bis zu 90 mA) erhitzt und jeder durch einen Luftzug gekühlt. Die beiden anderen Arme sind aus Widerständen gebildet, die so abzugleichen sind, daß die zweite Diagonale des Vierecks stromlos bleibt. Diese Diagonale wird gebildet aus dem erwähnten feinen Kupferdraht des Empfängers und aus einem gewöhnlichen Heberschreiber. Erhält der Empfänger Zeichen, so bewegt sich der feine Kupferdraht und bringt die Wollastondrähte aus dem Bereich des kühlenden Luftstromes, dadurch wird das Gleichgewicht des Wheatstonevierecks gestört und der in der Diagonale liegende Heberschreiber spricht an. Der Magnifier erhöht die Telegraphiergeschwindigkeit auf langen Kabeln bis um 50 %. (Archiv f. Post u. Telegr. 1912, S. 65.)

Als Sender dient die Doppeltaste oder der automatische Curbsender.

Das Sprechgalvanometer (Fig. 611). Gebaut wie das Thomsonsche Spiegelgalvanometer. Der auf der Skala sich bewegende Lichtschein gibt je nach

seinen Ausschlägen rechts oder links vom Nullpunkt der Skala die Grund-
zeichen der Morseschrift, hervorgebracht durch Ströme wechselnder Richtung.
Der Ausschlag links zeigt einen
Punkt, der Ausschlag rechts einen
Strich an.

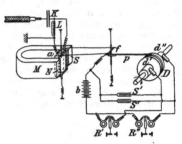

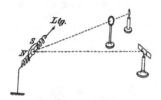

| Fig. 611. Magnetsystem des Sprechgalvanometers. | Fig. 612. Kabelrelais von S. G. Brown in Verbindung mit Abschlußkondensator, magnetischem Nebenschluß und Hilfsstrom (s. 1117 h). |

Das Kabelrelais von S. G. Brown (Fig. 612). Magnetsystem wie
am Heberschreiber. Die Spule bewegt den in ein Kapillarröhrchen eingeschlossenen
Draht p, der mit einer Iridiumspitze auf der Trommel D schleift, und zwar während
der Ruhe auf einer 0,8 mm breiten Silberscheibe, die von den Silberscheiben d'
und d'' durch ganz dünne Glimmerscheiben getrennt ist. Durch die Ablenkung
von p auf d' oder d'' erhalten die Relais R' oder R'' Strom aus b. Die Kondensatoren S' und S'' verhindern hierbei Funkenbildung und sichern den Ortsrelais
ausreichende Stromzufuhr. Die dauernde schnelle Umdrehung der Trommel vermindert die Reibung. K ist der Abschlußkondensator (1116b), L der induktive
Nebenschluß (1116 d) zur Empfangsspule a. Um K zugunsten hoher Telegraphiergeschwindigkeit möglichst klein zu halten, sind von den Ortskreisen der Relais R'
und R'' Abzweigungen über Kondensatoren zur Spule a geschaltet, durch welche
ähnlich wie durch die Vibrationsströme in der Gulstad-Schaltung (1117 h) die
Wirkung des Telegraphierstromes unterstützt wird.

Das phonische Relais für Wechselstrom. Der Strom bringt eine
Fernhörermembran in Schwingungen, gegen welche eine Feder mit regulierbarem
Druck einen Kontaktstift drückt. Die mit dem Schwingen der Membran verbundene Erhöhung des Übergangswiderstandes zwischen Kontaktstift und Membran
wird zur Wiedergabe der Zeichen im Ortstromkreise benutzt; vergl. (1108).

Gleichlauf der Apparate.

(1061) Arten des Gleichlaufs. Die Druckapparate bedürfen in der Regel
einer Vorrichtung, welche den Geber und Empfänger an den beiden Enden der
Leitung im Gleichlauf erhält. Dieser Gleichlauf kann entweder dauernd sein,
so daß die umlaufenden Teile sich ununterbrochen bewegen, oder Geber und
Empfänger sind elektrisch so verkettet, daß auf einen Schritt des ersteren notwendig der gleiche Schritt des zweiten folgen muß. Jene Art wird bei den Apparaten
von Hughes, Baudot, Murray, Siemens u. a., diese bei Ferndrucker u. a. benutzt.

Für den Hughesapparat. Laufwerke mit gleichen Gewichten
oder gleiche Motoren treiben Sende- und Empfangsapparat. Genauere Einstellung mit der Zentrifugalbremse (Fig. 613), deren Geschwindigkeit durch Verkürzung der Pendel P_1 erhöht wird und umgekehrt. Zum Ausgleich geringer
Unregelmäßigkeiten dient der Korrekturdaumen an der Druckachse, welcher
in ein mit dem Typenrad fest verbundenes Zahnrad eingreift und hierbei das nur

durch Reibung mit seiner Achse gekuppelte Typenrad (1063) kurz vor dem Abdruck des Zeichens nach Bedarf ein wenig vor- oder rückwärts schiebt.

Für den Baudotapparat. Gleicher Gewichtsantrieb auf beiden Ämtern und Zentrifugalbremse nach Fig. 614, drehbar um die Achse *c*. Dreht sich *c*, so fliegt die Masse *m* nach außen (Stellung *m'*), bis ihr die Federn das Gleichgewicht halten. Hierdurch wird der Schwerpunkt der Masse so verlegt, daß sie die Achse *c* nach außen zu biegen strebt und Reibung im Achslager verursacht. Durch Änderung der Federspannung oder der Masse (Auflegen oder Abnehmen von Messing- oder Aluminiumblättchen) wird die Achsreibung so geregelt, daß der eine Apparat etwas schneller läuft, d. i. der korrigierte. Der korrigierende entsendet bei jeder Umdrehung der Bürsten einen Korrektionsstrom, der im korrigierten Apparat wirkungslos zur Erde geht, wenn Gleichlauf vorhanden ist, aber wenn der korrigierte Apparat zu weit voreilen will, durch die Betätigung eines Elektromagnets den Gang seiner Bürsten für einen Augenblick verlangsamt.

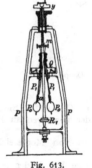

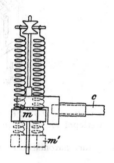

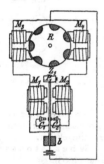

Fig. 613.
Hughes-Bremse.

Fig. 614.
Baudot-Bremse.

Fig. 615. Murray-Apparat:
Sendemotor (phonisches Rad) R
mit Stimmgabelunterbrecher.

Für den Murrayapparat. Die Umdrehungszahl des Sendemotors *R* bestimmt die Stimmgabelzunge *Z* (Fig 615), wie beim phonischen Rade von La Cour. Die Bewegungen des Empfängers beherrscht eine mit gleicher Schwingungszahl schwingende Stimmgabel, welche beim Ausschlag nach der einen Seite den Stromkreis für die Bewegung des Empfangsstreifens um eine Zeichenlänge, beim Ausschlag nach der anderen Seite den Stromkreis für den Stanzmagnet (zum Stanzen der Löcher im Streifen) schließt. Die Stimmgabel des Empfängers, durch Verschieben eines Gewichts nach Möglichkeit auf dieselbe Schwingungszahl gebracht wie diejenige des Senders, wird mit dieser durch einen Elektromagnet in Takt gehalten, der bei jeder Periode der Sendezunge einen Stromstoß erhält.

Für den Siemensapparat (1072). Gleiche Antriebsmotoren auf beiden Ämtern, durch Vorschaltwiderstände mit der Hand auf gleiche Umdrehungszahl zu bringen. Bei der Übermittelung jedes Zeichens erhält ein Regulierungsrelais Strom, das einen kleinen Motor vorwärts laufen läßt, wenn der Empfangsapparat zu schnell, und rückwärts, wenn der Empfangsapparat zu langsam läuft. Der kleine Motor reguliert die Geschwindigkeit des Hauptmotors, indem er mittels eines Schneckengetriebes einen Gleithebel über die kreisförmig angeordneten Kontakte des mehrfach unterteilten Vorschaltwiderstandes bewegt.

Verschiedene Telegraphensysteme.

(1062) Morsesystem. S e n d e r : Mit der Hand betriebene Taste (Fig. 616).
Geschwindigkeit 8—10 Wörter. Für Arbeitsstrombetrieb liegt an *b* die geerdete
Batterie, an *a* der geerdete Empfangsapparat, für Ruhestrombetrieb ist *b* frei,
an *a* liegen Batterie und Empfänger in Reihe, und zwar bei Endämtern an Erde,
bei Zwischenämtern am anderen Leitungszweig. Die Taste wird in zwei verschiedenen Größen gebraucht, die schwerere für den Morseschreiber, die leichtere
für den Klopfer.

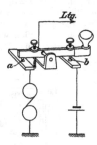

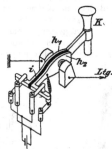

Fig. 616. Morsetaste.   Fig. 617. Doppeltaste.

S e n d e r f ü r D o p p e l s t r o m. D o p p e l t a s t e (Fig 617). Sie legt
abwechselnd den positiven Batteriepol an die Leitung, den negativen an Erde
und umgekehrt.

W h e a t s t o n e s e n d e r für automatische Abgabe von Morsezeichen,
siehe (1065).

C u r b s e n d e r. Ein automatischer Sender für lange Kabel, der jedem
Telegraphierstrom einen oder mehrere Stromstöße entgegengesetzter Richtung
zur schnelleren Entladung des Kabels nachsendet, vergl. (1117 g).

E m p f ä n g e r : a) F a r b s c h r e i b e r. Er besitzt ein neutrales Elektromagnetsystem (Fig. 618) mit 2 hohlen Schenkeln von 11 mm innerem, 16 mm
äußerem Durchmesser; Windungen 6500, je 515 m lang, D 0,2 mm, R 300 $\emptyset$
Der Anker K aus zylindrischem geschlitzten Eisen bewegt einen doppelt ge-
brochenen um *e* drehbaren Hebel. Das um *q* drehbare Ende H_2 des Hebels hebt
sich, wenn K sich senkt (Einstellung für Arbeitsstrom). Wird die Schraube *s*

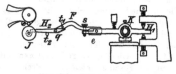

Fig. 618. Morseempfänger.

so weit gesenkt, bis H_2 gegen den festen
Stift t_2 trifft, so wird aus H_2 ein um t_2 drehbarer zweiarmiger Hebel. Das Farbrad
hebt sich, wenn *q* sich senkt, d. h. wenn
K sich hebt (Einstellung für Ruhestrom).
Empfindlichkeit 2 mA, Betriebsstrom
13 mA. Ein Uhrwerk mit einer Feder
von 3,3 m Länge, 34 mm Breite, 0,5 mm
Dicke, von 23 Minuten Laufdauer treibt

den 9,5 mm breiten und 0,08 mm starken Papierstreifen mit 2,7 cm/sk.

b) K l o p f e r. Der Empfänger hat nur die Aufgabe, den Anschlag des Ankers
beim Anziehen und Loslassen des Ankers in verschiedenem Ton hörbar zu machen,
daher ist der Anker sehr leicht, einfach und schnell beweglich. Billiger, sicherer,
leistungsfähiger Betrieb. Der n e u t r a l e Klopfer (Fig. 619) für Arbeitsstrom
hat 2 Magnetschenkel, 57 mm lang und 9,5 mm dick. Windungen 4300, D 0,25 mm,

R 80 $\varnothing$, $L/R = 0{,}022$, Empfindlichkeit 4 mA bei 0,2 mm Ankerabstand, Betriebs-strom etwa 10 mA, Geschwindigkeit 16 Wörter. Der p o l a r i s i e r t e Klopfer (Fig. 620 zeigt das Magnetsystem) für Arbeits- und Ruhestrom besitzt 2 Wicklungen, differential geschaltet, zu je 5600 Windungen, D 0,15 mm, R 300 $\varnothing$, $L/R = 0{,}026$. Empfindlichkeit 1 mA bei 0,35 mm Ankerabstand, Betriebsstrom etwa 10 mA.

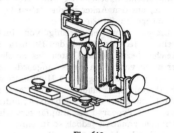

Fig. 619.
Neutraler Klopfer.

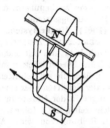

Fig. 620. Magnet des polarisierten
Klopfers.

Das Morse-Alphabet.

a	·—	h	····	q	——·—
ä	·—·—	i	··	r	·—·
á, å	·——·—	j	·———	s	···
b	—···	k	—·—	t	—
c	—·—·	l	·—··	u	··—
ch	————	m	——	ü	··——
d	—··	n	—·	v	···—
e	·	ñ	——·——	w	·——
é	··—··	o	———	x	—··—
f	··—·	ö	———·	y	—·——
g	——·	p	·——·	z	——··

		ab-gekürzt	Punkt	.	·······
			Strichpunkt	;	—·—·—·
1	·————	·—	Komma	,	·—·—·—
2	··———	··—	Doppelpunkt	:	———···
3	···——	···—	Fragezeichen	?	··——··
4	····—	····—	Ausrufungszeichen	!	——··——
5	·····	·····	Apostroph	'	·——··—·
6	—····	—····	Bindestrich	-	—····—
7	——···	—···	Klammer	( )	—·——·—
8	———··	——··	Anführungszeichen	„	·—··—·
9	————·	—··	Unterstreichungszeichen	—	··——·—
0	—————	—	Trennungszeichen	⚏	—·—··—
Bruch-strich	—————— ———		Anruf		—·—·—
			Verstanden		···—·

Strich gleich drei Punkten. Raum zwischen den Zeichen eines Buch-stabens 1 Punkt, zwischen zwei Buchstaben 3 Punkte, zwischen zwei Wörtern 5 Punkte.

Irrung	········
Schluß der Übermittelung	·—·—·
Aufforderung zum Geben	—·—
Warten	·—···
Beendete Aufnahme	·—··—··—·

O. H e n r i c h s e n in Kopenhagen schließt den Elektromagnet und den Anker in eine rd. 5 cm weite Metallhülse ein, die in einen Schalltrichter endigt.

V i l n (England) hält den Anker des polarisierten Klopfers durch leichte, auf beiden Seiten angreifende Federn derart fest, daß er in der neutralen Stellung zwischen Arbeitslage und Ruhelage verharrt. Ein kurzer Stromstoß genügt, ihn nach der einen oder anderen Seite dauernd umzulegen. Das ermöglicht, an Stelle der für das Morsealphabet erforderlichen Dauerströme verschiedener Länge Kondensatorströme zu benutzen; die Ladungsströme, um den Anker in die Arbeitslage, die Entladungsströme, um ihn in die Ruhelage zu führen (1091 d).

(1063) Hughessystem. Sender und Empfänger werden vereinigt von einem Elektromotor oder Zentnergewicht angetrieben. Jede der 28 mit den Buchstaben des Alphabets und mit Zahlen und Satzzeichen bezeichneten Tasten des Senders hebt beim Niederdrücken mit dem Finger einen von 28 im Kreise angeordneten Stiften, über die ein Schlitten mit etwa 100—150 Umdrehungen in 1 Minute kreist. Wenn der Schlitten über einen gehobenen Stift streicht, verbindet er — bei 120 Umdrehungen in der Minute für 0,042 sk — die Leitung mit der Sendebatterie, indem er gleichzeitig die 4 folgenden Stifte sperrt. Das Typenrad des Empfängers wird durch Reibung von seiner Achse mitgenommen, zunächst jedoch so in einer Anfangslage festgehalten, daß das Zeichen „Buchstabenblank" einem Papierstreifen gegenübersteht. Der erste ankommende Stromstoß kuppelt es mit der Achse, bis es der Beamte bei ruhender Korrespondenz durch einen Hebeldruck in die Anfangslage zurückführt. Ferner wird jedesmal, wenn der Elektromagnetanker abgeworfen wird, vorübergehend mit dem Zahnradgetriebe des Apparates eine Druckvorrichtung gekoppelt, welche die in diesem Augenblick dem Papierstreifen gegenüberstehende Type abdruckt, indem sich die Druckachse mit einem Exzenter mit einer Geschwindigkeit von etwa $^4/_{28}$ der Umlaufzeit des Typenrades einmal umdreht und selbsttätig wieder entkuppelt. Beim ersten Mal wird also Buchstabenblank gedruckt; der Sender muß daher immer mit der Blanktaste beginnen. Von diesem Augenblick an führt das Typenrad des Empfängers die Typen in derselben Reihenfolge an der Druckvorrichtung vorbei, in welcher der Schlitten des Senders die Tastenstifte bestreicht. Typenrad und Schlitten müssen daher synchron laufen; kleine Abweichungen gleicht der auf der Druckachse sitzende Korrektionsdaumen aus (1061). Durch das Abwerfen des Ankers werden die Windungen des Elektromagnets kurz geschlossen, um den Druckvorgang nicht zu stören und die rechtzeitige Entladung der Elektromagnetrollen sicherzustellen, bis der Anker durch die Druckachse zurückgeführt ist. Solange diese sich dann noch weiter bewegt, ist der Linienstromkreis ganz unterbrochen, bis ihn der Korrektionsdaumen in der Ruhelage der Druckachse durch Berührung mit der von den übrigen Metallteilen des Apparates isolierten Feder wieder schließt; erst jetzt kann der folgende Stromstoß in den Elektromagnet gelangen. Bei 120 Umdrehungen des Schlittens in 1 Minute beträgt der Stromstoß für 1 Zeichen im Mittel 0,042 sk, der kürzeste Zwischenraum zweier Zeichen (z. B. Blank — e) 0,089 sk, die Dauer des Kurzschlusses 0,071 sk, der Isolation 0,007 sk, der ganzen Druckvorganges, bis der Elektromagnet zum Empfang des zweiten Zeichens bereit ist, 0,078 sk. Da dies in 0,089 sk nach dem ersten Zeichen gedruckt werden muß, hat der Strom 0,011 sk für den Anstieg bis zur kritischen Stärke zur Verfügung. Für lange Kabel genügt das nicht; ohne Hilfsmittel zur Beschleunigung der Entladung können enge Kombinationen im Kabel daher nicht empfangen werden. Geschwindigkeit 1,6 Buchstaben auf eine Schlittenumdrehung, stündlich durchschnittlich 50 Telegramme zu 20 Wörtern.

(1064) Baudotsystem. Jedes Zeichen besteht aus 5 Stromeinheiten positiver oder negativer Richtung, die ein Tastenwerk mit 5 Tasten in die Leitung sendet. Jede Taste steht mit einem Segment eines Verteilerringes in Verbindung, über dem eine an die Leitung angeschlossene Bürste schleift. Die Leitung nimmt so die

Stromstöße der Reihe nach auf und gibt sie am empfangenden Ende über ein Relais auf ähnliche Weise an 5 Elektromagnete ab, welche den Abdruck der entsprechenden Type eines Typenrades bewirken. Wegen des hierfür erforderlichen Gleichlaufs s. (1061). Es werden Verteilerscheiben mit 2, 4, 6, 8 Sektoren verwendet; meist ist die Hälfte der Sektoren mit Tastenwerken, die andere Hälfte mit Empfängern verbunden. Der Vierfach-Baudot, mit zwei gebenden, zwei empfangenden Sektoren, enthält am Verteilerring zunächst 4 × 5 = 20 Kontakte. Hierzu kommen 2 Kontakte, die mit Trenn- und Zeichenbatterie verbunden sind und bei jeder Bürstenumdrehung einmal den Korrektionsstrom entsenden; ferner für Vierfach-Baudot 2 freie Kontakte, um die durch·die Stromverzögerung ·auf der Leitung bedingte Phasenverschiebung zwischen den Bürsten des Senders und des Empfängers zu ermöglichen. Durch die Einrichtung der sogenannten „kleinen Kontakte" wird das Linienrelais zum Empfang jeder Stromeinheit nur während eines Bruchteiles ihrer Dauer an die Leitung angeschlossen, sodaß aus der Kurve des ankommenden Stromes ein kleiner Teil herausgeschnitten wird. Durch Verschiebung der kleinen Kontakte kann dieser für den Zeichenempfang maßgebende Teil an die günstigste Stelle der Kurve gelegt werden. Unregelmäßigkeiten in allen anderen Teilen der Kurve beeinflussen das Relais nicht. Die Zuverlässigkeit des Zeichenempfangs und die Unempfindlichkeit gegen Störungen der Stromkurve ist deshalb größer als beim Hughesapparat. Näheres ETZ 1901, S. 282. Die Bürsten laufen meist 180 mal in 1 Minute um; daher dauert ein Stromstoß des Vierfach-Baudot $^1/_{72}$ sk. Mit jeder Umdrehung wird 1 Zeichen befördert, daher auf jedem Sektor 180 Zeichen oder 30 Wörter in der Minute, wenn der Beamte keine Umdrehung verpaßt. Beim Betriebe längerer Leitungen wird eine Übertragung besonderer Bauart verwendet (ETZ 1902, S. 1006). Wird der Apparat für Kabelleitungen benutzt, so werden wegen der großen Stromverzögerung Telegramme nur in einer Richtung gesandt, nach Bedarf jedoch dann zwei solcher Apparate im Gegensprechverfahren (1099) betrieben. Hiermit sind auf den deutschen Landkabeln und . den deutsch-englischen Seekabeln gute Erfahrungen gemacht worden. Für die langen einadrigen Seekabel zwischen Marseille und Algier hat P i c a r d eine besondere Stromgebung angegeben, bei der unter Einschaltung von Kondensatoren nur kurze Stromstöße von gleicher Dauer gesandt werden (ETZ 1904, S. 554).

(1065) Telegraph von Wheatstone. Ein durch Gewicht getriebenes Laufwerk bewegt durch das Rad W (Fig. 621) den mit zweizeiligen Stanzlöchern versehenen Sendestreifen und bewegt die Nadeln b und b_1 abwechselnd auf und nieder, wodurch jedesmal die Richtung des Stromes in der Leitung L umgekehrt wird. Der von rechts nach links über den Nadeln fortlaufende Sendestreifen regelt diese Bewegung. Trifft b_1 ein Loch über sich, so geht Zeichenstrom (1057 b), trifft b ein Loch, so geht Trennstrom in die Leitung. Liegen im Streifen 2 Löcher in der zur Streifenlänge errichteten Senkrechten nebeneinander, so dauert der

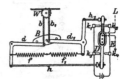

Fig. 621. Wheatstonescher Geber.

Zeichenstrom so lange, bis sich der Streifen von b_1 bis b bewegt hat (Morsepunkt); liegen die Löcher um ein Führungsloch im Streifen auseinander, so dauert der Zeichenstrom dreimal so lange (Morsestrich). Die Geschwindigkeit des Streifens wird durch Verstellung eines Hebels in weiten Grenzen verändert. Die Telegraphiergeschwindigkeit wird ermittelt, indem ein Streifen mit fortlaufender Reihe der Buchstabengruppen abcabc usw., wo alle Buchstaben durch 2 Buchstabenintervalle getrennt sind, durch den Sender geschickt wird. Die Zahl der in 50 sk den Sender durchlaufenden abc-Gruppen gibt die Wortzahl in 1 Minute an, das Wort zu 6 Zeichen (5 Buchstaben und 1 Zwischenraum). Nach einem anderen im internationalen Verkehr üblichen Meßverfahren werden auf 1 engl. Fuß = 30,5 cm gelochten Wheatstonestreifen 5 Wörter gerechnet. 30,5 cm Streifen = 238 Stromeinheiten, also 1 Wort einschließlich Abstand vom nächsten Wort = 47,6 Einheiten. Im deutschen Verkehr dient als Maßwort oft das Wort Berlin mit 48 Stromeinheiten einschließlich Wortzwischenraum. Dauer der Stromeinheit bei 80 W. Telegraphiergeschwindigkeit 0,015 sk, bei 100 W. 0,012 sk. Die Stanzapparate zur Vorbereitung der Maschinen werden mit der Hand betrieben, indem die Lochgruppen für Morsepunkt und -strich einzeln oder in Verbindung mit Tastenwerken ähnlich der Schreibmaschine für jeden Buchstaben gestanzt werden. Letztere Art Stanzer von G e l l , K o t y r a , S i e m e n s & H a l s k e u. a. Empfänger ist ein polarisierter Farbschreiber (1058,4).

Anzahl der Wörter, welche in der Minute übermittelt werden können, soll für Eisenleitungen $\dfrac{8\,889\,000}{CR}$, für Bronzeleitungen $\dfrac{10\,670\,000}{CR}$ und für Guttapercha-kabel $\dfrac{16\,000\,000}{CR}$ betragen, wo C die gesamte Kapazität der Leitung in Mikrofarad und R den gesamten Widerstand der Leitung in Ohm bedeuten. Diese Formeln gelten für den Fall, daß ein Kondensator mit parallel geschaltetem Widerstande (vgl. 1116, c) beim Empfangsamte verwendet wird, sowie daß die Batterie groß genug ist, um einen Dauerstrom von 8 mA zu liefern, und ihr Widerstand nicht 3 $\varnothing$ für das Volt übersteigt. (Näheres K r a a t z, Maschinen-Telegraphen, Braunschweig 1906.)

(1066) Der Telegraph von Creed. Der Sender von Wheatstone ist beibehalten; dagegen liefert der Empfänger einen gestanzten Streifen, der gleich dem Sendestreifen ist. Zum Stanzen des Streifens im Empfänger wird Druckluft verwendet. Die Löchergruppen des Streifens werden durch einen nach dem Muster des Übersetzers von M u r r a y (1070) gebauten, mit Preßluft betriebenen Übersetzer mechanisch in Typendruck übertragen. Zum Vorbereiten der Streifen dient ein mit Druckluft betriebener Tastenlocher, bei dem das Niederdrücken einer Taste genügt, um die Löchergruppe für das ganze Zeichen zu stanzen. (Näheres vgl. K r a a t z, Maschinen-Telegraphen, 1906.)

(1067) Lochstreifenempfänger für Wheatstonezeichen von H. Bille für den C r e e d schen Apparat. Den Grundgedanken veranschaulicht Fig. 622. Mit

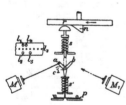

jeder Umdrehung des Rades r stößt die Nocke n den Stößer s abwärts zwischen die Schenkel des Hebels $a\,b$. Hat der Elektromagnet M seinen Anker angezogen, so trifft s auf b und stanzt mit Hilfe von s' ein Loch in den Papierstreifen P. Drei Stößer sind dicht neben einander angeordnet. Der mittlere stanzt bei jeder Umdrehung ein Führungsloch l_3 und bewegt den Streifen sodann um den Abstand zweier Führungslöcher. Das Linienrelais lädt und entlädt einen Kondensator.

Fig. 622. Lochstreifenempfänger von Bille.

Der Ladestrom geht durch M, der Entladestrom durch einen zweiten Elektromagnet M_1, welcher den Winkelhebel des dritten (nicht gezeichneten) hinteren Stößers s_1 bewegt. Empfängt das Linienrelais einen Morsepunkt, so erhält nach dem Anziehen des Relaisankers M Strom. M zieht seinen Anker an und hält ihn durch remanenten Magnetismus fest, bis der Hebel a beim Stanzen des Loches am Anschlag c trifft und dadurch in die Ruhelage geführt wird. Beim Loslassen des Ankers des Linienrelais erhält M_1 Strom und der hintere Stößer stanzt infolgedessen das Loch l_4; gleich darauf stanzt der mittlere Stößer das Führungsloch und bewegt den Streifen. Das Rad r muß sich also im Verlauf von zwei Stromeinheiten (Morsepunkt und Zwischenraum) einmal drehen. Erhält das Linienrelais Strom für einen Morsestrich, so tritt zunächst beim Schließen des Relais wieder der vordere Stößer in Wirksamkeit und stanzt das Loch l_4. Dann wird, da das Relais 3 Stromeinheiten lang geschlossen bleibt, das Führungsloch gestanzt und der Streifen bewegt und erst nach dem Öffnen des Linienrelais das Loch l_5.

(1068) Automatische Morsetelegraphie von Siemens & Halske (vgl. Ehrhardt, ETZ 1911, S. 922). Durch den ankommenden Telegraphierstrom oder im Ortsstromkreise mit der Morsetaste T (Fig. 623) wird die Zunge des polarisierten Relais R nach rechts oder links umgelegt, dabei wird C über E_1 geladen, über E_2 entladen. E_1 stanzt beim Durchgang des Kondensatorstromes nach dem Niederdrücken der Taste mit dem Stempel S_1, E_2 beim Loslassen der Taste mit S_2 ein Loch in den im Querschnitt sichtbaren gleichmäßig fortbewegten Papierstreifen P, der hierdurch nach Art des Wheatstonestreifens gelocht wird Der Streifen wird so durch den Sender (Fig. 624) geführt, daß die Ansätze der Federn f_1 und f_2 in die Stanzlöcher einfallen können. Fällt so f_1 auf die Anschlagfeder a_1, so legt der durch C fließende Ladungsstrom die Zunge des polarisierten Relais R gegen den Arbeitskontakt, wenn f_2 auf a_2 trifft, führt sie der Entladungsstrom an den Ruhekontakt zurück.

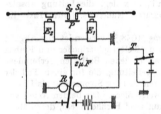
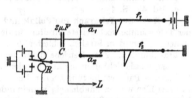

Fig. 623. Automotischer Morseempfänger zur Herstellung eines gelochten Streifens von Siemens.

Fig. 624. Automatischer Morse (-Wheatstone)- Sender von Siemens.

(1069) Der Telegraph von Buckingham. Zum Vorbereiten der Lochstreifen für den Sender dient ein Apparat mit dem Tastenwerk einer Schreibmaschine. Die Tasten sind mit Lochstempeln so verbunden, daß beim Niederdrücken einer Taste die der Löchergruppe für das Zeichen entsprechenden Lochstempel ausgewählt und durch Elektromagnete durch das Papier gestoßen werden. Zur Stromgebung dient ein Sender von Wheatstone. Die Buchstaben und Satzzeichen werden durch 6 kurze oder lange, die Zahlen durch 8 kurze oder lange Stromstöße gebildet. Im Empfänger befinden sich 5 Typenräder mit je 8 Typen auf einer Achse. Durch die Hebel der Anker von 5 Einstellelektromagneten kann die Achse in der Längsrichtung und um sich selbst verschoben werden, so daß die den übermittelten Stromstößen entsprechende Type dem Druckhammer gegenüber zu stehen kommt und abgedruckt wird. Der Empfänger liefert die Telegramme in Typendruck auf Blättern. Die volle Leistungsfähigkeit des Apparates beträgt durchschnittlich 100 Wörter in der Minute. — Näheres vgl. Kraatz, Maschinen-Telegraphen, 1906.

(1070) Der Telegraph von Murray. Jedes Zeichen besteht aus 5 Einheiten, denen entweder positive oder negative Stromstöße entsprechen. Bei einer Geschwindigkeit von 90 Wörtern, d. s. 540 Zeichen, in 1 Minute dauert eine Stromeinheit $1/45 = 0,022$ sk; bei einer Geschwindigkeit von x Wörtern $60/6 \cdot 5 \cdot x = 10/5 x$ sek. Der Lochstreifen für den Sender wird durch einen Tastenlocher vorbereitet, der beim Niederdrücken einer Taste die Löchergruppe für das ganze Zeichen stanzt. In dem Lochstreifen stehen die Telegraphierlöcher nur in einer Reihe. Der Sender enthält einen in regelmäßiger Folge gegen den Papierstreifen stoßenden Hebel, der den Kontakthebel beeinflußt und die Stromsendung veranlaßt. In dem Empfänger, dessen Laufgeschwindigkeit der des Senders gleich ist, wird ein Lochstriefen erhalten, der mit dem Sendestreifen genau übereinstimmt. Dieser Streifen wird durch einen mit Motor betriebenen Übersetzer gezogen. Der Übersetzer besteht aus einer Schreibmaschine und einer mit ihren Tastenhebeln verbundenen besonderen Zusatzmaschine. Die Zusatzmaschine wird durch die Löchergruppen des Streifens so beeinflußt, daß die den Löchergruppen entsprechenden Tastenhebel der Schreibmaschine heruntergezogen und die Typen auf ein Blatt, wie bei einer gewöhnlichen Schreibmaschine, gedruckt werden. Die höchste Leistungsfähigkeit des elektrischen Teils des Systems beträgt etwa 150 Wörter in der Minute. Zur Ermittlung der Telegraphiergeschwindigkeit werden die Zeichen „hamrecx-Zeile" in steter Wiederkehr gesandt. Sie ergeben dieselbe Stromzusammensetzung wie die abc-Gruppen am Wheatstone (1065). Die Zahl der in einer Minute gesandten oder empfangenen abc-Gruppen ergibt die Wortzahl. Mit dem Übersetzer wird eine Schreibleistung von 13 Zeichen und mehr in der Sekunde erreicht; ein neuerer Übersetzer leistet 200 Wörter in der Minute. (Näheres vgl. K r a a t z , Maschinen-Telegraphen, 1906.)

Neuerdings hat M u r r a y das Baudotprinzip mit seinem Apparat vereinigt. Der so gebildete M u r r a y - M u l t i p l e x legt die Leitung absatzweise der Reihe nach an mehrere Murray-Apparate. Näheres s. Journ. Inst. El. Eng. Bd. 47, S. 450.

(1071) **Der Telegraph von Pollak und Virág** (1058,5) verwendet zur Abgabe der Telegramme vorbereitete Streifen, in denen die Telegraphierlöcher in 6 Reihen stehen. Über dem Streifen schleifen 6 mit verschiedenen Batterien verbundene Kontaktbürsten. Zum Betriebe dient eine Doppelleitung, die für einen Teil der Stromstöße als Schleifleitung und für den anderen Teil der Stromstöße als Einzelleitung bei Parallelschaltung bei der Leitungszweige dient. Die beiden Arten von Stromstößen wirken unabhängig voneinander auf zwei Fernhörer ein, deren Membranen durch leichte Stäbe mit einem kleinen Spiegel verbunden sind; vergl. (1058,5). Der um zwei zueinander senkrechte Achsen drehbare Spiegel macht unter dem Einflusse der von den Linienstromstößen verursachten Bewegungen der Membranen resultierende Bewegungen, die ein von dem Spiegel zurückgeworfenes Lichtbündel auf photographisches Papier aufzeichnet. Die Stromstöße werden für die einzelnen Zeichen so gewählt, daß die von ihnen hervorgerufenen resultierenden Bewegungen kleine lateinische Buchstaben in gewöhnlicher Schrift wiedergeben. Zum Vorbereiten der Streifen dient ein Tastenlocher, bei dem durch das Niederdrücken einer Taste die Löchergruppe für das Zeichen gestanzt wird. Mit dem Apparate lassen sich bis 45 000 Wörter in der Stunde befördern. (Näheres vgl. K r a a t z , Maschinen-Telegraphen, 1906.)

(1072) **Der Telegraph von Siemens & Halske** benutzt im Empfänger an Stelle des mechanischen Typendruckes die photographische Wirkung des elektrischen Funkens auf lichtempfindliches Papier. Die „Typen" sind als Schablonen nahe dem Rande einer Scheibe eingesetzt, die sich mit gleichförmiger Geschwindigkeit an einer Funkenstrecke vorbei bewegt. An dieser Funkenstrecke wird unter der Einwirkung der beiden für ein Zeichen übermittelten Stromstöße wechselnder Richtung ein Funke genau in dem Augenblicke erzeugt, in dem die Schablone mit dem Zeichen zwischen der Funkenstrecke und dem photographischen Papier sich befindet. Der Empfänger liefert die Typen auf einem fortlaufenden Streifen. Bemerkenswert ist die Vorrichtung zur Aufrechterhaltung des Synchronismus zwischen Geber und Empfänger; sie wirkt, wenn der Empfänger langsamer oder schneller als der Geber läuft (vergl. 1061). Zum Stanzen der Sendestreifen dient ein Tastenlocher, bei dem durch das Niederdrücken einer Taste die Löchergruppe für das Zeichen gestanzt und gleichzeitig das Zeichen auf dem Streifen abgedruckt wird. Der Apparat übermittelt 2000 Zeichen und mehr in der Minute. (Näheres vgl. K r a a t z , Maschinen-Telegraphen, 1906.)

(1073) Der Typendruck-Telegraph von S i e m e n s & H a l s k e für Leistungen von 250 bis 700 Buchstaben in der Minute ist ein mit Lochstreifen arbeitender Telegraph. Der Sendestreifen wird auf elektromagnetisch arbeitenden Lochapparaten mit Schreibmaschinen-Tastatur vorbereitet. Jedes Zeichen besteht aus 5 Einheiten, denen entweder positive oder negative Stromstöße entsprechen. Der Sender besteht aus einem Motor, welcher die Papiervorschubwalze antreibt. Über dem Papierstreifen sind 5 Fühlhebel angebracht, welche mit 5 voneinander isolierten Segmenten einer Kontaktscheibe verbunden sind. Die Fühlhebel beeinflussen im Zusammenhang mit der Kontakscheibe ein lokales Geberelais, von welchem bei jeder Umdrehung des Bürstenarmes die einem Zeichen entsprechenden Stromkombinationen in die Leitung geschickt werden. Beim empfangenden Amt fließen die ankommenden Ströme durch ein polarisiertes Linienrelais, welches im Lokalstromkreis die einzelnen Funktionen des Empfangsapparates auslöst. Durch einen Elektromotor wird ein Typenrad angetrieben, und mittels mehrerer auf Kontaktscheiben schleifenden Abnehmerbürsten ein Kondensator entladen. Dieser Ent-

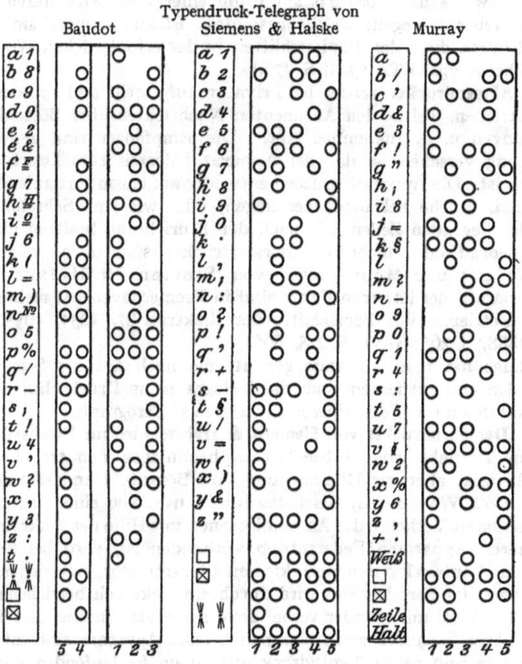

Typendruck-Telegraph von

Baudot		Siemens & Halske		Murray	
a 1		*a 1*		*a*	
b 8		*b 2*		*b /*	
c 9		*c 3*		*c '*	
d 0		*d 4*		*d £*	
e 2		*e 5*		*e 3*	
é &		*f 6*		*f !*	
f		*g 7*		*g "*	
g 7		*h 8*		*h ;*	
h		*i 9*		*i 8*	
i 2		*j 0*		*j =*	
j 6		*k .*		*k §*	
k (		*l ,*		*l*	
l =		*m ;*		*m ?*	
m)		*n :*		*n –*	
n		*o ?*		*o 9*	
o 5		*p !*		*p 0*	
p %		*q '*		*q 1*	
q /		*r +*		*r 4*	
r –		*s –*		*s :*	
s ⁏		*t §*		*t 5*	
t !		*u /*		*u 7*	
u 4		*v =*		*v (*	
v '		*w (*		*w 2*	
w ?		*x)*		*x %*	
x ,		*y &*		*y 6*	
y 3		*z "*		*z ,*	
z :				*+ .*	
⚐		□		*Weiß* □	
□		⊠		⊠	
⊠				*Zeile Halt*	
5 4 1 2 3		1 2 3 4 5		1 2 3 4 5	

Fig. 625. Vergleich der beim Baudotapparat, Siemensschen Typendrucktelegraphen und beim Murrayapparat zur Bildung des Alphabets benutzten Stromkombinationen.

ladestrom erregt das Magnetsystem eines Druckhammers in dem der abzudruckenden Type bestimmten Augenblick. Das unter dem Typenrad befindliche Papier wird durch den Druckhammer gegen die Type geschleudert und diese wird abgedruckt. Zur Aufrechterhaltung des Gleichlaufs zwischen Geber und Empfänger ist eine Vorrichtung angebracht, welche wirkt, wenn der Empfänger langsamer oder schneller als der Geber läuft (1061). Es ist außerdem die Einrichtung getroffen, daß außer dem Druckstreifen die ankommenden Telegramme mittels des Tastenlochapparates in Lochschrift aufgenommen werden können. Diese Einrichtung ermöglicht die selbsttätige Weitergabe der Telegramme auf Schnelltelegraphen- oder Hughes-Leitungen. Die Hughes-Apparate erhalten hierbei einen Zusatzapparat für automatischen Betrieb.

(1074) Einen Vergleich der von B a u d o t, S i e m e n s und M u r r a y benutzten Zeichen bietet Fig. 625. Jedes Zeichen wird durch 5 Stromstöße dargestellt; die Kreise bedeuten die Einheiten des Zeichenstromes, die weißen Zwischenräume die Dauer des Trennstromes.

(1075) Der Mehrfach-Telegraph von Rowland ist als vierfacher Drucktelegraph ausgebildet. Da er nach dem Gegensprechverfahren betrieben wird, so können gleichzeitig 4 Telegramme in jeder Richtung übermittelt werden. In die Leitung werden dauernd Ströme wechselnder Richtung gesandt; die Zeichen werden durch das Umkehren der Richtung von zwei von elf Stromstößen übermittelt. Die Geber enthalten Tastenwerke gleich denen von Schreibmaschinen. Die Empfänger drucken die Telegramme auf Blätter. Das Verschieben des Papierblattes im Empfänger seitwärts und vorwärts am Ende einer Zeile wird durch bestimmte Zeichen des Gebers geregelt, welche besondere Elektromagnete am Empfänger erregen und durch diese den Papierschlitten in der erforderlichen Weise bewegen lassen. (Näheres vgl. ETZ 1903, S. 779.)

(1076) Börsendrucker werden bei Privaten aufgestellt und von einer Zentralstelle aus betrieben, welche den Abonnenten Nachrichten über Börsenkurse, auch Schiffsmeldungen u. a. zukommen läßt. Die Empfänger sind gewöhnlich mit Selbstauslösung versehen, so daß der Apparat jederzeit zum Druck von Nachrichten bereit ist. Die Apparate drucken entweder auf einem fortlaufenden Streifen oder mehreren, welche nebeneinander liegen, oder wie eine Schreibmaschine in untereinander liegenden Zeilen. Je nach der Einrichtung besitzen die Apparate nur ein Typenrad oder mehrere. Börsendrucker sind u. a. von H i g g i n s, W i l e y, W r i g h t und M o o r e sowie von S i e m e n s & H a l s k e konstruiert worden; Apparate der letzteren Firma sind in Bremerhaven seit mehreren Jahren dauernd in Betrieb. Vgl. Fortschritte der Elektrot. 87, 4034, 4055, 4038; 89, 682; ETZ 1888, S. 263; 1889, S. 275, 606.

Neuerdings hat man Apparate gebaut, die nach Art der Schreibmaschine bedient werden und am fernen Ende das Telegramm in Druckschrift auf Streifen liefern; H o f m a n n s Telescripteur, K a m m s Zerograph.

(1077) Der Ferndrucker von Siemens & Halske wird im Reichs-Telegraphengebiete zum Betriebe von Neben-Telegraphenanlagen benutzt; hauptsächlich dient der Apparat aber zur Übermittlung von Börsen-, Handels- und Zeitungsnachrichten nach Wohnungen, Geschäftsräumen usw. von einer Zentrale aus und zum unmittelbaren Verkehre der Angeschlossenen mit Hilfe der Zentrale. Während bei den älteren Apparaten Federantrieb vorhanden ist, wird bei den neuesten Apparaten das Laufwerk durch einen kleinen Elektromotor angetrieben. Der Lauf des Typenrades des Ferndruckers wird durch ein elektrisch betriebenes Echappement geregelt. Zwei miteinander verbundene Apparate erhalten dieselben Stromstöße und führen einander zwanglaufig mit. Die Apparate sind mit Selbstauslösung versehen und geben Typendruck auf einem fortlaufenden Papierstreifen. Die Leistungsfähigkeit des Apparates beträgt für geübte Beamte etwa 1300 und für weniger geübte Beamte etwa 880 Wörter in der Stunde. (Näheres vgl. ETZ 1904, S. 241.)

(1078) Die Kopiertelegraphen stellen sich die Aufgabe, ein Schriftstück oder eine Zeichnung formgetreu zu übermitteln; ihre praktische Bedeutung ist zurzeit noch gering, weshalb hier kurze Hinweise auf einige Apparate genügen mögen. Pantelegraph von C a s e l l i (elektrochemisch), Z e t z s c h e, Handbuch, Bd. I. — Kopiertelegraph von R o b e r t s o n, ETZ 1887, S. 346, 401; 1888, S. 307. — Telautograph von G r a y, ETZ 1888, S. 506. — Pantelegraph oder

Faksimile-Telegraph von C e r e b o t a n i, El. Anz. 1894. — Telautograph von G r z a n n a, ETZ 1902, S. 117. — Vergl. auch Zeitschr. f. Post u. Telegraphie, Wien 1910, S. 225 ff. — K o r n und G l a t z e l, Handbuch der Photographie und Telautographie, Leipzig 1911,

(1079) Verschiedene Telegraphen-Systeme. Die Telegrammschreibmaschine von C e r e b o t a n i, ETZ 1910, S. 295; Leitungstelegraph und Radiotelegraph mit Typendruck und Geheimschrift von A. N. H o v l a n d, Zeitschrift für Schwachstromtechnik 1911, Heft 2 ff. Über einen neuen Zeigertelegraphen von F r i t z S ü c h t i n g, ETZ 1911, S. 516. Über amerikanische Systeme vgl. W i l l i a m M e y e r und D o n a l d M. C. N i c o l, Proceed. Am. Inst. El. Eng. 1910, S. 1263.

Hilfsapparate.

(1080) Galvanoskop. Der nach Fig. 626 rechtwinklig geformte, um die horizontale Achse x drehbare Anker a — bei älteren Apparaten selbst magnetisch, bei neueren durch einen besonderen ∟-förmigen Dauermagnet polarisiert — schwingt in einer Spule, deren magnetische Achse parallel zum Nadelzeiger n verläuft. Widerstand 15 bis 30 $\varnothing$ bei rd. 630 Windungen. Der Apparat zeigt Ströme bis 1 mA abwärts an. Das Galvanoskop liegt beim Senden und beim Empfangen in der Leitung, um sowohl den abgehenden wie den ankommenden Strom anzuzeigen.

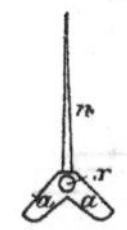

Fig. 626.
Galvanoskop
(Magnet und
Nadel).

(1081) Das Differentialgalvanoskop wird für Gegensprechleitungen benutzt (1101). Die eine Wicklung ist in die wirkliche, die andere in die künstliche Leitung eingeschaltet. Der abgehende Strom durchfließt beide Wicklungen in entgegengesetztem Sinn, so daß bei richtiger Abgleichung der künstlichen Leitung die Nadel auf diesen Strom nicht anspricht. Widerstand einer Wicklung 32 $\varnothing$, hierzu ein abschaltbarer Nebenschluß von 8 $\varnothing$, gemeinschaftlicher Widerstand 6,5 $\varnothing$. Empfindlichkeit ohne Nebenschluß 0,4 mA für 1 Skalenteil, $L/R = 0,001$. Bei neueren Instrumenten Widerstand 15,7 $\varnothing$, Nebenschluß rund 4 $\varnothing$, gemeinsam rd. 3,0 $\varnothing$. Ältere Instrumente haben rund 90 $\varnothing$ Widerstand, keinen Nebenschluß und Empfindlichkeit rund 2 mA auf 1 Skalenteil.

(1082) Strommesser mit Meßbereichen bis $\pm$ 50 und $\pm$ 150 mA von sehr geringem Widerstand (rd. 1 $\varnothing$) werden bei Gegensprechschaltungen in die wirkliche Leitung gelegt, weil das Differentialgalvanoskop den abgehenden Strom nicht anzeigt.

(1083) Umschalter. Stöpsel-, Kurbel- und Klinkenumschalter. Als Hauptumschalter zum Austausch von Leitungen, Apparaten und Batterien dienen Stöpselumschalter aus sich kreuzenden, von einander isolierten Messingschienen, die an den Kreuzungspunkten derart durchbohrt sind, daß sie durch einen hier einzusetzenden Stöpsel miteinander verbunden werden können. An den 12 Längsschienen der „Linienumschalter I" der Deutschen Reichs-Telegraphen-Verwaltung liegen z. B. die Außenleitungen. Für gewöhnlich sind sie durch einen Stöpsel mit einem in ihrer Verlängerung liegenden Ansatzstück verbunden, an welches der zur Leitung gehörige Apparat angeschlossen ist. Die Querschienen gestatten die Verbindung der Leitungen mit anderen Apparaten oder unter einander. Bei der Verwendung als Batterieumschalter nehmen die Längsschienen die Zuführungen zu den Apparaten, die Querschienen die verschiedenen Batteriespannungen auf.

K l i n k e n u m s c h a l t e r dienen als Hauptumschalter für größere Telegraphenanstalten. Nach dem Schema in Fig. 627 sind die umzuschaltenden Teile (Leitungen, Apparate, Batterien) an Klinkenfedern geführt, deren Auflager die normalen Verbindungen herstellen. Schnüre mit 2 Stöpseln ermöglichen alle Umschaltungen für Betriebs- und Untersuchungszwecke.

Kabelumschalter für die großen unterirdischen (7- und 4-adrigen-Linien sind auf Hartgummi- statt Holzrahmen gebaut. Kabelumschalter I für Endämter mit 7 oberen (Längs-) Schienen für die Kabeladern und 7 + 4 unteren (Quer-) Schienen zur Verbindung mit Apparaten, mit Meßinstrumenten, unter einander und mit Erde; Kabelumschalter II für große Zwischenämter mit 7 Paaren von Längsschienen (paarweise durch kurze Bügel zu verbinden), um den Ost- und den Westzweig der Adern aufzunehmen und 14 + 3 Querschienen; Kabelumschalter-schalter III für kleine Zwischenanstalten mit 7 Längsschienen, in der Mitte unter-teilt (für Ost- und Westzweig) und durch Bügel verbunden, einer durchlaufenden freien Längsschiene und unter jeder Hälfte der Längsschienen eine Erdschiene und eine freie Querschiene. Die Umschalter für 4-adrige Kabel sind entspr. kleiner.

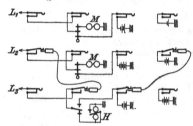

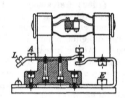

Fig. 627. Klinkenumschalter.   Fig. 628. Luftleerblitzableiter.

(1084) Blitzableiter liegen zum Schutz der Apparate zwischen diesen und der Außenleitung. Eine mit scharfkantigen Reifelungen versehene P l a t t e, eine S p i t z e oder eine S c h n e i d e ist mit der Leitung verbunden. Ihr gegenüber steht in geringer Entfernung eine an die Erde angeschlossene ähnliche Einrichtung. Empfindlichkeit mehrere hundert Volt. Der L u f t l e e r b l i t z a b l e i t e r (Fig. 628) enthält einen luftverdünnten Raum (Glasrohr), einen kleinen Platten-blitzableiter aus gereifelter Kohle. Die Verbindung der einen Kohleplatte mit der Leitung, der anderen mit der Erde erfolgt durch Vermittlung der Verschlußkappen und der Festhalteklammern. Empfindlichkeit umso höher, je vollkommener das Glasrohr ausgepumpt ist — meist 100 bis 200 V. 1 oder 2 oder 10 Blitzableiter auf einem Porzellanfuß. Der S p i n d e l b l i t z a b l e i t e r wirkt dadurch, daß der Abfluß der aus der Leitung kommenden Elektrizität von hoher Spannung über einen sehr dünnen, durch Seidenbespinnung isolierten Draht geleitet wird, der auf eine mit Erde verbundene Messingspindel gewickelt ist. Die Beschädigung der Um-spinnung oder das Abschmelzen des dünnen Drahtes führt die Verbindung der Leitung mit der Erde herbei. S t a n g e n b l i t z a b l e i t e r sind kleine Platten-blitzableiter im Kopf eines Hartgummiisolators, an Telegraphenstangen ange-bracht zum Schutze der in Luftleitungen eingeschalteten Kabelstrecken.

(1085) Schmelzsicherungen. Eine augenblicklich ansprechende G r o b-s i c h e r u n g zu 6 A liegt zwischen der Außenleitung und dem Blitzableiter. In einer 54 mm langen, 8 mm starken Glasröhre ist ein 0,3 mm starker Rheotandraht gespannt und mit den Verschlußkappen verlötet.

In der Mitte des Röhrchens trennen 2 Asbestscheibchen einen freien Raum von 5 mm Länge ab, längs dessen ein dünneres Röhrchen den Schmelzdraht umgibt. Der übrige Raum ist mit Schmirgel ausgefüllt. Die Röhrchen werden mit den Ab-schlußkappen, welche neuerdings für diesen Zweck einen messingnen Ansatz er-halten, in Bronzeklammern eingeklemmt, welche einzeln, paarweise oder zu 10 auf einem Porzellansockel befestigt sind, der zugleich für jede Sicherung einen einfachen Spitzenblitzableiter mit 1,35 mm Spitzenabstand (Empfindlichkeit rd. 600 V) trägt.

Als Batteriesicherungen dienen Grobsicherungen verschiedener Schmelzstromstärke unter Umständen eine gemeinsam für mehrere Abzweigungen, und eine F e i n s i c h e r u n g für jede Abzweigung zu einem Apparat, die auf Ströme von 0,22 A an wirkt, aber erst schmilzt, wenn der Strom einige Zeit gedauert hat; bei 0,25 A schmilzt sie nach 15 Sekunden. Die Feinsicherung besteht aus einer mit einer Hitzspule umwickelten Lötstelle aus Woodschem Metall (80° Schmelztemperatur), die bei genügender Erwärmung erweicht und durch eine Feder zerrissen wird. Die Hitzspulen haben 14—21 ∅ Widerstand. Meist sind den Feinsicherungen Sicherheitswiderstände von 80 oder 120 ∅ vorgeschaltet. Die Hauptabzweigungen von Sammelbatterien enthalten Patronen- und Stöpselsicherungen wie in Starkstromanlagen.

An Stelle der Federn, welche die Woodsche Lötstelle beim Ansprechen der Feinsicherung auseinanderreißen, besitzen die Feinsicherungen mit Drehstern folgende Einrichtung: Der mit Woodschem Metall festgelötete Stift s (Fig. 629) wird durch den in der Hitzspule fließenden Strom soweit gelockert, daß ihn die Feder f mit Hilfe des Sternes S soweit dreht, bis die Feder frei wird und der Kontakt an der Stelle a geöffnet wird. Die Patrone braucht nicht ersetzt zu werden; es genügt, die Feder wieder in den Drehstern S einzuspannen.

Fig. 629. Feinsicherung mit Drehstern.

(1086) Induktanzrollen als Gegenstromrollen für den Kabelbetrieb und als induktive Nebenschlüsse. Drei Ausführungen: a) die Drahtspule von 1500 oder von 600 ∅ ist auf einen runden Eisenkern geschoben und mit einem eng aufgepaßten, der Länge nach aufgeschlitzten Eisenmantel umgeben; die Stirnseiten sind durch Eisenscheiben geschlossen, über deren eine der Mantel abgezogen werden kann, so daß der Eisenkreis mehr und mehr geöffnet wird. Selbstinduktivität bei 40 mA und ganz geschlossenem Eisenkreis 45 H, bei ganz geöffnetem Eisenkreis 13,2 H für die Spule von 1500 ∅ und 16 bzw. 5 H für die Spule von 600 ∅.

b) Kern und Mantel bestehen aus aufrechtstehenden Eisenstäbchen, die beiderseits durch Eisenscheiben abgeschlossen werden, welche mittels eines Schraubenbolzens zusammengepreßt werden. Durch Zwischenlegen nicht magnetischer Scheiben oder durch Entfernung der Eisenscheiben wird die Selbstinduktivität einer Spule von 1000 ∅ zwischen 150 und 50, einer Spule von 600 ∅ zwischen 80 und 20 H verändert.

c) Die Drahtspule von 1000 ∅ steht auf einer Eisenplatte aus dicht nebeneinander gelegten Eisenblechstreifen. Kern und Mantel sind zusammenhängend in einem Stück aus Blumendraht wie ein Hut geformt und können mit Hilfe eines durch Trieb und Zahnstange bewegten Holzschlittens fest gegen die Eisenplatte gepreßt oder in beliebigem Abstand von ihr gehalten werden; die Rolle ergibt die Selbstinduktivität von 120 bis 5 H, L/R bei geschlossenem Mantel = 0,045, bei ganz geöffnetem Mantel = 0,007.

(1087) Kondensatoren. Verwendung finden Blätterkondensatoren (mit Glimmer oder paraffingetränktem Papier), Rollenkondensatoren, Mansbridgekondensatoren. Ein Vorzug der letzteren ist, daß sie aus Papier gewickelt sind, auf dem ein ganz dünner Stanniolüberzug fest haftet. Wird die Isolation durch einen Funken zerstört, so schmilzt das Metall rings um die Durchschlagstelle und beseitigt hierdurch oder vermindert wesentlich die Gefahr eines Kurzschlusses im Kondensator. Kondensatoren mit Unterabteilungen sind mit Stöpsel- oder Kippschaltern ausgerüstet. Messungen an Papierkondensatoren, s. T o b l e r, Zeitschr. f. Schwachstromtechn. 1912, S. 117.

(1088) Widerstände. Feste Widerstände für geringe Belastung sind aus Graphit, das in Glasröhrchen gefüllt ist, hergestellt worden. Sie werden jetzt in derselben äußeren Form aus bifilar gewickelten Manganinspulen hergestellt; diese halten eine Dauerbelastung bis zu 0,1 A aus.

Stromquellen.

(1089) Batterien aus primären Elementen. Wegen der hohen Konstanz und der bequemen und billigen Unterhaltung werden zum Betriebe von Schreib- oder Druck-telegraphen sehr häufig Elemente nach Daniell, Meidinger, Callaud oder Krüger verwendet, siehe (613).

In der deutschen Telegraphen-Verwaltung ist das Krügersche Element im Gebrauch. Es gewährt einen sicheren und billigen Betrieb; der Preis eines Elementes beträgt etwa 1 M., die Unterhaltung einschl. Verzinsung und Tilgung kostet für das Element und das Jahr etwa 80 Pf. bis 1 M. Bei oberirdischen Leitungen erhält man eine genügende Stromstärke, wenn man auf je 60 bis 70 $\varnothing$ ein solches Element nimmt und die Elemente hintereinander schaltet. Bei Berechnung des Wider-standes muß jedoch der Widerstand **aller** vom Strom durchlaufenen Apparate dem Leitungswiderstande hinzugerechnet werden. Innerer Widerstand eines Elementes etwa 3 bis 10 $\varnothing$.

Neuerdings verwendet man für Telegraphenleitungen mit dem besten Erfolge die Trockenelemente, welche im Fernsprechbetrieb bis zur Grenze von 0,7 V gebraucht worden sind; die Klemmenspannung muß öfter gemessen werden.

Allgemeine Regel für die Bemessung der Batterie in einer Telegraphenleitung. Ist i die zum Betriebe nötige Stromstärke, r der Widerstand von 1 km Leitung, l die Länge der Leitung in km, R der Wider-stand eines Apparates, z die Zahl der in die Leitung eingeschalteten Apparate, E die EMK und w der innere Widerstand · eines Elementes, so ist die Zahl der zu benutzenden Elemente mindestens $i\,(l\,r + z\,R)\,/\,(E - i\,w)$.

Gemeinschaftliche Batterien für mehrere Leitungen. Besitzen die Leitungen ungleiche Widerstände, so wird eine Batterie aufgestellt, welche für die längste Leitung ausreicht, und es werden die übrigen Leitungen an geeignete, nach dem Widerstande der Leitungen berechnete Punkte dieser Batterie angelegt. Man speist aus einer gemeinsamen Batterie aus Krügerschen Kupfer-elementen nicht mehr als 5 Leitungen für den Morsebetrieb.

(1090) Sammlerbatterien. Sammler eignen sich wegen ihres geringen inneren Widerstandes vorzüglich zum gleichzeitigen Betriebe vieler Leitungen. Alle Lei-tungen eines Amtes, oberirdische und unterirdische, können aus einer gemeinsamen Sammlerbatterie gespeist werden.

Als Ladestromquelle für die Sammler kann bei kleineren Telegraphenämtern eine Batterie von Kupferelementen benutzt werden. Befindet sich das Telegraphen-amt an einem Orte mit einem öffentlichen Elektrizitätswerk, so werden aus diesem die Sammler geladen, nötigenfalls nach der Zwischenschaltung von Umformern. Näheres s. K n o p f, Die Stromversorgung der Telegr.- und Fernsprechanstalten.

Bei der Ladung der Sammler durch Kupferelemente ist die Ladebatterie so zu bemessen, daß sie für jede Arbeitsstromleitung etwa 0,0025 A und für jede Ruhe-stromleitung etwa 0,017 A hergibt. Hat man m Sammler, welche einen Gesamt-strom I herzugeben haben, so gilt für die Größe der Ladebatterie, welche x Elemente hintereinander und n nebeneinander enthält, die Beziehung $x = \dfrac{2,2\,m\,n}{n - 4\,I}$.

Von der Reihe der Sammler werden nach je 5 oder 10 Zellen Leitungen zu den Betriebsräumen geführt. Unmittelbar bei der Sammlerbatterie wird in jede von dort abführende Leitung eine Schmelzsicherung für 6 A, in die Erdleitung eine solche für 10 bis 12 A eingeschaltet. In der Nähe der Batterieumschalter endigen die von der Batterie kommenden Zuführungsleitungen an Klemmen oder Abzweigschienen. In jede von dort abzweigende Leitung wird eine Grobsicherung eingeschaltet, die den Strom bei 3 A unterbricht; jede Batteriezuleitung zu einem Betriebsapparat erhält schließlich eine Feinsicherung mit einem Zusatzwiderstand.

Der technische Vorteil des Sammlerbetriebes besteht in dem geringen inneren Widerstande der Batterie, ihrer gleichmäßigen EMK und der Vereinfachung der Batterieaufstellung; der wirtschaftliche Vorteil wird gebildet durch Ersparnis an Raum und Bedienung, welche die vielen primären Batterien eines großen Amtes beanspruchen.

Schaltungen.

Die Regel bildet der Einzelleitungsbetrieb mit der Erde als Rückleitung. Einige Verwaltungen verwenden gemeinsame Papierkabel für Telegraphen- und Fernsprechleitungen. Dann erhalten die mit Maschinentelegraphen betriebenen Leitungen metallische Rückleitung zur Verhütung der Induktion.

Einzelheiten über Schaltungen siehe Z e t z s c h e, Betrieb und Schaltungen der elektrischen Leitung, Halle, W. Knapp; Th. K a r r a ß, Geschichte der Telegraphie, Braunschweig, F. Vieweg & S.; H e r b e r t, Telegraphy und J o n e s, Pocket Edition of Diagrams.

Schaltungen für den Einfachbetrieb.

(1091) Morse- und Klopfer. a) R u h e s t r o m s c h a l t u n g vgl. (1062). Sie verbindet eine große Anzahl von Ämtern durch eine gemeinsame Leitung. Die Batterien liegen stets geschlossen im Leitungskreis. Sie werden nach Maßgabe der Entfernung auf die einzelnen Anstalten verteilt. Besitzen die Endämter Sammler, so übernehmen sie die Speisung der Leitung für das erste Nachbaramt mit, wenn es nicht weiter als 30 km entfernt liegt. Beim östlichen Endamt der Ruhestromleitung liegt in Deutschland der positive, beim westlichen der negative Pol an der Leitung. Für Klopferleitungen mit Ruhestrom werden polarisierte Klopfer verwendet.

b) A r b e i t s s t r o m s c h a l t u n g für Ämter, deren Verkehr so stark ist, daß ihrer nur zwei bis drei durch eine Leitung verbunden werden können. Schaltung des Endamtes vgl. (1062), für ein Zwischenamt s. Fig. 630. Bei Durchsprechstellung ist Loch 1 oder 3, bei Trennstellung Loch 2 gestöpselt; Ro und Rw ersetzen dabei den Widerstand der Leitungszweige Lo und Lw.

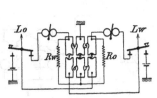

Fig. 630. Trennstelle für Arbeitsstrom.   Fig. 631. Amerikanischer Ruhestrom.

c) A m e r i k a n i s c h e r R u h e s t r o m. Fig. 631. Batterien dauernd geschlossen im Leitungskreise. In der Ruhe ist der Ausschalter U geschlossen, beim Senden mit der Taste muß er offen sein; die Apparate sprechen an wie auf Arbeitsstrom.

d) Z e n t r a l b a t t e r i e. Fig. 632. Die in England bis auf Entfernungen von 600 km angewendete Zentralbatterieschaltung arbeitet mit einer gemeinschaftlichen Batterie beim Zentralamt; die polarisierten Empfangsapparate sprechen auf Kondensatorströme an. Fig. 633 zeigt eine Übertragung beim Zentralamt.

(1092) Hughesapparate. a) M i t e l e k t r i s c h e r A u s l ö s u n g. Fig. 634. Der abgehende Strom durchfließt die Rollen des Hughesmagnets.

b) Mit mechanischer Auslösung. Fig. 635a und abgekürzt dargestellt in Fig. 635b. Der abgehende Strom geht unmittelbar in die Leitung; das Druckwerk des eigenen Apparats wird durch den Stößer s ausgelöst.

Zum Betriebe mit Doppelstrom werden der sendende und der empfangene Teil des Hughesapparates getrennt benutzt und dafür nach Fig. 636 eingeschaltet. $A B$ Arbeitsbatterie, $T B$ Trennbatterie, L Sendeleitung, L_1 Empfangsleitung. In dieser Schaltung kann der Apparat zum Gegensprechen benutzt werden, wenn für den sendenden Teil auf den Druck eines Mitlesestreifens verzichtet wird. Zum Betrieb mit Einfachstrom ist $T B$ mit L_1 zu verbinden.

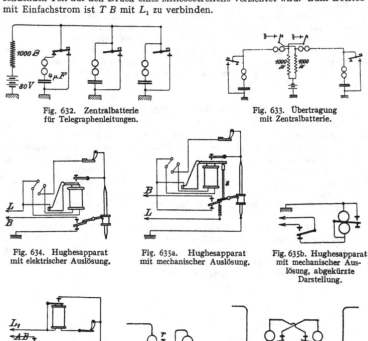

Fig. 632. Zentralbatterie
für Telegraphenleitungen.

Fig. 633. Übertragung
mit Zentralbatterie.

Fig. 634. Hughesapparat
mit elektrischer Auslösung.

Fig. 635a. Hughesapparat
mit mechanischer Auslösung.

Fig. 635b. Hughesapparat
mit mechanischer Aus-
lösung, abgekürzte
Darstellung.

Fig. 636. Hughesapparat
für Doppelstrombetrieb.

Fig. 637. Relais mit Morse
(M) im Ortsstromkreis.

Fig. 638. Einfach-Übertragung
für Einfachstrombetrieb.

Zur Verminderung des Widerstandes und der Selbstinduktivität empfiehlt sich für den Kabelbetrieb die Parallelschaltung der Hughesrollen.

(1093) Relais (1059). Bei der Verwendung von Relais für Endämter nach der Schaltung in Fig. 637 liegt zwischen dem Körper und dem Arbeitskontakt des Relais der Empfangsapparat und eine Ortsbatterie, welche so zu bemessen ist, daß der Empfangsapparat ausreichenden Strom erhält. Um die Wirkung der Selbstinduktivität im Ortsstromkreise zu vermindern, empfiehlt sich die Einschaltung eines hohen Widerstandes (5000 $Ø$) und eine entsprechende Erhöhung der Ortsbatterie.

(1094) Übertragungen. a) für Morse-Arbeitsstrom- und Hughesleitungen nach Fig. 638. Am Ruhekontakt des einen Relais liegen die Magnetumwindungen des andern. Mitleseapparate werden an die Relaishebel angeschlossen, und zwar Morse oder Klopfer in Abzweigung zur Erde über einen Widerstand von 5000 bis 15 000 Ø, Hughesapparate über einen Kondensator von 0,5 bis 1 μF, dem 300 Ø vorgeschaltet sind.

b) Für Doppelstrombetrieb nach Fig. 639.· Beide Kontakte der polarisierten Relais R_1 und R_2 sind durch die Batterien besetzt.

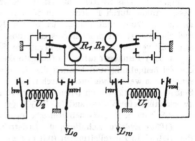

Fig. 639. Einfach-Übertragung für Doppelstrombetrieb.

Um die Leitung je nach der Telegraphierrichtung in Sende- oder Empfangsschaltung umzulegen, sind die selbsttätigen Umschalter $U\,1$ und $U\,2$ — neutrale Magnetsysteme mit 2 Ankern mit Abreißfedern — hinter die Relais gelegt. Wird z. B. von Lo nach Lw telegraphiert, so kommt in Lo dauernd Strom an, abwechselnd Trenn- und Zeichenstrom; Lw ist zunächst stromlos. $U\,1$ spricht auf

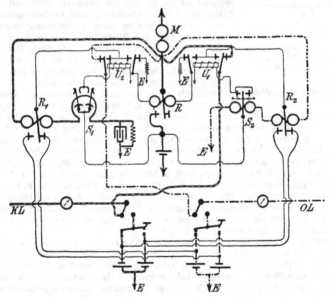

Fig. 640. Einfach-Übertragung für Doppelstrombetrieb mit Switchrelais.

Trenn- und Zeichenstrom in gleicher Weise an, zieht also seine Anker dauernd an und schaltet dadurch Lw an den Hebel des Relais $R\,1$. Die zweiten Anker von $U\,1$ und $U\,2$ werden benutzt, um Mitleseapparate von den Relaishebeln abzuzweigen (vgl. Fig. 640). Anstatt die selbsttätigen Umschalter unmittelbar in den Leitungskreis zu legen, werden häufig an ihre Stelle sogenannte Switchrelais oder Galvanoskop-Switchrelais geschaltet, welche die Umschalter und Ortsstromkreise betätigen, wie in Fig. 640. Das Switchrelais ist ein polarisiertes Relais, indifferent eingestellt, dessen Anker durch Federn so in der Mittellage gehalten wird, daß er bei stromlosem Elektromagnet keinen der beiden Kontakte berührt. Das Galvanoskop-Switchrelais ist ein polarisiertes Galvanoskop mit 2 Zeigern, von denen der eine auf positivem, der andere auf negativen Strom anspricht.

(1095) Funkenschutz. Öffnungsfunken an Relaiskontakten beeinträchtigen die Zeichengebung und können die Empfindlichkeit des Relais erheblich herabsetzen. Sie werden verhütet durch Überbrückung der im Öffnungskreise liegenden Selbstinduktivität durch einen Kondensator (z. B. 0,2 μF), dem in vielen Fällen zweckmäßig ein Widerstand (z. B. 300 $\varnothing$) vorgeschaltet wird. In Fig. 637 wäre dieser Schutz z. B. zwischen Relaishebel und Kontakt a zu legen.

(1096) Erdstromschaltungen. Erdströme können so stark auftreten, daß sie den Betrieb in Einzelleitungen (mit der Erde als Rückleitung) stören. Es werden

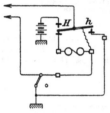

dann Luftleitungen, Kabeladern oder Fernsprechleitungen in Simultanschaltung (1114) als Rückleitung statt der Erde geschaltet und Batterien ohne Erdverbindung verwendet. S c h r e i b e r hat eine Schaltung angegeben, die für Erdstrombetrieb die Beibehaltung der gewöhnlich geerdeten Batterie erlaubt; für Hughesapparate ist sie in Fig. 641 skizziert. Während der Batteriehebel H zur Absendung eines Zeichens gehoben wird, senkt sich der in seiner Verlängerung liegende Hebel h und gibt der Rückleitung so lange Erde, wie an der Hinleitung die geerdete Batterie liegt. Die Verbindung der Rückleitung mit der Erde ist für die Dauer des Schleifenbetriebes durch die Umlegung des links unten gezeichneten Umschalters aufzuheben.

Fig. 641. Schreibersche Erdstromschaltung am Hughesapparat.

(1097) Zentralisierung der Anrufe. Um Apparate und Beamte zu sparen, werden schwach belastete Leitungen auf einen gemeinschaftlichen Anruf-Klappenschrank geschaltet und hier nach Wunsch mit einer anderen Leitung oder mit einem freien Empfangsapparat verbunden. In der Reichstelegraphenverwaltung sind Klappenschränke zu 4 oder 50 oder 100 Telegraphenleitungen neben einer Anzahl den örtlichen Verhältnissen besonders angepaßter Einrichtungen im Gebrauch. Bemerkenswerte größere Anlagen in Berlin (Archiv f. Post u. Telegr. 1909, Heft 12), ferner in London (Arch. f. Post u. Telegr. 1906, S. 578), Belgien (Arch. f. Post u. Telegr. 1906, S. 593), Wien (Denkschrift des k. k. Handelsm. in Wien über die k. k. Telegraphenzentrale in Wien, 1907) Budapest (Comptes rendues de la 1 ère conférence internationale des techniciens des télégraphes et téléphones). Die Zentralisierung erfolgt des Nachts für solche Leitungen, welche am Tage zu starken Verkehr zum Anschluß an den Zentralumschalter haben.

(1098) Uhrenzeichen. Zur selbsttätigen Abgabe des Uhrenzeichens täglich um 7 oder 8 Uhr morgens durch eine Zentraluhr in Berlin an alle größeren deutschen Anstalten schließt die Zentraluhr eine Minute lang den Stromkreis für ein Relais; dieses betätigt 20 Relais, von diesen jedes wieder 20 Relais, und deren Anker senden Strom in die Leitungen, so daß alle in Frage kommenden Leitungen pünktlich eine Minute lang Strom erhalten. Die Leitungen sind hinterm Hauptschalter zunächst an einen Kurbelumschalter geführt, der sie entweder auf normalen Betrieb oder auf Uhrenzeichen oder auf Nachtzentralumschalter legt. Die Kurbeln für je 20—30 solcher Umschalter sind auf einer Achse befestigt, so daß sie gleichzeitig umgelegt werden. Durch Schauzeichen wird der Stromabgang überwacht.

Schaltungen für Mehrfachbetrieb.

(1099) Arten der Mehrfachtelegraphie. Man unterscheidet Zweifachbetrieb gleicher Richtung (D o p p e l s p r e c h e n, Diplex) und entgegengesetzter Richtung (G e g e n s p r e c h e n, Duplex); beide Verfahren können gleichzeitig angewandt werden (D o p p e l g e g e n s p r e c h e n, Quadruplex); ferner g l e i c h z e i t i g e Mehrfachtelegraphie, bei der die Stromänderungen, welche zur Zeichenübermittlung dienen, gleichzeitig hervorgerufen werden, sich also in der Leitung addieren, und w e c h s e l z e i t i g e Mehrfachtelegraphie, bei der die Leitung absatzweise jedem beteiligten Apparatsystem für eine bestimmte kurze Zeit zugewiesen wird, wo also die Stromänderungen in der Leitung einzeln und nacheinander eintreten.

Die älteste Methode des Gegensprechens — Kompensationsmethode (G i n t l 1853) — ist verlassen; es kommen nur noch Differentialmethoden, Brückenmethoden und einige andere, welche sich unter jene nicht einreihen lassen, in Betracht.

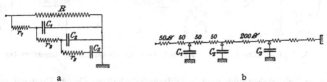

a   b

Fig. 642. Künstliche Leitung für Gegensprechschaltungen.

(1100) Künstliche Leitung. Die Differential- und die Brückenmethode erfordern die Nachbildung der Betriebsleitung durch eine künstliche Leitung aus Widerständen und Kondensatoren (S t e a r n s 1868). Eine vielfach gebrauchte Form zeigt Fig. 642 a. Der „Kurbelleitungsrheostat" R ist dem Widerstande der wirklichen Leitung gleichzumachen. Er enthält je eine Stufe zu 10, 20, 4000 Ø, 10 Stufen zu 40, 10 Stufen zu 400 Ø. Zwei Ausführungen: für geringe Strombelastung und für Dauerbelastung mit 0,1 A (zum Doppelstrombetrieb). Genauigkeit 1 v. H. Die „Verzögerungswiderstände" r sind Stöpselrheostaten: r_1 zu 1100 Ø, veränderlich in Stufen zu 10 Ø, r_2 und r_2 zu 4050 Ø, veränderlich in Stufen zu 50 Ø. Die Kondensatoren, bisher Glimmerkondensatoren mit Stufen zu 0,125 und 0,25 μF, sind jetzt Papierkondensatoren mit Kippschaltern in Stufen zu 0,25 μF. Für Kabel 3 Abteilungen zu je 10,75 μF; bei langen Kabeln erhält die erste Abteilung einen Zusatz von 10 μF. Für Luftleitungen 2 Abteilungen zu 3,75 und 3,5 μF in einem Kasten. Die österreichische Verwaltung schließt an einen in gleiche Abteilungen (zu 50 Ø und 200 Ø) geteilten Rheostaten R (Fig. 642 b) mit an beliebiger Stelle einsetzbaren Stöpseln feste Kondensatoren von 1, 2 oder 4 μF an. Empfindliche Empfangssysteme, wie z. B. in langen Ozeankabeln, erfordern sehr genaue Nachbildung, die erreicht wird durch Herstellung eines Kondensators aus sehr schmalen langen Stanniolstreifen, welche zugleich den Widerstand der Kabelseele nachbilden.

(1101) Differentialschaltung, nach F r i s c h e n und S i e m e n s 1854. Der wesentliche Bestandteil ist das Differentialrelais, Fig. 643 a; abgekürzte Darstellung in Fig. 643 b. Die Kerne des polarisierten Relais tragen 2 Wicklungen $a_1\,e_1$ und $a_2\,e_2$, deren Drähte von gleicher Stärke unmittelbar nebeneinander, meist miteinander verdrillt, gleichzeitig aufgespult sind, so daß beide Wicklungen gleiche Windungszahl, gleichen Widerstand und stets gleichen Abstand von den Kernen haben und, wenn sie von gleichen Strömen durchflossen werden, gleich große magnetische Wirkung auf den Eisenkern ausüben. Der bei I (Fig. 643a) eintretende abgehende Strom durchfließt nach Fig. 644 beide Wicklungen in entgegengesetztem Sinne. Bildet die künstliche Leitung die elektrischen Eigenschaften der Betriebsleitung ausreichend genau nach, so heben sich beide Wicklungen in ihrer Wirkung auf den Relaishebel auf, der Hebel bleibt ungestört. Der ankommende Strom durchfließt nur eine Wicklung oder während der Schwebelage des Senders beide Wicklungen gleichsinnig. Die Abgleichung der künstlichen Leitung geschieht mit dem Differentialgalvanoskop (1081) $D\,G$, dessen Zeiger angibt, ob der Strom in der wirklichen oder in der künstlichen Leitung überwiegt. Einen Anhalt für die erste Abgleichung bieten folgende Erfahrungswerte: für Kabel r (Fig. 642 a) 200 $\varnothing$, r_2 und r_3 1000 $\varnothing$, C_1 $^1/_5$ bis $^1/_4$ der Kabelkapazität C; $C_2 \approx {}^1/_3 C$, $C_3 \approx {}^1/_2 C$; für Luftleitungen r_1 200 $\varnothing$, r_2 1000 $\varnothing$, c_1 1,5 μF, c_2 0,5 μF.

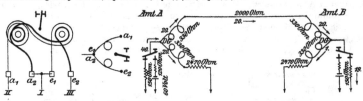

Fig. 643. Differentialrelais.   Fig. 644. Differentialschaltung für Gegensprechen.

   In der Reichstelegraphie wird die Differentialschaltung für den Hughes-Gegensprechbetrieb bei Endämtern von unterirdischen Leitungen und bei Übertragungsämtern in ober- und unterirdischen Leitungen verwendet.
   Die Batterien für den Hughes-Gegensprechbetrieb in unterirdischen Leitungen werden so bemessen, daß bei Berechnung der Stromstärken nach dem Ohmschen Gesetz die Summe der Ströme in beiden Windungen des Relais auf dem fernen Amte mindestens 20 Milliampere beträgt. In Fig. 644 sind die bei Verwendung einer Batterie von 60 V in den einzelnen Leitungszweigen fließenden Ströme in runden Zahlen in Milliampere angegeben, wenn Amt A dauernd Taste drückt. Beim Gegensenden bleibt der Strom in der Relaiswicklung an der künstlichen Leitung fast unverändert, während er in der anderen je nach der Polrichtung der Telegraphierströme fast verdoppelt wird oder auf Null geht. Die ungleiche Magnetisierung stört mit der Zeit die Relaiseinstellung, besonders im Doppelstrombetrieb, wo dauernd Strom fließt; vgl. auch (1117). Zeitweilige Umkehrung der Ströme im Relais ist ein Hilfsmittel.
   (1102) Brückenschaltung nach M a r o n 1863 (Fig. 645). Der abgehende Strom läßt die Diagonale $c\,b$ stromfrei und beeinflußt den eigenen Empfänger E nicht, wenn die künstliche Leitung richtig abgeglichen ist. Die Abgleichung erfolgt mit Hilfe eines zwischen b und c geschalteten Spannungsmessers. $a\,b$ meist $= a\,c$ = 1000 $\varnothing$; für sehr lange Leitungen $a\,c > a\,b.$

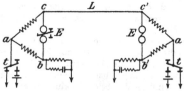

Fig. 645. Brückenschaltung zum Gegensprechen.

   In der Reichstelegraphie wird die Brückenschaltung für den Hughes-Gegensprechbetrieb bei Endämtern von oberirdischen Leitungen verwendet. Die Spannung der Batterie ergibt sich aus der Formel

$$E = 60 + \frac{l}{35}\ \text{Volt,}$$

in der l den Drahtwiderstand der Leitung angibt; der Empfänger des fernen Amtes erhält dann einen Strom von mindestens 9 mA. S t e a r n s Taste zur Verminderung der Schwebelage, 1872, s. Fig. 646.

(1103) Doppelbrücke von Schwendler 1874. (Fig.646). $A = a = R = \dfrac{l}{2}$; $r_1 =$ $B + r = R$; l ist der Leitungswiderstand. Die Abstimmung erfolgt durch Regulierung von b. Der ankommende Strom läßt b stromfrei, deshalb kann der Apparat A zur Kontrolle der abgehenden Zeichen benutzt werden. Da in jeder Lage der Taste der Widerstand zwischen S und der Erde der gleiche ist, wird das Gleichgewicht durch das Arbeiten des fernen Amtes nicht gestört. Der Empfangsapparat erhält nur $1/_8$ des Linienstromes.

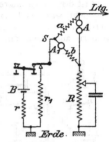

Fig. 646. Doppelbrücke von Schwendler.

(1104) Vergleich der Differential- und der Brückenschaltung. Die Differentialschaltung gestattet die Verwendung kleinerer Batterien, weil etwa die Hälfte des gesamten Stromes zur Magnetisierung des Empfangsrelais zur Geltung kommt. Soll ein besonderes Relais vermieden werden, so muß der Empfangsapparat selbst differentiale Magnetwicklungen besitzen. Die Verwendung eines Relais erlaubt jedoch die für den Kabelbetrieb sehr günstige Verminderung des Widerstandes und der Selbstinduktivität zwischen Kabel und Erde; vgl. (1115). Die Brückenschaltung vermeidet ein Relais vollständig. Da von dem aus der Leitung kommenden Strom nur ein verhältnismäßig kleiner Teil durch den Empfangsapparat fließt, ist die Schaltung unempfindlich gegen die Einflüsse von Seiteninduktion, deren Stärke sie durch hohen Widerstand in den Brückenarmen noch herabmindern kann.

(1105) Andere Methoden für das Gegensprechen. Fuchs verwendet Relais mit einer empfindlichen und einer weniger empfindlichen Wicklung. Die erstere wirkt bei einseitigem Geben. Beim Gegengeben addieren sich beide Batterien; die unempfindliche Wicklung wirkt, die andere wird durch Zusatzhebel der Taste abgeschaltet. (ETZ 1881, S. 18 ff.) Ferner Vianisi, Gattino und Santano (ETZ 1881, S. 369; 1888, S. 216; 1889, S. 490).

(1106) Doppelsprechen wird selten für sich allein, meist nur in Verbindung mit Gegensprechen als Quadruplex verwendet. Beim Doppelsprechen verwendet man entweder Ströme von verschiedener Stärke oder man benutzt nebeneinander Ströme von beliebiger Richtung, aber wechselnder Stärke, und Ströme beliebiger Stärke, aber wechselnder Richtung (Edison). Bei dem ersten Verfahren dient zur Aufnahme des mit dem stärkeren Strom gegebenen Telegramms ein gewöhnliches Relais mit genügend stark gespannter Feder; für den schwächeren Strom wird gleichfalls ein neutrales Relais, aber mit einer Hilfsschaltung, verwendet. Bei der Edisonschen Methode werden die Ströme wechselnder Stärke von einem neutralen, die wechselnder Richtung von einem polarisierten Relais aufgenommen.

(1107) Doppelsprechen nach H. Marchand-Thiriar. Fig. 647. Das Relais Rp spricht nur auf positiven Strom an, RP auf positiven Strom von einer gewissen Mindeststärke,

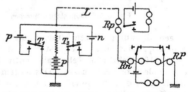

Fig. 647. Doppelsprechen von Marchand-Thiriar.

Rn nur auf negativen Strom. T_1 sendet positiven Strom mittlerer Stärke aus der Batterie p_1, T_2 negativen aus n. Werden beide Tasten zugleich gedrückt, so fließt starker positiver Strom aus P, indem p und n sich aufheben.

(1108) Wechselstromtelegraphie nach Picard, unter Anlehnung an Rysselberghe (1114). Fig. 648. Das Induktorium J erzeugt Wechselstrom, wenn T_1 gedrückt wird. Er fließt über K_1 (2μF) in die Leitung, erreicht im fernen Amt, das ebenso eingerichtet ist, über K_1 das phonische Relais F. Dieses betätigt das Relais R und dieses den Empfangsapparat E. Vom Gleichstromempfänger A wird der Wechselstrom durch die Spule S ferngehalten. K und S flachen die Zeichen des Gleichstromsenders so weit ab, daß sie F nicht betätigen. In Deutschland ist der Ortsstromkreis des phonischen Relais nach Fig. 649 geschaltet; wenn F anspricht, wird der Kurzschluß zu E aufgehoben. 2 Gleichstromleitungen können durch einen Kondensator so verbunden werden, daß zwischen den äußersten Ämtern auch noch mit Wechselstrom gearbeitet werden kann.

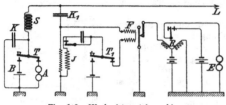

Fig. 648. Wechselstromtelegraphie nach Picard.

Fig. 649. Deutsche Anordnung des phonischen Relais zur Wechselstromtelegraphie.

(1109) Doppelgegensprechen, Quadruplex, ist die Vereinigung einer Doppelsprechmethode, vorzugsweise der Edisonschen, mit einer Gegensprechmethode, besonders der Differential- oder der Brückenmethode. Eine derartige Schaltung bei Verwendung der Differentialmethode ist in Fig. 650 dargestellt. R_1 ist ein neutrales, R_2 ein polarisiertes Differential-Relais. Mit der Taste T_1 wird die Stärke und mit der Taste T_2 die Richtung des Telegraphierstromes geändert. Schaltung nach Henrys. Fig. 651. R spricht nur auf $1^1/_2$ so starke Ströme an, wie r_1 und r_2. Alle Relais haben 2 unabhängige Wicklungen, die auf positiven Strom in der Pfeilrichtung wirken. B ist eine große, b_1 und b_2 zwei kleinere, gleich starke Batterien.

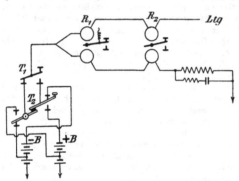

Fig. 650. Doppelgegensprechen.

(1110) Mehrfache Telegraphie unter Verwendung des Telephons als Klopfer (Phonoplex von Edison). Das System ist ein Dreifachtelegraph. Jedes Amt erhält außer dem Morse (Klopfer und Taste) noch zwei Geber und zwei phonische Empfänger. Ein Geberkreis versendet Stromstöße, welche durch das Öffnen eines Ortsstromkreises und darauf folgendes Schließen durch einen hohen Widerstand entstehen, während der zweite Stromkreis bei Tastendruck durch einen schwingenden Selbstunterbrecher Stromwellen von großer Schwingungszahl erzeugt. Die Stromstöße wirken auf die Membranen geeigneter Fernhörer (näheres siehe ETZ 1887, S. 499).

(1111) Phonopore von Langdon-Davis. Auf dem Amt sind die Enden von zwei zusammen um einen Eisenkern gelegten Wicklungen an die Leitung gelegt; die beiden anderen Enden der Wicklungen sind isoliert. Durch eine primäre Wicklung, die mit Taste, Batterie und Selbstunterbrecher zu einem Kreise geschaltet ist, werden bei jedem Tastendruck in der zweiteiligen Rolle, die sich ähnlich wie ein Kondensator verhält, elektrische Wellen erzeugt. Der in gewöhnlicher Weise in die Leitung ge-schaltete Morseapparat wird von den Wellen nicht gestört. Auf dem Empfangs-amt setzen die Wellen aber ein phonisches Relais, dessen Schwingungszahl der des Gebers entspricht, in Tätigkeit. Infolge der Schwingungen der Relaiszunge wird ein Ortskreis unterbrochen, so daß ein zweiter Morseapparat die phonoporisch gegebenen Zeichen wiedergeben kann. Das System ist mithin ein Doppel-sprecher für beliebige Richtung (Journ. télégr. 1887, S. 62).

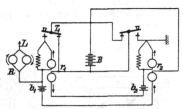

Fig. 651.   Doppelgegensprechen nach Henrys.

(1112) Vielfachtelegraph von Mercadier. (Harmonische Telegraphie) Fig. 652. Auf dem gebenden Amt werden durch die Stimmgabelunterbrecher G, A, E Wechselströme verschiedener Frequenz erzeugt. Diese Wechselströme werden unabhängig voneinander durch Tasten als Morse- oder Hugheszeichen in die Leitung gesandt und durchfließen beim empfangenden Amte die hinter-einander geschalteten Monotelephone g, a, e. Die Platten der Monotelephone sind so abgestimmt, daß sie nur dann ansprechen, wenn ein Wechselstrom bestimmter Frequenz durch die Windungen fließt.

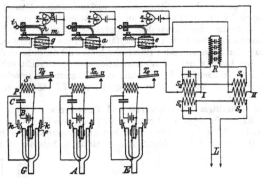

Fig. 652.   Vielfachtelegraph von Mercadier.

Die künstliche Leitung R ist mit der wirklichen in Übereinstimmung gebracht, damit die durch s_3 und s_4 fließenden aus dem Sendetransformator I kommenden Ströme gleich sind. Die Kapazität der künstlichen Leitung ist so abgeglichen, daß der Strom in s_4 hinter dem in s_3 um eine halbe Periode zurückbleibt. Hierdurch wird erreicht, daß die abgehenden Ströme auf den Empfangstransformator II ohne Einwirkung bleiben. Auf der Leitung werden gleichzeitig Gleichstromapparate betrieben. (ETZ 1904, S. 216 und Comptes rendues de la 2 ième conference inter-nationale des techniciens des télégraphes et téléphones, Zeitschr. f. Post und Telegr., Wien 1911, S. 202.)

(1113) Wechselzeitige Vielfachtelegraphen. An beiden Enden der Linie laufen synchron zwei Kontaktarme über Segmenten (Fig. 653); jedes Segment ist mit einem Geber und Empfänger verbunden, wie für Segment 1 angegeben ist. Es liegen gleichzeitig die ein Paar bildenden Apparate beider Enden an der Leitung. Auf dieser Schaltung beruhen die Systeme von B a u d o t (1064) und R o w l a n d (1075).

M u t i p l e x   v o n   D e l a n y.   Auf jedem Amt befindet sich ein phonisches Rad (vgl. K a r e i s, das phonische Rad von L a   C o u r) mit einem Verteiler.

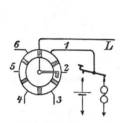 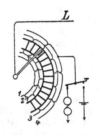 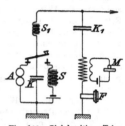

Fig. 653.   Vielfachtelegraph   Fig. 654.   Phonisches Rad.   Fig. 655.   Gleichzeitiges Tele-
      nach Delany.   graphieren und Fernsprechen
                                                           nach Rysselberghe.

Das phonische Rad ist ein mittels Stimmgabelunterbrechers getriebener kleiner Elektromotor (vergl. den Murray-Apparat (1070), welcher das Prinzip des phonischen Rades benutzt), der den Verteiler, siehe Fig. 654, umtreibt. Der letztere enthält sehr viele Segmente, die zu mehreren Stromkreisen verbunden sind. Dauert eine Stromsendung längere Zeit, so wird sie zwar an der Verteilerscheibe zerrissen, aber die Pausen sind nicht lang genug, um dem Empfangsapparat Zeit zur Bewegung zu lassen; der zerrissene Strom wirkt im Empfänger wie ein ununterbrochener. Der Synchronismus der Räder an beiden Enden der Linie wird durch besonders von dem Verteiler in die Leitung entsendete Korrektionsströme aufrecht erhalten. Der Apparat ist zur gleichzeitigen Beförderung von Telegrammen sowohl mittels des Morse als auch mittels Typendruckers geeignet (vgl. ETZ 1884, Nov., Dez., 1888, S. 66, 1890, S. 11ff.).

(1114) Gleichzeitiges Telegraphieren und Fernsprechen.   Nach R y s s e l - b e r g h e 1882/3. Fig. 655. Die Fernsprechströme gehen über K_1 in die Leitung; durch S_1 werden sie von dem telegraphischen Empfangsapparat A ferngehalten. S, S_1 und K flachen die Telegraphierströme soweit ab, daß sie den Hörer nicht be-

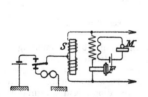 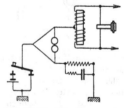

Fig. 656.   Gleichzeitiges Telegraphieren und   Fig. 657.   Gleichzeitiges Fernsprechen und
   Fernsprechen nach der Brückenschaltung.   Telegraphieren in Gegensprechschaltung.

einflussen.   Hierdurch wird allerdings die Telegraphiergeschwindigkeit beeinträchtigt; das Fernsprechen leidet unter Erdgeräuschen, weil die Leitung nur eindrähtig ist. Schaltungen von P e r e g o und von T u r c h i - B r u n é für eindrähtige Leitungen siehe B e r g e r, a. a. O.

Nach der Brückenmethode, Fig. 656, für Doppelleitungen. Der Telegraphierstrom beeinflußt den Hörer F nicht, weil die beiden Wicklungen der Abzweigspule S gleiche Widerstände haben. Die Wicklungen sind differential, so daß der abgehende Strom kein Magnetfeld erzeugt, der ankommende Fernsprechstrom dagegen hohe Selbstinduktivität vorfindet. Mantel und Kern der Spule bestehen aus Bündeln von 0,2 mm starkem Eisendraht; eine Wicklung zu 15 000 Windungen von 0,2 mm Kupferdraht mit 1100—1600 $\varnothing$ Gleichstromwiderstand und 250 000 $\varnothing$ Wechselstromwiderstand bei 800 Perioden, $L/R = 0,055$.

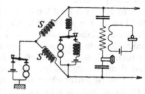

Mehrfaches Telegraphieren und Gegensprechen bei gleichzeitigem Fernsprechen. a) nach der Schaltung in Fig. 656, wenn Wechselstromtelegraphie nach der Schaltung in Fig. 648

Fig. 658. Mehrfaches Telegraphieren und Fernsprechen nach Dejongh.

hinzugefügt wird. b) nach Fig. 657. c) nach D e j o n h g (ETZ 1903, S. 1030) Fig. 658. Für den in der Brücke liegenden Apparat ist eine ungeerdete Batterie erforderlich.

Kabelschaltungen.

(1115) Eigentümlichkeiten des Kabelbetriebs. Im Kabel wird die Kurve des ankommenden Telegraphierstromes durch die verzögernde Wirkung der Kapazität und durch den Entladungsstrom verzerrt. Geht die Verzerrung so weit, daß Apparate, die einer gewissen Steilheit der Stromkurve zur Betätigung bedürfen (1058), nicht mehr ansprechen, so sind die unter (1060) aufgeführten Apparate zu wählen, oder Hilfsschaltungen anzuwenden, welche die Entladung des Kabels beschleunigen und dem Strome zu einer kräftigeren Entwicklung verhelfen. Solche Hilfsschaltungen, deren eine Anzahl im folgenden genannt wird, sind z. T. gegen so geringe Änderungen des Telegraphierstromes empfänglich, daß sie auch auf die durch Induktion aus Nachbaradern erzeugten Stromimpulse ansprechen und deshalb nur für einadrige Kabel brauchbar sind. Für Landkabel bleibt der Ausweg offen, das Kabel durch Einschaltung von Übertragungen in kürzere Teilstrecken zu zerlegen.

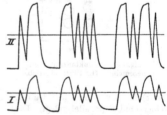

Fig. 659. Stromverlauf für abc am Ende von 250 km Guttaperchakabel; unten, bei rd. 450 $\varnothing$ zwischen Kabel und Erde an jedem Ende; oben nach Verminderung des Widerstandes auf rd. 100 $\varnothing$.

(1116) Hilfsmittel zur Erhöhung der Telegraphiergeschwindigkeit. a) D i e Verminderung des Widerstandes und der Selbstinduktivität der zwischen Kabelanfang und Batterie sowie zwischen Kabelende und Erde liegenden Apparate versteilert die Stromkurve. Deshalb werden in längeren

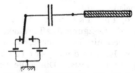

Fig. 660. Abschlußkondensator.

Kabelleitungen die Elektromagnetrollen des Morse-, Hughes-, Wheatstoneapparates oder der Relais parallel geschaltet und die Sicherheitswiderstände in der Batteriezuführung vermindert oder ausgeschaltet. Den Einfluß der Apparate in einer Gegensprechschaltung nach Fig. 644 zeigen die Oszillogramme in Fig. 659. Bei I beträgt der Widerstand zwischen Kabel und Erde vorn und hinten je rd. 450 $\varnothing$;

bei II ist er durch Ausschaltung des Batteriesicherheitswiderstandes von 120 Ø,
Verwendung eines Flügelankerrelais mit 75 statt 250 Ø und eines Differential-
galvanoskops mit 3 statt 70 Ø auf rd. 100 Ø vermindert worden, während Kabellänge (250 km), Batteriespannung und Sendegeschwindigkeit (80 W. Murray) unverändert blieb.

b) A b s c h l u ß k o n d e n s a t o r e n, Fig. 660, nach O. V. V a r l e y und
W i l l o u g h b y S m i t h 1862, werden am Ende oder am Anfang oder auf beiden
Seiten des Kabels verwendet. Je kleiner sie sind, um so steiler wird die Form des
ankommenden Stromes, um so höher aber muß die Batteriespannung gewählt
werden. Durch Abschlußkondensatoren kann die Telegraphiergeschwindigkeit
mit dem Heberschreiber auf das Zwei- bis Dreifache gesteigert werden.

Eine Gegensprechschaltung mit Abschlußkondensatoren ergibt die double-bloc-
Schaltung von M u i r h e a d, Fig. 661.

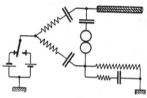

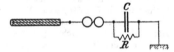

Fig. 662. Maxwellanordnung
für den Empfang in Kabeln.

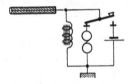

Fig. 661.   Doppelblockschaltung
nach Muirhead.

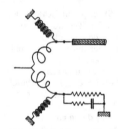

Fig. 663. Induktanzrollen im
Nebenschluß für Einfachbetrieb.

Fig. 664. Induktanzrollen im
Nebenschluß für Gegensprechbetrieb.

c) M a x w e l l s c h a l t u n g, Fig. 662. Dem Abschlußkondensator C ist ein
Widerstand R parallel gelegt. Die Schaltung wird an einem oder an beiden Enden
des Kabels angewendet. Je kleiner der Kondensator und je größer gleichzeitig der
Widerstand, umso steiler die Stromkurve, um so geringer aber auch die Stromstärke.
Es soll $C \cdot R = \dfrac{1}{2} K \cdot W$ sein. (K gesamte Kap., W gesamter Widerstand des
Kabels.)

d) I n d u k t i v e r N e b e n s c h l u ß z u m E m p f a n g s a p p a r a t;
Fig. 663. Geeignete Ausführungsformen der Nebenschlußrollen s. (1086). Die Rolle
versteilert die Stromkurve, vermindert aber ihre Amplitude.

e) E n t l a d u n g s r o l l e n a m A n f a n g d e s K a b e l s; Fig. 663; nach
G o d f r o y 1891. Die Rolle beschleunigt die Entladung des Kabels und hebt
die Wirkung des Entladungsstromes auf den eigenen Empfänger (Rückschlag)
auf. Für letzteren Zweck ist genaue Abstimmung ihrer Induktivität auf die
Kapazität des Kabels erforderlich. Arbeiten beide Ämter mit demselben Pol als
Arbeitsstrom, so kann die Selbstinduktivität der Rolle überwiegen.

(1117) Gegensprechschaltungen mit Induktanzrollen. a) Rollen am Anfang
der wirklichen und der künstlichen Leitung zur Erde abgezweigt; Fig. 664. Ein
Nachteil dieser Schaltung ist, daß die Relaiswicklungen sehr starken Strom erhalten,

besonders bei Doppelstrom. Wegen der hiermit verbundenen Unregelmäßigkeiten in der Magnetisierung der Relaisschenkel und der Erwärmung der Wicklungen muß beim Doppelstrombetrieb oft auf dies sonst sehr wirksame Hilfsmittel verzichtet werden.

b) Q u e r r o l l e n, Fig. 665, werden vom abgehenden Strom nicht durchflossen, sie wirken am empfangenden Ende als induktiver Nebenschluß.

c) D i f f e r e n t i a l s p u l e n, Fig. 666, entlasten das Relais vom abgehenden Strom, der in den Spulen kein Magnetfeld erzeugt. Für den ankommenden Strom sind sie ein induktiver Nebenschluß zum Relais.

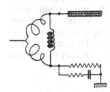 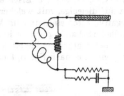 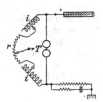

Fig. 665. Induktanzrolle als Querrolle für Gegensprechbetrieb.

Fig. 666. Induktanzrolle als Differentialspule für Gegensprechbetrieb.

Fig. 667. Magnetische Brücke.

d) M a g n e t i s c h e B r ü c k e, Fig. 667, eine Differentialspule von geringem Widerstande. Ein induktionsfreier veränderbarer Widerstand r dient zum Abgleichen der beiden Brückenarme; die induktiven Widerstände i sind in Stufen von 1 bis 2 $\emptyset$ veränderlich; Gesamtwiderstand eines Armes bis zu 40 $\emptyset$; $L/R = 1$ bis 2. Der Eisenkreis ist nicht vollkommen geschlossen.

e) I n d u k t a n z r o l l e n und Kondensatoren werden parallel oder hintereinander geschaltet in Kombinationen gleichzeitig angewendet; der so gebildete Schwingungskreis wird dann auf die Wechselzahl des Telegraphierstromes abgestimmt.

f) Z e i t w e i l i g e r N e b e n s c h l u ß; Fig. 668. Der ankommende Strom erregt das Relais R; sobald M anspricht, legt sein Hebel den Widerstand r parallel zu R und verringert den auf R wirkenden Linienstrom auf diejenige Stärke, die zum Festhalten des Relaisankers noch ausreicht.

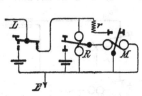 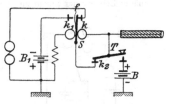

Fig. 668. Zeitweiliger Nebenschluß zur Entladung des Kabels.

Fig. 669. Entladebatterie am Anfang des Kabels.

g) E n t l a d u n g s s t r o m a m K a b e l a n f a n g, V a r l e y 1856. Die sog. Entladungstasten legen, während sie aus der Arbeits- in die Ruhelage zurückkehren, über einen flüchtig berührten Kontakt eine der Telegraphierbatterie entgegengesetzte Spannung auf einen Augenblick an das Kabel, um die Entladung zu beschleunigen; Curbstrom. Statt der Taste wird auch das sog. Switchrelais S (Fig. 669) benutzt. Die Feder f verlängert die Dauer der Berührung seines Ankers mit der Entladebatterie B_1 über K_1 solange, bis nach beendeten Zeichen die Taste T ihre Ruhelage erreicht hat.

h) **Hilfsstrom am Ende des Kabels**, welcher, dem Telegraphierstrom entgegengesetzt gerichtet, den Relaisanker umlegt, sobald die Stärke des Telegraphierstromes nur wenig sinkt, z. B. nach Fig. 670. Wird der Telegraphierstrom abgeschaltet, so vibriert die Relaiszunge zwischen den Kontakten mit einer Periodenzahl, die bestimmt wird durch die von der Relaiskonstruktion abhängige Eigenperiode des Ankers, durch die Frequenz des aus der Rolle L, der Kabelkapazität und der Kapazität sonst noch in den Linien- oder Ortsstromkreis geschalteter Kondensatoren gebildeten Schwingungskreises, durch den Abstand der Relaiskontakte und durch die Stärke des Hilfsstromes, wenn L Eisen enthält. Diese Periodenzahl der Zunge wird abgestimmt auf diejenige, mit welcher die Zunge schwingt, wenn der Sender positive und negative Stromeinheiten im Wechsel sendet. Die gegen Seiteninduktion sehr empfindliche Schaltung erhöht in einadrigen Kabeln die Telegraphiergeschwindigkeit sehr beträchtlich. Sie ist auch für Einfachstrom verwendbar und zum Gegensprechen, z. B. nach Fig. 671 (vgl. auch Archiv f. Post und Telegr. 1911, Nr. 3).

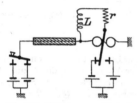

Fig. 670. Hilfsstrom am Ende des Kabels (Vibrationsschaltung).

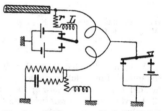

Fig. 671. Hilfsstrom am Ende des Kabels (Vibrationsschaltung) zum Gegensprechen.

Gulstad verwendet ein Relais mit 2 unabhängigen Wicklungen, von denen die eine den Telegraphierstrom aus der Leitung, die andere den Hilfsstrom aus der Ortsbatterie erhält; Fig. 672 (vgl. Archiv, a. a. O.).

(1118) Gegenseitige Induktion. Benachbarte Leitungen beeinflussen sich gegenseitig durch elektrostatische und elektromagnetische Induktion. Wird in der primären Leitung der Strom geschlossen, so hat der elektrostatisch induzierte

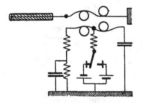

Fig. 672. Gulstad-Schaltung.

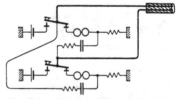

Fig. 673. Seiteninduktionsschutz f. Einfachleitungen.

Strom der sekundären Leitung am Leitungsanfang die entgegengesetzte, am Leitungsende die gleiche Richtung, der elektromagnetisch induzierte Strom auf der ganzen Leitung die entgegengesetzte Richtung wie der Primärstrom; beim Öffnen des Primärstromes fließt der statisch induzierte am Leitungsanfang mit dem Primärstrom gleichgerichtet, am Leitungsende entgegengesetzt gerichtet, der dynamisch

induzierte in der ganzen Leitung gleichgerichtet. Welche Art der Induktion überwiegt, hängt u. a. von der Kapazität und von der Länge der Leitungen ab. Über
die Form des induzierten Stromes vgl. B r e i s i g, ETZ 1895, S. 164, S c h r o t t k e,
ETZ 1907, S. 685, B r a u n s, ETZ 1908, S. 377.

(1119) Induktionsschutz. a) für Einfachleitungen nach D r e s i n g und
G u l s t a d, Fig. 673. Der durch Ader 1 in 2 erzeugten Induktion wirkt der gleich-

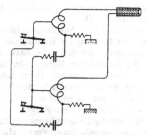

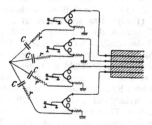

Fig. 674. Seiteninduktionsschutz f.
Gegensprechleitungen.

Fig. 675. Seiteninduktionsschutz für
Gegensprechleitungen (Sternschaltung).

zeitig über den Widerstand und Kondensator gesandte Strom entgegen. Dieser Schutz
erfordert die fürs Telegraphieren ungünstige Einschaltung
eines Widerstandes in die Erdleitung. b) für Gegensprechleitungen nach Fig. 674 oder vereinfacht nach Fig. 675.
Für diese Sternschaltung haben sich für Kabelstrecken
von rund 200 km der deutschen Landkabel Wider-
stände r = 300 $\emptyset$ und Kondensatoren C = rund 1,2 μF
gut bewährt. Gegen die vom ankommenden sowie vom
abgehenden Strom erzeugte Induktion schützen große
Querkondensatoren (Fig. 676), etwa 20 μF.

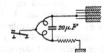

Fig. 676. Querkondensator
in Gegensprechleitungen.

(1120) Erdstromschaltungen (vgl. B e r g e r, ETZ 1911, S. 213). Die Leitungen
werden durch Kondensatoren abgeschlossen, wie in Fig. 660 und 661 oder es wird
metallische Hin- und Rückleitung benutzt, u. a. nach (641) mit Hilfe der Schreiber-
schen Schaltung.

L i t e r a t u r: S c h e l l e n - K a r e i s, Der elektromagn. Telegraph. Vieweg & S.,
Braunschweig Z e t z s c h e, Handbuch d. el. Telegr., W. Knapp, Halle; M ü l l e r, Telegraphen-
betrieb in Kabelleitungen. J. Springer, Berlin; S t r e c k e r, Telegraphentechnik, J. Springer, Berlin.
Aus der Sammlung von T h. K a r r a ß, „Telegraphen- u. Fernspr.-Technik in Einzeldarstellungen".
Vieweg & S., Braunschweig, die Bände K a r r a ß, Geschichte der Telegraphie; K r a a t z,
Maschinentelegraphen; B r e i s i g, Theoret. Telegraphie; B e r g e r, Das gleichzeitige Telegr.
u. Fernsprechen u. d. Mehrfachfernsprechen; K n o p f, Die Stromversorgung der Telegr.- u.
Fernsprechanstalten; ferner B r i g h t, Submarine telegraphs, London; T h o m a s, Traité de
télégraphie, Paris; P o u l a i n e et F a i v r e, Cours d'Appareil Baudot, Paris; H e r b e r t,
Telegraphy, London; J o n e s, Pocket Edition of Diagrams and complete information for telegraph
engineers and students, New York.

Fernsprechwesen.

(1121) Der Fernsprecher (Telephon), ursprünglich zum Geben und Empfangen
verwendet, wird heute nur noch ausnahmsweise, namentlich bei transportablen
Apparaten (Streckentelephonen), für beide Zwecke benutzt, dient sonst lediglich
als Empfangsapparat (Fernhörer), während zum Geben das Mikrophon (1122)

verwendet wird. — Konstruktion der Fernhörer sehr mannigfaltig; solche mit Hufeisenmagnet (zweipolige) werden denen mit Stabmagnet (einpoligen) wegen besserer Wirkung vorgezogen. Für leichte Apparate (besonders Kopffernhörer für Beamte der Vermittelungsanstalten und Handapparate mit Hörer und Mikrophon an einem Griff) wird die Dosenform und ein ringförmiger Hufeisenmagnet gewählt. Bei Hörern für Zentralbatterieschaltungen macht man häufig auch den Dauermagnet dadurch entbehrlich, daß man durch den die Wicklungen durchfließenden Mikrophonspeisestrom das magnetische Feld erzeugt. Wicklung 100 bis 200 $Ø$, in Zentralbatterieschaltungen gewöhnlich 60 $Ø$.

(1122) **Das Mikrophon** ist in zahllosen verschiedenen Ausführungsformen in Gebrauch, die sich hauptsächlich durch Form und Material der Kontaktkörper und den Aufbau unterscheiden. Es besteht aus einer Membran, die entweder selbst Kontaktkörper ist (Membran aus Kohle oder vergoldetem Metall) oder (aus Metall, Holz, Zelluloid u. a. bestehend) einen besonderen Kontaktkörper trägt, ferner aus einem feststehenden Kohlenkörper und einem zwischen beiden angebrachten Kohlenmaterial, das bei Schwingungen der Membran leicht seinen Übergangswiderstand ändern kann (Walzen, Scheiben, Gries, Körner, Pulver). Die einzelnen Teile werden bei den Mikrophonen der Reichs-Telegraphenverwaltung in eine Kapsel eingebaut, die in die Mikrophonträger verschiedener Form, Handapparate, Pendel- oder Brustmikrophone eingesetzt wird und leicht auszuwechseln ist. Man verwendet Mikrophone mit niedrigem Widerstand (10 bis etwa 50 $Ø$) da, wo sie in den primären Stromkreis einer Induktionsspule eingeschaltet und aus einer besonderen Batterie gespeist werden, solche mit hohem Widerstand (100 bis 500 $Ø$) bei direkter Einschaltung in die Leitung (bei Zentralbatterieschaltungen und in Hausanlagen).

Die erprobten Ausführungen sind für Einzelbatteriebetrieb: von C. F. L e - w e r t: Kohlenmembran und feststehender Kohlenkörper mit 7 pfannenartigen Aushöhlungen, deren jede 9 Kohlenkugeln von 1,5 mm Durchmesser aufnimmt. Für Zentralbatteriebetrieb: von Z w i e t u s c h & Co.: Kohlenmembran und feststehendes Kohlenstück mit 7 zylindrischen Erhöhungen, die von weichem, an der Membran anliegendem Klavierfilz umschlossen werden. Die 7 den Erhöhungen entsprechenden Löcher im Filz sind mit Kohlenkörnern angefüllt; von C. F. L e w e r t: ähnlich konstruiert wie das vorhergehende, jedoch mit nur einer Kammer für die Kohlenkörner. In Amerika sehr verbreitet ist die S o l i d - b a c k - Konstruktion, bei der die Kontaktkörper in einer kleinen, an einer starken Metallschiene befestigten Kapsel von etwa 12 mm Durchmesser untergebracht sind. Die Kapsel ist mit einer Glimmermembran abgeschlossen, durch welche der die eine Kontaktplatte tragende, mit der Sprechmembran aus Metall verbundene Stift hindurchgeführt ist.

(1123) **Hilfsapparate.** a) W e c k e r. In den Teilnehmerstationen der Fernsprechnetze werden jetzt ausschließlich polarisierte Wechselstromwecker mit gewöhnlich 2 Glockenschalen verwendet (Fig. 762). Sie besitzen ein zweischenkliges Elektromagnetsystem, über dem ein um seine mittlere Querachse drehbarer Anker angebracht ist. Der Dauermagnet ist gewöhnlich so angeordnet, daß der eine Pol am Joch des Magnetsystems, der andere am Anker liegt. Der Widerstand beträgt bei Gehäusen für Induktoranruf (1124) gewöhnlich 300 $Ø$, bei Schaltungen, in denen der Wecker als Brücke in der Leitung liegt, 1000 bis 2000 $Ø$. — Gleichstromwecker, auf dem Prinzip des Selbstunterbrechers beruhend, finden in Hausanlagen zum Anruf und als Zusatzapparate im Ortsstromkreis in Verbindung mit Klappen und Fallscheibenapparaten Verwendung. Widerstand bei kurzen Leitungen und niedriger Spannung 2—20 $Ø$, bei höheren Spannungen und längeren Leitungen 150—600 $Ø$.

b) I n d u k t o r e n werden zum Anrufen des Amtes und der Sprechstellen verwendet. Es sind kleine magnetelektrische Maschinen mit 2—6 kräftigen Dauermagneten, zwischen deren Polschuhen ein Doppel-T-Anker sich drehen kann. Ankerwicklung: 2200 Umwindungen bei 200 $\emptyset$. Normale Umdrehungszahl 15 bis 25 in der Sekunde. Durchschnittsspannung 40—60 V; die erzeugten sehr steilen Spannungsspitzen haben erheblich höhere Werte (je nach Konstruktion 100, 200 V und mehr). — Für Ämter mit größerem Strombedarf wird der Wechselstrom entweder durch Polwechslerrelais aus Gleichstrombatterien gewonnen oder durch besondere Wechselstromdynamos von 30—75 V Spannung bei 25 Perioden in der Sekunde erzeugt.

c) I n d u k t i o n s s p u l e n sind kleine Transformatoren, die in Fernsprechgehäusen mit besonderer Batterie zur Umwandlung der durch das Mikrophon erzeugten Schwankungen des niedriggespannten Gleichstroms in Wechselstrom von höherer Spannung dienen. Sie bestehen gewöhnlich aus einem Kern aus dünnen Eisendrähten von 6—10 cm Länge und etwa 10 mm Durchmesser, auf den zunächst die das Mikrophon enthaltende primäre Wicklung von etwa 300 Umwindungen bei 0,8 $\emptyset$ gebracht wird, während über dieser die sekundäre Wicklung mit 5200 Umwindungen und 200 $\emptyset$ liegt. Wegen Verwendung in Zentralbatterieschaltungen siehe (1124).

d) K o n d e n s a t o r e n finden in der Fernsprechtechnik vielfache Verwendung zum Absperren des Gleichstroms in Stromkreisen, die für Wechselstrom (Sprech- und Weckströme) durchlässig sein müssen, so besonders für die selbsttätige Schlußzeichengebung, zum Trennen der Schnurstromkreise u. a. (1126 b und 1127). Auch werden sie zum Überbrücken von induktiven, im Sprechstromkreise liegenden Widerständen benutzt. Die Fernsprechkondensatoren werden aus 2 bandartigen Stanniolstreifen, die auf beiden Seiten mit etwa 0,02 mm starken Papierstreifen belegt sind, durch Aufwickeln oder Zusammenfalten hergestellt und durch Pressen in eine passende Form gebracht; die Kondensatoren setzt man in Blechbehälter ein und schließt diese durch Vergußmasse luftdicht ab. Je nach dem Verwendungszweck benutzt man Kondensatoren zu 0,25 bis 2 μF. Der Isolationswiderstand beträgt 75 bis 300 $M\emptyset$; Gleichstromspannungen von 300 bis 500 V dürfen das Dielektrikum nicht durchschlagen.

(1124) **Fernsprechgehäuse** werden als Wandgehäuse (in Pultform) oder als Tischgehäuse hergestellt. Letztere haben einen Handapparat (Mikrotelephon), bei dem Fernhörer und Mikrophon an einem Griff befestigt sind. — Schaltung der Gehäuse mit eigener Mikrophonbatterie und Anrufinduktor Fig. 677. Der Induktor hat eine selbsttätige Umschaltvorrichtung. In der Ruhe ist die Ankerwicklung durch den Kontakt y kurzgeschlossen; wird die Kurbel gedreht, so verschiebt sie sich durch mechanische Vorrichtung nach rechts, öffnet den Kontakt y und läßt die Feder den Kontakt x schließen. Die Ankerwicklung ist dann einerseits über den Induktorkörper mit der a-Leitung und anderseits über die Feder und Kontakt x mit der b-Leitung verbunden. Die übrigen Stromwege des Gehäuses sind durch die Feder kurzgeschlossen, so daß sie nicht vom Weckstrom durchflossen werden können. Der Hakenumschalter u, der durch Einhängen des Hörers nach unten bewegt wird, schaltet vom Sprech- auf den Weckstromkreis um und unterbricht den Mikrophonstrom. Die Induktionsspule i enthält im sekundären Kreis den Fernhörer F, im primären das Mikrophon M und eine Batterie aus 1—2 Trockenelementen oder 1 Sammlerzelle. — G e h ä u s e f ü r Z e n t r a l b a t t e r i e b e t r i e b sind für selbsttätigen Anruf hergerichtet und haben keinen Induktor. Der Wecker mit hoher Selbstinduktion (1000 $\emptyset$) bleibt in der Regel als Brücke dauernd eingeschaltet. Das Mikrophon wird unmittelbar in die Leitung gelegt. Der Fernhörer ist so zu schalten, daß er nicht vom Gleichstrom durchflossen wird. Dies geschieht bei der K e l l o g g schen Schaltung (Fig. 678) dadurch, daß ein Kondensator C_1 vorgeschaltet wird, während der Gleichstrom durch einen Graduator g dem Mikrophon zugeführt wird. In der auch bei der Reichstelegraphie eingeführten E r i c s s o n schen Schaltung (Fig. 679) ist der Fernhörer in den sekundären Kreis einer Induktionsspule i gelegt. Diese hat gewöhnlich primär 1700 Umwindungen bei 16 $\varnothing$, sekundär 1400 Umwindungen bei 22 $\varnothing$. Bei beiden Schaltungen wird beim Anhängen des Hörers durch den Hakenumschalter u der Mikrophonstromkreis unterbrochen, so daß nur der Wecker W mit vorgeschaltetem Kondensator C, der den Gleichstrom für die Schlußzeichengebung verriegelt, eingeschaltet bleibt (vgl. hierzu 1127).

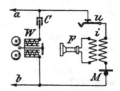

| Fig. 677. Schaltung eines Fernsprechgehäuses mit Ortsbatterie. | Fig. 678. Gehäuseschaltung für Zentralbatterie-Betrieb von K e l l o g g. | Fig. 679. Gehäuseschaltung für Zentralbatterie-Betrieb von E r i c s s o n. |

(1125) Die Einführung der Leitungen in die Vermittlungsämter erfolgt entweder oberirdisch oder (in größeren Netzen vorzugsweise oder ausschließlich) unterirdisch. Sie werden zunächst zu einer Verteilereinrichtung, dem H a u p t - v e r t e i l e r, geführt, an dem jede Außenleitung mit jeder beliebigen Innenleitung durch lose Drähte verbunden werden kann. Größere Umschaltegestelle in Eisenkonstruktion haben senkrechte Ständer zur Aufnahme der Blitzableiter und Feinsicherungen, die zu je 25 Paaren in S i c h e r u n g s l e i s t e n vereinigt werden, und wagerechte Querriegel für die Lötösen der Innenleitungen. Auf den Querriegeln werden die Verteilerdrähte gelagert.

(1126) Die Verbindungssysteme zur Verbindung der Teilnehmer untereinander haben je nach dem Umfang des Netzes verschiedene Einrichtung:

a) E i n f a c h u m s c h a l t e r (Klappenschränke) werden bei kleinen Anstalten (bis zu etwa 300 Anschlüssen) verwendet. Einrichtung nach Fig. 680.

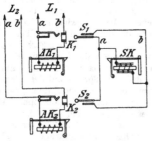

Fig. 680. Schaltung eines Klappenschrankes.

Beim Anruf in L_1 fällt Klappe AK_1. Stöpsel S_1 einer Stöpselschnur kommt in Klinke K_1, S_2 zunächst in eine zum Abfrageapparat des Beamten führende Klinke, sodann in K_2. L_1 und L_2 sind dann miteinander verbunden, die Anrufklappen durch Abheben der Klinkenfeder ausgeschaltet. Im Schnurpaar liegt eine Schlußklappe SK, die beim Drehen der Induktorkurbel nach Gesprächsschluß fällt. — Klappenschränke werden in mannigfaltiger Ausführung in der Regel für 50 bis 100 Leitungen gebaut. Werden mehr als 2 Schränke nebeneinander aufgestellt, so werden sie durch besondere Klinken und Leitungen untereinander verbunden.

b) V i e l f a c h u m s c h a l t e r werden für größere Ämter mit einer Aufnahmefähigkeit für gewöhnlich 10 000 Leitungen gebaut. Das Amt erhält Umschalter in Schrankform (für je etwa 400 Anschlüsse ein Schrank) mit so viel

Klinken, als das Amt Teilnehmer enthält. Jede Leitung wird durch sämtliche Vielfachschränke derart hindurchgeführt, daß sie in jedem Schrank eine Verbindungsklinke hat, während die zugehörige Abfrageklinke nur an einem bestimmten Schrank liegt. Der Vorteil des Vielfachsystems liegt darin, daß eine Verbindung zwischen der Abfrageklinke einer Leitung und der Verbindungsklinke einer beliebigen anderen Leitung ohne weiteres an jedem Schrank hergestellt werden kann. Die Schränke besitzen gewöhnlich je drei Arbeitsplätze, deren jeder mit etwa 100—300 Anrufzeichen (je nach der Stärke der Benutzung der Anschlüsse) belegt wird. Um die Belastung der Arbeitsplätze ausgleichen zu können, ist zwischen den Verbindungsklinken des Vielfachfeldes und den Abfrageklinken eine Verteilereinrichtung, der Z w i s c h e n v e r t e i l e r (*Vz*, Fig. 682), angeordnet, der es gestattet, eine Leitung, ohne ihre durch die Anschlußnummer gegebene Lage im Klinkenfeld zu ändern, mit der Abfrageklinke nebst Anrufzeichen eines beliebigen Platzes zu verbinden. Als Anrufzeichen werden bei kleineren Vielfachumschaltern Klappen oder auch Rückstellklappen verwendet, die beim Einführen des Stöpsels in die zugehörige Abfrageklinke mechanisch in die Ruhelage zurückgeführt werden, bei größeren Ämtern durch Relais eingeschaltete Glühlampen, die besser ins Auge fallen, sich gedrängter anordnen lassen und geräuschlos arbeiten. Zum Verbinden der Leitungen an Vielfachumschaltern dienen Schnurpaare (15—18 für den Arbeitsplatz), die gewöhnlich einen Sprech- und Rufumschalter enthalten. Fig. 681 zeigt die Schaltungsweise eines solchen Umschalters, die äußersten linken Federn sind mit dem aus Kopffernhörer *Kf* und Brustmikrophon *Bm* usw. bestehenden Abfragesystem, die äußersten rechten Federn mit der Rufstromquelle *D* verbunden. Die inneren Federn sind mit den Schnurleitungen zwischen dem Abfragestöpsel *AS* und dem Verbindungsstöpsel *VS* verbunden und können mit Hilfe eines Hebels gegen die äußeren Federn gedrückt werden. — Um beim Vielfachumschalter prüfen zu können, ob eine Leitung an irgendeinem Platze schon verbunden ist, wird die in der Regel isolierte oder mit Erde verbundene Klinkenhülsenleitung beim Einstecken eines Stöpsels mit dem einen Pol einer Batterie verbunden. Diese erzeugt beim Berühren der Hülse mit der Spitze des Verbindungsstöpsels im Kopffernhörer ein Knackgeräusch und zeigt so das Besetztsein der Leitung an.

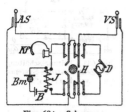

Fig. 681. Schnurpaar
für Vielfachumschalter.

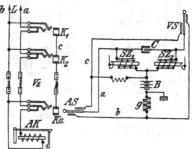

Fig. 682. Vielfachsystem mit Schlußzeichen.

Kleinere Vielfachumschalter für Ämter bis zu 1000—2000 Anschlüssen erhalten Anrufklappen, die durch Kontakte in den Unterbrechungsklinken beim Einführen eines Stöpsels abgeschaltet werden (Fig. 682). Die Schnurpaare haben je zwei selbsttätige Schlußzeichen SZ_1 und SZ_2. Dies sind elektromagnetische Vorrichtungen mit hoher Impedanz, die beim Anziehen des Ankers eine farbige Scheibe hinter einem Fenster erscheinen lassen. Wo sie benutzt werden, ist in

den Fernhörerstromkreis der Gehäuse (zwischen Klemmen k_1 und k_2 Fig. 677)
ein Kondensator einzuschalten, so daß während des Gesprächs kein Gleichstrom
fließen kann. Wird der Fernhörer angehängt, so fließt Strom aus B über SZ_1,
Leitung, Wecker des Gehäuses und g. Die Gleichstromwege der Schlußzeichen
sind durch einen Kondensator C getrennt. Batteriespannung 6—8 V, Widerstand von SZ 500, von g 100 $Ø$.

Bei diesen Systemen erhält der Teilnehmer eine Mikrophonbatterie und einen
Weckinduktor.

(1127) Zentralbatteriebetrieb. Um die besonderen Stromquellen, Batterien
und Induktoren, beim Teilnehmer entbehrlich zu machen, rüstet man die Ämter
mit einer großen Amtsbatterie (20 bis 40, meist 24 V) aus, welche den Strombedarf für die Mikrophone der Sprechstellen und den Anruf decken kann.

Der Anruf des Amtes erfolgt beim Abnehmen des Hörers selbsttätig durch
ein Glühlampensignal; ebenso das Schlußzeichen beim Anhängen; der verlangte
Teilnehmer wird vom Amte gerufen. Als Klinken dienen Parallelklinken ohne
Unterbrechungskontakte. Man unterscheidet Systeme mit dreidrähtigen und
solche mit zweidrähtigen Vielfachleitungen; erstere haben eine besondere Klinkenhülsenleitung für Prüf- und Signalisierungszwecke, bei letzteren wird der eine
Zweig der Sprechleitung hierfür mitbenutzt. Hieraus ergeben sich zwar gewisse
Vereinfachungen für die Konstruktion und Ersparnisse an Klinken und Kabeln,
man zieht aber gleichwohl heute allgemein die dreidrähtigen Systeme wegen ihrer
größeren Betriebssicherheit und Anpassungsfähigkeit vor. Der selbsttätige Anruf
und die Schlußzeichengebung werden dadurch ermöglicht, daß bei angehängtem
Hörer der vor dem Wecker der Gehäuse liegende Kondensator (1124) den
Gleichstrom der Zentralbatterie sperrt, während bei abgenommenem Hörer ein
Weg für diesen Strom durch das Mikrophon freigegeben wird.

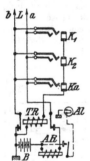 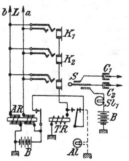 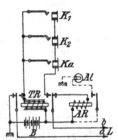

Fig. 683. Leitungs-
schaltung des Zentral-
batterie-Systems der
Western Co.

Fig. 684. Leitungsschaltung
des Zentralbatterie-Systems
von Ericsson.

Fig. 685. Leitungsschaltung
des Zentralbatterie-Systems
von Kellogg.

Fig. 683 stellt ein d r e i d r ä h t i g e s S y s t e m mit Abschaltung des Anrufrelais dar (W e s t e r n C o.). Beim Abnehmen des Hörers fließt Strom aus B
durch das Anrufrelais AR in die Leitung; die zur Abfrageklinke Ka gehörige
Anruflampe Al kommt zum Aufleuchten. Beim Einführen des Stöpsels AS (s. u.)
erhält das Trennrelais TR Strom und schaltet AR ab, so daß Al wieder erlischt.

Ein dreidrähtiges System, bei dem das Anrufrelais eingeschaltet bleibt und
gleichzeitig als Schlußzeichenrelais dient, zeigt Fig. 684 (E r i c s s o n & C o.).
AR schließt beim Ansprechen den Stromkreis von Al, der wieder unterbrochen
wird, sobald der Stöpsel S eingesteckt und TR über Sl_1 mit Batterie verbunden

wird. Solange der Anker AR angezogen, wird Sl_1 überbrückt (die Batterie B bei Sl_1 ist dieselbe wie die unter AR); diese Lampe leuchtet erst auf, wenn AR nach Gesprächschluß den Anker losläßt. Die Schnurpaare enthalten bei diesem System keine Relais, sondern nur die Trennkondensatoren C_1, C_2.

Ein z w e i d r ä h t i g e s S y s t e m mit Abschaltung des Anrufrelais ist in Fig. 685 dargestellt (K e l l o g g). Die Systemleitungen sind hierbei in der Ruhe von der Außenleitung getrennt und enthalten nur das Relais TR, das beim Einführen eines Stöpsels anspricht, das Anrufrelais AR abschaltet und die Systemleitungen mit der Außenleitung verbindet.

Bei dem System von S i e m e n s & H a l s k e (Fig. 686) bleibt das Anrufrelais eingeschaltet. Von den beiden Wicklungen w_1 ($850\ \emptyset$) und w_2 ($150\ \emptyset$) des sog. Kipphebelrelais hat erstere etwa doppelt so viel Windungen als letztere, so daß, wenn beide beim Abnehmen des Hörers von gleichem Strom durchflossen werden, w_1 überwiegt und ein Anziehen des Ankers bewirkt. Beim Einführen des Stöpsels erhält dagegen w_2 einen stärkeren Strom und führt den Anker in seine Ruhelage zurück.

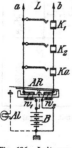

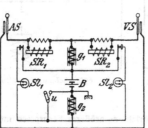

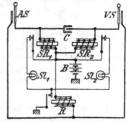

Fig. 686. Leitungsschaltung des Zentralbatterie-Systems von S i e m e n s & H a l s k e.

Fig. 687. Schnurpaarschaltung mit einfacher Brücke.

Fig. 688. Schnurpaarschaltung mit geteilter Brücke.

Für die S c h n u r p a a r e der Zentralbatteriesysteme gibt es je nach der Art der Zuführung des Speisestromes und der Schlußlampenanordnung verschiedene Schaltungsmöglichkeiten, die bei entsprechender Anpassung für jedes System verwendbar sind. Fig. 687 zeigt eine einfache Brücke g_1, g_2; die Schlußzeichenrelais SR_1 und SR_2 liegen mit induktionsfreien Widerständen überbrückt unmittelbar in dem einen Leitungszweig; der Stromkreis der Schlußlampen Sl_1, Sl_2 wird bei ruhenden Stöpseln durch einen mit diesen bewegten Umschalter (Stöpsel- oder Schnurumschalter) u unterbrochen. Günstiger ist wegen des geringeren Spannungsabfalls die Anordnung mit geteilter Brücke (Fig. 688), bei der SR_1 und SR_2 in der Brücke selbst liegen; die Gleichstromwege werden durch C getrennt. Das Relais R (vgl. hierzu Fig. 686), das gleich beim Einsetzen des Stöpsels AS anspricht, schließt den Stromweg der Schlußlampen. Bei der K e l l o g g schen Anordnung (Fig. 689, zu vgl. Fig. 685) ist eine doppelte Brücke, bestehend aus je 2 Relais, die durch Kondensatoren C_1, C_2 getrennt werden, vorhanden. Der Stromkreis jeder Schlußlampe wird durch ein besonderes, gleich beim Einsetzen des Stöpsels ansprechendes Relais R_1 bzw. R_2 geschlossen. Bei dem System der W e s t e r n Co. (Fig. 690) werden die Stromkreise der beiden Teilnehmer durch einen Übertrager Ue verbunden; SR_1, SR_2 liegen mit induktionsfreien Widerständen überbrückt unmittelbar in dem einen Zweig. Der Stromkreis der Schlußlampen wird über die Hülsenleitung der Klinken beim Einsetzen des Stöpsels geschlossen. Während des Gesprächs schalten SR_1 und SR_2 Nebenschlüsse n_1, n_2 zu den Schlußlampen, so daß diese erlöschen.

(1128) Verbindungen zwischen mehreren Ämtern eines Fernsprechnetzes werden auf besonderen Verbindungsleitungen ausgeführt, die bei größerem Verkehr nur immer in einer Richtung (abgehende und ankommende Leitungen) betrieben werden. Der Anruf des zweiten Amtes und die Angabe der gewünschten Verbindung wird entweder dem Teilnehmer überlassen oder auf besonderen Dienstleitungen von den Beamtinnen ausgeführt (D i e n s t l e i t u n g s b e - t r i e b). Moderne Anlagen haben besondere Einrichtungen für die Überwachung der Verbindungen, für den selbsttätigen Anruf des verlangten Teilnehmers und für optische und akustische Rücksignale nach dem ersten Amt für den Fall, daß die verlangte Leitung besetzt oder gestört ist oder der Teilnehmer nicht antwortet.

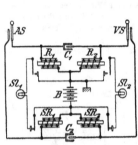

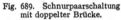

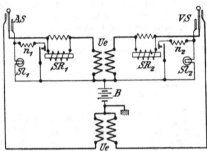

Fig. 689. Schnurpaarschaltung
mit doppelter Brücke.

Fig. 690. Schnurparrschaltung mit Übertrager.

(1129) Die technische Einrichtung größerer Fernsprechämter wird gewöhnlich auf 4 Haupträume verteilt: den Betriebssaal für den Ortsverkehr, den Betriebssaal für den Fernverkehr, den zweckmäßig unmittelbar unter dem Ortsaal gelegenen Verteiler- und Relaisraum und den Batterieraum. In dem Ortssaal werden die Vielfachumschalter (1126 b) möglichst in einer Reihe, u. U. in Hufeisenform, aufgestellt, da die Kabelverbindungen zwischen den Vielfachfeldern verschiedener Schrankreihen sehr kostspielig sind. Die Vielfachumschalter, an denen Anschlußleitungen endigen, haben für je 3 Arbeitsplätze von zusammen 180 cm Breite ein gemeinsames Vielfachfeld. Die Abmessungen der 20 teiligen Klinkenstreifen werden so gewählt, daß 8,9 oder 10 Streifen in einem Feld nebeneinander liegen. Das 9 teilige Vielfachfeld ergibt die zweckmäßigsten Abmessungen und wird daher bevorzugt. An den Umschaltern für ankommende Verbindungsleitungen wird zur Erleichterung der Bedienungsarbeit das Vielfachfeld nur für 2 Plätze gemeinsam gemacht. (6 teiliges Feld). Bei Ämtern in großen Netzen, bei denen von allen Verbindungen nur 20 v. H. und weniger innerhalb des Amtes verbleiben, die übrigen aber über Verbindungsleitungen nach anderen Ämtern gehen, wird die Ausrüstung der Umschalter für Anschlußleitungen mit einem vollen Klinkenfeld unwirtschaftlich; in solchen Fällen werden auch die Verbindungen innerhalb des Amtes, wie die nach anderen Ämtern, über Verbindungsleitungen abgewickelt. Zur besserern Ausnutzung des Personals und der technischen Einrichtung werden vielfach auch sog. V e r t e i l e r ä m t e r eingerichtet, bei denen die Anrufzeichen an besonderen Schränken zentralisiert sind und die eingehenden Anrufe auf freie Verbindungsplätze verteilt werden. — Für die Aufstellung der Vielfachumschalter für Fernleitungen (Fernschränke) gelten ähnliche Grundsätze wie für das Ortsamt. Die Schränke haben hier 2 Arbeitsplätze und ein 5 teiliges Vielfachfeld.

Der Verteiler- und Relaisraum enthält gewöhnlich in drei parallelen Reihen den Hauptverteiler (1125), den Zwischenverteiler (1126) und die Gestelle für die

Aufnahme der Leitungsrelais (Anruf- und Trennrelais). Die übrigen Relais (für die Schnurpaare, Verbindungsleitungen usw.) werden möglichst im Vielfachumschalter selbst untergebracht. In der Nähe des Hauptverteilers, der an den Sicherungsleisten (1125) für jede Leitung Trennkontakte für Untersuchungszwecke enthält, wird ein mit Meßinstrumenten ausgerüsteter Prüfschrank aufgestellt. In vielen Fällen nimmt der Verteilerraum auch die Maschinenanlage (Lade- und Rufstrommaschinen) auf. In dem Batterieraum befindet sich die

(1130) Zentralbatterie. Als gemeinsame Stromquelle für die Zentralbatterieämter kommen infolge des hohen Strombedarfs für die Mikrophonspeisung und die Glühlampensignalisierung nur Sammler in Betracht. Unmittelbare Stromentnahme aus einer Maschine ist wegen Übertragung des Maschinengeräusches auf die Sprechstromkreise nicht angängig. Meistens werden 2 Batterien vorgesehen, von denen abwechselnd immer die eine auf Betrieb, die andere auf Ladung geschaltet ist. Die einzelne Batterie ist gewöhnlich so bemessen, daß sie bei vollem Ausbau des Amtes den Strombedarf für einen Tag decken kann. Im übrigen ist die Größe der Batterie abhängig von der Art des Systems, von der Zahl der Anschluß-, Verbindungs- und Fernleitungen und von der Belastung dieser Leitungen. Man kann unter normalen Bedingungen etwa 0,15—0,3 Amperestunden für die Leitung rechnen. Die Ladung erfolgt in der Regel mit Hilfe von Umformern, in Wechselstromanlagen auch mit Gleichrichtern; vielfach wird auch unmittelbare Ladung aus dem Netz angewendet, wobei die Batterie dann in Gruppen zerlegt wird, die für Ladung hintereinander, für den Betrieb parallel geschaltet werden.

(1131) Selbstanschlußsysteme finden in neuerer Zeit immer mehr Anwendung, namentlich das automatische System von S t r o w g e r. Die Gehäuse der Sprechstellen haben eine Nummernscheibe, durch deren Drehen eine Reihe von Kontakten geschlossen wird, die eine Bewegung der auf dem Amte stehenden Schaltwerke herbeiführen; beim Anhängen des Hörers werden die Schaltwerke in die Ruhelage zurückgeführt. Beim Besetztsein einer Leitung ertönt im Hörer ein Summergeräusch. Jedes Schaltwerk enthält in der Regel die Kontakte für 100 Leitungen. Bei Ämtern mit größerer Teilnehmerzahl tritt eine Gruppenteilung ein; jede Gruppe von 100 Anschlußleitungen besitzt 10 „L e i t u n g s w ä h l e r"; der Teilnehmer erreicht mit Hilfe von „G r u p p e n - w ä h l e r n" einen freien Leitungswähler des Hunderts, in dem die gewünschte Leitung liegt. Bei Systemen für 1000 Leitungen enthält jeder Verbindungssatz 1, bei 10 000 Leitungen 2, bei 100 000 Leitungen 3 Gruppenwähler. Um die Zahl der ersten Gruppenwähler zu vermindern, erhält nicht jeder Teilnehmer einen solchen Apparat, sondern für je 100 Anschlußleitungen werden nur 10 Gruppenwähler vorgesehen, die entweder durch einen jeder Leitung zugeordneten kleinen V o r w ä h l e r oder durch einen jedem Gruppenwähler beigegebenen A n r u f - s u c h e r mit der anrufenden Leitung selbsttätig verbunden werden. Neuere Systeme sind für zentrale Mikrophonspeisung, selbsttätigen Teilnehmeranruf und Gesprächszählung eingerichtet.

Bei den h a l b a u t o m a t i s c h e n Systemen werden gewöhnliche Teilnehmerapparate ohne Nummernscheibe verwendet. Der Teilnehmer wird beim Abnehmen des Hörers durch eine Vorwählereinrichtung selbsttätig mit einer freien Beamtin verbunden, die dann ihrerseits die Schaltwerke in ähnlicher Weise wie beim vollautomatischen System mit Hilfe einer als Tastatur ausgebildeten Stromsendeeinrichtung einstellt. Alle übrigen Vorgänge, wie Besetztzeichen, Anruf des Teilnehmers, selbsttätige Trennung der Verbindung bei Schluß des Gesprächs, erfolgen wie beim vollautomatischen System.

(1132) Nebenstelleneinrichtungen. Wo nur zwei Sprechstellen an eine Anschlußleitung anzuschließen sind, wird vielfach ein Z w i s c h e n s t e l l e n - u m s c h a l t e r verwendet. Er gestattet, daß jede der beiden Stellen unter Ausschluß der anderen mit dem Amt verbunden werden kann, und ermöglicht auch den Verkehr der beiden Stellen untereinander. Sind mehr als zwei Nebenstellen vorhanden, so werden K l a p p e n s c h r ä n k e (1126 a) für 3, 5, 10, 20 und mehr Leitungen verwendet. Bei Zentralbatterieanlagen sind vielfach P a r t n e r a n s c h l ü s s e (P a r t y - l i n e s) in Anwendung, bei denen gewöhnlich 2 bis 4 Nebenstellen in paralleler Abzweigung an eine Leitung angeschlossen werden. Die Einrichtung ist so getroffen, daß jede dieser Stellen ohne Störung der andern einzeln vom Amt aus angerufen werden kann. Dies wird entweder durch Relaisschaltungen und polarisierte Wecker, die nur auf eine bestimmte Stromart ansprechen, erreicht oder bei neueren Systemen durch Wecker, bei denen ein an einer starken Blattfeder aufgehängter Anker durch passende Gewichte auf eine bestimmte Polwechselzahl (2000, 4000, 6000 und 8000 Wechsel in der Minute am gebräuchlichsten) abgestimmt wird. Häufig finden auch sog. R e i h e n s c h a l t a p p a r a t e und L i n i e n w ä h l e r Anwendung, die gestatten, daß sich jede Nebenstelle mit dem Amt oder einer anderen Nebenstelle selbst verbinden kann. Zu dem Zwecke sind die Amtsleitungen sowie die Leitungen der einzelnen Nebenstellen über alle Apparate hinweggeführt; die Nebenstellenapparate enthalten soviel Tastenknöpfe, als Leitungen vorhanden sind, so daß sich jede Stelle mit diesen Leitungen verbinden kann. Beim Anhängen des Hörers werden die Tasten selbsttätig ausgelöst und damit die Verbindungen wieder aufgehoben.

(1133) Fernsprechautomaten. Öffentliche Sprechstellen zur Benutzung durch jedermann werden mit einer Kassiervorrichtung versehen, bei der beim Einwurf des Geldstücks oder durch Bewegen eines Hebels nach Einwurf des Geldes ein Glockensignal ausgelöst wird, das durch das Mikrophon der Sprechstelle nach dem Amt übertragen wird und so eine Kontrolle der erfolgten Gebührenzahlung gestattet. Andere Systeme sind auch so eingerichtet, daß durch das Einwerfen des Geldstücks erst der Anruf des Amtes erfolgt. Durch elektromagnetische Vorrichtungen kann dann das Geldstück vom Amte aus entweder in die Kassette oder, falls die Verbindung nicht ausgeführt werden kann, in die Rückzahlschale geleitet werden.

(1134) Überlandleitungen zur Verbindung kleinerer Ortschaften werden für parallele Abzweigung der Sprechstellen (bis zu 10 und mehr an einer Leitung) eingerichtet. Schaltung der Gehäuse wie Fig. 677, jedoch erhält der Wecker hohen Widerstand und Impedanz (1500 $\emptyset$ bei etwa 22 000 Umwindungen). Auf den End- oder Durchgangsämtern werden die Leitungen vielfach auf Klappenschränke gelegt, deren Klappen in ihren elektrischen Eigenschaften den Weckern angepaßt sein müssen. Der Anruf der einzelnen Stelle erfolgt mit Hilfe verabredeter (Morse-)Zeichen durch den Induktor. Häufig wird die Einrichtung so getroffen, daß die gewöhnlich als Endstation eingeschalteten größeren Ämter durch den gegenseitigen Anruf der übrigen Anstalten nicht gestört werden; bei ihnen geht ein Anruf erst dann ein, wenn bei den Sprechstellen gleichzeitig Taste gedrückt und dadurch der eine Zweig der Doppelleitung an Erde gelegt wird.

(1135) Fernleitungen werden als Doppelleitungen zur Verbindung der einzelnen Fernsprechnetze hergestellt. Da die in den Teilnehmerleitungen etwa auftretenden Nebenschlüsse oder die bei den Schlußzeichen- oder Zentral-Mikrophonbatterien vorhandene Erde das Auftreten störender Geräusche auf den Fernleitungen begünstigt, wird zwischen die Fernleitung und die damit zu verbindende Anschlußleitung ein Übertrager (Transformator) geschaltet. Der bei der ReichsTelegraphenverwaltung gebräuchliche Ü b e r t r a g e r von M ü n c h besitzt einen Kern aus dünnen ausgeglühten Eisendrähten von 30 mm Durchmesser und 130 mm Länge. Die primäre Wicklung hat 2 × 100 $\emptyset$ bei 3900 Umwindungen, die sekundäre 250 $\emptyset$ bei 4000 Umwindungen; über den Umwindungen liegt noch ein Mantel aus Eisendrahtbündeln. Die Fernleitungen endigen auf den Ämtern in einem aus einer Anrufklappe von hohem Widerstand oder einem Relais mit

Glühlampe bestehenden Anrufzeichen; sie sind entweder unmittelbar mit einer Stöpselschnur verbunden oder werden mit Hilfe eines Schnurpaars ähnlich wie bei den Klappenschränken (1126 a) mit der Teilnehmerleitung oder untereinander verbunden. Eine häufig gebrauchte Schaltung für eine Fernleitung zeigt Fig 691. Zwischen den Zweigen der Fernleitung ist die Fernklappe *FK* mit hoher Selbstinduktion (1500 $\varnothing$, 14000 Umwindungen) dauernd eingeschaltet. In der Ruhestellung des Hebelumschalters *H* ist der Übertrager zwischen Leitung und Stöpsel *FS* eingeschaltet. Diese Anordnung wird zur Verbindung zweier Fernleitungen mittels Übertrager benutzt, während bei Umlegung nach rechts unmittelbare Verbindung der Leitungen erfolgt.

Bei Verbindungen mit Teilnehmerleitungen wird der Umschalter nach links gelegt, wodurch das Schlußzeichen *SZ* nebst Batterie *B* in die primäre Wicklung (nach dem Teilnehmer hin) eingeschaltet wird. Die Fernschränke enthalten Klinken zur Verbindung von Fernleitungen untereinander und für den Dienstleitungsverkehr unter den Schränken sowie Klinken für die nach dem Ortsamt führenden Ortsverbindungsleitungen.

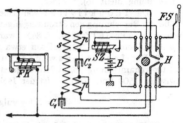

Fig. 691. Schaltung für eine Fernleitung.

Diese endigen an einem oder mehreren Vorschaltschränken, die so eingerichtet sind, daß beim Stöpseln einer für den Fernverkehr verlangten Leitung deren Verbindung mit dem Amtssystem zur Vermeidung von Störungen unterbrochen wird.

Literatur.

A r t h u r W. A b b o t t, Telephony, New-York 1905. — W. A i t k e n ' s Manual of the Telephone, London 1911. — H. R. v a n D e v e n t e r, Telephonologie, Chicago 1910. — A. E k s t r ö m, Moderne Telephontechnik, Stockholm 1903. — C. H e r s e n u. R. H a r t z, Die Fernsprechtechnik der Gegenwart, Braunschweig 1910. — A. K r u c k o w, Selbstanschluß- und Wahlereinrichtungen, Braunschweig 1911. — K e m p s t e r B. M i l l e r, American Telephone Practice, New York 1905. — M c. M e a n & M i l l e r, Telephony, Chicago 1912. — R e l l s t a b, Das Fernsprechwesen, Leipzig 1902. — A. B. S m i t h, Modern American Telephony, Chicago 1911. — A. B. S m i t h u. F. A l d e n d o r f f, Automatische Fernsprechsysteme, Berlin 1910. — W i e t l i s b a c h - Z a c h a r i a s, Handbuch der Telephonie, Wien 1910. — T e l e p h o n y Chicago. — T e l e p h o n e E n g i n e e r, Chicago. — Z e i t s c h r i f t f ü r S c h w a c h s t r o m t e c h n i k, München.

Eigenschaften von Telegraphen- und Fernsprechleitungen und -apparaten.

Leitungen.

(1136) Telegraphenkabel. Nur für die mit Guttapercha isolierten Kabel lassen sich einigermaßen genaue Angaben machen. Für den

a) L e i t u n g s w i d e r s t a n d gilt nach den Lieferungsverträgen, daß er bei 25° C für 1 km höchstens 17,5 $\varnothing$ für jedes mm² des Querschnitts betragen darf.

b) Die K a p a z i t ä t kann man nach der Formel berechnen

$$C = \frac{0{,}024\ \varepsilon}{\log \text{vulg}\ D/2\,\rho}\ \mu F/km$$

worin für ε Werte zwischen 3,5 und 4 zu setzen sind. 2 ρ bezeichnet den Durchmesser der Seele, D den der Guttaperchaader. Es ist gebräuchlich, ein Kabel nach den Gewichten der für die Seemeile oder das Kilometer erforderlichen Mengen von Kupfer und Guttapercha zu bezeichnen. Bei gleichen Mengen beider Materialien erhält das Kabel eine Kapazität von 0,192 μF/km. Bezeichnet Cu das Kupfergewicht, G das Guttaperchagewicht, so ist sehr nahe

$$C = \left(0{,}110 + 0{,}082 \,\frac{Cu}{G}\right) \mu\text{F/km}$$

In Ländern englischer Sprache ist es üblich, die Stärke eines Kupferleiters durch sein Gewicht P in englischen Pfunden für eine Meile anzugeben. Zur Umrechnung dient (6).

c) Die I n d u k t i v i t ä t von Telegraphenkabeln ist so gering, daß man sie bei der Berechnung von Stromvorgängen vernachlässigen kann. Nach Messungen von B r e i s i g (ETZ 1899, S. 842) war die Induktivität eines Kabels mit 2ρ = 0,5 cm, C = 0,212 μF/km etwa gleich 0,0024 H/km.

d) Der I s o l a t i o n s w i d e r s t a n d hängt sehr von der angewandten Guttaperchamischung ab, außerdem gesetzmäßig von D und 2ρ. Ist A eine Zahl zwischen 2500 und 7000, so ist der Isolationswiderstand

$$W = A \log \text{vulg} \, \frac{D}{2\rho} \, M\Omega \cdot \text{km}$$

(1137) Fernsprechkabel mit Luftisolation. Alle Eigenschaften werden für 1 km Doppelleitung angegeben, da Einzelleitungskabel in der modernen Technik keine Bedeutung mehr haben.

a) Der W i d e r s t a n d für 1 km ist mit $0{,}44/(2\rho)^2$ (ρ in cm) anzunehmen; bei den gebräuchlichen Stärken ist er von der Frequenz nahezu unabhängig.

b) Für die K a p a z i t ä t der Doppelleitung gilt die Formel

$$C = \frac{0{,}019}{\log \text{vulg} \, u} \, \mu\text{F/km}$$

wo u eine von der Bauart des Kabels abhängige Größe ist. Bei einem Kabel mit zwei oder vier Doppelleitungen innerhalb eines Bleimantels vom Radius r, bei denen die Querschnitte vom Radius ρ den Achsenabstand $2\,d$ besitzen, ist $u = 2\,d\,(r^2 - d^2)/\rho\,(r^2 + d^2)$. Bei vielpaarigen Kabeln, in denen auf eine Doppelleitung der Raum q cm^2 entfällt, ist

$$u = \frac{0{,}43\sqrt{q}}{\rho} \left(1 - 0{,}56 \,\frac{\rho}{\sqrt{q}}\right)$$

Für annähernde Rechnungen kann man die Kapazität mit 0,033 μF für Kabel mit 0,8 mm starken Drähten bis 0,038 für Kabel mit 2 mm starken Drähten ansetzen.

c) Die I n d u k t i v i t ä t gewöhnlicher Fernsprechkabel ist gleichfalls gering und braucht gegen den Widerstand nicht berücksichtigt zu werden. Man kann sie berechnen nach der Formel

$$L = 4 \left(\log \text{nat} \, \frac{2\,d}{\rho} + \frac{1}{4}\right) \cdot 10^{-4} \, \text{H/km}$$

d) Die A b l e i t u n g in Fernsprechkabeln gegen Wechselströme von der Frequenz der Telephonströme ist bei weitem höher als die gegen Gleichstrom. Es hat nach den bisherigen Erfahrungen den Anschein, daß die Größe G/C eine Materialkonstante ist, deren Wert für Papierkabel zwischen 15 und 60 liegt. Bei Guttaperchakabeln hatte sie bis vor kurzem erheblich höhere Werte, etwa 100, indessen ist es bei der für das englisch-belgische Fernsprechkabel von 1911 verwendete Guttapercha gelungen, sie auf 12 bis 15 herabzusetzen.

(1138) Oberirdische Leitungen. a) E i n z e l l e i t u n g e n. Die Kapazität eines einzelnen Drahtes gegen Erde ergibt sich zu $C = 0{,}0241/\log \text{vulg}\,(2\,h/\rho)\,\mu$F/km, wenn h die Höhe über dem Erdboden, 2ρ der Drahtdurchmesser ist. Durch benachbarte Leitungen wird dieser Wert stark verändert. Die Induktivität einer an beiden Enden geerdeten Einzelleitung kann man aus der Formel berechnen

$$L = 2 \left(\log \operatorname{nat} 2\, l/\rho - 1 + \frac{\mu}{4} \right) \cdot 10^{-4}\ \text{H/km, sie ist also von der Länge etwas,}$$

von μ stark abhängig. Für Telegraphierströme kann man bei Eisendrähten $\mu = 100$ setzen. Für Kupfer- und Bronceleitungen nimmt man ausreichend genau $C = 0,0065\ \mu\text{F/km}$, $L = 0,004\ \text{H/km}$ an.

b) **D o p p e l l e i t u n g e n.** Für Kapazität und Induktivität eisenfreier Leitungen gelten für 1 km Schleife die Formeln $C = 0,012 \log \operatorname{vulg} (2\, d/\rho)\ \mu\text{F/km}$ und $L = 4\,(\log \operatorname{nat} 2\, d/\rho + 0,25) \cdot 10^{-4}\ \text{H/km}$. Die danach sich ergebenden Werte werden durch die Kapazität der Isolatoren und durch Rückwirkungen aus benachbarten Leitungen etwas verändert. Auch der wirksame Widerstand, der bei 15° C mit Rücksicht auf die höhere Festigkeit der zu Freileitungen verwendeten Drähte etwa gleich $0,48/(2\rho)^2$ ist, verändert sich durch Induktions- und Wirbelströme. Die nachstehende Tabelle gibt für $\omega = 5000$ Werte der elektrischen Eigenschaften von Freileitungen für 1 km Schleife auf Grund von Messungen.

2ρ in mm	Widerstand $\varnothing$	Kapazität μF	Induktivität H
3,0	5,44	0,0060	0,00204
4,0	3,16	0,0064	0,00192
4,5	2,56	0,0066	0,00186
5,0	2,16	0,0067	0,00181

Die Ableitung oberirdischer Fernsprechleitungen beträgt bei gutem Stande und gutem Wetter weniger als $0,1\ \mu\text{S/km}$, sie kann aber bei schlechtem Wetter auf $0,5\ \mu\text{S/km}$ steigen, ohne daß die Leitungen einen ausgeprägten Fehler besitzen.

(1139) Telegraphengleichung. Die elektrischen Eigenschaften einer homogenen Leitung seien für die Längeneinheit angegeben durch den Leitungswiderstand R, die Induktivität L, die Kapazität C und die Ableitung G. An einer durch den Abstand z von einem festen Punkte bestimmten Stelle sei die Spannung V, die Stromstärke I. Bis zur Stelle $z + dz$ erleiden beide Größen eine Änderung, die Spannung durch den Verlust im Widerstand und durch die EMK der Selbstinduktion bei zeitlicher Änderung der Stromstärke, der Strom durch Ableitung und Änderung der Ladung bei zeitlicher Änderung der Spannung. Dies führt zu den Gleichungen

$$-\frac{\partial V}{\partial z} = R\, I + L\, \frac{\partial I}{\partial t}$$

$$-\frac{\partial I}{\partial z} = G\, V + C\, \frac{\partial V}{\partial t}$$

Scheidet man eine der Variabeln I und V aus, so erhält man in beiden Fällen eine Gleichung, die Telegraphengleichung

$$\frac{\partial^2 U}{\partial z^2} = C\, L\, \frac{\partial^2 U}{\partial t^2} + (G\, L + C\, R)\, \frac{\partial U}{\partial t} + G\, R\, U$$

wo U sowohl V als I sein kann.

Für zeitlich unveränderliche Vorgänge (Gleichstrom) folgt $\dfrac{\partial^2 U}{\partial z^2} = G\, R\, U$.

(1140) Leitung mit gleichmäßig verteilten Fehlern. Bildet man unter der Annahme, daß Gleichstrom in der Leitung fließe, die Werte

$$Z = \sqrt{R\,W} = \sqrt{\frac{R}{G}}; \quad \gamma = \sqrt{G\,R} = \sqrt{\frac{R}{W}}$$

so stehen die Spannungen V_a und V_e sowie die Stromstärken I_a und I_e am Anfange und am Ende der Leitung von der Länge l in den Beziehungen

$$V_a = V_e \frac{e^{\gamma l} + e^{-\gamma l}}{2} + Z\,I_e \frac{e^{\gamma l} - e^{-\gamma l}}{2}$$

$$I_a = I_e \frac{e^{\gamma l} + e^{-\gamma l}}{2} + \frac{V_e}{Z} \frac{e^{\gamma l} - e^{-\gamma l}}{2}$$

a) **Scheinbarer Isolations- und Leitungswiderstand.** Isoliert man die Leitung am fernen Ende, $I_e = 0$, so heißt das sich dann ergebende Verhältnis $V_a/I_a = U_1$ der scheinbare Isolationswiderstand. Es ist

$$U_1 = Z \frac{e^{\gamma l} + e^{-\gamma l}}{e^{\gamma l} - e^{-\gamma l}}$$

Schließt man die Leitung am fernen Ende gegen Erde oder Gegenleitung kurz, $V_e = 0$, so ergibt der nunmehrige Wert von V_a/I_a den scheinbaren Leitungswiderstand U_2: dieser ist

$$U_2 = Z \frac{e^{\gamma l} - e^{-\gamma l}}{e^{\gamma l} + e^{-\gamma l}}$$

Man erhält hieraus

$$Z = \sqrt{U_1 U_2}, \quad \gamma = \frac{1}{2l} \log \text{nat} \frac{1 + \sqrt{\dfrac{U_2}{U_1}}}{1 - \sqrt{\dfrac{U_2}{U_1}}}$$

Die Größe γ, die für die Stromschwächung durch Ableitung kennzeichnend ist, hängt also von dem Verhältnis U_2/U_1 ab.

Aus diesen Gleichungen kann man die Werte R und W berechnen. Statt dessen kann man die nachstehende Tabelle benutzen, in der für Werte des Verhältnisses U_2/U_1 eine Größe δ angegeben ist, mittels deren man findet:

$$R = \frac{U_2}{l}(1 + \delta), \quad W = l\,U_1 \frac{1}{1 + \delta}$$

U_2/U_1	δ	U_2/U_1	δ	U_2/U_1	δ	U_2/U_1	δ
0	0	0,20	0,076	0,35	0,148	0,50	0,246
0,05	0,018	0,25	0,098	0,40	0,177	0,55	0,286
0,10	0,036	0,30	0,122	0,45	0,210	0,60	0,332
0,15	0,056						

(1141) Verhältnis des ankommenden Stromes I_e zum abgehenden Strom I_a. Statt eine vollständige Messung durch die Größen U_1 und U_2 zu machen, begnügt man sich im Betriebe auch damit, das Verhältnis I_e/I_a mittels der Tischgalvanometer zu bestimmen. Setzt man $V_e = R_e I_e$, so ergeben die Gleichungen in (1140) die Beziehung

$$\frac{I_e}{I_a} = \frac{\sqrt{1 - \dfrac{U_2}{U_1}}}{1 + \dfrac{R_e}{U_1}}$$

Wenn man unter Ausschaltung der Apparate mißt, oder wenn R_e gegen U_1 unbeträchtlich ist, so kann man das Verhältnis U_2/U_1 angenähert aus den beiden Strommessungen finden. Die Tabelle stellt zusammengehörende Werte dar.

I_e/I_a	U_2/U_1	I_e/I_a	U_2/U_1	I_e/I_a	U_2/U_1
1,00	0	0,80	0,360	0,60	0,640
0,95	0,098	0,75	0,438	0,55	0,698
0,90	0,190	0,70	0,510	0,50	0,750
0,85	0,272	0,65	0,578		

(1142) Stromverlauf in einer Telegraphenleitung. Zur Ermittlung der Form telegraphischer Zeichen integriert man die Telegraphengleichung bei bestimmten Grenzbedingungen auf Grund der Annahme, daß am Anfange von einem bestimmten Augenblick ab dauernd eine Stromquelle angelegt werde. Man erhält so das Dauerzeichen, aus dem das Einzelzeichen für eine bestimmte Dauer der Stromsendung ohne neue Rechnung hergeleitet werden kann. Im allgemeinen Fall ergibt sich, daß vom Augenblick der Stromsendung ab eine Stromwelle in die Leitung eintritt, die nach dem Ende zu logarithmisch gedämpft fortschreitet; dort wird sie je nach den angeschalteten Apparaten mehr oder weniger vollkommen reflektiert und interferiert auf dem Rückwege nach dem Anfange mit der einfallenden Welle. Nur wenn der Widerstand einer Leitung sehr klein gegen die Größe $\sqrt{L/C}$ ist, kommen diese Vorgänge deutlich zur Erscheinung; sie werden durch die verzögernden Eigenschaften der Apparate noch stark abgeschwächt.

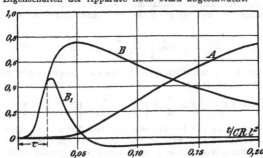

Fig. 692. Stromverlauf am Ende der Leitung.

Für die praktischen Fälle langer Leitungen genügt die von Sir William Thomson begründete Art, die Telegraphengleichung unter der Vereinfachung zu integrieren, daß die Induktivität vernachlässigt wird. Die Kurve des Stromes am Ende der Leitung hängt dann ebenfalls von den eingeschalteten Apparaten ab. Fig. 692 zeigt in A die Kurve unter der Annahme, daß ein Apparat mit unbeträchtlicher Induktivität eingeschaltet ist, dessen Widerstand gegen den der Leitung vernachlässigt werden kann; in B die Kurve in einem Apparat mit vorgeschaltetem Kondensator, dessen Kapazität $^1/_{10}$ der Kabelkapazität beträgt. Die Kurven sind nur als Typen aufzufassen, für verwickeltere Schaltungen sind sie besonders zu berechnen (F. Breisig, ETZ 1900, S. 1046).

Trägt man wie in Fig. 691 als Ordinaten die Anteile des zu einer bestimmten Zeit erreichten Höchststromes, als Abszissen die Größe $t/CR\,l^2$ auf, wo l die Länge des Kabels, so ergeben ähnliche Fälle unter den Bedingungen, daß Widerstand und Kapazität der Endapparate klein gegen die des Kabels sind, annähernd dieselben Kurven.

Um aus der Kurve des Dauerzeichens die des Einzelzeichens von der Dauer τ abzuleiten, zieht man von den Ordinaten zur Zeit t der ersten Kurve z. B. A_1 die Ordinaten zur Zeit $t - \tau$ ab und erhält so z. B. die Kurve B_1.

(1143) Andauernde Wechselströme in Leitungen. Haben die Wechselströme die Frequenz ω, so treten an die Stelle der für Gleichstrom eingeführten Größen γ und Z die folgenden:

$$\gamma = \alpha\,i + \beta = \sqrt{(R + i\,\omega\,L)\,(G + i\,\omega\,C)}, \quad \mathfrak{Z} = \sqrt{\frac{R + i\,\omega\,L}{G + i\,\omega\,C}}$$

γ heißt Fortpflanzungs-, α Wellenlängen- und β Dämpfungskonstante für die Frequenz ω. Die Wellenlänge ist $\lambda = 2\,\pi/\alpha$. $\mathfrak{Z}$ wird die Charakteristik der Leitung genannt.

Im übrigen gelten für die Werte der Spannungen und Stromstärken an beiden Enden der Leitung dieselben Gleichungen wie in (1140), nur sind statt V_a, V_e, I_a, I_e die symbolischen Vektoren in komplexer Form $\mathfrak{V}_a$, $\mathfrak{V}_e$, $\mathfrak{J}_a$, $\mathfrak{J}_e$ zu setzen. Auch die Werte der Scheinwiderstände U_1 und U_2 behalten ihre Form, sie enthalten aber außer der Angabe eines Widerstandes noch den einer Phasenverschiebung. Die Größe $\mathfrak{A} = \frac{1}{2}\left(e^{\gamma\,l} + e^{-\gamma\,l}\right)$ wird als Dämpfungsfaktor der Leitung bezeichnet, die ihren Wert bei längeren Leitungen hauptsächlich bestimmende Zahl βl heißt Dämpfungsexponent.

(1144) Bestimmungsgrößen. Die Größen α, β, $\mathfrak{Z}$ berechnet man in einem bestimmten Fall am einfachsten aus den Definitionsgleichungen in (1143). Um einen Überblick zu erhalten, benutzt man Näherungsformeln. Wenn $\omega\,L$ gegen R unbeträchtlich ist, was bei gewöhnlichen dünndrähtigen Kabeln zutrifft, so ist nahezu

$$\alpha \approx \sqrt{\frac{\omega\,C\,R}{2}}, \quad \beta \approx \sqrt{\frac{\omega\,C\,R}{2}}, \quad \mathfrak{Z} \approx \sqrt{\frac{R}{\omega\,C}}\,e^{-45°\,i}$$

Ist dagegen $\omega\,L$ beträchtlich gegen R, etwa das Doppelte oder mehr, so gilt mit wachsender Annäherung

$$\alpha \approx \omega\sqrt{C\,L}, \quad \beta \approx \frac{1}{2}\,R\sqrt{\frac{C}{L}} + \frac{1}{2}\,G\sqrt{\frac{L}{C}}, \quad \mathfrak{Z} \approx \sqrt{\frac{L}{C}}$$

Diese Annäherung gilt bei Freileitungen von 3 mm Durchmesser aufwärts. In der nachstehenden Tabelle sind die Werte der drei Größen α, β, $\mathfrak{Z}$ für die meistgebrauchten Leitungsarten bei $\omega = 5000$ $(\nu \approx 830)$ zusammengestellt.

Leitung	α für 1 km	β für 1 km	$\mathfrak{Z}$
Kabelleitung mit 0,8-mm-Leitern	0,076	0,076	$651\ e^{-45°\,i}$
Freileitung 3 mm	0,0181	0,00465	$620\ e^{-13,6°\,i}$
,, 4 ,, ...	0,0178	0,00300	$580\ e^{-8,7°\,i}$
,, 4,5 ,, ...	0,0177	0,00254	$567\ e^{-7,3°\,i}$
,, 5 ,, ...	0,0175	0,00219	$557\ e^{-6,3°\,i}$

(1145) Zusammengesetzte Leitungen. Die Formeln nach (1140) gelten für homogene Leitungen. Werden verschiedenartige Leitungen zusammengesetzt, so bleibt die Beziehung zwischen Strömen und Spannungen an den Endpunkten der Leitungen linear; man kann sie genau feststellen, wenn man die Gleichungen für homogene Leitungen schrittweise auf die Bestandteile der zusammengesetzten Leitung anwendet, so daß an den Stoßstellen Ströme und Spannungen stetig ineinander übergehen (Breisig, ETZ 1908. S. 1216). Für die praktischen Berechnungen genügen Annäherungen.

(1146) Anschaltung von Apparaten. Wenn an eine homogene Leitung am Anfange ein Apparat mit dem Scheinwiderstand $\Re_a$ und der EMK $\mathfrak{E}$ angeschlossen ist, am Ende ein Apparat mit dem Scheinwiderstande $\Re_e$, so erhält man die Beziehung

$$\mathfrak{E} = \mathfrak{A}\,\mathfrak{J}_e \left(\Re_e + \mathfrak{U}_2 + \frac{\Re_a}{\mathfrak{U}_1}\,(\Re_e + \mathfrak{U}_1) \right)$$

Wenn wie bei Fernsprechapparaten gewöhnlich $\Re_a = \Re_e = \Re$ ist, ferner die Leitung beträchtlich lang ist, so daß nach (1140) sowohl $\mathfrak{U}_1$ als $\mathfrak{U}_2$ merklich gleich $\mathfrak{Z}$ sind, so geht dies über in

$$\mathfrak{E} = \mathfrak{A}\,\mathfrak{J}_e\,\frac{(\Re + \mathfrak{Z})^2}{\mathfrak{Z}}$$

Da $\mathfrak{Z}$, wie die Tabelle in (1144) zeigt, für Leitungen verschiedener Art fast gleiche Werte hat, ist der Endstrom langer Leitungen dem Werte des $\mathfrak{A}$ umgekehrt proportional, woher sich dessen Bezeichnung als Dämpfungsfaktor (1143) ergibt. An dem Faktor $(\Re + \mathfrak{Z})^2/\mathfrak{Z}$ erkennt man die Bedeutung einer zweckmäßigen Anpassung der Apparate an die Charakteristik der Leitungen.

(1147) Leitungen mit erhöhter Induktivität. Aus den in (1144) mitgeteilten Formeln ergibt sich, daß die Größe β unter sonst gleichen Umständen um so kleiner ist, je größer L wird, falls nicht die Ableitung G hohe Werte besitzt. Hierauf sind Verfahren begründet, Leitungen durch Erhöhung der Induktivität zu verbessern.

a) Verfahren nach Krarup. Dies läßt sich nur für Kabel anwenden und besteht darin, daß die Kupferleiter mit einer bis drei Lagen feinen Eisendrahts (0,2 bis 0,3 mm Durchmesser) bewickelt werden. Näheres über solche Kabel in (986), ferner Breisig, ETZ 1908. S. 587; 1909. S. 223. — Krarup, J. télégr. 1905. S. 187.

Das Kabel von Cuxhaven nach Helgoland hat bei 12 mm² Leiterquerschnitt ein $\beta = 0,0058$ für $\omega = 5000$, während im Kabel Fehmarn-Lolland von 1907 bei 7,2 mm² Querschnitt $\beta = 0,0067$ erreicht wurde.

Auch zur Einführung von Fernleitungen in Städte lassen sich solche Kabel mit einem Werte von $\beta = 0,030$ vorteilhaft benutzen, da dieser mit 1,2 mm starken Kupferdrähten mit Eisenbespinnung erreicht werden kann, während eisenfreie Kabel mit 2,0 mm starken Drähten teurer sind und größere Dämpfung zeigen. Allerdings ist die Anwendung in der Regel aus wirtschaftlichen Gründen auf solche Fälle beschränkt, in denen die Länge zu kurz ist, um das Kabel zweckmäßig zu pupinisieren.

b) Verfahren nach Pupin. Die Induktivität wird nicht stetig verteilt, sondern es werden in geeigneten Abständen Spulen eingeschaltet, in denen die nach der Theorie erforderliche Selbstinduktivität für die dazwischen liegenden Kabelstücke zusammengefaßt ist. Pupins Theorie (Trans. Am. Inst. El. Eng. 1900. S. 245) zeigt, daß die Induktivität solcher Spulen praktisch ebenso wie gleichmäßig verteilte wirkt, wenn der Abstand der Spulen einen bestimmten Bruchteil derjenigen Wellenlänge nicht überschreitet, die einem homogenen Leiter mit derselben Induktivität zugehören würde. Ist dieser Abstand λ/n, so ist die

Dämpfungskonstante der Leitung mit Spulen gleich dem Produkt aus derjenigen des homogenen Leiters mit derselben Induktivität und dem Faktor π: $n \sin \pi/n$. Die Berechnung der Wellenlänge wird vermieden durch die hieraus abgeleitete Formel für den Abstand s

$$\omega_0 \sqrt{C\, L_s\, s} = 2$$

worin man ω_0 als Eigenfrequenz des aus einer Spule mit der Induktivität L_s und der Hälfte der beiderseits angrenzenden Leiter bestehenden Schwingungskreises auffassen kann. Versuche zeigen, daß Leitungen, deren ω_0 höher als 17 000 ist, alle eine gleich gute Sprache geben, während die Übertragung bei 14 000 der Klangfarbe nach merklich geringer, die bei 12 000 schlecht ist.

Die Dämpfungskonstante β von Pupinleitungen hängt wegen der hohen Charakteristik stark von der Größe der Ableitung ab. Diese und die Zeitkonstante τ der Spulen (Verhältnis ihrer Induktivität L_s zu ihrem wirksamen Widerstand R_s) bestimmen den erreichbaren Mindestwert von β auf einer gegebenen Leitung. Die günstigsten Werte von Dämpfungskonstante und Charakteristik sind (Breisig, ETZ 1901. S. 1047. — Lüschen, El. u. Masch.-Bau 1908. S. 793).

$$\beta = \sqrt{\left(G + \frac{C}{\tau}\right)\left(R - \frac{L}{\tau}\right)}, \quad Z = \sqrt{\frac{R - L/\tau}{G + C/\tau}}$$

Ist die Ableitung veränderlich wie bei oberirdischen Leitungen, so ist es vorteilhaft, den niedrigsten Wert der Ableitung der Berechnung zu Grunde zu legen. Man ermittelt so zunächst den günstigsten, also höchsten Wert der Charakteristik. Um Verluste durch Reflexionen zu vermeiden, geht man indessen bei Kabeln, die ein einheitliches Netz bilden, nicht über 2000 hinaus, bei solchen, die mit gewöhnlichen Freileitungen zusammengeschaltet werden, nicht über 1000. Wählt man so einen Wert für Z und für ω_0, so ergeben sich bei Vernachlässigung der natürlichen Induktivität der Leitung und der Kapazität der Pupinspulen folgende Werte für die Induktivität und den Abstand der Spulen

$$L_s = \frac{2\,Z}{\omega_0}, \quad s = \frac{2}{\omega_0\,C\,Z}$$

und ferner ist

$$\beta = \frac{R}{2\,Z} + \frac{G\,Z}{2} + \frac{C\,Z}{2\,\tau}.$$

Pupinspulen. Bei neueren Ausführungen werden ausschließlich Doppelspulen verwandt, bei denen die für die beiden Leitungszweige bestimmten Wicklungen auf demselben Eisenkern liegen. Dieser ist ein geschlossener fein unterteilter Ring; die Bewicklung geschieht zur Vermeidung von Wirbelströmen mit Litzen aus 0,1 mm starken Kupferdrähten. Freileitungsspulen werden mit den Blitzschutzvorrichtungen auf einer mit einer Blechhaube versehenen Konsole untergebracht, und zwar für jede Doppelleitung einzeln (Ebeling, ETZ 1910. S. 20, 46, 74); solche für Kabel werden in der erforderlichen Zahl (bis zu 100) in einem Kasten vereinigt, der mit Isoliermasse ausgegossen und in eine große, die Kabelenden gleichfalls aufnehmende Muffe eingesetzt wird.

(1148) Anwendung auf Fernsprechkreise. Fréquenz. Der Erfahrung gemäß kann man, um die Lautstärke einer Sprechverbindung zu beurteilen, statt des Fernsprechstroms von sehr verwickelter Form einen andauernden sinusförmigen Wechselstrom der Frequenz $\omega = 5000$, also von rund 800 Per/sk verfolgen.

Dämpfungsexponent. Statt der in (1145) angedeuteten Art der Berechnung genügt es, bei Leitungen, deren Teile in der Charakteristik nicht stark verschieden sind, den Dämpfungsexponenten zu betrachten, der gleich der Summe der Werte $\beta\,l$ für die einzelnen Teile des Stromkreises ist. Aus Versuchen folgt, daß Verständigung und Dämpfungsexponent in folgenden Beziehungen stehen:

Dämpfungsexponent	Verständigung
3,0	Gut
3,8	Ausreichend
4,3	Dürftig
4,8	Kaum möglich

Der angegebene Wert des Dämpfungsexponenten gilt für die Leitung von Sprechapparat zu Sprechapparat, es sind also die Stadtleitungen und Amtseinrichtungen mitzurechnen. Für jedes Amt ist ein Zuschlag von etwa 0,15 zu machen. Enthält ein Sprechkreis außer Leitungen gewöhnlicher Art noch Pupinleitungen, so ist es ratsam, für jede Stoßstelle den Betrag 0,3 hinzuzufügen.

Eichleitungen. Zur Bestimmung des Dämpfungsexponenten durch einen Sprechversuch benutzt man Eichleitungen, nämlich künstliche Leitungen bestimmter Eigenschaften, die nach Einheiten von βl unterteilt sind. Man tauscht bei dem Sprechversuch die zu prüfende Leitung (zum Ausgangsort zurückkehrende Schleife) möglichst schnell gegen die Eichleitung aus und nimmt von letzterer so viele Einheiten, daß die Übertragung beim Umtausch der Leitungen unverändert bleibt. Die älteste Form der Eichleitung ist das in England gebräuchliche Standardkabel, eine durch Widerstände und Kondensatoren nachgebildete Doppelleitung aus einem Papierkabel mit 0,9 mm starken Adern. Es ist nach engl. Meilen solchen Kabels unterteilt, und zwar hat 1 Meile Standard-Kabel (MSC) ziemlich genau einen Dämpfungsexponenten von 0,11 für $\omega = 5000$. Wie bei einem gewöhnlichen Kabel hängt der Dämpfungsexponent nach (1065) ziemlich stark von der Frequenz ab, und daher unterscheidet sich die Übertragung im Klang der Sprache ziemlich stark von der auf Freileitungen und Papierleitungen. Ferner kann man mit dem Standard-Kabel die nach (1146) wichtigen Unterschiede der Charakteristik nicht berücksichtigen. Diese Mängel vermeiden die als H-Leitungen bezeichneten, in denen 4 gleiche induktionsfreie Widerstände in den Längsbalken des H mit einer passenden Brücke im Querbalken verbunden sind. Durch die Wahl der letzteren lassen sich verschiedene Formen der Verzerrung, durch die Wahl der Widerstände die Charakteristiken nachbilden. Eine Eichleitung dieser Art besteht ebenfalls aus mehreren gleichen Teilen, deren jeder einen gewissen Betrag des Dämpfungsexponenten, etwa 0,2 oder 0,5 darstellt (Breisig, Verh. Dtsch. Phys. Ges. 1910. S. 184).

Elektrische Eigenschaften von Telegraphen- und Fernsprechapparaten.

(1149) Stromstärken in Telegraphenapparaten. Unbeschadet der Möglichkeit, die Apparate mehr oder weniger empfindlich einzuregulieren, läßt sich die zu einem glatten Betrieb erforderliche Stromstärke für die verschiedenen Apparate nach der folgenden Tabelle angeben:

Apparat	mA
Neutrale Apparate (Morse, Klopfer, Relais)	10—15
Hughes-Elektromagnet	3—8
Polarisierte Relais	2—8
Heberschreiber	0,02—0,05

Die untere Grenze ist insofern von Bedeutung, als Ströme, die infolge von äußeren Störungen (1154) in den Apparaten entstehen, höchstens die Hälfte der angegebenen niedrigsten Werte erhalten dürfen, wenn nicht falsche Zeichen einspringen sollen.

(1150) Induktivität von Telegraphenapparaten. Mit Rücksicht auf die in der Regel ziemlich hohe Magnetisierung der Eisenteile eines Elektromagnets, der den Anker anzieht, kann man seine Induktivität nur in Zusammenhang mit der Stromstärke angeben. Zur angenäherten Berechnung, auch z. B. der von einer äußeren Wechselstromquelle geringer Frequenz erzeugten Stromstärken, genügt indessen die Angabe von Zahlen, die für Stromstärken in der Nähe der betriebsmäßigen gelten. Die Werte der nachfolgenden Tabelle ergeben die Zeitkonstante einiger Apparate oder das Verhältnis der Induktivität zum Widerstand der Wicklung. Die Zeitkonstante hängt von der Güte des Eisens, der Form und den Maßen des magnetischen Kreises und der Größe des Wicklungsraumes ab. Sie ändert sich nur wenig, wenn man in demselben Wicklungsraum die Zahl der Windungen ändert, also auch z. B. beim Parallelschalten von Wicklungen. Es wird allerdings angenommen, daß die Drahtstärken verschiedner Bewicklungen nicht erheblich abweichen, weil sonst die Raumausnutzung für das Kupfer zu sehr verschieden ist.

Es gelten folgende Durchschnittswerte für die Betriebstromstärken:

Apparat	Zeitkonstante
Normalfarbschreiber	0,025
Klopfer	0,020
Hugheselektromagnet	0,025
Klappenelektromagnet	0,004
Induktanzrollen	
kleiner Form	0,003
großer Form	0,04

Ein Farbschreiber mit 600 $\mho$ hat demnach ungefähr $600 \cdot 0{,}025 = 15$ H.

(1151) Einstellung von Elektromagneten. Um die Leistungsfähigkeit eines Elektromagnets auszunutzen, hat man ihn so einzustellen, daß die Stromstärken, bei denen er angezogen und wieder losgelassen wird, so nahe als möglich gleich groß sind. Dazu ist bei allen Apparaten erforderlich, daß der Hub so klein sei, wie es sich mit dem Zwecke verträgt. Neutrale Elektromagnete in Ortskreisen sind so einzustellen, daß der Luftzwischenraum des magnetischen Kreises möglichst gering ist. Da dann die elektromagnetische Zugkraft groß ist, ist auch die Rückzugfeder stark anzuspannen. Neutrale Elektromagnete eignen sich im allgemeinen wenig in Verbindung mit langen Leitungen, über die nur flache Wellen ankommen. Man kann sie darauf nur unter Verzicht auf Arbeitsgeschwindigkeit einstellen, indem man sowohl den Luftzwischenraum groß macht als auch die Feder locker spannt. Polarisierte Relais sollen ein kräftiges magnetisches Feld besitzen. Je näher man den Anker der neutralen Zone bringt, um so größer ist die Empfindlichkeit, um so kleiner aber auch die Arbeitsgeschwindigkeit.

(1152) Scheinwiderstände von Fernsprechapparaten. Die Angabe eines Wertes der Induktivität hat bei Fernsprechapparaten deshalb keine praktische Bedeutung, weil ihr Verhalten infolge von Wirbelströmen, Magnetisierungsverlusten oder Energieabgabe bei den für die Telephonie maßgebenden Frequenzen außerordentlich von dem einfacher Apparate mit Induktivität abweicht. Man kann daher ihre Scheinwiderstände nur auf Grund von Messungen für eine bestimmte Frequenz angeben. Da, wie (1148) erwähnt, $\omega = 5000$ die für die Fernsprechströme wichtigste Frequenz ist, so werden hierfür die Werte der Scheinwiderstände für einige wichtige Apparate hier angegeben:

Apparat	Schein-widerstand	
1. Fernsprechgehäuse OB	$5000\,e^{+40^0}\,i$	⎫
„ , Taste niedergedrückt	$460\,e^{+44^0}\,i$	⎬ Durchschnittswerte
2. Fernsprechgehäuse ZB	$600\,e^{+30^0}\,i$	⎭
3. Polarisierter Wecker . . . . . {	$3150\,e^{+56^0}\,i$	des OB-Gehäuses
	$19000\,e^{+54^0}\,i$	des ZB-Gehäuses
	$11200\,e^{+89,0^0}\,i$	Primärspule bei offener Sekundärspule
4. Übertrager nach Münch. . . . {	$11000\,e^{+88,7^0}\,i$	Sekundärspule bei offener Primärspule
	$11050\,e^{+90^0}\,i$	Wert von $i\,\omega\,M$
5. Apparatsatz eines Fernamts. . {	$2370\,e^{+75^0}\,i$	bei Isolation am anderen Klemmenpaar
	$337\,e^{+66,6^0}\,i$	bei Kurzschluß am anderen Klemmenpaar
6. Große Klappe in Fernleitungssystemen	$150000\,e^{+60^0}\,i$	

Das Fernamt kann nach den Angaben unter (1140) wie eine Leitung in die Rechnung eingesetzt werden, deren Leerlauf- und Kurzschlußwiderstand bekannt sind.

(1153) Stärke der Telephonströme. Ein ZB-Mikrophon ergibt eine EMK von etwa 0,5 bis 1 V. Da die Grenze der Verständigung bei $\beta\,l = 4,8$ liegt, so ist nach der Formel in (1146) der Endstrom in diesem Falle der Ordnung nach auf 4 bis $8 \cdot 10^{-6}$ A zu schätzen; bei Verbindungen innerhalb einer Stadt wird man ungefähr $4 \cdot 10^{-4}$ A im Empfangstelephon erhalten. Einfache harmonische Töne kann das Ohr noch bei einer Stromstärke von 10^{-6} bis 10^{-7} A wahrnehmen, am empfindlichsten scheint es für Töne von 600 bis 700 Perioden in der Sekunde zu sein.

Einwirkung elektrischer Leitungen aufeinander.

Elektrische Leitungen können störend aufeinander einwirken:
1. durch Stromübergang aus einer Leitung in die, andere,
2. durch Induktion.

Stromübergang.

(1154) Maßregeln gegen Stromübergang. Aus einer Leitung in die andere kann Strom übergehen
a) durch unmittelbare Berührung von Leitungen;
b) durch ungenügende gegenseitige Isolation benachbarter Leitungen;
c) durch die Benutzung oder Mitbenutzung der Erde als Rückleitung.

a) Unmittelbare Berührung von Leitungen findet fast nur bei oberirdisch geführten blanken Leitungen statt. Dienen die sich berührenden Leitungen nur zum Nachrichtenverkehr oder zur Signalgebung, so entstehen mehr oder weniger erhebliche Störungen in der Tätigkeit der Apparate. Gelangen solche Leitungen mit Leitungen zu Beleuchtungs- oder Kraftübertragungszwecken in Berührung, so kann nicht nur eine Beschädigung der Leitungen, sondern auch der Apparate, der Gebäude und der bedienenden Personen eintreten. Zum Schutze der Telegraphen- und Fernsprechleitungen gegen das Eindringen des Stromes aus Starkstromleitungen verlangt die Reichstelegraphenverwaltung gewisse Sicherheitsmaßregeln. Diese ergeben sich aus den im Anhang S. 928 u. f. abgedruckten Vorschriften. Zum Schutze der Telegraphenapparate und der Zimmer- und Amtsleitungen werden Schmelzsicherungen (1085) verwendet; letztere werden hauptsächlich in die Fernsprechleitungen, und zwar sowohl auf dem Vermittlungsamte als auch bei den Teilnehmern, eingeschaltet.

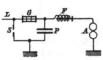

Fig. 693. Schutz durch Grob- und Feinsicherung.

Die Anordnung der Sicherungen in der Leitung ergibt Fig. 693. An der oberirdischen Leitung L liegt der grobe Schneidenblitzableiter S, dahinter die Grobsicherung G (3 A), dann der Platten- oder Kohlenblitzableiter P, ferner die Feinsicherung F (0,22 A), schließlich der Apparat A.

Zum Anschalten an die Freileitung ist die Sicherung von S t e i d l e (ETZ 1903 S. 513) bestimmt. Sie besteht in einem geschlossenen glockenförmigen Körper, in den die Leitung eintritt und aus dem sie zu den Apparaten weiterführt. Die Glocke enthält in einer Kammer einen Schmelzdraht, nach dessen Zerstörung der stehenbleibende Lichtbogen die Glocke auseinandertreibt und sich selbst auslöscht.

Gegen das Eindringen höherer Spannungen, insbesondere atmosphärischer Natur, hat S t e i d l e eine auf der Erscheinung des Fritters beruhende Sicherung vorgeschlagen, die sich gut bewährt hat (ETZ 1904, S. 937 und 1905, S. 679).

b) Zwischen blanken Leitungen an demselben Gestänge findet stets ein Stromübergang statt, der sich je nach den Isolationsverhältnissen ändert. Bei Telegraphen- und Signalleitungen, die das gleiche Gestänge benutzen, wirkt dieser Stromübergang, falls gute Isolatoren (Doppelglocken) vorhanden sind, nicht störend, bei Fernsprechleitungen kann schon geringer Stromübergang stören.

Es ist nicht zu empfehlen, Leitungen für stärkeren Strom mit Telegraphen-, Fernsprech- und Signalleitungen am gleichen Gestänge anzubringen.

c) Wird für eine Leitung zu Beleuchtungs- oder Kraftübertragungszwecken die Erde oder ein mit der Erde in Verbindung stehender Leiter (bei elektrischen Eisenbahnen die Schienen, beim Dreileitersystem mit Kabeln ein unisolierter in der Erde liegender Mittelleiter) als Rückleitung benutzt, und befindet sich in der Nähe der Rückleitung eine beiderseits geerdete Fernsprechleitung, so nimmt ein Teil der Erdströme seinen Weg durch die Fernsprechleitung, was bei plötzlichem Ansteigen des Stromes in der Starkstromleitung, z. B. beim Anfahren eines Wagens ein störendes Geräusch in der Fernsprechleitung hervorbringt. Um diese Störungen zu verhindern oder gänzlich zu vermeiden, wird der blanke Mittelleiter mit der Kabelhülle der Außenleiter metallisch verbunden oder besser, das Fernsprechnetz wird ganz von der Erde getrennt. Eine Zeitlang verwendete man zur Aushilfe eine gemeinsame Rückleitung für die einzeldrähtigen Fernsprechleitungen; gegenwärtig werden wichtige allgemein, weniger wichtige wenigstens bei Störungsgefahr als Doppelleitungen gebaut.

Isolationsfehler in Anlagen für stärkere Ströme wirken ähnlich wie die Benutzung der Erde. Ein gut eingerichteter Beobachtungsdienst für die Starkstromanlage (245) vermag die Störungen benachbarter Schwachstromanlagen beträchtlich herabzumindern.

Induktion.

(1155) Arten der störenden Induktion. Benachbarte elektrische Leitungen können einander ferner durch elektromagnetische und durch elektrische Induktion stören. Die elektromagnetische Induktion wird durch die Änderungen der Stromstärke, die elektrische Induktion durch die Änderung der Ladung der induzierenden Leitung bedingt. Je größer die absolute Änderung der Stärke und Spannung des Stromes und je geringer die Zeit ist, in der die Änderungen eintreten oder sich wiederholen, desto größer wird die Störung werden können.

Am empfindlichsten sind die Störungen bei Fernsprechleitungen, doch vermögen auch Wechselströme von großer Energie in benachbarten Leitungen für Morse- oder Hughes-Betrieb Induktionen hervorzurufen, die sowohl den Betrieb stören, als für die an den Leitungen beschäftigten Personen gefährlich werden können.

(1156) Unterirdische Leitungen. Nebeneinander geführte unterirdische Leitungen, die mit Metallhüllen umgeben sind (metallische Bewehrung der Kabel, eiserne Röhren) stören einander weniger als benachbarte Freileitungen; indessen lassen sich die Wirkungen nur dann völlig vermeiden, wenn man die Leitungen als Schleifen herstellt.

Die Adern eines Fernsprechkabels werden gegeneinander dadurch hinreichend geschützt, daß die Adern jeder Doppelleitung in sich verseilt sind. Die früher gelegentlich ausgeführte Form der vierfach verseilten Adern für zwei Doppelleitungen hat sich bei vielpaarigen Kabeln nicht als zweckmäßig erwiesen.

Bei Telegraphenkabeln mit geringer Adernzahl (kürzere See- und auch Landkabel) verwendet man die Schutzschaltung nach Gulstad (1119).

Telegraphenkabel mit größerer Adernzahl werden dadurch praktisch induktionsfrei gemacht, daß man die einzelnen Adern mit Kupfer- oder Stanniolbändern umwickelt, die untereinander und mit dem Bleimantel in leitender Verbindung stehen. Der Schutz ist um so größer, je kleiner der Widerstand der gesamten Hülle gegenüber dem einer einzelnen Ader ist; man kann den Schutz durch eingelegte geerdete Kupferdrähte vergrößern.

Unterirdische Leitungen, die mit Wechselströmen zur Beleuchtung oder Kraftübertragung betrieben werden, üben keinen störenden Einfluß aus, wenn die Hin- und die Rückleitung in einer gemeinschaftlichen metallischen Hülle liegen und das Leitungsnetz gut isoliert ist.

(1157) Oberirdische Leitungen. Weit erheblicher als bei Kabeln sind die elektrischen Störungen bei oberirdischen Leitungen. Die durch Influenz sind bedeutend, weil die Leitungen nicht wie Kabelleitungen durch eine geerdete leitende Hülle abgeschlossen werden können; nur Fernsprechleitungen geringerer Bedeutung können als Luftkabel hergestellt werden. Die elektromagnetischen Störungen sind vergleichsweise beträchtlich, weil die Abstände der Leitungen eines Systems voneinander, z. B. der Zweige einer Drehstromleitung oder einer Fernsprechdoppelleitung viel größer sind als bei versenkten Leitungen. Zu den besonderen Anforderungen an Bau und Schaltung der Leitungen, die wegen dieser Störungen gestellt werden müssen, kommen noch diejenigen hinzu, welche eine Gefährdung der Schwachstromleitung durch unmittelbare Berührung mit den Starkstromleitungen verhindern sollen. Die Bestimmungen, die in dieser Beziehung in den verschiedenen Ländern getroffen worden sind, weichen im einzelnen etwas voneinander ab. Man findet eine zusammenfassende Darstellung dieser Bestimmungen im 3. Hefte der Berichte der Internationalen Konferenz der Telegraphentechniker, Paris 1910.

(1158) Schutzmittel gegen das Übertreten von Starkströmen auf Schwachstromleitungen. Die im Bereich der Reichs-Telegraphen-Verwaltung geltenden besonderen Bauvorschriften sind im Anhang, S. 932, abgedruckt. Nach diesen Bestimmungen sind bisher unter anderem folgende Ausführungsformen zugelassen worden.

1. Freitragende Leitungen. a) Jeder Leitungszweig besteht aus einem Drahtseil, das an den Enden über ein Schloß (vorzugsweise aus gleichem Material) dreifach fortgesetzt und an drei Isolatoren abgespannt ist. Diese stehen

entweder auf demselben Querträger nebeneinander (A E G) oder auf zwei Querträgern so, daß die beiden äußeren Isolatoren weiter vom Schloß entfernt sind als der innere (S i e m e n s - S c h u c k e r t - W e r k e).

b) N e t z l e i t e r. Jeder Leitungszweig besteht aus zwei durchgehenden Drahtseilen, die durch ein drittes gitterartig verbunden sind, so daß die Anordnung einen wagrechten Verband gegen seitliche Schwankungen erhält (Bauart nach U l b r i c h t der Sächs. Staatsbahnen).

2. L e i t u n g e n a n T r a g s e i l e n. a) Zur Aufhängung dient ein geerdetes Tragseil (S i e m e n s - S c h u c k e r t - W e r k e), an dem die in sich mechanisch entlastete Hochspannungsleitung mittels kurzer senkrechter, durch Isolatoren unterbrochener Stahlseile aufgehängt ist. b) Die A l l g. E l. - G e s. benutzt ein gegen die Türme durch Isolatoren auf Stützen und gegen die Nachbarfelder durch in Reihe eingesetzte Nußisolatoren isoliertes Tragseil aus Stahldraht; das Seil der Hochspannungsleitung wird daran durch kurze senkrechte Seile ohne besondere Isoliervorrichtungen aufgehängt und ist mechanisch vollkommen entlastet.

(1159) Elektrische Influenz zwischen Leitungen. a) Eine störende und eine gestörte Leitung. Haben die Leitungen die augenblicklichen Ladungen q_1 und q_2 und gegen Erde die Spannungen V_1 und V_2, ist ferner die gestörte Schwachstromleitung zur Erde durch einen Leiter vom Leitwert G_2 verbunden, so liefert die Bedingung, daß der zur Erde fließende Strom gleich der Abnahme der Ladung in einer Sekunde ist, die Gleichung $\dfrac{dq_2}{dt} + G_2 V_2 = 0$. Mit V_1 und q_1 sind V_2 und q_2 durch die Gleichungen verbunden (vgl. Fig. 694)

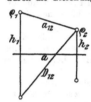

$$\frac{l}{2c^2} V_1 = q_1 \log \frac{2h_1}{\rho_1} + q_2 \log \frac{D_{12}}{a_{12}}$$

$$\frac{l}{2c^2} V^2 = q_1 \log \frac{D_{12}}{a_{12}} + q_2 \log \frac{2h_2}{\rho_2},$$

aus denen man die Gleichungen mit den Maxwellschen Kapazitäten und Induktionskoeffizienten herleiten kann:

$$q_1 = l\,(c_{11}\,V_1 + c_{12}\,V_2), \quad q_2 = l\,(c_{12}\,V_1 + c_{22}\,V_2)$$

Fig. 694. Influenz zwischen zwei Leitungen.

Sind alle veränderlichen Größen periodisch mit der Frequenz ω, so geht die Bedingungsgleichung über in

$$\mathfrak{G}_2\,\mathfrak{B}_2 + i\,\omega\,l\,(c_{12}\,\mathfrak{B}_1 + c_{22}\,\mathfrak{B}_2) = 0$$

woraus sich ergibt

$$\mathfrak{B}_2 = \frac{-i\,\omega\,c_{12}\,l\,\mathfrak{B}_1}{\mathfrak{G}_2 + i\,\omega\,c_{22}\,l}.$$

Dabei geht ein Strom $\mathfrak{J}_2 = \mathfrak{G}_2\,\mathfrak{B}_2$ zur Erde. Ist $\mathfrak{G}_2$ induktionsfrei und vom Betrage G_2, so sind Spannung und Strom, abgesehen von den Phasen

$$V_2 = \frac{\omega\,c_{12}\,l\,V}{\sqrt{G_2{}^2 + \omega^2\,c_{22}{}^2\,l^2}}, \quad I_2 = \frac{\omega\,c_{12}\,l\,G_2\,V_1}{\sqrt{G_2{}^2 + \omega^2\,c_{22}{}^2\,l^2}}.$$

Man erhält die Leerlaufspannung für $G_2 = 0$ und den Kurzschlußstrom für $G_2 = \infty$, mit den Werten

$$E_2 = \frac{c_{12}}{c_{22}} V_1, \quad I_0 = \omega\,c_{12}\,l\,V_1$$

Das Verhältnis beider, der charakteristische Widerstand $R_k = 1/\omega\,c_{22}\,l$ ist derjenige Widerstand zwischen der influenzierten Leitung und Erde, bei welchem sie die größte Energie abgibt. Ihm entspricht $G_k = \omega\, c_{22}\, l$. Setzt man $G_k/G_2 = tg\,\alpha$, so ist

$$\frac{V_2}{E_2} = \sin\alpha, \quad \frac{I_2}{I_0} = \cos\alpha.$$

Mit Hilfe der Maße der Leitungen erhält man noch

$$E_2 = V_1 \log\frac{D_{12}}{a_{12}} \Big/ \log\frac{2\,h_1}{\rho_1}.$$

b) Eine gestörte Leitung bei einem störenden Mehrfachleitersystem.

Die entscheidende Gleichung erhält bei drei störenden Leitungen die Form

$$\mathfrak{G}_4\,\mathfrak{B}_4 + i\,\omega\,l\,(c_{14}\,\mathfrak{B}_1 + c_{24}\,\mathfrak{B}_2 + c_{34}\,\mathfrak{B}_3 + c_{44}\,\mathfrak{B}_4) = 0,$$

worin der Index 4 sich auf die gestörte Leitung bezieht.

Daraus folgen

$$\mathfrak{B}_4 = -i\,\omega\,l\,\frac{c_{14}\,\mathfrak{B}_1 + c_{24}\,\mathfrak{B}_2 + c_{34}\,\mathfrak{B}_3}{\mathfrak{G}_2 + i\,\omega\,c_{44}\,l};$$

$$\mathfrak{J}_4 = -i\,\omega\,l\,\mathfrak{G}_4\,\frac{c_{14}\,\mathfrak{B}_1 + c_{24}\,\mathfrak{B}_2 + c_{34}\,\mathfrak{B}_3}{\mathfrak{G}_2 + i\,\omega\,c_{44}\,l}.$$

Leerlaufspannung und Kurzschlußstrom werden

$$\mathfrak{E}_4 = -\frac{c_{14}\,\mathfrak{B}_1 + c_{24}\,\mathfrak{B}_2 + c_{34}\,\mathfrak{B}_3}{c_{44}}; \quad \mathfrak{J}_0 = -i\,\omega\,l\,(c_{14}\,\mathfrak{B}_1 + c_{24}\,\mathfrak{B}_2 + c_{34}\,\mathfrak{B}_3).$$

Das Verhältnis ihrer Beträge ist der charakteristische Widerstand

$$R_k = 1/\omega\,l\,c_{44}.$$

Nimmt man in den Hochspannungsleitungen Drehstrom von der Sternspannung E an, so hängt $\mathfrak{E}_4$ dem Betrage nach von E und den Abständen der Leiter untereinander ab. Für praktische Zwecke genügt es, die Berechnung für eine normale Form der Gruppierung der Drehstromleitung und verschiedene Abstände der gestörten Leitung zu berechnen, um danach die Influenz- spannung für annähernd gleiche Fälle zu berechnen. Die nachstehende Tabelle enthält Werte des Verhältnisses $E_4/E = y$ nach Berechnungen von B r a u n s ETZ 1808, S. 377; a bedeutet den Abstand in m der gestörten Leitung von dem störenden Dreileitersystem; die Zahlen gelten annähernd für alle an Landlinien (nicht Dachgestängen) vorkommenden Querschnitte und für alle Erd- abstände der Drehstromleiter.

$$a = \quad 10 \quad 15 \quad 20 \quad 40 \quad 60 \quad 100 \quad 200 \quad 400 \quad 600 \quad 1000$$
$$y \cdot 10^5 = 478 \quad 264 \quad 162 \quad 50 \quad 24 \quad 8,7 \quad 2,3 \quad 0,6 \quad 0,2 \quad 0,1$$

Handelt es sich um eine Leitung, deren Teilstrecken in verschiedenen Abständen von dem störenden Leitersystem liegen, so wird ihre Leerlaufspannung durch die Formel gegeben

$$E_x = E\,\frac{\Sigma\,l\,y}{\Sigma\,l}.$$

Ihr charakteristischer Widerstand ist $R_k = 1/\omega\,\Sigma\,l\,c_{44}$. Da die Kapazität der gestörten Leitung gegen Erde durch die Drähte des Drehstromsystems nicht merklich beeinflußt wird, kann man für c_{44} den Näherungswert $0,006\ \mu F/km$ setzen und erhält dann $R_k = 166 \cdot 10^6/\omega\,\Sigma\,l$, also für 50 Perioden $R_k = 0,525 \cdot 10^6/\Sigma\,l$.

Aus E_x findet man die Spannung beim Widerstande R wie bei (a) als $E_R = R\,E_x/\sqrt{R_k^2 + R^2}$, ferner den Strom als $I_R = E_x/\sqrt{R_k^2 + R^2}$. Bei

mäßigen Werten von R gehen diese Gleichungen in die praktisch ausreichenden
Formeln über

$$E_R = 1{,}9 \cdot 10^{-6} E R \, \Sigma l y \qquad I_R = 1{,}9 \cdot 10^{-6} E \, \Sigma l y.$$

Von den berechneten Beträgen hat man für verschiedene Einflüsse, die sich meist
nicht genauer durch Rechnung verfolgen lassen, noch Abzüge zu machen. So zieht
ein geerdetes Schutznetz oder ein geerdeter Prelldraht an der Hochspannungsleitung
einen so erheblichen Teil des elektrischen Feldes zu sich hinüber, daß man etwa 25 %
der berechneten Größen absetzen kann. Den gleichen Betrag kann man für eine
Baumreihe zwischen Starkstrom- und Schwachstromleitung oder für eine geerdete
Leitung am Schwachstromgestänge abrechnen.

Was die absoluten Werte betrifft, so wird für eine einzeldrähtige Fernsprechleitung der doppeldrähtige Ausbau erforderlich, wenn die Stromstärke in einem
der Sprechapparate den Wert $3 \cdot 10^{-5}$ A erreicht. Dieser Wert bezieht sich nur
auf die Grundschwingung von 50 Per/sk. U. U. können die höheren Harmonischen
noch störender sein und den doppeldrähtigen Ausbau schon nötig machen, wenn
jener Wert noch nicht erreicht ist. Doppelleitungen, in denen die Influenzspannung
bei Leerlauf bis zu 5 V beträgt, sollen mit einer in der Mitte zur Erde abgeleiteten
induktiven Brücke verbunden werden; dasselbe hat zu geschehen, wenn die Be-
rührungsspannung $(R = 2000)$ den Wert 10 V erreicht.

Die letztere Bestimmung hat zum Zweck den Schutz von Personen, die an der
Leitung arbeiten. Zwar sind 10 V durchaus ungefährlich, aber eine Leitung, die beim
normalen Betriebe der Drehstromleitung eine Influenzspannung von 10 V besitzt,
kann gefährliche Spannungen, bis gegen 160 V annehmen, wenn ein Erdschluß in
einem der Drehstromleiter auftritt. Für den Fall eines solchen Erdschlusses kann
man die Leerlaufspannung annähernd berechnen, wenn man die Zahlen der Tabelle
auf das 11- bis 13 fache vergrößert.

Einen vollständigen Schutz gegen elektrische Influenz erhält man, indem man
die Leitungen als Kabel mit geerdeter Hülle verlegt; dagegen bleibt dieser Schutz
gegen die elektromagnetischen Störungen in vielen Fällen ohne Wirkung.

(1160) Elektromagnetische Induktion. Tritt der von den Starkstromleitungen
ausgehende magnetische Fluß in die von den Strömen der Schwachstromleitung
gebildeten Schleifen über, so erhalten diese induzierte elektromotorische Kräfte
von der Periodenzahl der Starkströme, die in ihnen je nach den Widerstands- und
Induktivitätsverhältnissen der Stromkreise Wechselströme hervorbringen. Der
Betrag der EMK in einem solchen Stromkreis ist $E' = \omega \, \varPhi$ Volt, wo ω die Kreisfrequenz des Starkstroms, $\varPhi$ der nach einer der unten angegebenen Formeln berechnete gesamte Fluß ist.

Zur Berechnung dieses Flusses bei Leitungen, die in nicht zu großer Entfernung
neben den Starkstromleitungen verlaufen, gelangt man am einfachsten, wenn man
die störenden Leitungen in Teile auflöst, von denen jeder einzelne an allen Stellen
dieselbe Stromstärke und denselben Abstand von der gestörten Leitung besitzt,
und indem man sich jeden Teil zu einer selbständigen Leitung mit derselben Stromstärke, aber Erdrückleitung ergänzt denkt. Die Ströme der einzelnen Teile sind
mit Bezug auf eine bestimmte Richtung der Leitung als positiv oder negativ zu bezeichnen. Eine solche Leitung mit Erdrückleitung der Stromstärke I Ampere
sendet durch eine gleichfalls mit Erdrückleitung versehene Schwachstromleitung,
der sie im Abstand d m auf l km parallel läuft, den magnetischen Fluß

$$\varPhi = 2 \, l \, I \left(\log \text{nat} \, \frac{2000 \, l}{d} - 1 \right) \cdot 10^{-4}$$

in solchen Einheiten, daß die Formel für E' Volt ergibt, wenn ω die Periodenzahl
des Wechselstroms in $2\,\pi$ Sekunden bezeichnet. Der gesamte Fluß durch die

Schwachstromleitung ist die algebraische Summe der einzelnen Flüsse. Die induzierte EMK ist daher

$$E' = 2\,\omega\,10^{-4}\,\Sigma\,l\,I\left(\log \text{nat}\,\frac{2000\,l}{d} - 1\right)\text{ Volt.}$$

Hat man statt einer eindrähtigen Schwachstromleitung eine doppeldrähtige, deren Drähte von der Starkstromleitung die Abstände d_1 und d_2 haben, so ergibt sich die EMK in der Doppelleitung aus der Differenz der in den Einzelleitungen auftretenden als

$$E^1 = 2\,\omega\,10^{-4}\,\Sigma\,l\,I\,\log \text{nat}\,\frac{d_2}{d_1}\text{ Volt,}$$

wobei wieder darauf zu achten ist, daß die Indizes 1 und 2 sich stets auf dieselben Zweige der Schwachstromleitung beziehen. Wird wie bei Bahnleitungen ein Teil des Stroms durch die Erde zurückgeleitet, so trägt man diesem Umstand Rechnung, indem man den Strom in den Schienen nur zu 0,7 des gesamten Stroms annimmt und auch die Schienen als induzierende Leiter mit eigner Erdrückleitung betrachtet. Um die Wirkung der Rückströme im Boden zu berücksichtigen, hat man nach dem Ergebnis neuer Messungen an Stelle von -1 in der Formel für Φ eine höhere Zahl eingesetzt, die z. B. bei $l = 25$ km und $d = 10$ m den Wert -3 hatte.

(1161) Schutz durch Kreuzungen. Oberirdische Fernsprechleitungen sind sowohl Induktionsstörungen aus anderen Fernsprechleitungen als aus Starkstromleitungen ausgesetzt. Einzelleitungen lassen sich gegen diese Störungen nicht schützen; der Ausbau als Doppelleitung verbessert in der Regel die Lage erheblich. Bei längeren Doppelleitungen sind Kreuzungen der Zweige jeder Schleife erforderlich. Unter der Voraussetzung, daß die Stromstärke überall denselben Wert hat, sind die in Fig. 695 angegebenen Leitungen gegeneinander induktionsfrei. Da die Stromstärken sich auf längeren Leitungen erheblich ändern, so vermehrt man zweckmäßig die Zahl der Kreuzungen.

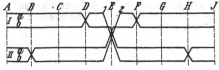

Fig. 695. Kreuzungsschema für oberirdische   Fig. 696. Einfache Kreuzung.
Fernsprechleitungen.

In der Reichstelegraphenverwaltung sind neuerdings Bestimmungen getroffen worden, in welcher Weise zwei an demselben Gestänge geführte Doppelleitungen gekreuzt werden sollen, um gegen die übrigen Leitungen und gegen einander induktionsfrei zu sein und ferner eine gegen die übrigen Leitungen störungsfreie Kombinationsleitung zu bilden. Zunächst wird die Gesamtstrecke in Abschnitte gleichbleibender Bauart und gleichbleibender Leitungsführung zerlegt, wobei auch auf Zu- und Abgang anderer Leitungen zu achten ist. Die einzelnen Abschnitte sind dann in gleiche Strecken von nicht unter 16 und nicht über 20 km zu zerlegen. Eine derartige Strecke bildet eine Kreuzungseinheit, und die vier Zweige werden nach Fig. 695 geführt, in jede der Strecken AB, BC ... HJ möglichst $1/_8$ der Gesamtstrecke bedeutet. Bei der ersten Streckeneinteilung überschießende Längen bis zu 10 km werden einmal nach Fig. 696 gekreuzt, wodurch wenigstens für die Kombination Induktionsfreiheit erzielt wird.

Dreizehnter Abschnitt.

Telegraphie und Telephonie ohne Draht.

Elektrische Schwingungen.

(1162) Allgemeines. Sehr schnelle elektrische Schwingungen, welche in einem Drahtsystem erregt werden, rufen in entfernten Leitern ähnliche Wechselströme hervor. Die Wirkung der Schwingungen verbreitet sich durch den Raum nach denselben Gesetzen wie die Strahlung des Lichtes, von welcher sie sich im wesentlichen nur durch die Größe der Wellenlänge unterscheidet. (M a x w e l l, H e r t z.) Auf dieser Eigenschaft der Schwingungen beruhen die moderne drahtlose Telegraphie und Telephonie.

Über Versuche vermittels Leitung durch die Erde, durch magnetische und elektrische Induktion den verbindenden Draht zwischen Sender und Empfänger zu ersetzen, vgl. J e n t s c h, Telegraphie und Telephonie ohne Draht, 1904, S. 1 ff. Die größte überbrückte Entfernung beträgt 17 km (S t r e c k e r, ETZ 1896, S. 108.

(1163) Entladung eines Kondensators. Verbindet man die Belegungen eines Kondensators mit einer Influenzmaschine und steigert die Spannung hinreichend hoch, so springt zwischen den Funkenkugeln des Schließungsbogens ein weißglänzender, knallender Funke über. Der Kondensator entlädt sich (Fig. 697).

Bezeichnet C die Kapazität des Kondensators, L die Selbstinduktion und R den Widerstand des Schließungsbogens einschließlich der Funkenstrecke[1], so ist (99,3) die Entladung aperiodisch, falls

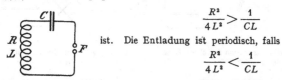

$$\frac{R^2}{4L^2} > \frac{1}{CL}$$

ist. Die Entladung ist periodisch, falls

$$\frac{R^2}{4L^2} < \frac{1}{CL}$$

Fig. 697. Kondensatorkreis mit Funkenstrecke.

ist. Die Spannung am Kondensator verläuft für den Fall der periodischen Entladung nach dem Gesetz:

$$E = E_0 \sqrt{1 + \frac{a^2}{\omega^2}}\, e^{-at} \cos(\omega t + \varphi) \qquad \operatorname{tg}\varphi = -\frac{a}{\omega},$$

die Stromstärke nach dem Gesetz:

$$I = \omega\, C\, E_0 \left(1 + \frac{a^2}{\omega^2}\right) e^{-at} \sin \omega t$$

---

[1]) Die Funkenstrecke wirkt, streng genommen, nicht wie ein einfacher Widerstand. Vgl. hierzu (1165).

Die Zeitdauer einer Periode ist:

$$T = \frac{2\pi}{\sqrt{\dfrac{1}{CL} - \dfrac{R^2}{4L^2}}}$$

In der Mehrzahl der praktischen Fälle kann $\dfrac{R^2}{4L^2}$ gegenüber $\dfrac{1}{CL}$ vernachlässigt werden, so daß bleibt:

$$T = 2\pi\sqrt{CL}$$

$a = \dfrac{R}{2L}$ heißt Dämpfungsfaktor. Multipliziert man a mit der Schwingungsdauer T, so erhält man das logarithmische Dekrement γ. Eine für die Berechnungen bequemere Form hierfür ist:

$$\gamma = \frac{6{,}58 \cdot 10^{-3}\, C\, R}{\lambda}$$

Hierin ist C in Zentimetern, R in Ohm und λ in Metern einzusetzen.

(1164) Schwingungen in einem Kondensatorkreise erregt durch Stromunterbrechung. Wird der Strom in einer Selbstinduktivität L (vgl. Fig. 698) durch einen Schalter U plötzlich unterbrochen, so entstehen in dem System $C\,L$ schnelle elektrische Schwingungen. Bezeichnet E_0 die Spannung am Kondensator, I_0 den Strom in der Selbstinduktivität L im Moment der Unterbrechung, so verläuft die Schwingung nach dem Gesetz:

$$E = e^{-at}\sqrt{E_0^2 + \left(\frac{I_0}{\omega C} - \frac{a E_0}{\omega}\right)^2} \cos(\omega t - \chi)$$

Näherungsweise gilt

$$E = I_0\, e^{-at}\sqrt{\frac{L}{C}}\, \sin \omega t$$

Mit der Anordnung lassen sich nur geringe Energiemengen in Hochfrequenzströme umsetzen. Gegenüber derjenigen der Fig. 697 besitzt sie den Vorzug der geringen Dämpfung, da keine Funkenstrecke vorhanden ist. In Verbindung mit einem Selbstunterbrecher wird sie häufig für Meßzwecke verwendet. Vgl. (1169).

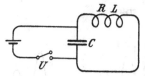

Fig. 698. Kondensatorkreis, erregt durch Stromunterbrechung.

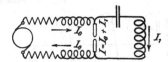

Fig. 699. Lichtbogenerregung.

(1165) Durch Lichtbogen erregte Schwingungen eines Kondensatorkreises. Schaltet man parallel zu einem Lichtbogen einen Kondensatorkreis (Fig. 699), so entstehen in ihm unter geeigneten Umständen ungedämpfte elektrische Schwingungen. Die Bedingung hierfür ist, daß die „Charakteristik" des Lichtbogens, d. h. die Kurve, deren Abszissen den Bogenstrom und deren Ordinaten die Spannung am Bogen darstellen, im Mittel eine fallende ist, und der Widerstand des Kondensatorkreises einen gewissen Wert nicht übersteigt. Beschränkt man sich auf sehr kleine Schwingungsamplituden und nimmt an, daß die Charakteristik nur zwischen den sehr nahe liegenden Punkten P_1 und P_2 der Fig. 700 durchlaufen wird, so gilt für die Spannung bei P

$$V = a - \frac{\partial V}{\partial I} I$$

und für die Schwingung im Kondensatorkreis:

$$L.\frac{\partial I}{\partial t} + R I + \frac{1}{C}\int_e I\, \partial t + a - \frac{\partial V}{\partial I} I = 0$$

Die Schwingung ist ungedämpft, wenn

$$R < -\frac{\partial V}{\partial I} \quad \text{(Bedingung von D u d d e l l)}.$$

Für die wahren Vorgänge ist die „dynamische Charakteristik" maßgebend (vgl. z. B. Fig. 701). Das Charakteristische daran ist, daß die Werte der Spannung für steigende und fallende Stromstärken nicht mehr dieselben sind, eine Erscheinung, die S i m o n al⁼ „Lichtbogenhysterese" bezeichnet hat.

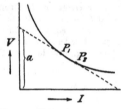

Fig. 700. Fallende Charakteristik.

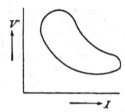

Fig. 701. Dynamische Charakteristik

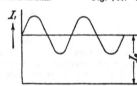

Fig. 702. Schwingungen erster Art.

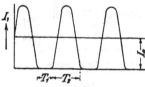

Fig. 703. Schwingungen zweiter Art.

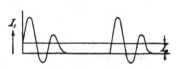

Fig. 704. Schwingungen dritter Art.

Der Lichtbogen ist in um so höherem Maße befähigt, Schwingungen zu erzeugen, je steiler die Charakteristik und je geringer die Lichtbogenhysterese ist. Geeignete Mittel zur Hebung der Wirkung sind: a) der Lichtbogen brennt in Wasserstoff oder einem wasserstoffhaltigen Gas; b) magnetisches Gebläse; c) Kühlung der Elektroden, insbesondere der positiven; d) Luftabschluß; e) Serienschaltung f) Verwendung von Metallen von guter Wärmeleitfähigkeit für die Elektroden.

Die Form der Schwingungen ist in hohem Grade von den speziellen Versuchsbedingungen abhängig. Man unterscheidet:

a) Schwingungen erster Art; $I_1 < I_0$.

Der Maximalwert des Wechselstroms ist kleiner als der Gleichstrom, vgl. Fig. 702; der Bogen brennt andauernd.

b) Schwingungen zweiter Art $I_1 = I_0$.

Der Lichtbogen ist zu den Zeiten T_1 erloschen, es findet aber keine Rückzündung statt; der Strom im Bogen wechselt nicht sein Zeichen; vgl. Fig. 703.

c) Schwingungen dritter Art $I_1 > I_0$.

Es findet Rückzündung statt. Der Strom im Bogen verläuft im wesentlichen als gedämpfte Sinusschwingung; vgl. Fig. 704.

Für die Frequenz der Schwingungen sind einerseits die Konstanten des Kondensatorkreises, andererseits die Eigenschaften des Lichtbogens maßgebend, die (1163) abgeleitete Formel gilt daher nicht mehr streng. Die Abweichungen sind für die Schwingungen erster und dritter Art unerheblich, können dagegen für die Schwingungen zweiter Art, für die die Summe $T_1 + T_2$ die Periodenzeit darstellt, beträchtlich werden.

Die Wellenlänge der Schwingungen zweiter Art ist nicht konstant; denn jede Unregelmäßigkeit an den Elektroden, die die Wiederzündung des Bogens beeinflußt, zieht eine entsprechende Änderung der Zeit T_1 und damit auch der Frequenz des Systems nach sich. Auch die Stärke des Speisestroms und die in die Speiseleitungen eingeschalteten Drosselspulen beeinflussen die Periodenzeit.

Literatur.

D u d d e l l , Electrician, Bd. 46, 1900, S. 269, 310. — B l o n d e l , Ecl. El., Bd. 44, 1905, S. 41 ff., S. 81 ff. — S i m o n , Phys. Zschr., Bd. 4, 1903, S. 737—742; Bd. 7, 1906, S. 433—445. ETZ 1907, S. 295. Jahrb. f. drahtl. Telegr. Bd. 1, 1907, S. 16 ff. — B a r k h a u s e n , Das Problem der Schwingungserregung 1907. — K. W. W a g n e r , Der Lichtbogen als Schwingungserreger, Leipzig 1910. — V o l l m e r , Jahrb. f. drahtl. Telegr. 3. Jahrg., 1910, Heft 2 und 3.

(1166) Schwingungen in einem stabförmigen Oszillator. (Fig. 705 bis 709.) Die Stromstärke ist nicht wie beim Kondensatorkreise in allen Querschnitten dieselbe. An den freien Enden ist sie Null, in der Funkenstrecke ein Maximum. Es treten gleichzeitig mehrere Schwingungen von verschiedener Wechselzahl und Dämpfung auf. Fig. 706 zeigt den Stromverlauf für die Grundschwingung, Fig. 707 für die zweite Oberschwingung.

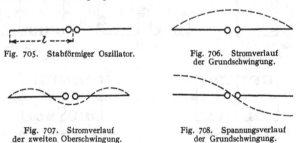

Fig. 705. Stabförmiger Oszillator.

Fig. 706. Stromverlauf der Grundschwingung.

Fig. 707. Stromverlauf der zweiten Oberschwingung.

Fig. 708. Spannungsverlauf der Grundschwingung.

Die Wellenlängen λ stehen zu der Länge einer Stabhälfte in der Beziehung:

$$\lambda = 4\,l,\ \frac{4}{3}\,l,\ \frac{4}{5}\,l \ \ldots$$

Die Spannungswellen sind gegen die Stromwellen um eine Viertelwellenlänge verschoben. Fig. 708 zeigt den Verlauf der Spannung für die Grundschwingung.

Verbindet man das eine Ende dicht an der Funkenstrecke mit Erde (Fig. 709), so spielen sich die Vorgänge so ab, als ob der Oszillator sich in der Erde spiegelt.

Einschaltung von Selbstinduktivität vergrößert, Einschaltung von Kapazität verkleinert die Wellenlänge.

Vom Standpunkt der Maxwellschen Theorie behandelt worden ist der stabförmige Oszillator von M. A b r a h a m (Wied. Ann. Bd. 66, 435 ff., 1898). Das Strahlungsdekrement für die Grundschwingung ergibt sich nach ihm zu:

$$\gamma = \frac{2{,}44}{\log \text{nat} \dfrac{2\,l}{\gamma}}$$

Über die Ausbreitung der Wellen längs der Erdoberfläche vgl. Z e n n e c k, Leitfaden für drahtl. Telegr. 1909, S. 219 ff.; S o m m e r f e l d, Ann. Phys. (4) Bd. 28, 1909, S. 665.

Fig. 709.
Geerdeter
Oszillator.

Kopplung.

(1167) Arten der Kopplung. Findet zwischen zwei Systemen eine Energieübertragung statt, so sagt man, sie seien miteinander gekoppelt. Man unterscheidet:

a) m a g n e t i s c h e Kopplung (Fig. 710). Der Energieaustausch wird durch das magnetische Feld vermittelt. Bedeuten M die gegenseitige Induktivität, L_1 und L_2 die Selbstinduktivitäten der beiden Kreise, so bezeichnet man

$$K = \frac{M}{\sqrt{L_1 L_2}}$$

als Kopplungsfaktor. Ist K klein gegen 1, so nennt man die Kopplung lose; nähert sich K der 1, so sagt man, die Kopplung werde fest;

b) e l e k t r i s c h e Kopplung (vgl. Fig. 711 und 712). Der Energieaustausch wird durch ein elektrisches Feld vermittelt;

c) g a l v a n i s c h e Kopplung (vgl. 713). Das gemeinsame Glied wird von einem ohmischen Widerstand gebildet.

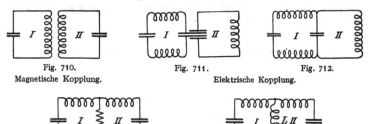

Fig. 710.
Magnetische Kopplung.

Fig. 711.

Fig. 712.

Elektrische Kopplung.

Fig. 713. Direkte Kopplung.

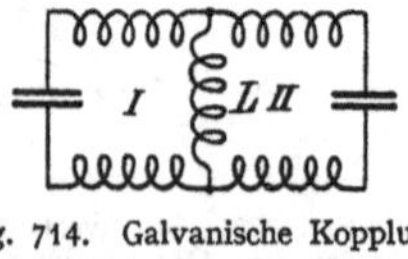

Fig. 714. Galvanische Kopplung.

Die galvanische Kopplung tritt häufig in Gemeinschaft mit der magnetischen auf. In Fig. 714 z. B. gehört die Spule L, die sowohl ein magnetisches Feld als ohmischen Widerstand besitzt, beiden Kreisen gemeinsam an. Man spricht in dem Falle auch von einer „direkten" Schaltung oder „direkten" Kopplung.

(1168) Aufnahme von Schwingungen durch einen Kondensatorkreis. Wirkt ein Kondensatorkreis (oder auch ein stabförmiger Oszillator) auf einen zweiten in so loser Kopplung ein, daß die Rückwirkung des zweiten auf den ersten zu vernachlässigen ist, so entstehen in dem Kreise II zwei Schwingungen:

a) die erzwungene Schwingung, deren Periodenzahl ν_1 und Dämpfung α_1 dieselben sind wie die des Kreises I,

b) die Eigenschwingung des Kreises II mit den dem Kreise II eigentümlichen Konstanten ν_2 und α_2.

Die Spannungen und Ströme im Kreise II werden in der Nähe der Isochronität zu Maxima.

Der Stromeffekt im Sekundärkreis ist, wenn ε die Amplitude der induzierten EMK bedeutet,

$$\int_0^\infty I_2{}^2\, dt = \frac{\varepsilon\,(\alpha_1 + \alpha_2)}{16\,L_2{}^2\,\alpha_1\,\alpha_2\,[(\omega_1 - \omega_2)^2 + (\alpha_1 + \alpha_2)^2]}$$

Der Maximalwert der sekundären Spannung bei Resonanz ist:

$$E_{2\,max} = \frac{\varepsilon\,\omega}{2\,\alpha_2}\left(\frac{\alpha_1}{\alpha_2}\right)^{\frac{\alpha_1}{\alpha_2 - \alpha_1}} = \frac{\varepsilon\,\omega}{2\,\alpha_1}\left(\frac{\alpha_2}{\alpha_1}\right)^{\frac{\alpha_2}{\alpha_1 - \alpha_2}}$$

Die Gleichungen setzen voraus, daß $\alpha_1{}^2$ gegen $\omega_1{}^2$, $\alpha_2{}^2$ gegen $\omega_2{}^2$, $(\omega_1 - \omega_2)^2$ gegen $\omega_1 \omega_2$ vernachlässigt werden kann.

Für den Fall der Resonanz gilt für den Stromeffekt:

$$I_{r\,eff}^2 = \frac{\varepsilon^2}{16\,\gamma^3\,L_2{}^2\,\gamma_1\,\gamma_2\,(\gamma_1 + \gamma_2)}$$

und bei ungedämpften Primärschwingungen:

$$I_{r\,eff}^2 = \frac{\varepsilon^2}{8\,\gamma^2\,L_2{}^2\,\gamma_2{}^2}$$

Messungen.

(1169) Messung von Wellenlängen. Wird ein Kondensatorkreis in bezug auf die Wellenlänge kalibriert, so erhält man in ihm eine Meßvorrichtung zur Bestimmung von Wellenlängen. Die modernen Wellenmesser bestehen aus einem kontinuierlich veränderlichen Plattenkondensator (1178), einem Satz Selbstinduktionsspulen, einer oder mehreren Anzeigevorrichtungen und einer Zusatzeinrichtung zur Erzeugung schwach gedämpfter Schwingungen durch Stromunterbrechung. Das früher übliche R i e ß sche Luftthermometer ist durch die bequemeren Hitzdrahtinstrumente von H a r t m a n n & B r a u n verdrängt worden. Als Spannungsindikatoren dienen Helium- und Neon-Röhren. Eine außerordentliche Erhöhung der Empfindlichkeit erreicht man durch Verwendung von Wellendetektoren in Verbindung mit einem Telephon oder einem Taschengalvanometer von H a r t m a n n & B r a u n ($1^0 = 9 \times 10^{-7}$ A). Bei der Anordnung zur Erzeugung schwach gedämpfter Schwingungen mittels eines Selbstunterbrechers ist Vorsorge zu treffen, daß die Stromunterbrechung ganz plötzlich und ohne Funken erfolgt. Geeignete Mittel hierfür sind, die Parallelschaltung eines Kondensators oder Widerstandes zur Magnetwicklung (nicht zur Unter-

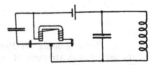

Fig. 715. Wellenmesser als Erreger.

brechungsstelle), vgl. Fig. 715. Zur Erzielung eines hohen Tones und um die Elemente zu schonen empfiehlt es sich, für den Unterbrecher ein polarisiertes Magnetsystem zu verwenden und den schwingenden Teil als Saite auszubilden.

Ein direkt zeigender Wellenmesser, der die Wellenlänge unmittelbar durch den Ausschlag eines Zeigers angibt, ist von S e i b t ausgebildet worden. Er besteht im wesentlichen aus zwei feststehenden, einander entgegenwirkenden Spulensystemen, deren Feldstärken mit der Wellenlänge in verschiedener Weise sich ändern, und einem Kurzschlußanker, dessen Ruhestellung durch das Verhältnis der Stromstärken in den ablenkenden Spulen bedingt wird.

Der Meßbereich der gebräuchlichen Wellenmesser reicht von etwa 80 bis 4500 m. Die Dämpfungsdekremente liegen zwischen 0,005 und 0,025.

Die Eichung von Wellenmessern wird von der Physikalisch-Technischen Reichsanstalt übernommen.

Literatur.

D ö n i t z, ETZ 1903, S. 920. — D r u d e, ETZ 1905, S. 339. — G e h r c k e, ETZ, S. 697. — D i e ß e l h o r s t, Jahrb. f. drahtl. Telegr., 1907, S. 262 ff. — N e s p e r, Jahrb. f. drahtl. Telegr. 1907, S. 341 und das Buch: Die Frequenz- und Dämpfungsmesser der Strahlentelegraphie, Leipzig 1907. — Z e n n e c k, Leitfaden f. drahtl. Telegr. 1909, S. 98 ff.

(1170) Messung der Dämpfung von Schwingungen. Über geeignete Hilfsmittel zur Beobachtung der Schwingungen vgl. (1174) und (1175).

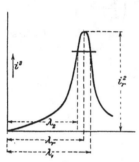

a) M e t h o d e v o n B j e r k n e s. Mit dem zu untersuchenden Schwingungskreis wird ein zweiter, abstimmbarer Kreis (1169) gekoppelt, der einen Strommesser (1174 a, e, f) enthält. Man stellt den Meßkreis auf verschiedene Wellenlängen λ ein, und mißt die zugehörigen Wärmeeffekte i^2 im Meßkreiß (R e s o n a n z k u r v e, Fig. 716). Über die Notwendigkeit einer extrem losen Kopplung des Meßkreises vgl. M. W i e n, Jahrb. f. drahtl. Telegraphie, Bd. 1, 1907, S. 462; Ann. Phys. (4) Bd. 25, 1908, S. 625 ff.

Bedeutet λ_r die Wellenlänge bei Resonanz und i_r^2 der zugehörige Wärmeeffekt, so ergibt sich die Summe der Dekremente beider Kreise zu

Fig. 716. Resonanzkurve.

$$\gamma_1 + \gamma_2 = 2\,\pi\,\frac{\lambda - \lambda_r}{\lambda}\sqrt{\frac{i^2}{i_r{}^2 - i^2}}$$

Man führe die Rechnung für mehrere rechts und links von der Resonanzlage liegende Punkte der Kurve durch und nehme das Mittel. Das Verfahren liefert nur, wenn $\dfrac{\lambda - \lambda_r}{\lambda}$ klein gegen 1 und $\gamma_1 + \gamma_2$ klein gegen $2\,\pi$ ist, richtige Werte.

Um die Dekremente der einzelnen Kreise zu erhalten, erniedrige man durch Einschaltung eines bekannten Widerstandes in den Meßkreis den Ausschlag bei Resonanz auf etwa die Hälfte. Der zugehörige Wärmeeffekt sei $i_r'^2$, die Vermehrung des Dekrementes des Sekundärkreises sei γ_2', dann ist:

$$\gamma_2 = \frac{\gamma_2'}{\dfrac{i_r^2}{i_r'^2}\,\dfrac{\gamma_1 + \gamma_2}{\gamma_1 + \gamma_2 + \gamma_2'} - 1}$$

Eine Vereinfachung der Methode ergibt sich, wenn die Ausschläge des Meßinstrumentes dem Stromeffekt proportional sind, und die Stellung des Meßkreises in Kapazitätswerten abgelesen wird. Bezeichnet C_r die Kapazität bei Resonanz und C_1 bzw. C_2 die Kapazitäten für die Stellungen rechts und links davon, bei denen der Ausschlag gerade auf die Hälfte sinkt, so ist:

$$\gamma_1 + \gamma_2 = \frac{\pi}{2} \cdot \frac{C_1 - C_2}{C_r}$$

b) **Methode der Stoßerregung.** Ist das Dekrement des primären Kreises groß gegenüber dem des sekundären, so ist der Stromeffekt umgekehrt proportional dem Widerstande des Meßkreises. Mißt man den Stromeffekt i^2 einmal ohne, das zweite Mal mit Einschaltung eines bekannten Ohmschen Widerstandes R', so ist der Widerstand des Meßkreises

$$R = R^1 \Big/ \left(\frac{i^2}{i'^2} - 1 \right)$$

Über die Berechnung des Dekrementes hieraus vgl. (1163). Zur Erzielung eines großen primären Dekrements verwendet man zweckmäßigerweise Löschfunkenstrecken (1176) und schaltet noch Bogenlampenkohlen als Widerstand dazu.

Über andere Methoden vgl. N e s p e r , Die Frequenz- und Dampfungsmesser der Strahlentelegraphie, Leipzig 1907. — Über Dämpfungsmessungen mit kontinuierlichen Schwingungen, vgl. v. T r a u b e n b e r g und M o n a s c h , Phys. Zeitschr., Bd. 9, 1908, S. 251. — F i s c h e r , Ann. Phys. (4), Bd. 28, 1909, S. 57. — Sonstige Literatur: B j e r k n e s , Wied. Ann., Bd. 55, 1895, S. 137 ff. — P. D r u d e , Ann Phys. (4), Bd, 13, 1904, S. 521 ff. — Z e n n e c k , Elektrom. Schwing. u. drahtl. Telegr. 1905, S. 584 ff., S. 1008: Leitfaden f. drahtl. Telegr. 1909, S. 112 ff. — H a h n e m a n n , Jahrb. f. drahtl. Telegr., Bd. 2, 1909, S. 293 ff.

(1171) Zwei Kondensatorkreise in fester Kopplung (Fig 710.) In beiden Kreisen entstehen zwei Schwingungen von verschiedener Periodenzahl und Dämpfung, die nicht mehr mit denen der ungekoppelten Kreise übereinstimmen. Für den Fall der Abstimmung liefert die Theorie die Beziehungen
für die Wellenlängen

$$\lambda_1 = \lambda_0 \sqrt{1 + \varkappa} \; ; \quad \lambda_2 = \lambda_0 \sqrt{1 - \varkappa}$$

für die Dekremente

$$\delta_1 = \frac{\gamma_1 + \gamma_2}{2} \frac{\lambda_0}{\lambda_1} \; ; \quad \delta_2 = \frac{\gamma_1 + \gamma_2}{2} \frac{\lambda_0}{\lambda_2}$$

(λ_0 Wellenlänge, γ_1 und γ_2 Dekremente der Kreise vor der Kopplung).

Die Energie pendelt zwischen den beiden Kreisen unter Bildung von Schwebungen hin und her, bis sie durch Dämpfung verzehrt ist. (Vgl. Fig. 717.)

Die Kopplung der Kreise wird häufig in Prozenten angegeben. Ein 20 proz. Kopplungsgrad soll heißen: es ist $K = 0,2$.

Besitzt das Primärsystem eine Funkenstrecke, so gelten für die Wellenlängen ähnliche Beziehungen. Die Formeln für die Dekremente dagegen verlieren ihre Berechtigung.

Fig. 717.
Schwingungsbild gekoppelter Kreise.

Literatur.
D r u d e , Ann. Phys. (4), Bd. 13, 1904, S. 545. — M a c k u , Jahrb. f. drahtl. Telegr., Bd. 2, 1909, S. 251 ff. — K a l ä h n e , Phys. Zeitschr. 1910, S. 1196.

(1172) Zwei Kondensatorkreise in fester Kopplung mit Abreißfunkenstrecken. Besitzt die Funkenstrecke eine sehr steile Charakteristik (1165), so reißt sie bei dem Durchgang der Schwingung durch ein Schwebungsminimum ab, und die im Sekundärkreis angehäufte Energie verwandelt sich in die Form der schwach gedämpften Schwingungen des Sekundärsystems. Die Resonanzkurve nimmt die Gestalt der Fig. 718 an.

Zur Erzielung eines guten Wirkungsgrades ist es einerseits zweckmäßig, die Kopplung möglichst fest zu machen, damit die Schwebungen schnell erfolgen und die Energie in kurzer Zeit das stark dämpfende Primärsystem verläßt, andererseits darf man damit nicht so weit gehen, daß das Erlöschen der Funkenstrecke erst bei dem zweiten oder einem späteren Minimum erfolgt. Fig. 719 stellt die Form der Sekundär- und Primärschwingungen für den Fall dar, daß die Funkenstrecke beim ersten Minimum erlischt. Der Wirkungsgrad der Energieübertragung beträgt bis 90 %. Über die Konstruktion von Löschfunkenstrecken vgl. (1176).

Literatur.

M. W i e n , Phys. Zeitschr., Bd. 7, 1906, S. 871; 1908, S. 49 u. 308. — R e n d a h l , Phys. Zeitschr. 1908, S. 203. — G r a f A r c o , ETZ 1909, S. 535. 561 ff.

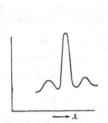

Fig. 718.

Resonanzkurve gekoppelter Systeme bei Löschfunken.

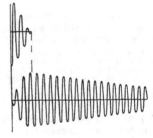

Fig. 719.

Schwingungsbild bei Löschfunkenerregung.

(1173) Skineffekt. In den einzelnen Fäden, in welche man sich einen Stromleiter zerlegt denken kann, werden beim Durchgang eines Wechselstromes verschieden starke elektromotorische Gegenkräfte erzeugt. Die Folge ist eine ungleichmäßige Verteilung der Stromdichte über den Querschnitt des Drahtes, eine Erhöhung des wirksamen Widerstandes und Verminderung der Selbstinduktion (92,3). Bei sehr schnellen Schwingungen und gut leitenden Drähten schon von mäßiger Dicke verläuft der Strom in einer sehr dünnen Schicht in der Nähe der Oberfläche, bei geraden, zylindrischen Drähten gleichmäßig über den Umfang verteilt, bei Spulen mehr nach dem Innenraum zusammengedrängt. Für die Berechnung der Widerstandserhöhung und Selbstinduktionserniedrigung gerader Drähte sind die Z e n n e c kschen Kurven sehr bequem (Ann. Phys. (4) Bd. 11, S. 1138 ff., 1903). Über den Skineffekt in Spulen sind von W. T h o m s o n (ETZ. S. 662, 1890), M. W i e n (Ann. Phys. (4) Bd. 14, S. 1, 1904) und A. S o m m e r f e l d (Ann. Phys. (4) Bd. 15, S. 673, 1904; (4) Bd. 24, S. 609, 1907) Formeln entwickelt worden. Zur Herabdrückung des Skineffektes verwendet man Litzen, deren einzelne Adern voneinander isoliert und miteinander verseilt sind.

Die Herstellung solcher Litzendrähte übernimmt z. B. C. V o g e l , Adlershof bei Berlin.

Apparate.

(1174) Beobachtung und Messung der Schwingungen. a) H i t z d r a h ti n s t r u m e n t e. Bei Bestellungen ist besonders anzugeben, daß das Instrument zur Messung von Hochfrequenzströmen dienen soll, da die Angaben bei den gewöhnlichen Nebenschlüssen von der Periodenzahl abhängen. H a r t m a n n & B r a u n fertigen geeignete Instrumente sowohl für starke als schwache Ströme.

b) D a s F u n k e n m i k r o m e t e r. Die Elektroden werden zweckmäßig aus zugespitzten Bogenlampenkohlen hergestellt. Bezugsquelle: F e r d i n a n d E r n e c k e, Tempelhof-Berlin.

c) G e i ß l e r s c h e R ö h r e n. Darunter besonders solche mit Heliumfüllung. Bewegt man eine Heliumröhre im elektrischen Felde schnell hin und her, so erhält man bei ungedämpften Schwingungen ein gleichmäßig helles Lichtband, bei gedämpften einzelne Lichtstreifen.   Zweckmäßiger ist es, die Röhren mittels eines Motors umlaufen zu lassen. Vgl. K i e b i t z , ETZ 1909, S. 23.

d) Zur Analyse der Schwingungen eignet sich der G l i m m l i c h t - O s - z i l l o g r a p h von G e h r c k e - B o a s (zu beziehen von H a n s B o a s, Berlin).

e) Das B o l o m e t e r.   Es beruht auf der durch die Wärmewirkung der Schwingungen hervorgebrachten Widerstandsänderung eines Eisendrahtes, der den einen Zweig einer Wheatstoneschen Brücke bildet. Um von Temperaturschwankungen unabhängig zu werden und zu verhindern, daß schnelle Schwingungen in die übrigen Brückenzweige gelangen, bedient man sich der Anordnung von A. P a a l z o w und H. R u b e n s (Wied. Ann. Bd. 37, S. 529, 1889) Fig. 720.

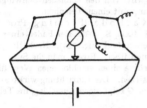

Fig. 720. Bolometerschaltung.   Fig. 721. Thermokreuz.

f) Das T h e r m o e l e m e n t von K l e m e n č i c (Wied. Ann. Bd. 42, S. 417, 1891, vgl. auch P. D r u d e, Ann. Phys. (4) Bd. 15, S. 714, 1904). Die wirksamen Drähte bestehen aus Eisen und Konstantan und sind, wie in Fig. 721 dargestellt, miteinander verschlungen. Die schnellen Schwingungen fließen von A nach A'. Die Klemmen $B B'$ führen zum Galvanometer. Über Abänderungen vgl. H. B r a n d e s, Phys. Zschr. Bd. 6, 1905, S. 503, W. V o e g e, ETZ 1906, S. 467.

(1175) Indikatoren für Telegraphie auf größere Entfernungen. a) D e r F r i t t e r (Fig. 722). M a r c o n i verwendet für die Elektroden amalgamiertes Silber, als Füllung Nickelfeilicht mit einem Zusatz von Silber. Die Elektroden sind etwas abgeschrägt, teils um die Entfrittung zu erleichtern, teils um durch Drehen die Empfindlichkeit ändern zu können. Das Ganze wird in eine evakuierte Glasröhre eingeschmolzen. Der Fritter der G e s e l l s c h a f t f ü r d r a h t l o s e T e l e g r a p h i e ist ähnlich gebaut.

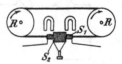

Fig. 722. Fritter.   Fig. 723. Magnetdetektor.

Die Empfindlichkeit und Exaktheit der Auslösung wird erhöht, wenn man die eine Elektrode aus Gold und die andere aus Aluminium herstellt und als Füllung eine Legierung von Gold und Platin verwendet.

Der Isolationswiderstand technischer Frittröhren beträgt mehrere hundert Megohm, die Kapazität 2—3 cm.

b) D e r e l e k t r o l y t i s c h e D e t e k t o r. (S c h l ö m i l c h, ETZ, Heft 47, 1903. — F e s s e n d e n, Electrical World 1903, Nr. 12, Electrician Bd. 51, S. 1042, 1903). Durch eine Polarisationszelle mit Platinelektroden und Schwefelsäure als Füllflüssigkeit wird ein Dauerstrom geschickt. Beim Hindurchgehen von

Schwingungen wird der Strom verstärkt, und in einem in den Stromkreis eingeschalteten Telephon vernimmt man ein knackendes Geräusch. Die Empfindlichkeit ist um so größer, je geringer die Oberfläche der positiven Elektrode ist. Sie besteht in der Ausführungsform der Gesellschaft für drahtlose Telegraphie aus einem 0,02 mm dicken Platindraht, der in ein feines Glasrohr eingeschmolzen und mit diesem sehr sorgfältig abgeschliffen ist.

c) D e r m a g n e t i s c h e D e t e k t o r M a r c o n i s beruht auf der Erscheinung, daß der magnetische Zustand eines magnetisierten Eisen- oder Stahlstückes sich plötzlich ändert, wenn es von Wechselströmen umflossen wird. Fig. 723 stellt die in der Praxis verwendete Ausführungsform dar. Ein endloses Drahtseil läuft über die Rollen R und wird von zwei permanenten Magneten fortgesetzt magnetisiert und entmagnetisiert. Die Spule S_1 wird von den schnellen Schwingungen durchflossen, die Spule S_2 steht in Verbindung mit einem Telephon.

d) D e t e k t o r m i t g l ü h e n d e r K a t h o d e. (F l e m i n g, Proc. Royal Soc. Bd. 74, 1905, S. 476; Electrician Bd. 55, 1905, S. 303). Der Faden einer Glühlampe ist von einem Metallmantel M umgeben (vgl. Fig. 724). Nach ihm gehen von dem glühenden Faden aus negative Ionen über. Erregt man die Spule L mit Schwingungen, so finden nur diejenigen Ströme einen geschlossenen Weg, die dieselbe Richtung wie die negativen Ionen besitzen. Die Einrichtung wirkt also wie ein Ventil. Ein eingeschaltetes Galvanometer G zeigt einen Ausschlag, im Telephon vernimmt man ein Knacken.

Durch Benutzung einer Hilfsspannung wird die Empfindlichkeit wesentlich erhöht. Vgl. B r a n d e s, ETZ 1906, S. 1017. Über das auf demselben Prinzip beruhende A u d i o n von d e F o r e s t vgl. Jahrb. f. drahtl. Telegr. 2, 1909, S. 353.

e) K o n t a k t d e t e k t o r e n. Eine große Zahl von Stoffen mäßiger Leitfähigkeit, vorzugsweise Mineralien von kristallinischer Struktur, zeigen die Eigenschaft, bei leichter Berührung mit Körpern guter Leitfähigkeit Hochfrequenzströme in Gleichstromimpulse umzuformen. Hierhin gehört unter den Mineralien insbesondere eine Reihe von Sulfiden und Oxyden, z. B. Bleiglanz, Molybdänglanz, Schwefelkies (Chile), Enargit, Titaneisenerz, Iserin, Anatas, Zinnstein (Schlaggenwald), Rotzinkerz. Von künstlich dargestellten Körpern eignen sich Karborundum und Zinkoxyd.

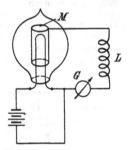

Fig. 724.   Glühlampendetektor.

Fig. 725.   Scheibe für Molybdänglanzdetektor.

Der Fundort der Mineralien bzw. geringe Beimengungen sind häufig, z. B. bei Anatas von wesentlicher Bedeutung für die Wirksamkeit. Bei Zinnstein sind nur gewisse Flächen wellenempfindlich, andere wirken als vollständiger Isolator.

Eine Gruppe der Mineralien, z. B. Bleiglanz und Molybdänglanz, scheint mehr als Gleichrichter, andere wiederum, z. B. Zinnstein, als Thermoelemente zu wirken.

Das Material der Gegenelektrode ist von untergeordneter Bedeutung.

Die Empfindlichkeit der Kontaktdetektoren ist bei sorgfältiger Einstellung des Druckes bis zu 70 $^0/_0$ höher als die der elektrolytischen Zelle.

Es ist schwierig, die Detektoren gegen Erschütterungen zu schützen. Die für diesen Zweck seitens der Gesellschaft für drahtlose Telegraphie durchgebildete Konstruktion besteht aus einem etwa 1 mm dicken Blättchen Molybdänglanz, einer sehr dünnen Zwischenschicht aus Glimmer, in die einige Löcher, wie Fig. 725 zeigt, eingestanzt sind, und einer Gegenelektrode aus aufgerauhtem Silber. Das Ganze wird fest zusammengepreßt, bis sich durch die Löcher im Glimmer hindurch die Elektroden mit leichtem Druck berühren.

(1176) Induktoren und Unterbrecher. Zur Aufladung des Luftleiters bzw. der Kondensatoren des Erregerkreises werden meist Induktoren mit offenem magnetischen Kreis benutzt. Für kleinere Leistungen genügt als Unterbrecher der einfache Wagnersche Hammer. Für größere Leistungen bis zu etwa 1 kW wird vielfach die B o a s sche Quecksilberturbine verwandt. Sie besteht aus dem Antriebsmotor und der eigentlichen Unterbrechungsvorrichtung, einem mit Quecksilber und Alkohol gefüllten gußeisernen Topf, in welchen ein Rohr taucht, dessen unterer Teil nach Art eines Turbinenrades mit Schaufeln versehen ist. Das bei der Drehung emporgesaugte Quecksilber fließt durch ein Ansatzrohr und spritzt aus einer Düse in Gestalt eines kräftigen Strahles aus. Bei der Drehung trifft der Strahl bald auf die Segmente eines Metallringes und schließt damit den Strom, bald tritt er durch Aussparungen des Ringes hindurch und öffnet den Strom.

Seit einigen Jahren sind die Unterbrecher fast vollständig durch Gleichstromwechselstromumformer verdrängt worden. Die Möglichkeit hierzu gab die Einführung der Resonanzinduktoren, durch welche die früher bei Verwendung von Wechselstrom schwer zu beseitigende Lichtbogenbildung spielend bewältigt wird.

Bei unterbrochenem Gleichstrom (Wehneltscher und Hammerunterbrecher sind ungeeignet) ist zur Abstimmung des Induktors die Gleichung zu erfüllen:

$$T = 2 \pi \sqrt{C L_2},$$

bei Wechselstrom die Gleichung

$$T = 2 \pi \sqrt{C L_2 (1 - k^2)}.$$

Hierin bedeuten C die angeschlossene Kapazität, L_2 die sekundäre Selbstinduktion des Induktors und $k^2 = M^2/L_1 L_2$ den Kopplungsfaktor zwischen primärem und sekundärem Stromkreis.

Ist die letztere Bedingung erfüllt, so arbeiten die Induktoren mit bestem Wirkungsgrade, der eingeleitete Strom ist ohne Leerkomponente, und der Funke ist gänzlich frei von Lichtbogenbildung.

Bei unterbrochenem Gleichstrom treten parasitäre Vorgänge hinzu, wodurch die Resonanz an Schärfe verliert, und der Wirkungsgrad herabgesetzt wird. Das günstigste Verhältnis zwischen Schließungs- und Öffnungsdauer ist etwa 2 : 3. Für die Konstruktion und Berechnung der Resonanzinduktoren gelten im allgemeinen dieselben Gesichtspunkte wie für die Transformatoren der Starkstromtechnik, nur daß die Erfüllung der Resonanzbedingung hinzukommt.

Als Anhalt mögen die Daten eines Beispiels dienen:
$C = 10000$ cm, $\nu = 50$, Eisenkern, Länge 650 mm, Durchmesser 60 mm, sekundäre Spule aus 50000 Windungen, Drahtdurchmesser 0,3 mm, Bespinnung einmal mit Seide, Spulenzahl 50, Mikanitträger für die Spulen von 1,5 mm Dicke, Hartgummirohr mit einer Wandstärke von 10 mm. — Über Resonanzinduktoren vgl. S e i b t, ETZ S. 277, 1904; B e n i s c h k e, l. c. 1907, S. 25.

Bei dem System der t ö n e n d e n Funken, das Wechselstrom von 300 bis 500 Perioden benutzt, setzt in jeder Periode oder Wechsel ein Funke ein. Um einen klaren Ton zu erhalten, gebe man dem aus Transformator, sekundärer Kapazität, Drosselspule und Selbstinduktion der Maschine bestehenden Schwingungsgebilde eine etwas tiefere Eigenschwingung, als der Periodenzahl der Maschine entspricht

Daten eines Transformators für 2 kW: Eisenkern: Länge 500 mm, Durchmesser 65 mm, primäre Windungszahl 150, sekundäre Windungszahl 10 000, Kapazitätsbelastung 8000 cm, Periodenzahl der Maschine 500.

Funkenstrecken. Die Arbeitsweise der Funkenstrecke ist die eines automatisch wirkenden Ventils. Vor dem Einsetzen des Funkens ist der Widerstand der Luftstrecke unendlich groß und versperrt infolgedessen den langsamen Schwingungen den Weg. Nach dem Einsetzen des Funkens bildet die Funkenstrecke eine leitende Brücke, durch welche sowohl die langsamen als auch die schnellen Schwingungen verlaufen können.

Fig. 726.
Löschfunken-
strecke.

Die konstruktive Ausführung richtet sich danach, ob der Funke möglichst lange andauern oder nach kurzer Zeit abreißen soll (1172). Im ersteren Falle wählt man eine einfache Funkenstrecke mit Zink als Elektrodenmaterial, im letzteren eine Serienanordnung sehr kurzer Funkenstrecken von etwa je 0,2 mm Länge und gut wärmeleitende Metalle, z. B. Kupfer oder Silber, für die Elektroden. Fig. 726 stellt eine bewährte Konstruktion einer Löschfunkenstrecke dar. Die einzelnen Teller werden durch zentrischen Druck stark zusammengepreßt. Die Zwischenlagen bestehen aus Paragummi von 0,4 mm Dicke. In die Dichtflächen werden Ringe eingedreht, um einen vollständigen Luftabschluß zu erreichen. Füllung mit Wasserstoff erhöht die Löschwirkung, bringt aber den Nachteil mit sich, daß der Gasdruck und damit das Entladepotential während des Betriebes sich ändert.

(1177) Lichtbogengeneratoren. Zur Erzielung größerer Leistungen läßt P o u l s e n (ETZ 1906, S. 1040) den Lichtbogen in einem transversalen Magnetfelde und einer wasserstoffhaltigen Atmosphäre brennen. Die wichtigsten Teile der neueren deutschen Ausführungsform gruppieren sich in der sogenannten Flammenkammer. Die Elektroden durchdringen zwei einander gegenüberstehende Wände der Kammer. Die Anode besteht aus Kupfer und wird entweder durch fließendes Wasser oder durch besonders angeordnete Metallrippen gekühlt. Die Kathode wird von einem etwa 2 cm starken Kohlenstab gebildet, den ein kleiner Motor zwecks gleichmäßiger Abnutzung in langsamer Drehung erhält. Durch die beiden anderen Wände ragen die Polschuhe der Elektromagnete in die Flammenkammer hinein.

Die wasserstoffhaltige Atmosphäre wird durch Verdampfung von Spiritus hergestellt, der mittels eines Tropfgefäßes in die Flammenkammer eingeführt wird.

Bei einem zweiten Typ, der sogenannten Telephonlampe, sind die Elektroden vertikal angeordnet. Beide werden durch Metallrippen gekühlt. Die Kathode besteht aus einem kurzen Kohlenstück, das auf einen durch eine Spule magnetisierten Eisenstab aufgesetzt ist. Das Magnetfeld besitzt in der Gegend des Lichtbogens eine longitudinale und eine radikale Komponente. Die letztere bewirkt, daß der Lichtbogen umläuft. Fabrikant der Generatoren ist die C. L o r e n z A.-G., Berlin.

Der Lichtbogengenerator der Gesellschaft für drahtlose Telegraphie besteht aus einer Reihe von Einzelelementen, deren Zahl sich nach der Spannung richtet. Auf 220 V entfallen 6 Elemente. Die vertikal angeordnete Anode wird von einem mit Wasser gefüllten Messingrohr gebildet, in dessen Boden ein ausgerundetes Kupferblech eingesetzt ist. In die Aushöhlung ragt von unten her die kugelförmig abgearbeitete Kohlenelektrode. Durch einen Hebelmechanismus können alle Bogen gleichzeitig gezündet werden.

(1178) Kondensatoren. L e i d e n e r   F l a s c h e n. Zur Herabsetzung der Büschelentladung wählt man eine langgestreckte Form und stellt die Flaschen in einen Behälter mit Öl. Der Hals der Flaschen wird, um die Gefahr des Durchschlags zu vermindern, häufig kräftiger bemessen als die übrigen Teile. Das beste Schutzmittel besteht indessen in einer relativ geringen spezifischen Beanspruchung des Glases, wodurch auch die Verluste herabgesetzt werden. Bezugsquelle für unbeklebte Gläser: W a r m b r u n n, Q u i l i t z & C o., Berlin. Als Klebemittel hat sich Eiweiß bewährt. Nach M o s c i c k i werden die Belegungen durch Versilberung und nachfolgende Verkupferung hergestellt. Bezugsquelle: W o h l l e b e n & W e b e r, Saarbrücken.

P r e ß g a s k o n d e n s a t o r e n zeichnen sich durch nahezu vollständige Beseitigung der Verluste aus (W i e n, Ann. Phys. (4) Bd. 29, 1909, S. 79).

D r e h k o n d e n s a t o r e n (K o e p s e l). Der Kondensator besteht aus zwei Systemen paralleler Platten, von denen das eine feststeht, das andere in die Zwischenräume des ersteren durch Drehung der tragenden Achse hineinbewegt werden kann. Der Normaltyp besitzt bei etwa 23 Plattenpaaren und einem Luftabstand von 1 mm 2000 cm Kapazität. Bezugsquellen: G e s e l l s c h a f t f ü r d r a h t l o s e T e l e g r a p h i e, C. L o r e n z A.-G. Die letztere Gesellschaft liefert auch Drehkondensatoren für größere Leistungen. Die Konstruktion von B o a s weist zwei Systeme vertikal angeordneter halbkreisförmiger Zylinder auf, von denen das eine drehbar ist. S e i b t hat zur Erzielung größerer Konstanz der Kapazität und um Raum zu sparen, die Koepselsche Konstruktion dahin abgeändert, daß er die Platten aus dem Vollen herausarbeitet.

B l o c k i e r u n g s k o n d e n s a t o r e n werden aus dünnen Glimmerblättchen mit Stanniolzwischenlagen hergestellt. (N e s p e r, Jahrbr. f. drahtl. Telegr. 1908, S. 92 ff.)

(1179) Selbstinduktivitäten. Entsprechend dem jeweiligen Zweck werden die Selbstinduktivitäten als flache Spulen von Spiralform oder als Zylinderspulen ausgebildet. Das Maximum der Selbstinduktion (aber nicht das Minimum der Dämpfung) erhält man in beiden Fällen bei einem Verhältnis der Wicklungshöhe zum mittleren Durchmesser von etwa 0,4. Zur Erzielung großer Selbstinduktivität bei geringer Eigenkapazität führt man nach S e i b t die Drähte nach dem in Fig. 727 für eine zweilagige Wicklung dargestellten Schema. Mehrlagige Wicklungen werden in analoger Weise hergestellt.

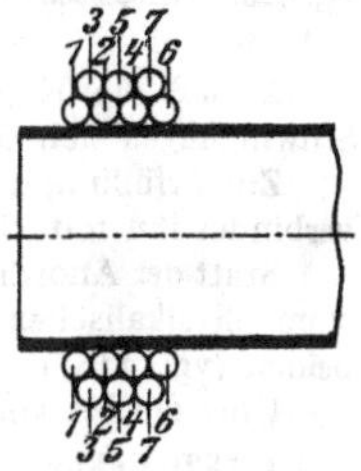

Fig. 727.
Spulenwicklung
nach Seibt.

Die Dämpfung ist im allgemeinen um so geringer, je größer der Durchmesser der Spulen ist. Über ihre Herabsetzung durch Unterteilung der Drähte vgl. (1173). Auch flache Bänder haben sich bewährt. Wenn die Selbstinduktivität durch Zuschalten von Windungen stufenweise geändert wird, sind die toten Enden der Spulen vom Schwingungskreise abzuschalten, um ihr Mitschwingen zu verhindern.

Das V a r i o m e t e r dient zur kontinuierlichen Änderung der Selbstinduktivität. Sein Prinzip besteht darin, daß einzelne Spulen oder Spulenteile gegen andere in der Weise bewegt werden, daß die Felder sich mehr oder weniger decken oder gegeneinander gerichtet sind. Die Windungen der von C. L o r e n z gefertigten Variometer sind auf Kugelsegmenten oder Zylinderflächen, die der G e s e l l s c h a f t f ü r d r a h t l o s e T e l e g r a p h i e auf ebenen Flächen in Ellipsenform angeordnet. Näheres hierüber: N e s p e r, Jahrb. f. drahtl. Telegr. 1909, S. 319 ff.

Für größere Stromstärken bestimmte Spulen werden behufs Kühlung und Erhöhung der Isolation in Öl gelagert.

Sender und Senderschaltungen.

(1180) Einfache Systeme (M a r c o n i s c h a l t u n g, Fig. 728). Der Sender besteht aus einem einfachen senkrecht in die Höhe geführten Draht, in den in der Nähe der Erde eine Funkenstrecke eingeschaltet ist.

Zur Speisung des Luftleiters genügt ein Induktorium von etwa 25 cm Schlagweite. Als Unterbrecher dient ein langsam schwingender Wagnerscher Hammer, als Stromquelle Elemente oder eine Akkumulatorenbatterie. Zur Funkenlöschung wird parallel zu den Kontakten des Unterbrechers ein Kondensator von etwa 1 μF geschaltet. Über die Schwingungsvorgänge vgl. 1166.

(1181) Gekoppelte Systeme mit einfachen Funkenstrecken. Die Schwingungen werden nicht im Luftleiter selbst, sondern in einem Kondensatorkreise erzeugt und durch Resonanz auf den Luftleiter übertragen, vgl. Fig. 729.

Bedingungen für günstigste Wirkung sind:

1. daß die Eigenschwingungen der miteinander gekoppelten Kreise dieselben sind,

Fig. 728. Marconischaltung. 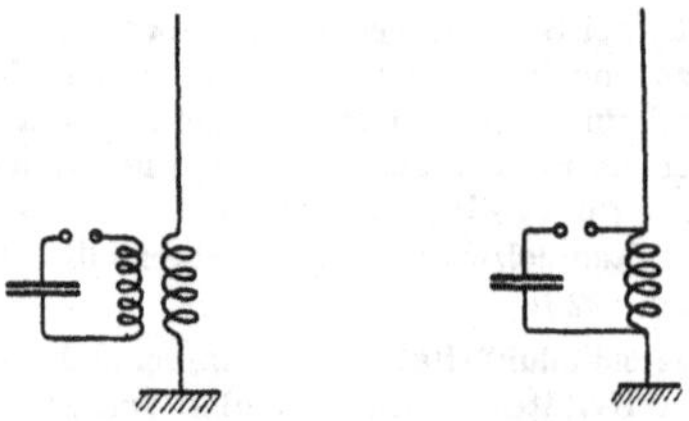   Fig. 729 und 730. Gekoppelte Sender.

2. daß die Koppelung an einer Stelle stattfindet, an der für die freien Schwingungen sich ein Strombauch ausbilden würde.

Zur Erfüllung der Bedingung 2 legt man den Luftleiter entweder an Erde oder verbindet ihn mit einem elektrischen Gegengewicht.

Statt der Anordnung nach Fig. 729 wird häufig die nach Fig. 730 verwendet. Vom physikalischen Standpunkt besteht kein wesentlicher Unterschied zwischen beiden (vgl. 1167).

Über die Schwingungsvorgänge vgl. (1171).

(1182) Gekoppelte Sender mit Löschfunkenstrecken. Die Schaltung ist im Prinzip identisch mit der für einfache Funkenstrecken. Zur guten Einstimmung der beiden Kreise und kontinuierlichen Veränderung der Wellenlänge werden in beiden Kreisen Variometer angeordnet. Wegen des schnellen Erlöschens der Funkenstrecken können Wechselstrommaschinen von mehreren hundert Perioden zur Speisung der Kondensatoren benutzt werden, so daß im Telephon der Empfangsstation ein musikalischer Ton gehört wird.

Bedingungen für rationellen Betrieb sind:

1. Die Koppelung sei fest, aber nicht übertrieben fest, damit der Funke mit Sicherheit bei dem Durchgang durch das erste Schwebungsminimum abreißt.

2. Die beiden Hochfrequenzschwingungskreise sind so auf einander einzuregulieren, daß der Strommesser in der Antenne ein Maximum des Ausschlages anzeigt.

3. Die Eigenperiode des Maschinen- und Transformator-Systems sei etwas tiefer als die erzwungene Periode der Wechselstrom-Dynamo.

4. Die Spannung am Transformator ist so zu regulieren, daß entweder für jeden Wechsel oder für jede Periode eine einzige Entladung erfolgt.

Über die Schwingungsvorgänge in den Hochfrequenzkreisen vgl. G r a f A r c o, ETZ 1909, S. 535, 561.

(1183) Sender für ungedämpfte Schwingungen. Der Lichtbogengenerator wird entweder in einen Primärkreis oder direkt in die Antenne eingeschaltet. Die

Stärke der Kopplung der Antenne mit dem Primärkreis hängt wesentlich von der Leistungsfähigkeit des Generators ab. Bei zu starker Energieentziehung erlöschen die Schwingungen. In Fig. 731 bedeutet S einen sogenannten Schwungradkreis, der die Aufgabe hat, das Verhältnis der in der Antenne stark gedämpft schwingenden Energie zu der Leerlaufenergie auf ein solches Maß zu bringen, daß die Schwingungen aufrecht erhalten werden (H a h n e m a n n, S c h e l l e r); ferner gestattet er eine bequeme Regulierung der Wellenlänge.

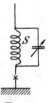

Fig. 731.
Schwungrad-
kreis.

Schaltet man parallel zu einem aus zwei Metallelektroden bestehenden Lichtbogengenerator einen aus entsprechend bemessener Kapazität und Selbstinduktion gebildeten Niederfrequenzkreis, so gerät auch er in Schwingungen und bewirkt eine rhythmische Unterbrechung der Hochfrequenzströme (Gleichstromtonsender). Ob die Hochfrequenzströme in diesem Falle ungedämpfte Schwingungen sind, ist bisher nicht festgestellt worden.

(1184) Sender für drahtlose Telephonie. Wird auf der Sendestation ein ununterbrochener Zug ungedämpfter Schwingungen ausgesandt, dessen Stärke durch Mikrophonschwingungen variiert wird, so vernimmt man in einem mit integrierendem Detektor und Telephon versehenen Empfänger die durch das Mikrophon hervorgebrachten Schwankungen der Hochfrequenzenergie.

Die drahtlose Telephonie ist über das experimentelle Stadium kaum hinausgelangt. Die Schwierigkeiten liegen in der Inkonstanz der Senderschwingungen (1165), die sich im Fernhörer als ein störendes Brodeln äußern, und der geringen Belastungsfähigkeit der Mikrophone. Das M a j o r a n a sche Mikrophon (Jahrb. f. drahtl. Telegraphie 2, 1909, S. 347), das bis 4 A dauernd verträgt, erfordert eine umständliche Bedienung und erzeugt zudem selbst starke Eigengeräusche. Die Kohlenkörner-Mikrophone verbrennen meist schon bei Strombelastungen von 1 A. Am besten eignet sich der Berlinersche Universaltransmitter. Bewährt hat sich die akustische Parallelschaltung einer größeren Anzahl von Mikrophonen.

Die günstigste Stelle für die Einschaltung des Mikrophons in die Hochfrequenzkreise ist die Erdverbindung der Antenne.

Die Kopplung der Antenne mit dem Primärkreise soll tunlichst lose sein.

Empfängerschaltungen für drahtlose Telegraphie.

(1185) Schaltungen mit Frittröhre. Fig. 732 stellt die erste Anordnung von Marconi dar, bei der die Frittröhre direkt in die Antenne eingeschaltet wurde. Zur Registrierung der Zeichen dienen zwei Gleichstromkreise. Der eine Stromkreis enthält den Fritter, ein Relais und ein kleines Trockenelement. Der andere Stromkreis wird durch das Relais des ersten Kreises geschlossen. Er enthält eine Batterie von mehreren Trockenelementen, den Morseapparat und den Klopfer. Klopfer und Morse können parallel oder in Reihe geschaltet werden. Um zu verhindern, daß der Fritter von den bei der Unterbrechung des zweiten Kreises entstehenden Schwingungen erregt wird, schaltet man parallel zum Arbeitskontakt und der Zunge des Relais eine Polarisationsbatterie (in Fig. 732 nicht gezeichnet).

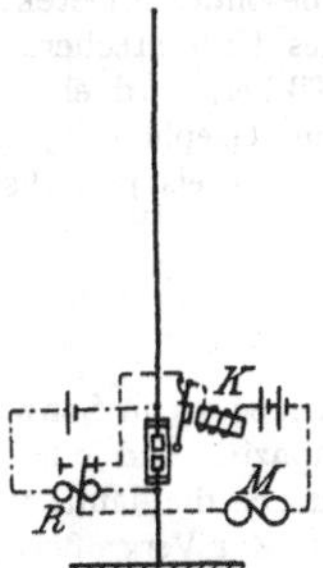

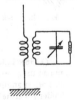

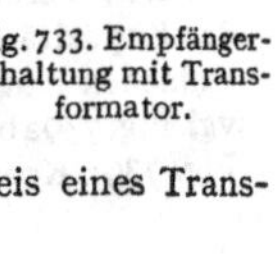

Fig. 733. Empfänger-
schaltung mit Trans-
formator.

Fig. 732. Erste
Empfängerschaltung.

Eine wesentlich verbesserte Anordnung stellt Fig. 733 dar, bei der der Fritter in den Sekundärkreis eines Transformators eingeschaltet ist. Die Antenne und der zweite Kreis werden auf die ankommenden Wellen sorgfältig abgestimmt. Da für die Erregung des Fritters im wesentlichen die maximale Potentialdifferenz maßgebend und das Amplitudenverhältnis ungefähr gleich $\sqrt{\dfrac{C_1}{C_2}}$ ist, so gibt man dem sekundären Kreise zur Erhöhung der Empfindlichkeit einen Kondensator von nur geringer Kapazität.

(1186) Schaltungen mit integrierenden Detektoren. Als maßgebender Gesichtspunkt gilt die Forderung, die dem Detektor zugeführte Energie in weiten Grenzen regulieren zu können. Das Optimum der Empfangsintensität wird bei ungedämpften Schwingungen erhalten, wenn der Energieverbrauch im Detektor gleich der in allen übrigen Teilen verzehrten und von der Antenne zurückgestrahlten Energie ist. Je stärker gedämpft die Senderschwingungen sind, um so fester ist der Detektor zur Erzielung dieses Optimums zu koppeln. Zum Aufsuchen von Schwingungen unbekannter Wellenlänge verstärkt man, zur Beseitigung von Störungen fremder Stationen schwächt man die Detektorkopplung.

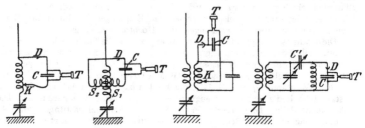

Fig. 734—737. Detektorschaltungen.

Die Fig. 734 bis 737 stellen gebräuchliche Schaltungen dar. In ihnen bedeuten D den Detektor, C einen Blockierungskondensator, T das Telephon, K einen veränderlichen Kontakt, S_2 eine in S_1 drehbare Spule, C' einen veränderlichen Kopplungskondensator.

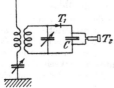

Fig. 738. Tikkerschaltung.

(1187) Tikkerschaltungen. T e s l a und P o u l s e n (ETZ 1906, S. 1042) haben eine Schaltung angegeben, die einen besonderen Detektor entbehrlich macht. Mittels eines Unterbrechers T_1 (Fig 738), dem sogenannten Tikker, wird ein aus einem Kondensator C und dem Telephon T_2 gebildeter Kreis an den Hochfrequenzkreis periodisch an- und abgeschaltet

Antennen, Luftleiter.

(1188) Luftleiter. Die von einem Luftleiter bei Marconierregung in Schwingungen umgesetzte Energie ist um so größer, je größer seine Kapazität und je höher die Ladespannung ist. Der Erhöhung der Ladespannung ist durch die damit verbundene Vermehrung der Funkendämpfung eine Grenze gesetzt. Zur Vergrößerung der Kapazität und Vermehrung der Strahlungsfähigkeit verwendet man statt eines einfachen Leiters Gebilde, welche aus mehreren Drähten zusammengesetzt werden, vgl. Fig. 739a bis f. Fig. 739a wird gewöhnlich Drahtschlauch genannt, Fig. 739b Harfe, Fig. 739c Konus-, Fig. 739d Doppelkonusantenne, Fig. 739e T-Antenne, Fig. 739f

Schirmantenne. Die bevorzugtesten Formen sind die *T-* und die Schirm-antenne.

In neuerer Zeit sind durch die Versuche von K i e b i t z (Ann. d. Phys. 32, 974, 1910, Verhandl. d. Deutsch. Phys. Ges. XIII, Nr. 21, 1911) die sogenannten Erdantennen in den Vordergrund des Interesses gerückt worden. Sie besitzen den Vorzug, daß keine oder nur niedrige Masten erforderlich sind, Wellen von erheblicher Länge verwendet werden können und die Richtungstelegraphie geringere Schwierigkeiten bietet.

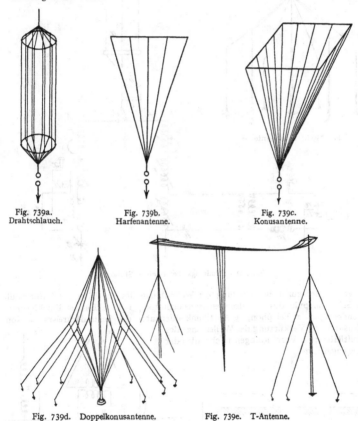

<table>
<tr><td>Fig. 739a.
Drahtschlauch.</td><td>Fig. 739b.
Harfenantenne.</td><td>Fig. 739c.
Konusantenne.</td></tr>
</table>

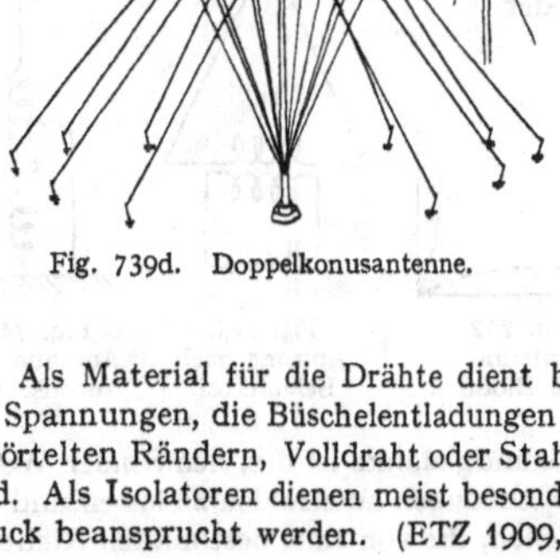

Fig. 739d. Doppelkonusantenne.　　　Fig. 739e. T-Antenne.

Als Material für die Drähte dient bei schwächeren Spannungen Bronzelitze, bei Spannungen, die Büschelentladungen erzeugen könnten, Bronzebänder mit um-gebörtelten Rändern, Volldraht oder Stahldrähte, über die Kupferröhren geschoben sind. Als Isolatoren dienen meist besonders geformte Porzellankörper, die nur auf Druck beansprucht werden. (ETZ 1909, S. 597.)

(1189) Schaltungsschema eines Senders und Empfängers für tönende Funken (Fig. 740). *a* Luftleiter, *b* Spule von sehr hoher Selbstinduktivität zur Ableitung statischer Ladungen, *c* Blitzschutzvorrichtung, *d* Umschalter von Senden auf Empfang, *e* Verlängerungsspule, *f* Variometer zur Feineinstellung der Wellenlänge des Luftleiters, *g* Variometer des Primärkreises, *h* ungekoppelte Selbstinduktivität des Primärkreises, *i* Senderkondensatoren, *k* Abreißfunkenstrecken, *l* Transformator für 500 Perioden, *m* Morsetaster, *n* Schutzkondensatoren, *o* Wechselstromdynamo für *ν* = 500, *p* Drosselspule zur Regulierung der Eigenschwingung des Niederfrequenzkreises; *r* Verlängerungsspule des Empfängers,

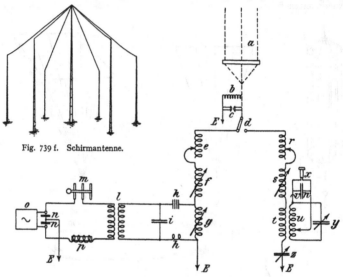

Fig. 739 f.   Schirmantenne.

Fig. 740.   Schaltungsschema einer Station.

s Variometer zur Feineinstellung der Wellenlänge des Luftleiters, *t* Primärspule *u* Sekundärspule des Hochfrequenztransformators, *v* Detektor, *w* Blockierungskondensator, *x* Telephon, *y* Abstimmkondensator des Sekundärkreises, *z* Kondensator zur Verkürzung der Wellenlänge des Luftleiters; *E* Verbindungen nach Erde oder Gegengewicht.

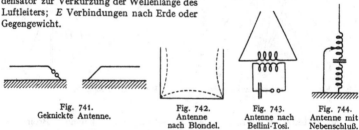

Fig. 741.
Geknickte Antenne.

Fig. 742.
Antenne
nach Blondel.

Fig. 743.
Antenne nach
Bellini-Tosi.

Fig. 744.
Antenne mit
Nebenschluß.

(1190) Gerichtete Telegraphie. Der Grundgedanke ist der, den Sender Wellen nur nach einer oder wenigen bestimmten Richtungen ausstrahlen zu lassen und den Empfänger so zu bauen, daß er nur auf Wellen, die von einer bestimmten Richtung her einfallen, anspricht. Das Ziel ist bisher nur in beschränktem Maße erreicht worden.

a) **M a r c o n i** verwendet geknickte Antennen, die, wie Fig. 741 zeigt, orientiert sind.

b) **B l o n d e l** schlägt vor, 2 Antennen auf jeder Station zu verwenden, die mit 180° Phasen-Unterschied schwingen; vgl. Fig. 742. Das System empfängt und strahlt Wellen vorzugsweise nur in der Verbindungslinie beider Antennen aus.

c) **B e l l i n i** und **T o s i** verwenden schiefe Luftleiter, deren maximale Wirkung senkrecht zu der sie verbindenden Ebene liegt, vgl. Fig. 743.

d) **B r a u n** schlägt vor, 3 an den Ecken eines gleichseitigen Dreiecks errichtete Antennen, die mit phasenverschobenen Schwingungen erregt werden, zu verwenden.

L i t e r a t u r:

K i e b i t z, Ann. Phys. (4) Bd. 32, 1910, S. 941. — **B e l l i n i** und **T o s i**, Jahrb. f. drahtl. Telegr., Bd. 2, 1909, S. 511. — Nachweis der früheren Literatur: **Z e n n e c k**, Leitfaden f. drahtl. Telegr., S. 371 u. 372.

(1191) Reichweiten. Die betriebssichere Telegraphierentfernung hängt von der Senderenergie, der Höhe der Masten, der Empfindlichkeit der Detektoren, der Dämpfung der Schwingungskreise und den örtlichen Verhältnissen ab. Über See und bei Nacht ist sie größer als über Land und bei Tage. Je gebirgiger, waldreicher und je mehr mit Städten besetzt das dazwischen liegende Gelände ist, um so mehr sinkt die Reichweite. Über die Leistungen des Systems der tönenden Funken vgl. Graf **A r c o**, ETZ 1909, S. 565.

Bisweilen werden abnormal große Entfernungen überbrückt.

(1192) Atmosphärische Störungen. In tropischen Gegenden sind die atmosphärischen Störungen zu gewissen Zeiten nahezu unerträglich. Am Tage, insbesondere bei blendendem Sonnenschein treten sie stärker auf als in der Nacht. Um sie abzudämpfen, legt man an die Antenne an diejenige Stelle, an der für die zu empfangenden Schwingungen sich ein Knotenpunkt ausbildet, einen Nebenschluß nach Erde. Vgl. Fig. 744.

Das beste Mittel zur Aufrechterhaltung des Betriebes besteht in der Anwendung tönender Signale, die infolge ihres charakteristischen Klanges durch die atmosphärischen Störungen hindurchgehört werden.

(1193) Staatliche Regelung. Das Recht zur Errichtung drahtloser Telegraphenstationen ist in Deutschland durch das Gesetz über das Telegraphenwesen des Deutschen Reiches vom 6. April 1892 (vgl. S. 916) nebst Novelle vom 7. März 1908 dem Staate vorbehalten. Bordstationen werden von der Deutschen Betriebs-Gesellschaft für drahtlose Telegraphie oder den Schiffseignern unter Aufsicht der Reichstelegraphenverwaltung betrieben.

Der internationale Verkehr ist durch die Bestimmungen des internationalen Funkentelegraphenvertrages, dem alle Staaten beigetreten sind, geregelt. Referat hierüber: **J e n t s c h**, Jahrb. f. drahtl. Telegr., Bd. 2, 1909, S. 200. Ein internationales Verzeichnis der Funkentelegraphenstationen wird von dem Internationalen Bureau des Welttelegraphenvereins in Bern herausgegeben.

Vierzehnter Abschnitt.

Eisenbahn-Telegraphen- und Signalwesen.

Umfang der Einrichtungen.

(1194) Die Grundlagen für die Ausrüstung der Eisenbahnen mit elektrischen Telegraphen- und Signal-Einrichtungen bilden die von den staatlichen Aufsichtsbehörden erlassenen allgemeinen Bestimmungen über den Bau und den Betrieb der Eisenbahnen.

Für die deutschen Bahnen sind dies:

a) die Eisenbahn-Bau- und Betriebsordnung vom 1. Mai 1905 und

b) die Signalordnung für die Eisenbahnen Deutschlands vom 1. August 1907.

Diese allgemeinen Bestimmungen enthalten in bezug auf Verständigung in die Ferne und in bezug auf die Mitteilung verabredeter Zeichen (Signale) Forderungen, welche das Maß desjenigen bilden, was mit den elektrischen Einrichtungen zum mindesten und ohne Rücksicht auf sonstige Verhältnisse geleistet werden muß. Der den Anlagen über dieses Maß hinaus zu gebende Umfang bestimmt sich in jedem einzelnen Falle aus der Eigenartigkeit der Verkehrs- und Betriebsverhältnisse der Bahnlinie.

Im allgemeinen können nachstehende Angaben über die den Bahnen zu gebende Ausrüstung als Anhalt dienen.

(1195) Maßstab für den Umfang der Einrichtungen. Auf j e d e r Bahnlinie, gleichviel ob Hauptbahn oder Nebenbahn, ist erforderlich

a) eine M o r s e l e i t u n g, in welche sämtliche Stationen der Bahnlinie einzuschalten sind (1197).

Für solche Nebenbahnen, auf denen mit einem einzigen hin- und herfahrenden Zuge der Verkehr bewältigt wird, genügen statt der Morsewerke auch F e r n - s p r e c h e r.

Auf jeder H a u p t b a h n ist weiter erforderlich

b) eine L ä u t e l e i t u n g, besetzt mit elektrischen Signal-Läutewerken bei den einzelnen Bahnwärterposten und mit magnetelektrischen Stromerzeugern (Induktoren) auf den Stationen (1202).

Auf N e b e n b a h n e n dient die durchgehende Morseleitung vielfach zugleich zur Beförderung der Zugmeldungen. Die Zahl der zu einem Schließungskreise verbundenen Stationen kann daher nur beschränkt sein, in der Regel nicht über 10. Sind mehr Stationen vorhanden, so wird diese Leitung in zwei oder mehrere Kreise eingeteilt und außerdem noch

c) eine z w e i t e M o r s e l e i t u n g hergestellt, die außer den beiden End- und den Kreisschlußstationen nur die hauptsächlichsten Stationen einschließt.

Auf H a u p t b a h n e n und wichtigeren Nebenbahnen wird dagegen

d) eine besondere Z u g m e l d e l e i t u n g (1201) hergestellt, gleichfalls mit Morsewerken besetzt und mit Kreisschluß auf j e d e r Station; jedoch kann hierfür auf Hauptbahnen von geringer Länge (bis 50 km) und mit mäßigem Zugverkehr die ohnehin vorhandene Läuteleitung mitbenutzt werden (1203).

Auf H a u p t b a h n e n v o n g r ö ß e r e r L ä n g e und solchen mit lebhafterem Z u g v e r k e h r ist außerdem zur Entlastung der sämtliche Stationen einschließenden Morseleitung

e) eine z w e i t e d u r c h g e h e n d e M o r s e l e i t u n g erforderlich, in die aber nur die hauptsächlichsten Stationen eingeschaltet werden.

In letzterem Falle dient die erste Morseleitung dem nachbarlichen Verkehr und wird dementsprechend je nach Erfordernis in zwei oder mehr Kreise abgeteilt, während die zweite Morseleitung dem Fernverkehr zu dienen hat.

Bei wachsendem Verkehr tritt dann zunächst hinzu

f) eine weitere Morseleitung für den n a c h b a r l i c h e n Verkehr, in die jedoch die kleinen Haltestellen nicht mit eingeschaltet werden; und sofern dem Bedürfnisse auch dann noch nicht genügt ist,

g) eine weitere Morseleitung für den F e r n verkehr, in die dann nur die allerwichtigsten Stationen eingeschaltet werden.

Auf verkehrsreichen Strecken sind ferner erforderlich

h) zwei L e i t u n g e n für den Streckenblockdienst, besetzt mit Blockwerken auf den Zugfolgestellen (1208);

i) eine Fernsprechleitung zur Verbindung der Schrankenwärterposten mit den benachbarten Stationen (1206); in neuerer Zeit in der Regel auch

k) eine Fernsprechleitung zur Verbindung einer größeren Anzahl Bahnhöfe untereinander.

Auf s t a r k g e n e i g t e n B a h n s t r e c k e n — auf Hauptbahnen bis zu Neigungen von 1 : 200, auf Nebenbahnen bis zu Neigungen von 1 : 100 — sowie in Krümmungen mit Radien von 250 m und darunter findet eine fortlaufende Ü b e r w a c h u n g d e r F a h r g e s c h w i n d i g k e i t auf elektrischem Wege statt; in diesem Falle ist erforderlich:

l) eine Überwachungsleitung zur Verbindung der Gleis-Kontakte (Radtaster) mit der zugehörigen Schreibvorrichtung (1207).

Außer diesen über die ganze Strecke oder einen größeren Abschnitt derselben sich erstreckenden Einrichtungen sind an einzelnen Punkten, namentlich auf den Bahnhöfen, noch die mannigfaltigsten elektrischen Signal- und Sicherheits-Einrichtungen notwendig; vgl. (1205), (1209) bis (1213).

Ausführung der Anlagen.

(1196) Drahtleitungen. Mit Rücksicht auf die gleichzeitige Benutzung des Bahngeländes, meistens sogar desselben Gestänges durch die Reichs- oder Staatstelegraphen-Verwaltung und die Bahnverwaltung empfiehlt es sich, die Bahnleitungen nach den gleichen Grundsätzen und unter Verwendung des gleichen Materials herzustellen, wie es für die Reichs- oder Staatstelegraphen-Verwaltung vorgeschrieben ist. Kabellager sollen, soweit angängig, zur Ersparung von Anlage- und Unterhaltungskosten gemeinschaftlich benutzt werden; zu trennen sind nur die Überführungssäulen und Schränke sowie die Stations-Einführungen. Für die Luftleitungen wird sich die Bahnverwaltung, soweit irgend angängig, die bahnwärts gelegene Seite des Gestänges (bei Doppelgestängen die bahnwärts stehende Stange) für ihre Zwecke vorzubehalten haben. Innerhalb der größeren Bahnhöfe empfiehlt es sich, nur die d u r c h g e h e n d e n Leitungen an gemeinschaftlich benutzten Gestänge anzubringen, für die Block-, Fernsprech- und sonstigen Bahnhofsleitungen aber besondere bahneigene Gestänge herzustellen. Weiteres über Leitungsbau und Unterhaltung s. unter Telegraphie (1012) u. f.

(1197) Die Morseleitungen im allgemeinen. Für Eisenbahn-Telegraphenleitungen ist naturgemäß der Betrieb mit R u h e s t r o m zu wählen. Die Telegrapheneinrichtungen selbst sind grundsätzlich dieselben, wie solche in den Staats-Telegraphenbetrieben für Ruhestrom zur Anwendung kommen, jedoch werden in neuerer Zeit fast ausschließlich Morsewerke nach Siemens & Halskeschem Muster (1871), sogen. Normal-Morsewerke — Grundbrett mit Federschlußklinken — verwendet. (Vgl. Z e t z s c h e, Handbuch der Telegraphie, Bd. 4, § XXI, Fig. 171 und 172.) Diese Anordnung gewährt den Vorteil leichter und bequemer Auswechslung durch die Telegraphenbeamten selbst ohne Zuhilfenahme von Geräten, sowie

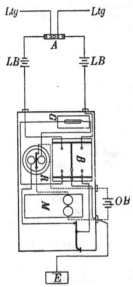

auch im Falle von Unbrauchbarkeit des einen Morsewerkes die Möglichkeit, durch sofortiges Einsetzen eines anderen gerade unbenutzten den Betrieb aufrecht zu erhalten.

Die Morsewerke arbeiten durchgängig mit R e l a i s, weil der Anschlag von sog. Direktschreibern für Eisenbahnstationen nicht laut genug sein würde.

Die S c h a l t u n g der Morsewerke ist aus Fig. 745 ersichtlich.

Die W i d e r s t ä n d e werden in der Regel in nachstehenden Größen gewählt: Relais (R) 45—50 Ø, Galvanoskop (G) 5—8 Ø, Schreiber (M) 15 Ø.

(1198) Für die Batterien sind zweckmäßig Meidingersche Ballon-Elemente von etwa 22 cm Höhe zu verwenden. Offene Meidinger-Elemente sind deshalb weniger zweckmäßig, weil es den Eisenbahnbeamten an Zeit gebricht, rechtzeitig Kupfervitriol nachzufüllen. Elemente von größeren Abmessungen als die bezeichneten zu verwenden, hat keinen Zweck, weil sie doch in der Regel nicht länger als sechs Monate diensttüchtig bleiben, was auch mit den kleineren bequem erreicht wird, und für die zum Betrieb erforderliche Stromstärke sind die kleineren mehr als zureichend. Ein solches Element hat einen Widerstand von 6—7 Ø und eine EMK von annähernd 1 V.

Fig. 745. Morsewerk für durchgehende Leitung.

Die Batterien sind in Wandschränken mit Glastüren aufzustellen. Im Innern müssen diese Schränke mit weißem Ölfarben-Anstrich versehen sein, damit der Zustand der Elemente von außen leicht überwacht werden kann.

Für die L e i t u n g s - Batterien (LB) werden in den Schränken besondere Ausschalter (A) angeordnet, mit denen die Telegrapheneinrichtung einschließlich der Batterie aus der Leitung ausgeschaltet werden kann, was die Feststellung von Fehlern in den Batterien und in solchem Falle die Aufrechterhaltung des ungestörten Betriebes der übrigen Stationen erleichtert.

(1199) Die Stromstärke in den Morseleitungen wird zweckmäßig zu 0,02 A bemessen, und zwar soll die Stromstärke in allen Leitungen die gleiche sein, damit die Relais vor der Inbetriebnahme stets auf eine und dieselbe ganz bestimmte Stromstärke eingestellt, auch erforderlichenfalls innerhalb der Stationen jederzeit gegenseitige Auswechselungen der Morsewerke vorgenommen werden können, ohne die Einstellung der Relais ändern zu müssen.

Soweit bei der unter (1201)—(1204) beschriebenen Anordnung der Zugmeldeleitung die einzelnen Leitungskreise so klein sind, daß sich bei der für den Betrieb der beiden Wecker erforderlichen Mindestzahl von 8 Elementen mit dem vorhandenen Widerstand die Stromstärke nicht auf 0,02 A herabdrücken iäßt, muß zu diesem Zweck künstlicher Widerstand eingeschaltet werden. Auch ist es in diesem Falle gut, die Umschaltevorrichtung mit Widerständen gleich dem Widerstande des Morsewerks zu versehen, die sich in der Leitung befinden, so lange das Morsewerk ausgeschaltet ist, und mit dem Einschalten des Morsewerks aus der Leitung herausgehen. Diese Anordnung für Fuß-Umschalter ist aus Fig. 748 ersichtlich. Auch die Morsewerke der Hilfsstationen (1206) werden zweckmäßig zu gleichem Zwecke mit Ersatzwiderständen ausgerüstet.

(1200) Kreisschlüsse in Eisenbahn-Telegraphenleitungen sollten richtigerweise zur Fernhaltung von Unzuträglichkeiten für die bediensteten Beamten s t e t s u n l ö s b a r hergestellt werden. Lösbare Kreisschlüsse sind· in der Hand der Beamten eine Quelle fortwährender Streitigkeiten. Auch Ü b e r t r a g u n g s - Einrichtungen sollten aus gleichen Gründen nur in den Leitungen für den großen Durchgangsverkehr angeordnet werden, aber auch da nur, wenn die Anzahl der eingeschalteten Stationen beschränkt ist. Näheres über Übertragungs-Vorrichtungen siehe (1093) und Handbuch von Z e t z s c h e, Bd. 4, § XXVIII.

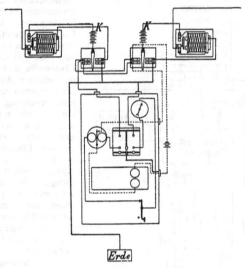

Fig. 746. Morsewerk für Zugmeldeleitung.

(1201) Morseleitungen für den Zugmeldedienst müssen zur Fernhaltung von Mißverständnissen bei den Zugmeldungen Kreisschluß auf j e d e r Station haben, erfordern demnach auf jeder Station entweder zwei Morsewerke oder Umschaltevorrichtungen, mit denen ein und dasselbe Morsewerk je nach Erfordernis in den einen oder den anderen Kreis eingeschaltet werden kann. In letzterem Falle muß aber auf jeder Station für jeden der beiden anschließenden Leitungskreise je ein W e c k e r angeordnet werden, auf dem der Ruf bei ausgeschaltetem Morsewerk wahrgenommen wird. Eine derartige von Siemens & Halske angegebene Anordnung ist in Fig. 746 dargestellt. Die Wecker bedürfen keiner besonderen Batterie, sondern werden unmittelbar in die Leitung eingeschaltet. Im Zustand der Ruhe ist der Anker angezogen; sobald die Leitung unterbrochen wird, fällt er ab, schließt aber dadurch die eigene Leitungsbatterie zu einem kurzen Kreise, in dem der Wecker als gewöhnlicher Selbstunterbrecher arbeitet. Die Umschalter unterbrechen zugleich die Schreiberbatterie im Zustande der Ruhe. In Fig. 746 sind Hand-Umschalter angenommen; nicht selten werden aber auch Fuß-Umschalter angewendet.

Letztere gewähren den Vorteil, daß das Wiederausschalten des Morsewerks nach dem Gebrauch und damit das Wiedereinschalten des Weckers nicht vergessen werden kann, weil die Umschaltevorrichtung nach Loslassen des Fußtrittes selbsttätig in die Ruheschaltung zurückschnellt, haben aber auch den Nachteil, daß der Beamte während der Aufnahme eines Telegramms, weil er den Umschaltertritt mit dem Fuße festhalten muß, die Telegrapheneinrichtung nicht verlassen kann, ohne die Aufnahme zu unterbrechen, was bei den mannigfachen Dienstverrichtungen auf den kleineren und mittleren Eisenbahnstationen nur sehr schwer durchführbar ist. Tatsächlich gewöhnen sich aber die Beamten, in Anbetracht der ihnen durch die Wecker gewährten Wohltat, sehr schnell an das rechtzeitige Zurückstellen der Hand-Umschalter.

(1202) **Die Läuteleitungen,** bestimmt zur Mitteilung von Achtungssignalen an das Bahnbewachungspersonal bei dem Abgange von Zügen und bei sonstigen die Strecke berührenden Vorkommnissen, sind bei jedem Wärterposten mit einem Läutewerke besetzt, meist mit zwei, zuweilen auch mit einer oder mit drei Glocken. Die Läutewerke sind mit elektromagnetischer Auslösevorrichtung versehen und geben bei jeder Auslösung eine Gruppe von Schlägen, meist fünf, zuweilen auch sechs und mehr, und je nach der Anzahl der auf den Läutewerken angebrachten Glocken als Einklänge, Zweiklänge oder Dreiklänge. Die Auslösevorrichtung muß unempfindlich sein gegen die durch vorüberfahrendeZüge hervorgerufenen Erschütterungen; die Ankerabreißfeder muß daher stark angespannt werden, wodurch wiederum bedingt ist, daß die Stromquelle, die die Auslösung bewirken soll, entsprechend kräftig sein muß. Aus diesem Grunde werden als Stromerzeuger Siemenssche Magnetinduktoren für gleichgerichtete Stromstöße, sog. Läute - Induktoren, verwendet. Zu der Einschaltung in die Leitung

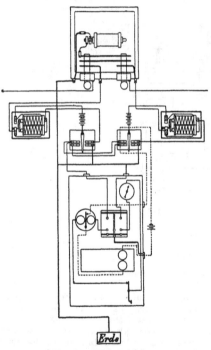

Fig. 747. Läutewerksleitung zugleich als Zugmeldeleitung benutzt.

dienen federnde Einschaltetasten (Fig. 747). Läutewerke und Läute-Induktoren sind in Zetzsches Handbuch der elektrischen Telegraphie, Bd. 4, S. 389—393, Fig. 307—314 bzw. S. 11, Fig. 8 beschrieben.

(1203) **Ausnutzung der Läutewerksleitung als Zugmeldeleitung.** Der Umstand, daß die Läutewerke nur mittels starker Induktionsströme ausgelöst werden und auf Ströme, wie solche zum Telegraphieren in Anwendung stehen, nicht ansprechen, bietet den Vorteil, daß die Läuteleitung in den Zwischenzeiten, wo Signale nicht gegeben werden, noch für den t e l e g r a p h i s c h e n Verkehr der unmittelbar benachbarten Stationen, hauptsächlich also für den Zugmeldedienst nutzbar gemacht werden kann, so daß es dann der Herstellung einer besonderen Zugmeldeleitung nicht bedarf.

In Fig. 747 ist die Benutzung der Läuteleitung als Zugmeldeleitung unter Anwendung von Handumschaltern dargestellt.

Im übrigen wird auf die Erläuterungen in Z e t z s c h e s Handbuch der elektrischen Telegraphie, Bd. 4, S. 280 und 281 verwiesen.

(1204) Mitbenutzung der Morsewerke der durchgehenden Leitung für die Zugmeldeleitung. Für Bahnlinien mit sehr geringem Verkehr ist es nicht erforderlich,

die Zugmeldeleitung auf allen Stationen mit besonderen Morsewerken zu besetzen; für die minder wichtigen Stationen ist es statthaft, das Morsewerk der durchgehenden Leitung für die Zugmeldung mitzubenutzen. In diesem Falle kommt eine Umschaltevorrichtung zur Anwendung, die es ermöglicht, das Morsewerk aus der durchgehenden Leitung aus- und in die Zugmeldeleitung nach der einen oder der anderen Richtung einzuschalten. Die besonderen Wecker für die Zugmeldeleitung (1201) sind auch hier nicht zu entbehren. In solchem Falle sind aber Fußumschalter, welche selbsttätig die Rückschaltung in die durchgehende Leitung bewirken, unerläßlich, weil andernfalls bei unterlassener Rückschaltung der Anruf auf der durchgehenden Leitung nicht wahrgenommen werden könnte.

Diese Anordnung ist in Fig. 748 dargestellt, wobei zugleich angenommen ist, daß die Zugmeldeleitung als Läuteleitung mitbenutzt wird.

Die gleiche Anordnung empfiehlt sich auch für solche Nebenbahnen, die neben einer

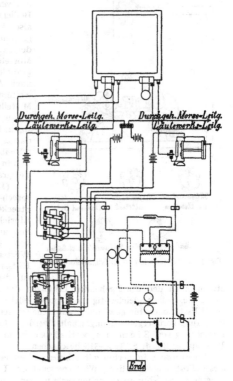

Fig. 748. Morsewerk der durchgehenden Leitung zugleich für Zugmeldeleitung benutzt mit Fußumschalter.

durchgehenden Morseleitung noch eine besondere Zugmeldeleitung haben müssen.

(1205) Hilfssignaleinrichtungen. Aus der Doppelbenutzung der Läuteleitung zum Läuten und zum Telegraphieren ergibt sich der weitere Vorteil, daß vermittels einfacher, an den Läutewerken anzubringender Vorrichtungen von jedem Bahnwärterposten aus Hilfssignale nach den beiden benachbarten Stationen gegeben und dort auf den in die Läuteleitung eingeschalteten Morsewerken aufgenommen werden können. Auf diese Weise kann gemeldet werden, daß für einen auf der Strecke festliegenden Zug oder aus irgend einem anderen Grunde (Dammrutschung,

Schienenbruch, Schneeverwehung, Überflutung und dergl. mehr) Hilfe erforderlich ist. Diese von Siemens & Halske entworfenen Hilfssignal-Einrichtungen bestehen aus einem in die Leitung eingeschalteten, an der Vorderplatte des Läutewerks angebrachten kleinen Telegraphiertaster, der durch entsprechend gezähnte, auf eine am Läutewerk angebrachte Achse aufgesteckte und durch dieses in Umdrehung versetzte Scheiben in Tätigkeit gesetzt wird. Die Zähne auf diesen Scheiben stellen in Morseschrift das Nummerzeichen des Wärterpostens und ein bestimmtes Hilfszeichen dar. Zu jedem Läutewerk gehören 6 bis 8 solcher Scheiben mit verschiedenen Hilfssignalen. Die Bedienung dieser Einrichtung setzt also keinerlei Fertigkeit im Telegraphieren voraus. Ein außerdem in der Läutewerksbude angebrachter Morsetaster gewährt für den des Telegraphierens Kundigen die Möglichkeit, nach Abgabe des Hilfssignals noch weitere auf den Vorfall bezügliche Mitteilungen an die Stationen abzugeben. Die Anordnung der Hilfssignal-Einrichtungen ist in Fig. 749 dargestellt. Eine ausführliche Beschreibung dieser Einrichtungen findet sich in Z e t z s c h e s Handbuch der Telegraphie, Bd. 4, S. 433 u. ff.

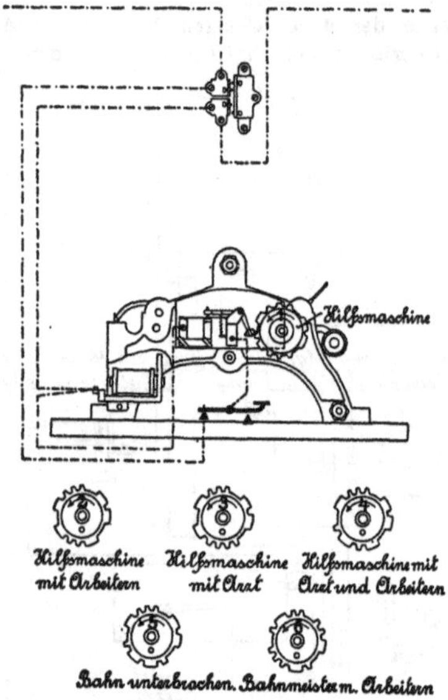

(1206) Telegraphische und Fernsprech-Hilfsstationen. Auf solchen Strecken auf denen keine Hilfssignal-Einrichtungen vorhanden sind, kann man auch durch dauernde Aufstellung von Morsewerken in geeignete Wärterbuden sog. telegraphische Hilfsstationen einrichten. Auch hierzu ist behufs Fernhaltung von Störungen in den durchgehenden Leitungen die Zugmeldeleitung zu benutzen; sofern dies jedoch gleichzeitig die Läutewerksleitung ist, müssen die Morsewerke der Hilfsstationen für gewöhnlich ausgeschaltet sein und dürfen nur im Falle der Benutzung vorübergehend eingeschaltet werden. Eine sehr zweckmäßige derartige Einrichtung von S i e m e n s & H a l s k e ist in Z e t z s c h e s Handbuch der Telegraphie, Bd. 4, S. 316—318 beschrieben.

Da es jedoch immerhin mit Schwierigkeiten verknüpft ist, das zur Besetzung dieser Posten erforderliche Wärterpersonal im Telegraphieren auszubilden und dauernd in der Übung zu erhalten, geht man in neuerer Zeit in größerem Umfange damit vor, die t e l e g r a p h i s c h e n Hilfsstationen durch F e r n s p r e c h - s t e l l e n zu ersetzen. Auch für diesen Zweck kann zur Not die mit Morsewerken besetzte Zugmeldeleitung mitbenutzt werden. Die Fernsprech-Einrichtungen werden dann ohne weiteres neben den Morsewerken und Ruhestrombatterien in die Leitung geschaltet. (Fig. 750). Allerdings ist die Verwendung g u t e r M i k r o p h o n e Bedingung, damit die induktorischen Wirkungen der übrigen an demselben Gestänge befindlichen Leitungen überwunden werden können. Die Widerstände der Hörer dürfen nur gering bemessen werden — etwa 25 $\mathcal{O}$ für eine Sprechstelle —, damit beim Einschalten in die Leitung die Stromstärke nicht wesentlich herabgedrückt wird, weil andernfalls die Wecker der Morsewerke zum Ertönen gebracht

Fig. 749. Läutewerk mit Hilfssignaleinrichtung.

würden. Ist die Zugmeldeleitung zugleich Läuteleitung, so empfiehlt es sich, die Elektromagnete
der Läutewerke mit Nebenschlüssen von hohem
Widerstand (etwa 10 : 200) als Induktions-
dämpfer zu versehen. Die Wärtersprechstellen
bedürfen in diesem Falle keiner Induktoren
zum Anruf der Stationen, sondern können so
eingerichtet werden, daß sie einfach durch Unterbrechung der Leitung die Wecker der Morsewerke auf beiden benachbarten Stationen zum
Anruf in Tätigkeit setzen. Zum Anrufen der
Wärtersprechstellen durch die Stationen werden
jene zweckmäßig mit großen außerhalb der Buden
anzubringenden Wechselstromklingeln ausgerüstet, die von den Stationen mittels der Block-
Induktoren oder mittels besonderer kleiner
Wechselstrom-Induktoren in Tätigkeit gesetzt
werden. Es bietet durchaus keine Schwierigkeit,
die in die Leitung eingeschalteten Signal-Läute-
werke so einzustellen, daß sie durch die Wechselstrom-Induktoren nicht ausgelöst werden.

Wenn man die Kosten einer besonderen
Fernsprechleitung nicht zu scheuen braucht, ist
diese Anordnung der vorbeschriebenen unbedingt
vorzuziehen. Man wird dann aber die einzelnen
Fernsprechstellen nicht h i n t e r e i n a n d e r,
wie in Fig. 750 dargestellt, sondern p a r a l l e l
schalten, sie also nicht in die Leitung selbst,
sondern in A b z w e i g u n g e n von der
Leitung einschalten. Allerdings muß dann der
Widerstand der Anrufklingeln so hoch bemessen werden (etwa 5000 Ø), daß dagegen
der Widerstand der Leitung unwesentlich ist,
weil andernfalls die Stromteilung in die einzelnen Abzweigungen eine zu ungleichmäßige
sein würde. Die Wechselstrominduktoren müssen
dabei für eine entsprechend größere Stromstärke
gebaut sein, damit eine Teilung des Stromes in
die einzelnen Abzweigungen zulässig ist. Eine
solche Anordnung hat gegenüber der Hintereinanderschaltung den Vorzug, daß die Zahl der
Sprechstellen jederzeit ohne weiteres vermehrt
werden kann, was bei Hintereinanderschaltung
stets eine unerwünschte Erhöhung des Gesamt-
widerstandes und eine Abschwächung des Anrufs
und der Sprechwirkung zur Folge hat. Auch sind
Störungen und Unterbrechungen der einzelnen
Sprechstellen ohne Einfluß auf die Gebrauchs-
fähigkeit der Einrichtung durch die übrigen
Sprechstellen, während bei Hintereinanderschaltung in solchem Falle stets der ganze
Sprechkreis gestört ist.

Die Preußisch-Hessische Staats-Eisenbahn-
Verwaltung rüstet auf den Schnellzugsstrecken

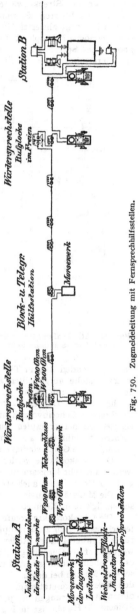

Fig. 750. Zugmeldeleitung mit Fernsprechhilfsstellen.

s ä m t l i c h e Streckenwärter mit Fernsprechern in Verbindung mit den beiden benachbarten Stationen aus und verwendet für diesen Zweck ein System mit zentralisierter Mikrophonbatterie, d. h. nicht jede Sprechstelle erhält eine besondere Mikrophonbatterie, sondern nur e i n e zur Speisung aller Mikrophone eines Sprechkreises ausreichende Batterie wird auf einer oder beiden den Sprechkreis begrenzenden Stationen aufgestellt. (Fig. 751.) Der Strom dieser

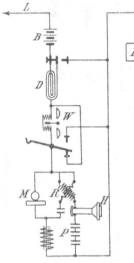

Batterie durchfließt dauernd die Leitung und die eingeschalteten Sprechstellen. Polarisationszellen oder Kondensatoren und Drahtrollen mit hoher Selbstinduktion, die in die innern Verbindungen der Sprechstellen eingefügt sind, sorgen dafür, daß beim Sprechen der Gleichstrom nur durch das Mikrophon, die durch die Schwingungen des Mikrophons erzeugten Wechselströme nur durch die primären Windungen der eigenen Induktionsrolle und die in den sekundären Windungen erzeugten Ströme nur in die Leitung und in die Hörer gelangen (S t r e c k e n f e r n s p r e c h e r).

(1207) Einrichtungen zur Überwachung der Fahrgeschwindigkeit auf elektrischem Wege. Die zur Überwachung der Fahr- und Aufenthaltszeiten der Züge früher benutzten Einrichtungen, die, auf den Zügen mitgeführt und an der Lokomotive befestigt, diese Zeiten auf mechanische Weise aufzeichneten, entbehren bis jetzt noch der wünschenswerten Zuverlässigkeit. Es werden deshalb auf solchen Strecken, deren zu schnelles Befahren die Sicherheit der Züge gefährdet, längs des Gleises in gleichen Abständen Kontaktvorrichtungen, sog. Gleiskontakte oder Radtaster angebracht, die, durch den darüber

Fig. 751. Streckenfernsprecher der Preuß.-Hess.-Staatseisenbahn.

hinwegfahrenden Zug in Tätigkeit gesetzt, den Stromkreis einer auf der Überwachungsstelle aufgestellten Batterie schließen, in den der Elektromagnet eines Schreibwerkes mit genau gleichmäßig sich fortbewegendem Papierstreifen eingeschaltet ist. Der Elektromagnet zieht seinen Anker an und preßt die daran angebrachte Schreibvorrichtung gegen den Papierstreifen, wodurch auf diesem ein Zeichen hervorgerufen wird. Indem sich dieses Spiel bei jedem Gleiskontakt wiederholt, läßt sich aus dem Abstande der einzelnen Zeichen mit Hilfe eines Maßstabes die Geschwindigkeit des Zuges genau feststellen.

Die Gleiskontakte werden meist in Abständen von 1000 m angebracht; jedoch werden auf sehr langsam zu befahrenden oder sehr kurzen Strecken zur Erzielung größerer Genauigkeit auch 500 und selbst 250 m Abstand gewählt.

Die Maßstäbe müssen so eingerichtet sein, daß mit ihnen unmittelbar die Geschwindigkeit in Kilometern für die Stunde abgelesen werden kann.

Die Gleiskontakte kommen in den mannigfachsten Formen zur Anwendung, jedoch lassen sich zwei Hauptgattungen unterscheiden: solche, die durch die darüber hinwegrollenden Räder unmittelbar bewegt werden, und solche, deren Bewegung auf der Durchbiegung der Schienen beruht. Bei der ersten Gattung kommt es vor allem darauf an, daß die bewegten Teile möglichst leicht gebaut sind, weil schwere Massen bei den heftigen Stößen, denen die Einrichtungen bei schnellfahrenden Zügen ausgesetzt sind, zu starkem Verschleiß unterworfen sein würden. Eine diesen Anforderungen in jeder Beziehung gerecht werdende Vorrichtung von Siemens & Halske ist in Fig. 756 abgebildet. (Außerdem siehe Z e t z s c h e s

Handbuch der Telegraphie, Bd. 4, S. 804.) Zu der zweiten Gattung von Gleis-
kontakten gehören die folgenden:

Der Schienendurchbiegungskontakt von Siemens &
Halske — in Fig. 752 dargestellt —, bei dem der Stöpsel *d* die Durchbiegung
der Schiene auf eine den Hohlraum *e* deckende Blechplatte *a a* überträgt und dadurch
aus diesem Hohlraum Queck-
silber durch das Rohr *f* in den
Kelch *k* preßt, in den die
Leitung *L l*, in einer Gabel
endigend, isoliert hineinragt.
L wird dadurch mit Erde verbunden. (Vgl. ETZ 1886,
S. 161.)

Der Schienen-
durchbiegungs-Kon-
takt (DRP. Nr. 93 492)
von Jüdel & Co. in
Braunschweig. Im
Gegensatz zu dem vorbe-

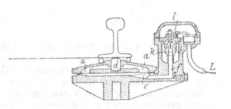

Fig. 752. Gleiskontakt von Siemens & Halske.

schriebenen von Siemens & Halske, der durch die verhältnismäßig geringe Durchbiegung der Schiene zwischen zwei Schwellen in Tätigkeit tritt und deshalb sehr
großer Übersetzung bedarf, tritt bei diesem in der Fig. 753 dargestellten Kontakt
der Stromschluß infolge der Durchbiegung der Schiene zwischen zwei Punkten ein,
die zwei verschiedenen Schwellenteilungen angehören. Den Haupt-
träger des Kontaktes bildet das Flacheisen *F* (Fig. 753), das bei *X* und *Y* an die
Fahrschiene durch Krampen und Bolzen fest angeklemmt ist, während es mit dem
rechten Ende, wo es den um den Bolzen *Z* schwingenden Übersetzungshebel *U*

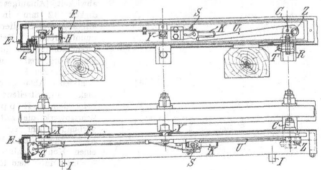

Fig. 753. Gleiskontakt von Jüdel & Co.

trägt, frei schwebt. Dieser Hebel *U* drückt mit seinem linken Ende unter den
drehbar gelagerten eigentlichen Kontakthebel *K* und stützt sich gegen die Regulier-
schraube *R*, die bei *C* gleichfalls durch eine Krampe mit der Schiene fest verbunden
ist. Wird nun die Schiene bei *Y* durch ein Fahrzeug belastet, so weicht Punkt *Y*
nach unten, *X* nach oben aus, wodurch *Z* nach unten geht. Anderseits bewegt sich
der Druckpunkt *R* nach oben, und der Hebel *U* hebt das rechte Ende des hohlen
mit Quecksilber gefüllten Kontakthebels *K* dessen Eigengewicht entgegen nach oben,
wodurch das Quecksilber den isolierten Kontaktstift *S* (Fig. 754 Kontakthebel
K_a) mit dem Gußkörper der Vorrichtung in leitende Verbindung bringt. Der

Stift S ist mit der in der Nähe der Kabeleinführung C sitzenden isolierten Anschluß-klemme H durch eine elastische Schnur leitend verbunden. Die Vorrichtung ist durch ein bei X und Y gestütztes ⊔-Eisen, das mit einer erweiterten Öffnung über den mittleren Bolzen Y greift, sowie durch eine Blechklappe gegen Witterungsein-flüsse, böswillige oder unbeabsichtigste Kontaktgebungen geschützt.

Fig. 754 u. 755.   Kontakthebel des Jüdel'schen Gleiskontakts.

Dieser Kontakt kann auch für Ruhestrom dienen, in welchem Falle statt des Kontakthebels K_a der Hebel K_r (Fig. 755) benutzt wird.

Die zurzeit am meisten in Verwendung stehenden Schreibwerke für Fahr-geschwindigkeitsüberwachung sind diejenigen von S i e m e n s & H a l s k e (vgl. ETZ 1886, S. 159 und 160) und diejenigen von H i p p (vgl. Zeitschr. des Vereines deutscher In-genieure, Bd. 29, 1885, S. 844 ff.). Bei ersteren wird ein gelochter und mit Zeiteinteilung versehener Papierstreifen verwendet, der sich von einer mit Stiften besetzten Trommel abwickelt (Ablaufgeschwin-digkeit 12 mm in der Minute). Der Streifen läuft ununterbrochen. Bei letz-terem kommt ein gewöhn-licher Morsestreifen zur Ver-wendung. Zur Prüfung der richtigen Ablaufgeschwin-digkeit des Streifens stellt bei dem H i p p schen Schreibwerk die mit ihm verbundene Uhr jede volle, halbe oder Viertel-Minute einen Kontaktschluß her, wodurch unter dem Einfluß eines besonderen Elektro-magnets eine gehärtete Stahl-spitze gegen den Streifen geschnellt und ein kleines Loch hineingeschlagen wird. Ablaufgeschwindigkeit ge-wöhnlich 30 oder 40 mm, bei kurzen Entfernungen der Gleiskontakte (500 m, 250 m)

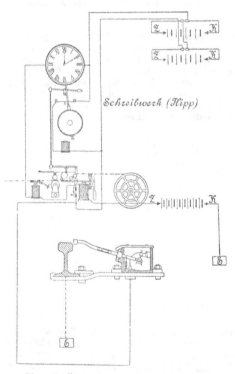

Fig. 756.   Überwachung der Fahrgeschwindigkeit.

auch 60 oder 80 und 120 oder 160 mm in der Minute. Der Streifen läuft bei den H i p p schen Schreibwerken nur im Falle des Gebrauches nach erfolgter Auslösung des Werkes, während die den Gang des Werkes regelnde

Uhr ununterbrochen weitergeht. Ein derartiges Schreibwerk in Verbindung mit einem S i e m e n s schen Radtaster ist in Fig. 756 dargestellt.

(1208) Block-Einrichtungen. Die Bedienung der Ein- und Ausfahrtsignale auf Bahnhöfen durch die damit betrauten Wärter erfolgt in jedem Falle auf Grund eines ausdrücklichen Befehls des verantwortlichen Stationsbeamten (Fahrdienstleiters). Auf kleineren Bahnhöfen zweigleisiger Strecken, deren Weichenanordnung eine derartig einfache ist, daß ein- und ausfahrende Züge keine Weichen gegen die Zungenspitze zu befahren haben, wo also eine Ablenkung der Züge aus dem durchgehenden Gleise ausgeschlossen ist, kann dieser Befehl durch Fernsprecher oder telegraphisch oder auch mittels Fallscheiben oder durch Klingelzeichen erteilt werden. Anders verhält es sich bei größeren Bahnhöfen und solchen mit spitzbefahrenen Eingangsweichen, also bei sämtlichen Bahnhöfen eingleisiger Strecken und bei denjenigen Bahnhöfen zweigleisiger Strecken, auf denen die Ein- und Ausfahrten nach und von verschiedenen Gleisen stattfinden, oder bei denen Ein- und Ausfahrten aus und nach verschiedenen Richtungen stattfinden. Hier müssen die Signalvorrichtungen nicht nur in Abhängigkeit stehen von den für die Fahrstraße in Betracht kommenden Weichen- und den übrigen Signalstellvorrichtungen, so daß die Herstellung des Fahrsignals nur bei richtig eingestellter Fahrstraße sowie abweisendem Verschluß aller in die Fahrstraße führenden Weichen der Nachbargleise und bei Haltstellung der für die Fahrstraße feindlichen Signale möglich ist, sondern die Herstellung des Fahrsignals darf auch nicht möglich sein ohne die Zustimmung des verantwortlichen Aufsichtsbeamten und der etwa außerdem noch vorhandenen für die Fahrrichtung in Betracht kommenden Signalposten des Bahnhofes und der angrenzenden Strecke. Diese Abhängigkeit von entfernten Stellen wird durch elektrische Verschluß- und Freigabe-Vorrichtungen, die sog. B l o c k w e r k e erreicht. Auf jeden derartig in Abhängigkeit zu bringenden Hebel wirkt ein besonderer Blocksatz, der durch eine besondere Leitung mit einem Blocksatz an der entfernten Stelle verbunden ist. Die Lösung eines solchen abhängigen Verschlusses kann nur durch Ingangsetzung des an der entfernten Stelle befindlichen Blocksatzes bei gleichzeitigem Verschluß etwa vorhandener für die Fahrrichtung feindlicher Blocksätze bewirkt werden, die anderseits nicht eher wieder gelöst werden kann, als bis das freigegebene Signal wieder in der Grundstellung verschlossen ist.

Wenn dem Fahrdienstleiter auch die Beaufsichtigung des Rangierdienstes obliegt, kann er sich nicht dauernd an der Freigabestelle aufhalten; er muß dann die Bedienung des Freigabeblockwerks einem anderen Bediensteten überlassen. In diesem Falle erhalten die Blocksätze eine Zusatzeinrichtung, durch die sie so lange gesperrt, d. h. unbedienbar sind, bis der Fahrdienstleiter mit einer besonderen Vorrichtung — N e b e n b e f e h l s t e l l e —, die sich an beliebiger oder an mehreren Stellen im Bereiche seiner Außentätigkeit befinden kann, die Sperre des Blocksatzes löst, dessen Bedienung er anordnen will. Nach der Bedienung des Blocksatzes tritt selbsttätig die Sperre wieder ein. Ohne Wissen und Willen der Fahrdienstleiter kann also auch in diesem Falle eine Freigabe nicht erfolgen.

Auf unübersichtlichen Bahnhöfen muß verhindert werden, daß nach Zurückstellung des Fahrsignals auf „Halt" die Fahrstraße geändert wird, bevor sie der Zug vollständig verlassen hat, d. h. die Weichen unter dem fahrenden Zuge umgestellt werden, weil dadurch Entgleisungen herbeigeführt werden würden. Auch diese Aufgaben erfüllen die Blockwerke in vollkommenster Weise. Die Einrichtung wird dann so getroffen, daß das mit Blockwerk freigegebene Signal erst dann auf „Fahrt" gestellt werden kann, nachdem an der Signalbedienungsstelle durch einen besonderen Blocksatz der dem Signal entsprechende Fahrstraßen-Verriegelungshebel in der verriegelnden Stellung elektrisch festgelegt ist. Die Lösung dieses Verschlusses erfolgt demnächst von einer anderen Stelle, die mit Sicherheit zu beurteilen vermag, ob der ein- oder ausfahrende Zug die Fahrstraße vollständig verlassen hat, oder wo eine solche Stelle fehlt, durch den Zug selbst beim Befahren eines Gleiskontaktes.

Für jede Gruppe von Fahrstraßen, die sich gegenseitig ausschließen, bedarf es nur **e i n e s** Festlege-Blockfeldes.

Die auf den deutschen Bahnen bisher ausschließlich im Gebrauch befindlichen Blockwerke von **S i e m e n s & H a l s k e** sind in ihrer grundsätzlichen Form in **Z e t z s c h e**, Handbuch der elektrischen Telegraphie, Bd. 4, S. 692—714, sowie in „Eisenbahntechnik der Gegenwart", II. Band, IV. Abschnitt, S. 1347—1377 beschrieben.

Außer für die Sicherstellung des Verkehrs innerhalb der Bahnhöfe finden die Blockwerke auf Bahnlinien mit lebhaftem Zugverkehr auch Verwendung zur Regelung der **Z u g f o l g e**. Jeder Bahnabschnitt, innerhalb dessen sich immer nur **e i n** Zug bestimmter Richtung bewegen darf, ist gedeckt durch ein Signal. Jedes dieser Signale wird nach Einfahrt des Zuges in den vorliegenden Bahnabschnitt so lange mittels Blockeinrichtung in der Haltstellung verschlossen, bis es von der folgenden Zugfolgestelle durch Abgabe der Rückmeldung wieder freigegeben ist. Diese Streckenblockwerke müssen aber so eingerichtet sein, daß

a) die Signale am Anfang der Blockstrecken (Ausfahrtsignale) nur eine **e i n m a l i g e** Fahrtstellung nach jeder elektrischen Freigabe zulassen und die Haltstellung hinter dem ausgefahrenen Zuge sowie die elektrische Festlegung des Signals eine erzwungene ist;

b) die elektrische Freigabe des rückliegenden ·Signals (Rückmeldung) nur **e i n m a l** und nur nach tatsächlich erfolgter Einfahrt des Zuges und nach vorausgegangener Fahrt- und Haltstellung des eigenen Signals (Einfahrt- oder Blocksignal) möglich ist.

Diese Bedingungen werden erfüllt unter Mitwirkung der Züge selbst. Zu a wird auf elektrischem Wege hinter dem ausgefahrenen Zuge beim Befahren eines Gleiskontaktes die Kuppelung zwischen Signalflügel und Signalstellvorrichtung gelöst, so daß der Signalflügel von selbst in die Haltstellung zurückfällt, und eine wiederholte Fahrtstellung nur möglich ist, wenn zunächst das Signal in der Haltstellung elektrisch verschlossen wird, der Zug tatsächlich die nächste Zugfolgestelle erreicht und diese demnächst den elektrischen Verschluß des Ausfahrtsignals wieder aufgehoben hat. Zu b löst der Zug bei der Einfahrt durch Befahren eines Gleiskontaktes auf elektrischem Wege eine die Abgabe der Rückmeldung verhindernde Sperre (Tastensperre). Durch Abgabe der Rückmeldung wird das eigene Signal auf Halt verschlossen.

Die Gleiskontakte werden unter Zuhilfenahme von isolierten Schienenstrecken so geschaltet, daß erst, nachdem der ganze Zug den Kontakt befahren hat, der Stromschluß zur Lösung der Sperrvorrichtung erfolgen kann. Zu diesem Zwecke ist da, wo der Gleiskontakt angebracht ist, eine Seite des Gleises auf zwei Schienenlängen von der Erde isoliert. Das heißt, die Verbindung mit den beiderseits anschließenden Schienen ist durch starke Holzlaschen statt durch Eisenlaschen hergestellt; zwischen den Schienenstößen sind starke Lederzwischenlagen eingefügt; die Schwellen — in diesem Falle keine eisernen, sondern mit Teeröl gut durchtränkte Holzschwellen — werden in durchlässigen Steinschlag gebettet; die Schienen dürfen die Bettung nicht berühren. Es ist das zwar keine vollkommene Isolierung, aber der Übergangswiderstand zur Erde wird auf diese Weise doch so beträchtlich erhöht, daß man mit dem Unterschiede rechnen kann. Diese sogenannte isolierte Schienenstrecke ist in die von der Batterie nach der zu lösenden Sperre führende Leitung eingeschaltet, die aber durch einen gleichfalls eingeschalteten Magnetschalter im Ruhezustande unterbrochen gehalten wird (Fig. 757). Beim Befahren des Gleiskontaktes wird der Magnetschalter betätigt und dadurch die Leitung nach der Sperre geschlossen. So lange aber der Zug noch die isolierte Schienenstrecke befährt, stellt er durch die Wagenachsen eine metallische Verbindung zwischen der isolierten und der nicht isolierten Seite des Gleises her, wodurch der Batteriestrom kurz geschlossen wird, so daß er den Elektromagnet der zu lösenden Sperre nicht durchfließen kann. Erst wenn die letzte Achse des Zuges die isolierte Schienenstrecke verlassen hat, wird dem durch den Gleiskontakt geschlossenen Strom der Weg nach dem Elektromagnet der Sperre geöffnet.

Der Strom zum Lösen der Sperre wird außerdem durch Kontakte am Signalhebel geführt, so daß der Stromweg für den Gleiskontakt nur geschlossen ist, wenn das Signal auf Fahrt steht.

Die Streckenblockwerke sollen in der Regel in unmittelbarer Verbindung mit den Signalstellvorrichtungen angebracht werden. Befinden sich diese nicht im Stationsdienstraum — was auf den meisten Stationen zutrifft — so werden besondere mit Batteriestrom betriebene B l o c k f e l d - N a c h a h m e r angebracht welche dem Fahrdienstleiter die Stellung der Streckenblockfelder anzeigen (1212)

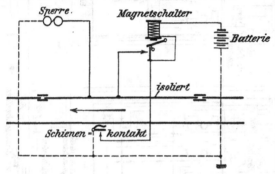

Fig. 757. Anordnung des Gleiskontakts mit isolierter Schienenstrecke für Streckenblockung.

Die Streckenblocklinien werden mit z w e i Leitungen betrieben, und zwar laufen die Signale jeder Fahrrichtung auf besonderer Leitung.

Ein Schaltungsschema für Bahnhofsblock in Verbindung mit Streckenblock ist in Fig. 758 dargestellt.

Näheres über Streckenblockung siehe „Eisenbahntechnik der Gegenwart", II. Band, IV. Abschnitt, S. 1415—1484, und S c h e i b n e r, „Die mechanischen Stellwerke", II. Bd., IV. Abschnitt.

Die Streckenblockstellen werden zugleich als telegraphische und Fernsprech-Hilfsstellen eingerichtet (1206), damit in Störungsfällen ein Verständigungsmittel zwischen Station und Blockstelle vorhanden ist.

Um zu verhindern, daß die Rückmeldung von der folgenden Blockstelle früher eingeht, als die eigene Rückmeldung gegeben ist, in welchem Falle dem nächsten Zuge derselben Richtung ein unnötiger Aufenthalt erwachsen würde, müssen die Blockwerke so eingerichtet sein, daß gleichzeitig mit der Freigabe der rückliegenden Strecke eine V o r m e l d u n g nach der vorliegenden Zugfolgestelle erfolgt. wodurch daselbst eine Sperre gelöst wird, die die vorherige Abgabe der Rückmeldung verhindert.

(1209) Selbsttätige Läutewerke für Schrankenwärter. Das Läutewerksignal, wie es drei Minuten vor der Abfahrt eines Zuges von der Station gegeben wird, ist nicht in allen Fällen ausreichend; Bahnübergänge mit lebhaftem Verkehr dürfen nie länger, als unbedingt nötig, geschlossen gehalten werden. Bei langen Strecken ist es dem Wärter aber unmöglich, nach dem Läutewerksignal den Zeitpunkt der Ankunft des Zuges mit Sicherheit zu beurteilen; er wird deshalb die Wegschranken stets zu früh schließen und den Verkehr ohne Not hemmen. An solchen Übergängen werden deshalb noch besondere Läutewerke aufgestellt, die von dem Zuge

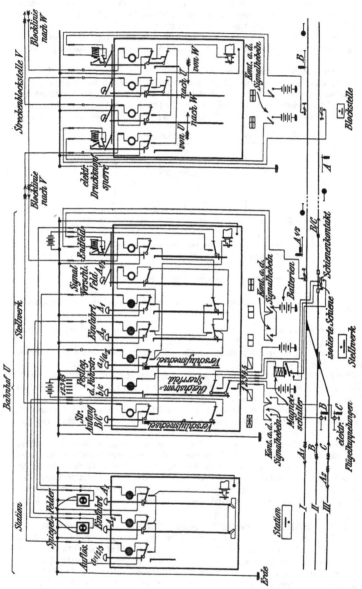

Fig. 758: Bahnhofsblockung mit anschließender Streckenblockung.

selbsttätig 1 bis 3 Minuten vor Ankunft mittels Batterien und einem in angemessener Entfernung vor dem Wegeübergang angebrachten Gleiskontakt ausgelöst werden. Das Ertönen dieser Läutewerke ist dann die Aufforderung zur sofortigen Absperrung des Überganges.

Gleiche Einrichtungen werden auch in Tunnels getroffen, um die darin beschäftigten Arbeiter vor dem Herannahen des Zuges zu warnen.

Gewöhnlich gibt man diesen Läutewerken eine wesentlich größere Anzahl Schläge als den Signalläutewerken. Zweckmäßig werden aber auch große, an der Außenwand der Wärterbude anzubringende Batterieklingeln mit Fortschelleinrichtung verwendet.

Auf e i n g l e i s i g e n Bahnstrecken dürfen die Gleiskontakte nur bei der Fahrt in der Richtung n a c h dem Wegeübergang und nicht auch bei der Fahrt in entgegengesetzter Richtung wirken. Vielfach wird diese Einseitigkeit durch die Bauart der Gleiskontakte zu erreichen gesucht, was aber in vollkommen befriedigender Weise bisher nicht gelungen ist. F i n k in Hannover verwendet gewöhnliche Gleiskontakte und bringt die Einseitigkeit dadurch zustande, daß er etwa 10 m hinter dem Gleiskontakt für Strom s c h l u ß in der Richtung nach dem Wegeübergang einen Gleiskontakt für Strom u n t e r b r e c h u n g mit Verzögerungseinrichtung anbringt, durch den die Leitung des Strom s c h l i e ß e r s zu führen ist. Ein Stromschluß tritt dann nur bei der Fahrt n a c h dem Wegeübergang ein; bei der umgekehrten Fahrt kommt der Zug zuerst auf den Unterbrecher, und das darauffolgende Befahren des Stromschließers bleibt ohne Wirkung. Näheres siehe Zentralbl. d. Bauverw. 1906, S. 363—364.

(1210) Selbsttätige Läutewerke für unbewachte Wegeübergänge. Auf Nebenbahnen sind die Wegeübergänge in der Regel nicht durch Wärter besetzt. Um nun bei mangelnder Übersichtlichkeit der Strecke die solchen Übergängen sich nähernden Personen schon frühzeitig zu warnen, werden auch hier durch den Zug selbst mittels Gleiskontakts auszulösende Läutewerke aufgestellt, die ununterbrochen so lange läuten, bis der Zug den Übergang erreicht hat und durch einen zweiten Gleiskontakt das Läuten selbsttätig abstellt. Die zugehörige Batterie sowie ein für Gewichtsaufzug eingerichtetes Schaltwerk von S i e m e n s & H a l s k e , Berlin, stehen auf der nächstgelegenen Station. Je ein S i e m e n s scher Schienendurchbiegungs-Kontakt liegt in angemessener Entfernung zu beiden Seiten des Wegeüberganges; am Wegeübergang selbst liegt ein weiterer Kontakt. Eine Leitung verbindet die beiden äußeren Kontakte, eine zweite Leitung den mittleren Kontakt und eine dritte Leitung das Läutewerk mit dem Schaltwerk. Beim Befahren des ersten Kontaktes wird das Schaltwerk durch eine Batterie ausgelöst; es schaltet die Batterie an die Leitung vom Läutewerk, und das Läuten beginnt. Sobald der Zug den mittleren Kontakt befährt, bewirkt eine erneute Auslösung des Schaltwerks die Unterbrechung der Läutewerksleitung, das Läuten hört auf. Eine weitere Auslösung des Schaltwerks erfolgt beim Befahren des dritten Kontaktes; wegen der noch bestehenden Unterbrechung der Läutewerksleitung wird aber ein erneutes Läuten hierdurch nicht herbeigeführt; vielmehr stellt sich nach dieser Auslösung das Schaltwerk wieder so ein, wie es vor der ersten Auslösung gestanden hat, und ist somit zur Einschaltung durch einen folgenden oder in entgegengesetzter Richtung fahrenden Zug wieder vorbereitet.

Der Antrieb des die Glockenschläge hervorbringenden Hammers erfolgt bisher mit elektromagnetischer Kraft oder mit kleinem Elektromotor. In letzterem Falle ist die Schlagstärke besser als in ersterem. In neuerer Zeit werden aber die gewöhnlichen Signalläutewerke mit Gewichtsaufzug (1202) verwendet, die für diesen Zweck mit einer s e l b s t t ä t i g e n, elektrisch gesteuerten, durch Preßgas (Kohlensäure) angetriebenen Aufzugsvorrichtung ausgerüstet sind. Näheres siehe „Eisenbahntechnik der Gegenwart". II Band. IV. Abschnitt, S. 1630—1639.

(1211) Verbindungen zwischen den einzelnen Dienststellen innerhalb der Bahnhöfe werden durch F e r n s p r e c h e r hergestellt. In Bahnhöfen mit besonders lebhaftem Verkehr werden behufs Abkürzung des Verfahrens für die regelmäßig sich wiederholenden Anfragen, Antworten und Meldungen im inneren Bahnhofsdienst F a l l s c h e i b e n w e r k e benutzt. Wenn für diese Meldungen ein bleibender Nachweis erforderlich ist, läßt man sie durch ein Schreibwerk aufnehmen.

(1212) Elektrische Einrichtungen zur Überwachung der Signalstellung. Wenn die Ein- und Ausfahrsignale von dem Punkte, von welchem sie überwacht werden sollen, wegen zu großer Entfernung oder mangelnder Übersichtlichkeit nicht mit Sicherheit erkannt werden können, so kommen elektrische S i g n a l - N a c h - a h m e r zur Verwendung, die das Signalbild auf elektrischem Wege wiedergeben. Diese bestehen aus einem oder auch mehreren Elektromagneten, deren Anker die verschiedenen Signalstellungen am Nachahmer hervorbringen, den durch besondere

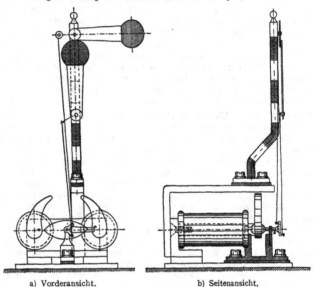

a) Vorderansicht.   b) Seitenansicht.

Fig. 759. Signalnachahmer.

Drahtleitungen damit verbundenen am Signal angebrachten und durch die Signalflügel bewegten Schaltvorrichtungen sowie einer Batterie. Je nachdem diese Nachahmer mit Einfahr- oder Ausfahrsignalen in Verbindung zu bringen sind, müssen sie für den Betrieb mit Ruhestrom oder mit Arbeitsstrom eingerichtet sein, derart, daß das Zeichen „Fahrt" am Nachahmer bei Einfahrsignalen nur durch Stromunterbrechung, bei Ausfahrsignalen nur durch Stromschluß hervorgebracht werden kann. Auf diese Weise ist es ausgeschlossen, daß bei Stromlosigkeit infolge von Störungen der Nachahmer „Halt" zeigt, wenn das Einfahrsignal auf „Fahrt" steht, oder der Nachahmer „Fahrt" zeigt, wenn das Ausfahrsignal auf „Halt" steht; derartige Störungen können also in keinem Falle Gefahren für den Betrieb herbeiführen. Eine weitere Forderung zur Fernhaltung von Täuschungen ist die, daß die Batterie stets in der Nähe des Signals und nicht beim Nachahmer aufzu-

stellen ist, damit bei einem zwischen Signal und Nachahmer auftretenden Erdschluß der Nachahmer sofort stromlos wird. Wo die Höhe der Anlagekosten nicht
ins Gewicht fällt, können unter entsprechender Vermehrung der Elektromagnete
und Leitungen die Nachahmer auch so eingerichtet werden, daß sie im Falle von
Störungen ein besonderes Zeichen geben.

Ein vielfach in Anwendung stehender Signal-Nachahmer ist der von F i n k
in Hannover entworfene, dessen Einrichtung in Fig. 759 dargestellt ist. Sowohl
für R u h e s t r o m (Einfahr-
signale) wie auch für A r b e i t s -
s t r o m (Ausfahrsignale) bedarf
dieser Nachahmer nur e i n e r
Leitung und nur e i n e s Elektromagnets. Dieser Nachahmer gibt
ein besonderes Zeichen für
S t ö r u n g, wenn für jeden
Signalflügel eine besondere Leitung und ein besonderer Elektromagnet zur Anwendug kommt.
Leitungsunterbrechungen, Nebenschlüsse, Stromschwächungen und
dergl. kennzeichnen sich dann
beim oberen Signalflügel durch
dessen senkrechte Stellung nach
oben, beim unteren Flügel durch
dessen wagerechte Stellung. Das
Spiel der F i n k schen Nachahmer beruht darauf, daß ein um
seine Mittelachse leicht beweglicher polarisierter Stahlanker

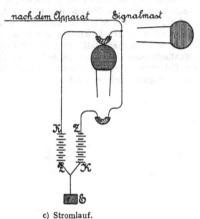

c) Stromlauf.
Fig. 759. Signalnachahmer.

unter dem Einfluß eines Elektromagnets aus seiner Ruhestellung je nach der
Richtung des Stromes bald nach der einen, bald nach der anderen Seite um 90 Grad
gedreht wird und bei diesen Drehungen vermittels feiner Zugstangen die Bewegungen der Signalärmchen bewirkt.

C. Th. W a g n e r in Wiesbaden fertigt eine dem gleichen Zwecke dienende,
gleichfalls mit Ruhestrom arbeitende Einrichtung, welche für jeden Signalflügel
zwei Leitungen und zwei Elektromagnete hat, zwischen deren Polen der leicht bewegliche, um eine Achse drehbare Anker spielt und je nach seiner schrägen Stellung
nach der einen oder anderen Seite den Signalflügel des Nachahmers in Halt- oder
Fahrtstellung bringt. Wird die Leitung infolge eines Fehlers stromlos, so fällt der
Anker unter Einwirkung eines Gegengewichts in eine Mittelstellung und schließt
dabei den Kontakt eines Weckers, dessen Ertönen die Unbrauchbarkeit der Einrichtung anzeigt.

In neuerer Zeit sind bei der Preuß-.-Hess. Eisenbahn-Verwaltung e l e k -
t r i s c h e S p i e g e l f e l d e r eingeführt, die sowohl als Signalnachahmer wie
als Blockfeldnachahmer Verwendung finden können. Sie arbeiten mit Batterie
und gewöhnlichem Elektromagnet, dessen Anker beim Anziehen oder Loslassen ein
kreuzförmiges Schauzeichen betätigt, das je nach der nachzuahmenden Signalstellung oder je nach der nachzuahmenden Stellung des Blockfeldes weiß oder rot
zeigt.

(1213) Zählwecker. Das Überfahren eines Haltsignals durch die Lokomotiv-
führer hat wiederholt schwere Unfälle herbeigeführt. Es sind deshalb neuerdings bei
den Preuß.-Hess. Eisenbahnen Einrichtungen eingeführt worden, die jedes Überfahren
eines Haltsignals an einem an der Signalbedienungsstelle angebrachten Zählwerk
aufzeichnen. Der Elektromagnet des Zählwerks steht einerseits mit einem neben

dem Signal liegenden Gleiskontakt, andererseits mit einer Batterie in Verbindung. Zwischen Elektromagnet und Batterie ist ein Kontakt am Signal eingeschaltet, der bei Haltstellung des Signals geschlossen, bei Fahrtstellung unterbrochen ist. Wird durch Befahren des Gleiskontaktes bei Haltstellung des Signals der Stromkreis geschlossen, so zieht der Elektromagnet seinen Anker an und schließt dabei die Leitung nach dem Gleiskontakt kurz, so daß der Anker dauernd festgehalten wird. Gleichzeitig werden Stromkreise geschlossen für einen an der Einrichtung selbst und wenn nötig einen an einer Überwachungsstelle (Fahrdienstleiter) angebrachten Wecker. Sobald der Fahrdienstleiter von dem Vorfall Kenntnis genommen hat, wird durch ihn oder in seinem Auftrage durch den Signalwärter mittels einer unter Verschluß stehenden Drucktaste der Strom wieder unterbrochen. Der Anker des Zählerelektromagnets fällt ab, und der Zähler rückt um eine Zahl weiter. Die Signalbedienungsstelle hat über jedes Vorrücken des Zählers Nachweis zu führen; der Fahrdienstleiter bleibt verantwortlich dafür, daß jeder Fall des Überfahrens des Haltsignals verfolgt wird.

Feuerwehr- und Polizeitelegraphen.

Feuerwehrtelegraphen.

Leitungsnetz.

(1214) Arten der Leitungen. Das Leitungsnetz besteht aus einer oder mehreren Sprechlinien und aus den Meldelinien. Für größere Städte erfolgt die Anlage der Linien am besten unterirdisch. Es empfiehlt sich, die Leitungen von vornherein als metallisch in sich geschlossene Kreise — unter Ausschluß der Erde als Rückleitung — anzulegen.

(1215) Die Sprechleitungen bezwecken, die einzelnen Feuerwachen untereinander und mit der Hauptfeuerwache (Zentralstation) zu verbinden. Wenn irgend tunlich, sind sämtliche Feuerwachen in e i n e Sprechleitung einzuschalten. Auch für sehr große Städte läßt sich meist ohne Unbequemlichkeit diese Anordnung treffen, u. U. in der Weise, daß die Hauptfeuerwache als Trennstelle in die Sprechlinie eingeschaltet wird. Dies ist z. B. in Berlin der Fall, wo bis jetzt 17 Feuerwachen in der Sprechleitung liegen. Die Feuerwachen können dann mit der Zentralstelle und unter sich in der bequemsten und schnellsten Weise verkehren.

Für den Betrieb der Sprechleitungen ist der Ruhestrom zweckmäßig.

Die Feuerwachen werden von der Zentralstelle aus mittels Wechselstromweckers angerufen (durch Magnetinduktor oder Batteriestrom). Im Ruhezustande sind auf den Feuerwachen nur die Wecker in die Leitung eingeschaltet. Wird eine Feuerwache angerufen, so schaltet sie ihren Apparat in die Leitung ein.

In Berlin erfolgt diese Umschaltung durch den sog. Fußtritt-Umschalter. So lange der Fuß auf der Leiste ruht, ist der Wecker aus- und der Apparat eingeschaltet, ähnlich wie in Fig. 748. Auf der Zentralstelle liegt ein Schreibapparat mit Selbstauslösung stets in der Leitung. Nach Niederdrücken des Fußtritt-Umschalters kann daher jede Feuerwache die Zentrale anrufen. Will die Zentralstelle eine Feuerwache wecken, so schaltet sie durch Druck einer Taste den Apparat aus und gibt Wechselstromsignale in die Leitung ab. Die einzelnen Feuerwachen können nach dem Gesagten nur durch Vermittlung der Zentralstelle miteinander in Verbindung treten. Die Feuerwache teilt der Zentralstelle den Wunsch mit, letztere weckt, und demnächst verkehren die Wachen untereinander. Dies ist zweckmäßig, weil die Zentralstelle von jedem Verkehr der Feuerwachen untereinander Kenntnis zu nehmen hat und stets die ganze Sprechleitung zur sofortigen Verfügung haben muß. Die Batterie für die Sprechleitung wird in der Zentralstelle aufgestellt.

(1216) Die Meldeleitungen verbinden die in dém Bezirk einer Feuerwache belegenen Meldestellen mit der Wache. Jede Feuerwache erhält ein System von Meldeleitungen, in welche die Feuermelder eingeschaltet werden. Das System kann mittels strahlenförmiger Leitungen angelegt werden oder besser durch in sich geschlossene, nach der Wache zurückkehrende Schleifenleitungen. Eine Meldeleitung

kann eine größere Anzahl von Meldern enthalten; die Anlage und Zahl der Meldeleitungen für eine Feuerwache richtet sich nach der Anzahl und Verteilung der
Melder im Bezirk der Feuerwache. In großen Städten des Auslandes, hauptsächlich Amerikas, erfolgt die Weitergabe von Feuermeldungen an alle Wachen
automatisch durch Übertrager. Feuermeldeleitungen in mittleren und kleinen
Orten mit freiwilliger Feuerwehr enthalten vielfach nur Wecker — erforderlichenfalls mit Relaisklappen zum anhaltenden Läuten bis zur Abstellung — in den Wohnungen der Mannschaften, wobei die meistens auf der Polizeiwache des Rathauses
befindliche Zentralstation den Alarm durch einen Induktor (oder Batterie) bewirkt.

Auch können in solche Leitungen mehrere mit Induktor (oder Batterie) aus-
gerüstete Stellen eingeschaltet werden, welche dann als Feuermeldestellen dienen.
Durch diese Einrichtung lassen sich auch verabredete Wecksignale geben. Die
Geber ruhen zur Verhütung von Mißbrauch zweckmäßig unter Glasscheiben.

Die Leitungen lassen sich je nach der Größe des Ortes als eine einzige gemeinsame Leitung ausführen oder bezirksweise mit bestimmten Gruppen von
Weckern einteilen. Häufig dienen für mehrere kleine Orte gemeinsam von der
Reichs-Telegraphen-Verwaltung angelegte Leitungsnetze mit Fernsprechbetrieb
zu Feuermelde- wie zu Unfallmelde-Zwecken. In eine Meldeleitung kann man
eine große Anzahl Melder einschalten; es ist dafür zu sorgen, daß die von
den Meldern gegebenen Zeichen mit Sicherheit unterschieden werden können.
Der Betrieb erfolgt mit Arbeits- oder Ruhestrom. Arbeitsstrom empfiehlt sich bei
unterirdischen Leitungen aus Billigkeitsrücksichten und auch deshalb, weil von
irgend einem Punkte der Leitung aus ein Melder in eine einfache Abzweigung eingeschaltet werden kann, während bei Ruhestrombetrieb der Apparat in eine
Schleife geschaltet werden muß.

Soll von der Leitung aus eine solche Abzweigung für einen Melder oder mehrere
stattfinden, so geht man am besten von der Leitungsklemme eines in der Leitung
liegenden Melders selbst aus. Dadurch wird eine Untersuchung der Zweigleitung,
deren Endpunkt jetzt in dem benutzten Melder zugänglich ist, wesentlich erleichtert.
Der Arbeitsstrombetrieb erfordert eine scharfe und ständige Kontrolle, welche sich
bei Berufsfeuerwehren durch tägliche Prüfung einer Anzahl Melder jeder Linie
leicht durchführen läßt.

Der Ruhestrombetrieb bietet den Vorteil, daß sich die Meldeapparate einfacher
gestalten lassen, und daß Unterbrechungen der Leitung auf der Wache sogleich
bemerkt werden. Bei dem Betriebe mit Arbeitsstrom zeigen sich dagegen Nebenschlüsse auf der Feuerwache durch das Galvanoskop, stärkere durch Ingangsetzung
des Apparates an. Weil in unterirdischen Leitungen häufiger Nebenschlüsse als
Unterbrechungen eintreten, ist auch aus diesem Grunde der Arbeitsstrom vorzuziehen; für oberirdische Leitungen ist indessen unbedingt das Ruhestromsystem
zu wählen. Erscheint auf einer Feuerwache ein Meldezeichen, so alarmiert der
Telegraphist die Wache durch Ingangsetzung eines laut tönenden Weckers.

Leitungskontrolle. Hierfür dienen hauptsächlich in die einzelnen
Leitungen eingeschaltete Feinstromzeiger oder ein solcher für mehrere Leitungen
mittels einer Leitungsschnur an einen gemeinsamen Schaltstöpsel geführt. Erdschlußanzeiger finden Verwendung, indem sie einerseits durch einen hohen Widerstand mit Erde, andrerseits mit dem einen Pol der Batterie verbunden werden.

Für mehrere Schleifen läßt sich diese Vorrichtung gemeinsam benutzen durch
eine drehbare Scheibe, deren Kontakt über die Leitungsfedern schleift; in Verbindung hiermit kann man die Wheatstonesche Brücke bringen und so bequem
die Fehler eingrenzen. Als Stromquellen dienen mehr und mehr elektrische Sammler
anstatt der Primärelemente.

Apparate.

(1217) Telegraphenapparate. Für die Sprechleitungen kommen Morsefarb-schreiber (in der Hauptstation mit Selbstauslösung) zur Verwendung, zum Anruf dienen Wechselstromwecker, welche mittels eines Magnetinduktors oder durch Batterieströme in Tätigkeit gesetzt werden.

(1218) Meldeapparate. An den Meldestellen werden automatische Melde-apparate verwendet; je nachdem letztere auf der Straße oder auf öffentlichen Plätzen oder in öffentlichen Gebäuden und Privathäusern aufgestellt sind, unter-scheidet man Straßenmelder und Hausmelder.

Die Meldeapparate sind derart eingerichtet, daß durch Auslösung eines Ge-wichtes oder Spannen einer Feder eine Scheibe in Umlauf gesetzt wird, welche an ihrem Umfange Erhöhungen bzw. Ausschnitte von verschiedener Länge besitzt. Dadurch, daß der Umfang der Scheibe an einem federnden Hebel vorbeischleift, werden Stromschließungen (bei Arbeitsstrom) oder Stromunterbrechungen herbei-geführt (bei Ruhestrom) (vgl. Fig. 749). Bei den Arbeitsstrommeldern steht die Leitung mit der isolierten Kontaktfeder in Verbindung, das Werk des Melders mit Erde, so daß durch Berührung der Zeichenscheibe mit der Feder die Leitung ge-schlossen wird. Bei den Ruhestrommeldern ist der zweite Leitungszweig mit dem Werk verbunden. Auf dem mit Selbstauslösung versehenen Morseapparat der Feuer-wache erscheinen Morsezeichen, welche das Zeichen des in Tätigkeit gesetzten Melders angeben.

Straßenmelder werden in verschiedenen Konstruktionen verwendet, können auch mit Fernsprecheinrichtungen versehen werden.

In der Regel wird der Straßenmelder erst nach Zertrümmerung einer Scheibe zugänglich. In Berlin ist die Anordnung derart, daß dann ein hinter der Scheibe liegender, an einem Kettchen befestigter Schlüssel das Öffnen einer Tür gestattet. Durch Anziehen eines dadurch erreichbaren Knopfes wird das Gewicht ausgelöst, und die Zeichenscheibe gerät in Umlauf; das Signal wird mehrmals hintereinander automatisch abgegeben. Die Tür läßt sich erst schließen, wenn das Gewicht auf-gezogen ist; letzteres erfolgt durch die Feuerwehr, welche sich zunächst zu der alarmierenden Meldestelle begibt. Auch dient zum Verschluß eine Tür, deren drehbarer Handgriff plombiert ist. Durch Drehen des Handgriffs spannt sich eine Feder, welche beim Ablaufen eine laut tönende Rasselglocke in Bewegung setzt, um unbefugte Benutzung tunlichst zu verhüten.

Unter den verschiedenen Konstruktionen der Hausmelder ist die folgende sehr verbreitet.

Nach Zertrümmerung einer Scheibe wird ein an einer Schnur befindlicher Hand-griff zugänglich; durch einmaliges Anziehen des letzteren wird ein Gewicht aus-gelöst und die Zeichenscheibe läuft mehrmals um. Nach abermaligem Ziehen des Handgriffes erfolgt das gleiche, so daß bis zum Ablauf des Gewichtes die Feuerwehr die Signale 4—6 mal hintereinander erhalten kann. Wird nach erfolgter Meldung eine Taste im Gehäuse dauernd gedrückt, so wird die Leitung durch ein Galvano-skop mit Erde verbunden, und es läßt sich an den Ausschlägen des Galvano-skopes das von der Feuerwache gegebene Rücksignal erkennen. Die Taste und das Galvanoskop werden auch benutzt, um sich mit der Feuerwache durch Morsezeichen zu verständigen.

Magnetsender enthalten einen Magnetinduktor nebst Kontaktscheibe mit Aussparungen an der Peripherie; ein fallendes Gewicht löst den Induktor aus, welcher Stromimpulse wechselnder Richtung zum Empfänger sendet. Letzterer gibt den Anker eines Elektromagnets frei und dreht einen Zeiger vor einem Ziffer-blatt der Anzahl der Stromstöße entsprechend, bis er auf die Nummer des rufenden Melders zeigt. Bei gleichzeitigem Ablauf zweier Melder derselben Leitung erfolgt leicht Verstümmelung der Zeichen. Mittel hiergegen ist automatische Erdung der Leitung hinter der Typenscheibe während Ablauf des Melders. Wenn die Kontaktgabe über Erde erfolgt, durch Unterbrechung der Leitung; hierdurch werden die in derselben Leitung hinter dem ausgelösten Melder liegenden Melder außer Betrieb gesetzt, deren Zeichen gelangen daher n i c h t zur Wache. Durch Einbau eines Haltemagnets in das Laufwerk läßt sich dem aber begegnen. Der Haltemagnet, dessen Wicklung in der Ruhelage durch eine Feder kurzgeschlossen ist, gibt das Laufwerk erst frei, nachdem dies angegangen ist und so den Magnet in den Linienstromkreis eingeschaltet hat.

Durch Anbringung eines Verzögerungsmechanismus am Anker des Haltemagnets ist es ebenfalls gelungen, dem Ineinanderlaufen der Zeichen vorzubeugen. Der Verzögerungsmechanismus kann auch für jede Leitung auf der Wache selbst wirken, indem er einen Widerstand einschaltet, welcher die Stromstärke etwa auf die Hälfte mindert; erst nach Beendigung des Ablaufs des ersten Melders erfolgt die Auslösung des zweiten. Eine weitere Möglichkeit gewährt bei Meldern, deren Auslösung erst nach Öffnen einer Tür zugänglich wird, die Einrichtung einer besonderen drehbaren Scheibe, welche auf einen Arretierhebel wirkt.

B e i L e i t u n g s b r u c h. Jede Schleife enthält zwei Morse-Apparate, die Batterie ist in der Mitte geerdet, der Melder enthält zwei Kontaktfedern und eine nur zur Hälfte mit Zeichen versehene Typenscheibe, welche während der Laufzeit geerdet wird.

Eine andere Art wird durch Anwendung eines Haltemagnets im Melder dadurch erreicht, daß seine Wicklung halbiert ist; zwischen beiden Hälften liegen die bei Ablauf des Melders Erde findenden Kontaktfedern. Seine Auslösung erfolgt durch Erdung der einen Elektromagnethälfte; hierzu gehört, daß bei Leitungsbruch in der Zentrale eine Zusatzbatterie in die Erdleitung eingeschaltet wird.

In Amerika werden t r a g b a r e F e u e r m e l d e a p p a r a t e verwendet, bei welchen ein Kabel benutzt wird, welches aus zwei leicht isolierten Leitungen und einer Leitung zwischen ihnen von leicht schmelzbarem Metall besteht, die bei einer gewissen Temperatur die beiden anderen Leitungen kurzschließt.

Die Apparate bestehen aus Wecker mit Batterie, angeschlossen an 100—200 m solchen Kabels, die über und zwischen die zu schützenden Gegenstände ausgelegt werden können.

Die Reichs-Telegraphen-Verwaltung stellt im Einvernehmen mit der Feuerwehr sog. Nachtverbindungen her, um den Teilnehmern an der Stadtfernsprecheinrichtung die Möglichkeit zur Meldung eines Feuers mittels Fernsprechers auch des Nachts zu gewähren. Doch haften dieser Einrichtung gewisse Mängel an, welche die Betriebssicherheit beeinträchtigen; auch darf die Zahl der anzuschließenden Stellen nur eine verhältnismäßig geringe sein.

Zur Erreichung eines möglichst vollkommenen Zustandes wäre eine Einrichtung anzustreben, durch welche von jedem Gebäude aus ein öffentlichen Zwecken dienender Melder elektrisch erregt und so das rasche Herbeirufen der Feuerwehr ermöglicht werden könnte. Für Orte mit nur wenigen, aber langgestreckten Straßenzügen oder für größere Gebäudeanlagen empfehlen sich Feuermelde-Einrichtungen mit zweckmäßig verteilten Leitungen und unter Glasscheiben befindlichen, als Feuermeldestellen dienenden Kontaktknöpfen in Ruhestromschaltung. Die Leitungen münden auf der Feuerwache in Tableauklappen.

(1219) Feuer- und Unfall-Melder. Sind letztere unmittelbar in Feuermeldeleitungen eingeschaltet, so können ihre Zeichen irgendein Vorzeichen zur Unterscheidung erhalten; ferner können für nicht zusammenliegende Wachen die Einrichtungen so getroffen werden, daß auf den Sanitätswachen nur die Unfallmeldungen einlaufen.

N e b e n m e l d e r. Sind auf einem Grundstück viele Melder erforderlich, so lassen sich solche in der einfachsten Form herstellen; sie lösen einen mit der Feuerwache unmittelbar in Verbindung stehenden Hauptmelder elektrisch aus. Die Auslösung kann durch eine besondere Ortsbatterie wie auch durch die Batterie der Feuerwache erfolgen. Ruhestrom empfehlenswert. Durch Einschaltung von Fallklappentableaus läßt sich die örtliche Lage eines benutzten Nebenmelders bezeichnen, auch mit Auslösung des Hauptmelders die Einschaltung von Beleuchtung und dergl. bewirken.

Selbsttätige Melder. Von den vielen Arten sind besonders empfehlenswert diejenigen von Schöppe und Siemens & Halske. Beide bestehen aus zwei aufeinander gelöteten, gebogenen Metallstreifen, einerseits festgeschraubt, anderseits federnd mit Platinkontakt gegen einen isolierten Kontakt drückend. Erwärmt sich der Metallstreifen, so findet ein Aufbiegen statt, wodurch der Kontakt unterbrochen wird. Der mit Schraube versehene Kontakt kann durch eine mit ihr in Verbindung stehende, als Scheibe ausgebildete Mutter verstellt und so die Kontaktlösung auf die gewünschte Temperatur einreguliert werden. Bei der einen Art ist der eigentliche Melder in einen Metallkorb mit Porzellankopf für die Anschlußklemmen eingesetzt. Diese Melder hängen frei pendelnd. Hiermit in Verbindung lassen sich Wasserbrausen oder Kohlensäure-Apparate mit elektromagnetischer Auslösung bringen, welche zum unmittelbaren Löschen eines Brandes dienen.

Eine andere Form solcher Melder bildet ein Glasröhrchen mit Flüssigkeit, herstellbar für Temperaturen zwischen 30—150° C. Beim Platzen des Röhrchens wirken zwei Kontakte auf den Alarmapparat. Sollen derartige selbsttätige Melder nur zu bestimmten Zeiten, z. B. nachts, die Feuerwehr unmittelbar alarmieren, so läßt sich dies durch eine Schaltuhr erreichen, deren Einrichtung die Nebenmelder-Anlage selbsttätig abschaltet, nachdem die Uhrzeiger entsprechend eingestellt sind.

(1220) Fernsprecher. Die ausschließliche Verwendung von Fernsprechern erscheint aus mancherlei Gründen bedenklich, sie bleibt hingegen wertvoll als Ergänzung besonders für den inneren Dienst der Feuerwehr. Aber auch für Polizei-, Unfallmelde- und sonstige Zwecke findet sich der Fernsprecher im Feuermelderbetriebe.

Meistens hängt er in einer durch eine besondere Tür zugänglichen Abteilung des Melders. Entweder liegen Mikro- und Telephon in Hintereinanderschaltung und erhalten erst beim Öffnen der Tür Strom durch die Melderbatterie, oder sie finden Anschluß durch Kondensatorübertragung mit eigener Batterie, wozu besondere tragbare Fernsprecher Verwendung finden. Hierbei kann, um die Sicherheitsschaltung nutzbar zu erhalten, die sekundäre Wicklung der in ihrer Mitte geerdeten Induktionsspule zwischen die beiden Spulen des Fernhörers gelegt werden.

(1221) Empfangsapparate. Es sind Zeiger- und Zählwerk-Systeme verschiedener Arten in Gebrauch, vorzugsweise findet das Morsesystem mit Zusatzapparaten wie z. B. selbsttätige Zeitstempel und Papierwickler Verwendung. Man findet auch mehrere Leitungen auf einen Morseapparat geschaltet. entweder durch Relais oder über den Anschlagständer der Morseapparatanker, ebenso automatische Alarmschalter zum Ingangsetzen der Wecker. Die Benachrichtigung der ausrückenden Feuerwehr kann durch elektrische Lichttableaus erfolgen, welche, in den einzelnen Räumen verteilt, durch Druckknöpfe betätigt, die Nummer des Melders angeben, auch kann die gesamte Beleuchtungs-Anlage der Feuerwehr gleichzeitig eingeschaltet werden. Beides geschieht neuerdings selbsttätig beim Einlaufen der Feuermeldung. Bei allen Morse-Anlagen lassen sich die bereits angegebenen Sicherheitsschaltungen verwenden.

Will man auf Morseverkehr, also auf Telegraphisten verzichten, so empfiehlt sich das sogen. Einschlagglockensystem, welches neuerdings sich Eingang verschafft hat. Sämtliche Melder einer Stadt sind fortlaufend numeriert, das Einlaufen einer Meldung wird durch kräftige Glocken angezeigt, aus deren durch Zwischenräume getrennten Einzelschlägen die Nummer des betätigten Melders erkennbar ist. Diese einlaufenden Feuermeldungen lassen sich entweder durch Hand oder durch besondere Übertrager beliebig weitergeben; zur größeren Sicherheit dienen auch hierbei Farbschreiber sowie Nummernapparate zum Ablesen der eingelaufenen Glockenschläge.

Siemens & Halske haben dieses System zu einer hohen Vollkommenheit durchgebildet, indem sämtliche Einrichtungen, in sich gänzlich selbsttätig arbeitend, mit allen Sicherheitsschaltungen versehen sind; neben dem Lichttableau erscheint sogar die Bezeichnung des Meldestandortes in Schriftzeichen. (Vgl. Handbuch der Elektrotechnik, 2. Abt. 2. Bd. 1908.)

(1222) Kombinierte Feuermelder- und Wächterkontroll-Anlagen. In Theatern, Fabriken, Warenhäusern mit eigener Feuerwehr lassen sich Feuermelder mit Wächter-Kontrollanlagen verbinden. Hierbei wird die Kontakteinrichtung des Melders beim Öffnen der Tür durch einen besonderen Umschalter aus der Meldeleitung aus- und in die Kontrolleitung eingeschaltet. Ist nur ein Empfangsapparat vorgesehen, so dient zur Unterscheidung hauptsächlich der Fortfall des Alarmzeichens, was entweder durch Stromschwächung oder mit Zeitunterschieden sich erreichen läßt.

Literatur:

Ausführliche Beschreibungen und Zeichnungen von Apparaten und Schaltungen für Feuerwehrtelegraphen, findet man in Schellen, Der elektrom. Telegraph, IV. Aufl. Bearb. von Kareis. — Tobler, Die elektr. Feuerwehr-Telegr. 1883. — Handbuch der Elektrotechnik, 2. Abt. 2. Bd. 1908. — Jul. Weil, Elektrizität gegen Feuersgefahr, 1905.

Polizeitelegraphen.

(1223) Leitungsnetz. Die verschiedenen Polizeistellen werden unter sich und mit der Zentralstelle durch Sprechlinien verbunden. Letztere sind zweckmäßig unterirdisch anzulegen. Am besten ist es, wenn die von der Zentralstelle ausgehenden Sprechleitungen Kreise bilden und zur Zentralstelle zurückführen, weil in diesem Falle bei Eintritt einer Unterbrechung die Betriebsfähigkeit der Zweige und der Verkehr mit der Zentralstelle durch Erdverbindung aufrecht erhalten werden kann, einzelne Nebenschlüsse aber nicht möglich sind.

(1224) Betrieb. Zum Betriebe dienen Morseapparate in Ruhestromschaltung. Der Anruf von der Zentralstelle aus erfolgt durch Wechselstrom und Wecker. Die Sprechleitungen sind auch in die Feuerwachen einzuführen, damit letztere in der Lage sind, im Notfalle ihren Apparat in den Polizeikreis einzuschalten.

Es bildet eine wesentliche Bedingung für Feuerwehr- und Polizeitelegraphen, daß sämtliche Einrichtungen und deren Handhabung so einfach wie möglich sind, und daß die größte Betriebssicherheit gewährleistet wird. Letztere wird durch Einfachheit der Apparate, Zusammenlegung der Batterien auf der Zentralstelle und Verwendung mehradriger Kabel mit Vorratsadern wesentlich gesteigert. Es empfpiehlt sich ein Zusammenwirken der Polizei- und Feuerwehr-Telegraphenstationen in der Art, daß jede Polizeistation als Feuermeldestelle dient, indem sie Feuermeldungen zur Weiterbeförderung an die Zentralstation, welche gleichzeitig Zentralstation der Feuerwehrlinie bildet, vom Publikum entgegennimmt.

(1225) Polizeimelder. Von Siemens & Halske ist neuerdings ein außerordentlich vielseitig wirkendes, automatisches Meldersystem in Betrieb gebracht worden, ähnlich dem vervollkommneten Feuermeldersystem (1218). Die in der Stadt verteilten Melder werden vom Publikum durch Einstecken eines numerierten Schlüssels ausgelöst, wodurch die Nummer des Melders bei der nächsten Polizeiwache erscheint, während der Schlüssel gesperrt bleibt und nur vom Polizeibeamten nach Öffnung der Tür frei gemacht werden kann.

Auf der Zentrale der Polizei stehen die Farbschreiber mit Zeitstempel, einer Signallampe und selbsttätigem Papieraufwickler. Bei Eingehen einer Meldung stellt der Beamte der Zentrale die Polizeiwache fest, in deren Bezirk der gezogene Melder liegt und gibt die Meldung dahin ab; das Ausrücken der Mannschaft zeigt ein Rücksignal an. Handelt es sich um Feuer oder ernstere Vorkommnisse, so öffnet ein Schutzmann die Meldertür und stellt eine Kurbel auf die betreffende Inschrift einer Skala, worauf die Übermittlung der Meldernummer und der Art der gewünschten Hilfeleistung auf dem Streifen der Zentrale erscheint. Die Melder enthalten auch Fernsprecher, welche nach einem besonderen Schrank der Zentrale führen. Die Verständigung erfolgt auf den Melderleitungen. Auch die Posten können durch die Melder seitens der Zentrale angerufen werden, und zwar durch eine Rasselglocke und eine grüne Glühlampe.

Diese Anlage hat noch eine Erweiterung erfahren, indem die den Zeitstempel betreibende Präzisionsuhren-Anlage auf alle Polizeistationen ausgedehnt ist; an jede dieser Uhren lassen sich 20 bis 30 Nebenuhren anschließen.

(1226) Typendruckapparate. Damit die Möglichkeit gegeben ist, rasch Mitteilungen allgemeiner Art gleichzeitig an mehrere oder alle Stellen gelangen zu lassen, ist in Berlin neuerdings ein Ferndrucker-System zur Einführung gelangt, durch welches die Depeschen in fertiger Form den Empfangsstellen zufließen. Die Anlage besteht aus einer Zentrale mit 2 Gebern, Hilfsapparaten, elektrischen Maschinen zur Stromerzeugung, Fernschaltern und Fehlerkontrolle sowie rund 200 Empfängern. Letztere sind hintereinander in mehrere parallele Kreisleitungen geschaltet oder durch geerdete Leitungen mit der Zentralstelle verbunden. Der ohmische und induktive Widerstand der einzelnen Leitungen sind auf gleiches Maß gebracht. Der Betrieb ist einseitig, d. h. das Abtelegraphieren erfolgt nur von der Zentralstelle aus. Hier vollzieht sich die Umformung von Gleichstrom in Wechselstrom durch Relaisreihen. Die rotierende Bewegung bei den Empfängern erfolgt durch die Ströme wechselnder Polarität, die Arbeit des Druckens, Papiertransports, Zeilenumsetzens hingegen durch Gleichstrom. Die Relaisspulen sind in 2 Reihen hintereinander geschaltet, sie werden von einer gemeinsamen Ortsstromquelle erregt. Um die beiden Relaisreihen abwechselnd schnell hintereinander zu betätigen, ist der Geber mit einem Kontaktrad versehen, auf welchem Stromabnahmefedern schleifen. Das Kontaktrad sitzt auf einer Stiftwelle mit so viel spiralförmig verteilten Radialstiften als sich Tasten am Geber befinden. Wird nun der Antriebsmotor eingeschaltet, so setzt sich die Stiftwelle mit Kontaktrad in Bewegung und sendet die Stromimpulse wechselnder Richtung in die Leitungen. Die Umdrehungsgeschwindigkeit beträgt 110 in der Minute im Mittel. Wird eine Taste gedrückt, so wird hierdurch die Stiftwelle in der Lage festgehalten, in welcher die Kontaktfeder auf dem Radkontakt steht, also der gedrückten Taste entspricht. Da die Typenräder der Empfänger mittels der polarisierten Magnete synchron mit dem Geberkontaktrade laufen, so steht auch während des Tastendrucks die betreffende Type in Druckstellung. Durch den Tastendruck wird zugleich die eine Reihe Relais unter Strom gehalten, so daß der jetzt die Leitung durchfließende Gleichstrom die übrigen Magnete der Empfänger, welche auf die kurzen Wechselströme nicht ansprachen, in Tätigkeit setzt und so das Drucken und Fortbewegen des Papiers und das Umsetzen einer neuen Zeile veranlaßt. Bei gedrückter Taste läuft der Gebermotor weiter, weil er nur lose mit der Stiftwelle gekuppelt ist. Wird die Taste losgelassen, so setzt die Stiftwelle ihre Umdrehung wieder fort, wobei die Fortschaltemagnete der Empfänger loslassen und dabei die Typenräder horizontal weiter rücken.

Wenn täglich 150 Depeschen zu 30 Wörtern Beförderung erhalten, was die Regel bildet, so ergibt dies 150 × 30 × 200 = 900 000 Wörter; an gewissen Tagen aber steigert sich der Betrieb auf das Doppelte und mehr.

Sechszehnter Abschnitt.

Elektrische Signal- und Fernmelde-Anlagen, Haus- und Gasthoftelegraphen und elektrische Uhren.

Signalanlagen.

(1227) Signalapparate und Fernmelder dienen dazu, zwischen Geberstelle und Empfangsstelle eine Verbindung herzustellen, indem bei S i g n a l a p p a - r a t e n einfache Signale, bei F e r n m e l d e r n verschiedene bestimmte Zeichen, Befehle oder Kommandos übermittelt werden. Im Gegensatz zu Fernsprechanlagen sind also die Signalapparate und Fernmelder nach Anzahl und Bedeutung an bestimmte Signale oder Zeichen gebunden.

Literatur: Canter, Die Haus- und Hotel-Telegraphie und -Telephonie, 1910; Aktiengesellschaft Mix & Genest, Anleitung zum Bau elektrischer Haustelegraphen-, Telephon-, Kontroll- und Blitzableiter-Anlagen, 1910.

(1228) Wecker. a) Der n e u t r a l e W e c k e r enthält einen gewöhnlichen Elektromagnet mit beweglichem Anker; dieser ist in der Regel mit einer Blattfeder f_1 am Gestell befestigt (Fig. 760). Schaltet man nur die Magnetbewicklung

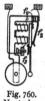

Fig. 760.
Neutraler
Wecker.

in den Stromkreis, so erhält man den E i n s c h l a g w e c k e r ; um den Schlag kräftiger zu machen, wird die Feder f_3 weit zu rückgeschraubt. Beim L a u t s c h l ä g e r ist der Anker der eine Arm eines zweiarmigen Hebels; am anderen, längeren Arm greift eine Spiralfeder an (großer Hub des Klöppels). Der R a s s e l - w e c k e r entsteht durch Einfügung von Unterbrechungskontakten in den Stromweg; beim Wecker mit S e l b s t u n t e r b r e c h u n g führt der Weg über die Feder f_2, den Anker, die Windungen zur zweiten Klemme, beim Wecker mit S e l b s t a u s s c h l u ß (auch N e b e n s c h l u ß w e c k e r genannt) fließt der Strom von der ersten Klemme über die strichpunktierte Verbindung zur Wicklung, an deren Ende eine Kontaktschraube der Feder f_3 gegenübersteht. In jenem Falle unterbricht der Anker beim Anzug den Strom, in diesem schließt er die Wicklung kurz. Läßt man Glocke und Klöppel weg, so erhält man den S c h n a r r - w e c k e r. Zur Erzeugung s e h r l a u t e r S i g n a l e verwendet man Glocken mit besonders schwerem Klöppel und geeignetem Mechanismus. W a s s e r - u n d w e t t e r d i c h t e W e c k e r enthalten ein abgedichtetes Gehäuse, durch das die Ankerachse mittels einer Stopfbuchse dicht herausgeführt ist. Um bleibend sichtbare Zeichen zu erhalten, verwendet man die F a l l s c h e i b e, die von einer am Anker des Weckers befestigten Nase gehalten wird und bei der ersten Anregung des Ankers niederfällt und sichtbar wird; u. U. schließt sie dabei noch einen zweiten Stromkreis, welcher dem Wecker den Strom der eigenen Batterie zuführt und ihn weiterarbeiten läßt, bis die Fallscheibe wieder aufgerichtet wird (F o r t s c h e l l - w e c k e r). Bei manchen Weckern wird das elektromagnetische Werk im Innern der Glocke angebracht. Der L a n g s a m s c h l ä g e r ist ein Rasselwecker, bei dem der Anker beim Anzug ein kleines Schwungrad in Bewegung setzt, das in der Ruhelage einen Kontakt, der im Hauptstrom liegt, unter Federkraft schließt. Indem es ausschwingt, unterbricht es den Stromkreis und schließt ihn erst bei der Rückschwingung, doch nur auf so lange, bis es wieder einen Antrieb vom Strom erhält.

Ruhestromwecker werden nach Fig. 761 geschaltet. So lange der Knopf K nicht gedrückt wird, schließt die Feder F den Stromkreis; der Anker wird angezogen. Drückt man auf K, so fällt der Anker ab,

 stellt aber durch Berührung von f_2 einen neuen Stromschluß her. Der Wecker schickt also unterbrochenen Gleichstrom in die Leitung. An der Empfangsstation wird dadurch der Anker hin- und herbewegt. Eine andere Schaltung, bei der der ab-

Fig. 761. Ruhestrom- fallende Anker einen Ortskreis mit schaltung für Wecker. Batterie schließt, zeigen Fig. 746 bis 748, Seite 845 bis 847.

Fig. 762. Polarisierter Wecker.

b) Der polarisierte Wecker enthält einen Stahlmagnet, der in der Regel die Eisenkerne des Weckers dauernd magnetisiert. Fig. 762 stellt das Modell der Reichs-Telegraphenverwaltung dar. Der Winkelmagnet M trägt einen Bügel an dem in Spitzen der Anker hängt; die beider gleichnamig polarisierten Elektromagnete stehen darunter. Der eintretende Strom verstärkt den einen, schwächt den andern und bewegt damit den Anken und Klöppel; in der zweiten Hälfte der Wechselstromperiode ist der Vorgang umgekehrt, und der Klöppel schlägt in der entgegengesetzten Richtung. Wechselstromwecker benutzen den Hin- und den Hergang des Klöppels und haben entweder zwei Glocken oder eine Glocke mit zwei Anschlägern.

(1229) Signalgeber. Die Signalabgabe erfolgt beabsichtigt oder selbsttätig durch Schließen eines Kontaktes. Die Kontaktvorrichtung besteht entweder aus einem Kontaktknopf (für Zug oder Druck) oder einem Kontaktschalter.

Kontaktknöpfe für Druck (Druckknöpfe) besitzen ein Gehäuse aus Holz, Porzellan oder Metall, in welchem zwei Blattfedern sich befinden, von denen eine einen kleinen zylindrischen Körper (aus Holz, Knochen usw.) aus der Öffnung des Gehäuses herauszudrücken sucht. Durch Niederdrücken des Zylinders (Knopfes) berühren sich die beiden Federn (bei Arbeitsstrom), oder es wird der Kontakt zwischen den Federn aufgehoben (bei Ruhestrom).

Bei den Kontaktknöpfen für Zug (Zugkontakte) wird durch eine Zugstange der Kontakt hergestellt. Eine Feder führt die Zugstange wieder in ihre Lage zurück.

Die Kontaktgeber lassen sich auch als Tretkontakte herstellen. Sie können zur Befestigung an einem Gegenstand eingerichtet sein oder an Leitungsschnüren hängen. Auch werden sie in der verschiedenartigsten Ausführung hergestellt, als Tischstationen, Briefbeschwerer, Haustürdruckplatten für mehrere Etagen; ferner gibt es Tür- und Fensterkontakte sowie Badezimmerkontakte, welche letzteren gegen das Eindringen von Feuchtigkeit möglichst gut zu schützen sind.

Die Kontaktschalter sind ähnlich eingerichtet wie ein Morsetaster.

(1230) Klingelanlagen. Bei einfachen Signalweckeranlagen (Fig. 763) mit einem Wecker W und einer Batterie, wobei der Wecker von mehreren Druckknöpfen D_1 D_2 D_3 betätigt werden kann, liegen diese parallel, so daß nur zwei Leitungen l_1 und l_2 bzw. l_3 nötig sind.

Sollen zwei Stellen sich wechselseitig anrufen können, so ist an jeder ein Wecker und ein Druckknopf anzuordnen und immer der Druckknopf einer Stelle mit dem Wecker der anderen in Verbindung zu bringen. Bei einer derartigen

Anlage, sog. K o r r e s p o n d e n z a n l a g e, kann man entweder eine gemeinsame Batterie verwenden, in welchem Falle drei Leitungen zwischen beiden Stellen nötig sind, oder an jeder Stelle eine besondere Batterie, wobei man mit nur zwei Leitungen auskommt. Eine der Leitungen kann in jedem Falle durch Erde ersetzt werden.

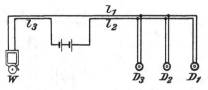

Fig. 763.   Klingelanlage.

(1231) Signaltableaus dienen zum Erkennen der rufenden Stelle. Infolge Einwirkung des Stromes auf einen Elektromagnet läßt dessen Anker eine Scheibe los, durch deren Fall entweder eine Scheibe mit Bezeichnung sichtbar wird, oder es trägt die aus einem Schlitz des Gehäuses herausfallende oder hinter einem Glasabschluß vortretende Scheibe selbst die Bezeichnung. Sollen an einem Empfangsort mehrere anrufende Stellen angezeigt werden können, so wird eine entsprechende Zahl solcher Elektromagnete mit Fallscheiben in einem Holzkasten untergebracht

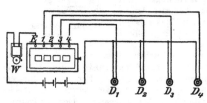

Fig. 764.   Signaltableaus.

(Fig. 764). Jede der Fallklappen (1, 2, 3, 4) wird von einem zugehörigen Druckknopf (D_1 D_2 D_3 D_4) ausgelöst. In die gemeinsame Rückleitung sämtlicher Fallklappen und Druckknöpfe ist die Batterie und ein Wecker (W) eingeschaltet, der also so lange ertönt, als einer der Druckknöpfe Kontakt herstellt. Zuweilen wird auch durch das Herabfallen der Scheibe ein Ortsstromkreis mit Wecker geschlossen; letzterer ertönt dann so lange, bis die Scheibe wieder in ihre Ruhelage gebracht wird, was meist von Hand mittels einer Schubstange geschieht.

Für einfache Anlagen kann man einen Wecker mit Fallscheibe benutzen, um festzustellen, ob gerufen worden ist, oder um einen zweiten Weckerkreis zu schließen.

Sollen in Tätigkeit gesetzte Fallklappen von irgend einer anderen Stelle wieder in die Ruhelage zurückgenommen werden, so gelangen S t r o m w e c h s e l-k l a p p e n zur Anwendung. Diese enthalten zwei voneinander unabhängige Elektromagnete mit einem zwischen beiden drehbaren Hufeisenmagnet, auf dessen einem Schenkel die Tableauklappe befestigt ist. Wird der zweite Elektromagnet erregt, so folgt der Magnet nach dieser Richtung und führt die Klappe in die Ruhelage zurück.

Um bei Hotelsignalanlagen eine Störung der Gäste durch die lauttönenden Wecker zu verhüten, finden L i c h t t a b l e a u s Anwendung, bei denen die Signale auf geräuschlose Weise durch Aufleuchten von Lampen hinter Glasscheiben, welche die Signalbezeichnung tragen, gegeben werden. Ein entsprechendes Kontrolltableau mit Wecker befindet sich an dem Aufenthaltsort des Dienstpersonals.

(1232) Stromquellen. Für Gleichstrom verwendet man hauptsächlich galvanische Elemente, sowohl nasse wie trockene, und Sammlerbatterien; für Wechselstrom Magnetinduktoren. Für Arbeitsstrom sind Trockenelemente besonders zu empfehlen, da sie geringer Wartung bedürfen. Die Magnetinduktoren sind in der Regel so eingerichtet, daß sie sich während der Ruhe kurzschließen und erst beim Beginn der Drehung in den Stromkreis einschalten; vgl. (1124) und Fig. 677. Auch läßt sich bei Vorhandensein von Starkstrom die Betriebskraft von diesem unter Vorschalten von Widerständen (Glühlampen) abzweigen.

(1233) Zeitkontakte. Ein mit einer Kontaktvorrichtung versehenes Schaltrad führt in 12 oder 24 Stunden eine Umdrehung aus und schließt dabei einen oder mehrere einstellbare Kontakte. Die Einstellung dieser Kontakte erfolgt derart, daß der Kontaktschluß zur gewünschten Zeit stattfindet. Bei Weckvorrichtungen, z. B. in Hotels, wird durch jeden Kontakt ein Wecker in Tätigkeit gesetzt. Die Einstellung der Zeitkontakte für die verschiedenen Zimmer, in denen geweckt werden soll, erfolgt durch das Dienstpersonal. Die Einrichtung kann aber auch derartig getroffen werden, daß jeder Hotelgast selbst den Wecker für sein Zimmer auf die gewünschte Zeit einstellen kann (P e n n e r , Elektrotechn. Anz. 1909, S. 500).

(1234) Türkontakte und Einbruchs-Alarmsignale. T ü r k o n t a k t e sollen das Öffnen einer Tür anzeigen, indem durch ihre Bewegung ein Wecker in Tätigkeit tritt. Der Türkontakt schließt den Weckerkreis entweder so lange, wie die Tür geöffnet bleibt, oder nur für eine kurze Zeit während des Öffnens und Wiederschließens.

Die Konstruktionen für den ersten Fall sind verschiedenartig.

Der einfachste Apparat besteht aus einem gebogenen Metallstück, welches am oberen Türpfosten angebracht wird; gegen den zweimal rechtwinklig umgebogenen Teil legt sich ein federnder Streifen, der beim Schließen der Tür von einem am oberen Türrahmen angebrachten Stift abgedrückt wird. Das gebogene Metallstück und der federnde Streifen werden mit dem Stromkreis verbunden.

Häufig werden auch zwei voneinander isolierte Metallstücke, ein festes und ein federndes, in den Türpfosten eingelassen; solange die Tür geschlossen ist, drückt ihre Kante das federnde Stück ab. Wird die Tür geöffnet, so legt sich der federnde Streifen mit seinem unteren Ende gegen den festgeschraubten Streifen, und der Weckerkreis wird geschlossen.

Soll für den zweiten Fall der Wecker nur kurze Zeit beim Öffnen oder Schließen ertönen, so schraubt man am Türpfosten zwei senkrecht gegen letzteren abstehende Federn an; die eine wird mit einem länglichen Wulst versehen, gegen den die obere Türkante bei dem Vorbeidrehen schleift; hierdurch werden die Federn in Kontakt gebracht.

Als Alarmvorrichtung für Briefeinwürfe ist die Anordnung derartig getroffen, daß bei dem Briefeinwurf die Klappe des Briefkastens einen Kontakt herstellt (Elektrotechn. Anz. 1903, S. 3117).

Die gleichen Einrichtungen werden auch bei Fenstern angebracht; hier insbesondere, um als A l a r m v o r r i c h t u n g e n g e g e n E i n b r u c h zu dienen. In manchen Fällen ist es erforderlich, zeitweise den Tür- oder Fensterkontakt abstellen zu können, z B. wenn er nur während der Nachtzeit oder der Türkontakt nur beim Betreten oder nur beim Verlassen des Raumes in Tätigkeit treten soll. Für diese Fälle wird die Kontaktvorrichtung mit einem entsprechenden Umschalter versehen.

F u ß b o d e n - u n d T r e t k o n t a k t e werden im Fußboden unter Tischen, z. B. Schreib- oder Speisetischen, angebracht und dienen dazu, in bequemer, wenig bemerkbarer Weise durch Druck mit dem Fuß Signale zu geben. Auch werden sie unbemerkbar unter einem Dielenbrett oder einer Treppenstufe, gegebenenfalls unter Teppichen und Läufern angeordnet, um so als Alarmsignal für eintretende Personen, Einbrecher und dergleichen zu dienen.

Zur Sicherung für Wertgelasse, Geldschränke oder Kassen gegen Einbruch usw. werden Fadenkontakte verwendet, welche darauf beruhen, daß ein an der zu sichernden Stelle ausgespannter Faden, beim versuchten Eindringen oder Türöffnen zerrissen oder beiseite gedrückt, zwei elektrische Kontakte öffnet oder schließt und so die Wecker in Bewegung setzt.

Der Sicherungsapparat A r g u s (A.-G. M i x & G e n e s t , Berlin) vereinigt in sich die Sicherung gegen Einbruch und gegen Feuersgefahr. Ein rohrförmiges

Kontaktpendel wird hierbei vor der Tür des Kassenschrankes aufgehängt, so daß es mit einem Querstift gegen diese drückt. Wird nun das Pendel z. B. beim Eindrücken der Tür nach innen bewegt, oder wird es nach außen abgehoben, in jedem Falle bewirkt es das Einschalten des Alarmweckers.

Bei sämtlichen derartigen Einrichtungen empfiehlt sich meist die Verwendung des Ruhestrombetriebes, da hierbei auch jede unbeabsichtigte Unterbrechung des Stromes das Alarmsignal auslöst.

(1235) Signalwecker für Bergwerke. Grubensignale finden Verwendung bei den verschiedenen Fördervorrichtungen, insbesondere bei der horizontalen Streckenförderung, der Bremsberg- und Haspelförderung und bei dem Förderschachtbetrieb. Besonders wichtig sind die S c h a c h t s i g n a l v o r r i c h - t u n g e n , da sie den gesamten Ein- und Ausgangsverkehr der Grube regeln. Es sind drei Arten von Stellen vorhanden, die zur Regelung des Verkehrs rasch und sicher miteinander zu signalisieren haben. Unter Tage liegen die Füllorte oder Sohlen, über Tage die Hängebank und der Maschinenraum. Meist wird von der Sohle das Signal nicht direkt zur Fördermaschine gegeben, sondern zunächst nur nach der Hängebank, die erst, nachdem sie ihrerseits fertig ist, das empfangene Signal an den Maschinenraum weitergibt. Als Signalgeber werden meist Einschlagwecker verwendet, die in besonders kräftiger, gegen Feuchtigkeit und Schmutz schützender Weise gebaut sind. Jedes Signal setzt sich aus einer bestimmten Anzahl von Schlägen zusammen, die durch ein entsprechend vielfaches Niederdrücken einer Drucktaste gegeben werden.

Um ein gleichzeitiges Geben mehrerer Sohlen zu vermeiden und einen richtigen Empfang an der Hängebank sowie eine genaue Weitergabe an den Maschinenraum zu gewährleisten, finden vielfach besondere Sicherheitsschaltungen Verwendung. R y b a , Die elektrischen Signalvorrichtungen der Bergwerke, 1906. Fernmelder für Grubenbetriebe in Bergwerken s. (1237 u. f.).

(1236) Wasserstandsanzeiger werden verwendet, um den Wasserstand eines Behälters nach einem entfernten Orte, Pumpenraum oder Bureau, zu melden. Man unterscheidet:

Vollkontakte, welche den höchsten Wasserstand anzeigen, Leerkontakte für den niedrigsten Wasserstand und Voll- und Leerkontakte, um sowohl den höchsten wie den niedrigsten Wasserstand anzuzeigen.

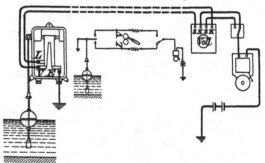

Fig. 765. Wasserstandzeiger.

Die Wasserstandsanzeiger werden in mannigfaltiger Weise zur Ausführung gebracht. Die Schaltung für einen Voll- und Leerkontakt nach Ausführungen der A.- G. Mix & Genest zeigt Fig. 765. Bei höchstem Wasserstand schließt der Schwimmer die Kontakte V und E, bei niedrigstem Wasserstand die Kontakte

L und *E*. Dabei wird gleichzeitig ein Wecker betätigt und an einem Tableau eine entsprechende Signalscheibe sichtbar. Durch Umlegen eines Schalters wird der Wecker wieder ausgeschaltet und zugleich der Stromkreis für die nächste Anzeige vorbereitet.

Fernmelder für Wasserstandsänderungen s. (1237 u. f.)

Fernmelder und Befehlsübertrager.

(1237) Systeme. Fernmelder und Befehlsübertrager bestehen aus einem G e b e r und einem E m p f ä n g e r , die beliebig weit voneinander entfernt aufgestellt sein können, und bei denen jeder Einstellung am Geber die Einstellung eines bestimmten Zeichens oder Befehles am Empfänger entspricht. Das Zeichen am Empfänger kann dabei hervorgebracht werden durch A u f l e u c h t e n v o n G l ü h l a m p e n oder durch E r r e g e n v o n E l e k t r o m a g n e t e n . Beide Systeme werden meist bei Betrieb mit G l e i c h s t r o m angewendet, wenngleich sie auch für Wechselstrombetrieb brauchbar sind. Nur für Betrieb mit W e c h s e l s t r o m verwendbar sind Empfänger, bei denen das Einstellen mittels I n d u k t i o n oder mittels R e s o n a n z erfolgt.

(1238) Stromquellen. Fernmelder und Befehlsübertrager lassen sich an vorhandene Leitungsnetze anschließen. Soll insbesondere mit Rücksicht auf die Sicherheit des Betriebes die Anlage unabhängig für sich sein, so wird eine besondere Akkumulatorenbatterie verwendet. Kleinere Anlagen können auch durch galvanische Elemente betrieben werden (1232).

(1239) Glühlampen-Fernmelder. An der Empfangsstation sind soviel Glühlampen vorhanden, als Zeichen oder Befehle gegeben werden sollen. An der Geberstation ist die gleiche Anzahl Kontakte vorgesehen und jeder dieser Kontakte mit einer Glühlampe am Empfänger verbunden. Wird einer der Kontakte geschlossen, so leuchtet die entsprechende Glühlampe auf und beleuchtet, z. B. auf einer vor ihr angebrachten Glasscheibe, die daselbst befindliche Aufschrift. Hierbei sind ebensoviel Verbindungsleitungen zwischen Geber und Empfänger erforderlich, als verschiedene Zeichen gegeben werden sollen, und außerdem eine gemeinsame Rückleitung, die gleichzeitig als Leitung für den Anrufwecker dienen kann.

An Stelle der Glühlampen können auch Fallklappen oder dergleichen Verwendung finden.

(1240) Magnet-Fernmelder besitzen einen Empfänger mit kreisförmig ange-
ordneten Magneten, die auf einen drehbaren Anker einwirken, welcher die Einstellung des Zeichens oder Befehles meist mittels eines über einer Skala beweglichen Zeigers bewirkt. Bei dem vielfach verwendeten S e c h s r o l l e n - S y s t e m von S i e m e n s & H a l s k e sind am Empfänger (*E* Fig. 766) 6 Magnetspulen paarweise (r_1r_2, r_3r_4, r_5r_6, Fig. 766) angeordnet. Dieselben sind durch 3 Leitungen ($l_1l_2l_3$) mit den Kontakten ($c_1c_2c_3$) des Gebers

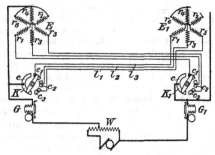

Fig. 766. Magnet-Fernmelder.

(*K*) verbunden, dessen Kontakt (*c*) an die Rückleitung angeschlossen ist. Letztere enthält gleichzeitig die Anrufwecker (G_1) an der Empfangsstelle und (*G*) an der

Geberstelle. Um von der Empfangsstelle aus nach der Geberstelle durch Rückantwort den richtigen Empfang des gegebenen Kommandos bestätigen zu können, ist an der Geberstelle gleichfalls ein Empfänger (E_1) angebracht, der mit einem Geber (K_1) an der Empfangsstelle verbunden ist. Der Widerstand W stellt die richtige Stromstärke ein, indem er den Anschluß an ein vorhandenes Netz ermöglicht. Da meist mehr als drei Signale zu geben sind, werden sowohl die Geberkontakthebel (K, K_1) wie die Magnetanker der Empfänger mit entsprechenden Übersetzungen versehen. Beim Geben wird zunächst durch Geberhebel (K) der erforderliche Kontakt, z. B. c_1, geschlossen und hierdurch die Magnetspulen $(r_1 r_2)$ an der Empfängerstelle erregt und somit der Anker des Empfängers eingestellt. . Hierbei ertönen gleichzeitig die Wecker (G, G_1). An der Empfangsstelle wird nun zum Zeichen des richtigen Empfanges gleichfalls der Geberhebel (K_1) auf seinen Kontakt (c_1) gebracht, wodurch wiederum unter Ertönen der Weckglocken an der Geberstelle das gleiche Kommando sich einstellt (R a p s , ETZ 1899, S. 645).

Gleichfalls auf der Wirkung nacheinander erregter, kreisförmig aufgestellter Elektromagnete beruht das D r e h f e l d f e r n z e i g e r - S y s t e m der A l l - g e m e i n e n E l e k t r i z i t ä t s - G e s e l l s c h a f t (A r l d t , ETZ 97, S. 487, Q u e r e n g ä s s e r , ETZ 1900, S. 602). Auch die verschieden starke Anziehung eines nach Art eines Spannungsmessers wirkenden Elektromagnets findet bei Fernmeldern Verwendung (H e u b a c h , ETZ 1902, S. 300).

(1241) Induktions-Fernmelder sind derartig eingerichtet, daß Wechselfelder auf einen entsprechend gestalteten und angeordneten Leiter mittels Induktion ein Drehmoment ausüben. Ein von den F e l t e n & G u i l l e a u m e - L a h - m e y e r w e r k e n hergestellter derartiger Fernzeiger für Wechselstrom beruht im wesentlichen darauf, daß am Empfänger durch Wechselstrommagnete $(a, b$, Fig. 767) entgegengesetzte Kräfte auf einen Drehkörper (e) ausgeübt werden, dessen Form und Massenverteilung derartig gewählt ist, daß die von den Magneten ausgeübten Kräfte eine Funktion der Masseneinstellung des Drehkörpers sind. Der sichelförmige Drehkörper (e), welcher den Zeiger (f) trägt, steht hierbei unter der Einwirkung der beiden Wechselstrommagnete (a, b), deren jeder an dem über dem Drehkörper befindlichen Teile seines Poles eine einseitig angebrachte Kurzschlußwicklung trägt, so daß beide mit ihrem Wanderfeld auf den Drehkörper einwirken. Die Spulen (c, d) der Magnete sind mit ihren einem Ende unmittelbar miteinander verbunden und mit den anderen Enden an einen Regelungstransformator (h) an der Geberstelle gelegt, dem der wirksame Wechselstrom zugeführt wird. Der Verbindungspunkt der beiden Spulen liegt an einem beweglichen Geberkontakt (i) des Transformators (h), so daß durch Verschiebung dieses Kontaktes die Verteilung der zur Verfügung stehenden Spannung auf die beiden Spulen (c, d) geändert wird und hierdurch, infolge der jeweils eingestellten verschieden starken Induktionswirkung der beiden Magnete (a, b), die entsprechende Einstellung des Drehkörpers (e) mit dem Zeiger (f) erfolgt (DRP 206 689).

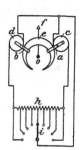

Fig. 767.
Induktions-Fernmelder.

Ein anderer Wechselstrom-Induktions-Fernmelder, hergestellt von S i e m e n s & H a l s k e , besteht aus je einem gleichartig gebauten kleinen Motor als Geber und Empfänger. Den einphasig gewickelten Ständern wird der Betriebswechselstrom zugeführt; die dreiphasig gewickelten Läufer sind durch Leitungen verbunden und gegeneinander geschaltet. Wird am Geber der Läufer in eine neue Lage gebracht, so entstehen Induktionsströme, die auch den Empfängerläufer verstellen (A r l d t , „Deutscher Schiffbau" 1908, S. 204).

(1242) Resonanz-Fernmelder. Hierbei wird mittels des Gebers ein Wechselstrom mit einer für jedes Zeichen verschiedenen Frequenz nach dem Empfänger gesandt, wo er einen auf die gleiche Frequenz abgestimmten Körper mittels eines Elektromagnets zum Schwingen bringt. An Stelle der Wechselströme lassen sich auch unterbrochene Gleichströme verwenden. Letzteres ist der Fall bei dem Resonanz-Fernmelder von S i e m e n s & H a l s k e (Fig. 768). Hierbei wird im Geber (G) ein zugeführter Gleichstrom durch einen der abgestimmten Selbstunterbrecher (a) in pulsierenden Gleichstrom verwandelt und dem Empfänger (E) durch Leitungen (b) zugeführt. Hier versetzt er mittels des Erregermagnets (m) einen der Schwingungskörper (c), dessen Schwingungszahl mit der Frequenz des vom Geber gesandten Stromes übereinstimmt, in Bewegung. Der schwingende Körper (c) schaltet vermittelst Kontakte (d, d¹) eine dem betreffenden Schwingungskörper zugeordnete Glühlampe (e) ein, die so angeordnet ist, daß sie eins von einer Reihe Feldern (f) auf der Empfängerskala bestrahlt. Diese Felder sind kreisbogenförmig in einem sektorförmigen Körper (g) angeordnet und tragen in undurchsichtiger Schrift das betreffende Zeichen. Das durch den freibleibenden Teil des Feldes hindurchdringende Licht wird nach einer Schaufläche (h) geleitet, die

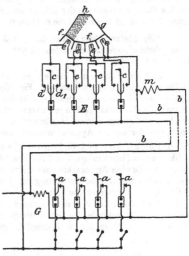

Fig. 768. Resonanz-Fernmelder.

in dem vorderen sichtbaren Teil des Körpers (g) angeordnet ist, und auf der nunmehr das Zeichen erscheint.

(1243) Verwendungsgebiete der Fernmelder. Das wichtigste Gebiet ist dasjenige der Kommandoapparate an Bord von Schiffen, insbesondere von Schiffen der Kriegsmarine ((885) S. 666). Sie finden ferner Anwendung für Schachtsignale in Bergwerken und als Kommandoapparate für die Beschickung von Hochöfen sowie als Stationsmelder und als Signalgeber im Rangierdienst bei Eisenbahnen. Sie sind ferner ausgebildet worden als Fernmelder für Wasserstandsänderungen, für Druckschwankungen und Temperaturschwankungen sowie zur Fernanzeige der jeweiligen Umdrehungszahl von Wellen der verschiedensten Art und ähnlicher in Umdrehung befindlicher Körper.

Sämtliche Fernmelder und Befehlsübertrager lassen sich auch mit Registriervorrichtungen vereinigen, so daß die gegebenen Signale, z. B. zur Kontrolle, in richtiger Reihenfolge dauernd aufgezeichnet bleiben.

Haus- und Gasthoftelegraphen.

(1244) Telephon und Mikrophon werden im allgemeinen von derselben Bauart wie bei größeren Anlagen verwendet, nur kann man leichtere und einfachere Ausführungsformen wählen. Häufig werden beide zum Mikrotelephon vereinigt. In Klingelanlagen werden die Druckknöpfe mit festen Haken für das Mikrotelephon und Doppel-Stöpselkontakten zum Einfügen der Leitungsschnur versehen. Vollständigere Sprechanlagen haben besondere Anschlüsse mit Wecker und Umschalthaken. Der Sprechkreis wird in der Regel durch einen besonderen Hebel geschlossen, den man mit der Hand niederdrückt, während man den Apparat ans Ohr hält.

Wecker s. (1228).

Druckknöpfe s. (1229).

(1245) Die **Fernsprechgehäuse** sind ebenfalls im wesentlichen die gleichen wie für die größeren Anlagen; indes fehlen meist die Sicherheitseinrichtungen, die bei Anlagen innerhalb der Häuser überflüssig sind, und häufig die Induktionsspule. Zum Anruf dient bald die Batterie mit Druckknopf, bald der Magnetinduktor.

(1246) Linienwähler dienen dazu, an der Gebestation eine von mehreren möglichen Verbindungen auszuwählen; sie können als Stöpsel, Druckknöpfe und Kurbeln ausgeführt werden.

Stöpsellinienwähler enthalten Buchsen ohne und mit Kontakten (Klinken) und Stöpsel an Schnüren. Fig. 769 zeigt eine Buchse mit Unterbrechungsklinke; der eintretende Stöpsel drückt den Hartgummikörper zur Seite und öffnet dadurch den Kontakt. Neben jeder wählenden Stelle wird ein Brettchen mit mehreren Buchsen und einem Stöpsel angebracht; an jene werden die abgehenden Leitungen, an diesen der eigene Apparat angeschlossen.

Druckknopf - Linienwähler enthalten für jede Verbindungsmöglichkeit einen Druckknopf, Fig. 770. Den Stöpsel vertritt hier die Sprechschiene S, an welche die eine Apparatklemme angeschlossen wird. Die Linienwählerleitung L hat dauernd metallische Berührung mit dem Stiel des Druckknopfs; beim Niederdrücken erhält demnach die Leitung L Strom aus der Batterieleitung B; beim Loslassen wird der Stiel von der Sperrung gefangen und in solcher Lage gehalten, daß er L und S verbindet (Sprechstellung). Beim Anbringen des Fernhörers wird auf mechanischem Wege der Druckknopf freigegeben und springt zurück.

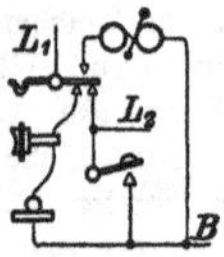

Fig. 769. Buchse mit   Fig. 770. Druckknopf-   Fig. 771. Direkte Schaltung
Unterbrechungsklinke.   Linienwähler.   des Mikrophons.

Kurbellinienwähler haben statt der Buchsen gewöhnliche Kontaktklemmen und statt des Stöpsels einen Kurbelkontakt, der die Klemmen bestreicht.

(1247) Schaltungen.

a) **Klingelanlagen** vgl. (1231, 1232).

b) **Sprechanlagen.** Telephon und Mikrophon werden entweder in Reihe in die Leitung eingefügt, sogen. direkte Schaltung (Fig. 771), oder das Mikrophon liegt in einem besonderen Kreis (Fig. 772), indirekte Schaltung. Die direkte Schaltung empfiehlt sich für Anlagen von geringer Leitungslänge wegen der größeren Einfachheit; es entfällt besonders die Mikrophonbatterie. Fig. 771 ist eine Korrespondenzanlage; zwei Gehäuse mit dieser Einrichtung bilden eine ganze Anlage. Beim Sprechen sind L_1 und L_2 parallel geschaltet, die gemeinsame Batterie B bildet die Rückleitung. Zum Wecken dient die Taste; der Weckstrom geht über L_2 hinaus und tritt an der Empfangsstation bei L_1 ein. Mehr als zwei solcher Gehäuse lassen sich zu einer Anlage mit einseitigem Anruf zusammenstellen. Für gegenseitigen Verkehr von mehr als zwei Stellen richtet man Linienwähleranlagen ein. Fig. 773 zeigt eine solche Anlage für 3 Sprechstellen. Nr. 3 hat die Verbindung mit Nr. 1 hergestellt.

(1248) Nebenstellenanlagen. Nach der Fernsprechgebühren-Ordnung dürfen an eine Anschlußleitung außer dem Hauptanschluß noch 5 Nebenstellen angeschlossen werden. Außerdem darf mit dieser Anlage eine reine Privatanlage verbunden werden; nur muß dafür gesorgt sein, daß von den (gebührenfreien) Sprechstellen der letzteren keine Verbindung mit den Amtsleitungen hergestellt werden kann. Über einfache Nebenstellenanlagen s. (1132). Diese Anlagen wie auch die umfangreicheren werden häufig von Privatunternehmern ausgeführt. Bei den größeren Anlagen ist meist die Aufgabe zu lösen, die mit dem Amte verbundenen Stellen leicht von der Amtsleitung auf die Privatleitung umschalten zu können. Dazu dient z. B. der J a n u s s c h a l t e r der A k t i e n g e s e l l s c h a f t M i x & G e n e s t; dieses System ist für die vielfältigen Bedürfnisse des Verkehrs ausgearbeitet; wegen der Einzelheiten muß auf die Literatur verwiesen werden.

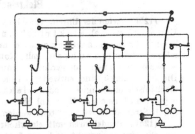

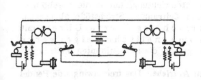

Fig. 772. Korrespondenzanlage.   Fig. 773. Linienwähleranlage.

(1249) Leitungen. M a t e r i a l. Je nach der Länge der Leitungen und nach der Stromstärke nimmt man Kupferdrähte von 0,8 bis 1,2 mm Durchmesser. Für trockene Räume verwendet man Wachsdraht (1054, 3 a), bei höheren Ansprüchen und in warmen Räumen Asphaltdraht (1054, 3 b), auch mit 2 asphaltierten und 1 gewachsten Umspinnung, für minder trockene Räume und unter Putz Guttaperchadraht (1054, 3 c). Die Guttaperchaader erhält für sehr feuchte Räume größere Stärke und eine Umwicklung mit geteertem Hanfband. Außerdem nimmt man in nassen Räumen Gummiaderdraht (1054, 4 a), Hackethaldraht (1019) oder andere ähnliche Drähte; vgl. (1054, 4 und 5). Den besten Schutz gegen Feuchtigkeit gewährt ein Guttapercha-Bleikabel (1054, 1 d). Für Fernsprechleitungen und andere Doppelleitungen nimmt man Zwillingsleiter, auch solche mit Bleimantel und Steg (1054, 4 c). Kabel für größere Leitungszahl sind für Einzelleitungen induktionsfrei, d. h. jede Ader mit geerdeter Stanniolumwicklung, für Doppelleitungen mit Verseilung nach (1042, B) hergestellt.

V e r l e g u n g. Gute Isolation ist auch hier Vorbedingung. Guttaperchadrähte dürfen nicht in die Nähe von Wärmequellen (Öfen, Heizrohre, Kamine u. dgl.) gebracht werden. Mit großer Sorgfalt ist die Nähe etwaiger Starkstromleitungen zu (S. 930, Nr. 11) vermeiden, unumgängliche Kreuzungen besonders sicher zu isolieren. Die Nähe von Wechselstromleitungen ist für den Fernsprechbetrieb störend.

Freiliegende Leitungen sind mittels verzinkter Eisenhaken oder Klammern zu befestigen. Beim Einschlagen ist mit Vorsicht zu verfahren, damit die isolierende Hülle nicht beschädigt werde. Zuweilen befestigt man auch kleine Porzellanröllchen mittels eines Stiftes an den Wänden und wickelt um diese Röllchen die Leitungen. Sollen die Leitungen nicht sichtbar sein, so werden sie am zweckmäßigsten in schmale, im Wandverputz hergestellte Rinnen verlegt. Es muß aber dann Guttaperchadraht verwendet werden. Ist das Mauerwerk feucht, so wird die Guttaperchaleitung mit einem Asphaltanstrich versehen.

Die eingelegten Drähte sollten nicht mit Kalk, Zement oder Gips bedeckt werden, weil nicht allein daraus Fehlerquellen entspringen können, sondern auch eingetretene Fehler schwerer zu beseitigen sind. Ausfüllung der Rinne mit einer Holzleiste ist jedenfalls vorzuziehen.

Müssen die Leitungen durch Wände geführt werden, so ist·in die Durchbohrung ein Porzellan- oder Ebonitrohr zu setzen.

Verbindungsstellen sind gut zu verlöten und mittels Guttaperchapapier zu solieren. Bezüglich der Bleikabel vgl. (701).

Wo in fertigen Wohnräumen Leitungen angebracht werden sollen, ohne daß Decken und Wände beschädigt werden, bedient man sich zweckmäßig der Rohrverlegung (715, 716).

Elektrische Uhren.

(1250) Arten der Uhren. 1. S e l b s t ä n d i g e U h r e n , einzeln betriebene Uhren, und zwar a) e l e k t r i s c h a n g e t r i e b e n e P e n d e l u h r e n und b) e l e k t r i s c h a u f g e z o g e n e mechanisch betriebene U h r e n. 2. Hauptuhren (M u t t e r u h r e n) mit Kontakteinrichtung, um an die zugehörigen 3. N e b e n u h r e n in genau bestimmten Zeiträumen Stromstöße abzugeben. Die Nebenuhren sind entweder e l e k t r i s c h r e g u l i e r t e U h r e n mit mechanischem Gangwerk oder e l e k t r o m a g n e t i s c h e Z e i g e r w e r k e (s y m p a t h i s c h e U h r e n) ohne Gangwerk, die in bestimmten Zeiträumen durch Stromstöße vorangestellt werden.

(1251) Pendeluhren mit elektrischem Antriebe. Das freischwingende Pendel schließt einen Kontakt und empfängt infolgedessen einen elektromagnetischen Antrieb. Bedingung regelmäßigen und zuverlässigen Ganges sind neben sorgfältiger Konstruktion der Uhrmechanismen ruhiger und gleichmäßiger Kontaktschluß, Vermeidung der schädlichen Wirkungen der Extraströme auf die Kontaktstellen, Verhütung starker Stöße auf den Pendelgang und richtige Bemessung der auf den Gang des Pendels einwirkenden Kraft, welche dem Pendel ebensoviel Energie zuführen muß, als es durch Reibung, Luftwiderstand und verrichtete Arbeit (Kontaktschluß) verliert.

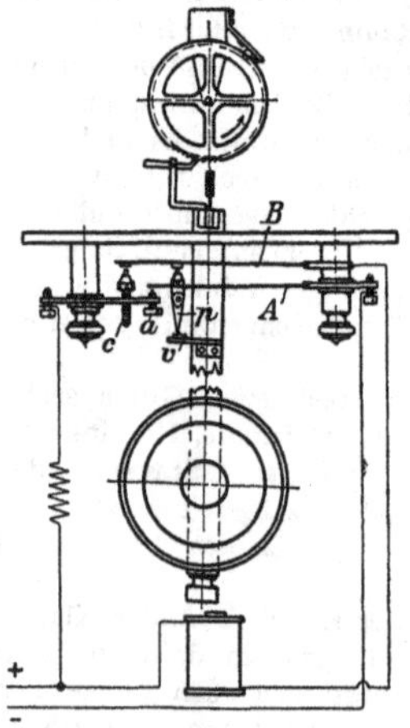

Fig. 774. Elektrisch betriebenes Pendel mit Hippscher Palette.

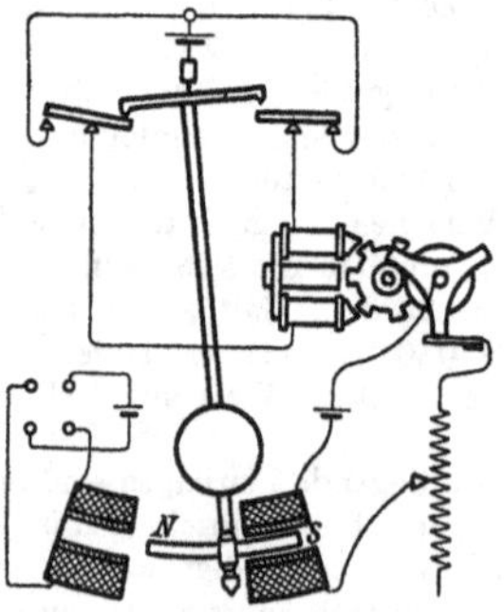

Fig. 775. Elektromagnetisches Pendel nach Favarger.

Die Uhr von H i p p benutzt zum Stromschluß die sog. Palette, einen leicht beweglichen pendelnden Körper p, der an der Feder A der Fig. 774 aufgehängt ist. Mit dem Pendel ist eine Doppelrast v verbunden. Solange die Pendelschwingungen groß sind, geht v unter p vorbei, ohne sich zu fangen. Wenn aber die Rast gerade unter der Palette umkehrt, bleibt p darin hängen und hebt die Feder A, schließt damit den Kontakt $A\,B$ und führt den Strom zum Elektromagnet, der durch Anzug des über ihm schwingenden Ankers dem Pendel einen Antrieb gibt. Die Palette fällt aus der Rast, die Federn A und B gehen abwärts; zunächst trifft B auf c und schließt den Elektromagnet über den Widerstand; gleich danach wird der Kontakt $A\,B$ geöffnet, A legt sich wieder auf den Isolierstift a. Fig. 774 ist eine Ausführung der S i e m e n s & H a l s k e A.-G.

F a v a r g e r (Fig. 775) läßt das Pendel bei jeder Schwingung links oder rechts einen Kontakt schließen und damit ein Hilfsuhrwerk voranbewegen, das von Zeit zu Zeit einen in seiner Stärke einstellbaren kurzen Stromstoß durch die eine der beiden Spulen schickt und damit dem Pendel, an dessen unterem Ende ein gebogener Magnetstab befestigt ist, einen Antrieb gibt. Die Spulen tragen im Innern geschlossene Kupfer- oder andere Meltallhülsen, wodurch die Bewegung gedämpft wird. Die zweite Spule dient dazu, durch eine zusätzliche Kraft den Gang des Pendels zu verzögern oder zu beschleunigen.

E. P f e i f f e r bringt den auf das Pendel wirkenden Elektromagnet oberhalb der Aufhängefeder an; ein vom Pendel gesteuerter Kontakt bringt die Stromschlüsse links und rechts hervor, worauf der Elektromagnet der Pendelstange einen Antrieb nach rechts bzw. links erteilt.

Diese Uhren werden nur zur Regulierung von Mutteruhren und für wissenschaftliche Zwecke verwandt.

(1252) Elektrisch aufgezogene Uhren. Wenn das Triebwerk der Uhr um einen gewissen Betrag abgelaufen ist, schließt es einen Kontakt; es wird ein Elektromagnet erregt, der die Feder oder das Gewicht wieder aufzieht. Ein sehr bekannter Kontakt dieser Art ist von H. A r o n angegeben worden; er schließt den Strom nur etwa 0,06 bis 0,1 sk lang und entnimmt aus einem Trockenelement oder aus dem Starkstromnetz einen ziemlich kräftigen Stoß, mit dem eine Feder aufgezogen wird. Der Aufzug der N o r m a l z e i t besteht aus einem Elektromagnet, dessen Anker als Gewicht die Uhr treibt; ist es herabgesunken, so schließt es einen Kontakt, und der Strom zieht es wieder empor. Die Trockenelemente halten meist jahrelang vor; der Strom aus dem Netze kostet nahezu nichts.

(1253) Elektrisch gestellte Uhren. Uhren mit eigenem Triebwerk, welche schon an und für sich gut regulieren, werden zu bestimmten Zeiten von einer Zentraluhr elektromagnetisch gestellt. Die Gesellschaft N o r m a l z e i t regelt ihre Uhren so, daß sie um ein geringes vorgehen. Zu einer vorher bestimmten Zeit schließt jede Nebenuhr die von der Mutteruhr herkommende und unter Spannung stehende Leitung an einen Elektromagnet, dessen Anker sie aber noch so lange an der Bewegung hindert, bis sie selbst die ihr vorgeschriebene Regulierzeit erreicht hat. In diesem Augenblick bewegt sich der Elektromagnetanker und drückt mit einem federnden Draht auf den einen Schenkel des Grahamschen Ankers, dessen zweiter Schenkel beschwert ist, und der einen die Pendelgabel vertretenden schwingenden Hebel an die Pendelstange drückt. Indem der Elektromagnetanker auf den einen Schenkel des Grahamschen Ankers drückt, hält er das Uhrwerk fest, hebt den anderen Schenkel empor und läßt das Pendel frei weiter schwingen. Etwa eine Sekunde später hat auch die Mutteruhr die vorgeschriebene Zeit erreicht; sie unterbricht den Strom, der Elektromagnetanker in der Uhr fällt ab, der Grahamsche Anker wird losgelassen und das Pendel wieder mit dem Uhrwerke gekuppelt. Zahlreiche Aufzugsvorrichtungen beschreibt H o p e - J o n e s, J. Inst. El. Eng. Bd. 45 und Z a c h a r i a s, Die el. Uhren. H. A r o n verwendet eine Einrichtung, bei der die Uhr sowohl vor- wie nachgestellt werden kann; auf einer der Uhrachsen sitzt eine herzförmige Scheibe, in deren Einschnitt im richtigen Augenblick ein elektromagnetisch gesteuerter Hebel einschlägt, sie auf diese Weise richtig stellend.

(1254) Haupt- oder Mutteruhren sind selbständige Uhren mit Kontakteinrichtung, um in einem gegebenen Augenblicke, z. B. alle Minuten oder alle Stunden, Stromstöße in eine Uhrenanlage mit zu stellenden Uhren abzugeben.

Entweder benutzt man daher ein besonderes Schaltwerk (Walzenschalter), das von der Hauptuhr im geeigneten Moment freigegeben wird und nun dies Uhrennetz für eine bestimmte kurze Zeit an die Stromquelle legt. H. G r a u läßt dieses Schaltwerk den Stromkreis nicht plötzlich, sondern unter Einschaltung verschiedener Widerstände stufenweise unterbrechen, um die heftigen Induktionserscheinungen zu mildern.

Oder man läßt die Hauptuhr ein Gewichtswerk auslösen, das einen kräftigen Magnetinduktor antreibt (M a g n e t a). Der Induktor liegt dauernd am Netz und sendet im Augenblick seiner Bewegung einen Stromstoß (halbe Periode eines Wechselstroms) ins Netz.

 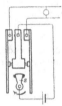

Fig. 776. Pendelkontakt.   Fig. 777. Stromgebung   Fig. 778. Stromschlußwerk
                              für Uhrenanlagen.   für selbständige Uhren.

In den meisten Fällen wird Batterie- oder Netzstrom benutzt und der Strom von der Hauptuhr unmittelbar oder durch ein Laufwerk oder durch Relais geschlossen. Fig. 776 ist ein am Pendel selbst angebrachter Kontakt. Fig. 777 zeigt die meist gebräuchliche Einrichtung. Alle Minuten wird von der Hauptuhr ein Laufwerk ausgelöst, das den kleinen Schaltkörper s einmal um 180^0 dreht; s trägt beiderseits isolierte Knöpfe; es wird also zunächst die Feder angehoben und erst dann der Stromkreis geschlossen. S i e m e n s u n d H a l s k e lassen den Schaltkörper aus zwei voneinander isolierten und durch einen größeren Widerstand verbundenen Teilen bestehen; bei der Berührung des ersten Teils mit der Feder ist der Widerstand in den Stromkreis der Batterie eingeschaltet, es gibt also keine Stromunterbrechung. Bei dieser Einrichtung ist demnach das Leitungsnetz kurzgeschlossen bis zum Augenblicke der Stromsendung und von deren Ende an; Induktionsströme aus den Uhren verlaufen über den Kurzschluß. Eine Schaltung mit Relais s. Fig. 786.

Die elektrisch betriebene Uhr nach Fig. 774 erhält das in Fig. 778 dargestellte Stromschlußwerk. Die Leitung ist, wie in Fig. 777, in der Ruhe kurzgeschlossen. Die beiden Arme c und d sind voneinander isoliert und durch Federn mit den Batteriepolen verbunden; sie drehen sich in der Minute um 180^0 und berühren mit ihren Platinstiften die Hebel l und h h_1, die sie von den Kontakten t und i abheben. Von den beiden Hebeln h und h_1 wird h_1 zuerst berührt; daher wird zunächst der Widerstand w eingeschaltet, dann aber, wenn h berührt wird, kurz geschlossen. Die Wirkungsweise ist ganz ähnlich wie bei Fig. 777. — Diese Uhr kann auch eine Vorrichtung zur elektromagnetischen Richtigstellung (1253) erhalten und dient dann als R e l a i s - H a u p t u h r (1258).

F a v a r g e r ordnet die Uhren zu mehreren Kreisen an, deren jeder nicht mehr als 1,25 A bedarf; diese Kreise werden von der Hauptuhr nacheinander geschlossen und geöffnet, so daß die Stromquelle auch bei großen Anlagen nie mehr als 1,25 A zu liefern hat.

(1255) Nebenuhren (elektromagnetische Zeigerwerke) werden in zahlreichen Konstruktionen ausgeführt. In der Regel sind es polarisierte Werke; die Gleichstromwerke unterliegen zu vielen Störungen, da jeder in die Leitung gelangende Stromstoß von genügender Stärke sie bewegt, bei unsicheren oder wackelnden Kontakten u. U. sogar mehrmals. Bei polarisierten Werken ist zum Voranschreiten des Zeigers stets Stromwechsel nötig; auch bedürfen diese Uhren eines schwächeren Stromes als neutrale Uhren.

Dem Bau nach kann man schwere und leichte Werke unterscheiden. Jene suchen durch kräftigen Bau und gute Anordnung die Zugkraft der Magnete zu vergrößern, um die Uhr gegen leichte Störungen unempfindlicher zu machen; dafür ist der Stromverbrauch der Uhren etwas größer. Diese wählen einen einfachen und leicht beweglichen Mechanismus, um den Strombedarf zu verringern; die größere Störungsfreiheit muß durch sorgfältigen Leitungsbau erzielt werden.

Fig. 779. Elektromagnet
der Nebenuhren von Hipp.

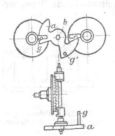

Fig. 780. Elektromagnet
der Nebenuhren von Favarger.

A. S c h w e r e U h r e n mit großer Ankerbewegung. Die älteste Nebenuhr ist die von H i p p (1867). Fig. 779 zeigt den Anker, der von den beiden Eisenkernen des polarisierten Magnets hin- und hergedreht wird; mit der Stange A berührt

Fig. 781. Elektromagnet der Nebenuhren
von Siemens & Halske.

Fig. 782. Elektromagnet
der Nebenuhren von Aron.

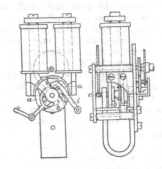

Fig. 783. Nebenuhr von Grau.

er dabei die beiden Anschläge k. Die schwingende Bewegung des Ankers wird durch eine Klotzspindel auf das Steigrad übertragen. F a v a r g e r , der Nachfolger H i p p s , hat dem Anker die aus Fig. 780 zu ersehende Gestalt gegeben; der Anker a trägt 2 Stifte g, die gegen Arme an den Polschuhen anschlagen. Fig. 781 zeigt den Magnet einer Uhr von S i e m e n s & H a l s k e, Fig. 782 den einer Uhr von H. A r o n.

G r a u hat statt des schwingenden Ankers einen stets in gleicher Richtung
weitergehenden. Der Anker (Fig. 783) besteht aus zwei Z-förmigen Stücken *a, b*, die
voneinander magnetisch getrennt und um 90⁰ versetzt auf der Drehachse befestigt
sind. Der eine ist süd-, der andere nordpolar; beide werden von den Polschuhen
überdeckt. Ist z. B. das vordere *Z* südpolar und erzeugt der Strom im Elektromagnet links einen Südpol, so wirken die beiden Pole auf die Enden der beiden
Z in gleichem Sinne drehend. Obgleich entbehrlich, ist doch noch eine Sperr-
und Fangvorrichtung angebracht, damit der Anker jeweils nur um 90⁰ vorangeht
und nicht rückwärts springt. C. Th. W a g n e r baut gleichfalls Grausche Uhren.
    Die Uhren von M a x M ö l l e r (C. L o r e n z A.-G.) sind den Grauschen
sehr ähnlich. Auch die Nebenuhren der N o r m a l z e i t zeigen die in gleichem
Sinne weiterdrehende Bewegung.

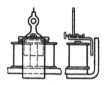

Fig. 784. Elektromagnet	Fig. 785. Elektromagnet der Nebenuhr
der Nebenuhr der Magneta.	von Siemens & Halske.

    B. L e i c h t e U h r e n mit kleiner Ankerbewegung. Die Uhr der M a -
g n e t a (Fig. 784) hat einen leichten, schwingenden Anker, dessen oberer Ansatz
in einen Grahamanker eingreift und ein Sperrädchen fortschaltet. Die Uhr von
S i e m e n s & H a l s k e (Fig. 785) ist ähnlich gebaut, nur daß der Ankeransatz
nach innen geht und vor dem Magnet liegt. Die Uhr der A E G besteht aus einem
Stahlmagnet, in dessen Feld sich zwei flache eisenlose Spulen befinden, die sich je
nach der Richtung des hindurchfließenden Stromes hin- und herbewegen; die
schwingende Bewegung wird mittels Ankers auf das Steigrad übertragen.
    Die schweren Uhren mit ihrer großen Kraft und Bewegung sind zweckmäßig
zu verwenden zum Betriebe großer Zifferblätter (man geht bis 4 m Durchmesser),
auch für mittelgroße Uhren im Freien, wo Erschütterungen und andere Störungen
leichter vorkommen. Für kleinere Uhren, insbesondere für die Uhren im Innern der
Häuser sind leichte Werke zu empfehlen; sie sind weit billiger und machen weniger
Geräusch als die schweren. Die leichten Werke sind geeignet für etwa 5 bis
15 cm, höchstens für 35 cm Zeigerlänge.
    Die innere Reibung und andere mechanische Widerstände einer Uhr kann
man untersuchen, indem man den Zeiger bei wagerechter Stellung belastet und den
Strom bestimmt, der nötig ist, um den Zeiger zu bewegen.

Der Zeiger war belastet mit	1	2	3	4 g
im Abstand der von Drehachse	7,7	7,7	7,7	7,7 cm
entsprechend einem Drehmoment . . .	7,7	15,4	23,1	30,8 gcm
erforderlicher Strom	0,058	0,070	0,081	0,094 A

Ohne Belastung ging die Uhr noch bei 0,047 A.

    Hieraus ergibt sich als Drehmoment der inneren Reibung 31 gcm. Eine Uhr
mit 30 cm langem Zeiger hatte etwa 100 gcm, leichte kleine Werke nur 5 gcm.
    Die Wickelung pflegt man aus sehr dünnem Draht herzustellen; Emailledraht
wird bevorzugt. Nur Uhren für Reihenschaltung werden mit weniger dünnem Draht
bewickelt.
    Die Widerstände betragen etwa 1500 bis 2500 Ø. Die schweren Werke gehen
schon mit etwa 0,02 W, einige der leichten brauchen weniger als 0,01 W, ganz kleine

sogar nur 0,002 W. Die geringste Spannung, mit der die Uhren gehen, beträgt etwa 5 bis 7 V für die schweren Werke, für leichtere bis herab zu 1 V. Die meisten Werke sind für Stromschwankungen ziemlich unempfindlich und gehen bei einem mehrfach stärkeren oder schwächeren Strom ebenso gut wie mit dem Betriebsstrom. Uhren, welche in einer Anlage parallel geschaltet werden sollen, müssen annähernd gleiche Zeitkonstante haben, um so näher gleich, je geringer der Widerstand der Uhr ist. Andernfalls besteht die Gefahr, daß der beim Unterbrechen des Stromkreises entstehende Extrastrom aus der Uhr mit höherer Zeitkonstante die Uhr mit geringerer Zeitkonstante weiterbewegt. Die Zeitkonstanten solcher Uhren liegen etwa zwischen 0,01 und 0,06.

C. T u r m u h r e n. Sollen Zeigerwerke von bedeutender Größe bewegt werden, so benutzt man den Stromstoß nur zur Auslösung eines Gewichtslaufwerkes, das sich nach Vollendung der eingeleiteten Bewegung wieder fängt.

(1256) Stromquellen. Für größere Anlagen kommen nur Sammler in Betracht; es ist stets noch die für den Betrieb notwendige Zellenzahl als Reserve aufzustellen. Die eine Batterie dient dem Betrieb, die andere wird geladen und steht bereit. Bei Relaishauptuhren würde die Ladung der Sammler aus dem Starkstromnetz große Kosten verursachen; man kann entweder die Sammler aus primären Elementen laden [z. B. aus Kupferelementen (1090) oder aus Starkstromelementen (613, III und IV)] oder, bei mäßigem Strombedarf, gute Trockenelemente größerer Form verwenden. Für den elektrischen Aufzug genügen gewöhnliche Trockenelemente mittlerer Größe. Die Magneta benutzt einen Magnetinduktor (1253).

(1257) Leitungsnetz. Bei den oft sehr langen Leitungen treten verhältnismäßig starke Spannungsverluste auf; man hat daher die Querschnitte reichlich zu wählen. Für die Hauptleitungen wird man mit 5 bis 7 mm² Kupfer auskommen; die Abzweigungen führt man mit 1 bis 3 mm² aus. Man kann dann wie bei Glühlampenanlagen die Spannungsverluste bis zu jeder Uhr berechnen. Da aber die Uhren gegen erhebliche Änderungen der Stromstärke (wenn nur eine gewisse untere Grenze nicht unterschritten wird) recht unempfindlich sind, genügt es, für die entfernteste Uhr unter ungünstigen Annahmen die ausreichende Spannung nachzuweisen. Man denkt sich alle Uhren einer Leitung an deren Ende vereinigt und berechnet aus diesem gemeinsamen Widerstand und dem der Leitung die erforderliche Spannung. U. U. schaltet man den näher gelegenen Uhren einen Widerstand vor.

Oberirdische Leitungen werden wie gewöhnliche Telegraphenleitungen erbaut. Zu Kabelleitungen verwendet man am besten Faserstoff- oder Papierkabel mit Bleimantel, jedoch keine Luftraumkabel. Guttaperchakabel sind zu teuer. Bei guter Aufsicht und selbsttätiger Kontrolle der Leitungen (1260) läßt sich ein Kabelnetz aus Faserstoff- oder Papierkabeln in gutem Zustand halten.

(1258) Uhrenanlagen. Nur auf elektrischem Wege ist es möglich, eine größere Zahl Uhren in übereinstimmendem Gange zu halten. Von einer Normaluhr, die etwa nach den Angaben einer Sternwarte richtig gehalten wird, läßt man in bestimmten Zeiträumen einen Stromstoß ausgehen und teilt ihn allen angeschlossenen Uhren mit.

Es gibt zwei verschiedene Systeme der Uhrenanlage. Das erste besteht in dem Zusammenwirken einer Mutteruhr mit zahlreichen Nebenuhren (1255), das zweite in der elektrischen Richtigstellung von Uhren mit eigenem Gangwerk (1253). Diese beiden Systeme lassen sich vereinigen, indem man die selbständigen Uhren des zweiten Systems als Mutteruhren (Relais-Hauptuhren) für kleinere Netze mit Nebenuhren verwendet.

S y m p a t h i s c h e   U h r e n. A. Das Pendel der Mutteruhr schließt in der äußersten Stellung auf der einen Seite jedesmal einen Stromkreis, in welchen ein Elektromagnet jeder sympathischen Uhr eingeschaltet ist. Die Pendel dieser Uhren, die mit dem der Mutteruhr so genau als möglich synchron schwingen, tragen am unteren Ende die Anker jener Elektromagnete. Sie erhalten also jede 2. Sekunde einen Antrieb, der sowohl ihnen die Betriebskraft liefert, als auch den Gang in genauer Übereinstimmung mit dem der Mutteruhr hält (F o u c a u l t). Statt dessen bringt man am Pendel die Drahtspule an, und zwar mit wagerechter Achse, und setzt den ein wenig gebogenen Magnetstab unter das Pendel, so daß beim Ausschwingen der Spule der Magnet sich in ihrem Innern befindet und bei der äußersten Stellung auf beiden Seiten gleich weit vorsteht (etwa die Umkehrung der Anordnung in Fig. 775). In diesem Augenblick tritt der Stromstoß ein (Jo n e s). Diese Einrichtung ist weniger gegen äußere magnetische Störungen empfindlich als die von F o u c a u l t. Dieses System wird in Berlin angewandt, um die öffentlichen Normaluhren auf die Zehntelsekunde richtig zu halten.

B. Minutenuhren. Zur allgemeinen Zeitverteilung benutzt man häufig die elektromagnetischen Zeigerwerke (1255). Diese mit ihren einfachen, in der Regel kräftig gebauten Werken können jahrelang ohne Wartung bleiben; es kommt vor, daß solche Uhren in 10—20 Jahren keiner Ausbesserung oder auch nur einer Reinigung bedürfen.   Sie sind unempfindlich gegen Temperaturschwankungen, Staub und Feuchtigkeit. Dagegen sind sie abhängig von der Stromsendung und bleiben stehen, wenn diese aufhört oder auch nur erheblich nachläßt; sie zeigen falsch, wenn einzelne Stromsendungen ausbleiben. Ein gutes Leitungsnetz ist ein Haupterfordernis.

C. Das System der elektrisch gestellten selbständigen Uhren hat zwar nicht den Nachteil der großen Abhängigkeit von der Stromsendung. Bleibt diese auch aus so ist das Ergebnis nur, daß die im übrigen schon gute Uhr die Zeit mit einem kleinen Fehler anzeigt, der beim Eintreffen des nächsten Stromes wieder beseitigt wird. Daher braucht man auch an die Güte des Leitungsnetzes nicht ganz so hohe Anforderungen zu stellen wie bei dem anderen System. Aber andererseits sind diese Uhren nicht so unempfindlich gegen äußere Störungen wie die elektromagnetischen Zeigerwerke.

Die angegebene Vereinigung der beiden Systeme bietet die größten Vorteile, wenigstens für große Anlagen. Das Leitungsnetz wird weit besser ausgenutzt, da man schließlich an die Hauptleitungen nur noch elektrisch gestellte Uhren als Relais-Hauptuhren anschließt und jede dieser Uhren ein weniger ausgedehntes Netz mit Zeigerwerken betreiben läßt.

(1259) Schaltung der Nebenuhren.   Man kann die Nebenuhren in Reihe oder parallel schalten.   Die Reihenschaltung wird von der M a g n e t a angewandt; von der Hauptuhr gehen mehrere Stromkreise aus, in deren jedem eine gewisse Zahl Nebenuhren eingeschaltet ist; diese Reihen liegen an der Hauptuhr parallel und erhalten gleichzeitig den vom Magnetinduktor (1254) ausgehenden Stromstoß. Strom für jede Reihe etwa 0,01 A. Die Reihenschaltung hat hier dieselben Vor- und Nachteile wie bei jeder elektrischen Verteilung; einfache und billige Leitungsanlage, dagegen geringere Unabhängigkeit der einzelnen Uhren.   Hierzu kommt bei der Einrichtung der Magneta der Vorteil, keine Batterien und keine Kontakte an den Uhren zu haben. Das System hat sich zwar auch in großen Anlagen bewährt; besonders geeignet aber scheint es für kleinere Anlagen mit kurzen Leitungen.

In den meisten Fällen schaltet man die Uhren parallel. Für große Anlagen müssen die Uhren mit sehr dünnem Draht bewickelt werden, um geringe Stromstärke zu bekommen. Die Spannung ist dann etwa 20 bis 25 V.

Die einfachste Schaltung wird erhalten, indem man mit der Hin- und Rückleitung wie bei Glühlampenbeleuchtung durch die ganze Anlage geht und zu jeder Uhr abzweigt. Man kann bei größeren Anlagen auch Dreileiterschaltung anwenden. Genau alle Minuten (oder alle halbe Minuten) schickt die Mutteruhr einen Stromstoß in die Leitung. Eine der Hauptleitungen kann durch Erdrückleitung ersetzt werden; in der Regel verwendet man metallische Hin- und Rückleitung.

Fig. 786 zeigt ein Dreileitersystem und Relaisschaltung. Der Schaltkörper s wird von dem Laufwerk der Uhr bewegt, vgl. (1254) und Fig. 777. Es schaltet entweder das Relais r oder r_1 auf die Batterie, zugleich den einen oder den anderen Schenkel des Verzögerungsrelais v, dessen Anker, durch ein mechanisches Laufwerk verlangsamt, erst nach einer einstellbaren Zeit den Kontakt k unterbricht. r_1 oder r_2 bewegen durch ihre Anker die mit dem Uhrennetz verbundenen Stromschlußfedern. Im Ruhezustand liegen alle 3 Leitungen am neg. Batteriepol; beim Beginn der Bewegung, z. B. durch r_1, wird der Widerstand w zwischen pos. Pol und linke Leitung geschaltet, der Mittelleiter isoliert; gleich nachher liegt die linke Leitung am pos. Pol, der Mittelleiter am Mittelpol. Außerdem wird eine Haltewicklung für r_1 geschlossen, in der der Unterbrechungskontakt k liegt. Für die rechte Hälfte der Anlage wird zur gleichen Zeit dadurch, daß der Mittelleiter an den Mittelpol der Batterie gelegt wird, ein Stromstoß aus der anderen Batteriehälfte gegeben. Die Kontaktdauer muß einstellbar sein, weil bei ausgedehnten Leitungsnetzen insbesondere mit langen Kabeln Stromverzerrungen eintreten. — Beim Dreileitersystem ist die Spannung im ganzen doppelt so hoch wie beim Zweileitersystem.

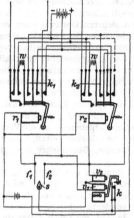

Fig. 786. Dreileitersystem für elektrische Nebenuhren von Siemens & Halske.

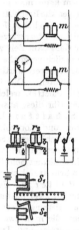

Fig. 787. Rückkontrolle von Siemens & Halske.

(1260) Überwachungseinrichtungen (S i e m e n s & H a l s k e). a) E r d - u n d N e b e n s c h l u ß. An die Leitungen zwischen Batterie und Schaltkörper s, Fig. 777, wird eine Abzweigung zur Erde mit Relais und Wecker angeschaltet. Beim Dreileitersystem legt man die Erdabzweigung an den einen Batteriepol (neg. in Fig. 786) und fügt noch eine Hilfsbatterie zu; die Ableitung liegt im Zustande der Ruhe an allen 3 Leitern. Um Nebenschlüsse wahrzunehmen, schaltet man in den Mittelleiter ein Relais ein; ist ein Nebenschluß eingetreten, so wird der Strom im Mittelleiter wesentlich verstärkt. Außer dem Relais schaltet man noch Galvanoskope in die Leitungen.

2. R ü c k k o n t r o l l e. (Fig. 787). Jedem Uhrmagnet ist ein Widerstand parallel gelegt, der von der Uhr selbst mittels umlaufender Scheibe und Stifts in einem für jede Uhr besonders bestimmten Augenblick eingeschaltet wird. In jeder Minute schaltet eine der Uhren ihren Widerstand parallel; wenn noch keine 60 Uhren am Stromkreis liegen, werden Ersatzwiderstände eingeschaltet. Es erfolgt also zu jeder Minute ein Stromstoß, dessen Stärke die Summe des Uhren- und des Nebenschlußstromes ist. Dieser Strom bewegt das Relais r_1, welches auf

einem fortlaufenden Papierstreifen ein Zeichen macht. Hat aber die Uhr, die gerade
an der Reihe ist, aus irgend einem Grunde ihren Widerstand nicht eingeschaltet,
so zieht r_1 seinen Anker nicht an, das Zeichen bleibt aus. Ein Hilfsrelais, welches
sonst auch alle Minuten erregt wird, schließt einen Kontakt und läßt einen Wecker
ertönen. Ist dagegen der Strom zu stark, weil zwei Uhren gleichzeitig ihren Widerstand einschalten, so wird r_2 erregt; es bringt auf dem fortlaufenden Streifen gleichfalls ein Zeichen hervor und meldet die Unregelmäßigkeit akustisch und optisch.
Die Einrichtung läßt sich auch für Relais-Hauptuhren treffen.

(1261) Zentrale. Zur Ausrüstung der Zentrale einer großen Uhrenanlage sind
erforderlich:

1. H a u p t u h r e n , N o r m a l u h r e n . Man braucht mindestens eine
sehr gute und zuverlässige Uhr mit Nickelstahlpendel für den Betrieb. Daneben
zur Reserve entweder noch eine ebensolche Uhr oder wenigstens eine andere gute
Pendeluhr. Beide müssen die nötigen Einrichtungen zum Kontaktgeben haben.
Außerdem kann man noch, um ganz sicher zu gehen, eine besonders gute Uhr an
einem gegen alle Erschütterungen und Störungen sicheren und nur dem Überwachungs-
beamten zugänglichen Raum aufstellen (Charlottenburg). Die beste dieser Uhren
wird mit der Sternwarte oder einem anderen sicheren Observatorium verbunden
und ihr Gang von Zeit zu Zeit festgestellt; die Uhren der Zentrale untereinander
werden täglich verglichen, am besten durch elektromagnetische Registrierapparate:
die Betriebsuhren werden durch Änderung der Zulagegewichte innerhalb $^1/_5$ sk
richtig gehalten. Die Hauptuhren sind mit einer Einrichtung versehen (z. B.
Hippsche Palette), welche dafür sorgt, daß beim Nachlassen der Schwingungen
der einen Uhr diese aus- und die andere dafür eingeschaltet wird.

2. S c h a l t t a f e l . Hier sind alle Kontaktapparate, Relais, Meßinstrumente,
Registrier- und Kontrollapparate vereinigt. Außerdem ist auf der Schalttafel aus
jedem angeschlossenen Stromkreis eine Nebenuhr angebracht, um die Vorgänge im
Netz zu überwachen. Wenn die Anlage ein oberirdisches Leitungsnetz hat, sind
die erforderlichen Schutz- und Sicherungsapparate, Blitzableiter usw. gleichfalls
mit der Schalttafel zu vereinigen.

3. B a t t e r i e . Für größere Zentralen kommen nur Sammler in Betracht;
man braucht zwei Batterien, die eine zum Betrieb, die andere zum Laden und zur
Reserve. Hierzu gehören noch die Einrichtungen zum Laden und Umschalten der
Batterien, die man zweckmäßig auf einer besonderen Schalttafel vereinigt, u. U.
auch Umformer und Transformatoren. Große Anlagen haben getrennte Linien-
und Amtsbatterien, letztere für die elektrischen Kontroll- und Registrierapparate
der Zentrale.

(1262) Zeitverteilung. Uhrenanlagen nach (1258) sind schon für den Bereich
einer mäßig großen Stadt sehr teuer, insbesondere wegen des kostspieligen Leitungsnetzes. Handelt es sich um Zeitverteilung über noch größere Gebiete, so läßt sich
diese nur ausführen, wenn schon vorhandene Leitungen (die Telegraphenleitungen)
mitbenutzt werden.

Die Gesellschaft Normalzeit mietet in zahlreichen Städten Leitungen von der
Reichs-Telegraphenverwaltung und schließt an diese ihre Uhren an. In der Zentrale
steht eine von der Sternwarte regulierte Uhr [nach J o n e s, (1258 A)]. Sie dreht
eine Kontaktscheibe, welche nach je 3¾ Minute um ein Feld vorrückt. Bei jeder
Stellung schließt die Scheibe eine anderseits geerdete Batterie an eine Anzahl Uhren-
leitungen (1 bis 20) an. Jede dieser Leitungen enthält einen Registriermagnet, der
die Stromvorgänge in der Leitung auf einem Papierstreifen aufzeichnet. Am
andern Ende der Leitung befindet sich die Uhr (1253), die sich ½ Minute vor der
Einstellzeit einschaltet, deren Werk alsdann angehalten und im richtigen Augenblick wieder freigegeben wird. Jede Uhr wird auf diese Weise alle 4 Stunden gestellt; in jeder von der Zentrale ausgehenden Leitung können 64 Uhren, in den 20
Leitungen dann noch 1280 Uhren liegen. Die Regulierzeiten können noch bedeutend

abgekürzt, die Zahl der Uhren vergrößert werden. Jede dieser Uhren kann als Relais-Hauptuhr ein Netz von Nebenuhren treiben.

Die Gesellschaft N o r m a l z e i t reguliert außerdem nach dem J o n e s - schen Verfahren mehrere Uhren in Berlin, auf dem Haupt-Telegraphenamt und auf dem Schlesischen Bahnhof; von diesen wird die Zeit täglich durch die Reichs- und Eisenbahntelegraphenleitungen im Reiche verteilt; sie wird auf allen Telegraphen-ämtern und Eisenbahnstationen empfangen; auch können Private, Uhrmacher usw., die Zeitangaben sich verschaffen.

Seit neuerer Zeit dient auch die Funkentelegraphie dem Zeitdienst. Die Funken-telegraphenstation Norddeich gibt um 1 Uhr M. E. Z. tags und nachts Zeitsignale; von der 53. bis 55. Minute werden Abstimmzeichen gegeben; dann folgen von 57^{min} 47^{sec} bis 58^{min} 45^{sec} Achtungssignale, Anrufe und Pausen; um 58^{min} 46 bis 0^{min} 0^{sec} werden mit Pausen 6 Gruppen von Zeitsignalen (Striche von $^1/_3$ sk Dauer, die mit der Sekunde beginnen) gegeben; 0^{min} 6^{sec} Schlußzeichen. Die Zeitsignale werden automatisch von einer Gebevorrichtung ausgelöst, die vom Observatorium in Wilhelmshaven reguliert wird. Diese Zeitzeichen sind in erster Linie für die Schiffe auf hoher See bestimmt; sie werden aber auch zu Land an vielen Stellen aufgenommen.

Auch die Station am Eiffelturm in Paris gibt täglich Zeitsignale.

(1263) Zeitballstationen. Die Zeitballstation gibt durch einen mittags 12 Uhr niederfallenden Ball die genaue Zeit an. Der Ball (ein Hohlkörper von etwa 1—2 m Durchmesser und dunkler Farbe) befindet sich an einem weithin sichtbaren Gerüst und durchfällt, wenn er ausgelöst wird, eine Höhe von 3—5 m. Die Auslösung der Sperrung, wodurch der Ball festgehalten wird, erfolgt durch den Strom. Die tech-nischen Einrichtungen zum Festhalten bzw. zur Auslösung des Balles sind ver-schieden. Bei dem Zeitball in Bremerhaven wird der Ball durch das Abfallen eines über letzterem befindlichen Fallklotzes, der auf eine den Ball haltende Schere wirkt, frei. Das Tau des Fallklotzes ist auf einer Trommel mit gezahnter Scheibe aufgewickelt. In die Zähne greift ein horizontaler zweiarmiger Hebel, auf den ein durch den Strom in Tätigkeit gesetzter Auslösehammer niederfällt. Der Ball fällt an Führungsstangen abwärts auf einen Puffer und öffnet den Stromkreis, indem er durch Druck auf den Puffer einen Kontakt aufhebt. Der Eintritt dieser Unter-brechung gibt auf der zeitsendenden Stelle das Signal, daß der Ball gefallen ist. Der Strom kann entweder durch Vermittlung einer astronomischen Uhr, welche auf einer Sternwarte sich befindet, entsendet werden, oder ein nahe belegenes Telegraphenamt, dessen astronomische Uhr täglich durch Mitteilungen der Sternwarte berichtigt wird, gibt den Auslösestrom zur bestimmten Zeit ab. Letztere Einrichtung besteht bei acht deutschen Stationen (vgl. S c h e l l e n, D. elektrom. Telegraph., S. 1183; ferner die Beschreibung des Zeitballes in Lissabon, ETZ. 1886, S. 423, wo die tech-nischen Einzelheiten genau angegeben sind, ferner 1887, S. 272).

Literatur:

M e r l i n g, Die elektrischen Uhren. Braunschweig 1884. — T o b l e r, Die el. Uhren und die Feuerwehrtelegraphie (Hartlebensche Bibliothek, Bd. 13.) Wien 1883. 2. Aufl. von Zacharias, 1909. — F i e d l e r, Die elektrischen Uhren und die Zeittelegraphen (Hartlebensche Bibilothek, Bd. 40) Wien 1890. — H o p e - J o n e s, Electric time service. J. Inst. El. Eng. Bd. 29, S. 119, 286. 1900; Bd. 45, S. 49. 1910. — K ö n i g s w e r t h e r, AEG-Ztg Jahrg. 12, Heft 3. — F a v a r g e r, Etude sur l'installation de l'heure électrique dans une ville. Inventions-Revue 1911 (Chaux-de-Fonds).

Blitzableiter.

Leitsätze über den Schutz der Gebäude gegen den Blitz s. Normalienbuch des V. D. E.

(1264) Blitzgefahr. Außer den unmittelbaren und ungeteilten atmosphärischen Entladungen kennt man Teil- und Seitenentladungen, welche durch Verzweigung der ersteren, Abspringen von einem Leitungsweg auf den anderen u. dgl. entstehen; ferner sog. Rückschläge und Induktionsschläge.

Ein Rückschlag entsteht da, wo ein Leiter durch Influenz seitens der atmosphärischen Elektrizität eine Ladung angenommen hat, die beim Verschwinden der influenzierenden Ladung zur Erde zurückströmt. Ein Induktionsschlag wird hervorgerufen, wenn eine atmosphärische Entladung in der Nähe und längs einer metallischen Konstruktion vorüberfließt.

Die Blitzgefahr für einen Ort wird bedingt durch die Umgebung und die Beschaffenheit des Ortes. Der Blitz sucht das Grundwasser und die damit zusammenhängenden feuchten Erdschichten, Wasserläufe, metallische Rohrsysteme usw. zu erreichen. Man bezeichnet daher als E n t l a d u n g s p u n k t e diejenigen Stellen der Erdoberfläche oder der oberen Bodenschichten, welche dem Blitz einen gutleitenden Weg zum Grundwasser gewähren:

E n t l a d u n g s p u n k t e 1. O r d n u n g: Gas- und Wasserleitungen, fließende und stehende Gewässer, Brunnen, Grundwasser.

E n t l a d u n g s p u n k t e 2. O r d n u n g: Stellen, wo sich Abfallwasser aller Art, der Abfluß der Regenrinnen u. dgl. im Erdreich sammelt, sumpfige und andere feuchte, mit Gras- oder Buschwerk bestandene Stellen.

Gebäude werden besonders gefährdet durch tiefgehende Fundamente, hochragende Mauern, Türme, Dachkrönungen; auch die Verwendung ausgedehnter Metallkonstruktionen, eiserner Träger, Gas- und Wasserleitungen kann ein Gebäude gefährden, wenn man unterläßt, diese Metallteile in guten Zusammenhang zu bringen. Der Gefahr am meisten ausgesetzt sind unter sonst gleichen Verhältnissen die der Wetterseite zugewandten Gebäudeteile.

Die wahrscheinlichen Einschlagstellen an Gebäuden sind die First, Giebel, stärker emporragende Haus-Schornsteine, Türme, Fabrik-Schornsteine.

Eine Verminderung der Gefahr bieten enge Täler, die Nähe des Waldes, benachbarte hohe Bäume, Telegraphen- und Fernsprechleitungen sowie Starkstromleitungen. Für die elektrischen Leitungen selbst ist dagegen die Gefahr, vom Blitz getroffen zu werden, sehr groß.

(1265) Arten der Blitzableiter. G e b ä u d e - Blitzableiter dienen zum Schutz der Gebäude und bestehen aus Auffangevorrichtungen, meist in der Form von Stangen, Gebäudeleitung und Erdleitung. L e i t u n g s - Blitzableiter (Blitzschutzvorrichtungen) dienen zum Schutz elektrischer Leitungen (Schwach- und Starkstrom) und bestehen aus dem Blitz-Abzweigeapparat, der Luft- oder Gebäudeleitung und der Erdleitung.

Die Aufgabe des Gebäudeblitzableiters ist, dem Blitze einen leitenden Weg zu bieten, der oberhalb des zu schützenden Gebäudes beginnt und ohne Unterbrechung bis ins Grundwasser führt. Es werden für städtische Gebäude zwei Systeme solcher Blitzableiter allgemein angewendet, die sich wesentlich nur durch die Zahl und Art der Auffangestangen unterscheiden: Das F r a n k l i n sche oder G a y - L u s s a c-sche System: wenige, aber hohe Auffangestangen, die durch eine nicht sehr große Zahl Gebäudeleitungen mit den Erdleitungen verbunden werden — und das M e l s e n s s c h e System: möglichst viele Bündel und Büschel kurzer Auffange-spitzen, die durch viele Gebäudeleitungen mit den Erdleitungen verbunden werden. Außer diesen gibt es noch eine Anordnung, bei der das zu schützende Gebäude von einem weitmaschigen Käfig metallener Leitungen umgeben wird. Die letzteren sind vom Gebäude selbst isoliert, halten in der Regel sogar einen beträchtlichen Abstand von Dach und Mauern ein (F a r a d a y scher Käfig). Solche Ableiter werden in der Regel nur an Häusern mit ganz besonders feuergefährlichem Inhalt, z. B. an Pulverhäusern, angebracht.

Neuerdings wendet man sich allgemein gegen die hohen Auffangsstangen. Sie verunzieren das Gebäude und verteuern die Anlage, ohne den Schutz wesentlich zu erhöhen. Es ist zwar sicher ein Vorteil, wenn der Einschlagpunkt des Blitzes in einiger Entfernung vom Gebäude liegt, allein das läßt sich auch schon mit niedrigen Stangen erreichen, und bei Herstellung größerer Einschlagflächen wird die Gefährdung wesentlich vermindert. Man verwendet zur Herstellung des Blitzab-leiters die ohnedies am Gebäude angebrachten Metallteile und ergänzt diese zu einem vollständigen Blitzableiter durch Hinzufügung einiger Drahtseile oder Bänder aus Eisenblech. Auf diese Weise erhält man wirksame Blitzableiter, die infolge der geringen Kosten ihrer Herstellung besonders zum Schutze ländlicher Gebäude geeignet sind (F i n d e i s e n).

Die Aufgabe des Leitungsblitzableiters ist, die atmosphärische Entladung (Teil-entladung, Rück- oder Induktionsschlag), die in die Leitung gelangt ist, von dieser Leitung vor oder bei ihrem Eintritt in Gebäude und vor der Stelle, wo Apparate in die Leitung eingeschaltet sind, von der letzteren abzuzweigen und zur Erde ab-zuführen. Bei Schwachstromleitungen genügt es, mit der Leitung eine oder mehrere Platten oder Spitzen zu verbinden, die in kurzem Abstand (0,2 bis 0,4 mm) einer oder mehreren Platten oder Spitzen gegenüberstehen, welch letztere mit geringem Widerstande zur Erde abgeleitet sind. Bei Starkstromanlagen, besonders bei solchen, die die Erde benutzen (elektrische Bahnen), kann leicht der vom Blitze gebahnte Weg über den geringen Luftzwischenraum zur Ausbildung eines Lichtbogens führen; in solchen Fällen ist es erforderlich, eine Vorrichtung zur Löschung des Lichtbogens anzubringen (1284 u. f.). Gegen einen Blitzschlag, der in voller Stärke die Leitung trifft, gibt es keinen ausgiebigen Schutz; in der Regel wird der Leitungs-draht zerschmolzen und die nächsten Isolatoren und Stangen zerschmettert.

(1266) Blitzschaden. Nach den Ergebnissen der Statistik ist der Schaden, der an städtischen Gebäuden entsteht, verhältnismäßig sehr gering, sowohl was die Gesamtzahl der Fälle, als was den im Einzelfall entstehenden Schaden, und besonders was den Gesamtschaden betrifft; wesentlich höher ist der Schaden an ländlichen Gebäuden. Die bisher gegebenen Vorschriften gelten wesentlich für städtische Ge-bäude und nehmen zu wenig Rücksicht auf Billigkeit der Anlage. Will man einen im ganzen wirksamen Schutz erreichen, so muß man hauptsächlich danach streben, billige Blitzableiter herzustellen.

Der Blitz zündet nur, wenn er beim Durchschlagen größerer nichtleitender Strecken auf leicht entzündliche Gegenstände trifft; als solche kommen fast nur Heu, Stroh und Holz in Betracht. Nichtzündende, sog. kalte Schläge führen auch oft Schaden herbei durch Zertrümmern und Zersplittern von Gebäudeteilen; doch sind diese Schäden in der Regel nicht sehr groß.

Gebäudeblitzableiter.

(1267) Allgemeines. Schon bei der Feststellung des Planes für ein Gebäude soll man auf dessen Schutz gegen den Blitz bedacht sein. Benutzt man die metallenen Gebäudeteile am Dache, um und im Hause in zweckmäßiger Weise unter leitender Überbrückung etwa vorhandener Zwischenräume, so erhält man einen sehr billigen und guten Blitzableiter, während ein nach Vollendung des Hauses angebrachter Ableiter unverhältnismäßig hohe Kosten verursacht.

(1268) Auffangevorrichtungen. Die mutmaßlichen Punkte des Einschlagens, die höchsten Gebäudeteile, Kamine, First, Giebelspitzen; Türme, Bekrönungen und dergl. müssen mit Metall bekleidet oder mit emporragenden Stangen versehen werden. In der Regel genügt es, die zum Schutze dieser Punkte gegen den Regen oder die zur Verzierung aufgesetzten Erhöhungen, Knäufe, Bekrönungen, Abdeckplatten der Schornsteine usw. in geeigneter Weise auszubilden und als Auffangepunkte zu benutzen. Auf Holz- und Mauerwerk genügt eine Bekleidung aus starkem Eisen- oder Zinkblech. Fahnenstangen bedürfen ihrer selbst wegen eines Schutzes; man führt an den Stangen eine metallene Leitung in die Höhe.

Den Auffangestangen, die man mit 3 bis 5 m Höhe an vielen städtischen Gebäuden verwendet hat, schreibt man einen größeren Schutzraum (1269) zu; die Erfahrung hat gezeigt, daß der Blitz auch gelegentlich in diesen Schutzraum einschlägt. Die Errichtung solch hoher Fangstangen erscheint daher nicht erforderlich, bei ländlichen Gebäuden wegen der hohen Kosten sogar nachteilig. Wo man eine Erhöhung der Leitung über die höheren Gebäudeteile für nötig hält, insbesondere bei Schornsteinen, läßt man die Gebäudeleitung frei emporragen; die Höhe, um die sich die Leitung frei selbst trägt, reicht aus. Die Auffangvorrichtungen müssen über das ganze Gebäude verteilt sein.

(1269) Schutzraum der Auffangevorrichtungen nennt man einen kegelförmigen Raum, dessen Spitze mit dem höchsten Punkte jener Vorrichtung zusammenfällt.

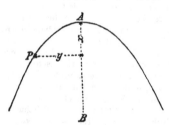

Je nachdem sich der Radius der Kegelbasis zur Höhe des Kegels wie 1 : 1, 1½ : 1, 2 : 1, 3 : 1, 4 : 1 verhält, wird der Schutzraum als 1 facher, 1½-, 2 facher usw. benannt.

Nach den vom Elektrotechnischen Verein erlassenen Ratschlägen sollen:

a) die höchst gelegenen E c k e n eines Gebäudes im einfachen bis 1½ fachen, die tiefer gelegenen im 2¹/₂ fachen,

Fig. 788.　Schutzraum nach Findeisen.

b) die höchsten K a n t e n im 2 fachen, die tiefer gelegenen im 3 fachen,

c) alle Punkte der höchsten D a c h f l ä c h e n im 3 fachen oder, wenn solche durch Luftleitung gedeckt sind, im 4 fachen Schutzraum einer Auffangestange liegen;

d) alle kleineren vorspringenden Teile eines Gebäudes sollen in den einfachen Schutzraum einer Auffangespitze fallen.

F i n d e i s e n schlägt vor, den Schutzraum als Rotationsparaboloid von der Gleichung $y^2 = 8x$ (Fig. 788) anzunehmen, was der Erfahrung besser entspricht. Die Grenze des Schutzes wird auf 16 m von der Achse AB angenommen.

Man darf den Begriff des Schutzraumes nicht so auffassen, als bedürfe es nur einer genügend hohen Auffangestange, um ein Gebäude völlig zu schützen. Dem widerspricht die Erfahrung; auch ist nicht anzunehmen daß die Höhe einer Fangstange allein den Schutzraum bestimme, es wirken noch mannigfache Umstände der Umgebung, des Untergrundes und dgl. mit. Wohl aber kann man sich von den angegebenen Maßen und Zahlen leiten lassen, wenn es sich darum handelt, zu beurteilen, ob die an dem Gebäude hergestellten Auffangevorrichtungen nach Zahl und Verteilung ausreichen.

(1270) Gebäudeleitungen. Material. Eisen (stets verzinkt) und Kupfer (manchmal verzinnt). Zink- und andere Metallbekleidungen von Dächern und Gebäudeteilen können als Teil der Gebäudeleitung dienen.

Eisen wird zweckmäßig als runder oder vierkantiger Stab, als Band oder als Drahtseil, Kupfer als massive Stange oder Band, weniger gut als Seil verwendet; Eisen nur verzinkt, und zwar sind bei Drahtseilen die einzelnen Drähte zu verzinken. Von beiden Metallen verwende man nur die bestleitenden Sorten, Eisen, welches zu Telegraphenleitungen (1019) dient, und Leitungskupfer; vgl. Normalien des VDE. Die Auffangestangen werden in der Regel oben zugespitzt; die Verwendung von vergoldeten oder silbernen Spitzen, von solchen aus Kohle oder aus Platin ist überflüssig, meist sogar unzweckmäßig.

Querschnitt. Der geringste Querschnitt ist für Eisen 50 mm² bei verzweigten, 100 mm² bei unverzweigten Leitungen; für Kupfer die Hälfte, Zink 1,5, Blei 3 mal so viel. Für Leitungen, die besonders schwer zugänglich oder besonders stark gefährdet sind, nimmt man größere Querschnitte, etwa 1,5 mal so viel, als eben angegeben. Bei Drahtseilen nehme man die einzelnen Drähte nicht unter 2—4 mm stark; der Gesamtquerschnitt sei um 10 mm² größer als für massive Stangen oder Röhren. Wird Band zu den Luftleitungen verwendet, so sei die geringste Stärke bei Kupfer 1 mm, bei Eisen 2 mm.

Führung. Die Gebäudeleitung soll das Gebäude allseitig umgeben. Mindestens muß sie bestehen aus einer Firstleitung und zwei zur Erde führenden Leitungen an entgegengesetzten Seiten des Gebäudes nebst den nötigen Verbindungen längs der Giebelsäume. Die Leitungen sind nach Möglichkeit geradlinig zu führen, Biegungen stumpf zu halten. Vorspringende Gebäudeteile werden besser nicht im Bogen umgangen, sondern durchbohrt. Die nicht zu vermeidenden schärferen Biegungen versieht man mit Auslaufspitzen.

Sämtliche Auffangevorrichtungen müssen durch die Gebäudeleitung verbunden werden.

Die Gebäudeleitung ist so anzulegen, daß sie jederzeit von unten, und zwar u. U. mit dem Fernglas, besichtigt werden kann.

Befestigung. Die Gebäudeleitung wird im allgemeinen in 10—15 cm Abstand vom Gebäude auf eisernen Stützen mit Klemmen befestigt; sie soll nicht vom Gebäude isoliert werden. Gebäudeleitung in Seilform dürfen nicht zu stark gespannt, solche in Stangen- oder Drahtform von den Haltern nicht gequetscht werden. Auf Holzzementdächern wird die Gebäudeleitung in die Kiesschicht eingebettet. Metalldächer, Aufsätze und Verzierungen, Wetterfahnen sind mit der Leitung zu verbinden; etwaige Unterbrechungen des metallischen Zusammenhanges solcher Metallteile sind zu überbrücken.

Band schmiegt sich am besten der Form des Gebäudes an und läßt sich daher am unauffälligsten verlegen. Auf Holz und Mauerwerk kann man es festnageln; wo dies nicht angeht (Schiefer- und Ziegeldächer) bringt man Träger aus Band an, die an geeigneter Stelle am Gebäude befestigt sind.

(1271) Anschluß von metallenen Gebäudeteilen. Metallkonstruktionen im Innern des Gebäudes, auch Abfallrinnen an der Außenseite, besonders solche von bedeutender Höhenausdehnung sind oben und unten sowie überall, wo sie der Gebäudeleitung nahe kommen, mit der letzteren gutleitend zu verbinden. U. U. erhalten die tiefsten Punkte solcher Metallteile besondere Erdleitungen.

Häufig genügen die am und im Hause verwendeten metallenen Baustücke, besonders die Dachverwahrungen und Regenrinnen, um die Gebäudeleitung zu

bilden. Es empfiehlt sich, beim Bau des Hauses darauf zu achten; etwas stärkere
Querschnitte solcher Baustücke und guter metallischer Zusammenhang lassen sich
oft mit geringen Kosten erreichen. Vorhandene Metallteile müssen vor der Verwendung untersucht und bei ungenügendem Querschnitt und Zusammenhang
verbessert werden.

Für einfache, besonders ländliche Gebäude, bei denen es wichtig ist, den Blitzableiter billig herzustellen, empfiehlt F i n d e i s e n (ETZ 1897, S. 448) die Gebäudeleitung aus verzinktem Eisendrahtseil aus 7 Drähten von 3—4 mm Stärke
längs aller Kanten des Gebäudes zu führen und dieses Seil auch an Stelle der Fangstangen frei in die Luft (ca. 30 cm über den Schornstein) emporragen zu lassen.
Die Benutzung von Firstverwahrungen, Kehlblechen, Dachrinnen an Stelle einer
besonders zu ziehenden Gebäudeleitung wird empfohlen. Die Erdleitung besteht
aus demselben Drahtseil, welches aufgelöst und etwa 40 cm unter der Erdoberfläche
rings um das Gebäude herumgeführt wird.

Anschluß an die Rohrleitungen. Gas- und Wasserleitungen und andere
Rohrleitungssysteme müssen mit ihren höchsten Punkten und überall, wo sie sonst
der Gebäudeleitung nahe kommen, mit der letzteren verbunden werden. Zum Anschluß dienen am besten die Schellen von S a m u e l s o n (ETZ. 1891, S. 178).
Die Anschlußleitung wird um das blank gemachte Rohr einmal herumgelegt und
die aus zwei Teilen bestehende Schelle aufgeschraubt; hierdurch wird ein ringförmiger
Hohlraum hergestellt, der die Anschlußleitung aufnimmt und nach der Befestigung
durch eine Gußöffnung mit geschmolzenem Blei gefüllt wird; das Blei wird am Ein-
guß und am Rohr verstemmt, dann der Anschluß gut verkittet und mit einem
dauerhaften Anstrich versehen.

Gas- und Wassermesser sind durch starke Leitungen zu überbrücken.

(1272) Leitungsverbindungen sind mit größter Sorgfalt herzustellen. Man
benutzt eigens dafür hergestellte Klemmen, Schellen und Verschraubungen. Nicht
gelötete oder geschweißte Verbindungen sollen wenigstens 10 cm Berührungsfläche bieten. Zum Löten verwendet man nach Möglichkeit Hartlot; es empfiehlt
sich, die Leitungen außerdem noch zu vernieten. Drahtseile werden meist weich
verlötet, vor dem Löten aber auf etwa 15 cm Länge durch Umwickeln oder Ver-
flechten, außerdem noch mit Bindedraht mechanisch gut verbunden. Bei Hülsen-
und Muffenverbindungen steckt man die Leitungsenden in gut passende Hülsen
oder Muffen und füllt letztere mit Hart- oder Weichlot. Auch der A r l d sche Drahtbund (1026,2 B), der H o f m a n n sche Nietverbinder und ähnliche Verbindungsarten
lassen sich benutzen. Verbindungsstellen, die nicht zu Prüfungszwecken wieder
gelöst werden sollen, werden nach der Verschraubung noch verlötet und durch
einen wetterbeständigen Anstrich geschützt.

Wo sich verschiedene Metalle berühren, ist die Stelle ganz besonders sorgfältig
vor dem Zutritt von Luft und Feuchtigkeit zu schützen.

(1273) Erdleitungen, Material, Form und Abmessungen. Es werden verwendet:
Kupfer, auch verzinnt, Eisen mit Kupfermantel, verzinktes Eisen, unverzinktes
Guß- und Schmiedeeisen (nur bei großem Querschnitt), Zink und Blei.

Die Güte der Formen ordnet sich in folgender Reihe: am besten sind langgestreckte, schmale Formen: Flachstab, Band, Seil, Kabel, auch wenn sie zusammen-
gerollt werden müssen; demnächst Röhren, einfache Ringbänder und zuletzt quadratische Platten; s. (1275).

Kupferplatten sollen nicht unter 2 mm, Eisenplatten nicht unter 5 mm stark
sein. Eisenröhren (Schmiedeeisen) sollen mindestens 3 mm Wandstärke haben.
Kupferne Drahtnetze (U l b r i c h t) werden aus 4 mm starkem Draht hergestellt. Bleiblech wird in 5 mm Stärke verwendet. Eisen- und Kupferdraht
wird in Form loser Ringe in Brunnen versenkt oder als Drahtfächer in der Erde
ausgebreitet; Drahtstärke: Eisen in Ringen vier und mehr Drähte von 4 mm, in
Fächern 8 mm, Kupfer in Ringen 3 mm, in Fächern 6 mm. Metallkämme (v. W a l-

t e n h o f e n) bestehen aus Metallbändern (40 mm breit, 2 mm stark), an die seitlich in regelmäßigen geringen Abständen (50 cm) kürzere Metallstreifen (50 cm lang) angesetzt sind; sie werden in flach ausgeworfenen Gräben verlegt. ˙ Die mit den Platten zu verbindenden Zuleitungen sollen, wenn angängig, aus demselben Metall wie die Platten bestehen; die Verbindung muß sehr sorgfältig hergestellt werden. Wenn dabei verschiedenartige Metalle aneinander stoßen, ist die Stelle sorgfältig durch Anstrich zu schützen. Eiserne Zuleitungen sind an der Stelle, wo sie aus dem Erdreich austreten, sorgfältig gegen Feuchtigkeit zu schützen.

F i n d e i s e n empfiehlt, die aus Eisendrahtseilen bestehenden Gebäudeleitungen etwa 40 cm tief in den Erdboden zu führen, sie in ihre Einzeldrähte aufzulösen und in der oberen Erdschicht auszubreiten; wenn angängig, sind sie zu einer das Gebäude umgebenden Ringleitung aneinanderzuschließen. Zu benachbarten feuchten Stellen des Erdreichs sind besondere Ausläufer der Ringleitung zu führen und dort auszubreiten.

Die in der deutschen Reichstelegraphie meist verwendeten Formen der Erdelektroden sind: 1. Erdelektroden aus 5 mm starkem Walzblei in einem Holzgerüst; letzteres besteht aus vier Eck- und einem Mittelpfosten, die durch Leisten miteinander verbunden sind; zwei Bleiplatten von 1 m Höhe und 0,5 m Breite werden mit ihren Mitten am Mittelpfosten, mit den senkrechten Rändern an den Eckpfosten befestigt, untereinander durch starke Bleiniete, mit einem auf dem Mittelpfosten gesetzten Bleirohr (40 mm weit, 5 mm Wandstärke) durch Nieten und Löten verbunden. Das Bleirohr ragt 0,5 m aus der Erdoberfläche vor. 2. Gasrohr, 30 mm äußerer Durchmesser, 5 mm Wandstärke, welches 1 m tief ins Grundwasser reicht. Statt dessen auch eine Eisenbahnschiene oder dgl., woran Bleirohrkabel als Zuführungen angelötet werden. 3. Leitungsdraht, ein Seil aus mindestens 4 verzinkten, 4 mm starken Eisendrähten.

Wo das Grundwasser oder andere dauernd feuchte Stellen des Erdreichs nicht zu erlangen sind, hilft man sich durch eine Lehm- oder eine Koksschüttung. Die erstere besteht in einem in die Erde versenkten großen Lehmkörper, in den man die Erdelektrode einbettet, und dessen Oberfläche muldenartig gestaltet wird, damit sich das Regenwasser dort ansammelt und der Lehm dauernd feucht bleibt. Die Koksschüttung wird in der Reichstelegraphie folgendermaßen ausgeführt: Ein Bleidraht von 8—10 mm Stärke wird in eine feuchte Erdschicht versenkt, dort als Ring von etwa 1 m Durchmesser in 5—6 Lagen aufgeschossen und allseitig mit Koks (Nuß- bis Faustgröße) umgeben. Wo der Boden trocken ist, gräbt man einen etwa 40 cm breiten und 50 cm tiefen Graben, gestreckt oder in anderer Form, und bringt darin den Bleidraht (von gleicher Länge wie der Graben) allseitig von Koks umgeben, unter. Koksmenge etwa 75—200 kg. Der Bleidraht wird gleich bei seinem Austritt aus dem Erdboden mit einem Eisendrahtseil verlötet, die Lötstelle gut geschützt.

(1274) Orte der Erdleitungen. Durch genaue örtliche Untersuchung ist zu ermitteln, ob und wo Entladungspunkte im Erdreich vorhanden sind. Diese müssen für die Erdleitungen benutzt werden. Sind keine Entladungspunkte vorhanden, so führt man die Erdleitungen ins Grundwasser. Es ist zweckmäßig, mindestens zwei, wenn möglich noch mehr, besondere Erdleitungen anzubringen. Form der Erdleitungen s. (1273). In den meisten Fällen eignet sich am besten ein eisernes Rohr, das senkrecht ins Erdreich getrieben wird. Flach verlegte Elektroden sollen mit ihrer Mitte um den Betrag ihrer größten Ausdehnung unter dem tiefsten Stand des Grundwasserspiegels liegen. Brunnenrohre können als Erdleitungen benutzt werden. In die Brunnen selbst oder in stehendes oder fließendes Wasser kann man eiserne Platten und Röhren, Eisenbahnschienen, eiserne Drahtnetze mit eisernen Zuleitungen oder kupferne Elektroden mit kupfernen Zuleitungen einsenken; die Zuleitung muß indes verzinnt sein. Die Elektroden sollen nicht ins Wasser sondern in die vom Wasser durchtränkte Erdschicht gelegt werden.

(1275) Größe und Widerstand der Elektroden. Die geringste Größe einer einzelnen plattenförmigen Erdelektrode sei ein Quadrat von 1 m Seite. Eine solche Platte, die mit ihrer Mitte 1 m unter dem tiefsten Spiegel des Grundwassers („unbegrenzte Umgebung") liegt, möge als willkürliche Einheit des Ausbreitungswiderstandes dienen. Dann gibt die nachfolgende Zusammenstellung die (berechneten) Ausbreitungswiderstände für andere Formen der Elektroden, gleichfalls in „unbegrenzter Umgebung". Vgl. R. U l b r i c h t, Über die zweckmäßige Anordnung von Erdleitungen, ETZ 1883, S. 18; — A. O b e r b e c k, Über die Berechnung von Widerständen körperlicher Leiter, ETZ 1883, S. 216. — Formeln s. (58,2); in der letzten der dort angegebenen Formeln fehlt der Divisor 2; der Nenner soll heißen $2 a \pi \sqrt{N}$.

R e c h t e c k i g e P l a t t e n				B ä n d e r			
Breite	Länge in m			Breite	Länge in m		
m	0,5	1,0	1,5	2,0	cm	3	5	10	20
0,5	2,0	1,4	1,1	0,9	5	1,3	0,9	0,5	0,3
1,0	1,4	1,0	0,8	0,7	10	1,1	0,8	—	—
2,0	0,9	0,7	0,6	0,5	25	0,9	0,6	0,4	0,2

Z y l i n d e r				Flachringe von 16 cm Ringbreite			
Durch-messer	Länge in m			äußerer Durchmesser in m		
cm	3	5	10	20	1	1,5	2	3
1	1,8	1,2	0,7	0,4	1,25	0,90	0,70	0,50
5	1,4	0,9	0,5	0,3	—	—	—	—
20	1,0	0,7	0,4	0,2	—	—	—	—

U l b r i c h t sche Drahtnetze und W a l t e n h o f en sche Metallkämme sind etwa gleichwertig mit vollen Platten derselben äußeren Abmessungen.

Für den zulässigen absoluten Erdleitungswiderstand lassen sich nur schwer Zahlen angeben; die Blitzableiter-Erdleitung soll besser leiten als alle benachbarten zur Erde führenden Wege. Man kann schätzungsweise annehmen, daß bei 10 m Tiefe des Grundwassers eine gute Erdleitung noch 10 Ø, bei 40 m Tiefe noch 40 Ø haben darf.

(1276) Prüfung der Anlage. Sie wird am besten alljährlich im Frühjahr vorgenommen. Regelmäßige wiederholte Prüfungen sind unerläßlich.

Die oberirdischen Teile der Anlage werden genau besichtigt, u. U. mit dem Fernrohr. Die elektrische Prüfung der Gebäudeleitung hat verhältnismäßig geringen Wert. Der Widerstand der Erdleitungen wird nach einer der (284—286) angegebenen Methoden bestimmt; es ist zu diesem Zwecke zu empfehlen, in die Zuleitungen zu den Erdelektroden lösbare Kupplungen einzusetzen, damit man die Erdleitung bei der Prüfung von der übrigen Anlage trennen kann.

Literatur.

Die Blitzgefahr. Herausgegeben vom Elektrotechnischen Verein. Nr. 1. L e o n h a r d W e b e r , Mitteilungen und Ratschläge btr. die Anlage von Blitzableitern für Gebäude. — Nr 2. F. N e e s e n , Einfluß der Gas- und Wasserleitungen auf die Blitzgefahr. Jul. Springer, Berlin. — Der Anschluß der Gebäude-Blitzableiter an Gas- und Wasserleitungen. Denkschrift des Verbandes deutscher Architekten und Ingenieure-Vereine. W. Ernst & Sohn, Berlin, 1892. — F i n d e i s e n , Ratschläge über den Blitzschutz der Gebäude, Jul. Springer, Berlin, 3. Aufl. 1905. — F i n d - e i s e n , Praktische Anleitung zur Herstellung einfacher Gebäude-Blitzableiter. Jul. Springer, Berlin, 2. Aufl, 1907. -- S. R u p p e l , Vereinfachte Blitzableiter. Jul. Springer, Berlin, 2. Aufl. 1912.

Leitungsblitzableiter oder Blitzschutzvorrichtungen und Spannungssicherungen.

(1277) Atmosphärische Ladungen können auf verschiedene Weise in die Leitungen elektrischer Anlagen gelangen: a) durch direkte Blitzentladungen, welche die Leitungen treffen und in der Regel die Drähte oder Isolatoren oder Leitungsmaste oder alles zugleich beschädigen[1]); wegen der großen Energie dieser direkten Blitzschläge gibt es kein Schutzmittel dagegen; b) durch Teilentladungen und Rückschläge (1264), die weniger Energie führen; c) durch langsame Influenz heranziehender Gewitterwolken; d) durch Aufladung der Drähte aus der mit freien Ionen erfüllten umgebenden Atmosphäre; e) infolge des Durchschneidens der Niveauflächen der Erde, wenn eine Luftleitung große Höhenunterschiede überwindet; f) durch Reibung von Sand und trockenen Schneeteilchen an den Leitungsdrähten bei heftigem Winde. Die unter d) genannten sind die häufigsten. Sie können bei trockenem und trübem Wetter im Sommer und im Winter vorkommen. Die Potentialdifferenz aller atmosphärischen Ladungen besteht zwischen L e i t u n g und E r d e. Daher erfolgt auch die Durchbrechung der Isolation immer gegen E r d e, sei es unmittelbar oder mittelbar.

(1278) Wirkungsweise. Um die Durchbrechung der Isolation der Leitung zu verhüten, muß den atmosphärischen Ladungen ein u n s c h ä d l i c h e r Ausgleichsweg über Funkenstrecken (F in Fig. 789a u. b) oder unmittelbar zur Erde geboten werden. Die unter a) und b) genannten Ladungen können oszillatorisch oder intermittierend oder kontinuierlich sein. Aber auch wenn sie nicht oszillatorisch sind, bestehen sie aus einem oder mehreren r a s c h zu- und abnehmenden Strömen. Daher wird ihnen der Zutritt zu den Maschinen oder Apparaten erschwert, wenn zwischen diese und den Ausgleichsweg eine D r o s s e l s p u l e geschaltet wird. Die unter (1277) c) bis f) genannten Ladungen entstehen allmählich und bleiben längere oder kürzere Zeit konstant, so daß sie als s t a t i s c h e L a d u n g e n bezeichnet werden können. Solchen bietet also die Drosselspule keinerlei Hindernis; Spannung und Energie sind erheblich kleiner als bei den unter a) und b) genannten Ladungen.

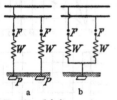

Fig. 789. Schaltungsarten.

Die Funkenstrecke muß um so kürzer eingestellt werden, je empfindlicher die Schutzvorrichtung sein soll. Dazu dienen die Kurven in Fig. 790 und 791, welche die Überschlagsspannungen für verschiedene Elektrodenformen angeben.

Für T e l e g r a p h e n - und T e l e p h o n - (Schwachstrom-) L e i t u n g e n ist damit alles gegeben. Die konstruktiven Einzelheiten beziehen sich dabei nur auf geeignete Herstellung einer möglichst kurzen und widerstandsfähigen Funkenstrecke; vgl. (1084). Anders ist es bei den S t a r k s t r o m a n l a g e n, wo durch gleichzeitige Entladungen an verschiedenen Polen (Phasen) ein Nebenschluß über die Erde hergestellt wird, so daß das Netz mehr oder weniger kurzgeschlossen ist. Die Funkenstrecken können durch den Kurzschlußlichtbogen zerstört werden. Daher sind diese Lichtbogen entweder zu schwächen, zu verhindern oder möglichst rasch zu beseitigen. Zu diesem Zwecke wird jeder Funkenstrecke ein induktionsloser Widerstand W vorgeschaltet, falls nicht die Erdplatten P (Fig. 789,a) so weit auseinander liegen, daß schon die dazwischen liegende Erde einen Kurzschluß verhindert. Es können dann nur solche Lichtbogen entstehen, welche keinen Schaden verursachen. Um auch diese noch zu verhindern oder möglichst rasch zu unterbrechen, müssen die Schutzvorrichtungen besonders eingerichtet sein.

---

[1]) Vergl. die Berichte über die Fragebogen des Elektr. Vereines: ETZ 1903, S. 812; 1904, S. 287; 1907, S. 90; 1909, S. 1110.

(1279) Überspannungen sind jene Ladungen, welche durch Vorgänge in der elektrischen Anlage selbst erzeugt werden. Das sind: 1) Resonanzspannung in Stromkreisen mit Kapazität und Selbstinduktion in Reihenschaltung; 2) Extrastrom und -spannung beim plötzlichen Unterbrechen eines kapazitätslosen, aber induktiven Stromkreises; 3) die oszillierende Spannung beim Schließen eines Stromkreises mit Kapazität und Selbstinduktion, deren größte Amplituden aber niemals das Doppelte der EMK des Stromerzeugers überschreiten können; 4) die Lichtbogenschwingungen, wenn sie zur Resonanz mit der Eigenschwingung des eigenen oder eines gekuppelten Stromkreises kommen; endlich 5) transformierte Überspannungen in sekundären Stromkreisen wie beim Funkeninduktor oder beim Tesla-Transformator. Andere Überspannungen kommen hier nicht in Betracht, weil entweder ihre Spannung oder ihre elektrische Energie zu klein ist, um normale Isolationen durchbrechen zu können. Das Unterbrechen eines Stromkreises mit Kapazität und Selbstinduktion erzeugt keine Überspannung. Die dabei auftretende Spannungsamplitude kann keinen größeren Wert als die EMK der Stromquelle erreichen.

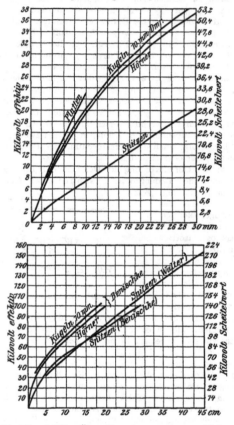

Fig. 790 und 791.   Überschlagspannungen für verschiedene Elektrodenformen.

Die Potentialdifferenz der Überspannungen besteht zwischen Leitungen oder Windungen verschiedener Polarität (Phase). Daher erfolgt die etwaige Durchbrechung der Isolation zwischen solchen Leitungen oder zwischen verschiedenen Windungen derselben Wicklung[1].

(1280) Spannungssicherungen. Grob- und Feinschutz. Infolgedessen müssen die Vorrichtungen, welche Überspannungen unschädlich machen sollen (Spannungssicherungen), einen Ausgleichsweg zwischen den Leitungen verschiedener Polarität (Phase) herstellen. Wie man sofort sieht, ist dies auch bei den durch Fig. 789 a u. b

---

[1]) Näheres über Entstehung, Energie, Spannung, Frequenz und Dämpfung der Überspannungen vergl. B e n i s c h k e : „Die Schutzvorrichtungen der Starkstromtechnik gegen atmosphärische Entladungen und Überspannungen", Braunschweig, 2. Aufl. 1911.

dargestellten Schaltungen der Blitzschutzvorrichtungen der Fall, so daß auch die Spannungssicherungen so geschaltet werden können. Bei reinen Kabelnetzen, wo atmosphärische Ladungen nicht vorkommen, genügt die Schaltung der Fig. 789 b ohne Erdschluß. Alle Blitzschutzvorrichtungen können grundsätzlich als Spannungssicherungen verwendet werden. Jedoch besteht ein wesentlicher Unterschied in der Einstellung der Funkenstrecke und in der Größe des Vorschaltwiderstandes. Da die Überspannungen im allgemeinen viel kleinere Spannung haben als die atmosph. Ladungen, müssen die Spannungssicherungen empfindlicher eingestellt werden. Andererseits haben die Überspannungen kleinere Energie als atmosph. Ladungen, so daß der Ausgleichsweg einen größeren Widerstand (Vorschaltwiderstand W) enthalten darf. Das hat weiter zur Folge, daß die Funkenstrecke noch kürzer eingestellt werden kann, ohne daß deren Zerstörung zu befürchten ist. Man kann daher unterscheiden zwischen G r o b s c h u t z (längere Funkenstrecke mit kleinerem Vorschaltwiderstand zur Ableitung stärkerer atmosph. Ladungen) und F e i n s c h u t z (kürzere Funkenstrecke mit größerem Vorschaltwiderstand oder unmittelbare Erdverbindung über einen induktionslosen Widerstand, (1288) bis (1290), zur Ableitung von Überspannungen und statischen Ladungen).

(1281) Vorbeugende Mittel gegen atmosph. Ladungen. Es gibt Anlagen, die keiner Schutzvorrichtungen gegen atmosph. Entladungen bedürfen. Das sind alle jene, die nur unterirdische Leitungen haben, und bis zu einem gewissen Grade auch jene, deren Luftleitungen nur zwischen überragenden Gebäuden und Bäumen verlaufen. Leitungen, die in tiefen, schmalen Tälern verlaufen, sind wenig gefährdet. In manchen Fällen kann also schon durch geeignete Führung der Freileitungen ein vorbeugender Schutz gewonnen werden.

Da die Durchbrechung einer in eine Leitung gelangten atmosph. Ladung immer gegen Erde hin stattfindet, so bildet die isolierte Aufstellung der Maschinen und Apparate ein wirksames vorbeugendes Mittel, das allerdings nicht immer ausführbar ist oder doch erhebliche Schwierigkeiten macht.

Die atmosph. Ladungen sind von der Betriebsspannung ganz unabhängig. Da die Isolierung einer elektrischen Anlage in allen ihren Teilen umso stärker ist, je höher die Betriebsspannung ist, so ist sie durch atmosph. Ladungen umso weniger gefährdet, je höher die Betriebsspannung ist. Anlagen für mehr als 50 000 V haben fast nur die unter a) und b) (1277) genannten direkten Blitzschläge und Teilentladungen zu fürchten. Daher werden solche Anlagen häufig ohne Blitzschutzvorrichtungen ausgeführt und nur ein oder mehrere S c h u t z d r ä h t e aus Eisen parallel über die Stromleitungen gespannt[1]) und allenfalls noch die Leitungsmasten, wenn sie aus Holz sind, mit geerdeten Auffangspitzen versehen.

(1282) Vorbeugende Mittel gegen Überspannungen. Da die Überspannungen im engeren Sinne ihre Ursache in der Anlage selbst haben, sind sie in den meisten Fällen der Betriebsspannung proportional; eine Abnahme der Gefährdung mit wachsender Betriebsspannung besteht also da nicht.

Die durch das Schließen und Öffnen eines Stromkreises, durch intermittierende Erd- und Kurzschlüsse entstehenden o s z i l l i e r e n d e n Überspannungen sowie die Resonanzspannungen sind nur bei Kapazität möglich. Eine möglichste Vermeidung der Kapazität bedeutet also eine Verminderung der Überspannungsgefahr, und zwar auch dann, wenn die Spannung von der Größe der Kapazität unabhängig ist, weil dann wenigstens die Energie der Überspannung umso kleiner ist, je kleiner die Kapazität ist. Die beim S c h l i e ß e n eines Stromkreises (Einschalten) mit Selbstinduktion und Kapazität entstehende oszillierende Überspannung kann niemals das Doppelte der Stromquellenspannung übersteigen. Ist die Isolation der Anlage danach bemessen, so kann aus dieser Ursache ein Durchschlag der Isolation zwischen Leitungen verschiedener Pole nicht vorkommen. Es bleibt

---

[1]) Vergl. ETZ 1908, S. 218; 1910, S. 1024, 1257.

dann nur die Gefahr, daß beim Eindringen einer solchen oszillierenden Überspannung in eine Wicklung die Isolation zwischen den ersten Windungen derselben
Wicklung durchbrochen wird. Dagegen schützt die Vorschaltung einer Drosselspule oder die Verstärkung der Isolation der ersten Windungen.

Sollen die beim Ein- und Ausschalten möglichen Überspannungen vermieden
werden, so muß das Ein- und Ausschalten allmählich oder stufenweise über induktionslose Widerstände erfolgen[1]).

Ein vorbeugendes Mittel gegen die bei intermittierenden Erdschlüssen vorkommenden Überspannungen bildet die Erdung eines Spannungsnullpunktes
(neutraler Punkt bei Dreiphasenstrom), wodurch aber unter Umständen andere
Überspannungen verursacht werden können[2]).

**(1283) Schutzvorrichtungen mit mehreren in Reihe geschalteten Funken-
strecken.** Wenn so viel Funkenstrecken hintereinander geschaltet werden, daß auf
eine weniger als 25 V entfallen, so kann ein Lichtbogen nicht bestehen. Das wäre
aber eine zu unempfindliche Schutzvorrichtung, da jede Funkenstrecke nicht
kürzer als 0,5 mm eingestellt werden darf, um eine Überbrückung durch Staub und
dergl. zu vermeiden. Schaltet man jedoch einen genügend hohen Widerstand W
(Fig. 792) vor und stellt die Elektroden aus massiven Metallwalzen her, welche die
Fußpunkte der Lichtbogen stark abkühlen, so lassen sich bei W e c h s e l s t r o m
selbst 100 V auf jede solche Funkenstrecke anwenden, ohne daß ein dauernder
Lichtbogen entsteht. Der hohe Vorschaltwiderstand ist auch deswegen nötig,
weil sonst Überspannungen durch hintereinandergeschaltete intermittierende Entladungen entstehen können. Wegen des hohen Vorschaltwiderstandes sind diese
Schutzvorrichtungen nicht als Grobschutz, sondern nur als Feinschutz geeignet.

 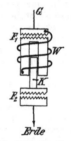 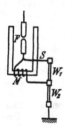

Fig. 792. Mehrere
Funkenstrecken in Reihe.

Fig. 793. Abreißen
des Lichtbogens.

Fig. 794.
Magnetisches Gebläse.

(1284) Vorrichtungen, welche den Lichtbogen abreißen. Bei der durch Fig. 793
dargestellten Schutzvorrichtung findet die Entladung der schädlichen Ladungen
über die hintereinander geschalteten Funkenstrecken F_1 und F_2 statt. Die letztere
hat eine bewegliche Elektrode K. Folgt der Entladung ein Strom aus dem Netze
nach, so geht er z. T. durch die Wicklung W, infolgedessen wird K emporgezogen
und der bei F_2 entstandene Lichtbogen zerrissen. Wegen der beschränkten Funkenstrecke kann diese Vorrichtung nur bis zu 200 V Gleichstrom und 400 V Wechselstrom (B e t r i e b s s p a n n u n g eines Zweileiternetzes, also 100 V bzw. 200 V
auf den Pol) benutzt werden.

(1285) Schutzvorrichtungen mit magnetischem Gebläse im Nebenschluß.
Zwischen den Polen eines hufeisenförmigen Magnets (Fig. 794) befindet sich die
Funkenstrecke F. Sobald einer Entladung ein Strom aus dem Netze nachfólgt,

---

[1]) Über die Verwendung eines streuungslosen Transformators als induktionsloser Anlasser
vergl. ,,Elektr. Kraftbetr. u. Bahnen" 1907, S. 408.
[2]) Näheres darüber bei B e n i s c h k e l. c.

muß er die Magnetwicklung M passieren. Das dadurch erzeugte magnetische Feld löscht den Lichtbogen sofort aus. Damit oszillierende Entladungen einen induktions- freien Weg zur Erde finden, ist der Magnetwicklung M ein Karborundumstab W_1 parallel geschaltet. Damit der Strom aus dem Netze nicht zu stark wird, ist dem Ganzen noch der Karborundumstab W_2 vor- geschaltet.

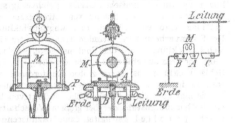

Fig. 795 zeigt eine ähnliche Einrichtung. Hier befinden

Fig. 795. Magnetisches Gebläse.

sich zwei hintereinander geschaltete Funkenstrecken $A—B$ und $A—C$ im magne- tischen Felde der vom Netzstrom durchflossenen Magnetspule M. Das zu starke Anwachsen dieses Stromes wird teils durch die der Spule M vorgeschaltete Funken- strecke $A—C$, teils durch einen besonderen Vorschaltwiderstand verhindert.

(1286) Schutzvorrichtungen, bei welchen der Lichtbogen durch seine Eigen- wirkung verlöscht. Für höhere Spannungen eignet sich besser die aus 2 hörner- förmigen Elektroden gebildete Schutzvorrichtung Fig. 796. Der an der engsten Stelle bei a entstehende Lichtbogen wird durch den Auftrieb der heißen Luft und die elektrodynamische Eigenwirkung nach oben getrieben und dadurch so weit ver- längert, bis er erlischt. Bei der Montage ist also darauf Rücksicht zu nehmen, daß der Lichtbogen oben genügend freien Raum findet. Für sehr hohe Spannungen em- pfiehlt es sich, zwei oder auch mehrere solche Hörnerschutzvorrichtungen hinterein- ander zu schalten (Fig. 797), damit der Lichtbogen nicht so hoch wird und eher erlischt. Zweckmäßig ist es dabei, einer dieser Schutzvorrichtungen einen induktionslosen Widerstand W_n parallel und vor das ganze den Vorschaltwiderstand W_v zu schalten.

Ladungen von sehr hoher Spannung durchschlagen die beiden hintereinander geschal- teten Funkenstrecken, während solche von kleinerer Spannung nur die erste Funken- strecke zu durchschlagen brauchen und dann weiterhin den Weg über W_n nehmen können.

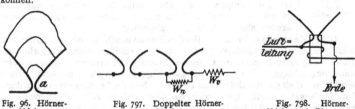

Fig. 96. Hörner- Ableiter.

Fig. 797. Doppelter Hörner- Ableiter.

Fig. 798. Hörner- Ableiter mit Blasmagnet.

(1287) Hörnerschutzvorrichtungen mit magnetischem Gebläse in Reihen- schaltung. Bei Hörnerschutzvorrichtungen für niedrige und mittelhohe Spannungen, deren Funkenstrecke eng eingestellt ist, dauert es einige Augenblicke, bis sich der Lichtbogen aus der engsten Stelle entfernt hat. Während dieser Zeit besteht ein unangenehmer Spannungsabfall im Netz und die Gefahr, daß die Hörner stark verbrannt werden. Schaltet man, um das zu vermeiden, einen großen Widerstand vor, so besteht die Gefahr, daß der Auftrieb zu gering ist, weil dieser der Strom- stärke proportional ist. Daher empfiehlt sich die Anwendung eines magnetischen Gebläses, das in die vom Stromerzeuger herkommende Arbeitsleitung derart ein- geschaltet ist (Fig. 798), daß der Lichtbogen nach oben getrieben wird. Bei Wechsel-

57*

strom ändert sich die Richtung dieses Auftriebes nicht, weil der Strom im Lichtbogen und im magnetischen Gebläse gleichzeitig sein Vorzeichen wechselt. Dient die Vorrichtung zum Schutz von Stromerzeugern (sekundäre Transformatorwicklung, Kabelende), so wirkt die Magnetwicklung gleichzeitig als Drosselspule. Bei Stromverbrauchern (primäre Transformatorwicklung, Kabelanfang) liegt die Gebläsewicklung v o r der Funkenstrecke, so daß noch eine besondere Drosselspule vor dem zu schützenden Objekte nötig ist. Bei großen Stromstärken, wo die Gebläsewicklung aus einem großen Kupferquerschnitt hergestellt werden müßte, wird sie in die Erdleitung eingeschaltet und aus dünnem Drahte hergestellt. Da sie nun aber einen beträchtlichen induktiven Widerstand enthält, so wird ihr ein Karborundumstab oder bei großem Vorschaltwiderstand eine kurze Funkenstrecke p a r a l l e l geschaltet, damit oszillierende Entladungen an der Gebläsewicklung vorbei zur Erde gelangen können.

(1288) **Unmittelbare Erdung; Wasserstrahlerder.** Die empfindlichste Schutzvorrichtung (Feinschutz) besteht aus einer u n m i t t e l b a r e n Verbindung jeder Leitung mit der Erde über einen induktionslosen Widerstand. Weil das aber einen dauernden Stromverlust bedeutet, muß der Widerstand verhältnismäßig groß gewählt werden, was zur Folge hat, daß s t a r k e Ladungen nicht rasch genug abgeleitet werden. Wo solche in Frage kommen (bei längeren Luftleitungen), müssen also unbedingt noch Grobschutzvorrichtungen vorgesehen werden.

Am einfachsten läßt sich die Erdung durch W a s s e r s t r a h l e n herstellen, weil diese auch die Stromwärme mit fortführen. Solche Wasserstrahlen können f a l l e n d e oder s t e i g e n d e sein. Im ersten Falle muß das Ausflußgefäß mit der Leitung verbunden, also von Erde isoliert werden, dagegen das Auffanggefäß geerdet werden. Im zweiten Falle muß das Ausflußgefäß geerdet und der Prellbecher *B* (Fig. 799) mit der Leitung verbunden werden, was sich bei hohen Spannungen leichter ausführen läßt. Wo die Kosten des Wasserverbrauches erheblich sind, werden Metalldrahtwiderstände (Asbestgewebe von S c h n i e w i n d & Co. (60)) mit Ölkühlung oder Drähte mit Emailleüberzug oder Karborundumstäbe oder Gefäße mit pulverisierten Widerstandsmaterialien verwendet. Zur Ableitung statischer Ladungen können auch i n d u k t i v e W i d e r s t ä n d e (Drosselspulen) zwischen Leitung und Erde oder zwischen Wicklungsnullpunkt (neutraler Punkt bei Drehstrom) und Erde verwendet werden. Oszillierende und intermittierende Ladungen werden aber dadurch nicht abgeleitet.

Fig. 799
Wasserstrahlerder.

(1289) **Kapazitätswiderstände.** Um den Stromverlust, der mit der Anwendung induktionsloser Widerstände verbunden ist, zu vermeiden, wurde wiederholt die Einschaltung eines Kondensators zwischen Leitung und Erde als Ausgleichswiderstand vorgeschlagen. Soweit der wattlose Kapazitätsstrom in Betracht kommt, beruht das auf einem grundsätzlichen Irrtum[1]. Nur der Leistungsstrom, der durch den Kondensator hindurchgeht, wenn das Dielektrikum kein vollkommenes ist, wirkt ableitend (ausgleichend). Je schlechter also ein solcher Kondensator ist, desto eher ist er als Spannungsableiter brauchbar. Daneben kann aber die vorhandene Kapazität insofern schädlich wirken, als sie Überspannungsmöglichkeiten erzeugt oder die elektrische Energie solcher Überspannungen vergrößert.

(1290) **Aluminiumzellen.** Elektroden aus Aluminium in gewissen elektrolytischen Lösungen überziehen sich beim Stromdurchgang mit einer dünnen isolierenden Schicht aus Aluminiumhydroxyden, so daß der Stromdurchgang wieder aufhört, wenn die Spannung eine gewisse Grenze, z. B. 300 V, nicht übersteigt. Durch Hintereinanderschaltung einer entsprechenden Zahl solcher Zellen kann also der von einer Überspannung verursachte Stromdurchgang wieder aufgehoben

---

[1] Vergl. B e n i s c h k e, ETZ 1906, S. 490. — D ö r y, Elektr. u. Maschinenbau, Wien 1909, S. 137. — S c h r o t t k e, ETZ 1908, S. 798; 1910, S. 444.

werden. Jede Zelle ist aber gleichzeitig ein Kondensator, dessen Dielektrikum aus der erwähnten Hydroxydschicht besteht. Infolgedessen geht bei Wechselstrom ein dauernder Strom durch, welcher die elektrolytische Flüssigkeit zu sehr erwärmt. Daher wird eine Funkenstrecke vorgeschaltet, so daß die Zellen nun eigentlich nur mehr als Vorschaltwiderstand erscheinen, der die Eigenschaft hat, bei Überschreitung einer gewissen Stromstärke auf einen sehr hohen Wert zu steigen. Da durch Einschaltung der Funkenstrecke der Stromdurchgang bei normaler Betriebsspannung beseitigt wurde, verliert sich nach einiger Zeit die Hydroxydschicht. Daher müssen solche Zellen täglich formiert werden, indem sie einige Minuten lang an die Netzspannung unmittelbar angeschlossen werden.

(1291) Erdleitung. Die Leitung von der Funkenstrecke zur Erde soll den kürzesten Weg einschlagen. Merkliche Selbstinduktion darf sie nicht enthalten, weil diese im Falle oszillatorischer Entladung einen großen induktiven Widerstand darstellt. Dagegen empfiehlt es sich, einen gewissen, von der Länge der Funkenstrecke, also von der Betriebsspannung abhängigen induktionsfreien Widerstand in die Erdleitung zu legen, um heftige Kurzschlüsse zu vermeiden (vgl. 1278). Für den Übergang zur Erde ist eine möglichst großflächige Berührung mit dem Erdreich notwendig. Bei feuchtem (Humus-) Boden genügt eine Blechplatte von 1 m². Bei Sand- und Steinboden empfiehlt es sich, strahlenförmig ausgehende Drähte oder Bänder bis zu 10 m Länge zu verlegen (vgl. 1273).

(1292) Örtlichkeit, Schaltung. Um die Funkenstrecke möglichst empfindlich einstellen zu können, empfiehlt es sich, die Vorrichtung vor Niederschlägen geschützt, also unter Dach anzubringen. Statt mehrere Blitzschutzvorrichtungen auf die ganze Leitungslänge zu verteilen, ist es besser, vor dem zu schützenden Objekt mehrere hintereinander, durch Drosselspulen getrennt (Fig. 800), anzubringen. Ist die erste Funkenstrecke nicht in der Lage, die ganze von außen kommende Ladung abzuleiten, so bietet die nächstfolgende nochmals einen Weg zur Erde usf.

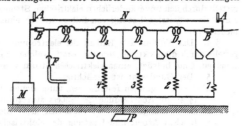

Fig. 800. Blitzableiteranlage für eine Starkstromleitung.

Als letzte, empfindlichste Schutzvorrichtung dient der Wasserstrahlerder F. Durch diese Anordnung wird gleichzeitig verhindert, daß bei etwaigem Auftreten stehender Schwingungen die einzige Blitzschutzvorrichtung zufälligerweise in einen Schwingungsknoten zu liegen kommt, und dadurch der Schutz nicht eintritt. Der Wasserstrahlerder kann bei mangelndem Wasser wegbleiben, wenn die letzte Vorrichtung (4) empfindlich genug ist. Andererseits können (3) und (4) wegbleiben, wenn der Wasserstrahlerder keinen zu hohen Widerstand hat. Um die Funkenstrecken, Widerstände usw. untersuchen zu können, empfiehlt es sich, die ganze Schutzeinrichtung mittels des Nebenschlusses N und der Schalter A und B abschaltbar zu machen.

In gleicher Weise ist natürlich nicht nur die Zentralstation, sondern auch jede Unterstation und jedes zwischen Luftleitungen liegende Kabel zu schützen. Bei kurzen Kabelstücken, die nur zu Unterführungen notwendig sind, würde das teuer sein. Man verwendet daher zu solchen kurzen Stücken besonders stark isolierte Kabel. Sind alle Stellen in solcher Weise hinreichend geschützt, so brauchen auf der Leitungsstrecke keine Schutzvorrichtungen angebracht zu werden; es sei denn, daß eine Stelle (Bergrücken) vorhanden ist, welche besonders häufig atmosphärische Ladungen aufnimmt. Über Schutzdrähte vergl. (1281).

Anhang.

Gesetze, Verordnungen, Ausführungsbestimmungen, Vorschriften aus dem Gebiete der Elektrotechnik.

Die Normalien des Verbandes Deutscher Elektrotechniker sind hier nicht aufgenommen worden.

I. Gesetz, betr. die elektrischen Maßeinheiten.

Vom 1. Juni 1898.

Reichsgesetzblatt S. 905. — Deutscher Reichsanzeiger Nr. 138 vom 14. Juni 1898.

§ 1. Die gesetzlichen Einheiten für elektrische Messungen sind das Ohm, das Ampere und das Volt.

§ 2. Das Ohm ist die Einheit des elektrischen Widerstandes. Es wird dargestellt durch den Widerstand einer Quecksilbersäule von der Temperatur des schmelzenden Eises, deren Länge bei durchweg gleichem, einem Quadratmillimeter gleich zu achtenden Querschnitt 106,3 cm und deren Masse 14,4521 g beträgt.

§ 3. Das Ampere ist die Einheit der elektrischen Stromstärke. Es wird dargestellt durch den unveränderlichen elektrischen Strom, welcher bei dem Durchgang durch eine wässerige Lösung von Silbernitrat in einer Sekunde 0,001118 g Silber niederschlägt.

§ 4. Das Volt ist die Einheit der elektromotorischen Kraft. Es wird dargestellt durch die elektromotorische Kraft, welche in einem Leiter, dessen Widerstand ein Ohm beträgt, einen elektrischen Strom von einem Ampere erzeugt.

§ 5. Der Bundesrat ist ermächtigt,
- a) die Bedingungen festzusetzen, unter denen bei Darstellung des Ampere (§ 3) die Abscheidung des Silbers stattzufinden hat,
- b) Bezeichnungen für die Einheiten der Elektrizitätsmenge, der elektrischen Arbeit und Leistung, der elektrischen Kapazität und der elektrischen Induktion festzusetzen,
- c) Bezeichnungen für die Vielfachen und Teile der elektrischen Einheiten der (§§ 1, 5 b) vorzuschreiben,
- d) zu bestimmen, in welcher Weise die Stärke, die elektromotorische Kraft, die Arbeit und Leistung der Wechselströme zu berechnen ist.

§ 6. Bei der gewerbsmäßigen Abgabe elektrischer Arbeit dürfen Meßwerkzeuge, sofern sie nach den Lieferungsbedingungen zur Bestimmung der Vergütung dienen sollen, nur verwendet werden, wenn ihre Angaben auf den gesetzlichen Einheiten beruhen. Der Gebrauch unrichtiger Meßgeräte ist verboten. Der Bundesrat hat nach Anhörung der Physikalisch-Technischen Reichsanstalt die äußersten Grenzen der zu duldenden Abweichungen von der Richtigkeit festzusetzen.

Der Bundesrat ist ermächtigt, Vorschriften darüber zu erlassen, inwieweit die im Absatz 1 bezeichneten Meßwerkzeuge amtlich beglaubigt oder einer wiederkehrenden amtlichen Überwachung unterworfen sein sollen.

§ 7. Die Physikalisch-Technische Reichsanstalt hat Quecksilbernormale des Ohm herzustellen und für deren Kontrolle und sichere Aufbewahrung an verschiedenen Orten zu sorgen. Der Widerstandswert von Normalen aus festen Metallen, welche zu den Beglaubigungsarbeiten dienen, ist durch alljährlich zu wiederholende Vergleichungen mit den Quecksilbernormalen sicher zu stellen.

§ 8. Die Physikalisch-Technische Reichsanstalt hat für die Ausgabe amtlich beglaubigter Widerstände und galvanischer Normalelemente zur Ermittelung der Stromstärken und Spannungen Sorge zu tragen.

§ 9. Die amtliche Prüfung und Beglaubigung elektrischer Meßgeräte erfolgt durch die Physikalisch-Technische Reichsanstalt. Der Reichskanzler kann die Befugnis hierzu auch anderen Stellen übertragen. Alle zur Ausführung der amtlichen Prüfung benutzten Normale und Normalgeräte müssen durch die Physikalisch-Technische Reichsanstalt beglaubigt sein.

§ 10. Die Physikalisch-Technische Reichsanstalt hat darüber zu wachen, daß bei der amtlichen Prüfung und Beglaubigung elektrischer Meßgeräte im ganzen Reichsgebiet nach übereinstimmenden Grundsätzen verfahren wird. Sie hat die technische Aufsicht über das Prüfungswesen zu führen und alle darauf bezüglichen technischen Vorschriften zu erlassen. Insbesondere liegt ihr ob, zu bestimmen, welche Arten von Meßgeräten zur amtlichen Beglaubigung zugelassen werden sollen, über Material, sonstige Beschaffenheit und Bezeichnung der Meßgeräte Bestimmungen zu treffen, das bei der Prüfung und Beglaubigung zu beobachtende Verfahren zu regeln, sowie die zu erhebenden Gebühren und das bei den Beglaubigungen anzuwendende Stempelzeichen festzusetzen.

§ 11. Die nach Maßgabe dieses Gesetzes beglaubigten Meßgeräte können im ganzen Umfange des Reiches im Verkehr angewendet werden.

§ 12. Wer bei der gewerbsmäßigen Abgabe elektrischer Arbeit den Bestimmungen im § 6 oder den auf Grund derselben ergehenden Verordnungen zuwiderhandelt, wird zu Geldstrafe bis zu einhundert Mark oder mit Haft bis zu vier Wochen bestraft. Neben der Strafe kann auf Einziehung der vorschriftswidrigen oder unrichtigen Meßwerkzeuge erkannt werden.

§ 13. Dies Gesetz tritt mit den Bestimmungen in §§ 6 und 12 am 1. Januar 1902, im übrigen am Tage seiner Verkündigung in Kraft.

2. Bestimmungen zur Ausführung des Gesetzes betr. die elektrischen Maßeinheiten.

(Erlassen vom Bundesrat am 6. Mai 1901; Reichsgesetzblatt S. 127; Deutscher Reichsanzeiger Nr. 110. — Erläuterungen dazu von der Physikalisch-Technischen Reichsanstalt ETZ 1901, S. 531.)

I.

Auf Grund des § 5 des Gesetzes, betreffend die elektrischen Maßeinheiten vom 1. Juni, 1898 (Reichsgesetzbl. S. 905), wird folgendes bestimmt:

1. Zu § 5 a. Bedingungen, unter denen bei der Darstellung des Ampere die Abscheidung des Silbers stattzufinden hat.

Die Flüssigkeit soll eine Lösung von 20 bis 40 Gewichtsteilen reinen Silbernitrats in 100 Teilen chlorfreien destillierten Wassers sein; sie darf nur so lange benutzt werden, bis im ganzen 3 Gramm Silber auf 1000 Kubikzentimeter der Lösung elektrolytisch abgeschieden sind.

Die Anode soll, soweit sie in die Flüssigkeit eintaucht, aus reinem Silber bestehen. Die Kathode soll aus Platin bestehen. Übersteigt die auf ihr abgeschiedene Menge Silber 0,1 Gramm auf das Quadratzentimeter, so ist das Silber zu entfernen.

Die Stromdichte soll an der Anode ein Fünftel, an der Kathode ein Fünfzigstel Ampere auf das Quadratzentimeter nicht überschreiten.

Vor der Wägung ist die Kathode zunächst mit chlorfreiem destillierten Wasser zu spülen, bis das Waschwasser bei dem Zusatz eines Tropfens Salzsäure keine Trübung zeigt, alsdann zehn Minuten lang mit destilliertem Wasser von 70 Grad bis 90 Grad auszulaugen und schließlich mit destilliertem Wasser zu spülen. Das letzte Waschwasser darf kalt durch Salzsäure nicht getrübt werden. Die Kathode wird warm getrocknet, bis zur Wägung im Trockengefäß aufbewahrt und nicht früher als 10 Minuten nach der Abkühlung gewogen.

2. Zu § 5 b. B e z e i c h n u n g e n e l e k t r i s c h e r E i n h e i t e n.

a) Die Elektrizitätsmenge, welche bei einem Ampere in einer Sekunde durch den Querschnitt der Leitung fließt, heißt eine Amperesekunde (Coulomb), die in einer Stunde hindurchfließende Elektrizitätsmenge heißt eine Amperestunde.

b) Die Leistung eines Ampere in einem Leiter von einem Volt Endspannung heißt ein Watt.

c) Die Arbeit von einem Watt während einer Stunde heißt eine Wattstunde.

d) Die Kapazität eines Kondensators, welcher durch eine Amperesekunde auf ein Volt geladen wird, heißt ein Farad.

e) Der Induktionskoeffizient eines Leiters, in welchem ein Volt induziert wird durch die gleichmäßige Änderung der Stromstärke um ein Ampere in der Sekunde, heißt ein Henry.

3. Zu § 5 c. B e z e i c h n u n g e n f ü r d i e V i e l f a c h e n u n d T e i l e d e r e l e k t r i s c h e n E i n h e i t e n.

Als Vorsätze vor dem Namen einer Einheit bedeuten:

Kilo	das Tausendfache,
Mega (Meg)	das Millionfache,
Milli	den tausendsten Teil,
Mikro (Mikr)	den millionsten Teil.

4. Zu § 5 d. B e r e c h n u n g d e r S t ä r k e d e r e l e k t r o m o t o r i s c h e n K r a f t (S p a n n u n g) u n d d e r L e i s t u n g v o n S t r ö m e n w e c h s e l n d e r S t ä r k e o d e r R i c h t u n g.

a) Als wirksame (effektive) Stromstärke — oder, wenn nicht anderes festgesetzt ist, als Stromstärke schlechthin — gilt die Quadratwurzel aus dem zeitlichen Mittelwerte der Quadrate der Augenblicksstromstärken.

b) Als mittlere Stromstärke gilt der ohne Rücksicht auf die Richtung gebildete zeitliche Mittelwert der Augenblicksstromstärken.

c) Als elektrolytische Stromstärke gilt der mit Rücksicht auf die Richtung gebildete zeitliche Mittelwert der Augenblicksstromstärken.

d) Als Scheitelstromstärke periodisch veränderlicher Ströme gilt deren größter Augenblickswert.

e) Die unter a) bis d) für die Stromstärke festgesetzten Bezeichnungen und Berechnungen gelten ebenso für die elektromotorische Kraft oder die Spannung.

f) Als Leistung gilt der mit Rücksicht auf das Vorzeichen gebildete zeitliche Mittelwert der Augenblicksleistungen.

II.

Auf Grund des § 6 Abs. 1 des Gesetzes betreffend die elektrischen Maßeinheiten vom 1. Juni 1898 werden die äußersten Grenzen der bei gewerbsmäßiger Abgabe elektrischer Arbeit zu duldenden Abweichungen der Elektrizitätszähler von der Richtigkeit, wie folgt bestimmt [1]:

1. G l e i c h s t r o m z ä h l e r.

a) Die Abweichung der Verbrauchsanzeige nach oben oder nach unten von dem wirklichen Verbrauche darf bei einer Belastung zwischen dem Höchstverbrauche, für welchen der Zähler bestimmt ist, und dem zehnten Teile desselben nirgends mehr betragen als sechs Tausendtel dieses Höchstverbrauches vermehrt um sechs Hundertel des jeweiligen Verbrauchs und ferner bei einer Belastung von ein Fünfundzwanzigstel des obigen Höchstverbrauches nicht mehr als zwei Hundertel des letzteren.

---

[1] Vgl. (257) Seite 193.

Auf Zähler, die in Lichtanlagen verwendet werden, finden diese Bestimmungen nur insoweit Anwendung, als die anzuzeigende Leistung nicht unter 30 Watt sinkt.

b) Während einer Zeit, in welcher kein Verbrauch stattfindet, darf der Vorlauf oder der Rücklauf des Zählers nicht mehr betragen, als einem halben Hundertel seines oben bezeichneten Höchstverbrauches entspricht.

2. Wechselstrom- und Mehrphasenstromzähler.

Für diese gelten dieselben Bestimmungen wie unter 1, jedoch mit der Maßgabe, daß, wenn in der Verbrauchsleitung zwischen Spannung und Stromstärke eine Verschiebung besteht, der nach 1 a berechnete Fehler in Hundertel des jeweiligen Verbrauchs umgerechnet und der entstehenden Zahl der Hundertel die doppelte trigonometrische Tangente des Verschiebungswinkels hinzugefügt wird. Dabei bedeutet der Verschiebungswinkel den Winkel, dessen Kosinus gleich dem Leistungsfaktor ist. Alle zur Berechnung der Fehler dienenden Größen sind mit dem gleichen Vorzeichen zu nehmen.

3. Prüfordnung für elektrische Meßgeräte.

Zentralblatt für das Deutsche Reich vom 14. März 1902, Nr. 11, S. 46.

Auf Grund des § 10 des Gesetzes betreffend die elektrischen Maßeinheiten vom 1. Juni 1898 (Reichsgesetzbl. S. 905) wird nachstehende Prüfordnung für elektrische Meßgeräte erlassen.

(Einige §§ sind gekürzt: vollständiger Abdruck im Verlage von J. Springer erschienen.)

§ 1. Prüfung und Beglaubigung. Die amtliche Prüfung elektrischer Meßgeräte erfolgt durch die Physikalisch-Technische Reichsanstalt — Abteilung II — und durch diejenigen Stellen (elektrische Prüfämter) welchen der Reichskanzler die Befugnis hierzu auf Grund des § 9 des genannten Gesetzes übertragen hat.

Mit der Prüfung kann bei Meßgeräten, für welche die Systemprüfung durch die Physikalisch-Technische Reichsanstalt eine hinlängliche Unveränderlichkeit der Angaben erwiesen hat, eine Beglaubigung verbunden werden, wenn die betreffenden Instrumente den Vorschriften der §§ 11, 14, 15 dieser Prüfordnung entsprechen und die daselbst angegebenen Beglaubigungs-Fehlergrenzen einhalten.

§ 2. Der Reichsanstalt vorbehaltene Arbeiten. Die der Physikalisch-Technischen Reichsanstalt zufallende Tätigkeit, soweit dieselbe die Prüfung und Beglaubigung elektrischer Meßgeräte betrifft, ist durch § 9 und 10 des Gesetzes bestimmt. Die Reichsanstalt hat die technische Aufsicht über das Prüfungswesen im ganzen Reichsgebiete zu führen und alle darauf bezüglichen technischen Vorschriften zu erlassen. Sie hat zu bestimmen, welche Arten von elektrischen Meßgeräten zur amtlichen Beglaubigung zugelassen werden sollen, und die hierfür erforderlichen Systemprüfungen auszuführen.

Außerdem führt sie die Prüfung und Beglaubigung aller derjenigen elektrischen Meßgeräte aus, welche nicht zu den Prüfungsbefugnissen (§ 8) der elektrischen Prüfämter gehören, sowie endlich die Prüfung und Beglaubigung derjenigen zur Messung von Strom, Spannung, Leistung und Verbrauch dienenden Apparate, welche als Arbeitsnormale bei der Herstellung elektrischer Meßgeräte verwendet werden.

§ 3. Beantragung von Systemprüfungen. Die Zulassung eines jeden Systems elektrischer Meßgeräte zur Beglaubigung setzt einen Antrag des Erfinders oder des Verfertigers oder eines hierzu bevollmächtigten Vertreters derselben voraus. (Der § gibt ferner an, wieviel Meßgeräte, welche Beschreibungen und weitere Angaben einzusenden sind.)

§ 4. Ausführung der Systemprüfungen. Die Systemprüfung, soweit sie nicht nach den bisherigen Erfahrungen der Reichsanstalt teilweise entbehrt werden kann, besteht in einer Untersuchung der eingereichten Apparate in der

Reichsanstalt und in einer Erprobung des Systems im praktischen Betriebe. Wenn der erstere Teil der Prüfung, der nach Erledigung etwaiger erforderlicher Vorverhandlungen mit dem Antragsteller innerhalb dreier Monate abgeschlossen sein soll, ein befriedigendes Ergebnis geliefert hat, ohne daß über die Bewährung im Betriebe genügende Erfahrungen vorliegen, kann auf Antrag des Anmelders eine zeitweilige Zulassung zur Beglaubigung für eine Dauer bis zu drei Jahren bewilligt werden. Spätestens ein Jahr vor Ablauf dieser Zeit wird dem Antragsteller die endgültige Entscheidung übermittelt.

(Rückgabe der zur Prüfung eingereichten Meßgeräte.)

§ 5. Zulassung von Systemen zur Beglaubigung. Jede endgültige Zulassung eines Systems elektrischer Meßgeräte zur Beglaubigung wird in dem Zentralblatt für das Deutsche Reich und im Reichsanzeiger bekannt gemacht.

Bei der Zulassung wird eine Bezeichnung des Systems festgesetzt, welche auf den Meßgeräten anzubringen ist.

Eine Veröffentlichung einer zeitweiligen Zulassung eines Systems zur Beglaubigung findet nur auf Antrag des Anmelders statt.

§ 6. Änderungen der zur Beglaubigung zugelassenen Systeme (sind der Reichsanstalt anzuzeigen, welche über die Notwendigkeit einer Ergänzung der früheren Prüfung entscheidet.)

§ 7. Zurücknahme der Zulassung eines Systems.

§ 8. Befugnisse der Prüfämter. Die Tätigkeit der Prüfämter erstreckt sich auf die Prüfung und Beglaubigung

1. der bei der gewerbsmäßigen Abgabe elektrischer Arbeit zur Bestimmung der Vergütung benutzten Meßgeräte (Elektrizitätszähler usw.),

2. der zur Messung von Strom, Spannung und Leistung bestimmten Schalttafel- und Montageinstrumente, sofern sie einem beglaubigungsfähigen System angehören (§§ 4 und 5) und mit Gleichstrom geprüft werden können.

§ 9. Meßbereiche der Prüfämter.

§ 10. Ort der Prüfung.

§ 11. Beschaffenheit der zur Prüfung oder Beglaubigung kommenden Meßgeräte. Die Angaben der zur Prüfung oder Beglaubigung eingereichten, im § 2 und 8 genannten elektrischen Meßgeräte müssen unmittelbar in den gesetzlichen Maßeinheiten (Bekanntmachung, betreffend die Ausführung des Gesetzes über die elektrischen Maßeinheiten vom 6. Mai 1901, Reichsgesetzbl. S. 127) erfolgen oder durch Multiplikation mit einer auf dem Apparat angegebenen Zahl (Konstante) auf dieselben zurückgeführt werden. Die Angaben sollen entweder durch Zeiger oder deutlich sichtbare Marken vor einer Skale oder durch springende Ziffern geschehen.

Die Meßgeräte müssen mit einem Schutzgehäuse umgeben sein, welches Vorkehrungen zum Anlegen von Bleisiegeln und ein von innen in das Gehäuse eingesetztes Schauglas vor dem Zifferblatt enthält.

Auf dem Zifferblatte, dem Gehäuse oder auf einem von außen nicht abnehmbaren Schilde soll die Firma und der Wohnort des Verfertigers oder dessen eingetragenes Fabrikzeichen, die laufende Fabrikationsnummer, die Maßeinheit, nach welcher die Angabe erfolgt (z. B. Ampere, Volt, Watt, Kilowatt, Kilowattstunde) und das Meßbereich nebst Bezeichnung des Verteilungssystems (z. B. 2 × 220 Volt, bis 2 × 100 Ampere) deutlich sichtbar angebracht sein.

Außerdem sind daselbst in deutscher Sprache die Apparatengattung und -stromart (z. B. Drehstromzähler) anzugeben sowie — falls diese Umstände auf die Richtigkeit der Angaben der Instrumente von Einfluß sind — auch die Einschaltungsdauer (z. B. Leistungsmesser für kurzdauernde Einschaltung) und bei Wechselstrom-Meßgeräten die Polwechselzahl und Belastungsart (z. B. Zähler für induktionslose Belastung, Drehstromzähler für gleich belastete Zweige).

§ 12. Ausnahmebestimmungen.

§ 13. Verkehrs-Fehlergrenzen für Zähler. Die im Verkehr zulässigen Fehlergrenzen der Elektrizitätszähler sind durch die Ausführungsbestimmungen zum Gesetz, betreffend die elektrischen Maßeinheiten vom Bundesrat, wie folgt, festgesetzt worden:

(zu vergl. die Ausführungsbestimmungen II 1 und 2 auf S. 904 und 905).

§ 14. Beglaubigungs-Fehlergrenzen für Zähler. Die Beglaubigung von Meßgeräten, welche zur Bestimmung der Vergütung bei der gewerbsmäßigen Abgabe elektrischer Arbeit dienen sollen, findet statt, wenn ihr System von der Reichsanstalt zur Beglaubigung zugelassen worden ist (§§ 4 und 5), und wenn sie die Hälfte der im § 13 genannten Verkehrs-Fehlergrenzen einhalten. Jedoch soll bei Wechselstromzählern der Zusatzfehler, welcher im § 13 unter 2 für eine Verschiebung φ zwischen Spannung und Stromstärke festgesetzt ist, mit seinem ganzen Betrage ($2 \, \mathrm{tg}\varphi$) in Rechnung gestellt werden.

§ 15. Beglaubigungs-Fehlergrenzen für Strom-, Spannungs- und Leistungsmesser. Strom-, Spannungs- und Leistungsmesser werden zur Prüfung durch die Prüfämter nur dann zugelassen, wenn sie einem von der Reichsanstalt als beglaubigungsfähig erklärten System angehören und mit Gleichstrom geprüft werden können. Ihre Beglaubigung erfolgt, wenn die gefundenen Fehler entweder nicht über ± 0,2 des betreffenden Skalenintervalles oder nicht über ± 0,01 des Sollwertes hinausgehen. Es kommt hierbei stets diejenige der beiden Bestimmungen zur Anwendung, welche für die Zulassung des Meßgeräts zur Beglaubigung die mildere ist. Bei Meßgeräten mit verkürzter Skala soll der Fehler ± 0,01 des Sollwertes nicht übersteigen. Dasselbe gilt von solchen Meßgeräten, deren Anwendung durch eine entsprechende Aufschrift (z. B. „Strommesser richtig von ... bis .... Ampere") auf einen bestimmten Teil der vorhandenen Skala eingeschränkt worden ist.

§ 16. Verfahren bei der Prüfung (Vorprüfung und Hauptprüfung). Die Prüfung der elektrischen Meßgeräte durch die Prüfämter erstreckt sich auf die äußere Beschaffenheit, die Erfüllung der im § 11 enthaltenen Vorschriften (Vorprüfung), und auf das Einhalten der in den §§ 13—15 angegebenen Fehlergrenzen (Hauptprüfung).

Nach vollzogener Hauptprüfung erhält jedes Meßgerät einen Schein über den Ausfall der Prüfung sowie gegebenenfalls das im § 18 festgesetzte Stempelzeichen. Der zahlenmäßige Betrag der gefundenen Abweichungen von der Richtigkeit wird in den Scheinen nicht angegeben.

Auf besonderen Antrag werden Elektrizitätsw.rken und Fabrikanten von elektrischen Meßgeräten Verzeichnisse der an ihren Meßgeräten ermittelten Abweichungen von der Richtigkeit gegen besondere Gebühr ausgefertigt.

Meßgeräte, welche die Verkehrs-Fehlergrenzen überschreiten oder sonstige Mängel zeigen, werden durch Anbinden eines Zettels mit entsprechender Aufschrift gekennzeichnet.

§ 17. Berichtigung und Reinigung der zu prüfenden Meßgeräte. Bei Gelegenheit von Prüfungen dürfen auf Antrag der Beteiligten von den Prüfämtern Berichtigungen an den Meßgeräten, falls hierzu geeignete Stellvorrichtungen vorhanden sind, sowie Reinigungen des Werkes und kleine Ausbesserungen ausgeführt werden.

Bei Streitfällen und Revisionen ist jeder Eingriff in die Apparate untersagt und ein von neuem notwendig werdender Bleiverschluß ist tunlichst ohne Verletzung bereits vorhandener Plomben anzulegen.

§ 18. Stempel- und Verschlußzeichen. a) Als Zeichen, daß ein Meßgerät bei der Prüfung die für den Verkehr zugelassenen Fehlergrenzen (§ 13) eingehalten hat, dient ein an dem Meßgerät anzubringender Verkehrsstempel, welcher das amtliche Stempelzeichen des betreffenden elektrischen Prüfamts (be-

stehend aus den Buchstaben EPA und der Nummer des Prüfamts) sowie die Angabe
des Kalenderjahres und des Vierteljahres der Prüfung trägt.

b) Als Zeichen, daß ein Meßgerät einem beglaubigungsfähigen System angehört, den Vorschriften des § 11 entspricht und bei der Prüfung die Beglaubigungs-
fehlergrenzen (§§ 14 und 15) eingehalten hat, dient ein Beglaubigungsstempel,
welcher den Reichsadler, das amtliche Zeichen des Prüfamts sowie die Jahres- und
Quartalszahl der Prüfung trägt.

c) Bei Nachprüfungen tritt der neue Verkehrs- oder Beglaubigungsstempel
zu dem auf dem Meßgerät bereits vorhandenen hinzu.

d) In den unter a) bis c) angegebenen Fällen werden die geprüften oder beglaubigten Meßgeräte durch Bleisiegel verschlossen, welche auf der einen Seite den
Reichsadler und auf der Rückseite das amtliche Zeichen des Prüfamtes tragen.

Dieser Verschluß kann zum Zwecke von Nachregulierungen von dem mit der
Wartung der Zähler beauftragten Beamten des Elektrizitätswerkes im Falle des
Einverständnisses des Abnehmers entfernt und nach Erledigung der Regulierung
durch eine Plombe des Elektrizitätswerkes ersetzt werden. Von jeder solchen Nach-
regulierung hat das Elektrizitätswerk demjenigen Prüfamte, dessen Stempel sich
auf dem Zähler vorfindet, Anzeige unter Angabe der vor und nach der Regulierung
ermittelten Abweichungen zu machen.

e) Als Zeichen eines zeitweiligen Verschlusses und in den im § 16 Abs. 4 erwähnten Fällen wird in die Plombenschrauben des Meßgeräts ein Zettel mit auf-
geklebter Siegelmarke des betreffenden Prüfamts eingebunden.

f) Bei Prüfungen und Beglaubigungen, welche von der Physikalisch-Technischen Reichsanstalt — Abteilung II — erledigt werden, tritt an Stelle des amtlichen
Stempelzeichens der Prüfämter dasjenige der Reichsanstalt (PTR II).

§ 19. G e b ü h r e n.

§ 20. V e r f a h r e n   b e i   B e s c h ä d i g u n g   g e p r ü f t e r   A p p a r a t e.

Charlottenburg, den 28. Dezember 1901.

Physikalisch-Technische Reichsanstalt
K o h l r a u s c h.

4. Prüfungsbestimmungen der Physikalisch-Technischen Reichsanstalt.

Teil A. Allgemeine Bestimmungen.

§ 1. A r b e i t s g e b i e t e. Die Physikalisch-Technische Reichsanstalt übernimmt die Ausführung von Prüfungen und Beglaubigungen nach den folgenden
allgemeinen und den für die einzelnen Arbeitsgebiete erlassenen besonderen Bestimmungen.

Die Arbeitsgebiete umfassen:

P r ä z i s i o n s m e c h a n i k (Längenmaße, soweit sie nicht zur Maß-
und Gewichtsordnung gehören, Lehren, Kreisteilungen, Schrauben, Li-
bellen, Tachometer, Arbeitszähler, Ausdehnungs- und Dichte-Bestim-
mungen u. a.);

D r u c k (Barometer, Manometer, für hohe und niedrige Drucke, Luft-
pumpen, Indikatoren u. a.);

A k u s t i k (Stimmgabeln, Resonatoren u. a.);

W ä r m e (Flüssigkeits-Thermometer von — 200 bis 575° C, Widerstands-
thermometer, Thermoelemente nebst Meß- und Registrier-Vorrichtungen
für Messungen bis 1600°, optische Pyrometer, Kalorimeter; Bestimmung
von Schmelz- und Siedepunkten, spezifischen Wärmen und Verbrennungs-
wärmen; Abel-Prober, Siedeapparate für Mineralöle, Zähigkeitsmesser
u. a.);

E l e k t r i z i t ä t (Widerstände, Normalelemente, Strom-, Spannungs-,
Leistungsmesser, Elektrizitätszähler, Strom- und Spannungswandler,

Frequenz- und Phasenmesser, Kapazitäten, Induktivitäten, Wellenmesser; Leitungs-, Widerstands-, Isolationsmaterialien, Dielektrika, Installations-Gegenstände; Primärelemente, Akkumulatoren, Generatoren, Motoren, Transformatoren u. a.);

Magnetismus (magnetische Apparate und Materialien);

Optik (Hefnerlampen und Glühlampen für photometrische Zwecke, Beleuchtungslampen und Zubehör, photometrische Apparate; Bestimmung der optischen Konstanten von festen und flüssigen Körpern sowie von Linsen, Prismen und dioptrischen Apparaten; Untersuchung von Planflächen und Planparallel-Platten, Quarz-Platten und Saccharimetern u. a).

Außerdem werden auch Untersuchungen anderer Art ausgeführt, wie die Prüfung von Glassorten auf Verwitterbarkeit und das Verhalten gegenüber chemischen Agentien, die Untersuchung von Metallen hinsichtlich ihrer Verwendbarkeit bei der Anfertigung von Apparaten u. dgl.

§ 2. Prüfungsanträge. Die Prüfungsanträge sind schriftlich an die Physikalisch-Technische Reichsanstalt — Abteilung II — einzureichen [1]. Ebenso sind alle sonstigen Schreiben, welche Prüfungsarbeiten betreffen, an die genannte Adresse, nicht an einen Beamten der Reichsanstalt zu richten.

Die Prüfungsanträge sollen die nötigen Angaben über Art und Umfang der Prüfung enthalten. Gegebenenfalls sind Gebrauchsanweisungen, Zeichnungen, Schaltungsskizzen u. dgl. beizufügen.

Von dem Eingang der Prüfungsanträge und der zugehörigen Gegenstände wird der Antragsteller benachrichtigt (vgl. §§ 6 und 9). In den Benachrichtigungsschreiben wird bemerkt, daß die Prüfungsbestimmungen für das Rechtsverhältnis zwischen der Reichsanstalt und dem Antragsteller maßgebend sind.

§ 3. Zulassung zur Prüfung und Beglaubigung. Zur Prüfung zugelassen werden Gegenstände aus dem Arbeitsgebiete der Reichsanstalt, wenn die Untersuchungsergebnisse sich zahlenmäßig angeben lassen.

Die Prüfung kann gegebenenfalls mit einer Beglaubigung verbunden werden.

Zur Beglaubigung zugelassen werden nur diejenigen zur Prüfung geeigneten Gegenstände, vorwiegend Apparate und Instrumente, deren Herstellung und Material eine hinreichende Unveränderlichkeit der Angaben sichert und für welche amtlich Fehlergrenzen bekannt gegeben sind.

Die Angaben der zu beglaubigenden Apparate und Instrumente müssen auf den gesetzlichen oder amtlich vorgeschriebenen Einheiten beruhen. Diese Einheiten sowie die Firma oder das Fabrikzeichen des Verfertigers und eine Fabriknummer müssen auf den Gegenständen angegeben sein, soweit nicht in den besonderen Bestimmungen Ausnahmen vorgesehen sind.

Ob eine Gattung von Erzeugnissen einer Firma beglaubigungsfähig ist, wird — wenn nicht genügende Erfahrungen darüber in der Reichsanstalt bereits vorliegen — durch eine eingehende, auf Kosten der Firma vorzunehmende systematische Untersuchung entschieden.

§ 4. Prüfung erster und zweiter Ordnung. Bei einer Reihe von Gegenständen, welche in den besonderen Bestimmungen angegeben sind, können zwei verschiedene Verfahren der Prüfung angewendet werden. Bei dem einen, der Prüfung I. Ordnung, wird eine möglichst hohe Meßgenauigkeit angestrebt und der Einfluß von Nebenumständen (z. B. der Temperatur, Einschaltungsdauer usw.), soweit erforderlich, ermittelt.

Bei der Prüfung II. Ordnung begnügt man sich mit einem geringeren Grade der Genauigkeit und im allgemeinen mit einer beschränkten Anzahl von Beobachtungspunkten.

---

[1] Adresse: Charlottenburg 2, Werner-Siemens-Str. 8—12; Station für Frachtsendungen: Charlottenburg, Güterbahnhof. Telephon: Amt Wilhelm Nr. 93.

Wenn beide Arten von Prüfungsverfahren zugelassen sind, ist bei Einreichung des Prüfungsantrages anzugeben, in welcher Weise die Prüfung geschehen soll. Enthält der Antrag keine derartige Angabe, so verfährt die Reichsanstalt nach eigenem Ermessen.

§ 5. Ort der Prüfung. Die Prüfungen erfolgen in den Räumen der Reichsanstalt, ausnahmsweise nach besonderer Vereinbarung auch außerhalb.

§ 6. Erledigungsfristen gewöhnlicher und beschleunigter Prüfungen. Die Prüfungen werden in derjenigen Reihenfolge erledigt, in der die Prüfungsanträge und zugehörigen Gegenstände eingehen. Die Erledigungsfristen richten sich nach der jeweiligen Geschäftslage und werden dem Antragsteller in dem Benachrichtigungsschreiben (vgl. § 2) mitgeteilt.

Beschleunigte Prüfungen unter Abweichung von der oben angegebenen Reihenfolge werden nur in dringenden Fällen und gegen Zahlung erhöhter Gebühren ausgeführt. Dem Einsender eines dahin gehenden Antrages wird umgehend mitgeteilt, ob letzterem stattgegeben werden kann und innerhalb welcher Zeit die Erledigung erfolgen wird.

§ 7. Ablehnung von Prüfungsanträgen. Prüfungsanträge können abgelehnt werden,

1. wenn der Antragsteller zur Bedingung macht, daß die Reichsanstalt von der Einrichtung des zu prüfenden Gegenstandes nicht Kenntnis nehmen darf;
2. wenn die zur Durchführung der Prüfung erforderlichen Einrichtungen in der Reichsanstalt fehlen oder zuverlässige Methoden zur Erledigung des Prüfungsantrags nicht bekannt sind;
3. wenn der eingereichte Gegenstand so augenfällige Mängel oder Beschädigungen aufweist, daß eine Prüfung zwecklos sein würde;
4. wenn ein Antragsteller fremde Erzeugnisse, insbesondere zum Zwecke der Vergleichung von Fabrikaten verschiedenen Ursprungs, zur Prüfung einreicht, einen von der Reichsanstalt verlangten Nachweis aber nicht erbringen kann, daß die fremden Fabrikate einwandfrei, oder daß die Fabrikanten mit der beantragten Prüfung einverstanden sind;
5. wenn für die Ausführung der Prüfung ein wissenschaftliches oder technisches Interesse nicht besteht;
6. wenn der Antragsteller sich einer Zuwiderhandlung gegen § 15 schuldig gemacht hat;
7. wenn der Antragsteller sich den von der Reichsanstalt erlassenen Prüfungs-bestimmungen nicht unterwirft.

§ 8. Anlieferung und Verpackung der Prüfungsgegenstände. Die Anlieferung der Prüfungsgegenstände hat — soweit sie nicht durch die Post oder die Bahn geschieht — an Werktagen zwischen 9 und 3 Uhr zu erfolgen. Auf die Verpackung ist besondere Sorgfalt zu verwenden. Die Versendung unter Wertversicherung [1]) ist ratsam.

Betreffs der Rücksendung bzw. Rückgabe der Prüfungsgegenstände siehe § 17.

§ 9. Befund bei der Einlieferung. Die zur Prüfung eingereichten Gegenstände werden unmittelbar nach ihrem Eingang auf ihre Vollständigkeit, Übereinstimmung mit dem Begleitschreiben oder Prüfungsantrag und den Zustand untersucht. Zeigen sich hierbei Beschädigungen oder liegt ein Grund zur Beanstandung vor, so wird dem Einsender umgehend Mitteilung darüber gemacht (vgl. § 2).

§ 10. Ausbesserung und Justierung. Kleinere Ausbesserungen an beschädigt eingehenden Gegenständen, sowie Einregulierungen und Justierungen können unter der Reichsanstalt auf Kosten des Einsenders ausgeführt werden, sofern dies im Interesse der raschen Erledigung der Prüfung liegt und der Einsender sein Einverständnis erklärt.

---

[1]) Versicherungsgebühr 10 Pf. bei Postsendungen bis zum Werte von 600 M.

§ 11. Kennzeichen der erfolgten Prüfung und Beglaubigung. a) Prüfungsscheine und Beglaubigungsscheine. Die Untersuchungsergebnisse von geprüften und beglaubigten Gegenständen werden dem Einsender zahlenmäßig in Scheinen mitgeteilt, soweit nicht besondere Bestimmungen ein anderes Verfahren vorschreiben [2]). Die Scheine tragen die Bezeichnung „Prüfungsschein" oder „Beglaubigungsschein."

Allgemeine und vergleichende Urteile über die Güte oder Brauchbarkeit der untersuchten Gegenstände werden in den Scheinen nicht abgegeben.

„Beglaubigungsscheine" erhalten nur diejenigen geprüften Gegenstände, welche den im § 3 angegebenen Bestimmungen genügen und die vorgeschriebenen Fehlergrenzen nicht überschreiten.

„Prüfungsscheine" erhalten die übrigen von der Reichsanstalt auf Antrag untersuchten Gegenstände. Erweist sich jedoch ein Gegenstand bei der Prüfung als für seinen Zweck ungeeignet, so wird ein Prüfungsschein nicht ausgestellt, sondern das Prüfungsergebnis dem Antragsteller in dem Abfertigungsschreiben mitgeteilt.

Die Beglaubigungsscheine führen oben den Reichsadler, um sie äußerlich von den Prüfungsscheinen zu unterscheiden.

b) Stempelung. Geprüfte Gegenstände, welche mit einem Prüfungsschein versehen werden und eine Stempelung zulassen, erhalten zum Nachweis der erfolgten Prüfung das Stempelzeichen PTR.

Bei beglaubigten Gegenständen tritt zu dem Zeichen PTR der Reichsadler hinzu.

Apparate, welche einer Prüfung I. Ordnung (§ 4) unterworfen und beglaubigt werden, erhalten bei der Stempelung außerdem als „Präzisions-Apparate" einen fünfstrahligen Stern.

Die zu stempelnden Gegenstände können ferner eine Nummer, die Jahreszahl der Prüfung und einen amtlichen Verschluß erhalten.

§ 12. Nachprüfung. Unter Nachprüfung wird die wiederholte, in der Regel vereinfachte Prüfung solcher Gegenstände verstanden, welche sich als bereits früher in der Reichsanstalt geprüft identifizieren lassen. Gegenstände, an denen seit der letzten Prüfung oder Beglaubigung wesentliche Teile geändert oder die Verschlüsse entfernt worden sind, werden nicht zur Nachprüfung zugelassen, sondern so behandelt, als ob sie zum ersten Mal an die Reichsanstalt eingesandt worden wären.

Der zuletzt ausgestellte Prüfungs- oder Beglaubigungsschein ist mit einzureichen. Er wird ungültig gemacht und dem Einsender zurückgegeben.

Kann nach dem Ausfall der Nachprüfung ein neuer Prüfungs- oder Beglaubigungsschein ausgestellt werden, so wird in diesem auf die frühere Prüfung hingewiesen.

Im übrigen wird bei der Nachprüfung, wie folgt, verfahren:

a) bei geprüften Gegenständen. Wird ein neuer Prüfungsschein ausgestellt, so erhält der Gegenstand die Jahreszahl der neuen Prüfung, wenn sein Stempel die Angabe eines Jahres bereits enthielt.

b) bei beglaubigten Gegenständen. Der Gegenstand wird nur hinsichtlich des Einhaltens der Beglaubigungs-Fehlergrenzen geprüft. Liegen seine Angaben, eventuell nach Justierung durch die Reichsanstalt (vgl. § 10), innerhalb dieser Fehlergrenzen, so behält der Gegenstand seinen alten Beglaubigungsstempel und wird nötigenfalls mit der Jahreszahl der neuen Prüfung versehen.

Hält er die Fehlergrenzen n i c h t ein, so wird der Beglaubigungsstempel entfernt oder ungültig gemacht und das Prüfungsergebnis dem Einsender in einem Prüfungsschein oder im Abfertigungsschreiben mitgeteilt.

---

[1]) Ärztliche Thermometer und Legierungskörper für Dampfkessel-Sicherheitsapparate erhalten keine Scheine.

§ 13. G e b ü h r e n. Soweit nicht in den besonderen Bestimmungen feste Gebührensätze für die Prüfung und Beglaubigung von Instrumenten usw. vorgeschrieben sind, erfolgt die Berechnung der Gebühren nach Maßgabe der aufgewendeten Arbeitszeit und des Verbrauchs an Material und elektrischer Energie. Hierbei wird für die Arbeitsstunde eines wissenschaftlichen Beamten der Satz von 5 Mark, für die anderen Beamten der Satz von 2,50 Mark zugrunde gelegt.

Bei beschleunigten Prüfungen (§ 6) gelten die doppelten, bei Nachprüfungen (§ 12) ermäßigte Gebühren. Ausnahmen hiervon sind in den besonderen Bestimmungen angegeben.

Für Prüfungen außerhalb der Reichsanstalt (§ 5) wird das $1\frac{1}{2}$-fache der Gebühren berechnet; dazu treten gegebenenfalls Reise- und Tagegelder, Transportkosten für Apparate, Ersatz barer Auslagen u. dgl.

Die Gebühren für Nachtarbeiten sind besonders zu vereinbaren.

Bei gleichzeitiger Einreichung einer größeren Anzahl gleichartiger Apparate zur Prüfung kann eine der verminderten Arbeitsleistung entsprechende Kürzung der Gebühren eintreten.

§ 14. M i t t e i l u n g v o n P r ü f u n g s e r g e b n i s s e n a n d r i t t e. Die Ergebnisse der Prüfung werden nur mit schriftlicher Zustimmung des Antragstellers anderen mitgeteilt.

§ 15. V e r ö f f e n t l i c h u n g v o n P r ü f u n g s e r g e b n i s s e n. Schreiben der Reichsanstalt, welche Prüfungsergebnisse enthalten, sowie Prüfungs- und Beglaubigungsscheine dürfen für geschäftliche Zwecke in Zeitschriften, Geschäftsanzeigen und sonstigen Drucksachen nur im vollen Wortlaut veröffentlicht werden, Auszüge aber sowie Fassungen, die durch Zusätze oder Kürzungen entstanden sind, nur dann, wenn der Wortlaut der beabsichtigten Veröffentlichung von der Reichsanstalt gebilligt worden ist.

§ 16. I n d e r R e i c h s a n s t a l t b e s c h ä d i g t e P r ü f u n g s - g e g e n s t ä n d e. Für die bei der Prüfung durch Zufall oder Fahrlässigkeit entstehende Beschädigung von Prüfungsgegenständen wird ein Ersatz nicht geleistet.

Für den beschädigten und einen an seiner Stelle eingereichten gleichen Gegenstand werden Prüfungsgebühren nicht erhoben. Diese Vorschrift findet keine Anwendung auf Verbrauchsgegenstände und in solchen Fällen, bei denen das Verschulden den Antragsteller trifft.

Bei Glasinstrumenten (Thermometern usw.) werden die Prüfungsgebühren nur für das beschädigte Instrument erlassen.

§ 17. R ü c k s e n d u n g b z w. R ü c k g a b e d e r P r ü f u n g s g e g e n - s t ä n d e. Die Prüfungsgegenstände werden von der Reichsanstalt im allgemeinen in derselben Weise und in derselben Verpackung zurückgesandt, wie die Einsendung erfolgte (vgl. § 8). Muß eine neue Verpackung verwendet werden, so trägt der Antragsteller die Kosten.

Gegenstände, welche vom Antragsteller persönlich oder durch Boten eingeliefert worden sind, werden nach Erledigung der Prüfung dem Einsender zur Abholung zur Verfügung gestellt. Werden die Gegenstände innerhalb dreier Monate nicht abgeholt, so ist die Reichsanstalt berechtigt, sie zu vernichten, oder sonst nach ihrem Ermessen mit ihnen zu verfahren. Die Frist läuft von der Absendung der Mitteilung an, durch welche der Prüfungsgegenstand zur Abholung zur Verfügung gestellt wird. Die Frist läuft auch dann, wenn die Mitteilung den Adressaten nicht erreicht.

Charlottenburg, den 31. März 1910.

Physikalisch-Technische Reichsanstalt.

E. W a r b u r g.

5. Die zur Beglaubigung zugelassenen Zählersysteme.

(Das Systemzeichen ist ⌐1 für System 1.)

System	Firma	Art des Zählers		Typ	Beschreibung ETZ
1	Aron	Umschaltzähler	=	K, L, KG, LG	1903 S. 361
2	,,	,,	~, △	P, N, PW, ND	1905 S. 964
3	Schuckert & Co.	Motorzähler	=	GW, GWU, GB, GK	1903 S. 383
4	S&H, SSW	Flügelzähler	=		1904 S. 121
5	U. E. G. (A. E. G.)	Motorzähler	=	S, KF, P, P₁, LRa	1904 S. 333, 1911 S. 1211
6	,,	Induktionsz.	~	T	1905 S. 599
7	,,	,,	△	VD	1905 S. 599
8	Danubia A.-G.	O'Keenanzähler	=	Z	1904 S. 989
9	A. E. G.	Oscill. Motorz.	=	KG, G, GG	1905 S. 463
10	,,	Rotier. Motorz.	=	R	
11	,,	Magnet-Motorz.	=	RA, RAR, RAM	
12	Luxsche Industriewerke	Induktionsz.	~	FEM	1905 S. 600
13	,,	,,	△	FDS	1905 S. 600
14	Mix & Genest	Motorzähler	=	AG, AG₁, GAG₂, G₂, ZG	1905 S. 604, 1906 S. 525, 1909 S. 131, 1910 S. 731
15	SSW	Induktionszähler	=	W₂, W 2d, W 2dn	1905 S. 1134, 1907 S. 861, 1911 S. 517
16	Isaria	Motorzähler	=	BNR, NR, AR, RR, B	1906 S. 96
17	A. E. G.	Induktionszähler	~, △	KJ, DM, DO	1906 S. 497
18	,,	,,	△	D 1	1906 S. 497
19	Danubia	Induktionszähler	~	ACT	1906 S. 677
20	S&H, SSW	Induktionszähler	~	W, WJ	1906 S. 927
21	Bergmann	Motorzähler	=	BG, BGW	1907 S. 673
22	SSW	Induktionszähler	△	FU	1907 S. 716 1908, S. 812
23	,,	,,	~	W₁₀	1907 S. 861, 1911 S. 317,443
24	Isaria	Induktionszähler	~	TE, TEB₂, CE	1907 S. 991, 1909 S. 257, 1910 S. 402
25	Bergmann	Induktionszähler	~	BFM	1907 S. 1199
26	,,	,,	△	BDS	1907 S. 1199
27	A. E. G.	Induktionszähler	~, △	LJ, LM, LO, LJa, LMa, LOa	1908 S. 30, 1910 S. 37, 1910 S. 1188
28	F. G. L.	Magnet-Motorz.	=	AZ	1908 S. 213
29	SSW	Induktionszähler	△	D₂, D₄	1908 S. 812
30	Aron	Induktionszähler	~	AF	1908 S. 636

System	Firma	Art des Zählers		Typ	Beschreibung ETZ.
31	Mix & Genest	Induktionszähler	~	AW, KW, BW	1908 S. 864
32	,,	,,	△	HD, CD	1908 S. 864
33	SSW	Magnet-Motorz.	=	A₂	1908 S. 958
34	Isaria	Induktionszähler	△	TDS, TDS 2	1908 S. 1225, 1910 S. 402
35	Aron	Induktionszähler	△	AM	1908 S. 1249
36	F. G. L.	AstatischeMotorz.	=	KA, KB, KC, KD, KE	1909 S. 378
37	Ketterer Söhne	Motorzähler	=	D	1909 S. 36
38	Westinghouse	Induktionszähler	~	B	1909 S. 109
39	Isaria	Motorzähler	=	ER, BER₂	1909 S. 421
40	Bergmann	Induktionszähler	~, △	BE, BS	1909 S. 279
41	A. E. G.	Induktionszähler	△	D 3, D 4 i, D 4 a	1909 S. 925
42	Bergmann	Induktionszähler	△	BDU 3, BDU 4, BZUO, BZU 3, BZU 4	1909 S. 519
43	SSW	Motorzähler	=	G 4, G 5, G 6	1909 S. 751, 1910 S. 1116
44	Bergmann	Motorzähler	=	BR	1909 S. 805
45	Schott & Gen.	Elektrolytzähler	=	StiaHN, StiaFN	1909 S. 976
46	Ferranti	Quecksilbermotor- zähler	=	B	1909 S. 1100
47	,,	Induktionszähler	~, △	F, FM	1909 S. 1100
48	Isaria	Induktionszähler	~, △	TDU	1909 S. 1126
49	Keiser & Schmidt	Magnet-Motorz.	=	AG	1909 S. 1174
50	J. Busch	Magnet-Motorz.	=	GC	1909 S. 1242
51	Isaria	Magnet-Motorz.	=	CR	1910 S. 165
52	A. E. G.	Magnet-Motorz.	=	EC	1910 S. 452
53	Isaria	Induktionszähler	~	WE, E, EV, CWE, WDS, CWDS	1910 S. 402, 1911 S. 803
54	,,	,,	~	TG, WG	1910 S. 402
55	Solarzähler- werke	Quecksilbermotor- zähler	=	O, S	1910 S. 1095.
56	F. G. L.	, Motorzähler	=	EK, EKA	1910 S. 1166
57	SSW	Induktionszähler	△	D 5, D 5 n	1911 S. 86
58	,,	,,	△	D 6	
59	F. G. L.	Induktionszähler	~, △	WF, DGFn	1911 S. 112
60	F. G. L.	Induktionszähler	△	DUF	1911 S. 135
61	Isaria	Motorzähler	=	A, F	1911 S. 243
62	Aron	Motorzähler	=	BC	1911 S. 344
63	,,	Induktionszähler	~, △	BF, BFM, BFO	1911 S. 344
64	,,	,,	△	H	1911 S. 344
65	Keiser & Schmidt	Induktionszähler	~	WJ	1911 S. 390
66	Isaria	Induktionszähler	△	D, Z 3, Z 4, DO	1911 S. 803

Hierbei wurden folgende Abkürzungen benutzt:
~ Gleichstrom.
= einphasiger Wechselstrom.

△ Drehstrom.
Aron: Elektrizitätszählerfabrik H. Aron, Charlottenburg.
S&H: Aktiengesellschaft Siemens & Halske, Berlin.
SSW: Siemens-Schuckert-Werke, Nürnberg.
U. E. G.: Union Elektrizitäts-Gesellschaft, Berlin.
A. E. G.: Allgemeine Elektrizitäts-Gesellschaft, Berlin.
Danubia: Danubia, A.-G. für Gaswerks-Beleuchtungs- und Meßapparate, Wien
    und Straßburg i. E.
Luxsche Industriewerke: Luxsche Industriewerke A.-G. Ludwigshafen und
    München.
Mix & Genest: Mix & Genest, Telephon- und Telegraphenwerke, Berlin.
Isaria: Isaria-Zähler-Werke, G. m. b. H., München.
Bergmann: Bergmann-Elektrizitätswerke A.-G., Berlin.
F. G. L.: Felten & Guilleaume-Lahmeyerwerke A.-G. Frankfurt a. M.
Ketterer Söhne: B. Ketterer Söhne in Furtwangen (Baden).
Westinghouse: Westinghouse Elektrizitäts-Aktiengesellschaft, Berlin.
Schott & Gen.: Schott & Gen., Glaswerke in Jena.
Ferranti: Deutsche Ferranti-Zähler-Gesellschaft, Berlin.
Keiser & Schmidt: Keiser & Schmidt, Berlin-Charlottenburg.
J. Busch: Elektrizitätszählerfabrik J. Busch in Pinneberg.
Solarzählerwerke: Solarzählerwerke G. m. b. H. Hamburg.

6. Gesetz, betr. die Bestrafung der Entziehung elekt. Arbeit.

Vom 9. April 1900.

Reichsgesetzblatt S. 228. — Deutscher Reichsanzeiger Nr. 97 vom 23. April.

§ 1. Wer einer elektrischen Anlage oder Einrichtung fremde elektrische Arbeit mittels eines Leiters entzieht, der zur ordnungsmäßigen Entnahme von Arbeit aus der Anlage oder Einrichtung nicht bestimmt, ist, wird, wenn er die Handlung in der Absicht begeht, die elektrische Arbeit sich rechtswidrig zuzueignen, mit Gefängnis und mit Geldstrafe bis zu fünfzehnhundert Mark oder mit einer dieser Strafen bestraft.

Neben der Gefängnisstrafe kann auf Verlust der bürgerlichen Ehrenrechte erkannt werden.

Der Versuch ist strafbar.

§ 2. Wird die im § 1 bezeichnete Handlung in der Absicht begangen, einem anderen rechtswidrig Schaden zuzufügen, so ist auf Geldstrafe bis zu eintausend Mark oder auf Gefängnis bis zu zwei Jahren zu erkennen.

Die Verfolgung tritt nur auf Antrag ein.

7. Gesetz, betr. die Kosten der Prüfung überwachungsbedürftiger Anlagen

vom 21. März 1905 (preußisches Gesetz).

Gesetzsammlung S. 317. — ETZ 1905 S. 364.

§ 1. Soweit durch Polizeiverordnung des Oberpräsidenten, des Regierungspräsidenten (in Berlin des Polizeipräsidenten) oder des Oberbergamtes angeordnet wird, daß

1. Aufzüge,
2. Kraftfahrzeuge,
3. Dampffässer,
4. Gefäße für verdichtete und verflüssigte Gase,

5. Mineralwasserapparate,
6. Azetylenanlagen,
7. Elektrizitätsanlagen

durch Sachverständige vor der Inbetriebsetzung oder wiederholt während des Betriebes geprüft werden, kann in diesen Verordnungen den Besitzern die Verpflichtung auferlegt werden, die hierzu nötigen Arbeitskräfte und Vorrichtungen bereit zu stellen und die Kosten der Prüfungen zu tragen.

§ 2. Über Art und Umfang der in die Polizeiverordnungen aufzunehmenden Anlagen, sowie über die bei Prüfung dieser Anlagen anzuwendenden Grundsätze erläßt der zuständige Minister nach gutachtlicher Anhörung von Vertretern der Wissenschaft und Praxis allgemeine Anweisungen.

§ 3. Mitglieder von Vereinen zur Überwachung der in § 1 bezeichneten Anlagen, die den Nachweis führen, daß sie die Prüfungen mindestens in dem behördlich vorgeschriebenen Umfange durch anerkannte Sachverständige sorgfältig ausführen lassen, können durch den Minister für Handel und Gewerbe von den amtlichen Prüfungen ihrer Anlagen widerruflich befreit werden.

Die gleiche Vergünstigung kann einzelnen Besitzern derartiger Anlagen für deren Umfang gewährt werden, auch wenn sie einem Überwachungsverein nicht angehören.

§ 4. Die Kosten der Prüfungen können nach Tarifen berechnet werden, deren Festsetzung oder Genehmigung (§ 3 Absatz 1) den zuständigen Ministern vorbehalten bleibt.

§ 5. Die Beitreibung der gemäß § 4 amtlich festgesetzten Kosten der Prüfungen erfolgt im Verwaltungszwangsverfahren.

§ 6. Dieses Gesetz findet keine Anwendung auf solche Anlagen, die der staatlichen Aufsicht nach dem Gesetze über die Eisenbahnunternehmungen vom 3. November 1838 (Gesetzsamml. S. 505) oder nach dem Gesetze über Kleinbahnen und Privatanschlußbahnen vom 28. Juli 1892 (Gesetzsamml. S. 225) unterliegen.

§ 7. Die zuständigen Minister sind mit der Ausführung dieses Gesetzes beauftragt.

8. Gesetz über das Telegraphenwesen des Deutschen Reichs.
Vom 6. April 1892.
Reichsgesetzblatt S. 467. — Deutscher Reichsanzeiger Nr. 89 vom 12. April 1892.

§ 1. Das Recht, Telegraphenanlagen für die Vermittelung von Nachrichten zu errichten und zu betreiben, steht ausschließlich dem Reich zu. Unter Telegraphenanlagen sind die Fernsprechanlagen mitbegriffen.

§ 2. Die Ausübung des im § 1 bezeichneten Rechts kann für einzelne Strecken oder Bezirke an Privatunternehmer und muß an Gemeinden für den Verkehr innerhalb des Gemeindebezirks verliehen werden, wenn die nachsuchende Gemeinde die genügende Sicherheit für einen ordnungsmäßigen Betrieb bietet und das Reich eine solche Anlage weder errichtet hat, noch sich zur Errichtung und zum Betriebe einer solchen bereit erklärt.

Die Verleihung erfolgt durch den Reichskanzler oder die von ihm hierzu ermächtigten Behörden.

Die Bedingungen der Verleihung sind in der Verleihungsurkunde festzustellen.

§ 3. Ohne Genehmigung des Reiches können errichtet und betrieben werden:

1. Telegraphenanlagen, welche ausschließlich dem inneren Dienste von Landes- oder Kommunalbehörden, Deichkorporationen, Siel- und Entwässerungsverbänden gewidmet sind;

2. Telegraphenanlagen, welche von Transportanstalten auf ihren Linien ausschließlich zu Zwecken ihres Betriebes oder für die Vermittelung von Nachrichten innerhalb der bisherigen Grenzen benutzt werden;
3. Telegraphenanlagen
  a) innerhalb der Grenzen eines Grundstücks,
  b) zwischen mehreren, einem Besitzer gehörigen oder zu einem Betriebe vereinigten Grundstücken, deren keines von dem anderen über 25 Kilometer in der Luftlinie entfernt ist, wenn diese Anlagen ausschließlich für den der Benutzung der Grundstücke entsprechenden unentgeltlichen Verkehr bestimmt sind.

Elektrische Telegraphenanlagen, welche ohne metallische Verbindungsleitungen Nachrichten vermitteln, dürfen nur mit Genehmigung des Reichs errichtet und betrieben werden.

§ 3 a. Auf deutschen Fahrzeugen für Seefahrt oder Binnenschiffahrt dürfen Telegraphenanlagen, welche nicht ausschließlich zum Verkehr innerhalb des Fahrzeugs bestimmt sind, nur mit Genehmigung des Reichs errichtet und betrieben werden.

§ 3 b. Der Reichskanzler trifft die Anordnungen über den Betrieb von Telegraphenanlagen auf fremden Fahrzeugen für Seefahrt oder Binnenschiffahrt, welche sich in deutschen Hoheitsgewässern aufhalten.

§ 4. Durch die Landes-Zentralbehörde wird, vorbehaltlich der Reichsaufsicht (Art. 4 Ziff. 10 der Reichsverfassung), die Kontrolle darüber geführt, daß die Errichtung und der Betrieb der in § 3 bezeichneten Telegraphenanlagen sich innerhalb der gesetzlichen Grenzen halten.

§ 5. Jedermann hat gegen Zahlung der Gebühren das Recht auf Beförderung von ordnungsmäßigen Telegrammen und auf Zulassung zu einer ordnungsmäßigen telephonischen Unterhaltung durch die für den öffentlichen Verkehr bestimmten Anlagen.

Vorrechte bei der Benutzung der dem öffentlichen Verkehr dienenden Anlagen und Ausschließungen von der Benutzung sind nur aus Gründen des öffentlichen Interesses zulässig.

§ 6. Sind an einem Orte Telegraphenlinien für den Ortsverkehr, sei es von der Reichs-Telegraphenverwaltung, sei es von der Gemeindeverwaltung oder von einem anderen Unternehmer, zur Benutzung gegen Entgelt errichtet, so kann jeder Eigentümer eines Grundstücks gegen Erfüllung der von der jenen zu erlassenden und öffentlich bekannt zu machenden Bedingungen den Anschluß an das Lokalnetz verlangen.

Die Benutzung solcher Privatstellen durch Unbefugte gegen Entgelt ist unzulässig.

§ 7. Die für die Benutzung von Reichs-Telegraphen- und Fernsprechanlagen bestehenden Gebühren können nur auf Grund eines Gesetzes erhöht werden. Ebenso ist eine Ausdehnung der gegenwärtig bestehenden Befreiungen von solchen Gebühren nur auf Grund eines Gesetzes zulässig. Die Vorschrift des Abs. 1, Satz 1 findet auf Anlagen der im § 3, Abs. 2 bezeichneten Art erst vom 1. Juli 1913 ab Anwendung.

§ 8. Das Telegraphengeheimnis ist unverletzlich, vorbehaltlich der gesetzlich für strafgerichtliche Untersuchungen, im Konkurse und in zivilprozessualischen Fällen oder sonst durch Reichsgesetz festgestellten Ausnahmen. Dasselbe erstreckt sich auch darauf, ob und zwischen welchen Personen telegraphische Mitteilungen stattgefunden haben.

§ 9. Mit Geldstrafe bis zu eintausendfünfhundert Mark oder mit Haft oder mit Gefängnis bis zu sechs Monaten wird bestraft, wer vorsätzlich entgegen den Bestimmungen dieses Gesetzes eine Telegraphenanlage errichtet oder betreibt.

§ 10. Mit Geldstrafe bis zu einhundertfünfzig Mark wird bestraft, wer den in Gemäßheit des § 4 erlassenen Kontrollvorschriften zuwiderhandelt.

§ 11. Die unbefugt errichteten oder betriebenen Anlagen sind außer Betrieb zu setzen oder zu beseitigen. Den Antrag auf Einleitung des hierzu nach Maßgabe der Landesgesetzgebung erforderlichen Zwangsverfahrens stellt der Reichskanzler oder die vom Reichskanzler dazu ermächtigten Behörden.

Der Rechtsweg bleibt vorbehalten.

§ 12. Elektrische Anlagen sind, wenn eine Störung des Betriebes der einen Leitung durch die andere eingetreten oder zu befürchten ist, auf Kosten desjenigen Teiles, welcher durch eine spätere Anlage oder durch eine später eintretende Änderung seiner bestehenden Anlage diese Störung oder die Gefahr derselben veranlaßt, nach Möglichkeit so auszuführen, daß sie sich nicht störend beeinflussen.

§ 13. Die auf Grund der vorstehenden Bestimmung entstehenden Streitigkeiten gehören vor die ordentlichen Gerichte.

Das gerichtliche Verfahren ist zu beschleunigen (§§ 198, 202 bis 204 der Reichs-Zivilprozeßordnung). Der Rechtsstreit gilt als Feriensache (§ 202 des Gerichtsverfassungsgesetzes, § 201 der Reichs-Zivilprozeßordnung).

§ 14. Das Reich erlangt durch dieses Gesetz keine weitergehenden als die bisher bestehenden Ansprüche auf die Verfügung über fremden Grund und Boden, insbesondere über öffentliche Wege und Straßen.

§ 15. Die Bestimmungen dieses Gesetzes gelten für Bayern und Württemberg mit der Maßgabe, daß für ihre Gebiete die für das Reich festgestellten Rechte diesen Bundesstaaten zustehen, und daß die Bestimmungen des § 7 auf den inneren Verkehr dieser Bundesstaaten keine Anwendung finden.

9. Das Telegraphenwegegesetz
vom 18. Dezember 1899.

Reichsgesetzblatt S. 705. — Deutscher Reichsanzeiger Nr. 304 vom 27. Dezember 1899.

§ 1. Die Telegraphenverwaltung ist befugt, die Verkehrswege für ihre zu öffentlichen Zwecken dienenden Telegraphenlinien zu benutzen, soweit nicht dadurch der Gemeingebrauch der Verkehrswege dauernd beschränkt wird. Als Verkehrswege im Sinne des Gesetzes gelten, mit Einschluß des Luftraumes und des Erdkörpers, die öffentlichen Wege, Plätze, Brücken und die öffentlichen Gewässer nebst dem öffentlichen Gebrauche dienenden Ufern.

Unter Telegraphenlinien sind die Fernsprechlinien mitbegriffen. ·

§ 2. Bei der Benutzung der Verkehrswege ist eine Erschwerung ihrer Unterhaltung und eine vorübergehende Beschränkung ihres Gemeingebrauches nach Möglichkeit zu vermeiden.

Wird die Unterhaltung erschwert, so hat die Telegraphenverwaltung dem Unterhaltungspflichtigen die aus der Erschwerung erwachsenden Kosten zu ersetzen.

Nach Beendigung der Arbeiten an der Telegraphenlinie hat die Telegraphenverwaltung den Verkehrsweg sobald als möglich wieder instandzusetzen, sofern nicht der Unterhaltungspflichtige erklärt hat, die Instandsetzung selbst vornehmen zu wollen. Die Telegraphenverwaltung hat dem Unterhaltungspflichtigen die Auslagen für die von ihm vorgenommene Instandsetzung zu vergüten und den durch die Arbeiten an der Telegraphenlinie entstandenen Schaden zu ersetzen.

§ 3. Ergibt sich nach der Errichtung einer Telegraphenlinie, daß sie den Gemeingebrauch eines Verkehrsweges, und zwar nicht nur vorübergehend, beschränkt oder die Vornahme der zu seiner Unterhaltung erforderlichen Arbeiten verhindert oder der Ausführung einer von dem Unterhaltungspflichtigen beabsichtigten Änderung des Verkehrsweges entgegensteht, so ist die Telegraphenlinie, soweit erforderlich, abzuändern oder gänzlich zu beseitigen.

Soweit ein Verkehrsweg eingezogen wird, erlischt die Befugnis der Telegraphenverwaltung zu seiner Benutzung.

In allen diesen Fällen hat die Telegraphenverwaltung die gebotenen Änderungen an der Telegraphenlinie auf ihre Kosten zu bewirken.

§ 4. Die Baumpflanzungen auf und an den Verkehrswegen sind nach Möglichkeit zu schonen, auf das Wachstum der Bäume ist tunlichst Rücksicht zu nehmen. Ausästungen können nur insoweit verlangt werden, als sie zur Herstellung der Telegraphenlinien oder zur Verhütung von Betriebsstörungen erforderlich sind; sie sind auf das unbedingt notwendige Maß zu beschränken.

Die Telegraphenverwaltung hat dem Besitzer der Baumpflanzungen eine angemessene Frist zu setzen, innerhalb welcher er die Ausästungen selbst vornehmen kann. Sind die Ausästungen innerhalb der Frist nicht oder nicht genügend vorgenommen, so bewirkt die Telegraphenverwaltung die Ausästungen. Dazu ist sie auch berechtigt, wenn es sich um die dringliche Verhütung oder Beseitigung einer Störung handelt.

Die Telegraphenverwaltung ersetzt den an den Baumpflanzungen verursachten Schaden und die Kosten der auf ihr Verlangen vorgenommenen Ausästungen.

§ 5. Die Telegraphenlinien sind so auszuführen, daß sie vorhandene besondere Anlagen (der Wegeunterhaltung dienende Einrichtungen, Kanalisations-, Wasser-, Gasleitungen, Schienenbahnen, elektrische Anlagen u. dgl.) nicht störend beeinflussen. Die aus der Herstellung erforderlicher Schutzvorkehrungen erwachsenden Kosten hat die Telegraphenverwaltung zu tragen.

Die Verlegung oder Veränderung vorhandener besonderer Anlagen kann nur gegen Entschädigung und nur dann verlangt werden, wenn die Benutzung des Verkehrsweges für die Telegraphenlinie sonst unterbleiben müßte und die besondere Anlage anderweit ihrem Zwecke entsprechend untergebracht werden kann.

Auch beim Vorhandensein dieser Voraussetzungen hat die Benutzung des Verkehrsweges für die Telegraphenlinie zu unterbleiben, wenn der aus der Verlegung oder Veränderung der besonderen Anlage entstehende Schaden gegenüber den Kosten, welche der Telegraphenverwaltung aus der Benutzung eines anderen ihr zur Verfügung stehenden Verkehrsweges erwachsen, unverhältnismäßig groß ist.

Diese Vorschriften finden auf solche in der Vorbereitung befindliche besondere Anlagen, deren Herstellung im öffentlichen Interesse liegt, entsprechende Anwendung. Eine Entschädigung auf Grund des Abs. 2 wird nur bis zu dem Betrage der Aufwendungen gewährt, die durch die Vorbereitung entstanden sind. Als in der Vorbereitung begriffen gelten Anlagen, sobald sie auf Grund eines im einzelnen ausgearbeiteten Planes die Genehmigung des Auftraggebers und, soweit erforderlich, die Genehmigungen der zuständigen Behörden und des Eigentümers oder des sonstigen Nutzungsberechtigten des in Anspruch genommenen Weges erhalten haben.

§ 6. Spätere besondere Anlagen sind nach Möglichkeit so auszuführen, daß sie die vorhandenen Telegraphenlinien nicht störend beeinflussen.

Dem Verlangen der Verlegung oder Veränderung einer Telegraphenlinie muß auf Kosten der Telegraphenverwaltung stattgegeben werden, wenn sonst die Herstellung einer späteren besonderen Anlage unterbleiben müßte oder wesentlich erschwert werden würde, welche aus Gründen des öffentlichen Interesses, insbesondere aus volkswirtschaftlichen oder Verkehrsrücksichten von den Wegeunterhaltungspflichtigen oder unter überwiegender Beteiligung eines oder mehrerer derselben zur Ausführung gebracht werden soll. Die Verlegung einer nicht lediglich dem Orts-, Vororts- oder Nachbarortsverkehr dienenden Telegraphenlinie kann nur dann verlangt werden, wenn die Telegraphenlinie ohne Aufwendung unverhältnismäßig hoher Kosten anderweitig ihrem Zwecke entsprechend untergebrach werden kann.

Muß wegen einer solchen späteren besonderen Anlage die schon vorhandene Telegraphenlinie mit Schutzvorkehrungen versehen werden, so sind die dadurch entstehenden Kosten von der Telegraphenverwaltung zu tragen.

Überläßt ein Wegeunterhaltungspflichtiger seinen Anteil einem nicht unterhaltungspflichtigen Dritten, so sind der Telegraphenverwaltung die durch die Verlegung oder Veränderung oder durch die Herstellung der Schutzvorkehrungen erwachsenden Kosten, soweit sie auf dessen Anteil fallen, zu erstatten.

Die Unternehmer anderer als der in Abs. 2 bezeichneten besonderen Anlagen haben die aus der Verlegung oder Veränderung der vorhandenen Telegraphenlinien oder aus der Herstellung der erforderlichen Schutzvorkehrungen an solchen erwachsenden Kosten zu tragen.

Auf spätere Änderungen vorhandener besonderer Anlagen finden die Vorschriften der Abs. 1 bis 5 entsprechende Anwendung.

§ 7. Vor der Benutzung eines Verkehrsweges zur Ausführung neuer Telegraphenlinien oder wesentlicher Änderungen vorhandener Telegraphenlinien hat die Telegraphenverwaltung einen Plan aufzustellen. Der Plan soll die in Aussicht genommene Richtungslinie, den Raum, welcher für die oberirdischen oder unterirdischen Leitungen in Anspruch genommen wird, bei oberirdischen Linien auch die Entfernung der Stangen voneinander und deren Höhe, soweit dies möglich ist, angeben.

Der Plan ist, sofern die Unterhaltungspflicht an dem Verkehrsweg einem Bundesstaat, einem Kommunalverband oder einer anderen Körperschaft des öffentlichen Rechtes obliegt, dem Unterhaltungspflichtigen, andernfalls der unteren Verwaltungsbehörde mitzuteilen; diese hat, soweit tunlich, die Unterhaltungspflichtigen von dem Eingange des Planes zu benachrichtigen. Der Plan ist in allen Fällen, in denen die Verlegung oder Veränderung einer der im § 5 bezeichneten Anlagen verlangt wird oder die Störung einer solchen Anlage zu erwarten ist, dem Unternehmer der Anlage mitzuteilen.

Außerdem ist der Plan bei den Post- und Telegraphenämtern, soweit die Telegraphenlinie deren Bezirke berührt, auf die Dauer von vier Wochen öffentlich auszulegen. Die Zeit der Auslegung soll mindestens in einer der Zeitungen, welche im betreffenden Bezirk zu den Veröffentlichungen der unteren Verwaltungsbehörden dienen, bekannt gemacht werden. Die Auslegung kann unterbleiben, soweit es sich lediglich um die Führung von Telegraphenlinien durch den Luftraum über den Verkehrswegen handelt.

§ 8. Die Telegraphenverwaltung ist zur Ausführung des Planes befugt, wenn nicht gegen diesen von den Beteiligten binnen vier Wochen bei der Behörde, welche den Plan ausgelegt hat, Einspruch erhoben wird.

Die Einspruchsfrist beginnt für diejenigen, denen der Plan gemäß den Vorschriften des § 7 Abs. 2 mitgeteilt ist, mit der Zustellung, für andere Beteiligte mit der öffentlichen Auslegung.

Der Einspruch kann nur darauf gestützt werden, daß der Plan eine Verletzung der Vorschriften der §§ 1 bis 5 dieses Gesetzes oder der auf Grund des § 18 erlassenen Anordnungen enthält.

Über den Einspruch entscheidet die höhere Verwaltungsbehörde. Gegen die Entscheidung findet, sofern die höhere Verwaltungsbehörde nicht zugleich Landes-Zentralbehörde ist, binnen einer Frist von zwei Wochen nach der Zustellung die Beschwerde an die Landes-Zentralbehörde statt. Die Landes-Zentralbehörde hat in allen Fällen vor der Entscheidung die Zentral-Telegraphenbehörde zu hören. Auf Antrag der Telegraphenverwaltung kann die Entscheidung der höheren Verwaltungsbehörde für vorläufig vollstreckbar erklärt werden. Wird eine für vorläufig vollstreckbar erklärte Entscheidung aufgehoben oder abgeändert, so ist die Telegraphenverwaltung zum Ersatze des Schadens verpflichtet, der dem Gegner durch die Ausführung der Telegraphenlinie entstanden ist.

§ 9. Auf Verlangen der Landes-Zentralbehörde ist den von ihr bezeichneten öffentlichen Behörden Kenntnis von dem Plane durch Mitteilung einer Abschrift zu geben.

§ 10. Wird ohne wesentliche Änderung vorhandener Telegraphenlinien die Überschreitung des in dem ursprünglichen Plane für die Leitungen in Anspruch genommenen Raumes beabsichtigt und ist davon eine weitere Beeinträchtigung der Baumpflanzungen durch Ausästungen zu befürchten, so ist den Eigentümern der Baumpflanzungen vor der Ausführung Gelegenheit zur Wahrnehmung ihrer Interessen zu geben.

§ 11. Die Reichs-Telegraphenverwaltung kann die Straßenbau- und Polizeibeamten mit der Beaufsichtigung und vorläufigen Wiederherstellung der Telegraphenleitungen nach näherer Anweisung der Landes-Zentralbehörde beauftragen: sie hat dafür den Beamten im Einvernehmen mit der ihnen vorgesetzten Behörde eine besondere Vergütung zu zahlen.

§ 12. Die Telegraphenverwaltung ist befugt, Telegraphenlinien durch den Luftraum über Grundstücken, die nicht Verkehrswege im Sinne des Gesetzes sind, zu führen, soweit nicht dadurch die Benutzung des Grundstückes nach den zur Zeit der Herstellung der Anlage bestehenden Verhältnissen wesentlich beeinträchtigt wird. Tritt später eine solche Beeinträchtigung ein, so hat die Telegraphenverwaltung auf ihre Kosten die Leitungen zu beseitigen.

Beeinträchtigungen in der Benutzung eines Grundstückes, welche ihrer Natur nach lediglich vorübergehend sind, stehen der Führung der Telegraphenlinien durch den Luftraum nicht entgegen; doch ist der entstehende Schaden zu ersetzen. Ebenso ist für Beschädigungen des Grundstücks und seines Zubehörs, die infolge der Führung der Telegraphenlinien durch den Luftraum eintreten, Ersatz zu leisten.

Die Beamten und Beauftragten der Telegraphenverwaltung, welche sich als solche ausweisen, sind befugt, zur Vornahme notwendiger Arbeiten an Telegraphenlinien, insbesondere zur Verhütung und Beseitigung von Störungen, die Grundstücke nebst den darauf befindlichen Baulichkeiten und deren Dächern mit Ausnahme der abgeschlossenen Wohnräume während der Tagesstunden nach vorheriger schriftlicher Ankündigung zu betreten. Der dadurch entstehende Schaden ist zu ersetzen.

§ 13. Die auf den Vorschriften dieses Gesetzes beruhenden Ersatzansprüche verjähren in zwei Jahren. Die Verjährung beginnt mit dem Schlusse des Jahres, in welchem der Anspruch entstanden ist.

Ersatzansprüche aus den §§ 2, 4, 5 und 6 sind bei der von der Landes-Zentralbehörde bestimmten Verwaltungsbehörde geltend zu machen. Diese setzt die Entschädigung vorläufig fest.

Gegen die Entscheidung der Verwaltungsbehörde steht binnen einer Frist von einem Monat nach der Zustellung des Bescheides die gerichtliche Klage zu.

Für alle anderen Ansprüche steht der Rechtsweg sofort offen.

§ 14. Die Bestimmung darüber, welche Behörden in jedem Bundesstaat untere und höhere Verwaltungsbehörden im Sinne dieses Gesetzes sind, steht der Landes-Zentralbehörde zu.

§ 15. Die bestehenden Vorschriften und Vereinbarungen über die Rechte der Telegraphenverwaltung zur Benutzung des Eisenbahngeländes werden durch dieses Gesetz nicht berührt.

§ 16. Telegraphenverwaltung im Sinne dieses Gesetzes ist die Reichs-Telegraphenverwaltung, die Königlich bayerische und die Königlich württembergische Telegraphenverwaltung.

§ 17. Die Vorschriften dieses Gesetzes finden auf Telegraphenlinien, welche die Militärverwaltung oder Marineverwaltung für ihre Zwecke herstellen läßt, entsprechende Anwendung.

§ 18. Unter Zustimmung des Bundesrates kann der Reichskanzler Anordnungen treffen;

1. über das Maß der Ausästungen;
2. darüber, welche Änderungen der Telegraphenlinien im Sinne des § 7 Abs. 1 als wesentlich anzusehen sind;
3. über die Anforderungen, welche an den Plan auf Grund des § 7 Abs. 1 im einzelnen zu stellen sind;
4. über die unter Zuziehung der Beteiligten vorzunehmenden Ortsbesichtigungen und über die dabei entstehenden Kosten;
5. über das Einspruchsverfahren und die dabei entstehenden Kosten;
6. über die Höhe der den Straßenbau- und Polizeibeamten zu gewährenden Vergütungen für die im Interesse der Reichs-Telegraphenverwaltung geforderten Dienstleistungen.

§ 19. Dieses Gesetz tritt am 1. Januar 1900 in Kraft.

Auf die vorhandenen, zu öffentlichen Zwecken dienenden Linien der Telegraphenverwaltung (§§ 16 und 17) findet dieses Gesetz Anwendung, soweit nicht entgegenstehende besondere Vereinbarungen getroffen sind.

10. Ausführungsbestimmungen des Reichskanzlers zum Telegraphenwegegesetz
vom 26. Januar 1900.

Reichsgesetzblatt S. 7. — Deutscher Reichsanzeiger Nr. 30 vom 1. Februar 1900.

1. Die Ausästungen sind in dem Maße zu bewirken, daß die Baumpflanzungen mindestens 60 Zentimeter nach allen Richtungen von den Leitungen entfernt sind. Ausästungen über die Entfernung von 1 Meter im Umkreise der Leitungen können nicht verlangt werden. Innerhalb dieser Grenzen sind die Ausästungen so weit vorzunehmen, als zur Sicherung des Telegraphenbetriebs erforderlich ist.

2. Wesentliche Änderungen der Telegraphenlinien im Sinne des § 7 Abs. 1 sind:

A. bei oberirdischen Linien, für deren Stützpunkte die Verkehrswege benutzt werden,

die Umwandelung einer Linie mit einfachen Gestängen in eine solche mit Doppelgestängen,

die erstmalige Ausrüstung des Gestänges mit Querträgern, wenn diese weiter als 60 Zentimeter von der Stange seitlich ausladen,

die Änderungen der Richtungslinie, insbesondere die Umlegung der Linie von der einen auf die andere Seite des Verkehrswegs;

B. bei oberirdischen Linien, welche die Verkehrswege nur im Luftraum überschreiten,

die Änderungen der Richtungslinie.

Beschränken sich die unter A und B bezeichneten Änderungen auf einzelne Stützpunkte, so sind sie als wesentliche nicht anzusehen.

C. bei unterirdischen Linien,

die Vermehrung, Vergrößerung oder Umlegung der zur Aufnahme der Kabel dienenden Kanäle,

die Vermehrung oder Umlegung der unmittelbar in den Erdboden eingebetteten Kabel.

Umlegungen auf kurzen Strecken, welche mit Zustimmung des Wegeunterhaltungspflichtigen sowie der Unternehmer der von der Umlegung betroffenen besonderen Anlagen geschehen, sind als wesentliche Änderungen nicht anzusehen.

3. Der nach § 7 Abs. 1 aufzustellende Plan soll im einzelnen folgenden Anforderungen entsprechen:

Er soll eine Wegezeichnung im Maßstabe von mindestens 1 : 50 000 enthalten, in welche die Richtung der Telegraphenlinie eingetragen ist und aus der sich erkennen läßt, welcher Teil des Verkehrswegs benutzt werden soll. Ferner sind in dem Plane anzugeben:

A. bei oberirdischen Linien, für deren Stützpunkte die Verkehrswege benutzt werden,

der mittlere Stangenabstand,

die für die Linie, oder für deren einzelne Teile in Aussicht genommenen Stangenlängen,

das Stangenbild,

bei Kreuzungen der Wege die Mindesthöhe des untersten Drahtes über der überfläche des Verkehrswegs, im übrigen die Mindesthöhe des untersten Drahtes Ober dem Fußpunkte der Stange;

B. bei oberirdischen Linien, welche die Verkehrswege nur im Luftraum überschreiten,

die Bezeichnung der beiden seitlichen Stützpunkte,

deren Stangenbild,

die Mindesthöhe des untersten Drahtes über der Oberfläche des Verkehrswegs;

C. bei unterirdischen Linien,

die Tiefe des Kabellagers unter der Oberfläche des Verkehrswegs,

die Art und Größe der zur Einbettung der Kabel etwa herzustellenden Kanäle.

Wird die Umlegung oder Veränderung vorhandener oder solcher in der Vorbereitung befindlicher besonderer Anlagen verlangt, deren Herstellung im öffentlichen Interesse liegt, so ist in dem Plane darauf hinzuweisen.

Die Behörde, welche den Plan auslegt, hat ihn mit ihrer Unterschrift zu versehen. Die Post- oder Telegraphenämter, bei welchen der Plan ausgelegt wird, haben den ersten Tag der Auslegung auf dem Plane zu vermerken.

4. Die Telegraphenverwaltung hat vor der Feststellung des Planes auf Verlangen eines der Beteiligten, welchen nach § 7 Abs. 2 der Plan besonders mitzuteilen ist, bei einer Ortsbesichtigung mitzuwirken. Die Kosten der Ortsbesichtigung trägt die Telegraphenverwaltung.

Den Beteiligten wird für ihr Erscheinen oder für ihre Vertretung vor der Behörde eine Entschädigung nicht gewährt.

5. Für das Einspruchsverfahren gelten folgende Bestimmungen:

A. Der Einspruch ist schriftlich oder zu Protokoll zu erklären. Die Einspruchsschrift soll die zur Begründung des Einspruchs dienenden Tatsachen enthalten.

Zur Entgegennahme des Einspruchs sind an Stelle der Behörde, die den Plan ausgelegt hat, auch die Post- und Telegraphenämter ermächtigt, bei denen der Plan ausgelegt ist.

B. Nach Ablauf der Einspruchsfrist werden die Einsprüche gegen den Plan, sofern dies die Behörde, die den Plan ausgelegt hat, zur Aufklärung der Sachlage oder zur Herbeiführung einer Verständigung für zweckdienlich erachtet, in einem Termine vor einem Beauftragten der genannten Behörde erörtert.

C. Zu dem Termine werden diejenigen, welche Einspruch erhoben haben, vorgeladen.

Denjenigen, welchen der Plan gemäß § 7 Abs. 2 mitgeteilt ist, wird von dem Termine Kenntnis gegeben.

Die Erschienenen werden mit ihren Erklärungen zu Protokoll gehört.

Der Beauftragte hat die Verhandlungen nach ihrem Abschlusse der Behörde, die den Plan ausgelegt hat, einzureichen.

D. Die Behörde, die den Plan ausgelegt hat, übersendet die Verhandlungen, sofern die erhobenen Einsprüche nicht zurückgenommen sind, der höheren Verwaltungsbehörde.

E. Die höhere Verwaltungsbehörde entscheidet auf Grund der ihr übersandten Verhandlungen und des Ergebnisses der etwa weiter von ihr angestellten Ermittelungen.

Sie hat ihre Entscheidung der Behörde, die den Plan ausgelegt hat, sowie denjenigen, welche Einspruch erhoben haben, zuzustellen.

F. Die Beschwerde ist bei der höheren Verwaltungsbehörde, deren Entscheidung angefochten werden soll, oder bei der Landes-Zentralbehörde schriftlich einzulegen und zu rechtfertigen.

G. Zustellungen erfolgen unter entsprechender Anwendung der §§ 208 bis 213 der Zivilprozeßordnung (Reichs-Gesetzbl. 1898 S. 410 ff.).

H. Die in dem Einspruchsverfahren zugezogenen Zeugen und Sachverständigen erhalten Gebühren nach Maßgabe der Gebührenordnung für Zeugen und Sachverständige (Reichs-Gesetzbl. 1898 S. 689 ff.).

J. Im Einspruchsverfahren kommen Gebühren und Stempel nicht zum Ansatze.

Die durch unbegründete Einwendungen erwachsenen Kosten fallen demjenigen zur Last, der sie verursacht hat; die übrigen Kosten trägt die Telegraphenverwaltung. Die Bestimmung der Nr. 4 Abs. 2 findet Anwendung.

K. Im Einspruchsverfahren ist von Amts wegen über die Verpflichtung zur Tragung der entstandenen Kosten und über die Höhe der zu erstattenden Beträge zu entscheiden.

Die Kosten werden durch Vermittelung der höheren Verwaltungsbehörde in derselben Weise beigetrieben wie Gemeindeabgaben.

L. Das Einspruchsverfahren ist in allen Instanzen als schleunige Angelegenheit zu behandeln.

6. Soweit den Straßenbau- und Polizeibeamten die Beaufsichtigung und die vorläufige Wiederherstellung der Reichs-Telegraphenleitungen übertragen wird, erhalten sie dafür eine Vergütung von 3 Mark bis 4 Mark für das Jahr und das Kilometer Linie. Für die Ermittelung der Täter vorsätzlicher oder fahrlässiger Beschädigungen der Reichs-Telegraphenlinien erhalten die Straßenbau- und Polizeibeamten Belohnungen bis zur Höhe von 15 Mark.

II. Verpflichtungen der Eisenbahnverwaltungen im Interesse der Reichs-Telegraphenverwaltung.

(Beschluß des Bundesrates vom 21. Dezember 1868.)

1. Die Eisenbahnverwaltung hat die Benutzung des Eisenbahnterrains, welches außerhalb des vorschriftsmäßigen freien Profils liegt und soweit es nicht zu Seitengräben, Einfriedigungen usw. benutzt wird, zur Anlage von oberirdischen und unterirdischen Bundes-Telegraphenlinien unentgeltlich zu gestatten. Für die oberirdischen Telegraphenlinien soll tunlichst entfernt von den Bahngleisen nach Bedürfnis eine einfache oder doppelte Stangenreihe auf der einen Seite des Bahnplanums aufgestellt werden, welche von der Eisenbahnverwaltung zur Befestigung ihrer Telegraphenleitungen unentgeltlich mitbenutzt werden darf. Zur Anlage der unterirdischen Telegraphenlinien soll in der Regel diejenige Seite des Bahnterrains benutzt werden, welche von den oberirdischen Linien im allgemeinen nicht verfolgt wird.

Der erste Trakt der Bundes-Telegraphenlinien wird von der Bundes-Telegraphenverwaltung und der Eisenbahnverwaltung gemeinschaftlich festgesetzt. Änderungen, welche durch den Betrieb der Bahnen nachweislich geboten sind, erfolgen auf Kosten der Bundes-Telegraphenverwaltung bzw. der Eisenbahn;

die Kosten werden nach Verhältnis der beiderseitigen Anzahl Drähte repartiert. Über anderweite Veränderungen ist beiderseitiges Einverständnis erforderlich und werden dieselben für Rechnung desjenigen Teiles ausgeführt, von welchem dieselben ausgegangen sind.

2. Die Eisenbahnverwaltung gestattet den mit der Anlage und Unterhaltung der Bundes-Telegraphenlinien beauftragten und hierzu legitimierten Telegraphenbeamten und deren Hilfsarbeitern behufs Ausführung ihrer Geschäfte das Betreten der Bahn unter Beachtung der bahnpolizeilichen Bestimmungen, auch zu gleichem Zwecke diesen Beamten die Benutzung eines Schaffnersitzes oder Dienstkupees auf allen Zügen einschließlich der Güterzüge gegen Lösung von Fahrkarten der III. Wagenklasse.

3. Die Eisenbahnverwaltung hat den mit der Anlage und Unterhaltung der Bundes-Telegraphenlinien beauftragten und legitimierten Telegraphenbeamten auf deren Requisition zum Transport von Leitungsmaterialien die Benutzung von Bahnmeisterwagen, unter bahnpolizeilicher Aufsicht gegen eine Vergütung von 5 Sgr. pro Wagen und Tag und von 20 Sgr. pro Tag der Aufsicht zu gestatten.

4. Die Eisenbahnverwaltung hat die Bundes-Telegraphenanlagen an der Bahn gegen eine Entschädigung bis zur Höhe von 10 Tlrn. pro Jahr und Meile durch ihr Personal bewachen und in Fällen der Beschädigung nach Anleitung der von der Bundes-Telegraphenverwaltung erlassenen Instruktion provisorisch wieder herstellen, auch von jeder wahrgenommenen Störung der Linien der nächsten Bundes-Telegraphenstation Anzeige machen zu lassen.

5. Die Eisenbahnverwaltung hat die Lagerung der zur Unterhaltung der Linien erforderlichen Vorräte von Stangen auf den dazu geeigneten Bahnhöfen unentgeltlich zu gestatten und diese Vorräte ebenmäßig von ihrem Personal bewachen zu lassen.

6. Die Eisenbahnverwaltung hat bei vorübergehenden Unterbrechungen und Störungen des Bundes-Telegraphen alle Depeschen der Bundes-Telegraphenverwaltung mittels ihres Telegraphen, soweit derselbe nicht für den Eisenbahnbetriebsdienst in Anspruch genommen ist, unentgeltlich zu befördern, wofür die Bundes-Telegraphenverwaltung in der Beförderung von Eisenbahn-Dienstdepeschen Gegenseitigkeit ausüben wird.

7. Die Eisenbahnverwaltung hat ihren Betriebstelegraphen auf Erfordern des Bundeskanzleramts dem Privat-Depeschenverkehr nach Maßgabe der Bestimmungen der Telegraphenordnung für die Korrespondenz auf den Telegraphenlinien des Norddeutschen Bundes zu eröffnen.

8. Über die Ausführung der Bestimmungen unter 1 bis einschließlich 6 wird das Nähere zwischen der Bundes-Telegraphenverwaltung und der Eisenbahnverwaltung schriftlich vereinbart.

12. Vertrag zwischen der Reichs-Post- und Telegraphenverwaltung und der Preußischen Staats-Eisenbahnverwaltung.

Vom $\dfrac{8.\ \text{September}}{28.\ \text{August}}$ 1888.

(gekürzt.)

§ 1. Die Königlich Preußischen Staatsbahnen gestatten der Reichs-Post-und Telegraphenverwaltung die unentgeltliche Benutzung des Bahngeländes der jeweilig von ihnen für eigene Rechnung verwalteten Eisenbahnen zur Anlage von Reichs-Telegraphenlinien, sowohl ober- als unterirdischer, soweit das Bahngelände außerhalb des Normalprofils des lichten Raumes liegt und nicht zu Seitengräben, Einfriedigungen und sonstigen für die Bahn notwendigen Anstalten benutzt wird.

Für die oberirdischen Telegraphenlinien soll tunlichst entfernt von den Bahngleisen nach Bedürfnis eine einfache oder doppelte Stangenreihe auf der einen
Seite des Bahnplanums aufgestellt werden, welche von der Eisenbahnverwaltung
zur Befestigung ihrer Telegraphenleitungen unentgeltlich mitbenutzt werden darf.
Zur Anlage der unterirdischen Telegraphenlinien soll in der Regel diejenige Seite
der Bahn benutzt werden, welche von den oberirdischen Linien im allgemeinen
nicht verfolgt wird.

Bezüglich der Lagestelle der Kabel findet gegenseitige Vereinbarung statt.

Die Führung der Reichs-Telegraphenlinien wird von der Reichs-Post- und
Telegraphenverwaltung und der Staatseisenbahnverwaltung gemeinsam festgesetzt.
Änderungen, welche durch den Betrieb der Bahnen nachweislich geboten sind,
erfolgen auf Kosten der Reichs-Post- und Telegraphenverwaltung und der Staats-
Eisenbahnverwaltung nach Verhältnis der hierbei in Frage stehenden beiderseitigen
Anzahl Drähte. Über anderweite Veränderungen ist beiderseitiges Einverständnis
erforderlich. Dieselben werden von der Reichs-Telegraphenverwaltung für Rech-
nung desjenigen Teiles ausgeführt, von welchem sie ausgegangen sind.

§ 2. Die Staats-Eisenbahnverwaltung überläßt das Eigentumsrecht an den
vorhandenen Gestängen der Reichs-Post- und Telegraphenverwaltung, sobald
die letztere an diesen Gestängen Reichs-Telegraphenleitungen anlegen will, gegen
Erstattung des von beiderseitigen Bevollmächtigten gemeinschaftlich zu ermittelnden Zeitwertes und unter der Bedingung, daß die Gestänge von der Reichs-Post-
und Telegraphenverwaltung auf deren alleinige Kosten unterhalten, von der
Eisenbahnverwaltung aber mit der für sie notwendigen Anzahl Leitungen unentgeltlich mitbenutzt werden.

Bei Herstellung neuer Bahnlinien wird die Staats-Eisenbahnverwaltung der
Reichs-Post- und Telegraphenverwaltung den Beginn des Baues der einzelnen
Strecken und den Zeitpunkt, bis zu welchem die Fertigstellung in Aussicht ge-
nommen ist, rechtzeitig mitteilen.

Die Reichs-Post- und Telegraphenverwaltung hat sich darauf zu erklären,
ob sie die neuen Bahnstrecken zur Anlage von Reichs-Telegraphenlinien benutzen
will, und sichert für diesen Fall die rechtzeitige Aufstellung des Gestänges zu,
so daß mit Eröffnung des Betriebes der Eisenbahn auch der Bahntelegraph benutzt werden kann.

§ 3. Falls die Reichs-Post- und Telegraphenverwaltung die Benutzung eines
in ihrem Eigentum befindlichen, von beiden Verwaltungen gemeinschaftlich benutzten Gestänges aufgeben sollte, so daß das Gestänge nur den Zwecken der
Staats-Eisenbahnverwaltung zu dienen haben würde, wird letztere denjenigen
Teil des Gestänges, dessen sie für ihre Zwecke bedarf, gegen Erstattung des von
beiderseitigen Bevollmächtigten gemeinschaftlich zu ermittelnden Zeitwertes als
Eigentum erwerben, oder bis zu einem zwischen beiden vertragschließenden
Verwaltungen zu vereinbarenden Zeitpunkte für ihre Leitungen ein eigenes Ge-
stänge für ihre alleinige Rechnung herstellen und unterhalten. Soweit die Staats-
Eisenbahnverwaltung das Gestänge nicht ganz oder teilweise übernimmt, wird
es auf Kosten der Reichs-Post- und Telegraphenverwaltung von dieser beseitigt.

Die Reichs-Post- und Telegraphenverwaltung ist berechtigt, auf ein und
derselben Seite der Bahn nach Bedürfnis zwei parallele Stangenreihen aufzustellen, welche durch Verkuppelung tunlichst fest zu verbinden sind. Sollten die
örtlichen Verhältnisse an einzelnen Stellen die Anlage einer doppelten Stangenreihe nicht gestatten, so bleibt den beiderseitigen technischen Bevollmächtigten
die Vereinbarung über eine anderweite Führung der Leitungen an diesen Stellen
überlassen.

§ 4. Die Stangen werden nach den von der obersten Telegraphenbehörde
vorgeschriebenen Grundsätzen auf alleinige Kosten der Reichs-Post- und Tele-

graphenverwaltung beschafft, aufgestellt und unterhalten. Sie dienen beiden Verwaltungen gemeinschaftlich zur Anbringung ihrer Drahtleitungen.

Die Plätze zur Anbringung der Bahnleitungen werden von der Reichs-Post- und Telegraphenverwaltung nach Anhörung und unter möglichster Berücksichtigung der Wünsche der Staats-Eisenbahnverwaltung bestimmt. Dieselben sollen, soweit tunlich, auf der den Bahngleisen zugekehrten Seite der Stangen und nicht niedriger als 2 m über der Erde angelegt werden.

§ 5. Jeder Verwaltung bleibt die Wahl, Beschaffung und Anbringung ihrer Isoliervorrichtungen und Drahtleitungen überlassen.

§ 6. (Telegraphenkabel durch Tunnel.)

§ 7. (Lagerung der Stangenvorräte.)

§ 8. (Prüfung und Ausbesserung der Stangen.)

§ 9. Die Staats-Eisenbahnverwaltung hat die Befugnis, in Fällen, in denen Gefahr im Verzuge ist, Erneuerungen oder Versetzungen von Stangen oder sonstige Ausbesserungen an der Stangenreihe selbständig vorzunehmen und ... (Verrechnung der Kosten, Anzeige).

§ 10. Die Reichs-Post- und Telegraphenverwaltung besorgt das Ab- und Wiederanschrauben der Bahn-Telegraphenisolatoren an die auszuwechselnden Stangen.

§ 11. Die Staats-Eisenbahnverwaltung gestattet den mit der Anlage und Unterhaltung der Reichs-Telegraphenlinien beauftragten und hierzu berechtigten Beamten der Reichs-Post- und Telegraphenverwaltung, den Leitungsaufsehern und Hilfsarbeitern behufs Ausführung ihrer Geschäfte das Betreten der Bahn, unter Beachtung der bahnpolizeilichen Bestimmungen, auch zu gleichem Zwecke diesen Beamten und den Leitungsaufsehern die Benutzung eines Schaffnersitzes oder eines Dienstkupees auf allen Zügen ohne Ausnahme, einschließlich der Güterzüge, gegen Lösung einer Fahrkarte der III. Wagenklasse. Die Staats-Eisenbahnverwaltung fertigt den von der Reichs-Post- und Telegraphenverwaltung namhaft zu machenden Beamten die erforderlichen Berechtigungskarten aus.

Die unentgeltliche Mitführung von Werkzeugen und Materialien in den Kupees ist insoweit gestattet, als die Mitreisenden dadurch nicht belästigt werden.

§ 12. (Beförderung von Linienmaterialien auf Streckenwagen.)

§ 13. Die Staats-Eisenbahnverwaltung läßt die Reichs-Telegraphenanlagen an der Bahn gegen eine Entschädigung bis zur Höhe von 4 M. für das Jahr und das Kilometer durch ihr Personal bewachen und in Fällen der Beschädigung nach Anleitung der von der Reichs-Post- und Telegraphenverwaltung erlassenen Anweisung vorläufig wieder herstellen, auch von jeder wahrgenommenen Störung der Linien dem nächsten Reichs-Post- oder Telegraphenamt Anzeige machen. Die zur Ausrüstung des Bahnpersonals nötigen Geräte zur vorläufigen Wiederherstellung der beschädigten Anlagen werden von der Reichs-Post- und Telegraphenverwaltung, die Telegraphenleitern von der Eisenbahnverwaltung beschafft und unterhalten und bleiben Eigentum der Unterhaltungspflichtigen. Die Benutzung dieser Gegenstände steht beiden Verwaltungen zu.

§ 14. (Verrechnung der Tagelöhne und Materialien für die vorläufige Wiederherstellung der Telegraphenlinien; Hilfe der Bahnbeamten bei der endgültigen Wiederherstellung.)

§ 15. (Hilfe der Eisenbahnstationen bei der Ermittelung und Beseitigung von Störungsursachen; Zugsignal.)

§ 16. (Gegenseitige Unterstützung in der Telegrammbeförderung bei Unterbrechungen und Störungen.)

§ 17. (Entschädigungen und Ersatzleistungen auf Grund der Haftpflicht-, Unfallversicherungs- und Unfallfürsorgegesetze.)

§ 18. Über etwaige im Laufe der Zeit erforderliche Änderungen der Festsetzungen des gegenwärtigen Vertrages wird eine besondere Vereinbarung vorbehalten.

§ 19. Der vorstehende, von beiden Teilen genehmigte und unterschriebene und doppelt ausgefertigte Vertrag tritt am 1. Oktober 1888 in Geltung.

Sämtliche zurzeit bestehende, den gleichen Gegenstand betreffende Verträge zwischen den Reichs-Post- und Telegraphenbehörden einerseits und den Königlich preußischen Staats-Eisenbahnbehörden andererseits treten mit dem gleichen Zeitpunkt außer Kraft.

13. Allgemeine Vorschriften für die Ausführung und den Betrieb neuer elektrischer Starkstromanlagen (ausschließlich der elektrischen Bahnen) bei Kreuzungen und Näherungen von Telegraphen- und Fernsprechleitungen.

1. Für die mit elektrischen Starkströmen zu betreibenden Anlagen müssen die H i n - u n d R ü c k l e i t u n g e n durch b e s o n d e r e L e i t u n g e n gebildet sein. Die Erde darf als Rückleitung nicht benutzt oder mitbenutzt werden. Auch dürfen in D r e i l e i t e r a n l a g e n die blank in die Erde verlegten oder mit der Erde verbundenen Mittelleiter Verbindungen mit den Gas- oder Wasserleitungsnetzen nicht haben, wenn die vorhandenen Telegraphen- oder Fernsprechleitungen mit diesen Netzen verbunden sind.

2. O b e r i r d i s c h e H i n - u n d R ü c k l e i t u n g e n müssen überall in tunlichst gleichem, und zwar in so g e r i n g e m A b s t a n d e v o n e i n a n d e r verlaufen, als dies die Rücksicht auf die Sicherheit des Betriebs zuläßt.

3. An den o b e r i r d i s c h e n K r e u z u n g s s t e l l e n der Starkstromleitungen mit den Telegraphen- und Fernsprechleitungen müssen S c h u t z v o r r i c h t u n g e n angebracht sein, durch welche eine Berührung der beiderseitigen Drähte verhindert bzw. unschädlich gemacht wird.

Bei N i e d e r s p a n n u n g ist es zulässig, wenn zur Verhinderung von Stromübergängen in die Schwachstromleitungen die Starkstromleitungen auf eine ausreichende Strecke — mindestens in dem in Betracht kommenden Stützpunktszwischenraum — aus isoliertem Drahte hergestellt sind, oder wenn bei Verwendung blanken Drahtes eine Berührung der beiderseitigen Drähte durch geeignete Schutzvorrichtungen verhindert oder unschädlich gemacht wird.

Bei der Ausführung von H o c h s p a n n u n g s a n l a g e n ist danach zu streben, daß die S t a r k s t r o m l e i t u n g o b e r h a l b der Schwachstromleitung über letztere hinweggeführt wird. In diesem Falle wird, wenn nicht besondere Verhältnisse vorliegen, als geeignete Schutzmaßnahme ein solcher Ausbau der Starkstromanlage angesehen, daß vermöge ihrer eigenen Festigkeit ein Bruch oder ein die Schwachstromleitung gefährdendes Nachgeben der Starkstromleitungen oder ihrer Gestänge im Kreuzungsfeld auch beim Bruch sämtlicher Leitungsdrähte in den benachbarten Feldern ausgeschlossen ist. Außerdem ist denjenigen Gefährdungen der Festigkeit der Leitungen Rechnung zu tragen, die durch Stromwirkungen beim Bruch von Isolatoren oder dergleichen eintreten.

Liegt die Starkstromleitung u n t e r h a l b der Schwachstromleitung, so können als geeignete Maßnahmen z. B. Schutzdrähte gelten, die parallel mit den Starkstromleitungen oberhalb und seitlich von ihnen angeordnet, und von denen die oberen durch Querdrähte verbunden sind, während die seitlichen Drähte das Umschlingen der Starkstromleitungen verhindern sollen. Diese Schutzdrähte müssen möglichst gut geerdet sein.

4. Die K r e u z u n g e n der Starkstromdrähte mit Telegraphen- und Fernsprechleitungen müssen tunlichst im r e c h t e n Winkel ausgeführt sein.

5. An denjenigen Stellen, an welchen die S t a r k s t r o m l e i t u n g e n n e b e n d e n S c h w a c h s t r o m l e i t u n g e n verlaufen, und der Abstand der Starkstrom- und Schwachstromdrähte voneinander weniger als 10 m beträgt, müssen Vorkehrungen getroffen sein, durch welche eine Berührung der Starkstrom- und Schwachstromleitungen sicher verhütet wird. Bei der Ausführung von Niederspannungsanlagen kann als Schutzmittel isolierter Draht verwendet werden. Von der Anbringung besonderer Schutzvorrichtungen kann abgesehen werden, wenn die örtlichen Verhältnisse eine Berührung der Starkstrom- und Schwachstromleitungen auch beim Umbruch von Stangen oder beim Herabfallen von Drähten ausschließen, oder wenn die Leitungsanlage durch entsprechende Verstärkung, Verankerung oder Verstrebung des Gestänges oder Befestigung an Häusern vor Umsturz geschützt ist. Gegen die durch Leitungsbruch verursachte Berührungsgefahr der beiden Leitungen gilt — soweit nicht besondere Verhältnisse vorliegen — ein Horizontalabstand von 7 m zwischen beiden Leitungen als hinreichende Sicherheit, wenn innerhalb der Annäherungsstrecke die Spannweite in jeder der beiden Linien 30 m nicht überschreitet.

6. Bei K r e u z u n g e n darf, wenn die Starkstromanlage Hochspannung führt und wenn zwischen ihr und den Schwachstromleitungen keine geerdeten Schutznetze vorhanden sind, der A b s t a n d d e r K o n s t r u k t i o n s t e i l e der Starkstromanlage von den S c h w a c h s t r o m l e i t u n g e n in senkrechter Richtung nicht weniger als 2 m, bei Hochspannungsanlagen, wenn geerdete Schutzvorrichtungen angebracht sind, sowie bei Niederspannungsanlagen derselbe Abstand nicht weniger als 1 m, der Abstand in wagerechter Richtung dagegen in allen Fällen nicht weniger als 1,25 m betragen. Bei Niederspannung können in besonderen Fällen Ermäßigungen des wagerechten Abstandes zugelassen werden.

7. Der A b s t a n d d e r K o n s t r u k t i o n s t e i l e oberirdischer Starkstromanlagen (Stangen, Streben, Anker, Erdleitungsdrähte usw.) v o n T e l e g r a p h e n - u n d F e r n s p r e c h k a b e l n soll möglichst groß sein und mindestens 0,8 m betragen. In Ausnahmefällen kann eine Annäherung bis auf 0,25 m zugelassen werden, alsdann müssen die Telegraphen- und Fernsprechkabel mit eisernen Röhren umkleidet sein.

8. Die S t a r k s t r o m k a b e l . müssen tunlichst e n t f e r n t, jedenfalls in einem seitlichen Abstande von mindestens 0,8 m v o n d e n K o n s t r u k t i o n s t e i l e n d e r o b e r i r d i s c h e n T e l e g r a p h e n - u n d F e r n s p r e c h l i n i e n (Stangen, Streben, Anker usw.) verlegt sein. Wenn sich dieser Mindestabstand ausnahmsweise in einzelnen Fällen nicht hat innehalten lassen, so müssen die Kabel in eiserne Rohre eingezogen sein, die nach beiden Seiten über die gefährdete Stelle um mindestens 0,25 m hinausragen. Die Rohre müssen gegen mechanische Angriffe bei Ausführung von Bauarbeiten an den Telegraphen- und Fernsprechlinien genügend widerstandsfähig sein. Auf weniger als 0,25m Abstand darf das Kabel den Konstruktionsteilen der Telegraphen- und Fernsprechlinien in keinem Falle genähert werden. Über die Lage der verlegten Kabel hat der Unternehmer der Ober-Postdirektion einen genauen Plan vorzulegen.

9. Die u n t e r i r d i s c h e n S t a r k s t r o m l e i t u n g e n müssen tunlichst e n t f e r n t v o n d e n T e l e g r a p h e n - u n d F e r n s p r e c h k a b e l n, womöglich auf der anderen Straßenseite verlaufen.

Wo die beiderseitigen Kabel sich kreuzen oder in einem seitlichen Abstande von weniger als 0,3 m nebeneinander laufen, müssen die Starkstromkabel auf der den Schwachstromkabeln zugekehrten Seite mit Halbmuffen aus Zement oder gleichwertigem feuerbeständigen Material von wenigstens 0,06 m Wandstärke versehen sein. Die Muffen müssen 0,3 m zu beiden Seiten der gekreuzten Schwachstromkabel, bei seitlichen Annäherungen ebensoweit über den Anfangs- und Endpunkt der gefährdeten Strecke hinausragen. Liegen bei Kreuzungen oder bei seitlichen Abständen der Kabel von weniger als 0,3 m die Starkstromkabel tiefer als die Schwach-

stromkabel, so müssen letztere zur Sicherung gegen mechanische Angriffe mit zweiteiligen eisernen Rohren bekleidet sein, die über die Kreuzungs- und Näherungs-
stelle nach jeder Seite hin 0,5 m hinausragen. Besonderer Schutzvorrichtungen
bedarf es nicht, wenn die Starkstrom- oder die Schwachstromkabel sich in gemauerten oder in Zement- oder dergleichen Kanälen von wenigstens 0,06 m Wandstärke befinden.

10. Zur S i c h e r u n g der Telegraphen- und Fernsprechleitungen gegen
m i t t e l b a r e Gefährdung durch Hochspannung müssen
Schutzvorkehrungen getroffen sein, durch die der Übertritt hochgespannter Ströme
in dritte, mit den Telegraphen- und Fernsprechleitungen an anderen Stellen zu-
sammentreffende Anlagen oder das Entstehen von Hochspannung in diesen Anlagen verhindert oder unschädlich gemacht wird (vgl. Vorschriften für die Errichtung elektrischer Starkstromanlagen vom 1. Januar 1908, § 4 sowie § 22 h und i,
Satz 1).

11. I n n e r h a l b d e r G e b ä u d e müssen die Starkstromleitungen tunlichst entfernt von den Telegraphen- und Fernsprechleitungen angeordnet sein.

Sind Kreuzungen oder Annäherungen bei festverlegten Leitungen an derselben
Wand nicht zu vermeiden, so müssen die Starkstromleitungen so angeordnet sein,
oder es müssen solche Vorkehrungen getroffen sein, daß eine Berührung der beiderseitigen Leitungen ausgeschlossen ist.

12. Alle S c h u t z v o r r i c h t u n g e n sind dauernd i n g u t e m Z u -
s t a n d e z u e r h a l t e n.

13. Von beabsichtigten A u f g r a b u n g e n in S t r a ß e n m i t u n t e r -
i r d i s c h e n T e l e g r a p h e n - .o d e r F e r n s p r e c h k a b e l n ist der zuständigen Post- oder Telegraphenbehörde beizeiten, wenn möglich vor dem Beginne
der Arbeiten schriftlich Nachricht zu geben.

14. F e h l e r — d. h. ein schadhafter Zustand — i n d e r S t a r k s t r o m -
a n l a g e, durch welche der Bestand der Telegraphen- und Fernsprechanlagen oder
die Sicherheit des Bedienungspersonals gefährdet werden könnte, oder welche zu
Störungen des Telegraphen- oder Fernsprechbetriebs Anlaß geben, sind ohne Verzug
zu beseitigen. Außerdem kann in dringenden Fällen die Abschaltung der fehlerhaften Teile der Starkstromanlage bis zur Beseitigung der Ursache der Gefahr oder
Störung gefordert werden.

15. Vor dem Vorhandensein der vorgeschriebenen Schutzvorrichtungen und
vor Ausführung der etwa notwendigen Änderungen an den Telegraphen- und Fernsprechleitungen darf das L e i t u n g s n e t z auch für Probebetrieb oder sonstige
Versuche n i c h t u n t e r S t r o m g e s e t z t' werden. Von der beabsichtigten
Unterstromsetzung ist der Telegraphenverwaltung mindestens drei freie Wochentage vorher schriftlich Mitteilung zu machen. Von der Innehaltung dieser Frist
kann nach vorheriger Vereinbarung mit der zuständigen Post- oder Telegraphenbehörde abgesehen werden.

16. Falls die gewählte Anordnung[1]) oder die vorgesehenen Schutzmaßregeln
nicht ausreichen, um Gefahren für den Bestand (die Substanz) der Telegraphen-
oder Fernsprechanlagen und für die Sicherheit des Bedienungspersonals oder Störungen für den Betrieb der Telegraphen- und Fernsprechleitungen fernzuhalten,
sind im Einvernehmen mit der Telegraphenverwaltung w e i t e r e M a ß -
n a h m e n zu treffen, bis die B e s e i t i g u n g der Gefahren oder der störenden
Einflüsse erfolgt ist.

---

[1]) Vgl. § 12 d e s G e s e t z e s ü b e r d a s T e l e g r a p h e n w e s e n des Deutschen
Reiches vom 6. 4. 1892 und § 6 des T e l e g r a p h e n w e g e g e s e t z e s vom 18. 12. 1899
(Seite 916 und 918).

17. Von geplanten w e s e n t l i c h e n   V e r ä n d e r u n g e n oder von beabsichtigten w e s e n t l i c h e n   E r w e i t e r u n g e n der Starkstromanlage, soweit diese Veränderungen oder Erweiterungen die Punkte 1 bis 10 und 12 bis 16 berühren, hat der Unternehmer behufs Feststellung der weiter etwa erforderlichen Schutzmaßnahmen der Telegraphenverwaltung Anzeige zu erstatten.

18. Wegen T r a g u n g   d e r   K o s t e n für die durch die Starkstromanlage bedingten Änderungen an den Telegraphen- und Fernsprechleitungen sowie für Herstellung und Unterhaltung der Schutzvorkehrungen an der Starkstromanlage oder an den Telegraphen- und Fernsprechleitungen gelten die gesetzlichen Bestimmungen.

14. Allgemeine Vorschriften zum Schutz vorhandener Reichs-Telegraphen- und Fernsprechanlagen gegen neue elektrische Bahnen.

1. Die vorstehenden „Allgemeinen Vorschriften für die Ausführung und den Betrieb neuer elektrischer Starkstromanlagen (ausschließlich der elektrischen Bahnen) bei Kreuzungen und Näherungen von Telegraphen- und Fernsprechleitungen" gelten sinngemäß auch für elektrische Bahnen.

2. Bei Bahnen mit Gleichstrombetrieb und Spannungen bis etwa 700 Volt sind als Schutzvorrichtungen über den Fahrleitungen geerdete Drähte, Isolierleisten und dergleichen zulässig; bei Gleichstrombetrieb mit höherer Spannung und bei Wechselstrombetrieb sind Schutzvorrichtungen erforderlich, die größere Sicherheit gegen Berührungen der Fahrleitungen mit Reichsleitungen bieten, z. B. geerdete flache, seitlich genügend weit auslandende Fangnetze.

3. Sofern die Schienen zur Rückleitung des Betriebsstroms dienen, müssen sie mit dem Kraftwerk durch besondere Leitungen, die Schienenstöße unter sich durch besondere metallische Brücken von ausreichendem Querschnitt in guter leitender Verbindung stehen.

4. Findet beim Betrieb einer Bahn nach dem Gleichstromzweileitersystem, deren Schienen als Rückleitung dienen, kein täglicher Polaritätswechsel statt, so ist der negative Pol der Stromquelle mit der Gleisanlage zu verbinden.

5. Falls durch Aufgrabungen in Straßen mit unterirdischen Telegraphen- oder Fernsprechkabeln der Telegraphen- oder Fernsprechbetrieb gestört werden könnte, sind die Arbeiten auf Antrag der Telegraphenverwaltung zu Zeiten auszuführen, in denen der Telegraphen- oder Fernsprechbetrieb ruht.

7. [1]) Sind infolge parallelen Verlaufs der beiderseitigen Anlagen oder aus anderen Ursachen Störungen für den Betrieb der Telegraphen- und Fernsprechleitungen zu befürchten oder treten solche Störungen auf, so sind im Einvernehmen mit der Telegraphenverwaltung geeignete Maßnahmen zur Vermeidung oder Beseitigung störender Einflüsse zu treffen.

8. Die unterhalb der Schienen oder in ihrer unmittelbaren Nähe liegenden Telegraphen- und Fernsprechkabel müssen zum Zweck späterer Ausbesserungs-, Erweiterungs- und Verlegungsarbeiten für die Telegraphenverwaltung jederzeit zugängig bleiben.

9. Wegen Tragung der Kosten bei etwaigen Beschädigungen oder Zerstörungen der Telegraphen- und Fernsprechkabel durch elektrische Einwirkungen aus der Bahnanlage gelten die gesetzlichen Bestimmungen.

---

[1]) Punkt 6 ist weggefallen.

15. Bestimmungen für die bruchsichere Führung von Starkstrom-Freileitungen oberhalb von Reichs-Telegraphen und Fernsprechleitungen.

(Herausgegeben im April 1912.)

I.

Zur bruchsicheren Führung von Starkstrom-Freileitungen oberhalb von Schwachstromleitungen werden von der Reichs-Telegraphenverwaltung solche Konstruktionen widerruflich und auf Gefahr der Unternehmer zugelassen, die von ihr als geeignet erachtet werden und die im allgemeinen folgenden Bedingungen entsprechen:

1. Die Berechnung der Konstruktionen hat nach den Normalien für Freileitungen des Verbandes Deutscher Elektrotechniker zu erfolgen, soweit nicht im nachstehenden besondere Vorschriften gegeben sind.

2. Die S p a n n w e i t e n bei Kreuzungen sind so kurz wie möglich zu bemessen, die Kreuzungen sind tunlich rechtwinklig auszuführen. Spannweiten von mehr als 40 m sind nach Möglichkeit zu vermeiden.

3. Die S t a r k s t r o m l e i t u n g e n sowie alle Drähte, die beim Bruch eine leitende Verbindung zwischen den Starkstrom- und Schwachstromleitungen herzustellen geeignet sein würden, insbesondere die oberhalb der Starkstromleitungen liegenden Tragdrähte, Blitzschutzdrähte usw., sind bruchsicher aus D r a h t s e i l herzustellen. Für die Starkstromleitungen soll im allgemeinen Hartkupfer von mindestens 40 kg/qmm oder Aluminium von 19 kg/qmm Bruchfestigkeit verwendet werden. Der Mindestquerschnitt der Hartkupfer- und Stahlseile soll 35 qmm, der Aluminiumseile 75 qmm betragen. Die B r u c h s i c h e r h e i t aller Drahtseile soll bei der Höchstbeanspruchung z e h n f a c h sein.

   Die bruchsicher aufzuhängenden Seile dürfen nicht aus einzelnen Stücken zusammengesetzt sein. Verlötungen werden innerhalb der Kreuzungsfelder nicht zugelassen; Verbindungen durch Klemmen oder Niet- und Schraubenverbinder usw. bei der Befestigung der Hilfseile mit den Hauptseilen, bei der Aufhängung der Seile an den Isolatoren, Gestängen, Querträgern usw. sollen 90 v. H. der Bruchfestigkeit der Hauptseile besitzen.

4. Die G e s t ä n g e und Q u e r t r ä g e r der Kreuzungsfelder sind aus Eisen herzustellen. Die G e s t ä n g e sind für die Höchstbeanspruchung mit f ü n f f a c h e r B r u c h s i c h e r h e i t und S t a n d s i c h e r h e i t ohne Berücksichtigung etwaiger Verankerungen und Verstrebungen zu berechnen. Q u e r t r ä g e r und I s o l a t o r s t ü t z e n sollen bei der Höchstbeanspruchung gleichfalls f ü n f f a c h e S i c h e r h e i t bieten. Bei den Isolatorstützen darf der Schraubenbolzen nicht angeschweißt sein. Der Stützenbund muß so bearbeitet sein, daß er gut aufliegt. Als Höchstbeanspruchung der Gestänge ist der größte Zug und der volle, im ungünstigsten Sinne wirkende Winddruck auf Mast, Querträger und Isoliervorrichtungen in Rechnung zu setzen. Als größter Zug gilt für gerade Leitungsführung der Unterschied der Zugkräfte des Kreuzungs- und des Nachbarfeldes, für Winkelpunkte die Mittelkraft dieser Zugkräfte, m i n d e s t e n s jedoch der größte Zug im Kreuzungsfelde bei zehnfacher Sicherheit in den Seilen. Bei q u a d r a t i s c h e n G i t t e r m a s t e n ist zu beachten, daß der Spitzenzug in Richtung einer Diagonale des Querschnittes nur 70 v. H. des in Richtung einer Hauptachse zulässigen Spitzenzuges betragen darf[1]).

---

[1]) Vgl. „Hütte", 21. Auflage, II. Band S. 1002.

Die erforderliche S t a n d s i c h e r h e i t der G e s t ä n g e gilt im allgemeinen als nachgewiesen, wenn die Kantenpressung an der Fundamentsohle ohne Berücksichtigung des seitlichen Erddruckes bei dem größten vorkommenden Umsturzmoment das für den Baugrund zulässige Maß (normal 2,5 kg/qcm) nicht überschreitet.

5. Die Leitungsanlage muß gegen diejenigen G e f ä h r d u n g e n der Festigkeit, die d u r c h S t r o m w i r k u n g e n beim Bruche von Isolatoren, bei Erdschluß oder Kurzschluß am Mast und dergl. eintreten können, durch entsprechende Aufhängung oder durch geeignete Hilfsbefestigungen mindestens eine d r e i f a c h e S i c h e r h e i t besitzen.

6. Unterhalb der Starkstromleitungen oder, wenn am Gestänge der Starkstromanlage Betriebsfernsprechleitungen (siehe unter III) geführt werden, unterhalb dieser ist, mindestens 1 m von den obersten Schwachstromleitungen entfernt, ein g e e r d e t e r S c h u t z d r a h t (P r e l l d r a h t) oder eine gleichwertige Vorrichtung anzubringen, um beim etwaigen Hinaufschnellen von Schwachstromleitungen (bei Linienarbeiten, bei Drahtbruch usw.) zufällige Berührungen mit den Starkstromleitungen oder Betriebsfernsprechleitungen zu verhindern. Schutzvorkehrungen dieser Art sind nicht erforderlich, wenn die Abstände zwischen den beiderseitigen Leitungen so groß sind, daß die Möglichkeit einer Berührung der an der Starkstromanlage befindlichen Leitungen durch emporschnellende Schwachstromleitungen auch dann völlig ausgeschlossen ist, wenn an jenen einzelne Hilfsbefestigungen schadhaft werden und herunterhängen.

7. Der s e n k r e c h t e A b s t a n d der unter Spannung stehenden Konstruktionen der Starkstromanlage von den Schwachstromleitungen soll mindestens 2 m betragen, und zwar unter der Annahme, daß einzelne Leitungsteile schadhaft werden und herunterhängen. Ferner darf dieser Abstand nicht unterschritten werden, wenn sich der bei + 40⁰ C eintretende Durchhang des Leitungsseiles durch Schadhaftwerden von Konstruktionsteilen an den Isolatoren noch vergrößert oder, wenn bei — 5⁰ C und Eisbelastung sämtliche Leitungen in einem Nachbarfelde reißen, der Mast sich infolgedessen nach dem Kreuzungsfelde hin durchbiegt und eine Vergrößerung des Durchhanges herbeiführt.

8. In jedem Kreuzungsfelde mit bruchsicherer Leitungsaufhängung müssen die Haupt- und Hilfseile an beiden Masten abgespannt werden, auch wenn in den Nachbarfeldern Seile von derselben Stärke wie im Kreuzungsfelde zur Verwendung kommen.

Sofern etwa in einem Nachbarfelde brechende und in das Kreuzungsfeld hinüberschwingende Starkstromleitungen mit Reichsleitungen in Berührung kommen können, die im Kreuzungsfeld in der Nähe des Mastes verlaufen, ist dieser Berührungsgefahr durch geeignete Maßnahmen zu begegnen, z. B. durch bruchsichere Aufhängung der Leitungen im Nachbarfelde, durch Anbringung geerdeter Fangbügel unter den einzelnen Starkstromleitungen auf der Nachbarfeldseite des Mastes und dergl. Innerhalb der Kreuzungsfelder mit bruchsicherer Leitungsaufhängung sind Erdungsbügel unter den Starkstromleitungen nicht zu verwenden.

9. In der Nähe von Kreuzungsstellen mit bruchsicherer Aufhängung der Starkstromleitungen befindliche Bäume, die bei ihrem Umbruche, beim Bruche von Ästen oder sonstwie die Starkstromanlage gefährden können, sind zu beseitigen oder wenigstens so weit zu kürzen oder auszuästen, daß jede Gefahr für die bruchsicheren Konstruktionen ausgeschlossen ist.

II.

Die Innehaltung dieser Vorschriften, die je nach der gewählten Konstruktion noch entsprechend ergänzt werden können, ist v o r d e r A u s f ü h r u n g durch s t a t i s c h e B e r e c h n u n g e n nachzuweisen. Hinsichtlich der Berechnung der G e s t ä n g e genügt es hierbei, wenn für jeden nach Aufbau und Länge verschiedenen Mast die zulässige Höchstbeanspruchung bei fünffacher Sicherheit berechnet und für jede einzelne Kreuzungstelle nach Maßgabe der Stützpunktsabstände, der Belastung durch Drähte usw. nachgewiesen wird, daß die für die gewählten Maste berechnete Höchstbeanspruchung nicht überschritten wird. Der Berechnung sind die etwaigen Kräftepläne und die technischen, mit allen erforderlichen Maßen versehenen Zeichnungen der Maste mit Fundamenten, Querträgern, Stützen, Isolatoren, Leitungseilen und sonstigen Konstruktionen (Tragseile, Hilfsbefestigungen, Betriebsfernsprechleitungen, Prelldrähte usw.) beizufügen. Aus den Zeichnungen muß zu ersehen sein, wie die Seile an den Isolatoren und etwaige Hilfsbefestigungen an den Seilen oder Isolatoren befestigt sind (z. B. durch Klemmen, Schraubenverbinder, Nietverbinder und dergl.). Dabei ist auch anzugeben, aus welchen Materialien die einzelnen Konstruktions- und Leitungsteile hergestellt sind und welchen Zug die Klemmen, Schraubenverbinder, Nietverbinder und dergl. aushalten.

Daß die Leitungseile, Tragseile, Blitzschutzseile usw. eine zehnfache Sicherheit gegen Bruch besitzen, ist für jede Kreuzungstelle unter Berücksichtigung des Abstandes der Maste, der Durchhänge bei verschiedenen Temperaturen sowie der Belastung durch Eis ebenfalls nachzuweisen. Bei Berechnung der Durchhänge ist das Gewicht des Eises gleich $0,015 \cdot q$ kg für das laufende Meter Leitungseil einzusetzen, wobei q den Querschnitt der Leitung in Quadratmillimetern bedeutet. Die Berechnungen werden zweckmäßig nach der Elektrotechnischen Zeitschrift 1907, S. 896 ff. ausgeführt (Abhandlung von Nicolaus, ,,Über den Durchhang von Freileitungen"). Der rechnerische Nachweis der zehnfachen Sicherheit gegen Leitungsbruch braucht nicht besonders erbracht zu werden, wenn der Unternehmer Hartkupferseil von mindestens 40 kg/qmm Bruchfestigkeit anwendet, der Mastabstand die Entfernung von 40 m nicht überschreitet und der Unternehmer sich verpflichtet, den Durchhang der Leitungseile nicht kleiner zu wählen, als sie sich nach der vorerwähnten Abhandlung für eine Bruchfestigkeit von 40 kg/qmm berechnet.

Die Durchhänge der Leitungseile, Tragseile, Blitzschutzseile usw. sind sowohl für die Kreuzungsfelder als auch für deren Nachbarfelder zu berechnen oder anzugeben, und zwar

1. für Temperaturen von 10 zu 10 Grad zwischen -20 und $+40^0$ C,
2. für -5^0 C mit und ohne Belastung der Leitungen durch Eis.

Hinsichtlich der Nachbarfelder sind ferner die Zugkräfte, Drahtstärken und Spannweiten anzugeben.

Statische Berechnungen für bruchsichere Konstruktionen brauchen der Reichs-Telegraphenverwaltung nicht vorgelegt zu werden, wenn lediglich Schwachstromleitungen anderer S t a a t s behörden (z. B. Eisenbahnverwaltungen, Kanalverwaltungen usw.) in Frage kommen, durch welche die Reichsleitungen nur m i t t e l b a r d. h. an anderen Stellen gefährdet werden können, und wenn die Berechnungen und die sonstigen zur Prüfung der Verhältnisse erforderlichen Unterlagen diesen Staatsbehörden eingereicht sind.

Die von der Reichs-Telegraphenverwaltung verlangte Sicherheit ist für j e d e Kreuzungstelle nachzuweisen, bei Erweiterungen vorhandener Anlagen also z. B. auch dann, wenn die vorzuschlagende Aufhängungsweise in der vorhandenen Anlage bereits angewendet ist. Wenn Maste zur Verwendung kommen, für die die zulässige Höchstbeanspruchung bereits in früheren Fällen nachgewiesen worden ist (vgl. unter II, 1. Abs.), genügt die Wiedereinreichung der geprüften

Festigkeitsberechnungen unter Beifügung neuer Berechnungen der erforderlichen Masthöhen nebst Profilzeichnungen der Kreuzungsfelder.

Die Inbetriebnahme bruchsicherer Konstruktionen, auch die probeweise stattfindende, ist mindestens drei freie Wochentage vorher der Telegraphenverwaltung schriftlich mitzuteilen.

III.

Betriebsfernsprechleitungen, die am Gestänge einer Hochspannungsanlage verlaufen, werden in der Regel durch die Hochspannungsleitungen elektrostatisch stark beeinflußt; sie sind deshalb als hochspannungsgefährlich zu betrachten, und zwar auch dann, wenn zwischen ihnen und den oberhalb geführten Hochspannungsleitungen durchweg ein geerdetes Schutznetz vorhanden ist (vgl. Elektrotechnische Zeitschrift 1907, S. 685 ff.). Wenn die Hochspannungsleitungen im Kreuzungsfelde bruchsicher aufgehängt werden, ist für die Betriebsfernsprechleitungen zweckmäßig die gleiche Art der Leitungsführung zu wählen. Hierbei braucht jedoch mit Rücksicht darauf, daß im wesentlichen nur statische Ladungen in Betracht kommen, bei denen nennenswerte Stromwirkungen nicht eintreten können, den elektrischen Einwirkungen auf die mechanische Festigkeit der Seile nicht Rechnung getragen zu werden; die Seile können vielmehr an Einzelisolatoren aufgehängt werden. Sie sollen bei Verwendung von Hartkupfer im allgemeinen einen Querschnitt von 35 qmm und eine Bruchfestigkeit von 40 kg/qmm besitzen. Ausnahmsweise dürfen auch Drahtseile von 25 qmm Querschnitt und 40 kg/qmm Bruchfestigkeit verwendet werden, wenn in der Nähe der Abspannisolatoren sicher geerdete Fangbügel (Erdungsbügel) so angebracht werden, daß sich Teile eines etwa reißenden Seiles auf diese gut auflegen. An Stelle von Erdungsbügeln können auch Hilfsbefestigungen verwendet werden, die ein Herunterfallen des Leitungseiles beim Reißen am Isolator verhindern und eine Erdverbindung herstellen, wenn sich die Leitung bis zum Querträger senkt. Die Fernsprechleitungen können z. B. auch als Luftkabel an einem geerdeten Tragseil von 35 qmm Querschnitt geführt werden, mit dem sie in Abständen von etwa je 1 m ohne Beanspruchung des Kabels auf Zug verbunden werden, oder als blanke Drähte mittels besonderer Isolierkörper in Abständen von je etwa 1 m an diesem Tragseil befestigt werden. Alle Leitungs- oder Tragseile müssen eine zehnfache Bruchsicherheit besitzen.

16. Bedingungen für fremde Starkstromleitungen auf Bahngelände. (Mit Ausschluß der Fahrleitungen elektrischer Bahnen.)

Erlaß des Kgl. Preußischen Ministers der öffentlichen Arbeiten vom 13. März 1911.

§ 1. Genehmigung.

Die Genehmigung zu Starkstromleitungen auf Bahngelände — im folgenden kurz Starkstromleitungen genannt — wird nur von Fall zu Fall, widerruflich und gegen eine nach den besonderen Verhältnissen zu bemessende jährliche Anerkennungsgebühr erteilt.

§ 2. Allgemeine Bedingungen für die Genehmigung.

a) Die Starkstromleitungen müssen den „Vorschriften des Verbandes Deutscher Elektrotechniker für die Errichtung elektrischer Starkstromanlagen" entsprechen und so angelegt werden:
   α) daß sie den Betrieb der Bahn nicht beeinträchtigen,
   β) daß durch sie weder Personen verletzt noch Sachen beschädigt werden können,
   γ) daß sie die bahneigenen Schwachstromleitungen nicht durch Fernwirkung störend beeinflussen oder gefährden,

∂) daß sie sich ohne Behinderung des Bahnbetriebs einbauen, unterhalten und versetzen lassen.

b) Sie dürfen nur dann oberirdisch angebracht werden, wenn sie Wechselstrom führen und einem oberirdischen Leitungsnetz angehören oder wenn sie über Bahngelände gehen, das in absehbarer Zeit nicht dem eigentlichen Bahnbetriebe dienen wird. Andernfalls sind sie als unterirdische Kabel herzustellen.

c) Sie sollen die Gleise an möglichst wenig Stellen — nach Möglichkeit rechtwinkelig — kreuzen und Bahngelände überhaupt nur soweit berühren, als unbedingt nötig ist.

d) Soweit angängig, sind zu ihrer Führung Durchlässe und Straßenüber- oder -unterführungen zu benutzen. Auf größeren Bahnhöfen werden sie nur dann zugelassen, wenn sie in solcher Art verlegt werden können.

§ 3. Bedingungen für die Bauausführung.

a) Der Eigentümer der Starkstromleitungen — im folgenden kurz Unternehmer genannt — hat der zuständigen Königlichen Eisenbahndirektion Lagepläne, Erläuterungen und statische Berechnungen, auf Anfordern auch Zeichnungen von Einzelheiten in drei Ausfertigungen zur Genehmigung vorzulegen. Eine davon wird ihm mit Genehmigungsvermerk zurückgegeben. Die Unterlagen zur Herstellung der Pläne werden ihm auf Wunsch von der zuständigen Königlichen Eisenbahndirektion gegen Erstattung der Kosten zur Verfügung gestellt.

b) Alle Arbeiten an den Starkstromleitungen müssen unter Aufsicht der zuständigen Königlichen Eisenbahndirektion ausgeführt werden. Gleichwohl ist der Unternehmer für sachgemäße Ausführung dieser Arbeiten bis in alle Einzelheiten allein verantwortlich.

c) Für alle Kosten — ohne Ausnahme —, die der Eisenbahnverwaltung aus den Starkstromleitungen erwachsen, hat der Unternehmer aufzukommen.

d) Die Starkstromleitungen dürfen nicht — auch nicht probeweise — in Betrieb genommen werden, bevor es von der Eisenbahnverwaltung ausdrücklich gestattet worden ist.

§ 4. Verbesserung unzulänglicher Einrichtungen.

Wenn die Ausführung der Starkstromleitungen nicht genügt, um Unzuträglichkeiten von den Bahnanlagen fernzuhalten, so hat der Unternehmer sie auf seine Kosten zu verbessern oder durch eine zweckdienlichere zu ersetzen.

§ 5. Betriebseinstellung der Starkstromanlage.

Wenn die Starkstromleitungen Unzuträglichkeiten für die Bahnanlagen oder den Bahnbetrieb hervorrufen, so müssen sie nach dem Ermessen der Königlichen Eisenbahndirektion solange ausgeschaltet werden, bis die Ursachen der Unzuträglichkeiten beseitigt sind.

§ 6. Änderungen der Bahnanlagen.

Alle Kosten für Änderungen der Starkstromleitungen, die durch Änderungen der Bahnanlagen entstehen, hat der Unternehmer zu tragen. Ebenso hat er für alle Kosten aufzukommen, die dadurch erwachsen, daß wegen der Starkstromleitungen Änderungen oder Ausbesserungen an den Bahnanlagen ausgeführt werden müssen.

§ 7. Änderung der Starkstromleitungen.

Änderungen oder Erweiterungen der Starkstromleitungen dürfen — ebenso wie Unterhaltungsarbeiten daran — nur mit Zustimmung der zuständigen Königlichen Eisenbahndirektion erfolgen.

§ 8. Beseitigung der Starkstromleitungen.

Wenn Starkstromleitungen nicht mehr benutzt oder an eine andere Stelle verlegt werden, so kann die Eisenbahnverwaltung die Beseitigung solcher Leitungen und die Instandsetzung der Bahnleitungen auf Kosten des Unternehmers verlangen. Über den Umfang und die Art der Ausführung der Arbeiten zur Instandsetzung der Bahnanlagen entscheidet die zuständige Königliche Eisenbahndirektion.

§ 9. Haftbarkeit des Unternehmers.

Für die Haftpflicht bei Unfällen und Schäden, die dadurch entstehen, daß die Starkstromleitungen vorhanden sind, gelten die gesetzlichen Bestimmungen mit der Maßgabe, daß der Unternehmer der Eisenbahnverwaltung gegenüber überall für seine Leute haftet.

§ 10. Besondere Bedingungen für die Ausführung der Starkstromleitungen.

Über die Einzelheiten der Ausführung wird von Fall zu Fall befunden. Folgende Bedingungen müssen indes stets erfüllt werden.

A. Oberirdische Anlagen.

a) Kein stromführender Teil der Starkstromleitungen darf weniger als 7 m über Schienenoberkante liegen oder bahneigenen Leitungen in senkrechter Richtung auf weniger als 2 m, in wagerechter Richtung auf weniger als 1,25 m nahe kommen. Unter den Starkstromleitungen sind geerdete Schutznetze anzubringen, die so eingerichtet sind, daß sie auch ein seitliches Abspringen gebrochener Leitungen ausschließen. Hiervon kann bei solchen Vielfachaufhängungen abgesehen werden, die als bruchsicher anerkannt sind.

b) Alle Gestänge und sonstigen Bauteile müssen bei ungünstiger Beanspruchung noch mindestens fünffache Sicherheit gegen Bruch bieten. Von den Leitungsmasten ist zu fordern, daß sie unter allen Umständen standsicher sind, was je nach den Bodenverhältnissen durch kräftige Fundamente, weit in das Erdreich hineinragende Erdfüße, trägerartige Verbindungen gegenüberstehender Maste und dergl. anzustreben ist.

c) Die Starkstromleitungen selbst müssen bei ungünstiger Beanspruchung noch zehnfache Bruchsicherheit haben. Lötstellen sind bei ihnen zu vermeiden, andersartige Verbindungen auf die unbedingt erforderliche Anzahl einzuschränken. Von diesen Bedingungen kann abgesehen werden, wenn die Leitungen von Isolatoren getragen werden, die in kurzen Abständen auf einem die Überführungsmaste verbindenden Träger oder auf einer besonderen Brücke angebracht sind.

d) Die Starkstromleitungen müssen Handausschalter haben, die nötigenfalls zu beiden Seiten der Kreuzungs- oder Berührungsstellen liegen und für Bahnpersonal leicht zugänglich sowie völlig ungefährlich sind. Von solchen Schaltern kann abgesehen werden, wenn eine zuverlässige Einrichtung vorhanden ist, durch die das Elektrizitätswerk ohne Verzug zur Abschaltung aufgefordert werden kann.

e) Alle bahneigenen Schwachstromleitungen und zwar sowohl vorhandene wie später hinzukommende werden von der Eisenbahnverwaltung und nach deren Ermessen — auf Kosten des Unternehmers — je nach den Umständen durch Schutzkästen, Schutznetze, geerdete Drähte, Verkabelung und dergl. so gesichert, daß keinesfalls — auch nicht durch böswillige Eingriffe — Starkstrom in sie übertreten oder sie durch Fernwirkung störend beeinflussen oder gefährden kann.

B. Unterirdische Anlagen.

Unterirdische Kabel, die nicht auf Straßenüber- oder -unterführungen oder in Durchlässen untergebracht sind, müssen, soweit sie sich unter Gleisen befinden, in Kanälen aus Mauerwerk, Zement oder dergl. verlegt werden. Die Oberkante solcher Kanäle soll wenigstens 1 m unter Schienenoberkante liegen. Kabel, die nicht unter Gleisen liegen, bedürfen solcher Kanäle nicht. Sie müssen jedoch mit Eisenband umhüllt und in möglichst großem Abstande von den Gleisen wenigstens 1 m tief eingebettet werden. Auch sind sie mit einer Ziegelflachschicht abzudecken. Zur Bezeichnung ihrer Lage sind haltbare Marken anzuordnen.

§ 11. Geltung der Bedingungen für Starkstromleitungen auf Bahngelände.

Die Bedingungen gelten vom 1. April 1911 ab und zwar für Neuanlagen sowie für wesentliche Erweiterungen oder Änderungen vorhandener Anlagen.

17. Sätze und Formelzeichen des Ausschusses für Einheiten und Formelgrößen.

Satz I. Der Wert des mechanischen Wärmeäquivalents.

1. Der Arbeitswert der 15°-Grammkalorie ist $4,189 \cdot 10^7$ Erg.
2. Der Arbeitswert der mittleren (0° bis 100°)-Kalorie ist dem Arbeitswert der 15°-Kalorie als gleich zu achten.
3. Der Zahlenwert der Gaskonstante ist:
   $R = 8,316 \cdot 10^7$, wenn als Einheit der Arbeit das Erg gewählt wird; $R = 1,985$, wenn als Einheit der Arbeit die Grammkalorie gewählt wird.
4. Das Wärmeäquivalent der internationalen Joule ist 0,23865 15°-Grammkalorie.
5. Der Arbeitswert der 15°-Grammkalorie ist 0,4272 mkg, wenn die Schwerkraft bei 45° Breite und an der Meeresoberfläche zugrunde gelegt wird.

Satz II. Leitfähigkeit und Leitwert.

Das Reziproke des Widerstandes heißt L e i t w e r t, seine Einheit im praktischen elektromagnetischen Maßsystem S i e m e n s; das Zeichen für diese Einheit ist S.

Das Reziproke des spezifischen Widerstandes heißt L e i t f ä h i g k e i t oder s p e z i f i s c h e r L e i t w e r t.

Satz III. Temperaturbezeichnungen.

1. Wo immer angängig, namentlich in Formeln, soll die absolute Temperatur, die mit T zu bezeichnen ist, benutzt werden.
2. Für alle praktischen und viele wissenschaftlichen Zwecke, bei denen an der gewöhnlichen Celsiusskala festgehalten wird, soll empfohlen werden, lateinisch t zu verwenden, sofern eine Verwechslung mit dem Zeitzeichen t ausgeschlossen ist.

Wenn gleichzeitig Celsiustemperaturen und Zeiten vorkommen, so soll für das Temperaturzeichen das griechische ϑ verwendet werden.

Beispiel.

So soll man bei der Verwendung des Carnot-Clausiusschen Prinzips statt $Q \dfrac{dt}{t+273} \cdots Q \dfrac{dT}{T}$ schreiben, anderseits soll die Längenänderung eines Stabes ausgedrückt werden durch die Formel: $l = l_0 (1 + \alpha t + \beta t)$

Satz IV. Einheit der Leistung.

Die technische Einheit der Leistung heißt Kilowatt oder Großpferd. Sie ist praktisch gleich 102 Kilogrammeter in der Sekunde und entspricht der absoluten Leistung 10^{10} Erg in der Sekunde. Einheitsbezeichnungen kW und GP.

Formelzeichen des AEF.

Die Fachgenossen auf dem Gebiete der Naturwissenschaften und der Technik werden gebeten, sich der folgenden Bezeichnungen zu bedienen, wenn sie keine besonderen Gründe dagegen haben.

Größe	Zeichen
Länge	l
Masse	m
Zeit	t
Halbmesser	r
Durchmesser	d
Wellenlänge	λ
Körperinhalt, Volumen	V
Winkel, Bogen	$\alpha, \beta \dots$
Voreilwinkel, Phasenverschiebung	φ
Geschwindigkeit	v
Fallbeschleunigung	g
Winkelgeschwindigkeit	ω
Umlaufzahl, Drehzahl (Zahl der Umdrehungen in der Zeiteinheit)	n
Wirkungsgrad	η
Druck (Druckkraft durch Fläche)	p
Elastizitätsmodul	E
Temperatur, absolute	T
Temperatur, vom Eispunkte aus	t
Wärmemenge	Q
Spezifische Wärme	c
Spezifische Wärme bei konstantem Druck	C_p
Spezifische Wärme bei konstantem Volumen	C_v
Wärmeausdehnungskoeffizient	α
Magnetisierungsstärke	$\mathfrak{J}$
Stärke des magnetischen Feldes	$\mathfrak{H}$
Magnetische Dichte (Induktion)	$\mathfrak{B}$
Magnetische Durchlässigkeit (Permeabilität)	μ
Magnetische Aufnahmefähigkeit (Suszeptibilität)	$\varkappa$
Elektromotorische Kraft	E
Elektrizitätsmenge	Q
Induktivität (Selbstinduktionskoeffizient)	L
Elektrische Kapazität	C

Alphabetisches Register.

(Die Zahlen bedeuten Seiten.)

60

Berichtigungen:

Seite 51, Zeile 4 v. u. fehlt im Nenner der Faktor 2; es soll heißen:

$$R \approx \frac{\sigma}{2\,a\,\pi\,\sqrt{N}} \log\mathrm{nat} \frac{n+1+\sqrt{N}}{n+1-\sqrt{N}}$$

Ergänzung zu Seite 465 Nr. (639). Die Deutsche Edison-Akkumulatoren-Company leistet kostenlos Gewähr für Zellen des Typs A, daß sie bei genauer Einhaltung der Betriebsvorschriften nach 4 Jahren noch 80 Proz. der listenmäßigen Kapazität haben.

Die Wechselstromtechnik. Herausgegeben von Dr.-Ing. **E. Arnold,** Geh. Hofrat, Professor und Direktor des Elektrotechnischen Instituts der Großherzoglichen Technischen Hochschule Fridericiana zu Karlsruhe. In fünf Bänden.

Erster Band: **Theorie der Wechselströme.** Von J. L. la Cour und O. S. Bragstad. Zweite, vollständig umgearbeitete Auflage. Mit 591 Textfiguren.

In Leinwand gebunden Preis M. 24,—.

Zweiter Band: **Die Transformatoren.** Ihre Theorie, Konstruktion, Berechnung und Arbeitsweise. Von E. Arnold und J. L. la Cour. Zweite, vollständig umgearbeitete Auflage. Mit 443 Textfiguren und 6 Tafeln.

In Leinwand gebunden Preis M. 16,—.

Dritter Band: **Die Wicklungen der Wechselstrommaschinen.** Von E. Arnold. Zweite, vollständig umgearbeitete Auflage. Mit 463 Textfiguren und 5 Tafeln.

In Leinwand gebunden Preis M. 13,—.

Vierter Band: **Die synchronen Wechselstrommaschinen.** Von E. Arnold und J. L. la Cour. Zweite Auflage. Mit ca. 500 Textfiguren und ca. 10 Tafeln. Erscheint im Winter 1912/13.

Fünfter Band: **Die asynchronen Wechselstrommaschinen.** Erster Teil. **Die Induktionsmaschinen.** Von E. Arnold, J. L. la Cour und A. Fraenckel. Mit 307 Textfiguren und 10 Tafeln. In Leinwand gebunden Preis M. 18,—.

Zweiter Teil. **Die Wechselstromkommutatormaschinen.** Ihre Theorie, Berechnung, Konstruktion und Arbeitsweise. Von E. Arnold, J. L. la Cour und A. Fraenckel. Mit 400 Textfiguren, 8 Tafeln und dem Bildnis E. Arnolds.

In Leinwand gebunden Preis M. 20,—.

Die Gleichstrommaschine. Ihre Theorie, Untersuchung, Konstruktion, Berechnung und Arbeitsweise. Von Professor Dr.-Ing. **E. Arnold** (Karlsruhe). In 2 Bänden.

I. **Theorie und Untersuchung der Gleichstrommaschine.** Zweite, umgearbeitete Auflage. Mit 593 Textfiguren.

In Leinwand gebunden Preis M. 20,—.

II. **Konstruktion, Berechnung und Arbeitsweise der Gleichstrommaschine.** Zweite, vollständig umgearbeitete Auflage. Mit 502 Textfiguren und 13 Tafeln. In Leinwand gebunden Preis M. 20,—.

Arbeiten aus dem Elektrotechnischen Institut der Großherzoglichen Technischen Hochschule Fridericiana zu Karlsruhe. Herausgegeben von Dr.-Ing. **E. Arnold,** Direktor des Instituts.

Erster Band 1908—1909. Mit 260 Textfiguren. Preis M. 10,—.

Zweiter Band: 1910—1911. Mit 284 Textfiguren. Preis M. 10,—.

Elektrische Starkstromanlagen. Maschinen, Apparate, Schaltungen, Betrieb. Kurzgefaßtes Hilfsbuch für Ingenieure und Techniker sowie zum Gebrauch an technischen Lehranstalten. Von Dipl.-Ing. **Emil Kosack,** Oberlehrer an den Königl. Vereinigten Maschinenbauschulen zu Magdeburg. Mit 259 Textfiguren. In Leinw. geb. Preis M. 7,—.

Die elektrische Kraftübertragung. Von Dipl.-Ing. **Herbert Kyser.** Erster Band: **Die Motoren, Umformer und Transformatoren.** Ihre Arbeitsweise, Schaltung, Anwendung und Ausführung. Mit 277 Textfiguren und 5 Tafeln. In Leinw. geb. Preis M. 11,—. Der zweite Band, enthaltend die **Leitungsanlagen** in mechanischer und elektrischer Hinsicht, die **Apparate** und **Instrumente** und die **Stromerzeugung** mit den **Schaltanlagen,** wird im Winter 1912/13 erscheinen.

Kurzes Lehrbuch der Elektrotechnik. Von Dr. **A. Thomälen,** Elektroingenieur. Fünfte, verbesserte Auflage. Mit 408 Textfiguren. In Leinwand gebunden Preis M. 12,—.

Die wissenschaftlichen Grundlagen der Elektrotechnik. Von Dr. **Gustav Benischke.** Zweite, erweiterte Auflage von „Magnetismus und Elektrizität mit Rücksicht auf die Bedürfnisse der Praxis". Mit 489 Textabbildungen. Preis M. 12,—; in Leinw. geb. M. 13,20.

Kurzer Leitfaden der Elektrotechnik für Unterricht und Praxis in allgemein verständlicher Darstellung. Von Ingenieur **Rudolf Krause,** Mittweida. Zweite Auflage. Mit zahlreichen Figuren.
                                                              In Vorbereitung.

Die normalen Eigenschaften elektrischer Maschinen. Ein Datenbuch für Maschinen- und Elektroingenieure und Studierende der Elektrotechnik. Von Dr.-Ing. **Rudolf Goldschmidt,** Privatdozent an der Technischen Hochschule in Darmstadt. Mit 34 Textfiguren.
                                              In Leinwand gebunden Preis M. 3,—.

Aufgaben und Lösungen aus der Gleich- und Wechselstromtechnik. Ein Übungsbuch für den Unterricht an technischen Hoch- und Fachschulen sowie zum Selbststudium. Von **H. Vieweger,** Professor am Technikum Mittweida. Dritte, verbesserte Auflage. Mit 174 Textfiguren und 2 Tafeln. In Leinwand gebunden Preis M. 7,—.

Elektromotoren für Gleichstrom. Von Dr. **G. Roeßler,** Professor an der Königl. Technischen Hochschule zu Danzig. Zweite, verbesserte Auflage. Mit 49 Textfiguren. In Leinwand geb. Preis M. 4,—.

Wechselstromtechnik. Von Dr. **G. Roeßler,** Professor an der Techn. Hochschule in Danzig. Teil I. Zweite, erweiterte und umgearbeitete Auflage der „Elektromotoren für Wechselstrom und Drehstrom". Mit 185 Textfiguren.   Erscheint im Herbst 1912.

Verlag von Julius Springer in Berlin.

Der Drehstrommotor. Ein Handbuch für Studium und Praxis. Von **Julius Heubach,** Chefingenieur. Mit 163 in den Text gedruckten Figuren. In Leinwand gebunden Preis M. 10,—.

Motoren für Gleich- und Drehstrom. Von **Henry M. Hobart,** B. Sc. M. J. E. E. Mem. A. J. E. E. Deutsche Bearbeitung. Übersetzt von **Franklin Punga.** Mit 425 in den Text gedruckten Figuren. In Leinwand gebunden Preis M. 10,—.

Die Bahnmotoren für Gleichstrom. Ihre Wirkungsweise, Bauart und Behandlung. Ein Handbuch für Bahntechniker. Von **H. Müller,** Oberingenieur der Westinghouse-Elektrizitäts-Aktiengesellschaft, und **W. Mattersdorff,** Abteilungsvorstand der Allgemeinen Elektrizitäts-Gesellschaft. Mit 231 Textfiguren und 11 lithogr. Tafeln, sowie einer Übersicht der ausgeführten Typen. In Leinwand gebunden Preis M. 15,—.

Dynamomaschinen für Gleich- und Wechselstrom. Von **Gisbert Kapp.** Vierte, vermehrte und verbesserte Auflage. Mit 255 in den Text gedruckten Figuren. In Leinwand gebunden Preis M. 12,—.

Die Einphasenmotoren nach den deutschen Patentschriften. Mit Sachverzeichnissen der Deutschen Reichs-Patente über Einphasen- und Mehrphasen-Kommutator-Motoren. Von Dr.-Ing. **Erich Dyhr.** Mit 112 Textfiguren. Preis M. 6,—.

Das Pendeln bei Gleichstrommotoren mit Wendepolen. Von Dr. **Karl Humburg,** Diplomingenieur. Mit 50 Textfiguren. Preis M. 2,80.

Über den Kraftlinienverlauf im Luftraum und in den Zähnen von Dynamoankern. Von Dr. techn. **Karl Hoerner.** Mit 4 Textfiguren, 4 Zahlentafeln und 3 Kurventafeln. Preis M. 1,20.

Das Kreisdiagramm der Induktionsmotoren. Von Dr.-Ing. **Karl Krug.** Preis M. 2,80.

Untersuchung eines Zugmagneten für Gleichstrom. Von Dr.-Ing. **Karl Euler,** Dozent an der Königl. Technischen Hochschule zu Breslau. Mit 74 Textfiguren. Preis M. 3,—.

Formspulen-Wickelung für Gleich- und Wechselstrommaschinen. Von **Rudolf Krause,** Ingenieur. Mit 46 in den Text gedruckten Figuren. Preis 1,20.

Die Isolierung elektrischer Maschinen. Von **H. W. Turner,** Associate A. I. E. E. und **H. M. Hobart,** M. I. E. E., Mem. A. I. E. E. Deutsche Bearbeitung von **A. von Königslaw** und **R. Krause,** Ingenieure. Mit 166 Textfiguren. In Leinwand gebunden Preis M. 8,—.

Zu beziehen durch jede Buchhandlung.

Verlag von Julius Springer in Berlin.

Transformatoren für Wechselstrom und Drehstrom. Eine Darstellung ihrer Theorie, Konstruktion und Anwendung. Von Gisbert Kapp. D r i t t e , vermehrte und verbesserte Auflage. Mit 185 Textfiguren. In Leinwand gebunden Preis M. 8,—.

Das elektrische Kabel. Von Dr. phil. C. Baur, Ingenieur. Eine Darstellung der Grundlagen für Fabrikation, Verlegung und Betrieb. Z w e i t e , umgearbeitete Auflage. Mit 91 in den Text gedruckten Figuren. In Leinwand gebunden Preis M. 12,—.

Die Berechnung elektrischer Freileitungen nach wirtschaftlichen Gesichtspunkten. Von Dr.-Ing. W. Majerczik-Berlin. Mit 10 in den Text gedruckten Figuren. Preis M. 2,—.

Theorie und Berechnung elektrischer Leitungen. Von Dr.-Ing. H. Galluser, Ingenieur bei Brown, Boveri & Co., Baden (Schweiz), und Dipl.-Ing. M. Hausmann, Ingenieur bei der Allgemeinen Elektrizitäts-Gesellschaft, Berlin. Mit 145 Textfiguren. In Leinwand gebunden Preis M. 5,—.

Tabelle der prozentualen Spannungsverluste bei Gleich-, Ein- und Dreiphasenwechsel für die Querschnitte 1,5 bis 150 qmm. Von F. Jesinghaus. Preis M. —,50.

Die Berechnung elektrischer Leitungsnetze in Theorie und Praxis. Bearbeitet von Jos. Herzog, Vorstand der Abteilung für elektrische Beleuchtung, G a n z & C o., Budapest, und Cl. Feldmann, Privatdozent an der Großherzogl. Technischen Hochschule zu Darmstadt. E r s t e r T e i l : Strom- und Spannungsverteilung in Netzen. D r i t t e Auflage in Vorbereitung. Z w e i t e r T e i l : Die Dimensionierung der Leitungen. Z w e i t e , umgearbeitete und vermehrte Auflage. Mit 216 Textfiguren. In Leinwand gebunden Preis M. 12,—.

Beanspruchung und Durchhang von Freileitungen. Unterlagen für Projektierung und Montage. Von Robert Weil, Diplom-Ingenieur. Mit 42 Textfiguren und 3 lithographierten Tafeln. Preis M. 4,—.

Berechnung und Ausführung der Hochspannungs-Fernleitungen. Von Carl Fred. Holmboe, Elektroingenieur. Mit 61 Textfiguren. Preis M. 3,—.

Die Fernleitung von Wechselströmen. Von Dr. G. Roeßler, Professor an der Königl. Technischen Hochschule in Danzig. Mit 60 Textfiguren. In Leinwand gebunden Preis M. 7,—

Elektrotechnische Meßkunde. Von Dr.-Ing. P. B. Arthur Linker. Z w e i t e , völlig umgearbeitete und verbesserte Auflage. Mit 380 in den Text gedruckten Figuren. In Leinwand gebunden Preis M. 12,—.

Zu beziehen durch jede Buchhandlung.

Elektrische und magnetische Messungen und Meßinstrumente.

Von **H. S. Hallo** und **H. W. Land**. Eine freie Bearbeitung und Ergänzung des holländischen Werkes „Magnetische en Elektrische Metingen" von **G. J. van Swaay**, Professor an der technischen Hochschule zu Delft. Mit 343 Textfiguren.

In Leinwand gebunden Preis M. 15,—.

Isolationsmessungen und Fehlerbestimmungen an elektrischen Starkstromleitungen.

Von **F. Charles Raphael**. Autorisierte deutsche Bearbeitung von Dr. R i c h a r d A p t. Z w e i t e, verbesserte Auflage. Mit 122 Textfiguren. In Leinw. geb. Preis M. 6,—.

Messungen an elektrischen Maschinen.

Apparate, Instrumente, Methoden, Schaltungen. Von **Rudolf Krause**, Ingenieur. Z w e i t e, verbesserte und vermehrte Auflage. Mit 178 Textfiguren.

In Leinwand gebunden Preis M. 5,—.

Handbuch der elektrischen Beleuchtung.

Von **Josef Herzog**, diplomierter Elektroingenieur in Budapest, und **Clarence Feldmann**, o. Professor an der Technischen Hochschule in Delft. D r i t t e, vollständig umgearbeitete Auflage. Mit 707 Textfiguren.

In Leinwand gebunden Preis M. 20,—.

Der elektrische Lichtbogen bei Gleichstrom und Wechselstrom und seine Anwendungen.

Von **Berthold Monasch**, Diplom-Ingenieur. Mit 141 Textfiguren. In Leinwand gebunden Preis M. 9,—.

Grundzüge der Beleuchtungstechnik.

Von Dr.-Ing. **L. Bloch**, Ingenieur der Berliner Elektrizitätswerke. Mit 41 Textfiguren.

Preis M. 4,—; in Leinwand gebunden M. 5,—.

Die Beleuchtung von Eisenbahn-Personenwagen mit besonderer Berücksichtigung der elektrischen Beleuchtung.

Von Dr. **Max Büttner**. Z w e i t e, vollständig umgearbeitete Auflage. Mit 104 Textfiguren. Erscheint Anfang November 1912.

Elektrotechnische Winke für Architekten und Hausbesitzer.

Von Dr.-Ing. **L. Bloch** und **R. Zaudy**. Mit 99 Textfiguren.

In Leinwand gebunden Preis M. 2,80.

Herstellung und Instandhaltung elektrischer Licht- und Kraftanlagen.

Ein Leitfaden auch für Nichttechniker. Unter Mitwirkung von **Gottlob Lux** und Dr. **C. Michalke** verfaßt und herausgegeben von **S. Freiherr v. Gaisberg**. F ü n f t e, umgearbeitete und erweiterte Auflage. Mit 56 Textfiguren. In Leinw. geb. Preis M. 2,40.

Elektrizität im Hause.

In ihrer Anwendung und Wirtschaftlichkeit dargestellt von **Georg Dettmar**, Generalsekretär des Verbandes Deutscher Elektrotechniker. Mit 213 Textfiguren. In Leinw. geb. Preis M. 4,—.

Anlasser und Regler für elektrische Motoren und Generatoren. Theorie, Konstruktion, Schaltung. Von Ing. **Rud. Krause** (Mittweida). Z w e i t e, verbesserte und vermehrte Auflage. Mit 133 Textfiguren. In Leinwand gebunden Preis M. 5,—.

Konstruktionen und Schaltungen aus dem Gebiete der elektrischen Bahnen. Gesammelt und bearbeitet von **O. S. Bragstad**, a. o. Professor an der Großherzogl. Techn. Hochschule Fridericiana in Karlsruhe. 31 Tafeln mit erläuterndem Text. In einer Mappe Preis M. 6,—.

Der Edisonakkumulator. Seine technischen und wirtschaftlichen Vorteile gegenüber der Bleizelle. Von **Meno Kammerhoff**, Berlin-Pankow. Mit 92 Abbildungen und 20 Tabellen. Preis M. 4,—; in Leinwand gebunden M. 5,—.

Die elektrolytischen Metallniederschläge. Lehrbuch der Galvanotechnik, mit Berücksichtigung der Behandlung der Metalle vor und nach dem Elektroplattieren. Von Dr. **W. Pfanhauser jr.** F ü n f t e, umgearbeitete Auflage. Mit 173 in den Text gedruckten Abbildungen. In Leinwand gebunden Preis M. 15,—.

Trigonometrie für Maschinenbauer und Elektrotechniker. Ein Lehr- und Aufgabenbuch für den Unterricht und zum Selbststudium. Von Dr. **Adolf Heß**, Professor am kantonalen Technikum in Winterthur. Mit 112 Textfiguren. In Leinwand gebunden Preis M. 2,80.

Hilfsbuch für den Maschinenbau. Für Maschinentechniker sowie für den Unterricht an technischen Lehranstalten. Von Professor **Fr. Freytag**, Lehrer an den Technischen Staatslehranstalten zu Chemnitz. V i e r t e, vermehrte und verbesserte Auflage. Mit 1108 Textfiguren, 10 Tafeln und einer Beilage für Österreich. In Leinwand gebunden Preis M. 10,—; in Leder gebunden M. 12.—.

Stromverteilung, Zählertarife und Zählerkontrolle bei städtischen Elektrizitätswerken und Überlandzentralen. Auf Grund praktischer Erfahrung bearbeitet von **Carl Schmidt**, Ingenieur in St. Petersburg. Mit 4 Textfiguren und 10 Kurventafeln. Preis M. 2,60.

Elektrische Energieversorgung ländlicher Bezirke. Bedingungen und gegenwärtiger Stand der Elektrizitätsversorgung von Landwirtschaft, Landindustrie und ländlichem Kleingewerbe. Von **Walter Reisser**, Diplom-Ingenieur in Stuttgart. Preis M. 2,80.

Ratgeber für die Gründung elektrischer Überlandzentralen. Von Dipl.-Ing. **A. Vietze**, Oberingenieur in Halle a. S. Preis M. 4,—; in Leinwand gebunden M. 5,—.

Die Bedeutung der Elektrizität für die Landwirtschaft. Eine volkswirtschaftliche Studie. Von Dr. scient. polit. **Karl Forstreuter**. Mit 117 Tabellen und 2 Generalzusammenstellungen über 110 an zwei Überlandzentralen angeschlossene Ortschaften. Preis M. 12,—.

Elektrotechnische Zeitschrift.

(Zentralblatt für Elektrotechnik).

Organ des Elektrotechnischen Vereins seit 1880 und des Verbandes Deutscher
Elektrotechniker seit 1894.

Schriftleitung:

E. C. Zehme und Dr. F. Meißner.

Erscheint in wöchentlichen Heften.

Preis für den Jahrgang M. 20,—; bei direkter Übersendung zuzüglich Porto.

Die Verwaltungspraxis bei Elektrizitätswerken und elektrischen Straßen- und Kleinbahnen.
Von **Max Berthold,** Bevollmächtigter der Kontinentalen Gesellschaft für elektrische Unternehmungen und der Elektrizitäts-Aktiengesellschaft vormals Schuckert & Co. in Nürnberg.   In Leinwand gebunden Preis M. 8,—.

Der Fabrikbetrieb.
Praktische Anleitungen zur Anlage und Verwaltung von Maschinenfabriken und ähnlichen Betrieben sowie zur Kalkulation und Lohnverrechnung. Von **Albert Ballewski.** Dritte, vermehrte und verbesserte Auflage.   Bearbeitet von Ingenieur **C. M. Lewin,** Berlin.
In Leinwand gebunden Preis M. 6,—.

Die Betriebsleitung insbesondere der Werkstätten.
Autorisierte deutsche Ausgabe der Schrift: „Shop management" von **Fred. W. Taylor,** Philadelphia. Von **A. Wallichs,** Professor an der Technischen Hochschule in Aachen.   Zweite, vermehrte Auflage.   Mit 15 Abbildungen und 2 Zahlentafeln.   In Leinwand geb. Preis M. 6,—.

Fabrikorganisation, Fabrikbuchführung und Selbstkostenberechnung
der Firma Ludw. Loewe & Co., Aktiengesellschaft, Berlin. Mit Genehmigung der Direktion zusammengestellt und erläutert von **J. Lilienthal.** Mit einem Vorwort von Dr.-Ing. **G. Schlesinger,** Professor an der Technischen Hochschule zu Berlin. Zweiter, berichtigter Abdruck.   In Leinwand gebunden Preis M. 10,—.

Die Gesamtorganisation der Berlin-Anhaltischen Maschinenbau-A.-G.
Von Ingenieur **Richard Blum,** Direktor der Berlin-Anhaltischen Maschinenbau-A.-G., Berlin.   (Sonder-Abdruck aus „Technik und Wirtschaft", Monatsschrift des Vereins deutscher Ingenieure 1911.)   Preis M. 1,50.

Selbstkostenberechnung im Maschinenbau.
Zusammenstellung und kritische Beleuchtung bewährter Methoden mit praktischen Beispielen von Dr.-Ing. **Georg Schlesinger,** Professor an der Technischen Hochschule zu Berlin. Mit 110 Formularen.   In Leinw. geb. Preis M. 10.—.

Werkstattstechnik.

Zeitschrift für Anlage und Betrieb von Fabriken und für Herstellungsverfahren.

Herausgegeben von

Dr.-Ing. G. Schlesinger,

Professor an der Technischen Hochschule zu Berlin.

Vom 6. Jahrgang (1912) ab jährlich 24 Hefte.— Preis des Jahrgangs M. 12,—.

Zu beziehen durch jede Buchhandlung.

Printed in the United States
By Bookmasters